植物ウイルス大事典

日比忠明・大木 理 [監修]

朝倉書店

序

　本書の前書となる「植物ウイルス事典」（朝倉書店）が刊行されたのは1983年であるが，その後約30年間の分子生物学や遺伝子工学の飛躍的発展によって主要な植物ウイルスについてはそのほぼすべてでゲノムの全塩基配列が明らかにされ，ゲノム構造とその塩基配列に基づく分子系統学的な分類体系の基盤が確立された．ウイルスの診断・同定に関してもこれらのデータを応用したPCRや高効率の塩基配列解析などによる遺伝子診断法が主流となった．

　現在までに世界で認められている植物ウイルスは3目25科3亜科112属1,235種にものぼり，また，新種のウイルスが続々と見つかっているという状況であるため，国際ウイルス分類委員会（ICTV）によるウイルス全体の分類体系は未だ構築途上にあるが，わが国の植物ウイルスに関する第一線の専門家が結集し，現時点での植物ウイルスの正式な分類体系ならびにわが国に発生するほぼすべての植物ウイルス・ウイロイド（ウイルス349種，ウイロイド22種，サテライト12種，計383種）について，Virus Taxonomy 9th Report of ICTV（2012），その一部を増補改訂したICTV Virus Taxonomy List（2012，2013，2014）（インターネット版）および日本植物病理学会植物ウイルス分類委員会が作成した日本に発生する植物ウイルス・ウイロイドリスト（2012）に準拠し，それらの最新の情報を集大成して本書にとりまとめることとした．

　なお，各ウイルス種は，本来，上位分類階級に従って配列すべきところだが，現状では所属する上位分類階級が未定のウイルス種も多いことから，本書では，便宜上，第2編の「植物ウイルスとウイロイドの分類」ではウイルス分類群をゲノム核酸の種類別に目，亜目，科，亜科および属の分類階級順に，第3編の「日本の植物ウイルスとウイロイド」ではウイルス種を学名のアルファベット順に，それぞれ分けて配列することとした．

　また，本書は植物ウイルスの分類を主体に構成されており，植物ウイルス学の総論的な内容や本文で用いられている専門用語の説明は省かれているが，この点を補うとともに，本書や他の専門書を読む際の参考となるように，植物ウイルス学ならびにこれと密接に関連する植物病理学，植物分子細胞生物学，植物バイオテクノロジーなどの専門用語に関する簡潔な解説を，「植物ウイルス学用語集」として第4編に付した．したがって，本書は植物ウイルス学や植物病理学の専門の研究者，技術者，教育者，院生，学生諸兄のみならず，この分野に関心をもつ広範な生物科学関係の方々にとっても有用な事典となろう．

　日本の植物ウイルス学は全体としてすでに世界的レベルにあり，分子ウイルス学やウイルス学実験法などの分野でも多くの先端的な業績をあげているが，ウイルス分類学に関してもわが国において世界で最初に発見された植物ウイルスやウイロイドがその後の研究の進展によって新たなウイルス属やウイロイド属のタイプ種となった例が少なくない．また，東南アジアのイネをはじめとする主要な作物の重要なウイルス病の病原や病態の解明にもわが国の研究者達がこれまでに果たしてき

た役割はきわめて大きい．一方，わが国における新ウイルスの発生の報告が講演要旨や短報などに止まっており，その後の詳細な性状の解析が進んでいない例も少なからず残されている．この事典の刊行を契機としてわが国の植物ウイルス学の研究がこれからもますます大きく発展することを期待してやまない．

　本書の編集には当初の予定以上に多くの時間を要したが，お忙しい中，原稿をご執筆いただいた多くの先生方ならびに膨大な編集実務の労をとられた朝倉書店編集部の方々に深く感謝の意を表したい．

2015年10月

植物ウイルス大事典
編集委員長　日　比　忠　明

監修者・編集委員 (アルファベット順)

監 修 者 日 比 忠 明 　東京大学名誉教授
　　　　　　大 木 　 理 　大阪府立大学大学院生命環境科学研究科教授

編集委員長 日 比 忠 明 　東京大学名誉教授

編 集 委 員 荒 井 　 啓 　鹿児島大学名誉教授
　　　　　　亀 谷 満 朗 　前 山口大学教授
　　　　　　難 波 成 任 　東京大学大学院農学生命科学研究科教授
　　　　　　夏 秋 啓 子 　東京農業大学国際食料情報学部教授
　　　　　　夏 秋 知 英 　宇都宮大学農学部教授
　　　　　　奥 田 誠 一 　宇都宮大学名誉教授
　　　　　　大 木 　 理 　大阪府立大学大学院生命環境科学研究科教授
　　　　　　白 子 幸 男 　東京大学アジア生物資源環境研究センター教授
　　　　　　山 次 康 幸 　東京大学大学院農学生命科学研究科准教授

執 筆 者 (アルファベット順)

荒井　　啓	鹿児島大学名誉教授
築尾　嘉章	前 農業・食品産業技術総合研究機構 花き研究所
張　　茂雄	韓国嶺南大学校理科大学
藤　　晋一	秋田県立大学生物資源科学部
福原　敏行	東京農工大学農学部
萩田　孝志	北海道植物防疫協会
花田　　薫	農業生物資源研究所
日比　忠明	東京大学名誉教授
本田要八郎	前 農業・食品産業技術総合研究機構 中央農業総合研究センター
堀田　治邦	北海道立総合研究機構
池上　正人	東北大学名誉教授
井村　喜之	日本大学生物資源科学部
磯貝　雅道	岩手大学農学部
伊藤　隆男	農業・食品産業技術総合研究機構 果樹研究所ブドウ・カキ研究拠点
伊藤　　伝	農業・食品産業技術総合研究機構 果樹研究所リンゴ研究拠点
岩井　　久	鹿児島大学農学部
岩波　　徹	農業・食品産業技術総合研究機構 果樹研究所リンゴ研究拠点
鍵和田　聰	法政大学生命科学部
亀谷　満朗	前 山口大学教授
兼松　誠司	農業・食品産業技術総合研究機構 東北農業研究センター
加納　　健	国際農林水産業研究センター
加藤　公彦	静岡県農林技術研究所
河辺　邦正	国際農林水産業研究センター
河野　伸二	沖縄県農林水産部
小金澤碩城	くにさだ育種農場
近藤　秀樹	岡山大学資源植物科学研究所
久保田健嗣	農業・食品産業技術総合研究機構 中央農業総合研究センター
楠木　　学	前 森林総合研究所
桑田　　茂	明治大学農学部
前田　孚憲	前 日本大学生物資源科学部
眞岡　哲夫	農業・食品産業技術総合研究機構 北海道農業研究センター
松本　　勤	元 秋田県立大学短期大学部
松下　陽介	農業・食品産業技術総合研究機構 花き研究所
御子柴義郎	農業・食品産業技術総合研究機構 東北農業研究センター
三瀬　和之	京都大学大学院農学研究科
村上理都子	農業生物資源研究所
中野　正明	農業・食品産業技術総合研究機構 近畿中国四国農業研究センター
中畝　良二	農業・食品産業技術総合研究機構 果樹研究所
難波　成任	東京大学大学院農学生命科学研究科
夏秋　啓子	東京農業大学国際食料情報学部
夏秋　知英	宇都宮大学農学部
西口　正通	愛媛大学農学部
奥田　　充	農業・食品産業技術総合研究機構 中央農業総合研究センター
奥野　哲郎	京都大学大学院農学研究科
大木　　理	大阪府立大学大学院生命環境科学研究科
大木　健広	農業・食品産業技術総合研究機構 北海道農業研究センター
大村　敏博	前 農林水産省農業研究センター
大貫　正俊	農業・食品産業技術総合研究機構 九州沖縄農業研究センター
大崎　秀樹	農業・食品産業技術総合研究機構 近畿中国四国農業研究センター
大島　一里	佐賀大学農学部
酒井　淳一	農業・食品産業技術総合研究機構 九州沖縄農業研究センター
佐野　輝男	弘前大学農学生命科学部
佐野　義孝	新潟大学農学部
白子　幸男	東京大学アジア生物資源環境研究センター
鈴木　　匡	東京大学大学院新領域創成科学研究科
髙浪　洋一	九州病害虫防除推進協議会
竹内　繁治	高知県農業技術センター
玉田　哲男	ホクレン農業総合研究所
寺見　文宏	農業・食品産業技術総合研究機構 野菜茶業研究所
冨高　保弘	農業・食品産業技術総合研究機構 中央農業総合研究センター
鳥山　重光	前 農業環境技術研究所
津田　新哉	農業・食品産業技術総合研究機構 中央農業総合研究センター
上田　一郎	前 北海道大学大学院農学研究院
宇垣　正志	東京大学大学院新領域創成科学研究科
宇杉　富雄	農業・食品産業技術総合研究機構 中央農業総合研究センター
渡辺雄一郎	東京大学大学院総合文化研究科
山次　康幸	東京大学大学院農学生命科学研究科
山下　一夫	青森県産業技術センター野菜研究所
吉川　信幸	岩手大学農学部

目　次

凡　例 …………………………………………………………………………… xix
植物ウイルス分類図 …………………………………………………………… xxi
植物ウイルス分類表 …………………………………………………………… xxii
日本に発生する植物ウイルス・ウイロイドリスト ………………………… xxiv

第1編　植物ウイルスとウイロイドの分類体系

はじめに ………………………………………………………………………… 2
植物ウイルス …………………………………………………………………… 2
国際ウイルス分類委員会（ICTV）による分類 ……………………………… 2
ウイルスの種と区分基準 ……………………………………………………… 3
レトロトランスポゾン ………………………………………………………… 4
ウイロイド ……………………………………………………………………… 4
サテライトウイルスとサテライト核酸，プリオン ………………………… 4
ウイルスの学名と普通名，略号，学名表記法，和名 ……………………… 4
植物ウイルスの同定と命名 …………………………………………………… 5
わが国の新病名等命名基準に基づいた病原ウイルス名ならびにウイルス病名の公表 … 6
ICTV への分類学的提案 ……………………………………………………… 6
ICTV 9次報告書および ICTV 分類リスト（2014）における植物ウイルス・ウイロイドの分類 … 6
国際ウイルス分類命名規約 …………………………………………………… 7
主要参考文献 …………………………………………………………………… 9
主要データベース ……………………………………………………………… 10

第2編　植物ウイルスとウイロイドの分類

植物ウイルス

一本鎖 DNA ウイルス

Geminiviridae　　　　　　　　　ジェミニウイルス科 ……………………… 12
　Becurtovirus　　　　　　　　　ベクルトウイルス属 ……………………… 15
　Curtovirus　　　　　　　　　　クルトウイルス属 ………………………… 16
　Eragrovirus　　　　　　　　　エラグロウイルス属 ……………………… 18
　Mastrevirus　　　　　　　　　マストレウイルス属 ……………………… 19
　Topocuvirus　　　　　　　　　トポクウイルス属 ………………………… 21
　Turncurtovirus　　　　　　　ツルンクルトウイルス属 ………………… 22
　Begomovirus　　　　　　　　　ベゴモウイルス属 ………………………… 23

Nanoviridae	ナノウイルス科······26
Babuvirus	バブウイルス属······28
Nanovirus	ナノウイルス属······30

二本鎖 DNA 逆転写ウイルス

Caulimoviridae	カリモウイルス科······32
Caulimovirus	カリモウイルス属······35
Cavemovirus	カベモウイルス属······37
Petuvirus	ペチュウイルス属······38
Rosadnavirus	ロザドナウイルス属······39
Solendovirus	ソレンドウイルス属······40
Soymovirus	ソイモウイルス属······41
Badnavirus	バドナウイルス属······42
Tungrovirus	ツングロウイルス属······43

一本鎖 RNA 逆転写ウイルス

Metaviridae	メタウイルス科······44
Metavirus	メタウイルス属······45
Pseudoviridae	シュードウイルス科······47
Pseudovirus	シュードウイルス属······49
Sirevirus	サイアウイルス属······51

二本鎖 RNA ウイルス

Amalgaviridae	アマルガウイルス科······53
Amalgavirus	アマルガウイルス属······53
Endornaviridae	エンドルナウイルス科······55
Endornavirus	エンドルナウイルス属······55
Partitiviridae	パルティティウイルス科······56
Alphapartitivirus	アルファパルティティウイルス属······59
Betapartitivirus	ベータパルティティウイルス属······61
Deltapartitivirus	デルタパルティティウイルス属······63
Reoviridae	レオウイルス科······64
Spinareovirinae	スピナレオウイルス亜科······66
Fijivirus	フィジーウイルス属······67
Oryzavirus	オリザウイルス属······69
Sedoreovirinae	セドレオウイルス亜科······71
Phytoreovirus	ファイトレオウイルス属······72

（−）一本鎖 RNA ウイルス

Mononegavirales	モノネガウイルス目······74
Rhabdoviridae	ラブドウイルス科······75
Cytorhabdovirus	サイトラブドウイルス属······78
Nucleorhabdovirus	ヌクレオラブドウイルス属······80
目未設定	
Bunyaviridae	ブニヤウイルス科······82
Tospovirus	トスポウイルス属······84
Ophioviridae	オフィオウイルス科······87
Ophiovirus	オフィオウイルス属······87

科未設定
　　　Emaravirus 　　　　　　　　　エマラウイルス属 ……………………………… 89
　　　Tenuivirus 　　　　　　　　　テヌイウイルス属 ……………………………… 90
　　　Varicosavirus 　　　　　　　　バリコサウイルス属 …………………………… 92

（＋）一本鎖 RNA ウイルス

Picornavirales 　　　　　　　　　　ピコルナウイルス目 ……………………………… 94
　Secoviridae 　　　　　　　　　　　セコウイルス科 …………………………………… 95
　　Comovirinae 　　　　　　　　　　コモウイルス亜科 ………………………………… 99
　　　Comovirus 　　　　　　　　　　コモウイルス属 …………………………………… 99
　　　Fabavirus 　　　　　　　　　　ファバウイルス属 ………………………………… 101
　　　Nepovirus 　　　　　　　　　　ネポウイルス属 …………………………………… 103
　　亜科未設定
　　　Cheravirus 　　　　　　　　　　チェラウイルス属 ………………………………… 105
　　　Sadwavirus 　　　　　　　　　　サドゥワウイルス属 ……………………………… 107
　　　Torradovirus 　　　　　　　　　トラドウイルス属 ………………………………… 108
　　　Sequivirus 　　　　　　　　　　セクイウイルス属 ………………………………… 109
　　　Waikavirus 　　　　　　　　　　ワイカウイルス属 ………………………………… 110
Tymovirales 　　　　　　　　　　　　ティモウイルス目 ………………………………… 111
　Alphaflexiviridae 　　　　　　　　　アルファフレキシウイルス科 …………………… 112
　　Allexivirus 　　　　　　　　　　　アレキシウイルス属 ……………………………… 114
　　Lolavirus 　　　　　　　　　　　ロラウイルス属 …………………………………… 115
　　Mandarivirus 　　　　　　　　　　マンダリウイルス属 ……………………………… 116
　　Potexvirus 　　　　　　　　　　　ポテックスウイルス属 …………………………… 117
　Betaflexiviridae 　　　　　　　　　ベータフレキシウイルス科 ……………………… 119
　　Capillovirus 　　　　　　　　　　キャピロウイルス属 ……………………………… 121
　　Carlavirus 　　　　　　　　　　　カルラウイルス属 ………………………………… 123
　　Citrivirus 　　　　　　　　　　　シトリウイルス属 ………………………………… 125
　　Foveavirus 　　　　　　　　　　　フォベアウイルス属 ……………………………… 126
　　Tepovirus 　　　　　　　　　　　テポウイルス属 …………………………………… 128
　　Trichovirus 　　　　　　　　　　トリコウイルス属 ………………………………… 129
　　Vitivirus 　　　　　　　　　　　ビティウイルス属 ………………………………… 131
　Tymoviridae 　　　　　　　　　　　ティモウイルス科 ………………………………… 133
　　Maculavirus 　　　　　　　　　　マクラウイルス属 ………………………………… 135
　　Marafivirus 　　　　　　　　　　マラフィウイルス属 ……………………………… 136
　　Tymovirus 　　　　　　　　　　　ティモウイルス属 ………………………………… 138
目未設定
　Benyviridae 　　　　　　　　　　　ベニウイルス科 …………………………………… 140
　　Benyvirus 　　　　　　　　　　　ベニウイルス属 …………………………………… 140
　Bromoviridae 　　　　　　　　　　ブロモウイルス科 ………………………………… 142
　　Alfamovirus 　　　　　　　　　　アルファモウイルス属 …………………………… 144
　　Oleavirus 　　　　　　　　　　　オレアウイルス属 ………………………………… 146
　　Anulavirus 　　　　　　　　　　アヌラウイルス属 ………………………………… 148
　　Bromovirus 　　　　　　　　　　ブロモウイルス属 ………………………………… 149
　　Cucumovirus 　　　　　　　　　　ククモウイルス属 ………………………………… 151
　　Ilarvirus 　　　　　　　　　　　イラルウイルス属 ………………………………… 153
　Closteroviridae 　　　　　　　　　クロステロウイルス科 …………………………… 155
　　Ampelovirus 　　　　　　　　　　アンペロウイルス属 ……………………………… 158

Closterovirus	クロステロウイルス属	160
Velarivirus	ベラリウイルス属	162
Crinivirus	クリニウイルス属	164
Luteoviridae	ルテオウイルス科	166
Enamovirus	エナモウイルス属	168
Luteovirus	ルテオウイルス属	170
Polerovirus	ポレロウイルス属	172
Potyviridae	ポティウイルス科	174
Brambyvirus	ブランビウイルス属	177
Ipomovirus	イポモウイルス属	178
Macluravirus	マクルラウイルス属	180
Poacevirus	ポアセウイルス属	181
Potyvirus	ポティウイルス属	182
Rymovirus	ライモウイルス属	184
Tritimovirus	トリティモウイルス属	186
Bymovirus	バイモウイルス属	187
Tombusviridae	トンブスウイルス科	189
Alphanecrovirus	アルファネクロウイルス属	194
Aureusvirus	アウレウスウイルス属	196
Avenavirus	アベナウイルス属	197
Betanecrovirus	ベータネクロウイルス属	198
Carmovirus	カルモウイルス属	200
Dianthovirus	ダイアンソウイルス属	202
Gallantivirus	ギャランティウイルス属	204
Macanavirus	マカナウイルス属	205
Machlomovirus	マクロモウイルス属	206
Panicovirus	パニコウイルス属	207
Tombusvirus	トンブスウイルス属	208
Umbravirus	ウンブラウイルス属	210
Zeavirus	ゼアウイルス属	212
Virgaviridae	ビルガウイルス科	213
Furovirus	フロウイルス属	216
Hordeivirus	ホルデイウイルス属	218
Pecluvirus	ペクルウイルス属	220
Pomovirus	ポモウイルス属	222
Tobamovirus	トバモウイルス属	224
Tobravirus	トブラウイルス属	227
科未設定		
Cilevirus	シレウイルス属	228
Higrevirus	ハイグレウイルス属	229
Idaeovirus	イデオウイルス属	230
Ourmiavirus	オルミアウイルス属	231
Polemovirus	ポレモウイルス属	232
Sobemovirus	ソベモウイルス属	233

未分類ウイルス 235

ウイロイド ·· 236

- *Avsunviroidae* アブサンウイロイド科 ·· 239
  - *Avsunviroid* アブサンウイロイド属 ·· 241
  - *Elaviroid* エラウイロイド属 ·· 242
  - *Pelamoviroid* ペラモウイロイド属 ·· 243
- *Pospiviroidae* ポスピウイロイド科 ·· 244
  - *Apscaviroid* アプスカウイロイド属 ··· 246
  - *Cocadviroid* コカドウイロイド属 ··· 247
  - *Coleviroid* コレウイロイド属 ·· 248
  - *Hostuviroid* ホスタウイロイド属 ·· 249
  - *Pospiviroid* ポスピウイロイド属 ··· 250

サテライト ·· 252

第3編　日本の植物ウイルスとウイロイド
（イタリック：ICTV 認定種，ローマン：ICTV 暫定種，#：ICTV 未認定種）

植物ウイルス

1. *Abutilon mosaic virus* アブチロンモザイクウイルス ····················· 256
2. *Aconitum latent virus* トリカブト潜在ウイルス ······························ 257
3. Adonis mosaic virus# フクジュソウモザイクウイルス ····················· 258
4. *Ageratum yellow vein Hualian virus* カッコウアザミ葉脈黄化花蓮ウイルス ····· 259
5. *Ageratum yellow vein virus* カッコウアザミ葉脈黄化ウイルス ········· 259
6. *Alfalfa cryptic virus 1* アルファルファ潜伏ウイルス 1 ···················· 261
7. Alfalfa cryptic virus 2 アルファルファ潜伏ウイルス 2 ···················· 261
8. *Alfalfa mosaic virus* アルファルファモザイクウイルス ················· 262
9. *Alstroemeria mosaic virus* アルストロメリアモザイクウイルス ····· 264
10. *Alstromeria virus X* アルストロメリア X ウイルス ······················· 265
11. *Amazon lily mild mottle virus* アマゾンユリ微斑ウイルス ············· 266
12. *Amazon lily mosaic virus* アマゾンユリモザイクウイルス ············· 267
13. *Ammi majus latent virus* ドクゼリモドキ潜在ウイルス ·················· 268
14. *Apple chlorotic leaf spot virus* リンゴクロロティックリーフスポットウイルス ··· 269
15. *Apple latent spherical virus* リンゴ小球形潜在ウイルス ················· 271
16. *Apple mosaic virus* リンゴモザイクウイルス ······························· 272
17. Apple necrosis virus# リンゴえそウイルス ··································· 274
18. *Apple stem grooving virus* リンゴステムグルービングウイルス ····· 275
19. *Apple stem pitting virus* リンゴステムピッティングウイルス ········ 277
20. Aquilegia necrotic mosaic virus オダマキえそモザイクウイルス ······ 278
21. *Arabis mosaic virus* アラビスモザイクウイルス ·························· 279
22. *Asparagus virus 1* アスパラガスウイルス 1 ································· 280
23. *Asparagus virus 2* アスパラガスウイルス 2 ································· 281
24. *Asparagus virus 3* アスパラガスウイルス 3 ································· 282
25. Aucuba ringspot virus# アオキ輪紋ウイルス ································ 283
26. *Banana bunchy top virus* バナナバンチートップウイルス ··············· 284
27. *Barley mild mosaic virus* オオムギ微斑ウイルス ··························· 286
28. *Barley stripe mosaic virus* ムギ斑葉モザイクウイルス ··················· 287

29	*Barley yellow dwarf virus-PAV*	オオムギ黄萎 PAV ウイルス … 288
30	*Barley yellow mosaic virus*	オオムギ縞萎縮ウイルス … 290
31	*Bean common mosaic virus*	インゲンマメモザイクウイルス … 291
32	*Bean yellow mosaic virus*	インゲンマメ黄斑モザイクウイルス … 293
33	*Beet cryptic virus 1*	ビート潜伏ウイルス 1 … 294
34	*Beet mosaic virus*	ビートモザイクウイルス … 295
35	*Beet necrotic yellow vein virus*	ビートえそ性葉脈黄化ウイルス … 296
36	*Beet pseudoyellows virus*	ビートシュードイエロースウイルス … 298
37	*Beet western yellows virus*	ビート西部萎黄ウイルス … 299
38	*Beet yellows virus*	ビート萎黄ウイルス … 300
39	*Bell pepper endornavirus*	トウガラシエンドルナウイルス … 301
40	*Bidens mottle virus*	センダングサ斑紋ウイルス … 302
41	*Blueberry latent spherical virus*	ブルーベリー小球形潜在ウイルス … 303
42	*Blueberry latent virus*	ブルーベリー潜在ウイルス … 304
43	*Blueberry red ringspot virus*	ブルーベリー赤色輪点ウイルス … 305
44	*Broad bean necrosis virus*	ソラマメえそモザイクウイルス … 306
45	*Broad bean wilt virus 1*	ソラマメウイルトウイルス 1 … 307
46	*Broad bean wilt virus 2*	ソラマメウイルトウイルス 2 … 307
47	*Broad bean yellow ringspot virus*#	ソラマメ黄色輪紋ウイルス … 309
48	*Broad bean yellow vein virus*#	ソラマメ葉脈黄化ウイルス … 310
49	*Burdock mosaic virus*#	ゴボウモザイクウイルス … 311
50	*Burdock mottle virus*	ゴボウ斑紋ウイルス … 312
51	*Burdock rhabdovirus*#	ゴボウラブドウイルス … 313
52	*Burdock yellows virus*	ゴボウ黄化ウイルス … 314
53	*Butterbur mosaic virus*	フキモザイクウイルス … 315
54	*Butterbur rhabdovirus*#	フキラブドウイルス … 316
55	*Cactus virus X*	サボテン X ウイルス … 317
56	*Calanthe mild mosaic virus*	エビネ微斑モザイクウイルス … 318
57	*Calanthe mosaic virus*#	エビネモザイクウイルス … 319
58	*Camellia yellow mottle leaf virus*#	ツバキ斑葉ウイルス … 320
59	*Canna yellow mottle virus*	カンナ黄色斑紋ウイルス … 321
60	*Capsicum chlorosis virus*	トウガラシ退緑ウイルス … 322
61	*Carnation etched ring virus*	カーネーションエッチドリングウイルス … 323
62	*Carnation latent virus*	カーネーション潜在ウイルス … 324
63	*Carnation mottle virus*	カーネーション斑紋ウイルス … 325
64	*Carnation necrotic fleck virus*	カーネーションえそ斑ウイルス … 326
65	*Carnation vein mottle virus*	カーネーションベインモットルウイルス … 327
66	*Carrot latent virus*	ニンジン潜在ウイルス … 328
67	*Carrot red leaf virus*	ニンジン黄化ウイルス … 329
68	*Carrot rhabdovirus*#	ニンジンラブドウイルス … 330
69	*Carrot temperate virus 1*	ニンジン潜伏ウイルス 1 … 331
70	*Carrot temperate virus 2*	ニンジン潜伏ウイルス 2 … 331
71	*Carrot temperate virus 3*	ニンジン潜伏ウイルス 3 … 331
72	*Carrot temperate virus 4*	ニンジン潜伏ウイルス 4 … 331
73	*Carrot yellow leaf virus*	ニンジン黄葉ウイルス … 332
74	*Cauliflower mosaic virus*	カリフラワーモザイクウイルス … 333
75	*Celery mosaic virus*	セルリーモザイクウイルス … 334
76	*Cereal yellow dwarf virus-RPS*	ムギ類黄萎 RPS ウイルス … 335

77	*Cherry green ring mottle virus*	チェリー緑色輪紋ウイルス ································ 336
78	*Cherry leaf roll virus*	チェリー葉巻ウイルス ···································· 337
79	*Cherry necrotic rusty mottle virus*	チェリーえそさび斑ウイルス ···························· 338
80	*Cherry virus A*	チェリー A ウイルス ····································· 339
81	*Chinese artichoke mosaic virus*	チョロギモザイクウイルス ······························ 340
82	*Chinese wheat mosaic virus*	コムギモザイクウイルス ································· 341
83	*Chinese yam necrotic mosaic virus*	ヤマノイモえそモザイクウイルス ····················· 342
84	Chrysanthemum stem necrosis virus	キク茎えそウイルス ······································· 343
85	*Chrysanthemum virus B*	キク B ウイルス ··· 344
86	*Citrus leaf rugose virus*	カンキツリーフルゴースウイルス ····················· 345
87	*Citrus psorosis virus*	カンキツソローシスウイルス ··························· 346
88	*Citrus tristeza virus*	カンキツトリステザウイルス ··························· 347
89	Citrus vein enation virus#	カンキツベインエネーションウイルス ················ 349
90	Citrus yellow mottle virus#	カンキツ黄色斑葉ウイルス ······························ 350
91	*Clover yellow vein virus*	クローバ葉脈黄化ウイルス ······························ 351
92	Clover yellows virus	クローバ萎黄ウイルス ···································· 352
93	*Cocksfoot mottle virus*	コックスフット斑紋ウイルス ··························· 353
94	Colmanara mottle virus#	コルマナラえそ斑紋ウイルス ··························· 354
95	*Colombian datura virus*	チョウセンアサガオコロンビアウイルス ············ 355
96	*Cucumber green mottle mosaic virus*	スイカ緑斑モザイクウイルス ··························· 356
97	*Cucumber mosaic virus*	キュウリモザイクウイルス ······························ 358
98	*Cucumber mottle virus*	キュウリ斑紋ウイルス ···································· 360
99	Cucurbit chlorotic yellows virus	ウリ類退緑黄化ウイルス ································· 361
100	*Cycas necrotic stunt virus*	ソテツえそ萎縮ウイルス ································· 362
101	Cymbidium chlorotic mosaic virus#	シュンラン退緑斑ウイルス ······························ 364
102	Cymbidium mild mosaic virus#	シンビジウム微斑モザイクウイルス ·················· 365
103	*Cymbidium mosaic virus*	シンビジウムモザイクウイルス ························ 366
104	*Dahlia mosaic virus*	ダリアモザイクウイルス ································· 367
105	*Daphne virus S*	ジンチョウゲ S ウイルス ································ 368
106	*Dasheen mosaic virus*	サトイモモザイクウイルス ······························ 369
107	Dendrobium mosaic virus#	デンドロビウムモザイクウイルス ····················· 370
108	Dendrobium severe mosaic virus#	デンドロビウムシビアモザイクウイルス ············ 371
109	*East Asian passiflora virus*	トケイソウ東アジアウイルス ··························· 372
110	*Eggplant mottled crinkle virus*	ナス斑紋クリンクルウイルス ··························· 373
111	Elder ring mosaic virus#	ニワトコ輪紋モザイクウイルス ························ 374
112	Elder vein clearing virus#	ニワトコ葉脈透明ウイルス ······························ 375
113	Epiphyllum bacilliform virus#	クジャクサボテン桿菌状ウイルス ····················· 376
114	Euonymus mosaic virus#	マサキモザイクウイルス ································· 377
115	*Eupatorium yellow vein mosaic virus*	ヒヨドリバナ葉脈黄化モザイクウイルス ············ 378
116	*Eupatorium yellow vein virus*	ヒヨドリバナ葉脈黄化ウイルス ························ 378
117	*Fig mosaic virus*	イチジクモザイクウイルス ······························ 380
118	Fig virus S#	イチジク S ウイルス ····································· 381
119	*Freesia mosaic virus*	フリージアモザイクウイルス ··························· 382
120	*Freesia sneak virus*	フリージアスニークウイルス ··························· 383
121	Freesia streak virus#	フリージア条斑ウイルス ································· 384
122	Fritillaria mosaic virus#	バイモザイクウイルス ···································· 385
123	Garland chrysanthemum temperate virus#	シュンギク潜伏ウイルス ································· 386
124	*Garlic virus A*	ニンニク A ウイルス ····································· 387

125	*Garlic virus B*	ニンニク B ウイルス	387
126	*Garlic virus C*	ニンニク C ウイルス	387
127	*Garlic virus D*	ニンニク D ウイルス	387
128	*Gentian mosaic virus*	リンドウモザイクウイルス	388
129	*Gerbera symptomless virus*	ガーベラ潜在ウイルス	389
130	*Gloriosa fleck virus*#	グロリオサ白斑ウイルス	390
131	*Gloriosa stripe mosaic virus*	グロリオサ条斑モザイクウイルス	391
132	*Grapevine ajinashika-associated virus*#	ブドウ味無果随伴ウイルス	392
133	*Grapevine Algerian latent virus*	ブドウアルジェリア潜在ウイルス	393
134	*Grapevine berry inner necrosis virus*	ブドウえそ果ウイルス	394
135	*Grapevine corky bark-associated virus*#	ブドウコルキーバーク随伴ウイルス	395
136	*Grapevine fanleaf virus*	ブドウファンリーフウイルス	396
137	*Grapevine fleck virus*	ブドウフレックウイルス	398
138	*Grapevine leafroll-associated virus 1*	ブドウ葉巻随伴ウイルス 1	399
139	*Grapevine leafroll-associated virus 2*	ブドウ葉巻随伴ウイルス 2	399
140	*Grapevine leafroll-associated virus 3*	ブドウ葉巻随伴ウイルス 3	399
141	*Grapevine leafroll-associated virus 4*	ブドウ葉巻随伴ウイルス 4	399
142	*Grapevine leafroll-associated virus 7*	ブドウ葉巻随伴ウイルス 7	399
143	*Grapevine rupestris stem pitting-associated virus*	ブドウステムピッティング随伴ウイルス	403
144	*Grapevine stunt virus*#	ブドウ萎縮ウイルス	404
145	*Grapevine vein mosaic virus*#	ブドウ葉脈モザイクウイルス	405
146	*Grapevine virus A*	ブドウ A ウイルス	406
147	*Grapevine virus B*	ブドウ B ウイルス	406
148	*Grapevine virus E*	ブドウ E ウイルス	406
149	*Habenaria mosaic virus*	サギソウモザイクウイルス	408
150	*Hibiscus chlorotic ringspot virus*	ハイビスカス退緑輪点ウイルス	409
151	*Hibiscus latent Fort Pierce virus*	ハイビスカス潜在フォートピアスウイルス	410
152	*Hibiscus yellow mosaic virus*#	ハイビスカス黄斑ウイルス	411
153	*Hippeastrum mosaic virus*	アマリリスモザイクウイルス	412
154	*Honeysuckle yellow vein Kagoshima virus*	スイカズラ葉脈黄化鹿児島ウイルス	413
155	*Honeysuckle yellow vein mosaic virus*	スイカズラ葉脈黄化モザイクウイルス	413
156	*Honeysuckle yellow vein virus*	スイカズラ葉脈黄化ウイルス	413
157	*Hop latent virus*	ホップ潜在ウイルス	415
158	*Hop mosaic virus*	ホップモザイクウイルス	416
159	*Hosta virus X*	ギボウシ X ウイルス	417
160	*Impatiens latent virus*#	インパチエンス潜在ウイルス	418
161	*Impatiens necrotic spot virus*	インパチエンスえそ斑点ウイルス	419
162	*Iris mild mosaic virus*	アイリス微斑モザイクウイルス	420
163	*Iris yellow spot virus*	アイリス黄斑ウイルス	421
164	*Japanese iris necrotic ring virus*	ハナショウブえそ輪紋ウイルス	422
165	*Japanese soil-borne wheat mosaic virus*	ムギ類萎縮ウイルス	423
166	*Japanese yam mosaic virus*	ヤマノイモモザイクウイルス	424
167	*Konjac mosaic virus*	コンニャクモザイクウイルス	425
168	*Kyuri green mottle mosaic virus*	キュウリ緑斑モザイクウイルス	426
169	*Leek yellow stripe virus*	リーキ黄色条斑ウイルス	428
170	*Leek yellows virus*#	リーキ黄化ウイルス	429
171	*Lettuce big-vein associated virus*	レタスビッグベイン随伴ウイルス	430

172	*Lettuce mosaic virus*	レタスモザイクウイルス	432
173	*Lilac ringspot virus*#	ライラック輪紋ウイルス	433
174	*Lily mottle virus*	ユリ微斑ウイルス	434
175	*Lily symptomless virus*	ユリ潜在ウイルス	435
176	*Lily virus T*#	ユリTウイルス	436
177	*Lily virus X*	ユリXウイルス	437
178	*Lisianthus necrotic stunt virus*#	トルコギキョウえそ萎縮ウイルス	438
179	*Little cherry virus 1*	リトルチェリーウイルス1	439
180	*Little cherry virus 2*	リトルチェリーウイルス2	439
181	*Lotus streak virus*	ハス条斑ウイルス	441
182	*Maize dwarf mosaic virus*	トウモロコシ萎縮モザイクウイルス	442
183	*Malvastrum enation virus*#	エノキアオイひだ葉ウイルス	443
184	*Melon mild mottle virus*	メロン微斑ウイルス	444
185	*Melon necrotic spot virus*	メロンえそ斑点ウイルス	445
186	*Melon vein yellowing virus*#	メロン葉脈黄化ウイルス	446
187	*Melon yellow spot virus*	メロン黄化えそウイルス	447
188	*Melothria mottle virus*#	スズメウリ斑紋ウイルス	448
189	*Mibuna temperate virus*#	ミブナ潜伏ウイルス	449
190	*Milk vetch dwarf virus*	レンゲ萎縮ウイルス	450
191	*Mirafiori lettuce big-vein virus*	レタスビッグベインミラフィオリウイルス	452
192	*Miscanthus streak virus*	オギ条斑ウイルス	453
193	*Moroccan pepper virus*	トウガラシモロッコウイルス	454
194	*Mulberry latent virus*	クワ潜在ウイルス	455
195	*Mulberry ringspot virus*	クワ輪紋ウイルス	456
196	*Narcissus latent virus*	スイセン潜在ウイルス	457
197	*Narcissus mild mottle virus*#	スイセン微斑モザイクウイルス	458
198	*Narcissus mosaic virus*	スイセンモザイクウイルス	459
199	*Narcissus yellow stripe virus*	スイセン黄色条斑ウイルス	460
200	*Nemesia ring necrosis virus*	ネメシア輪紋えそウイルス	461
201	*Nerine latent virus*	ネリネ潜在ウイルス	462
202	*Nerine virus X*	ネリネXウイルス	463
203	*Northern cereal mosaic virus*	ムギ北地モザイクウイルス	464
204	*Odontoglossum ringspot virus*	オドントグロッサム輪点ウイルス	465
205	*Olive latent virus 1*	オリーブ潜在ウイルス1	466
206	*Olive mild mosaic virus*	オリーブ微斑ウイルス	467
207	*Onion yellow dwarf virus*	タマネギ萎縮ウイルス	468
208	*Orchid fleck virus*#	ランえそ斑紋ウイルス	469
209	*Ornithogalum mosaic virus*	オーニソガラムモザイクウイルス	470
210	*Ornithogalum virus 2*	オーニソガラム条斑モザイクウイルス	470
211	*Ornithogalum virus 3*	オーニソガラムえそモザイクウイルス	470
212	*Oryza sativa endornavirus*	イネエンドルナウイルス	472
213	*Papaya leaf distortion mosaic virus*	パパイア奇形葉モザイクウイルス	473
214	*Papaya ringspot virus*	パパイア輪点ウイルス	474
215	*Paprika mild mottle virus*	パプリカ微斑ウイルス	475
216	*Passiflora latent virus*	トケイソウ潜在ウイルス	476
217	*Patchouli mottle virus*#	パチョリ斑紋ウイルス	477
218	*Pea seed-borne mosaic virus*	エンドウ種子伝染モザイクウイルス	478
219	*Pea stem necrosis virus*	エンドウ茎えそウイルス	479

220	Peach enation virus#	モモひだ葉ウイルス …………………………… 480
221	Peach yellow leaf virus#	モモ黄葉ウイルス ………………………………… 481
222	Peach yellow mosaic virus#	モモ斑葉モザイクウイルス …………………… 482
223	*Peanut mottle virus*	ラッカセイ斑紋ウイルス ……………………… 483
224	*Peanut stunt virus*	ラッカセイ矮化ウイルス ……………………… 484
225	Pear ring pattern mosaic virus#	ナシ輪紋モザイクウイルス …………………… 486
226	Pear ringspot virus#	ナシ輪点ウイルス ………………………………… 487
227	*Pepper cryptic virus 1*	トウガラシ潜伏ウイルス 1 …………………… 488
228	*Pepper cryptic virus 2*	トウガラシ潜伏ウイルス 2 …………………… 488
229	*Pepper mild mottle virus*	トウガラシ微斑ウイルス ……………………… 489
230	*Pepper mottle virus*	トウガラシ斑紋ウイルス ……………………… 491
231	*Pepper vein yellows virus*	トウガラシ葉脈黄化ウイルス ………………… 492
232	Perilla mottle virus#	シソ斑紋ウイルス ………………………………… 493
233	*Petunia vein clearing virus*	ペチュニア葉脈透化ウイルス ………………… 494
234	*Plantago asiatica mosaic virus*	オオバコモザイクウイルス …………………… 495
235	Pleioblastus mosaic virus#	アズマネザサモザイクウイルス ……………… 496
236	Plum line pattern virus#	スモモ黄色網斑ウイルス ……………………… 497
237	*Plum pox virus*	ウメ輪紋ウイルス ………………………………… 498
238	*Poinsettia mosaic virus*	ポインセチアモザイクウイルス ……………… 499
239	*Potato aucuba mosaic virus*	ジャガイモ黄斑モザイクウイルス …………… 500
240	*Potato leafroll virus*	ジャガイモ葉巻ウイルス ……………………… 501
241	*Potato mop-top virus*	ジャガイモモップトップウイルス …………… 503
242	*Potato virus A*	ジャガイモ A ウイルス ………………………… 505
243	*Potato virus M*	ジャガイモ M ウイルス ………………………… 506
244	*Potato virus S*	ジャガイモ S ウイルス ………………………… 507
245	*Potato virus X*	ジャガイモ X ウイルス ………………………… 508
246	*Potato virus Y*	ジャガイモ Y ウイルス ………………………… 509
247	*Prune dwarf virus*	プルーン萎縮ウイルス ………………………… 510
248	*Prunus necrotic ringspot virus*	プルヌスえそ輪点ウイルス …………………… 511
249	Prunus virus S#	モモ S ウイルス ………………………………… 513
250	Quince sooty ring spot virus#	マルメロすす輪点ウイルス …………………… 514
251	*Radish mosaic virus*	ダイコンモザイクウイルス …………………… 515
252	*Radish yellow edge virus*	ダイコン葉縁黄化ウイルス …………………… 516
253	*Ranunculus mild mosaic virus*	ラナンキュラス微斑モザイクウイルス ……… 517
254	Ranunculus mottle virus#	ラナンキュラス斑紋ウイルス ………………… 518
255	*Raspberry bushy dwarf virus*	ラズベリー黄化ウイルス ……………………… 519
256	Reed canary mosaic virus#	クサヨシモザイクウイルス …………………… 520
257	*Rehmannia mosaic virus*	ジオウモザイクウイルス ……………………… 521
258	Rehmannia virus X#	ジオウ X ウイルス ……………………………… 522
259	Rembrandt tulip breaking virus#	チューリップブレーキングレンブラントウイルス …… 523
260	Rhubarb temperate virus#	ダイオウ潜伏ウイルス ………………………… 524
261	*Rice black streaked dwarf virus*	イネ黒すじ萎縮ウイルス ……………………… 525
262	*Rice dwarf virus*	イネ萎縮ウイルス ………………………………… 526
263	*Rice grassy stunt virus*	イネグラッシースタントウイルス …………… 528
264	*Rice necrosis mosaic virus*	イネえそモザイクウイルス …………………… 529
265	*Rice ragged stunt virus*	イネラギッドスタントウイルス ……………… 530
266	*Rice stripe virus*	イネ縞葉枯ウイルス …………………………… 532
267	*Rice tungro spherical virus*	イネ矮化ウイルス ………………………………… 533

268	*Rice yellow stunt virus*	イネ黄葉ウイルス …… 534
269	*Rudbeckia mosaic virus*#	ルドベキアモザイクウイルス …… 535
270	*Ryegrass mosaic virus*	ライグラスモザイクウイルス …… 536
271	*Ryegrass mottle virus*	ライグラス斑紋ウイルス …… 537
272	*Sammon's Opuntia virus*	ウチワサボテンサモンズウイルス …… 538
273	*Santosai temperate virus*#	サントウサイ潜伏ウイルス …… 539
274	*Satsuma dwarf virus*	温州萎縮ウイルス …… 540
275	*Shallot latent virus*	シャロット潜在ウイルス …… 541
276	*Shallot virus X*	シャロット X ウイルス …… 542
277	*Shallot yellow stripe virus*	シャロット黄色条斑ウイルス …… 543
288	*Siegesbeckia orientalis yellow vein virus*#	ツクシメナモミ葉脈黄化ウイルス …… 544
279	*Sikte waterborne virus*	シクテウォーターボーンウイルス …… 545
280	*Soil-borne wheat mosaic virus*	コムギ萎縮ウイルス …… 546
281	*Sorghum mosaic virus*	ソルガムモザイクウイルス …… 547
282	*Southern bean mosaic virus*	インゲンマメ南部モザイクウイルス …… 548
283	*Southern potato latent virus*#	ジャガイモ南部潜在ウイルス …… 549
284	*Southern rice black streaked dwarf virus*	イネ南方黒すじ萎縮ウイルス …… 550
285	*Sowbane mosaic virus*	アカザモザイクウイルス …… 551
286	*Soybean chlorotic mottle virus*	ダイズ退緑斑紋ウイルス …… 552
287	*Soybean dwarf virus*	ダイズ矮化ウイルス …… 553
288	*Soybean leaf rugose mosaic virus*#	ダイズ縮葉モザイクウイルス …… 554
289	*Soybean mosaic virus*	ダイズモザイクウイルス …… 555
290	*Spinach temperate virus*	ホウレンソウ潜伏ウイルス …… 556
291	*Squash mosaic virus*	スカッシュモザイクウイルス …… 557
292	*Strawberry crinkle virus*	イチゴクリンクルウイルス …… 558
293	*Strawberry latent C virus*#	イチゴ潜在 C ウイルス …… 559
294	*Strawberry mild yellow edge virus*	イチゴマイルドイエローエッジウイルス …… 560
295	*Strawberry mottle virus*	イチゴ斑紋ウイルス …… 561
296	*Strawberry pseudo mild yellow edge virus*	イチゴシュードマイルドイエローエッジウイルス …… 562
297	*Strawberry vein banding virus*	イチゴベインバンディングウイルス …… 563
298	*Sugarcane mosaic virus*	サトウキビモザイクウイルス …… 564
299	*Sweet potato feathery mottle virus*	サツマイモ斑紋モザイクウイルス …… 565
300	*Sweet potato latent virus*	サツマイモ潜在ウイルス …… 566
301	*Sweet potato leaf curl Japan virus*	サツマイモ葉巻日本ウイルス …… 567
302	*Sweet potato leaf curl virus*	サツマイモ葉巻ウイルス …… 567
303	*Sweet potato shukuyo mosaic virus*#	サツマイモ縮葉モザイクウイルス …… 569
304	*Sweet potato symptomless virus*#	サツマイモシンプトムレスウイルス …… 570
305	*Sweet potato virus G*	サツマイモ G ウイルス …… 571
306	*Tobacco leaf curl Japan virus*	タバコ巻葉日本ウイルス …… 572
307	*Tobacco mild green mosaic virus*	タバコ微斑モザイクウイルス …… 574
308	*Tobacco mosaic virus*	タバコモザイクウイルス …… 576
309	*Tobacco necrosis virus D*	タバコえそ D ウイルス …… 578
310	*Tobacco necrotic dwarf virus*	タバコえそ萎縮ウイルス …… 579
311	*Tobacco rattle virus*	タバコ茎えそウイルス …… 580
312	*Tobacco ringspot virus*	タバコ輪点ウイルス …… 581
313	*Tobacco streak virus*	タバコ条斑ウイルス …… 582
314	*Tobacco vein banding mosaic virus*	タバコ脈緑モザイクウイルス …… 583
315	*Tomato aspermy virus*	トマトアスパーミィウイルス …… 584

316	*Tomato black ring virus*	トマト黒色輪点ウイルス … 586
317	*Tomato bushy stunt virus*	トマトブッシースタントウイルス … 587
318	*Tomato chlorosis virus*	トマト退緑ウイルス … 588
319	*Tomato curly top virus*#	トマトカーリートップウイルス … 589
320	*Tomato infectious chlorosis virus*	トマトインフェクシャスクロロシスウイルス … 590
321	*Tomato mosaic virus*	トマトモザイクウイルス … 591
322	*Tomato ringspot virus*	トマト輪点ウイルス … 592
323	*Tomato spotted wilt virus*	トマト黄化えそウイルス … 593
324	*Tomato vein clearing virus*#	トマト葉脈透化ウイルス … 595
325	*Tomato yellow leaf curl virus*	トマト黄化葉巻ウイルス … 596
326	*Tulip mild mottle mosaic virus*	チューリップ微斑モザイクウイルス … 597
327	*Tulip mosaic virus*	チューリップモザイクウイルス … 598
328	*Tulip necrosis virus*#	チューリップえそウイルス … 599
329	*Tulip streak virus*#	チューリップ条斑ウイルス … 600
330	*Tulip virus X*	チューリップ X ウイルス … 601
331	*Turnip mosaic virus*	カブモザイクウイルス … 602
332	*Turnip yellow mosaic virus*	カブ黄化モザイクウイルス … 604
333	*Vicia cryptic virus*	ソラマメ潜伏ウイルス … 605
334	*Wasabi latent virus*#	ワサビ潜在ウイルス … 606
335	*Wasabi mottle virus*	ワサビ斑紋ウイルス … 607
336	*Wasabi rhabdovirus*#	ワサビラブドウイルス … 608
337	*Watermelon mosaic virus*	スイカモザイクウイルス … 609
338	*Watermelon silver mottle virus*	スイカ灰白色斑紋ウイルス … 611
339	*Wheat mottle dwarf virus*#	コムギ斑紋萎縮ウイルス … 612
340	*Wheat yellow leaf virus*	コムギ黄葉ウイルス … 613
341	*Wheat yellow mosaic virus*	コムギ縞萎縮ウイルス … 614
342	*White clover cryptic virus 1*	シロクローバ潜伏ウイルス 1 … 615
343	*White clover cryptic virus 2*	シロクローバ潜伏ウイルス 2 … 615
344	*White clover cryptic virus 3*	シロクローバ潜伏ウイルス 3 … 615
345	*White clover mosaic virus*	シロクローバモザイクウイルス … 617
346	*Yam mild mosaic virus*	ヤマノイモ微斑ウイルス … 618
347	*Youcai mosaic virus*	アブラナモザイクウイルス … 619
348	*Zoysia mosaic virus*#	シバモザイクウイルス … 621
349	*Zucchini yellow mosaic virus*	ズッキーニ黄斑モザイクウイルス … 622

ウイロイド

1	*Apple dimple fruit viroid*	リンゴくぼみ果ウイロイド … 623
2	*Apple fruit crinkle viroid*	リンゴゆず果ウイロイド … 624
3	*Apple scar skin viroid*	リンゴさび果ウイロイド … 625
4	*Australian grapevine viroid*	ブドウオーストラリアウイロイド … 626
5	*Chrysanthemum chlorotic mottle viroid*	キク退緑斑紋ウイロイド … 627
6	*Chrysanthemum stunt viroid*	キク矮化ウイロイド … 628
7	*Citrus bark cracking viroid*	カンキツバーククラッキングウイロイド … 629
8	*Citrus bent leaf viroid*	カンキツベントリーフウイロイド … 630
9	*Citrus dwarfing viroid*	カンキツ矮化ウイロイド … 631
10	*Citrus exocortis viroid*	カンキツエクソコーティスウイロイド … 632
11	*Citrus viroid V*	カンキツウイロイド V … 633
12	*Citrus viroid VI*	カンキツウイロイド VI … 634

13	*Coleus blumei viroid 1*	コリウスウイロイド1	635
14	Coleus blumei viroid 6	コリウスウイロイド6	636
15	*Grapevine yellow speckle viroid 1*	ブドウ黄色斑点ウイロイド1	637
16	*Hop latent viroid*	ホップ潜在ウイロイド	638
17	*Hop stunt viroid*	ホップ矮化ウイロイド	639
18	*Peach latent mosaic viroid*	モモ潜在モザイクウイロイド	640
19	*Pear blister canker viroid*	ナシブリスタキャンカーウイロイド	641
20	*Persimmon latent viroid*	カキ潜在ウイロイド	642
21	*Potato spindle tuber viroid*	ジャガイモやせいもウイロイド	643
22	*Tomato chlorotic dwarf viroid*	トマト退緑萎縮ウイロイド	644

サテライト

1	Tobacco necrosis satellite virus	タバコえそサテライトウイルス	645
2	Ageratum yellow vein betasatellite	カッコウアザミ葉脈黄化ベータサテライト	646
3	Eupatorium yellow vein betasatellite	ヒヨドリバナ葉脈黄化ベータサテライト	647
4	Honeysuckle yellow vein mosaic betasatellite	スイカズラ葉脈黄化モザイクベータサテライト	648
5	Tobacco leaf curl Japan betasatellite	タバコ巻葉日本ベータサテライト	649
6	Arabis mosaic virus satellite RNA	アラビスモザイクウイルスサテライトRNA	650
7	Cucumber mosaic virus satellite RNA	キュウリモザイクウイルスサテライトRNA	651
8	Grapevine fanleaf virus satellite RNA	ブドウファンリーフウイルスサテライトRNA	652
9	Peanut stunt virus satellite RNA	ラッカセイ矮化ウイルスサテライトRNA	653
10	Tobacco ringspot virus sattelite RNA	タバコ輪点ウイルスサテライトRNA	654
11	Tomato black ring virus satellite RNA	トマト黒色輪点ウイルスサテライトRNA	655
12	Tomato bushy stunt virus sattelite RNA	トマトブッシースタントウイルスサテライトRNA	656

第4編　植物ウイルス学用語集 ……… 657

主要参考文献 ……… 825

索　引

ウイルス・ウイロイド分類群学名和名対照索引 ……… 830
ウイルス・ウイロイド種学名和名対照索引 ……… 832
ウイルス・ウイロイド分類群和名学名対照索引 ……… 846
ウイルス・ウイロイド種和名学名対照索引 ……… 848
自然宿主植物和名索引 ……… 854
植物ウイルス学用語英和索引 ……… 858

付　録

核酸の構成成分 ……… 905
アミノ酸略号表 ……… 905
遺伝暗号表 ……… 905

凡　　例

　本書は，主として Virus Taxonomy：9th Report of ICTV（ICTV 9th Report；2012）およびその一部を増補改訂した ICTV Virus Taxonomy List（2012, 2013, 2014）（インターネット版），DPVweb 最新版ならびに日本植物病理学会植物ウイルス分類委員会が作成した「日本に発生する植物ウイルス・ウイロイド（2012）」に準拠して，植物ウイルスの分類に関する最新の情報をとりまとめたものである．

I．項目の配列
(1) 第2編 植物ウイルスとウイロイドの分類では，ICTV 9th Report および ICTV Virus Taxonomy List（2012, 2013, 2014）による正式のウイルス分類群をゲノム核酸の種類別に目，亜目，科，亜科および属の分類階級順に配列した．
(2) 第3編 日本の植物ウイルスとウイロイドでは，日本に発生するウイルス種を学名のアルファベット順に配列した．
(3) 第4編 植物ウイルス学用語集では，関連する専門用語を五十音順に配列し，（　）内にその語の英訳を示した．アルファベットを含む用語については，慣例的な読みに従い，そうでないものは表音に従って配列した．見出し語が同じで意味が異なる場合には，［1］，［2］などによって区別した．→はその語の説明がある見出し語あるいは関連項目の見出し語を示す．

II．ウイルス名の表記
(1) ウイルスの分類群名および種名は ICTV で定めた正式の学名の後に，日本植物病理学会植物ウイルス分類委員会で定めた正式の和名を示し，種名ではさらに（　）あるいは：で略称を付した．日本で未発生のウイルス種については和名はない．
(2) ウイルス種名のうち，イタリックで表記したものは ICTV 認定種，ローマンで表記したものは ICTV 暫定種，#印を付したものは ICTV 未認定種，†印を付したものは旧称の異名であることを示す．

III．記載事項の補足説明
(1) 分類基準
　　当該の科・属に共通する特徴的な性状を掲げた．
(2) 科・属の構成
　　当該の科を構成するウイルス属あるいは当該の属を構成するウイルス種を示した．科を構成するウイルス属のうち，植物ウイルスが含まれない属については学名だけを示し，独立した項目は設けていない．属の構成のうち，和名のウイルス種は日本に発生するウイルス，学名だけのウイルス種は日本で未発生のウイルスを示す．
(3) 初 記 載
　　原則として世界での初記載，国内での初記載の順に；で区切って示した．世界での初記載については ICTVdB や DPVweb などの情報により，国内初記載については原則として日本植物病名目録 第2版（2012）に従った．
(4) 異　　名
　　ICTVdB や DPVweb などの情報により，正式の学名が確定される以前に用いられていた旧称を示した．現在，正式の名称としては用いない．

(5) 粒　子

原則として感染に必要なウイルス粒子の形態と種類数を示した．外観の形態が同一でも含まれる分節ゲノムが異なる場合は別種の粒子とする．中空粒子は数にいれない．形態について，第2, 3編では，球状，双球状，桿菌状，弾丸状，棒状，ひも状，糸状などの用語に統一し，原則として正二十面体状などの用語は用いない．成分については粒子を構成する核酸，タンパク質などを示した．

(6) ゲノム

ゲノム核酸の種類，分節数，塩基長，ORF数，遺伝子構造などを，当該の原著，DPVweb Sequencesおよび EMBL（EBI）データベースなどに基づいて示した．ORFのうち，ORF1a/1bのようにリードスルーあるいはフレームシフトなどによって読まれるORFを含むORFを，全体で何個のORFとして数えるかは，現在，ウイルスの科によって習慣が異なっており，ICTVでも統一されていないが，本書では原則として2個と数える．ゲノムの遺伝子構造は5′端から3′端方向に順に，各ORFを−で，ポリプロテインの場合はその内部の各ドメインを／で，それぞれ区切って示した．

(7) 自然宿主・病徴，宿主域，検定植物

自然宿主として主な宿主の種名をあげた．植物の種名などは原則として日本植物病名目録 第2版（2012）に従った．記述の様式は，おおむね，宿主名の後に（　）で主な病徴を示し，宿主によって病徴が異なる場合には，それぞれの宿主を；で区切って示した．自然宿主では，原則として日本植物病名目録 第2版（2012）に登録されている正式な病名も示した．ただし，病名がウイルス病，モザイク病，あるいはウイロイド病などである場合には原則として病名の記載を省略した．

(8) 主要文献

文献の配列は，おおむね，第2編では，当該の科・属のICTV 9th Report記載ページ，ICTVdB（2006）のウイルス分類番号，DPVwebの関連項目，関連の総説，原著などの順に，第3編では，当該のウイルスの初記載文献，ICTV 9th Report記載ページ，ICTVdB（2006）のウイルス分類番号，DPVwebの関連項目，Plant Viruses Online（1996）の記事，関連の総説，原著（年代順）などの順に，それぞれ記載した．なお，本書が準拠したICTV Virus Taxonomy List（2012, 2013, 2014）は原則として第2編，第3編の文献欄には示さなかったが，ICTV Virus Taxonomy List（2013, 2014）で新設あるいは改訂された科・属についてはその点を明示した．また，植物ウイルス学の全般にわたる主要参考文献については第4編の末尾に示した．

(9) その他

第3編で該当の事項に情報がない場合にはその項目を省いた．

植物ウイルス・ウイロイド分類図

一本鎖 DNA (+)/(+/−)

Geminiviridae
  Becurtovirus Curtovirus
  Eragrovirus Mastrevirus
  Topocuvirus Turncurtovirus

  Begomovirus

Nanoviridae
  Babuvirus
  Nanovirus   6〜8 粒子

二本鎖 DNA-RT

Caulimoviridae
  Caulimovirus
  Cavemovirus
  Petuvirus
  Rosadnavirus
  Solendovirus
  Soymovirus

  Badnavirus
  Tungrovirus

一本鎖 RNA-RT

Pseudoviridae
  Pseudovirus
  Sirevirus

Metaviridae
  Metavirus

二本鎖 RNA

100 nm

Amalgaviridae
  Amalgavirus
Endornaviridae
  Endornavirus

Reoviridae
  Fijivirus
  Oryzavirus

Partitiviridae
  Alphapartitivirus
  Betapartitivirus
  Deltapartitivirus

  Phytoreovirus

一本鎖 RNA (−)/(+/−)

[*Mononegavirales*]
Rhabdoviridae
  Cytorhabdovirus
  Nucleorhabdovirus

Bunyaviridae
  Tospovirus

Ophioviridae
  Ophiovirus

科未設定
  Emaravirus

  Tenuivirus

  Varicosavirus

一本鎖 RNA (+)

球状粒子/単ゲノム

Luteoviridae
  Enamovirus
  Luteovirus
  Polerovirus

Tombusviridae
  Alphanecrovirus   Aureusvirus
  Avenavirus   Betanecrovirus
  Carmovirus   Dianthovirus
  Gallantivirus   Macanavirus
  Machlomovirus   Panicovirus
  Tombusvirus   Umbravirus
  Zeavirus

Tymoviridae
  Maculavirus
  Marafivirus
  Tymovirus

Secoviridae
  Sequivirus
  Waikavirus

科未設定
  Polemovirus
  Sobemovirus

球状〜桿菌状粒子/2〜3分節ゲノム

[*Picornavirales*]
  Comovirus
  Fabavirus
  Nepovirus

  Cheravirus
  Sadwavirus
  Torradovirus

科未設定
  Idaeovirus

  Cilevirus
  Higrevirus

ひも状粒子/1〜2分節ゲノム

[*Tymovirales*]
Alphaflexiviridae
  Allexivirus Lolavirus Mandarivirus Potexvirus

Betaflexiviridae
  Capillovirus Carlavirus Citrivirus Foveavirus
  Tepovirus   Trichovirus Vitivirus

Closteroviridae
  Ampelovirus Closterovirus Velarivirus

  Crinivirus

Potyviridae
  Brambyvirus Ipomovirus Macluravirus Poacevirus
  Potyvirus   Rymovirus   Tritimovirus

  Bymovirus

棒状粒子/1〜5分節ゲノム

Benyviridae
  Benyvirus

Virgaviridae
  Furovirus
  Hordeivirus
  Pecluvirus
  Pomovirus
  Tobamovirus
  Tobravirus

球状〜桿菌状粒子/3分節ゲノム

Bromoviridae
  Alfamovirus Anulavirus Bromovirus
  Oleavirus   Cucumovirus Ilarvirus

科未設定
  Ourmiavirus

ウイロイド

Avsunviroidae
  Avsunviroid Elaviroid Pelamoviroid

Pospiviroidae
  Apscaviroid Cocadviroid Coleviroid Hostuviroid Pospiviroid

*ICTV9次報告書および ICTV 分類リスト (2012, 2013, 2014) による.

植物ウイルス・ウイロイド分類表

ゲノムタイプ	目	科	亜科	属	タイプ種	種数 9R	種数 14
ssDNA(+)/ (+/−)	未設定	Geminiviridae		Becurtovirus	Beet curly top Iran virus	—	2
				Curtovirus	Beet curly top virus	7	3
				Eragrovirus	Eragrostis curvula streak virus	—	1
				Mastrevirus	Maize streak virus	14	29
				Topocuvirus	Tomato pseudo-curly top virus	1	1
				Turncurtovirus	Turnip curly top virus	—	1
				Begomovirus	Bean golden mosaic virus	192	288
		Nanoviridae		Babuvirus	Banana bunchy top virus	3	3
				Nanovirus	Subterranean clover stunt virus	5	6
				未設定		1	1
dsDNA-RT	未設定	Caulimoviridae		Caulimovirus	Cauliflower mosaic virus	8	10
				Cavemovirus	Cassava vein mosaic virus	2	2
				Petuvirus	Petunia vein clearing virus	1	1
				Rosadnavirus	Rose yellow vein virus	—	10
				Solendovirus	Tobacco vein clearing virus	—	2
				Soymovirus	Soybean chlorotic mottle virus	3	4
				Badnavirus	Commelina yellow mottle virus	18	32
				Tungrovirus	Rice tungro bacilliform virus	1	1
ssRNA-RT	未設定	Metaviridae		Metavirus	Saccharomyces cerevisiae Ty3 virus	3	3
		Pseudoviridae		Pseudovirus	Saccharomyces cerevisiae Ty1 virus	16	16
				Sirevirus	Glycine max SIRE1 virus	6	5
				未設定		1	1
dsRNA	未設定	Amalgaviridae		Amalgavirus	Southern tomato virus	—	4
		Endornaviridae		Endornavirus	Vicia faba endornavirus	4	6
		Partitiviridae		Alphapartitivirus	White clover cryptic virus 1	—	5
				Betapartitivirus	Atkinsonella hypoxylon virus	—	7
				Deltapartitivirus	Pepper cryptic virus 1	—	5
				未設定		—	12
		Reoviridae	Spinareovirinae	Fijivirus	Fiji disease virus	7	7
				Oryzavirus	Rice ragged stunt virus	2	2
			Sedoreovirinae	Phytoreovirus	Wound tumor virus	3	3
ssRNA(−)/ (+/−)	Mononegavirales	Rhabdoviridae		Cytorhabdovirus	Lettuce necrotic yellows virus	9	9
				Nucleorhabdovirus	Potato yellow dwarf virus	9	10
	未設定	Bunyaviridae		Tospovirus	Tomato spotted wilt virus	8	11
		Ophioviridae		Ophiovirus	Citrus psorosis virus	6	6
		未設定		Emaravirus	European mountain ash ringspot-associated virus	1	5
				Tenuivirus	Rice stripe virus	6	7
				Varicosavirus	Lettuce big-vein associated virus	1	1
ssRNA(+)	Picornavirales	Secoviridae	Comovirinae	Comovirus	Cowpea mosaic virus	15	15
				Fabavirus	Broad bean wilt virus 1	4	5
				Nepovirus	Tobacco ringspot virus	34	36
				Cheravirus	Cherry rasp leaf virus	3	4
				Sadwavirus	Satsuma dwarf virus	1	1
				Torradovirus	Tomato torrado virus	2	3
				Sequivirus	Parsnip yellow fleck virus	3	3
				Waikavirus	Rice tungro spherical virus	3	3
				未設定		3	3
	Tymovirales	Alphaflexiviridae		Allexivirus	Shallot virus X	8	8
				Lolavirus	Lolium latent virus	1	1
				Mandarivirus	Indian citrus ringspot virus	1	2
				Potexvirus	Potato virus X	35	37
				未設定		—	1
		Betaflexiviridae		Capillovirus	Apple stem grooving virus	2	2
				Carlavirus	Carnation latent virus	43	52
				Citrivirus	Citrus leaf blotch virus	1	1
				Foveavirus	Apple stem pitting virus	4	6
				Tepovirus	Potato virus T	—	1
				Trichovirus	Apple chlorotic leaf spot virus	5	7
				Vitivirus	Grapevine virus A	6	9
				未設定		6	9
		Tymoviridae		Maculavirus	Grapevine fleck virus	1	1
				Marafivirus	Maize rayado fino virus	4	7
				Tymovirus	Turnip yellow mosaic virus	25	27
				未設定		—	1

ゲノムタイプ	目	科	亜科	属	タイプ種	種数 9R	種数 14
ssRNA(+)	未設定	<u>Benyviridae</u>		Benyvirus	Beet necrotic yellow vein virus	2	4
		Bromoviridae		Alfamovirus	Alfalfa mosaic virus	1	1
				Oleavirus	Olive latent virus 2	1	1
				Anulavirus	Pelargonium zonate spot virus	1	2
				Bromovirus	Brome mosaic virus	6	6
				Cucumovirus	Cucumber mosaic virus	3	4
				Ilarvirus	Tobacco streak virus	16	19
		Closteroviridae		Ampelovirus	Grapevine leafroll-associated virus 3	8	8
				Closterovirus	Beet yellows virus	9	11
				<u>Velarivirus</u>	Grapevine leafroll-associated virus 7	—	3
				Crinivirus	Lettuce infectious yellows virus	12	13
				未設定		1	4
		Luteoviridae		Enamovirus	Pea enation mosaic virus 1	1	1
				Luteovirus	Barley yellow dwarf virus-PAV	6	8
				Polerovirus	Potato leafroll virus	13	17
				未設定		8	7
		Potyviridae		Brambyvirus	Blackberry virus Y	1	1
				Ipomovirus	Sweet potato mild mottle virus	4	6
				Macluravirus	Maclura mosaic virus	6	6
				<u>Poacevirus</u>	Triticum mosaic virus	—	2
				Potyvirus	Potato virus Y	143	158
				Rymovirus	Ryegrass mosaic virus	3	3
				Tritimovirus	Wheat streak mosaic virus	4	6
				Bymovirus	Barley yellow mosaic virus	6	6
				未設定		3	2
		Tombusviridae		<u>Alphanecrovirus</u>	Tobacco necrosis virus A	—	3
				Aureusvirus	Pothos latent virus	4	4
				Avenavirus	Oat chlorotic stunt virus	1	1
				<u>Betanecrovirus</u>	Tobacco necrosis virus D	—	3
				Carmovirus	Carnation mottle virus	16	19
				Dianthovirus	Carnation ringspot virus	3	3
				<u>Gallantivirus</u>	Galinsoga mosaic virus	—	1
				<u>Macanavirus</u>	Furcraea necrotic streak virus	—	1
				Machlomovirus	Maize chlorotic mottle virus	1	1
				Panicovirus	Panicum mosaic virus	1	3
				Tombusvirus	Tomato bushy stunt virus	17	17
				Umbravirus	Carrot mottle virus	7	7
				<u>Zeavirus</u>	Maize necrotic streak virus	—	1
				未設定		2	7
		Virgaviridae		Furovirus	Soil-borne wheat mosaic virus	5	6
				Hordeivirus	Barley stripe mosaic virus	4	4
				Pecluvirus	Peanut clump virus	2	2
				Pomovirus	Potato mop-top virus	4	4
				Tobamovirus	Tobacco mosaic virus	25	35
				Tobravirus	Tobacco rattle virus	3	3
		未設定		Cilevirus	Citrus leprosis virus C	1	1
				<u>Higrevirus</u>	Hibiscus green spot virus 2	—	1
				Idaeovirus	Raspberry bushy dwarf virus	1	1
				Ourmiavirus	Ourmia melon virus	3	3
				Polemovirus	Poinsettia latent virus	1	1
				Sobemovirus	Southern bean mosaic virus	13	14
Viroid	未設定	Avsunviroidae		Avsunviroid	Avocado sunblotch viroid	1	1
				Elaviroid	Eggplant latent viroid	1	1
				Pelamoviroid	Peach latent mosaic viroid	2	2
		Pospiviroidae		Apscaviroid	Apple scar skin viroid	10	10
				Cocadviroid	Coconut cadang-cadang viroid	4	4
				Coleviroid	Coleus blumei viroid 1	3	3
				Hostuviroid	Hop stunt viroid	1	2
				Pospiviroid	Potato spindle tuber viroid	10	9

* ICTV 9次報告書（2012）および ICTV 分類リスト（2012, 2013, 2014）による．科（亜科）への所属が決定している属群，科未設定の属群ならびに属未定の種群の区分は実線で，粒子形態や分節ゲノム数が異なる属群の区分は点線で示した．また，ICTV 分類リスト（2012, 2013, 2014）で追加された属には下線を付した．

** ICTV 9次報告書（9R）ならびに ICTV 分類リスト（2014）(14) による植物ウイルス・ウイロイドの種数．なお，ICTV 9次報告書には全ウイルス 6目 87科 19亜科 349属 2,285種，植物ウイルス 3目 23科 3亜科 97属 978種が，ICTV 分類リスト（2014）には全ウイルス 7目 104科 23亜科 505属 3,186種，植物ウイルス 3目 25科 3亜科 112属 1,235種が掲載されている．

日本に発生する植物ウイルス・ウイロイドリスト

[ ]：主な旧称異名，？：異同の検討が必要な種

ウイルス

	学 名	略 号	和 名	Family	Genus	備 考
1	*Abutilon mosaic virus*	AbMV	アブチロンモザイクウイルス	*Geminiviridae*	*Begomovirus*	
2	*Aconitum latent virus*	AcLV	トリカブト潜在ウイルス	*Betaflexiviridae*	*Carlavirus*	
3	*Adonis mosaic virus*#	AdMV#	フクジュソウモザイクウイルス	?	?	
4	*Ageratum yellow vein Hualian virus*	AYVHuV	カッコウアザミ葉脈黄化華連ウイルス	*Geminiviridae*	*Begomovirus*	
5	*Ageratum yellow vein virus*	AYVV	カッコウアザミ葉脈黄化ウイルス	*Geminiviridae*	*Begomovirus*	
6	*Alfalfa cryptic virus 1*	ACV-1	アルファルファ潜在ウイルス 1	*Partitiviridae*	Unassigned	[Alfalfa template virus#†]
7	*Alfalfa cryptic virus 2*	ACV-2	アルファルファ潜在ウイルス 2	*Partitiviridae* ?	?	[Alfalfa template virus#†]
8	*Alfalfa mosaic virus*	AMV	アルファルファモザイクウイルス	*Bromoviridae*	*Alfamovirus*	
9	*Alstroemeria mosaic virus*	AlMV	アルストロメリアモザイクウイルス	*Potyviridae*	*Potyvirus*	
10	*Alstromeria virus X*	AlsVX	アルストロメリア X ウイルス	*Alphaflexiviridae*	*Potexvirus*	
11	*Amazon lily mild mottle virus*	ALiMMV	アマゾンユリ微斑ウイルス	*Bromoviridae*	*Anulavirus*	
12	*Amazon lily mosaic virus*	ALiMV	アマゾンユリモザイクウイルス	*Potyviridae*	*Potyvirus*	
13	*Ammi majus latent virus*	AmLV	ドウぜりウドキ潜在ウイルス	*Potyviridae*	*Potyvirus*	
14	*Apple chlorotic leaf spot virus*	ACLSV	リンゴクロロティックリーフスポットウイルス	*Betaflexiviridae*	*Trichovirus*	
15	*Apple latent spherical virus*	ALSV	リンゴ小球形潜在ウイルス	*Secoviridae*	*Cheravirus*	[Pear ring pattern mosaic virus†]
16	*Apple mosaic virus*	ApMV	リンゴモザイクウイルス	*Bromoviridae*	*Ilarvirus*	[Apple russet ring A virus#†（リンゴ輪状さび果 A ウイルス†）]
17	*Apple necrosis virus*#	ANV#	リンゴえそウイルス	*Bromoviridae* ?	*Ilarvirus* ?	
18	*Apple stem grooving virus*	ASGV	リンゴステムグルービングウイルス	*Betaflexiviridae*	*Capillovirus*	[Citrus tatter leaf virus†（カンキツタターリーフウイルス†）]
19	*Apple stem pitting virus*	ASPV	リンゴステムピッティングウイルス	*Betaflexiviridae*	*Foveavirus*	[Pear vein yellows virus†]
20	*Aquilegia necrotic mosaic virus*	ANMV	オダマキえそモザイクウイルス	*Caulimoviridae*	*Caulimovirus*	
21	*Arabis mosaic virus*	ArMV	アラビスモザイクウイルス	*Secoviridae*	*Nepovirus*	
22	*Asparagus virus 1*	AV-1	アスパラガスウイルス 1	*Potyviridae*	*Potyvirus*	
23	*Asparagus virus 2*	AV-2	アスパラガスウイルス 2	*Bromoviridae*	*Ilarvirus*	
24	*Asparagus virus 3*	AV-3	アスパラガスウイルス 3	*Alphaflexiviridae*	*Potexvirus*	
25	*Aucuba ringspot virus*#	AuRV#	アオキ輪紋ウイルス	*Caulimoviridae* ?	*Badnavirus* ?	
26	*Banana bunchy top virus*	BBTV	バナナバンチートップウイルス	*Nanoviridae*	*Babuvirus*	
27	*Barley mild mosaic virus*	BaMMV	オオムギ微斑ウイルス	*Potyviridae*	*Bymovirus*	
28	*Barley stripe mosaic virus*	BSMV	ムギ斑葉モザイクウイルス	*Virgaviridae*	*Hordeivirus*	
29	*Barley yellow dwarf virus–PAV*	BYDV-PAV	オオムギ黄萎 PAV ウイルス	*Luteoviridae*	*Luteovirus*	
30	*Barley yellow mosaic virus*	BaYMV	オオムギ縞萎縮ウイルス	*Potyviridae*	*Bymovirus*	[オオムギマイルドモザイクウイルス#†]
31	*Bean common mosaic virus*	BCMV	インゲンマメモザイクウイルス	*Potyviridae*	*Potyvirus*	[Azuki bean mosaic virus†（アズキモザイクウイルス†），Black-eye cowpea mosaic virus†（ササゲモザイクウイルス†），Dendrobium mosaic virus†（デンドロビウムモザイクウイルス†），Peanut stripe virus†（ラッカセイ斑葉ウイルス†）]
32	*Bean yellow mosaic virus*	BYMV	インゲンマメ黄斑モザイクウイルス	*Potyviridae*	*Potyvirus*	
33	*Beet cryptic virus 1*	BCV-1	ビート潜伏ウイルス 1	*Partitiviridae*	*Alphapartitivirus*	[Beet temperate virus#†]

日本に発生する植物ウイルス・ウイロイドリスト   xxv

	学 名	略 号	和 名	Family	Genus	備 考 [ ]：主な旧称異名，？：異同の検討が必要な種
34	Beet mosaic virus	BtMV	ビートモザイクウイルス	Potyviridae	Potyvirus	
35	Beet necrotic yellow vein virus	BNYVV	ビートえそ性葉脈黄化ウイルス	Benyviridae	Benyvirus	
36	Beet pseudoyellows virus	BPYV	ビートシュードイエローズウイルス	Closteroviridae	Crinivirus	[Cucumber yellows virus[†] (キュウリ黄化ウイルス[†])]
37	Beet western yellows virus	BWYV	ビート西部萎黄ウイルス	Luteoviridae	Polerovirus	
38	Beet yellows virus	BYV	ビート萎黄ウイルス	Closteroviridae	Closterovirus	
39	Bell pepper endornavirus	BPEV	トウガラシエンドルナウイルス	Endornaviridae	Endornavirus	
40	Bidens mottle virus	BiMoV	センダングサ斑紋ウイルス	Potyviridae	Potyvirus	
41	Blueberry latent spherical virus	BLSV	ブルーベリー小球形潜在ウイルス	Secoviridae	Nepovirus	
42	Blueberry latent virus	BBLV	ブルーベリー潜在ウイルス	Amalgaviridae	Amalgavirus	
43	Blueberry red ringspot virus	BRRV	ブルーベリー赤色輪点ウイルス	Caulimoviridae	Soymovirus	
44	Broad bean necrosis virus	BBNV	ソラマメ萎黄ウイルス	Virgaviridae	Pomovirus	
45	Broad bean wilt virus 1	BBWV-1	ソラマメウイルトウイルス 1	Secoviridae	Fabavirus	
46	Broad bean wilt virus 2	BBWV-2	ソラマメウイルトウイルス 2	Secoviridae	Fabavirus	
47	Broad bean yellow ringspot virus[#]	BBYRV[#]	ソラマメ黄色輪紋ウイルス	?	?	
48	Broad bean yellow vein virus[#]	BBYVV[#]	ソラマメ黄葉脈黄化ウイルス	Rhabdoviridae ?	Cytorhabdovirus ?	
49	Burdock mosaic virus[#]	BuMV[#]	ゴボウモザイクウイルス	?	?	
50	Burdock mottle virus	BdMV	ゴボウ斑紋ウイルス	Benyviridae	Benyvirus	
51	Burdock rhabdovirus[#]	BuRV[#]	ゴボウラブドウイルス	Rhabdoviridae ?	Cytorhabdovirus ?	
52	Burdock yellows virus	BuYV	ゴボウ黄化ウイルス	Closteroviridae	Closterovirus	
53	Butterbur mosaic virus	ButMV	フキモザイクウイルス	Betaflexiviridae	Carlavirus	
54	Butterbur rhabdovirus[#]	BuRV[#]	フキラブドウイルス	Rhabdoviridae ?	Nucleorhabdovirus ?	
55	Cactus virus X	CVX	サボテン X ウイルス	Alphaflexiviridae	Potexvirus	
56	Calanthe mild mosaic virus	CaMMV	エビネ微斑モザイクウイルス	Potyviridae	Potyvirus	
57	Calanthe mosaic virus[#]	CaMV[#]	エビネモザイクウイルス	Betaflexiviridae ?	Carlavirus ?	
58	Camellia yellow mottle leaf virus[#]	CYMLV[#]	ツバキ斑葉ウイルス	?	?	Camellia yellow mottle virus[#] ?
59	Canna yellow mottle virus	CaYMV	カンナ黄色斑紋ウイルス	Caulimoviridae	Badnavirus	
60	Capsicum chlorosis virus	CaCV	トウガラシ退緑ウイルス	Bunyaviridae	Tospovirus	
61	Carnation etched ring virus	CERV	カーネーションエッチドリングウイルス	Caulimoviridae	Caulimovirus	
62	Carnation latent virus	CLV	カーネーション潜在ウイルス	Betaflexiviridae	Carlavirus	
63	Carnation mottle virus	CarMV	カーネーション斑紋ウイルス	Tombusviridae	Carmovirus	
64	Carnation necrotic fleck virus	CNFV	カーネーションえそ斑点ウイルス	Closteroviridae	Closterovirus	
65	Carnation vein mottle virus	CVMoV	カーネーションベインモットルウイルス	Potyviridae	Potyvirus	
66	Carrot latent virus	CtLV	ニンジン潜在ウイルス	Rhabdoviridae	Unassigned	
67	Carrot red leaf virus	CtRLV	ニンジン黄化ウイルス	Luteoviridae	Polerovirus	
68	Carrot rhabdovirus[#]	CRV[#]	ニンジンラブドウイルス	Rhabdoviridae ?	Cytorhabdovirus ?	
69	Carrot temperate virus 1	CTeV-1	ニンジン潜状ウイルス 1	Partitiviridae	Unassigned	
70	Carrot temperate virus 2	CTeV-2	ニンジン潜状ウイルス 2	Partitiviridae	Unassigned	
71	Carrot temperate virus 3	CTeV-3	ニンジン潜状ウイルス 3	Partitiviridae	Unassigned	
72	Carrot temperate virus 4	CTeV-4	ニンジン潜状ウイルス 4	Partitiviridae	Unassigned	

[Patchouli mild mosaic virus[†]]

#	学名	略号	和名	Family	Genus	備考 [ ]：主な旧称異名，？：異同の検討が必要な種
73	Carrot yellow leaf virus	CYLV	ニンジン黄葉ウイルス	Closteroviridae	Closterovirus	
74	Cauliflower mosaic virus	CaMV	カリフラワーモザイクウイルス	Caulimoviridae	Caulimovirus	
75	Celery mosaic virus	CeMV	セルリーモザイクウイルス	Potyviridae	Potyvirus	
76	Cereal yellow dwarf virus-RPS	CYDV-RPS	ムギ類黄萎 RPS ウイルス	Luteoviridae	Polerovirus	
77	Cherry green ring mottle virus	CGRMV	チェリー緑色輪紋ウイルス	Betaflexiviridae	Unassigned	
78	Cherry leaf roll virus	CLRV	チェリー葉巻ウイルス	Secoviridae	Nepovirus	[チェリーリーフロールウイルス]
79	Cherry necrotic rusty mottle virus	CNRMV	チェリーえそさび斑ウイルス	Betaflexiviridae	Unassigned	
80	Cherry virus A	CVA	チェリーAウイルス	Betaflexiviridae	Capillovirus	
81	Chinese artichoke mosaic virus	ChAMV	チョロギモザイクウイルス	Potyviridae	Potyvirus	
82	Chinese wheat mosaic virus	CWMV	コムギえそモザイクウイルス	Virgaviridae	Furovirus	
83	Chinese yam necrotic mosaic virus	ChYNMV	ヤマノイモえそモザイクウイルス	Potyviridae	Macluravirus	
84	Chrysanthemum stem necrosis virus	CSNV	キク茎えそウイルス	Bunyaviridae	Tospovirus	
85	Chrysanthemum virus B	CVB	キクBウイルス	Betaflexiviridae	Carlavirus	
86	Citrus leaf rugose virus	CiLRV	カンキツリーフルゴースウイルス	Bromoviridae	Ilarvirus	
87	Citrus psorosis virus	CPsV	カンキツソローシスウイルス	Ophioviridae	Ophiovirus	
88	Citrus tristeza virus	CTV	カンキツトリステザウイルス	Closteroviridae	Closterovirus	
89	Citrus vein enation virus[#]	CVEV[#]	カンキツベインエネーションウイルス	?	?	
90	Citrus yellow mottle virus[#]	CYMV[#]	カンキツ黄色斑葉ウイルス	?	?	
91	Clover yellow vein virus	CYVV	クローバ黄脈ウイルス化	Potyviridae	Potyvirus	[Bean yellow mosaic virus-N[†]（インゲンマメ黄斑モザイクウイルス-えそ系統[†]）]
92	Clover yellows virus	CYV	クローバ萎黄ウイルス	Closteroviridae	Closterovirus	
93	Cocksfoot mottle virus	CfMV	コックスフットモットルウイルス	Unassigned	Sobemovirus	[コックスフットモットルウイルス[†]]
94	Colmanara mottle virus[#]	ColMV[#]	コルマナラえそ斑紋ウイルス	?	?	Orchid freck virus ?
95	Colombian datura virus	CDV	チョウセンアサガオコロンビアウイルス	Potyviridae	Potyvirus	[トマト退緑モザイクウイルス[†]]
96	Cucumber green mottle mosaic virus	CGMMV	スイカ緑斑モザイクウイルス	Virgaviridae	Tobamovirus	[Cucumber green mottle mosaic virus-W[†]（キュウリ緑斑モザイクウイルス-スイカ系[†]）]
97	Cucumber mosaic virus	CMV	キュウリモザイクウイルス	Bromoviridae	Cucumovirus	
98	Cucumber mottle virus	CuMoV	キュウリ斑紋ウイルス	Virgaviridae	Tobamovirus	[Soybean stunt virus[*†]（ダイズ萎縮ウイルス[†]）]
99	Cucurbit chlorotic yellows virus	CCYV	ウリ類退緑黄化ウイルス	Closteroviridae	Crinivirus	
100	Cycas necrotic stunt virus	CNSV	ソテツえそ萎縮ウイルス	Secoviridae	Nepovirus	[Soybean mild mosaic virus[*†]（ダイズ微斑モザイクウイルス[†]）]
101	Cymbidium chlorotic mosaic virus[#]	CyCMV[#]	シンビジウム退緑斑ウイルス	Unassigned ?	Sobemovirus ?	
102	Cymbidium mild mosaic virus[#]	CyMMV[#]	シンビジウム微斑モザイクウイルス	Tombusviridae ?	Carmovirus ?	
103	Cymbidium mosaic virus	CymMV	シンビジウムモザイクウイルス	Alphaflexiviridae	Potexvirus	
104	Dahlia mosaic virus	DMV	ダリアモザイクウイルス	Caulimoviridae	Caulimovirus	
105	Daphne virus S	DVS	ジンチョウゲSウイルス	Betaflexiviridae	Carlavirus	
106	Dasheen mosaic virus[#]	DsMV	サトイモモザイクウイルス	Potyviridae	Potyvirus	
107	Dendrobium mosaic virus[#]	DeMV[#]	デンドロビウムモザイクウイルス	Potyviridae ?	Potyvirus ?	Rhopalanthe virus Y ?
108	Dendrobium severe mosaic virus[#]	DeSMV[#]	デンドロビウムシビアモザイクウイルス	Potyviridae ?	Potyvirus ?	

日本に発生する植物ウイルス・ウイロイドリスト   xxvii

	学 名	略 号	和 名	Family	Genus	備 考 [ ]：主な旧称異名，?：異同の検討が必要な種
109	*East Asian passiflora virus*	EAPV	トケイソウ東アジアウイルス	*Potyviridae*	*Potyvirus*	[Passionfruit woodiness virus-Taiwan†, Malaysian passiflora virus†]
110	*Eggplant mottled crinkle virus*	EMCV	ナス斑紋クリンクルウイルス	*Tombusviridae*	*Tombusvirus*	[Lisianthus necrosis virus#† (トルコギキョウえそウイルス†), Pear latent virus†]
111	Elder ring mosaic virus#	ERMV#	ニワトコ輪紋モザイクウイルス	*Betaflexiviridae* ?	*Carlavirus* ?	
112	Elder vein clearing virus#	EVCV#	ニワトコ葉脈透明ウイルス	*Rhabdoviridae* ?	*Nucleorhabdovirus* ?	
113	Epiphyllum bacilliform virus#	EBV#	クジャクサボテン桿菌状ウイルス	*Caulimoviridae* ?	*Badnavirus* ?	
114	*Euonymus mosaic virus*#	EuoMV#	マサキモザイクウイルス	*Rhabdoviridae* ?	*Nucleorhabdovirus* ?	Euonymus fasciation virus ?
115	*Eupatorium yellow vein mosaic virus*	EpYVMV	ヒヨドリバナ葉脈黄化モザイクウイルス	*Geminiviridae*	*Begomovirus*	
116	*Eupatorium yellow vein virus*	EpYVV	ヒヨドリバナ葉脈黄化ウイルス	*Geminiviridae*	*Begomovirus*	
117	*Fig mosaic virus*	FMV	イチジクモザイクウイルス	Unassigned	*Emaravirus*	
118	Fig virus S#	FVS#	イチジクSウイルス	*Betaflexiviridae* ?	*Carlavirus* ?	
119	*Freesia mosaic virus*	FreMV	フリージアモザイクウイルス	*Potyviridae*	*Potyvirus*	
120	*Freesia sneak virus*	FreSV	フリージアスニークウイルス	*Ophioviridae*	*Ophiovirus*	[フリージアストリークウイルス†], *Freesia mosaic virus* ?
121	Freesia streak virus#	FSV#	フリージア条斑ウイルス	?	?	Bean yellow mosaic virus ?
122	Fritillaria mosaic virus#	FriMV#	バイモモザイクウイルス	*Alphaflexiviridae* ?	*Potexvirus* ?	
123	Garland chrysanthemum temperate virus#	GCTV#	シュンギク潜在ウイルス	*Partitiviridae* ?		
124	*Garlic virus A*	GarV-A	ニンニクAウイルス	*Alphaflexiviridae*	*Allexivirus*	
125	*Garlic virus B*	GarV-B	ニンニクBウイルス	*Alphaflexiviridae*	*Allexivirus*	
126	*Garlic virus C*	GarV-C	ニンニクCウイルス	*Alphaflexiviridae*	*Allexivirus*	[Garlic mite-borne mosaic virus#† (ニンニクダニ伝染モザイクウイルス†)]
127	*Garlic virus D*	GarV-D	ニンニクDウイルス	*Alphaflexiviridae*	*Allexivirus*	
128	*Gentian mosaic virus*	GeMV	リンドウモザイクウイルス	*Secoviridae*	*Fabavirus*	
129	*Gerbera symptomless virus*	GeSLV	ガーベラ潜在ウイルス	*Rhabdoviridae*	Unassigned	[Gerbera latent virus†]
130	Gloriosa fleck virus#	GlFV#	グロリオーサ白斑ウイルス	*Rhabdoviridae* ?	*Nucleorhabdovirus* ?	
131	*Gloriosa stripe mosaic virus*	GSMV	グロリオーサ条斑モザイクウイルス	*Potyviridae*	*Potyvirus*	
132	Grapevine ajinashika-associated virus#	GAaV#	ブドウ味無果随伴ウイルス	*Luteoviridae* ?	*Luteovirus* ?	[Grapevine ajinashika virus#† (ブドウ味無果ウイルス†)]
133	*Grapevine Algerian latent virus*	GALV	ブドウアルジェリア潜在ウイルス	*Tombusviridae*	*Tombusvirus*	
134	*Grapevine berry inner necrosis virus*	GINV	ブドウえそ果ウイルス	*Betaflexiviridae*	*Trichovirus*	
135	Grapevine corky bark-associated virus#	GCBaV#	ブドウコルキーバーク随伴ウイルス	*Closteroviridae* ?	?	[Grapevine corky bark virus† (ブドウ葉巻ウイルス†)]
136	*Grapevine fanleaf virus*	GFLV	ブドウファンリーフウイルス	*Secoviridae*	*Nepovirus*	
137	*Grapevine fleck virus*	GFkV	ブドウフレックウイルス	*Tymoviridae*	*Maculavirus*	
138	*Grapevine leafroll-associated virus 1*	GLRaV-1	ブドウ葉巻随伴ウイルス1	*Closteroviridae*	*Ampelovirus*	[Grapevine leafroll virus† (ブドウ葉巻ウイルス†)]
139	*Grapevine leafroll-associated virus 2*	GLRaV-2	ブドウ葉巻随伴ウイルス2	*Closteroviridae*	*Closterovirus*	[Grapevine leafroll virus† (ブドウ葉巻ウイルス†)]
140	*Grapevine leafroll-associated virus 3*	GLRaV-3	ブドウ葉巻随伴ウイルス3	*Closteroviridae*	*Ampelovirus*	[Grapevine leafroll virus† (ブドウ葉巻ウイルス†)]
141	*Grapevine leafroll-associated virus 4*	GLRaV-4	ブドウ葉巻随伴ウイルス4	*Closteroviridae*	*Ampelovirus*	[Grapevine leafroll virus† (ブドウ葉巻ウイルス†)]
142	*Grapevine leafroll-associated virus 7*	GLRaV-7	ブドウ葉巻随伴ウイルス7	*Closteroviridae*	*Velarivirus*	[Grapevine leafroll virus† (ブドウ葉巻ウイルス†)]
143	*Grapevine rupestris stem pitting-associated virus*	GRSPaV	ブドウステムピッティング随伴ウイルス	*Betaflexiviridae*	*Foveavirus*	

学 名	略 号	和 名	Family	Genus	備　考　[ ]：主な旧称異名, ?：異同の検討が必要な種
144　Grapevine stunt virus[#]	GSV	ブドウ萎縮ウイルス	Luteoviridae ?	?	
145　Grapevine vein mosaic virus[#]	GVMV	ブドウ葉脈モザイクウイルス	?	?	[ブドウベインモザイクウイルス[†]]
146　Grapevine virus A	GVA	ブドウ A ウイルス	Betaflexiviridae	Vitivirus	
147　Grapevine virus B	GVB	ブドウ B ウイルス	Betaflexiviridae	Vitivirus	
148　Grapevine virus E	GVE	ブドウ E ウイルス	Betaflexiviridae	Vitivirus	
149　Habenaria mosaic virus	HaMV	サギソウモザイクウイルス	Potyviridae	Potyvirus	[Pecteilis mosaic virus[*†]]
150　Hibiscus chlorotic ring spot virus	HCRSV	ハイビスカス退緑輪点ウイルス	Tombusviridae	Carmovirus	
151　Hibiscus latent Fort Pierce virus	HLFPV	ハイビスカス潜在フォートピアスウイルス	Virgaviridae	Tobamovirus	
152　Hibiscus yellow mosaic virus[#]	HYMV[*]	ハイビスカス黄斑ウイルス	Virgaviridae ?	Tobamovirus ?	Hibiscus latent Fort Pierce virus ?
153　Hippeastrum mosaic virus	HiMV	アマリリスモザイクウイルス	Potyviridae	Potyvirus	[Amaryllis mosaic virus[†]]
154　Honeysuckle yellow vein Kagoshima virus	HYVKgV	スイカズラ葉脈黄化(鹿児島)ウイルス	Geminiviridae	Begomovirus	
155　Honeysuckle yellow vein mosaic virus	HYVMV	スイカズラ葉脈黄化モザイクウイルス	Geminiviridae	Begomovirus	
156　Honeysuckle yellow vein virus	HYVV	スイカズラ葉脈黄化ウイルス	Geminiviridae	Begomovirus	
157　Hop latent virus	HpLV	ホップ潜在ウイルス	Betaflexiviridae	Carlavirus	
158　Hop mosaic virus	HpMV	ホップモザイクウイルス	Betaflexiviridae	Carlavirus	
159　Hosta virus X	HVX	ギボウシ X ウイルス	Alphaflexiviridae	Potexvirus	
160　Impatiens latent virus[#]	ILV[*]	インパチエンス潜在ウイルス	Betaflexiviridae ?	Carlavirus ?	Impatiens latent virus - 米国株 ?
161　Impatiens necrotic spot virus	INSV	インパチエンスえそ斑点ウイルス	Bunyaviridae	Tospovirus	
162　Iris mild mosaic virus[#]	IMMV	アイリス微斑モザイクウイルス	Potyviridae	Potyvirus	[Bulbous iris mosaic virus[†] (球根アイリスモザイクウイルス[†])]
163　Iris yellow spot virus	IYSV	アイリス黄斑ウイルス	Bunyaviridae	Tospovirus	
164　Japanese iris necrotic ring virus	JINRV	ハナショウブえそ輪紋ウイルス	Tombusviridae	Carmovirus	
165　Japanese soil-borne wheat mosaic virus	JSBWMV	ムギ類萎縮ウイルス	Virgaviridae	Furovirus	Soil-borne wheat mosaic virus (コムギ萎縮ウイルス)から独立
166　Japanese yam mosaic virus	JYMV	ヤマノイモモザイクウイルス	Potyviridae	Potyvirus	Yam mosaic virus とは別種
167　Konjac mosaic virus	KoMV	コンニャクモザイクウイルス	Potyviridae	Potyvirus	[Japanese hornwort mosaic virus[†] (ミツバモザイクウイルス[†]), -strain Y[†] (-糸戸系[†]), Zantedeschia mosaic virus[*†] (カラーモザイクウイルス[†])]
168　Kyuri green mottle mosaic virus	KGMMV	キュウリ緑斑モザイクウイルス	Virgaviridae	Tobamovirus	[Cucumber green mottle mosaic virus-strain C[†] (キュウリ緑斑モザイクウイルス-キュウリ系[†]), Garlic mosaic virus[*†] (ニンニクモザイクウイルス[†])]
169　Leek yellow stripe virus	LYSV	リーキ黄色条斑ウイルス	Potyviridae	Potyvirus	
170　Leek yellows virus[#]	LYV[*]	リーキ黄化ウイルス	Luteoviridae ?	?	
171　Lettuce big-vein associated virus	LBVaV	レタスビッグベイン随伴ウイルス	Unassigned	Varicosavirus	[Lettuce big-vein virus[†] (レタスビッグベインウイルス[†]), Tobacco stunt virus[*†] (タバコ萎化ウイルス[†])]
172　Lettuce mosaic virus	LMV	レタスモザイクウイルス	Potyviridae	Potyvirus	
173　Lilac ringspot virus[#]	LiRSV[*]	ライラック輪紋ウイルス	Betaflexiviridae ?	Carlavirus ?	Lilac mottle virus[†]
174　Lily mottle virus	LMoV	ユリ微斑ウイルス	Potyviridae	Potyvirus	[Lily mild mottle virus[*†], Tulip breaking virus-lily strain[†] (チューリップモザイクウイルス-ユリ系[†]), Tulip band breaking virus[*†]]
175　Lily symptomless virus	LSV	ユリ潜在ウイルス	Betaflexiviridae	Carlavirus	
176　Lily virus T[*]	LVT[†]	ユリ T ウイルス	Betaflexiviridae ?	Carlavirus ?	[Alstroemeria latent virus[†], Lily latent virus[†]]
177　Lily virus X	LVX	ユリ X ウイルス	Alphaflexiviridae	Potexvirus	

日本に発生する植物ウイルス・ウイロイドリスト   xxix

	学　名	略　号	和　名	Family	Genus	備　考 [ ]：主な旧称異名，?：異同の検討が必要な種
178	*Lisianthus necrotic stunt virus*#	LiNSV#	トルコギキョウえそ萎縮ウイルス	*Tombusviridae* ?	*Tombusvirus* ?	*Eggplant mottled crinkle virus* ?
179	*Little cherry virus 1*	LChV-1	リトルチェリーウイルス 1	*Closteroviridae*	*Velarivirus*	
180	*Little cherry virus 2*	LChV-2	リトルチェリーウイルス 2	*Closteroviridae*	*Ampelovirus*	
181	*Lotus streak virus*	LoSV	ハス条斑ウイルス	*Rhabdoviridae*	Unassigned	
182	*Maize dwarf mosaic virus*	MDMV	トウモロコシ萎縮モザイクウイルス	*Potyviridae*	*Potyvirus*	
183	*Malvastrum enation virus*#	MEV#	エノキアオイひだ葉ウイルス	*Geminiviridae* ?	*Begomovirus* ?	[エノキアオイエネーションウイルス†], *Malvastrum leaf curl virus* ?
184	*Melon mild mottle virus*	MMMoV	メロン微斑ウイルス	*Tombusviridae*	*Carmovirus*	
185	*Melon necrotic spot virus*	MNSV	メロンえそ斑点ウイルス	*Tombusviridae*	*Carmovirus*	
186	*Melon vein yellowing virus*#	MVYV#	メロン葉脈黄化ウイルス	*Luteoviridae* ?	?	
187	*Melon yellow spot virus*	MYSV	メロン黄化えそウイルス	*Bunyaviridae*	*Tospovirus*	[*Physalis severe mottle virus*#†, *Melon spotted wilt virus*#†]
188	*Melothria mottle virus*#	MeMoV#	スズメウリ斑紋ウイルス	*Potyviridae* ?	*Potyvirus* ?	
189	*Mibuna temperate virus*#	MTV#	ミブナ潜状ウイルス	*Partitiviridae* ?	?	
190	*Milk vetch dwarf virus*	MDV	レンゲ萎縮ウイルス	*Nanoviridae*	*Nanovirus*	
191	*Mirafiori lettuce big-vein virus*	MiLBVV	レタスビッグベインミラフィオリウイルス	*Ophioviridae*	*Ophiovirus*	[*Mirafiori lettuce virus*†]
192	*Miscanthus streak virus*	MiSV	オギ条斑ウイルス	*Geminiviridae*	*Mastrevirus*	
193	*Moroccan pepper virus*	MPV	トウガラシモロッコウイルス	*Tombusviridae*	*Tombusvirus*	
194	*Mulberry latent virus*	MLV	クワ潜在ウイルス	*Betaflexiviridae*	*Carlavirus*	
195	*Mulberry ringspot virus*	MRSV	クワ輪紋ウイルス	*Secoviridae*	*Nepovirus*	
196	*Narcissus latent virus*	NLV	スイセン潜在ウイルス	*Betaflexiviridae* ?	*Macluravirus*	
197	*Narcissus mild mottle virus*#	NMMV#	スイセン微斑モザイクウイルス	*Betaflexiviridae* ?	*Carlavirus* ?	
198	*Narcissus mosaic virus*	NMV	スイセンモザイクウイルス	*Alphaflexiviridae*	*Potexvirus*	
199	*Narcissus yellow stripe virus*	NYSV	スイセン黄色条斑ウイルス	*Potyviridae*	*Potyvirus*	
200	*Nemesia ring necrosis virus*	NeRNV	ネメシア輪えそウイルス	*Tymoviridae*	*Tymovirus*	[ネメシアリングネクロシスウイルス†]
201	*Nerine latent virus*	NeLV	ネリネ潜在ウイルス	*Betaflexiviridae*	*Carlavirus*	[*Hippeastrum latent virus*†, *Narcissus symptomless virus*†]
202	*Nerine virus X*	NVX	ネリネXウイルス	*Alphaflexiviridae*	*Potexvirus*	[ヒメヒガンバナXウイルス†, *Agapanthus virus X*†]
203	*Northern cereal mosaic virus*	NCMV	ムギ北地モザイクウイルス	*Rhabdoviridae*	*Cytorhabdovirus*	
204	*Odontoglossum ringspot virus*	ORSV	オドントグロッサム輪点ウイルス	*Virgaviridae*	*Tobamovirus*	[オドントグロッサムリングスポットウイルス†]
205	*Olive latent virus 1*	OLV-1	オリーブ潜在ウイルス 1	*Tombusviridae*	*Alphanecrovirus*	
206	*Olive mild mosaic virus*	OMMV	オリーブ微斑モザイクウイルス	*Tombusviridae*	*Alphanecrovirus*	[オリーブマイルドモザイクウイルス†]
207	*Onion yellow dwarf virus*	OYDV	タマネギ萎縮ウイルス	*Potyviridae*	*Potyvirus*	[ネギ萎縮ウイルス†]
208	*Orchid fleck virus*#	OFV	ランえそ斑紋ウイルス	Unassigned	Unassigned	
209	*Ornithogalum mosaic virus*	OrMV	オーニソガラムモザイクウイルス	*Potyviridae*	*Potyvirus*	
210	*Ornithogalum virus 2*	OrV-2	オーニソガラム条斑モザイクウイルス	*Potyviridae*	*Potyvirus*	[*Ornithogalum stripe mosaic virus*#†]
211	*Ornithogalum virus 3*	OrV-3	オーニソガラムえそモザイクウイルス	*Potyviridae*	*Potyvirus*	[*Ornithogalum necrotic mosaic virus*#†]
212	*Oryza sativa endornavirua*	OsEV	イネエンドルナウイルス	*Endornaviridae*	*Endornavirus*	
213	*Papaya leaf distortion mosaic virus*	PLDMV	パパイア奇形葉モザイクウイルス	*Potyviridae*	*Potyvirus*	[*Watermelon mosaic virus 1*#†]
214	*Papaya ringspot virus*	PRSV	パパイア輪点ウイルス	*Potyviridae*	*Potyvirus*	
215	*Paprika mild mottle virus*	PaMMV	パプリカ微斑ウイルス	*Virgaviridae*	*Tobamovirus*	[パプリカマイルドモットルウイルス†]

	学　名	略　号	和　名	Family	Genus	備　考　　　[　]：主な旧称異名，？：異同の検討が必要な種
216	*Passiflora latent virus*	PLV	トケイソウ潜在ウイルス	*Betaflexiviridae*	*Carlavirus*	
217	*Patchouli mottle virus*#	PatMoV	パチョリ斑紋ウイルス	*Potyviridae* ?	*Potyvirus* ?	[パチョリモットルウイルス†]
218	*Pea seed-borne mosaic virus*	PSbMV	エンドウ種子伝染モザイクウイルス	*Potyviridae*	*Potyvirus*	
219	*Pea stem necrosis virus*	PSNV	エンドウ茎えそウイルス	*Tombusviridae*	*Carmovirus*	
220	*Peach enation virus*#	PEV#	モモひだ葉ウイルス	?	?	
221	*Peach yellow leaf virus*#	PYLV#	モモ黄葉ウイルス	*Closteroviridae* ?	*Closterovirus* ?	
222	*Peach yellow mosaic virus*#	PYMV#	モモ斑葉モザイクウイルス	?	?	
223	*Peanut mottle virus*	PeMoV	ラッカセイ斑紋ウイルス	*Potyviridae*	*Potyvirus*	
224	*Peanut stunt virus*	PSV	ラッカセイ矮化ウイルス	*Bromoviridae*	*Cucumovirus*	
225	*Pear ring pattern mosaic virus*#	PRPMV#	ナシ輪紋モザイクウイルス	?	?	[ナシリングパターンモザイクウイルス†]
226	*Pear ringspot virus*#	PeRSV#	ナシ輪点ウイルス	*Bromoviridae* ?	*Ilarvirus* ?	
227	*Pepper cryptic virus 1*	PcrV-1	トウガラシ潜状ウイルス 1	*Partitiviridae*	*Deltapartitivirus*	
228	*Pepper cryptic virus 2*	PcrV-2	トウガラシ潜状ウイルス 2	*Partitiviridae*	*Deltapartitivirus*	
229	*Pepper mild mottle virus*	PMMoV	トウガラシ微斑ウイルス	*Virgaviridae*	*Tobamovirus*	[トウガラシマイルドモットルウイルス†, Tobacco mosaic virus-P†' (タバコモザイクウイルス・トウガラシ系統†')]
230	*Pepper mottle virus*	PepMoV	トウガラシ斑紋ウイルス	*Potyviridae*	*Potyvirus*	
231	*Pepper vein yellows virus*	PeVYV	トウガラシ葉脈黄化ウイルス	*Luteoviridae*	*Polerovirus*	
232	*Perilla mottle virus*#	PerMoV#	シソ斑紋ウイルス	*Potyviridae* ?	*Potyvirus* ?	
233	*Petunia vein clearing virus*	PVCV	ペチュニア葉脈透化ウイルス	*Caulimoviridae*	*Petuvirus*	
234	*Plantago asiatica mosaic virus*	PlAMV	オオバコモザイクウイルス	*Alphaflexiviridae*	*Potexvirus*	
235	*Pleioblastus mosaic virus*#	PleMV#	アズマネザサモザイクウイルス	*Potyviridae* ?	*Potyvirus* ?	
236	*Plum line pattern virus*#	PLPV#	スモモ黄色網斑ウイルス	*Bromoviridae* ?	*Ilarvirus* ?	American plum line pattern virus ?
237	*Plum pox virus*	PPV	ウメ輪紋ウイルス	*Potyviridae*	*Potyvirus*	
238	*Poinsettia mosaic virus*	PnMV	ポインセチアモザイクウイルス	*Tymoviridae*	Unassigned	
239	*Potato aucuba mosaic virus*	PAMV	ジャガイモ黄斑モザイクウイルス	*Alphaflexiviridae*	*Potexvirus*	
240	*Potato leafroll virus*	PLRV	ジャガイモ葉巻ウイルス	*Luteoviridae*	*Polerovirus*	
241	*Potato mop-top virus*	PMTV	ジャガイモモップトップウイルス	*Virgaviridae*	*Pomovirus*	
242	*Potato virus A*	PVA	ジャガイモ A ウイルス	*Potyviridae*	*Potyvirus*	
243	*Potato virus M*	PVM	ジャガイモ M ウイルス	*Betaflexiviridae*	*Carlavirus*	
244	*Potato virus S*	PVS	ジャガイモ S ウイルス	*Betaflexiviridae*	*Carlavirus*	
245	*Potato virus X*	PVX	ジャガイモ X ウイルス	*Alphaflexiviridae*	*Potexvirus*	
246	*Potato virus Y*	PVY	ジャガイモ Y ウイルス	*Potyviridae*	*Potyvirus*	
247	*Prune dwarf virus*	PDV	プルーン萎縮ウイルス	*Bromoviridae*	*Ilarvirus*	
248	*Prunus necrotic ringspot virus*	PNRSV	プルヌスえそ輪点ウイルス	*Bromoviridae*	*Ilarvirus*	[プルンドワーフウイルス†]
249	*Prunus virus S*#	PruVS#	モモ S ウイルス	*Betaflexiviridae* ?	*Carlavirus* ?	[プルヌスネクロティックリングスポットウイルス†]
250	*Quince sooty ring spot virus*#	QSRSV#	マルメロすす輪点ウイルス	?	?	
251	*Radish enation mosaic virus*	RaMV	ダイコンモザイクウイルス	*Secoviridae*	*Comovirus*	[Radish enation mosaic virus† (ダイコンひだ葉モザイクウイルス†)]
252	*Radish yellow edge virus*	RYEV	ダイコン葉縁黄化ウイルス	*Partitiviridae*	Unassigned	
253	*Ranunculus mild mosaic virus*	RanMMV	ラナンキュラス微斑モザイクウイルス	*Potyviridae*	*Potyvirus*	

日本に発生する植物ウイルス・ウイロイドリスト

	学 名	略 号	和 名	Family	Genus	備 考 [ ]：主な旧称異名，？：異同の検討が必要な種
254	Ranunculus mottle virus#	RanMoV	ラナンキュラス斑紋ウイルス	Potyviridae ?	Potyvirus ?	[ラナンキュラスモットルウイルス†], Ranunculus mosaic virus ?, Ranunculus mild mosaic virus ?
255	Raspberry bushy dwarf virus	RBDV	ラズベリー黄化ウイルス	Unassigned	Idaeovirus	
256	Reed canary mosaic virus#	RCMV	クサヨシモザイクウイルス	Potyviridae ?	Potyvirus ?	
257	Rehmannia mosaic virus	ReMV	ジオウモザイクウイルス	Virgaviridae	Tobamovirus	
258	Rehmannia virus X	RVX#	ジオウXウイルス	Alphaflexiviridae	Potexvirus ?	[アカヤジオウXウイルス†]
259	Rembrandt tulip breaking virus#	ReTBV#	チューリップブレーキングレンブラントウイルス	Potyviridae ?	Potyvirus ?	[レンブラントチューリップ斑入りウイルス†], Rembrandt tulip breaking virus-オランダ株 ?
260	Rhubarb temperate virus#	RTV#	ダイオウ潜伏ウイルス	Partitiviridae ?	?	
261	Rice black streaked dwarf virus	RBSDV	イネ黒すじ萎縮ウイルス	Reoviridae	Fijivirus	
262	Rice dwarf virus	RDV	イネ萎縮ウイルス	Reoviridae	Phytoreovirus	
263	Rice grassy stunt virus	RGSV	イネグラッシースタントウイルス	Unassigned	Tenuivirus	
264	Rice necrosis mosaic virus	RNMV	イネえそモザイクウイルス	Potyviridae	Bymovirus	
265	Rice ragged stunt virus	RRSV	イネラギッドスタントウイルス	Reoviridae	Oryzavirus	
266	Rice stripe virus	RSV	イネ縞葉枯ウイルス	Unassigned	Tenuivirus	
267	Rice tungro spherical virus	RTSV	イネ稜葉化ウイルス	Secoviridae	Waikavirus	
268	Rice yellow stunt virus	RYSV	イネ黄葉ウイルス	Rhabdoviridae	Nucleorhabdovirus	[Rice transitory yellowing virus† (イネトランジトリーイエローイングウイルス†)]
269	Rudbeckia mosaic virus#	RuMV	ルドベキアモザイクウイルス	Potyviridae ?	Potyvirus ?	
270	Ryegrass mosaic virus	RGMV	ライグラスモザイクウイルス	Potyviridae	Rymovirus	
271	Ryegrass mottle virus	RGMoV	ライグラス斑紋ウイルス	Unassigned	Sobemovirus	[ライグラスモットルウイルス†]
272	Sammon's Opuntia virus	SOV	ウチワサボテンサモンズウイルス	Virgaviridae ?	Tobamovirus ?	[Opuntia Sammon's virus†]
273	Santosai temperate virus#	STV#	サントウサイ潜伏ウイルス	Partitiviridae ?	?	
274	Satsuma dwarf virus	SDV	温州萎縮ウイルス	Secoviridae	Sadwavirus	[Citrus mosaic virus#† (カンキツモザイクウイルス†), Hyuganatsu mosaic virus#† (ヒュウガナツウイルス†), Natudaidai dwarf virus#† (ナツカン萎縮ウイルス†), Navel orange-infectious mottling virus#† (ネーブル斑葉モザイクウイルス†)]
275	Shallot latent virus	SLV	シャロット潜伏ウイルス	Betaflexiviridae	Carlavirus	[Chines chive dwarf virus#† (ニラ萎縮ウイルス†), Garlic latent virus#† (ニンニク潜在ウイルス†), Garlic mosaic virus#† (ニンニクモザイクウイルス†)]
276	Shallot virus X	ShVX	シャロットXウイルス	Alphaflexiviridae	Allexivirus	
277	Shallot yellow stripe virus	SYSV	シャロット黄色条斑ウイルス	Potyviridae	Potyvirus	[Onion yellow dwarf virus-Japan† (ネギ萎縮ウイルス-日本分離株†), Welsh onion yellow stripe virus†]
278	Siegesbeckia orientalis yellow vein virus#	SoYVV#	ツクシメナモミ葉脈黄化ウイルス	Geminiviridae ?	Begomovirus ?	[メナモミ葉脈黄化ウイルス†], Siegesbeckia yellow vein virus ?
279	Sikte waterborne virus	SWBV	シクテウォーターボーンウイルス	Tombusviridae	Tombusvirus	
280	Soil-borne wheat mosaic virus	SBWMV	コムギ萎縮ウイルス	Virgaviridae	Furovirus	
281	Sorghum mosaic virus	SrMV	ソルガムモザイクウイルス	Potyviridae	Potyvirus	
282	Southern bean mosaic virus	SBMV	インゲンマメ南部モザイクウイルス	Unassigned	Sobemovirus	
283	Southern potato latent virus#	SoPLV#	ジャガイモ南部潜在ウイルス	Betaflexiviridae ?	Carlavirus ?	
284	Southern rice black streaked dwarf virus	SRBSDV	イネ南方黒すじ萎縮ウイルス	Reoviridae	Fijivirus	

日本に発生する植物ウイルス・ウイロイドリスト

備考　[ ]：主な旧称異名，?：異同の検討が必要な種

	学名	略号	和名	Family	Genus	備考
285	Sowbane mosaic virus	SoMV	アカザモザイクウイルス	Unassigned	Sobemovirus	
286	Soybean chlorotic mottle virus	SbCMV	ダイズ退緑斑紋ウイルス	Caulimoviridae	Soymovirus	
287	Soybean dwarf virus	SbDV	ダイズ矮化ウイルス	Luteoviridae	Luteovirus	
288	Soybean leaf rugose mosaic virus#	SbLRMV#	ダイズ縮葉モザイクウイルス	Potyviridae ?	?	
289	Soybean mosaic virus	SMV	ダイズモザイクウイルス	Potyviridae	Potyvirus	
290	Spinach temperate virus	SpTV	ホウレンソウ潜在ウイルス	Partitiviridae	Unassigned	
291	Squash mosaic virus	SqMV	スカッシュモザイクウイルス	Secoviridae	Comovirus	
292	Strawberry crinkle virus	SCV	イチゴクリンクルウイルス	Rhabdoviridae	Cytorhabdovirus	
293	Strawberry latent C virus#	SLCV#	イチゴ潜在Cウイルス	Rhabdoviridae ?	Nucleorhabdovirus ?	
294	Strawberry mild yellow edge virus	SMYEV	イチゴマイルドイエローエッジウイルス	Alphaflexiviridae	Potexvirus	[Strawberry mild yellow edge-associated virus#†]
295	Strawberry mottle virus	SMoV	イチゴ斑紋ウイルス	Secoviridae	Unassigned	[イチゴモットルウイルス†]
296	Strawberry pseudo mild yellow edge virus	SPMYEV	イチゴシュードマイルドイエローエッジウイルス	Betaflexiviridae	Carlavirus	
297	Strawberry vein banding virus	SVBV	イチゴベインバンディングウイルス	Caulimoviridae	Caulimovirus	
298	Sugarcane mosaic virus	SCMV	サトウキビモザイクウイルス	Potyviridae	Potyvirus	
299	Sweet potato feathery mottle virus	SPFMV	サツマイモ斑紋モザイクウイルス	Potyviridae	Potyvirus	
300	Sweet potato latent virus	SPLV	サツマイモ潜在ウイルス	Potyviridae	Potyvirus	
301	Sweet potato leaf curl Japan virus	SPLCJV	サツマイモ葉巻日本ウイルス	Geminiviridae	Begomovirus	
302	Sweet potato leaf curl virus	SPLCV	サツマイモ葉巻ウイルス	Geminiviridae	Begomovirus	
303	Sweet potato shukuyo mosaic virus#	SPSMV#	サツマイモ縮葉モザイクウイルス	Potyviridae ?	?	
304	Sweet potato symptomless virus#	SPSV#	サツマイモシンプトムレスウイルス	Betaflexiviridae ?	Carlavirus ?	
305	Sweet potato virus G	SPVG	サツマイモGウイルス	Potyviridae	Potyvirus	
306	Tobacco leaf curl Japan virus	TbLCJV	タバコ巻葉日本ウイルス	Geminiviridae	Begomovirus	[タバコ巻葉ウイルス†]
307	Tobacco mild green mosaic virus	TMGMV	タバコ微斑モザイクウイルス	Virgaviridae	Tobamovirus	[タバコマイルドグリーンモザイクウイルス#，Tobacco mosaic virus-U# (タバコモザイクウイルス-U系統†)]
308	Tobacco mosaic virus	TMV	タバコモザイクウイルス	Virgaviridae	Tobamovirus	
309	Tobacco necrosis virus D	TNV-D	タバコえそDウイルス	Tombusviridae	Betanecrovirus	[Tobacco necrosis virus# (タバコネクロシスウイルス†)]
310	Tobacco necrotic dwarf virus	TNDV	タバコえそ萎縮ウイルス	Luteoviridae	Unassigned	
311	Tobacco rattle virus	TRV	タバコ茎えそウイルス	Virgaviridae	Tobravirus	
312	Tobacco ringspot virus	TRSV	タバコ輪点ウイルス	Secoviridae	Nepovirus	
313	Tobacco streak virus	TSV	タバコ条斑ウイルス	Bromoviridae	Ilarvirus	
314	Tobacco vein banding mosaic virus	TVBMV	タバコ脈縁モザイクウイルス	Potyviridae	Potyvirus	
315	Tomato aspermy virus	TAV	トマトアスパーミィウイルス	Bromoviridae	Cucumovirus	[Chrysanthemum mild mottle virus#† (キク微斑ウイルス†)]
316	Tomato black ring virus	TBRV	トマト黒色輪点ウイルス	Secoviridae	Nepovirus	
317	Tomato bushy stunt virus	TBSV	トマトブッシースタントウイルス	Tombusviridae	Tombusvirus	
318	Tomato chlorosis virus	ToCV	トマト退緑ウイルス	Closteroviridae	Crinivirus	
319	Tomato curly top virus#	ToCTV#	トマトカーリートップウイルス	Geminiviridae ?	?	
320	Tomato infectious chlorosis virus	TICV	トマトインフェクシャスクロロシスウイルス	Closteroviridae	Crinivirus	

学　名	略　号	和　名	Family	Genus	備　考　［　］：主な旧称異名，？：異同の検討が必要な種
321 Tomato mosaic virus	ToMV	トマトモザイクウイルス	*Virgaviridae*	*Tobamovirus*	[Tobacco mosaic virus-T#†, -L#† (タバコモザイクウイルス-トマト系#)]
322 Tomato ringspot virus	ToRSV	トマト輪点ウイルス	*Secoviridae*	*Nepovirus*	
323 Tomato spotted wilt virus	TSWV	トマト黄化えそウイルス	*Bunyaviridae*	*Tospovirus*	
324 Tomato vein clearing virus#	TVCV†	トマト葉脈透化ウイルス	*Rhabdoviridae* ?	*Nucleorhabdovirus* ?	
325 Tomato yellow leaf curl virus	TYLCV	トマト黄化葉巻ウイルス	*Geminiviridae*	*Begomovirus*	
326 Tulip mild mottle mosaic virus	TMMMV	チューリップ微斑モザイクウイルス	*Ophioviridae*	*Ophiovirus*	
327 Tulip mosaic virus	TulMV	チューリップモザイクウイルス	*Potyviridae*	*Potyvirus*	[チューリップブレーキングウイルス†] *Tulip breaking virus* とは別種
328 Tulip necrosis virus#	TulNV#	チューリップえそウイルス	*Tombusviridae* ?	?	[Tobacco necrosis virus-Toyama†, チューリップネクロシスウイルス†]
329 Tulip streak virus#	TuSV#	チューリップ条斑ウイルス	*Alphaflexiviridae*	*Potexvirus*	
330 Tulip virus X	TVX	チューリップXウイルス	*Alphaflexiviridae*	*Potexvirus*	
331 Turnip mosaic virus	TuMV	カブモザイクウイルス	*Potyviridae*	*Potyvirus*	
332 Turnip yellow mosaic virus	TYMV	カブ黄化モザイクウイルス	*Tymoviridae*	*Tymovirus*	[ハクサイ黄化モザイクウイルス†]
333 Vicia cryptic virus	VCV	ソラマメ潜在ウイルス	*Partitiviridae*	*Alphapartitivirus*	
334 Wasabi latent virus#	WLV#	ワサビ潜在ウイルス	*Betaflexiviridae* ?	*Carlavirus* ?	
335 Wasabi mottle virus	WMoV	ワサビ斑紋ウイルス	*Virgaviridae*	*Tobamovirus*	[Tobacco mosaic virus-W#† (タバコモザイクウイルス-ワサビ系#†)]
336 Wasabi rhabdovirus#	WaRV#	ワサビラブドウイルス	*Rhabdoviridae* ?	*Nucleorhabdovirus* ?	
337 Watermelon mosaic virus	WMV	スイカモザイクウイルス	*Potyviridae*	*Potyvirus*	[カボチャモザイクウイルス†, Watermelon mosaic virus 2#†]
338 Watermelon silver mottle virus	WSMoV	スイカ灰白色斑紋ウイルス	*Bunyaviridae*	*Tospovirus*	[トマト黄化えそウイルス-スイカ系#†, Watermelon spotted wilt virus†]
339 Wheat mottle dwarf virus#	WMDV#	コムギ斑紋萎縮ウイルス	?	?	
340 Wheat yellow leaf virus	WYLV	コムギ黄葉ウイルス	*Closteroviridae*	*Closterovirus*	
341 Wheat yellow mosaic virus	WYMV	コムギ縞萎縮ウイルス	*Potyviridae*	*Bymovirus*	
342 White clover cryptic virus 1	WCCV-1	シロクローバ潜伏ウイルス1	*Partitiviridae*	*Alphapartitivirus*	
343 White clover cryptic virus 2	WCCV-2	シロクローバ潜伏ウイルス2	*Partitiviridae*	*Betapartitivirus*	
344 White clover cryptic virus 3	WCCV-3	シロクローバ潜伏ウイルス3	*Partitiviridae*	Unassigned	
345 White clover mosaic virus	WCIMV	シロクローバモザイクウイルス	*Alphaflexiviridae*	*Potexvirus*	
346 Yam mild mosaic virus	YMMV	ヤマノイモ微斑ウイルス	*Potyviridae*	*Potyvirus*	[ヤマノイモマイルドモザイクウイルス†]
347 Youcai mosaic virus	YoMV	アブラナモザイクウイルス	*Virgaviridae*	*Tobamovirus*	[Tobacco mosaic virus-C#† (タバコモザイクウイルス-アブラナ科系#†), -Cg#† (-アブラナ科系ニシンク株#†)]
348 Zoysia mosaic virus#	ZoMV#	シバモザイクウイルス	*Potyviridae* ?	*Potyvirus* ?	
349 Zucchini yellow mosaic virus	ZYMV	ズッキーニ黄斑モザイクウイルス	*Potyviridae*	*Potyvirus*	

日本に発生する植物ウイルス・ウイロイドリスト

ウイロイド

	学　名	略　号	和　名	Family	Genus	備　考　　　[ ]：主な旧称異名，？：異同の検討が必要な種
1	Apple dimple fruit viroid	ADFVd	リンゴくぼみ果ウイロイド	Pospiviroidae	Apscaviroid	
2	Apple fruit crinkle viroid	AFCVd	リンゴゆず果ウイロイド	Pospiviroidae	Apscaviroid	
3	Apple scar skin viroid	ASSVd	リンゴさび果ウイロイド	Pospiviroidae	Apscaviroid	[Apple dapple viroid†, Japanese pear fruit dimple viroid†, Pear rusty skin viroid†]
4	Australian grapevine viroid	AGVd	ブドウオーストラリアウイロイド	Pospiviroidae	Apscaviroid	
5	Chrysanthemum chlorotic mottle viroid	CChMVd	キク退緑斑紋ウイロイド	Avsunviroidae	Pelamoviroid	[キククロロティックモットルウイロイド†]
6	Chrysanthemum stunt viroid	CSVd	キク矮化ウイロイド	Pospiviroidae	Pospiviroid	
7	Citrus bark cracking viroid	CBCVd	カンキツバークラッキングウイロイド	Pospiviroidae	Cocadviroid	[Citrus viroid IV*†]
8	Citrus bent leaf viroid	CBLVd	カンキツベントリーフウイロイド	Pospiviroidae	Apscaviroid	[Citrus viroid I*†]
9	Citrus dwarfing viroid	CDVd	カンキツ矮化ウイロイド	Pospiviroidae	Apscaviroid	[Citrus viroid III*†, カンキツ萎縮ウイロイド†]
10	Citrus exocortis viroid	CEVd	カンキツエクソコーティスウイロイド	Pospiviroidae	Pospiviroid	
11	Citrus viroid V	CVd-V	カンキツウイロイドV	Pospiviroidae	Apscaviroid	
12	Citrus viroid VI	CVd-VI	カンキツウイロイドVI	Pospiviroidae	Apscaviroid	[Citrus viroid OS*†]
13	Coleus blumei viroid 1	CbVd-1	コリウスウイロイド1	Pospiviroidae	Coleviroid	
14	Coleus blumei viroid 6	CbVd-6	コリウスウイロイド6	Pospiviroidae	Coleviroid	
15	Grapevine yellow speckle viroid 1	GYSVd-1	ブドウ黄色斑点ウイロイド1	Pospiviroidae	Apscaviroid	
16	Hop latent viroid	HpLVd	ホップ潜在ウイロイド	Pospiviroidae	Cocadviroid	
17	Hop stunt viroid	HpSVd	ホップ矮化ウイロイド	Pospiviroidae	Hostuviroid	[Citrus viroid II*†, Cucumber pale fruit viroid†, Peach dapple viroid†, Plum dapple viroid†]
18	Peach latent mosaic viroid	PLMVd	モモ潜在モザイクウイロイド	Avsunviroidae	Pelamoviroid	
19	Pear blister canker viroid	PBCVd	ナシブリスタキャンカーウイロイド	Pospiviroidae	Apscaviroid	
20	Persimmon latent viroid	PLVd	カキ潜在ウイロイド	Pospiviroidae	Apscaviroid	[Persimmon viroid*† (カキウイロイド*†)]
21	Potato spindle tuber viroid	PSTVd	ジャガイモやせいもウイロイド	Pospiviroidae	Pospiviroid	
22	Tomato chlorotic dwarf viroid	TCDVd	トマト退緑萎縮ウイロイド	Pospiviroidae	Pospiviroid	

サテライトウイルス

	学　名	略　号	和　名	Family	Genus	備　考
1	Tobacco necrosis satellite virus	STNV	タバコえそサテライトウイルス		Satellite Viruses	[タバコネクロシスサテライトウイルス†]

本表は，日本植物病理学会植物ウイルス分類委員会編「日本に発生する植物ウイルス・ウイロイド (2012)」をICTV分類リスト (2014) に従って一部改訂して作成した．
イタリックは2014年現在の国際ウイルス分類委員会 (ICTV) の認定種，ローマンは暫定種，Unassignedは所属未定，*を付したものはICTV未認定，†を付したものは旧称異名，なお，数字付きの略号は数字の前にハイフンを入れる形式に統一した．

植物ウイルスとウイロイドの分類体系　第1編

はじめに

　生物学における分類（classification）は，生物の性質を解析し，既存の種と照合・比較して位置づけを決定することであり，生物界を類縁関係によって整理して客観的に把握しようとするものである．植物ウイルス・ウイロイドの研究においても分類を確定することは基礎研究ならびに応用研究の第一段階であり，それによって対象とするウイルス・ウイロイドの正確な把握が可能になる．

　ウイルスの分類と命名（nomenclature）は，国際ウイルス分類委員会（International Committee on Taxonomy of Viruses：ICTV）により管理され，ICTVが数年ごとに刊行する報告書が世界共通の学術基盤として利用されている．この第1編では，植物ウイルス・ウイロイドの分類体系とその関連事項について，主としてVirus Taxonomy 9th Report of ICTV（King *et al.* eds., 2012）（ICTV9次報告書）とそれに新しい情報が追加されたICTV Virus Taxonomy List (2012, 2013, 2014)（ICTV分類リスト；インターネット版）に準拠して概要を記述することにする．

植物ウイルス

　1898年にオランダのBeijerinckは，汁液伝染するタバコモザイク病の病原体が細菌濾過器を通過するだけでなくタバコ植物内で増殖し，細菌が拡散できない寒天ゲル内で拡散することを発見した．そこで，彼はこの病原体をcontagium vivum fluidam（伝染性の毒液）と名づけ，現在のウイルス（virus）の概念を確立した．その後，ウイルスは，感染性があり，光学顕微鏡で観察できないほど微小で，微生物培地で人工培養できないものとされてきた．しかし，近年，分子生物学的な解析が進むにつれて，細胞構造をもたず，「DNAかRNAのどちらかをゲノムとしてもち，細胞内だけで増殖する感染性の微小構造体」（巖佐ら編，2013）と考えられるようになった．

　Hull (2014) は，植物ウイルスの概念を次のように整理している．
(1) RNAかDNAのどちらか一方の1ないしそれ以上の核酸分子の集合体であり，通常はタンパク質かリポタンパク質からなる外被に包まれている．
(2) 適切な宿主細胞の中だけで複製できる．
(3) 宿主植物から宿主植物へ水平的に伝染する．
(4) 複製は宿主のタンパク質合成機構に依存する．
(5) 複製は二分裂ではなく，別々に合成された部品がウイルス粒子に組み立てられて行われる．
(6) 複製は，宿主の細胞内容物と二重膜によって隔てられない場で行われる．
(7) 核酸の複製過程における多様な変異によって，常に変異株が生じる．

　植物ウイルスには外被タンパク質をもたない不完全ウイルスや，特定ウイルスによる介助を受けないと複製できないサテライトウイルス（satellite virus）なども含めて扱われる．また，外被タンパク質をもたず，低分子のRNAだけからなるものはウイロイド（viroid）として区別される．

　ウイルスの起原については明らかではなく，宿主遺伝子の一部やトランスポゾンが細胞外に出て独立に存在できるようになったと考えるものなど，諸説がある．

国際ウイルス分類委員会（ICTV）による分類

　タバコモザイク病の病原体であるタバコモザイクウイルス（TMV）の発見以来，ヒトや動植物などの病原体として多数のウイルスが発見されるようになると，ウイルスを分類，整理しようとする試みも始まった．しかしながら，ウイルスの命名・分類は普遍的に行われなければ意味をなさない．

　1950年代になると，ウイルス分類の国際的統一の気運が高まった．微生物関係の学術団体の世界的な連合体である国際微生物連盟（IUMS）の中にウイルス命名のための小委員会が設

けられ，ウイルス粒子の性質を基準としたウイルス分類の検討が始まった．1959 年に Brandes and Wetter は植物ウイルスのうち，棒状，ひも状などの長形ウイルスを形態や血清反応などによって 6 グループに分類したが，これはその後の植物ウイルスのグループによる分類の基礎となった．1969 年には国際ウイルス命名委員会（ICNV）が組織され，18 項目からなるウイルス命名規約が作成された．この ICNV は 1973 年に国際ウイルス分類委員会（ICTV）と改称され，動物，植物，無脊椎動物，細菌などすべての宿主群のウイルスについて，命名と分類の作業を担当することになった．1993 年からは植物ウイルスについても，それまでのグループによる分類から，科−属−種という階層分類（hierarchical classification）への移行が始まった．しかし，ウイルス学名については現在に至るまで，ラテン二名法は採用されていない．

　ICTV では役員会（Executive Committee）の下に宿主群ごとの分科会（Subcommittee）が置かれ，植物ウイルスの分類は植物ウイルス分科会（Plant Virus Subcommittee：PVS）が担当している．PVS の下には，さらに科や属などに対応して 20 ほどの作業部会（Study Group）が置かれ，種の承認や属の新設などの具体案の策定作業を分担している．ICTV が独立したウイルスと判定し，属への所属を承認したものが種（species）とされ，種として承認するには情報が不十分なものは暫定種（tentative species）としてリストされる．種の統合や分離，属や科の新設などの分類作業も ICTV の任務である．

　ICNV/ICTV は 1971 年よりウイルス分類についてのモノグラフの刊行を始め，現在もウイルスの命名と分類体系の整備を続けている．最新の報告書は 2011 年の ICTV9 次報告書（King et al. eds., 2012）であり，すべてのウイルスに階層分類を適用する作業が完成に近づいてきた．さらに，それに新しい情報が追加された ICTV 分類リスト（2012, 2013, 2014）（インターネット版）も公開されている．ICTV9 次報告書には，6 目，87 科，19 亜科，349 属，2,284 種，ICTV 分類リスト（2014）には，7 目，104 科，23 亜科，505 属，3,186 種のウイルス・ウイロイドが記載されている．次の ICTV 報告書が刊行されるまでの期間は，世界中の学術雑誌などで使用するウイルス種名や分類群は，原則としてこの ICTV 9 次報告書と適時更新される最新の ICTV 分類リスト（インターネット版）に準拠することになる．9 次報告書には，ICTV の組織や規約，2002 年 8 月に制定された 49 項目からなる国際ウイルス分類命名規約も掲載されている．なお，1990 年以降の ICTV の機関誌は Archives of Virology 誌であり，ウイルス分類についての提案や承認事項，作業部会の報告，分類や学名表記に関する議論などは Virology Division News の項に随時掲載される．

ウイルスの種と区分基準

　生物の階層分類における最も重要な基準は種（species, pl. species）であるが，ウイルスにおける種の概念もほぼ固まった．ICTV7 次報告書（Van Regenmortel et al., 2000）以降のウイルスの種の定義は，次のとおりである（現行命名規約 3.21）．

　　ウイルスの種とは，系統的に複製し，生態学的に特定の場を占めるウイルスの多型的な類型群である．(A virus species is defined as a polythetic class of viruses that constitutes a replicating lineage and occupies a particular ecological niche.)

　この定義は難解であるが，ウイルスが交配によらずにクローン複製すること，地理的隔離，宿主範囲や媒介者などにより生態的に区別されること，また，多様性を含む一定の大きさをもつ集団であることを示す．「多型的な類型群」という表現は特に重要で，ウイルスの種が固定的でなく変化しうるものであることを示している．したがって，ウイルス種の異同を判定する際にも，たとえば塩基配列の比較などの単一の方法によるのでは不十分で，総合的な判断が必要になることになる．

　ウイルスを客観的に分類するためには，分類群（taxon, pl. taxa）の区分基準（demarcation criteria）を明確化する必要がある．分類学で最も重要な分類群は種であるが，ウイルス種については高等動植物で適用できるような，交配可能性をもとにした生物学的種という考え方はできない．多型的な性質をもつウイルス種の場合には系統（strain）と種，属（genus, pl. genera）の区分が特に難しく，どの範囲をウイルス種とし系統とするか，また，どの範囲を属

とするかについては，絶対的な基準は知られていない．実際に，現在までの植物ウイルスの分類では，種の区分基準は科や属によって少しずつ異なっている．ウイルス種のほとんどが，大多数の研究者が種と認めるものを種とするというきわめて穏当な方法によって承認され，それが追認されてきたからである．

ただし，ウイルスゲノムの塩基配列の相同性比較は分化程度を数量的に評価できるので，現在ではほとんどの科や属で区分基準として使われるようになっている．たとえば，*Geminiviridae* 科では，DNAの全塩基配列の相同性が89％以上のものを種としてきた．最近の提案では，この相同性が90〜92％程度の範囲を系統，それ以上を変異株（variant）としている（Fauquet and Stanley, 2005）．なお，タイプ種（type species）は属の設立の元になったウイルス種であるが，必ずしも属の代表的な種とは限らない．

ICTVの分類で注意しなければならないのは，ウイルス種には正式な種（species）と暫定種（tentative species）の2つが区別されていることである．後者は，記載情報が不十分であるためにICTV Study Groupによって属への所属が承認されていないものである．暫定種は性状解析が進むと独立した種になる可能性もあるが，既報の種の1系統とされる場合も多い．後で示すように，種と暫定種とではウイルス種名の表記法にも違いがあるので，種と暫定種の区別は実用場面でも重要である．

レトロトランスポゾン

レトロトランスポゾン（retrotransposon）は可動遺伝因子の一種である．末端に長い反復配列をもつLTR型（long terminal repeat-type）レトロトランスポゾンの一部が，2科の植物ウイルスとして分類されている．

ウイロイド

ウイロイド（viroid）は外被タンパク質をもたない低分子の環状1本鎖RNAで，自立的に複製する最も小さい病原体である．これまでのところ，植物の感染体としてのみ知られている．Diener（1979）はウイロイドの特徴を，次のように整理した．
(1) キャプシドをもたない裸のRNAとして細胞中に存在する．
(2) ウイルス様粒子が感染組織内に見つからない．
(3) 低分子の核酸である．
(4) ヘルパーウイルスの介助なしに複製する．
(5) 感染性核酸は1分子種のみから構成される．

ウイロイドではウイルスとは異なり，タンパク質の翻訳は知られていない．ウイロイドは，ゲノム構造と複製様式によって分類されている．

サテライトウイルスとサテライト核酸，プリオン

サテライト（satellite）は自立的に複製するための遺伝子を欠くウイルス以下の感染体（subviral agent）で，サテライトウイルス（satellite virus），サテライト核酸（satellite nucleic acid）などがある．サテライトウイルスは，タバコネクロシスサテライトウイルス（Tobacco necrosis satellite virus）のように，ヘルパーウイルスによる介助があって初めて複製できるウイルスである．また，サテライト核酸は，キュウリモザイクウイルスサテライトRNA（Cucumber mosaic virus satellite RNA）のように，ヘルパーウイルスに依存して複製し，しかもヘルパーウイルスのウイルス粒子中に含まれる核酸分子である．

プリオン（prion）は動物と菌類で感染が知られている核酸を欠く感染性タンパク質であるが，これまでのところ植物からは見つかっていない．

ウイルスの学名と普通名，略号，学名表記法，和名

ICTVが規定しているのは分類群の命名と分類で，ウイルス種の分類学的な名称がいわゆる学名である．たとえば，タバコモザイク病の病原として最初に発見されたTMVは *Tobacco mosaic virus* であり，これがこのウイルスの学名として扱われる．ウイルスについては分類学的な位置づけが行われないまま，長い間英語による普通名（common name）が広く使われてきた．普通名は TMV の場合は tobacco mosaic virus と表記され，分類学的な学術論文以外では現在も広く使用される．また，植物ウイルス研究者の間では，tobacco mosaic tobamovirus のように属名を組み合わせて示す表記法（非ラテン二命名法：non-latinised virus binominal）が，属の情報も含めて表示できるので広く支持されている．*Tobacco mosaic virus* あるいは tobacco mosaic virus の略号は TMV であるが，この略号についても ICTV が標準的な略号を指定している．

現行の命名規約では，ウイルス種の学名は *Tobacco mosaic virus* のように，最初の単語の1文字のみを大文字で示し，イタリック表記する．2番目以降の単語は，*Grapevine Algerian latent virus* のように固有名詞か固有名詞の一部である場合を除いて大文字表記しない．ただし，tobacco mosaic virus polymerase のように形容詞句として使う場合や，a preparation of tobacco mosaic virus のようにウイルス粒子の物理的性質を表す場合などには，学名表記でなくてよい．また，some properties of tobamoviruses や the potyviruses というように，属に所属するウイルスの集合体を示すこともできる．

なお，暫定種の学名は Clover yellows virus のように，ローマン表記にする．また，分類学的な使用では，ウイルスの目，科，亜科，属の名称も，亜科以上も含めて *Tobamovirus* のように最初の1文字のみを大文字で示し，イタリック表記する．

わが国に発生するウイルスについては，和名を付ける．TMV の和名は，「タバコモザイクウイルス」である．国内で発生が知られていないウイルスには和名を付けないことになっているので，英名を自分で翻訳して和名とすることは避ける．

植物ウイルスの同定と命名

ウイルスの種名を決定する作業が同定（identification）である．植物ウイルスの同定は通常は単一病斑分離などの方法によって分離した分離株（isolate）について行うが，ウイルス粒子を精製して性状を解析する必要がある場合もある．Hamilton *et al.*（1981）は，植物ウイルスの同定の指針を，次のように示した．具体的な実験方法については，Dijkstra and de Jager（1998），Matthews（1993），大木（2009）などを参照されたい．

粗汁液中・感染組織中のウイルスの性状
(1) 分離したウイルスを原宿主に接種し，コッホの原則が成立することを確認する．
(2) 検定植物に接種して，宿主範囲と病徴発現を調べる．
(3) 伝染方法を調べ，媒介者がある場合には媒介者の種と伝搬様式を特定する．花粉伝染，種子伝染の可能性も調べる．
(4) 汁液中のウイルス粒子をネガティブ染色して電子顕微鏡観察し，大きさや形状を調べる．また，感染組織の超薄切片を電子顕微鏡観察し，所在様式や細胞内病変などを調べる．
(5) 近縁と考えられるウイルスとの血清反応を調べる．
(6) 粗汁液中のウイルスの物理性（耐保存性，耐熱性，耐希釈性）や，他のウイルスとの干渉作用の有無を調べる．

精製ウイルスの性状
(1) 精製ウイルス粒子を電子顕微鏡でネガティブ染色し，微細構造を調べる．
(2) 関連ウイルスとの血清反応を詳細に調べる．
(3) 超遠心分析により，ウイルス粒子の沈降係数，浮遊密度，沈降粒子成分などを調べる．
(4) ウイルス核酸の種類と大きさ，塩基配列を調べる．
(5) 外被タンパク質の種類と分子量，アミノ酸配列などを調べる．

以上のような，伝統的な同定手法は時間も手間もかかる．そこで最近は，病徴などの特徴からウイルス種を推定し，感染植物の汁液中からウイルス属あるいは種に特異的なプライマーセットを使った RT-PCR 法あるいは PCR 法によってゲノム核酸の特定配列を増幅し，その配列をデータベース上の情報と比較してウイルス種を同定するという方法が広く行われるように

なってきている．ただし，そのような場合でもコッホの原則による病原性の確認は不可欠であるし，血清反応，電子顕微鏡観察，ゲノム核酸の電気泳動解析，媒介試験などのうちの少なくとも一つを行って，ウイルスの同定を確実なものにする必要がある．

植物ウイルスはゲノムの組換え（recombination）を繰り返しながら，分布地域や宿主範囲を広げて進化してきたことが明らかになっている（Hull, 2014；Ohshima et al., 2002）．現在のウイルス分離株のゲノムは，多様な変異体が組換えによって結合してできた結果ということになる．したがって，ウイルス種の同定を行おうとする場合，ゲノム塩基配列の一部領域の相同性比較だけでは正確な同定が行えないことになる．そこで現在では，ウイルスゲノムの全塩基配列を決定してゲノムの遺伝子構造を明らかにすることが，分類・同定のためのほぼ必須の条件となっている．

ウイロイドは外被タンパク質をもたず，粒子形態もとらないので，血清反応や電子顕微鏡観察による同定はできない．ウイロイドの同定には，核酸ハイブリッド形成か塩基配列の決定が必要になる．

わが国の新病名等命名基準に基づいた病原ウイルス名ならびにウイルス病名の公表

新ウイルスや国内未報告のウイルスを発見した場合，新たな植物ウイルス病の病名を付けようとする場合の方法についても触れる．わが国では1992年から，植物の病原名と病名を日本植物病理学会病名委員会に申請し，承認されたものが公表されるようになった．新ウイルスや国内未報告のウイルスを発見した場合には，まず，植物病理学関係の学術雑誌に発表し，ウイルス種名などを提案する．新ウイルスを記載しようとする場合は，講演要旨ではなく，できるだけ英文論文で発表する．その上で原則として，日本植物病理学会病名委員会に申請して，承認を受ける必要がある．審査を通過したものは「日本植物病名目録 第2版」（日本植物病理学会・農業生物資源研究所編，2012）あるいは「同追録」（日本植物病理学会ウェブサイト）に掲載されるが，これらに採録されたものが有効な病原名や病名になる．

病原ウイルス名や病名が認められるためには，少なくともウイルス粒子と伝染性を確認し，戻し接種を行って，病徴再現を確認する必要がある．ただし，樹木のウイルス病などの場合には，技術的な理由などから戻し接種ができなくても，病原名や病名をつけることができる場合がある．病名は1病原1病名を原則とするが，それ以外の申請もできる．ウイルスの和名は，原則として国内で最初に発見した研究者が付けることができる．以上の申請は，「植物における新病名等命名基準」に従う必要がある．詳細は，日本植物病理学会のウェブサイトで確認してほしい．

ICTVへの分類学的提案

ウイルスの属や科の新設，所属するウイルス種の追加などの命名や分類についての提案は，Archives of Virology誌へ論文を投稿して行う．また，ICTVには分類学的提案を受け付ける専用のウェブサイト〈http://talk.ictvonline.org/files/ictv_documents/m/templates/default.aspx〉が用意されていて，誰でも提案できる．日本の場合には高度な研究が行われていても，それが世界に届いていないことが多いようである．植物ウイルスの命名や分類についても，積極的に情報発信をしてほしい．

ICTV9次報告書およびICTV分類リスト（2014）における植物ウイルス・ウイロイドの分類

ICTV9次報告書とICTV分類リスト（2014）に掲載された分類群のうち，サテライトウイルスとサテライト核酸を除いた植物ウイルス・ウイロイドをICTV9次報告書掲載順にまとめたのが，巻頭の「植物ウイルス・ウイロド分類図」と「植物ウイルス・ウイロド分類表」である．また，日本植物病理学会植物ウイルス分類委員会によって作成された「日本に発生する植物ウイルス・ウイロイドリスト」（2012）を表として巻頭に示した．

ウイルスはまず，ゲノムがDNAであるかRNAであるか，一本鎖であるか二本鎖であるか，

一本鎖RNAの場合にはプラス鎖であるかマイナス鎖であるかによって大きく分類される．その中で共通の性質を示す属は，科としてまとめられている．植物ウイルスは1,235種があり，ウイロイドやトランスポゾン（*Pseudoviridae*科と*Metaviridae*科）を含めて，3目25科3亜科112属に分類されている．112属のうち，*Tenuivirus*属や*Benyvirus*属などの9属は，科への所属が決定されていない．

　科は主に，ゲノムの基本的構造，粒子の大きさや形態の特徴によって分類されている．属は，遺伝子配列，宿主範囲，伝染方法などによって整理されている．それぞれの科・属の分類基準の詳細は，第2編に示されているとおりである．日本には，2012年現在までに，ICTV未認定種も含めて全部で349種の植物ウイルスと22種のウイロイドの存在が報告されている．

国際ウイルス分類命名規約（2002年8月）

　現行のICTV9次報告書（King *et al.* eds., 2012）に掲載されている規約の主要部分を，和訳して以下に紹介する．原文に付属するコメントは省略した．詳細については，原文を参照してほしい．

1. 国際ウイルス分類委員会（ICTV）の法的根拠（省略）
2. 命名の概念（省略）
3. 分類命名規約
I. 一般規則
[普遍的体系]
3.1　ウイルスの分類と命名は，国際的にすべてのウイルスに適用する．
3.2　普遍的なウイルス分類体系は，目（order），科（family），亜科（sub-family），属（genus）ならびに種（species）の階層レベルによるものとする．
[分類の範囲]
3.3　ICTVは，種レベル以下の分類群の分類と命名には関与しない．血清型（serotype），遺伝子型（genotype），系統（strain），変異株（variant）ならびに分離株（isolate）の分類と命名は，国際的な専門家集団に任される．
3.4　人工的につくられたウイルスや実験室的な交雑によってつくられたウイルスは，分類の対象にしない．これらの分類は，国際的専門家集団に任される．
[制　約]
3.5　分類群（taxa）は，その代表的なメンバーウイルスの性状が十分に明らかにされ，文献に公表されて，類似の分類群と十分に識別できる場合にのみ確立される．
3.6　あるウイルス種が属への所属が不明確であるが科への所属が明らかな場合は，そのウイルスはその科の所属未定種（unassigned species）として分類する．
3.7　名称は規約3.2に記載された階層レベルに位置づけられ，ICTVによって了承された場合にのみ承認される．
II. 分類群の命名に関する規約
[名称の地位]
3.8　分類群に対して提案された名称は，本規約に適合し，既存の分類群と調和する場合に有効名称（valid name）となる．有効名称はICTV8次報告書に承認国際名称として記載されているかそれ以降に分類学的提案がICTV採決により了承されたものである場合に，承認名称（accepted name）として扱う．
3.9　既存の分類群とウイルスの名称は，適当と考えられる限り使い続ける．
3.10　分類群とウイルスの名称については，先名権（priority）は認めない．
3.11　人名は，新しい分類群の名称に使用しない．
3.12　分類群の名称は使いやすく，覚えやすいものにする．響きのよいものが望ましい．
3.13　新しい名称には，下付，上付，ハイフン，斜線ならびにギリシャ文字は使わない．
3.14　新しい名称は，既存の名称と重複してはならない．新しい名称は，現在使われている名

3.15 作業部会（Study Group）などその分野のウイルス研究者集団にとって意味があるものと考えられる場合は，符丁（sigla）を分類群の名称に使用してもよい．（注：タイプ種の種名である _Cowpea mosaic virus_ の下線部を組み合わせて属名 _Comovirus_ をつくるような場合）

［意思決定］

3.16 2つ以上の名称の候補が提案された場合には，関連する小委員会（Subcommittee）はICTV役員会（Executive Committee）に候補名称を提案することとし，役員会は最終候補名称を決定する．

3.17 分類群に適切な名称が提案されない場合は，分類群が承認されても，適切な名称が提案されICTVによって承認されるまで，その分類群の名称は決定しない．

3.18 新しい名称は，（1）その分類群に付ける名称によってその性状をもたないウイルスを排除しないように，（2）その時点では記載されていないが，その分類群への所属が推定されるウイルスを排除しないように，（3）他の分類群に所属するウイルスが含まれるという誤解を与えないように，意味に配慮して付ける．

3.19 新しい名称は，国家的あるいは地域的な微妙な問題に十分配慮して選ぶ．すでに名称が公表された文献でウイルス研究者により広く使用されている場合には，国家的な由来があってもその名称あるいはその派生形を新しい名称の第一候補とする．

［分類群命名の過程］

3.20 分類群の新しい名称，名称の変更，分類群の新設，分類群の位置の変更についての提案は，ICTV役員会に提案書式により提出することとする．関連する小委員会と作業部会は，意志決定の以前に意見を求められる．

III. 種についての規約

［種の定義］

3.21 ウイルスの種（species）とは，系統的に複製し，生態学的に特定の場を占めるウイルスの多型的な類型群である．

［暫定種の定義］

3.22 ICTV小委員会が新しい種の分類学的位置あるいはその種の属への帰属を決めかねる場合には，その種を対応する属あるいは科の暫定種（tentative species）と位置づける．暫定種の名称は，分類群の一般的ルール（規約3.14）のように，既存の名称と重複せず，現在使われている名称や近い過去に使われた名称，既存の名称と類似しない名称を選ぶ．

［名称の構造］

3.23 種の名称はできるだけ少ない語数で，しかし他の分類群と明確に区別されるように構成する．種の名称は，宿主名称と virus という単語のみでは構成しない．

3.24 種の名称は，その種を適切に明確に識別できるものとする．

3.25 番号，文字，あるいはそれらの組合せは，それらが既に広く使われている場合には種名の形容詞句として使用してよい．しかし，連続的な番号，文字，あるいはそれらの組合せは，新提案の種名の形容詞句として認めない．番号や文字が既にある場合には，継続した番号や文字を使用してもよい．

［属についての規約］

3.26 属（genus）は，ある共通の性状をもつ種の集団である．

3.27 属の名称は，_-virus_ で終わる単一語とする．

3.28 新しい属の承認には，タイプ種の承認を伴う必要がある．

［亜科についての規約］

3.29 亜科（subfamily）は，ある共通の性状をもつ属の集団である．亜科は，複雑な階層関係を解消する必要がある場合に限って使用する．

3.30 亜科の名称は，_-virinae_ で終わる単一語とする．

［科についての規約］

3.31　科（family）は，（亜科に分けられているかどうかにかかわらず）ある共通の性状をもつ属の集団である．
3.32　科の名称は，-*viridae* で終わる単一語とする．

［目についての規約］
3.33　目（order）は，ある共通の性状をもつ科の集団である．
3.34　目の名称は，-*virales* で終わる単一語とする．

[Sub-viral agents についての規約]
●ウイロイド
3.35　ウイルス分類についての規約は，ウイロイドの分類にも適用する．
3.36　ウイロイドの分類群の名称は，種は *viroid* で終わり，また，属は -*viroid*，（亜科の設置が必要な場合）亜科は -*vironae*，科は -*viroidae* を末尾に付けた語で終わる単一語とする．
●その他の sub-viral agents
3.37　レトロトランスポゾン（retrotransposon）は，分類と命名においてはウイルスに含めて扱う．
3.38　サテライト（satellite）とプリオン（prion）はウイルスには分類しないが，その領域の研究者に有用と考えられるため，便宜的に分類することとする．

［表記法についての規約］
3.39　分類学的な使用では，ウイルスの目，科，亜科，属の承認名称は，最初の1文字のみを大文字で示し，イタリック表記する．
3.40　種の名称は，最初の単語の1文字のみ大文字で示し，イタリック表記する．2番目以降の単語は，固有名詞か固有名詞の一部である場合を除いて大文字表記しない．
3.41　分類学的な使用では，分類群の名称を承認名称の前に置く．（注：the family *Potyviridae*, the genus *Potyvirus* など）

［大木　理］

主要参考文献

Brandes, J. and Wetter, C.(1959). Virology 8：90-115.
Brunt, A. *et al.* eds.(1996). Viruses of Plants. CAB International, Wallingford, 1484 pp.
　　Plant Viruses Online(VIDE)〈http://www.agls.uidaho.edu/ebi/vdie/〉の内容の冊子体．
Diener, T. O.(1979). Viroids and Viroid Diseases. John Wiley & Sons, New York, 270 pp.
Dijkstra, J. and de Jager, C. P.(1998). Practical Plant Virology. Springer-Verlag, Berlin, 456 pp.
Fauquet, C, M. and Stanley, J.(2005). Arch. Virol. 150：2151-2171.
Fauquet, C. M. *et al.* eds.(2005). Virus Taxonomy. 8th Report of the International Committee on Taxonomy of Viruses. Elsevier Academic Press, San Diego, 1259 pp. ICTV8次報告書．
Hadidi, A. *et al.* eds.(1998). Plant Disease Control. APS Press, St. Paul, 684 pp.
　　ウイルス病の生態や防除について参考になる．
Hamilton, R. I. *et al.*(1981). J. Gen. Virol. 54：223-241.
Hull, R.(2014). Plant Virology, 5th ed. Academic Press, San Diego, 1104 pp.
　　植物ウイルス学の教科書として最も信頼できる．
巌佐　庸ら編(2013)．岩波生物学辞典　第5版．岩波書店，東京，2171 pp.
King, A. M. Q. *et al.* eds.(2012). Virus Taxonomy. 9th Report of the International Committee on Taxonomy of Viruses. Academic Press, Waltham , 1327 pp. ICTV9次報告書．
岸　國平編(1998)．日本植物病害大事典．全国農村教育協会，東京，1276 pp.
Mahy, B. W. J and van Regenmortel, M. H. V. eds.(2008). Encyclopedia of Virology, 3rd ed., Vol. 1-5, Academic Press.
Matthews, R. E. F.(1993). Diagnosis of Plant Virus Diseases. CRC Press, Boca Raton, 374 pp.
日本植物病理学会・農業生物資源研究所編(2012)．日本植物病名目録　第2版．CD-ROM.
大木　理(2009)．植物ウイルス同定の基礎．日本植物防疫協会，東京，130 pp.

Ohshima, K. *et al.*(2002). J. Gen. Virol. 83：1511–1521.
植物ウイルス研究所学友会編(1984)．野菜のウイルス病．養賢堂，東京，474 pp.
　　やや古いが，野菜のウイルスの国内での発生状況などが詳しく記載されている．
Šutić, D. D. *et al.* eds.(1999). Handbook of Plant Virus Diseases, CRC Press, Roca Raton, 553 pp.
　　世界の植物ウイルス病の病気の記載が充実している．
Tidona, C. A. and Darai, G. eds.(2011). The Springer Index of Viruses, 2nd ed., Springer-Verlag, Berlin, Vol. 1–4, 2088 pp.
　　全ウイルスの学術データを分類順に整理した事典．
土崎常男ら編(1993)．原色作物ウイルス病事典．全国農村教育協会，東京，738 Cpp.
　　日本の植物ウイルス病の発生などについて知るのに有用である．
Van Regenmortel, M. H. V. *et al.* eds.(2000). Virus Taxonomy. 7th Report of the International Committee on Taxonomy of Viruses, Academic Press, San Diego, 1162 pp. ICTV7次報告書．
吉川信幸(2013)．日本に発生する植物ウイルス・ウイロイドのリスト2013．植物防疫，67，504–514．

主要データベース

ICTV online 〈http://www.ictvonline.org/〉
　　ICTV 分類によるウイルス種を検索できる．
NCBI Taxonomy Browser 〈http://www.ncbi.nlm.nih.gov/Taxonomy/〉
　　Nucleotide, Protein, Genome Sequences などのリンクをクリックすると，それぞれの情報やゲノム構造図などが表示される．このサイトでも ICTV 分類の情報が見られる．
Descriptions of Plant Viruses 〈http://www.dpvweb.net/dpv/index.php〉
　　植物ウイルスに関する貴重な冊子体の情報源であった CMI/AAB Descriptions of Plant Viruses(1979–1989)に新しい情報が追加されている．
Complete Viral Genomes 〈http://www.genome.jp/kegg-bin/get_htext?Viruses+n〉
　　ウイルスのシーケンス情報についての検索に便利である．
Plant Viruses Online(VIDE)〈http://pvo.bio-mirror.cn/refs.htm〉
　　ICTV とは独立の植物ウイルスデータベースである．VIDE の内容には ICTV 分類とは異なる部分があるが，ICTV リストにないウイルスについての情報を探す場合などに有用である．
日本植物病名データベース 〈http://www.gene.affrc.go.jp/databases-micro_pl_diseases.php〉
　　日本植物病理学会編集の日本植物病名目録とその追録をデータベース化したもので，ウイルス名などから日本での記載が検索できる．

植物ウイルスとウイロイドの分類　第2編

一本鎖 DNA ウイルス　　　　　　　　　　　　　　　　　　　　　　　　　　　　ジェミニウイルス科

Geminiviridae ジェミニウイルス科

分類基準　(1) ssDNA ゲノム，(2) 1-2 分節環状ゲノム，(3) 双球状粒子 1〜2 種（径 18〜22 nm×長さ 30〜38 nm），(4) ゲノム DNA を環状 dsDNA 複製中間体からローリングサークル様式で複製，(5) 虫媒伝染．

科の構成　ジェミニウイルス科 *Geminiviridae*
- ベクルトウイルス属 *Becurtovirus*（タイプ種：*Beet curly top Iran virus*；BCTIV）（単一ゲノム，ORF 5 個，ヨコバイ伝搬，宿主：双子葉植物）．
- クルトウイルス属 *Curtovirus*（タイプ種：*Beet curly top virus*；BCTV）（単一ゲノム，ORF 7 個，ヨコバイ伝搬，宿主：双子葉植物）．
- エラグロウイルス属 *Eragrovirus*（タイプ種：*Eragrostis curvula streak virus*；ECSV）（単一ゲノム，ORF 4 個，媒介生物不明，宿主：単子葉植物）．
- マストレウイルス属 *Mastrevirus*（タイプ種：*Maize streak virus*；MSV）（単一ゲノム，ORF 4 個，ヨコバイ伝搬，宿主：主に単子葉植物）．
- トポクウイルス属 *Topocuvirus*（タイプ種：*Tomato pseudo-curly top virus*；TPCTV）（単一ゲノム，ORF 6 個，ツノゼミ伝搬，宿主：双子葉植物）．
- ツルンクルトウイルス属 *Turncurtovirus*（タイプ種：*Turnip curly top virus*；TCTV）（単一ゲノム，ORF 6 個，ヨコバイ伝搬，宿主：双子葉植物）．
- ベゴモウイルス属 *Begomovirus*（タイプ種：*Bean golden yellow mosaic virus*；BGYMV）（単一または 2 分節ゲノム，ORF 6〜8 個，コナジラミ伝搬，宿主：双子葉植物）．
- 暫定種：*French bean severe leaf curl virus*（FBSLCV）など数種

粒子　【形態】双球状 1 種または 2 種（径 18〜22 nm× 長さ 30〜38 nm）．被膜なし（図 1）．
【物性】沈降係数 約 70 S．浮遊密度（CsCl）1.34〜1.35 g/cm^3．
【成分】核酸：ssDNA 1 種（2.6〜3.0 kb）または 2 種（2.5〜2.8 kb×2，GC 含量 39〜54％）．タンパク質：外被タンパク質（CP）1 種（28〜34 kDa）．

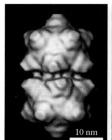 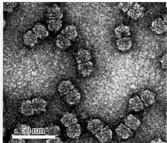

(a) クライオ電子顕微鏡像　　(b) 透過電子顕微鏡像

図 1　MSV 粒子のクライオ電子顕微鏡像(a)と透過電子顕微鏡像(b)
［出典：Virus Taxonomy 9th Report of ICTV, 351-373］

ゲノム　【構造】単一または 2 分節環状 ssDNA ゲノム．ORF 4〜8 個．ゲノム上に複製開始部位を含むステムループ構造をもつ．ベゴモウイルス属以外のウイルスはすべて単一ゲノムだが，ベゴモウイルス属には単一ゲノム型のウイルスと 2 分節ゲノム型のウイルスとが含まれる（図 2）．
【遺伝子】遺伝子間領域（IR；相補鎖遺伝子プロモーター，複製開始部位，ウイルス鎖遺伝子プロモーターを含む）を挟んで，ウイルスセンス鎖および相補センス鎖上に，複製開始タンパク質（Rep），複製関連タンパク質（RepA），複製促進タンパク質（REn），転写促進タンパク質（TrAP），核シャトルタンパク質（NSP），移行タンパク質（MP）1〜2 種，外被タンパク質（CP），機能不明タンパク質 1〜2 種などの各タンパク質遺伝子が配置されている．ただし，このうち Rep あるいは RepA，MP および CP はいずれの属のウイルスにも必須で共通に存在するのに対して，これら以外の遺伝子の存否はウイルス属によって異なり，全部で 4〜8 個の遺伝子をもつ．

複製様式　環状 ssDNA ゲノムは，核内に移行してそこで相補鎖が合成され，環状 dsDNA の複製中間体

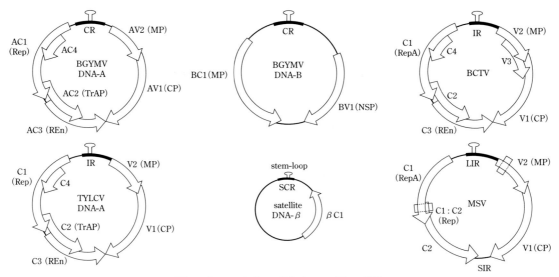

図2 ジェミニウイルス科ウイルスのゲノム構造

BGYMV：*Bean golden yellow mosaic virus*，BCTV：*Beet curly top virus*，TYLCV：*Tomato yellow leaf curl virus*，MSV：*Maize streak virus*，CR/IR/LIR/SIR/SCR：遺伝子間領域，AV/BV/V：ウイルスセンス鎖のORF，AC/BC/C/βC：相補センス鎖のORF，Rep：複製開始タンパク質，RepA：複製関連タンパク質A，REn：複製促進タンパク質，TrAP：転写促進タンパク質，NSP：核シャトルタンパク質，MP：移行タンパク質，CP：外被タンパク質．

[出典：Ann. Rev. Phytopathol., 43, 361–394 を改変]

になる．この複製中間体から転写・翻訳される複製開始タンパク質が，複製中間体のウイルス鎖の複製開始部位（5′-TAATATT/AC-3′配列の/部分）に一本鎖切断（ニック）を導入する．生じた3′末端を起点として宿主のDNAポリメラーゼなどDNA合成関連タンパク質群がウイルス鎖のみをローリングサークル様式で連続的に合成する．ゲノム全長に相当するウイルス鎖が合成されると，複製開始タンパク質がそれを切断，環状化してゲノムDNAとする（図3）．

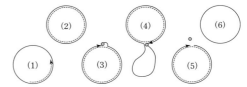

図3 ジェミニウイルス科ウイルスゲノムのローリングサークル様式による複製過程
(1) 環状ウイルス一本鎖DNAからの二本鎖DNAの合成開始，(2) 環状二本鎖DNA（複製中間体），(3) Repによるウイルス鎖へのニックの導入，(4) ローリングサークル様式による新生ウイルス鎖の複製，(5) 複製の前段階終了とRepによる新生ウイルス鎖の切断，(6) Repによる新生ウイルス鎖の閉環．

[出典：Encyclopedia of Microbiology 3rd ed., 6, 430–442]

発現様式 ウイルス遺伝子はウイルス鎖，相補鎖の両方にコードされている．複製中間体の遺伝子間領域などに存在するウイルス鎖および相補鎖のプロモーターから，それぞれの鎖のmRNAが2方向に転写され，それらにコードされるウイルスタンパク質が翻訳される．マストレウイルス属では，転写RNAのスプライシングが行われる．

細胞内局在 クルトウイルス属とベゴモウイルス属の多くのウイルスは節部局在性である．ウイルス粒子は主として核内に半結晶状に集積あるいは散在して存在する．

宿主域・病徴 エラグロウイルス属ウイルスは単子葉植物に感染する．マストレウイルス属ウイルスは主として単子葉植物に感染するが，数種は双子葉植物に感染する．ベクルトウイルス属，クルトウイルス属，トポクウイルス属，ツルンクルトウイルス属，ベゴモウイルス属のウイルスは双子葉植物に感染する．多くのウイルス種で全身感染し，主に萎縮，黄化，退緑，モザイク，葉巻などの病徴を現す．

伝染
・ベクルトウイルス属，クルトウイルス属，マストレウイルス属，ツルンクルトウイルス属：汁液接種不可．ヨコバイによる永続伝搬（循環型・非増殖性）．
・トポクウイルス属：汁液接種不可．ツノゼミの一種 *Micrutalis malleifera* による永続伝搬（循環型・非増殖性）．

- ベゴモウイルス属：汁液接種困難だが一部可．タバココナジラミによる永続伝搬（多くは循環型・非増殖性）．
- エラグロウイルス属：汁液接種不可．媒介生物不明．

その他 単一ゲノム型のベゴモウイルス属のウイルスには，アルファサテライト（DNA 1）やベータサテライト（DNA β）と呼ばれるサテライト DNA を伴うものが多い．

ジェミニウイルス科ウイルスの分類では，生物的特性なども加味しつつ，原則として全塩基配列（2分節ゲノムの場合は DNA-A の全塩基配列）の相同性が 78%（マストレウイルス属）-91%（ベゴモウイルス属）以下であれば別種とする．同一種内の系統の区分ならびに命名は Fauquet, C. M. et al.（2008）および Virus Taxonomy 9th Report of ICTV, Online Appendix 373. e1-e52（2012）に従う． 〔宇垣正志〕

主要文献 Brown, J. K. et al.（2012）. *Geminiviridae*. Virus Taxonomy 9th Report of ICTV, 351-373, Online Appendix 373. e1-e52；ICTV Virus Taxonomy List（2013）. *Geminiviridae*；ICTVdB（2006）. *Geminiviridae*. 0.029.；Fauquet, C. M. et al.（2008）. Emerging geminiviruses. Encyclopedia of Virology 3rd ed., 2, 97-105；Brown, J. K.（2008）. Plant resistance to viruses：Geminiviruses. Encyclopedia of Virology 3rd ed., 4, 164-170；Hohn, T.（2009）. Plant pathogens：DNA viruses. Encyclopedia of Microbiology 3rd ed., 6, 430-442；DPVweb. Geminiviridae；Briddon, R. W. et al.（2011）. Curtovirus. The Springer Index of Viruses 2nd ed., 589-596；Boulton, M. I. et al.（2011）. Mastrevirus. The Springer Index of Viruses 2nd ed., 597-603；Briddon, R. W.（2011）. Topocuvirus. The Springer Index of Viruses 2nd ed., 607-609；Briddon, R. W.（2011）. Begomovirus. The Springer Index of Viruses 2nd ed., 567-587；Fauquet, C. M. et al.（2005）. Revising the way we conceive and name viruses below the species level：A review of geminivirus taxonomy calls for new standardized isolate descriptors. Arch. Virol., 150, 2151-2179；Fauquet, C. M. et al.（2008）. Geminivirus strain demarcation and nomenclature. Arch. Virol., 153, 783-821；Carstens, E. B. et al.（2009）. Ratification vote on taxonomic proposals to the International Committee on Taxonomy of Viruses（2008）. Arch. Virol., 154, 1181-1188；Jeske, H.（2009）. Geminiviruses. Curr. Top. Microbiol. Immunol., 331, 185-226；Rojas, M. R. et al.（2005）. Exploiting chinks in the plant's armor：Evolution and emergence of geminiviruses. Ann. Rev. Phytopathol., 43, 361-394；Haible, D. et al.（2006）. Rolling circle amplification revolutionizes diagnosis and genomics of geminiviruses. J. Virol. Meth., 135, 9-16；Briddon, R. W. et al.（2012）. Satellites and other virus-dependent nucleic acids. Virus Taxonomy 9th Report of ICTV, 1211-1219；Briddon, R. W. et al.（2008）. Beta ssDNA satellites. Encyclopedia of Virology 3rd ed., 1, 314-321；Briddon, R. W. et al.（2008）. Recommendations for the classification and nomenclature of the DNA-β satellites of begomoviruses. Arch. Virol., 153, 763-781；Nawaz-ul-Rehman, M. S. et al.（2009）. Evolution of geminiviruses and their satellites. FEBS Lett., 583, 1825-1832；Hanley-Bowdoin, L. et al.（2013）. Geminiviruses：masters at redirecting and reprogramming plant processes. Nature Rev. Microbiol., 11, 777-788；池上正人（2007）. 植物ウイルスの分類学（3）ジェミニウイルス科（*Geminiviridae*）. 植物防疫, 61, 41-45.

一本鎖 DNA ウイルス　　ジェミニウイルス科

Becurtovirus　ベクルトウイルス属

Geminiviridae

分類基準　(1) ssDNA ゲノム，(2) 単一環状ゲノム，(3) 双球状粒子1種(径22×長さ38 nm)，(4) ゲノム DNA を環状 dsDNA 複製中間体からローリングサークル様式で複製(推定)，(5) ORF 5個，(6) ヨコバイ伝搬，(7) 宿主：双子葉植物．

タイプ種　*Beet curly top Iran virus*(BCTIV)．

属の構成　*Beet curly top Iran virus*(BCTIV)，*Spinach curly top Arizona virus*(SpCTAV)．

粒　子　【形態】双球状1種(径22 nm×長さ38 nm)．被膜なし．
　　　【成分】核酸：ssDNA 1種(2.8〜2.9 kb)．タンパク質：外被タンパク質(CP)1種(28 kDa)．

ゲ ノ ム　【構造】単一環状 ssDNA ゲノム．ORF 5個．ゲノム上に長鎖遺伝子間領域(LIR：ウイルス鎖複製開始部位を含むステムループ構造)と短鎖遺伝子間領域(SIR)とをもつ(図1)．
　　　【遺伝子】長鎖遺伝子間領域(LIR)−ORF V3(10 kDa 移行タンパク質(MP))−ORF V2(14〜15 kDa タンパク質：ssDNA と dsDNA の量比を制御)−ORF V1(28 kDa 外被タンパク質(CP))−ORF C2(12 kDa 複製関連タンパク質 B(RepB))−ORF C1(35 kDa 複製関連タンパク質 A(RepA))−．
　　　複製開始点から3′端方向へと記述．V はウイルスセンス鎖，C は相補センス鎖の ORF を示す．なお，V2 と V3 の命名が逆になっている場合がある．

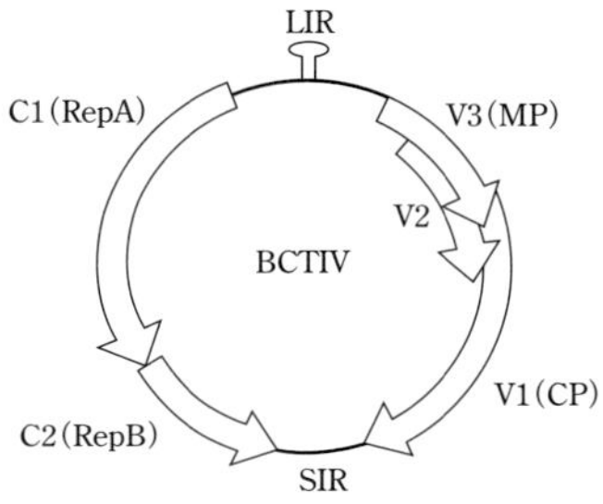

図1　BCTIV(2,845 nt)のゲノム構造
LIR：長鎖遺伝子間領域，SIR：短鎖遺伝子間領域，CP：外被タンパク質，MP：移行タンパク質，RepA：複製関連タンパク質 A，RepB：複製関連タンパク質 B．
[出典：Yazdi, H. R. B. *et al*.：Virus Genes, 36, 539−545, 2008]

複製様式　*Curtovirus* 属に準じると推定．
発現様式　*Curtovirus* 属に準じると推定．
細胞内局在　*Curtovirus* 属に準じると推定．
宿主域・病徴　宿主範囲は広く，インゲンマメ，ササゲ，トマト，カブ，ホウレンソウ，テンサイなどの双子葉植物に感染する．多くの種は全身感染し，主に茎の先端の屈曲，葉巻，黄化，萎縮などの病徴を現す．
伝　染　汁液接種不可．アグロイノキュレーション可．ヨコバイによる永続伝搬(循環型・非増殖性)．

〔日比忠明〕

主要文献　ICTV Virus Taxonomy List(2013). *Geminiviridae Becurtovirus*；DPVweb. Becurtovirus；Yazdi, H. R. B. *et al*.(2008). Virus Genes, 36, 539−545；Heydarnejad, J. *et al*.(2013). Arch. Virol., 158, 435−443；Soleimani, R. *et al*.(2013). Ann. Appl. Biol., 162, 174−181；Gharouni, K. S. *et al*.(2013). Virus Genes, 46, 571−575.

一本鎖 DNA ウイルス　　　　　　　　　　　　　　　　　　　　　　　ジェミニウイルス科

Curtovirus クルトウイルス属

Geminiviridae

分類基準　(1) ssDNA ゲノム，(2) 単一環状ゲノム，(3) 双球状粒子1種(径22×長さ38 nm)，(4) ゲノム DNA を環状 dsDNA 複製中間体からローリングサークル様式で複製，(5) ORF 7個，(6) ヨコバイ伝搬，(7) 宿主：双子葉植物．

タイプ種　Beet curly top virus (BCTV)．

属の構成　Beet curly top virus (BCTV)，Horseradish curly top virus (HrCTV)，Spinach severe curly top virus (SpSCTV)．

暫定種：Pepper yellow dwarf virus (PepYDV)，Tomato leafroll virus (TLRV) など3種．

粒　子　【形態】双球状1種(径22 nm×長さ38 nm)．被膜なし(図1)．
【物性】沈降係数82 S．浮遊密度(CsCl) 1.34 g/cm^3．
【成分】核酸：ssDNA 1種(2.9〜3.0 kb，GC含量39〜41%)．タンパク質：外被タンパク質(CP) 1種(27〜30 kDa)．ウイルス粒子は110個の外被タンパク質を有する．

ゲ ノ ム　【構造】単一環状 ssDNA ゲノム．ORF 7個．ゲノム上に複製開始部位を含むステムループ構造をもつ(図2)．

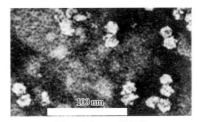

図1　BCTV の粒子像
[出典：Descriptions of Plant Viruses, 210]

【遺伝子】遺伝子間領域(IR；相補鎖遺伝子プロモーター，複製開始部位，ウイルス鎖遺伝子プロモーターを含む)-ORF V2(10 kDa 移行タンパク質(MP))-ORF V3(12〜15 kDa タンパク質：ssDNA と dsDNA の量比を制御)-ORF V1(27〜30 kDa 外被タンパク質(CP)；粒子形成，ゲノム DNA の核内外の輸送，昆虫媒介に関与)-ORF C3(16 kDa 複製促進タンパク質(REn)；ゲノム複製を促進)-ORF C2(18〜20 kDa タンパク質：病原性に関連，RNA サイレンシングサプレッサー)-ORF C1(39〜40 kDa 複製開始タンパク質(Rep)；複製の開始，複製したゲノム DNA の環状化に関与)-ORF C4(10 kDa タンパク質：病原性と細胞周期の制御に関連)-．

複製開始点から3′端方向へと記述．V はウイルスセンス鎖，C は相補センス鎖の ORF を示す．

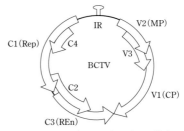

図2　BCTV (2,993 nt) のゲノム構造
IR：遺伝子間領域，MP：移行タンパク質，CP：外被タンパク質，REn：複製促進タンパク質，Rep：複製開始タンパク質．
[出典：Virus Taxonomy 9th Report of ICTV, 355-357]

複製様式　環状 ssDNA ゲノムは核内に移行し，そこで環状 dsDNA の複製中間体になる．複製中間体から発現した複製開始タンパク質(Rep)が複製中間体のウイルス鎖の複製開始部位(5′-TAATATT/AC-3′配列の/部分)に一本鎖切断(ニック)を導入し，生じた3′末端を起点として宿主の DNA 合成関連タンパク質群がウイルス鎖のみをローリングサークル様式で連続的に合成する．ゲノム全長に相当するウイルス鎖が合成されると，複製開始タンパク質がそれを環状化してゲノム DNA とする．

発現様式　複製中間体の遺伝子間領域に存在する相補鎖遺伝子プロモーターから転写される複数の相補鎖 mRNA から，複製開始タンパク質などの相補鎖遺伝子産物が翻訳される．一方，遺伝子間領域に存在するウイルス鎖遺伝子プロモーターから転写される複数のウイルス鎖 mRNA から，移行タンパク質や外被タンパク質などのウイルス鎖遺伝子産物が翻訳される．

細胞内局在　本属のウイルスは篩部局在性で，ウイルス粒子は主として核内に半結晶状に集積あるいは散在して存在するが，感染後期には細胞質内にも認められる．

宿主域・病徴 宿主範囲は広く，多くの双子葉植物に感染する．多くの種は全身感染し，主に茎の先端の屈曲，萎縮などの病徴を現す．

伝　　染 汁液接種不可．アグロイノキュレーション可．ヨコバイによる永続伝搬(循環型・非増殖性)．

〔宇垣正志〕

主要文献 Brown, J. K. *et al.*(2012). *Curtovirus*. Virus Taxonomy 9th Report of ICTV, 355-357, Online Appendix 373. e1-e52 ; ICTVdB(2006). *Curtovirus*. 0.029.0.02. ; Stanley, J.(2008). Beet curly top virus. Encyclopedia of Virology 3rd ed., 1, 301-307 ; DPVweb. Curtovirus ; Thomas, P. E. *et al.*(1979). Beet curly top virus. Descriptions of Plant Viruses, 210 ; Briddon, R. W. *et al.*(2011). Curtovirus. The Springer Index of Viruses 2nd ed., 589-596 ; Jeske, H.(2009). Geminiviruses. Curr. Top. Microbiol. Immunol., 331, 185-226.

一本鎖 DNA ウイルス　　　　　　　　　　　　　　　　　　　　　　　　　ジェミニウイルス科

Eragrovirus エラグロウイルス属

Geminiviridae

分類基準　(1) ssDNA ゲノム，(2) 単一環状ゲノム，(3) 双球状粒子 1 種（径 22×長さ 38 nm），(4) ゲノム DNA を環状 dsDNA 複製中間体からローリングサークル様式で複製（推定），(5) ORF 4 個，(6) 媒介生物不明，(7) 宿主：単子葉植物．

タイプ種　*Eragrostis curvula streak virus*（ECSV）．

属の構成　*Eragrostis curvula streak virus*（ECSV）．

粒　　子　【形態】双球状 1 種（径 22 nm×長さ 38 nm）．被膜なし．
【成分】核酸：ssDNA 1 種（2.7 kb）．タンパク質：外被タンパク質（CP）1 種（29 kDa）．

ゲ ノ ム　【構造】単一環状 ssDNA ゲノム．ORF 4 個．ゲノム上に 2 ケ所の遺伝子間領域（IR-1，IR-2）があり，IR-1 に複製開始部位を含むステムループ構造をもつ（図 1）．
【遺伝子】遺伝子間領域（IR-1）-ORF V2（10 kDa 移行タンパク質（MP））-ORF V1（29 kDa 外被タンパク質（CP））-ORF C2（18 kDa 転写促進タンパク質（TrAP））-ORF C1（42 kDa 複製開始タンパク質（Rep））-．
複製開始点から 3′ 端方向へと記述．V はウイルスセンス鎖，C は相補センス鎖の ORF を示す．

宿主域・病徴　シナダレスズメガヤ（*Eragrostis curvula*）．全身感染し，条斑症状を現す．ほかの宿主については未詳．

伝　　染　汁液接種不可．媒介生物不明．　　　　　〔日比忠則〕

主 要 文 献　ICTV Virus Taxonomy List（2013）．*Geminiviridae Eragrovirus*；DPVweb. Eragrovirus；Varsani, A. *et al.*（2009）．Virol. J., 6, 36.

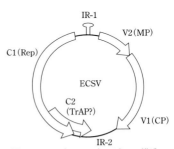

図 1　ECSV（2,746 nt）のゲノム構造
IR-1：遺伝子間領域 1，IR-2：遺伝子間領域 2，CP：外被タンパク質，MP：移行タンパク質，Rep：複製開始タンパク質，TrAP：転写促進タンパク質．
［出典：Varsani, A. *et al.*：Virol. J., 6, 36, 2009］

Mastrevirus マストレウイルス属
Geminiviridae

分類基準 (1) ssDNA ゲノム，(2) 単一環状ゲノム，(3) 双球状粒子1種（径22×長さ38 nm），(4) ゲノムDNAを環状 dsDNA 複製中間体からローリングサークル様式で複製，(5) 相補鎖 mRNA にイントロンが存在しスプライシングの有無により2種類のタンパク質を発現，(6) ORF 4個，(7) ヨコバイ伝搬，(8) 宿主：主に単子葉植物．

タイプ種 *Maize streak virus*（MSV）．

属の構成 *Chickpea chlorosis virus*（CpCV），*Chloris striate mosaic virus*（CSMV），*Digitaria streak virus*（DSV），*Maize streak virus*（MSV），オギ条斑ウイルス（*Miscanthus streak virus*：MiSV），*Panicum streak virus*（PanSV），*Sugarcane streak virus*（SSV），*Tobacco yellow dwarf virus*（TYDV），*Wheat dwarf virus*（WDV）など29種．
暫定種：Millet streak virus（MilSV）など3種．

粒子 【形態】双球状1種（径22 nm×長さ38 nm），被膜なし（図1）．
【物性】沈降係数76 S．浮遊密度（CsCl）1.35 g/cm^3．
【成分】核酸：ssDNA 1種（2.6～2.8 kb，GC含量43～54％），相補鎖合成プライマー DNA 1種（約100 nt）．タンパク質：外被タンパク質（CP）1種（27～29 kDa）．ウイルス粒子は110個の外被タンパク質を有する．

ゲノム 【構造】単一環状 ssDNA ゲノム．ORF 4個．ゲノム上に長鎖遺伝子間領域（LIR：ウイルス鎖複製開始部位を含むステムループ構造）と短鎖遺伝子間領域（SIR：相補鎖複製開始部位で相補鎖合成プライマーが結合している）とをもつ（図2）．
【遺伝子】長鎖遺伝子間領域（LIR：相補鎖遺伝子プロモーター，ウイルス鎖複製開始部位，ウイルス鎖遺伝子プロモーターを含む）-ORF V2（9～15 kDa 移行タンパク質（MP））-ORF V1（27～29 kDa 外被タンパク質（CP）；粒子形成，ゲノム DNA の核内外の輸送，昆虫媒介に関与）-短鎖遺伝子間領域（SIR：ウイルス鎖遺伝子ターミネーター，相補鎖複製開始のためのプライマー結合部位，相補鎖遺伝子ターミネーターを含む）-ORF C2（スプライシングにより ORF C1 と融合）-ORF C1：C2（40～41 kDa 複製開始タンパク質（Rep）；複製の開始，複製したゲノム DNA の環状化に関与）-ORF C1（25～37 kDa 複製関連タンパク質 A（RepA）；細胞周期の制御に関連）-．
ウイルス鎖複製開始点から3′端方向へと記述．Vはウイルスセンス鎖，Cは相補センス鎖の ORF を示す．

複製様式 環状 ssDNA ゲノムの短鎖遺伝子間領域（SIR）には，短いプライマー DNA が結合している．核内でこのプライマーから相補鎖が合成され，環状 dsDNA の複製中間体になる．複製中間体から発現した複製開始タンパク質（Rep）が複製中間体のウイルス鎖の複製開始部位（5′-TAATATT/AC-3′配列の/部分）に一本鎖切断（ニック）を導入し，生じた3′末端を起点として宿主のDNA合成関連タンパク質群がウイルス鎖のみをローリングサークル様式で連続的に合成する．ゲノム全長に相当するウイルス鎖が合成されると，複製開始タンパク質がそれを環状化してゲノム DNA とする．短鎖遺伝子間領域にはプライマー DNA が合成される．

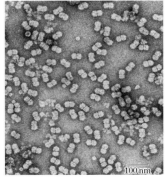

図1 MSV の粒子像
［出典：ICTVdB］

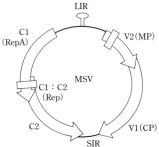

図2 MSV（2,689 nt）のゲノム構造
LIR：長鎖遺伝子間領域，SIR：短鎖遺伝子間領域，MP：移行タンパク質，CP：外被タンパク質，Rep：複製開始タンパク質，RepA：複製関連タンパク質A，□：スプライス部位．
［出典：Virus Taxonomy 9th Report of ICTV, 352-355］

発現様式	複製中間体上の長鎖遺伝子間領域(LIR)に存在する相補鎖遺伝子プロモーターから転写される相補鎖 mRNA から，ORF C1 にコードされる複製関連タンパク質 A(RepA)が翻訳される．また，ORF C1 と ORF C2 を併せた全長に対応する転写 RNA のイントロンがスプライシングを受けて ORF C1 と C2 が融合した新たな ORF C1:C2 の mRNA が生じ，複製開始タンパク質(Rep)が翻訳される．次いで，RepA, Rep および長鎖遺伝子間領域に存在するウイルス鎖プロモーターなどのはたらきで 2 種類のウイルス鎖 mRNA が転写され，ORF V2 にコードされる移行タンパク質および ORF V1 にコードされる外被タンパク質がそれぞれ翻訳される．なお，ORF V2 の mRNA もスプライシングを受けて成熟する．
細胞内局在	ウイルス粒子は篩部組織のみならず各種細胞の主として核内に半結晶状に集積あるいは散在して存在するが，時に細胞質内にも認められる．
宿主域・病徴	宿主範囲は狭く，多くのウイルス種は限られた単子葉植物に，いくつかの種は限られた双子葉植物に感染する．多くの種は全身感染し，主に条斑，萎縮などの病徴を現す．
伝　　　染	汁液接種不可．アグロイノキュレーション可．ヨコバイによる永続伝搬(循環型・非増殖性)

〔宇垣正志〕

主要文献 Brown, J. K. *et al.* (2012). *Mastrevirus*. Virus Taxonomy 9th Report of ICTV, 352-355, Online Appendix 373. e1-e52；ICTVdB (2006). *Mastrevirus*. 0.029.0.01.；Martin, D. P. *et al.* (2008). Maize streak virus. Encyclopedia of Virology 3rd ed., 3, 263-272；DPVweb. Mastrevirus；Martin, D. P. (2007). Maize streak virus. Descriptions of Plant Viruses, 416；Boulton, M. I. *et al.* (2011). Mastrevirus. The Springer Index of Viruses 2nd ed., 597-603；Boulton, M. I. (2002). Functions and interactions of mastrevirus gene products. Physiol. Mol. Plant Pathol., 60, 243-255；Palmer, K. E. *et al.* (1998). The molecular biology of mastreviruses. Adv. Virus Res., 50, 183-234；Jeske, H. (2009). Geminiviruses. Curr. Top. Microbiol. Immunol., 331, 185-226.

一本鎖 DNA ウイルス　　ジェミニウイルス科

Topocuvirus　トポクウイルス属

Geminiviridae

分類基準　(1) ssDNA ゲノム，(2) 単一環状ゲノム，(3) 双球状粒子1種(径18×長さ30 nm)，(4) ゲノム DNA を環状 dsDNA 複製中間体からローリングサークル様式で複製(推定)，(5) ORF 6個，(6) ツノゼミ伝搬，(7)宿主：双子葉植物．

タイプ種　*Tomato pseudo-curly top virus*(TPCTV)．

属の構成　*Tomato pseudo-curly top virus*(TPCTV)．

粒子　【形態】双球状1種(径18×長さ30 nm)，被膜なし．
【成分】核酸：ssDNA 1種(2.9 kb，GC含量41.6％)．タンパク質：外被タンパク質(CP)1種(27 kDa)．ウイルス粒子は110個の外被タンパク質からなる．

ゲノム　【構造】単一環状 ssDNA ゲノム．ORF 6個．ゲノム上に複製開始部位を含むステムループ構造をもつ(図1)．
【遺伝子】遺伝子間領域(IR；相補鎖遺伝子プロモーター，複製開始部位，ウイルス鎖遺伝子プロモーターを含む)－ORF V2(11 kDa 移行タンパク質(MP))－ORF V1(27 kDa 外被タンパク質(CP))－ORF C3(16 kDa 複製促進タンパク質(REn))－ORF C2(18 kDa タンパク質：転写促進タンパク質(TrAP)と相同性がある)－ORF C1(40 kDa 複製開始タンパク質(Rep))－ORF C4(10 kDa タンパク質：病原性と細胞周期の制御に関連)－．
複製開始点から3′端方向へと記述．Vはウイルスセンス鎖，Cは相補センス鎖の ORF を示す．

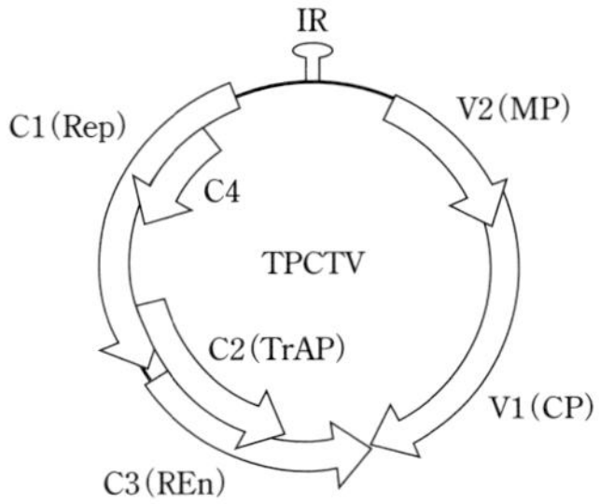

複製様式　おそらく，＋鎖(ウイルス鎖)を鋳型として－鎖(相補鎖)が合成され，dsDNA(複製中間体)となる．次いで，dsDNA の－鎖を鋳型としてローリングサークル様式で＋鎖が合成される．合成された ssDNA が切断・結合して，環状のウイルス ssDNA となる．複製は核内で行われると考えられる．

発現様式　複製中間体である dsDNA のウイルスセンス鎖および相補センス鎖の両鎖から転写・翻訳される．

宿主域・病徴　宿主域は狭い．ナス科植物．全身感染し，主に退緑斑，葉脈透化，葉脈肥大，巻葉症状などを示す．

伝染　汁液接種不可．アグロイノキュレーション可．ツノゼミの一種 *Micrutalis malleifera* による永続伝搬(循環型・非増殖性)．

〔池上正人〕

図1　TPCTV(2,861 nt)のゲノム構造
IR：遺伝子間領域，MP：移行タンパク質，CP：外被タンパク質，REn：複製促進タンパク質，Rep：複製開始タンパク質，TrAP：転写促進タンパク質．
［出典：Virus Taxonomy 9th Report of ICTV, 357-358］

主要文献　Brown, J. K. *et al.*(2012). *Topocuvirus*. Virus Taxonomy 9th Report of ICTV, 357-358；ICTVdB (2006). *Topocuvirus*. 0.029.0.04.；DPVweb. Topocuvirus；Briddon, R.(2003). Descriptions of Plant Viruses, 395；Briddon, R. W.(2011). Topocuvirus. The Springer Index of Viruses 2nd ed., 607-609；Briddon, R. W. *et al.*(1996). Analysis of the nucleotide sequence of the treehopper transmitted geminivirus, tomato pseudo-curly top virus, suggests a recombinant origin. Virology, 219, 387-394.

一本鎖 DNA ウイルス　　　　　　　　　　　　　　　　　　　　　　　　　　　ジェミニウイルス科

Turncurtovirus　ツルンクルトウイルス属
Geminiviridae

分類基準　(1) ssDNA ゲノム，(2) 単一環状ゲノム，(3) 双球状粒子 1 種（径 22×長さ 38 nm），(4) ゲノム DNA を環状 dsDNA 複製中間体からローリングサークル様式で複製（推定），(5) ORF 6 個，(6) ヨコバイ伝搬，(7) 宿主：双子葉植物．

タイプ種　*Turnip curly top virus*（TCTV）．

属の構成　*Turnip curly top virus*（TCTV）．

粒　　子　【形態】双球状 1 種（径 22 nm×長さ 38 nm）．被膜なし．
【成分】核酸：ssDNA 1 種（3.0 kb）．タンパク質：外被タンパク質（CP）1 種（32 kDa）．

ゲ ノ ム　【構造】単一環状 ssDNA ゲノム．ORF 6 個．ゲノム上に複製開始部位を含むステムループ構造をもつ（図 1）．
【遺伝子】遺伝子間領域（IR）-ORF V2（15 kDa 移行タンパク質（MP））-ORF V1（32 kDa 外被タンパク質（CP））-ORF C3（17 kDa 複製促進タンパク質（REn））-ORF C2（16 kDa 転写促進タンパク質（TrAP））-ORF C1（42 kDa 複製開始タンパク質（Rep））-ORF C4（10 kDa タンパク質：病徴に関連）-．
複製開始点から 3′ 端方向へと記述．V はウイルスセンス鎖，C は相補センス鎖の ORF を示す．

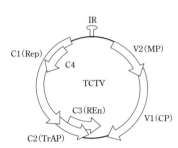

図 1　TCTV（2,981 nt）のゲノム構造
IR：遺伝子間領域，CP：外被タンパク質，MP：移行タンパク質，Rep：複製開始タンパク質，TrAP：転写促進タンパク質，REn：複製促進タンパク質．
〔出　典：Briddon, R. W. *et al.*：Virus Res., 152, 169-175, 2010〕

複製様式　*Curtovirus* 属に準じると推定．

発現様式　*Curtovirus* 属に準じると推定．

細胞内局在　*Curtovirus* 属に準じると推定．

宿主域・病徴　ササゲ，カブ，テンサイなどの双子葉植物に感染する．全身感染し，主に茎の先端の屈曲，葉巻，葉の肥厚，葉脈肥大などの病徴を現す．

伝　　染　汁液接種不可．アグロイノキュレーション可．ヨコバイによる永続伝搬． 〔日比忠明〕

主要文献　ICTV Virus Taxonomy List（2013）．*Geminiviridae Turncurtovirus*；DPVweb. Turncurtovirus；Briddon, R. W. *et al.*（2010）. Virus Res., 152, 169-175；Razavinejad, S. *et al.*（2013）. Virus Genes, 46, 345-353.

一本鎖 DNA ウイルス　　　　　　　　　　　　　　　　　ジェミニウイルス科

Begomovirus ベゴモウイルス属
Geminiviridae

分類基準　(1) ssDNA ゲノム，(2) 1-2 分節環状ゲノム，(3) 双球状粒子 1〜2 種（径 18〜22×長さ 30〜38 nm），(4) ゲノム DNA を環状 dsDNA 複製中間体からローリングサークル様式で複製，(5) ORF 6〜8 個，(6) コナジラミ伝搬，(7) 宿主：双子葉植物．

タイプ種　Bean golden yellow mosaic virus（BGYMV）．

属の構成　アブチロンモザイクウイルス（*Abutilon mosaic virus*：AbMV），*African cassava mosaic virus*（ACMV），カッコウアザミ葉脈黄化花蓮ウイルス（*Ageratum yellow vein Hualian virus*：AYVHuV），カッコウアザミ葉脈黄化ウイルス（*Ageratum yellow vein virus*：AYVV），*Bean golden mosaic virus*（BGMV），*Bean golden yellow mosaic virus*（BGYMV），ヒヨドリバナ葉脈黄化モザイクウイルス（*Eupatorium yellow vein mosaic virus*：EpYVMV），ヒヨドリバナ葉脈黄化ウイルス（*Eupatorium yellow vein virus*：EpYVV），スイカズラ葉脈黄化鹿児島ウイルス（*Honeysuckle yellow vein Kagoshima virus*：HYVKgV），スイカズラ葉脈黄化モザイクウイルス（*Honeysuckle yellow vein mosaic virus*：HYVMV），スイカズラ葉脈黄化ウイルス（*Honeysuckle yellow vein virus*：HYVV），*Mungbean yellow mosaic virus*（MYMV），サツマイモ葉巻ウイルス（*Sweet potato leaf curl virus*：SPLCV），タバコ巻葉日本ウイルス（*Tobacco leaf curl Japan virus*：TbLCJV），*Tomato golden mosaic virus*（TGMV），*Tomato leaf curl Java virus*（ToLCJV），トマト黄化葉巻ウイルス（*Tomato yellow leaf curl virus*：TYLCV）など 288 種．

暫定種：サツマイモ葉巻日本ウイルス（Sweet potato leaf curl Japan virus：SPLCJV）など 50〜150 種．

粒子　【形態】双球状 1〜2 種（径 18〜22 nm×長さ 30〜38 nm）．110 個の外被タンパク質サブユニットからなる．被膜なし（図 1）．

【物性】沈降係数 70〜82 S．浮遊密度（CsCl）1.35 g/cm³．

【成分】核酸：ssDNA 1 種（DNA-A：2.7〜2.8 kb）または 2 種（DNA-A：2.5〜2.8 kb，DNA-B：2.5〜2.8 kb）．GC 含量 40〜45%．2 種の場合は各分節ゲノムはそれぞれ個別に粒子に含まれる．タンパク質：外被タンパク質（CP）1 種（28〜31 kDa）．

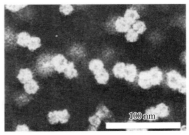

図 1　BGYMV の粒子像
［出典：Descriptions of Plant Viruses, 192］

ゲノム　ベゴモウイルス属ウイルスには 2 分節ゲノム型（DNA-A，DNA-B）と単一ゲノム型（DNA-A）とがある．大部分は 2 分節ゲノム型で，西半球（新世界；NW）には 2 分節ゲノム型だけが，東半球（旧世界；OW）には 2 分節ゲノム型と単一ゲノム型の両方が分布している．西半球（新世界）の 2 分節ゲノム型には，ORF AV2 が欠けている．単一ゲノム型のゲノム構造は 2 分節ゲノム型の DNA-A と類似している．

・単一ゲノム型ベゴモウイルス

【構造】単一環状 ssDNA ゲノム．ORF 6 個．ゲノム上に複製開始部位を含むステムループ構造をもつ（図 2）．

【遺伝子】遺伝子間領域（IR；相補鎖遺伝子プロモーター，複製開始部位，ウイルス鎖遺伝子プロモーターを含む）-ORF V2（12〜14 kDa 移行タンパク質（MP）：転写後ジーンサイレンシングサプレッサー；病原性；過敏感性）-ORF V1（28〜31 kDa 外被タンパク質（CP））-ORF C3（14〜16 kDa 複製促進タンパク質（REn））-ORF C2（14〜16 kDa 転写促進タンパク質（TrAP））-ORF C1（40〜42 kDa 複製開始タンパク質（Rep））-ORF C4（11〜15 kDa タンパク質：転写後ジーンサイレンシングサプレッサー）-．

なお，ひとつのウイルス種に 2 種のジーンサイレンシングサプレッサーが存在するのか否かは不詳．

複製開始点から 3′ 端方向へと記述．V はウイルスセンス鎖，C は相補センス鎖の ORF を示す．

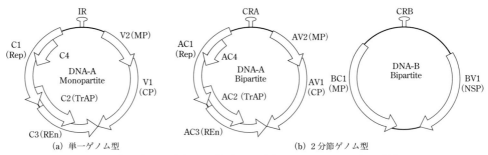

図2 単一ゲノム型(a)と2分節ゲノム型(b)ベゴモウイルスのゲノム構造
CRA：共通領域A, CRB：共通領域B, IR：遺伝子間領域, AV/BV/V：ウイルスセンス鎖のORF, AC/BC/C：相補センス鎖のORF, MP：移行タンパク質, CP：外被タンパク質, NSP：核シャトルタンパク質, Rep：複製開始タンパク質, TrAP：転写促進タンパク質, REn：複製促進タンパク質.
［出典：Virus Taxonomy 9th Report of ICTV, 359-372］

・2分節ゲノム型ベゴモウイルス
【構造】2分節環状ssDNAゲノム．ORF 7〜8個(DNA-A：5〜6個，DNA-B：2個)．ゲノム上に複製開始部位とステムループ構造を含む共通領域(CRA/CRB)をもつ(図2)．
【遺伝子】DNA-A：共通領域(CRA；相補鎖遺伝子プロモーター，複製開始部位，ウイルス鎖遺伝子プロモーターを含む)-ORF AV2(12〜14 kDa 移行タンパク質(MP)；このORFを欠くウイルス種もある)-ORF AV1(28〜31 kDa 外被タンパク質(CP))-ORF AC3(14〜16 kDa 複製促進タンパク質(REn))-ORF AC2(14〜16 kDa 転写促進タンパク質(TrAP))-ORF AC1(40〜42 kDa 複製開始タンパク質(Rep))-ORF AC4(11〜15 kDa タンパク質：転写後ジーンサイレンシングサプレッサー)-．DNA-B：共通領域(CRB；相補鎖遺伝子プロモーター，複製開始部位，ウイルス鎖遺伝子プロモーターを含む)-ORF BV1(29〜33 kDa 核シャトルタンパク質(NSP))-ORF BC1(30〜34 kDa 移行タンパク質(MP))-．
共通領域から3′端方向へと記述．AV/BVはウイルスセンス鎖，AC/BCは相補センス鎖のORFを示す．

複製様式 ＋鎖(ウイルス鎖)を鋳型として−鎖(相補鎖)が合成され，dsDNA(複製中間体)となる．次いで，dsDNAの−鎖を鋳型としてローリングサークル様式で＋鎖が合成される．合成されたssDNAが切断・結合して，環状のウイルスssDNAとなる．複製は核内で行われる．

発現様式 複製中間体であるdsDNAのウイルスセンス鎖および相補センス鎖の両鎖から転写・翻訳される．

サテライト 単一ゲノム型のベゴモウイルス属ウイルスにはサテライトDNA(約1.3 kb)を伴うものが多い．これらのサテライトDNAはいずれも外被タンパク質遺伝子を欠くが，そのうちRepをコードしていて複製はヘルパーウイルスに依存しないものをアルファサテライト(DNA 1)，Repをコードしておらず複製をヘルパーウイルスに依存するものをベータサテライト(DNA β)という．いずれもその粒子化，移行および伝染をヘルパーウイルスに依存しているが，一方，ヘルパーウイルスであるベゴモウイルスの病原性にも影響を及ぼす．ベゴモウイルス属では，これまでに24種のアルファサテライトと61種のベータサテライトが知られているが，アルファサテライトはベータサテライトと共存している場合が多い．ベータサテライトにはその共通非翻訳領域(サテライト保存領域；SCR；約200 nt)にベゴモウイルスと同一の複製開始部位(5′-TAATATTAC-3′)の配列が保存されているとともに，ORFとして転写後ジーンサイレンシング抑制に関わるタンパク質(βC1)がコードされている．

細胞内所在 ベゴモウイルス属の多くのウイルスは師部局在性で，ウイルス粒子は師部細胞の主として核内に散在または集塊する．一部のウイルス種では，師部細胞から移行して葉肉細胞の核内に存在する．

宿主域・病徴 ベゴモウイルス属のウイルス全体としては広範囲の双子葉植物に感染するが，個々のウイルス種の宿主域は限られる．全身感染して，黄化，モザイク，退緑斑，葉脈肥大，巻葉，萎縮などの病徴を示す．

伝染 汁液接種不可(一部のウイルス種は汁液接種可)．アグロイノキュレーション可．タバココナジ

ラミ(*Bemisia tabaci*)による永続伝搬(多くは循環型・非増殖性).

その他 タイプ種の BGYMV は従来の *Bean golden mosaic virus*-Puerto Rico(BGMV-PR)に, 一方, BGMV は従来の *Bean golden mosaic virus*-Brazil(BGMV-BR)にそれぞれ相当し, 両者は現在では互いに独立の種となっている.

ベゴモウイルス属では近隣のウイルス種間での組換えが頻繁に生じるが, その分類においては, 生物的特性等も加味しつつ, 原則として全塩基配列(2 分節ゲノムの場合は DNA-A の全塩基配列)の相同性が 91％以下であれば別種とする. しかし, この仕切りの値の妥当性や塩基配列の相同性を極度に重視した分類基準については, 現在, ICTV 内でも多くの議論がある.〔池上正人〕

主要文献 Brown, J. K. *et al.*(2012). *Begomovirus*. Virus Taxonomy 9th Report of ICTV, 359-372, Online Appendix 373. e1-e52；ICTV Virus Taxonomy List(2013). *Geminiviridae Begomovirus*；ICTV Files. 2013.015a, bP；ICTVdB(2006). *Begomovirus*. 00.029.0.03.；Morales, F. J.(2008). Bean golden mosaic virus. Encyclopedia of Virology 3rd ed., 1, 295-301；Czosnek, H.(2008). Tomato yellow leaf curl virus. Encyclopedia of Virology 3rd ed., 5, 138-145；Malathi, V. G. *et al.*(2008). Mungbean yellow mosaic viruses. Encyclopedia of Virology 3rd ed., 3, 364-372；DPVweb. Begomovirus；Goodman, R. M. *et al.*(1978). Bean golden mosaic virus. Descriptions of Plant Viruses, 192；Briddon, R. W.(2011). Begomovirus. The Springer Index of Viruses 2nd ed., 567-587；Harrison, B. D. *et al.*(1999). Natural genomics and antigenic variation in whitefly-transmitted geminiviruses(begomoviruses). Ann. Rev. Phytopathol., 37, 369-398；Fauquet, C. M. *et al.*(2005). Revising the way we conceive and name viruses below the species level：A review of geminivirus taxonomy calls for new standardized isolate descriptors. Arch. Virol., 150, 2151-2179；Fauquet, C. M. *et al.*(2008). Geminivirus strain demarcation and nomenclature. Arch. Virol., 153, 783-821；Carstens, E. B. *et al.*(2009). Ratification vote on taxonomic proposals to the International Committee on Taxonomy of Viruses(2008). Arch. Virol., 154, 1181-1188；Briddon, R. W. *et al.*(2012). Satellites and other virus-dependent nucleic acids. Virus Taxonomy 9th Report of ICTV, 1211-1219；DPVweb. Begomovirus alphasatellites；DPVweb. Begomovirus betasatellites；Briddon, R. W. *et al.*(2008). Beta ssDNA satellites. Encyclopedia of Virology 3rd ed., 1, 314-321；Briddon, R. W. *et al.*(2008). Recommendations for the classification and nomenclature of the DNA-β satellites of begomoviruses. Arch. Virol., 153, 763-781；Haber, S. *et al.*(1981). Evidence for a divided genome in bean golden mosaic virus, a geminivirus. Nature, 289, 324-326；Ikegami, M. *et al.*(1981). Isolation and characterization of virus-specific double-stranded DNA from tissues infected by bean golden mosaic virus. Proc. Natl. Acad. Sci. USA, 78, 4102-4106；Morinaga, T. *et al.*(1987). Total nucleotide sequences of the infectious cloned DNAs of bean golden mosaic virus. Microbiol. Immunol., 31, 147-154；池上正人(1997). ビーンゴールデンモザイクウイルス. ウイルス学(畑中正一編, 朝倉書店), 499-507；Kon, T. *et al.*(2006). The natural occurrence of two distinct begomoviruses associated with DNA β and a recombinant DNA in tomato plant from Indonesia. Phytopathology, 96, 517-525；Kon, T. *et al.*(2007). A begomovirus associated with ageratum yellow vein disease in Indonesia：evidence for natural recombination between tomato leaf curl Java virus and Ageratum yellow vein virus-[Java]. Arch. Virol., 152, 1147-1157；Kon, T. *et al.*(2007). Suppressor of RNA silencing encoded by the monopartite tomato leaf curl Java begomovirus. Arch. Virol., 152, 1273-1282；池上正人(2007). 植物ウイルスの分類学(3) ジェミニウイルス科(*Geminiviridae*). 植物防疫, 61, 41-45；大貫正俊(2008). 日本に発生するベゴモウイルス. 植物防疫, 62, 410-413；Ito, T. *et al.*(2009). Interaction of tomato yellow leaf curl virus with betasatellites enhances symptom severity. Arch., Virol., 154, 1233-1239；Sharma. P. and Ikegami, M.(2010). *Tomato leaf curl Java virus* V2 protein is a determinant of virulence, hypersensitive response and suppression of posttranscriptional gene silencing. Virology, 396, 85-93；Sharma. P. *et al.*(2010). Identification of the virulence factors and suppressors of posttranscriptional gene silencing encoded by *Ageratum yellow vein virus*, a monopartite begomovirus. Virus Res., 149, 19-27.

一本鎖 DNA ウイルス　　　　　　　　　　　　　　　　　　　　　　　　　　　　　　　　　　　　　ナノウイルス科

Nanoviridae ナノウイルス科

分類基準　（1）ssDNA ゲノム，（2）6〜8 分節環状ゲノム，（3）球状粒子 6〜8 種（径 17〜20 nm），（4）ゲノム DNA を環状 dsDNA 複製中間体からローリングサークル様式で複製，（5）アブラムシ伝搬．

科の構成　ナノウイルス科 *Nanoviridae*
- バブウイルス属 *Babuvirus*（タイプ種：バナナバンチートップウイルス；BBTV）（6 分節ゲノム，単子葉植物を宿主）．
- ナノウイルス属 *Nanovirus*（タイプ種：*Subterranean clover stunt virus*；SCSV）（8 分節ゲノム，双子葉植物を宿主）．
- 未帰属種：*Coconut foliar decay virus*（CFDV）．

粒子　【形態】球状 6〜8 種（径 17〜20 nm）．被膜なし（図 1）．
【物性】沈降速度 46 S（BBTV）．浮遊密度（CsCl）1.34 g/cm³，（Cs₂SO₄）1.24〜1.30 g/cm³．
【成分】核酸：ssDNA 6〜8 種（923〜1,111 nt）．各分節ゲノム（DNA コンポーネント）はそれぞれ個別に粒子に含まれる．タンパク質：外被タンパク質（CP）1 種（約 19 kDa）．粒子は 60 個の CP を有する．

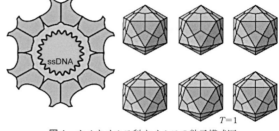

図 1　ナノウイルス科ウイルスの粒子模式図
［出典：ViralZone, Nanoviridae］

ゲノム　【構造】6〜8 分節環状 ssDNA ゲノム．バブウイルス属は DNA-R, -S, -C, -M, -N, -U3 の 6 種，ナノウイルス属は DNA-R, -S, -C, -M, -N, -U1, -U2, -U4 の 8 種の DNA コンポーネントからゲノムが構成される（表 1）．すべての DNA コンポーネントは，単一のウイルスセンス鎖の ORF をもち，各 ORF の上流には TATA ボックスが，下流にはポリ(A) 付加シグナルが認められる．なお，BBTV の DNA-R には主要複製開始タンパク質（M-Rep）の ORF の内部に重複して 5 kDa の機能不明タンパク質（U5）をコードする小さな ORF が存在するが，実際にタンパク質として発現・機能しているか否かは不明である．各 DNA コンポーネントの非翻訳領域（NCR）には共通ステムループ領域（CR-SL）があり，このループ内に 9 塩基の保存配列（TAG/TTATTAC）が，その周辺に M-Rep の結合部位である短鎖反復配列（イテロン）が存在する．非翻訳領域内にはもう 1 ケ所，主要共通領域（バブウイルス属；CR-M）あるいは第 2 共通領域（ナノウイルス属；CR-II）が存在する．

【遺伝子】主要複製開始タンパク質（M-Rep），外被タンパク質（CP），細胞周期変換タンパク

表 1　ナノウイルス科ウイルスの DNA コンポーネントとコードするタンパク質

DNA コンポーネント	タンパク質 (kDa)	タンパク質の機能	ナノウイルス属 (FBNYV)	バブウイルス属 (BBTV)
DNA-R	M-Rep (33〜34)	主要複製開始タンパク質	＋	＋
DNA-S	CP (18〜20)	外被タンパク質	＋	＋
DNA-C	Clink (18〜20)	細胞周期変換タンパク質	＋	＋
DNA-M	MP (12〜14)	移行タンパク質	＋	＋
DNA-N	NSP (17〜18)	核シャトルタンパク質	＋	＋
DNA-U1	U1 (16〜18)	不明	＋	－
DNA-U2	U2 (14〜15)	不明	＋	－
DNA-U3	U3 (10)	不明	－	＋
DNA-U4	U4 (10 または 12)	不明	＋	－

［注］　表中の－は，対応する DNA コンポーネントまたは ORF が確認されていないことを示す．

質(Clink；宿主の細胞周期調節因子pRBおよびSKP1に結合してS期特異的な遺伝子の転写を活性化)，移行タンパク質(MP)，核シャトルタンパク質(NSP)，機能不明タンパク質1～3種(表1)．

複製様式 各ゲノムコンポーネント(ウイルス鎖)は宿主細胞の核へ侵入した後，宿主のDNAポリメラーゼにより相補鎖を合成してdsDNA複製中間体となる．この相補鎖の合成の際，BBTVではウイルス鎖DNAの共通領域(CR-M)に短鎖のDNAプライマーが結合していることが確認されている．次いで，DNA-Rの複製中間体から転写・翻訳される主要複製開始タンパク質(M-Rep)が，各DNAコンポーネントの複製中間体上のステムループ領域に結合し，ループ内の9塩基の保存配列にニックを入れ，ここを起点に宿主のDNAポリメラーゼによりローリングサークル様式でウイルス鎖を複製する．

発現様式 各DNAコンポーネントの複製中間体の相補鎖から宿主のRNAポリメラーゼなどの転写機構により一方向にmRNAが合成され，各DNAコンポーネントにコードされるウイルスタンパク質が翻訳される．

サテライト ナノウイルス科ウイルスでは，上記の必須のゲノムコンポーネント以外に，計15種のアルファサテライト(1,000～1,100 nt)が同定されている．これらのサテライトDNAはいずれも環状ssDNAで複製開始タンパク質(Rep)をコードしており，単一細胞内では自立複製能をもつが，その粒子化，移行および伝達はヘルパーウイルスに依存している．ヘルパーウイルスの病徴発現にも影響を及ぼす．未帰属種のCFDVについては，複製開始タンパク質をコードする環状DNA分子1種のみの配列が知られているが，このDNAはアルファサテライトと考えられている．

細胞内所在 ウイルス粒子は感染植物の篩部組織に局在し，核内で増殖すると考えられる．

宿主域・病徴 宿主域は比較的狭い．自然感染宿主は，バブウイルス属は単子葉植物のバナナやマニラアサなど，ナノウイルス属は双子葉植物のマメ科植物にほぼ限られる．いずれも全身感染により，黄化，葉巻，萎縮，頂部え死などの病徴を示す．

伝染 汁液接種不可．特定のアブラムシにより循環型・非増殖性様式で伝搬．

その他 ナノウイルス科ウイルスの分類では，生物的特性なども加味しつつ，原則として全塩基配列の相同性が75%以下であれば別種とする．

〔佐野義孝〕

主要文献 Vetten, H. J. *et al.* (2012). *Nanoviridae*. Virus Taxonomy 9th Report of ICTV, 395-404；ICTVdB (2006). *Nanoviridae*. 0.093.；Vetten, H. J. (2008). Nanoviruses. Encyclopedia of Virology 3rd ed., 3, 385-391；Hohn, T. (2009). Plant pathogens：DNA viruses, Encyclopedia of Microbiology 3rd ed., 6, 430-442；DPVweb. Nanoviridae；Hu, J. M. *et al.* (2011). Babuvirus. The Springer Index of Viruses 2nd ed., 953-958；Gronenborn, B. *et al.* (2011). Nanovirus. The Springer Index of Viruses 2nd ed., 959-968；Gronenborn, B. (2004). Nanoviruses：Genome organization and protein function. Veterinary Microbiology, 98, 103-109；ViralZone, Nanoviridae；Hafner, G. J. *et al.* (1997). A DNA primer associated with banana bunchy top virus. J. Gen. Virol., 78, 479-486；Aronson, M. N. *et al.* (2000). Clink, a nanovirus-encoded protein, binds both pRB and SKP1. J. Virol., 74, 2967-2972；Briddon, R. W. *et al.* (2012). Satellites and other virus-dependent nucleic acids. Virus Taxonomy 9th Report of ICTV, 1211-1219；DPVweb. Nanoviridae alphasatellites.

一本鎖 DNA ウイルス　　　　　　　　　　　　　　　　　　　　　　　　　　　ナノウイルス科

Babuvirus　バブウイルス属

Nanoviridae

分類基準　(1) ssDNA ゲノム，(2) 6 分節環状ゲノム，(3) 球状粒子 6 種（径 18〜20 nm），(4) ゲノム DNA を環状 dsDNA 複製中間体からローリングサークル様式で複製，(5) ORF 6 個，(6) 単子葉植物に感染，(7) アブラムシ伝搬．

タイプ種　バナナバンチートップウイルス（*Banana bunchy top virus*：BBTV）．

属の構成　*Abaca bunchy top virus*（ABTV），バナナバンチートップウイルス（*Banana bunchy top virus*：BBTV），*Cardamom bushy dwarf virus*（CdBDV）．

粒子　【形態】球状 6 種（径 18〜20 nm），被膜なし（図 1）．
【物性】沈降係数 46 S（BBTV）．浮遊密度（Cs$_2$SO$_4$）1.28〜1.29 g/cm^3．
【成分】核酸；ssDNA 6 種（DNA-R, -S, -C, -M, -N, -U3：各 1,013〜1,111 nt，GC 含量 39〜42％）．タンパク質：外被タンパク質（CP）1 種（20 kDa）．

ゲノム　【構造】6 分節環状 ssDNA ゲノム（DNA-R, -S, -C, -M, -N, -U3）．ORF 6 個．各 DNA コンポーネントは単一のウイルスセンス鎖の ORF をもち，各 ORF の上流には TATA ボックスを有するプロモーターが，下流にはポリ(A)付加シグナルが認められる．各 DNA コンポーネントの非翻訳領域には共通ステムループ領域（CR-SL）と主要共通領域（CR-M）が存在する（図 2）．

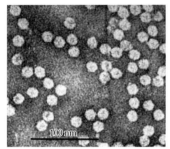

図 1　BBTV の粒子像
［出典：Encyclopedia of Virology 3rd ed. 1, 272-279］

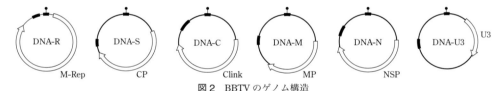

図 2　BBTV のゲノム構造
■：共通ステムループ領域（CR-SL），■：主要共通領域（CR-M），M-Rep：主要複製開始タンパク質，CP：外被タンパク質，Clink：細胞周期変換タンパク質，MP：移行タンパク質，NSP：核シャトルタンパク質，U3：機能不明タンパク質．
［出典：Virus Taxonomy 9th Report of ICTV, 400-402］

【遺伝子】DNA-R（33 kDa 主要複製開始タンパク質：M-Rep），DNA-S（20 kDa 外被タンパク質：CP），DNA-C（19 kDa 細胞周期変換タンパク質：Clink），DNA-M（14 kDa 移行タンパク質：MP），DNA-N（核シャトルタンパク質：NSP），DNA-U3（10 kDa 機能不明タンパク質：U3）．なお，BBTV の DNA-R には M-Rep の ORF の内部に重複して 5 kDa の機能不明タンパク質（U5）をコードする小さな ORF が存在するが，実際にタンパク質として発現・機能しているか否かは不明である．また，ABTV の 2 系統や BBTV の数系統では DNA-U3 に ORF が存在しない．

複製様式　各ゲノムコンポーネント（ウイルス鎖）は宿主細胞の核へ侵入した後，宿主の DNA ポリメラーゼにより相補鎖を合成して dsDNA 複製中間体となる．この相補鎖の合成の際，BBTV ではウイルス鎖 DNA の共通領域（CR-M）に短鎖の DNA プライマーが結合していることが確認されている．次いで，DNA-R の複製中間体から転写・翻訳される主要複製開始タンパク質（M-Rep）が，各 DNA コンポーネントの複製中間体上のステムループ領域に結合し，ループ内の 9 塩基の保存配列（TATTATTAC）にニックを入れ，ここを起点に宿主の DNA ポリメラーゼによりローリングサークル様式でウイルス鎖を複製する．

発現様式　各 DNA コンポーネントの複製中間体の相補鎖から宿主の RNA ポリメラーゼなどの転写機構により一方向に mRNA が合成され，各 DNA コンポーネントにコードされるウイルスタンパ

ク質が翻訳される．
サテライト バブウイルス属ウイルスでは，上記の必須のゲノムコンポーネント以外に，BBTVから5種のアルファサテライト（*rep* DNA；1,000〜1,100 nt）が同定されている．これらのサテライトDNAはいずれも環状ssDNAで，M-Repをコードしており，単一細胞内では自立複製能をもつが，その粒子化，移行および伝染はヘルパーウイルスに依存している．
細胞内所在 ウイルス粒子は感染植物の篩部組織に局在し，核内で増殖すると考えられる．
宿主域・病徴 バナナおよびマニラアサなど *Musa* 属や *Amomum* 属の植物にのみに感染する．葉脈に暗緑色の断続的な条斑を形成するほか，葉身の幅が狭くなって黄化し，植物体全体も矮化する．
伝　　染 汁液接種不可．アブラムシによる永続伝搬（循環型・非増殖性）．
そ の 他 BBTVの系統はDNA-R, -N, -SのCR-Mの塩基配列の相違（27〜39％）によりアジアグループおよび南太平洋グループに類別される． 〔夏秋啓子〕
主 要 文 献 Vetten, H. J. *et al.*(2012). *Babuvirus*. Virus Taxonomy 9th Report of ICTV, 400-402；ICTVdB (2006). *Babuvirus*. 0.093.0.02., *Banana bunchy top virus*. 0.093.0.02.0.01.；Vetten, H. J.(2008). Nanoviruses. Encyclopedia of Virology 3rd ed., 3, 385-391；Thomas, J. E.(2008). Banana bunchy top virus. Encyclopedia of Virology 3rd ed., 1, 272-279；DPVweb. Babuvirus；Hu, J. M. *et al.*(2011). Babuvirus. The Springer Index of Viruses 2nd ed., 953-958；Thomas J. E. *et al.*(2000). Diseases caused by viruses, Bunchy top. *In* "Diseases of Banana, Abaca and Enset" (Jones, D. R. ed., CABI Publishing, pp. 544)；Karan, M. *et al.*(1994). Evidence for two groups of banana bunchy top virus isolates. J. Gen. Virol., 75, 3541-3546；Hafner, G. J. *et al.*(1997). A DNA primer associated with banana bunchy top virus. J. Gen. Virol., 78, 479-486；Horser, C. L. *et al.*(2001). Additional Rep-encoding DNAs associated with banana bunchy top virus. Arch. Virol., 146, 71-86；Sainton, D. *et al.*(2012). Evidence of inter-component recombination, intra-component recombination and reassortment in banana bunchy top virus. J. Gen. Virol., 93, 1103-1109.

一本鎖 DNA ウイルス　　　　　　　　　　　　　　　　　　　　　　　　　ナノウイルス科

Nanovirus ナノウイルス属
Nanoviridae

分類基準　(1) ssDNA ゲノム，(2) 8 分節環状ゲノム，(3) 球状粒子 8 種（径 17〜20 nm），(4) ゲノム DNA を環状 dsDNA 複製中間体からローリングサークル様式で複製，(5) ORF 8 個，(6) 双子葉植物に感染，(7) アブラムシ伝搬．

タイプ種　*Subterranean clover stunt virus*（SCSV）．

属の構成　*Faba bean necrotic stunt virus*（FBNSV），*Faba bean necrotic yellows virus*（FBNYV），*Faba bean yellow leaf virus*（FBYLV），レンゲ萎縮ウイルス（*Milk vetch dwarf virus* : MDV），*Pea necrotic yellow dwarf virus*（PNYDV），*Subterranean clover stunt virus*（SCSV）．

粒子　【形態】球状 8 種（径 17〜20 nm），被膜なし（図 1）．
【物性】浮遊密度（Cs_2SO_4）1.24〜1.28 g/cm^3．
【成分】核酸：ssDNA 8 種（DNA-R, -S, -C, -M, -N, -U1, -U2, -U4：各 923〜1,020 nt, GC 含量 38〜40%）．タンパク質：外被タンパク質（CP）1 種（19 kDa）．

ゲノム　【構造】8 分節環状 ssDNA ゲノム（DNA-R, -S, -C, -M, -N, -U1, -U2, -U4）．ただし，SCSV では DNA-U2 および -U4 が未確認で，他の未同定のコンポーネントの存在も考えられる．ORF 8 個．各ゲノムコンポーネントは単一のウイルスセンス鎖の ORF をもち，非翻訳領域には共通ステムループ領域（CR-SL）と第 2 共通領域（CR-II）が存在する（図 2）．

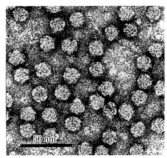

図 1　FBNYV の粒子像
［出典：Encyclopedia of Virology 3rd ed. 3, 385-391］

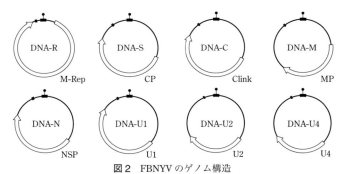

図 2　FBNYV のゲノム構造
■：共通ステムループ領域（CR-SL），■：第 2 共通領域（CR-II），M-Rep：主要複製開始タンパク質，CP：外被タンパク質，Clink：細胞周期変換タンパク質，MP：移行タンパク質，NSP：核シャトルタンパク質，U1, U2, U4：機能不明タンパク質．
［出典：Virus Taxonomy 9th Report of ICTV, 399-400］

【遺伝子】DNA-R（33 kDa 主要複製開始タンパク質：M-Rep），DNA-S（19 kDa 外被タンパク質：CP），DNA-C（19〜20 kDa 細胞周期変換タンパク質：Clink），DNA-M（13 kDa 移行タンパク質：MP），DNA-N（17〜18 kDa 核シャトルタンパク質：NSP），DNA-U1（17〜18 kDa 機能不明タンパク質：U1），DNA-U2（14〜16 kDa 機能不明タンパク質：U2），DNA-U4（12〜14 kDa 機能不明タンパク質：U4）．

複製様式　各ゲノムコンポーネント（ウイルス鎖）は宿主細胞の核内で宿主の DNA ポリメラーゼにより相補鎖を合成し，dsDNA 複製中間体となる．次いで，DNA-R の複製中間体から転写・翻訳される主要複製開始タンパク質（M-Rep）が，各 DNA コンポーネントの複製中間体上のステムループ領域に結合し，ループ内の 9 塩基の保存配列（TAGTATTAC）にニックを入れ，ここを起点に宿主の DNA ポリメラーゼによりローリングサークル様式でウイルス鎖を複製する．

発現様式　各 DNA コンポーネントの複製中間体の相補鎖から宿主の RNA ポリメラーゼなどの転写機構

により一方向にmRNAが合成され，各DNAコンポーネントにコードされるウイルスタンパク質が翻訳される．

サテライト ナノウイルス属ウイルスでは，上記の必須のゲノムコンポーネント以外に，FBNYVとMDVから各4種，SCSVから2種のアルファサテライト(rep DNA；1,000〜1,100 nt)が同定されている．これらのサテライトDNAはいずれも環状ssDNAで，複製開始タンパク質(Rep)をコードしており，単一細胞内では自立複製能をもつが，その粒子化，移行および伝染はヘルパーウイルスに依存している．ヘルパーウイルスの病徴発現にも影響を及ぼす．

細胞内所在 ウイルス粒子は感染植物の篩部組織に局在し，核内で増殖すると考えられる．

宿主域・病徴 いずれのウイルス種もマメ科植物に感染し，黄化，葉巻，萎縮などの症状を生じる．

伝　　染 汁液接種不可．純化ウイルス粒子のパーティクルガン法による接種やゲノムDNAクローンのアグロイノキュレーションによる接種では感染可．マメアブラムシなど数種のアブラムシにより循環型・非増殖性の様式で伝搬．アブラムシに純化ウイルスを膜吸汁あるいは虫体内注射によって獲得させても伝搬は起こらないが，FBNYVとFBNSVを用いた伝搬性補完実験で，純化ウイルス粒子には含まれていないウイルス由来のヘルパー因子の存在が示唆されている．

〔佐野義孝〕

主要文献 Vetten, H. J. et al.(2012). Nanovirus. Virus Taxonomy 9th Report of ICTV, 399-400；ICTVdB (2006). Nanovirus. 0.093.0.01.；Vetten, H. J.(2008). Nanoviruses. Encyclopedia of Virology 3rd ed., 3, 385-391；DPVweb. Nanovirus；Chu, P. W. G. et al.(2003). Subterranean clover stunt virus. Descriptions of Plant Viruses, 396；Gronenborn, B. et al.(2011). Nanovirus. The Springer Index of Viruses 2nd ed., 959-968；Gronenborn, B.(2004). Nanoviruses: Genome organization and protein function. Veterinary Microbiology, 98, 103-109；Chu, P. et al.(1995). Non-geminated single-stranded DNA plant viruses. Pathogenesis and host specificity in plant diseases Vol. 3(Singh, R. P. et al. eds., Elsevier Science), 311-341；Sano, Y. et al.(1998). Sequences of ten circular ssDNA components associated with the milk vetch dwarf virus genome. J. Gen. Virol., 79, 3113-3118；Franz, A. W. E. et al.(1999). Faba bean necrotic yellows virus(Genus Nanovirus) requires a helper factor for its aphid transmission. Virology, 262, 210-219；Aronson, M. N. et al.(2000). Clink, a nanovirus-encoded protein, binds both pRB and SKP1. J. Virol., 74, 2967-2972；Timchenko, T. et al.(2006). Infectivity of nanovirus DNAs: induction of disease by cloned genome components of Faba bean necrotic yellows virus. J. Gen. Virol., 87, 1735-1743；Grigoras, I. et al.(2009). Reconstitution of authentic nanovirus from multiple cloned DNAs. J. Virol., 83, 10778-10787；Grigoras, I. et al.(2010). High variability and rapid evolution of a nanovirus. J. Virol., 84, 9105-9117. Grigoras, I. et al. (2014). Genome diversity and evidence of recombination and reassortment in nanoviruses from Europe. J. Gen. Virol., 95, 1178-1195.

二本鎖 DNA 逆転写ウイルス　　　　　　　　　　　　　　　　　　　　　　　カリモウイルス科

Caulimoviridae カリモウイルス科

分類基準　(1) dsDNA ゲノム，(2) 複製に逆転写過程を伴う，(3) 単一環状ゲノム，(4) 球状粒子 1 種（径 42～52 nm）あるいは桿菌状粒子 1 種（径 24～35 nm×長さ 60～900 nm）．

科の構成　カリモウイルス科 *Caulimoviridae*
- カリモウイルス属 *Caulimovirus*（タイプ種：カリフラワーモザイクウイルス；CaMV）（球状粒子，ORF 7 個，封入体あり）．
- カベモウイルス属 *Cavemovirus*（タイプ種：*Cassava vein mosaic virus*；CsVMV）（球状粒子，ORF 5 個，封入体あり）．
- ペチュウイルス属 *Petuvirus*（タイプ種：ペチュニア葉脈透化ウイルス；PVCV）（球状粒子，ORF 1 個，封入体あり）．
- ロザドナウイルス属 *Rosadnavirus*（タイプ種：*Rose yellow vein virus*；RYVV）（球状粒子，ORF 8 個，封入体未詳）．
- ソレンドウイルス属 *Solendovirus*（タイプ種：*Tobacco vein clearing virus*；TbVCV）（球状粒子，ORF 4 個，封入体あり）．
- ソイモウイルス属 *Soymovirus*（タイプ種：ダイズ退緑斑紋ウイルス；SbCMV）（球状粒子，ORF 8 個，封入体あり）．
- バドゥナウイルス属 *Badnavirus*（タイプ種：*Commelina yellow mottle virus*；ComYMV）（桿菌状粒子，ORF 3 個，封入体なし）．
- ツングロウイルス属 *Tungrovirus*（タイプ種：*Rice tungro bacilliform virus*；RTBV）（桿菌状粒子，ORF 4 個，封入体なし）．
- 暫定種：Red clover bacilliform virus（RCBV），Oryza sativa virus（OsatV），など数種．

粒子　【形態】球状 1 種（径 42～52 nm）あるいは桿菌状 1 種（径 24～30～35 nm×長さ 60～130～900 nm）．被膜なし．
【物性】沈降係数 206～285 S．浮遊密度（CsCl）1.30～1.40 g/cm^3，（Cs$_2$SO$_4$）1.348 g/cm^3（ソレンドウイルス属）．
【成分】核酸：dsDNA 1 種（7.2～9.3 kbp, GC 含量 25～44％）．タンパク質：外被タンパク質（CP）1～3 種（32～57 kDa）．

ゲノム　【構造】単一環状 dsDNA ゲノム．ORF 1～8 個．一方の鎖に 1 ケ所，他方の鎖に 1～3 ケ所の不連続部位（gap）があり，そこで一部三重鎖を形成．tRNA プライマー結合部位を有する（図 1）．
【遺伝子】全長 RNA 転写プロモーター–移行タンパク質（MP）–外被タンパク質（CP）–逆転写酵素（RT）（プロテアーゼドメイン（PR）/リバーストランスクリプターゼドメイン（RT）/リボヌクレアーゼ H ドメイン（RH））–封入体タンパク質（翻訳アクチベーター（TAV）活性をもつ；バドゥナウイルス属，ツングロウイルス属を除く）–．ほか 3～4 種の遺伝子を含む．ただし，ほぼすべ

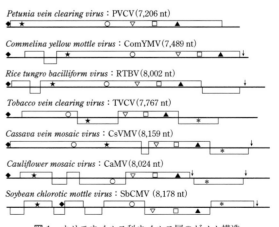

図 1　カリモウイルス科ウイルス属のゲノム構造
環状ゲノムを全長 RNA 転写プロモーターを起点とする線状マップとして示す．★：MP ドメイン，▽：プロテアーゼドメイン，□：逆転写酵素ドメイン，▲：RNase H ドメイン，○：CP の C 端保存領域，＊：翻訳アクチベーター活性領域，矢印：RNA 転写プロモーター，◆：プライマー結合部位．
［出典：Virus Taxonomy 9th Report of ICTV, 429–443 を改変］

ての属で，以上の遺伝子のうちの一部あるいはすべてがポリプロテインとしてコードされている．

複製様式 ゲノムはいったん tRNA をプライマーとして宿主の RNA ポリメラーゼⅡによりゲノム全長に対応する ssRNA に転写され，次いでこれがウイルスの逆転写酵素により ssDNA に逆転写された後，dsDNA として複製される．複製は核内および細胞質に形成された封入体内（ビロプラズム；バドゥナウイルス属，ツングロウイルス属を除く）で行われる．なお，ペチュウイルス属，ソレンドウイルス属およびバドゥナウイルス属などの一部のウイルスのゲノムは宿主植物のゲノムに組み込まれる（図2）．

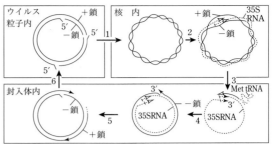

図2 カリフラワーモザイクウイルスゲノムの複製過程
実線・DNA，破線：RNA．1：ウイルス粒子の脱外被とウイルス二本鎖 DNA の核内への移動および不連続部位の修復．2：一鎖を鋳型とした 35 S RNA（全長 mRNA）の転写．3：35 S RNA の細胞質封入体内への移動．4：メチオニル tRNA をプライマーとし，35S RNA を鋳型とした一鎖 DNA の逆転写．5：RNA 断片をプライマーとし，一鎖を鋳型とした＋鎖 DNA の複製．6：新生ウイルス二本鎖 DNA のウイルス粒子への組み込み．

〔出典：新編農学大事典，367-375〕

発現様式 遺伝子の翻訳はゲノム全長に対応する mRNA 経由で翻訳アクチベーターの介在によりポリシストロニックに行われるが，ペチュウイルス属ウイルスの全遺伝子およびそれ以外のほぼすべての属のウイルスの一部遺伝子はポリプロテインとして翻訳後にプロセスされて成熟タンパク質になる．ただし，カリモウイルス属，ソイモウイルス属の封入体タンパク質遺伝子は専用のサブゲノム mRNA 経由で翻訳される．

細胞内所在
・カリモウイルス属，カベモウイルス属，ペチュウイルス属，ソイモウイルス属：ウイルス粒子は各種組織の細胞の細胞質に形成された封入体（ビロプラズム）内，核内あるいは細胞質内に存在．
・バドゥナウイルス属：ウイルス粒子は各種組織の細胞の細胞質内に存在し，封入体は形成しない．ただし一部のウイルス種は篩部局在性．
・ツングロウイルス属：ウイルス粒子は篩部組織の細胞の細胞質内に局在し，封入体は形成しない．

宿主域・病徴 大部分のウイルス種で宿主域は狭い．多くのウイルス種で全身感染し，主にモザイク，斑紋，葉脈透化などを示す．

伝染
・カリモウイルス属：多くのウイルス種で汁液接種可．アブラムシによる半永続伝搬．
・カベモウイルス属：汁液接種可．媒介生物不明．種苗伝染．
・ペチュウイルス属：汁液接種不可．媒介生物不明．ペチュニアで種子，花粉および接ぎ木伝染．
・ロザドゥナウイルス属：汁液接種不可．媒介生物不明．
・ソレンドウイルス属：汁液接種不可．媒介生物不明．*Nicotiana edwardsonii* で種子伝染．
・ソイモウイルス属：汁液接種可．媒介生物不明．
・バドゥナウイルス属：ほとんどのウイルスで汁液接種不可．コナカイガラムシによる半永続伝搬．一部のウイルスは種子伝染．
・ツングロウイルス属：汁液接種不可．ヨコバイによる半永続伝搬．

その他 ウイルスゲノムあるいはその断片が宿主植物ゲノムに組み込まれるカリモウイルス科のウイルス種を新たに Florendovirus 属として再分類しようという提案がなされている． 〔日比忠明〕

主要文献 Geering, A. D. W. *et al.*(2012). *Caulimoviridae*. Virus Taxonomy 9th Report of ICTV, 429-443；ICTV Virus Taxonomy List(2014). *Caulimovirus*；ICTVdB(2006). *Caulimoviridae*. 00.015.；Schoelz, J. E. *et al.*(2008). Caulimoviruses：General features. Encyclopedia of Virology 3rd ed., 1, 457-464；Hohn, T.(2008). Caulimoviruses：Molecular biology. Encyclopedia of Virology 3rd ed., 1, 464-469；DPVweb. Caulimoviridae；Hull, R.(1984). Caulimovirus group. Descriptions of Plant Viruses, 295；Hohn, T.(2009). Plant pathogens：DNA viruses. Encyclopedia of Microbiology 3rd ed., 6, 430-442；Hull, R.(2008). Rice tungro disease. Encyclopedia of Virology

3rd ed., 4, 481-485 ; Hohn, T.(2011). Caulimovirus. The Springer Index of Viruses 2nd ed., 271-277 ; Hohn, T.(2011). Cavemovirus. The Springer Index of Viruses 2nd ed., 279-282 ; Richert-Pöggeler, K. R.(2011). Petuvirus. The Springer Index of Viruses 2nd ed., 283-286 ; DPVweb. Solendovirus ; Hibi, T.(2011). Soymovirus. The Springer Index of Viruses 2nd ed., 287-292 ; Olszewski, N. and Lockhart, B.(2011). Badnavirus. The Springer Index of Viruses 2nd ed., 263〜269 ; Futterer, J.(2011). Tungrovirus. The Springer Index of Viruses 2nd ed., 293-296 ; Geering, A. D. W. *et al.*(2014). Nature Commun., 5：5269 doi：10.1038/ncomms 6269 ; 日比忠明(1995). 2本鎖DNAウイルス. 植物病理学事典(日本植物病理学会編, 養賢堂), 364-367 ; 日比忠明(2004). 植物ウイルス. 新編農学大事典(山崎耕宇ら監修, 養賢堂), 367-375.

Caulimovirus カリモウイルス属

Caulimoviridae

分類基準	(1) dsDNA ゲノム, (2) 複製に逆転写過程を伴う, (3) 単一環状ゲノム, (4) 球状粒子1種 (径45～52 nm), (5) ORF 7個, (6) 封入体あり.
タイプ種	カリフラワーモザイクウイルス (*Cauliflower mosaic virus*：CaMV).
属の構成	カーネーションエッチドリングウイルス (*Carnation etched ring virus*：CERV), カリフラワーモザイクウイルス (*Cauliflower mosaic virus*：CaMV), ダリアモザイクウイルス (*Dahlia mosaic virus*：DMV), *Figwort mosaic virus* (FMV), *Horseradish latent virus* (HRLV), *Lamium leaf distortion virus* (LLDV), *Mirabilis mosaic virus* (MiMV), *Soybean Putnam virus* (SPuV), イチゴベインバンディングウイルス (*Strawberry vein banding virus*：SVBV), *Thistle mottle virus* (ThMoV). 暫定種：オダマキえそモザイクウイルス (Aquilegia necrotic mosaic virus：ANMV), Dahlia common mosaic virus (DCMV), Eupatorium vein clearing virus (EVCV), Plantago virus 4 (PlV-4), Rudbeckia flower distortion virus (RuFDV), Sonchus mottle virus (SMoV) など7種.
粒子	【形態】球状1種 (径45～52 nm). 被膜なし (図1). 【物性】沈降係数 206～245 S. 浮遊密度 (CsCl) 1.35～1.38 g/cm³. 【成分】核酸：dsDNA 1種 (7.6～8.2 kbp, GC含量 36～43%). タンパク質：外被タンパク質 (CP) 2～3種 (15 kDa, 37～44 kDa).
ゲノム	【構造】単一環状 dsDNA ゲノム. ORF 7個. 両鎖に各1～2ケ所の不連続部位 (gap) があり, そこで一部三重鎖を形成. tRNA プライマー結合部位を有する (図2). 【遺伝子】34～35S RNA 転写プロモーター-ORF 7 (P7：35 K 機能不明タンパク質)-ORF 1 (P1：37～38 K 移行タンパク質 (MP))-ORF 2 (P2：18 K アブラムシ媒介ヘルパータンパク質 (ATF))-ORF 3 (P3：15 K 外被タンパク質；N端側にコイルドコイルモチーフ, C端側に DNA 結合モチーフ (DB) をもち, 粒子結合タンパク質 (VAP) ともいう)-ORF 4 (P4：58 K ポリプロテイン→44 K, 39 K, 37 K 外被タンパク質 (CP)；N端側に核局在化シグナルをもつ)-ORF 5 (P5：75～79 K ポリプロテイン→60 K 逆転写酵素 (RT))-19S RNA 転写プロモーター-ORF 6 (P6：58～62 K 封入体タンパク質：ビロプラズミンともいう, 翻訳アクチベーター (TAV) 活性をもつ)-.
複製様式	ゲノムはいったん宿主の RNA ポリメラーゼⅡによりゲノム全長に対応する ssRNA (34～35S RNA) に転写され, 次いでこれがウイルスの逆転写酵素により ssDNA に逆転写された後, dsDNA として複製される. 複製は核内および細胞質に形成された封入体内で行われる.
発現様式	遺伝子の翻訳はゲノム全長に対応する mRNA (34～35S RNA) あるいはそれがスプライスされた mRNA 経由で翻訳アクチベーターの介在によりポリシストロニックに行われるが, 封入体タンパク質 (翻訳アクチベーター) 遺伝子は専用のサブゲノム mRNA (19S RNA) 経由で翻訳される.

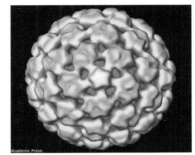

図1 CaMV の粒子模式像 [出典：what-when-how]

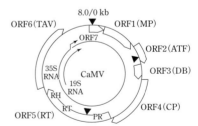

図2 CaMV (8,024 bp) のゲノム構造
▲：不連続部位, 内部の円：mRNA, 矢頭：mRNA の 3′端, MP：移行タンパク質, ATF：アブラムシ媒介ヘルパータンパク質, DB：DNA 結合タンパク質, CP：外被タンパク質, RT：逆転写酵素 (PR：プロテアーゼドメイン；RT：逆転写酵素ドメイン；RH：RNase H ドメイン), TAV：翻訳アクチベーター (封入体タンパク質).
[出典：Encyclopedia of Virology 3rd ed., 1, 457-469]

細胞内所在	ウイルス粒子は各種組織の細胞の細胞質に形成された封入体（ビロプラズム）内あるいは時に核内に存在（図3）．
宿主域・病徴	宿主域は狭い．全身感染し，主にモザイク，斑紋などを示す．
伝　　染	多くのウイルス種で汁液接種可．アブラムシによる半永続伝搬．〔日比忠明〕
主要文献	Geering, A. D. W. *et al.*(2012). *Caulimovirus*. Virus Taxonomy 9th Report of ICTV, 432-434；ICTV Virus Taxonomy List(2014). *Caulimovirus*；ICTVdB(2006). *Caulimovirus*. 00.015.0.01.；Schoelz, J. E. *et al.*(2008). *Caulimoviruses*. Encyclopedia of Virology 3rd ed., 1, 457-469；Hohn, T.(2011). Caulimovirus. The Springer Index of Viruses 2nd ed., 271-277；DPVweb. Caulimovirus；Hull, R.(1984). Caulimovirus group. Descriptions of Plant Viruses, 295；Brunt, A. A. *et al.* eds.(1996). Caulimoviruses. Plant Viruses Online；中屋敷 均(1997). カリフラワーモザイクウイルス．ウイルス学（畑中正一編, 朝倉書店）, 508-517.

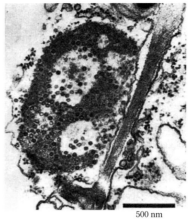

図3　CaMV感染細胞の細胞質内に形成されたビロプラズムとウイルス粒子
［出典：Descriptions of Plant Viruses, 24］

Cavemovirus カベモウイルス属

Caulimoviridae

分類基準 (1) dsDNA ゲノム，(2) 複製に逆転写過程を伴う，(3) 単一環状ゲノム，(4) 球状粒子 1 種（径 45〜50 nm），(5) ORF 5 個，(6) 封入体あり．

タイプ種 *Cassava vein mosaic virus*（CsVMV）．

属の構成 *Cassava vein mosaic virus*（CsVMV），*Sweet potato collusive virus*（SPCV）．

粒　　子 【形態】球状 1 種（径 45〜50 nm）．被膜なし（図 1）．
【物性】沈降係数 246 S．
【成分】核酸：dsDNA 1 種（8.2 kbp，GC 含量 25％）．タンパク質：外被タンパク質（CP）1 種（45 kDa）．

ゲ ノ ム 【構造】単一環状 dsDNA ゲノム．ORF 5 個．両鎖に各 1〜2 ケ所の不連続部位（gap）があり，そこで一部三重鎖を形成．tRNA プライマー結合部位を有する（図 2）．
【遺伝子】全長 RNA 転写プロモーター－ORF1（186 kDa ポリプロテイン；外被タンパク質（CP）/移行タンパク質（MP））－ORF 2（9 kDa 機能不明タンパク質）－ORF 3（77 kDa 逆転写酵素（RT））－ORF 4（46 kDa 推定翻訳アクチベーター（TAV））－ORF 5（24 kDa 機能不明タンパク質）－．

複製様式 ゲノムはおそらくいったん宿主の RNA ポリメラーゼⅡによりゲノム全長に対応する ssRNA に転写され，次いでこれがウイルスの逆転写酵素により ssDNA に逆転写された後，dsDNA として複製される．複製はおそらく核内および細胞質に形成された封入体内で行われる．

発現様式 遺伝子の翻訳はおそらくゲノム全長に対応する mRNA 経由でポリシストロニックに行われる．

細胞内所在 ウイルス粒子は各種組織の細胞の細胞質に形成された封入体（ビロプラズム）内に存在．

宿主域・病徴 きわめて狭い．全身感染し，主に葉脈退緑，モザイク症状などを示す．

伝　　染 汁液接種可．媒介生物不明．種苗伝染．　　〔日比忠明〕

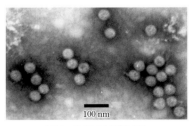

図 1　CsVMV の粒子像
[出典：Descriptions of Plant Viruses, 413]

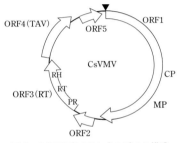

図 2　CsVMV（8,159 bp）のゲノム構造
▲：tRNA プライマー結合部位，CP：外被タンパク質，MP：移行タンパク質，RT：逆転写酵素（PR：プロテアーゼドメイン，RT：逆転写酵素ドメイン，RH：RNase H ドメイン），TAV：翻訳アクチベーター．
[出典：Descriptions of Plant Viruses, 413]

主要文献 Geering, A. D. W. *et al.*（2012）. *Cavemovirus*. Virus Taxonomy 9th Report of ICTV, 437-438；ICTVdB（2006）. *Cavemovirus*. 00.015.0.03.；Schoelz, J. E. *et al.*（2008）. *Caulimoviruses*. Encyclopedia of Virology 3rd ed., 1, 457-469；Hohn, T.（2011）. Cavemovirus. The Springer Index of Viruses 2nd ed., 279-282；DPVweb. Cavemovirus；Hull, R.（1984）. Caulimovirus group. Descriptions of Plant Viruses, 295；Brunt, A. A. *et al.* eds.（1996）. Caulimoviruses. Plant Viruses Online；Marmey, P. *et al.*（2006）. Cassava vein mosaic virus. Descriptions of Plant Viruses, 413.

二本鎖 DNA 逆転写ウイルス　　　　　　　　　　　　　　　　　　　　　　　　　　カリモウイルス科

Petuvirus ペチュウイルス属

Caulimoviridae

分類基準　(1) dsDNA ゲノム，(2) 複製に逆転写過程を伴う，(3) 単一環状ゲノム，(4) 球状粒子1種（径 43〜46 nm），(5) ORF 1個，(6) 封入体あり．

タイプ種　ペチュニア葉脈透化ウイルス（*Petunia vein clearing virus*：PVCV）．

属の構成　ペチュニア葉脈透化ウイルス（*Petunia vein clearing virus*：PVCV）．

粒　子　【形態】球状1種（径43〜46 nm）．被膜なし（図1）．
【成分】核酸：dsDNA 1種（7.2 kbp，GC 含量38%）．タンパク質：外被タンパク質（CP）1種．

ゲ ノ ム　【構造】単一環状 dsDNA ゲノム．ORF 1個．両鎖に各1〜2ケ所の不連続部位（gap）があり，そこで一部三重鎖を形成．tRNA プライマー結合部位を有する（図2）．
【遺伝子】全長 RNA 転写プロモーター－ORF 1（252 kDa ポリプロテイン；移行タンパク質（MP）/外被タンパク質（CP）/アスパラギン酸プロテアーゼ/逆転写酵素（RT）/リボヌクレアーゼ H）－．

複製様式　ゲノムはおそらくいったん宿主の RNA ポリメラーゼ II によりゲノム全長に対応する ssRNA に転写され，次いでこれがウイルスの逆転写酵素により ssDNA に逆転写された後，dsDNA として複製される．複製はおそらく核内および細胞質に形成された封入体内で行われる．ペチュニア葉脈透化ウイルスのゲノムは宿主植物のゲノムに組み込まれ，傷害などの非生物的ストレスによって誘発される．

発現様式　遺伝子の翻訳はおそらくゲノム全長に対応するモノシストロニック mRNA 経由でポリプロテインが生成された後，これがプロセスされて成熟タンパク質になる．

細胞内所在　ウイルス粒子は各種組織の細胞の細胞質に形成された封入体（ビロプラズム）内およびその周辺に存在．

宿主域・病徴　きわめて狭い．全身感染し，主に葉脈透過症状などを示す．

伝　染　汁液接種不可．媒介生物不明．ペチュニアで種子，花粉および接ぎ木伝染．　〔日比忠明〕

主要文献　Geering, A. D. W. *et al.*(2012). *Petuvirus*. Virus Taxonomy 9th Report of ICTV, 434-435；ICTVdB(2006). *Petuvirus*. 00.015.0.06.；Schoelz, J. E. *et al.*(2008). *Caulimoviruses*. Encyclopedia of Virology 3rd ed., 1, 457-469；Richert-Pöggeler, K. R.(2011). Petuvirus. The Springer Index of Viruses 2nd ed., 283-286；DPVweb. Petuvirus；Richert-Pöggeler, K. R. *et al.*(2007). Petunia vein clearing virus. Descriptions of Plant Viruses, 417；Brunt, A. A. *et al.* eds.(1996). Petunia vein clearing caulimovirus. Plant Viruses Online.

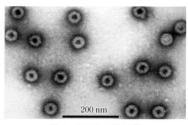

図1　PVCV の粒子像
［出典：Descriptions of Plant Viruses, 417］

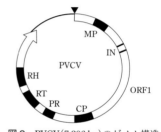

図2　PVCV（7,206 bp）のゲノム構造
▲：tRNA プライマー結合部位，MP：移行タンパク質，IN：インテグラーゼドメイン；CP：外被タンパク質，PR：プロテアーゼドメイン，RT：逆転写酵素ドメイン，RH：RNase H ドメイン．
［出典：The Springer Index of Viruses 2nd ed., 283-286］

二本鎖 DNA 逆転写ウイルス　　　　　　　　　　　　　　　　　　　　　　　　　　　　　　　カリモウイルス科

Rosadnavirus　ロザドゥナウイルス属
Caulimoviridae

分類基準　(1) dsDNA ゲノム，(2) 複製に逆転写過程を伴う，(3) 単一環状ゲノム，(4) 球状粒子 1 種(径 42〜45 nm)，(5) ORF 8 個，(6) 封入体未詳．

タイプ種　*Rose yellow vein virus* (RoYVV)．

属の構成　*Rose yellow vein virus* (RoYVV)．

粒　子　【形態】球状 1 種(径 42〜45 nm)．被膜なし．
【成分】核酸：dsDNA 1 種(9.3 kbp，GC 含量 37%)．タンパク質：外被タンパク質(CP) 1 種(57 kDa)．

ゲノム　【構造】単一環状 dsDNA ゲノム．ORF 8 個．tRNA プライマー結合部位を有する(図 1)．
【遺伝子】全長 RNA 転写プロモーター–ORF 5 (10 kDa 機能不明タンパク質)–ORF 6/7 (21 kDa 機能不明タンパク質)–ORF 8 (19 kDa 機能不明タンパク質)–ORF 1 (35 kDa 移行タンパク質(MP))–ORF 2 (57 kDa 外被タンパク質(CP))–ORF 3 (95 kDa 逆転写酵素(RT))–ORF 4 (63 kDa 機能不明タンパク質)–．

複製様式　ゲノムはおそらくいったん宿主の RNA ポリメラーゼ II によりゲノム全長に対応する ssRNA に転写され，次いでこれがウイルスの逆転写酵素により ssDNA に逆転写された後，dsDNA として複製される．

発現様式　遺伝子の翻訳はおそらくゲノム全長に対応する mRNA 経由でポリシストロニックに行われる．

宿主域・病徴　きわめて狭い．バラに全身感染し，主に葉脈黄化や退緑症状などを示す．

伝　染　汁液接種不可．媒介生物不明．接ぎ木伝染．　　　　　　　　　　　〔日比忠明〕

主要文献　ICTV Virus Taxonomy List (2014). *Caulimoviridae Rosadnavirus*；ICTV Official Taxonomy Proposal, 2014. 010a–dP；Mollov. D. *et al.* (2013). Arch. Virol., 158, 877–880.

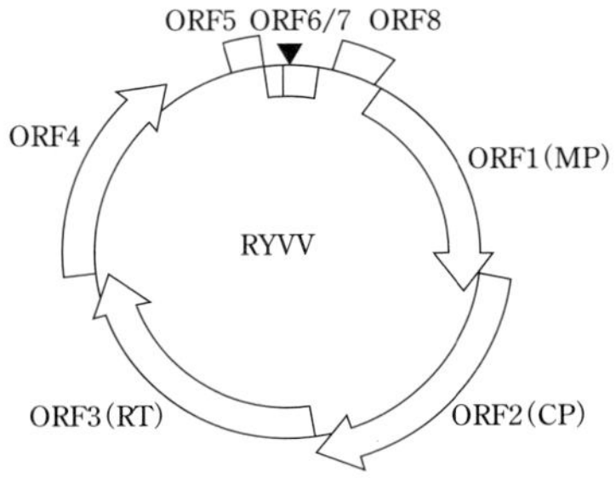

図 1　RYVV (9,314 bp) のゲノム構造
▲：tRNA プライマー結合部位，CP：外被タンパク質，MP：移行タンパク質，RT：逆転写酵素．
〔出典：Mollov. D. *et al.* (2013). Arch. Virol., 158, 877–880 を改変〕

二本鎖 DNA 逆転写ウイルス　　　　　　　　　　　　　　　　　　　　　　　　　　　カリモウイルス科

Solendovirus ソレンドウイルス属
Caulimoviridae

分類基準　(1) dsDNA ゲノム，(2) 複製に逆転写過程を伴う，(3) 単一環状ゲノム，(4) 球状粒子 1 種（径 50 nm），(5) ORF 4 個，(6) 封入体あり．

タイプ種　*Tobacco vein clearing virus*（TVCV）．

属の構成　*Tobacco vein clearing virus*（TVCV），*Sweet potato vein clearing virus*（SPVCV）．

粒子　【形態】球状 1 種（径 50 nm）．被膜なし（図 1）．
【物性】浮遊密度（Cs_2SO_4）1.348 g/cm^3．
【成分】核酸：dsDNA 1 種（7.8 kbp，GC 含量 27％）．タンパク質：外被タンパク質（CP）1 種（45 kDa）．

ゲノム　【構造】単一環状 dsDNA ゲノム．ORF 4 個．両鎖に各 1 ケ所の不連続部位（gap）がある．tRNA プライマー結合部位を有する（図 2）．
【遺伝子】全長 RNA 転写プロモーター－ORF 1（69 kDa ポリプロテイン→ 45 kDa 外被タンパク質（CP））－ORF 2（49 kDa 移行タンパク質（MP））－ORF 3（76 kDa 逆転写酵素（RT））－ORF 4（48 kDa 推定翻訳アクチベーター（TAV））－．

複製様式　ゲノムはおそらくいったん宿主の RNA ポリメラーゼ II によりゲノム全長に対応する ssRNA に転写され，次いでこれがウイルスの逆転写酵素により ssDNA に逆転写された後，dsDNA として複製される．TVCV のゲノムは宿主植物のゲノムに組み込まれる．

発現様式　遺伝子の翻訳はおそらくゲノム全長に対応する mRNA 経由でポリシストロニックに行われる．

宿主域・病徴　きわめて狭い．全身感染し，主に葉脈退緑，モザイク症状などを示す．

伝染　汁液接種不可．媒介生物不明．*Nicotiana edwardsonii* で種子伝染．

〔日比忠明〕

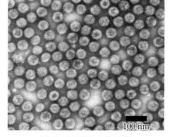

図 1　TVCV の粒子像
[出典：Lockhart, B. E. *et al.*(2000). J. Gen. Virol., 51, 1579-1585]

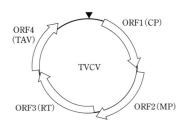

図 2　TVCV(7,767 bp)のゲノム構造
▲：tRNA プライマー結合部位，CP：外被タンパク質，MP：移行タンパク質，RT：逆転写酵素，TAV：翻訳アクチベーター．
[出典：Lockhart, B. E. *et al.*(2000). J. Gen. Virol., 51, 1579-1585]

主要文献　Geering, A. D. W. *et al.*(2012). *Cavemovirus*. Virus Taxonomy 9th Report of ICTV, 437-438；ICTV Virus Taxonomy List(2013). *Caulimoviridae Solendovirus*；Schoelz, J. E. *et al.*(2008). *Caulimoviruses*. Encyclopedia of Virology 3rd ed., 1, 457-469；DPVweb. Solendovirus；Geering, A. D. W. *et al.*(2010). The classification and nomenclature of endogenous viruses of the family *Caulimoviridae*. Arch. Virol., 155, 123-131；Lockhart, B. E. *et al.*(2000). J. Gen. Virol., 51, 1579-1585.

Soymovirus ソイモウイルス属

Caulimoviridae

分類基準	(1) dsDNAゲノム，(2) 複製に逆転写過程を伴う，(3) 単一環状ゲノム，(4) 球状粒子1種(径42〜50 nm)，(5) ORF 8個，(6) 封入体あり．
タイプ種	ダイズ退緑斑紋ウイルス(*Soybean chlorotic mottle virus*：SbCMV)．
属の構成	ブルーベリー赤色輪点ウイルス(*Blueberry red ringspot virus*：BRRSV)，*Cestrum yellow leaf curling virus*(CmYLCV)，*Peanut chlorotic streak virus*(PCSV)，ダイズ退緑斑紋ウイルス(*Soybean chlorotic mottle virus*：SbCMV)． 暫定種：Cranberry red ringspot virus(CRRSV)．
粒　子	【形態】球状1種(径42〜50 nm)．被膜なし(図1)． 【物性】沈降係数 212，275 S(BRRSV)．浮遊密度(CsCl) 1.34 g/cm^3(SbCMV)；1.30，1.40 g/cm^3(BRRSV)． 【成分】核酸：dsDNA 1種(8.1〜8.3 kbp，GC含量 31〜34%)．タンパク質：外被タンパク質(CP) 1種(?) (52〜58 kDa)．
ゲノム	【構造】単一環状dsDNAゲノム．ORF 8個．両鎖に各1〜2ケ所の不連続部位(gap)があり，そこで一部三重鎖を形成．tRNAプライマー結合部位を有する(図2)． 【遺伝子】全長RNA転写プロモーター-ORF 7(17 K機能不明タンパク質)-ORF 1a(35〜37 K移行タンパク質(MP))-ORF 1b(14 K機能不明タンパク質：複製・移行に不要)-ORF 2(23 K機能不明タンパク質：複製・移行に必須)-ORF 3(23 K機能不明タンパク質：複製・移行に必須)-ORF 4(52〜58 K外被タンパク質(CP))-ORF 5(77〜80 K逆転写酵素(RT))-ORF 6(49〜53 K封入体タンパク質：推定翻訳アクチベーター(TAV))-．
複製様式	ゲノムはおそらくいったん宿主のRNAポリメラーゼIIによりゲノム全長に対応するssRNAに転写され，次いでこれがウイルスの逆転写酵素によりssDNAに逆転写された後，dsDNAとして複製される．複製はおそらく核内および細胞質に形成された封入体内で行われる．
発現様式	遺伝子の翻訳はおそらくゲノム全長に対応するmRNA(約8.2 kb)経由でポリシストロニックに行われるが，封入体タンパク質遺伝子は専用のサブゲノムmRNA(約1.8 kb)経由で翻訳される．
細胞内所在	ウイルス粒子は各種組織の細胞の細胞質に形成された封入体(ビロプラズム)内に存在．
宿主域・病徴	きわめて狭い．全身感染し，主にモザイク，斑紋，輪紋，葉脈退緑，矮化症状などを示す．
伝　染	汁液接種可(BBRSVを除く)．媒介生物不明．

〔日比忠明〕

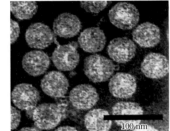

図1　SbCMVの粒子像
[出典：Takemoto, Y. and Hibi, T.(2001). J. Gen. Virol., 82, 1481-1489]

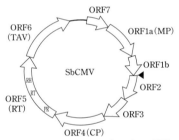

図2　SbCMV(8,178 bp)のゲノム構造
▲：tRNAプライマー結合部位，MP：移行タンパク質，CP：外被タンパク質，RT：逆転写酵素(PR：プロテアーゼドメイン，RT：逆転写酵素ドメイン，RH：RNase Hドメイン)，TAV：翻訳アクチベーター．
[出典：Hasegawa, A. *et al.*(1989). Nucleic Acids Res., 17, 9993-10013 を改変]

主要文献　Geering, A. D. W. *et al.*(2012). *Soymovirus*. Virus Taxonomy 9th Report of ICTV, 435-436；ICTVdB(2006). *Soymovirus*. 00.015.0.02；Schoelz, J. E. *et al.*(2008). *Caulimoviruses*. Encyclopedia of Virology 3rd ed., 1, 457-469；Hibi, T.(2011). Soymovirus. The Springer Index of Viruses 2nd ed., 287-292；DPVweb. Soymovirus；Hibi, T. and Kameya-Iwaki, M.(1988). Soybean chlorotic mottle virus. Descriptions of Plant Viruses, 331；Kameya-Iwaki, M.(1986). Soybean chlorotic mottle *caulimovirus*. Plant Viruses Online；Reddy, D. V. R. *et al.*(1989). Peanut chlorotic streak *caulimovirus*. Plant Virus Online；Gillet, J. M. *et al.*(1988). Blueberry red ringspot virus. Descriptions of Plant Viruses, 327.

二本鎖DNA逆転写ウイルス　　　　　　　　　　　　　　　　　　　　　　　　　カリモウイルス科

Badnavirus バドゥナウイルス属
Caulimoviridae

分類基準	（1）dsDNA ゲノム，（2）複製に逆転写過程を伴う，（3）単一環状ゲノム，（4）桿菌状粒子 1 種（径約 30 nm×長さ 60～900 nm），（5）ORF 3 個，（6）封入体なし．
タイプ種	*Commelina yellow mottle virus*（ComYMV）．
属の構成	*Aglaonema bacilliform virus*（ABV），*Banana streak GF virus*（BSGFV），*Banana streak OL virus*（BSOLV），*Cacao swollen shoot virus*（CSSV），カンナ黄色斑紋ウイルス（*Canna yellow mottle virus*：CaYMV），*Citrus yellow mosaic virus*（CiYMV），*Commelina yellow mottle virus*（ComYMV），*Dioscorea bacilliform AL virus*（DBALV），*Grapevine vein clearing virus*（GVCV），*Pineapple bacilliform CO virus*（PBCOV），*Piper yellow mottle virus*（PYMoV），*Schefflera ringspot virus*（SRV），*Sugarcane bacilliform IM virus*（SCBIMV），*Taro bacilliform virus*（TaBV）など 32 種． 暫定種：Aucuba bacilliform virus（AuBV），Mimosa bacilliform virus（MBV），Yucca bacilliform virus（YBV）など．
粒子	【形態】桿菌状 1 種（径約 30 nm×長さ 60～130～900 nm）．被膜なし（図 1）． 【物性】沈降係数 218～285 S．浮遊密度（CsCl）1.31 g/cm^3． 【成分】核酸：dsDNA 1 種（7.2～9.2 kbp，GC 含量 39.6～44.1％）．タンパク質：外被タンパク質（CP）1～2 種（?）（32～39 kDa）．
ゲノム	【構造】単一環状 dsDNA ゲノム．ORF 3 個．両鎖に各 1 ケ所の不連続部位（gap）があり，そこで一部三重鎖を形成．tRNA プライマー結合部位を有する（図 2）． 【遺伝子】全長 RNA 転写プロモーター‐ORF 1（17～23 kDa 機能不明タンパク質）‐ORF 2（13～16 kDa 核酸結合タンパク質）‐ORF 3（203～257 kDa ポリプロテイン；移行タンパク質（MP）/32～39 kDa 外被タンパク質（CP）/アスパラギン酸プロテアーゼ（PR）/逆転写酵素（RT）/リボヌクレアーゼ H（RH））‐．
複製様式	ゲノムはいったんゲノム全長に対応する ssRNA に転写され，次いでウイルスの逆転写酵素により ssDNA に逆転写されて，dsDNA として複製される．複製はおそらく核内で行われる．なお，BSGFV および BSOLV のゲノムは宿主植物のゲノムに組み込まれる．他のバドゥナウイルス属ウイルスのゲノム配列も宿主ゲノムに内在しているが，その多くは複製能を有しない．
発現様式	遺伝子の翻訳はゲノム全長に対応する mRNA 経由でポリシストロニックに行われる．ORF 1 の翻訳はリボソームシャントにより，ORF 2, 3 の翻訳はリーキースキャニングにより，それぞれ開始される．ORF 3 はポリプロテインとして翻訳後にプロセスされて成熟タンパク質になる．
細胞内所在	ウイルス粒子は各種組織の細胞の細胞質内に存在し，封入体は形成しない．ただし，一部のウイルス種は篩部局在性である．
宿主域・病徴	きわめて狭い．全身感染し，主に葉脈退緑や脈間の退緑斑紋などを示す．
伝染	大多数のウイルス種で汁液接種不可．主にコナカイガラムシによる半永続伝搬．　〔日比忠明〕
主要文献	Geering, A. D. W. *et al.*（2012）. *Badnavirus*. Virus Taxonomy 9th Report of ICTV, 438-440；ICTV Virus Taxonomy List（2014）. *Badnavirus*；ICTVdB（2006）. *Badnavirus*. 00.015.0.05.；Schoelz, J. E. *et al.*（2008）. *Cauliviruses*. Encyclopedia of Virology 3rd ed., 1, 457-469；Olszewski, N. and Lockhart, B.（2011）. Badnavirus. The Springer Index of Viruses 2nd ed., 263-269；DPVweb. Badnavirus；Brunt, A. A. *et al.* eds.（1996）. Badnaviruses. Plant Viruses Online.

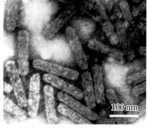

図 1　ComYMV の粒子像
〔出典：The Springer Index of Viruses 2nd ed., 263-269〕

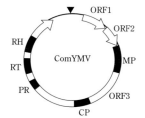

図 2　ComYMV（7,489 bp）のゲノム構造

▲：tRNA プライマー結合部位，MP：移行タンパク質，CP：外被タンパク質，PR：プロテアーゼドメイン，RT：逆転写酵素ドメイン，RH：RNase H ドメイン．ORF 3 の 216 kDa ポリプロテインが切断後に MP，CP，逆転写酵素になる．
〔出典：Encyclopedia of Virology 3rd ed., 1, 457-469〕

二本鎖 DNA 逆転写ウイルス　　　　　　　　　　　　　　　　　　　　　　　　　　　　カリモウイルス科

Tungrovirus ツングロウイルス属
Caulimoviridae

分類基準　(1) dsDNA ゲノム，(2) 複製に逆転写過程を伴う，(3) 単一環状ゲノム，(4) 桿菌状粒子 1 種（径 30 nm×長さ 130〜300 nm），(5) ORF 4 個，(6) 封入体なし．

属の構成　*Rice tungro bacilliform virus*(RTBV)．

粒　子　【形態】桿菌状 1 種（径 30 nm×長さ 130〜300 nm），被膜なし（図 1）．
【物性】沈降係数 約 200 S．浮遊密度(CsCl) 1.36 g/cm^3．
【成分】核酸：ds DNA 1 種（約 8.0 kbp，GC 含量 33.4%）．タンパク質：外被タンパク質(CP) 1 種(37 kDa)．

ゲノム　【構造】単一環状 ds DNA ゲノム（約 8.0 kbp）．ORF 4 個．両鎖に各 1 ケ所の不連続部位(gap)があり，そこで一部三重鎖を形成．tRNA プライマー結合部位を有する（図 2）．
【遺伝子】全長 RNA 転写プロモーター-ORF1(P24：24 K タンパク質)-ORF 2(P12：12 K タンパク質)-ORF 3(P194：194 K ポリプロテイン；移行タンパク質(MP)/37 K 外被タンパク質(CP)/アスパラギン酸プロテアーゼ(PR)/逆転写酵素(RT)/リボヌクレアーゼ H(RH))-ORF 4(P46：46 K タンパク質)-．

複製様式　ゲノム dsDNA はおそらくいったん宿主の RNA ポリメラーゼによりゲノム全長に対応する ssRNA に転写され，次いでウイルスの逆転写酵素により ssDNA に逆転写された後，dsDNA として複製される．

発現様式　遺伝子の翻訳はおそらくゲノム全長に対応する mRNA 経由でポリシストロニックに行われる．ただし，ORF 4 は全長 mRNA からスプライスされた mRNA 経由で翻訳される．

細胞内所在　ウイルス粒子は篩部細胞の細胞質内に存在し，封入体は形成しない．

宿主域・病徴　イネ科植物に限られる．全身感染し，葉の黄化，株の萎縮を引き起こす．

伝　染　汁液接種不可．イネわい化ウイルス(*Rice tungro spherical virus*)をヘルパーウイルスとする，タイワンツマグロヨコバイ(*Nephotettix virescens*)，ツマグロヨコバイ(*N. cincticeps*)，クロスジツマグロヨコバイ(*N. nigropictus*)，マラヤツマグロヨコバイ(*N. malayanus*)，イナズマヨコバイ(*Recilia dorsalis*)による半永続伝搬．ヘルパーウイルスとの共存下でのみ媒介される．種子伝染の報告はない．

〔大村敏博〕

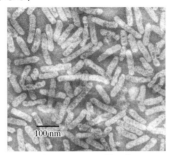

図 1　RTBV の粒子像

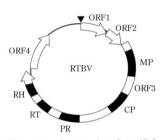

図 2　RTBV(8,002 bp)のゲノム構造
▲：tRNA プライマー結合部位，MP：移行タンパク質，CP：外被タンパク質，PR：プロテアーゼドメイン，RT：逆転写酵素ドメイン，RH：RNase H ドメイン．
〔出典：Qu, R. *et al.*(1991). Virology, 185, 354-364〕

主要文献　Geering, A. D. W. *et al.*(2012). *Tungrovirus*. Virus Taxonomy 9th Report of ICTV, 441-442；ICTVdB(2006). *Tungrovirus*. 00.015.0.04.；Schoelz, J. E. *et al.*(2008). *Caulimoviruses*. Encyclopedia of Virology 3rd ed., 1, 457-469；Hull, R.(2008). Rice tungro disease. Encyclopedia of Virology 3rd ed., 4, 481-485；Futterer, J.(2011). Tungrovirus. The Springer Index of Viruses 2nd ed., 293-296；DPVweb. Tungrovirus；ICTVdB(2006). *Rice tungro bacilliform virus*. 00.015.0.04.001.；Hull, R.(2004). Rice tungro bacilliform virus. Descriptions of Plant Viruses, 406；Hibino, H. *et al.*(1991). Rice tungro bacilliform *badnavirus*. Plant Viruses Online；Saito, Y. *et al.*(1975). Phytopathology, 65, 793-796；Hibino, H. *et al.*(1979). Phytopathology, 69, 1266-1268；Omura, T. *et al.*(1983). Ann. Phytopath. Soc. Jpn., 49, 73-76；Qu, R. *et al.*(1991). Virology, 185, 354-364；Hay, J. M. *et al.*(1991). Nucleic Acids Res., 19, 2615-2621；Kano, H. *et al.*(1992). Arch. Virol. 124, 157-163；Laco G. S. *et al.*(1994). Proc. Natl. Acad. Sci., 91, 2654-2658；Marmey, P. *et al.*(1999). Virology, 253, 319-326.

一本鎖 RNA 逆転写ウイルス　　　　　　　　　　　　　　　　　　　　　　　　　メタウイルス科

Metaviridae メタウイルス科

分類基準　(1)（＋）ssRNA ゲノム，(2) 複製に逆転写過程を伴い，逆転写ウイルス DNA は宿主ゲノムに組み込まれる，(3) 単一線状ゲノム，(4) ウイルス様粒子（VLP）1 種（径 50〜100 nm）（*Semotivirus* を除く），(5) ゲノムの 5′ 端にキャップ構造（Cap），3′ 端にポリ（A）配列（poly（A）），両末端直近に長鎖末端反復配列（LTR）の一部の配列をもつ，(6) 宿主ゲノムに組み込まれたプロウイルス DNA はその両端に LTR をもつ LTR 型 Ty3/gypsi タイプレトロトランスポゾン，(7) 垂直伝染するが，水平伝染しない，(8) 多くは宿主に明らかな病徴を示さない．

科の構成　和名を付した属は植物レトロウイルスが含まれる属．
　　メタウイルス科 *Metaviridae*
　　・メタウイルス属 *Metavirus*（タイプ種：*Saccharomyces cerevisiae Ty3 virus*；SceTy3V）（ウイルス様球状粒子 1 種，径 50 nm，ORF 1〜2 個）．
　　・*Errantivirus* 属（タイプ種：*Drosophila melanogaster Gypsy virus*；DmeGypV）（ウイルス様球状粒子 1 種，径 100 nm，ORF 3 個）．
　　・*Semotivirus* 属（タイプ種：*Ascaris lumbricoides Tas virus*；AluTasV）（ウイルス様粒子なし，ORF 1〜3 個）．

粒子　【形態】球状 1 種（ウイルス様粒子［VLP］：径 50〜100 nm）（*Semotivirus* を除く）．被膜なし（細胞外では被膜あり）．
　　【成分】核酸：（＋）ssRNA 1 種（4〜10 kb，GC 含量 33〜61％）．タンパク質：キャプシドタンパク質（CA）1 種，ヌクレオキャプシドタンパク質（NC）1 種，プロテアーゼ（PR），逆転写酵素（RT-RH），インテグラーゼ（IN）．いずれも粒子内に含まれる．

ゲノム　【構造】単一線状 ssRNA ゲノム．ORF 1〜3 個．ゲノムの 5′ 端にキャップ構造（Cap），3′ 端にポリ（A）配列（poly（A）），両末端直近に長鎖末端反復配列（LTR）の一部の配列をもつ．宿主ゲノムに組み込まれたプロウイルス DNA はその両端に LTR をもつ．
　　【遺伝子】5′-Cap-ORF gag（キャプシドタンパク質（CA，NC）ドメイン-プロテアーゼ（PR）ドメイン）-ORF pol（逆転写酵素/RNase H（RT-RH）ドメイン-インテグラーゼ（IN）ドメイン）-poly（A）-3′．IN ドメインの後に Env（エンベロープタンパク質）ドメインが加わるウイルスもある．

複製様式　ゲノム（＋）ssRNA が自身のコードする逆転写酵素によって DNA に逆転写された後，インテグラーゼによって宿主のゲノムに組み込まれてプロウイルスとなり，このプロウイルス DNA から宿主の RNA ポリメラーゼ II（Pol II）による転写によって子ウイルス RNA が複製される．

発現様式　プロウイルス DNA から転写された全長 mRNA が 1 個の ORF としてポリプロテインに翻訳されるもの，フレームシフトによって 2 個の ORF として翻訳されるもの，およびこれに加えてスプライシングされた mRNA 経由で 3 個目の ORF が翻訳されるものとがある．ポリプロテインは数段階のプロセシングの過程を経て，最終的な成熟タンパク質になる．

宿主域・病徴　いずれも垂直伝染するが，植物レトロウイルスでは水平伝染の報告はない．宿主ゲノム中には多数のプロウイルスのコピーが存在しているが，通常，その大部分は転写や転位をせずに安定しており，宿主の遺伝的進化に密接に関係していると推定されている．プロウイルスが新たに挿入された宿主ゲノムの部位によっては突然変異によって病徴が現れる可能性があるが，植物レトロウイルスでは潜在感染の形をとる場合が多いと推定される．

伝染　垂直伝染．植物レトロウイルスでは水平伝染や汁液接種可との報告例はない．　〔日比忠明〕

主要文献　Eickbush, T. *et al.* (2012). *Metaviridae*. Virus Taxonomy 9th Report of ICTV, 457–466；ICTVdB (2006). *Metaviridae*. 00.098.；DPVweb. Metaviridae；Grandbastien, M. A. (2008). Retrotransposons of Plants. Encyclopedia of Virology 3rd ed., 4, 428–436；Levin, H. L. (2008). Metaviruses. Encyclopedia of Virology 3rd ed., 3, 301–311；Menees, T. M. (2011). Metavirus. The Springer Index of Viruses 2nd ed., 843–849.

一本鎖RNA逆転写ウイルス　　　　　　　　　　　　　　　　　　　　　　　　　　　　　　　メタウイルス科

Metavirus メタウイルス属

Metaviridae

分類基準　(1)(＋)ssRNAゲノム，(2)複製に逆転写過程を伴い，逆転写ウイルスDNAは宿主ゲノムに組み込まれる，(3)単一線状ゲノム，(4)ウイルス様粒子(VLP)1種(径50nm)，(5)ゲノムの5′端にキャップ構造(Cap)，3′端にポリ(A)配列(poly(A))，両末端直近に長鎖末端反復配列(LTR)の一部の配列をもつ，(6)宿主ゲノムに組み込まれたプロウイルスDNAはその両端にLTRをもつLTR型Ty3/gypsiタイプレトロトランスポゾン，(7)多くのウイルスでenv(エンベロープタンパク質)遺伝子を欠く，(8)垂直伝染するが，水平伝染しない，(9)多くは宿主に明らかな病徴を示さない．

タイプ種　*Saccharomyces cerevisiae Ty3 virus*(SceTy3V)．

属の構成　＊を付したウイルスは植物レトロウイルス以外のウイルス．
Arabidopsis thaliana Athila virus(AthAthV)，*Arabidopsis thaliana Tat4 virus*(AthTat4V)，*Lilium henryi Del1 virus*(LheDel1V)，*Saccharomyces cerevisiae Ty3 virus*＊(SceTy3V)，*Schizosaccharomyces pombe Tf1 virus*＊(SpoTf1V)など21種(うち植物レトロウイルスは上記の3種のみ)．
暫定種：Ananas metavirus pC17Dea2．

粒子　【形態】球状1種(ウイルス様粒子[VLP]：径50nm)．被膜なし．
【物性】沈降係数 約156S．
【成分】核酸：(＋)ssRNA 1種(5.2kb，GC含量40％)．タンパク質：26kDaキャプシドタンパク質(CA)，15kDaヌクレオキャプシドタンパク質(NC)，15kDaプロテアーゼ(PR)，58kDa逆転写酵素(RT-RH)，61kDaインテグラーゼ(IN)．いずれも粒子内に含まれる．

ゲノム　【構造】単一線状ssRNAゲノム．ORF 1～2個．ゲノムの5′端にキャップ構造(Cap)，3′端にポリ(A)配列(poly(A))，両末端直近に長鎖末端反復配列(LTR)の一部の配列をもつ．宿主ゲノムに組み込まれたプロウイルスDNAはその両端にLTRをもつ(図1)．
【遺伝子】5′-Cap-ORF gag(キャプシドタンパク質(CA, NC)ドメイン-プロテアーゼ(PR)ドメイン)-ORF pol(逆転写酵素/RNase H(RT-RH)ドメイン-インテグラーゼ(IN)ドメイン)-poly(A)-3′．

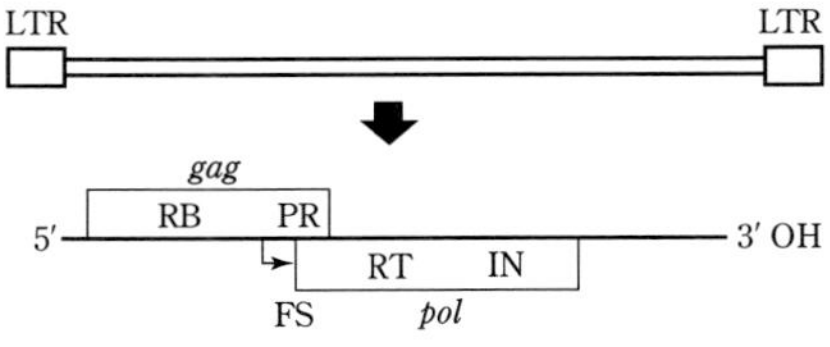

図1　AthTat4V(11,898nt)のゲノム構造
LTR:長鎖末端反復配列，FS:フレームシフト，*gag*:キャプシドタンパク質(RB：RNA結合ドメイン，PR：プロテアーゼドメイン)，*pol*：逆転写酵素(RT：逆転写酵素ドメイン，IN：インテグラーゼドメイン)．
[出典：Wright, D. A. and Voytas, D. F.(1998). Genetics, 149, 703-715を改変]

複製様式　ゲノム(＋)ssRNAが自身のコードする逆転写酵素によってDNAに逆転写された後，同じく自身のコードするインテグラーゼによって宿主のゲノムに組み込まれてプロウイルスとなり，このプロウイルスDNAから宿主のRNAポリメラーゼⅡ(PolⅡ)による転写によって子ウイルスRNAが複製される．

発現様式　プロウイルスDNAから転写された全長mRNAが1個のORFとしてポリプロテインに翻訳されるもの，フレームシフトによって2個のORFとして翻訳されるものとがある．ポリプロテインは数段階のプロセシングの過程を経て，最終的な成熟タンパク質になる．

宿主域・病徴　いずれも垂直伝染するが，植物レトロウイルスでは水平伝染の報告はない．宿主ゲノム中には多数のプロウイルスのコピーが存在しているが，通常，その大部分は転写や転位をせずに安定しており，宿主の遺伝的進化に密接に関係していると推定されている．プロウイルスが新たに挿入された宿主ゲノムの部位によっては突然変異によって病徴が現れる可能性があるが，植物レトロウイルスでは潜在感染の形をとる場合が多いと推定される．

伝染　垂直伝染．植物レトロウイルスでは水平伝染や汁液接種可との報告例はない．　〔日比忠明〕

主要文献　Eickbush, T. *et al.*(2012). *Metaviridae*. Virus Taxonomy 9th Report of ICTV, 457-466；ICTVdB

(2006). *Metavirus*. 00.098.0.01 ; DPVweb. Metavirus ; Levin, H. L.(2008). Metaviruses. Encyclopedia of Virology 3rd ed., 3, 301-311 ; Grandbastien, M. A.(2008). Retrotransposons of Plants. Encyclopedia of Virology 3rd ed., 4, 428-436 ; Menees, T. M.(2011). Metavirus. The Springer Index of Viruses 2nd ed., 843-849 ; Wright, D. A. and Voytas, D. F.(1998). Potential retroviruses in plants : Tat1 is related to a group of *Arabidopsis thaliana* Ty3/*gypsy* retrotransposons that encode envelope-like proteins. Genetics, 149, 703-715.

Pseudoviridae シュードウイルス科

分類基準 (1)(+)ssRNA ゲノム，(2)複製に逆転写過程を伴い，逆転写ウイルス DNA は宿主ゲノムに組み込まれる，(3)単一線状ゲノム，(4)ウイルス様粒子(VLP)1種(径20～80 nm)，(5)ゲノムの 5′ 端にキャップ構造(Cap)，3′ 端にポリ(A)配列(poly(A))，両末端直近に長鎖末端反復配列(LTR)の一部の配列をもつ，(6)宿主ゲノムに組み込まれたプロウイルス DNA はその両端に LTR をもつ LTR 型 Ty1/copia タイプレトロトランスポゾン，(7)垂直伝染するが，水平伝染しない，(8)多くは宿主に明らかな病徴を示さない．

科の構成 和名を付した属は植物レトロウイルスが含まれる属．
シュードウイルス科 *Pseudoviridae*
- シュードウイルス属 *Pseudovirus*(タイプ種：*Saccharomyces cerevisiae Ty1 virus*；SceTy1V)(ウイルス様球状粒子1種，径20～30 nm，ORF 2個，宿主：植物，酵母，変形菌)．
- サイアウイルス属 *Sirevirus*(タイプ種：*Glycine max SIRE1 virus*；GmaSIRV)(ウイルス様球状粒子1種，径60～80 nm，ORF 1～3個，宿主：植物)．
- *Hemivirus* 属(タイプ種：*Drosophila melanogaster copia virus*；DmeCopV)(ウイルス様球状粒子1種，径50 nm，ORF 1個，宿主：昆虫，酵母，藻類)．
- 未帰属種：*Phaseolus vulgaris Tpv2-6 virus*(PvuTpvV)．

粒　子　【形態】球状1種(ウイルス様粒子[VLP]：径20～80 nm)．被膜なし(図1)．
【成分】核酸：(+)ssRNA 1種(5～10 kb，GC 含量33～61%)．宿主由来の tRNA(プライマー)も含む．タンパク質：キャプシドタンパク質(CA)1種，ヌクレオキャプシドタンパク質(NC)1種(少数のウイルス種のみ)，逆転写酵素(RT)，インテグラーゼ(IN)，エンベロープタンパク質様タンパク質(Env-1)(サイアウイルス属の数種ウイルスのみ)．いずれもウイルス様粒子に含まれる．

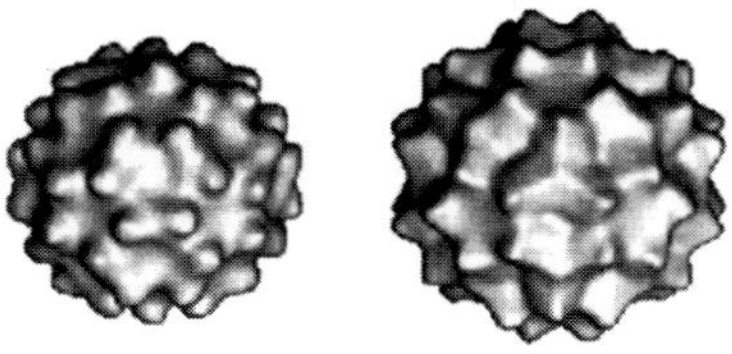

(a) $T=3$　(b) $T=4$

図1　SceTy1V のウイルス様粒子模式図 (T は三角分割数)
[出典：Virus Taxonomy 9th Report of ICTV, 467-476]

ゲノム　【構造】単一線状 ssRNA ゲノム．ORF 1～3個．ゲノムの 5′ 端にキャップ構造(Cap)，3′ 端にポリ(A)配列(poly(A))，両末端直近に長鎖末端反復配列(LTR)の一部の配列をもつ．宿主ゲノムに組み込まれたウイルス DNA(5.5～10 kbp)はその両端に LTR をもつ．
【遺伝子】5′-Cap-ORF gag(キャプシドタンパク質)-ORF pol(プロテアーゼ(PR)ドメイン/インテグラーゼ(IN)ドメイン/逆転写酵素(RT)ドメイン)-poly(A)-3′．ウイルス種によっては，ORF gag と ORF pol が1個の ORF gag-pol となっているものもある．サイアウイルス属の数種ウイルスでは ORF gag あるいは ORF gag-pol の後に Env-1(エンベロープタンパク質様タンパク質)の ORF が加わる．

複製様式　おそらくウイルス様粒子内で，ゲノム(+)ssRNA が tRNA をプライマーとして自身のコードする逆転写酵素によって DNA に逆転写され，次いで dsDNA になった後，同じく自身のコードするインテグラーゼによって宿主のゲノムに組み込まれてプロウイルスとなる．このプロウイルス DNA から宿主の RNA ポリメラーゼⅡ(Pol Ⅱ)による転写によって子ウイルス RNA が複製される(図2)．

発現様式　プロウイルス DNA から転写された全長 mRNA が1個の ORF としてポリプロテインに翻訳されるものと，フレームシフトによって2個の ORF として翻訳されるものがある．ポリプロテインは数段階のプロセシングの過程を経て，最終的な成熟タンパク質になる．

宿主域・病徴　いずれも垂直伝染するが，植物レトロウイルスでは水平伝染の報告はない．宿主ゲノム中には多数のプロウイルスのコピーが存在しているが，通常，その大部分は転写や転位をせずに安定

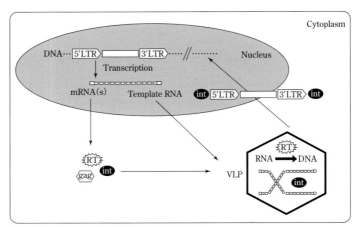

図2 シュードウイルス科ウイルス（LTR型レトロトランスポゾン）の複製様式
LTR：長鎖末端反復配列，gag：キャプシドタンパク質（CA, NC），RT：逆転写酵素，int：インテグラーゼ，VLP：ウイルス様粒子．
［出典：Encyclopedia of Virology 3rd ed., 4, 428-436］

しており，宿主の遺伝的進化に密接に関係していると推定されている．プロウイルスが新たに挿入された宿主ゲノムの部位によっては突然変異によって病徴が現れる可能性があるが，植物レトロウイルスでは潜在感染の形をとる場合が多いと推定される．

伝　　染　垂直伝染．植物レトロウイルスでは水平伝染や汁液接種可との報告例はない．

〔夏秋知英・日比忠明〕

主要文献　Boeke, J. D. *et al.* (2012). *Pseudoviridae*. Virus Taxonomy 9th Report of ICTV, 467-476；ICTVdB (2006). *Pseudoviridae*. 00.097.；DPVweb. Pseudoviridae；Voytas, D. F. (2008). Pseudoviruses. Encyclopedia of Virology 3rd ed., 4, 352-357；Grandbastien, M. A. (2008). Retrotransposons of Plants. Encyclopedia of Virology 3rd ed., 4, 428-436；Peterson-Burch, B. D. *et al.* (2011). Pseudovirus. The Springer Index of Viruses 2nd ed., 1555-1559；Laten, H. M. *et al.* (2011). Sirevirus. The Springer Index of Viruses 2nd ed., 1561-1564；Peterson-Burch, B. D. *et al.* (2002). Genes of the Pseudoviridae (Ty1/copia Retrotransposons). Mol. Biol. Evol., 19, 1832-1845.

Pseudovirus シュードウイルス属

Pseudoviridae

分類基準 (1)（＋）ssRNA ゲノム，(2) 複製に逆転写過程を伴い，逆転写ウイルス DNA は宿主ゲノムに組み込まれる，(3) 単一線状ゲノム，(4) ウイルス様粒子（VLP）1 種（径 20～30 nm），(5) ゲノムの 5′端にキャップ構造（Cap），3′端にポリ（A）配列（poly（A）），両末端直近に長鎖末端反復配列（LTR）の一部の配列をもつ，(6) 宿主ゲノムに組み込まれたプロウイルス DNA はその両端に LTR をもつ LTR 型 Ty1/copia タイプレトロトランスポゾン，(7) 垂直伝染するが，水平伝染しない，(8) 多くは宿主に明らかな病徴を示さない，(9) 宿主は植物，酵母，変形菌．

タイプ種 *Saccharomyces cerevisiae Ty1 virus*（SceTy1V）．

属の構成 ＊を付したウイルスは植物レトロウイルス以外のウイルス．
Arabidopsis thaliana Art1 virus（AthArt1V），*Arabidopsis thaliana AtRE1 virus*（AthAtRV），*Arabidopsis thaliana Evelknievel virus*（AthEveV），*Arabidopsis thaliana Ta1 virus*（AthTa1V），*Brassica oleracea Melmoth virus*（BolMelV），*Cajanus cajan Panzee virus*（CcaPanV），*Glycine max Tgmr virus*（GmaTgmV），*Hordeum vulgare BARE-1 virus*（HvuBV），*Nicotiana tabacum Tnt1 virus*（NtaTnt1V），*Nicotiana tabacum Tto1 virus*（NtaTto1V），*Oryza australiensis RIRE1 virus*（OauRirV），*Oryza longistaminata Retrofit virus*（OloRetV），*Saccharomyces cerevisiae Ty1 virus*＊（SceTy1V），*Solanum tuberosum Tst1 virus*（StuTst1V），*Triticum aestivum WIS-2 virus*（TaeWis2V），*Zea mays Hopscotch virus*（ZmaHopV），*Zea mays Sto-4 virus*（ZmaSto4V）など 20 種（うち 4 種は微生物レトロウイルス）．
暫定種：*Pisum sativum X66399 virus*．

粒子 【形態】球状 1 種（ウイルス様粒子［VLP］：径 20～30 nm）．被膜なし．
【物性】沈降係数 約 200～300 S．
【成分】核酸：（＋）ssRNA 1 種（5～9 kb，GC 含量 33～61％）．タンパク質：キャプシドタンパク質（CA）1 種，逆転写酵素（RT），インテグラーゼ（IN）など．いずれもウイルス様粒子に含まれる．

ゲノム 【構造】単一線状 ssRNA ゲノム．ORF 2 個．ゲノムの 5′端にキャップ構造（Cap），3′端にポリ（A）配列（poly（A）），両末端直近に長鎖末端反復配列（LTR）の一部の配列をもつ．宿主ゲノムに組み込まれたウイルス DNA はその両端に LTR をもつ（図1）．
【遺伝子】5′-Cap-ORF gag（51～55 kDa キャプシドタンパク質ドメインなど）-ORF pol（23 kDa プロテアーゼ（PR）ドメイン/90 kDa インテグラーゼ（IN）ドメイン/60 kD 逆転写酵素（RT）ドメイン）-poly（A）-3′．

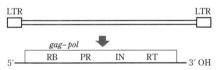

図 1 AthTa1V（5,258 nt）のゲノム構造
LTR：長鎖末端反復配列，*gag*：キャプシドタンパク質，*pol*：逆転写酵素，RB：RNA 結合ドメイン，PR：プロテアーゼドメイン，IN：インテグラーゼドメイン，RT：逆転写酵素ドメイン．
［出典：Voytas, D. F. and Ausubel, F. M.（1988）. Nature, 336, 242-244］

複製様式 おそらくウイルス様粒子内で，ゲノム（＋）ssRNA が tRNA をプライマーとして自身のコードする逆転写酵素によって DNA に逆転写され，次いで dsDNA になった後，同じく自身のコードするインテグラーゼによって宿主のゲノムに組み込まれてプロウイルスとなる．このプロウイルス DNA から宿主の RNA ポリメラーゼⅡ（Pol Ⅱ）による転写によって子ウイルス RNA が複製される．

発現様式 プロウイルス DNA から転写された全長 mRNA が 1 個の ORF としてポリプロテインに翻訳されるものと，フレームシフトによって 2 個の ORF として翻訳されるものとがある．ポリプロテインは数段階のプロセシングの過程を経て，最終的な成熟タンパク質になる．

宿主域・病徴 いずれも垂直伝染するが，植物レトロウイルスでは水平伝染の報告はない．宿主ゲノム中には

多数のプロウイルスのコピーが存在しているが，通常，その大部分は転写や転位をせずに安定しており，宿主の遺伝的進化に密接に関係していると推定されている．プロウイルスが新たに挿入された宿主ゲノムの部位によっては突然変異によって病徴が現れる可能性があるが，植物レトロウイルスでは潜在感染の形をとる場合が多いと推定される．

伝　染　垂直伝染．植物レトロウイルスでは水平伝染や汁液接種可との報告例はない．　〔日比忠明〕

主要文献　Boeke, J. D. *et al.*(2012). *Pseudoviridae*. Virus Taxonomy 9th Report of ICTV, 467–476；ICTVdB (2006). *Pseudovirus*. 00.097.0.01.；DPVweb. Pseudovirus；Voytas, D. F.(2008). Pseudoviruses. Encyclopedia of Virology 3rd ed., 4, 352–357；Grandbastien, M. A.(2008). Retrotransposons of Plants. Encyclopedia of Virology 3rd ed., 4, 428–436；Peterson-Burch, B. D. *et al.*(2011). Pseudovirus. The Springer Index of Viruses 2nd ed., 1555–1559；Voytas, D. F. and Ausubel, F. M.(1988). A copia-like transposable element family in *Arabidopsis thaliana*. Nature, 336, 242–244.

Sirevirus サイアウイルス属

Pseudoviridae

分類基準 (1)（＋）ssRNA ゲノム，(2) 複製に逆転写過程を伴い，逆転写ウイルス DNA は宿主ゲノムに組み込まれる，(3) 単一線状ゲノム，(4) ウイルス様粒子(VLP) 1 種（径 60〜80 nm），(5) ゲノムの 5′端にキャップ構造(Cap)，3′端にポリ(A)配列(poly(A))，両末端直近に長鎖末端反復配列(LTR)の一部の配列をもつ，(6) 宿主ゲノムに組み込まれたプロウイルス DNA はその両端に LTR をもつ LTR 型 Ty1/copia タイプレトロトランスポゾン，(7) 垂直伝染するが，水平伝染しない，(8) 多くは宿主に明らかな病徴を示さない，(9) 宿主は植物，(10) 数種のウイルスのゲノムには Env-1（エンベロープタンパク質様タンパク質）の ORF が存在する．

タイプ種 *Glycine max SIRE1 virus*(GmaSIRV)．

属の構成 *Arabidopsis thaliana Endovir virus*(AthEndV)，*Glycine max SIRE1 virus*(GmaSIRV)，*Lycopersicon esculentum ToRTL1 virus*(LesToRV)，*Zea mays Opie-2 virus*(ZmaOp2V)，*Zea mays Prem-2 virus*(ZmaPr2V)．

暫定種：Oryza sativa Osr7 virus(OsaOsr7V)，Oryza sativa Osr8 virus(OsaOsr8V)．

粒　　子【形態】球状 1 種（ウイルス様粒子[VLP]：径 60〜80 nm）．被膜なし．
【成分】核酸：(＋)ssRNA　1 種(9〜10 kb，GC 含量 43%)．タンパク質：キャプシドタンパク質(CA) 1 種，プロテアーゼ(PR)，逆転写酵素(RT)，インテグラーゼ(IN)など，いずれもウイルス様粒子に含まれる．

ゲ ノ ム【構造】単一線状 ssRNA ゲノム．ORF 1〜3 個．ゲノムの 5′端にキャップ構造(Cap)，3′端にポリ(A)配列(poly(A))，両末端直近に長鎖末端反復配列(LTR)の一部の配列をもつ．宿主ゲノムに組み込まれたウイルス DNA はその両端に LTR をもつ(図 1)．

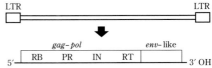

図 1　GmaSIRV(10,444 nt)のゲノム構造
LTR：長鎖末端反復配列，*gag*：キャプシドタンパク質，*pol*：逆転写酵素，RB：RNA 結合ドメイン，PR：プロテアーゼドメイン，IN：インテグラーゼドメイン，RT：逆転写酵素ドメイン，*env*-like：エンベロープ様タンパク質．[出典：Springer Index of Viruses 2nd ed., 1561-1564 を改変]

【遺伝子】5′-Cap-ORF gag-pol（キャプシドタンパク質(CA)ドメインなど/プロテアーゼ(PR)ドメイン/インテグラーゼ(IN)ドメイン逆転写酵素(RT)ドメイン)-ORF env-1(52〜74 kDa エンベロープタンパク質様タンパク質：AthEndV，GmaSIRV，LesToRV などに認められる)-poly(A)-3′．ウイルス種によっては，ORF gag-pol が ORF gag と ORF pol の 2 個の ORF となっているものもある．

複製様式　おそらくウイルス様粒子内で，ゲノム(＋)ssRNA が tRNA をプライマーとして自身のコードする逆転写酵素によって DNA に逆転写され，次いで dsDNA になった後，同じく自身のコードするインテグラーゼによって宿主のゲノムに組み込まれてプロウイルスとなる．このプロウイルス DNA から宿主の RNA ポリメラーゼⅡ(Pol Ⅱ)による転写によって子ウイルス RNA が複製される．

発現様式　プロウイルス DNA から転写された全長 mRNA が 1 個の ORF としてポリプロテインに翻訳されるものと，フレームシフトによって 2 個の ORF として翻訳されるものとがある．ポリプロテインは数段階のプロセシングの過程を経て，最終的な成熟タンパク質になる．

宿主域・病徴　いずれも垂直伝染するが，植物レトロウイルスでは水平伝染の報告はない．宿主ゲノム中には多数のプロウイルスのコピーが存在しているが，通常，その大部分は転写や転位をせずに安定しており，宿主の遺伝的進化に密接に関係していると推定されている．プロウイルスが新たに挿入された宿主ゲノムの部位によっては突然変異によって病徴が現れる可能性があるが，植物レトロウイルスでは潜在感染の形をとる場合が多いと推定される．

伝　　染　垂直伝染．植物レトロウイルスでは水平伝染や汁液接種可との報告例はない．

〔夏秋知英・日比忠明〕

主要文献 Boeke, J. D. *et al.*(2012). *Pseudoviridae*. Virus Taxonomy 9th Report of ICTV, 467-476；ICTVdB (2006). *Sirevirus*. 00.097.0.03.；DPVweb. Sirevius；Voytas, D. F.(2008). Pseudoviruses. Encyclopedia of Virology 3rd ed., 4, 352-357；Grandbastien, M. A.(2008). Retrotransposons of Plants. Encyclopedia of Virology 3rd ed., 4, 428-436；Laten, H. M. *et al.*(2011). Sirevirus. The Springer Index of Viruses 2nd ed., 1561-1564；Bousios1, A. *et al.*(2010). Highly conserved motifs in non-coding regions of Sirevirus retrotransposons：the key for their pattern of distribution within and across plants ?. BMC Genomics, 11：89；Bousios, A. *et al.*(2012). The turbulent life of Sirevirus retrotransposons and the evolution of the maize genome：more than ten thousand elements tell the story. Plant J., 69, 475-488；Bousios, A. *et al.*(2012). MASiVEdb：the Sirevirus Plant Retrotransposon Database. BMC Genomics, 13：158.

Amalgaviridae アマルガウイルス科

科の構成 1科1属.
アマルガウイルス科 *Amalgaviridae*
・アマルガウイルス属 *Amalgavirus*(タイプ種:*Southern tomato virus*;STV).
1科1属なので,各項目はアマルガウイルス属を参照.

Amalgavirus アマルガウイルス属

Amalgaviridae

分類基準 (1) dsRNAゲノム,(2) 単一線状ゲノム,(3) ウイルス粒子なし,(4) 垂直伝染するが,水平伝染しない,(5) 一般に宿主に明らかな病徴を示さない.

タイプ種 *Southern tomato virus*(STV).

属の構成 ブルーベリー潜在ウイルス(*Blueberry latent virus*:BBLV),*Rhododendron virus A*(RhVA),*Southern tomato virus*(STV),*Vicia cryptic virus M*(VCVM).

粒　　子 【形態】粒子を形成しない.
【成分】核酸:dsRNA 1種(3.4 kbp).

ゲ ノ ム 【構造】単一線状dsRNAゲノム.ORF 2個 (図1).

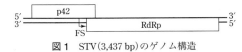

図1　STV(3,437 bp)のゲノム構造
FS;フレームシフト,RdRp:RNA複製酵素.
[出典:Sabanadzovic, S. *et al.*(2009). Virus Res., 140, 130-137 を改変]

【遺伝子】5′-ORF1(41〜44 kDa 機能不明タンパク質(p42);外被タンパク質様タンパク質で宿主細胞内で発現するが,粒子には含まれない)-ORF2(119〜122 kDa RNA複製酵素(RdRp);ORF2は約90 kDaのタンパク質をコードするが,ORF1の+1フレームシフトによりORF1との融合タンパク質として発現)-3′.

複製様式 おそらく,単一二本鎖RNAゲノムから自身のRNA複製酵素によって全長のプラス一本鎖RNA(mRNA)が転写された後,このmRNAから41〜44 kDa機能不明タンパク質とウイルスRNA複製酵素の合成が行われる.次いで,このウイルスRNA複製酵素によってマイナス一本鎖RNAが複製され,新生二本鎖RNAゲノムが形成される.

発現様式 おそらく,単一二本鎖ゲノムRNAから転写されたプラス一本鎖RNAがmRNAとして働き,41〜44 kDa機能不明タンパク質および翻訳フレームシフトによるこれとの融合タンパク質である119〜122 kDa RNA複製酵素が翻訳される.

細胞内所在 BBLVでは41 kDa機能不明タンパク質が細胞質内で不定形の集塊を形成しているが,粒子は形成されない.

宿主域・病徴 本属ウイルスの宿主はそれが検出された植物個体とその子孫だけに限られる.多くは無病徴の潜在感染である.

伝　　染 汁液接種不可.種子伝染.栄養繁殖による伝染.接ぎ木伝染しない.

その他 本ウイルス属ウイルスは,従来,*Partitiviridae*科の暫定種とされていたが,*Partitiviridae*科のウイルスは2粒子2分節ゲノムなのに対して,本ウイルスは無粒子単一ゲノムであり,そのゲノム構造は*Totiviridae*科ウイルスに類似しているが,RNA複製酵素のアミノ酸配列は*Partitiviridae*科ウイルスに類似している.分子系統解析の結果から,最近,本ウイルス属は新たに設けられた*Amalgaviridae Amalgavirus*に分類された.　　　〔日比忠明〕

主要文献 Ghabrial, S. A. *et al.*(2012). *Partitiviridae*. Virus Taxonomy 9th Report of ICTV, 523-534;ICTV Virus Taxonomy List(2013). *Amalgaviridae Amalgavirus*;ICTV Files. 2013. 005a-gP;Martin, R.

R. *et al.*(2011). Blueberry latent virus：An amalgam of the *Partitiviridae* and the *Totiviridae*. Virus Res., 155, 175-180；Martin R. R. *et al.*(2006). A virus associated with blueberry fruit drop disease. Acta Hortic., 715, 497-501；Liu, W. and Chen J.(2009). A double-stranded RNA as the genome of a potential virus infecting *Vicia faba*. Virus Genes, 39, 126-131；Sabanadzovic, S. *et al.*(2009). Southern tomato virus, The link between the families *Totiviridae* and *Partitiviridae*. Virus Res., 140, 130-137；Sabanadzovic S. *et al.*(2010). A novel monopartite dsRNA virus from rhododendron. Arch. Virol., 55, 1859-1863；Isogai, M. *et al.*(2011). Histochemical detection of Blueberry latent virus in highbush blueberry plant. J. Gen. Plant Pathol., 77, 304-306.

Endornaviridae エンドルナウイルス科

科の構成 1科1属.
エンドルナウイルス科 *Endornaviridae*
・エンドルナウイルス属 *Endornavirus*(タイプ種：*Vicia faba endornavirus*；VfEV).
1科1属なので，各項目はエンドルナウイルス属を参照．

Endornavirus エンドルナウイルス属
Endornaviridae

分類基準 (1) dsRNA ゲノム，(2) 単一線状ゲノム，(3) ウイルス粒子なし，(4) ゲノムのコード鎖の 5′端側にニックが1ヶ所存在する．(5) 垂直伝染するが，水平伝染しない，(6) 多くは宿主に明らかな病徴を示さない．

タイプ種 *Vicia faba endornavirus*(VfEV).

属の構成 ＊を付したウイルスは植物エンドルナウイルス以外のウイルス．
トウガラシエンドルナウイルス(*Bell pepper endornavirus*：BPEV)，*Oryza rufipogon endornavirus* (OrEV)，イネエンドルナウイルス(*Oryza sativa endornavirus*：OsEV)，*Phaseolus vulgaris endornavirus 1*(PvEV-1)，*Phaseolus vulgaris endornavirus 2*(PvEV-2)，*Vicia faba endornavirus* (VfEV)，*Helicobasidium mompa endornavirus 1*＊(HmEV1)，*Phytophthora endornavirus 1*＊ (PEV1).
暫定種：*Mulberry endornavirus* 1(MEV-1)など8種．

粒　　　子 【形態】粒子を形成しない．
【成分】核酸：dsRNA 1種，14〜18 kbp.

ゲ ノ ム 【構造】単一線状 dsRNA ゲノム．ORF 1個．コード鎖の5′端側にニックが1ヶ所存在する(図1).
【遺伝子】5′-ORF(526-654 kDa ポリプロテイン；ヘリカーゼ(HEL)ドメイン/UDP グルコシルトランスフェラーゼ(UGT)ドメイン/RNA 複製酵素(RdRp)ドメイン)-3′.

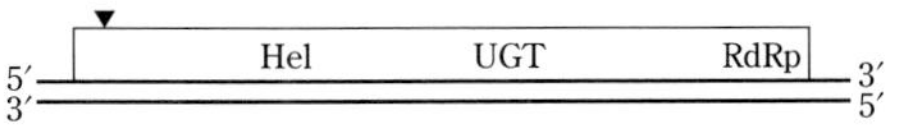

図1　OsEV(13,952 bp)のゲノム構造
▼：ニック，HEL：ヘリカーゼドメイン，UGT：UDP-グルコシルトランスフェラーゼドメイン，RdRp：RNA 複製酵素ドメイン．
[出典：Virus Taxonomy 9th Report of ICTV, 519-521]

複製様式 ゲノム dsRNA の複製は細胞質中の小胞(ウイルス様粒子とも呼ばれる)内で自身がコードする RNA 複製酵素によって行われ，常に1細胞あたり20〜100 コピーが存在する．

発現様式 ゲノム RNA が1個の ORF として526〜654 kDa のポリプロテインに翻訳される．ポリプロテインはその後プロセシングを経て，最終的な成熟タンパク質になるものと推定されるが詳細は不明である．

宿主域・病徴 いずれも垂直伝染するが，水平伝染の報告はない．*Vicia faba endornavirus*(VfEV)が細胞質雄性不稔を引き起こす以外には，植物エンドルナウイルスは宿主に明らかな病徴を示さない．

伝　　　染 垂直伝染．植物エンドルナウイルスでは水平伝染や汁液接種可との報告例はない．

〔夏秋知英・日比忠明〕

主 要 文 献 Fukuhara, T. *et al.*(2012). *Endornaviridae*. Virus Taxonomy 9th Report of ICTV, 519-521；ICTV Virus Taxonomy List(2014). *Endornaviridae Endornavirus*；ICTVdB(2006). *Endornavirus*. 00.108.0.01.；DPVweb. Endornavidae, Endornavirus；Fukuhara, T. *et al.*(2008). *Endornavirus*. Encyclopedia of Virology 3rd ed., 2, 109-116；Fukuhara, T.(2011). Endornavirus. The Springer Index of Viruses 2nd ed., 1989-1992；Fukuhara T. *et al.*(2006). Arch. Virol., 151, 995-1002.

二本鎖 RNA ウイルス　　　　　　　　　　　　　　　　　　　　　　　　　パルティティウイルス科

Partitiviridae パルティティウイルス科

分類基準　(1) dsRNA ゲノム，(2) 2分節線状ゲノム，(3) 球状粒子2種(径30〜38 nm)，(4) 粒子に RNA 転写・複製酵素活性がある，(5) 移行タンパク質を欠く，(6) 垂直伝染するが，水平伝染しない，(7) 一般に宿主に明らかな病徴を示さない．

科の構成　和名を付した属は植物クリプトウイルスが含まれる属．
パルティティウイルス科 *Partitiviridae*
- アルファパルティティウイルス属 *Alphapartitivirus*(タイプ種：シロクローバ潜伏ウイルス 1；WCCV-1)(粒子径 30 nm，宿主：植物，菌類)．
- ベータパルティティウイルス属 *Betapartitivirus*(タイプ種：*Atkinsonella hypoxylon virus*；AhV)(粒子径 35〜38 nm，宿主：植物，菌類)．
- *Cryspovirus* 属(タイプ種：*Cryptosporidium parvum virus 1*；CSpV-1)(粒子径 31 nm，宿主：原生動物)．
- デルタパルティティウイルス属 *Deltapartitivirus*(タイプ種：トウガラシ潜伏ウイルス 1；PCrV-1)(粒子径 30 nm，宿主：植物)．
- *Gammapartitivirus* 属(タイプ種：*Penicillium stoloniferum virus S*；PsV-S)(粒子径 35 nm，宿主：菌類)．
- 未帰属種：アルファルファ潜伏ウイルス 1(*Alfalfa cryptic virus 1*；ACV-1)，*Carnation cryptic virus 1*(CCV-1)，ニンジン潜伏ウイルス 1(*Carrot temperate virus 1*；CTeV-1)，ニンジン潜伏ウイルス 2(*Carrot temperate virus 2*；CTeV-2)，ニンジン潜伏ウイルス 3(*Carrot temperate virus 3*；CTeV-3)，ニンジン潜伏ウイルス 4(*Carrot temperate virus 4*；CTeV-4)，*Hop trefoil cryptic virus 1*(HTCV-1)，*Hop trefoil cryptic virus 3*(HTCV-3)，ダイコン葉縁黄化ウイルス(*Radish yellow edge virus*；RYEV)，*Ryegrass cryptic virus*(RGCV)，ホウレンソウ潜伏ウイルス(*Spinach temperate virus*；SpTV)，シロクローバ潜伏ウイルス 3(*White clover cryptic virus 3*：WCCV-3)など 15 種(うち植物クリプトウイルス 12 種)．

粒　　子　【形態】球状2種(径30〜38 nm)．被膜なし(図1)．
【物性】沈降係数 101〜145 S．浮遊密度(CsCl)1.34〜1.44 g/cm^3．
【成分】核酸：dsRNA 2種(1.4〜2.4 kbp)．各 dsRNA セグメントはそれぞれ個別に粒子に含まれる．タンパク質：外被タンパク質(CP)1種(38〜76 kDa)，ウイルス RNA 複製酵素(RdRp)1種(54〜87 kDa)．

ゲ ノ ム　【構造】2分節線状 dsRNA ゲノム．ORF 2個(各分節ゲノムに各1個)．
【遺伝子】RNA1 にウイルス RNA 複製酵素(RdRp)，RNA2 に外被タンパク質(CP)がコードされており，移行タンパク質(MP)はコードされていない．

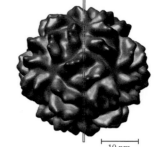

図1　パルティティウイルス科ウイルスの粒子模式図
[出典：Encyclopedia of Virology 3rd ed., 4. 68-75]

複製様式　ゲノムの複製は半保存的複製機構で行われる．すなわち，分節二本鎖 RNA ゲノムからウイルス粒子内に存在する自身の RNA 複製酵素によって全長のプラス一本鎖 RNA が転写された後，これによって解離した親のプラス一本鎖 RNA が mRNA として細胞質に移動し，そこで外被タンパク質とウイルス RNA 複製酵素の合成が行われる．次いで，外被タンパク質がプラス一本鎖 RNA(mRNA)とウイルス RNA 複製酵素をとり込んだウイルス粒子を構築し，この粒子内でウイルス RNA 複製酵素によってマイナス一本鎖 RNA が複製されて，二本鎖 RNA ゲノムを含む新生ウイルス粒子が完成する(図2)．

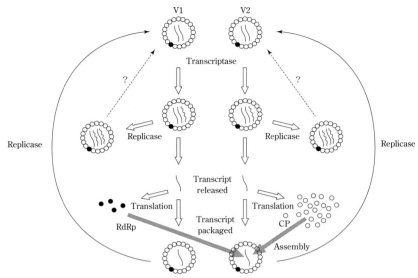

図2 パルティティウイルス科ウイルスの複製機構模式図
○：CP，●：RdRp，実線，親RNA鎖，波線，子RNA鎖．
［出典：Encyclopedia of Virology 3rd ed., 4, 68-75］

発現様式 二本鎖分節ゲノムから転写されたプラス一本鎖RNAがmRNAとしてモノシストロニックに翻訳される．

細胞内所在 ウイルス粒子は細胞質に存在する．時に核内にも認められる．

宿主域・病徴 植物クリプトウイルスは各種植物で見いだされているが，個々のウイルス種の宿主はそれが検出された植物個体とその子孫だけに限られる．水平伝染せず，細胞分裂などによって全身に広がるが，一般に無病徴の潜在感染である．

伝染 植物クリプトウイルスは，汁液接種では伝染せず，媒介生物も存在しない．花粉・種子伝染はするが，接ぎ木伝染はしない．

その他 従来，パルティティウイルス科はアルファクリプトウイルス属（*Alphacryptovirus*），ベータクリプトウイルス属（*Betacryptovirus*），*Cryspovirus*属，*Partitivirus*属の4属に分類されていたが，現在では，分子系統解析の結果から，上記の5属に再編されている．

アルファパルティティウイルス属とベータパルティティウイルス属には植物ウイルスと菌類ウイルス（植物病原菌類ウイルスも含む）とが含まれていることから，あるいは同一のウイルスが時に植物－菌類間で行き来するという可能性も示唆されている．

未帰属ウイルスのうち，CCV-1とRYEVは，現在所属不明のFragaria chiloensis cryptic virus（FCCV），Raphanus sativus cryptic virus 2（RsCV-2），Rose cryptic virus 1（RoCV-1）などと同じく，そのゲノムが3分節線状dsRNAで，RNA1はRdRp，RNA2とRNA3はそれぞれ2種のCPの一方をコードしており，分子系統解析では互いに近縁であることなどから，現在，分類上の検討がなされている．

植物クリプトウイルスの細胞内濃度はきわめて低いが，他科の植物ウイルス種との混合感染によって著しく上昇する．　　　　　　　　　　　　　　　　　　　　　　〔夏秋知英・日比忠明〕

主要文献 Ghabrial, S. A. *et al.*(2012). *Partitiviridae*. Virus Taxonomy 9th Report of ICTV, 523-534；ICTV Virus Taxonomy List(2013). *Partitiviridae*；ICTV Files. 2013. 001a-kkF；ICTVdB(2006). *Partitiviridae*. 00. 049.；Ghabrial, S. A. *et al.*(2008). Partitiviruses：General features. Encyclopedia of Virology 3rd ed., 4, 68-75；Blawid, R. *et al.*(2008). *Alphacryptovirus* and *Betacryptovirus*. Encyclopedia of Virology 3rd ed., 1, 98-104；DPVweb. Partitiviridae；Tzanetakis, I. E. *et al.*(2011). Alphacryptovirus. The Springer Index of Viruses 2nd ed., 1169-1173；Milne, R. G. *et al.*(2011). Betacryptovirus. The Springer Index of Viruses 2nd ed., 1175-1177；Boccardo, G. *et al.*(1987). Cryptic plant viruses. Adv. Virus Res., 32, 171-214；Milne, R. G.

et al.(1995). Cryptoviruses. *In* "Pathogenesis and Host Specificity in Plant Diseases Vol. 3.(Singh, R. P. ed., Pergamon)", p. 239-247；Natsuaki, T.(2004). *Partitiviridae. In* "Viruses and virus diseases of *Poaceae*(*Gramineae*)(Lapierre, H. *et al.* eds., INRA)", p. 313-315；Ochoa, W. F. *et al.*(2008). Partitivirus structure reveals a 120-subunit, helix-rich capsid with distinctive surface arches formed by quasisymmetric coat-protein dimers. Structure, 16, 776-786；Nibert, M. L. *et al.*(2014) Taxonomic reorganization of family *Partitiviridae* and other recent progress in partitivirus research. Virus Res., 188, 128-141；夏秋知英(1987). 種子伝染性潜伏ウイルス. 植物防疫, 41, 371-375；夏秋知英(1997). ホワイトクローバクリプティックウイルス. ウイルス学(畑中正一編, 朝倉書店), 480-487.

Alphapartitivirus アルファパルティティウイルス属
Partitiviridae

分類基準 (1) dsRNA ゲノム，(2) 2分節線状ゲノム，(3) 球状粒子2種(径30 nm)，(4) 粒子にRNA転写・複製酵素活性がある，(5) 移行タンパク質を欠く，(6) 垂直伝染するが，水平伝染しない，(7) 一般に宿主に明らかな病徴を示さない，(8) 分子系統学的に他属とは異なるクレードに属する．

タイプ種 シロクローバ潜伏ウイルス1(White clover cryptic virus 1：WCCV-1)．

属の構成 ビート潜伏ウイルス1(Beet cryptic virus 1：BCV-1)，*Carrot cryptic virus*(CaCV)，ソラマメ潜伏ウイルス(*Vicia cryptic virus*：VCV)，シロクローバ潜伏ウイルス1(White clover cryptic virus 1：WCCV-1)など11種(うち植物クリプトウイルス5種)．

粒　子 【形態】球状2種(径30 nm)．被膜なし(図1)．
【物性】浮遊密度(CsCl) 1.34～1.39 g/cm^3．
【成分】核酸：dsRNA 2種(RNA1：1.8～2.0 kbp，RNA2：1.7～1.9 kbp)．各dsRNAセグメントはそれぞれ個別に粒子に含まれる．タンパク質：外被タンパク質(CP)1種(53～54 kDa)，ウイルスRNA複製酵素(RdRp)1種(72～73 kDa)．

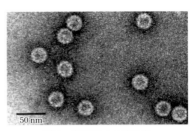

図1　WCCV-1の粒子像
[出典：Virus Taxonomy 9th Report of ICTV, 527-529]

ゲノム 【構造】2分節線状dsRNAゲノム．ORF 2個(各分節ゲノムに各1個)．プラス鎖の3′端にポリ(A)配列(poly(A))をもつ(図2)．
【遺伝子】RNA1：72～73 kDa RNA複製酵素(RdRp)，RNA2：53～54 kDa外被タンパク質(CP)．

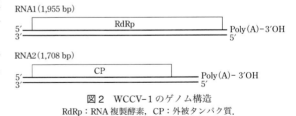

図2　WCCV-1のゲノム構造
RdRp：RNA複製酵素，CP：外被タンパク質．
[出典：Descriptions of Plant Viruses, 409]

複製様式 おそらく，分節二本鎖RNAゲノムからウイルス粒子内に存在する自身のRNA複製酵素によって全長のプラス一本鎖RNA(mRNA)が転写された後，これが細胞質に移動し，そこで外被タンパク質とウイルスRNA複製酵素の合成が行われる．次いで，外被タンパク質がプラス一本鎖RNA(mRNA)とウイルスRNA複製酵素をとり込んだウイルス粒子を構築し，この粒子内でウイルスRNA複製酵素によってマイナス一本鎖RNAが複製されて新生ウイルス粒子が完成する．

発現様式 おそらく，二本鎖分節ゲノムから転写されたプラス一本鎖RNAがmRNAとしてモノシストロニックに翻訳される．

細胞内所在 ウイルス粒子は細胞質に存在する．時に核内にも認められる．

宿主域・病徴 本属ウイルスは各種植物で見いだされているが，個々のウイルス種の宿主はそれが検出された植物個体とその子孫だけに限られる．水平伝染せず，細胞分裂などによって全身に広がるが，一般に無病徴の潜在感染である．

伝　染 汁液接種では伝染せず，媒介生物も存在しない．花粉・種子伝染はするが，接ぎ木伝染はしない．

〔夏秋知英・日比忠明〕

主要文献 Ghabrial, S. A. *et al.*(2012). *Alphacryptovirus*. Virus Taxonomy 9th Report of ICTV, 527-529；ICTV Virus Taxonomy List(2013). *Partitiviridae Alphapartitivirus*；ICTV Files. 2013. 001a-kkF；ICTVdB(2006). *Alphacryptovirus*. 00.049.0.03.；Ghabrial, S. A. *et al.*(2008). Partitiviruses：General features. Encyclopedia of Virology 3rd ed., 4, 68-75；Blawid, R. *et al.*(2008). *Alphacryptovirus* and *Betacryptovirus*. Encyclopedia of Virology 3rd ed., 1, 98-104；

DPVweb. Alphacryptovirus；Milne, R. G. *et al.*(2005). White clover cryptic virus 1. Descriptions of Plant Viruses, 409；Tzanetakis, I. E. *et al.*(2011). Alphacryptovirus. The Springer Index of Viruses 2nd ed., 1169-1173；Boccardo, G. *et al.* (1987). Cryptic plant viruses. Adv. Virus Res., 32, 171-213；Natsuaki, T. *et al.* (1986). Relationships between the cryptic and temperate viruses of alfalfa, beet and white clover. Intervirol., 25, 69-75；Boccard, G. *et al.*(2005). Complete sequence of the RNA1 of an isolate of *White clover cryptic virus 1*, type species of the genus *Alphacryptovirus*. Arch. Virol., 150, 399-402；Boccard, G. *et al.*(2005). Complete sequence of the RNA2 of an isolate of *White clover cryptic virus 1*, type species of the genus *Alphacryptovirus*. Arch. Virol., 150, 403-405；Coutts, R. H. *et al.*(2004). Cherry chlorotic rusty spot and Amasya cherry diseases are associated with a complex pattern of mycoviral-like double-stranded RNAs. II. Characterization of a new species in the genus *Partitivirus*. J. Gen. Virol., 85, 3399-3403；Szego, A. *et al.*(2010). The genome of Beet cryptic virus 1 shows high homology to certain cryptoviruses present in phylogenetically distant hosts. Virus Genes, 40, 267-276.

Betapartitivirus ベータパルティティウイルス属
Partitiviridae

分類基準 (1) dsRNAゲノム，(2) 2分節線状ゲノム，(3) 球状粒子2種(径35～38 nm)，(4) 粒子にRNA転写・複製酵素活性がある，(5) 移行タンパク質を欠く，(6) 垂直伝染するが，水平伝染しない，(7) 一般に宿主に明らかな病徴を示さない，(8) 分子系統学的に他属とは異なるクレードに属する．

タイプ種 *Atkinsonella hypoxylon virus*(AhV)．

属の構成 *Cannabis cryptic virus*(CCV)，*Crimson clover cryptic virus 2*(CCCV-2)，*Dill cryptic virus 2*(DCV-2)，*Hop trefoil cryptic virus 2*(HTCV-2)，*Primula malacoides virus 1*(PmV-1)，*Red clover cryptic virus 2*(RCCV-2)，シクローバ潜伏ウイルス2(*White clover cryptic virus 2*：WCCV-2)など16種(うち植物クリプトウイルス7種)．

粒　子 【形態】球状2種(径35～38 nm)．被膜なし(図1)．
【物性】浮遊密度(CsCl) 1.375 g/cm^3．
【成分】核酸：dsRNA 2種(RNA1：2.2～2.4 kbp，RNA2：2.1～2.4 kbp)．各dsRNAセグメントはそれぞれ個別に粒子に含まれる．タンパク質：外被タンパク質(CP)1種(75～76 kDa)，ウイルスRNA複製酵素(RdRp)1種(87 kDa)．

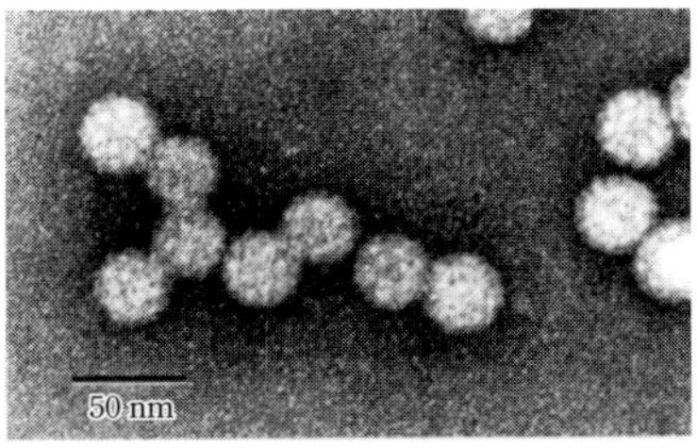

ゲノム 【構造】2分節線状dsRNAゲノム．ORF 2個(各分節ゲノムに各1個)．プラス鎖の3'端にポリ(A)配列(poly(A))をもつ(図2)．
【遺伝子】RNA1：87 kDa RNA複製酵素(RdRp)，RNA2：75～76 kDa外被タンパク質(CP)．

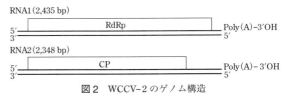

図1　WCCV-2の粒子像
[出典：Virus Taxonomy 9th Report of ICTV, 529-531]

図2　WCCV-2のゲノム構造
RdRp：RNA複製酵素，CP：外被タンパク質．
[出典：Lesker, T. *et al.*(2013). Arch. Virol., 158, 1943-1952を改変]

複製様式 おそらく，分節二本鎖RNAゲノムからウイルス粒子内に存在する自身のRNA複製酵素によって全長のプラス一本鎖RNA(mRNA)が転写された後，これが細胞質に移動し，そこで外被タンパク質とウイルスRNA複製酵素の合成が行われる．次いで，外被タンパク質がプラス一本鎖RNA(mRNA)とウイルスRNA複製酵素をとり込んだウイルス粒子を構築し，この粒子内でウイルスRNA複製酵素によってマイナス一本鎖RNAが複製されて新生ウイルス粒子が完成する．

発現様式 おそらく，二本鎖分節ゲノムから転写されたプラス一本鎖RNAがmRNAとしてモノシストロニックに翻訳される．

細胞内所在 ウイルス粒子は細胞質に存在する．時に核内にも認められる．

宿主域・病徴 本属ウイルスは各種植物で見いだされているが，個々のウイルス種の宿主はそれが検出された植物個体とその子孫だけに限られる．水平伝染せず，細胞分裂などによって全身に広がるが，一般に無病徴の潜在感染である．

伝　染 汁液接種では伝染せず，媒介生物も存在しない．花粉・種子伝染はするが，接ぎ木伝染はしない．

〔夏秋知英・日比忠明〕

主要文献 Ghabrial, S. A. *et al.*(2012). *Partitivirus, Betacryptovirus*. Virus Taxonomy 9th Report of ICTV, 524-527, 529-531；ICTV Virus Taxonomy List(2013). *Partitiviridae Betapartitivirus*；ICTV Files. 2013. 001a-kkF；ICTVdB(2006). *Betacryptovirus*. 00.049.0.04.；Ghabrial, S. A. *et al.*(2008). Partitiviruses：General features. Encyclopedia of Virology 3rd ed., 4, 68-75；Blawid, R. *et al.*

(2008). *Alphacryptovirus* and *Betacryptovirus*. Encyclopedia of Virology 3rd ed., 1, 98–104 ; DPVweb. Betacryptovirus ; Luisoni, E. *et al.* (1988). White clover cryptic virus 2. Descriptions of Plant Viruses, 332 ; Milne, R. G. *et al.* (2011). Betacryptovirus. The Springer Index of Viruses 2nd ed., 1175–1177 ; Boccardo, G. *et al.* (1987). Cryptic plant viruses. Adv. Virus Res., 32, 171–213 ; Natsuaki, T. *et al.* (1986). Relationships between the cryptic and temperate viruses of alfalfa, beet and white clover. Intervirol., 25, 69–75 ; Lesker, T. *et al.* (2013). Molecular characterization of five betacrypto-viruses infecting four clover species and dill. Arch. Virol., 158, 1943–1952 ; Li, L. *et al.* (2009). A novel double-stranded RNA virus detected in *Primula malacoides* is a plant-isolated partitivirus closely related to partitivirus infecting fungal species. Arch. Virol., 154, 565–572 ; Ziegler, A. *et al.* (2012). Complete sequence of a cryptic virus from hemp (*Cannabis sativa*). Arch. Virol., 157, 383–385.

Deltapartitivirus デルタパルティティウイルス属
Partitiviridae

分 類 基 準　(1) dsRNA ゲノム，(2) 2 分節線状ゲノム，(3) 球状粒子 2 種（径 30 nm），(4) 粒子に RNA 転写・複製酵素活性がある，(5) 移行タンパク質を欠く，(6) 垂直伝染するが，水平伝染しない，(7) 一般に宿主に明らかな病徴を示さない，(8) 分子系統学的に他属とは異なるクレードに属する．

タ イ プ 種　トウガラシ潜伏ウイルス 1 (PCrV-1)．

属 の 構 成　*Beet cryptic virus 2* (BCV-2)，*Beet cryptic virus 3* (BCV-3)，*Fig cryptic virus* (FCV)，トウガラシ潜伏ウイルス 1 (*Pepper cryptic virus 1*：PCrV-1)，トウガラシ潜伏ウイルス 2 (*Pepper cryptic virus 2*：PCrV-2)．

粒　　　子　【形態】球状 2 種（径 30 nm）．被膜なし．
【物性】浮遊密度 (CsCl) 1.375 g/cm^3．
【成分】核酸：dsRNA 2 種（RNA1：1.6〜1.7 kbp，RNA2：1.4〜1.6 kbp）．各 dsRNA セグメントはそれぞれ個別に粒子に含まれる．タンパク質：外被タンパク質 (CP) 1 種（38〜49 kDa），ウイルス RNA 複製酵素 (RdRp) 1 種（54〜55 kDa）．

ゲ ノ ム　【構造】2 分節線状 dsRNA ゲノム．ORF 2 個（各分節ゲノムに各 1 個）．プラス鎖の 3′ 端にポリ (A) 配列 (poly(A)) を欠く（図 1）．
【遺伝子】RNA1：54〜55 kDa RNA 複製酵素 (RdRp)，RNA2：38〜49 kDa 外被タンパク質 (CP)．

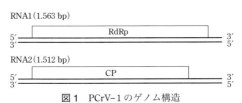

図 1　PCrV-1 のゲノム構造
RdRp：RNA 複製酵素，CP：外被タンパク質．
[出典：Sabanadzovic, S. *et al.* (2011). Virus Genes, 43, 307-312 により作図]

複 製 様 式　おそらく，分節二本鎖 RNA ゲノムからウイルス粒子内に存在する自身の RNA 複製酵素によって全長のプラス一本鎖 RNA (mRNA) が転写された後，これが細胞質に移動し，そこで外被タンパク質とウイルス RNA 複製酵素の合成が行われる．次いで，外被タンパク質がプラス一本鎖 RNA (mRNA) とウイルス RNA 複製酵素をとり込んだウイルス粒子を構築し，この粒子内でウイルス RNA 複製酵素によってマイナス一本鎖 RNA が複製されて新生ウイルス粒子が完成する．

発 現 様 式　おそらく，二本鎖分節ゲノムから転写されたプラス一本鎖 RNA が mRNA としてモノシストロニックに翻訳される．

細胞内所在　ウイルス粒子は細胞質に存在する．時に核内にも認められる．

宿主域・病徴　本属ウイルスは各種植物で見いだされているが，個々のウイルス種の宿主はそれが検出された植物個体とその子孫だけに限られる．水平伝染せず，細胞分裂などによって全身に広がるが，一般に無病徴の潜在感染である．

伝　　　染　汁液接種では伝染せず，媒介生物も存在しない．花粉・種子伝染はするが，接ぎ木伝染はしない．

〔夏秋知英・日比忠明〕

主 要 文 献　Ghabrial, S. A. *et al.* (2012). *Partitiviridae*. Virus Taxonomy 9th Report of ICTV, 523-534；ICTV Virus Taxonomy List (2013). *Partitiviridae Deltapartitivirus*；ICTV Files. 2013. 001a-kkF；ICTVdB (2006). *Partitiviridae*. 00. 049.；Ghabrial, S. A. *et al.* (2008). Partitiviruses：General features. Encyclopedia of Virology 3rd ed., 4, 68-75；Elbeaino, T. *et al.* (2011). The complete nucleotide sequence and genome organization of Fig cryptic virus, a novel bipartite dsRNA virus infecting fig, widely distributed in the Mediterranean basin. Virus Genes 42, 415-421；Sabanadzovic, S. and Valverde, R. A. (2011). Properties and detection of two cryptoviruses from pepper (*Capsicum annuum*). Virus Genes 43, 307-312.

二本鎖 RNA ウイルス　　　レオウイルス科

Reoviridae レオウイルス科

分類基準　(1) dsRNAゲノム，(2) 9～12分節線状ゲノム，(3) 球状粒子1種（径50～95 nm），(4) ほぼすべての属で二～三重殻構造，(5) 全分節ゲノムが1粒子中に含まれる，(6) 粒子にRNA転写・複製酵素活性がある，(7) 細胞質にビロプラズムあるいは多角体を形成する．

科の構成　和名を付した属は植物レオウイルスが含まれる属．
レオウイルス科 *Reoviridae*
スピナレオウイルス亜科 *Spinareovirinae*（ウイルス粒子は12個のスパイクを有する）．
- フィジーウイルス属 *Fijivirus*（タイプ種：*Fiji disease virus*；FDV）（粒子径65～70 nm，二重殻，10分節ゲノム，宿主：植物，昆虫）．
- オリザウイルス属 *Oryzavirus*（タイプ種：イネラギッドスタントウイルス；RRSV）（粒子径75～80 nm，二重殻，10分節ゲノム，宿主：植物，昆虫）．
- *Aquareovirus*属（タイプ種：*Aquareovirus A*）（粒子径80 nm，三重殻，11分節ゲノム，宿主：魚類）．
- *Coltivirus*属（タイプ種：*Colorado tick fever virus*）（粒子径60～80 nm，三重殻，12分節ゲノム，宿主：脊椎動物，節足動物）．
- *Cypovirus*属（タイプ種：*Cypovirus 1*）（粒子径72 nm，一重殻，10分節ゲノム，宿主：昆虫）．
- *Dinovernavirus*属（タイプ種：*Aedes pseudoscutellaris reovirus*）（粒子径50 nm，一重殻，9分節ゲノム，宿主：昆虫）．
- *Idnoreovirus*属（タイプ種：*Idnoreovirus 1*）（粒子径70 nm，二重殻，10分節ゲノム，宿主：昆虫）．
- *Mycoreovirus*属（タイプ種：*Mycoreovirus 1*）（粒子径80 nm，二重殻，11～12分節ゲノム，宿主：菌類）．
- *Orthoreovirus*属（タイプ種：*Mammalian orthoreovirus*）（粒子径85 nm，二重殻，10分節ゲノム，宿主：脊椎動物）．

セドレオウイルス亜科 *Sedoreovirinae*（ウイルス粒子はスパイクを有しない）．
- ファイトレオウイルス属 *Phytoreovirus*（タイプ種：*Wound tumor virus*；WTV）（粒子径70 nm，二～三重殻，12分節ゲノム，宿主：植物，昆虫）．
- *Cardoreovirus*属（タイプ種：*Eriocheir sinensis reovirus*）（粒子径70 nm，三重殻，12分節ゲノム，宿主：節足動物）．
- *Mimoreovirus*属（タイプ種：*Micromonas pusilla reovirus*）（粒子径90～95 nm，二重殻，11分節ゲノム，宿主：原生生物）．
- *Orbivirus*属（タイプ種：*Bluetongue virus*）（粒子径90 nm，三重殻，10分節ゲノム，宿主：脊椎動物，節足動物）．
- *Rotavirus*属（タイプ種：*Rotavirus A*）（粒子径65～70 nm，三重殻，11分節ゲノム，宿主：脊椎動物）．
- *Seadornavirus*属（タイプ種：*Banna virus*）（粒子径60～70 nm，三重殻，12分節ゲノム，宿主：脊椎動物，昆虫）．
- 暫定種：Cassava frogskin virus, Raspberry latent virus など6種（うち植物レオウイルス2種）．

粒　子　【形態】球状1種（径50～95 nm）．ほぼすべての属で二～三重殻構造．被膜なし．
【物性】浮遊密度（CsCl）1.36～1.44 g/cm^3．
【成分】核酸：dsRNA 9～12種（全ゲノムサイズ18～29 kbp）．各dsRNAセグメントの1組が同一の粒子内に含まれる．タンパク質：構造タンパク質6～8種．

ゲ ノ ム　【構造】9～12分節線状dsRNAゲノム．ORF 9～14個．ほとんどの分節ゲノム（セグメント（Seg））RNAでORFは1個だが，例えば，イネ黒条萎縮ウイルス（RBSDV）ではRNA7とRNA9でそ

れぞれ2個のORFがオーバーラップせずに認められる．また，イネ萎縮ウイルス(RDV)のRNA12とイネラギッドスタントウイルス(RRSV)のRNA4でも主要なORF内に別の比較的小さなORFが存在する．各分節ゲノムの両末端には数塩基の共通保存配列が存在する．
【遺伝子】ORFにコードされているタンパク質には，内殻や外殻を形成する数種の構造タンパク質とそれ以外の数種の非構造タンパク質がある．構造タンパク質の中にはウイルスRNA複製酵素(RdRp)，グアニル酸転移酵素，プロテアーゼ，虫媒伝搬に必要なタンパク質あるいは核酸結合タンパク質なども含まれ，一方，非構造タンパク質の中にはビロプラズムを構成するタンパク質やRNAサイレンシングサプレッサーなども含まれる．

複製様式 ウイルス粒子は宿主に侵入すると，粒子内に存在する自身のRNA複製酵素によってすべての二本鎖分節ゲノムのマイナス鎖を鋳型としてこれと相補的なプラス一本鎖RNA(mRNA)を合成する．このmRNAが粒子外の細胞質に移動してウイルスタンパク質の合成とビロプラズムの形成が行われる．次いで，ビロプラズマの中で新たに構築中のウイルス粒子内に全分節ゲノムに対応する1組のmRNAとウイルスRNA複製酵素が一緒に取り込まれ，その内部でマイナス鎖を合成することによって二本鎖RNAの複製が完了する．

発現様式 分節ゲノムより生じるmRNAがモノシストロニックに翻訳される．ORFが2個ある分節の場合，2番目のORFがどのように翻訳されるのかは不明である．

細胞内所在 植物レオウイルスでは，イネ萎縮ウイルスを除いて，すべて篩部細胞に局在する．ウイルス粒子は細胞質とビロプラズムに存在する．核内にはウイルス粒子は認められない．

宿主域・病徴 植物レオウイルスは主にイネ科植物に全身感染して，感染個体はわい化する．イネ萎縮ウイルスを除いて，葉や稈で脈の隆起や条線を生じる．イネ萎縮ウイルスでは葉脈に沿って細かな白斑点を生じる．斑点は葉鞘にも生じる．

伝染 植物レオウイルスは，一般に汁液接種では伝染しない．ウンカ・ヨコバイ類によって永続伝搬され，虫体内でも増殖する．ファイトレオウイルス属のウイルスは経卵伝染する．〔上田一郎〕

主要文献 Attoui, H. *et al.* (2012). *Reoviridae*. Virus Taxonomy 9th Report of ICTV, 541-637; ICTVdB (2006). *Reoviridae*. 00.060.; Clarke, P. *et al.* (2008). Reoviruses: General features. Encyclopedia of Virology 3rd ed., 4, 382-390; Coombs, K. M. (2008). Reoviruses: Molecular biology. Encyclopedia of Virology 3rd ed., 4, 390-399; Geijskes, R. J. *et al.* (2008). Plant reoviruses. Encyclopedia of Virology 3rd ed., 4, 149-155; Omura, T. (2004). Reoviridae. Viruses and virus diseases of *Poaceae* (*Gramineae*) (Lapierre, H. *et al.* eds.), 316-319; DPVweb. Reoviridae; Boccardo, G. *et al.* (1984). Plant reovirus group. Descriptions of plant viruses, 294; Harding, R. M. *et al.* (2011). Fijivirus. The Springer Index of Viruses 2nd ed., 1589-1593; Upadhyaya, N. M. *et al.* (2011). Oryzavirus. The Springer Index of Viruses 2nd ed., 1621-1626; Omura, T. (2011). Phytoreovirus. The Springer Index of Viruses 2nd ed., 1627-1634.

二本鎖 RNA ウイルス　　　　　　　　　　　　　　　　　　　　　　　　　　　　　レオウイルス科

Spinareovirinae スピナレオウイルス亜科
Reoviridae

分類基準　(1) dsRNA ゲノム，(2) 9〜12 分節線状ゲノム，(3) 球状粒子 1 種(径 50〜85 nm)，(4) ほぼすべての属で二〜三重殻構造，(5) 全分節ゲノムが 1 粒子中に含まれる，(6) 粒子に RNA 転写・複製酵素活性がある，(7) 細胞質にビロプラズムあるいは多角体を形成する，(8) ウイルス粒子は 12 個のスパイクを有する．

亜科の構成　和名を付した属は植物レオウイルスが含まれる属．
スピナレオウイルス亜科 *Spinareovirinae*
- フィジーウイルス属 *Fijivirus* (タイプ種：*Fiji disease virus*；FDV) (粒子径 65〜70 nm，二重殻，10 分節ゲノム，宿主：植物，昆虫)．
- オリザウイルス属 *Oryzavirus* (タイプ種：イネラギッドスタントウイルス；RRSV) (粒子径 75〜80 nm，二重殻，10 分節ゲノム，宿主：植物，昆虫)．
- *Aquareovirus* 属(タイプ種：*Aquareovirus A*)(粒子径 80 nm，三重殻，11 分節ゲノム，宿主：魚類)．
- *Coltivirus* 属(タイプ種：*Colorado tick fever virus*)(粒子径 60〜80 nm, 三重殻，12 分節ゲノム，宿主：脊椎動物，節足動物)．
- *Cypovirus* 属(タイプ種：*Cypovirus 1*)(粒子径 72 nm，一重殻，10 分節ゲノム，宿主：昆虫)．
- *Dinovernavirus* 属(タイプ種：*Aedes pseudoscutellaris reovirus*)(粒子径 50 nm，一重殻，9 分節ゲノム，宿主：昆虫)．
- *Idnoreovirus* 属(タイプ種：*Idnoreovirus 1*)(粒子径 70 nm，二重殻，10 分節ゲノム，宿主：昆虫)．
- *Mycoreovirus* 属(タイプ種：*Mycoreovirus 1*)(粒子径 80 nm，二重殻，11〜12 分節ゲノム，宿主：菌類)．
- *Orthoreovirus* 属(タイプ種：*Mammalian orthoreovirus*)(粒子径 85 nm，二重殻，10 分節ゲノム，宿主：脊椎動物)．　　　　　　　　　　　　　　　　〔日比忠明〕

Fijivirus フィジーウイルス属
Reoviridae Spinareovirinae

分類基準 (1) dsRNA ゲノム，(2) 10 分節線状ゲノム，(3) 球状粒子 1 種（径 65～70 nm），(4) 二重殻構造，(5) 全分節ゲノムが 1 粒子中に含まれる，(6) 粒子に RNA 転写・複製酵素活性がある，(7) 細胞質にビロプラズマを形成する，(8) ウイルス粒子は 12 個のスパイクを有する，(9) ORF 12 個，(10) 宿主は植物および昆虫，(11) 虫媒伝染（ウンカによる永続伝搬）．

タイプ種 *Fiji disease virus*（FDV）．

属の構成 Fijivirus group 1：*Fiji disease virus*（FDV）；Fijivirus group 2：イネ黒すじ萎縮ウイルス（*Rice black streaked dwarf virus*：RBSDV），*Maize rough dwarf virus*（MRDV），*Mal de Rio Cuarto virus*（MRCV），*Pangola stunt virus*（PaSV）；Fijivirus group 3：*Oat sterile dwarf virus*（OSDV）；Fijivirus group 4：*Garlic dwarf virus*（GDV）；Fijivirus group 5：*Nilaparvata lugens reovirus*（NLRV；昆虫ウイルス）．

暫定種：イネ南方黒すじ萎縮ウイルス（Southern rice black-streaked dwarf virus：SRBSDV）．

粒子 【形態】球状 1 種（径 65～70 nm）．被膜なし．12 個の A スパイク（幅約 11 nm×高さ約 11 nm）をもつ外殻と 12 個の B スパイク（径約 12 nm×高さ約 8 nm）をもつ径約 55 nm の内殻（コア粒子）で構成される（図 1）．

【物性】沈降係数 約 400 S．

【成分】核酸：dsRNA 10 種（FDV；RNA1：4,532 bp，RNA2：3,820 bp，RNA3：3,623 bp，RNA4：3,568 bp，RNA5：3,150 bp，RNA6：2,831 bp，RNA7：2,194 bp，RNA8：1,959 bp，RNA9：1,843 bp，RNA10：1,819 bp．GC 含量 34～36％）．各 dsRNA セグメントの 1 組が同一の粒子内に含まれる．タンパク質：構造タンパク質 5～7 種（FDV；170.6 kDa 内殻タンパク質（ウイルス RNA 複製酵素：RdRp），137.0 kDa 主要内殻タンパク質，135.5 kDa 外殻タンパク質，68.9 kDa 内殻タンパク質（NTP 結合タンパク質），63.0 kDa 主要外殻タンパク質）．

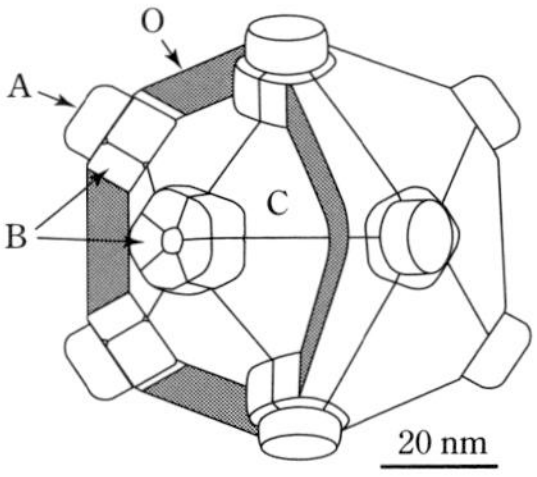

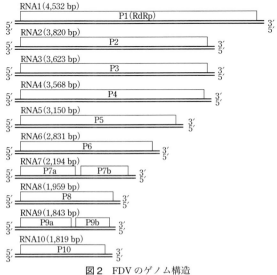

図 1　FDV の粒子構造模式図
O：外殻，C：コア，A：A スパイク，B：B スパイク．
［出典：Hull, R.(2002). Mathews' Plant Virology 4th ed., p. 162, Academic Press］

ゲノム 【構造】10 分節線状 dsRNA ゲノム．ORF 12 個．ORF はほとんどの分節ゲノムで 1 つだが，RBSDV と FDV では RNA7 と RNA9 でおのおの 2 つの ORF がオーバーラップせずに認められる．一部の RBSDV では RNA5 の主要 ORF の下流に 23 kDa のタンパク質をコードする ORF がある．本属ウイルスの各分節ゲノムの 3′ 端には-GUC-3′ が保存されている（図 2）．

【遺伝子】FDV；RNA1：170.6 kDa 内殻タンパク質（ウイルス RNA 複製酵素：RdRp），RNA2：137.0 kDa 主要内殻タンパク質，RNA3：135.5 kDa 外殻タンパク質，RNA4：133.2 kDa 機能不明タンパク質，RNA5：115.3 kDa 機能不明タンパク質，RNA6：96.8 kDa 機能不明タンパク質，RNA7：41.7 kDa 非構造タンパク質＋36.7 kDa 機能不明タンパク質，RNA8：68.9 kDa 内殻タンパ

図 2　FDV のゲノム構造
RdRp：RNA 複製酵素．
［出典：Encyclopedia of Virology 3rd ed., 4, 149-155 を改変］

ク質(NTP 結合タンパク質)，RNA9：38.6 kDa ビロプラズムタンパク質＋23.8 kDa 非構造タンパク質，RNA10：63.0 kDa 主要外殻タンパク質．各分節ゲノムがコードする遺伝子にはウイルス種によって若干の入れ替えがある．

複 製 様 式 ウイルス粒子は宿主に侵入すると，すべての分節ゲノムより自身の RNA 複製酵素によって mRNA を合成する．これよりウイルスタンパク質合成を経てビロプラズム中で内殻(コア粒子)が形成され，その内部でマイナス鎖を合成することによって二本鎖 RNA の複製が完了し，成熟したウイルス粒子が細胞質に放出されると考えられている．

発 現 様 式 分節ゲノムより生じる mRNA がモノシストロニックに翻訳される．1 つの分節に ORF が 2 つある場合の 2 番目の ORF がどのように翻訳されるのかわかっていない．

細胞内所在 ウイルス粒子はすべて篩部細胞の細胞質とビロプラズムに存在する．核内で粒子はみつからない．

宿主域・病徴 イネ科あるいはユリ科植物．感染植物は葉や稈で脈の白色の隆起や条線を生じ，わい化する．

伝　　　染 虫媒伝染(ウンカによる永続伝搬)．経卵伝染はしない．困難ではあるが，汁液伝染の報告がある．

〔上田一郎〕

主 要 文 献 Attoui, H. *et al.*(2012). *Fijivirus*. Virus Taxonomy 9th Report of ICTV, 563-567；ICTVdB(2006). *Fijivirus*. 00.060.0.07.；Geijskes, R. J. *et al.*(2008). Plant reoviruses. Encyclopedia of Virology 3rd ed., 4, 149-155；Harding, R. M. *et al.*(2011). *Fijivirus*. The Springer Index of Viruses 2nd ed., 1589-1593；Isogai, M.(2004). *Fijivirus*. Viruses and virus diseases of *Poaceae*(*Gramineae*) (Lapierre, H. *et al.* eds.), 319-323；DPVweb. Fijivirus；Hutchinson, P. B. *et al.*(1973). Sugarcane Fiji disease virus. Descriptions of Plant Viruses, 119；Shikata, E.(1974). Rice black streaked dwarf virus. Descriptions of Plant Viruses, 135；Brunt, A. A. *et al.* eds.(1996). Fijiviruses：*Reoviridae*. Plant Viruses Online；Isogai, M. *et al.*(1998). J. Gen. Virol., 79, 1479-1485；Harding, R. M. *et al.*(2006). Virus Genes, 32, 43-47.

二本鎖 RNA ウイルス　　　　　　　　　　　　　　　　　　　　　　　　　　　　　　　　　レオウイルス科

Oryzavirus オリザウイルス属
Reoviridae Spinareovirinae

分類基準　(1) dsRNA ゲノム，(2) 10 分節線状ゲノム，(3) 球状粒子 1 種（径 75〜80 nm），(4) 二重殻構造，(5) 全分節ゲノムが 1 粒子中に含まれる，(6) 粒子に RNA 転写・複製酵素活性がある，(7) 細胞質にビロプラズムを形成する，(8) ウイルス粒子は 12 個のスパイクを有する，(9) ORF 11 個，(10) 宿主は植物および昆虫，(11) 虫媒伝染（トビイロウンカによる永続伝搬）．

タイプ種　イネラギッドスタントウイルス（*Rice ragged stunt virus*：RRSV）．

属の構成　*Echinochloa ragged stunt virus*（ERSV），イネラギッドスタントウイルス（*Rice ragged stunt virus*：RRSV）．

粒　　子　【形態】球状 1 種（径 75〜80 nm）．被膜なし．12 個の A スパイク（幅約 10〜12 nm×高さ約 8 nm）をもつ外殻と 12 個の B スパイク（上面の径 14〜17 nm，下面の径 23〜26 nm，高さ 8〜10 nm）をもつ径約 57〜65 nm の内殻（コア粒子）で構成される（図 1）．

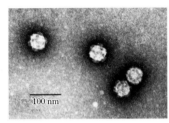

図 1　RRSV の粒子像

【成分】核酸：dsRNA 10 種（RRSV；RNA1：3,849 bp，RNA2：3,810 bp，RNA3：3,699 bp，RNA4：3,823 bp，RNA5：2,682 bp，RNA6：2,157 bp，RNA7：1,938 bp，RNA8：1,814 bp，RNA9：1,132 bp，RNA10：1,162 bp．全ゲノムサイズ 26.1 kbp，GC 含量 45%）．各 dsRNA セグメントの 1 組が同一の粒子内に含まれる．タンパク質：構造タンパク質 7 種（RRSV；141 kDa ウイルス RNA 複製酵素（RdRp），138 kDa B スパイク，133 kDa 内殻タンパク質，131 kDa 内殻タンパク質，91 kDa キャッピング酵素（Cap），39 kDa A スパイク，42 kDa 外殻タンパク質）．

ゲ ノ ム　【構造】10 分節 dsRNA ゲノム．ORF 11 個（RNA4 が ORF 2 個以外は，各 RNA とも ORF 1 個）．本属ウイルスの各分節ゲノムの 5′端には 5′-GAUAAA-，3′端には -GUGC-3′ が保存されている（図 2）．

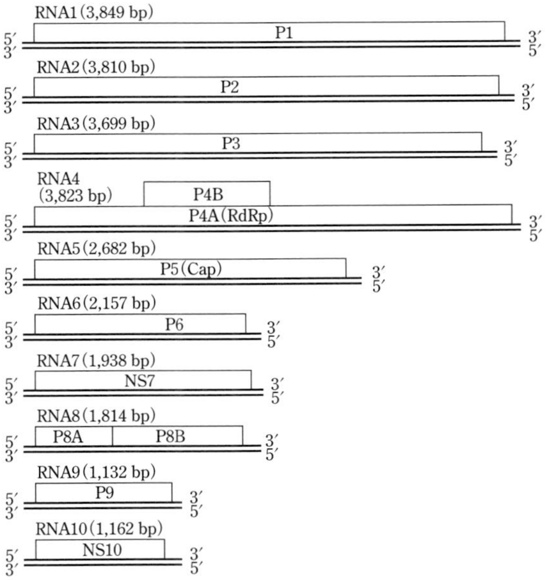

図 2　RRSV のゲノム構造
RdRp：RNA 複製酵素，Cap：キャッピング酵素．
[出典：Encyclopedia of Virology 3rd ed., 4, 149-155 を改変]

【遺伝子】RRSV；RNA1：P1（138 kDa B スパイクタンパク質；内殻に結合），RNA2：P2（133 kDa 内殻タンパク質），RNA3：P3（131 kDa 内殻タンパク質），RNA4：P4A/P4B（141 kDa ウイルス RNA 複製酵素：RdRp）/37 kDa 機能不明タンパク質），RNA5：P5（91 kDa キャッピング酵素：Cap；グアニルトランスフェラーゼ），RNA6：P6（66 kDa 機能不明タンパク質），RNA7：NS7（68 kDa 非構造タンパク質），RNA8：P8（67 kDa 前駆体ポリプロテイン→P8A（26 kDa 自己切断プロテアーゼ）/P8B（42 kDa 外殻タンパク質）），RNA9：P9（39 kDa A スパイクタンパク質；昆虫媒介に関与），RNA10：NS10（32 kDa 非構造タンパク質）．

発現様式　ウイルス粒子は感染細胞内で脱外被はせず，粒子に内在するウイルス RNA 複製酵素やキャッ

ピング酵素によってすべての二本鎖分節ゲノムのマイナス鎖を鋳型としてこれと相補的なプラス一本鎖RNA(mRNA)を合成する．これらのmRNAを細胞質中に出し，複製に必要なタンパク質を合成すると考えられている．複製は細胞質内のビロプラズムで行われる．

翻訳様式 分節ゲノムより生じるmRNAの翻訳は細胞質内でモノシストロニックに行われる．

細胞内所在 ウイルス粒子は師部柔組織の細胞質に存在する．細胞質内にビロプラズムを形成する．

宿主域・病徴 イネ，*Oryza latifolia*, *O. nivara*．感染植物は，萎縮，葉の横の多数のくびれ，葉身の裏表皮および葉鞘の表面の長いゴール，葉先の捻れなどを示す．

伝　　染 汁液接種不可．トビイロウンカ(*Nilaparvata lugens*)による永続伝染，経卵伝染はしない．種子伝染は確認されていない． 〔大村敏博〕

主要文献 Attoui, H. *et al.*(2012). *Oryzavirus*. Virus Taxonomy 9th Report of ICTV, 560–563；ICTVdB(2006). *Oryzavirus*. 00.060.0.09.；Geijskes, R. J. *et al.*(2008). Plant reoviruses. Encyclopedia of Virology 3rd ed., 4, 149–155；Upadhyaya, N. M. *et al.*(2011). *Oryzavirus*. The Springer Index of Viruses 2nd ed., 11621–1626；DPVweb. Oryzavirus；Milne, R. G. *et al.*(1982). Rice ragged stunt virus. Descriptions of Plant Viruses, 248；ICTVdB(2006). *Rice ragged stunt virus*. 00.060.0.09.003.；Brunt, A. A. *et al.* eds.(1996). Oryzaviruses：*Reoviridae*. Plant Viruses Online；Chen, C. C. *et al.*(1989). Phytopathology, 79, 235–241；Chen, C. C. *et al.*(1989). Intervirology, 30, 278–284；Chen, C. C. *et al.*(1997). Plant Protection Bull.(Taichung), 39, 383–388.

Sedoreovirinae セドレオウイルス亜科
Reoviridae

分類基準 (1) dsRNAゲノム，(2) 10〜12分節線状ゲノム，(3) 球状粒子1種(径60〜95 nm)，(4) ほぼすべての属で二〜三重殻構造，(5) 全分節ゲノムが1粒子中に含まれる，(6) 粒子にRNA転写・複製酵素活性がある，(7) 細胞質にビロプラズムを形成する，(8) ウイルス粒子はスパイクを有しない．

亜科の構成 和名を付した属は植物レオウイルスが含まれる属．
セドレオウイルス亜科 *Sedoreovirinae*
- ファイトレオウイルス属 *Phytoreovirus*(タイプ種：*Wound tumor virus*；WTV)(粒子径70 nm，二〜三重殻，12分節ゲノム，宿主：植物，昆虫)．
- *Cardoreovirus* 属(タイプ種：*Eriocheir sinensis reovirus*)(粒子径70 nm，三重殻，12分節ゲノム，宿主：節足動物)．
- *Mimoreovirus* 属(タイプ種：*Micromonas pusilla reovirus*)(粒子径90〜95 nm，二重殻，11分節ゲノム，宿主：原生生物)．
- *Orbivirus* 属(タイプ種：*Bluetongue virus*)(粒子径90 nm，三重殻，10分節ゲノム，宿主：脊椎動物，節足動物)．
- *Rotavirus* 属(タイプ種：*Rotavirus A*)(粒子径65〜70 nm，三重殻，11分節ゲノム，宿主：脊椎動物)．
- *Seadornavirus* 属(タイプ種：*Banna virus*)(粒子径60〜70 nm，三重殻，12分節ゲノム，宿主：脊椎動物，昆虫)．

〔日比忠明〕

二本鎖RNAウイルス　　　　　　　　　　　　　　　　　　　　　　　　　　　　　レオウイルス科

Phytoreovirus ファイトレオウイルス属
Reoviridae Sedoreovirinae

分類基準　(1) dsRNAゲノム，(2) 12分節線状ゲノム，(3) 球状粒子1種（径70 nm），(4) 二〜三重殻構造，(5) 全分節ゲノムが1粒子中に含まれる，(6) 粒子にRNA転写・複製酵素活性がある，(7) 細胞質にビロプラズムを形成する，(8) ウイルス粒子はスパイクを有しない，(9) ORF 14個，(10) 宿主は植物および昆虫，(11) 虫媒伝染（ヨコバイによる永続伝搬）．

タイプ種　*Wound tumor virus*（WTV）．

属の構成　イネ萎縮ウイルス（*Rice dwarf virus*：RDV），*Rice gall dwarf virus*（RGDV），*Wound tumor virus*（WTV）．
暫定種：Homalodisca vitripennis reovirus（HoVRV：昆虫ウイルス），Tobacco leaf enation phytoreovirus（TLEP）．

粒子　【形態】球状1種（径70 nm）．WMV：三重殻，RDV：二重殻．被膜なし（図1）．
【物性】沈降係数 約510 S．浮遊密度（CsCl）RDV：1.39〜1.42 g/cm^3．
【成分】核酸：dsRNA 12種（RDV；RNA1：4,423 bp，RNA2：3,512 bp，RNA3：3,195 bp，RNA4：2,468 bp，RNA5：2,570 bp，RNA6：1,699 bp，RNA7：1,696 bp，RNA8：1,427 bp，RNA9：1,305 bp，RNA10：1,321 bp，RNA11：1,067 bp，RNA12：1,066 bp．全ゲノムサイズ 25.8 kbp，GC含量44％）．各dsRNAセグメントの1組が同一の粒子内に含まれる．タンパク質：構造タンパク質6〜7種（RDV；164.1 kDa内殻タンパク質P1（ウイルスRNA複製酵素：RdRp），123.0 kDa外殻タンパク質P2，114.3 kDa主要内殻タンパク質P3，90.5 kDa内殻タンパク質P5（キャッピング酵素：Cap），55.3 kDa内殻タンパク質P7（NTP結合タンパク質），46.5 kDa主要外殻タンパク質P8）．

ゲノム　【構造】12分節線状dsRNAゲノム．ORF 14個．ORFはほとんどの分節ゲノムで1つだが，RDV RNA12，WTV RNA11 および RGDV RNA9 では大きなORFの中に，フレームをずらして別の小さいORFが認められる．このORFでは開始コドンが

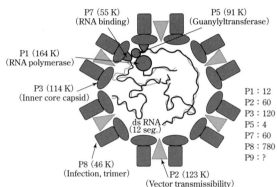

図1　RDV粒子の構造模式図
［出典：中川敦史ら（2004），Photon Factory News, 22(3), 11–17］

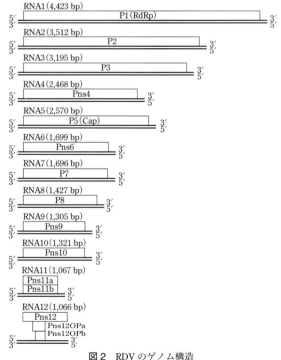

図2　RDVのゲノム構造
RdRp：RNA複製酵素，Cap：キャッピング酵素．
［出典：Encyclopedia of Virology 3rd ed., 4, 149–155 を改変］

2つあり2種類のタンパク質が合成されるが，小さなORFの機能は不明である．本属ウイルスの各分節ゲノムの5′端には5′-GG(U/C)A-，3′端には-(U/C)GAU-3′が保存されている（図2）．

【遺伝子】RDV；RNA1：164.1 kDa 内殻タンパク質 P1（ウイルス RNA 複製酵素：RdRp），RNA2：123.0 kDa 外殻タンパク質 P2（虫媒伝搬に必要），RNA3：114.3 kDa 主要内殻タンパク質 P3，RNA4：79.8 kDa 非構造タンパク質 Pns4，RNA5：90.5 kDa 内殻タンパク質 P5（キャッピング酵素：Cap；グアニリルトランスフェラーゼ），RNA6：57.4 kDa 非構造タンパク質 Pns6，RNA7：55.3 kDa 内殻タンパク質 P7（NTP 結合タンパク質），RNA8：46.5 kDa 主要外殻タンパク質 P8，RNA9：38.9 kDa 非構造タンパク質 Pns9，RNA10：39.2 kDa 非構造タンパク質 Pns10（RNA サイレンシングサプレッサー），RNA11：20.0 kDa 非構造タンパク質 Pns11a＋20.8 kDa 非構造タンパク質 Pns11b，RNA12：33.9 kDa 非構造タンパク質 Pns12（ビロプラズムタンパク質）＋10.6 kDa 機能不明タンパク質 Pns12OPa＋9.6 kDa 機能不明タンパク質 Pns12OPb．

複製様式 ウイルス粒子は宿主に侵入すると，すべての分節ゲノムより自身の RNA 複製酵素によって mRNA を合成する．これよりウイルスタンパク質合成を経てビロプラズム中で内殻（コア粒子）が形成され，その内部でマイナス鎖を合成することによって二本鎖 RNA の複製が完了し，成熟したウイルス粒子が細胞質に放出されると考えられている．

発現様式 分節ゲノムより生じる mRNA がモノシストロニックに翻訳される．RDV RNA12 などにある小さい ORF がどのように翻訳されるかはよく解明されていない．

細胞内所在 RDV は各種組織で増殖するが，RDV 以外の本属のウイルスはすべて篩部細胞に局在する．ウイルス粒子は細胞質とビロプラズムの周辺に存在する．核内で粒子はみつからない．

宿主域・病徴 RDV と RGDV は主にイネ科植物に感染して，感染個体は矮化する．RDV では葉脈にそって細かな白斑点を生じる．斑点は葉鞘にも生じる．RGDV では葉や稈で脈の隆起や条線を生じる．

伝染 汁液接種不可．虫媒伝染（ヨコバイによる永続伝搬）．経卵伝染する． 〔上田一郎〕

主要文献 Attoui, H. *et al.* (2012). *Phytoreovirus*. Virus Taxonomy 9th Report of ICTV, 620–626；ICTVdB (2006). Phytoreovirus. 00.060.0.08.；Geijskes, R. J. *et al.* (2008). Plant reoviruses. Encyclopedia of Virology 3rd ed., 4, 149–155；Omura, T. (2011). Phytoreovirus. The Springer Index of Viruses 2nd ed., 1627–1634；Omura, T. (2004). *Phytoreovirus*. Viruses and virus diseases of *Poaceae* (*Gramineae*) (Lapierre, H. *et al.* eds.), 324–326；DPVweb. Phytoreovirus；Black, L. N. (1970). Wound tumor virus. Descriptions of Plant Viruses, 34；Iida, T. T. *et al.* (1972). Rice dwarf virus. Descriptions of Plant Viruses, 102；Omura, T. *et al.* (1985). Rice gall dwarf virus. Descriptions of Plant Viruses, 296；Brunt, A. A. *et al.* eds. (1996). Phytoreoviruses：*Reoviridae*. Plant Viruses Online；Kudo, H. *et al.* (1991). J. Gen. Virology, 72, 2857–2866；Nakagawa, A. *et al.* (2003). Structure, 11, 1227–1238；上田一郎 (1997)．ライスドワーフウイルス．ウイルス学（畑中正一編，朝倉書店），471–479；中川敦史ら (2004). Photon Factory News, 22(3), 11–17.

(一) 一本鎖 RNA ウイルス　　　　　　　　　　　　　　　　　　　　　　　　　　モノネガウイルス目

Mononegavirales　モノネガウイルス目

分類基準　(1)（−）ssRNA ゲノム，(2) 単一線状ゲノム，(3) 球状粒子 1 種（径約 90 nm）（*Bornaviridae*），桿菌状〜ひも状粒子 1 種（径約 80 nm×長さ 790〜1,400 nm）（*Filoviridae*），多形粒子（*Paramyxoviridae*），弾丸状〜桿菌状粒子 1 種（径 45〜100 nm×長さ 100〜430 nm）（*Rhabdoviridae*），被膜あり，(4) ゲノムの 5′ 端にキャップ構造や VPg を欠き，3′ 端にポリ(A)配列を欠くが，5′ 端と 3′ 端には互いに相補的な配列と保存モチーフが存在する，(5) ウイルスタンパク質はゲノムから転写された各 ORF に対応する別々の mRNA から翻訳される．

目の構成　和名を付した科は植物ウイルスが含まれる科で，この場合はその属まで示し，和名を付した属が植物ウイルスの属．

モノネガウイルス目 *Mononegavirales*
Bornaviridae 科（宿主：脊椎動物）．
Filoviridae 科（宿主：脊椎動物）．
Paramyxoviridae 科（宿主：脊椎動物）．
ラブドウイルス科 *Rhabdoviridae*（宿主：無脊椎動物，脊椎動物，植物）．
・*Vesiculovirus* 属．
・*Lyssavirus* 属．
・*Ephemerovirus* 属．
・*Novirhabdovirus* 属．
・サイトラブドウイルス属 *Cytorhabdovirus*．
・ヌクレオラブドウイルス属 *Nucleorhabdovirus*．
・*Metapneumovirus* 属．

粒　子　【形態】ウイルスの科によって，球状粒子 1 種（径 約 90 nm）（*Bornaviridae*），桿菌状〜ひも状粒子 1 種（径約 80 nm×長さ 790〜1,400 nm）（*Filoviridae*），多形粒子（*Paramyxoviridae*），弾丸状〜桿菌状粒子 1 種（径 45〜100 nm×長さ 100〜430 nm）（ラブドウイルス科）などの形態を示し，一般に多形性である．被膜あり．
【物性】沈降係数 550〜1045 S．浮遊密度（CsCl）1.18〜1.22 g/cm³．
【成分】核酸：（−）ssRNA 1 種（8.9〜19 kb）．ゲノムの 5′ 端にキャップ構造や VPg を欠き，3′ 端にポリ(A)配列を欠くが，5′ 端と 3′ 端には互いに相補的な配列と保存モチーフが存在する．タンパク質：構造タンパク質 5〜7 種（被膜糖タンパク質，マトリックスタンパク質，RNA 結合タンパク質，ヌクレオキャプシド関連タンパク質，RNA 複製酵素タンパク質など）．脂質：被膜に宿主細胞膜由来の脂質を粒子の 15〜25%（重量比）程度含む．糖質：粒子の約 3%（重量比）程度含む．

複製様式　単一ゲノムからその全長に相当する（＋）ssRNA が転写され，次いで完全長の（−）ssRNA ゲノムが合成される．複製は *Bornaviridae* とヌクレオラブドウイルス属は核で，それ以外は細胞質で行われる．

発現様式　ウイルスタンパク質は単一ゲノムから転写された各 ORF に対応する個々の mRNA から翻訳される．アンビセンス鎖はない．　　　　　　　　　　　　　　　　　　　　〔日比忠明〕

主要文献　Easton, A. J. *et al.*（2012）. *Mononegavirales*. Virus Taxonomy 9th Report of ICTV, 653–657；ICTVdB（2006）. *Mononegavirales*. 01.；Easton, A. J. *et al.*（2008）. *Mononegavirales*. Encyclopedia of Virology 3rd ed., 3, 324–334；Pringle, C. R. *et al.*（1997）. Monopartite negative strand RNA genomes. Semin. Virol., 8, 49–57.

Rhabdoviridae ラブドウイルス科
Mononegavirales

分類基準 (1)(−)ssRNAゲノム，(2)単一線状ゲノム，(3)桿菌状あるいは弾丸状粒子1種(径45〜100 nm×長さ100〜430 nm)，(4)被膜をもつ，(5)粒子中にウイルスRNA複製酵素を含む，(6)植物ラブドウイルスは感染細胞内にビロプラズムを形成する．

科の構成 和名を付した属は植物ラブドウイルスの属．

ラブドウイルス科 *Rhabdoviridae*
- サイトラブドウイルス属 *Cytorhabdovirus*(タイプ種：*Lettuce necrotic yellows virus*：LNYV)(粒子：径60〜75 nm×長さ200〜350 nm；宿主：植物・昆虫；細胞質で複製)．
- ヌクレオラブドウイルス属 *Nucleorhabdovirus*(タイプ種：*Potato yellow dwarf virus*：PYDV)(粒子：径45〜100 nm×長さ130〜300 nm；宿主：植物・昆虫；核で複製)．
- *Ephemerovirus* 属(タイプ種：*Bovine ephemeral fever virus*)(粒子：径60〜80 nm×長さ140〜200 nm；宿主：哺乳動物・節足動物)．
- *Lyssavirus* 属(タイプ種：*Rabies virus*)(粒子：径60〜110 nm×長さ130〜250 nm；宿主：哺乳動物)．
- *Novirhabdovirus* 属(タイプ種：*Infectious hematopoietic necrosis virus*)(粒子：径45〜100 nm×長さ300〜430 nm；宿主：魚類)．
- *Vesiculovirus* 属(タイプ種：*Vesicular stomatitis Indiana virus*)(粒子：径45〜100 nm×長さ100〜430 nm；宿主：脊椎動物・無脊椎動物)．
- 暫定種(植物ラブドウイルス)：Carnation bacilliform virus(CBV)，ニンジン潜在ウイルス(Carrot latent virus：CtLV)，ガーベラ潜在ウイルス(Gerbera symptomless virus：GeSLV)，ハス条斑ウイルス(Lotus streak virus：LoSV)，Maize streak dwarf virus(MSDV)，Red clover mosaic virus(RClMV)など56種．

粒子 【形態】桿菌状あるいは弾丸状1種(径45〜100 nm×長さ100〜430 nm)，脂質二重膜の被膜をもつ．植物ラブドウイルスの多くは桿菌状だが，非固定の電顕試料では粒子の一部が破壊されて弾丸状を呈する場合がある．ヌクレオキャプシドはゲノムRNAとこれに結合したNタンパク質，LタンパクおよびPタンパク質とから構成される．Gタンパク質はヌクレオキャプドを包むMタンパク質と結合して被膜より突き出した形で粒子表面を覆う(図1(a)，(b))．

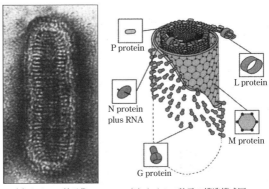

(a) ウイルス粒子像　(b) ウイルス粒子の構造模式図

(c) ウイルスゲノムの構造模式図

図1　植物ラブドウイルスの粒子とゲノム構造
l：リーダー配列，N：ヌクレオキャプシドタンパク質，P：リン酸化タンパク質，X：移行タンパク質(?)，M：マトリックスタンパク質，G：糖タンパク質，Y：機能不明タンパク質，L：RNA複製酵素，*t*：トレーラー配列．
[出典：Encyclopedia of Virology 3rd ed. 4, 187-196]

【物性】沈降係数550〜1,045 S．(ヌクレオラブドウイルス属：800〜1,000 S)．浮遊密度(CsCl)1.19〜1.20 g/cm³，(蔗糖)1.17〜1.19 g/cm³．

【成分】核酸：(−)ssRNA 1種(11〜15 kb)．タンパク質：構造タンパク質5種；ヌクレオキャプシドタンパク質(N：47〜62 kDa)，RNA複製酵素(L：220〜241 kDa)，リン酸化タンパク質(P：20〜38 kDa；RNA複製酵素の補助因子)，マトリックスタンパク質(M：20〜32 kDa；ヌクレオキャプシドと被膜との間に存在する基質タンパク質)，糖タンパク質(G：54〜90 kDa；被膜表面のペプロ

マー(スパイク)を構成するタンパク質.脂質:宿主細胞由来の脂質二重膜.

ゲノム 【構造】単一線状(−)ssRNA. ORF 6〜9個. 3′端にリーダー配列,5′端にトレイラー配列とよばれるゲノムの複製や粒子化に関わる非翻訳領域をもつ.その両末端部の塩基配列は互いに相補的で二次構造を形成する.各ORFの間の遺伝子ジャンクションには,ポリ(U)・転写終結シグナル,非転写配列および隣接する下流の遺伝子の転写開始シグナルを含む約15塩基からなる共通保存配列が存在する(図1c,図2).

【遺伝子】3′-リーダー配列-N(ヌクレオキャプシドタンパク質)-P(リン酸化タンパク質)-X(植物ラブドウイルスでは種によってORF 4b, Sc4 あるいは3とされるORFで,33〜36 kDa 移行タンパク質をコードしていると推定)-M(マトリックスタンパク質)-G(糖タンパク質)-Y(植物ラブドウイルスではこのORFを欠くものが多いが,種によってORF 6あるいは9とされるORFをもつものがある.その機能は不明)-L(RNA複製酵素:RdRp)-トレイラー配列-5′.

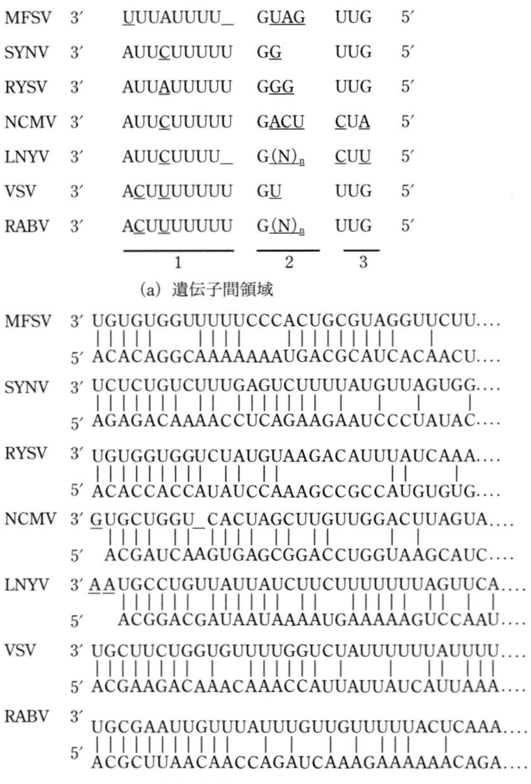

		1	2	3	
MFSV	3′	UUUAUUUU_	GUAG	UUG	5′
SYNV	3′	AUUCUUUUU	GG	UUG	5′
RYSV	3′	AUUAUUUUU	GGG	UUG	5′
NCMV	3′	AUUCUUUUU	GACU	CUA	5′
LNYV	3′	AUUCUUUU_	G(N)$_n$	CUU	5′
VSV	3′	ACUUUUUUU	GU	UUG	5′
RABV	3′	ACUUUUUUU	G(N)$_n$	UUG	5′

(a) 遺伝子間領域

MFSV 3′ UGUGUGGUUUUUCCCACUGCGUAGGUUCUU.....
     5′ ACACAGGCAAAAAAAUGACGCAUCACAACU.....

SYNV 3′ UCUCUGUCUUUGAGUCUUUUAUGUUAGUGG.....
     5′ AGAGACAAAACCUCAGAAGAAUCCCUAUAC.....

RYSV 3′ UGUGGUGGUCUAUGUAAGACAUUUAUCAAA.....
     5′ ACACCACCAUAUCCAAAGCCGCCAUGUGUG.....

NCMV 3′ GUGCUGGU_CACUAGCUUGUUGGACUUAGUA.....
     5′ ACGAUCAAGUGAGCGGACCUGGUAAGCAUC.....

LNYV 3′ AAUGCCUGUUAUUCUCUUUUUUUAGUUCA.....
     5′ ACGGACGAUAAUAAAAUGAAAAAGUCCAAU.....

VSV 3′ UGCUUCCGUGUUUUGGCUUUUUUUUUUUUUU.....
    5′ ACGAAGACAAACAAACCAUUAUUAUCAUUAAA.....

RABV 3′ UGCGAAUUGUUUAUUUGUUGUUUUUACUCAAA.....
     5′ ACGCUUAACAACCAGAUCAAAGAAAAAACAGA.....

(b) 末端領域

図2 ラブドウイルスゲノムの遺伝子間領域(a)と末端領域(b)の塩基配列比較
MFSV(*Maize fine streak virus*), SYMV(*Sonchus yellow net virus*), RYSV(*Rice yellow stunt virus*), NCMV(*Northern cereal mosaic virus*), LNYV(*Lettuce necrotic yellows virus*), VSV(*Vesicular stomatitis virus*), RABV(*Rabies virus*).

[出典:Encyclopedia of Virology 3rd ed. 4, 187-196]

複製様式 ゲノムの複製は,まず,親ゲノムの(−)鎖RNAの全長が転写されて,(+)鎖RNAの複製中間体(アンチゲノム)がつくられ,この(+)鎖RNAを鋳型にして子孫の(−)鎖RNAが合成される.なお,複製および mRNA への転写の際の鋳型 RNA は N タンパク質が結合したままの形で用いられる.

発現様式 ゲノム上の各遺伝子は,RNA複製酵素(Lタンパク質)とこれを補助するPタンパク質によって,ゲノムRNAの3′端から5′端方向に向けて順に各遺伝子ごとのmRNAに転写される.これらのmRNAには5′キャップ構造と3′ポリ(A)配列が付加されており,それぞれがコードするウイルスタンパク質に翻訳される.

細胞内所在 サイトラブドウイルス属ウイルスではゲノムの複製は細胞質に形成されたビロプラズム内で行われ,小胞体膜で被膜した成熟ウイルス粒子は細胞質内に出芽・集積する.一方,ヌクレオラブドウイルス属ウイルスではゲノムの複製は核質に形成されたビロプラズム内で行われ,核内膜で被膜した成熟ウイルス粒子は核膜間隙に出芽・集積する.

宿主域・病徴 植物ラブドウイルスは双子葉植物ならびに単子葉植物で広く見いだされているが,個々のウイルス種の自然宿主域は概して狭い.病徴はウイルス種によって異なるが,いずれも全身感染し,モザイク,葉脈黄化,えそ,萎縮などの症状を現す.

伝染 LNYV, *Broccoli necrotic yellows virus*(BNYV), *Eggplant mottled dwarf virus*(EMDV), PYDV, *Sonchus yellow net virus*(SYNV)など双子葉植物を宿主とする植物ラブドウイルスの多くは汁液接種が可能である.自然界の媒介生物はアブラムシ,ウンカ,ヨコバイで,ウイルスは虫体内でも増殖し,LNYV, PYDV, *Sowthistle yellow vein virus*(SYVV)などでは経卵伝染が証明されている.

その他 植物ラブドウイルスはその粒子の特徴的形態から電子顕微鏡観察によって最初に見いだされたウイルス種が多いが，その後の粒子の純化，伝染方法，ゲノムの塩基配列などの解析が進んでいないため，暫定種や未認定ウイルスにとどまっている例が多い．〔鳥山重光〕

主要文献 Dietzgen, R. G. *et al.*(2012). *Rhabdoviridae*. Virus Taxonomy 9th Report of ICTV, 686-713；ICTVdB(2006). *Rhabdoviridae*. 01.062.；Jackson, A. O. *et al.*(2008). Plant rhabdoviruses. Encyclopedia of Virology 3rd ed., 4, 187-196；DPVweb. Rhabdoviridae；Peters, D.(1981). Plant rhabdovirus group. Descriptions of Plant Viruses, 244；Dietzgen, R. G.(2011). Cytorhabdovirus. The Springer Index of Viruses 2nd ed., 1709-1713；Jackson, A. O. *et al.*(2011). Nucleorhabdovirus. The Springer Index of Viruses 2nd ed., 1741-1745；Jackson, A. O. *et al.*(2005). Biology of plant rhabdoviruses. Ann. Rev. Phytopathol., 43, 623-660；Ammar, E. D. *et al.*(2008). Cellular and molecular aspects of rhabdovirus interactions with insect and plant hosts. Ann. Rev. Entomol., 54, 447-468；Dietzgen, R. G.(1995). *Rhabdoviridae*. Pathogenesis and host specificity in plant diseases Vol. 3(Singh, R. P. *et al.* eds., Elsevier Science), 177-197；Dietzgen, R. G. *et al.* eds.(2012). Rhabdoviruses：Molecular taxonomy, evolution, genomics, ecology, host-vector interactions, cytopathology and control. Caister Academic Press, 276 pp.；古澤 巖(1997). 植物ラブドウイルス. ウイルス学(畑中正一編, 朝倉書店), 468-470.

第2編　植物ウイルスとウイロイドの分類

(一) 一本鎖RNAウイルス　　　　　　　　　　　　　　　　　モノネガウイルス目ラブドウイルス科

Cytorhabdovirus サイトラブドウイルス属
Mononegavirales Rhabdoviridae

分類基準　(1)（－）ssRNAゲノム，(2) 単一線状ゲノム，(3) 桿菌状あるいは弾丸状粒子1種（径60〜75 nm×長さ200〜350 nm），(4) 被膜をもつ，(5) 粒子中にウイルスRNA複製酵素を含む，(6) 細胞質で複製する．

タイプ種　*Lettuce necrotic yellows virus*（LNYV）．

属の構成　*Barley yellow striate mosaic virus*（BYSMV），*Broccoli necrotic yellows virus*（BNYV），*Festuca leaf streak virus*（FLSV），*Lettuce necrotic yellows virus*（LNYV），*Lettuce yellow mottle virus*（LYMoV），ムギ北地モザイクウイルス（*Northern cereal mosaic virus*：NCMV），*Sonchus virus*（SonV），イチゴクリンクルウイルス（*Strawberry crinkle virus*：SCV），*Wheat American striate mosaic virus*（WASMV）．

暫定種：Alfalfa dwarf virus, Ivy vein banding virus（IVBV），Maize yellow striate virus, Soybean blotchy mosaic virus（SbBMV），Wheat rosette stunt virus（WRSV）．

粒子　【形態】桿菌状あるいは弾丸状粒子1種（径60〜75 nm×長さ200〜350 nm）．被膜（脂質二重膜）あり（図1）．

【物性】浮遊密度（蔗糖）1.19〜1.20 g/cm³．

【成分】核酸：（－）ssRNA 1種（12.8〜14.5 kb）．タンパク質：構造タンパク質5種；ヌクレオキャプシドタンパク質（N：48〜51 kDa），マトリックスタンパク質（M：20 kDa），糖タンパク質（G：54〜62 kDa；スパイク），RNA複製酵素（L：236 kDa），リン酸化タンパク質（P：32〜33 kDa）．脂質：宿主細胞由来の脂質二重膜．

ゲノム　【構造】単一線状（－）ssRNA．ORF 6〜9個．3′端にリーダー配列，5′端にトレイラー配列と呼ばれるゲノムの複製や粒子化に関わる非翻訳領域をもつ．その両末端部の塩基配列は互いに相補的で二次構造を形成する．各ORFの間の遺伝子ジャンクションには，ポリ(U)・転写終結シグナル，非転写配列および隣接する下流の遺伝子の転写開始シグナルを含む約15塩基からなる共通保存配列が存在する（図2）．

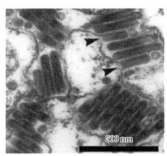

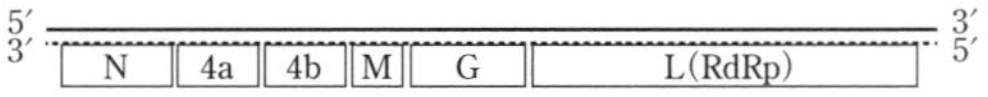

図1　感染細胞内のLNYV粒子
矢印：小胞体膜から出芽中のウイルス粒子．
〔出典：Descriptions of Plant Viruses, 343〕

図2　LNYV（12,807 nt）のゲノム構造
N：ヌクレオキャプシドタンパク質，4a：リン酸化タンパク質(P)，4b：移行タンパク質(?)，M：マトリックスタンパク質，G：糖タンパク質，L(RdRp)：RNA複製酵素．
〔出典：Ann. Rev. Phytopathol., 43, 623-660〕

【遺伝子】3′-リーダー配列-N(ヌクレオキャプシドタンパク質)-P(リン酸化タンパク質)-X(サイトラブドウイルス属では種によってORF 4bあるいは3とされるORFでおそらく34 kDa移行タンパク質をコードしていると推定)-M(マトリックスタンパク質)-G(糖タンパク質)-Y(サイトラブドウイルス属ではこのORFを欠くものもあるが，種によってORF 6あるいは9とされるORFをもつものがある．その機能は不明)-L(RNA複製酵素：RdRp)-トレイラー配列-5′．NCMVでは，Xが小さな4個の遺伝子(ORF 3〜6)に分かれているが，それらの機能は不明である．

複製様式　ゲノムの複製は，まず，親ゲノムの（－）鎖RNAの全長が転写されて，（＋）鎖RNAの複製中間体（アンチゲノム）がつくられ，この（＋）鎖RNAを鋳型にして子孫の（－）鎖RNAが合成される．なお，複製およびmRNAへの転写の際の鋳型RNAはNタンパク質が結合したままの形で用いられる．

発現様式　ゲノム上の各遺伝子は，RNA複製酵素(Lタンパク質)とこれを補助するPタンパク質によって，ゲノムRNAの3′端から5′端方向に向けて順に各遺伝子ごとのmRNAに転写される．これら

のmRNAには5′キャップ構造と3′ポリ(A)配列が付加されており，それぞれがコードするウイルスタンパク質に翻訳される．

細胞内所在 ウイルスゲノムの複製と粒子構築は細胞質に形成された封入体（ビロプラズム）内で行われる．次いで，小胞体膜から出芽して被膜し，成熟ウイルス粒子が細胞質に集積する．

宿主域・病徴 個々のウイルス種の自然宿主域は概して狭い．病徴はウイルス種によって異なるが，いずれも全身感染し，モザイク，葉脈黄化，えそ，萎縮などの症状を現す．

伝　　　染 BNYV, LNYV は汁液接種が可能である．自然界の媒介生物はアブラムシ，ウンカ，ヨコバイで，ウイルスは虫体内でも増殖し，LNYV では経卵伝染が証明されている．種子伝染はしない．

〔鳥山重光〕

主要文献 Dietzgen, R. G. *et al.*(2012). Plant-adapted rhabdovirus genera, *Cytorhabdovirus* and *Nucleorhabdovirus*. Virus Taxonomy 9th Report of ICTV, 703-707；ICTVdB(2006). *Cytorhabdoviridae*. 01.062.0.04；Brunt, A. A. *et al.* eds.(1996). Cytorhabdoviruses：*Rhabdoviridae*. Plant Viruses Online；Jackson, A. O. *et al.*(2008). Plant rhabdoviruses. Encyclopedia of Virology 3rd ed., 4, 187-196；DPVweb. Cytorhabdovirus；Peters, D.(1981). Plant rhabdovirus group. Descriptions of Plant Viruses, 244；Francki, R. I. B. *et al.*(1989). Lettuce necrotic yellows virus. Descriptions of Plant Viruses, 343；Toriyama, S.(1986). Northern cereal mosaic virus. Descriptions of Plant Viruses, 322；Dietzgen, R. G.(2011). Cytorhabdovirus. The Springer Index of Viruses 2nd ed., 1709-1713；Jackson, A. O. *et al.*(2005). Biology of plant rhabdoviruses. Ann. Rev. Phytopathol., 43, 623-660；Dietzgen, R. G.(1995). *Rhabdoviridae*. Pathogenesis and host specificity in plant diseases Vol. 3(Singh, R. P. *et al.* eds., Elsevier Science), 177-197；Toriyama, S. *et al.*(1980). *In vitro* synthesis of RNA by dissociated Lettuce necrotic yellows virus particles. J. Gen. Virol., 50, 125-134；Toriyama, S. *et al.*(1981). Differentiation between Broccoli necrotic yellows virus and Lettuce necrotic yellows virus by their transcriptase activities. J. Gen. Virol., 56, 59-66；Tanno, F. *et al.*(2000). Complete nucleotide sequence of Northern cereal mosaic virus and its genome organization. Arch Virol., 145, 1373-1384.

(−) 一本鎖 RNA ウイルス　　　　　　　　　　　　　　　　　　　モノネガウイルス目ラブドウイルス科

Nucleorhabdovirus ヌクレオラブドウイルス属
Mononegavirales Rhabdoviridae

分類基準　(1)(−)ssRNA ゲノム，(2) 単一線状ゲノム，(3) 桿菌状あるいは弾丸状粒子1種(径 45〜100 nm×長さ 130〜300 nm)，(4) 被膜をもつ，(5) 粒子中にウイルス RNA 複製酵素を含む，(6) 核で複製する．

タイプ種　*Potato yellow dwarf virus*(PYDV)．

属の構成　*Datura yellow vein virus*(DYVV)，*Eggplant mottled dwarf virus*(EMDV)，*Maize fine streak virus*(MFSV)，*Maize Iranian mosaic virus*(MIMV)，*Maize mosaic virus*(MMV)，*Potato yellow dwarf virus*(PYDV)，イネ黄葉ウイルス(*Rice yellow stunt virus*：RYSV)，*Sonchus yellow net virus*(SYNV)，*Sowthistle yellow vein virus*(SYVV)，*Taro vein chlorosis virus*(TaVCV)．

暫定種：Cereal chlorotic mottle virus(CCMoV)，Cynodon rhabdovirus(CRV)，Sorghum stunt mosaic virus(SSMV)など4種．

粒子　【形態】桿菌状あるいは弾丸状粒子1種(径 45〜100 nm×長さ 130〜300 nm)，脂質二重膜の被膜をもつ(図1)．

【物性】沈降係数 800〜1,000 S．浮遊密度(蔗糖) 1.18 g/cm^3．

【成分】核酸：(−)ssRNA 1種(12〜14 kb)．タンパク質：構造タンパク質5種；ヌクレオキャプシドタンパク質(N：52〜58 kDa)，マトリックスタンパク質(M：29〜32 kDa)，糖タンパク質(G：67〜76 kDa；スパイクタンパク質)，RNA 複製酵素(L：220〜241 kDa)，リン酸化タンパク質(P：31〜38 kDa)．脂質：宿主細胞由来の脂質二重膜．

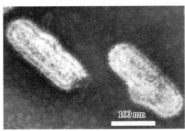

図1　SYNV の粒子像
［出典：Descriptions of Plant Viruses, 205］

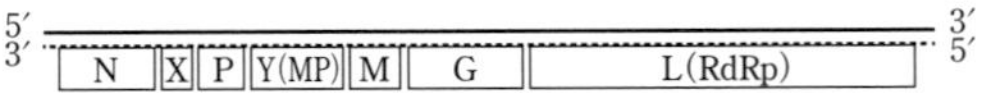

ゲノム　【構造】単一線状(−)ssRNA．ORF 6〜7個．3′端にリーダー配列，5′端にトレイラー配列と呼ばれるゲノムの複製や粒子化に関わる非翻訳領域をもつ．その両末端部の塩基配列は互いに相補的で二次構造を形成する．

図2　PYDV(12,875 nt)のゲノム構造
N：ヌクレオキャプシドタンパク質，X：X タンパク質，P：リン酸化タンパク質，Y(MP)：移行タンパク質，M：マトリックスタンパク質，G：糖タンパク質，L(RdRp)：RNA 複製酵素．
［出典：塩基配列登録コード GU734660］

各 ORF の間の遺伝子ジャンクションには，ポリ(U)・転写終結シグナル，非転写配列および隣接する下流の遺伝子の転写開始シグナルを含む約 15 塩基からなる共通保存配列が存在する(図2)．

【遺伝子】3′−リーダー配列−N(ヌクレオキャプシドタンパク質)−P(リン酸化タンパク質)−X(ヌクレオラブドウイルス属では種によって ORF Sc4 あるいは 3 とされる ORF でおそらく 33〜36 kDa 移行タンパク質をコードしていると推定)−M(マトリックスタンパク質)−G(糖タンパク質)−Y(ヌクレオラブドウイルス属ではこの ORF を欠くものが多いが，種によって ORF 6 とされる ORF をもつものがある．その機能は不明)−L(RNA 複製酵素：RdRp)−トレイラー配列−5′．MFSV では，X が2個の遺伝子(ORF 3, 4 に分かれているが，それらの機能は不明である．

複製様式　ゲノムの複製は，まず，親ゲノムの(−)鎖 RNA の全長が転写されて，(+)鎖 RNA の複製中間体(アンチゲノム)がつくられ，この(+)鎖 RNA を鋳型にして子孫の(−)鎖 RNA が合成される．なお，複製および mRNA への転写の際の鋳型 RNA は N タンパク質が結合したままの形で用いられる．

発現様式　ゲノム上の各遺伝子は，RNA 複製酵素(L タンパク質)とこれを補助する P タンパク質によって，ゲノム RNA の 3′端から 5′端方向に向けて順に各遺伝子ごとの mRNA に転写される．これらの mRNA には 5′ キャップ構造と 3′ ポリ(A)配列が付加されており，それぞれがコードするウ

イルスタンパク質に翻訳される．

細胞内所在 ウイルスゲノムの複製と粒子構築は核質に形成された封入体（ビロプラズム）内で行われる．次いで，核内膜から出芽して被膜し，成熟ウイルス粒子が核膜間隙に集積する．感染後期には細胞質にも粒子が認められる．

宿主域・病徴 ヌクレオラブドウイルスは双子葉植物ならびに単子葉植物で広く見いだされているが，個々のウイルス種の自然宿主域は概して狭い．病徴はウイルス種によって異なるが，いずれも全身感染し，モザイク，葉脈黄化，えそ，萎縮などの症状を現す．

伝　　染 PYDV, EMDV, SYNV は汁液接種が可能である．自然界の媒介生物はヨコバイ，アブラムシで，ウイルスは虫体内でも増殖し，PYDV, SYVV では経卵伝染が証明されている．種子伝染はしない．
〔大村敏博〕

主 要 文 献 Dietzgen, R. G. *et al.*(2012). Plant-adapted rhabdovirus genera, *Cytorhabdovirus* and *Nucleorhabdovirus*. Virus Taxonomy 9th Report of ICTV, 703-707；ICTVdB(2006). *Nucleorhabdovirus*. 01.062.0.05.；Brunt, A. A. *et al.* eds.(1996). Nucleorhabdoviruses：*Rhabdoviridae*. Plant Viruses Online；Jackson, A. O. *et al.*(2008). Plant rhabdoviruses. Encyclopedia of Virology 3rd ed., 4, 187-196；DPVweb. Nucleorhabdovirus；Peters, D.(1981). Plant rhabdovirus group. Descriptions of Plant Viruses, 244；Black, L. M.(1970). Potato yellow dwarf virus. Descriptions of Plant Viruses, 35；Shikata, E.(1972). Rice transitory yellowing. Descriptions of Plant Viruses, 100；Jackson, A. O. *et al.*(1979). Sonchus yellow net virus. Descriptions of Plant Viruses, 205；Jackson, A. O. *et al.*(2011). Nucleorhabdovirus. The Springer Index of Viruses 2nd ed., 1741-1745；Jackson, A. O. *et al.*(2005). Biology of plant rhabdoviruses. Ann. Rev. Phytopathol., 43, 623-660.

（一）一本鎖 RNA ウイルス　　　　　　　　　　　　　　　　　　　　　　　　　　　　ブニヤウイルス科

Bunyaviridae　ブニヤウイルス科

分類基準　(1)（−）ssRNA ゲノム，(2) 3 分節環状ゲノム，(3) 球状〜多型粒子 1 種（径 80〜120 nm），(4) 脂質と 2 種の糖タンパク質のスパイクから成る被膜をもつ，(5) 粒子中にウイルス RNA 複製酵素を含む，(6) *Phlebovirus* 属とトスポウイルス属はゲノムにアンビセンス鎖を含む，(7) トスポウイルス属はアザミウマ伝染．

科の構成　和名を付した属は植物ウイルスの属．
ブニヤウイルス科 *Bunyaviridae*
- トスポウイルス属 *Tospovirus*（タイプ種：トマト黄化えそウイルス：TSWV）（ORF 5 個；宿主：植物・昆虫）．
- *Orthobunyavirus* 属（タイプ種：*Bunyamwera virus*：BUNV）（ORF 4 個；宿主：哺乳動物・昆虫）．
- *Hantavirus* 属（タイプ種：*Hantaan virus*：HTNV）（ORF 3 個；宿主：哺乳動物）．
- *Nairovirus* 属（タイプ種：*Dugbe virus*：DUGV）（ORF 3 個；宿主：哺乳動物・節足動物）．
- *Phlebovirus* 属（タイプ種：*Rift Valley fever virus*：RVFV）（ORF 4 個；宿主：哺乳動物・昆虫）．

粒子　【形態】球状〜多形 1 種（径 80〜120 nm）．脂質と 2 種の糖タンパク質のスパイクからなる被膜をもつ．内部のヌクレオキャプシド（径 2〜2.5 nm×長さ 200〜3,000 nm）はらせん状〜環状（図 1）．
【物性】沈降係数 350〜583 S．浮遊密度（CsCl）1.20〜1.21 g/cm³，（蔗糖）1.16〜1.21 g/cm³．
【成分】核酸：（−）ssRNA 3 種（L RNA：6.4〜12.2 kb，M RNA：3.2〜5.4 kb，S RNA：0.9〜3.5 kb）．GC 含量 34〜50％．各 RNA セグメントの 1 組が同一の粒子内に含まれる．タンパク質：構造タンパク質 4 種；ヌクレオキャプシドタンパク質（N：19〜54 kDa），RNA 複製酵素（L：238〜459 kDa），糖タンパク質 2 種（Gn：29〜76 kDa，Gc：52〜120 kDa；被膜表面のスパイクを構成するタンパク質）．脂質：宿主細胞由来の脂質二重膜．粒子重の 20〜30％を占める．炭水化物：アスパラギン酸結合糖鎖として Gn および Gc タンパク質に含有．粒子重の 2〜7％を占める．

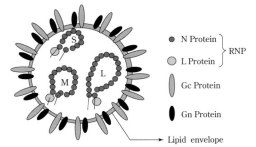

図 1　ブニヤウイルス科ウイルスの粒子構造模式図
［出典：Encyclopedia of Virology 3rd ed., 1, 390-399］

ゲノム　【構造】3 分節環状（−）ssRNA．ORF 3〜5 個（L RNA：ORF 1 個，M RNA：ORF 1〜2 個，S RNA：ORF 1〜2 個）．各分節ゲノムの両末端の各 8〜11 塩基は互いに共通で相補的であることから，この部分が二本鎖となって非共有結合による閉環状 RNA 鎖を形成する．*Phlebovirus* 属の S RNA，トスポウイルス属の M RNA と S RNA はウイルスセンス鎖と相補センス鎖の 2 つの ORF が 1 本の分節ゲノム上で向き合って配置されているアンビセンス鎖だが，これらの分節ゲノムでは相互の ORF の間に A-U に富む数百塩基の遺伝子間領域があり，ヘアピン構造を形成している（表 1）．

表 1　ブニヤウイルス科ウイルスゲノムの両末端保存配列

Orthobunyavirus	3′ UCAUCACAUGA	.... UCGUGUGAUGA 5′
Hantavirus	3′ AUCAUCAUCUG	.... AUGAUGAU 5′
Nairovirus	3′ AGAGUUUCU	.... AGAAACUCU 5′
Phlebovirus	3′ UGUGUUUC	.... GAAACACA 5′
Tospovirus	3′ UCUCGUUAG	.... CUAACGAGA 5′

［出典：Encyclopedia of Virology 3rd ed., 1, 390-399］

【遺伝子】L RNA：3′-L タンパク質-5′．M RNA：3′-Gn タンパク質/Gc タンパク質（ポリプロテインとして発現；*Orthobunyavirus* 属などではさらに NSm タンパク質（15〜115 kDa 非構造タンパク質）の遺伝子が存在)-NSm タンパク質（34 kDa 非構造タンパク質；トスポウイルス属

に存在する移行タンパク質の遺伝子)-5′. S RNA：3′-Nタンパク質(*Orthobunyavirus*属などではこれにオーバーラップしてNSsタンパク質(7〜13 kDa非構造タンパク質)の遺伝子が存在)-NSsタンパク質(29〜52 kDa非構造タンパク質；*Phlebovirus*属とトスポウイルス属に存在する遺伝子．トスポウイルス属ではRNAサイレンシングサプレッサーとして機能)-5′.

複製様式 ウイルス粒子内のヌクレオキャプシドに結合しているLタンパク質(RNA複製酵素)が，脱外被したウイルスゲノムの(−)鎖RNAを鋳型としてその完全長の相補鎖((＋)鎖アンチゲノム)を合成し，さらにこの相補鎖から完全長のウイルス(−)鎖RNAを合成する．すべての複製過程は細胞質内で起こる．

発現様式 本ウイルス科のゲノムRNAは5′端ならびに3′端に化学修飾を受けておらず，mRNAとしての機能はもたない．ウイルスがコードする各遺伝子は，Lタンパク質(RNA複製酵素)の働きによりゲノムの(−)鎖RNAを鋳型として(＋)鎖mRNAが転写され，これからタンパク質として翻訳される．*Phlebovirus*属とトスポウイルス属のアンビセンス鎖上の遺伝子は，ウイルスゲノムの完全長相補鎖上の(−)鎖RNA領域から転写されたmRNA経由で発現する．ウイルスmRNAは，5′端にキャップスナッチング機構によって宿主mRNAから奪取したキャップ構造とそれに続く10〜18塩基のオリゴヌクレオチドをもち，3′端はウイルスゲノムRNAの3′端より短く，ポリ(A)配列を欠く．L RNAおよびS RNAのmRNAは細胞質の遊離型リボソームによって，M RNAのmRNAは小胞体膜結合型リボソームによって翻訳される．M RNA上にポリプロテインとしてコードされている2種の糖タンパク質(Gn, Gc)は，翻訳共役的切断によって成熟タンパク質となり，引き続いて糖鎖修飾を受ける．

細胞内所在 被膜を有する成熟ウイルス粒子は，主として細胞のゴルジ体内ならびにそれと融合した小胞体膜内で観察される．ゴルジ膜上には2種のウイルス糖タンパク質(Gn, Gc)が集積・結合しており，周辺の細胞質内で合成されたヌクレオキャプシドがゴルジ膜を被膜してゴルジ体の内腔に出芽する．*Hantavirus*属などでは細胞膜を被膜して細胞外に出芽する例もある．ウイルスの感染細胞では，細胞質内にNタンパク質あるいはNSsタンパク質を主成分とした封入体が形成される．

宿主域・病徴 本科のウイルスは植物を宿主とするトスポウイルス属以外は，すべて哺乳動物を宿主とし，また，*Hantavirus*属を除いて，すべてが媒介節足動物でも増殖する．これらのウイルスが感染した動物細胞は溶解されるが，媒介昆虫細胞には病原性が極めて弱いかあるいはない．トスポウイルス属のTSWVは双子葉植物，単子葉植物を含めて900種以上の植物に感染できるが，同属の他のウイルス種の宿主域はそれほど広くはない．トスポウイルス属ウイルスによる病徴は，黄化，えそ，えそ輪紋，えそ斑紋，萎凋などである．

伝 染 *Orthobunyavirus*属はカ，*Hantavirus*属は齧歯類，*Nairovirus*属はダニ，*Phlebovirus*属はサシチョウバエなどによって伝染する．トスポウイルス属は汁液接種可能で，アザミウマで循環型・増殖性伝染するが，経卵伝染はしない．種子伝染はしない． 〔津田新哉〕

主要文献 Plyusnin, A. *et al.*(2012). *Bunyaviridae*. Virus Taxonomy 9th Report of ICTV, 725–741；ICTVdB (2006). *Bunyaviridae*. 00.011.；Elliot, R. M.(2008). Bunyaviruses：General features. Encyclopedia of Virology 3rd ed., 1, 390–399；DPVweb. Bunyaviridae；Elliott, R. M. ed.(1996). The Bunyaviridae. Plenum Press, 337 pp.；Plyusnin, A. *et al.* eds.(2011). Bunyaviridae：Molecular and cellular biology. Caister Academic Press, 213 pp.；Walter, C. T. *et al.*(2011). Recent advances in the molecular and cellular biology of bunyaviruses. J. Gen. Virol., 92, 2467–2484.

(一) 一本鎖 RNA ウイルス

ブニヤウイルス科

Tospovirus トスポウイルス属

Bunyaviridae

分類基準 (1) (−)ssRNA ゲノム，(2) 3 分節環状ゲノム，(3) 球状〜多型粒子 1 種(径 80〜120 nm)，(4) 脂質と 2 種の糖タンパク質のスパイクから成る被膜をもつ，(5) 粒子中にウイルス RNA 複製酵素を含む，(6) ゲノムにアンビセンス鎖を含む，(7) ORF 5 個，(8) アザミウマ伝染．

タイプ種 トマト黄化えそウイルス(*Tomato spotted wilt virus*：TSWV)

属の構成 *Groundnut bud necrosis virus*(GBNV)，*Groundnut ringspot virus*(GRSV)，*Groundnut yellow spot virus*(GYSV)，インパチエンスえそ斑点ウイルス(*Impatiens necrotic spot virus*：INSV)，アイリス黄斑ウイルス(*Iris yellow spot virus*：IYSV)，*Polygonum ring spot virus*(PolRSV)，*Tomato chlorotic spot virus*(TCSV)，トマト黄化えそウイルス(*Tomato spotted wilt virus*：TSWV)，*Watermelon bud necrosis virus*(WBNV)，スイカ灰白色斑紋ウイルス(*Watermelon silver mottle virus*：WSMoV)，*Zucchini lethal chlorosis virus*(ZLCV)．
暫定種：トウガラシ退緑ウイルス(*Capsicum chlorosis virus*：CaCV)，キク茎えそウイルス(*Chrysanthemum stem necrosisvirus*：CSNV)，*Groundnut chlorotic fan-spot virus*(GCFSV)，アイリス黄斑ウイルス(Iris yellow spot virus：IYSV)，メロン黄化えそウイルス(Melon yellow spot virus：MYSV)，など約 15 種．

粒子 【形態】球状〜多形 1 種(径 80〜120 nm)．脂質と 2 種の糖タンパク質のスパイクからなる被膜をもつ(図 1)．
【物性】沈降係数 530〜583 S(TSWV)．浮遊密度(蔗糖) 1.21 g/cm^3(TSWV)．
【成分】核酸：(−)ssRNA 3 種(L RNA：8.7〜9.0 kb，M RNA：4.8〜5.0 kb，S RNA：2.9〜3.5 kb)．GC 含量 34 %．各 RNA セグメントの 1 組が同一の粒子内に含まれる．タンパク質：構造タンパク質 4 種；ヌクレオキャプシドタンパク質(N；29 kDa)，RNA 複製酵素(L：330〜332 kDa)，糖タンパク質 2 種(Gn：46〜58 kDa，Gc：72〜78 kDa；被膜表面のスパイクを構成するタンパク質)．脂質：宿主細胞由来の脂質二重膜．粒子重の 20 %を占める．炭水化物：Gn および Gc タンパク質に含有．粒子重の 5 %を占める．

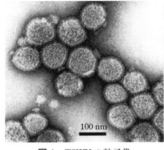

図 1　TSWV の粒子像
[出典：Descriptions of Plant Viruses, 412]

ゲノム 【構造】3 分節環状(−)ssRNA．ORF 5 個(L RNA：ORF 1 個，M RNA：ORF 2 個，S RNA：ORF 2 個)．各分節ゲノムの両末端の各 8 塩基の配列(3′-UCUCGUUA――UAACGAGA-5′)は互いに共通で相補的であることから，この部分が二本鎖となって非共有結合による閉環状 RNA 鎖を形成する．M RNA と S RNA はウイルスセンス鎖と相補センス鎖の 2 つの ORF が 1 本の分節ゲノム上で向き合って配置されているアンビセンス鎖だが，これらの分節ゲノムでは相互の ORF の間に A-U に富む数百塩基の遺伝子間領域があり，ヘアピン構造を形成している．各分節ゲノムの 5′ 端ならびに 3′ 端は化学修飾を受けていない(図 2)．

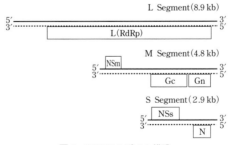

図 2　TSWV のゲノム構造
RdRp：RNA 複製酵素，NSm：移行タンパク質，Gn/Gc：糖タンパク質，NSs：RNA サイレンシングサプレッサー，N：ヌクレオキャプシドタンパク質．
[出典：Encyclopedia of Virology 3rd ed., 5, 133-138 を改変]

【遺伝子】L RNA：3′-L タンパク質-5′．M RNA：3′-Gn タンパク質/Gc タンパク質(127 kDa ポリプロテインとして発現)-NSm タンパク質(34 kDa 移行タンパク質)-5′．S RNA：3′-N タンパク質-NSs タンパク質(50〜52 kDa 非構造タンパク質；RNA サイレンシングサプレッサー

として機能)–5′.

複製様式 被膜をもつ成熟ウイルス粒子，構造タンパク質ならびに非構造タンパク質はすべて細胞質内に観察されることから，ウイルスの複製は細胞質で行われると推定される．おそらく感染直後の細胞において，ウイルス粒子内のヌクレオキャプシドに結合しているウイルスRNA複製酵素が，ヌクレオキャプシドから脱外被したウイルス(－)RNAを鋳型としてその完全長(＋)相補鎖を合成し，次いでその完全長相補鎖から完全長ウイルス(－)RNAを合成するものと思われる．

発現様式 トスポウイルス属のゲノムRNAは5′端ならびに3′端に化学修飾を受けておらず，mRNAとしての機能ももたない．ウイルスがコードする各遺伝子は，ウイルスRNA複製酵素の働きによりゲノムの(－)鎖RNAを鋳型として(＋)鎖mRNAが転写され，これからタンパク質として翻訳される．アンビセンス鎖上の遺伝子は，ウイルスゲノムの完全長相補鎖上の(－)鎖RNA領域から転写されたmRNA経由で発現する．ウイルスmRNAは，5′端にキャップスナッチング機構によって宿主mRNAから奪取したキャップ構造とそれに続く10〜18塩基のオリゴヌクレオチドをもち，3′端はウイルスゲノムRNAの3′端より短く，ポリ(A)配列を欠く．M RNA上にポリプロテインとしてコードされている2種の糖タンパク質(Gn, Gc)は，翻訳共役的切断によって成熟タンパク質となる(図3).

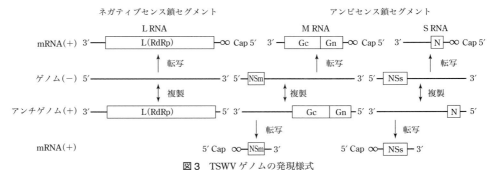

図3 TSWVゲノムの発現様式

RdRp：RNA複製酵素，Gn/Gc：糖タンパク質，NSm：移行タンパク質，NSs：RNAサイレンシングサプレッサー，N：ヌクレオキャプシドタンパク質，∞：宿主由来のオリゴヌクレオチド．

［出典：Encyclopedia of Virology 3rd ed., 5, 157–163を改変］

細胞内所在 感染植物細胞内において被膜を有するウイルス粒子は，主としてゴルジ体ならびに小胞体内に観察される．感染初期にはゴルジ体周辺の細胞質内に二重膜のウイルス粒子が観察されるが，その後，いくつかの二重膜ウイルス粒子の外膜どおしが融合したり，小胞体膜とも融合することによって一重膜のウイルス粒子となり，小胞体内に成熟粒子として多数集積する．一方，媒介昆虫細胞内においては，植物細胞質内にも観察されるNタンパク質を主成分とした電子密度の高い封入体(ビロプラズム)ならびにNSs非構造タンパク質が形成する特異的な結晶状封入体が中腸細胞，筋肉細胞および唾腺細胞の細胞質内に，被膜を伴った多数の完全ウイルス粒子が唾腺細胞内および唾液管内に観察される．

宿主域・病徴 TSWVの宿主植物はナス科，キク科，マメ科およびウリ科など，70科925種以上ときわめて広い．他のウイルス種の宿主域はそれほど広くはない．いずれも宿主植物のほとんどに全身感染し，黄化，えそ，えそ輪紋，えそ斑紋，萎凋などの病徴を示す．植物と媒介昆虫の両方で増殖できる．

伝染 汁液接種可．種子伝染はしない．*Frankliniella*属や*Thrips*属などのアザミウマによって循環型・増殖性様式で伝染する．経卵伝染はしない． 〔津田新哉〕

主要文献 Plyusnin, A. *et al.*(2012). *Tospovirus*. Virus Taxonomy 9th Report of ICTV, 737–739；ICTV Virus Taxonomy List(2014). *Tospovirus*；ICTVdB(2006). *Tospovirus*. 00.011.0.05.；Tsompana, M. *et al.*(2008). *Tospovirus*. Encyclopedia of Virology 3rd ed., 5, 157–163；Pappu, H. R.(2008). Tomato spotted wilt virus. Encyclopedia of Virology 3rd ed., 5, 133–138；DPVweb. Tospovirus；

Kormelink, R. *et al.* (1998). Tospovirus genus. Descriptions of Plant Viruses, 363 ; Kormelink, R. (2005). Tomato spotted wilt virus. Descriptions of Plant Viruses, 412 ; Goldbach, R. *et al.* (2011). Tospovirus. The Springer Index of Viruses 2nd ed., 231-235 ; Whitfield, A. E. *et al.* (2005). Tospovirus-thrips interactions. Ann. Rev. Phytopathol., 43, 459-489 ; German, T. L. *et al.* (1992). Tospoviruses : Diagnosis, molecular biology, phylogeny, and vector relationships. Ann. Rev. Phytopathol., 30, 315-348 ; Tas, P. W. L. *et al.* (1977). The structural proteins of tomato spotted wilt virus. J. Gen. Virol., 36, 267-279 ; Ie, T. S. (1971). Electron microscopy of developmental stages of tomato spotted wilt virus in plant cells. Virology, 43, 468-479 ; Goldbach, R. *et al.* (1996). Molecular and biological aspects of tospoviruses. *In*：The *Bunyaviridae*. (Elliott, R. M. ed., Plenum Press), 129-157 ; Duijsings, D. *et al.* (2001). *In vivo* analysis of the TSWV cap-snatching mechanism : single base complementarity and primer length requirements. EMBO J., 20, 2545-2552 ; Ohnishi, J. *et al.* (2001). Replication of *Tomato spotted wilt virus* after ingestion by adult *Thrips setosus* is restricted to midgut epithelial cells. Phytopathology, 91, 1149-1155；津田新哉(2006). 植物ウイルスの分類学(2)トスポウイルス属(*Tospovirus*). 植物防疫, 60, 597-601；津田新哉(2006). トスポウイルス研究の進捗状況. 農業技術 61(2), 57-62.

Ophioviridae オフィオウイルス科

科の構成 1科1属.
オフィオウイルス科 *Ophioviridae*
・オフィオウイルス属 *Ophiovirus*(タイプ種：カンキツソローシスウイルス；CPsV).
1科1属なので，各項目はオフィオウイルス属を参照.

Ophiovirus オフィオウイルス属

Ophioviridae

分類基準 (1) (−)ssRNA ゲノム，(2) 3〜4分節線状ゲノム，(3) 糸状粒子3〜4種(径約3 nm×長さ750〜3,050 nm). 捩じれた環状でさらに折り畳まれて径約9〜10 nm の二重線状の形態を呈す. 被膜なし，(4) 多くは菌類伝搬.

タイプ種 カンキツソローシスウイルス(*Citrus psorosis virus*：CPsV).

属の構成 カンキツソローシスウイルス(*Citrus psorosis virus*：CPsV)，フリージアスニークウイルス(*Freesia sneak virus*：FreSV)，*Lettuce ring necrosis virus*(LRNV)，レタスビッグベインミラフィオリウイルス(*Mirafiori lettuce big-vein virus*：MiLBVV)，*Ranunculus white mottle virus*(RWWV)，チューリップ微斑モザイクウイルス(*Tulip mild mottle mosaic virus*：TMMMV).

粒　子 【形態】糸状3〜4種(径約3 nm×長さ750〜3,050 nm). 捩じれた環状でさらに折り畳まれて径約9〜10 nm の二重鎖状の形態を呈す. 被膜なし(図1).
【物性】浮遊密度(Cs_2SO_4) 1.22 g/cm³.
【成分】核酸：(−)ssRNA 3〜4種(RNA 1：7.5〜8.4 kb，RNA 2：1.6〜1.8 kb，RNA 3：1.4〜1.5 kb，RNA 4 LRNV，MiLBVV のみ)：1.4 kb，合計 11.3〜12.5 kb). GC 含量32〜40%. タンパク質：外被タンパク質(CP) 1種(43〜50 kDa).

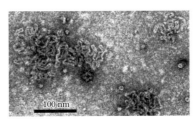

図1　MiLBVV の粒子像
[出典：Virus Taxonomy 9th Report of ICTV, 743-748]

ゲノム 【構造】3〜4分節線状(−)ssRNA ゲノム. ORF 4〜7個(RNA1：2個，RNA2：1〜2個，RNA3：1個，RNA4：2個). MiLBVV はゲノムの5′端と3′端にパリンドローム配列をもつ(図2).
【遺伝子】RNA 1：5′-262〜280 K RNA 複製酵素(RdRp)-22〜25 K 機能不明タンパク質-3′，RNA 2：5′-54〜55 K 機能不明タンパク質-3′，RNA 3：5′-48〜52 K 外被タンパク質(CP)-3′，RNA 4：(LRNV, MiLBVV) 5′-11 K 機能不明タンパク質(MiLBVV)-37〜38 K 機能不明タンパク質-3′.

複製様式 各分節ゲノムからその全長に相当する(+)ssRNA が転写され，次いで完全長の(−)ssRNA ゲノムが合成されると推定される.

発現様式 ウイルスタンパク質は各分節ゲノムから転写された個々の mRNA から翻訳される. ほぼすべての ORF はウイルス鎖(−鎖)から転写

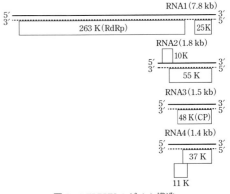

図2　MiLBVV のゲノム構造
実線：ウイルス鎖，点線：相補鎖，RdRp：RNA 複製酵素，CP：外被タンパク質.
[出典：Van der Wilk, F. *et al.* (2002). J. Gen. Virol., 83, 2869-2877]

	された相補鎖（＋鎖）を mRNA とするが，一部の ORF はウイルス鎖と同一の配列の mRNA から翻訳される．サブゲノム RNA は認められていない．
細胞内所在	ウイルス粒子は細胞の細胞質内に集積あるいは散在して存在するが，粒子の識別は困難．
宿主域・病徴	宿主域は狭い．カンキツソローシスウイルス（CPsV）はカンキツに樹皮の鱗片化，樹脂分泌，生長阻止，葉の萎縮・黄化，枝の枯死などを引き起こす．フリージアスニークウイルス（FreSV）はフリージアに退緑斑，MiLBVV はレタスに葉脈透化，*Ranunculus white mottle virus*（RWWV）はラナンキュラスに微斑，チューリップ微斑モザイクウイルス（TMMMV）はチューリップにカラーブレーキングなどの病徴を示す．
伝　　染	汁液接種可．接ぎ木伝染．垂直伝染．CPsV，RWWV は媒介生物不明．FreSV，MiLBVV，LRNV，TMMMV は *Olpidium brassicae* による菌類伝搬．〔夏秋知英・日比忠明〕
主要文献	Vaira, A. M. *et al.*(2012). *Ophioviridae*. Virus Taxonomy 9th Report of ICTV, 743–748；ICTVdB (2006). *Ophiovirus*. 00.094.01.；DPVweb. Ophioviridae, Ophiovirus；Vaira, A. M. and Milne, R. G.(2008). *Ophiovirus*. Encyclopedia of Virology 3rd ed., 3, 447–454；Milne, R. G. *et al.*(2011). Ophiovirus. The Springer Index of Viruses 2nd ed., 995–1003；Garcia, M. L.(2012). Ophioviruses：State of the art. Viral Genomes–Molecular Structure, Diversity, Gene Expression Mechanisms and Host–Virus Interactions(Garacia, M. L. *et al.* eds., InTech), p. 69–88.

(一) 一本鎖 RNA ウイルス　　　　　　　　　　　　　　　　　　　　　　　　　　　　（科未設定）

Emaravirus　エマラウイルス属

科未設定

分類基準　(1)（－）ssRNA ゲノム，(2) 4～6 分節線状ゲノム，(3) 球状粒子 1 種（径 80～200 nm），被膜あり，(4) 4～6 分節ゲノムの末端に 13 塩基の保存配列を有し，5′ 端と 3′ 端の 19～23 塩基が互いに相補的配列，(5) ウイルスタンパク質はゲノムから転写された各 ORF に対応する別々の mRNA から翻訳される．

タイプ種　*European mountain ash ringspot-associated virus*（EMARaV）．

属の構成　*European mountain ash ringspot-associated virus*（EMARaV），イチジクモザイクウイルス（*Fig mosaic virus*：FMV），*Pigeon pea sterility mosaic virus*（PPSMV），*Raspberry leaf blotch virus*（RLBV），*Rose rosette virus*（RRV）．

暫定種：Maize red stripe virus（MRSV）．

粒　子　【形態】球状 1 種（径 80～200 nm），被膜あり（図 1）．
【成分】核酸：（－）ssRNA 4～6 種（RNA1：7.0～7.1 kb，RNA2：2.3 kb，RNA3：1.5～1.6 kb，RNA4：1.3～1.4 kb，RNA5（FMV）：1.8 kb，RNA6（FMV）：1.2 kb）．タンパク質：ヌクレオキャプシドタンパク質（N）1 種（35 kDa），糖タンパク質 2 種（Gc：52 kDa，Gn：23 kDa），ほか．脂質：宿主細胞由来の脂質二重膜．

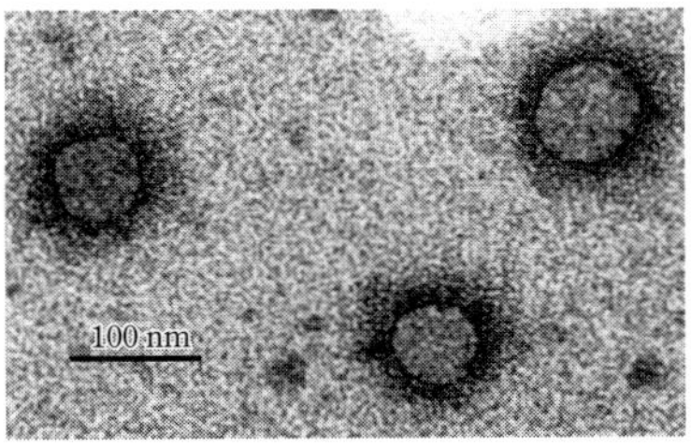

ゲノム　【構造】4～6 分節線状（－）ssRNA ゲノム．ORF 4～6 個（各分節ゲノムに各 1 個）．分節ゲノムの末端に 13 塩基の保存配列を有し，5′ 端と 3′ 端の 19～23 塩基が互いに相補的配列をとる（図 2）．
【遺伝子】RNA1：264～266 kDa RNA 複製酵素（RdRp），RNA2：73～75 kDa 糖タンパク質前駆体（プロセシング後に 52 kDa タンパク質（Gc）と 23 kDa タンパク質（Gn）に成熟），RNA3：35 kDa ヌクレオキャプシドタンパク質（N），RNA4：27～41 kDa 機能不明タンパク質，RNA5：59 kDa 機能不明タンパク質（FMV），RNA6：22 kDa 機能不明タンパク質（FMV）．

発現様式　ウイルスタンパク質はゲノムから転写された各 ORF に対応する個々の mRNA から翻訳される．

宿主域・病徴　EMARaV：オウシュウナナカマド（*Sorbus aucuparia*）の葉に輪点・斑紋を示す．FMV：イチジクの葉にモザイク・退緑・輪紋・奇形を示す．

伝　染　接ぎ木伝染．ダニ伝染（推定）．

〔日比忠明〕

図 1　EMARaV の粒子像
〔出典：Virus Taxonomy 9th Report of ICTV, 767-769〕

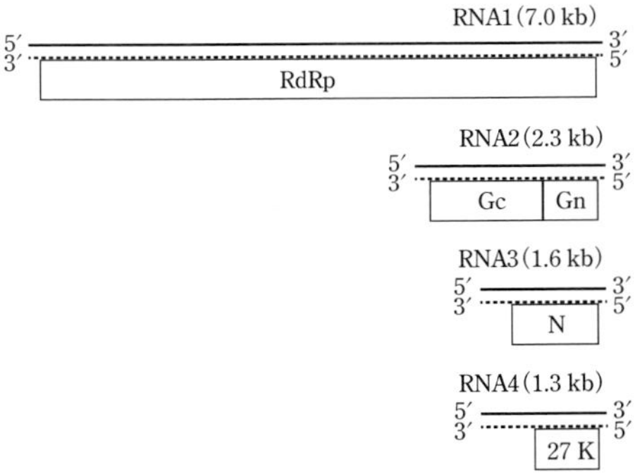

図 2　EMARaV のゲノム構造
実線：ウイルス鎖，点線：相補鎖，RdRp：RNA 複製酵素，Gc/Gn：糖タンパク質，N：ヌクレオキャプシドタンパク質．
〔出典：Virus Taxonomy 9th Report of ICTV, 767-769〕

主要文献　Muhlbach, H. P. *et al.*（2012）. *Emaravirus*. Virus Taxonomy 9th Report of ICTV, 767-769；ICTV Virus Taxonomy List（2014）. *Emaravirus*；DPVweb. Emaravirus；Mielke, N. *et al.*（2007）. A novel, multipartite, negative-strand RNA virus is associated with the ringspot disease of European mountain ash（*Sorbus aucuparia* L.）. J. Gen. Virol., 88, 1337-1346；Mielke-Ehret, N. *et al.*（2012）. *Emaravirus*：A novel genus of multipartite, negative strand RNA plant viruses. Viruses, 4, 1515-1536.

（一）一本鎖 RNA ウイルス　　　　　　　　　　　　　　　　　　　　　　　　　　　　　　　　　　（科未設定）

Tenuivirus　テヌイウイルス属

科未設定

分類基準　(1)（−）ssRNA ゲノム，(2) 4〜6 分節線状ゲノム，(3) 糸状粒子 4〜6 種（径 3〜10 nm×長さ 500〜2,000 nm），(4) 粒子にウイルス RNA 複製酵素が結合，(5) ゲノムにアンビセンス鎖を含む，(6) ウンカ，ヨコバイ類による循環型増殖性伝搬．

タイプ種　イネ縞葉枯ウイルス（*Rice stripe virus*：RSV）．

属の構成　*Echinochloa hoja blanca virus*（EHBV），*Iranian wheat stripe virus*（IWSV），*Maize stripe virus*（MSpV），イネグラッシースタントウイルス（*Rice grassy stunt virus*：RGSV），*Rice hoja blanca virus*（RHBV），イネ縞葉枯ウイルス（*Rice stripe virus*：RSV），*Urochloa hoja blanca virus*（UHBV）．暫定種：Brazilian wheat spike virus（BWSpV），European wheat striate mosaic virus（EWSMV），Maize yellow stripe virus（MYSV），Rice wilted stunt virus（RWSV），Winter wheat mosaic virus（WWMV）など 7 種．

粒子　【形態】糸状 4〜6 種（径 3〜10 nm×長さ 500〜2,000 nm）．全体としてらせん状，分枝状あるいは環状の形態をとる．被膜なし（図 1）．
【物性】浮遊密度（CsCl）1.282〜1.288 g/cm^3．
【成分】核酸：（−）ssRNA 4〜6 種．RSV など；RNA1：約 9 kb，RNA2：3.3〜3.6 kb，RNA3：2.2〜2.5 kb，RNA4：1.9〜2.2 kb．MSpV，EHBV など；ほかに RNA5：1.3 kb．RGSV；RNA1：9.8 kb，RNA2：4.1 kb，RNA3：3.1 kb，RNA4：2.9 kb，RNA5：2.7 kb，RNA6：2.6 kb．累計 17.1〜25.1 kb．GC 含量 35〜39％．タンパク質：ヌクレオキャプシドタンパク質 2 種（N, NC：34〜36 kDa），RNA 複製酵素（RdRp：約 340 kDa）．

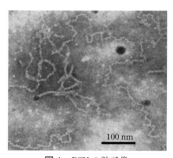

図 1　RSV の粒子像
［出典：Descriptions of Plant Viruses, 375］

ゲノム　【構造】4〜6 分節線状（−）ssRNA．ORF 7〜12 個（各分節ゲノムに各 1〜2 個）．各分節ゲノムの 5′端と 3′端の約 20 塩基は相互に相補的な配列をもち，二次構造をとる．RSV などでは RNA1 が（−）ウイルス鎖で，RNA2〜4 はアンビセンス鎖，MSpV，EHBV などの RNA5 は（−）ウイルス鎖．RGSV の RNA1〜6 はすべてアンビセンス鎖で，そのうち RNA3 と 4 は他のウイルス種とは相同性のない特異な配列をもつ．アンビセンス鎖の遺伝子間の非翻訳領域（IR）にはヘアピン構造が存在する（図 2）．
【遺伝子】RNA1：5′−p1 タンパク質（機能不明；RGSV に存在する遺伝子）−pC1 タンパク質（RNA 複製酵素：RdRp）−3′．RNA2：5′−p2 タンパク質（機能不明）−pC2 タンパク質（機能不明；RSV では 94 kDa 糖タンパク質）−3′．

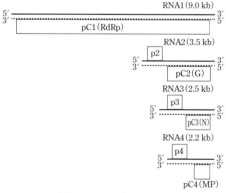

図 2　RSV のゲノム構造
実線：（−）ウイルスセンス鎖，点線：（＋）相補センス鎖，RdRp：RNA 複製酵素，G：糖タンパク質，N：ヌクレオキャプシドタンパク質，MP：移行タンパク質．
［出典：Encyclopedia of Virology 3rd ed., 5, 24-27］

RNA3（RGSV では RNA5）：5′−p3 タンパク質（RSV と RHBV では 24 kDa RNA サイレンシングサプレッサー；RGSV では p5）−pC3 タンパク質（ヌクレオキャプシドタンパク質：N；RGSV では pC5）−3′．RNA4（RGSV では RNA6）：5′−p4 タンパク質（20〜21 kDa 主要非構造タンパク質：NCP, NS；RGSV では p6）−pC4 タンパク質（RSV では 32 kDa 移行タンパク質）−3′．その他の分節にもウイルス鎖と相補鎖に遺伝子が存在する．pC は相補鎖に，p はウイルス鎖にコードされるタンパク質を示す．

複製様式　ゲノム RNA の複製機構の詳細は不明であるが，糸状粒子に結合している RNA 複製酵素がゲノム複製に関与していると推定される．

発現様式　テヌイウイルス属のゲノム RNA は 5′ 端ならびに 3′ 端に化学修飾を受けておらず，mRNA としての機能はもたない．ウイルスがコードする各遺伝子は，ウイルス RNA 複製酵素の働きによりゲノムの(−)鎖 RNA を鋳型として(＋)鎖 mRNA が転写され，これからタンパク質として翻訳される．アンビセンス鎖上の遺伝子は，ウイルスゲノムの完全長相補鎖上の(−)鎖 RNA 領域から転写された mRNA 経由で発現する．ウイルス mRNA はブニヤウイルス科ウイルスと同様に，5′ 端にキャップスナッチング機構によって宿主 mRNA から奪取したキャップ構造とそれに続く 10〜17 塩基のオリゴヌクレオチドをもつ(図3)．

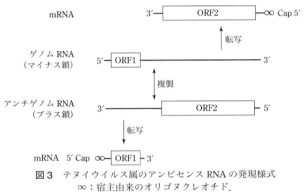

図3　テヌイウイルス属のアンビセンス RNA の発現様式
∞：宿主由来のオリゴヌクレオチド．
〔出典：Virus Taxonomy 9th Report of ICTV, 771-776 を改変〕

細胞内所在　細胞質内にビロプラズム様の領域が形成され，ここでウイルスが増殖，集積する．主要非構造タンパク質が凝集したと推定される複数種の封入体が細胞質内に形成される．

宿主域・病徴　RSV はイネ科植物に広く感染する．他のウイルス種の宿主域は狭い．感染植物には黄化や絣模様の縞状症状が現れ，えそを伴い枯死するものが多い．RGSV 感染イネは黄化し，系統によっては激しい萎縮や叢生をひき起こす．

伝染　汁液接種不可．ウンカ，ヨコバイによる循環型増殖性伝搬．RSV，MSpV，RHBV は経卵伝染する．RGSV では経卵伝染は認められない．

その他　RNA1 がコードする RNA 複製酵素のアミノ酸配列は，動物に感染する *Phlebovirus* 属のウイルスの複製酵素のアミノ酸配列と高い相同性がみられる．　　　　　　　　　　　　〔鳥山重光〕

主要文献　Shirako, Y. *et al.*(2012). Tenuivirus. Virus Taxonomy 9th Report of ICTV, 771-776；ICTVdB (2006). *Tenuivirus* 00.069.0.01.；Ramirez, B. C.(2008). *Tenuivirus*. Encyclopedia of Virology 3rd ed., 5, 24-27；DPVweb. Tenuivirus；Toriyama, S.(2000). Rice stripe virus. Descriptions of Plant Viruses, 375；Toriyama, S.(2011). Tenuivirus. The Springer Index of Viruses 2nd ed., 2057-2063；Falk, B. W. *et al.*(1998). Biology and molecular biology of viruses in the genus *Tenuivirus*. Ann. Rev. Phytopathol., 36, 139-163；Toriyama, S.(1995). Viruses and molecular biology of *Tenuivirus*. *In* "Pathogenesis and Host Specificity in Plant Diseases. Vol. 3(Singh *et al.* eds., Pergamon)", 211-223；鳥山重光(1992). テヌイウイルス-ウイルスとアンビセンス RNA ゲノム. 蛋白質核酸酵素, 37, 2467-2473；鳥山重光(1997). イネ縞葉枯ウイルス. ウイルス学(畑中正一編, 朝倉書店), 488-498；鳥山重光(2010). 水稲を襲ったウイルス病-縞葉枯病の媒介昆虫と病原ウイルスの実像を探る. 創風社, pp. 306.

（一）一本鎖 RNA ウイルス

（科未設定）

Varicosavirus バリコサウイルス属

科未設定

分類基準 （1）（−）ssRNA ゲノム，（2）2 分節線状ゲノム，（3）棒状粒子 2 種（径 18 nm×長さ 320 nm, 360 nm），（4）各ウイルスタンパク質は遺伝子ジャンクションを開始点として転写される mRNA から翻訳，（5）ORF 7 個，（6）菌類伝搬．

タイプ種 レタスビッグベイン随伴ウイルス（*Lettuce big-vein associated virus*：LBVaV）．

属の構成 レタスビッグベイン随伴ウイルス（*Lettuce big-vein associated virus*：LBVaV）．なお，タバコ矮化ウイルス（Tobacco stunt virus：TStV）は，現在，LBVaV のタバコ系統として扱われている．
暫定種：Camellia yellow mottle virus（CYMoV），Freesia leaf necrosis virus（FLNV），Pepper yellow vein virus（PepYVV）．

粒子 【形態】棒状 2 種（径 18 nm×長さ 320 nm, 360 nm）．らせんピッチ 5 nm．被膜なし（図 1）．
【物性】浮遊密度（Cs_2SO_4）1.27 g/cm³．
【成分】核酸：（−）ssRNA 2 種（RNA1：6.8 kb, RNA2：6.1 kb, GC 含量 46％）．タンパク質：ヌクレオキャプシドタンパク質（CP）1 種（44.5 kDa）．

ゲノム 【構造】2 分節線状（−）ssRNA ゲノム．ORF 7 個（RNA1：2 個，RNA2：5 個）．RNA1 と RNA2 の 3′端領域と 5′端領域の塩基配列には相同性があるが，両末端配列間の相補性はない．ラブドウイルス科ウイルスと同様に，各 ORF の間の遺伝子ジャンクションには，ポリ（U）・転写終結シグナル，非転写配列および隣接する下流の遺伝子の転写開始シグナルを含む約 15 塩基からなる共通保存配列が存在する（図 2）．

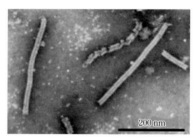

図 1　TStV の粒子像

図 2　LBVaV のゲノム構造
実線：ウイルス鎖，点線：相補鎖，RdRp：RNA 複製酵素，CP：外被タンパク質．

【遺伝子】RNA1：3′-ORF1（5 K 機能不明タンパク質）-ORF2（232 K RNA 複製酵素（L））-5′．RNA2：3′-ORF1（44.5 K ヌクレオキャプシドタンパク質（CP））-ORF2（36 K 機能不明タンパク質）-ORF3（32 K 機能不明タンパク質）-ORF4（19 K 機能不明タンパク質）-ORF5（41 K 機能不明タンパク質）-5′．

複製様式 ゲノムの複製は，まず，親ゲノムの（−）鎖 RNA の全長が転写されて，（＋）鎖 RNA の複製中間体（アンチゲノム）がつくられ，この（＋）鎖 RNA を鋳型にして子孫の（−）鎖 RNA が合成される．

発現様式 各遺伝子間には保存性の高いジャンクション領域が存在し，RNA 複製酵素による mRNA の転写開始，転写終結とポリ（A）配列の付加の機能を果たす．それぞれの mRNA はキャップ構造とポリ（A）配列をもつ．

細胞内所在 ウイルス粒子は細胞質内に集塊として存在する．

宿主域・病徴 宿主域は狭い．キク科植物（LBVaV），ナス科植物（TStV）．LBVaV はレタスに全身感染するが無病徴．TStV はタバコに全身感染し，モザイク，奇形，矮化症状を示す．

伝　　　　染	汁液接種可．菌類(*Olpidium virulentus/O. compositae*)による永続伝搬．種子伝染は報告されていない．
そ　の　他	LBVaV の RNA 複製酵素(L)とヌクレオキャプシドタンパク質(CP)のアミノ酸配列はラブドウイルス科ウイルスのそれらと相同性が高い．〔桑田　茂〕
主 要 文 献	Walsh, J. A. *et al.* (2012). *Varicosavirus*. Virus Taxonomy 9th Report of ICTV, 777-781；ICTVdB (2006). *Varicosavirus*. 00.092.0.01.；Sasaya, T. (2008). *Varicosavirus*. Encyclopedia of Virology 3rd ed., 5, 263-268；DPVweb. Varicosavirus；Kuwata, S. *et al.* (1986). Tobacco stunt virus. Descriptions of Plant Viruses, 313；Sasaya, T. *et al.* (2011). Varicosavirus. The Springer Index of Viruses 2nd ed., 2081-2085；Kuwata, S. *et al.* (1983). Ann. Phytopath. Soc. Japan, 49, 246-251；Sasaya, T. *et al.* (2002). Virology, 297, 289-297；Sasaya, T. *et al.* (2004). J. Gen. Virol., 85, 2709-2717.

(＋)一本鎖 RNA ウイルス　　　　　　　　　　　　　　　　　　　　　　　　　　ピコルナウイルス目

Picornavirales　ピコルナウイルス目

分類基準　(1)(＋)ssRNA ゲノム，(2) 1〜2 分節線状ゲノム，(3) 球状粒子 1〜2 種(径 約 30 nm)，被膜なし，(4) 大多数の科属でゲノムの 5′ 端にゲノム結合タンパク質(VPg)，3′ 端にポリ(A)配列(poly(A))をもつ，(5) ウイルス RNA 複製酵素はピコルナ様スーパーグループ型，(6) ウイルスタンパク質はポリプロテイン経由で翻訳．

目の構成　和名を付した科は植物ウイルスの科で，この場合はその属まで示した．
　　ピコルナウイルス目 *Picornavirales*
　　　Dicistroviridae 科(宿主：無脊椎動物)．
　　　Iflaviridae 科(宿主：無脊椎動物)．
　　　Marnaviridae 科(宿主：藻類)．
　　　Picornaviridae 科(宿主：脊椎動物)．
　　　セコウイルス科 *Secoviridae*(宿主：植物)．
　　　　コモウイルス亜科 *Comovirinae*．
　　　　・コモウイルス属 *Comovirus*．
　　　　・ファバウイルス属 *Fabavirus*．
　　　　・ネポウイルス属 *Nepovirus*．
　　　　亜科未設定
　　　　・チェラウイルス属 *Chelavirus*．
　　　　・サドゥワウイルス属 *Sadwavirus*．
　　　　・トラドウイルス属 *Torradovirus*．
　　　　・セクイウイルス属 *Sequivirus*．
　　　　・ワイカウイルス属 *Waikavirus*．

粒　　子　【形態】球状 1〜2 種(径約 30 nm)；球状粒子 2 種の場合は，それぞれボトム成分(B)，ミドル成分(M)という．ほかに中空粒子であるトップ成分(T)を伴う．被膜なし．
　　【物性】沈降係数 140〜190 S(単一ゲノムウイルス)；110〜135 S(B)，84〜128 S(M)(2 分節ゲノムウイルス)．
　　【成分】核酸：(＋)ssRNA 1〜2 種(単一ゲノムウイルス：7.0〜12.5 kb，2 分節ゲノムウイルス：5.8〜8.4 kb＋3.2〜7.3 kb；ゲノムの 5′ 端に VPg，セクイウイルス属を除く全科属で 3′ 端にポリ(A)配列(poly(A))をもつ)．タンパク質：ゲノム結合タンパク質(VPg)1 種(3〜5 kDa)，外被タンパク質(CP)1〜3 種(1 種：約 60 kDa(ネポウイルス属)，2 種：40〜45 kDa(L)＋21〜29 kDa(S)(コモウイルス属，ファバウイルス属，サドゥワウイルス属)，3 種：各約 25 kDa(他の科属のウイルス))，VP4 タンパク質 1 種(*Picornaviridae*，*Dicistroviridae*，*Iflaviridae* のうちの一部ウイルス)．

複製様式　1〜2 分節ゲノムからその各全長に相当する(−)ssRNA が転写され，次いで完全長の(＋)ssRNA ゲノムが合成される．複製は細胞質の膜系内で行われる．

発現様式　遺伝子は 1〜2 分節ゲノムの各全長からポリプロテインとして翻訳された後，数段階のプロセシングの過程を経て，最終的な成熟タンパク質になる．　　　　　　　　　　　　　　〔日比忠明〕

主要文献　Sanfaçon, H. *et al*.(2012). *Picornavirales*. Virus Taxonomy 9th Report of ICTV, 835〜839；Le Gall, O. *et al*.(2008). *Picornavirales*. Arch. Virol., 153, 715-727.

Secoviridae セコウイルス科

Picornavirales

分類基準 (1)(＋)ssRNAゲノム，(2) 1～2分節線状ゲノム，(3) 球状粒子1～2種(径25～30 nm)，(4) 大多数の属でゲノムの5′端にゲノム結合タンパク質(VPg)，3′端にポリ(A)配列(poly(A))をもつ，(5) ウイルスRNA複製酵素(RdRp)はピコルナ様スーパーグループ型，(6) ウイルスタンパク質はポリプロテイン経由で翻訳，(7) 外被タンパク質(CP)1～3種．

科の構成 セコウイルス科 *Secoviridae*

コモウイルス亜科 *Comovirinae*.

- コモウイルス属 *Comovirus*(タイプ種：*Cowpea mosaic virus*；CPMV)(球状粒子2種，CP 2種，ハムシ伝搬)．
- ファバウイルス属 *Fabavirus*(タイプ種：ソラマメウイルト1ウイルス；BBWV-1)(球状粒子2種，CP 2種，アブラムシ伝搬)．
- ネポウイルス属 *Nepovirus*(タイプ種：タバコ輪点ウイルス；TRSV)(球状粒子2種，CP 1種，多くが線虫伝搬)．

亜科未設定

- チェラウイルス属 *Chelavirus*(タイプ種：*Cherry rasp leaf virus*；CRLV)(球状粒子2種，CP 3種，線虫伝搬)．
- サドゥワウイルス属 *Sadwavirus*(タイプ種：温州萎縮ウイルス；SDV)(球状粒子2種，CP 2種，媒介生物不明)．
- トラドウイルス属 *Torradovirus*(タイプ種：*Tomato torrado virus*；ToTV)(球状粒子2種，CP 3種，コナジラミ伝搬)．
- セクイウイルス属 *Sequivirus*(タイプ種：*Persnip yellow fleck virus*；PYFV)(球状粒子1種，CP 3種，ヘルパーウイルスによるアブラムシ伝搬)．
- ワイカウイルス属 *Waikavirus*(タイプ種：イネ矮化ウイルス；RTSV)(球状粒子1種，CP 3種，アブラムシあるいはヨコバイ伝搬)．
- 未帰属種：*Black raspberry necrosis virus*(BRNV)，*Strawberry latent ringspot virus*(SLRSV)，イチゴ斑紋ウイルス(*Strawberry mottle virus*；SMoV)．
- 暫定種：*Chocolate lily virus A*(CLVA)．

粒　子 【形態】球状1～2種(径25～30 nm)；球状粒子2種の場合は，それぞれボトム成分(B)，ミドル成分(M)という．ほかに中空粒子であるトップ成分(T)を伴う．被膜なし．
【物性】沈降係数 150～190 S(セクイウイルス属，ワイカウイルス属)；110～135 S(B)，84～128 S(M)，49～63 S(T)(コモウイルス亜科，チェラウイルス属，サドゥワウイルス属)．浮遊密度(CsCl) 1.48～1.55 g/cm^3(セクイウイルス属，ワイカウイルス属)；1.42～1.55 g/cm^3(B)，1.28～1.48 g/cm^3(M)(コモウイルス亜科，サドゥワウイルス属)．
【成分】核酸：(＋)ssRNA 1～2種(9.8～12.5 kb(セクイウイルス属，ワイカウイルス属)；5.8～8.4 kb＋3.2～7.3 kb(コモウイルス亜科，チェラウイルス属，サドゥワウイルス属，トラドウイルス属)，GC含量40～48％)．タンパク質：ゲノム結合タンパク質(VPg)1種(2～4 kDa；コモウイルス亜科)，外被タンパク質(CP)1～3種(52～60 kDa(ネポウイルス属)；40～45 kDa(L)＋21～27 kDa(S)(コモウイルス属，ファバウイルス属，サドゥワウイルス属)；24～35 kDa＋20～26 kDa＋20～25 kDa(チェラウイルス属，トラドウイルス属，セクイウイルス属，ワイカウイルス属))．

ゲノム 【構造】1～2分節線状(＋)ssRNAゲノム．ORF 1個(ポリプロテイン)(セクイウイルス)；ORF 2個(ポリプロテイン)(ネポウイルス属，チェラウイルス属，サドゥワウイルス属)；ORF 2～3個(ポリプロテイン)(ファバウイルス属)；ORF 3個(ポリプロテイン)(コモウイルス属)；ORF 3個(ポリプロテイン2個＋機能不明ORF 1個)(トラドウイルス属)；ORF 3個(ポリプロテイ

96　第2編　植物ウイルスとウイロイドの分類

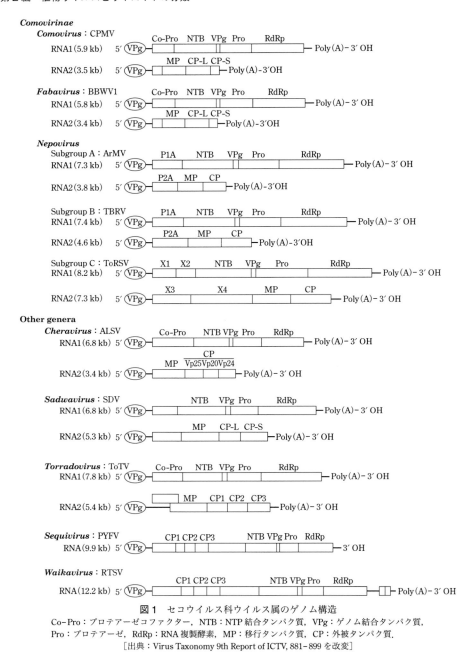

図1　セコウイルス科ウイルス属のゲノム構造
Co-Pro：プロテアーゼコファクター，NTB：NTP結合タンパク質，VPg：ゲノム結合タンパク質，
Pro：プロテアーゼ，RdRp：RNA複製酵素，MP：移行タンパク質，CP：外被タンパク質．
[出典：Virus Taxonomy 9th Report of ICTV, 881-899 を改変]

ン1個＋機能不明ORF 2個)(ワイカウイルス属)．ゲノムの5′端にゲノム結合タンパク質(VPg)，セクイウイルス属を除く全属で3′端にポリ(A)配列(poly(A))をもつ(図1)．

【遺伝子】
・コモウイルス属　RNA1(5.9〜6.1 kb)：5′-VPg-200 K ポリプロテイン(32 K プロテアーゼコファクター/58 K NTP結合タンパク質/4 K VPg/24 K プロテアーゼ/87 K RNA複製酵素)-poly(A)-3′．RNA 2(3.3〜4.0 kb)：5′-VPg-105 K/95 K ポリプロテイン(95 K ポリプロテインは 105 K ポリプロテインのインターナルイニシエーションによる；58 K RNA複製関連タンパク質[105 K 由来]/48 K 移行タンパク質[95 K 由来]/40〜45 K 外被タンパク質 CP-L/21〜27 K 外被タンパク質 CP-S))-poly(A)-3′．

- ファバウイルス属　RNA1(5.8〜6.0 kb)：5′-VPg-206〜210 K ポリプロテイン(35〜38 K プロテアーゼコファクター/66〜67 K NTP 結合タンパク質/3 K VPg/23 K プロテアーゼ/79 K RNA 複製酵素)-poly(A)-3′．RNA 2(3.3〜4.0 kb)：5′-VPg-104〜119 K ポリプロテイン(37〜47 K 移行タンパク質/42〜44 K 外被タンパク質 CP-L/22〜26 K 外被タンパク質 CP-S)-poly(A)-3′．
- ネポウイルス属　RNA1(7.2〜8.4 kb)：5′-VPg-254〜257 K ポリプロテイン(50〜61 K 機能不明タンパク質/プロテアーゼコファクター/60〜72 K NTP 結合タンパク質/2.3〜3.1 K VPg/23〜27 K プロテアーゼ/81〜92 K RNA 複製酵素)-poly(A)-3′．RNA2(3.7〜7.3 kb)：5′-VPg-105〜207 K ポリプロテイン(29〜50 K RNA 複製関連タンパク質/38〜46 K 移行タンパク質/52〜60 K 外被タンパク質)-poly(A)-3′．
- チェラウイルス属　RNA1(6.8〜7.1 kb)：5′-VPg-235〜250 K ポリプロテイン(プロテアーゼコファクター/NTP 結合タンパク質/VPg/システインプロテアーゼ/RNA 複製酵素)-poly(A)-3′．RNA 2(3.2〜3.7 kb)：5′-VPg-106〜108 K ポリプロテイン(42 K 移行タンパク質/24〜25 K 外被タンパク質 Vp25/19〜20 K 外被タンパク質 Vp20/22〜24 K 外被タンパク質 Vp24)-poly(A)-3′．
- サドウウイルス属　RNA1(6.8〜7.0 kb)：5′-VPg?-230 K ポリプロテイン(機能不明タンパク質/NTP 結合タンパク質/VPg?/プロテアーゼ/RNA 複製酵素)-poly(A)-3′．RNA 2(5.3〜5.6 kb)：5′-VPg?-174 K ポリプロテイン(機能不明タンパク質 5′ pro/移行タンパク質/外被タンパク質 CP-L/外被タンパク質 CP-S)-poly(A)-3′．
- トラドウイルス属　RNA1(7.2〜7.8 kb)：5′-VPg-241 K ポリプロテイン(プロテアーゼコファクター/NTP 結合タンパク質/VPg/プロテアーゼ/RNA 複製酵素)-poly(A)-3′．RNA 2(5.3〜5.9 kb)：5′-VPg-20 K 機能不明タンパク質-134 K ポリプロテイン(移行タンパク質/35 K 外被タンパク質 1/26 K 外被タンパク質 2/23 K 外被タンパク質 3)-poly(A)-3′．
- セクイウイルス属(9.8〜10.0 kb)　5′-VPg-336 K ポリプロテイン(40〜60 K 機能不明タンパク質/22〜24 K 外被タンパク質 1/22〜26 K 外被タンパク質 2/32〜34 K 外被タンパク質 3/NTP 結合タンパク質/VPg/プロテアーゼ/RNA 複製酵素)-3′．
- ワイカウイルス属(11.8〜12.5 kb)　5′-VPg-390 K ポリプロテイン(70 K 機能不明タンパク質/22.5 K 外被タンパク質 1/22 K 外被タンパク質 2/33 K 外被タンパク質 3/NTP 結合タンパク質/VPg/プロテアーゼ/RNA 複製酵素)-機能不明 ORF-機能不明 ORF-poly(A)-3′．

複 製 様 式　1〜2 分節ゲノムからその各全長に相当する(−)ssRNA が転写され，次いで完全長の(+)ssRNA ゲノムが合成される．複製は細胞質に形成された膜系からなる特有の封入体内で行われる．

発 現 様 式　遺伝子は 1〜2 分節ゲノムの各全長からポリプロテインとして翻訳された後，数段階のプロセシングの過程を経て，最終的な成熟タンパク質になる．コモウイルス属では RNA2 がインターナルイニシエーションによって 2 種のポリプロテインに翻訳される．トラドウイルス属では RNA2 の 5′ 端近傍に 1 個の機能不明の ORF が存在し，ワイカウイルス属ではゲノムの 3′ 端側に 2 個の機能不明な ORF が存在する．

細胞内所在　ウイルス粒子は各種組織の細胞の細胞質内に集積あるいは散在．細胞質に形成された小胞状の封入体あるいは小管の内部やプラズモデスマータ内にも存在．

宿主域・病徴
- コモウイルス属：主としてマメ科植物などに限られ，宿主域は狭い．全身感染し，主にモザイク，斑紋などを示す．
- ファバウイルス属：宿主域は広い．全身感染し，主に輪点，斑紋，モザイク，奇形，萎凋，頂部壊死などを示す．
- ネポウイルス属：ウイルス種により宿主域の広いものと狭いものがある．全身感染し，主に輪点，斑紋，斑点，奇形などを示す．草本植物ではしばしば一過性の病徴を発現した後，新葉では無病徴となる場合が多い．
- チェラウイルス属：ウイルス種により宿主域の広いものと狭いものがある．全身感染し，ひだ葉，巻葉，矮化，全身の衰弱などを示す．潜在感染している例も多い．

- サドゥワウイルス属：宿主域は広い．カンキツ類には全身感染し，矮化，葉の奇形，叢生などを生じる．
- トラドウイルス属：宿主域は狭い．全身感染し，壊疽輪点，葉と果実の壊疽などを生じる．
- セクイウイルス属：宿主域はやや広い．全身感染し，葉脈黄化，モザイクなどを示す．
- ワイカウイルス属：宿主域は狭い．全身感染し，葉の変色，矮化などを示す．

伝　染
- コモウイルス属：汁液接種可．Chrysomelidae 科のハムシによる半永続伝搬．
- ファバウイルス属：汁液接種可．アブラムシによる非永続伝搬．
- ネポウイルス属：汁液接種可．12 種のウイルスが線虫による永続伝搬，3 種が花粉伝染，1 種がダニ伝搬．大部分のウイルスが種子伝染．
- チェラウイルス属：汁液接種可．線虫伝搬．種子伝染．
- サドゥワウイルス属：汁液接種可．媒介生物不明．
- トラドウイルス属：汁液接種可．コナジラミ伝搬．
- セクイウイルス属：汁液接種可．ワイカウイルス属ウイルスをヘルパーウイルスとするアブラムシによる半永続伝搬．
- ワイカウイルス属：汁液接種不可．アブラムシあるいはヨコバイによる半永続伝搬．

その他　ネポウイルス属ウイルスには，線状(+)ssRNA(1.1〜1.8 kb，5′-VPg，3′-poly(A)をもつ)あるいは環状(+)ssRNA(0.3〜0.5 kb)のサテライト RNA を伴うものがいくつかある．ワイカウイルス属ウイルスには他のウイルスの伝搬を介助するヘルパーウイルスとなるものが多い．

〔日比忠明〕

主要文献　Sanfaçon, H. *et al.*(2012). *Secoviridae*. Virus Taxonomy 9th Report of ICTV, 881-899；DPVweb. Secoviridae；Sanfaçon, H. *et al.*(2009). Secoviridae. Arch. Virol., 154, 899-907；Sanfaçon, H. (2008). *Nepovirus*. Encyclopedia of Virology 3rd ed., 3, 405-413；Iwanami, T.(2008). *Sadwavirus*. Encyclopedia of Virology 3rd ed., 4, 523-526；Choi, I. R.(2008). Sequiviruses. Encyclopedia of Virology 3rd ed., 4, 546-551；Bruening, G. *et al.*(2011). Comovirus. The Springer Index of Viruses 2nd ed., 345-353；Ikegami, M. *et al.*(2011). Fabavirus. The Springer Index of Viruses 2nd ed., 355-359；Dunez, J. *et al.*(2011). Nepovirus. The Springer Index of Viruses 2nd ed., 361-369；Yoshikawa, N.(2011). Cheravirus. The Springer Index of Viruses 2nd ed., 1763-1768；Reavy, B.(2011). Sequivirus. The Springer Index of Viruses 2nd ed., 1771-1774；Hibino, H. (2011). Waikavirus. The Springer Index of Viruses 2nd ed., 1775-1779；夏秋啓子ら(2007). 植物ウイルスの分類学(5) コモウイルス科(*Comoviridae*). 植物防疫, 61, 171-175.

(＋)一本鎖 RNA ウイルス　　　　　　　　　　　　　　　　　　　　　　ピコルナウイルス目セコウイルス科

Comovirinae　コモウイルス亜科
Picornavirales Secoviridae

分類基準　(1)（＋）ssRNA ゲノム，(2) 2 分節線状ゲノム，(3) 球状粒子 2 種(径 25〜30 nm)，(4) ゲノムの 5′ 端にゲノム結合タンパク質(VPg)，3′ 端にポリ(A)配列(poly(A))をもつ，(5) ウイルス RNA 複製酵素(RdRp)はピコルナ様スーパーグループ型，(6) ウイルスタンパク質はポリプロテイン経由で翻訳，(7) 外被タンパク質(CP)1〜2 種．

亜科の構成　コモウイルス亜科 *Comovirinae*
- コモウイルス属 *Comovirus*(タイプ種：*Cowpea mosaic virus*；CPMV)(球状粒子 2 種，CP 2 種，ハムシ伝搬)．
- ファバウイルス属 *Fabavirus*(タイプ種：ソラマメウイルト 1 ウイルス；BBWV-1)(球状粒子 2 種，CP 2 種，アブラムシ伝搬)．
- ネポウイルス属 *Nepovirus*(タイプ種：タバコ輪点ウイルス；TRSV)(球状粒子 2 種，CP 1 種，多くが線虫伝搬)．

　　［日比忠明］

(＋)一本鎖 RNA ウイルス　　　　　　　　　　　　　　　　　　　　　　ピコルナウイルス目セコウイルス科

Comovirus　コモウイルス属
Picornavirales Secoviridae Comovirinae

分類基準　(1)（＋）ssRNA ゲノム，(2) 2 分節線状ゲノム，(3) 球状粒子 2 種(径 28〜30 nm)，(4) ゲノムの 5′ 端にゲノム結合タンパク質(VPg)，3′ 端にポリ(A)配列(poly(A))をもつ，(5) ウイルス RNA 複製酵素(RdRp)はピコルナ様スーパーグループ型，(6) ウイルスタンパク質はポリプロテイン経由で翻訳，(7) 外被タンパク質(CP)2 種，(8) ハムシによる半永続伝搬．

タイプ種　*Cowpea mosaic virus*(CPMV)

属の構成　*Andean potato mottle virus*(APMoV)，*Bean pod mottle virus*(BPMV)，*Broad bean stain virus*(BBSV)，*Broad bean true mosaic virus*(BBTMV)，*Cowpea mosaic virus*(CPMV)，*Cowpea severe mosaic virus*(CPSMV)，*Glycine mosaic virus*(GMV)，*Pea green mottle virus*(PGMV)，*Pea mild mosaic virus*(PMiMV)，ダイコンモザイクウイルス(*Radish mosaic virus*：RaMV)，*Red clover mottle virus*(RCMV)，スカッシュモザイクウイルス(*Squash mosaic virus*：SqMV)など 15 種．
暫定種：Turnip ringspot virus(TuRSV)．

粒　子　【形態】球状 2 種(径 28 nm)；それぞれボトム成分(B)，ミドル成分(M)という．ほかに中空粒子であるトップ成分(T)を伴う．被膜なし(図 1)．
【物性】沈降係数 110〜120 S(B)，90〜100 S(M)，49〜63 S(T)．浮遊密度(CsCl) 1.42〜1.47 g/cm^3(B)，1.29 g/cm^3(M)．
【成分】核酸：（＋）ssRNA 2 種(5.9〜6.1 kb＋3.3〜4.0 kb，GC 含量 40〜44 %)．タンパク質：外被タンパク質(CP)2 種(40〜45 kDa(CP-L)＋21〜27 kDa(CP-S))，ゲノム結合タンパク質(VPg)1 種(2〜4 kDa)．

ゲノム　【構造】2 分節線状(＋)ssRNA ゲノム．ORF 3 個(ポリプロテイン；RNA1：1 個，RNA2：2 個)．ゲノムの 5′ 端にゲノム結合タンパク質(VPg)，3′ 端にポリ(A)配列(poly(A))をもつ(図 2)．
【遺伝子】RNA1(5.9〜6.1 kb)：5′-VPg-200 K ポリプロテイン(32 K プロテアーゼコファクター(Co-Pro)/58 K NTP 結合タンパク質(NTB)/4 K VPg/24 K プロテアーゼ(Pro)/87 K RNA

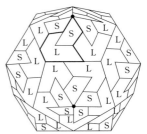

図 1　CPMV の粒子模式図
L：外被タンパク質 L，S：外被タンパク質 S．
［出典：Encyclopedia of Virology 3rd ed., 1, 569–574］

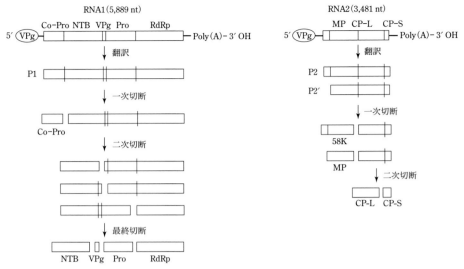

図2 CPMVのゲノム構造と発現様式

Co-Pro：プロテアーゼコファクター，NTB：NTP結合タンパク質，VPg：ゲノム結合タンパク質，Pro：プロテアーゼ，RdRp：RNA複製酵素，MP：移行タンパク質，CP-L：外被タンパク質L，CP-S：外被タンパク質S．
〔出典：Virus Taxonomy 9th Report of ICTV, 887-889を改変〕

複製酵素(RdRp))-poly(A)-3'．RNA2(3.3〜4.0 kb)：5'-VPg-105 K/95 Kポリプロテイン(95 Kポリプロテインは105 Kポリプロテインのインターナルイニシエーションによる；58 K RNA複製関連タンパク質[105 K由来]/48 K移行タンパク質(MP)[95 K由来]/40〜45 K外被タンパク質L(CP-L)/21〜27 K外被タンパク質S(CP-S))-poly(A)-3'．

複製様式 2分節ゲノムからその各全長に相当する(−)ssRNAが転写され，次いで完全長の(＋)ssRNAゲノムが合成される．複製は細胞質に形成された膜系から成る特有の封入体(cytopathic structure)内で行われる．

発現様式 遺伝子は2分節ゲノムの各全長からポリプロテインとして翻訳された後，数段階のプロセシングの過程を経て，最終的な成熟タンパク質になる．ただし，RNA2はインターナルイニシエーションによって2種のポロプロテインに翻訳される(図2)．

細胞内所在 ウイルス粒子は各種組織の細胞の細胞質内に集積あるいは散在．細胞質に形成された小胞状の封入体あるいは小管の内部やプラズモデスマータ内にも存在．

宿主域・病徴 主としてマメ科植物などに限られ，宿主域は狭い．全身感染し，主にモザイク，斑紋などを示す．

伝　　染 汁液接種可．Chrysomelidae科のハムシによる半永続伝搬． 〔日比忠明〕

主要文献 Sanfaçon, H. *et al.*(2012). *Comovirus*. Virus Taxonomy 9th Report of ICTV, 887-889；ICTVdB (2002). *Comovirus*. 00.018.0.01.；Lomonossoff, G. P.(2008). Cowpea mosaic virus. Encyclopedia of Virology 3rd ed., 1, 569-574；Bruening, G. *et al.*(2011). Comovirus. The Springer Index of Viruses 2nd ed., 345-353；DPVweb. Comovirus；Bruening, G.(1978). Comovirus group. Descriptions of Plant Viruses, 199；Van Kammen, A. *et al.*(2001). Cowpea mosaic virus. Descriptions of Plant Viruses, 378；Brunt, A. A. *et al.* eds.(1996). Comoviruses：*Comoviridae*. Plant Viruses Online；日比忠明(1983). Cowpea mosaic virus. 植物ウイルス事典, 566-567.

Fabavirus ファバウイルス属
Picornavirales Secoviridae Comovirinae

分類基準 (1)（＋）ssRNAゲノム，(2) 2分節線状ゲノム，(3) 球状粒子2種（径25～30 nm），(4) ゲノムの5′端にゲノム結合タンパク質（VPg），3′端にポリ(A)配列（poly(A)）をもつ，(5) ウイルスRNA複製酵素（RdRp）はピコルナ様スーパーグループ型，(6) ウイルスタンパク質はポリプロテイン経由で翻訳，(7) 外被タンパク質（CP）2種，(8) アブラムシによる非永続伝搬．

タイプ種 ソラマメウイルトウイルス1（*Broad bean wilt virus 1*：BBWV-1）．

属の構成 ソラマメウイルトウイルス1（*Broad bean wilt virus 1*：BBWV-1），ソラマメウイルトウイルス2（*Broad bean wilt virus 2*：BBWV-2），*Cucurbit mild mosaic virus*（CuMMV），リンドウモザイクウイルス（*Gentian mosaic virus*：GeMV），*Lamium mild mosaic virus*（LMMV）．

粒　子 【形態】球状2種（径25～30 nm）；それぞれボトム成分(B)，ミドル成分(M)という．ほかに中空粒子であるトップ成分(T)を伴う．被膜なし（図1）．
【物性】沈降係数 113～126 S(B)，93～100 S(M)，56～63 S(T)．浮遊密度（CsCl）1.44～1.46 g/cm³(B)，1.38～1.39 g/cm³(M)．
【成分】核酸：（＋）ssRNA 2種（5.8～6.0 kb＋3.3～4.0 kb，GC含量42～43％）．タンパク質：外被タンパク質（CP）2種（42～44 kDa（CP-L）＋22～26 kDa（CP-S）），ゲノム結合タンパク質（VPg）1種（3 kDa）．

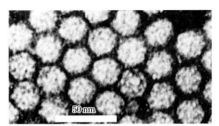

図1　BBWV-1の粒子像
［出典：Taylor R. H. *et al.*（1972）．Descriptions of Plant Viruses, 81］

ゲ ノ ム 【構造】2分節線状（＋）ssRNAゲノム．ORF 2～3個（ポリプロテイン；RNA1：1個，RNA2：1～2個）．ゲノムの5′端にゲノム結合タンパク質（VPg），3′端にポリ(A)配列（poly(A)）をもつ（図2）．

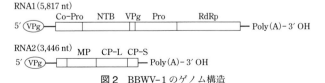

図2　BBWV-1のゲノム構造
Co-Pro：プロテアーゼコファクター，NTB：NTP結合タンパク質，VPg：ゲノム結合タンパク質，Pro：プロテアーゼ，RdRp：RNA複製酵素，MP：移行タンパク質，CP-L：外被タンパク質L，CP-S：外被タンパク質S．

【遺伝子】RNA1（5.8～6.0 kb）：5′-VPg-206～210 Kポリプロテイン（35～38 Kプロテアーゼコファクター（Co-Pro）/66～67 K NTP結合タンパク質（NTB）/3 K VPg/23 Kプロテアーゼ（Pro）/79 K RNA複製酵素（RdRp））-poly(A)-3′．RNA2（3.3～4.0 kb）：5′-VPg-104～119 Kポリプロテイン（37～47 K移行タンパク質（MP）/42～44 K外被タンパク質 CP-L/22～26 K外被タンパク質 CP-S）-poly(A)-3′．
なお，BBWV2のRNA2では2箇所の翻訳開始点から2種のポリプロテイン（119 K，104 K）が翻訳され，その後のプロセシングによって2種の移行タンパク質（37 K，53 K）と2種の外被タンパク質（CP-L，CP-S）が生じるが，このうち移行タンパク質として実際に機能するのは37 Kタンパク質であることが示されている．

複製様式 おそらく2分節ゲノムからその各全長に相当する（－）ssRNAが転写され，次いで完全長の（＋）ssRNAゲノムが合成される．複製は細胞質に形成された膜系からなる特有の封入体内で行われる．

発現様式 遺伝子は2分節ゲノムの各全長からポリプロテインとして翻訳された後，数段階のプロセシン

グの過程を経て，最終的な成熟タンパク質になる．BBWV-2のRNA2では2箇所の翻訳開始点から2種のポリプロテインが翻訳される．

細胞内所在 ウイルス粒子は各種組織の細胞の細胞質に散在，凝集あるいは結晶．細胞質には膜状構造の封入体が観察される．

宿主域・病徴 宿主域は双子葉植物および一部の単子葉植物にわたり広い．病徴はモザイク，輪紋，萎縮，頂部壊死など．

伝　　染 汁液接種可．各種のアブラムシによる非永続伝搬． 〔夏秋啓子〕

主 要 文 献 Sanfaçon, H. *et al.*(2012). *Fabavirus*. Virus Taxonomy 9th Report of ICTV, 889–890；ICTVdB (2006). *Fabavirus*. 00.018.0.02.；Ikegami, M. *et al.*(2011). Fabavirus. The Springer Index of Viruses 2nd ed., 355–359；DPVweb. Fabavirus；Taylor R. H. *et al.*(1972). Broad bean wilt virus. Descriptions of Plant Viruses, 81；Zhou, X.(2002). Broad bean wilt virus 2. Descriptions of Plant Viruses, 392；Brunt, A. A. *et al.* eds.(1996). Fabaviruses：*Comoviridae*. Plant Viruses Online；Kobayashi Y. O. *et al.*(1999). Arch. Virol., 144, 1429–1438；Kobayashi Y. O. *et al.*(2003). J. Gen. Plant Pathol. 69, 320–326；Liu, C. *et al.*(2009). Virus Res., 143, 86–93.

Nepovirus ネポウイルス属
Picornavirales Secoviridae Comovirinae

分 類 基 準 (1)(＋)ssRNA ゲノム，(2) 2分節線状ゲノム，(3) 球状粒子 2 種(径 28〜30 nm)，(4) ゲノムの 5′端にゲノム結合タンパク質(VPg)，3′端にポリ(A)配列(poly(A))をもつ，(5) ウイルス RNA 複製酵素(RdRp)はピコルナ様スーパーグループ型，(6) ウイルスタンパク質はポリプロテイン経由で翻訳，(7) 外被タンパク質(CP) 1 種，(8) 線虫伝搬．

タ イ プ 種 タバコ輪点ウイルス(*Tobacco ringspot virus*：TRSV)

属 の 構 成 RNA2 の塩基長やそれが M 粒子と B 粒子のいずれに含まれるかの違いなどに基づいて，サブグループ A，B および C に分かれる．
- サブグループ A：アラビスモザイクウイルス(*Arabis mosaic virus*：ArMV)，ブドウファンリーフウイルス(*Grapevine fanleaf virus*：GFLV)，メロン微斑ウイルス(*Melon mild mottle virus*：MMMoV)，タバコ輪点ウイルス(*Tobacco ringspot virus*：TRSV)など 11 種．
- サブグループ B：ソテツえそ萎縮ウイルス(*Cycus necrotic stunt virus*：CNSV)，クワ輪紋ウイルス(*Mulberry ringspot virus*：MRSV)，トマト黒色輪点ウイルス(*Tomato black ring virus*：TBRV)など 9 種．
- サブグループ C：ブルーベリー小球形潜在ウイルス(*Blueberry latent spherical virus*：BLSV)，チェリー葉巻ウイルス(*Cherry leaf roll virus*：CLRV)，トマト輪点ウイルス(*Tomato ringspot virus*：ToRSV)など 16 種．

粒 子 【形態】球状 2 種(径 28〜30 nm)；それぞれボトム成分(B)，ミドル成分(M)という．ほかに中空粒子であるトップ成分(T)を伴う．被膜なし(図 1)．
【物性】沈降係数 110〜135 S(B 粒子)，84〜128 S(M 粒子)．浮遊密度(CsCl) 1.28〜1.53 g/cm^3．
【成分】核酸：(＋)ssRNA 2 種(7.2〜8.4 kb＋3.7〜7.3 kb，GC 含量 44〜48％)．タンパク質：外被タンパク質(CP) 1 種(52〜60 kDa)，ゲノム結合タンパク質(VPg) 1 種．

ゲ ノ ム 【構造】2 分節線状(＋)ssRNA ゲノム．ORF 2 個(ポリプロテイン．各分節ゲノムに各 1 個)．ゲノムの 5′端にゲノム結合タンパク質(VPg)，3′端にポリ(A)配列(poly(A))をもつ(図 2)．

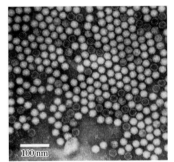

図 1　TRSV の粒子像
[出典：Brunt, A. A. *et al*. eds.(1996). Nepoviruses：*Comoviridae*, Plant Viruses Online]

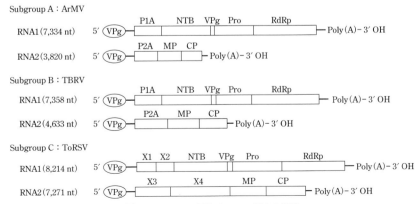

図 2　*Nepovirus* 属ウイルスのゲノム構造

ArMV：*Arabis mosaic virus*, TBRV：*Tomato black ring virus*, ToRSV：*Tomato ringspot virus*, NTB：NTP 結合タンパク質, VPg：ゲノム結合タンパク質, Pro：プロテアーゼ, RdRp：RNA 複製酵素, MP：移行タンパク質, CP：外被タンパク質．

【遺伝子】	RNA1（7.2～8.4 kb）：5′-VPg-254～257 K ポリプロテイン（機能不明タンパク質 P1a（サブグループ C では X1・X2）/NTP 結合タンパク質（NTB）/VPg/プロテアーゼ（Pro）/RNA 複製酵素（RdRp））-poly(A)-3′．RNA2（3.7～7.3 kb）：5′-VPg-105～207 K ポリプロテイン（RNA 複製関連タンパク質 P2a（サブグループ C では X3・X4）/移行タンパク質（MP）/外被タンパク質（CP））-poly(A)-3′．
複 製 様 式	おそらくゲノムから全長に相当する（−）ssRNA が転写され，次いで完全長の（＋）ssRNA ゲノムが合成される．複製は細胞質で行われる．
発 現 様 式	RNA1，RNA2 はそれぞれ 1 本のポリプロテインとして翻訳され，RNA1 では 5～6 種，RNA2 では 3～4 種の成熟タンパク質にプロセシングされる．
細胞内所在	ウイルス粒子は各種組織の細胞質内に散在あるいは集塊をなす．
宿主域・病徴	単子葉，双子葉にわたって広い宿主域をもつものと狭いものとがある．輪紋症状が一般的であるが，モザイク，斑紋，斑点症状も多い．
伝　　　染	汁液接種可．多くが線虫（*Xiphinema*, *Longidorus*, *Paralongidorus* spp.）により伝染．ダニ，花粉および種子による伝染もある．　　　　　　　　　　　　　　　　　　　　〔髙浪洋一〕
主 要 文 献	Sanfaçon, H. *et al.*(2012). *Nepovirus*. Virus Taxonomy 9th Report of ICTV, 890–893；ICTVdB (2006). *Nepovirus*. 00.018.0.03.；Sanfaçon, H.(2011). *Nepovirus*. Encyclopedia of Virology 3rd ed., 3, 405–413；Dunez, J. *et al.*(2011). Nepovirus. The Springer Index of Viruses 2nd ed., 361–369；DPVweb. Nepovirus；Harrison, B. D. and Murant, A. F.(1977). Nepovirus group. Descriptions of Plant Viruses, 185；Stace-Smith, R.(1985). Tobacco ringspot virus. Descriptions of Plant Viruses, 309；Brunt, A. A. *et al.* eds.(1996). Nepoviruses：*Comoviridae*. Plant Viruses Online；Francki, R. I. B. *et al.*(1977). Nepovirus group. The Atlas of Insect and Plant Viruses, 221–235.

(＋)一本鎖 RNA ウイルス　　　　　　　　　　　　　　　　　　　　　　　　　　　　　　　　ピコルナウイルス目セコウイルス科

Cheravirus　チェラウイルス属
Picornavirales Secoviridae

分類基準　(1)（＋）ssRNA ゲノム，(2) 2分節線状ゲノム，(3) 球状粒子2種（径25〜30 nm），(4) ゲノムの5′端にゲノム結合タンパク質（VPg），3′端にポリ（A）配列（poly（A））をもつ，(5) ウイルス RNA 複製酵素（RdRp）はピコルナ様スーパーグループ型，(6) ウイルスタンパク質はポリプロテイン経由で翻訳，(7) 外被タンパク質（CP）3種，(8) 線虫伝搬．

タイプ種　Cherry rasp leaf virus（CRLV）．

属の構成　リンゴ小球形潜在ウイルス（*Apple latent spherical virus*：ALSV），*Arracacha virus* B（AVB），*Cherry rasp leaf virus*（CRLV），*Stocky prune virus*（StPV）．
暫定種：Artichoke vein banding virus（AVBV）．

粒　子　【形態】球状2種（径25〜30 nm）；それぞれボトム成分（B），ミドル成分（M）という．ほかに中空粒子であるトップ成分（T）を伴う．被膜なし（図1）．
【物性】沈降係数（CRLV）128 S（B），96 S（M），56 S（T）．浮遊密度（CsCl）（ALSV） 1.43 g/cm^3（B），1.41 g/cm^3（M）．
【成分】核酸：（＋）ssRNA 2種（6.8〜7.1 kb＋3.2〜3.7 kb，GC 含量 40〜42％）．タンパク質：外被タンパク質（CP）3種（24〜25 kDa（Vp25）＋22〜24 kDa（Vp24）＋20 kDa（Vp20）），ゲノム結合タンパク質（VPg）1種．

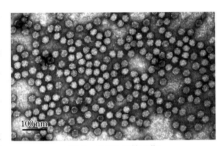

図1　ALSV の粒子像

ゲノム　【構造】2分節線状（＋）ssRNA ゲノム．ORF 2個（ポリプロテイン．各分節ゲノムに各1個）．ゲノムの5′端にゲノム結合タンパク質（VPg），3′端にポリ（A）配列（poly（A））をもつ（図2）．

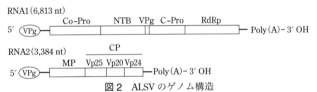

図2　ALSV のゲノム構造
Co-Pro：プロテアーゼコファクター，NTB：NTP 結合タンパク質，VPg：ゲノム結合タンパク質，C-Pro：システインプロテアーゼ，RdRp：RNA 複製酵素，MP：移行タンパク質，CP（Vp25, Vp20, Vp24）：外被タンパク質．

【遺伝子】RNA1（6.8〜7.1 kb）：5′-VPg-235〜250 K ポリプロテイン（プロテアーゼコファクター（Co-Pro）/NTP 結合タンパク質（NTB）/VPg/システインプロテアーゼ（C-Pro）/RNA 複製酵素（RdRp））-poly（A）-3′．RNA 2（3.2〜3.7 kb）：5′-VPg-106〜108 K ポリプロテイン（42 K 移行タンパク質（MP）/24〜25 K 外被タンパク質 Vp25/19〜20 K 外被タンパク質 Vp20/22〜24 K 外被タンパク質 Vp24）-poly（A）-3′．

複製様式　ゲノムから全長に相当する（−）ssRNA が転写され，次いで完全長の（＋）ssRNA ゲノムが合成される．複製は細胞質内で行われる．

発現様式　ゲノムの RNA1 と RNA2 からまずポリプロテインが翻訳され，続いて RNA1 にコードされたシステインプロテアーゼによる切断で各成熟タンパク質ができると推定される．

細胞内所在　ウイルス粒子は感染植物の各種細胞の主に液胞内やプラズモデスマータ内で観察される．細胞質には感染特異的小胞が観察される．

宿主域・病徴　オウトウ，リンゴ，プラムなどの果樹類，ジャガイモ，アーテチョークなど．CRLV はオウトウに rasp leaf，リンゴに flat apple 症状を引き起こす（日本では未報告）．ALSV はリンゴに潜在

感染するが，実験的には *Chenopodium quinoa* に退緑などの病徴を示すほかは，各種草本植物に無病徴感染．

伝　染　汁液接種可．CRLV は線虫(*Xiphinema americanum*)で伝搬される．ALSV の媒介生物は不明．種子伝染．

〔吉川信幸〕

主要文献　Sanfaçon, H. *et al*.(2012). *Cheravirus*. Virus Taxonomy 9th Report of ICTV, 893-894 ; ICTV Virus Taxonomy List(2013). *Cheravirus* ; ICTVdB(2006). *Cheravirus*. 00.111.0.01. ; Yoshikawa, N.(2011). Cheravirus. The Springer Index of Viruses 2nd ed., 1763-1768 ; DPVweb. Cheravirus ; Stace-Smith, R.(1976). Cherry rasp leaf virus. Descriptions of Plant Viruses, 159 ; Gall, O. L. *et al*.(2007). Arch. Virol., 152, 1767-1774 ; Brown, D. J. F. *et al*.(1994). Phytopathology, 84, 646-649 ; James, D. *et al*.(2002). Arch. Virol., 147, 1631-1641 ; Jones, A. T. *et al*.(1985). Ann. Appl. Biol., 106, 101-110 ; Li, C. *et al*.(2000). J. Gen. Virol., 81, 541-547 ; Li, C. *et al*.(2004). Arch. Virol., 149, 1541-1558 ; Thompson, J. R. *et al*.(2004). Arch. Virol., 149, 2141-2154.

Sadwavirus サドゥワウイルス属
Picornavirales Secoviridae

分類基準 (1)（＋）ssRNA ゲノム，(2) 2 分節線状ゲノム，(3) 球状粒子 2 種（径 25〜30 nm），(4) ゲノムの 5′ 端にゲノム結合タンパク質（VPg）（推定），3′ 端にポリ（A）配列（poly（A））をもつ，(5) ウイルス RNA 複製酵素（RdRp）はピコルナ様スーパーグループ型，(6) ウイルスタンパク質はポリプロテイン経由で翻訳，(7) 外被タンパク質（CP）2 種，(8) 媒介生物不明．

タイプ種 温州萎縮ウイルス（*Satsuma dwarf virus*：SDV）．

属の構成 温州萎縮ウイルス（*Satsuma dwarf virus*：SDV）．
暫定種：Lucerne Australian symptomless virus（LASV），Rubus Chinese seed-borne virus（RCSV）．

粒子 【形態】球状 2 種（径 25〜30 nm）；それぞれボトム成分（B），ミドル成分（M）という．ほかに中空粒子であるトップ成分（T）を伴う．被膜なし（図 1）．
【物性】浮遊密度（CsCl） 1.43〜1.46 g/cm³．
【成分】核酸：（＋）ssRNA 2 種（6.8〜7.0 kb＋5.3〜5.6 kb，GC 含量 46〜48％）．タンパク質：外被タンパク質（CP）2 種（40〜45 kDa（CP-L）＋21〜29 kDa（CP-S）），ゲノム結合タンパク質（VPg）1 種（推定）．

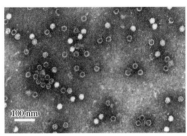

図 1 SDV の粒子像

ゲノム 【構造】2 分節線状（＋）ssRNA ゲノム．ORF 2 個（ポリプロテイン．各分節ゲノムに各 1 個）．ゲノムの 5′ 端にゲノム結合タンパク質（VPg）（推定），3′ 端にポリ（A）配列（poly（A））をもつ（図 2）．
【遺伝子】RNA1（6.8〜7.0 kb）：5′-VPg?-230 K ポリプロテイン（機能不明タンパク質（5′ pro）/NTP 結合

図 2 SDV のゲノム構造
NTB：NTP 結合タンパク質，VPg：ゲノム結合タンパク質，Pro：プロテアーゼ，RdRp：RNA 複製酵素，MP：移行タンパク質，CP-L：外被タンパク質 L，CP-S：外被タンパク質 S．

タンパク質（NTB）/VPg?/プロテアーゼ（Pro）/RNA 複製酵素（RdRp））-poly（A）-3′．RNA 2（5.3〜5.6 kb）：5′-VPg?-174 K ポリプロテイン（機能不明タンパク質（5′ pro）/移行タンパク質（MP）/外被タンパク質（CP-L）/外被タンパク質（CP-S））-poly（A）-3′．
なお，SDV の RNA1 と RNA2 の 5′pro タンパク質は互いに高い相同性をもつ．

発現様式 2 分節ゲノム RNA のそれぞれからポリプロテインとして翻訳後，プロセッシングを受けて各成熟タンパク質となる．

細胞内所在 細胞質中に形成されるさや状構造物の内部にウイルス粒子が一列に並ぶ．また，細胞質中に格子状に配列したウイルス粒子が観察される．

宿主域・病徴 宿主域はやや広い．ミカン科，スイカズラ科，ヒメユズリハ科などの果樹および樹木．実験的にはマメ科，ゴマ科，ナス科などの多くの草本植物に感染する．全身感染し，主に，葉の萎縮，モザイク，斑紋，黄化症状などを示す．潜在感染していることも多い．

伝染 汁液接種可．接ぎ木伝染． 〔岩波　徹〕

主要文献 Sanfaçon, H. *et al.*（2012）. *Sadwavirus*. Virus Taxonomy 9th Report of ICTV, 894；ICTVdB（2006）. *Sadwavirus*. 00.112.0.01.；Iwanami, T.（2008）. *Sadwavirus*. Encyclopedia of Virology 3rd ed., 4, 523-526；DPVweb. Sadwavirus；Usugi, T. and Saito, Y.（1979）. Satsuma dwarf virus. Descriptions of Plant Viruses, 208；Iwanami, T. *et al.*（1999）. J. Gen. Virol., 80, 793-797；Iwanami, T. *et al.*（2001）. Arch. Virol., 146, 807-813；Gall, O. L. *et al.*（2007）. Arch. Virol., 152, 1767-1774；岩波　徹（2007）. 植物ウイルスの分類学（4） サドワウイウルス属（*Sadwavirus*）. 植物防疫, 61, 105-107.

（＋）一本鎖 RNA ウイルス　　　　　　　　　　　　　　　　　　　　　　ピコルナウイルス目セコウイルス科

Torradovirus　トラドウイルス属
Picornavirales Secoviridae

分類基準　（1）（＋）ssRNA ゲノム，（2）2 分節線状ゲノム，（3）球状粒子 2 種（径 28 nm），（4）ゲノムの 5′端にゲノム結合タンパク質（VPg），3′端にポリ（A）配列（poly(A)）をもつ，（5）ウイルス RNA 複製酵素（RdRp）はピコルナ様スーパーグループ型，（6）ウイルスタンパク質はポリプロテイン経由で翻訳，（7）外被タンパク質（CP）3 種，（8）RNA2 の ORF 2 個，（9）コナジラミ伝搬．

タイプ種　*Tomato torrado virus*（ToTV）．

属の構成　*Lettuce necrotic leaf curl virus*（LNLCV），*Tomato marchitez virus*（ToMarV），*Tomato torrado virus*（ToTV）．
暫定種：Tomato chocolate virus（ToChV），Tomato chocolate spot virus（ToChSV）．

粒子　【形態】球状 2 種（径 28 nm）．被膜なし（図 1）．
【成分】核酸：（＋）ssRNA 2 種（7.2〜7.8 kb＋5.3〜5.9 kb，GC 含量 42〜44％）．タンパク質：外被タンパク質（CP）3 種（35 kDa（CP1）＋26 kDa（CP2）＋23 kDa（CP3）），ゲノム結合タンパク質（VPg）1 種．

ゲノム　【構造】2 分節線状（＋）ssRNA ゲノム．ORF 3 個（RNA1：1 個，RNA2：2 個）．ゲノムの 5′端にゲノム結合タンパク質（VPg），3′端にポリ（A）配列（poly(A)）をもつ（図 2）．
【遺伝子】RNA1（7.2〜7.8 kb）：5′-VPg-241 K ポリプロテイン（プロテアーゼコファクター（Co-Pro）/NTP 結合タンパク質（NTB）/VPg/プロテアーゼ（Pro）/RNA 複製酵素（RdRp））-poly(A)-3′．
RNA2（5.3〜5.9 kb）：5′-VPg-20 K 機能不明タンパク質-134 K ポリプロテイン（移行タンパク質（MP）/35 K 外被タンパク質 1（CP1）/26 K 外被タンパク質 2（CP2）/23 K 外被タンパク質 3（CP3））-poly(A)-3′．

図 1　ToV の粒子模式図
CP1〜3：外被タンパク質 1〜3．
［出典：ViralZone, Torradovirus］

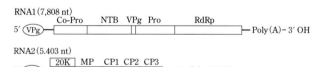

図 2　ToTV のゲノム構造
Co-Pro：プロテアーゼコファクター，NTB：NTP 結合タンパク質，VPg：ゲノム結合タンパク質，Pro：プロテアーゼ，RdRp：RNA 複製酵素，MP：移行タンパク質，CP1：外被タンパク質 1，CP2：外被タンパク質 2，CP3：外被タンパク質 3．
［出典：Verbeek, M. *et al.*（2007）. Arch. Virol., 152, 881-890 を改変］

複製様式　2 分節ゲノムからその各全長に相当する（−）ssRNA が転写され，次いで完全長の（＋）ssRNA ゲノムが合成される．複製は細胞質に形成された膜系からなる特有の封入体内で行われる．

発現様式　遺伝子は 2 分節ゲノムの各全長からポリプロテインとして翻訳された後，数段階のプロセシングの過程を経て，最終的な成熟タンパク質になる．これ以外に RNA2 の 5′端近傍に 1 個の小さな機能不明の ORF（20 K）が存在する．

細胞内所在　ウイルス粒子は各種組織の細胞の細胞質内に集積あるいは散在．細胞質に形成された小胞状の封入体あるいは小管の内部やプラズモデスマータ内にも存在．

宿主域・病徴　宿主域は狭い．全身感染し，壊疽輪点，葉と果実の壊疽などを生じる．

伝染　汁液接種可．コナジラミ伝搬．　　　　　　　　　　　　　　　　　　　　　〔日比忠明〕

主要文献　Sanfaçon, H. *et al.*（2012）. *Torradovirus*. Virus Taxonomy 9th Report of ICTV, 895；ICTV Virus Taxonomy List（2014）. *Torradovirus*；DPVweb. Torradovirus；ViralZone, Torradovirus；Verbeek, M. *et al.*（2007）. Arch. Virol., 152, 881-890；Verbeek, M. *et al.*（2012）. J. Virol. Methods, 185, 184-188；Verbeek, M. *et al.*（2013）. Virus Res., 186, 55-60；Verbeek, M. *et al.*（2014）. Arch. Virol., 159, 801-805.

Sequivirus セクイウイルス属
Picornavirales Secoviridae

分類基準 (1)（＋）ssRNA ゲノム，(2) 単一線状ゲノム，(3) 球状粒子 1 種（径 30 nm），(4) ゲノムの 5′端にゲノム結合タンパク質（VPg）をもつが，3′端にポリ（A）配列（poly(A)）を欠く，(5) ウイルス RNA 複製酵素（RdRp）はピコルナ様スーパーグループ型，(6) ウイルスタンパク質はポリプロテイン経由で翻訳，(7) 外被タンパク質（CP）3 種，(8) ヘルパーウイルスによるアブラムシ伝搬．

タイプ種 *Persnip yellow fleck virus*（PYFV）．

属の構成 *Carrot necrotic dieback virus*（CNDV），*Dandelion yellow mosaic virus*（DaYMV），*Persnip yellow fleck virus*（PYFV）．
暫定種：Lettuce mottle virus（LeMoV）．

粒子 【形態】球状 1 種（径 30 nm）．ほかに中空粒子であるトップ成分（T）を伴う．被膜なし（図 1）．
【物性】沈降係数 148～152 S．浮遊密度（CsCl）1.49～1.52 g/cm^3．
【成分】核酸：（＋）ssRNA 1 種（9.8～10.0 kb，GC 含量 43％）．タンパク質：外被タンパク質（CP）3 種（32～34 kDa（CP3）＋22～26 kDa（CP2）＋22～24 kDa（CP1）），ゲノム結合タンパク質（VPg）1 種．

ゲノム 【構造】単一線状（＋）ssRNA ゲノム．ORF 1 個（ポリプロテイン）．ゲノムの 5′端にゲノム結合タンパク質（VPg）をもつが，3′端にポリ（A）配列（poly(A)）を欠く（図 2）．
【遺伝子】9.8～10.0 kb．5′-VPg-336 K ポリプロテイン（40～60 K 機能不明タンパク質/22～24 K 外被タンパク質 1（CP1）/22～26 K 外被タンパク質 2（CP2）/32～34 K 外被タンパク質 3（CP3）/NTP 結合タンパク質（NTB）/VPg/プロテアーゼ（Pro）/RNA 複製酵素（RdRp））-3′．

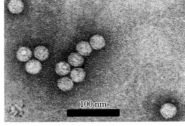

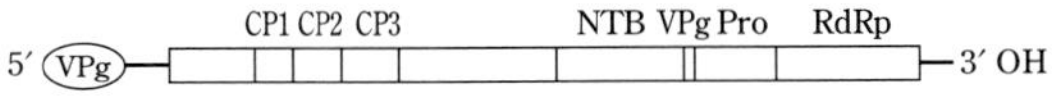

図 1　PYFV の粒子像
［出典：Murant, A. F.(2003). Descriptions of Plant Viruses, 394］

図 2　PYFV（9,871 nt）のゲノム構造
CP1：外被タンパク質 1，CP2：外被タンパク質 2，CP3：外被タンパク質 3．NTB：NTP 結合タンパク質，VPg：ゲノム結合タンパク質，Pro：プロテアーゼ，RdRp：RNA 複製酵素．
［出典：Murant, A. F.(2003). Descriptions of Plant Viruses, 394 を改変］

複製様式 単一ゲノムからその全長に相当する（－）ssRNA が転写され，次いで完全長の（＋）ssRNA ゲノムが合成される．複製は細胞質に形成された膜系からなる特有の封入体内で行われる．

発現様式 遺伝子はゲノムの全長からポリプロテインとして翻訳された後，数段階のプロセシングの過程を経て，最終的な成熟タンパク質になる．

細胞内所在 ウイルス粒子は各種組織の細胞の細胞質内に集積あるいは散在．細胞質に形成された小胞状の封入体あるいは小管の内部やプラズモデスマータ内にも存在．

宿主域・病徴 宿主域はやや広い．全身感染し，葉脈黄化，モザイクなどを示す．

伝染 汁液接種可．*Anthriscus yellows virus*（AYV）などのワイカウイルス属ウイルスをヘルパーウイルスとするアブラムシによる半永続伝搬．　　　　　　　　　　　　　　〔日比忠明〕

主要文献 Sanfaçon, H. *et al.*(2012). *Sequivirus*. Virus Taxonomy 9th Report of ICTV, 896；ICTVdB(2002). *Sequivirus*. 00.065.0.01.；Choi, I. R.(2008). Sequiviruses. Encyclopedia of Virology 3rd ed., 4, 546-551；Reavy, B.(2011). Sequivirus. The Springer Index of Viruses 2nd ed., 1771-1774；DPVweb. Sequivirus；Murant, A. F.(2003). Persnip yellow fleck virus. Descriptions of Plant Viruses, 394；Brunt, A. A. *et al.* eds.(1996). Sequiviruses：*Sequiviridae*. Plant Viruses Online；Turnbull-Ross, A. D. *et al.*(1993). J. Gen. Virol., 74, 555-561.

(＋)一本鎖 RNA ウイルス　　　　　　　　　　　　　　　　　　　　　ピコルナウイルス目セコウイルス科

Waikavirus　ワイカウイルス属
Picornavirales Secoviridae

分類基準　(1)(＋)ssRNAゲノム，(2)単一線状ゲノム，(3)球状粒子1種(径30 nm)，(4)ゲノムの5′端にゲノム結合タンパク質(VPg)，3′端にポリ(A)配列(poly(A))をもつ，(5)ウイルスRNA複製酵素(RdRp)はピコルナ様スーパーグループ型，(6)主要なウイルスタンパク質はポリプロテイン経由で翻訳，(7)外被タンパク質(CP)3種，(8)ゲノムの3′端側に機能不明なORF 2個をもつ，(9)篩部局在性，(10)アブラムシあるいはヨコバイによる半永続伝搬．

タイプ種　イネ矮化ウイルス(*Rice tungro spherical virus*：RTSV)．

属の構成　*Anthriscus yellows virus*(AYV)，*Maize chlorotic dwarf virus*(MCDV)，イネ矮化ウイルス(*Rice tungro spherical virus*：RTSV)．

粒子　【形態】球状1種(径30 nm)．被膜なし(図1)．
【物性】沈降係数150〜190 S．浮遊密度(CsCl) 1.48〜1.55 g/cm^3．
【成分】核酸：(＋)ssRNA 1種(11.8〜12.5 kb，GC含量42〜46％)．タンパク質：外被タンパク質(CP)3種(23〜33 kDa＋22〜25 kDa＋24〜33 kDa)，ゲノム結合タンパク質(VPg)1種．

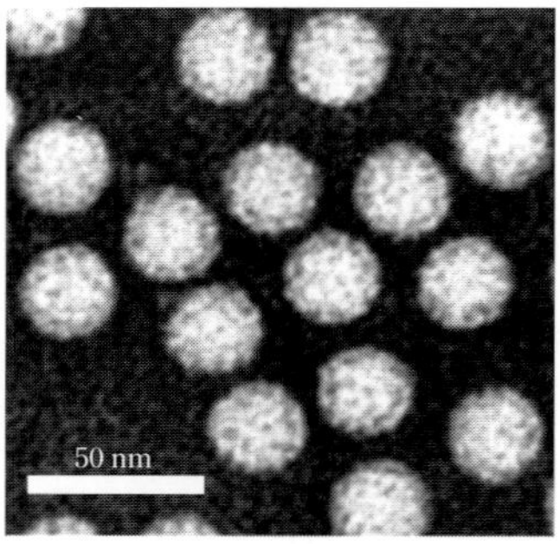

ゲノム　【構造】単一線状(＋)ssRNAゲノム．ORF 3個(ポリプロテイン1個＋機能不明ORF 2個)．ゲノムの5′端にゲノム結合タンパク質(VPg)，3′端にポリ(A)配列(poly(A))をもつ(図2)．
【遺伝子】11.8〜12.5 kb．5′-VPg-390 Kポリプロテイン(70 K機能不明タンパク質/22.5 K外被タンパク質1(CP1)/22 K外被タンパク質2(CP2)/33 K外被タンパク質3(CP3)/NTP結合タンパク質(NTB)/VPg/プロテアーゼ(Pro)/RNA複製酵素(RdRp))-機能不明ORF-機能不明ORF-poly(A)-3′．

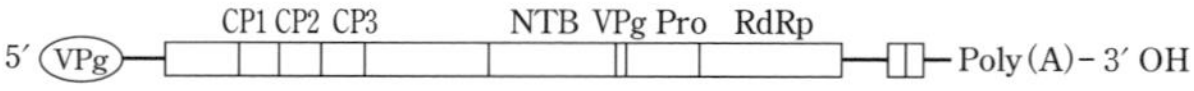

複製様式　単一ゲノムからその全長に相当する(−)ssRNAが転写され，次いで完全長の(＋)ssRNAゲノムが合成される．複製は細胞質に形成された膜系からなる特有の封入体内で行われる．

発現様式　ゲノムの全長からポリプロテインとして翻訳された後，数段階のプロセシングの過程を経て，最終的な成熟タンパク質になる．ゲノムの3′端側に存在する機能不明な2個のORFに対応するサブゲノムRNAが検出されているが，その詳細は不明．

細胞内所在　ウイルス粒子は篩部組織の細胞の細胞質内に集積あるいは散在．細胞質に形成された封入体あるいは小胞の内部や液胞内にも存在．

宿主域・病徴　宿主域は狭い．全身感染し，葉の変色，矮化などを示す．

伝染　汁液接種不可．アブラムシあるいはヨコバイによる半永続伝搬．

その他　AYVは *Persnip yellow fleck virus*(PYFV)のアブラムシ伝搬を，RTSVは *Rice tungro bacilliform virus*(RTBV)のヨコバイ伝搬を，それぞれ介助するヘルパーウイルスとなる．　　〔日比忠明〕

主要文献　Sanfaçon, H. *et al.*(2012). *Waikavirus*. Virus Taxonomy 9th Report of ICTV, 896–897；ICTVdB (2002). *Waikavirus*. 00.065.0.02.；Choi, I. R.(2008). Sequiviruses. Encyclopedia of Virology 3rd ed., 4, 546–551；Hibino, H.(2011). Waikavirus. The Springer Index of Viruses 2nd ed., 1775–1779；DPVweb. Waikavirus；Hull, R.(2004). Rice tungro spherical virus. Descriptions of Plant Viruses, 407；Gingery, R. E. *et al.*(1978). Maize chlorotic dwarf virus. Descriptions of Plant Viruses, 194；Brunt, A. A. *et al.* eds.(1996). Waikaviruses：*Sequiviridae*. Plant Viruses Online.

図1　RTSVの粒子像
〔出典：The Springer Index of Viruses 2nd ed., 1775-1779〕

図2　RTSV(12,226 nt)のゲノム構造
CP1：外被タンパク質1，CP2：外被タンパク質2，CP3：外被タンパク質3，NTB：NTP結合タンパク質，VPg：ゲノム結合タンパク質，Pro：プロテアーゼ，RdRp：RNA複製酵素．
〔出典：The Springer Index of Viruses 2nd ed., 1775-1779を改変〕

Tymovirales ティモウイルス目

分類基準 (1)（＋）ssRNA ゲノム，(2) 単一線状ゲノム，(3) ひも状粒子1種（径12〜13 nm×長さ470〜1,000 nm）（ティモウイルス科を除く）あるいは球状粒子1種（径約30 nm）（ティモウイルス科），被膜なし，(4) ティモウイルス属を除くすべての科属でゲノムの5′端にキャップ構造（Cap），3′端にポリ(A)配列（poly(A)）をもつ，(5) ウイルス RNA 複製酵素（RdRp）はアルファ様スーパーグループ型．

目の構成 和名を付した科は植物ウイルスの科あるいは植物ウイルスが含まれる科で，この場合はその属まで示し，和名を付した属が植物ウイルスの属．

ティモウイルス目 *Tymovirales*

アルファフレキシウイルス科 *Alphaflexiviridae*（宿主：植物，*Botrexvirus* 属と *Sclerodarnavirus* 属は菌類）．
- アレキシウイルス属 *Allexivirus*.
- *Botrexvirus* 属．
- ロラウイルス属 *Loravirus*.
- マンダリウイルス属 *Mandarivirus*.
- ポテックスウイルス属 *Potexvirus*.
- *Sclerodarnavirus* 属

ベータフレキシウイルス科 *Betaflexiviridae*（宿主：植物）．
- キャピロウイルス属 *Capillovirus*.
- カルラウイルス属 *Carlavirus*.
- シトリウイルス属 *Citrivirus*.
- フォベアウイルス属 *Foveavirus*.
- テポウイルス属 *Tepovirus*.
- トリコウイルス属 *Trichovirus*.
- ビティウイルス属 *Vitivirus*.

Gammaflexiviridae 科（宿主：菌類）．

ティモウイルス科 *Tymoviridae*（宿主：植物）．
- マクラウイルス属 *Maculavirus*.
- マラフィウイルス属 *Marafivirus*.
- ティモウイルス属 *Tymovirus*.

粒　子 【形態】ひも状粒子1種（径12〜13 nm×長さ470〜1,000 nm）（ティモウイルス科を除く）あるいは球状粒子1種（径約30 nm）（ティモウイルス科），被膜なし．
【物性】沈降係数92〜176 S（ティモウイルス科を除く），109〜125 S（ティモウイルス科）．
【成分】核酸：（＋）ssRNA 1種（5.9〜9.0 kb）．ティモウイルス属を除くすべての科属でゲノムの5′端にキャップ構造（Cap），3′端にポリ(A)配列（poly(A)）をもつ．タンパク質：外被タンパク質（CP）1種（18〜44 kDa）．

複製様式 単一ゲノムからその全長に相当する（−）ssRNA が転写され，次いで完全長の（＋）ssRNA ゲノムが合成される．

発現様式 RNA 複製酵素を含む ORF1 はゲノム RNA からポリプロテインとして翻訳後，ベータフレキシウイルス科やティモウイルス科のウイルスなどではおそらくパパイン様プロテアーゼによるプロセシングを受けて成熟タンパク質となる．それ以外の ORF はゲノム鎖から転写・複製された各 ORF に対応したサブゲノム RNA を mRNA として翻訳される．〔日比忠明〕

主要文献 Adams, M. J. *et al.*(2012). *Tymovirales*. Virus Taxonomy 9th Report of ICTV, 901〜903；Martelli, G. *et al.*(2007). Family *Flexiviridae*. Ann. Rev. Phytopathol. 45, 73–100.

(＋)一本鎖 RNA ウイルス　　　　　　　　　　　　　ティモウイルス目アルファフレキシウイルス科

Alphaflexiviridae　アルファフレキシウイルス科
Tymovirales

分類基準　(1)(＋)ssRNA ゲノム，(2)単一線状ゲノム，(3)ひも状粒子1種(径 12～13 nm×長さ 470～800 nm)，(4)ゲノムの 5′端にキャップ構造(Cap)，3′端にポリ(A)配列(poly(A))をもつ，(5)ウイルス RNA 複製酵素(RdRp)はアルファ様スーパーグループ型のうちのポテックス様(potex-like)グループ，(6)外被タンパク質(CP)1種(ロラウイルス属を除く)，(7)いくつかの ORF はサブゲノム RNA を介して翻訳．

科の構成　和名のない属は菌類ウイルス．
アルファフレキシウイルス科 *Alphaflexiviridae*
- アレキシウイルス属 *Allexivirus*(タイプ種：シャロット X ウイルス；ShVX)(粒子長 約 800 nm，ORF 6 個，TGB 型移行タンパク質)．
- *Botrexvirus*(タイプ種：*Botrytis virus X*；BotVX)(粒子長 約 720 nm，ORF 5 個)．
- ロラウイルス属 *Lolavirus*(タイプ種：*Lolium latent virus X*；LoLV)(粒子長 640 nm，ORF 6 個，TGB 型移行タンパク質)．
- マンダリウイルス属 *Mandarivirus*(タイプ種：*Indian citrus ringspot virus*；ICRSV)(粒子長 650 nm，ORF 6 個，TGB 型移行タンパク質)．
- ポテックスウイルス属 *Potexvirus*(タイプ種：ジャガイモ X ウイルス；PVX)(粒子長 470～580 nm，ORF 5 個，TGB 型移行タンパク質)．
- *Sclerodarnavirus*(タイプ種：*Sclerotinia sclerotiorum debilitation-associated RNA virus*；SSDaRV)(粒子なし，ORF 1 個)．
- 未帰属種：*Blackberry virus E*(BlVE)．
- 暫定種：Blackberry virus X(BlVX)など 4 種．

粒　子　【形態】ひも状 1 種(径 12～13 nm×長さ 470～800 nm)．らせんピッチ 3.3～3.7 nm．被膜なし．
【物性】沈降係数 92～176 S．
【成分】核酸：(＋)ssRNA 1 種(5.8～9.0 kb)．タンパク質：外被タンパク質(CP)1 種(18～43 kDa)．

ゲノム　【構造】単一線状(＋)ssRNA ゲノム．ORF 5～6 個(*Sclerodarnavirus* を除く)．ゲノムの 5′端にキャップ構造(Cap)，3′端にポリ(A)配列(poly(A))をもつ(図 1)．

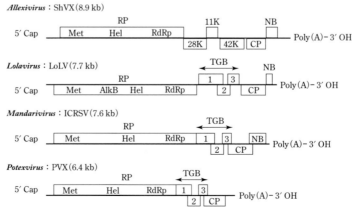

図 1　アルファフレキシウイルス科ウイルス属のゲノム構造
RP：RNA 複製酵素(Met：メチルトランスフェラーゼドメイン，Hel：ヘリカーゼドメイン，RdRp：RNA 複製酵素ドメイン)，CP：外被タンパク質，NB：核酸結合タンパク質，AlkB：アルキル化 DNA 修復タンパク質 B ドメイン，TGB：トリプルジーンブロック．

［出典：Encyclopedia of Virology 3rd ed., 2, 253-259 を改変］

【遺伝子】5′-Cap-150〜196 kDa RNA 複製酵素（RP）（メチルトランスフェラーゼドメイン（Met）/ヘリカーゼドメイン（Hel）/RNA 複製酵素ドメイン（RdRp）；ポテックス様グループ）-移行タンパク質（*Botrexvirus*, *Sclerodarnavirus* を除いてすべてトリプルジーンブロック（TGB））-18〜43 kDa 外被タンパク質（CP）-poly（A）-3′．

ロラウイルス属では CP の ORF のインターナルイニシエーションによりもう1種の CP が生じる．ほかに，アレキシウイルス属，ロラウイルス属，マンダリウイルス属では CP の ORF の 3′ 側と一部重複した ORF1 個が存在するが，いずれもその翻訳産物は核酸結合能をもつ．

複 製 様 式 ゲノムから全長に相当する（−）ssRNA が転写され，次いで完全長の（＋）ssRNA ゲノムが合成される．また下流の遺伝子の発現のためサブゲノム RNA が転写される．

発 現 様 式 プラス鎖のゲノム RNA を mRNA として 5′ 側の RNA 複製酵素遺伝子が発現する．それ以外の下流の遺伝子は共通の 3′ 末端をもつ各遺伝子に対応したサブゲノム RNA から翻訳される．

細胞内所在 アレキシウイルス属で細胞質内に顆粒状封入体を形成する以外には，特異的な細胞変性は認められない．ウイルス粒子はいずれも細胞質内で集塊をなす．

宿主域・病徴 単子葉植物，双子葉植物と宿主域は広いが，個々のウイルス種では限られている．アレキシウイルス属はユリ科植物，ロラウイルス属はイネ科植物，マンダリウイルス属はカンキツ類，ポテックスウイルス属は多種の植物を，それぞれ主な自然宿主とする．いずれも病徴は比較的弱い．

伝　　　染 汁液接種可．多くは媒介生物不明だが，アレキシウイルス属はダニ伝搬．ポテックスウイルス属は接触伝染と栄養繁殖による伝染．　　　　　　　　　　〔難波成任〕

主 要 文 献 Adams, M. J. *et al.* (2012). *Alphaflexiviridae*. Virus Taxonomy 9th Report of ICTV, 904–919；ICTVdB (2006). *Flexiviridae*. 00.056.；DPVweb. Alphaflexiviridae；Adams, M. J. (2008). Flexiviruses. Encyclopedia of Virology 3rd ed., 2, 253–259；Zavriev, S. K. (2008). *Allexivirus*. Encyclopedia of Virology 3rd ed., 1, 96–98；Ryu, K. H. (2008). *Potexvirus*. Encyclopedia of Virology 3rd ed., 4, 310–313；Natsuaki, K. *et al.* (2011). Allexivirus. The Springer Index of Viruses 2nd ed., 491–500；DPVweb, Lolavirus；Verchot-Lubicz, J. (2011). Mandarivirus. The Springer Index of Viruses 2nd ed., 501–504；Verchot-Lubicz, J. (2011). Potexvirus. The Springer Index of Viruses 2nd ed., 505–515；吉川信幸 (2007). 植物ウイルスの分類学（11）フレキシウイルス科（*Flexiviridae*）．植物防疫, 61, 520–524．

(＋)一本鎖 RNA ウイルス　　　　　　　　　　　　　　　ティモウイルス目アルファフレキシウイルス科

Allexivirus　アレキシウイルス属
Tymovirales Alphaflexiviridae

分類基準　(1)(＋)ssRNA ゲノム，(2) 単一線状ゲノム，(3) ひも状粒子1種(径12 nm×長さ800 nm)，(4) ゲノムの 5′ 端にキャップ構造(Cap)，3′ 端にポリ(A)配列(poly(A))をもつ，(5) ウイルス RNA 複製酵素(RdRp)はアルファ様スーパーグループ型のうちのポテックス様(potex-like)グループ，(6) 外被タンパク質(CP)1種，(7) いくつかの ORF はサブゲノム RNA を介して翻訳，(8) ORF 6個，(9) TGB 型移行タンパク質，(10) ダニ伝搬．

タイプ種　シャロット X ウイルス(*Shallot virus X*：ShVX)．

属の構成　*Garlic mite-borne filamentous virus*(GarMbFV)，ニンニク A ウイルス(*Garlic virus A*：GarV-A)，ニンニク B ウイルス(*Garlic virus B*：GarV-B)，ニンニク C ウイルス(*Garlic virus C*：GarV-C)，ニンニク D ウイルス(*Garlic virus D*：GarV-D)，*Garlic virus E*(GarV-E)，*Garlic virus X*(GarV-X)，シャロット X ウイルス(ShVX)．
暫定種：Garlic mite-borne latent virus(GarMbLV)など2種．

粒子　【形態】ひも状1種(径12 nm×長さ800 nm)，被膜なし(図1)．
【物性】沈降係数 170 S．浮遊密度(CsCl) 1.33 g/cm^3．
【成分】核酸：(＋)ssRNA 1種(8.1〜8.8 kb，GC 含量 46〜49%)．タンパク質：外被タンパク質(CP)1種(28〜36 kDa)．

ゲノム　【構造】単一線状(＋)ssRNA ゲノム．ORF 6個．5′ 端にキャップ構造(Cap)，3′ 端にポリ(A)配列(poly(A))をもつ(図2)．
【遺伝子】5′-Cap-ORF1(174〜195 kDa RNA 複製酵素；RP)-ORF2(26〜28 kDa 移行タンパク質1；TGB1)-ORF3(11 kDa 移行タンパク質3；TGB3)-ORF4(33〜42 kDa 機能不明タンパク質)-ORF5(28〜35 kDa 外被タンパク質；CP)-ORF6(15 kDa 核酸結合タンパク質；NB)-poly(A)-3′．なお，ORF2〜3 に 7〜8 kDa 移行タンパク質2(TGB2)と推定される配列があるが，開始コドンが欠けている．

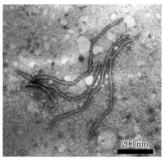

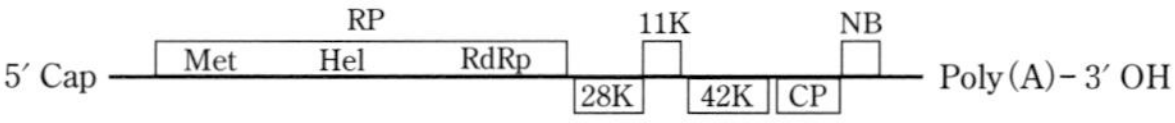

図1　ShVX の粒子像

図2　ShVX(8,832 nt)のゲノム構造
RP：RNA 複製酵素(Met：メチルトランスフェラーゼドメイン，Hel：ヘリカーゼドメイン，RdRp：RNA 複製酵素ドメイン)，CP：外被タンパク質，NB：核酸結合タンパク質．
〔出典：Virus Taxonomy 9th Report of ICTV, 905-907 を改変〕

複製様式　ゲノムから全長に相当する(−)ssRNA が転写され，次いで完全長の(＋)ssRNA ゲノムが合成される．複製は細胞質内で行われる．

発現様式　外被タンパク質と 15 kDa 核酸結合タンパク質はおそらくサブゲノム RNA から翻訳．

細胞内所在　ウイルス粒子は感染植物の各種細胞の細胞質内に存在．細胞質内に顆粒状封入体を形成．

宿主域・病徴　シャロット，タマネギ，ニンニク，ワケギなどのネギ科植物に全身感染するが，多くの場合は無病徴感染．

伝染　汁液接種可．チューリップサビダニ(*Aceria tulipae*)によるダニ伝染．　〔山下一夫〕

主要文献　Adams, M. J. *et al.*(2012). *Allexivirus*. Virus Taxonomy 9th Report of ICTV, 905-907；ICTVdB (2006). *Allexivirus*. 00.056.0.03.；DPVweb. Allexivirus；Zavriev, S. K. *et al.*(2003). Shallot virus X. Descriptions of Plant Viruses, 397；Zavriev, S. K.(2008). *Allexivirus*. Encyclopedia of Virology 3rd ed., 1, 96-98；Natsuaki, K. *et al.*(2011). Allexivirus. The Springer Index of Viruses 2nd ed., 491-500；Chen, J. *et al.*(2001). Arch. Virol., 146, 1841-1853；Chen, J. *et al.*(2004). Arch. Virol., 149, 435-445；Kanyuka, K. V. *et al.*(1992). J. Gen. Virol., 73, 2553-2560；Song, S. I. *et al.*(1998). J. Gen. Virol., 79, 155-159；Sumi, S. *et al.*(1993). J. Gen. Virol., 74, 1879-1995；Van Dijk, P. *et al.*(1991). Neth. J. Plant Path., 97, 381-399；Vishnichenko, V. K. *et al.*(1993). Plant Path., 42, 121-126；Yamashita, K. *et al.*(1996). Ann. Phytopathol. Soc. Jpn., 62, 483-489.

Lolavirus ロラウイルス属
Tymovirales Alphaflexiviridae

分類基準 (1)（＋）ssRNA ゲノム，(2) 単一線状ゲノム，(3) ひも状粒子 1 種（径 13 nm×長さ 640 nm），(4) ゲノムの 5′ 端にキャップ構造（Cap），3′ 端にポリ（A）配列（poly（A））をもつ，(5) ウイルス RNA 複製酵素（RdRp）はアルファ様スーパーグループ型のうちのポテックス様（potex-like）グループ，(6) 外被タンパク質（CP）2 種，(7) いくつかの ORF はサブゲノム RNA を介して翻訳，(8) ORF 6 個，(9) TGB 型移行タンパク質．

タイプ種 *Lolium latent virus X*（LoLV）．

属の構成 *Lolium latent virus X*（LoLV）．

粒　　子 【形態】ひも状 1 種（径 13 nm×長さ 640 nm），被膜なし（図 1）．
【成分】核酸：（＋）ssRNA 1 種（7.7 kb，GC 含量 52.1 ％）．タンパク質：外被タンパク質（CP）2 種（28 kDa，32 kDa）．

ゲ ノ ム 【構造】単一線状（＋）ssRNA ゲノム．ORF 6 個．ゲノムの 5′ 端にキャップ構造（Cap），3′ 端にポリ（A）配列（poly（A））をもつ（図 2）．
【遺伝子】5′-Cap-196 kDa RNA 複製酵素（RP）（メチルトランスフェラーゼドメイン（Met）/アルキル化 DNA 修復タンパク質 B ドメイン（AlkB）/ヘリカーゼドメイン（Hel）/RNA 複製酵素ドメイン（RdRp）；ポテックス様グループ）-30 kDa 移行タンパク質 1（TGB1）-13 kDa 移行タンパク質 2（TGB2）-7 kDa 移行タンパク質 3（TGB3）-32 kDa/28 kDa 外被タンパク質（CP；28 kDa タンパク質は 32 kDa タンパク質の ORF のインターナルイニシエーションによるタンパク質）-5 kDa 核酸結合タンパク質（NB）-poly（A）-3′．

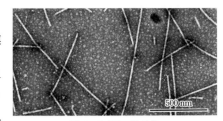

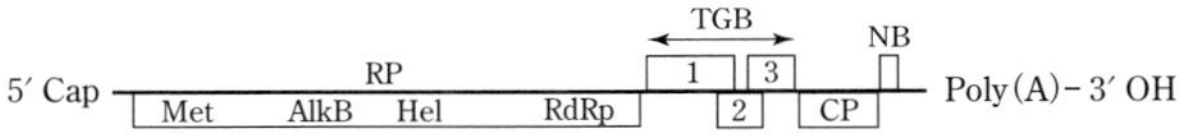

図 1　LoLV の粒子像
〔出典：Virus Taxonomy 9th Report of ICTV, 909-910〕

図 2　LoLV（7,674 nt）のゲノム構造
RP：RNA 複製酵素（Met：メチルトランスフェラーゼドメイン，AlkB：アルキル化 DNA 修復タンパク質 B ドメイン，Hel：ヘリカーゼドメイン，RdRp：RNA 複製酵素ドメイン），TGB：トリプルジーンブロック，CP：外被タンパク質，NB：核酸結合タンパク質．
〔出典：Virus Taxonomy 9th Report of ICTV, 909-910 を改変〕

複製様式 ゲノムから全長に相当する（－）ssRNA が転写され，次いで完全長の（＋）ssRNA ゲノムが合成される．また下流の遺伝子の発現のためサブゲノム RNA が転写される．

発現様式 プラス鎖のゲノム RNA を mRNA として 5′ 側の RNA 複製酵素遺伝子が発現する．それ以外の下流の遺伝子は共通の 3′ 末端をもつ各遺伝子に対応したサブゲノム RNA から翻訳される．

細胞内所在 ウイルス粒子は細胞質内で集塊をなす．

宿主域・病徴 自然宿主はイネ科植物に限られる．全身感染するが，多くは潜在感染．

伝　　染 汁液接種可．媒介生物不明． 〔日比忠明〕

主要文献 Adams, M. J. *et al.*（2012）．*Lolavirus*. Virus Taxonomy 9th Report of ICTV, 909-910；DPVweb. Lolavirus；Vaira, A. M. *et al.*（2008）. Molecular characterization of Lolium latent virus, proposed type member of a new genus in the family *Flexiviridae*. Arch. Virol., 153, 1263-1270.

（＋）一本鎖 RNA ウイルス　　　　　　　　　　　　　　　　ティモウイルス目アルファフレキシウイルス科

Mandarivirus　マンダリウイルス属
Tymovirales Alphaflexiviridae

分類基準　(1)（＋）ssRNA ゲノム，(2) 単一線状ゲノム，(3) ひも状粒子 1 種（径 13 nm×長さ 650 nm），(4) ゲノムの 5′端にキャップ構造（Cap），3′端にポリ（A）配列（poly（A））をもつ，(5) ウイルス RNA 複製酵素（RdRp）はアルファ様スーパーグループ型のうちのポテックス様（potex-like）グループ，(6) 外被タンパク質（CP）1 種，(7) いくつかの ORF はサブゲノム RNA を介して翻訳，(8) ORF 6 個，(9) TGB 型移行タンパク質，(10) 媒介生物不明．

タイプ種　*Indian citrus ringspot virus*（ICRSV）．

属の構成　*Citrus yellow vein clearing virus*（CYVCV），*Indian citrus ringspot virus*（ICRSV）．

粒子　【形態】ひも状 1 種（径 13 nm×長さ 650 nm），被膜なし（図 1）．
【成分】核酸：（＋）ssRNA1 種（7,560 nt，GC 含量 52％）．タンパク質：外被タンパク質（CP）1 種（34 kDa）．

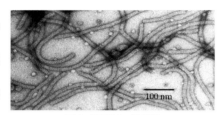

図 1　ICRSV の粒子像
［出典：Rustici, G. *et al.*（2000）. Arch. Virol., 145, 1895-1908］

ゲノム　【構造】単一線状（＋）ssRNA ゲノム．ORF 6 個．5′端にキャップ構造（Cap），3′端にポリ（A）配列（poly（A））をもつ（図 2）．
【遺伝子】5′-Cap-ORF1（187 kDa RNA 複製酵素（RP）；メチルトランスフェラーゼドメイン（Met）/ヘリカーゼドメイン（Hel）/RNA 依存 RNA 複製酵素ドメイン（RdRp）；ポテックス様グループ）

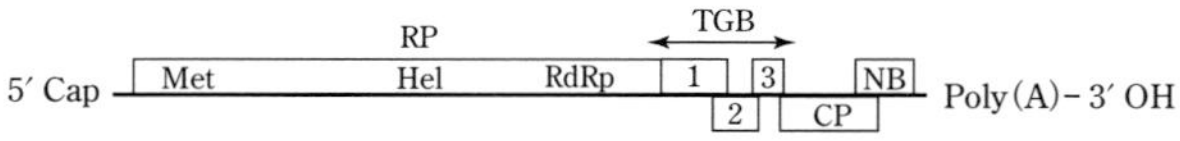

図 2　ICRSV（7,560 nt）のゲノム構造
RP：RNA 複製酵素（Met：メチルトランスフェラーゼドメイン，Hel：ヘリカーゼドメイン，RdRp：RNA 複製酵素ドメイン），TGB：トリプルジーンブロック，CP：外被タンパク質，NB：核酸結合タンパク質．
［出典：Virus Taxonomy 9th Report of ICTV, 911-912 を改変］

-ORF2（25 kDa 移行タンパク質 1；TGB1）-ORF3（12 kDa 移行タンパク質 2；TGB2）-ORF4（6.4 kDa 移行タンパク質 3；TGB3）-ORF5（34 kDa 外被タンパク質；CP）-ORF6（28 kDa 核酸結合タンパク質；NB）-poly（A）-3′．ORF2〜6 は互いに一部オーバラップして存在している．

複製様式　おそらくゲノムから全長に相当する（−）ssRNA が転写され，次いで完全長の（＋）ssRNA ゲノムが合成される．また下流の遺伝子の発現のためサブゲノム RNA が転写される．

発現様式　おそらくプラス鎖のゲノム RNA を mRNA として 5′側の RNA 複製酵素遺伝子が発現する．それ以外の下流の遺伝子は共通の 3′末端をもつ各遺伝子に対応したサブゲノム RNA から翻訳される．

宿主域・病徴　カンキツ，特にマンダリンに感染し，深刻な病害を与える．成熟葉に黄色の輪紋を生じ，急速に植物体が減退する．人工接種ではインゲンマメに全身感染し，アカザ科植物（*Chenopodium quinoa*, *C. amaranticolor*），ダイズ，ササゲには局部感染．

伝染　汁液接種可．媒介生物不明．接ぎ木伝染．　　　　　　　　　　〔難波成任〕

主要文献　Adams, M. J. *et al.*（2012）. *Mandarivirus*. Virus Taxonomy 9th Report of ICTV, 911-912；ICTV Virus Taxonomy List（2013）. *Mandarivirus*；ICTVdB（2006）. *Mandarivirus*. 00.056.0.02.；DPVweb. Mandarivirus；Verchot-Lubicz, J.（2011）. Mandarivirus. The Springer Index of Viruses 2nd ed., 501-504；Rustici, G. *et al.*（2000）. Arch. Virol., 145, 1895-1908；Rustici, G. *et al.*（2002）. Arch. Virol., 147, 2215-2224.

Potexvirus ポテックスウイルス属
Tymovirales Alphaflexiviridae

分類基準 (1) (+)ssRNA ゲノム，(2) 単一線状ゲノム，(3) ひも状粒子1種(径13 nm×長さ470～580 nm)，(4) ゲノムの5′端にキャップ構造(Cap)，3′端にポリ(A)配列(poly(A))をもつ，(5) ウイルス RNA 複製酵素(RdRp)はアルファ様スーパーグループ型のうちのポテックス様(potex-like)グループ，(6) 外被タンパク質(CP)1種，(7) いくつかの ORF はサブゲノム RNA を介して翻訳，(8) ORF 5個，(9) TGB 型移行タンパク質，(10) 媒介生物不明．

タイプ種 ジャガイモXウイルス(Potato virus X：PVX)．

属の構成 アスパラガスウイルス3(Asparagus virus 3：AV-3)，*Bamboo mosaic virus*(BaMV)，サボテンXウイルス(*Cactus virus X*：CVX)，シンビジウムモザイクウイルス(*Cymbidium mosaic virus*：CymMV)，ギボウシXウイルス(*Hosta virus X*：HVX)，ユリXウイルス(*Lily virus X*：LVX)，スイセンモザイクウイルス(*Narcissus mosaic virus*：NMV)，ヒメヒガンバナXウイルス(*Nerine virus X*：NVX)，オオバコモザイクウイルス(*Plantago asiatica mosaic virus*：PlAMV)，ジャガイモ黄斑モザイクウイルス(*Potato aucuba mosaic virus*：PAMV)，ジャガイモXウイルス(*Potato virus X*：PVX)，イチゴマイルドイエローエッジウイルス(*Strawberry mild yellow edge virus*：SMYEV)，チューリップXウイルス(*Tulip virus X*：TVX)，シロクローバモザイクウイルス(*White clover mosaic virus*：WClMV)など37種．

暫定種：Caladium virus X(CalVX)など27種．

粒　子　【形態】ひも状1種(径13 nm×長さ470～580 nm)．らせんピッチ3.3～3.7 nm．被膜なし(図1)．
【物性】沈降係数115～130 S．浮遊密度(CsCl) 1.31 g/cm³．
【成分】核酸：(+)ssRNA 1種(5.8～7.0 kb)．タンパク質：外被タンパク質(CP)1種(18～27 kDa)．

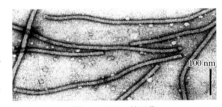

図1　PVX の粒子像
[出典：Virus Taxonomy 9th Report of ICTV, 912-915]

ゲノム　【構造】単一線状(+)ssRNA ゲノム．ORF 5個．5′端にキャップ構造(Cap)，3′端にポリ(A)配列(poly(A))をもつ(図2)．
【遺伝子】5′-Cap-ORF1(150～187 kDa RNA 複製酵素(RP)；メチルトランスフェラーゼドメイン(Met)/ヘリカーゼドメイン(Hel)/RNA 依存 RNA 複製酵素ドメイン(RdRp)；ポテックス様グループ)-ORF2(25 kDa 移行タンパク質1；TGB1)-ORF3(12 kDa 移行タンパク質2；TGB2)-ORF4(8 kDa 移行タンパク質3；TGB3)-ORF5(18～27 kDa 外被タンパク質：CP)-poly(A)-3′．ORF2～4 は互いに一部オーバーラップして存在している．ORF5 の内部に含まれる ORF6 をもつものもある．

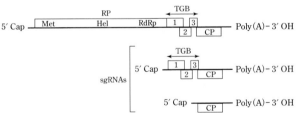

図2　PVX(6,435 nt)のゲノム構造と発現様式
RP：RNA 複製酵素(Met：メチルトランスフェラーゼドメイン，Hel：ヘリカーゼドメイン，RdRp：RNA 複製酵素ドメイン)，TGB：トリプルジーンブロック，CP：外被タンパク質，sgRNA：サブゲノム RNA．
[出典：Virus Taxonomy 9th Report of ICTV, 912-915を改変]

複製様式　ゲノムから全長に相当する(−)ssRNA が転写され，次いで完全長の(+)ssRNA ゲノムが合成される．複製は細胞質内で行われる．

発現様式　ウイルス RNA 複製酵素はゲノム RNA から直接翻訳される．トリプルジーンブロックタンパク質のうち，TGB1 は2.1 kb のサブゲノム RNA から翻訳され，TGB2 および TGB3 は1.2 kb のサブゲノム RNA からおそらくバイシストロニックに翻訳される．外被タンパク質は1.0 kb

のサブゲノム RNA から翻訳される．

細胞内所在 ウイルス粒子は感染細胞の細胞質内に存在し，繊維状，帯状もしくは不規則な集合体を形成する．しばしば膜の増生を示す．

宿主域・病徴 広い範囲の単子葉および双子葉植物に感染し，モザイクや輪状斑などの病徴を引き起こすが，個々のウイルス種の宿主範囲は限定されている．一方で，感染した植物に単独ではそれほどの病害を与えないものもある．

伝　　染 汁液接種可．媒介生物不明．栄養繁殖による伝染．自然界では接触接触により伝染する．

〔難波成任〕

主 要 文 献 Adams, M. J. *et al.*(2012). *Potexvirus*. Virus Taxonomy 9th Report of ICTV, 912-915；ICTVdB (2006). *Potexvirus*. 00.056.0.01.；DPVweb. Potexvirus；Koenig, R. *et al.*(1978). Potexvirus group. Descriptions of Plant Viruses, 200；Koenig, R. *et al.*(1989). Potato virus X. Descriptions of Plant Viruses, 354；Ryu, K. H.(2008). *Potexvirus*. Encyclopedia of Virology 3rd ed., 4, 310-313；Verchot-Lubicz, J.(2011). Potexvirus. The Springer Index of Viruses 2nd ed., 505-515；Brunt, A. A. *et al.* eds.(1996). Potexviruses. Plant Viruses Online；Park, M. R. *et al.*(2013). Adv. Virus Res., 87, 75-112.

Betaflexiviridae ベータフレキシウイルス科

Tymovirales

分類基準 (1)（＋）ssRNAゲノム，(2) 単一線状ゲノム，(3) ひも状粒子1種（径12～15 nm×長さ600～1,000 nm），(4) ゲノムの5′端にキャップ構造(Cap)，3′端にポリ(A)配列(poly(A))をもつ，(5) ウイルスRNA複製酵素(RdRp)はアルファ様スーパーグループ型のうちのカルラ様(carla-like)グループ，(6) 外被タンパク質(CP)1種，(7) いくつかのORFはサブゲノムRNAを介して翻訳．

科の構成 ベータフレキシウイルス科 *Betaflexiviridae*

- キャピロウイルス属 *Capillovirus*（タイプ種：リンゴステムグルービングウイルス；ASGV）（粒子長640～700 nm，ORF 3個，30 K型移行タンパク質）．
- カルラウイルス属 *Carlavirus*（タイプ種：カーネーション潜在ウイルス；CLV）（粒子長610～700 nm，ORF 6個，TGB型移行タンパク質）．
- シトリウイルス属 *Citrivirus*（タイプ種：*Citrus leaf blotch virus*；CLBV）（粒子長960 nm，ORF 3個，30 K型移行タンパク質）．
- フォベアウイルス属 *Foveavirus*（タイプ種：リンゴステムピッティングウイルス；ASPV）（粒子長約800 nm，ORF 5個，TGB型移行タンパク質）．
- テポウイルス属 *Tepovirus*（タイプ種：*Potato virus T*；PVT）（粒子長約640 nm，ORF 3個，30 K型移行タンパク質）
- トリコウイルス属 *Trichovirus*（タイプ種：リンゴクロロティックリーフスポットウイルス；ACLSV）（粒子長640～890 nm，ORF 3～4個，30 K型移行タンパク質）．
- ビティウイルス属 *Vitivirus*（タイプ種：ブドウAウイルス；GVA）（粒子長725～785 nm，ORF 5個，30 K型移行タンパク質）
- 未帰属種：*African oil palm ringspot virus*(AOPRV)，*Banana mild mosaic virus*(BanMMV)，*Banana virus X*(BanVX)，チェリー緑色輪紋ウイルス(*Cherry green ring mottle virus*：CGRMV)，チェリーえそさび斑ウイルス(*Cherry necrotic rusty mottle virus*：CNRMV)，*Diuris virus A*(DiVA)，*Diuris virus B*(DiVB)，*Hardenbergia virus A*(HarVA)，*Sugarcane striate mosaic-associated virus*(SCSMaV)．
- 暫定種：White ash mosaic virus(WAMV)など5種．

粒 子 【形態】ひも状1種（径12～13 nm×長さ600～1,000 nm）．らせんピッチ3.3～3.7 nm．被膜なし．
【物性】沈降係数92～176 S.
【成分】核酸：（＋）ssRNA 1種(5.9～9.0 kb)．タンパク質：外被タンパク質(CP)1種(18～44 kDa)．

ゲ ノ ム 【構造】単一線状(＋)ssRNAゲノム．ORF 3～6個．ゲノムの5′端にキャップ構造(Cap)，3′端にポリ(A)配列(poly(A))をもつ(図1).
【遺伝子】5′-Cap-190～250 kDa RNA複製酵素(RP)（メチルトランスフェラーゼドメイン(Met)/アルキル化DNA修復タンパク質Bドメイン(AlkB)/パパイン様プロテアーゼドメイン(P-Pro)/ヘリカーゼドメイン(Hel)/RNA複製酵素ドメイン(RdRp)；カルラ様グループ；属によってAlkBあるいはP-Proを欠くものもある)-移行タンパク質(MP)（キャピロウイルス属，シトリウイルス属，テポウイルス属，トリコウイルス属，ビティウイルス属は30 K型，カルラウイルス属，フォベアウイルス属はトリプルジーンブロック(TGB)型)-18～44 kDa 外被タンパク質(CP)-poly(A)-3′．ほかに，カルラウイルス属やビティウイルス属ではCPのORFの3′側と一部重複したORF1個が，トリコウイルス属の一部ウイルスにはCPのORFの下流にORF1個が存在するが，いずれもその翻訳産物は核酸結合能をもつ．

複製様式 ゲノムから全長に相当する(－)ssRNAが転写され，次いで完全長の(＋)ssRNAゲノムが合成される．また下流の遺伝子の発現のためサブゲノムRNAが転写される．

発現様式 RNA複製酵素を含むORF1はゲノムRNAから直接ポリプロテインとして翻訳後，多くの属でおそらくパパイン様プロテアーゼによるプロセシングを受けて成熟タンパク質となる．それ以

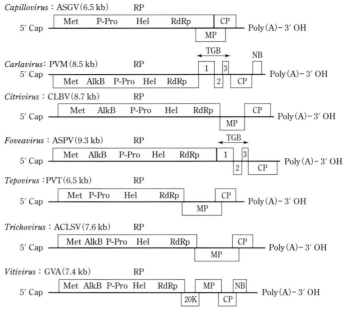

図1 ベータフレキシウイルス科ウイルス属のゲノム構造

RP：RNA 複製酵素(Met：メチルトランスフェラーゼドメイン，AlkB：アルキル化 DNA 修復タンパク質 B ドメイン，P-Pro：パパイン様プロテアーゼドメイン，Hel：ヘリカーゼドメイン，RdRp：RNA 複製酵素ドメイン），TGB：トリプルジーンブロック，MP：移行タンパク質，CP：外被タンパク質，NB：核酸結合タンパク質．

〔出典：Encyclopedia of Virology 3rd ed., 2, 253-259 を改変〕

外の下流の遺伝子は共通の 3′末端をもつ各遺伝子に対応したサブゲノム RNA から翻訳される．ただし，ビティウイルス属では RNA 複製酵素遺伝子もそれに対応したサブゲノム RNA から翻訳される．

細胞内所在 カルラウイルス属では細胞質内に不定形の封入体，ビティウイルス属では液胞膜由来の小胞が形成される．一般にウイルス粒子は細胞質内で集塊をなすが，トリコウイルス属では時に核内にも粒子が認められる．

宿主域・病徴 単子葉植物，双子葉植物と宿主域は広いが，個々のウイルス種ではきわめて限られている．カルラウイルス属とテポウイルス属のウイルスは主として草本植物を，他の 5 属はいずれも木本植物を自然宿主とする．病徴は一般に比較的弱い．

伝　　染 汁液接種可．接ぎ木伝染．栄養繁殖による伝染．多くは媒介生物不明だが，カルラウイルス属ウイルスの多くはアブラムシで非永続的に伝搬され，数種のトリコウイルス属ウイルスはダニによって伝搬される．一方，数種のビティウイルス属ウイルスはコナカイガラムシあるいはアブラムシによって半永続的に伝搬される．　　　　　　　　　　　　　　　　　　〔難波成任〕

主要文献 Adams, M. J. *et al.*(2012). *Betaflexiviridae*. Virus Taxonomy 9th Report of ICTV, 920-941；ICTV Virus Taxonomy List(2013). *Betaflexiviridae*；ICTVdB(2006). *Flexiviridae*. 00.056.；DPVweb. Betaflexiviridae；Adams, M. J.(2008). Flexiviruses. Encyclopedia of Virology 3rd ed., 2, 253-259；Ryu, K. H. *et al.*(2008). *Carlavirus*. Encyclopedia of Virology 3rd ed., 1, 448-452；Yoshikawa, N.(2008). *Capillovirus, Foveavirus, Trichovirus, Vitivirus*. Encyclopedia of Virology 3rd ed., 1, 419-427；Yoshikawa, N.(2011). Capillovirus. The Springer Index of Viruses 2nd ed., 517-520；Martelli, G. P. *et al.*(2011). Carlavirus. The Springer Index of Viruses 2nd ed., 521-532；DPVweb, Citrivirus；Martelli, G. P. *et al.*(2011). Foveavirus. The Springer Index of Viruses 2nd ed., 533-539；DPVweb, Tepovirus；Youssef, F. *et al.*(2011). Trichovirus. The Springer Index of Viruses 2nd ed., 541-549；Martelli, G. P. *et al.*(2011). Vitivirus. The Springer Index of Viruses 2nd ed., 551-558；吉川信幸(2007). 植物ウイルスの分類学(11) フレキシウイルス科(*Flexiviridae*). 植物防疫，61, 520-524.

Capillovirus キャピロウイルス属

Tymovirales Betaflexiviridae

分類基準 (1)（＋）ssRNAゲノム，(2) 単一線状ゲノム，(3) ひも状粒子1種（径12 nm×長さ640〜700 nm），(4) ゲノムの5′端にキャップ構造(Cap)，3′端にポリ(A)配列(poly(A))をもつ，(5) ウイルスRNA複製酵素(RdRp)はアルファ様スーパーグループ型のうちのカルラ様(carla-like)グループ，(6) 外被タンパク質(CP)1種，(7) いくつかのORFはサブゲノムRNAを介して翻訳，(8) ORF 3個，(9) 30 K型移行タンパク質(MP)，(10) 媒介生物不明．

タイプ種 リンゴステムグルービングウイルス(Apple stem grooving virus：ASGV)．

属の構成 リンゴステムグルービングウイルス(Apple stem grooving virus：ASGV), Cherry virus A (CVA).

なお，カンキツタターリーフウイルス(Citrus tatter leaf virus：CTLV)はASGVの1系統．

暫定種：Nandina stem pitting virus(NSPV)．

粒　　子 【形態】ひも状1種（径12 nm×長さ640〜700 nm）．らせんピッチ3.4 nm．被膜なし（図1）．

【物性】沈降係数 約112 S.

【成分】核酸：(+)ssRNA 1種(6.5〜7.4 kb, GC含量39〜41%)．タンパク質：外被タンパク質(CP)1種(24〜27 kDa)．

ゲ ノ ム 【構造】単一線状(+)ssRNAゲノム．ORF 3個．ゲノムの5′端にキャップ構造(Cap)，3′端にポリ(A)配列(poly(A))をもつ（図2）．

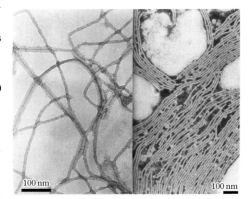

図1　ASGVの粒子像

図2　ASGV(6,495 nt)のゲノム構造

RP：RNA複製酵素(Met：メチルトランスフェラーゼドメイン，P-Pro：パパイン様プロテアーゼドメイン，Hel：ヘリカーゼドメイン，RdRp：RNA複製酵素ドメイン)，MP：移行タンパク質，CP：外被タンパク質．

[出典：Virus Taxonomy 9th Report of ICTV, 922-923を改変]

【遺伝子】5′-Cap-ORF1/ORF3(240〜266 kDa RNA複製酵素(RP)/外被タンパク質(CP)；メチルトランスフェラーゼドメイン(Met)/パパイン様プロテアーゼドメイン(P-pro)/ヘリカーゼドメイン(Hel)/RNA複製酵素ドメイン(RdRp)/外被タンパク質)-ORF2(36 kDa 移行タンパク質(MP))-poly(A)-3′．

ORF3はORF1に融合する形で，ORF2はORF1の内部に異なるフレームで存在する．

複製様式 ゲノム全長に相当する(−)ssRNAが転写され，次いで完全長の(+)ssRNAゲノムが合成される．複製は細胞質内で行われる．

発現様式 RNA複製酵素を含むORF1はゲノムRNAから直接ポリプロテインとして翻訳後，おそらくパパイン様プロテアーゼによるプロセシングを受けて成熟タンパク質となる．外被タンパク質と細胞間移行タンパク質はおそらくサブゲノムRNAを介して翻訳される．

細胞内所在 ウイルス粒子は感染植物の各種細胞の細胞質内に束状に存在する．特異的な封入体は認められない．

宿主域・病徴 カンキツ，リンゴ，ナシ，ライラック，ナンテン，ユリなどの永年性の果樹や草本植物に全身感染し，主に斑点，奇形葉，接ぎ木部壊死などを示す．潜在感染していることも多い．

伝　　　染　汁液接種可．媒介生物不明．接ぎ木伝染．接触伝染．草本植物では種子伝染．　　　〔難波成任〕

主 要 文 献　Adams, M. J. *et al.*(2012). *Capillovirus*. Virus Taxonomy 9th Report of ICTV, 922-923 ; ICTVdB (2006). *Capillovirus*. 00.056.0.06. ; Yoshikawa, N.(2008). *Capillovirus, Foveavirus, Trichovirus, Vitivirus*. Encyclopedia of Virology 3rd ed., 1, 419-427 ; DPVweb. Capillovirus ; Yoshikawa, N.(2000). Apple stem grooving virus. Descriptions of Plant Viruses, 376 ; Yoshikawa, N.(2011). Capillovirus. The Springer Index of Viruses 2nd ed., 517-520 ; Brunt, A. A. *et al.* eds.(1996). Capilloviruses. Plant Viruses Online ; Adams, M. J. *et al.*(2004). Arch. Virol., 149, 1045-1060 ; Ohira, K. *et al.*(1995). J. Gen. Virol., 76, 2305-2309 ; Jelkmann, W.(1995). J. Gen. Virol., 76, 2015-2024.

Carlavirus カルラウイルス属
Tymovirales Betaflexiviridae

分類基準 (1)（＋）ssRNA ゲノム，(2) 単一線状ゲノム，(3) ひも状粒子1種（径 12～15 nm×長さ 610～700 nm），(4) ゲノムの 5′端にキャップ構造 (Cap)，3′端にポリ (A) 配列 (poly(A)) をもつ，(5) ウイルス RNA 複製酵素 (RdRp) はアルファ様スーパーグループ型のうちのカルラ様 (carla-like) グループ，(6) 外被タンパク質 (CP) 1種，(7) いくつかの ORF はサブゲノム RNA を介して翻訳，(8) ORF 6個，(9) TGB 型移行タンパク質，(10) アブラムシ伝搬．

タイプ種 カーネーション潜在ウイルス (*Carnation latent virus*：CLV)．

属の構成 トリカブト潜在ウイルス (*Aconitum latent virus*：AcLV)，フキモザイクウイルス (*Butterbur mosaic virus*：ButMV)，カーネーション潜在ウイルス (*Carnation latent virus*：CLV)，キク B ウイルス (*Chrysanthemum virus B*：CVB)，ジンチョウゲ S ウイルス (*Daphne virus S*：DVS)，ホップ潜在ウイルス (*Hop latent virus*：HpLV)，ホップモザイクウイルス (*Hop mosaic virus*：HpMV)，ユリ潜在ウイルス (*Lily symptomless virus*：LSV)，クワ潜在ウイルス (*Mulberry latent virus*：MLV)，ネリネ潜在ウイルス (*Nerine latent virus*：NeLV)，トケイソウ潜在ウイルス (*Passiflora latent virus*：PLV)，ジャガイモ M ウイルス (*Potato virus M*：PVM)，ジャガイモ S ウイルス (*Potato virus S*：PVS)，シャロット潜在ウイルス (*Shallot latent virus*：SLV)，イチゴシュードマイルドイエローエッジウイルス (*Strawberry pseudo mild yellow edge virus*：SPMYEV) など 52 種．

暫定種：Arracacha latent virus (ALV)，イチジク S ウイルス (Fig virus S：FVS)，ライラック輪紋ウイルス (Lilac ringspot virus：LiRSV) など 27 種．

粒子
【形態】ひも状 1 種（径 12～15 nm×長さ 610～700 nm），らせんピッチ 3.3～3.4 nm．被膜なし（図1）．

【物性】沈降係数 147～176 S．浮遊密度 (CsCl) 1.3 g/cm³．

【成分】核酸：（＋）ssRNA 1 種（8.3～9.0 kb）．タンパク質：外被タンパク質 (CP) 1 種（32～36 kDa）．

ゲノム
【構造】単一線状（＋）ssRNA ゲノム．ORF 6 個（ORF 5 は 11～16 kDa システインリッチタンパク質を一部オーバーラップしてコードしている）．ゲノムの 5′端にキャップ構造 (Cap)，3′端にポリ (A) 配列 (poly(A)) をもつ（図2）．

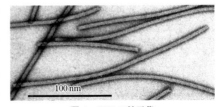

図1　CLV の粒子像
［出典：Virus Taxonomy 9th Report of ICTV, 924-927］

図2　PVM (8,533 nt) のゲノム構造
RP：RNA 複製酵素 (Met：メチルトランスフェラーゼドメイン，AlkB：アルキル化 DNA 修復タンパク質 B ドメイン，P-Pro：パパイン様プロテアーゼドメイン，Hel：ヘリカーゼドメイン，RdRp：RNA 複製酵素ドメイン)，TGB：トリプルジーンブロック，CP：外被タンパク質，NB：核酸結合タンパク質．
［出典：Virus Taxonomy 9th Report of ICTV, 924-927 を改変］

【遺伝子】5′-Cap-ORF1 (219～237 kDa RNA 複製酵素 (RP)；メチルトランスフェラーゼドメイン (Met)/アルキル化 DNA 修復タンパク質 B ドメイン (AlkB)/パパイン様プロテアーゼドメイン (P-Pro)/ヘリカーゼドメイン (Hel)/RNA 複製酵素ドメイン (RdRp)；カルラ様グループ)-ORF2 (25～27 kDa 移行タンパク質 1：TGB1)-ORF3 (11～13 kDa 移行タンパク質 2：TGB2)-ORF4 (6～7 kDa 移行タンパク質 3：TGB3)-ORF5 (32～36 kDa 外被タンパク質：CP)-ORF6 (10～16 kDa システインリッチタンパク質：核酸結合タンパク質)-poly(A)-3′．

複製様式	おそらくゲノム全長に相当する(−)ssRNAが転写され，次いで完全長の(＋)ssRNAゲノムが合成される．複製は細胞質内で行われる．
発現様式	RNA複製酵素を含むORF1はゲノムRNAから直接ポリプロテインとして翻訳後，おそらくパパイン様プロテアーゼによるプロセシングを受けて成熟タンパク質となる．TGBタンパク質，外被タンパク質，システインリッチタンパク質は2つのサブゲノムRNAから翻訳．
細胞内所在	ウイルス粒子は細胞質に散在したり，膜に付着して束状あるいは板状に凝集して存在している．多くの種で細胞質内に卵型～不定型の封入体を生じる．
宿主域・病徴	宿主域は狭い．それぞれのウイルスがカーネーション，キク，ホップ，ジャガイモ，クワ，イチゴなどの永年性の果樹，作物，樹木などに感染する．全身感染し，潜在感染していることが多いが，モザイクなどを示すものもある．
伝 染	汁液接種可．虫媒伝染（アブラムシ類による非永続伝搬）(*Cowpea mild mottle virus* はコナジラミで伝搬)． 〔亀谷満朗〕
主要文献	Adams, M. J. *et al.*(2012). *Carlavirus*. Virus Taxonomy 9th Report of ICTV, 924-927；ICTVdB (2006). *Carlavirus*. 00.056.0.04.；DPVweb. Carlavirus；Koenig, R.(1982). Carlavirus group. Descriptions of Plant Viruses, 259；Wetter, C.(1971). *Carnation latent virus*. Descriptions of Plant viruses, 61；Ryu, K. H. *et al.*(2008). *Carlavirus*. Encyclopedia of Virology 3rd ed., 1, 448-452；Martelli, G. P. *et al.*(2011). Carlavirus. The Springer Index of Viruses 2nd ed., 521-532；Brunt, A. A. *et al.* eds.(1996). Carlaviruses. Plant Viruses Online；Foster, G. D.(1992). Res. Virol., 143, 103-112；Meehan, B. M. *et al.*(1991). Intervirol., 32, 262-267；Foster, G. D. *et al.*(1990). Virus Genes, 4, 359-366；Zavriev, S. K. *et al.*(1991). J. Gen. Virol., 72, 9-14.

Citrivirus シトリウイルス属
Tymovirales Betaflexiviridae

分類基準 (1)（＋）ssRNAゲノム，(2) 単一線状ゲノム，(3) ひも状粒子1種(径12〜15 nm×長さ960 nm)，(4) ゲノムの5′端にキャップ構造(Cap)，3′端にポリ(A)配列(poly(A))をもつ，(5) ウイルスRNA複製酵素(RdRp)はアルファ様スーパーグループ型のうちのカルラ様(carla-like)グループ，(6) 外被タンパク質(CP)1種，(7) いくつかのORFはサブゲノムRNAを介して翻訳，(8) ORF3個，(9) 30 K型移行タンパク質(MP)，(10) 媒介生物不明．

タイプ種 *Citrus leaf blotch virus* (CLBV)．

属の構成 *Citrus leaf blotch virus* (CLBV)．

粒　子【形態】ひも状1種(径12〜15 nm×長さ960 nm)．被膜なし(図1)．
【成分】核酸：（＋）ssRNA 1種(8.7 kb，GC含量40.2％)．タンパク質：外被タンパク質(CP)1種(41 kDa)．

ゲノム【構造】単一線状（＋）ssRNAゲノム．ORF 3個．ゲノムの5′端にキャップ構造(Cap)，3′端にポリ(A)配列(poly(A))をもつ(図2)．

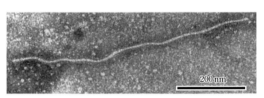

図1　CLBVの粒子像
［出典：Virus Taxonomy 9th Report of ICTV, 927-929］

図2　CLBV(8,747 nt)のゲノム構造
RP：RNA複製酵素(Met：メチルトランスフェラーゼドメイン，AlkB：アルキル化DNA修復タンパク質Bドメイン，P-Pro：パパイン様プロテアーゼドメイン，Hel：ヘリカーゼドメイン，RdRp：RNA複製酵素ドメイン)，MP：移行タンパク質，CP：外被タンパク質．
［出典：Virus Taxonomy 9th Report of ICTV, 927-929を改変］

【遺伝子】5′-Cap-ORF1(227 kDa RNA複製酵素(RP)；メチルトランスフェラーゼドメイン(Met)/アルキル化DNA修復タンパク質Bドメイン(AlkB)/パパイン様プロテアーゼドメイン(P-Pro)/ヘリカーゼドメイン(Hel)/RNA複製酵素ドメイン(RdRp)；カルラ様グループ)-ORF2(40 kDa移行タンパク質：MP(30 K型))-ORF3(41 kDa外被タンパク質：CP)-poly(A)-3′．

複製様式 ゲノムから全長に相当する（−）ssRNAが転写され，次いで完全長の（＋）ssRNAゲノムが合成される．また下流の遺伝子の発現のためサブゲノムRNAが転写される．

発現様式 RNA複製酵素を含むORF1はゲノムRNAから直接ポリプロテインとして翻訳後，おそらくパパイン様プロテアーゼによるプロセシングを受けて成熟タンパク質となる．それ以外の下流の遺伝子は共通の3′末端をもつ各遺伝子に対応したサブゲノムRNAから翻訳される．

宿主域・病徴 宿主域はカンキツ類に限られる．全身感染して葉に変色斑などを生じる．

伝　染 汁液接種可．接ぎ木伝染．媒介生物不明． 〔日比忠明〕

主要文献 Adams, M. J. *et al.* (2012). *Citrivirus*. Virus Taxonomy 9th Report of ICTV, 927-929；DPVweb. Citrivirus；Vives, M. C. *et al.* (2001). The nucleotide sequence and genomic organization of citrus leaf blotch virus：candidate type species for a new virus genus. Virology, 287, 225-233.

(＋)一本鎖RNAウイルス　　　　　　　　　　　　　ティモウイルス目ベータフレキシウイルス科

Foveavirus　フォベアウイルス属
Tymovirales Betaflexiviridae

分類基準　(1)（＋）ssRNAゲノム，(2) 単一線状ゲノム，(3) ひも状粒子1種（径12〜15 nm×長さ800〜1,000 nm），(4) ゲノムの5′端にキャップ構造（Cap），3′端にポリ（A）配列（poly（A））をもつ，(5) ウイルスRNA複製酵素（RdRp）はアルファ様スーパーグループ型のうちのカルラ様（carla-like）グループ，(6) 外被タンパク質（CP）1種，(7) いくつかのORFはサブゲノムRNAを介して翻訳，(8) ORF 5個，(9) TGB型移行タンパク質，(10) 媒介生物不明．

タイプ種　リンゴステムピッティングウイルス（*Apple stem pitting virus*：ASPV）．

属の構成　リンゴステムピッティングウイルス（*Apple stem pitting virus*：ASPV），Apricot latent virus（ApLV），*Asian prunus virus 1*（APV-1），ブドウステムピッティング随伴ウイルス（*Grapevine rupestris stem pitting-associated virus*：GRSPaV），*Peach chlorotic mottle virus*（PCMoV），*Rubus canadensis virus 1*（RuCV-1）．
暫定種：Asian prunus virus 2（APV-2）など2種．

粒　子　【形態】ひも状1種（径12〜15 nm×長さ800〜1,000 nm）．被膜なし（図1）．
【物性】Omnipaque 350密度勾配遠心分離で単一ピーク（ASPV）．
【成分】核酸：（＋）ssRNA1種（8.7〜9.4 kb，GC含量43％）．タンパク質：外被タンパク質（CP）1種（28〜44 kDa）．

ゲ ノ ム　【構造】単一線状（＋）ssRNAゲノム．ORF 5個．ゲノムの5′端にキャップ構造（Cap），3′端にポリ（A）配列（poly（A））をもつ（図2）．

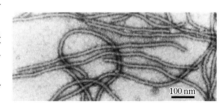

図1　ASPVの粒子像
［提供：小金澤碩城］

図2　ASPV（9,306 nt）のゲノム構造
RP：RNA複製酵素（Met：メチルトランスフェラーゼドメイン，AlkB：アルキル化DNA修復タンパク質Bドメイン，P-Pro：パパイン様プロテアーゼドメイン，Hel：ヘリカーゼドメイン，RdRp：RNA複製酵素ドメイン），TGB：トリプルジーンブロック，CP：外被タンパク質．
［出典：Virus Taxonomy 9th Report of ICTV, 920-941を改変］

【遺伝子】5′-Cap-ORF1（230〜247 kDa RNA複製酵素（RP）；メチルトランスフェラーゼドメイン（Met）/アルキル化DNA修復タンパク質Bドメイン（AlkB）/パパイン様プロテアーゼドメイン（P-Pro）/ヘリカーゼドメイン（Hel）/RNA複製酵素ドメイン（RdRp）；カルラ様グループ）-ORF2（25〜27 kDa 移行タンパク質1：TGB1）-ORF3（12〜13 kDa 移行タンパク質2：TGB2）-ORF4（7〜8 kDa 移行タンパク質3：TGB3）-ORF5（28〜44 kDa 外被タンパク質：CP）-poly（A）-3′．

複製様式　ゲノムから全長に相当する（−）ssRNAが転写され，次いで完全長の（＋）ssRNAゲノムが合成される．複製は細胞質内で行われる．

発現様式　RNA複製酵素を含むORF1はゲノムRNAから直接ポリプロテインとして翻訳後，おそらくパパイン様プロテアーゼによるプロセシングを受けて成熟タンパク質となる．TGBタンパク質と外被タンパク質はサブゲノムRNAから翻訳される．

細胞内所在　ウイルス粒子は感染植物の各種細胞の細胞質内に束状に存在する．特異的な封入体は認められない．

宿主域・病徴　リンゴ，ナシ，アンズ，ブドウなどの果樹類を宿主とする．ASPVやApLVは*Nicotiana occidentalis*

に感染する．ASPV はミツバカイドウ台木のリンゴに高接病，ナシに pear vein yellows 病やえそ斑点病を引き起こす．ApLV は peach asteroid spot 病と peach sooty ringspot 病の病原と推定されている．GRSPaV とブドウウイルス病との関連は不明．

伝　　染　汁液接種可．接ぎ木伝染．媒介生物は関与しない．　　　　　　　　　　　　〔吉川信幸〕

主要文献　Adams, M. J. *et al.*(2012). *Foveavirus*. Virus Taxonomy 9th Report of ICTV, 920-941；ICTV Virus Taxonomy List(2013). *Foveavirus*；ICTVdB(2006). *Foveavirus*. 00.056.0.05.；Yoshikawa, N.(2008). *Capillovirus, Foveavirus, Trichovirus, Vitivirus*. Encyclopedia of Virology 3rd ed., 1, 419-427；Martelli, G. P. *et al.*(2011). Foveavirus. The Springer Index of Viruses 2nd ed., 533-539；DPVweb. Foveavirus；Gentit, P. *et al.*(2001). Arch. Virol., 146, 1453-1464；Jelkmann, W.(1994). J. Gen. Virol., 75, 1535-1542；Koganezawa, H. *et al.*(1990). Plant Dis., 74, 610-614；Martelli, G. P. *et al.*(1998). Arch. Virol., 143, 1245-1249；Meng, B. *et al.*(1998). J. Gen. Virol., 79, 2059-2069；Nemchinov, L. G. *et al.*(2000). Arch. Virol., 145, 1801-1813；Yanase, H. *et al.*(1988). Acta Hort., 235, 157；Yoshikawa N. *et al.*(2001). Acta Hort., 550, 285-290.

(+)一本鎖 RNA ウイルス　　　　　　　　　　　　　　　　ティモウイルス目ベータフレキシウイルス科

Tepovirus　テポウイルス属
Tymovirales Betaflexiviridae

分類基準　(1)(+)ssRNA ゲノム，(2) 単一線状ゲノム，(3)ひも状粒子1種(径 12 nm×長さ 640 nm)，(4) ゲノムの5′端にキャップ構造(Cap)，3′端にポリ(A)配列(poly(A))をもつ，(5) ウイルス RNA 複製酵素(RdRp)はアルファ様スーパーグループ型のうちのカルラ様(carla-like)グループ，(6) 外被タンパク質(CP)1種，(7) いくつかの ORF はサブゲノム RNA を介して翻訳，(8) ORF 3個，(9) 30 K 型移行タンパク質(MP)，(10) 媒介生物不明．

タイプ種　*Potato virus T*(PVT)．

属の構成　*Potato virus T*(PVV)．

粒　　子　【形態】ひも状1種(径 12 nm×長さ 640 nm)．被膜なし(図1)．

図1　PVT の粒子像
[提供：Descriptions of Plant Viruses, 187]

【成分】核酸：(+)ssRNA 1種(6.5 kb，GC 含量 41.6％)．タンパク質：外被タンパク質(CP)1種(24 kDa)．

ゲ ノ ム　【構造】単一線状(+)ssRNA ゲノム．ORF 3個．ゲノムの5′端にキャップ構造(Cap)，3′端にポリ(A)配列(poly(A))をもつ(図2)．

図2　PVT(6,539 nt)のゲノム構造
RP：RNA 複製酵素(Met：メチルトランスフェラーゼドメイン，P-Pro：パパイン様プロテアーゼドメイン，Hel：ヘリカーゼドメイン，RdRp：RNA 複製酵素ドメイン)，MP：移行タンパク質，CP：外被タンパク質．
[出典：Russo, M. *et al.*(2009). Arch. Virol., 154, 321-325 により作図]

【遺伝子】5′-Cap-ORF1(185 kDa RNA 複製酵素(RP)；メチルトランスフェラーゼドメイン(Met)/パパイン様プロテアーゼドメイン(P-Pro)/ヘリカーゼドメイン(Hel)/RNA 複製酵素ドメイン(RdRp)；カルラ様グループ)-ORF2(40 kDa 移行タンパク質：MP(30 K 型))-ORF3(24 kDa 外被タンパク質：CP)-poly(A)-3′．

複 製 様 式　ゲノムから全長に相当する(−)ssRNA が転写され，次いで完全長の(+)ssRNA ゲノムが合成される．また下流の遺伝子の発現のためサブゲノム RNA が転写される．

発 現 様 式　RNA 複製酵素を含む ORF1 はゲノム RNA から直接ポリプロテインとして翻訳後，おそらくパパイン様プロテアーゼによるプロセシングを受けて成熟タンパク質となる．それ以外の下流の遺伝子は共通の 3′末端をもつ各遺伝子に対応したサブゲノム RNA から翻訳される．

宿主域・病徴　宿主域はやや狭い．自然宿主のジャガイモでは全身感染するが，多くは潜在感染．インゲンマメでは接種によって局部病斑や全身にえそを生じるが，後に回復する．

伝　　染　汁液接種可．栄養繁殖による伝染．媒介生物不明．　　　　　　　　　〔日比忠明〕

主 要 文 献　ICTV Virus Taxonomy List(2013). *Betaflexiviridae Tepovirus*；DPVweb. Tepovirus；Salazar, L. F. *et al.*(1978). Potato virus T. Descriptions of Plant Viruses, 187；Russo, M. *et al.*(2009). The complete nucleotide sequence of potato virus T. Arch. Virol., 154, 321-325.

Trichovirus トリコウイルス属
Tymovirales Betaflexiviridae

分類基準 (1)（＋）ssRNAゲノム，(2) 単一線状ゲノム，(3) ひも状粒子1種（径10〜12 nm×長さ640〜890 nm），(4) ゲノムの5′端にキャップ構造（Cap），3′端にポリ（A）配列（poly（A））をもつ，(5) ウイルスRNA複製酵素（RdRp）はアルファ様スーパーグループ型のうちのカルラ様（carla-like）グループ，(6) 外被タンパク質（CP）1種，(7) いくつかのORFはサブゲノムRNAを介して翻訳，(8) ORF 3〜4個，(9) 30 K型移行タンパク質（MP），(10) ダニ伝搬（ACLSVを除く）．

タイプ種 リンゴクロロティックリーフスポットウイルス（*Apple chlorotic leaf spot virus*：ACLSV）．

属の構成 リンゴクロロティックリーフスポットウイルス（*Apple chlorotic leaf spot virus*：ACLSV），*Apricot pseudo-chlorotic leaf spot virus*（APsCLSV），*Cherry mottle leaf virus*（CMLV），ブドウえそ果ウイルス（*Grapevine berry inner necrosis virus*：GINV），*Grapevine Pinot gris virus*（GPGV），*Peach mosaic virus*（PcMV），*Phlomis mottle virus*（PhMV）．
暫定種：Fig latent virus 1（FLV-1）．

粒子 【形態】ひも状1種（径10〜12 nm×長さ640〜890 nm）．らせんピッチ3.3〜3.5 nm．被膜なし（図1）．
【物性】沈降係数 約100 S. 浮遊密度（CsCl）1.27 g/cm³.
【成分】核酸：（＋）ssRNA1種（7.5〜8.0 kb，GC含量41〜45％）．タンパク質：外被タンパク質（CP）1種（21〜27 kDa）．

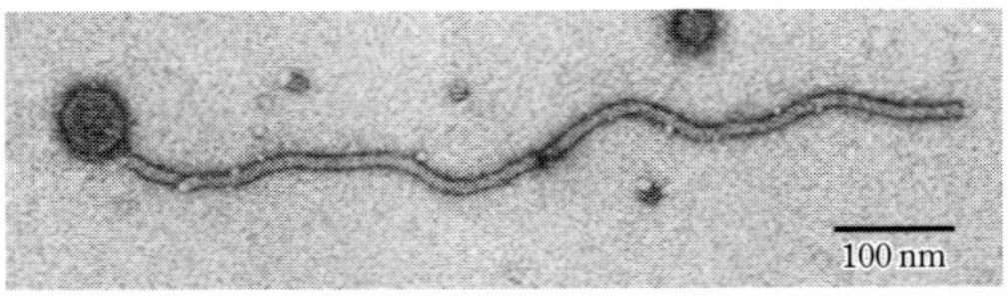

図1　ACLSVの粒子像

ゲノム 【構造】単一線状（＋）ssRNAゲノム．ORF 3〜4個．ゲノムの5′端にキャップ構造（Cap），3′端

```
         RP
         ┌─────────────────────────────┐
5′Cap ───│ Met  AlkB  P-Pro  Hel  RdRp │───┬──│ CP │── Poly(A)-3′OH
         └─────────────────────────────┘   │  └────┘
                                           │ MP │
                                           └────┘
```

図2　ACLSV（7,555 nt）のゲノム構造

RP：RNA複製酵素（Met：メチルトランスフェラーゼドメイン，AlkB：アルキル化DNA修復タンパク質Bドメイン，P-Pro：パパイン様プロテアーゼドメイン，Hel：ヘリカーゼドメイン，RdRp：RNA複製酵素ドメイン），MP：移行タンパク質，CP：外被タンパク質．
［出典：Virus Taxonomy 9th Report of ICTV, 931-934を改変］

にポリ（A）配列（poly（A））をもつ（図2）．
【遺伝子】5′-Cap-ORF1（214〜216 kDa RNA複製酵素（RP）；メチルトランスフェラーゼドメイン（Met）/アルキル化DNA修復タンパク質Bドメイン（AlkB）/パパイン様プロテアーゼドメイン（P-Pro）/ヘリカーゼドメイン（Hel）/RNA複製酵素ドメイン（RdRp）；カルラ様グループ）-ORF2（39〜51 kDa 移行タンパク質：MP）-ORF3（21〜27 kDa 外被タンパク質：CP）-poly（A）-3′．CMLVゲノムの3′末端にはORF4（15 kDa 核酸結合タンパク質：NB）が存在する．

複製様式 ゲノムから全長に相当する（−）ssRNAが転写され，次いで完全長の（＋）ssRNAゲノムが合成される．複製は細胞質内で行われる．

発現様式 RNA複製酵素を含むORF1はゲノムRNAから直接ポリプロテインとして翻訳後，おそらくパパイン様プロテアーゼによるプロセシングを受けて成熟タンパク質となる．移行タンパク質と外被タンパク質はサブゲノムRNAから翻訳される．

細胞内所在 ウイルス粒子は感染植物の各種細胞の細胞質内に散在または小集塊で存在．ACSLVは*Chenopodium quinoa*では核内にも認められる．特異的な封入体は認められない．

宿主域・病徴 リンゴ，オウトウ，ブドウ，モモなどの果樹類およびアカザ科草本植物を宿主とする．ACLSVはマルバカイドウ台木のリンゴに高接病を，GINVは巨峰系のブドウの葉にモットリングやモザイク，果実にえそ斑点を引き起こす．CMLVはオウトウの葉にモットリングや奇形を，

	PcMV はモモの葉や果実にモットリングや奇形，花弁にカラーブレーキング症状を引き起こす．
伝　　染	汁液接種可．ACLSV は主に接ぎ木伝染で広まり，媒介生物は関与しない．GINV はブドウハモグリダニ(*Colomerus vitis*)，CMLV は *Eriophyes inaequalis*，PcMV は *Eriophyes insidiosus* など，いずれもフシダニ科(Eriophyidae)のダニにより伝搬． 〔吉川信幸〕
主要文献	Adams, M. J. *et al.*(2012). *Trichovirus*. Virus Taxonomy 9th Report of ICTV, 931-934；ICTVdB (2006). *Trichovirus*. 00.056.0.08.；Yoshikawa, N.(2008). *Capillovirus, Foveavirus, Trichovirus, Vitivirus*. Encyclopedia of Virology 3rd ed., 1, 419-427；Youssef, F. *et al.*(2011). Trichovirus. The Springer Index of Viruses 2nd ed., 541-549；DPVweb. Tricovirus；Yoshikawa N.(2001). Apple chlorotic leaf spot virus. Descriptions of Plant Viruses, 386；Brunt, A. A. *et al.* eds.(1996). Tricoviruses. Plant Viruses Online；German, S. *et al.*(1990). Virology, 179, 104-112；James, D. (1998). Plant Dis., 82, 909-913；James, D. *et al.*(1993). Plant Dis., 77, 271-275；James, D. *et al.*(2000). Arch. Virol., 145, 995-1007；Kunugi, Y. *et al.*(2000). Bull. Yamanashi Fruit Tree Exp. Sta., 10, 57-64；Lister, R. M. *et al.*(1965). Phytopathol., 55, 859-870；Ohki, S. T. *et al.*(1999). Ann. Phytopath. Soc. Japan, 55, 245-249；Sato, K. *et al.*(1993). J. Gen. Virol., 74, 1927-1931；Satoh, H. *et al.*(1999). Ann. Phyopath. Soc. Jpn., 65, 301-304；Yanase H.(1974). Bull. Fruit Tree Res. Sta. Japan, Ser. C1, 47-109；吉川信幸(1996)．カピロウイルスおよびトリコウイルス属．植物ウイルスの分子生物学(古澤　厳ら，学会出版センター), 209-231.

Vitivirus ビティウイルス属
Tymovirales Betaflexiviridae

分類基準 (1)（＋）ssRNAゲノム，(2) 単一線状ゲノム，(3) ひも状粒子1種（径12 nm×長さ725〜825 nm），(4) ゲノムの5′端にキャップ構造（Cap），3′端にポリ(A)配列（poly(A)）をもつ，(5) ウイルスRNA複製酵素（RdRp）はアルファ様スーパーグループ型のうちのカルラ様（carla-like）グループ，(6) 外被タンパク質（CP）1種，(7) いくつかのORFはサブゲノムRNAを介して翻訳，(8) ORF 5個，(9) 30 K型移行タンパク質（MP），(10) コナカイガラムシなどによる虫媒伝染．

タイプ種 ブドウAウイルス（*Grapevine virus A*：GVA）．

属の構成 *Actinidia virus A*，*Actinidia virus B*，ブドウAウイルス（*Grapevine virus A*：GVA），ブドウBウイルス（*Grapevine virus B*：GVB），*Grapevine virus D*（GVD），ブドウEウイルス（*Grapevine virus E*：GVE），*Grapevine virus F*（GVF），*Heracleum latent virus*（HLV），*Mint virus 2*（MV-2）．

粒子【形態】ひも状1種（径12 nm×長さ725〜825 nm）．らせんピッチ3.3〜3.5 nm．被膜なし（図1）．
【物性】沈降係数 約92 S．浮遊密度（Cs_2SO_4）1.24 g/cm^3．
【成分】核酸：（＋）ssRNA1種（7.4〜7.6 kb，GC含量47〜49％）．タンパク質：外被タンパク質（CP）1種（18〜22 kDa）．

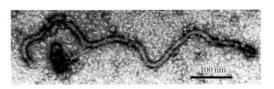

図1　GVAの粒子像
[出典：Virus Taxonomy 9th Report of ICTV, 934-937]

ゲノム【構造】単一線状（＋）ssRNAゲノム．ORF 5個．ゲノムの5′端にキャップ構造（Cap），3′端にポリ(A)配列（poly(A)）をもつ（図2）．

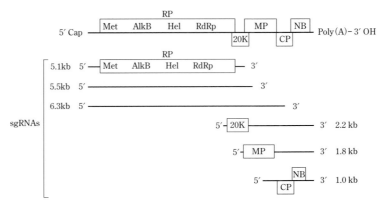

図2　GVA（7,351 nt）のゲノム構造と発現様式
RP：RNA複製酵素（Met：メチルトランスフェラーゼドメイン，AlkB：アルキル化DNA修復タンパク質Bドメイン，Hel：ヘリカーゼドメイン，RdRp：RNA複製酵素ドメイン），MP：移行タンパク質，CP：外被タンパク質，NB：核酸結合タンパク質，sgRNA：サブゲノムRNA．
[出典：Virus Taxonomy 9th Report of ICTV, 934-937を改変]

【遺伝子】5′-Cap-ORF1（192〜194 kDa RNA複製酵素（RP）；メチルトランスフェラーゼドメイン（Met）/アルキル化DNA修復タンパク質Bドメイン（AlkB）/ヘリカーゼドメイン（Hel）/RNA複製酵素ドメイン（RdRp）；カルラ様グループ）-ORF2（19〜20 kDa 機能不明タンパク質）-ORF3（31〜37 kDa 移行タンパク質：MP）-ORF4（18〜22 kDa 外被タンパク質：CP）-ORF5（10〜14 kDa 核酸結合タンパク質：NB）-poly(A)-3′．

各ORFは互いに一部重複している．

複製様式　複製は細胞質内で行われる．
発現様式　RNA 複製酵素はゲノムの 5′ 末端側を含むサブゲノム RNA，移行タンパク質，外被タンパク質およびおそらく核酸結合タンパク質はゲノムの 3′ 末端側を含むサブゲノム RNA を経由してそれぞれ発現する．
細胞内所在　ブドウを宿主とするウイルスはブドウでは篩部組織にのみ局在するが，草本植物ではその他の柔組織にも侵入する．ウイルス粒子は細胞質内に束状あるいは半結晶状に集積する．
宿主域・病徴　自然宿主は GVA，GVB，GVD がブドウ，HLV が *Heracleum sphondylium* と宿主域は狭い．GVA，GVB，GVD は木部に激しいピッティングやグルービングを示すが，HLV は潜在感染する．GVA，GVB は実験的には *Nicotiana benthamiana* あるいは *N. occidentalis* などにも感染する．
伝　染　MV-2 以外は汁液接種可．接ぎ木伝染．GVA はカイガラムシとコナカイガラムシ，GVB はコナカイガラムシ，HLV はアブラムシにより半永続伝搬される．　〔中畝良二〕
主要文献　Adams, M. J. *et al.* (2012). *Vitivirus.* Virus Taxonomy 9th Report of ICTV, 934-937；ICTV　Virus Taxonomy List (2013). *Vitivirus*；ICTVdB (2006). *Vitivirus.* 00.056.0.07.；Yoshikawa, N. (2008). *Capillovirus, Foveavirus, Trichovirus, Vitivirus.* Encyclopedia of Virology 3rd ed., 1, 419-427；Martelli, G. P. *et al.* (2011). Vitivirus. The Springer Index of Viruses 2nd ed., 551-558；DPVweb. Vitivirus；Martelli, G. P. *et al.* (2001). Grapevine virus A. Descriptions of Plant Viruses, 383；Martelli, G. P. *et al.* (1997). Arch. Virol., 142, 1929-1932；Galiakparov, N. *et al.* (2003). Virology, 306, 42-50.

Tymoviridae ティモウイルス科

Tymovirales

分類基準 (1)（＋）ssRNAゲノム，(2) 単一線状ゲノム，(3) 球状粒子1種（径約30 nm），(4) ゲノムの5′端にキャップ構造(Cap)，3′端にtRNA様構造(TLS)あるいはポリ(A)配列(poly(A))をもつ，(5) ウイルスRNA複製酵素(RdRp)はアルファ様スーパーグループ型，(6) 外被タンパク質(CP)1〜2種，(7) 30 K型移行タンパク質(MP)，(8) いくつかのORFはサブゲノムRNAを介して翻訳．

科の構成 ティモウイルス科 *Tymoviridae*
- マクラウイルス属 *Maculavirus*（タイプ種：ブドウフレックウイルス；GFkV）(ORF 4個，外被タンパク質1種，3′端にポリ(A)配列(poly(A))，媒介生物不明)．
- マラフィウイルス属 *Marafivirus*（タイプ種：*Maize rayado fino virus*；MRFV）(ORF 1〜2個，外被タンパク質2種，3′端にポリ(A)配列(poly(A))，サブゲノムRNA(sgRNA)プロモーターとしてmarafiboxをもつ，数種はヨコバイ伝搬)．
- ティモウイルス属 *Tymovirus*（タイプ種：カブ黄化モザイクウイルス；TYMV）(ORF 3個，外被タンパク質1種，3′端にtRNA様構造(TLS)，サブゲノムRNA(sgRNA)プロモーターとしてtymoboxをもつ，ハムシ伝搬)．
- 未帰属種：ポインセチアモザイクウイルス(*Poinsettia mosaic virus*：PnMV)．
- 暫定種：Fig fleck-associated virus(FFkaV)．

粒　子 【形態】球状1種（径約30 nm）．被膜なし．

【物性】沈降係数109〜125 S．浮遊密度(CsCl) 1.26〜1.46 g/cm³．

【成分】核酸：（＋）ssRNA 1種(6.0〜7.6 kb，GC含量50〜66％)．タンパク質：外被タンパク質(CP)1〜2種(20〜25 kDa)．

ゲ ノ ム 【構造】単一線状（＋）ssRNAゲノム．ORF 1〜4個．ゲノムの5′端にキャップ構造(Cap)，3′端にtRNA様構造(TLS)あるいはポリ(A)配列(poly(A))をもつ（図1）．

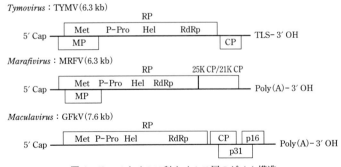

図1　ティモウイルス科ウイルス属のゲノム構造
RP：RNA複製酵素(Met；メチルトランスフェラーゼドメイン，P-Pro：パパイン様プロテアーゼドメイン，Hel：ヘリカーゼドメイン，RdRp：RNA複製酵素ドメイン)，MP：移行タンパク質，CP：外被タンパク質，TLS：tRNA様構造．
［出典：Encyclopedia of Virology 3rd ed., 5, 199-207を改変］

【遺伝子】5′-Cap-194〜224 kDa RNA複製酵素(RP；メチルトランスフェラーゼドメイン(Met)/パパイン様プロテアーゼドメイン(P-Pro)/ヘリカーゼドメイン(Hel)/RNA複製酵素ドメイン(RdRp)；マラフィウイルス属では外被タンパク質遺伝子(CP)も含まれる)/43〜83 kDa移行タンパク質(MP；マクラウイルス属を除く)-19〜25 kDa外被タンパク質(CP；マラフィウイルス属を除く)-TLS(ティモウイルス属)あるいはpoly(A)(マクラウイルス属，マラフィウイルス属)-3′．移行タンパク質ORFはRNA複製酵素ORFと5′端側で重複している．ほかに，マクラウイルス属では3′端側に31 kDaと16 kDaのプロリンリッチタンパク質をコード

する 2 個の ORF が存在する．

複製様式 ゲノムから全長に相当する(−)ssRNA が転写され，次いで完全長の(＋)ssRNA ゲノムが合成される．

発現様式 RNA 複製酵素を含む ORF1 はゲノム RNA からポリプロテインとして翻訳後，おそらくパパイン様プロテアーゼによるプロセシングを受けて成熟タンパク質となる．ティモウイルス属とマラフィウイルス属ではゲノムの 3′ 側下流に外被タンパク質のサブゲノム RNA プロモーターとして，それぞれ 16 塩基の tymobox と marafibox と呼ばれる特異的な配列をもつ．マラフィウイルス属では 2 種の外被タンパク質のうち，23〜25 kDa マイナータンパク質は RNA 複製酵素との融合タンパク質として翻訳されるが，21 kDa メジャータンパク質は対応するサブゲノム RNA 経由で翻訳される．

細胞内所在 マクラウイルス属とマラフィウイルス属のウイルスは篩部局在性である．本科のウイルス粒子は細胞質内で集塊をなすが，ティモウイルス属では葉緑体周辺の小胞の増生，マクラウイルス属ではミトコンドリア周辺の小胞の増生が顕著である．

宿主域・病徴 マラフィウイルス属のウイルスはイネ科植物に全身感染するが，他の 2 属のウイルスは双子葉植物を宿主とする．個々のウイルス種で宿主域はきわめて限られており，感染植物は黄色モザイク，斑紋，退緑条斑，萎縮などの病徴を示す．

伝　　染 ティモウイルス属ウイルスは汁液接種可．マクラウイルス属とマラフィウイルス属のウイルスは汁液接種不可．ティモウイルス属ウイルスはハムシ伝搬．マラフィウイルス属の数種ウイルスはヨコバイで永続伝搬(経卵伝染はしない)．マクラウイルス属ウイルスは媒介生物不明．数種のティモウイルス属ウイルスは低率で種子伝染．　　　　　　　　　〔夏秋知英・日比忠明〕

主要文献 Adams, M. J. *et al.* (2012). Tymoviridae. Virus Taxonomy 9th Report of ICTV, 944–952；ICTVdB (2006). *Tymoviridae*. 00.077.；DPVweb. Tymoviridae；Koenig, R. *et al.* (1979). Tymovirus group. Descriptions of Plant Viruses, 214；Haenni, A. L. *et al.* (2008). Tymoviruses. Encyclopedia of Virology 3rd ed., 5, 199–207；Martelli, G. P. (2011). Maculavirus. The Springer Index of Viruses 2nd ed., 1943–1946；Hammond, R. W. *et al.* (2011). Marafivirus. The Springer Index of Viruses 2nd ed., 1947–1952；Jupin, I. *et al.* (2011). Tymovirus. The Springer Index of Viruses 2nd ed., 1953–1962.

Maculavirus マクラウイルス属
Tymovirales Tymoviridae

分 類 基 準 (1)（＋）ssRNAゲノム，(2) 単一線状ゲノム，(3) 球状粒子1種（径 約30 nm），(4) ゲノムの5′端にキャップ構造（Cap），3′端にポリ（A）配列（poly（A））をもつ，(5) ウイルスRNA複製酵素（RdRp）はアルファ様スーパーグループ型，(6) 外被タンパク質（CP）1種，(7) 30 K型移行タンパク質（MP）？，(8) いくつかのORFはサブゲノムRNAを介して翻訳，(9) ORF 4個，(10) tymobox, marafibox を欠く，(11) 媒介生物不明．

タ イ プ 種 ブドウフレックウイルス（*Grapevine fleck virus*：GFkV）．

属 の 構 成 ブドウフレックウイルス（*Grapevine fleck virus*：GFkV）．
暫定種：Grapevine red globe virus（GRGV）．

粒　　　子 【形態】球状1種（径30 nm）．被膜なし．
【物性】浮遊密度（CsCl）1.45 g/cm^3．
【成分】核酸：（＋）ssRNA1種（7.6 kb, GC含量66％）．タンパク質：外被タンパク質（CP）1種（24 kDa）．

ゲ ノ ム 【構造】単一線状（＋）ssRNAゲノム．ORF 4個．ゲノムの5′端にキャップ構造（Cap），3′端にポリ（A）配列（poly（A））をもつ（図1）．

図1　GFkV（7,564 nt）のゲノム構造

RP：RNA複製酵素（Met：メチルトランスフェラーゼドメイン，P-Pro：パパイン様プロテアーゼドメイン，Hel：ヘリカーゼドメイン，RdRp：RNA複製酵素ドメイン），CP：外被タンパク質，p31：31 kDaプロリンリッチタンパク質，p16：16 kDaプロリンリッチタンパク質．

［出典：Virus Taxonomy 9th Report of ICTV, 949-950 を改変］

【遺伝子】5′-Cap-ORF1（216 kDa RNA複製酵素（RP）；メチルトランスフェラーゼドメイン（Met）/パパイン様プロテアーゼドメイン（P-Pro）/ヘリカーゼドメイン（Hel）/RNA複製酵素ドメイン（RdRp））-ORF2（24 kDa 外被タンパク質：CP）-ORF3（31 kDaプロリンリッチタンパク質：p31）-ORF4（16 kDaプロリンリッチタンパク質：p16）-poly（A）-3′．

複 製 様 式 おそらくゲノムから全長に相当する（－）ssRNAが転写され，次いで完全長の（＋）ssRNAゲノムが合成される．複製は細胞質内で行われる．

発 現 様 式 RNA複製酵素を含むORF1はゲノムRNAからポリプロテインとして翻訳後，おそらくパパイン様プロテアーゼによるプロセシングを受けて成熟タンパク質となる．外被タンパク質とプロリンリッチタンパク質（p31, p16）はサブゲノムRNAから翻訳される．

細胞内所在 ウイルス粒子は感染植物の篩部組織細胞に局在し，感染細胞では細胞質内でのウイルス粒子の結晶状配列やミトコンドリアの胞のう化が観察される．

宿主域・病徴 自然宿主はブドウ科植物に限定される．全身感染し，*Vitis rupestris* の葉に半透明の小斑点（フレック）を示す．国内の主要品種ではほとんどの場合が潜在感染と思われる．

伝　　　染 汁液接種不可．接ぎ木伝染．媒介生物不明．種子伝染はしない．　　〔中畝良二〕

主 要 文 献 Adams, M. J. *et al.*（2012）. *Maculavirus*. Virus Taxonomy 9th Report of ICTV, 949-950；ICTVdB（2006）. *Maculavirus*. 00.077.0.03.；DPVweb. Maculavirus；Haenni, A. L. *et al.*（2008）. Tymoviruses. Encyclopedia of Virology 3rd ed., 5, 199-207；Martelli, G. P.（2011）. Maculavirus. The Springer Index of Viruses 2nd ed., 1943-1946；Martelli, G. P. *et al.*（2002）. Arch. Virol., 147, 1847-1853.

(＋)一本鎖 RNA ウイルス　　　　　　　　　　　　　　　　　　ティモウイルス目ティモウイルス科

Marafivirus　マラフィウイルス属
Tymovirales Tymoviridae

分類基準　(1)（＋）ssRNA ゲノム，(2) 単一線状ゲノム，(3) 球状粒子1種（径約 30 nm），(4) ゲノムの 5′ 端にキャップ構造（Cap），3′ 端にポリ(A)配列（poly(A)）をもつ，(5) ウイルス RNA 複製酵素（RdRp）はアルファ様スーパーグループ型，(6) 外被タンパク質（CP）2種，(7) マイナー外被タンパク質はポリプロテイン経由で，メジャー外被タンパク質はサブゲノム RNA 経由で翻訳，(8) 30 K 型移行タンパク質（MP），(9) ORF 1〜2 個，(10) marafibox をもつ，(11) 数種はヨコバイ伝搬．

タイプ種　*Maize rayado fino virus*（MRFV）.

属の構成　*Bermuda grass etched-line virus*（BELV），*Blackberry virus S*（BlVS），*Citrus sudden death-associated virus*（CSDaV），*Grapevine Syrah virus 1*（GSyV-1），*Maize rayado fino virus*（MRFV），*Oat blue dwarf virus*（OBDV），*Olive latent virus 3*（OLV-3）.
暫定種：Grapevine asteroid mosaic-associated virus（GAMaV），Grapevine rupestris vein feathering virus（GRVFV）など 3 種．

粒子　【形態】球状 1 種（径 28〜30 nm）．ほかに中空粒子（T 成分）1 種以上あり．被膜なし（図1）．
【物性】沈降係数 119〜120 S．浮遊密度（CsCl）1.46 g/cm³．
【成分】核酸：（＋）ssRNA 1 種（6.3〜6.8 kb，GC 含量 57〜63％）．タンパク質：外被タンパク質（CP）2 種（約 21 kDa，23〜25 kDa）．

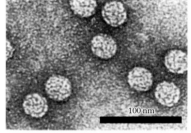

図1　MRFV の粒子像
[出典：Description of Plant Viruses, 220]

ゲノム　【構造】単一線状（＋）ssRNA ゲノム．ORF 1〜2 個．ゲノムの 5′ 端にキャップ構造（Cap），3′ 端にポリ(A)配列（poly(A)）をもつ（図2）．なお，本属はゲノムの 3′ 側下流に外被タンパク質のサブゲノム RNA プロモーターとして marafibox とよばれる特徴的な 16 塩基の保存配列［CA(G/A)GGUGAAUUGCUUC］をもつ．これは tymobox と 3 塩基異なる．

図2　MRFV（6,305 nt）のゲノム構造
RP：RNA 複製酵素（Met：メチルトランスフェラーゼドメイン，P-Pro：パパイン様プロテアーゼドメイン，Hel：ヘリカーゼドメイン，RdRp：RNA 複製酵素ドメイン），CP：外被タンパク質，MP：移行タンパク質．
［出典：Virus Taxonomy 9th Report of ICTV, 948–949 を改変］

【遺伝子】5′-Cap-ORF1(224〜240 kDa ポリプロテイン（RP）；メチルトランスフェラーゼドメイン（Met）/パパイン様プロテアーゼドメイン（P-Pro）/ヘリカーゼドメイン（Hel）/RNA 複製酵素ドメイン（RdRp）/23〜25 kDa・21 kDa 外被タンパク質（CPs））/ORF2(43 kDa 移行タンパク質（MP）：MRFV)-poly(A)-3′．ORF2 は MRFV の ORF1 の 5′ 端側と重複して存在するが，OBDV では認められない．CSDaV では ORF1 の 3′ 端側に重複して ORF2(16 kDa 移行タンパク質)が存在する．

複製様式　ゲノムから全長に相当する（−）ssRNA が転写され，次いで完全長の（＋）ssRNA ゲノムが合成される．複製は細胞質内で行われる．

発現様式　RNA 複製酵素を含む ORF1 はゲノム RNA からポリプロテインとして翻訳後，おそらくパパイン様プロテアーゼによるプロセシングを受けて成熟タンパク質となる．2 種の外被タンパク質のうち，23〜25 kDa マイナータンパク質は RNA 複製酵素との融合タンパク質として翻訳された後，プロセシングされるが，21 kDa メジャータンパク質は対応するサブゲノム RNA 経由で

翻訳される．

細胞内所在 ウイルス粒子は感染植物の篩部組織細胞に局在し，細胞質内や液胞内に散在あるいは結晶状に集積して認められる．

宿主域・病徴 宿主域は狭い．トウモロコシ(MRFV)，オート麦，大麦，亜麻(OBDV)，イネ科牧草(BELV)など．病徴は退緑斑点，条斑，矮化，葉のねじれなど．

伝　　染 汁液接種不可．虫媒伝染(ヨコバイ類による循環型・増殖性伝染)．種子伝染はしない．

〔中野正明〕

主 要 文 献 Adams, M. J. *et al.* (2012). *Marafivirus*. Virus Taxonomy 9th Report of ICTV, 948-949 ; ICTVdB (2006). *Marafivirus*. 00.077.0.02. ; DPVweb. Marafivirus ; Gámez, R. (1980). Maize rayado fino virus. Description of Plant Viruses, 220 ; Banttari, E. E. *et al.* (1973). Oat blue dwarf virus. Description of Plant Viruses, 123 ; Haenni, A. L. *et al.* (2008). Tymoviruses. Encyclopedia of Virology 3rd ed., 5, 199-207 ; Hammond, R. W. *et al.* (2011). Marafivirus. The Springer Index of Viruses 2nd ed., 1947-1952 ; Brunt, A. A. *et al.* eds. (1996). Marafiviruses. Plant Viruses Online ; Gámez, R. (1969). Plant Dis. Reporter, 53, 929-932 ; Banttari, E. E. *et al.* (1962). Phytopathology, 52, 897-902 ; Edwards, M. C. *et al.* (1997). Virology, 232, 217-229 ; Hammond, R. *et al.* (2001). Virology, 282, 338-347.

（+）一本鎖 RNA ウイルス　　　　　　　　　　　　　　　　　　　　　　ティモウイルス目ティモウイルス科

Tymovirus　ティモウイルス属
Tymovirales Tymoviridae

分類基準　(1)（+）ssRNAゲノム，(2) 単一線状ゲノム，(3) 球状粒子1種（径約30 nm），(4) ゲノムの5′端にキャップ構造（Cap），3′端にtRNA様構造（TLS）をもつ，(5) ウイルスRNA複製酵素（RdRp）はアルファ様スーパーグループ型，(6) 外被タンパク質（CP）1種，(7) 30 K型移行タンパク質（MP），(8) 外被タンパク質はサブゲノムRNAを介して翻訳，(9) ORF 3個，(10) tymoboxをもつ，(11) ハムシ伝搬．

タイプ種　カブ黄化モザイクウイルス（*Turnip yellow mosaic virus*：TYMV）．

属の構成　*Andean potato latent virus*（APLV），*Andean potato mild mosaic virus*（APMMV），*Belladonna mottle virus*（BeMV），*Cacao yellow mosaic virus*（CYMV），*Chiltepin yellow mosaic virus*（ChiYMV），*Eggplant mosaic virus*（EMV），*Melon rugose mosaic virus*（MRMV），ネメシア輪えそウイルス（*Nemesia ring necrosis virus*：NeRNV），*Okra mosaic virus*（OkMV），*Passion fruit yellow mosaic virus*（PFYMV），*Peanut yellow mosaic virus*（PeYMV），*Petunia vein banding virus*（PetVBV），カブ黄化モザイクウイルス（*Turnip yellow mosaic virus*：TYMV）など27種．
暫定種：Asclepias asymptomatic virus（AsAV）など6種．

粒子　【形態】球状1種（径25〜32 nm）．ほかに中空粒子（T成分）1種以上あり．被膜なし（図1）．
【物性】沈降係数116〜117 S．浮遊密度（CsCl）1.26〜1.45 g/cm^3．
【成分】核酸：（+）ssRNA 1種（6.0〜6.7 kb，GC含量50〜57％）．タンパク質：外被タンパク質（CP）1種（19〜22 kDa）．

ゲノム　【構造】単一線状（+）ssRNAゲノム．ORF 3個．ゲノムの5′端にキャップ構造（Cap），3′端にtRNA様構造（TLS）をもつ（図2）．なお，本属はゲノムの3′側下流に外被タンパク質のサブゲノムRNAプロモーターとしてtymoboxとよばれる特徴的な16塩基の保存配列［GAGUCUGAAUUGCUUC］をもつ．これはmarafiboxと3塩基異なる．

図1　TYMVの粒子模式図
［出典：Hull, R.（2002）.Mathews' Plant Virology 4th ed., p. 149］

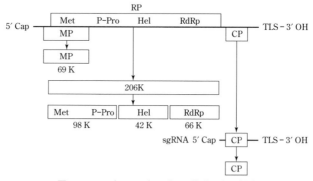

図2　TYMV（6,318 nt）のゲノム構造と発現様式
RP：RNA複製酵素（Met：メチルトランスフェラーゼドメイン，P-Pro：パパイン様プロテアーゼドメイン，Hel：ヘリカーゼドメイン，RdRp：RNA複製酵素ドメイン），MP：移行タンパク質，CP：外被タンパク質，TLS：tRNA様構造，sgRNA：サブゲノムRNA．
［出典：Virus Taxonomy 9th Report of ICTV, 946-948を改変］

【遺伝子】5′-Cap-ORF1（194〜218 kDa RNA複製酵素（RP）；メチルトランスフェラーゼドメイン（Met）/パパイン様プロテアーゼ（P-Pro）/ヘリカーゼドメイン（Hel）/RNA複製酵素ドメイン（RdRp））/ORF2（49〜83 kDa 移行タンパク質：MP）-ORF3（19〜22 kDa 外被タンパク質：CP）-TLS-3′．ORF2はORF1と5′端側で重複している．

複 製 様 式 ゲノムから全長に相当する(−)ssRNA が転写され，次いで完全長の(＋)ssRNA ゲノムが合成される．複製は細胞質内で行われる．

発 現 様 式 RNA 複製酵素を含む ORF1 はゲノム RNA からポリプロテインとして翻訳後，おそらくパパイン様プロテアーゼによるプロセシングを受けて成熟タンパク質となる．外被タンパク質は対応するサブゲノム RNA 経由で翻訳される．

細胞内所在 ウイルス粒子は感染植物の各種組織の細胞の細胞質内や液胞内に散在あるいは結晶状に集積して認められる．葉緑体周辺の小胞の増生や葉緑体の変性，凝集なども観察される．

宿主域・病徴 宿主域は双子葉植物で一般に狭い．病徴は退緑モザイク，斑紋，黄化，葉脈透化など．

伝　　　染 汁液接種可．ハムシ伝搬．数種ウイルスは低率で種子伝染． 〔夏秋知英・日比忠明〕

主 要 文 献 Adams, M. J. *et al.*(2012). *Tymovirus*. Virus Taxonomy 9th Report of ICTV, 946–948；ICTV Virus Taxonomy List(2013). *Tymovirus*；ICTVdB(2006). *Tymovirus*. 00. 077.0. 01.；DPVweb. Tymovirus；Koenig, R. *et al.*(1979). Tymovirus group. Descriptions of Plant Viruses, 214；Matthews, R. E. F.(1980). Turnip yellow mosaic virus. Descriptions of Plant Viruses, 230；Haenni, A. L. *et al.*(2008). Tymoviruses. Encyclopedia of Virology 3rd ed., 5, 199–207；Jupin, I. *et al.*(2011). Tymovirus. The Springer Index of Viruses 2nd ed., 1953–1962；Brunt, A. A. *et al.* eds.(1996). Tymoviruses. Plant Viruses Online.

(＋)一本鎖 RNA ウイルス　　　　　　　　　　　　　　　　　　　　　　　　　　ベニウイルス科

Benyviridae　ベニウイルス科

科 の 構 成　1科1属．
　ベニウイルス科 *Benyviridae*
　・ベニウイルス属 *Benyvirus*（タイプ種：ビートえそ性葉脈黄化ウイルス；BNYVV）．
1科1属なので，各項目はベニウイルス属を参照．

Benyvirus　ベニウイルス属

Benyviridae

分 類 基 準　（1）（＋）ssRNA ゲノム，（2）4〜5分節線状ゲノム，（3）棒状粒子4〜5種（径20 nm×長さ65〜390 nm），（4）ゲノムの5'端にキャップ構造（Cap），3'端にポリ（A）配列（poly（A））をもつ，（5）ウイルス RNA 複製酵素（RdRp）はアルファ様スーパーグループ型，（6）外被タンパク質（CP）2種，（7）移行タンパク質はトリプルジーンブロック（TGB）型，（8）いくつかのORFはサブゲノム RNA を介して翻訳，（9）ORF 12〜13個，（10）ネコブカビ類伝搬．

タ イ プ 種　ビートえそ性葉脈黄化ウイルス（*Beet necrotic yellow vein virus*：BNYVV）．

属 の 構 成　ビートえそ性葉脈黄化ウイルス（*Beet necrotic yellow vein virus*：BNYVV），*Beet soil-borne mosaic virus*（BSBMV），ゴボウ斑紋ウイルス（*Burdock mottle virus*：BdMV），*Rice stripe necrosis virus*（RSNV）．

粒　　子　【形態】棒状4〜5種（径20 nm×長さ65〜390 nm）．らせんピッチ2.6 nm．被膜なし（図1）．
【成分】核酸：（＋）ssRNA 4〜5種（RNA1：6.7 kb，RNA2：4.6 kb，RNA3：1.8 kb，RNA4：1.5 kb，RNA5：1.3 kb，GC含量40％）．ウイルスの種や系統あるいはウイルスの継代によって RNA3〜5を欠失するものもある．タンパク質：外被タンパク質2種（CP：21〜23 kDa，CP-RT（CPリードスルータンパク質）：75 kDa）．

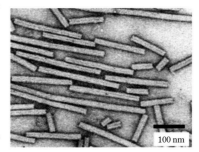

図1　BNYVV の粒子像

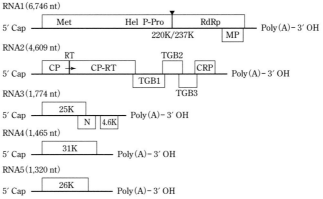

図2　BNYVV のゲノム構造

▼：切断部位，RT：リードスルー部位，220K/237K：RNA 複製酵素（Met：メチルトランスフェラーゼドメイン，Hel：ヘリカーゼドメイン，P-Pro：パパイン様プロテアーゼドメイン，RdRp：RNA 複製酵素ドメイン），CP：外被タンパク質，CP-RT：ネコブカビ類伝搬ヘルパータンパク質，TGB：トリプルジーンブロック，CRP：システインリッチタンパク質，N：ネクロティックタンパク質．

［出典：Virus Taxonomy 9th Report of ICTV, 1163-1168 を改変］

| ゲ ノ ム | 【構造】4～5分節線状（＋）ssRNA ゲノム．ORF 12～13個（RNA1：2個，RNA2：6個，RNA3：3個，RNA4：1個，RNA5：1個）．ゲノムの5′端にキャップ構造（Cap），3′端にポリ（A）配列（poly（A））をもつ（図2）．
【遺伝子】RNA1：5′-Cap-220 kDa/237 kDa RNA 複製酵素（メチルトランスフェラーゼドメイン（Met）/ヘリカーゼドメイン（Hel）/パパイン様プロテアーゼドメイン（P-Pro）/RNA 複製酵素ドメイン（RdRp）；220 kDa 複製酵素は237 kDa 複製酵素のORFのリーキースキャンニングによって生じる．複製酵素はその後のプロセシングにより150 kDa タンパク質と66 kDa タンパク質とに切断される）-poly（A）-3′．RNA2：5′-Cap-21 kDa/75 kDa 外被タンパク質（CP/CP-RT；75 kDa タンパク質（CP-RT）は21 kDa タンパク質（CP）のリードスルータンパク質でネコブカビ類伝搬に関与）-トリプルジーンブロック（TGB）（42 kDa TGB-p1/13 kDa TGB-p2/15 kDa TGB-p3；いずれも細胞間移行に関わるタンパク質）-14 kDa システインリッチタンパク質（CRP）（RNA サイレンシングサプレッサー）-poly（A）-3′．RNA3：5′-Cap-25 kDa タンパク質（病徴発現に関与）-6.8 kDa タンパク質（ネクロティックタンパク質（N）；機能不明）-4.6 kDa 機能不明タンパク質-poly（A）-3′．RNA4：5′-Cap-31 kDa タンパク質（ネコブカビ類伝搬に関与）-poly（A）-3′．RNA5：5′-Cap-26 kDa タンパク質（病徴発現に関与）-poly（A）-3′．ウイルスの感染にはRNA1とRNA2だけでよいが，ウイルスの種や系統によって病原性やネコブカビ類伝搬性に関与するRNA3～5を含む．|
| --- | --- |
| 複 製 様 式 | 各ゲノムから全長に相当する（－）ssRNA が転写され，次いで完全長の（＋）ssRNA が合成される．複製は細胞質で行われる． |
| 発 現 様 式 | RNA1にコードされている複製関連タンパク質は直接ポリプロテインとして翻訳された後，2種のタンパク質にプロセシングされる．RNA2の3′端側の遺伝子はサブゲノムRNAから翻訳される．RNA3～5にコードされているORFもそれぞれ直接あるいは一部サブゲノムRNA経由で翻訳される． |
| 細胞内所在 | ウイルス粒子は感染植物の各種細胞の細胞質に散在または交叉配列した集塊をなして存在する． |
| 宿主域・病徴 | 寄主範囲はきわめて狭い．アカザ科，ツルナ科．病徴は主として葉脈黄化，矮化，根の叢生，維管束のえ死などである． |
| 伝　　　染 | 汁液接種可．*Polymyxa* 属菌による土壌伝染．BdMV の媒介生物は不明． |
| そ の 他 | RNA 複製酵素タンパク質のアミノ酸配列は，*Togaviridae* の *Rubella virus* に近い．RSNV と BdMV は2分節ゲノムと推定されている． 〔玉田哲男〕|
| 主 要 文 献 | Gilmer, D. *et al.*(2012). *Benyvirus*. Virus Taxonomy 9th Report of ICTV, 1163–1168；ICTV Virus Taxonomy List（2013）. *Benyviridae Benyvirus*；ICTV Files. 2013. 011a–dP；ICTVdB（2006）. *Benyvirus*. 00.088.0.01.；Koenig, R.（2008）. *Benyvirus*. Encyclopedia of Virology 3rd ed., 1, 308–314；Gilmer, D. *et al.*(2011). Benyvirus. The Springer Index of Viruses 2nd ed., 1975–1982；DPVweb. Benyvirus；Tamada, T.（2002）. Beet necrotic yellow vein virus. Descriptions of Plant Viruses, 391；Richards, K. and Tamada, T.（1992）. Mapping functions on the multipartite genome of beet necrotic yellow vein virus. Annu. Rev. Phytopathol., 30, 291–313；Rush, C. M.（2003）. Ecology and epidemiology of *Benyviruses* and plasmodiophorid vectors. Annu. Rev. Phytopathol., 41, 567–592；Kondo, H. *et al.*(2013). Virus Res., 177, 75–86；Tamada, T. and Kondo, H.（2013）. Biological and genetic diversity of plasmodiophorid-transmitted viruses and their vectors. J. Gen. Plant Pathol., 79, 307–320. |

Bromoviridae ブロモウイルス科

分類基準 (1)（＋）ssRNA ゲノム，(2) 3 分節線状ゲノム，(3) 球状粒子 3 種（径 25～35 nm）あるいは桿菌状粒子 3～4 種（径 18～19 nm×長さ 30～57 nm），(4) ゲノムの 5′ 端にキャップ構造（Cap），3′ 端に tRNA 様構造（TLS）あるいは特異的二次構造をもつが，ポリ(A)配列（poly(A)）を欠く，(5) ウイルス RNA 複製酵素（RdRp）はアルファ様スーパーグループ型，(6) 外被タンパク質（CP）1 種，(7) 外被タンパク質はサブゲノム RNA 経由で翻訳．

科の構成 ブロモウイルス科 *Bromoviridae*
- アルファモウイルス属 *Alfamovirus*（タイプ種：アルファルファモザイクウイルス；AMV）（桿菌状粒子，ORF 4 個）．
- オレアウイルス属 *Oleavirus*（タイプ種：*Olive latent virus 2*；OLV-2）（桿菌状粒子，ORF 4 個）．
- アヌラウイルス属 *Anulavirus*（タイプ種：*Pelargonium zonate spot virus*；PZSV）（球状粒子，ORF 4 個）．
- ブロモウイルス属 *Bromovirus*（タイプ種：*Brome mosaic virus*；BMV）（球状粒子，ORF 4 個）．
- ククモウイルス属 *Cucumovirus*（タイプ種：キュウリモザイクウイルス；CMV）（球状粒子，ORF 5 個）．
- イラルウイルス属 *Ilarvirus*（タイプ種：タバコ条斑ウイルス；TSV）（球状粒子，一部の種で桿菌状粒子を含む，ORF 4～5 個）．

粒子 【形態】球状 3 種（径 25～35 nm）（アヌラウイルス属，ブロモウイルス属，ククモウイルス属，イラルウイルス属）．被膜なし．桿菌状 4 種（径 18 nm×長さ 30～57 nm）（アルファモウイルス属）．被膜なし．球状（径 25～35 nm）および桿菌状（径 18～19 nm×長さ 33～55 nm）で 3～4 種（オレアウイルス属，一部のイラルウイルス属）．被膜なし．
【物性】沈降係数 63～99 S．浮遊密度（CsCl）1.35～1.39 g/cm^3．
【成分】核酸：（＋）ssRNA 4 種（RNA1：3.1～3.6 kb，RNA2：2.4～3.3 kb，RNA3：1.9～2.7 kb，RNA4：0.8～2.1 kb，GC 含量 40～49％）．RNA1，RNA2，RNA3 はそれぞれ個別に粒子に含まれる．RNA4 は粒子に含まれるサブゲノム RNA で，オレアウイルス属を除いて CP の mRNA として機能する．タンパク質：外被タンパク質（CP）1 種（20～27 kDa）．

ゲノム 【構造】3 分節線状（＋）ssRNA ゲノム．ORF 4～5 個．ゲノムの 5′ 端にキャップ構造（Cap），3′ 端にはウイルス種や系統内で高度に保存された二次構造をもつ．アミノアシル化される tRNA 様構造（TLS）やアミノアシル化されない他の構造をとる（図 1）．
【遺伝子】RNA1：5′-Cap-103～126 kDa タンパク質（RNA 複製酵素サブユニット；メチルトランスフェラー

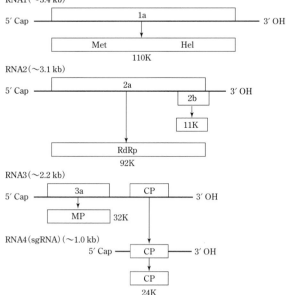

図 1 ブロモウイルス科ウイルスのゲノム構造と発現様式
110 K：RNA 複製酵素サブユニット（Met：メチルトランスフェラーゼドメイン，Hel：ヘリカーゼドメイン），92 K：RNA 複製酵素サブユニット（RdRp：RNA 複製酵素ドメイン），MP：移行タンパク質，CP：外被タンパク質，sgRNA：サブゲノム RNA．RNA4 は CP のサブゲノム RNA だが，粒子中に含まれる．

［出典：Virus Taxonomy 9th Report of ICTV, 965-976 を改変］

ゼドメイン（Met）とヘリカーゼドメイン（Hel）を含む）-TLS あるいは特異的二次構造-3′. RNA2：5′-Cap-79〜100 kDa タンパク質（RNA 複製酵素サブユニット；RNA 複製酵素ドメイン（RdRp）を含む）-TLS あるいは特異的二次構造-3′. イラルウイルス属の一部とククモウイルス属はさらに 11〜22 kDa タンパク質（ククモウイルスでは RNA サイレンシングサプレッサータンパク質）の遺伝子を含む. RNA3：5′-Cap-27〜37 kDa 移行タンパク質（MP）-サブゲノム mRNA プロモーター-20〜27 kDa 外被タンパク質（CP）-TLS あるいは特異的二次構造-3′.

複 製 様 式 ゲノム（RNA1, RNA2, RNA3）から全長に相当する（−）ssRNA が合成され、次いで完全長の（＋）ssRNA ゲノムが合成される. 複製は細胞質の膜上で行われる. サブゲノム RNA（RNA4）は RNA3 の（−）RNA から合成され、通常、ウイルス粒子中に含まれる.

発 現 様 式 ウイルス RNA 複製酵素のサブユニットである 103〜126 kDa タンパク質と 79〜100 kDa タンパク質の遺伝子および 27〜37 kDa 移行タンパク質の遺伝子の翻訳は各分節ゲノム全長から直接行われる. 一方、20〜27 kDa 外被タンパク質の遺伝子と 11〜22 kDa タンパク質の遺伝子はサブゲノム mRNA 経由で翻訳される.

細胞内所在 ウイルス粒子は感染植物の各種細胞の細胞質内や液胞内に存在するが、ウイルス種によっては核内にも存在する場合がある.

宿主域・病徴 ブロモウイルスのように宿主域の狭いものからククモウイルスのようにきわめて宿主域の広いものまである. 主に、モザイク、条斑などを示し、潜在感染するものもある.

伝　　　染 ほとんどのウイルスが汁液接種可能で、昆虫によって非永続〜半永続伝搬する. いくつかのウイルスでは媒介生物が不明である.
・アルファモウイルス属：汁液接種可. 虫媒伝染（アブラムシによる非永続伝搬）.
・オレアウイルス属：汁液接種可. 媒介生物不明.
・アヌラウイルス属：汁液接種可. 虫媒伝染（アザミウマが媒介するが、その媒介機構はイラルウイルス属と同様）. 花粉伝染. 種子伝染.
・ブロモウイルス属：汁液接種可. 虫媒伝染（ハムシによる半永続伝搬）. 接触伝染.
・ククモウイルス属：汁液接種可. 虫媒伝染（アブラムシによる非永続伝搬）.
・イラルウイルス属：多くのウイルス種で汁液接種可. 一部のウイルス種で虫媒伝染（アザミウマ：保毒花粉の運搬や保毒花粉の付着した植物をアザミウマが咀嚼することによる）. 花粉伝染. 種子伝染.

〔三瀬和之〕

主 要 文 献 Bujarski, J. et al. (2012). *Bromoviridae*. Virus Taxonomy 9th Report of ICTV, 965-976；ICTVdB (2006). *Bromoviridae*. 00.010.；DPVweb. Bromoviridae；Lane, L. C. (1979). Bromovirus group. Descriptions of Plant Viruses, 215；Bujarski, J. J. (2008). Bromoviruses. Encyclopedia of Virology 3rd ed., 1, 386-390；Bol, J. F. (2008). Alfalfa mosaic virus. Encyclopedia of Virology 3rd ed., 1, 81-87；Garcia-Arenal, F. et al. (2008). Cucumber mosaic virus. Encyclopedia of Virology 3rd ed., 1, 614-619；Eastwell, K. C. (2008). *Ilarvirus*. Encyclopedia of Virology 3rd ed., 3, 46-56；Bol, J. F. et al. (2011). Alfamovirus. The Springer Index of Viruses 2nd ed., 167-172；Kao, C. C. et al. (2011). Bromovirus. The Springer Index of Viruses 2nd ed., 173-177；Rodriguez, F. G.-A. et al. (2011). Cucumovirus. The Springer Index of Viruses 2nd ed., 179-185；Scott, S. W. (2011). Ilarvirus. The Springer Index of Viruses2nd ed., 187-194；Martelli, G. P. et al. (2011). Oleavirus. The Springer Index of Viruses 2nd ed., 195-199；DPVweb. Anulavirus；Moreno, I. M. et al. (2004). Family *Bromoviridae*. Viruses and Virus Diseases of *Poaceae*(*Gramineae*) (Lapierre, H. et al. eds., INRA), 348-358；Scott, S. W. (2011). Bromoviridae and Allies. Encyclopedia of Life Sciences（DOI：10.1002/9780470015902. a0000745. pub3）；古澤 巖(1996). ブロモウイルス科. 植物ウイルスの分子生物学(古澤 巌ら，学会出版センター)，83-111；高浪洋一(2007). 植物ウイルスの分類学(9)ブロモウイルス科(*Bromoviridae*). 植物防疫, 61, 399-401.

(＋)一本鎖 RNA ウイルス　　　　　　　　　　　　　　　　　　　　　　　　　　　ブロモウイルス科

Alfamovirus　アルファモウイルス属
Bromoviridae

分類基準　(1)(＋)ssRNA ゲノム，(2) 3 分節線状ゲノム，(3) 桿菌状粒子 4 種（径 18 nm×長さ 30 nm，35 nm，43 nm，57 nm），(4) ゲノムの 5′端にキャップ構造(Cap)，3′端に特異的二次構造をもつが，ポリ(A)配列(poly(A))を欠く，(5) ウイルス RNA 複製酵素(RdRp)はアルファ様スーパーグループ型，(6) 外被タンパク質(CP)1 種，(7) 外被タンパク質はサブゲノム RNA 経由で翻訳，(8) ORF 4 個，(9) アブラムシによる非永続伝搬．

タイプ種　アルファルファモザイクウイルス(*Alfalfa mosaic virus*：AMV)．

属の構成　アルファルファモザイクウイルス(*Alfalfa mosaic virus*：AMV)．

粒　　子　【形態】桿菌状 4 種（径 18 nm×長さ 30 nm(Ta)，35 nm(Tb)，43 nm(M)，57 nm(B)）．このほかに To 成分もあるが，感染には Tb，M，B の 3 成分だけが必要．被膜なし（図 1）．
【物性】沈降係数 94 S(B)，82 S(M)，73 S(Tb)，66 S(Ta)．浮遊密度(CsCl) 1.366〜1.372 g/cm^3，(Cs_2SO_4) 1.278 g/cm^3．
【成分】核酸：(＋)ssRNA 4 種(RNA1：3.6 kb，RNA2：2.6 kb，RNA3：2.0〜2.3 kb，RNA4：0.9 kb，GC 含量 43〜48％)．B 成分に RNA1，M 成分に RNA2，Tb 成分に RNA3，Ta 成分に 2 分子の RNA4(CP のサブゲノム RNA)が含まれる．タンパク質：外被タンパク質(CP)1 種(24 kDa)．ウイルス粒子は 132 個(Ta)，150 個(Tb)，186 個(M)，240 個(B)の外被タンパク質を有する．

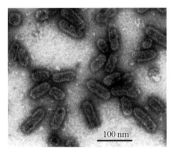

図 1　AMV の粒子像
［出典：ICTVdB］

ゲ ノ ム　【構造】3 分節線状(＋)ssRNA ゲノム．ORF 4 個(RNA1：1 個，RNA2：1 個，RNA3：2 個)．ゲノムの 5′端にキャップ構造(Cap)，3′端は 3 分節ゲノムで共通の配列で複数のステムループからなる複雑な高次構造をとり，ポリ(A)配列(poly(A))を欠く（図 2）．
【遺伝子】RNA1：5′-Cap-126 kDa タンパク質 P1(RNA 複製酵素サブユニット；メチルトラン

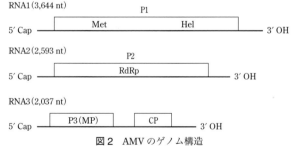

図 2　AMV のゲノム構造
P1：RNA 複製酵素サブユニット(Met：メチルトランスフェラーゼドメイン，Hel：ヘリカーゼドメイン)，P2：RNA 複製酵素サブユニット(RdRp：RNA 複製酵素ドメイン)，MP：移行タンパク質，CP：外被タンパク質．
［出典：The Springer Index of Viruses 2nd ed., 167-172 を改変］

スフェラーゼドメイン(Met)/ヘリカーゼドメイン(Hel))-3′．RNA2：5′-Cap-90 kDa タンパク質 P2(RNA 複製酵素サブユニット；RNA 複製酵素ドメイン(RdRp))-3′．RNA3：5′-Cap-32〜33 kDa 移行タンパク質 P3(MP)-遺伝子間領域-24 kDa 外被タンパク質(CP)-3′．

複製様式　ゲノム(RNA 1，RNA 2，RNA3)の 3′端の 7 つのステムループ構造の間の配列に外被タンパク質が結合することで，3′端への RNA 複製酵素の結合が促進され，全長に相当する(－)ssRNA が合成される．次いで完全長の(＋)ssRNA ゲノムが合成される．外被タンパク質は(＋)鎖と

(−)鎖の RNA 比を調節する．イラルウイルス属ウイルスの外被タンパク質によっても複製が活性化される．複製は液胞膜上で，転写は葉緑体の外膜上で行われると推測される．サブゲノム RNA(RNA 4)は RNA 3 の(−)RNA から合成され，5′端に Cap を有し，ウイルス粒子に含まれる．

発現様式 RNA 複製酵素のサブユニットである 126 kDa タンパク質と 90 kDa タンパク質および移行タンパク質はゲノム RNA から直接翻訳され，外被タンパク質はサブゲノム RNA 経由で翻訳される．移行タンパク質，外被タンパク質ともに感染後期に生産される．

細胞内所在 ウイルス粒子は感染植物の各種細胞の細胞質内や液胞内に存在する．細胞質内に不定形の顆粒状封入体を形成する．

宿主域・病徴 宿主域は野菜類，牧草など 51 科 430 種以上と広い．全身感染し，モザイク，えそ斑点，退緑斑点，奇形などを示す．夏季には無病徴感染することもある．

伝　　染 汁液接種可．虫媒伝染（アブラムシによる非永続伝搬）．種子伝染（アルファルファで 10〜50％，ダイズで約 1 ％）． 〔鈴木 匡〕

主要文献 Bujarski, J. *et al.*(2012). *Alfamovirus*. Virus Taxonomy 9th Report of ICTV, 967-968；ICTVdB (2006). *Alfamovirus*. 00.010.0.01.；DPVweb. Alfamovirus；Jaspars, E. M. J. *et al.*(1980). Alfalfa mosaic virus. Descriptions of Plant Viruses, 229；Bol, J. F.(2008). Alfalfa mosaic virus. Encyclopedia of Virology 3rd ed., 1, 81-87；Bol, J. F. *et al.*(2011). Alfamovirus. The Springer Index of Viruses 2nd ed., 167-172；Brunt, A. A. *et al.* eds.(1996). Alfamoviruses：*Bromoviridae*. Plant Viruses Online；Bol, J. F.(1999). J. Gen. Virol., 80, 1089-1102；Jaspars, E. M. J.(1999). Arch. Virol., 144, 843-863；Guogas, L. M. *et al.*(2004). Science, 306, 2108-2111；Bol, J. F.(2005). Ann. Rev. Phytopathol., 43, 39-62；Reichert, V. L. *et al.* (2007). Virology, 364, 214-226.

（＋）一本鎖 RNA ウイルス　　　　　　　　　　　　　　　　　　　　　　　　　　　ブロモウイルス科

Oleavirus　オレアウイルス属
Bromoviridae

分類基準　（1）（＋）ssRNA ゲノム，（2）3 分節線状ゲノム，（3）球状粒子(径 26 nm)および桿菌状粒子 4 種(径 18 nm×長さ 37 nm，43 nm，48 nm，55 nm)，（4）ゲノムの 5′ 端にキャップ構造(Cap)，3′ 端に特異的二次構造をもつが，ポリ(A)配列(poly(A))を欠く，（5）ウイルス RNA 複製酵素(RdRp)はアルファ様スーパーグループ型，（6）外被タンパク質(CP)1 種，（7）外被タンパク質はサブゲノム RNA 経由で翻訳，（8）ORF 4 個，（9）アブラムシによる非永続伝搬．

タイプ種　*Olive latent virus 2*(OLV-2)．
属の構成　*Olive latent virus 2*(OLV-2)．

粒　子　【形態】球状(径 26 nm)および桿菌状数種(径 18 nm×長さ 37 nm，43 nm，48 nm，55 nm)，被膜なし(図 1)．
【物性】浮遊密度(CsCl) 1.36 g/cm³，(Cs₂SO₄) 1.30 g/cm³．
【成分】核酸：（＋）ssRNA 4 種(RNA 1：3.1 kb，RNA 2：2.7 kb，RNA 3：2.4 kb，RNA4：2.1 kb，GC 含量 48％)．RNA1，RNA2，RNA3 はそれぞれ個別に粒子に含まれる．粒子には RNA4(RNA3 のサブゲノム RNA)も含まれるが，その機能は不明である．一方，CP のサブゲノム RNA(1.0 kb)は粒子に含まれない．タンパク質：外被タンパク質(CP)1 種(20 kDa)．

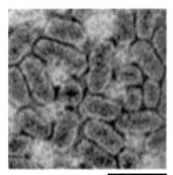

図 1　OLV-2 の粒子像
[出典：The Springer Index of Viruses 2nd ed., 195-199]

ゲノム　【構造】3 分節線状(＋)ssRNA ゲノム．ORF 4 個(RNA1：1 個，RNA2：1 個，RNA3：2 個)．ゲノムの 5′ 端にキャップ構造(Cap)，3′ 端に特異的二次構造をもつが，ポリ(A)配列(poly(A))を欠く．このほかに粒子には RNA 4(ORF 1 個)が含まれる(図 2)．

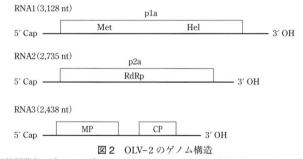

図 2　OLV-2 のゲノム構造
p1a：RNA 複製酵素サブユニット(Met：メチルトランスフェラーゼドメイン，Hel：ヘリカーゼドメイン)，p2a：RNA 複製酵素サブユニット(RdRp：RNA 複製酵素ドメイン)，MP：移行タンパク質，CP：外被タンパク質．
[出典：The Springer Index of Viruses 2nd ed., 195-199 を改変]

【遺伝子】RNA1：5′-Cap-103 kDa タンパク質 p1a(RNA 複製酵素サブユニット；メチルトランスフェラーゼドメイン(Met)/ヘリカーゼドメイン(Hel))-3′．RNA2：5′-Cap-91 kDa タンパク質 p2a(RNA 複製酵素サブユニット；RNA 複製酵素ドメイン(RdRp))-3′．RNA3：5′-Cap-37 kDa 移行タンパク質(MP)-遺伝子間領域-20 kDa 外被タンパク質(CP)-3′．
このほかに粒子には RNA3 と 3′ 末端側が一致する機能不明な RNA4(2.1 kb)が含まれるが，この RNA4 上にも ORF が 1 個存在する．

複製様式　おそらくゲノム(RNA1，RNA2，RNA3)から全長に相当する(－)ssRNA が合成され，次いで完

全長の（＋）ssRNA ゲノムが合成される．サブゲノム RNA(RNA4) は RNA3 の（－）RNA から合成される．外被タンパク質は複製に必須ではない．

発現様式 外被タンパク質はサブゲノム RNA から翻訳されるが，そのサブゲノム RNA は粒子に含まれない．

細胞内所在 ウイルス粒子は感染植物の柔細胞の細胞質内に存在する．細胞質内に形成された球状の小のうや管状構造の内部にも粒子が認められる．

宿主域・病徴 宿主域は狭い．自然宿主はオリーブで全身感染するが，無病徴である．
実験的には *Chenopodium quinoa*, *Nicotiana clevelandii*, *N. occidentalis* に局部壊死斑，*N. benthamiana* に退緑斑紋，センニチコウに局部壊死斑と斑紋，奇形，トウゴマに葉脈透化と斑紋を形成する．

伝　　　染 汁液接種可．アブラムシによる非永続伝搬（Grieco, F.：unpublished information）．接ぎ木伝染．

〔鈴木 匡〕

主要文献 Bujarski, J. *et al.*(2012). *Oleavirus*. Virus Taxonomy 9th Report of ICTV, 975-976 ; ICTVdB (2006). *Oleavirus*. 00.010.0.05. ; DPVweb. Oleavirus ; Martelli, G. P. *et al.*(2001). Olive latent virus 2. Descriptions of Plant Viruses, 384 ; Martelli, G. P. *et al.*(2011). Oleavirus. The Springer Index of Viruses 2nd ed., 195-199 ; Grieco, F. *et al.*(1995). J. Gen. Virol., 76, 929-937 ; Grieco, F. *et al.*(1996). J. Gen. Virol., 77, 2637-2644 ; Martelli, G. P. and Grieco, F.(1997). Arch. Virol., 142, 1933-1936 ; Grieco, F. *et al.*(1999). J. Gen. Virol., 80, 1103-1109.

（＋）一本鎖 RNA ウイルス　　　　　　　　　　　　　　　　　　　　　　　　ブロモウイルス科

Anulavirus　アヌラウイルス属
Bromoviridae

分類基準　(1)（＋）ssRNA ゲノム，(2) 3 分節線状ゲノム，(3) 球状粒子 3 種（径 25〜35 nm），(4) ゲノムの 5′端にキャップ構造（Cap），3′端に特異的二次構造をもつが，ポリ(A)配列（poly(A)）を欠く，(5) ウイルス RNA 複製酵素（RdRp）はアルファ様スーパーグループ型，(6) 外被タンパク質（CP）1 種，(7) 外被タンパク質はサブゲノム RNA 経由で翻訳，(8) ORF 4 個，(9) RNA3 が RNA2 よりやや長い，(10) アザミウマ伝搬．

タイプ種　*Pelargonium zonate spot virus*（PZSV）．

属の構成　アマゾンユリ微斑ウイルス（*Amazon lily mild mottle virus*：ALiMMV），*Pelargonium zonate spot virus*（PZSV）．

粒　　子　【形態】球状 3 種（径 25〜35 nm），被膜なし（図 1）．
【物性】沈降係数 80 S(T)，90 S(M)，118 S(B)．浮遊密度（CsCl）1.35 g/cm³．
【成分】核酸：（＋）ssRNA 4 種（RNA1：3.4 kb，RNA2：2.4 kb，RNA3：2.7 kb，RNA4：1.1 kb）．RNA1，RNA2，RNA3 はそれぞれ個別に粒子に含まれる．RNA4 は CP のサブゲノム RNA だが，粒子中に含まれる．タンパク質：外被タンパク質（CP）1 種（23 kDa）．

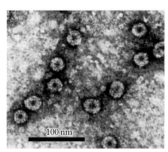

図 1　PZSV の粒子像
［出典：Descriptions of Plant Viruses, 272］

ゲ ノ ム　【構造】3 分節線状（＋）ssRNA ゲノム（合計 8.5 kb）．ORF 4 個（RNA1：1 個，RNA2：1 個，RNA3：2 個）．5′端にキャップ構造（Cap），3′端に共通の二次構造をもつ（図 2）．
【遺伝子】RNA1（3.4 kb）：5′-Cap-108 kDa RNA 複製酵素サブユニット 1a（メチルトランスフェラーゼドメイン（Met）/ヘリカーゼドメイン（Hel））-3′．RNA2（2.4 kb）：5′-Cap-79 kDa RNA 複製酵素サブユニット 2a（RNA 複製酵素ドメイン（RdRp））-3′．RNA3（2.7 kb）：5′-Cap-34 kDa 移行タンパク質（MP）-23 kDa 外被タンパク質（CP）-3′．

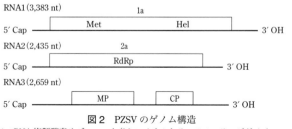

図 2　PZSV のゲノム構造
1a：RNA 複製酵素サブユニット（Met：メチルトランスフェラーゼドメイン，Hel：ヘリカーゼドメイン），2a：RNA 複製酵素サブユニット（RdRp：RNA 複製酵素ドメイン），MP：移行タンパク質，CP：外被タンパク質．
［出典：Finetti-Sialer, M. *et al.*（2003）. J. Gen. Virol., 84, 3143-3151 を改変］

複製様式　RNA 複製酵素は 1a タンパク質と 2a タンパク質からなる．おそらくゲノムから全長に相当する（−）ssRNA が転写され，次いで完全長の（＋）ssRNA ゲノムが合成される．複製は細胞質で行われる．

発現様式　1a タンパク質，2a タンパク質，移行タンパク質はゲノム RNA から，外被タンパク質はサブゲノム RNA からそれぞれ翻訳される．

細胞内所在　ウイルス粒子は感染植物の各種細胞の細胞質内および核内に存在する．

宿主域・病徴　宿主域はやや広い．PZSV はペラルゴニウムやトマトなどに全身感染し，葉に帯状，線状あるいは輪状の斑紋を生じ，矮化する．

伝　　染　汁液接種可．種子伝染．花粉伝染．アザミウマ伝搬（保毒花粉の運搬や保毒花粉の付着した植物をアザミウマが咀嚼することによる伝搬）．　　　　　　　　　　　　　　　　〔日比忠明〕

主要文献　Bujarski, J. *et al.*（2012）. *Anulavirus*. Virus Taxonomy 9th Report of ICTV, 968-969；ICTV Virus Taxonomy List（2013）. *Anulavirus*；DPVweb. Anulavirus；Gallitelli, D. *et al.*（1983）. Pelargonium zonate spot virus. Descriptions of Plant Viruses, 272；Finetti-Sialer, M. *et al.*（2003）. J. Gen. Virol., 84, 3143-3151；Gallitelli, D. *et al.*（2005）. Arch. Virol., 150, 407-411.

（＋）一本鎖RNAウイルス　　　　　　　　　　　　　　　　　　　　　　　　　　　　ブロモウイルス科

Bromovirus　ブロモウイルス属
Bromoviridae

分類基準　(1)（＋）ssRNAゲノム，(2) 3分節線状ゲノム，(3) 球状粒子3種（径27 nm），(4) ゲノムの5′端にキャップ構造（Cap），3′端にtRNA様構造（TLS）をもつ，(5) ウイルスRNA複製酵素（RdRp）はアルファ様スーパーグループ型，(6) 外被タンパク質（CP）1種，(7) 外被タンパク質はサブゲノムRNA経由で翻訳，(8) ORF 4個，(9) ハムシによる半永続伝搬．

タイプ種　*Brome mosaic virus*（BMV）．

属の構成　*Broad bean mottle virus*（BBMV），*Brome mosaic virus*（BMV），*Cassia yellow blotch virus*（CYBV），*Cowpea chlorotic mottle virus*（CCMV），*Melandrium yellow fleck virus*（MYFV），*Spring beauty latent virus*（SBLV）．

粒　　子　【形態】球状3種（径27 nm），被膜なし（図1）．
【物性】沈降係数 88 S．浮遊密度（CsCl）1.35〜1.39 g/cm^3．
【成分】核酸：（＋）ssRNA 4種（RNA1：3.2〜3.3 kb，RNA2：2.7〜2.9 kb，RNA3：2.1〜2.4 kb，RNA4：0.8〜0.9 kb，GC含量 44〜49％）．RNA1，RNA2，RNA3はそれぞれ個別に粒子に含まれる．RNA4はCPのサブゲノムRNAだが，粒子中に含まれる．タンパク質：外被タンパク質（CP）1種（20〜21 kDa）．ウイルス粒子は180個の外被タンパク質を有する．

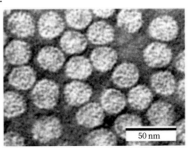

図1　BMVの粒子像

ゲ ノ ム　【構造】3分節線状（＋）ssRNAゲノム．ORF 4個（RNA1：1個，RNA2：1個，RNA3：2個）．5′端にキャップ構造（Cap），3′端にはウイルス種内で高度に保存されたtRNA様構造（TLS）をもち，チロシンによってアミノアシル化される．RNA3の2個のORFの間の領域にMYFVを除く5種のウイルスで種によって平均長の異なる20〜70塩基のポリ（A）配列がある．MYFVでは5′端非翻訳領域に13〜20塩基のポリピリミジン配列がある（図2）．

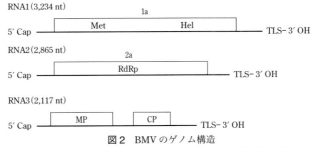

図2　BMVのゲノム構造
1a：RNA複製酵素サブユニット（Met：メチルトランスフェラーゼドメイン，Hel：ヘリカーゼドメイン），2a：RNA複製酵素サブユニット（RdRp：RNA複製酵素ドメイン），MP：移行タンパク質，CP：外被タンパク質，TLS：tRNA様構造．
［出典：The Springer Index of Viruses 2nd ed., 173-177 を改変］

【遺伝子】RNA1：5′-Cap-108〜110 kDaタンパク質（RNA複製酵素サブユニット1a；メチルトランスフェラーゼドメイン（Met）/ヘリカーゼドメイン（Hel））-TLS-3′．RNA2：5′-Cap-92〜95 kDaタンパク質（RNA複製酵素サブユニット2a；RNA複製酵素ドメイン（RdRp））-TLS-3′．RNA3：5′-Cap-32〜33 kDa移行タンパク質（MP）-サブゲノムRNAプロモーター-20〜21 kDa外被タンパク質（CP）-TLS-3′．

複製様式　ゲノム（RNA1，RNA2，RNA3）から全長に相当する（−）ssRNAが合成され，次いで完全長の（＋）ssRNAゲノムが合成される．複製は核周辺の小胞体膜上に陥入した構造体として形成される

ウイルス複製複合体内で行われる．サブゲノム RNA(RNA4)は RNA3 の(−)鎖 RNA から合成され，ウイルス粒子に含まれる．

発現様式 RNA 複製酵素のサブユニットである 108〜110 kDa タンパク質と 92〜95 kDa タンパク質の遺伝子および 32〜33 kDa 移行タンパク質の遺伝子の翻訳は各分節ゲノム全長から直接行われる．一方，20〜21 kDa 外被タンパク質の遺伝子はサブゲノム RNA 経由で翻訳される．なお，サブゲノム RNA もゲノム RNA から転写されるが，5′ 端に Cap，3′ 端に TLS を有する．

細胞内所在 ウイルス粒子は各種組織の細胞の細胞質に結晶状に集積あるいは散在して存在．細胞質内に球状あるいは結晶状の封入体を形成．

宿主域・病徴 宿主域は狭い．イネ科植物(BMV)，マメ科植物(BBMV，CCMV，CYBV，SBLV，MYFV)，スベリヒユ科植物(SBLV)，ナデシコ科植物(MYFV)．全身感染し，主にモザイク，退緑斑紋，退緑斑点，黄斑などを示す．SBLV は無病徴感染である．

伝染 汁液接種可．虫媒伝染(ハムシによる半永続伝搬)．接触伝染． 〔三瀬和之〕

主要文献 Bujarski, J. *et al.* (2012). *Bromovirus*. Virus Taxonomy 9th Report of ICTV, 969-970 ; ICTVdB (2006). *Bromovirus*. 00.010.0.03. ; DPVweb. Bromovirus ; Lane, L. C. (1979). Bromovirus group. Descriptions of Plant Viruses, 215 ; Wooley, R. S. *et al.* (2004). Brome mosaic virus. Descriptions of Plant Viruses, 405 ; Bujarski, J. J. (2008). Bromoviruses. Encyclopedia of Virology 3rd ed., 1, 386-390 ; Wang, X. *et al.* (2008). Brome mosaic virus. Encyclopedia of Virology 3rd ed., 1, 381-386 ; Kao, C. C. *et al.* (2011). Bromovirus. The Springer Index of Viruses 2nd ed., 173-177 ; Brunt, A. A. *et al.* eds. (1996). Bromoviruses：*Bromoviridae*. Plant Viruses Online ; Lane, L. C. (1974). Adv. Virus Res., 19, 151-220；三瀬和之(1997)．ブロモウイルス．ウイルス学(畑中正一編，朝倉書店)，451-459．

Cucumovirus ククモウイルス属
Bromoviridae

分類基準 (1)（＋）ssRNA ゲノム，(2) 3分節線状ゲノム，(3) 球状粒子3種（径25～30 nm），(4) ゲノムの5′端にキャップ構造(Cap)，3′端に tRNA 様構造(TLS)をもつ，(5) ウイルス RNA 複製酵素(RdRp)はアルファ様スーパーグループ型，(6) 外被タンパク質(CP)1種，(7) 外被タンパク質と 2b タンパク質はサブゲノム RNA 経由で翻訳，(8) ORF 5個，(9) アブラムシによる非永続～半永続伝搬．

タイプ種 キュウリモザイクウイルス(*Cucumber mosaic virus*：CMV)．

属の構成 キュウリモザイクウイルス(*Cucumber mosaic virus*：CMV)，*Gayfeather mild mottle virus* (GMMV)，ラッカセイ矮化ウイルス(*Peanut stunt virus*：PSV)，トマトアスパーミィウイルス(*Tomato aspermy virus*：TAV)．

粒子 【形態】球状3種（径25～30 nm），被膜なし（図1）．
【物性】沈降係数 98～104 S．浮遊密度(CsCl) 1.36～1.37 g/cm³．
【成分】核酸：（＋）ssRNA 4 種（RNA1：3.3～3.4 kb，RNA2：2.9～3.3 kb，RNA3：2.2～2.4 kb，RNA4：1.0～1.3 kb，GC 含量 45～47％)．RNA1，RNA2，RNA3 はそれぞれ個別に粒子に含まれる．RNA4 は CP のサブゲノム RNA だが，ウイルスの粒子中に含まれる．タンパク質：外被タンパク質(CP)1 種(24～26 kDa)．ウイルス粒子は 180 個の外被タンパク質を有する．

ゲノム 【構造】3分節線状（＋）ssRNA ゲノム．ORF 6個（RNA1：1個，RNA2：2個，RNA3：2個）．5′端はキャップ構造(Cap：m⁷Gppp)，3′端は tRNA 様構造(TLS)をとる（図2）．

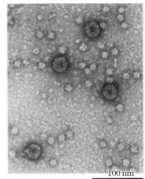

図1 CMV の粒子像

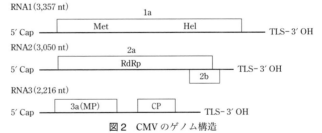

図2 CMV のゲノム構造
1a：RNA 複製酵素サブユニット(Met：メチルトランスフェラーゼドメイン，Hel：ヘリカーゼドメイン)，2a：RNA 複製酵素サブユニット(RdRp：RNA 複製酵素ドメイン)，2b：RNA サイレンシングサプレッサー，MP：移行タンパク質，CP：外被タンパク質，TLS：tRNA 様構造．
［出典：The Springer Index of Viruses 2nd ed., 179-185 を改変］

【遺伝子】RNA1：5′-Cap-110～114 kDa タンパク質 1a(RNA 複製酵素サブユニット；メチルトランスフェラーゼドメイン(Met)/ヘリカーゼドメイン(Hel))-TLS-3′．RNA2：5′-Cap-92～97 kDa タンパク質 2a(RNA 複製酵素サブユニット；RNA 複製酵素ドメイン(RdRp))-10～16 kDa タンパク質 2b(サイレンシングサプレッサー)-TLS-3′．RNA3：5′-Cap-30～32 kDa 移行タンパク質 3a(MP)-遺伝子間領域-24～26 kDa 外被タンパク質(CP)-TLS-3′．

複製様式 ゲノム(RNA 1, RNA 2, RNA 3)から全長に相当する（－）ssRNA が合成され，次いで完全長の（＋）ssRNA ゲノムが合成される．複製は液胞膜上で行われる．サブゲノム RNA 4 は RNA 3 の，サブゲノム RNA 4A は RNA 2 の各（－）鎖 RNA から合成され，いずれも（＋）鎖の 3′端側と一致する．RNA 4 は粒子に含まれ，RNA 4A は粒子に含まれる場合とそうでない場合がある．CMV の各種系統は，現在，血清学的解析とゲノム解析からサブグループ IA，IB，II に分けられて

いるが，CMVのサブグループIIに属する系統およびTAVでは，サブゲノムRNA 3BがRNA 3の(−)鎖から，サブゲノムRNA 5がRNA 2の(−)鎖から合成される．

発現様式 RNA複製酵素のサブユニットである110〜114 kDaタンパク質と92〜97 kDaタンパク質および移行タンパク質はゲノムRNAから翻訳され，外被タンパク質および2bタンパク質はサブゲノムRNA経由で翻訳される．

細胞内所在 ウイルス粒子は感染植物の各種細胞の細胞質内，液胞内に存在する．

宿主域・病徴 野菜類，牧草など宿主域は非常に広い(101科1,241種)．全身感染し，主にモザイクや矮化を生じる．CMVとPSVには長さ315〜405 ntのサテライトRNAをもつ系統があり，これらサテライトRNAは病徴の軽減あるいはえそや黄化症状の出現など，病徴に影響を及ぼす場合がある．

伝染 汁液接種可．虫媒伝染(アブラムシ類による非永続〜半永続伝搬)．一部の系統では種子伝染する．接触伝染しない． 〔鈴木 匡〕

主要文献 Bujarski, J. *et al.*(2012). *Cucumovirus*. Virus Taxonomy 9th Report of ICTV, 970-972；ICTVdB (2006). *Cucumovirus*. 00.010.0.04.；DPVweb. Cucumovirus；Palukaitis, P. *et al.*(2003). Cucumber mosaic virus. Descriptions of Plant Viruses, 400；Garcia-Arenal, F. *et al.*(2008). Cucumber mosaic virus. Encyclopedia of Virology 3rd ed., 1, 614-619；Rodriguez, F. G. A. *et al.*(2011). Cucumovirus. The Springer Index of Viruses 2nd ed., 179-185；Brunt, A. A. *et al.* eds. (1996). Cucumoviruses：*Bromoviridae*. Plant Viruses Online；Palukaitis, P. *et al.*(1992). Cucumber mosaic virus. Adv. Virus Res., 41, 281-348；Palukaitis, P. and Garcia-Arenal, F.(2003). Cucumoviruses. Adv. Virus Res., 62, 241-323；Kameya-Iwaki, M. *et al.*(2000). J. Gen. Plant Pathol., 66, 64-67；高浪洋一(1996)．ククモウイルス属．植物ウイルスの分子生物学(古澤 巖ら，学会出版センター)，113-154；桑田 茂(1997)．キュウリモザイクウイルス，ウイルス学(畑中正一編，朝倉書店)，460-467．

(＋)一本鎖RNAウイルス　　　　　　　　　　　　　　　　　　　　　　　　　　　ブロモウイルス科

Ilarvirus　イラルウイルス属

Bromoviridae

分類基準　(1)（＋）ssRNAゲノム，(2) 3分節線状ゲノム，(3) 球状粒子3種(径25〜35 nm)あるいは種によって桿菌状粒子(径19 nm×長さ33〜38 nmなど)が混在，(4) ゲノムの5′端にキャップ構造(Cap)，3′端に特異的二次構造をもつが，ポリ(A)配列(poly(A))を欠く，(5) ウイルスRNA複製酵素(RdRp)はアルファ様スーパーグループ型，(6) 外被タンパク質(CP) 1種，(7) 外被タンパク質とサブグループ1，2のウイルス種に存在する2bタンパク質はサブゲノムRNA経由で翻訳，(8) ORF 4〜5個，(9) 一部のウイルス種でアザミウマ伝搬．

タイプ種　タバコ条斑ウイルス(*Tobacco streak virus*：TSV)．

属の構成　イラルウイルス属では，種は血清学的関係から，4つのサブグループに分類される．

サブグループ1：*Blackberry chlorotic ringspot virus*(BCRV)，*Parietaria mottle virus*(PMoV)，*Strawberry necrotic shock virus*(SNSV)，タバコ条斑ウイルス(*Tobacco streak virus*：TSV)．

サブグループ2：アスパラガスウイルス2(*Asparagus virus 2*：AV-2)，カンキツリーフルゴースウイルス(*Citrus leaf rugose virus*：CiLRV)，*Citrus variegation virus*(CVV)，*Elm mottle virus*(EMoV)，*Lilac ring mottle virus*(LiRMoV)，*Spinach latent virus*(SpLV)，*Tulare apple mosaic virus*(TaMV)．

サブグループ3：リンゴモザイクウイルス(*Apple mosaic virus*：ApMV)，*Blueberry shock virus*(BlShV)，*Lilac leaf chlorosis virus*(LLCV)，プルヌスえそ輪点ウイルス(*Prunus necrotic ringspot virus*：PNRSV)．

サブグループ4：*Fragaria chiloensis latent virus*(FClLV)，プルーン萎縮ウイルス(*Prune dwarf virus*：PDV)．

上記サブグループ以外：*American plum line pattern virus*(APLPV)，*Humulus japonicus latent virus*(HJLV)．

暫定種：Grapevine line pattern virus(GLPV)，Tomato necrotic spot virus(ToNSV)など7種．

粒子　【形態】球状3種(径25〜35 nm)．種によって桿菌状粒子(径19 nm×長さ33〜38 nmなど)が混在．被膜なし(図1)．
【物性】沈降係数83〜95 S(T)，95〜100 S(M)，105〜125 S(B)．浮遊密度(CsCl) 1.33〜1.37 g/cm³．
【成分】核酸：（＋）ssRNA 4種(RNA1：3.3〜3.5 kb，RNA2：2.4〜3.0 kb，RNA3：1.8〜2.5 kb，RNA4：1.0 kb，GC含量40〜45％)．RNA1，RNA2，RNA3はそれぞれ個別に粒子に含まれる．なお，RNA4はCPのサブゲノムRNAだが，粒子中に含まれる．タンパク質：外被タンパク質(CP) 1種(22〜28 kDa)．

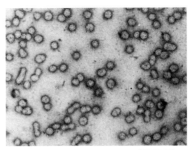

図1　TSVの粒子像
［出典：ICTVdB］

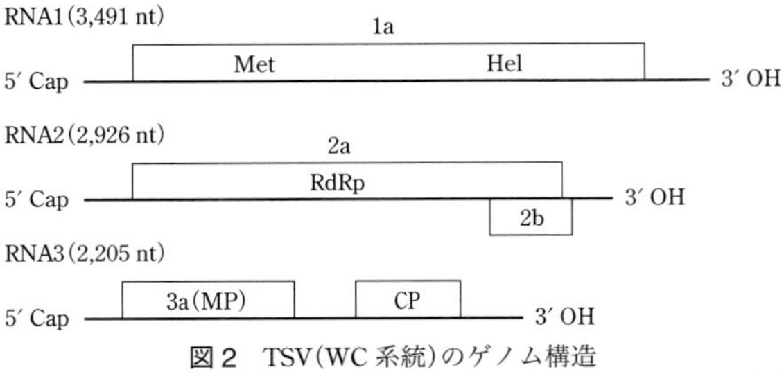

図2　TSV(WC系統)のゲノム構造
1a：RNA複製酵素サブユニット(Met：メチルトランスフェラーゼドメイン，Hel：ヘリカーゼドメイン)，
2a：RNA複製酵素サブユニット(RdRp：RNA複製酵素ドメイン)，MP：移行タンパク質，CP：外被タンパク質．
［出典：The Springer Index of Viruses 2nd ed., 187-194を改変］

ゲ ノ ム	【構造】3分節線状（＋）ssRNAゲノム．ORF 4～5個（RNA1：1個，RNA2：1～2個，RNA3：2個）．5′端はキャップ構造（Cap），3′端は各ゲノムで短い相同領域をもつ（図2）． 【遺伝子】RNA1：5′-Cap-117～124 kDaタンパク質1a（RNA複製酵素サブユニット；メチルトランスフェラーゼドメイン（Met）/ヘリカーゼドメイン（Hel））-3′．RNA2：5′-Cap-85～100 kDaタンパク質2a（RNA複製酵素サブユニット；RNA複製酵素ドメイン（RdRp））-20～25 kDaタンパク質2b-3′．RNA2が2.6 kbと短く，2bタンパク質のORFが存在しない種もある．RNA3：5′-Cap-31～35 kDa移行タンパク質（MP）-遺伝子間領域（ポリ（A）配列が存在する種がある）-22～28 kDa外被タンパク質（CP）-3′．
複 製 様 式	ゲノムから全長に相当する（－）ssRNAが合成され，次いで完全長の（＋）ssRNAゲノムが合成される．この複製の活性化には外被タンパク質が必要である．複製は細胞質で行われる．
発 現 様 式	RNA複製酵素のサブユニットである117～124 kDaタンパク質と85～100 kDaタンパク質，および移行タンパク質はゲノムRNAから翻訳され，外被タンパク質と2bタンパク質はサブゲノムRNAから翻訳される．
細胞内所在	ウイルス粒子は感染植物の各種細胞の細胞質内，核内に存在する．
宿主域・病徴	主に果樹などの木本類およびタバコなどを宿主とする．主として無病徴だが，季節によってはモザイク，条斑，えそ輪点，萎縮などの病徴が現れる．
伝　　　染	汁液接種可．一部虫媒伝染（アザミウマ：アザミウマによる花粉の運搬や，保毒花粉の付着した植物をアザミウマが傷つけることで起こる）．花粉伝染．種子伝染．接触伝染はする種としない種がある．
そ の 他	アルファルファモザイクウイルス（AMV）をイラルウイルス属に含めることが提唱されている．

〔鈴木 匡〕

主 要 文 献　Bujarski, J. *et al.* (2012). *Ilarvirus*. Virus Taxonomy 9th Report of ICTV, 972-975；ICTVdB (2006). *Ilarvirus*. 00.010.0.02.；DPVweb. Ilarvirus；Fulton, R. W. (1983). Ilarvirus group. Descriptions of Plant Viruses, 275；Scott, S. W. (2001). Tobacco streak virus. Descriptions of Plant Viruses, 381；Eastwell, K. C. (2008). *Ilarvirus*. Encyclopedia of Virology 3rd ed., 3, 46-56；Scott, S. W. (2011). Ilarvirus. The Springer Index of Viruses 2nd ed., 187-194；Brunt, A. A. *et al.* eds. (1996). Ilarviruses：*Bromoviridae*. Plant Viruses Online；Sanchez-Navarro J. A. *et al.* (1997). Arch. Virol., 142, 749-763；Xin, H. W. *et al.* (1998). J. Virol., 72, 6956-6959；Scott, S. W. *et al.* (2003). Arch. Virol., 148, 2063-2075；Jones, D. R. (2005). Eur. J. Plant Pathol., 113, 119-157；Bol, J. F. (2005). Ann. Rev. Phytopathol., 43, 39-62；Pallas, V. *et al.* (2012). Phytopathol., 102, 1108-1120；Pallas, V. *et al.* (2013). Adv. Virus Res., 87, 139-181；Shimura, H. *et al.* (2013). Virology, 442, 180-188.

Closteroviridae クロステロウイルス科

分類基準 (1) (+)ssRNA ゲノム, (2) 1〜2分節線状ゲノム, (3) ひも状粒子1〜2種(径12 nm×長さ650〜2,000 nm), (4) ゲノムの5′端におそらくキャップ構造(Cap)をもつが, 3′端にtRNA様構造(TLS)やポリ(A)配列(poly(A))を欠く, (5) ウイルスRNA複製酵素(RdRp)はアルファ様スーパーグループ型, (6) 外被タンパク質(CP)2種, (7) 移行タンパク質はクイントプルジーンブロック(QGB)型, (8) いくつかのORFはサブゲノムRNAを介して翻訳, (9) 主に篩部局在, (10) 虫媒伝染.

科の構成 クロステロウイルス科 *Closteroviridae*
- アンペロウイルス属 *Ampelovirus*(タイプ種:ブドウ葉巻随伴ウイルス3;GLRaV-3)(粒子長1,400〜2,000 nm, コナカイガラムシ伝搬).
- クロステロウイルス属 *Closterovirus*(タイプ種:ビート萎黄ウイルス;BYV)(粒子長1,350〜2,000 nm, アブラムシ伝搬).
- ベラリウイルス属 *Velarivirus*(タイプ種:ブドウ葉巻随伴ウイルス7;GLRaV-7)(粒子長 約1,500 nm, 一部の種はコナジラミ伝搬, 他は媒介生物不明).
- クリニウイルス属 *Crinivirus*(タイプ種:*Lettuce infectious yellows virus*;LIYV)(2粒子;粒子長650〜850 nm, 700〜900 nm, コナジラミ伝搬).
- 未帰属種:*Alligatorweed stunting virus*(AWSV), *Megakepasma mosaic virus*(MegMV), *Mint vein banding-associated virus*(MVBaV), *Olive leaf yellowing-associated virus*(OLYaV).
- 暫定種:Blueberry virus A(BlAV)など5種.

粒子 【形態】ひも状1種(径12 nm×長さ1,350〜2,000 nm;アンペロウイルス属, クロステロウイルス属, ベラリウイルス属)あるいは2種(径12 nm×長さ650〜850 nm, 700〜900 nm;クリニウイルス属). らせんピッチ3.4〜3.8 nm. 粒子の片端に熱ショックタンパク質70ホモログ(HSP70h), マイナー外被タンパク質(CPm), 約60 kDaタンパク質および約20 kDaタンパク質からなる長さ75〜100 nmの特殊な構造を有する. 被膜なし.
【物性】沈降係数130〜140 S. 浮遊密度(CsCl) 1.33 g/cm^3.
【成分】核酸:(+)ssRNA 1種(13.0〜19.3 kb;アンペロウイルス属, クロステロウイルス属, ベラリウイルス属)あるいは2種(7.8〜9.1 kb+7.9〜8.5 kb;クリニウイルス属), GC含量44〜53%. タンパク質:外被タンパク質2種(CP:22〜46 kDa, CPm:23〜80 kDa), 57〜67 kDa熱ショックタンパク質70ホモログ(HSP70h). ほかに約60 kDaと約20 kDaのタンパク質を粒子の片端に含む.

ゲノム 【構造】単一線状(+)ssRNAゲノム(アンペロウイルス属, クロステロウイルス属, ベラリウイルス属)あるいは2分節線状(+)ssRNAゲノム(クリニウイルス属). ORF 8〜13個. ゲノムの5′端におそらくキャップ構造(Cap)をもつが, 3′端にtRNA様構造(TLS)やポリ(A)配列(poly(A))を欠き, おそらくいくつかのヘアピン構造をもつ(図1).
【遺伝子】
- アンペロウイルス属, クロステロウイルス属, ベラリウイルス属
5′-Cap?-ORF1a(パパイン様プロテアーゼドメイン(P-Pro)/メチルトランスフェラーゼドメイン(Met)/ヘリカーゼドメイン(Hel))-ORF1b(RNA複製酵素ドメイン(RdRp)-5〜6 kDa膜結合疎水性タンパク質-57〜67 kDa熱ショックタンパク質70ホモログ(HSP70h)-46〜65 kDaタンパク質(〜60 kDaタンパク質)-24〜56 kDaマイナー外被タンパク質(CPm)-22〜36 kDa外被タンパク質(CP)-3′. ベラリウイルス属ではマイナー外被タンパク質遺伝子と外被タンパク質遺伝子の位置が逆転している.
- クリニウイルス属
RNA1:5′-Cap?-ORF1a(パパイン様プロテアーゼドメイン(P-Pro)/メチルトランスフェ

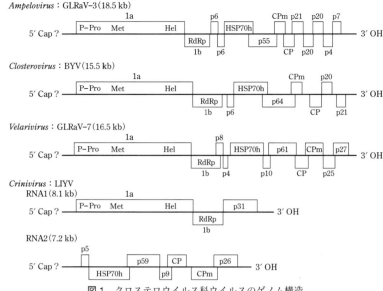

図1　クロステロウイルス科ウイルスのゲノム構造

1a：RNA複製酵素サブユニット（P-Pro：パパイン様プロテアーゼドメイン，Met：メチルトランスフェラーゼドメイン，Hel：ヘリカーゼドメイン），1b：RNA複製酵素サブユニット（RdRp：RNA複製酵素ドメイン），HSP70h：熱ショックタンパク質70ホモログ，CP：外被タンパク質，CPm：マイナー外被タンパク質．

［出典：Martelli, G. P. *et al.* (2002). Arch. Virol. 147, 2039-2044を改変］

ラーゼドメイン（Met）/ヘリカーゼドメイン（Hel））-ORF1b（RNA複製酵素ドメイン（RdRp））-23〜32 kDa機能不明タンパク質（一部はRNAサイレンシングサプレッサー活性を示す）-3′．
RNA2：5′-Cap?-5〜7 kDa膜結合疎水性タンパク質-62〜65 kDa熱ショックタンパク質70ホモログ（HSP70h）-59〜60 kDaタンパク質（〜60 kDaタンパク質）-28〜29 kDa外被タンパク質（CP）-53〜80 kDaマイナー外被タンパク質（CPm）-3′．

いずれの属もこのほかに属や種によっていくつかの遺伝子を含む．ORF1aおよび1bはRNA複製酵素のサブユニットをコードする．膜結合疎水性タンパク質，HSP70h，〜60 kDaタンパク質，CPm，CPはいずれも細胞間移行に関与し，それらの遺伝子がゲノム上でクラスターをなしていることから，その部位をクイントプルジーンブロック（QGB）という．また，RNAサイレンシングサプレッサー活性を示すタンパク質も存在する．

複製様式　ゲノムから全長に相当する（−）ssRNAが転写され，次いで完全長の（＋）ssRNAゲノムが合成される．複製は細胞質内に形成された特異的な網状膜構造体（封入体）の内部で行われる．複製に関与するタンパク質はORF1a, 1bの翻訳産物である．

発現様式　ORF1aがポリプロテインとして翻訳され，自身のプロテアーゼによって機能単位に切断されるとともに，ORF1aの+1フレームシフトによりORF1bが発現する．一方，これより下流の各遺伝子は3′末端を共通にもつ数種のサブゲノムRNAから翻訳される．

細胞内所在　ウイルス粒子は主として篩部組織に局在し，その細胞質に集積して存在する．細胞質内には小胞体膜あるいはミトコンドリア膜に由来する小胞が異常に増生・集積した特異的な網状膜構造体（封入体）が形成され，ウイルス粒子はその内部にも認められる．

宿主域・病徴　ウイルス種ごとの宿主域は限定されている．全身感染するが，多くは篩部組織に限られる．主な病徴は黄萎など黄化症状だが，木本植物ではステムピッティング（幹の木質部に小孔が生じる病徴）を示す．

伝染
・アンペロウイルス属：汁液接種不可．コナカイガラムシあるいはカタカイガラムシによって半永続的に伝播される．
・クロステロウイルス属：一部のウイルス種で汁液接種可．アブラムシによって半永続的に伝播される．栄養繁殖による伝染．種子伝染はまれ．

- ベラリウイルス属：汁液接種不可．媒介生物不明．一部のウイルス種はコナジラミによって半永続的に伝播される．
- クリニウイルス属：一部のウイルス種で汁液接種可．コナジラミによって半永続的に伝播される．

その他	クロステロウイルス科ウイルスの分類では，生物的特性等も加味しつつ，原則として RdRp, CP, HSP70h のアミノ酸配列の相同性が75％以下であれば別種とする． 〔難波成任〕
主要文献	Martelli, G. P. *et al.* (2012). *Closteroviridae*. Virus Taxonomy 9th Report of ICTV, 987-1001；ICTV Virus Taxonomy List (2013). *Closteroviridae*；ICTVdB (2006). *Closteroviridae*. 00.017.；DPVweb. Closteroviridae；Bar-Joseph, M. *et al.* (1982). Closterovirus group. Descriptions of Plant Viruses, 260；German-Renta, S. *et al.* (1999). Closteroviruses (*Closteroviridae*). Encyclopedia of Virology 2nd ed., 266-273；Martelli, G. P. *et al.* (2002). The family *Closteroviridae* revised. Arch. Virol. 147, 2039-2044；Karasev, A. V. (2000). Genetic diversity and evolution of closteroviruses. Ann. Rev. Phytopathol., 38, 293-324；Dolja, V. V. *et al.* (2006). Comparative and functional genomics of closteroviruses. Virus Res., 117, 38-51；Maliogka, V. *et al.* (2011). Ampelovirus. The Springer Index of Viruses 2nd ed., 317-326；Agranovsky, A. A. *et al.* (2011). Closterovirus. The Springer Index of Viruses 2nd ed., 327-333；Kreuze, J. F. (2011). Crinivirus. The Springer Index of Viruses 2nd ed., 335-342；Brunt, A. A. *et al.* eds. (1996). Closteroviruses. Plant Viruses Online；Al Rwahnih, M. *et al.* (2012). Virus Res., 163, 302-309；Martelli, G. P. *et al.* (2012). J. Plant Pathol., 94, 7-19；難波成任 (1996). クロステロウイルス科. 植物ウイルスの分子生物学 (古澤 巖ら，学会出版センター), 155-207；難波成任ら (2007). 植物ウイルスの分類学 (10) クロステロウイルス科 (*Closteroviridae*). 植物防疫, 61, 461-464.

（＋）一本鎖 RNA ウイルス　　　　　　　　　　　　　　　　　　　　　　　　　　　クロステロウイルス科

Ampelovirus　アンペロウイルス属
Closteroviridae

分類基準　(1)（＋）ssRNA ゲノム，(2) 単一線状ゲノム，(3) ひも状粒子 1 種（径 12 nm×長さ 1,400～2,000 nm），(4) ゲノムの 5′ 端におそらくキャップ構造（Cap）をもつが，3′ 端に tRNA 様構造（TLS）やポリ（A）配列（poly（A））を欠く，(5) ウイルス RNA 複製酵素（RdRp）はアルファ様スーパーグループ型，(6) 外被タンパク質（CP）2 種，(7) 移行タンパク質はクイントプルジーンブロック（QGB）型，(8) いくつかの ORF はサブゲノム RNA を介して翻訳，(9) 主に篩部局在，(10) コナカイガラムシ伝搬．

タイプ種　ブドウ葉巻随伴ウイルス 3（*Grapevine leafroll-associated virus 3*：GLRaV-3）．

属の構成　ブドウ葉巻随伴ウイルス 1（*Grapevine leafroll-associated virus 1*：GLRaV-1），ブドウ葉巻随伴ウイルス 3（*Grapevine leafroll-associated virus 3*：GLRaV-3），ブドウ葉巻随伴ウイルス 4（*Grapevine leafroll-associated virus 4*：GLRaV-4），リトルチェリーウイルス 2（*Little cherry virus 2*：LChV-2），*Pineapple mealybug wilt-associated virus 1*（PMWaV-1），*Pineapple mealybug wilt-associated virus 2*（PMWaV-2），*Pineapple mealybug wilt-associated virus 3*（PMWaV-3），*Plum bark necrosis stem pitting-associated virus*（PBNSPaV）．
暫定種：Sugarcane mild mosaic virus（SMMV）など 7 種．

粒　子　【形態】ひも状 1 種（径 12 nm×長さ 1,400～2,000 nm）．らせんピッチ 3.4～3.8 nm．粒子の片端に熱ショックタンパク質 70 ホモログ（HSP70h），マイナー外被タンパク質（CPm），約 60 kDa タンパク質および約 20 kDa タンパク質からなる長さ 75～100 nm の特殊な構造を有する．被膜なし．

【成分】核酸：（＋）ssRNA 1 種（13.0～18.5 kb）．タンパク質：外被タンパク質 2 種（CP：28～36 kDa，CPm：50～56 kDa），熱ショックタンパク質 70 ホモログ（HSP70h；57～59 kDa）．ほかに約 60 kDa と約 20 kDa のタンパク質を粒子の片端に含む．

ゲノム　【構造】単一線状（＋）ssRNA ゲノム．ORF 8～13 個．ゲノムの 5′ 端におそらくキャップ構造（Cap）をもつが，3′ 端に tRNA 様構造（TLS）やポリ（A）配列（poly（A））を欠き，おそらくいくつかのヘアピン構造をもつ（図 1）．

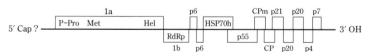

図 1　GLRaV-3（18,498 nt）のゲノム構造
1a：RNA 複製酵素サブユニット（P-Pro：パパイン様プロテアーゼドメイン，Met：メチルトランスフェラーゼドメイン，Hel：ヘリカーゼドメイン），1b：RNA 複製酵素サブユニット（RdRp：RNA 複製酵素ドメイン），HSP70h：熱ショックタンパク質 70 ホモログ，CPm：マイナー外被タンパク質，CP：外被タンパク質．
［出典：Virus Taxonomy 9th Report of ICTV, 994-996 を改変］

【遺伝子】5′-Cap?-ORF1a（182～260 kDa RNA 複製酵素サブユニット；パパイン様プロテアーゼドメイン（P-Pro）/メチルトランスフェラーゼドメイン（Met）/ヘリカーゼドメイン（Hel））-ORF1b（58～65 kDa RNA 複製酵素サブユニット；RNA 複製酵素ドメイン（RdRp））-ORF2（5～8 kDa 膜結合疎水性タンパク質）-ORF3（5～6 kDa 機能不明タンパク質）-ORF4（57～59 kDa 熱ショックタンパク質 70 ホモログ（HSP70h））-ORF5（46～61 kDa タンパク質（～60 kDa タンパク質））-ORF6（50～56 kDa マイナー外被タンパク質（CPm））-ORF7（28～36 kDa 外被タンパク質（CP））-ORF8（21 kDa 機能不明タンパク質）-ORF9（20 kDa 機能不明タンパク質）-ORF10（20 kDa 機能不明タンパク質）-ORF11（4 kDa 機能不明タンパク質）-ORF12（7 kDa 機能不明タンパク質）-3′．ウイルス種によって ORF の数や遺伝子の配置などは若干異なる．

複製様式　ゲノムから全長に相当する（−）ssRNA が転写され，次いで完全長の（＋）ssRNA ゲノムが合成される．複製は細胞質内に形成された特異的な網状膜構造体（封入体）の内部で行われる．複製

に関与するタンパク質は ORF1a, 1b の翻訳産物である．

発現様式 ORF1a がポリプロテインとして翻訳され，自身のプロテアーゼによって機能単位に切断されるとともに，ORF1a の＋1 フレームシフトにより ORF1b が発現する．一方，これより下流の各遺伝子は 3′ 端を共通にもつ数種のサブゲノム RNA から翻訳される．

細胞内所在 ウイルス粒子は主として篩部組織に局在し，その細胞質に集積して存在する．細胞質内には小胞体膜あるいはミトコンドリア膜に由来する小胞が異常に増生・集積した特異的な網状膜構造体(封入体)が形成され，ウイルス粒子はその内部にも認められる．

宿主域・病徴 ブドウ，サクラ，パインアップルなどの果樹や作物に全身感染し，葉巻，萎凋あるいはステムピッティング(幹の木質部に小孔が生じる病徴)などを示す．潜在感染していることも多い．

伝　　染 汁液接種不可．接ぎ木伝染．カイガラムシやコナカイガラムシによる半永続伝搬．

そ の 他 ICTV では，現在，生物的特性やアミノ酸配列の相同性などから，*Ampelovirus* 属ウイルスをサブグループ I(GLRaV-1，GLRaV-3，LChV-2，PMWaV-2)とサブグループ II (GLRaV-4，PMWaV-1，PMWaV-3，PBNSPaV)に分けることが検討されている．　　　　〔中畝良二〕

主要文献 Martelli, G. P. *et al.* (2012). *Ampelovirus*. Virus Taxonomy 9th Report of ICTV, 994–996 ; ICTVdB (2006). *Ampelovirus*. 00.017.0.03. ; DPVweb. Ampelovirus ; Martelli, G. P. *et al.* (2002). The family *Closteroviridae* revised. Arch. Virol. 147, 2039–2044 ; Maliogka, V. *et al.* (2011). Ampelovirus. The Springer Index of Viruses 2nd ed., 317–326 ; Martelli, G. P. *et al.* (2012). J. Plant Pathol., 94, 7–19.

（＋）一本鎖RNAウイルス　　　　　　　　　　　　　　　　　　　　　　　　　　　クロステロウイルス科

Closterovirus　クロステロウイルス属
Closteroviridae

分類基準　(1)（＋）ssRNAゲノム，(2) 単一線状ゲノム，(3) ひも状粒子1種（径12 nm×長さ1,350〜2,000 nm），(4) ゲノムの5′端におそらくキャップ構造（Cap）をもつが，3′端にtRNA様構造（TLS）やポリ（A）配列（poly（A））を欠く，(5) ウイルスRNA複製酵素（RdRp）はアルファ様スーパーグループ型，(6) 外被タンパク質（CP）2種，(7) 移行タンパク質はクイントプルジーンブロック（QGB）型，(8) いくつかのORFはサブゲノムRNAを介して翻訳，(9) 主に篩部局在，(10) アブラムシ伝搬．

タイプ種　ビート萎黄ウイルス（*Beet yellows virus*：BYV）．

属の構成　*Beet yellow stunt virus*（BYSV），ビート萎黄ウイルス（*Beet yellows virus*：BYV），ゴボウ黄化ウイルス（*Burdock yellows virus*：BuYV），カーネーションえそ斑ウイルス（*Carnation necrotic fleck virus*：CNFV），ニンジン黄葉ウイルス（*Carrot yellow leaf virus*：CYLV），カンキツトリステザウイルス（*Citrus tristeza virus*：CTV），ブドウ葉巻随伴ウイルス2（*Grapevine leafroll-associated virus 2*：GLRaV-2），*Mint virus 1*（MV-1），*Strawberry chlorotic fleck-associated virus*（SCFaV），*Raspberry leaf mottle virus*（RLMV），コムギ黄葉ウイルス（*Wheat yellow leaf virus*：WYLV）．

暫定種：クローバ萎黄ウイルス（*Clover yellows virus*：CYV）など10種．

粒子　【形態】ひも状1種（径12 nm×長さ1,350〜2,000 nm）．らせんピッチ3.4〜3.8 nm．粒子の片端に熱ショックタンパク質70ホモログ（HSP70h），マイナー外被タンパク質（CPm），約60 kDaタンパク質および約20 kDaタンパク質からなる長さ約75 nmの特殊な構造を有する．被膜なし（図1，図2）．

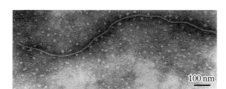

図1　BYVの粒子像

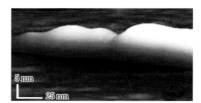

図2　BYV粒子先端部の原子間力顕微鏡像
［出典：Peremyslov, V. V. *et al.*（2004）. Proc. Natl. Acad. Sci., 101, 5030-5035］

【物性】沈降係数130〜140 S．浮遊密度（CsCl）1.33 g/cm^3．

【成分】核酸：（＋）ssRNA 1種（14.5〜19.3 kb，GC含量44〜53％）．タンパク質：外被タンパク質2種（CP：22〜25 kDa，CPm：24〜27 kDa），熱ショックタンパク質70ホモログ（HSP70h；65〜67 kDa）．ほかに約60 kDaと約20 kDaのタンパク質を粒子の片端に含む．

ゲノム　【構造】単一線状（＋）ssRNAゲノム．ORF 9〜12個．ゲノムの5′端におそらくキャップ構造（Cap）をもつが，3′端にtRNA様構造（TLS）やポリ（A）配列（poly（A））を欠き，おそらくいくつかのヘアピン構造をもつ（図3）．

【遺伝子】5′-Cap?-ORF1a（295 kDa RNA複製酵素サブユニット；パパイン様プロテアーゼドメイン（P-Pro）/メチルトランスフェラーゼドメイン（Met）/ヘリカーゼドメイン（Hel））-ORF1b（53 kDa RNA複製酵素サブユニット；RNA複製酵素ドメイン（RdRp））-ORF2（6 kDa膜結合疎水性タンパク質）-ORF3（65 kDa熱ショックタンパク質70ホモログ（HSP70h））-ORF4（64 kDaタンパク質（〜60 kDaタンパク質））-ORF5（24 kDaマイナー外被タンパク質（CPm））-ORF6（22 kDa外被タンパク質（CP））-ORF7（20 kDa長距離移行タンパク質）-ORF8（21 kDa RNAサイレンシングサプレッサー）-3′．

ここではBYVの例を示したが，CTVは12個，BYSVは10個のORFをもつなど，ウイルス種

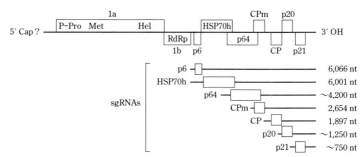

図3 BYV(15,468 nt)のゲノム構造と発現様式
1a：RNA 複製酵素サブユニット(P-Pro：パパイン様プロテアーゼドメイン, Met：メチルトランスフェラーゼドメイン, Hel：ヘリカーゼドメイン), 1b：RNA 複製酵素サブユニット(RdRp：RNA 複製酵素ドメイン), HSP70h：熱ショックタンパク質 70 ホモログ, CPm：マイナー外被タンパク質, CP：外被タンパク質, sgRNA：サブゲノム RNA.

［出典：Virus Taxonomy 9th Report of ICTV, 987-1001 を改変］

によって上記のほかにもいくつかの遺伝子を含む.

複製様式 ゲノムから全長に相当する(−)ssRNA が転写され，次いで完全長の(＋)ssRNA ゲノムが合成される．複製は細胞質内に形成された特異的な網状膜構造体(封入体)の内部で行われる．複製に関与するタンパク質は ORF1a, 1b の翻訳産物である．

発現様式 ORF1a がポリプロテインとして翻訳され，自身のプロテアーゼによって機能単位に切断されるとともに，ORF1a の＋1 フレームシフトにより ORF1b が発現する．一方，これより下流の各遺伝子は 3′ 端を共通にもつ数種のサブゲノム RNA から翻訳される．

細胞内所在 ウイルス粒子は主として篩部組織に局在し，その細胞質に散在あるいは集積して存在する．細胞質内には小胞体膜あるいはミトコンドリア膜に由来する小胞が異常に増生・集積した特異的な網状膜構造体(封入体)が形成され，ウイルス粒子はその内部にも認められる(図4)．感染後期には篩部壊死が顕著となる．なお，細胞間移行には，膜結合疎水性タンパク質，HSP70h，〜60 kDa タンパク質，CP，CPm などのクイントプルジーンブロック(QGB)由来のタンパク質が，長距離移行にはこれらに加えて 20 kDa 長距離移行タンパク質が関与する.

宿主域・病徴 宿主域はやや狭い．アカザ科植物(BYV)，キク科植物(BuYV)，ナデシコ科植物(CNFV)，セリ科植物(CYLV)，ミカン科植物(CTV)，ブドウ科植物(GLRaV-2)，イネ科植物(WYLV)．主に黄化，萎黄などを起こす.

伝染 一部のウイルス種では汁液接種可．アブラムシによる半永続伝搬.

〔大木 理〕

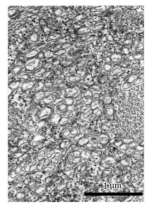

図4 BYV 感染細胞の細胞質内に形成される網状膜構造体
［出典：Descriptions of Plant Viruses, 377］

主要文献 Martelli, G. P. *et al.*(2012). *Closterovirus*. Virus Taxonomy 9th Report of ICTV, 991-994；ICTVdB(2006). *Closterovirus*. 00.017.0.01.；DPVweb. Closterovirus；Bar-Joseph, M. *et al.*(1982). Closterovirus group. Descriptions of Plant Viruses, 260；Agranovsky, A. A. *et al.*(2000). Beet yellows virus. Descriptions of Plant Viruses, 377；German-Retana, S. *et al.*(1999). Closteroviruses(*Closteroviridae*). Encyclopedia of Virology 2nd ed., 266-273；Agranovsky, A. A. *et al.*(2011). Closterovirus. The Springer Index of Viruses 2nd ed., 327-333；Martelli, G. P. *et al.*(2002). The family *Closteroviridae* revised. Arch. Virol., 147, 2039-2044；Peremyslov, V. V. *et al.*(2004). Complex molecular architecture of beet yellows virus particles. Proc. Natl. Acad. Sci., 101, 5030-5035.

(＋)一本鎖 RNA ウイルス　　　　　　　　　　　　　　　　　　　　　　　　　クロステロウイルス科

Velarivirus　ベラリウイルス属
Closteroviridae

分類基準　(1)(＋)ssRNA ゲノム，(2) 単一線状ゲノム，(3) ひも状粒子1種(径 12 nm×長さ約 1,500 nm)，(4) ゲノムの5′端におそらくキャップ構造(Cap)をもつが，3′端に tRNA 様構造(TLS)やポリ(A)配列(poly(A))を欠く，(5) ウイルス RNA 複製酵素(RdRp)はアルファ様スーパーグループ型，(6) 外被タンパク質(CP)2 種，(7) 移行タンパク質はクイントプルジーンブロック(QGB)型，(8) いくつかの ORF はサブゲノム RNA を介して翻訳，(9) 主に篩部局在，(10) 一部の種はコナジラミ伝搬．ほかは媒介生物不明．

タイプ種　ブドウ葉巻随伴ウイルス 7(*Grapevine leafroll-associated virus 7*：GLRaV-7)．

属の構成　*Cordyline virus 1*(CoV-1)，ブドウ葉巻随伴ウイルス 7(*Grapevine leafroll-associated virus 7*：GLRaV-7)，リトルチェリーウイルス 1(*Little cherry virus 1*：LChV-1)．

粒子　【形態】ひも状1種(径 12 nm×長さ約 1,500 nm)．被膜なし．
【成分】核酸：(＋)ssRNA 1種(16.4〜16.9 kb，GC 含量 約52％)．タンパク質：外被タンパク質2種(CP：34〜46 kDa，CPm：69〜76 kDa)．

ゲノム　【構造】単一線状(＋)ssRNA ゲノム．ORF 9〜11個．ゲノムの5′端におそらくキャップ構造(Cap)をもつが，3′端に tRNA 様構造(TLS)やポリ(A)配列(poly(A))を欠き，おそらくいくつかのヘアピン構造をもつ(図1)．

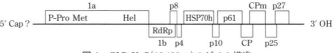

図1　GLRaV-7(16,496 nt)のゲノム構造
1a：RNA 複製酵素サブユニット(P-Pro：パパイン様プロテアーゼドメイン，Met：メチルトランスフェラーゼドメイン，Hel：ヘリカーゼドメイン)，1b：RNA 複製酵素サブユニット(RdRp：RNA 複製酵素ドメイン)，HSP70h：熱ショックタンパク質 70 ホモログ，CP：外被タンパク質，CPm：マイナー外被タンパク質．
[出典：Virus Taxonomy 9th Report of ICTV, 996-999を改変]

【遺伝子】5′-Cap?-ORF1a(264 kDa RNA 複製酵素サブユニット；パパイン様プロテアーゼドメイン(P-Pro)/メチルトランスフェラーゼドメイン(Met)/ヘリカーゼドメイン(Hel))-ORF1b(59 kDa RNA 複製酵素サブユニット；RNA 複製酵素ドメイン(RdRp))-ORF2(8 kDa 機能不明タンパク質)-ORF3(4 kDa 疎水性タンパク質)-ORF4(62 kDa 熱ショックタンパク質 70 ホモログ(HSP70h))-ORF5(10 kDa 機能不明タンパク質)-ORF6(61 kDa 核酸結合タンパク質)-ORF7(34 kDa 外被タンパク質(CP))-ORF8(69 kDa マイナー外被タンパク質(CPm))-ORF9(25 kDa 機能不明タンパク質)-ORF10(27 kDa 機能不明タンパク質)-3′．
ここでは GLRaV-7 の例を示したが，LChV-1 は9個，CoV-1 は10個の ORF をもつ．

複製様式　ゲノムから全長に相当する(−)ssRNA が転写され，次いで完全長の(＋)ssRNA ゲノムが合成される．複製は細胞質内に形成された特異的な網状膜構造体(封入体)の内部で行われる．複製に関与するタンパク質は ORF1a, 1b の翻訳産物である．

発現様式　ORF1a がポリプロテインとして翻訳され，自身のプロテアーゼによって機能単位に切断されるとともに，ORF1a の＋1フレームシフトにより ORF1b が発現する．一方，これより下流の各遺伝子は3′端を共通にもつ数種のサブゲノム RNA から翻訳される．

細胞内所在　ウイルス粒子は主として篩部組織に局在し，その細胞質に散在あるいは集積して存在する．細胞質内には小胞体膜あるいはミトコンドリア膜に由来する小胞が異常に増生・集積した特異的な網状膜構造体(封入体)が形成され，ウイルス粒子はその内部にも認められる．

宿主域・病徴　宿主域はやや狭い．ブドウ属植物(GLRaV-7)，サクラ属植物(LChV-1)，センネンボク属植物(CoV-1)など．主に葉巻，輪点，あるいは果実の未熟などを起こすが，潜在感染も多い．

伝　　染　汁液接種不可．GLRaV-7 と LChV-1 は媒介生物不明．CoV-1 はコナジラミによる半永続伝搬．

〔日比忠明〕

主要文献　Martelli, G. P. *et al.*(2012). *Closteroviridae*. Virus Taxonomy 9th Report of ICTV, 987–1001；ICTV Virus Taxonomy List(2013). *Closteroviridae Velarivirus*；ICTV Files. 2012. 001a–fP；ICTVdB(2006). Grapevine leafroll–associated virus 7. 00.017.0.00.023.；ICTVdB(2006). Little cherry virus 1. 00.017.0.00.011.；Jelkmann, W. and Eastwell, K.C. (2011). *Little cherry virus–1 and –2*. Virus and Virus–Like Diseases of Pome and Stone Fruits(Hadidi, A. *et al.* eds., APS Press), p.153–160；Al Rwahnih, M. *et al.*(2012). Virus Res., 163, 302–309；Martelli, G.P. *et al.* (2012). J. Plant Pathol., 94, 7–19.

(＋)一本鎖 RNA ウイルス　　　　　　　　　　　　　　　　　　　　クロステロウイルス科

Crinivirus　クリニウイルス属
Closteroviridae

分類基準　(1)(＋)ssRNA ゲノム，(2) 2 分節線状ゲノム，(3) ひも状粒子 2 種(径 12 nm×長さ 650〜850 nm，700〜900 nm)，(4) ゲノムの 5′端におそらくキャップ構造(Cap)をもつが，3′端に tRNA 様構造(TLS)やポリ(A)配列(poly(A))を欠く，(5) ウイルス RNA 複製酵素(RdRp)はアルファ様スーパーグループ型，(6) 外被タンパク質(CP)2 種，(7) 移行タンパク質はクイントプルジーンブロック(QGB)型，(8) いくつかの ORF はサブゲノム RNA を介して翻訳，(9) 主に篩部局在，(10) コナジラミ伝搬．

タイプ種　*Lettuce infectious yellows virus*(LIYV)．

属の構成　ビートシュードイエロースウイルス(*Beet pseudoyellows virus*：BPYV)，*Lettuce infectious yellows virus*(LIYV)，*Potato yellow vein virus*(PYVV)，トマト退緑ウイルス(*Tomato chlorosis virus*：ToCV)，トマトインフェクシャスクロロシスウイルス(*Tomato infectious chlorosis virus*：TICV)など 13 種．

暫定種：ウリ類退緑黄化ウイルス(*Cucurbit chlorotic yellows virus*：CCYV)など 3 種．

粒　　子　【形態】ひも状 2 種(径 12 nm×長さ 650〜850 nm，700〜900 nm)(PYVV は 3 種)．らせんピッチ 3.4〜3.8 nm．粒子の片端に熱ショックタンパク質 70 ホモログ(HSP70h)，マイナー外被タンパク質(CPm)，約 60 kDa タンパク質などからなる特殊な構造を有する．被膜なし．

【成分】核酸：(＋)ssRNA 2 種(7.8〜9.1 kb＋7.9〜8.5 kb，GC 含量 50％)(PYVV は 3 種；8.0 kb＋5.3 kb＋3.9 kb)．タンパク質：外被タンパク質 2 種(CP：28〜29 kDa，CPm：53〜80 kDa)，熱ショックタンパク質 70 ホモログ(HSP70h；62〜65 kDa)．ほかに約 60 kDa のタンパク質などを粒子の片端に含む．

ゲ ノ ム　【構造】2 分節線状(＋)ssRNA ゲノム(PYVV は 3 分節)．ORF 10〜11 個(RNA1：3〜4 個，RNA2：7 個)．ゲノムの 5′端におそらくキャップ構造(Cap)をもつが，3′端に tRNA 様構造(TLS)やポリ(A)配列(poly(A))を欠き，おそらくいくつかのヘアピン構造をもつ(図 1)．

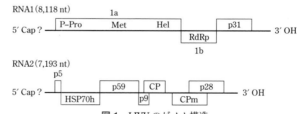

図 1　LIYV のゲノム構造
1a：RNA 複製酵素サブユニット(P-Pro：パパイン様プロテアーゼドメイン，Met：メチルトランスフェラーゼドメイン，Hel：ヘリカーゼドメイン)，1b：RNA 複製酵素サブユニット(RdRp：RNA 複製酵素ドメイン)，HSP70h：熱ショックタンパク質 70 ホモログ，CP：外被タンパク質，CPm：マイナー外被タンパク質．
[出典：Virus Taxonomy 9th Report of ICTV, 996-999 を改変]

【遺伝子】RNA1：5′-Cap?-ORF1a(RNA 複製酵素サブユニット；パパイン様プロテアーゼドメイン(P-Pro)/メチルトランスフェラーゼドメイン(Met)/ヘリカーゼドメイン(Hel))-ORF1b(RNA 複製酵素サブユニット；RNA 複製酵素ドメイン(RdRp))-ORF2(23〜32 kDa 機能不明タンパク質；一部は RNA サイレンシングサプレッサー活性を示す)-3′．RNA2：5′-Cap?-ORF1(5〜7 kDa 膜結合疎水性タンパク質)-ORF2(62〜65 kDa 熱ショックタンパク質 70 ホモログ(HSP70h))-ORF3(59〜60 kDa タンパク質(〜60 kDa タンパク質))-ORF4(8〜10 kDa 機能不明タンパク質)-ORF5(28〜29 kDa 外被タンパク質(CP))-ORF6(53〜80 kDa マイナー外被タンパク質(CPm))-ORF7(26〜28 kDa 機能不明タンパク質)-3′．

なお，ウイルス種によっては RNA1 にさらに ORF3 を含むものもある．

複製様式 ゲノムから全長に相当する(−)ssRNA が転写され，次いで完全長の(＋)ssRNA ゲノムが合成される．複製は細胞質内に形成された特異的な網状膜構造体(封入体)の内部で行われる．複製に関与するタンパク質は ORF1a, 1b の翻訳産物である．

発現様式 ORF1a がポリプロテインとして翻訳され，自身のプロテアーゼによって機能単位に切断されるとともに，ORF1a の＋1 フレームシフトにより ORF1b が発現する．一方，これより下流の各遺伝子は 3′ 端を共通にもつ数種のサブゲノム RNA から翻訳される．

細胞内所在 ウイルス粒子は主として篩部組織に局在し，その細胞質に集積して存在する．細胞質内には小胞体膜あるいはミトコンドリア膜に由来する小胞が異常に増生・集積した特異的な網状膜構造体(封入体)が形成され，ウイルス粒子はその内部にも認められる．

宿主域・病徴 ウイルス種ごとの宿主域は限定されている．主な病徴は黄萎症状など．

伝染 汁液接種不可．コナジラミによって半永続的に伝播される． 〔難波成任〕

主要文献 Martelli, G. P. *et al.* (2012). *Crinivirus*. Virus Taxonomy 9th Report of ICTV, 996–999；ICTVdB (2006). *Crinivirus*. 00.017.0.02.；DPVweb. Crinivirus；Falk, B. W. *et al.* (1999). Lettuce infectious yellows virus. Descriptions of Plant Viruses, 369；German-Renta, S. *et al.* (1999), Closteroviruses(*Closteroviridae*). Encyclopedia of Virology 2nd ed., 266–273；Martelli, G. P. *et al.* (2002). The family *Closteroviridae* revised. Arch. Virol., 147, 2039–2044；Kreuze, J. F. (2011). Crinivirus. The Springer Index of Viruses 2nd ed., 335–342.

Luteoviridae ルテオウイルス科

分類基準 (1)（＋）ssRNA ゲノム，(2) 単一線状ゲノム，(3) 球状粒子1種（径24〜30 nm），(4) ポレロウイルス属とエナモウイルス属でゲノムの5′端にゲノム結合タンパク質(VPg)をもつが，すべての属で3′端にポリ(A)配列(poly(A))を欠く，(5) ウイルス RNA 複製酵素(RdRp)はピコルナ様スーパーグループ型（エナモウイルス属，ポレロウイルス属）あるいはカルモ様スーパーグループ型（ルテオウイルス属），(6) 外被タンパク質(CP)2種，(7) いくつかの ORF はサブゲノム RNA を介して翻訳，(8) アブラムシによる永続伝搬．

科の構成 ルテオウイルス科 *Luteoviridae*
・エナモウイルス属 *Enamovirus*（タイプ種：*Pea enation mosaic virus 1*；PEMV-1）（ORF 5個）．
・ルテオウイルス属 *Luteovirus*（タイプ種：オオムギ黄萎 PAV ウイルス；BYDV-PAV）（ORF 6〜7個）．
・ポレロウイルス属 *Polerovirus*（タイプ種：ジャガイモ葉巻ウイルス；PLRV）（ORF 6個）．
・未帰属種：*Barley yellow dwarf virus-GPV*（BYDV-GPV），*Barley yellow dwarf virus-SGV*（BYDV-SGV），タバコえそ萎縮ウイルス（*Tobacco necrotic dwarf virus*：TNDV）など7種．

粒　　子 【形態】球状1種（径24〜30 nm）．被膜なし．
【物性】沈降係数106〜127 S．浮遊密度(CsCl) 1.39〜1.42 g/cm^3．
【成分】核酸：（＋）ssRNA 1種（5.6〜6.0 kb，GC 含量48〜50％）．タンパク質：外被タンパク質2種（CP：21〜23 kDa，CP-RT：54〜80 kDa），ゲノム結合タンパク質1種（VPg；ルテオウイルス属は欠失）．

ゲ ノ ム 【構造】単一線状（＋）ssRNA ゲノム．ORF 5〜7個．5′端にゲノム結合タンパク質(VPg)をもつ属（エナモウイルス属，ポレロウイルス属）ともたない属（ルテオウイルス属）がある．3′端はポリ(A)配列(poly(A))をもたない（図1）．
【遺伝子】5′-VPg（ルテオウイルス属は欠失）-ORF0（28〜34 kDa RNA サイレンシングサプレッサー；ルテオウイルス属は欠失）-ORF1（66〜84 kDa プロテアーゼ(Pro)/VPg（ルテオウイルス属を除く）あるいは39〜42 kDa ヘリカーゼ(Hel；ルテオウイルス属))-ORF2（99〜132 kDa RNA 複製酵素(RdRp)；ORF1 のフレームシフトによる ORF1 との融合タンパク質）-ORF3（21〜23 kDa 外被タンパク質(CP)）-ORF4（16〜21 kDa 移行タンパク質(MP)；ORF3 に重複して存在；エナモウイルス属は欠失）-ORF5（54〜80 kDa 外被タンパク質(CP-RT)；ORF3 のリードスルータンパク質でアブラムシ媒介因子でもある）-3′．ほかに一部のルテオウイルス属ウイルスなどには ORF6（機能不明タンパク質）が存在する（図1）．

複製様式 ゲノムから全長の（−）ssRNA が転写され，ついで完全長の（＋）ssRNA ゲノムが合成される．

発現様式 ORF0，ORF1 および ORF2 はゲノム RNA から，ORF3，ORF4，ORF5 および ORF6 はサブゲノム RNA から各々翻訳される．ORF2 は ORF1 のフレームシフトによって翻訳される．ORF5 は ORF3 の終止コドンのリードスルーにより産生される（図1）．

細胞内所見 ルテオウイルス属とポレロウイルス属のウイルスは篩部組織に局在する．エナモウイルス属はヘルパーウイルス（PEMV-2；ウンブラウイルス属）との共存下で葉肉細胞にも存在する．ウイルス粒子は核および細胞質の両方に存在する．

宿主域・病徴 宿主域は種により異なる．ルテオウイルス属の BYDV とポレロウイルス属の CYDV は多くの単子葉植物に感染し，ルテオウイルス属の BLRV はマメ科植物，ポレロウイルス属の PLRV はナス科植物などに限定される．一方，ポレロウイルス属の BWYV は20科150種以上の植物に感染する．病徴は黄化・萎縮のほか，種によって異なる．

伝　　染 アブラムシによる永続型（循環型・非増殖性）伝搬．ルテオウイルス属とポレロウイルス属は汁液接種不可．エナモウイルス属は汁液接種可だが，汁液接種を繰り返すとアブラムシ伝搬性が失われることがある．

〔荒井　啓〕

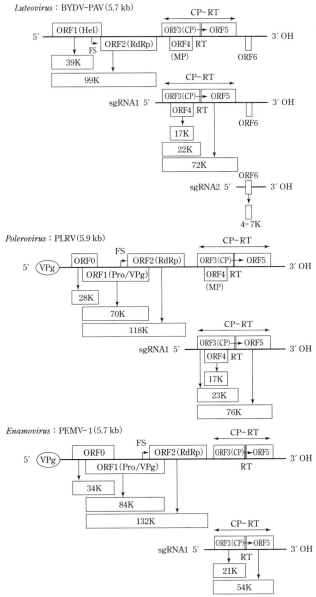

図1 ルテオウイルス科ウイルスのゲノム構造と発現様式
FS：フレームシフト，RT：リードスルー，Hel：ヘリカーゼ，RdRp：RNA複製酵素，CP：外被タンパク質，CP-RT：CPリードスルータンパク質，MP：移行タンパク質，VPg：ゲノム結合タンパク質，Pro：プロテアーゼ，sgRNA：サブゲノムRNA．
[出典：Encyclopedia of Virology 3rd ed., 3, 231-238を改変]

主要文献 Domier, L. L.(2012). *Luteoviridae*. Virus Taxonomy 9th Report of ICTV, 1045–1053；ICTV Virus Taxonomy List(2013). *Luteoviridae*；ICTVdB(2006). *Luteoviridae*. 00.039.；DPVweb. Luteoviridae；Waterhouse, P. W. *et al.*(1988). Luteovirus group. Descriptions of Plant Viruses, 339；Domier, L. L. *et al.*(2008). Luteoviruses. Encyclopedia of Virology 3rd ed., 3, 231–238；Adam, G.(2011). Enamovirus. The Springer Index of Viruses 2nd ed., 817–820；Domier, L. L. (2011). Luteovirus. The Springer Index of Viruses 2nd ed., 821–826；Van den Heuvel, J. F. J. M. *et al.*(2011). Polerovirus. The Springer Index of Viruses 2nd ed., 827–831；Smith, H. G. *et al.* eds.(1999). The *Luteoviridae*. CABI Publishing, pp. 297；荒井 啓(2007). 植物ウイルスの分類学 (7) ルテオウイルス科(*Luteoviridae*). 植物防疫，61, 289–293.

（＋）一本鎖 RNA ウイルス　　　　　　　　　　　　　　　　　　　　　　　　ルテオウイルス科

Enamovirus エナモウイルス属
Luteoviridae

分類基準　(1)（＋）ssRNA ゲノム，(2) 単一線状ゲノム，(3) 球状粒子1種（径26〜28 nm），(4) ゲノムの5′端にゲノム結合タンパク質（VPg）をもつが，3′端にポリ（A）配列（poly（A））を欠く，(5) ウイルス RNA 複製酵素（RdRp）はピコルナ様スーパーグループ型，(6) 外被タンパク質（CP）2種，(7) いくつかの ORF はサブゲノム RNA を介して翻訳，(8) ORF 5個，(9) 移行タンパク質を欠く，(10) アブラムシによる永続伝搬．

タイプ種　*Pea enation mosaic virus 1*（PEMV-1）．
属の構成　*Pea enation mosaic virus 1*（PEMV-1）．
粒　　子　【形態】球状1種（径26〜28 nm），被膜なし（図1）．
【物性】沈降係数 107〜122 S，浮遊密度（CsCl）1.42 g/cm^3．
【成分】核酸：（＋）ssRNA 1種（5.7 kb，GC 含量49％）．タンパク質：外被タンパク質2種（CP：21 kDa，CP-RT：54 kDa），ゲノム結合タンパク質（VPg）1種．
ゲ ノ ム　【構造】単一線状（＋）ssRNA ゲノム（5,705 nt）．ORF 5個．ゲノムの5′端にゲノム結合タンパク質（VPg）をもつが，3′端にポリ（A）配列（poly（A））を欠く（図2）．

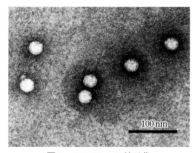

図1　PEMV-1 の粒子像
［出典：Virus Taxonomy 9th Report of ICTV, 1045-1053］

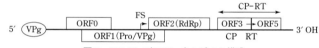

図2　PEMV-1（5,705 nt）のゲノム構造
FS：フレームシフト，RT：リードスルー，Pro：プロテアーゼ，VPg：ゲノム結合タンパク質，RdRp：RNA 複製酵素，CP：外被タンパク質，CP-RT：CP リードスルータンパク質．
［出典：Virus Taxonomy 9th Report of ICTV, 1045-1053 を改変］

【遺伝子】5′-VPg-ORF0（34 kDa RNA サイレンシングサプレッサー）-ORF1（84 kDa プロテアーゼ（Pro）/VPg）-ORF2（132 kDa RNA 複製酵素（RdRp）；ORF1 のフレームシフトによる ORF1 との融合タンパク質）-ORF3（21 kDa 外被タンパク質（CP））-ORF5（54 kDa 外被タンパク質（CP-RT）；ORF3 のリードスルータンパク質でアブラムシ媒介因子でもある）-3′．
　　他の属に存在する ORF4（移行タンパク質）を欠く．ORF0，ORF1 の構造はポレロウイルス属に，ORF2 の構造はソベモウイルス属にそれぞれ類似する．
複製様式　エナモウイルス属ウイルスはルテオウイルス科の他の2属に見られる ORF4（移行タンパク質）を欠き，自然界ではウンブラウイルス属（*Umbravirus*）の *Pea enation mosaic virus 2*（PEMV-2；外被タンパク質遺伝子を欠く）との共存により互いに欠けている機能を相補することによって宿主植物に全身感染する．PEMV-1 と PEMV-2 は以前には同一ウイルス種の2粒子成分とされていたが，両ウイルスはそれぞれ単独でも複製が可能でゲノム構造も互いに異なることから，現在ではそれぞれ独立の種とされる．エナモウイルス属ウイルスのゲノムの複製はおそらくゲノムから全長に相当する（−）ssRNA が転写され，次いで完全長の（＋）ssRNA ゲノムが合成される．
発現様式　ORF0，ORF1 および ORF2 はゲノム RNA から，ORF3 および ORF5 はサブゲノム RNA1 からそれぞれ翻訳される．ORF2 は ORF1 のフレームシフトにより，ORF5 は ORF3 の終止コドンのリードスルーにより，各々生成する．
細胞内所在　ヘルパーウイルス（PEMV-2）との共存下に各種の組織で増殖する．ウイルス粒子は感染初期に核内に散在あるいは集塊をなして観察され，感染後期には細胞質にも認められる．

宿主域・病徴 PEMV-2 との共存下で，エンドウ，ソラマメ，クリムソンクローバー，*Nicotiana clevelandii* に全身感染し，モザイクやひだ葉を生じる．また，*Chenopodium album* や *C. amaranticolor*, *C. quinoa* の接種葉に局部病斑を形成する．

伝　　　染 汁液接種可．エンドウヒゲナガアブラムシを含む数種のアブラムシにより循環型・非増殖性の伝搬様式で媒介される．エンドウでは低率(1.5%)ながら種子伝搬する． 〔佐野義孝〕

主 要 文 献 Domier, L. L.(2012). *Enamovirus*. Virus Taxonomy 9th Report of ICTV, 1050–1051；ICTVdB (2006). *Enamovirus*. 00.039.0.03.；DPVweb. Enamovirus；Skaf, J. F. *et al.*(2000). Pea enation mosaic virus. Descriptions of Plant Viruses, 372；Domier, L. L. *et al.*(2008). Luteoviruses. Encyclopedia of Virology 3rd ed., 3, 231–238；Adam, G.(2011). Enamovirus. The Springer Index of Viruses 2nd ed., 817–820；Brunt, A. A. *et al.* eds.(1996). Enamoviruses. Plant Viruses Online；Demler, S. A. *et al.*(1991). J. Gen. Virol., 72, 1819–1834.

(+)一本鎖 RNA ウイルス　　　　　　　　　　　　　　　　　　　　　　　　　　　　　ルテオウイルス科

Luteovirus　ルテオウイルス属

Luteoviridae

分類基準　(1)(+)ssRNA ゲノム，(2)単一線状ゲノム，(3)球状粒子1種(径25～30 nm)，(4)ゲノムの5′端のゲノム結合タンパク質(VPg)および3′端のポリ(A)配列(poly(A))を欠く，(5)ウイルスRNA複製酵素はカルモ様スーパーグループ型，(6)外被タンパク質(CP)2種，(7)いくつかのORFはサブゲノムRNAを介して翻訳，(8)ORF5～6個，(9)篩部局在性，(10)アブラムシによる永続伝搬．

タイプ種　オオムギ黄萎 PAV ウイルス(*Barley yellow dwarf virus-PAV*：BYDV-PAV)．

属の構成　*Barley yellow dwarf virus-kerII*(BYDV-kerII)，*Barley yellow dwarf virus-kerIII*(BYDV-kerIII)，*Barley yellow dwarf virus-MAV*(BYDV-MAV)，*Barley yellow dwarf virus-PAS*(BYDV-PAS)，オオムギ黄萎 PAV ウイルス(*Barley yellow dwarf virus-PAV*：BYDV-PAV)，*Bean leafroll virus*(BLRV)，*Rose spring dwarf-associated virus*(RSDaV)，ダイズ矮化ウイルス(*Soybean dwarf virus*：SbDV)．

粒子　【形態】球状1種(径25～30 nm)．被膜なし(図1)．
【物性】沈降係数 106～118 S．浮遊密度(CsCl) 1.39～1.40 g/cm³．
【成分】核酸：(+)ssRNA 1種(5.7～6.0 kb，GC含量 47.8～48.5％)．タンパク質：外被タンパク質2種(CP：22 kDa，CP-RT：72～80 kDa)．

ゲノム　【構造】単一線状(+)ssRNA ゲノム(5,677～5,964 nt)．ORF 6～7個．ゲノムの5′端のゲノム結合タンパク質(VPg)および3′端のポリ(A)配列(poly(A))を欠く(図2)．

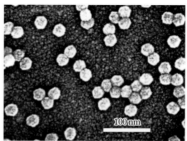

図1　BYDV-PAV の粒子像
［出典：Virus Taxonomy 9th Report of ICTV, 1045-1053］

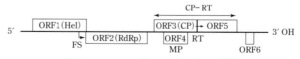

図2　BYDV-PAV(5,677 nt)のゲノム構造
FS：フレームシフト，RT：リードスルー，Hel：ヘリカーゼ，RdRp：RNA複製酵素，
CP：外被タンパク質，MP：移行タンパク質，CP-RT：CPリードスルータンパク質．
［出典：Virus Taxonomy 9th Report of ICTV, 1045-1053 を改変］

【遺伝子】5′-ORF1(39～42 kDa ヘリカーゼ(Hel))-ORF2(99～103 kDa RNA複製酵素(RdRp)；ORF1のフレームシフトによるORF1との融合タンパク質)-ORF3(22 kDa 外被タンパク質(CP))/ORF4(16～21 kDa 移行タンパク質(MP)；ORF3 に重複して存在)-ORF5(72～80 kDa 外被タンパク質(CP-RT)；ORF3のリードスルータンパク質でアブラムシ媒介因子でもある)-ORF6(4～7 kDa 機能不明タンパク質)-3′．
他の属に存在するORF0(RNAサイレンシングサプレッサー)を欠く．BLRV および SbDV には ORF6 が認められない．ORF1 および ORF2 の構造はトンブスウイルス科に類似する．

複製様式　ゲノムから全長の(-)ssRNA が転写され，ついで完全長の(+)ssRNA ゲノムが合成される．

発現様式　ORF1 および ORF2 はゲノムRNAから，ORF3，ORF4 および ORF5 はサブゲノムRNA1から，ORF6 はサブゲノムRNA2から各々翻訳される．サブゲノムRNA3はORFをもたず機能は不明だが，感染後期に細胞中に蓄積する．ORF2 は ORF1 の-1 フレームシフトにより，ORF5 は ORF3 の終止コドンのリードスルーにより，各々生成する．ゲノム RNA およびサブゲノム RNA の 3′端側の非翻訳領域上には 3′-TE(cap-independent translation element)と呼ばれる翻訳制御エレメントが存在し，一方，5′端の非翻訳領域上には 3′-TE と結合するステムループ

状の塩基領域が同定されている．ルテオウイルス属の RNA は 5′ 末端にキャップ構造を持たないが，RNA の両末端間の相互作用を介したキャップ非依存性の翻訳開始機構によりタンパク質を発現すると考えられる．

細胞内所在 ウイルスは篩部細胞に局在．ウイルス粒子は細胞質に散在または集塊をなして出現し，篩部え死が観察される．

宿主域・病徴 宿主範囲は狭い．BYDV-kerII，-kerIII，-PAV，-MAV および -PAS はイネ科作物・牧草類，BLRV および SbDV はマメ科作物や牧草（クローバー類），RSDaV はバラ属植物に，各々全身感染し，黄化・萎縮を引き起こす．

伝　　染 汁液接種不可．特定のアブラムシ種により循環型・非増殖性の伝搬様式で媒介される．主な媒介虫は，BYDV-PAV，-MAV および -PAS ではムギクビレアブラムシやムギヒゲナガアブラムシ，BLRV はエンドウヒゲナガアブラムシやモモアカアブラムシ，SbDV はジャガイモヒゲナガアブラムシやエンドウヒゲナガアブラムシ，RSDaV はムギウスイロアブラムシやバラミドリアブラムシなど．

〔佐野義孝〕

主 要 文 献 Domier, L. L.(2012). *Luteovirus*. Virus Taxonomy 9th Report of ICTV, 1048-1049；ICTV Virus Taxonomy List(2013). *Luteovirus*；ICTV Files. 2013.014aP；ICTVdB(2006). *Luteovirus*. 00.039.0.01.；DPVweb. Luteovirus；Waterhouse, P. W. *et al.*(1988). Luteovirus group. Descriptions of Plant Viruses, 339；Domier, L. L. *et al.*(2008). Luteoviruses. Encyclopedia of Virology 3rd ed., 3, 231-238；Domier, L. L.(2008). Barley yellow dwarf viruses. Encyclopedia of Virology 3rd ed., 1, 279-286；Domier, L. L.(2011). Luteovirus. The Springer Index of Viruses 2nd ed., 821-826；Brunt, A. A. *et al.* eds.(1996). Luteoviruses. Plant Viruses Online；Domier, L. L. *et al.*(2002). J. Gen. Virol., 83, 1791-1798；Miller, W. A. *et al.*(2002). Mol. Plant Pathol., 3, 177-183；Miller, W. A. *et al.*(1997). Ann. Rev. Phytopathol., 35, 167-190；Terauchi, H. *et al.*(2001). Arch. Virol., 146, 1885-1898；Salem, N. *et al.*(2008). Plant Disease, 92, 508-512.

(＋)一本鎖 RNA ウイルス　　　　　　　　　　　　　　　　　　　　　　ルテオウイルス科

Polerovirus　ポレロウイルス属

Luteoviridae

分類基準　(1) (＋)ssRNA ゲノム，(2) 単一線状ゲノム，(3) 球状粒子 1 種(径 24〜28 nm)，(4) ゲノムの 5′端にゲノム結合タンパク質(VPg)をもつが，3′端にポリ(A)配列(poly(A))を欠く，(5) ウイルス RNA 複製酵素(RdRp)はピコルナ様スーパーグループ型，(6) 外被タンパク質(CP) 2 種，(7) いくつかの ORF はサブゲノム RNA を介して翻訳，(8) ORF 6 個，(9) 篩部局在性，(10) アブラムシによる永続伝搬．

タイプ種　ジャガイモ葉巻ウイルス(*Potato leafroll virus*：PLRV)．

属の構成　*Beet chlorosis virus*(BChV)，*Beet mild yellowing virus*(BMYV)，ビート西部萎黄ウイルス(*Beet western yellows virus*：BWYV)，ニンジン黄化ウイルス(*Carrot red leaf virus*：CtRLV)，ムギ類黄萎 RPS ウイルス(*Cereal yellow dwarf virus-RPS*：CYDV-RPS)，*Cereal yellow dwarf virus-RPV*(CYDV-RPV)，*Chickpea chlorotic stunt virus*(CpCSV)，*Cotton leafroll dwarf virus*(CLRDV)，*Cucurbit aphid-borne yellows virus*(CABYV)，*Maize yellow dwarf virus-RMV*(MYDV-RMV)，*Melon aphid-borne yellows virus*(MABYV)，トウガラシ葉脈黄化ウイルス(*Pepper vein yellows virus*：PeVYV)，ジャガイモ葉巻ウイルス(*Potato leafroll virus*：PLRV)，*Suakwa aphid-borne yellows virus*(SABYV)，*Sugarcane yellow leaf virus*(ScYLV)，*Tobacco vein distorting virus*(TVDV)，*Turnip yellows virus*(TuYV)．

粒　子　【形態】球状 1 種(径 24〜28 nm)．被膜なし(図 1)．
【物性】沈降係数 115〜127 S．浮遊密度(CsCl) 1.39〜1.42 g/cm³．
【成分】核酸：(＋)ssRNA 1 種(5.6〜6.0 kb，GC 含量 48.1〜50.3 ％)．タンパク質：外被タンパク質 2 種(CP：22〜23 kDa，CP-RT：67〜80 kDa)，ゲノム結合タンパク質(VPg) 1 種．

ゲノム　【構造】単一線状(＋)ssRNA ゲノム(5,641〜5,987 nt)．ORF 6 個．ゲノムの 5′端にゲノム結合タンパク質(VPg)をもつが，3′端にポリ(A)配列(poly(A))を欠く(図 2)．

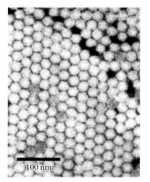

図 1　PLRV の粒子像
［提供：高浪洋一］

図 2　PLRV(5,882 nt)のゲノム構造
FS：フレームシフト，RT：リードスルー，Pro：プロテアーゼ，VPg：ゲノム結合タンパク質，RdRp：RNA 複製酵素，CP：外被タンパク質，MP：移行タンパク質，CP-RT：CP リードスルータンパク質．
［出典：Virus Taxonomy 9th Report of ICTV, 1045-1053 を改変］

【遺伝子】5′-VPg-ORF0(28〜30 kDa RNA サイレンシングサプレッサー)-ORF1(66〜72 kDa プロテアーゼ(Pro)/VPg)-ORF2(116〜121 kDa RNA 複製酵素(RdRp)；ORF1 のフレームシフトによる ORF1 との融合タンパク質)-ORF3(22〜23 kDa 外被タンパク質(CP))/ORF4(17〜21 kDa 移行タンパク質(MP)；ORF3 に重複して存在)-ORF5(67〜80 kDa 外被タンパク質(CP-RT)；ORF3 のリードスルータンパク質でアブラムシ媒介因子でもある)-3′．

複製様式　ゲノムから全長に相当する(−)ssRNA が転写され，次いで完全長の(＋)ssRNA ゲノムが合成される．

発現様式　OEF0，ORF1 および ORF2 はゲノム RNA から，ORF3，ORF4 および ORF5 はサブゲノム RNA1 から各々翻訳される．ORF2 は ORF1 のフレームシフトにより，ORF5 は ORF3 の終止コドンのリードスルーにより，各々生成する．

細胞内所在 ウイルス粒子は篩部組織細胞に局在し，主として細胞質内や液胞内に集積するが，核内にも認められる．時に篩部え死を引き起こす．

宿主域・病徴 宿主域は，PLRV は主としてナス科植物で狭いが，CYDV-RPS，CYDV-RPV，MYDV-RMV はイネ科植物全般に，BWYV は 20 科 150 種以上の植物に寄生性を有する．主病徴は萎縮を伴う黄化症状で，タイプ種の PLRV では顕著な葉巻症状を示す．

伝　　染 アブラムシによる循環型・非増殖性伝搬．汁液接種不可．ただし PLRV では，宿主植物の篩部にウイルスを直接注入することにより低率で感染する．また，パーティクルガン法によっても機械的に感染する．

そ の 他 *Maize yellow dwarf virus-RMV*(MYDV-RMV)は，従来，*Barley yellow dwarf virus-RMV*(BYDV-RMV)とされていたウイルスを塩基配列解析の結果から名称変更したものである．　〔荒井 啓〕

主 要 文 献 Domier, L. L.(2012). *Polerovirus*. Virus Taxonomy 9th Report of ICTV, 1049-1050；ICTV Virus Taxonomy List(2013). *Polerovirus*；ICTV Files. 2013.017aP；ICTVdB(2006). *Polerovirus*. 00.039.0.02.；DPVweb. Polerovirus；Waterhouse, P. W. *et al.*(1988). Luteovirus group. Descriptions of Plant Viruses, 339；Harrison, B. D.(1984). Potato leafroll virus. Descriptions of Plant Viruses, 291；Van den Heuvel, J. F. J. M. *et al.*(2011). Polerovirus. The Springer Index of Viruses 2nd ed., 827-831；Hoffmann, K. *et al.*(2001). J. Virol. Methods, 91, 197-201；Murakami, R. *et al.*(2011). Arch, Virol., 156, 921-923；Krueger, E. N. *et al.*(2013). Front. Microbiol., 4：205.

（＋）一本鎖 RNA ウイルス　　　　　　　　　　　　　　　　　　　　　　　　　　　ポティウイルス科

Potyviridae　ポティウイルス科

分類基準　(1)（＋）ssRNA ゲノム，(2) 単一線状ゲノム（バイモウイルス属は 2 分節線状ゲノム），(3) ひも状粒子 1 種（径 11〜16 nm×長さ 650〜900 nm）（バイモウイルス属は 2 種；径 11〜15 nm×長さ 250〜300 nm，500〜600 nm），(4) ゲノムの 5′ 端にゲノム結合タンパク質（VPg），3′ 端にポリ A 配列（poly(A)）をもつ，(5) ウイルス RNA 複製酵素（RdRp）はピコルナ様スーパーグループ型，(6) ウイルスタンパク質はポリプロテイン経由で翻訳，(7) 外被タンパク質（CP）1 種，(8) 特有の封入体を形成．

科の構成　ポティウイルス科 *Potyviridae*
- ブランビウイルス属 *Brambivirus*（タイプ種：*Blackberry virus Y*；BlVY）（粒子長 800 nm，媒介生物不明）．
- イポモウイルス属 *Ipomovirus*（タイプ種：*Sweet potato mild mottle virus*；SPMMV）（粒子長 800〜950 nm，コナジラミ伝搬）．
- マクルラウイルス属 *Macluravirus*（タイプ種：*Maclura mosaic virus*；MacMV）（粒子長 650〜675 nm，アブラムシ伝搬）．
- ポアセウイルス属 *Poacevirus*（タイプ種：*Triticum mosaic virus*；TriMV）（粒子長 680〜750 nm，ダニ伝搬）．
- ポティウイルス属 *Potyvirus*（タイプ種：ジャガイモ Y ウイルス；PVY）（粒子長 680〜900 nm，アブラムシ伝搬）．
- ライモウイルス属 *Rymovirus*（タイプ種：ライグラスモザイクウイルス；RGMV）（粒子長 690〜720 nm，ダニ伝搬）．
- トリティモウイルス属 *Tritimovirus*（タイプ種：*Wheat streak mosaic virus*；WSMV）（粒子長 690〜700 nm，ダニ伝搬）．
- バイモウイルス属 *Bymovirus*（タイプ種：オオムギ縞萎縮ウイルス；BaYMV）（2 粒子；粒子長 250〜300 nm，500〜600 nm，菌類伝搬）．
- 未帰属種：*Spartina mottle virus*（SpMoV），*Tomato mild mottle virus*（TomMMoV）．
- 暫定種：Bermuda grass mosaic virus, Eggplant mild leaf mottle virus, Rose yellow mosaic virus.

粒子　【形態】ひも状 1 種（径 11〜16 nm×長さ 650〜900 nm；バイモウイルス属を除く）あるいはひも状 2 種（径 11〜15 nm×長さ 250〜300 nm，500〜600 nm；バイモウイルス属），らせんピッチ 3.4 nm．被膜なし（図 1 a）．

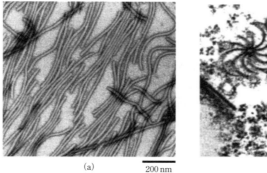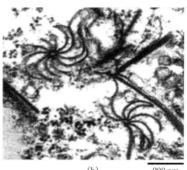

図 1　(a) TEV の粒子像，(b) 風車状封入体
風車状封入体は，CI タンパク質からなる単層の長方形シートが中心軸のまわりに数枚ずつ規則的に配置して形成された円筒状封入体の横断像．

［出典：Encyclopedia of Virology 3rd ed., 4, 313–322］

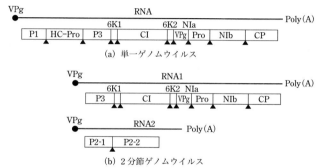

図2 ポティウイルス科ウイルスのゲノム構造
P1：P1プロテアーゼ，HC-Pro：虫媒介助タンパク質-プロテアーゼ，P3：P3機能不明タンパク質，CI：円筒状封入体タンパク質，VPg：NIa-ゲノム結合タンパク質，Pro：NIaプロテアーゼ，NIb：RNA複製酵素，CP：外被タンパク質，P2-1：P2-1プロテアーゼ，P2-2：P2-2タンパク質（菌類伝搬介助タンパク質），▲：ポリプロテインの切断位置．
[出典：Encyclopedia of Virology 3rd ed., 4, 313-322 を改変]

【物性】沈降係数 137～160 S．浮遊密度（CsCl）1.31 g/cm^3（バイモウイルス属を除く），1.29 g/cm^3（バイモウイルス属）．

【成分】核酸：（＋）ssRNA 1種（9.3～11.0 kb；バイモウイルス属を除く）あるいは2種（7.3～7.6 kb，3.5～3.7 kb；バイモウイルス属）．タンパク質：外被タンパク質（CP）1種（25～47 kDa），ゲノム結合タンパク質（VPg）1種．

ゲノム

【構造】単一線状（＋）ssRNAゲノム，ORF1個（バイモウイルス属を除く）あるいは2分節線状（＋）ssRNAゲノム，ORF2個（バイモウイルス属）．ゲノムの5′端にゲノム結合タンパク質（VPg），3′端にポリA配列（poly(A)）をもつ（図2）．

【遺伝子】

バイモウイルス属以外：5′-VPg-340～394 kDa ポリプロテイン（P1プロテアーゼ（P1）/虫媒介助タンパク質-プロテアーゼ（HC-Pro；RNAサイレンシングサプレッサーとしても機能する）/P3機能不明タンパク質（P3）/円筒状封入体タンパク質（CI）/ゲノム結合タンパク質（NIa-VPg）/NIaプロテアーゼ（NIa-Pro）/RNA複製酵素（NIb）/外被タンパク質（CP））-poly(A)-3′．ほかに数種の遺伝子を含む．

バイモウイルス属：RNA1：5′-VPg-257～271 kDa ポリプロテイン（P3機能不明タンパク質（P3）/円筒状封入体タンパク質（CI）/ゲノム結合タンパク質（NIa-VPg）/NIaプロテアーゼ（NIa-Pro）/RNA複製酵素（NIb）/外被タンパク質（CP））-poly(A) RNA2：5′-VPg-98～101 kDa ポリプロテイン（P1プロテアーゼ/P2菌類伝搬介助タンパク質）-poly(A)-3′．ほかに数種の遺伝子を含む．

複製様式 ゲノムから全長に相当する（－）ssRNAが転写され，次いで完全長の（＋）ssRNAゲノムが合成される．複製は細胞質内で行われる．

発現様式 ゲノム全長の（＋）ssRNAからポリプロテインが翻訳された後，ウイルスのコードするプロテアーゼによって翻訳に共役した切断あるいは翻訳後の切断を受け，個々のタンパク質が発現する（図2）．

細胞内所在 ウイルス粒子は感染組織の細胞質に散在あるいは束状に集積して存在する．すべてのウイルス種で細胞質内にCIタンパク質からなる特徴的な円筒状封入体を形成する．この封入体は電子顕微鏡薄切試料では風車状，束状，巻物状あるいは層板状の形状を呈する．ウイルス種によっては，このほかに，いずれも顆粒状でVPgとNIaプロテアーゼの一部が集積した核内封入体（NIa）あるいはRNA複製酵素の一部が集積した核内封入体（NIb）を形成するものや，HC-Proの一部が集積した不定形の細胞質内封入体を形成するものもある（図1b）．

宿主域・病徴 宿主域はウイルス種により広いものから狭いものまでさまざまある．多くのウイルス種で全身感染し，主にモザイク症状などを示す．

伝染 汁液接種可．イポモウイルス属はコナジラミ，マクルラウイルス属とポティウイルス属はアブラムシ，ポアセウイルス属，ライモウイルス属，トリティモウイルス属はダニにより，それぞ

れ非永続～半永続的に伝搬され，バイモウイルス属は菌類によって伝搬されるなど，媒介生物の種類により各ウイルス属に分類される．種子伝染する種も存在する．

その他 ポティウイルス科ウイルスの分類では，生物的特性等も加味しつつ，原則としてCPのアミノ酸配列の相同性が約80％以下でCPの塩基配列あるいはゲノムの全塩基配列の相同性が76％以下であれば別種とする．〔難波成任〕

主要文献 Adams, M. J. *et al.*(2012). *Potyviridae*. Virus Taxonomy 9th Report of ICTV, 1069-1089；ICTV Virus Taxonomy List(2013). *Potyviridae*；ICTVdB(2006). *Potyviridae*, 00.057.；DPVweb. Potyviridae；Shukla, D. D. *et al.*(1998). Potyviridae family. Descriptions of Plant Viruses, 366；Lopez-Moya, J. J. *et al.*(2008). Potyviruses. Encyclopedia of Virology 3rd ed., 4, 313-322；Colinet, D.(2011). Ipomovirus. The Springer Index of Viruses 2nd ed., 1417-1420；Foster, G. D.(2011). Macluravirus. The Springer Index of Viruses 2nd ed., 1421-1424；Berger, P. H. *et al.*(2011). Potyvirus. The Springer Index of Viruses 2nd ed., 1425-1437；French, R. C.(2011). Rymovirus. The Springer Index of Viruses 2nd ed., 1439-1443；French, R. C. *et al.*(2011). Tritimovirus. The Springer Index of Viruses 2nd ed., 1445-1449；Adams, M. J.(2011). Bymovirus. The Springer Index of Viruses 2nd ed., 1411-1416；Brunt, A. A. *et al.* eds.(1996). Potyviruses：*Potyvirida*e. Plant Viruses Online；Barnett, O. W. ed.(1992). Potyvirus Taxonomy. Springer, pp. 450；Shukla, D. D. *et al.*(1994). The Potyviridae. CAB International, pp. 516.；難波成任(1996). ポティウイルス科. 植物ウイルスの分子生物学(古澤 巌ら, 学会出版センター), 233-316；難波成任(1997). ポティウイルス. ウイルス学(畑中正一編, 朝倉書店), 427-434；大木 理(2007). 植物ウイルスの分類学(6) ポティウイルス科(*Potyviridae*). 植物防疫, 61, 235-238；Gibbs, A. and Ohshima, K.(2010) Potyviruses and the digital revolution. Annu. Rev. Phytopathol., 48, 205-223.

Brambyvirus ブランビウイルス属

Potyviridae

分類基準 (1)(＋)ssRNA ゲノム，(2) 単一線状ゲノム，(3) ひも状粒子 1 種(径 11～15 nm×長さ 800 nm)，(4) ゲノムの 5′端にゲノム結合タンパク質(VPg)，3′端にポリ A 配列(poly(A))をもつ，(5) ウイルス RNA 複製酵素(RdRp)はピコルナ様スーパーグループ型，(6) ウイルスタンパク質はポリプロテイン経由で翻訳，(7) 外被タンパク質(CP) 1 種，(8) P1 プロテアーゼに AlkB(アルキル化 DNA 修復タンパク質 B)ドメインを含む，(9) 特有の封入体を形成，(10) 媒介生物不明．

タイプ種 *Blackberry virus Y*(BlVY)．

属の構成 *Blackberry virus Y*(BlVY)．

粒子 【形態】ひも状粒子 1 種(径 11～15 nm×長さ 800 nm)，らせんピッチ 3.4 nm，被膜なし．
【成分】核酸：(＋)ssRNA 1 種(11 kb，GC 含量 43.6％)．タンパク質：外被タンパク質(CP) 1 種(41 kDa)，ゲノム結合タンパク質(VPg) 1 種．

ゲノム 【構造】単一線状(＋)ssRNA ゲノム．ORF 1 個．5′端にゲノム結合タンパク質(VPg)，3′端にポリ(A)配列(poly(A))をもつ(図 1)．

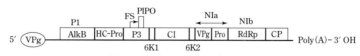

図 1 BlYV(10,851 nt)のゲノム構造

FS：フレームシフト，P1：P1 プロテアーゼ(AlkB：アルキル化 DNA 修復タンパク質 B ドメイン)，HC-Pro：虫媒介助タンパク質-プロテアーゼ，P3：P3 機能不明タンパク質，CI：円筒状封入体タンパク質，NIa-VPg：NIa-ゲノム結合タンパク質，NIa-Pro：NIa プロテアーゼ，NIb：RNA 複製酵素(RdRp：RNA 複製酵素ドメイン)，CP：外被タンパク質，PIPO：移行関与タンパク質．

〔出典：Susaimuthu, J. *et al.*(2008). Virus Res., 131, 145-151 を改変〕

【遺伝子】5′-VPg-394 kDa ポリプロテイン(84 kDa P1 プロテアーゼ(P1；AlkB ドメインを含む)/37 kDa 虫媒介助タンパク質-プロテアーゼ(HC-Pro)/41 kDa P3 タンパク質(P3)/6 kDa 機能不明タンパク質(6 K1)/71 kDa 円筒状封入体タンパク質(CI)/6 kDa 機能不明タンパク質(6 K2)/22 kDa ゲノム結合タンパク質(NIa-VPg)/26 kDa NIa プロテアーゼ(NIa-Pro)/61 kDa RNA 複製酵素(NIb)/41 kDa 外被タンパク質(CP))-poly(A)-3′．
ほかに，P3 の ORF のフレームシフトにより生じる ORF(PIPO)から発現するタンパク質(PIPO)があり，移行に関与すると推定されている．

複製様式 おそらくゲノムから全長に相当する(－)ssRNA が転写され，次いで完全長の(＋)ssRNA ゲノムが合成される．複製は細胞質内で行われる．

発現様式 ゲノムは 1 個のポリプロテインをコードしており，このポリプロテインの切断により個々のタンパク質が発現する．

宿主域・病徴 自然宿主のブラックベリーでは無病徴．

伝染 媒介生物不明．　　　　　　　　　　　　　　　　　　　　　　　　　〔日比忠明〕

主要文献 Adams, M. J. *et al.*(2012). *Brambyvirus*. Virus Taxonomy 9th Report of ICTV, 1078-1079；DPVweb. Brambyvirus；Susaimuthu, J. *et al.*(2008). A member of a new genus in the *Potyviridae* infects *Rubus*. Virus Res., 131, 145-151.

(＋)一本鎖 RNA ウイルス　　　　　　　　　　　　　　　　　　　　　　　　　　　　ポティウイルス科

Ipomovirus　イポモウイルス属
Potyviridae

分類基準　(1)(＋)ssRNA ゲノム，(2) 単一線状ゲノム，(3) ひも状粒子 1 種(径 11〜15 nm×長さ 800〜950 nm)，(4) ゲノムの 5′ 端にゲノム結合タンパク質(VPg)，3′ 端にポリ A 配列(poly(A))をもつ，(5) ウイルス RNA 複製酵素(RdRp)はピコルナ様スーパーグループ型，(6) ウイルスタンパク質はポリプロテイン経由で翻訳，(7) 外被タンパク質(CP)1 種，(8) 特有の封入体を形成，(9) コナジラミ伝搬．

タイプ種　*Sweet potato mild mottle virus*(SPMMV)．

属の構成　*Cassava brown streak virus*(CBSV)，*Cucumber vein yellowing virus*(CVYV)，*Squash vein yellowing virus*(SqVYV)，*Sweet potato mild mottle virus*(SPMMV)，*Tomato mild mottle virus*(TomMMoV)，*Ugandan cassava brown streak virus*(UCBSV)．
暫定種：Sweet potato yellow dwarf virus(SPYDV)．

粒子　【形態】ひも状 1 種(径 11〜15 nm×長さ 800〜950 nm)．らせんピッチ 3.4 nm．被膜なし(図 1)．
【物性】沈降係数 155 S．浮遊密度(CsCl) 1.307 g/cm^3．
【成分】核酸：(＋)ssRNA 1 種(9.1〜10.8 kb，GC 含量 43％)．タンパク質：外被タンパク質(CP)1 種(34〜41 kDa)，ゲノム結合タンパク質(VPg)1 種．

ゲノム　【構造】単一線状(＋)ssRNA ゲノム．ORF 1 個．5′ 端にゲノム結合タンパク質(VPg)，3′ 端にポリ(A)配列(poly(A))をもつ(図 2)．

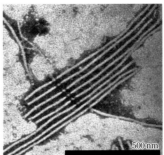

図 1　SPMMV の粒子像
［出典：Descriptions of Plant Viruses, 162］

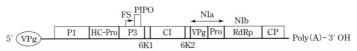

図 2　SPMMV(10,818 nt)のゲノム構造
FS：フレームシフト，P1：P1 プロテアーゼ，HC-Pro：虫媒介助タンパク質－プロテアーゼ，P3：P3 機能不明タンパク質，CI：円筒状封入体タンパク質，NIa-VPg：NIa-ゲノム結合タンパク質，NIa-Pro：NIa プロテアーゼ，NIb：RNA 複製酵素(RdRp：RNA 複製酵素ドメイン)，CP：外被タンパク質，PIPO：移行関与タンパク質．
［出典：Virus Taxonomy 9th Report of ICTV, 1079-1081 を改変］

【遺伝子】5′-VPg-390 kDa ポリプロテイン(83 kDa P1 プロテアーゼ(P1)/51 kDa 虫媒介助タンパク質-プロテアーゼ(HC-Pro)/34 kDa P3 タンパク質(P3)/5 kDa 機能不明タンパク質(6 K1)/71 kDa 円筒状封入体タンパク質(CI)/6 kDa 機能不明タンパク質(6 K2)/20 kDa ゲノム結合タンパク質(NIa-VPg)/27 kDa NIa プロテアーゼ(NIa-Pro)/57 kDa RNA 複製酵素(NIb)/34 kDa 外被タンパク質(CP))-poly(A)-3′．
ほかに，P3 の ORF のフレームシフトにより生じる ORF(PIPO)から発現するタンパク質(PIPO)があり，移行に関与すると推定されている．

複製様式　ゲノムから全長に相当する(－)ssRNA が転写され，次いで完全長の(＋)ssRNA ゲノムが合成される．複製は細胞質内で行われる．

発現様式　ゲノム全長の(＋)ssRNA からポリプロテインが翻訳された後，ウイルスのコードするプロテアーゼによって翻訳に共役した切断あるいは翻訳後の切断を受け，個々のタンパク質が発現する．

細胞内所在　ウイルス粒子は葉肉細胞や表皮細胞の細胞質内によく見出される．細胞質内に風車状封入体が観察される．

宿主域・病徴 宿主域は広く，SPMMV は 14 科の植物に感染する．SPMMV はサツマイモの感受性品種では葉に斑紋を生じ，萎縮を引き起こして収量減をもたらす．

伝　　染 汁液接種可．タバコココナジラミによる非永続伝搬．種苗伝染． 〔宇杉富雄〕

主 要 文 献 Adams, M. J. *et al.* (2012). *Ipomovirus*. Virus Taxonomy 9th Report of ICTV, 1079-1081；ICTV Virus Taxonomy List (2013). *Ipomovirus*；ICTVdB (2006). *Ipomovirus*. 00.057.0.05.；DPVweb. Ipomovirus；Shukla, D. D. *et al.* (1998). Potyviridae family. Descriptions of Plant Viruses, 366；Hollings, M. *et al.* (1976). Sweet potato mild mottle virus. Descriptions of Plant Viruses, 162；Lopez-Moya, J. J. *et al.* (2008). Potyviruses. Encyclopedia of Virology 3rd ed., 4, 313-322；Colinet, D. (2011). Ipomovirus. The Springer Index of Viruses 2nd ed., 1417-1420；Brunt, A. A. *et al.* eds. (1996). Ipomoviruses：*Potyviridae*. Plant Viruses Online；Colinet, D. *et al.* (1998). Virus Res., 53, 187-196.

（+）一本鎖 RNA ウイルス　　　　　　　　　　　　　　　　　　　　　　　　　　　　　ポティウイルス科

Macluravirus　マクルラウイルス属
Potyviridae

分類基準　(1)（+）ssRNA ゲノム，(2) 単一線状ゲノム，(3) ひも状粒子 1 種（径 13～16 nm×長さ 650～675 nm），(4) ゲノムの 5′ 端にゲノム結合タンパク質（VPg），3′ 端にポリ A 配列（poly（A））をもつ，(5) ウイルス RNA 複製酵素（RdRp）はピコルナ様スーパーグループ型，(6) ウイルスタンパク質はポリプロテイン経由で翻訳，(7) 外被タンパク質（CP）1 種，(8) 特有の封入体を形成，(9) アブラムシ伝搬．

タイプ種　*Maclura mosaic virus*（MacMV）．

属の構成　*Alpinia mosaic virus*（AlpMV），*Cardamom mosaic virus*（CdMV），ヤマノイモえそモザイクウイルス（*Chinese yam necrotic mosaic virus*：ChYNMV），*Maclura mosaic virus*（MacMV），スイセン潜在ウイルス（*Narcissus latent virus*：NLV），*Ranunculus latent virus*（RanLV）．
暫定種：Large cardamom chirke virus（LCCV），Yam chlorotic necrotic mosaic virus（YCNMV）．

粒　子　【形態】ひも状 1 種（径 13～16 nm×長さ 650～675 nm）．らせんピッチ 3.4 nm．被膜なし（図 1）．
【物性】沈降係数 155～158 S．浮遊密度（CsCl）1.31～1.33 g/cm^3．
【成分】核酸：（+）ssRNA 1 種（約 8.0 kb）．タンパク質：外被タンパク質（CP）1 種（33～34 kDa），ゲノム結合タンパク質（VPg）1 種．

ゲノム　【構造】単一線状（+）ssRNA ゲノム．ORF 1 個．5′ 端にゲノム結合タンパク質（VPg），3′ 端にポリ（A）配列（poly（A））をもつ．
【遺伝子】ポティウイルス属などと同様な構成と推定されている．

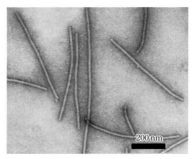

図 1　MacMV の粒子像
［出典：Descriptions of Plant Viruses, 239］

複製様式　おそらくゲノムから全長に相当する（−）ssRNA が転写され，次いで完全長の（+）ssRNA ゲノムが合成される．複製は細胞質内で行われる．

発現様式　ゲノムは 1 個のポリプロテインをコードしており，このポリプロテインの切断により個々のタンパク質が発現する．

細胞内所在　感染細胞の細胞質内に風車状封入体が存在する．

宿主域・病徴　それぞれのウイルス種により限られた宿主域をもつ．全身感染し，主にモザイク症状などを示す．

伝　染　汁液接種可．アブラムシによる非永続伝搬．　　　　　　　　　　　　　　　　　　〔亀谷満朗〕

主要文献　Adams, M. J. *et al.*（2012）．*Macluravirus*. Virus Taxonomy 9th Report of ICTV, 1081-1082；ICTVdB（2006）．*Macluravirus*. 00.057.0.04．；DPVweb. Macluravirus；Shukla, D. D. *et al.*（1998）．Potyviridae family. Descriptions of Plant Viruses, 366；Koenig, R. *et al.*（1981）．Maclura mosaic virus. Descriptions of Plant Viruses, 239；Brunt, A. A.（1976）．Narcissus latent virus. Description of Plant Viruses, 170；Lopez-Moya, J. J. *et al.*（2008）．Potyviruses. Encyclopedia of Virology 3rd ed., 4, 313-322；Foster, G. D.（2011）．Macluravirus. The Springer Index of Viruses 2nd ed., 1421-1424；Brunt, A. A. *et al.* eds.（1996）．Macluraviruses. Plant Viruses Online；Badge, J. *et al.*（1997）．3′-terminal sequences of the RNA genomes of Narcissus latent and Maclura mosaic viruses suggest that they represent a new genus of the Potyviridae. J. Gen. Virol., 78, 253-257.

Poacevirus ポアセウイルス属

Potyviridae

分類基準 (1)（＋）ssRNA ゲノム，(2) 単一線状ゲノム，(3) ひも状粒子1種（径 11～15 nm×長さ 680～750 nm），(4) ゲノムの 5′ 端にゲノム結合タンパク質（VPg），3′ 端にポリ A 配列（poly(A)）をもつ，(5) ウイルス RNA 複製酵素（RdRp）はピコルナ様スーパーグループ型，(6) ウイルスタンパク質はポリプロテイン経由で翻訳，(7) 外被タンパク質（CP）1種，(8) 特有の封入体を形成，(9) ダニ伝搬．

タイプ種 *Triticum mosaic virus*（TriMV）．

属の構成 *Sugarcane streak mosaic virus*（SCSMV），*Triticum mosaic virus*（TriMV）．
暫定種：Caladenia virus A．

粒　　子 【形態】ひも状粒子1種（径 11～15 nm×長さ 680～750 nm），らせんピッチ 3.4 nm．被膜なし．
【成分】核酸：（＋）ssRNA 1種（9.7～10.3 kb, GC 含量 41.5％）．タンパク質：外被タンパク質（CP）1種（32 kDa），ゲノム結合タンパク質（VPg）1種．

ゲ ノ ム 【構造】単一線状（＋）ssRNA ゲノム．ORF 1個．5′ 端にゲノム結合タンパク質（VPg），3′ 端にポリ(A)配列（poly(A)）をもつ（図1）．

図1 TriMV（10,266 nt）のゲノム構造
FS：フレームシフト，P1：P1 プロテアーゼ，HC-Pro：虫媒介助タンパク質−プロテアーゼ，P3：P3 機能不明タンパク質，CI：円筒状封入体タンパク質，NIa-VPg：NIa−ゲノム結合タンパク質，NIa-Pro：NIa プロテアーゼ，NIb：RNA 複製酵素（RdRp：RNA 複製酵素ドメイン），CP：外被タンパク質，PIPO：移行関与タンパク質．
〔出典：Tatineni, S. *et al.*（2009）. Phytopathology, 99, 943-950 を改変〕

【遺伝子】5′-VPg-353 kDa ポリプロテン（45 kDa P1 プロテアーゼ（P1）／53 kDa 虫媒介助タンパク質−プロテアーゼ（HC-Pro）／33 kDa P3 タンパク質（P3）／6 kDa 機能不明タンパク質（6 K1）／73 kDa 円筒状封入体タンパク質（CI）／6 kDa 機能不明タンパク質（6 K2）／23 kDa ゲノム結合タンパク質（NIa-VPg）／26 kDa NIa プロテアーゼ（NIa-Pro）／56 kDa RNA 複製酵素（NIb）／32 kDa 外被タンパク質（CP））-poly(A)-3′．

ほかに，P3 の ORF のフレームシフトにより生じる ORF（PIPO）から発現するタンパク質があり，移行に関与すると推定されている．

複製様式 おそらくゲノムから全長に相当する（−）ssRNA が転写され，次いで完全長の（＋）ssRNA ゲノムが合成される．複製は細胞質内で行われる．

発現様式 ゲノムは1個のポリプロテインをコードしており，このポリプロテインの切断により個々のタンパク質が発現する．

宿主域・病徴 自然宿主のコムギやサトウキビでは全身感染し，葉などにモザイクや条斑を生じる．

伝　　染 汁液接種可．ダニ伝搬． 〔日比忠明〕

主要文献 ICTV Virus Taxonomy List（2013）. *Potyviridae Poacevirus*；DPVweb. Poacevirus；Tatineni, S. *et al.*（2009）. *Triticum mosaic virus*：A distinct member of the family *Potyviridae* with an unusually long leader sequence. Phytopathology, 99, 943-950；Fellers, J. P. *et al.*（2009）. The complete genome sequence of Triticum mosaic virus, a new wheat-infecting virus of the high plains. Arch. Virol., 154, 1511-1515.

(＋)一本鎖 RNA ウイルス　　　　　　　　　　　　　　　　　　　　　　　　　　　ポティウイルス科

Potyvirus ポティウイルス属
Potyviridae

分類基準　(1)(＋)ssRNA ゲノム，(2) 単一線状ゲノム，(3) ひも状粒子1種(径 11〜13 nm×長さ 680〜900 nm)，(4) ゲノムの 5′端にゲノム結合タンパク質(VPg)，3′端にポリA配列(poly(A))をもつ，(5) ウイルス RNA 複製酵素(RdRp)はピコルナ様スーパーグループ型，(6) ウイルスタンパク質はポリプロテイン経由で翻訳，(7) 外被タンパク質(CP)1種，(8) 特有の封入体を形成，(9) アブラムシ伝搬．

タイプ種　ジャガイモ Y ウイルス(*Potato virus Y*：PVY)．

属の構成　アルストロメリアモザイクウイルス(*Alstroemeria mosaic virus*：AlMV)，アマゾンユリモザイクウイルス(*Amazon lily mosaic virus*：AmLMV)，アスパラガスウイルス1(*Asparagus virus 1*：AV-1)，インゲンマメモザイクウイルス(*Bean common mosaic virus*：BCMV)，インゲンマメ黄斑モザイクウイルス(*Bean yellow mosaic virus*：BYMV)，ビートモザイクウイルス(*Beet mosaic virus*：BtMV)，センダングサ斑紋ウイルス(*Bidens mottle virus*：BiMoV)，エビネ微斑モザイクウイルス(*Calanthe mild mosaic virus*：CalMMV)，カーネーションベインモットルウイルス(*Carnation vein mottle virus*：CVMoV)，セルリーモザイクウイルス(*Celery mosaic virus*：CeMV)，チョロギモザイクウイルス(*Chinese artichoke mosaic virus*：ChAMV)，クローバ葉脈黄化ウイルス(*Clover yellow vein virus*：ClYVV)，チョウセンアサガオコロンビアウイルス(*Colombian datura virus*：CDV)，サトイモモザイクウイルス(*Dasheen mosaic virus*：DsMV)，トケイソウ東アジアウイルス(*East Asian passiflora virus*：EAPV)，フリージアモザイクウイルス(*Freesia mosaic virus*：FreMV)，グロリオーサ条斑モザイクウイルス(*Gloriosa stripe mosaic virus*：GSMV)，サギソウモザイクウイルス(*Habenaria mosaic virus*：HaMV)，アマリリスモザイクウイルス(*Hippeastrum mosaic virus*：HiMV)，アイリス微斑モザイクウイルス(*Iris mild mosaic virus*：IMMV)，ヤマノイモモザイクウイルス(*Japanese yam mosaic virus*：JYMV)，コンニャクモザイクウイルス(*Konjac mosaic virus*：KoMV)，リーキ黄色条斑ウイルス(*Leek yellow stripe virus*：LYSV)，レタスモザイクウイルス(*Lettuce mosaic virus*：LMV)，ユリ微斑ウイルス(*Lily mottle virus*：LMoV)，トウモロコシ萎縮モザイクウイルス(*Maize dwarf mosaic virus*：MDMV)，スイセン黄色条斑ウイルス(*Narcissus yellow stripe virus*：NYSV)，タマネギ萎縮ウイルス(*Onion yellow dwarf virus*：OYDV)，オーニソガラムモザイクウイルス(*Ornithogalum mosaic virus*：OrMV)，オーニソガラム条斑モザイクウイルス(*Ornithogalum virus 2*：OrV-2)，オーニソガラムえそモザイクウイルス(*Ornithogalum virus 3*：OrV-3)，パパイア奇形葉モザイクウイルス(*Papaya leaf distortion mosaic virus*：PLDMV)，パパイア輪点ウイルス(*Papaya ringspot virus*：PRSV)，エンドウ種子伝染モザイクウイルス(*Pea seed-borne mosaic virus*：PSbMV)，ラッカセイ斑紋ウイルス(*Peanut mottle virus*：PeMoV)，トウガラシ斑紋ウイルス(*Pepper mottle virus*：PepMoV)，ウメ輪紋ウイルス(*Plum pox virus*：PPV)，ジャガイモ A ウイルス(*Potato virus A*：PVA)，ジャガイモ Y ウイルス(*Potato virus Y*：PVY)，ラナンキュラス微斑モザイクウイルス(*Ranunculus mild mosaic virus*：RanMMV)，シャロット黄色条斑ウイルス(*Shallot yellow stripe virus*：SYSV)，ソルガムモザイクウイルス(*Sorghum mosaic virus*：SrMV)，ダイズモザイクウイルス(*Soybean mosaic virus*：SMV)，サトウキビモザイクウイルス(*Sugarcane mosaic virus*：SCMV)，サツマイモ斑紋モザイクウイルス(*Sweet potato feathery mottle virus*：SPFMV)，サツマイモ潜在ウイルス(*Sweet potato latent virus*：SPLV)，サツマイモ G ウイルス(*Sweet potato virus G*：SPVG)，*Tobacco etch virus*(TEV)，タバコ脈緑モザイクウイルス(*Tobacco vein banding mosaic virus*：TVBMV)，*Tulip breaking virus*(TBV)，チューリップモザイクウイルス(*Tulip mosaic virus*：TulMV)，カブモザイクウイルス(*Turnip mosaic virus*：TuMV)，スイカモザイクウイルス(*Watermelon mosaic virus*：WMV)，ヤマノイモ微斑ウイルス(*Yam mild mosaic virus*：YMMV)，ズッキーニ黄斑モザイクウイルス(*Zucchini* yellow mosaic virus：ZYMV）など158種．

暫定種：Ammi majus latent virus（AmLV），シバモザイクウイルス（Zoysia mosaic virus：ZoMV）など約120種．

粒　　　子　【形態】ひも状1種（径11～13 nm×長さ680～900 nm），らせんピッチ3.4 nm．被膜なし（図1）．
【物性】沈降係数137～160 S．浮遊密度（CsCl）1.31 g/cm^3．
【成分】核酸：（＋）ssRNA 1種（9.5～11.0 kb）．タンパク質：外被タンパク質（CP）1種（30～47 kDa），ゲノム結合タンパク質（VPg）1種．

ゲ ノ ム　【構造】単一線状（＋）ssRNAゲノム．ORF 1個．5′端にゲノム結合タンパク質（VPg），3′端にポリ（A）配列（poly（A））をもつ（図2）．

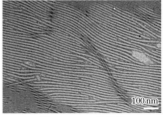

図1　PVYの粒子像

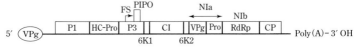

図2　PVY（9,704 nt）のゲノム構造
FS：フレームシフト，P1：P1プロテアーゼ，HC-Pro：虫媒介助タンパク質-プロテアーゼ，P3：P3機能不明タンパク質：CI：円筒状封入体タンパク質，NIa-VPg：NIa-ゲノム結合タンパク質，NIa-Pro：NIaプロテアーゼ，NIb：RNA複製酵素（RdRp：RNA複製酵素ドメイン），CP：外被タンパク質，PIPO：移行関与タンパク質．
〔出典：難波成任（1997），ウイルス学，427-434を改変〕

【遺伝子】（PVY）5′-VPg-348 kDaポリプロテイン（32 kDa P1プロテアーゼ（P1）/52 kDa虫媒介助タンパク質-プロテアーゼ（HC-Pro；RNAサイレンシングサプレッサーとしても機能する）/42 kDa P3タンパク質（P3）/6 kDa機能不明タンパク質（6 K1）/71 kDa円筒状封入体タンパク質（CI；ヘリカーゼドメインを含む）/6 kDa機能不明タンパク質（6 K2）/22 kDaゲノム結合タンパク質（NIa-VPg）/28 kDa NIaプロテアーゼ（NIa-Pro）（VPgとNIaプロテアーゼの一部が核内封入体NIaを形成）/60 kDa RNA複製酵素（NIb；一部が核内封入体NIbを形成）/30 kDa外被タンパク質（CP））-poly（A）-3′．

ほかに，P3のORFのフレームシフトにより生じる小さなORF（PIPO；Pretty Interesting Potyviridae ORF）から発現するタンパク質があり，移行に関与すると推定されている．

複 製 様 式　ゲノム（＋）ssRNAより翻訳されたRNA複製酵素タンパク質によって（−）ssRNAが転写され，次いでこれより複製された（＋）ssRNAが子孫ウイルスゲノムとなる．これと併行してVPgがこの（＋）ssRNAの5′末端に結合し，外被タンパク質に包まれて子孫ウイルス粒子となる．

発 現 様 式　ゲノム全長の（＋）ssRNAをmRNAとしてポリプロテインが翻訳された後，ウイルスのコードするプロテアーゼによって翻訳に共役した切断あるいは翻訳後の切断を受け，個々のタンパク質が発現する．

細胞内所在　ウイルス粒子は感染組織の細胞質内に散在あるいは束状に集積して存在．すべてのウイルス種で細胞質内に特徴的な円筒状封入体を形成する．核内に顆粒状の封入体を形成する種もある．

宿主域・病徴　個々のウイルスの宿主域は比較的狭いものが多い．ウイルス種により異なる宿主域をもち，主にモザイク症状を示す．

伝　　　染　汁液接種可．アブラムシによる非永続伝搬．種子伝搬するウイルス種もある．　　〔難波成任〕

主 要 文 献　Adams, M. J. *et al.*（2012）. *Potyvirus*. Virus Taxonomy 9th Report of ICTV, 1072-1079；ICTV Virus Taxonomy List（2014）. *Potyvirus*；ICTVdB（2006）. *Potyvirus*. 00.057.0.01.；DPVweb. Potyvirus；Shukla, D. D. *et al.*（1998）. Potyviridae family. Descriptions of Plant Viruses, 366；Kerlan, C.（2006）. Potato virus Y. Descriptions of Plant Viruses, 414；Lopez-Moya, J. J. *et al.*（2008）. Potyviruses. Encyclopedia of Virology 3rd ed., 4, 313-322；Berger, P. H. *et al.*（2011）. Potyvirus. The Springer Index of Viruses 2nd ed., 1425-1437；Brunt, A. A. *et al.* eds.（1996）. Potyviruses：*Potyviridae*. Plant Viruses Online；難波成任（1996）．ポティウイルス科．植物ウイルスの分子生物学（古澤 巌ら，学会出版センター），233-316；難波成任（1997）．ポティウイルス．ウイルス学（畑中正一編，朝倉書店），427-434.

(＋)一本鎖 RNA ウイルス　　　　　　　　　　　　　　　　　　　　　　　　　ポティウイルス科

Rymovirus ライモウイルス属
Potyviridae

分類基準　(1)（＋）ssRNA ゲノム，(2) 単一線状ゲノム，(3) ひも状粒子 1 種（径 11〜15 nm×長さ 690〜720 nm），(4) ゲノムの 5′ 端にゲノム結合タンパク質（VPg），3′ 端にポリ A 配列（poly(A)）をもつ，(5) ウイルス RNA 複製酵素（RdRp）はピコルナ様スーパーグループ型，(6) ウイルスタンパク質はポリプロテイン経由で翻訳，(7) 外被タンパク質（CP）1 種，(8) 特有の封入体を形成，(9) ダニ伝搬．

タイプ種　ライグラスモザイクウイルス（*Ryegrass mosaic virus*：RGMV）．

属の構成　*Agropyron mosaic virus*（AgMV），*Hordeum mosaic virus*（HoMV），ライグラスモザイクウイルス（*Ryegrass mosaic virus*：RGMV）．

粒　子　【形態】ひも状 1 種（径 11〜15 nm×長さ 690〜720 nm），らせんピッチ 3.4 nm．被膜なし（図 1）．
【物性】沈降係数 165〜166 S．浮遊密度（CsCl）1.30〜1.33 g/cm^3．
【成分】核酸：（＋）ssRNA 1 種（9.5 kb，GC 含量 44.0〜46.3％）．タンパク質：外被タンパク質（CP）1 種（35〜39 kDa），ゲノム結合タンパク質（VPg）1 種．

ゲノム　【構造】単一線状（＋）ssRNA ゲノム．ORF 1 個．5′ 端にゲノム結合タンパク質（VPg），3′ 端にポリ（A）配列（poly(A)）をもつ（図 2）．

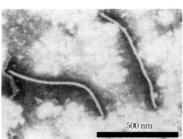

図 1　RGMV の粒子像
［出典：Descriptions of Plant Viruses, 86］

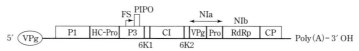

図 2　RGMV（9,535 nt）のゲノム構造
FS：フレームシフト，P1：P1 プロテアーゼ；HC-Pro：虫媒介助タンパク質-プロテアーゼ；P3：P3 機能不明タンパク質；CI：円筒状封入体タンパク質；NIa-VPg：NIa-ゲノム結合タンパク質，NIa-Pro：NIa プロテアーゼ，NIb：RNA 複製酵素（RdRp：RNA 複製酵素ドメイン），CP：外被タンパク質，PIPO：移行関与タンパク質．
［出典：Virus Taxonomy 8th Report of ICTV, 833 を改変］

【遺伝子】5′-VPg-348 kDa ポリプロテイン（29 kDa P1 プロテアーゼ（P1）/52 kDa 虫媒介助タンパク質-プロテアーゼ（HC-Pro）/40 kDa P3 タンパク質（P3）/6 kDa 機能不明タンパク質（6 K1）/71 kDa 円筒状封入体タンパク質（CI）/6 kDa 機能不明タンパク質（6 K2）/22 kDa ゲノム結合タンパク質（NIa-VPg）/27 kDa NIa プロテアーゼ（NIa-Pro）/50〜59 kDa RNA 複製酵素（NIb）/35〜39 kDa 外被タンパク質（CP））-poly(A)-3′．
ほかに，P3 の ORF のフレームシフトにより生じる ORF（PIPO）から発現する 25 kDa タンパク質があり，移行に関与すると推定されている．

複製様式　おそらくゲノムから全長に相当する（−）ssRNA が転写され，次いで完全長の（＋）ssRNA ゲノムが合成される．複製は細胞質内で行われる．

発現様式　ゲノムは 1 個のポリプロテインをコードしており，このポリプロテインの切断により個々のタンパク質が発現する．

細胞内所在　ウイルス粒子は各種細胞の細胞質内で観察される．細胞質内に風車状封入体が存在する．

宿主域・病徴　宿主域は極めて狭く，イネ科植物に限定される．RGMV に感染したライグラスやカモガヤにはモザイク，萎縮，分蘖不良，えそなどの症状が認められる．

伝　染　汁液接種可．ライグラスフシダニ（*Abacarus hystrix*）による非永続伝搬．　　　　　〔宇杉富雄〕

主要文献　Adams, M. J. *et al.*（2012）．*Rymovirus*. Virus Taxonomy 9th Report of ICTV, 1082-1083；ICTVdB（2006）．*Rymovirus*. 00.057.0.02.；DPVweb. Rymovirus；Shukla, D. D. *et al.*（1998）．Potyviridae family. Descriptions of Plant Viruses, 366 ; Slykhuis, J. T. *et al.*(1972). Ryegrass mosaic virus. Descriptions of Plant Viruses, 86 ; Lopez-Moya, J. J. *et al.*(2008). Potyviruses. Encyclopedia of Virology 3rd ed., 4, 313-322 ; French, R. C.(2011). Rymovirus. The Springer Index of Viruses 2nd ed., 1439-1443 ; Brunt, A. A. *et al.* eds.(1996). Rymoviruses：*Potyviridae*. Plant Viruses Online.

(+)一本鎖 RNA ウイルス　　　　　　　　　　　　　　　　　　　　　　　　　　　　　　　　ポティウイルス科

Tritimovirus　トリティモウイルス属

Potyviridae

分類基準　(1)（+）ssRNA ゲノム，(2) 単一線状ゲノム，(3) ひも状粒子 1 種（径 11〜15 nm×長さ 690〜700 nm），(4) ゲノムの 5′ 端にゲノム結合タンパク質（VPg），3′ 端にポリ A 配列（poly(A)）をもつ，(5) ウイルス RNA 複製酵素（RdRp）はピコルナ様スーパーグループ型，(6) ウイルスタンパク質はポリプロテイン経由で翻訳，(7) 外被タンパク質（CP）1 種，(8) 特有の封入体を形成，(9) ダニ伝搬．

タイプ種　Wheat streak mosaic virus（WSMV）．

属の構成　*Brome streak mosaic virus*（BrSMV），*Oat necrotic mottle virus*（ONMV），*Tall oat-grass mosaic virus*（TOgMV），*Wheat Eqlid mosaic virus*（WEqMV），*Wheat streak mosaic virus*（WSMV），*Yellow oat-grass mosaic virus*（YOgMV）．

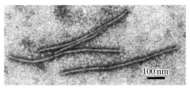

図 1　WSMV の粒子像
〔出典：Descriptions of Plant Viruses, 393〕

粒　　子　【形態】ひも状 1 種（径 11〜15 nm×長さ 690〜700 nm）．らせんピッチ 3.4 nm．被膜なし（図 1）．
【物性】沈降係数 166 S（WSMV）．浮遊密度（CsCl）1.30〜1.32 g/cm^3．
【成分】核酸：（+）ssRNA 1 種（9.4〜9.6 kb，GC 含量 44〜45％）．タンパク質：外被タンパク質（CP）1 種（37〜45 kDa），ゲノム結合タンパク質（VPg）1 種．

ゲ ノ ム　【構造】単一線状（+）ssRNA ゲノム．ORF 1 個．5′ 端にゲノム結合タンパク質（VPg），3′ 端にポリ（A）配列（poly(A)）をもつ（図 2）．

【遺伝子】5′-VPg-344 kDa ポリプロテイン（40 kDa P1 プロテアーゼ（P1）/44 kDa 虫媒介助タンパク質-プロテアーゼ（HC-Pro）/32 kDa P3 タンパク質（P3）/6 kDa 機能不明タンパク質（6 K1）/73 kDa

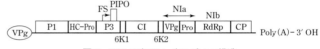

図 2　WSMV（9,384 nt）のゲノム構造
FS：フレームシフト，P1：P1 プロテアーゼ，HC-Pro：虫媒介助タンパク質-プロテアーゼ，P3：P3 機能不明タンパク質：CI：円筒状封入体タンパク質，NIa-VPg：NIa-ゲノム結合タンパク質，NIa-Pro：NIa プロテアーゼ，NIb：RNA 複製酵素（RdRp：RNA 複製酵素ドメイン），CP：外被タンパク質，PIPO：移行関与タンパク質．
〔出典：Virus Taxonomy 8th Report of ICTV, 835 を改変〕

円筒状封入体タンパク質（CI）/6 kDa 機能不明タンパク質（6 K2）/23 kDa ゲノム結合タンパク質（NIa-VPg）/26 kDa NIa プロテアーゼ（NIa-Pro）/57 kDa RNA 複製酵素（NIb）/37 kDa 外被タンパク質（CP））-poly（A）-3′．ほかに，P3 の ORF のフレームシフトにより生じる ORF（PIPO）から発現するタンパク質があり，移行に関与すると推定されている．

複製様式　ゲノムから全長に相当する（−）ssRNA が転写され，次いで完全長の（+）ssRNA ゲノムが合成される．複製は細胞質内で行われる．

発現様式　ゲノムは 1 個のポリプロテインをコードし，ポリプロテインの切断で個々のタンパク質が発現．

細胞内所在　感染細胞の細胞質内に風車状封入体が認められる．

宿主域・病徴　宿主域は狭く，イネ科植物に限定される．WSMV に感染したコムギは激しいモザイク症状を示し，株は委縮して減収となる．トウモロコシでは軽いモザイク症状が，ヒエ，キビ，アワなどでは激しいモザイク症状が認められる．

伝　　染　汁液接種可．チューリップサビダニ（*Aceria tulipae*：異名 *A. tosichella*）による半永続伝搬．種苗伝染．　　　　　　　　　　　　　　　　　　　　　　　　　　　　　　　　　　　　〔宇杉富雄〕

主要文献　Adams, M. J. *et al.*(2012). *Tritimovirus*. Virus Taxonomy 9th Report of ICTV, 1083-1084；ICTV Virus Taxonomy List(2014). *Tritimovirus*；ICTVdB(2006). *Tritimovirus*. 00.057.0.06.；DPVweb. Tritimovirus；Shukla, D. D. *et al.*(1998). Potyviridae family. Descriptions of Plant Viruses, 366；French, R. *et al.*(2002). Wheat streak mosaic virus. Descriptions of Plant Viruses, 393；Lopez-Moya, J. J. *et al.*(2008). Potyviruses. Encyclopedia of Virology 3rd ed., 4, 313-322；French, R. C. *et al.*(2011). Tritimovirus. The Springer Index of Viruses 2nd ed., 1445-1449.

Bymovirus バイモウイルス属

Potyviridae

分類基準 (1)（＋）ssRNA ゲノム，(2) 2 分節線状ゲノム，(3) ひも状粒子 2 種(径 11〜15 nm×長さ 250〜300 nm，500〜600 nm)，(4) ゲノムの 5′端にゲノム結合タンパク質(VPg)，3′端にポリ A 配列(poly(A))をもつ，(5) ウイルス RNA 複製酵素(RdRp)はピコルナ様スーパーグループ型，(6) ウイルスタンパク質はポリプロテイン経由で翻訳，(7) 外被タンパク質(CP) 1 種，(8) 特有の封入体を形成，(9) 菌類伝搬.

タイプ種 オオムギ縞萎縮ウイルス(*Barley yellow mosaic virus*：BaYMV).

属の構成 オオムギ微斑ウイルス(*Barley mild mosaic virus*：BaMMV)，オオムギ縞萎縮ウイルス(*Barley yellow mosaic virus*：BaYMV)，*Oat mosaic virus*(OMV)，イネえそモザイクウイルス(*Rice necrosis mosaic virus*：RNMV)，*Wheat spindle streak mosaic virus*(WSSMV)，コムギ縞萎縮ウイルス(*Wheat yellow mosaic virus*：WYMV).

暫定種：Soybean leaf rugose mosaic virus.

粒　子 【形態】ひも状 2 種(径 13 nm×長さ 250〜300 nm，500〜600 nm)．らせんピッチ 3.4 nm．被膜なし(図 1).
【物性】浮遊密度(CsCl) 1.28〜1.30 g/cm³.
【成分】核酸：（＋）ssRNA 2 種(RNA1：7.5〜8.0 kb，RNA2：3.5〜4.0 kb，GC 含量 45.9〜49.0％)．タンパク質：外被タンパク質(CP) 1 種(25〜35 kDa)，ゲノム結合タンパク質(VPg) 1 種.

ゲ ノ ム 【構造】2 分節線状（＋）ssRNA ゲノム．ORF 2 個(RNA1：1 個，RNA2：1 個)．5′端にゲノム結合タンパク質(VPg)，3′端にポリ(A)配列(poly(A))をもつ(図 2).

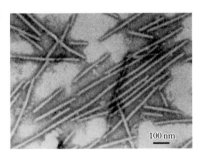

図 1　BaYMV の粒子像

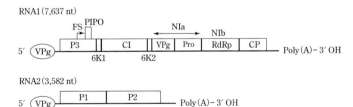

図 2　BaYMV のゲノム構造
FS：フレームシフト，P3：P3 機能不明タンパク質，CI：円筒状封入体タンパク質，NIa-VPg：NIa-ゲノム結合タンパク質，NIa-Pro：NIa プロテアーゼ，NIb：RNA 複製酵素(RdRp：RNA 複製酵素ドメイン)，CP：外被タンパク質，PIPO：移行関与タンパク質(推定)，P1：P1 プロテアーゼ，P2：P2 タンパク質(菌類伝搬介助タンパク質).

［出典：Virus Taxonomy 9th Report of ICTV, 1084-1086 を改変］

【遺伝子】 RNA1：5′-VPg-257〜271 kDa ポリプロテイン(30〜40 kDa P3 機能不明タンパク質(P3)/7〜8 kDa タンパク質(6K1)/70〜75 kDa 円筒状封入体タンパク質(CI)/7〜14 kDa タンパク質(6K2)/20〜22 kDa ゲノム結合タンパク質(NIa-VPg)/24〜25 kDa NIa プロテアーゼ(NIa-Pro)/59〜61 kDa RNA 複製酵素(NIb)/25〜35 kDa 外被タンパク質(CP))-poly(A)-3′．ほかに，P3 の ORF のフレームシフトにより生じる ORF(PIPO)から発現するタンパク質がある．RNA2：5′-VPg-98〜101 kDa ポリプロテイン(25〜30 kDa P1 プロテアーゼ(P1)/70〜75 kDa P2 菌類伝搬介助タンパク質(P2))-poly(A)-3′．

複製様式 ゲノム（＋）ssRNA より翻訳された RNA 複製酵素タンパク質によって（−）ssRNA が転写され，次いでこれより複製された（＋）ssRNA が子孫ウイルスゲノムとなる．これと併行して VPg が

	この(＋)ssRNAの5′末端に結合し，外被タンパク質に包まれて子孫ウイルス粒子となる．
発現様式	2分節のゲノムRNAからポリプロテインが翻訳された後，ウイルスのコードするプロテアーゼによって切断され，それぞれのタンパク質が発現する．
細胞内所在	ウイルス粒子は細胞質内に散在する．細胞質内に風車状封入体や網状膜構造体が観察される．
宿主域・病徴	宿主域は狭く，イネ科植物に限定される．感染植物はモザイク，条斑，え死，萎縮などの病徴を示す．
伝　　　染	汁液接種可．*Polymyxa graminis*菌の媒介による土壌伝染．〔難波成任〕
主要文献	Adams, M. J. *et al.*(2012). *Bymovirus*. Virus Taxonomy 9th Report of ICTV, 1084-1086；ICTVdB (2006). *Bymovirus*. 00.057.0.03.；DPVweb. Bymovirus；Shukla, D. D. *et al.*(1998). Potyviridae family. Descriptions of Plant Viruses, 366；Adams, M. J.(2000). Barley yellow mosaic virus. Descriptions of Plant Viruses, 374；Lopez-Moya, J. J. *et al.*(2008). Potyviruses. Encyclopedia of Virology 3rd ed., 4, 313-322；Adams, M. J.(2011). Bymovirus. The Springer Index of Viruses 2nd ed., 1411-1416；Brunt, A. A. *et al.* eds.(1996). Bymoviruses：*Potyviridae*. Plant Viruses Online；Shukla, D. D. *et al.*(1994). Bymoviruses(The Potyviridae, CAB International), 302-303；Kashiwazaki, S. *et al.*(1990). Nucleotide sequences of barley yellow mosaic virus RNA 1：a close evolutionary relationship of potyviruses. J. Gen. Virol., 71, 2781-2790；Dessens, J. T. *et al.*(1996). Identification of structural similarities between putative transmission proteins of *Polymyxa* and *Spongospora* transmitted bymoviruses and furoviruses. Virus Genes, 12, 95-99；Tamada, T. and Kondo, H.(2013). Biological and genetic diversity of plasmodiophorid-transmitted viruses and their vectors. J. Gen. Plant Pathol., 79, 307-320.

Tombusviridae トンブスウイルス科

分類基準 (1)（＋）ssRNA ゲノム，(2) 単一線状ゲノム（ダイアンソウイルス属は2分節），(3) 球状粒子1種（径28〜37 nm）（ダイアンソウイルス属は2種），(4) ゲノムの5′端のキャップ構造（Cap）と3′端のポリ(A)配列（poly(A)）を欠く，(5) ウイルス RNA 複製酵素（RdRp）はカルモ様スーパーグループ型，(6) 外被タンパク質（CP）1種，(7) 移行タンパク質（MP）1〜3種，(8) ウイルスタンパク質はゲノム RNA およびサブゲノム RNA から翻訳．

科の構成 トンブスウイルス科 *Tombusviridae*
- アルファネクロウイルス属 *Alphanecrovirus*（タイプ種：*Tobacco necrosis virus A*；TNV-A）（単一ゲノム，粒子径 28 nm，ORF 5〜6個）．
- アウレウスウイルス属 *Aureusvirus*（タイプ種：*Pothos latent virus*；PoLV）（単一ゲノム，粒子径 28〜30 nm，ORF 5個）．
- アベナウイルス属 *Avenavirus*（タイプ種：*Oat chlorotic stunt virus*；OCSV）（単一ゲノム，粒子径 35 nm，ORF 4個）．
- ベータネクロウイルス属 *Betanecrovirus*（タイプ種：タバコえそDウイルス；TNV-D）（単一ゲノム，粒子径 28 nm，ORF 5〜6個）．
- カルモウイルス属 *Carmovirus*（タイプ種：カーネーション斑紋ウイルス；CarMV）（単一ゲノム，粒子径 30〜35 nm，ORF 5個）．
- ダイアンソウイルス属 *Dianthovirus*（タイプ種：*Carnation ringspot virus*；CRSV）（2分節ゲノム，粒子径 32〜37 nm，ORF 4個）．
- ギャランティウイルス属 *Gallantivirus*（タイプ種：*Galinsoga mosaic virus*；GaMV）（単一ゲノム，粒子径 34 nm，ORF 5個）．
- マカナウイルス属 *Macanavirus*（タイプ種：*Furcraea necrotic streak virus*；FNSV）（単一ゲノム，粒子径 34 nm，ORF 5個）．
- マクロモウイルス属 *Machlomovirus*（タイプ種：*Maize chlorotic mottle virus*；MCMV）（単一ゲノム，粒子径 30〜33 nm，ORF 6個）．
- パニコウイルス属 *Panicovirus*（タイプ種：*Panicum mosaic virus*；PMV）（単一ゲノム，粒子径 28〜30 nm，ORF 6個）．
- トンブスウイルス属 *Tombusvirus*（タイプ種：トマトブッシースタントウイルス；TBSV）（単一ゲノム，粒子径 32〜35 nm，ORF 5個）．
- ウンブラウイルス属 *Umbravirus*（タイプ種：*Carrot mottle virus*；CMoV）（単一ゲノム，粒子なし，ORF 4個）．
- ゼアウイルス属 *Zeavirus*（タイプ種：*Maize necrotic streak virus*；MNeSV）（単一ゲノム，粒子径 28 nm，ORF 5個）．
- 未帰属種：*Chenopodium necrosis virus*（ChNV），*Elderberry latent virus*（ElLV），*Pelargonium line pattern virus*（PLPV），*Pelargonium ringspot virus*（PelRSV），*Rosa rugosa leaf distortion virus*（RrLDV）など7種．

粒子 【形態】球状1種（径28〜37 nm）．被膜なし．
【物性】沈降係数 118〜140 S．浮遊密度（CsCl）1.34〜1.37 g/cm^3．
【成分】核酸：（＋）ssRNA 1種（3.7〜4.8 kb；ダイアンソウイルス属を除く）あるいは2種（3.8 kb＋1.4 kb；ダイアンソウイルス属）．GC含量 44〜51％．タンパク質：外被タンパク質（CP）1種（25〜30 kDa；アルファネクロウイルス属，ベータネクロウイルス属，マクロモウイルス属，パニコウイルス属，ゼアウイルス属，35〜48 kDa；アウレウスウイルス属，アベナウイルス属，カルモウイルス属，ダイアンソウイルス属，ギャランティウイルス属，マカナウイルス属，ト

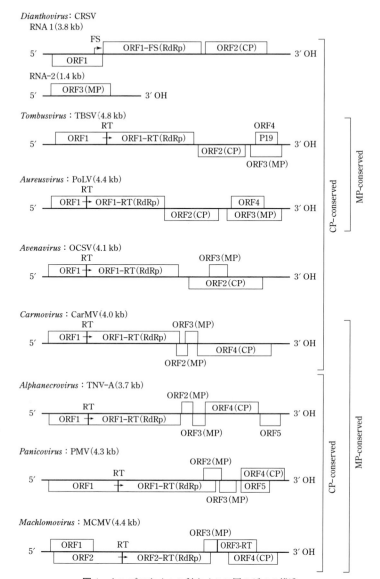

図1　トンブスウイルス科ウイルス属のゲノム構造
FS:フレームシフト,RT:リードスルー,RdRp:RNA複製酵素,CP:外被タンパク質,MP:移行タンパク質.
なお,旧 Necrovirus は現在では Alphanecrovirus と Betanecrovirus に分割されており,また,これに加えて,Gallantivirus, Macanavirus, Umbravirus, Zeavirus の4属が新設されている.
[出典：Virus Taxonomy 9th Report of ICTV, 1111-1138 を改変]

ンブスウイルス属).CP は N 端側の RNA 結合ドメイン(R),中央の外殻ドメイン(S),C 端側の突起ドメイン(P)からなるが,アルファネクロウイルス属,ベータネクロウイルス属,マクロモウイルス属,パニコウイルス属,ゼアウイルス属の CP は P ドメインを欠く.

ゲノム　【構造】単一線状(+)ssRNA ゲノム(ダイアンソウイルス属は2分節).ORF 4～6個.ゲノムの 5′ 端のキャップ構造(Cap)と 3′ 端のポリ(A)配列(poly(A))を欠く(図1).
【遺伝子】
・アルファネクロウイルス属　RNA(3.7 kb)：5′-23 kDa/82 kDa RNA 複製酵素タンパク質(82 kDa タンパク質は 23 kDa タンパク質のリードスルータンパク質)-8 kDa 移行タンパク質 1 -6 kDa 移行タンパク質 2 -30 kDa 外被タンパク質-7 kDa 機能不明タンパク質(TNV-A のみ)-3′.

- アウレウスウイルス属　RNA(4.2～4.4 kb)：5′-25 kDa/84 kDa RNA複製酵素タンパク質(84 kDaタンパク質は25 kDaタンパク質のリードスルータンパク質)-40 kDa外被タンパク質-27 kDa移行タンパク質/14 kDa RNAサイレンシングサプレッサー(14 kDaタンパク質は27 kDaタンパク質のORFに別の読み枠で重なるタンパク質)-3′．
- アベナウイルス属　RNA(4.1 kb)：5′-23 kDa/84 kDa RNA複製酵素タンパク質(84 kDaタンパク質は23 kDaタンパク質のリードスルータンパク質)-48 kDa外被タンパク質/8 kDa移行タンパク質(8 kDaタンパク質は48 kDaタンパク質のORFに別の読み枠で重なるタンパク質)-3′．
- ベータネクロウイルス属　RNA(3.6～3.8 kb)：5′-22～24 kDa/82～83 kDa RNA複製酵素タンパク質(82～83 kDaタンパク質は22～24 kDaタンパク質のリードスルータンパク質)-5～11 kDa移行タンパク質1 -6～8 kDa移行タンパク質2 -7 kDa移行タンパク質3(LWSVは欠く)- 25～29 kDa外被タンパク質-3′．
- カルモウイルス属　RNA(3.9～4.5 kb)：5′-23～29 kDa/81～89 kDa RNA複製酵素タンパク質(81～89 kDaタンパク質は23～29 kDaタンパク質のリードスルータンパク質)-7～8 kDa移行タンパク質1 -7～12 kDa移行タンパク質2 -35～42 kDa外被タンパク質-3′．
- ダイアンソウイルス属　RNA1(3.8 kb)：5′-27 kDa/88 kDa RNA複製酵素タンパク質(88 kDaタンパク質(p88)は27 kDaタンパク質(p27)のORFの-1フレームシフトによって翻訳される)-37～38 kDa外被タンパク質-3′．RNA 2(1.4 kb)：5′-34～35 kDa移行タンパク質-3′．
- ギャランティウイルス属　RNA(3.8 kb)：5′-23 kDa/82 kDa RNA複製酵素タンパク質(82 kDaタンパク質は23 kDaタンパク質のリードスルータンパク質)-8 kDa移行タンパク質1 -7 kDa移行タンパク質2 -36 kDa外被タンパク質-3′．
- マカナウイルス属　RNA(4.0 kb)：5′-27 kDa/87 kDa RNA複製酵素タンパク質(87 kDaタンパク質は27 kDaタンパク質のリードスルータンパク質)-12 kDa移行タンパク質1 -6 kDa移行タンパク質2 -37 kDa外被タンパク質-3′．
- マクロモウイルス属　RNA(4.4 kb)：5′-32 kDa機能不明タンパク質-48 kDa/112 kDa RNA複製酵素タンパク質(48 kDaタンパク質は32 kDaタンパク質のORF開始点の19塩基下流以降から翻訳される．112 kDaタンパク質は48 kDaタンパク質のリードスルータンパク質)-7 kDa移行タンパク質/33 kDa機能不明タンパク質(33 kDaタンパク質は7 kDaタンパク質のリードスルータンパク質)-25 kDa外被タンパク質-3′．
- パニコウイルス属　RNA(4.3 kb)：5′-48 kDa/112 kDa RNA複製酵素タンパク質(112 kDaタンパク質は48 kDaタンパク質のリードスルータンパク質)-8 kDa移行タンパク質1 -6.6 kDa移行タンパク質2 -26 kDa外被タンパク質/15 kDa機能不明タンパク質(15 kDaタンパク質は26 kDaタンパク質のORFに別の読み枠で重なるタンパク質)-3′．
- トンブスウイルス属　RNA(4.6～4.8 kb)：5′-32～36 kDa/92～95 kDa RNA複製酵素タンパク質(92～95 kDaタンパク質は32～36 kDaタンパク質のリードスルータンパク質)-40～45 kDa外被タンパク質-21～24 kDa移行タンパク質/19～20 kDa RNAサイレンシングサプレッサー(19～20 kDaタンパク質は21～24 kDaタンパク質のORFに別の読み枠で重なるタンパク質)-3′．
- ウンブラウイルス属　RNA(4.0～4.2 kb)：5′-ORF1(31～37 kDaタンパク質；翻訳が推定されるが検出されていない)-ORF1/2(94～101 kDa RNA複製酵素(RdRp)；ORF1の-1フレームシフトによって発現したORF2との融合タンパク質)-ORF3(26～29 kDaタンパク質；ゲノムRNA保護/篩管移行に関与する)-ORF4(27～29 kDa移行タンパク質(MP)；ORF3に大部分重なって存在)-3′．
- ゼアウイルス属　RNA(4.1 kb)：5′-30 kDa/89 kDa RNA複製酵素タンパク質(89 kDaタンパク質は30 kDaタンパク質のリードスルータンパク質)-27 kDa外被タンパク質-21 kDa移行タンパク質/19 kDa RNAサイレンシングサプレッサー(19 kDaタンパク質は21 kDaタンパク質のORFに別の読み枠で重なるタンパク質)-3′．

複製様式　単一ゲノムあるいは2分節ゲノム(ダイアンソウイルス属)からその各全長に相当する(-)

	ssRNA が転写され，次いで完全長の(＋)ssRNA ゲノムが合成される．複製は細胞質に形成された膜系からなる特有の封入体内で行われる．
発現様式	RNA複製酵素の2つのサブユニット遺伝子はゲノムから直接翻訳される．その際，大サブユニットは小サブユニットの ORF のリードスルーあるいは−1 フレームシフト(ダイアンソウイルス属)によって生じる．他の遺伝子は，ダイアンソウイルス属の移行タンパク質が RNA2 から直接翻訳される以外は，いずれも対応するサブゲノム RNA 経由で翻訳される．
細胞内所在	ウイルス粒子は各種組織の細胞の細胞質内に集積あるいは散在する．時にミトコンドリア内や核内にも認められる．
宿主域・病徴	・アルファネクロウイルス属：TNV-A は単子葉，双子葉にわたって広い宿主域をもつ．自然界ではチューリップなどを除いて感染は根に限られ，えそ症状などを示す．OLV-1, OMMV はオリーブ，カンキツ，チューリップなど自然の宿主域はやや狭く，葉に退緑斑紋，黄色条斑，奇形などを生じる． ・アウレウスウイルス属：自然宿主はきわめて限られるが，接種試験による宿主域はやや広い．自然宿主では全身感染し，退緑条斑や矮化などを示す．潜在感染している例も多い． ・アベナウイルス属：宿主域はエンバクとその他のムギ類に限られる．全身感染し，退緑条斑や矮化などを示す．潜在感染している例も多い． ・ベータネクロウイルス属：TNV-D は単子葉，双子葉にわたって広い宿主域をもつ．自然界ではチューリップなどを除いて感染は根に限られ，えそ症状などを示す．BBScV はテンサイの葉に黒色病斑，根にえそを，LWSV はリーキーの葉に白色条斑を示す． ・カルモウイルス属：宿主域は比較的広い．全身感染し，主に微斑，モザイク，局部壊死斑などを示す． ・ダイアンソウイルス属：宿主域はやや広いが，双子葉植物に限られる．自然宿主では全身感染し，輪紋，えそ斑などを示す． ・ギャランティウイルス属：GaMV の宿主域は比較的広い．自然宿主では全身感染し，主に退緑斑，壊死斑などを示す． ・マカナウイルス属：FNSV の宿主域は狭く，リュウゼツラン科やヒガンバナ科植物などに全身感染して退緑〜えそ条斑を生じる． ・マクロモウイルス属：宿主域はイネ科植物に限られる．自然宿主(トウモロコシ)では全身感染し，穏やかな退緑斑紋を生じる． ・パニコウイルス属：宿主域はイネ科植物に限られる．全身感染し，退緑斑紋，矮化などを生じる．潜在感染している例も多い． ・トンブスウイルス属：自然宿主は限られるが，接種試験による宿主域は広い．自然宿主では全身感染し，退緑斑，えそ，葉の奇形，矮化などを示す． ・ウンブラウイルス属：宿主はきわめて狭い．セリ科植物(CMoV)，マメ科植物(GRV, PEMV-2)に矮化などの症状を示す． ・ゼアウイルス属：MNeSV はトウモロコシの葉にモザイクや退緑条斑，茎にえそ条斑などを示すが，それ以外の宿主域は未詳．
伝　　染	・アルファネクロウイルス属：汁液接種可．*Olpidium virulentus* で伝染するが，OLV-1 では媒介生物は確認されていない． ・アウレウスウイルス属：汁液接種可．数種のウイルスは *Olpidium* あるいは *Polymixa* による菌類伝搬． ・アベナウイルス属：汁液接種可．土壌伝染(媒介生物不明)． ・ベータネクロウイルス属：汁液接種可．*Olpidium virulentus* あるいは *O. brassicae* で伝染する． ・カルモウイルス属：汁液接種可．数種のウイルスはハムシによる半永続伝搬．一部のウイルスは菌類伝搬． ・ダイアンソウイルス属：汁液接種可．土壌伝染(媒介生物なし)． ・ギャランティウイルス属：汁液接種可．土壌伝染(媒介生物なし)． ・マカナウイルス属：汁液接種可．土壌伝染(推定)．

- マクロモウイルス属:汁液接種可.ハムシによる半永続伝搬.
- パニコウイルス属:汁液接種可.土壌伝染.
- トンブスウイルス属:汁液接種可.土壌伝染(*Olpidium* によるものと媒介生物によらないものとがある).
- ウンブラウイルス属:汁液接種可.虫媒伝染(ヘルパーウイルスが必要.アブラムシによる循環型・非増殖性永続伝搬).
- ゼアウイルス属:汁液接種可(維管束注射による).土壌伝染(媒介生物なし).

〔白子幸男・日比忠明〕

主要文献 Rochon, D. *et al.*(2012). *Tombusviridae*. Virus Taxonomy 9th Report of ICTV, 1111-1138;ICTV Virus Taxonomy List(2014). *Tombusviridae*;ICTVdB(2006). *Tombusviridae*. 00.074.;DPVweb. Tombusviridae;Lommel, S. A. and Sit, T. L.(2008). Tombusviruses. Encyclopedia of Virology 3rd ed., 5, 145-151;Qu, F. *et al.*(2008). *Carmovirus*. Encyclopedia of Virology 3rd ed., 1, 453-457;Rubino, L. *et al.*(2008). *Necrovirus*. Encyclopedia of Virology 3rd ed., 3, 403-405;Scheets, K.(2008). *Machlomovirus*. Encyclopedia of Virology 3rd ed., 3, 259-263;Martelli, G. P. *et al.*(2011). Aureusvirus. The Springer Index of Viruses 2nd ed., 1875-1880;Boonham, N. *et al.*(2011). Avenavirus. The Springer Index of Viruses 2nd ed., 1881-1884;Simon, A. E.(2011). Carmovirus. The Springer Index of Viruses 2nd ed., 1885-1894;Sit, T. L. *et al.*(2011). Dianthovirus. The Springer Index of Viruses 2nd ed., 1895-1990;Scheets, K.(2011). Machlomovirus. The Springer Index of Viruses 2nd ed., 1901-1905;Meulewaeter, F.(2011). Necrovirus. The Springer Index of Viruses 2nd ed., 1907-1910;Scholthof, K. B. G.(2011). Panicovirus. The Springer Index of Viruses 2nd ed., 1911-1916;White, K. A.(2011). Tombusvirus. The Springer Index of Viruses 2nd ed., 1917-1926;Ryabov, E. V. *et al.*(2012). *Umbravirus*, Virus Taxonomy 9th Report of ICTV, 1191-1195;ICTVdB(2006). *Umbravirus*. 00.078.0.01.;Taliansky, M. *et al.*(2008). *Umbravirus*. Encyclopedia of Virology 3rd ed., 5, 209-213;Taliansky, M. E. *et al.*(2011). Umbravirus. The Springer Index of Viruses 2nd ed., 2077-2080;ICTV Official Taxonomy Proposal, 2013.010a, bP;ICTV Official Taxonomy Proposal, 2014.006aP;白子幸男(2007).植物ウイルスの分類学(8) トンブスウイルス科(*Tombusviridae*).植物防疫, 61, 350-354.

(＋)一本鎖RNAウイルス　　　　　　　　　　　　　　　　　　　　　　　　　　　　トンブスウイルス科

Alphanecrovirus　アルファネクロウイルス属
Tombusviridae

分類基準　(1)(＋)ssRNAゲノム，(2)単一線状ゲノム，(3)球状粒子1種(径約28 nm)，(4)ゲノムの5′端のキャップ構造(Cap)と3′端のポリ(A)配列(poly(A))を欠く，(5)ウイルスRNA複製酵素(RdRp)はカルモ様スーパーグループ型，(6)外被タンパク質(CP)1種，(7)移行タンパク質(MP)2種，(8)ウイルスタンパク質はゲノムRNAおよびサブゲノムRNAから翻訳，(9)ORF 5〜6個．

タイプ種　*Tobacco necrosis virus A*(TNV-A)．

属の構成　オリーブ潜在ウイルス1(*Olive latent virus 1*：OLV-1)，オリーブ微斑ウイルス(*Olive mild mosaic virus*：OMMV)，*Tobacco necrosis virus A*(TNV-A)．なお，日本に発生するタバコえそウイルス(*Tobacco necrosis virus*：TNV)にはTNV-Dが存在するが，TNV-Aの存在については現時点では不明．

粒　子　【形態】球状1種(径約28 nm)．被膜なし(図1)．
【物性】沈降係数118 S．浮遊密度(CsCl) 1.40 g/cm³．
【成分】核酸：(＋)ssRNA 1種(3.7 kb，GC含量47％)．タンパク質：外被タンパク質(CP)1種(30 kDa)．CPはN端側のRNA結合ドメイン(R)，C端側の外殻ドメイン(S)からなるが，突起ドメイン(P)を欠く．ウイルス粒子は32個のキャプソメアで構成される．

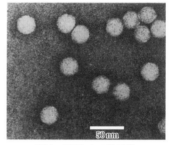

図1　TNV-Aの粒子像
[出典：Virus Taxonomy 9th Report of ICTV, 1129-1131]

ゲノム　【構造】単一線状(＋)ssRNAゲノム．ORF 5〜6個．5′端のキャップ構造(Cap)と3′端のポリ(A)配列(poly(A))を欠く(図2)．

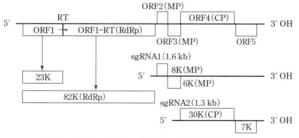

図2　TNV-A(3,648 nt)のゲノム構造と発現様式
RT：リードスルー，RdRp：RNA複製酵素，MP：移行タンパク質，CP：外被タンパク質，sgRNA：サブゲノムRNA．
[出典：Virus Taxonomy 9th Report of ICTV, 1129-1131を改変]

【遺伝子】5′-23 kDa/82 kDa RNA複製酵素タンパク質(RdRp；82 kDaタンパク質は23 kDaタンパク質のリードスルータンパク質)-8 kDa移行タンパク質1(MP1)-6 kDa移行タンパク質2(MP2)-30 kDa外被タンパク質(CP)-7 kDa機能不明タンパク質(TNV-Aのみ)-3′．

複製様式　おそらくゲノムから全長に相当する(−)ssRNAが転写され，次いで完全長の(＋)ssRNAゲノムが合成される．複製は細胞質で行われる．

発現様式　23 kDaタンパク質およびそのリードスルータンパク質はゲノムRNAから直接翻訳される．一方，8 kDa移行タンパク質1および6 kDa移行タンパク質2はサブゲノムRNA1(1.6 kb)から，外被タンパク質はサブゲノムRNA2(1.3 kb)からそれぞれ翻訳される．

細胞内所在　ウイルス粒子は維管束を含む各種組織の細胞質内に存在し，しばしば顕著な結晶状配列が観察される．

宿主域・病徴 TNV-A は単子葉，双子葉にわたって広い宿主域をもつ．自然界ではチューリップなどを除いて感染は根に限られ，えそ症状などを示す．人工接種では接種葉にえそ斑点を生じるが，全身感染に至ることはまれである．OLV-1，OMMV はオリーブ，カンキツ，チューリップなど自然の宿主域はやや狭く，葉に退緑斑紋，黄色条斑，奇形などを生じるが，両ウイルスの混合感染やあるいは無病徴感染の場合も多い．

伝　　　染 汁液接種可．土壌伝染性であり，媒介菌(*Olpidium virulentus*)で伝染するが，OLV-1 では媒介生物は確認されていない．

そ　の　他 従来の *Necrovirus* 属は，現在では，ゲノム構造などの違いに基づいて *Alphanecrovirus* 属と *Betanecrovirus* 属に分割されている．　〔髙浪洋一〕

主 要 文 献 Rochon, D. *et al.* (2012). *Necrovirus*. Virus Taxonomy 9th Report of ICTV, 1129-1131；ICTV Virus Taxonomy List (2013). *Tombusviridae Alphanecrovirus*；ICTVdB (2006). *Necrovirus*. 00.074.0.03., *Tobacco necrosis virus A*. 00.074.0.03.001., *Olive latent virus* 1.00.074.0.03.007.；Rubino, L. *et al.* (2008). *Necrovirus*. Encyclopedia of Virology 3rd ed., 3, 403-405；Meulewaeter, F. (2011). Necrovirus. The Springer Index of Viruses 2nd ed., 1907-1910；DPVweb. Alphanecrovirus；Kassanis, B. (1970). Tobacco necrosis virus. Descriptions of Plant Viruses, 14；Brunt, A. A. *et al.* eds. (1996). Necroviruses, Tobacco necrosis necrovirus. Plant Viruses Online；小金澤碩城 (2005)．ウイルス媒介者としての *Olpidium* と *Polymyxa*．植物防疫，59, 251-255；Meulewaeter, F. *et al.* (1990). Virology, 177, 699-709；Grieco, F. *et al.* (1996). Arch. Virol., 141, 825-838；Cardoso, J. M. *et al.* (2005). Arch. Virol., 150, 815-823；Felix, M. R. *et al.* (2005). Arch. Virol., 150, 2403-2406；Felix, M. R. *et al.* (2007). Plant Viruses, 1, 170-177；Xi, D. *et al.* (2008). Virus Genes, 36, 259-266；Krizbai, L. *et al.* (2010). Arch. Virol., 155, 999-1001.

（＋）一本鎖 RNA ウイルス　　　　　　　　　　　　　　　　　　　　　　　　　トンブスウイルス科

Aureusvirus　アウレウスウイルス属
Tombusviridae

分類基準　(1)（＋）ssRNA ゲノム，(2) 単一線状ゲノム，(3) 球状粒子 1 種（径 28〜30 nm），(4) ゲノムの 5′ 端のキャップ構造（Cap）と 3′ 端のポリ（A）配列（poly（A））を欠く，(5) ウイルス RNA 複製酵素（RdRp）はカルモ様スーパーグループ型，(6) 外被タンパク質（CP）1 種，(7) 移行タンパク質（MP）1 種，(8) ウイルスタンパク質はゲノム RNA およびサブゲノム RNA から翻訳，(9) ORF 5 個．

タイプ種　*Pothos latent virus*（PoLV）．

属の構成　*Cucumber leaf spot virus*（CLSV），*Johnsongrass chlorotic stripe mosaic virus*（JCSMV），*Maize white line mosaic virus*（MWLMV），*Pothos latent virus*（PoLV）．
暫定種：Sesame necrotic mosaic virus（SNMV）．

粒　子　【形態】球状 1 種（径 28〜30 nm）．被膜なし（図 1）．
【物性】浮遊密度（CsCl）1.36 g/cm³．
【成分】核酸：（＋）ssRNA 1 種（4.2〜4.4 kb，GC 含量 47 ％）．タンパク質：外被タンパク質（CP）1 種（40 kDa）．CP は N 端側の RNA 結合ドメイン（R），中央の外殻ドメイン（S），C 端側の突起ドメイン（P）からなる．

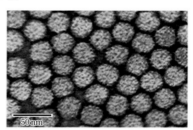

図 1　PoLV の粒子像
[出典：Virus Taxonomy 9th Report of ICTV, 1121-1123]

ゲノム　【構造】単一線状（＋）ssRNA ゲノム．ORF 5 個．ゲノムの 5′ 端のキャップ構造（Cap）と 3′ 端のポリ（A）配列（poly（A））を欠く（図 2）．

図 2　PoLV（4,415 nt）のゲノム構造
RT：リードスルー，RdRp：RNA 複製酵素，MP：移行タンパク質，CP：外被タンパク質，SS：サイレンシングサプレッサー．
[出典：Virus Taxonomy 9th Report of ICTV, 1121-1123 を改変]

【遺伝子】5′-25 kDa/84 kDa RNA 複製酵素タンパク質（RdRp；84 kDa タンパク質は 25 kDa タンパク質のリードスルータンパク質）-40 kDa 外被タンパク質（CP）-27 kDa 移行タンパク質（MP）/14 kDa RNA サイレンシングサプレッサー（14 kDa タンパク質は 27 kDa タンパク質の ORF に別の読み枠で重なるタンパク質）-3′．

複製様式　単一ゲノムからその全長に相当する（−）ssRNA が転写され，次いで完全長の（＋）ssRNA ゲノムが合成される．複製は核膜周囲あるいは細胞質に増生された小胞内で行われる．

発現様式　RNA 複製酵素の 2 つのサブユニット遺伝子はゲノムから直接翻訳される．その際，大サブユニットは小サブユニットの ORF のリードスルーによって生じる．他の遺伝子はいずれも対応するサブゲノム RNA 経由で翻訳される．

細胞内所在　ウイルス粒子は各種組織の細胞の細胞質内に集積あるいは散在する．

宿主域・病徴　自然宿主はきわめて限られるが，接種試験による宿主域はやや広い．自然宿主では全身感染し，退緑条斑や矮化などを示す．潜在感染している例も多い．

伝　染　汁液接種可．数種のウイルスは *Olpidium* あるいは *Polymixa* による菌類伝搬．

〔白子幸男・日比忠明〕

主要文献　Rochon, D. et al.（2012）．Aureusvirus. Virus Taxonomy 9th Report of ICTV, 1121-1123；ICTVdB（2006）．*Aureusvirus*. 00.074.0.07.；Martelli, G. P. et al.（2011）．Aureusvirus. The Springer Index of Viruses 2nd ed., 1875-1880；DPVweb. Aureusvirus；Kumar, P. L.（2004）．Pothos latent virus. Descriptions of Plant Viruses, 403.

(＋)一本鎖RNAウイルス　　　　　　　　　　　　　　　　　　トンブスウイルス科

Avenavirus アベナウイルス属
Tombusviridae

分類基準　(1)(＋)ssRNAゲノム，(2)単一線状ゲノム，(3)球状粒子1種(径35 nm)，(4)ゲノムの5′端のキャップ構造(Cap)と3′端のポリ(A)配列(poly(A))を欠く，(5)ウイルスRNA複製酵素(RdRp)はカルモ様スーパーグループ型，(6)外被タンパク質(CP)1種，(7)移行タンパク質(MP)1種，(8)ウイルスタンパク質はゲノムRNAおよびサブゲノムRNAから翻訳，(9)ORF 4個．

タイプ種　*Oat chlorotic stunt virus*(OCSV)．

属の構成　*Oat chlorotic stunt virus*(OCSV)．

粒　子　【形態】球状1種(径35 nm)．被膜なし(図1)．
【成分】核酸：(＋)ssRNA 1種(4.1 kb，GC含量50％)．タンパク質：外被タンパク質(CP)1種(48 kDa)．CPはN端側のRNA結合ドメイン(R)，中央の外殻ドメイン(S)，C端側の突起ドメイン(P)からなる．

ゲノム　【構造】単一線状(＋)ssRNAゲノム．ORF 4個．ゲノムの5′端のキャップ構造(Cap)と3′端のポリ(A)配列(poly(A))を欠く(図2)．

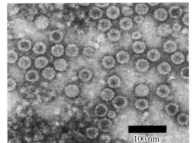

図1　OCSVの粒子像
［出典：Descriptions of Plant Viruses, 388］

図2　OCSV(4,114 nt)のゲノム構造
RT：リードスルー，RdRp：RNA複製酵素，CP：外被タンパク質，MP：移行タンパク質．
［出典：Virus Taxonomy 9th Report of ICTV, 1123-1125］

【遺伝子】5′-23 kDa/84 kDa RNA複製酵素タンパク質(RdRp；84 kDaタンパク質は23 kDaタンパク質のリードスルータンパク質)-48 kDa外被タンパク質(CP)/8 kDa移行タンパク質(MP；8 kDaタンパク質は48 kDaタンパク質のORFに別の読み枠で重なるタンパク質)-3′．

複製様式　単一ゲノムからその全長に相当する(−)ssRNAが転写され，次いで完全長の(＋)ssRNAゲノムが合成される．

発現様式　RNA複製酵素の2つのサブユニット遺伝子はゲノムから直接翻訳される．その際，大サブユニットは小サブユニットのORFのリードスルーによって生じる．他の遺伝子はいずれも対応するサブゲノムRNA経由で翻訳される．

細胞内所在　ウイルス粒子は各種組織の細胞の細胞質内に集積あるいは散在する．

宿主域・病徴　宿主域はエンバクとその他のムギ類に限られる．全身感染し，退緑条斑や矮化などを示す．潜在感染している例も多い．

伝　染　汁液接種可．土壌伝染(媒介生物不明)．

〔白子幸男・日比忠明〕

主要文献　Rochon, D. *et al.*(2012). *Avenavirus*. Virus Taxonomy 9th Report of ICTV, 1123-1125；ICTVdB (2006). *Avenavirus*. 00.074.0.06.；Boonham, N. *et al.*(2011). Avenavirus. The Springer Index of Viruses 2nd ed., 1881-1884；DPVweb. Avenavirus；Boonham, N. *et al.*(2001). Oat chlorotic stunt virus. Descriptions of Plant Viruses, 388；Brunt, A. A.(1996). Oat chlorotic stunt *tombusvirus*. Plant Viruses Online.

(＋)一本鎖 RNA ウイルス　　　　　　　　　　　　　　　　　　　　　　　　　トンブスウイルス科

Betanecrovirus ベータネクロウイルス属
Tombusviridae

分類基準　(1)(＋)ssRNA ゲノム，(2) 単一線状ゲノム，(3) 球状粒子1種(径約28 nm)，(4) ゲノムの5′端のキャップ構造(Cap)と3′端のポリ(A)配列(poly(A))を欠く，(5) ウイルス RNA 複製酵素(RdRp)はカルモ様スーパーグループ型，(6) 外被タンパク質(CP)1種，(7) 移行タンパク質(MP)2〜3種，(8) ウイルスタンパク質はゲノム RNA およびサブゲノム RNA から翻訳，(9) ORF 5〜6個．

タイプ種　タバコえそ D ウイルス(*Tobacco necrosis virus D*：TNV-D)．

属の構成　*Beet black scorch virus*(BBScV)，*Leak white stripe virus*(LWSV)，タバコえそ D ウイルス(*Tobacco necrosis virus D*：TNV-D)．

粒子　【形態】球状1種(径約28 nm)．被膜なし．
【物性】沈降係数 118 S．浮遊密度(CsCl)1.40 g/cm³．
【成分】核酸：(＋)ssRNA 1種(3.6〜3.8 kb)．タンパク質：外被タンパク質(CP)1種(25〜29 kDa)．CP は N 端側の RNA 結合ドメイン(R)，C 端側の外殻ドメイン(S)からなるが，突起ドメイン(P)を欠く．ウイルス粒子は 32 個のキャプソメアで構成される．

ゲノム　【構造】単一線状(＋)ssRNA ゲノム．ORF 5〜6個．5′端のキャップ構造(Cap)と3′端のポリ(A)配列(poly(A))を欠く(図1)．

図1　TNV-D(3,762 nt)のゲノム構造
RT：リードスルー，RdRp：RNA 複製酵素，MP：移行タンパク質，CP：外被タンパク質．
〔出典：Molnar, A. *et al*.；J. Gen. Virol., 78, 1235-1239, 1997 を改変〕

【遺伝子】5′-22〜24 kDa/82〜83 kDa RNA 複製酵素タンパク質(RdRp；82〜83 kDa タンパク質は 23〜24 kDa タンパク質のリードスルータンパク質)-5〜11 kDa 移行タンパク質1(MP1)-6〜8 kDa 移行タンパク質2(MP2)-7 kDa 移行タンパク質3(MP3；LWSV にはない)-25〜29 kDa 外被タンパク質(CP)-3′．

複製様式　おそらくゲノムから全長に相当する(－)ssRNA が転写され，次いで完全長の(＋)ssRNA ゲノムが合成される．複製は細胞質で行われる．

発現様式　22〜24 kDa タンパク質およびそのリードスルータンパク質はゲノム RNA から直接翻訳される．一方，5〜11 kDa 移行タンパク質はサブゲノム RNA1 から，外被タンパク質はサブゲノム RNA2 からそれぞれ翻訳される．

細胞内所在　ウイルス粒子は維管束を含む各種組織の細胞質内に存在し，しばしば顕著な結晶状配列が観察される．

宿主域・病徴　TNV-D は単子葉，双子葉にわたって広い宿主域をもつ．自然界ではチューリップなどを除いて感染は根に限られ，えそ症状などを示す．人工接種では接種葉にえそ斑点を生じるが，全身感染に至ることはまれである．BBScV は葉に黒色病斑，根にえそを示すテンサイから分離され，汁液接種でアカザ科植物など4科30種の植物に局部感染あるいは無病徴全身感染する．LWSV は葉に白色条斑を示すリーキから分離され，汁液接種で数種のアカザ科植物などに局部感染するが，宿主域はきわめて狭い．

伝染　汁液接種可．土壌伝染性で媒介菌(*Olpidium virulentus* あるいは *O. brassicae*)によって伝染する．

その他　従来の *Necrovirus* 属は，現在では，ゲノム構造などの違いに基づいて *Alphanecrovirus* 属と *Betanecrovirus* 属に分割されている．　　　　　　　　　　　　　　　〔髙浪洋一〕

主要文献　Rochon, D. *et al*.(2012). *Necrovirus*. Virus Taxonomy 9th Report of ICTV, 1129-1131；ICTV

Virus Taxonomy List(2013). *Tombusviridae Betanecrovirus*；ICTVdB(2006). *Necrovirus*. 00.074.0.03., *Tobacco necrosis virus D*. 00.074.0.03.006.；Rubino, L. *et al*.(2008). *Necrovirus*. Encyclopedia of Virology 3rd ed., 3, 403-405；Meulewaeter, F.(2011). Necrovirus. The Springer Index of Viruses 2nd ed., 1907-1910；DPVweb. Betanecrovirus；Kassanis, B.(1970). Tobacco necrosis virus. Descriptions of Plant Viruses, 14；Brunt, A. A. *et al*. eds.(1996). Necroviruses, Tobacco necrosis *necrovirus*. Plant Viruses Online；小金澤碩城(2005). ウイルス媒介者としての*Olpidium* と *Polymyxa*. 植物防疫, 59, 251-255；Coutts, R. H. A. *et al*.(1991). J. Gen. Virol., 72, 1521-1529；Lot, H. *et al*.(1996). Arch. Virol., 141, 2375-2386；Molnar, A. *et al*.(1997). J. Gen. Virol., 78, 1235-1239；Cao, Y. *et al*.(2002). Arch. Virol., 147, 2431-2435.

（＋）一本鎖 RNA ウイルス　　　　　　　　　　　　　　　　　　　　　　　　　　　トンブスウイルス科

Carmovirus　カルモウイルス属
Tombusviridae

分類基準　(1)（＋）ssRNA ゲノム，(2) 単一線状ゲノム，(3) 球状粒子 1 種（径 30〜35 nm），(4) ゲノムの 5′ 端のキャップ構造（Cap）と 3′ 端のポリ（A）配列（poly（A））を欠く，(5) ウイルス RNA 複製酵素（RdRp）はカルモ様スーパーグループ型，(6) 外被タンパク質（CP）1 種，(7) 移行タンパク質（MP）2 種，(8) ウイルスタンパク質はゲノム RNA およびサブゲノム RNA から翻訳，(9) ORF 5 個．

タイプ種　カーネーション斑紋ウイルス（*Carnation mottle virus*：CarMV）．

属の構成　*Ahlum waterborne virus*（AWBV），*Bean mild mosaic virus*（BMMV），カーネーション斑紋ウイルス（*Carnation mottle virus*：CarMV），*Cowpea mottle virus*（CPMoV），*Cucumber soil-born virus*（CuSBV），ハイビスカス退緑輪点ウイルス（*Hibiscus chlorotic ringspot virus*：HCRSV），ハナショウブえそ輪紋ウイルス（*Japanese iris necrotic ring virus*：JINRV），メロンえそ斑点ウイルス（*Melon necrotic spot virus*：MNSV），エンドウ茎えそウイルス（*Pea stem necrosis virus*：PSNV），*Pelargonium flower break virus*（PFBV），*Turnip crinkle virus*（TCV）など 19 種．
暫定種：Blackgram mottle virus（BMoV），Elderberry latent virus（ElLV），Glycine mottle virus（GMoV），Squash necrosis virus（SqNV）など 11 種．

粒子　【形態】球状 1 種（径 30〜35 nm）．被膜なし（図 1）．
【物性】沈降係数 118〜130 S，浮遊密度（CsCl）1.33〜1.36 g/cm^3．
【成分】核酸：（＋）ssRNA 1 種（3.9〜4.5 kb，GC 含量 44〜51％）．タンパク質：外被タンパク質（CP）1 種（35〜42 kDa）．CP は N 端側の RNA 結合ドメイン（R），中央の外殻ドメイン（S），C 端側の突起ドメイン（P）からなる．

ゲノム　【構造】単一線状（＋）ssRNA ゲノム．ORF 5 個．5′ 端にキャップ構造（Cap）を欠き，3′ 端にポリ（A）配列（poly（A））を欠く（図 2）．
【遺伝子】5′-23〜29 kDa/81〜89 kDa RNA 複製酵素タンパク質（RdRp；81〜89 kDa タンパク質は 23〜29 kDa タンパク質のリー

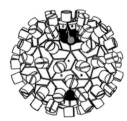

図 1　CarMV の粒子模式図
［出典：Virus Taxonomy 9th Report of ICTV, 1125-1128］

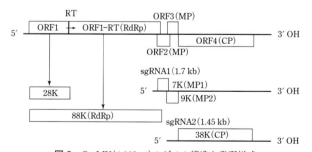

図 2　CarMV（4,003 nt）のゲノム構造と発現様式
RT：リードスルー，RdRp：RNA 複製酵素，MP：移行タンパク質，CP：外被タンパク質，sgRNA：サブゲノム RNA．
［出典：Virus Taxonomy 9th Report of ICTV, 1125-1128 を改変］

ドスルータンパク質）-7〜8 kDa 移行タンパク質 1（MP1）-7〜12 kDa 移行タンパク質 2（MP2）-35〜42 kDa 外被タンパク質（CP；RNA サイレンシングサプレッサー機能も有する）-3′．

複製様式　全長ゲノムから（−）ssRNA が転写され，次いでこれを鋳型として全長の（＋）ssRNA ゲノムが合成される．

発現様式　23〜29 kDa タンパク質とそのリードスルータンパク質である 81〜89 kDa タンパク質はゲノム

から直接，7〜8 kDa 移行タンパク質 1，7〜12 kDa 移行タンパク質 2 および 35〜42 kDa 外被タンパク質はサブゲノム RNA 経由で，それぞれ翻訳される．

細胞内分布 ウイルス粒子は各種組織の細胞の細胞質内にしばしば結晶状に集積する．

宿主域・病徴 宿主域は比較的広い．全身感染し，主に微斑，モザイク，局部壊死斑などを示す．

伝　　染 汁液接種可．数種のウイルスはハムシによる半永続伝搬．一部のウイルスは菌類伝搬．

〔日比忠明〕

主要文献 Rochon, D. *et al.* (2012). *Carmovirus*. Virus Taxonomy 9th Report of ICTV, 1125-1128；ICTVdB (2006). *Carmovirus*. 00.074.0.02.；Qu, F. *et al.* (2008). *Carmovirus*. Encyclopedia of Virology 3rd ed., 1, 453-457；Simon, A. E. (2011). Carmovirus. The Springer Index of Viruses 2nd ed., 1885-1894；DPVweb. Carmovirus；Brunt, A. A. *et al.* (2008). Carnation mottle virus. Descriptions of Plant Viruses, 420；Brunt, A. A. *et al.* eds. (1996). Carmoviruses：*Tombusviridae*. Plant Viruses Online.

（＋）一本鎖 RNA ウイルス　　　　　　　　　　　　　　　　　　　　　　　　　　　　　　　　トンブスウイルス科

Dianthovirus　ダイアンソウイルス属
Tombusviridae

分類基準　(1)（＋）ssRNA ゲノム，(2) 2 分節線状ゲノム，(3) 球状粒子 2 種（径 32〜37 nm），(4) ゲノムの 5′ 端のキャップ構造（Cap）と 3′ 端のポリ（A）配列（poly（A））を欠く，(5) ウイルス RNA 複製酵素（RdRp）はカルモ様スーパーグループ型，(6) 外被タンパク質（CP）1 種，(7) 移行タンパク質（MP）1 種，(8) ウイルスタンパク質はゲノム RNA およびサブゲノム RNA から翻訳，(9) ORF 4 個．

タイプ種　*Carnation ringspot virus*（CRSV）．

属の構成　*Carnation ringspot virus*（CRSV），*Red clover necrotic mosaic virus*（RCNMV），*Sweet clover necrotic mosaic virus*（SCNMV）．
暫定種：Rice virus X（RVX）．

粒子　【形態】球状 2 種（径 32〜37 nm），被膜なし（図 1）．
【物性】沈降係数 126〜135 S，浮遊密度（CsCl）1.363〜1.366 g/cm³．
【成分】核酸：（＋）ssRNA 2 種（RNA1：3.8 kb，RNA2：1.4 kb，GC 含量 46〜49％）．ほかに RNA1 の 3′ 非翻訳領域を含む 0.4 kb の分解産物（SR1f）を伴う．タンパク質：外被タンパク質（CP）1 種（37〜38 kDa）．CP は N 端側の RNA 結合ドメイン（R），中央の外殻ドメイン（S），C 端側の突起ドメイン（P）からなる．ウイルス粒子は 180 個のキャプシドタンパク質を有する．

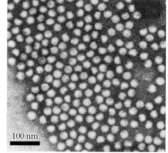

図 1　RCNMV の粒子像
［出典：DPVweb. Dianthovirus］

ゲノム　【構造】2 分節線状（＋）ssRNA ゲノム．ORF 4 個（RNA1：3 個，RNA2：1 個）．5′ 端のキャップ構造（Cap）を欠き，3′ 端はステムループ構造でポリ（A）配列（poly（A））は存在しない（図 2）．

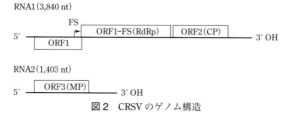

図 2　CRSV のゲノム構造
FS：フレームシフト，RdRp：RNA 複製酵素，CP：外被タンパク質，MP：移行タンパク質．
［出典：Virus Taxonomy 9th Report of ICTV, 1118-1121 を改変］

【遺伝子】RNA1（3.8 kb）：5′-27 kDa/88 kDa RNA 複製酵素タンパク質（RdRp；88 kDa タンパク質（p88）は 27 kDa タンパク質（p27）の ORF の−1 フレームシフトによって翻訳される）-37〜38 kDa 外被タンパク質（CP）-3′．RNA 2（1.4 kb）：5′-34〜35 kDa 移行タンパク質（MP）-3′．

複製様式　ゲノム RNA から全長に相当する（−）ssRNA が合成され，次いで（−）ssRNA を鋳型にして完全長の（＋）ssRNA ゲノムが合成される．複製は細胞質および核周辺の ER 膜系で行われる．

発現様式　RNA 複製酵素の 2 種のサブユニットタンパク質（p27 と p88）の翻訳はゲノム RNA1 から直接行われるが，その際，p88 は−1 フレームシフトで p27 の融合タンパク質として翻訳される．一方，外被タンパク質はサブゲノム RNA（1.5 kb）から翻訳される．外被タンパク質をコードする RNA1 からのサブゲノム RNA の転写には RNA1 と RNA2 の分子間相互作用が必要である．p27，p88，および外被タンパク質の翻訳は 3′ 非翻訳領域に存在するキャップ構造に代わる RNA 因子（3′ TE-DR1）に依存する．移行タンパク質は RNA2 から直接翻訳されるが，RNA2 には 3′ TE-DR1 に相当する因子は存在せず，移行タンパク質の翻訳は RNA2 の複製にリンク

|細胞内所在|ウイルス粒子は細胞質全体で見られる．細胞質内に封入体様構造物が形成される場合もある．
|宿主域・病徴|宿主域はやや広いが，双子葉植物に限られる．多くのマメ科植物，アカザ科植物では全身感染し，えそ斑を伴うモザイク，輪紋，萎縮症状を示す．
|伝　　　染|汁液接種可．接触伝染．媒介生物非存在下で土壌伝搬される．SCNMVでは感染植物の花粉にウイルス粒子が検出される． 〔奥野哲郎〕
|主 要 文 献|Rochon, D. et al. (2012). *Dianthovirus*. Virus Taxonomy 9th Report of ICTV, 1118-1121；ICTVdB (2006). *Dianthovirus*. 00.074.0.04.；Sit, T. L. et al. (2011). Dianthovirus. The Springer Index of Viruses 2nd ed., 1895-1900；DPVweb. Dianthovirus；Tremain, J. H. et al. (1985). *Carnation ringspot virus*. Descriptions of Plant Viruses, 308；Hollings, M. et al. (1977). *Red clover necrotic mosaic virus*. Descriptions of Plant Viruses, 181；Hiruki, C. et al. (1989). *Sweet clover necrotic mosaic virus*. Descriptions of Plant Viruses, 321；Brunt, A. A. et al. eds. (1996). Dianthoviruses. Plant Viruses Online. Gould, A. R. et al. (1981). Virology, 108, 499-506；Hiruki, C. (1987). Adv. Virus Res., 33, 256-300；Lommel, S. A. et al. (1988). Nucleic Acids Res., 16, 8587-8606；Xiong, Z. et al. (1989). Virology, 171, 543-554；Mizumoto, H. et al. (2003). J. Virol. 77, 12113-12121；Iwakawa, H. et al. (2008). J. Virol. 82, 10162-10174；Okuno, T. and Hiruki, C. (2013). Adv. Virus Res., 87, 37-74；奥野哲郎 (1997). ダイアンソウイルス．ウイルス学 (畑中正一編，朝倉書店), 443-450.

(＋)一本鎖RNAウイルス　　　　　　　　　　　　　　　　　　　　　　　　　トンブスウイルス科

Gallantivirus　ギャランティウイルス属
Tombusviridae

分類基準　(1)(＋)ssRNAゲノム，(2)単一線状ゲノム，(3)球状粒子1種(径34 nm)，(4)ゲノムの5′端のキャップ構造(Cap)と3′端のポリ(A)配列(poly(A))を欠く，(5)ウイルスRNA複製酵素(RdRp)はカルモ様スーパーグループ型，(6)外被タンパク質(CP)1種，(7)移行タンパク質(MP)2種，(8)ウイルスタンパク質はゲノムRNAおよびサブゲノムRNAから翻訳(推定)，(9)ORF5個．

タイプ種　*Galinsoga mosaic virus*(GaMV)．
属の構成　*Galinsoga mosaic virus*(GaMV)．
粒　子　【形態】球状1種(径34 nm)．被膜なし(図1)．
【物性】沈降係数118 S．
【成分】核酸：(＋)ssRNA 1種(3.8 kb)．タンパク質：外被タンパク質(CP)1種(36 kDa)．CPはN端側のRNA結合ドメイン(R)，中央の外殻ドメイン(S)，C端側の突起ドメイン(P)からなる．

ゲ ノ ム　【構造】単一線状(＋)ssRNAゲノム．ORF5個．5′端にキャップ構造(Cap)を欠き，3′端にポリ(A)配列(poly(A))を欠く(図2)．

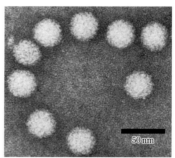

図1　GaMVの粒子像
[出典：Descriptions of Plant Viruses, 252]

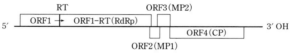

図2　GaMV(3,803 nt)のゲノム構造
RT：リードスルー，RdRp：RNA複製酵素，MP：移行タンパク質，CP：外被タンパク質．
[出典：Ciuffreda, P. *et al*.；Arch. Virol., 143, 173–180, 1986を改変]

【遺伝子】5′–23 kDa/82 kDa RNA複製酵素タンパク質(RdRp；82 kDaタンパク質は23 kDaタンパク質のリードスルータンパク質)–8 kDa移行タンパク質1(MP1)–7 kDa移行タンパク質2(MP2)–36 kDa外被タンパク質(CP)–3′．

複製様式　全長ゲノムから(−)ssRNAが転写され，次いでこれを鋳型として全長の(＋)ssRNAゲノムが合成される(推定)．
発現様式　23 kDaタンパク質とそのリードスルータンパク質である82 kDaタンパク質はゲノムから直接，8 kDa移行タンパク質1，7 kDa移行タンパク質2および36 kDa外被タンパク質はサブゲノムRNA経由で，それぞれ翻訳される(推定)．
細胞内分布　ウイルス粒子は各種組織の細胞の細胞質内および液胞内に存在する．細胞質内には多小胞体が形成される．
宿主域・病徴　GaMVの宿主域は比較的広い．自然宿主の*Galinsoga parviflora*では全身感染し，主に退緑斑，壊死斑などを示すが，他の多くの植物では局部感染に止まる．
伝　　染　汁液接種可．土壌伝染(媒介生物なし)．　　　　　　　　　　　　　　　　　　[日比忠明]
主要文献　ICTV Virus Taxonomy List(2013). *Tombusviridae Gallantivirus*；DPVweb. *Gallantivirus*；Behncken, G. M. *et al.*(1982). Galinsoga mosaic virus. Descriptions of Plant Viruses, 252；ICTVdB(2006). *Galinsoga mosaic virus*. 00.074.0.02.007.；Brunt, A. A. *et al.* eds.(1996). Galinsoga mosaic *carmovirus*. Plant Viruses Online；Ciuffreda, P. *et al.*(1998). Arch. Virol., 143, 173–180.

Macanavirus マカナウイルス属

Tombusviridae

分類基準	(1)(＋)ssRNAゲノム，(2)単一線状ゲノム，(3)球状粒子1種(径約34 nm)，(4)ゲノムの5′端のキャップ構造(Cap)と3′端のポリ(A)配列(poly(A))を欠く，(5)ウイルスRNA複製酵素(RdRp)はカルモ様スーパーグループ型，(6)外被タンパク質(CP)1種，(7)移行タンパク質(MP)2種，(8)ウイルスタンパク質はゲノムRNAおよびサブゲノムRNAから翻訳(推定)，(9)ORF 5個.
タイプ種	*Furcraea necrotic streak virus*(FNSV).
属の構成	*Furcraea necrotic streak virus*(FNSV).
粒　子	【形態】球状1種(径約34 nm)．被膜なし(図1)． 【成分】核酸：(＋)ssRNA 1種(4.0 kb)．タンパク質：外被タンパク質(CP)1種(37 kDa)．CPはN端側のRNA結合ドメイン(R)，中央の外殻ドメイン(S)，C端側の突起ドメイン(P)からなる．
ゲノム	【構造】単一線状(＋)ssRNAゲノム．ORF 5個．5′端のキャップ構造(Cap)と3′端のポリ(A)配列(poly(A))を欠く(図2)． 【遺伝子】5′-27 kDa/87 kDa RNA複製酵素タンパク質(RdRp；87 kDaタンパク質は27 kDaタンパク質のリードスルータンパク質)-12 kDa移行タンパク質1(MP1)-6 kDa移行タンパク質2(MP2)-37 kDa外被タンパク質(CP)-3′．

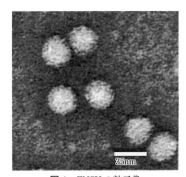

図1　FNSVの粒子像
〔出典：Morales, F. *et al.*；J. Phytopathol., 134, 247-254, 1992〕

図2　FNSV(3,966 nt)のゲノム構造
RT：リードスルー，RdRp：RNA複製酵素，MP：移行タンパク質，CP：外被タンパク質．
〔出典：ICTV Files, 2012. 010f-iP〕

複製様式	おそらくゲノムから全長に相当する(－)ssRNAが転写され，次いで完全長の(＋)ssRNAゲノムが合成される．複製は細胞質で行われる．
発現様式	27 kDaタンパク質およびそのリードスルータンパク質はゲノムRNAから直接翻訳される．一方，12 kDa移行タンパク質1および6 kDa移行タンパク質2はサブゲノムRNA1から，外被タンパク質はサブゲノムRNA2からそれぞれ翻訳される(推定)．
細胞内所在	ウイルス粒子は各種組織の細胞質内に存在する．細胞質内に封入体様構造が認められる．
宿主域・病徴	FNSVの宿主域は狭く，リュウゼツラン科やヒガンバナ科などの植物に限られる．全身感染して退緑条斑やえそ条斑を生じる．
伝　染	汁液接種可．土壌伝染(推定)．　　　　　　　　　　　　　　　〔日比忠明〕
主要文献	ICTV Virus Taxonomy List(2013). *Tombusviridae Macanavirus*；ICTV Files, 2012. 010f-iP；DPVweb. *Macanavirus*；ICTVdB(2006). *Furcraea necrotic streak virus*. 00.074.0.84.004.；Brunt, A. A. *et al.* eds.(1996). Furcraea necrotic streak(?)*dianthovirus*. Plant Viruses Online；Morales, F. *et al.*(1992). J. Phytopathol., 134, 247-254.

(＋)一本鎖 RNA ウイルス　　　　　　　　　　　　　　　　　　　　　　　　　　　　トンブスウイルス科

Machlomovirus マクロモウイルス属
Tombusviridae

分類基準　(1)（＋）ssRNA ゲノム，(2) 単一線状ゲノム，(3) 球状粒子1種（径30〜33 nm），(4) ゲノムの 5′ 端のキャップ構造（Cap）と 3′ 端のポリ（A）配列（poly（A））を欠く，(5) ウイルス RNA 複製酵素（RdRp）はカルモ様スーパーグループ型，(6) 外被タンパク質（CP）1種，(7) 移行タンパク質（MP）1種，(8) ウイルスタンパク質はゲノム RNA およびサブゲノム RNA から翻訳，(9) ORF 6個．

タイプ種　Maize chlorotic mottle virus（MCMV）．

属の構成　Maize chlorotic mottle virus（MCMV）．

粒　子　【形態】球状1種（径30〜33 nm）．被膜なし（図1）．
【物性】沈降係数109 S．浮遊密度（CsCl）1.365 g/cm^3．
【成分】核酸：（＋）ssRNA 1種（4.4 kb，GC 含量50％）．タンパク質：外被タンパク質（CP）1種（25 kDa）．CP は N 端側の RNA 結合ドメイン（R），C 端側の外殻ドメイン（S）からなるが，突起ドメイン（P）を欠く．

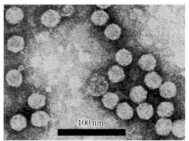

図1　MCMV の粒子像
［出典：Descriptions of Plant Viruses, 284］

ゲノム　【構造】単一線状（＋）ssRNA ゲノム．ORF 6個．ゲノムの 5′ 端のキャップ構造（Cap）と 3′ 端のポリ（A）配列（poly（A））を欠く（図2）．

図2　MCMV（4,437 nt）のゲノム構造
RT：リードスルー，RdRp：RNA 複製酵素，CP：外被タンパク質，MP：移行タンパク質．
［出典：Virus Taxonomy 9th Report of ICTV, 1134-1136 を改変］

【遺伝子】5′-32 kDa 機能不明タンパク質-48 kDa/112 kDa RNA 複製酵素タンパク質（RdRp；48 kDa タンパク質は 32 kDa タンパク質の ORF 開始点の 19 塩基下流以降から翻訳される．112 kDa タンパク質は 48 kDa タンパク質のリードスルータンパク質）-7 kDa 移行タンパク質（MP）/33 kDa 機能不明タンパク質（33 kDa タンパク質は 7 kDa タンパク質のリードスルータンパク質）-25 kDa 外被タンパク質（CP；25 kDa タンパク質は 33 kDa タンパク質の ORF に別の読み枠で一部重なるタンパク質）-3′．

複製様式　単一ゲノムからその全長に相当する（−）ssRNA が転写され，次いで完全長の（＋）ssRNA ゲノムが合成される．

発現様式　RNA 複製酵素の2つのサブユニット遺伝子はゲノムから直接翻訳される．その際，大サブユニットは小サブユニットの ORF のリードスルーによって生じる．他の遺伝子はいずれも対応するサブゲノム RNA 経由で翻訳される．

宿主域・病徴　宿主域はイネ科植物に限られる．自然宿主（トウモロコシ）では全身感染し，穏やかな退緑斑紋を生じる．

伝　染　汁液接種可．ハムシによる半永続伝搬．　　　　　　　　　　　　　　　〔白子幸男・日比忠明〕

主要文献　Rochon, D. *et al.*（2012）. *Machlomovirus*. Virus Taxonomy 9th Report of ICTV, 1134-1136；ICTVdB（2006）. *Machlomovirus*. 00.074.0.05.；Scheets, K.（2008）. *Machlomovirus*. Encyclopedia of Virology 3rd ed., 3, 259-263；Scheets, K.（2011）. Machlomovirus. The Springer Index of Viruses 2nd ed., 1991-1905；DPVweb. Machlomovirus；Gordon, D. T. *et al.*（1984）. Maize chlorotic mottle virus. Descriptions of Plant Viruses, 284；Brunt, A. A. *et al.* eds.（1996）. Machlomoviruses. Plant Viruses Online.

Panicovirus パニコウイルス属

Tombusviridae

分類基準 (1)（＋）ssRNA ゲノム，(2) 単一線状ゲノム，(3) 球状粒子1種（径 28〜30 nm），(4) ゲノムの 5′端のキャップ構造(Cap)と 3′端のポリ(A)配列(poly(A))を欠く，(5) ウイルス RNA 複製酵素(RdRp)はカルモ様スーパーグループ型，(6) 外被タンパク質(CP)1種，(7) 移行タンパク質(MP)2種，(8) ウイルスタンパク質はゲノム RNA およびサブゲノム RNA から翻訳，(9) ORF 6個．

タイプ種 *Panicum mosaic virus*(PMV)．

属の構成 *Cocksfoot mild mosaic virus*(CMMV)，*Panicum mosaic virus*(PMV)，*Thin paspalum asymptomatic virus*(TPAV)．
暫定種：Molinia streak virus(MoSV)．

粒　子 【形態】球状1種（径 28〜30 nm）．被膜なし（図1）．
【物性】沈降係数 109 S．浮遊密度(CsCl) 1.365 g/cm^3．
【成分】核酸：（＋）ssRNA 1種（4.3 kb，GC 含量 50.0%）．
タンパク質：外被タンパク質(CP)1種（26 kDa）．CP は N 端側の RNA 結合ドメイン(R)，C 端側の外殻ドメイン(S)からなるが，突起ドメイン(P)を欠く．

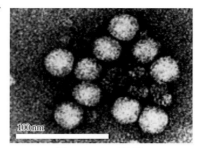

図1　PMV の粒子像
[出典：Virus Taxonomy 9th Report of ICTV, 1131-1134]

ゲノム 【構造】単一線状（＋）ssRNA ゲノム．ORF 6個．ゲノムの 5′端のキャップ構造(Cap)と 3′端のポリ(A)配列(poly(A))を欠く（図2）．

図2　PMV(4,326 nt)のゲノム構造
RT：リードスルー，RdRp：RNA 複製酵素，MP：移行タンパク質，CP：外被タンパク質．
[出典：Virus Taxonomy 9th Report of ICTV, 1131-1134 を改変]

【遺伝子】5′-48 kDa/112 kDa RNA 複製酵素タンパク質(RdRp；112 kDa タンパク質は 48 kDa タンパク質のリードスルータンパク質)-8 kDa 移行タンパク質 1(MP1)-6.6 kDa 移行タンパク質 2(MP2)-26 kDa 外被タンパク質(CP)/15 kDa 機能不明タンパク質(15 kDa タンパク質は 26 kDa タンパク質の ORF に別の読み枠で重なるタンパク質)-3′．

複製様式 単一ゲノムからその全長に相当する（−）ssRNA が転写され，次いで完全長の（＋）ssRNA ゲノムが合成される．

発現様式 RNA 複製酵素の2つのサブユニット遺伝子はゲノムから直接翻訳される．その際，大サブユニットは小サブユニットの ORF のリードスルーによって生じる．他の遺伝子はいずれも対応するサブゲノム RNA 経由で翻訳される．

細胞内所在 ウイルス粒子は各種組織の細胞の細胞質内に集積．

宿主域・病徴 宿主域はイネ科植物に限られる．全身感染し，退緑斑紋，矮化などを生じる．潜在感染している例も多い．

伝　染 汁液接種可．土壌伝染．

〔白子幸男・日比忠明〕

主要文献 Rochon, D. *et al.*(2012). *Panicovirus*. Virus Taxonomy 9th Report of ICTV, 1131-1134；ICTV Virus Taxonomy List(2014). *Panicovirus*. ICTVdB(2006). *Panicovirus*. 00.074.0.08.；Scholthof, K. B. G.(2011). Panicovirus. The Springer Index of Viruses 2nd ed., 1911-1916；DPVweb. Panicovirus；Niblett, C. L. *et al.*(1977). Panicum mosaic virus. Descriptions of Plant Viruses, 177；Brunt, A. A.(1996). Panicum mosaic *sobemovirus*. Plant Viruses Online.

（＋）一本鎖 RNA ウイルス　　　　　　　　　　　　　　　　　　　　　　　　　　トンブスウイルス科

Tombusvirus　トンブスウイルス属

Tombusviridae

分類基準　(1)（＋）ssRNAゲノム，(2) 単一線状ゲノム，(3) 球状粒子1種（径32〜35 nm），(4) ゲノムの5′端のキャップ構造（Cap）と3′端のポリ(A)配列（poly(A)）を欠く，(5) ウイルスRNA複製酵素（RdRp）はカルモ様スーパーグループ型，(6) 外被タンパク質（CP）1種，(7) 移行タンパク質（MP）1種，(8) ウイルスタンパク質はゲノムRNAおよびサブゲノムRNAから翻訳，(9) ORF 5個．

タイプ種　トマトブッシースタントウイルス（*Tomato bushy stunt virus*：TBSV）．

属の構成　*Cucumber necrosis virus*（CNV），ナス斑紋クリンクルウイルス（*Eggplant mottled crinkle virus*：EMCV），ブドウアルジェリア潜在ウイルス（*Grapevine Algerian latent virus*：GALV），トウガラシモロッコウイルス（*Moroccan pepper virus*：MPV），シクテウォーターボーンウイルス（*Sikte waterborne virus*：SWBV），トマトブッシースタントウイルス（*Tomato bushy stunt virus*：TBSV）など17種．

暫定種：Lettuce necrotic stunt virus（LNSV）．

粒子　【形態】球状1種（径32〜35 nm）．被膜なし（図1）．
【物性】沈降係数132〜140 S．浮遊密度（CsCl）1.34〜1.36 g/cm³．
【成分】核酸：（＋）ssRNA 1種（4.7〜4.8 kb，GC含量48.1〜50.0％）．タンパク質：外被タンパク質（CP）1種（40〜45 kDa）．CPはN端側のRNA結合ドメイン（R），中央の外殻ドメイン（S），C端側の突起ドメイン（P）からなる．ウイルス粒子は180個の外被タンパク質を有する．

ゲノム　【構造】単一線状（＋）ssRNAゲノム．ORF 5個．ゲノムの5′端のキャップ構造（Cap）と3′端のポリ(A)配列（poly(A)）を欠く（図2）．

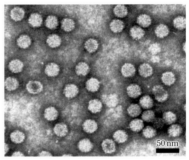

図1　TBSVの粒子像
［出典：Descriptions of Plant Viruses, 382］

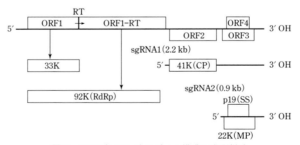

図2　TBSV（4,776 nt）のゲノム構造と発現様式
RT：リードスルー，RdRp：RNA複製酵素，CP：外被タンパク質，MP：移行タンパク質，SS：サイレンシングサプレッサー，sgRNA：サブゲノムRNA．
［出典：Virus Taxonomy 9th Report of ICTV, 1114-1118を改変］

【遺伝子】5′-32〜36 kDa/92〜95 kDa RNA複製酵素タンパク質（RdRp；92〜95 kDaタンパク質は32〜36 kDaタンパク質のリードスルータンパク質）-40〜45 kDa外被タンパク質（CP）-21〜24 kDa移行タンパク質（MP）/19〜20 kDa RNAサイレンシングサプレッサー（19〜20 kDaタンパク質は21〜24 kDaタンパク質のORFに別の読み枠で重なるタンパク質）-3′．

複製様式　ゲノムから全長に相当する（−）ssRNAが転写され，ついで完全長の（＋）ssRNAゲノムが合成される．

発現様式　RNA複製酵素の2種類のサブユニットタンパク質遺伝子の翻訳はゲノム全長から直接行われるが，その際，92〜95 kDaタンパク質は32〜36 kDaタンパク質のリードスルータンパクとし

て翻訳される．一方，40〜45 kDa 外被タンパク質，21〜24 kDa 移行タンパク質/19〜20 kDa RNA サイレンシングサプレッサーはそれぞれサブゲノム RNA1 およびサブゲノム RNA2 経由で翻訳される．

細胞内所在 ウイルス粒子は感染細胞の細胞質，核，ミトコンドリア，液胞などの多くの部分に存在する．細胞質内ではペルオキシソーム膜やミトコンドリア膜に由来する多小胞体(MVB)が観察される．

宿主域・病徴 個々のウイルス種の自然宿主域は比較的狭いが，属全体としては単子葉植物から双子葉植物まで広い宿主域をもつ．局部感染の場合が多い．全身感染宿主では，モザイクやえそ症状を示す．

伝　　染 汁液接種可．接触伝染．土壌伝染(媒介生物なし)．菌類伝搬(CNV のみ：*Olpidium bornovanus* により媒介)．種子伝染． 〔大木健広〕

主 要 文 献 Rochon, D. *et al.* (2012). *Tombusvirus*. Virus Taxonomy 9th Report of ICTV, 1114-1118；ICTVdB (2006). *Tombusvirus*. 00.074.0.01.；Lommel, S. A. *et al.* (2008). Tombusviruses. Encyclopedia of Virology 3rd ed., 5, 145-151；White, K. A. (2011). Tombusvirus. The Springer Index of Viruses 2nd ed., 1917-1926；DPVweb. Tombusvirus；Martelli, G. P. *et al.* (2001). Tomato bushy stunt virus. Descriptions of Plant Viruses, 382；Brunt, A. A. *et al.* eds. (1996). Tombusviruses：*Tombusviridae*. Plant Viruses Online；Hearne, P. Q. *et al.* (1990). Virology, 177, 141-151；Ohki, T. *et al.* (2005). J. Gen. Plant Pathol., 71, 74-79；Ohki, T. *et al.* (2006). J. Gen. Plant Pathol., 72, 119-122；Fujinaga, M. *et al.* (2006). Jpn. J. Phytopathol., 72, 109-115.

(＋)一本鎖 RNA ウイルス　　　　　　　　　　　　　　　　　　　　　　　トンブスウイルス科

Umbravirus　ウンブラウイルス属
Tombusviridae

分類基準　(1)(＋)ssRNA ゲノム，(2)単一線状ゲノム，(3)外被タンパク質(CP)を欠き，通常の粒子形態をとらないが，径約 50 nm の被膜に包まれた球状ウイルス様粒子が認められ，一方，ヘルパーウイルスにより完全な粒子を形成する，(4)ゲノムの 5' 端のキャップ構造(Cap)と 3' 端のポリ(A)配列(poly(A))を欠く，(5)ウイルス RNA 複製酵素(RdRp)はカルモ様スーパーグループ型，(7)ゲノム RNA 保護/篩管移行に関与するタンパク質と移行タンパク質はサブゲノム RNA 経由で翻訳されると推定される，(8)ORF 4 個，(9)アブラムシ伝搬（ヘルパーウイルスが必要）．

タイプ種　*Carrot mottle virus*(CMoV).

属の構成　*Carrot mottle virus*(CMoV), *Groundnut rosette virus*(GRV), *Lettuce speckles mottle virus*(LSMV), *Pea enation mosaic virus-2*(PEMV-2)など 7 種．
暫定種：*Sunflower crinkle virus*(SuCV)など 5 種．

粒子　【形態】外被タンパク質をコードする ORF がなく，通常はウイルス粒子の形態をとらないが，感染植物細胞の液胞中に径約 50 nm の被膜に包まれた球状ウイルス様粒子が観察される(図 1)．ルテオウイルス科(*Luteoviridae*)のエナモウイルス属(*Enamovirus*)あるいはポレロウイルス属(*Polerovirus*)のウイルスをヘルパーとした場合には，それらの外被タンパク質によって径 24～30 nm の球状ウイルス粒子を形成する．
【物性】沈降係数 270 S．浮遊密度(CsCl) 1.15 g/cm^3．
【成分】核酸：(＋)ssRNA 1 種(4.0～4.2 kb，GC 含量 53～57％)．タンパク質：なし．

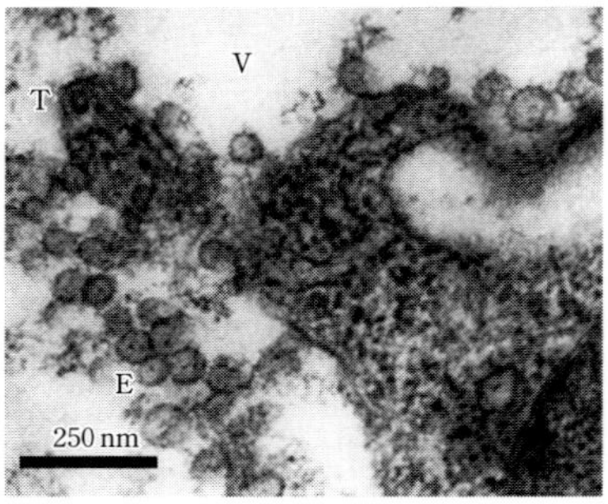

図 1　CMoV 感染細胞の液胞中に観察されるウイルス様粒子
V：液胞，T：液胞膜，E：球状ウイルス様粒子．
[出典：Virus Taxonomy 9th Report of ICTV, 1191-1195]

ゲノム　【構造】単一線状(＋)ssRNA ゲノム．ORF 4 個．ゲノムの 5' 端のキャップ構造(Cap)と 3' 端のポリ(A)配列(poly(A))を欠く(図 2)．

図 2　GRV(4,019 nt)のゲノム構造
FS：フレームシフト，RdRp：RNA 複製酵素，MP：移行タンパク質．
[出典：Virus Taxonomy 9th Report of ICTV, 1191-1195 を改変]

【遺伝子】5'-ORF1(31～37 kDa タンパク質；翻訳が推定されるが検出されていない)-ORF1/2(94～101 kDa RNA 複製酵素(RdRp)；ORF1 の -1 フレームシフトによって発現した ORF2 との融合タンパク質)-ORF3(26～29 kDa タンパク質；ゲノム RNA 保護/篩管移行に関与する)-ORF4(27～29 kDa 移行タンパク質(MP)；ORF3 に大部分重なって存在)-3'．

複製様式　ゲノムから全長に相当する(−)ssRNA が転写され，次いで完全長の(＋)ssRNA ゲノムが合成されると推定される．

発現様式　ORF1 と ORF1/2 はゲノム RNA から直接，ORF3 と ORF4 はサブゲノム RNA から翻訳されると推定される．ORF2 は ORF1 の 3' 端側に一部オーバーラップして存在し，-1 フレームシフトにより翻訳される．

細胞内所在　CMoV, GRV, LSMV, PEMV-2 の感染植物細胞の液胞中には径約 50 nm の被膜に包まれた球状ウイルス様粒子が認められる．このほかに，ORF3 タンパク質とウイルス RNA とからな

　　　　　　　　る繊維状粒子も観察される．

宿主域・病徴　宿主はきわめて狭い．セリ科植物(CMoV)，マメ科植物(GRV，PEMV-2)．矮化などの症状を示す．

伝　　　染　汁液接種可．虫媒伝染(ヘルパーウイルスが必要．アブラムシによる循環型・非増殖性永続伝搬)．

そ　の　他　本属ウイルスの水平伝搬にはルテオウイルス科ウイルスをヘルパーとした粒子形成が必須である．一方，エナモウイルス属ウイルスは移行タンパク質を欠いており，自然界では本属のPEMV-2との共存によって宿主植物に全身感染する．GRVなどではサテライトRNAが知られ，このサテライトRNAは病徴発現に関わるほか，ヘルパーウイルスに依存したアブラムシ伝搬にも必須と考えられている．　　　　　　　　　　　　　　　　　　　　　　〔大木　理〕

主要文献　Ryabov, E. V. *et al.*(2012). *Umbravirus*, Virus Taxonomy 9th Report of ICTV, 1191-1195；ICTV Virus Taxonomy List(2014). *Tombusviridae Umbravirus*；ICTV Official Taxonomy Proposals, 2013.010a, bp；ICTVdB(2006). *Umbravirus*. 00.078.0.01.；Taliansky, M. *et al.*(2008). *Umbravirus*. Encyclopedia of Virology 3rd ed., 5, 209-213；Taliansky, M. E. *et al.*(2011). Umbravirus. The Springer Index of Viruses 2nd ed., 2077-2080；DPVweb. Umbravirus；Murant, A. F. (1974). Carrot mottle virus. Descriptions of Plant Viruses, 137；Murant, A. F.(1998). Groundnut rosette virus. Descriptions of Plant Viruses, 355；Taliansky M. E. *et al.*(1996). J. Gen. Virol., 77, 2335-2345；Menzel, W. *et al.* (2008). Arch. Virol., 153, 2163-2165.

(＋)一本鎖 RNA ウイルス　　　　　　　　　　　　　　　　　　　　　　　　　トンブスウイルス科

Zeavirus ゼアウイルス属
Tombusviridae

分類基準　(1)(＋)ssRNA ゲノム，(2) 単一線状ゲノム，(3) 球状粒子 1 種(径 28 nm)，(4) ゲノムの 5′ 端のキャップ構造(Cap)と 3′ 端のポリ(A)配列(poly(A))を欠く，(5) ウイルス RNA 複製酵素(RdRp)はカルモ様スーパーグループ型，(6) 外被タンパク質(CP)1 種，(7) 移行タンパク質(MP)1 種，(8) ウイルスタンパク質はゲノム RNA およびサブゲノム RNA から翻訳，(9) ORF 5 個．

タイプ種　*Maize necrotic streak virus* (MNeSV)．

属の構成　*Maize necrotic streak virus* (MNeSV)．

粒　　子　【形態】球状 1 種(径 32 nm)．被膜なし(図 1)．
【成分】核酸：(＋)ssRNA 1 種(4.1 kb)．タンパク質：外被タンパク質(CP)1 種(27 kDa)．CP は N 端側の RNA 結合ドメイン(R)，C 端側の外殻ドメイン(S)からなるが，突起ドメイン(P)を欠く．

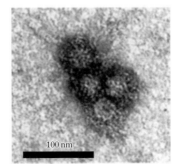

図 1　MNeSV の粒子像
〔出典：Stradis, A. D. *et al.* : J. Plant Pathol., 87, 213-221, 2005〕

ゲ ノ ム　【構造】単一線状(＋)ssRNA ゲノム．ORF 5 個．ゲノムの 5′ 端のキャップ構造(Cap)と 3′ 端のポリ(A)配列(poly(A))を欠く(図 2)．

図 2　MNeSV(4,094 nt)のゲノム構造
RT：リードスルー，RdRp：RNA 複製酵素，CP：外被タンパク質，MP：移行タンパク質，SS：サイレンシングサプレッサー．
〔出典：Scheets, K. and Redinbaugh, M. G. : Virology, 350, 171-183, 2006 を改変〕

【遺伝子】5′-30 kDa/89 kDa RNA 複製酵素タンパク質(RdRp；89 kDa タンパク質は 30 kDa タンパク質のリードスルータンパク質)-27 kDa 外被タンパク質(CP)-21 kDa 移行タンパク質(MP)/19 kDa RNA サイレンシングサプレッサー(19 kDa タンパク質は 21 kDa タンパク質の ORF に別の読み枠で重なるタンパク質)-3′．

複製様式　ゲノムから全長に相当する(－)ssRNA が転写され，ついで完全長の(＋)ssRNA ゲノムが合成される．

発現様式　RNA 複製酵素の 2 種類のサブユニットタンパク質遺伝子の翻訳はゲノム全長から直接行われるが，その際，89 kDa タンパク質は 30 kDa タンパク質のリードスルータンパクとして翻訳される．一方，27 kDa 外被タンパク質，21 kDa 移行タンパク質/19 kDa RNA サイレンシングサプレッサーはそれぞれ専用のサブゲノム RNA 経由で翻訳される．

細胞内所在　ウイルス粒子は各種組織の細胞質内に存在し，しばしば顕著な結晶状配列が観察される．

宿主域・病徴　MNeSV はトウモロコシの葉にモザイクや退緑条斑，茎にえそ条斑などを示し，種子への維管束注射による汁液接種によって病徴の再現ができるが，トウモロコシ以外の宿主域については未詳である．

伝　　染　汁液接種可(維管束注射による)．土壌伝染(低率．媒介生物なし)．　　　　〔日比忠明〕

主要文献　ICTV Virus Taxonomy List (2013). *Tombusviridae Zeavirus*；DPVweb. Zeavirus；ICTVdB (2006). *Maize necrotic streak virus*. 00.074.0.00.002.；Gordon, D. T. (2004). Maize necrotic streak. Viruses and virus diseases of *Poaceae* (Lapierre, H. *et al.* eds., INRA), 660-662；Louie, R. *et al.* (2000). Plant Dis., 84, 1133-1139；Stradis, A. D. *et al.* (2005). J. Plant Pathol., 87, 213-221；Scheets, K. and Redinbaugh, M. G. (2006). Virology, 350, 171-183.

Virgaviridae ビルガウイルス科

分類基準 (1)（＋）ssRNA ゲノム，(2) 1〜3 分節線状ゲノム，(3) 棒状粒子 1〜3 種（径 18〜23 nm×長さ 46〜310 nm），(4) ゲノムの 5′ 端にキャップ構造（Cap），3′ 端に tRNA 様構造（TLS）をもつ，(5) ウイルス RNA 複製酵素（RdRp）はアルファ様スーパーグループ型，(6) 外被タンパク質（CP）1〜2 種，(7) いくつかの ORF はサブゲノム RNA を介して翻訳．

科の構成 ビルガウイルス科 *Virgaviridae*
- フロウイルス属 *Furovirus*（タイプ種：コムギ萎縮ウイルス；SBWMV）（棒状粒子 2 種：径 20 nm×長さ 140〜160 nm，260〜300 nm，ORF 7 個，30 K 型移行タンパク質，菌類伝搬）．
- ホルデイウイルス属 *Hordeivirus*（タイプ種：ムギ斑葉モザイクウイルス；BSMV）（棒状粒子 3 種：径 20〜22 nm×長さ 110〜150 nm，ORF 7 個，トリプルジーンブロック型移行タンパク質，媒介生物不明）．
- ペクルウイルス属 *Pecluvirus*（タイプ種：*Peanut clump virus*；PCV）（棒状粒子 2 種：径 21 nm×長さ 190 nm，245 nm，ORF 8 個，トリプルジーンブロック型移行タンパク質，菌類伝搬）．
- ポモウイルス属 *Pomovirus*（タイプ種：ジャガイモモップトップウイルス；PMTV）（棒状粒子 3 種：径 18〜20 nm×長さ 65〜80 nm，150〜160 nm，290〜310 nm，ORF 7〜8 個，トリプルジーンブロック型移行タンパク質，菌類伝搬）．
- トバモウイルス属 *Tobamovirus*（タイプ種：タバコモザイクウイルス；TMV）（棒状粒子 1 種：径 18 nm×長さ 300〜310 nm，ORF 4 個，30 K 型移行タンパク質，媒介生物不明）．
- トブラウイルス属 *Tobravirus*（タイプ種：タバコ茎えそウイルス；TRV）（棒状粒子 2 種：径 21〜23 nm×長さ 46〜115 nm，180〜215 nm，ORF 7 個，30 K 型移行タンパク質，線虫伝搬）．
- 暫定種：Nicotiana velutina mosaic virus（NVMV）．

粒子 【形態】棒状 1〜3 種（径 18〜23 nm×長さ 46〜310 nm）．らせんピッチ 2.3〜2.6 nm．被膜なし．
【物性】沈降係数 125〜306 S．浮遊密度（CsCl）1.306〜1.325 g/cm^3．
【成分】核酸：（＋）ssRNA 1〜3 種（6.3〜6.6 kb（トバモウイルス属）；5.9〜7.0 kb＋1.8〜4.5 kb（フロウイルス属，ペクルウイルス属，トブラウイルス属）；3.7〜6.0 kb＋2.8〜3.6 kb＋2.4〜3.2 kb（ホルデイウイルス属，ポモウイルス属），GC 含量 39〜44％）．タンパク質：外被タンパク質（CP）1〜2 種（17〜24 kDa（ホルデイウイルス属，ペクルウイルス属，トバモウイルス属，トブラウイルス属）；19〜21 kDa＋67〜104 kDa（CP のリードスルータンパク質）（フロウイルス属，ポモウイルス属））．

ゲノム 【構造】1〜3 分節線状（＋）ssRNA ゲノム．ORF 4〜8 個．ゲノムの 5′ 端にキャップ構造（Cap），3′ 端に tRNA 様構造（TLS）をもつ（図 1）．
【遺伝子】
- フロウイルス属　RNA1（6〜7 kb）：5′-Cap-149〜153 kDa/209〜212 kDa RNA 複製酵素タンパク質（209〜212 kDa タンパク質は 149〜153 kDa タンパク質のリードスルータンパク質）-36〜37 kDa 移行タンパク質-TLS-3′．RNA2（3.4〜3.6 kb）：5′-Cap-25 K 機能不明タンパク質/19〜21 kDa 外被タンパク質/77〜84 kDa 菌類媒介ヘルパータンパク質（25 K タンパク質は 19〜21 kDa タンパク質の AUG の上流の CUG から翻訳が開始され，大部分が 19〜21 kDa タンパク質と重なるタンパク質；77〜84 kDa タンパク質は 19〜21 kDa タンパク質のリードスルータンパク質）-18〜19 kDa システインリッチタンパク質（RNA サイレンシングサプレッサー）-TLS-3′．
- ホルデイウイルス属　RNA α（3.7〜3.9 kb）：5′-Cap-129〜131 kDa RNA 複製酵素タンパク質サブユニット αa-TLS-3′．RNA β（3.1〜3.6 kb）：5′-Cap-22 kDa 外被タンパク質 βa-50〜63 kDa 移行タンパク質 βb（TGB1）-14〜18 kDa 移行タンパク質 βd（TGB2）-17〜18 kDa 移

行タンパク質βc(TGB3)-TLS-3′．RNAγ(2.6〜3.2 kb)：5′-Cap-71〜84 kDa 複製酵素タンパク質サブユニットγa-16〜20 kDa システインリッチタンパク質(RNA サイレンシングサプレッサー)-TLS-3′．

- ペクルウイルス属　RNA1(5.9 kb)：5′-Cap-131 kDa/191 kDa RNA 複製酵素タンパク質(191 kDa タンパク質は 131 kDa タンパク質のリードスルータンパク質)-15 kDa サイレンシングサプレッサー-TLS-3′．RNA2(4.3〜4.5 kb)：5′-Cap-23 kDa 外被タンパク質-39 kDa 菌類媒介ヘルパータンパク質)-51 kDa 移行タンパク質(TGB1)-14 kDa 移行タンパク質(TGB2)-17 kDa 移行タンパク質(TGB3)-TLS-3′．
- ポモウイルス属　RNA1(5.6〜6.0 kb)：5′-Cap-145〜150 kDa/204〜209 kDa RNA 複製酵素タンパク質(204〜209 kDa タンパク質は 145〜150 kDa タンパク質のリードスルータンパク質)-TLS-3′．RNA2(2.8〜3.5 kb)：5′-Cap-19〜20 kDa 外被タンパク質/67〜104 kDa 菌類媒介ヘルパータンパク質(67〜104 kDa タンパク質は 19〜20 kDa タンパク質のリードスルータンパク質)-TLS-3′．RNA3(2.3〜3.1 kb)：5′-Cap-48〜53 kDa 移行タンパク質(TGB1)-13 kDa 移行タンパク質(TGB2)-20〜22 kDa 移行タンパク質(TGB3)-6〜8 kDa 機能不明システインリッチタンパク質-TLS-3′．
- トバモウイルス属　RNA(6.3〜6.6 kb)：5′-Cap-124〜132 kDa/181〜189 kDa RNA 複製酵素タンパク質(181-189 kDa タンパク質は 124〜132 kDa タンパク質のリードスルータンパク質)-28〜31 kDa 移行タンパク質-17〜18 kDa 外被タンパク質-TLS-3′．
- トブラウイルス属　RNA1(6.8〜7.0 kb)：5′-Cap-134〜141 kDa/194〜201 kDa RNA 複製酵素タンパク質(194〜201 kDa タンパク質は 134〜141 kDa タンパク質のリードスルータンパ

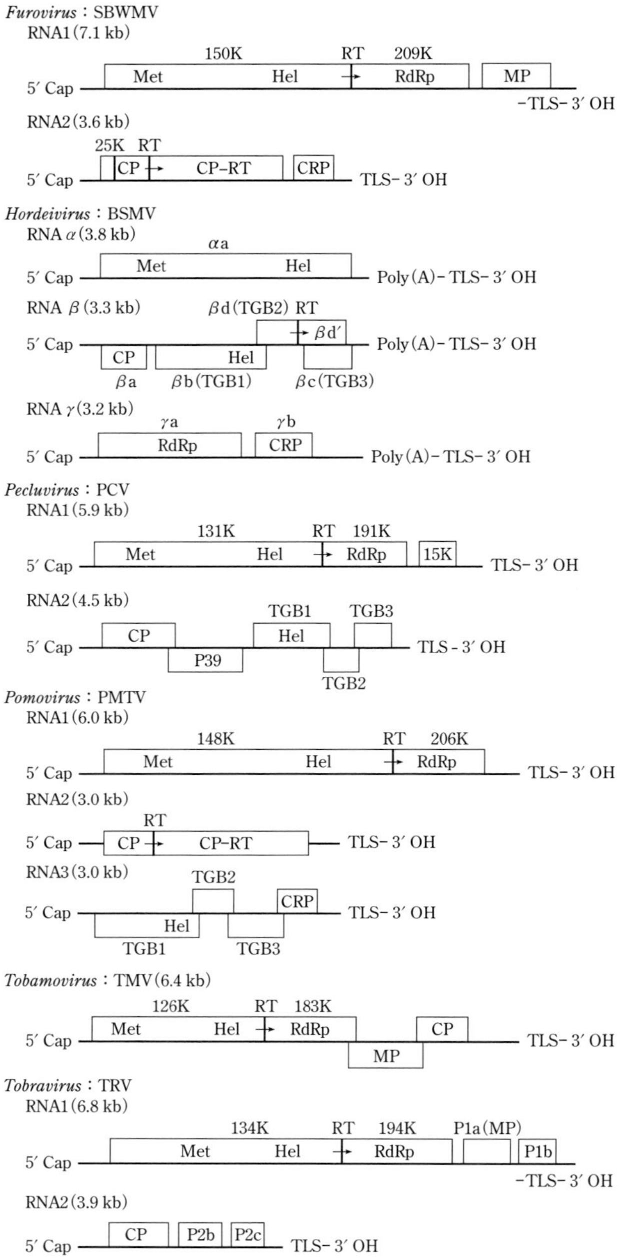

図 1　ビルガウイルス科ウイルス属のゲノム構造

RT：リードスルー，Met：メチルトランスフェラーゼドメイン，Hel：ヘリカーゼドメイン，RdRp：RNA 複製酵素ドメイン，MP：移行タンパク質，CP：外被タンパク質，CP-RT：菌類媒介ヘルパータンパク質，CRP：システインリッチタンパク質，TGB：トリプルジーンブロック，TLS：tRNA 様構造．

ク質)-29～30 kDa 移行タンパク質 P1a-12～16 kDa タンパク質 P1b(サイレンシングサプレッサー,種子伝染介助タンパク質)-TLS-3′. RNA2(1.8～4.5 kb):5′-Cap-22～24 kDa 外被タンパク質-27～40 kDa タンパク質 P2b(線虫媒介介助タンパク質)-18～33 kDa 機能不明タンパク質 P2c-TLS-3′.

複製様式 ゲノムから全長に相当する(－)ssRNA が転写され,次いで完全長の(＋)ssRNA ゲノムが合成される.複製は細胞質内の膜上で行われる.

発現様式 ウイルスゲノム鎖がそのまま mRNA として機能するが,この場合には 5′ 末端側の最初の ORF が翻訳されるにすぎない.それ以外の ORF は,(1)ゲノム鎖から各 ORF に対応したサブゲノム RNA が転写・複製され,これらが各 ORF の mRNA として働く,(2)本来の停止コドンをある割合で読み過ごして本来のタンパク質よりもカルボキシ末端側が長いタンパク質分子(リードスルータンパク質)を生成する,などの翻訳様式をとる.

細胞内所在 ウイルス粒子は各種組織の細胞の細胞質内に結晶状に集積あるいは散在して存在.属によっては核内に存在する例もある.

宿主域・病徴 宿主域はフロウイルス属,ホルデイウイルス属,ポモウイルス属のウイルスでは比較的狭く,ペクルウイルス属,トバモウイルス属,トブラウイルス属のウイルスでは広い.いずれも全身感染し,ウイルス種と宿主植物との組合せによって,主に,条斑,モザイク,斑紋,壊疽あるいは矮化などの症状を示す.

伝染
・フロウイルス属:汁液接種可.菌類伝搬.
・ホルデイウイルス属:汁液接種可.媒介生物不明.種子伝染.
・ペクルウイルス属:汁液接種可.菌類伝搬.種子伝染.
・ポモウイルス属:汁液接種可.菌類伝搬.
・トバモウイルス属:汁液接種可.媒介生物不明.接触伝染,土壌伝染,種子伝染(種皮経由).
・トブラウイルス属:汁液接種可.線虫伝搬,種子伝染. 〔日比忠明〕

主要文献 Adams, M. J. *et al.*(2012). *Virgaviridae*. Virus Taxonomy 9th Report of ICTV, 1139-1162;ICTVdB(2007). *Virgaviridae*. 00.071.;DPVweb. Virgaviridae;Adams, M. J. *et al.*(2009). *Virgaviridae*: a new family of rod-shaped plant viruses. Arch. Virol., 154, 1967-1972;Koenig, R.(2008). *Furovirus*. Encyclopedia of Virology 3rd ed., 2, 291-296;Bragg, J. N. *et al.*(2008). *Hordeivirus*. Encyclopedia of Virology 3rd ed., 2, 459-467;Reddy, D. V. R. *et al.*(2008). *Pecluvirus*. Encyclopedia of Virology 3rd ed., 4, 97-103;Torrance, L.(2008). *Pomovirus*. Encyclopedia of Virology 3rd ed., 4, 282-287;Lewandowski, D. J.(2008). *Tobamovirus*. Encyclopedia of Virology 3rd ed., 5, 68-72;MacFarlane, S. A.(2008). *Tobravirus*. Encyclopedia of Virology 3rd ed., 5, 72-76;Adams, M. J.(2011). Furovirus. The Springer Index of Viruses 2nd ed., 1994-1997;Jackson, A. O.(2011). Hordeivirus. The Springer Index of Viruses 2nd ed., 1999-2004;Erhardt, M. *et al.*(2011). Pecluvirus. The Springer Index of Viruses 2nd ed., 2029-2033;Savenkov, E. I.(2011). Pomovirus. The Springer Index of Viruses 2nd ed., 2035-2040;Zaitlin, M.(2011). Tobamovirus. The Springer Index of Viruses 2nd ed., 2065-2069;Varrelmann, M. *et al.*(2011). Tobravirus. The Springer Index of Viruses 2nd ed., 2071-2076;玉田哲男(2007).植物ウイルスの分類学(12).科未設定の棒状ウイルス 7 属.植物防疫, 61, 586-591.

（＋）一本鎖 RNA ウイルス　　　　　　　　　　　　　　　　　　　　　　　　　　　　　　　　　ビルガウイルス科

Furovirus　フロウイルス属

Virgaviridae

分類基準　(1)（＋）ssRNA ゲノム，(2) 2 分節線状ゲノム，(3) 棒状粒子 2 種（径 20 nm×長さ 140～160 nm，260～300 nm），(4) ゲノムの 5′ 端にキャップ構造（Cap），3′ 端に tRNA 様構造（TLS）をもつ，(5) ウイルス RNA 複製酵素（RdRp）はアルファ様スーパーグループ型，(6) 外被タンパク質（CP）1 種，(7) 30 K 型移行タンパク質（MP），(8) 移行タンパク質，システインリッチタンパク質はサブゲノム RNA 経由で翻訳，(9) 菌類伝搬．

タイプ種　コムギ萎縮ウイルス（*Soil-borne wheat mosaic virus*：SBWMV）．

属の構成　コムギモザイクウイルス（*Chinese wheat mosaic virus*：CWMV），ムギ類萎縮ウイルス（*Japanese soil-borne wheat mosaic virus*：JSBWMV），*Oat golden stripe virus*：OGSV），*Soil-borne cereal mosaic virus*：SBCMV，コムギ萎縮ウイルス（*Soil-borne wheat mosaic virus*：SBWMV），*Sorghum chlorotic spot virus*：SrCSV）．

粒子　【形態】棒状 2 種（径 20 nm×長さ 140～160 nm，260～300 nm），らせんピッチ 2.6 nm．被膜なし（図 1）．

【物性】沈降係数 170～225 S（短粒子），220～230 S（長粒子）．浮遊密度（CsCl）1.32 g/cm³．

【成分】核酸：（＋）ssRNA 2 種（RNA1：6～7 kb，RNA2：3.4～3.6 kb，GC 含量 44％）．タンパク質：外被タンパク質（CP）1 種（19～21 kDa）．

ゲノム　【構造】2 分節線状（＋）ssRNA ゲノム．ORF 7 個（RNA1：3 個，RNA2：4 個）．5′ 端にキャップ構造（Cap），3′ 端に tRNA 様構造（TLS）をもつ（図 2）．

【遺伝子】RNA1（6～7 kb）：5′-Cap-149～153 kDa/209～212 kDa RNA 複製酵素タンパク質（RdRp；209～212 kDa タンパク質は 149～153 kDa タンパク質のリードスルータンパク質）-36～37 kDa 移行タンパク質（MP）-TLS-3′．RNA2（3.4～3.6 kb）：5′-Cap-25 K 機能不明タンパク質/19～21 kDa 外被タンパク質（CP）/77～84 kDa 菌類媒介ヘルパータンパク質（25 K タンパク質は 19～21 kDa タンパク質の AUG の上流の CUG から翻訳が開始され，大部分が 19～21 kDa タンパク質と重なるタンパク質；77～84 kDa タン

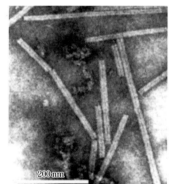

図 1　SBWMV の粒子像
［出典：Virus Taxonomy 9th Report of ICTV, 1140-1143］

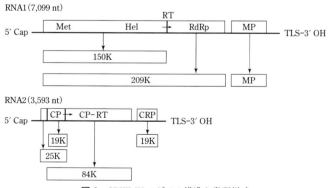

図 2　SBWMV のゲノム構造と発現様式
RT：リードスルー，150K：RNA 複製酵素サブユニット（Met：メチルトランスフェラーゼドメイン，Hel：ヘリカーゼドメイン），209K：RNA 複製酵素サブユニット（Met，Hel，RdRp：RNA 複製酵素ドメイン），MP：移行タンパク質，CP：外被タンパク質，CP-RT：菌類媒介ヘルパータンパク質，CRP：システインリッチタンパク質，TLS：tRNA 様構造．
［出典：Virus Taxonomy 9th Report of ICTV, 1140-1143］

パク質は19〜21 kDaタンパク質のリードスルータンパク質)-18〜19 kDaシステインリッチタンパク質(RNAサイレンシングサプレッサー)-TLS-3′.

複製様式 分節ゲノムから各全長に相当する(−)ssRNAが転写され，次いで完全長の(＋)ssRNAゲノムが合成される．複製は細胞質内に形成された不定形の封入体内で行われる．

発現様式 RNA複製酵素タンパク質の2種サブユニットタンパク質遺伝子の翻訳はRNA1から直接行われるが，その際，209〜212 kDaタンパク質は149〜153 kDaタンパク質のリードスルータンパク質として翻訳される．RNA2からは25 K機能不明タンパク質，19〜21 kDa外被タンパク質，77〜84 kDa菌類媒介ヘルパータンパク質が直接翻訳されるが，25 Kタンパク質は19〜21 kDaタンパク質のAUGの上流のCUGから翻訳が開始され，大部分が19〜21 kDaタンパク質と重なるタンパク質であり，77〜84 kDaタンパク質は19〜21 kDaタンパク質のリードスルータンパク質である．一方，RNA1にコードされている36〜37 kDa移行タンパク質とRNA2にコードされている18〜19 kDaシステインリッチタンパク質(RNAサイレンシングサプレッサー)の遺伝子はそれぞれ専用のサブゲノムRNA(sgRNA)経由で翻訳される．

細胞内所在 各種組織の細胞の細胞質に不定形あるいは結晶状の封入体を形成し，ウイルス粒子はその内部や周辺あるいは液胞中に集積あるいは散在して存在．

宿主域・病徴 宿主域は比較的狭い．イネ科植物に全身感染して主にモザイク，条斑あるいは萎縮などの症状を示す．*Chenopodium quinoa*の接種葉には局部病斑を形成する．

伝染 汁液接種可．*Polymyxa graminis*などによる菌類伝搬． 〔白子幸男・日比忠明〕

主要文献 Adams, M. J. *et al.* (2012). *Furovirus*. Virus Taxonomy 9th Report of ICTV, 1140−1143；ICTVdB (2006). *Furovirus*. 00.027.0.01.；Koenig, R. (2008). *Furovirus*. Encyclopedia of Virology 3rd ed., 2, 291−296；Adams, M. J. (2011). Furovirus. The Springer Index of Viruses 2nd ed., 1993−1997；DPVweb. Furovirus；Brakke, M. K. (1971). Soil-borne wheat mosaic virus. Descriptions of Plant Viruses, 77；Brunt, A. A. *et al.* eds. (1996). Furoviruses. Plant Viruses Online；Shirako, Y. *et al.* (2000). Virology, 270, 201−207；Adams, M. J. *et al.* (2012). Arch. Virol., 157, 1411−1422；Tamada, T. and Kondo, H. (2013). J. Gen. Plant Pathol., 79, 307−320.

(＋)一本鎖 RNA ウイルス　　　　　　　　　　　　　　　　　　　　　　　　ビルガウイルス科

Hordeivirus　ホルデイウイルス属

Virgaviridae

分類基準　(1)（＋）ssRNA ゲノム，(2) 3 分節線状ゲノム，(3) 棒状粒子 3 種（径 20〜22 nm×長さ 110〜150 nm），(4) ゲノムの 5′端にキャップ構造（Cap），3′端に tRNA 様構造（TLS）をもつ，(5) ウイルス RNA 複製酵素（RdRp）はアルファ様スーパーグループ型，(6) 外被タンパク質（CP）1 種，(7) トリプルジーンブロック（TGB）型移行タンパク質，(8) 移行タンパク質，システインリッチタンパク質はサブゲノム RNA 経由で翻訳，(9) 媒介生物不明．

タイプ種　ムギ斑葉モザイクウイルス（*Barley stripe mosaic virus*：BSMV）．

属の構成　*Anthoxanthum latent blanching virus*（ALBV），ムギ斑葉モザイクウイルス（*Barley stripe mosaic virus*：BSMV），*Lychnis ringspot virus*（LRSV），*Pea semilatent virus*（PSLV）．

粒子　【形態】棒状 3 種（径 20〜22 nm×長さ 110〜150 nm），らせんピッチ 2.5 nm．被膜なし（図 1）．
【物性】沈降係数 165〜200 S．
【成分】核酸：（＋）ssRNA 3 種（RNA α：3.7〜3.9 kb，RNA β：3.1〜3.6 kb，RNA γ：2.6〜3.2 kb，GC 含量 40〜43％）．タンパク質：外被タンパク質（CP）1 種（22 kDa）．

図 1　BSMV の粒子像
[出典：Virus Taxonomy 9th Report of ICTV, 1143-1147]

ゲノム　【構造】3 分節線状（＋）ssRNA ゲノム．ORF 7 個（RNA α：1 個，RNA β：4 個，RNA γ：2 個）．5′端にキャップ構造（Cap），3′端に tRNA 様構造（TLS）をもつ．BSMV と LRSV では TLS の前にポリ（A）配列（poly（A））も存在する（図 2）．
【遺伝子】RNA α（3.7〜3.9 kb）：5′-Cap-129〜131 kDa RNA 複製酵素タンパク質サブユニット αa-TLS-3′．RNA β（3.1〜3.6 kb）：5′-Cap-22 kDa 外被タンパク質 βa（CP）-50〜63 kDa 移行タンパク質 βb（TGB1）-14〜18 kDa 移行タンパク質 βd（TGB2）-17〜18 kDa 移行タンパク

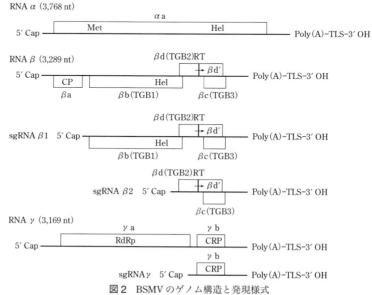

図 2　BSMV のゲノム構造と発現様式
RT：リードスルー，αa：RNA 複製酵素サブユニット（Met：メチルトランスフェラーゼドメイン，Hel：ヘリカーゼドメイン），γa：RNA 複製酵素サブユニット（RdRp：RNA 複製酵素ドメイン），TGB：トリプルジーンブロック，CP：外被タンパク質，CRP：システインリッチタンパク質，TLS：tRNA 様構造，sgRNA：サブゲノム RNA．
[出典：Virus Taxonomy 9th Report of ICTV, 1143-1147]

質βc(TGB3)-TLS-3′．（BSMVでは14 kDa移行タンパク質βdはリードスルーによって23 kDaタンパク質βd′を生じるが，感染には不要）．RNA γ(2.6〜3.2 kb)：5′-Cap-71〜84 kDa複製酵素タンパク質サブユニットγa-16〜20 kDaシステインリッチタンパク質(RNAサイレンシングサプレッサー)-TLS-3′．

複製様式 分節ゲノムから各全長に相当する(－)ssRNAが転写され，次いで完全長の(＋)ssRNAゲノムが合成される．複製はプロプラスチドや葉緑体の周囲に形成された小胞内で行われる．

発現様式 RNA複製酵素タンパク質の2種サブユニットタンパク質遺伝子はRNA αとRNA γから，外被タンパク質遺伝子はRNA βから，それぞれ直接翻訳されるが，3種移行タンパク質遺伝子はRNA βから，システインリッチタンパク質(RNAサイレンシングサプレッサー)はRNA γから，それぞれ転写された専用のサブゲノムRNA(sgRNA)経由で翻訳される．

細胞内所在 ウイルス粒子は各種組織の細胞の細胞質内あるいは核内に集積あるいは散在して存在．

宿主域・病徴 宿主域は比較的広く，LRSV以外は主にイネ科植物に全身感染し，主に，退緑条斑，退緑輪点，モザイクあるいは矮化などの症状を示す．

伝染 汁液接種可．接触伝染．種子伝染．媒介生物不明． 〔白子幸男・日比忠明〕

主要文献 Adams, M. J. *et al.* (2012). *Hordeivirus*. Virus Taxonomy 9th Report of ICTV, 1143-1147；ICTVdB (2006). *Hordeivirus*. 00.032.0.01.；Bragg, J. N. *et al.* (2008). *Hordeivirus*. Encyclopedia of Virology 3rd ed., 2, 459-467；Jackson, A. O. *et al.* (2011). Hordeivirus. The Springer Index of Viruses 2nd ed., 1999-2004；DPVweb. Hordeivirus；Atabecov, J. G. *et al.* (1989). Barley stripe mosaic virus. Descriptions of Plant Viruses, 344；Brunt, A. A. *et al.* eds. (1996). Hordeiviruses. Plant Viruses Online.

(＋)一本鎖 RNA ウイルス　　　　　　　　　　　　　　　　　　　　　ビルガウイルス科

Pecluvirus　ペクルウイルス属
Virgaviridae

分類基準　(1)（＋）ssRNA ゲノム，(2) 2 分節線状ゲノム，(3) 棒状粒子 2 種（径 21 nm×長さ 190 nm, 245 nm），(4) ゲノムの 5′端にキャップ構造（Cap），3′端に tRNA 様構造（TLS）をもつ（推定），(5) ウイルス RNA 複製酵素（RdRp）はアルファ様スーパーグループ型，(6) 外被タンパク質（CP）1 種，(7) トリプルジーンブロック（TGB）型移行タンパク質，(8) 移行タンパク質，RNA サイレンシングサプレッサーはサブゲノム RNA 経由で翻訳，(9) 菌類伝搬．

タイプ種　*Peanut clump virus*（PCV）．

属の構成　*Indian peanut clump virus*（IPCV），*Peanut clump virus*（PCV）．

粒　子　【形態】棒状 2 種（径 21 nm×長さ 190 nm, 245 nm），らせんピッチ 2.6 nm．被膜なし（図 1）．
【物性】沈降係数 183 S（短粒子），224 S（長粒子）．浮遊密度（CsCl）1.32 g/cm³．
【成分】核酸：（＋）ssRNA 2 種（RNA1：5.9 kb, RNA2：4.3〜4.5 kb, GC 含量 41〜44％）．タンパク質：外被タンパク質（CP）1 種（23 kDa）．

ゲノム　【構造】2 分節線状（＋）ssRNA ゲノム．ORF 8 個（RNA1：3 個，RNA2：5 個）．5′端にキャップ構造（Cap），3′端に tRNA 様構造（TLS）をもつ（推定）（図 2）．

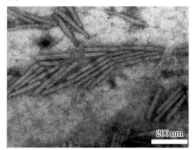

図 1　PCV の粒子像
［出典：Descriptions of Plant Viruses, 235］

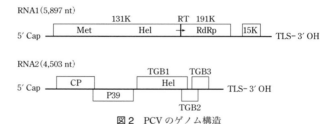

図 2　PCV のゲノム構造
RT：リードスルー，131K：RNA 複製酵素サブユニット（Met：メチルトランスフェラーゼドメイン，Hel：ヘリカーゼドメイン），191K：RNA 複製酵素サブユニット（Met, Hel, RdRp：RNA 複製酵素ドメイン），CP：外被タンパク質，P39：菌類媒介ヘルパータンパク質，TGB：トリプルーンブロック，TLS：tRNA 様構造．
［出典：Virus Taxonomy 9th Report of ICTV, 1147-1149 を改変］

【遺伝子】RNA1（5.9 kb）：5′-Cap-ORF1/ORF2（131 kDa/191 kDa RNA 複製酵素タンパク質（RdRp）；191 kDa タンパク質は 131 kDa タンパク質のリードスルータンパク質）-ORF3（15 kDa タンパク質；RNA サイレンシングサプレッサー）-TLS-3′．RNA2（4.3〜4.5 kb）：5′-Cap-ORF1/ORF2（23 kDa 外被タンパク質（CP）/39 kDa 菌類媒介ヘルパータンパク質；39 kDa タンパク質は ORF1 のリーキースキャニングにより発現するタンパク質）-ORF3（51 kDa 移行タンパク質 1；TGB1）-ORF4（14 kDa 移行タンパク質 2；TGB2）-ORF5（17 kDa 移行タンパク質 3；TGB3）-TLS-3′．

複製様式　分節ゲノムから各全長に相当する（－）ssRNA が転写され，次いで完全長の（＋）ssRNA ゲノムが合成される．

発現様式　RNA1 の RNA 複製酵素タンパク質および RNA2 の外被タンパク質はゲノム全長の（＋）ssRNA から直接翻訳される．RNA1 の 15 kDa タンパク質および RNA2 のトリプルジーンブロックタンパク質はサブゲノム RNA 経由で翻訳されると推定される．RNA2 の 39 kDa タンパク質は CP の ORF のリーキースキャニングにより発現する．

細胞内所在　ウイルス粒子は各種細胞の核近傍の細胞質内や細胞膜周辺に見られる．

宿主域・病徴 PCV はラッカセイに萎縮やモザイク，ソルガムに無病徴感染．IPCV は穀類を主な宿主とし，萎縮などの病徴を示す．潜在感染していることも多い．

伝　　　染 汁液接種可．*Polymyxa graminis* による菌類伝搬．ラッカセイで種子伝染． 〔難波成任〕

主要文献 Adams, M. J. *et al.*（2012）．*Pecluvirus*. Virus Taxonomy 9th Report of ICTV, 1147–1149；ICTVdB（2006）．*Pecluvirus*. 00.087.0.01．；Reddy, D. V. R. *et al.*（2008）．*Pecluvirus*. Encyclopedia of Virology 3rd ed., 4, 97–103；Erhardt, M. *et al.*（2011）．Pecluvirus. The Springer Index of Viruses 2nd ed., 2029–2033；DPVweb. Pecluvirus；Thouvenel, J. C. *et al.*（1981）．Peanut clump virus. Descriptions of Plant Viruses, 235；Brunt, A. A. *et al.* eds.（1996）．Peanut clump *furovirus*. Plant Viruses Online；Herzog, E. *et al.*（1994）．J. Gen. Virol., 75, 3147–3155；Herzog, E. *et al.*（1998）．Virology, 248, 312–322；Tamada, T. and Kondo, H.（2013）．J. Gen. Plant Pathol., 79, 307–320．

（＋）一本鎖 RNA ウイルス　　　　　　　　　　　　　　　　　　　　　　　　　　　ビルガウイルス科

Pomovirus　ポモウイルス属

Virgaviridae

分類基準　(1)（＋）ssRNA ゲノム，(2) 3分節線状ゲノム，(3) 棒状粒子 3 種(径 18～20 nm×長さ 65～80 nm，150～160 nm，290～310 nm)，(4) ゲノムの 5′端にキャップ構造(Cap)，3′端に tRNA 様構造(TLS)をもつ(推定)，(5) ウイルス RNA 複製酵素(RdRp)はアルファ様スーパーグループ型，(6) 外被タンパク質(CP) 2 種，(7) トリプルジーンブロック(TGB)型移行タンパク質，(8) システインリッチタンパク質あるいはグリシンリッチタンパク質はサブゲノム RNA 経由で翻訳，(9) ネコブカビ類伝搬．

タイプ種　ジャガイモモップトップウイルス(*Potato mop-top virus*：PMTV)．

属の構成　*Beet soil-borne virus*(BSBV)，*Beet virus Q*(BVQ)，ソラマメえそモザイクウイルス(*Broad bean necrosis virus*：BBNV)，ジャガイモモップトップウイルス(PMTV)．

粒　子　【形態】棒状 3 種(径 18～20 nm×長さ 65～80 nm，150～160 nm，290～310 nm)．らせんピッチ 2.4～2.5 nm．被膜なし(図 1)．
【物性】沈降係数 125 S，170 S，230 S．
【成分】核酸：(＋)ssRNA 3 種(RNA1：5.6～6.0 kb，RNA2：2.8～3.5 kb，RNA3：2.3～3.1 kb，GC 含量 43％)．タンパク質：外被タンパク質 2 種(CP：19～20 kDa，CP-RT：67～104 kDa)．

ゲノム　【構造】3 分節線状(＋)ssRNA ゲノム．ORF 7～8 個 (RNA1：2 個，RNA2：2 個，RNA3：3～4 個)．5′端にキャップ構造(Cap)，3′端に tRNA 様構造(TLS)をもつ(図 2)．

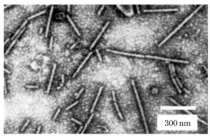

図 1　PMTV の粒子像

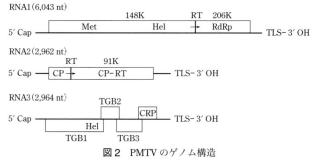

図 2　PMTV のゲノム構造

RT：リードスルー，148K：RNA 複製酵素サブユニット(Met：メチルトランスフェラーゼドメイン，Hel：ヘリカーゼドメイン)，206K：RNA 複製酵素サブユニット(Met，Hel，RdRp：RNA 複製酵素ドメイン)，CP：外被タンパク質，CP-RT(91K)：ネコブカビ類媒介ヘルパータンパク質，TGB：トリプルジーンブロック，CRP：システインリッチタンパク質，TLS：tRNA 様構造．

［出典：Virus Taxonomy 9th Report of ICTV, 1150-1153 を改変］

【遺伝子】　RNA1(5.6～6.0 kb)：5′-Cap-ORF1/ORF2(145-150 kDa/204～209 kDa RNA 複製酵素タンパク質(RdRp)；204～209 kDa タンパク質は 145～150 kDa タンパク質のリードスルータンパク質)-TLS-3′．RNA2(2.8～3.5 kb)：5′-Cap-ORF1/ORF2(19～20 kDa 外被タンパク質(CP)/67～104 kDa CP リードスルータンパク質(CP-RT)；67～104 kDa タンパク質は 19～20 kDa タンパク質のリードスルータンパク質でネコブカビ類媒介ヘルパータンパク質として機能する)-TLS-3′．RNA3(2.3～3.1 kb)：5′-Cap-ORF1(48～53 kDa 移行タンパク質 1；TGB 1)-ORF2(13 kDa 移行タンパク質 2；TGB 2)-ORF3(20～22 kDa 移行タンパク質 3；TGB 3)-ORF4(8 kDa システインリッチタンパク質あるいは 6 kDa グリシンリッチタンパク質；シス

	テインリッチタンパク質は PMTV，グリシンリッチタンパク質は BBNV に存在．BSBV と BVQ には存在しない）-TLS-3′． なお，PMTV の RNA2 と RNA3 はお互いに逆に記載されることがある．
複製様式	各ゲノムから全長に相当する（−）ssRNA が転写され，次いで完全長の（+）ssRNA が合成される．
発現様式	RNA1 の ORF2 および RNA2 の ORF2 はそれぞれの ORF1 のリードスルータンパク質として翻訳される．RNA3 のシステインリッチタンパク質はサブゲノム RNA 経由で翻訳される．
細胞内所在	ウイルス粒子は細胞質内に散在あるいは束状の集塊をなして存在．BSBV，BVQ，BBNV では細胞質内に不定形の封入体が形成される．
宿主域・病徴	寄主範囲はきわめて狭い．ウイルスは根に局在することが多い．PMTV はナス科，BSBV と BVQ はビート，BBNV はマメ科に感染する．
伝　　　染	汁液接種可．BSBV と BVQ は *Polymyxa betae*，PMTV は *Spongospora subterranea* によるネコブカビ類伝搬．BBNV の媒介生物は不明．
そ の 他	RNA2（外被タンパク質）は全身移行には必要でない．ポモウイルス属の種の分類においては，生物的および血清的特性なども加味しつつ，全塩基配列の相同性が 80% 以下であれば別種とする．

〔玉田哲男〕

主要文献　Adams, M. J. *et al.* (2012). *Pomovirus*. Virus Taxonomy 9th Report of ICTV, 1150-1153；ICTVdB (2006). *Pomovirus*. 00.086.0.01.；Torrance, L. (2008). *Pomovirus*. Encyclopedia of Virology 3rd ed., 4, 282-287；Savenkov, E. I. (2011). Pomovirus. The Springer Index of Viruses 2nd ed., 2035-2040；DPVweb. Pomovirus；Harrison, B. D. *et al.* (2002). Potato mop-top virus. Descriptions of Plant Viruses, 389；Brunt, A. A. *et al.* eds. (1996). Potato mop-top *furovirus*. Plant Viruses Online；Tamada, Y. and Kondo, H. (2013). Biological and genetic diversity of plasmodiophorid-transmitted viruses and their vectors. J. Gen. Plant. Pathol., 79, 307-320.

(＋)一本鎖 RNA ウイルス　　　　　　　　　　　　　　　　　　　　　　　　ビルガウイルス科

Tobamovirus　トバモウイルス属

Virgaviridae

分類基準　(1)（＋）ssRNA ゲノム，(2) 単一線状ゲノム，(3) 棒状粒子 1 種（径 18 nm×長さ 300〜310 nm），(4) ゲノムの 5′端にキャップ構造(Cap)，3′端に tRNA 様構造(TLS)をもつ，(5) ウイルス RNA 複製酵素(RdRp)はアルファ様スーパーグループ型，(6) 外被タンパク質(CP) 1 種，(7) 30 K 型移行タンパク質(MP)，(8) 移行タンパク質，外被タンパク質はサブゲノム RNA 経由で翻訳，(9) 接触伝染（媒介生物なし）．

タイプ種　タバコモザイクウイルス(*Tobacco mosaic virus*：TMV)．

属の構成　スイカ緑斑モザイクウイルス(*Cucumber green mottle mosaic virus*：CGMMV)，キュウリ斑紋ウイルス(*Cucumber mottle virus*：CuMoV)，キュウリ緑斑モザイクウイルス(*Kyuri green mottle mosaic virus*：KGMMV)，ハイビスカス潜在フォートピアスウイルス(*Hibiscus latent Fort Pierce virus*：HLFPV)，オドントグロッサム輪点ウイルス(*Odontoglossum ringspot virus*：ORSV)，パプリカ微斑ウイルス(*Paprika mild mottle virus*：PaMMV)，トウガラシ微斑ウイルス(*Pepper mild mottle virus*：PMMoV)，ジオウモザイクウイルス(*Rehmannia mosaic virus*：ReMV)，*Ribgrass mosaic virus*(RMV)，ウチワサボテンサモンズウイルス(*Sammon's Opuntia virus*：SOV)，*Sunn-hemp mosaic virus*(SHMV)，タバコ微斑モザイクウイルス(*Tobacco mild green mosaic virus*：TMGMV)，タバコモザイクウイルス(*Tobacco mosaic virus*：TMV)，トマトモザイクウイルス(*Tomato mosaic virus*：ToMV)，ワサビ斑紋ウイルス(*Wasabi mottle virus*：WMoV)，アブラナモザイクウイルス(*Youcai mosaic virus*：YoMV)など 35 種．

暫定種：Abutilon yellow mosaic virus(AbYMV)，Hypochoeris mosaic virus(HyMV)など．

粒子　【形態】棒状 1 種（径 18 nm×長さ 300〜310 nm），らせんピッチ 2.3 nm．被膜なし（図 1）．

【物性】沈降係数 176〜212 S，浮遊密度(CsCl) 1.25〜1.37 g/cm³．

【成分】核酸：（＋）ssRNA 1 種(6.3〜6.6 kb，GC 含量 41〜46％)．タンパク質：外被タンパク質(CP) 1 種(17〜18 kDa)．ウイルス粒子は約 2,100 個の外被タンパク質を有する．

図 1　TMV の粒子模式図
［出典：Encyclopedia of Virology 3rd ed., 5, 54-60］

ゲノム　【構造】単一線状（＋）ssRNA ゲノム．ORF 4 個．5′端にキャップ構造(Cap)，3′端に tRNA 様構造(TLS)をもつ（図 2）．

【遺伝子】5′-Cap-124〜132 kDa/181〜189 kDa RNA 複製酵素タンパク質(RdRp；181〜189 kDa タンパク質は 124〜132 kDa タンパク質のリードスルータンパク質)-28〜31 kDa 移行タンパク質(MP)-17〜18 kDa 外被タンパク質(CP)-TLS-3′．

複製様式　ゲノムから全長に相当する（－）ssRNA が転写され，次いで完全長の（＋）ssRNA ゲノムが合成される．複製は細胞質

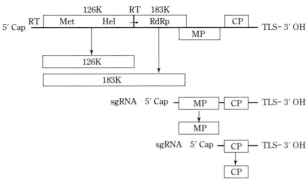

図 2　TMV(6,395 nt)のゲノム構造と発現様式
RT：リードスルー，126K：RNA 複製酵素サブユニット(Met：メチルトランスフェラーゼドメイン，Hel：ヘリカーゼドメイン)，183K：RNA 複製酵素サブユニット(Met，Hel，RdRp：RNA 複製酵素ドメイン)，MP：移行タンパク質，CP：外被タンパク質，sgRNA：サブゲノム mRNA，TLS：tRNA 様構造．
［出典：Virus Taxonomy 9th Report of ICTV, 1153-1156 を改変］

内に形成された膜系からなる特有の封入体（X体）内で行われる（図3）．

発現様式 RNA複製酵素タンパク質の2種サブユニットタンパク質遺伝子の翻訳はゲノム全長から直接行われるが，その際，181～189 kDaタンパク質は124～132 kDaタンパク質のリードスルータンパク質として翻訳される．一方，28～31 kDa移行タンパク質と17～18 kDa外被タンパク質の遺伝子はそれぞれ専用のサブゲノムRNA（sgRNA）経由で翻訳される．なお，サブゲノムmRNAもゲノムRNAから転写複製されるが，5′端にCap，3′端にTLSを有する．RNA複製酵素タンパク質と移行タンパク質は感染の初期に少量，外被タンパク質は感染の後期に多量に生産される（図2，図3）．

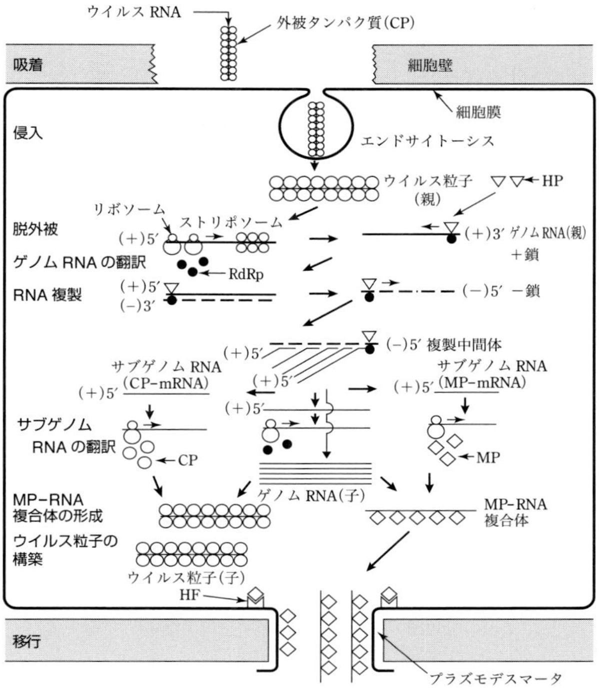

細胞内所在 ウイルス粒子は各種組織の細胞の細胞質に結晶状に集積あるいは散在して存在（図4）．

宿主域・病徴 宿主域は広い．全身感染し，主にモザイクなどを示す．

伝　　染 汁液接種可．接触伝染，土壌伝染，種子伝染（種皮経由）．いずれも媒介生物は関与しない．

そ の 他 トバモウイルス属の種の分類においては，生物的および血清的特性なども加味しつつ，全塩基配列の相同性が90％以下であれば別種とする．

〔日比忠明〕

図3 タバコモザイクウイルスの増殖過程
RdRp：RNA複製酵素，MP：移行タンパク質，CP：外被タンパク質，HF：宿主因子．
［出典：新編農学大事典，367-375］

図4 TMV感染細胞の細胞質内に束状に集積したウイルス粒子
［出典：Descriptions of Plant Viruses, 151］

主要文献 Adams, M. J. *et al.*(2012). *Tobamovirus*. Virus Taxonomy 9th Report of ICTV, 1153-1156；ICTV Virus Taxonomy List(2014). *Tobamovirus*；ICTVdB(2007). *Tobamovirus*. 00.071.0.01.；Lewandowski, D. J.(2008). *Tobamovirus*. Encyclopedia of Virology 3rd ed., 5, 68-72；Van Regenmortel, M. H. V.(2008). Tobacco mosaic virus. Encyclopedia of Virology 3rd ed., 5, 54-60；Zaitlin, M.(2011). Tobamovirus. The Springer Index of Viruses 2nd ed., 2065-2069；DPVweb. Tobamovirus；Gibbs, A. J.(1977). Tobamovirus group. Descriptions of Plant Viruses, 184；Zaitlin, M.(2000). Tobacco mosaic virus. Descriptions of Plant Viruses, 370；Brunt, A. A. *et al.* eds. (1996). Tobamoviruses. Plant Viruses Online；Gibbs, A. J. *et al.*(2004). A type of nucleotide motif that distinguishes tobamovirus species more efficiently than nucleotide signatures. Arch. Virol., 149, 1941-1954；Heinze, C. *et al.*(2006). The phylogenetic structure of the cluster of tobamovirus species serologically related to ribgrass mosaic virus(RMV)and the sequence of streptocarpus flower break virus(SFBV). Arch. Virol., 151, 763-774；大木 理(2005)．日本に発生するトバモウイルスの再分類の経緯．植物防疫，59, 25-28；渡辺雄一郎(1997)．タバコモザイクウイルス．ウイルス学(畑中正一編，朝倉書店)，416-426；日比忠明(2004)．植物ウイルス．新編農学大事典(山崎耕宇ら監修，養賢堂)，367-375．

（＋）一本鎖 RNA ウイルス　　　　　　　　　　　　　　　　　　　　　　　　　　　ビルガウイルス科

Tobravirus　トブラウイルス属
Virgaviridae

分類基準　(1)（＋）ssRNA ゲノム，(2) 2 分節線状ゲノム，(3) 棒状粒子 2 種（径 21〜23 nm×長さ 46〜115 nm, 180〜215 nm），(4) ゲノムの 5′ 端にキャップ構造（Cap），3′ 端に tRNA 様構造（TLS）をもつ，(5) ウイルス RNA 複製酵素（RdRp）はアルファ様スーパーグループ型，(6) 外被タンパク質（CP）1 種，(7) 30 K 型移行タンパク質（MP），(8) 移行タンパク質，外被タンパク質はサブゲノム RNA 経由で翻訳，(9) 線虫伝搬．

タイプ種　タバコ茎えそウイルス（*Tobacco rattle virus*：TRV）．

属の構成　*Pea early-browning virus*（PEBV），*Pepper ringspot virus*（PepRSV），タバコ茎えそウイルス（*Tobacco rattle virus*：TRV）．

粒　子　【形態】棒状 2 種（径 21〜23 nm×長さ 46〜115 nm（S 粒子），180〜215 nm（L 粒子），らせんピッチ 2.5 nm．被膜なし（図1）．
【物性】沈降係数 155〜245 S（S 粒子），286〜306 S（L 粒子）．浮遊密度（CsCl） 1.306〜1.324 g/cm^3．
【成分】核酸：（＋）ssRNA 2 種（RNA1：6.8〜7.0 kb，RNA2：1.8〜4.5 kb，GC 含量 42％）．タンパク質：外被タンパク質（CP）1 種（22〜24 kDa）．

ゲノム　【構造】2 分節線状（＋）ssRNA ゲノム．ORF 7 個（RNA1：4 個，RNA2：3 個）．5′ 端にキャップ構造（Cap），3′ 端に tRNA 様構造（TLS）をもつ（図2）．

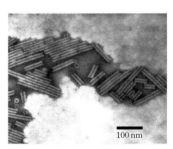

図1　TRV の粒子像

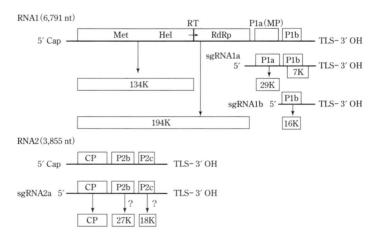

図2　TRV のゲノム構造と発現様式

RT：リードスルー，134K：RNA 複製酵素サブユニット（Met：メチルトランスフェラーゼドメイン，Hel：ヘリカーゼドメイン），194K：RNA 複製酵素サブユニット（Met, Hel, RdRp：RNA 複製酵素ドメイン），MP：移行タンパク質，CP：外被タンパク質，TLS：tRNA 様構造，sgRNA：サブゲノム RNA．
［出典：Virus Taxonomy 9th Report of ICTV, 1156-1159 を改変］

【遺伝子】RNA1（6.8〜7.0 kb）：5′−Cap−134〜141 kDa/194〜201 kDa RNA 複製酵素タンパク質（RdRp；194〜201 kDa タンパク質は 134〜141 kDa タンパク質のリードスルータンパク質）−29〜30 kDa 移行タンパク質 P1a（MP）−12〜16 kDa タンパク質 P1b（TRV では RNA サイレンシングサプレッサー，PEBV では種子伝染介助タンパク質）−TLS−3′．RNA2（1.8〜4.5 kb）：5′−Cap−22〜24 kDa 外被タンパク質（CP）−27〜40 kDa タンパク質 P2b（線虫媒介介助タンパク質）−18〜33 kDa 機能不明タンパク質 P2c −TLS−3′．

複製様式　おそらくゲノムから全長に相当する（−）ssRNA が転写され，次いで完全長の（＋）ssRNA ゲノ

(＋)一本鎖 RNA ウイルス　　227

ムが合成される．複製は細胞質で行われる．

発現様式　RNA 複製酵素タンパク質の 2 種サブユニットタンパク質遺伝子の翻訳は RNA1 から直接行われるが，その際，194〜201 kDa タンパク質は 134〜141 kDa タンパク質のリードスルータンパク質として翻訳される．一方，P1a と P1b はそれぞれサブゲノム RNA 1a および 1b から翻訳される．また，外被タンパク質は RNA2 由来のサブゲノム RNA2a から翻訳されるが，P2b および P2c の翻訳機構は不明．

細胞内所在　ウイルス粒子は細胞質内に存在し，しばしば L 粒子の集塊が見られる．PepRSV ではミトコンドリアの外周にその一端を接して，L 粒子が集積する．

宿主域・病徴　単子葉，双子葉にわたって 50 科，400 種以上の広い宿主域をもつ．全身感染して，茎や葉にえそ症状，輪紋などを示す．宿主によっては全身に均一には広がらないこともある．

伝染　汁液接種可．線虫(*Trichodorus*, *Paratrichodorus* spp)による土壌伝染，種子伝染．

その他　トブラウイルス属の種の分類においては，生物的特性なども加味しつつ，RNA1 の全塩基配列の相同性が 75% 以下であれば別種とする．　　　　　　　　　　　　　　　　　〔髙浪洋一〕

主要文献　Adams, M. J. *et al.*(2012). *Tobravirus*. Virus Taxonomy 9th Report of ICTV, 1156–1159 ; ICTVdB (2006). *Tobravirus*. 00.072.0.01. ; Macfarlane, S. A.(2008). *Tobravirus*. Encyclopedia of Virology 3rd ed., 5, 72–76 ; Varrelmann, M. *et al.*(2011). Tobravirus. The Springer Index of Viruses 2nd ed., 2071–2076 ; DPVweb. Tobravirus ; Robinson, D. J.(2003). Tobacco rattle virus. Description of Plant Viruses, 398 ; Brunt, A. A. *et al.* eds.(1996). Tobraviruses. Plant Viruses Online ; Martin-Hemández, A. M. *et al.*(2008). J. Virol., 82, 4064–4071.

(＋)一本鎖 RNA ウイルス　　　　　　　　　　　　　　　　　　　　　　　　　　科未設定

Cilevirus　シレウイルス属

科未設定

分類基準　(1)(＋)ssRNA ゲノム，(2) 2 分節線状ゲノム，(3) 桿菌状粒子 1 種(径 50〜55 nm×長さ 120〜130 nm)，(4) ゲノムの 5′ 端にキャップ構造(Cap)，3′ 端にポリ(A)配列(poly(A))をもつ，(5) ウイルスタンパク質は RNA 複製酵素と 15 kDa 機能不明タンパク質を除いて，各 ORF に対応するサブゲノム RNA から翻訳される，(6) ORF 6 個，(7) ダニ伝染．

タイプ種　*Citrus leprosis virus C*(CiLV-C)．

属の構成　*Citrus leprosis virus C*(CiLV-C)．
　　　　　　暫定種：Ligustrum ringspot virus(LigRSV)，Passion fruit green spot virus(PFGSV)，Solanum violaefolium ringspot virus(SvRSV)．

粒　子　【形態】桿菌状 1 種(径 50〜55 nm×長さ 120〜130 nm)．被膜なし．
　　　　　　【成分】核酸：(＋)ssRNA 2 種(RNA1：8.7 kb，RNA2：5.0 kb)．タンパク質：外被タンパク質(CP) 1 種(29 kDa)．

ゲノム　【構造】2 分節線状(＋)ssRNA ゲノム．ORF 6 個(RNA1：2 個，RNA2：4 個)．5′ 端にキャップ構造(Cap)，3′ 端にポリ(A)配列(poly(A))をもち，5′ 端に 9 塩基の共通保存配列が存在する(図 1)．

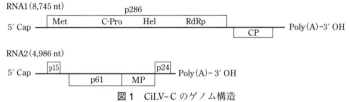

図 1　CiLV-C のゲノム構造
p286：RNA 複製酵素(Met：メチルトランスフェラーゼドメイン，C-Pro：システインプロテアーゼドメイン，Hel：ヘリカーゼドメイン，RdRp：RNA 複製酵素ドメイン，CP：外被タンパク質，MP：移行タンパク質．
〔出典：Virus Taxonomy 9th Report of ICTV, 1169-1172 を改変〕

【遺伝子】RNA1(8.7 kb)：5′-Cap-286 kDa RNA 複製酵素(p286)-29 kDa 外被タンパク質(CP)-poly(A)-3′．RNA2(5.0 kb)：5′-Cap-15 kDa 機能不明タンパク質(p15)-61 kDa 機能不明タンパク質(p61)-32 kDa 移行タンパク質(MP)-24 kDa 機能不明タンパク質(p24)-poly(A)-3′．

発現様式　RNA 複製酵素と 15 kDa 機能不明タンパク質はゲノム RNA から直接，その他のウイルスタンパク質は各 ORF に対応するサブゲノム RNA から翻訳される．

宿主域・病徴　宿主域はカンキツ類を中心としてやや広い．葉などに退緑斑やえそ斑を生じるが，局部感染に止まる場合が多い．

伝　染　汁液接種可．ダニ伝染．　　　　　　　　　　　　　　　　　　　　　〔日比忠明〕

主要文献　Locali-Fabris, E. C. *et al.*(2012). *Cilevirus*. Virus Taxonomy 9th Report of ICTV, 1169-1172；DPVweb. Cilevirus；Locali-Fabris, E. C. *et al.*(2006). Complete nucleotide sequence, genomic organization and phylogenetic analysis of Citrus leprosis virus cytoplasmic type. J. Gen. Virol., 87, 2721-2729.

Higrevirus ハイグレウイルス属

科未設定

分類基準 (1)（+）ssRNA ゲノム，(2) 3 分節線状ゲノム，(3) 桿菌状粒子 1 種（径 50～55 nm×長さ 120～130 nm），(4) ゲノムの 5′ 端にキャップ構造(Cap)，3′ 端にポリ(A)配列(poly(A))をもつ，(5) ORF 8 個，(6) ダニ伝染．

タイプ種 *Hibiscus green spot virus 2*（HGSV-2）．

属の構成 *Hibiscus green spot virus 2*（HGSV-2）．

粒　　子【形態】桿菌状 1 種（径 50～55 nm×長さ 120～130 nm）．被膜なし．
【成分】核酸：（+）ssRNA 3 種（RNA1：8.4 kb，RNA2：3.2 kb，RNA3：3.1 kb）．タンパク質：外被タンパク質(CP) 1 種（？）．

ゲ ノ ム【構造】3 分節線状（+）ssRNA ゲノム．ORF 8 個（RNA1：1 個，RNA2：4 個，RNA3：3 個）．5′ 端にキャップ構造(Cap)，3′ 端にポリ(A)配列(poly(A))をもつ（図 1）．

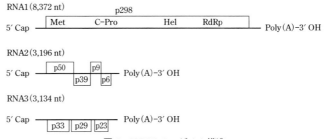

図 1　HGSV-2 のゲノム構造
p298：RNA 複製酵素(Met：メチルトランスフェラーゼドメイン，C-Pro：システインプロテアーゼドメイン，Hel：ヘリカーゼドメイン，RdRp：RNA 複製酵素ドメイン)．
〔出典：Melzer, M. J. *et al.*（2012）. Phytopathology, 102, 122-127 を改変〕

【遺伝子】RNA1（8.4 kb）：5′-Cap-298 kDa RNA 複製酵素(p298)-poly(A)-3′．RNA2（3.2 kb）：5′-Cap-50 kDa 機能不明タンパク質(p50)-39 kDa 機能不明タンパク質(p39)-9 kDa 機能不明タンパク質(p9)-6 kDa 機能不明タンパク質(p6)-poly(A)-3′．RNA3（3.1 kb）：5′-Cap-33 kDa 機能不明タンパク質(p33)-29 kDa 機能不明タンパク質(p29)-23 kDa 機能不明タンパク質(p23)-poly(A)-3′．

宿主域・病徴 カンキツ類，フヨウ属植物．葉などに退緑斑やえそ斑を生じる．

伝　　染 汁液接種可？．ダニ伝染．

そ の 他 ハイグレウイルス属はシレウイルス属に類似しているが，前者は 3 分節ゲノム，後者は 2 分節ゲノムであり，両者の RNA 複製酵素のアミノ酸配列の相同性は 26～48％である．〔日比忠明〕

主要文献 ICTV Virus Taxonomy List（2013）. *Higrevirus*；ICTV Files. 2012. 011a-dP；Melzer, M. J. *et al.*（2012）. Characterization of a virus infecting *Citrus volkameriana* with citrus leprosis-like symptoms. Phytopathology, 102, 122-127.

(＋)一本鎖 RNA ウイルス　　　　　　　　　　　　　　　　　　　　　　　　　　　　科未設定

Idaeovirus イデオウイルス属

科未設定

分類基準　(1)(＋)ssRNA ゲノム，(2) 2 分節線状ゲノム，(3) 球状粒子 2 種(径約 33 nm)，(4) ゲノムの 5′ 端のキャップ構造(Cap)の存在は未確認，3′ 端に特異的二次構造をもつが，ポリ(A)配列(poly(A))を欠く，(5) ウイルス RNA 複製酵素(RdRp)はアルファ様スーパーグループ型，(6) 外被タンパク質(CP) 1 種，(7) 外被タンパク質はサブゲノム RNA から翻訳される，(8) ORF 3 個，(9) 花粉および種子伝染.

タイプ種　ラズベリー黄化ウイルス(*Raspberry bushy dwarf virus*：RBDV).
属の構成　ラズベリー黄化ウイルス(*Raspberry bushy dwarf virus*：RBDV).
粒　子　【形態】球状 2 種(径約 33 nm)．被膜なし(図 1).
【物性】沈降係数 115 S．浮遊密度(CsCl) 1.37 g/cm^3．
【成分】核酸：(＋)ssRNA 3 種(RNA1：5.5 kb，RNA2：2.2 kb，RNA3：1 kb(サブゲノム RNA)，GC 含量 43％)．なお，RNA3 は CP のサブゲノム RNA だが，粒子中に含まれる．タンパク質：外被タンパク質(CP) 1 種(30 kDa).

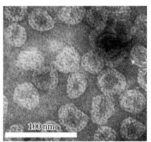

図 1　RBDV の粒子模式図
[出典：Descriptions of Plant Viruses, 360]

ゲノム　【構造】2 分節線状(＋)ssRNA ゲノム．ORF 3 個(RNA1：1 個，RNA2：2 個)．3′ 端にポリ(A)配列(poly(A))を欠く(図 2).
【遺伝子】RNA1(5.5 kb)：5′-ORF1a(188〜191 kDa RNA 複製酵素；メチルトランスフェラーゼドメイン(MTR)/ヘリカーゼドメイン(HEL)/RNA 複製酵素ドメイン(RdRp))-3′．RNA2(2.2 kb)：5′-ORF2a(39 kDa 移行タンパク質(MP))-ORF2b(30 kDa 外被タンパク質(CP))-3′．

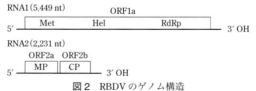

図 2　RBDV のゲノム構造
1a：RNA 複製酵素(Met：メチルトランスフェラーゼドメイン，Hel：ヘリカーゼドメイン，RdRp：RNA 複製酵素ドメイン)，MP：移行タンパク質，CP：外被タンパク質．
[出典：Virus Taxonomy 9th Report of ICTV, 1173-1175 を改変]

複製様式　おそらくゲノムから全長に相当する(－)ssRNA が転写され，次いで完全長の(＋)ssRNA ゲノムが合成される．この複製の活性化には外被タンパク質が必要である．
発現様式　RNA 複製酵素と移行タンパク質はゲノム RNA から直接，外被タンパク質はサブゲノム RNA から翻訳される．
宿主域・病徴　自然宿主はバラ科キイチゴ属植物とブドウに限られる．多くは無病徴の全身感染だが，品種によっては黄化や果実の劣化を示す．
伝　染　汁液接種可．花粉および種子伝染．媒介生物不明．　　　　　〔夏秋知英・日比忠明〕
主要文献　MacFarlane, S. A. (2012). *Idaeovirus*. Virus Taxonomy 9th Report of ICTV, 1173-1175；ICTVdB (2006). *Idaeovirus*. 00.034.0.01.；Jones, A. T. *et al.* (2008). *Idaeovirus*. Encyclopedia of Virology 3rd ed., 3, 37-41；Sabanadzovic, S. *et al.* (2011). Idaeovirus. The Springer Index of Viruses 2nd ed., 2005-2009；DPVweb. Idaeovirus；Jones, A. T. *et al.* (1998). Raspberry bushy dwarf virus. Descriptions of Plant Viruses, 360；Natsuaki, T. *et al.* (1991). J. Gen. Virol., 72, 2183-2189；Ziegler, A. *et al.* (1992). J. Gen. Virol., 73, 3213-3218；MacFarlane, S. A. *et al.* (2009). J. Gen. Virol., 90, 747-753；Valasevich, N. *et al.* (2011). Arch. Virol., 156, 369-374；Isogai, M. *et al.* (2012). J. Gen. Plant Pathol., 78, 360-363.

(＋)一本鎖RNAウイルス　　科未設定

Ourmiavirus　オルミアウイルス属

科未設定

分類基準　(1)(＋)ssRNAゲノム，(2) 3分節線状ゲノム，(3)桿菌状粒子4種（径18 nm×長さ30〜62 nm），(4)ゲノムの5′端と3′端にそれぞれ共通配列をもつが，キャップ構造(Cap)，tRNA様構造(TLS)，ポリ(A)配列(poly(A))などを欠く，(5)ウイルスRNA複製酵素(RdRp)は*Narnavirus*属に類似，(6)外被タンパク質(CP)1種，(7)すべてのウイルスタンパク質はゲノムRNAから直接翻訳，(8) ORF 3個，(9)媒介生物不明．

タイプ種　*Ourmia melon virus*(OuMV)．

属の構成　*Cassava virus C*(CsVC)，*Epirus cherry virus*(EpCV)，*Ourmia melon virus*(OuMV)．

粒子　【形態】桿菌状4種（径18 nm×長さ30, 37, 45.5, 62 nm）．外被タンパク質からなる二重円盤状構造が2〜6重に重なった形で粒子が構成される．粒子の両端は半球状．被膜なし（図1）．
【物性】沈降係数82〜100〜118 S．浮遊密度(CsCl) 1.375 g/cm^3．
【成分】核酸：(＋)ssRNA 3種（RNA 1：2.7〜2.8 kb, RNA 2：1.0〜1.1 kb, RNA 3：0.9〜1.0 kb）．タンパク質：外被タンパク質(CP)1種(21〜24 kDa)．

ゲノム　【構造】3分節線状(＋)ssRNAゲノム．ORF 3個(RNA1：1個, RNA2：1個, RNA3：1個)．ゲノムの5′端と3′端にそれぞれ共通配列をもつが，キャップ構造(Cap)，tRNA様構造(TLS)，ポリ(A)配列(poly(A))などを欠く（図2）．
【遺伝子】RNA1：5′-96〜99 kDa RNA複製酵素タンパク質(RdRp)-3′．RNA2：5′-32 kDa移行タンパク質(MP)-3′．RNA3：5′-21〜24 kDa外被タンパク質(CP)-3′．

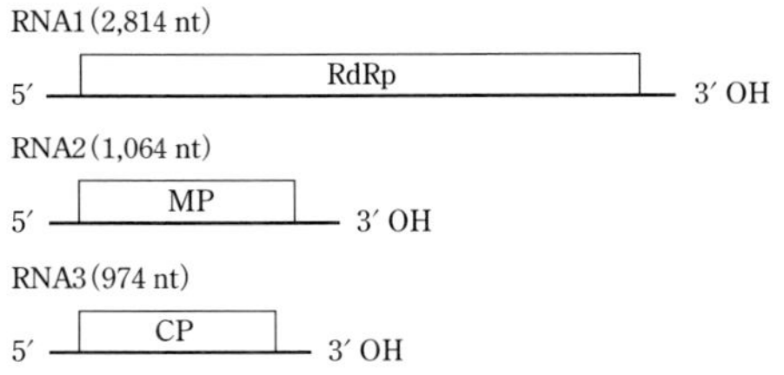

複製様式　おそらくゲノムから全長に相当する(−)ssRNAが転写され，次いで完全長の(＋)ssRNAゲノムが合成される．複製は細胞質で行われる．

発現様式　すべての遺伝子が各分節RNAから直接翻訳され，サブゲノムRNAは存在しない．

細胞内所在　ウイルス粒子は感染植物の各種細胞の細胞質内，核内に存在する．細胞質内に管状構造を形成し，ウイルス粒子はその中にも見られる．

宿主域・病徴　ウリ科植物（メロン，キュウリ，カボチャ），サクラ，キャッサバなど双子葉植物14科34種への感染が報告されている．全身感染し，輪点，モザイク，えそなどを生じる．

伝染　汁液接種可．媒介生物不明．種子伝染(*Nicotiana benthamiana*, *N. megalosiphon*で1〜2%の伝染率)．

その他　96〜99 kDa RNA複製酵素タンパク質は*Narnavirus*属に近く，32 kDa移行タンパク質は*Tombusviridae*科に属するウイルスに近い．21〜24 kDa外被タンパク質はいくつかの植物ウイルスや動物ウイルスと類似している．したがって，本ウイルスのゲノムは異種ウイルス間のゲノム組換えにより形成されたものと推定されている． 〔鈴木 匡〕

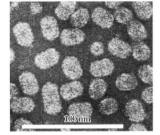

図1　OuMVの粒子像
[出典：Virus Taxonomy 9th Report of ICTV, 1177-1180]

図2　OuMVのゲノム構造
RdRp：RNA複製酵素，MP：移行タンパク質，CP：外被タンパク質．
[出典：Virus Taxonomy 9th Report of ICTV, 1177-1180を改変]

主要文献　Rastgou, M. *et al.*(2012). *Ourmiavirus*. Virus Taxonomy 9th Report of ICTV, 1177-1180；ICTVdB (2002). *Ourmiavirus*. 00.089.0.01.；DPVweb. Ourmiavirus；Milne, R. G. *et al.*(2002). Ourmiavirus. The Springer Index of Viruses 2nd ed., 2019-2022；Brunt, A. A. *et al.* eds.(1996). Ourmiaviruses. Plant Viruses Online；Lisa V. *et al.*(1988). Ann. Appl. Biol., 112, 291-302；Accotto, G. P. *et al.*(1997). J. Plant Pathol., 78, 87-91；Rastgou, M. *et al.*(2009). J. Gen. Virol., 90, 2525-2535.

（＋）一本鎖 RNA ウイルス　　　　　　　　　　　　　　　　　　　　　　　　　　　科未設定

Polemovirus　ポレモウイルス属

科未設定

分類基準　(1)（＋）ssRNA ゲノム，(2) 単一線状ゲノム，(3) 球状粒子 1 種（径 34 nm），(4) ゲノムの 5′ 端にゲノム結合タンパク質（VPg），3′ 端にヘアピン構造をもつ，(5) 一部の ORF はサブゲノム RNA から翻訳される，(6) ORF 4 個，(7) 媒介生物不明．

タイプ種　*Poinsettia latent virus*（PnLV）．

属の構成　*Poinsettia latent virus*（PnLV）．

粒　子　【形態】球状 1 種（径 34 nm）．被膜なし．
【成分】核酸：（＋）ssRNA 1 種（4.7 kb）．タンパク質：外被タンパク質（CP）1 種（33 kDa），ゲノム結合タンパク質（VPg）1 種．

ゲノム　【構造】単一線状（＋）ssRNA ゲノム．ORF 4 個．5′ 端にゲノム結合タンパク質（VPg），3′ 端にヘアピン構造をもつ（図 1）．

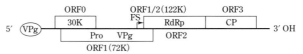

図 1　PnLV（4,652 nt）のゲノム構造
FS：フレームシフト，Pro：プロテアーゼ，VPg：ゲノム結合タンパク質，RdRp：RNA 複製酵素，CP：外被タンパク質．
［出典：Virus Taxonomy 9th Report of ICTV, 1181-1184 を改変］

【遺伝子】5′-VPg-ORF0（30 kDa RNA サイレンシングサプレッサー）-ORF1/2（72 kDa/122 kDa RNA 複製酵素タンパク質；プロテアーゼ（Pro）/VPg/RNA 複製酵素（RdRp）；122 kDa タンパク質は 72 kDa タンパク質のフレームシフトタンパク質）- ORF3（33 kDa 外被タンパク質（CP））-3′．

発現様式　ORF0〜2 はゲノム RNA から直接，ORF3 は対応するサブゲノム RNA から翻訳される．ORF2 は ORF1 のフレームシフトにより翻訳される．

宿主域・病徴　自然宿主のポインセチアでは無病徴．

伝　染　接ぎ木伝染．種苗伝染．媒介生物不明．　　　　　　　　　　　　　　　　〔日比忠明〕

主要文献　Adams, M. J. *et al.*（2012）. *Polemovirus.* Virus Taxonomy 9th Report of ICTV, 1181-1184；DPVweb. Polemovirus；Siepen, M. A. D. *et al.*（2005）. Poinsettia latent virus is not a cryptic virus, but a natural polerovirus-sobemovirus hybrid. Virology, 336, 240-250.

Sobemovirus ソベモウイルス属

(＋)一本鎖 RNA ウイルス / 科未設定

分類基準 (1)(＋)ssRNA ゲノム，(2) 単一線状ゲノム，(3) 球状粒子 1 種(径 30 nm)，(4) ゲノムの 5′ 端にゲノム結合タンパク質(VPg)をもつが，3′ 端には tRNA 様構造(TLS)やポリ(A)配列(poly(A))をもたない，(5) ウイルス RNA 複製酵素(RdRp)はピコルナ様スーパーグループ型，(6) 外被タンパク質(CP)1 種，(7) プロテアーゼ，VPg，RdRp はポリプロテイン経由で，外被タンパク質はサブゲノム RNA 経由で翻訳，(8) ORF 4 個，(9) 虫媒伝染．

タイプ種 インゲンマメ南部モザイクウイルス(*Southern bean mosaic virus*：SBMV)．

属の構成 コックスフット斑紋ウイルス(*Cocksfoot mottle virus*：CfMV)，*Lucerne transient streak virus* (LTSV)，*Rice yellow mottle virus*(RYMV)，ライグラス斑紋ウイルス(*Ryegrass mottle virus*：RGMoV)，*Solanum nodiflorum mottle virus*(SNMoV)，インゲンマメ南部モザイクウイルス(*Southern bean mosaic virus*：SBMV)，*Southern cowpea mosaic virus*(SCPMV)，アカザモザイクウイルス(*Sowbane mosaic virus*：SoMV)，*Subterranean clover mottle virus*(SCMoV)，*Velvet tobacco mottle virus*(VTMoV)など 14 種．

暫定種：Cynosurus mottle virus(CnMoV)，Ginger chlorotic fleck virus(GCFV)，Papaya lethal yellowing virus(PLYV)など 8 種．

粒子 【形態】球状 1 種(径 30 nm)．被膜なし(図 1)．
【物性】沈降係数約 115 S．浮遊密度(CsCl) 1.36 g/cm^3．
【成分】核酸：(＋)ssRNA 1 種(4.0〜4.5 kb，GC 含量 47〜54％)．タンパク質：外被タンパク質(CP)1 種(26〜30 kDa)(ウイルス粒子は 180 個の外被タンパク質を有する)，ゲノム結合タンパク質(VPg)1 種(10〜12 kDa)．

ゲノム 【構造】単一線状(＋)ssRNA ゲノム．ORF 4 個．ゲノムの 5′ 端にゲノム結合タンパク質(VPg)をもつが，3′ 端には tRNA 様構造(TLS)やポリ(A)配列(poly(A))をもたない(図 2)．

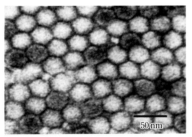

図 1 SBMV の粒子像

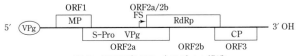

図 2 SBMV(4,132 nt)のゲノム構造
FS：フレームシフト，MP：移行タンパク質，S-Pro：セリンプロテアーゼ，VPg：ゲノム結合タンパク質，RdRp：RNA 複製酵素，CP：外被タンパク質．
[出典：Virus Taxonomy 9th Report of ICTV, 1185–1189 を改変]

【遺伝子】5′-VPg-ORF1(12〜21 kDa 移行タンパク質(MP)；RNA サイレンシングサプレッサー活性をもつ)-ORF2a/ORF2b(100〜107 kDa ポリプロテイン；セリンプロテアーゼ(S-Pro)/VPg/RNA 複製酵素(RdRp)；ORF2b は ORF2a の-1 フレームシフトによる融合タンパク質)-ORF3(25〜31 kDa 外被タンパク質(CP))-3′．
このほかに，ORF2 の中央付近にオーバーラップして別のひとつの ORF(10〜18 kDa 機能不明タンパク質)が存在するとする説もあるが，現在では否定的である．

複製様式 ゲノムから全長に相当する(−)ssRNA が転写され，次いで完全長の(＋)ssRNA ゲノムが合成される．

発現様式 ORF2 は ORF1 のリーキースキャニングにより翻訳される．ORF2 はポリプロテインとして翻訳後に自身のセリンプロテアーゼ活性によりセリンプロテアーゼ，VPg，RdRp の成熟タンパク質となる．外被タンパク質はサブゲノム RNA から翻訳される．

| 細胞内所在 | ウイルス粒子は細胞質内と核内に存在する．感染後期にはウイルス粒子は細胞質内と液胞内に結晶状封入体としても観察される．
| 宿主域・病徴 | 単子葉，双子葉植物ともに感染するが，それぞれのウイルスの宿主域は比較的狭い．全身感染し，主としてモザイクや斑紋を示す．
| 伝　　　染 | 汁液接種可．ハムシによる非永続～半永続伝搬（アブラムシやカメムシなどで伝搬されるウイルス種もある）．接触伝染．種子伝染（ウイルス種と植物種の組合せによる）．　　〔桑田　茂〕
| 主 要 文 献 | Truve, E. *et al.*(2012). *Sobemovirus*. Virus Taxonomy 9th Report of ICTV, 1185-1189；ICTVdB (2006). *Sobemovirus*. 00.067.0.01.；Meier, M. *et al.*(2008). Sobemovirus. Encyclopedia of Virology 3rd ed., 4, 644-652；Hacker, D. L.(2011). Sobemovirus. The Springer Index of Viruses 2nd ed., 2049-2055；DPVweb. Sobemovirus；Hull, R.(2004). Southern bean mosaic virus. Descriptions of Plant Viruses, 408；Tamm, T. and Truve, E.(2000). Sobemoviruses. J. Virol., 74, 6231-6241；Meier, M. and Truve, E.(2007). Sobemoviruses possess a common CfMV-like genomic organization. Arch. Virol., 52, 635-640.

未分類ウイルス

Unassigned Viruses　未分類ウイルス

　未分類ウイルスとは，ICTVの定義では，塩基配列情報などの主要な解析データは得られているが，その性状が従来の科あるいは属の分類基準に適合しないため，現時点では，分類上の所属が確定していないウイルスを指す．いずれこのようなウイルスについての新たな科あるいは属が設けられれば，そこに所属することになると推定される．ICTV 9th Reportには植物ウイルスにおける例として次の2つのウイルスがあげられている．なお，従来未分類であった*Southern tomato virus*(STV)は現在では新設のアマルガウイルス科アマルガウイルス属に分類されている．

Japanese holly fern mottle virus(JHFMoV)
主な性状　(1)(+)ssRNAゲノム，(2) 2分節線状ゲノム(RNA1：6.2 kb，RNA2：3.0 kb)，(3) 準球状粒子2種(径30〜40 nm)，(4) ORF 5個(RNA1：2個，RNA2：3個)，(5) 外被タンパク質(CP)1種(29 kDa)，(6) 移行タンパク質(MP)1種(32 kDa)，(7) ウイルスRNA複製酵素(RdRp)1種(214 kDa)，(8) 宿主はシダ植物，(9) 接ぎ木および胞子伝染．

分類上の問題点　RdRpとMPの系統解析はイデオウイルス属およびウンブラウイルス属との関連性を示唆したが，独自のゲノム構造と宿主の違いから，JHFMoVについて新たな属の新設を検討する必要がある．

ランえそ斑紋ウイルス(Orchid fleck virus：OFV)
主な性状　(1)(−)ssRNAゲノム，(2) 2分節線状ゲノム(RNA1：6.4 kb，RNA2：6.0 kb)，(3) 桿菌状粒子1〜2種(?)(径40 nm×長さ150 nm)，(4) 細胞外では被膜をもつ，(5) ORF 6個(RNA1：5個，RNA2：1個)，(6) ヌクレオキャプシドタンパク質(N)1種(49 kDa)，(7) ウイルスRNA複製酵素(RdRp)1種(212 kDa)，(8) 核内にビロプラズムを形成，(9) 宿主はラン科植物，(10) 汁液伝染およびダニ伝染．

分類上の問題点　OFVのRdRpはヌクレオラブドウイルス科ウイルスのそれと配列の相同性を示したが，ラブドウイルス科ウイルスは単一(−)ssRNAゲノムを有することから，OFVおよびこれに類似した性状のCoffee ringspot virus(CoRSV)などを含めた*Dichorhavirus*属の新設がICTVで検討されている．

〔日比忠明〕

主要文献　Adams, M. J. *et al.* (2012). Unassigned viruses. Plant viruses. Virus Taxonomy 9th Report of ICTV, 1206；Valverde, R. A. *et al.* (2009). A novel plant virus with unique properties infecting Japanese holly fern. J. Gen. Virol., 90, 2542-2549；Chang, M. U. *et al.* (1976). Morphology and intracellular appearance of Orchid fleck virus. Ann. Phytopath. Soc. Jpn., 42, 156-167；Doi, Y. *et al.* (1977). Orchid fleck virus. Descriptions of Plant Viruses, 183；Kondo, H. *et al.* (2006). Orchid fleck virus is a rhabdovirus with an unusual bipartite genome. J. Gen. Virol., 87, 2413-2421；Dietzgen, R. G. *et al.* (2014). Arch. Virol., 159, 607-619；ICTV Files. 2014.003a-dV.

ウイロイド

Viroid ウイロイド

定　　義　感染性の低分子環状一本鎖RNA病原体で，外被タンパク質を欠くノンコーディングRNA．

分類基準　(1) 単一低分子環状ssRNAゲノム，(2) 自律複製能をもつノンコーディングRNA，(3) 外被タンパク質を欠く，(4) 分子内相補性が高く，棒状〜分枝状構造をとる，(5) ローリングサークル様式により複製．

分類構成　アブサンウイロイド科 *Avsunviroidae*（棒状〜準棒状〜分枝状構造，中央保存配列なし，リボザイム活性あり，葉緑体内で対称型ローリングサークル様式により複製）．

・アブサンウイロイド属 *Avsunviroid*（タイプ種：*Avocado sunblotch viroid*；ASBVd）(246〜250 nt，宿主：クスノキ科植物)．
・エラウイロイド属 *Elaviroid*（タイプ種：*Eggplant latent viroid*；ELVd）(332〜335 nt，宿主：ナス属植物)．
・ペラモウイロイド属 *Pelamoviroid*（タイプ種：モモ潜在モザイクウイロイド；PLMVd）(337〜401 nt，宿主：サクラ属，キク属植物)．

ポスピウイロイド科 *Pospiviroidae*（棒状構造，中央保存配列あり，リボザイム活性なし，核内で非対称型ローリングサークル様式により複製）．

・アプスカウイロイド属 *Apscaviroid*（タイプ種：リンゴさび果ウイルス；ASSVd）(306〜369 nt，宿主：主に果樹類)．
・コカドウイロイド属 *Cocadviroid*（タイプ種：*Coconut cadang-cadang viroid*；CCCVd）(246〜301 nt，宿主：主にヤシ科植物)．
・コレウイロイド属 *Coleviroid*（タイプ種：コリウスウイロイド1；CbVd-1）(248〜364 nt，宿主：シソ科植物)．
・ホスタウイロイド属 *Hostuviroid*（タイプ種：ホップ矮化ウイロイド；HpSVd）(295〜303 nt，宿主：ホップ，キュウリ，果樹類)．
・ポスピウイロイド属 *Pospiviroid*（タイプ種：ジャガイモやせいもウイロイド；PSTVd）(356〜375 nt，宿主：主にナス科植物)．

分　　子　【形態】外被タンパク質をもたない低分子環状ssRNA（全長約100 nm）．分子内相補性が高く，アブサンウイロイド科ウイロイドは二本鎖様棒状〜準棒状構造あるいは二本鎖部位とバルジループ部位からなる分枝状構造，ポスピウイロイド科ウイロイドは二本鎖様棒状構造（全長約50 nm）をとる．
【物性】沈降係数6〜10 S．
【成分】核酸：ssRNA 1種（246〜401 nt，GC含量53〜60％（ASBVdは38％））．

ゲ ノ ム　【構造】単一環状低分子ssRNAゲノム．アブサンウイロイド科ウイロイドは分子上にポスピウイロイド科ウイロイドのような機能ドメインはもたないが，ハンマーヘッド型リボザイム領域とその切断箇所が存在する．ポスピウイロイド科ウイロイドは分子上に左末端ドメイン（TL），病原性ドメイン（P），中央ドメイン（C），可変ドメイン（V），右末端ドメイン（TR）の5つの機能ドメインをもち，中央ドメインには中央保存領域（CCR）が，左末端ドメインにはウイロイド属によって末端保存領域（TCR）あるいは末端保存ヘアピン（TCH）が存在する．リボザイム領域はない．いずれもゲノム上にはタンパク質がコードされていない（図1）．

複製様式　ウイロイドはいずれも宿主の転写装置を利用してローリングサークル様式で複製される．すなわち，アブサンウイロイド科ウイロイドは，葉緑体内で宿主のDNA依存RNAポリメラーゼ（NEP）のもつRNA依存RNA合成活性により，ローリングサークル様式でプラス鎖（ウイロイド鎖）環状ssRNA分子からマイナス鎖（相補鎖）が直線状の重連分子として転写された後，このマイナス鎖の重連分子が自己のリボザイム活性によって単一分子に切断されて環状化し，このマイナス鎖の単一分子から再度ローリングサークル様式で直線状のプラス鎖の重連分子が複製

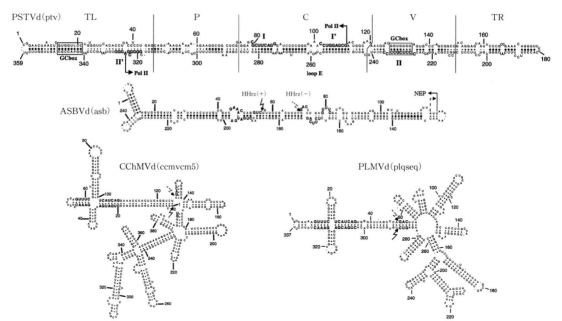

図1 ウイロイドのゲノム構造

PSTVd：ポスピウイロイド科；ASBVd, CChMVd, PLMVd：アブサンウイロイド科．TL：左末端ドメイン，P：病原性ドメイン，C：中央ドメイン，V：可変ドメイン，TR：右末端ドメイン，斜め矢印：リボザイム切断位置（実線：プラス鎖，破線：マイナス鎖）．

[出典：Hadidi, A. *et al.* eds. (2003). Viroids. p. 19]

され，最後に再び自己のリボザイム活性によって単一分子に切断された後，環状化してプラス鎖環状 ssRNA 分子となる．ポスピウイロイド科ウイロイドは，核内で宿主の DNA 依存 RNA ポリメラーゼ（Pol II）のもつ RNA 依存 RNA 合成活性により，ローリングサークル様式でプラス鎖（ウイロイド鎖）環状 ssRNA 分子からマイナス鎖（相補鎖）が直線状の重連分子として転写された後，このマイナス鎖の重連分子から直線状のプラス鎖の重連分子が複製され，最後に宿主の RNase によって単一分子に切断され，RNA リガーゼによって環状化されてプラス鎖環状 ssRNA 分子となる．前者を対称型，後者を非対称型のローリングサークル様式による複製とよぶ（図2）．

細胞内所在 アブサンウイロイド科ウイロイドは葉緑体内に，ポスピウイロイド科ウイロイドは主として核内に存在する．

宿主域・病徴 ウイロイドの宿主範囲は一般にきわめて狭い．ウイロイドの感染によって植物が示す病徴は，ウイルスによる病徴と類似しており，ウイロイドの種と植物の種・品種との組合せおよび植物の生育状態や環境条件などによって異なる．潜伏感染している例も多いが，顕在感染では，全身的な矮化，葉の上偏成長，縮葉，退緑，接ぎ木台木の衰弱，果実の斑入りや変色などが特徴であり，栄養繁殖性植物での被害が多い．

伝　　染 多くの種は汁液接種可．接触伝染，接ぎ木・挿し木・株分けなどの栄養繁殖による伝染，および花粉・種子伝染（一部のウイロイド）によって伝搬され，媒介生物による伝染は一般的ではない．なお，パーティクルガン法やアグロイノキュレーションによる接種も可能である．ASBVd などは酵母（*Saccharomyces cerevisiae*）でも感染・増殖できる．

その他 ウイロイドの同一種内には塩基配列の相同性が 90％以上の各種変異体が含まれる．〔日比忠明〕

主要文献 Owens, R. A. *et al.* (2012). Viroids. Virus Taxonomy 9th Report of ICTV, 1221-1234；ICTVdB (2006). *Avsunviroidae*. 80.0.02., *Pospiviroidae*. 80.0.01.；DPVweb. Avsunviroidae, Pospiviroidae.；Flores, R. *et al.* (2008). Viroids. Encyclopedia of Virology 3rd ed., 5, 332-342；Ding, B. *et al.* (2009). Viroids/Virusoids. Encyclopedia of Microbiology 3rd ed., 6, 535-545；Hull, R. (2014). Agents resembling or altering virus diseases. In "Plant Virology 5th ed." (Hull, R., Academic Press), 199-243；Serio, F. D. *et al.* (2014). Current status of viroid taxonomy. Arch. Virol., 159,

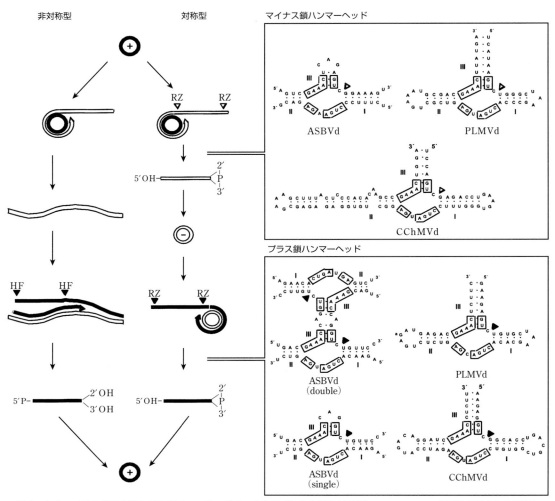

図2　ウイロイドの非対称型と対称型のローリングサークル様式による複製(右枠内:ハンマーヘッド型リボザイムの構造と切断位置)

■■■:プラス鎖(ウイロイド鎖), ▭▭▭:マイナス鎖(相補鎖), HF:宿主因子(宿主 RNase), RZ:リボザイム, △:マイナス鎖切断位置, ▲:プラス鎖切断位置, ☐:リボザイム領域内の保存配列.

[出典:Virus Taxonomy 9th Report of ICTV, 1221-1234]

3467-3478;Flores, R. et al. (2005). Viroids and viroid-host interactions. Ann. Rev. Phytopathol., 43, 117-139;Diener, T. O. (1979). Viroids and Viroid Diseases. John Wiley & Sons, 252 pp.;Diener, T. O. ed. (1987). The Viroids. Plenum Press, 344 pp.;Semancik, J. S. ed. (1987). Viroids and Viroid-like Pathogens. CRC Press, 177 pp.;Hadidi, A. et al. eds. (2003). Viroids. CSIRO Publishing, 370 pp.;Owens, R. A. et al. (2012). Plant viroids:Isolation, characterization/detection, and analysis. In "Antiviral Resistance in Plants"(Watson, J. M. et al. eds., Humana Press), 253-271;Westhof, E. et al. (2008). Ribozymes. Encyclopedia of Virology 3rd ed., 4, 475-481;Subviral RNA database. http://subviral.med.uottawa.ca/cgi-bin/home.cgi.;Delan-Forino, C. et al. (2011). Replication of Avocado sunblotch viroid in the yeast Saccharomyces cerevisiae. J. Virol., 85, 3229-3238;高橋 壮(1996). ウイロイド. 植物ウイルスの分子生物学(古澤 巌ら, 学会出版センター), 317-335;高橋 壮(1997). ウイロイド. ウイルス学(畑中正一編, 朝倉書店), 518-528;高橋 壮(2004). ウイロイド. 新編農学大事典(山崎耕宇ら監修, 養賢堂), 375-378;佐野輝男(2007). 植物ウイルスの分類学(13) ウイロイド(Viroid). 植物防疫, 61, 660-664;伊藤隆男(2014). ウイロイドの病原性検定法. 植物防疫, 68, 737-741.

Avsunviroidae アブサンウイロイド科

分類基準 (1) 単一低分子環状 ssRNA ゲノム，(2) 自律複製能をもつノンコーディング RNA，(3) 外被タンパク質を欠く，(4) 分子内相補性が高く，棒状〜準棒状〜分枝状構造をとる，(5) 中央保存配列(CCR)をもたない，(6) ハンマーヘッド型リボザイムで自己切断する，(7) 葉緑体内で対称型ローリングサークル様式により複製．

科の構成 アブサンウイロイド科 *Avsunviroidae*
- アブサンウイロイド属 *Avsunviroid*（タイプ種：*Avocado sunblotch viroid*；ASBVd）(246〜250 nt, 棒状〜準棒状分子，宿主：クスノキ科植物)．
- エラウイロイド属 *Elaviroid*（タイプ種：*Eggplant latent viroid*；ELVd）(332〜335 nt, 準棒状分子，宿主：ナス属植物)．
- ペラモウイロイド属 *Pelamoviroid*（タイプ種：モモ潜在モザイクウイロイド；PLMVd）(337〜401 nt, 分枝状分子，宿主：サクラ属，キク属植物)．

分子 【形態】外被タンパク質をもたない低分子環状 ssRNA（全長約 100 nm）．分子内相補性が高く，二本鎖様棒状〜準棒状構造あるいは二本鎖部位とバルジループ部位からなる分枝状構造をとる．
【物性】沈降係数 約 10 S（ASBVd）．
【成分】核酸：ssRNA 1 種(246〜401 nt, GC 含量 53〜60%（ASBVd は 38%))．

ゲノム 【構造】単一環状低分子 ssRNA ゲノム．分子内にポスピウイロイド科ウイロイドのような機能ドメインはもたないが，ハンマーヘッド型リボザイム領域とその切断箇所が存在する．ゲノム上にはタンパク質がコードされていない(図1)．

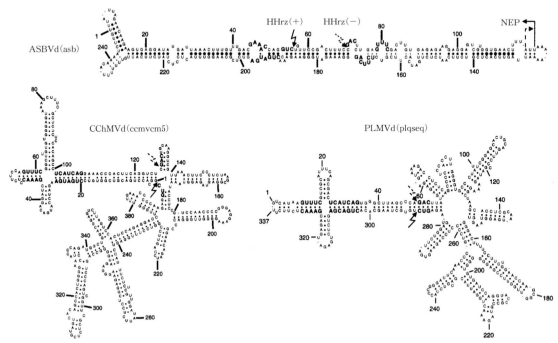

図1 アブサンウイロイド科ウイロイドのゲノム構造

ASBVd：*Avocado sunblotch viroid*，CChMVd：キク退緑斑紋ウイロイド，PLMVd：モモ潜在モザイクウイロイド，斜め矢印：リボザイム切断位置(実線：プラス鎖，破線：マイナス鎖)．

[出典：Hadidi, A. *et al.* eds.(2003). Viroids. p. 19]

複製様式	細胞の葉緑体内において対称型ローリングサークル様式で複製される．すなわち，宿主のDNA依存RNAポリメラーゼ(NEP)のもつRNA依存RNA合成活性により，ローリングサークル様式でプラス鎖(ウイロイド鎖)環状ssRNA分子から線状のマイナス鎖(相補鎖)のオリゴマーが転写される．このオリゴマーはハンマーヘッド型リボザイム活性で単位長に自己切断され，環状化される．次いで，環状マイナス鎖からローリングサークル様式で線状のプラス鎖のオリゴマーが複製され，再度ハンマーヘッド型リボザイム活性で単位長に自己切断後，環状化してプラス鎖環状ssRNA分子となる．
細胞内所在	葉緑体内に存在する．核内には認められない．
宿主域・病徴	自然感染宿主は限られる．アブサンウイロイド属はアボカド，エラウイロイド属はナス，ペラモウイロイド属はモモ，スモモ，アンズ，サクランボなど(PLMVd)およびキク(キク退緑斑紋ウイロイド：CChMVd)を自然感染宿主とする．全身感染し，果実の退色，葉のモザイクや退緑斑紋などを示すが，多くの場合は無病徴である．
伝　　染	汁液接種可．主に接ぎ木，挿し木，株分けなどの栄養繁殖で伝染．〔佐野輝男〕
主要文献	Owens, R. A. *et al.* (2012). *Avsunviroidae*. Virus Taxonomy 9th Report of ICTV, 1225-1229；ICTVdB (2006). *Avsunviroidae*. 80.002.；DPVweb. Avsunviroidae.；Flores, R. *et al.* (2008). Viroids. Encyclopedia of Virology 3rd ed., 5, 332-342；Flores, R. *et al.* (2005). Viroids and viroid-host interactions. Ann. Rev. Phytopathol., 43, 117-139；Hadidi, A. *et al.* eds. (2003). Viroids. CSIRO Publishing, 370 pp.；Owens, R. A. *et al.* (2012). Plant viroids：Isolation, characterization/detection, and analysis. In "Antiviral Resistance in Plants"(Watson, J. M. *et al* eds., Humana Press), 253-271；Subviral RNA database. http://subviral.med.uottawa.ca/cgi-bin/home.cgi.；佐野輝男(2007)．植物ウイルスの分類学(13) ウイロイド(*Viroid*)．植物防疫, 61, 660-664.

ウイロイド　　　アブサンウイロイド科

Avsunviroid　アブサンウイロイド属

Avsunviroidae

分類基準	(1) 単一低分子環状 ssRNA ゲノム，(2) 自律複製能をもつノンコーディング RNA，(3) 外被タンパク質を欠く，(4) 分子内相補性が高く，棒状～準棒状構造をとる，(5) 中央保存配列 (CCR) をもたない，(6) ハンマーヘッド型リボザイムで自己切断する，(7) GC 含量が低い (38%)，(8) 葉緑体内で対称型ローリングサークル様式により複製，(9) 宿主はアボガドなどクスノキ科植物．
タイプ種	*Avocado sunblotch viroid*(ASBVd)．
属の構成	*Avocado sunblotch viroid*(ASBVd)．
分　　子	【形態】外被タンパク質をもたない低分子環状 ssRNA．分子内相補性が高く，二本鎖様棒状～準棒状構造をとる． 【物性】沈降係数　約 10 S． 【成分】核酸：ssRNA 1 種(246～250 nt，GC 含量 38%)．
ゲ ノ ム	【構造】単一環状低分子 ssRNA ゲノム．分子内にハンマーヘッド型リボザイム領域とその切断箇所が存在する．ゲノム上にはタンパク質がコードされていない(図 1)．

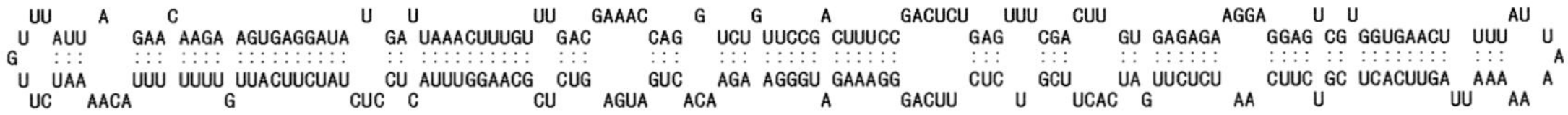

図 1　ASBVd のゲノム構造
［出典：Hadidi, A. *et al.* eds.(2003). Viroids. p. 174］

複製様式	葉緑体内で対称型ローリングサークル様式で複製される．
細胞内所在	葉緑体内に蓄積する．
宿主域・病徴	宿主域はきわめて狭い．自然感染宿主はアボガドのみ．実験的にはクスノキ科の他種に感染する．全身感染し，茎の条斑，葉や果実の退色などの病徴を示すが，無病徴感染の期間が長い．
伝　　染	汁液接種可．主に接ぎ木などの栄養繁殖で伝染．種子伝染．
そ の 他	ASBVd は酵母(*Saccharomyces cerevisiae*)でも感染・増殖できる．　　　　　〔佐野輝男〕
主要文献	Owens, R. A. *et al.*(2012). *Avsunviroid*. Virus Taxonomy 9th Report of ICTV, 1226-1227；ICTVdB(2006). *Avsunviroid*. 80.002. 0.01.；DPVweb. Avsunviroid.；Dale, J. L. *et al.*(1982). Avocado sun-blotch viroid. Descriptions of Plant Viruses, 254；Flores, R. *et al.*(2008). Viroids. Encyclopedia of Virology 3rd ed., 5, 332-342；Hadidi, A. *et al.* eds.(2003). Viroids. CSIRO Publishing, 370 pp.；Horne, W. T. *et al.*(1931). The avocado disease called sun-blotch. Phytopathology, 21, 235-238；Symons, R. H.(1981). *Avocado sunblotch viroid*；primary sequence and proposed secondary structure. Nucleic Acids Res., 9, 6527-6537；Delan-Forino, C. *et al.*(2011). Replication of *Avocado sunblotch viroid* in the yeast *Saccharomyces cerevisiae*. J. Virol., 85, 3229-3238.

ウイロイド　　　　　　　　　　　　　　　　　　　　　　　　アブサンウイロイド科

Elaviroid　エラウイロイド属
Avsunviroidae

分類基準　(1) 単一低分子環状 ssRNA ゲノム，(2) 自律複製能をもつノンコーディング RNA，(3) 外被タンパク質を欠く，(4) 分子内相補性が高く，二つの分枝をもつ準棒状構造をとる，(5) 中央保存配列(CCR)をもたない，(6) ハンマーヘッド型リボザイムで自己切断する，(7) 葉緑体内で対称型ローリングサークル様式により複製，(8) 宿主はナス属植物，(9) 種子伝染．

タイプ種　*Eggplant latent viroid*(ELVd)．

属の構成　*Eggplant latent viroid*(ELVd)．

分　子　【形態】外被タンパク質をもたない低分子環状 ssRNA．分子内相補性が高く，二つの分枝をもつ準棒状構造をとる．

【成分】核酸：ssRNA 1 種(332〜335 nt，GC 含量 57〜59％)．

ゲ ノ ム　【構造】単一環状低分子 ssRNA ゲノム．分子に独自のハンマーヘッド型リボザイム部位をもつ．ゲノムはノンコーディング RNA でタンパク質遺伝子をコードしていない(図 1)．

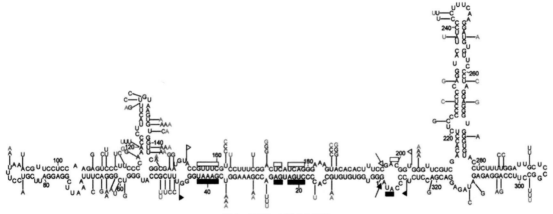

図 1　ELVd のゲノム構造
旗印：ハンマーヘッド型リボザイム領域，矢印：自己切断位置，横棒：保存配列，白抜き：マイナス鎖，黒塗り：プラス鎖．
[出典：Fedda, Z. *et al.*(2003). J. Virol., 77, 6528–6532]

複製様式　おそらく葉緑体内において対称ローリングサークル型で複製される．

宿主域・病徴　自然感染宿主は限られる．ナスに無病徴感染する．

伝　染　種子伝染．　　　　　　　　　　　　　　　　　　　　　　　　〔日比忠明〕

主要文献　Owens, R. A. *et al.*(2012). Viroids. Virus Taxonomy 9th Report of ICTV, 1221–1225；Owens, R. A. *et al.*(2012). *Elaviroid*. Virus Taxonomy 9th ICTV Reports, 1228–1229；DPVweb. Elaviroid；Fedda, Z. *et al.*(2003). *Eggplant latent viroid*, the candidate type species for a new genus within the family *Avsunviroidae*(hammerhead viroids). J. Virol., 77, 6528–6532.

ウイロイド　　　　　　　　　　　　　　　　　　　　　　　　　　アブサンウイロイド科

Pelamoviroid　ペラモウイロイド属
Avsunviroidae

分類基準　(1) 単一低分子環状 ssRNA ゲノム，(2) 自律複製能をもつノンコーディング RNA，(3) 外被タンパク質を欠く，(4) 分子内相補性が高く，二本鎖部位とバルジループ部位からなる分枝状構造をとる，(5) 中央保存配列（CCR）をもたない，(6) ハンマーヘッド型リボザイムで自己切断する，(7) 葉緑体内で対称型ローリングサークル様式により複製，(8) 宿主はサクラ属およびキク属植物．

タ イ プ 種　モモ潜在モザイクウイロイド（*Peach latent mosaic viroid*；PLMVd）．

属 の 構 成　キク退緑斑紋ウイロイド（*Chrysanthemum chlorotic mottle viroid*：CChMVd），モモ潜在モザイクウイロイド（PLMVd）．

分　　　子　【形態】外被タンパク質をもたない低分子環状 ssRNA．分子内相補性が高く，二本鎖部位とバルジループ部位からなる分枝状構造をとる．
【成分】核酸：ssRNA 1 種（337～401 nt，GC 含量 53～60％）．

ゲ ノ ム　【構造】単一環状低分子 ssRNA ゲノム．分子に独自のハンマーヘッド型リボザイム部位をもつ．ゲノムはノンコーディング RNA でタンパク質遺伝子をコードしていない（図 1）．

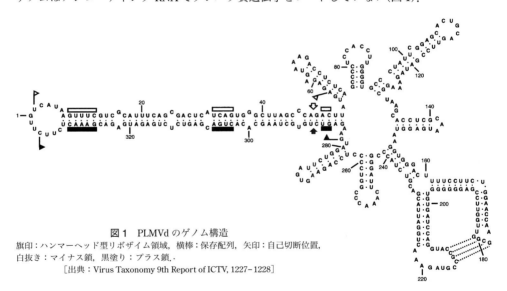

図 1　PLMVd のゲノム構造
旗印：ハンマーヘッド型リボザイム領域，横棒：保存配列，矢印：自己切断位置，
白抜き：マイナス鎖，黒塗り：プラス鎖．
［出典：Virus Taxonomy 9th Report of ICTV, 1227-1228］

複 製 様 式　葉緑体内で対称型ローリングサークル様式で複製される．

細胞内所在　葉緑体内に蓄積する．

宿主域・病徴　宿主域は狭い．PLMVd はモモ，スモモ，アンズ，オウトウなどに全身感染し，葉のモザイクや果実の退色などを示すが，無病徴感染の期間が長い．CChMVd はキクに全身感染し，葉に退緑斑紋などを生じる．

伝　　　染　汁液接種可．主に接ぎ木などの栄養繁殖で伝染．接触伝染．　　　　　　　　〔佐野輝男〕

主 要 文 献　Owens, R. A. *et al.*(2012). *Pelamoviroid*. Virus Taxonomy 9th Report of ICTV, 1227-1228；ICTVdB(2006). *Pelamoviroid*. 80.002.0.02.；DPVweb. Pelamoviroid.；Flores, R. *et al.*(1998). Peach latent mosaic viroid. Descriptions of Plant Viruses, 362；Flores, R. *et al.*(2008). Viroids. Encyclopedia of Virology 3rd ed., 5, 332-342；Hadidi, A. *et al.* eds.(2003). Viroids. CSIRO Publishing, 370 pp.；Osaki, K. *et al.*(1999). Peach latent mosaic viroid isolated from stone fruit in Japan. Ann. Phytopathol. Soc. Jpn., 65, 3-8；Yamamoto, H. *et al.*(2005). Occurrence of *Chrysanthemum chlorotic mottle viroid* in Japan. J. Gen. Plant Pathol., 71, 156-157.

ウイロイド　　　　　　　　　　　　　　　　　　　　　　　　　　　　　ポスピウイロイド科

Pospiviroidae ポスピウイロイド科

分 類 基 準　(1) 単一低分子環状 ssRNA ゲノム，(2) 自律複製能をもつノンコーディング RNA，(3) 外被タンパク質を欠く，(4) 分子内相補性が高く，棒状構造をとる，(5) 中央保存配列(CCR)をもつ，(6) リボザイム活性を欠く，(7) 核内で非対称型ローリングサークル様式により複製.

科 の 構 成　ポスピウイロイド科 *Pospiviroidae*
- アプスカウイロイド属 *Apscaviroid*（タイプ種：リンゴさび果ウイロイド；ASSVd）(306～369 nt, 宿主：主に果樹類).
- コカドウイロイド属 *Cocadviroid*（タイプ種：*Coconut cadang-cadang viroid*；CCCVd）(246～301 nt, 宿主：主にヤシ科植物).
- コレウイロイド属 *Coleviroid*（タイプ種：コリウスウイロイド 1；CbVd-1）(248～364 nt, 宿主：シソ科植物).
- ホスタウイロイド属 *Hostuviroid*（タイプ種：ホップ矮化ウイロイド；HpSVd）(295～303 nt, 宿主：ホップ，キュウリ，果樹類).
- ポスピウイロイド属 *Pospiviroid*（タイプ種：ジャガイモやせいもウイロイド；PSTVd）(356～375 nt, 宿主：主にナス科植物).
- 暫定種：Dahlia latent viroid(DLVd).

分　　　子　【形態】外被タンパク質をもたない低分子環状 ssRNA(全長約 100 nm). 分子内相補性が高く，二本鎖様棒状構造(長さ約 50 nm)をとる.
【物性】沈降係数 6～10 S.
【成分】核酸：ssRNA 1 種(246～375 nt, GC 含量 53～60％).

ゲ ノ ム　【構造】単一環状低分子 ssRNA ゲノム. 分子は左末端ドメイン(TL)，病原性ドメイン(P)，中央ドメイン(C)，可変ドメイン(V)，右末端ドメイン(TR)の 5 つの機能ドメインに分けられ，

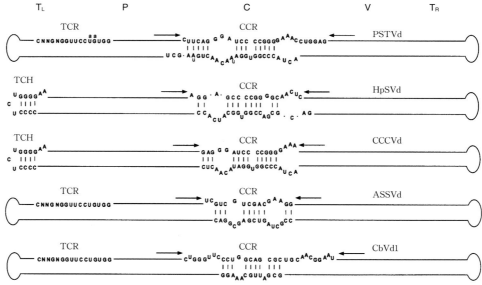

図 1　ポスピウイロイド科ウイロイドのゲノム構造
PSTVd：ジャガイモやせいもウイロイド，HpSVd：ホップ矮化ウイロイド，CCCVd：*Coconut cadang-cadang viroid*，ASSVd：リンゴさび果ウイロイド，CbVd1：コリウスウイロイド 1, TL：左末端ドメイン，P：病原性ドメイン，C：中央ドメイン，V：可変ドメイン，TR：右末端ドメイン，CCR：中央保存領域，TCR：末端保存領域，TCH：末端保存ヘアピン，矢印：逆位反復配列.
［出典：Virus Taxonomy 9th Report of ICTV, 1221-1234］

中央ドメインには中央保存領域(CCR)が，左末端ドメインにはウイロイド属によって末端保存領域(TCR)あるいは末端保存ヘアピン(TCH)が存在する．ゲノム上にはタンパク質がコードされていない(図1)．なお，CCCVdとカンキツエクソコーティスウイロイド(CEVd)には二量体の変異株や中央ドメインにTR領域の反復配列をもつ変異株などがある．

複製様式 　細胞の核内において非対称型ローリングサークル様式で複製される．すなわち，宿主のDNA依存RNAポリメラーゼ(Pol II)のもつRNA依存RNA合成活性により，ローリングサークル様式でプラス鎖(ウイロイド鎖)環状ssRNA分子から線状のマイナス鎖(相補鎖)のオリゴマーが転写された後，このオリゴマーから線状のプラス鎖のオリゴマーが複製され，最後に宿主のリボヌクレアーゼとRNAリガーゼにより単位長に切断・連結されてプラス鎖環状ssRNA分子となる．

細胞内所在 　大部分は核内に蓄積するが，一部は細胞質にも存在する．

宿主域・病徴 　多くのウイロイド種で宿主域は狭いかやや狭い．自然宿主は永年性果樹，栄養繁殖性作物が多い．全身感染し，全身の矮化，塊茎や果実の劣化，葉の黄化，黄色斑点，果実の斑入り，さび，凹凸，樹皮の粗皮症状などを示すが，多くの場合は無病徴である．

伝　　染 　多くの種は汁液接種可．果樹のウイロイドは接ぎ木伝染，数種のウイロイドは種子伝染する．*Tomato planta macho viroid*(TPMVd)はアブラムシ伝染． 〔小金澤碩城〕

主要文献 　Owens, R. A. *et al.*(2012). *Pospiviroidae*. Virus Taxonomy 9th Report of ICTV, 1229-1234 ; ICTVdB(2006). *Pospiviroidae*. 80.001. ; DPVweb. Pospiviroidae. ; Flores, R. *et al.*(2008). Viroids. Encyclopedia of Virology 3rd ed., 5, 332-342 ; Flores, R. *et al.*(2005). Viroids and viroid-host interactions. Ann. Rev. Phytopathol., 43, 117-139 ; Hadidi, A. *et al.* eds.(2003). Viroids. CSIRO Publishing, 370 pp. ; Diener, P. O.(1979). Viroids and Viroid Diseases, John Wiley & Sons, 252 pp. ; Semancik, J. S. ed.(1987). Viroids and Viroid-like Pathogens. CRC Press, 192 pp. ; Owens, R. A. *et al.*(2012). Plant viroids : Isolation, characterization/detection, and analysis. In "Antiviral Resistance in Plants"(Watson, J. M. *et al* eds., Humana Press), 253-271 ; Subviral RNA database. http://subviral.med.uottawa.ca/cgi-bin/home.cgi. ; 佐野輝男(2007). 植物ウイルスの分類学(13) ウイロイド(*Viroid*). 植物防疫, 61, 660-664.

ウイロイド　　　　　　　　　　　　　　　　　　　　　　　　　　　　　　　　　　　　　　　ポスピウイロイド科

Apscaviroid　アプスカウイロイド属
Pospiviroidae

分類基準　(1) 単一低分子環状ssRNAゲノム，(2) 自律複製能をもつノンコーディングRNA，(3) 外被タンパク質を欠く，(4) 分子内相補性が高く，棒状構造をとる，(5) 中央保存配列（CCR）をもつ，(6) リボザイム活性を欠く，(7) 核内で非対称型ローリングサークル様式により複製，(8) 宿主は主に果樹類．

タイプ種　リンゴさび果ウイロイド（Apple scar skin viroid：ASSVd）．

属の構成　リンゴくぼみ果ウイロイド（Apple dimple fruit viroid，ADFVd），リンゴさび果ウイロイド（ASSVd），ブドウオーストラリアウイロイド（Australian grapevine viroid：AGVd），カンキツベントリーフウイロイド（*Citrus bent leaf viroid*：CBLVd），カンキツ矮化ウイロイド（*Citrus dwarfing viroid*：CDVd），カンキツウイロイドV（*Citrus viroid V*：CVd-V），カンキツウイロイドVI（*Citrus viroid VI*：CVd-VI），ブドウ黄色斑点ウイロイド1（*Grapevine yellow speckle viroid 1*：GYSVd-1），*Grapevine yellow speckle viroid 2*：GYSVd-2），ナシブリスタキャンカーウイロイド（*Pear blister canker viroid*：PBCVd）．

暫定種：リンゴゆず果ウイロイド（Apple fruit crinkle viroid：AFCVd），Grapevine yellow speckle viroid 3（GYSVd-3），カキ潜在ウイロイド（Persimmon latent viroid：PLVd）．

分　子　【形態】外被タンパク質をもたない低分子環状ssRNA．分子内相補性が高く，二本鎖様棒状構造をとる．
【成分】核酸：ssRNA 1種（306〜369 nt，GC含量53〜60%）．

ゲノム　【構造】単一環状低分子ssRNAゲノム．分子はTL，P，C，V，TRの5つの機能ドメインに分けられ，CドメインにはCCR（中央保存領域）が存在する．また，多くのウイロイドでTLドメインに末端保存領域（TCR）が存在する．ゲノム上にはタンパク質がコードされていない（図1）．

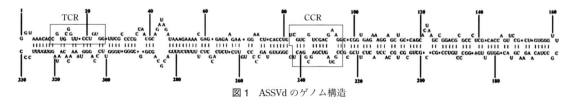

図1　ASSVdのゲノム構造
TCR：末端保存領域，CCR：中央保存領域．
［出典：Koganezawa, H. (1989). Descriptions of Plant Viruses, 349 を改変］

複製様式　核内で非対称型ローリングサークル様式で複製される．

宿主域・病徴　宿主域はやや狭い．バラ科，ミカン科，ブドウ科，カキノキ科，アサ科．全身感染し，果実に斑入り，さび，凹凸，樹皮に粗皮症状，ブドウでは葉に黄色斑点を示すが，多くの場合は無病徴である．

伝　染　汁液接種可（切り付け接種）．接ぎ木伝染．種子伝染．　　　　　　　　　　〔小金澤碩城〕

主要文献　Owens, R. A. *et al.* (2012). *Apscaviroid*. Virus Taxonomy 9th Report of ICTV, 1232；ICTVdB (2006). *Apscaviroid*. 80.001.0.04.；DPVweb. Apscaviroid.；Koganezawa, H. (1989). Apple scar skin viroid. Descriptions of Plant Viruses, 349；Flores, R. *et al.* (2008). Viroids. Encyclopedia of Virology 3rd ed., 5, 332-342；Hadidi, A. *et al.* eds. (2003). Viroids. CSIRO Publishing, 370 pp.

ウイロイド　　　　　　　　　　　　　　　　　　　　　　　　　　ポスピウイロイド科

Cocadviroid コカドウイロイド属
Pospiviroidae

分類基準 (1) 単一低分子環状 ssRNA ゲノム，(2) 自律複製能をもつノンコーディング RNA，(3) 外被タンパク質を欠く，(4) 分子内相補性が高く，棒状構造をとる，(5) 中央保存配列 (CCR) をもつ，(6) リボザイム活性を欠く，(7) 核内で非対称型ローリングサークル様式により複製，(8) 宿主は主にヤシ科植物，(9) 花粉・種子伝染する．

タイプ種 *Coconut cadang-cadang viroid* (CCCVd)．

属の構成 カンキツバーククラッキングウイロイド (*Citrus bark cracking viroid*: CBCVd)，*Coconut cadang-cadang viroid* (CCCVd)，*Coconut tinangaja viroid* (CTiVd)，ホップ潜在ウイロイド (*Hop latent viroid*: HpLVd)．

分　子 【形態】外被タンパク質をもたない低分子環状 ssRNA．分子内相補性が高く，二本鎖様棒状構造をとる．
【物性】沈降係数 6〜8 S．
【成分】核酸：ssRNA 1 種 (246〜301 nt，GC 含量 53〜60％)．

ゲ ノ ム 【構造】単一環状低分子 ssRNA ゲノム．分子は TL，P，C，V，TR の 5 つの機能ドメインに分けられ，C ドメインには中央保存領域 (CCR) が，TL ドメインには末端保存ヘアピン (TCH) が存在する．ゲノム上にはタンパク質がコードされていない (図 1)．なお，CCCVd には二量体の変異株 (最長 604 nt) なども存在する．

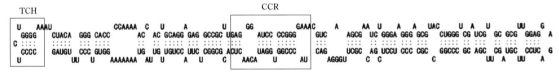

図 1　CCCVd のゲノム構造
TCH：末端保存ヘアピン，CCR：中央保存領域．
[出典：Hadidi, A. *et al.* eds. (2003). Viroids, p. 239 を改変]

複製様式 核小体で非対称型ローリングサークル様式で複製される．
細胞内所在 核小体に蓄積する．
宿主域・病徴 宿主域は狭い．CCCVd と CTiVd はココヤシなどのヤシ科，HpLVd はホップを自然宿主とする．CCCVd と CTiVd は全身感染し，樹冠の退緑や衰弱，果実の不稔，全身の枯死などの激しい症状を示す．HpLVd は無病徴感染．
伝　染 CCCVd と CTiVd は発芽直後の芽に高圧注入することで実験的に感染するが，自然界の伝染経路は不明．花粉あるいは種子で伝染する可能性も示唆されている．媒介生物不明．HpLVd は汁液接種可能．接ぎ木，挿し木などの栄養繁殖で伝染する．　　　　　　　　　　　〔佐野輝男〕

主要文献 Owens, R. A. *et al.* (2012). *Cocadviroid*. Virus Taxonomy 9th Report of ICTV, 1231；ICTVdB (2006). *Cocadviroid*. 80.001.0.03.；DPVweb. Cocadviroid.；Rodriguez, M. J. B. *et al.* (2003). Coconut cadang-cadang viroid. Descriptions of Plant Viruses, 402；Flores, R. *et al.* (2008). Viroids. Encyclopedia of Virology 3rd ed., 5, 332-342；Hadidi, A. *et al.* eds. (2003). Viroids. CSIRO Publishing, 370 pp.：Randles, J. W. (1975). Association of two ribonucleic acid species with cadang-cadang disease of coconut palm. Phytopathology, 65, 163-167；Hataya, T. *et al.* (1992). Detection of *hop latent viroid* (HLVd) using reverse transcription and polymerase chain reaction (RT-PCR). Ann. Phytopathol. Soc. Jpn., 58, 677-684.

ウイロイド　　　　　　　　　　　　　　　　　　　　　　　　　　　　　　　　　　　ポスピウイロイド科

Coleviroid　コレウイロイド属
Pospiviroidae

分類基準　(1) 単一低分子環状 ssRNA ゲノム，(2) 自律複製能をもつノンコーディング RNA，(3) 外被タンパク質を欠く，(4) 分子内相補性が高く，棒状構造をとる，(5) 中央保存配列(CCR)をもつ，(6) リボザイム活性を欠く，(7) 核内で非対称型ローリングサークル様式により複製，(8) 宿主はシソ科植物，(9) 花粉・種子伝染する．

タイプ種　コリウスウイロイド1(*Coleus blumei viroid 1*：CbVd-1)．

属の構成　コリウスウイロイド1(CbVd-1)，*Coleus blumei viroid 2*(CbVd-2)，*Coleus blumei viroid 3*(CbVd-3)．

　　　　　暫定種：Coleus blumei viroid 4(CbVd-4)，Coleus blumei viroid 5(CbVd-5)，コリウスウイロイド6 (Coleus blumei viroid 6(CbVd-6)．

分　　子　【形態】外被タンパク質をもたない低分子環状 ssRNA．分子内相補性が高く，二本鎖様棒状構造をとる．

　　　　　【成分】核酸：ssRNA 1種(248〜364 nt，GC 含量53〜60％)．

ゲ ノ ム　【構造】単一環状低分子 ssRNA ゲノム．分子は TL，P，C，V，TR の5つの機能ドメインに分けられ，C ドメインには中央保存領域(CCR)が存在する．ゲノム上にはタンパク質がコードされていない(図1)．

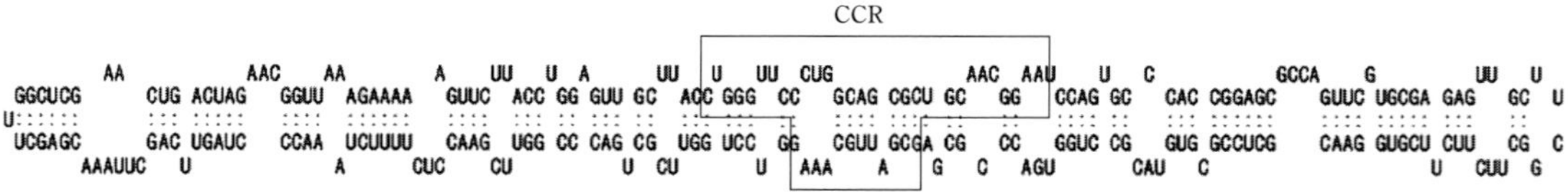

図1　CbVd のゲノム構造
CCR：中央保存領域．
[出典：石黒 亮ら(1996)．日植病報，62, 84-86 を改変]

複製様式　おそらく核小体で非対称型ローリングサークル様式で複製する．
細胞内所在　おそらく核小体に蓄積する．
宿主域・病徴　宿主域は狭い．*Coleus blumei* や *Ocimum sanctum*，*O. basilicum*，*Mentha spicata* などのシソ科植物．全身感染して，コリウスでは葉にかすかな退緑などを生じるが，他の植物では無病徴．
伝　　染　汁液接種可．接ぎ木伝染．CbVd-1 は高率に種子伝染する．　　　　　　　　　〔佐野輝男〕
主要文献　Owens, R. A. *et al.*(2012). *Coleviroid*. Virus Taxonomy 9th Report of ICTV, 1232-1233；ICTVdB (2006). *Coleviroid*. 80.001.0.05.；DPVweb. Coleviroid.；Robinson, D. J.(2001). Coleus blumei viroid 1. Descriptions of Plant Viruses, 379；Flores, R. *et al.*(2008). Viroids. Encyclopedia of Virology 3rd ed., 5, 332-342；Hadidi, A. *et al.* eds.(2003). Viroids. CSIRO Publishing, 370 pp.；Fonseca, M. *et al.*(1989). A small viroid in Coleus species from Brazil. Plant Dis., 74, 80；Spieker, R. L. *et al.*(1990). Primary and secondary structure of a new viroid 'species'(CbVd1) present in *Coleus blumei* cultivar 'Bienvenue'. Nucleic Acids Res., 18, 3998；石黒 亮ら(1996)．わが国のコリウス(*Coleus blumei* Benth.)から検出されたウイロイドの全塩基配列と宿主範囲．日植病報，62, 84-86．

ウイロイド　　　　　　　　　　　　　　　　　　　　　　　　　　　　　　　ポスピウイロイド科

Hostuviroid　ホスタウイロイド属
Pospiviroidae

分類基準　(1) 単一低分子環状 ssRNA ゲノム，(2) 自律複製能をもつノンコーディング RNA，(3) 外被タンパク質を欠く，(4) 分子内相補性が高く，棒状構造をとる，(5) 中央保存配列(CCR)をもつ，(6) リボザイム活性を欠く，(7) 核内で非対称型ローリングサークル様式により複製，(8) 宿主はホップ，キュウリ，ダリアおよび果樹類．

タイプ種　ホップ矮化ウイロイド(*Hop stunt viroid*：HpSVd)．

属の構成　*Dahlia latent viroid*(DLVd)，ホップ矮化ウイロイド(HpSVd)．
暫定種：Citrus gummy bark viroid(CGBVd)．

分子　【形態】外被タンパク質をもたない低分子環状 ssRNA．分子内相補性が高く，二本鎖様棒状構造をとる(図1)．
【物性】沈降係数 約 10 S．
【成分】ssRNA 1種(295～342 nt，GC 含量 53～60%)．

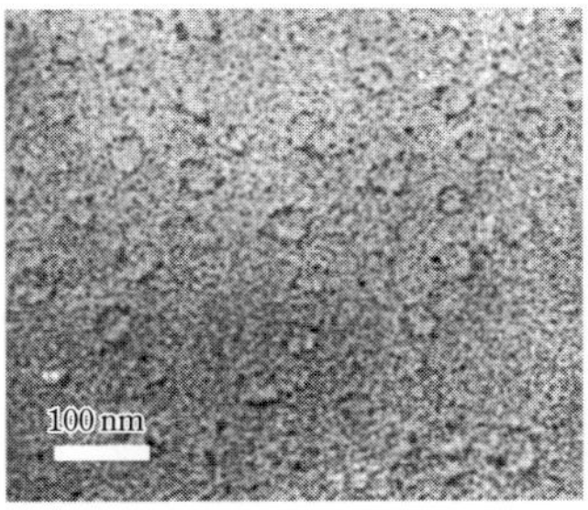

ゲノム　【構造】単一環状低分子 ssRNA ゲノム．分子は TL，P，C，V，TR の5つの機能ドメインに分けられ，C ドメインには中央保存領域(CCR)が，TL ドメインには末端保存ヘアピン(TCH)が存在する．ゲノム上にはタンパク質がコードされていない(図2)．

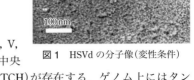

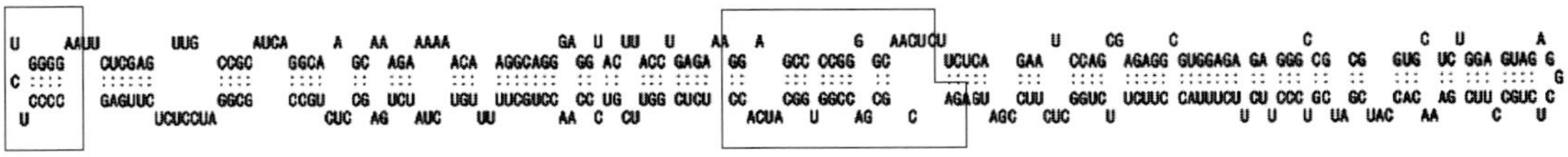

図1　HSVd の分子像(変性条件)

図2　HSVd のゲノム構造
TCH：末端保存ヘアピン，CCR：中央保存領域．

複製様式　核小体で非対称型ローリングサークル様式で複製する．

細胞内所在　核小体に蓄積する．

宿主域・病徴　HpSVd；宿主域はやや広い．自然宿主はホップ，キュウリ，およびブドウ，カンキツ，スモモ，モモ，アーモンド，アプリコットなどの果樹類を中心に広く分布する．全身感染し，葉の黄化，果実の退色，斑紋，劣化，全身の萎縮などの症状を示すが，無病徴感染の期間が長い．DLVd；宿主域は狭く，ダリアに潜在感染が認められるのみ．

伝染　HpSVd；汁液接種可．接ぎ木，挿し木などの栄養繁殖で伝染する．DLVd；種苗伝染．

系統　HpSVd には病徴や塩基配列などが若干異なる HpSVd-hop，HpSVd-cit(Citrus cachexia viroid)，HpSVd-cuc(Cucumber pale fruit viroid)，HpSVd-pch(Peach dapple viroid)，HpSVd-plu(Plum dapple viroid)などの系統(変異体)がある．　　　　〔佐野輝男〕

主要文献　Owens, R. A. *et al.*(2012). *Hostuviroid*. Virus Taxonomy 9th Report of ICTV, 1230-1231；ICTV Virus Taxonomy List(2014). *Hostuviroid*.；ICTVdB(2006). *Hostuviroid*. 80.001.0.02.；DPVweb. Hostuviroid.；Sano, T. *et al.*(1988). Hop stunt viroid. Descriptions of Plant Viruses, 326；Flores, R. *et al.*(2008). Viroids. Encyclopedia of Virology 3rd ed., 5, 332-342；Hadidi, A. *et al.* eds.(2003). Viroids. CSIRO Publishing, 370 pp.；Yamamoto, H. *et al.*(1973). Studies on hop stunt disease in Japan. Rep. Res. Lab. Kirin Brew Co. Ltd., 16, 49-62；Sasaki, M. *et al.*(1977). On some properties of hop stunt disease agent, a viroid. Proc. Jpn. Acad. Ser. B., 53, 109-112；Ohno, T. *et al.*(1983). Hop stunt viroid: molecular cloning and nucleotide sequence of the complete cDNA copy. Nucl. Acids Res., 11, 6185-6197；Sano, T. *et al.*(1985). A viroid-like RNA isolated from grapevine has high sequence homology with hop stunt viroid. J. Gen. Virol., 66, 333-338；Verhoeven, J. T. H. *et al.*(2013). Dahlia latent viroid: a recombinant new species of the family *Pospiviroidae* posing intriguing questions about its origin and classification. J. Gen. Virol., 94, 711-719.

ウイロイド　　　　　　　　　　　　　　　　　　　　　　　　　　ポスピウイロイド科

Pospiviroid ポスピウイロイド属
Pospiviroidae

分類基準　(1) 単一低分子環状 ssRNA ゲノム，(2) 自律複製能をもつノンコーディング RNA，(3) 外被タンパク質を欠く，(4) 分子内相補性が高く，棒状構造をとる，(5) 中央保存配列（CCR）をもつ，(6) リボザイム活性を欠く，(7) 核内で非対称型ローリングサークル様式により複製，(8) 宿主はナス科植物など．

タイプ種　ジャガイモやせいもウイロイド（*Potato spindle tuber viroid*：PSTVd）．

属の構成　キク矮化ウイロイド（*Chrysanthemum stunt viroid*：CSVd），カンキツエクソコーティスウイロイド（*Citrus exocortis viroid*：CEVd），*Columnea latent viroid*（CLVd），*Iresine viroid 1*（IrVd-1），*Pepper chat fruit viroid*（PCFVd），ジャガイモやせいもウイロイド（PSTVd），*Tomato apical stunt viroid*（TASVd），トマト退緑萎縮ウイロイド（*Tomato chlorotic dwarf viroid*：TCDVd），*Tomato planta macho viroid*（TPMVd）．

分子　【形態】外被タンパク質をもたない低分子環状 ssRNA（全長約 100 nm）．分子内相補性が高く，二本鎖様棒状構造（長さ約 50 nm）をとる（図1）．
【物性】沈降係数 6.6～6.8 S．浮遊密度（Cs_2SO_4）1.64～1.68 g/cm^3（CEVd）．
【成分】核酸：ssRNA 1種（356～375 nt，GC 含量 52～62％）．

ゲノム　【構造】単一環状低分子 ssRNA ゲノム．分子は TL，P，C，V，TR の5つの機能ドメインに分けられ，C ドメインには中央保存領域（CCR）が，TL ドメインには末端保存領域（TCR）が存在する．ゲノム上にはタンパク質がコードされていない（図2）．

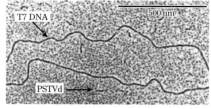

図1　PSTVd の分子像（未変性条件）
［出典：Virus Taxonomy 9th Report of ICTV, 1221-1234］

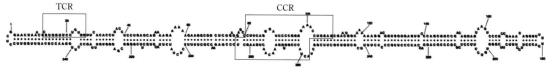

(a) 三次構造

(b) 二次構造

図2　PSTVd の三次構造(a)と二次構造(b)
TCR：末端保存領域，CCR：中央保存領域．
［Hull, R.(2002). Mathews' Plant Virology 4th ed., p. 597；Virus Taxonomy 9th Report of ICTV, 1221-1234 を改変］

複製様式　核小体で非対称型ローリングサークル様式で複製される．すなわち，ゲノム（＋）ssRNA は核内でいったん宿主の RNA ポリメラーゼ（Pol II）のもつ RNA 合成活性により線状（－）ssRNA のオリゴマーとして転写され，これを鋳型に生じた線状（＋）ssRNA のオリゴマーが，宿主のリボヌクレアーゼにより単位長に切断され，RNA リガーゼにより環状化される．

細胞内所在　主に核小体に蓄積する．

宿主域・病徴　宿主域はやや広い．全身感染し，主に退緑，エピナスティ（上偏成長），縮葉，えそ，矮化，果実や塊茎の劣化などの症状を示す．

伝染　汁液接種可．接触伝染．栄養繁殖による伝染．花粉および種子伝染するものもある．TPMVd はアブラムシ伝搬される．PSTVd ではジャガイモ葉巻ウイルス（PLRV）の粒子中に取り込まれてアブラムシ伝搬する例が知られている．

〔伊藤隆男〕

主要文献 Owens, R. A. *et al.* (2012). *Pospiviroid*. Virus Taxonomy 9th Report of ICTV, 1229-1230 ; ICTV Virus Taxonomy List (2014). *Pospiviroid*. ; ICTVdB (2006). *Pospiviroid*. 80.001.0.01. ; DPVweb. Pospiviroid. ; Diener, T. O. *et al.* (1971). Potato spindle tuber 'virus'. Descriptions of Plant Viruses, 66 ; Semancik, J. S. (1980). Citrus exocortis viroid. Descriptions of Plant Viruses, 226 ; Flores, R. and Owens, R. A. (2008). Viroids. Encyclopedia of Virology 3rd ed., 5, 332-342 ; Hadidi, A. *et al.* eds. (2003). Viroids. CSIRO Publishing, 370 pp. ; Diener, T. O. (1979). Viroids and Viroid Diseases. John Wiley & Sons, 252 pp.

サテライト

Satellite　サテライト

　サテライトは，複製に必要な機能をもつ遺伝子を欠き，その複製をヘルパーウイルスに依存しているウイルスあるいはウイルス依存核酸（サテライト核酸）を指す．そのゲノム配列はヘルパーウイルスとは大部分あるいはすべて異なっており，独自の外被タンパク質をコードして独自のウイルス粒子を形成するものをサテライトウイルス，独自の外被タンパク質をコードしておらず，ヘルパーウイルスの粒子内に組み込まれるものをウイルス依存核酸という．ただし，ウイルス依存核酸の一部には，複製能は有するが，ウイルス粒子へのパッケージング，移行および伝染をヘルパーウイルスに依存しているものも含まれる．

Satellite viruses　サテライトウイルス

　サテライトウイルスは，複製に必要な機能をもつ遺伝子を欠き，その複製はヘルパーウイルスに依存しているが，独自の外被タンパク質をコードして独自のウイルス粒子を形成するウイルスを指す．サテライトウイルスは，現在，5グループに分けられているが，そのうち植物サテライトウイルスが含まれるのは，タバコえそサテライトウイルス（STNV）様サテライトグループ（Satellites that resemble tobacco necrosis satellite virus：TNsatV-like satellite viruses）である．

タバコえそサテライトウイルス(TNSV)様サテライトグループ

特　　徴　(1)（+）ssRNAゲノム，(2) 複製をヘルパーウイルスに依存，(3) 単一線状ゲノム，(4) 球状粒子1種（径約17 nm），(5) 外被タンパク質(CP)1種（17〜24 kDa），(6) ORF 1〜2個．

構　　成　Maize white line mosaic satellite virus(SMWLMV)，Panicum mosaic satellite virus(SPMV)，タバコえそサテライトウイルス(Tobacco necrosis satellite virus：STNV)，Tobacco mosaic satellite virus(STMV)．

Virus-dependent nucleic acids　ウイルス依存核酸

　ウイルス依存核酸は，独自の外被タンパク質や複製に必要な機能をもつ遺伝子を欠き，その複製をヘルパーウイルスに依存しているRNAあるいはDNAを指し，サテライト核酸ともいう．ただし，その一部には，複製能は有するが，ウイルス粒子へのパッケージング，移行および伝染をヘルパーウイルスに依存しているものも含まれる．いずれもヘルパーウイルスの増殖や病徴発現に影響を与える．ウイルス依存核酸は，現在，核酸の種類によって大きく3グループに分けられ，さらにその中が細分化されている．

一本鎖サテライトDNA(Single-stranded satellite DNA)

アルファサテライト(Alphasatellite)

特　　徴　(1) ssDNAゲノム，(2) 単一環状ゲノム(1.0〜1.4 kb)，(3) 外被タンパク質(CP)を欠く，(4) アデニンリッチ領域(adenine-rich region：A-rich region；160〜280 nt；機能不明)を有する，(5) 複製開始タンパク質(Rep/M-Rep)をコードしていて複製はヘルパーウイルスに依存しないが，パッケージング，移行および伝染をヘルパーウイルスに依存(図1)．

構　　成
・単一ゲノム型ベゴモウイルス属ウイルス関連アルファサテライト(DNA 1)：Ageratum yellow vein alphasatellite(AYVA)など24種．
・ナノウイルス科ウイルス関連アルファサテライト

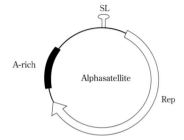

図1　ベゴモウイルス属アルファサテライトの構造模式図
SL：ステムループ，A-rich：アデニンリッチ領域，Rep：複製開始タンパク質．
[出典：Xie, Y. *et al.* (2010). Virology J., 7, 178]

(*rep* DNA)：Banana bunchy top S1 alphasatellite（BBTS1A）など15種.
・暫定メンバー：Coconut foliar decay alphasatellite（CFDA）.

ベータサテライト(Betasatellite)

特　　徴　(1) ssDNAゲノム，(2) 単一環状ゲノム(約1.3 kb)，(3) 外被タンパク質(CP)を欠く，(4) アデニンリッチ領域(adenine-rich region：A-rich region；160〜280 nt；機能不明)を有する，(5) 複製開始タンパク質(Rep)をコードしておらず複製をヘルパーウイルスに依存，(6) サテライト保存配列(satellite conserved region：SCR；約200 nt)を有し，その内部のステムループ構造上にベゴモウイルス属に共通の複製開始部位(TAATATTAC)の配列が存在する，(7) ヘルパーウイルスの病原性とRNAサイレンシング抑制に関わるタンパク質(βC1)をコード(図2).

構　　成　単一ゲノム型ベゴモウイルス属ウイルス関連ベータサテライト(DNA β)：カッコウアザミ葉脈黄化ベータサテライト(Ageratum yellow vein betasatellite；AYVB)など61種.

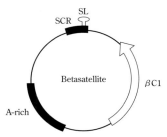

図2　ベゴモウイルス属ベータサテライトの構造模式図
SL：ステムループ，SCR：サテライト保存領域，A-rich：アデニンリッチ領域，βC1：βC1タンパク質.
[出典：Rojas, M. R. *et al.*(2005). Annu. Rev. Phytopathol., 43, 361-394を改変]

二本鎖サテライトRNA(Double-stranded satellite RNA)

特　　徴　(1) dsRNAゲノム，(2) 単一線状ゲノム(0.5〜1.8 kb)，(3) 外被タンパク質(CP)を欠く，(4) 複製はヘルパーウイルスに依存，(5) ヘルパーウイルスの病原性や生体防御に関わるタンパク質をコード.

構　　成　・*Totyviridae*科ウイルス関連サテライト，パルティティウイルス科ウイルス関連サテライトなど14種(植物ウイルス関連サテライトRNAは含まれない).
・暫定メンバー：Satellite A of cherry chlorotic rusty spot-associated virusなど植物ウイルス関連サテライトRNA 5種.

一本鎖サテライトRNA(Single〜stranded satellite RNA)

長鎖線状一本鎖サテライトRNA(Large linear single-stranded satellite RNA)

特　　徴　(1) ssRNAゲノム，(2) 単一線状ゲノム(0.8〜1.5 kb)，(3) 外被タンパク質(CP)を欠く，(4) 複製はヘルパーウイルスに依存，(5) 数種は自身のRNA複製に関わるタンパク質をコード.

構　　成　・セコウイルス科ウイルス関連サテライトRNA：Arabis mosaic virus large satellite RNAなど9種.
・アルファフレキシウイルス科ウイルス関連サテライトRNA：Bamboo mosaic virus satellite RNA.
・暫定メンバー：Beet necrotic yellow vein virus RNA5.

短鎖線状一本鎖サテライトRNA(Small linear single-stranded satellite RNA)

特　　徴　(1) ssRNAゲノム，(2) 単一線状ゲノム(0.7 kb以下)，(3) 外被タンパク質(CP)を欠く，(4) 複製はヘルパーウイルスに依存.

構　　成　・トンブスウイルス科ウイルス関連サテライトRNA：Artichoke mottled crinkle virus satellite RNA，Carrot mottle mimic virus satellite RNAなど13種.
・ブロモウイルス科ウイルス関連サテライトRNA：Cucumber mosaic virus satellite RNAなど2種.

短鎖環状一本鎖サテライトRNA(ウイルソイド：Small circular single-stranded satellite RNA)

特　　徴　(1) ssRNAゲノム，(2) 単一環状ゲノム(約350 b)，(3) 外被タンパク質(CP)を欠く，(4) 複製はヘルパーウイルスに依存，(5) 数種はリボザイム活性を有する.

構　　成　・セコウイルス科ウイルス関連サテライトRNA：Tobacco ringspot virus satellite RNAなど3種.

- ルテオウイルス科ウイルス関連サテライト RNA：Cereal yellow dwarf virus-RPV satellite RNA．
- ソベモウイルス属ウイルス関連サテライト RNA：Rice yellow mottle virus satellite RNA など 5 種．
- 暫定メンバー：Cherry small circular viroid-like RNA．

ポレロウイルス属ウイルス関連サテライト RNA（Polerovirus-associated satellite RNA）

特　　　徴　(1) ssRNA ゲノム，(2) 単一線状ゲノム (2.8〜3.0 kb)，(3) 外被タンパク質 (CP) を欠く，(4) RdRp をコードしていて複製はヘルパーウイルスに依存しないが，パッケージングおよび伝染をヘルパーウイルスに依存，(5) ORF 1〜2 個 (RdRp)，(6) 数種はさらに小さな ORF を有する．

構　　　成　Beet western yellows virus ST9-associated RNA（BWYV ST9aRNA）など 3 種．　〔日比忠明〕

主 要 文 献　Briddon, R. W. *et al.* (2012). Satellites and other virus-dependent nucleic acids. Virus Taxonomy 9th Report of ICTV, 1211-1219；ICTVdB (2006). *Satellites*. 81.；ICTVdB (2006). *Satellite Viruses*. 81.001.；ICTVdB (2006). *ssDNA Satellite Viruses*. 81.001.2.；ICTVdB (2006). *ssRNA Satellite Viruses*. 81.001.4.；ICTVdB (2006). *Satellite Nucleic Acids*. 81.002.；ICTVdB (2006). *Satellite ssDNA*. 81.002.2.；ICTVdB (2006). *Satellite ssRNA*. 81.002.4.；ICTVdB (2006). *Large ssRNA satellites*. 81.002.4.01.；ICTVdB (2006). *Small ssRNA satellite, linear*. 81.002.4.02.；ICTVdB (2006). *Small ssRNA satellites, circular*. 81.002.4.03.；DPVweb. ssRNA satellite viruses；DPVweb. TNsatV-like satellite viruses；Kassanis, B. (1970). Satellite virus. Descriptions of Plant Viruses, 15；DPVweb. Alphasatellite；DPVweb. Betasatellite；DPVweb. Begomovirus alphasatellites；DPVweb. Begomovirus betasatellites；DPVweb. Nanoviridae alphasatellites；DPVweb. ss satellite RNAs；DPVweb. Large satellite RNAs；DPVweb. Small linear satellite RNAs；DPVweb. Circular satellite RNAs；Palukaitis, P. *et al.* (2008). Satellite nucleic acids and viruses. Encyclopedia of Virology 3rd ed., 4, 526-535；Briddon, R. W. *et al.* (2008). Beta ssDNA satellites. Encyclopedia of Virology 3rd ed., 1, 314-321；Fritsch, C. *et al.* (1989). Satellites of plant viruses. Plant Viruses, Vol. 1 (Mandahar, C. L. ed., CRC Press), 289-321；Collmer, C. W. *et al.* (1992). Role of satellite RNA in the expression of symptoms caused by plant viruses. Annu. Rev. Phytopathol., 30, 419-442；Fritsch, C. *et al.* (1993). Properties of the satellite RNA of nepoviruses. Biochimie, 75, 561-567；Simon, A. E. *et al.* (2004). Plant virus satellite and defective interfering RNAs：New paradigms for a new century. Annu. Rev. Phytopathol., 42, 415-437；Hu, C-C. *et al.* (2009). Satellite RNAs and satellite viruses of plants. Viruses, 1, 1325-1350；Briddon, R. W. *et al.* (2008). Recommendations for the classification and nomenclature of the DNA-β satellites of begomoviruses. Arch. Virol., 153, 763-781；Hull, R. (2014). Agents resembling or altering virus diseases. In "Plant Virology 5th ed." (Hull, R., Academic Press), 199-243；Rubino, L. *et al.* (2003). Viroid-like satellite RNAs. In "Viroids" (Hadidi, A. *et al.* eds. CSIRO Publishing), 76-84；Brunt, A. A. *et al.* eds. (1996). Satellite viruses. Plant Viruses Online；Subviral RNA database. http：//subviral.med.uottawa.ca/cgi-bin/home.cgi.；高浪洋一 (1997). サテライトウイルスとサテライト RNA. ウイルス学 (畑中正一編, 朝倉書店), 529-537；花田 薫 (2008). 植物ウイルスサテライト RNA の多様性とそのウイルス病防除への利用. 植物防疫, 62, 418-423.

日本の植物ウイルスと ウイロイド 第3編

植物ウイルス 1

Abutilon mosaic virus アブチロンモザイクウイルス (AbMV)
Geminiviridae Begomovirus

初 記 載	Baur, E.(1906)；尾崎武司ら(1985).
粒　　子	【形態】双球状 2 種(径 20 nm×長さ 29～33 nm). 被膜なし. 【物性】沈降係数 約 82 S. 浮遊密度(Cs_2SO_4) 1.30 g/cm^3. 【成分】核酸：ssDNA 2 種(2.6～2.7 kb×2, GC 含量 46～47%). タンパク質：外被タンパク質(CP)1 種(28 kDa).
ゲ ノ ム	【構造】2 分節環状 ssDNA ゲノム(DNA-A, DNA-B). ORF 7 個(DNA-A：ウイルス鎖に 1 個, 相補鎖に 4 個, DNA-B：ウイルス鎖, 相補鎖に各 1 個). ゲノム上に複製開始部位とステムループ構造を含む共通領域(CRA/CRB)をもつ. 【遺伝子】DNA-A ウイルス鎖：共通領域(CRA)-ORF AV1(28 kDa 外被タンパク質(CP))-. DNA-A 相補鎖：共通領域(CRA)-ORF AC1(40 kDa 複製開始タンパク質(Rep))-ORF AC4(9 kDa RNA サイレンシングサプレッサー)-ORF AC2(14 kDa 転写活性化タンパク質(TrAP))-ORF AC3(16 kDa 複製促進タンパク質(REn))-. AC4 は AC1 に一部重複して, AC2 は AC1 と AC3 に一部重複して存在する. DNA-B ウイルス鎖：共通領域(CRB)-ORF BV1(30 kDa 核シャトルタンパク質(NSP))-. DNA-B 相補鎖：共通領域(CRB)-ORF BC1(33 kDa 移行タンパク質(MP))-. 【登録コード】X15983(AbMV-[DE]DNA-A 全塩基配列), X15984(AbMV-[DE]DNA-B 全塩基配列), U51137(AbMV-[US：Haw]DNA-A 全塩基配列), U51138(AbMV-[US：Haw]DNA-B 全塩基配列).
細胞内所在	細胞質, 核, 色素体, 液胞内に存在し, 核内に結晶状の封入体と繊維状の環状構造がみられる.
自然宿主・病徴	アブチロン(*Abutilon* spp.), *Sida* spp.(斑入りに似た鮮やかな黄斑モザイク).
宿　主　域	やや狭い. アオイ科植物, マメ科植物(インゲンマメ).
増 殖 植 物	インゲンマメ(品種トップクロップ).
検 定 植 物	インゲンマメ(品種トップクロップ)(全身感染し, モザイク, 葉脈透化を生じる).
伝　　染	タバココナジラミによる永続伝搬. 系統によっては汁液接種可. 接ぎ木接種可. 種子伝染や経卵伝染はしない.
系　　統	系統としての位置づけはなされていないが, AbMV-[DE], AbMV-[US：Haw]などの分離株が報告されている. 日本で発生した AbMV は塩基配列からタバココナジラミ非伝搬性とされる AbMV-[US：Haw](ハワイ分離株)などに近縁であることが確かめられている.
類 縁 関 係	*Bean golden mosaic virus*(BGMV)との血清関係が知られ, 塩基配列の相同性が BGMV や *Tomato golden mosaic virus*(TGMV)との間で認められる.
地理的分布	日本および世界各地(観賞用植物として罹病株が世界的に分布). 〔大貫正俊〕
主 要 文 献	Baur, E.(1906). Königliche Preuss. Akad. Wiss., 1, 11-29；尾崎武司ら(1985).日植病報, 51, 82-83；Brown, J. K. *et al*.(2012). *Begomovirus*. Virus Taxonomy 9th Report of ICTV, 359-372, Online Appendix, 373.e10-e52；ICTVdB(2006). *Abutilon mosaic virus*. 00.029.0.03.002.；DPVweb. Begomovirus；Jeske, H.(2000). Abutilon mosaic virus. Descriptions of Plant Viruses, 373；Brunt, A. A. *et al*. eds.(1966). Abutilon mosaic bigeminivirus. Plant Viruses Online；Briddon, R. W.(2011). Begomovirus. The Springer Index of Viruses 2nd ed., 567-587；Fauquet, C. M. *et al*.(2008). Geminivirus strain demarcation and nomenclature. Arch. Virol., 153, 783-821；Costa, A.S.(1955). Phytopath. Z., 24, 97-112；Costa, A. S. and Carvalho, A. M.(1960). Phytopath. Z., 37, 259-272；Costa, A. S. and Carvalho, A. M. B.(1960). Phytopath. Z., 38, 129-152；尾崎武司・井上忠男(1986).日植病報, 52, 128；Frischmuth, T. *et al*.(1990). Virology, 178, 461-468；Wu, Z. C. *et al*.(1996). Phytopathology, 86, 608-613；Wege, C. *et al*.(2000). Arch. Virol., 145, 2217-2225；河野敏郎ら(2006).日植病報, 72, 279.

植物ウイルス 2

Aconitum latent virus トリカブト潜在ウイルス (AcLV)
Betaflexiviridae Calravirus

初　記　載	Cohen, J. *et al.*(2000)；藤　晋一ら(2000)，Fuji, S. *et al.*(2002)．
粒　　　子	【形態】ひも状 1 種（長さ 640 nm）．被膜なし． 【成分】核酸：（＋）ssRNA 1 種（8.5 kb，GC 含量 47％）．タンパク質：外被タンパク質(CP) 1 種（34 kDa）．
ゲ ノ ム	【構造】単一線状（＋）ssRNA ゲノム（8,657 nt）．ORF 6 個．ゲノムの 5′端にキャップ構造(Cap)，3′端にポリ(A)配列(poly(A))をもつ． 【遺伝子】5′-Cap-ORF1(226 kDa RNA 複製酵素(RP)；メチルトランスフェラーゼドメイン/パパイン様プロテアーゼドメイン/ヘリカーゼドメイン/RNA 複製酵素ドメイン)-ORF2/ORF3/ORF4(25 kDa/12 kDa/7 kDa 移行タンパク質(トリプルジーンブロック：TGB))-ORF 5(34 kDa 外被タンパク質(CP))-ORF 6(12 kDa 核酸結合タンパク(推定))-poly(A)-3′． 【登録コード】AB051848(デルフィニウム分離株 全塩基配列)，AF177225(トリカブト分離株 部分塩基配列)．
細胞内所在	ウイルスは各種細胞の細胞質内に存在する．
自然宿主・病徴	トリカブト，デルフィニウム（キュウリモザイクウイルス(CMV)との混合感染でモザイク症状を示すが，単独感染での病徴は不明）．
宿　主　域	狭い．トリカブト，デルフィニウム，*Nicotiana clevelandii*．
検 定 植 物	*N. clevelandii*（無病徴）．
伝　　　染	汁液接種可．媒介生物不明．
類 縁 関 係	他の *Carlavirus* 属ウイルスとの血清関係はないが，外被タンパク質のアミノ酸相同性ではホップモザイクウイルス(*Hop mosaic virus*：HpMV)，ホップ潜在ウイルス(*Hop latent virus*：HpLV)，ジャガイモ M ウイルス(*Potato virus M*：PVM)と関係がある．
地理的分布	日本，イスラエル．　　　　　　　　　　　　　　　　　　　　　　　　　〔藤　晋一〕
主 要 文 献	Cohen, J. *et al.*(2000). Phytopathology, 90, 340-344；藤　晋一ら(2000)．日植病報, 66, 263；Fuji, S. *et al.*(2002). Arch. Virol., 147, 865-870；Adams, M. J. *et al.*(2012). *Carlavirus*. Virus Taxonomy 9th Report of ICTV, 924-927；ICTVdB(2006). *Aconitum latent virus*. 00.056.0.04.033.

植物ウイルス 3

Adonis mosaic virus# フクジュソウモザイクウイルス (AdMV)

#ICTV 未認定

#日本植物病名目録に登録されているが，Virus Taxonomy 9th Report of ICTV には記載されていない．

初 記 載	柏崎 哲ら(1984)．
粒　　子	【形態】球状1種(径 約28 nm)．被膜なし． 【物性】沈降係数 約100 S．浮遊密度(CsCl) 約1.35 g/cm³． 【成分】核酸：(＋)ssRNA 1種．タンパク質：外被タンパク質(CP)1種(42 kDa)．
細胞内所在	各種組織の細胞の細胞質内および液胞内に散在，集積あるいは結晶して存在．
自然宿主・病徴	フクジュソウ(葉にモザイク)．
宿 主 域	宿主域は狭い．キンポウゲ科，アカザ科，ヒユ科の数種植物．
増 殖 植 物	フクジュソウ．
検 定 植 物	*Chenopodium amaranticolor*，*C. quinoa*，センニチコウ(局部病斑)．
伝　　染	汁液接種可．媒介生物不明．
地理的分布	日本． 〔日比忠明〕
主 要 文 献	柏崎 哲ら(1984)．日植病報, 50, 131；亀谷満朗(1993)．原色作物ウイルス病事典, 516．

植物ウイルス 4/5

Ageratum yellow vein Hualian virus　カッコウアザミ葉脈黄化花蓮ウイルス　(AYVHuV)
Geminiviridae Begomovirus

Ageratum yellow vein virus　カッコウアザミ葉脈黄化ウイルス　(AYVV)
Geminiviridae Begomovirus

AYVHuV は従来 AYVV の一系統とされてきたが，最近，ゲノムの塩基配列解析により独立種となった．しかし，塩基配列の一部を除いて両者の性状は互いにきわめて類似しているので，便宜上，ここにまとめて示す．

初　記　載　AYVHuV：Fauquet, C. M. et al.(2008)；大貫正俊ら(2010)．AYVV：Wong, S. M. et al.(1993)；大貫正俊ら(2008)，安藤緑樹ら(2008)，Andou, T. et al.(2010)．

粒　　　子　【形態】双球状1種，(径20 nm×長さ30 nm)．被膜なし．
【成分】核酸：ssDNA 1種(2.7～2.8 kb，GC含量41～42%)．タンパク質：外被タンパク質(CP)1種(30 kDa)．

ゲ ノ ム　【構造】単一環状 ssDNA ゲノム．2,700～2,800 nt，ORF 6個(ウイルス鎖に2個，相補鎖に4個)．
【遺伝子】ウイルス鎖：-5′-遺伝子間領域(IR)-ORF V2(14 kDa 移行タンパク質(MP))-ORF V1(30 kDa 外被タンパク質(CP))-3′-．相補鎖：-5′-遺伝子間領域(IR)-ORF C1(41 kDa 複製開始タンパク質(Rep))-ORF C4(11 kDa タンパク質；病徴発現に関与)-ORF C2(15～16 kDa 転写活性化タンパク質(TrAP))-ORF C3(16 kDa 複製促進タンパク質(REn))-3′-．
C4 は C1 に一部重複して，C2 は C1 と C3 に一部重複して存在する．
【登録コード】AYVHuV：DQ866124(AYVHuV-His[TW：His：Tom：03] 全塩基配列)，DQ866132(AYVHuV-Hua[TW：Hua4：00] 全塩基配列)．
AYVV：X74516(AYVV-SG[SG：92] 全塩基配列)，DQ866134(AYVV-SG[TW：Tao：00] 全塩基配列)，AB306314(AYVV-SG[JR：Ish：05] 全塩基配列)，ほか．

細胞内所在　篩部細胞の核内にみられ，結晶状の封入体および繊維状の環状構造がみられる．

自然宿主・病徴　カッコウアザミ(葉脈黄化，巻葉)：トマト(巻葉)：エノキグサ(葉脈黄化)：フシザキソウ(巻葉)．

宿　主　域　やや狭い．上記の自然宿主に加え，ナス科(*Nicotiana benthamiana*，シロバナヨウシュチョウセンアサガオ)，キク科(ウスベニニガナ)，キツネノマゴ科(*Asystasia nemorum*)，カタバミ科(*Oxalis barrelieri*)，トウダイグサ科(オガサワラコミカンソウ)がある．ただし，AYVHuV では上記のキク科以下の植物の感受性については不詳．

増殖植物　カッコウアザミ，*Nicotiana benthamiana*．

検定植物　カッコウアザミ(全身感染：葉脈黄化，巻葉)；*Nicotiana benthamiana*(全身感染：巻葉)．

伝　　　染　汁液接種不可．接ぎ木伝染可．タバココナジラミ(*Bemisia tabaci*)による永続伝搬．

系　　　統　AYVHuV：AYVHuV-His，-Hua．沖縄で発生した AYVHuV はアミノ酸配列上，台湾の分離株(AYVHuV-His[TW：His：Tom：03]，AYVHuV-Hua[TW：Hua4：00])ときわめて近縁である．
AYVV：AYVV-Gx，-ID，-PH，-SG．日本(沖縄)分離株(AYVV-SG[JR：Ish：05])はアミノ酸配列上，シンガポール分離株(AYVV-SG[SG：92])や台湾分離株(AYVV-SG[TW：Tao：00])ときわめて近縁である．

類縁関係　AYVHuV は従来 AYVV の一系統とされてきたが，最近，ゲノムの塩基配列解析により独立種として位置づけられた．AYVHuV と AYVV の塩基配列上の近縁ウイルスには，*Ageratum yellow vein Sri Lanka virus*(AYVSLV)がある．

地理的分布　AYVHuV：日本，台湾．
AYVV：日本，中国，台湾，シンガポール，インドネシア，タイ，インド．

そ の 他	AYVHuV には AYVHuB, AYVV には AYVB というそれぞれのウイルス粒子に内包されるゲノムの約半分の大きさ (1.3～1.4 kb) のベータサテライト (DNA-β) が付随する. 〔大貫正俊〕
主 要 文 献	Fauquet, C. M. *et al.* (2008). Arch. Virol., 153, 783-821；大貫正俊ら(2010). 日植病報 76, 190；Wong, S. M. *et al.* (1993). Plant Pathol., 42, 137-139；大貫正俊ら(2008). 日植病報, 74, 32；安藤緑樹ら(2008). 日植病報, 74, 32；Andou, T. *et al.* (2010). J. Gen. Plant Pathol., 76, 287-291；Brown, J. K. *et al.* (2012). *Begomovirus*. Virus Taxonomy 9th Report of ICTV, 359-372, Online Appendix, 373.e10-e52.；ICTVdB (2006). *Ageratum yellow vein virus*. 00.029.0.03.005.；Brunt, A. A. *et al.* eds. (1996). Ageratum yellow vein bigeminivirus. Plant Viruses Online；DPVweb. Begomovirus；Briddon, R. W. (2011). Begomovirus. The Springer Index of Viruses 2nd ed., 567-587；Fauquet, C. M. *et al.* (2008). Geminivirus strain demarcation and nomenclature. Arch. Virol., 153, 783-821；Tan, P. H. N. *et al.* (1995). J. Gen. Virol., 76, 2915-2922；Briddon, R. W. *et al.* (2012). Satellites and other virus-dependent nucleic acids. Virus Taxonomy 9th Report of ICTV, 1211-1219.

植物ウイルス 6/7

Alfalfa cryptic virus 1 アルファルファ潜伏ウイルス1 (ACV-1)
Partitiviridae 属未定

Alfalfa cryptic virus 2 アルファルファ潜伏ウイルス2 (ACV-2)
(*Partitiviridae*?)

　ACV-1, ACV-2は宿主域，病徴などからは区別できず，粒子形態や血清関係の相違などを除いて互いの性状がきわめて類似しているので，便宜上，ここにまとめて示す．

初　記　載	夏秋啓子ら(1983), Natsuaki, T. *et al.*(1986).
異　　　名	Alfalfa temperate virus.
粒　　　子	【形態】球状2種(径30 nm；ACV-1, 径38 nm；ACV-2). 被膜なし.
	【物性】浮遊密度(CsCl) 1.34〜1.35 g/cm^3(ACV-1).
	【成分】核酸：dsRNA 2種(RNA1：1.27 MDa, RNA2：1.17 MDa；ACV-1). タンパク質；外被タンパク質(CP) 1種(54 kDa；ACV-1), ウイルスRNA複製酵素(RdRp) 1種(67 kDa；ACV-1).
ゲ ノ ム	【構造】2分節線状dsRNAゲノム. ORF 2個(各分節ゲノムに各1個；ACV-1).
	【遺伝子】RNA1：67 kDa ウイルスRNA複製酵素(RdRp；ACV-1). RNA2：54 kDa 外被タンパク質(CP；ACV-1).
細胞内所在	ウイルス粒子は細胞質に存在する.
自然宿主・病徴	アルファルファ(*Medicago sativa*)(全身感染；無病徴).
宿主域・病徴	宿主はACV-1〜2が検出されたアルファルファとその子孫だけに限られる(全身感染；無病徴).
類 縁 関 係	ACV-1とACV-2は相互に血清関係がない. ACV-1は *Hop trefoil cryptic virus 1*(HTCV1)と血清関係がある. 従来, ACV-1は *Partitiviridae Alphacryptovirus* の認定種, ACV-2は *Partitiviridae Betacryptovirus* の暫定種とされていたが, *Partitiviridae* の新分類に伴い, ACV-1は *Partitiviridae* の属未定種, ACV-2は現在の所属が不明となっている.
伝　　　染	汁液接種不可. 種子伝染. 花粉伝染. 水平伝染しない.
地理的分布	ACV-1：日本, ユーラシア, 中東. ACV-2：日本, イタリア.
そ の 他	ACV-1とACV-2は共感染している場合が多い. 〔夏秋知英〕
主 要 文 献	夏秋啓子ら(1983). 日植病報, 49, 132-133；Natsuaki, T. *et al.*(1986). Intervirology, 25, 69-75；Ghabrial, S.A. *et al.*(2012). *Partitiviridae*. Virus Taxonomy 9th Report of ICTV, 523-534；ICTV Virus Taxonomy List. (2013). *Partitiviridae*；ICTVdB(2006). *Alfalfa cryptic virus 1*. 00.049.0.03.002., Alfalfa cryptic virus 2. 00.049.0.84.006.；DPVweb. Partitiviridae；Brunt, A. A. *et al.* eds.(1996). Alfalfa 1 *alphacryptovirus*, Alfalfa 2(?) *betacryptovirus*. Plant Viruses Online；Boccardo, G. *et al.*(1987). Cryptic plant viruses. Adv. Virus Res., 32, 171-213；本田要八郎(1993). 原色作物ウイルス病事典, 236；Accotto, G. P. *et al.*(1990). J. Gen. Virol., 71, 433-437.

植物ウイルス 8

Alfalfa mosaic virus アルファルファモザイクウイルス (AMV)
Bromoviridae Alfamovirus

初 記 載	Weimer, J. L.(1931)；正田宏二ら(1953)，明日山秀文ら(1955)．
異 名	Alfalfa virus 1, Alfalfa virus 2, Lucerne mosaic virus, Marmor medicaginis virus, Potato calico virus.
粒 子	【形態】桿菌状4種(径18 nm×長さ30 nm(Ta)，35 nm(Tb)，43 nm(M)，57 nm(B))．このほかに To 成分もあるが，感染には Tb，M，B の3成分だけが必要．被膜なし． 【物性】沈降係数 94 S(B)，82 S(M)，73 S(Tb)，66 S(Ta)．浮遊密度(CsCl) 1.366〜1.372 g/cm³，(Cs₂SO₄) 1.278 g/cm³． 【成分】核酸：(＋)ssRNA 4種(RNA1：3.6 kb，RNA2：2.6 kb，RNA3：2.0〜2.3 kb，RNA4：0.9 kb，GC 含量 43〜48％)．B 成分に RNA1，M 成分に RNA2，Tb 成分に RNA3，Ta 成分に2分子の RNA4(サブゲノム RNA)が含まれる．タンパク質：外被タンパク質(CP)1種(24 kDa)．ウイルス粒子は 132個(Ta)，150個(Tb)，186個(M)，240個(B)の外被タンパク質を有する．
ゲ ノ ム	【構造】3分節線状(＋)ssRNA ゲノム(RNA1：3,643〜3,644 nt，RNA2：2,593〜2,595 nt，RNA3：2,037〜2,257 nt)．ORF 4個(RNA1：1個，RNA2：1個，RNA3：2個)．ゲノムの 5′端にキャップ構造(Cap)，3′端は3分節ゲノムで共通の配列で複数のステムループからなる複雑な高次構造をとり，ポリ(A)配列(poly(A))を欠く． 【遺伝子】RNA1：5′-Cap-126 kDa タンパク質(RNA 複製酵素サブユニット；メチルトランスフェラーゼドメイン/ヘリカーゼドメイン)-3′．RNA2：5′-Cap-90 kDa タンパク質(RNA 複製酵素サブユニット；RNA 複製酵素ドメイン)-3′．RNA3：5′-Cap-32〜33 kDa 移行タンパク質(MP)-遺伝子間領域-24 kDa 外被タンパク質(CP)-3′． 【登録コード】L00163(425 系統 RNA 1 全塩基配列)，X01572(425 系統 RNA 2 全塩基配列)，K02703(425 系統 RNA 3 全塩基配列)，ほか．
細胞内所在	ウイルス粒子は感染植物の各種細胞の細胞質内に存在．細胞質封入体を形成し，その中にもウイルス粒子が存在．
自然宿主・病徴	アルファルファ，タバコ，ピーマン，キュウリ，ダイズ(モザイク)；シロクローバ(黄斑モザイク病)；トマト(黄斑モザイク病．時に壊死を伴う)；ジャガイモ(キャリコ病)，ほか．いずれも全身感染し，モザイク，鮮明な黄色斑紋などを生じる．
宿 主 域	きわめて広い．ナス科植物，マメ科植物，キク科植物，セリ科植物，アカザ科植物など 51科430種以上．
増 殖 植 物	タバコ，*Nicotiana glutinosa* など．
検 定 植 物	*Chenopodium amaranticolor*, *C. quinoa*(接種葉に局部病斑，上葉にモザイク)；インゲン(接種葉に局部壊死斑または局部退緑斑，上葉にモザイク，系統により無病徴)；ササゲ(接種葉に局部病斑，多くは全身感染しないが系統によっては葉脈黄化)．
伝 染	汁液接種可．アブラムシによる非永続伝搬．種子伝染(アルファルファで 10〜50％，ダイズで約 1％)．
系 統	425，YSMV，S，VRU など系統や分離株が多数ある．分離株を外被タンパク質のアミノ酸配列の比較により，サブグループⅠ，Ⅱに分ける案が提唱されている．
類縁関係	ブロモウイルス科の他ウイルスとは血清関係がない．ブロモウイルス科の主なウイルスの新たなプロテオーム解析により，AMV をイラルウイルス属の1種とすることが提案されている．
地理的分布	日本および世界各地． 〔鈴木 匡〕
主 要 文 献	Weimer, J. L.(1931). Phytopathology, 21, 122-123；正田宏二ら(1953).日植病報, 17, 90-91；明日山秀文ら(1955). 栃内・福士両教授還暦記念論文集, 101-107；Bujarski, J. *et al*.(2012). *Alfamovirus*. Virus Taxonomy 9th Report of ICTV, 967-968；ICTVdB(2006). *Alfalfa mosaic virus*. 00.010.0.01.001.；DPVweb. Alfamovirus；Jaspars, E. M. J. and Bos, L.(1980). Alfalfa

mosaic virus. Descriptions of Plant Viruses, 229 ; Bol, J. F.(2008). Alfalfa mosaic virus. Encyclopedia of Virology 3rd ed., 1, 81-87 ; Bol, J. F. *et al.*(2011). Alfamovirus. The Springer Index of Viruses 2nd ed., 167-172 ; Brunt, A. A. *et al.* eds.(1996). Alfalfa mosaic *alfamovirus*. Plant Viruses Online ; 都丸敬一(1983). 植物ウイルス事典, 187-189 ; 堀尾英弘(1993). 原色作物ウイルス病事典, 109-110 ; 本田要八郎(1993). 原色作物ウイルス病事典, 125-126, 223-224, 228-229, 236 ; 高浪洋一(1993). 原色作物ウイルス病事典, 186-187 ; 土崎常男(1984). 野菜のウイルス病, 349-350 ; 比留木忠治(1961). 日植病報, 26, 215 ; 越水幸男・飯塚典男(1963). 東北農試報告, 27, 1-103 ; 小室康雄ら(1964). 日植病報, 29, 199-205 ; Cornelissen, B. J. *et al.*(1983). Nucleic Acids Res., 11, 1253-1265 ; Cornelissen, B. J. *et al.*(1983). Nucleic Acids Res., 11, 3019-3025 ; Barker, R. F. *et al.*(1983). Nucleic Acids Res., 11, 2881-2891 ; 王 蔚芹ら(1984). 日植病報, 50, 131-132 ; Bol, J. F.(1999). J. Gen. Virol., 80, 1089-1102 ; Jaspars, E. M. J.(1999). Arch. Virol., 144, 843-863 ; Parrella, G. *et al.*(2000). Arch. Virol., 145, 2659-2667 ; Guogas, L. M. *et al.*(2004). Science, 306, 2108-2111 ; Bol, J. F.(2005). Ann. Rev. Phytopathol., 43, 39-62 ; Codoner, F. M. and Elena, S. F. (2006). Arch. Virol., 151, 299-307 ; Reichert, V. L. *et al.*(2007). Virology, 364, 214-226.

植物ウイルス 9

Alstroemeria mosaic virus アルストロメリアモザイクウイルス (AlMV)
Potyviridae Potyvirus

初　記　載	Brunt, A. A.(1975)；井上成信ら(1992).
異　　　名	Alstroemeria streak virus, Iris virus Ⅲ.
粒　　　子	【形態】ひも状1種(径12 nm×長さ745〜750 nm). 被膜なし.
	【成分】核酸：(＋)ssRNA 1種. タンパク質：外被タンパク質(CP)1種(32.5 kDa).
ゲ ノ ム	【構造】単一線状(＋)ssRNAゲノム. 3′端にポリ(A)配列(poly(A))をもつ.
	【遺伝子】外被タンパク質遺伝子(CP), ほか.
	【登録コード】AB158522(日本株 部分塩基配列), DQ295032(台湾株 部分塩基配列), FJ618527(ニュージーランド株 部分塩基配列).
細胞内所在	ウイルス粒子は葉肉細胞, 表皮細胞など各種組織の細胞の細胞質に散在あるいは束状に存在. 風車状あるいは不定形の細胞質封入体を形成.
自然宿主・病徴	アルストロメリア(*Alstroemeria* spp)(花の斑入り, 軽微な退緑を伴う葉のモザイク).
宿　主　域	やや狭い. アルストロメリア, *Nicotiana benthamiana*, *N. clevelandii*, *N. megalosiphon*(全身感染)；*Chenopodium capitatum*, *C. murale*, *C quinoa*, ツルナ(局部感染；病斑)；*Nicandra physaloides*, *N. plumbaginifolia*, *N. sylvestris*, *N. tabacum*(cv. Xanthi-nc など), *Petunia×hybrida*(局部感染；無病徴).
増 殖 植 物	*N. clevelandii*.
検 定 植 物	ツルナ(*Tetragonia tetragonioides*), *C. quinoa*(接種葉に退緑斑).
伝　　　染	汁液接種可. アブラムシ(*Myzus persicae* など)による非永続伝搬.
類 縁 関 係	複数の*Potyvirus*属ウイルスと血清学的関係がある. Anti-potyvirus group monoclonal antibody (Agdia Inc., Elkhart, IN, USA)で陽性.
地理的分布	ヨーロッパ, 米国, ニュージーランド, 台湾, 日本など.
そ の 他	アルストロメリアにはこのほかに, タバコ茎えそウイルス(*Tobacco rattle virus*：TRV), キュウリモザイクウイルス(*Cucumber mosaic virus*：CMV), トマト黄化えそウイルス(*Tomato spotted wilt virus*：TSWV), ユリ潜在ウイルス(*Lily symptomless virus*：LSV), アラビスモザイクウイルス(*Arabis mosaic virus*：ArMV), インパチェンスえそ斑点ウイルス(*Impatience necrotic spot virus*：INSV), アイリス黄斑ウイルス(*Iris yellow spot virus*：IYSV)などが発生する. 〔夏秋啓子〕
主 要 文 献	Brunt, A. A.(1975). Rep. Glasshouse Crops Res. Inst. 1974, 117；井上成信ら(1992).日植病報, 58, 135；Adams, M. J. *et al*.(2012). *Potyvirus*. Virus Taxonomy 9th Report of ICTV, 1072-1079；ICTVdB(2006). *Alstroemeria mosaic virus*. 00.057.0.01.002.；Brunt, A. A. *et al*. eds.(1996). Alstroemeria mosaic *potyvirus*. Plant Viruses Online；安田 茂ら(1995).日植病報, 61, 603；安田 茂・坂久美子・夏秋啓子(1998). 熱帯農業, 42, 85-93；Fuji, S. *et al*.(2004). Arch. Virol., 149, 1843-1849；Wang C.Y. *et al*.(2006). Plant Pathol., 55, 566；Pearson, M. N. *et al*.(2009). Aust. Plant Pathol., 38, 305-309.

植物ウイルス 10

(AlsVX)
Alstroemeria virus X アルストロメリア X ウイルス
Alphaflexiviridae Potexvirus

初 記 載	Fuji, S. *et al.*(2005).
粒　　子	【形態】ひも状 1 種（長さ 530 nm）．被膜なし．
	【成分】核酸：（＋）ssRNA 1 種（7 kb，GC 含量 39％）．タンパク質：外被タンパク質（CP）1 種（24 kDa）．
ゲ ノ ム	【構造】単一線状（＋）ssRNA ゲノム（7,009 nt）．ORF 5 個．5′端にキャップ構造（Cap），3′端にポリ（A）配列（poly（A））をもつ．
	【遺伝子】5′-Cap-ORF 1（186 kDa RNA 複製酵素（RP）；メチルトランスフェラーゼドメイン/パパイン様プロテアーゼドメイン/ヘリカーゼドメイン/RNA 複製酵素ドメイン）-ORF2（26 kDa 移行タンパク質 1；TGB1）-ORF3（12 kDa 移行タンパク質 2；TGB2）-ORF4（10 kDa 移行タンパク質 3；TGB3）-ORF 5（24 kDa 外被タンパク質（CP））-poly（A）-3′．ORF2〜4 は互いに一部オーバラップして存在している．
	【登録コード】AB206396（全塩基配列），ほか．
自然宿主・病徴	アルストロメリア（*Alstroemeria ligtu*）（無病徴）．
宿 主 域	広い．ユリ科，ナス科，ウリ科，マメ科，アカザ科，ヒユ科植物，など．
検 定 植 物	*Chenopodium amaranticolor, C. quinoa*（退緑斑）；キュウリ（モザイク）；ツルナ（接種葉に退緑斑，上葉にモザイク）；*Nicotiana benthamiana*（斑紋）；*N. debneyi*（接種葉にえそ斑）；*N. glutinosa, N. occidentalis*（接種葉に退緑斑）；センニチコウ（接種葉に退緑斑，上葉にえそ斑，斑紋）；インゲンマメ（接種葉にえそ斑）；エンドウ（接種葉にえそ斑，上葉に茎えそ）；ササゲ（接種葉にえそ斑，上葉に退緑斑紋）．
伝　　染	汁液接種可．媒介生物不明．
類 縁 関 係	スイセンモザイクウイルス（*Narcissus mosaic virus*：NMV），アスパラガスウイルス 3（*Asparagus virus* 3：AV-3）と分子系統学的に近い関係にある．
地理的分布	日本，ノルウェー，フィンランド．　　　　　　　　　　　　　　　　　　　　〔藤　晋一〕
主 要 文 献	Fuji, S. *et al.*(2005). Arch. Virol., 150, 2377-2385；Adams, M. J. *et al.*(2012). *Potexvirus*. Virus Taxonomy 9th Report of ICTV, 912-915；Bi, Y. *et al.*(2012). PLoS One, 7, E42758.

植物ウイルス 11

Amazon lily mild mottle virus　アマゾンユリ微斑ウイルス　(ALiMMV)
Bromoviridae Anulavirus

初　記　載	花田　薫・福本文良(2001).
粒　　　子	【形態】桿菌状 3 種(径 20 nm×長さ 30, 40, 70 nm). 被膜なし. 【成分】核酸：(＋)ssRNA 3 種(3.2 kb, 2.5 kb, 2.5 kb). タンパク質：外被タンパク質(CP)1 種(22 kDa).
ゲ ノ ム	【構造】3 分節線状(＋)ssRNA ゲノム(RNA1：3,169 nt, RNA2：2,507 nt, RNA3：2,530 nt). ORF 4 個(RNA1：1 個, RNA2：1 個, RNA3：2 個). 【遺伝子】RNA1：107 kDa RNA 複製酵素タンパク質 1a. RNA2：74 kDa RNA 複製酵素タンパク質 2a. RNA3：32 kDa 移行タンパク質(MP)-22 kDa 外被タンパク質(CP). 【登録コード】AB724113(RNA1 全塩基配列), AB724114(RNA2 全塩基配列), AB724115(RNA3 全塩基配列).
自然宿主・病徴	アマゾンユリ(*Eucharis grandiflora*)(微斑ウイルス病；全身に黄色の微斑).
宿　主　域	やや狭い. アマゾンユリ, ツルナ, ササゲなど.
検 定 植 物	アマゾンユリ, ツルナ, ササゲ, *Chenopodium amaranticolor*, *C. quinoa*(全身感染).
伝　　　染	汁液接種可. 媒介生物不明. 種子伝染. 栄養繁殖による伝染.
類 縁 関 係	アルファルファモザイクウイルス(AMV)との血清関係は認められない. ウイルスタンパク質のアミノ酸配列に基づく系統解析では *Anulavirus* 属のタイプ種である *Pelargonium zonate spot virus*(PZSV)に最も近い.
地理的分布	日本. 〔花田　薫〕
主 要 文 献	花田　薫・福本文良(2001). 日植病報, 67, 176；ICTV Virus Taxonomy List(2013). *Anulavirus*；DPVweb. Anulavirus；藤　晋一ら(2012). 日植病報, 78, 252；Fuji, S. *et al.*(2013). Arch. Virol., 158, 201-206.

植物ウイルス 12

Amazon lily mosaic virus アマゾンユリモザイクウイルス (ALiMV)
Potyviridae Potyvirus

初 記 載	寺見文宏ら(1993)，Terami, F. *et al.*(1995)．
粒　　子	【形態】ひも状 1 種(径 13 nm×長さ 約 760 nm)．被膜なし．
	【成分】核酸：(＋)ssRNA 1 種(約 9 kb)．タンパク質：外被タンパク質(CP)1 種(30 kDa)．
ゲノム	【構造】単一線状(＋)ssRNA ゲノム．3′端にポリ(A)配列(poly(A))をもつ．
	【遺伝子】外被タンパク質遺伝子(CP)，ほか．
	【登録コード】AB158523(CP 遺伝子塩基配列)．
細胞内所在	ウイルス粒子は各種組織の細胞質内に散在して存在．細胞質内に風車状封入体を形成．
自然宿主・病徴	アマゾンユリ(*Eucharis grandiflora*)(全身感染；モザイク)．
宿 主 域	狭い．3 科 4 種．アマゾンユリ，*Nicotiana benthamiana*(全身感染)；*Chenopodium amaranticolor, C. quinoa*(局部感染)．
増殖植物	*N. benthamiana*，*C. quinoa*．
検定植物	*C. amaranticolor*(接種葉に壊死斑)；*C. quinoa*(接種葉に退緑壊死斑)．
伝　　染	汁液接種可．アブラムシによる非永続伝搬．
系　　統	type 系統．
類縁関係	アルストロメリアモザイクウイルス(*Alstroemeria mosaic virus*：AlMV)，*Hyacinth mosaic virus* (HyaMV)，タマネギ萎縮ウイルス(*Onion yellow dwarf virus*：OYDV)およびオーニソガラムモザイクウイルス(*Ornithogalum mosaic virus*：OrMV)と遠い血清関係がある．AlMV, *Pepper severe mosaic virus*(PepSMV)，ジャガイモ Y ウイルス(*Potato virus Y*：PVY)，*Sunflower chlorotic mottle virus*(SCMoV)，*Pepper yellow mosaic virus*(PepYMV)の外被タンパク質のアミノ酸配列と 74.9～78.2％の相同性がみられる．
地理的分布	日本．なお，台湾での分離例が報告されているが，外被タンパク質遺伝子の塩基配列が大きく異なり，別種ウイルスを AliMV と誤って同定したものと考えられる． 〔寺見文宏〕
主要文献	寺見文宏ら(1993)．日植病報, 59, 334；Terami, F. *et al.*(1995). Ann. Phytopathol. Soc. Jpn., 61, 1-6；Adams, M. J. *et al.*(2012). *Potyvirus*. Virus Taxonomy 9th Report of ICTV, 1072-1079；ICTVdB(2006). Amazon lily mosaic virus. 00.057.0.81.002.；Brunt, A. A. *et al.* eds.(1996). Amazon lily mosaic(?)potyvirus. Plant Viruses Online；Fuji, S. *et al.*(2004). Arch. Virol., 149, 1843-1849；Hu, W. C. and Chang, Y. C.(2004). Plant Pathology, 53, 240.

植物ウイルス 13

Ammi majus latent virus　ドクゼリモドキ潜在ウイルス　(AmLV)
Potyviridae Potyvirus

初　記　載	金 沃宣ら(2004).
粒　　　子	【形態】ひも状1種．被膜なし．
	【成分】核酸：(+)ssRNA 1種．タンパク質：外被タンパク質(CP)1種(271 aa).
ゲ ノ ム	【構造】単一線状(+)ssRNAゲノム．3′端にポリ(A)配列(poly(A))をもつ．
	【遺伝子】外被タンパク質遺伝子(CP)，ほか．
	【登録コード】AB361564(部分塩基配列)．
自然宿主・病徴	ドクゼリモドキ(ホワイトレースフラワー)(全身感染；無病徴).
類 縁 関 係	Peanut stripe virus(現 インゲンマメモザイクウイルス；*Bean commonmosaic virus*：BCMV)の外被タンパク質のアミノ酸配列と72.3%の相同性がみられるが，他の*Potyvirus*属ウイルスとの相同性はこれより低い．
地理的分布	日本．　　　　　　　　　　　　　　　　　　　　　　　　　　　〔日比忠明〕
主 要 文 献	金 沃宣ら(2004). 日植病報, 70, 263-264；Adams, M. J. *et al.*(2012). *Potyvirus*. Virus Taxonomy 9th Report of ICTV, 1072-1079；DPVweb. Potyvirus.

植物ウイルス 14

Apple chlorotic leaf spot virus リンゴクロロティックリーフスポットウイルス (AbMV)
Betaflexiviridae Trichovirus

初　記　載	Cropley, R. (1963), Cadman, C. H. (1963), Lister, R. M. *et al.* (1965)；柳瀬春夫・澤村健三 (1968).
異　　　名	Apple latent virus 1, Pear ring pattern mosaic virus.
粒　　　子	【形態】ひも状1種(径12 nm×長さ680～780 nm). 被膜なし.
	【物性】浮遊密度(Cs_2SO_4) 1.27 g/cm^3.
	【成分】核酸：(＋)ssRNA 1種(7.5 kb, GC含量41％). タンパク質：外被タンパク質(CP)1種(21～22 kDa).
ゲ ノ ム	構造：単一線状(＋)ssRNAゲノム(7,549～7,555 nt). ORF 3個. ゲノムの5′端にキャップ構造(Cap), 3′端にポリ(A)配列(poly(A))をもつ.
	【遺伝子】5′-Cap-216 kDa RNA複製酵素タンパク質(RP；メチルトランスフェラーゼドメイン/パパイン様プロテアーゼドメイン/ヘリカーゼドメイン/RNA複製酵素ドメイン)-50 kDa移行タンパク質(MP)-21～22 kDa外被タンパク質(CP)-poly(A)-3′.
	【登録コード】M31714, M58152(スモモ分離株；P863), D14996(リンゴ分離株；P205), X99752(オウトウ分離株；Bal1), AJ243438(スモモ分離株；PBM1), ほか. いずれも全塩基配列.
細胞内所在	ウイルス粒子は各種細胞内の細胞質内と核内に散在または集塊で存在.
自然宿主・病徴	リンゴ, ナシ, モモ, スモモ, アンズ, オウトウ, プルーンなど(全身感染；潜在感染が多いが, 種によって接ぎ木部壊死, 葉に斑点やラインパターン, えそ, 花弁にえそ斑点を引き起こす).
宿　主　域	バラ科果樹.
増殖植物	*Chenopodium quinoa*.
検定植物	草本検定植物：*C. quinoa*(接種葉にえそ斑点, 上葉に退緑斑点やモザイク).
	木本検定植物：*Malus sylvestris* cv. R12740-7A(Russian apple), *M. platycarpa*, *M. hupehensis*, マルバカイドウ(退緑斑, えそ斑, ラインパターン, 葉の歪曲など).
伝　　　染	汁液接種可. 主に接ぎ木伝染. 媒介生物は関与しない.
系　　　統	普通系(リンゴ分離株), 潜在系など多数の系統がある.
類縁関係	ブドウえそ果ウイルス(*Grapevine berry inner necrosis virus*：GINV)と血清関係なし.
地理的分布	日本および世界各地.
そ の 他	マルバカイドウを台木とするリンゴに高接病を起こす. その他の果樹類では通常潜在感染していることが多いが, 海外ではオウトウやプラムに病徴を引き起こす場合が報告されている.

〔吉川信幸〕

主要文献　Cropley, R. (1963). Pl. Dis. Reptr., 47, 165-167；Cadman, C. H. (1963). Pl. Dis. Reptr., 47, 459-463；Lister, R. M. *et al.* (1965). Phytopathology, 55, 859-870；柳瀬春夫・澤村健三 (1968). 日植病報, 34, 204-205；Adams, M. J. *et al.* (2012). *Trichovirus*. Virus Taxonomy 9th Report of ICTV, 931-934；ICTVdB (2006). *Apple chlorotic leaf spot virus*. 00.056.0.08.001.；DPVweb. Trichovirus；Yoshikawa, N. (2001). Apple chlorotic leaf spot virus. Descriptions of Plant Viruses, 386；Brunt, A. A. *et al.* eds. (1996). Apple chlorotic leaf spot *trichovirus*. Plant Viruses Online；Yaegashi, H. *et al.* (2011). *Apple chlorotic leaf spot virus* in pome fruits. Virus and Virus-Like Diseases of Pome and Stone Fruits (Hadidi, A. *et al.* eds., APS Press), p. 17-22；Myrta, A. *et al.* (2011). *Apple chlorotic leaf spot virus* in stone fruits. Virus and Virus-Like Diseases of Pome and Stone Fruits (Hadidi, A. *et al.* eds., APS Press), p. 85-90；Youssef, F. *et al.* (2011). Trichovirus. The Springer Index of Viruses 2nd ed., 541-549；山口 昭 (1983). 植物ウイルス事典, 190-191；柳瀬春夫 (1993). 原色作物ウイルス病事典, 603-613, 614-618, 624-631, 632-635, 637-641；伊藤 伝 (2002). 原色果樹のウイルス・ウイロイド病, 62-65；北島 博 (1989). 果樹病害各論(養賢堂), 195-206；Yanase, H. (1974). Bull. Fruit Tree Res. Sta. Japan, Ser. C1, 47-109；Yanase, H. *et al.* (1979). Ann. Phytopath. Soc. Jpn., 45, 369-374；宗像 隆ら (1985). 日植病報, 51, 364；Yoshikawa,

N. and Takahashi, T.(1988). J. Gen. Virol., 69, 241-245；Ohki, S. *et al.*(1989). Ann. Phytopath. Soc. Jpn., 55, 245-249；German, S. *et al.*(1990). Virology, 179, 104-112；Sato, K. *et al.*(1993). J. Gen. Virol., 74, 1927-1931；町田郁夫(1995). 青森りんご試報, 28, 75-94；German-Retana, S. *et al.*(1997). Arch. Virol., 142, 833-841；Yaegashi, H. *et al.*(2007). J. Gen. Virol., 88, 316-324；Yaegashi, H. *et al.*(2007). J. Gen. Virol., 88, 2611-2618；Yaegashi, H. *et al.*(2008). Virology, 382, 199-206.

植物ウイルス 15

Apple latent spherical virus　リンゴ小球形潜在ウイルス (ALSV)
Secoviridae Cheravirus

初　記　載	小金澤碩城ら(1985).
異　　　名	リンゴ輪状さび果 A ウイルス(Apple russet ring A virus).
粒　　　子	【形態】球状 2 種(径 25 nm). 被膜なし.
	【物性】浮遊密度(CsCl) 1.43 g/cm^3(B), 1.41 g/cm^3(M).
	【成分】核酸：(＋)ssRNA 2 種(RNA1：6.8 kb, RNA2：3.4 kb, GC 含量 41％). タンパク質：外被タンパク質(CP)3 種(25 kDa, 24 kDa, 20 kDa), ゲノム結合タンパク質(VPg)1 種.
ゲ ノ ム	【構造】2 分節線状(＋)ssRNA ゲノム(RNA1：6,815 nt, RNA2：3,384 nt). ORF 2 個(ポリプロテイン；RNA1：1 個, RNA2：1 個). ゲノムの 5′ 端にゲノム結合タンパク質(VPg), 3′ 端にポリ(A)配列(poly(A))をもつ.
	【遺伝子】RNA1：5′-VPg-235 kDa ポリプロテイン(プロテアーゼコファクター(Co-Pro)/ヘリカーゼ(Hel)/VPg/システインプロテアーゼ(C-Pro)/RNA 複製酵素(RdRp))-poly(A)-3′. RNA2：5′-VPg-108 kDa ポリプロテイン(42 kDa 移行タンパク質(MP)/25 kDa 外被タンパク質(Vp25)/20 kDa 外被タンパク質(Vp20)/24 kDa 外被タンパク質(Vp24))-poly(A)-3′.
	【登録コード】AB030940(RNA1 全塩基配列), AB030941(RNA2 全塩基配列).
細胞内所在	ウイルス粒子は各種細胞の細胞質内に集積して存在.
自然宿主・病徴	リンゴ(無病徴).
宿　主　域	広い. バラ科, ナス科, アブラナ科, アカザ科, ウリ科, マメ科, ミカン科植物など.
増 殖 植 物	*Chenopodium quinoa*.
検 定 植 物	*C. quinoa*(上葉に斑紋).
伝　　　染	汁液接種可. 接ぎ木伝染.
類 縁 関 係	同属の *Cherry rasp leaf virus*(CRLV)とは血清関係がなく, また, アミノ酸配列の相同性も低い.
地理的分布	日本.
そ の 他	リンゴ輪状さび果病罹病樹から偶然みつかったもので, 経済的重要性はないが, 現在, 植物用の遺伝子発現ベクターとして利用されている.　　〔小金澤碩城〕
主 要 文 献	小金澤碩城ら(1985). 日植病報, 51, 363；Sanfaçon, H. *et al.*(2012). *Cheravirus*. Virus Taxonomy 9th Report of ICTV, 893-894；ICTVdB(2006). *Apple latent spherical virus*. 00.111.0.01.002.；Koganezawa, H. and Ito T.(2011). *Apple latent spherical virus*. Virus and Virus-Like Diseases of Pome and Stone Fruits(Hadidi, A. *et al.* eds., APS Press), p.23-24；伊藤 伝ら(1992). 日植病報, 58, 617；伊藤 伝・吉田幸二(1997). 日植病報, 63, 487；李 春江ら(1997). 日植病報, 63, 487-488；李 春江ら(1999). 日植病報, 65, 381；Li, C. *et al.*(2000). J. Gen. Virol., 81, 541-547.

植物ウイルス 16

Apple mosaic virus リンゴモザイクウイルス
(ApMV)
Bromoviridae Ilarvirus(Subgroup 3)

初 記 載	Bradford, F. C. and Joley, L.(1933)；福士貞吉・田浜康夫(1960)．
異 名	Birch line pattern virus, Birch ringspot virus, Dutch plum line pattern virus, Hop virus A, Horsechestnut yellow mosaic virus, Mild apple mosaic virus, Mountain ash variegation virus, Severe apple mosaic virus.
粒 子	【形態】球状3種(径25 nm, 29 nm)．被膜なし． 【成分】核酸：(+)ssRNA 3種(RNA1：3.5 kb, RNA2：3.0 kb, RNA3：2.0 kb)．タンパク質：外被タンパク質(CP)1種(25 kDa)．
ゲ ノ ム	【構造】3分節線状(+)ssRNAゲノム(RNA1：3,476 nt, RNA2：2,979 nt, RNA3：2,056 nt)．ORF 4個(RNA1：1個, RNA2：1個, RNA3：2個)．5′端はキャップ構造(Cap)をもつ．3′端はポリ(A)配列(poly(A))を欠くが，塩基配列と高次構造の保存性が認められる． 【遺伝子】RNA1：5′-Cap-118 kDa 1aタンパク質(RNA複製酵素サブユニット；メチルトランスフェラーゼドメイン/ヘリカーゼドメイン)-3′．RNA2：5′-Cap-100 kDa 2aタンパク質(RNA複製酵素サブユニット；RNA複製酵素ドメイン)-3′．RNA3：5′-Cap-32 kDa 3a移行タンパク質(MP)-25 kDa外被タンパク質(CP)-3′． 【登録コード】AF174584(RNA1全塩基配列), AF174585(RNA2全塩基配列), U15608(RNA3全塩基配列)，ほか．
細胞内所在	各種細胞の細胞質内で集塊する．
自然宿主・病徴	リンゴ，クラブリンゴ(葉に白色または鮮黄色のモザイク)；プラム(葉に条斑)；バラ(モザイク，退緑)；ホップ，カバノキ(退緑)など．
宿 主 域	広い．分離株により病徴や宿主域が異なる場合もある．
検 定 植 物	キュウリ(子葉に退緑斑と全身的な萎縮)；トレニア(鮮黄色のモザイク)；ニチニチソウ(線状あるいは輪紋状の退緑症状)；ササゲ(線状あるいは輪紋状の退緑症状；ApMVのバラ分離株による．リンゴ分離株はササゲに感染しない場合もある)．
伝 染	汁液接種不可．媒介生物不明．接ぎ木伝染．
系 統	病原性や宿主域の違いにより複数の系統が知られる．
類 縁 関 係	血清試験により，リンゴモザイク病(apple mosaic)，バラモザイク病(rose mosaic)およびヨーロピアンプラムラインパターン病(European plum line pattern disease)は，同一か近縁なウイルスによって起きることが報告されている．ApMVはプルヌスえそ輪点ウイルス(*Prunus necrotic ringspot virus*：PNSV)と血清関係がある．
地理的分布	日本(各地に散発)および世界各国． 〔難波成任〕
主 要 文 献	Bradford, F. C. and Joley, L.(1933). J. Agr. Res., 46, 901-908；福士貞吉・田浜康夫(1960). 北大農邦文紀要, 3, 116-123；Bujarski, J. *et al.*(2012). *Ilarvirus*. Virus Taxonomy 9th Report of ICTV, 972-975；ICTVdB(2006). *Apple mosaic virus*. 00.010.0.02.003.；DPVweb. Ilarvirus；Fulton, R. W.(1972). Apple mosaic virus. Descriptions of Plant Viruses, 83；Brunt, A. A. *et al.* eds.(1996). Apple mosaic *ilarvirus*. Plant Viruses Online；Petrzik, K. and Lenz, O.(2011). *Apple mosaic virus* in pome fruits. Virus and Virus-Like Diseases of Pome and Stone Fruits(Hadidi, A. *et al.* eds., APS Press), p. 25-28；Paunovic, S. *et al.*(2011). *Apple mosaic virus* in stone fruits. Virus and Virus-Like Diseases of Pome and Stone Fruits(Hadidi, A. *et al.* eds., APS Press), p. 91-96；Eastwell, K. C.(2008). *Ilarvirus*. Encyclopedia of Virology 3rd ed., 3, 46-56；Scott, S. W.(2011). Ilarvirus. The Springer Index of Viruses 2nd ed., 187-194；山口 昭(1983). 植物ウイルス事典, 192；高橋 壮(1993). 原色作物ウイルス病事典, 217-218；柳瀬春夫(1993). 原色作物ウイルス病事典, 609-611；北島 博(1989). 果樹病害各論(養賢堂), 209-212；沢村健三(1965). 園試報, C-3, 25-33；De Sequeira, O. A.(1967). Virology, 31, 314-322；Fulton, R. W.(1968).

Phytopathology, 58, 635-638；Sano, T. *et al.*(1985). Ann. Appl. Biol., 106, 305；小金澤碩城・別所英男(1987). 日植病報, 53, 93；Kanno, Y. *et al.*(1993). Ann. Phytopath. Soc. Jpn., 59, 651-658；Shiel, P. J. *et al.*(1995). Arch. Virol., 140, 1247-1256；Shiel, P. J. and Berger, P. H.(2000). J. Gen. Virol., 81, 273-278.

植物ウイルス 17

Apple necrosis virus# リンゴえそウイルス (ANV)
#ICTV 未認定(*Bromoviridae Ilarvirus* ?)

#日本植物病名目録に登録され，ICTVdB(2006)にも記載されているが，Virus Taxonomy 9th Report of ICTV には記載されていない．

初 記 載	難波成任ら(1982).
粒　　子	【形態】球状3種(径21 nm, 26 nm, 28 nm)．被膜なし．
細胞内所在	各種細胞の細胞質内で膜に沿って集塊する．
自然宿主・病徴	リンゴ(品種スターキングデリシャス)(えそ病；壊死斑点．輪紋状の病斑になるものもある)．
宿 主 域	狭い．バラ科，アカザ科，ナス科植物．
検 定 植 物	ペチュニア(全身潜在感染)；*Chenopodium amaranticolor*(局部感染)．
伝　　染	汁液接種可(純化液による)．媒介生物不明．
地理的分布	日本(新潟)．
そ の 他	ANV は粒子の形態や細胞内所在様式から *Ilarvirus* 属のウイルスと推定されるが，ゲノム構造などが未詳である．　〔難波成任〕
主 要 文 献	難波成任ら(1982). 日植病報, 48, 80-81；難波成任(1982). 日植病報, 48, 258；ICTVdB(2006). Apple necrosis virus. 00.010.0.92.020.；Brunt, A. A. *et al.* eds.(1992). Apple necrosis(?)*ilarvirus*. Plant Viruses Online；難波成任(1983). 植物ウイルス事典, 193-194；柳瀬春夫(1993). 原色作物ウイルス病事典, 613.

植物ウイルス 18

(ASGV)
Apple stem grooving virus リンゴステムグルービングウイルス
Betaflexiviridae Capillovirus

初 記 載　ASGV：Lister et al.(1965)；Yanase, H.(1974)．CTLV：Wallace, J. M. and Drake, R. J.(1962)；宮川経邦(1975)．

異　　　名　カンキツタターリーフウイルス(Citrus tatter leaf virus：CTLV)，Brown line disease virus, Chenopodium dark green epinasty virus, Citrange stunt virus, Pear black necrotic leaf spot virus(PBNLSV), Virginia crab stem grooving virus.

粒　　　子　【形態】ひも状1種(径12 nm×長さ600〜700 nm)．らせんピッチ3.4-3.7 nm．被膜なし．
　　　　　　【成分】核酸：(＋)ssRNA 1種(6.5 kb)．タンパク質：外被タンパク質(CP)1種(27 kDa)．

ゲ ノ ム　【構造】単一線状(＋)ssRNA 1種(6,495〜6,497 nt)．ORF 3個(ORF3はORF1に融合する形で存在する)．ゲノムの5′端にキャップ構造(Cap)，3′端にポリ(A)配列(poly(A))をもつ．
　　　　　　【遺伝子】5′-Cap-ORF1/ORF3(241 kDaポリプロテイン；メチルトランスフェラーゼドメイン/パパイン様プロテアーゼドメイン/ヘリカーゼドメイン/RNA複製酵素ドメイン/外被タンパク質(CP))-ORF2(36 kDa移行タンパク質(MP；推定))-poly(A)-3′．
　　　　　　ORF2はORF1の内部に異なるフレームで存在する．
　　　　　　【登録コード】D14995(リンゴ分離株；P209)，D16681(ユリ分離株；CTLV-L)，AB004063(ユリ分離株；Li-23)，AY596172(ナシ分離株；PBNLSV)，AY646511(カンキツ分離株；CTLV-Kumquat 1)，ほか．いずれも全塩基配列．

細胞内所在　ウイルス粒子は師部細胞に散在または集塊をなす．

自然宿主・病徴　リンゴ，ナシ，アンズ，オウトウ，ウメなどのバラ科果樹，カンキツ，テッポウユリ(全身感染；主に斑点，奇形葉，接ぎ木部壊死などを示す．潜在感染も多い．クラブリンゴ(Virginia Crab)の樹幹に褐色条線(stem grooving)を生じ，接ぎ木部異常を起こす)．

宿　主　域　リンゴ，ナシ，カンキツ，ユリなどの永年性の果樹や作物．

検定植物　アカザ科(*Chenopodium quinoa, C. amaranticolor* など)(接種葉に退緑斑，上葉にモザイク，奇形)；ナス科(*Nicotiana glutinosa* など)(モザイク)；マメ科(インゲンマメなど)(退緑斑)．リンゴクロロティックリーフスポットウイルス(*Apple chlorotic leaf spot virus*：ACLSV)との判別にはRussian apple(R-12740-7A系統)やクラブリンゴ(Virginia Crab)，カンキツのほかのウイルスとの判別には*Citrus excelsa*などの果樹検定品種がある．また，ジャガイモTウイルス(*Potato virus T*：PVT)との判別はジャガイモへの感染の有無による．

伝　　　染　汁液接種可．媒介生物不明．接ぎ木伝染．接触伝染．草本植物では種子伝染．

系　　　統　リンゴ系統，カンキツ系統，ユリ系統．

類縁関係　PVTと血清関係があるが，ACLSVとは関係ない．

地理的分布　日本および世界各国．

そ の 他　コバノズミ，ミツバカイドウを台木とするリンゴに高接病を起こす．その他の植物では通常果樹類に潜在感染している場合が多いが，他のウイルスとの重複感染により病徴が激しくなることが多い．カンキツでは，カラタチとその交雑種を台木にしたカンキツに接ぎ木部異常症を引き起こす．

〔難波成任〕

主要文献　Lister, R. M. *et al.* (1965). Phytopathology, 55, 859-870；Yanase, H.(1974). Bull. Fruit Tree Res. Sta. Japan, Ser. C1, 47-109；Wallace, J. M. and Drake, R. J.(1962). Plant Dis. Reprt., 46, 211-212；宮川経邦(1975). 植物防疫, 29, 371-376；Miyakawa, T. and Matsui, C.(1976). Proc. 7th Conf. Intern. Org. Citrus Virol., p. 125；Adams, M. J. *et al.*(2012). *Capillovirus*. Virus Taxonomy 9th Report of ICTV, 922-923；ICTVdB(2006). *Apple stem grooving virus.* 00.056.0.06.001., Citrus tatter leaf virus. 00.056.0.06.001.00.002.；DPVweb. Capillovirus；Yoshikawa, N.(2000). Apple stem grooving virus. Descriptions of Plant Viruses, 376；Brunt, A. A. *et al.* eds.(1996). Apple stem grooving *capillovirus*, Citrus tatter leaf *capillovirus*. Plant Viruses Online；Massart, S. *et al.*(2011). *Apple stem grooving virus.* Virus and Virus-Like Diseases of Pome and Stone Fruits (Hadidi, A. *et al.* eds., APS Press), p. 29-34；Adams, M. J. *et al.*(2004). Arch. Virol., 149, 1045-1060；Yoshikawa, N.(2011). Capillovirus. The Springer Index of Viruses 2nd ed., 517-520；山口　昭(1983). 植物ウイルス事典, 196；柳瀬春夫(1993). 原色作物ウイルス病事典, 603-613, 614-618；伊藤　伝(2002). 原色果樹のウイルス・ウイロイド病, 62-65；北島　博(1989). 果樹病害各論(養賢堂), 195-206；井上成信ら(1979). 日植病報, 45, 712-720；高梨和雄(1983). 日植病報, 49, 432；Yoshikawa, N. and Takahashi, T.(1988). J. Gen. Virol., 69, 241-245；Ohki, S. *et al.*(1989). Ann. Phytopath. Soc. Jpn., 55, 245-249；Yoshikawa, N. and Takahashi, T.(1992). J. Gen. Virol., 73, 1313-1315；Yoshikawa, N. *et al.*(1992). Virology, 191, 98-105；Yoshikawa, N. *et al.*(1993). J. Gen. Virol., 74, 2743-2747；Ohira, K. *et al.*(1995). J. Gen. Virol., 76, 2305-2309；Yoshikawa, N. *et al.*(1996). Ann. Phytopathol. Soc. Jpn., 62, 119-124；Terauchi, H. *et al.*(1997). Ann. Phytopathol. Soc. Jpn., 63, 432-436；Hirata, H. *et al.*(2003). J. Gen. Virol., 84, 2579-2583.

植物ウイルス 19

Apple stem pitting virus　リンゴステムピッティングウイルス (ASPV)
Betaflexiviridae Foveavirus

初　記　載	Smith, W. W.(1954), Guengerich, W. W. and Millikan, D. F.(1956)；柳瀬春夫・澤村健三(1968).
異　　　名	Hawthorn ring pattern mosaic virus, Pear necrotic spot virus, Pear stony pit virus, Pear vein yellows virus.
粒　　　子	【形態】ひも状1種(径12 nm×長さ800 nm).被膜なし.
	【成分】核酸：(＋)ssRNA 1種(9.2〜9.3 kb).タンパク質：外被タンパク質(CP)1種(42〜44 kDa).
ゲ ノ ム	【構造】単一線状(＋)ssRNA ゲノム(9,293〜9,306 nt).ORF 5個.ゲノムの5′端にキャップ構造(Cap)，3′端にポリ(A)配列(poly(A))をもつ.
	【遺伝子】5′-Cap—ORF1(247 kDa RNA複製酵素(RP)；メチルトランスフェラーゼドメイン/パパイン様プロテアーゼドメイン/ヘリカーゼドメイン/RNA複製酵素ドメイン)-ORF2(25 kDa 移行タンパク質1；TGB1)-ORF3(13 kDa 移行タンパク質2；TGB2)-ORF4(7〜8 kDa 移行タンパク質3；TGB3)-ORF5(42〜44 kDa 外被タンパク質(CP))-poly(A)-3′.
	【登録コード】D21829(リンゴ分離株；PA66)，AB045731(リンゴ分離株；IF38)，ほか．いずれも全塩基配列.
細胞内所在	ウイルス粒子は感染植物の各種細胞の細胞質内に存在.
自然宿主・病徴	リンゴ(潜在感染が多いが，ミツバカイドウ台木のリンゴに高接病を引き起こす)；ナシ(葉に葉脈黄化やえそ斑点).
宿　主　域	狭い．リンゴ，ナシ，一部の *Nicotiana* 属植物.
増 殖 植 物	*Nicotiana occidentalis*.
検 定 植 物	草本検定植物：*N. occidentalis*(壊死斑点，葉脈透過，モザイク).
	木本検定植物：クラブリンゴ，*Malus platycarpa*, *M. hupehensis*，ミツバカイドウ(えそ，衰弱，ステムピッティングなど).
伝　　　染	汁液接種可．接ぎ木伝染．媒介生物は関与しない.
系　　　統	多数の系統が存在.
類 縁 関 係	リンゴクロロティックリーフスポットウイルス(*Apple chlorotic leaf spot virus*：ACLSV)，リンゴステムグルービングウイルス(*Apple stem grooving virus*：ASGV)とは血清関係がない.
地理的分布	日本および世界各地.
そ の 他	ASPVはミツバカイドウ台木のリンゴに高接病，ナシに pear vein yellows 病やえそ斑点病を引き起こす．リンゴから *N. occidentalis* に分離された ASPV 株のほとんどは，複数の塩基配列変異株を含んでいる. 〔吉川信幸〕
主 要 文 献	Smith, W. W.(1954). Proc. Am. Soc. Hort. Sci., 63, 101-113；Guengerich, W. W. and Millikan, D. F.(1956). Plant Dis. Reptr., 40, 934-938；柳瀬春夫・澤村健三(1968). 日植病報, 34, 204-205；Adams, M. J. *et al.*(2012). *Foveavirus*. Virus Taxonomy 9th Report of ICTV, 920-941；ICTVdB(2006). *Apple stem pitting virus*. 00.056.0.05.001.；Brunt, A. A. *et al.* eds.(1996). Apple stem pitting virus. Plant Viruses Online；Jelkmann, W. and Paunovic, S.(2011). *Apple stem pitting virus*. Virus and Virus-Like Diseases of Pome and Stone Fruits(Hadidi, A. *et al.* eds., APS Press), p. 35-40；Martelli, G. P. *et al.*(2011). Foveavirus. The Springer Index of Viruses 2nd ed., 533-539；山口 昭(1983). 植物ウイルス事典, 197；柳瀬春夫(1993). 原色作物ウイルス病事典, 603-613；伊藤 伝(2002). 原色果樹のウイルス・ウイロイド病, 62-65；北島 博(1989). 果樹病害各論(養賢堂), 195-206；Yanase H.(1974). Bull. Fruit Tree Res. Sta. Japan, Ser.C1, 47-109；Yanase, H. *et al.*(1988). Acta Hort., 235, 157-158；Koganezawa, H. and Yanase, H.(1990). Plant Dis., 74, 610-614；Jelkmann, W.(1994). J. Gen. Virol., 75, 1535-1542；町田郁夫(1995). 青森りんご試報, 28, 75-94；Yoshikawa N. *et al.*(2001). Acta Hort., 550, 285-290.

植物ウイルス 20

Aquilegia necrotic mosaic virus　オダマキえそモザイクウイルス (ANMV)
Caulimoviridae Caulimovirus

初　記　載	李　準卓ら(1983)．
粒　　　子	【形態】球状1種(径　約50 nm)．被膜なし．
細胞内所在	各種組織の細胞の細胞質内にビロプラズムを形成し，ウイルス粒子は細胞質内および核内に散在あるいは集積して存在する．
自然宿主・病徴	オダマキ(えそモザイク病；全身感染し，葉にえそを伴うモザイクを生じる)．
宿　主　域	オダマキ以外は不明．
伝　　　染	汁液接種不可．媒介生物不明．
地理的分布	日本．〔日比忠明〕
主　要　文　献	李 準卓ら(1983)．日植病報, 49, 83；Geering, A. D. W. *et al.*(2012). *Caulimovirus*. Virus Taxonomy 9th Report of ICTV, 432-434；ICTVdB (2006). Aquilegia necrotic mosaic virus. 00.015.0.81.001.；Brunt, A. A. *et al.* eds.(1996). Aquilegia necrotic mosaic(?)*caulimovirus*. Plant Viruses Online；亀谷満朗(1993)．原色作物ウイルス病事典, 493.

植物ウイルス 21

(ArMV)
Arabis mosaic virus アラビスモザイクウイルス
Secoviridae Comovirinae Nepovirus(Subgroup A)

初 記 載	Smith, K. M. and Markham, R.(1944)；岩木満朗(1971)，岩木満朗・小室康雄(1974).
異 名	Ash ring and line pattern virus, Forsythia yellow net virus, Raspberry yellow dwarf virus, Rhubarb mosaic virus.
粒 子	【形態】球状2種(径30 nm)．被膜なし． 【成分】核酸：(+)ssRNA 2種(RNA1：7.3 kb，RNA2：3.8 kb)．タンパク質：外被タンパク質(CP)1種(56 kDa)，ゲノム結合タンパク質(VPg)1種．
ゲ ノ ム	【構造】2分節線状(+)ssRNA(RNA1：7,334 nt，RNA2：3,820 nt)．ORF2個(RNA1：1個，RNA2：1個)．ゲノムの5'端にゲノム結合タンパク質(VPg)，3'端にポリ(A)配列(poly(A))をもつ． 【遺伝子】RNA1：5'-VPg-252 kDaポリプロテイン(P1A 機能不明タンパク質/ヘリカーゼ/VPg/プロテアーゼ(Pro)/RNA複製酵素(RdRp))-poly(A)-3'．RNA2：5'-VPg-122 kDaポリプロテイン(P2A RNA複製関連タンパク質/移行タンパク質(MP)/外被タンパク質(CP))-poly(A)-3'． 【登録コード】AY303786(RNA1全塩基配列)，AY017339(RNA2全塩基配列)，ほか．
細胞内所在	細胞核の近くに封入体があり，ウイルス粒子が同心円状に配列して球状集団を形成する．
自然宿主・病徴	キイチゴ(黄化，萎縮)；イチゴ(黄化，縮葉)；キュウリ(斑紋，矮化)；レタス(退緑，矮化)；スイセン(黄色条斑)；その他多種(全身感染；モザイク，矮化あるいは無病徴)．
宿 主 域	広い．バラ科，ウリ科，キク科など28科93種の植物種．
増 殖 植 物	ペチュニア，*Nicotiana clevelandii*.
検 定 植 物	*Chenopodium amaranticolor, C. quinoa*(接種葉に退緑斑点，全身に退緑斑紋)；キュウリ(全身に退緑斑点，葉脈緑帯；線虫伝搬における指標植物)．
伝 染	汁液接種可．線虫伝搬(*Xiphinema diversicaudatum* など)．種苗伝染．
系 統	多くの分離株は多少の病原性の違いを除いてタイプ種とほぼ変わらない．
類 縁 関 係	ほとんどの分離株はタイプ種と密接な血清関係がある．Hop line pattern strain やフキ分離株は寒天ゲル拡散法でタイプ種との間にスパーを生じる．
地理的分布	日本，ヨーロッパ，カナダ．
そ の 他	日本では中部以西のフキに広く分布しているが，媒介線虫は確認されていない．大サテライトRNAと小サテライトRNAを伴う株もある．〔亀谷満朗〕
主 要 文 献	Smith, K. M. and Markham, R.(1944). Phytopathology, 34, 324-329；岩木満朗(1971). 日植病報, 37, 402；岩木満朗・小室康雄(1974). 日植病報, 40, 344-353；Sanfaçon, H. *et al.*(2012). *Nepovirus*. Virus Taxonomy 9th Report of ICTV, 890-893；ICTVdB(2006). *Arabis mosaic virus*. 00.018.0.03.002.；DPVweb. Nepovirus；Murant, A. F.(1970). Arabis mosaic virus. Descriptions of Plant Viruses, 16；Harrison, B. D. and Murant, A. F.(1977). Nepovirus group. Descriptions of Plant Viruses, 185；Brunt, A. A. *et al.* eds.(1996). Arabis mosaic *nepovirus*. Plant Viruses Online；岩木満朗(1983). 植物ウイルス事典, 198-199；亀谷満朗(1993). 原色作物ウイルス病事典, 549-550；井上忠男(1984). 野菜のウイルス病, 256-258；Jha, A. and Posnette, A. F.(1961). Virology, 13, 119-123；栃原比呂志・田村 実(1973). 日植病報, 39, 217-218；栃原比呂志・田村 実(1976). 日植病報, 42, 533-539；井上成信ら(1992). 日植病報, 58, 135；Wetzel, T. *et al.*(2001). Virus Res., 75, 139-145；Wetzel, T. *et al.*(2004). Arch. Virol., 149, 989-995.

植物ウイルス 22

(AV-1)
Asparagus virus 1 アスパラガスウイルス 1
Potyviridae Potyvirus

初 記 載	Hein, A.(1960)；藤澤一郎ら(1981)，Fujisawa, I. *et al.*(1983).
異 名	Asparagus virus B.
粒 子	【形態】ひも状1種(径13 nm×長さ746 nm)．被膜なし．
	【物性】沈降係数146 S.
	【成分】核酸：(+)ssRNA1種(〜9.7 kb)．タンパク質：外被タンパク質(CP)1種(30 kDa)．
ゲ ノ ム	【構造】単一線状(+)ssRNAゲノム．3′端にポリ(A)配列(poly(A))をもつ．
	【遺伝子】外被タンパク質遺伝子(CP)ほか．
	【登録コード】EF576991(CP領域の部分塩基配列)．
細胞内所在	ウイルス粒子は各種細胞の細胞質内に散在あるいは集塊をなす．細胞質内には*Potyvirus*属ウイルスに特有の封入体が観察される．
自然宿主・病徴	アスパラガス(無病徴感染)．
宿 主 域	きわめて狭い．アスパラガス，ホウレンソウ，*Chenopodium quinoa*, *C. amaranticolor*，ツルナ，センニチコウ．
検 定 植 物	*Chenopodium quinoa, C. amaranticolor*，ツルナ，センニチコウ(局部病斑)．
伝 染	汁液接種可．アブラムシによる非永続伝搬．
類縁関係	カブモザイクウイルス(*Turnip mosaic virus*：TuMV)，インゲンマメ黄斑モザイクウイルス(*Bean yellow mosaic virus*：BYMV)，レタスモザイクウイルス(*Lettuce mosaic virus*：LMV)などと血清関係がある．
地理的分布	日本(北海道)，ドイツ，米国．
そ の 他	アスパラガスウイルス2(*Asparagus virus 2*：AV-2)と重複感染すると草丈が低くなり，若茎数が少なくなる． 〔津田新哉〕
主要文献	Hein, A.(1960). Phytopath. Z., 67, 217-219；藤澤一郎ら(1981). 日植病報, 47, 410-411；Fujisawa, I. *et al.*(1983). Ann. Phytopath. Soc. Jpn., 49, 299-307；Adams, M. J. *et al.*(2012). *Potyvirus*. Virus Taxonomy 9th Report of ICTV, 1072-1079；ICTVdB(2006). *Asparagus virus 1*. 00.057.0.01.006.；Brunt, A. A. *et al.* eds.(1996). Asparagus 1 *potyvirus*. Plant Viruses Online；山下修一(1983). 植物ウイルス事典, 200-201；藤澤一郎(1993). 原色作物ウイルス病事典, 389；米山伸吾(1984). 野菜のウイルス病, 229-230；Tomassoli, L. *et al.*(2012). Viruses of asparagus. Adv. Virus Res., 84, 345-365；Howell, W. E.(1985). Plant Dis., 69, 1044-1046；Tomassoli, L. *et al.*(2007). J. Plant Pathol., 89, 413-415.

植物ウイルス 23

(AV-2)
Asparagus virus 2 アスパラガスウイルス 2
Bromoviridae Ilarvirus(Subgroup 2)

初 記 載		Hein, A.(1963)；藤澤一郎ら(1980), Fujisawa, I. *et al.*(1983).
異 名		Asparagus latent virus, Asparagus virus C.
粒 子	【形態】	球状3種(径28〜32 nm；NP1, NP2, NP3). 被膜なし.
	【物性】	沈降係数 104 S(NP1), 95 S(NP2), 90 S(NP3).
	【成分】	核酸：(+)ssRNA 3種(RNA 1：3.4 kb, RNA 2：2.9 kb, RNA 3：2.3 kb). タンパク質：外被タンパク質1種(CP)(24 kDa).
ゲ ノ ム	【構造】	3分節線状(+)ssRNAゲノム(RNA1：3,431 nt, RNA2：2,916 nt, RNA3：2,307 nt). ORF 5個(RNA1：1個, RNA2：2個, RNA3：2個). 5′端はキャップ構造(Cap)をもつが, 3′端はポリ(A)配列(poly(A))を欠く.
	【遺伝子】	RNA1：5′-Cap-121 kDaタンパク質(RNA複製酵素サブユニット；メチルトランスフェラーゼドメイン/ヘリカーゼドメイン)-3′. RNA2：5′-Cap-91 kDaタンパク質(RNA複製酵素サブユニット；RNA複製酵素ドメイン)-21 kDaタンパク質-3′. RNA3：5′-Cap-31 kDa移行タンパク質(MP)-24 kDa外被タンパク質(CP)-3′.
	【登録コード】	EU919666(RNA1全塩基配列), EU919667(RNA2全塩基配列), X86352(RNA3全塩基配列), ほか.
細胞内所在		ウイルス粒子は感染細胞の細胞質内に集塊をなす.
自然宿主・病徴		アスパラガス(無病徴または弱い萎縮).
宿 主 域		広い. ユリ科, ナス科, アカザ科, ヒユ科など29科118種以上の植物種.
増 殖 植 物		タバコ(品種Samsunなど).
検 定 植 物		*Chenopodium amaranticolor, C. quinoa*(接種葉に局部壊死斑, 後に全身感染)；インゲンマメ, ツルナ, ササゲ(接種葉に局部壊死斑)など.
伝 染		汁液接種可. 媒介生物不明. 接ぎ木伝染. 種子伝染. 花粉伝染.
系 統		血清学的に異なるP系統とS系統, さらにその中間型がある.
類 縁 関 係		カンキツリーフルゴースウイルス(*Citrus leaf rugose virus*：CiLRV), *Citrus variegation virus*(CVV), *Elm mottle virus*(EMoV)などと血清関係がある.
地 理 的 分 布		日本(北海道), ドイツ, デンマーク, 米国.
そ の 他		アスパラガスウイルス1(*Asparagus virus 1*：AV-1)と重複感染すると草丈が低くなり, 若茎数が少なくなる. AV-2をアスパラガスに高濃度で汁液接種すると葉にモザイクを生じる.

〔津田新哉〕

主 要 文 献　Hein, A.(1963). Mitt. Biol. Bundesanst. Land-Forstwirtsch. Berl.-Dahrlem. 108, 70-74；藤澤一郎ら(1980). 日植病報, 46, 100；Fujisawa, I. *et al.*(1983). Ann. Phytopath. Soc. Jpn., 49, 683-688；Bujarski, J. *et al.*(2012). *Ilarvirus*. Virus Taxonomy 9th Report of ICTV, 972-975；ICTVdB(2006). *Asparagus virus 2.* 00.010.0.02.004.；DPVweb. Ilarvirus；Uyeda, I. and Mink, G. I.(1984). Asparagus virus 2. Descriptions of Plant Viruses, 288；Brunt, A. A. *et al.* eds.(1996). Asparagus 2 *ilarvirus*. Plant Viruses Online；Eastwell, K. C.(2008). *Ilarvirus*. Encyclopedia of Virology 3rd ed., 3, 46-56；Scott, S. W.(2011). Ilarvirus. The Springer Index of Viruses 2nd ed., 187-194；Tomassoli, L. *et al.*(2012). Viruses of asparagus. Adv. Virus Res., 84, 345-365；山下修一(1983). 植物ウイルス事典, 202-203；藤澤一郎(1993). 原色作物ウイルス病事典, 389-390；米山信吾(1984). 野菜のウイルス病, 229-230；Uyeda, I. and Mink, G. I.(1981). Phytopathology, 71, 1264-1269；Uyeda, I. and Mink, G. I.(1983). Phytopathology, 73, 47-50；Scott, S. W. and Zimmerman, M. T.(2009). Arch. Virol., 154, 719-722.

植物ウイルス 24

(AV-3)
Asparagus virus 3　アスパラガスウイルス 3
Alphaflexiviridae Potexvirus

初　記　載	藤澤一郎・飯塚典夫(1984)，Fujisawa, I. *et al.*(1986)．
異　　　名	Scallion virus X(ScaVX)．
粒　　　子	【形態】ひも状1種(径13 nm×長さ580 nm)．被膜なし．
	【成分】核酸：(+)ssRNA 1種(6.9 kb)．タンパク質：外被タンパク質(CP)1種(25 kDa)．
ゲ　ノ　ム	【構造】単一線状(+)ssRNAゲノム(6,937 nt)．ORF 5個．5′端にキャップ構造(Cap)，3′端にポリ(A)配列(poly(A))をもつ．
	【遺伝子】5′-Cap-ORF1(182 kDa RNA複製酵素(RP)；メチルトランスフェラーゼドメイン(Met)/ヘリカーゼドメイン(Hel)/RNA複製酵素ドメイン(RdRp))-ORF2(28 kDa移行タンパク質1；TGB1)-ORF3(13 kDa移行タンパク質2；TGB2)-ORF4(9 kDa移行タンパク質3；TGB3)-ORF5(25 kDa外被タンパク質；CP)-poly(A)-3′．
	ORF2～4は互いに一部オーバラップして存在している．
	【登録コード】AB304848(日本分離株　全塩基配列)，AJ316085(ScaVX全塩基配列)．
細胞内所在	ウイルス粒子は感染細胞の細胞質内に塊をなすが，封入体などの構造物は形成されない．
自然宿主・病徴	アスパラガス(無病徴感染)．
宿　主　域	やや広い．マメ科，ナス科，アカザ科など8科26種の植物種．
増殖植物	タバコ(品種Samsunなど)．
検定植物	タバコ，センニチコウ，ソラマメ(接種葉に局部壊死斑)；*Chenopodium amaranticolor, C. quinoa*(接種葉に局部壊死斑，上葉にモザイク)．
伝　　　染	汁液接種可．媒介生物不明．
類縁関係	スイセンモザイクウイルス(*Narcissus mosaic virus*：NMV)，サボテンXウイルス(*Cactus virus X*：CVX)などと血清関係がある．
地理的分布	日本(北海道)，中国． 〔津田新哉〕
主要文献	藤澤一郎・飯塚典夫(1984)．日植病報, 50, 115-116；Fujisawa, I. *et al.*(1986). Ann. Phytopath. Soc. Jpn., 52, 193-200；Adams, M. J. *et al.*(2012). *Potexvirus*. Virus Taxonomy 9th Report of ICTV, 912-915；ICTVdB(2006). *Asparagus 3 virus*. 00.056.0.01.002.；Brunt, A. A. *et al.* eds.(1996). Asparagus 3 *potexvirus*. Plant Viruses Online；藤澤一郎(1993)．原色作物ウイルス病事典, 388-390；Tomassoli, L. *et al.*(2012). Viruses of asparagus. Adv. Virus Res., 84, 345-365；Chen, J. *et al.*(2002). Arch. Virol., 147, 683-693；Hashimoto, M. *et al.*(2008). Arch. Virol., 153, 219-221.

植物ウイルス 25

Aucuba ringspot virus[#]　アオキ輪紋ウイルス　(AuRV)

[#]ICTV 未認定（*Caulimoviridae Badnavirus* ?）

[#]日本植物病名目録に登録されているが，Virus Taxonomy 9th Report of ICTV には記載されていない．

初 記 載	楠木 学(1980)．
粒　　子	【形態】桿菌状 1 種（径 30 nm×長さ 180 nm）．被膜なし．
細胞内所在	ウイルス粒子は各種細胞の細胞質内に散在する．
自然宿主・病徴	アオキ（輪紋病；新葉の展開期の一時期に葉脈透明病徴を現し，後に全身的に輪紋病徴を呈する）．
宿 主 域	アオキ以外は不明．
伝　　染	汁液接種不可．接ぎ木伝染．
地理的分布	日本．
そ の 他	*Badnavirus* の暫定種である Aucuba bacilliform virus(AuBV)との関係については未詳である．

〔楠木 学〕

主 要 文 献　楠木 学(1980)．日植病報, 46, 414；楠木 学(1983)．植物ウイルス事典, 204-205；楠木 学(1993)．原色作物ウイルス病事典, 668．

植物ウイルス 26

Banana bunchy top virus バナナバンチートップウイルス (BBTV)
Nanoviridae Babuvirus

初 記 載	Magee, C. J. P.(1953)；野原堅世(1968).
異 名	Abaca bunchy top virus(現在では別種のウイルスを指す).
粒 子	【形態】球状 6 種(径 約 18 nm). 被膜なし.
	【成分】核酸：ssDNA 6 種(各約 1.1 kb). タンパク質：外被タンパク質(CP) 1 種(20 kDa)
ゲ ノ ム	【構造】6 分節環状 ssDNA ゲノム(DNA-R, -S, -M, -C, -N, -U3). ORF 6 個(各 DNA コンポーネントは単一のウイルスセンス鎖の ORF をもつ). 各 DNA コンポーネントの非翻訳領域には共通して, 共通ステムループ領域(CR-SL, 69 nt), 相補鎖合成の際の DNA 結合部位である主要共通領域(CR-M, 66〜92 nt)および TATA ボックスが存在する. 欠陥 DNA(DI-DNA)が含まれる系統もある.
	【遺伝子】DNA-R(33 kDa 主要複製開始タンパク質；M-Rep), DNA-S(20 kDa 外被タンパク質；CP), DNA-C(19 kDa 細胞周期変換タンパク質；Clink), DNA-M(14 kDa 移行タンパク質；MP), DNA-N(核シャトルタンパク質；NSP), DNA-U3(10 kDa 機能不明タンパク質；U3). なお, 数系統では DNA-U3 に ORF が存在しない.
	【登録コード】S56276, L41574-41578(BBTV-[AU] 全塩基配列)；DQ826390-826391, DQ826393-826396(BBTV-[TW] 全塩基配列), ほか.
細胞内所在	篩部局在性で, 核内で増殖すると考えられる.
自然宿主・病徴	バナナ(*Musa* spp.)(バンチートップ病；はじめ葉脈周辺に不連続な濃緑の条斑が生じる. 葉の幅は狭くなり波打つ. 葉縁は黄化するとともに, 次第に複数の葉が束状(bunchy)に直立, 矮化する. 結実は阻害され, 果実ができないか, 奇形化する).
宿 主 域	*Musa* 属のみ自然発生が知られている. アブラムシによる接種試験でカンナなどへの感染が報告されている.
増殖植物	バナナ(*Musa* spp.). 品種により感受性に相違があるが, 品種キャベンディシュは感受性が高い.
検定植物	バナナ(*Musa* spp.)(バンチートップ症状).
伝 染	汁液接種不可. 自然条件下ではクロスジコバネアブラムシ(*Pentalonia nigronervosa*)による永続伝搬. 塊茎(corm)から伸長する吸芽(sucker)を通じた栄養繁殖による伝搬.
系 統	CR-M 領域の塩基配列の比較によりアジアグループ(フィリピン, 台湾, インドネシア, ベトナムなど)と南太平洋グループ(オーストラリア, ブルンジ, フィジー, 西サモアなど)に類別される. 沖縄産の BBTV はアジアグループで, インドネシアやフィリピン産 BBTV との類縁度が高い. 病原性や PCR パターンの異なる系統も報告されている.
類縁関係	繊維作物マニラアサ(abaca；*Musa textilis*)にバンチートップ病を発生するウイルスは Abaca bunchy top virus(ABTV)として BBTV の異名あるいは異種と推定されていたが, フィリピンにおいてアバカにおける BBTV の感染が血清学的あるいは分子生物学的に確認された. 一方, BBTV とは種が異なる *Babuvirus* 属ウイルスが新たに *Abaca bunchy top virus* として分離された(Sharman, M. *et al.*, 2008).
地理的分布	フィジー, オーストラリアなど南太平洋諸国(米国ハワイ州含む), ブルンジ, エジプトなどアフリカの一部, インド, パキスタン, 東南アジア, 中国, 台湾, 日本. 中南米諸国での発生は報告されていない.
そ の 他	BBTV から 5 種のアルファサテライト(*rep* DNA；1,000〜1,100 nt)が同定されている. これらのサテライト DNA はいずれも環状 ssDNA で, M-Rep をコードしており, 単一細胞内では自立複製能をもつが, その粒子化, 移行および伝染はヘルパーウイルスに依存している. 一般に食用バナナは単一の植物種ではなく *Musa acuminata*(ゲノムの標記 A)や *Musa balbisiana*(同 B)の倍数体, あるいはこれらの交雑種(*M. paradisiaca* あるいは *Musa* sp.)である. 〔夏秋啓子〕
主要文献	Magee, C. J. P.(1953). J. Proc. R. Soc. N. S. W., 87, 3-18；野原堅世(1968). 沖縄農業, 7, 48-50；

Vetten, H. J. *et al.*(2012). *Babuvirus*. Virus Taxonomy 9th Report of ICTV, 400-402 ; ICTVdB (2006). *Banana bunchy top virus*. 00.093.0.02.001. ; Brunt, A. A. *et al.* eds.(1966). Banana bunchy top nanavirus. Plant Viruses Online ; Vetten, H. J.(2008). Nanoviruses. Encyclopedia of Virology 3rd ed., 3, 385-391 ; Thomas, J. E.(2008). Banana bunchy top virus. Encyclopedia of Virology 3rd ed., 1, 272-279 ; DPVweb. Babuvirus ; Hu, J. M. *et al.*(2011). Babuvirus. The Springer Index of Viruses 2nd ed., 953-958 ; Dale J. L.(1987). Banana bunchy top：An economically important tropical plant virus disease. Adv. Virus Res., 33, 301-325 ; 宇杉富雄(1993). 原色作物ウイルス病事典, 653-654 ; Dietzgen, R. G. *et al.*(1991). Australasian Plant Pathol., 20, 161-165 ; Karan, M. *et al.*(1994). J. Gen. Virol., 75, 3541-3546 ; Furuya, N. *et al.*(2005). J. Gen. Plant Pathol., 71, 68-73 ; Sharman, M. *et al.*(2008). Arch. Virol., 153, 135-147.

植物ウイルス 27

Barley mild mosaic virus オオムギ微斑(びはん)ウイルス (BaMMV)
Potyviridae Bymovirus

初 記 載	Huth, W. *et al.*(1984)；Kashiwazaki, S. *et al.*(1992).
異 名	オオムギマイルドモザイクウイルス, Barley yellow mosaic virus(BaYMV)-M strain, BaYMV-Streatley strain.
粒 子	【形態】ひも状2種(径12 nm×長さ270 nm, 570 nm). 被膜なし. 【成分】核酸：(+)ssRNA 2種(RNA1：7.2 kb, RNA2：3.5 kb). タンパク質：外被タンパク質(CP)1種(35 kDa), ゲノム結合タンパク質(VPg)1種.
ゲ ノ ム	【構造】2分節線状(+)ssRNAゲノム(RNA1：7,261～7,263 nt, RNA2：3,524 nt). ORF 2個(RNA1：1個, RNA2：1個). 5′端にゲノム結合タンパク質(VPg), 3′端にポリ(A)配列(poly(A))をもつ. 【遺伝子】RNA1：5′-VPg-256 kDa ポリプロテイン(34 kDa P3タンパク質/7 kDaタンパク質/74 kDa 円筒状封入体封入体タンパク質(CI)/7～14 kDaタンパク質/21 kDa 核内封入体a-ゲノム結合タンパク質(NIa-VPg)/24 kDa NIa-プロテアーゼ/61 kDa 核内封入体b(NIb)/28 kDa 外被タンパク質(CP))-poly(A)-3′. RNA2：5′-VPg-98 kDa ポリプロテイン(25 kDa P1タンパク質/73 kDa P2タンパク質)-poly(A)-3′. 【登録コード】RNA1/RNA2全塩基配列；D83408/D83409(日本分離株-Na1系統), Y10973/X90904(英国分離株-F系統), AF536942/AF536943(韓国分離株), ほか.
細胞内所在	ウイルス粒子は感染植物の葉肉, 表皮, 維管束など各種細胞の細胞質内に存在する. 膜状および風車状封入体が観察されるがウイルス粒子は含まれない.
自然宿主・病徴	オオムギ(全身感染し, 特に冬と初春にのみ黄色条斑や褐色壊死などの症状を葉に示す).
宿 主 域	イネ科植物.
検 定 植 物	オオムギ(2～3葉期に接種して10～17℃に保つと, 2～3週間で葉に条斑を呈する)；ライムギ(全身的なモザイク症状と萎縮症状を呈する). 自然界ではしばしばオオムギ縞萎縮ウイルス(*Barley yellow mosaic virus*：BaYMV)と混合感染するが, イシュクシラズ, はがねむぎ, Ea52などのオオムギ品種に対する感染性は異なる.
伝 染	汁液接種可. 菌類(*Polymyxa graminis*)による土壌伝搬.
系 統	日本系統(Ka1系統, Na1系統), ドイツ系統など. Ka1系統はドイツ系統と血清学的に区別できないが, Na1系統はKa1系統およびドイツ系統と区別できる.
類 縁 関 係	同属異種ウイルスとの血清関係はない.
地理的分布	日本および世界各国(ドイツ, フランス, イギリス, 中国, 韓国など). 〔難波成任〕
主 要 文 献	Huth, W. *et al.*(1984). Phytopath. Z., 111, 37-54；Kashiwazaki, S. *et al.*(1992). J. Gen. Virol., 73, 2173-2181；Adams, M. J. *et al.*(2012). *Bymovirus*. Virus Taxonomy 9th Report of ICTV, 1084-1086；ICTVdB(2006). *Barley mild mosaic virus*. 00.057.0.03.002.；DPVweb. Bymovirus；Kashiwazaki, S. *et al.*(1998). Barley mild mosaic virus. Descriptions of Plant Viruses, 356；Brunt, A. A. *et al.* eds.(1996). Barley mild mosaic *bymovirs*. Plant Viruses Online；Adams, M. J.(2004). Barley mild mosaic. Viruses and Virus Diseases of *Poaceae*(Lapierre, H. *et al.* eds., INRA), 442-445；Adams, M. J.(2011). Bymovirus. The Springer Index of Viruses 2nd ed., 1411-1416；土崎常男(1993). 原色作物ウイルス病事典, 73-74；Kashiwazaki, S. *et al.*(1989). Ann. Phytopath. Soc. Jpn., 55, 16-25；Huth, W. and Adams, M. J.(1990). Intervirology, 31, 38-42；Adams, M. J.(1991). Plant Pathol., 40, 53-58；Timpe, U. and Kuehne, T.(1994). Eur. J. Plant Pathol., 100, 233-241；Dessens, J. T. *et al.*(1995). Arch. Virol., 140, 325-333；Nomura, K. *et al.*(1996). J. Phytopathol., 144, 103-107；Kashiwazaki, S.(1996). Arch. Virol., 141, 2077-2089；Lee, K-J. *et al.*(1996). Ann. Phytopathol. Soc. Jpn., 62, 397-401；Meyer, M. and Dessens, J. T.(1996). Virology, 219, 268-273；Peerenboom, E. *et al.*(1997). Virus Res., 50, 175-183；Kanyuka, K. *et al.*(2004). Arch. Virol., 149, 1469-1480；Tamada, T. and Kondo, H.(2013). JGPP, 79, 307-320.

植物ウイルス 28

Barley stripe mosaic virus ムギ斑葉(はんよう)モザイクウイルス (BSMV)
Virgaviridae Hordeivirus

初　記　載	McKinney, H. H. (1951)；西門義一ら(1957)，高橋隆平ら(1957)．
異　　　名	Barley mild stripe virus, Barley yellow stripe virus, Oat stripe mosaic virus.
粒　　　子	【形態】棒状3種(径20〜22 nm×長さ143〜148 nm，128 nm，108〜112 nm)．ただし，系統によっては2種あるいは4種．らせんピッチ2.5〜2.6 nm．被膜なし． 【物性】沈降係数201 S，197 S，182 S． 【成分】核酸：(+)ssRNA 3種(RNA α：3.8 kb, RNA β：3.3 kb, RNA γ：2.8〜3.2 kb，GC含量40%)．系統によってはRNA βとRNA γの塩基長がほぼ等しいものや，3種以外にRNA4(2.6 kb)をもつものもある．タンパク質：外被タンパク質(CP)1種(22 kDa)．
ゲ ノ ム	【構造】3分節線状(+)ssRNA ゲノム(RNA α：3,768 nt, RNA β：3,289 nt, RNA γ：3,164 nt)．ORF 7個(RNA α：1個，RNA β：4個，RNA γ：2個)．5′端にキャップ構造(Cap)，3′端にtRNA様構造(TLS)をもつ． 【遺伝子】RNA α：5′-Cap-130 kDa RNA複製酵素タンパク質サブユニット αa-TLS-3′．RNA β：5′-Cap-22 kDa 外被タンパク質 βa-58 kDa 移行タンパク質 βb(TGB1)-14 kDa 移行タンパク質 βd(TGB2)-17 kDa 移行タンパク質 βc(TGB3)-TLS-3′．(14 kDa 移行タンパク質 βdはリードスルーによって23 kDaタンパク質 βd′を生じるが，感染には不要)．RNA γ：5′-Cap-74 kDa 複製酵素タンパク質サブユニット γa-17 kDa システインリッチタンパク質(RNAサイレンシングサプレッサー)-TLS-3′． 【登録コード】J04342(RNA α 全塩基配列)，X03854(RNA β 全塩基配列)，M16576(RNA γ 全塩基配列)，ほか．
細胞内所在	ウイルス粒子は各種組織の細胞の細胞質内あるいは核内に集積あるいは散在して存在．
自然宿主・病徴	コムギ，オオムギ(斑葉モザイク病)；エンバク(全身感染し，条斑，モザイク，壊死を生じる)．
宿　主　域	比較的広い．イネ科植物(全身感染)；ナス科，アカザ科植物(局部感染)．
増殖植物	オオムギ，コムギ．
検定植物	オオムギ，コムギ，エンバク(全身に条斑モザイク)；テンサイ，*Chenopodium album, C. amaranticolor, C. quinoa*(接種葉に局部退緑斑)．
伝　　　染	汁液接種可．接触伝染．種子伝染．花粉伝染．媒介生物不明．
系　　　統	オオムギ，コムギ，エンバクにおける病徴や粒子成分数の異なるいくつかの系統がある．
類縁関係	同属の *Lychnis ringspot virus*(LRSV)とは遠い血清関係があるが，他属のウイルスとは血清関係がない．
地理的分布	日本および世界各地． 〔白子幸男・日比忠明〕
主要文献	McKinney, H. H. (1951). Phytopathology, 41, 563-564；西門義一ら(1957).日植病報, 22, 51-52；高橋隆平ら(1957).農学研究, 44, 147-158；Adams, M. J. *et al.* (2011). *Hordeivirus*, Virus Taxonomy 9th Report of ICTV, 1143-1147；ICTVdB(2006). *Barley stripe mosaic virus*, 00.032.0.01.001.；Bragg, J. N. *et al.* (2008). *Hordeivirus*. Encyclopedia of Virology 3rd ed., 2, 459-467；Jackson, A. O. *et al.* (2011). Hordeivirus, The Springer Index of Viruses 2nd ed., 1999-2004；DPVweb, Hordeivirus；Atabecov, J. G. *et al.* (1989). Barley stripe mosaic virus. Descriptions of Plant Viruses, 344；Brunt, A. A. *et al.* eds. (1996). Barley stripe mosaic *hordeivirus*, Plant Viruses Online；Bragg, J. N. *et al.* (2004). Barley stripe mosaic. Viruses and Virus Diseases of *Poaceae* (Lapierre, H. *et al.* eds., INRA), 456-457；井上忠男(1983).植物ウイルス事典, 208-209；土崎常男(1993).原色作物ウイルス病事典, 69-70；Gustafson, G. and Armour, S. L. (1986). Nucleic Acids Res., 14, 3895-3909；Gustafson, G. *et al.* (1987). Virology, 158, 394-406；Gustafson, G. D. *et al.* (1989). Virology, 170, 370-377.

植物ウイルス 29

Barley yellow dwarf virus-PAV オオムギ黄萎PAVウイルス　(BYDV-PAV)
Luteoviridae Luteovirus

初 記 載	Oswald, J. W. and Houston, B. R.(1951)；鳥山重光ら(1968)，Kojima, M. *et al.*(1983).
異　　名	Barley yellow dwarf virus-RGV, Rice giallume virus.
粒　　子	【形態】球状1種(径26 nm). 被膜なし.
	【成分】核酸：(+)ssRNA 1種(5.6 kb). タンパク質：外被タンパク質2種(CP：22 kDa, CP-RT：72 kDa).
ゲ ノ ム	【構造】単一線状(+)ssRNAゲノム(5,667～5,677 nt). ORF 6個. ゲノムの5′端のゲノム結合タンパク質(VPg)および3′端のポリ(A)配列(poly(A))を欠く.
	【遺伝子】5′-ORF1(39 kDa ヘリカーゼ)-ORF2(99 kDa RNA複製酵素(RdRp)；ORF1のフレームシフトによるORF1との融合タンパク質)-ORF3(22 kDa 外被タンパク質(CP))/ORF4(17 kDa 移行タンパク質(MP)；ORF3に重複して存在)-ORF5(72 kDa 外被タンパク質(CP-RT)；ORF3のリードスルータンパク質でアブラムシ媒介因子でもある)-ORF6(7 kDa 機能不明タンパク質)-3′.
	【登録コード】X07653(オーストラリア分離株Vic 全塩基配列), D85783(日本分離株JPN 全塩基配列), ほか.
細胞内所在	感染植物の篩部細胞に局在. ウイルス粒子は細胞質に散在または集塊をなして存在.
自然宿主・病徴	オオムギ(黄萎病；黄化萎縮), コムギ(黄化萎縮)；エンバク(赤化).
宿 主 域	狭い. イネ科植物に限られる.
増 殖 植 物	オオムギ, エンバク.
検 定 植 物	オオムギ, エンバク.
伝　　染	汁液接種不可. ムギクビレアブラムシ(*Rhopalosiphum padi*)とムギヒゲナガアブラムシ(*Sitobion avenae*)の2種による循環型・非増殖性伝搬.
系　　統	未報告だが, 分離株間で病原性(病徴)の変異がしばしば観察される.
類 縁 関 係	BYDV-PASとは遺伝子レベルできわめて近縁で, ゲノム全体で約80%の塩基配列相同性をもつ. また, BYDV-MAVと血清学的類縁関係がある.
地理的分布	日本および世界各国.
そ の 他	従来, BYDVは媒介アブラムシの種の違いによっていくつかの系統に分かれていたが, それらは現在では次の10種の独立種として分類されている. BYDV-kerII, BYDV-kerIII, BYDV-MAV, BYDV-PAS, BYDV-PAV(以上 *Luteovirus* 属)；BYDV-GPV, BYDV-SGV(以上 *Luteoviridae* 科属未定)；CYDV-RPS(ムギ類黄萎RPSウイルス), CYDV-RPV, MYDV-RMV(以上 *Polerovirus* 属). このうち, わが国に存在するのはBYDV-PAVとCYDV-RPSである. MYDV-RMV様の分離株も報告されているが, 塩基配列の相同性が低く, 現在, 分類上の位置づけが未詳である. なお, 種名のPAVは *R. padi* と *S. avenae* の両種で効率的に伝搬することに由来する. 〔佐野義孝〕
主 要 文 献	Oswald, J. W. and Houston, B. R.(1951). Plant Dis. Reptr., 35, 471-475；鳥山重光ら(1968). 日植病報, 34, 374；Kojima, M. *et al.*(1983). Ann. Phytopathol. Soc. Jpn., 49, 338-346；Domier, L. L.(2012). *Luteovirus*. Virus Taxonomy 9th Report of ICTV, 1048-1049；ICTVdB(2006). *Barley yellow dwarf virus-PAV*. 00.039.0.01.001.；DPVweb. Luteovirus；Rochow, W. F.(1970). Barley yellow dwarf virus. Descriptions of Plant Viruses, 32；Brunt, A. A. *et al.* eds.(1996). Barley yellow dwarf *luteovirus*. Plant Viruses Online；D'Arcy, C. J. and Burnett, P. A. eds.(1995). Barley yellow dwarf：40 years of progress(APS press), pp. 374；Domier, L. L.(2008). Barley yellow dwarf viruses. Encyclopedia of Virology 3rd ed., 1, 279-286；Miller, W. A. *et al.*(2004). Barley yellow dwarf(BYDV-PAV). Viruses and Virus Diseases of *Poaceae*(Lapierre, H. *et al.* eds., INRA), 465-471；Miller, W. A. and Rasochová, L.(1997). Barley yellow dwarf viruses. Ann. Rev. Phytopathol., 35, 167-190；Domier, L. L. *et al.*(2008). Luteoviruses. Encyclopedia of Virology

3rd ed., 3, 231-238；Domier, L. L.(2011). Luteovirus. The Springer Index of Viruses 2nd ed., 821-826；大木 理(1983). 植物ウイルス事典, 210-211；土崎常男(1993). 原色作物ウイルス病事典, 71, 78, 82；范 永堅ら(1984). 日植病報, 50, 131；Miller, W. A. *et al.*(1988). Nucleic Acids Res., 16, 6097-6111；Sano, Y. *et al.*(1996). Ann. Phyotopathol. Soc. Jpn., 62, 566-571；Miller, W. A. and Rasochová, L.(1997). Ann. Rev. Phyotopathol., 35, 167-190；Bencharki, B. *et al.*(1999). Ann. Appl. Biol., 134, 89-99；高山陽子ら(1999). 日植病報, 65, 389.

植物ウイルス 30

Barley yellow mosaic virus オオムギ縞萎縮ウイルス (BaYMV)
Potyviridae Bymovirus

初　記　載	鋳方末彦・河合一郎(1940)．
粒　　　子	【形態】ひも状 2 種(径 13 nm×長さ 275 nm, 550 nm)．被膜なし． 【成分】核酸：(＋)ssRNA 2 種(RNA1：7.6 kb, RNA2：3.6 kb)．タンパク質：外被タンパク質(CP)1 種(32 kDa), ゲノム結合タンパク質(VPg)1 種．
ゲ ノ ム	【構造】2 分節線状(＋)ssRNA ゲノム．(RNA1：7,632 nt, RNA2：3,585 nt)．ORF 2 個(RNA1：1 個, RNA2：1 個)．5′端にゲノム結合タンパク質(VPg), 3′端にポリ(A)配列(poly(A))をもつ． 【遺伝子】RNA1：5′-VPg(?)-271 kDa ポリプロテイン(38 kDa P3 タンパク質/7 kDa タンパク質/73 kDa 円筒状封入体タンパク質(CI)/14 kDa タンパク質/22 kDa 核内封入体 a-ゲノム結合タンパク質(NIa-VPg)/25 kDa NIa-プロテアーゼ/60 kDa 核内封入体 b(NIb)/32 kDa 外被タンパク質(CP))-poly(A)-3′．RNA2：5′-VPg(?)-98 kDa ポリプロテイン(28 kDa P1 タンパク質/70 kDa P2 タンパク質)-poly(A)-3′． 【登録コード】D01091(日本分離株-II-1 系統 RNA1 全塩基配列), D01092(日本分離株-II-1 系統 RNA2 全塩基配列), ほか．
細胞内所在	表皮細胞に封入体が観察される．ウイルス粒子は細胞質内に散在または集塊する．細胞質内に網状膜構造体, 風車状封入体が観察される．
自然宿主・病徴	オオムギ(縞萎縮病；全身感染し, モザイクまたは壊死を示す)．
宿　主　域	オオムギ．
増　殖　植　物	オオムギ．
伝　　　染	汁液接種可(やや困難)．土壌伝染(*Polymyxa graminis* が媒介すると考えられる)．
系　　　統	わが国では, 二条オオムギ, 六条オオムギの数種品種に対する反応の違いによる 8 系統(pathotype：I-1, I-2, I-3, II-1, II-2, III, IV, V)が報告されている．
類　縁　関　係	コムギ縞萎縮ウイルス(*Wheat yellow mosaic virus*：WYMV), イネえそモザイクウイルス(*Rice necrosis mosaic virus*：RNMV)と血清関係あり．
地理的分布	日本, 韓国, ドイツ, イギリス．
そ　の　他	18℃以上の温度条件は感染および病徴発現に不適当である．二条オオムギ(ビールムギ)において激しい病徴を示す． 〔難波成任〕
主　要　文　献	鋳方末彦・河合一郎(1940)．農事改良資料, 154, 1-123；Adams, M. J. *et al.*(2012)．*Bymovirus*. Virus Taxonomy 9th Report of ICTV, 1084-1086；ICTVdB(2006)．*Barley yellow mosaic virus*. 00.057.0.03.003.；DPVweb. Bymovirus；Adams, M. J.(2000)．Barley yellow mosaic virus. Descriptions of Plant Viruses, 374；Brunt, A. A. *et al.* eds.(1996)．Barley yellow mosaic *bymovirus*. Plant Viruses Online；Adams, M. J.(2004)．Barley yellow mosaic. Viruses and Virus Diseases of *Poaceae*(Lapierre, H. *et al.* eds., INRA), 445-447；Adams, M. J.(2011)．Bymovirus. The Springer Index of Viruses 2nd ed.,1411-1416；斉藤康夫(1983)．植物ウイルス事典, 212-213；土崎常男(1993)．原色作物ウイルス病事典, 72-73；井上忠男(1964)．農学研究, 50, 117-122；斉藤康夫・岡本 弘(1964)．農技研報, C17, 75-102；宇杉富雄・斉藤康夫(1976)．日植病報, 42, 12-20；Hibino, H. *et al.*(1981)．Ann. Phytopath. Soc. Jpn., 47, 510-519；Usugi, T. *et al.*(1984)．Ann. Phytopath. Soc. Jpn., 50, 63-68；宇杉富雄・柏崎 哲・土崎常男(1985)．関東東山病虫研報, 32, 53-55；Kashiwazaki, S. *et al.*(1989)．Ann. Phytopath. Soc. Jpn., 55, 16-25；Usugi, T. *et al.*(1989)．Ann. Phytopath. Soc. Jpn., 55, 26-31；Kashiwazaki, S. *et al.*(1989)．J. Gen. Virol., 70, 3015-3023；Kashiwazaki, S. *et al.*(1990)．J. Gen. Virol., 71, 2781-2790；Kashiwazaki, S. *et al.*(1991)．J. Gen. Virol., 72, 995-999；Nishigawa, H. *et al.*(2008)．Arch. Virol., 153, 1783-1786；You, Y. *et al.*(2010)．Mol. Plant Pathol., 11, 383-394；You, Y. *et al.*(2013)．Plant Pathol., 62, 226-232．

植物ウイルス 31

Bean common mosaic virus インゲンマメモザイクウイルス (BCMV)
Potyviridae Potyvirus

初 記 載	Srtewart, V. B. and Raddick, D.(1917)；松本 巍(1922)，栗林数衛(1926).
異　　　名	アズキモザイクウイルス(Azuki bean mosaic virus：AzBMV)，Bean mosaic virus，Bean virus 1，Bean western mosaic virus，ササゲモザイクウイルス(Blackeye cowpea mosaic virus：BlCMV)，デンドロビウムモザイクウイルス(Dendrobium mosaic virus：DeMV)，Guar green sterile virus，Mung bean mosaic virus，Peanut chlorotic ring mottle virus，Peanut mild mottle virus，ラッカセイ斑葉ウイルス(Peanut stripe virus：PStV)，Phaseolus virus 1，Sesame yellow mosaic virus，Yam bean mosaic virus.
粒　　　子	【形態】ひも状1種(径12〜15 nm×長さ750 nm)．被膜なし． 【成分】核酸：(＋)ssRNA1種(10 kb)．タンパク質：外被タンパク質(CP)1種(32〜35 kDa)，ゲノム結合タンパク質(VPg)1種．
ゲ ノ ム	【構造】単一線状(＋)ssRNAゲノム(9,612〜10,056 nt)．ORF 1個．5′端にゲノム結合タンパク質(VPg)，3′端にポリ(A)配列(poly(A))をもつ． 【遺伝子】5′-VPg-ORF1(364 kDa ポリプロテイン；50 kDa P1 プロテアーゼ/52 kDa 虫媒介助タンパク質(HC-Pro)/40 kDa P3 タンパク質/6 kDa タンパク質(6 K1)/71 kDa 円筒状封入体タンパク質(CI)/6 kDa タンパク質(6 K2)/22 kDa 核内封入体 a-ゲノム結合タンパク質(NIa-VPg)/28 kDa NIa-プロテアーゼ/60 kDa 核内封入体 b(NIb；RNA 複製酵素)/32 kDa 外被タンパク質(CP))-poly(A)-3′． 【登録コード】AY112735(BCMV-NL1系統 全塩基配列)，DQ666332(BCMV-NL4系統 全塩基配列)；U60100，AB012663(AzBMV 部分塩基配列)；AY575773，AJ312437(BlCMV 全塩基配列)；U23564(DeMV 部分塩基配列)；U05771，U34972(PStV 全塩基配列)，ほか．
細胞内所在	ウイルス粒子は感染細胞の細胞質内に散在する．細胞質には円筒状あるいは風車状の封入体が観察される．
自然宿主・病徴	インゲンマメ(BCMV)，アズキ(AzBMV)，ササゲ(BlCMV)，デンドロビウム(DeMV)(モザイク)；ラッカセイ(PStV)(斑葉)など．
宿 主 域	マメ科植物，デンドロビウム(DeMV)など．
検 定 植 物	インゲンマメの多くの品種(BCMV)，アズキ(AzBMV)，デンドロビウム(DeMV)(全身感染)；インゲンマメの特定の品種(cv. Processor など；BCMV)，エビスグサ(AzBMV)，*Chenopodium amaranticolor*(DeMV)(局部感染)．
伝　　　染	汁液接種可．各種アブラムシによる非永続伝搬．
系　　　統	BCMVの系統は血清反応の違いにより serotype A と B に分けられていたが，塩基配列解析などにより serotype A と B が別種であることが明らかとなり，前者が *Bean common mosaic necrosis virus*(BCMNV)，後者が BCMV とされた．また，AzMV，BlCMV，DeMV，Guar green sterile virus，Peanut chlorotic ring mottle virus，Peanut mild mottle virus，PStV が血清反応および塩基配列解析よりそれぞれ BCMV の系統とされた．
類 縁 関 係	BCMNV，ダイズモザイクウイルス(*Soybean mosaic virus*：SMV)，*Passionfruit woodiness virus*(PWV)，ズッキーニ黄斑モザイクウイルス(*Zucchini yellow mosaic virus*：ZYMV)などと血清学的類縁関係がある．
地理的分布	世界各国．
そ の 他	デンドロビウムモザイクウイルス-日本分離株(DeMV-J)はインゲンマメモザイクウイルスの1系統である DeMV-ハワイ分離株 とは別種のウイルスである．〔難波成任〕
主 要 文 献	Srtewart, V. B. and Raddick, D.(1917). Phytopathology, 7, 61；松本 巍(1922). 病虫害雑誌, 9, 517-520；Matsumoto, T.(1922). Phytopathology, 12, 295-297；栗林数衛(1926). 病虫害雑誌, 13, 199-210；Adams, M. J. *et al.*(2012). *Potyvirus*. Virus Taxonomy 9th Report of ICTV, 1072-

1079；ICTVdB(2006). *Bean common mosaic virus*. 00.057.0.01.007., *Cowpea aphid-borne mosaic virus*. 00.057.0.01.021., *Dendrobium mosaic virus*. 00.057.0.01.025.；DPVweb. Potyvirus；Morales, F. J. and Bos, L.(1988). Bean common mosaic virus. Descriptions of Plant Viruses, 337；Purcifull, D. and Gonsalves, D.(1985). Blackeye cowpea mosaic virus. Descriptions of Plant Viruses, 305；Bock, K. R. and Conti, M.(1974). Cowpea aphid-borne mosaic virus. Descriptions of Plant Viruses, 134；Brunt, A. A. *et al*. eds.(1996). Bean common mosaic *potyvirus*, Dendrobium mosaic *potyvirus*. Plant Viruses Online；Jordan, R. *et al.*(2008). Bean common mosaic virus and Bean common mosaic necrosis virus. Encyclopedia of Virology 3rd ed., 1, 288-295；井上忠男(1983). インゲンマメモザイクウイルス. 植物ウイルス事典, 214-215；土崎常男(1983). アズキモザイクウイルス. 植物ウイルス事典, 206-207；土崎常男(1983). ササゲモザイクウイルス. 植物ウイルス事典, 298-299；本田要八郎(1993). 原色作物ウイルス病事典, 139-140；土崎常男(1993). 原色作物ウイルス病事典, 134-135, 145-146, 172；土崎常男(1984). 野菜のウイルス病, 341, 346, 351-352；井上成信(2001). 原色ランのウイルス病, 157；Berger, P.H. *et al*.(2011). Potyvirus. The Springer Index of Viruses 2nd ed.,1425-1437；井上成信(1970). 日植病報, 36, 185-186；Mink, G. I. and Silbernagel, M. J.(1992). Arch. Virol. Suppl., 5, 397-406；Khan, J.A. *et al*.(1993). J. Gen. Virol., 74, 2243-2249；Gunasinghe, U.B. *et al*.(1994). J. Gen. Virol., 75, 2519-2526；Mink, G. I. *et al*.(1994). Arch. Virol., 139, 231-235；Hu, J. S. *et al.*(1995). Phytopathology, 85, 542-546；Collmer, C.W. *et al.*(1996). Mol. Plant-Microbe Interact., 9, 758-761；Berger, P.H. *et al.*(1997). Arch. Virol., 142, 1979-1999.

植物ウイルス 32

Bean yellow mosaic virus　インゲンマメ黄斑モザイクウイルス (BYMV)
Potyviridae Potyvirus

初　記　載	Pierce, W.H.(1934)；井上忠男(1968).
異　　　名	Bean virus 2, Canna mosaic virus, Croatian clover mosaic virus, Gladiolus mosaic virus, Pea common mosaic virus, Pea mosaic virus.
粒　　　子	【形態】ひも状1種(径12〜15 nm×長さ750 nm). 被膜なし. 【物性】沈降係数140〜151 S. 浮遊密度(CsCl) 1.32 g/cm^3. 【成分】核酸：(+)ssRNA 1種(9.5 kb, GC含量41%). タンパク質：外被タンパク質(CP)1種(30.8 kDa), ゲノム結合タンパク質(VPg)1種.
ゲ ノ ム	【構造】単一線状(+)ssRNAゲノム(9,532 nt). ORF 1個. 5′端にゲノム結合タンパク質(VPg), 3′端にポリ(A)配列(poly(A))をもつ. 【遺伝子】5′-VPg-347 kDaポリプロテイン(33 kDaプロテアーゼ・細胞間移行タンパク質/52 kDaアブラムシ媒介介助タンパク質-プロテアーゼ(Hc-Pro)/41 kDaプロテアーゼ補助因子/6 kD複製関与タンパク質/71 kDa円筒状封入体(CI；ヘリカーゼドメインを含む)/6 kDa膜結合タンパク質/22 kDa核内封入体a-ゲノム結合タンパク質(NIa-VPg)/27 kDa NIa-プロテアーゼ/59 kDa核内封入体b(NIb：RNA複製酵素)/31 kDa外被タンパク質(CP))-poly(A)-3′. 【登録コード】D83749(MB4系統 全塩基配列), U47033(S系統 全塩基配列), ほか.
細胞内所在	ウイルス粒子は細胞質内に散在または小集塊をなす. 細胞質内に層板状・風車状封入体, 細胞質や核内に顆粒状の封入体を形成する.
自然宿主・病徴	インゲンマメ, エンドウ, ソラマメ, ダイズなどのマメ科植物(モザイク)；イキシア(斑入り病), グラジオラス, クロッカス, フリージアなどのアヤメ科植物(モザイクと花弁の色割れ).
宿　主　域	やや広い. 13科56種以上の植物種.
増 殖 植 物	エンドウ, ソラマメ, インゲンマメ, *Nicotiana clevelandii*.
検 定 植 物	センニチコウ(接種葉に局部壊死斑)；*Chenopodium quinoa*(接種葉に局部退緑斑や壊死斑)；*C. amaranticolor*(接種葉に局部退緑斑)；インゲンマメ(接種葉に局部退緑斑や壊死斑, 上葉にモザイク)；エンドウ(Perfection系統の品種は感染しない. 他の品種は上葉にモザイク)；ソラマメ(上葉にモザイク)；*Nicotiana benthamiana*(上葉にモザイク, ソラマメ系統は非感染).
伝　　　染	汁液接種可(アヤメ科植物への戻し接種は困難). 虫媒伝染(アブラムシ類による非永続伝搬). 種子伝染(ソラマメで顕著).
系　　　統	普通系統, エンドウ系統, ソラマメ系統, グラジオラス系統など. 日本で発生するBYMVはインゲンマメ4品種(本金時, ケンタッキーワンダー, マスターピース, トップクロップ)における病徴の違いにより4つの病原型グループに類別できる.
類 縁 関 係	クローバ葉脈黄化ウイルス(*Clover yellow vein virus*：ClYVV)やインゲンマメモザイクウイルス(*Bean common mosaic virus*：BCMV)と血清関係あり.
地理的分布	日本および世界各地. 〔岩井 久〕
主 要 文 献	Pierce, W. H.(1934). Phytopathology, 24, 87-115；井上忠男(1968). 農学研究, 52, 11-29；Adams, M. J. *et al.*(2012). *Potyvirus*. Virus Taxonomy 9th Report of ICTV, 1072-1079；ICTVdB(2006). *Bean yellow mosaic virus*. 00.057.0.01.009.；DPVweb. Potyvirus；Bos, L.(1970). Bean yellow mosaic virus. Descriptions of Plant Viruses, 40；Brunt, A. A. *et al.* eds.(1996). Bean yellow mosaic *potyvirus*. Plant Viruses Online；井上忠男(1983). 植物ウイルス事典, 216-217；本田要八郎(1993). 原色作物ウイルス病事典, 140-141；土崎常男(1984). 野菜のウイルス病, 331, 336-337, 341-342, 350；井上忠男・井上成信(1963). 文部省科研総合研究, 昭和37年成績資料, 23-45；小室康雄・栃原比呂志(1964). 日植病報29, 80；Nakamura, S. *et al.*(1996). Ann. Phytopathol. Soc. Jpn., 62, 472-477；Guyatt K.J. *et al.*(1996). Arch. Virol., 141, 1231-1246；Sasaya, T. *et al.*(1998). Ann. Phytopathol. Soc. Jpn., 64, 24-33；Wada, Y. *et al.*(2000). J. Gen. Plant Pathol., 66, 345-352.

植物ウイルス 33

Beet cryptic virus 1 ビート潜伏ウイルス 1
(BCV-1)
Partitiviridae Alphapartitivirus

初 記 載	Kassanis, B. *et al.*(1977)；夏秋知英ら(1979), Natsuaki, T. *et al.*(1986).
異 名	Beet temperate virus.
粒 子	【形態】球状 2 種(径 30 nm). ほかにまれに球状(径 20 nm)のサテライト様粒子を伴う. 被膜なし. 【物性】沈降係数 120 S. 浮遊密度(CsCl) 1.36～1.38 g/cm^3. 【成分】核酸：dsRNA 2 種(RNA1：2.0 kbp, RNA2：1.8 kbp). タンパク質：外被タンパク質(CP) 1 種(53 kDa), ウイルス RNA 複製酵素(RdRp) 1 種(72 kDa)
ゲ ノ ム	【構造】2 分節線状 dsRNA ゲノム(RNA1：2,008 bp, RNA2：1,783 bp). ORF 2 個(各分節ゲノムに各 1 個). 【遺伝子】RNA1：72 kDa ウイルス RNA 複製酵素(RdRp). RNA2：53 kDa 外被タンパク質(CP). 【登録コード】EU489061(RNA1 全塩基配列), EU489062(RNA2 全塩基配列).
細胞内所在	ウイルス粒子は細胞質に存在する.
自然宿主・病徴	テンサイ(*Beta vulgaris* var. *saccharifera* Alef.), フダンソウ(*Beta vulgaris* var. *cicla*)(全身感染；無病徴. まれに萎縮, 黄化).
宿主域・病徴	宿主は BCV-1 が検出されたテンサイあるいはフダンソウとその子孫だけに限られる(全身感染；無病徴).
類 縁 関 係	*Beet cryptic virus 2*(BCV-2), *Beet cryptic virus 3*(BCV-3)などの *Deltapartitivirus* 属ウイルスとは血清関係がない.
伝 染	汁液接種不可. 種子伝染(伝染率 ほぼ 100%). 花粉伝染. 水平伝染しない.
地理的分布	日本, ユーラシア, オーストラリア, 米国.
そ の 他	*Beet cryptic virus* には BCV-1 のほかに, BCV-2, BCV-3 があるが, わが国では存在が確認されていない.　　　　　　　　　　　　　　　　　　　　　　　　　　　　　〔夏秋知英〕
主 要 文 献	Kassanis, B. *et al.*(1977). Phytopath. Z., 90, 350-360；夏秋知英ら(1979). 日植病報, 45, 84, 129；Natsuaki, T. *et al.*(1986). Intervirology, 25, 69-75；Ghabrial, S.A. *et al.*(2012). *Alphacryptovirus*. Virus Taxonomy 9th Report of ICTV, 527-529；ICTV Virus Taxonmy List(2013). *Alphapartitivirus*；ICTVdB(2006). *Beet cryptic virus 1*. 00.049.0.03.003.；DPVweb. Alphacryptovirus；Brunt, A. A. *et al.* eds.(1996). Beet 1 *alphacryptovirus*. Plant Viruses Online；Boccardo, G. *et al.*(1987). Cryptic plant viruses. Adv. Virus Res., 32, 171-213；夏秋知英(1983). 植物ウイルス事典, 219-220；藤澤一郎(1993). 原色作物ウイルス病事典, 211, 427；夏秋知英ら(1981). 日植病報, 47, 94；夏秋知英ら(1983). 日植病報, 49, 82；Natsuaki, T. *et al.*(1983). Ann. Phytopath. Soc. Jpn., 49, 709-712；Accotto, G. P. and Boccardo, G.(1986). J. Gen. Virol., 67, 363-366；Xie, W. *et al.*(1989). Plant Pathology, 38, 527-533；Szego, A. *et al.*(2010). Virus Genes, 40, 267-276.

植物ウイルス 34

Beet mosaic virus　ビートモザイクウイルス　(BtMV)
Potyviridae Potyvirus

初 記 載	Robbins, W.W.(1921), Schneider, F. and Mundry, K.W.(1956)；斉藤康夫・明日山秀文(1952)，福士貞吉ら(1953).
異　　名	Spinach mosaic virus, Sugarbeet mosaic virus.
粒　　子	【形態】ひも状1種(径13 nm×長さ695～770 nm). らせんピッチ3.4 nm. 被膜なし. 【成分】核酸：(+)ssRNA 1種(10 kb). タンパク質：外被タンパク質(CP)1種(31 kDa), ゲノム結合タンパク質(VPg)1種.
ゲ ノ ム	【構造】単一線状(+)ssRNAゲノム(9,591 nt). ORF 1個. 5′端にゲノム結合タンパク質(VPg), 3′端にポリ(A)配列(poly(A))をもつ. 【遺伝子】5′-VPg-350 kDaポリプロテイン(35 kDa P1プロテアーゼ/51 kDa HC-Proタンパク質/40 kDa P3タンパク質/6 kDa 6 K1タンパク質/71 kDa CIタンパク質/6 kDa 6 K2タンパク質/22 kDa NIa-VPgタンパク質/28 kDa NIa-Proタンパク質/60 kDa NIbタンパク質(RdRp)/31 kDa外被タンパク質(CP))-poly(A)-3′. 【登録コード】AY206394(Wa株 全塩基配列), DQ674264(中国株 全塩基配列), ほか.
細胞内所在	ウイルス粒子は細胞質に散在. また, 液胞膜内に並行配列する. 風車状, 層板状の封入体がみられる.
自然宿主・病徴	テンサイ(*Beta vulgaris* ssp. *vulgaris*), レッドビート(*B. vulgaris* ssp. *vulgaris*の食用品種), ホウレンソウ(モザイク).
宿 主 域	やや広い. アカザ科, ナス科, マメ科植物など.
増 殖 植 物	テンサイ, ホウレンソウ.
検 定 植 物	*Chenopodium quinoa*, センニチコウ, アオビユ, *Beta patellaris*(局部病斑).
伝　　染	汁液接種可. アブラムシ(モモアカアブラムシ, マメアブラムシなど28種)による非永続的伝搬.
類 縁 関 係	BtMVのCPのアミノ酸配列はラッカセイ斑紋ウイルス(*Peanut mottle virus*：PeMoV)と55%, 他の*Potyvirus*属ウイルスとは42～50%の相同性を示す. インゲンマメ黄斑モザイクウイルス(*Bean yellow mosaic virus*：BYMV), ダイズモザイクウイルス(*Soybean mosaic virus*：SMV), ジャガイモYウイルス(*Potato virus Y*：PVY)とわずかではあるが血清関係がある.
地理的分布	日本および世界各国.
そ の 他	他のウイルスとの混合感染により被害が大きくなる. 〔玉田哲男〕
主 要 文 献	Robbins, W.W.(1921). Phytopathology, 11, 349-365；Schneider, F. and Mundry, K.W.(1956). Z. Naturf., 11, 393-394；斉藤康夫・明日山秀文(1952). 日植病報, 16, 76；福士貞吉ら(1953). 北大農邦文紀要, 1, 443-454；Adams, M. J. *et al.*(2012). *Potyvirus*. Virus Taxonomy 9th Report of ICTV, 1072-1079；ICTVdB(2006). Beet mosaic virus. 00.057.0.01.010.；DPVweb. Potyvirus；Russell, G.E.(1971). Beet mosaic virus. Descriptions of Plant Viruses, 53；Brunt, A. A. *et al.* eds. (1996). Beet mosaic *potyvirus*. Plant Viruses Online；大木 理(1983). 植物ウイルス事典, 221-222；藤澤一郎(1993). 原色作物ウイルス病事典, 209, 421-422, 427；岩木満朗(1984). 野菜のウイルス病, 273-275；西 泰道・西沢正洋(1962). 日植病報, 27, 83；小室康雄(1962). 日植病報, 27, 83；Fujisawa, I. *et al.*(1967). Phytopathology, 57, 210-213；Fujisawa, I. *et al.*(1983). Ann. Phytopath. Soc. Jpn., 49, 22-31；Nemchinov, L.G. *et al.*(2004). Arch. Virol., 149, 1201-1214；Xiang, H. *et al.*(2007). Virus Genes, 35, 795-799.

植物ウイルス 35

Beet necrotic yellow vein virus　ビートえそ性葉脈黄化ウイルス (BNYVV)
Benyviridae Benyvirus

初　記　載	Canova, A. (1959)；玉田哲男ら (1970), Tamada, T. and Baba, T. (1973).
異　　　名	Beet rhizomania virus, Beet yellow vein virus.
粒　　　子	【形態】棒状 4〜5 種（径 20 nm×長さ 80〜390 nm）．らせんピッチ 2.6 nm．被膜なし． 【成分】核酸：（＋）ssRNA 4〜5 種（RNA1：6.7 kb，RNA2：4.6 kb，RNA3：1.8 kb，RNA4：1.5 kb，RNA5：1.3 kb）．RNA5 の有無は系統によって異なり，RNA5 を含む系統はアジア（日本，中国など）とヨーロッパの一部の地域に分布する．タンパク質：外被タンパク質 2 種（CP：21 kDa，CP-RT：75 kDa）．
ゲ ノ ム	【構造】4〜5 分節（＋）ssRNA ゲノム（RNA1：6,746 nt，RNA2：4,609 nt，RNA3：1,774 nt，RNA4：1,465 nt，RNA5：1,320 nt）．ORF 10 個（RNA1：1 個，RNA2：6 個，RNA3：1 個，RNA4：1 個，RNA5：1 個）．ゲノムの 5′ 端にキャップ構造（Cap），3′ 端にポリ(A)配列（poly(A)）をもつ． 【遺伝子】RNA1：5′-Cap-237 kDa RNA 複製酵素タンパク質（RdRp）-poly(A)-3′．RNA2：5′-Cap-21 kDa/75 kDa 外被タンパク質（CP/CP-RT；75 kDa タンパク質は 21 kDa タンパク質のリードスルータンパク質でネコブカビ類伝搬に関与）-トリプルジーンブロック（TGB）（42 kDa TGB-p1/13 kDa TGB-p2/15 kDa TGB-p3；いずれも細胞間移行に関わるタンパク質）-15 kDa システインリッチタンパク質-poly(A)-3′．RNA3：5′-Cap-25 kDa タンパク質（P25；病原性に関与）-poly(A)-3′．ほかに機能不明な ORF2 個が存在する．RNA4：5′-Cap-32 kDa タンパク質（P31；ネコブカビ類伝搬に関与）-poly(A)-3′．RNA5：5′-Cap-26 kDa タンパク質（P26；病原性に関与）-poly(A)-3′． 【登録コード】D84410（RNA1 全塩基配列），D84411（RNA2 全塩基配列），D84412（RNA3 全塩基配列），D84413（RNA4 全塩基配列），D63936（RNA5 全塩基配列）（いずれも日本分離株 S），ほか．
細胞内所在	ウイルス粒子は感染植物の各種細胞の細胞質に散在または交差配列した集塊をなして存在する．
自然宿主・病徴	テンサイ（*Beta vulgaris* ssp. *vulgaris*）（そう根病（rhizomania）；根のそう生，葉の黄化，萎縮）；ホウレンソウ（葉脈透化，モザイク，葉の黄化，萎縮）．
宿　主　域	狭い．アカザ科，ツルナ科，一部のナス科植物．
増　殖　植　物	ツルナ，*Chenopodium quinoa*，テンサイ，*Beta macrocarpa*．
検　定　植　物	テンサイ（全身感染）；ツルナ，*C. quinoa*（局部感染）．ツルナの接種葉に生じる局所斑のタイプによって病原性が検定できる．
伝　　　染	汁液接種可．*Polymyxa betae* による土壌伝染．
系　　　統	4 つの先祖型ウイルス集団（A-I, A-II, A-III および B 型）から由来した少なくとも 8 つの系統が存在する．地域によって系統の発生分布が異なる．RNA5 を有する系統は病原性が強い．R_{21} 抵抗性品種を打破する系統が出現している．
類 縁 関 係	Beet soil-borne mosaic virus（BSBMV）と血清学的関係がある．
地理的分布	世界のテンサイ栽培地帯．　〔玉田哲男〕
主 要 文 献	Canova, A. (1959). Inf. Fitopatol., 9, 390-396；玉田哲男ら (1970). 日植病報, 36, 365；Tamada, T. and Baba, T. (1973). Ann. Phytopathol. Soc. Jpn., 39, 325-332；Gilmer, D. *et al.* (2012). *Benyvirus*. Virus Taxonomy 9th Report of ICTV, 1163-1168；ICTV Virus Taxonomy List (2013). *Benyvirus*；ICTVdB (2006). *Beet necrotic yellow vein virus*. 00.088.0.01.001.；DPVweb. Benyvirus；Tamada, T. (2002). Beet necrotic yellow vein virus. Descriptions of Plant Viruses, 391；Brunt, A. A. *et al.* eds. (1996). Beet necrotic yellow vein *furovirus*. Plant Viruses Online；Koenig, R. (2008). *Benyvirus*. Encyclopedia of Virology 3rd ed., 1, 308-314；Gilmer, D. *et al.* (2011). Benyvirus. The Springer Index of Viruses 2nd ed., 1975-1982；Richards, K.E. and Tamada, T. (1992). Mapping

functions on the multipartite genome of beet necrotic yellow vein virus. Ann. Rev. Phytopathol., 30, 291-313；Asher, M. J. C.(1993). Rhizomania. The Sugar Beet Crop：Science into Practice (Cooke, D.A. and Scott, R.K. eds., Chapman and Hall), 311-346；土居養二(1983). 植物ウイルス事典, 223-224；藤澤一郎(1993). 原色作物ウイルス病事典, 208-209, 422；岩木満朗(1984). 野菜のウイルス病, 281-282；神沢克一・宇井格生(1972). 日植病報, 38, 434-435；藤澤一郎ら(1982). 日植病報,48, 592；Haeberle, A. M. *et al.*(1994). Arch. Virol., 134, 195-203；Saito, M. *et al.*(1996). Arch. Virol., 141, 2163-2175；Tamada, T. *et al.*(1996). J. Gen. Virol., 77, 1359-1367；Kiguchi, T. *et al.*(1996). J. Gen. Virol., 77, 575-580；Chiba, S. *et al.*(2008). J. Gen. Virol., 89, 1314-1323；Chiba, S. *et al.*(2011). Mol. Plant-Microbe Interact., 24, 207-218；Chiba, S. *et al.*(2013). Mol. Plant-Microbe Interact., 26, 168-181；Tamada, T. and Kondo, H.(2013). J. Gen. Plant Pathol., 79, 307-320；玉田哲男・近藤秀樹(2014). 植物防疫, 68, 168-179.

植物ウイルス 36

(BPYV)
Beet pseudoyellows virus ビートシュードイエロースウイルス
Closteroviridae Crinivirus

初　記　載	Duffus, J. E.(1965); Yamashita, S. *et al.*(1979), 山下修一ら(1979).
異　　　名	Cucumber chlorotic spot virus(CCSV), キュウリ黄化ウイルス(Cucumber yellows virus: CuYV), Muskmelon yellows virus.
粒　　　子	【形態】ひも状2種(径12 nm×長さ650～850 nm, 700～1,000 nm). 被膜なし. 【物性】浮遊密度(Cs_2SO_4) 1.335 g/cm^3. 【成分】核酸：(+)ssRNA 2種(RNA1：8.0 kb, RNA2：7.6～7.9 kb). タンパク質：外被タンパク質(CP)1種(28 kDa), マイナー外被タンパク質(CPm)1種(74 kDa).
ゲ ノ ム	【構造】2分節線状(+)ssRNAゲノム(RNA1：7,899～8,006 nt, RNA2：7,607～7,903 nt). ORF 10個(RNA1：3個, RNA2：7個). 5′端にキャップ構造(Cap)をもつと推定されるが, 3′端にはポリ(A)配列(poly(A))やtRNA様構造(TLS)を欠く. 【遺伝子】RNA1：5′-Cap(?)-ORF1a(RNA複製酵素サブユニット；パパイン様プロテアーゼドメイン(P-Pro)/メチルトランスフェラーゼドメイン(Met)/ヘリカーゼドメイン(Hel))/ORF1b(RNA複製酵素サブユニット；RNA複製酵素ドメイン(Pol)；ORF1bはORF1aのフレームシフトによって発現する融合タンパク質)-ORF2(6 kDa機能不明タンパク質；系統によって欠落している場合がある)-3′. RNA2：5′-Cap(?)-ORF1(6 Kタンパク質)-ORF2(HSP70タンパク質ホモログ(HSP70h))-ORF3(59 Kタンパク質)-ORF4(9 Kタンパク質)-ORF5(外被タンパク質(CP))-ORF6(マイナー外被タンパク質(CPm))-ORF7(26 Kタンパク質)-3′. 【登録コード】AY330918(イチゴ系統：RNA1全塩基配列), AY330919(イチゴ系統：RNA2全塩基配列); AB085612(キュウリ系統：RNA1全塩基配列), AB085613(キュウリ系統：RNA2全塩基配列).
細胞内所在	ウイルス粒子は篩部細胞の細胞質内に散在あるいは集積する. 細胞質内には小胞の増生が認められる.
自然宿主・病徴	ウリ科植物, テンサイ, レタス, イチゴ, ノボロギク, ヨメナ, ヨモギ, イヌガラシなど(全身感染；葉に黄色斑点, 黄化, 粗剛化, 葉巻).
宿　主　域	宿主域は広い. 9科30種以上の植物に感染する.
増殖植物	テンサイ, キュウリ, メロン, イチゴ, タバコ.
検定植物	テンサイ, キュウリ, メロン(黄化).
伝　　　染	汁液接種不可. オンシツコナジラミ(*Trialeurodes vaporariorum*)による半永続伝播.
系　　　統	キュウリ系統(旧CuYV), イチゴ系統などがある. キュウリ系統はイチゴ系統のRNA1のORF2に相当するORFを欠く.
地理的分布	日本, フランス, オランダ, スペイン, オーストラリア, 米国など.　　〔日比忠明〕
主要文献	Duffus, J. E.(1965). Phytopathology, 55, 450-453；Yamashita, S. *et al.*(1979). Ann. Phytopath. Soc. Jpn., 45, 484-496；山下修一ら(1979).日植病報, 45, 566；Martelli, G. P. *et al.*(2012). *Crinivirus*. Virus Taxonomy 9th Report of ICTV, 996-999；ICTVdB(2006). *Beet pseudoyellows virus*. 00.017.0.02.010.；DPVweb. Crinivirus；Brunt, A. A. *et al.* eds.(1996). Beet pseudo-yellows(?) *closterovirus*. Plant Viruses Online；Kreuze, J. F.(2011). Crinivirus. The Springer Index of Viruses 2nd ed., 335-342；山下修一(1983). 植物ウイルス事典, 304-305；岩崎真人(1993). 原色作物ウイルス病事典, 296-297；川越 仁・岡田 大(1984). 野菜のウイルス病, 116-122；Liu, H. Y. *et al.*(1990). Phytopathology, 80, 866-869；Tzanetakis, I. E. *et al.*(2003). Plant Disease, 87, 1398；Tzanetakis, I. E. *et al.*(2004). Virus Genes, 28, 239-246；Hartono, S. *et al.*(2003). J. Gen. Virol., 84, 1007-1012.

植物ウイルス 37

Beet western yellows virus ビート西部萎黄ウイルス (BWYV)
Luteoviridae Polerovirus

初 記 載	Duffus, J. E.(1960)；讃井 蕃・村山大記(1969)．
異 名	Malva yellows virus, Radish yellow virus, Ryegrass chlorotic streak virus, Turnip mild yellows virus.
粒 子	【形態】球状1種(径26 nm)．被膜なし．
	【物性】沈降係数116 S．浮遊密度(CsCl) 1.42 g/cm^3．
	【成分】核酸：(＋)ssRNA 1種(5.7 kb, GC含量50％)．タンパク質：外被タンパク質2種(CP：22 kDa，CP-RT：75 kDa)，ゲノム結合タンパク質(VPg)1種．
ゲ ノ ム	【構造】単一線状(＋)ssRNAゲノム(5,666 nt)．ORF 6個．ゲノムの5′端にゲノム結合タンパク質(VPg)をもつが，3′端にポリ(A)配列(poly(A))を欠く
	【遺伝子】5′-VPg-ORF0(27 kDa 機能不明タンパク質)-ORF1(69 kDa RNA複製酵素サブユニット)-ORF2(119 kDa RNA複製酵素サブユニット；ORF1のフレームシフトによるORF1との融合タンパク質)-ORF3(22 kDa 外被タンパク質(CP))/ORF4(19 kDa 移行タンパク質(MP)；ORF3に重複して存在)-ORF5(75 kDa 外被タンパク質(CP-RT)；ORF3のリードスルータンパク質でアブラムシ媒介因子でもある)-3′．
	【登録コード】AF473561(全塩基配列)，ほか．
細胞内所在	ウイルス粒子は篩部細胞に局在．細胞質・核内に結晶状に集積あるいは散在して分布．また，細胞質に小胞が出現し，篩部壊死が顕著．
自然宿主・病徴	テンサイ，ホウレンソウ，ダイコン(黄化，萎縮)．
宿 主 域	広い．アカザ科，キク科，アブラナ科，マメ科，ナス科植物など．
増 殖 植 物	テンサイ，ダイコン，ナズナ．
検 定 植 物	ナズナ(黄化)；センニチコウ，ノボロギク(赤変)．
伝 染	汁液接種可(やや困難)．アブラムシによる永続伝搬．
系 統	世界各地で多くの系統が報告されている．
類 縁 関 係	他の*Polerovirus*属ウイルスと血清学上ならびにアミノ酸配列上の類縁関係がある．
地理的分布	世界各国． 〔大木 理〕
主 要 文 献	Duffus, J. E.(1960). Phytopathology, 50, 389-394；讃井 蕃・村山大記(1969).日植病報, 35, 125；Domier, L. L.(2012). *Polerovirus*. Virus Taxonomy 9th Report of ICTV, 1049-1050；ICTVdB(2006). *Beet western yellows virus*. 00.039.0.02.003.；DPVweb. Polerovirus；Duffus, J. E.(1972). Beet western yellows virus. Descriptions of Plant Viruses, 89；Brunt, A. A. *et al.* eds. (1996). Beet western yellows *luteovirus*. Plant Viruses Online；Van den Heuvel, J. F. J. M. *et al.*(2011). Polerovirus. The Springer Index of Viruses 2nd ed.,827-831；Domier, L. L.*et al.*(2008). Luteoviruses. Encyclopedia of Virology 3rd ed., 3, 231-238；大木 理(1983). 植物ウイルス事典, 225-226；藤澤一郎(1993). 原色作物ウイルス病事典, 211, 424；岩木満朗(19084). 野菜のウイルス病, 282-284；大木 理ら(1977). 日植病報, 43, 46-54；大木 理ら(1977). 日植病報, 43, 373；Zhou, C. J. *et al.*(2011). Virus Genes, 42, 141-149.

植物ウイルス 38

Beet yellows virus ビート萎黄（いおう）ウイルス (BYV)
Closteroviridae Closterovirus

初 記 載	Roland, G.(1936)；村山大記・讃井 蕃(1967).
異 名	Sugarbeet yellows virus.
粒 子	【形態】ひも状1種(径10 nm×長さ1,250～1,450 nm). らせんピッチ3.45 nm. 被膜なし. 粒子の片端に熱ショックタンパク質70ホモログ(HSP70h), マイナー外被タンパク質(CPm), 約60 kDaタンパク質および約20 kDaタンパク質からなる長さ約75 nmの特殊な構造を有する. 【物性】沈降係数110～130 S. 浮遊密度(CsCl) 1.34 g/cm^3. 【成分】核酸：(＋)ssRNA 1種(15.5 kb, GC含量46％). タンパク質：外被タンパク質2種(CP：22～25 kDa, CPm：24～27 kDa), 熱ショックタンパク質70ホモログ(HSP70h；65～67 kDa). ほかに約60 kDaと約20 kDaのタンパク質を粒子の片端に含む.
ゲ ノ ム	【構造】単一線状(＋)ssRNA 1種(15,468～15,480 nt). ORF 9個. ゲノムの5′端におそらくキャップ構造(Cap)をもつが, 3′端にtRNA様構造(TLS)やポリ(A)配列(poly(A))を欠き, おそらくいくつかのヘアピン構造をもつ. 【遺伝子】5′-Cap?-ORF1a(295 kDa RNA複製酵素サブユニット；パパイン様プロテアーゼドメイン/メチルトランスフェラーゼドメイン/ヘリカーゼドメイン)-ORF1b(53 kDa RNA複製酵素サブユニット；RNA複製酵素ドメイン；ORF1aのフレームシフトによりORF1aとの348 kDa融合タンパク質として発現)-ORF2(6 kDa膜結合タンパク質)-ORF3(65 kDa熱ショックタンパク質70ホモログ(HSP70h))-ORF4(64 kDa熱ショックタンパク質90ホモログ(HSP90h))-ORF5(24 kDaマイナー外被タンパク質(CPm))-ORF6(22 kDa外被タンパク質(CP))-ORF7(20 kDa長距離移行タンパク質)-ORF8(21 kDa RNAサイレンシングサプレッサー)-3′. 【登録コード】AF056575, AF190581, X73476(全塩基配列).
細胞内所在	ウイルス粒子は篩部細胞に局在. 細胞質・核内に結晶状に集積あるいは散在して存在. また, 細胞質に小胞が出現し, 篩部壊死が顕著.
自然宿主・病徴	テンサイ(萎黄病；黄化, 萎縮)；ホウレンソウ(黄化, 萎縮).
宿 主 域	狭い. テンサイ, ホウレンソウなど主にアカザ科植物.
増 殖 植 物	テンサイ.
検 定 植 物	テンサイ(黄化, 萎縮)；*Chenopodium murale*(局部えそ斑点, 全身壊死)；ツルナ(萎縮, 葉脈透化, 黄化).
伝 染	汁液接種可(困難). アブラムシによる半永続伝搬.
地理的分布	世界各国. 〔大木 理〕
主 要 文 献	Roland, G.(1936). Sucr. Belge., 55, 213-217；村山大記・讃井 蕃(1967). 日植病報, 33, 94；Martelli, G. P. et al.(2012). *Closterovirus*. Virus Taxonomy 9th Report of ICTV, 991-994；ICTVdB (2006). *Beet yellows virus*. 00.017.0.01.001；DPVweb. Closterovirus；Agranovsky, A. A. and Lesemann, D. E.(2000). Beet yellows virus. Descriptions of Plant Viruses, 377；Brunt, A. A. et al. eds.(1996). Beet yellows *closterovirus*. Plant Viruses Online；German-Retana, S. et al.(1999). Closteroviruses(*Closteroviridae*). Encyclopedia of Virology 2nd ed., 266-273；Agranovsky, A. A. et al.(2011). Closterovirus. The Springer Index of Viruses 2nd ed., 327-333；大木 理(1983). 植物ウイルス事典, 227-228；藤澤一郎(1993). 原色作物ウイルス病事典, 207-211；岩木満朗(1984). 野菜のウイルス病, 284-286；Agranovsky, A. A. et al.(1994). Virology, 198, 311-324；Peremyslov, V. V. et al.(1998). J. Virol., 72, 5870-5876；Peremyslov, V. V. et al.(1999). Proc. Natl. Acad. Sci. USA., 96, 14771-14776.

植物ウイルス 39

Bell pepper endornavirus　トウガラシエンドルナウイルス　(BPEV)
Endornaviridae Endornavirus

初　記　載	Valverde, R. A. et al. (1990)；Okada, R. et al. (2011)．

粒　　子　【形態】粒子を形成しない．
【成分】核酸：dsRNA 1 種(15 kbp，GC 含量 40%)．

ゲ ノ ム　【構造】単一線状 dsRNA ゲノム(14,728 bp)．ORF 1 個．
【遺伝子】5′-ORF(545 kDa ポリプロテイン；機能不明ドメイン/メチルトランスフェラーゼドメイン(推定)/機能不明ドメイン/RNA ヘリカーゼドメイン(推定)/機能不明ドメイン/UDP グルコシルトランスフェラーゼドメイン(推定)/機能不明ドメイン/RNA 複製酵素ドメイン(推定))-3′．
【登録コード】JN019858(米国分離株 全塩基配列)，AB597230(日本分離株 全塩基配列)，JQ951943(イスラエル分離株 全塩基配列)．

細胞内所在　細胞質．
自然宿主・病徴　トウガラシ(Capsicum annuum)(ピーマン)(無病徴)．
宿　主　域　トウガラシ属植物(C. annuum，C. baccatum，C. chinense，C. frutescens)．
伝　　染　垂直伝染．水平伝染や汁液接種可との報告例はない．
類　縁　関　係　他のエンドルナウイルス属ウイルスとアミノ酸配列上の類縁関係がある．
地理的分布　日本および世界各国．　　　　　　　　　　　　　　　　　〔福原敏行〕
主　要　文　献　Valverde, R. A. et al. (1990). Plant Sci., 67, 195-201；Okada, R. et al. (2011). J. Gen. Virol., 92, 2664-2673；Fukuhara, T. et al. (2012). Endornaviridae. Virus Taxonomy 9th Report of ICTV, 519-521；DPVweb, Endornavirus；Fukuhara, T. et al. (2008). Endornavirus. Encyclopedia of Virology 3rd ed., 2, 109-116；Fukuhara, T. (2011). Endornavirus. The Springer Index of Viruses 2nd ed., 1989-1992；Valverde, R. A. and Fontenot, J. F. (1991). J. Am. Soc. Hortic. Sci., 116, 903-905；Valverde, R. A. and Gutierrez, D. L. (2007). Virus Genes, 35, 399-403；Sela, N. et al. (2012). J. Virol., 86, 7721.

植物ウイルス 40

Bidens mottle virus センダングサ斑紋ウイルス (BiMoV)
Potyviridae Potyvirus

初　記　載	Christie, S. R. *et al.*(1968)；野田千代一・河辺邦正(2000).
異　　　名	Sunflower chlorotic spot virus.
粒　　　子	【形態】ひも状1種(長さ720 nm). 被膜なし.
	【成分】核酸：(＋)ssRNA 1種(10 kb). タンパク質：外被タンパク質(CP)1種(30 kDa), ゲノム結合タンパク質(VPg)1種.
ゲ ノ ム	【構造】単一線状(＋)ssRNAゲノム(9,741 nt). ORF 1個. 5′端にゲノム結合タンパク質(VPg), 3′端にポリ(A)配列(poly(A))をもつ.
	【遺伝子】5′-VPg-349 kDaポリプロテイン(33 kDa P1プロテアーゼ(P1)/52 kDa虫媒介助タンパク質-プロテアーゼ(HC-Pro)/43 kDa P3タンパク質(P3)/6 kDaタンパク質(6 K1)/71 kDa円筒状封入体タンパク質(CI)/6 kDaタンパク質(6 K2)/21 kDaゲノム結合タンパク質(NIa-VPg)/28 kDa NIaプロテアーゼ(NIa-Pro)/60 kDa RNA複製酵素(NIb)/30 kDa外被タンパク質(CP))-poly(A)-3′.
	【登録コード】AF538686(SF-1系統 全塩基配列), EU250210〜250214(B12, B4, B3, WF, HL系統 全塩基配列), ほか.
細胞内所在	ウイルス粒子は葉肉細胞および柔組織の細胞質内に存在する. 渦巻き型の風車状封入体が観察される
自然宿主・病徴	ヒマワリ(退緑斑病；退緑斑紋)；アレチノギク, センダングサ, エンダイブ, レタス(退緑微斑紋)；マメグンバイナズナ, アオバナルーピン(退緑斑紋)；キヌガサギク, ヒャクニチソウ, カッコウアザミ(黄化葉).
宿　主　域	キク科(カッコウアザミ, センダングサ, キンセンカ, レタス, ヒマワリ, ヒャクニチソウ), アカザ科, アブラナ科(マメグンバイナズナ), ナス科(*Nicotiana clevelandii*, ペチュニア), マメ科植物(エンドウ, アオバナルーピン)(全身感染；モザイク, 退緑斑紋, 黄斑, えそ).
増殖植物	*Nicotiana clevelandii, Nicotiana*×*edwardsonii*.
検定植物	アカザ科(*Chenopodium quinoa, C. amaranticolor*など；接種葉に退緑斑紋), ヒャクニチソウ(*Zinnia elegans*), エンドウ(*Pisum sativum*).
伝　　　染	汁液接種可. アブラムシによる非永続的伝搬. 種子伝搬しない.
地理的分布	日本(石垣島), 台湾, 米国, ブラジル. 〔河辺邦正〕
主要文献	Christie, S. R. *et al.*(1968). Pl. Dis. Rep., 52, 763-768；野田千代一・河辺邦正(2000).日植病報, 66, 261；Adams, M. J. *et al.*(2012). *Potyvirus*. Virus Taxonomy 9th Report of ICTV, 1072-1079；ICTVdB(2006). *Bidens mottle virus*. 00.057.0.01.011.；DPVweb. Potyvirus；Purcifull, D. E. *et al.*(1976). Bidens mottle virus. Descriptions of Plant Viruses, 161；Brunt, A. A. *et al.* eds.(1996). Bidens mottle *potyvirus*. Plant Viruses Online；Liao, J. Y. *et al.*(2001). Taiwan Pl. Path. Bull., 10, 173-180；Inoue-Nagata, A. K. *et al.*(2006). Virus Genes, 33. 45-49；Youssef, F. *et al.*(2008). Arch. Virol., 153, 227-228；Liao, J. Y. *et al.*(2009). Arch. Virol., 154, 723-725；Huang, C. H.(2011). Plant Disease, 95, 362.

植物ウイルス 41

Blueberry latent spherical virus ブルーベリー小球形潜在ウイルス (BLSV)
Secoviridae Comovirinae Nepovirus(Subgroup C)

初 記 載	Isogai, M. *et al.*(2012).
粒　　子	【形態】球状2種(径 約30 nm). 被膜なし. ショ糖密度勾配遠心で3成分(T, M, B成分)に分離. T成分は中空粒子, M成分はRNA2を, B成分はRNA1を含む. 【成分】核酸：(+)ssRNA 2種(RNA1：8.0 kb, RNA2：6.3 kb). タンパク質：外被タンパク質(CP)1種.
ゲ ノ ム	【構造】2分節線状(+)ssRNAゲノム(RNA1：7,960 nt, GC含量41％；RNA2：6,344 nt, GC含量42.5％). ORF 2個(RNA1：1個, RNA2：1個). おそらくゲノムの5′端にゲノム結合タンパク質(VPg), 3′端にポリ(A)配列(poly(A))をもつ. 【遺伝子】RNA1：5′-VPg?-241 kDaポリプロテイン(プロテアーゼコファクター/ヘリカーゼ/プロテアーゼ(Pro)/RNA複製酵素(RdRp))-poly(A)-3′. RNA2：5′-VPg?-179 kDaポリプロテイン(機能不明タンパク質/移行タンパク質(MP)/外被タンパク質(CP))-poly(A)-3′. 【登録コード】AB649296(RNA1全塩基配列), AB649297(RNA2全塩基配列).
自然宿主・病徴	ブルーベリー(ハイブッシュブルーベリー)(潜在感染).
宿 主 域	狭い. *Nicotiana tobacum*, *N. clevelandii*, *N. occidentalis*, *Ipomoea tricolor*, *Gomphrena globosa*(潜在感染)；*N. benthamiana*(モザイク)；*Luffa cylindrica*(L.)Roem(退緑斑点).
増 殖 植 物	*Chenopoduim quinoa*.
検 定 植 物	*C. quinoa*.
伝　　染	汁液接種可(ブルーベリーには困難). 媒介生物不明. 接ぎ木伝染.
地理的分布	日本. 〔磯貝雅道〕
主 要 文 献	Isogai, M. *et al.*(2012). Arch. Virol., 157, 297-303；DPVweb. Nepovirus.

植物ウイルス 42

Blueberry latent virus ブルーベリー潜在(せんざい)ウイルス (BBLV)
Amalgaviridae Amalgavirus

初 記 載	Martin, R. R. *et al.*(2006)；磯貝雅道ら(2011).
異　　名	Blueberry fruit drop virus.
粒　　子	【形態】ウイルス粒子を形成しない可能性が示唆されている． 【成分】核酸：dsRNA 1 種(3.4 kbp).
ゲ ノ ム	【構造】単一線状 dsRNA ゲノム(3,431〜3,434 bp)．ORF 2 個． 【遺伝子】5′-ORF1(41 kDa 機能不明タンパク質；細胞質内で不定形の集塊を形成しているが，粒子には含まれない)-ORF2(120 kDa RNA 複製酵素(RdRp)；+1 リボソームフレームシフトにより ORF1 との融合タンパク質として翻訳)-3′. 【登録コード】EF442779(米国分離株 全塩基配列)，HM029246-029248(米国分離株 全塩基配列)，AB608991(日本分離株 全塩基配列)
自然宿主・病徴	ブルーベリー(ハイブッシュブルーベリー：*Vaccinium corymbosum*)(潜在感染).
宿 主 域	狭い．ハイブッシュブルーベリー．
伝　　染	汁液接種不可．種子伝染．栄養繁殖による伝染．接ぎ木伝染しない．
類縁関係	本ウイルスは，従来，*Partitiviridae* 科の暫定種とされていたが，*Partitiviridae* 科のウイルスは 2 粒子 2 分節ゲノムなのに対して，本ウイルスは無粒子(推定)単一ゲノムであり，*Southern tomato virus*(STV)，*Vicia criptic virus-M*(VCVM)，*Rhododendron virus A*(RhVA)と RNA 複製酵素のアミノ酸配列上の類縁関係がある．本ウイルスのゲノム構造は *Totiviridae* 科ウイルスに類似しているが，RNA 複製酵素のアミノ酸配列は *Partitiviridae* 科ウイルスに類似していることから，最近，本ウイルスは STV，VCVM，RhVA などとともに新たな科・属の *Amalgaviridae Amalgavirus* に分類された．
地理的分布	米国，日本． 〔磯貝雅道〕
主要文献	Martin, R. R. *et al.*(2006). Acta Hortic., 715, 497–501；磯貝雅道ら(2011). 日植病報, 77, 230–231；Isogai, M. *et al.*(2011). J. Gen. Plant Pathol., 77, 304–306；ICTV Virus Taxonomy List(2013). *Amalgavirus*；DPVweb. Partitiviridae；Martin, R. R. *et al.*(2011). Virus Res., 155, 175–180；Martin, R. R. *et al.*(2012). Viruses, 4, 2831–2852.

植物ウイルス 43

Blueberry red ringspot virus ブルーベリー赤色輪点ウイルス (BBRV)
Caulimoviridae Soymovirus

初　記　載	Hutchinson, M. T. *et al.*(1954)；磯貝雅道ら(2009), Isogai, M. *et al.*(2009).
粒　　　子	【形態】球状1種(径42〜46 nm).　被膜なし.
	【物性】沈降係数275 S, 212 S. 浮遊密度(CsCl) 1.3 g/cm^3, 1.4 g/cm^3.
	【成分】核酸：dsDNA 1種(8.3 kbp, GC含量31%). タンパク質：外被タンパク質(CP)1種(59 kDa → プロセス後44 kDa).
ゲ ノ ム	【構造】単一環状 dsDNA ゲノム(8,303 bp). ORF8個. 両鎖に各1〜2ヶ所の不連続部位(gap)があり, そこで一部三重鎖を形成. tRNA プライマー結合部位を有する.
	【遺伝子】NCR プロモーター(全長RNA転写プロモーター)-ORF VII(16 kDa 機能不明タンパク質)-ORF Ia(35 kDa 細胞間移行タンパク質(MP))-ORF Ib(14 kDa 機能不明タンパク質)-ORF II(22 kDa 機能不明タンパク質)-ORF III(24 kDa 機能不明タンパク質)-ORF IV(59 kDa 外被タンパク質(CP))-ORF V(80 kDa 逆転写酵素(RT))-ORF VI(49 kDa 封入体タンパク質)-.
	【登録コード】AF404509(全塩基配列).
細胞内所在	ウイルス粒子は核内および細胞質に形成された封入体(ビロプラズム)内に存在.
自然宿主・病徴	ブルーベリー(ハイブッシュブルーベリー：*Vaccinium corymbosum*)(赤色輪点病；葉・茎に赤色の輪点および不定形の赤色斑, 果実に斑入り).
宿　主　域	狭い. ハイブッシュブルーベリー, クランベリー(*Vaccinium oxycoccos*).
増 殖 植 物	ハイブッシュブルーベリー, クランベリー.
検 定 植 物	ハイブッシュブルーベリー(接ぎ木検定).
伝　　　染	汁液接種不可. 媒介生物不明. 接ぎ木伝染.
地理的分布	北米, ヨーロッパ, 日本. 〔磯貝雅道〕
主 要 文 献	Hutchinson, M. T. and Varney, E. H.(1954). Plant Dis. Rep., 38, 260-262；磯貝雅道ら(2009). 日植病報, 75, 57-58；Isogai, M. *et al.*(2009). J. Gen. Plant Pathol. 75, 140-143；Geering, A. D. W. *et al.*(2012). *Soymovirus*. Virus Taxonomy 9th Report of ICTV, 435-436；ICTVdB(2006). *Blueberry red ringspot virus*. 00.015.0.01.002.；Gillett, J. M. and Ramsdell, D. C.(1988). Blueberry red ringspot virus. Descriptions of plant viruses, 327；Brunt, A. A. *et al.* eds.(1996). Blueberry red ringspot *caulivirus*. Plant Viruses Online；Schoelz, J. E. *et al.*(2008). Caulimoviruses：General features. Encyclopedia of Virology 3rd ed., 1, 457-464；Hohn, T.(2008). Caulimoviruses：Molecular biology. Encyclopedia of Virology 3rd ed.,1, 464-469；Hibi, T.(2011). Soymovirus. The Springer Index of Viruses 2nd ed., 287-292；Caruso, F. L. and Ramsdell, D. C. eds.(1995). Compendium of blueberry and cranberry diseases. APS Press, pp.87；Glasheen, B. M. *et al.*(2002). Arch. Virol., 147, 2169-2186.

植物ウイルス 44

Broad bean necrosis virus　ソラマメえそモザイクウイルス
(BBNV)
Virgaviridae Pomovirus

初 記 載	深野 弘・横山佐太正(1952).
粒　　子	【形態】棒状3種(径18 nm×長さ150～190 nm, 250～270 nm).らせんピッチ2.4～2.5 nm.被膜なし. 【成分】核酸：(+)ssRNA 3種(RNA1：5.6 kb, RNA2：2.8 kb, RNA3：2.4 kb).タンパク質：外被タンパク質2種(CP：19.5 kDa, CP-RT：73 kDa).
ゲ ノ ム	【構造】3分節線状(+)ssRNAゲノム(RNA1：5,600 nt, RNA2：2,831 nt, RNA3：2,417 nt). ORF 8個(RNA1：2個, RNA2：2個, RNA3：4個).5′端にキャップ構造(Cap), 3′端にtRNA様構造(TLS)をもつ. 【遺伝子】RNA1：5′-Cap-ORF1/ORF2(150 kDa/209 kDa RNA複製酵素タンパク質；209 kDaタンパク質は150 kDaタンパク質のリードスルータンパク質)-TLS-3′. RNA2：5′-Cap-ORF1/ORF2(19.5 kDa外被タンパク質(CP)/73 kDa CPリードスルータンパク質(CP-RT)；73 kDaタンパク質は19.5 kDa外被タンパク質のリードスルータンパク質で菌類媒介に関与)-TLS-3′. RNA3：5′-Cap-ORF1(49 kDa移行タンパク質1；TGB 1)-ORF2(13 kDa移行タンパク質2；TGB 2)-ORF3(20 kDa移行タンパク質3；TGB 3)-ORF4(6 kDaグリシンリッチタンパク質)-TLS-3′. 【登録コード】D86636(RNA1全塩基配列), D86637(RNA2全塩基配列), D86638(RNA3全塩基配列)(いずれも大分分離株).
細胞内所在	ウイルス粒子は各種細胞の細胞質内に存在する.表皮細胞に粒子を含む封入体が認められる.細胞質内に網状および管状膜構造体が形成される.
自然宿主・病徴	ソラマメ, エンドウ(えそモザイク病；えそ斑点, 条斑).
宿 主 域	狭い.少数のマメ科, アカザ科, ナス科植物.
検 定 植 物	ソラマメ, エンドウ, スイートピー(全身感染；局部えそ斑, モザイク)；*Chenopodium amaranticolor*, *C. quinoa*(局部褐色病斑, 輪紋)；インゲンマメ(局部えそ斑)；*Nicotiana clevelandii*(局部退緑斑).
伝　　染	汁液接種可.土壌伝染(媒介生物は菌類と思われるが詳細不明).
系　　統	BBNV-O(大分株), -C(千葉株), -K(高知株)がある.
類 縁 関 係	スイカ緑斑モザイクウイルス(*Cucumber green mottle mosaic virus*：CGMMV), オドントグロッサム輪点ウイルス(*Odontoglossum ringspot virus*：ORSV)と弱い血清関係がある.
地理的分布	日本.
そ の 他	20℃以上の温度条件では感染および病徴発現しにくい.　〔難波成任〕
主 要 文 献	深野 弘・横山佐太正(1952).九州農業研究, 10, 133-134；Adams, M. J. *et al.*(2012). *Pomovirus*. Virus Taxonomy 9th Report of ICTV, 1150-1153；ICTVdB(2006). *Broad bean necrosis virus*. 00.086.0.01.004.；DPVweb. Pomovirus；Inouye, T. and Nakasone, W.(1980). Broad bean necrosis virus. Descriptions of Plant Viruses, 223；Brunt, A. A. *et al.* eds.(1996). Broad bean necrosis *furovirus*. Plant Viruses Online；Savenkov, E.I.(2011). Pomovirus. The Springer Index of Viruses 2nd ed., 2035-2040；井上忠男(1983).植物ウイルス事典, 229-230；大木 理(1993).原色作物ウイルス病事典, 158, 165；土崎常男(1984).野菜のウイルス病, 337；井上忠男・麻谷正義(1967).日植病報, 33, 94-95；井上忠男・麻谷正義(1968).日植病報, 34, 317-322；中曽根渡・井上忠男(1977).日植病報, 43, 100；中曽根渡・井上忠男(1978).日植病報, 44, 97；山本麻美ら(1989).日植病報, 55, 536-537；Lu, X. *et al.*(1998). Arch. Virol., 143, 1335-1348.

植物ウイルス 45/46

	(BBWV-1)
Broad bean wilt virus 1 ソラマメウイルトウイルス１	
	Secoviridae Comovirinae Fabavirus

	(BBWV-2)
Broad bean wilt virus 2 ソラマメウイルトウイルス２	
	Secoviridae Comovirinae Fabavirus

BBWV-1とBBWV-2は宿主域，病徴，粒子形態などからは区別できず，近年まで両者はBBWVと総称されてきたが，ゲノムの塩基配列解析により互いに独立した2種となった．しかし，塩基配列の一部を除いて両者の性状は互いに概ね類似しているので，便宜上，ここにまとめて示す．

初　記　載　Stubbs, L. L.(1947)；與良 清ら(1969), Kobayashi, Y. O. *et al.*(1999；BBWV-2)．

異　　　名　Broad bean wilt virus, Catalpa chlorotic leaf spot virus, Tropaeolum ringspot virus, Pea dwarf mosaic virus.
　　BBWV-1：Nasturtium ringspot virus.
　　BBWV-2：Parsley virus 3, Petunia ring spot virus, Plantago II virus, Patchouli mild mosaic virus(PatMMV).

粒　　　子　【形態】球状2種(径25～30 nm)；それぞれボトム成分(B)，ミドル成分(M)という．ほかに中空粒子であるトップ成分(T)を伴う．被膜なし．MはRNA2を，BはRNA1を含み外観上は区別できない．
　　【物性】沈降係数 113～126 S(B), 93～100 S(M), 56～63 S(T)．浮遊密度(CsCl) 1.44～1.46 g/cm³(B), 1.38～1.39 g/cm³(M)．
　　【成分】核酸：(+)ssRNA 2種(RNA1：6.0 kb, RNA2：3.6 kb)．タンパク質：外被タンパク質2種(CPL：42～44 kDa, CPS：22～26 kDa)，ゲノム結合タンパク質1種(VPg：3 kDa)．

ゲ ノ ム　【構造】2分節線状(+)ssRNAゲノム(RNA1：5,817～5,956 nt, RNA2：3,446～3,607 nt)．ORF 2個(ポリプロテイン；RNA1, 2に各1個)．ゲノムの5′端にVPg，3′端にポリ(A)配列(poly(A))をもつ．
　　【遺伝子】RNA1：5′-VPg-206～210 Kポリプロテイン(35～38 Kプロテイナーゼコファクター(Co-Pro)/66～67 K NTP結合タンパク質/3 K VPg/23 Kプロテイナーゼ(Pro)/79 K RNA複製酵素(RdRp))-poly(A)-3′．RNA2：5′-VPg-104～119 Kポリプロテイン(37～47 K移行タンパク質(MP)/44 K外被タンパク質(CPL)/22～23 K外被タンパク質(CPS)-poly(A)-3′．
　　なお，BBWV-2のRNA2では2箇所の翻訳開始点から2種のポリプロテイン(119 K, 104 K)が翻訳され，その後のプロセシングによって2種の移行タンパク質(37 K, 53 K)と2種の外被タンパク質(CPL, CPS)が生じるが，このうち移行タンパク質として実際に機能するのは37 Kタンパク質であることが示されている．
　　BBWV-2の分離株間で2種の外被タンパク質のアミノ酸配列を比較すると86～98％の高い相同性を示すが，BBWV-1とBBWV-2の間では58～66％の相同性に止まる．
　　【登録コード】AB084450(BBWV-1 RNA1全塩基配列), AB084451(BBWV-1 RNA2全塩基配列), AF225953(BBWV-2 RNA1全塩基配列), AF225954(BBWV-2 RNA2全塩基配列), AB050782(BBWV-2 RNA1全塩基配列), AB011007(BBWV-2 RNA2全塩基配列), ほか．

細胞内所在　各種細胞の細胞質，液胞内などに散在あるいは多数が凝集あるいは緩やかに結晶する．膜状構造物の存在も観察される．

自然宿主・病徴　双子葉植物を中心に一部の単子葉植物を含む多数の野菜や花卉などで発生し，モザイク，斑紋，輪紋，奇形，萎縮などの多様な病徴を示し，潜在感染する宿主もある．季節や分離株によっても異なる病徴が知られる．ホウレンソウ(モザイク，頂葉の萎縮や壊死)；ソラマメ(モザイク，頂葉の奇形，萎縮，壊死)；エンドウ(モザイク，上葉の萎縮や奇形)；キンレンカ(モザイク)；

ペチュニア(時に壊疽を伴うモザイク)．このほか，ダイズ，インゲンマメ，ササゲ，ソバ，クロタラリア，ジギタリス，サブテラニアンクローバ，ハクサイ，コマツナ，ワサビ，ダイコン，ヤマノイモ，シソ，ピーマン，ナス，ニンジン，スイセン，ベゴニア，ガーベラ，トルコギキョウ，スターチス，ハナスベリヒユ，パッションフルーツ，パチョリなどでも BBWV の発生が報告されている．

宿　主　域　宿主域は広い．少なくとも 9 科，報告によると 40 科もの植物に感染するとされる．一般には，アカザ科(*Chenopodium amaranticolor, C. qinoa, C. murale*，ホウレンソウ)，ヒユ科(センニチコウ)，ツルナ科(ツルナ)，キク科，アブラナ科(カブなど)，シソ科，マメ科，ナス科(*Nicotiana glutinosa, N. benthamiana, N. tabacum, Physalis floridana, Datura stramonium*，ペチュニアなど)，セリ科(ニンジン)，オオバコ科，ゴマノハグサ科などに感染する．

増殖植物　*C. amaranticolor, C. quinoa*(退緑斑，萎縮); *Nicotiana benthamiana*(モザイク，奇形など)．

検定植物　*C. amaranticolor, C. quinoa*(接種葉に退緑斑点を呈した後，全身感染して退緑斑点や萎縮を生じる．これにより局所感染のみを生じるキュウリモザイクウイルス(CMV)の反応と区別できる); ササゲ(接種葉に比較的大型で赤色の壊疽斑点)．

伝　　染　汁液接種可．自然条件下では各種のアブラムシによる非永続伝搬．低率ながらソラマメで種子伝染する 1 例が報告されているが，通常は種子伝染しないと考えられる．

系　　統　BBWV-1 および BBWV-2 は宿主域や病徴などからは区別できない．近年まで両者は BBWV と総称され，血清型Ⅰおよび血清型Ⅱに分類されてきた．しかし，ゲノムの塩基配列解析により，血清型Ⅰを BBWV-1，血清型Ⅱを BBWV-2 とし，独立した 2 種とした．従って BBWV として報告されているが血清型が不明の分離株については，現在の分類でどちらの種に相当するか不明の場合もある．BBWV-1 として American Type Culture Collection(ATCC)の分離株 PV132 や PV176 が，BBWV-2 として ATCC の分離株 PV131 や日本で最初に塩基配列が解明された分離株 IP など多数の分離株が知られている．BBWV-1 および BBWV-2 を類別するためには外被タンパク質遺伝子の塩基配列を決定しアミノ酸配列を推測・比較する必要がある．しかし，より簡便には両者の抗血清を用いた二重寒天拡散法あるいは DAS-ELISA 法が実施される．

類縁関係　*Comovirinae* に分類されるが，同亜科他属と比べてゲノムの塩基配列相同性が低く，また，アブラムシが媒介者である点で明らかに区別できる．

地理的分布　日本および世界各地．BBWV-1 はヨーロッパに多く，BBWV-2 は中国，オーストラリア，北米に多い．日本では BBWV-2 が優勢に分離される．

そ の 他　BBWV-1 は *Favavirus* 属のタイプ種．同属にはほかに，*Gentian mosaic virus*(GeMV)と *Lamium mild mosaic virus*(LMMV)が所属する．　　　　　　　　　　　　　　　〔夏秋啓子〕

主要文献　Stubbs, L. L.(1947). J. Dep. Agric. Vic., 46, 323; 與良 清ら(1969). 日植病報, 35, 122-123; Kobayashi Y. O. et al.(1999). Arch. Virol., 144, 1429-1438; Sanfaçon, H. et al.(2012). *Fabavirus*. Virus Taxonomy 9th Report of ICTV, 889-890; ICTVdB(2006). *Broad bean wilt virus 1*. 00.018.0.02.001., *Broad bean wilt virus 2*. 00.018.0.02.002.; DPVweb. Fabavirus; Taylor R. H. et al.(1972). Broad bean wilt virus. Descriptions of Plant Viruses, 81; Zhou, X.(2002). Broad bean wilt virus 2. Descriptions of Plant Viruses, 392; Brunt, A. A. et al. eds.(1996). Broad bean wilt *fabavirus*. Plant Viruses Online; Lisa, V. and Boccardo. G.(1996). The Plant Viruses, 5, 229-250; Ikegami, M. et al.(2011). Fabavirus. The Springer Index of Viruses 2nd ed., 355-359; 與良 清(1983). 植物ウイルス事典, 231-232; 大木 理(1993). 原色作物ウイルス病事典, 162-163; 岩木満朗(1984). 野菜のウイルス病, 277-281; 井上忠男(1968). 農学研究, 52. 11-29; Uyemoto, J. K. et al.(1974). Phytopathology, 64, 1547-1548; Ikegami, M. et al.(1998). Arch. Virol., 143, 2431-2434; Ikegami, M. et al.(2000). Intervirology, 44, 355-358; Kobayashi, Y. O. et al.(2003). J. Gen. Plant Pathol., 69, 320-326; Liu, C. et al.(2009). Virus Res., 143, 86-93.

植物ウイルス 47

Broad bean yellow ringspot virus[#] ソラマメ黄色輪紋ウイルス (BBYRSV)

[#]ICTV 未認定

[#]日本植物病名目録に登録されているが，Virus Taxonomy 9th Report of ICTV には記載されていない．

初 記 載	塩川啓子ら(1979)．
粒　　子	【形態】球状1種(径28 nm)．被膜なし．
細胞内所在	ウイルス粒子は各種細胞の細胞質内，時に核内に，散在あるいは集塊して検出される．細胞質内には粒子とは別に電子密度の高い球形〜不整形の封入体が認められる．
自然宿主・病徴	ソラマメ(黄色輪紋病；葉に径3〜10 mm の鮮明な黄色輪紋を形成する．黄色輪紋は時に融合して大型化するが，通常はえそ化しない)．
伝　　染	汁液接種不可．
地理的分布	日本．
主 要 文 献	塩川啓子ら(1979)．日植病報, 45, 84；山下修一(1983)．植物ウイルス事典, 234-235；大木 理(1993)．原色作物ウイルス病事典, 168.

〔夏秋啓子〕

植物ウイルス 48

Broad bean yellow vein virus# ソラマメ葉脈黄化ウイルス (BBYVV)
#ICTV 未認定(*Rhabdoviridae Cytorhabdovirus* ?)

#日本植物病名目録に登録されているが，Virus Taxonomy 9th Report of ICTV には記載されていない．

初 記 載	夏秋啓子ら(1981)．
粒 子	【形態】桿菌状1種(超薄切片像で径110～130 nm×長さ230～250 nm)．らせんピッチ約4 nm．被膜あり．
細胞内所在	ウイルス粒子は葉肉細胞内に集団あるいは散在して存在する．球形～不整形の細胞質内ビロプラズム状構造が認められる．ビロプラズム中に粒子は観察されないが，その周辺の細胞質には認められることから，ビロプラズムで産生され，膜に被われて成熟粒子となると推定される．
自然宿主・病徴	ソラマメ(葉脈黄化病；主脈あるいは二次主脈を中心とする葉脈の明瞭な透化あるいは黄化．壊疽などは認められない)．
宿 主 域	ソラマメ以外は不明．
伝 染	汁液接種不可．媒介生物不明．
地理的分布	日本．
そ の 他	粒子形態および細胞内所在からは *Cytorhabdovirus* に属する可能性がある．なお，マメ科植物に発生する *Rhabdoviridae* の暫定種には Clover enation virus, Lucerne enation virus, Lupin yellow vein virus, Melilotus latent virus, Pigeon pea proliferation virus, Pisum virus, Red clover mosaic virus, Vigna sinensis mosaic virus などがあり，このうち *Cytorhabdovirus* に属するとされているのは Pisum virus のみであるが，BBYVV との関係は未詳である． 〔夏秋啓子〕
主 要 文 献	夏秋啓子ら(1981)．日植病報, 47, 410；Dietzgen, R. G. *et al.*(2012). *Rhabdoviridae*. Virus Taxonomy 9th Report of ICTV, 686-713；夏秋啓子(1983)．植物ウイルス事典, 236；大木 理(1993)．原色作物ウイルス病事典, 168-169；夏秋啓子ら(1983)．日植病報, 49, 81．

植物ウイルス 49

Burdock mosaic virus[#]　ゴボウモザイクウイルス　(BuMV)

[#]ICTV 未認定

[#]日本植物病名目録に登録されているが，Virus Taxonomy 9th Report of ICTV には記載されていない．

初　記　載	大島信行・後藤忠則(1955)．
粒　　　子	【形態】球状 1 種(径 30 nm)．被膜なし．
自然宿主・病徴	ゴボウ(黄斑モザイク)．
宿　主　域	狭い．ゴボウ，ヤグルマギク，ヒャクニチソウ．
増 殖 植 物	ゴボウ．
検 定 植 物	ゴボウ，ヤグルマギク，ヒャクニチソウ．
伝　　　染	汁液接種可．虫媒伝染(アブラムシ類による半永続伝搬)．
地理的分布	日本．

〔大木　理〕

主 要 文 献　大島信行・後藤忠則(1955)．北海道農試彙報, 68, 55-62；ICTVdB (2006)．*Burdock mosaic virus*. 00.079.0.70.009．；Brunt, A. A. *et al.* eds.(2006). Burdock mosaic virus. Plant Viruses Online；井上忠男(1983)．植物ウイルス事典, 237；栃原比呂志(1993)．原色作物ウイルス病事典, 392-393；井上忠男(1984)．野菜のウイルス病, 247-249；井上忠男・光畑興二(1971)．農学研究, 54, 1-14.

植物ウイルス 50

Burdock mottle virus ゴボウ斑紋ウイルス (BdMV)
Benyviridae Benyvirus

初　記　載	井上忠男(1972)，Inouye, T.(1973).
粒　　　子	【形態】棒状2種(径17 nm×長さ260 nm)．らせんピッチ2.3 nm．被膜なし． 【成分】核酸：(＋)ssRNA 2種(RNA1：7.0 kb，RNA2：4.3 kb)．タンパク質：外被タンパク質2種(CP：20 kDa，CP-RT：66 kDa)．
ゲ ノ ム	【構造】2分節線状(＋)ssRNAゲノム(岡山分離株 RNA1：7,038 nt，RNA2：4,315 nt)．ORF 7個(RNA1：1個，RNA2：6個)．ゲノムの5′端にキャップ構造(Cap)，3′端にポリ(A)配列(poly(A))をもつ． 【遺伝子】RNA1：5′-Cap-249 kDa RNA複製酵素タンパク質(RdRp)-poly(A)-3′．RNA2：5′-Cap-20 kDa/66 kDa外被タンパク質(CP/CP-RT；66 kDaタンパク質は20 kDaタンパク質のリードスルータンパク質)-トリプルジーンブロック(TGB)(38 kDa TGB-p1/12 kDa TGB-p2/13 kDa TGB-p3；いずれも細胞間移行に関わるタンパク質)-13 kDaシステインリッチタンパク質-poly(A)-3′．
細胞内所在	*Chenopodium quinoa*の感染表皮細胞内に小球状集塊の封入体が光学顕微鏡で観察される．細胞質内に球形のビロプラズムが形成され，ウイルス粒子はその表面に放射状に配列するか，細胞質内に櫛歯状の小集塊として存在する．
自然宿主・病徴	ゴボウ(軽い退緑斑紋，細脈の壊死)．
宿　主　域	狭い．少数のキク科，アカザ科，ツルナ科，ナス科，ウリ科植物．
増 殖 植 物	ゴボウ，*C. quinoa*．
検 定 植 物	ゴボウ，*C. quinoa*，*C. murale*，*Nicotiana rustica*(全身感染)；*C. amaranticolor*，ホウレンソウ，テンサイ(局部感染)．
伝　　　染	汁液接種可．外被タンパク質のリードスルータンパク質をコードすることから菌類媒介性が示唆されるが，実験的な検証はない．
類 縁 関 係	ゲノム構造はビートえそ性葉脈黄化ウイルス(*Beet necrotic yellow vein virus*：BNYVV)に酷似しており，BNYVVとのアミノ酸配列の相同性は，RNA1の各モチーフ間で62～81％，RNA2のCPで38％，TGBで34～50％である．
地理的分布	日本． 〔大木 理〕
主 要 文 献	井上忠男(1972)．日植病報, 38, 211；Inouye, T.(1973). Ber. Ohara Inst. Okayama Univ., 15, 207-218；Gilmer, D. *et al.*(2012). *Benyvirus*. Virus Taxonomy 9th Report of ICTV, 1163-1168；ICTV Virus Taxonomy List(2013). *Benyvirus*；ICTVdB(2006). Burdock mottle virus. 00.088.0.81.004.；Brunt, A. A. *et al.* eds.(1996). Burdock mottle virus. Plant Viruses Online；Koenig, R.(2008). *Benyvirus*. Encyclopedia of Virology 3rd ed., 1, 308-314；井上忠男(1983)．植物ウイルス事典, 238-239；栃原比呂志(1993)．原色作物ウイルス病事典, 391-394；井上忠男(1984)．野菜のウイルス病, 250-251；平野修一 ら(1999)．日植病報, 65, 390；Hirano, S. *et al.*(1999). Proc. 4th. Symp. Int. Work. Group on Plant Viruses with Fungal Vectors, 33-36；Kondo, H. *et al.*(2013). Virus Res., 177, 75-86.

植物ウイルス 51

Burdock rhabdovirus# ゴボウラブドウイルス (BurRV)
#ICTV 未認定(*Rhabdoviridae Cytorhabdovirus* ?)

#日本植物病名目録に登録されているが，Virus Taxonomy 9th Report of ICTV には記載されていない．

初 記 載	柏崎 哲ら(1983)．
粒　　子	【形態】桿菌状〜弾丸状 1 種(径 100〜110 nm×長さ 300〜320 nm)．被膜あり．
細胞内所在	各種組織の細胞の細胞質内に小胞膜に包まれて散在あるいは集積する．
自然宿主・病徴	ゴボウ(全身感染し，葉に斑紋を生じる)．
宿 主 域	ゴボウ以外は不明．
伝　　染	汁液接種不可．媒介生物不明．
地理的分布	日本．
主 要 文 献	柏崎 哲ら(1983)，日植病報，49, 132；栃原比呂志(1993)，原色作物ウイルス病事典，394．

〔日比忠明〕

植物ウイルス 52

Burdock yellows virus ゴボウ黄化ウイルス (BuYV)
Closteroviridae Closterovirus

初 記 載	井上忠男・光畑興二(1971)，中野道治・井上忠男(1980)．
粒　　子	ひも状1種(径12 nm×長さ1,700〜1,750 nm)．らせんピッチ3.6 nm．被膜なし．
細胞内所在	篩部細胞に局在し，束状の大きな集塊をつくる．細胞内には小胞構造体が形成される．篩部細胞の壊死もみられる．
自然宿主・病徴	ゴボウ(下葉の軽い黄化)．
宿 主 域	狭い．少数のキク科およびナス科植物．
増殖植物	ゴボウ．
検定植物	ゴボウ(無病徴〜黄化)；*Nicotiana clevelandii*(上葉の黄化・えそ)．
伝　　染	汁液接種可(困難)．アブラムシによる半永続伝搬．
類縁関係	カンキツトリステザウイルス(*Citrus tristeza virus*：CTV)，コムギ黄葉ウイルス(*Wheat yellow leaf virus*：WYLV)，カーネーションえそ斑ウイルス(*Carnation necrotic fleck virus*：CNFV)とは血清関係がない．
地理的分布	日本各地． 〔大木 理〕
主要文献	井上忠男・光畑興二(1971)．農学研究, 54, 1-14；中野道治・井上忠男(1980)．日植病報, 46, 7-14；Martelli, G. P. *et al.*(2012)．*Closterovirus*. Virus Taxonomy 9th Report of ICTV, 991-994；ICTVdB(2006)．*Burdock yellows* virus. 00.017.0.01.005.；Brunt, A. A. *et al.* eds.(1996)．Burdock yellows *closterovirus*. Plant Viruses Online；German-Retana, S. *et al.*(1999)．Closteroviruses. Encyclopedia of Virology, 2nd ed., 266-273；Agranovsky, A. A. *et al.*(2011)．Closterovirus. The Springer Index of Viruses 2nd ed., 327-333；井上忠男(1983)．植物ウイルス事典, 240-241；栃原比呂志(1993)．原色作物ウイルス病事典, 391-394；井上忠男(1984)．野菜のウイルス病, 251-252．

植物ウイルス 53

Butterbur mosaic virus フキモザイクウイルス
(ButMV)
Betaflexiviridae Carlavirus

初 記 載	栃原比呂志・田村 実(1973).
粒　　子	【形態】ひも状1種(径13 nm×長さ670 nm). 被膜なし.
	【成分】核酸：(＋)ssRNA 1種(8.7 kb). タンパク質：外被タンパク質(CP)1種(34 kDa).
ゲ ノ ム	【構造】単一線状ssRNAゲノム(8,662 nt). ORF 6個. ゲノムの5′端にキャップ構造(Cap), 3′端にポリ(A)配列(poly(A))をもつ.
	【遺伝子】5′-Cap-ORF1(225 kDa RNA複製酵素；RP；メチルトランスフェラーゼドメイン/パパイン様プロテアーゼドメイン/ヘリカーゼドメイン/RNA複製酵素ドメイン)-ORF2(25 kDa 移行タンパク質1；TGB1)-ORF 3(12 kDa 移行タンパク質2；TGB2)-ORF4(8 kDa 移行タンパク質3；TGB3)-ORF5(34 kDa 外被タンパク質；CP)-ORF6(11 kDa 核酸結合タンパク質)-poly(A)-3′.
	【登録コード】AB517596(全塩基配列).
自然宿主・病徴	フキ(全身感染；葉のモザイク, 全身の萎縮).
宿 主 域	宿主域は比較的狭い. キク科, アカザ科, ナス科の数種植物.
増 殖 植 物	キンセンカ, ペチュニア.
検 定 植 物	*Chenopodium amaranticolor*(接種葉に局部病斑, 上葉に退緑斑)；キンセンカ, ヒャクニチソウ, ペチュニア(全身感染).
伝　　染	汁液接種可. アブラムシによる非永続伝搬. 栄養繁殖による伝染.
類 縁 関 係	ButMVは同じ*Carlavirus*属のカーネーション潜在ウイルス(*Carnation latent virus*：CLV)と血清学的類縁関係がある.
地理的分布	日本. 〔日比忠明〕
主 要 文 献	栃原比呂志・田村 実(1973). 日植病報, 39, 217-218；栃原比呂志・田村 実(1976). 日植病報, 42, 533-539；Adams, M. J. et al.(2012). *Carlavirus*. Virus Taxonomy 9th Report of ICTV, 924-927；ICTVdB(2006). Butterbur mosaic virus. 00.056.0.84.005.；DPVweb, Carlavirus；Brunt, A. A. et al. eds.(1996). Butterbur mosaic(?)*carlavirus*. Plant Viruses Online；栃原比呂志(1983). 植物ウイルス事典, 242-243；栃原比呂志(1993). 原色作物ウイルス病事典, 402-403；Hashimoto, M. et al.(2009). Arch. Virol., 154, 1955-1958.

植物ウイルス 54

Butterbur rhabdovirus[#]　フキラブドウイルス　(ButRV)
[#]ICTV 未認定（*Rhabdoviridae Nucleorhabdovirus*?）

[#]日本植物病名目録に登録されており，ICTVdB(2006)にも記載されているが，Virus Taxonomy 9th Report of ICTV には記載されていない．

初 記 載	山下修一ら(1982)．
粒　　子	【形態】桿菌状〜弾丸状1種(径82 nm×長さ230〜250 nm)．被膜あり．
細胞内所在	各種組織の細胞の核内にビロプラズムを形成し，ウイルス粒子はその内部で増殖した後，核膜内膜を被膜して成熟し，細胞質内に移行・集積する．
自然宿主・病徴	フキ(無病徴感染の場合が多い)．
宿 主 域	フキ，*Nicotiana glutinosa* 以外は不明．
増 殖 植 物	フキ．
検 定 植 物	*N. glutinosa*(葉脈透化)．
伝　　染	汁液接種可．媒介生物不明．
地理的分布	日本．〔日比忠明〕
主 要 文 献	山下修一ら(1982)．日植病報, 48, 395；ICTVdB(2006). Butterbur virus. 01.062.0.95.001.；Brunt, A. A. *et al.* eds. (1996). Butterbur(?) *nucleorhabdovirus*. Plant Viruses Online；山下修一(1983)．植物ウイルス事典, 244-245；栃原比呂志(1993)．原色作物ウイルス病事典, 404；柏崎 哲ら(1983)．日植病報, 49, 132．

植物ウイルス 55

(CVX)
Cactus virus X サボテンXウイルス
Alphaflexiviridae Potexvirus

初 記 載	Amelunxen, F.(1958)；向 秀夫ら(1967).
異 名	Cactus virus 1, Kakteen-virus, Barrel cactus virus.
粒 子	【形態】ひも状1種(径13 nm×長さ520 nm). 被膜なし. 【成分】核酸：(＋)ssRNA 1種(6.6 kb). タンパク質：外被タンパク質(CP)1種(24 kDa).
ゲ ノ ム	【構造】単一線状(＋)ssRNAゲノム(6,614 nt). ORF 7個. 5′端にキャップ構造(Cap), 3′端にポリ(A)配列(poly(A))をもつ. 【遺伝子】5′-Cap-ORF1(175 kDa RNA複製酵素；RP)-ORF2(25 kDa移行タンパク質1；TGB1)-ORF3(12 kDa移行タンパク質2；TGB2)-ORF4(7 kDa移行タンパク質3；TGB3)-ORF5(24 kDa外被タンパク質；CP)-poly(A)-3′. このほかに, ORF1の内部にORF6(15 kDaタンパク質)とORF7(8 kDaタンパク質)が存在する. 【登録コード】AF308158(台湾分離株 全塩基配列), ほか.
細胞内所在	ウイルス粒子は各種細胞質に観察される. 不整形, 束状あるいは準結晶状で粒子を含む細胞質内封入体も認められる.
自然宿主・病徴	*Opuntia vulgaris, Austrocylindropuntia cylindrica, Pereskia saccharosa, Schlumbergera bridgesii, Epiphyllum* spp., *Cereus* spp., *Echinopsis* spp., *Zygocactus* spp., *Ferocactus acanthodes, Echinocereus procumbens, Nopalea cochenillifera, Hyloceleus* spp. などサボテン科の多くの植物(多くは無病徴. 軽微なモザイクなどを呈する報告もある).
宿 主 域	サボテン科の多くの植物, *Chenopodium amaranticolor, C. quinoa*, ヒモゲイトウ(*Amaranthus caudatu*), センニチコウ.
増 殖 植 物	*C. quinoa*(全身的な斑紋).
検 定 植 物	*Amaranthus caudatus*, センニチコウ, *Chenopodium amaranticolor*(接種葉にえそ斑点).
伝 染	汁液接種可. 媒介生物不明. 接ぎ木伝染. 栄養繁殖による伝染. 接触伝染.
系 統	従来, CVXの異なる血清型と考えられていた3分離株は, 相互の塩基配列の相同性が67%以下であることから, それぞれ *Opuntia virus X, Schlumbergera virus X* および *Zygocactus virus X* として別種に区分けされた.
類 縁 関 係	CVXはTGB遺伝子の塩基配列に基づく系統解析によればチューリップXウイルス(*Tulip virus X*：TVX)やオオバコモザイクウイルス(*Plantago asiatica mosaic virus*：PlAMV)と, 外被タンパク質遺伝子では *Papaya mosaic virus*(PapMV)や *Alternanthera mosaic virus*(AltMV)と近縁性が認められた.
地理的分布	ヨーロッパ, 北米, 南米, オーストラリア, 台湾, 韓国, 日本. このほかでも, 世界各国で栽培されているサボテンに発生している可能性がある.
そ の 他	CVXと同属の暫定種 Zygocactus symptomless virus(ZSLV)がサボテン科植物に発生することが記載されているが, 両者は宿主域および血清学的特性でも区別される. 〔夏秋啓子〕
主 要 文 献	Amelunxen, F.(1958). Protoplasma, 49, 140-178；向 秀夫ら(1967).日植病報, 33, 345；Adams, M. J. *et al.*(2012). *Potexvirus*. Virus Taxonomy 9th Report of ICTV, 912-915；ICTVdB(2006). *Cactus virus X*. 00.056.0.01.003.：Berchs, R.(1971). Cactus virus X. Descriptions of Plant Viruses, 58；Brunt, A. A. *et al.* eds.(1996). Cactus X *potexvirus*. Plant Viruses Online；山下修一(1983). 植物ウイルス事典, 246-247；亀谷満朗(1993). 原色作物ウイルス病事典, 577-578；中村重正・向 秀夫(1973). 東京農大農学集報, 18, 91；夏秋啓子・新海美紀(2001). 東京農大農学集報, 45, 325-330；Liou, M. R. *et al.*(2004). Arch. Virol., 149, 1037-1043.

植物ウイルス 56

Calanthe mild mosaic virus　エビネ微斑モザイクウイルス　(CalMMV)
Potyviridae Potyvirus

初　記　載	Gara, I. W. *et al.*(1997).
粒　　　子	【形態】ひも状1種(径13 nm×長さ764 nm). 被膜なし. 【成分】核酸：(+)ssRNA 1種(約10 kb). タンパク質：外被タンパク質(CP)1種(30.4 kDa).
ゲ ノ ム	【構造】単一線状(+)ssRNAゲノム(約10 kb). ORF 1個. 3′端にポリ(A)配列(poly(A))をもつ. 3′非翻訳領域は169 nt. 【遺伝子】外被タンパク質(CP：30.4 kDa), ほか. 【登録コード】AB 011404(部分塩基配列).
細胞内所在	ウイルス粒子は各種細胞の細胞質内に散在する. 細胞質内に風車状あるいは巻物状の封入体を形成する.
自然宿主・病徴	エビネ, キエビネ, タカネエビネ, 各種人工交配種などエビネ属植物(*Calanthe* spp.)(全身感染し, 葉に軽微なモザイク, 花弁に斑入りを生じる).
宿　主　域	狭い. *Calanthe* sp.(全身感染；軽いモザイク)；*Phalaenopsis* sp.(全身感染；退緑斑)；ツルナ(局部感染；退緑斑点).
検 定 植 物	ツルナ(接種約2週間後の接種葉に退緑斑点).
伝　　　染	汁液接種可. モモアカアブラムシによる非永続伝搬(エビネからエビネへの伝搬効率は約90％).
類 縁 関 係	日本のデンドロビウムモザイクウイルス(Dendrobium mosaic virus：DeMV-J)と血清学的類縁関係がある. 外被タンパク質はアミノ酸レベルでDeMV-Jと73％, ラン科植物に発生する*Rhopalanthe virus Y*(RhoVY)と74％の相同性を示す.
地理的分布	日本(愛媛, 広島, 三重, 宮崎, 岡山, 山口の各県で採集したウイルス病様症状を示すエビネ168株のうち51株(30％)がCalMMVに感染).
そ の 他	エビネに発生する*Potyvirus*属ウイルスとしては, CalMMVのほかに, インゲンマメ黄斑モザイクウイルス(*Bean yellow mosaic virus*：BYMV), クローバ葉脈黄化ウイルス(*Clover yellow vein virus*：ClYVV), カブモザイクウイルス(*Turnip mosaic virus*：TuMV)が知られている.

〔前田孚憲〕

主 要 文 献	Gara, I. W. *et al.*(1997). Ann. Phytopathol. Soc. Jpn., 63, 266 ; Gara, I. W. *et al.*(1998). J. Phytopathology, 146, 357-363 ; Adams, M. J. *et al.*(2012). *Potyvirus*. Virus Taxonomy 9th Report of ICTV, 1072-1079 ; ICTVdB(2006). *Calanthe mild mosaic virus*. 00.057.0.01.086.；井上成信(2001). 原色ランのウイルス病, 158；近藤秀樹ら(2010). 名古屋国際蘭会議(NIOC)2010記録, 10-15 ; Hammond, J. and Lawson, R. H.(1998). Acta Hort., 234, 365-370 ; Inouye, N. *et al.*(1988). Acta Hort., 234, 61-68；松本純一ら(1993). 日植病報, 59, 65；松本純一ら(1993). 日植病報, 59, 333-334.

植物ウイルス 57

Calanthe mosaic virus# エビネモザイクウイルス (CalMV)

#ICTV 未認定(*Betaflexiviridae Carlavirus* ?)

#日本植物病名目録に登録されているが，Virus Taxonomy 9th Report of ICTV には記載されていない．

初　記　載	山本孝猊・石井正義(1981)．
粒　　　子	【形態】ひも状1種(径12〜14 nm×長さ650 nm)．被膜なし．
細胞内所在	ウイルス粒子は各種細胞の細胞質内に散在あるいは集塊となって存在．葉緑体中に電子密度の高い繊維状の封入体が認められる．
自然宿主・病徴	エビネ(*Calanthe* spp.)(葉にモザイク，葉脈に沿って黄緑色の条斑を生じ，病徴の激しい株では生育が劣る．葉，花のえそ症状は認められない)．
宿　主　域	非常に狭い．汁液接種した5科10種のうち，*Chenopodium amaranticolor* と *C. quinoa* にのみ感染．*C. amaranticolor*(接種10〜14日後に接種葉に径2〜3 mm のえそ斑を生じ，その後，葉脈に沿ってえそを生じる)；*C. quinoa*(接種10〜14日後に接種葉に径2〜3 mm の黄色の退色斑を生じる)．いずれの植物も全身感染しない．エビネへの戻し接種は試みられていない．
検定植物	*C. quinoa*(退緑斑点)；*C. amaranticolor*(えそ斑点)．
伝　　　染	汁液接種可．媒介生物未詳．
類縁関係	*Potexvirus* 属のシンビジウムモザイクウイルス(*Cymbidium mosaic virus*：CymMV)とは血清関係がない．*Carlavirus* 属ウイルスとの類縁関係は未詳．
地理的分布	日本(愛媛県，香川県)．
そ の 他	CalMV は粒子の形態，細胞内所在から *Carlavirus* 属に属すると推定されるが，分類学的所属の決定には，遺伝子構造，アブラムシ伝搬性，血清学的類縁関係などの情報が必要である．

〔前田孚憲〕

主要文献　山本孝猊・石井正義(1981)．日植病報，47，130；山本孝猊・石井正義(1981)．四国植防，16，75-79；亀谷満朗(1993)．原色作物ウイルス病事典，573；井上成信(2001)．原色ランのウイルス病，161-162．

植物ウイルス 58

Camellia yellow mottle leaf virus# ツバキ斑葉(はんよう)ウイルス (CYMLV)
#ICTV 未認定

#日本植物病名目録に登録されているが，Virus Taxonomy 9th Report of ICTV には記載されていない．

初 記 載	福士貞吉(1956)，井上忠男(1982)．
粒　　子	未詳．
自然寄主・病徴	ツバキ，サザンカ(葉に黄色斑紋，花に斑入り状斑紋)．
宿 主 域	ツバキ科植物．
伝　　染	接ぎ木伝染．
類 縁 関 係	日本で発生している CYMLV と米国で報告されている Camellia yellow mottle virus (CYMoV) やその近縁種などとの関係については未詳である．
地理的分布	日本．
そ の 他	斑入り状に花に白色斑が混ざる株を園芸品種として珍重する例がある．チャ萎黄病も類似もしくは同一の病原による病気である可能性が指摘されているが，詳細は不明．　〔楠木　学〕
主 要 文 献	福士貞吉(1956)．日植病報, 21, 1-3；井上忠男(1982)．日植病報, 48, 117；井上忠男(1983)．植物ウイルス事典, 248；楠木　学(1993)．原色作物ウイルス病事典, 663-664；江塚昭典ら(1973)．茶業研報, 40, 20-25．

植物ウイルス 59

Canna yellow mottle virus　カンナ黄色斑紋ウイルス　(CaYMV)
Caulimoviridae Badnavirus

初　記　載	山下修一ら(1979).
異　　　名	Canna mottle virus.
粒　　　子	【形態】桿菌状1種(径28 nm×長さ120〜130 nm). 被膜なし.
ゲ ノ ム	【構造】単一環状 dsDNA ゲノム. ORF 3個.
	【登録コード】EF156357(部分塩基配列), ほか.
細胞内所在	粒子は主に篩部細胞の細胞質内に散在あるいは集積. 細胞質内の膜構造体の増生と篩部壊死が特徴.
自然宿主・病徴	カンナ(黄色斑紋病；全身感染し, 葉脈黄化, 斑紋, 萎縮を生じる).
宿　主　域	非常に狭い. カンナのみ.
増 殖 植 物	カンナ.
検 定 植 物	カンナ(全身感染：葉脈黄化, 斑紋, 萎縮).
伝　　　染	汁液接種不可. 媒介生物不明. 種苗伝染.
地理的分布	日本および世界各地.　〔日比忠明〕
主 要 文 献	山下修一ら(1979). 日植病報, 45, 85；Geering, A. D. W. *et al.*(2012). *Badnavirus*. Virus Taxonomy 9th Report of ICTV, 438-440；ICTVdB(2006). *Canna yellow mottle virus*. 00.015.0.05.004.；Brunt, A. A. *et al.* eds.(1996). Canna yellow mottle *badnavirus*. Plant Viruses Online；Schoelz, J. E. *et al.*(2008). Caulimoviruses：General features. Encyclopedia of Virology 3rd ed., 1, 457-464；Hohn, T.(2008). Caulimoviruses：Molecular biology. Encyclopedia of Virology 3rd ed., 1, 464-469；Olszewski, N. and Lockhart, B.(2011). Badnavirus. The Springer Index of Viruses 2nd ed., 263-269；山下修一(1983). 植物ウイルス事典, 249；亀谷満朗(1993). 原色作物ウイルス病事典, 533-534；山下修一ら(1985). 日植病報, 51, 642-646；Lockhart, B. E. L.(1988). Acta Hort., 234, 69-72；Marino, M. T. *et al.*,(2008). Plant Pathology, 57, 394.

植物ウイルス 60

Capsicum chlorosis virus　トウガラシ退緑ウイルス　(CaCV)
Bunyaviridae Tospovirus

初　記　載	McMichael, L. A. *et al.*(2002)；奥田　充ら(2005).
粒　　　子	【形態】球状1種(径100 nm). 被膜あり. 【成分】核酸：(−)ssRNA 3種(S RNA：3.4 kb, M RNA：4.8 kb, L RNA：8.9 kb). タンパク質：構造タンパク質4種：ヌクレオキャプシドタンパク質(N；30.8 kDa), RNA複製酵素(L：331.3 kDa), 糖タンパク質2種(Gn, Gc). 脂質：宿主細胞由来の脂質二重膜.
ゲ ノ ム	【構造】3分節環状(−)ssRNA(S RNA：3,477 nt, M RNA：4,823 nt, L RNA：8,912 nt). ORF 5個(S RNA：2個, M RNA：2個, L RNA：1個). S RNAとM RNAはアンビセンス鎖構造をとり, ウイルス鎖と相補鎖にそれぞれORFをもつ. 両ORFの中間にAUに富む領域がある. 各分節ゲノムの5′端ならびに3′端は化学修飾を受けていない. 【遺伝子】S RNA：3′−N(30.8 kDa ヌクレオキャプシドタンパク質；相補鎖)−NSs(49.9 kDa 機能不明タンパク質；ウイルス鎖)−5′. M RNA：3′−Gn/Gc(127.2 kDa 糖タンパク質前駆体；相補鎖)−NSm(34.2 kDa 移行タンパク質；ウイルス鎖)−5′. L RNA：3′−L(331.3 kDa RNA複製酵素；相補鎖)−5′. 【登録コード】DQ256123(S RNA全塩基配列), DQ256125(M RNA全塩基配列), DQ256124(L RNA全塩基配列), ほか.
自然宿主・病徴	ピーマン(退緑斑紋病；葉に退緑斑紋, 果実にえそ)；トマト(退緑, 葉にえそ)；ラッカセイ(黄斑, 葉にえそ)；カラーリリー(葉に黄色条斑).
宿　主　域	やや狭い. ナス科. トマト黄化えそウイルス(TSWV)抵抗性のピーマン(*tsw*遺伝子保持)およびトマト(*Sw-5*遺伝子保持)に感染する.
増　殖　植　物	*Nicotiana benthamiana*.
検　定　植　物	*Chenopodium quinoa*, ツルナ, ペチュニア(局部病斑)；*N. benthamiana*(全身感染：上葉にえそ, 退緑斑紋).
伝　　　染	汁液接種可だが, 磨砕液中では短時間で不活性化する. アザミウマ(*Ceratothripoides claratris*；日本未発生)により永続伝搬. 土壌伝染, 種子伝染はしない.
系　　　統	ラッカセイから分離されたCaCV-CPはピーマンから分離されたものとヌクレオキャプシドタンパク質のアミノ酸配列相同性が若干低い.
類　縁　関　係	Gloxinia tospovirus, Thailand tomato tospovirusはCaCVと同一種. CaCVはスイカ灰白色斑紋ウイルス(*Watermelon silver mottle virus*：WSMV)と血清関係あり.
地 理 的 分 布	日本, オーストラリア, タイ, 中国, インド, 台湾など.　　　　　　　　　　〔奥田　充〕
主　要　文　献	McMichael, L. A. *et al.*(2002). Australas. Plant Path., 31, 231-239；奥田　充ら(2005). 日植病報, 71, 235；Plyusnin, A. *et al.*(2012). *Tospovirus*. Virus Taxonomy 9th Report of ICTV, 737-739；Tsompana, M. *et al.*(2008). *Tospovirus*. Encyclopedia of Virology 3rd ed., 5, 157-163；DPVweb. Tospovirus；Goldbach, R. *et al.*(2011). Tospovirus. The Springer Index of Viruses 2nd ed., 231-235；Jones, R. A. C. *et al.*(2005). Australas. Plant Path., 34, 397-399；Premachandra, W. T. S. D. *et al.*(2005). Phytopathology, 95, 659-663；Knierim, D. *et al.*(2006). Arch. Virol., 151, 1761-1782；Chen, K. *et al.*(2007). J. Phytopathol., 155, 178-181.

植物ウイルス 61

(CERV)
Carnation etched ring virus カーネーションエッチドリングウイルス
Caulimoviridae Caulimovirus

初　記　載	Hollings, M. and Stone, O. M.(1961)；Fujisawa, I. *et al.*(1971).
粒　　　子	【形態】球状 1 種（径 45 nm）．被膜なし．
	【物性】沈降係数 206 S．
	【成分】核酸：dsDNA 1 種（7.9 kbp，GC 含量 36％）．タンパク質：外被タンパク質(CP) 1 種（57 kDa）．
ゲ ノ ム	【構造】単一環状 dsDNA ゲノム（7,932bp）．ORF 6 個．両鎖に各 1～2 ケ所の不連続部位(gap)があり，そこで一部三重鎖を形成．tRNA プライマー結合部位を有する．
	【遺伝子】全長 RNA 転写プロモーター-ORF Ⅰ(37 K 移行タンパク質(MP))-ORF Ⅱ(19 K アブラムシ媒介ヘルパータンパク質(ATF))-ORF Ⅲ(14 K DNA 結合タンパク質)-ORF Ⅳ(57 K 外被タンパク質(CP))-ORF Ⅴ(77 K 逆転写酵素(RT))-ORF Ⅵ(56 K 封入体タンパク質)-．
	【登録コード】X04658（全塩基配列）．
細胞内所在	粒子は各種組織の細胞の細胞質に形成された封入体（ビロプラズム）内に存在．核内，細胞質内あるいはプラズモデスマータ内に散在する例もある．封入体は径約 1,000 nm に及ぶ不定形で，表皮細胞内の封入体は光学顕微鏡でも観察が可能．
自然宿主・病徴	カーネーション（全身感染；えそ斑点，輪点，輪紋，時に無病徴）．
宿　主　域	ナデシコ科植物のみで非常に狭い．
増 殖 植 物	ドウカンソウ（品種 Pink Beauty）．
検 定 植 物	ドウカンソウ（品種 Pink Beauty）（接種葉に赤色輪紋，上葉に退緑輪紋）；カーネーション（品種 Joker）（えそ輪紋）．
伝　　　染	汁液接種可．モモアカアブラムシにより半永続伝搬．
系　　　統	未報告．
類 縁 関 係	他のカリモウイルス属ウイルスと血清関係があり，アミノ酸配列の相同性も高い．
地理的分布	日本および世界各地． 〔日比忠明〕
主 要 文 献	Hollings, M. and Stone, O. M.(1961). Rep. Glasshouse Crops Res. Inst. 1960, 94；Fujisawa, I. *et al.*(1971). Phytopathology, 61, 181；Geering, A. D. W. *et al.*(2012). *Caulimovirus.* Virus Taxonomy 9th Report of ICTV, 432-434；ICTVdB(2006). *Carnation etched ring virus.* 00.015.001.003.；Lawson, R. H. and Civerolo, E.L.(1977). Carnation etched ring virus. Descriptions of Plant Viruses, 182；Brunt, A. A. *et al.* eds.(1996). Carnation etched ring *caulimovirus.* Plant Viruses Online；Schoelz, J. E. *et al.*(2008). Caulimoviruses：General features. Encyclopedia of Virology 3rd ed.,1, 457-464；Hohn, T.(2008). Caulimoviruses：Molecular biology. Encyclopedia of Virology 3rd ed.,1, 464-469；Hohn, T.(2011). Caulimovirus. The Springer Index of Viruses 2nd ed., 271-277；土居養二(1983). 植物ウイルス事典, 251-252；栃原比呂志(1993). 原色作物ウイルス病事典, 499-500；Hull, R. *et al.*.(1986). EMBO J., 5, 3083-3090.

植物ウイルス 62

Carnation latent virus　カーネーション潜在（せんざい）ウイルス　(CLV)
Betaflexiviridae Carlavirus

初　記　載	Kassanis, B.(1954)；與良 清・結城 惇(1965).
粒　　　子	【形態】ひも状1種（径12 nm×長さ650 nm）．らせんピッチ3.3 nm．被膜なし．
	【成分】核酸：（＋）ss RNA 1種（約8.5 kb）．タンパク質：外被タンパク質（CP）1種（34 kDa）．
ゲ ノ ム	【構造】単一線状（＋）ssRNAゲノム．
	【遺伝子】部分塩基配列情報からRNA複製酵素（RP）や外被タンパク質（CP）の遺伝子の存在は示されているが，全塩基配列が未報告なため，詳細な遺伝子構造は不明．
	【登録コード】AJ010697（部分塩基配列），X55897（部分塩基配列），FJ555525（部分塩基配列）．
細胞内所在	ウイルス粒子は細胞質内に散在あるいは集塊をなす．
自然宿主・病徴	カーネーション（全身感染；無病徴）．
宿　主　域	やや狭い．ナデシコ科，アカザ科，ナス科植物．
検 定 植 物	アカザ科（*Chenopodium amaranticolor*, *C. quinoa* など）（接種葉に退緑斑，上葉に斑紋）．
伝　　　染	汁液接種可．虫媒伝染（アブラムシ；非永続伝搬）．
類 縁 関 係	フキモザイクウイルス（ButMV），*Cactus virus 2*（CV-2），キクBウイルス（CVB），*Cowpea mild mottle virus*（CPMMV），トケイソウ潜在ウイルス（PLV），ジャガイモMウイルス（PVM），ジャガイモSウイルス（PVS），*Red clover vein mosaic virus*（RCVMV）と遠い血清学的類縁関係がある．
地理的分布	日本および世界各地．　〔亀谷満朗〕
主 要 文 献	Kassanis, B.(1954). Nature, 173, 1097-1098；與良 清・結城 惇(1965). 日植病報, 30, 156-160；Adams, M. J. *et al.*(2012). *Carlavirus*. Virus Taxonomy 9th Report of ICTV, 924-927；ICTVdB (2006). *Carnation latent virus*. 00.056.0.04.001.；DPVweb. Carlavirus；Wetter, C.(1971). Carnation latent virus. Descriptions of Plant Viruses, 61；Brunt, A. A. *et al.* eds.(1996). Carnation latent *carlavirus*. Plant Viruses Online；Ryu, K. H. *et al.*(2008). *Carlavirus*. Encyclopedia of Virology 3rd ed., 1, 448-452；Martelli, G. P. *et al.*(2011). Carlavirus. The Springer Index of Viruses 2nd ed., 521-532；Wetter, C. and Milne, R. G.(1981). Carlaviruses. Handbook of Plant Virus Infections：Comparative Diagnosis(Kurstak, E. ed., Elsevier/North-Holland Biomedical Press), 696-730；栃原比呂志(1983). 植物ウイルス事典, 253-254；栃原比呂志(1993). 原色作物ウイルス病事典, 495-496；栃原比呂志ら(1975). 日植病報, 41, 390-399.

植物ウイルス 63

Carnation mottle virus カーネーション斑紋(はんもん)ウイルス (CarMV)
Tombusviridae Carmovirus

初　記　載	Kassanis, B.(1955)；與良 清ら(1965).
粒　　　子	【形態】球状1種(径28 nm). 被膜なし. 【成分】核酸：(+)ssRNA 1種(4.0 kb). タンパク質：外被タンパク質(CP)1種(38 kDa).
ゲ　ノ　ム	【構造】単一線状(+)ssRNAゲノム(4,003 nt). ORF 4個. 5′端にキャップ構造(Cap)を欠き, 3′端にポリ(A)配列(poly(A))を欠く. 【遺伝子】5′-ORF1(28 kDa/88 kDa RNA複製酵素タンパク質；RdRp；88 kDaタンパク質は28 kDaタンパク質のリードスルータンパク質)-ORF2(7 kDa移行タンパク質；MP1)-ORF3(9 kDa移行関連タンパク質；MP2)-ORF4(38 kDa外被タンパク質；CP)-3′. ORF2と3は1.7 kbのsgRNA1, ORF4は1.5 kbのsgRNA2経由で発現する. 【登録コード】AF192772, X02986(全塩基配列), ほか.
細胞内所在	ウイルス粒子は感染植物のすべての細胞質や時に核質中にも存在し, 封入体はみられない.
自然宿主・病徴	カーネーション(全身感染；無病徴〜軽微なモザイク斑紋症状).
宿　主　域	やや狭い. ナデシコ科, アカザ科, ヒユ科, ツルナ科植物など.
増 殖 植 物	カーネーション, *Chenopodium quinoa*.
検 定 植 物	*C. amaranticolor, C. quinoa*(接種葉に退緑斑)；センニチコウ(接種葉に小型のえそ斑点).
伝　　　染	汁液接種可. 媒介生物不明.
系　　　統	PSR strain(血清学的には区別できないが, タイプ種と異なりえそ性局部病斑を生じる), PR4 strain(血清学的に異なり, *Dianthus barbatus*に小さいえそ性局部病斑を生じる).
地理的分布	日本および世界各地. 〔亀谷満朗〕
主 要 文 献	Kassanis, B.(1955). Ann. Appl. Biol., 43, 103-113；與良 清ら(1965). 日植病報, 30, 264-265；Rochon, D. *et al.*(2012). *Carmovirus*. Virus Taxonomy 9th Report of ICTV, 1125-1128；ICTVdB (2006). *Carnation mottle virus*. 00.074.0.02.001.；DPVweb. Carmovirus；Brunt, A. A. and Martelli, G. P.(2008). Carnation mottle virus. Descriptions of Plant Viruses, 420；Brunt, A. A. *et al.* eds.(1996). Carnation mottle *carmovirus*. Plant Viruses Online；Tremaine, J. H.(1970). Virology, 42, 611-620；栃原比呂志(1983). 植物ウイルス事典, 255-256；栃原比呂志(1993). 原色作物ウイルス病事典, 496-497；栃原比呂志ら(1975). 日植病報, 41, 390-399；Guilley, H. *et al.*(1985). Nucleic Acids Res., 13, 6663-6677；Carrington, J. C. and Morris, T. J.(1986). Virology, 150, 196-206.

植物ウイルス 64

Carnation necrotic fleck virus　カーネーションえそ斑ウイルス　(CNFV)
Closteroviridae Closterovirus

初　記　載	井上忠男・光畑興二(1971)，Inouye, T. and Mitsuhata, K.(1973).
異　　　名	Carnation streak virus, Carnation yellow fleck virus.
粒　　　子	【形態】ひも状1種(径12〜13 nm×長さ1,400〜1,500 nm)．らせんピッチ3.4 nm．被膜なし． 【成分】核酸：(+)ssRNA 1種(12.8 kb)．タンパク質：外被タンパク質(CP)1種(23.5 kDa)，ほか．
ゲ ノ ム	【構造】単一線状(+)ssRNAゲノム． 【遺伝子】熱ショックタンパク質70ホモログ(HSP70h)，ほか． 【登録コード】EU884443(部分塩基配列)．
細胞内所在	ウイルス粒子はほぼ篩部細胞に局在，しばしば束状の大集塊となる．細胞質内に小胞構造体が形成される．篩部細胞にえ死がみられる．
自然宿主・病徴	カーネーション(*Dianthus caryophyllus*)，アメリカナデシコ(*D. barbatus*)(全身感染；紫斑，白斑．しばしば無病徴)．
宿　主　域	狭い．ナデシコ科植物のみ．
増 殖 植 物	カーネーション．
検 定 植 物	アメリカナデシコ(局部病斑)．
伝　　　染	汁液接種可(困難)．モモアカアブラムシによる半永続伝搬．
類 縁 関 係	血清学的にビート萎黄ウイルス(*Beet yellows virus*：BYV)，コムギ黄葉ウイルス(*Wheat yellow leaf virus*：WYLV)と遠い類縁関係がある．
地理的分布	日本および世界各地．〔亀谷満朗〕
主 要 文 献	井上忠男・光畑興二(1971)．日植病報, 37, 197-198；Inouye, T. and Mitsuhata, K.(1973). Ber. Ohara Inst. Landw. Biol., 15, 195-205；Martelli, G. P. *et al.*(2012). *Closterovirus.* Virus Taxonomy 9th Report of ICTV, 991-994；ICTVdB(2006). *Carnation necrotic fleck virus.* 00.017.0.01.006.；DPVweb. Closterovirus；Inouye, T.(1974). Carnation necrotic fleck virus. Descriptions of Plant Viruses, 136；Brunt, A. A. *et al.* eds.(1996). Carnation necrotic fleck *closterovirus.* Plant Viruse Online；Bar-Joseph, M. *et al.*(1979). Adv. Virus Res., 25, 93-168；井上忠男(1983)．植物ウイルス事典, 257-258；栃原比呂志(1993)．原色作物ウイルス病事典, 497；Smookler, M. and Loebenstein, G.(1974). Phytopathology, 64, 979-984；Poupet, A. *et al.*(1975). Ann. Phytopath., 7, 277-286；Bar-Joseph, M. *et al.*(1976). Pl. Dis. Reptr., 60, 851-853；Bar-Joseph, M. and Smookler, M.(1976). Phytopathology, 66, 835-838；Short, M. N. *et al.*(1977). Virology, 77, 408-412.

植物ウイルス 65

Carnation vein mottle virus　カーネーションベインモットルウイルス　(CVMoV)
Potyviridae Potyvirus

初　記　載	Kassanis, B.(1955)；矢吹駿一・栃原比呂志(1971)，栃原比呂志ら(1975).
粒　　　子	【形態】ひも状1種(径12 nm×長さ790 nm). 被膜なし.
	【成分】核酸：(＋)ssRNA 1種. タンパク質：外被タンパク質(CP)1種(32 kDa).
ゲ ノ ム	【構造】単一線状(＋)ssRNAゲノム. 3′端にポリ(A)配列(poly(A))をもつ.
	【遺伝子】外被タンパク質(CP)，ほか.
	【登録コード】AB017630(部分塩基配列)，ほか.
細胞内所在	ウイルス粒子は表皮を含め植物のすべての組織に存在する. 細胞質中に帯状，風車状，環状などの封入体がみられる. 核が変形し，異常に電子密度の濃いクロマチンを含む. 他の細胞小器官には異常なし.
自然宿主・病徴	カーネーション(全身感染；退緑斑紋・斑点症状を示す. 古い葉は無病徴. 夏には花が少なくなり，色割れや異常を生じる). カーネーション斑紋ウイルス(*Carnation mottle virus*：CarMV)と重複感染すると病徴は激しくなる.
宿　主　域	やや広い. ナデシコ科，アカザ科，ツルナ科，ヒユ科，スベリヒユ科，タデ科，オオバコ科植物.
増 殖 植 物	アメリカナデシコ.
検 定 植 物	*Chenopodium amaranticolor, C. quinoa*(接種葉に局部斑点). CarMVに抵抗性の株に葉脈透化や斑紋を生じることで判別可.
伝　　　染	汁液接種可. アブラムシによる非永続伝搬.
系　　　統	寄生性に差のある系統がある.
類 縁 関 係	*Pepper veinal mottle virus*(PVMV)，インゲンマメ黄斑モザイクウイルス(*Bean yellow mosaic virus*：BYMV)，カブモザイクウイルス(*Turnip mosaic virus*：TuMV)，スイカモザイクウイルス(*Watermelon mosaic virus*：WMV)などと遠い血清学的類縁関係がある.
地理的分布	日本および世界各地. 〔亀谷満朗〕
主 要 文 献	Kassanis, B.(1955). Ann. Appl. Biol., 43, 103-113；矢吹駿一・栃原比呂志(1971).日植病報, 37, 197；栃原比呂志ら(1975).日植病報, 41, 390-399；Adams, M. J. *et al.*(2012). *Potyvirus*. Virus Taxonomy 9th Report of ICTV, 1072-1079；ICTVdB(2006). *Carnation vein mottle virus*. 00.057.0.01.013.；DPVweb. Potyvirus；Hollings, M. and Stone, O. M.(1971). Carnation vein mottle virus. Descriptions of Plant Viruses, 78；Brunt, A. A. *et al.* eds.(1996). Carnation vein mottle *potyvirus*. Plant Viruses Online；栃原比呂志(1983). 植物ウイルス事典, 259-260；栃原比呂志(1993). 原色作物ウイルス病事典, 498；Weintraub, M. and Ragetli, H. W. J.(1970). Virology, 40, 868-881；Hollings, M. *et al.*(1977). Ann. Appl. Biol., 85, 59-70；Begtrup, J.(1976). Phytopath. Z., 86, 127-135；Sasaya T. *et al.*(2000). J. Gen. Plant Pathol., 66, 251-253.

植物ウイルス 66

Carrot latent virus　ニンジン潜在ウイルス　(CtLV)

Rhabdoviridae 属未定

初　記　載	大木　理ら(1978).
粒　　　子	【構造】桿菌状1種(径75 nm×長さ240 nm). 被膜あり.
細胞内所在	核内で合成されたヌクレオキャプシドは核膜(内膜)より出芽して成熟し，細胞内に主に膜に包まれた集塊として分布する.
自然宿主・病徴	ニンジン(無病徴).
宿　主　域	狭い. セリ科植物のみ.
増　殖　植　物	ニンジン，ミツバ，セルリー.
伝　　　染	虫媒伝染(アブラムシ類：永続伝搬).
地理的分布	日本.
そ　の　他	ウイルス粒子は不安定で，DN法による観察は困難.　〔大木　理〕
主　要　文　献	大木　理ら(1978). 日植病報, 44. 61；Ohki, S. T. *et al.*(1978). Ann. Phytopathol. Soc. Jpn., 44, 202-204；Dietzgen, R. G. *et al.*(2012). Plant-adapted rhabdovirus genera, *Cytorhabdovirus and Nucleorhabdovirus*. Virus Taxonomy 9th Report of ICTV, 703-707；ICTVdB(2006). Carrot latent virus. 01.062.0.85.005.；Brunt, A. A. *et al.* eds.(1996). Carrot latent *nucleorhabdovirus*. Plant Viruses Online；大木　理(1983). 植物ウイルス事典, 261；大木　理(1993). 原色作物ウイルス病事典, 409；井上忠男(1984). 野菜のウイルス病, 270-271.

植物ウイルス 67

Carrot red leaf virus ニンジン黄化(おうか)ウイルス
(CtRLV)
Luteoviridae Polerovirus

初 記 載	Watson, A. F. *et al.*(1964)；小室康雄・山下 功(1956), 岩木満朗・小室康雄(1967).
粒　　　子	【形態】球状1種(径25 nm). 被膜なし. 【物性】沈降係数104 S. 浮遊密度(CsCl) 1.403 g/cm^3. 【成分】核酸：(＋)ssRNA 1種(5.8 kb, GC含量47％). タンパク質：外被タンパク質2種(CP：23 kDa, CP-RT：77 kDa), ゲノム結合タンパク質(VPg)1種.
ゲ ノ ム	【構造】単一線状(＋)ssRNAゲノム(5,723 nt). ORF 6個. ゲノムの5′端にゲノム結合タンパク質(VPg)をもつが，3′端にポリ(A)配列(poly(A))を欠く. 【遺伝子】5′-VPg-ORF0(29 kDa 機能不明タンパク質)-ORF1(68 kDa RNA複製酵素サブユニット)-ORF2(117 kDa RNA複製酵素サブユニット；ORF1のフレームシフトによるORF1との融合タンパク質)-ORF3(23 kDa 外被タンパク質(CP))/ORF4(21 kDa 移行タンパク質(MP)：ORF3に重複して存在)-ORF5(77 kDa 外被タンパク質(CP-RT)：ORF3のリードスルータンパク質)-3′. 【登録コード】AY695933(全塩基配列), ほか.
細胞内所在	ウイルス粒子は篩部細胞に局在し，細胞質に結晶状に集積あるいは散在して存在. また，細胞質に小胞が出現し，篩部壊死が顕著.
自然宿主・病徴	ニンジン(黄化病), パセリ(黄化, 赤変, 萎縮).
宿 主 域	狭い. セリ科植物のみ.
増 殖 植 物	ニンジン, パセリ, セルリーなど.
検 定 植 物	チャービル, セルリー, コリアンダー(黄化, 赤変).
伝　　　染	汁液接種不可. アブラムシによる永続伝搬.
地理的分布	おそらく世界各国.
そ の 他	世界各地に発生するcarrot motley dwarf diseaseは本ウイルスと*Carrot mottle virus*(CMoV)との重複感染によって起こると考えられているが，CMoVは日本では確認されていない. 本ウイルスはCMoVのヘルパーウイルスとして知られている. 〔大木 理〕
主 要 文 献	Watson, A. F. *et al.*(1964). Ann. Appl. Biol., 54, 153-166；小室康雄・山下 功(1956). 日植病報, 20, 155-160；岩木満朗・小室康雄(1967). 日植病報, 33, 317；Domier, L. L.(2012). *Polerovirus*. Virus Taxonomy 9th Report of ICTV, 1049-1050；ICTVdB(2006). *Carrot red leaf virus*. 00.039.0.00.009.；DPVweb. Polerovirus；Waterhouse, P. M. and Murant, A. F.(1982). Carrot red leaf virus. Descriptions of Plant Viruses, 249；Brunt, A. A. *et al.* eds.(1996). Carrot red leaf *luteovirus*. Plant Viruses Online；Van den Heuvel, J. F. J. M. *et al.*(2011). Polerovirus. The Springer Index of Viruses 2nd ed., 827-831；Domier, L. L.*et al.*(2008). Luteoviruses. Encyclopedia of Virology 3rd ed., 3, 231-238；大木 理(1983). 植物ウイルス事典, 262-263；大木 理(1993). 原色作物ウイルス病事典, 407-408；井上忠男(1964). 野菜のウイルス病, 268-270；Ohki, S. T. *et al.*(1979). Ann. Phytopathol. Soc. Jpn., 45, 74-76；Huang, L. F. *et al.*(2005). Arch. Virol., 150, 1845-1855.

植物ウイルス 68

Carrot rhabdovirus# ニンジンラブドウイルス (CRV)
#ICTV 未認定（*Rhabdoviridae Cytorhabdovirus* ?）

#日本植物病名目録に登録されているが，Virus Taxonomy 9th Report of ICTV には記載されていない．

初 記 載	山下修一ら(1982)．
粒　　　子	【形態】桿菌状〜弾丸状 1 種(径 95〜100 nm×長さ 200〜250 nm)．被膜あり．
細胞内所在	篩部細胞の細胞質内にビロプラズムを形成し，ウイルス粒子はその内部で増殖した後，小胞膜を被膜して成熟し，細胞質内に集積する．
自然宿主・病徴	ニンジン(全身感染；斑紋，矮化)．
宿 主 域	ニンジン以外は不明．
伝　　　染	汁液接種不可．媒介生物不明．
地理的分布	日本． 〔日比忠明〕
主 要 文 献	山下修一ら(1982)．日植病報, 48, 395；山下修一(1983)．植物ウイルス事典, 264-265；大木 理(1993)．原色作物ウイルス病事典, 409-410．

植物ウイルス 69/70/71/72

	(CTeV-1)
Carrot temperate virus 1 ニンジン潜伏ウイルス 1	*Partitiviridae* 属未定

	(CTeV-2)
Carrot temperate virus 2 ニンジン潜伏ウイルス 2	*Partitiviridae* 属未定

	(CTeV-3)
Carrot temperate virus 3 ニンジン潜伏ウイルス 3	*Partitiviridae* 属未定

	(CTeV-4)
Carrot temperate virus 4 ニンジン潜伏ウイルス 4	*Partitiviridae* 属未定

　CTeV-1, CTeV-2, CTeV-3, CTeV-4 は宿主域, 病徴, 粒子形態などからは区別できず, ゲノムの塩基配列の相違などを除いて互いの性状がきわめて類似しているので, 便宜上, ここにまとめて示す.

初 記 載　夏秋知英ら(1979), Natsuaki, T. et al.(1990).
粒　　子　【形態】球状2種(径約30 nm). 被膜なし.
　　　　　【成分】核酸：dsRNA 2種(CTeV-1：RNA1/1.45 MDa, RNA2/1.40 MDa. CTeV-2：RNA1/1.70 MDa, RNA2/1.60 MDa. CTeV-3：RNA1/1.05 MDa, RNA2/0.94 MDa. CTeV-4：RNA1/1.30 MDa, RNA2/1.20 MDa). タンパク質：外被タンパク質(CP)1種.
ゲ ノ ム　【構造】2分節線状 dsRNA ゲノム. ORF 2個(CTeV-1；各分節ゲノムに各1個).
　　　　　【遺伝子】CTeV-1　RNA1：RNA複製酵素(RdRp), RNA2：外被タンパク質(CP).
自然宿主・病徴　ニンジン(*Daucus carota*)(全身感染；無病徴).
宿主域・病徴　宿主は CTeV-1〜4 が検出されたニンジンとその子孫だけに限られる(全身感染；無病徴).
伝　　染　汁液接種不可. 種子伝染(伝染率85%以上). 水平伝染しない.
類縁関係　ニンジンから検出される CTeV-1〜4 の各ゲノム RNA 相互間ではハイブリダイズしないので, これら4種のウイルスは互いにかなり遠縁と考えられる. 一方, CTeV-1 のゲノム RNA の塩基配列はシロクローバ潜伏ウイルス1(*White clover cryptic virus 1*：WCCV-1)にかなり近縁である. CTeV-2 の粒子径は同属他種のウイルスよりやや小さい. 従来, CTeV-1, -3, -4 は *Partitiviridae Alphacryptovirus*, CTeV-2 は *Partitiviridae Betacryptovirus* に分類されていたが, *Partitiviridae* の新分類に伴い, 現在はいずれも属未定である. ニンジンからはさらにゲノム dsRNA のサイズが異なる CTeV-5(RNA1：1.02 MDa, RNA2：0.94 MDa)も検出されているが, CTeV-3 と-5 のゲノム RNA が相互にハイブリダイズすることから, CTeV-5 は-3 の一系統と考えられる.
地理的分布　日本.
そ の 他　CTeV-1〜4 は共感染している場合が多い.　　　　　　　　　　　　　　　　　〔夏秋知英〕
主要文献　夏秋知英ら(1979). 日植病報, 45, 84, 129；Natsuaki, T. et al.(1990). Ann. Phytopath. Soc. Jpn., 56, 354-358；Ghabrial, S.A. et al.(2012). *Partitiviridae*. Virus Taxonomy 9th Report of ICTV, 523-534；ICTV Virus Taxonomy List(2013). *Partitiviridae*；ICTVdB(2006). *Carrot temperate virus 1*. 00.049.0.03.007., *Carrot temperate virus 2*. 00.049.0.04.002., *Carrot temperate virus 3*. 00.049.0.03.008., *Carrot temperate virus 4*. 00.049.0.03.009.；DPVweb. Alphacryptovirus, Betacryptovirus；Brunt, A. A. et al. eds.(1996). Carrot temperate 1 *alphacryptovirus*, Carrot temperate 2 *betacryptovirus*, Carrot temperate 3 *alphacryptovirus*, Carrot temperate 4 *alphacryptovirus*. Plant Viruses Online；夏秋知英(1983). 植物ウイルス事典, 266；大木 理(1993). 原色作物ウイルス病事典, 410；夏秋知英(1984). 宇都宮大農学報特輯, 43, 1-80；夏秋知英(1987). 植物防疫, 41, 371-375；王 蔚芹ら(1994). 日植病報, 60, 755.

植物ウイルス 73

Carrot yellow leaf virus ニンジン黄葉ウイルス (CYLV)
Closteroviridae Closterovirus

初 記 載	山下修一ら(1976).
異 名	Heracleum virus 6, Hogweed virus 6.
粒 子	【形態】ひも状1種(径12 nm×長さ1,650 nm). らせんピッチ3.7 nm. 被膜なし. 【成分】核酸：(+)ssRNA 1種(16.4 kb). タンパク質：外被タンパク質(CP)1種(23 kDa)，マイナー外被タンパク質(CPm)1種(24 kDa).
ゲ ノ ム	【構造】単一線状(+)ssRNAゲノム. ORF 10個. 5′端にキャップ構造(Cap)をもつと推定されるが，3′端にはポリ(A)配列(poly(A))やtRNA様構造(TLS)を欠く. 【遺伝子】5′-Cap(?)-ORF1a(274 kDa RNA複製酵素サブユニット；パパイン様プロテアーゼドメイン(P-Pro)/メチルトランスフェラーゼドメイン(Met)/ヘリカーゼドメイン(Hel))/ORF1b(55 kDa RNA複製酵素サブユニット；RNA複製酵素ドメイン(Pol); ORF1bはORF1aのフレームシフトによって発現)-ORF2(7 kDaタンパク質)-ORF3(29 kDaタンパク質)-ORF4(67 kDa HSP70タンパク質ホモログ(HSP70h))-ORF5(54 kDaタンパク質)-ORF6(24 kDaマイナー外被タンパク質(CPm))-ORF7(23 kDa外被タンパク質(CP))-ORF8(22 kDaタンパク質)-ORF9(25 kDaタンパク質；RNAサイレンシングサプレッサー)-3′. 【登録コード】FJ869862(全塩基配列).
細胞内所在	ウイルス粒子は篩部細胞の細胞質内に散在あるいは集積する. 細胞質内には小胞の増生が認められる.
自然宿主・病徴	ニンジン(黄葉病；全身感染し，葉に黄化症状を示す. 草丈は萎縮する)；ハナウド(無病徴).
宿 主 域	宿主域は狭い. セリ科の数種植物や*Nicotiana benthamiana*に感染する.
増殖植物	ニンジン，コリアンダー，*N. benthamiana*.
検定植物	ニンジン(黄化，萎縮)；コリアンダー(葉脈えそ，黄化，葉巻).
伝 染	汁液接種不可. *Cavariella aegopodii*などのアブラムシによる半永続伝播.
地理的分布	日本，オランダ，ドイツ，イギリス. 〔日比忠明〕
主要文献	山下修一ら(1976). 日植病報, 42, 382-383; Martelli, G. P. *et al.* (2012). *Closterovirus*. Virus Taxonomy 9th Report of ICTV, 991-996; ICTVdB (2006). *Carrot yellow leaf virus*. 00.017.0.01.007.; Agranovsky, A. A. *et al.* (2011). Closterovirus. The Springer Index of Viruses 2nd ed., 327-333; DPVweb, Closterovirus; Brunt, A. A. *et al.* eds. (1996). Carrot yellow leaf(?) *closterovirus*. Plant Viruses Online; 山下修一(1983). 植物ウイルス事典, 267; 大木 理(1993). 原色作物ウイルス病事典, 408-409; 井上忠男(1984). 野菜のウイルス病, 270; Menzel, W. *et al.* (2009). Arch. Virol., 154, 1343-1347.

植物ウイルス 74

Cauliflower mosaic virus カリフラワーモザイクウイルス (CaMV)
Caulimoviridae Caulimovirus

初 記 載	Tompkins, C. M.(1937)；栃原比呂志(1960).
異　　名	Brassica virus 3, Broccoli mosaic virus, Cabbage mosaic virus, Cabbage virus B.
粒　　子	【形態】球状 1 種（径 50 nm）．被膜なし． 【物性】沈降係数 208 S．浮遊密度(CsCl) 1.37 g/cm^3． 【成分】核酸：dsDNA 1 種(8.0 kbp, GC 含量 43％)．タンパク質：外被タンパク質(CP)2～3 種(15 kDa, 37～44 kDa).
ゲ ノ ム	【構造】単一環状 dsDNA ゲノム(8,024 bp). ORF 7 個. 両鎖に各 1～2 ケ所の不連続部位(gap)があり，そこで一部三重鎖を形成．tRNA プライマー結合部位を有する． 【遺伝子】35 S RNA 転写プロモーター－ORF VII(P7：35 K 機能不明タンパク質)－ORF I (P1：38 K 移行タンパク質(MP))－ORF II (P2：18 K アブラムシ媒介ヘルパータンパク質(ATF))－ORF III(P3：15 K 外被タンパク質；N 端側にコイルドコイルモチーフ，C 端側に DNA 結合モチーフ(DB)をもつ)－ORF IV(P4：58 K ポリプロテイン→44 K，39 K，37 K 外被タンパク質(CP)；N 端側に核局在化シグナルをもつ)－ORF V (P5：79 K ポリプロテイン→60 K 逆転写酵素(RT))－19 S RNA 転写プロモーター－ORF VI(P6：58 K 封入体(ビロプラズム)タンパク質=ビロプラズミン；翻訳アクチベーター活性をもつ)－. 【登録コード】V00141(全塩基配列), ほか.
細胞内所在	粒子は各種組織の細胞の細胞質に形成された封入体(ビロプラズム)内に存在．核内，細胞質内あるいはプラズモデスマータ内に散在する例もある．
自然宿主・病徴	カブ，カリフラワー，キャベツなどアブラナ科植物(全身感染；モザイク，斑紋).
宿 主 域	やや広い．アブラナ科植物，一部のナス科植物．
増 殖 植 物	カブ．
検 定 植 物	カブ(モザイク)；カリフラワー(上葉の葉脈緑帯).
伝　　染	汁液接種可．各種アブラムシにより非永続伝搬.
系　　統	カリフラワーやカブでの病徴が異なる数種系統やアブラムシ非伝搬性系統などがあり，2 種以上の系統が混在感染している例が多い．
類 縁 関 係	他のカリモウイルス属ウイルスと血清関係があり，アミノ酸配列の相同性も高いが，ソイモウイルス属とは血清関係がなく，アミノ酸配列の相同性も逆転写酵素以外はかなり低い．
地理的分布	日本および世界各地．
そ の 他	CaMV-35 S RNA 転写プロモーターは，強力な構成的発現プロモーターとして植物遺伝子工学分野で広く利用されている． 〔日比忠明〕
主 要 文 献	Tompkins, C. M.(1937). J. Agr. Res., 55, 33；栃原比呂志(1960). 日植病報, 25, 187；Geering, A. D. W. et al.(2012). *Caulimovirus*. Virus Taxonomy 9th Report of ICTV, 432-434；ICTVdB(2006). *Cauliflower mosaic virus*. 00.015.0.01.001.；DPVweb. Caulimovirus；Hull, R.(1984). Caulimovirus group. Descriptions of Plant Viruses, 295；Shepherd, R. J.(1981). Cauliflower mosaic virus. Descriptions of Plant Viruses, 243；Brunt, A. A. et al. eds.(1996). Cauliflower mosaic *caulimovirus*. Plant Viruses Online；Schoelz, J. E. et al.(2008). Caulimoviruses：General features. Encyclopedia of Virology 3rd ed., 1, 457-464；Hohn, T.(2008). Caulimoviruses：Molecular biology. Encyclopedia of Virology 3rd ed., 1, 464-469；Hohn, T.(2011). Caulimovirus. The Springer Index of Viruses 2nd ed., 271-277；土居養二(1983). 植物ウイルス事典, 269-270；栃原比呂志(1993). 原色作物ウイルス病事典, 351-352；田村 實(1984). 野菜のウイルス病, 205-206；Franck, A. et al.(1980). Cell, 21, 285-294.

植物ウイルス 75

Celery mosaic virus セルリーモザイクウイルス
(CeMV)
Potyviridae Potyvirus

初 記 載	Severin, H. H. P. and Freitag, J. H.(1938)；岩木満朗・小室康雄(1970).
異　　名	Apium virus 1, Celery crinkle-leaf virus, Celery ringspot virus, Western celery mosaic virus.
粒　　子	【形態】ひも状 1 種（径 13 nm×長さ 780 nm）．被膜なし． 【成分】核酸：(＋)ssRNA 1 種（10 kb）．タンパク質：外被タンパク質（CP）1 種，ゲノム結合タンパク質（VPg）1 種
ゲ ノ ム	【構造】単一線状(＋)ssRNA ゲノム（9,999 nt）．ORF 1 個．5′端にゲノム結合タンパク質（VPg），3′端にポリ(A)配列（poly(A)）をもつ． 【遺伝子】5′-VPg-362 kDa ポリプロテイン（P1 プロテアーゼ（P1）/虫媒介助タンパク質-プロテアーゼ（HC-Pro）/P3 タンパク質（P3）/機能不明タンパク質（6 K1）/円筒状封入体タンパク質（CI）/機能不明タンパク質（6 K2）/ゲノム結合タンパク質（NIa-VPg）/NIa プロテアーゼ（NIa-Pro）/RNA 複製酵素（NIb）/外被タンパク質（CP））-poly(A)-3′． 【登録コード】HQ676607（カリフォルニア分離株 全塩基配列），AJ271087（ドイツ分離株 部分塩基配列）．
細胞内所在	ウイルス粒子は細胞質内に分布．風車状ならびに円筒状の細胞質封入体が観察される．
自然宿主・病徴	ニンジン，セルリー，セリ，パセリ（全身感染；モザイク）．
宿 主 域	狭い．主にセリ科植物．
増 殖 植 物	セルリー．
検 定 植 物	セルリー，ニンジン（全身感染）；*Chenopodium amaranticolor*（接種葉に局部病斑）．
伝　　染	汁液接種可．アブラムシによる非永続伝搬．
系　　統	米国では宿主域・病徴に違いがある crinkle-leaf 系統が報告されている．
地理的分布	世界各地．
そ の 他	岩木満朗・小室康雄(1970)がニンジンから CeMV として分離したウイルス株は宿主域などが欧米の CeMV とは若干異なり，また，松本直子ら(1976)がセルリーとセリから CeMV として分離した株は，山下一夫・福井要子(2004)によりミツバモザイクウイルス（Japanese hornwort mosaic virus：JHMV）と再同定された．JHMV は現在ではコンニャクモザイクウイルス（*Konjac mosaic virus*：KoMV）の一系統として位置づけられているが，JHMV の CP のアミノ酸配列は CeMV の CP と 54.4％の相同性しかなく，両者は別種である．したがって，わが国において従来から CeMV とされている分離株と欧米の CeMV との異同については，再度検討する必要がある． 〔大木 理〕
主 要 文 献	Severin, H. H. P. and Freitag, J. H.(1938). Hilgardia, 11, 493-558；岩木満朗・小室康雄(1970). 日植病報, 36, 36-42；Adams, M. J. *et al.*(2012). *Potyvirus*. Virus Taxonomy 9th Report of ICTV, 1072-1079；ICTVdB(2006). *Celery mosaic virus*. 00.057.0.01.015.；DPVweb. Potyvirus；Shepard, J. F. *et al.*(1971). Celery mosaic virus. Descriptions of Plant Viruses, 50；Brunt, A. A. *et al.* eds.(1996). Celery mosaic *potyvirus*. Plant Viruses Online；山下修一(1983). 植物ウイルス事典, 271-272；大木 理(1993). 原色作物ウイルス病事典, 406-407, 412-413；井上忠男(1994). 野菜のウイルス病, 261-263, 265-267, 271-272；松本直子ら(1976). 日植病報, 42, 383；藤田 隆(1999). 日植病報, 65, 661；Okuno, K. *et al.*(2003). J. Gen. Plant Pathol., 69, 138-142；山下一夫・福井要子(2004). 日植病報, 70, 50；Xu, D. *et al.*(2011). Arch. Virol., 156, 917-920.

植物ウイルス 76

Cereal yellow dwarf virus-RPS　ムギ類黄萎RPSウイルス　(CYDV-RPS)
Luteoviridae Polerovirus

初　記　載	Rochow, W. F.(1969)；松原 旭ら(2004)，松原 旭ら(2011)．
粒　　　子	【形態】球状1種(径26 nm)．被膜なし． 【成分】核酸：(+)ssRNA 1種(5.7 kb)．タンパク質：外被タンパク質2種(CP：22 kDa，CP-RT：67 kDa)，ゲノム結合タンパク質(VPg)1種．
ゲ　ノ　ム	【構造】単一線状(+)ssRNAゲノム(5,662 nt；メキシコ分離株)．ORF 6個．ゲノムの5′端にゲノム結合タンパク質(VPg)をもつが，3′端にポリ(A)配列(poly(A))を欠く． 【遺伝子】5′-VPg-ORF0(28 kDa RNAサイレンシングサプレッサー)-ORF1(70 kDa プロテアーゼ(Pro)/VPg)-ORF2(120 kDa RNA複製酵素(RdRp)；ORF1のフレームシフトによるORF1との融合タンパク質)-ORF3(22 kDa 外被タンパク質(CP))/ORF4(17 kDa 移行タンパク質(MP)：ORF3に重複して存在)-ORF5(67 kDa 外被タンパク質(CP-RT)：ORF3のリードスルータンパク質でアブラムシ媒介因子でもある)-3′． 【登録コード】AF235168(メキシコ分離株Mex-1全塩基配列)，AB673254(日本分離株KH03全塩基配列)．
細胞内所在	感染植物の篩部細胞に局在して増殖する．
自然宿主・病徴	オオムギ(黄萎病)，コムギ(黄化，萎縮)．
宿　主　域	狭い．イネ科植物に限られる．
増　殖　植　物	オオムギ，コムギ，エンバク．
検　定　植　物	オオムギ，コムギ，エンバク．
伝　　　染	汁液接種不可．ムギクビレアブラムシ(*Rhopalosiphum padi*)による循環型・非増殖性伝搬．
類　縁　関　係	CYDV-RPV(国内未報告)とは外被タンパク質のアミノ酸配列において90%以上の相同性をもつが，ゲノム全体の塩基配列相同性は75%程度である．
地理的分布	メキシコ，北米，アラスカ，日本．おそらく世界各国に発生すると思われる．
そ　の　他	従来，オオムギ黄萎ウイルス(BYDV)は媒介アブラムシの種の違いによっていくつかの系統に分かれていたが，それらは現在では次の10種の独立種として分類されている．BYDV-ker II，BYDV-ker III，BYDV-MAV，BYDV-PAS，BYDV-PAV(以上 *Luteovirus* 属)；BYDV-GPV，BYDV-SGV(以上 *Luteoviridae* 科属未定)；CYDV-RPS，CYDV-RPV，MYDV-RMV(以上 *Polerovirus* 属)．なお，種名のRPSは，媒介虫 *R. padi* とメキシコ分離株(Mex-1)がコムギで激しい症状(severe)を引き起こすことに由来する．〔佐野義孝〕
主　要　文　献	Rochow, W. F.(1969). Phytopathology, 59, 1580-1589；松原 旭ら(2004).日植病報, 70, 278-279；松原 旭ら(2011).日植病報, 77, 228-229；Domier, L. L.(2012). *Polerovirus*. Virus Taxonomy 9th Report of ICTV, 1049-1050；ICTVdB(2006). *Cereal yellow dwarf virus-RPS*. 00.039.0.02.004.；DPVweb. Polerovirus；Rochow, W. F.(1970). Barley yellow dwarf virus. Descriptions of Plant Viruses, 32；Henry, M. *et al.*(2004). Cereal yellow dwarf(CYDV-RPS). Viruses and Virus Diseases of *Poaceae*(Lapierre, H. *et al.* eds., INRA), 561-562；Miller, W.A. and Rasochová, L.(1997). Barley yellow dwarf viruses. Ann. Rev. Phytopathol., 35, 167-190；Domier, L. L.(2011). Luteovirus. The Springer Index of Viruses 2nd ed., 821-826；大木 理(1983).植物ウイルス事典, 210-211；土崎常男(1993).原色作物ウイルス病事典, 71, 78.

植物ウイルス 77

Cherry green ring mottle virus チェリー緑色輪紋ウイルス (CGRMV)
Betaflexiviridae 属未定

初 記 載	Fridlund, P. R. and Diener, T. O.(1958), Barksdale, T. H.(1959); 小畑琢志(1968).
異 名	Sour cherry green ring mottle virus.
粒 子	【形態】ひも状 1 種(径 5〜6 nm×長さ 1,000〜2,000 nm). 被膜なし. 【成分】核酸：(+)ssRNA 1 種(8.4 kb). タンパク質：外被タンパク質(CP)1 種(30 kDa).
ゲ ノ ム	【構造】単一線状(+)ssRNA ゲノム(8,372〜8,376 nt). ORF 7 個. ゲノムの 3′ 端にポリ(A)配列(poly(A))をもつ. 【遺伝子】5′-ORF1(230 kDa RNA 複製酵素；RP)-ORF2(25 kDa 移行タンパク質 1；TGB1)-ORF3(12 kDa 移行タンパク質 2；TGB2)-ORF4(7 kDa 移行タンパク質 3；TGB3)-ORF5(30 kDa 外被タンパク質；CP)-poly(A)-3′. このほかに ORF2 と ORF5 の内部にそれぞれ 14 kDa と 18 kDa の機能不明タンパク質をコードする 2 つの ORF が存在する. 【登録コード】AF017780(米国分離株 N 系統 全塩基配列), AJ291761(フランス分離株 P1C124 系統 全塩基配列), ほか.
自然宿主・病徴	酸果オウトウ(*Prunus cerasus*)(葉の黄化, 退緑斑紋. 果実のえそ輪紋, 奇形, 糖度低下)；サトザクラ(*P. serrulata*)(葉脈えそ, エピナスティー, 枝枯)；甘果オウトウ(*P. avium*), モモ(*P. persica*), アンズ(*P. armeniaca*), ユスラウメ(*P. tomentosa*)(無病徴).
宿 主 域	サクラ属植物. 現在まで草本植物宿主は見つかっていない.
検 定 植 物	サトザクラ(白普賢, 関山)(葉の葉脈えそ, エピナスティー. 樹皮のえそ. 木質部のピッティング. 枝枯).
伝 染	汁液接種不可. 接ぎ木伝染.
類 縁 関 係	チェリーえそさび斑ウイルス(*Cherry necrotic rusty mottle virus*：CNRMV)のゲノムの塩基配列と 60％の相同性をもつ.
地理的分布	北米, ヨーロッパ, オーストラリア, ニュージーランド, トルコ, 日本, 中国.
そ の 他	CGRMV 純化粒子の機械的接種では感染しない. オウトウ芽枯病感染樹からも CGRMV が検出されているが, 病気との関連性については不明である. 〔磯貝雅道〕
主 要 文 献	Fridlund, P. R. and Diener, T. O.(1958). Pl. Dis. Reptr., 42, 830-832；Barksdale, T. H.(1959). Phytopathology, 49, 777-784；小畑琢志(1968). 日植病報, 34, 377；Adams, M. J. *et al.*(2012). *Betaflexiviridae*. Virus Taxonomy 9th Report of ICTV, 920-941；ICTVdB(2006). *Cherry green ring mottle virus*. 00.056.0.00.002.；Jelkmann, W. *et al.*(2011). *Cherry green ring mottle virus*. Virus and Virus-Like Diseases of Pome and Stone Fruits(Hadidi, A. *et al.* eds., APS Press), p. 115-118；山口 昭(1983). 植物ウイルス事典, 273；柳瀬春夫(1993). 原色作物ウイルス病事典, 637-641；北島 博(1989). 果樹病害各論, 395；Zhang, Y. P. *et al.*(1998). J. Gen. Virol., 79, 2275-2281；菊池繁美ら(2000). 山形園試研報, 13, 11-22；Gentit, P. *et al.*(2002). Arch. Virol., 147, 1033-1042；Isogai, M. *et al.*(2004). J. Gen. Plant Pathol., 70, 288-291；Li, R. and Mock, R.(2005). J. Virol. Methods, 129, 162-169；Sipahioglu, H.M. *et al.*(2008). Plant Pathol., 57, 392；Zhou, J. F. *et al.*(2011). Plant Dis., 95, 1319.

植物ウイルス 78

(CLRV)
Cherry leaf roll virus チェリー葉巻(はまき)ウイルス
Secoviridae Comovirinae Nepovirus(Subgroup C)

初 記 載	Schuster, C. E. and Miller, P. W.(1933), Swingle, R. V. *et al*.(1941)；山下一夫ら(2000).
異　　名	チェリーリーフロールウイルス，Ash mosaic virus, Elm mosaic virus, Golden elderberry virus, Sambucus ringspot and yellow net virus, Walnut black line virus.
粒　　子	【形態】球形2種(径約25 nm). 被膜なし. 【成分】核酸：(+)ssRNA 2種(RNA1：7.9 kb, RNA2：6.4〜6.5 kb). タンパク質：外被タンパク質(CP)1種(54 kDa), ゲノム結合タンパク質(VPg)1種.
ゲ ノ ム	【構造】2分節線状(+)ssRNAゲノム(RNA1：7,905〜7,918 nt, RNA2：6,360〜6,511 nt). ORF 2個(RNA1：1個, RNA2：1個). ゲノムの5′端にゲノム結合タンパク質(VPg), 3′端にポリ(A)配列(poly(A))をもつ. 【遺伝子】RNA1：5′-VPg-236 kDaポリプロテイン(プロテアーゼコファクター/ヘリカーゼ/VPg/プロテアーゼ(Pro)/RNA複製酵素(RdRp))-poly(A)-3′. RNA2：5′-VPg-175〜180 kDaポリプロテイン(機能不明タンパク質/移行タンパク質(MP)/外被タンパク質(CP))-poly(A)-3′. 【登録コード】FR851461(E395株RNA1全塩基配列), FR851462(E395株RNA2全塩基配列), JN104386(Olm1株RNA1全塩基配列), JN104385(Olm1株RNA2全塩基配列), ほか.
細胞内所在	ウイルス粒子は感染植物の各種細胞の細胞質内に存在する.
自然宿主・病徴	オウトウ(葉巻, 壊死)；クルミ(黒色条斑など)；ニラ(無病徴)；スグリ, デルフィニウム, ギシギシなど.
宿 主 域	かなり広い. 36科以上の植物種(全身感染；多くの場合は無病徴).
検 定 植 物	*Chenopodium amaranticolor, C. quinoa*(接種葉にえそ斑, 上葉に退緑斑紋, えそ, 奇形など)；*Nicotiana tabacum*(接種葉にえそ斑, 上葉に退緑輪点)；キュウリ, ツルナ(接種葉に退緑斑, 上葉に退緑輪点).
伝　　染	汁液接種可. ユミハリセンチュウ(*Xiphinema coxi* ほか)による伝搬.
類 縁 関 係	タバコ輪点ウイルス(*Tobacco ringspot virus*：TRSV), トマト輪点ウイルス(*Tomato ringspot virus*：ToRSV), アラビスモザイクウイルス(*Arabis mosaic virus*：ArMV), *Raspberyy ringspot virus*(RpRSV)など他の*Nepovirus*属ウイルスとは血清関係がない.
地理的分布	日本および世界各国. 〔山下一夫〕
主 要 文 献	Schuster, C. E. and Miller, P. W.(1933). Phytopathology, 23, 408-409；Swingle, R. V. *et al.*(1941). Phytopathology, 31, 22；山下一夫ら(2000). 日植病報, 66, 145；Sanfaçon, H. *et al.*(2012). *Nepovirus*. Virus Taxonomy 9th Report of ICTV, 890-893；ICTVdB(2006). *Cherry leaf roll virus*. 00.018.0.03.009.；DPVweb. Nepovirus；Jones, A. T.(1985). Cherry leafroll virus. Description of Plant Viruses, 306；Harrison, B.D. and Murant, A. F.(1977). Nepovirus group. Descriptions of Plant Viruses, 185；Brunt, A. A. *et al.* eds.(1996). Cherry leaf roll *nepovirus*. Plant Viruses Online：Büttner, C. *et al.*(2011). *Cherry leaf roll virus*. Virus and Virus-Like Diseases of Pome and Stone Fruits(Hadidi, A. *et al.* eds., APS Press), p.119-126；Cropley, R.(1961). Ann. Appl. Biol., 49, 524-529；Waterworth, H. E. and Lawson, R. H.(1973). Phytopathology, 63, 141-146；山下一夫・福井要子(2004). 北日本病虫研報, 55, 273；Eastwell, K. C. *et al.*(2012). Arch. Virol., 157, 761-764.

植物ウイルス 79

Cherry necrotic rusty mottle virus　チェリーえそさび斑ウイルス　(CNRMV)
Betaflexiviridae 属未定

初　記　載	Rott, M. E. and Jelkman, W. (2001)；青柳 潤ら (2001)，Isogai, M. *et al.* (2004)．
粒　　　子	【形態】ひも状1種（径5〜6 nm×長さ1,000〜2,000 nm）．被膜なし． 【成分】核酸：（＋）ssRNA 1種（8.4 kb）．タンパク質：外被タンパク質（CP）1種（30 kDa）．
ゲ ノ ム	【構造】単一線状（＋）ssRNAゲノム（8,429〜8,432 nt）．ORF 7個．ゲノムの3′端にポリ（A）配列（poly（A））をもつ． 【遺伝子】5′-ORF1（232 kDa RNA複製酵素；RP）-ORF2（25 kDa移行タンパク質1；TGB1）-ORF3（12 kDa移行タンパク質2；TGB2）-ORF4（7 kDa移行タンパク質3；TGB3）-ORF5（30 kDa外被タンパク質；CP）-poly（A）-3′． このほかにORF2とORF5の内部にそれぞれ13 kDaと18 kDaの機能不明タンパク質をコードする2つのORFが存在する． 【登録コード】AF237816（甘果オウトウ分離株 全塩基配列），EU188438（サトザクラ分離株 全塩基配列），ほか．
自然宿主・病徴	甘果オウトウ（*Prunus avium*）（無病徴〜斑紋；接ぎ木接種による病徴）；サトザクラ（*P. serrulata*）（無病徴〜葉脈壊死；接ぎ木接種による病徴）． チェリーえそさび斑病（葉に褐色壊死斑点，穿孔，樹皮の膨れ，樹脂吐出，壊死）を呈した甘果オウトウから検出されたCNRMVは接ぎ木による戻し接種では原病徴が再現されない．日本のサトザクラから検出されたCNRMVは検定に用いるサクラ属の樹種によっては接ぎ木接種によって軽い病徴を示す．
宿　主　域	甘果オウトウなどサクラ属植物．現在まで草本植物宿主は見つかっていない．
伝　　　染	汁液接種不可．接ぎ木伝染．
類 縁 関 係	チェリー緑色輪紋ウイルス（*Cherry green ring mottle virus*：CGRMV）のゲノムの塩基配列と60%の相同性をもつ．
地理的分布	北米，ヨーロッパ，ニュージーランド，日本，中国．
そ の 他	オウトウ芽枯病感染樹からも検出されているが，病気との関連性については不明である．

〔磯貝雅道〕

主 要 文 献　Rott, M. E. and Jelkman, W. (2001). Arch. Virol., 146, 395-401；青柳 潤ら (2001). 日植病報, 68, 54；Isogai, M. *et al.* (2004). J. Gen. Plant Pathol., 70, 288-291；Adams, M. J. *et al.* (2012). *Betaflexiviridae*. Virus Taxonomy 9th Report of ICTV, 920-941；ICTVdB (2006). *Cherry necrotic rusty mottle virus*. 00.056.0.00.003.；Rott, M. and Jelkmann, W. (2011). *Cherry necrotic rusty mottle* and *Cherry rusty mottle viruses*. Virus and Virus-Like Diseases of Pome and Stone Fruits (Hadidi, A. *et al.* eds., APS Press), p.133-136；菊池繁美ら (2000). 山形園試研報, 13, 11-22；Li, R. and Mock, R. (2005). J. Virol. Methods, 129, 162-169；Li, R. and Mock, R. (2008). Arch. Virol., 153, 973-978；Zhou, J. F. *et al.* (2013). Plant Dis., 97, 290.

植物ウイルス 80

(CVA)
Cherry virus A チェリー A ウイルス
Betaflexiviridae Capillovirus

初 記 載	Jelkmann, W. (1995)；山下一夫ら(2002)，Isogai, M. (2004).

粒　　子　【形態】ひも状1種(径 12 nm×長さ 640～700 nm)．被膜なし．
　　　　　　【成分】核酸：(+)ssRNA 1種(7.4 kb)．タンパク質：外被タンパク質(CP)1種(24 kDa)．

ゲ ノ ム　【構造】単一線状(+)ssRNA ゲノム(7,379～7,383 nt)．ORF 3個(ORF3(CP)は ORF1(RP)に融合する形で存在する)．ゲノムの 5′端にキャップ構造(Cap)，3′端にポリ(A)配列(poly(A))をもつ．
　　　　　　【遺伝子】5′-Cap-ORF1/ORF3(266 kDa ポリプロテイン；メチルトランスフェラーゼドメイン/パパイン様プロテアーゼドメイン/ヘリカーゼドメイン/RNA 複製酵素ドメイン/外被タンパク質(CP))-ORF2(52 kDa 移行タンパク質(MP))-poly(A)-3′．
　　　　　　ORF2 は ORF1 の内部に異なるフレームで存在する．
　　　　　　【登録コード】X82547(甘果オウトウ分離株 全塩基配列)，ほか．

自然宿主・病徴　甘果オウトウ(*Prunus avium*)，酸果オウトウ(*P. cerasus*)，アンズ(*P. armeniaca*)，モモ(*P. persica*)(無病徴感染)．

宿 主 域　*P. avium, P. cerasus* などサクラ属植物．現在まで草本植物の宿主は見つかっていない．

伝　　染　汁液接種の可否不明．接ぎ木伝染．

類 縁 関 係　リンゴクロロティックリーフスポットウイルス(*Apple chlorotic leaf spot virus*：ACLSV)，リンゴステムグルービングウイルス(*Apple stem grooving virus*：ASGV)，リンゴステムピッティングウイルス(*Apple stem pitting virus*：ASPV)，*Cherry mottle leaf virus*(CMLV)とは血清関係がない．

地理的分布　北米，ヨーロッパ，日本，インド．

そ の 他　CVA はリトルチェリー病やオウトウ芽枯病に感染した樹から検出されるが，健全個体からも検出される．そのため，病害との関連はないと考えられる．　　　　　　　〔磯貝雅道〕

主要文献　Jelkmann, W. (1995). J. Gen. Virol., 76, 2015-2024；山下一夫ら(2002). 日植病報, 68, 237；Isogai, M. et al. (2004). J. Gen. Plant Pathol., 70, 288-291；Adams, M. J. et al. (2012). *Capillovirus*. Virus Taxonomy 9th Report of ICTV, 922-923；ICTVdB (2006). *Cherry virus A*. 00.056.0.06.005.；Brunt, A. A. et al. eds. (1996). Cherry A *capillovirus*. Plant Viruses Online；Marais, A. et al. (2011). *Cherry virus A*. Virus and Virus-Like Diseases of Pome and Stone Fruits (Hadidi, A. et al. eds., APS Press), p.147-150；菊池繁美ら(2000). 山形園試研報, 13, 11-22；山蔦翼ら(2004). 日植病報, 70, 51；Noorani, M.S. et al. (2010). Arch. Virol., 155, 2079-2082.

植物ウイルス 81

(ChAMV)
Chinese artichoke mosaic virus チョロギモザイクウイルス
Potyviridae Potyvirus

初 記 載	Fuji, S. *et al.* (2003).
粒　　子	【形態】ひも状1種(長さ740 nm). 被膜なし.
	【成分】核酸:(＋)ssRNA 1種(10 kb). タンパク質:外被タンパク質(CP)1種(33 kDa).
ゲ ノ ム	【構造】単一線状(＋)ssRNA ゲノム. 3′端にポリ(A)配列(poly(A))をもつ.
	【遺伝子】外被タンパク質遺伝子(CP), ほか.
	【登録コード】AB099711, AB353121, AB719457(3′端側領域 部分塩基配列).
自然宿主・病徴	チョロギ(モザイク).
検 定 植 物	*Chenopodium amaranticolor, C. quinoa*(接種葉にえそ斑);ツルナ(接種葉に微斑モザイク);
	Nicotiana benthamiana(モザイク);センニチコウ(接種葉にえそ輪紋).
伝　　染	汁液接種可. アブラムシによる非永続的伝搬.
類 縁 関 係	他の *Potyvirus* 属ウイルスとの高い類縁関係はない.
地理的分布	日本. 〔藤 晋一〕
主 要 文 献	Fuji, S. *et al.* (2003). Arch. Virol., 148, 2249-2255;Adams, M. J. *et al.* (2012). *Potyvirus*. Virus Taxonomy 9th Report of ICTV, 1072-1079.

植物ウイルス 82

Chinese wheat mosaic virus コムギモザイクウイルス (CWMV)
Virgaviridae Furovirus

　従来，日本産ムギ類萎縮ウイルスは米国産 *Soil-borne wheat mosaic virus*(SBWMV)の一系統とされてきたが，現在では，ウイルスゲノムの比較構造解析によって，SBWMV およびその類似ウイルスは，コムギ萎縮ウイルス(*Soil-borne wheat mosaic virus*：SBWMV)，ムギ類萎縮ウイルス(*Japanese soil-borne wheat mosaic virus*：JSBWMV)，コムギモザイクウイルス(*Chinese wheat mosaic virus*：CWMV)，*Soil-borne cereal mosaic virus*(SBCMV)の4種に分類されている．しかし，コムギモザイクウイルスの性状は下記の事項以外は概ねコムギ萎縮ウイルスに類似しているので，コムギ萎縮ウイルス(植物ウイルス 280)の項を参照されたい．

初　記　載　Diao, A. *et al.*(1999)；白子幸男・前島秀和(2008)．
ゲ ノ ム　【登録コード】AB299271(RNA1 全塩基配列)，AB299272(RNA2 全塩基配列)．
自然宿主・病徴　コムギ(萎縮病；主にモザイク，萎縮)．
類 縁 関 係　コムギ萎縮ウイルス(SBWMV)とはゲノムの相同性解析から別種とされた．
地理的分布　日本(宮城以北，長野)，中国．　　　　　　　　　　　　　　　　　〔白子幸男・日比忠明〕
主 要 文 献　Diao, A. *et al.*(1999). J. Gen. Virol., 80, 1141-1145；白子幸男・前島秀和(2008). 日植病報, 74, 223；Chen, J. P.(2004). Chinese wheat mosaic. Viruses and Virus Diseases of *Poaceae*(Lapierre, H. *et al.* eds., INRA), 567-568.

植物ウイルス 83

Chinese yam necrotic mosaic virus　ヤマノイモえそモザイクウイルス
(CYNMV)
Potyviridae Macluravirus

初　記　載	福本文良・栃原比呂志(1974)，福本文良・栃原比呂志(1978).
異　　　名	Yam necrotic mosaic virus.
粒　　　子	【形態】ひも状1種(径12～13 nm×長さ660 nm). 被膜なし.
	【成分】核酸：(+)ssRNA 1種(8.2 kb). タンパク質：外被タンパク質(CP)1種(32 kDa).
ゲ ノ ム	【構造】単一線状(+)ssRNAゲノム. ORF 1個. 3′端にポリ(A)配列(poly(A))をもつ.
	【遺伝子】5′-VPg(?)-297 kDaポリプロテイン(HC-Proタンパク質/P3タンパク質/7 Kタンパク質/円筒状封入体タンパク質(CI)/9 Kタンパク質/ゲノム結合タンパク質(VPg)/NIaプロテアーゼ(NIa-Pro)/RNA複製酵素(NIb)/外被タンパク質(CP))-poly(A)-3′.
	【登録コード】AB710145(日本分離株 全塩基配列)，ほか.
細胞内所在	ウイルス粒子は各種細胞の細胞質内に存在し，細胞質封入体を形成する.
自然宿主・病徴	ヤマノイモ(*Dioscorea japonica*)，ナガイモ(*D. opposita*)(モザイク～えそモザイク).
検 定 植 物	ナガイモ，ヤマノイモ.
伝　　　染	汁液接種可(粗汁液では困難だが，精製試料では可). アブラムシによる非永続伝搬.
類 縁 関 係	他の*Macluravirus*との高い類縁関係はない.
地理的分布	日本，韓国.
そ の 他	本ウイルスは*Carlavirus*に属するウイルスとして分類されてきたが，外被タンパク質のアミノ酸配列に基づく分子分類により，*Macluravirus*に属するウイルスとして再分類された.

〔藤　晋一〕

主 要 文 献　福本文良・栃原比呂志(1974). 日植病報, 40, 154；福本文良・栃原比呂志(1978). 日植病報, 44, 1-5；Adams, M. J. *et al.*(2012). *Macluravirus*. Virus Taxonomy 9th Report of ICTV, 1081-1082；ICTVdB(2006). Chinese yam necrotic mosaic virus. 00.056.0.84.010.；DPVweb. Macluravirus；Brunt, A. A. *et al.* eds.(1996). Chinese yam necrotic mosaic(?)*carlavirus*. Plant Viruses Online；栃原比呂志(1983). 植物ウイルス事典, 274-275；栃原比呂志(1993). 原色作物ウイルス病事典, 432-434；遠山 明(1984). 野菜のウイルス病, 310-314；Shirako, Y. and Ehara, Y.(1986). Ann. Phytopath. Soc. Jpn., 52, 453-459；Kondo, T.(2001). Arch. Virol., 146, 1527-1535；Kondo, T. *et al.*(2003). J. Gen. Plant Pathol., 69, 397-399；Kondo, T. *et al.*(2012). Arch. Virol., 157, 2299-2307.

植物ウイルス 84

Chrysanthemum stem necrosis virus　キク茎えそウイルス
(CSNV)
Bunyaviridae Tospovirus

初　記　載	Duarte, L. M. L. *et al.*(1995)；松浦昌平ら(2007), Matsuura, S. *et al.*(2007).
粒　　　子	【形態】球状1種(径90〜120 nm). 被膜あり. 【成分】核酸：(−)ssRNA 3種(L RNA：未詳, M RNA：未詳, S RNA：2.9 kb；GC含量(S RNA)33％). タンパク質：ヌクレオキャプシドタンパク質1種(N；29 kDa), 糖タンパク質2種(Gn, Gc), ほか. 脂質：宿主の脂質膜由来.
ゲ ノ ム	【構造】3分節環状(−)ssRNA(L RNA：未詳, M RNA：未詳, S RNA：2,940 nt). ORF 5個(L RNA：1個(推定), M RNA：2個, S RNA：2個). M RNAとS RNAはアンビセンス鎖構造となっている. 【遺伝子】L RNA：未詳. M RNA：3′-Gn/Gcタンパク質(127.5 kDa ポリプロテイン→糖タンパク質 Gn/Gc；相補鎖)-NSmタンパク質(34.1 kDa 非構造タンパク質；ウイルス鎖)-5′. S RNA：3′-Nタンパク質(29.2 kDa ヌクレオキャプシドタンパク質；相補鎖)-NSsタンパク質(51.7 kDa 非構造タンパク質；ウイルス鎖)-5′. 【登録コード】AB600873(HiCh06A系統 S RNA全塩基配列), AB274026(Gn/Gcポリプロテイン遺伝子 塩基配列), AF213675(NSmタンパク質遺伝子 塩基配列), ほか.
細胞内所在	成熟ウイルス粒子は各種組織の細胞のゴルジ体または小胞体に集積.
自然宿主・病徴	キク, アスター, トルコギキョウ(茎えそ病), トマト(全身感染；茎葉に黄化やえそを生じる).
宿　主　域	広い. 虫媒接種と汁液接種では感染性が異なる場合がある.
増 殖 植 物	*Nicotiana benthamiana*.
検 定 植 物	ペチュニア, *Chenopodium quinoa*(接種葉に局部病斑).
伝　　　染	汁液接種可. ミカンキイロアザミウマ(*Frankliniella occidentalis*)による永続伝搬(幼虫期にウイルスを獲得し, 主に成虫になってから媒介する. 成虫が新たに獲得することはない).
類 縁 関 係	トマト黄化えそウイルス(TSWV)抗血清と弱い交差反応がある.
地理的分布	日本および世界各地.　〔奥田　充〕
主 要 文 献	Duarte, L. M. L. *et al.*(1995). J. Phytopathol., 143, 569-571；松浦昌平ら(2007). 日植病報, 73, 68；Matsuura, S. *et al.*(2007). Plant Disease, 91, 468；Plyusnin, A. *et al.*(2012). *Tospovirus*. Virus Taxonomy 9th Report of ICTV, 737-739；DPVweb. Tospovirus；Goldbach, R. *et al.*(2011). Tospovirus. The Springer Index of Viruses 2nd ed., 231-235；奥田　充ら(2007). 日植病報, 73, 223；Momonoi, K. *et al.*(2011). J. Gen. Plant Pathol., 77, 142-146；Takeshita, M. *et al.*(2011). Eur. J. Plant Pathol., 131, 9-14.

植物ウイルス 85

Chrysanthemun virus B キク B ウイルス (CVB)
Betaflexiviridae Carlavirus

初 記 載	Noordam, D.(1952)；栃原比呂志(1968)．
異 名	Chrysanthemum dwarf mottle virus, Chrysanthemum mild mosaic virus, Chrysanthemum necrotic mottle virus, Chrysanthemum vein mottle virus, Chrysanthemum virus Q.
粒 子	【形態】ひも状1種（径12 nm×長さ685 nm）．被膜なし． 【成分】核酸：（＋）ssRNA 1種（9.0 kb）．タンパク質：外被タンパク質（CP）1種（34〜35 kDa）．
ゲ ノ ム	【構造】単一線状（＋）ssRNAゲノム（8,990 nt）．ORF 6個．ゲノムの5′端にキャップ構造（Cap），3′端にポリ（A）配列（poly（A））をもつ． 【遺伝子】5′-Cap-ORF1（236 kDa RNA複製酵素；RP；メチルトランスフェラーゼドメイン/パパイン様プロテアーゼドメイン/ヘリカーゼドメイン/RNA複製酵素ドメイン）-ORF2（26 kDa 移行タンパク質1；TGB1）-ORF 3（11 kDa 移行タンパク質2；TGB2）-ORF4（7 kDa 移行タンパク質3；TGB3）-ORF5（34〜35 kDa 外被タンパク質；CP）-ORF6（13 kDa 核酸結合タンパク質）-poly（A）-3′． ORF5はORF6をオーバーラップしてコードしている． 【登録コード】AB245142（日本分離株 全塩基配列），ほか．
細胞内所在	ウイルス粒子は植物のすべての組織に存在する．夏季には容易に検出されなくなる．
自然宿主・病徴	キク（全身感染；微斑紋，葉脈透化）．
宿 主 域	狭い．キク科，ナス科，ツルナ科植物．
増 殖 植 物	*Nicotiana clevelandii*（全身的な微斑や葉脈透化）．
検 定 植 物	ペチュニア（局部退緑斑点．分離株によりえそ斑点〜退緑輪紋）．
伝 染	汁液接種可．アブラムシによる非永続伝搬．
系 統	ペチュニアの反応の差により3つの系統がある．
類 縁 関 係	血清学的にカーネーション潜在ウイルス（*Carnation latent virus*：CLV），ジャガイモMウイルス（*Potato virus M*：PVM），ジャガイモSウイルス（*Potato virus S*：PVS）と遠い類縁関係がある．
地理的分布	日本および世界各地． 〔亀谷満朗〕
主 要 文 献	Noordam, D.(1952). Tijdschr. Pl. Ziekt., 58, 121-189；栃原比呂志(1968). 日植病報, 34, 201；Adams, M. J. *et al.*(2012). *Carlavirus.* Virus Taxonomy 9th Report of ICTV, 924-927；ICTVdB(2006). *Chrysanthemum virus B.* 00.056.0.04.007.；DPVweb. Carlavirus；Hollings, M. and Stone, O. W.(1972). Chrysanthemum virus B. Descriptions of Plant Viruses, 110；Brunt, A. A. *et al.* eds.(1996). Chrysanthemum B *carlavirus.* Plant Viruses Online；尾崎武司(1983). 植物ウイルス事典, 280-281；栃原比呂志(1993). 原色作物ウイルス病事典, 505-506；Brierley, P.(1955). Phytopathology, 45, 2-7；Hollings, M.(1957). Ann. Appl. Biol., 45, 589-602；Hakkaart, F. A. and Maat, D. Z.(1974). Neth. J. Pl. Path., 80, 97-103；Ohkawa, A. *et al.*(2007). Arch. Virol., 152, 2253-2258；Singh, L. *et al.*(2012). Arch. Virol., 157, 531-537.

植物ウイルス 86

Citus leaf rugose virus カンキツリーフルゴースウイルス (CiLRV)
Bromoviridae Ilarvirus(Subgroup 2)

初　記　載	Garnsey, S. M.(1968)；宮川経邦(1975)，難波成任ら(1980).
異　　　名	Citrus crinkly leaf virus.
粒　　　子	【形態】球状 4 種（径 24.8 nm，26.3 nm，31.3 nm，32.2 nm，それぞれ NP4，NP3，NP2，NP1 とよばれる）．被膜なし． 【物性】沈降係数 79 S(NP4)，89 S(NP3)，98 S(NP2)，105 S(NP1)． 【成分】核酸：（＋）ssRNA 3 種（3.4 kb，3.0 kb，2.3 kb．GC 含量 44％）．タンパク質：外被タンパク質（CP）1 種（24 kDa）．
ゲ ノ ム	【構造】3 分節線状（＋）ssRNA ゲノム（RNA1：3,404 nt，RNA2：2,990 nt，RNA3：2,289 nt）．ORF 4 個（RNA1：1 個，RNA2：1 個，RNA3：2 個）．5′端はキャップ構造（Cap）をもつが，3′端はポリ(A)配列（poly(A)）を欠く． 【遺伝子】RNA1：5′-Cap-118 kDa タンパク質（RNA 複製酵素サブユニット；メチルトランスフェラーゼドメイン/ヘリカーゼドメイン）-3′．RNA2：5′-Cap-95 kDa タンパク質（RNA 複製酵素サブユニット；RNA 複製酵素ドメイン）-3′．RNA3：5′-Cap-32 kDa 移行タンパク質（MP）-24 kDa 外被タンパク質（CP）-3′． 24 kDa 外被タンパク質は RNA3 から生じるサブゲノミック RNA（RNA4）から翻訳される． 【登録コード】U23715（RNA1 全塩基配列），U17726（RNA2 全塩基配列），U17390（RNA3 全塩基配列），ほか．
細胞内所見	ウイルス粒子は各種細胞の細胞質内に散在，あるいは膜に沿って並ぶ．
自然宿主・病徴	カンキツ（全身感染；葉の萎縮，奇形）．
宿　主　域	やや狭い．アカザ科，マメ科，ナス科，ウリ科，ヒユ科植物．
増殖植物	タバコ，カンキツ（品種 ユーレカレモン，エトログシトロン）．
検定植物	カンキツ（品種 メキシカンライム）（葉の波打症状）；カンキツ（品種 ユーレカレモン）（微小な退緑斑点が展葉中に生じ，硬化後も残る）．
伝　　　染	汁液接種可．媒介生物不明．接ぎ木伝染．
系　　　統	米国ではダンカングレープフルーツへの反応性が異なる系統が知られている．日本に発生した系統と米国の系統との異同は不明．
類縁関係	*Citrus variegation virus*(CVV)，*Tulare apple mosaic virus*(TaMV)と血清関係がある．
地理的分布	日本（九州，四国）および米国（フロリダ州の一部）．　　　　　　　　　　　　　〔岩波　徹〕
主要文献	Garnsey, S. M.(1968). Proc. Fla. State Hort. Soc., 81, 79-84；宮川経邦(1975).日植病報, 41, 286-287；難波成任ら(1980).日植病報, 46, 106；Bujarski, J. *et al.*(2012). *Ilarvirus*. Virus Taxonomy 9th Report of ICTV, 972-975；ICTVdB(2006). *Citrus leaf rugose virus*. 00.010.0.02.006.；DPVweb. Ilarvirus；Garnsey, S. M. and Gonsalves, D.(1976). Citrus leaf rogose virus. Descriptions of Plant Viruses, 164；Brunt, A. A. *et al.* eds.(1996). Citrus leaf rugose ilarvirus. Plant Viruses Online；Eastwell, K. C.(2008). *Ilarvirus*. Encyclopedia of Virology 3rd ed., 3, 46-56；Scott, S.W.(2011). Ilarvirus. The Springer Index of Viruses 2nd ed., 187-194；難波成任(1983).植物ウイルス事典, 284-285；小泉銘册(1993).原色作物ウイルス病事典, 601-602；Garnsey, S. M.(1974). Phytopathology, 65, 50-57；Gonsalves, D. and Garnsey, S. M.(1974). Virology, 61, 343-353；Gonsalves, D. and Garnsey, S. M.(1975). Virology, 64, 23-31；Gonsalves, D. and Garnsey, S. M.(1975). Virology, 67, 319-326；Ge, X. and Scott, S.W.(1994). J. Gen. Virol., 75, 2841-2846；Scott, S.W. and Ge, X.(1995). J. Gen. Virol., 76, 957-963；Scott, S.W. and Ge, X.(1995). J. Gen. Virol., 76, 3233-3238；Scott, S.W. *et al.*(2003). Arch. Virol., 148, 2063-2075.

植物ウイルス 87

Citrus psorosis virus　カンキツソローシスウイルス
(CPsV)
Ophioviridae Ophiovirus

初　記　載	Fawcett, H. S.(1933)；伊藤隆男ら(2007).
異　　　名	Citrus ringspot virus, Spirovirus.
粒　　　子	【形態】糸状数種(径3 nm×長さ690〜760 nm, 1,500〜2,500 nm). よじれた環状のヌクレオキャプシドがさまざまな形態を示し，環状構造が壊れると擬似線状の二重鎖構造をとる(径9 nm). 被膜なし. 【成分】核酸：(−)ssRNA 3種(RNA 1：8.2 kb, RNA 2：1.6 kb, RNA 3：1.5 kb). タンパク質：外被タンパク質(CP) 1種(48〜50 kDa).
ゲ　ノ　ム	【構造】3分節線状(−)ssRNAゲノム(RNA 1：8,186 nt, RNA 2：1,645 nt, RNA 3：1,447 nt). ORF 4個(RNA1：2個, RNA2：1個, RNA3：1個). 【遺伝子】RNA1：5′−280 kDa RNA複製酵素(RdRp)−24 kDa 機能不明タンパク質−3′. RNA2：5′−54 kDa 機能不明タンパク質(核移行シグナルをもつ)−3′. RNA3：5′−48〜50 kDa 外被タンパク質(CP)−3′. 【登録コード】AY654892(RNA1全塩基配列)，AY654893(RNA2全塩基配列)，AY654894(RNA3全塩基配列)，AB537976(日本分離株RNA3部分塩基配列)，ほか.
細胞内所在	ウイルス粒子は細胞質内に存在．封入体は認められない.
自然宿主・病徴	ミカン科植物(ソローシス病；枝幹の剥皮).
宿　主　域	やや広い．9科24種以上の植物種.
増 殖 植 物	スイートオレンジ実生(品種：パインアップル，マダムビーナス), *Chenopodium quinoa*, センニチコウ.
検 定 植 物	スイートオレンジ実生(品種：パインアップル，マダムビーナス)(新梢先端の萎凋症状，幼葉の退緑小斑点)；*C. quinoa*(接種葉に局部えそ斑)；センニチコウ(接種葉に局部えそ斑，全身えそ).
伝　　　染	汁液接種可．接ぎ木伝染．アルゼンチン，ウルグアイ，テキサスではソローシス病様症状の自然伝搬が知られる.
系　　　統	Psorosis A(普通系), B(強毒系).
地理的分布	日本，南米，北米，南アフリカ，地中海地域など.
そ の 他	ソローシス病様症状は，世界中のカンキツ産地でみられるが，CPsVの検定が行われていない．類似の症状は，他の原因で起きる例も知られる.　〔伊藤隆男〕
主 要 文 献	Fawcett, H. S.(1933). Phytopathology, 23, 930；伊藤隆男ら(2007). 日植病報, 73, 225–226；Vaira, A. M. *et al.*(2012). *Ophioviridae*. Virus Taxonomy 9th Report of ICTV, 743–748；ICTVdB(2006). *Citrus psorosis virus*. 00.094.0.01.001；DPVweb. Ophioviridae, Ophiovirus；Milne, R. G. *et al.*(2003). Citrus psorosis virus. Descriptions of Plant Viruses, 401；Vaira, A. M. *et al.*(2008). *Ophiovirus*. Encyclopedia of Virology 3rd ed., 3, 447–454；Milne, R. G. *et al.*(2011). Ophiovirus. The Springer Index of Viruses 2nd ed., 995–1003；Martín, S. *et al.*(2005). Arch. Virol., 150, 167–176；Ito, T. *et al.*(2011). J. Gen. Plant Pathol., 77, 257–259.

植物ウイルス 88

Citrus tristeza virus　カンキツトリステザウイルス (CTV)
Clostreroviridae Closterovirus

初 記 載	Webber H. J.(1925), Meneghini, M.(1946), Fawcett, H. S. and Wallace, J. M.(1946); 山田畯一(1958), 田中彰一ら(1960).
異　　名	Citrus(grapefruit) stem pitting virus, Citrus(lime) die-back virus, Citrus quick decline virus, Hassaku dwarf virus.
粒　　子	【形態】ひも状1種(径11 nm×長さ約2,000 nm). 被膜なし. 【成分】核酸：(+)ssRNA 1種(19.2 kb). タンパク質：外被タンパク質2種(CP：25 kDa, CPm：27 kDa). マイナー外被タンパク質(CPm)は粒子の端の部分(全体の約3%)を構成.
ゲ ノ ム	【構造】単一線状(+)ssRNAゲノム(19,226〜19,302 nt). ORF 12個. ゲノムの5'端におそらくキャップ構造(Cap)をもつが, 3'端にtRNA様構造(TLS)やポリ(A)配列(poly(A))を欠き, おそらくいくつかのヘアピン構造をもつ. 【遺伝子】5'-Cap?-ORF1a(349 kDa RNA複製酵素サブユニット；パパイン様プロテアーゼドメイン/メチルトランスフェラーゼドメイン/ヘリカーゼドメイン)-ORF1b(57 kDa RNA複製酵素サブユニット；RNA複製酵素ドメイン；ORF1aのフレームシフトにより発現)-ORF2(33 kDaタンパク質)-ORF3(6 kDaタンパク質)-ORF4(65 kDa熱ショックタンパク質70ホモログ(HSP70h))-ORF5(61 kDaタンパク質)-ORF6(27 kDaマイナー外被タンパク質(CPm))-ORF7(25 kDa外被タンパク質(CP))-ORF8(18 kDaタンパク質)-ORF9(13 kDaタンパク質)-ORF10(20 kDaタンパク質)-ORF11(23 kDaタンパク質)-3'. 【登録コード】U16304(米国産強毒株T36), AF001623(米国産強毒株SY568), U56902(イスラエル産強毒株VT), Y18420(スペイン産弱毒株T385), AB046398(日本産強毒株NUagA), ほか. いずれも全塩基配列.
細胞内所在	ウイルス粒子は篩部組織にのみ観察される. 小胞の増生が特徴的にみられる.
自然宿主・病徴	カンキツ属植物(ステムピッティング病；枝や幹の木質部に大小の溝(ステムピッティング：SP)を生じ, SP多発生樹では, 樹勢の低下や小玉果により収量減となる. また, サワーオレンジ台カンキツは激しい衰弱症状(quick decline, tristeza)を起こし枯死に至る).
宿 主 域	狭い. ミカン科カンキツ属植物, ミカン科のカンキツ属以外の数種植物, *Passiflora*属の数種植物.
検定植物	メキシカンライム. 系統識別のためには, サワーオレンジ, ユーレカレモン, グレープフルーツ, スイートオレンジ各実生苗, サワーオレンジ台スイートオレンジなどを使う.
伝　　染	汁液接種不可. ミカンクロアブラムシ, ワタアブラムシなどによる半永続伝搬. 接ぎ木伝染.
系　　統	強毒系統, 弱毒系統に大別される. 強毒系統は検定植物の反応から, ステムピッティング系統, シードリングイエローズ系統などに分類される.
地理的分布	アジア, オーストラリア, アフリカ, インド, 北米, 中米, 南米などのカンキツ生産地域.

〔加納 健〕

主 要 文 献	Webber, H. J.(1925). Union S. Afr. Dept. Agric. Bull., 6, 1-106；Meneghini, M.(1946). Biologico, 12, 285-287；Fawcett, H. S. and Wallace, J. M.(1946). Calif. Citrogr., 32, 88-89；山田畯一(1958). 日植病報, 23, 29；田中彰一ら(1960). 日植病報, 25, 21；Martelli, G. P. *et al.*(2012). *Closterovirus*. Virus Taxonomy 9th Report of ICTV, 991-994；ICTVdB(2006). *Citrus tristeza virus*. 00.017.0.01.008.；DPVweb. Closterovirus；Bar-Joseph, M. and Lee, R. F.(1989). *Citrus tristeza virus*. Descriptions of Plant Viruses, 353；Brunt, A. A. *et al.* eds.(1996). Citrus tristeza *closterovirus*. Plant Viruses Online；Bar-Joseph, M. and Dawson, W. O.(2008). Citrus tristeza virus. Encyclopedia of Virology 3rd ed., 1, 520-525；Cambra, M. *et al.*(2004). *Citrus tristeza closterovirus*. OEPP/EPPO Bulletin, 34, 239-246；EPPO(2005). *Citrus tristeza closterovirus*. Distribution Maps of Quarantine Pests for Europe；Karasev, A. V. and Hilf, M. E. eds.(2010).

Citrus tristeza virus Complex and Tristeza Diseases. APS Press, pp.304；Bar-Joseph, M. *et al.*(1989). Annu. Rev. Phytopathol., 27, 291-316；Francki, R. I. B. *et al.*(1985). Atlas of Plant Viruses Vol. 2(CRC Press), 219-234；Lee, R. F. and Bar-Joseph, M.(2000). Compendium of Citrus Diseases 2nd ed.(Timmer, L. W. *et al.* eds., APS Press), 61-63；Karasev, A. V.(2000). Annu. Rev. Phytopathol., 38, 293-324；土崎常男(1983). 植物ウイルス事典. 291-292；小泉銘册(1993). 原色作物ウイルス病事典. 592-593；加納 健(2002). 原色果樹のウイルス・ウイロイド病，46-49；北島 博(1989). 果樹病害各論(養賢堂)，95-107；Karasev, A. V., *et al.*(1995). Virology, 208, 511-520；Febres, V. J. *et al.*(1996). Phytopathology, 86, 1331-1335；Yang, Z. N. *et al.*(1999). Virus Genes, 19, 131-142；Vives, M. C. *et al.*(1999). J. Gen. Virol., 80, 811-816；Albiach-Marti, M. R. *et al.*(2000). J. Virol., 74, 6856-6865.

植物ウイルス 89

Citrus vein enation virus# カンキツベインエネーションウイルス (CVEV)
#ICTV 未認定

#日本植物病名目録に登録されており，ICTVdB(2006)にも記載されているが，Virus Taxonomy 9th Report of ICTV には記載されていない．

初 記 載	Wallace, J. M. and Drake, R. J.(1953)；山田畯一・田中彰一(1961)．
異 名	Citrus enation woody-gall virus, Citrus vein enation-woody gall virus, Citrus woody gall virus.
粒 子	【形態】球状(径 20〜25 nm)．被膜なし． 【成分】核酸：(+)ssRNA 1 種．タンパク質：外被タンパク質(CP)．
ゲノム	【構造】単一線状(+)ssRNA ゲノム．
細胞内所見	感染組織の篩部細胞中にウイルス様粒子の集塊が観察される．
自然宿主・病徴	カンキツ(全身感染し，主に葉脈上に突起を生じる．品種によって幹にこぶを生じる場合がある)．
宿 主 域	狭い．ミカン科植物．
検 定 植 物	ユズ(葉脈上の突起)．
伝 染	汁液接種不可．虫媒伝染(アブラムシ類による永続伝搬)．種苗伝染．
系 統	日本で発生する CVEV のほとんどはユズなどの葉脈に小さな突起を生じるのみで，外国で報告されているようにラフレモンの幹に大きなこぶを発生して樹勢を低下させることはまれである．
地理的分布	日本，米国，南アフリカ，南米，オーストラリア，スペイン． 〔岩波 徹〕
主要文献	Wallace, J. M. and Drake, R. J.(1953). Citrus Leaves 33, 22-24；山田畯一・田中彰一(1961). 日植病報, 26, 70-71；ICTVdB(2006). Citrus enation woody-gall virus. 00.039.0.91.001.；Brunt, A. A. et al. eds.(1996). Citrus enation-woody gall(?)luteovirus. Plant Viruses Online；難波成任(1983). 植物ウイルス事典, 293；小泉銘冊(1993). 原色作物ウイルス病事典, 601；家城洋之(2002). 原色果樹のウイルス・ウイロイド病, 56-57；Hooper, G. R. and Schneider, H.(1969). Citograph, 54, 416-424；Hooper, G. R. and Schneider, H.(1969). Amer. J. Bot. 56, 238-247；Maharaj, S.B. and da Graca, J.V.(1988). Phytophylactica, 20, 357-360；Iwanami, T. et al.(1992). Bull. Fruit Tree Res. Stn., 23, 137-144.

植物ウイルス 90

Citrus yellow mottle virus[#] カンキツ黄色斑葉ウイルス (CYMV)
[#]ICTV 未認定

[#]日本植物病名目録に登録されているが，Virus Taxonomy 9th Report of ICTV には記載されていない．

初 記 載	牛山欽司(1971).
粒　　子	【形態】ひも状(径 12〜14 nm×長さ 690〜740 nm)．被膜なし．
細胞内所在	維管束付近の柔細胞の細胞質内に集塊．
自然宿主・病徴	カンキツ(主にウンシュウミカン)(黄色斑葉病；明瞭な葉脈透化を生じ，この周囲に黄色のハローを生じるのが典型的症状である．樹の中の一部の枝に症状が出ることが多い．新葉に出た葉脈透化症状は，葉が硬化した後も残る．枝や果実には症状が出ず，樹が萎縮することはない)．
宿 主 域	狭い．ミカン科カンキツ属植物(ウンシュウミカン，ポンカン，メキシカンライム，ラングプールライム，ナツダイダイ，バレンシアオレンジ，福原オレンジ，マーシュグレープフルーツなど)，ミカン科カラタチ属植物．
検 定 植 物	ウンシュウミカン，ポンカンなど(葉脈透化，黄斑)．
伝　　染	汁液接種可(濃縮液による)．接ぎ木伝染．
地理的分布	日本．

〔加納 健・伊藤隆男〕

主 要 文 献　牛山欽司(1971)．日植病報, 37, 199；牛山欽司ら(1980)．日植病報, 46, 416；牛山欽司ら(1982)．日植病報, 48, 395-396；Ushiyama, K. et al. (1984). Proc. 9th Conf. I. O. C. V., 204-210；山下修一(1983)．植物ウイルス事典, 294-295；小泉銘册(1983)．原色作物ウイルス病事典. 600-601.

植物ウイルス 91

Clover yellow vein virus クローバ葉脈黄化ウイルス (ClYVV)
Potyviridae Potyvirus

初 記 載	Hollings, M. and Nariani, T. K.(1965)；井上忠男(1968).
異　　名	Pea mottle virus, Pea necrosis virus, Pea western ringspot virus, インゲンマメ黄斑モザイクウイルス-えそ系統(Bean yellow mosaic virus-N).
粒　　子	【形態】ひも状1種(径12〜15 nm×長さ760 nm). 被膜なし. 【物性】沈降係数159.5 S. 【成分】核酸：(+)ssRNA 1種(9.6 kb). タンパク質：外被タンパク質(CP) 1種(31 kDa), ゲノム結合タンパク質(VPg)1種.
ゲ ノ ム	【構造】単一線状(+)ssRNA(9,584 nt). ORF 1個. 5′端にゲノム結合タンパク質(VPg), 3′端にポリ(A)配列(poly(A))をもつ. 【遺伝子】5′-VPg-349 kDaポリプロテイン(34 kDa P1プロテアーゼ(P1)/52 kDa虫媒介助タンパク質-プロテアーゼ(HC-Pro)/40 kDa P3タンパク質(P3)/6 kDaタンパク質(6 K1)/71 kDa円筒状封入体タンパク質(CI)/6 kDaタンパク質(6 K2)/22 kDa核内封入体a—ゲノム結合タンパク質(NIa-VPg)/27 kDa核内封入体a-プロテアーゼ(NIa-Pro)/59 kDa核内封入体b-RNA複製酵素(NIb)/31 kDa外被タンパク質(CP))-poly(A)-3′. 【登録コード】AB011819(No.30系統 全塩基配列), ほか.
細胞内所在	ウイルス粒子は細胞質に存在する. 核内と細胞質に封入体を形成する.
自然宿主・病徴	シロクローバ, アカクローバ, インゲンマメ, エンドウ, ソラマメ, シカクマメ, インパチェンス, スターチス, エビネなど(斑紋, モザイク, 葉脈黄化, えそ).
宿 主 域	広い. マメ科, アカザ科, ナス科植物.
増 殖 植 物	ソラマメ(*Vicia faba*), エンドウ(*Pisum sativum*).
検 定 植 物	ソラマメ, エンドウ(全身感染)；*Chenopodium amaranticolor*(局部壊死斑).
伝　　染	汁液接種可. アブラムシによる非永続伝搬.
系　　統	指標植物の病徴, 血清反応, および外被タンパク質のN末端側のアミノ酸配列の相同性で系統1と系統2に分けられる.
類 縁 関 係	インゲンマメ黄斑モザイクウイルス(*Bean yellow mosaic virus*：BYMV)と血清学的類縁関係があり, 外被タンパク質のアミノ酸配列で約75％の相同性がある.
地理的分布	日本, 韓国, ヨーロッパ, 北米, オーストラリア, ニュージーランド.
そ の 他	インゲンマメなどに激しい全身えそ症状(つる枯病)を引き起こし, 以前, インゲンマメ黄斑モザイクウイルス-えそ系統(BYMV-N)として扱われていたウイルスは, 現在ではClYVVとして分類されている. 〔上田一郎〕
主 要 文 献	Hollings, M. and Nariani, T. K.(1965). Ann. Appl. Biol., 56, 99-109；井上忠男(1968). 農学研究, 52, 11-29；Adams, M. J. *et al.*(2012). *Potyvirus*. Virus Taxonomy 9th Report of ICTV, 1072-1079；ICTVdB(2006). *Clover yellow vein virus*. 00.057.0.01.017.；DPVweb. Potyvirus；Hollings, M. and Stone, O. M.(1974). Clover yellow vein virus. Descriptions of Plant Viruses, 131；Brunt, A. A. *et al.* eds.(1996). Clover yellow vein *potyvirus*. Plant Viruses Online；本田要八郎(1993). 原色作物ウイルス病事典, 142-143；大木 理(1993). 原色作物ウイルス病事典, 151, 163；亀谷満朗(1993). 原色作物ウイルス病事典, 469；井上成信ら(1985). 日植病報, 51,354-355；向 本春ら(1990). 日植病報, 56, 127；Uyeda, I. *et al.*(1991). Intervirology, 32, 234-245；Takahashi, Y. *et al.*(1997). Virus Genes, 14, 235-243；Sasaya, T. *et al.*(1997). Phytopathology, 87, 1014-1019；笹谷孝英(1998). 四国農試報, 63, 1-106.

植物ウイルス 92

Clover yellows virus　クローバ萎黄ウイルス　(CYV)
Closteroviridae Closterovirus

初　記　載	大木 理ら(1976),Ohki, S. T. *et al.*(1976).
粒　　　子	【形態】ひも状1種(径12 nm×長さ1,700 nm).らせんピッチ3.7 nm.被膜なし.
細胞内所在	ウイルス粒子は篩部細胞に局在し,細胞質に集積あるいは散在して存在.細胞質に小胞が出現し,篩部壊死が顕著.
自然宿主・病徴	シロクローバ,クリムソンクローバ(萎黄病;黄化,萎縮);エンドウ,ソラマメ(黄化病;黄化,萎縮).
宿　主　域	狭い.マメ科植物のみ.
増殖植物	エンドウ,ソラマメ.
検定植物	エンドウ,ソラマメ(黄化,萎縮).
伝　　　染	汁液接種不可.アブラムシによる半永続伝搬.
地理的分布	日本. 〔大木 理〕
主要文献	大木 理ら(1976).日植病報, 42, 63-64;Ohki, S. T. *et al.*(1976). Ann. Phytopathol. Soc. Jpn., 42, 313-316;Martelli, G. P. *et al.*(2012). *Closterovirus*. Virus Taxonomy 9th Report of ICTV, 991-994;ICTVdB(2006). Clover yellows virus. 00.017.0.81.014;Brunt, A. A. *et al.* eds.(1996). Clover yellows *closterovirus*. Plant Viruses Online;German-Retana, S. *et al.*(1999). Closteroviruses (*Closteroviridae*). Encyclopedia of Virology 2nd ed., 266-273;Agranovsky, A. A. *et al.*(2011). Closterovirus. The Springer Index of Viruses 2nd ed., 327-333;大木 理(1983).植物ウイルス事典, 296;本田要八郎(1993).原色作物ウイルス病事典, 226-230;土崎常男(1984).野菜のウイルス病, 332, 338;夏秋啓子ら(1982).日植病報, 48, 80.

植物ウイルス 93

Cocksfoot mottle virus コックスフット斑紋（はんもん）ウイルス
(CfMV)
Sobemovirus

初　記　載	Serjeant, E. P. (1963)；鳥山重光ら(1979).
異　　　名	コックスフットモットルウイルス，Cocksfoot necrotic mosaic virus.
粒　　　子	【形態】球状1種（径約30 nm）．被膜なし．
　【物性】沈降係数 約118 S．浮遊密度(CsCl) 1.39 g/cm³．
　【成分】核酸：(+)ssRNA 1種(4.0 kb，GC含量52％)．タンパク質：外被タンパク質(CP)1種(27 kDa)，ゲノム結合タンパク質(VPg)1種．
|ゲ ノ ム| 【構造】単一線状(+)ssRNAゲノム(4,082〜4,083 nt)．ORF 4個．ゲノムの5′端にゲノム結合タンパク質(VPg)をもつが，3′端にはtRNA様構造(TLS)やポリ(A)配列(poly(A))をもたない．
　【遺伝子】5′-VPg-ORF1(12 kDa P1タンパク質；RNAサイレンシングサプレッサー活性をもつ)-ORF2a/ORF2b(103 kDaポリプロテイン；セリンプロテアーゼ(Pro)/VPg/RNA複製酵素(RdRp)；ORF2bはORF2aの-1フレームシフトによる融合タンパク質)-ORF3(28 kDa外被タンパク質(CP))-3′．
　【登録コード】Z48630(全塩基配列)，AB040447(全塩基配列)．
|細胞内所在| ウイルス粒子は葉肉や篩部伴細胞の細胞質内と核内に存在する．時にウイルス粒子の結晶が観察される．
|自然宿主・病徴| オーチャードグラス（全身感染；主としてモザイク，時にえそ斑紋を伴い枯死する）．
|宿　主　域| 宿主域は狭い．イネ科植物（オーチャードグラス，コムギ，オオムギなど）．
|増 殖 植 物| オーチャードグラス，コムギ．
|検 定 植 物| オーチャードグラス，コムギ，エンバク（モザイク，斑紋など）
|伝　　　染| 汁液接種可．ハムシによる非永続伝搬．接触伝染．
|類 縁 関 係| ライグラス微斑ウイルス(RGMoV)，*Cocksfoot mild mosaic virus*(CMMV)とは血清学的類縁関係なし．
|地 理 的 分 布| 日本，ヨーロッパ，ニュージーランド． 〔御子柴義郎〕
|主 要 文 献| Serjeant, E. P. (1963). Rep. Rothamsted Exp. Stn. 1962, 112；鳥山重光ら(1979). 日植病報, 45, 565；Truve, E. *et al.* (2012). *Sobemovirus*. Virus Taxonomy 9th Report of ICTV, 1185-1189；ICTVdB (2006). *Cocksfoot mottle virus*. 00.067.0.01.0.03.；DPVweb, Sobemovirus；Catherall, P. L. (1970). Cocksfoot mottle virus. Descriptions of Plant Viruses, 23；Brunt, A. A. *et al.* eds. (1996). Cocksfoot mottle *sobemovirus*. Plant Viruses Online；Munthe, T. (2004). Cocksfoot mottle. Viruses and Virus Diseases of *Poaceae* (Lapierre, H. *et al.* eds., INRA), 746-748；Meier, M. *et al.* (2008). Sobemovirus. Encyclopedia of Virology 3rd ed., 4, 644-652；Hacker, D.L. (2011). Sobemovirus. The Springer Index of Viruses 2nd ed., 2049-2055；Tamm, T. *et al.* (2000). Sobemoviruses. J. Virol., 74, 6231-6241；鳥山重光(1983). 植物ウイルス事典, 297；御子柴義郎(1993). 原色作物ウイルス病事典, 245-246；鳥山重光(1982). 日植病報, 48, 514-520；Makinen, K. *et al.* (1995). J. Gen. Virol., 76, 2817-2825；Samiento, C. *et al.* (2007). Virus Res., 123, 95-99.

植物ウイルス 94

Colmanara mottle virus# コルマナラえそ斑紋(はんもん)ウイルス (ColMV)

#ICTV 未認定

#日本植物病名目録に登録されているが，Virus Taxonomy 9th Report of ICTV には記載されていない．

初 記 載	井上成信(1977)．
粒　　　子	【形態】弾丸状1種(径40 nm×長さ105〜120 nm)．らせんピッチ4.5 nm．被膜なし．
細胞内所在	各種細胞の細胞質や核内に存在．細胞質内に膜に囲まれて車軸状に配列した粒子もみられる．
自然宿主・病徴	コルマナラ(*Colmanara* sp.)(新葉に明瞭なモザイクや退緑条斑を生じる．古い葉にはえそ斑点または長形のえそ斑を生じ，株の生育が悪くなる．花弁に症状はみられない)．
宿 主 域	比較的狭く，ラン科，アカザ科，ツルナ科の数種植物．コルマナラ(*Colmanara* sp.)(全身感染)；*Chenopodium quinoa*, *C. amaranticolor*，ツルナ，フダンソウ(局部感染；えそ斑点, 黄色斑点)など．
検 定 植 物	*Chenopodium quinoa, C. amaranticolor*，ツルナ．
伝　　　染	汁液接種可．媒介生物不明．
地理的分布	日本．
そ の 他	種々のラン科植物に発生するランえそ斑紋ウイルス(Orchid fleck virus：OFV)と粒子形態，細胞内所在，宿主域が酷似しており，ColMV は OFV あるいはその近縁ウイルスと考えられる．〔前田孚憲〕
主 要 文 献	井上成信(1977)．日植病報, 43, 373-374；井上成信(1993)．原色作物ウイルス病事典, 576；井上成信(2001)．原色ランのウイルス病．農文協, 80．

植物ウイルス 95

Colombian datura virus チョウセンアサガオコロンビアウイルス (CDV)
Potyviridae Potyvirus

初 記 載	Kahn, R. P. and Bartels, R. (1968)；山下一夫・福井要子 (2004).
異 名	Datura virus, Petunia flower mottle virus, トマト退緑モザイクウイルス.
粒 子	【形態】ひも状 1 種 (長さ 750 nm). 被膜なし. 【成分】核酸：(+)ssRNA 1 種 (約 10 kb). タンパク質：外被タンパク質 (CP) 1 種 (31 kDa), ゲノム結合タンパク質 (VPg) 1 種.
ゲ ノ ム	【構造】単一線状 (+)ssRNA ゲノム (9,621 nt). ORF 1 個. 5′ 端にゲノム結合タンパク質 (VPg), 3′ 端にポリ (A) 配列 (poly(A)) をもつ. 【遺伝子】5′-VPg-349 kDa ポリプロテイン (P1 プロテアーゼ (P1)/虫媒介助タンパク質-プロテアーゼ (HC-Pro)/P3 タンパク質 (P3)/6 K1 タンパク質 (6 K1)/円筒状封入体タンパク質 (CI)/6 K2 タンパク質 (6 K2)/ゲノム結合タンパク質 (NIa-VPg)/NIa プロテアーゼ (NIa-Pro)/RNA 複製酵素 (NIb)/外被タンパク質 (CP))-poly(A)-3′. 【登録コード】JQ801448 (全塩基配列), ほか.
細胞内所在	ウイルス粒子は感染植物の各種細胞の細胞質内に存在する. 細胞質内に層板状・風車状封入体を形成する.
自然宿主・病徴	ダチュラ (チョウセンアサガオ), トマト, ペチュニア (全身感染；モザイク).
宿 主	あまり広くない. アカザ科, ナス科, ヒユ科植物.
検 定 植 物	*Chenopodium amaranticolor*, *C. quinoa* (接種葉にえそ斑)；*Datura stramonium* (接種葉に不明瞭な退緑斑, 上葉にえそ斑, 葉脈えそ, 枯死)；*Nicotiana tabacum* (接種葉に退緑斑, 上葉にモザイク)；*Gomphrena globosa* (接種葉にえそ斑).
伝 染	汁液接種可. アブラムシによる非永続伝搬.
類 縁 関 係	ダイズモザイクウイルス (*Soybean mosaic virus*：SMV), パパイア輪点ウイルス (*Papaya ringspot virus*：PRSV), シャロット黄色条斑ウイルス (*Shallot yellow stripe virus*：SYSV) と血清関係がある.
地理的分布	日本, コロンビア, 米国, カナダ, オランダ, ハンガリー, オーストラリア. 〔山下一夫〕
主 要 文 献	Kahn, R. P. and Bartels, R. (1968). Phytopathology, 58, 587-592；山下一夫・福井要子 (2004). 日植病報, 70, 263；Adams, M. J. *et al.* (2012). *Potyvirus*. Virus Taxonomy 9th Report of ICTV, 1072-1079；ICTVdB (2006). *Colombian Datura virus*. 00.057.0.01.019.；Brunt, A. A. *et al.* eds. (1996). Datura Colombian *potyvirus*. Plant Viruses Online；Verhoeven, J. Th. J. *et al.* (1996). Euro. J. Plant Path., 102, 895-898；Feldhoff, A. *et al.* (1998). Arch. Virol., 143, 475-488；Salamon, P. and Palkovics, L. (2005). Acta Virol., 49, 117-122；Rott, M. *et al.* (2009). Plant Dis., 93, 196；Steele, V. and Thomas, J. E. (2009). Australasian Plant Dis. Notes, 4, 108-109；Chellemi, D.C. *et al.* (2011). Plant Dis., 95, 755-761；富高保弘ら (2011). 日植病報, 77, 41-42.

植物ウイルス 96

Cucumber green mottle mosaic virus スイカ緑斑モザイクウイルス (CGMMV)
Virgaviridae Tobamovirus

初 記 載	Ainsworth, C. C.(1935)；小室康雄ら(1968)，小室康雄ら(1971)．
異 名	キュウリ緑斑モザイクウイルス-スイカ系(Cucumber green mottle mosaic virus-strain W：CGMMV-W)，Cucumber virus 3, Cucumis virus 2.
粒 子	【形態】棒状1種(径18 nm×長さ300 nm)．被膜なし． 【物性】沈降係数185 S． 【成分】核酸：(+)ssRNA 1種(6.4 kb，GC含量43％)．タンパク質：外被タンパク質(CP)1種(17.4 kDa)．
ゲ ノ ム	【構造】単一線状(+)ssRNAゲノム(6,423〜6,424 nt)．ORF 4個．5′端にキャップ構造(Cap)，3′端にtRNA様構造(TLS)をもつ． 【遺伝子】5′-Cap-129 kDa/187 kDa RNA複製酵素タンパク質(RdRp)；187 kDaタンパク質は129 kDaタンパク質のリードスルータンパク質)-29 kDa移行タンパク質(MP)-17.4 kDa外被タンパク質(CP)-TLS-3′． 【登録コード】D12505(SH株 全塩基配列)，AB015146(W株 全塩基配列)，AF417242(KW株 全塩基配列)，AF417243(KOM株 全塩基配列)，EF611826(Liaoning株 全塩基配列)，AB369274(Watermelon株 全塩基配列)，EU352259(LN株 全塩基配列)，ほか．
細胞内所在	ウイルス粒子は葉，表皮，維管束などあらゆる部位でみられる．細胞質，液胞内にもみられる．封入体は細胞質でみられ，ウイルス粒子を含む．
自然宿主・病徴	スイカ，メロン，キュウリ，カボチャ，ヒョウタンなどウリ科植物(緑斑モザイク病，モザイク病；退緑斑紋，黄緑斑紋，モザイク，萎縮，奇形葉，奇形果)．
宿 主 域	狭い．主にウリ科植物，*Nicotiana benthamiana*，トレニア(全身感染)；*N. tabacum*(品種Samsun, White Barley, Xanthi ncなど)(局部無病徴感染)；*Chenopodium amaranticolor*(局部退緑斑点)；センニチコウ(局部えそ斑点，時に全身感染)；*Petunia hybrida, Datura stramonium*(局部無病徴感染)．
増 殖 植 物	キュウリ，メロン，*N. benthamiana*．
検 定 植 物	スイカ，キュウリおよびメロン(上葉に斑紋，モザイク)；*C. amaranticolor*(接種葉に退緑斑点)；センニチコウ(接種葉にえそ斑点)．
伝 染	汁液接種可．接触伝染．土壌伝染．種子伝染．いずれも媒介生物は関与しない．
系 統	SH株およびスイカ(W)株(日本)，KW株およびKOM株(韓国)，CV2株(C株，インド)，Pak株(パキスタン)，Is株(イスラエル)，WGR株(ギリシャ)，CV3株およびCV4株(タイプ系統およびCucumber aucuba mosaic strain；イギリス)，E1株およびE2株(イギリス)など．
類 縁 関 係	以前，国内に発生するキュウリ緑斑モザイクウイルス(*Cucumber green mottle mosaic virus*：CGMMV)は病原性の違いにより，-キュウリ系(C)，-余戸系(Y)，-スイカ系(W)の三つの系統に分けられていたが，現在では，キュウリ系と余戸系はキュウリ緑斑モザイクウイルス(*Kyuri green mottle mosaic virus*：KGMMV)に，スイカ系はスイカ緑斑モザイクウイルス(*Cucumber green mottle mosaic virus*：CGMMV)に再分類されている．CGMMVの抗体はKGMMVとは反応しない．CGMMVのcDNAはDNAチップ上でKGMMV, *Zucchini green mottle mosaic virus* (ZGMMV)および*Cucumber fruit mottle mosaic virus*(CFMMV)の各cDNAと弱く反応する．他の*Tobamovirus*属ウイルスとアミノ酸配列上の類縁関係がある．
地理的分布	日本，中国，韓国，インド，パキスタン，インドネシア，イスラエル，ギリシャ，イギリス，スペイン，ウクライナ，アルメニア，米国など． 〔西口正通〕
主 要 文 献	Ainsworth, C. C.(1935). Ann. Appl. Biol., 22, 55-67；小室康雄ら(1968). 日植病報, 34, 377；小室康雄ら(1971). 日植病報, 37, 34-42；Adams, M. J. *et al.*(2012). *Tobamovirus*. Virus Taxonomy 9th Report of ICTV, 1153-1156；ICTVdB(2006). *Cucumber green mottle mosaic virus*.

00.071.0.01.002.；DPVweb. Tobamovirus；Hollings, M. *et al.*(1975). Cucumber green mottle mosaic virus. Descriptions of Plant Viruses, 154；Brunt, A. A. *et al.* eds.(1996). Cucumber green mottle mosaic *tobamovirus*. Plant Viruses Online；Zaitlin, M.(2011). Tobamovirus. The Springer Index of Viruses 2nd ed., 2065-2069；井上忠男(1983). 植物ウイルス事典, 300-301；岩崎真人(1993). 原色作物ウイルス病事典, 298-300；牧野孝宏・加藤公彦(1993). 原色作物ウイルス病事典, 304-306；栃原比呂志(1993). 原色作物ウイルス病事典, 318-320, 332；古木市重郎(1984). 野菜のウイルス病, 130-138, 159-167, 177-178；大木 理(2005). 植物防疫, 59, 25-28；Vasudeva, R. S. *et al.*(1949). Indian Phytopathol., 2, 180-185；栃原比呂志・小室康雄(1974). 日植病報, 40, 52-58；古木市重郎・小室康雄(1973). 日植病報, 39, 218-219；Meshi, T. *et al.*(1983). Virology, 127, 54-64；Francki, R. I. B. *et al.*(1986). Intervirology, 26, 156-163；Ugaki, M. *et al.*(1991). J. Gen. Virol., 72, 1487-1495；Tan, S-H. *et al.*(1997). Ann. Phytopath. Soc. Jpn., 63, 470-474；Lee, G. P. *et al.*(2003). J. Virol. Meth., 110, 19-24；Kim, S-M. *et al.*(2003). Mol. Cell., 16, 407-412；Boubourakas, I. N. *et al.*(2004). J. Phytopathol., 152, 580-588.

植物ウイルス 97

Cucumber mosaic virus キュウリモザイクウイルス
(CMV)
Bromoviridae Cucumovirus

初　記　載	Doolittle S. P.(1916), Jagger, I. C.(1916)；笠井幹夫(1923).
異　　　名	Coleus mosaic virus, Lily ringspot virus, Southern celery mosaic virus, ダイズ萎縮ウイルス (Soybean stunt virus：SSV)など.
粒　　　子	【形態】球状3種(径28～30 nm). 被膜なし. 【物性】沈降係数 98.6～104 S. 浮遊密度(CsCl) 1.367 g/cm³. 【成分】核酸：(＋)ssRNA 4種(RNA1：3.3～3.4 kb, RNA2：2.9～3.3 kb, RNA3：2.2～2.4 kb, RNA4：1.0～1.3 kb. GC含量46～47%). タンパク質：外被タンパク質(CP)1種(24～26 kDa). ウイルス粒子は180個の外被タンパク質を有する.
ゲ ノ ム	【構造】3分節線状(＋)ssRNAゲノム(RNA1：3,336～3,442 nt, RNA2：3,035～3,334 nt, RNA3：2,163～2,419 nt). ORF 5個(RNA1：1個, RNA2：2個, RNA3：2個). 5′端はキャップ構造(Cap), 3′端はtRNA様構造(TLS)をとる. 【遺伝子】RNA1：5′-Cap-110～114 kDaタンパク質1a(RNA複製酵素サブユニット；メチルトランスフェラーゼドメイン/ヘリカーゼドメイン)-TLS-3′. RNA2：5′-Cap-92～97 kDaタンパク質2a(RNA複製酵素サブユニット；RNA複製酵素ドメイン)-13～16 kDaタンパク質2b(サイレンシングサプレッサー)-TLS-3′. RNA3：5′-Cap-30～31 kDa移行タンパク質3a(MP)-遺伝子間領域-24 kDa外被タンパク質(CP)-TLS-3′. RNA3からのサブゲノムRNA4を, RNA2からサブゲノムRNA4Aを転写する. 【登録コード】X02733(Q系統RNA1全塩基配列), X00985(Q系統RNA2全塩基配列), J02059(Q系統RNA3全塩基配列), D12537(Y系統RNA1全塩基配列), D12538(Y系統RNA2全塩基配列), D12499(Y系統RNA3全塩基配列), ほか.
細胞内所在	ウイルス粒子は各種組織の細胞内の細胞質, 液胞内に存在. またはしばしば長斜方形, 六辺形の結晶状集塊をなす.
自然宿主・病徴	トマト(モザイク. サテライトRNAの存在でえそを起こす場合あり)；キュウリ, メロン, カボチャ(モザイク. 以上3種はスイカモザイクウイルス(WMV)との重複感染で激しいモザイクを示す)；ダイコン, ハクサイ(モザイク. 以上2種はカブモザイクウイルス(TuMV)との重複感染で激しいモザイクを示す)；タバコ, トウモロコシ, セルリー, ホウレンソウ, サルビア(モザイク)；ダイズ, ワサビ(萎縮病)；コンニャク(えそ萎縮病)；ソラマメ(えそ輪紋病)；フジマメ(輪紋病)；トルコギキョウ(えそモザイク病)；グロリオーサ, ヒマワリ, スイカズラ(斑紋病)；エビネ(斑紋モザイク病)；スモモ(潜在感染), ほか.
宿　主　域	きわめて広い. ウリ科, ナス科, マメ科, キク科, アブラナ科, バラ科, ユリ科植物など101科1,241種以上の植物種.
増殖植物	*Nicotiana glutinosa*, タバコ, キュウリなど.
検定植物	*Chenopodium amaranticolor*(接種葉に局部壊死斑)；キュウリ(上葉にモザイク)；ササゲ(接種葉に局部壊死斑. マメ科系統では上葉にモザイク)；*N. glutinosa*, ペポカボチャ(上葉にモザイク)など.
伝　　　染	汁液接種可. アブラムシによる非永続伝搬. 一部の系統, 宿主では種子伝染.
系　　　統	病徴による系統(普通系統, 黄斑系統), 宿主による系統(マメ科系統, アブラナ科系統, ラゲナリア系統)など多数の系統がある.
類縁関係	CMVの系統は血清学的類縁関係からサブグループⅠとⅡに分けられる. サブグループⅠは, さらに遺伝子の塩基配列の相同性からIAとIBに分けられる. CMVはラッカセイ矮化ウイルス(*Peanut stunt virus*：PSV), トマトアスパーミィウイルス(*Tomato aspermy virus*：TAV)と遠い類縁関係がある.
地理的分布	日本および世界各地.

その他 サテライト RNA を伴う株もある．一部の系統では，RNA2 と RNA3 の 3′ 端非翻訳領域が転写されたサブゲノム RNA5, RNA3B が作られるが，それらの機能は不明である． 〔鈴木 匡〕

主要文献 Doolittle, S. P. (1916). Phytopathology, 6, 145-147；Jagger, I. C. (1916). Phytopathology, 6, 148-151；笠井幹夫 (1923). 農学講演集, 5, 42-71；Bujarski, J. et al. (2012). *Cucumovirus*. Virus Taxonomy 9th Report of ICTV, 970-972；ICTVdB (2006). *Cucumber mosaic virus*. 00.010.0.04.001.；DPVweb. Cucumovirus；Palukaitis, P. and Garcia-Arenal, F. (2003). Cucumber mosaic virus. Descriptions of Plant Viruses, 400；Garcia-Arenal, F. et al. (2008). Cucumber mosaic virus. Encyclopedia of Virology 3rd ed., 1, 614-619；Brunt, A. A. et al. eds. (1996). Cucumber mosaic *cucumovirus*. Plant Viruses Online；Palukaitis, P. et al. (1992). Cucumber mosaic virus. Adv. Virus Res., 41, 281-348；Palukaitis, P. and Garcia-Arenal, F. (2003). Cucumoviruses. Adv. Virus Res., 62, 241-323；Rodriguez, F. G. A. et al. (2011). Cucumovirus. The Springer Index of Viruses 2nd ed., 179-185；久保 進 (1983). 植物ウイルス事典, 302-303；井上忠男 (1983). 植物ウイルス事典, 488；本田要八郎 (1993). 原色作物ウイルス病事典, 128；長井雄治 (1993). 原色作物ウイルス病事典, 267-268；岩崎真人 (1993). 原色作物ウイルス病事典, 292-294；長井雄治 (1984). 野菜のウイルス病, 19-25；川越 仁・岡田 大 (1984). 野菜のウイルス病, 89-91；土崎常男 (1984). 野菜のウイルス病, 352-353；高浪洋一 (1996). ククモウイルス属. 植物ウイルスの分子生物学 (古澤 巌ら, 学会出版センター), 113-154；桑田 茂 (1997). キュウリモザイクウイルス. ウイルス学 (畑中正一編, 朝倉書店), 460-467；明日山秀文・小室康雄 (1951). 日植病報, 15, 147；日高 醇ら (1952). 日植病報, 16, 150-151；斉藤康夫・明日山秀文 (1952). 日植病報, 16, 76；小室康雄・明日山秀文 (1954). 日植病報, 19, 18-24；小室康雄・明日山秀文 (1955). 日植病報, 20, 77-82；越水幸男・飯塚典男 (1958). 日植病報, 23, 27；岸 国平ら (1971). 日植病報, 37, 199；Hanada, K. and Tochihara, H. (1982). Phytopathology, 72, 761-764；岩木満朗ら (1985). 日植病報, 51, 355；Gould, A. R. and Symons, R. H. (1982). Eur. J. Biochem., 126, 217-226；Rezaian, M. A. et al. (1984). Eur. J. Biochem., 143, 277-284；Rezaian, M. A. et al. (1985). Eur. J. Biochem., 150, 331-339；Nitta, N. et al. (1988). Ann. Phytopath. Soc. Jpn., 54, 516-522；Kataoka, J. et al. (1990). Ann. Phytopath. Soc. Jpn., 56, 495-500, 501-507.

植物ウイルス 98

Cucumber mottle virus キュウリ斑紋ウイルス (CuMoV)
Virgaviridae Tobamovirus

初 記 載	花田 薫ら(1999)，花田 薫ら(2000)．
粒　　子	【形態】棒状1種(長さ312 nm)．被膜なし．
	【成分】核酸：(+)ssRNA 1種(6.5 kb)．タンパク質：外被タンパク質(CP)1種(17.6 kDa)．
ゲ ノ ム	【構造】単一線状(+)ssRNAゲノム(6,485 nt)．ORF 4個．5′端にキャップ構造(Cap)，3′端にtRNA様構造(TLS)をもつ．
	【遺伝子】5′-Cap-131 kDa/189 kDa RNA複製酵素タンパク質(RdRp；189 kDaタンパク質は131 kDaタンパク質のリードスルータンパク質)−28 kDa 移行タンパク質(MP)−17.6 kDa 外被タンパク質(CP)−TLS-3′．
	【登録コード】AB261167(全塩基配列)．
自然宿主・病徴	キュウリ(斑紋病；モザイク，葉脈透化，奇形果)．
宿 主 域	やや狭い．キュウリ，メロン，スイカ，トウガン，カボチャ，ユウガオ．
検 定 植 物	キュウリ，スイカ，*Chenopodium amaranticolor*．
伝　　染	汁液接種可．接触伝染．種子伝染は未確認．
類 縁 関 係	ウリ科に全身感染する*Tobamovirus*属ウイルスだが，キュウリ緑斑モザイクウイルス(*Kyuri green mottle mosaic virus*：KGMMV)やスイカ緑斑モザイクウイルス(*Cucumber green mottle mosaic virus*：CGMMV)とは血清関係がない．
地理的分布	日本(これまでは宮崎県のキュウリでのみ発生)．　　　　　　　　　　　　　〔花田 薫〕
主 要 文 献	花田 薫ら(1999)．日植病報, 65, 648；花田 薫ら(2000)．日植病報, 66, 148；Adams, M. J. *et al.* (2012)．*Tobamovirus*. Virus Taxonomy 9th Report of ICTV, 1153–1156；DPVweb. Tobamovirus；今村幸久ら(2000)．九農研, 62, 78；Orita, H. *et al.*(2007). Plant Disease, 91, 1574–1578.

植物ウイルス 99

Cucurbit chlorotic yellows virus　ウリ類退緑黄化ウイルス　(CCYV)
Closteroviridae Crinivirus

初　記　載	行徳 裕ら(2008), Okuda, M. *et al.*(2010).
粒　　　子	【形態】ひも状2種(長さ700〜900 nm). 被膜なし.
	【成分】核酸：(＋)ssRNA 2種(RNA1：8.6 kb, GC含量37.6%；RNA2：8.0 kb, GC含量35.7%). タンパク質：外被タンパク質2種(CP：29 kDa, CPm：54 kDa).
ゲ ノ ム	【構造】2分節線状(＋)ssRNAゲノム(RNA1：8,607 nt, RNA2：8,041 nt), ORF 12個(RNA1：4個, RNA2：8個). RNA1とRNA2の3′端190 ntは互いに高い相同性をもつ.
	【遺伝子】RNA1：5′-Cap?-ORF1a/ORF1b(285 kDa ポリプロテイン；ORF1aのフレームシフトによりORF1aの226 kDa RNA複製酵素サブユニットとORF1bの59 kDa RNA複製酵素サブユニットとの融合タンパク質として発現)-ORF2(6 kDa 機能不明タンパク質)-ORF3(22 kDa 機能不明タンパク質)-3′. RNA2：5′-Cap?-ORF1(5 kDa 機能不明タンパク質)-ORF2(62 kDa 熱ショックタンパク質70ホモログ(HSP70h))-ORF3(6 kDa 機能不明タンパク質)-ORF4(60 kDa 機能不明タンパク質)-ORF5(9 kDa 機能不明タンパク質)-ORF6(29 kDa 外被タンパク質(CP))-ORF7(54 kDa マイナー外被タンパク質(CPm))-ORF8(25 kDa 機能不明タンパク質)-3′.
	【登録コード】AB523788(RNA1全塩基配列), AB523789(RNA2全塩基配列).
細胞内所在	ウイルス粒子は篩管組織に局在.
自然宿主・病徴	メロン, キュウリ(退緑黄化病；葉の黄化, 収量の低下)；スイカ(退緑えそ病；葉の黄化, えそ).
宿　主　域	やや狭い. ほとんどの*Cucumis*属植物およびそれ以外の3種ウリ科植物, ウリ科以外の4科8種の植物.
増 殖 植 物	キュウリ, メロン.
検 定 植 物	キュウリ, メロン.
伝　　　染	汁液接種不可. タバココナジラミ(バイオタイプBおよびQ)による半永続伝搬. 接ぎ木伝染.
地理的分布	日本, 中国, 台湾, スーダンおよびレバノン.　　　　　　　　　　　　　　　〔奥田 充〕
主 要 文 献	行徳 裕ら(2008). 日植病報, 74, 219；Okuda, M. *et al.*(2010). Phytopathology, 100, 560-566；Martelli, G. P. *et al.*(2012). *Crinivirus*. Virus Taxonomy 9th Report of ICTV, 996-999；奥田 充ら(2008). 九病虫研会報, 54, 152；久野公子ら(2008). 日植病報, 74, 218；古田明子ら(2008). 日植病報, 74, 218；岡崎真一郎ら(2008). 日植病報, 74, 218；行徳 裕(2008). 植物防疫, 62, 424-426；行徳 裕ら(2009). 日植病報, 75, 109-111；奥田 充ら(2009). 日植病報, 75, 182；森山美穂・行徳 裕(2010). 日植病報, 76, 31-32；Huang, L. H.(2010). Plant Dis., 94, 1168；森山美穂・行徳 裕(2011). 日植病報, 77, 34；Zeng, R. *et al.*(2011). Plant Dis., 95, 354.

植物ウイルス 100

(CNSV)
Cycas necrotic stunt virus ソテツえそ萎縮ウイルス
Secoviridae Comovirinae Nepovirus(Subgroup B)

初　記　載	楠木 学ら(1975；CNSV)，高橋幸吉ら(1969；SMMV)，Takahashi, K. *et al.*(1974；SMMV)．
異　　　名	ダイズ微斑モザイクウイルス(Soybeam mild mosaic virus：SMMV)．
粒　　　子	【形態】球状2種(径28 nm)．被膜なし．
	【物性】沈降係数 M：85 S，B：112 S．浮遊密度(CsCl) M：1.404/cm^3，B：1.472 g/cm^3．
	【成分】核酸：(+)ssRNA 2種(RNA1：7.5 kb, RNA2：4.7 kb)．タンパク質：外被タンパク質(CP)1種(62 kDa)，ゲノム結合タンパク質(VPg)1種．
ゲ ノ ム	【構造】2分節鎖状(+)ssRNAゲノム(RNA1：7,471 nt, RNA2：4,667 nt)．ORF 2個(RNA1：1個, RNA2：1個)．ゲノムの5′端にゲノム結合タンパク質(VPg)，3′端にポリ(A)配列(poly(A))をもつ．
	【遺伝子】RNA1：5′-VPg-262 kDaポリプロテイン(P1Aタンパク質/ヘリカーゼ/VPg/プロテアーゼ(Pro)/RNA複製酵素(RdRp))-poly(A)-3′．RNA2：5′-VPg-139 kDaポリプロテイン(P2Aタンパク質/移行タンパク質(MP)/外被タンパク質(CP))-poly(A)-3′．
	【登録コード】AB073147(RNA1全塩基配列)，AB073148(RNA2全塩基配列)，ほか．
細胞内所在	細胞質および液胞内に散在もしくは塊状に分布．原形質連絡糸内や細胞質内にさや状もしくは管状構造物を形成し，その中に粒子が連鎖状に配列する．
自然宿主・病徴	ソテツ(えそ萎縮病；若葉にねじれ，成葉にえそ斑および萎縮)；ガーベラ(モザイク)；グラジオラス(無病徴)；ダイズ(微斑モザイク病；軽微なモザイクまたは無病徴)；ウメ(原株は葉脈黄化)．
宿　主　域	広い．ナス科，アカザ科，ソテツ科，ツルナ科，ヒユ科，ウリ科，マメ科，キク科，アヤメ科，キョウチクトウ科，ゴマノハグサ科，ゴマ科，バラ科，ヒルガオ科植物．
増殖植物	*Chenopodium amaranticolor, C. quinoa, C. serotinum*.
検定植物	*C. amaranticolor, C. quinoa, C. serotinum*(接種葉に局部病斑，全身にモザイク．SMMVでは*C. amaranticolor*で上葉に退緑斑)；フダンソウ(接種葉の葉脈透化)；ダイズ(SMMVでは上葉にモザイク)．
伝　　　染	汁液接種可．土壌伝染(線虫により媒介されると推定されるが，これを証明するデータはない)．種子伝染．
系　　　統	ソテツ系(CNSV-C)，グラジオラス系(CNSV-G)，ダイズ系(CNSV-S)．
類 縁 関 係	CNSVの性状は同じ*Nepovirus*属に属するトマト黒色輪点ウイルス(*Tomato black ring virus*：TBRV)に似るが，血清関係は認められない．一方，CNSVはSMMVと血清関係があり，外被タンパク質のアミノ酸配列も約90%の相同性を示すことから，SMMVはCNSVの1系統であるとされた．
地理的分布	日本，ニュージーランド．
そ の 他	アオキやネギからもCNSVと同種と考えられるウイルスが分離されるが，それらの塩基配列情報などが未詳である． 〔楠木学・花田 薫〕
主 要 文 献	楠木 学ら(1975)．日植病報，41, 285-286；高橋幸吉ら(1969)．日植病報，35, 120；Takahashi, K. *et al.*(1974). Ann. Phytopath. Soc. Jpn., 40, 103-105；Sanfaçon, H. *et al.*(2012). *Nepovirus*. Virus Taxonomy 9th Report of ICTV, 890-893；ICTVdB(2006). *Cycas necrotic stunt virus*. 00.018.0.03.013.；DPVweb. Nepovirus；Brunt, A. A. *et al.* eds.(1996). Cycas necrotic stunt *nepovirus*. Plant Viruses Online；楠木 学(1983). 植物ウイルス事典，306-307；井上忠男(1983). 植物ウイルス事典，485；本田要八郎(1993). 原色作物ウイルス病事典，130-131；佐古 勇(1993). 原色作物ウイルス病事典，371-372；亀谷満朗(1993). 原色作物ウイルス病事典，538；楠木 学(1993). 原色作物ウイルス病事典，665-666, 668-669, 680-681；土崎常男(1984). 野菜のウイルス病，354；張 茂雄ら(1976). 日植病報，42, 64；楠木 学ら(1979). 日植病報，45, 571-572；荒城

雅昭ら(1980). 日植病報, 46, 414；高橋幸吉ら(1980). 東北農試研報, 62, 1-130；Kusunoki, M. *et al.*(1986). Ann. Phytopath. Soc. Jpn., 52, 302-311；Hanada, K. *et al.*(1986). Ann. Phytopath. Soc. Jpn., 52, 422-427；福本文良ら(1987). 日植病報, 53, 64；Han, S. *et al.*(2002). Arch. Virol., 147, 2207-2214；Ochoa-Corona, F. M. *et al.*(2003). Phytopathology, 93, S67；Hanada K. *et al.*(2006). J. Gen. Plant Pathol., 72, 383-386；花田 薫ら(2008). 日植病報, 74, 223；丸山千尋ら(2015). 日植病報, 81, 48-49.

植物ウイルス 101

Cymbidium chlorotic mosaic virus# シュンラン退緑斑(たいりょくはん)ウイルス (CyCMV)

#ICTV 未認定(*Sobemovirus* ?)

#日本植物病名目録に登録されているが，Virus Taxonomy 9th Report of ICTV には記載されていない．

初　記　載	近藤秀樹ら(1994)．
粒　　　子	【形態】球状1種(径28 nm)．被膜なし． 【物性】浮遊密度(CsCl) 1.36 g/cm^3． 【成分】核酸：(＋)ssRNA 1種(4 kb)．タンパク質：外被タンパク質(CP)1種(約30 kDa)．
ゲ ノ ム	【構造】単一線状(＋)ssRNA ゲノム．ORF 4個． 【遺伝子】遺伝子：5′-VPg(?)-ORF1(RNA サイレンシングサプレッサー)-ORF2a/ORF2b(セリンプロテアーゼ(Pro)/VPg/RNA 複製酵素(RdRp)；ORF2b は ORF2a の-1 フレームシフトによる融合タンパク質)-ORF3(外被タンパク質(CP))-3′．
細胞内所在	ウイルス粒子は各種細胞の細胞質内，液胞内に散在あるいは集塊として認められる．
自然宿主・病徴	シュンラン，シナシュンラン(新葉に明瞭な退緑斑，株の萎縮)．
宿　主　域	非常に狭い．汁液接種した12科45種のうち，シュンラン(*Cymbidium goeringii*)，シナシュンラン(*C. forrestii*)，洋ランのシンビジウム(*Cymbidium* spp.)に感染．これらの植物では接種葉に退緑斑を生じ，接種3〜4ケ月に新葉に退緑斑あるいは退緑条斑が現れる．なお，ラン科植物のカトレア，デンドロビウム，コチョウラン，エビネには感染しない．
検定植物	*Cymbidium* 属植物．
伝　　　染	汁液接種可．媒介者は知られていない．
地理的分布	日本．
そ の 他	CyCMV は粒子の形態，細胞内所在，核酸・外被タンパク質の性状，遺伝子構造などから *Sobemovirus* 属に属すると考えられる．〔前田孚憲〕
主 要 文 献	近藤秀樹ら(1994)．日植病報，60, 396-397；井上成信(2001)．原色ランのウイルス病．農文協，80, 162；近藤秀樹ら(1996)．岡大資生研報，4, 149〜162；近藤秀樹ら(2011)．名古屋国際蘭会議(NIOC)2011 記録，22-27；近藤秀樹(2013)．シュンラン退緑斑病，インターネット版 日本植物病害大事典病害新情報．

植物ウイルス 102

Cymbidium mild mosaic virus# シンビジウム微斑(びはん)モザイクウイルス (CyMMV)
#ICTV 未認定(*Tombusviridae Carmovirus* ?)

#日本植物病名目録に登録されているが，Virus Taxonomy 9th Report of ICTV には記載されていない．

初 記 載	張 茂雄ら(1975)．
粒　　子	【形態】球状1種(径 28 nm)．被膜なし．
	【物性】沈降係数 126 S．
細胞内所在	各種細胞の細胞質や液胞に多数散在あるいは集塊をなす．
自然宿主・病徴	東洋ランのシンビジウム系(金稜辺，恵蘭など)(微斑モザイク)．
宿 主 域	比較的狭い．東洋ランのシンビジウム系，アカザ科，ナデシコ科，ヒユ科の数種植物．東洋ランのシンビジウム系，*Chenopodium quinoa*, *C. amaranticolor*, カーネーション(全身感染)；センニチコウ(局部感染)．
検 定 植 物	*C. quinoa*, *C. amaranticolor*.
伝　　染	汁液接種可．媒介生物未詳．
類 縁 関 係	*Carmovirus* 属のカーネーション斑紋ウイルス(*Carnation mottle virus*：CarMV)と血清学的に近縁関係がある．
地理的分布	日本．
そ の 他	ラン科植物での発生が知られている CarMV と血清学的に近縁関係にあり，宿主範囲も似ていることから両者の異同については検討を要する．　　　　　　　　　　　　　　〔前田孚憲〕
主 要 文 献	張 茂雄ら(1975)．日植病報, 41, 286；張 茂雄(1983)．植物ウイルス事典, 308-309；井上成信(1993)．原色作物ウイルス病事典, 583；井上成信(2001)．原色ランのウイルス病, 162；Chang, M. U. *et al.*(1978)．Korean J. Pl. Prot., 17, 131-138．

植物ウイルス 103

Cymbidium mosaic virus シンビジウムモザイクウイルス (CymMV)
Alphaflexiviridae Potexvirus

初　記　載	Jensen, D. D. (1951)；Inouye, N. (1968).
異　　　名	Cymbidium black steak virus, Orchid mosaic virus.
粒　　　子	【形態】ひも状1種(径13 nm×長さ480 nm)．らせんピッチ2.8 nm．被膜なし． 【物性】沈降係数121 S． 【成分】核酸：(＋)ssRNA 1種(6.2 kb, GC含量48％)．タンパク質：外被タンパク質(CP)1種(24 kDa)．
ゲ ノ ム	【構造】単一線状(＋)ssRNAゲノム(6,227 nt)．ORF 5個．5′端にキャップ構造(Cap)，3′端にポリ(A)配列(poly(A))をもつ． 【遺伝子】5′-Cap-ORF1(160 kDa RNA複製酵素)-ORF2(26 kDa移行タンパク質1；TGB1)-ORF3(13 kDa移行タンパク質2；TGB2)-ORF4(10 kDa移行タンパク質3；TGB3)-ORF5(24 kDa外被タンパク質；CP)-poly(A)-3′． ORF3はORF2の3′端側の一部にオーバーラップして存在． 【登録コード】U62963(シンガポール系統　全塩基配列)，AF016914(韓国系統　全塩基配列)，AY571289(台湾系統　全塩基配列)，ほか．
細胞内所在	ウイルス粒子は各種細胞の細胞質内に散在または集塊をなす．粒子を含む細胞質封入体が観察される．
自然宿主・病徴	57属のラン科植物(全身感染；モザイク～え死症状)．
宿　主　域	ラン科植物．そのほかは狭く，アカザ科，ナス科，マメ科，ツルナ科植物．
増 殖 植 物	ハブソウ(*Cassia occidentalis*)．
検 定 植 物	*Chenopodium amaranticolor*, *C. quinoa*, *C. murale*, *Datura stramonium*, ハブソウ，センニチコウ，*Tertagonia expansa*(接種葉に局部感染)．
伝　　　染	汁液接種可．接触伝染．栄養繁殖による伝染．
系　　　統	韓国系統(CymMV-K1, K2)，シンガポール系統(CymMV-S1, S2)，台湾系統(CymMV-CS, M2)．
類 縁 関 係	シロクローバモザイクウイルス(*White clover mosaic virus*：WClMV)，ジャガイモXウイルス(*Potato virus X*：PVX)とは血清関係がない．
地理的分布	日本および世界各地． 〔張　茂雄〕
主 要 文 献	Jensen, D. D. (1951). Phytopathology, 41, 401-414；Inouye, N. (1968). Ber. Ohara Inst. Landw. Biol. Okayama Univ., 14, 161-170；Adams, M. J. *et al.* (2012). *Potexvirus*. Virus Taxonomy 9th Report of ICTV, 912-915；ICTVdB (2006). *Cymbidium mosaic virus*. 00.056.0.01.007.；DPVweb. Potexvirus；Francki, R. I. B. (1970). Cymbidium mosaic virus. Descriptions of Plant Viruses, 27；Brunt, A. A. *et al.* eds. (1996). Cymbidium mosaic *potexvirus*. Plant Viruses Online；井上成信(1983). 植物ウイルス事典, 310-311；井上成信(1993). 原色作物ウイルス病事典, 580-581；井上成信(2001). 原色ランのウイルス病, 151-152；Ryu, K. H. (2008). *Potexvirus*. Encyclopedia of Virology 3rd ed., 4, 310-313；Verchot-Lubicz, J. (2011). Potexvirus. The Springer Index of Viruses 2nd ed., 505-515；Wong, S. M. *et al.* (1997). Arch. Virol., 142, 383-391；近藤秀樹ら(2011). 名古屋国際蘭会議(NIOC)2011記録, 22-27.

植物ウイルス 104

Dahlia mosaic virus ダリアモザイクウイルス (DMV)
Caulimoviridae Caulimovirus

初　記　載	Brandenburg, E.(1928)；土居養二ら(1967).
異　　　名	Dahlia virus 1.
粒　　　子	【形態】球状1種(径48〜50 nm). 被膜なし. 【物性】沈降係数 254 S. 【成分】核酸：dsDNA 1種(8.0 kbp, GC含量43％). タンパク質：外被タンパク質(CP)2種(13 kDa, 58 kDa).
ゲ　ノ　ム	【構造】単一環状dsDNAゲノム(約8,000bp). ORF 7個. 両鎖に各1〜2ケ所の不連続部位(gap)があり、そこで一部三重鎖を形成. tRNAプライマー結合部位を有する. 【遺伝子】全長RNA転写プロモーター–ORF Ⅶ(機能不明タンパク質)–ORF Ⅰ(38 K移行タンパク質(MP))–ORFⅡ(19 Kアブラムシ媒介ヘルパータンパク質(ATF))–ORF Ⅲ(13 K外被タンパク質(CP)；DNA結合モチーフをもつ)–ORF Ⅳ(58 K外被タンパク質(CP))–ORF Ⅴ(71 K逆転写酵素(RT))–ORFⅥ(56 K封入体タンパク質；翻訳アクチベータ-活性をもつ)–. 【登録コード】AY291585(ORF Ⅰ), AY291586(ORF Ⅱ), AY291587(ORF Ⅲ), AY309480(ORF Ⅵ), AY309479(ORF Ⅴ), AY309480(ORF Ⅵ), ほか.
細胞内所在	粒子は各種組織の細胞の細胞質に形成された封入体(ビロプラズム)内に存在. 細胞質内あるいはプラズモデスマータ内に散在する例もある. 封入体は径500〜1,000 nmの球〜楕円球状で、表皮細胞内の封入体は光学顕微鏡でも観察が可能.
自然宿主・病徴	ダリア, ヒャクニチソウ(全身感染；葉脈退緑, モザイク, 萎縮).
宿　主　域	広い. キク科, ナス科, アカザ科, ヒユ科の植物.
増殖植物	ダリア, *Verbesina encelioides*.
検定植物	ダリア(葉脈退緑, 萎縮)；カッコウアザミ(退緑斑点, 葉脈退緑)；ヒャクニチソウ(萎縮)；ヒモゲイトウ(退緑斑点).
伝　　　染	汁液接種可. 各種アブラムシにより非永続伝搬.
系　　　統	病徴が穏やかで汁液接種困難な1系統が報告されているが, 日本では未報告.
類縁関係	他のカリモウイルス属ウイルスと血清関係があり, アミノ酸配列の相同性も高い.
地理的分布	日本および世界各地. 〔日比忠明〕
主要文献	Brandenburg, E.(1928). Forschn. Geb. Pflkrankh., Berl., 5, 39；土居養二ら(1967).日植病報, 33, 95；Geering, A. D. W. *et al.*(2012). *Caulimovirus*. Virus Taxonomy 9th Report of ICTV, 432–434；ICTVdB(2006). *Dahlia mosaic virus*. 00.015.0.01.005.；DPVweb. Caulimovirus；Hull, R.(1984). Caulimovirus group. Descriptions of Plant Viruses, 295；Brunt, A. A.(1971). Dahlia mosaic virus. Descriptions of Plant Viruses, 51；Brunt, A. A. *et al.* eds.(1996). Dahlia mosaic *caulimovirus*. Plant Viruses Online；Schoelz, J. E. *et al.*(2008). Caulimoviruses：General features. Encyclopedia of Virology 3rd ed.,1, 457–464；Hohn, T.(2008). Caulimoviruses：Molecular biology. Encyclopedia of Virology 3rd ed.,1, 464–469；Hohn, T.(2011). Caulimovirus. The Springer Index of Viruses 2nd ed., 271–277；土居養二(1983). 植物ウイルス事典, 312–313；亀谷満朗(1993). 原色作物ウイルス病事典, 554–555.

植物ウイルス 105

(DVS)
Daphne virus S ジンチョウゲSウイルス
Betafrexiviridae Carlavirus

初　記　載	Forster, R. L. S. and Milne, K. S.(1975)；楠木 学ら(1976).
異　　　名	Daphne leaf distortion virus S.
粒　　　子	【形態】ひも状1種(径13 nm×長さ680〜720 nm)．被膜なし．
	【成分】核酸：(＋)ssRNA 1種(8.7 kb)．タンパク質：外被タンパク質(CP)1種(35 kDa)．
ゲ ノ ム	【構造】単一線状ssRNAゲノム(8,739 nt)．ORF 6個．ゲノムの5′端にキャップ構造(Cap)，3′端にポリ(A)配列(poly(A))をもつ．
	【遺伝子】5′-Cap-ORF1(227 kDa RNA複製酵素；メチルトランスフェラーゼドメイン/パパイン様プロテアーゼドメイン/ヘリカーゼドメイン/RNA複製酵素ドメイン)-ORF2(25 kDa移行タンパク質1；TGB1)-ORF3(11 kDa移行タンパク質2；TGB2)-ORF4(7 kDa移行タンパク質3；TGB3)-ORF5(35 kDa外被タンパク質(CP))-ORF6(12 kDa核酸結合タンパク質)-poly(A)-3′.
	【登録コード】AJ620300(全塩基配列)．
細胞内所在	粒子は細胞質内に散在または束状集塊を形成.
自然寄主・病徴	ジンチョウゲ(潜在感染もしくは軽いモザイク).
宿　主　域	あまり広くない．アカザ科，キク科，ナス科の数種植物にのみ汁液接種により感染.
増殖植物	*Chenopodium amaranticolor*(全身感染；穏やかなモザイク).
検定植物	ペチュニア(成葉に葉脈透化)；*Datura stramonium*(全身感染；モザイク).
伝　　　染	汁液接種可．アブラムシによる非永続伝搬．接ぎ木伝染.
類縁関係	DVSはRNA複製酵素や外被タンパク質のアミノ酸配列上，*Helenium virus S*(HVS)およびキクBウイルス(*Chrysanthemum virus B*：CVB)に近縁である.
地理的分布	ニュージーランド，日本，韓国． 〔楠木 学〕
主要文献	Forster, R. L. S. and Milne, K. S.(1975). N. Z. J. Agric. Res., 18, 391-398；Foster, R. L. S.(1978). N. Z. J. Agric. Res., 21, 131-136；楠木 学ら(1976).日植病報, 42, 105；Adams, M. J. *et al.* (2012). *Carlavirus*. Virus Taxonomy 9th Report of ICTV, 924-927；ICTVdB(2006). Daphne virus S. 00.056.0.84.013.；Brunt, A. A. *et al.* eds.(1996). Daphne S(?)*carlavirus*. Plant Viruses Online；楠木 学(1983).植物ウイルス事典, 314-315；楠木 学(1993).原色作物ウイルス病事典, 665-666；Lee, B. Y. *et al.*(2006). Arch. Virol., 151, 193-200.

植物ウイルス 106

Dasheen mosaic virus サトイモモザイクウイルス (DsMV)
Potyviridae Potyvirus

初 記 載	Zettler, F. W. *et al.*(1970)；荒井 啓ら(1970).
異 名	Vanilla mosaic virus.
粒 子	【形態】ひも状1種(径13 nm×長さ750 nm). 被膜なし. 【物性】浮遊密度(CsCl) 1.26 g/cm³. 【成分】核酸：(+)ssRNA 1種(10 kb). タンパク質：外被タンパク質(CP)1種(35 kDa), ゲノム結合タンパク質(VPg)1種.
ゲ ノ ム	構造：単一線状(+)ssRNAゲノム(10,038 nt). ORF 1個. 5′端にゲノム結合タンパク質(VPg), 3′端にポリ(A)配列(poly(A))をもつ. 【遺伝子】5′-VPg-362 kDaポリプロテイン(43 kDa P1プロテアーゼ(P1)/52 kDa虫媒介助タンパク質-プロテアーゼ(HC-Pro)/40 kDa P3タンパク質(P3)/6 kDa機能不明タンパク質(6 K1)/71 kDa円筒状封入体タンパク質(CI)/6 kDa機能不明タンパク質(6 K2)/22 kDaゲノム結合タンパク質(NIa-VPg)/28 kDa NIaプロテアーゼ(NIa-Pro)/60 kDa RNA複製酵素(NIb)/35 kDa外被タンパク質(CP))-poly(A)-3′. 【登録コード】AJ298033(全塩基配列), ほか.
細胞内所在	ウイルス粒子は葉肉細胞に散在し, 風車状・帯状・ひだ状などを呈する多数の円筒状封入体が認められる. これらの封入体は光学顕微鏡でも観察される.
自然宿主・病徴	サトイモ, ハスイモ, タロイモ, コンニャク, アグラオネマ, アロカシア(クワズイモ), マムシグサ, フィロデンドロン, カラジウムなどのサトイモ科植物(全身感染；黄色羽毛状のモザイク. 時に奇形).
宿 主 域	狭い. 自然界ではサトイモ科植物に限定されるが, 実験的には *Chenopodium amaranticolor, C. quinoa, C. ambrosioides, Nicotiana benthamiana* に感染するというイタリアの報告がある.
増殖植物	*Philodendron selloum, Caladium hortulanum, Colocasia* ssp., *Xanthosoma* ssp., *Diffenbachia* ssp. (全身モザイク, 奇形, 上偏成長など).
検定植物	*Philodendron verrucosum*(局部病斑)；*P. selloum*(全身モザイク).
伝 染	汁液接種可. モモアカアブラムシ, ワタアブラムシ, マメアブラムシによる非永続伝搬.
系 統	フロリダ株とフィジー株で *P. selloum* に対する反応が若干異なる. フランス領ポリネシアおよびクック諸島バニラから分離された Vanilla mosaic virus は外被タンパク質と3′非翻訳領域の塩基配列から DsMV の1系統とされた.
類縁関係	*Araujia mosaic virus*(ArjMV), インゲンマメモザイクウイルス(*Bean common mosaic virus*：BCMV), *Tobacco etch virus*(TEV)と血清学的類縁関係があるが, ジャガイモYウイルス(*Potato virus Y*：PVY), カブモザイクウイルス(*Turnip mosaic virus*：TuMV)とは関係がない.
地理的分布	エジプト, 米国, ヨーロッパ, インド, 日本, 中国, オセアニア諸国, カリブ海諸国など世界各地(特に熱帯, 亜熱帯地域).
そ の 他	茎頂点培養によりウイルス無毒化が可能であるが, 熱処理では困難. 〔荒井 啓〕
主要文献	Zettler, F. W. *et al.*(1970). Phytopathology, 60, 983-987；荒井 啓ら(1970). 日植病報, 36, 373；Adams, M. J. *et al.*(2012). *Potyvirus*. Virus Taxonomy 9th Report of ICTV, 1072-1079；ICTVdB (2006). *Dasheen mosaic virus*. 00.057.0.01.023.；DPVweb. Potyvirus；Zettler, F. W. *et al.*(1978). Dasheen mosaic virus. Descriptions of Plant Viruses, 191；Brunt, A. A. *et al.* eds.(1996). Dasheen mosaic *potyvirus*. Plant Viruses Online；荒井 啓(1983). 植物ウイルス事典, 316-317；下山 淳(1993). 原色作物ウイルス事典, 429-430；遠山 明(1984). 野菜のウイルス病, 320-322；Hartman, R. D.(1974). Phytopathology, 64, 237-240；遠山 明(1975). 日植病報, 41, 506-507；Abo El-Nil, M.M. *et al.*(1977). Phytopathology, 67, 1445-1450；Chen, J. *et al.*(2001). Arch. Virol., 146, 1821-1829；Farreyrol, K. *et al.*(2006). Arch. Virol., 151, 905-919.

植物ウイルス 107

Dendrobium mosaic virus[#] デンドロビウムモザイクウイルス (DeMV)
[#]ICTV 未認定（*Potyviridae Potyvirus*？）

[#]日本植物病名目録に登録されているが，Virus Taxonomy 9th Report of ICTV に記載されている DeMV とは別種であり，種名については検討を要する．

初　記　載　井上成信(1970)，Inouye, N.(1976)．
異　　　名　デンドロビウムモザイクウイルス-日本分離株(DeMV-J)．
粒　　　子　【形態】ひも状1種(径 13 nm×長さ 750 nm)．被膜なし．
　　　　　　　【成分】核酸：(＋)ssRNA 1種．タンパク質：外被タンパク質(CP) 1種(31 kDa)．
ゲ ノ ム　【構造】単一線状(＋)ssRNA ゲノム．3′端にポリ(A)配列(poly(A))をもつ．
　　　　　　　【遺伝子】外被タンパク質(CP；31 kDa)，ほか．
細胞内所在　ウイルス粒子は細胞質内に散在する．また，細胞質内に風車状封入体が認められる．
自然宿主・病徴　デンドロビウム属植物(*Dendrobium* spp.)(葉に明瞭で濃淡の境界が際立ったモザイク)．
宿　主　域　非常に狭い．デンドロビウム属のみ．
増殖植物　デンドロビウム．
伝　　　染　汁液接種可．アブラムシによる非永続伝搬．
類縁関係　デンドロビウムシビアモザイクウイルス(Dendrobium severe mosaic virus：DeSMV)との血清学的類縁関係は認められない．Dendrobium mosaic virus-ハワイ分離株(インゲンマメモザイクウイルス(*Bean common mosaic virus*：BCMV)の1系統)および DeSMV など他の *Potyvirus* 属ウイルスとの外被タンパク質の相同性は，アミノ酸レベルで 67％ 以下であるが，*Rhopalanthe virus Y*(RhoVY)とは 82％ の相同性を示す．したがって，本ウイルスは DeMV-ハワイ分離株や DeSMV とは別種だが，その種名や RhoYV との関係についてはさらに検討を要する．
地理的分布　日本．　　　　　　　　　　　　　　　　　　　　　　　　　　　〔近藤秀樹〕
主 要 文 献　井上成信(1970)．日植病報，36, 185-186；Inouye, N.(1976). Ber. Ohara. Inst. Landwirtsch. Biol. Okayama Univ., 16, 165-174；井上成信(1983)．植物ウイルス事典，318-319；井上成信(1993)．原色作物ウイルス病事典，585；井上成信(2001)．原色ランのウイルス病，157；井上成信(1973)．日植病報，39, 367-368；植田正浩ら(1996)．日植病報，62, 334-335；近藤秀樹ら(2010)．名古屋国際蘭会議(NIOC)2010 記録，10-15；Hu, J. S. *et al.*(1993). Plant Dis., 77, 464-468；Hu, J. S. *et al.*(1995). Phytopathology, 85, 542-546；Gara, I. W. *et al.*(1998)．日植病報，64, 422．

植物ウイルス 108

Dendrobium severe mosaic virus# デンドロビウムシビアモザイクウイルス
(DeSMV)
#ICTV 未認定（*Potyviridae Potyvirus*?）

#日本植物病名目録に登録されているが，Virus Taxonomy 9th Report of ICTV には記載されていない．

初 記 載	Gara, I. W. *et al.* (1998)．
粒　　子	【形態】ひも状 1 種（径 13 nm×長さ 750 nm）．被膜なし． 【成分】核酸：（＋）ssRNA 1 種．タンパク質：外被タンパク質（CP）1 種（30 kDa）．
ゲ ノ ム	【構造】単一線状（＋）ssRNA ゲノム．3′端にポリ（A）配列（poly（A））をもつ．3′非翻訳領域は 344 nt で他の *Potyvirus* 属ウイルスよりかなり長い． 【遺伝子】外被タンパク質（CP；30 kDa），ほか．
自然宿主・病徴	デンドロビウム属（*Dendrobium* spp.）（葉に明瞭なモザイク．花弁に斑入は生じない）．
宿 主 域	非常に狭い．汁液接種した 12 科 46 種のうち，*D. nobile* にのみ全身感染（モザイク）．
増 殖 植 物	デンドロビウム．
伝　　染	汁液接種可．外被タンパク質にアブラムシ伝搬モチーフ DAG をもつが，モモアカアブラムシによっては伝搬されない．
類 縁 関 係	わが国のラン科植物に発生するデンドロビウムモザイクウイルス（Dendrobium mosaic virus：DeMV-J），エビネ微斑モザイクウイルス（*Calanthe mild mosaic virus*：CalMMV），インゲンマメ黄斑モザイクウイルス（*Bean yellow mosaic virus*：BYMV），クローバ葉脈黄化ウイルス（*Clover yellow vein virus*：ClYVV），スイカモザイクウイルス（*Watermelon mosaic virus*：WMV），サギソウモザイクウイルス（Habenaria mosaic virus：HaMV），カブモザイクウイルス（*Turnip mosaic virus*：TuMV）との血清学的類縁関係は認められない．外被タンパク質の相同性は他の 26 種の *Potyvirus* 属ウイルスとアミノ酸レベルで 60～65% である．これらのうち，ラン科植物に発生する *Rhopalanthe virus Y*（RhoVY）と 62%，CalMMV と 61% の相同性が認められる．
地理的分布	日本．
そ の 他	デンドロビウムに発生する *Potyvirus* 属ウイルスとしては，DeSMV のほかに，DeMV-J, Dendrobium mosaic virus（DeMV-ハワイ系統）；インゲンマメモザイクウイルス（*Bean common mosaic virus*：BCMV）の 1 系統），*Ceratobium mosaic virus*（CerMV）が知られている．〔前田孚憲〕
主 要 文	Gara, I. W. *et al.* (1998)．日植病報，64, 422；近藤秀樹ら（2010）．名古屋国際蘭会議（NIOC）2010 記録，10-15；井上成信（1973）．日植病報，39, 367-368；Hu, J. S. *et al.* (1995)．Phytopathology, 85, 542-546；Mackenzie, A. M. *et al.* (1998)．Arch. Virol., 143, 903-914.

植物ウイルス 109

East Asian passiflora virus トケイソウ東アジアウイルス (EAPV)
Potyviridae Potyvirus

初 記 載	大森 拓ら(1992)，Iwai, H. *et al.*(1996).
異 名	Passionfruit woodiness virus-Taiwan, Malaysian passiflora virus.
粒 子	【形態】ひも状1種(径13 nm×長さ787 nm)．被膜なし．
	【成分】核酸：(+)ssRNA 1種(10 kb, GC含量42%)．タンパク質：外被タンパク質(CP)1種(33 kDa)，ゲノム結合タンパク質(VPg)1種．
ゲ ノ ム	【構造】単一線状(+)ssRNA ゲノム(9,982～10,046 nt)．ORF1個．5′端にゲノム結合タンパク質(VPg)，3′端にポリ(A)配列(poly(A))をもつ．
	【遺伝子】5′-VPg-367 kDa ポリプロテイン(49 kDa プロテアーゼ・細胞間移行タンパク質(P1)/52 kDa アブラムシ媒介介助タンパク質-プロテアーゼ(HC-Pro)/40 kDa プロテアーゼ補助因子(P3)/6 kDa 複製関与タンパク質(6 K1)/71 kDa 円筒状封入体タンパク質・RNA ヘリカーゼ(CI)/6 kDa 膜結合タンパク質(6 K2)/22 kDa 核内封入体a-ゲノム結合タンパク質(NIa-VPg)/28 kDa 核内封入体a-プロテアーゼ(NIa-Pro)/60 kDa 核内封入体b・RNA 複製酵素(NIb)/33 kDa 外被タンパク質(CP；アブラムシ伝搬にも関与))-poly(A)-3′.
	【登録コード】AB246773(AO系統 全塩基配列)，AB604610(IB系統 全塩基配列)，ほか．
細胞内所在	細胞質内にウイルス粒子が散在し，層板状・風車状封入体を形成．
自然宿主・病徴	パッションフルーツ(交配種，在来種ムラサキトケイソウ)(ウッディネス病；モザイク，ウッディネス症状(果実の奇形や木質化)，果実表面の斑紋(系統により異なる))．
宿 主 域	狭い．アカザ科植物(*Chenopodium amaranticolor, C. quinoa*)，インゲンマメ(品種により非感染)，トケイソウ科植物(パッションフルーツ，ハナトケイソウ，オオミノトケイソウなど)，ナス(品種 久留米大長；局部潜在感染)，ゴマ．
増殖植物	パッションフルーツ，インゲンマメ(品種 Rico 23, Rosinha)．
検定植物	*C. amaranticolor*, *C. quinoa*(接種葉に局部退緑斑)；インゲンマメ(品種 Rico 23, Rosinha)(接種葉と上葉に局部壊死斑や葉脈壊疽)；インゲンマメ(品種 Master Piece, Pinto 111, すじなし江戸川など)(接種葉に局部退緑斑や壊死斑)；ゴマ(接種葉に局部退緑斑，上葉にモザイク)．
伝 染	汁液接種可(トケイソウ科植物への戻し接種は一部の種を除いて困難)．アブラムシによる非永続伝搬．栄養繁殖(挿し木)による伝染．
系 統	EAPV-AO(奄美大島・劇症型)，EAPV-IB(指宿・軽症型)，Passionfruit woodiness virus-Taiwan, Malaysian passiflora virus.
類縁関係	*Passionfruit woodiness virus*(PWV)，ダイズモザイクウイルス(*Soybean mosaic virus*：SMV)ならびにスイカモザイクウイルス(*Watermelon mosaic virus*：WMV)などと血清関係がある．従来のPWVの東アジア地域株はCPのアミノ酸配列の相同性に基づき，PWVとは別種のEAPVとして独立した．ウッディネス症状を起こす*Potyvirus*属ウイルスとしては，オーストラリアで記載されたPWVの他に，アフリカ，ブラジルで記載された*Cowpea aphid-borne mosaic virus*(CABMV)の系統やアフリカで記載されたUgandan Passiflora virusがある．
地理的分布	日本，台湾，マレーシアなど．〔岩井 久〕
主要文献	大森 拓ら(1992).日植病報, 58, 619；Iwai, H. *et al.*(1996). Ann. Phytopathol. Soc. Jpn., 62, 459-465；Adams, M. J. *et al.*(2012). *Potyvirus*. Virus Taxonomy 9th Report of ICTV, 1072-1079；今田 準(2002).原色果樹のウイルス・ウイロイド病, 108-109；岩井 久ら(2006).日植病報, 72, 302；Iwai, H. *et al.*(2006). Arch. Virol., 151, 811-818；Iwai, H. *et al.*(2006). Arch. Virol., 151, 1457-1460；Fukumoto, T. *et al.*(2012). J. Phytopathol., 160, 404-411；Fukumoto, T. *et al.*(2012). Virus Genes, 44, 141-148.

植物ウイルス 110

Eggplant mottled crinkle virus ナス斑紋クリンクルウイルス (EMCV)
Tombusviridae Tombusvirus

初　記　載	Makkouk, K. M. *et al*. (1981)；岩木満朗ら (1985)，Iwaki, M. *et al*. (1987)．
異　　　名	トルコギキョウえそウイルス (Lisianthus necrosis virus：LNV)，Pear latent virus (PLV)．
粒　　　子	【形態】球状 1 種 (径 30 nm)．被膜なし．
	【成分】核酸：(+) ssRNA 1 種 (4.8 kb)．タンパク質：外被タンパク質 (CP) 1 種 (41 kDa)．
ゲ ノ ム	【構造】単一線状 (+) ssRNA ゲノム (4,764～4,766 nt)．ORF 5 個．ゲノムの 5′ 端のキャップ構造 (Cap) と 3′ 端のポリ (A) 配列 (poly(A)) を欠く．
	【遺伝子】5′-33 kDa/92 kDa RNA 複製酵素タンパク質 (92 kDa タンパク質は 33 kDa タンパク質のリードスルータンパク質)-41 kDa 外被タンパク質 (CP)-22 kDa 移行タンパク質 (MP)/19 kDa 機能不明タンパク質 (19 kDa タンパク質は 22 kDa タンパク質の ORF に別の読み枠で重なるタンパク質)-3′．
	【登録コード】DQ011234, AY100482, AM711119 (全塩基配列)．
自然宿主・病徴	ナス (全身感染；葉の斑紋，よじれ．果実の奇形．矮化)；トルコギキョウ (えそ病；全身感染し，えそ斑，先端えそを生じる)；ナシ (赤化，早期落葉．果実の奇形．矮化．潜在感染の場合もある)．
宿　主　域	広い．アカザ科，ウリ科，ナス科，マメ科，リンドウ科植物など．
増 殖 植 物	*Nicotiana clevelandii* (接種葉にえそ斑点，全身にえそ)．
検 定 植 物	*Chenopodium amaranticolor, C. quinoa* (接種葉にえそ斑点)．
伝　　　染	汁液接種可．*Olpidium* 菌による土壌伝染 (海外では媒介者不明の報告がある)．
類 縁 関 係	血清学的に *Tobacco necrosis virus* (TNV)，*Cucumber necrosis virus* (CNV)，メロンえそ斑点ウイルス (*Melon necrotic spot virus*：MNSV) とは関係がない．
地理的分布	日本およびアジア，ヨーロッパ各地．
そ の 他	当初，EMCV は *Necrovirus* 属の暫定種とされたが，塩基配列の解析結果から *Tombusvirus* 属に属することが示された．〔亀谷満朗〕
主 要 文 献	Makkouk, K. M. *et al*. (1981). Phytopathology, 71, 572-577；岩木満朗ら (1985). 日植病報, 51, 355；Iwaki, M. *et al*. (1987). Phytopathology, 77, 867-870；Rochon, D. *et al*. (2012). *Tombusvirus*. Virus Taxonomy 9th Report of ICTV, 1114-1118；ICTVdB (2006). *Eggplant mottled crinkle virus*. 00.074.0.01.006.；Brunt, A. A. *et al*. eds. (1996). Eggplant mottled crinkle *tombusvirus*. Plant Viruses Online；花田 薫・岩木満朗 (1986). 日植病報, 52, 153；Chen, C. C. *et al*. (2000). Plant Dis., 84, 506-509；Russo, R. *et al*. (2002). J. Plant Pathol., 84, 161-166；Chen, Y. K. *et al*. (2006). Plant Dis., 90, 1112；Dombrovsky, A. *et al*. (2009). Phytoparasitica, 37, 477-483.

植物ウイルス 111

Elder ring mosaic virus# ニワトコ輪紋モザイクウイルス (ERMV)
#ICTV 未認定（*Betafrexiviridae Carlavirus* ?）

#日本植物病名目録に登録されているが，Virus Taxonomy 9th Report of ICTV には記載されていない．

初 記 載	楠木 学ら（1977）．
粒　　子	【形態】ひも状1種（径13 nm×長さ635 nm）．被膜なし．
細胞内所在	ウイルス粒子は細胞質内に散在もしくは束状に集塊して存在．封入体を形成しない．
自然寄主・病徴	ニワトコ（輪紋～潜在感染）．
宿 主 域	狭い．スイカズラ科ニワトコのみ．
増 殖 植 物	ニワトコ．
伝　　染	未詳．
類 縁 関 係	葉脈透明病徴を示すニワトコから分離され，タバコ，*N. glutinosa*，ササゲ，アカザに汁液伝染し，その宿主範囲と病徴が Elderberry symptomless virus（ElSLV）とほぼ一致するひも状ウイルス（長さ200～2,000 nm）が報告されている（土崎常男ら，1969）．したがって，このウイルスと ERMV および ElSLV との異同について検討する必要がある．
地理的分布	日本．　〔楠木 学〕
主 要 文 献	楠木 学ら（1977）．日植病報，43, 125；楠木 学（1983）．植物ウイルス事典, 320-321；楠木 学（1993）．原色作物ウイルス病事典, 676-677；土崎常男ら（1969）．植物防疫, 23, 6-9；Dijkstra, J. and Van Lent, J. W. M.（1983）．Elderberry carlavirus. Descriptions of Plant Viruses, 263.

植物ウイルス 112

Elder vein clearing virus#　ニワトコ葉脈透明ウイルス　(EVCV)

#ICTV 未認定(*Rhabdoviridae Nucleorhabdovirus* ?)

#日本植物病名目録に登録されているが，Virus Taxonomy 9th Report of ICTV には記載されていない．

初　記　載	楠木 学ら(1977).
粒　　　子	【形態】桿菌状1種(径 80 nm×長さ 275 nm)．被膜をもつ．
細胞内所在	核内にビロプラズムを形成し，ウイルス粒子は核表面や細胞質内で小胞体などの膜に囲まれた形で存在．
自然寄主・病徴	ニワトコ(葉脈透化．病徴は新葉より成葉で明瞭)．
宿　主　域	ニワトコ以外は不明．
増 殖 植 物	ニワトコ．
検 定 植 物	ニワトコ．
伝　　　染	汁液接種不可．ニワトコフクレアブラムシにより伝搬される．
地理的分布	日本．

〔楠木 学〕

主 要 文 献　楠木 学ら(1977). 日植病報, 43, 125；楠木 学(1983). 植物ウイルス事典, 322-323.；楠木 学(1993). 原色作物ウイルス病事典, 676.

植物ウイルス 113

Epiphyllum bacilliform virus# クジャクサボテン桿菌状ウイルス (EpBV)
#ICTV 未認定（*Caulimoviridae Badnavirus*?）

#日本植物病名目録に登録されているが，Virus Taxonomy 9th Report of ICTV には記載されていない．

初　記　載	山下修一ら(1991).
粒　　　子	【形態】桿菌状1種(径 29～30 nm×長さ 135～150 nm)．被膜なし．
細胞内所在	篩部細胞の細胞質内に散在あるいは集積する．
自然宿主・病徴	クジャクサボテン(全身感染；茎葉に斑紋)．
宿　主　域	クジャクサボテン以外は不明．
伝　　　染	汁液接種不可．接ぎ木伝染．媒介生物不明．
地理的分布	日本．

〔日比忠明〕

主　要　文　献　山下修一ら(1991)．日植病報, 57, 73；亀谷満朗(1993)．原色作物ウイルス病事典, 578；山下修一ら(1993)．日植病報, 59, 727.

植物ウイルス 114

Euonymus mosaic virus# マサキモザイクウイルス (EuMV)
#ICTV 未認定（*Rhabdoviridae Nucleorhabdovirus* ?）

#日本植物病名目録に登録されているが，Virus Taxonomy 9th Report of ICTV には記載されていない．

初　記　載	吉井　甫・徳重陽山(1953)，土居養二ら(1969)．
粒　　　子	【形態】弾丸状〜桿菌状 1 種（径 70 nm×長さ 230 nm）．らせんピッチ 4.5 nm．被膜あり．
細胞内所在	核周囲の内外核膜に包まれた小胞内に集積するほか，核内や細胞質内に形成された小胞内にも存在する．
自然寄主・病徴	マサキ（葉脈透明．モザイクを示した後に潜在化）．
宿　主　域	マサキ以外は不明．
伝　　　染	汁液接種不可．接ぎ木伝染．媒介生物不明．
地理的分布	日本．ヨーロッパ，米国などにも広く分布するらしい．
そ　の　他	Euonymus mosaic virus の名称は，*Tobacco necrosis virus D* の異名あるいは *Carlavirus* の一種の名称として用いられたこともあるが，現在では ICTV の認定種や暫定種の名称としては用いられていない．EuMV と粒子形態，宿主域，病徴がほぼ一致する *Rhabdoviridae* 科の暫定種 Euonymus fasciation virus（EFV）との関係については未詳である．　〔楠木　学〕
主要文献	吉井　甫・徳重陽山(1953)．日植病報, 17, 175；土居養二(1969)．日植病報, 35, 388；Dietzgen, R. G. *et al.* (2012)．*Rhabdoviridae*．Virus Taxonomy 9th Report of ICTV, 686–713；土居養二(1983)．植物ウイルス事典, 324–325；楠木　学(1993)．原色作物ウイルス病事典, 682；ICTVdB(2006)．Euonymus fasciation virus. 01.062.0.85.017.

植物ウイルス 115/116

Eupatorium yellow vein mosaic virus ヒヨドリバナ葉脈黄化モザイクウイルス (EpYVMV)
Geminiviridae Begomovirus

Eupatorium yellow vein virus ヒヨドリバナ葉脈黄化ウイルス (EpYVV)
Geminiviridae Begomovirus

EpYVMV は従来 EpYVV の一系統とされてきたが，最近，ゲノムの塩基配列解析により独立種となった．しかし，塩基配列の一部を除いて両者の性状は互いにきわめて類似しているので，便宜上，ここにまとめて示す．

初 記 載	尾崎武司・井上忠男(1979)，Saunders, K. *et al.*(2003).
粒　　　子	【形態】双球状1種(径 20 nm×長さ 30 nm)．被膜なし． 【成分】核酸：ssDNA 1種(2.7〜2.8 kb，GC 含量 43%)．タンパク質：外被タンパク質(CP) 1種(30 kDa)．
ゲ ノ ム	【構造】単一環状 ssDNA ゲノム(2,700〜2,800 nt)．ORF 6個(ウイルス鎖：2個，相補鎖：4個)． 【遺伝子】ウイルス鎖：-5′-遺伝子間領域(IR)-ORF V2(13 kDa 移行タンパク質(MP))-ORF V1(30 kDa 外被タンパク質(CP))-3′-．相補鎖：-5′-遺伝子間領域(IR)-ORF C1(41 kDa 複製開始タンパク質(Rep))-ORF C4(11 kDa タンパク質；病徴発現に関与)-ORF C2(15 kDa 転写活性化タンパク質(TrAP))-ORF C3(16 kDa 複製促進タンパク質(REn))-3′-． C4 は C1 に一部重複して，C2 は C1 と C3 に一部重複して存在する． 【登録コード】EpYVV：AB007990(EpYVV-A[JR：Kum]；ヒヨドリバナ由来 全塩基配列)，AJ438936(EpYVV-B[JR：MNS2：00]；ヒヨドリバナ由来 全塩基配列)，AB079766(EpYVV-C[JR：Yam]；ヒヨドリバナ由来 全塩基配列)，AB300463(EpYVV-D[JR：Suy：07]；トマト由来 全塩基配列)，AB433979(EpYVV-E[JR：Kag：97]；トマト由来 全塩基配列)．EpYVMV：AJ438937(EpYVMV-[JR：SOJ33：00]；ヒヨドリバナ由来 全塩基配列)．
細胞内所在	篩部細胞の核内にみられ，結晶状の封入体および繊維状の環状構造がみられる．
自然宿主・病徴	ヒヨドリバナ(全身感染；鮮やかな葉脈黄化)；トマト(巻葉，黄化萎縮)．
宿 主 域	やや狭い．キク科(ヒヨドリバナ)，ナス科植物(トマト，*Nicotiana benthamiana*)．
増殖植物	トマト，*Nicotiana benthamiana*．
検定植物	トマト(巻葉)，*Nicotiana benthamiana*(巻葉)．
伝　　　染	汁液接種不可．タバココナジラミによる永続伝搬．接ぎ木接種可．種子伝染や経卵伝染はしない．
系　　　統	EpYVV は塩基配列上から EpYVV-A, -B, -C, -D, -E に分けられているが，系統ごとの詳しい性状については検討されていない．EpYVMV は現在のところ，EpYVMV-[JR：SOJ3：00] の1株だけが報告されている．
類 縁 関 係	EpYVMV は従来 EpYVV の一系統とされてきたが，最近，ゲノムの塩基配列解析により独立種として位置づけされた．EpYVV は塩基配列上は *Tobacco leaf curl virus*(TLCV) との相同性が比較的高い．
地理的分布	日本．
そ の 他	ヒヨドリバナ葉脈黄化病は万葉集に詠まれた世界最古の植物ウイルス病の記載であるとの指摘がある．EpYVV には，ゲノム DNA の他にウイルス粒子に内包されるゲノムの約半分の大きさ(1.3〜1.4 kb)のベータサテライト(DNA-β)(EpYVB)が付随する． 〔大貫正俊〕
主要文献	尾崎武司・井上忠男(1979). 日植病報, 45, 111-112；Saunders, K. *et al.*(2003). Nature, 422, 831；Brown, J. K. *et al.*(2012). *Begomovirus*. Virus Taxonomy 9th Report of ICTV, 359-372, Online Appendix, 373. e10-e52；ICTVdB(2006). *Eupatorium yellow vein virus*. 00.029.0.03.053.；

DPVweb. Begomovirus；Briddon, R. W.(2011). Begomovirus. The Springer Index of Viruses 2nd ed., 567–587；Fauquet, C. M. *et al*.(2008). Geminivirus strain demarcation and nomenclature. Arch. Virol., 153, 783–821；井上忠男・尾崎武司(1980). 日植病報, 46, 49–50；尾崎武司ら(1985). 日植病報, 51, 82–83；尾崎武司・井上忠男(1986). 日植病報, 52, 128；Onuki, M. and Hanada, K.(1998). Ann. Phytopathol. Soc. Jpn., 64, 116–120；Yahara, T. *et al*.(1998). Genes Genet. Syst., 73, 137–141；Onuki, M. and Hanada, K.(2000). J. Gen. Plant Pathol., 66, 176–181；Kitamura, K. *et al*.(2004). Arch. Virol., 149, 1221–1229；Ueda, S. *et al*.,(2008). Arch. Virol. 153, 417–426；Briddon, R. W. *et al*.(2012). Satellites and other virus-dependent nucleic acids. Virus Taxonomy 9th Report of ICTV, 1211–1219；Briddon, R. W. *et al*.(2008). Recommendations for the classification and nomenclature of the DNA-β satellites of begomoviruses. Arch. Virol., 153, 763–781.

植物ウイルス 117

Fig mosaic virus イチジクモザイクウイルス (FMV)
Emaravirus

初 記 載	Condit, I.J. *et al.*(1933)；小室康雄(1962).
異 名	Fig mosaic-associated virus(FMaV).
粒 子	【形態】球状1種(径90〜200 nm). 被膜あり. 【成分】核酸：(−)ssRNA 6種(RNA1：7,093 nt, RNA2：2,252 nt, RNA3：1,490 nt, RNA4：1,472 nt, RNA5：1,752 nt, RNA6：1,212 nt). タンパク質：ヌクレオキャプシドタンパク質1種(35 kDa), 糖タンパク質2種. 【脂質】宿主のER膜由来(推定).
ゲノム	【構造】6分節線状(−)ssRNAゲノム. ORF 6個(各分節ゲノムに各1個). ゲノムの両末端に13 ntの相補的配列(配列は各分節ゲノム間で保存)を有し, それらが対となりパンハンドル構造を形成する. mRNAは5′端にキャップ構造(Cap)を有すると推定される. 【遺伝子】RNA1：RNA複製酵素(264 kDa). RNA2：糖タンパク質前駆体(75 kDa；翻訳後に23 kDaと52 kDaの2種の糖タンパク質に切断されると推定される). RNA3：ヌクレオキャプシドタンパク質(35 kDa). RNA4：移行タンパク質(41 kDa). RNA5：機能不明タンパク質(59 kDa). RNA6：機能不明タンパク質(22 kDa). 【登録コード】AB697826(日本分離株JS1 RNA1), AB697828(日本分離株JS1 RNA2), AB697843(日本分離株JS1 RNA3), AB697857(日本分離株JS1 RNA4), AB697871(日本分離株JS1 RNA5), AB697885(日本分離株JS1 RNA6), ほか.
自然宿主・病徴	イチジク(葉にモザイク, 退緑, 輪紋, 奇形. 枝の伸長抑制).
宿 主 域	狭い. イチジク.
増 殖 植 物	イチジク.
伝 染	汁液接種不可. イチジクモンサビダニで伝搬される.
系 統	日本分離株JS1, セルビア分離株SB1, イタリア分離株Gr10.
地理的分布	世界各国(日本, イタリア, 米国, トルコ, セルビア, スペイン, サウジアラビア, エジプト).

〔難波成任〕

主要文献　Condit, I.J. *et al.*(1933). Phytopathology, 23, 887-896；小室康雄(1962). 植物防疫, 16, 255-257；Martelli, G. P.(2011). Fig mosaic disease and associated pathogens. Virus and Virus-Like Diseases of Pome and Stone Fruits(Hadidi, A. *et al.* eds., APS Press), p. 281-288；Muhlbach, H. P. *et al.*(2012). *Emaravirus*. Virus Taxonomy 9th Report of ICTV, 767-769；ICTV Virus Taxonomy List(2013). *Emaravirus*；DPVweb. Emaravirus；Mielke-Ehret, N. *et al.*(2012). *Emaravirus*：A novel genus of multipartite, negative strand RNA plant viruses. Viruses, 4, 1515-1536；Elbeaino, T. *et al.*(2009). J. Gen. Virol., 90, 1281-1288；Elbeaino, T. *et al.*(2009). Arch. Virol., 154, 1719-1727；Ishikawa, K. *et al.*(2012). J. Gen. Plant Pathol., 78, 136-139；Ishikawa, K. *et al.*(2012). J. Gen. Virol., 93, 1612-1619.

植物ウイルス 118

(FVS)
Fig virus S# イチジク S ウイルス
#ICTV 未認定(*Betafrexiviridae Carlavirus* ?)

#ICTVdB に記載されているが，Virus Taxonomy 9th Report of ICTV には記載されていない．

初 記 載	難波成任ら(1979).
粒 子	【形態】ひも状 1 種(径 13 nm×長さ 690〜700 nm)．らせんピッチ 3.5 nm．被膜なし．
細胞内所在	ウイルス粒子は各種細胞の細胞質中に散在または集塊をなす．時に原形質連絡にも観察される．葉緑体は変性する．
自然宿主・病徴	イチジク(全身感染；葉に輪紋，モザイク，奇形．果実に斑紋やえそ斑)．
宿 主 域	狭い．クワ科，ナス科，アカザ科植物．
検 定 植 物	*Chenopodium amaranticolor*(局部病斑)．
伝 染	汁液接種可(純化試料)．媒介生物不明．
類 縁 関 係	ジャガイモ S ウイルス(*Potato virus S*：PVS)と血清関係がある．
地理的分布	日本． 〔難波成任〕
主 要 文 献	難波成任ら(1979)．日植病報．45, 85；ICTVdB(2006)．Fig virus S. 00.056.0.84.018.；Brunt, A. A. *et al*. eds.(1996). Fig S *carlavirus*. Plant Viruses Online；Hull, R. *et al*.(1989). Directory and Dictionary of Animal, Bacterial and Plant Viruses(MacMillan Reference Books), 76；難波成任(1983)．植物ウイルス事典, 326-327.

植物ウイルス119

Freesia mosaic virus フリージアモザイクウイルス (FreMV)
Potyviridae Potyvirus

初 記 載	Van Koot, Y. et al.(1954), Van Dorst, H. J. M.(1973), Brunt, A. A.(1974)；松下陽介ら(2007).
異　　名	Freesia streak virus(FSV)；ICTV の分類では FSV は FreMV の異名とされるが，FSV-日本分離株は FreMV とは別種.
粒　　子	【形態】ひも状1種(径12 nm×長さ825 nm). 被膜なし. 【成分】核酸：(+)ssRNA1種(9,489 nt). タンパク質：外被タンパク質(CP)1種(31 kDa), ゲノム結合タンパク質(VPg)1種.
ゲ ノ ム	【構造】単一線状(+)ssRNAゲノム. ORF 1個. 5′端にゲノム結合タンパク質(VPg), 3′端にポリ(A)配列(poly(A))をもつ. 【遺伝子】5′-VPg-349 kDa ポリプロテイン(34 kDa P1 プロテアーゼ(P1-Pro)/51 kDa 虫媒介助タンパク質-プロテアーゼ(HC-Pro)/40 kDa P3 タンパク質/6 kDa 機能不明タンパク質(6 K1)/71 kDa 円筒状封入体タンパク質(CI)/6 kDa 機能不明タンパク質(6 K2)/22 kDa ゲノム結合タンパク質(NIa-VPg)/28 kDa NIa プロテアーゼ(NIa-Pro)/60 kDa RNA 複製酵素(NIb)/31 kDa 外被タンパク質(CP))-poly(A)-3′. 【登録コード】FM206346, GU214748(全塩基配列), ほか.
細胞内所在	ウイルス粒子は細胞質内に散在あるいは集塊して存在.
自然宿主・病徴	フリージア，アルストロメリア，*Spiranthes cernua*(退緑斑紋あるいは無病徴).
宿 主 域	フリージア，アルストロメリア.
増殖植物	フリージア.
伝　　染	汁液接種可. モモアカアブラムシなどによる非永続伝搬.
類縁関係	FreMV は FSV-日本分離株とは血清学的類縁関係はなく，外被タンパク質のアミノ酸配列の相同性も低い.
地理的分布	日本，オランダ，イギリス，イタリア，オーストラリア，インド，アイルランド，韓国.
その他	フリージアの条斑えそ症状には，FreMV のほかに，インゲンマメ黄斑モザイクウイルス(*Bean yellow mosac virus*：BYMV)，Freesia leaf necrosis virus(FLNV)，フリージア条斑ウイルス(Freesia streak virus：FSV)，フリージアスニークウイルス(*Freesia sneak virus*：FreSV)などが関わる.

〔鍵和田　聡〕

主要文献　Van Koot, Y.(1954). Tijdschr. Plziekt., 60, 157-192；Van Dorst, H. J. M.(1973). Neth. J. Pl. Pathol., 79, 130-137；Brunt, A. A.(1974). Rep. Glasshouse Crops Res. Inst. 1973, p.117；松下陽介ら(2007). 園芸学会雑誌, 別冊, 園芸学会大会研究発表 76(2), 630；Adams, M. J. et al.(2012). *Potyvirus*. Virus Taxonomy 9th Report of ICTV, 1072-1079；ICTVdB(2006). Freesia mosaic virus. 00.057.0.01.078.；Brunt, A. A. et al. eds.(1996). Freesia mosaic *potyvirus*. Plant Viruses Online；Bellardi, M. G. et al.(1992). Plant Dis., 76, 643；Kumar, Y. et al.(2008). New Disease Reports, 18, 3；Choi, H. I. et al.(2010). Arch. Virol., 155, 1183-1185；前野絵里子ら(2014). 関東東山病虫研報, 61, 122-126；水田里穂ら(2014). 関東東山病虫研報, 61, 127-129.

植物ウイルス 120

Freesia sneak virus フリージアスニークウイルス (FreSV)
Ophioviridae Ophiovirus

初　記　載	Vaira, A. M. *et al.*(2006)；前野絵里子ら(2013).
異　　　名	Freesia ophiovirus(FOV).
粒　　　子	【形態】糸状3種(径約3 nm×? nm). 被膜なし.
	【成分】核酸：(−)ssRNA 3種. タンパク質：外被タンパク質(CP)1種(48 kDa).
ゲ ノ ム	【構造】3分節線状(−)ssRNAゲノム.
	【遺伝子】外被タンパク質(RNA3；48 kDa), ほか.
	【登録コード】DQ885455(CP塩基配列), ほか.
自然宿主・病徴	フリージア, ラケナリア(退緑条斑えそ).
宿　主　域	フリージア, ラケナリア(退緑条斑えそ)；*Chenopodium quinoa, C. amaranticolor*(退緑局部病斑).
増 殖 植 物	フリージア.
伝　　　染	汁液接種可. おそらく *Olpidium brassicae* による菌類伝搬.
地理的分布	日本. 米国, イタリア, アフリカ, ニュージーランド, オランダ, ブルガリア, 韓国.
そ の 他	フリージアの条斑えそ症状には, FreSVのほかに, インゲンマメ黄斑モザイクウイルス(*Bean yellow mosac virus*：BYMV), フリージアモザイクウイルス(FreMV), Freesia leaf necrosis virus (FLNV), フリージア条斑ウイルス(Freesia streak virus：FSV)などが関わる.　〔鍵和田 聡〕
主 要 文 献	Vaira, A. M. *et al.*(2006). Acta Hort., 722, 191-200；前野絵里子ら(2013).日植病報, 79, 37；Vaira, A. M. *et al.*(2012). *Ophioviridae*. Virus Taxonomy 9th Report of ICTV, 743-748；ICTVdB (2006). Freesia ophiovirus. 00.094.0.81.006.；DPVweb. Ophioviridae, Ophiovirus；Vaira, A. M. *et al.*(2008). *Ophiovirus*. Encyclopedia of Virology 3rd ed., 3, 447-454；Milne, R. G. *et al.*(2011). Ophiovirus. The Springer Index of Viruses 2nd ed., 995-1003；Vaira, A. M. *et al.*(2007). Plant Dis., 91, 770；Vaira, A. M. *et al.*(2009). Plant Dis., 93, 965；Bobev, S. G. *et al.*(2013). Plant Dis., 97, 1514-1515；Jeong, M. I. *et al.*(2014). Plant Dis., 98, 162-163；前野絵里子ら(2014), 関東東山病虫研報, 61, 122-126；水田里穂ら(2014). 関東東山病虫研報, 61, 127-129.

植物ウイルス 121

Freesia streak virus[#]　フリージア条斑ウイルス
(FSV)
[#]ICTV 未認定（*Potyviridae Potyvirus*？）

[#]日本植物病名目録に登録されており，ICTVdB では *Freesia mosaic virus*（FreMV）の異名とされるが，両者の異同や種名については検討を要する．

初　記　載	Van Koot, Y. *et al.*（1954），Van Dorst, H. J. M.（1973），Brunt, A. A.（1974）；井上成信・光畑興二（1983）．
異　　　名	フリージアストリークウイルス，*Freesia mosaic virus*（FreMV）；ICTV の分類では FSV は FreMV の異名とされるが，日本で分離された FSV は FreMV とは別種と推定される．
粒　　　子	【形態】ひも状 1 種（径 13 nm×長さ 820〜850 nm）．被膜なし． 【成分】核酸：（＋）ssRNA 1 種（9 kb）．タンパク質：外被タンパク質（CP）1 種（32 kDa）．
ゲ ノ ム	【構造】単一線状（＋）ssRNA ゲノム．3′端にポリ（A）配列（poly（A））をもつ．3′非翻訳領域は 192 nt． 【遺伝子】外被タンパク質（CP）（32 kDa，274 aa），ほか．
細胞内所在	ウイルス粒子は細胞質内に散在あるいは集塊して存在．細胞質内に円筒状封入体，結晶性封入体（dense body）を形成．円筒状封入体は風車状あるいは層板状を呈する．
自然宿主・病徴	フリージア（えそ斑病；モザイクとえそ条斑）；イキシア（モザイクと花の斑入り）．
宿　主　域	フリージア（全身感染；モザイクとえそ条斑）；ソラマメ，インゲンマメ（品種 金時），クリムソンクローバー（全身感染；モザイク）；*Chenopodium amaranticolor*（全身感染；退緑斑）；*Nicotiana clevelandii*（全身感染；黄化）；インゲンマメ（品種 山城黒三度，トップクロップ，初みどり 2 号）（局部感染；無病徴）；*C. quinoa*，ツルナ，センニチコウ，ホウレンソウ，フダンソウ（局部感染；退緑斑あるいはえそ斑点）．
増殖植物	*C. quinoa*．
検定植物	*C. quinoa*，ソラマメ．
伝　　　染	汁液接種可．モモアカアブラムシによる非永続伝搬．
類縁関係	FSV-イキシア分離株は FSV-フリージア分離株，インゲンマメ黄斑モザイクウイルス（*Bean yellow mosaic virus*：BYMV）-クロッカス分離株，BYMV-グラジオラス分離株と血清学的類縁関係にあるが，FreMV とは類縁関係がない．
地理的分布	日本．
そ の 他	Van Koot, Van Dorst, Brunt らにより記載された条斑えそ症状を示すフリージアから検出された FSV は現在では FreMV とされており，原株の病徴は Freesia leaf necrosis virus（FLNV）との重複感染によるものとされている．しかし，日本で分離された FSV は FreMV との血清学的類縁関係はなく，外被タンパク質のアミノ酸配列の相同性も低い．FSV-日本分離株の外被タンパク質のアミノ酸配列は既知の BYMV と相同性が高いが，FSV は粒子長が BYMV より長いこと，マメ科植物での寄生性，細胞質内に結晶性封入体を形成することなどの点で異なる．したがって，FSV，FreMV，BYMV の関係についてはさらに検討を要する．　〔前田孚憲〕
主要文献	Van Koot, Y.（1954）．Tijdschr. Plziekt., 60, 157-192；Van Dorst, H. J. M.（1973）．Neth. J. Pl. Pathol., 79, 130-137；Brunt, A. A.（1974）．Rep. Glasshouse Crops Res. Inst. 1973, p.117；井上成信・光畑興二（1983）．日植病報, 49, 113-114；Adams, M. J. *et al.*（2012）．*Potyvirus*．Virus Taxonomy 9th Report of ICTV, 1072-1079；ICTVdB（2006）．Freesia mosaic virus. 00.057.0.01.078．；Brunt, A. A. *et al.* eds.（1996）．Freesia mosaic *potyvirus*．Plant Viruses Online；亀谷満朗（1993）．原色作物ウイルス病事典, 563-564；辻 俊也ら（1993），日植病報, 59, 737；Tsuji, T. *et al.*（1996）．Bull. Res. Inst. Bioresour. Okayama. Univ., 4, 201-213；Choi, H. I. T. *et al.*（2010）．Arch. Virol., 155, 1183-1185；松下陽介ら（2007）．園芸学会雑誌, 別冊, 園芸学会大会研究発表, 76(2), 630.

植物ウイルス 122

Fritillaria mosaic virus# バイモモザイクウイルス (FriMV)
#ICTV 未認定(*Alphaflexiviridae Potexvirus*?)

#日本植物病名目録に登録されているが，Virus Taxonomy 9th Report of ICTV には記載されていない．

初 記 載	尾崎武司ら(1991)．
粒　　子	【形態】ひも状1種(径12 nm×長さ510 nm)．らせんピッチ3.3 nm．被膜なし．
細胞内所在	光学顕微鏡観察では細胞質中に針状，結晶状，顆粒状の封入体がみられ，超薄切片の電子顕微鏡観察では高密度のウイルス粒子の束状集塊や小胞状の封入体が認められる．
自然宿主・病徴	バイモ(モザイク)．
宿 主 域	やや狭い．ギボウシ，アカザ科植物，ツルナ，センニチコウ，ヒャクニチソウ，など．
増殖植物	*Chenopodium amaranticolor*．
検定植物	*C. anaranticolor, C. quinoa*(えそ斑点，モザイク)；ホウレンソウ(モザイク)；センニチコウ(局部えそ斑点)．
伝　　染	汁液接種可．媒介生物不明．栄養繁殖による伝染．
類縁関係	ジャガイモXウイルス(*Potato virus X*：PVX)，ネリネXウイルス(*Nerine virus X*：NVX)など6種の *Potexvirus* 属ウイルスとの血清反応は陰性であるが，粒子形態や細胞内所在から *Potexvirus* 属ウイルスと推定される．
地理的分布	日本． 〔大木 理〕
主要文献	尾崎武司ら(1991)．日植病報，57, 93；亀谷満朗(1993)．原色作物ウイルス病事典，560．

植物ウイルス 123

Garland chrysanthemum temperate virus# シュンギク潜伏ウイルス (GCTV)
#ICTV 未認定(*Partitiviridae*?)

#日本植物病名目録に登録され，ICTVdB にも記載されているが，Virus Taxonomy 9th Report of ICTV には記載されていない．

初 記 載	夏秋知英ら(1981)．
粒　　子	【形態】球状2種(径30 nm)．被膜なし． 【成分】核酸：dsRNA 2種(1.4～1.9 kbp)．タンパク質：外被タンパク質(CP)1種
ゲ ノ ム	【構造】2分節線状 dsRNA ゲノム．
自然宿主・病徴	シュンギク(*Glebionis coronarium*)(全身感染；無病徴．時に下葉に軽い黄化)．
宿主域・病徴	宿主は GCTV が検出されたシュンギクとその子孫だけに限られる(全身感染；無病徴)．
類 縁 関 係	GCTV のゲノム dsRNA はダイコン葉縁黄化ウイルス(*Radish yellow edge virus*：RYEV)のゲノム dsRNA とはハイブリダイズしない．
伝　　染	汁液接種不可．種子伝染(伝染率 ほぼ 100%)．水平伝染しない．
地理的分布	日本．
そ の 他	GCTV には数種あり，それらが共感染していると推定される．　　　　　〔夏秋知英〕
主 要 文 献	夏秋知英ら(1981)．日植病報，47, 94；ICTVdB(2006). Garland chrysanthemum temperate virus. 00.049.0.83.004.；DPVweb. Alphacryptovirus；Brunt, A. A. *et al*. eds.(1996). Garland chrysanthemum temperate(?) *alphacryptovirus*. Plant Viruses Online；夏秋知英(1983)．植物ウイルス事典，330；栃原比呂志(1993)．原色作物ウイルス病事典，400；夏秋知英ら(1983)．日植病報，49, 431-432；夏秋知英(1984)．宇都宮大農学報特輯，43, 1-80；高橋聖恵ら(1995)．日植病報，61, 289-290.

植物ウイルス 124/125/126/127

(GarV-A)
Garlic virus A ニンニク A ウイルス
Alphaflexiviridae Allexivirus

(GarV-B)
Garlic virus B ニンニク B ウイルス
Alphaflexiviridae Allexivirus

(GarV-C)
Garlic virus C ニンニク C ウイルス
Alphaflexiviridae Allexivirus

(GarV-D)
Garlic virus D ニンニク D ウイルス
Alphaflexiviridae Allexivirus

　GarV-A, GarV-B, GarV-C, GarV-D は一部の塩基配列や血清関係などの相違を除いて互いの性状がきわめて類似しているので，便宜上，ここにまとめて示す．

初　記　載　山下一夫(1993)，Sumi, S. *et al.*(1993)．
異　　　名　GarV-C：ニンニクダニ伝染モザイクウイルス(Garlic mite-borne mosaic virus)．
粒　　　子　【形態】ひも状 1 種(径 12 nm×長さ約 800 nm)．被膜なし．
　　　　　　【成分】核酸：(＋)ssRNA1 種(8.4〜8.7 kb)．タンパク質：外被タンパク質(CP)1 種(32〜35 kDa；GarV-A：33 kDa，GarV-B：32 kDa，Gar-C：34 kDa，GarV-D：35 kDa)．
ゲ ノ ム　【構造】単一線状(＋)ssRNA ゲノム(GarV-A：8,660 nt，Gar-C：8,405 nt)．ORF 6 個．5′端にキャップ構造(Cap)，3′端にポリ(A)配列(poly(A))をもつ．
　　　　　　【遺伝子】5′-Cap-ORF1(175〜183 kDa RNA 複製酵素(RP))-ORF2(26 kDa 機能不明タンパク質)-ORF3(11 kDa 移行タンパク質)-ORF4(42 kDa 機能不明タンパク質)-ORF5(32-35 kDa 外被タンパク質(CP))-ORF6(15 kDa 核酸結合タンパク質)-poly(A)-3′．
　　　　　　【登録コード】AB010300(GarV-A 全塩基配列)，AB010301(GarV-B 部分塩基配列)，AB010302(GarV-C 全塩基配列)，AB010303(GarV-D 部分塩基配列)，ほか．
細胞内所在　ウイルス粒子は感染植物の各種細胞の細胞質内に存在する．
自然宿主・病徴　ニンニク(全身感染；多くの場合は無病徴)．
宿　主　域　ニンニク．
検 定 植 物　アカザ科(*Chenopodium murale*；接種葉に退緑斑)；ヒユ科(*Gomphrena globosa*；接種葉にえそ斑)．
伝　　　染　汁液接種可．チューリップサビダニ(*Aceria tulipae*)による伝搬．
類 縁 関 係　Gar-A〜D のいずれもシャロット X ウイルス(*Shallot virus X*：ShVX)と遠い血清関係がある．
地 理 的 分 布　日本および世界各国．
そ の 他　媒介ダニ体内からウイルス粒子が観察される． 〔山下一夫〕
主 要 文 献　山下一夫(1993)．日植病報，59, 57；Sumi, S. *et al.*(1993)．J. Gen. Virol., 74, 1879-1885；Adams, M. J. *et al.*(2012)．*Allexivirus*. Virus Taxonomy 9th Report of ICTV, 905-907；ICTVdB(2006)．*Garlic virus A*. 00.056.0.03.002., *Garlic virus B*. 00.056.0.03.003., *Garlic virus C*. 00.056.0.03.004., *Garlic virus D*. 00.056.0.03.005.；DPVweb. Allexivirus；Zavriev, S. K.(2008)．*Allexivirus*. Encyclopedia of Virology 3rd ed., 1, 96-98；Natsuaki, K. *et al.*(2011). Allexivirus. The Springer Index of Viruses 2nd ed., 491-500；Van Dijk, P. *et al.*(1991). Neth. J. Plant Path., 97, 381-399；山下一夫(1993)．日植病報，59, 329；Yamashita, K. *et al.*(1996). Ann. Phytopathol. Soc. Jpn., 62, 483-489；Hulguera, M. *et al.*(1997). Plant Dis., 81, 1005-1010；Sumi, S. *et al.*(1999). Arch. Virol., 144, 1819-1826；Chen,J. *et al.*(2004). Arch. Virol. 149, 435-445.

植物ウイルス 128

Gentian mosaic virus リンドウモザイクウイルス
(GeMV)
Secoviridae Comovirinae Fabavirus

初 記 載	Kobayashi, Y. O. *et al.* (2005).
異 名	Broad bean wilt virus 3 (BBWV-3), Mikania micrantha mosaic virus, Mikania micrantha wilt virus.
粒 子	【形態】球状2種(径30 nm). 被膜なし.
	【成分】核酸:(+)ssRNA 2種(RNA1:5.8 kb, RNA2:3.4 kb). タンパク質:外被タンパク質2種(CPL:44 kDa, CPS:23 kDa), ゲノム結合タンパク質(VPg)1種(3 kDa).
ゲ ノ ム	【構造】2分節線状(+)ssRNAゲノム(RNA1:5,836 nt, RNA2:3,372 nt). ORF 2個(ポリプロテイン;RNA1:1個, RNA2:1個). ゲノムの5′端にVPg, 3′端にポリ(A)配列(poly(A))をもつ.
	【遺伝子】RNA1:5′-VPg-207 kDaポリプロテイン(35 kDaプロテイナーゼコファクター(Co-Pro)/66 kDaヘリカーゼ/3 kDa VPg/23 kDaプロテイナーゼ(Pro)/79 kDa RNA複製酵素(RdRp))-poly(A)-3′. RNA2:5′-VPg-115 kDaポリプロテイン(48 kDa移行タンパク質(MP)/44 kDa外被タンパク質(CPL)/23 kDa外被タンパク質(CPS))-poly(A)-3′.
	【登録コード】AB084452(RNA1全塩基配列), AB084453(RNA2全塩基配列), ほか.
自然宿主・病徴	リンドウ(葉のモザイク).
宿 主 域	やや狭い. 6科8種の植物種(リンドウ, *Chenopodium quinoa*, フダンソウ, ホウレンソウ, ツルナ, センニチコウ, ソラマメ, *Nicotiana benthamiana*).
増 殖 植 物	*C. quinoa*.
検 定 植 物	*C. quinoa*(接種葉に退緑斑点, 上葉に退緑斑と奇形);*N. benthamiana*(葉のモザイク);*C. amaranticolor*(接種葉に退緑斑点).
伝 染	汁液接種可. アブラムシによる非永続伝搬(推定).
類 縁 関 係	ソラマメウイルトウイルス1(*Broad bean wilt virus* 1:BBWV-1)およびソラマメウイルトウイルス2(*Broad bean wilt virus* 2:BBWV-2)と基本的ゲノム構造は類似している. 血清学的にはBBWV-1と弱い反応, BBWV-2および*Laminium mild mosaic virus*(LMMV)とは反応しない.
地理的分布	日本, 中国. 〔本田要八郎〕
主 要 文 献	Kobayashi, Y. O. *et al.* (2005). Phytopathology, 95, 192-197;Sanfaçon, H. *et al.* (2012). *Fabavirus*. Virus Taxonomy 9th Report of ICTV, 889-890;Kobayashi, Y. O. (2008). Gentiana mosaic virus. Characterization, Diagnosis and Management of Plant Viruses, Vol.4, 287-303;DPVweb. Fabavirus;Ikegami, M. *et al.* (2011). Fabavirus. The Springer Index of Viruses 2nd ed., 355-359;Wang, R. L. *et al.* (2008). Arch. Virol., 153, 1765-1770.

植物ウイルス 129

Gerbera symptomless virus　ガーベラ潜在ウイルス
(GeSLV)
Rhabdoviridae 属未定

初 記 載	張 茂雄ら(1976).
異　　名	Gerbera latent virus.
粒　　子	【形態】弾丸状～桿菌状1種(径60～70 nm×長さ150～300 nm). らせんピッチ4.5～5.0 nm. 被膜あり.
細胞内所在	ウイルス粒子の集団は各種細胞の細胞質内に小胞体膜に囲まれて観察される. 導管や篩管内にも散在あるいは並行配列して存在する.
自然宿主・病徴	ガーベラ(無病徴).
宿 主 域	ガーベラ以外は不明.
伝　　染	伝染性未確認.
地理的分布	日本.
そ の 他	粒子形態および細胞内所在から *Cytorhabdovirus* に属する可能性がある. 〔張 茂雄〕
主 要 文 献	張 茂雄ら(1976). 日植病報, 42, 383；張 茂雄(1983). 植物ウイルス事典, 328-329；亀谷満朗(1993). 原色作物ウイルス病事典, 502.

植物ウイルス 130

Gloriosa fleck virus# グロリオーサ白斑(はくはん)ウイルス (GlFV)
#ICTV 未認定(*Rhabdoviridae Nucleorhabdovirus* ?)

#日本植物病名目録に登録されており，ICTVdB (2006) にも記載されているが，Virus Taxonomy 9th Report of ICTV には記載されていない．

初 記 載	荒城雅昭ら(1980)．
粒　　子	【形態】桿菌状〜弾丸状1種(径69 nm×長さ316 nm)．被膜あり．
細胞内所在	各種組織の細胞の核内にビロプラズムを形成し，ウイルス粒子はその内部で増殖した後，核膜内膜を被膜して成熟し，細胞質内に移行・集積する．
自然宿主・病徴	グロリオーサ(白斑病；全身感染し，葉に白色条斑を生じる)．
宿 主 域	グロリオーサ以外は不明．
伝　　染	汁液接種不可．栄養繁殖による伝染．媒介生物不明．
地理的分布	日本． 〔日比忠明〕
主 要 文 献	荒城雅昭ら(1980)．日植病報, 46, 59-60；ICTVdB (2006). Gloriosa fleck virus. 01.062.0.95.005.；Brunt, A. A. *et al.* eds. (1996). Gloriosa fleck (?) *nucleorhabdovirus*. Plant Viruses Online；山下修一(1983)．植物ウイルス事典, 334-335；井上成信(1993)．原色作物ウイルス病事典, 543；荒城雅昭ら(1985)．日植病報, 51, 632-636．

植物ウイルス 131

Gloriosa stripe mosaic virus グロリオーサ条斑モザイクウイルス (GSMV)
Potyviridae Potyvirus

初　記　載	Koenig, R. *et al.*(1974)；荒城雅昭ら(1985)．
異　　　名	Glory lily mosaic virus.
粒　　　子	【形態】ひも状粒子1種(径13 nm×長さ760 nm)．被膜なし． 【成分】核酸：(＋)ssRNA 1種．タンパク質：外被タンパク質(CP) 1種．
ゲ ノ ム	【構造】単一線状(＋)ssRNAゲノム． 【登録コード】EU042761(部分塩基配列)．
細胞内所在	各種組織の細胞質内に円筒状封入体を形成する．ウイルス粒子は細胞質内に集積あるいは散在して存在．
自然宿主・病徴	グロリオーサ(条斑病；全身感染し，葉に条斑モザイク，花に斑入りを生じる)．
宿　主　域	宿主域はきわめて狭い．グロリオーサ以外ではツルナ，一部のアカザ科植物に局部感染．
増 殖 植 物	グロリオーサ．
検 定 植 物	グロリオーサ(葉に条斑モザイク)；ツルナ，*Chenopodium amaranticolor*(接種葉に局部病斑)．
伝　　　染	汁液接種可．栄養繁殖による伝染．アブラムシによる非永続伝搬．
地理的分布	日本，ドイツ，オランダ．　　　　　　　　　　　　　　　　　　　　　〔日比忠明〕
主 要 文 献	Koenig, R. *et al.*(1974). Phytopath. Z., 80, 136-142；荒城雅昭ら(1985).日植病報, 51, 632-636；Adams, M. J. *et al.*(2012). *Potyvirus*. Virus Taxonomy 9th Report of ICTV, 1072-1078；ICTVdB (2006). *Gloriosa stripe mosaic virus*. 00.057.0.01.026.；DPVweb, Potyvirus；井上成信(1993). 原色作物ウイルス病事典, 542.

植物ウイルス 132

Grapevine ajinashika-associated virus# ブドウ味無果随伴ウイルス (GAaV)
#ICTV 未認定（*Luteoviridae Luteovirus* ?）

#日本植物病名目録に登録され，ICTVdB にも記載されているが，Virus Taxonomy 9th Report of ICTV には記載されていない．

初 記 載	難波成任ら(1977)．
異 名	ブドウ味無果ウイルス(Grapevine ajinashika virus)．
粒 子	【形態】球状 1 種(径約 25 nm)．被膜なし． 【成分】核酸：(＋)ssRNA 1 種(6.8 kb)．タンパク質：外被タンパク質(CP) 2 種(23.0 kDa, 24.0 kDa)．
細胞内所在	ウイルス粒子は維管束篩部の各種細胞(篩管細胞，伴細胞，柔細胞)の細胞質内に散在，集塊，結晶配列する．時に原形質連絡内にみられる．感染細胞では時に核酸様繊維を含む径 90～100 nm 程度の小胞が多数認められる．また，同心円状の膜状構造が観察されることもあり，その膜間にウイルスが一層ずつ配列する．
自然宿主・病徴	ブドウ(甲州，巨峰，デラウェア，甲斐路，ピオーネなど)(味無果病；果実糖度の低下，着色不良)．
宿 主 域	ブドウ科植物．
増 殖 植 物	ブドウ(*Vitis vinnifera, V. vinifica*×*V. labrusca* などの栽培品種)．
検 定 植 物	セントジョージ(*V. rupestis* cv. St. Geoge)(接木用検定品種；新葉の第 3, 4 支脈に葉脈透化)．
伝 染	汁液接種不可．接ぎ木伝染．野外での伝染状況から虫媒伝染も推察される．
地理的分布	日本．
そ の 他	ブドウ味無果病の主因はブドウフレックウイルス(GFkV)とブドウ葉巻随伴ウイルス(GLRaV)との重複感染とする報告もあるが，それと GAaV との関係については未詳である．

〔難波成任〕

主要文献　難波成任ら(1977)．日植病報, 43, 375；ICTVdB(2006)．Grapevine ajinashika disease virus. 00.039.0.61.006.；Brunt, A. A. *et al.* eds.(1991)．Grapevine ajinashika disease(?) *luteovirus*. Plant Viruses Online；Namba, S.(1998)．Grapevine ajinashika associated virus. Plant Viruses in Asia (Murayama, D. *et al.* eds., Gadjahmada University Press), 586-589；難波成任(1983)．植物ウイルス事典, 336-337；寺井康夫(1993)．原色作物ウイルス病事典, 644-645；今田 準(2002)．果樹のウイルス・ウイロイド病, 81；北島 博(1989)．果樹病害各論(養賢堂), 443-445；難波成任ら(1978)．日植病報, 44, 389-390；Namba, S. *et al.*(1979)．Ann. Phytopath. Soc. Jpn., 45, 70-73；矢野 龍・寺井康夫(1979)．日植病報, 45, 568；難波成任ら(1980)．日植病報, 46, 417；寺井康夫・矢野 龍(1980)．日植病報, 46, 417；寺井康夫・矢野 龍(1988)．日植病報, 54, 397；Namba, S. *et al.*(1991)．Plant Dis., 75, 1249-1253.

植物ウイルス 133

Grapevine Algerian latent virus ブドウアルジェリア潜在ウイルス (GALV)
Tombusviridae Tombusvirus

初　記　載	Gallitelli, D. *et al.*(1989)；藤澤一郎ら(1994).
粒　　　子	【形態】球状 1 種（径 33 nm）．被膜なし．
	【物性】沈降係数 128 S．浮遊密度(CsCl) 1.34 g/cm^3．
	【成分】核酸：(+)ssRNA 1 種(4.7 kb，GC 含量 49％)．タンパク質：外被タンパク質(CP)1 種(40 kDa)．
ゲ ノ ム	【構造】単一線状(+)ssRNA ゲノム(ツノナス系統；4,731 nt)．ORF 5 個．ゲノムの 5′端のキャップ構造(Cap)と 3′端のポリ(A)配列(poly(A))を欠く．
	【遺伝子】5′–33 kDa/92 kDa RNA 複製酵素タンパク質(RdRp；92 kDa タンパク質は 33 kDa タンパク質のリードスルータンパク質)–40 kDa 外被タンパク質(CP)–24 kDa 移行タンパク質(MP)/19 kDa 機能不明タンパク質(19 kDa タンパク質は 24 kDa タンパク質の ORF に別の読み枠で重なるタンパク質)–3′．
	【登録コード】AY830918(ツノナス系統 全塩基配列).
細胞内所在	細胞質に存在．ペルオキシソームに由来する多小胞体が観察される．
自然宿主・病徴	ブドウ(無病徴)；ツノナス(えそ症状を伴う激しいモザイク)；スターチス(萎縮を伴うえそ症状)．
宿　主　域	やや狭い．ナス科，アカザ科，マメ科，ブドウ科，バラ科植物など．
増 殖 植 物	*Nicotiana bethamiana*.
検 定 植 物	*Chenopodium quinoa, C. amaranticolor*(局部壊死・退緑斑，上葉にモザイク)；*N. bethamiana*(えそ，モザイク).
伝　　　染	汁液接種可．接触伝染．媒介生物は関与しない．
系　　　統	ツノナス系統．
類 縁 関 係	ナス斑紋クリンクルウイルス(*Eggplant mottled crinkle virus*：EMCV)と血清学的に類縁関係がある．
地理的分布	日本，北アフリカ，ヨーロッパ． 〔大木健広〕
主 要 文 献	Gallitelli, D. *et al.*(1989). Phyoparasitica, 17, 61–62；藤澤一郎ら(1994). 日植病報, 60, 396；Rochon, D. *et al.*(2012). *Tombusvirus*. Virus Taxonomy 9th Report of ICTV, 1114–1118；ICTVdB (2006). *Grapevine Algerian latent virus*. 00.074.0.01.007.；Brunt, A. A. *et al.* eds.(1996). Grapevine Algerian latent *tombusvirus*. Plant Viruses Online；Lesemann, D. E. *et al.*(1992). J. Phytopathol., 134, 121–132；Fuchs, E. *et al.*(1994). Arch. Phytopathol. Plant Protect., 29, 133–141；Ohki, T. *et al.*(2006). J. Gen. Plant Pathol., 72, 119–122；Fujinaga, M. *et al.*(2009). J. Gen. Plant Pathol., 75, 157–159.

植物ウイルス 134

Grapevine berry inner necrosis virus ブドウえそ果ウイルス (GINV)
Betaflexiviridae Trichovirus

初　記　載	田中寛康(1984),西島 隆ら(1984),寺井康夫・柳瀬春夫(1992).
粒　　　子	【形態】ひも状 1 種(径 12 nm×長さ 750 nm).被膜なし.
	【成分】核酸：(＋)ssRNA1 種(7.2 kb).タンパク質：外被タンパク質(CP) 1 種(22 kDa).
ゲ ノ ム	【構造】単一線状(＋)ssRNA ゲノム(7,241 nt).ORF 3 個.ゲノムの 5′端にキャップ構造(Cap),3′端にポリ(A)配列(poly(A))をもつ.
	【遺伝子】5′−Cap−ORF1(214 kDa RNA 複製酵素(RP)；メチルトランスフェラーゼドメイン/パパイン様プロテアーゼドメイン/ヘリカーゼドメイン/RNA 複製酵素ドメイン)−ORF2 (39 kDa 移行タンパク質(MP))−ORF3(22 kDa 外被タンパク質(CP))−poly(A)−3′.
	【登録コード】D88448(全塩基配列).
細胞内所在	ウイルス粒子は各種細胞内の細胞質内に散在または集塊で存在.
自然宿主・病徴	ブドウ(えそ果病；品種により病徴の程度が異なる.巨峰群品種では葉のモザイク,果実のえそ斑点(えそ果)が生じる).
宿　主　域	やや狭い.ブドウ,一部のアカザ科やナス科植物.
増 殖 植 物	*Chenopodium quinoa*.
検 定 植 物	*C. quinoa*(接種葉にえそ斑点,上葉に退緑斑点やモザイク)；*Nicotiana occidentalis*(全身感染；退緑斑点やモザイク).
伝　　　染	汁液接種可.ブドウハモグリダニ(*Colomerus vitis*)による伝搬.
類 縁 関 係	リンゴクロロティックリーフスポットウイルス(*Apple chlorotic leaf spot virus*：ACLSV)と血清関係はない.
地理的分布	日本.　　〔吉川信幸〕
主 要 文 献	田中寛康(1984).日植病報, 50, 133；西島 隆ら(1984).日植病報, 50, 433−434；寺井康夫・柳瀬春夫(1992).日植病報, 58, 617−618；Adams, M. J. *et al.* (2012). *Trichovirus*. Virus Taxonomy 9th Report of ICTV, 931−934；ICTVdB(2006). *Grapevine berry inner necrosis virus*. 00.056.0.08.002.；寺井康夫(1993).原色作物ウイルス病事典, 642−651；今田 準(2002).果樹のウイルス・ウイロイド病, 76−77；柳瀬春夫(1985).日植病報, 51, 362；寺井康夫(1989).日植病報, 55, 536；Terai, Y. *et al.* (1993). Abstracts 11th Meeting ICVG, 77−78；功刀幸博ら(1997).日植病報, 63, 504；Yoshikawa, N. *et al.* (1997). Arch. Virol., 142, 1351−1363；吉川信幸(1998).植物防疫, 52, 448−451；西島 隆ら(2000).山梨果試研報, 10, 47−56；吉川信幸(2002).植物防疫, 56, 64−67.

植物ウイルス 135

Grapevine corky bark-associated virus# **ブドウコルキーバーク随伴ウイルス** (GCBaV)
#ICTV 未認定(*Closteroviridae* ?)

#日本植物病名目録に登録され，ICTVdB にも記載されているが，Virus Taxonomy 9th Report of ICTV には記載されていない．

初 記 載　Hewitt, W. *et al.*(1954), Beukman, E. F. and Goheen, A. C.(1966)；田中彰一・大竹啓子(1968), Tanaka, S.(1976).

異　　　名　ブドウコーキーバーグウイルス(Grapevine corky bark virus), Grapevine rough bark virus.

粒　　　子　【形態】ひも状 1 種(径 13 nm×長さ 1,400〜2,000 nm)．らせんピッチ 3.4 nm．被膜なし．
　　　　　　【成分】核酸：(+)ssRNA 1 種．タンパク質：外被タンパク質(CP) 1 種(?)(24 kDa)．

自然宿主・病徴　ブドウ(*Vitis vinifera* および *V. rupestris* の数品種)(樹勢低下，萌芽遅延，樹皮の亀裂，黒粒種の赤変葉，葉巻など．ほとんどの品種では病徴不明瞭か潜在感染)．

宿 主 域　ブドウ科植物．

検 定 植 物　ブドウ交雑種 LN33(接木用検定品種)(樹皮の亀裂，黒粒種の赤変葉・葉巻)．

伝　　　染　接ぎ木伝染．

地理的分布　イタリア，ユーゴスラビア，米国，メキシコ，南アフリカ，日本など．

そ の 他　Corky bark の病原としては，ほかに *Vitivirus* 属のブドウ B ウイルス(*Grapevine virus B*：GVB)が知られている．　　　　　　　　　　　　　　　　　　　　　　　　　〔難波成任〕

主 要 文 献　Hewitt, W. *et al.*(1954). Calif. Dep. Agric. Bull., 43, 47–64；Beukman, E. F. and Goheen, A. C.(1966). Proc. Int. Conf. Virus Vectors Perennial. Hosts and Vitis, Davis 1965, 164–166；田中彰一・大竹啓子(1968). 日植病報, 34, 204；Tanaka, S.(1976). Ann. Phytopath. Soc. Jpn., 42, 192–196；ICTVdB(2006). Grapevine corky bark-associated virus. 00.017.0.71.029.；Brunt, A. A. *et al.* eds.(1996). Grapevine corky bark-associated(?) *closterovirus*. Plant Viruses Online；Beukman, E. F. and Goheen, A. C.(1970). Virus Diseases of Small Fruits and Grapevines(Frazier, N.W. ed., Univ. Calif., Division of Agr. Sci.), 207–209；Namba, S.(1998). Plant Viruses in Asia(Murayama, D. *et al.* eds., Gadjahmada University Press), 590–592；難波成任(1983). 植物ウイルス事典, 338；寺井康夫(1993). 原色作物ウイルス病事典, 642–651；寺井康夫・矢野 龍(1979). 日植病報, 45, 568–569；田中寛康(1985). 果樹試報 A12, 125–132；Namba, S. *et al.*(1991). Phytopathology, 81, 964–970.

植物ウイルス 136

Grapevine fanleaf virus ブドウファンリーフウイルス (GFLV)
Secoviridae Comovirinae Nepovirus (Subgroup A)

初　記　載	Hewitt, W. B. (1954)；田中寛康ら (1974), Tanaka, T. and Kugoh, T. (1978).
異　　　名	Grapevine arricciamento virus, Grapevine court noue virus, Grapevine infectious degeneration virus, Grapevine roncet virus, Grapevine urticado virus.
粒　　　子	【形態】球状2種(径28 nm)．被膜なし． 【成分】核酸：(+)ssRNA 2種(RNA1：7.3 kb, RNA2：3.8 kb)．タンパク質：外被タンパク質(CP)1種(56 kDa)，ゲノム結合タンパク質(VPg)1種(3 kDa)．
ゲ ノ ム	【構造】2分節線状(+)ssRNAゲノム(RNA1：7,342 nt, RNA2：3,774 nt)．ORF 2個(RNA1：1個，RNA2：1個)．ゲノムの5′端にゲノム結合タンパク質(VPg)，3′端にポリ(A)配列(poly(A))をもつ． 【遺伝子】RNA1：5′-VPg-253 kDaポリプロテイン(46 kDa P1Aタンパク質/88 kDaヘリカーゼ/3 kDa VPg/24 kDaプロテアーゼ(Pro)/92 kDa RNA複製酵素(RdRp))-poly(A)-3′．RNA2：5′-VPg-123 kDaポリプロテイン(28 kDa P2Aタンパク質/38 kDa移行タンパク質(MP)/56 kDa外被タンパク質(CP))-poly(A)-3′． 【登録コード】D00915(RNA1全塩基配列)，X16907(RNA2全塩基配列)，ほか．
細胞内所在	ウイルス粒子は根，葉肉および気孔柔組織の細胞質内および核内に存在する．粒子を含む封入体が観察される．
自然宿主・病徴	ブドウ科植物(*Vitis labrusca, V. rupestris, V. vinifera, Vitis* spp.)(ファンリーフ病；全身感染し，葉にモザイクや奇形を生ずる．病徴が激しい場合には枯死に至ることもある)．
宿　主　域	ブドウ科，アカザ科(*Chenopodium amaranticolor, C. quinoa*など)，ヒユ科(*Gomphrena globosa*)，マメ科(*Phaseolus vulgaris*)，ナス科(*Nicotiana clevelandii, N. benthamiana*など)植物．
増殖植物	ブドウ科，アカザ科，ヒユ科，マメ科植物．
検定植物	ブドウ科，アカザ科，ヒユ科，マメ科植物．
伝　　　染	汁液接種可．線虫(*Xiphinema index*および*X. italiae*)による伝搬．接ぎ木伝染．種子伝染．
系　　　統	F13系統，NW系統．
地理的分布	世界各国．日本では研究機関の遺伝資源保存園での発生は確認されているが，一般のブドウ栽培地での発生はほとんどない．
そ の 他	1.1 kbのサテライトRNAを伴う株もある．媒介線虫の*X. index*および*X. italiae*の日本国内での生存は確認されていない．

〔中畝良二〕

主 要 文 献　Hewitt, W. B. (1954). Bull. California Dept. Agric., 43, 47-64；田中寛康ら (1974). 日植病報, 40, 216；Tanaka, T. and Kugoh, T. (1978). Proc.6th Meeting ICVG, 69-76；Sanfaçon, H. *et al.* (2012). *Nepovirus*. Virus Taxonomy 9th Report of ICTV, 890-893；ICTVdB (2006). *Grapevine fanleaf virus*. 000.018.0.03.016.；DPVweb. Nepovirus；Martelli, G. P. *et al.* (2001). Grapevine fanleaf virus. Descriptions of Plant Viruses, 385；Harrison, B. D. and Murant, A. F. (1977). Nepovirus group. Descriptions of Plant Viruses, 185；Brunt, A. A. *et al.* eds. (1996). Grapevine fanleaf *nepovirus*. Plant Viruses Online；Uyemoto, J. K. *et al.* (2009). Grapevine viruses, viruslike diseases and other disorders. Virus Diseases of Plant (Barnett, O. W. and Sherwood, J. L. eds., APS Press), pp. 51；難波成任 (1983). 植物ウイルス事典, 339-340；寺井康夫 (1993). 原色作物ウイルス病事典, 642-651；今田 準 (2002). 果樹のウイルス・ウイロイド病, 75；北島 博 (1989). 果樹病害各論 (養賢堂), 447-450；Hewitt, W. B. *et al.* (1958). Phytopathology, 48, 586-595；Cadman, C. H. *et al.* (1960). Nature, 187, 577-579；Dias, H.F. and Harrison, B. D. (1963). Ann. Appl. Biol., 51, 97-105；Cohn, E. *et al.* (1970). Phytopathology, 60, 181-182；Fuchs, M. *et al.* (1989). J. Gen. Virol., 70, 955-962；Serghini, M. A. *et al.* (1990). J. Gen. Virol., 71, 1433-1441；Ritzenthaler, C. *et al.* (1991). J. Gen. Virol., 72, 2357-2365；Margis, R. *et al.* (1993). J. Gen.

Virol., 74, 1919-1926 ; Andret-Link, P.(2004). J. Plant Pathol., 86, 183-195 ; Andret-Link, P.(2004). Virology, 320, 12-22.

植物ウイルス 137

(GFkV)
Grapevine fleck virus　ブドウフレックウイルス
Tymoviridae Maculavirus

初　記　載	Vuittenez, A. *et al.*(1966), Boscia, D. *et al.*(1991)；寺井康夫・矢野 龍(1979), 中畝良二ら(2002).
異　　　名	Grapevine marbrure virus, Grapevine phloem limited isometric virus.
粒　　　子	【形態】球状 1 種（径 30 nm）．被膜なし． 【成分】核酸：（＋）ssRNA 1 種（7.5 kb, GC 含量 66％）．タンパク質：外被タンパク質（CP）1 種（24 kDa）．
ゲ ノ ム	【構造】単一線状（＋）ssRNA ゲノム（7,564 nt）．ORF 4 個．ゲノムの 5′端にキャップ構造（Cap），3′端にポリ（A）配列（poly（A））をもつ． 【遺伝子】5′−Cap−ORF1（216 kDa RNA 複製酵素（RP）；メチルトランスフェラーゼドメイン（Mtr）/パパイン様プロテアーゼドメイン（Pro）/ヘリカーゼドメイン（Hel）/RNA 複製酵素ドメイン（RdRp））−ORF2（24 kDa 外被タンパク質（CP））−ORF3（31 kDa プロリンリッチタンパク質（p31））−ORF4（16 kDa プロリンリッチタンパク質（p16））−poly（A）−3′． 【登録コード】AJ309022（全塩基配列），ほか．
細胞内所在	ウイルス粒子は師部組織細胞の細胞質に局在する．
自然宿主・病徴	ブドウ科植物（全身感染；*Vitis rupestris* では半透明の小斑点（フレック）を示す．日本国内の生食用主要品種では潜在感染していることが多い）．
宿　主　域	ブドウ科植物．
増　殖　植　物	ブドウ科植物．
検　定　植　物	*Vitis rupestris*.
伝　　　染	汁液接種不可．媒介生物不明．接ぎ木伝染．種子伝染はしない．
系　　　統	isolate 6（B），isolate 9（B），ほか．
地理的分布	日本および世界各国．　　　　　　　　　　　　　　　　　　　　　　　　〔中畝良二〕
主 要 文 献	Vuittenez, A. *et al.*(1966). Annls. Épiphyt., 17, 67；Boscia, D. *et al.*(1991). Vitis, 30, 97–105；寺井康夫・矢野 龍(1979). 日植病報, 45, 568–569；中畝良二ら(2002). 日植病報, 68, 97；Adams, M. J. *et al.*(2012). *Maculavirus*. Virus Taxonomy 9th Report of ICTV, 949–950；ICTVdB(2006). *Grapevine fleck virus*. 00.077.0.03.001.；Brunt, A. A. *et al.* eds.(1996). Grapevine fleck virus. Plant Viruses Online；Uyemoto, J. K. *et al.*(2009). Grapevine viruses, viruslike diseases and other disorders. Virus Diseases of Plant(Barnett, O. W. and Sherwood, J. L. eds., APS Press), pp. 51；難波成任(1983). 植物ウイルス事典, 339–340；寺井康夫(1993). 原色作物ウイルス病事典, 642–651；今田 準(2002). 果樹のウイルス・ウイロイド病, 82–83；北島 博(1989). 果樹病害各論(養賢堂), 451；Boulila, M. *et al.*(1990). J. Phytopathology, 129, 151–158；Sabanadzovic, S. *et al.*(2001). J. Gen. Virol., 82, 2009–2015；Martelli, G. P. *et al.*(2002). Arch. Virol., 147, 1847–1853；Shi, B. J. *et al.*(2003). Ann. Appl. Biol., 142, 349–355.

植物ウイルス 138/139/140/141/142

(GLRaV-1)
Grapevine leafroll-associated virus 1 ブドウ葉巻随伴ウイルス 1
Closteroviridae Ampelovirus

(GLRaV-2)
Grapevine leafroll-associated virus 2 ブドウ葉巻随伴ウイルス 2
Closteroviridae Closterovirus

(GLRaV-3)
Grapevine leafroll-associated virus 3 ブドウ葉巻随伴ウイルス 3
Closteroviridae Ampelovirus

(GLRaV-4)
Grapevine leafroll-associated virus 4 ブドウ葉巻随伴ウイルス 4
Closteroviridae Ampelovirus

(GLRaV-7)
Grapevine leafroll-associated virus 7 ブドウ葉巻随伴ウイルス 7
Closteroviridae Velarivirus

GLRaV-1, GLRaV-2, GLRaV-3, GLRaV-4, GLRaV-7 はゲノム構造の一部や血清関係などの相違を除いて互いの性状がきわめて類似しているので, 便宜上, ここにまとめて示す.

初 記 載 Scheu, G.(1936), Gugerli, P. *et al.*(1984), Zimmermann, D. *et al.*(1990; GLRaV-2), Rosciglione, B. and Gugerli, P.(1986; GLRaV-3), Zee, F. *et al.*(1987; GLRaV-3), Hu, J. S. *et al.*(1990; GLRaV-4), Choueiri, E. *et al.*(1996; GLRaV-7); 田中彰一・大竹啓子(1966), Tanaka, S.(1976), 難波成任ら(1979), Namba, S. *et al.*(1979), 寺井康夫・矢野 龍(1979), 今田 準・家城洋之(1990), 中畝良二ら(2002; GLRaV-2), 伊藤隆男ら(2011; GLRav-7), Ito, T. *et al.*(2013; GLRaV-4, GLRav-7).

異 名 ブドウ葉巻ウイルス(Grapevine leafroll virus: GLRV), Grapevine rootstock stem lesion-associated virus(GLRaV-2), Grapevine leafroll-associated virus 5(GLRaV-4), Grapevine leafroll-associated virus 6(GLRaV-4), Grapevine leafroll-associated virus 9(GLRaV-4), Grapevine leafroll-associated virus Pr(GLRaV-4), Grapevine leafroll-associated Carnelian virus(GLRaV-4).

粒 子 【形態】ひも状1種(GLRaV-1:径12 nm×長さ1,400〜2,000 nm, GLRaV-2:径13 nm×長さ1,200〜2,000 nm, GLRaV-3:径12 nm×長さ1,800〜2,200 nm, GLRaV-4:長さ1,800〜1,900 nm, GLRaV-7:長さ1,500〜1,700 nm). 被膜なし.
【成分】核酸:(+)ssRNA 1種(GLRaV-1:18.7 kb, GLRaV-2:16.5 kb, GLRaV-3:18.0 kb, GLRaV-4:13.8 kb, GLRaV-7:16.5 kb). タンパク質:外被タンパク質(CP)1〜3種(GLRaV-1:CP 35 kDa, CPd1 56 kDa, CPd2 49〜50 kDa; GLRaV-2:CP 22 kDa, CPm 25 kDa; GLRaV-3:CP 35 kDa, CPm 53 kDa; GLRaV-4:30 kDa; GLRaV-7:CP 34 kDa, CPm 69 kDa), ほか.

ゲノム 【構造】単一線状(+)ssRNA ゲノム(GLRaV-1:18,659 nt, GLRaV-2:16,486〜16,535 nt, GLRaV-3:17,919〜18,498 nt, GLRaV-4:13,830 nt, GLRaV-7:16,404〜16,496 nt). ORF 7〜13個(GLRaV-1:10個, GLRaV-2:9個, GLRaV-3:13個, GLRaV-4:7個, GLRaV-7:11個). ゲノムの5′端におそらくキャップ構造(Cap)をもつが, 3′端に tRNA 様構造(TLE)やポリ(A)配列(poly(A))を欠き, おそらくいくつかのヘアピン構造をもつ.

【遺伝子】
GLRaV-1：5′-Cap?-ORF1a(244 kDa ポリプロテイン；パパイン様プロテアーゼドメイン/メチルトランスフェラーゼドメイン/ヘリカーゼドメイン)-ORF1b(58〜59 kDa RNA 複製酵素(RdRp))-ORF2(7 kDa 疎水性タンパク質)-ORF3(59〜60 kDa 熱ショックタンパク質70 ホモログ(HSP70h))-ORF4(55 kDa 熱ショックタンパク質90 ホモログ(HSP90h))-ORF5(35 kDa 外被タンパク質(CP))-ORF6(56 kDa 外被タンパク質ホモログ1(CPd1))-ORF7(49〜50 kDa 外被タンパク質ホモログ2(CPd2))-ORF8(21〜22 kDa 機能不明タンパク質)-ORF9(24 kDa 機能不明タンパク質)-3′.

GLRaV-2：5′-Cap?-ORF1a(327 kDa ポリプロテイン；パパイン様プロテアーゼドメイン/メチルトランスフェラーゼドメイン/ヘリカーゼドメイン)-ORF1b(52〜53 kDa RNA 複製酵素(RdRp))-ORF2(6 kDa 機能不明タンパク質)-ORF3(65 kDa 熱ショックタンパク質70 ホモログ(HSP70h))-ORF4(63 kDa 機能不明タンパク質)-ORF5(25 kDa マイナー外被タンパク質(CPm))-ORF6(22 kDa 外被タンパク質(CP))-ORF7(19 kDa 機能不明タンパク質)-ORF8(24 kDa 機能不明タンパク質)-3′.

GLRaV-3：5′-Cap?-ORF1a(245 kDa ポリプロテイン；パパイン様プロテアーゼドメイン/メチルトランスフェラーゼドメイン/ヘリカーゼドメイン)-ORF1b(61 kDa RNA 複製酵素(RdRp))-ORF2(6 kDa 機能不明タンパク質)-ORF3(5 kDa 機能不明膜貫通タンパク質)-ORF4(59 kDa 熱ショックタンパク質70 ホモログ(HSP70h))-ORF5(55 kDa 機能不明タンパク質)-ORF6(35 kDa 外被タンパク質(CP))-ORF7(53 kDa マイナー外被タンパク質(CPm))-ORF8(21 kDa 機能不明タンパク質)-ORF9(20 kDa 機能不明タンパク質)-ORF10(20 kDa 機能不明タンパク質)-ORF11(4 kDa 機能不明タンパク質)-ORF12(7 kDa 機能不明タンパク質)-3′.

GLRaV-4：5′-Cap?-ORF1a(260 kDa ポリプロテイン；プロテアーゼドメイン/メチルトランスフェラーゼドメイン/AlkB/ヘリカーゼドメイン)-ORF1b(59 kDa RNA 複製酵素(RdRp))-ORF2(5 kDa；疎水性タンパク質：細胞間移行に関与)-ORF3(58 kDa 熱ショックタンパク質70 ホモログ(HSP70h))-ORF4(60 kDa 熱ショックタンパク質90 ホモログ(HSP90h)；移行に関与)-ORF5(30 kDa 外被タンパク質(CP))-ORF6(23 Da 機能不明タンパク質)-3′.

GLRaV-7：5′-Cap?-ORF1a(264 kDa ポリプロテイン；パパイン様プロテアーゼドメイン/メチルトランスフェラーゼドメイン/ヘリカーゼドメイン)-ORF1b(59 kDa RNA 複製酵素(RdRp))-ORF2(8 kDa 機能不明タンパク質)-ORF3(4 kDa 疎水性タンパク質；移行に関与)-ORF4(62 kDa 熱ショックタンパク質70 ホモログ(HSP70h))-ORF5(10 kDa 機能不明タンパク質)-ORF6(61 kDa 核酸結合タンパク質)-ORF7(34 kDa 外被タンパク質(CP))-ORF8(69 kDa マイナー外被タンパク質(CPm))-ORF9(25 kDa 機能不明タンパク質)-ORF10(27 kDa 機能不明タンパク質)-3′.

CPd は coat protein duplicate の略だが，これを CPm(coat protein minor：マイナー外被タンパク質)と表す場合もある．

【登録コード】JQ023131(GLRaV-1 全塩基配列), AF195822(GLRaV-1 部分塩基配列)；AF314061, AY881628, DQ286725, JQ771955(GLRaV-2 全塩基配列)；AF037268(GLRaV-3 全塩基配列)；FJ467503(GLRaV-4 LR106 株 全塩基配列), AB720874(GLRaV-4 Ru1 株 部分塩基配列)；HE588185(GLRaV-7 AA42 株 全塩基配列), JN383343(GLRaV-7 Swi 株 全塩基配列), AB720876(GLRaV-7 Ru 株 部分塩基配列)，ほか．

細胞内所在 ウイルス粒子は篩部組織細胞の細胞質に束状に集積して存在する．

自然宿主・病徴 GLRaV-1：ブドウ科植物(リーフロール病；葉巻．品種ピオーネや巨峰などでは無病徴であることが多く，果実品質などに対する影響も不明)．

GLRaV-2：ブドウ科植物(リーフロール病；葉巻，接ぎ木不親和症候群，幼木の枯死．国内のブドウ品種では潜在感染していることが多い)．

GLRaV-3：ブドウ科植物(リーフロール病；葉巻．品種カベルネ・ソービニヨンやピノノワールでは葉巻と同時に葉脈間の赤変を生じる．品種により潜在感染し，ピオーネや巨峰などでは無病徴であることが多く，果実品質への影響も明らかではない)．

GLRaV-4，GLRaV-7：ブドウ属植物（リーフロール病；葉巻．潜在感染も多い）．

宿 主 域 狭い．ブドウ科植物（GLRaV-1, GLRaV-2, GLRaV-3），ブドウ属植物（GLRaV-4, GLRaV-7）；*Nicotiana benthamiana*（GLRaV-2）；*N. occidentalis*（GLRaV-7）；*Tetragonia expansa*（GLRaV-7）．

検定植物 GLRaV-1, GLRaV-3：ブドウ（*Vitis vinifera*；品種 カベルネ・ソービニヨン，ピノノワール）（葉巻，葉の赤変）．
GLRaV-2：*N. benthamiana*（接種葉に退緑斑．全身感染；葉脈透過，葉脈壊死）．
GLRaV-7：*N. occidentalis*（全身感染；葉脈透過，壊死，矮化）．

伝　　染 GLRaV-1, GLRaV-3, GLRaV-4：汁液接種不可．接ぎ木伝染．カイガラムシ類およびコナカイガラムシ類による伝搬．
GLRaV-2：汁液接種可（*N. benthamiana* に対して）．接ぎ木伝染．媒介生物不明．
GLRaV-7：汁液接種不可．接ぎ木伝染（*N. occidentalis* に対してはネナシカズラ（*Cuscuta europea*），*T. expansa* に対しては *C. reflexa* を用いた接種が可能）．

系　　統 GLRaV-2：*N. clevelandii* および *N. occidentalis* に感染し，病徴を示す H4 系統が存在する．また，系統により病原性に違いがあるとの報告がある．
GLRaV-4：LR106 株，Y253-TK 株，Y252-IL 株，Ru1 株．
GLRaV-7：AA42 株，Swi 株，Ru 株．

類縁関係 *Ampelovirus* 属の GLRaV-1, GLRaV-3, GLRaV-4 の相互間に血清関係はない．GLRaV には，従来，GLRaV-1, -2, -3, -4, -5, -6, -7, -9, -Pr, -De, -Car の 11 種のウイルスが報告されていたが，最近，GLRaV-4, -5, -6, -9, -Pr, -De, -Car は塩基配列の相同性から GLRaV-4 として同一種に統合された．
GLRaV-1, -3, -4 は *Ampelovirus* 属，GLRaV-2 は *Clos-terovirus* 属，GLRa-7 は *Velarivirus* 属であるが，現在，GLRaV-1, -3 を *Ampelovirus* 属の中に設けるサブグループ I に，GLRaV-4 をサブグループ II に分類するという案が ICTV で検討されている．

地理的分布 日本および世界各国のブドウ栽培地． 〔中畝良二〕

主要文献 Scheu, G. (1936). Mein Winzerbuch (Reichsnahrstand Verlags), pp. 247；Gugerli, P. *et al.* (1984). Rev. Suisse Vitic. Arboric. Hortic., 16, 299–304；Zimmermann, D. *et al.* (1990). J. Phytopathol., 130, 205–218；Rosciglione, B. and Gugerli, P. (1986). Rev. Suisse Vitic. Arboric. Hortic., 18, 207–208；Zee, F. *et al.* (1987). Phytopathology, 77, 1427–1434；Hu, J. S. *et al.* (1990). J. Phytopathol., 128, 1–14；Choueiri, E. *et al.* (1996). Vitis, 35, 91–93；田中彰一・大竹啓子 (1966). 日植病報, 32, 84；Tanaka, S. (1976). Ann. Phytopath. Soc. Jpn., 42, 192–196；Namba, S. *et al.* (1979). Ann. Phytopath. Soc. Jpn., 45, 497–502；難波成任ら (1979). 日植病報, 45, 569；寺井康夫・矢野 龍 (1979). 日植病報, 45, 568–569；今田 準・家城洋之 (1990). 日植病報. 56, 426–427；中畝良二ら (2002). 日植病報, 68, 97；伊藤隆男ら (2011). 日植病報, 77, 230；Ito, T. *et al.* (2013). Arch. Virol., 158, 273–275；Martelli, G. P. *et al.* (2012). *Closteroviridae*. Virus Taxonomy 9th Report of ICTV, 987–1001；ICTV Virus Taxonomy List (2013). *Closteroviridae*；ICTVdB (2006). *Grapevine leafroll–associated virus 1*. 00.017.0.03.002., *Grapevine leafroll–associated virus 2*. 00.017.0.01.009., *Grapevine leafroll–associated virus 3*. 00.017.0.03.003., *Grapevine leafroll–associated virus 4*. 00.017.0.83.008., Grapevine leafroll–associated virus 7. 00.017.0.00.023.；DPVweb. Closteroviridae, Ampelovirus, Closterovirus；Martelli, G. P. *et al.* (2011). Grapevine leafroll-associated virus 3. Descriptions of Plant Viruses, 422；Brunt, A. A. *et al.* eds. (1996). Grapevine leafroll–associated (?) *closteroviruses*. Plant Viruses Online；Uyemoto, J. K. *et al.* (2009). Grapevine viruses, viruslike diseases and other disorders. Virus Diseases of Plant (Barnett, O. W. and Sherwood, J. L. eds., APS Press), pp. 51；難波成任 (1983). 植物ウイルス事典, 342–343；寺井康夫 (1993). 原色作物ウイルス病事典, 642–651；今田 準 (2002). 果樹のウイルス・ウイロイド病, 72–74；北島 博 (1989). 果樹病害各論（養賢堂），445–447；Boscia, D. *et al.* (1995). Vitis, 34, 171–175；Fortusini, A. *et al.* (1997). Extended Abs. 12th ICVG, 121–122；Zhu, H.Y. *et al.* (1998). J. Gen. Virol., 79, 1289–1298；Ling, K. S. *et al.* (1998). J. Gen. Virol., 79, 1299–1307；Sforza, R. *et al.* (2000). Extended Abs. 13th ICVG, 14；Fazeli, C.F. and Rezaian, M. A. (2000). J.

Gen. Virol., 81, 605-615；Abou Ghanem-Sabanadzovic, N. *et al.*(2000). Vitis, 39, 119-121；Little, A. *et al.*(2001). Virus Res., 80, 109-116；Bonfiglioli, R. *et al.*(2003). Extended Abs. 14th ICVG, 141；Nakano, M. *et al.*(2003). Extended Abs. 14th ICVG, 218；Bertazzon, N. and Angelini, E.(2004). J. Plant Pathol., 86, 283-290；Ling, K. S. *et al.*(2004). J. Gen. Virol., 85, 2099-2102；Meng, B. *et al.*(2005). Virus Genes, 31, 31-41；Kominek, P. *et al.*(2005). Virus Genes, 31, 247-255；Turturo, C. *et al.*(2005). J. Gen. Virol., 86, 217-224；Borgo, M. *et al.*(2006). Extended Abs. 15th ICVG, 25-27；Saldarelli, P. *et al.*(2006). J. Plant Pathol., 88, 203-214；Mikona, C. and Jelkmann, W.(2010). Plant Dis., 94, 471-476；Tsai, C-W. *et al.*(2010). Phytopathology, 100, 830-834；Alabi, O. J. *et al.*(2011). Phytopathology, 101, 1446-1456；Jelkmann, W. *et al.*(2012). Arch. Virol., 157, 359-362；Martelli, G. P. *et al.*(2012). J. Plant Pathol., 94, 7-19；Seah, Y. M. *et al.*(2012). Virol. J., 9, 235；Abou Ghanem-Sabanadzovic, N. *et al.*(2012). Virus Res., 163, 120-128；Le Maguet, J. *et al.*(2012). Phytopathology, 102, 717-723；Al Rwahnih, M. *et al.*(2012). Virus Res., 163, 302-309.

植物ウイルス 143

Grapevine rupestris stem pitting-associated virus　ブドウステムピッティング随伴ウイルス (GRSPaV)
Betaflexiviridae Foveavirus

初　記　載	Meng, B. and Gonsalves, D.(1997)；中畝良二ら(2002).
異　　　名	Rupestris stem pitting-associated virus, Rupestris stem pitting-associated virus 1.
粒　　　子	【形態】ひも状1種(長さ723 nm).
	【成分】核酸：(+)ssRNA1種(8.7 kb, GC含量43％). タンパク質：外被タンパク質(CP)1種(28 kDa).
ゲ ノ ム	【構造】単一線状(+)ssRNAゲノム(8,725～8,744 nt). ORF 5個. ゲノムの5'端にキャップ構造(Cap)，3'端にポリ(A)配列(poly(A))をもつ.
	【遺伝子】5'-Cap-ORF1(244 kDa RNA複製酵素(RP)；メチルトランスフェラーゼドメイン/パパイン様プロテアーゼドメイン/ヘリカーゼドメイン/RNA複製酵素ドメイン)-ORF2(24 kDa移行タンパク質1；TGB1)-ORF3(13 kDa移行タンパク質2；TGB2)-ORF4(8 kDa移行タンパク質3；TGB3)-ORF5(28 kDa外被タンパク質(CP))-poly(A)-3'.
	【登録コード】AF026278, AF057136, AY881626, AY881627(全塩基配列)，ほか.
細胞内所在	おそらく篩部組織の細胞質に局在すると推定される.
自然宿主・病徴	ブドウ科植物(全身感染；*Vitis rupestris* にステムピッティング症状を示す. 品種間差異があり，台木品種の110 Richiter(*V. rupestris*×*V. berlandieri*)においては葉脈壊死を引き起こす).
宿　主　域	狭い. ブドウ科植物.
検 定 植 物	*V. rupestris*(品種 St. George).
伝　　　染	汁液伝染未確認. 媒介生物不明. 接ぎ木伝染. 種子伝染が示唆されている.
系　　　統	系統(variant)により病原性に違いがあるとの報告がある.
地理的分布	日本および世界各国のブドウ栽培地.
そ の 他	ブドウ品種ピオーネや巨峰のルゴースウッド(Rugose wood)発症樹から本ウイルスが検出される. 〔中畝良二〕
主 要 文 献	Meng, B. and Gonsalves, D.(1997). Phytopathology, 87, S65-66；中畝良二ら(2002). 日植病報, 68, 97；Adams, M. J. *et al.*(2012). *Foveavirus*. Virus Taxonomy 9th Report of ICTV, 920-941；ICTVdB(2006). Grapevine rupestris stem pitting-associated virus. 00.056.0.05.002.；今田 準(2002). 果樹のウイルス・ウイロイド病, 78-80；Uyemoto, J. K. *et al.*(2009). Grapevine viruses, virus-like diseases and other disorders. Virus Diseases of Plant(Barnett, O. W. and Sherwood, J. L. eds., APS Press), pp. 51；Martelli, G. P. and Jelkmann, W.(1998). Arch. Virol., 143, 1245-1249；Meng, B. *et al.*(1998). J. Gen. Virol., 79, 2059-2069；Zhang, Y.P. *et al.*(1998). Phytopathology, 88, 1231-1237；Meng, B. *et al.*(1999). Arch. Virol., 144, 2071-2085；Petrovic, N.(2003). Plant Dis., 87, 510-514；Meng, B. and Gonsalves, D.(2003). Curr. Top. Virol., 3, 125-135；Bouyahia *et al.*(2005). Vitis, 44, 133-137；Meng, B. *et al.*(2005). J. Gen. Virol., 86, 1555-1560；Nakaune, R. and Nakano, M.(2006). Extended Abs. 15th ICVG, 237-238；Lima, M. F. *et al.*(2006). Extended Abs. 15th ICVG, 244-245；Meng, B. *et al.*(2006). J. Gen. Virol., 87, 1725-1733.

植物ウイルス 144

Grapevine stunt virus# ブドウ萎縮(いしゅく)ウイルス
(GSV)
#ICTV 未認定(*Luteoviridae* ?)

#日本植物病名目録に登録され，ICTVdB にも記載されているが，Virus Taxonomy 9th Report of ICTV には記載されていない．

初 記 載	難波成任ら(1981)．
粒 子	【形態】球状 1 種(径約 25 nm)．被膜なし．
	【成分】核酸：(+)ssRNA 1 種(2.3×10^6 Da)．タンパク質：外被タンパク質(CP) 1 種(27.0 kDa)．
細胞内所在	ウイルス粒子は篩部細胞の細胞質や液胞内に散在，集塊あるいは結晶し，特異的な小胞が増生する．
自然宿主・病徴	ブドウ(キャンベル・アーリー；*Vitis vinifera*×*Vitis labrusca*)(萎縮病；新梢の萎縮，葉の小形化，葉縁黄化，葉巻，脈間えそ，花ぶるい，早期落葉，果実の収量減，糖度低下)．
伝 染	汁液接種不可．フタテンヒメヨコバイ(*Arboridia apicals*)による伝搬(伝搬率 約50％)．接ぎ木伝染．
類 縁 関 係	細胞内所見は *Luteoviridae* 科ウイルスに似る．類似の病徴とウイルス粒子が現地の自生エビヅル(*V. thunbergii*)でも認められる．
地理的分布	日本(岡山，大分，福岡，秋田，埼玉)． 〔難波成任〕
主 要 文 献	難波成任ら(1981)．日植病報, 47, 137；ICTVdB(2006)．*Grapevine stunt virus*. 00.079.0.70.018.；Brunt, A. A. *et al.* eds.(1996). Grapevine stunt virus. Plant Viruses Online；Namba, S.(1998). Grapevine stunt virus. Plant Viruses in Asia(Murayama, D. *et al.* eds., Gagjah Mada University Press), 605-607；難波成任(1983)．植物ウイルス事典, 344-345；寺井康夫(1993)．原色作物ウイルス病事典, 648-649；北島 博(1989)．果樹病害各論(養賢堂), 450-451；畑本 求ら(1982)．日植病報, 48, 396；畑本 求ら(1984)．日植病報, 50, 85；岩波 徹ら(1986)．日植病報, 52, 153-154．

植物ウイルス 145

Grapevine vein mosaic virus# ブドウ葉脈モザイクウイルス (GVMV)
#ICTV 未認定

#日本植物病名目録に登録されているが，Virus Taxonomy 9th Report of ICTV には記載されていない．

初　記　載	渡辺義明・畑本　求(1990)．
異　　　名	ブドウベインモザイクウイルス．
粒　　　子	未詳．
自然宿主・病徴	ブドウ(ベインモザイク病；モザイク，線状斑，輪紋など)．
宿　主　域	ブドウ．
伝　　　染	汁液接種不可．接ぎ木伝染．
地理的分布	日本および世界各国．
そ　の　他	病害としての報告があるのみ．わが国の病害と世界各国で報告されている同様の病害との異同や，その病原ウイルスについて検討する必要がある． 〔難波成任〕
主要文献	渡辺義明・畑本　求(1990)．日植病報, 56, 128-129；Pop, I. V.(1973). Riv. Patol. Veg., Ser.4, 243-250；Uyemoto, J. K. et al.(2009). Grapevine viruses, viruslike diseases, and other disorders. Virus Diseases of Plants(Barnett, O. W. et al. eds., APS Press), pp. 51.

植物ウイルス 146/147/148

Grapevine virus A　ブドウAウイルス　　　　　　　（GVA）
Betaflexiviridae Vitivirus

Grapevine virus B　ブドウBウイルス　　　　　　　（GVB）
Betaflexiviridae Vitivirus

Grapevine virus E　ブドウEウイルス　　　　　　　（GVE）
Betaflexiviridae Vitivirus

　GVA，GVB，GVE は塩基配列の一部や血清関係などの相違を除いて互いの性状がきわめて類似しているので，便宜上，ここにまとめて示す．

初 記 載　Conti, M. *et al.*(1980；GVA)，Gugerli, P. *et al.*(1984；GVB)，Milne, R. G. *et al.*(1984；GVB)，Nakaune, R. *et al.*(2008；GVE)；今田 準・浅利 覚(1996；GVA, GVB)，今田 準ら(1998；GVB)，今田 準・中畝良二(1999；GVA)，中畝良二ら(2008；GVE)．

異 　 　名　Grapevine stem pitting-associated virus.

粒 　 　子　【形態】ひも状1種(径12 nm×長さ800 nm)(GVA, GVB)．らせんピッチ3.3〜3.5 nm(GVA, GVB)．被膜なし．
　　　　　【成分】核酸：(+)ssRNA 1種(GVA：7.4 kb，GVB：7.6 kb，GVE：7.6 kb)．タンパク質：外被タンパク質(CP)1種(22 kDa)．

ゲ ノ ム　【構造】単一線状(+)ssRNAゲノム(GVA：7,351-7,360 nt，GVB：7,599 nt, GVE：7,568 nt)．ORF 5個．ゲノムの5′端にキャップ構造(Cap)，3′端にポリ(A)配列(poly(A))をもつ．
　　　　　【遺伝子】
　　　　　GVA：5′-Cap-ORF1(195 kDa RNA複製酵素(RP)：メチルトランスフェラーゼドメイン/ヘリカーゼドメイン/RNA複製酵素ドメイン)-ORF2(19 kDa機能不明タンパク質)-ORF3(31 kDa移行タンパク質(MP))-ORF4(22 kDa外被タンパク質(CP))-ORF5(11 kDa核酸結合タンパク質(NB))-poly(A)-3′．
　　　　　GVB：5′-Cap-ORF1(195 kDa RNA複製酵素(RP)：メチルトランスフェラーゼドメイン/ヘリカーゼドメイン/RNA複製酵素ドメイン)-ORF2(20 kDa機能不明タンパク質)-ORF3(37 kDa移行タンパク質(MP))-ORF4(22 kDa外被タンパク質(CP))-ORF5(14 kDa核酸結合タンパク質(NB))-poly(A)-3′．
　　　　　GVE：5′-Cap-ORF1(192 kDa RNA複製酵素(RP)：メチルトランスフェラーゼドメイン/ヘリカーゼドメイン/RNA複製酵素ドメイン)-ORF2(21 kDa機能不明タンパク質)-ORF3(29 kDa移行タンパク質(MP))-ORF4(22 kDa外被タンパク質(CP))-ORF5(13 kDa核酸結合タンパク質(NB))-poly(A)-3′．
　　　　　GVEのORF2-ORF3間を除いて，各ORFは互いに一部重複している．
　　　　　【登録コード】X75433，AF007415(GVA全塩基配列)；X75448，GU733707(GVB全塩基配列)；AB432910(GVE日本分離株 TvAQ7全塩基配列)，AB432911(GVE日本分離株 TvP15部分塩基配列)，GU903012(GVE南アフリカ分離株 SA94全塩基配列)，ほか．

細胞内所在　ウイルス粒子は篩部組織の細胞の細胞質に束状に集塊して存在する．

自然宿主・病徴　GVA, GVB：ブドウ(全身感染；一部のブドウに巻葉，枝幹部のステムピッティングやステムグルービング，樹皮の肥厚，樹勢低下，発芽遅延などを生じる．潜在感染していることが多い)．
　　　　　GVE：ブドウ属植物(全身感染；病徴不明)．

宿 主 域　狭い．ブドウ属植物(全身感染)；*Nicotiana benthamiana*，*N.clevelandii*(モザイク；GVA)；

Nicotiana occidentalis，*N.cavicol*a（接種葉にえ死斑，上葉にモザイク；GVB）；*N.rotundifolia*（全身感染；GVB）．

検定植物 GVA：GVA が病原と推定されている Kober stem grooving の判別植物として，ブドウ属植物 Kober 5BB（*Vitis berlandieri*×*V. riparia*）が用いられる．

GVB：GVB が病原と推定されている Corky bark の判別植物として，ブドウ属植物 Hybrid LN33（Couderc 1613×Thompson seedless）および *Vitis rupestris*（St. George）が用いられる．

伝　　染 GVA, GVB：汁液接種可（ブドウ属植物への接種はやや困難）．コナカイガラムシによる半永続伝搬．接ぎ木伝染．

GVE：汁液接種の可否不明．クワコナカイガラムシによる半永続伝搬．接ぎ木伝染．

系　　統 GVE 分離株 TvAQ7 は分離株 TvP15 および SA94 と進化的に遠い関係にある．

類縁関係 GVA, GVB, *Grapevine virus D*（GVD）は相互にきわめて遠い血清関係がある．

地理的分布 GVA, GVB：日本および世界各国．

GVE：日本，南アフリカ，米国．

そ の 他 ブドウ枝幹にステムピッティングやステムグルービングを生じる Rugose wood complex と総称される病害（Rupestris stem pitting, Corky bark, Kober stem grooving, LN33 stem grooving の 4 病害）のうち，GVA は Kober stem grooving の病原，GVB は Corky bark の病原と考えられている．GVE はブドウ葉巻随伴ウイルス 3（*Grapevine leafroll-associated virus 3*：GLRaV-3）と複合感染していることが多い． 〔中畝良二〕

主要文献 Conti, M. *et al.*(1980). Phytopathology, 70, 394-399；Gugerli, P. *et al.*(1984). Rev. Suisse Vitic. Arb. Hort.,16, 299-304；Milne, R. G. *et al.*(1984). Phytopath. Z., 110, 360-368；Nakaune, R. *et al.*(2008). Arch. Virol., 153, 1827-1832；今田　準・浅利　覚(1996). 日植病報, 62, 627；今田　準ら(1998). 日植病報, 64, 423；今田　準・中畝良二(1999). 日植病報, 65, 677；中畝良二ら(2008). 日植病報, 74, 224；Adams, M. J. *et al.*(2012). *Vitivirus*. Virus Taxonomy 9th Report of ICTV, 934-937；ICTVdB(2006). *Grapevine virus A*. 00.056.0.07.001., *Grapevine virus B*. 00.056.0.07.002.；DPVweb. Vitivirus；Martelli, G. P. *et al.*(2001). Grapevine virus A. Descriptions of Plant Viruses, 383；Brunt, A. A. *et al.* eds.(1996). Grapevine A(?) *trichovirus*, Grapevine B(?) *trichovirus*. Plant Viruses Online；Uyemoto, J. K. *et al.*(2009). Grapevine viruses, viruslike diseases and other disorders. Virus Diseases of Plant(Barnett, O. W. and Sherwood, J. L. eds., APS Press), pp. 51；寺井康夫(1993). 原色作物ウイルス病事典, 642-651；今田　準(2002). 果樹のウイルス・ウイロイド病, 78-80；Boscia, D. *et al.*(1993). Arch. Virol., 130, 109-120；Saldarelli, P. *et al.*(1996). J. Gen. Virol., 77, 2645-2652；Minafra, A. *et al.*(1997). Arch. Virol., 142, 417-423；Martelli, G. P. *et al.*(1997). Arch. Virol., 142, 1929-1932；Galiakparov, N. *et al.*(1999). Virus Genes, 19, 235-242；Moskovitz, Y. *et al.*(2008). Arch. Virol., 153, 323-328；Coetzee, B. *et al.*(2010). Arch. Virol., 155, 1357-1360；du Preez, J. *et al.*(2011). Arch. Virol., 156, 1495-1503；Alabi, O. J. *et al.*(2013). Virus Genes, 46, 563-566.

植物ウイルス 149

Habenaria mosaic virus サギソウモザイクウイルス
(HaMV)
Potyviridae Potyvirus

初　記　載　井上成信(1980)，井上成信(1998)．

異　　　名　Pecteilis mosaic virus.

粒　　　子　【形態】ひも状1種(径13 nm×長さ750 nm)．被膜なし．
【成分】核酸：(＋)ssRNA 1種(10 kb)．タンパク質：外被タンパク質(CP) 1種(32 kDa)．

ゲ ノ ム　【構造】単一線状(＋)ssRNAゲノム(9,499 nt)．ORF 1個．5′端にゲノム結合タンパク質(VPg)，3′端にポリ(A)配列(poly(A))をもつ．
【遺伝子】5′-VPg-ORF1(346 kDaポリプロテイン；29 kDa P1プロテアーゼ(P1)/52 kDa虫媒介助タンパク質-プロテアーゼ(HC-Pro)/40 kDa P3タンパク質(P3)/6 kDaタンパク質(6K1)/72 kDa円筒状封入体タンパク質(CI)/6 kDaタンパク質(6K2)/22 kDa核内封入体a-ゲノム結合タンパク質(NIa-VPg)/27 kDa NIa-プロテアーゼ(NIa-Pro)/59 kDa核内封入体b(NIb；RNA複製酵素)/32 kDa外皮タンパク質(CP)-poly(a)-3′．
【登録コード】AB818538(Ha-1系統　全塩基配列)

自然宿主・病徴　サギソウ(全身感染し，葉に明瞭なモザイク，葉のよじれ，株の萎縮)．

宿　主　域　サギソウ(全身感染；モザイク)；*Nicotiana benthamiana*(全身感染；モザイク，葉脈えそ)；*N. clevelandii*(全身感染，退緑斑，えそ斑)；*Chenopodium quinoa, C. amaranticolor, C. murale*(局部感染；えそ斑点)；ツルナ，ホウレンソウ，センニチコウ(局部感染；退緑斑点)．

検 定 植 物　ツルナ，*C. quinoa*．

増 殖 植 物　*C. quinoa, N. benthamiana*．

伝　　　染　汁液接種可．モモアカアブラムシによる非永続伝搬．長期間汁液接種により継代した株はアブラムシ伝搬されなくなる(アブラムシ伝搬に必要な外被タンパク質のDAGモチーフがDATに変化)．

類 縁 関 係　日本のラン科植物に発生するクローバ葉脈黄化ウイルス(*Clover yellow vein virus*：ClYVV)，インゲンマメ黄斑モザイクウイルス(*Bean yellow mosaic virus*：BYMV)とは遠い血清学的類縁関係がある．ラン科植物に発生する*Potyvirus*属ウイルス7種および他の植物に発生する*Potyvirus*属ウイルスとの外被タンパク質のアミノ酸配列の相同性は，アイリス微斑モザイクウイルス(*Iris mild mosaic virus*：IMMV)とは81％(N末端を除く領域)で，その他のウイルスとは50～67％である．

地理的分布　日本．

そ の 他　サギソウに発生する*Potyvirus*属ウイルスとしてはHaMVのほかに，スイカモザイクウイルス(*Watermelon mosaic virus*：WMV)が知られている．〔前田学憲〕

主 要 文 献　井上成信(1980). 日植病報, 46, 414；井上成信(1998). 岡大資生研報, 5, 155-168；ICTV Virus Taxonomy List(2014). *Potyviridae Potyvirus*；ICTVdB(2006). Habenaria mosaic virus. 00.057.0.81.041.；Brunt, A. A. et al. eds.(1996). Habenaria mosaic(?) potyvirus. Plant Viruses Online；井上成信(1983). 植物ウイルス事典, 414-415；井上成信(1993). 原色作物ウイルス病事典, 459；井上成信(2001). 原色ランのウイルス病, 159；Gara, I. W. et al.(1996). 日植病報, 62, 326-327；Gara, I. W. et al.(1997). 日植病報, 63, 521；Gara, I. W. et al.(1997). Ann. Phytopathol. Soc. Jpn., 63, 113-117；近藤秀樹ら(2010). 名古屋国際蘭会議(NIOC) 2010記録, 10-15；Kondo, H. et al.(2014). Arch. Virol., 159, 163-166.

植物ウイルス 150

Hibiscus chlorotic ringspot virus　ハイビスカス退緑輪点ウイルス　(HCRSV)
Tombusviridae Carmovirus

初　記　載	Waterworth, H. E. *et al.*(1976)；柏崎 哲ら(1982).
粒　　　子	【形態】球状1種(径28 nm). 被膜なし.
	【成分】核酸：(+)ssRNA 1種(3.9 kb). タンパク質：外被タンパク質(CP)1種(38 kDa).
ゲ ノ ム	【構造】単一線状(+)ssRNA ゲノム(3,911 nt). ORF 7個.
	【遺伝子】5′-ORF(p28)(28 kDa 機能不明タンパク質；ゲノム複製に必須)/ORF(p23)(23 kDa 機能不明タンパク質；複製・移行に必須)/ORF(p81)(81 kDa RNA 複製酵素(RdRp)；28 kDa タンパク質のリードスルータンパク質)-ORF(p8)(8 kDa 移行タンパク質(MP1))-ORF(p9)(9 kDa 移行タンパク質(MP2))-ORF(p38)(38 kDa 外被タンパク質(CP))/ORF(p25)(25 kDa 機能不明タンパク質；複製・移行に必須)-3′.
	ORF(p23)は ORF(p28)の内部に，ORF(p25)は ORF(p38)の内部にオーバーラップして存在. ORF(p8)は ORF(p81)の3′端と ORF(p9)の5′端に一部オーバーラップして存在.
	【登録コード】X86448(シンガポール株 全塩基配列)，DQ392986(台湾株 全塩基配列).
細胞内所在	ウイルス粒子は感染細胞の細胞質，液胞内に散在あるいは集塊して認められる.
自然宿主・病徴	ハイビスカス(退緑斑病)，オクラ，オオハマボウ(退緑斑，輪紋，葉脈緑帯，葉脈透過).
宿　主　域	あまり広くない. ハイビスカス，オクラなどのアオイ科植物(全身感染)；*Chenopodium amaranticolor, C. quinoa*(局部感染).
増 殖 植 物	ケナフ(*Hibiscus cannabinus*).
検 定 植 物	*C. amaranticolor, C. quinoa*(接種葉に退緑斑). ペチュニアへの感染の有無でハイビスカス黄斑ウイルス(Hibiscus yellow mosaic virus：HYMV)と判別する.
伝　　　染	汁液接種可. 媒介生物不明.
地理的分布	米国，オーストラリア，エルサルバドル，フィジー，ソロモン諸島，タイ，シンガポール，台湾，日本.　　　　　　　　　　　　　　　　　　　　　　　　　〔眞岡哲夫〕
主 要 文 献	Waterworth, H. E. *et al.*(1976). Phytopathology, 66, 570-575；柏崎 哲ら(1982). 日植病報, 48, 395；Rochon, D. *et al.*(2012). *Carmovirus*. Virus Taxonomy 9th Report of ICTV, 1125-1128；ICTVdB(2006). *Hibiscus chlorotic ringspot virus*. 00.074.0.02.008.；DPVweb. Carmovirus；Waterworth, H. E.(1980). Hibiscus chlorotic ringspot virus. Descrcriptions of Plant Viruses, 227；Brunt, A. A. *et al.* eds.(1996). Hibiscus chlorotic ringspot *carmovirus*. Plant Viruses Online；野田千代一・眞岡哲夫(1996). 日植病報, 62, 637；野田千代一ら(1997). 日植病報, 63, 258；Waterworth, H. E. *et al.*(1976). Phytopathology, 64, 570-575；Huang, M. *et al.*(2000). J. Virol., 74, 3149-3155；Li, S. C. and Chang, Y. C.(2002). New Disease Reports, 5, 10.

植物ウイルス 151

Hibiscus latent Fort Pierce virus　ハイビスカス潜在フォートピアスウイルス　(HLFPV)
Virgaviridae Tobamovirus

初　記　載	Adkins, S. *et al.*(2003)；松井暢子ら(2005).
異　　　名	Florida hibiscus virus.
粒　　　子	【形態】棒状 1 種(長さ 295 nm). 被膜なし.
	【成分】核酸：(＋)ssRNA 1 種(6.3 kb). タンパク質：外被タンパク質(CP) 1 種(17.6 kDa).
ゲ ノ ム	【構造】単一線状(＋)ssRNA ゲノム.
	【遺伝子】移行タンパク質(MP)遺伝子, 外被タンパク質(CP)遺伝子, RNA 複製酵素(RdRp)遺伝子.
	【登録コード】AY250831, AY560554, AY560557, AY596456, FJ196834(部分塩基配列).
自然宿主・病徴	ハイビスカス(*Hibiscus rosa-sinensis, Hibiscus* spp.)(微斑病；退緑斑点, 退緑輪紋, 退緑斑紋).
宿　主　域	やや狭い. オクラ, ワタ, ケナフ, ハイビスカス, *Nicotiana benthamiana, Gomphrena globosa, Malvaviscus arboreus*(無病徴全身感染)；*N. debneyi, N.excelsior, N. occidentalis*(無病徴局部感染)；*Chenopodium amaranticolor, C. quinoa, N. glutinosa, N. rustica, Petunia×hybrida*(接種葉に局部病斑).
増 殖 植 物	オクラ.
検 定 植 物	*C. quinoa*(接種葉に退緑斑点).
伝　　　染	汁液接種可. 接触伝染. 栄養繁殖による伝染.
類 縁 関 係	HLFPV の抗血清はタバコモザイクウイルス(*Tobacco mosaic virus*：TMV)およびトウガラシ微斑ウイルス(*Pepper mild mottle virus*：PMMoV)と反応する. HLFPV は *Hibiscus latent Singapore virus*(HLSV)とともに *Tobamovirus* 属内にアオイ科植物に感染するサブグループを形成する. HLSV の外被タンパク質のアミノ酸配列との相同性は 73％ である.
地理的分布	米国, タイ, 日本.
そ の 他	ハイビスカス退緑輪点ウイルス(*Hibiscus chlorotic ringspot virus*：HCRSV)との混合感染例が多く, 病徴による類別は困難である. HLFPV は温室での接種試験では無病徴で, 野外条件で病徴が出現することがある. 日本のハイビスカスで発生が報告されたハイビスカス黄斑ウイルス(*Hibiscus yellow mosaic virus*：HYMV)との異同については不明である.　〔夏秋啓子〕
主 要 文 献	Adkins, S. *et al.*(2003). Plant Dis., 87, 1190-1196；松井暢子ら(2005). 日植病報, 71, 232-233；Adams, M. J. *et al.*(2012). *Tobamovirus*. Virus Taxonomy 9th Report of ICTV, 1153-1156；ICTVdB(2006). *Hibiscus latent Fort Pierce virus*. 00.071.0.01.022.；Kamenova, I. and Adkins, S.(2004). Plant Dis., 88, 674-679.

植物ウイルス 152

Hibiscus yellow mosaic virus# ハイビスカス黄斑(おうはん)ウイルス (HYMV)
#ICTV 未認定(*Virgaviridae Tobamovirus*?)

#日本植物病名目録に登録されており，ICTVdB(2006)にも記載されているが，Virus Taxonomy 9th Report of ICTV には記載されていない．

初　記　載	柏崎 哲ら(1982)．
粒　　　子	【形態】棒状 1 種(径 18 nm×長さ 300 nm)．らせんピッチ 2.3 nm．被膜なし．
細胞内所在	ウイルス粒子は感染細胞の細胞質，液胞内に散在あるいは集塊して認められる．
自然宿主・病徴	ハイビスカス(黄斑病；黄斑，退緑斑，輪紋，葉脈透化)；オクラ(無病徴〜微斑)；ムクゲ，オオハマボウ(無病徴)．
宿　主　域	やや狭い．ハイビスカス，オクラ，タチアオイ(全身感染)；*Chenopodium amaranticolor, C. quinoa*，ペチュニア，センニチコウ(局部感染)．
検定植物	ハイビスカス(全身感染；黄斑など)；*C. amaranticolor, C. quinoa*，ペチュニア，センニチコウ(接種葉に局部病斑)．ペチュニアへの感染の有無でハイビスカス退緑輪点ウイルス(*Hibiscus chlorotic ringspot virus*：HCRSV)と判別する．
伝　　　染	汁液接種可．接触伝染．媒介生物不明．
類縁関係	宿主域が類似し，2005 年に本邦での発生も確認されたハイビスカス潜在フォートピアスウイルス(*Hibiscus latent Fort Pierce virus*：HLFPV)との異同は不明．
地理的分布	日本．タイ．〔眞岡哲夫〕
主要文献	柏崎 哲ら(1982)．日植病報, 48, 395；ICTVdB(2006). Hibiscus yellow mosaic virus. 00.071.0.91.001.；Brunt, A. A. *et al.* eds.(1996). Hibiscus yellow mosaic(?) *tobamovirus*. Plant Viruses Online；山下修一(1983)．植物ウイルス事典, 348-349；野田千代一・眞岡哲夫(1996)．日植病報, 62, 637；野田千代一ら(1997)．日植病報, 63, 258.

植物ウイルス 153

Hippeastrum mosaic virus アマリリスモザイクウイルス (HiMV)
Potyviridae Potyvirus

初　記　載	Kunkel, L. O.(1922)；岩木満朗・小室康雄(1966)，岩木満朗(1967).
異　　　名	Amaryllis mosaic virus.
粒　　　子	【形態】ひも状1種(径12 nm×長さ782 nm). 被膜なし.
	【成分】核酸：(＋)ssRNA 1種(9.7 kb). タンパク質：外被タンパク質(CP)1種(29 kDa)，ゲノム結合タンパク質(VPg)1種.
ゲ ノ ム	【構造】単一線状(＋)ssRNAゲノム(9,660 nt). ORF 1個. 5′端にゲノム結合タンパク質(VPg)，3′端にポリ(A)配列(poly(A))をもつ.
	【遺伝子】5′-VPg-357 kDa ポリプロテイン(38 kDa P1 プロテアーゼ(P1)/51 kDa 虫媒介助タンパク質-プロテアーゼ(HC-Pro)/48 kDa P3 タンパク質(P3)/6 kDa 機能不明タンパク質(6 K1)/72 kDa 円筒状封入体タンパク質(CI)/6 kDa 機能不明タンパク質(6 K2)/21 kDa ゲノム結合タンパク質(NIa-VPg)/27 kDa NIa プロテアーゼ(NIa-Pro)/59 kDa RNA複製酵素(NIb)/29 kDa 外被タンパク質(CP))-poly(A)-3′.
	【登録コード】JQ395040, JQ723474(全塩基配列)；AY566239(部分塩基配列)，ほか.
細胞内所在	ウイルス粒子はすべての組織の細胞質に存在する. 風車状，束状などの封入体が感染細胞に観察される.
自然宿主・病徴	アマリリス(全身感染；葉や花茎にモザイク).
宿　主　域	やや狭い. ヒガンバナ科，ヒユ科，アカザ科，ナス科植物.
増　殖　植　物	アマリリス(モザイク)；*Nicotiana clevelandii*(接種葉に白色輪紋や退緑斑).
検　定　植　物	*Chenopodium quinoa*(接種葉に局部えそ斑).
伝　　　染	汁液接種可. アブラムシによる非永続伝搬.
類　縁　関　係	他のウイルスと血清学的類縁関係なし.
地理的分布	日本および世界各地. 〔亀谷満朗〕
主　要　文　献	Kunkel, L. O.(1922). Science, 55, 73；岩木満朗・小室康雄(1966). 日植病報, 32, 296；岩木満朗(1967). 日植病報, 33, 237-243；Adams, M. J. *et al.*(2012). *Potyvirus*. Virus Taxonomy 9th Report of ICTV, 1072-1079；ICTVdB(2006). *Hippeastrum mosaic virus*. 00.057.0.01.031.；DPVweb. Potyvirus；Brunt, A. A.(1973). Hippeastrum mosaic virus. Descriptions of Plant Viruses, 117；Brunt, A. A. *et al.* eds.(1996). Hippeastrum mosaic *potyvirus*. Plant Viruses Online；岩木満朗(1983). 植物ウイルス事典, 350；亀谷満朗(1993). 原色作物ウイルス病事典, 529；Brants, D. H. and Van den Heuvel, J.(1965). Neth. J. Pl. Path., 71, 145-151；Brunt, A. A.(1973). Rep. Glasshouse Crops Res. Inst. 1972, 103-104；Wylie, S. J. *et al.*(2012). Arch. Virol., 157, 1471-1480.

植物ウイルス 154/155/156

	(HYVKgV)
Honeysuckle yellow vein Kagoshima virus	スイカズラ葉脈黄化鹿児島ウイルス
	Geminiviridae Begomovirus
	(HYVMV)
Honeysuckle yellow vein mosaic virus	スイカズラ葉脈黄化モザイクウイルス
	Geminiviridae Begomovirus
	(HYVV)
Honeysuckle yellow vein virus	スイカズラ葉脈黄化ウイルス
	Geminiviridae Begomovirus

　HYVKgV，HYVMV および HYVV は，塩基配列の一部を除いて三者の性状が互いにきわめて類似しているので，便宜上，ここにまとめて示す．

初　記　載　HYVKgV：Ueda, S. *et al.*(2008)．HYVMV：Briddon, R. W. *et al.*(2003)；Ogawa, T. *et al.*(2008)．HYVV：Briddon, R. W. *et al.*(2003)；Ueda, S. *et al.*(2008)．

異　　　名　Honeysuckle yellow vein Kobe virus(HYVKoV)，Tobacco leaf curl Kochi virus(TbLCKoV)．

粒　　　子　【形態】双球状 1 種(径 15〜20 nm×長さ 25〜30 nm)．被膜なし．
　　　　　　【成分】核酸：ssDNA 1 種(2.8 kb)．タンパク質：外被タンパク質(CP) 1 種(30 kDa)．

ゲ ノ ム　【構造】単一環状 ssDNA ゲノム．2,762 nt(HYVKgV-A[JR：Kag5：Tob]，HYVMV-D[JR：Nar2：06])；2,761 nt(HYVV-UK[JR：Fuk：06])．ORF 6 個．
　　　　　　【遺伝子】ウイルス鎖：−5′−遺伝子間領域(IR)−ORF V2(13 kDa 移行タンパク質(MP))−ORF V1(30 kDa 外被タンパク質(CP)；媒介昆虫による伝搬に必須)−3′−．相補鎖：−5′−遺伝子間領域(IR)−ORF C1(41 kDa 複製開始タンパク質(Rep))−ORF C4(11 kDa タンパク質；病徴発現に関与)−ORF C2(15 kDa 転写促進タンパク質(TrAP))−ORF C3(16 kDa 複製促進タンパク質(REn))−3′−．
　　　　　　C4 は C1 に一部重複して，C2 は C1 と C3 に一部重複して存在する．
　　　　　　【登録コード】
　　　　　　HYVKgV：AB178949(HYVKgV-A[JR：Kag5：Tob]全塩基配列)，AB236323(HYVKgV-B[JR：Miy：06]全塩基配列)．
　　　　　　HYVMV：AB178945(HYVMV-A[JR：Fuk1]全塩基配列)，AB178947(HYVMV-A[JR：Oit1]全塩基配列)，AB020781(HYVMV-B[JR]全塩基配列)，AB079765(HYVMV-C[JR：Yam]全塩基配列)，AB287441(HYVMV-D[JR：Nar2：06]全塩基配列)，AB287440(HYVMV-E[JR：Nar1：06]全塩基配列)，ほか．
　　　　　　HYVV：AB182261(HYVV-JR[JR：SP1：00]全塩基配列)，AB236321(HYVV-UK[JR：Fuk：06]全塩基配列)，AJ542540(HYVV-UK[UK：Nor1：99]全塩基配列)，AJ543429(HYVV-UK[UK：Nor2：99]全塩基配列)，ほか．

細胞内所在　ウイルス粒子は師部細胞の核内に散在または集塊する．
自然宿主・病徴　スイカズラ(葉脈黄化，モザイク)；トマト(巻葉，黄化，縮葉，萎縮)；タバコ(巻葉，ひだ葉，矮化)．
宿　主　域　狭い．スイカズラ科，ナス科植物．
増 殖 植 物　トマト，タバコ，*Nicotiana benthamiana*．
検 定 植 物　トマト(巻葉，黄化，萎縮)；*N. benthamiana*(巻葉，黄化，萎縮)．
伝　　　染　汁液接種不可．タバココナジラミ(*Bemisia tabaci*)による永続伝搬．
系　　　統　HYVKgV：HYVKgV-A,-B．HYVMV：HYVMV-A,-B,-C,-D,-E．HYVV：HYVV-JR,-UK．
類縁関係　HYVKgV，HYVMV および HYVV は互いに塩基配列上の近縁ウイルスである．

地理的分布 HYVKgV：日本．HYYMV：日本．HYVV：日本，イギリス，韓国．

その他 HYVMV には HYVMV-D［JR：Nar2：06］の Honeysuckle yellow vein mosaic Nara betasatellite（HYVMNaB）など，HYVV には HYVV-UK［JR：Fuk：06］の Honeysuckle yellow vein betasatellite（HYVB-［JR：Fuk：05］）などのようなベータサテライト（サテライト DNA：DNA β）が付随する．HYVMV では約 1,300 nt からなる HYVMV の欠陥 DNA の存在が認められている．また，HYVKgV DNA と HYVMV DNA との組換え，HYVMV DNA とタバコ巻葉日本ウイルス（TbLCJV）DNA との組換え，HYVV DNA と HYVMV DNA や TbLCJV DNA との組換えが検出される．　　　　　　　　　　　　　　　　　　　　　　　　　　　　　　　〔池上正人〕

主要文献 Ueda, S. *et al.*（2008）. Arch. Virol., 153, 417–426；Briddon, R. W. *et al.*（2003）. Virology, 312, 106–121；Ogawa, T. *et al.*（2008）. Virus Res., 137, 235–244；Brown, J. K. *et al.*（2012）. *Begomovirus*. Virus Taxonomy 9th Report of ICTV, 359–372, Online Appendix, 373.e10–e52；ICTVdB（2006）. *Honeysuckle yellow vein mosaic virus*. 00.029.0.03.018., *Honeysuckle yellow vein virus*. 00.029.0.03.131.；DPVweb. Begomovirus；Briddon, R. W.（2011）. Begomovirus. The Springer Index of Viruses 2nd ed., 567–587；Fauquet, C. M. *et al.*（2008）. Geminivirus strain demarcation and nomenclature. Arch. Virol., 153, 783–821；Kitamura, K. *et al.*（2004）. Arch. Virol., 149, 1221–1229；Kitamura, K. *et al.*（2008）. Plant Pathology, 57, 391；Briddon, R. W. *et al.*（2012）. Satellites and other virus–dependent nucleic acids. Virus Taxonomy 9th Report of ICTV, 1211–1219；Briddon, R. W. *et al.*（2008）. Recommendations for the classification and nomenclature of the DNA-β satellites of begomoviruses. Arch. Virol., 153, 763–781.

植物ウイルス 157

Hop latent virus ホップ潜在ウイルス (HpLV)
Betaflexiviridae Carlavirus

初　記　載	Schmidt, H. E. and Klinkowski, M. (1965)；井上正保・村山大記 (1971)，佐野輝男ら (1981)．
粒　　　子	【形態】ひも状 1 種（径 14 nm×長さ 674 nm）．被膜なし．
	【成分】核酸：（＋）ssRNA 1 種（8.6 kb）．タンパク質：外被タンパク質（CP）1 種（34 kDa）．
ゲ ノ ム	【構造】単一線状（＋）ssRNA ゲノム（8,612 nt）．ORF 6 個．ゲノムの 5′ 端にキャップ構造（Cap），3′ 端にポリ（A）配列（poly（A））をもつ
	【遺伝子】5′-Cap-ORF1（224 kDa RNA 複製酵素；RP）-ORF2（25 kDa 移行タンパク質 1；TGB1）-ORF 3（11 kDa 移行タンパク質 2；TGB2）-ORF4（7 kDa 移行タンパク質 3；TGB3）-ORF5（34 kDa 外被タンパク質；CP）-ORF6（12 kDa 核酸結合タンパク質）-poly（A）-3′．
	【登録コード】AB032469（全塩基配列）．
細胞内所在	ウイルス粒子は各種細胞の細胞質に散在あるいは束状に存在する．特定の細胞質封入体は認められない．
自然宿主・病徴	ホップ（*Humulus lupulus*）（多くの品種に潜在感染，特殊な品種に黄色斑紋）．
宿　主　域	ホップ（*H. lupulus*），カナムグラ（*H. japonicus*）（潜在感染）；インゲンマメ（*Phaseolus vulgaris*）（局部えそ斑点）；*Chenopodium murale*（無病徴）．
検 定 植 物	インゲンマメ（品種 Kinghorn wax，十育 D4 号）（局部えそ斑点）．
伝　　　染	汁液接種可．アブラムシ（*Phorodon humuli*）による非永続的伝搬．接ぎ木伝染．栄養繁殖による伝染．
類 縁 関 係	カーネーション潜在ウイルス（*Carnation latent virus*：CLV），ホップモザイクウイルス（*Hop mosaic virus*：HpMV），ユリ潜在ウイルス（*Lily symptomless virus*：LSV）などと血清学的類縁関係がある．塩基配列上はジャガイモ M ウイルス（*Potato virus M*：PVM）にもっとも近似している．
地理的分布	日本，ヨーロッパ各国，オーストラリア，中国，米国，その他世界各地の栽培地．〔佐野輝男〕
主 要 文 献	Schmidt, H. E. and Klinkowski, M. (1965). Phytopath. Z., 54, 122-146；井上正保・村山大記 (1971)．日植病報, 37, 411；佐野輝男ら (1981)．日植病報, 47, 411；Adams, M. J. *et al.* (2012). *Carlavirus*. Virus Taxonomy 9th Report of ICTV, 924-927；ICTVdB (2006). *Hop latent virus*. 00.056.0.04.013.；DPVweb．Carlavirus；Barbara, D. J. and Adams, A. N. (1983). Hop latent virus Descriptions of Plant Viruses, 261；Brunt, A. A. *et al.* eds. (1996). Hop latent *carlavirus*. Plant Viruses Online；土居養二 (1983)．植物ウイルス事典, 351-352；高橋壮 (1993)．原色作物ウイルス病事典, 215-218；Probasco, E. G. and Skotland, C.B. (1978). Phytopathology, 68, 277-281；Adams, A. N. and Barbara, D. J. (1982). Ann. Appl. Biol., 101, 483-494：Hataya, T. *et al.* (2000). Arch. Virol., 145, 2503-2524.

植物ウイルス 158

Hop mosaic virus　ホップモザイクウイルス (HpMV)
Betaflexiviridae Carlavirus

初 記 載	Salmon, E. S.(1923)；Sano, T. and Shikata, E.(1989).
粒　　子	【形態】ひも状1種(径14 nm×長さ650 nm). 被膜なし. 【成分】核酸：(+)ssRNA 1種(8.6 kb). タンパク質：外被タンパク質(CP) 1種(34 kDa).
ゲ ノ ム	【構造】単一線状(+)ssRNAゲノム(8,550 nt). ORF 6個. ゲノムの5'端にキャップ構造(Cap), 3'端にポリ(A)配列(poly(A))をもつ. 【遺伝子】5'-Cap-ORF1(221 kDa RNA複製酵素；RP)-ORF2(25 kDa移行タンパク質1；TGB1)-ORF3(11 kDa移行タンパク質2；TGB2)-ORF4(7 kDa移行タンパク質3；TGB3)-ORF5(34 kDa外被タンパク質；CP)-ORF6(11 kDa核酸結合タンパク質)-poly(A)-3'. 【登録コード】EU527979(オーストラリア分離株全塩基配列), ほか.
細胞内所在	ウイルス粒子は各種細胞の細胞質に存在する.
自然宿主・病徴	ホップ(*Humulus lupulus*)(Wye Golding種にモザイクと葉脈緑帯. その他多くの品種では潜在感染)；*Urtica urens*(イラクサの仲間)(無病徴).
宿 主 域	ホップ, インゲンマメ(*Phaseolus vulgaris*)(局部壊疽斑点)；*Nicotiana clevelandii*(無病徴).
検定植物	*N. clevelandii*(無病徴)；ホップ(Golding種)(モザイク).
伝　　染	汁液接種可. アブラムシ(*Phorodon humuli*, *Macrosiphum euphorbiae*, *Myzus persicae*)による非永続的伝搬. 接ぎ木伝染. 栄養繁殖による伝染.
類縁関係	*Helenium virus S*(HVS), カーネーション潜在ウイルス(*Carnation latent virus*：CLV), ホップ潜在ウイルス(*Hop latent virus*：HpLV)と血清的類縁関係がある.
地理的分布	ヨーロッパ各国, オーストラリア, 米国, 中国, その他世界各地の栽培地域. 日本の栽培種ではまれに発生. 〔佐野輝男〕
主要文献	Salmon, E. S.(1923). J. Minist. Agric. Fish., 29, 927-934；Sano, T and Shikata, E.(1989). Proc. Intl. Workshop on Hop Virus Diseases(Eppler, A. ed., Eugen Ulmer), 3-11；ICTVdB(2006). *Hop mosaic virus*. 00.056.0.04.014.；DPVweb. Carlavirus；Barbara, D. J. and Adams, A. N.(1981). Hop mosaic virus. Descriptions of Plant Viruses, 241；Brunt, A. A. *et al.* eds.(1996). Hop mosaic *carlavirus*. Plant Viruses Online；Adams, A. N. and Barbara, D. J.(1980). Ann. Appl. Biol., 96, 201-208；Kanno, Y. *et al.*(1994). Ann. Phytopathol. Soc. Jpn., 60, 675-680；Hataya, T. *et al.*(2001). Arch. Virol., 146, 1935-1948；Poke, F. S.(2008). Arch. Virol., 153, 1615-1619；Poke, F. S. *et al.*(2010). Arch. Virol., 155, 1721-1724.

植物ウイルス 159

Hosta virus X　ギボウシXウイルス (HVX)
Alphaflexiviridae Potexvirus

初 記 載	尾崎武司ら(1991), Currier, S. and Lockhart, B. E. L.(1996).
粒　　子	【形態】ひも状1種(径12 nm×長さ520 nm). らせんピッチ3.3 nm. 被膜なし.
	【成分】核酸：(＋)ssRNA 1種(6.5 kb). タンパク質：外被タンパク質(CP) 1種(23 kDa).
ゲ ノ ム	【構造】単一線状(＋)ssRNAゲノム(6,431〜6,528 nt). ORF 5個. 5′端にキャップ構造(Cap), 3′端にポリ(A)配列(poly(A))をもつ.
	【遺伝子】5′-Cap-ORF1(167 kDa RNA複製酵素；RP)-ORF2(26 kDa 移行タンパク質1；TGB1)-ORF3(13 kDa 移行タンパク質2；TGB2)-ORF4(8 kDa 移行タンパク質3；TGB3)-ORF5(23 kDa 外被タンパク質；CP)-poly(A)-3′.
	【登録コード】AJ620114, JQ911698(全塩基配列), ほか.
細胞内所在	光学顕微鏡観察では細胞質中に針状, 結晶状, 顆粒状の封入体がみられ, 超薄切片の電子顕微鏡観察では高密度のウイルス粒子の束状集塊や小胞状の封入体が認められる.
自然宿主・病徴	ギボウシ(えそ輪点病；えそ輪点).
宿 主 域	やや狭い. ギボウシ, アカザ科植物, ツルナ, センニチコウ, ヒャクニチソウなど.
増殖植物	*Chenopodium quinoa*.
検定植物	*C. amaranticolor*, *C. quinoa*(局部えそ斑点)；ホウレンソウ(局部緑色輪紋)；センニチコウ(局部えそ斑点).
伝　　染	汁液接種可. 媒介生物不明. 栄養繁殖による伝染. 種子伝染.
地理的分布	日本, 韓国, 米国. 〔大木 理〕
主 要 文 献	尾崎武司ら(1991). 日植病報, 57, 93；Currier, S. and Lockhart, B. E. L.(1996). Plant Dis., 80, 1040-1043；Adams, M. J. *et al.*(2012). *Potexvirus*. Virus Taxonomy 9th Report of ICTV, 912-915；亀谷満朗(1993). 原色作物ウイルス病事典, 570；Park, M. H. and Ryu, K. H.(2003). Arch. Virol., 148, 2039-2045；Ryu, K. H. *et al.*(2006). Acta Hort., 722, 91-94.

植物ウイルス 160

Impatiens latent virus#　インパチエンス潜在ウイルス　(ILV)
#ICTV 未認定（*Betafrexiviridae Carlavirus* ?）

#日本植物病名目録に登録され，ICTVdB にも記載されているが，Virus Taxonomy 9th Report of ICTV には記載されていない．

初　記　載	Lockhart, B. E. L. and Betzold, J. A. (1980)；向 本春ら(1990)，Xiang, B. C. *et al.* (1990)．
粒　　　子	【形態】ひも状1種（径12 nm×長さ 520～640 nm）．被膜なし． 【成分】核酸：（+）ssRNA 1 種（1.9 MDa）．タンパク質：外被タンパク質(CP) 1 種（34 kDa）．
自然宿主・病徴	インパチエンス（潜在感染）．
宿　主　域	狭い．インパチエンス，*Chenopodium amaranticolor*, *C. quinoa*．
増 殖 植 物	インパチエンス，*C. quinoa*．
検 定 植 物	インパチエンス（潜在感染）；*C. amaranticolor*, *C. quinoa*（局部退緑斑点）．
伝　　　染	汁液接種可．媒介生物不明．
類 縁 関 係	イチゴシュードマイルドイエローエッジウイルス（*Strawberry pseudo mild yellow edge virus*：SPMYEV）と遠い血清関係がある．米国で報告されている ILV とわが国の ILV とでは粒子長や宿主範囲にかなり相違があるため，両者の異同を検討する必要がある．
地理的分布	米国，日本． 〔大木 理〕
主 要 文 献	Lockhart, B. E. L. and Betzold, J. A. (1980). Acta Hort., 110, 81-84；向 本春ら(1990). 日植病報, 56, 127；Xiang, B. C. *et al.* (1990). Ann. Phytopathol. Soc. Jpn., 56, 557-560；ICTVdB (2006). Impatiens latent virus. 00.056.0.84.024.；DPVweb. Carlavirus；Brunt, A. A. *et al.* eds. (1996). Impatiens latent (?) *potexvirus*. Plant Viruses Online；亀谷満朗(1993). 原色作物ウイルス病事典, 453-454.

植物ウイルス 161

Impatiens necrotic spot virus インパチエンスえそ斑点ウイルス (INSV)
Bunyaviridae Tospovirus

初 記 載	Law, M. D., *et al.*(1990)；入山敬一ら(1999)，谷名光治ら(2000)，谷名光治ら(2001).
粒　　子	【形態】球状～多形1種(径70～90 nm)．被膜あり． 【成分】核酸：(−)ssRNA 3種(L RNA：8.8 kb，M RNA：5.0 kb，S RNA：3.0 kb；GC含量 約39％)．タンパク質：構造タンパク質4種；ヌクレオキャプシドタンパク質(N：29 kDa)，RNA複製酵素(L：330 kDa)，糖タンパク質2種(Gn：約46 kDa，Gc：約75 kDa；ともに外被膜のスパイクを構成する)．脂質：宿主細胞中の膜成分由来．
ゲ ノ ム	【構造】3分節環状(−)ssRNA．ORF 5個(L RNA：ORF 1個，M RNA：ORF 2個，S RNA：ORF 2個)．M RNAとS RNAはアンビセンス鎖構造となっている． 【遺伝子】L RNA：3′−Lタンパク質(330 kDa RNA複製酵素)−5′．M RNA：3′−Gn/Gcタンパク質(125 kDaポリプロテイン→糖タンパク質Gn/Gc)−NSmタンパク質(34 kDa非構造タンパク質)−5′．S RNA：3′−Nタンパク質(29 kDaヌクレオキャプシドタンパク質)−NSsタンパク質(51 kDa非構造タンパク質)−5′． 【登録コード】X93218(L RNA全長配列)，M74904(M RNA全長配列)，X66972(S RNA全長配列)，ほか．
細胞内所在	感染植物細胞内において外被膜を有するウイルス粒子は，主としてゴルジ体内ならびに小胞体内に観察される．
自然宿主・病徴	インパチエンス(えそ斑紋病)，バーベナ，シクラメン，シネラリア，トルコキキョウなど(黄化，えそ，えそ輪紋，えそ斑紋)．本ウイルスは媒介昆虫アザミウマ体内でも増殖できる．
宿 主 域	主として34科の花き植物に発生．トマト黄化えそウイルス(TSWV)より比較的狭い．
増殖植物	*Nicotiana benthamiana* など．
検定植物	ペチュニア(接種葉にえそ斑点またはえそ輪紋)；アカザ科植物(*Chenopodium quinoa*, *C. amaranticolor*)(接種葉にえそ斑点またはえそ輪紋)．
伝　　染	汁液接種可．ミカンキイロアザミウマ，ヒラズハナアザミウマ，*Frankliniella schultzei*の3種アザミウマによって循環型・増殖性様式で伝染する．経卵伝染はしない．
類縁関係	本ウイルスは，発見当初，血清学的に異なるTSWVの1系統とされていたが，S RNAの塩基配列の相同性が低いことから現在では別種とされている．他のトスポウイルス属ウイルスと血清学上ならびにアミノ酸配列上の類縁関係は低い．
地理的分布	熱帯，亜熱帯および日本を含む温帯地域を中心に全世界的に分布．わが国では，1999年に静岡県，岡山県，福岡県および秋田県で発生が確認され，その後も発生地域は拡大し，2000年に神奈川県，2001年に栃木県および長野県，2002年に山梨県，群馬県および千葉県で確認されている．　〔津田新哉〕
主要文献	Law, M. D. *et al.*(1990). J. Gen. Virol., 71, 933−938；入山敬一ら(1999). 日植病報, 65, 379；谷名光治ら(2000). 日植病報, 66, 147；谷名光治ら(2001). 日植病報, 67, 42−45；Plyusnin, A. *et al.*(2012). *Tospovirus*. Virus Taxonomy 9th Report of ICTV, 737−739；ICTVdB(2006). *Impatiens necrotic spot virus*. 00.011.0.05.002.；DPVweb. Tospovirus；Kormelink, R. *et al.*(1998). Tospovirus genus. Descriptions of Plant Viruses, 363；Brunt, A. A. *et al.* eds.(1996). Impatiens necrotic spot *tospovirus*. Plant Viruses Online；Tsompana, M. *et al.*(2008). *Tospovirus*. Encyclopedia of Virology 3rd ed., 5, 157−163；Goldbach, R. *et al.*(2011). Tospovirus. The Springer Index of Viruses 2nd ed., 231−235；Van Poelwijk, F. *et al.*(1997). J. Gen. Virol., 78, 543−546；土井 誠ら(2002). 日植病報, 68, 231；Dietzgen, R. G. *et al.*(2012). J. Gen. Virol., 93, 2490−2495；津田新哉(2006). 農業技術, 61(2), 57−62.

植物ウイルス 162

Iris mild mosaic virus アイリス微斑モザイクウイルス (IMMV)
Potyviridae Potyvirus

初　記　載	Van Slogteren, D. H. M. (1958)；井上成信ら (1977)，井上成信ら (1981).
異　　名	Iris mosaic virus, Iris latent mosaic virus，球根アイリスモザイクウイルス (Bulbous iris mosaic virus).
粒　　子	【形態】ひも状 1 種 (径 12 nm × 長さ 750 nm). 被膜なし. 【成分】核酸：(+) ssRNA 1 種. タンパク質：外被タンパク質 (CP) 1 種 (33 kDa)，ゲノム結合タンパク質 (VPg) 1 種.
ゲ ノ ム	【構造】単一線状 (+) ssRNA ゲノム．ORF 1 個．5′端にゲノム結合タンパク質 (VPg)，3′端にポリ (A) 配列 (poly(A)) をもつ. 【遺伝子】5′-VPg-ポリプロテイン (P1 プロテアーゼ (P1)/虫媒介助タンパク質-プロテアーゼ (HC-Pro)/P3 タンパク質 (P3)/機能不明タンパク質 (6 K1)/円筒状封入体タンパク質 (CI)/機能不明タンパク質 (6 K2)/ゲノム結合タンパク質 (NIa-VPg)/NIa プロテアーゼ (NIa-Pro)/RNA 複製酵素 (NIb)/外被タンパク質 (CP))-poly(A)-3′. 【登録コード】DQ436918 (ニュージーランド分離株 部分塩基配列)，JF320812 (オーストラリア分離株 部分塩基配列).
細胞内所在	ウイルス粒子は植物の全組織の細胞質に存在する．風車状あるいは層板状封入体が観察される.
自然宿主・病徴	各種のイリス類 (*Iris* spp.；球根アイリス (イングリッシュアイリス系，スパニッシュアイリス系およびダッチアイリス系)，宿根アイリス)（葉に軽微な条斑状のモザイク．病徴は季節などによって変化する)；チリメンショウブ (*Ferraria undulata*).
宿　主　域	アイリス類以外では限定的．各種アイリス類 (全身感染；葉にモザイクを呈するが，特に包葉で激しく認められる)；*Chenopodium quinoa* (接種葉に白色えそ斑点)；*Nicotiana clevelandii* (接種葉に白色えそ斑)；ツルナ (*Tetragonia tetragonioides*) (接種葉に白色えそ輪点).
増 殖 植 物	アイリス類 (全身感染).
検 定 植 物	*C. quinoa*，ツルナ (接種葉に白色えそ斑点).
伝　　染	汁液接種可．ワタアブラムシ (*Aphis gossypii*)，チューリップヒゲナガアブラムシ (*Macrosiphum euphorbiae*)，モモアカアブラムシ (*Myzus persicae*) などによる非永続伝搬．栄養繁殖による伝染.
類 縁 関 係	インゲンマメ黄斑モザイクウイルス (Bean yellow mosaic virus：BYMV)，*Iris severe mosaic virus* (ISMV)，ジャガイモ Y ウイルス (Potato virus Y：PVY) などとの血清学的関係について，用いた抗血清や検出手法によって異なる結果が報告されている.
地理的分布	ヨーロッパ，米国，インド，オーストラリア，ニュージーランド，日本など．未報告地であってもイリス類の商業的な栽培があれば，広く発生している可能性が高い.
そ の 他	IMMV と ISMV は血清学的な差と宿主域の相違によって区別される．IMMV の日本分離株は当初は ISMV として同定されたが，その後，比較対照に用いたヨーロッパ株の分類変更に伴い IMMV であるとされた．IMMV は ISMV などとの混合感染例も多く，その場合には病徴がより明瞭になる．このほかイリス類に発生する主要な *Potyvirus* 属ウイルスとしては，カブモザイクウイルス (Turnip mosaic virus：TuMV)，BYMV，*Iris fulva mosaic virus* (IFMV) があるが，血清学的関係や宿主域の相違などから区別できる. 〔夏秋啓子〕
主 要 文 献	Van Slogteren, D. H. M. (1958). Versl. Werkzaamh. Bloemboll. Lisse, 1957；井上成信ら (1977). 日植病報, 43, 99；井上成信ら (1981). 日植病報, 47, 182-188；Adams, M. J. *et al.* (2012). *Potyvirus*. Virus Taxonomy 9th Report of ICTV, 1072-1079；ICTVdB (2006). *Iris mild mosaic virus*. 00.057.0.01.033.；DPVweb. Potyvirus；Brunt, A. A. (1986). Iris mild mosaic virus. Descriptions of Plant Viruses, 324；Brunt, A. A. *et al.* eds. (1996). Iris mild mosaic *potyvirus*. Plant Viruses Online；井上成信 (1983). 植物ウイルス事典, 354-355；井上成信 (1993). 原色作物ウイルス病事典, 524-525；Loebenstein, G. and Alper, M. (1963). Phytopathology, 53, 349-350；Brunt, A. A. and Phillips, S. (1980). Acta Hort., 109, 503-508；Hammond, J. *et al.* (1985). Acta Hort., 164, 395-397；Wylie, S. J. *et al.* (2012). Arch. Virol., 157, 271-284.

植物ウイルス 163

Iris yellow spot virus アイリス黄斑(おうはん)ウイルス

(IYSV)
Bunyaviridae Tospovirus

初 記 載	Cortes, I. *et al.* (1998)；花田 薫ら (2000)，Okuda, M. *et al.* (2001).
粒　　子	【形態】球状 1 種(径 85 nm)．被膜あり． 【成分】核酸：(−)ssRNA 3 種(L RNA：8,880 nt, M RNA：4,838 nt, S RNA：3,105 nt；GC 含量 34%)．タンパク質：構造タンパク質 4 種；ヌクレオキャプシドタンパク質(N：31 kDa)，RNA 複製酵素(L：331 kDa)，粒子被膜の糖タンパク質 2 種(Gn：48 kDa, Gc：78 kDa)．脂質：宿主のゴルジ膜由来．
ゲ ノ ム	【構造】3 分節環状(−)ssRNA．ORF 5 個(L RNA：ORF 1 個，M RNA：ORF 2 個，S RNA：ORF 2 個)．M RNA と S RNA はアンビセンス鎖構造となっている．各分節は両末端の約 25 nt が不完全な相補配列で，閉環状構造をとる． 【遺伝子】L RNA：5′-L タンパク質(331 kDa RNA 複製酵素)-3′．M RNA：5′-NSm タンパク質(35 kDa 移行タンパク質)-Gn/Gc タンパク質(129 kDa ポリプロテイン → 糖タンパク質 Gn/Gc)-3′．S RNA：5′-NSs タンパク質(50 kDa 非構造タンパク質；RNA サイレンシングサプレッサー)-N タンパク質(31 kDa ヌクレオキャプシドタンパク質)-3′． 【登録コード】FJ623474(L RNA 全塩基配列)，AF214014(M RNA 全塩基配列)，AF001387(S RNA 全塩基配列)，ほか．
細胞内所在	ウイルス粒子は各種細胞の細胞質内の小胞体内に集塊して存在する．
自然宿主・病徴	タマネギ，ネギ，ニラ，ラッキョウなどのユリ科植物(えそ条斑病)；トルコギキョウ(えそ輪紋病)；アルストロメリア(条えそ病)；アマリリスなどのヒガンバナ科植物，ダッチアイリスなどの植物(全身感染；えそ条斑，輪紋，えそ斑点)．
宿 主 域	やや広い．14 科 35 種以上の植物種．
増 殖 植 物	*Nicotiana benthamiana*.
検 定 植 物	*Chenopodium quinoa*，センニチコウ(接種葉にえそ斑点)．
伝　　染	汁液接種可．虫媒伝染(ネギアザミウマ；永続伝搬)．
系　　統	宿主範囲が異なる IYSV$_{BR}$(ブラジル)系統と IYSV$_{NL}$(オランダ)系統の存在が知られている．N タンパク質遺伝子に基づく系統樹解析では，この 2 系統に加え，スロベニア系統，ペルーとチリで発生している系統および米国西部地域の系統の存在が示されている．
類 縁 関 係	イタリアに発生する *Polygonum ringspot virus*(PolRSV)と血清学上の類縁関係がある．また，イランに発生する Tomato yellow ring virus(TYRV)とはアミノ酸配列上の類縁関係がある．
地理的分布	日本，インド，イラン，イスラエル，オランダ，ギリシャ，ブラジル，ペルー，チリ，米国，ニュージーランド，オーストラリア． 〔加藤公彦〕
主 要 文 献	Cortes, I. *et al.* (1998). Phytopathology, 88, 1276–1282；花田 薫ら (2000). 日植病報, 66, 259；Okuda, M. *et al.* (2001). J. Virol. Methods, 96, 149–156；Plyusnin, A. *et al.* (2012). *Tospovirus*. Virus Taxonomy 9th Report of ICTV, 737–739；ICTV Virus Taxonomy List (2014). *Tospovirus*；ICTVdB (2006). Iris yellow spot virus. 00.011.0.85.009.；DPVweb. Tospovirus；Kormelink, R. *et al.* (1998). Tospovirus genus. Descriptions of Plant Viruses, 363；Tsompana, M. *et al.* (2008). *Tospovirus*. Encyclopedia of Virology 3rd ed., 5, 157–163；Goldbach, R. *et al.* (2011). Tospovirus. The Springer Index of Viruses 2nd ed., 231–235；Cortez, I. *et al.* (1998). Phytopathology, 1276–1282；Pozzer, L. *et al.* (1999). Plant Dis., 83, 345–350；Cortez, I. *et al.* (2002). Arch. Virol., 147, 2313–2325；土井 誠ら (2003). 日植病報, 69, 181–188；奥田 充ら (2005). 日植病報, 71, 119–122；善正二郎ら (2005). 日植病報, 71, 123–126；Gent, D. H. *et al.* (2006). Plant Dis., 90, 1468–1480；福田 充ら (2007). 日植病報, 73, 311–313；Bag, S. *et al.* (2009). Arch. Virol., 154, 715–718；Bag, S. *et al.* (2010). Arch. Virol., 155, 275–279；Bag, S. *et al.* (2015). Mol. Plant Pathol., 16, 224–237.

植物ウイルス 164

Japanese iris necrotic ring virus　ハナショウブえそ輪紋ウイルス　(JINRV)
Tombusviridae Carmovirus

初 記 載	安川 浩ら(1982)．
粒　　子	【形態】球状1種(径35 nm)．被膜なし．
	【物性】沈降係数118 S．浮遊密度(CsCl) 1.353 g/cm^3．
	【成分】核酸：(＋)ssRNA 1種(4.0 kb, GC含量51%)．タンパク質：外被タンパク質(CP)1種(38 kDa)
ゲ ノ ム	【構造】単一線状(＋)ssRNAゲノム(4,014 nt)．ORF 5個．5′端のキャップ構造(Cap)，3′端のポリ(A)配列(poly(A))を欠く．
	【遺伝子】5′-26 kDa/85 kDa RNA複製酵素タンパク質(RdRp)；85 kDaタンパク質は26 kDaタンパク質のリードスルータンパク質)-8 kDa移行タンパク質1(MP1)-12 kDa移行タンパク質2(MP2)-38 kDa外被タンパク質(CP)-3′．
	【登録コード】D86123, JQ807998(全塩基配列)．
細胞内所在	ウイルス粒子は各種組織の細胞の細胞質内に集積．
自然宿主・病徴	ハナショウブ(えそ輪紋病；全身感染し，葉や花茎の鞘包に紡錘形のえそ輪紋を生じる)．
宿 主 域	アヤメ科植物(ハナショウブ，アヤメ，カキツバタ)のみで非常に狭い．
増 殖 植 物	ハナショウブ．
検 定 植 物	ハナショウブ．
伝　　染	汁液接種可．アブラムシ伝搬も土壌伝染も不可．
類 縁 関 係	他のカルモウイルス属ウイルスとは血清関係がない．
地 理 的 分 布	日本，オーストラリア．　　　　　　　　　　　　　〔日比忠明〕
主 要 文 献	安川 浩ら(1982)．日植病報, 48, 113-114；Rochon, D. *et al.*(2012). *Carmovirus*. Virus Taxonomy 9th Report of ICTV, 1125-1128；ICTVdB(2006). *Japanese Iris necrotic ring virus*. 00.074.0.02.022.；DPVweb. Carmovirus；Brunt, A. A. *et al.* eds.(1996). Iris Japanese necrotic ring virus. Plant Viruses Online；Qu, F. *et al.*(2008). *Carmovirus*. Encyclopedia of Virology 3rd ed., 1, 453-457；Simon, A. E.(2011). Carmovirus. The Springer Index of Viruses 2nd ed., 1885-1894；亀谷満朗(1993)．原色作物ウイルス病事典, 512；尾崎憲治ら(1987)．日植病報, 53, 422；Yasukawa, K. *et al.*(1991)．大阪府大紀要, B 43, 21-28；Osaki, T. *et al.*(1992). Ann. Phytopath. Soc. Jpn., 58, 23-29；Takemoto, Y. *et al.*(2000). Arch. Virol., 145, 651-657.

植物ウイルス 165

Japanese soil-borne wheat mosaic virus ムギ類萎縮ウイルス (JSBWMV)
Virgaviridae Furovirus

　従来，日本産ムギ類萎縮ウイルスは米国産 *Soil-borne wheat mosaic virus*(SBWMV)の一系統とされてきたが，現在では，ウイルスゲノムの比較構造解析によって，SBWMV およびその類似ウイルスは，コムギ萎縮ウイルス(*Soil-borne wheat mosaic virus*：SBWMV)，ムギ類萎縮ウイルス(*Japanese soil-borne wheat mosaic virus*：JSBWMV)，コムギモザイクウイルス(*Chinese wheat mosaic virus*：CWMV)，*Soil-borne cereal mosaic virus*：SBCMV)の 4 種に分類されている．しかし，ムギ類萎縮ウイルスの性状は下記の事項以外はおおむねコムギ萎縮ウイルスに類似しているので，コムギ萎縮ウイルスの項を参照されたい．

初　記　載　静岡農試(1916)，Shirako, Y. *et al.*(2000)．
ゲ ノ ム　【登録コード】AB033689(RNA1 全塩基配列)，AB033690(RNA2 全塩基配列)．
自然宿主・病徴　コムギ，オオムギ(萎縮病；全身感染し，主にモザイクや萎縮などの症状を示す．病徴はウイルスの系統とコムギ，オオムギの品種によって差がある)．
系　　統　コムギとオオムギに対する寄生性の異なる系統がある．
類 縁 関 係　コムギ萎縮ウイルス(SBWMV)とは血清関係があるが，ゲノムの相同性解析から別種とされた．
地理的分布　日本(コムギとオオムギ；宮城以南)，フランス(オオムギ)，ドイツ(オオムギ)．

〔白子幸男・日比忠明〕

主 要 文 献　静岡農試(1916). 病虫雑, 3, 937；Shirako, Y. *et al.*(2000). Virology, 270, 201-207；Hariri, D. and Meyer, M.(2007). Eur. J. Plant Pathol., 118, 1-10；Adams, M. J. *et al.*(2012). Arch. Virol., 157, 1411-1422．

植物ウイルス 166

Japanese yam mosaic virus ヤマノイモモザイクウイルス (JYMV)
Potyviridae Potyvirus

初 記 載	奥山 哲・坂ひとみ(1978)，Fuji, S. and Nakamae, H.(1999).
異 名	*Yam mosaic virus*(YMV)(現在は別種のウイルスの名称).
粒 子	【形態】ひも状1種(径13 nm×長さ680〜780 nm). 被膜なし. 【成分】核酸：(＋)ssRNA 1種(9.8 kb, GC含量41％). タンパク質：外被タンパク質(CP)1種(34-37 kDa), ゲノム結合タンパク質(VPg)1種.
ゲ ノ ム	【構造】単一線状(＋)ssRNAゲノム(9,757〜9,760 nt). ORF 1個. 5′端にゲノム結合タンパク質(VPg), 3′端にポリ(A)配列(poly(A))をもつ. 【遺伝子】5′-VPg-357 kDaポリプロテイン(P1プロテアーゼ(P1)/虫媒介助タンパク質-プロテアーゼ(HC-Pro)/P3タンパク質(P3)/機能不明タンパク質(6K1)/円筒状封入体タンパク質(CI)/機能不明タンパク質(6K2)/ゲノム結合タンパク質(NIa-VPg)/NIaプロテアーゼ(NIa-Pro)/RNA複製酵素(NIb)/外被タンパク質(CP)-poly(A)-3′. 【登録コード】AB016500(J1系統 全塩基配列), AB027007(弱毒系統 全塩基配列).
自然宿主・病徴	ジネンジョ(*Dioscorea japonica*), *D. opposita*(ナガイモを除く), ダイジョ(*D. alata*)(モザイク, 奇形, 萎縮).
検定植物	ジネンジョ, *D. opposita*(ナガイモを除く), ダイジョ.
伝 染	汁液接種可(粗汁液では困難だが, 精製試料では可). アブラムシによる非永続的伝搬.
類縁関係	カブモザイクウイルス(*Turnip mosaic virus*：TuMV), *Scallion mosaic virus*(ScaMV)と分子系統学的に近い関係にある.
地理的分布	日本, 韓国, 中国.
そ の 他	本ウイルスは従来, 海外のヤムに発生する*Yam mosaic virus*(YMV；異名 Dioscorea green banding virus)として分類されてきたが, ゲノム解析に基づく分子系統分類により, 別種のウイルスとして再分類された. 〔藤 晋一〕
主要文献	奥山 哲・坂ひとみ(1978). 茨大農学術報告, 26, 29-34；Fuji, S. and Nakamae, H.(1999). Arch. Virol., 144, 231-240；Adams, M. J. *et al.*(2012). *Potyvirus*. Virus Taxonomy 9th Report of ICTV, 1072-1079；ICTVdB(2006). *Japanese yam mosaic virus*. 00.057.0.01.101.；山下修一(1983). 植物ウイルス事典, 550-551；栃原比呂志(1993). 原色作物ウイルス病事典, 434-435；遠山 明(1984). 野菜のウイルス病, 314-315；藤田 隆(1984). 日植病報, 50, 110；藤 晋一ら(1995). 日植病報, 61, 273；藤 晋一ら(1995). 愛知農総試研報, 27, 139-143；村本和之ら(1995). 山口農試研報, 46, 92-97；藤 晋一ら(1999). 日植病報, 65, 207-210；Fuji, S. and Nakamae, H.(2000). Arch. Virol. 145, 635-640；藤 晋一ら(2001). 日植病報, 67, 261-263；岡山直人ら(2010). 日植病報, 76, 221-222；Lan, P. *et al.*(2015). Arch. Virol., 160, 573-576.

植物ウイルス 167

Konjac mosaic virus コンニャクモザイクウイルス (KoMV)
Potyviridae Potyvirus

初 記 載	下山 淳ら(1990)，下山 淳ら(1992；KoMV)，Kwon, S. H. *et al.*(2002；ZaMV)，Okuno, K. *et al.*(2003；JHMV)．
異 名	ミツバモザイクウイルス(Japanese hornwort mosaic virus：JHMV)，カラーモザイクウイルス(Zantedeschia mosaic virus：ZaMV)．
粒 子	【形態】ひも状 1 種(径 12〜13 nm×長さ 750〜850 nm)．らせんピッチ 3.4 nm．被膜なし． 【成分】核酸：(＋)ssRNA 1 種(9.5〜10.0 kb)．タンパク質：外被タンパク質(CP) 1 種(32 kDa)，ゲノム結合タンパク質(VPg) 1 種．
ゲノム	【構造】単一線状(＋)ssRNA ゲノム(9,544〜9,973 nt)．ORF 1 個．5′端にゲノム結合タンパク質(VPg)，3′端にポリ(A)配列(poly(A))をもつ． 【遺伝子】5′-VPg-350〜359 kDa ポリプロテイン(P1 プロテアーゼ(P1)/虫媒介助タンパク質-プロテアーゼ(HC-Pro)/P3 タンパク質(P3)/機能不明タンパク質(6 K1)/円筒状封入体タンパク質(CI)/機能不明タンパク質(6 K2)/ゲノム結合タンパク質(NIa-VPg)/NIa プロテアーゼ(NIa-Pro)/RNA 複製酵素(NIb)/外被タンパク質(CP))-poly(A)-3′． 【登録コード】AB219545(KoMV-F 株 全塩基配列)，AB081518(JHMV 部分塩基配列)，AB181354(JHMV-FK2 株 部分塩基配列)，AY626825(ZaMV 全塩基配列)，ほか．
細胞内所在	ウイルス粒子は細胞質内に散在あるいは集塊をなす．
自然宿主・病徴	KoMV：コンニャク(全身感染；モザイク)．JHMV：ミツバ，セリ(全身感染；モザイク，黄色輪紋)．ZaMV：カラー(全身感染；モザイク)．
宿 主 域	狭い．KoMV, ZaMV：サトイモ科植物．JHMV：セリ科，アカザ科など．
検 定 植 物	KoMV：コンニャク, *Philodendron selloum, P. oxycardium*(全身モザイク)．JHMV：*Chenopodium amaranticolor, C. quinoa*(局部病斑)；ミツバ，ニンジン(全身感染)．
伝 染	汁液接種可．アブラムシで非永続伝搬．栄養繁殖による伝染．種子伝染はしない．
系 統	KoMV 系統，JHMV 系統，ZaMV 系統．
類 縁 関 係	KoMV はダイズモザイクウイルス(*Soybean mosaic virus*：SMV)，スイカモザイクウイルス(*Watermelon mosaic virus*：WMV)と血清学的類縁関係がある．KoMV の CP のアミノ酸配列は，JHMV の CP と 87.5〜89.7%，ZaMV の CP と 88.7〜96.8%の相同性があることから 3 者は同一種であると結論された．
地理的分布	KoMV, JHMV：日本．ZaMV：韓国．
その他	松本直子ら(1976)がセルリーとセリからセルリーモザイクウイルス(CeMV)として分離したウイルスは，山下一夫・福井要子(2004)により JHMV(現 KoMV)と再同定された．KoMV-F 株は宿主範囲が広く，*C. amaranticolor* に局部病斑を形成し，*Nicotiana benthamiana* などに全身感染する． 〔亀谷満朗・髙浪洋一〕
主要文献	下山 淳ら(1990).日植病報, 56, 100-101；下山 淳ら(1992).日植病報, 58, 706-712, 713-718；Kwon, S. B. *et al.*(2002). Arch. Virol. 147, 2281-2289；Okuno, K. *et al.*(2003). J. Gen. Plant Pathol., 69, 138-142；Adams, M. J. *et al.*(2012). *Potyvirus*. Virus Taxonomy 9th Report of ICTV, 1072-1079；ICTVdB(2006). *Konjac mosaic virus*. 00.057.0.01.036., Zantedeschia mosaic virus, Korea isolate. 00.057.0.01.115.00.117.001.；DPVweb. Potyvirus；Brunt, A. A. *et al.* eds.(1996). Konjak mosaic(?) *potyvirus*. Plant Viruses Online；下山 淳(1993).原色作物ウイルス病事典, 202-203；松本直子ら(1976).日植病報, 42, 388；御子柴義郎・藤澤一郎(1990).北日本病虫研報, 41, 207；藤田 隆(1999).日植病報, 65, 661；山下一夫・福井要子(2004).日植病報, 70, 50；Nishiguchi, M. *et al.*(2006). Arch. Virol., 151, 1643-1650.

植物ウイルス 168

Kyuri green mottle mosaic virus キュウリ緑斑モザイクウイルス (KGMMV)
Virgaviridae Tobamovirus

初 記 載	Ainsworth, C. C. (1935)；井上忠男ら(1966)，井上忠男ら(1967).
異 名	キュウリ緑斑モザイクウイルス-キュウリ系(Cucumber green mottle mosaic virus-strain C：CGMMV-C)，-余戸系(-strain Y：CGMMV-Y)
粒 子	【形態】棒状1種(径18 nm×長さ300 nm)．被膜なし． 【物性】沈降係数 185 S． 【成分】核酸：(+)ssRNA 1種(6.5 kb，GC含量45%)．タンパク質：外被タンパク質(CP)1種(17.2 kDa)．
ゲ ノ ム	【構造】単一線状(+)ssRNAゲノム(6,512〜6,515 nt)．ORF 4個．5′端にキャップ構造(Cap)，3′端にtRNA様構造(TLS)をもつ． 【遺伝子】5′-Cap-131 kDa/189 kDa RNA複製酵素タンパク質(RdRp)；189 kDaタンパク質は131 kDaタンパク質のリードスルータンパク質)-28 kDa 移行タンパク質(MP)-17.2 kDa 外被タンパク質(CP)-TLS-3′． 【登録コード】AB015145(余戸系 Y-1株 全塩基配列)，AJ295948(C1株 全塩基配列)，AB162006(YM株 全塩基配列)，AB015144(キュウリ系 Cu66-1株 部分塩基配列)，ほか．
細胞内所在	ウイルス粒子は，葉，表皮，維管束などあらゆる部位でみられる．細胞質，液胞内にもみられる．封入体は細胞質でみられ，ウイルス粒子を含む．ミトコンドリアの顆粒化がみられる．
自然宿主・病徴	キュウリ，スイカ，メロン，ヘチマ，ヒョウタンなどウリ科植物(緑斑モザイク病，モザイク病；退緑斑，斑紋，モザイク，萎縮，奇形葉，奇形果)．
宿 主 域	やや狭い．主にウリ科植物，*Nicotiana benthamiana*，トレニア(全身感染)；トマト(余戸系およびYM株)，*Gomphrena haageana*(YM株)(全身感染)；*N. tabacum*(品種 Samsun, White Barley)(局部無病徴感染，まれに黄白色斑)；*Datura stramonium*(局部えそ斑点，退緑斑点．YM株は上葉にモザイク)；*Petunia hybrida*(局部灰白色斑点．YM株は上葉にモザイク)；*Chenopodium amaranticolor*(余戸系およびYM株は接種葉にえそ斑点)．
増 殖 植 物	キュウリ，メロン，*N. benthamiana*．
検 定 植 物	キュウリ，メロンなど(全身感染；退緑斑紋，モザイクなど)；*D. stramonium*(接種葉にえそ斑点，退緑斑点．YM株は上葉にモザイク)；*C. amaranticolor*(余戸系およびYM株は接種葉にえそ斑点)．
伝 染	汁液接種可．接触伝染．土壌伝染．種子伝染．いずれも媒介生物は関与しない．
系 統	余戸系(Y)(Y-1株)，キュウリ系(C)(Cu66-1株，C株，C1株(韓国)および日本産CV3株)，YM株およびYL株(インドネシア)など．
類 縁 関 係	以前，国内に発生するキュウリ緑斑モザイクウイルス(*Cucumber green mottle mosaic virus*：CGMMV)は病原性の違いにより，-キュウリ系(C)，-余戸系(Y)，-スイカ系(W)の3つの系統に分けられていたが，現在では，キュウリ系と余戸系はキュウリ緑斑モザイクウイルス(*Kyuri green mottle mosaic virus*：KGMMV)に，スイカ系はスイカ緑斑モザイクウイルス(*Cucumber green mottle mosaic virus*：CGMMV)に再分類されている．KGMMVの抗体はCGMMVとは反応しないが，*Zucchini green mottle mosaic virus*(ZGMMV)とは弱く反応する．KGMMV-C株のcDNAプローブはCGMMV(イギリス産CV3株およびCV4株)のRNAとは反応しない．他の*Tobamovirus*属ウイルスとアミノ酸配列上の類縁関係がある．
地理的分布	日本，インド，韓国，インドネシア，ヨーロッパなど世界各地. 〔西口正通〕
主 要 文 献	Ainsworth, C. C. (1935). Ann. Appl. Biol., 22, 55-67；井上忠男ら(1966). 日植病報, 32, 326；井上忠男ら(1967). 農学研究, 51, 175-207；Adams, M. J. *et al.*(2012). *Tobamovirus*. Virus Taxonomy 9th Report of ICTV, 1153-1156；ICTVdB(2006). *Kyuri green mottle mosaic virus*. 00.071.0.01.004.；DPVweb. Tobamovirus；Hollings, M. *et al.*(1975). Cucumber green mottle mosaic virus.

Descriptions of Plant Viruses, 154；Brunt, A. A. *et al.* eds.(1996). Kyuri green mottle mosaic *tobamovirus*. Plant Viruses Online；Zaitlin, M.(2011). Tobamovirus. The Springer Index of Viruses 2nd ed., 2065-2069；井上忠男(1983). 植物ウイルス事典, 300-301；岩崎真人(1993). 原色作物ウイルス病事典, 298-300；川越 仁・岡田 大(1984). 野菜のウイルス病, 106-116；大木 理(2005). 植物防疫, 59, 25-28；日高 醇・福島泰彦(1966). 日植病報, 32, 301；高橋 実ら(1966). 日植病報, 32, 326；木谷清美ら(1970). 四国植防研, 5, 59-66；Hatta, T. *et al.*(1971). Virology, 45, 292-297；Tung, J. S. and Knight, C. A.(1972). Virology, 48, 574-581；栃原比呂志・小室康雄(1974). 日植病報, 40, 52-58；Francki, R. I. B. *et al.*(1986). Intervirology, 26, 156-163；Tan, S. H. *et al.*(2000). Arch. Virol., 145, 1067-1079；Yoon, J. Y. *et al.*(2001). Arch. Virol., 146, 2085-2095；Daryono, B. S. *et al.*(2005). J. Phytopathol., 153, 588-595.

植物ウイルス 169

Leek yellow stripe virus　リーキ黄色条斑ウイルス (LYSV)
Potyviridae Potyvirus

初　記　載	Bos, L. *et al.*(1978)；佐古宣道(1976)，野田千代一ら(1989)．
異　　　名	リークイエローストライプウイルス，ニンニクモザイクウイルス(Garlic mosaic virus：GMV)，Garlic virus 2, Garlic yellow streak virus．
粒　　　子	【形態】ひも状1種(長さ約820 nm)．被膜なし． 【成分】核酸：(＋)ssRNA 1種(10 kb)．タンパク質：外被タンパク質(CP) 1種(32 kDa)，ゲノム結合タンパク質(VPg) 1種．
ゲ　ノ　ム	【構造】単一線状(＋)ssRNAゲノム(10,142〜10,297 nt)．ORF 1個．5′端にゲノム結合タンパク質(VPg)，3′端にポリ(A)配列(poly(A))をもつ． 【遺伝子】5′-VPg-358〜364 kDaポリプロテイン(P1プロテアーゼ(P1-Pro)/虫媒介助タンパク質-プロテアーゼ(HC-Pro)/P3タンパク質/6 K1タンパク質/円筒状封入体タンパク質(CI)/6 K2タンパク質/ゲノム結合タンパク質(NIa-VPg)/NIaプロテアーゼ(NIa-Pro)/RNA複製酵素(NIb)/外被タンパク質(CP))-poly(A)-3′． 【登録コード】AJ307057，AB194621-AB194623(全塩基配列)，ほか．
細胞内所在	ウイルス粒子は感染植物の各種細胞の細胞質内に存在する．細胞質内に層板状・風車状封入体を形成する．
自然宿主・病徴	ニンニク，鑑賞用アリウムなどネギ科植物(全身感染；モザイク，黄色条斑)．
宿　主　域	狭い．アカザ科，ツルナ科，ネギ科，ヒユ科植物．
検 定 植 物	アカザ科植物(*Chenopodium amaranticolor, C. quinoa* など；接種葉にえそ斑)；ヒユ科植物(*Gomphrena globosa*；接種葉にえそ斑)；ネギ科植物(*Allium sativum*；上葉にモザイクや黄色条斑)．
伝　　　染	汁液接種可．アブラムシによる非永続伝搬．
類　縁関係	タマネギ萎縮ウイルス(*Onion yellow dwarf virus*：OYDV)やシャロット黄色条斑ウイルス(*Shallot yellow stripe virus*：SYSV)とは遠い血清関係がある．
地理的分布	日本および世界各国．
そ の 他	以前にわが国でGMVとして報告されたウイルスは，現在ではその寄主範囲や塩基配列からLYSVであるとされているが，中にはシャロット黄色条斑ウイルス(SYSV；旧ネギ萎縮ウイルス-日本分離株(Onion yellow dwarf virus：OYDV-J))と数種の*Allexivirus*属ウイルスが混合感染していた疑いがある例もある．　〔山下一夫〕
主 要 文 献	Bos, L. *et al.*(1978). Neth. J. Pl. Path., 84, 185-204；佐古宣道(1976).日植病報, 42, 101, 383；野田千代一ら(1989).日植病報, 55, 208；Noda, C. and Inouye, N.(1989). Ann. Phytopath. Soc. Jpn., 55, 208-215；Adams, M. J. *et al.*(2012). *Potyvirus*. Virus Taxonomy 9th Report of ICTV, 1072-1079；ICTVdB(2006). *Leek yellow stripe virus*. 00.057.0.01.037.；DPVweb. Potyvirus；Bos, L.(1981). Leek yellow stripe virus. Descriptions of Plant Viruses, 240；Brunt, A. A. *et al.* eds.(1996). Leek yellow stripe *potyvirus*. Plant Viruses Online；井上忠男(1983).植物ウイルス事典, 332-333；佐古 勇(1993).原色作物ウイルス病事典, 383-384, 387；米山信吾(1984).野菜のウイルス病, 231-233；李 龍雨ら(1979).日植病報, 45, 727-734；我孫子和雄ら(1980).野菜試報 A, 7, 139-147；Mohamed, N. A. and Young, B. R.(1980). N. Z. J. Agri. Res., 23, 129-131；Van Dijk, P.(1993). Neth. J. Pl. Path., 99, Suppl. 2, 1-48；山下一夫ら(1995).日植病報, 61, 273；Tsuneyoshi, T. *et al.*(1998). Arch. Virol., 143, 97-113；Chen, J. *et al.*(2002). Arch. Virol., 147, 419-428；Takaki, F. *et al.*(2005). Arch. Virol., 150, 1135-1149.

植物ウイルス 170

Leek yellows virus[#]　リーキ黄化ウイルス

(LYV)
[#]ICTV 未認定（*Luteoviridae* ?）

[#]日本植物病名目録に登録されているが，Virus Taxonomy 9th Report of ICTV には記載されていない．

初　記　載	荒城雅昭ら(1981).
粒　　　子	【形態】球状 1 種（径約 30 nm）．被膜なし．
細胞内所在	篩部細胞の細胞質内に集積する．
自然宿主・病徴	リーキ，ラッキョウ（全身感染；葉に黄化症状）．
宿　主　域	リーキ，ラッキョウ以外は不明．
伝　　　染	汁液接種不可．媒介生物不明．
地理的分布	日本．　　　　　　　　　　　　　　　　　　　　　　　　　〔日比忠明〕
主 要 文 献	荒城雅昭ら(1981)．日植病報, 47, 138；山下修一(1983)．植物ウイルス事典, 356；佐古 勇(1993)．原色作物ウイルス病事典, 376, 386-387；米山信吾(1984)．野菜のウイルス病, 234-235.

植物ウイルス 171

Lettuce big-vein associated viru レタスビッグベイン随伴ウイルス (LBVaV)
Varicosavirus

初 記 載	Jagger, I. C. *et al.*(1934)；岩木満朗ら(1977)，岩木満朗ら(1978)；日高 醇(1950)；旧 TStV．
異 名	レタスビッグベインウイルス(Lettuce big-vein virus：LBVV)，タバコ矮化ウイルス(Tobacco stunt virus：TStV)．
	本ウイルスは，従来，レタスビッグベイン病の病原として LBVV とよばれていたが，その後，本病の病原性に関わるのはレタスビッグベインミラフィオリウイルス(*Mirafiori lettuce big-vein virus*：MiLBVV)であることが証明されたため，LBVaV と改称された．また，タバコ矮化ウイルスは，従来，同じ *Varicosavirus* 属の別種ウイルスとして扱われていたが，最近になって塩基配列の相同性から LBVaV の 1 系統(タバコ系統)として位置づけられた．
粒 子	【形態】棒状 2 種(径 18 nm×長さ 320 nm，360 nm)．被膜なし．
	【成分】核酸：(−)ssRNA 2 種(RNA1：6.8 kb，RNA2：6.1 kb；GC 含量 45～46%)．タンパク質：ヌクレオキャプシドタンパク質(CP) 1 種(44.4～44.5 kDa)．
ゲ ノ ム	【構造】2 分節線状(−)ssRNA ゲノム．ORF 7 個(RNA1：6,797 nt, ORF 2 個，RNA2：6,081 nt, ORF 5 個)．RNA1 と RNA2 の 5′ 端領域と 3′ 端領域はそれぞれ相同性が高く，領域内の一部には逆向き反復配列がみられるが，両末端配列間の相補性はない．
	【遺伝子】RNA1：3′−ORF1(5 K 機能不明タンパク質)−ORF2(232 K RNA 複製酵素(L))−5′．RNA2：3′−ORF1(44.4～44.5 K ヌクレオキャプシドタンパク質(CP))−ORF2(36 K 機能不明タンパク質)−ORF3(32 K 機能不明タンパク質)−ORF4(19 K 機能不明タンパク質)−ORF5(41 K 機能不明タンパク質)−5′．
	【登録コード】AB075039(RNA1 全塩基配列)，AB114138(RNA2 全塩基配列)，AB190521-AB190525(タバコ系統 CP 遺伝子)．ほか．
細胞内所在	ウイルス粒子は非常にわずかで各種細胞の細胞質内に集塊もしくは散在して存在．
自然宿主・病徴	レタス系統(旧 LBVV)：レタス(全身感染するが無病徴．レタスビッグベイン病の病原ウイルス MiLBV と混合感染していることが多い．ただし，最近，LBVaV 単独でもレタスにえそ輪紋症状を生じるとの報告がなされた)．タバコ系統(旧 TStV)：タバコ(わい化病；葉脈黄化から葉脈壊死，斑紋や奇形を示して，株全体がわい化する)．
宿 主 域	レタス系統：狭い．キク科植物，*Nicotiana occidentalis*．タバコ系統：やや広い．タバコ属植物，*Chenopodium amaranticolor*，*C. quinoa*，ツルナなど．汁液接種では双子葉植物の 9 科 41 種の植物に感染する．
増 殖 植 物	レタス系統：レタス．タバコ系統：タバコ(品種 Burley21 など)．
検 定 植 物	レタス系統：レタス(全身感染するが無病徴)．タバコ系統：タバコ(品種 Xanthi，Burley21 など)(接種葉に壊死斑を生じ，全身感染する)；*C. amaranticolor, C. quinoa*，ツルナ(接種葉に壊死斑を生ずるが，全身感染は認められない)．
伝 染	汁液接種可(キレート剤，還元剤や活性炭の添加が不可欠)．菌類伝染(*Olpidium brassicae*；永続伝搬)．
系 統	レタス系統(旧 LBVV)，タバコ系統(旧 TStV)．両者の塩基配列の相同性は RNA1 で 97.7%，RNA2 で 96.2%，ヌクレオキャプシドタンパク質のアミノ酸配列の相同性は 97.2% である．
地理的分布	レタス系統：日本および世界各地．タバコ系統：日本． 〔桑田 茂〕
主 要 文 献	Jagger, I. C. *et al.*(1934). Phytopathology, 24, 1253-1256；岩木満朗ら(1977). 日植病報, 43, 76；岩木満朗ら(1978). 日植病報, 44, 578-584；日高 醇(1950). 日植病報, 15, 40-41；Walsh, J. A. *et al.*(2012). *Varicosavirus*. Virus Taxonomy 9th Report of ICTV, 777-781；ICTVdB(2006). *Lettuce big-vein virus*. 00.092.0.01.001., *Tobacco stunt virus*. 00.092.0.81.005.；DPVweb, Varicosavirus；Kuwata, S. *et al.*(1986). Tobacco stunt virus. Descriptions of Plant Viruses, 313；Brunt, A.A. *et al.* eds.(1996). Lettuce big-vein varicosavirus, Tobacco stunt varicosavirus. Plant Viruses

Online；Sasaya, T.(2008). *Varicosavirus*. Encyclopedia of Virology 3rd ed., 5, 263-268；Sasaya, T. *et al*.(2011). Varicosavirus. The Springer Index of Viruses 2nd ed., 2081-2085；山下修一(1983). レタスビッグベインウイルス. 植物ウイルス事典, 357-358；久保 進(1983). タバコ矮化ウイルス. 植物ウイルス事典, 522-523；栃原比呂志(1993). ビッグベイン病. 原色作物ウイルス病事典, 397-398；高浪洋一(1993). わい化病. 原色作物ウイルス病事典, 189-190；井上忠男(1984). ビッグベイン病. 野菜のウイルス病, 241-245；Kuwata, S. *et al*.(1981). Ann. Phytopath. Soc. Japan, 47, 264-268；Kuwata, S. *et al*.(1983). Ann. Phytopath. Soc. Japan, 49, 246-251；Low, H. *et al*.(2002). Phytopathology, 92, 288-293；Sasaya, T. *et al*.(2002). Virology, 297, 289-297；Sasaya, T. *et al*.(2004). J. Gen. Virol., 85, 2709-2717；Sasaya, T. *et al*.(2005). Arch. Virol., 150, 1013-1021；Verbeek, M. *et al*.(2012). Plant Pathology, 62, 444-451.

植物ウイルス 172

Lettuce mosaic virus レタスモザイクウイルス
(LMV)
Potyviridae Potyvirus

初 記 載	Jagger, I. C.(1921)；小室康雄(1961).
異 名	Lactuca virus 1, Marmor lactucae virus.
粒 子	【形態】ひも状 1 種（径 13 nm×長さ 750 nm）．らせんピッチ 3.3 nm．被膜なし．
	【成分】核酸：（＋）ssRNA 1 種(10.1 kb)．タンパク質：外被タンパク質(CP) 1 種(30 kDa)，ゲノム結合タンパク質(VPg)1 種．
ゲ ノ ム	【構造】単一線状(＋)ssRNA ゲノム(10,080 nt)．ORF 2 個．5′端にゲノム結合タンパク質(VPg)，3′端にポリ(A)配列(poly(A))をもつ．
	【遺伝子】5′-VPg-ORF1(368 kDa ポリプロテイン)；P1 プロテアーゼ(P1)/虫媒介助タンパク質-プロテアーゼ(HC-Pro)/P3 タンパク質(P3)/6 K1 タンパク質(6 K1)/円筒状封入体タンパク質(CI)/6 K2 タンパク質(6 K2)/核内封入体 a-ゲノム結合タンパク質(NIa-VPg)/NIa-プロテアーゼ(NIa-Pro)/核内封入体 b(NIb；RNA 複製酵素)/外被タンパク質(CP))-poly(A)-3′．ほかに，P3 の ORF のフレームシフトにより生じる小さな ORF2(PIPO；72 aa)が存在する．
	【登録コード】X97704, X97705(全塩基配列)，ほか．
細胞内所在	ウイルス粒子は細胞質内に散在する．感染細胞内に風車状の細胞質内封入体がみられる．
自然宿主・病徴	レタス(葉脈透化，葉脈緑帯，モザイク，萎縮，奇形，生育不良．外葉の葉縁から退色して黄褐色に枯れたり，褐色のえそ性の小斑点を生じることもある)；エンドウ(退緑斑点，葉脈透化)；ホウレンソウ(モザイク)．
宿 主 域	やや狭い．キク科，マメ科，アカザ科植物(全身感染)．
増 殖 植 物	レタスなど．
検 定 植 物	レタス，エンドウ(全身感染)；*Chenopodium amaranticolor*(接種葉に局部病斑，全身感染)；センニチコウ(局部病斑)；*Nicotiana benthamiana*(全身感染)．
伝 染	汁液接種可．モモアカアブラムシ，ワタアブラムシなどによる非永続伝搬．レタスで種子伝染．
系 統	わが国では未報告だが，海外では多数の系統が報告されている．
類 縁 関 係	ダイズモザイクウイルス(*Soybean mosaic virus*：SMV)，カブモザイクウイルス(*Turnip mosaic virus*：TuMV)，サトウキビモザイクウイルス(*Sugarcane mosaic virus*：SCMV)などの *Potyvirus* 属ウイルスと遠い血清関係がある．
地理的分布	日本各地および世界各国． 〔夏秋知英〕
主 要 文 献	Jagger, I. C.(1921). J. Agric. Res., 20, 737-741；小室康雄(1961). 日植病報, 26, 199-205；Adams, M.J. *et al.*(2012). *Potyvirus*. Virus Taxonomy 9th Report of ICTV, 1072-1079；ICTVdB(2006). *Lettuce mosaic virus*. 00.057.0.01.038.；DPVweb. Potyvirus；Le Gall, O.(2003). Lettuce mosaic virus. Descriptions of Plant Viruses, 399；Brunt, A.A. *et al.* eds.(1996). Lettuce mosaic *potyvirus*. Plant Viruses Online；山下修一(1983). 植物ウイルス事典, 359-360；大木 理(1993). 原色作物ウイルス病事典, 155；栃原比呂志(1993). 原色作物ウイルス病事典, 396-397；井上忠男(1984). 野菜のウイルス病, 236-241；杭田 要・井上忠男(1972). 日植病報, 38, 209；与那覇哲義ら(1993). 日植病報, 59, 715-716；Revers, F. *et al.*(1997). Virus Res., 47, 167-177；German-Retana, S. *et al.*(2008). Mol. Plant Pathol., 9, 127-136.

植物ウイルス 173

Lilac ringspot virus[#] ライラック輪紋ウイルス (LiRSV)

[#]ICTV 未認定（*Betaflexiviridae Carlavirus*?）

[#]日本植物病名目録に登録されているが，Virus Taxonomy 9th Report of ICTV には記載されていない．

初 記 載	楠木 学ら(1977)．
粒　　　子	【形態】ひも状1種（径13 nm×長さ650〜700 nm）．被膜なし．
細胞内所在	ウイルス粒子は細胞質内に散在または束状に集塊して存在．
自然宿主・病徴	ライラック（輪紋病；葉に退緑あるいは黄色輪紋）．
宿 主 域	狭い．ライラック（モクセイ科），*Chenopodium amaranticolor*（アカザ科）．
増 殖 植 物	*C. amaranticolor*．
検 定 植 物	*C. amaranticolor*（接種葉に退緑局部病斑）．
伝　　　染	汁液接種可（限定的）．
地理的分布	日本．
そ の 他	米国からライラックの葉にモットル症状を引き起こす Carlavirus 属の Lilac mottle virus（LiMoV）の報告があるが，LiMoV は粒子長が 575〜610 nm と本ウイルスよりやや短い．　〔楠木 学〕
主 要 文 献	楠木 学ら(1977)．日植病報, 43, 77；楠木 学(1983)．植物ウイルス事典, 361-362；楠木 学(1993)．原色作物ウイルス病事典, 673；Waterworth, H. E.(1972). Plant Dis. Reptr., 56, 923-926.

植物ウイルス 174

Lily mottle virus ユリ微斑ウイルス
(LMoV)
Potyviridae Potyvirus

初 記 載	Brierley, P. and Smith, F. F.(1944), Alper, M. *et al.*(1982)；山口 昭(1964), 前田孚憲ら(1979).
異 名	チューリップモザイクウイルス-ユリ系統(Tulip breaking virus-lily strain：TBV-li), Lily mild mottle virus, Tulip band-breaking virus-lily strain.
粒 子	【形態】ひも状1種(径11～13 nm×長さ760 nm). 被膜なし. 【成分】核酸：(＋)ssRNA 1種(9.6 kb). タンパク質：外被タンパク質(CP) 1種(31 kDa), ゲノム結合タンパク質(VPg)1種.
ゲノム	【構造】単一線状(＋)ssRNAゲノム(9,644 nt). ORF 1個. 5′端にゲノム結合タンパク質(VPg), 3′端にポリ(A)配列(poly(A))をもつ. 【遺伝子】5′-VPg-351 kDaポリプロテイン(34 kDa P1 トリプシン様プロテアーゼ(P1)/52 kDa 虫媒介助タンパク質-パパイン様プロテアーゼ(HC-Pro)/41 kDa P3タンパク質(P3)/6 kDa タンパク質(6 K1)/71 kDa円筒状封入体タンパク質(CI；RNAヘリカーゼ, ATP結合ドメインを含む)/6 kDaタンパク質(6 K2)/22 kDaゲノム結合タンパク質(NIa-VPg)/28 kDa核内封入体a-トリプシン様セリンプロテアーゼ(NIa-Pro)/59 kDa核内封入体b(NIb；RNA複製酵素)/31 kDa外被タンパク質(CP))-poly(A)-3′. 【登録コード】AJ564636(オランダ分離株 全塩基配列), AB570195(日本分離株 全塩基配列), ほか.
細胞内所在	ウイルス粒子は各種細胞の細胞質内に存在する. 細胞質内に円筒状封入体を形成する.
自然宿主・病徴	テッポウユリ系, スカシユリ系, オリエンタル系ユリ, オニユリなどのユリ属植物. テッポウユリ(軽いモザイク)；スカシユリ(モザイク, カラーブレーキング)；オニユリ(モザイク, 軽い条斑えそ)；タカサゴユリ(明瞭なモザイク, 葉と花の奇形)；チューリップ(明瞭なモザイク, カラーブレーキング).
宿 主 域	あまり広くない. ユリ属植物, チューリップ(全身感染)；*Chenopodium quinoa*, *C. amaranticolor*, ツルナ(局部感染；えそ斑点)；フダンソウ, ホウレンソウ, センニチコウ, *Nicotiana clevelandii*(局部感染；無病徴).
検 定 植 物	ツルナ, *C. quinoa*(接種約1週間後に接種葉に退緑斑点. その後, えそ斑点).
伝 染	汁液接種可. モモアカアブラムシによる非永続伝搬.
系 統	双子葉植物での寄生性が異なる分離株が知られている.
類 縁 関 係	*Tulip breaking virus*(TBV)と血清学的類縁関係あり. LMoVとTBVの外被タンパク質のアミノ酸レベルでの相同性は63～65%.
地理的分布	日本, 米国, オランダ, 中国など世界各国. 〔前田孚憲〕
主 要 文 献	Brierley, P. and Smith, F. F.(1944). Phytopathology, 34, 718-746；Alper, M. *et al.*(1982). Phytoparasitica, 10, 193-199；山口 昭(1964). 日植病報, 29, 252-254；前田孚憲ら(1979). 日植病報, 45, 111；Adams, M. J. *et al.*(2012). *Potyvirus*. Virus Taxonomy 9th Report of ICTV, 1072-1079；ICTVdB(2006). *Lily mottle virus*. 00.057.0.01.069., *Tulip band-breaking virus*. 00.057.0.81.104.；DPVweb. Potyvirus；Brunt, A. A. *et al.* eds.(1996). Lily mottle *potyvirus*, Tulip band-breaking *potyvirus*. Plant Viruses Online；前田孚憲・井上成信(1981). 日植病報, 47, 129-130；前田孚憲ら(1984). 農学研究, 60, 135-146；Dekker, E. L. *et al.*(1993). J. Gen. Virol., 74, 881-887；Yamaji, Y. *et al.*(2001). Europ. J. Plant Pathol., 107, 833-837；Sato, H. *et al.*(2002). J. Phytopathology, 150, 20-24；Se, T. *et al.*(2002). Pl. Dis., 86, 1,405；Zheg, H.Y. *et al.*(2003). Arch. Virol., 149, 2419-2428.

植物ウイルス 175

Lily symptomless virus ユリ潜在ウイルス (LSV)
Betaflexiviridae Carlavirus

初　記　載	Brierley, P. and Smith, F. F.(1944)；前田孚憲・井上成信(1981)．
異　　　名	Alstroemeria latent virus, Lily curl stripe virus, Lily latent virus, Lily streak virus．
粒　　　子	【形態】ひも状1種(径17〜18 nm×長さ640 nm)．被膜なし．
	【物性】沈降係数 172 S．
	【成分】核酸：(+)ssRNA 1種(8.4 kb, GC含量48%)．タンパク質：外被タンパク質(CP)1種(32 kDa)．
ゲ　ノ　ム	【構造】単一線状(+)ssRNAゲノム(8,394 nt)．ORF 6個．ゲノムの5′端にキャップ構造(Cap)，3′端にポリ(A)配列(poly(A))をもつ．
	【遺伝子】5′-Cap-ORF1(223 kDa RNA複製酵素；RP)-ORF2(25 kDa移行タンパク質1；TGB1)-ORF3(12 kDa移行タンパク質2；TGB2)-ORF4(7 kDa移行タンパク質3；TGB3)-ORF5(32 kDa外被タンパク質；CP)-ORF6(16 kDa機能不明タンパク質)-poly(A)-3′．
	【登録コード】AJ516059(全塩基配列)，ほか．
細胞内所在	ウイルス粒子は細胞質に散在または集塊して存在．
自然宿主・病徴	ユリ，チューリップ(全身感染；無病徴．テッポウユリでは低温条件下で葉巻や退緑条斑)．
宿　主　域	狭い．少数のユリ科植物．
増殖植物	スカシユリ．
検定植物	テッポウユリ(低温条件下で葉巻，退緑条斑)．
伝　　　染	汁液接種可．虫媒伝染(モモアカアブラムシによる非永続伝搬)．
類縁関係	LSVは*Carlavirus*属のキクBウイルス(*Chrysanthemum virus B*：CVB)，ジャガイモMウイルス(*Potato virus M*：PVM)，ジャガイモSウイルス(*Potato virus S*：PVS)，トケイソウ潜在ウイルス(*Passiflora latent virus*：PLV)，カーネーション潜在ウイルス(*Carnation latent virus*：CLV)と血清学的な類縁関係がある．
地理的分布	日本および世界各地． 〔萩田孝志〕
主要文献	Brierley, P. and Smith, F. F.(1944). Phytopathology, 34, 529-555；前田孚憲・井上成信(1981)．日植病報, 47, 410；Adams, M. J. *et al.*(2012). *Carlavirus*. Virus Taxonomy 9th Report of ICTV, 924-927；ICTVdB(2006). *Lily symptomless virus*. 00.056.0.04.018.；DPVweb. Carlavirus；Allen, T.C.(1972). Lily symptomless virus. Descriptions of Plant Viruses, 96；Brunt, A.A. *et al.* eds. (1996). Lily symptomless *carlavirus*. Plant Viruses Online；Ryu, K. H. *et al.*(2008). *Carlavirus*. Encyclopedia of Virology 3rd ed., 1, 448-452；Martelli, G. P. *et al.*(2011). Carlavirus. The Springer Index of Viruses 2nd ed., 521-532；岩木満朗(1983)．植物ウイルス事典, 363-364；井上成信(1993)．原色作物ウイルス病事典, 568-569；萩田孝志ら(1989)．日植病報, 55, 1-8；Choi, S. A. *et al.*(2003). Arch. Virol., 148, 1943-1955.

植物ウイルス 176

Lily virus T[#] ユリTウイルス (LVT)
[#]ICTV 未認定（*Betaflexiviridae Carlavirus* ?）

[#]Virus Taxonomy 9th Report of ICTV には記載されていない．

初 記 載	中村友紀ら(2010)．
粒　　子	【形態】ひも状1種(径12〜15 nm×長さ 610〜700 nm)．被膜なし．
	【成分】核酸：(+)ssRNA 1種(8.6 kb)．タンパク質：外被タンパク質(CP)1種(33 kDa)．
ゲ ノ ム	【構造】単一線状(+)ssRNAゲノム(8,275〜8,584 nt)．ORF 6個．ゲノムの5′端にキャップ構造(Cap)，3′端にポリ(A)配列(poly(A))をもつ．
	【遺伝子】5′-Cap-ORF1(220 kDaタンパク質(RP)；メチルトランスフェラーゼドメイン/パパイン様プロテアーゼドメイン/ヘリカーゼドメイン/RNA複製酵素ドメイン)-ORF2(26 kDaタンパク質)-ORF3(12 kDaタンパク質)-ORF4(8 kDaタンパク質)-ORF5(33 kDa 外被タンパク質(CP))-ORF6(12 kDa 核酸結合タンパク質(推定))-poly(A)-3′．
	ORF2〜4はトリプルジーンブロック(TGB)型の細胞間移行タンパク質．
細胞内所在	ウイルス粒子は各種組織の細胞質内に存在する．
自然宿主・病徴	テッポウユリ(局部感染；無病徴)．
宿 主 域	狭い．テッポウユリ，*Chenopodium quinoa*．
増 殖 植 物	*C. quinoa*．
検 定 植 物	*C. quinoa*(接種葉に退緑斑点)．
伝　　染	汁液接種可．媒介生物不明．
類 縁 関 係	*Carlavirus* 属のシャロット潜在ウイルス(*Shallot latent virus*：SLV；異名 Garlic latent virus)，フキモザイクウイルス(Butterbur mosaic virus：ButMV)およびネリネ潜在ウイルス(*Nerine latent virus*：NeLV；異名 Hippeastrum latent virus)と血清学上の弱い類縁関係がある．
地理的分布	日本．〔井村喜之〕
主 要 文 献	中村友紀ら(2010)．日植病報，76, 35．

植物ウイルス 177

(LVX)
Lily virus X ユリXウイルス
Alphaflexiviridae Potexvirus

初　記　載	Stone, O.M. (1976, 1980)；木村 茂ら(1990).
異　　　名	Lily virus.
粒　　　子	【形態】ひも状1種(径13 nm×長さ470 nm). 被膜なし. 【成分】核酸：(+)ssRNA 1種(5.8 kb). タンパク質：外被タンパク質(CP) 1種(21 kDa).
ゲ ノ ム	【構造】単一線状(+)ssRNAゲノム(5,823 nt). ORF 5個. 5′端にキャップ構造(Cap), 3′端にポリ(A)配列(poly(A))をもつ. 【遺伝子】5′-Cap-ORF1(146 kDa RNA複製酵素(RP)；メチルトランスフェラーゼドメイン/ヘリカーゼドメイン/RNA依存RNA複製酵素ドメイン)-ORF2(23 kDa 移行タンパク質1；TGB 1)-ORF3(12 kDa 移行タンパク質2；TGB 2)-ORF4(8 kDa 移行タンパク質3；TGB 3)-ORF5(21 kDa 外被タンパク質；CP)-poly(A)-3′. 【登録コード】AJ633822(オランダ分離株 全塩基配列), ほか.
細胞内所在	ウイルス粒子は各種細胞の細胞質内に存在する.
自然宿主・病徴	タカサゴユリ, テッポウユリ, オリエンタル系ユリ(カサブランカなど)(無病徴).
宿　主　域	比較的狭い. 少数のユリ科, ヒユ科, ナス科, キク科植物など. コオニユリ, テッポウユリ, レタス, シュンギク, フダンソウ(全身感染；無病徴)；*Chenopodium quinoa*, *C. amaranticolor*, *C. murale*, ツルナ, センニチコウ, ホウレンソウ(局部感染；退緑斑点, えそ斑点).
増殖植物	*C. quinoa*, ツルナ.
検定植物	*C. quinoa*, ツルナ.
伝　　　染	汁液接種可. 接触伝染. 媒介生物不明.
類縁関係	Dioscorea latenat virus(DLV), *Commelina virus X*(ComVX)と遠い血清学的類縁関係がある. *Potexvirus*属ウイルス21種との外被タンパク質のアミノ酸配列の相同性は26.3〜41.8%である. なお, わが国の食用ユリからは, *Potexvirus*属でLVXとは別種のオオバコモザイクウイルス(*Plantago asiatica mosaic virus*：PlAMV)が分離されている.
地理的分布	イギリス, オランダ, 日本. おそらく世界中に分布していると思われる.
そ の 他	北海道における食用ユリ(カノコユリ)の葉枯症状はLVXとユリ微斑ウイルス(*Lily mottle virus*：LMoV)の重複感染によって起こるとされていたが, その後, LVXではなくPlAMVとLMoVとの重複感染であることが示された. 〔前田孚憲〕
主要文献	Stone O. M.(1976). Rep. Glasshouse Crop Res. Inst. 1975, p.122；Stone, O. M.(1980). Acta Hort., 110, 59-63；木村 茂ら(1990). 植防研報, 26, 79-81；Adams, M. J. *et al.*(2012). *Potexvirus*. Virus Taxonomy 9th Report of ICTV, 912-915；ICTVdB(2006). *Lily virus X*. 00.056.0.01.010.；DPVweb. Potexvirus；Brunt, A. A. *et al.* eds.(1996). Lily X *potexvirus*. Plant Viruses Online；萩田孝志・佐々木 純(1994). 北日本病虫研報, 45, 67-71；萩田孝志ら(2000). 北日本病虫研報, 51, 98-103；Memelink, J. *et al.*(1990). J. Gen. Virol., 71, 917-924；高橋修一郎ら(2003). 日植病報, 69, 330；竹内 徹・佐々木 純(2003). 日植病報, 69, 329-330；Chen, J. *et al.*(2005). Arch. Virol., 150, 825-832.

植物ウイルス 178

Lisianthus necrotic stunt virus# トルコギキョウえそ萎縮ウイルス (LiNSV)
#ICTV 未認定（*Tombusviridae Tombusvirus* ?）

#日本植物病名目録には登録されているが，Virus Taxonomy 9th Report of ICTV には記載されていない．

初 記 載	藤永真史ら(2005)，藤永真史ら(2006)．
粒　　子	【形態】球状1種(径約30 nm)．被膜なし． 【成分】核酸：(＋)ssRNA 1種(4.7 kb)．タンパク質：外被タンパク質(CP)1種(41 kDa)．
ゲ ノ ム	【構造】単一線状(＋)ssRNA ゲノム(4,720 nt)．ORF 5個．5′端のキャップ構造(Cap)と3′端のポリ(A)配列(poly(A))を欠く． 【遺伝子】5′-33 kDa/92 kDa RNA 複製酵素タンパク質(RdRp；92 kDa タンパク質は33 kDa タンパク質のリードスルータンパク質)-41 kDa 外被タンパク質(CP)-22 kDa 移行タンパク質(MP)/19 kDa RNA サイレンシングサプレッサー(19 kDa タンパク質は22 kDa タンパク質のORF に別の読み枠で重なるタンパク質)-3′． 【登録コード】AB244055(部分塩基配列)．
自然宿主・病徴	トルコギキョウ(大型えそ輪紋，頂部から数節にかけての退緑やねじれ，萎縮)．
宿 主 域	宿主域はトマトブッシースタントウイルス(*Tomato bushy stunt virus*：TBSV)と比較するとかなり狭い．トルコギキョウ，*Nicotiana benthamiana*(全身感染)；トマト，ピーマン，*Datura stramonium*，センニチコウ，ホウレンソウなど(接種葉に局部病斑．全身感染しない)．
増殖植物	*N. benthamiana*．
検定植物	*N. benthamiana*(全身感染)；*Chenopodium quinoa*，センニチコウ(接種葉に局部病斑)．
伝　　染	汁液接種可．接触伝染．土壌伝染．種子伝染は認められていない．
類縁関係	TBSV と血清関係があるが，ゲル内二重拡散法でスパーを生じる．LiNSV の外被タンパク質のアミノ酸配列は，ナス斑紋クリンクルウイルス(*Eggplant mottled crinkle virus*：EMCV；異名 Lisianthus necrosis virus：LNV)と79％の相同性を示す．
地理的分布	日本(長野，新潟など)． 〔夏秋知英〕
主要文献	藤永真史ら(2005)．日植病報, 71, 233-234；藤永真史ら(2006)．日植病報, 72, 109-115, 252；Ibrahim, M., *et al*(2006). Jpn. J. Phytopathol., 72, 41；伊山幸秀ら(2009)．北陸病虫研報, 58, 19-23；藤永真史ら(2009)．植物防疫, 63, 423-428.

植物ウイルス 179/180

(LChV-1)
Little cherry virus 1 リトルチェリーウイルス 1
Closteroviridae Velarivirus

(LChV-2)
Little cherry virus 2 リトルチェリーウイルス 2
Closteroviridae Ampelovirus

　LChV-1, LChV-2はゲノム構造や外被タンパク質などの相違を除いて両者の性状が互いにきわめて類似しているので,便宜上,ここにまとめて示す.

初　記　載　Foster, W. R. and Lott, T. B. (1947), Keim-Konrad, R. and Jelkmann, W. (1996;LChV-1), Rott, M. E. and Jelkman, W. (2001;LChV-2), Eastwell, K. C. and Bernardy, M. G. (2001;LChV-2);田中彰一・広瀬和栄(1966), 青柳 潤ら(2001;LChV-2), Isogai, M. *et al.* (2004).

粒　　　子　【形態】ひも状1種(径12 nm×長さ＞1,000 nm). 被膜なし.
　　　　　　【成分】核酸：(＋)ssRNA 1種(LChV-1：17.0 kb, LChV-2：15.0 kb). タンパク質：外被タンパク質2種(LChV-1：46 kDa(CP), 76 kDa(CPm))(LChV-2：39 kDa(CP), 54 kDa(CPm))ほか.

ゲ ノ ム　【構造】単一線状(＋)ssRNAゲノム(LChV-1：16,934～16,936 nt, LChV-2：15,045 nt). ORF 9個(LChV-1), 11個(LChV-2). ゲノムの5′端におそらくキャップ構造(Cap)をもつが,3′端にtRNA様構造(TLS)やポリ(A)配列(poly(A))を欠き,おそらくいくつかのヘアピン構造をもつ.
　　　　　　【遺伝子】
　　　　　　LChV-1：5′-Cap?-ORF1a(260 kDa RNA複製酵素サブユニット；プロテアーゼドメイン/メチルトランスフェラーゼドメイン/ヘリカーゼドメイン)-ORF1b(59 kDa RNA複製酵素サブユニット；RNA複製酵素ドメイン；ORF1aからの＋1フレームシフトにより翻訳)-ORF2(4 kDa疎水性タンパク質)-ORF3(70 kDa HSP70ホモログ；HSP70h)-ORF4(61 kDa機能不明タンパク質)-ORF5(46 kDa外被タンパク質；CP)-ORF6(76 kDaマイナー外被タンパク質；CPm)-ORF7(21 kDa機能不明タンパク質)-ORF8(27 kDa機能不明タンパク質)-3′.
　　　　　　LChV-2：5′-Cap?-ORF0(18 kDa機能不明タンパク質)-ORF1a(182 kDa RNA複製酵素サブユニット；プロテアーゼドメイン/メチルトランスフェラーゼドメイン/ヘリカーゼドメイン)-ORF1b(59 kDa RNA複製酵素サブユニット；RNA複製酵素ドメイン；ORF1aから＋1フレームシフトにより翻訳)-ORF2(14 kDa機能不明タンパク質；ORF1bからのリードスルーによるかあるいはnon AUG開始コドンから翻訳)-ORF3(54 kDaマイナー外被タンパク質；CPm)-ORF4(6 kDa疎水性タンパク質)-ORF5(60 kDa HSP70ホモログ；HSP70h)-ORF6(53 kDa移行関連タンパク質)-ORF7(22 kDa機能不明タンパク質)-ORF8(39 kDa外被タンパク質；CP)-ORF9(25 kDa機能不明タンパク質)-3′.
　　　　　　【登録コード】Y10237(LChV-1：ドイツ分離株 全塩基配列), EU715989(LChV-1：イタリア分離株 全塩基配列)；AF531505(LChV-2：米国分離株 全塩基配列), ほか.

自然宿主・病徴　甘果オウトウ(*Prunus avium*), 酸果オウトウ(*P. cerasus*)(リトルチェリー病；果実の未熟果,着色不良,小玉化,糖度低下. 葉の赤色～茶色化. 品種によって感受性に違いがある)；サトザクラ(*P. serrulata*)(無病徴～矮化).

宿　主　域　甘果オウトウなどサクラ属植物. 現在まで草本植物宿主はみつかっていない.

類縁関係　LChV-1とLChV-2は, RNA複製酵素, HSP70ホモログ, 外被タンパク質のアミノ酸配列の相同性解析の結果などから,前者は*Velarivirus*属, 後者は*Ampelovirus*属に分類されている.

伝　　　染　接ぎ木伝染. 媒介生物不明(LChV-1). カイガラムシ(apple mealybug：*Phenacoccus aceris*)による伝搬(LChV-2).

地理的分布 ヨーロッパ，北米，日本．

その他 LChV-1，LChV-2 はリトルチェリー病を呈したオウトウから検出されるが，その病原ウイルスであるという厳密な証明はなされていない．オウトウ芽枯病感染樹からも検出されているが，病気との関連性については不明である． 〔磯貝雅道〕

主要文献 Foster, W. R. and Lott, T.B.(1947). Sci. Agr., 27, 1-6；Keim-Konrad, R. and Jelkmann, W.(1996). Arch. Virol., 141, 1437-1451；Rott, M. E. and Jelkman, W.(2001). Phytopathology, 91, 261-267；Eastwell, K. C. and Bernardy, M. G.(2001). Phytopathology, 91, 268-273；田中彰一・広瀬和栄(1966). 日植病報, 32, 23-25；青柳 潤ら(2001). 日植病報, 68, 54；Isogai, M. *et al.*(2004). J. Gen. Plant Pathol., 70, 288-291；Martelli, G. P. *et al.*(2012). *Chlosteroviridae*. Virus Taxonomy 9th Report of ICTV, 987-1001；ICTV Virus Taxonomy List(2013). *Closteroviridae*；ICTVdB(2006). Little cherry virus 1. 00.017.0.00.011., *Little cherry virus 2*. 00.017.0.03.004.；EPPO/CABI. Cherry little cherry 'virus'. Data Sheets on Quarantine Pests；Jelkmann, W. and Eastwell, K. C.(2011). *Little cherry virus-1* and *-2*. Virus and Virus-Like Diseases of Pome and Stone Fruits (Hadidi, A. *et al.* eds., APS Press), p.153-160；山口 昭(1983). 植物ウイルス事典, 365；柳瀬春夫(1993). 原色作物ウイルス病事典, 637-641；菊池繁美(2002). 原色果樹のウイルス・ウイロイド病, 98-99；北島 博(1989). 果樹病害各論, 393-394；Raine, J. *et al.*(1975). Phytopathology, 65, 1181-1186；Ragetti, H.W.J. *et al.*(1982). Can. J. Bot., 60, 1235-1248；Jelkmann, W. *et al.*(1997). J. Gen. Virol., 78, 2067-2071；菊池繁美ら(2000). 山形園試研報, 13, 11-22；山蔦 翼ら(2004). 日植病報, 70, 51；Rott, M.E. and Jelkmann, W.(2005). Arch. Virol., 150, 107-123；Martelli, G.P.(2009). Virus Res., 143, 61-67.

植物ウイルス 181

Lotus streak virus　ハス条斑ウイルス
(LoSV)

Rhabdoviridae 属未定

初 記 載	山下修一ら(1978).
粒　　子	【形態】桿菌状〜弾丸状粒子1種(90 nm×300〜340 nm). 被膜あり.
細胞内所在	各種組織の細胞の核内にビロプラズムを形成し, ウイルス粒子はその内部で増殖した後, 核膜内膜を被膜して成熟し, 細胞質内に移行・集積する.
自然宿主・病徴	ハス(条斑病；根茎にえそ条斑, 葉に時に輪紋あるいはえ死斑).
宿 主 域	ハス以外は不明.
伝　　染	汁液接種不可. 栄養繁殖による伝染. アブラムシ伝搬.
地理的分布	日本. 〔日比忠明〕
主 要 文 献	山下修一ら(1978). 日植病報, 44, 61；Dietzgen, R. G. *et al.*(2012). *Rhabdoviridae*. Virus Taxonomy 9th Report of ICTV, 686–713；ICTVdB(2006). Lotus streak virus. 01.062.0.95.007.；Brunt, A. A. *et al.* eds.(1996). Lotus streak(?)*nucleorhabdovirus*. Plant Viruses Online；山下修一(1983). 植物ウイルス事典, 366–367；栃原比呂志(1993). 原色作物ウイルス病事典, 436–437；栃原比呂志(1984). 野菜のウイルス病, 289–290；山下修一ら(1985). 日植病報, 51, 627–631.

植物ウイルス 182

Maize dwarf mosaic virus　トウモロコシ萎縮モザイクウイルス　(MDMV)
Potyviridae Potyvirus

初　記　載	Dale, J. L. (1965), Williams, L. E. and Alexander, L. J. (1965)；田中裕子ら (2001).
粒　　　子	【形態】ひも状1種(径13 nm×長さ750 nm). 被膜なし.
	【成分】核酸：(＋)ssRNA 1種(9.5 kb). タンパク質：外被タンパク質(CP) 1種(33 kDa), ゲノム結合タンパク質(VPg) 1種.
ゲ ノ ム	【構造】単一線状(＋)ssRNAゲノム(9,515 nt). ORF 1個. 5′端にゲノム結合タンパク質(VPg), 3′端にポリ(A)配列(poly(A))をもつ.
	【遺伝子】5′-VPg-345 kDa ポリプロテイン(27 kDa P1 プロテアーゼ(P1)/52 kDa 虫媒介助タンパク質-プロテアーゼ(HC-Pro)/40 kDa P3 タンパク質(P3)/8 kDa 機能不明タンパク質(6 K1)/71 kDa 円筒状封入体タンパク質(CI)/6 kDa 機能不明タンパク質(6 K2)/22 kDa ゲノム結合タンパク質(NIa-VPg)/27 kDa NIa プロテアーゼ(NIa-Pro)/59 kDa RNA複製酵素(NIb)/33 kDa 外被タンパク質(CP))-poly(A)-3′.
	【登録コード】AJ001691(ブルガリア分離株 全塩基配列), JX185302(イタリア分離株 全塩基配列), ほか.
細胞内所在	ウイルス粒子は細胞質内に散在. 細胞質封入体を形成.
自然宿主・病徴	トウモロコシ(えそモザイク病), ソルガム, ジョンソングラス(モザイク, えそ, 萎縮).
宿　主　域	狭い. トウモロコシ, ソルガム.
検 定 植 物	トウモロコシ, ソルガム.
伝　　　染	汁液接種可. アブラムシによる非永続伝搬. 種子伝染(0.4%以下).
系　　　統	トウモロコシでの病徴を異にする A, C, D, E, F の5系統がある.
地理的分布	日本, 米国, ヨーロッパ, およびおそらくトウモロコシやソルガムを栽培しているほとんどの地域.
そ の 他	MDMV, サトウキビモザイクウイルス(*Sugarcane mosaic virus*：SCMV), *Johnsongrass mosaic virus*(JGMV), ソルガムモザイクウイルス(*Sorghum mosaic virus*：SrMV)との間で分類が混乱した時代があったが, 現在では血清学的分類や塩基配列による分類基準が確立された.

〔花田　薫〕

主 要 文 献	Dale, J. L. (1965). Pl. Dis. Reptr., 49, 202；Williams, L. E. and Alexander, L. J. (1965). Phytopathology, 55, 802-804；田中裕子ら(2001). 日植病報, 67, 172；Adams, M. J. *et al.*(2012). *Potyvirus*. Virus Taxonomy 9th Report of ICTV, 1072-1079；ICTVdB(2006). *Maize dwarf mosaic virus*. 00.057.0.01.039.；DPVweb. Potyvirus；Ford, R.E. *et al.*(1989). Maize dwarf mosaic virus. Descriptions of Plant Viruses, 341；Brunt, A. A. *et al.*(1996). Maize dwarf mosaic *potyvirus*. Plant Viruses Online；Cordon, D. T.(2004). Maize dwarf mosaic. Viruses and Virus Diseases of *Poaceae*(Lapierre, H. *et al.* eds., INRA), 644-649；McKern, N. M. *et al.*(1991). Phytopathology, 81, 1025-1029；Frenkel, M. J. *et al.*(1991). J. Gen. Virol., 72, 237-242；Kong, P. and Steinbiss, H. H.(1998). Arch. Virol., 143, 1791-1799；御子柴義郎ら(2002). 日植病報, 68, 70；御子柴義郎ら(2004). 日植病報, 70, 266；Stewart, L. R. *et al.*(2012). Virus Res., 165, 219-224.

植物ウイルス 183

Malvastrum enation virus# エノキアオイひだ葉ウイルス　(MaEV)
#ICTV 未認定（*Geminiviridae Begomovirus*？）

#日本植物病名目録には登録されているが，Virus Taxonomy 9th Report of ICTV には記載されていない．

初　記　載	大貫正俊ら(2002)．
異　　　名	エノキアオイエネーションウイルス．
粒　　　子	【形態】双球状 1 種(径 20 nm×長さ 30 nm)．被膜なし． 【成分】核酸：ssDNA 1 種(2.7 kb)．タンパク質：外被タンパク質(CP) 1 種(30 kDa)．
ゲ ノ ム	【構造】単一環状 ssDNA ゲノム．ORF 6 個(ウイルス鎖：2 個，相補鎖：4 個)．
細胞内所在	篩部細胞の核内にみられる．
自然宿主・病徴	エノキアオイ(*Malvastrum coromandelianum*)(全身感染；葉巻，節間短縮，葉脈肥厚，ひだ葉を生じる)．
宿　主　域	エノキアオイ以外は不明．
伝　　　染	汁液接種不可．タバコシラミによる永続伝搬．接ぎ木接種可．種子伝染や経卵伝染はしない．
地理的分布	日本．
そ の 他	MaEV は日本の先島諸島(石垣島，波照間島)で発生しているが，中国で報告されている *Malvastrum leaf curl virus*(MaLCuV)やその近縁種などとの関係については未詳である．

〔大貫正俊〕

主 要 文 献　大貫正俊ら(2002)．日植病報，68, 238；Brown, J. K. *et al.*(2012)．*Begomovirus*. Virus Taxonomy 9th Report of ICTV, 359-372, Online Appendix, 373. e10-e52.

植物ウイルス 184

Melon mild mottle virus メロン微斑ウイルス　(MMMoV)

Secoviridae Comovirinae Nepovirus (Subgroup A)

初　記　載	冨髙保弘ら(2009)，Tomitaka, Y. *et al.*(2011).
粒　　　子	【形態】球状2種(径 約28 nm). 被膜なし.
	【成分】核酸：(+)ssRNA 2種(RNA1：7.7 kb, RNA2：3.8 kb；GC含量約45.6％). タンパク質：外被タンパク質(CP) 1種(55 kDa), ゲノム結合タンパク質(VPg) 1種.
ゲ ノ ム	【構造】2分節線状(+)ssRNAゲノム(RNA1：7,727 nt, RNA2：3,854 nt). ORF 2個(RNA1：1個, RNA2：1個). ゲノムの5′端にゲノム結合タンパク質(VPg), 3′端にポリ(A)配列(poly(A))をもつ.
	【遺伝子】RNA1：5′-VPg-252 kDa ポリプロテイン(P1a タンパク質/ヘリカーゼ/VPg/プロテアーゼ(Pro)/RNA 複製酵素(RdRp))-poly(A)-3′. RNA2：5′-VPg-122 kDa ポリプロテイン(P2a タンパク質/移行タンパク質(MP)/外被タンパク質(CP))-poly(A)-3′.
	【登録コード】AB518485(RNA1 全塩基配列), AB518486(RNA2 全塩基配列).
細胞内所在	ウイルス粒子は主として細胞質内の管状構造物やプラズモデスマータの内部に観察される.
自然宿主・病徴	メロン(微斑病)などウリ科, ナス科, キク科, マメ科植物など(全身感染；微斑, えそ斑点, モザイク).
宿　主　域	きわめて広い. 5科14種以上の植物種.
増 殖 植 物	*Nicotiana benthamiana*, タバコ(品種 Samsun, Xanthi など).
検 定 植 物	*Chenopodium quinoa*, *C. amaranticolor*(接種葉および上葉にえそ斑点).
伝　　　染	汁液接種可. 媒介生物不明.
類 縁 関 係	トマト輪点ウイルス(*Tomato ringspot virus*：ToRSV)など, 他の *Nepovirus* 属ウイルスとは血清学上の類縁関係は認められない.
地理的分布	日本. 〔冨髙保弘・津田新哉〕
主 要 文 献	冨髙保弘ら(2009). 日植病報, 75, 221；Tomitaka, Y. *et al.*(2011). Phytopathology, 101, 316-322；Sanfaçon, H. *et al.*(2012). *Nepovirus*. Virus Taxonomy 9th Report of ICTV, 890-893；DPVweb. Nepovirus；冨髙保弘・津田新哉(2011). 植物防疫 65, 31-35.

植物ウイルス 185

Melon necrotic spot virus メロンえそ斑点ウイルス (MNSV)
Tombusviridae Carmovirus

初 記 載	岸 国平(1960).
粒　　子	【形態】球状1種(径30 nm). 被膜なし.
	【物性】沈降係数 134 S. 浮遊密度(CsCl) 1.34 g/cm^3.
	【成分】核酸：(+)ssRNA 1種(4.3 kb, GC含量45%). タンパク質：外被タンパク質(CP) 1種(42 kDa).
ゲ ノ ム	【構造】単一線状(+)ssRNA ゲノム(4,266 nt). ORF 5個. 5′端にキャップ構造(Cap)を欠き, 3′端にポリ(A)配列(poly(A))を欠く.
	【遺伝子】5′-29 kDa/89 kDa RNA複製酵素タンパク質(RaRp；89 kDa タンパク質は29 kDa タンパク質のリードスルータンパク質)-7 kDa 機能不明タンパク質A-7 kDa 機能不明タンパク質B-42 kDa 外被タンパク質(CP)-3′.
	【登録コード】M29671(全塩基配列), ほか.
細胞内所在	ウイルス粒子は各種組織の細胞の細胞質内にしばしば結晶状に集積. 植物体内の媒介菌の細胞壁上にも多数のウイルス粒子が付着.
自然宿主・病徴	メロン(えそ斑点病；えそ斑点, 葉脈えそ, 茎えそ, 果肉の劣変)；キュウリ(退緑斑点)；スイカ(えそ斑点, 果肉の劣変).
宿 主 域	ウリ科植物(メロン, キュウリ, シロウリ, スイカ, ニホンカボチャなど)のみで, 非常に狭い.
増殖植物	メロン(子葉).
検定植物	メロン(えそ斑点).
伝　　染	汁液接種可. 接触伝染. *Olpidium bornovanus*(=*O. radicale*)による土壌伝染. 種子伝染.
系　　統	日本に発生している S(静岡), NH(長崎 平戸), NK(長崎 国見), KS(高知 severe), YS(山口 severe), W(スイカ)系統などのほか, 国外でも Dutch(オランダ), Mf5(スペイン)など数種の系統が報告されている.
類縁関係	他のカルモウイルス属ウイルスとは血清関係がないが, トンブスウイルス属の *Cucumber necrosis virus*(CNV)の外被タンパク質とはアミノ酸配列の相同性が高い.
地理的分布	日本, 北米, 中米, ヨーロッパ各地. 〔日比忠明〕
主要文献	岸 国平(1960). 日植病報, 25, 237-238；Rochon, D. *et al.*(2012). *Carmovirus*. Virus Taxonomy 9th Report of ICTV, 1125-1128；ICTVdB(2006). *Melon necrotic spot virus*. 00.074.0.02.009.；DPVweb. Carmovirus；Hibi, T. and Furuki, I.(1985). Melon necrotic spot virus. Descriptions of Plant Viruses, 302；Brunt, A. A. *et al.* eds.(1996). Melon necrotic spot *carmovirus*. Plant Viruses Online；Qu, F. *et al.*(2008). *Carmovirus*. Encyclopedia of Virology 3rd ed., 1, 453-457；Simon, A. E.(2011). Carmovirus. The Springer Index of Viruses 2nd ed.,1885-1894；日比忠明(1983). 植物ウイルス事典, 368-369；亀谷満朗(1993). 原色作物ウイルス病事典, 303-304；古木市重郎(1984). 野菜のウイルス病, 144-152；斉藤康夫ら(1962). 日植病報, 27, 270-271；岸 国平(1966). 日植病報, 32, 138-144；古木市重郎ら(1980). 日植病報, 46, 419；日比忠明ら(1980). 日植病報, 46, 419；古木市重郎(1981). 静岡農試特別報告, 14, 94 pp.；Riviere, C. J. *et al.*(1989). J. Gen. Virol., 70, 3033-3042；Riviere, C. J. and Rochon, D. M.(1990). J. Gen. Virol., 71, 1887-1896；Matsuo, K. *et al.*(1991). 日植病報, 57, 558-567；Campbell, R. N. *et al.*(1996). Phytopathology, 86, 1294-1298；松尾和敏(2002). 長崎総農林試特別報告, 3, 110 pp.；Diaz, J. A.(2003). Arch. Virol., 148, 599-607；Kubo, C. *et al.*(2005). Plant Pathol., 54, 615-620；大木健広ら(2006). 日植病報, 72, 40-41.

植物ウイルス 186

Melon vein yellowing virus[#] メロン葉脈黄化ウイルス (MVYV)
[#]ICTV 未認定（*Luteoviridae*?）

[#]日本植物病名目録には登録されているが，Virus Taxonomy 9th Report of ICTV には記載されていない．

初 記 載	山下修一ら(1981).
粒　　　子	【形態】球状 1 種(径約 26 nm)．被膜なし．
細胞内所在	篩部細胞の細胞質内に集積する．
自然宿主・病徴	メロン(葉脈黄化病；葉脈の黄化，全身の萎縮)．
宿 主 域	メロン，キュウリ．
伝　　　染	汁液接種不可．ワタアブラムシによる永続伝搬．
地理的分布	日本．

〔日比忠明〕

主 要 文 献　山下修一ら(1981)．日植病報, 47, 93；牧野孝宏ら(1993)．原色作物ウイルス病事典, 311；古木市重郎(1984)．野菜のウイルス病, 153.

植物ウイルス 187

Melon yellow spot virus　メロン黄化えそウイルス　(MYSV)
Bunyaviridae Tospovirus

初　記　載	加藤公彦ら(1994)，Kato, K. *et al.*(2000).
異　　　名	Physalis severe mottle virus，Melon spotted wilt virus.
粒　　　子	【形態】球状1種(径135 nm)．被膜あり．
	【成分】核酸：(−)ssRNA 3種(L RNA：8,918 nt, M RNA：4,815 nt, S RNA：3,232 nt；GC含量35%)．タンパク質：構造タンパク質4種；ヌクレオキャプシドタンパク質(N：31 kDa)，RNA複製酵素(L：330 kDa)，被膜の糖タンパク質2種(Gn, Gc：分子量未詳)．脂質：宿主のゴルジ膜由来．
ゲ　ノ　ム	【構造】3分節環状(−)ssRNA．ORF 5個(L RNA：ORF 1個, M RNA：ORF 2個, S RNA：ORF 2個)．M RNAとS RNAはアンビセンス鎖構造となっている．各分節は両末端の約20 ntが不完全な相補配列で，閉環状構造をとる．
	【遺伝子】L RNA：5′-Lタンパク質(330 kDa RNA複製酵素)-3′．M RNA：5′-NSmタンパク質(34 kDa 非構造タンパク質；移行タンパク質)-Gn/Gcタンパク質(128 kDa ポリプロテイン→糖タンパク質Gn/Gc)-3′．S RNA：5′-NSsタンパク質(53 kDa 非構造タンパク質；RNAサイレンシングサプレッサー)-Nタンパク質(31 kDa ヌクレオキャプシドタンパク質)-3′．
	【登録コード】AB061774(L RNA全塩基配列)，AB061773(M RNA全塩基配列)，AB038343(S RNA全塩基配列)．
細胞内所在	ウイルス粒子は各種細胞の細胞質内に散在する．感染の初期には，細胞質内にヌクレオキャプシドの凝集体と2層の膜も観察される．
自然宿主・病徴	メロン，キュウリ，ニガウリなどのウリ科植物(黄化えそ病；全身感染し，退緑斑点，えそ斑点，モザイク，黄化，葉脈えそ，果実のモザイク(メロン)などの症状を示す)．
宿　主　域	やや狭い．6科15種の植物に全身感染，8科17種の植物に局部感染．
増殖植物	キュウリ，メロン．
検定植物	*Chenopodium quinoa*，センニチコウ(接種葉にえそ斑点)．
伝　　　染	汁液接種可．虫媒伝染(ミナミキイロアザミウマ；永続伝搬)．
類縁関係	Physalis severe mottle virus(PhySMV)とMelon spotted wilt virusは本ウイルスと同一種である．MYSVはスイカ灰白色斑紋ウイルス(*Watermelon silver mottle virus*：WSMoV)と血清学上ならびにアミノ酸配列上の類縁関係がある．
地理的分布	日本，中国，台湾，タイ．　〔加藤公彦〕
主要文献	加藤公彦ら(1994). 日植病報, 60, 397-398；Kato, K. *et al.*(2000). Phytopathology, 90, 422-426；Plyusnin, A. *et al.*(2012). *Tospovirus*. Virus Taxonomy 9th Report of ICTV, 737-739；DPVweb. Tospovirus；Tsompana, M. *et al.*(2008). *Tospovirus*. Encyclopedia of Virology 3rd ed., 5, 157-163；Goldbach, R. *et al.*(2011). Tospovirus. The Springer Index of Viruses 2nd ed., 231-235；Kato, K. *et al.*(1999). Ann. Phytopathol. Soc. Jpn., 65, 624-627；加藤公彦ら(2000). 日植病報, 66, 252-254；Cortez, I. *et al.*(2001). Arch. Virol., 146, 265-278；奥田充ら(2004). 日植病報, 70, 14-17；Okuda, M. *et al.*(2006). Arch. Virol., 151, 1-11；Chiemsombat, P. *et al.*(2008). Arch. Virol., 153, 571-577；Chen, T. C. *et al.*(2010). Arch. Virol., 155, 1085-1095.

植物ウイルス 188

Melothria mottle virus# スズメウリ斑紋ウイルス (MeMV)
#ICTV 未認定（*Potyviridae Potyvirus* ?）

#日本植物病名目録に登録されており，ICTVdB(2006)にも記載されているが，Virus Taxonomy 9th Report of ICTV には記載されていない．

初 記 載	与那覇哲義ら(1993)．
粒　　子	【形態】ひも状 1 種(径 12 nm×長さ 725 nm)．被膜なし．
自然宿主・病徴	クロミノオキナワスズメウリ(斑紋病；不鮮明な退緑斑紋)．
宿 主 域	やや広い．ウリ科植物 12 種，ゴマ，*Nicotiana benthamiana*(全身感染)；アカザ科植物(局部感染)．
検定植物	*Chenopodium amaranticolor*, *C. quinoa*(局部感染；えそ斑)；センニチコウ(局部感染；退緑斑点)；*N. benthamiana*(全身感染；葉脈透過，斑紋，萎縮)．
伝　　染	汁液接種可．モモアカアブラムシによる非永続伝搬．
地理的分布	日本．〔難波成任〕
主要文献	与那覇哲義ら(1993)．日植病報, 59, 52-53；与那覇哲義ら(1993)．琉球大学農学部学術報告, 40, 9-19；ICTVdB(2006). Melothria mottle virus. 00.057.0.91.008.；Brunt, A. A. *et al.* eds.(1996). Melothria mottle(?)potyvirus. Plant Viruses Online.

植物ウイルス 189

Mibuna temperate virus[#]　ミブナ潜伏ウイルス　(MTV)

[#]ICTV 未認定（*Partitiviridae* ?）

[#]日本植物病名目録に登録され，ICTVdB にも記載されているが，Virus Taxonomy 9th Report of ICTV には記載されていない．

初 記 載	夏秋知英ら(1981)．
粒　　 子	【形態】球状 2 種(径 30 nm)．被膜なし．
	【成分】核酸：dsRNA 2 種(RNA1：1.10 MDa，RNA2：1.05 MDa)．タンパク質：外被タンパク質(CP)1 種．
ゲ ノ ム	【構造】2 分節線状 dsRNA ゲノム．
自然宿主・病徴	ミブナ(*Brassica campestris* ssp. *pekinensis*)(全身感染；無病徴)．
宿主域・病徴	宿主は MTV が検出されたミブナとその子孫だけに限られる(全身感染；無病徴)．
類 縁 関 係	ダイコン葉縁黄化ウイルス(*Radish yellow edge virus*：RYEV)とは血清関係がない．
伝　　 染	汁液接種不可．種子伝染(伝染率 90%以上)．水平伝染しない．
地理的分布	日本． 〔夏秋知英〕
主 要 文 献	夏秋知英ら(1981)．日植病報，47, 94；ICTVdB(2006). Mibuna temperate virus. 00.049.0.83.005.；DPVweb. Alphacryptovirus；Brunt, A. A. *et al.* eds.(1996). Mibuna temperate(?) *alphacryptovirus*. Plant Viruses Online；栃原比呂志(1993)．原色作物ウイルス病事典，360；夏秋知英ら(1983)．日植病報 49, 431-432；夏秋知英(1984)．宇都宮大農学報特輯，43, 1-80；夏秋知英(1987)．植物防疫 41, 371-375.

植物ウイルス 190

Milk vetch dwarf virus レンゲ萎縮ウイルス (MDV)
Nanoviridae Nanovirus

初 記 載	松浦 義(1953).
粒 子	【形態】球状8種(径18 nm). 被膜なし.
	【成分】核酸：ssDNA 8種(各977～1,001 nt). タンパク質：外被タンパク質(CP)1種(19 kDa).
ゲ ノ ム	【構造】8分節環状ssDNAゲノム(DNA-R, -S, -C, -M, -N, -U1, -U2, -U4). ORF 8個(各ゲノムコンポーネントにウイルスセンス鎖のORF各1個). 非翻訳領域には共通ステムループ領域(CR-SL)と第2共通領域(CR-II)が存在する. MDV-N分離株にはこれら8種の必須コンポーネント以外に4種の付加的なM-Repをコードする環状ssDNA分子(アルファサテライト；1,000～1,022 nt)が含まれる. 野外採集したMDV分離株はこれらのアルファサテライトを2～4種類含むことが多い.
	【遺伝子】DNA-R(33 kDa 主要複製開始タンパク質；M-Rep), DNA-S(19 kDa 外被タンパク質；CP), DNA-C(20 kDa 細胞周期変換タンパク質；Clink), DNA-M(13 kDa 移行タンパク質；MP), DNA-N(17 kDa 核シャトルタンパク質；NSP), DNA-U1(18 kDa 機能不明タンパク質；U1), DNA-U2(15 kDa 機能不明タンパク質；U2), DNA-U4(13 kDa 機能不明タンパク質；U4).
	【登録コード】AB027511(DNA-R), AB009046(DNA-S), AB000923(DNA-C), AB000927(DNA-M), AB000925(DNA-N), AB000924(DNA-U1), AB000926(DNA-U2), AB255373(DNA-U4), AB000920-000922・AB009047(アルファサテライト). いずれもMDV-N分離株のゲノムコンポーネントの全塩基配列.
細胞内所在	ウイルスは篩部局在性で, ゲノムssDNAコンポーネントの非翻訳領域のプロモーターは維管束および分裂組織中で高い活性を示す.
自然宿主・病徴	ソラマメ, エンドウ(萎黄病), ダイズ(わい化病), レンゲ(萎縮病), カラスノエンドウなどのマメ科植物(黄化・萎縮や葉巻. 新梢部は粗剛化し, しばしば壊疽を伴う).
宿 主 域	やや広い. マメ科以外に, ナス科(*Datura stramonium*), アカザ科(ホウレンソウ, *Chenopodium quinoa*), ナデシコ科(コハコベ), アブラナ科(*Arabidopsis thaliana*)植物に全身感染.
増 殖 植 物	ソラマメ, エンドウ.
検 定 植 物	ソラマメ, エンドウ.
伝 染	汁液接種不可. アブラムシにより循環型・非増殖性伝搬様式で媒介. 主要なベクターはマメアブラムシ(*Aphis craccivora*)だが, ソラマメヒゲナガアブラムシ(*Megoura viciae*)やワタアブラムシ(*A. gossypii*)によっても高率に伝搬される. ほかに, エンドウヒゲナガアブラムシ(*Acyrthosiphon pisum*), マメクロアブラムシ(*A. fabae*), ダイズアブラムシ(*A. glycines*)によっても低率ながら媒介される.
系 統	不明.
類 縁 関 係	ナノウイルス属の*Faba bean necrotic yellows virus*(FBNYV)と血清学的類縁関係がある. FBNYV, *Subterranean clover stunt virus*(SCSV)およびMDVの間でDNA-R(M-Rep遺伝子)を交換しても機能的に補完可能であることが, リーフディスクを用いたアグロインフェクション検定で確認されている.
地理的分布	日本, 中国.
そ の 他	純化粒子は膜吸汁によってはマメアブラムシで媒介されない. 〔佐野義孝〕
主 要 文 献	松浦 義(1953). 日植病報, 17, 65-68；Vetten, H. J. *et al.*(2012). *Nanovirus*. Virus Taxonomy 9th Report of ICTV, 399-400；ICTVdB(2006). *Milk vetch dwarf virus*. 0.093.0.01.004.；Brunt, A. A. *et al.* eds.(1966). Milk vetch dwarf nanavirus. Plant Viruses Online；Vetten, H.J.(2008). Nanoviruses. Encyclopedia of Virology 3rd ed., 3, 385-391；Gronenborn, B. *et al.*(2011). Nanovirus. The Springer Index of Viruses 2nd ed., 959-968；DPVweb. Nanovirus；大木 理(1983).

植物ウイルス事典, 370-371；本田要八郎(1993). 原色作物ウイルス病事典, 242-243；Gronenborn, B.(2004). Nanoviruses：genome organization and protein function. Veterinary Microbiology, 98, 103-109；日野稔彦ら(1968). 農学研究, 52, 1-9；井上忠男ら(1968). 日植病報, 34, 28-35；佐野義孝・小島 誠(1996). 植物防疫, 50, 312-315；Sano, Y. *et al.*(1998). J. Gen. Virol., 79, 3111-3118；Timchenko, T. *et al.*(2000). Virology, 274, 189-195；佐野義孝ら(2003). 北陸病虫研報, 52, 23-27；Sano, Y. *et al.*(2003). J. Plant Disease and Protection, 110, 97-98；Shirasawa-Seo, N. *et al.*(2005). J. Gen. Virol., 86, 1851-1860；Kumari, S. G. *et al.*(2010). J. Phytopathol., 158, 35-39.

植物ウイルス 191

Mirafiori lettuce big-vein virus レタスビッグベインミラフィオリウイルス (MiLBVV)
Ophioviridae Ophiovirus

初　記　載	Roggero, P. et al.(2000)；岩木満朗ら(1977)，岩木満朗ら(1978)，夏秋啓子ら(2002)．
異　　　名	Mirafiori lettuce virus．
粒　　　子	【形態】糸状4種(径4〜8 nm×数10〜数100 nm)．屈曲した糸状で時に環状を呈する．被膜なし． 【成分】核酸：(−)ssRNA 4種(RNA 1：7.8 kb, RNA 2：1.7 kb, RNA 3：1.5 kb, RNA 4：1.4 kb)．タンパク質：外被タンパク質(CP) 1種(48.5 kDa)．
ゲ ノ ム	【構造】4分節線状(−)ssRNAゲノム．ORF 7個(RNA1：2個, RNA2：2個, RNA3：ORF 1個, RNA4：2個)．5′端と3′端にパリンドローム配列をもつ． 【遺伝子】RNA 1：5′−263 K RNA複製酵素(RdRp)−25 K機能不明タンパク質−3′．RNA 2：5′−10 K機能不明タンパク質(ウイルス鎖)−55 K機能不明タンパク質−3′．RNA 3：5′−48.5 K外被タンパク質(CP)−3′．RNA 4：5′−10.6 K機能不明タンパク質−37 K機能不明タンパク質−3′． 【登録コード】AF525933(RNA 1全塩基配列)，AF525934(RNA 2全塩基配列)，AF525935(RNA 3全塩基配列)，AF525936(RNA 4全塩基配列)，ほか．
自然宿主・病徴	レタス(ビッグベイン病；葉脈およびその周辺が太く白色化する症状を呈する)．
宿　主　域	レタス，*Nicotiana benthamiana*, *N. clevelandii*, *N. hesperis*, *N. occidentalis*(全身感染)；*Chenopodium quinoa*(接種葉に局部感染)．
増 殖 植 物	*N. benthamiana*，レタス．
検 定 植 物	*C. quinoa*(接種葉に退緑斑点)．
伝　　　染	汁液接種可．根部に感染する菌類*Olpidium virulentus*の遊走子によって媒介され土壌伝染する．
類 縁 関 係	*Ophiovirus*属の*Ranunculus white mottle virus*(RWMV)や*Tulip mild mottle mosaic virus*(TMMMV)と血清学的な関係がある．*Ophiovirus*属のタイプウイルスである*Citrus psorosis virus*(CPsV)の外被タンパク質遺伝子との相同性は，塩基レベルで46.5%，アミノ酸レベルで30.9%である．
地理的分布	ヨーロッパ，北米，南米(チリ，ブラジル)，日本など．冷涼な気候の栽培地であれば，世界各国で栽培されているレタスに広く発生している可能性がある．
そ の 他	従来，レタスビッグベイン病の病原は*Varicosavirus*属のLettuce big-vein virus(LBVV：現在はLettuce big-vein associated virus(LBVaV)と改称)とされていたが，その後，本病の病原性に関わるのはMiLBVVであることが証明された．しかし，両ウイルスは共通の媒介菌によって伝搬され，重複感染している場合が多い．〔夏秋啓子〕
引 用 文 献	Roggero, P. et al.(2000). Arch. Virol., 145, 2629−2642；岩木満朗ら(1977). 日植病報, 43, 76；岩木満朗ら(1978). 日植病報, 44, 578−584；夏秋啓子ら(2002). 日植病報, 68, 309−312；Vaira, A. M. et al.(2012). *Ophioviridae*. Virus Taxonomy 9th Report of ICTV, 743−748；ICTVdB(2006). *Mirafiori lettuce virus*. 00.094.0.01.00；DPVweb. Ophioviridae, Ophiovirus；Vaira, A. M. et al.(2008). *Ophiovirus*. Encyclopedia of Virology 3rd ed., 3, 447−454；Milne, R.G. et al.(2011). Ophiovirus. The Springer Index of Viruses 2nd ed., 995−1003；山下修一(1983). 植物ウイルス事典, 357−358；栃原比呂志(1993). 原色作物ウイルス病事典, 397−398；井上忠男(1984). 野菜のウイルス病, 241−245；Lot, H. et al.(2002). Phytopathology, 92, 288−293；Van der Wilk, F. et al.(2002). J. Gen. Virol., 83, 2869−2877；Hiraguri, A. et al.(2013). J. Gen. Virol., 94, 1145−1150.

植物ウイルス 192

Miscanthus streak virus オギ条斑ウイルス (MiSV)
Geminiviridae Mastrevirus

初　記　載	山下修一ら(1979).
粒　　　子	【形態】双球状粒子1種(18 nm×30 nm), 被膜なし.
	【物性】沈降係数 約75 S. 浮遊密度(CsCl) 1.35 g/cm^3.
	【成分】核酸：ssDNA 1種(2.7 kb), タンパク質：外被タンパク質(CP) 1種(28 kDa).
ゲ ノ ム	【構造】単一環状 ssDNA ゲノム. ORF 4個.
	【遺伝子】長鎖遺伝子間領域(LIR)−ORF V2(9 kDa 移行タンパク質(MP))−ORF V1(28 kDa 外被タンパク質(CP))−短鎖遺伝子間領域(SIR)−ORF C2(スプライシングにより ORF 1と融合)−ORF C1：C2(40 kDa 複製開始タンパク質(Rep)；ORF C1とC2を含む mRNA のスプライシングを経て翻訳される融合タンパク質)−ORF C1(25 kDa 複製関連タンパク質(RepA))−. ほかに 15 kDa 機能不明タンパク質をコードする ORF V0 が存在するが, 実際に発現するか否かは不明. LIR から 3′ 端方向へと記述. V はウイルスセンス鎖, C は相補センス鎖の ORF を示す.
	【登録コード】D00800(MiSV-[JP98] 全塩基配列), D01030(MiSV-[JP91] 全塩基配列), E02258 (MiSV-[IP96] 全塩基配列).
細胞内所在	ウイルス粒子は感染細胞の核内, 細胞質内あるいは液胞内に散在あるいは集積する.
自然宿主・病徴	オギ(全身感染；モザイク, 条斑, 矮化).
宿　主　域	オギに限られる.
増 殖 植 物	オギ.
伝　　　染	汁液接種不可. 栄養繁殖による伝染. 媒介生物不明.
類 縁 関 係	MiSV は同じマストレウイルス属の *Maize streak virus*(MSV) や *Chloris striate mosaic virus* (CSMV) とは血清学的類縁関係がない.
地理的分布	日本. 〔日比忠明〕
主 要 文 献	山下修一ら(1979). 日植病報, 45, 128；Brown, J. K. *et al.*(2012). *Mastrevirus*. Virus Taxonomy 9th Report of ICTV, 352−355；ICTVdB(2006). *Miscanthus streak virus*. 00.029.0.01.007.；DPVweb. Mastrevirus；Yamashita, S. *et al.*(1989). Miscanthus streak virus. Descriptions of Plant Viruses, 348；Brunt, A. A. *et al.* eds.(1996). Miscanthus streak monogeminivirus. Plant Viruses Online；Yamashita, S.(2004). Miscanthus streak. Viruses and Virus Diseases of *Poaceae* (Lapierre, H. *et al.* eds., INRA), 773−775；山下修一(1983). 植物ウイルス事典, 372；山下修一ら(1985). 日植病報, 51, 582−590；Chatani, M. *et al.*(1991). J. Gen. Virol., 72, 2325−2331.

植物ウイルス 193

Moroccan pepper virus トウガラシモロッコウイルス (MPV)
Tombusviridae Tombusvirus

初 記 載	Fischer, H. V. and Lockhart, B. E. L.(1977)；大木健広ら(2012)．
異　　名	Pepper Moroccan virus．
粒　　子	【形態】球状1種(径約30 nm)．被膜なし．
	【物性】沈降係数140 S．浮遊密度(CsCl) 1.36 g/cm^3．
	【成分】核酸：(＋)ssRNA 1種(4.8 kb)．タンパク質：外被タンパク質(CP)1種(41 kDa)．
ゲ ノ ム	【構造】単一線状(＋)ssRNAゲノム(4,772 nt)．ORF 5個．5′端のキャップ構造(Cap)と3′端のポリ(A)配列(poly(A))を欠く．
	【遺伝子】5′-33 kDa/92 kDa RNA複製酵素タンパク質(RdRp；92 kDaタンパク質は33 kDaタンパク質のリードスルータンパク質)-41 kDa外被タンパク質(CP)-22 kDa移行タンパク質(MP)/19 kDa RNAサイレンシングサプレッサー(19 kDaタンパク質は22 kDaタンパク質のORFに別の読み枠で重なるタンパク質)-3′．
	【登録コード】NC_020073(MPV-EM81株 全塩基配列)，ほか．
細胞質内所在	ウイルス粒子は各種組織の細胞質や液胞に存在する．ペルオキシソーム膜由来の細胞質封入体を形成するが，その内部にウイルス粒子は含まれない．
自然宿主・病徴	トルコギキョウ(葉にえそ斑点，萎縮，奇形など．病徴はトマトブッシースタントウイルス(*Tomato bushy stunt virus*：TBSV)によるえそ萎縮病に類似している)；トマト，トウガラシ(*Capsicum annuum*)，ペラルゴニウム，ナシ(葉の奇形，萎縮，えそなど)．わが国ではトルコギキョウから分離されている．
宿 主 域	広い．ナス科，アカザ科，マメ科など10科31種以上の植物種．
増 殖 植 物	*Nicotiana benthamiana*，*N. clevelandii*．
検 定 植 物	トウガラシ，*N. benthamiana*，*N. clevelandii*(全身感染；えそ)；*Chenopodium quinoa*(接種葉に局部病斑)．
伝　　染	汁液接種可．接触伝染．土壌伝染．接ぎ木伝染．
系　　統	わが国では未報告だが，海外ではいくつかの系統が報告されている．最近，塩基配列の相同性からLettuce necrotic stunt virus(LNSV)がMPVの1系統であることが示された．
類 縁 関 係	TBSVと近縁である．
地理的分布	日本(山口)，モロッコ，ドイツ，イタリア，イランなど． 〔夏秋知英〕
主 要 文 献	Fischer, H. V. and Lockhart, B. E. L.(1977). Phytopathology, 67, 1352-1355；大木健広ら(2012). 日植病報, 78, 253；Rochon, D. *et al.*(2012). *Tombusvirus*. Virus Taxonomy 9th Report of ICTV, 1114-1118；ICTVdB(2006). *Moroccan pepper virus*. 00.074.0.01.009.；DPVweb. Tombusvirus；Brunt, A. A. *et al.* eds.(1996). Pepper Moroccan *tombusvirus*. Plant Viruses Online；Lommel, S. A. and Sit, T. L.(2008). Tombusviruses. Encyclopedia of Virology 3rd ed., 5, 145-151(Desk Encyclopedia of Plant and Fungal Virology, 347-353)；Vetten, H. J. and Koenig, R.(1983). Phytopath. Z., 108, 215-220；Wintermantel, W. M. and Anchieta, A. G.(2012). Arch. Virol., 157, 1407-1409；Wintermantel, W. M. and Hladky, L. L.(2013). Phytopathology, 103, 501-508.

植物ウイルス 194

Mulberry latent virus クワ潜在ウイルス (MLV)
Betaflexviridae Carlavirus

初 記 載	土崎常男(1976).
粒　　子	【形態】ひも状1種(径12 nm×長さ700 nm). 被膜なし. 【成分】核酸：(＋)ssRNA 1種. タンパク質：外被タンパク質(CP)1種.
細胞内所在	ウイルス粒子は細胞質中に散在. 封入体は観察されない.
自然宿主・病徴	クワ(潜在感染).
宿 主 域	あまり広くない. クワ科, アカザ科, ナス科植物.
増 殖 植 物	*Chenopodium quinoa*, *Nicotiana clevelandii*.
検 定 植 物	*C. quinoa*(接種葉に退緑斑, 上葉にモザイク)；*C. amaranticolor*(接種葉に退緑斑)；センニチコウ, ゴマ, ツルナ(潜在感染).
伝　　染	汁液接種可. 媒介生物未詳.
類 縁 関 係	カーネーション潜在ウイルス(*Carnation laten virus*：CLV)と血清学的に遠い類縁関係がある.
地理的分布	日本. 〔楠木 学〕
主 要 文 献	土崎常男(1976). 日植病報, 42, 304-309；Adams, M. J. *et al.*(2012). *Carlavirus*. Virus Taxonomy 9th Report of ICTV, 924-927；ICTVdB(2006). *Mulberry latent virus*. 00.056.0.04.019.；Brunt, A. A. *et al.* eds.(1996). Mulberry latent *carlavirus*. Plant Viruses Online；土崎常男(1983). 植物ウイルス事典, 374-375；土崎常男(1993). 原色作物ウイルス病事典, 178-180.

植物ウイルス 195

Mulberry ringspot virus クワ輪紋ウイルス (MRSV)
Secoviridae Comovirinae Nepovirus (Subgroup B)

初　記　載	土崎常男ら(1971).
粒　　　子	【形態】球状2種（径22〜25 nm）．被膜なし．
	【成分】核酸：(＋)ssRNA 2種（RNA1：7.3 kb，RNA2：3.9 kb）．タンパク質：外被タンパク質(CP)1種．
ゲ ノ ム	【構造】2分節線状(＋)ssRNAゲノム．
細胞内所在	ウイルス粒子は植物のあらゆる組織に分布している．細胞質中にさや状構造物（内部にウイルス粒子が一列に並ぶ）と膜状構造物が存在する．
自然宿主・病徴	クワ（全身感染；モザイク，輪紋，ひだ葉）．
宿　主　域	やや狭い．クワ科，マメ科，アカザ科植物．
増 殖 植 物	ササゲ(Blackeye cowpea)，ダイズ．
検 定 植 物	ササゲ(Blackeye cowpea)（接種葉に局部病斑を形成後，全身感染）．
伝　　　染	汁液接種可．線虫伝搬(*Longidorus martini*)．
類 縁 関 係	血清学的にアラビスモザイクウイルス(*Arabis mosaic virus*：ArMV)，チェリー葉巻ウイルス(*Cherry leaf roll virus*：CLRV)，*Grapevine chrome mosaic virus*(GCMV)，ブドウファンリーフウイルス(*Grapevine fanleaf virus*：GFLV)，*Raspberry ringspot virus*(RpRSV)，*Strawberry latent ringspot virus*(SLRSV)，タバコ輪点ウイルス(*Tobacco ringspot virus*：TRSV)，トマト黒色輪点ウイルス(*Tomato black ring virus*：TBRV)，トマト輪点ウイルス(*Tomato ringspot virus*：ToRSV)と関係がない．
地理的分布	日本． 〔亀谷満朗〕
主 要 文 献	土崎常男ら(1971)．日植病報, 37, 266-271；Sanfaçon, H. *et al.*(2012). *Nepovirus*. Virus Taxonomy 9th Report of ICTV, 890-893；ICTVdB(2006). *Mulberry ringspot virus*. 00.018.0.03.020.；DPVweb. Nepovirus；Tsuchizaki, T.(1975). Mulberry ringspot virus. Descriptions of Plant Viruses, 142；Brunt, A.A. *et al.* eds.(1996). Mulberry ringspot nepovirus. Plant Viruses Online；土崎常男(1983)．植物ウイルス事典, 376-377；土崎常男(1993)．原色作物ウイルス病事典, 178-179；八木田秀幸・小室康雄(1972)．日植病報, 38, 275-283；日比忠明ら(1984)．日植病報, 50, 445.

植物ウイルス 196

Narcissus latent virus スイセン潜在ウイルス (NLV)
Potyviridae Macluravirus

初 記 載	Brunt, A. A. *et al.*(1967)；井上成信(1984).
異 名	Gladiolus latent virus, Gladiolus ringspot virus, Iris mild yellow mosaic virus, Narcissus mild mottle virus.
粒 子	【形態】ひも状1種(径13 nm×長さ657 nm). 被膜なし.
	【成分】核酸：(+)ssRNA 1種. タンパク質：外被タンパク質(CP)1種(32 kDa).
ゲ ノ ム	【構造】単一線状(+)ssRNAゲノム.
	【登録コード】DQ450199(部分塩基配列), ほか.
細胞内所在	ウイルス粒子は細胞質内にあり, 風車状封入体がみられる.
自然宿主・病徴	スイセン, グラジオラス, アイリス, ネリネ類(全身感染；無病徴. スイセンの品種により葉の先端に退緑症状を示すこともある).
宿 主 域	やや狭い. ヒガンバナ科, アヤメ科, ナス科など.
増 殖 植 物	*Nicotiana clevelandii*, *N. benthamiana*(全身感染；退緑斑点).
検 定 植 物	*N. clevelandii*, *N. megalosiphon*(全身感染；退緑斑点)；ツルナ, インゲンマメ(接種葉に局部退緑斑点).
伝 染	汁液接種可. 虫媒伝染(アブラムシ類による非永続伝搬).
類 縁 関 係	ユリ潜在ウイルス(*Lily symptomless virus*)と遠い血清学的類縁関係がある.
地 理 的 分 布	日本, オーストラリア, ヨーロッパ各地. 〔亀谷満朗〕
主 要 文 献	Brunt, A. A. *et al.*(1967). Rep. Glasshouse Crops Res. Inst., 155-159；井上成信(1984). 遺伝, 38, 201-214；Adams, M. J. *et al.*(2012). *Macluravirus*. Virus Taxonomy 9th Report of ICTV, 1081-1082；ICTVdB(2006). *Narcissus latent virus*. 00.057.0.04.002.；DPVweb. Macluravirus；Brunt, A. A.(1976). Narcissus latent virus. Descriptions of Plant Viruses, 170；Brunt, A. A. *et al.* eds. (1996). Narcissus latent macluravirus. Plant Viruses Online；Brunt, A. A.(1977). Rep. Glasshouse Crops Res. Inst. 1976, p.122；Brunt, A. A.(1977). Ann. Appl. Biol., 87, 355-364；Mowat, W. P. *et al.*(1991). Ann. Appl. Biol., 119, 31-46.

植物ウイルス 197

Narcissus mild mottle virus# スイセン微斑(びはん)モザイクウイルス (NMMV)
#ICTV 未認定（*Betaflexiviridae Carlavirus* ?）

#日本植物病名目録に登録されているが，Virus Taxonomy 9th Report of ICTV には記載されていない．

初 記 載	井上成信・光畑興二(1975)．
粒 子	【形態】ひも状1種(径13 nm×長さ650 nm)．被膜なし．
細胞内所在	ウイルス粒子は細胞質内に存在する．
自然宿主・病徴	スイセン(全身感染；軽いモザイク)．
宿 主 域	狭い．スイセン，アカザ科，ツルナ科植物など．
増 殖 植 物	*Chenopodium quinoa*(接種葉に局部病斑)．
検 定 植 物	*C. amaranticolor, C. quinoa*，ツルナ(接種葉に局部病斑)．
伝 染	汁液接種可．媒介生物不明．
類 縁 関 係	カーネーション潜在ウイルス(*Carnation latent virus*：CLV)，ジャガイモ M ウイルス(*Potato virus M*：PVM)と遠い血清的類縁関係がある．スイセン潜在ウイルス(*Narcissus latent virus*：NLV)の異名である Narcissus mild mottle virus とは別種．
地理的分布	日本． 〔亀谷満朗〕
主 要 文 献	井上成信・光畑興二(1975)．日植病報, 41, 286；岩木満朗(1983)．植物ウイルス事典, 378-379；亀谷満朗(1993)．原色作物ウイルス病事典, 549.

植物ウイルス 198

Narcissus mosaic virus スイセンモザイクウイルス (NMV)
Alphaflexiviridae Potexvirus

初　記　載	Van Slogteren, D. H. M. and de Bruyn-Ouboter, M. P.(1946)；岩木満朗・小室康雄(1967)，岩木満朗・小室康雄(1970).
異　　　名	Lychnis virus, Narcissus mild mosaic virus.
粒　　　子	【形態】ひも状1種(径13 nm×長さ550 nm)．らせんピッチ3.3～3.6 nm．被膜なし． 【成分】核酸：(＋)ssRNA1種(7 kb)．タンパク質：外被タンパク質(CP)1種(26 kDa).
ゲ ノ ム	【構成】単一線状(＋)ssRNAゲノム(6,955 nt)．ORF 5個．5′端にキャップ構造(Cap)，3′端にポリ(A)配列(poly(A))をもつ． 【遺伝子】5′-Cap-ORF1(186 kDa RNA複製酵素(RP)；メチルトランスフェラーゼドメイン(Met)/ヘリカーゼドメイン(Hel)/RNA依存RNA複製酵素ドメイン(RdRp))-ORF2(26 kDa移行タンパク質1；TGB1)-ORF3(14 kDa移行タンパク質2；TGB2)-ORF4(11 kDa移行タンパク質3；TGB3)-ORF5(26 kDa外被タンパク質；CP)-poly(A)-3′．ORF2～4は互いに一部オーバラップして存在している． 【登録コード】D13747，AY225449（全塩基配列）.
細胞内所在	ウイルス粒子は表皮などすべての組織の細胞質，核，液胞などにみられる．ウイルス粒子を含んだ針状封入体が感染細胞にみられる．
自然宿主・病徴	スイセン(全身感染；一般的には無病徴であるが，時に葉の退緑や先端に長細い退緑斑が現れ，後に褐色やえそになることがある).
宿　主　域	狭い．ヒガンバナ科，アカザ科，ツルナ科植物．
増 殖 植 物	*Chenopodium quinoa*，ツルナ(接種葉に退緑斑点).
検 定 植 物	*C. quinoa*(接種葉に退緑斑点).
伝　　　染	汁液接種可．媒介生物不明．
類 縁 関 係	チューリップXウイルス(*Tulip virus X*：TVX)と血清的類縁関係なし．
地理的分布	日本および世界各地．　〔亀谷満朗〕
主 要 文 献	Van Slogteren, D. H. M. and de Bruyn-Ouboter, M. P.(1946). Daffodil Tulip Yb., 12, 3-20；岩木満朗・小室康雄(1967). 日植病報, 33, 345；岩木満朗・小室康雄(1970). 日植病報 36, 81-86；Adams, M. J. *et al*.(2012). *Potexvirus*. Virus Taxonomy 9th Report of ICTV, 912-915；ICTVdB (2006). *Narcissus mosaic virus*. 00.056.0.01.011.；DPVweb. Potexvirus；Mowat, W. P.(1971). Narcissus mosaic virus. Descriptions of Plant Viruses, 45；Brunt, A. A. *et al*. eds.(1996). Narcissus mosaic *potexvirus*. Plant Viruses Online；岩木満朗(1983). 植物ウイルス事典, 380-381；亀谷満朗(1993). 原色作物ウイルス病事典, 548-549；Brunt, A. A.(1966). Ann. Appl. Biol., 58, 13-23；Robinson, D. J. *et al*.(1975). J. Gen. Virol., 29, 325-330；Short, M. N. and Davis, J. W.(1983). Bioscience Rep. 3, 837-846；Zuidema, D. *et al*.(1989). J. Gen. Virol., 70, 267-276.

植物ウイルス 199

Narcissus yellow stripe virus スイセン黄色条斑ウイルス (NYSV)
Potyviridae Potyvirus

初 記 載	Darlington, H. R.(1908)；岩木満朗・小室康雄(1972).
異 名	Narcissus yellow streak virus.
粒 子	【形態】ひも状1種(径12 nm×長さ755 nm). 被膜なし.
	【成分】核酸：(＋)ssRNA 1種(9.7 kb). タンパク質：外被タンパク質(CP)1種(31 kDa), ゲノム結合タンパク質(VPg)1種.
ゲ ノ ム	【構造】単一線状(＋)ssRNAゲノム(9,650 nt). ORF 1個. 5′端にゲノム結合タンパク質(VPg), 3′端にポリ(A)配列(poly(A))をもつ.
	【遺伝子】5′-VPg-352 kDaポリプロテイン(36 kDa P1プロテアーゼ(P1)/51 kDa虫媒介助タンパク質-プロテアーゼ(HC-Pro)/41 kDa P3タンパク質(P3)/6 kDa機能不明タンパク質(6 K1)/72 kDa円筒状封入体タンパク質(CI)/6 kDa機能不明タンパク質(6 K2)/22 kDaゲノム結合タンパク質(NIa-VPg)/28 kDa NIaプロテアーゼ(NIa-Pro)/59 kDa RNA複製酵素(NIb)/31 kDa外被タンパク質(CP))-poly(A)-3′.
	【登録コード】AM158908(全塩基配列), ほか.
細胞内所在	ウイルス粒子は細胞質内に散在する. 感染細胞に風車状封入体が多くみられる.
自然宿主・病徴	スイセン(全身感染；葉や花茎に退緑条斑).
宿 主 域	狭い. ヒガンバナ科, ツルナ科植物.
増 殖 植 物	ツルナ(接種葉に退緑斑点).
検 定 植 物	ツルナ(接種葉に退緑斑点).
伝 染	汁液接種可. アブラムシによる非永続伝搬.
地理的分布	日本および世界各地. 〔亀谷満朗〕
主 要 文 献	Darlington, H. R.(1908). J. Roy. Hort. Soc., 34, 161-166；岩木満朗・小室康雄(1972). 日植病報, 38, 210-211；Adams, M. J. *et al.*(2012). *Potyvirus*. Virus Taxonomy 9th Report of ICTV, 1072-1079；ICTVdB(2006). *Narcissus yellow stripe virus*. 00.057.0.01.041.；DPVweb. Potyvirus；Brunt, A. A.(1971). Narcissus yellow stripe virus. Descriptions of Plant Viruses, 76；Brunt, A. A. *et al.* eds.(1996). Narcissus yellow stripe *potyvirus*. Plant Viruses Online；岩木満朗(1983). 植物ウイルス事典, 382-383；亀谷満朗(1993). 原色作物ウイルス病事典, 547-548；Van Slogteren, E. and De Bruyn-Ouboter, M. P.(1946). Daffodil Tulip Yb., 12, 3-20；Cremer, M. C. and Van der Veken, J. A.(1964). Neth. J. Plant Path., 72, 105-113；Chen, J. *et al.*(2006). Arch. Virol., 151, 1673-1677；Wylie, S. J. *et al.*(2012). Arch. Virol., 157, 1471-1480.

植物ウイルス 200

Nemesia ring necrosis virus　ネメシア輪紋えそウイルス　(NeRNV)
Tymoviridae Tymovirus

初　記　載	Koenig, R. *et al.*(2005)；松下陽介ら(2008)．
異　　　名	ネメシアリングネクロシスウイルス，Diascia yellow mottle virus．
粒　　　子	【形態】球状1種(径 約30 nm)．被膜なし．
	【成分】核酸：(+)ssRNA 1種(6.3 kb)．タンパク質：外被タンパク質(CP)1種(20 kDa)．
ゲ ノ ム	【構造】単一線状(+)ssRNAゲノム(6,285 nt)．ORF 3個．ゲノムの5′端にキャップ構造(Cap)，3′端にtRNA様構造(TLS)をもつ．
	【遺伝子】5′-Cap-ORF1(198 kDa RNA複製酵素(RP)；メチルトランスフェラーゼドメイン/パパイン様プロテアーゼドメイン/ヘリカーゼドメイン/RNA複製酵素ドメイン)/ORF2(68 kDa 移行タンパク質(MP)；ORF1とほぼ重複)-ORF3(20 kDa 外被タンパク質(CP))-TLS-3′．
	【登録コード】AY751778，EU684141(全塩基配列)，ほか．
自然宿主・病徴	ゴマノハグサ科，クマツヅラ科植物など(ネメシアでは葉にえそ斑点またはえそ輪紋)．
宿　主　域	狭い．ゴマノハグサ科，クマツヅラ科植物など．
増 殖 植 物	ネメシア(*Nemesia* sp.)，ダイアシア(*Diascia* sp.)．
検 定 植 物	ネメシア(葉にえそ斑点またはえそ輪紋)．
伝　　　染	汁液接種可．媒介生物不明．
地理的分布	ヨーロッパ，北米など．

〔松下陽介・築尾嘉章〕

主 要 文 献　Koenig, R. *et al.*(2005). J. Gen. Virol., 86, 1827-1833；松下陽介ら(2008). 日植病報, 74, 44；Adams, M. J. *et al.*(2012). *Tymovirus*. Virus Taxonomy 9th Report of ICTV, 946-948；Skelton, A. L. *et al.*(2004). Plant Pathol., 53, 798：Segwagwe, A. T. *et al.*(2008). Arch. Virol., 153, 1495-1503.

植物ウイルス 201

Nerine latent virus ネリネ潜在ウイルス (NeLV)
Betaflexiviridae Carlavirus

初　記　載	Brunt, A. A. *et al.*(1970)；井坂政大ら(2006).
異　　　名	Hippeastrum latent virus(HiLV)，Narcissus symptomless virus.
粒　　　子	【形態】ひも状1種(径13 nm×長さ665 nm). 被膜なし.
	【成分】核酸：(+)ssRNA 1種(8.3〜8.5 kb). タンパク質：外被タンパク(CP)質1種(33 kDa).
ゲ ノ ム	【構造】単一線状(+)ssRNAゲノム(8,332〜8,500 nt). ORF 6個. ゲノムの5′端にキャップ構造(Cap)，3′端にポリ(A)配列(poly(A))をもつ.
	【遺伝子】5′-Cap-ORF1(216-224 kDa RNA複製酵素；RP；メチルトランスフェラーゼドメイン/パパイン様プロテアーゼドメイン/ヘリカーゼドメイン/RNA複製酵素ドメイン)-ORF2(25-26 kDa 移行タンパク質1；TGB1)-ORF 3(12-13 kDa 移行タンパク質2；TGB2)-ORF4(7 kDa 移行タンパク質3；TGB3)-ORF5(33 kDa 外被タンパク質ドメイン；CP)-ORF6(12-16 kDa 核酸結合タンパク質)-poly(A)-3′.
	ORF2〜4およびORF5〜6は各々のORFが互いに一部オーバラップして存在している.
	【登録コード】DQ098905(台湾分離株 全塩基配列)；JQ395043, JQ395044(オーストラリア分離株 全塩基配列).
細胞内所在	ウイルス粒子は各種組織の細胞の細胞質内に存在する.
自然宿主・病徴	ネリネ・ボーデニー(*Nerine bowdenii*)，アマリリス(無病徴感染).
宿　主　域	やや狭い. アマリリス，アカザ科植物，センニチコウ，チョウセンアサガオ.
増 殖 植 物	アカザ科植物(*Chenopodium quinoa, C. murale* など).
検 定 植 物	アカザ科植物(*C. quinoa, C. murale*)，センニチコウ(接種葉に退緑斑点).
伝　　　染	汁液接種可. アブラムシによる非永続伝搬.
系　　　統	日本には岡山株，兵庫株がある.
類 縁 関 係	カーネーション潜在ウイルス(*Carnation latent virus*：CLV)，キクBウイルス(*Chrysanthemum virus B*：CVB)と血清学上の類縁関係がある.
地理的分布	日本，台湾，オーストラリア，オランダ，イギリス. 〔井村喜之〕
主 要 文 献	Brunt, A. A. *et al.*(1970). Rep. Glasshouse Crops Res. Inst. 1969, 138；井坂政大ら(2006). 日植病報, 72, 41；Adams, M. J. *et al.*(2012). *Carlavirus*. Virus Taxonomy 9th Report of ICTV, 924-927；ICTVdB(2006). Nerine latent virus. 00.056.0.04.021.；Brunt, A. A. *et al.* eds.(1996). Nerine latent *carlavirus*. Plant Viruses Online；Hakkaart, F. A.(1972). Jversl. Inst. Plziektenk. Onderz. Wageningen, 1971, 105-106；Koenig, R. *et al.*(1973). Intervirol., 1, 348-353；Hakkaart, F. A. *et al.*(1975). Acta Hort., 47, 51-53；Brolman-Hupkes, J. E.(1975). Neth. J. Plant Path., 81, 226-236；Maat, D. Z. *et al.*(1978). Neth. J. Plant Path., 84, 47-59.；Wylie, S. J. *et al.*(2012). Arch. Virol., 157, 1471-1480.

植物ウイルス 202

Nerine virus X ネリネ X ウイルス (NVX)
Alphaflexiviridae Potexvirus

初 記 載	Brunt, A. A. *et al.* (1970); Fuji, S. *et al.* (2006).
異 名	ヒメヒガンバナ X ウイルス, Agapanthus virus X.
粒 子	【形態】ひも状 1 種(径 11 nm×長さ 525〜550 nm). 被膜なし.
	【成分】核酸:(+)ssRNA 1 種(7 kb, GC 含量 42%). タンパク質:外被タンパク質(CP)1 種(24 kDa).
ゲ ノ ム	【構造】単一線状(+)ssRNA ゲノム(6,577〜6,582 nt). ORF 5 個. 5′ 端にキャップ構造(Cap), 3′ 端にポリ(A)配列(poly(A))をもつ.
	【遺伝子】5′-Cap-ORF 1(170 kDa RNA 複製酵素;RP;メチルトランスフェラーゼドメイン/パパイン様プロテアーゼドメイン/ヘリカーゼドメイン/RNA 依存 RNA 複製酵素ドメイン)-ORF2(25 kDa 移行タンパク質 1;TGB1)-ORF3(13 kDa 移行タンパク質 2;TGB2)-ORF4(13 kDa 移行タンパク質 3;TGB3)-ORF 5(24 kDa 外被タンパク質;CP)-poly(A)-3′. ORF2〜4 は互いに一部オーバラップして存在している.
	【登録コード】AB219105(日本分離株 全塩基配列), HQ166713(台湾分離株 全塩基配列).
自然宿主・病徴	ネリネ, アガパンサス(モザイク, 退緑条斑あるいは無病徴).
宿 主 域	やや広い. ネリネ, アガパンサス, アオゲイトウ, *Chenopodium amaranticolor*, *C. capitatum*, *C. murale*, *C. quinoa*, センニチコウ, トマト, オオセンナリ, *Nicotiana debneyi*, ツルナなど.
検 定 植 物	*C. amaranticolor*, *C. quinoa*(接種葉に退緑斑, えそ斑);ツルナ(接種葉にえそ斑).
伝 染	汁液接種可. 媒介生物不明.
類 縁 関 係	他の *Potexvirus* 属ウイルスと塩基配列上の高い類縁関係はない.
地理的分布	イギリス, オランダ, 日本, 台湾. 〔藤 晋一〕
主 要 文 献	Brunt, A. A. *et al.* (1970). Rep. Glasshouse Crops Res. Inst. 1969, 138;Fuji, S. *et al.* (2006). Arch. Virol., 151, 205-208;Adams, M. J. *et al.* (2012). *Potexvirus*. Virus Taxonomy 9th Report of ICTV, 912-915;ICTVdB(2006). *Nerine virus X*. 00.056.0.01.012.;DPVweb. Potexvirus;Phillips, S. and Brunt, A. A. (1988). Nerine virus X. Descriptions of Plant Viruses, 336;Brunt, A. A. *et al.* eds. (1996). Nerine X *potexvirus*. Plant Viruses Online;Hakkaart, F. A. *et al.* (1975). Acta Hort., 47, 51-53;Maat, D. Z. *et al.* (1976). Acta Hort., 59, 81-82;Phillips, S. and Brunt, A. A. (1980). Acta Hort., 110, 65-70.

植物ウイルス 203

Northern cereal mosaic virus　ムギ北地（ほくち）モザイクウイルス　(NCMV)
Rhabdoviridae Cytorhabdovirus

初　記　載	伊藤誠哉・福士貞吉(1944).
粒　　　子	【形態】桿菌状多形1種(径約68 nm×長さ350〜380 nm). 被膜あり. 【成分】核酸：(−)ssRNA 1種(13.2 kb). タンパク質：構造タンパク質5種；ヌクレオキャプシドタンパク質(N：47 kDa), マトリックスタンパク質(M：19 kDa), 糖タンパク質(G：63 kDa；スパイクタンパク質), RNA複製酵素(L：236 kDa), リン酸化タンパク質(P：32 kDa). 脂質：宿主細胞由来のリン脂質とステロール.
ゲ ノ ム	【構造】単一線状(−)ssRNA(13,222 nt). ORF 9個. 3′端にリーダー配列，5′端にトレイラー配列とよばれる非翻訳領域をもつ. 両末端の塩基配列は互いに相補的. 遺伝子間には18塩基からなる保存配列(ジャンクション；転写の停止，ポリ(A)付加，次の遺伝子の転写開始機能)が存在. 【遺伝子】3′−リーダー配列−N(47 kDa ヌクレオキャプシドタンパク質)−P(32 kDa リン酸化タンパク質)−ORF3,4,5,6(機能不明の4個の小さい遺伝子)−M(19 kDa マトリックスタンパク質)−G(63 kDa 糖タンパク質)−L(236 kDa RNA複製酵素)−トレイラー配列−5′. 【登録コード】AB030277(全塩基配列), GU985153(全塩基配列).
細胞内所在	感染した各種細胞の主に細胞質内にビロプラズム様領域が形成され，周囲のER間隙に被膜した完全粒子が集塊する.
自然宿主・病徴	オオムギ，コムギ，エンバク(北地モザイク病)，スズメノカタビラなど(全身感染；モザイク，萎縮，叢生).
宿　主　域	イネ科植物(14属18種).
増 殖 植 物	オオムギ.
検 定 植 物	オオムギ，コムギ.
伝　　　染	汁液接種不可. ヒメトビウンカ，シロオビウンカ，サッポロトビウンカ，ナカノウンカで永続伝搬.
類 縁 関 係	*Cytorhabdovirus*属の暫定種 Wheat rosette stunt virus(WRSV)は NCMV の一系統.
地理的分布	日本，韓国，中国. 〔鳥山重光〕
主 要 文 献	伊藤誠哉・福士貞吉(1944). 札幌農林学会報, 36(3), 62-89, 36(4), 65-89；Dietzgen, R. G. et al.(2012). Plant-adapted rhabdovirus genera, *Cytorhabdovirus and Nucleorhabdovirus*. Virus Taxonomy 9th Report of ICTV, 703-707；ICTVdB(2006). *Northern cereal mosaic virus*. 01.062.0.04.006.；DPVweb. Cytorhabdovirus；Toriyama, S.(1986). Northern cereal mosaic virus. Descriptions of Plant Viruses, 322；Brunt, A. A. et al. eds.(1996). Cereal northern mosaic *cytorhabdovirus*. Plant Viruses Online；Toriyama, S.(2004). Northern cereal mosaic. Viruses and Virus Diseases of *Poaceae*(Lapierre, H. et al. eds., INRA), 578-580；Dietzgen, R. G.(2011). Cytorhabdovirus. The Springer Index of Viruses 2nd ed., 1709-1713；鳥山重光(1983). 植物ウイルス事典, 386-387；土崎常男(1993). 原色作物ウイルス病事典, 76-77；鳥山重光(1972). ウイルス, 22, 114-124；Toriyama, S.(1976). Ann. Phytopath. Soc. Jpn., 42, 494-496；Toriyama, S.(1976). Ann. Phytopath. Soc. Jpn., 42, 563-577；Shirako, Y. et al.(1985). Phytopathology, 75, 453-457；Tanno, F. et al.(2000). Arch. Virol., 145, 1373-1384.

植物ウイルス 204

Odontoglossum ringspot virus オドントグロッサム輪点ウイルス (ORSV)
Virgaviridae Tobamovirus

初 記 載	Jensen, D. D and Gold, H. A. (1951); Inouye, N. (1966).
異　　名	オドントグロッサムリングスポットウイルス，Tobacco mosaic virus-orchid strain.
粒　　子	【形態】棒状1種(径18 nm×長さ300 nm)．被膜なし． 【物性】沈降係数212 S．浮遊密度(CsCl) 1.25 g/cm^3． 【成分】核酸：(+)ssRNA 1種(6.6 kb, GC含量39%)．タンパク質：外被タンパク質(CP)1種(18 kDa).
ゲ ノ ム	【構造】単一線状(+)ssRNAゲノム(6,618 nt)．ORF 4個．5′端にキャップ構造(Cap)，3′端にtRNA様構造(TLS)をもつ． 【遺伝子】5′-Cap-ORF1/ORF2(126/183 kDa RNA複製酵素(RdRp); 183 kDaタンパク質は126 kDaタンパク質のリードスルータンパク質)-ORF3(31 kDa細胞間移行タンパク質(MP))-ORF4(18 kD 外被タンパク質(CP))-TLS-3′． 【登録コード】X82130(韓国系統 全塩基配列)，DQ139262(台湾系統 全塩基配列)，U34586(シンガポール系統 全塩基配列)，S83257(日本 Cy-1系統 全塩基配列)，ほか．
細胞内所在	ウイルス粒子は各種細胞の細胞質内に散在または集塊，結晶配列をなす．粒子を含む細胞質封入体も観察される．
自然宿主・病徴	41属のラン科植物(全身感染し，モザイク～え死，クサビ形斑紋，花弁の斑入り症状を示す)．
宿 主 域	ラン科植物．そのほかは狭く，ツルナ科，ヒユ科植物など．
増 殖 植 物	*Cymbidium* spp., ハブソウ(*Cassia occidentalis*).
検 定 植 物	アカザ科(*Chenopodium amaranticolor*, *C. quinoa*, *C. murale*)，ナス科(*Datura stramonium*)，マメ科(ハブソウ)，ヒユ科(*Gomphrena globosa*)，ツルナ科(*Tertagonia expansa*)(接種葉に局部感染)．
伝　　染	汁液接種可．接触伝染(主に株分け時の器具，手指の汚染により伝染)．土壌伝染．媒介生物は関与しない．
系　　統	シンガポール系統，韓国系統，日本系統，米国系統，台湾系統．
類 縁 関 係	スイカ緑斑モザイクウイルス(*Cucumber green mottle mosaic virus*：CGMMV)，タバコモザイクウイルス(*Tobacco mosaic virus*：TMV)，トマトモザイクウイルス(*Tomato mosaic virus*：ToMV)，タバコ微斑モザイクウイルス(*Tobacco mild green mosaic virus*：TMGMV)など他の*Tobamovirus*属ウイルスと遠い血清学的類縁関係を示す．
地理的分布	日本および世界各国．　　　　　　　　　　　　　　　　　　　　　　　　　〔張　茂雄〕
主 要 文 献	Jensen, D. D and Gold, H. A. (1951). Phytopathology, 41, 648-653; Inouye, N. (1966). Ber. Ohara Inst. Landw. Biol. Okayama Univ., 13, 149-159; Adams, M. J. *et al.* (2012). *Tobamovirus*. Virus Taxonomy 9th Report of ICTV, 1153-1156; ICTVdB (2006). *Odontoglossum ringspot virus*. 00.071.0.01.005.; DPVweb. Tobamovirus; Paul, H. L. (1975). Odontoglossum ringspot virus. Descriptions of Plant Viruses, 155; Brunt, A. A. *et al.* eds. (1996). Odontoglossum ringspot *tobamovirus*. Plant Viruses Online; 井上成信(1983). 植物ウイルス事典, 388-389; 井上成信(1993). 原色作物ウイルス病事典, 581-582; 井上成信(2001). 原色ランのウイルス病, 153-155; Lewandowski, D. J. (2008). *Tobamovirus*. Encyclopedia of Virology 3rd ed., 5, 68-72; Zaitlin, M. (2011). Tobamovirus. The Springer Index of Viruses 2nd ed., 2065-2069; Ryu K. H. *et al.* (1995). Arch. Virol., 140, 1577-1587; Ikegami, M. *et al.* (1995). Microbiol. Immunol., 39, 995-1001; 近藤秀樹ら(2011). 名古屋国際蘭会議(NIOC) 2011記録, 22-27.

植物ウイルス 205

Olive latent virus 1　オリーブ潜在ウイルス 1

(OLV-1)
Tombusviridae Alphanecrovirus

初　記　載	Gallitelli, D. and Savino, V.(1985)；Kanematsu, S. *et al.*(2001).
粒　　　子	【形態】球状 1 種(径 30 nm). 被膜なし.
	【物性】沈降係数 111 S. 浮遊密度(CsCl) 1.359 g/cm³, (Cs₂SO₄) 1.314 g/cm³.
	【成分】核酸：(＋)ssRNA 1 種(3.7 kb). タンパク質：外被タンパク質(CP)1 種(30 kDa).
ゲ ノ ム	【構造】単一線状(＋)ssRNA ゲノム(カンキツ分離株 3,699 nt, オリーブ分離株 3,702 nt). ORF 5 個.
	【遺伝子】5′-23 kDa/82 kDa RNA 複製酵素タンパク質(RdRp)；82 kDa タンパク質は 23 kDa タンパク質のリードスルータンパク質)-8 kDa 移行タンパク質(MP1)-6 kDa 移行関連タンパク質(MP2)-30 kDa 外被タンパク質(CP)-3′.
	【登録コード】X85989(カンキツ分離株 全塩基配列), DQ083996(オリーブ分離株 全塩基配列), AB061815(チューリップ分離株 外被タンパク質遺伝子塩基配列).
細胞内所在	ウイルス粒子は各種細胞の細胞質内で散在あるいは集塊をなし, 時に集塊は液胞膜から液胞内へ水疱状に膨出する.
自然宿主・病徴	オリーブ(樹勢低下など. あるいは無病徴)；カンキツ(葉の変形など. あるいは無病徴)；チューリップ(えそ病；斑紋；黄色条斑).
宿　主　域	やや狭い. 少数のアカザ科, マメ科, ウリ科, ヒユ科, ナス科植物(主に局部感染).
増 殖 植 物	*Nicotiana benthamiana*.
検 定 植 物	*N. benthamiana*(全身感染；モザイク).
伝　　　染	汁液接種可. カンキツ分離株は媒介者なしで土壌伝染.
類 縁 関 係	従来の *Necrovirus* 属は, 現在, 塩基配列の相同性に基づいて *Alphanecrovirus* 属と *Betanecrovirus* 属とに 2 分されている. 本ウイルスのオリーブ分離株およびカンキツ分離株は *Tobacco necrosis virus-A*(TNV-A)および同 *D*(TNV-D)抗血清と弱く反応する. チューリップ分離株の抗血清は TNV-A と反応しない.
地 理 的 分 布	イタリア, ヨルダン, トルコ, ポルトガル, レバノン, シリア, 日本.
そ の 他	チューリップ分離株は外被タンパク質遺伝子の塩基配列の相同性(93％)からのみ同定されている. 当該分離株は *Olpidium* による媒介が示唆されていることもあり, カンキツ・オリーブ分離株とは別系統あるいは別種ウイルスの可能性がある. 〔兼松誠司〕
主 要 文 献	Gallitelli, D. and Savino, V.(1985). Ann. Appl. Biol., 106, 295-303；Kanematsu, S. *et al.*(2001). J. Gen. Plant Pathol., 67, 333-334；Rochon, D. *et al.*(2012). *Necrovirus*. Virus Taxonomy 9th Report of ICTV, 1129-1131；ICTV Virus Taxonomy List(2013). *Alphanecrovirus*；ICTVdB (2006). *Olive latent virus 1*. 00.074.0.03.007.；DPVweb. Alphanecrovirus；Brunt, A. A. *et al.* eds (1996). Olive latent 1(?)*sobemovirus*. Plant Viruses Online；Grieco, F. *et al.*(1996). Arch. Virol., 141, 825-838；Martelli, G.P. *et al.*(1996). Eur. J. Plant Pathol., 102, 527-536；Pantaleo, V. *et al.*(1999). Arch. Virol., 144, 1071-1079；Felix, M. R. *et al.*(2005). Arch. Virol., 150, 2403-2406；Felix, M. R. *et al.*(2007). Plant Viruses, 1, 170-177.

植物ウイルス 206

Olive mild mosaic virus オリーブ微斑(びはん)ウイルス (OMMV)
Tombusviridae Alphanecrovirus

初 記 載		Félix, M. R. and Clara, M. I. E.(2002)；多賀由美子ら(2005)，守川俊幸ら(2006)．
異 名		オリーブマイルドモザイクウイルス．
粒 子		【形態】球状1種(径28 nm)．被膜なし．
		【物性】沈降係数110 S．
		【成分】核酸：(+)ssRNA 1種(3.7 kb，GC含量48.2%)．タンパク質：外被タンパク質(CP)1種(29 kDa)．
ゲ ノ ム		【構造】単一線状(+)ssRNAゲノム(3,683 nt)．ORF 5個．
		【遺伝子】5′-23 kDa/82 kDa RNA複製酵素タンパク質(RdRp；82 kDaタンパク質は23 kDaタンパク質のリードスルータンパク質)-8 kDa移行タンパク質(MP1)-6 kDa移行関連タンパク質(MP2)-29 kDa外被タンパク質(CP)-3′．
		【登録コード】AY616760(全塩基配列)，ほか．
自然宿主・病徴		オリーブ，チューリップ(全身感染；微斑)．
宿 主 域		チューリップ，オリーブ，*Nicotiana benthamiana*(全身感染)；*Chenopodium amaranticolor*, *C. quinoa*, *C. murale*, *Gomphrena globosa*, *N. glutinosa*, *Cucumis sativus*(局部感染)．
増 殖 植 物		*N. benthamiana*．
検 定 植 物		*C. amaranticolor*, *C. quinoa*(接種葉にえそ斑)．
伝 染		汁液接種可．*Olpidium virulentus*による土壌伝染．
類 縁 関 係		従来の*Necrovirus*属は，現在，塩基配列の相同性に基づいて*Alphanecrovirus*属と*Betanecrovirus*属とに2分されている．OMMVのRNA複製酵素のアミノ酸配列はオリーブ潜在ウイルス1(*Olive latent virus 1*：OLV-1)や*Tobacco necrosis virus A*(TNV-A)に近いが，外被タンパク質のアミノ酸配列はタバコえそDウイルス(*Tobacco necrosis virus D*：TNV-D)に近い．このことから，本ウイルスは，OLV-1もしくはTNV-AとTNV-Dとの間での遺伝子組換えによって生じたウイルスの可能性がある．
地理的分布		ポルトガル，オランダ，日本．〔大木健広〕
主 要 文 献		Félix, M. R. and Clara, M. I. E.(2002). Acta Hort., 586, 725-728；多賀由美子ら(2005). 日植病報, 71, 232；守川俊幸ら(2006). 日植病報, 72, 327；Rochon, D. *et al.*(2012). *Necrovirus*. Virus Taxonomy 9th Report of ICTV, 1129-1131；ICTV Virus Taxonomy List(2013), *Alphanecrovirus*；DPVweb. Alphanecrovirus；Cardoso, J.M.S. *et al.*(2005). Arch. Virol., 150, 815-823；Varanda, C. *et al.*(2010). Eur. J. Plant Pathol., 127, 161-164；Carla, M. R. *et al.*(2011). Eur. J. Plant Pathol., 130, 165-172；Cardoso, J.M.S. *et al.*(2012). Phytopathol. Medit., 51, 259-265.

植物ウイルス 207

Onion yellow dwarf virus タマネギ萎縮ウイルス (OYDV)
Potyviridae Potyvirus

初　記　載	Melhus, I. E. *et al.*(1929)；野田千代一・井上成信(1989)，山下一夫ら(1997)．
異　　　名	ネギ萎縮ウイルス(Onion yellow dwarf virus-garlic type；わが国の OYDV のニンニクおよび観賞用アリウムからの分離株)，Allium virus 1．
粒　　　子	【形態】ひも状 1 種(径 13 nm×長さ 772～823 nm)．被膜なし． 【物性】沈降係数 143 S．浮遊密度(CsCl) 1.306 g/cm^3． 【成分】核酸：(+)ssRNA 1 種(10.5 kb，GC 含量 39％)．タンパク質：外被タンパク質(CP)1種(29 kDa)，ゲノム結合タンパク質(VPg)1 種．
ゲ ノ ム	【構造】単一線状(+)ssRNA ゲノム(10,459～10,538 nt)．ORF 1 個．5′端にゲノム結合タンパク質(VPg)，3′端にポリ(A)配列(poly(A))をもつ． 【遺伝子】5′-VPg-386 kDa ポリプロテイン(52 kDa P1 プロテアーゼ・細胞間移行タンパク質(P1-Pro)/52 kDa 虫媒介助タンパク質・プロテアーゼ(HC-Pro)/60 kDa P3 プロテアーゼ補助タンパク質/6 kDa 複製関与タンパク質/71 kDa 円筒状封入体・RNA ヘリカーゼタンパク質(CI)/6 kDa 膜結合タンパク質/22 kDa ゲノム結合タンパク質(NIa-VPg)/27 kDa 核内封入体 a・プロテアーゼ(NIa-Pro)/59 kDa 核内封入体 b・RNA 複製酵素(NIb)/29 kDa 外被タンパク質(CP))-poly(A)-3′． 【登録コード】AB219834(G5h isolate 全塩基配列)，AJ510223(Yuhang isolate 全塩基配列)，ほか．
細胞内所在	ウイルス粒子は各種細胞の細胞質内に散在・集塊し，封入体を形成．
自然宿主・病徴	タマネギ，シャロット，ニンニク(全身感染；黄色条斑，葉巻，萎縮)．わが国では，ニンニク，観賞用アリウム(全身感染；条斑，葉巻，潜在感染)だけが報告されている．
宿　主　域	狭い．ネギ(*Allium*)属の数種に限る．
増 殖 植 物	ニンニク．
検 定 植 物	ニンニク(接種葉に局部壊死斑，もしくは全身病徴)．
伝　　　染	汁液接種可．アブラムシによる非永続伝搬．栄養繁殖による伝染．
系　　　統	Garlic 系統，Onion 系統．ニンニクには強毒型と弱毒型が重複感染していることがあり，後者は HC-Pro の N 端 92 アミノ酸が欠落している．
類 縁 関 係	シャロット黄色条斑ウイルス(*Shallot yellow stripe virus*：SYSV)と弱い血清関係がある．
地 理 的 分 布	日本および世界各地．
そ　の　他	1996 年以前にわが国のネギ，タマネギ，ラッキョウ，ワケギなどのモザイク症状株から分離され，従来，ネギ萎縮ウイルス(Onion yellow dwarf virus：OYDV)とされていたウイルスは，塩基配列の解析結果から，ニンニクおよび観賞用アリウムからの分離株を除いて，いずれも海外のタマネギやシャロットで発生する OYDV とは別種の SYSV であると同定された．すなわち，OYDV garlic-type が OYDV であり，OYDV wakegi-type は SYSV である．〔岩井 久〕
主 要 文 献	Melhus, I. E. *et al.*(1929). Phytopathology, 19, 73-77；野田千代一・井上成信(1989). 日植病報 55, 532；山下一夫ら(1997). 日植病報, 63, 195-196；Adams, M. J. *et al.*(2012). *Potyvirus.* Virus Taxonomy 9th Report of ICTV, 1072-1079；ICTVdB(2006).*Onion yellow dwarf virus.* 00.057.0.01.043.；DPVweb. Potyvirus；Bos, L.(1976). Onion yellow dwarf virus. Descriptions of Plant Viruses, 158；Brunt, A. A. *et al.* eds.(1996). Onion yellow dwarf *potyvirus.* Plant Viruses Online；Van Dijk, P.(1993). Neth. J. Plant Pathol. 99, Suppl. 2, 1-48；Tsuneyoshi, T. *et al.*(1998). Arch. Virol., 143, 97-113；Chen, J. *et al.*(2003). Arch. Virol., 148, 1165-1173；Takaki, F. *et al.*(2006). Arch. Virol., 151, 1439-1445.

植物ウイルス 208

Orchid fleck virus[#] ランえそ斑紋(はんもん)ウイルス
(OFV)
[#]ICTV 未分類（Unassigned）

[#]Virus Taxonomy 9th Report of ICTV では未分類ウイルスとして記載されている.

初 記 載	Chang, M. U. et al. (1976).
異 名	Dendrobium leaf streak virus, Dendrobium virus, Phalaenopsis virus など.
粒 子	【形態】弾丸状〜桿菌状 1〜2 種(?)（径 40 nm×長さ 150 nm）．らせんピッチ 4.5 nm．細胞内では被膜を欠くが，細胞外では被膜を被る． 【成分】核酸：(−)ssRNA 2 種（RNA1：6.4 kb，RNA2：6.0 kb；GC 含量 47%）．タンパク質：構造タンパク質数種；ヌクレオキャプシドタンパク質（N；49 kDa），RNA 複製酵素（RdRp；212 kDa），ほか．
ゲ ノ ム	【構造】2 分節線状(−)ssRNA ゲノム（RNA1：6,413 nt，RNA2：6,001 nt）．ORF 6 個（RNA1：5 個，RNA2：1 個）．3′端にリーダー配列，5′端にトレイラー配列とよばれる非翻訳領域をもつ． 【遺伝子】RNA1：3′-リーダー配列-ORF 1（49 kDa ヌクレオキャプシドタンパク質；N）-ORF 2（26 kDa 機能不明タンパク質）-ORF3（38 kDa 機能不明タンパク質）-ORF 4（20 kDa 機能不明タンパク質）-ORF 5（61 kDa 機能不明タンパク質）-トレイラー配列-5′．RNA2：3′-リーダー配列-ORF 1（212 kDa RNA 複製酵素；RdRp）-トレイラー配列-5′． 【登録コード】AB244417（日本系統 RNA1 全塩基配列），AB244418（日本系統 RNA2 全塩基配列），AB516442（韓国系統 RNA1 全塩基配列），AB516441（韓国系統 RNA2 全塩基配列），ほか．
細胞内所在	核内にビロプラズムが形成され，その周囲と内部にウイルス粒子が集積する．核内に充満した粒子は核膜に続く膜糸のルートで細胞質に移行する．感染細胞は最終的にはえ死し，崩壊した膜系に包まれたウイルス粒子集団（spokedwheel；スポーク車輪状構造）が認められる．
自然宿主・病徴	36 属のラン科植物（えそ斑紋病，黄色斑紋モザイク病；え死斑）．
宿 主 域	ラン科植物およびその他 12 科 17 種の植物．
増 殖 植 物	Cymbidium spp., Tertagonia expansa.
検 定 植 物	アカザ科（Chenopodium amaranticolor, C. quinoa, C. murale, Beta vulgaris）（全身感染）；ナス科（Nicotiana tabacum, N. glutinosa），マメ科（Cassia tora, Vicia faba），ツルナ科（Tertagonia expansa），Amaranthus lividus, Vinca major, Lactuca laciniata, Pharbitis nil, Acalypha australis, Hibiscus manihot, H. syriacus, Citrus hassaku（局部感染）．
伝 染	汁液接種可．ダニ（オンシツヒメハダニ；Brevipalpus californicus）による永続伝搬．
系 統	日本，韓国，その他（オーストラリア，ブラジルなど）の各系統．これらはヌクレオキャプシドタンパク質遺伝子の部分塩基配列による分子系統解析では，2 つのサブグループに分かれる．
地理的分布	日本および世界各地（オーストラリア，ニュージーランド，ブラジル，ドイツ，韓国，米国）
そ の 他	30℃以上の高温条件が感染および病徴発現に適する．OFV の RdRp はヌクレオラブドウイルス科ウイルスのそれと配列の相同性を示すが，ラブドウイルス科ウイルスは単一(−)ssRNA ゲノムを有することから，OFV およびこれに類似した性状の Coffee ringspot virus（CoRSV）などをふくめた Dichorhavirus 属の新設が ICTV で検討されている． 〔張 茂雄〕
主要文献	Chang, M. U. et al. (1976). Ann. Phytopath. Soc. Jpn., 42, 156-167；Adams, M. J. et al. (2012). Unassigned viruses. Plant viruses. Virus Taxonomy 9th Report of ICTV, 1206；ICTVdB (2006). Orchid fleck virus. 00.000.4.00.019.；Doi, Y. et al. (1977). Orchid fleck virus. Descriptions of Plant Viruses, 183；Brunt, A. A. et al. eds. (1996). Orchid fleck (?) rhabdovirus. Plant Viruses Online；張 茂雄 (1983). 植物ウイルス事典, 392-393；井上成信 (1993). 原色作物ウイルス病事典, 582-583；井上成信 (2001). 原色ランのウイルス病. 農文協, 75-77, 160-161；Kondo, H. et al. (2003). Exp. Appl. Acarol., 30, 215-223；Kondo, H. et al. (2006). J. Gen. Virol., 87, 2413-2421；近藤秀樹ら (2009). 名古屋国際蘭会議（NIOC）2009 記録, 8-13；Kondo, H. et al. (2013). J. Virol., 87, 7423-7434：Kondo, H. et al. (2014). Virology, 452-453, 166-174；近藤秀樹 (2013). ウイルス, 36, 143-154；Dietzgen, R. G. et al. (2014). Arch. Virol., 159, 607-619；ICTV Files. 2014. 003a-dV.

植物ウイルス 209/210/211

> (OrMV)
> *Ornithogalum mosaic virus* オーニソガラムモザイクウイルス
> *Potyviridae Potyvirus*
>
> (OrV-2)
> *Ornithogalum virus 2* オーニソガラム条班(じょうはん)モザイクウイルス
> *Potyviridae Potyvirus*
>
> (OrV-3)
> *Ornithogalum virus 3* オーニソガラムえそモザイクウイルス
> *Potyviridae Potyvirus*

OrMV, OrV-2, OrV-3 は一部の塩基配列や病徴などの相違を除いて互いの性状がきわめて類似しているので，便宜上，ここにまとめて示す．

初 記 載 OrMV : Smith, F. F. and Brierley, P. (1944)；Fuji, S. *et al.* (2003). OrV-2, OrV-3 : Fuji, S. *et al.* (2003).

異　　名 OrMV : Pterostylis virus Y. OrV-2 : Ornithogalum stripe mosaic virus (OrSMV). OrV-3 : Ornithogalum necrotic mosaic virus (OrNMV).

粒　　子【形態】ひも状1種（径11～12 nm×長さ720～760 nm）．被膜なし．
【成分】核酸：(+)ssRNA 1種（OrMV：8.5 kb）．タンパク質：外被タンパク質(CP)1種（29～31 kDa）．

ゲ ノ ム【構造】単一線状(+)ssRNAゲノム．3′端にポリ(A)配列(poly(A))をもつ．
【遺伝子】外被タンパク質遺伝子（29～31 kDa），ほか．
【登録コード】D00615（OrMV 南アフリカ株：3′末端領域 部分塩基配列）；AB079648-AB079650（OrMV 日本株：3′末端領域 部分塩基配列）；AB079654-AB079656，AB271783（OrV-2：3′末端領域 部分塩基配列）；AB079657-AB079661，AB282754（OrV-3：3′末端領域 部分塩基配列），ほか．

自然宿主・病徴 *Ornithogalum thyrsoides*, *O. dubium*（OrMV, OrV-2：モザイク，矮化；OrV-3：モザイク，矮化，えそ）；*Lachenalia* hybrids（OrMV：モザイク，矮化）．

宿　主　域 きわめて狭い．ユリ科 *Ornithogalum* 属植物（OrMV, OrV-2, OrV-3）；*Lachenalia* 属植物，スイセンの一部品種（OrMV）．

増 殖 植 物 *O. thyrsoides*.

検 定 植 物 *O. thyrsoides*（OrMV：上葉にモザイク；OrV-2：上葉に条班モザイク；OrV-3：上葉にえそモザイク），*O. dubium*（OrMV, OrV-2, OrV-3：上葉にモザイク）．OrMV のツルナ・アカザ株ではさらに，ツルナ，センニチコウ，*Nicotiana clevelandii*, *Chenopodium quinoa*, *C. amaranticolor*（接種葉に退緑斑）．

伝　　染 汁液接種可．モモアカアブラムシ，ワタアブラムシによる非永続伝染．

系　　統 OrMV：ツルナ・アカザ株（*O. thyrsoides* 分離株），普通株（*O. dubium* 分離株）．

類縁関係 OrMV：*Hyacinth mosaic virus*（HyaMV）と血清関係がある．

地理的分布 OrMV：日本，中国，米国，南アフリカ，オランダ，イスラエル，オーストラリア，ニュージーランド．OrV-2：日本，ニュージーランド．OrV-3：日本．

そ の 他 OrMV, OrV-2, OrV-3 が重複感染した場合に寒冷地ほど病徴が激しくなる．

〔松本 勤・藤 晋一〕

主要文献 Smith, F. F. and Brierley, P. (1944). Phytopathology, 34, 497-503；Fuji, S. *et al.* (2003). Arch. Virol., 148, 613-621；Adams, M. J. *et al.* (2012). *Potyvirus*. Virus Taxonomy 9th Report of ICTV, 1072-1079；ICTVdB (2006). *Ornithogalum mosaic virus*. 00.057.0.01.044. ; Brunt, A. A. *et al.* eds.

(1996). Ornithogalum mosaic *potyvirus*. Plant Viruses Online；Derks, A. F. L. M.(1979). Jversl. Lab. Bloemboll., Lisse, 1978, 51；Burger, J. T. and Von Wechmar, M. B.(1989). Phytopathology, 79, 385-391；Burger, J. T. *et al.*(1990). J. Gen. Virol., 71, 2527-2534；Zeidan, M .*et al.*(1998). Ann. Appl. Biol., 133, 167-176；松本 勤ら(2003). 日植病報, 69, 320；Matsumoto, T. *et al.*(2005). J. Gen. Plant Pathol., 74, 76-80；松本 勤ら(2007). 日植病報, 73, 102-105；Matsumoto, T. *et al.*(2007). J. Gen. Plant Pathol., 73, 222-224；Wei, T. *et al.*(2005). New Dis. Rep., 12, 26；Matsumoto, T. *et al.*(2008). J. Gen. Plant Pathol., 74, 76-80.

植物ウイルス 212

Oryza sativa endornavirus イネエンドルナウイルス (OsEV)
Endornaviridae Endornavirus

初 記 載	Fukuhara, T. *et al.* (1993).
粒 子	【形態】粒子を形成しない.
	【成分】核酸：dsRNA 1 種（14 kbp，GC 含量 34%）.
ゲ ノ ム	【構造】単一線状 dsRNA ゲノム（13,952 bp）．ORF 1 個.
	【遺伝子】5′-ORF（528 kDa ポリプロテイン；機能不明ドメイン/RNA ヘリカーゼドメイン（HEL；推定）/機能不明ドメイン/UDP グルコシルトランスフェラーゼドメイン（UGT；推定）/機能不明ドメイン/RNA 複製酵素ドメイン（RdRp；推定））-3′.
	【登録コード】D32136（全塩基配列）.
細胞内所在	細胞質.
自然宿主・病徴	日本型イネ（*Oryza sativa* subsp. *japonica*）（無病徴）.
宿 主 域	日本型イネ.
伝 染	垂直伝染．水平伝染や汁液接種可との報告例はない.
類 縁 関 係	他のエンドルナウイルス属ウイルス，特に *Oryza rufipogon endornavirus*（OrEV）とアミノ酸配列上の類縁関係がある.
地理的分布	日本および世界各国. 〔福原敏行〕
主 要 文 献	Fukuhara, T. *et al.* (1993). Plant Mol. Biol., 21, 1121-1130；Fukuhara, T. *et al.* (2012). *Endornaviridae*. Virus Taxonomy 9th Report of ICTV, 519-521；ICTVdB (2006). *Oryza sativa endornavirus*. 00.108.0.01.003.；DPVweb. Endornavidae. Endornavirus；Fukuhara, T. *et al.* (2008). *Endornavirus*. Encyclopedia of Virology 3rd ed., 2, 109-116；Fukuhara, T. (2011). Endornavirus. The Springer Index of Viruses 2nd ed., 1989-1992；Moriyama, H. *et al.* (1995). Mol. Gen. Genet., 248, 364-368；Fukuhara, T. *et al.* (1995). J. Biol. Chem., 270, 18147-18149；Fukuhara, T. (1999) J. Plant Res., 112, 131-138；Horiuchi, H. *et al.* (2001). Plant Cell Physiol., 42, 197-203.

植物ウイルス 213

Papaya leaf distortion mosaic virus　パパイア奇形葉モザイクウイルス (PLDMV)
Potyviridae Potyvirus

初　記　載	小室康雄(1960).
異　　　名	Papaya ringspot virus.
粒　　　子	【形態】ひも状 1 種(径 13 nm×長さ 740〜840 nm). 被膜なし. 【成分】核酸：(＋)ssRNA 1 種(10.1 kb). タンパク質：外被タンパク質(CP) 1 種(33 kDa), ゲノム結合タンパク質(VPg) 1 種.
ゲ ノ ム	【構造】単一線状(＋)ssRNAゲノム(10,153 nt). ORF1 個. 5′端にゲノム結合タンパク質(VPg), 3′端にポリ(A)配列(poly(A))をもつ. 【遺伝子】5′-VPg-373 kDa ポリプロテイン(55 kDa P1 プロテアーゼ(P1)/53 kDa 虫媒介助タンパク質-プロテアーゼ(HC-Pro)/40 kDa P3 タンパク質(P3)/6 kDa タンパク質(6 K1)/71 kDa 円筒状封入体タンパク質(CI)/6 kDa タンパク質(6 K2)/21 kDa 核内封入体 a-ゲノム結合タンパク質(NIa-VPg)/27 kDa NIa プロテアーゼ(NIa-Pro)/60 kDa 核内封入体 b(NIb；RNA 複製酵素)/33 kD 外被タンパク質(CP))-poly(A)-3′. 【登録コード】AB088221(奇形葉分離株 P 全塩基配列), AB092814(モザイク分離株 J69P CP), AB092815(黄斑モザイク分離株 J179P CP), AB092816(ウリ科分離株 J199C CP), ほか.
自然宿主・病徴	パパイア(奇形葉モザイク病；葉に奇形葉モザイク, モザイク, 黄斑モザイク, 茎部に条斑, 果実に輪点, 奇形を生じる).
宿　主　域	狭い. パパイア, ウリ科植物(*Cucumis metuliferus*, キュウリ, シロウリ, ズッキーニ).
増 殖 植 物	*C. metuliferus*.
検 定 植 物	パパイア(全身感染；奇形・モザイクなど)；*C. metuliferus*(全身感染；モザイク). パパイア輪点ウイルス(*Papaya ringspot virus*：PRSV)とは *Chenopodium amaranticolor* への感染の有無や *C. metuliferus* の病徴で判別.
伝　　　染	汁液接種可. 虫媒伝染(アブラムシ類による非永続伝搬).
系　　　統	パパイア系統, ウリ科系統.
類 縁 関 係	PRSV と類縁関係なし.
地理的分布	日本, 台湾.
そ の 他	オオカラスウリから分離されたウリ科分離株はウリ科植物(*C. metuliferus*, キュウリ, シロウリ, ズッキーニ, オオカラスウリ), *Nicotiana benthamiana* に感染し, パパイアに感染しない. パパイアの奇形葉モザイク病は, 本ウイルスあるいは PRSV によって引き起こされるが, 病徴上ではこの 2 種のウイルスを区別できない.　〔眞岡哲夫〕
主 要 文 献	小室康雄(1960). 琉球政府経済局農務課農林叢書, 45, 1-31；Adams, M. J. *et al.*(2012). *Potyvirus*. Virus Taxonomy 9th Report of ICTV, 1072-1079；ICTVdB(2006). *Papaya leaf distortion virus*. 00.057.0.01.119.；宇杉富雄(1993). 原色作物ウイルス病事典, 655-656；眞岡哲夫(2002). 原色果樹のウイルス・ウイロイド病, 106-107；与那覇哲義(1987). 植物防疫, 41, 578-582；Maoka, T. *et al.*(1996). Arch. Virol., 141, 197-204；眞岡哲夫・野田千代一(1997). 日植病報, 63, 194-195；Maoka, T. *et al.*(2002). J. Gen. Plant Pathol., 68, 89-93；Maoka, T. and Hataya, T.(2005). Phytopathology, 95, 128-135.

植物ウイルス 214

Papaya ringspot virus パパイア輪点ウイルス (PRSV)
Potyviridae Potyvirus

初 記 載	Jensen, D. D. (1949)；Maoka, T. et al. (1995).
異　　名	Papaya (papaw) distortion ringspot virus, Papaya (papaw) mosaic virus, Watermelon mosaic virus 1.
粒　　子	【形態】ひも状1種(径12 nm×長さ760〜800 nm). 被膜なし. 【成分】核酸：(＋)ssRNA 1種(10.3 kb). タンパク質：外被タンパク質(CP)1種(31〜36 kDa), ゲノム結合タンパク質(VPg)1種.
ゲ ノ ム	【構造】単一線状(＋)ssRNAゲノム(10,320〜10,326 nt). ORF1個. 5′端にゲノム結合タンパク質(VPg), 3′端にポリ(A)配列(poly(A))をもつ. 【遺伝子】5′-VPg-381 kDa ポリプロテイン(63 kDa P1 プロテアーゼ(P1)/52 kDa 虫媒介助タンパク質-プロテアーゼ(HC-Pro)/46 kDa P3 タンパク質(P3)/72 kDa 円筒状封入体タンパク質(CI)/6 kDa タンパク質(6 K)/21 kDa 核内封入体a-ゲノム結合タンパク質(NIa-VPg)/27 kDa NIa プロテアーゼ(NIa-Pro)/59 kDa 核内封入体b(NIb；RNA複製酵素)/35 kDa 外被タンパク質(CP))-poly(A)-3′. 【登録コード】S46722(パパイア系統ハワイ株 全塩基配列), AY010722(スイカ系統タイ株 全塩基配列), AB044339(パパイア系統日本株CP), ほか.
細胞内所在	ウイルス粒子は各種細胞の細胞質内に存在する. 風車状などの封入体も観察される.
自然宿主・病徴	パパイア系統：パパイア(奇形葉モザイク病；モザイク, 奇形, 果実の輪点). スイカ系統：ウリ科植物(メロン, キュウリ, カボチャ)(モザイク, 奇形). 病徴は系統により異なる.
宿 主 域	狭い. パパイア系統：パパイア科, ウリ科, アカザ科. スイカ系統：ウリ科, 分離株によりアカザ科.
増 殖 植 物	パパイア系統：*Cucumis metuliferus*. スイカ系統：キュウリ.
検 定 植 物	パパイア, キュウリ, *Chenopodium amaranticolor*, *C. metuliferus*. パパイア奇形葉モザイクウイルス(*Papaya leaf distortion mosaic virus*：PLDMV)とは *C. amaranticolor* への感染の有無や *C. metuliferus* の病徴で判別.
伝　　染	汁液接種可. 虫媒伝染(アブラムシ類による非永続伝搬).
系　　統	パパイア系統, スイカ系統.
類 縁 関 係	PLDMV, スイカモザイクウイルス(旧カボチャモザイクウイルス：*Watermelon mosaic virus*；WMV)とは類縁関係なし.
地理的分布	パパイア系統：日本および世界の主要なパパイア栽培地域. スイカ系統：日本および世界各国.
そ の 他	スイカ系統は, もとカボチャモザイクウイルス1(Watermelon mosaic virus 1)といわれていたウイルスで, パパイア系統と血清学的に差がなく, パパイアへの感染性で系統を区別する. パパイアの奇形葉モザイク病は, 本ウイルスあるいはPLDMVによって引き起こされるが, 病徴上ではこの2種のウイルスを区別できない. 〔眞岡哲夫〕
主 要 文 献	Jensen, D. D. (1949). Phytopathology, 39, 191-211；Maoka, T. et al. (1995). Ann. Phytopathol. Soc. Jpn., 61, 34-37 Adams, M. J. et al. (2012). *Potyvirus*. Virus Taxonomy 9th Report of ICTV, 1072-1079；ICTVdB (2006). *Papaya ringspot virus*. 00.057.0.01.045.；DPVweb. Potyvirus；Purcifull, D. et al. (1984). Papaya ringspot virus. Descriptions of Plant Viruses, 292；Brunt, A. A. et al eds. (1996). Papaya ringspot *potyvirus*. Plant Viruses Online；難波成任(1983). 植物ウイルス事典, 394-395；栃原比呂志(1993). 原色作物ウイルス病事典, 325；眞岡哲夫(2002). 原色果樹のウイルス・ウイロイド病, 106-107；Berger, P. H. et al. (2011). Potyvirus. The Springer Index of Viruses 2nd ed., 1425-1437；大津善弘・佐古宣道(1983). 日植病報, 49, 87；Yeh, S. D. et al. (1992). J. Gen. Virol., 73, 2531-2541.

植物ウイルス 215

Paprika mild mottle virus　パプリカ微斑ウイルス (PaMMV)
Virgaviridae Tobamovirus

初　記　載	Rast, A. Th. B. (1979)；竹内繁治ら(2002)，Hamada, H. *et al.* (2003)．
異　　　名	パプリカマイルドモットルウイルス，Tobacco mosaic virus-P11 pepper isolate.
粒　　　子	【形態】棒状1種（径18 nm×長さ300 nm）．被膜なし．
	【成分】核酸：(+)ssRNA 1種(6.5 kb)．タンパク質：外被タンパク質(CP)1種(17.8 kDa)．
ゲ ノ ム	【構造】単一線状(+)ssRNAゲノム(6,524 nt)．ORF 4個．5′端にキャップ構造(Cap)，3′端にtRNA様構造(TLS)をもつ．
	【遺伝子】5′-Cap-126 kDa/183 kDa RNA複製酵素タンパク質(RdRp；183 kDaタンパク質は126 kDaタンパク質のリードスルータンパク質)-30 kDa移行タンパク質(MP)-17.8 kDa外被タンパク質(CP)-TLS-3′．
	【登録コード】AB089381（日本分離株 PaMMV-J全塩基配列）．
細胞内所在	ウイルス粒子は細胞質全体でみられる．
自然宿主・病徴	ピーマン，トウガラシなどのトウガラシ(*Capsicum*)属植物の*Tobamovirus*属ウイルス感受性品種(L^+型)またはL^1型抵抗性品種(全身感染；葉や果実にモザイク．なお，L^{1a}型抵抗性品種には全身壊死を誘導し，L^2, L^3, L^4型抵抗性品種には全身感染せずに局部壊死斑に止まる)．
宿　主　域	やや狭い．トウガラシ属植物．PaMMV-Jはトマトにも全身感染するが，感染率はやや低い．
増 殖 植 物	*Nicotiana benthamiana*．
検 定 植 物	*N. glutinosa*（接種葉に局部壊死斑）；*Tobamovirus*属ウイルスに対する抵抗性の遺伝子型が異なるトウガラシ属植物(L^+型およびL^1型：全身モザイク；L^{1a}型：全身壊死；L^2, L^3, L^4型：接種葉に局部壊死斑；HK遺伝子をホモにもつ品種：30℃以上で接種葉に局部壊死斑)．
伝　　　染	汁液接種可．おそらく土壌伝染．種子伝染．いずれも媒介生物は関与しない．
系　　　統	Pepper strain P11，Japanese strain(J)．
類縁関係	タバコモザイクウイルス(*Tobacco mosaic virus*：TMV)，トマトモザイクウイルス(*Tomato mosaic virus*：ToMV)，トウガラシ微斑ウイルス(*Pepper mild mottle virus*：PMMoV)と類縁関係がある．
地理的分布	日本，オランダ，ブルガリア．
そ の 他	トウガラシ属植物の*Tobamovirus*属ウイルスに対する抵抗性遺伝子には$L^1, L^{1a}, L^2, L^3, L^4$の5種の遺伝子型があるが，PaMMVはこのうち$L^2, L^3, L^4$型抵抗性を打破できないトバモウイルスの病原型$P_1$に分類される．TMV, ToMVは5種の遺伝子型のいずれをも打破できない病原型P_0に分類される．PMMoVには，L^1型，L^{1a}型，L^2型を打破する病原型$P_{1,2}$，L^1, L^{1a}, L^2, L^3の4型を打破する病原型$P_{1,2,3}$，$L^1, L^{1a}, L^2, L^3, L^4$の5型すべてを打破する病原型$P_{1,2,3,4}$などの系統が存在する． 〔竹内繁治〕
主要文献	Rast, A. Th. B. (1979). Med. Fac. Landb. Wet. Rijksuniv. Gent,, 44, 617-622；竹内繁治ら(2002)．日植病報, 68, 213；Hamada, H. *et al.* (2003). J. Gen. Plant Pathol., 69, 199-204；Adams, M. J. *et al.* (2012). *Tobamovirus*. Virus Taxonomy 9th Report of ICTV, 1153-1156；ICTVdB (2006). *Paprika mild mottle virus*. 00.071.0.01.006.；Brunt, A. A. *et al.* eds. (1996). Paprika mild mottle *tobamovirus*. Plant Viruses Online；Tobias, I. *et al.* (1982). Neth. J. Plant Pathol., 88, 257-268；Garcia-Luque, L. *et al.* (1993). Arch. Virol., 131, 75-88；Ruiz del Pino, M. *et al.* (2003). Arch. Virol., 148, 2115-2135；Sawada, H. *et al.* (2004). J. Jpn. Soc. Hort. Sci., 73, 552-557；Sawada, H. *et al.* (2005). J. Jpn. Soc. Hort. Sci., 74, 289-294；Matsumoto, K. *et al.* (2009). Virus Res., 140, 98-102.

植物ウイルス 216

Passiflora latent virus トケイソウ潜在ウイルス (PLV)
Betaflexviridae Carlavirus

初　記　載	Schnepf, E. and Brandes, J.(1961)；井上成信(1976)，渡邊正男ら(1997).
粒　　　子	【形態】ひも状1種(径12 nm×長さ約650 nm). 被膜なし.
	【成分】核酸：(+)ssRNA 1種(8.4 kb). タンパク質：外被タンパク質(CP)1種(32 kDa).
ゲ ノ ム	【構造】単一線状(+)ssRNAゲノム(8,386 nt). ORF 6個. ゲノムの5′端にキャップ構造(Cap)，3′端にポリ(A)配列(poly(A))をもつ.
	【遺伝子】5′-Cap-ORF1(220 kDa RNA複製酵素；RP；メチルトランスフェラーゼドメイン/パパイン様プロテアーゼドメイン/ヘリカーゼドメイン/RNA複製酵素ドメイン)-ORF2(25 kDa 移行タンパク質1；TGB1)-ORF3(12 kDa 移行タンパク質2；TGB2)-ORF4(7 kDa 移行タンパク質3；TGB3)-ORF5(32 kDa 外被タンパク質；CP)-ORF6(13 kDa 核酸結合タンパク質)-poly(A)-3′.
	ORF2〜4 および ORF5〜6 は各々の ORF が互いに一部オーバラップして存在している.
	【登録コード】DQ455582(全塩基配列).
細胞内所在	ウイルス粒子は植物の全組織の細胞質に集合あるいは散在して存在するが，封入体などは観察されない.
自然宿主・病徴	トケイソウ(*Passiflora caerulea*；ウイルス病), パッションフルーツ(*P. edulis*；微斑モザイク病), *P. suberosa*, *P. subpeltata*(概ね無病徴).
宿　主　域	各種の *Passiflora* 属植物, *Chenopodium album*, *C. amaranticolor*, *C. qunoa*.
増 殖 植 物	*Passiflora* 属植物, *C. quinoa*(全身感染).
検 定 植 物	*C. quinoa*(全身感染；白色えそ斑点〜えそ斑).
伝　　　染	汁液接種可. 媒介生物未詳. 接ぎ木伝染.
類 縁 関 係	ジャガイモSウイルス(*Potato virus S*：PVS), ジャガイモMウイルス(*Potato virus M*：PVM), カーネーション潜在ウイルス(*Carnation latent virus*：CLV), キクBウイルス(*Chrysanthemum virus B*：CVB)などと血清学的な関係が認められる. 塩基配列上ではユリ潜在ウイルス(*Lily symptomless virus*：LSV)および *Blueberry scorch virus*(BlScV)に近縁である.
地理的分布	ドイツ, イスラエル, 米国, オーストラリア, ニュージーランド, 日本など.
そ の 他	*Passiflora* 属植物には *Potyvirus* 属ウイルスの *Passionfruit woodiness virus*(PWV)やトケイソウ東アジアウイルス(*East Asian passiflora virus*：EAPV)の感染が広く認められるが, PLVは同属植物では病徴軽微であることや血清学的性状の違いなどで識別される. 〔夏秋啓子〕
主 要 文 献	Schnepf, E. and Brandes, J.(1961). Phytopath. Z., 43, 102-105；井上成信(1976). 日植病報, 42, 83；渡邊正男ら(1997). 日植病報, 63, 194；Adams, M. J. et al.(2012). *Carlavirus*. Virus Taxonomy 9th Report of ICTV, 924-927；ICTVdB(2006). *Passiflora latent virus*. 00.056.0.04.022.；Brunt, A. A. et al. eds.(1996). Passiflora latent *carlavirus*. Plant Viruses Online；Fischer, I. H. and Rezende, L. A. M.(2008). Diseases of passion flower(*Passiflora* spp.). Pest Technol., 2, 1-19；Brandes, J. and Wetter, C.(1964). Phytopath. Z., 49, 61-70；St Hill, A. A. et al.(1992). Plant Dis., 76, 843-847；Spiegel, S. et al.(2007). Arch. Virol., 152, 181-189；Tang, J. et al.(2008). Plant. Dis., 92, 486.

植物ウイルス 217

Patchouli mottle virus# パチョリ斑紋(はんもん)ウイルス (PatMoV)
#ICTV 未認定（*Potyviridae Potyvirus*?）

#日本植物病名目録に登録されており，ICTVdB（2006）にも記載されているが，Virus Taxonomy 9th Report of ICTV には記載されていない．

初 記 載	伊藤和歌子ら（1988），Natsuaki, K. T. *et al.*（1994）．
異　　名	パチョリモットルウイルス，Patchouli mosaic virus．
粒　　子	【形態】ひも状 1 種（径 12 nm×長さ 760 nm）．被膜なし．
細胞内所在	ウイルス粒子は各種組織の細胞の細胞質に散在あるいは束状に存在．風車状および層板状の細胞質封入体を形成．
自然宿主・病徴	パチョリ（*Pogostemon patchouli*）（潜在感染．時に軽微なモザイクを生じる）．
宿 主 域	*Chenopodium amaranticolor*，センニチコウ（局部感染；接種葉に灰白色えそ斑点）；*C. quinoa*，ツルナ（全身感染；灰白色えそ斑）；ゴマ（時に全身感染；斑紋あるいはえそ）．
増殖植物	*C. quinoa*．
検定植物	*C. amaranticolor*．
伝　　染	汁液接種可．栄養繁殖による伝染．
類縁関係	カブモザイクウイルス（*Turnip mosaic virus*：TuMV）などの *Potyvirus* 属ウイルスと血清学的関係がある．
地理的分布	インド，日本など．
そ の 他	ブラジル，インド，インドネシア，フィリピンなどのパチョリにも同様の病徴が認められ，*Potyvirus* 様のウイルス粒子が検出されているほか，パチョリと同じシソ科のシソからは *Potyvirus* 属と考えられるシソ斑紋ウイルス（Perilla mottle virus：PerMoV）が報告されているため，これらの異同について詳細に検討する必要がある．日本のパチョリではソラマメウイルトウイルス 2（*Broad bean wilt virus 2*：BBWV-2（異名　Patchouli mild mosaic virus）との混合感染が多く認められる．なお，ブラジルでは *Potexvirus* 属の Patchouli virus X の発生報告がある．

〔夏秋啓子〕

主要文献　伊藤和歌子ら（1988）．日植病報，54, 121-122；Natsuaki, K. T. *et al.*（1994）. Plant Dis., 78, 1094-1097；ICTVdB（2006）. Patchouli mottle virus. 00.057.0.81.064.；Brunt, A. A. *et al.* eds.（1996）. Patchouli mottle（?）*potyvirus*. Plant Viruses Online；Rao, B. L. S. and Nagar, R. S. M.（1986）. Phytopathology, 76, 1109；Meissner, F. P. E. *et al.*（2002）. Ann. Appl. Biol., 141, 267-274；Noveriza, R. *et al.*（2012）. J. ISSAAS, 18, 131-146.

植物ウイルス218

Pea seed-borne mosaic virus エンドウ種子伝染モザイクウイルス (PSbMV)
Potyviridae Potyvirus

初 記 載	Musil, M.(1966)；井上忠男(1967)，井上忠男(1971).
異 名	Pea fizzle top virus, Pea leaf roll mosaic virus, Pea leaf rolling mosaic virus, Pea leaf rolling virus, Pea seed-borne symptomless virus.
粒 子	【形態】ひも状1種(径12 nm×770 nm). らせんピッチ3.4 nm. 被膜なし. 【物性】沈降係数154 S. 浮遊密度(CsCl) 1.329 g/cm^3. 【成分】核酸：(+)ssRNA 1種(9.9 kb, GC含量41%). タンパク質：外被タンパク質(CP)1種(33 kDa), ゲノム結合タンパク質(VPg)1種.
ゲ ノ ム	【構造】単一線状(+)ssRNAゲノム(9,860〜9,924 nt). ORF 1個. 5′端にゲノム結合タンパク質(VPg), 3′端にポリ(A)配列(poly(A))をもつ. 【遺伝子】5′-VPg-364 kDaポリプロテイン(45 kDa P1プロテアーゼ(P1)/52 kDa虫媒介助タンパク質-プロテアーゼ(HC-Pro)/42 kDa P3タンパク質(P3)/6 kDaタンパク質(6 K1)/71 kD円筒状封入体タンパク質(CI)/6 kDaタンパク質(6 K2)/23 kDaゲノム結合タンパク質(NIa-VPg)/28 kDa NIaプロテアーゼ(NIa-Pro)/59 kDa RNA複製酵素(NIb)/33 kDa外被タンパク質(CP))-poly(A)-3′. 【登録コード】D10930, X89997(全塩基配列), ほか.
細胞内所在	光学顕微鏡で表皮細胞内に塊状封入体がみられる. ウイルス粒子は細胞質内に散在. 風車状の細胞質封入体が形成される.
自然宿主・病徴	エンドウ, ソラマメ(葉巻, 軽いモザイク, 萎縮).
宿 主 域	やや狭い. 主にマメ科, 数種アカザ科植物.
増殖植物	エンドウ, ソラマメ, スイトピー.
検定植物	エンドウ(葉脈透化, 葉巻, 萎縮)；ソラマメ(全身的な葉脈退色)；*Chenopodium amaranticolor*(局部えそ斑点)；*C. quinoa*(局部退緑斑点).
伝 染	汁液接種可. アブラムシによる非永続伝搬. 種子伝染.
地理的分布	日本およびおそらく世界各国. 〔大木 理〕
主要文献	Musil, M.(1966). Biologia Bratislava, 21, 133-138；井上忠男(1967). 日植病報, 33, 38-42；井上忠男(1971). 農学研究, 53, 189-195；Adams, M. J. *et al.*(2012). *Potyvirus*. Virus Taxonomy 9th Report of ICTV, 1072-1079；ICTVdB(2006). *Pea seed-borne mosaic virus*. 00.057.0.01.048.；DPVweb. Potyvirus；Hampton, R. O. and Mink, G. I.(1975). Pea seed-borne mosaic virus. Descriptions of Plant Viruses, 146；Brunt, A. A. *et al.* eds.(1996). Pea seed-borne mosaic *potyvirus*. Plant Viruses Online；井上忠男(1983). 植物ウイルス事典, 397-398；大木 理(1993). 原色作物ウイルス病事典, 152-153, 163-164；土崎常男(1984). 野菜のウイルス病, 331, 336；Lopez-Moya, J. J. *et al.*(2008). Potyviruses. Encyclopedia of Virology 3rd ed., 4, 313-322；Berger, P. H. *et al.*(2011). Potyvirus. The Springer Index of Viruses 2nd ed.,1425-1437；Johansen, E. *et al.*(1991). J. Gen. Virol., 72, 2625-2632；Johansen, I. E. *et al.*(1996). J. Gen. Virol., 77, 1329-1333.

植物ウイルス 219

Pea stem necrosis virus エンドウ茎えそウイルス (PSNV)
Tombusviridae Carmovirus

初 記 載	中野昭信ら(1976)，中野昭信・家村浩海(1978)．
粒　　子	【形態】球状1種(径34 nm)．被膜なし．
	【物性】沈降係数118 S．
	【成分】核酸：(＋)ssRNA 1種(4.0 kb)．タンパク質：外被タンパク質(CP)1種(35 kDa)．
ゲ ノ ム	【構造】単一線状(＋)ssRNAゲノム(4,048 nt)．ORF 5個．
	【遺伝子】5′-ORF1/ORF2(25 kDaタンパク質/84 kDaタンパク質；ORF2はORF1のリードスルー)-ORF3(7 kDaタンパク質)-ORF4(6 kDaタンパク質)-ORF5(38 kDa外被タンパク質(CP))-3′．
	【登録コード】AB086951(全塩基配列)．
細胞内所在	ウイルス粒子は細胞質内に多量に存在し，液胞中にもみられる．しばしば結晶状集塊となる．
自然宿主・病徴	エンドウ(茎えそ病；黄化，茎葉壊死)．
宿 主 域	狭い．少数のマメ科，ヒユ科，ゴマ科植物．
増 殖 植 物	エンドウ．
検 定 植 物	エンドウ，*Chenopodium amaranticolor*．
伝　　染	汁液接種可．*Olpidium* sp. による土壌伝染．
地理的分布	日本．
そ の 他	種子伝染の可能性がある． 〔大木 理〕
主 要 文 献	中野昭信ら(1976)．日植病報，42, 82-83；中野昭信・家村浩海(1978)．日植病報，44, 97-98；Rochon, D. *et al.*(2012). *Carmovirus*. Virus Taxonomy 9th Report of ICTV, 1125-1128；ICTVdB (2006). Pea stem necrosis virus. 00.074.0.82.023.00.001．；Brunt, A. A. *et al.* eds.(1996). Pea stem necrosis virus. Plant Viruses Online；井上忠男(1983)．植物ウイルス事典，399-400；大木 理(1993)．原色作物ウイルス病事典，148-158；土崎常男(1984)．野菜のウイルス病，333；井上忠男ら(1977)．日植病報，43, 371, 372；尾崎武司・井上忠男(1982)．日植病報，48, 113；Suzuki, S. *et al.*(2002). Intervirology, 45, 160-163.

植物ウイルス 220

Peach enation virus[#]　モモひだ葉ウイルス

(PEV)

[#]ICTV 未認定

[#]日本植物病名目録に登録されているが，Virus Taxonomy 9th Report of ICTV には記載されていない．

初　記　載	岸　國平ら(1968)．
粒　　　子	【形態】球状(径 33 nm)．被膜なし．
自然宿主・病徴	モモ(ひだ葉病；葉脈突起，節間短縮，生育不良)．
宿　主　域	やや広い．アンズ，マハレブ，*Chenopodium quinoa*，*C. amaranticolor*，*C. album*，ツルナ，ゴマ，ケイトウ，ダイコン，クロタラリア，アズキ，ササゲ，トレニア，センニチコウ，ニチニチソウ，ヒャクニチソウ，ペチュニア，タバコ，*Physalis floridana*，*Nicotiana glutinosa*，*N. megalosiphon*．
増殖植物	*C. quinoa*．
検定植物	*C. quinoa*，ペチュニア．
伝　　　染	汁液接種可．接ぎ木伝染．
地理的分布	日本においてモモ品種"神誓"だけに発病が認められたのみ．

〔大崎秀樹〕

主要文献　岸　國平ら(1968)．日植病報, 34, 204；山口　昭(1983)．植物ウイルス事典, 401-402；柳瀬春夫(1993)．原色作物ウイルス病事典, 626-627；北島　博(1989)．果樹病害各論, 386-387；我孫子和雄ら(1970)．日植病報, 36, 340；岸　國平ら(1973)．日植病報, 39, 373-380．

植物ウイルス 221

Peach yellow leaf virus[#]　モモ黄葉(おうよう)ウイルス　(PYLV)
[#]ICTV 未認定（*Closteroviridae Closterovirus ?*）

[#]本植物病名目録に登録されており，ICTVdB（2006）にも記載されているが，Virus Taxonomy 9th Report of ICTV には記載されていない．

初　記　載	難波成任ら（1980）．
粒　　　子	【形態】ひも状1種（径11 nm×長さ1,500 nm）．らせんピッチ3.7 nm．被膜なし．
細胞内所在	ウイルス粒子は篩部局在性．篩部の各種細胞の細胞質・液胞内に散在，集塊をなす．時に原形質連絡糸内にもみられる．核酸様繊維を内包する大小の小胞を有するビロプラズム様封入体も認められる．
自然宿主・病徴	モモ（黄葉病），ネクタリン，ウメ（春の萌芽前に花芽が枯死落下し，収量が激減．俗に花芽障害といわれる．時に葉の脈間が黄化する）．
宿　主　域	狭い．モモ，ネクタリン，ウメ．
伝　　　染	汁液接種不可．接ぎ木伝染．媒介生物不明．
地理的分布	日本（山梨，長野，神奈川）．　〔難波成任〕
主 要 文 献	難波成任ら（1980）．日植病報．46, 59；ICTVdB（2006）．Peach yellow leaf virus. 00.017.0.91.004.；Brunt, A. A. *et al.* eds.（1996）．Peach yellow leaf(?) *closterovirus*. Plant Viruses Online；難波成任（1983）．植物ウイルス事典，403-404；柳瀬春夫（1993）．原色作物ウイルス病事典，628-629.

植物ウイルス 222

Peach yellow mosaic virus# モモ斑葉(はんよう)モザイクウイルス (PYMV)
#ICTV 未認定

#日本植物病名目録に登録されているが，Virus Taxonomy 9th Report of ICTV には記載されていない．

初 記 載	小室康雄(1962)．
粒　　子	【形態】球状(径30 nm)．被膜なし．
細胞内所在	ウイルス粒子は葉肉細胞の細胞質内に散在あるいは結晶配列する．
自然宿主・病徴	モモ(斑葉モザイク病；展開初期の葉に斑入りを生ずる．高温下では症状はマスクする．時に奇形葉)．
宿 主 域	狭い．バラ科植物．
伝　　染	汁液接種可．接ぎ木伝染．虫媒伝染すると推定されるが媒介虫は不明．
地理的分布	日本各地．

〔難波成任〕

主 要 文 献　小室康雄(1962)．植物防疫, 16, 255；難波成任(1983)．植物ウイルス事典, 405-406；柳瀬春夫(1993)．原色作物ウイルス病事典, 625-626；寺井康夫(2002)．原色果樹のウイルス・ウイロイド病, 92；田中澄人(1962)．日植病報, 27, 255；岸 国平ら(1973)．園試報, A-12, 197, 217；我孫子和雄ら(1974)．果樹試報, A-1, 105；難波成任ら(1979)．日植病報, 45, 128.

植物ウイルス 223

Peanut mottle virus ラッカセイ斑紋(はんもん)ウイルス

(PeMoV)
Potyviridae Potyvirus

|初　記　載| Kuhn, C. W.(1965)；井上忠男(1967)，井上忠男(1969).

異　　　名　Groundnut mottle virus, Peanut mild mosaic virus, Peanut severe mosaic virus.

粒　　　子　【形態】ひも状1種（長さ740〜750 nm）．被膜なし．
　　　　　　【物性】沈降係数 151 S.
　　　　　　【成分】核酸：(+)ssRNA 1種（9.7 kb, GC含量42%）．タンパク質：外被タンパク質(CP)1種(32 kDa)，ゲノム結合タンパク質(VPg)1種.

ゲ ノ ム　【構造】単一線状(+)ssRNAゲノム(9,709 nt)．ORF 1個．5′端にゲノム結合タンパク質(VPg)，3′端にポリ(A)配列(poly(A))をもつ．
　　　　　　【遺伝子】5′-VPg-351 kDaポリプロテイン(37 kDa P1プロテアーゼ(P1)/51 kDa虫媒介助タンパク質-プロテアーゼ(HC-Pro)/40 kDa P3タンパク質(P3)/6 kDaタンパク質(6 K1)/71 kD円筒状封入体タンパク質(CI)/6 kDaタンパク質(6 K2)/21 kDaゲノム結合タンパク質(NIa-VPg)/28 kDa NIaプロテアーゼ(NIa-Pro)/60 kDa RNA複製酵素(NIb)/32 kDa外被タンパク質(CP))-poly(A)-3′.
　　　　　　【登録コード】AF023848(M系統 全塩基配列)，ほか．

細胞内所在　ウイルス粒子は細胞質内に散在する．風車状の細胞質内封入体が形成される．

自然宿主・病徴　ラッカセイ(斑紋病，えそ萎縮病；全身感染；モザイク．一部系統でえそ萎縮)；エンドウ(全身感染；モザイク，葉脈退緑).

宿　主　域　狭い．主としてマメ科植物，ごく少数のナス科，ツルナ科，ヒユ科植物．

増殖植物　エンドウ，ササゲ(全身感染)；*Nicotiana clevelandii*(斑紋；*Phaseolus lunatus*系統のみ).

検定植物　ラッカセイ(接種葉にえそ斑点，上葉に斑紋，モザイク，えそ)；インゲンマメ(接種葉に局部退緑斑点．一部系統で全身感染)；*Chenopodium amaranticolor*(局部病斑；*Cassia*系統および*Vigna*系統のみ).

伝　　　染　汁液接種可．マメアブラムシなどによる非永続伝搬．種子伝染．

系　　　統　病原性に差のある数系統がある．

類縁関係　*Tobacco etch virus*(TEV)と遠い類縁関係がある．

地理的分布　日本および世界各地.　　　　　　　　　　　　　　　　　　　　　〔中野正明〕

主要文献　Kuhn, C. W.(1965). Phytopathology, 55, 880-884；井上忠男(1967). 日植病報, 33, 338-339；井上忠男(1969). 農学研究, 52, 159-164；Adams, M. J. *et al.*(2012). *Potyvirus*. Virus Taxonomy 9th Report of ICTV, 1072-1079；ICTVdB(2006). *Peanut mottle virus*. 00.057.0.01.049.；DPVweb. Potyvirus；Bock, K. R. and Kuhn, C. W.(1975). Peanut Mottle Virus. Descriptions of Plant Viruses, 141；Brunt, A. A. *et al.* eds.(1996). Peanut mottle *potyvirus*. Plant Viruses Online；井上忠男(1983). 植物ウイルス事典, 407-408；大木 理(1993). 原色作物ウイルス病事典, 155, 171-172；土崎常男(1984). 野菜のウイルス病, 330-334；夏秋啓子ら(1981). 日植病報, 47, 137-138；岩木満朗ら(1984). 日植病報, 50, 86-87.

植物ウイルス 224

Peanut stunt virus ラッカセイ矮化(わいか)ウイルス (PSV)
Bromoviridae Cucumovirus

初 記 載	Troutman, J. L.(1966), Silbernagel, M. J. *et al.*(1966); 土崎常男(1971), 土崎常男(1973).
異 名	Black locust true mosaic virus, Clover blotch virus, Groundnut stunt virus, Peanut common mosaic virus.
粒 子	【形態】球状3種(径30 nm). 被膜なし. 【物性】沈降係数98 S. 浮遊密度(CsCl) 1.357〜1.365 g/cm^3. 【成分】核酸: (+)ssRNA 4種(RNA1: 3.3〜3.4 kb, RNA2: 2.9〜3.0 kb, RNA3: 2.1〜2.2 kb, RNA4: 1.0 kb, GC含量45〜48％). タンパク質: 外被タンパク質(CP)1種(24〜25 kDa).
ゲ ノ ム	【構造】3分節線状(+)ssRNAゲノム(RNA1: 3,325〜3,357 nt, RNA2: 2,942〜2,982 nt, RNA3: 2,170〜2,208 nt). ORF 5個(RNA1:1個, RNA2:2個, RNA3:2個). 5′端はキャップ構造(Cap), 3′端はtRNA様構造(TLS)をとる. 【遺伝子】RNA1: 5′-Cap-111〜112 kDaタンパク質(RNA複製酵素サブユニット; メチルトランスフェラーゼドメイン/ヘリカーゼドメイン)-TLS-3′. RNA2: 5′-Cap-93〜95 kDaタンパク質(RNA複製酵素サブユニット; RNA複製酵素ドメイン)-10〜12 kDaタンパク質(2b; サイレンシングサプレッサー)-TLS-3′. RNA3: 5′-Cap-31〜32 kDa移行タンパク質(MP)-遺伝子間領域-24〜25 kDa外被タンパク質(CP)-TLS-3′. RNA3からサブゲノムRNA4を, RNA2からサブゲノムRNA4Aを転写する. 【登録コード】D11126(J系統RNA1全塩基配列), D11127(J系統RNA2全塩基配列), D00668(J系統RNA3全塩基配列), U33145(W系統RNA1全塩基配列), U33146(W系統RNA2全塩基配列), U31366(W系統RNA3全塩基配列), ほか.
細胞内所在	ウイルス粒子は各種組織の細胞内の細胞質, 液胞内に存在. 感染細胞の細胞質に結晶構造様の封入体を形成する.
自然宿主・病徴	ラッカセイ(萎縮病; 萎縮, 生育抑制); インゲンマメ(葉脈透化, モザイク, 萎縮); エンドウ, アカクローバ(モザイク); アズキ(激しいモザイク, 縮葉); ダイズ(葉脈透化, 退緑斑紋).
宿 主 域	主としてマメ科植物, ナス科植物.
増 殖 植 物	ササゲ, *Nicotiana glutinosa*, タバコなど.
検 定 植 物	ササゲ(接種葉に退緑斑, 上葉にモザイク); インゲンマメ(接種葉に局部病斑, 上葉にモザイク); *C. amaranticolar*(接種葉に局部壊死斑); ソラマメ(接種葉に局部病斑, 上葉にモザイク); タバコ(接種葉に退緑斑, 上葉にモザイク); カブ(非感染).
伝 染	汁液接種可. アブラムシによる非永続〜半永続伝搬. 一部のマメ科植物で種子伝染する(ラッカセイで0.1%).
系 統	J系統, ER系統, W系統, Mi系統など.
類 縁 関 係	血清学的類縁関係により, サブグループIとIIに分けられていたが, 塩基配列の相同性により, サブグループI〜IVが提唱され, さらにサブグループIをIA, IB, ICに分けることも提唱された. PSVはキュウリモザイクウイルス(*Cucumber mosaic virus*:CMV), トマトアスパーミィウイルス(*Tomato aspermy virus*:TSV)と遠い類縁関係がある.
地理的分布	日本および世界各地.
そ の 他	サテライトRNA(393 nt)を伴う株もある. 〔鈴木 匡〕
主 要 文 献	Troutman J. L.(1966). Phytopathology, 56, 587, 904; Silbernagel, M. J. *et al.*(1966). Phytopathology, 56, 901; 土崎常男(1971). 日植病報, 37, 401; 土崎常男(1973). 日植病報, 39, 67-72; Bujarski, J. *et al.*(2012). *Cucumovirus*. Virus Taxonomy 9th Report of ICTV, 970-972; ICTVdB(2006). *Peanut stunt virus*. 00.010.0.04.002.; DPVweb. Cucumovirus; Mink, G.I.(1972). Peanut stunt virus. Descriptions of Plant Viruses, 92; Brunt, A. A. *et al.* eds.(1996). Peanut stunt *cucumovirus*. Plant Viruses Online; Palukaitis, P. and Garcia-Arenal, F.(2003). Cucumoviruses.

Adv. Virus Res., 62, 241-323；Rodriguez, F. G. A. *et al.*(2011). Cucumovirus. The Springer Index of Viruses 2nd ed., 179-185；土崎常男(1983). 植物ウイルス事典, 409-410；本田要八郎(1993). 原色作物ウイルス病事典, 129, 141-142；大木 理(1993). 原色作物ウイルス病事典, 173-174；土崎常男(1984). 野菜のウイルス病, 332, 342-343, 350；飯塚典男・柚木利文(1976). 日植病報, 42, 377；夏秋啓子ら(1981). 日植病報, 47, 137-138；Karasawa, A. *et al.*(1991). Virology, 185, 464-467；Karasawa, A. *et al.*(1992). J. Gen. Virol., 73, 701-707；Hu, C. C. *et al.*(1997). J. Gen. Virol., 78, 929-939；Hu, C. C. *et al.*(1998). J. Gen. Virol., 79, 2013-2021；Kameya-Iwaki, M. *et al.*(2000). J. Gen. Plant Pathol., 66, 64-67；Yan, L. Y. *et al.*(2005). Arch. Virol., 150, 1203-1211；Netsu, O. *et al.*(2008)；Arch. Virol., 153, 1731-1735；Kiss, L. *et al.*(2008). Arch. Virol., 153, 1373-1377；Obrepalska-Steplowska, A. *et al.*(2012). Virus Genes, 44, 513-521.

植物ウイルス 225

Pear ring pattern mosaic virus# ナシ輪紋モザイクウイルス (PRPMV)
#ICTV 未認定

#日本植物病名目録に登録されているが，Virus Taxonomy 9th Report of ICTV には記載されていない．

初 記 載	Van Katwijk, W.(1954)；高梨和雄ら(1980).
異　　名	ナシリングパターンモザイクウイルス.
粒　　子	未詳.
自然宿主・病徴	リンゴ，ナシ，マルメロ，核果類などのバラ科果樹(ナシでは葉と果実に病徴を発現するが，潜在感染する品種も多い．葉では葉脈に沿った黄緑色の不規則な輪状斑紋，小斑点，線状斑紋などが生じ，Beurrè Hardy などのような感受性の高い品種では奇形を伴う．また，これらの果実では成熟果の表面に緑色あるいは灰緑色の輪状の斑紋を生じる).
宿 主 域	狭い．リンゴ，ナシ，マルメロ，核果類などのバラ科果樹.
検定植物	セイヨウナシ(品種 Beurrè Hardy)，マルメロ(系統 C7/1).
伝　　染	接ぎ木伝染.
系　　統	病徴の発現程度の異なる系統が存在.
類縁関係	海外では本病の病原ウイルスはリンゴクロロティックリーフスポットウイルス(*Apple chlorotic leaf spot virus*：ACLSV)とされており，PRPMV を ACLSV の異名としている.
地理的分布	日本を含む世界のナシ生産地域のほとんど.
そ の 他	わが国では国内のセイヨウナシおよびニホンナシについて検定植物上での病徴が観察されたのみであり，本病の病原ウイルスについての報告はない． 〔伊藤 伝〕
主要文献	Van Katwijk, W.(1954). Verslagen van den Plantenziektenkundigen Dienst te Wageningen, 124, 244-248；高梨和雄ら(1980). 日植病報, 46, 416-417；柳瀬春夫(1993). 原色作物ウイルス病事典，622-623；Cropley, R. *et al.*(1963). Phytopath. Medit., 2, 132-136；Nèmeth, M.(1986). Virus, Mycoplasma and Rickettsia Diseases of Fruit Trees(Kluwer Academic Print), 234-236；Van Katwijk, W.(1989). Virus and Viruslike Diseases of Pomo Fruits and Simulating Noninfectious Disorders(Washington State Univ. Extension), 168-174；Yoshikawa, N.(2001). Apple chlorotic leaf spot virus. Descriptions of Plant Viruses, 386.

植物ウイルス 226

Pear ringspot virus[#]　ナシ輪点ウイルス (PeRSV)

[#]ICTV 未認定（*Bromoviridae Ilarvirus* ?）

[#]日本植物病名目録に登録されているが，Virus Taxonomy 9th Report of ICTV には記載されていない．

初 記 載	難波成任ら(1982)，難波成任(1982)．
粒　　　子	【形態】球状3種(径22 nm，25 nm，29 nm)．被膜なし．
細胞内所在	ウイルス粒子は各種細胞の細胞質内で膜に沿って集塊する．
自然宿主・病徴	ナシ(品種 長十郎)(輪点病；黄色輪点)．
宿 主 域	狭い．バラ科，アカザ科，ナス科植物．
検 定 植 物	ペチュニア(全身潜在感染)；*Chenopodium amaranticolor*(局部感染)．
伝　　　染	汁液接種可(純化液による)．媒介生物不明．
地理的分布	日本(茨城，千葉)．
そ の 他	PeRSVは粒子の形態や細胞内所在様式から*Ilarvirus*属のウイルスと推定されるが，ゲノム構造などが未詳である．〔難波成任〕
主 要 文 献	難波成任ら(1982)．日植病報，48, 80-81；難波成任(1982)．日植病報，48, 258；難波成任(1983)．植物ウイルス事典，412-413；柳瀬春夫(1993)．原色作物ウイルス病事典，617．

植物ウイルス 227/228

Pepper cryptic virus 1 トウガラシ潜伏ウイルス 1 (PCV-1)
Partitiviridae Deltapartitivirus

Pepper cryptic virus 2 トウガラシ潜伏ウイルス 2 (PCV-2)
Partitiviridae Deltapartitivirus

　PCV-1 と PCV-2 は宿主域，病徴，粒子形態などからは区別できず，ゲノムの分子量の相違などを除いて互いの性状がきわめて類似しているので，便宜上，ここにまとめて示す．

初 記 載　王　蔚芹ら(1987)．
異　　名　Red pepper cryptic virus 1(RPCV-1；PCV-1)，Red pepper cryptic virus 2(RPCV-2；PCV-2)．
粒　　子　【形態】球状 2 種(径 30 nm)．被膜なし．
　　　　　　【成分】核酸：dsRNA 2 種(PCV-1 RNA1：1.14 MDa，RNA2：0.92 MDa．PCV-2 RNA1：1.06 MDa，RNA2：0.98 MDa)．タンパク質：外被タンパク質(CP)1 種．
ゲ ノ ム　【構造】2 分節線状 dsRNA ゲノム．
自然宿主・病徴　トウガラシ(*Capsicum annuum*)(全身感染；無病徴)．
宿主域・病徴　宿主は PCV-1～2 が検出されたトウガラシとその子孫だけに限られる(全身感染；無病徴)．
類 縁 関 係　従来，PCV-1 は *Partitiviridae* 科 *Alphacryptovirus* 属の認定種，PCV-2 は ICTV 未認定種とされていたが，*Partitiviridae* 科の新分類に伴い，現在ではともに *Partitiviridae* 科 *Deltapartitivirus* 属の認定種とされている．
伝　　染　汁液接種不可．種子伝染．水平伝染しない．
地理的分布　日本．
そ の 他　PCV-1 と PCV-2 は共感染している場合が多い．　　　　　　　　　　　　　　　　〔夏秋知英〕
主 要 文 献　王　蔚芹ら(1987)．日植病報，53，64；Ghabrial, S. A. *et al.*(2012)．*Alphacryptovirus*．Virus Taxonomy 9th Report of ICTV, 527-529；ICTV Virus Taxonomy List(2013)．*Partitiviridae*；ICTVdB (2006)．Red pepper cryptic virus 1. 00.049.0.83.007., Red pepper cryptic virus 2. 00.049.0.83.008.；DPVweb. Alphacryptovirus；Brunt, A. A. *et al.* eds.(1996)．Red pepper 1(?)*alphacryptovirus*, Red pepper 2(?)*alphacryptovirus*．Plant Viruses Online；山本　磐(1993)．原色作物ウイルス病事典，289：夏秋知英(1987)．植物防疫，41，371-375．

植物ウイルス 229

Pepper mild mottle virus トウガラシ微斑(びはん)ウイルス (PMMoV)
Virgaviridae Tobamovirus

初 記 載	McKinney, H. H.(1952);尾崎武司ら(1972), 長井雄治ら(1980), 長井雄治ら(1981).
異 名	トウガラシマイルドモットルウイルス, タバコモザイクウイルス-トウガラシ系統(Tobacco mosaic virus-P:TMV-P), TMV-latent strain, TMV-Samsun latent strain, Capsicum mosaic virus, Pepper mosaic virus.
粒 子	【形態】棒状1種(径18 nm×長さ312 nm). 被膜なし. 【成分】核酸:(+)ssRNA 1種(6.4 kb). タンパク質:外被タンパク質(CP)1種(17.2 kDa).
ゲ ノ ム	【構造】単一線状(+)ssRNAゲノム(6,357 nt). ORF 4個. 5′端にキャップ構造(Cap), 3′端にtRNA様構造(TLS)をもつ. 【遺伝子】5′-Cap-126 kDa/183 kDa RNA複製酵素タンパク質(RdRp;183 kDaタンパク質は126 kDaタンパク質のリードスルータンパク質)-28 kDa移行タンパク質(MP)-17.2 kDa外被タンパク質(CP)-TLS-3′. 【登録コード】M81413(PMMoV-S全塩基配列), AB000709(PMMoV-J全塩基配列), ほか.
細胞内所在	ウイルス粒子は細胞質全体で見られ, 結晶状封入体が形成される.
自然宿主・病徴	ピーマン, トウガラシなどのトウガラシ(*Capsicum*)属植物(全身感染し, 微斑モザイク, 軽い黄化, ときには萎縮を伴う. 果実には斑点が生じ, 小型化, 奇形になる. また, 壊死斑を伴う場合がある. *Tobamovirus*属ウイルスに対する抵抗性遺伝子L^3あるいはL^4をもつトウガラシ属植物には局部病斑を形成し, 全身感染しない. しかし, 外被タンパク質の変異によりこれらの植物に全身感染する株が存在する).
宿 主 域	やや狭い. ナス科植物(ただし, トマトや*Nicotiana glauca*には感染しない).
増殖植物	*N. benthamiana*, タバコ(品種Xanthiなど).
検定植物	タバコ(品種Xanthi nc), *N. sylvestris*, *Datura stramonium*, *Chenopodium amaranticolor*, *C. quinoa*, *N. glutinosa*(局部退緑斑～壊死斑. 全身感染しない).
伝 染	汁液接種可. 土壌伝染. 種子伝染. 媒介生物不明.
系 統	PMMoVはもともとTMVに抵抗性のトウガラシ属植物から分離され, 命名された. 日本では, TMV-トウガラシ系統(TMV-P)がこれに該当する. トウガラシ属植物の*Tobamovirus*属ウイルスに対する抵抗性遺伝子にはL^1, L^2, L^3, L^4の4種の遺伝子型があるが, PMMoVには, L^1型とL^2型を打破するトバモウイルスの病原型$P_{1,2}$, L^1, L^2, L^3の3型を打破する病原型$P_{1,2,3}$, L^1, L^2, L^3, L^4の4型すべてを打破する病原型$P_{1,2,3,4}$などの系統が存在する. 現在, L^3遺伝子あるいはL^4遺伝子をもつトウガラシ属植物に全身感染する株がヨーロッパや日本の茨城県, 岩手県, 高知県, 北海道などで分離されている.
類縁関係	他の*Tobamovirus*属ウイルスと血清学的に近縁関係にある.
地理的分布	日本, 南米, 米国, ヨーロッパ, オーストラリア.
そ の 他	PMMoVに近縁のパプリカ微斑ウイルス(PaMMV)はL^1型の抵抗性だけを打破する病原型P_1に分類される. 〔奥野哲郎〕
主要文献	McKinney, H. H.(1952). Plant Dis. Reptr., 36, 184-187;Wetter, C. *et al.*(1984). Phytopathology, 74, 405-410;尾崎武司ら(1972). 日植病報, 38, 209;長井雄治ら(1980). 日植病報, 46, 59;長井雄治ら(1981). 日植病報, 47, 541-546;Adams, M. J. *et al.*(2012). *Tobamovirus*. Virus Taxonomy 9th Report of ICTV, 1153-1156;ICTVdB(2006). *Pepper mild mottle virus*. 00.071.0.01.007.;DPVweb. Tobamovirus;Wetter, C. and Conti, M.(1988). Pepper mild mottlo virus. Descriptions of Plant Viruses 330;Brunt, A. A. *et al.* eds.(1996). Pepper mild mottle *tobamovirus*. Plant Viruses Online;Brunt, A. A.(1986). Pepper mild mottle virus. The Plant Viruses Vol.2(Van Regenmortel, M.H.V. and Frankel-Conrat, H. eds., Plenum Press), 286-287;Lewandowski, D. J.(2008). *Tobamovirus*. Encyclopedia of Virology 3rd ed., 5, 68-72;Zaitlin, M.(2011).

Tobamovirus. The Springer Index of Viruses 2nd ed., 2065-2069；山本 磐(1993). 原色作物ウイルス病事典, 283-285；山本 磐(1984). 野菜のウイルス病, 47-54；大木 理(2005). 植物防疫, 59, 25-28；Alonso, E. *et al.*(1989). J. Phytopathol., 125, 67-76；Garcia-Luque, I. *et al.*(1990). J. Phytopathol., 129, 1-8；Alonso, E. *et al.*(1991). J. Gen. Virol., 72, 2875-2884；Kirita, M. *et al.*(1997). Ann. Phytopathol. Soc. Jpn., 63, 373-376；Tsuda, S. *et al.*(1998). Mol. Plant-Microbe Interact., 11, 327-331；Hamada, H. *et al.*(2002). J. Gen. Plant Pathol., 68, 155-162.

植物ウイルス 230

Pepper mottle virus トウガラシ斑紋(はんもん)ウイルス (PepMoV)
Potyviridae Potyvirus

初　記　載	Zitter, T. A. (1972)；Ogawa, Y. *et al.* (2003).
異　　　名	Chilli mottle virus.
粒　　　子	【形態】ひも状1種(径13 nm×長さ737 nm). 被膜なし. 【成分】核酸：(+)ssRNA 1種(9.6 kb, GC含量41%). タンパク質：外被タンパク質(CP)1種(31 kDa), ゲノム結合タンパク質(VPg)1種.
ゲ ノ ム	【構造】単一線状(+)ssRNAゲノム(9,640 nt). ORF1個. 5′端にゲノム結合タンパク質(VPg), 3′端にポリ(A)配列(poly(A))をもつ. 【遺伝子】5′-VPg-ORF(349 kDaポリプロテイン；33 kDaプロテアーゼ・細胞間移行タンパク質(P1)/52 kDa虫媒介助タンパク質・プロテアーゼ(HC-Pro)/41 kDaプロテアーゼ補助因子(P3)/6 kDa複製関与タンパク質(6 K1)/72 kDa円筒状封入体タンパク質・RNAヘリカーゼ(CI)/6 kDa膜結合タンパク質(6 K2)/22 kDa核内封入体a・ゲノム結合タンパク質(NIa-VPg)/28 kDa核内封入体a・プロテアーゼ(NIa-Pro)/60 kDa核内封入体b・RNA複製酵素(NIb)/31 kDa外被タンパク質(CP；アブラムシ伝搬にも関与)-poly(A)-3′. 【登録コード】M96425(California系統 全塩基配列), ほか.
細胞内所在	ウイルス粒子は細胞質内に散在・集塊. 細胞中に風車状封入体を形成し, これは粗汁液中でしばしば層板状構造体として観察される.
自然宿主・病徴	トウガラシ(ピーマン)(本邦株, 外国株)(葉や果実の斑紋・奇形)；トマト, アメリカチョウセンアサガオ, カンザシイヌホオズキ(外国株)(微斑).
宿　主　域	やや狭い. 3科14種の植物種. ナス科植物(タバコ属, チョウセンアサガオ属, トウガラシ属, トマト属, ホオズキ属), ズッキーニ(全身感染)；*Chenopodium amaranticolor*(外国株；局部病斑). 本邦のJKK株は *C. amaranticolor*, トマト, *Nicotiana benthamiana*, *N. glutinosa* や *Physalis floridana* に感染しない.
増 殖 植 物	トウガラシ(ピーマン), タバコ(品種 Blight Yellow, Xanthi nc).
検 定 植 物	トウガラシ(ピーマン)(上葉や果実に斑紋・奇形)；*C. amaranticolor*(外国株は接種葉に局部壊死斑. 本邦株は非感染).
伝　　　染	汁液接種可. アブラムシによる非永続伝搬. 接触伝染や種子伝染はしない. 接ぎ木伝染.
系　　　統	塩基配列データが公表されているものとして, California, Florida, NC165の3系統と, JKK株を含む十数株の分離株がある.
類 縁 関 係	ジャガイモYウイルス(*Potato virus Y*：PVY)や *Tobacco etch virus*(TEV)と弱い血清関係がある.
地理的分布	エルサルバドル, インド, 米国, 韓国, 日本(鹿児島). 〔岩井 久〕
主 要 文 献	Zitter, T. A. (1972). Plant Dis. Rep. 56, 586-590；Ogawa, Y. *et al.* (2003). J. Gen. Plant. Pathol., 69, 348-350；Adams, M. J. *et al.* (2012). *Potyvirus*. Virus Taxonomy 9th Report of ICTV, 1072-1079；ICTVdB (2006). *Pepper mottle virus*. 00.057.0.01.050.；DPVweb. Potyvirus；Nelson, M. R. *et al.* (1982). Pepper mottle virus. Descriptions of Plant Viruses, 253；Brunt, A. A. *et al.* eds. (1996). Pepper mottle *potyvirus*. Plant Viruses Online；Purcifull, D. E. *et al.* (1975). Phytopathology, 65, 559-562；Vance, V. B. *et al.* (1992). Virology, 191, 19-30.

植物ウイルス 231

Pepper vein yellows virus トウガラシ葉脈黄化ウイルス (PeVYV)
Luteoviridae Polerovirus

初　記　載	与那覇哲義ら(1988).
粒　　　子	【形態】球状1種(径約25 nm). 被膜なし. 【成分】核酸：(+)ssRNA 1種(6.4 kb, GC含量48%). タンパク質：外被タンパク質2種(CP：23 kDa, CP-RT：83 kDa), ゲノム結合タンパク質(VPg)1種.
ゲ ノ ム	【構造】単一線状(+)ssRNAゲノム(6,244 nt). ORF 6個. ゲノムの5′端にゲノム結合タンパク質(VPg)をもつが, 3′端にポリ(A)配列(Poly(A))を欠く. 【遺伝子】5′-VPg-ORF0(28 kDa膜結合タンパク質)-ORF1(72 kDaプロテアーゼ/VPg)-ORF2(121 kDa RNA複製酵素；RdRp；ORF1のフレームシフトによるORF1との融合タンパク質)-ORF3(23 kDa外被タンパク質；CP)/ORF4(17 kDa移行タンパク質；MP；ORF3に重複して存在)-ORF5(83 kDa外被タンパク質；CP-RT；ORF3のリードスルータンパク質)-3′. 【登録コード】AB594828(全塩基配列), ほか.
細胞内所在	ウイルス様粒子は篩部局在性で, 主に篩部細胞の細胞質内に観察されるが, まれに核内にも認められる.
自然宿主・病徴	トウガラシ(ピーマン, シシトウガラシ)(葉脈黄化病), キダチトウガラシ(葉脈黄化, 葉巻, 株の萎縮, 奇形果など).
宿　主　域	非常に狭い. ナス科トウガラシ属のみ.
増殖植物	トウガラシ(ピーマン, シシトウガラシ).
検定植物	トウガラシ属植物.
伝　　　染	汁液接種不可. ワタアブラムシによる永続伝搬. 接ぎ木伝染.
類縁関係	オオムギ黄萎PAVウイルス(*Barley yellow dwarf virus-PAV*：BYDV-PAV), ジャガイモ葉巻ウイルス(*Potato leafroll virus*：PLRV), タバコえそ萎縮ウイルス(*Tobacco necrotic dwarf virus*：TNDV), ビート西部萎黄ウイルス(*Beet western yellows virus*：BWYV)との血清学的関係は認められない.
地理的分布	日本(沖縄), 台湾, タイ, インドネシア, フィリピン, トルコ, イスラエル, チュニジア, マリ, スーダン.
そ の 他	本ウイルスはワタアブラムシにより永続的に伝搬されるが, ワタアブラムシのバイオタイプに強く依存する. 〔河野伸二・村上理都子〕
主要文献	与那覇哲義ら(1988). 日植病報, 54, 85；ICTV Virus Taxonomy List (2013). *Polerovirus*；DPVweb. Polerovirus；山本磐(1993). 原色作物ウイルス事典, 288-289；Yonaha, T. *et al.*(1995). Ann. Phytopathol. Soc. Jpn., 61, 178-184；豊里哲也ら(1997). 日植病報, 63, 196；河野伸二ら(1998). 日植病報, 64, 402；Murakami, R. *et al.*(2011). Arch Virol., 156, 921-923；Buzkan, N. *et al.*(2013). Arch. Virol., 158, 881-885；Knierim, D. *et al.*(2013). Arch. Virol., 158, 1337-1341；杉本寛恵ら(2013). 日植病報, 78, 232；Alfaro-Fernández, A. *et al.*(2014). Plant Disease, 98, 1446.

植物ウイルス 232

Perilla mottle virus[#]　シソ斑紋ウイルス　(PerMoV)
[#]ICTV 未認定（*Potyviridae Potyvirus*？）

[#]日本植物病名目録に登録されており，ICTVdB（2006）にも記載されているが，Virus Taxonomy 9th Report of ICTV には記載されていない．

初 記 載	李 準卓ら（1980）．
粒　　子	【形態】ひも状 1 種（径 13 nm×長さ 760 nm）．被膜なし． 【成分】核酸：（＋）ssRNA 1 種．タンパク質：外被タンパク質（CP）1 種．
ゲ ノ ム	【構造】単一線状（＋）ssRNA ゲノム．
細胞内所在	各種組織の細胞質内に円筒状封入体を形成する．ウイルス粒子は細胞質内に集積あるいは散在して存在．
自然宿主・病徴	シソ（斑紋病；全身感染し，葉に斑紋やえ死斑を生じる）．
宿 主 域	宿主域は狭く，シソ以外では，アカザ科，マメ科，ヒユ科の一部植物に局部感染．
増 殖 植 物	シソ．
検 定 植 物	*Chenopodium amaranticolor*，*C. quinoa*，ソラマメ（接種葉に局部病斑）．
伝　　染	汁液接種可．モモアカアブラムシによる非永続伝搬．
地理的分布	日本． 〔日比忠明〕
主 要 文 献	李 準卓ら（1980）．日植病報，46, 105, 672-676；ICTVdB（2006）．Perilla mottle virus. 00.057.0.81.069．；DPVweb. Potyvirus；Brunt, A. A. *et al.* eds.（1996）．Perilla mottle（?）*potyvirus*. Plant Viruses Online；山下修一（1983）．植物ウイルス事典，416-417；栃原比呂志（1993）．原色作物ウイルス病事典，416-417．

植物ウイルス 233

Petunia vein clearing virus ペチュニア葉脈透化ウイルス (PVCV)
Caulimoviridae Petuvirus

初　記　載	Lesemann, D. and Casper, R.(1973)；加納 健ら(1980).
粒　　子	【形態】球状1種(径43〜46 nm). 被膜なし.
	【成分】核酸：dsDNA 1種(7.2 kbp, GC含量38%). タンパク質：外被タンパク質(CP)1種.
ゲ ノ ム	【構造】単一環状dsDNAゲノム(7,206 bp). ORF 1個. 両鎖に各1〜2ヶ所の不連続部位(gap)があり, そこで一部三重鎖を形成. tRNAプライマー結合部位を有する.
	【遺伝子】全長RNA転写プロモーター–ORF I(252 kDaポリプロテイン；移行タンパク質(MP)/外被タンパク質(CP)/アスパラギン酸プロテアーゼ/逆転写酵素(RT)/リボヌクレアーゼH)–.
	【登録コード】U95208(全塩基配列), ほか.
細胞内所在	ウイルス粒子は各種組織の細胞の細胞質に形成された封入体(ビロプラズム)内およびその周辺に存在. 時に核内や液胞内に散在あるいは集積.
自然宿主・病徴	ペチュニア(葉脈透化病；全身感染し, 葉脈透化, 縮葉, 萎縮を示す).
宿　主　域	きわめて狭い. 一部のナス科植物.
増　殖　植　物	ペチュニア.
検　定　植　物	ペチュニア(葉脈透化, 縮葉, 萎縮).
伝　　染	汁液接種不可. 媒介生物不明. ペチュニアで種子, 花粉および接ぎ木伝染.
類　縁　関　係	他のカリモウイルス科ウイルスとはゲノム構造ならびに逆転写酵素のアミノ酸配列が異なる.
地　理　的　分　布	日本および世界各地.
そ　の　他	PVCVのゲノム配列は宿主ゲノムに内在している場合が多く, 傷害などの非生物的ストレスによって誘発される. 〔日比忠明〕
主　要　文　献	Lesemann, D. and Casper, R.(1973). Phytopathology, 63, 1118-1124；加納 健ら(1980). 日植病報, 46, 413.；Geering, A. D. W. *et al.*(2012). *Petuvirus*. Virus Taxonomy 9th Report of ICTV, 434-435；ICTVdB(2006). *Petunia vein clearing virus*. 00.015.0.06.001.；Richert-Pöggeler, K. R. *et al.*(2007). Petunia vein clearing virus. Descriptions of Plant Viruses, 417；Brunt, A. A. *et al.* eds. (1996). Petunia vein clearing *caulimovirus*. Plant Viruses Online；Schoelz, J. E. *et al.*(2008). Caulimoviruses：General features. Encyclopediaof Virology 3rd ed., 1, 457-464；Hohn, T.(2008). Caulimoviruses：Molecular biology. Encyclopedia of Virology 3rd ed.,1, 464-469；Richert-Pöggeler, K. R.(2011). Petuvirus. The Springer Index of Viruses 2nd ed., 283-286；山下修一(1983). 植物ウイルス事典, 418-419；亀谷満朗(1993). 原色作物ウイルス病事典, 481-483.

植物ウイルス 234

Plantago asiatica mosaic virus　オオバコモザイクウイルス　(PlAMV)
Alphaflexiviridae Potexvirus

初　記　載	Kostin, V. D. and Volkov, Y. G. (1976)；山下一夫ら(2003)，竹内 徹・佐々木 純(2003)，高橋修一郎ら(2003).
異　　　名	Nandina mosaic virus (NaMV), Nandina virus.
粒　　　子	【形態】ひも状1種(径11 nm×長さ490〜530 nm). 被膜なし.
	【成分】核酸：(＋)ssRNA 1種(6.1 kb). タンパク質：外被タンパク質(CP) 1種(22 kDa).
ゲ ノ ム	【構造】単一線状(＋)ssRNAゲノム(6,066〜6,128 nt). ORF 5個. 5′端にキャップ構造(Cap)，3′端にポリ(A)配列(poly(A))をもつ.
	【遺伝子】5′-ORF1(156 kDa RNA複製酵素；RP)-ORF2(25 kDa移行タンパク質1；TGB1)-ORF3(12 kDa移行タンパク質2；TGB2)-ORF4(13 kDa移行タンパク質3；TGB3)-ORF5(22 kDa外被タンパク質；CP)-poly(A)-3′.
	【登録コード】Z21647(ロシア分離株 全塩基配列)，AY800279(NaMV株 全塩基配列)，AB360790-AB360796(日本分離株 全塩基配列).
細胞内所在	ウイルス粒子は感染植物の各種細胞の細胞質内に存在する.
自然宿主・病徴	オオバコ，ユリ，スミレ，ナンテン(全身感染；多くの場合は無病徴).
宿　主　域	やや広い. オオバコ科，ユリ科，スミレ科，メギ科植物.
検 定 植 物	*Chenopodium amaranticolor*, *C. quinoa*, *Beta vulgaris*(接種葉に退緑斑またはえそ斑，上葉にモザイクまたはえそ斑など；分離株により症状は異なる)；*Celocia cristata*(上葉にモザイク)；ツルナ(接種葉に退緑斑またはえそ斑，まれに上葉に退緑輪点；分離株により症状は異なる)；*Nicotiana benthamiana*, *N. occidentalis*(接種葉に退緑斑，えそ斑，または無病徴，上葉にモザイクまたは枯死など；分離株により症状は異なる).
伝　　　染	汁液接種可. 媒介生物不明.
類 縁 関 係	ジャガイモXウイルス(*Potato virus X*：PVX)と血清関係はない.
地理的分布	日本，米国，ロシア.
そ の 他	わが国の食用ユリからユリXウイルス(*Lily virus X*：LVX)とは別種の本ウイルス-ユリ系統(PlAMV-Li)が分離されている.　〔山下一夫〕
主 要 文 献	Kostin, V. D. and Volkov, Y. G. (1976). Virusnye Bolezni Rastenij Vostoka, 25, 205-210；山下一夫ら(2003). 日植病報, 69, 32；竹内 徹・佐々木 純(2003). 日植病報, 69, 329-330；高橋修一郎ら(2003). 日植病報, 69, 330；Adams, M. J. *et al.* (2012). Potexvirus. Virus Taxonomy 9th Report of ICTV, 912-915；ICTVdB (2006). *Plantago asiatica mosaic virus*. 00.056.0.01.026.；Brunt, A. A. *et al.* eds. (1996). Plantago asiatica mosaic *potexvirus*. Plant Viruses Online；萩田孝志・田村 修(1992). 日植病報, 58, 616；Solovyev, A.G. *et al.* (1994). J. Gen. Virol., 75, 259-267；山下一夫・福井要子(2004). 北日本病虫研報, 55, 273；Hughes, P.L. *et al.* (2005). Eur. J. Plant Pathol., 113, 309-313；Ozeki, J. *et al.* (2006). Arch. Virol., 151, 2067-2075；Komatsu, K. *et al.* (2008). Arch Virol., 153, 193-198；Ozeki, J. *et al.* (2009). Mol. Plant-Microbe Interact., 22, 677-685.

植物ウイルス 235

Pleioblastus mosaic virus#　アズマネザサモザイクウイルス　(PleMV)
#ICTV 未認定（*Potyviridae Potyvirus* ?）

#日本植物病名目録に登録されており，ICTVdB(2006)にも記載されているが，Virus Taxonomy 9th Report of ICTV には記載されていない．

初　記　載	鳥山重光ら(1968)．
異　　　名	Pleioblastus chino virus．
粒　　　子	【形態】ひも状 1 種(径 12～13 nm×長さ約 750 nm)．被膜なし．
自然宿主・病徴	アズマネザサ，タイミンチク，ヤダケ(モザイク)．
宿　主　域	きわめて狭い．アズマネザサ．トウモロコシなどには汁液接種で感染しない．
増　殖　植　物	アズマネザサ．
検　定　植　物	アズマネザサ(実生)．
伝　　　染	汁液接種可．タケヒゲナガアブラムシによる非永続伝播．
類　縁　関　係	サトウキビモザイクウイルス(*Sugarcane mosaic virus*：SCMV)の抗血清と反応しない．
地 理 的 分 布	日本．
そ　の　他	PleMV は ICTVdB(2006)では Pleioblastus chino virus の異名とされている．

〔鳥山重光〕

主 要 文 献　鳥山重光ら(1968)．日植病報，34, 199；ICTVdB(2006)．Pleioblastus chino virus. 00.057.0.81.071.；Brunt, A. A. *et al.* eds.(1996). Pleioblastus chino(?)potyvirus. Plant Viruses Online；Toriyama, S.(2004). Viruses and Virus Diseases of *Poaceae*(Lapierre, H. *et al.* eds., INRA), 780-781；鳥山重光・与良 清(1972)．イネ科植物とくに野草に発生するウイルス病に関する研究(東大出版会), p. 27-29；范 永堅ら(1985)．日植病報，51, 58.

植物ウイルス 236

Plum line pattern virus[#] スモモ黄色網斑ウイルス (PLPV)
[#]ICTV 未認定（*Bromoviridae Ilarvirus*?）

[#]日本植物病名目録に登録されているが，日本産の PLPV と ICTV に記載されている PLPV（現在は *American plum line pattern virus* あるいは *Prunus necrotic ringspot virus* などとして分類）との異同については検討を要する．ここでは，*American plum line pattern virus*（APLPV）のデータを示す．

初 記 載　Valleau, W. D.(1932)，Cation, D.(1941)；岸 国平ら(1970)，岸 国平ら(1973)．

粒　　子　【形態】球状 4 種（径 26 nm, 28 nm, 31 nm, 33 nm）．被膜なし．
　　　　　【成分】核酸：(+)ssRNA 3 種（RNA1：3.4 kb, RNA2：2.4 kb, RNA3：2.1 kb）．タンパク質：外被タンパク質（CP）1 種（24 kDa）．

ゲ ノ ム　【構造】3 分節線状(+)ssRNA ゲノム（RNA1：3,373 nt, RNA2：2,404 nt, RNA3：2,053 nt）．ORF 4 個（RNA1：1 個，RNA2：1 個，RNA3：2 個）．5′端はキャップ構造（Cap）をもつが，3′端はポリ（A）配列（poly(A)）を欠く．
　　　　　【遺伝子】RNA1：5′-Cap-120 kDa タンパク質（RNA 複製酵素サブユニット；メチルトランスフェラーゼドメイン/ヘリカーゼドメイン）-3′．RNA2：5′-Cap-85 kDa タンパク質（RNA 複製酵素サブユニット；RNA 複製酵素ドメイン）-3′．RNA3：5′-Cap-33 kDa 移行タンパク質（MP）-24 kDa 外被タンパク質（CP）-3′．
　　　　　【登録コード】AF235033（APLPV RNA1 全塩基配列），AF235165（APLPV RNA2 全塩基配列），AF235166（APLPV RNA3 全塩基配列），ほか．

自然宿主・病徴　スモモ（黄色網斑病），サクラ（葉脈黄化，黄色条斑，退緑輪紋，退緑斑点）；モモ，アンズ，オウトウ（条斑）；ウメ（葉脈黄化，条斑，矮化）．

宿 主 域　広い．モモ，アンズ，オウトウ，ウメ，キュウリ．

検 定 植 物　キュウリ（子葉の接種葉に退緑斑点）．

伝　　染　汁液接種可．接ぎ木伝染．媒介生物不明．

類 縁 関 係　スモモなどに line pattern disease を引き起こすウイルスには血清学的に異なる 4 種の *Ilarvirus* 属ウイルス，すなわち Danish plum line pattern virus, European plum line pattern virus, North American plum line pattern virus, *American plum line pattern virus*（APLPV）が知られているが，現在では，そのうち前 3 者はプルヌスえそ輪点ウイルス（*Prunus necrotic ringspot virus*：PNRSV）の系統に，APLPV は独立した種に分類されている．日本で見出された PLPV は宿主範囲などで外国のウイルスとは異なるため，これらとの異同は不明確である．APLPV は PNRSV およびリンゴモザイクウイルス（*Apple mosaic virus*：ApMV）と血清学的類縁関係はない．

地理的分布　日本および世界各地．　　　　　　　　　　　　　　　　　　　　〔大崎秀樹〕

主 要 文 献　Valleau, W. D.(1932). Kentucky Agr. Exp. Sta. Res. Bull., 327, 89-103；Cation, D.(1941). Phytopathology, 31, 1004-1010；岸 国平ら(1970). 日植病報, 36, 190-191；岸 国平ら(1973). 日植病報, 39, 288-296；Bujarski, J. *et al.* (2012). *Ilarvirus*. Virus Taxonomy 9th Report of ICTV, 972-975；ICTVdB(2006). *American plum line pattern virus*. 00.010.0.02.002.；DPVweb. Ilarvirus；Fulton, R. W.(1984). American plum line pattern virus. Description of Plant Viruses, 280；Brunt, A. A. *et al.* eds.(1996). Plum American line pattern *ilarvirus*. Plant Viruses Online；北島 博(1989). 果樹病害各論, 390-393；Scott, S. W. and Zimmerman, M. T.(2001). Acta Hortic., 550, 221-225.

植物ウイルス 237

Plum pox virus　ウメ輪紋ウイルス

(PPV)
Potyviridae Potyvirus

初　記　載	Atanasoff, D. (1932)；萱野佑典ら (2010)，Maejima, K. *et al.* (2010).
異　　　名	Annulus pruni virus，Prunus virus 7，Sarka virus，Scharka virus，Sharka virus.
粒　　　子	【形態】ひも状1種(径12.5 nm×長さ744 nm)．被膜なし． 【成分】核酸：(+)ssRNA 1種(9.8 kb)．タンパク質：外被タンパク質(CP)1種(36 kDa)，ゲノム結合タンパク質(VPg)1種．
ゲ ノ ム	【構造】単一線状(+)ssRNAゲノム(9,741～9,795 nt)．ORF 2個．5′端にゲノム結合タンパク質(VPg)，3′端にポリ(A)配列(poly(A))をもつ． 【遺伝子】5′-VPg-ORF1(355 kDaポリプロテイン；P1プロテアーゼ(P1)/虫媒介助タンパク質-プロテアーゼ(HC-Pro)/P3タンパク質(P3)/6 K1タンパク質(6 K1)/円筒状封入体タンパク質(CI)/6 K2タンパク質(6 K2)/ゲノム結合タンパク質(NIa-VPg)/NIaプロテアーゼ(NIa-Pro)/RNA複製酵素(NIb)/外被タンパク質(CP))-poly(A)-3′． ほかに，ORF2としてORF1のP3領域のフレームシフトにより，P3タンパク質との融合タンパク質(P3N-PIPO)が発現する． 【登録コード】AB545926(日本分離株 PPV-G-Ou1 全塩基配列)，D13751(PPV-NAT株 全塩基配列)，ほか．
細胞内所在	細胞質内に風車状封入体が観察される．
自然宿主·病徴	ウメ(輪紋病)，セイヨウスモモ，ニホンスモモ，アンズ，モモ，ネクタリン，ユスラウメなどのサクラ属植物(葉の輪紋，斑紋．果実の輪紋，斑紋，奇形，早期落果)．
宿　主　域	サクラ属植物，エンドウ，シロイヌナズナ，*Nicotiana benthamiana* など．
伝　　　染	各種アブラムシによる非永続伝搬．
系　　　統	塩基配列の相同性に基づいて7系統(D, M, Rec, T, W, C, EA)に分類され，それぞれ生物学的特性や地理的分布が異なる．日本にはD系統が発生．
地理的分布	日本および世界各国．　　　　　　　　　　　　　　　　　　　　　〔難波成任〕
主 要 文 献	Atanasoff, D. (1932). Ann. Univ. Sofia Fac. Agric. Silvic., 11, 49-69；萱野佑典ら (2010). 日植病報, 76, 36；Maejima, K. *et al.* (2010). J. Gen. Plant Pathol., 76, 229-231；Adams, M. J. *et al.* (2012). *Potyvirus*. Virus Taxonomy 9th Report of ICTV, 1072-1079；ICTVdB (2006). *Plum pox virus*. 00.057.0.01.054.；DPVweb. Potyvirus；Kegler, H. and Schade, C. (1971). Plum pox virus. Descriptions of Plant Viruses, 70；Brunt, A. A. *et al.* eds. (1996). Plum pox *potyvirus*. Plant Viruses Online；Nemeth, M. (1986). Viruses, Mycoplasma, and Rickettsia Diseases of Fruit Trees (Martinus Nijhoff Pub.), p.463-479；EPPO Bulletin (2006). EPPO Bull., 36, 205-218；Barba, M. *et al.* (2011). *Plum pox virus*. Virus and Virus-Like Diseases of Pome and Stone Fruits (Hadidi, A. *et al.* eds., APS Press), p.185-198；難波成任 (1983). 植物ウイルス事典, 576-577；Maiss, E. *et al.* (1989). J. Gen. Virol., 70, 513-524；Serce, C. U. *et al.* (2009). Virus Research, 142, 121-126；伊藤(川口)陽子ら (2011). 日植病報, 77, 42；Maejima, K. *et al.* (2011). Phytopathology, 101, 567-574；Schneider, W.L. *et al.* (2011). Phytopathology, 101, 627-636.

植物ウイルス 238

Poinsettia mosaic virus　ポインセチアモザイクウイルス　(PnMV)

Tymoviridae 属未定

初　記　載	Fulton, R. W. and Fulton, J. L.(1980)；難波成任ら(1987)．
粒　　　子	【形態】球状1種(径26～29 nm)．被膜なし．
	【成分】核酸：(+)ssRNA 1種(6.1 kb)．タンパク質：外被タンパク質(CP)1種(21 kDa)．
ゲ　ノ　ム	【構造】単一線状(+)ssRNAゲノム(6,095～6,099 nt)．ORF 1個(ポリプロテイン)．ゲノムの3′端にポリ(A)配列(poly(A))をもつ．
	【遺伝子】5′-221 kDaポリプロテイン(メチルトランスフェラーゼドメイン/パパイン様プロテアーゼドメイン/ヘリカーゼドメイン/RNA複製酵素ドメイン/21 kDa 外被タンパク質(CP))-poly(A)-3′．
	【登録コード】AJ271595, AB550788(全塩基配列)，ほか．
細胞内所在	葉肉細胞の細胞質に散在し，時に変性した葉緑体に付随して集塊・結晶状に存在する．
自然宿主・病徴	ポインセチア(*Euphorbia pulcherrima*)(全身感染；退緑斑，モザイク．潜在感染も多い)．
宿　主　域	狭い．ポインセチア，*Nicotiana benthamiana*．
検定植物	*N. benthamiana*，ポインセチア(退緑斑，モザイク)．
伝　　　染	汁液接種可．栄養繁殖による伝搬．媒介生物不明．
系　　　統	日本系統，ドイツ系統．
類縁関係	*Tymovirus* 属のウイルスと血清関係はない．PnMVの性状やゲノム構造は *Tymoviridae* 科の *Tymovirus* 属と *Marafivirus* 属の両方の特徴を備えているため，現在，その所属が未定になっている．
地理的分布	日本，ドイツおよび世界各国．　〔難波成任〕
主要文献	Fulton, R. W. and Fulton, J. L.(1980). Phytopathology, 70, 321-324；難波成任ら(1987). 日植病報, 53, 422；Adams, M. J. *et al.*(2012). *Tymoviridae*. Virus Taxonomy 9th Report of ICTV, 944-952；ICTVdB(2006). *Poinsettia mosaic virus*. 00.077.0.00.024.；DPVweb. Unassigned Tymoviridae；Koenig, R. *et al.*(1986). Poinsettia mosaic virus. Descriptions of Plant Viruses, 311；Brunt, A. A. *et al.* eds.(1996). Poinsettia mosaic(?)*tymovirus*. Plant Viruses Online；Haenni, A.L. *et al.*(2008). Tymoviruses. Encyclopedia of Virology 3rd ed., 5, 199-207；Koenig, R. and Lesemann, D. E.(1980). Plant Disease, 64, 782-784；Lesemann, D. E. *et al.*(1983). Phytopath. Z., 107, 250-262；Pfannenstiel, M. A. *et al.*(1982). Phytopathology, 72, 252-254；Bradel, B.G. *et al.*(2000). Virology, 271, 289-297；黒田啓介ら(2005). 日植病報, 71, 232；Okano, Y. *et al.*(2010). Arch. Virol., 155, 1367-1370.

植物ウイルス 239

Potato aucuba mosaic virus ジャガイモ黄斑（おうはん）モザイクウイルス (PAMV)
Alphaflexiviridae Potexvirus

初 記 載	Quanjer, H. M.(1921)；福士貞吉(1935).
異 名	Potato virus F(PVF), Potato virus G(PVG), Tuber blotch virus.
粒 子	【形態】ひも状1種（径11 nm×長さ580 nm）．被膜なし．
	【成分】核酸：(＋)ssRNA 1種(7.0 kb)．タンパク質：外被タンパク質(CP)1種(27 kDa)．
ゲノム	【構造】単一線状(＋)ssRNAゲノム(7,059 nt)．ORF 5個．5′端にキャップ構造(Cap)，3′端にポリ(A)配列(poly(A))をもつ．
	【遺伝子】5′-Cap-ORF1(187 kDa RNA複製酵素(RP)；メチルトランスフェラーゼドメイン(Met)/ヘリカーゼドメイン(Hel)/RNA依存RNA複製酵素ドメイン(RdRp))-ORF2(26 kDa移行タンパク質1；TGB1)-ORF3(12 kDa移行タンパク質2；TGB2)-ORF4(8 kDa移行タンパク質3；TGB3)-ORF5(27 kDa外被タンパク質；CP)-poly(A)-3′．
	ORF2～4は互いに一部オーバラップして存在し，トリプルジーンブロック(TGB)タイプの移行タンパク質をコードする．
	【登録コード】S73580(全塩基配列)．
細胞内所在	ウイルス粒子は細胞質内に散在，時に集塊を形成．
自然宿主・病徴	ジャガイモ(黄斑モザイク病；葉に鮮明な黄斑モザイク．潜在感染の場合もある)．
宿 主 域	主にナス科植物(タバコ，トマト，トウガラシ)．
増 殖 植 物	タバコ(*Nicotiana tabacum* cv. Xanthi-nc)．
検 定 植 物	トウガラシ(局部病斑，頂部えそ)．
伝 染	汁液接種可．ジャガイモYウイルス(*Potato virus Y*：PVY)やジャガイモAウイルス(*Potato virus A*：PVA)をヘルパーウイルスとしてモモアカアブラムシで非永続伝搬される．
系 統	F系統(Potato virus F), G系統(Potato virus G)．
類縁関係	他のウイルスとの血清関係は報告されていないが，ジャガイモXウイルス(*Potato virus X*：PVX)と形態的に近縁である．
地理的分布	世界各国．
そ の 他	茎頂培養によるウイルスフリー個体の増殖により，現在のジャガイモ品種にはほとんど検出されない．

〔難波成任〕

主要文献　Quanjer, H. M.(1921). R. Hort. Soc., Lond. Rep. Int. Potato Conf. 1921, 127-145；福士貞吉(1935). 教育農芸, 4, 1-8；Adams, M. J. *et al.*(2012). *Potexvirus*. Virus Taxonomy 9th Report of ICTV, 912-915；ICTVdB(2006). *Potato aucuba mosaic virus*. 00.056.0.01.017.；DPVweb. Potexvirus；Kassanis, B. and Govier, D. A.(1972). Potato aucuba mosaic virus. Descriptions of Plant Viruses, 98；Brunt, A. A. *et al.* eds.(1996). Potato aucuba mosaic *potexvirus*. Plant Viruses Online；Jones, R. A. C. *et al.*(2009). Potato virus and viruslike diseases. Virus Diseases of Plant(Barnett, O.W. and Sherwood, J. L. eds., APS Press), pp. 102；堀尾英弘(1983). 植物ウイルス事典, 424-425；堀尾英弘(1993). 原色作物ウイルス病事典, 110-111；堀尾英弘(1984). 野菜のウイルス病, 81-84；Kassanis, B. and Govier, D. A.(1971). J. Gen. Virol., 13, 221-228；Maat, D. Z.(1973). Potato Res., 16, 302-305；Xu, H. *et al.*(1994). Arch. Virol., 135, 461-469.

植物ウイルス 240

Potato leafroll virus ジャガイモ葉巻(はまき)ウイルス (PLRV)
Luteoviridae Polerovirus

初　記　載	Quanjer, H. M. *et al.*(1916)；Kasai, M.(1921).
異　　　名	Capsicum yellows virus, Potato phloem necrosis virus, Solanum yellows virus, Tobacco yellow top virus, Tomato yellow top virus.
粒　　　子	【形態】球状1種(径24 nm)．被膜なし． 【物性】沈降係数115 S．浮遊密度(CsCl) 1.39 g/cm^3, (Cs$_2$SO$_4$) 1.34 g/cm^3. 【成分】核酸：(+)ssRNA 1種(5.9～6.0 kb, GC含量48.1～50.3%)．タンパク質：外被タンパク質2種(CP：23 kDa, CP-RT：57 kDa), ゲノム結合タンパク質(VPg)1種.
ゲ ノ ム	【構造】単一線状(+)ssRNAゲノム(5,882～5,987 nt). ORF 6個．ゲノムの5′端にゲノム結合タンパク質(VPg)をもつが，3′端にポリ(A)配列(poly(A))を欠く 【遺伝子】5′-VPg-ORF0(28 kDa RNAサイレンシングサプレッサー)-ORF1(70 kDaプロテアーゼ(Pro)/VPg)-ORF2(119 kDa RNA複製酵素(RdRp)；ORF1のフレームシフトによるORF1との融合タンパク質)-ORF3(23 kDa 外被タンパク質(CP))/ORF4(17 kDa 移行タンパク質(MP)；ORF3に重複して存在)-ORF5(80 kDa 外被タンパク質(CP-RT)；ORF3のリードスルータンパク質でアブラムシ媒介因子でもある)-3′. 【登録コード】D00530(イギリス分離株 全塩基配列), D13953(オーストラリア分離株 全塩基配列), D13954(カナダ分離株 全塩基配列), Y07496(オランダ分離株 全塩基配列), ほか.
細胞内所在	ウイルス粒子は篩部組織細胞に局在し，篩部柔細胞・伴細胞の細胞質あるいは液胞中に集塊または結晶状に認められる．時に光顕レベルの篩部壊死が認められる．
自然宿主・病徴	ジャガイモ(葉巻病；頂葉の変色，葉巻)；トマト(葉巻病；葉縁の黄化と葉巻，矮化).
宿　主　域	狭い．自然界では主としてナス科植物．ほかにヒユ科の *Amaranthus caudatus, Celosia argentea, Gomphrena globosa*, アブラナ科の *Capsella burusa-pastoris* など．
増 殖 植 物	*Datura stramonium, Physalis floridana*, ジャガイモ．
検 定 植 物	*P. floridana*(脈間黄化，下葉の葉巻，矮化).
伝　　　染	汁液接種不可(ただし，部分純化ウイルス液を篩部に刺針接種することにより感染可能)．アブラムシ(モモアカアブラムシ，チューリップヒゲナガアブラムシなど)による循環型・非増殖性伝搬．接ぎ木伝染．栄養繁殖による伝染．
系　　　統	ジャガイモおよび *P. floridana* での病徴の違いによりいくつかの系統の報告があるが，アブラムシ伝搬性や血清学的性質には差異は認められていない．また，南米，北米およびオーストラリアでトマトに自然発病する系統の報告があるが，検討を要する．
類 縁 関 係	タバコえそ萎縮ウイルス(*Tobacco necrotic dwarf virus*：TNDV), ビート西部萎黄ウイルス(*Beet western yellows virus*：BWYV), *Bean leafroll virus*(BLRV)と血清学的類縁関係がある．
地理的分布	日本および世界各国．　　　　　　　　　　　　　　　　　　　　　　　　　　　〔荒井 啓〕
主 要 文 献	Quanjer, H. M. *et al.*(1916). Meded. LandbHoogesch. Wageningen, 10, 1-138；Kasai, M.(1921). Ber. Ohara. Inst. Landw. Forsch, 2, 47-77；Domier, L.L.(2012). *Polerovirus*. Virus Taxonomy 9th Report of ICTV, 1049-1050；ICTVdB(2006). *Potato leafroll virus*. 00.039.0.02.001.；DPVweb. Polerovirus；Harrison, B. D.(1984). Potato leafroll virus. Descriptions of Plant Viruses, 291；Brunt. A. A. *et al.* eds.(1996). Potato leafroll *luteovirus*. Plant Viruses Online；Van den Heuvel, J. F. J. M. *et al.*(2011). Polerovirus. The Springer Index of Viruses 2nd ed.,827-831；Jones, R.A.C. *et al.*(2009). Potato virus and viruslike diseases. Virus Diseases of Plant(Barnett, O.W. and Sherwood, J. L. eds., APS Press), pp. 102；荒井 啓(1983). 植物ウイルス事典, 426-427；堀尾英弘(1993). 原色作物ウイルス事典, 101-102；堀尾英弘(1984). 野菜のウイルス病, 65-68；Peters, D.(1967). Virology, 31, 46-54；荒井 啓ら(1969). 日植病報, 35, 10-15；Kojima, M. *et al.*(1969). Virology, 39, 162-174；根本正康・後藤忠則(1976). 日植病報, 42, 381；Takanami, T.

and Kubo, S. (1979). J. Gen. Virol., 44, 153-159 ; Mayo, M. A. *et al.* (1989). J. Gen. Virol., 70, 1037-1051 ; Van der Wilk, F. *et al.* (1989). FEBS Lett., 245, 51-56 ; Keese, P. *et al.* (1990). J. Gen. Virol., 71, 719-724 ; Prufer, D. *et al.* (1997). Mol. Gen. Genetics, 253, 609-614 ; Sadowy, E. *et al.* (2001). Acta Biochimica Polonica, 45, 611-619 ; Sadowy, E. *et al.* (2001). J. Gen. Virol., 82, 1529-1532.

植物ウイルス 241

(PMTV)
Potato mop-top virus ジャガイモモップトップウイルス
Virgaviridae Pomovirus

初 記 載	Calvert, E. L. and Harrison, B. D.(1966), Harrison, B. D. and Jones, R. A. C.(1970); 井本征史ら(1981), 井本征史ら(1986).
粒　　　子	【形態】棒状3種(径18〜20 nm×長さ100〜150 nm, 250〜300 nm). らせんピッチ2.4〜2.5 nm. 被膜なし. 【成分】核酸：(＋)ssRNA 3種(RNA1：6.0 kb, RNA2：3.0 kb, RNA3：2.3〜3.1 kb). タンパク質：外被タンパク質2種(CP：20 kDa, CP-RT：91 kDa).
ゲ ノ ム	【構造】3分節線状(＋)ssRNAゲノム(RNA1：6,043 nt, RNA2：2,962〜2,964 nt, RNA3：2,315〜3,134 nt). ORF 8個(RNA1：2個, RNA2：2個, RNA3：4個). 5′端にキャップ構造(Cap), 3′端にtRNA様構造(TLS)をもつ. 【遺伝子】RNA1：5′-Cap-ORF1/ORF2(148 kDa/206 kDa RNA複製酵素タンパク質(RdRp); 206 kDaタンパク質は148 kDaタンパク質のリードスルータンパク質)-TLS-3′. RNA2：5′-Cap-ORF1/ORF2(20 kDa外被タンパク質(CP)/91 kDa CPリードスルータンパク質(CP-RT); 91 kDaタンパク質は20 kDa CPのリードスルータンパク質で菌類媒介ヘルパータンパク質として機能する)-TLS-3′, RNA3：5′-Cap-ORF1(51 kDa移行タンパク質1; TGB 1)-ORF2(13 kDa移行タンパク質2; TGB 2)-ORF3(21 kDa移行タンパク質3; TGB 3)-ORF4(8 kDaシステインリッチタンパク質)-TLS-3′. なお, RNA2とRNA3はお互いに逆に記載されることがある. 【登録コード】AJ238607(RNA1全塩基配列), AJ277556(RNA2全塩基配列), AJ243719(RNA3全塩基配列)(すべてSw系統), ほか.
細胞内所在	細胞質内に束状の集塊をなして散在する.
自然宿主・病徴	ジャガイモ(塊茎褐色輪紋病；塊茎表面に褐色輪紋, 内部に円弧状褐変. 植物体は萎縮, 葉脈に沿って退緑, 壊死斑点が生じる. ただし, 品種や環境条件で病徴は著しく異なる).
宿 主 域	狭い. ナス科, アカザ科植物.
増殖植物	*Nicotiana benthamiana*, *N. debneyi*.
検定植物	*Chenopodium amaranticolor*(局部病斑); *N. debneyi*(接種葉に局部病斑, 上葉にえそ).
伝　　　染	汁液接種可. *Spongospora subterranea*(ジャガイモ粉状そうか病菌)による土壌伝染. 栄養繁殖による伝搬.
系　　　統	PMTVの分離株にはRNA2のリードスルー(RT)領域でI型とII型, RNA3の8 kDaタンパク質領域でA型とB型が存在する.
類縁関係	タバコモザイクウイルス(*Tobacco mosaic virus*：TMV), コムギ萎縮ウイルス(*Soil-born wheat mosaic virus*：SBWMV)とわずかに血清関係がある.
地理的分布	ヨーロッパ, 南米(ペルー), 日本(広島, 北海道).
そ の 他	RNA2(外被タンパク質遺伝子)は全身感染には必要がない.　　　　　　　　　　　〔玉田哲男〕
主要文献	Calvert, E. L. and Harrison, B. D.(1966). Plant Pathology, 15, 134-139; Harrison, B. D. and Jones, R. A. C.(1970). Ann. Appl. Biol., 65, 393-402; 井本征史ら(1981). 日植病報, 47, 409; 井本征史ら(1986). 日植病報, 52, 752-757; Adams, M. J. *et al.*(2012). *Pomovirus*. Virus Taxonomy 9th Report of ICTV, 1150-1153; ICTVdB(2006). *Potato mop-top virus*. 00.086.0.01.005.; DPVweb. Pomovirus; Harrison, B. D. and Reavy, B.(2002). Potato mop-top virus. Descriptions of Plant Viruses, 389; Brunt, A. A. *et al.* eds.(1996). Potato mop-top *furovirus*. Plant Viruses Online; Jones, R. A. C. *et al.*(2009). Potato virus and viruslike diseases. Virus Diseases of Plant (Barnett, O. W. and Sherwood, J. L. eds., APS Press), pp. 102; 栃原比呂志(1983). 植物ウイルス事典, 428-429; 堀尾英弘(1993). 原色作物ウイルス病事典, 111; 堀尾英弘(1984). 野菜のウイルス病, 84-86; Scott, K. P. *et al.*(1994). J. Gen. Virol., 75, 3561-3568; Kashiwazaki, S. *et al.*

(1995). Virology, 206, 701-706；Savenkov, E. I. *et al.*(1999). J. Gen. Virol., 80, 2779-2784；Sandgren, M. *et al.*(2001). Arch. Virol., 146, 467-477；Savenkov E.I. *et al.*(2003). J. Gen. Virol., 84, 1001-1005；Latvala-Kilby, S. *et al.*(2009). Phytopathology, 99, 519-531；真岡哲夫ら(2011). 日植病報, 77, 190；真岡哲夫ら(2012). 日植病報, 78, 228-229；Tamada, T. and Kondo, H.(2013). J. Gen. Plant. Pathol., 79, 307-320.

植物ウイルス 242

Potato virus A ジャガイモ A ウイルス (PVA)
Potyviridae Potyvirus

初　記　載	Murphy, P. A. and McKay, R.(1932)；松濤美文・末次哲雄(1968)，松濤美文・末次哲雄(1970).

初　記　載　Murphy, P. A. and McKay, R.(1932)；松濤美文・末次哲雄(1968)，松濤美文・末次哲雄(1970).

異　　　名　Marmor solani virus, Potato mild mosaic virus, Potato virus P, Solanum virus 3, Tamarillo mosaic virus, Tomato tree virus.

粒　　　子　【形態】ひも状1種(径15 nm×長さ730 nm).　被膜なし.

【成分】核酸：(+)ssRNA 1種(9.6 kb).　タンパク質：外被タンパク質(CP)1種(30 kDa)，ゲノム結合タンパク質(VPg)1種.

ゲ　ノ　ム　【構造】単一線状(+)ssRNAゲノム(9,585 nt).　ORF1個.　5′端にゲノム結合タンパク質(VPg)，3′端にポリ(A)配列(poly(A))をもつ.

【遺伝子】5′-VPg-346 kDaポリプロテイン(33 kDa P1プロテアーゼ(P1)/51 kDa虫媒介助タンパク質-プロテアーゼ(HC-Pro)/40 kDa P3タンパク質(P3)/6 kDaタンパク質(6 K1)/71 kDa円筒状封入体タンパク質(CI)/6 kDaタンパク質(6 K2)/22 kDa核内封入体 a-ゲノム結合タンパク質(NIa-VPg)/27 kDa NIa-プロテアーゼ(NIa-Pro)/59 kDa核内封入体 b(NIb；RNA複製酵素)/30 kDa外被タンパク質(CP))-poly(A)-3′.

【登録コード】Z21670, A296311(B11系統　全塩基配列)，ほか.

自然宿主・病徴　ジャガイモなど(モザイク).

宿　主　域　狭い.　ナス科植物.

検 定 植 物　タバコ，アメリカチョウセンアサガオ(*Datura meteloides*)，*Nicandra physalodes*(全身感染)；*Solanum demissum*×*S. tuberosum* cv. Aquila(A6)，*Physalis floridana*(局部感染)など.

伝　　　染　汁液接種可.　アブラムシ(モモアカアブラムシなど)による非永続伝搬.　栄養繁殖による伝染.

類 縁 関 係　ジャガイモYウイルス(*Potato virus Y*：PVY)，*Henbane mosaic virus*(HMV)，*Tobacco etch virus*(TEV)と遠い血清関係がある.

地 理 的 分 布　世界各国.　〔難波成任〕

主 要 文 献　Murphy, P. A. and McKay, R.(1932). Sci. Proc. R. Dublin. Soc., 20, 347-358；松濤美文・末次哲雄(1968). 日植病報, 34, 199-200；松濤美文・末次哲雄(1970). 植防研報, 8, 13；Adams, M. J. et al.(2012). Potyvirus. Virus Taxonomy 9th Report of ICTV, 1072-1079；ICTVdB(2006). *Potato virus A*. 00.057.0.01.056.；DPVweb. Potyvirus；Bartel, R.(1971). Potato virus A. Description of Plant Viruses, 54；Brunt, A. A. et al. eds.(1996). Potato A *potyvirus*. Plant Viruses Online；Lopez-Moya, J. J. et al.(2008). Potyviruses. Encyclopedia of Virology 3rd ed., 4, 313-322；Berger, P. H. et al.(2011). Potyvirus. The Springer Index of Viruses 2nd ed.,1425-1437；Jones, R. A. C. et al.(2009). Potato virus and viruslike diseases. Virus Diseases of Plant(Barnett, O. W. and Sherwood, J. L. eds., APS Press), pp. 102；堀尾英弘(1983). 植物ウイルス事典, 430-431；堀尾英弘(1993). 原色作物ウイルス病事典, 108-109；堀尾英弘(1984). 野菜のウイルス病, 80-81；MacLachlan, D. S. et al.(1953). Res. Bull. Agric. Exp. Stn. Univ. Wis., 180, pp. 36；Puurand, U. et al.(1994). J. Gen. Virol., 75, 457-461.

植物ウイルス 243

Potato virus M　ジャガイモ M ウイルス　(PVM)
Betaflexiviridae Carlavirus

初 記 載	Schultz, E. S. and Folsom, D. (1923), Bangnal, R. H. *et al.* (1956)；堀尾英弘ら (1968)，堀尾英弘ら (1969).
異　　名	Kartoffel K Virus, Kartoffel-Rollmosaik-Virus, Potato interveinal mosaic virus, Potato leaf rolling mosaic virus, Potato paracrinkle virus, Potato virus E, Solanum virus 7, Solanum virus 11.
粒　　子	【形態】ひも状 1 種（径 12〜13 nm×長さ 650 nm）．らせんピッチ 3.4 nm．被膜なし． 【成分】核酸：（＋）ssRNA 1 種（8.5 kb）．タンパク質：外被タンパク質（CP）1 種（34 kDa）．
ゲ ノ ム	【構造】単一線状（＋）ssRNA ゲノム（8,522〜8,533 nt）．ORF 6 個．ゲノムの 5′ 端にキャップ構造（Cap），3′ 端にポリ（A）配列（poly（A））をもつ． 【遺伝子】5′-Cap-ORF1（223 kDa RNA 複製酵素（RP）；メチルトランスフェラーゼドメイン／パパイン様プロテアーゼドメイン／ヘリカーゼドメイン／RNA 複製酵素ドメイン）-ORF2（25 kDa 移行タンパク質 1；TGB1）-ORF3（12 kDa 移行タンパク質 2；TGB2）-ORF4（7 kDa 移行タンパク質 3；TGB3）-ORF5（34 kDa 外被タンパク質；CP）-ORF6（11 kDa 核酸結合タンパク質）-poly（A）-3′． ORF2〜4 および ORF5〜6 は各々の ORF が互いに一部オーバラップして存在している． 【登録コード】D14449（ロシア分離株），AJ437481（中国分離株），AY311394（ポーランド分離株 Uran 系統），AY311395（ポーランド分離株 M57 系統）．いずれも全塩基配列．
細胞内所在	ウイルス粒子は細胞質内に散在する．
自然宿主・病徴	ジャガイモ（品種により，条斑え死，縮葉，漣葉，葉巻などのうち，1 つあるいは 2 つ以上の病徴を現すが，潜在感染する品種もある）．
宿 主 域	狭い．主にナス科植物．ほかにアカザ科，マメ科植物など．
増 殖 植 物	トマト，ジャガイモ．
検 定 植 物	チョウセンアサガオ，センニチコウ，インゲンマメ（品種 大正金時）（接種葉にえそ斑点）．
伝　　染	汁液接種可．モモアカアブラムシ，チューリップヒゲナガアブラムシによる非永続伝搬．栄養繁殖による伝染．接触伝染．
類 縁 関 係	*Cactus virus 2*（CV-2），カーネーション潜在ウイルス（*Carnation latent virus*：CLV），キク B ウイルス（*Chrysanthemum virus B*：CVB），トケイソウ潜在ウイルス（*Passiflora latent virus*：PLV），ジャガイモ S ウイルス（*Potato virus S*：PVS），*Red clover vein mosaic virus*（RCVMV）と遠い血清関係がある．
地理的分布	日本（青森，群馬，長野，岡山，長崎）および世界各国．
そ の 他	わが国で分離されるものはアブラムシ伝搬率が低い．ジャガイモにおいて PVS との相互間に軽度の干渉作用が認められる．　　　　　　　　　　　　　　　　　　　　　〔難波成任〕
主要文献	Schultz, E. S. and Folsom, D. (1923). J. Agric. Res., 25, 43-118；Bangnal, R. H. *et al.* (1956)；Wisconsin Univ. Agr. Exp. Sta. Res. Bull., 198, 1-45；堀尾英弘ら (1968). 日植病報, 34, 374-375；堀尾英弘ら (1969). 日植病報, 35, 47-54；Adams, M. J. *et al.* (2012). *Carlavirus*. Virus Taxonomy 9th Report of ICTV, 924-927；ICTVdB (2006). *Potato virus M*. 00.056.0.04.025.；DPVweb. Carlavirus；Wetter, C. (1972). Potato virus M. Descriptions of Plant Viruses, 87；Brunt, A. A. *et al.* eds. (1996). Potato M *carlavirus*. Plant Viruses Online；Jones, R. A. C. *et al.* (2009). Potato virus and viruslike diseases. Virus Diseases of Plant (Barnett, O. W. and Sherwood, J. L. eds., APS Press), pp.102；堀尾英弘 (1983). 植物ウイルス事典, 432-433；堀尾英弘 (1993). 原色作物ウイルス病事典, 107-108；堀尾英弘 (1984). 野菜のウイルス病, 76-80；Brandes, J. *et al.* (1959). Phytopathology, 49, 443-446；堀尾英弘 (1976). 馬鈴薯原原種農場研報, 12, pp.94；Zavriev, S. K. *et al.* (1991). J. Gen. Virol., 72, 9-14.

植物ウイルス 244

Potato virus S ジャガイモSウイルス (PVS)
Betaflexiviridae Carlavirus

初 記 載	de Bruyn-Ouboter, M. P. (1952)；秋元喜弘ら(1958)，行本峰子ら(1960).
異 名	Pepino latent virus.
粒 子	【形態】ひも状1種（径12〜13 nm×長さ650 nm）．らせんピッチ3.4 nm．被膜なし． 【成分】核酸：(+)ssRNA 1種(8.5 kb)．タンパク質：外被タンパク質(CP)1種(33 kDa)．
ゲ ノ ム	【構造】単一線状(+)ssRNAゲノム(8,464〜8,519 nt)．ORF 6個．ゲノムの5′端にキャップ構造(Cap)，3′端にポリ(A)配列(poly(A))をもつ． 【遺伝子】5′-Cap-ORF1(223 kDa RNA複製酵素(RP)；メチルトランスフェラーゼドメイン/パパイン様プロテアーゼドメイン/ヘリカーゼドメイン/RNA複製酵素ドメイン)-ORF2(25 kDa移行タンパク質1；TGB1)-ORF3(12 kDa移行タンパク質2；TGB2)-ORF4(7 kDa移行タンパク質3；TGB3)-ORF5(33 kDa外被タンパク質；CP)-ORF6(11 kDa核酸結合タンパク質)-poly(A)-3′． ORF2〜4およびORF5〜6は各々のORFが互いに一部オーバラップして存在している． 【登録コード】AJ863509(Leona系統)，AJ863510(Vltava系統)，FJ813512(WaDef-US系統)，JQ647830(Andean系統)．いずれも全塩基配列．
細胞内所在	ウイルス粒子は細胞質内に散在する．
自然宿主・病徴	ジャガイモ(脈間にモザイク．退緑小斑点を中核にもつモザイクであることが多い．品種によっては潜在感染する)．
宿 主 域	狭い．主にナス科植物．ほかにアカザ科，マメ科植物など．
増 殖 植 物	*Nicotiana clevelandii*.
検 定 植 物	*Chenopodium quinoa*，ツルナ，センニチコウ(接種葉にえそ斑点)；*C. murale*(接種葉にえそ斑点，全身感染).
伝 染	汁液接種可．モモアカアブラムシによる非永続伝搬．栄養繁殖による伝染．接触伝染．
系 統	普通系統(PVS^N)，モザイク系統(PVS^M)．
類 縁 関 係	*Cactus virus 2*(CV-2)，カーネーション潜在ウイルス(*Carnation latent virus*：CLV)，キクBウイルス(*Chrysanthemum virus B*：CVB)，トケイソウ潜在ウイルス(*Passiflora latent virus*：PLV)，ジャガイモMウイルス(*Potato virus M*：PVM)，*Red clover vein mosaic virus*(RCVMV)と遠い血清関係がある．
地理的分布	日本および世界各国．
そ の 他	アブラムシ伝搬はきわめて低率である．ジャガイモにおいてPVMとの相互間に軽度の干渉作用の発現が認められる．〔難波成任〕
主 要 文 献	de Bruyn-Ouboter, M. P.(1952). Proc. Conf. Potato Virus Diseases, Wageningen-Lisse, 1951, 83-84；秋元喜弘ら(1958). 日植病報, 23, 42；行本峰子ら(1960). 日植病報, 25, 216-217；Adams, M. J. *et al.*(2012). *Carlavirus*. Virus Taxonomy 9th Report of ICTV, 924-927；ICTVdB (2006). *Potato virus S*. 00.056.0.04.026.；DPVweb. Carlavirus；Wetter, C.(1971). Potato virus S. Descriptions of Plant Viruses, 60；Brunt, A. A. *et al.* eds.(1996). Potato S *carlavirus*, Plant Viruses Online；Jones, R.A.C. *et al.*(2009). Potato virus and viruslike diseases. Virus Diseases of Plant(Barnett, O.W. and Sherwood, J. L. eds., APS Press), pp.102；堀尾英弘(1983). 植物ウイルス事典, 434-435；堀尾英弘(1993). 原色作物ウイルス病事典, 106-107；堀尾英弘(1984). 野菜のウイルス病, 74-76；堀尾英弘(1976). 馬鈴薯原原種農場研報, 12, pp. 94；中野 剛ら(1997). 日植病報, 63, 487；上田浩司ら(2002). 日植病報, 68, 104；Matousek, J.(2005). Acta Virol., 49, 195-205；Lin, Y. H. *et al.*(2009). Arch. Virol., 154, 1861-1863；de Sousa Geraldino Duarte, P. *et al.*(2012). Arch. Virol., 157, 1357-1364.

植物ウイルス 245

Potato virus X ジャガイモXウイルス (PVX)
Alphaflexiviridae Potexvirus

初 記 載	Smith, K. M.(1931); 明日山秀文・平井篤造(1949).
異 名	Potato latent virus, Potato mild mosaic virus, Solanum virus 1.
粒 子	【形態】ひも状 1種(径13 nm×長さ515 nm). らせんピッチ3.4 nm. 被膜なし.
	【成分】核 酸:(+)ssRNA 1種(6.4 kb). タンパク質:外被タンパク質(CP)1種(25 kDa).
ゲ ノ ム	【構造】単一線状(+)ssRNAゲノム(6,435 nt). ORF 5個(ORF2~4は互いに一部オーバーラップして存在). 5′端にキャップ構造(Cap), 3′端にポリ(A)配列(poly(A))をもつ.
	【遺伝子】5′-Cap-ORF1(145 kDa RNA複製酵素(RP); メチルトランスフェラーゼドメイン/ヘリカーゼドメイン/RNA複製酵素ドメイン)-ORF2(25 kDa 移行タンパク質1; TGB1)-ORF3(12 kDa 移行タンパク質2; TGB2)-ORF4(8 kDa 移行タンパク質3; TGB3)-ORF5(25 kDa 外被タンパク質; CP)-poly(A)-3′.
	【登録コード】AB056718(OS系統), AB056719(BS系統), AF111193(Roth1系統), AF172259(CP4系統), AF373782(KR系統), D00344(X3系統), M95516(UK3系統), X05198(S系統), X55802(CP系統), X72214(HB系統). いずれも全塩基配列.
細胞内所在	ウイルス粒子は細胞質内に散在あるいは束状の集団をなす. 感染細胞内には封入体(X体)がみられる.
自然宿主・病徴	ジャガイモ, トマト, タバコなど(脈間に軽いモザイクを生じ, 品種によってはえそ斑点を生じることもある. 潜在感染も多い).
宿 主 域	主にナス科植物. ほかにアカザ科, ヒユ科, ツルナ科, シソ科, ゴマ科, オオバコ科植物など.
増 殖 植 物	タバコ.
検 定 植 物	シロバナヨウシュチョウセンアサガオ(*Datura stramonium*), タバコ(全身感染); センニチコウ, ツルナ, *Chenopodium amaranticolor*(局部感染).
伝 染	汁液接種可. 接触伝染. 栄養繁殖による伝染. 外国ではジャガイモがん腫病菌(*Synchytrium endobioticum*)による伝搬が報告されている.
系 統	多くの系統があるが, 日本ではPVX-o(普通系統), PVX-b(えそ系統)などの存在が知られている.
類 縁 関 係	サボテンXウイルス(CVX), *Clover yellow mosaic virus*, *Hydrangea ringspot virus*, シロクローバモザイクウイルス(WClMV)と遠い血清関係あり.
地理的分布	日本各地および世界各国. 〔難波成任〕
主 要 文 献	Smith, K. M.(1931). Ann. Appl. Biol., 18, 1; 明日山秀文・平井篤造(1949). 日植病報, 13, 29; Adams, M. J. *et al.*(2012). *Potexvirus*. Virus Taxonomy 9th Report of ICTV, 912-915; ICTVdB(2006). *Potato virus* X. 00.056.0.01.001.; Koenig, R. *et al.*(1989). Potato virus X. Descriptions of Plant Viruses, 354; Brunt, A. A. *et al.* eds.(1996). Potato X *potexvirus*. Plant Viruses Online; Ryu, K. H.(2008). *Potexvirus*. Encyclopedia of Virology 3rd ed., 4, 310-313; Verchot-Lubicz, J.(2011). Potexvirus. The Springer Index of Viruses 2nd ed., 505-515; Purcifull, D.E. and Edwardson, J. R.(1981). Potexviruses. Handbook of Plant Virus Infections(Kurstak, E. ed., Elsevier/North-Holland Biomedical Press), 627-693; Jones, R. A. C. *et al.*(2009). Potato virus and viruslike diseases. Virus Diseases of Plant(Barnett, O.W. and Sherwood, J. L. eds., APS Press), pp. 102; 堀尾英弘(1983). 植物ウイルス事典, 436-437; 堀尾英弘(1993). 原色作物ウイルス病事典, 104-105; 堀尾英弘(1984). 野菜のウイルス病, 71-74; 大島信行(1959). 北農試報告, 53, pp.159; 田中 智ら(1972). 植物防疫, 26, 491-494; 田中 智(1980). 馬鈴薯原原種農場研報, 14, 1-49; Kagiwada, S. *et al.*(2002). J. Gen. Plant Pathol., 68, 94-98; Komatsu, K. *et al.*(2005). Virus Genes, 31, 99-105; Kagiwada S. *et al.*(2005). Virus Res., 110, 177-182.

植物ウイルス 246

Potato virus Y ジャガイモYウイルス

(PVY)
Potyviridae Potyvirus

初 記 載	Smith, K. M.(1931)；明日山秀夫・平井篤造(1949).
異　　名	Potato acropetal necrosis virus, Potato severe mosaic virus, Potato virus C, Solanum virus 2, Tobacco vein banding virus, Tobacco veinal necrosis virus.
粒　　子	【形態】ひも状1種(径11 nm×長さ730 nm). らせんピッチ3.3 nm. 被膜なし.
	【成分】核酸：(＋)ssRNA 1種(9.7 kb). タンパク質：外被タンパク質(CP)1種(30 kDa), ゲノム結合タンパク質(VPg)1種.
ゲ ノ ム	【構造】単一線状(＋)ssRNAゲノム(9,704 nt). ORF 1個. 5′端にゲノム結合タンパク質(VPg), 3′端にポリ(A)配列(poly(A))をもつ.
	【遺伝子】5′-VPg-ORF1(348 kDa ポリプロテイン；32 kDa P1 プロテアーゼ(P1)/52 kDa 虫媒介助タンパク質-プロテアーゼ(HC-Pro)/42 kDa P3 タンパク質(P3)/6 kDa タンパク質(6 K1)/71 kDa 円筒状封入体タンパク質(CI)/6 kDa タンパク質(6 K2)/22 kDa 核内封入体a-ゲノム結合タンパク質(NIa-VPg)/28 kDa NIa-プロテアーゼ(NIa-Pro)/60 kDa 核内封入体b (NIb；RNA複製酵素)/30 kDa 外被タンパク質(CP))-poly(A)-3′.
	【登録コード】D00441, X12456(N系統 全塩基配列), AJ890348(C系統 全塩基配列), M95491 (ハンガリー系統 全塩基配列), ほか.
細胞内所在	ウイルス粒子は細胞質内に散在する. 感染細胞内に風車状の細胞質内封入体がみられる.
自然宿主・病徴	ジャガイモ(塊茎えそ病), タバコなど(黄斑えそ病, モザイク病)(全身感染；タバコではモザイク, ジャガイモではえ死, 漣葉症状などを示す).
宿 主 域	主にナス科植物. ほかにアカザ科植物など.
増 殖 植 物	タバコ(品種：Xanthi, White Burley, Samsun など).
検 定 植 物	*Datura stramonium, Nicotiana glutinosa,* タバコ, *Physalis floridana, Chenopodium amaranticolor, Solanum demissum,* ジャガイモなど.
伝　　染	汁液接種可. アブラムシ(モモアカアブラムシ, チューリップヒゲナガアブラムシ, ワタアブラムシ)による非永続伝搬. 栄養繁殖による伝染.
系　　統	タバコ, ジャガイモ, *Physalis floridana* に対する病原性や血清学的解析, 分子系統学的解析などの結果に基づいて, 現在大きくO, N, C系統などに分けられている.
類 縁 関 係	インゲンマメ黄斑モザイクウイルス(BYMV), ビートモザイクウイルス(BtMV), ジャガイモAウイルス(PVA), スイカモザイクウイルス(WMV)などポティウイルス属ウイルスと遠い血清関係.
地理的分布	日本各地および世界各国. 〔難波成任〕
主 要 文 献	Smith, K. M.(1931). Nature, 127, 702；明日山秀夫・平井篤造(1949). 日植病報, 13, 29-32；Adams, M. J. et al.(2012). Potyvirus. Virus Taxonomy 9th Report of ICTV, 1072-1079；ICTVdB (2006). *Potato virus Y.* 00.057.0.01.001.；Kerlan, C.(2006). Potato virus Y. Descriptions of Plant Viruses, 414；Brunt, A. A. et al. eds.(1996). Potato Y *potyvirus*. Plant Viruses Online；Kerlan, C. and Moury, B.(2008). Potato virus Y. Encyclopedia of Virology 3rd ed., 4, 287-296；Lopez-Moya, J. J. et al.(2008). Potyviruses. Encyclopedia of Virology 3rd ed., 4, 313-322；Berger, P. H. et al.(2011). Potyvirus. The Springer Index of Viruses 2nd ed.,1425-1437；Hollings, M. and Brunt, A. A.(1981). Potyviruses. Handbook of Plant Virus Infections(Kurstak, E. ed., Elsevier/North-Holland Biomedical Press), 731-807；Shukla, D. D. et al.(1994). The Potyviridae. CAB International, pp.516；Jones, R. A. C. et al.(2009). Potato virus and viruslike diseases. Virus Diseases of Plant(Barnett, O. W. and Sherwood, J. L. eds., APS Press), pp. 102；堀尾英弘(1983). 植物ウイルス事典, 438-439；堀尾英弘(1993). 原色作物ウイルス病事典, 102-104；堀尾英弘(1984). 野菜のウイルス病, 68-71；Bawden, F. C. and Kassanis, B.(1946). Ann. Appl. Biol., 33, 46-50；大島信行(1951). 日植病報, 15, 121-126；加藤美文(1957). 農技研報告, C-7, 65-88；Stace-Smith, R. and Tremaine, J. H.(1970). Phytopathology, 60, 1785-1789；Makkouk, K. M. and Gumpf, D. J.(1975). Virology, 63, 336-344；Robaglia, C. et al.(1989). J. Gen. Virol., 70, 935-947；Jakab, G. et al.(1997). J. Gen. Virol., 78, 3141-3145；小川哲治ら(2013). 植物防疫, 67, 623-630.

植物ウイルス 247

Prune dwarf virus プルーン萎縮ウイルス (PDY)
Bromoviridae Ilarvirus (Subgroup 4)

初 記 載	Thomas, H. E. and Hilderbrand, E. M.(1936)；岸 国平ら(1966)，岸 国平ら(1968)．
異　　名	プルンドワーフウイルス，Cherry chlorotic ringspot virus, Peach stunt virus, Prunus chlorotic necrotic ringspot virus, Sour cherry yellows virus.
粒　　子	【形態】球状～桿菌状3～4種(径19～20 nm×長さ19～20 nm(To), 23 nm(Ta), 26 nm(M), 38 nm(B))．被膜なし． 【成分】核酸：(+)ssRNA 3種(RNA1：3.4 kb, RNA2：2.6 kb, RNA3：2.1 kb)．タンパク質：外被タンパク質(CP)1種(24 kDa)．
ゲ ノ ム	【構造】3分節(+)ssRNAゲノム(RNA1：3,374 nt, RNA2：2,593 nt, RNA3：2,129 nt). ORF 4個(RNA1：1個, RNA2：1個, RNA3：2個)．5′端はキャップ構造(Cap)をもつが，3′端はポリ(A)配列(poly(A))を欠く． 【遺伝子】RNA1：5′-Cap-119 kDa 1aタンパク質(RNA複製酵素サブユニット；メチルトランスフェラーゼドメイン/ヘリカーゼドメイン)-3′．RNA2：5′-Cap-90 kDa 2aタンパク質(RNA複製酵素サブユニット；RNA複製酵素ドメイン)-3′．RNA3：5′-Cap-32 kDa 移行タンパク質(MP)-24 kDa 外被タンパク質(CP)-3′． 【登録コード】U57648(RNA1全塩基配列)，AF277662(RNA2全塩基配列)，L28145(RNA3全塩基配列)，ほか．
自然宿主・病徴	酸果オウトウ(サワーチェリーイエローズ病；黄色斑紋，輪状病斑，生育阻害)；甘果オウトウ(潜在感染)；モモ(著しい生育阻害)；アンズ，プルーン，スモモ(潜在感染)．
宿 主 域	広い．双子葉植物15科．
増 殖 植 物	カボチャ．
検 定 植 物	サトザクラ(白普賢)(局部壊死)；カボチャ(全身感染；脈間退緑，黄化)；キュウリ(接種葉に退緑病斑，全身モザイク)．
伝　　染	汁液接種可．媒介生物不明．接ぎ木伝染．花粉伝染．種子伝染．
地理的分布	日本および世界各地．〔大崎秀樹〕
主 要 文 献	Thomas, H. E. and Hilderbrand, E. M.(1936). Phytopathology, 26, 1145-1148；岸 国平ら(1966). 日植病報, 32, 84；岸 国平ら(1968). 日植病報, 34, 143-150；Bujarski, J. *et al.*(2012). *Ilarvirus*. Virus Taxonomy 9th Report of ICTV, 972-975；ICTVdB(2006). *Prune dwarf virus*. 00.010. 0.02.014.；DPVweb. Ilarvirus；Fulton, R. W.(1970). Prune dwarf virus. Description of Plant Viruses, 19；Brunt, A. A. *et al.* eds.(1996). Prune dwarf *ilarvirus*. Plant Viruses Online；Çağlayan, K. *et al.*(2011). *Prune dwarf virus*. Virus and Virus-Like Diseases of Pome and Stone Fruits(Hadidi, A. *et al.* eds., APS Press), p. 199-206；山口 昭(1983). 植物ウイルス事典, 440-441；柳瀬春夫(1993). 原色作物ウイルス病事典. 638-639；北島 博(1989). 果樹病害各論, 381-386；Bachman, E. J. *et al.*(1994). Virology, 201, 127-131；Rampitsch, C. and Eastwell, K. C.(1997). Arch. Virol., 142, 1911-1918.

植物ウイルス 248

Prunus necrotic ringspot virus プルヌスえそ輪点ウイルス (PNRSV)
Bromoviridae Ilarvirus (Subgroup 3)

初 記 載	Cochran, L. C. and Hutchins, L. M.(1941), Moore, J. D. and Keitt, G. W.(1944); 岸 国平ら (1966), 岸 国平ら (1968).
異　　名	プルヌスネクロティックリングスポットウイルス, Cherry rugose mosaic virus, Danish plum line pattern virus, European plum line pattern virus, Hop virus B, Hop virus C, North American plum line pattern virus, Peach ringspot virus, Plum line pattern virus, Prunus ringspot virus, Red currant necrotic ringspot virus, Rose chlorotic mottle virus, Rose line pattern virus, Rose mosaic virus, Rose vein banding virus, Rose yellow vein mosaic virus, Sour cherry necrotic ringspot virus.
粒　　子	【形態】球状3種(径23 nm, 25 nm, 27 nm). 被膜なし. 【成分】核酸:(+)ssRNA 3種(RNA1:3.3 kb, RNA2:2.6 kb, RNA3:2.0 kb). タンパク質:外被タンパク質(CP)1種(25 kDa).
ゲ ノ ム	【構造】3分節線状(+)ssRNAゲノム(RNA1:3,332 nt, RNA2:2,591 nt, RNA3:1,957 nt). ORF 4個(RNA1:1個, RNA2:1個, RNA3:2個). 5′端はキャップ構造(Cap)をもつが, 3′端はポリ(A)配列(poly(A))を欠く. 【遺伝子】RNA1:5′-Cap-117 kDa 1aタンパク質(RNA複製酵素サブユニット;メチルトランスフェラーゼドメイン/ヘリカーゼドメイン)-3′. RNA2:5′-Cap-91 kDa 2aタンパク質(RNA複製酵素サブユニット;RNA複製酵素ドメイン)-3′. RNA3:5′-Cap-31 kDa 移行タンパク質(MP)-25 kDa 外被タンパク質(CP)-3′. 【登録コード】AF278534(RNA1全塩基配列), AF278535(RNA2全塩基配列), U57046(RNA3全塩基配列), ほか.
自然宿主・病徴	サクラ属(*Prunus* spp.)の植物のほとんどすべて(葉にえそ性輪点, わが国の系統は無病徴);オウトウ(穿孔, モザイク);アーモンド(斑紋);バラ(モザイク);ホップ(退緑斑点, 先枯れなど);プラム(条斑).
宿 主 域	広い. 双子葉植物21科.
検 定 植 物	サトザクラ(白普賢)(枝に褐色え死);キュウリ(接種葉に退緑斑点, やがて頂部え死);*Momordica balsamina*(接種葉にえそ斑点).
伝　　染	汁液接種可. 媒介生物不明. 接ぎ木伝染. 種子伝染. 花粉伝染.
系　　統	病徴を異にする多くの系統がある. necrotic ringspot strain, recurrent ringspot strain, cherry rugouse mosaic strain, almond calico strain, Danish line pattern strain, apple mosaic virus serotype など.
類 縁 関 係	リンゴモザイクウイルス(*Apple mosaic virus*:ApMV)と遠い血清関係がある.
地理的分布	日本および世界各国. 〔難波成任〕
主 要 文 献	Cochran, L. C. and Hutchins, L. M.(1941). Phytopathology, 31, 860;Moore, J. D. and Keitt, G. W. (1944). Phytopathology, 34, 1009;岸 国平ら(1966). 日植病報, 32, 84;岸 国平ら(1968). 日植病報, 34, 143-150;Bujarski, J. *et al.*(2012). *Ilarvirus*. Virus Taxonomy 9th Report of ICTV, 972-975;ICTVdB(2006). *Prunus necrotic ringspot virus.* 00.010.0.02.015.;DPVweb. Ilarvirus;Fulton, R. W.(1970). Prunus necrotic ringspot virus. Descriptions of Plant Viruses, 5;Brunt, A. A. *et al.* eds.(1996). Prunus necrotic ringspot *ilarvirus*. Plant Viruses Online;Hammond, R. W.(2011). *Prunus necrotic ringspot virus.* Virus and Virus-Like Diseases of Pome and Stone Fruits(Hadidi, A. *et al.* eds., APS Press), p.207-214;Nyland, G. *et al.*(1976). Prunus ring spot group. Virus Diseases and Noninfectious Disorders of Stone Fruits in North America. Agriculture Handbook, No.437(Gilmer, R. M. *et al.* eds., USDA), p.104-132;Eastwell, K.C.(2008). *Ilarvirus*. Encyclopedia of Virology 3rd ed., 3, 46-56;Scott, S.W.(2011). Ilarvirus. The Springer Index of

Viruses 2nd ed., 187-194；山口 昭(1983). 植物ウイルス事典, 442-443；柳瀬春夫(1993). 原色作物ウイルス病事典. 630-631；寺井康雄(2002). 果樹のウイルス・ウイロイド病, 92-93；北島 博(1989). 果樹病害各論, 374-381；Sastry, K. S.(1966). Indian Phytopath., 19, 316-317；Loesch, L. S. and Fulton, R. W.(1975). Virology, 68, 71-78；Gonsalves, D. and Fulton, R. W.(1977). Virology, 81, 398-407；宗像 隆ら(1985). 日植病報, 51, 364；Aebig, J. A. *et al.*(1987). Intervirology, 28, 57-64；栗原 潤ら(1995). 日植病報, 61, 603；Scott, S. W. *et al.*(1998). Eur. J. Plant Pathol., 104, 155-161；Di Terlizzi, B. *et al.*(2001). Arch. Virol., 146, 825-833.

植物ウイルス 249

Prunus virus S[#]　モモ S ウイルス　(PruVS)
[#]ICTV 未認定（*Betaflexiviridae Carlavirus*？）

[#]日本植物病名目録に登録され，ICTVdB にも記載されているが，Virus Taxonomy 9th Report of ICTV には記載されていない．

初 記 載	難波成任ら（1979）．
粒　　　子	【形態】ひも状 1 種（径 13 nm×長さ 650 nm）．被膜なし．
細胞内所在	葉肉・表皮細胞の細胞質・液胞内に散在または集塊をなす．各種細胞の細胞質内で膜に沿って集塊する．
自然宿主・病徴	モモ，ネクタリン，プラム，ウメ，サクラ，バラなどサクラ属の植物（潜在感染）．
宿 主 域	狭い．バラ科植物．
検 定 植 物	モモ，ネクタリン，プラム，ウメ，サクラ，バラ（全身感染）．
伝　　　染	接ぎ木伝染．媒介生物不明．
地理的分布	日本（関東各地）．〔難波成任〕
主 要 文 献	難波成任ら（1979）．日植病報，45, 128；ICTVdB（2006）．Prunus virus S. 00.014.0.81.027.；Brunt, A. A. *et al.* eds.（1996）．Prunus S（?）*carlavirus*. Plant Viruses Online；DPVweb. Carlavirus；Hull, R. *et al.*（1989）．Virology：Directory and Dictionary of Animal, Bacterial and Plant Viruses（MacMillan Reference Books），p.76；難波成任（1983）．植物ウイルス事典，444-445.

植物ウイルス 250

Quince sooty ring spot virus[#]　マルメロすす輪点ウイルス　(QSRSV)
[#]ICTV 未認定

[#]日本植物病名目録に登録されているが，Virus Taxonomy 9th Report of ICTV には記載されていない．

初 記 載	Posnette, A. F.(1957)；高梨和雄ら(1980)．
自然宿主・病徴	ナシおよびマルメロ(両者とも潜在感染することが多い．台木として使用される感受性の高いマルメロ(系統 C7/1 など)でのみ明瞭な病徴を発現する．病徴はまず葉に顕著なエピナスティを生じ，黄色斑点や葉脈えそを伴う．さらに黒色の色素が葉脈や黄色斑点の周辺に発達し，すす病のような外観を呈する．新梢の先枯を起こすことが多い)．
宿 主 域	狭い．リンゴ，ナシ，マルメロ，クサボケ，*Pyronia veitchii*．
検 定 植 物	マルメロ(系統 C7/1)，*P. veitchii*．
伝 染	接ぎ木伝染．
類 縁 関 係	検定植物への相互接種試験の結果より，本ウイルスはリンゴステムピッティングウイルス(*Apple stem pitting virus*：ASPV)や Pear vein yellows virus と同じである可能性が指摘されている．
地理的分布	日本を含む世界のナシ，マルメロ生産地域のほとんど．
そ の 他	病原ウイルスは 36 ℃，3 週間の熱処理によりフリー化可能． 〔伊藤 伝〕
主 要 文 献	Posnette, A. F.(1957). J. Hort. Sci., 32, 53-273；高梨和雄ら(1980). 日植病報, 46, 416-417；柳瀬春夫(1993). 原色作物ウイルス病事典, 623；Nèmeth, M.(1986). Virus, Mycoplasma and Rickettsia Diseases of Fruit Trees(Kluwer Academic Print), 247-249；Waterworth, H. E.(1989). Virus and Viruslike Diseases of Pomo Fruits and Simulating Noninfectious Disorders(Washington State Univ. Extension), 213-214.

植物ウイルス 251

Radish mosaic virus ダイコンモザイクウイルス
(RaMV)
Secoviridae Comovirinae Comovirus

初　記　載	Tompkins, C. M.(1939)；栃原比呂志(1968)，Campbell, R. N. and Tochihara, H.(1969).
異　　　名	ダイコンひだ葉モザイクウイルス(Radish enation mosaic virus：REMV).
粒　　　子	【形態】球状2種(径 約30 nm；M成分およびB成分)．他に中空粒子1種(T成分)．被膜なし． 【物性】沈降係数 57 S(T)，97 S(M)，116 S(B)． 【成分】核酸：(+)ssRNA 2種(RNA1：6.1 kb, RNA2：4.0 kb)．タンパク質：外被タンパク質2種(CPL：41 kDa, CPS：28 kDa)，ゲノム結合タンパク質(VPg)1種．
ゲ ノ ム	【構造】2分節線状(+)ssRNA ゲノム(RNA1：6,064 nt, RNA2：4,020 nt)．ORF 2個(ポリプロテイン；RNA1：1個，RNA2：1個)．ゲノムの5′端にゲノム結合タンパク質(VPg)，3′端にポリ(A)配列(poly(A))をもつ． 【遺伝子】RNA1：5′-VPg-211 kDa ポリプロテイン(35 kDa プロテアーゼコファクター(Co-Pro)/68 kDa ヘリカーゼ/3 kDa VPg/24 kDa プロテアーゼ(Pro)/81 kDa RNA複製酵素(RdRp))-poly(A)-3′．RNA2：5′-VPg-123 kDa/108 kDa ポリプロテイン(108 kDa ポリプロテインは123 kDa ポリプロテインのインターナルイニシエーションによる；54 kDa RNA複製関連タンパク質/39 kDa 移行タンパク質(MP)/41 kDa 外被タンパク質(CPL)/28 kDa 外被タンパク質(CPS))-poly(A)-3′． 【登録コード】AB295643(RNA1全塩基配列)，AB295644(RNA2全塩基配列)，ほか．
細胞内所在	ウイルス粒子は各種組織の細胞の細胞質および液胞内に結晶状に集積あるいは散在して存在．液胞内に管状構造の封入体が存在する．
自然宿主・病徴	ダイコン(ひだ葉モザイク病)，カブ，ハクサイ(全身感染；モザイク，退緑輪紋，壊死輪紋，萎縮，葉巻．ダイコンではひだ葉を伴う)．
宿　主　域	狭い．アブラナ科，ナス科，アカザ科植物．
増殖植物	ダイコン，カブ，ハクサイなど．
検定植物	ダイコン(上葉にモザイク，ひだ葉)；*Chenopodium amaranticolor*(接種葉に局部病斑)．
伝　　　染	汁液接種可．キスジノミハムシ，*Diabrotica undecimpunctata* などのハムシによる非永続伝搬．
系　　　統	日本系統(RaMV-J)，カリフォルニア系統(RaMV-CA)，チェコ系統(RaMV1)など．
類縁関係	*Comovirus* 属の中では，*Cowpea mosaic virus*(CPMV)，*Bean pod mottle virus*(BPMV)，スカッシュモザイクウイルス(*Squash mosaic virus*：SqMV)に遠い血清学的類縁関係がある．
地理的分布	日本，米国，ヨーロッパ，イラン，モロッコ．　　　　　　　　　　　　　　〔日比忠明〕
主要文献	Tompkins, C. M.(1939). J. Agric. Res., 58, 119-130；栃原比呂志(1968). 日植病報, 34, 129-136；Campbell, R. N. and Tochihara, H.(1969). Phytopathology, 59, 1756-1757；Sanfaçon, H. *et al.*(2012). *Comovirus*. Virus Taxonomy 9th Report of ICTV, 887-889；ICTVdB(2006). *Radish mosaic virus*. 00.018.0.01.013.；DPVweb. Comovirus；Campbell, R. N.(1973). Radish mosaic virus. Descriptions of Plant Viruses, 121；Brunt, A. A. *et al.* eds.(1996). Radish mosaic *comovirus*. Plant Viruses Online；栃原比呂志(1983). 植物ウイルス事典, 446-447；栃原比呂志(1993). 原色作物ウイルス病事典, 341；田村 實(1984). 野菜のウイルス病, 192-193；Campbell, R. N.(1964). Phytopathology, 54, 1418-1424；Plakolli, M. and Stefanac, Z.(1976). Phytopath. Z., 87, 114-119；Koenig, R. and Fischer, H. U.(1981). Plant Dis., 65, 758-760；Farzadfar, S. *et al.*(2004). Plant Dis., 88, 909；Petrzik, K. *et al.*(2005). Acta Virol., 49, 271-275；Komatsu, K. *et al.*(2007). Arch. Virol., 152, 1501-1506；Komatsu, K. *et al.*(2008). Arch. Virol., 153, 2167-2168；Petrzik, K. and Koloniuk, I.(2010). Virus Genes, 40. 290-292.

植物ウイルス 252

Radish yellow edge virus ダイコン葉縁黄化ウイルス (RYEV)
Partitiviridae 属未定

初　記　載	夏秋知英ら(1978)，夏秋知英ら(1979)．
粒　　　子	【形態】球状3種(?)(径30 nm)．まれに球状(径20 nm)のサテライト様粒子を伴う．被膜なし． 【物性】沈降係数 118 S．浮遊密度(CsCl) 1.37 g/cm^3． 【成分】核酸：dsRNA 3種(RNA1：1.30 MDa，RNA2：1.25 MDa，RNA3：1.21 MDa)．タンパク質：外被タンパク質(CP)2種(56〜63 kDa)．
ゲ ノ ム	【構造】3分節線状 dsRNA ゲノム．ORF 3個(RNA1〜3に各1個)．5′端非翻訳領域は dsRNA1〜3で共通に保存されている．3′端にポリ(A)様配列(poly(A))をもつ． 【遺伝子】RNA1：RNA複製酵素(RdRp)．RNA2：外被タンパク質1(CP1)．RNA3：外被タンパク質2(CP2)． 外被タンパク質1と2は互いに異なる2種の外被タンパク質で，両者のアミノ酸配列には36%の相同性がある．
細胞内所在	ウイルス粒子は維管束の細胞質に形成されたビロプラズマに局在する．時に核内にウイルス粒子の集積が認められる．
自然宿主・病徴	ダイコン(*Raphanus sativus*)(全身感染；無病徴．まれに葉縁黄化，軽い葉巻)．
宿主域・病徴	宿主は RYEV が検出されたダイコンとその子孫だけに限られる(全身感染；無病徴)．
類 縁 関 係	他の *Partitiviridae* 科ウイルスとは血清関係がない．従来，RYEV は *Alphacryptovirus* 属に分類されていたが，*Partitiviridae* の新分類に伴い，現在は *Partitiviridae* の属未定種となっている．
伝　　　染	汁液接種不可．種子伝染(伝染率 80〜100%)．花粉伝染．水平伝染しない．
地理的分布	日本，中国，オーストラリア，イタリア，イギリス，米国．
そ の 他	ダイコンには数種の潜伏ウイルスが共感染している場合が多い．　〔夏秋知英〕
主 要 文 献	夏秋知英ら(1978)．日植病報，44, 384；夏秋知英ら(1979)．日植病報，45, 313-320；Ghabrial, S. A. et al.(2012). *Alphacryptovirus*. Virus Taxonomy 9th Report of ICTV, 527-529；ICTV Virus Taxonomy List(2013). *Partitiviridae*；ICTVdB(2006). *Radish yellow edge virus*. 00.049.0.03.012.; DPVweb. Alphacryptovirus；Natsuaki, T.(1985). Radish yellow edge virus. Descriptions of Plant Viruses, 298；Brunt, A. A. et al. eds.(1996). Radish yellow edge *alphacryptovirus*. Plant Viruses Online；夏秋知英(1983)．植物ウイルス事典，448-449；栃原比呂志(1993)．原色作物ウイルス病事典，342；田村 實(1984)．野菜のウイルス病，194-195；夏秋知英ら(1981)．日植病報，47, 94；Natsuaki, T. et al.(1983). Ann. Phytopath. Soc. Jpn., 49, 593-599；夏秋知英(1987)．植物防疫，41, 371-375；今西欣也ら(1992)．日植病報，58, 636-637；高橋聖恵ら(1995)．日植病報，61, 600；松田和則ら(1998)．日植病報，64, 398.

植物ウイルス 253

Ranunculus mild mosaic virus ラナンキュラス微斑(びはん)モザイクウイルス (RanMMV)
Potyviridae Potyvirus

初 記 載	Turina, M. et al.(2006);中村琢也・菅野善明(2013).
粒　　子	【形態】ひも状1種(長さ約800 nm). 被膜なし. 【成分】核酸:(+)ssRNA 1種(約9.6 kb). タンパク質:外被タンパク質(CP)1種.
ゲ ノ ム	【構造】単一線状(+)ssRNAゲノム(約9,550 nt). 3′端にポリ(A)配列(poly(A))をもつ. 【遺伝子】外被タンパク質遺伝子(CP), ほか. 【登録コード】DQ152191(イタリア分離株 部分塩基配列), EF445546(イスラエル分離株 部分塩基配列), EU042756(オランダ分離株 部分塩基配列), EU684747(中国分離株 部分塩基配列).
自然宿主・病徴	ラナンキュラス(*Ranunculus asiaticus*)(全身感染;微斑モザイク, 奇形), アネモネ.
宿 主 域	宿主域は狭い. ラナンキュラス, アネモネ.
検 定 植 物	*Chenopodium amaraticholor*(接種葉に退緑斑点);インゲンマメ(品種Sexa;接種葉の葉脈周縁の黄化).
伝　　染	汁液接種可. アブラムシ(*Myzus persicae*)による非永続伝搬.
類 縁 関 係	RanMMVは*Ranunculus mosaic virus*(RanMV)および*Ranunculus leaf distortion virus*(RanLDV)とは宿主域や塩基配列が一部異なる.
地理的分布	日本, 中国, イタリア, オランダ, イスラエル.　　　　　　　　　　　　　　　〔夏秋啓子〕
主 要 文 献	Turina, M. et al.(2006). Phytopathology, 96, 560-566;中村琢也・菅野善明(2013). 日植病報, 79, 73-74;Adams, M. J. et al.(2012). *Potyvirus*. Virus Taxonomy 9th Report of ICTV, 1072-1079;Wang, J. H. et al.(2008). Pl. Dis., 92, 1585.

植物ウイルス 254

Ranunculus mottle virus[#]　ラナンキュラス斑紋ウイルス
(RanMoV)

[#]ICTV 未認定（*Potyviridae Potyvirus* ?）

[#]日本植物病名目録に登録されており，ICTVdB（2006）にも記載されているが，Virus Taxonomy 9th Report of ICTV には記載されていない．ICTVdB（2006）では RanMoV は *Ranunculus mosaic virus*（RanMV）（Virus Taxonomy 9th Report of ICTV における認定種；*Potyviridae Potyvirus*）の異名とされているが，両者の異同についてはさらに検討を要する．そこで，ここでは便宜上，RanMV のデータの一部も合わせて示す．

初 記 載	Raabe, R. D. and Gold, A. H.（1957；RanMV），Laird, E. F. and Dickson, R. C.（1965；RanMoV）；藤森文啓ら（1976；RanMoV）．
異　　名	ラナンキュラスモットルウイルス，*Ranunculus mosaic virus*（RanMV；Virus Taxonomy 9th Report of ICTV における認定種名で，同書には RanMoV の記載はない）．
粒　　子	【形態】ひも状 1 種（RanMoV：長さ 707 nm）．被膜なし． 【成分】核酸：（＋）ssRNA 1 種．タンパク質：外被タンパク質（CP）1 種．
ゲ ノ ム	【構造】単一線状（＋）ssRNA ゲノム．3′端にポリ（A）配列（poly（A））をもつ． 【遺伝子】外被タンパク質遺伝子（CP），ほか． 【登録コード】DQ152192（RanMV 部分塩基配列）．
細胞内所在	ウイルス粒子は各種組織の細胞の細胞質に散在あるいは束状に存在．風車状の細胞質封入体を形成．
自然宿主・病徴	ラナンキュラス（*Ranunculus asiaticus*）（全身感染；葉に斑紋，奇形）．
宿 主 域	宿主域は狭い．ラナンキュラス，ヒエンソウ（*Consolida ajacis*）．
検定植物	ヒエンソウ（RanMoV；モザイク）；*R. sardous*（RanMV；接種葉にえそ斑点，全身にモザイク）．
伝　　染	汁液接種可．アブラムシ（*Myzus persicae*）による非永続伝搬．
類縁関係	スイカモザイクウイルス（*Watermelon mosaic virus*：WMV）と血清学的関係があるが，他の 12 種の *Potyvirus* 属ウイルスとは関係が認められない．
地理的分布	RanMoV：米国，日本．RanMV：米国，イタリア．
そ の 他	ラナンキュラスから検出されるひも状ウイルスとしては，RanMoV に加えて，ジャガイモ Y ウイルス（*Potato virus Y*：PVY）やカブモザイクウイルス（*Turnip mosaic virus*：TuMV）が知られていたが，近年，宿主域に相違があり，系統学的に類別される新たな *Potyvirus* 属ウイルス 3 種（*Ranunculus mosaic virus*：RanMV，ラナンキュラス微斑モザイクウイルス（*Ranunculus mild mosaic virus*：RanMMV，*Ranunculus leaf distortion virus*：RanLDV）および *Macluravirus* 属ウイルス 1 種（*Ranunculus latent virus*：RanLV）の存在が報告された．今後，塩基配列解析などによって RanMoV とこれらのウイルスとの関係について再検討する必要がある．〔夏秋啓子〕
主要文献	Raabe, R. D. and Gold, A. H.（1957）. Phytopathology, 47, 28；Laird, E. F. and Dickson, R. C.（1965）. Pl. Dis. Rep., 49, 449；藤森文啓ら（1989）. 日植病報, 55, 532；Adams, M. J. *et al.*（2012）. *Potyvirus*. Virus Taxonomy 9th Report of ICTV, 1072-1079；ICTVdB（2006）. Ranunculus mottle virus. 00.057.0.81.075.；Brunt, A. A. *et al.* eds.（1996）. Ranunculus mottle *potyvirus*. Plant Viruses Online；兼平 勉ら（1994）. 関東東山病虫研報, 41, 171-173；Turina, M. *et al.*（2006）. Phytopathology, 96, 560-566.

植物ウイルス 255

Raspberry bushy dwarf virus ラズベリー黄化ウイルス (RBDV)
Idaeovirus

初　記　載	Cadman, C. H. (1961), Barnett, O. W. and Murant, A. F. (1970) ; Isogai, M. *et al.* (2012).
異　　　名	Loganberry degeneration virus, Raspberry line-pattern virus, Raspberry yellows virus.
粒　　　子	【形態】球状 2 種(径約 33 nm). 変形しやすく酢酸ウランで染色すると楕円形粒子として観察. 【物性】沈降係数 115 S. 浮遊密度(CsCl) 1.37 g/cm^3. 【成分】核酸：(+)ssRNA 3 種(RNA1：5.4 kb, GC 含量 42.7 %; RNA2：2.2 kb, GC 含量 43.8 %; RNA3：0.9 kb, GC 含量 44.3 %). ただし, RNA3 は外被タンパク質をコードする RNA2 由来のサブゲノム RNA である. タンパク質：外被タンパク質(CP) 1 種(30 kDa).
ゲ ノ ム	【構造】2 分節線状(+)ssRNA(R15 株 RNA1：5,449 nt, RNA2：2,231 nt). ORF 3 個(RNA1：1 個, RNA2：2 個). 3′端にポリ(A)配列(poly(A))を欠く. 【遺伝子】RNA1：5′-ORF1a(191 kDa RNA 複製酵素；メチルトランスフェラーゼドメイン/ヘリカーゼドメイン/RNA 複製酵素ドメイン)-3′. RNA2：5′-ORF2a(39 kDa 移行タンパク質(MP))-ORF2b(30 kDa 外被タンパク質(CP))-3′. 【登録コード】S51557＋S55890(イギリス分離株 R15 全ゲノム配列), FR687349＋FR687354(ベラルーシ分離株 BY1 全ゲノム配列), FR687350＋FR687355(ベラルーシ分離株 BY3 全ゲノム配列), FR687351＋FR687356(ベラルーシ分離株 BY8 全ゲノム配列), FR687352＋FR687357(ベラルーシ分離株 BY22 全ゲノム配列), FR687353＋FR687358(スウェーデン分離株 SE3 全ゲノム配列); AB698499(日本分離株 J1 CP 塩基配列), AB698500(日本分離株 J2 CP 塩基配列), AB698501(日本分離株 J3 CP 塩基配列).
自然宿主・病徴	ラズベリー(レッドラズベリー, ブラックラズベリー), ブラックベリーなどのキイチゴ属植物(多くは無病徴. 品種により葉の黄化およびクランブリフルーツ症状(小核果が少なく正常な集合果を形成できない)を示す. なお, 叢生萎縮症状(bushy dwarf)は *Black raspberry necrosis virus*(BRNV)との混合感染により生じる).
宿　主　域	やや広い. 12 科 55 種の双子葉植物(多くは無病徴).
増 殖 植 物	*Chenopoduim amaranticolor, C. quinoa, C. murale*, インゲンマメ(品種 The prince), *Nicotiana clevelandii*.
検 定 植 物	*C. quinoa*(接種葉に退緑斑〜壊死斑, 上葉に退緑輪点).
伝　　　染	ラズベリーでは汁液接種困難. 花粉伝染(水平, 垂直伝染). 種子伝染. 接ぎ木伝染.
類 縁 関 係	RBDV はウイルス粒子が変形しやすく花粉で伝搬する点や RNA2 のゲノム構造とコードするタンパク質が *Bromoviridae* 科ウイルスの RNA3 に類似する点で *Bromoviridae* 科 *Ilarvirus* 属と近似している. *Bromoviridae* 科のウイルスは 3 分節の RNA ゲノムをもつが, RBDV は 2 分節の RNA ゲノムをもつことから科は設定されていない.
地理的分布	イギリス, スウェーデン, フィンランド, ベラルーシ, チェコ, スロベニア, セルビア, ニュージーランド, チリ, 米国, カナダ, 中国, 日本. 〔磯貝雅道〕
主 要 文 献	Cadman, C. H. (1961). Horticultural Research, 1, 47-61 ; Barnett, O. W. and Murant, A. F. (1970). Ann. Appl. Biol., 65, 435-449 ; Isogai, M. *et al.* (2012). J. Gen. Plant Pathol., 78, 360-363 ; Isogai, M. *et al.* (2014). Virology, 452-453, 247-253 ; MacFarlane, S. A. (2012). *Idaeovirus*. Virus Taxonomy 9th Report of ICTV, 1173-1175 ; ICTVdB (2006). *Raspberry bushy dwarf virus*. 00.034.0.01.001. ; DPVweb. Idaeovirus ; Jones, A. T. *et al.* (1998). Raspberry bushy dwarf virus. Descriptions of Plant Viruses, 360 ; Brunt, A. A. *et al.* eds. (1996). Raspberry bushy dwarf *idaeovirus*. Plant Viruses Online ; Ellis, M. A. *et al.* eds. (1991). Compendium of Raspberry and Blackberry Diseases and Insects(APS Press), pp. 122 ; Natsuaki, T. *et al.* (1991). J. Gen. Virol., 72, 2183-2189 ; Ziegler, A. *et al.* (1992). J. Gen. Virol., 73, 3213-3218 ; MacFarlane, S. A. *et al.* (2009). J. Gen. Virol., 90, 747-753 ; Valasevich, N. *et al.* (2011). Arch. Virol., 156, 369-374.

植物ウイルス 256

Reed canary mosaic virus# クサヨシモザイクウイルス (RCMV)

#ICTV 未認定（*Potyviridae Potyvirus*?）

#日本植物病名目録に登録されており，ICTVdB（2006）にも記載されているが，Virus Taxonomy 9th Report of ICTV には記載されていない．

初　記　載	鳥山重光ら（1968）．
異　　　名	Canary reed mosaic virus．
粒　　　子	【形態】ひも状1種（径12〜13 nm×長さ約750 nm）．被膜なし．
細胞内所在	細胞質中にウイルス粒子の集塊，風車状や層板状の封入体の形成がみられる．
自然宿主・病徴	クサヨシ（モザイク，時にえ死条斑を伴う）．
宿　主　域	狭い．クサヨシ，イタリアンライグラス．
増 殖 植 物	クサヨシ，イタリアンライグラス．
検 定 植 物	クサヨシ，イタリアンライグラス．
伝　　　染	汁液接種可．モモアカアブラムシによる非永続伝播．
地理的分布	日本．
そ の 他	RCMV は ICTVdB（2006）では Canary reed mosaic virus（CRMV）とされている． 〔鳥山重光〕
主 要 文 献	鳥山重光ら（1968）．日植病報, 34, 199；ICTVdB（2006）．Canary reed mosaic virus. 00.057.0.81.012.；Brunt, A. A. *et al.* eds. Canary reed mosaic（?）potyvirus. Plant Viruses Online；Toriyama, S.（2004）．Viruses and Virus Diseases of *Poaceae*（Lapierre, H. *et al.* eds., INRA）, 742；鳥山重光・与良　清（1972）．イネ科植物とくに野草に発生するウイルス病に関する研究．（東大出版会）, p. 29-31.

植物ウイルス 257

Rehmannia mosaic virus ジオウモザイクウイルス (ReMV)
Virgaviridae Tobamovirus

初　記　載　Zhang, Z. C. et al. (2004)；久保田健嗣ら (2010)，Kubota, K. et al. (2012)．

粒　　　子　【形態】棒状 1 種（長さ 285 nm）．被膜なし．
【成分】核酸：（＋）ssRNA 1 種（6.4 kb，GC 含量 43％）．タンパク質：外被タンパク質（CP）1 種（17.6 kDa）．

ゲ ノ ム　【構造】単一線状（＋）ssRNA ゲノム（6,395 nt）．ORF 4 個．5′端にキャップ構造（Cap），3′端に tRNA 様構造（TLS）をもつ．
【遺伝子】5′-Cap-126 kDa/184 kDa RNA 複製酵素タンパク質（RdRp；183 kDa タンパク質は 126 kDa タンパク質のリードスルータンパク質）-30 kDa 移行タンパク質（MP）-17.6 kDa 外被タンパク質（CP）-TLS-3′．
【登録コード】EF375551（中国株 全塩基配列），AB628188（日本株 全塩基配列）．

自然宿主・病徴　ジオウ（*Rehmannia glutinosa*）（モザイク）；トウガラシ（えそモザイク病；えそ，モザイク，奇形果）．

宿　主　域　やや広い．ナス科を中心に 7 科 20 種以上の植物種．

増 殖 植 物　タバコ（品種 Samsun, Xanthi-nn など），*Nicotiana benthamiana*．

検 定 植 物　タバコ（品種 Xanthi nc），アカザ科植物（*Chenopodium quinoa, C. ama-ranticolor*），*Capsicum frutescens*（品種 Tabasco）（接種葉に局部壊死斑）．

伝　　　染　汁液接種可．接触伝染．土壌伝染．種子伝染．

類 縁 関 係　タバコモザイクウイルス（*Tobacco mosaic virus*：TMV）およびトマトモザイクウイルス（*Tomato mosaic virus*：ToMV）と比較的近縁である．

地理的分布　日本（京都），中国，台湾．

そ　の　他　日本ではトウガラシ，中国と台湾ではアカヤジオウのモザイク症の被害が報告されている．

〔久保田健嗣・津田伸哉〕

主 要 文 献　Zhang, Z. C. et al. (2004). Acta Phytopathol. Sin., 34, 395-399；久保田健嗣ら (2010). 日植病報, 77, 41；Kubota, K. et al. (2012). J. Gen. Plant Pathol., 78, 43-48；Adams, M. J. et al. (2012). *Tobamovirus*. Virus Taxonomy 9th Report of ICTV, 1153-1156；Hou, H. Q. et al. (2007). Chin. Agric. Sci. Bull., 23, 406-408；Liao, J. Y. et al. (2007). Plant Pathol. Bull., 16, 61-69；Zhang, Z. C. et al. (2008). Arch. Virol., 153, 595-599.

植物ウイルス 258

Rehmannia virus X[#]　ジオウXウイルス　(ReVX)
#ICTV 未認定（*Alphaflexiviridae Potexvirus* ?）

#日本植物病名目録に登録されており，ICTVdB（2006）にも記載されているが，Virus Taxonomy 9th Report of ICTV には記載されていない．

初 記 載	李 準卓ら（1981）．
異　　名	アカヤジオウXウイルス．
粒　　子	【形態】ひも状1種（径12 nm×長さ520 nm）．被膜なし．
細胞内所在	各種組織の細胞の細胞質内に散在あるいは集積して存在する．
自然宿主・病徴	ジオウ（アカヤジオウ，カイケイジオウ）（全身感染；葉に斑紋．無病徴感染も多い）．
宿 主 域	狭い．ゴマノハグサ科，アカザ科，ツルナ科の数種植物．
増殖植物	フダンソウ．
検定植物	*Chenopodium amaranticolor*，*C. quinoa*，ツルナ（接種葉に局部病斑）．
伝　　染	汁液接種可．媒介生物不明．
地理的分布	日本，韓国． 〔日比忠明〕
主要文献	李 準卓ら（1981）．日植病報，47, 137；ICTVdB（2006）．Rehmannia virus X. 00.056.0.91.008.; Brunt, A. A. *et al.* eds. （1996）．Rehmannia X（?）*potexvirus*. Plant Viruses Online；山下修一（1983）．植物ウイルス事典，452-453；土崎常男（1993）．原色作物ウイルス病事典，220.

植物ウイルス 259

Rembrandt tulip breaking virus[#]　チューリップブレーキングレンブラントウイルス　(ReTBV)

[#]ICTV 未認定（*Potyviridae Potyvirus*?）

[#]Virus Taxonomy 8th Report of ICTV には暫定種として記載されていたが，Virus Taxonomy 9th Report of ICTV には記載されていない．

初　記　載	Dekker, E. L. *et al.*(1993)；山本英樹・千田峰生(2012)．
異　　　名	レンブラントチューリップ斑入りウイルス．
粒　　　子	【形態】ひも状1種．被膜なし．
	【成分】核酸：（+）ssRNA 1種．タンパク質：外被タンパク質(CP) 1種(267 aa)．
ゲ ノ ム	【構造】単一線状（+）ssRNAゲノム．3′端にポリ(A)配列(poly(A))をもつ．
	【遺伝子】外被タンパク質遺伝子(CP)，ほか．
	【登録コード】AB674535（日本分離株 部分塩基配列），S60808（オランダ分離株 部分塩基配列）．
自然宿主・病徴	チューリップ（カラーブレーキング，条斑モザイク）；タカサゴユリ（*Lilium formosanum*）（条斑モザイク）．
宿　主　域	狭い．チューリップ，ユリ（全身感染）．
伝　　　染	汁液接種可．媒介生物未詳．
類 縁 関 係	*Tulip breaking virus*(TBV)，ユリ微斑ウイルス（*Lily mottle virus*：LMoV），*Iris severe mosaic virus*(ISMV)，ジャガイモYウイルス（*Potato virus Y*：PVY）と血清学的類縁関係がある．
地理的分布	日本，オランダ．
そ の 他	RTBV は Virus Taxonomy 8th Report of ICTV には *Potyvirus* 属の暫定種として記載されていたが，Virus Taxonomy 9th Report of ICTV には記載されていない．ReTBV の CP の部分アミノ酸配列（保存領域 92 aa）はユリ微斑ウイルス（*Lily mottle virus*：LMoV）と 81.5％，Tulip band breaking virus(TBBV)と 80.4％の相同性を示す．一方，TBBV の CP の全アミノ酸配列は LMoV と 97.5％の相同性があることから TBBV は現在では LMoV と同一種とされている．したがって，ReTBV も LMoV と同一種であると推定される．ところが ReTBV-日本分離株の CP の全アミノ酸配列は LMoV，TBBV とそれぞれ 68.2％，67.2％の相同性しか示さない．このような矛盾は基準となる ReTBV-オランダ分離株の CP の全アミノ酸配列が明らかにされていないことに起因しており，今後，ReTBV-オランダ分離株と ReTBV-日本分離株との関係も含めてさらに詳細な検討が必要である．〔日比忠明〕
主 要 文 献	Dekker, E. L. *et al.*(1993). J. Gen. Virol., 74, 881-887；山本英樹・千田峰生(2012). 日植病報, 78, 111-113.

植物ウイルス 260

Rhubarb temperate virus[#] ダイオウ潜伏ウイルス (RTV)
[#]ICTV 未認定（*Partitiviridae* ?）

[#]日本植物病名目録に登録され，ICTVdB にも記載されているが，Virus Taxonomy 9th Report of ICTV には記載されていない．

初 記 載	夏秋知英ら(1981)．
粒　　子	【形態】球状 2 種(径 30 nm)．被膜なし．
	【成分】核酸：dsRNA 2 種．タンパク質：外被タンパク質(CP) 1 種．
ゲ ノ ム	【構造】2 分節線状 dsRNA ゲノム．
自然宿主・病徴	ダイオウ（ルバーブ；*Rheum rhaponticum*）（全身感染；無病徴．まれに下葉に軽い黄化）．
宿主域・病徴	宿主は RTV が検出されたダイオウとその子孫だけに限られる（全身感染；無病徴）．
伝　　染	汁液接種不可．種子伝染（伝染率ほぼ 100%）．水平伝染しない．
地理的分布	日本． 〔夏秋知英〕
主 要 文 献	夏秋知英ら(1981)．日植病報，47, 94；ICTVdB(2006)．Rhubarb temperate virus. 00.049.0.83.009.；DPVweb. Alphacryptovirus；Brunt, A. A. *et al*. eds. (1996). Rhubarb temperate (?) *alphacryptovirus*. Plant Viruses Online；夏秋知英(1983)．植物ウイルス事典，454；夏秋知英(1984)．宇都宮大農学報特輯，43, 1-80；夏秋知英(1987)．植物防疫，41, 371-375．

植物ウイルス 261

Rice black streaked dwarf virus イネ黒すじ萎縮ウイルス (RBSDV)
Reoviridae Spinareovirinae Fijivirus

初　記　載	栗林數衞・新海 昭(1952).
異　　　名	Rice black streak virus.
粒　　　子	【形態】球状1種(径65～70 nm). 二重殻. 被膜なし. Aスパイクをもつ外殻とBスパイクをもつ径約55 nmの内殻(コア粒子)で構成される. 【成分】核酸：dsRNA 10種(Seg1：4,501 bp, Seg2：3,812～3,813 bp, Seg3：3,572 bp, Seg4：3,617 bp, Seg5：3,164 bp, Seg6：2,645 bp, Seg7：2,193 bp, Seg8：1,927～1,936 bp, Seg9：1,900 bp, Seg10：1,800～1,801 bp). タンパク質：構造タンパク質5種(169 kDa, 142 kDa, 136 kDa, 68 kDa, 63 kDa).
ゲ ノ ム	【構造】10分節線状dsRNAゲノム. ORF 12個(ORFはほとんどの分節ゲノムで各1個だが, Seg7とSeg9で各2個のORFがオーバーラップせずに存在する). 各分節ゲノムの3′端には-GUC-3′が保存されている. 【遺伝子】Seg1：169 K内殻タンパク質(ウイルスRNA複製酵素；RdRp). Seg2：142 K主要内殻タンパク質. Seg3：132 K機能不明タンパク質. Seg4：136 K内殻タンパク質(Bスパイクタンパク質). Seg5：107 K機能不明タンパク質. Seg6：90 K機能不明タンパク質. Seg7：41 K非構造タンパク質(管状構造タンパク質)および36 K非構造タンパク質. Seg8：68 K内殻タンパク質. Seg9：40 K非構造タンパク質(ビロプラズマタンパク質)および24 K非構造タンパク質. Seg10：63 K主要外殻タンパク質. 【登録コード】中国 Zhejiang 系統：AJ294757(Seg1), AJ409145(Seg2), AJ293984(Seg3), AJ409146(Seg4), AJ409147(Seg5), AJ409148(Seg6), AJ297427(Seg7), AJ297431(Seg8), AJ297430(Seg9), AJ297433(Seg10). 日本株：S63917(Seg7), S63914(Seg8), AB011403(Seg9), D00606(Seg10).
細胞内所在	篩部細胞に局在する. ウイルス粒子は細胞質とビロプラズマに存在する. 核内で粒子はみつからない.
自然宿主・病徴	主にイネ科植物(黒すじ萎縮病；全身感染し, 感染個体は矮化する. 葉や稈で脈の白色の隆起や条線を生じる. 感染後期に隆起した部分は黒色になる).
宿　主　域	狭い. イネ, トウモロコシ, コムギ, エンバク, オオムギ など(全身感染；激しい矮化と葉先のねじれを生じる). また, 葉や稈で脈の白色の隆起や条線を生じる).
増 殖 植 物	イネ(*Oryze sativa*), トウモロコシ(*Zea mays*).
検 定 植 物	イネ, トウモロコシ.
伝　　　染	汁液接種不可. 虫媒伝染(ヒメトビウンカウンカによる永続伝搬). 経卵伝染はしない.
系　　　統	矮化の程度が異なる系統が存在する.
類 縁 関 係	*Maize rough dwarf virus*(MRDV)と血清学的類縁関係が認められる.
地理的分布	日本, 韓国, 中国. 〔上田一郎〕
主 要 文 献	栗林數衞・新海 昭(1952). 日植病報, 16, 41；Attoui, H. *et al.*(2012). *Fijivirus*. Virus Taxonomy 9th Report of ICTV, 563-567；ICTVdB(2006). *Rice black streaked dwarf virus*. 00.060.0.07.007.；DPVweb. Fijivirus；Shikata, E.(1974). Rice black streaked dwarf virus. Description of Plant viruses, 135；Brunt, A. A. *et al.* eds.(1996). Rice black-streaked dwarf *fijivirus*：Uyeda, I.(2004). Rice black streaked dwarf. Viruses and Virus Diseases of *Poaceae*(Lapierre, H. *et al.* eds., INRA), 501-503；Geijskes, R. J. *et al.*(2008). Plant reoviruses. Encyclopedia of Virology 3rd ed., 4, 149-155；Harding, R. M. *et al.*(2011). Fijivirus. The Springer Index of Viruses 2nd ed., 1589-1593；山下修一(1983). 植物ウイルス事典, 455-456；新海 昭(1993). 原色作物ウイルス病事典(1973). 59-61；新海 昭(1962). 農技研報, C 14, 1-112；Azuhata, F. *et al.*(1992). J. Gen. Virol., 73, 1593-1595；Isogai, M. *et al.*(1995). Ann. Phytopath. Soc. Jpn., 61, 575-577；Isogai, M. *et al.*(1998). J. Gen. Virol. 79, 1487-1494；Zhang, H. *et al.*(2001). Arch. Virol., 146, 2331-2339.

植物ウイルス 262

Rice dwarf virus イネ萎縮ウイルス (RDV)
Reoviridae Sedoreovirinae Phytoreovirus

初 記 載	高田鑑三(1895)，Fukushi, T.(1934).
異　　名	Oryza virus 1, Rice mosaic virus, Rice stunt virus.
粒　　子	【形態】球状1種(径 約70 nm). 二重殻. 被膜なし. ほかに中空粒子1種(径 約70 nm)が存在する. 【成分】核酸：dsRNA 12種(Seg1：4,423 bp, Seg2：3,512 bp, Seg3：3,195 bp, Seg4：2,468 bp, Seg5：2,570 bp, Seg6：1,699 bp, Seg7：1,696 bp, Seg8：1,427 bp, Seg9：1,305 bp, Seg10：1,321 bp, Seg11：1,067 bp, Seg12：1,066 bp. 全ゲノムサイズ 25.8 kbp, GC含量44%). タンパク質：構造タンパク質6種(164.1 kDa, 123.0 kDa, 114.3 kDa, 90.5 kDa, 55.3 kDa, 46.5 kDa).
ゲ ノ ム	【構造】12分節線状dsRNAゲノム. ORF 14個(ORFはSeg12をのぞいてすべての分節ゲノムに各1個). 各分節ゲノムの5′端には5′-GG(U/C)A-，3′端には-(U/C)GAU-3′が保存されている. 【遺伝子】Seg1：164 K内殻タンパク質(ウイルスRNA複製酵素；RdRp). Seg2：123 K外殻タンパク質(虫媒伝搬に必要). Seg3：114 K主要内殻タンパク質. Seg4：80 K非構造タンパク質. Seg5：91 K内殻タンパク質(グアニル転移酵素). Seg6：57 K非構造タンパク質. Seg7：55 K内殻タンパク質(核酸結合能あり). Seg8：46 K主要外殻タンパク質. Seg9：39 K非構造タンパク質. Seg10：39 K非構造タンパク質(RNAサイレンシング抑制能あり). Seg11：20 K非構造タンパク質(核酸結合能あり). Seg12：34 K非構造タンパク質(ビロプラズムタンパク質；主要なORF内に別の比較的小さいORF Pns12OPa(11 K)とPns12OPb(10 K)が存在する). 【登録コード】秋田株；U73201(Seg1), AB263418(Seg2), U72757(Seg3), X54622(Seg4), D90033(Seg5), M92653(Seg6), D10218(Seg7), D10219(Seg8), D10220(Seg9), D10221(Seg10), D10249(Seg11), D90200(Seg12).
細胞内所在	一般にレオウイルス科の植物ウイルスは篩部細胞に局在するが，イネ萎縮ウイルスだけは柔細胞にも移行して増殖する. 成熟ウイルス粒子は細胞質に存在し，ビロプラズム内にはみられない. ビロプラズムで粒子形成が行われ細胞質に成熟粒子として出てくると思われる. 核内で粒子はみつからない.
自然宿主・病徴	主にイネ科植物(萎縮病；全身感染し，感染個体は矮化する. また葉脈にそって細かな白斑点を生じる. 斑点は葉鞘にも生じる).
宿 主 域	狭い. イネ, コムギ, オオムギ, エンバク, ライムギ, キビ, ヒエ, スズメノテッポウなど.
増殖植物	イネ(*Oryze sativa*).
検定植物	イネ.
伝　　染	汁液接種不可. 虫媒伝染(ヨコバイによる永続伝搬；経卵伝染する).
系　　統	矮化の程度が異なる系統が存在する.
類縁関係	*Rice gall dwarf virus*(RGDV)と血清学的類縁関係が認められる.
地理的分布	日本, 韓国, 中国, フィリピン, ネパール. 〔上田一郎〕
主要文献	高田鑑三(1895). 大日本農会報, 171, 1-4, 172, 13-32；Fukushi, T.(1934). J. Fac. Agr. Hokkaido Imp. Univ., 37, 41-164；Attoui, H. *et al.*(2012). *Phytoreovirus*. Virus Taxonomy 9th Report of ICTV, 620-626；ICTVdB(2006). *Rice dwarf virus*. 00.060.0.08.001.；DPVweb. Phytoreovirus；Iida, T. T. *et al.*(1972). Rice dwarf virus. Descriptions of Plant Viruses, 102；Brunt, A. A. *et al.* eds.(1996). Rice dwarf *phytoreovirus*. Plant Viruses Online；Uyeda, I.(2004). *Rice dwarf virus*. Viruses and virus diseases of *Poaceae*(Lapierre, H. *et al.* eds., INRA), 505-506；Geijskes, R. J. *et al.*(2008). Plant reoviruses. Encyclopedia of Virology 3rd ed., 4, 149-155；Omura, T.(2011). Phytoreovirus. The Springer Index of Viruses 2nd ed., 1627-1634；山下修一(1983). 植物ウイルス事典, 458-460；新海 昭(1993). 原色作物ウイルス病事典, 55-57；Uyeda, I. *et al.*(1995).

Virology, 212, 724-727；Ando, Y. *et al.*(1996). Ann. Phytopath. Soc. Jpn., 62, 466-471；Lee, B. C. *et al.*(1997). European J. Plant Pathology, 103, 493-499；Kudo, H. *et al.*(1991). J. Gen. Virology, 72, 2857-2866；Nakagawa, A. *et al.*(2003). Structure, 11, 1227-1238；鈴木信弘(1997). ウイルス, 47, 145-157；上田一郎(1997). ライスドワーフウイルス. ウイルス学(畑中正一編, 朝倉書店), 471-479.

植物ウイルス 263

Rice grassy stunt virus イネグラッシースタントウイルス (RGSV)
Tenuivirus

初　記　載	Rivera, C. T. *et al.* (1966)，Bergonia, H. T. *et al.* (1966)；岩崎真人ら(1979).
異　　　名	Rice rosette virus.
粒　　　子	【形態】糸状粒子6種(6〜8 nm×200〜2,400 nm)．環状〜多形構造をとる．被膜なし． 【成分】核酸：(−)ssRNA 6種(RNA 1：9.8 kb, RNA 2：4.1 kb, RNA 3：3.1 kb, RNA 4：2.9 kb, RNA 5：2.7 kb, RNA 6：2.6 kb)．タンパク質：ヌクレオキャプシドタンパク質1種(36 kDa)，ウイルスRNA複製酵素(RdRp)1種(約230 kDa).
ゲ ノ ム	【構造】6分節線状(−)ssRNA．すべてアンビセンス鎖．ORF 12個(RNA 1〜6：各2個)．各分節RNAの5′端と3′端の約20塩基は相補的配列をもつ． 【遺伝子】RNA 1：19 kDaタンパク質p1(V)，339 kDaウイルスRNA複製酵素(RdRp)pC1(プロセシング後に約230 kDa ?)(VC)．RNA 2：23 kDaタンパク質p2(V)，94 kDaタンパク質pC2(VC)．RNA 3：23 kDaタンパク質p3(V)，31 kDaタンパク質pC3(VC)．RNA 4：19 kDaタンパク質p4(V)，60 kDaタンパク質pC4(VC)．RNA 5：22 kDaタンパク質p5(V)，36 kDaヌクレオキャプシドタンパク質pC5(VC)．RNA 6：21 kDa非構造タンパク質(感染特異タンパク質)p6(V)，36 kDaタンパク質pC6(VC)． Vはウイルス鎖，VCは相補鎖にコードされていることを示す． 【登録コード】AB009656(RNA 1全塩基配列)，AB010376(RNA 2全塩基配列)，AB010377(RNA 3全塩基配列)，AB010378(RNA 4全塩基配列)，AB000403(RNA 5全塩基配列)，AB000404(RNA 6全塩基配列).
細胞内所在	ウイルス粒子は感染細胞の細胞質内に散在あるいは集積する．また，非構造タンパク質p6が細胞質内あるいは核内に大量に集積して特有の封入体を形成する．
自然宿主・病徴	イネ(グラッシースタント病；全身感染し，葉の黄化，草丈の矮化，異常分けつを示す).
宿　主　域	宿主域は狭く，数種のイネ科植物に限られる．
増 殖 植 物	イネ．
検 定 植 物	イネ(黄化，矮化，異常分けつ).
伝　　　染	汁液接種不可．トビイロウンカで循環型・増殖性伝染．経卵伝染はしない．ニセトビイロウンカ，トビイロウンカモドキでも媒介される．
系　　　統	病徴の程度が異なるstrain 1，strain 2，wilted stunt, B, Yなど数系統が報告されている．
類 縁 関 係	RGSVは同じテヌイウイルス属のイネ縞葉枯ウイルス(RSV)と遠い血清学的類縁関係がある．
地理的分布	日本，中国，台湾，インド，スリランカおよび東南アジア諸国． 〔白子幸男・日比忠明〕
主 要 文 献	Rivera, C. T. *et al.* (1966). Plant Dis. Reptr., 50, 453-456；Bergonia, H. T. *et al.* (1966). Philipp. J. Pl. Ind., 31, 47；岩崎真人ら(1979). 日植病報, 45, 741；Shirako, Y. *et al.* (2012). *Tenuivirus*. Virus Taxonomy 9th Report of ICTV, 771-776；ICTVdB (2006). *Rice grassy stunt virus*. 00.069.0.01.003.；DPVweb, Tenuivirus；Hibino, H. (1986). Rice grassy stunt virus. Descriptions of Plant Viruses, 320；Brunt, A. A. *et al.* eds. (1996). Rice grassy stunt *tenuivirus*. Plant Viruses Online；Toriyama, S. (2004). Rice grassy stunt. Viruses and Virus Diseases of *Poaceae* (Lapierre, H. *et al.* eds., INRA), 510-512；Ramirez, B. C. (2008). *Tenuivirus*. Encyclopedia of Virology 3rd ed., 5, 24-27；Toriyama, S. (2011). Tenuivirus. The Springer Index of Viruses 2nd ed., 2057-2063；斉藤康夫(1983). 植物ウイルス事典, 461；新海 昭(1993). 原色作物ウイルス病事典, 63-65；日比野啓行ら(1982). 日植病報, 48, 388；Hibino, H. *et al.* (1985). Phytopathology, 75, 894-899；Toriyama, S. *et al.* (1998). J. Gen. Virol., 79, 2051-2058；Miranda, G. J. *et al.* (2000). Virology, 266, 26-32.

植物ウイルス 264

(RNMV)
Rice necrosis mosaic virus イネえそモザイクウイルス
Potyviridae Bymovirus

初　記　載	藤井新太郎ら(1966, 1967).
粒　　　子	【形態】ひも状2種(径13〜14 nm×長さ275 nm, 550 nm). 被膜なし.
	【成分】核酸：(＋)ssRNA 2種(RNA1：約8 kb, RNA2：約4 kb). タンパク質：外被タンパク質(CP)1種(27 kDa).
ゲノム	【構造】2分節線状(＋)ssRNAゲノム. 3′端にポリ(A)配列(poly(A))をもつ.
	【登録コード】U95205(部分塩基配列).
細胞内所在	各種組織の細胞質内に円筒状あるいは不定形の封入体を形成する. ウイルス粒子はこの封入体に付随して集積あるいは散在して存在.
自然宿主・病徴	イネ(えそモザイク病；全身感染し, 葉に斑紋, 稈の基部にえそ条斑を生じ, 矮化と稔実不良を伴う).
宿　主　域	宿主域はきわめて狭く, イネに限られる.
増殖植物	イネ.
検定植物	イネ(葉に斑紋, 稈の基部にえそ条斑).
伝　　　染	汁液接種可. *Polymyxa graminis* による菌類伝搬.
類縁関係	オオムギ縞萎縮ウイルス(BaYMV)およびコムギ縞萎縮ウイルス(WYMV)とは近い血清関係がある.
地理的分布	日本, インド.　　　　　　　　　　　　　　　　　　　　　〔白子幸男・日比忠明〕
主要文献	藤井新太郎ら(1966). 日植病報, 32, 82；藤井新太郎ら(1967). 日植病報, 33, 105；Adams, M. J. *et al.* (2012). *Bymovirus*. Virus Taxonomy 9th Report of ICTV, 1084-1086；ICTVdB(2006). *Rice necrosis mosaic virus*. 00.057.0.03.005.；DPVweb, Bymovirus；Inoue, T. *et al.* (1977). Rice necrosis mosaic virus. Descriptions of Plant Viruses, 172；Brunt, A. A. *et al.* eds. (1996). Rice necrosis mosaic *bymovirus*. Plant Viruses Online；Kashiwazaki, S. (2004). Rice necrosis mosaic. Viruses and Virus Diseases of *Poaceae*(Lapierre, H. *et al.* eds., INRA), 516-518；Adams, M. J. (2011). Bymovirus. The Springer Index of Viruses 2nd ed., 1411-1416；井上忠男(1983). 植物ウイルス事典, 462-463；新海 昭(1993). 原色作物ウイルス病事典, 61-62；Badge, J. L. *et al.* (1997). Eur. J. Plant Pathol., 103, 721-724.

植物ウイルス 265

Rice ragged stunt virus イネラギッドスタントウイルス (RRSV)
Reoviridae Spinareovirinae Oryzavirus

初 記 載	Hibino, H. *et al.*(1977)，Ling, K. C.(1977)，Shikata, E. *et al.*(1977)；新海 昭ら(1980).
異　　名	Rice infectious gall virus.
粒　　子	【形態】球状1種(径75〜80 nm). 二重殻. 被膜なし. 12個のAスパイク(上面の径約15 nm，下面の径約25 nm，高さ約9 nm)をもつ外殻と12個のBスパイク(上面の径14〜17 nm，下面の径23〜26 nm，高さ8〜10 nm)をもつ径約57〜65 nmの内殻(コア粒子)で構成されるが，純化粒子の径はこの内殻に一致する. 【成分】核酸：dsRNA 10種(Seg1：3,849 bp, Seg2：3,808 bp, Seg3：3,699 bp, Seg4：3,823 bp, Seg5：2,682 bp, Seg6：2,157 bp, Seg7：1,938 bp, Seg8：1,914 bp, Seg9：1,132 bp, Seg10：1,162 bp. 全ゲノムサイズ26.1 kbp, GC含量45%). タンパク質：構造タンパク質7種(141 kDa, 138 kDa, 133 kDa, 131 kDa, 91 kDa, 42 kDa, 39 kDa).
ゲ ノ ム	【構造】10分節線状dsRNAゲノム. ORF 11個(Seg4がORF 2個以外は，各SegともORF 1個). 本属ウイルスの各分節ゲノムの5′端には5′-GAUAAA-，3′端には-GUGC-3′が保存されている. 【遺伝子】Seg1：P1(138 kDa Bスパイクタンパク質；内殻に結合). Seg2：P2(133 kDa 内殻タンパク質). Seg3：P3(131 kDa 内殻タンパク質). Seg4：P4A/P4B(141 kDa ウイルスRNA複製酵素(RdRp)/37 kDa 機能不明タンパク質). Seg5：P5(91 kDa キャッピング酵素；グアニルトランスフェラーゼ). Seg6：P6(66 kDa 機能不明タンパク質). Seg7：P7(68 kDa 非構造タンパク質). Seg8：P8(67 kDa 前駆体ポリプロテイン→P8A(26 kDa 自己切断プロテアーゼ)/P8B(42 kDa 外殻タンパク質)). Seg9：P9(39 kDa Aスパイクタンパク質；昆虫媒介に関与). Seg10：NS10(32 kDa 非構造タンパク質). 【登録コード】Thailand 株：AF020334(Seg1)，AF020335(Seg2)，AF020336(Seg3)，U66714(Seg4)，U33633(Seg5)，AF020337(Seg6)，U66713(Seg7)，L46682(Seg8)，L38899(Seg9)，U66712(Seg10).
細胞内所在	篩部柔組織の細胞質に存在する.
自然宿主・病徴	イネ，*Oryza latifolia*，*O. nivara*(ラギッドスタント病；全身感染し，萎縮，葉の横に多数のくびれ，葉身の裏表皮および葉鞘の表面に長いゴール，葉先の捻れなどを示す).
宿 主 域	イネ，*Oryza latifolia*，*O. nivara*.
増殖植物	イネ.
検定植物	イネ.
伝　　染	汁液接種不可. トビイロウンカ(*Nilaparvata lugens*)による永続伝染. 経卵伝染はしない. 種子伝染は確認されていない.
類縁関係	*Echinochloa ragged stunt virus*(ERSV)と血清関係がある.
地理的分布	中国，インド，インドネシア，タイ，マレーシア，フィリピン，台湾，日本. 〔大村敏博〕
主要文献	Hibino, H. *et al.*(1977). Contr. Cent. Res. Inst. Agric., Bogor, 35, 1-15；Ling, K. C.(1977). Int. Rice Res. Newsl., 2(5), 6-7；Shikata., E. *et. al.*(1977). Int. Rice Res. Newsl., 2(5), 7；新海 昭ら(1980). 日植病報, 46, 411；Attoui, H. *et al.*(2012). *Oryzavirus*. Virus Taxonomy 9th Report of ICTV, 560-563；ICTVdB(2006). *Rice ragged stunt virus*. 00.060.0.09.003.；DPVweb, Oryzavirus；Milne, R. G. *et al.*(1982). Rice ragged stunt virus. Descriptions of Plant Viruses, 248；Brunt, A. A. *et al.* eds.(1996). Rice ragged stunt *oryzavirus*. Plant Viruses Online；Cong, Z. X.(2004). Rice ragged stunt. Viruses and Virus Diseases of *Poaceae*(Lapierre, H. *et al.* eds., INRA), 518-520；Geijskes, R. J. *et al.*(2008). Plant reoviruses. Encyclopedia of Virology 3rd ed., 4, 149-155；Upadhyaya, N. M. *et al.*(2011). Oryzavirus. The Springer Index of Viruses 2nd ed., 1621-1626；斉藤康夫(1983). 植物ウイルス事典, 464；新海 昭(1993). 原色作物ウイルス病事典, 65-66；

Hibino, H. (1979). Rev. Pl. Prot. Res., 12, 98–110 ; Hibino, H. (1979). Ann. Phytopath. Soc. Jpn., 45, 228–239 ; Shikata, E. *et al.* (1979). Ann. Phytopath. Soc. Jpn., 45, 436–443 ; Boccardo, G. and Milne, R. G. (1980). Intervirology, 14, 57–60 ; Omura, T. *et al.* (1983). 日植病報, 49, 670–675 ; Hagiwara, K. *et al.* (1986). J. Gen. Virol., 67, 1711–1715 ; Chen, C. C. *et al.* (1989). Phytopathology, 79, 235–241 ; Chen, C. C. *et al.* (1989). Intervirology, 30, 278–284 ; Chen, C. C. *et al.* (1997). Plant Protection Bull. (Taichung), 39, 383–388.

植物ウイルス 266

Rice stripe virus イネ縞葉枯ウイルス (RSV)
Tenuivirus

初 記 載	上田栄次郎(1917)，栗林数衛(1931)，小金澤碩城ら(1975)．
粒　　子	【形態】糸状4種(径8〜10 nm×長さ500〜2,000 nm)．被膜なし．らせん構造は崩れやすく多形． 【物性】浮遊密度(CsCl) 1.282 g/cm³． 【成分】核酸：(−)ssRNA 4種(RNA1：8,970 nt，RNA2：3,514 nt，RNA3：2,504 nt，RNA4：2,157 nt)．タンパク質：ヌクレオキャプシドタンパク質1種(35 kDa)，RNA複製酵素(RdRp；337 kDa)，ほかに微量成分．
ゲ ノ ム	【構造】4分節線状(−)ssRNA．ORF 7個(RNA1：1個，RNA2：2個，RNA3：2個，RNA4：2個)．RNA1は(−)ウイルス鎖，RNA 2〜4はアンビセンス鎖．各分節ゲノムの5′末端と3′末端の約20塩基は相互に相補的な配列をもち，二次構造をとる． 【遺伝子】RNA 1：5′-pC1タンパク質(337 kDa RNA複製酵素；RdRp)-3′．RNA 2：5′-p2タンパク質(23 kDa機能不明タンパク質)-pC2タンパク質(94 kDa糖タンパク質)-3′．RNA 3：5′-p3タンパク質(24 kDa RNAサイレンシングサプレッサー)-pC3タンパク質(35 kDaヌクレオキャプシドタンパク質)-3′．RNA 4：5′-p4タンパク質(21 kDa主要非構造タンパク質)-pC4タンパク質(32 kDa移行タンパク質)-3′．pCは相補鎖に，pはウイルス鎖にコードされるタンパク質を示す．ウイルスmRNAは5′末端にキャップスナッチング機構によって宿主mRNAから奪取したキャップ構造(Cap)とそれに続く10〜20数塩基の付加配列がある． 【登録コード】D31879(T系統RNA1全塩基配列)，D13176(T系統RNA2全塩基配列)，X53563(T系統RNA3全塩基配列)，D10979(T系統RNA4全塩基配列)，ほか．
細胞内所在	細胞質にビロプラズム様の領域が形成され，ここでウイルスが増殖，集積する．非構造タンパク質が凝集したと推定される複数種の結晶性封入体が細胞質に形成される．
自然宿主・病徴	イネ，トウモロコシ，コムギ，アワなどイネ科植物(縞葉枯病；黄化や絣模様の縞状症状が現れ，時に灰白色の条斑を伴う．生育初期に感染したイネは枯死する)．わが国の水稲品種は感受性が高く，1960年代には大被害を被った．
宿 主 域	イネ科植物に広く感染する．
増 殖 植 物	イネ(ジャポニカ型の水稲品種)，コムギ．
検 定 植 物	イネ．
伝　　染	汁液接種不可．ヒメトビウンカで永続伝搬．虫体内でよく増殖し，経卵伝染する．サッポロトビウンカ，シロオビウンカ，セスジウンカでも媒介される．
系　　統	病徴の異なる感染イネからT系統のほかO，M，L系統などが分離されている．
地理的分布	日本，韓国，中国，旧ソ連． 〔鳥山重光〕
主 要 文 献	上田栄次郎(1917)．農商務省農試事務功程, 41；栗林数衛(1931)．病虫雑, 18, 565, 636；小金澤碩城ら(1975)．日植病報, 41, 148-154；Shirako, Y. *et al.*(2012). *Tenuivirus*. Virus Taxonomy 9th Report of ICTV, 771-776；ICTVdB(2006). *Rice stripe virus*. 00.069.0.01.001.；DPVweb. Tenuivirus；Toriyama, S.(2000). Rice stripe virus. Descriptions of Plant Viruses, 375；Brunt, A. A. *et al.* eds.(1996). Rice stripe *tenuivirus*. Plant Viruses Online；Toriyama, S.(2004). Rice stripe. Viruses and Virus Diseases of *Poaceae*(Lapierre, H. *et al.* eds., INRA), 520-523；Ramirez, B. C.(2008). *Tenuivirus*. Encyclopedia of Virology 3rd ed., 5, 24-27；Toriyama, S.(2011). Tenuivirus. The Springer Index of Viruses 2nd ed., 2057-2063；山下修一(1983)．植物ウイルス事典, 465-466；新海 昭(1993)．原色作物ウイルス病事典, 57-59；Toriyama, S. *et al.*(1982). J. Gen. Virol., 61, 187-195；Toriyama, S. *et al.*(1986). J. Gen. Virol., 67, 1247-1255；Toriyama, S. *et al.*(1994). J. Gen. Virol., 75, 3569-3579；鳥山重光(1997)．イネ縞葉枯ウイルス．ウイルス学(畑中正一編, 朝倉書店), 488-498；鳥山重光(2010)．水稲を襲ったウイルス病-縞葉枯病の媒介昆虫と病原ウイルスの実像を探る．(創風社), pp.306.

植物ウイルス 267

Rice tungro spherical virus　イネ矮化ウイルス　(RTSV)
Secoviridae Waikavirus

初　記　載	Galvez, G. E.(1968)；西　泰道ら(1974)，西　泰道ら(1975)．
異　　　名	Rice tungro virus, Rice waika virus(RWV), Rice yellow leaf virus.
粒　　　子	【形態】球状1種(径30 nm)．被膜なし．
	【物性】沈降係数150〜190 S．浮遊密度(CsCl) 1.48〜1.55 g/cm^3．
	【成分】核酸：(＋)ssRNA 1種(12.2 kb，GC含量46％)．タンパク質：外被タンパク質(CP)3種(23 kDa＋22 kDa＋33 kDa)，ゲノム結合タンパク質(VPg)1種．
ゲノム	【構造】単一線状(＋)ssRNAゲノム(12,171〜12,226 nt)．ORF 3個(ポリプロテイン1個＋機能不明ORF 2個)．ゲノムの5′端にゲノム結合タンパク質(VPg)，3′端にポリ(A)配列(poly(A))をもつ．
	【遺伝子】5′-VPg-390 K ポリプロテイン(70 K 機能不明タンパク質/23 K 外被タンパク質1(CP1)/22 K 外被タンパク質2(CP2)/33 K 外被タンパク質3(CP3)/NTP 結合タンパク質/プロテアーゼ(Pro)/RNA 複製酵素(RdRp))-機能不明ORF-機能不明ORF-poly(A)-3′．
	登録コード：M95497，AB064963，AM234048，AM234049(全塩基配列)，ほか．
細胞内所在	ウイルス粒子は篩部組織の細胞の細胞質内に集積あるいは散在．細胞質に形成された封入体あるいは小胞の内部や液胞内にも存在．
自然宿主・病徴	イネ(わい化病；全身感染し，品種によって葉の黄化，矮化などを示す)．
宿　主　域	狭い．イネ科植物数種．
増殖植物	イネ(品種 TN1など)．
検定植物	イネ(品種 TN1など)(葉の黄化，矮化)．
伝　　　染	汁液接種不可．ツマグロヨコバイなどヨコバイ類5種による半永続伝搬．
系　　　統	抵抗性イネ品種 TKM6 に対する病原性や外被タンパク質 CP3 の抗原性が異なる数種の系統がある．
類縁関係	物理化学的性質の類似している *Sequivirus* 属ウイルスとは血清関係がない．
地理的分布	日本，南・東南アジア，中国南部．
そ の 他	RTSV は *Rice tungro bacilliform virus*(RTBV)のヨコバイ伝搬を介助するヘルパーウイルスとなる．イネツングロ病は RTSV と RTBV の重複感染によって生じる．　〔日比忠明〕
主要文献	Galvez, G. E.(1968). Virology, 35, 418-426；西　泰道ら(1974). 日植病報, 40, 209；西　泰道ら(1975). 日植病報, 41, 223-227；Sanfaçon, H. *et al.*(2012). *Waikavirus*. Virus Taxonomy 9th Report of ICTV, 896-897；ICTVdB(2006). *Rice tungro sphericalvirus*. 00.065.0.02.004.；Hull, R.(2004). Rice tungro spherical virus. Descriptions of Plant Viruses, 407；Brunt, A. A. *et al.* eds.(1996). Rice tungro spherical *waikavirus*. Plant Viruses Online；Hibino, H.(2011). Waikavirus. The Springer Index of Viruses 2nd ed., 1775-1779；Hull, R.(2004). Rice tungro spherical. Viruses and Virus Diseases of *Poaceae*(Lapierre, H. *et al.* eds. , INRA), 533-535；山下修一(1983). 植物ウイルス事典, 469-470；新海　昭(1993). 原色作物ウイルス病事典, 54-67；西　泰道ら(1973). 植物防疫, 27, 282-284；Yamashita, S. *et al.*(1977). Ann. Phytopath. Soc. Jpn., 43, 278-290；Hibino, H. *et al.*(1978). Phytopathology, 68, 1412-1416；Shen, P. *et al.*(1993). Virology, 193, 621-630；Isogai, M. *et al.*(2000). Virus Genes, 20, 79-85；Verma, V. and Dasgupta, I.(2007). Arch. Virol., 152, 645-648.

植物ウイルス 268

Rice yellow stunt virus イネ黄葉ウイルス (RYSV)
Rhabdoviridae Nucleorhabdovirus

初　記　載	Chiu, R. J. et al. (1965)；斉藤康夫ら（1978）．
異　　　名	イネトランジトリーイエローイングウイルス（Rice transitory yellowing virus：RTYV）．
粒　　　子	【形態】弾丸状1種（DN法で径96 nm×長さ120～140 nm，組織切片で径96 nm×長さ180～210 nm）．被膜あり． 【成分】核酸：（−）ssRNA 1種（14 kb）．タンパク質：構造タンパク質4種；ヌクレオキャプシドタンパク質（N：58 kDa），マトリックスタンパク質（M：29 kDa），糖タンパク質（G：76 kDa；スパイクタンパク質），リン酸化タンパク質（P：36 kDa）．脂質：宿主細胞由来の脂質二重膜．
ゲ ノ ム	【構造】単一線状（−）ssRNA．ORF 6個．3′端にリーダー配列，5′端にトレイラー配列とよばれる，ゲノムの複製や粒子化に関わる非翻訳領域をもつ． 【遺伝子】3′−リーダー配列−N（58.4 kDa ヌクレオキャプシドタンパク質）−P（35.5 kDa リン酸化タンパク質）−P3（32.8 kDa 移行タンパク質）−M（29.1 kDa マトリックスタンパク質）−G（75.6 kDa 糖タンパク質）−P6（10.5 kDa 機能不明タンパク質）−L（223.6 kDa RNA 複製酵素；RdRp）−トレイラー配列−5′． 【登録コード】AB011257（全塩基配列）．
細胞内所在	篩部細胞に局在し，核膜間および細胞質に分布する．
自然宿主・病徴	イネ（黄葉病，トランジトリーイエローイング病；全身感染して黄化，萎縮，あるいは葉身の角度が開くなどの病徴を示す．品種によって病徴は異なる）．
宿　主　域	イネ，*Leersia hexandra*, *Panicum maximum*.
検 定 植 物	イネ．
伝　　　染	クロスジツマグロヨコバイ，ツマグロヨコバイ，タイワンツマグロヨコバイにより永続的に媒介．経卵伝染はしない．種子伝染，土壌伝染はしない．低率ながら汁液接種によって *Nicotiana rustica* に局部感染するとの報告がある．
系　　　統	沖縄とタイの分離株では系統的な差が認められるが，塩基配列の相同性などの情報はまだ不十分である．
地理的分布	台湾，日本，中国，タイ．　　　　　　　　　　　　　　　　　　　　　〔大村敏博〕
主 要 文 献	Chiu, R. J. et al. (1965). Bot. Bull. Acad. Sin., Taipei, 6, 1-18；斉藤康夫ら（1978）．日植病報, 44, 666-669；Dietzgen, R. G. et al. (2012). Plant-adapted rhabdovirus genera, *Cytorhabdovirus* and *Nucleorhabdovirus*. Virus Taxonomy 9th Report of ICTV, 703-707；ICTVdB (2006). *Rice yellow stunt virus*, Rice transitory yellowing virus. 01.062.0.05.008.；DPVweb. Nucleorhabdovirus；Shikata, E. (1972). Rice transitory yellowing. Descriptions of Plant Viruses, 100；Brunt, A. A. et al. eds. (1996). Rice yellow stunt virus, Rice transitory yellowing (?) *nucleorhabdovirus*. Plant Viruses Online；Signoret, P. A. (2004). Rice transitory yellowing/Rice yellow stunt. Viruses and Virus Diseases of *Poaceae* (Lapierre, H. et al. eds., INRA), 524-527；Jackson, A. O. et al. (2008). Plant rhabdoviruses. Encyclopedia of Virology 3rd ed., 4, 187-196；Jackson, A. O. et al. (2011). Nucleorhabdovirus. The Springer Index of Viruses 2nd ed., 1741-1745；斉藤康夫（1983）．植物ウイルス事典, 468；新海 昭（1993）．原色作物ウイルス病事典, 66-67；Chiu, R. J. et al. (1968). Phytopathology, 58, 740-745；Shikata, E. and Chen, M. J. (1969). J. Virol., 3, 261-264；Chen, M. J. and Shikata, E. (1971). Virology, 46, 786-796；Chen, M. J. and Shikata, E. (1972). Virology, 47, 483-486；Hayashi, T. and Minobe, Y. (1985). Microbiol. Immunol., 29, 169-172；Huang, Y. et al. (2003). J. Gen. Virol., 84, 2259-2264；Huang, et al. (2005). J. Virol., 79, 2108-2114.

植物ウイルス 269

Rudbeckia mosaic virus[#]　ルドベキアモザイクウイルス

(RuMV)

[#]ICTV 未認定（*Potyviridae Potyvirus* ?）

[#]日本植物病名目録に登録されており，ICTVdB（2006）にも記載されているが，Virus Taxonomy 9th Report of ICTV には記載されていない．

初 記 載	山本孝禧ら（1993），山本孝禧ら（1994）．
粒　　子	【形態】ひも状 1 種（径 12〜13 nm×長さ 750〜800 nm）．被膜なし．
自然宿主・病徴	ルドベキア（新葉にやや不明瞭なモザイク症状が認められ，病葉が古くなると黄緑色となり，葉幅，葉身ともに小さくなる．花は小型化し，花弁の欠落などの奇形が認められる）．
宿 主 域	比較的狭く，汁液接種した 16 科 49 種のうち，キク科の 5 種とアカザ科の 2 種に感染．ルドベキア（全身感染；退緑斑，モザイク）；ヒャクニチソウ（全身感染；モザイク）；シュンギク（全身感染；不明瞭なモザイク）；ヒマワリ，ゴボウ，*Chenopodium quinoa*，*C. amaranticolor*（局部感染；退緑斑点）．
増殖植物	シュンギク．
検定植物	*C. quinoa*，*C. amaranticolor*，ヒャクニチソウ．
伝　　染	汁液接種可．ワタアブラムシによる非永続伝搬．
類縁関係	キク科植物に発生する *Potyvirus* 属のカブモザイクウイルス（*Turnip mosaic virus*：TuMV），レタスモザイクウイルス（*Lettuce mosaic virus*：LMV）との血清学的類縁関係は認められない．
地理的分布	日本（三重）．
そ の 他	ルドベキアに発生する *Potyvirus* 属ウイルスとしてはセンダングサ斑紋ウイルス（*Bidens mottle virus*：BiMoV）が知られているが，BiMoV は RuMV より宿主域が広い点と，粒子長が短い（720 nm）点で異なる．〔前田孚憲〕
主要文献	山本孝禧ら（1993）．日植病報，59, 737；山本孝禧ら（1994）．四国植防，29, 77-85；ICTVdB（2006）. Rudbeckia mosaic virus. 00.057.0.81.097.；DPVweb. Potyvirus；Christie, S. R. *et al.*（1968）. Plant Dis. Rep., 52, 763-768；Purcifull, D. E. *et al.*（1976）. Bidens mottle virus. Descriptions of Plant Viruses, 161.

植物ウイルス 270

Ryegrass mosaic virus ライグラスモザイクウイルス (RGMV)
Potyviridae Rymovirus

初 記 載	Bruehl, G. W. *et al.* (1957)；御子柴義郎ら(1982).
異 名	Ryegrass streak mosaic virus.
粒 子	【形態】ひも状1種(径15 nm×長さ700 nm). 被膜なし.
	【成分】核酸：(+)ssRNA 1種(9.5 kb). タンパク質：外被タンパク質(CP)1種(35 kDa), ゲノム結合タンパク質(VPg)1種.
ゲ ノ ム	【構造】単一線状(+)ssRNA ゲノム(9,535〜9,542 nt). ORF 1個. 5′端にゲノム結合タンパク質(VPg), 3′端にポリ(A)配列(poly(A))をもつ.
	【遺伝子】5′-VPg-348 kDa ポリプロテン(29 kDa P1 プロテアーゼ(P1)/52 kDa 虫媒介助タンパク質-プロテアーゼ(HC-Pro)/40 kDa P3 タンパク質(P3)/6 kDa 機能不明タンパク質(6 K1)/71 kDa 円筒状封入体タンパク質(CI)/6 kDa 機能不明タンパク質(6 K2)/22 kDa ゲノム結合タンパク質(VPg)/27 kDa NIa プロテアーゼ(NIa-Pro)/58 kDa RNA 複製酵素(NIb)/35 kDa 外被タンパク質(CP))-poly(A)-3′.
	ほかに, P3のORFのフレームシフトにより生じるORF(PIPO)から発現するタンパク質があり, 移行に関与すると推定されている.
	【登録コード】Y09854(全塩基配列), AF035818(RGMV-AV 全塩基配列).
細胞内所在	ウイルス粒子, 風車状・円筒状の封入体, 空胞が感染細胞の細胞質内に認められる.
自然宿主・病徴	イタリアンライグラス, ペレニアルライグラスなど(モザイク病；全身感染し, モザイクを生じる).
宿 主 域	狭い. 接種試験ではライムギ, カモガヤ, カラスムギ, エンバク, エゾヌカボ, スズメノカタビラなども感染する.
増 殖 植 物	イタリアンライグラス(cv. S22).
検 定 植 物	イタリアンライグラス(cv. S22), ペレニアルライグラス, カモガヤ, エンバク(モザイク).
伝 染	汁液接種可. 虫媒伝染(ライグラスフシダニによる非永続伝搬).
系 統	分離株によって病徴が異なることが知られている.
地理的分布	日本, ユーラシア大陸, 北米, オーストラリア. 〔宇杉富雄〕
主 要 文 献	Bruehl, G. W. *et al.* (1957). Phytopathology, 47, 517；御子柴義郎ら(1982). 日植病報, 48, 79；Adams, M. J. *et al.* (2012). *Rymovirus*. Virus Taxonomy 9th Report of ICTV, 1082-1083；ICTVdB (2006). Ryegrass mosaic virus. 00. 057. 0. 02. 005.；DPVweb. Rymovirus；Slykhuis, J. T. *et al.* (1972). Ryegrass mosaic virus. Descriptions of Plant Viruses, 86；Brunt, A. A. *et al.* eds. (1996). Ryegrass mosaic *rymovirus*. Plant Viruses Online；Rabenstein, F. *et al.* (2004). Ryegrass mosaic virus. Viruses and Virus Diseases of *Poaceae* (Lapierre, H. *et al.* eds., INRA), 785-789；御子柴義郎(1993). 原色作物ウイルス病事典, 250；井上 興ら(1993). 日植病報, 59, 66, 326；French, R. C. (2011). Rymovirus. The Springer Index of Viruses 2nd ed., 1439-1443；Chamberlain, J. A. *et al.* (1977). J. Gen. Virol., 36, 297-306.

植物ウイルス 271

Ryegrass mottle virus ライグラス斑紋ウイルス (RGMoV)
Sobemovirus

初 記 載	御子柴義郎ら(1982)，Toriyama, S. *et al.*(1983).
異　　　名	ライグラスモットルウイルス．
粒　　　子	【形態】球状1種(径約28 nm)．被膜なし．
	【物性】沈降係数 約108 S．浮遊密度(CsCl) 1.366 g/cm^3．
	【成分】核酸：(+)ssRNA 1種(4,212 nt，GC含量50％)．タンパク質：外被タンパク質(CP) 1種(26 kDa)，ゲノム結合タンパク質(VPg) 1種．
ゲ ノ ム	【構造】単一線状(+)ssRNAゲノム．ORF 4個．ゲノムの5′端にゲノム結合タンパク質(VPg)をもつが，3′端にはtRNA様構造(TLS)やポリ(A)配列(poly(A))をもたない．
	【遺伝子】5′-VPg-ORF1(15 kDa P1タンパク質)-ORF2a/ORF2b(104 kDaポリプロテイン；セリンプロテアーゼ(Pro)/VPg/RNA複製酵素(RdRp)；ORF2bはORF2aの-1フレームシフトによる融合タンパク質)-ORF3(26 kDa外被タンパク質(CP))-3′．
	【登録コード】EF091714(全塩基配列)．
自然宿主・病徴	イタリアンライグラス，オーチャードグラス(斑紋萎縮病；全身感染し，条斑，萎縮あるいはえ死を生ずる)．
宿　主　域	イネ科植物(イタリアンライグラス，オーチャードグラス，コムギ，オオムギ，ライムギ，エンバクなど)．
増 殖 植 物	イタリアンライグラス，コムギ．
検 定 植 物	イタリアンライグラス，コムギ(条斑，萎縮)
伝　　　染	汁液接種可．接触伝染．
類 縁 関 係	コックスフット斑紋ウイルス(CfMV)，Cocksfoot mild mosaic virus(CMMV)とは血清学的類縁関係なし．
地理的分布	日本． 〔御子柴義郎〕
主 要 文 献	御子柴義郎ら(1982)．日植病報, 48, 129；Toriyama, S. *et al.*(1983). Ann. Phytopath. Soc. Japan, 49, 610-618；Truve, E. *et al.*(2012). *Sobemovirus*. Virus Taxonomy 9th Report of ICTV, 1185-1189；ICTVdB(2006). *Cocksfoot mottle virus*. 00.067.0.01.0.18.；DPVweb, Sobemovirus；Brunt, A. A. *et al.* eds.(1996). Ryegrass mottle *sobemovirus*. Plant Viruses Online；Toriyama, S.(2004). Ryegrass mottle. Viruses and Virus Diseases of *Poaceae*(Lapierre, H. *et al.* eds., INRA), 790-792；Meier, M. *et al.*(2008). Sobemovirus. Encyclopedia of Virology 3rd ed., 4, 644-652；Hacker, D.L.(2011). Sobemovirus. The Springer Index of Viruses 2nd ed., 2049-2055；Tamm, T. *et al.*(2000). Sobemoviruses. J. Virol., 74, 6231-6241；御子柴義郎(1993)．原色作物ウイルス病事典, 248-249；Zhang, F. *et al.*(2001). J. Gen. Plant Pathol., 67, 63-68；Balke, I. *et al.*(2007). Virus Genes, 35, 395-398；Prevka, P. *et al.*(2007). Virology, 369, 364-374.

植物ウイルス 272

Sammon's Opuntia virus　ウチワサボテンサモンズウイルス (SOV)
Virgaviridae Tobamovirus

初　記　載	Sammons, I. M. *et al.*(1961）；山下修一ら（1991），山下修一ら（1993）．
異　　　名	Opuntia Sammon's virus, Opuntia virus.
粒　　　子	【形態】棒状1種（径18 nm×長さ317 nm）．被膜なし．
	【物性】沈降係数196 S.
	【成分】核酸：(+)ssRNA 1種．タンパク質：外被タンパク質(CP)1種（約17.5 kDa）．
細胞内所在	ウイルス粒子は感染細胞の細胞質内に散在，集積あるいは結晶して存在する．
自然宿主・病徴	ウチワサボテン属(*Opuntia* spp.)，クジャクサボテン属(*Epiphyllum* spp.)などサボテン科の数種植物（全身感染；黄色輪紋，軽いモザイク．無病徴感染も多い）．
宿　主　域	宿主域は狭い．サボテン科およびアカザ科の数種植物と*Nicotiana benthamiana*に限られる．
増 殖 植 物	*Nicotiana benthamiana*.
検 定 植 物	*Chenopodium quinoa*, *C. murale*, *C. amaranticolor*（局部病斑）．
伝　　　染	汁液接種可．栄養繁殖による伝染．媒介生物不明．
類 縁 関 係	SOVは同じ*Tobamovirus*属の数種ウイルスと血清学的類縁関係がある．
地理的分布	日本，米国．　　　　　　　　　　　　　　　　　　　　　　　　　　　　〔日比忠明〕
主 要 文 献	Sammons, I. M. *et al.*(1961). Nature, 191, 517-518；山下修一ら（1991）．日植病報, 57, 73；山下修一ら（1993）．日植病報, 59, 727；Adams, M. J. *et al.*(2012). *Tobamovirus*. Virus Taxonomy 9th Report of ICTV, 1153-1156；ICTVdB(2006). *Sammon's Opuntia virus*. 00.071.0.01.009.；DPVweb, Tobamovirus；Gibbs, A. J.(1977). Tobamovirus group. Descriptions of Plant Viruses, 184；Brunt, A. A. *et al.* eds.(1996). Opuntia Sammon's *tobamovirus*. Plant Viruses Online；亀谷満朗（1993）．原色作物ウイルス病事典, 578.

植物ウイルス 273

Santosai temperate virus[#] サントウサイ潜伏ウイルス (STV)

[#]ICTV 未認定（*Partitiviridae* ?）

[#]日本植物病名目録に登録され，ICTVdB にも記載されているが，Virus Taxonomy 9th Report of ICTV には記載されていない．

初 記 載	夏秋知英ら(1981)．
粒 子	【形態】球状2種(径 約30 nm)．被膜なし． 【成分】核酸：dsRNA 2種(RNA1：1.13 MDa, RNA2：1.10 MDa)．タンパク質：外被タンパク質(CP)1種．
ゲ ノ ム	【構造】2分節線状 dsRNA ゲノム．
自然宿主・病徴	サントウサイ(*Brassica campestris* ssp. *japonica*)(全身感染；無病徴)．
宿主域・病徴	宿主は STV が検出されたサントウサイとその子孫だけに限られる(全身感染；無病徴)．
類 縁 関 係	ダイコン葉縁黄化ウイルス(*Radish yellow edge virus*：RYEV)とは血清関係がない．
伝 染	汁液接種不可．種子伝染(伝染率 ほぼ100%)．水平伝染しない．
地理的分布	日本．
主 要 文 献	夏秋知英ら(1981)．日植病報, 47, 94；ICTVdB(2006). Santosai temperate virus. 00.049.0.83.010.；DPVweb. Alphacryptovirus；Brunt, A. A. *et al*. eds.(1996). Santosai temperate(?)*alphacryptovirus*. Plant Viruses Online；栃原比呂志(1993)．原色作物ウイルス病事典, 346；夏秋知英ら(1983)．日植病報, 49, 431-432；夏秋知英(1984)．宇都宮大農学報特輯, 43, 1-80；夏秋知英(1987)．植物防疫, 41, 371-375.

〔夏秋知英〕

植物ウイルス 274

	(SDV)
Satsuma dwarf virus うんしゅういしゅく 温州萎縮ウイルス	
	Secoviridae Sadwavirus

初　記　載　山田畯一・沢村健三(1952).

異　　　名　カンキツモザイクウイルス(Citrus mosaic virus)，ヒュウガナツウイルス(Hyuganatsu virus)，ナツカン萎縮ウイルス(Natsudaidai dwarf virus)，ネーブル斑葉モザイクウイルス(Navel orange infectious mottling virus).

粒　　　子　【形態】球状2種(径26 nm；M成分およびB成分).ほかに中空粒子1種(T成分).被膜なし.
　　　　　　【物性】沈降係数 119 S(M)，129 S(B).浮遊密度(CsCl) 1.43 g/cm^3(M)，1.46 g/cm^3(B).
　　　　　　【成分】核酸：(＋)ssRNA 2種(RNA1：6.8 kb，RNA2：5.3 kb，GC含量47〜48％).タンパク質：外被タンパク質2種(CP-L：42 kDa，CP-S：22 kDa)，ゲノム総合タンパク質(VPg；推定)1種.

ゲ ノ ム　【構造】2分節線状(＋)ssRNAゲノム(RNA1：6,795 nt，RNA2：5,345 nt).ORF 2個(ポリプロテイン；RNA1：1個，RNA2：1個).ゲノムの5′端にゲノム結合タンパク質(VPg；推定)，3′端にポリ(A)配列(poly(A))をもつ.
　　　　　　【遺伝子】RNA1：5′-VPg?-230 kDaポリプロテイン(共通タンパク質(5′Pro)/ヘリカーゼ(Hel)/VPg?/プロテアーゼ(Pro)/RNA複製酵素(RdRp))-poly(A)-3′.RNA2：5′-VPg?-174 kDaポリプロテイン(共通タンパク質(5′Pro)/移行タンパク質(MP)/外被タンパク質(CP-L)/外被タンパク質(CP-S))-poly(A)-3′.
　　　　　　【登録コード】AB009958(RNA1全塩基配列)，AB009959(RNA2全塩基配列)，ほか.

細胞内所見　ウイルス粒子は各種組織の細胞の細胞質に結晶状に集積あるいは散在して存在.また，細胞質中に膜状構造物よりなる封入体が存在する.

自然宿主・病徴　カンキツ(温州萎縮病，ナツカン萎縮病，ネーブル斑葉モザイク病；全身感染し，主に葉の萎縮，モザイク，斑紋，黄化などを示す)；サンゴジュ(樹の衰弱)；ヒメユズリハ(無病徴).

宿　主　域　やや狭い.カンキツ，サンゴジュ，ヒメユズリハなどの永年性果樹・樹木およびナス科，アカザ科，マメ科，ゴマ科植物.

増 殖 植 物　*Physalis floridana*，ペチュニア.

検 定 植 物　ゴマ(接種葉にえそ斑点，上葉にモザイクと奇形).

伝　　　染　汁液接種可.種苗伝染.土壌伝染.マメ科植物では種子伝染.

系　　　統　従来，カンキツモザイクウイルス(Citrus mosaic virus)，ナツカン萎縮ウイルス(Natsudaidai dwarf virus)，ネーブル斑葉モザイクウイルス(Navel orange infectious mottling virus)およびヒュウガナツウイルス(Hyuganatsu virus)はSDVの近縁ウイルスとされてきたが，ICTVの第8次報告でいずれもSDVの系統として分類された.

類 縁 関 係　他のウイルスと血清関係は認められない.

地理的分布　日本，中国，韓国，トルコ.　　　　　　　　　　　　　　　　　　　　　　　〔岩波　徹〕

主 要 文 献　山田畯一・沢村健三(1952).東海近畿農試研報園芸，1，61-71；Sanfaçon, H. *et al.*(2012).*Sadwavirus*. Virus Taxonomy 9th Report of ICTV, 894；ICTVdB(2006). *Satsuma dwarf virus*. 00.112.0.01.001.；DPVweb. Sadwavirus；Usugi, T. and Saito, Y.(1979). Satsuma dwarf virus. Descriptions of Plant Viruses, 208；Brunt, A. A. *et al.* eds.(1996). Satsuma dwarf(?)*nepovirus*. Plant Viruses Online；Iwanami, T.(2008). *Sadwavirus*. Encyclopedia of Virology 3rd ed., 4, 523-526；土崎常男(1983).植物ウイルス事典，471-472；小泉銘冊(1993).原色作物ウイルス病事典，594-597；岩波　徹(2002).原色果樹のウイルス・ウイロイド病，42-45；北島　博(1989).果樹病害各論(養賢堂)，78-88；田中彰一・岸　国平(1963).日植病報，28，262-269；宇杉富雄・斎藤康夫(1977).日植病報，43，137-144；Iwanami, T. *et al.*(1999). J. Gen. Virol., 80, 793-797；Iwanami, T. *et al.*(2001). Arch. Virol., 146, 807-813；Iwanami, T.(2010). Japan Agricultural Research Quarterly, 44, 1-7.

植物ウイルス 275

(SLV)
Shallot latent virus シャロット潜在ウイルス
Betaflexiviridae Carlavirus

初 記 載	Bos, L. *et al.*(1978)；米山伸吾ら(1974)，李 龍雨ら(1979).
異 名	ニンニク潜在ウイルス(Garlic latent virus：GLV)，ニンニクモザイクウイルス(Garlic mosaic virus：GMV)，ニラ萎縮ウイルス(Chinese chive dwarf virus：CCDV)，Garlic virus 1.
粒 子	【形態】ひも状1種(長さ約650 nm). 被膜なし. 【成分】核酸：(＋)ssRNA 1種(8.4 kb). タンパク質：外被タンパク質(CP) 1種(33 kDa).
ゲ ノ ム	【構造】単一線状(＋)ssRNAゲノム(8,363 nt). ORF 6個. 3′端にポリ(A)配列(poly(A))をもつ. 【遺伝子】5′-Cap(?)-ORF1(218 kDa RNA複製酵素；RP)-ORF2(26 kDa 移行タンパク質1；TGB1)-ORF3(12 kDa 移行タンパク質2；TGB2)-ORF4(7 kDa 移行タンパク質3；TGB3)-ORF5(33 kDa 外被タンパク質；CP)-ORF6(11 kDa 核酸結合タンパク質)-poly(A)-3′ 【登録コード】AJ292226(全塩基配列)，ほか.
細胞内所在	ウイルス粒子は感染植物の各種細胞の細胞質内に存在する.
自然宿主・病徴	ネギ，ニンニク，タマネギ，ラッキョウ，ニラ，鑑賞用アリウムなどネギ科植物(全身感染；多くの場合は無病徴).
宿 主 域	アカザ科，ツルナ科，ネギ科，ヒユ科，マメ科植物.
検 定 植 物	アカザ科(*Chenopodium amaranticolor, C. quinoa* など；接種葉にえそ斑)；マメ科(ソラマメ；接種葉にえそ斑，上葉にえそ斑)；ツルナ科(ツルナ；接種葉に退緑斑)；ヒユ科(*Gomphrena globosa*；接種葉にえそ斑).
伝 染	汁液接種可. アブラムシによる非永続伝搬.
類 縁 関 係	カーネーション潜在ウイルス(*Carnation latent virus*：CLV)，ユリ潜在ウイルス(*Lily symptomless virus*：LSV)，キクBウイルス(*Chrysanthemum virus B*：CVB)などとは血清関係なし.
地理的分布	日本および世界各地. 〔山下一夫〕
主 要 文 献	Bos, L. *et al.*(1978). Neth. J. Pl. Pathol., 84, 227-237；米山伸吾ら(1974). 日植病報, 40, 211；李龍雨ら(1979). 日植病報, 45, 727-734；Adams, M. J. *et al.*(2012). *Carlavirus*. Virus Taxonomy 9th Report of ICTV, 924-927；ICTVdB(2006). *Shallot latent virus*. 00.056.0.04.028.；DPVweb. Carlavirus；Bos, L.(1982). Shallot latent virus. Description of Plant Viruses, 250；Brunt, A. A. *et al.* eds.(1996). Shallot latent *carlavirus*. Plant Viruses Online；井上忠男(1983). 植物ウイルス事典, 331；佐古 勇(1993). 原色作物ウイルス病事典, 372-373, 378-381, 384-385；米山信吾(1984). 野菜のウイルス病, 226-229, 233；中曽根 渡ら(1988). 日植病報, 54, 108-109；Sako, I. *et al.*(1991). Ann. Phytopath. Soc. Jpn., 57, 65-69；Conci, V. *et al.*(1992). Plant Dis., 76, 594-596；Van Dijk, P.(1993). Neth. J. Pl. Path., 99, 233-257；山下一夫ら(1997). 日植病報, 63, 486；山下一夫ら(2004). 日植病報, 70, 50；Tsuneyoshi, T. *et al.*(1998). Arch. Virol., 143, 1093-1107；Dovas, C. I. *et al.*(2001). Eur. J. Plant Pathol., 107, 677-684；Chen J. *et al.*(2001). Arch. Virol., 146, 1841-1853.

植物ウイルス 276

(ShVX)
Shallot virus X　シャロットXウイルス
Alphaflexiviridae Allexivirus

初　記　載	Van Dijk, P. *et al.*(1991)，Kanyuka, K. V. *et al.*(1992)；山下一夫ら(2000)．
異　　　名	Onion mite-borne latent virus(OMbLV)．
粒　　　子	【形態】ひも状1種(径12 nm×長さ約800 nm)．被膜なし． 【成分】核酸：(+)ssRNA 1種(8.8 kb)．タンパク質：外被タンパク質(CP)1種(28 kDa)．
ゲ ノ ム	【構造】単一線状(+)ssRNAゲノム(8,832 nt)．ORF 6個．3′端にポリ(A)配列(poly(A))をもつ． 【遺伝子】5′-Cap(?)-ORF1(195 kDa RNA複製酵素；RP)-ORF2(26 kDa機能不明タンパク質)-ORF3(11 kDa移行タンパク質)-ORF4(42 kDa機能不明タンパク質)-ORF5(28 kDa外被タンパク質；CP)-ORF6(15 kDa核酸結合タンパク質?)-poly(A)-3′． 【登録コード】M97264(全塩基配列)，ほか．
細胞内所在	ウイルス粒子は感染植物の各種細胞の細胞質内に存在する．
自然宿主・病徴	タマネギ(シャロット)，ワケギ(全身感染；多くの場合は無病徴)．
宿　主　域	タマネギ(シャロット)，ワケギ．
検 定 植 物	アカザ科植物(*Chenopodium murale*；接種葉に不明瞭な退緑斑)．
伝　　　染	汁液接種可．チューリップサビダニ(*Aceria tulipae*)による伝搬．
類 縁 関 係	ニンニクAウイルス(*Garlic virus A*：GarV-A)，ニンニクDウイルス(*Garlic virus D*：GarV-D)と血清関係がある．ニンニクBウイルス(*Garlic virus B*：GarV-B)，ニンニクCウイルス(*Garlic virus C*：GarV-C)とは遠い関係である．
地理的分布	日本および世界各国．　　　　　　　　　　　　　　　　　　　　　　〔山下一夫〕
主 要 文 献	Van Dijk, P. *et al.*(1991). Neth. J. Pl. Path., 97, 381-399；Kanyuka, K. V. *et al.*(1992). J. Gen. Virol., 73, 2553-2560；山下一夫ら(2000).日植病報, 66, 147；Adams, M. J. *et al.*(2012). *Allexivirus*. Virus Taxonomy 9th Report of ICTV, 905-907；ICTVdB(2006). *Shallot virus X*. 00.056.0.03.001.；DPVweb. Allexivirus；Zavriev, S. K. *et al.*(2003). Shallot virus X. Descriptions of Plant Viruses, 397；Brunt, A. A. *et al.* eds.(1996). Shallot mite-borne latent(?)*potexvirus*. Plant Viruses Online；Zavriev, S. K.(2008). *Allexivirus*. Encyclopedia of Virology 3rd ed., 1, 96-98；Natsuaki, K. *et al.*(2011). Allexivirus. The Springer Index of Viruses 2nd ed., 491-500；Vishnichenko, V. K. *et al.*(1993). Plant Pathol., 42, 121-126；Chen, J. *et al.*(2004). Arch. Virol., 149, 435-445.

植物ウイルス 277

Shallot yellow stripe virus シャロット黄色条斑ウイルス (SYSV)
Potyviridae Potyvirus

初　記　載	Van Dijk, P. *et al.* (1992), Van Dijk, P. (1993)；北野忠彦ら (1959).
異　　　名	ネギ萎縮ウイルス-日本分離株 (Onion yellow dwarf virus-Japan：OYDV-Japan, OYDV-wakegi type；ニンニクおよび観賞用アリウムからの分離株 (OYDV-garlic type) を除く), Onion yellow dwarf virus-Brazil (OYDV-Brazil), Wakegi yellow dwarf virus (WYDV), Welsh onion yellow stripe virus (WoYSV).
粒　　　子	【形態】ひも状1種（径13 nm×長さ750 nm）. らせんピッチ3.4 nm. 被膜なし. 【成分】核酸：(+)ssRNA 1種 (10 kb). タンパク質：外被タンパク質 (CP) 1種 (30 kDa), ゲノム結合タンパク質 (VPg) 1種.
ゲ ノ ム	【構造】単一線状(+)ssRNAゲノム (10,427～10,429 nt). ORF 1個. 5′端にゲノム結合タンパク質 (VPg), 3′端にポリ(A)配列 (poly(A)) をもつ. 【遺伝子】5′-VPg-386 kDa ポリプロテイン (P1 プロテアーゼ (P1)/虫媒介助タンパク質-プロテアーゼ (HC-Pro)/P3 タンパク質 (P3)/6 K1 タンパク質/円筒状封入体タンパク質 (CI)/6 K2 タンパク質/ゲノム結合タンパク質 (VPg)/NIa プロテアーゼ (NIa-Pro)/RNA複製酵素 (NIb)/外被タンパク質 (CP))-poly(A)-3′. 【登録コード】AJ865076, AM267479 (全塩基配列), ほか.
細胞内所在	ウイルス粒子は感染植物の各種細胞の細胞質内に存在する. 細胞質内に層板状・風車状封入体を形成する.
自然宿主・病徴	ネギ, タマネギ (萎縮病), ラッキョウ, ワケギなどネギ科植物 (全身感染；モザイク, 黄色条斑).
宿　主　域	狭い. ネギ科植物. ただし, ニンニクやリーキには感染しない.
検 定 植 物	ネギ科植物 (ネギやタマネギなど；上葉にモザイクや黄色条斑).
伝　　　染	汁液接種可. アブラムシによる非永続伝搬.
類 縁 関 係	タマネギ萎縮ウイルス (*Onion yellow dwarf virus*：OYDV) やリーキ黄色条斑ウイルス (*Leek yellow stripe virus*：LYSV) とは血清学的類縁関係がない. ただし, 遠い類縁関係があるとする文献もある.
地理的分布	日本, 中国, インドネシア, タイ, ブラジル.
そ の 他	1996年以前にわが国のネギ, タマネギ, ラッキョウ, ワケギなどのモザイク症状株から分離され, 従来, ネギ萎縮ウイルス (Onion yellow dwarf virus：OYDV) とされていたウイルスは, 塩基配列の解析結果から, ニンニクおよび観賞用アリウムからの分離株を除いて, いずれも海外のタマネギやシャロットで発生するOYDVとは別種のSYSVであると同定された.

〔山下一夫〕

主要文献 Van Dijk, P. *et al.* (1992). Onion Newsl. Trop., 4, 57-61；Van Dijk, P. (1993). Neth. J. Pl. Path., 99, Suppl. 2, 1-48；北野忠彦ら (1959). 日植病報, 24, 34；Adams, M. J. *et al.* (2012). *Potyvirus*. Virus Taxonomy 9th Report of ICTV, 1072-1079；ICTVdB (2006). *Shallot yellow stripe virus*. 00.057.0.01.092., Welsh onion yellow stripe virus. 00.057.0.01.43.00.001.；DPVweb. Potyvirus；Brunt, A. A. *et al.* eds. (1996). Shallot yellow stripe (?) *potyvirus*, Welsh onion yellow stripe (?) potyvirus. Plant Viruses Online；山下修一 (1983). 植物ウイルス事典, 390-391；佐古 勇 (1993). 原色作物ウイルス病事典, 367, 369-371, 375；米山信吾 (1984). 野菜のウイルス病, 214-225；吉野正義・安 正純 (1965). 埼玉農試研報, 26, 1-67；Sako, I. *et al.* (1991). Ann. Phytopath. Soc. Jpn., 57, 65-69；山下一夫・花田 薫 (1996). 日植病報, 62, 325；山下一夫・花田 薫 (1996). 日植病報, 62, 598；Tsuneyoshi, T. *et al.* (1998). Arch. Virol., 143, 97-113；Chen,J. *et al.* (2002). Arch. Virol., 147, 419-428.

植物ウイルス 278

Siegesbeckia orientalis yellow vein virus[#] ツクシメナモミ葉脈黄化ウイルス (SoYVV)

#ICTV 未認定（*Geminiviridae Begomovirus*?）

#Virus Taxonomy 9th Report of ICTV には記載されていない．

初　記　載	大貫正俊ら(1998)．
異　　　名	メナモミ葉脈黄化ウイルス．
粒　　　子	【形態】双球状1種(径20 nm×長さ30 nm)．被膜なし． 【成分】核酸：ssDNA 1種．タンパク質：外被タンパク質(CP)1種(30 kDa)．
ゲ ノ ム	【構造】単一環状 ssDNA ゲノム．ORF 6個(ウイルス鎖に2個，相補鎖に4個)．
細胞内所在	篩部細胞の核内にみられる．
自然宿主・病徴	ツクシメナモミ(*Siegesbeckia orientalis*)，コメナモミ(*S. glabrescents*) (全身感染；鮮やかな葉脈黄化，まれにひだ葉)．
宿　主　域	ツクシメナモミ，コメナモミ．
伝　　　染	汁液接種不可．タバココナジラミによる永続伝搬．接ぎ木接種可．経卵伝染や種子伝染はしない．
地理的分布	日本．
そ の 他	SoYVV は日本の先島諸島(波照間島)で発生しているが，中国で報告されている *Siegesbeckia yellow vein virus*(SgYVV)やその近縁種などとの関係については未詳である．　　〔大貫正俊〕
主 要 文 献	大貫正俊ら(1998)．日植病報，64, 589；Brown, J. K. *et al.*(2012)．*Begomovirus*. Virus Taxonomy 9th Report of ICTV, 359-372, Online Appendix, 373. e10-e52.

植物ウイルス 279

(SWBV)
Sikte waterborne virus シクテウォーターボーンウイルス
Tombusviridae Tombusvirus

初　記　載	Yi. L. *et al.*(1992)；山下一夫ら(2008)．
粒　　　子	【形態】球状 1 種(径 33 nm)．被膜なし．
	【成分】核酸：(＋)ssRNA 1 種(4.8 kb)．タンパク質：外被タンパク質(CP) 1 種(41 kDa)．
ゲ ノ ム	【構造】単一線状(＋)ssRNA ゲノム．
	【遺伝子】外被タンパク質遺伝子(CP)，ほか．
	【登録コード】AJ607404，AY500886(外被タンパク質遺伝子 塩基配列)．
細胞内所在	細胞質内に認められる．
自然宿主・病徴	トルコギキョウ(えそ斑点，茎えそ)；スターチス(葉の退緑斑点，赤褐色化)．
宿　主　域	ナス科植物(*Nicotiana benthamiana*, *N. clevelandii*，ナス)，ヒャクニチソウ，ホウレンソウ(全身感染；退緑斑点，えそ斑点，モザイク，縮葉)
増殖植物	*Chenopodium quinoa*．
検定植物	アカザ科(*C. amaranticolor*, *C. quinoa*)(接種葉に局部病斑)；ナス科(*N. benthamiana*, *N. clevelandii*)(全身感染)．
伝　　　染	汁液接種可．媒介生物不明．
地理的分布	ドイツ，日本．〔堀田治邦〕
主要文献	Yi, L. *et al.*(1992). J. Phytopath., 134, 121–132；山下一夫ら(2008)．北日本病虫研報, 59, 236；Rochon, D. *et al.*(2012). *Tombusvirus*. Virus Taxonomy 9th Report of ICTV, 1114–1118；ICTVdB (2006). *Sikte waterborne virus*. 00.074.0.01.013.；Brunt, A. A. *et al.* eds.(1996). Sikte waterborne (?)*tombusvirus*. Plant Viruses Online；Koenig, R. *et al.*(2004). Arch. Virol., 149, 1733–1744；堀田治邦ら(2010)．日植病報, 76, 76．

植物ウイルス 280

Soil-borne wheat mosaic virus　コムギ萎縮ウイルス (SBWMV)
Virgaviridae Furovirus

　従来，日本産ムギ類萎縮ウイルスは米国産 *Soil-borne wheat mosaic virus*（SBWMV）の一系統とされてきたが，現在では，ウイルスゲノムの比較構造解析によって，SBWMV およびその類似ウイルスは，コムギ萎縮ウイルス（*Soil-borne wheat mosaic virus*：SBWMV），ムギ類萎縮ウイルス（*Japanese soil-borne wheat mosaic virus*：JSBWMV），コムギモザイクウイルス（*Chinese wheat mosaic virus*：CWMV），*Soil-borne cereal mosaic virus*：SBCMV）の 4 種に分類されている．

初　記　載	McKinney, H. H.（1923）；静岡農試（1916），堀田治邦ら（2011）．
異　　　名	Wheat mosaic virus, Wheat soil-borne mosaic virus, Wheat virus 1, Wheat virus 2.
粒　　　子	【形態】棒状 2 種（径 20 nm×長さ 150〜160 nm，300 nm）．らせんピッチ 2.6 nm．被膜なし． 【物性】沈降係数 172 S（短粒子），211 S（長粒子）． 【成分】核酸：（+）ssRNA 2 種（RNA1：7 kb，RNA2：3.6 kb）．タンパク質：外被タンパク質（CP）1 種（19 kDa）．
ゲ ノ ム	【構造】2 分節線状（+）ssRNA ゲノム（RNA1：7,099 nt, RNA2：3,593 nt）．ORF 7 個（RNA1：3 個，RNA2：4 個）．5′端にキャップ構造（Cap），3′端に tRNA 様構造（TLS）をもつ． 【遺伝子】RNA1：5′-Cap-150 kDa/209 kDa RNA 複製酵素タンパク質（RdRp；209 kDa タンパク質は 150 kDa タンパク質のリードスルータンパク質）-37 kDa 移行タンパク質（MP）-TLS-3′．RNA2：5′-Cap-25 K 機能不明タンパク質/19 kDa 外被タンパク質（CP）/84 kDa 菌類媒介ヘルパータンパク質（25 K タンパク質は 19 kDa タンパク質の AUG の上流の CUG から翻訳が開始され，大部分が 19 kDa タンパク質と重なるタンパク質；84 kDa タンパク質は 19 kDa タンパク質のリードスルータンパク質）-19 kDa システインリッチタンパク質（RNA サイレンシングサプレッサー）-TLS-3′． 【登録コード】L07937（RNA1 全塩基配列），L07938（RNA2 全塩基配列），ほか．
細胞内所在	各種組織の細胞の細胞質に不定形あるいは結晶状の封入体を形成し，ウイルス粒子はその内部や周辺あるいは液胞中に集積あるいは散在して存在．
自然宿主・病徴	コムギ（萎縮病；全身感染し，主にモザイクや萎縮などの症状を示す）．
宿　主　域	宿主域は比較的狭く，主にムギ類を宿主とするが，数種アカザ科の植物には局部感染する．
増 殖 植 物	コムギ．
検 定 植 物	コムギ（全身にモザイク）；*Chenopodium amaranticolor, C. quinoa*（接種葉に局部退緑斑）．
伝　　　染	汁液接種可．*Polymyxa graminis* による菌類伝搬．
系　　　統	コムギにおける病徴の異なるいくつかの系統がある．
類 縁 関 係	ムギ類萎縮ウイルス（JSBWMV）とは血清関係があるが，ゲノムの相同性解析から別種とされた．
地理的分布	日本（コムギ：北海道），米国，ドイツ，フランス，ニュージーランド．〔白子幸男・日比忠明〕
主 要 文 献	McKinney, H. H.（1923）. J. Agric. Res. 23, 771-800；静岡農試（1916）. 病虫雑, 3, 937；堀田治邦ら（2011）. 北日本病害虫研究会報, 62, 43-46；Adams, M. J. *et al.*（2012）. *Furovirus*. Virus Taxonomy 9th Report of ICTV, 1140-1143；ICTVdB（2006）. *Soil-borne wheat mosaic virus*. 00.027.0.01.001.；Koenig, R.（2008）. *Furovirus*. Encyclopedia of Virology 3rd ed., 2, 291-296；Adams, M. J.（2011）. Furovirus. The Springer Index of Viruses 2nd ed., 1993-1997；Brakke, M. K.（1971）. Soil-borne wheat mosaic virus. Descriptions of Plant Viruses, 77；Brunt, A. A. *et al.* eds.（1996）. Wheat soil-borne mosaic *furovirus*. Plant Viruses Online；Verchot-Lubicz, J.（2004）. Soil-borne wheat mosaic. Viruses and Virus Diseases of *Poaceae*（Lapierre, H. *et al.* eds., INRA）, 585-588；Shirako, Y. *et al.*（2000）. Virology, 270, 201-207；Diao, A. *et al.*（1999）. J. Gen. Virol., 80, 1141-1145；土崎常男（1983）. 植物ウイルス事典, 473-474；土崎常男（1993）. 原色作物ウイルス病事典, 77；白子幸男・前島秀和（2008）. 日植病報, 74, 223；白子幸男ら（2012）. 日植病報, 78, 32.

植物ウイルス 281

Sorghum mosaic virus ソルガムモザイクウイルス
(SrMV)
Potyviridae Potyvirus

初　記　載	Shukla, D. D. *et al.*(1989)；Gillaspie, A. G. *et al.*(1979；SCMV の系統として記載).
異　　　名	Sugarcane mosaic virus-strain H, Sugarcane mosaic virus-strain I, Sugarcane mosaic virus-strain M.
粒　　　子	【形態】ひも状粒子1種(11〜15 nm×750 nm). 被膜なし. 【成分】核酸：(+)ssRNA　1種(9.6 kb). タンパク質：外被タンパク質(CP)1種(37 kDa), ゲノム結合タンパク質(VPg)1種.
ゲ　ノ　ム	【構造】単一線状(+)ssRNA ゲノム(9,613〜9,624 nt). ORF 1個. 5′端にゲノム結合タンパク質(VPg), 3′端にポリ(A)配列(poly(A))をもつ. 【遺伝子】5′-VPg-350 kDa ポリプロテイン(P1 タンパク質(P1)/虫媒介助タンパク質-プロテアーゼ(HC-Pro)/P3 タンパク質(P3)/6 kDa 機能不明タンパク質(6 K1)/円筒状封入体タンパク質(CI)/6 kDa 機能不明タンパク質(6 K2)/ゲノム結合タンパク質(VPg)/核内封入体タンパク質 a(NIa)/核内封入体タンパク質 b(NIb；RNA 複製酵素)/外被タンパク質(CP))-poly(A)-3′. 【登録コード】AJ310197(全塩基配列), U57358(全塩基配列), ほか.
細胞内所在	各種組織の細胞質内に円筒状あるいは不定形の封入体を形成する. ウイルス粒子は封入体内あるいは細胞質内に結晶あるいは集積して存在.
自然宿主・病徴	サトウキビ, ソルガム(全身感染；モザイク, 微斑, 矮化).
宿　主　域	宿主域はきわめて狭く, 数種のイネ科植物に限られる.
増　殖　植　物	ソルガム, トウモロコシ, サトウキビ.
検　定　植　物	ソルガム, トウモロコシ, サトウキビ(全身にモザイク).
伝　　　染	汁液接種可. アブラムシによる非永続伝搬.
系　　　統	ソルガムおよびサトウキビの判別品種に対する反応の差に基づいて H, I, M の3系統がある.
類　縁　関　係	本ウイルスの外被タンパク質のコア部分は他のポティウイルス属ウイルスと共通しているが, N 端側の抗原性は種特異的で他種ウイルスとは血清関係がない.
地理的分布	日本, 米国および世界各国.
そ　の　他	SrMV は当初サトウキビモザイクウイルス(*Sugarcane mosaic virus*：SCMV)の H, I および M 系統とされていたが, その後, 外被タンパク質の N 末端領域の抗原性の相違などにより, SCMV とは別種とされた.　〔白子幸男・日比忠明〕
主　要　文　献	Shukla, D. D. *et al.*(1989). Phytopathology, 79, 223；Gillaspie, A. G. *et al.*(1979). Sugarcane Pathol. Newsl., 22, 21-23；Adams, M. J. *et al.*(2012). *Potyvirus*. Virus Taxonomy 9th Report of ICTV, 1072-1078；ICTVdB(2006). *Sorghum mosaic virus*. 00.057.0.01.060.；Shukla, D. D. *et al.*(1998). Sorghum mosaic virus. Descriptions of Plant Viruses, 359；Brunt, A. A. *et al.* eds. (1996). Sorghum mosaic *potyvirus*. Plant Viruses Online；Jensen, S.G. *et al.*(2004). Sorghum mosaic. Viruses and Virus Diseases of *Poaceae*(Lapierre, H. *et al.* eds., INRA), 547-548；宇杉富雄(1993). 原色作物ウイルス病事典, 206.

植物ウイルス 282

Southern bean mosaic virus　インゲンマメ南部モザイクウイルス　(SBMV)
Sobemovirus

初　記　載	Zaumeyer, W. J. and Harter, L. L.(1942)；飯塚典男(1974).
異　　　名	Bean mosaic virus, Bean mosaic virus 4, Bean virus 4.
粒　　　子	【形態】球状1種(径30 nm). 被膜なし. 【物性】沈降係数115 S. 浮遊密度(CsCl) 1.36 g/cm^3. 【成分】核酸：(＋)ssRNA 1種(4.1 kb, GC含量47％). タンパク質：外被タンパク質(CP)1種(29 kDa), ゲノム結合タンパク質(VPg)1種.
ゲ ノ ム	【構造】単一線状(＋)ssRNAゲノム(4,109～4,136 nt). ORF 4個. ゲノムの5′端にゲノム結合タンパク質(VPg)をもつが, 3′端にはtRNA様構造(TLS)やポリ(A)配列(poly(A))をもたない. 【遺伝子】5′-VPg-ORF1(17 kDa 移行タンパク質(MP)；RNAサイレンシングサプレッサー活性をもつ)-ORF2a/ORF2b(107 kDaポリプロテイン；セリンプロテアーゼ(S-Pro)/VPg/RNA複製酵素(RdRp)；ORF2bはORF2aの-1フレームシフトによる融合タンパク質)-ORF3(29 kDa 外被タンパク質(CP))-3′. このほかに, ORF2の中央付近にオーバーラップして別のひとつのORF(15 kDa 機能不明タンパク質)が存在するとする説もあるが, 現在では否定的である. 【登録コード】AF055887, L34672(インゲンマメ系統　全塩基配列), DQ875594(ブラジル分離株　全塩基配列), ほか.
細胞内所在	ウイルス粒子は細胞質内と核内に存在する. 感染後期には細胞質内と液胞内に結晶状封入体としても観察される.
自然宿主・病徴	インゲンマメ, ササゲ, ケツルアズキ(*Vigna mungo*), ダイズ(モザイク, 斑紋, 矮化).
宿　　　主	狭い. マメ科植物.
検定植物	インゲンマメ(接種葉に局所斑. 品種によっては全身感染してモザイク)；ササゲ(分離株によるが感染しない場合が多い)；ダイズ(全身感染；弱い斑紋).
伝　　　染	汁液接種可. 種子伝染. インゲンテントウ(*Epilachna varivestis*), *Diabrotica undecimpunctata howardii*, *Cerotoma trifurcata* などの甲虫類による半永続伝搬.
系　　　統	インゲンマメ系統, 強毒系統, 抵抗性打破系統. 従来のササゲ系統は *Southern cowpea mosaic virus*(SCPMV)として別種として扱われている. SCPMVはササゲに感染し, インゲンマメには感染しない場合が多い.
類縁関係	ソベモウイルス属の他のメンバーとは遠い血清学的類縁が認められる.
地理的分布	日本および世界各地. 〔桑田 茂〕
主要文献	Zaumeyer, W. J. and Harter, L.(1942). Phytopathology, 32, 438-439；飯塚典男(1974). 植物防疫, 28, 471-474；Truve, E. *et al.*(2012). *Sobemovirus*. Virus Taxonomy 9th Report of ICTV, 1185-1189；ICTVdB(2006). *Southern bean mosaic virus*. 00.067.0.01.001.；DPVweb. Sobemovirus；Hull, R.(2004). Southern bean mosaic virus. Description of Plant Viruses, 408；Brunt, A. A. *et al.* eds.(1996). Bean southern mosaic *sobemovirus*. Plant Viruses Online；Meier, M. *et al.*(2008). Sobemovirus. Encyclopedia of Virology 3rd ed., 4, 644-652；Hacker, D. L.(2011). Sobemovirus. The Springer Index of Viruses 2nd ed., 2049-2055；山下修一(1983). 植物ウイルス事典, 475-478；本田要八郎(1993). 原色作物ウイルス病事典, 128-129；土崎常男(1984). 野菜のウイルス病, 350-351；Othman, Y. and Hull, R.(1995). Virology, 206, 287-297；Lee, L. and Anderson, E. J.(1998). Arch. Virol., 143, 2189-2201；Meier, M. and Truve, E.(2007). Arch. Virol., 152, 635-640；Ozato, T. Jr. *et al.*(2009). J. Phytopathol., 157, 573-575.

植物ウイルス 283

Southern potato latent virus# ジャガイモ南部潜在ウイルス (SoPLV)

#ICTV 未認定（*Betaflexiviridae Carlavirus* ?）

#日本植物病名目録に登録され，ICTVdB にも記載されているが，Virus Taxonomy 9th Report of ICTV には記載されていない．

初　記　載	小林敏郎ら（1982）．
粒　　　子	【形態】ひも状 1 種（長さ 650 nm）．被膜なし．
自然宿主・病徴	ジャガイモ（品種 デジマ，ニシユタカ）（無病徴）．
宿　主　域	ジャガイモ，*Chenopodium amaranticolor*，*C. quinoa*，センニチコウ，ササゲなど（全身感染）．
検　定　植　物	*C. amaranticolor*，*C. quinoa*（全身感染；葉脈透化，斑紋，葉のねじれ）．
伝　　　染	汁液接種可．モモアカアブラムシによる非永続伝搬．栄養繁殖による伝染．
類　縁　関　係	ジャガイモ S ウイルス（*Potato virus S*：PVS），ジャガイモ M ウイルス（*Potato virus M*：PVM）と血清関係がある．
地理的分布	日本． 〔難波成任〕
主　要　文　献	小林敏郎ら（1982）．日植病報，48, 79-80；ICTVdB（2006）．Southern potato latent virus. 00.014.0.81.028.；Brunt, A. A. *et al.* eds.（1996）．Southern potato latent（?）*carlavirus*. Plant Viruses Online；DPVweb. Carlavirus；山下修一（1983）．植物ウイルス事典，477-478；堀尾英弘（1993）．原色作物ウイルス病事典，112.

植物ウイルス 284

Southern rice black streaked dwarf virus　イネ南方黒すじ萎縮ウイルス　(SRBSDV)
Reoviridae Spinareovirinae Fijivirus

初　記　載	Zhang, H. M. et al.(2008)，Zhou, G. H. et al.(2008)；酒井淳一ら(2011)．
異　　　名	Rice black-streaked dwarf virus 2．
粒　　　子	【形態】球状1種(径75〜80 nm)．外殻と内殻(コア)の二重殻構造をとる．被膜なし． 【成分】核酸：dsRNA 10種(RNA1：4.5 kbp, GC含量32％；RNA2：3.8 kbp, GC含量34％；RNA3：3.6 kbp, GC含量32％；RNA4：3.6 kbp, GC含量34％；RNA5：3.2 kbp, GC含量38％；RNA6：2.7 kbp, GC含量38％；RNA7：2.2 kbp, GC含量32％；RNA8：1.9 kbp, GC含量35％；RNA9：1.9 kbp, GC含量35％；RNA10：1.8 kbp, GC含量36％)．タンパク質：内殻・外殻タンパク質3種(141 kDa, 68 kDa, 63 kDa)，RNA複製酵素1種(169 kDa)など．
ゲ ノ ム	【構造】10分節線状dsRNAゲノム(RNA1：4,500 bp, RNA2：3,815 bp, RNA3：3,618 bp, RNA4：3,571 bp, RNA5：3,167 bp, RNA6：2,651 bp, RNA7：2,176 bp, RNA8：1,928 bp, RNA9：1,900 bp, RNA10：1,798 bp)．ORF 13個(RNA1〜4, 6, 8, 10：各1個，RNA5, 7, 9：各2個)． 【遺伝子】RNA1：169 kDa RNA複製酵素(RdRp)．RNA2：141 kDa 内殻タンパク質．RNA3：135 kDa タンパク質．RNA4：132 kDa タンパク質．RNA5：108 kDa タンパク質-24 kDa タンパク質．RNA6：90 kDa タンパク質(RNAサイレンシングサプレッサー)．RNA7：41 kDa タンパク質-36 kDa タンパク質．RNA8：68 kDa 内殻タンパク質．RNA9：40 kDa ビロプラズムタンパク質-24 kDa タンパク質．RNA10：63 kDa 外殻タンパク質． 【登録コード】FN563983(RNA1)，FN563984(RNA2)，FN563985(RNA3)，FN563986(RNA4)，FN563987(RNA5)，FN563988(RNA6)，EU784841(RNA7)，EU784842(RNA8)，EU784843(RNA9)，EU784840(RNA10)，ほか．いずれも全塩基配列．
細胞内所在	ウイルス粒子は罹病植物の細胞質に散在，あるいはチューブ様構造中に配列して存在．細胞質内には封入体(ビロプラズム)がみられる．
自然宿主・病徴	イネ(南方黒すじ萎縮病；全身感染し，萎縮，葉の奇形を示す)．
宿　主　域	狭い．イネ科植物．
増 殖 植 物	イネ．
伝　　　染	汁液接種不可．虫媒伝染(セジロウンカによる永続伝搬)．
類 縁 関 係	イネ黒すじ萎縮ウイルス(*Rice black streaked dwarf virus*：RBSDV)とアミノ酸配列上の類縁関係がある(RNA1, RNA2およびRNA10では83〜89％，RNA5およびRNA6では63〜70％の相同性)．
地理的分布	日本，中国，ベトナム．〔酒井淳一〕
主 要 文 献	Zhang, H. M. et al.(2008). Arch. Virol., 153, 1893-1898；Zhou, G. H. et al.(2008). Chinese Sci. Bull., 53, 3677-3685；酒井淳一ら(2011). 日植病報, 77, 33；Attoui, H. et al.(2012). *Fijivirus*. Virus Taxonomy 9th Report of ICTV, 563-567；DPVweb. Fijivirus；Wang, Q. et al.(2010). J. Phytopathol., 158, 733-737；松村正哉・酒井淳一(2011). 植物防疫, 65, 244-246.

植物ウイルス 285

Sowbane mosaic virus アカザモザイクウイルス

(SoMV)
Sobemovirus

初　記　載	Silva, D. M. *et al.*(1958), Bennett, C. W. *et al.*(1961)；與良　清ら(1965).
異　　　名	Apple latent virus 2, Chenopodium mosaic virus, Chenopodium seed-borne mosaic virus, Chenopodium star mottle virus, Rubus chlorotic mottle virus.
粒　　　子	【形態】球状1種(径26〜28 nm)．被膜なし． 【物性】沈降係数 104〜107 S. 【成分】核酸：(+)ssRNA 1種(4.0 kb，GC含量51%)．タンパク質：外被タンパク質(CP)1種(26 kDa)，ゲノム結合タンパク質(VPg)1種.
ゲ ノ ム	【構造】単一線状(+)ssRNAゲノム(4,003 nt)．ORF 5個．ゲノムの5′端にゲノム結合タンパク質(VPg)をもつが，3′端にはtRNA様構造(TLS)やポリ(A)配列(poly(A))をもたない． 【遺伝子】5′-VPg-ORF1(18 kDa 移行タンパク質(MP))-ORF2a/ORF2b(104 kDa ポリプロテイン；セリンプロテアーゼ(S-Pro)/VPg/RNA複製酵素(RdRp)；ORF2bはORF2aの−1フレームシフトによる融合タンパク質)-ORF3(8 kDa 機能不明タンパク質：ORF3はORF2bの中央付近にオーバーラップして存在するが，実際に発現するのか不明)-ORF4(26 kDa 外被タンパク質(CP))-3′． 【登録コード】GQ845002，HM163159(全塩基配列).
細胞内所在	ウイルス粒子は各種細胞の細胞質内と核内に散在あるいは結晶状に集積して存在する.
自然宿主・病徴	アカザ，*Chenopodium amaranticolor, C. murale, C. quinoa* など(全身感染；主として退緑斑紋，モザイクなどを示すが，潜在感染している例も多い).
宿　主　域	アカザ科植物(*Chenopodium* spp., テンサイ，ホウレンソウなど)，ブドウ，リンゴ.
増 殖 植 物	*C. amaranticolor, C. murale, C. quinoa*, ホウレンソウ.
検 定 植 物	*C. amaranticolor, C. quinoa*(局部退緑斑紋など).
伝　　　染	汁液接種可．*Liriomyza langei*(ハモグリバエの一種)，*Circulifer tenellus*(テンサイヨコバイ)などによる非永続〜半永続伝搬．種子伝染.
地理的分布	日本および世界各地. 〔御子柴義郎〕
主 要 文 献	Silva, D. M. *et al.*(1958). Bragantia, 17, 167-176；Bennett, C. W. *et al.*(1961). Phytopathology, 51, 546-550；與良　清ら(1965). 日植病報, 30, 264-265；Truve, E. *et al.*(2011). *Sobemovirus*. Virus Taxonomy 9th Report of ICTV, 1185-1189；ICTVdB(2006). *Sowbane mosaic virus*. 00.067.0.01.0.08.；DPVweb, Sobemovirus；Kado, C. I.(1971). Sowbane mosaic virus. Descriptions of Plant Viruses, 64；Brunt, A. A. *et al.* eds.(1996). Sowbane mosaic *sobemovirus*. Plant Viruses Online；土居養二(1983). 植物ウイルス事典, 479-480；Meier, M. *et al.*(2008). Sobemovirus. Encyclopedia of Virology 3rd ed., 4, 644-652；Hacker, D. L.(2011). Sobemovirus. The Springer Index of Viruses 2nd ed., 2049-2055；Tamm, T. *et al.*(2000). Sobemoviruses. J. Virol., 74, 6231-6241；土居養二ら(1966). 日植病報, 32, 295-296；Milne, R. G.(1967). Virology, 589-600；Eastwell, K.C. *et al.*(2010). Arch. Virol., 155, 2065-2067.

植物ウイルス 286

Soybean chlorotic mottle virus　ダイズ退緑斑紋ウイルス　(SbCMV)
Caulimoviridae Soymovirus

初　記　載	岩木満朗ら(1982).
粒　　　子	【形態】球状1種(径50 nm). 被膜なし.
	【成分】核酸：dsDNA 1種(8.2 kbp, GC含量34％). タンパク質：外被タンパク質(CP)1種(52 kDa).
ゲ ノ ム	【構造】単一環状dsDNAゲノム(8,178 bp). ORF 8個. 両鎖に各1～2ケ所の不連続部位(gap)があり，そこで一部三重鎖を形成. tRNAプライマー結合部位を有する.
	【遺伝子】NCRプロモーター(全長RNA転写プロモーター)–ORF VII(17 K機能不明タンパク質)–ORF Ia(35 K移行タンパク質(MP))–ORF Ib(14 K機能不明タンパク質；複製・移行に不要)–ORF II(23 K機能不明タンパク質；複製・移行に必須)–ORF III(22 K機能不明タンパク質；複製・移行に必須)–ORF IV(52 K外被タンパク質(CP))–ORF V(80 K逆転写酵素(RT))–ORF VI(53 K封入体タンパク質)–.
	【登録コード】X15828(全塩基配列).
細胞内所在	ウイルス粒子は各種組織の細胞の細胞質に形成された封入体(ビロプラズム)内に存在.
自然宿主・病徴	ダイズ(退緑斑紋ウイルス病；全身感染し，退緑斑紋，萎縮を生じる).
宿　主　域	きわめて狭い. マメ科植物4種(ダイズ，インゲンマメ，フジマメ，ササゲ)のみ(全身感染し，モザイク，退緑斑紋，萎縮症状を示す).
増殖植物	インゲンマメ.
検定植物	インゲンマメ(上葉にモザイク).
伝　　　染	汁液接種可. 媒介生物不明.
類縁関係	*Peanut chlorotic streak virus*(PCSV)およびカリモウイルス属ウイルスとは血清関係がなく，また，アミノ酸配列の相同性も逆転写酵素以外はかなり低い.
地理的分布	日本. 〔日比忠明〕
主要文献	岩木満朗ら(1982).日植病報, 48, 390；Geering, A. D. W. *et al.*(2012). *Soymovirus*. Virus Taxonomy 9th Report of ICTV, 435–436；ICTVdB(2006). *Soybean chlorotic mottle virus*. 00.015.0.02.001.；Hibi, T. and Kameya–Iwaki, M.(1988). Soybean chlorotic mottle virus. Descriptions of Plant Viruses, 331；Kameya–Iwaki, M.(1986). Soybean chlorotic mottle *caulimovirus*. Plant Viruses Online；Schoelz, J. E. *et al.*(2008). Caulimoviruses：General features. Encyclopedia of Virology 3rd ed., 1, 457–464；Hohn, T.(2008). Caulimoviruses：Molecular biology. Encyclopedia of Virology 3rd ed., 1, 464–469；Hibi, T.(2011). Soymovirus. The Springer Index of Viruses 2nd ed., 287–292；DPVweb. Soymovirus；岩木満朗(1983).植物ウイルス事典, 481–482；本田要八郎(1993).原色作物ウイルス病事典, 131；土崎常男(1984). 野菜のウイルス病, 351；Iwaki, M. *et al.*(1984). Plant Disease, 68, 1009–1011；Hibi, T. *et al.*(1986). Ann. Phytopathol. Soc. Jpn., 52, 785–792；Verever, J. *et al.*(1987). J. Gen. Virol., 68, 159–167；Hasegawa, A. *et al.*(1989). Nucleic Acids Res., 17, 9993–10013；Conci, L. R. *et al.*(1993). Ann. Phytopathol. Soc. Jpn., 59, 432–437；Takemoto, Y. and Hibi, T.(2001). J. Gen. Virol., 82, 1481–1489；Takemoto, Y. and Hibi, T.(2005). Virology, 332, 199–205.

植物ウイルス 287

Soybean dwarf virus　ダイズ矮化ウイルス　(SbDV)
Luteoviridae Luteovirus

初　記　載	玉田哲男ら(1968), 玉田哲男ら(1969).
異　　　名	Clover red leaf virus, Subterranean clover red leaf virus.
粒　　　子	【形態】球状1種(径25 nm). 被膜なし. 【成分】核酸：(＋)ssRNA 1種(5.7～5.8 kb). タンパク質：外被タンパク質2種(CP：22 kDa, CP-RT：58 kDa).
ゲ ノ ム	【構造】単一(＋)ssRNAゲノム(5,708～5,861 nt). ORF 5個. ゲノムの5′端のゲノム結合タンパク質(VPg)および3′端のポリ(A)配列(poly(A))を欠く. 【遺伝子】5′-ORF1(42 kDa ヘリカーゼ)-ORF2(61 kDa RNA 複製酵素(RdRp); ORF1のフレームシフトによる)-ORF3(22 kDa 外被タンパク質(CP))/ORF4(21 kDa 移行タンパク質(MP); ORF3に重複して存在)-ORF5(58 kDa 外被タンパク質(CP-RT); ORF3のリードスルータンパク質でアブラムシ媒介因子でもある)-3′. 【登録コード】AB038147(YS系統 全塩基配列), AB038148(YP系統 全塩基配列), AB038149(DS系統 全塩基配列), AB038150(DP系統 全塩基配列), L24049(Tas-1系統 全塩基配列), ほか.
細胞内所在	ウイルス粒子は維管束組織に局在し, 細胞質, 液胞内に散在または集塊をなす. 篩部細胞のえ死が顕著である.
自然宿主・病徴	ダイズ(わい化病；全身感染し, 矮化, 黄化を示す；ウイルスの系統やダイズ品種により異なる)；インゲンマメ(黄化病), エンドウ(黄化)；アカクローバ, シロクローバ(無病徴).
宿　主　域	狭い, マメ科植物.
検 定 植 物	ダイズ, インゲン, ソラマメ, レンゲ.
伝　　　染	汁液接種不可. ジャガイモヒゲナガアブラムシおよびエンドウヒゲナガアブラムシによって永続的に伝搬される.
系　　　統	寄生性と病徴の異なる矮化系統(D)と黄化系統(Y)があり, さらに, それぞれジャガイモヒゲナガアブラムシで特異的に媒介される系統(DS, YS)とエンドウヒゲナガアブラムシで特異的に媒介される系統(DP, YP)がある.
類縁関係	*Bean leafroll virus*(BLRV)と最も近い関係がある.
地理的分布	日本, ニュージーランド, オーストラリア, 米国.
そ の 他	SbDVは*Luteovirus*属に含められているが, ORF1, ORF2およびORF5のN末端は*Luteovirus*型, ORF3, ORF4およびORF5のC末端は*Polerovirus*型の構造をしている. アブラムシ媒介特異性はリードスルータンパク質のN末端配列によって決定される. 〔玉田哲男〕
主要文献	玉田哲男ら(1968). 日植病報, 34, 368；玉田哲男ら(1969). 日植病報, 35, 282-285；Domier, L. L.(2012). *Luteovirus*. Virus Taxonomy 9th Report of ICTV, 1048-1049；ICTVdB(2006). *Soybean dwarf virus*. 00.039.0.01.015.；DPVweb. Luteovirus；Tamada, T. and Kojima, M.(1977). Soybean dwarf virus. Descriptions of Plant Viruses, 179；Brunt, A. A. *et al.* eds.(1996). Soybean dwarf *luteovirus*. Plant Viruses Online；土居養二(1983). 植物ウイルス事典, 483-484；本田要八郎(1993). 原色作物ウイルス病事典, 126-127, 143, 225, 230；大木 理(1993). 原色作物ウイルス病事典, 166；土崎常男(1984). 野菜のウイルス病, 344, 353-354；土居養二ら(1968). 日植病報, 34, 375；Tamada, T.(1970). Ann. Phytopath. Soc. Jpn., 36, 266-274；玉田哲男(1973). 日植病報, 39, 27-34；玉田哲男ら(1973). 日植病報, 39, 152；玉田哲男(1975). 北海道立農試報告, 25, 1-144；Rathjen, J. P. *et al.*(1994). Virology, 198, 671-679；Damsteegt, V. D. *et al.*(1999). Phytopathology, 89, 374-379；Terauchi, H. *et al.*(2001). Arch. Virol., 146, 1885-1898；Terauchi, H. *et al.*(2003). Phytopathology, 93, 1560-1564.

植物ウイルス 288

Soybean leaf rugose mosaic virus# ダイズ縮葉モザイクウイルス (SbLRMV)
#ICTV 未認定（*Potyviridae*？）

#日本植物病名目録に登録されているが，Virus Taxonomy 9th Report of ICTV には記載されていない．

初　記　載	黒田智久ら(2008)，Kuroda, T. *et al.*(2010)．
粒　　　子	【形態】ひも状 1 種(?)（径 13 nm×長さ 500 nm）．被膜なし．
	【成分】核酸：(+)ssRNA 1 種(?)(7 kb)．タンパク質：外被タンパク質(CP) 1 種(27 kDa)．
ゲ ノ ム	【構造】単一(?)線状(+)ssRNA ゲノム．3′端にポリ(A)配列(poly(A))をもつ．
	【遺伝子】RNA 複製酵素遺伝子(NIb)，外被タンパク質遺伝子(CP)，ほか．
	【登録コード】AB560671(3′末端側領域 部分塩基配列)．
自然宿主・病徴	ダイズ(縮葉モザイク病；葉にモザイク，縮葉．株の萎縮．種皮に痘痕状の隆起を生じるが褐斑粒にはならない)．
宿　主　域	主にマメ科植物(ダイズ，エンドウ，スイートピー)．
検 定 植 物	ダイズ(全身病徴)；エンドウ，スイートピー(無病徴全身感染)；センニチコウ，*Chenopodium quinoa*(局部病斑)；フダンソウ，ホウレンソウ(無病徴局部感染)．
伝　　　染	汁液接種可．土壌伝染(媒介生物は不明)．アブラムシ伝染．種子伝染はしない．
類 縁 関 係	*Potyvirus* のユニバーサルプライマーで 3′末端領域を増幅でき，その塩基配列からは *Potyviridae* 科の *Bymovirus* 属が近縁であることが示された．その他の性状は Soybean virus Z(SVZ)にやや類似している．
地理的分布	日本．

〔夏秋知英〕

主 要 文 献　黒田智久ら(2008). 日植病報, 74, 223；Kuroda, T. *et al.*(2010). J. Gen. Pl. Path. 76, 382-388；Dale, J. and Gibbs, A.(1976). Intervirology, 6, 325-332.

植物ウイルス 289

Soybean mosaic virus　ダイズモザイクウイルス
(SMV)
Potyviridae Potyvirus

初 記 載	Clinton, G. P.(1915), Gardner, M. W. and Kendrick, J. B.(1921)；越水幸男・飯塚典男(1963).
異　　名	Soja virus 1, Soybean virus 1, Zantedeschia symptomless virus.
粒　　子	【形態】ひも状1種(径15〜18 nm×長さ650〜760 nm). 被膜なし.
	【成分】核酸：(+)ssRNA 1種(9.6〜9.7 kb, GC含量41％). タンパク質：外被タンパク質(CP)1種(30 kDa), ゲノム結合タンパク質(VPg)1種.
ゲ ノ ム	【構造】単一線状(+)ssRNAゲノム(N系統 9,588 nt). ORF 1個. 5′端にゲノム結合タンパク質(VPg), 3′端にポリ(A)配列(poly(A))をもつ.
	【遺伝子】5′-VPg-350 kDaポリプロテイン(P1プロテアーゼ(P1)/虫媒介助タンパク質-プロテアーゼ(HC-Pro)/P3タンパク質(P3)/6 K1タンパク質/円筒状封入体タンパク質(CI)/6 K2タンパク質/ゲノム結合タンパク質(NIa-VPg)/NIaプロテアーゼ(NIa-Pro)/RNA複製酵素(NIb)/外被タンパク質(CP))-poly(A)-3′.
	【登録コード】AB100442(Aa系統 全塩基配列), AB100443(Aa15-M2系統：弱毒株 全塩基配列), S42280(G2系統 全塩基配列), AY294044(G5系統 全塩基配列), AF241739, AY216010(G7系統 全塩基配列), AY216987(G7d系統 全塩基配列), AY294045(G7H系統 全塩基配列), AJ312439(severe系統 全塩基配列), D00507(N系統 全塩基配列), ほか.
細胞内所在	ウイルス粒子は細胞質内に散在する. 風車状の細胞質内封入体が形成される.
自然宿主・病徴	ダイズ(巻葉, モザイク. 品種によりえそ斑点や葉脈えそを示す場合がある. 各種ダイズ品種で褐斑粒を生じる).
宿 主 域	狭い. ダイズ, インゲンマメ.
伝　　染	汁液接種可. ダイズアブラムシなどによる非永続伝搬. 種子伝染.
系　　統	ダイズ品種に対する病原性の違いにより, 日本ではA〜E, 海外ではG1〜G7を基本に多くの系統が類別されている.
類 縁 関 係	インゲンマメモザイクウイルス(Bean common mosaic virus：BCMV), インゲンマメ黄斑モザイクウイルス(Bean yellow mosaic virus：BYMV), クローバ葉脈黄化ウイルス(Clover yellow vein virus：ClYVV), スイカモザイクウイルス(Watermelon mosaic virus：WMV)など少数のPotyvirus属ウイルスと類縁関係がある.
地理的分布	日本および世界各地.
そ の 他	SMVの弱毒ウイルスが作出されている. 〔中野正明〕
主 要 文 献	Clinton, G. P.(1915). Connecticut Agric. Exp. Stn. Rep. 1915, 421-451；Gardner, M. W. and Kendrick, J. B.(1921). J. Agric. Res., 22, 111-114；越水幸男・飯塚典男(1963). 東北農試研報, 27, 1-103；Adams, M. J. et al.(2012). Potyvirus. Virus Taxonomy 9th Report of ICTV, 1072-1079；ICTVdB(2006). Soybean mosaic virus. 00.057.0.01.061.；DPVweb. Potyvirus；Bos, L.(1972). Soybean mosaic virus. Descriptions of Plant Viruses, 93；Brunt, A. A. et al. eds.(1996). Soybean mosaic potyvirus. Plant Viruses Online；井上忠男(1983). 植物ウイルス事典, 486-487；本田要八郎(1993). 原色作物ウイルス病事典, 124-125；土崎常男(1984). 野菜のウイルス病, 348-349；高橋幸吉ら(1980). 東北農試研報, 62, 1-130；Cho, E. K. and Goodman, R. M.(1979). Phytopathology, 69, 467-470；Jayaram, C. et al.(1992). J. Gen. Virol., 73, 2067-2077；小坂能尚(1997). 京都農研報, 20, 1-100；Saruta, M. et al.(2005). J. Gen. Plant Pathol., 71, 431-435.

植物ウイルス 290

Spinach temperate virus ホウレンソウ潜伏（せんぷく）ウイルス (SpTV)
Partitiviridae 属未定

初　記　載	夏秋知英ら(1979)，Natsuaki, T. *et al*.(1983).
異　　　名	Spinach temperate cryptic virus.
粒　　　子	【形態】球状 2 種(径 30 nm)．被膜なし． 【成分】核酸：dsRNA 2 種(1.5〜1.9 kbp)．タンパク質：外被タンパク質(CP) 1 種．
ゲ ノ ム	【構造】2 分節線状 dsRNA ゲノム．
自然宿主・病徴	ホウレンソウ(*Spinacia oleracea*)(全身感染；無病徴．時に下葉に軽い黄化).
宿主域・病徴	宿主は SpTV が検出されたホウレンソウとその子孫だけに限られる(全身感染；無病徴).
類縁関係	SpTV のゲノム dsRNA はダイコン葉縁黄化ウイルス(*Radish yellow edge virus*：RYEV)のゲノム dsRNA とはハイブリダイズしない．従来，SpTV は *Partitiviridae Alphacryptovirus* の認定種とされていたが，*Partitiviridae* の新分類に伴い，現在は *Partitiviridae* の属未定種となっている．
伝　　　染	汁液接種不可．種子伝染(伝染率 ほぼ 100％)．水平伝染しない．
地理的分布	日本．
そ の 他	SpTV には複数種あり，それらが共感染していると推定される．　　　　　〔夏秋知英〕
主要文献	夏秋知英ら(1979). 日植病報, 45, 84；Natsuaki, T. *et al*.(1983). Ann. Phytopath. Soc. Jpn., 49, 709-712；Ghabrial, S. A. *et al*.(2012). *Alphacryptovirus*. Virus Taxonomy 9th Report of ICTV, 527-529；ICTV Virus Taxonomy List(2013). *Partitiviridae*；ICTVdB(2006). *Spinach temperate cryptic virus*. 00.049.0.03.014.；DPVweb. Alphacryptovirus；Brunt, A. A. *et al*. eds.(1996). Spinach temperate *alphacryptovirus*. Plant Viruses Online；Boccardo, G. *et al*.(1987). Cryptic plant viruses. Adv. Virus Res., 32, 171-213；夏秋知英(1983). 植物ウイルス事典, 489；藤澤一郎(1993). 原色作物ウイルス病事典, 424；夏秋知英ら(1983). 日植病報, 49, 82；夏秋知英(1987). 植物防疫, 41, 371-375；高橋聖恵ら(1995). 日植病報, 61, 289-290.

植物ウイルス 291

Squash mosaic virus スカッシュモザイクウイルス (SqMV)
Secoviridae Comovirinae Comovirus

初 記 載	Freitag, J. H. (1941), Freitag, J. H. (1956); 根本正康ら (1974).
異 名	Cucurbit ring mosaic virus, Muskmelon mosaic virus, Pumpkin mosaic virus, Watermelon stunt virus.
粒 子	【形態】球状2種(径25～30 nm;M成分およびB成分). ほかに中空粒子1種(T成分). 被膜なし. 【物性】沈降係数 57 S(T), 95 S(M), 118 S(B). 【成分】核酸：(＋)ssRNA 2種(RNA1：5.9 kb, RNA2：3.4 kb, GC含量39％). タンパク質：外被タンパク質2種(CPL：42 kDa, CPS：22 kDa), ゲノム結合タンパク質(VPg)1種.
ゲ ノ ム	【構造】2分節線状(＋)ssRNAゲノム(RNA1：5,865 nt, RNA2：3,354 nt). ORF 2個(ポリプロテイン;RNA1：1個, RNA2：1個). ゲノムの5′端にゲノム結合タンパク質(VPg), 3′端にポリ(A)配列(poly(A))をもつ. 【遺伝子】RNA1：5′-VPg-210 kDaポリプロテイン(プロテアーゼコファクター(Co-Pro)/ヘリカーゼ/VPg/プロテアーゼ(Pro)/RNA複製酵素(RdRp))-poly(A)-3′. RNA2：5′-VPg-112 kDaポリプロテイン(移行タンパク質(MP)/外被タンパク質(CPL)/外被タンパク質(CPS))-poly(A)-3′. 【登録コード】AB054688(RNA1全塩基配列), AB054689(RNA2全塩基配列), ほか.
細胞内所在	ウイルス粒子は各種組織の細胞の細胞質に結晶状に集積あるいは散在して存在. また, 細胞質内に管状構造の封入体が多数存在する.
自然宿主・病徴	メロン, カボチャなどのウリ科植物(全身感染;葉のモザイク, 奇形).
宿 主 域	狭い. ウリ科植物およびマメ科植物.
増 殖 植 物	メロン(品種 夕張キングなど).
検 定 植 物	メロン(品種 夕張キングなど)(接種葉に退緑斑点, 上葉にモザイクおよび奇形). ズッキーニ黄斑モザイクウイルス(*Zucchini yellow mosaic virus*：ZYMV), パパイア輪点ウイルス(*Papaya ringspot virus*：PRSV)などウリ科植物にモザイクを生じるウイルスとの識別は困難.
伝 染	汁液接種可. ウリハムシ, オオニジュウヤホシテントウによる非永続伝搬. 接触伝染. 種子伝染.
系 統	海外では, Squash mosaic virus-Arizona, Squash mosaic virus-Kimble, Cucurbit ring mosaic virus, Muskmelon mosaic virus などが報告されている. 日本に発生する Squash mosaic virus-Y は Squash mosaic virus-Kimble に塩基配列で93％の相同性を示す.
類 縁 関 係	*Comovirus* 属の中では, *Cowpea mosaic virus*(CPMV), *Red clover mottle virus*(RCMV), *Bean pod mottle virus*(BPMV)にアミノ酸配列上の類縁関係がある.
地理的分布	アメリカ大陸, イスラエル, モロッコ, 日本(北海道, 茨城, 岡山). 〔岩波 徹〕
主 要 文 献	Freitag, J. H. (1941). Phytopathology, 31, 8;Freitag, J. H. (1956). Phytopathology, 46, 73-81;根本正康ら (1974). 日植病報, 40, 117-118;Sanfaçon, H. *et al.* (2012). *Comovirus*. Virus Taxonomy 9th Report of ICTV, 887-889;ICTVdB (2006). *Squash mosaic virus*. 00.018.0.01.015.;DPVweb. Comovirus;Campbell, R.N. (1971). Squash mosaic virus. Descriptions of Plant Viruses, 43;Brunt, A. A. *et al.* eds. (1996). Squash mosaic *comovirus*. Plant Viruses Online;土崎常男 (1983). 植物ウイルス事典, 490-491;牧野孝宏・加藤公彦 (1993). 原色作物ウイルス病事典, 308-309;古木市重郎 (1984). 野菜のウイルス病, 138-140;Nelson, M. R. and Knuhtsen, K. (1973). Phytopathology, 63, 920-926;吉田幸二ら (1980). 日植病報, 46, 349-356;Lockhart, B.E.L. *et al.* (1982). Plant Dis., 66, 1191-1193;Haudenshield, J. S. and Palukatis, P. (1998). J. Gen. Virol., 79, 2331-2341;Han, S. S. *et al.* (2002). Arch. Virol., 147, 437-443.

植物ウイルス 292

Strawberry crinkle virus　イチゴクリンクルウイルス (SCV)
Rhabdoviridae Cytorhabdovirus

初 記 載	Zeller, S. M. and Vaughan, E. K.(1932)；阿部定夫・山川邦夫(1958).
異　　名	Strawberry latent virus A, Strawberry latent virus B, Strawberry lesion virus A, Strawberry lesion virus B, Strawberry vein chlorosis virus.
粒　　子	【形態】桿菌状1種(径69±6 nm×長さ190〜380 nm). らせんピッチ5 nm. 被膜あり. 【成分】核酸：(−)ssRNA1種(14.5 kb). タンパク質：構造タンパク質数種. 脂質：おそらく宿主細胞由来の脂質二重膜.
ゲ ノ ム	【構造】単一線状(−)ssRNAゲノム(14,547 nt). ORF 7個(ORFは相補鎖にコードされている). 【遺伝子】3′-N(ヌクレオキャプシドタンパク質)-P2-P3-M(マトリックスタンパク質)-G(糖タンパク質)-P6-L(RNA複製酵素)-5′. *Cytorhabdovirus*属のタイプ種 *Lettuce necrotic yellows virus*(LNYV；12.8 kb)と比較するとP6遺伝子が付加されている. 【登録コード】AY005146, AY250986(イギリス分離株RNA複製酵素遺伝子 部分塩基配列). なお，全塩基配列の報告(Schoen, C. D. *et al*., 2004)はあるが登録されていない.
細胞内所在	ウイルス粒子は細胞質内に散在あるいは集塊をなす．ビロプラズムは主に細胞質，まれに核内で観察される．
自然宿主・病徴	イチゴ(全身感染；無病徴〜退緑斑点，葉の奇形，縮れやしわ，葉や実の小型化と収量減，ランナーのえそ斑点．系統により病徴が異なる)．他のウイルスとの混合感染でより激しい病徴を示す．
宿 主 域	非常に狭い．自然宿主は *Fragaria* 属植物のみ．
増 殖 植 物	*Fragaria chiloensis. F. vesca, F. virginiana, Physalis pubescens*(全身感染).
検 定 植 物	*Nicotiana occidentalis, P. pubescens*(汁液接種で全身感染)；*F. vesca, F. virginiana*(接ぎ木接種で全身感染；*Fragaria* 属植物では汁液接種できない).
伝　　染	汁液接種可(一部). イチゴケナガアブラムシによる永続伝搬(虫体内増殖). 接ぎ木伝染. 栄養繁殖による伝染.
系　　統	検定植物の病徴でいくつかの系統が存在する．
類 縁 関 係	塩基配列ではLNYVやムギ北地モザイクウイルス(*Northern cereal mosaic virus*：NCMV)とホモロジーが高い．イチゴ潜在Cウイルス(*Strawberry latent C virus*：SLCV)と粒子形態は同じであるが，細胞内所在が異なる．
地理的分布	日本各地および世界各国．　　　　　　　　　　　　　　　　　　　　　　　　〔夏秋知英〕
主 要 文 献	Zeller, S. M. and Vaughan, E. K.(1932). Phytopathology, 22, 709-713；阿部定夫・山川邦夫(1958). 園芸学会昭和33年度秋季大会研究発表要旨, 32；阿部定夫・山川邦夫(1959). 農業及園芸, 34, 1505-1509；Dietzgen, R. G. *et al*.(2012). Plant-adapted rhabdovirus genera, *Cytorhabdovirus and Nucleorhabdovirus*. Virus Taxonomy 9th Report of ICTV, 703-707；ICTVdB(2006). *Strawberry crinkle virus*. 01.062.0.04.008.；DPVweb. Cytorhabdovirus；Sylvester, E. S. *et al*. (1976). Strawberry crinkle virus. Descriptions of Plant Viruses, 163；Brunt, A. A. *et al*. eds. (1996). Strawberry crinkle *cytorhabdovirus*. Plant Viruses Online；EPPO/CABI(1997). Strawberry crinkle cytorhabdovirus. Data Sheets on Quarantine Pests；Jackson, A. O. *et al*.(2008). Plant rhabdoviruses. Encyclopedia of Virology 3rd ed., 4, 187-196；Martin, R. R. and Tzanetakis, I. E.(2006). Plant Dis., 90, 384-396；Tzanetakis, I. E. and Martin, R. R.(2013). Int. J. Fruit Sci., 13, 184-195；奥田誠一(1983). 植物ウイルス事典, 492-493；吉川信幸(1993). 原色作物ウイルス病事典, 441-447；手塚徳弥(1984). 野菜のウイルス病, 292-309；高井隆次(1969). 日植病報, 35, 120；要司ら(1975). 日植病報, 41, 288；Yoshikawa, N. *et al*.(1986). Ann. Phytopath. Soc. Jpn., 52, 437-444；Posthuma, K.I. *et al*.(2002). Plant Pathology, 51, 266-274；Schoen, C. D. *et al*.(2004). Acta Hort., 656, 45-50.

植物ウイルス 293

Strawberry latent C virus# イチゴ潜在Cウイルス (SLCV)
#ICTV 未認定（*Rhabdoviridae Nucleorhabdovirus*?）

#日本植物病名目録に登録されており，ICTVdB(2006)にも記載されているが，Virus Taxonomy 9th Report of ICTV には記載されていない．

初 記 載	Harris, R. V. and King, M. E.(1942)；吉川信幸ら(1985)，Yoshikawa, N. *et al.*(1986)．
粒　　子	【形態】桿菌状1種(径68 nm×長さ190〜380 nm)．被膜あり．
細胞内所在	成熟ウイルス粒子は主に核膜間隙に集積し，未成熟粒子とビロプラズムは核内に存在する．
自然宿主・病徴	イチゴ(栽培品種)(無病徴)．
宿 主 域	非常に狭い．*Fragaria* 属植物のみ．
検定植物	*Fragaria vesca*(EMC 系統，UC-5 系統；若い葉や葉柄の上偏生長，萎縮：UC-4 系統；無病徴)；*F. virginiana*(軽微な病徴)．いずれも接ぎ木接種による．
伝　　染	汁液接種不可．*Chaetosiphon* 属のアブラムシによる永続伝搬．接ぎ木伝染．栄養繁殖による伝搬．
類縁関係	イチゴクリンクルウイルス(*Strawberry crinkle virus*：SCV)と粒子形態は同じであるが，細胞内所在が異なる．
地理的分布	日本および北米．
そ の 他	SLCV は他のウイルスとの混合感染で，イチゴに萎縮，葉巻やねじれなどの全身病徴を示し，他のウイルスの病徴を強める． 〔夏秋知英〕
主要文献	Harris, R. V. and King, M. E.(1942). J. Pomol. Hortic. Sci., 19, 227-242；吉川信幸ら(1985). 日植病報, 51, 82；Yoshikawa, N. *et al.*(1986). Ann. Phytopath. Soc. Jpn. 52, 437-444；ICTVdB(2006). Strawberry latent C virus. 01.062.0.90.309.；Brunt, A, A, *et al.* eds.(1996). Strawberry latent C(?) rhabdovirus. Plant Viruses Online；EPPO/CABI(1996). Strawberry latent C 'rhabdovirus'. Data Sheets on Quarantine Pests；吉川信幸(1993). 原色作物ウイルス病事典, 441-447；Martin, R. R. and Tzanetakis, I. E.(2006). Characterization and recent advances in detection of strawberry viruses. Plant Dis., 90, 384-396；Tzanetakis, I. E. and Martin, R. R.(2013). Expanding field of strawberry viruses which are important in North America. Int. J. Fruit Sci., 13, 184-195.

植物ウイルス 294

Strawberry mild yellow edge virus　イチゴマイルドイエローエッジウイルス
(SMYEV)
Alphaflexiviridae Potexvirus

初　記　載	Horne, W. T.(1922)；阿部定夫・山川邦夫(1958)．
異　　　名	Strawberry mild yellow edge-associated virus, Strawberry virus 2.
粒　　　子	【形態】ひも状1種(径13 nm×長さ482 nm)．被膜なし． 【成分】核酸：(＋)ssRNA 1種(6.0 kb)．タンパク質：外被タンパク質(CP)1種(26 kDa)．
ゲ ノ ム	【構造】単一線状(＋)ssRNAゲノム(5,966〜5,970 nt)．ORF 5個．5′端にキャップ構造(Cap)，3′端にポリ(A)配列(poly(A))をもつ． 【遺伝子】5′-Cap-ORF1(150 kDa RNA複製酵素；RP；メチルトランスフェラーゼドメイン(Met)/ヘリカーゼドメイン(Hel)/RNA複製酵素ドメイン(RdRp))-ORF2(25 kDa移行タンパク質1；TGB1)-ORF3(12 kDa移行タンパク質2；TGB2)-ORF4(8 kDa移行タンパク質3；TGB3)-ORF5(26 kDa外被タンパク質；CP)-poly(A)-3′．ORF2〜5は互いに一部オーバラップして存在している．ORF2は非AUG開始コドン(AUC)から始まると推定される． 【登録コード】D12517(MY-18系統 全塩基配列)，AJ577359(D74系統 全塩基配列)，ほか．
細胞内所在	ウイルス粒子は細胞質内に散在あるいは束状の集団をなす．
自然宿主・病徴	イチゴ(全身感染；葉縁の黄化，葉脈のえそ，早期紅葉と枯死．栽培品種では無病徴)．
宿　主　域	非常に狭い．*Fragaria*属植物のみ．
増 殖 植 物	*Fragaria vesca*，*F. virginiana*，*F. chiloensis*．
検 定 植 物	*F. vesca*，*F. virginiana*(全身感染；検定品種への接ぎ木接種により病徴を生じる)．
伝　　　染	汁液接種可．イチゴケナガアブラムシによる非永続伝搬．接ぎ木伝染．栄養繁殖による伝染．
系　　　統	検定植物の病徴あるいは塩基配列レベルでいくつかの系統が存在する．
類 縁 関 係	*Papaya mosaic virus*(PapMV)など数種の*Potexvirus*属ウイルスと血清関係がある．分子系統解析では，SMYMVのORF1は*Mint virus X*(MVX)やユリXウイルス(*Lily virus X*：LVX)などに近縁だが，ORF2は*Potexvirus*属より*Carlavirus*属に近い．
地理的分布	日本および世界各国．
そ の 他	SMYEVは*Luteovirus*属様の小球形粒子が報告され，マイルドイエローエッジ病は*Potexvirus*属ウイルスと*Luteovirus*属ウイルスの混合感染によると考えられていたが，*Potexvirus*属の抗血清やRT-PCRによる同定が可能となり，現在ではSMYEVは*Potexvirus*属ウイルスとされる． 〔夏秋知英〕
主 要 文 献	Horne, W. T.(1922). Rep. Calif. Agric. Exp. Stn., 1921-1922, 122-123；阿部定夫・山川邦夫(1958)．園芸学会昭和33年度秋季大会研究発表要旨, 32；阿部定夫・山川邦夫(1959)．農業及園芸, 34, 1505-1509；Adams, M. J. *et al.*(2012). *Potexvirus*. Virus Taxonomy 9th Report of ICTV, 912-915；ICTVdB(2006). Strawberry mild yellow edge-associated virus. 00.056.0.81.019., Strawberry mild yellow edge virus. 00.039.0.01.015.00.002.；Brunt, A. A. *et al.* eds.(1996). Strawberry mild yellow edge-associated(?)*potexvirus*, Strawberry mild yellow edge *luteovirus*, Plant Viruses Online；EPPO/CABI(1997). Strawberry mild yellow edge disease. Data Sheets on Quarantine Pests；Ryu, K. H.(2008). *Potexvirus*. Encyclopedia of Virology 3rd ed., 4, 310-313；Verchot-Lubicz, J.(2011). Potexvirus. The Springer Index of Viruses 2nd ed., 505-515；Martin, R. R. and Tzanetakis, I. E.(2006). Plant Dis., 90, 384-396；Tzanetakis, I. E. and Martin, R. R.(2013). Int. J. Fruit Sci., 13, 184-195；奥田誠一(1983)．植物ウイルス事典, 494-495；吉川信幸(1993)．原色作物ウイルス病事典, 441-447；手塚徳弥(1984)．野菜のウイルス病, 292-309；近藤 章(1964)．日植病報, 29, 81；Yoshikawa, N. *et al.*(1984). Ann. Phytopath. Soc. Jpn., 50, 659-663；鈴木 健ら(1988)．日植病報, 64, 427；Jelkmann, W. *et al.*(1990). J. Gen. Virol., 71, 1251-1258；Jelkmann, W. *et al.*(1992). J. Gen. Virol., 73, 475-479；Lamprecht, S. and Jelkmann, W.(1997). J. Gen. Virol., 78, 2347-2353；髙橋恵美・畑谷達児(2004)．日植病報, 70, 84；Thompson, J. R. and Jelkmann, W.(2004). Arch. Virol., 149, 1897-1909.

植物ウイルス 295

Strawberry mottle virus イチゴ斑紋(はんもん)ウイルス

(SMoV)
Secoviridae 属未定

初 記 載	Prentice, I. W. and Harris, R. V.(1946)；阿部定夫・山川邦夫(1958).
異 名	イチゴモットルウイルス，Strawberry mild crinkle virus，Strawberry virus 1.
粒 子	【形態】球状2種(径37 nm)．被膜なし．
	【成分】核酸：(＋)ssRNA 2種(RNA1：7.0 kb，RNA2：75.6 kb)．タンパク質：外被タンパク質2種(CR-L：99 kDa, CP-S：29 kDa)，ゲノム結合タンパク質(VPg)1種(3 kDa)．
ゲ ノ ム	【構造】2分節線状(＋)ssRNAゲノム．ORF 2個(ポリプロテイン；各分節ゲノムに各1個)．5′端にゲノム結合タンパク質(VPg)，3′端にポリ(A)配列(poly(A))をもつ．
	【遺伝子】RNA1(7,036 nt)：5′-VPg-216 K ポリプロテイン(52 K プロテアーゼコファクター(Co-Pro)/57 K ヘリカーゼ(Hel)/3 K VPg/25 K プロテアーゼ(Pro)/79 K RNA 複製酵素(RdRp))-poly(A)-3′．RNA 2(5,619 nt)：5′-VPg-162 K ポリプロテイン(39 K 移行タンパク質(MP)/99 K 外被タンパク質(CP-L)/29 K 外被タンパク質(CP-S))-poly(A)-3′．
	【登録コード】AJ311875(RNA1全塩基配列)，AJ311876(RNA2全塩基配列)，ほか．
細胞内所在	ウイルス粒子は細胞質内に散在あるいは集塊をなす．細い管状構造物も見出され，粒子はその内部で1列に整列している．
自然宿主・病徴	イチゴ(栽培品種)(無病徴)．他のウイルスとの混合感染で病徴を示す．
宿 主 域	非常に狭い．自然宿主は *Fragaria* 属のみ．
増 殖 植 物	*Fragaria vesca*, *F. virginiana*, *Nicotiana occidentalis*.
検 定 植 物	*F. vesca*(Alpine系統，UC-5系統)，*F. virginiana*(接ぎ木接種あるいはアブラムシ接種により全身感染；穏やかな斑紋，萎縮，奇形，枯死．*Fragaria*属植物では汁液接種できない)；*N. occidentalis*, *Chenopodium quinoa*(汁液接種で全身感染)．
伝 染	汁液接種可(一部)．*Chaetosiphon*属のアブラムシ，イチゴクギケアブラムシ，イチゴケナガアブラムシ，ワタアブラムシによる半永続伝搬．接ぎ木伝染．栄養繁殖による伝染．
系 統	検定植物の病徴あるいは塩基配列に基づいて多数の系統が報告されている．
類 縁 関 係	SMoV は分子系統解析では *Black raspberry necrosis virus*(BRNV)に最も近縁で，さらに温州萎縮ウイルス(*Satsuma dwarf virus*：SDV)とも近縁なため，これらを *Sadwavirus* 属に分類する案も提案されている．しかし，2種の外被タンパク質の解析などがなされていないため，現在，SMoV は ICTV で *Secoviridae* 科の未分類ウイルスとして区分けされている．
地理的分布	日本および世界各国． 〔夏秋知英〕
主 要 文 献	Prentice, I. W. and Harris, R. V.(1946). Ann. Appl. Biol., 33, 50-53；阿部定夫・山川邦夫(1958). 園芸学会昭和33年度秋季大会研究発表要旨, 32；阿部定夫・山川邦夫(1959). 農業及園芸, 34, 1505-1509；Sanfaçon, H. *et al.*(2012). *Secoviridae*. Virus Taxonomy 9th Report of ICTV, 881-899；ICTVdB(2006). *Strawberry mottle virus*. 00.112.0.01.003.；Brunt, A. A. *et al.* eds.(1996). Strawberry mottle virus. Plant Viruses Online；Martin, R. R. and Tzanetakis, I. E.(2006). Characterization and recent advances in detection of strawberry viruses. Plant Dis., 90, 384-396；Tzanetakis, I. E. and Martin, R. R.(2013). Expanding field of strawberry viruses which are important in North America. Int. J. Fruit Sci., 13, 184-195；奥田誠一(1983). 植物ウイルス事典, 496；吉川信幸(1993). 原色作物ウイルス病事典, 441-447；手塚徳弥(1984). 野菜のウイルス病, 292-309；近藤 章(1964). 日植病報, 29, 81；Yoshikawa, N. and Converse, R. H.(1991). Ann. Appl. Biol., 118, 565-576；Thompson, J.R. *et al.*(2002). J. Gen. Virol., 83, 229-239；竹内 徹ら(2006). 日植病報, 72, 254.

植物ウイルス296

Strawberry pseudo mild yellow edge virus イチゴシュードマイルドイエローエッジウイルス
(SPMYEV)
Betaflexiviridae Carlavirus

初 記 載	Frazier, N. W.(1966)；吉川信幸ら(1985)，Yoshikawa, N. and Inouye, T.(1986)．
粒　　子	【形態】ひも状1種(径12 nm×長さ625 nm)．被膜なし．
	【物性】浮遊密度(CsCl) 1.32 g/cm^3．
	【成分】核酸：(+)ssRNA 1種(8 kb)．タンパク質：外被タンパク質(CP)1種(33.5 kDa)．
ゲ ノ ム	【構造】単一線状(+)ssRNAゲノム．
細胞内所在	ウイルス粒子は感染植物の各種細胞の細胞質内に小集塊で存在．
自然宿主・病徴	イチゴ，野生イチゴ，栽培イチゴ(無病徴感染)；*Fragaria vesca*(Alpine，UC1，UC4，UC5系統)(早期紅葉症状)；*F. vesca*(UC6系統)，*F. virginiana*(無病徴感染)．
宿 主 域	イチゴ，野生イチゴ．
検 定 植 物	*F. vesca*(Alpine，UC1，UC4系統)．
伝　　染	汁液接種不可．イチゴケナガアブラムシやワタアブラムシによる半永続伝搬．接ぎ木伝染．栄養繁殖による伝染．
類 縁 関 係	カーネーション潜在ウイルス(*Carnation latent virus*：CLV)と弱い血清関係がある．
地理的分布	日本および米国． 〔吉川信幸〕
主 要 文 献	Frazier, N. W.(1966). Phytopathology, 56, 571-573；吉川信幸ら(1985)．日植病報, 51, 354；Yoshikawa, N. and Inouye, T.(1986). Ann. Phytopath. Soc. Jpn., 52, 643-652；Adams, M. J. *et al.*(2012). *Carlavirus*. Virus Taxonomy 9th Report of ICTV, 924-927；ICTVdB(2006). *Strawberry pseudo mild yellow edge virus*. 00.056.0.04.030.；Brunt, A. A. *et al.* eds.(1996). Strawberry pseudo mild yellow edge *carlavirus*. Plant Viruses Online；Frazier, N. W.(1987). Strawberry pseudo-mild yellow edge. Virus diseases of small fruits(Converse, R. H. ed.,USDA Agriculture Handbook No.631), p.63-64；Martin, R. R. and Tzanetakis, I. E.(2006). Characterization and recent advances in detection of strawberry viruses. Plant Dis., 90, 384-396；Tzanetakis, I. E. and Martin, R. R.(2013). Expanding field of strawberry viruses which are important in North America. Int. J. Fruit Sci., 13, 184-195；吉川信幸(1993)．原色作物ウイルス病事典, 441-447；Frazier, N. W.(1974). Plant Dis. Reptr., 58, 28-31；Yoshikawa, N. *et al.*(1986). Ann. Phytopath. Soc. Jpn., 52, 728-731；Converse, R. H. *et al.*(1988). Plant Dis., 72, 744-749.

植物ウイルス 297

Strawberry vein banding virus イチゴベインバンディングウイルス (SVBV)
Caulimoviridae Caulimovirus

初 記 載	Prentice, I. W.(1952), Frazier, N. W.(1955); 高井隆次(1969).
異 名	Chiloensis vein banding virus, Eastern vein banding virus, Yellow vein banding virus.
粒 子	【形態】球状1種(径50 nm). 被膜なし.
	【物性】沈降係数 200 S.
	【成分】核酸:dsDNA 1種(7.9 kbp). タンパク質:外被タンパク質(CP)1種(56 kDa).
ゲ ノ ム	【構造】単一環状 dsDNA ゲノム(7,876 bp). ORF 7 個.
	【遺伝子】全長RNA転写プロモーター-ORF Ⅰ(38 kDa 移行タンパク質(MP))-ORF Ⅱ(18 kDa アブラムシ媒介ヘルパータンパク質(ATF))-ORF Ⅲ(17 kDa DNA 結合タンパク質?)-ORF Ⅳ(56 kDa 外被タンパク質(CP))-ORF Ⅴ(81 kDa 逆転写酵素(RT))-ORF Ⅵ(59 kDa 封入体タンパク質)-ORF Ⅶ(13 kDa 翻訳促進タンパク質?)-.
	【登録コード】X97304(全塩基配列), ほか.
細胞内所在	ウイルス粒子は各種細胞の細胞質に形成されたビロプラズム様封入体の内部や周辺に存在.
自然宿主・病徴	イチゴ(全身感染;葉脈の黄化, 下葉の斑点, 若い葉のねじれ. 現在の栽培品種では無病徴).
宿 主 域	非常に狭い. *Fragaria* 属植物のみ.
増 殖 植 物	*Fragaria vesca, F. virginiana, F. chiloensis, F. × ananassa*.
検 定 植 物	*F. vesca, F. virginiana*(全身感染;接ぎ木接種により葉脈の黄化を生じる).
伝 染	汁液接種不可. 接ぎ木伝染. イチゴケナガアブラムシ, モモアカアブラムシ, ジャガイモヒゲナガアブラムシなどによる半永続伝搬.
系 統	検定品種での病徴の程度からいくつかの系統に分けられる.
類縁関係	カリフラワーモザイクウイルス(*Cauliflower mosaic virus*:CaMV)と血清関係があるが, カーネーションエッチドリングウイルス(*Carnation etched ring virus*:CERV)とはない.
地理的分布	日本および世界各地. 〔夏秋知英〕
主 要 文 献	Prentice, I. W.(1952). Ann. Appl. Biol., 39, 487-494;Frazier, N. W.(1955). Phytopathology, 45, 307-312;高井隆次(1969).日植病報, 35, 120;Geering, A. D. W. *et al.*(2012). *Caulimovirus*. Virus Taxonomy 9th Report of ICTV, 432-434.;ICTVdB(2006). *Strawberry vein banding virus* 00.015.0.01.011.;DPVweb. Caulimovirus;Frazier, N. W. and Converse, R. H.(1980). Strawberry vein banding virus. Description of Plant Viruses, 219;Brunt, A. A. *et al.* eds.(1996). Strawberry vein banding(?)*caulimovirus*. Plant Viruses Online;Schoelz, J. E. *et al.*(2008). Caulimoviruses. Encyclopedia of Virology 3rd ed., 1, 457-469;Hohn, T.(2011). Caulimovirus. The Springer Index of Viruses 2nd ed., 271-277;Martin, R. R. and Tzanetakis, I. E.(2006). Characterization and recent advances in detection of strawberry viruses. Plant Dis., 90, 384-396;Tzanetakis, I. E. and Martin, R. R.(2013). Expanding field of strawberry viruses which are important in North America. Int. J. Fruit Sci., 13, 184-195;奥田誠一(1983). 植物ウイルス事典, 497-498;吉川信幸(1993). 原色作物ウイルス病事典, 441-447;手塚徳弥(1984). 野菜のウイルス病, 292-309;Kitajima, E. W. *et al.*(1973). J. Gen. Virol., 20, 117-119;要 司ら(1975). 日植病報, 41, 288;Petrzik, K. *et al.*(1998). Virus Genes, 16, 303-305;山領佐津紀ら(2008). 日植病報, 74, 235.

植物ウイルス 298

(SCMV)
Sugarcane mosaic virus サトウキビモザイクウイルス
Potyviridae Potyvirus

初　記　載	Brandes, E. W.(1919)；岡出幸雄(1942).
異　　　名	Abaca mosaic virus, Grass mosaic virus, Maize dwarf virus, Maize dwarf mosaic virus-strain B, Saccharum virus 1, Sorghum concentric ringspot virus, Sorghum red stripe virus.
粒　　　子	【形態】ひも状1種(径13 nm×長さ約750 nm). 被膜なし. 【成分】核酸：(+)ssRNA 1種(9.6～10 kb). タンパク質：外被タンパク質(CP)1種(34 kDa), ゲノム結合タンパク質(VPg)1種.
ゲ ノ ム	【構造】単一線状(+)(+)ssRNAゲノム(9,596 nt). ORF1個. 5′端にゲノム結合タンパク質(VPg), 3′端にポリ(A)配列(poly(A))をもつ. 【遺伝子】5′-VPg-346 kDa ポリプロテイン(27 kDa P1 プロテアーゼ(P1)/52 kDa 虫媒介助タンパク質-プロテアーゼ(HC-Pro)/40 kDa P3 タンパク質(P3)/7 kDa タンパク質(6 K1)/72 kDa 円筒状封入体タンパク質(CI)/6 kDa タンパク質(6 K2)/21 kDa ゲノム結合タンパク質(NIa-VPg)/27 kDa NIa プロテアーゼ(NIa-Pro)/60 kDa RNA複製酵素(NIb)/34 kDa 外被タンパク質(CP))-poly(A)-3′. 【登録コード】AJ297628(中国株 全塩基配列), AJ278405(オーストラリア株 全塩基配列), ほか.
細胞内所在	ウイルス粒子は細胞質中に散在, 時に集塊をなす. 典型的な風車状, 層板状などの封入体を形成する.
自然宿主・病徴	サトウキビ, トウモロコシ, テオシント, 多数のイネ科植物(モザイク, 萎縮).
宿　主　域	多数のイネ科植物. 南方起源のトウモロコシ族, ヒメアブラススキ族, キビ族, ヒゲシバ族の植物は感受性が高い.
増 殖 植 物	トウモロコシ.
検 定 植 物	トウモロコシ.
伝　　　染	汁液接種可. アブラムシによる非永続伝搬.
系　　　統	サトウキビやトウモロコシでMB, A, B, D, E, SC, BC, Sabi など多数の系統が知られている. わが国のサトウキビ栽培地帯ではB, H, Iの3系統の存在が確認されている.
類 縁 関 係	トウモロコシ萎縮モザイクウイルス(*Maize dwarf mosaic virus*：MDMV), Abaca mosaic virus (現SCMVの1系統), Sorghum red stripe virus(現SCMVの1系統)と血清学的類縁関係がある.
地理的分布	日本および世界各地. 〔鳥山重光〕
主 要 文 献	Brandes, E. W.(1919). Tech. Bull. U. S. Dep. Agric. 829, 1-26；岡出幸雄(1942). 台湾糖業試報告, 12, 1；Adams, M. J. *et al.*(2012). *Potyvirus*. Virus Taxonomy 9th Report of ICTV, 1072-1079；ICTVdB(2006). *Sugarcane mosaic virus*. 00.057.0.01.062.；DPVweb. Potyvirus；Teakle, D. S. *et al.*(1989). Sugarcane mosaic virus. Descriptions of Plant Viruses, 342；Brunt, A. A. *et al.*(1996). Sugarcane mosaic *potyvirus*. Plant Viruses Online；Grisham, M.P.(2004). Sugarcane mosaic. Viruses and Virus Diseases of *Poaceae*(Lapierre, H. *et al.* eds., INRA), 703-707；鳥山重光(1983). 植物ウイルス事典, 499-450；新海 昭(1993). 原色作物ウイルス病事典, 89-90；宇杉富雄(1993). 原色作物ウイルス病事典, 205；鳥山重光ら(1965). 日植病報, 30, 264；鳥山重光・與良 清(1972). イネ科植物とくに野草に発生するウイルス病に関する研究.(東大出版会), pp. 68；Chen, J. *et al.*(2002). Arch. Virol., 147, 1237-1246.

植物ウイルス 299

Sweet potato feathery mottle virus サツマイモ斑紋モザイクウイルス (SPFMV)
Potyviridae Potyvirus

初　記　載	Doolittle, S. P. and Harter, L. L.(1945)；田上義也(1951).
異　　　名	Sweet potato chlorotic leafspot virus, Sweet potato internal cork virus, Sweet potato russet crack virus, Sweet potato vein clearing virus, Sweet potato virus A.
粒　　　子	【形態】ひも状1種(径13 nm×長さ850〜880 nm). 被膜なし. 【成分】核酸：(+)ssRNA 1種(11 kb). タンパク質：外被タンパク質(CP)1種(35 kDa), ゲノム結合タンパク質(VPg)1種.
ゲ ノ ム	【構造】単一線状(+)ssRNAゲノム(10,820-11,004 nt). ORF1個. 5′端にゲノム結合タンパク質(VPg), 3′端にポリ(A)配列(poly(A))をもつ. 【遺伝子】5′-VPg-394 kDaポリプロテイン(73 kDa P1プロテアーゼ(P1)/52 kDa虫媒介助タンパク質-プロテアーゼ(HC-Pro)/39 kDa P3タンパク質(P3)/6 kDa機能不明タンパク質(6 K1)/72 kDa円筒状封入体タンパク質(CI)/6 kDa機能不明タンパク質(6 K2)/22 kDaゲノム結合タンパク質(NIa-VPg)/27 kDa NIaプロテアーゼ(NIa-Pro)/60 kDa RNA複製酵素(NIb)/35 kDa外被タンパク質(CP))-poly(A)-3′. 【登録コード】D86371(強毒系統 全塩基配列), AB465608(普通系統 全塩基配列), ほか.
細胞内所在	ウイルス粒子は各種細胞の細胞質内に集塊または束状結晶となって存在する. 細胞質内に風車状封入体が生じる.
自然宿主・病徴	サツマイモ(斑紋モザイク病；SPFMV普通系統による. 葉に羽毛状の斑紋, 脈間に退緑斑点, 紫色の輪紋. 帯状粗皮病；SPFMV強毒系統による. 茎葉部の病徴は斑紋モザイク病と同様だが, 塊茎表面に横帯状の亀裂を生じる. 症状には品種間差異がある. アメリカでは塊茎に褐色の亀裂(russet crack)を生じると報告されている).
宿　主　域	狭い. 汁液接種で*Ipomoea*属, *Chenopodium*属植物に感染する.
増殖植物	アサガオ(品種スカーレットオハラ).
検定植物	*C. amaranticolor, C. quinoa*(局部病斑)；アサガオ(斑紋).
伝　　　染	汁液接種可. 栄養繁殖による伝染. モモアカアブラムシ, ワタアブラムシ, マメアブラムシ, ニセダイコンアブラムシによる非永続伝搬.
系　　　統	強毒系統, 普通系統, russet crack strainなど.
地理的分布	日本および世界各地. 〔宇杉富雄〕
主要文献	Doolittle, S. P. and Harter, L. L.(1945). Phytopathology, 35, 695-704；田上義也(1951). 日植病報, 15, 135-136；Adams, M. J. *et al.*(2012). *Potyvirus*. Virus Taxonomy 9th Report of ICTV, 1072-1079；ICTVdB(2006). *Sweet potato feathery mottle virus*. 00.057.0.01.064.；Brunt, A. A. *et al.* eds. (1996). Sweet potato feathery mottle *potyvirus*. Plant Viruses Online；土居養二(1983). 植物ウイルス辞典, 501-502；宇杉富雄(1993). 原色作物ウイルス病事典, 114-118；新海 昭(1984). 野菜のウイルス病, 324-326；Clark, C. A. *et al.*(2012). Sweet potato viruses. Plant Dis., 96, 168-185；Cali, B. B. and Moyer, J. W.(1981). Phytopathology, 71, 302-305；宇杉富雄ら(1990). 日植病報, 56, 423；Usugi, T. *et al.*(1991). Ann. Phytopath. Soc. Jpn., 57, 512-521；Usugi, T. *et al.*(1994). Ann. Phytopath. Soc. Jpn., 60, 545-554；Sakai, J. *et al.*(1997). Arch. Virol., 142, 1553-1562；山崎修一ら(2009). 日植病報, 75, 156-163；Yamasaki, S. *et al.*(2010). Arch. Virol., 155, 795-800.

植物ウイルス 300

Sweet potato latent virus　サツマイモ潜在ウイルス (SPLV)
Potyviridae Potyvirus

初　記　載	Liao, C. H. *et al.*(1979)；Usugi, T. *et al.*(1991).
異　　　名	Sweet potato virus N.
粒　　　子	【形態】ひも状1種(径13 nm×長さ750〜810 nm)．被膜なし． 【成分】核酸：(＋)ssRNA 1種．タンパク質：外被タンパク質(CP)1種(33 kDa)．
ゲ ノ ム	【構造】単一線状(＋)ssRNAゲノム． 【遺伝子】外被タンパク質(CP)遺伝子，ほか． 【登録コード】X84012(CP遺伝子 塩基配列)，ほか．
細胞内所在	ウイルス粒子は各種細胞の細胞質内に存在する．細胞質内に風車状封入体が生じる．核内に結晶が認められる．
自然宿主・病徴	サツマイモ(無病徴)；ヒルガオ(*Calystegia japonica* Choisy)，アサガオ(*Ipomoea nil*)(軽い斑紋)．
宿　主　域	やや狭い．汁液接種により *Ipomoea* 属，*Chenopodium* 属，*Datura* 属，*Nicotiana* 属植物に感染する．
増 殖 植 物	アサガオ(品種スカーレットオハラ)，*N. benthamiana*．
検 定 植 物	アサガオ(斑紋)；*C. quioa*，*C. amaranticlor*(局部病斑)；*N. benthamiana*(モザイク)．
伝　　　染	汁液接種可．栄養繁殖による伝染．モモアカアブラムシによる非永続伝搬．
類 縁 関 係	サツマイモ斑紋モザイクウイルス(*Sweet potato feathery mottle virus*：SPFMV)との血清関係はない．
地理的分布	日本，台湾．　　　　　　　　　　　　　　　　　　　　　　　　　　　〔宇杉富雄〕
主 要 文 献	Liao, C. H.(1979). J. Agric Res. China, 28, 127-138；Usugi, T. *et al.*(1991). Ann. Phytopath. Soc. Jpn., 57, 512-521；Adams, M. J. *et al.*(2012). *Potyvirus*. Virus Taxonomy 9th Report of ICTV, 1072-1079；ICTVdB(2006). *Sweet potato latent virus*. 00.057.0.01.082.；Brunt, A. A. *et al.* eds. (1996). Sweet potato latent(?)potyvirus. Plant Viruses Online；宇杉富雄(1993). 原色作物ウイルス病事典, 120；Clark, C. A. *et al.*(2012). Sweet potato viruses. Plant Dis., 96, 168-185；Chung, M. L. *et al.*(1986). FFTC Book Series, 33, 84-90；酒井淳一ら(1996). 日植病報, 62, 335-336.

植物ウイルス 301/302

Sweet potato leaf curl Japan virus サツマイモ葉巻日本ウイルス (SPLCJV)
Geminiviridae Begomovirus

Sweet potato leaf curl virus サツマイモ葉巻ウイルス (SPLCV)
Geminiviridae Begomovirus

　SPLCJV は従来 SPLCV の一系統とされてきたが，最近，ゲノムの塩基配列解析により独立種となった．しかし，塩基配列の一部を除いて両者の性状は互いにきわめて類似しているので，便宜上，ここにまとめて示す．

初　記　載	SPLCJV：新海 明ら(1978)．SPLCV：Liao, C. H. et al.(1979)；大貫正俊ら(2002)．
粒　　　子	【形態】双球状1種(径18 nm×長さ30 nm)．被膜なし． 【成分】核酸：ssDNA 1種(2.8～2.9 kb，GC 含量 45％)．タンパク質：外被タンパク質(CP)1種(29 kDa)．
ゲ ノ ム	【構造】単一環状 ssDNA ゲノム(2,800～2,900 nt)．ORF 6個(ウイルス鎖に2個，相補鎖に4個)． 【遺伝子】ウイルス鎖：-5′-遺伝子間領域(IR)-ORF V2(13 kDa 移行タンパク質(MP))-ORF V1(30 kDa 外被タンパク質(CP))-3′-．相補鎖：-5′-遺伝子間領域(IR)-ORF C1(41 kDa 複製開始タンパク質(Rep))-ORF C4(9 kDa タンパク質；病徴発現に関与)-ORF C2(17 kDa 転写活性化タンパク質(TrAP))-ORF C3(17 kDa 複製促進タンパク質(REn))-3′-． C4 は C1 に一部重複して，C2 は C1 と C3 に一部重複して存在する． 【登録コード】SPLCJV：AB433786(SPLCJV-IR[JR：Miy：96] 全塩基配列)，AB433787(SPLCJV-[JR：Kum：98] 全塩基配列)．SPLCV：EU253456(SPLCV-CN[CN：Yn：RL31：07] 全塩基配列)，AB433788(SPLCV-US[JR：Kyo：98] 全塩基配列)．
細胞内所在	篩部細胞の核内にみられ，結晶状の封入体および繊維状の環状構造がみられる．
自然宿主・病徴	サツマイモ(全身感染；葉巻，小葉化，節間短縮，葉脈肥厚，萎縮．サツマイモ萌芽時に顕著な病徴発現が認められる)．
宿　主　域	やや狭い．ヒルガオ科植物．
増殖植物	アサガオ(品種 スカーレットオハラなど)．
検定植物	アサガオ(品種 スカーレットオハラ)(接ぎ木接種/虫媒接種)，*Ipomoea setosa*(接ぎ木接種)(葉巻，小葉化，葉縁および葉脈間黄化，節間短縮，萎縮)．
伝　　　染	汁液接種不可．接ぎ木接種可．タバココナジラミによる永続伝搬．栄養繁殖による伝染．種子伝染や経卵伝染はしない．
類縁関係	ICTV 第9次報告では，日本には暫定種の SPLCJV および認定種の SPLCV が存在するとされるが，両者の種分類についてはさらに検討を要する．SPLCV には，SPLCV-CN，-Fu，-PR，-ES，-US などの系統がある．SPLCJV および SPLCV の塩基配列上の近縁ウイルスには，*Sweet potato leaf curl Canary virus*(SPLCCaV)，*Sweet potato leaf curl China virus*(SPLCCNV)，*Sweet potato leaf curl Georgia virus*(SPLCGoV)，*Sweet potato leaf curl Lanzarote virus*(SPLCLaV)，*Sweet potato leaf curl Spain virus*(SPLCESV)と，暫定種である Sweet potato leaf curl Bengal virus(SPLCBeV)，Sweet potato leaf curl Italy virus(SPLCITV)，Sweet potato leaf curl Shangai virus(SPLCShV)などがある．なお，SPLCV は *Bean golden mosaic virus*(BGMV)や *Mungbean yellow mosaic virus*(MYMV)との血清関係が知られている．
地理的分布	SPLCJV：日本．SPLCV およびその近縁種：日本，中国，韓国，台湾，インド，エジプト，ケニヤ，米国，ペルー，イタリア，スペイン．〔大貫正俊〕
主要文献	新海 明ら(1978)．かんしょ葉巻症状に関する調査報告．農林水産技術会議事務局，1-38；Liao, C. H. et al.(1979)．J. Agric. Res. China, 28, 127-137；大貫正俊ら(2002)．日植病報, 68, 230-231；

Brown, J. K. *et al.* (2012). *Begomovirus*. Virus Taxonomy 9th Report of ICTV, 359-372, Online Appendix, 373. e10-e52；ICTVdB (2006). *Sweet potato leaf curl virus*. 00.029.0.05.001.；DPVweb. Begomovirus；Briddon, R. W. (2011). Begomovirus. The Springer Index of Viruses 2nd ed., 567-587；新海 明(1983). 植物ウイルス事典, 503-504；宇杉富雄(1993). 原色作物ウイルス病事典, 119-120；Clark, C. A. *et al.* (2012). Sweet potato viruses. Plant Dis., 96, 168-185；Chung, M. *et al.* (1985). Plant Prot. Bull. (Taiwan ROC), 27, 333-341；Osaki, T. and Inouye, T. (1991). Bull. Univ. Osaka Pref., Ser. B, 43, 11-19；Lotrakul, P. *et al.* (1998). Plant Dis., 82, 1253-1257；Onuki, M. *et al.* (2000). J. Gen. Plant Pathol., 66, 182-184；Valverde, R. A. *et al.* (2004). Virus Res., 100, 123-128；Luan, Y. S. *et al.* (2007). Virus Genes, 35, 379-385；Albuquerque, L. C. *et al.* (2012). Virology J., 9, 241.

植物ウイルス 303

Sweet potato shukuyo mosaic virus# サツマイモ縮葉モザイクウイルス (SPSMV)
#ICTV 未認定（*Potyviridae*？）

#日本植物病名目録に登録されているが，Virus Taxonomy 9th Report of ICTV には記載されていない．

初 記 載	小尾充雄・森 寛一(1959).
粒　　子	【形態】ひも状1種(径13 nm×長さ800 nm). 被膜なし.
自然宿主・病徴	サツマイモ(縮葉モザイク病；葉は黄化して縮み，斑紋モザイクを示す．塊根が収穫皆無となることが多い).
宿 主 域	サツマイモ.
検 定 植 物	サツマイモ.
伝　　染	サツマイモでは汁液接種不可．アブラムシによる非永続伝搬．栄養繁殖による伝染.
地理的分布	日本(山梨県での発生報告1例のみ．その後は発生していない).
主 要 文 献	小尾充雄・森 寛一(1959). 日植病報, 24, 47；森 寛一ら(1962). 農事試験場報告, 2, 45-143；宇杉富雄(1993). 原色ウイルス病事典, 118.

〔花田 薫〕

植物ウイルス 304

Sweet potato symptomless virus#　サツマイモシンプトムレスウイルス　(SPSV)
#ICTV 未認定（*Betaflexiviridae Carlavirus* ?）

#Virus Taxonomy 9th Report of ICTV には記載されていない．

初　記　載	Usugi, T. *et al.*(1991).
粒　　　子	【形態】ひも状 1 種（径 13 nm×長さ 710～760 nm；電顕観察では多くの粒子は凝集し，1,430～1,510 nm の非常に長い粒子として観察される）． 【成分】核酸：（＋）ssRNA 1 種．タンパク質：外被タンパク質（CP）1 種（33 kDa）．
ゲ ノ ム	【構造】単一線状（＋）ssRNA ゲノム．ORF 6 個．全体は解明されていないが，*Carlavirus* 属ウイルスの ORF1 の 3′ 端から ORF6 までの領域に相当する類似の遺伝子構造が認められる．
自然宿主・病徴	サツマイモ（無病徴）．
宿　主　域	狭い．汁液接種により *Ipomoea* 属植物に感染する．
増 殖 植 物	アサガオ（品種　スカーレットオハラ）．
検 定 植 物	アサガオ（ネクローシス）；*I. setosa*（接ぎ木接種；ネクローシス）．
伝　　　染	汁液接種可．栄養繁殖による伝染．
地理的分布	日本．
そ の 他	海外には Sweet potato symptomless virus 1（SPSMV-1）という *Geminiviridae* 科 *Mastrevirus* 属のウイルスが存在する．　〔宇杉富雄〕
主 要 文 献	Usugi, T. *et al.*(1991). Ann. Phytopath. Soc. Jpn., 57, 512-521；宇杉富雄(1993). 原色作物ウイルス病事典. 120-121；Clark, C. A. *et al.*(2012). Sweet potato viruses. Plant Dis., 96, 168-185；大貫正俊ら(1996). 日植病報 62, 637.

植物ウイルス 305

Sweet potato virus G　サツマイモ G ウイルス
(SPVG)
Potyviridae Potyvirus

初　記　載	Colinet, D. *et al.*(1994)；酒井淳一ら(1997).
粒　　　子	【形態】ひも状 1 種(長さ約 850 nm).
	【成分】核酸：(＋)ssRNA 1 種(10.8 kb). タンパク質：外被タンパク質(CP)1 種(39 kDa)，ゲノム結合タンパク質(VPg)1 種.
ゲ ノ ム	【構造】単一線状(＋)ssRNA ゲノム．ORF 1 個．5′端にゲノム結合タンパク質(VPg)，3′端にポリ(A)配列(poly(A))をもつ．
	【遺伝子】5′-VPg-ポリプロテイン(3,488 aa：P1 プロテアーゼ(P1)/虫媒介助タンパク質-プロテアーゼ(HC-Pro)/P3 タンパク質(P3)/6 K1 タンパク質(6 K1)/円筒状封入体タンパク質(CI)/6 K2 タンパク質(6 K2)/ゲノム結合タンパク質(NIa-VPg)/NIa プロテアーゼ(NIa-Pro)/RNA 複製酵素(NIb)/外被タンパク質(CP))-poly(A)-3′.
	【登録コード】JN613805(米国株 全塩基配列)，JN613806(韓国株 全塩基配列)，X76944(中国株 部分塩基配列)，AB435072(日本株 部分塩基配列)，EU218528(ペルー株 部分塩基配列)，ほか．
自然宿主・病微	サツマイモ(塊根表皮のわずかな退色)．
宿　主　域	きわめて狭い．サツマイモ，アサガオ，*Ipomea setosa*．
検 定 植 物	サツマイモ，アサガオ，*I. setosa*(葉脈透化)．
伝　　　染	汁液接種可．モモアカアブラムシによる非永続伝搬．接ぎ木伝染．栄養繁殖による伝染．
類 縁 関 係	サツマイモ斑紋モザイクウイルス(*Sweet potato featherly mottle virus*：SPFMV)の CP とのアミノ酸配列の相同性は 70％台．
地理的分布	日本，韓国，中国，米国，ペルー，エジプト，スペイン．
そ　の　他	SPFMV-強毒系統との同時感染で，SPFMV-強毒系統の単独感染よりも激しい斑紋や帯状粗皮の症状を示す．〔花田 薫〕
主 要 文 献	Colinet, D. *et al.*(1994). Arch. Virol., 139, 327–336；酒井淳一ら(1997).日植病報, 63, 484；Adams, M. J. *et al.*(2012). *Potyvirus*. Virus Taxonomy 9th Report of ICTV, 1072–1079；ICTVdB(2006). Sweet potato virus G. 00.057.0.71.010.；Brunt, A. A. *et al.* eds.(1996). Sweet potato G *potyvirus*. Plant Viruses Online；Clark, C. A. *et al.*(2012). Sweet potato viruses. Plant Dis., 96, 168–185；山崎修一ら(2003).日植病報, 69, 24；山崎修一ら(2009).日植病報, 75, 102–108；Li, F. *et al.*(2012). Virus Genes, 45, 118–125；Loebenstein, G. (2012). Viruses in sweet potato. Adv. Virus Res., 84, 325–343.

植物ウイルス 306

Tobacco leaf curl Japan virus タバコ巻葉日本ウイルス (TbLCJV)
Geminiviridae Begomovirus

初 記 載	Peters, L. *et al.* (1912)；津曲彦寿(1935；タバコ巻葉ウイルスとして記載)，Shimizu, S. and Ikegami, M. (1999；タバコ巻葉日本ウイルスとして記載).
異　　名	タバコ巻葉ウイルス.
粒　　子	【形態】双球状1種(径15～20 nm×長さ25～30 nm). 被膜なし.
	【成分】核酸：ssDNA1種(2.8 kb). タンパク質：外被タンパク質(CP)1種(30 kDa).
ゲ ノ ム	【構造】単一環状ssDNAゲノム(2,761 nt). ORF6個(ウイルス鎖：2個，相補鎖：4個).
	【遺伝子】ウイルス鎖：-5′-遺伝子間領域(IR)-ORF V2(13 kDa 移行タンパク質(MP))-ORF V1(30 kDa 外被タンパク質(CP)；媒介昆虫による伝搬に必須)-3′-. 相補鎖：-5′-遺伝子間領域(IR)-ORF C1(41 kDa 複製開始タンパク質(Rep))-ORF C4(11 kDa タンパク質；病徴発現に関与)-ORF C2(15 kDa 転写促進タンパク質(TrAP))-ORF C3(16 kDa 複製促進タンパク質(REn))-3′-. C4はC1に一部重複して，C2はC1とC3に一部重複して存在する.
	【登録コード】AB287439(TbLCJV-Iba[JR : Iba : 06] 全塩基配列)，AB028604(TbLCJV-JR[JR : Nar : 98] 全塩基配列)，AB055008(TbLCJV-JR[JR : Nar : Tom2 : 00] 全塩基配列)，AB236325 (TbLCJV-Mas[JR : Mas : 06] 全塩基配列)，AB079689(TbLCJV-Nar[JR : Nar3 : 01] 全塩基配列)，ほか.
細胞内所在	ウイルス粒子は篩部細胞の核内に散在または集塊する. 散在する場合には核内成分との識別が困難. 集塊する場合には電子密度の高い棒状結晶を構成する.
自然宿主・病徴	タバコ(巻葉病；巻葉，ひだ葉，矮化)；トマト(黄化萎縮病；巻葉，黄化，矮化)；スイカズラ(葉脈黄化).
宿 主 域	やや狭い. ナス科，キク科，スイカズラ科植物など.
増殖植物	チョウセンアサガオ，トマト，*Nicotiana glutinosa*.
検定植物	チョウセンアサガオ(巻葉，葉脈間の退緑，矮化)；トマト(巻葉，黄化，矮化)；*N. glutinosa* (巻葉，縮葉).
伝　　染	汁液接種不可. タバココナジラミ(*Bemisia tabaci*)による永続伝搬.
系　　統	TbLCJV-Iba, -JR, -Kob, -Koc(旧称 Tobacco leaf curl Kochi virus), -KR, -Mas, -Nar.
類縁関係	TbLCJVの塩基配列上の近縁ウイルスには，*Tobacco leaf curl Cuba virus*(TbLCCuV), *Tobacco leaf curl Yunnan virus*(TbLCYnV), *Tobacco leaf curl Zimbabwe virus*(TbLCZV)がある.
地理的分布	日本.
そ の 他	TbLCJVには，TbLCJV-Mas[JR：Mas：06]のTobacco leaf curl Japan betasatellite(TbCLJB-[JR : Mas : 05]；AB236326)などのようなベータサテライト(サテライトDNA：DNA β)が付随する. また，約1,300 ntからなるTbLCJVの欠陥DNAやあるいはTbLCJV DNAとスイカズラ葉脈黄化モザイクウイルス(HYVMV)DNAとの組換えが検出される. 〔池上正人〕
主要文献	Peters, L. *et al.* (1912). Mitt. Biol. Anst. Land-u. Forstwirtsch., 198；津曲彦寿(1935). 病虫雑, 22, 780-784；Shimizu, S. and Ikegami, M. (1999). Microbiol. Immunol., 43, 989-992；Brown, J. K. *et al.* (2012). *Begomovirus*. Virus Taxonomy 9th Report of ICTV, 359-372, Online Appendix, 373. e10-e52；ICTVdB (2006). *Tobacco leaf curl virus*. 00.029.0.03.037.；DPVweb. Begomovirus；Osaki, T. *et al.* (1981). Tobacco leaf curl virus. Descriptions of Plant Viruses, 232；Brunt, A. A. *et al.* eds. (1966). Tobacco leaf curl bigeminivirus. Plant Viruses Online；Briddon, R. W. (2011). Begomovirus. The Springer Index of Viruses 2nd ed., 567-587；Fauquet, C. M. *et al.* (2008). Geminivirus strain demarcation and nomenclature. Arch. Virol., 153, 783-821；尾崎武司(1983). 植物ウイルス事典, 505-506；高浪洋一(1993). 作物ウイルス病事典, 193；桐山 清(1972). 日植病報, 38, 323-332；尾崎武司ら(1976). 植物防疫, 30, 458-462；尾崎武司ら(1978). 日植病報, 44, 167-178；尾崎武司ら(1979). 日植病報, 45, 62-66；Ikegami, M. *et al.* (1987). Ann. Phytopathol.

Soc. Jpn., 53, 745-751 ; Sharma, A. *et al.* (1998). Ann. Phytopathol. Soc. Jpn., 64, 187-190 ; Sharma, A. *et al.* (1998). Plant Pathology, 47, 787-793 ; Kitamura, K. *et al.* (2004). Arch.Virol., 149, 1221-1229 ; Ogawa, T. *et al.* (2008). Virus Research, 137, 235-244 ; Ogawa, T. *et al.* (2008). Plant Pathology, 57, 391 ; Briddon, R. W. *et al.* (2012). Satellites and other virus-dependent nucleic acids. Virus Taxonomy 9th Report of ICTV, 1211-1219 ; Briddon, R. W. *et al.* (2008). Recommendations for the classification and nomenclature of the DNA-β satellites of begomoviruses. Arch. Virol., 153, 763-781.

植物ウイルス 307

Tobacco mild green mosaic virus　タバコ微斑モザイクウイルス　(TMGMV)
Virgaviridae Tobamovirus

初　記　載	McKinney, H. H.(1929)；長井雄治ら(1983)，長井雄治ら(1987)，竹内繁治ら(1998)，Morishima, N. *et al.*(2003).
異　　　名	タバコマイルドグリーンモザイクウイルス，タバコモザイクウイルス–U 系統(Tobacco mosaic virus–U：TMV–U)，TMV–U2 strain, TMV–U5 strain, TMV–mild strain, TMV–South Carolina mild mottling strain, Green tomato atypical mosaic virus.
粒　　　子	【形態】棒状1種(径18 nm×長さ308 nm)．被膜なし． 【物性】沈降係数 186 S．浮遊密度(CsCl) 1.307 g/cm³． 【成分】核酸：(＋)ssRNA 1種(6.4 kb, GC含量41%)．タンパク質：外被タンパク質(CP) 1種(17.5 kDa)．
ゲ ノ ム	【構造】単一線状(＋)ssRNA(6,356 nt)．ORF 4個．5′端にキャップ構造(Cap)，3′端にtRNA様構造(TLS)をもつ． 【遺伝子】5′–Cap–126 kDa/183 kDa RNA 複製酵素タンパク質(RdRp；183 kDa タンパク質は126 kDa タンパク質のリードスルータンパク質)–28 kDa 移行タンパク質(MP)–17.5 kDa 外被タンパク質(CP)–TLS–3′． 【登録コード】AB078435(TMGMV–J 全塩基配列)，M34077(TMGMV–U2 全塩基配列)，ほか．
細胞内所在	ウイルス粒子は細胞質全体でみられ，結晶状封入体が形成される．
自然宿主・病徴	ピーマン，トウガラシなどのトウガラシ属植物(全身にモザイクやえそ斑)；*Nicotiana glauca*(鮮明な黄色モザイク)；タバコ(*N. tabacum*)(濃緑色モザイク)．
宿　主　域	やや狭い．ナス科植物(ただし，トマトには感染しない)，キク科植物．
増　殖　植　物	タバコ(*N. tabacum*), *N. glauca*.
検　定　植　物	タバコ(品種 Xanthi nc.), *N. sylvestris*, *N. glutinosa*, *Datura stramonium*, *Petunia hybrida*(接種葉に局部壊死斑).
伝　　　染	汁液接種可．土壌伝染．媒介生物不明．種子伝染．
系　　　統	South Carolina mild mottle strain(ATCC PV–228), TMV–U5 strain(ATCC PV–585), TMV–U2 strain(TMGMV–U2；ATCC PV–635)など病徴などが異なる旧名称由来の数系統が報告されている．日本で分離された TMV–U 株と TMGMV–J 株の外被タンパク質遺伝子の配列は同じである．TMGMV–J と TMGMV–U2 の 126 kDa/183 kDa RNA 複製酵素タンパク質，移行タンパク質，外被タンパク質のアミノ酸配列の相同性はそれぞれ 96.7%，94.1%，99.4% である．
類縁関係	血清学的にはタバコモザイクウイルス(*Tobacco mosaic virus*：TMV)，トマトモザイクウイルス(*Tomato mosaic virus*：ToMV)，オドントグロッサム輪点ウイルス(*Odontoglossum ringspot virus*：ORSV)と近縁で，スイカ緑斑モザイクウイルス(*Cucumber green mottle mosaic virus*：CGMMV)や *Sunn–hemp mosaic virus*(SHMV)とは遠縁である．
地理的分布	日本，米国，ヨーロッパ，オーストラリア．
そ の 他	国内では長井雄治ら(1983, 1987)によりピーマンから分離された TMV–U 系統と竹内繁治ら(1998)がトウガラシから見いだした TMGMV–Japan(TMGMV–J)とが同様の外被タンパク質をもつことが Morishima, N. *et al.*(2003)により報告され，TMV–U 系統が TMGMV であることが明らかにされた．〔奥野哲郎〕
主　要　文　献	McKinney, H. H.(1929). J. Agric. Res., 39, 557–578；長井雄治ら(1983). 日植病報, 49, 133；長井雄治ら(1987). 日植病報, 53, 540–543；竹内繁治ら(1998). 日植病報, 64, 424；Morishima, N. *et al.*(2003). J. Gen. Plant Pathol., 69, 335–338；Adams, M. J. *et al.*(2012). *Tobamovirus*. Virus Taxonomy 9th Report of ICTV, 1153–1156；ICTVdB(2006). *Tobacco mild green mosaic virus*. 00.071.0.01.011.；DPVweb. Tobamovirus；Wetter, C.(1989). Tobacco mild green mosaic virus. Descriptions of Plant Viruses, 351；Brunt, A. A. *et al.* eds.(1996). Tobacco mild green mosaic

tobamovirus. Plant Viruses Online；Wetter, C.(1986). Tobacco mild green mosaic virus. The Plant Viruses Vol. 2(Van Regenmortel, M. H. V. and Frankel-Conrat, H. eds., Plenum Press), 205-219；Lewandowski, D. J.(2008). *Tobamovirus*. Encyclopedia of Virology 3rd ed., 5, 68-72；Zaitlin, M.(2011). Tobamovirus. The Springer Index of Viruses 2nd ed., 2065-2069；山本 磐(1993). 原色作物ウイルス病事典, 283-285；大木 理(2005). 植物防疫, 59, 25-28；Wetter, C.(1984). Phytopathology, 74, 1308-1312；Solis, I. and Garcia-Arenal, F.(1990). Virology, 177, 553-558；宮崎暁喜ら(2010). 日植病報, 76, 64.

植物ウイルス 308

Tabacco mosaic virus タバコモザイクウイルス (TMV)
Virgaviridae Tobamovirus

初 記 載	Mayer, A.(1886), Beijerinck, M. W.(1898)；大工原銀太郎(1902).
異 名	Tobacco mosaic virus-vulgare strain, -type strain, -U1 strain.
粒 子	【形態】棒状 1 種(径 18 nm×長さ 300 nm)．らせんピッチ 2.3 nm．被膜なし． 【物性】沈降係数 194 S．浮遊密度(CsCl) 1.325 g/cm^3． 【成分】核酸：(+)ssRNA 1 種(6.4 kb，GC 含量 43％)．タンパク質：外被タンパク質(CP)1 種 (17.5 kDa)．
ゲ ノ ム	【構造】単一線状(+)ssRNA ゲノム(6,395 nt)．ORF 4 個．5′ 端にキャップ構造(Cap)，3′ 端に tRNA 様構造(TLS)をもつ． 【遺伝子】5′-Cap-126 kDa/183 kDa RNA 複製酵素タンパク質(RdRp；183 kDa タンパク質は 126 kDa タンパク質のリードスルータンパク質)-30 kDa 移行タンパク質(MP)-17.5 kDa 外被タンパク質(CP)-TLS-3′． 【登録コード】V01408(全塩基配列)，D78608(OM 系 部分塩基配列(1-4851 nt))，J02412(OM 系 30 K タンパク質遺伝子 塩基配列)，P03571(OM 系 外被タンパク質 アミノ酸配列)，D63809 (Rakkyo 系 全塩基配列)，ほか．
細胞内所在	ウイルス粒子は各種組織の細胞の細胞質に結晶状に集積あるいは散在して存在．
自然宿主・病徴	タバコなど各種植物(全身感染；モザイク)．なお，従来からきわめて多くの植物種で発生の報告があるが，ウイルスの分類の変更に伴い，それが TMV によるものか，あるいは他のトバモ属ウイルスによるものかは必ずしも判然としない例も含まれる．
宿 主 域	広い．30 科 199 種以上の植物種．
増 殖 植 物	タバコ(品種 Samsun, Xanthi, White Burley など)．
検 定 植 物	タバコ(品種 Samsun, Xanthi, White Burley など)(上葉にモザイク，奇形)；タバコ(品種 Samsun NN, Xanthi NN, Xanthi-nc)，*Nicotiana glutinosa*，インゲンマメ(接種葉に局部壊死斑)．
伝 染	汁液接種可．接触伝染．土壌伝染．種子伝染(種皮経由)．いずれも媒介生物は関与しない．
系 統	従来の type strain, vulgare strain, U1 strain などは同一の TMV 株起源の同一系統であり，一方，日本産の普通系(OM)，黄斑系，潜伏系，ラッキョウ系(Rakkyo)，韓国産の普通系(Korean) などはこれらとは由来の異なる TMV の系統であるが，OM, Korean などについては type strain と同一系統とみなす考え方もある．他方，従来のトマト系(L)，トウガラシ系(P)，マメ科系(BC-B, Cc など)，ワサビ系(W)，アブラナ科系(C, Cg)などの多くの系統は，それぞれ，トマトモザイクウイルス(*Tomato mosaic virus*：ToMV)，トウガラシ微斑ウイルス(*Pepper mild mottle virus*：PMMoV)，*Sunn-hemp mosaic virus*(SHMV)，ワサビ斑紋ウイルス(*Wasabi mottle virus*：WMoV)，アブラナモザイクウイルス(*Youcai mosaic virus*：YoMV)など，トバモウイルス属の独立した別種ウイルスとして分類されている．
類 縁 関 係	他のトバモウイルス属ウイルスと血清関係がある．
地理的分布	日本および世界各地．
そ の 他	TMV は世界で最初に発見されたウイルスで，以後のウイルス学の発展に大きく貢献している代表的ウイルスのひとつ． 〔日比忠明〕
主 要 文 献	Mayer, A.(1886). Landwirtschaftliche Versuchs-Stationen, 32, 451；Beijerinck, M. W.(1898). Verhand. Kon. Acad. Wetten, Ams., 65, 3-21；大工原銀太郎(1902). 農商務省報告, 22, 140；Adams, M. J. *et al.*(2012). *Tobamovirus*. Virus Taxonomy 9th Report of ICTV, 1153-1156；ICTVdB(2006). *Tobacco mosaic virus*. 00.071.0.01.001.；DPVweb. Tobamovirus；Gibbs, A. J.(1977). Tobamovirus group. Descriptions of Plant Viruses, 184；Zaitlin, M.(2000). Tobacco mosaic virus. Descriptions of Plant Viruses, 370；Brunt, A. A. *et al.* eds.(1996). Tobacco mosaic *tobamovirus*. Plant Viruses Online；Van Regenmortel, M. H. V.(2008). Tobacco mosaic virus.

Encyclopedia of Virology 3rd ed., 5, 54-60；Lewandowski, D. J.(2008). *Tobamovirus*. Encyclopedia of Virology 3rd ed., 5, 68-72；Zaitlin, M.(2011). Tobamovirus. The Springer Index of Viruses 2nd ed., 2065-2069；久保 進(1983). 植物ウイルス事典, 507-508；高浪洋一(1993). 原色作物ウイルス病事典, 184-185；佐古 勇(1993). 原色作物ウイルス病事典, 374-376；山本 磐(1984). 野菜のウイルス病, 47-54；渡辺雄一郎(1997). ウイルス学(畑中正一編，朝倉書店), 416-426；大木 理(2005). 植物防疫, 59, 25-28；Harrison, B. D and Wilson, T. M. A.(1999). Tobacco mosaic virus：Pioneering research for a century. Phil. Transact. Roy. Soc. London, B 354, 517-685；Scholthof, K. G. *et al*. eds.(1999). Tobacco mosaic virus：One hundred years of contributions to virology.(APS Press), pp.256；岡田吉美(2004). タバコモザイクウイルス研究の100年.(東京大学出版会), pp.275；Goelet, P. *et al*.(1982). Proc. Natl. Acad. Sci. USA, 79, 5818-5822；佐古宣道・安藤千治(1985). 日植病報, 51, 353-354；佐古 勇ら(1991). 関西病虫研報, 33, 21-28；Kwon, S. B. and Sako, N.(1994). Ann. Phytopath. Soc. Jpn., 60, 36-44；Chen, J. *et al*.(1996). Virology, 226, 198-204；Chen J. *et al*.(1996). Arch. Virol., 141, 885-900.

植物ウイルス 309

(TNV-D)
Tobacco necrosis virus D タバコえそ D ウイルス
Tombusviridae Betanecrovirus

初　記　載	Smith, K. M. and Bald, J. G.(1935)；土居養二ら(1969)，宇田川晃・都丸敬一(1971).
異　　　名	タバコネクロシスウイルス(Tobacco necrosis virus：TNV)，Strawberry necrotic rosette virus, Tulip augusta disease virus.
粒　　　子	【形態】球状 1 種(径 26 nm)．被膜なし. 【物性】沈降係数 118 S．浮遊密度(CsCl) 1.399 g/cm^3. 【成分】核酸：(+)ssRNA 1 種(3.8 kb，GC 含量 47％)．タンパク質：外被タンパク質(CP) 1 種(29～30 kDa).
ゲ ノ ム	【構造】単一線状(+)ssRNA ゲノム(3,762 nt)．ORF 5 個．ゲノムの 5′ 端のキャップ構造(Cap)と 3′ 端のポリ(A)配列(poly (A))を欠く. 【遺伝子】5′-ORF1(22～23 kDa/82 kDa RNA 複製酵素タンパク質；RdRp；82 kDa タンパク質は 22～23 kDa タンパク質のリードスルータンパク質)-ORF2(7～8 kDa 移行タンパク質 1；MP1)-ORF3(6～7 kDa 移行タンパク質 2；MP2)-ORF4(29～30 kDa 外被タンパク質；CP)-3′. 【登録コード】D00942(イギリス Rothamsted 株 全塩基配列)，U62546(ハンガリー分離株 全塩基配列).
細胞内所在	ウイルス粒子は維管束を含む各種組織の細胞質内に存在し，しばしば顕著な結晶状配列が観察される.
自然宿主・病徴	タバコ(ネクロシス病)，チューリップ(えそ病)，イチゴ，トマト，ブドウ，インゲンマメなど(自然界では感染は根に限られ，えそ症状等を示す．人工接種では接種葉にえそ斑点を生じるが，全身感染に至ることはまれである).
宿　主　域	単子葉，双子葉にわたって広い宿主域をもつ.
増 殖 植 物	タバコ，インゲン，ツルナなど.
検 定 植 物	タバコ，ササゲ，ツルナ，*Chenopodium amaranticolor, C. quinoa* など(接種葉に局部え死斑).
伝　　　染	汁液接種可．媒介菌(*Olpidium virulentus*)による土壌伝染.
類 縁 関 係	従来の *Necrovirus* 属は，現在，塩基配列の相同性に基づいて *Alphanecrovirus* 属と *Betanecrovirus* 属とに 2 分されている．わが国でこれまでに数種の植物から TNV として分離されたウイルスのうち，チューリップ分離株の中に TNV-D と同定される株が存在するが，そのほかについては種の同定を含めて検討が必要である．Tobacco necrosis virus-Toyama (TNV-Toyama)とされていたウイルスは，外被タンパク質遺伝子の塩基配列の相違などから TNV とは別種のチューリップえそウイルス(Tulip necrosis virus：TulNV；ICTV 未認定)とされた.
地理的分布	日本および世界各国. 〔髙浪洋一〕
主 要 文 献	Smith, K. M. and Bald, J. G.(1935). Parasitology, 29, 231-245；土居養二ら(1969). 日植病報, 35, 359；宇田川　晃・都丸敬一(1971). 秦野たばこ試報, 70, 71-79；Rochon, D. *et al.*(2012). *Necrovirus*. Virus Taxonomy 9th Report of ICTV, 1129-1131；ICVT Virus Taxonomy List(2013). *Betanecrovirus*；ICTVdB(2006). *Tobacco necrosis virus D.* 00.074.0.03.006.；DPVweb. Betanecrovirus；Kassanis, B.(1970). Tobacco necrosis virus. Descriptions of Plant Viruses, 14；Brunt, A. A. *et al.* eds.(1996). Tobacco necrosis *necrovirus*. Plant Viruses Online；都丸敬一(1983). ウイルス事典, 510-511；髙浪洋一(1993). 原色作物ウイルス病事典, 194；手塚徳弥(1993). 野菜のウイルス病, 304-308；Kassanis, B.(1949). Ann. Appl. Biol., 36, 14-17；今田　準・家城洋之(1988). 日植病報, 54, 397；小室康雄ら(1973). 日植病報, 39, 134；要　司・岸　国平(1973). 日植病報, 39, 134；草葉敏彦ら(1977). 日植病報, 43, 76-77；松濤美文ら(1977). 日植病報, 43, 77；Coutts, R. H. A. *et al.*(1991). J. Gen. Virol., 72, 1521-1529；竹内繁治ら(1995). 日植病報, 61, 631；Molnar, A. *et al.*(1997). J. Gen. Virol., 78, 1235-1239；多賀由美子ら(2005). 日植病報, 71, 232.

植物ウイルス 310

Tobacco necrotic dwarf virus　タバコえそ萎縮ウイルス　(TNDV)
Luteoviridae 属未定

初　記　載	久保 進・高浪洋一(1977).
粒　　　子	【形態】球状1種(径25 nm)．被膜なし．
	【物性】沈降係数115 S.
	【成分】核酸：(＋)ssRNA 1種(約 2.0×10^6 Da)．タンパク質：外被タンパク質(CP)1種(25.7 kDa)．
ゲ ノ ム	【構造】単一線状(＋)ssRNAゲノム．
細胞内所在	ウイルス粒子は篩部組織に局在し，核，細胞質，液胞内に散在あるいは集塊をなす．
自然宿主・病徴	タバコ，ホウレンソウ(全身感染；黄化，えそ萎縮)．
宿　主　域	狭い．ナス科，アカザ科，ヒユ科，アブラナ科植物など．
検 定 植 物	*Datura stramonium*，*Nicotiana sylvestris*，*Physalis floridana*(全身感染；脈間黄化，萎縮)．
伝　　　染	汁液接種不可．モモアカアブラムシによる永続伝搬．種子伝染はしない．
類 縁 関 係	ジャガイモ葉巻ウイルス(*Potato leafroll virus*：PLRV)と血清学的に近縁である．ダイズ矮化ウイルス(*Soybean dwarf virus*：SbDV)，ニンジン黄化ウイルス(*Carrot red leaf virus*：CtRLV)とは遠い類縁関係がある．
地理的分布	日本．
そ の 他	試験管内では葉肉細胞のプロトプラストに人工接種可． 〔髙浪洋一〕
主 要 文 献	久保 進・高浪洋一(1977). 日植病報, 43, 76；Domier, L. L.(2012). *Luteoviridae*. Virus Taxonomy 9th Report of ICTV, 1045-1053；ICTVdB(2006). *Tobacco necrotic dwarf virus*. 00.039.0.00.018.；DPVweb. Unassigned Luteoviridae；Kubo, S.(1981). Tobacco necrotic dwarf virus. Descriptions of Plant Viruses, 234；Brunt, A. A. *et al.* eds.(1996). Tobacco necrotic dwarf *luteovirus*. Plant Viruses Online；久保 進(1983). 植物ウイルス事典, 514-515；高浪洋一(1993). 原色作物ウイルス病事典, 190-191；岩木満朗(1984). 野菜のウイルス病, 286-287；Takanami, Y. and Kubo, S.(1979). J. Gen. Virol., 44, 853-856.

植物ウイルス 311

Tobacco rattle virus　タバコ茎えそウイルス　(TRV)
Virgaviridae Tobravirus

初　記　載	Böning, K.(1931)；都丸敬一(1964).
異　　　名	Aster ringspot virus, Belladonna mosaic virus, Peony mosaic virus, Peony ringspot virus, Potato corky ringspot virus, Potato stem mottle virus, Spinach yellow mottle virus, Tulip white streak virus.
粒　　　子	【形態】棒状 2 種（L 粒子：径 21〜23 nm×長さ 180〜215 nm，S 粒子：径 21〜23 nm×長さ 46〜115 nm）．らせんピッチ 2.5 nm．被膜なし． 【物性】沈降係数 L 粒子：296〜306 S，S 粒子：155〜245 S．浮遊密度(CsCl) 1.306〜1.324 g/cm³． 【成分】核酸：(＋)ssRNA 2 種(RNA1：6.8 kb，RNA2：1.9〜3.9 kb，GC 含量 42.2％)．タンパク質：外被タンパク質(CP) 1 種(22〜24 kDa)．
ゲ ノ ム	【構造】2 分節線状(＋)ssRNA ゲノム(RNA1：6,790〜6,791 nt，RNA2：1,905〜3,926 nt).ORF 7 個(RNA1：4 個，RNA2：3 個)．5′端にキャップ構造(Cap)，3′端に tRNA 様構造(TLS)をもつ． 【遺伝子】RNA1：5′-Cap-134 kDa/194 kDa RNA 複製酵素タンパク質(RdRp；194 kDa タンパク質は 134 kDa タンパク質のリードスルータンパク質)-29 kDa 移行タンパク質(MP)-16 kDa タンパク質(RNA サイレンシングサプレッサー)-TLS-3′．RNA2：5′-Cap-22〜23 kDa 外被タンパク質(CP)-27〜40 kDa タンパク質(線虫媒介介助タンパク質)-18〜33 kDa 機能不明タンパク質(ウイルス系統によっては線虫伝搬に関与?)-TLS-3′． 【登録コード】AF034622(ORY 株 RNA1 全塩基配列)，AF034621(ORY 株 RNA2 全塩基配列)，AF166084(PpK20 株 RNA1 全塩基配列)，Z36974(PpK20 株 RNA2 全塩基配列)，ほか．
細胞内所在	ウイルス粒子は細胞質内に存在し，しばしば L 粒子の集塊がみられる．
自然宿主・病徴	タバコ(茎えそ病；茎葉のえそ，奇形)；トウガラシ(退緑えそ病)，アスター(黄色輪紋病)，スイセン，チューリップ，ダイズ(斑紋病)，ホウレンソウ，ニラ，ミョウガ，リンドウ(斑紋病)，クロッカス，シャクヤク(輪紋病)など(全身感染；茎葉のえそ，輪紋．宿主によっては全身に均一に広がらないこともある)．
宿　主　域	広い．単子葉，双子葉にわたって 50 科 400 種以上の植物．
検定植物	ササゲ，インゲンマメ，*Chenopodium amaranticolor*，*C. quinoa*(接種葉に局部病斑)．
伝　　　染	汁液接種可．線虫(*Trichodorus*, *Paratrichodorus* spp)による土壌伝染．種子伝染．
系　　　統	世界的には多くの系統があり，日本ではタバコ分離株(HSN, MD)，アスター分離株(A)，スイセン分離株(N)などが報告されている．
類縁関係	TRV-CAM strain は *Pepper ringspot virus* (PepRSV) として独立した．
地理的分布	日本および世界各国． 〔髙浪洋一〕
主要文献	Böning, K.(1931). Z. Parasitenkd., 3, 103-141；都丸敬一(1964). 植物防疫, 18, 350-354；Adams, M. J. *et al.*(2012). *Tobravirus*. Virus Taxonomy 9th Report of ICTV, 1156-1159；ICTVdB(2006). *Tobacco rattle virus*. 00.072.0.01.001.；DPVweb. *Tobravirus*；Robinson, D. J.(2003). Tobacco rattle virus. Descriptions of Plant Viruses, 398；Brunt, A. A. *et al.* eds.(1996). Tobacco rattle *tobravirus*. Plant Viruses Online；Macfarlane, S. A.(2008). *Tobravirus*. Encyclopedia of Virology 3rd ed., 5, 72-76；Varrelmann, M. *et al.*(2011). Tobravirus. The Springer Index of Viruses 2nd ed., 2071-2076；都丸敬一(1983). 植物ウイルス事典, 516-518；髙浪洋一(1993). 原色作物ウイルス病事典, 188-189；Tomaru, K. *et al.*(1970). Ann. Phytopath. Soc. Jpn., 36, 275-282；小室康雄ら(1968). 日植病報, 34, 201-202；岩木満朗ら(1968). 日植病報, 34, 346；Sudarshana, M.R. and Berger, P. H.(1998). Arch. Virol., 143, 1535-1544；Hernandez, C. *et al.*(1995). J. Gen. Virol., 76, 2847-2851.

Tobacco ringspot virus　タバコ輪点ウイルス (TRSV)
Secoviridae Comovirinae Nepovirus（Subgroup A）

初　記　載	Fromme, F. D. et al. (1927)；福本文良ら (1976).
異　　　名	Anemone necrosis virus, Annulus tabaci virus, Blueberry necrotic ringspot virus, Nicotiana virus 2, Tobacco ringspot virus 1, Tobacco yellow ringspot virus.
粒　　　子	【形態】球状3種（径25〜28 nm；B, MおよびT）．被膜なし．Tは中空粒子． 【物性】沈降係数 126 S(B), 91 S(M), 53 S(T)．浮遊密度（CsCl）1.51〜1.52 g/cm^3(B), 1.42 g/cm^3(M). 【成分】核酸：（+）ssRNA 2種（RNA1：7.5 kb, RNA2：3.9 kb, GC含量45％）．タンパク質：外被タンパク質（CP）1種（57 kDa），ゲノム結合タンパク質（VPg）1種．
ゲ　ノ　ム	【構造】2分節線状（+）ssRNAゲノム（RNA1：7,514 nt, RNA2：3,929 nt）．ORF 2個（RNA1：1個, RNA2：1個）．ゲノムの5′端にゲノム結合タンパク質（VPg），3′端にポリ（A）配列（poly（A））をもつ． 【遺伝子】RNA1：5′-VPg-257 kDaポリプロテイン（P1a機能不明タンパク質/ヘリカーゼ/VPg/プロテアーゼ（Pro）/RNA複製酵素（RdRp））-poly（A）-3′．RNA2：5′-VPg-122 kDaポリプロテイン（P2a RNA複製関連タンパク質/移行タンパク質（MP）/外被タンパク質（CP））-poly（A）-3′． 【登録コード】U50869（RNA1全塩基配列），AY363727（RNA2全塩基配列），ほか．
細胞内所在	ウイルス粒子は細胞質内に散在あるいは集塊をなす．
自然宿主・病徴	タバコ，キュウリ，グラジオラス，ダイズ，その他多数（輪紋，モザイク，えそ斑，退緑斑）．
宿　主　域	広い．ナス科，ウリ科，マメ科，バラ科植物など．
検 定 植 物	ササゲ，タバコ，Chenopodium amaranticolor, C. quinoa（接種葉に局部病斑，全身感染）．
伝　　　染	汁液接種可．線虫（Xiphinema americanum）による伝搬．アブラムシ，アザミウマ，ダニによる伝搬および種子伝染の報告もある．
系　　　統	多くの変異株が存在する．
類 縁 関 係	Potato black ringspot virus（PBRSV）と血清学的関係がある．
地理的分布	日本，北米，中国，オーストラリア，イギリス，ドイツ，ニュージーランド．
そ　の　他	環状低分子サテライトRNAを伴う株もある．　　　　　　　　　　　　〔髙浪洋一〕
主 要 文 献	Fromme, F. D. et al. (1927). Phytopathology, 17, 321-328；福本文良ら (1976). 日植病報, 42, 384；Sanfaçon, H. et al. (2012). Nepovirus. Virus Taxonomy 9th Report of ICTV, 890-893；ICTVdB (2006). Tobacco ringspot virus. 00.018.0.03.001.；DPVweb. Nepovirus；Stace-Smith, R. (1985). Tobacco ringspot virus. Descriptions of Plant Viruses, 309；Harrison, B. D. and Murant, A. F. (1977). Nepovirus group. Descriptions of Plant Viruses, 185；Brunt, A. A. et al. eds. (1996). Tobacco ringspot nepovirus. Plant Viruses Online；栃原比呂志 (1983). 植物ウイルス事典, 519-521；岩木満朗 (1993). 原色植物ウイルス事典, 537-538；福本文良ら (1982). 日植病報, 48, 68-71；Zalloua, P. A. et al. (1996). Virology, 219, 1-8.

植物ウイルス 313

Tobacco streak virus　タバコ条斑ウイルス (TSV)
Bromoviridae Ilarvirus (Subgroup 1)

初　記　載	Johnson, J. (1936)；都丸敬一ら (1985).
異　　　名	Annulus orae virus, Asparagus stunt virus, Black raspberry latent virus, Datura quercina virus, Nicotiana virus 8, Sunflower necrosis virus.
粒　　　子	【形態】球状または桿菌状3種(径27 nm, 30 nm, 35 nm). 被膜なし. 【物性】沈降係数90 S, 98 S, 113 S. 浮遊密度(CsCl) 1.35 g/cm^3. 【成分】核酸：(+)ssRNA 4種(RNA1：3.5 kb, RNA2：2.9 kb, RNA3：2.1〜2.2 kb, RNA4：1.0 kb, GC含量43〜45%). タンパク質：外被タンパク質(CP)1種(26〜27 kDa).
ゲ ノ ム	【構造】3分節線状(+)ssRNAゲノム(RNA1：3,481〜3,525 nt, RNA2：2,898〜2,926 nt, RNA3：2,121〜2,218 nt). ORF 5個(RNA1：1個, RNA2：2個, RNA3：2個). 5′端はキャップ構造(Cap)をもつが, 3′端はポリ(A)配列(poly(A))を欠く. 【遺伝子】RNA1：5′-Cap-123 kDaタンパク質(RNA複製酵素サブユニット；メチルトランスフェラーゼドメイン/ヘリカーゼドメイン)-3′. RNA2：5′-Cap-90〜93 kDaタンパク質(RNA複製酵素サブユニット；RNA複製酵素ドメイン)-22〜24 kDaタンパク質-3′. RNA3：5′-Cap-32 kDa移行タンパク質(MP)-遺伝子間領域-26〜27 kDa外被タンパク質(CP)-3′. 【登録コード】U80934(WC系統RNA1全塩基配列), U75538(WC系統RNA2全塩基配列), X00435(WC系統RNA3全塩基配列), FJ403375(イリノイ系統RNA1全塩基配列), FJ403376(イリノイ系統RNA2全塩基配列), FJ403377(イリノイ系統RNA3全塩基配列), ほか.
細胞内所在	細胞質にみられる. 細胞質に封入体を形成するが, 封入体内には粒子は存在しない.
自然宿主・病徴	タバコ(条斑病；葉の黄化, 細・支脈の壊死条斑, 花の裂開, 頂葉の葉縁が鋸歯状)；ダリア(軽いモザイク).
宿　主　域	広い. ナス科, マメ科, アカザ科, バラ科植物など30科以上.
増殖植物	タバコ, Datura stramonium, ササゲ, Chenopodium quinoa など.
検定植物	タバコ(局部病斑, 上葉に壊死や条斑モザイク)；D. stramonium, ササゲ(局部病斑, 上葉に条斑モザイク)；キュウリ, C. quinoa(局部病斑, 上葉にモザイク)；Cyamopsis tetragonolobus(局部病斑).
伝　　　染	汁液接種可. アザミウマによる伝搬. 花粉伝染(アザミウマによる伝搬も, 花粉の運搬や保毒花粉の付着した植物をアザミウマが傷つけることで起こる). 種子伝染(D. stramonium, C. amaranticolor).
系　　　統	寄生性, 病徴によりいくつかの系統がある.
類縁関係	TSVは Ilarvirus 属のほかのサブグループとの血清学的関係はほとんどない.
地理的分布	日本および世界各地. 〔鈴木 匡〕
主要文献	Johnson, J. (1936). Phytopathology, 26, 285-292；都丸敬一ら (1985). 日植病報 51, 486-489；Bujarski, J. et al. (2012). Ilarvirus. Virus Taxonomy 9th Report of ICTV, 972-975；ICTVdB (2006). Tobacco streak virus. 00.010.0.02.017.；DPVweb. Ilarvirus；Scott, S. W. (2001). Tobacco streak virus. Descriptions of Plant Viruses, 381；Brunt, A. A. et al. eds. (1996). Tobacco streak ilarvirus. Plant Viruses Online；Eastwell, K. C. (2008). Ilarvirus. Encyclopedia of Virology 3rd ed., 3, 46-56；Scott, S. W. (2011). Ilarvirus. The Springer Index of Viruses 2nd ed., 187-194；山下修一 (1983). 植物ウイルス事典, 584-586；高浪洋一 (1993). 原色作物ウイルス病事典, 195；Cornelissen, B. J. C. et al. (1984). Nucleic Acids Res., 12, 2427-2437；Scott, S. W. et al. (1988). Arch. Virol., 143, 1187-1198；Xin, H. W. et al. (1998). J. Virol., 72, 6956-6959；Jones, D. R. (2005). Eur. J. Plant Pathol., 113, 119-157；Bol, J. F. (2005). Ann. Rev. Phytopathol., 43, 39-62.

植物ウイルス 314

Tobacco vein banding mosaic virus　タバコ脈緑モザイクウイルス　(TVBMV)
Potyviridae Potyvirus

初　記　載	金 彗通(1966)；久保 進(1977).
粒　　　子	【形態】ひも状1種(径13 nm×長さ770 nm). 被膜なし.
	【成分】核酸：(＋)ssRNA 1種(9.6 kb, GC含量41%). タンパク質：外被タンパク質(CP)1種(30 kDa), ゲノム結合タンパク質(VPg)1種.
ゲ ノ ム	【構造】単一線状(＋)ssRNAゲノム(9,570 nt). ORF 1個. 5′端にゲノム結合タンパク質(VPg), 3′端にポリ(A)配列(poly(A))をもつ.
	【遺伝子】5′-VPg-349 kDaポリプロテイン(35 kDa P1プロテアーゼ(P1)/52 kDa虫媒介助タンパク質-プロテアーゼ(HC-Pro)/40 kDa P3タンパク質(P3)/6 kDaタンパク質(6 K1)/72 kDa円筒状封入体タンパク質(CI)/6 kDaタンパク質(6 K2)/21 kDaゲノム結合タンパク質(NIa-VPg)/27 kDa NIaプロテアーゼ(NIa-Pro)/58 kDa RNA複製酵素(NIb)/30 kDa外被タンパク質(CP))-poly(A)-3′.
	【登録コード】EF219408(YND株 全塩基配列), EU734432(HN39株 全塩基配列), ほか.
細胞内所在	細胞質に封入体. 粒子は細胞質に散在.
自然宿主・病徴	タバコ(脈緑モザイク病；葉脈透化あるいは葉脈緑帯, 緑色斑紋. 白色ないし褐色斑点の併発が多い).
宿　主　域	狭い. ナス科植物のみ.
増 殖 植 物	タバコ, *Datura stramonium*, *Physalis floridana*.
検 定 植 物	*Nicotiana glutinosa*(上葉に葉脈透化か葉脈緑帯, 緑色斑紋)；*D. stramonium*, *P. floridana*, トマト(上葉に緑色斑紋).
伝　　　染	汁液接種可. アブラムシによる非永続伝搬.
類 縁 関 係	ジャガイモYウイルス(*Potato virus Y*：PVY), *Tobacco vein mottling virus*(TVMV)との血清学的関係はない.
地理的分布	日本(沖縄), 台湾.
そ の 他	感染植物はオキシダントに対する感受性が高く, 野外では白色ないし褐色斑点を併発することが多く, モザイク症状よりも斑点による被害の方が大きい. 〔鈴木 匡〕
主 要 文 献	金 彗通(1966). 中華農学会報, 55, 85；久保 進(1977). 葉たばこ研究, 76, 37；久保 進・桑田 茂(1977). 日植病報, 43, 373；Adams, M. J. *et al.*(2012). *Potyvirus*. Virus Taxonomy 9th Report of ICTV, 1072-1079；ICTVdB(2006). Tobacco vein banding mosaic virus. 00.057.0.01.083.；Brunt, A. A. *et al.* eds.(1996). Tobacco vein-banding mosaic *potyvirus*. Plant Viruses Online；久保 進(1983). 植物ウイルス事典, 524-525；高浪洋一(1993). 原色作物ウイルス病事典, 192-193；Yu, X. Q. *et al.*(2007). Virus Genes, 35, 801-806；Tian, Y. P. *et al.*(2007). Arch. Virol., 152, 1911-1915；Wang, H. Y. *et al.* (2010). Arch. Virol., 155, 293-295.

植物ウイルス 315

Tomato aspermy virus　トマトアスパーミィウイルス　(TAV)
Bromoviridae Cucumovirus

初　記　載	Blencowe, J. W. and Caldwell, J.(1949)；井上忠男ら(1967)，井上忠男ら(1968).
異　　　名	キク微斑ウイルス(Chrysanthemum mild mottle virus)，Chrysanthemum aspermy virus, Chrysanthemum mosaic virus, Lycopersicon virus 7.
粒　　　子	【形態】球状3種(径25〜30 nm). 被膜なし. 【物性】沈降係数98〜100 S. 浮遊密度(CsCl) 1.367 g/cm^3, (Cs$_2$SO$_4$) 1.304 g/cm^3. 【成分】核酸：(+)ssRNA 4種(RNA1：3.4 kb, RNA2：3.1 kb, RNA3：2.2〜2.4 kb, RNA4：1.0〜1.2 kb. GC含量44％). タンパク質：外被タンパク質(CP)1種(24〜26 kDa).
ゲ ノ ム	【構造】3分節線状(+)ssRNAゲノム(RNA1：3,409〜3,412 nt, RNA2：3,023〜3,096 nt, RNA3：2,213〜2,389 nt). ORF 5個(RNA1：1個, RNA2：2個, RNA3：2個). 5′端はキャップ構造(Cap), 3′端はtRNA様構造(TLS)をとる. 【遺伝子】RNA1：5′-Cap-112 kDaタンパク質(RNA複製酵素サブユニット；メチルトランスフェラーゼドメイン/ヘリカーゼドメイン)-TLS-3′. RNA2：5′-Cap-93〜94 kDaタンパク質(RNA複製酵素サブユニット；RNA複製酵素ドメイン)-9〜11 kDaタンパク質(サイレンシングサプレッサー)-TLS-3′. RNA3：5′-Cap-27〜31 kDa移行タンパク質(MP)-遺伝子間領域-24〜26 kDa外被タンパク質(CP)-TLS-3′. RNA3からサブゲノムRNA4を, RNA2からサブゲノムRNA4Aを転写する. 【登録コード】D10044(V系統RNA1全塩基配列), D10663(V系統RNA2全塩基配列), AJ277268(V系統RNA3全塩基配列), AJ320273(KC系統RNA1全塩基配列), AJ320274(KC系統RNA2全塩基配列), AJ237849(KC系統RNA3全塩基配列), D01015(C系統RNA3全塩基配列), ほか.
細胞内所在	ウイルス粒子は各種組織の細胞内の細胞質, 液胞内に存在. 感染細胞の細胞質に結晶構造様の封入体を形成する. 封入体内には粒子が存在.
自然宿主・病徴	トマト(葉にモザイク, 時に果実にえそ, しばしば種子ができない)；トウガラシ(葉にモザイク)；キク(葉に退緑斑, 黄斑, えそ斑, 花は変形, 小型化).
宿　主　域	主としてナス科, キク科植物.
増 殖 植 物	トマト, *Nicotiana benthamiana*.
検 定 植 物	*Chenopodium amaranticolar, C. quinoa*(局部病斑)；ササゲ(局部壊死斑)；トマト(上葉にモザイク)；キュウリ(非感染)；*Datura stramonium*(接種葉に局部病斑)；*N. glutinosa*(上葉にモザイク, 系統によっては上葉に感染しない).
伝　　　染	汁液接種可. アブラムシによる非永続伝搬. ハコベで種子伝染.
系　　　統	V系統, C系統など.
類 縁 関 係	キュウリモザイクウイルス(*Cucumber mosaic virus*：CMV), ラッカセイ矮化ウイルス(*Peanut stunt virus*：PSV)と遠い類縁関係がある.
地理的分布	日本および世界各地.
そ の 他	日本のChrysanthemum mild mottle virusは, 現在ではTAVの1系統とされる. TAVでは, RNA2とRNA3の3′末端非翻訳領域が転写されたサブゲノムRNA5, RNA3Bがつくられるが, それらの機能は不明である.　〔鈴木 匡〕
主 要 文 献	Blencowe, J. W. and Caldwell, J.(1949). Ann. Appl. Biol., 36, 320-326；井上忠男ら(1967). 日植病報, 33, 93；井上忠男ら(1968). 農学研究, 52, 55-64；Bujarski, J. *et al*.(2012). *Cucumovirus*. Virus Taxonomy 9th Report of ICTV, 970-972；ICTVdB(2006). *Tomato aspermy virus*. 00.010.0.04.003.；DPVweb. Cucumovirus；Hollings, M. and Stone, O. M.(1971). Tomato aspermy virus. Descriptions of Plant Viruses, 79；Brunt, A. A. *et al*. eds.(1996). Tomato aspermy *cucumovirus*. Plant Viruses Online；Palukaitis, P. and Garcia-Arenal, F.(2003). Cucumoviruses.

Adv. Virus Res., 62, 241-323；Rodriguez, F. G. A. *et al.*(2011). Cucumovirus. The Springer Index of Viruses 2nd ed., 179-185；栃原比呂志(1983). 植物ウイルス事典, 276-277, 586-587；栃原比呂志(1993). 原色作物ウイルス病事典, 506-507；山本 磐(1984). 野菜のウイルス病, 55-57；栃原比呂志(1970). 日植病報, 36, 1-10；井本征史ら(1970). 日植病報, 36, 185；花田 薫・栃原比呂志(1985). 関東病虫研報, 32, 88-89；O'Reilly, D. *et al.*(1991). J. Gen. Virol., 72, 1-7；Moriones, E. *et al.*(1991). J. Gen. Virol., 72, 779-783；Bernal, J. J. *et al.*(1991). J. Gen. Virol., 72, 2191-2195；花田 薫ら(1995). 日植病報, 61, 274-275；Moreno, I. M. *et al.*(1997). Mol. Plant Microbe Interact., 10, 171-179；Masuta, C. *et al.*(1998). Proc. Natl. Acad. Sci. USA, 95, 10487-10492；Choi, S. K. *et al.*(2002). Mol. Cells, 13, 52-60；Lucas R. W. *et al.*(2002). J. Struc. Biol., 139, 90-102.

植物ウイルス 316

Tomato black ring virus トマト黒色輪点ウイルス (TBRV)
Secoviridae Comovirinae Nepovirus (Subgroup B)

初 記 載	Smith, K. M.(1946)；岩木満朗・小室康雄(1973).
異 名	Bean ringspot virus, Beet ringspot virus, Celery yellow vein virus, Lettuce ringspot virus, Potato bouquet virus, Potato pseudo-aucuba virus.
粒 子	【形態】球状2種(径26 nm). 被膜なし. 【成分】核酸：(+)ssRNA 2種(RNA1：7.4 kb, RNA2：4.6 kb). タンパク質：外被タンパク質(CP)1種(57 kDa). ゲノム結合タンパク質(VPg)1種.
ゲ ノ ム	【構造】2分節線状(+)ssRNAゲノム(RNA1：7,358～7,362 nt, RNA2：4,633～4,662 nt). ORF 2個(RNA1：1個, RNA2：1個). ゲノムの5′端にゲノム結合タンパク質(VPg), 3′端にポリ(A)配列(poly(A))をもつ. 【遺伝子】RNA1：5′-VPg-254 kDaポリプロテイン(P1A機能不明タンパク質/ヘリカーゼ/VPg/プロテアーゼ(Pro)/RNA複製酵素(RdRp))-poly(A)-3′. RNA2：5′-VPg-149 kDaポリプロテイン(移行タンパク質(MP)/外被タンパク質(CP))-poly(A)-3′. 【登録コード】D00322(S株RNA1全塩基配列), X04062(S株RNA2全塩基配列), AY157993(MJ株RNA1全塩基配列), AY157994(MJ株RNA2全塩基配列), ほか.
細胞内所在	ウイルス粒子は植物のすべての部位に分布し, 特に柔細胞, 細胞質, 液胞, 原形質連絡糸を貫通している管状構造にみられる. ウイルス粒子を含んだ不定形封入体や小胞が感染細胞にみられる.
自然宿主・病徴	トマト, レタス, イチゴ, セルリー, ジャガイモ, テンサイ, チューリップ, スイセン, ブドウなど多くの作物や雑草(全身感染；えそ輪紋, えそ斑点, えそ斑, 全身的な退緑輪点, 斑紋, 萎縮, 葉の奇形, 葉脈黄化).
宿 主 域	きわめて広い. 9科以上の植物.
増 殖 植 物	キュウリ, *Nicotiana clevelandii*, *N. tabacum*(接種葉にえそ斑点, 全身的斑紋, 萎縮).
検 定 植 物	*Chenopodium amaranticolor*, *C. quinoa*, *N. tabacum*(接種葉にえそ性局部病斑, 全身的な斑紋, えそ).
伝 染	汁液接種可. 種苗伝染. 線虫伝染(*Longidorus elongates*, *L. attenuatus*など).
系 統	血清学的類縁関係や媒介線虫の種が異なる系統が存在する. Beet ringspot strain, Celery yellow vein strain, Lettuce ringspot strain, Potato bouquet strain, Potato pseudo-aucuba strain.
類 縁 関 係	*Cocoa necrosis virus*(CoNV), *Grapevine chrome mosaic virus*(GCMV)と遠い血清学的類縁関係がある.
地 理 的 分 布	日本および世界各地.
そ の 他	サテライトRNAを伴う株もある. 〔亀谷満朗〕
主 要 文 献	Smith, K. M.(1946). Parasitology, 37, 126-130；岩木満朗・小室康雄(1973). 日植病報, 39, 279-287；Sanfaçon, H. *et al.*(2012). *Nepovirus*. Virus Taxonomy 9th Report of ICTV, 890-893；ICTVdB(2006). *Tomato black ring virus*. 00.018.0.03.028.；DPVweb. Nepovirus；Murant, A. F.(1970). Tomato black ring virus. Descriptions of Plant Viruses, 38；Harrison, B. D. and Murant, A. F.(1977). Nepovirus group. Descriptions of Plant Viruses, 185；Brunt, A. A. *et al.* eds. (1996). Tomato black ring *nepovirus*. Plant Viruses Online；岩木満朗(1983). 植物ウイルス事典, 526-527；亀谷満朗(1993). 原色作物ウイルス病事典, 551-552；Harrison, B. D.(1957). Ann. Appl. Biol., 45, 462-472；Harrison, B. D.(1958). J. Gen. Microbiol., 18, 450-460；Harrison, B. D. *et al.*(1961). Virology, 14, 480-485；Murant, A. F. *et al.*(1981). J. Gen. Virol., 53, 321-332；Meyer, M. *et al.*(1986). J. Gen. Virol., 67, 1257-1271；Greif, C. *et al.*(1988). J. Gen. Virol., 69, 1517-1529；Jonczyk, M. *et al.*(2004). Arch. Virol., 149, 799-807.

植物ウイルス 317

Tomato bushy stunt virus　トマトブッシースタントウイルス (TBSV)
Tombusviridae Tombusvirus

初　記　載	Smith, K. M.(1935)；藤澤一郎ら(1995).
異　　　名	Lycopersicon virus 4.
粒　　　子	【形態】球状 1 種(径 33〜35 nm). 被膜なし.
	【物性】沈降係数 132 S. 浮遊密度(CsCl) 1.35 g/cm^3.
	【成分】核酸：(＋)ssRNA 1 種(4.8 kb, GC 含量 49.8%). タンパク質：外被タンパク質(CP)1 種(41 kDa).
ゲ ノ ム	【構造】単一線状(＋)ssRNA ゲノム(4,776 nt). ORF 5 個. ゲノムの 5′ 端のキャップ構造(Cap) と 3′ 端のポリ(A)配列(poly(A))を欠く.
	【遺伝子】5′-33 kDa/92 kDa RNA 複製酵素タンパク質(RdRp)；92 kDa タンパク質は 33 kDa タンパク質のリードスルータンパク質)-41 kDa 外被タンパク質(CP)-22 kDa 移行タンパク質(MP)/19 kDa RNA サイレンシングサプレッサー(19 kDa タンパク質は 22 kDa タンパク質の ORF に別の読み枠で重なるタンパク質)-3′.
	【登録コード】M21958(Cherry 系統　全塩基配列), U80935(Pepper 系統　全塩基配列), AJ249740(Statice 系統　全塩基配列), AY579432(ツノナス系統　全塩基配列), ほか.
細胞内所在	ウイルス粒子は各種組織の細胞質, 核, ミトコンドリア, 液胞に存在し, ペルオキシソームに由来する多小胞体(multivesicular body)が観察される.
自然宿主・病徴	トマト(海外の報告では, 過繁茂, 株の萎縮, 果実の収量減等が報告されているが, 日本の品種では感染初期に弱いモザイク症状がみられる程度で, 激しい病徴は観察されない)；ピーマン, ナス(海外での報告では, 萎縮, モザイク, 葉や果実の奇形. 日本の品種では, 激しい病徴は観察されない)；ツノナス(nipple fruit；*Solanum mammosum*)(モザイク症状)；トルコギキョウ(えそ萎縮病；えそを伴う萎縮症状).
宿　主　域	宿主域は広い. ナス科, アカザ科, マメ科など 14 科 41 種以上の植物種.
増 殖 植 物	*Nicotiana benthamiana, N. clevelandii* など.
検 定 植 物	センニチコウ, *Chenopodium amaranticolr, N. glutinosa*(局部え死斑)；*N. benthamiana, N. clevelandii*(モザイク, えそ).
伝　　　染	汁液接種可. 接触伝染. 土壌伝染. 種子伝染. いずれも媒介生物は関与しない.
系　　　統	Type 系統, BS-3 系統, Cherry 系統, ツノナス系統など.
類 縁 関 係	*Artichoke mottle crinkle virus*(AMCV), *Pelargonium leaf curl virus*(PLCV), *Petunia asteroid mosaic virus*(PAMV)と血清学的に類縁関係がみられる.
地理的分布	日本および世界各地.
そ の 他	複製に伴い defective interfering(DI)RNA が生成する. サテライト RNA を伴う株もある.

〔大木健広〕

主要文献　Smith, K. M.(1935). Ann. Appl. Biol. 22, 731-741；藤澤一郎ら(1995). 日植病報, 61, 602；Rochon, D. *et al.*(2012). *Tombusvirus*. Virus Taxonomy 9th Report of ICTV, 1114-1118；ICTVdB(2006). *Tomato bushy stunt virus*. 00.074.0.01.001.；Lommel, S. A. *et al.*(2008). Tombusviruses. Encyclopedia of Virology 3rd ed., 5, 145-151；White, K. A.(2011). Tombusvirus. The Springer Index of Viruses 2nd ed., 1917-1926；Martelli, G. P. *et al.*(2001). Tomato bushy stunt virus. Descriptions of Plant Viruses, 382；Brunt, A. A. *et al.* eds.(1990). Tomato bushy stunt *tombusvirus*. Plant Viruses Online；日比忠明(1983). 植物ウイルス事典, 587-588；Martelli, G. P.(1981). Tombusviruses. Handbook of Plant Virus Infections(Kurstak, E. ed., Elsevier/North-Holland Biomedical Press), 61-90；Allen, W. R. and Davidson, T. R.(1967). Can. J. Bot., 45, 2375-2383；Russo, M. and Martelli, G. P.(1972). Virology, 49, 122-129；Hearne, P. Q. *et al.*(1990). Virology, 177, 141-151；Ohki, T. *et al.*(2005). J. Gen. Plant Pathol., 71, 74-79；藤永真史ら(2006). 日植病報, 72, 109-115.

植物ウイルス 318

Tomato chlorosis virus　トマト退緑ウイルス　(ToCV)
Closteroviridae Crinivirus

初　記　載	Wisler, G. C. et al. (1998)；廣田知記ら(2009), Hirota, T. et al. (2010).
粒　　　子	【形態】ひも状2種(径13 nm×長さ800〜850 nm). 被膜なし. 【成分】核酸：(+)ssRNA 2種(8.2〜8.6 kb). タンパク質：外被タンパク質2種(CP：29 kDa, CPm：76 kDa), ほか.
ゲ ノ ム	【構造】2分節線状(+)ssRNAゲノム(RNA1：8,594〜8,595 nt, RNA2：8,242〜8,247 nt). ORF 13個(RNA1：4個, RNA2：9個). 【遺伝子】RNA1：5′-Cap?-ORF1a(221 kDaポリプロテイン；プロテアーゼドメイン/メチルトランスフェラーゼドメイン/ヘリカーゼドメイン)-ORF1b(59 kDa RNA複製酵素；ORF1aのフレームシフトにより発現)-ORF2(22 kDa RNAサイレンシングサプレッサー)-ORF3(6 kDa 機能不明タンパク質)-3′. RNA2：5′-Cap?-ORF1(4 kDa疎水性タンパク質)-ORF2(62 kDa 熱ショックタンパク質70ホモログ(HSP70h))-ORF3(8 kDa 機能不明タンパク質)-ORF4(59 kDa 移行タンパク質(MP))-ORF5(9 kDa 機能不明タンパク質)-ORF6(29 kDa 外被タンパク質(CP))-ORF7(76 kDa マイナー外被タンパク質(CPm))-ORF8(27 kDa 機能不明タンパク質)-ORF9(7 kDa 機能不明タンパク質)-3′. 【登録コード】AY903447(フロリダ株 RNA1全塩基配列), AY903448(フロリダ株 RNA2全塩基配列), JQ952600(ブラジル株 RNA1全塩基配列), JQ952601(ブラジル株 RNA2全塩基配列), AB513442–AB513444(栃木分離株 RNA2部分塩基配列), ほか.
細胞内所在	ウイルス粒子は篩部組織に局在し, その細胞質に集積して存在する. 細胞質内には特異的な網状膜構造体(封入体)が形成される.
自然宿主・病徴	トマト(Solanum lycopersicum)(黄化病；葉の脈間黄化, 巻葉, 肥厚, えそ斑, 果実の小玉化, 収量減)；ヒャクニチソウ(Zinnia sp.), ピーマン(Capsicum annuum), Datura stramonium, Solanum nigrum(葉の黄化〜赤化, 巻葉, 矮化など).
宿　主　域	広い. ナス科(トマト, ピーマン, Nicotiana benthamiana, N. glutinosa)など13科30種の植物.
増 殖 植 物	トマト(S. lycopersicum), N. benthamiana, N. glutinosa.
検 定 植 物	トマト(S. lycopersicum), N. benthamiana, N. clevelandii(脈間黄化).
伝　　　染	汁液接種不可. オンシツコナジラミ(Trialeurodes vaporariorum), タバココナジラミ(Bemisia tabaci；バイオタイプ B, Q), および T. abutilonea による半永続伝搬.
系　　　統	世界的にみて変異が小さい. 栃木株とフロリダ株(AY903448)のCPのアミノ酸配列は100%一致し, スペイン株(DQ136146), ギリシャ株(EU284744)とも97%以上の高いホモロジーを示したことから, ToCVは近年急速に世界中に広がったと考えられる.
類 縁 関 係	他のCrinivirus属ウイルスと塩基配列上の近縁性が認められる.
地理的分布	北米, 南米, ヨーロッパ, 台湾, 日本.
そ の 他	ToCVと同属のトマトインフェクシャスクロロシスウイルス(Tomato infectious chlorosis virus：TICV)もトマトに発生し, ToCVと区別のつかない黄化症状を示す. TICVはオンシツコナジラミによってのみ媒介されるが, ToCVはタバココナジラミによっても媒介される. ToCVはN. glutinosaに感染し, レタスに感染しないが, TICVはその逆である. 〔夏秋知英〕
主 要 文 献	Wisler, G. C. et al. (1998). Phytopathology, 88, 402–409；廣田知記ら(2009).日植病報, 75, 279；Hirota, T. et al. (2010). J. Gen. Plant Pathol., 76, 168–171；Martelli, G. P. et al. (2012). Crinivirus. Virus Taxonomy 9th Report of ICTV, 996–999；ICTVdB(2006). Tomato chlorosis virus. 00.017.0.02.007.；Jones, D. (2005). Tomato chlorosis crinivirus. Bull. OEPP/EPPO Bull., 35, 439–441；Wisler, G. C. et al. (1998). Plant Dis., 82, 270–280；Wintermantel, W. M. et al. (2005). Arch. Virol., 150, 2287–2298；Wintermantel, W. M. and Wisler, G. C. (2006). Plant Dis., 90, 814–819；福田 充ら(2011). 植物防疫, 65, 542–545.

植物ウイルス 319

Tomato curly top virus# 　トマトカーリートップウイルス
(ToCTV)
#ICTV 未認定（*Geminiviridae*？）

#Virus Taxonomy 9th Report of ICTV には記載されていない．

初　記　載	久保田健嗣ら(2011)．
粒　　　子	【形態】双球状1種(径18 nm×長さ30 nm)．被膜なし． 【成分】核酸：ssDNA 1種(3.0 kb，GC含量約40％)．タンパク質：外被タンパク質(CP) 1種(29.0 kDa)．
ゲ　ノ　ム	【構造】単一環状ssDNAゲノム．ORF 6個(ウイルス鎖に2個，相補鎖に4個)．遺伝子間領域にはジェミニウイルス科に共通してみられる9塩基の配列(TAATATTAC)を有する．
自然宿主・病徴	トマト(全身感染；発病初期には葉の黄化および葉巻がみられ，後期には株の萎縮，蕾の落下などの症状を呈する)．
宿　主　域	トマト，タバコ．
増殖植物	タバコ(品種 Sumsun，Xanthi など)．
検定植物	トマト(黄化，萎縮)；タバコ(萎縮)．
伝　　　染	汁液接種不可．接ぎ木伝染可．自然界での伝染環は不明．
類縁関係	一部のクルトウイルス属およびベゴモウイルス属ウイルスとアミノ酸配列上の相同性が認められる．
地理的分布	日本． 〔久保田健嗣・津田新哉〕
主要文献	久保田健嗣ら(2011)．日植病報, 77, 189；Brown, J. K. *et al.* (2012). *Geminiviridae.* Virus Taxonomy 9th Report of ICTV, 351-373, Online Appendix 373.e1-e52；Fauquet, C. M. *et al.* (2008). Arch Virol., 153, 783-821.

植物ウイルス 320

Tomato infectious chlorosis virus トマトインフェクシャスクロロシスウイルス (TICV)
Closteroviridae Crinivirus

初 記 載	Duffus, J. E. et al. (1996)；Hartono, S. et al. (2002), Hartono, S. et al. (2003).
粒　　子	【形態】ひも状2種(径12 nm×長さ850～900 nm). 被膜なし.
	【成分】核酸：(+)ssRNA 2種(7.9～8.3 kb). タンパク質：外被タンパク質2種(CP：29 kDa, CPm：75 kDa), ほか.
ゲ ノ ム	【構造】2分節線状(+)ssRNA ゲノム(RNA1：8,271 nt, RNA2：7,913 nt). ORF 11個(RNA1：3個, RNA2：8個).
	【遺伝子】RNA1：5'-Cap?-ORF1a/ORF1b(275 kDa ポリプロテイン；プロテアーゼドメイン/メチルトランスフェラーゼドメイン/ヘリカーゼドメイン/RNA複製酵素ドメイン；217 kDa ポリタンパク質をコードするORF1aのフレームシフトによりRNA複製酵素をコードするORF1bが発現して生じる融合タンパク質)-ORF2(27 kDa 機能不明タンパク質)-3'. RNA2：5'-Cap?-ORF1(4 kDa 疎水性タンパク質)-ORF2(62 kDa 熱ショックタンパク質70ホモログ(HSP70h))-ORF3(6 kDa 機能不明タンパク質)-0RF4(60 kDa 移行タンパク質(MP))-ORF5(10 kDa 機能不明タンパク質)-ORF6(29 kDa 外被タンパク質(CP))-ORF7(75 kDa マイナー外被タンパク質(CPm))-ORF8(27 kDa 機能不明タンパク質)-3'.
	【登録コード】FJ815440(カリフォルニア株 RNA1 全塩基配列), FJ815441(カリフォルニア株 RNA2 全塩基配列), AB085602-AB085603(群馬分離株 RNA2 部分塩基配列), ほか.
細胞内所在	ウイルス粒子は篩部組織に局在し, その細胞質に集積して存在する. 細胞質内には特異的な網状膜構造体(封入体)が形成される.
自然宿主・病徴	トマト(*Solanum lycopersicum*)(黄化病；葉の脈間黄化, 巻葉, 肥厚, えそ斑. 果実の小玉化, 収量減)；レタス(*Lactuca sativa*), トマティロ(*Physalis ixocarpa*)(葉の黄化～赤化, 巻葉, 劣化. 矮化).
宿 主 域	比較的広い. ラナンキュラス, アスター, ペチュニアなど8科26種以上の植物.
増殖植物	トマト.
検定植物	トマト, レタス, *Nicotiana benthamiana*, *N. clevelandii*(脈間黄化, えそ斑).
伝　　染	汁液接種不可. オンシツコナジラミ(*Trialeurodes vaporariorum*)による半永続伝搬.
系　　統	世界的に見て変異が小さい. スペイン株とカリフォルニア株のRNA2の塩基配列は99％と高いホモロジーを示し, 群馬株も同様であったことから, TICVは近年急速に世界中に広がったと考えられる.
類縁関係	他のCrinivirus属ウイルスと塩基配列上の近縁性が認められ, *Lettuce infectious yellows virus* (LIYV)が最も近縁である.
地理的分布	北米, ヨーロッパ, インドネシア, 台湾, 日本.
そ の 他	TICVと同属のトマト退緑ウイルス(*Tomato chlorosis virus*：ToCV)もトマトに発生し, TICVと区別のつかない黄化症状を示す. TICVはオンシツコナジラミによってのみ媒介されるのに対し, ToCVはオンシツコナジラミだけでなく, タバココナジラミ(*Bemisia tabaci*)によっても媒介される. TICVはレタスに感染するがToCVは感染しない. 〔夏秋知英〕
主要文献	Duffus, J. E. et al. (1996). Eur. J. Plant Pathol., 102, 219-226；Hartono, S. et al. (2002). 日植病報, 68, 232；Hartono, S. et al. (2003). J. Gen. Plant Pathol., 69, 61-64；Martelli, G. P. et al. (2012). Crinivirus. Virus Taxonomy 9th Report of ICTV, 996-999；ICTVdB(2006). *Tomato infectious chlorosis virus*. 00.017.0.02.008.；Brunt, A. A. et al. eds. (1996). Tomato infectious chlorosis(?) closterovirus. Plant Viruses Online；Smith, I. M. (2009). *Tomato infectious chlorosis virus*. Bull. OEPP/EPPO Bull., 39, 62-64；Wisler, G. C. et al. (1998). Plant Dis., 82, 270-280；Wisler, G. et al. (1996). Phytopathology, 86, 622-626；Wintermantel, W. M. et al. (2009). Arch. Virol., 154, 1335-1341.

植物ウイルス 321

Tomato mosaic virus トマトモザイクウイルス (ToMV)
Virgaviridae Tobamovirus

初 記 載	Clinton, G. P.(1909)；大島信行ら(1964)，小室康雄ら(1966).
異　　名	タバコモザイクウイルス-トマト系(Tobacco mosaic virus-tomato strain：TMV-T, Tobacco mosaic virus-strain L：TMV-L), Tobacco mosaic virus-strain K(TMV-K), Tobacco mosaic virus-strain K1(TMV-K1), Tobacco mosaic virus-strain K2(TMV-K2), Tomato aucuba mosaic virus, Tomato enation mottle virus, Lycopersicon virus 1.
粒　　子	【形態】棒状1種(径18 nm×長さ300 nm). らせんピッチ2.3 nm. 被膜なし. 【成分】核酸：(+)ssRNA 1種(6.4 kb). タンパク質：外被タンパク質(CP)1種(17.5 kDa).
ゲ ノ ム	【構造】単一線状ssRNAゲノム(6,384 nt). ORF 4個. 5′端にキャップ構造(Cap), 3′端にtRNA様構造(TLS)をもつ. 【遺伝子】5′-Cap-126 kDa/183 kDa RNA複製タンパク質(RdRp)；183 kDaタンパク質は126 kDaタンパク質のリードスルータンパク質)-30 kDa移行タンパク質(MP)-17.5 kDa外被タンパク質(CP)-TLS-3′. 【登録コード】X02144, AF332868(全塩基配列), ほか.
細胞内所在	ウイルス粒子は各種細胞の細胞質内に存在する.
自然宿主・病徴	トマトなどのナス科植物(全身感染；モザイク, 奇形葉).
宿 主 域	広い. ナス科, アカザ科など9科以上の各種植物種.
増殖植物	タバコ(品種 Samsun など).
検定植物	タバコ(品種 Xanthi-nc)(接種葉に局部壊死斑)；タバコ(品種 Bright-Yellow)(接種葉に局部壊死斑；TMV は全身感染)；タバコ(品種 Samsun), トマト(全身感染)；インゲンマメ(品種大手亡)(無病徴；TMV は接種葉に局部壊死斑).
伝　　染	汁液接種可. 接触伝染. 土壌伝染. 種子伝染(種皮経由). いずれも媒介生物は関与しない.
系　　統	トマトでの病徴の違いに基づいて, Tomato aucuba mosaic strain, Tomato enation mottle strainなど多くの系統がある. 一方, ToMV抵抗性遺伝子 Tm-1, Tm-2 あるいは Tm-2^2 を有するトマトに対する抵抗性打破の違いに基づいて, 全体で5つの系統(0, 1, 2, 1.2, 2^2)に分ける方式もあり, 抵抗性打破株の例としては Tm-1 打破株Lta1, Tm-2 打破株Ltb1, Tm-2^2 打破株 2^2 などがある. また, 弱毒系統としては弱毒株 $L_{11}A$ などがある.
類縁関係	タバコモザイクウイルス(*Tobacco mosaic virus*：TMV)と血清関係がある.
地理的分布	日本および世界各地. 〔渡辺雄一郎〕
主要文献	Clinton, G. P.(1909). Rep. Conn. Agric. Exp. Stn. 1907-1908, 854：大島信行ら(1964). 北海道農試彙報, 83, 87-99；小室康雄ら(1966). 日植病報, 32, 130-137；Adams, M. J. *et al.*(2012). *Tobamovirus*. Virus Taxonomy 9th Report of ICTV, 1153-1156；ICTVdB(2006). *Tomato mosaic virus*. 00.071.0.01.013.；DPVweb. Tobamovirus；Hollings, M. and Huttinga, H.(1976). Tomato mosaic virus. Descriptions of Plant Viruses, 156；Brunt, A. A. *et al.* eds.(1996). Tomato mosaic *tobamovirus*. Plant Viruses Online；Brunt, A. A.(1986). Tomato mosaic virus. The Plant Viruses Vol.2(Van Regenmortel, M. H. V. and Frankel-Conrat, H. eds., Plenum Press), 181-204；長井雄治(1993). 原色作物ウイルス病事典, 268-269, 279；山本 磐(1993). 原色作物ウイルス病事典, 283-285；長井雄治(1984). 野菜のウイルス病, 2-19；山本 磐(1984). 野菜のウイルス病, 47-54；大木 理(2005). 植物防疫, 59, 25-28；井本征史ら(1970). 日植病報, 36, 185；野場和徳・岸 国平(1979). 野菜試報 A, 6, 147-159；Ohno, T. *et al.*(1984). J. Biochem., 96, 1915-1923；Nishiguchi, M. *et al.*(1985). Nucl. Acids Res., 13, 5585-5590；Meshi, T. *et al.*(1986). Proc. Natl. Acad. Sci. USA, 83, 5043-5047：Saito, T. *et al.*(1987). Proc. Natl. Acad. Sci. USA, 84, 6074-6077；Meshi, T. *et al.*(1988). EMBO J., 7, 1575-1581；Meshi, T. *et al.*(1989). Plant Cell, 1, 515-522：Saito, T. *et al.*(1989). Virology, 173, 11-20.

植物ウイルス 322

(ToRSV)
Tomato ringspot virus トマト輪点ウイルス
Secoviridae Comovirinae Nepovirus (Subgroup C)

初 記 載	Price, W. C.(1936)；岩木満朗・小室康雄(1971).
異　　名	Tobacco ringspot virus 2, Nicotiana virus 13, Grapevine yellow vein virus, Peach yellow bud mosaic virus.
粒　　子	【形態】球状2種(径28 nm). 被膜なし. 【成分】核酸：(＋)ssRNA 2種(RNA1：8.2 kb, RNA2：7.3 kb). タンパク質：外被タンパク質(CP)1種(58 kDa), ゲノム結合タンパク質(VPg)1種.
ゲ ノ ム	【構造】2分節線状(＋)ssRNAゲノム(RNA1：8,214 nt, RNA2：7,271 nt). ORF 2個(RNA1：1個, RNA2：1個). ゲノムの5'端にゲノム結合タンパク質(VPg), 3'端にポリ(A)配列(poly(A))をもつ. 【遺伝子】RNA1：5'-VPg-244 kDaポリプロテイン(X1 機能不明タンパク質/X2 機能不明タンパク質/ヘリカーゼ/VPg/プロテアーゼ(Pro)/RNA複製酵素(RdRp))-poly(A)-3'. RNA2：5'-VPg-209 kDaポリプロテイン(X3 機能不明タンパク質/X4 機能不明タンパク質/移行タンパク質(MP)/外被タンパク質(CP))-poly(A)-3'. 【登録コード】L19655(RNA1全塩基配列), D12477(RNA2全塩基配列), ほか.
細胞内所在	ウイルス粒子は細胞質や原形質連絡糸に散在ないし結晶配列.
自然宿主・病徴	トマト, モモ, ブドウ, タバコ, キイチゴ, メロン, スイセン(全身感染；輪点, モザイク. 潜在感染もある).
宿 主 域	きわめて広い. アカザ科, ナス科, ウリ科, ツルナ科, マメ科, バラ科, ヒガンバナ科植物など.
増 殖 植 物	キュウリ, *Nicotiana clevelandii*, ペチュニア(接種葉に局部病斑, 全身的に退緑斑紋やえそ斑).
検 定 植 物	*Chenopodium amaranticolor*, *C. quinoa*, タバコ, ササゲ(接種葉にえそ斑点, 全身的にえそ)；キュウリ(全身的に退緑斑紋, 線虫伝搬の指標植物).
伝　　染	汁液接種可. 種苗伝染. 線虫(*Xiphinema americanum*)伝搬.
系　　統	Tobacco strain, Peach yellow bud mosaic strain, Grape yellow vein strain.
類 縁 関 係	他の*Nepovirus*属ウイルスと血清学的類縁関係はない.
地理的分布	日本および世界各地. 〔亀谷満朗〕
主 要 文 献	Price, W. C.(1936). Phytopathology, 26, 665-675；岩木満朗・小室康雄(1971). 日植病報, 37, 108-116；Sanfaçon, H. *et al.*(2012). *Nepovirus*. Virus Taxonomy 9th Report of ICTV, 890-893；ICTVdB(2006). *Tomato ringspot virus*. 00.018.0.03.029.；DPVweb. Nepovirus；Stace-Smith, R.(1984). Tomato ringspot virus. Descriptions of Plant Viruses, 290；Harrison, B. D. and Murant, A. F.(1977). Nepovirus group. Descriptions of Plant Viruses, 185；Brunt, A. A. *et al.* eds.(1996). Tobacco ringspot *nepovirus*. Plant Viruses Online；Sanfaçon, H. and Fuchs, M.(2011). *Tomato ringspot virus*. Virus and Virus-Like Diseases of Pome and Stone Fruits(Hadidi, A. *et al.* eds., APS Press), p. 41-48；岩木満朗(1983). 植物ウイルス事典, 528-529；牧野孝宏・加藤公彦(1993). 原色作物ウイルス病事典, 309-310；亀谷満朗(1993). 原色作物ウイルス病事典, 552；古木市重郎(1984). 野菜のウイルス病, 140-144；Cadman, C. H. and Lister, R. M.(1961). Phytopathology, 51, 29-31；吉田孝二ら(1971). 日植病報, 37, 409-410；Allen, W. R. and Dias, H. F.(1977). Can. J. Bot., 55, 1028-1037；吉田孝二ら(1980). 日植病報, 46, 339-348；Stace-Smith, R.(1984). Plant Dis., 68, 274-279；Rott, M. E. *et al.*(1991). J. Gen. Virol., 72, 1505-1514；Rott, M. E. *et al.*(1995). J. Gen. Virol., 76, 465-473；Carrier, K. *et al.*(2001). J. Gen. Virol., 82, 1785-1790.

植物ウイルス 323

Tomato spotted wilt virus　トマト黄化えそウイルス (TSWV)
Bunyaviridae Tospovirus

初　記　載	Brittlebank, C. C.(1919), Samuel, G. et al.(1930)；末次哲雄(1969), 井上忠男・井上成信(1972), 小畠博文(1973), 小畠博文ら(1976).
異　　　名	Dahlia oakleaf virus, Dahlia ringspot virus, Dahlia yellow ringspot virus, Mung bean leaf curl virus, Pineapple yellow spot virus.
粒　　　子	【形態】球状〜多形1種(径70〜90 nm). 被膜あり. 【成分】核酸：(−)ssRNA 3種(L RNA：8.9 kb, M RNA：4.8 kb, S RNA：2.9〜3.0 kb, GC含量約39%). タンパク質：構造タンパク質4種；ヌクレオキャプシドタンパク質(N：29 kDa), RNA複製酵素(L：332 kDa), 糖タンパク質2種(Gn：46 kDa, Gc：75 kDa；ともに外被膜のスパイクを構成する). 脂質：粒子重の20〜30%を占める. 宿主細胞中の膜成分由来.
ゲ　ノ　ム	【構造】3分節環状(−)ssRNA(L RNA：8,897〜8,913 nt, M RNA：4,756〜4,821 nt, S RNA：2,916〜2,999 nt). ORF 5個(L RNA：1個, M RNA：2個, S RNA：2個). 各分節ゲノムの両末端配列の各8塩基はトスポウイルス属の全ゲノムに共通して(5′-AGAGCAAU———AUUGCUCU-3′)の配列を有し, 互いに相補している. またその8塩基を含む両末端の15塩基は同一種内のゲノムでは完全に相補していることから, この部分が二本鎖となり閉環状RNA鎖を形成することで環状ヌクレオキャプシドの骨格となっている. トスポウイルス属のM RNAとS RNAはそれぞれの1本のゲノム上で2つのORFが向き合って配置されているアンビセンス鎖構造となっている. アンビセンス鎖では, 両ORFの中間にA-Tに富む250-500塩基程度の配列があり, その部分でヘアピン型二本鎖を形成している. 各ゲノムの5′末端は化学修飾されておらず, 3′末端にはポリ(A)配列は付加されていない. 【遺伝子】L RNA：3′-Lタンパク質(332 kDa RNA複製酵素)-5′. M RNA：3′-Gn/Gcタンパク質(127 kDaポリプロテイン→46 kDa外被膜構造タンパク質Gn/75 kDa外被膜構造タンパク質Gc)-NSmタンパク質(34 kDa非構造タンパク質)-5′. S RNA：3′-Nタンパク質(29 kDaヌクレオキャプシドタンパク質)-NSsタンパク質(52 kDa非構造タンパク質)-5′. 【登録コード】D10066, AB198742(L RNA全長配列)；S48091, AB010996(M RNA全長配列)；D00645, AB088385(S RNA全長配列).
細胞内所在	感染植物細胞内における外被膜を有するウイルス粒子は, 主として細胞内小器官のゴルジ体ならびに小胞体内に観察される. 感染初期にはゴルジ体周辺の細胞質内に二重外被膜のウイルス粒子が観察されるが, その後, いくつかの二重膜ウイルス粒子の外膜どうしが融合したり, 小胞体膜とも融合しながら一重膜のウイルス粒子となり, 小胞体内に成熟粒子として多数集積する. 一方, 媒介昆虫細胞内においては, 植物細胞質内にも観察されるNタンパク質を主成分とした電子密度の高い構造物(ビロプラズム)ならびにNSs非構造タンパク質が形成する特異的結晶体が, 中腸細胞, 筋肉細胞ならびに唾液腺細胞の細胞質内にそれぞれ観察されるが, 外被膜を伴った完全ウイルス粒子はみあたらない. 完全ウイルス粒子は唾液腺細胞から唾液管にかけての範囲に多数観察される.
自然宿主・病徴	ナス科, キク科, マメ科植物など(黄化えそ病, えそ病, 輪紋病など；ほとんどに全身感染し, 黄化, えそ, えそ輪紋, えそ斑紋を生じる). 植物と媒介昆虫の両方で増殖できる.
宿　主　域	きわめて広い. 70科925種以上の植物種.
増殖植物	*Nicotiana rustica*, タバコ(品種 Sumsun, Xanthi など).
検定植物	ペチュニア, アカザ科植物(*Chenopodium quinoa*, *C. amaranticolor*)(接種葉にえそ斑点またはえそ輪紋).
伝　　　染	汁液接種可. 種子伝染はしない. *Frankliniella*属や*Thrips*属などのアザミウマによって循環型・増殖性様式で伝染する. 経卵伝染はしない.
系　　　統	トマトの抵抗性遺伝子*Sw5*, トウガラシの抵抗性遺伝子*Tsw*の打破系統が知られている. 沖縄

県で発見されたウリ科植物に感染するトスポウイルスは，当初，血清学的に異なる TSWV の一系統とされていたが，現在では別種のスイカ灰白色斑紋ウイルス(WSMoV)とされている．

類縁関係 一部のトスポウイルス属ウイルスと弱いながら血清学上ならびにアミノ酸配列上の類縁関係がある．

地理的分布 熱帯，亜熱帯および日本を含む温帯地域を中心に全世界的に分布．

その他 本ウイルスのアザミウマ類による昆虫媒介様式は，一齢幼虫でウイルスを獲得した後，二齢幼虫後期もしくは羽化後の成虫で媒介する．成虫はウイルスを獲得するが，その後の媒介は認められていない．

〔津田新哉〕

主要文献 Brittlebank, C. C.(1919). J. Agric. Victoria Aust., 17, 231-235；Samuel, G. et al.(1930). Aust. Coun. Sci. Ind. Res. Bull., 44, 8-11；末次哲雄(1969). 植防研報, 7, 50-56；井上忠男・井上成信(1972). 農学研究, 54, 79-90；小畠博文(1973). 日植病報, 39, 217；小畠博文ら(1976). 日植病報, 42, 287-294；Plyusnin, A. et al.(2012). *Tospovirus*. Virus Taxonomy 9th Report of ICTV, 737-739；ICTVdB(2006). *Tomato spotted wilt virus*. 00.011.0.05.001.；DPVweb. Tospovirus；Kormelink, R. et al.(1998). Tospovirus genus. Descriptions of Plant Viruses, 363；Kormelink, R.(2005). Tomato spotted wilt virus. Descriptions of Plant Viruses, 412；Brunt, A. A. et al. eds.(1996).Tomato spotted wilt *tospovirus*. Plant Viruses Online；Tsompana, M. et al.(2008). *Tospovirus*. Encyclopedia of Virology 3rd ed., 5, 157-163；Pappu, H. R.(2008). Tomato spotted wilt virus. Encyclopedia of Virology 3rd ed., 5, 133-138；Goldbach, R. et al.(2011). Tospovirus. The Springer Index of Viruses 2nd ed., 231-235；German, T. L. et al.(1992). Ann. Rev. Phytopathol., 30, 315-348；Goldbach, R. et al.(1996). Molecular and biological aspects of tospoviruses. The *Bunyaviridae*(Elliott, R. M. ed., Plenum Press), 129-157；Whitfield, A. E. et al.(2005). Tospovirus-thrips interactions. Ann. Rev. Phytopathol. 43, 459-489；尾崎武司(1983). 植物ウイルス事典, 530-531；長井雄治(1993). 原色作物ウイルス病事典, 272-273；長井雄治(1984). 野菜のウイルス病, 25-27, 58-62；津田新哉(1999). ウイルス, 49(2), 119-130；津田新哉(2000). 農業および園芸, 75(1), 90-96；津田新哉(2006). 植物防疫, 60, 597-601.

植物ウイルス 324

Tomato vein clearing virus[#]　トマト葉脈透化ウイルス　(TVCV)
[#]ICTV 未認定（*Rhabdoviridae Nucleorhabdovirus*?）

[#]日本植物病名目録に登録されており，ICTVdB（2006）にも記載されているが，Virus Taxonomy 9th Report of ICTV には記載されていない．

初 記 載	加納 健ら（1981）．
粒　　子	【形態】桿菌状 1 種（径 86〜88 nm×長さ 240〜250 nm）．被膜あり． 【物性】沈降係数 1,040 S． 【成分】核酸：ssRNA．タンパク質：構造タンパク質数種．脂質：宿主細胞由来．
細胞内所在	ウイルス粒子は各種組織の細胞の核，核膜内腔に散在または集塊をなす．細胞質にビロプラズムを形成．
自然宿主・病徴	トマト（葉脈透化病；葉に斑紋，葉脈透化，葉脈黄化とともに縮葉を示す）．
宿 主 域	狭い．ナス科植物，ツルナ．
増殖植物	*Nicotiana glutinosa*，*N. rustica*，ペチュニア．
検定植物	トマト（上葉に葉脈透化，葉脈黄化）；*N. glutinosa*，*N. rustica*（局部退緑斑，上葉に葉脈黄化）；ツルナ（局部退緑斑）；*Chenopodium murale*（局部病斑）．
伝　　染	汁液接種可．媒介生物不明．接ぎ木伝染．
地理的分布	日本．
その他	粒子形態，宿主，病徴，細胞内所在などで類似する *Nucleorhabdovirus* 属の *Eggplant mottled dwarf virus*（EMDV）との関係については未詳である．　　〔鈴木 匡〕
主要文献	加納 健ら（1981）．日植病報，47, 138；Dietzgen, R. G. *et al*.（2012）．Plant-adapted rhabdovirus genera, *Cytorhabdovirus* and *Nucleorhabdovirus*. Virus Taxonomy 9th Report of ICTV, 703-707；ICTVdB（2006）．*Tomato vein clearing virus*. 01.062.0.05.003.00.003.；Brunt, A. A. *et al*. eds.（1996）．Tomato vein clearing *nucleorhabdovirus*. Plant Viruses Online；Jackson, A. O. *et al*.（2011）．Nucleorhabdovirus. The Springer Index of Viruses 2nd ed., 1741-1745；山下修一（1983）．植物ウイルス事典，532-533；長井雄治（1993）．原色作物ウイルス病事典，275；Kano, T. *et al*.（1985）．Ann. Phytopathol. Soc. Jpn., 51, 606-612；鈴木 匡ら（1988）．日植病報，54, 123-124．

植物ウイルス 325

Tomato yellow leaf curl virus トマト黄化葉巻ウイルス (TYLCV)
Geminiviridae Begomovirus

初 記 載	Cohen, S. and Harpaz, I.(1964)；大貫正俊ら(1997)，Kato, K. *et al.*(1998).
粒　　子	【形態】双球状1種(径20 nm×長さ30 nm)．被膜なし．
	【成分】核酸：ssDNA1種(2.8 kb, GC含量41％)．タンパク質：外被タンパク質(CP)1種(30 kDa).
ゲ ノ ム	【構造】単一環状ssDNAゲノム(2,787 nt)．ORF6個(ウイルス鎖：2個，相補鎖：4個).
	【遺伝子】ウイルス鎖：−5′−遺伝子間領域(IR)−ORF V2(14 kDa 移行タンパク質(MP)；RNAサイレンシングサプレッサーの機能ももつ)−ORF V1(30 kDa 外被タンパク質(CP))−3′−． 相補鎖：−5′−遺伝子間領域(IR)−ORF C1(41 kDa 複製開始タンパク質(Rep))−ORF C4(11 kDa タンパク質；病徴発現に関与)−ORF C2(16 kDa 転写活性化タンパク質(TrAP))−ORF C3 (16 kDa 複製促進タンパク質(REn))−3′−． C4はC1に一部重複して，C2はC1とC3に一部重複して存在する．
	【登録コード】X15656(TYCLV−IL[IL：Reo：86] 全塩基配列)，X76319(TYLCV−Mld[IL：93] 全塩基配列)，AB110217(TYLCV−IL[JR：Omu：Ng] 全塩基配列)，AB014346(TYLCV−Mld[JR：Shz] 全塩基配列)，ほか．
細胞内所在	ウイルス粒子は篩部柔細胞の核内に局在する．
自然宿主・病徴	トマト(黄化葉巻病)，トルコギキョウ(葉巻病)，インゲンマメ，ピーマン(いずれも全身感染し，黄化，葉巻，縮葉などの症状を示す).
宿 主 域	11科31種以上の植物種．
増 殖 植 物	*Datura stramonium*.
伝　　染	汁液接種不可．タバココナジラミ(*Bemisia tabaci*)による永続伝搬．
系　　統	TYLCV−Gez(Gezira)，−IL(Israel)，−Mld(Mild)．トマトに強い病徴を示す系統と病徴がやや弱い系統(−Mld)があり，両者は宿主範囲もやや異なる．
類縁関係	TYLCVの塩基配列上の近縁ウイルスには，*Tomato yellow leaf curl Axarquia virus*(TYLCAxV)，*Tomato yellow leaf curl China virus*(TYLCCNV)，*Tomato yellow leaf curl Guangdong virus* (TYLCGdV)，*Tomato yellow leaf curl Indonesia virus*(TYLCIDV)，*Tomato yellow leaf curl Kanchanaburi virus*(TYLCKaV)，*Tomato yellow leaf curl Malaga virus*(TYLCMaV)，*Tomato yellow leaf curl Mali virus*(TYLCMLV)，*Tomato yellow leaf curl Sardinia virus*(TYLCSV)，*Tomato yellow leaf curl Thailand virus*(TYLCTHV)，*Tomato yellow leaf curl Vietnam virus* (TYLCVV)がある．
地理的分布	日本，中近東諸国，地中海沿岸諸国，カリブ海沿岸諸国，米国．
そ の 他	TYLCVやその近縁ウイルスにはTomato yellow leaf curl China betasatellite(TYLCCNB−[CN：Gx102：04])などのような各種の多様なベータサテライト(サテライトDNA：DNA β)が付随する． 〔加藤公彦〕
主要文献	Cohen, S. and Harpaz, I.(1964). Entomol. Exp. Appl., 7, 155−166；大貫正俊ら(1997). 日植病報，63, 482；Kato, K. *et al.*(1998). Ann. Phytopathol. Soc. Jpn., 64, 552−559；Brown, J. K. *et al.*(2012). *Begomovirus*. Virus Taxonomy 9th Report of ICTV, 359−372, Online Appendix, 373.e10−e52；ICTVdB(2006). *Tomato yellow leaf curl virus*. 00.029.0.03.043.；DPVweb. Begomovirus；Czosnek, H.(1999). Tomato yellow leaf curl virus−Israel. Descriptions of Plant Viruses, 368；Brunt, A. A. *et al.* eds.(1966). Tomato yellow leaf curl bigeminivirus；Czosnek, H.(2008). Tomato yellow leaf curl virus. Encyclopedia of Virology 3rd ed., 5, 138−145；Briddon, R. W. (2011). Begomovirus. The Springer Index of Viruses 2nd ed., 567−587；Fauquet, C. M. *et al.*(2008). Geminivirus strain demarcation and nomenclature. Arch. Virol., 153, 783−821；Czosnek, H. *et al.*(1988). Phytopathology, 78, 508−512；Navot, N. *et al.*(1991). Virology, 185, 151−161；上田重文(2008). 植物防疫, 62, 414−417.

植物ウイルス 326

Tulip mild mottle mosaic virus チューリップ微斑モザイクウイルス (TMMMV)
Ophioviridae Ophiovirus

初　記　載　山本孝豨ら(1989)，守川俊幸ら(1993)，Morikawa, T. *et al.*(1995)．

粒　　　子　【形態】糸状　数種(径4〜8 nm×長さ　数10〜数100 nm)．複雑に屈曲して絡み合う糸状で時に環状に観察される．粒子の形態は緩衝液により変化し，感染性もきわめて不安定である．被膜なし．
【成分】核酸：(−)ssRNA(分節数不明)．タンパク質：外被タンパク質(CP)1種(47 kDa)．

ゲ ノ ム　【構造】(−)ssRNAゲノム(分節数不明)．ゲノムの5′端と3′端にパリンドローム配列をもつ．
【遺伝子】外被タンパク質遺伝子(CP)，ほか．
【登録コード】AY204673，AY542958(部分塩基配列)．

自然宿主・病徴　チューリップ(微斑モザイク病；花色が赤〜紫色の品種では蕾の外側に楕円形の退色斑紋を形成する．この斑紋は開花とともに不鮮明になることが多い．なお，品種によっては花被に増色型の条斑も生じることがあり，この場合は開花後も識別が可能である．また，黄色や白色の品種は花の病徴が認められないことが多い．葉では楕円形の退緑斑紋を葉脈に沿って生じ，それらが集まって淡いモザイクを生じるが，品種によっては葉の症状の識別は困難である)．

宿　主　域　狭い．チューリップ(全身感染)；*Chenopodium quinoa*，タバコ，ペチュニア，ツルナなど(接種葉に局部病斑．上葉への移行は認められない)．

増殖植物　*C. quinoa*．

検定植物　*C. quinoa*．(接種葉に退緑斑点)．

伝　　　染　汁液接種可．菌類 *Olpidium brassicae* の遊走子の媒介による土壌伝染．球根伝染．

類縁関係　*Ophiovirus* 属のレタスビッグベインミラフィオリウイルス(*Mirafiori lettuce big-vein virus*：MiLBVV)と血清反応や塩基配列で類縁関係がある．

地理的分布　日本(富山，新潟)．　〔夏秋知英〕

主要文献　山本孝豨ら(1989)．日植病報, 55, 101；守川俊幸ら(1993)．日植病報, 59, 65；Morikawa, T. *et al.*(1995). Ann. Phytopathol. Soc. Jpn., 61, 578–581；Vaira, A. M. *et al.*(2012). *Ophioviridae*. Virus Taxonomy 9th Report of ICTV, 743–748；ICTVdB(2006). *Tulip mild mottle mosaic virus*. 00.094.0.01.003.；DPVweb. Ophiovirus；Vaira, A. M. and Milne, R. G.(2008). *Ophiovirus*. Encyclopedia of Virology 3rd ed., 3, 447–454(Desk Encyclopedia of Plant and Fungal Virology, 243–250)；Milne, R. G. *et al.*(2011). Ophiovirus. The Springer Index of Viruses 2nd ed., 995–1003；守川俊幸ら(1995)．日植病報, 61, 578；守川俊幸ら(1995)．富山県農技セ研報, 16, 55–66；守川俊幸ら(1997)．日植病報, 63, 504；Vaira, A. M. *et al.*(2003). Arch. Virol., 148, 1037–1050；小林富成ら(2003)．日植病報, 69, 327–328；森井環ら(2004)．日植病報, 70, 265；守川俊幸ら(2004)．富山県農技セ研報, 21, 1–141；守川俊幸ら(2007)．北陸病虫研報, 56, 37–40；守川俊幸ら(2008)．日植病報, 74, 65．

植物ウイルス 327

Tulip mosaic virus チューリップモザイクウイルス (TulMV)
Potyviridae Potyvirus

　本ウイルスはわが国において長らく *Tulip breaking virus*（TBV）として扱われていたが，最近，塩基配列の解析結果に基づいて別種の *Tulip mosaic virus* として位置づけされた．ただし，TulMV は塩基配列の一部を除いてその性状は TBV とほぼ同一なので，ここでは TBV のデータと合わせて示す．

初　記　載	Cayley, D. M.(1928), McKay, M. B. *et al.*(1929)；山口　昭(1958).
異　　　名	チューリップブレーキングウイルス，Tulipa virus 1, Tulipavirus vulgare, Lily mosaic virus.
粒　　　子	【形態】ひも状 1 種(径 14 nm×長さ 740 nm)．らせんピッチ 3.4 nm．被膜なし．
	【成分】核酸：(＋)ssRNA 1 種（約 10 kb）．タンパク質：外被タンパク質(CP) 1 種(30 kDa)，ゲノム結合タンパク質(VPg) 1 種.
ゲ ノ ム	【構造】単一線状(＋)ssRNA ゲノム．5′端にゲノム結合タンパク質(VPg)，3′端にポリ(A)配列(poly(A))をもつ．
	【遺伝子】外被タンパク質遺伝子(CP)，ほか．
	【登録コード】X63630, AM048878(TulMV CP 遺伝子)；S60804, AJ549932(TBV CP 遺伝子).
細胞内所在	ウイルス粒子は各種細胞の細胞質内に散在あるいは集塊をなす．細胞質内には風車状もしくは層板状の封入体がみられる．
自然宿主・病徴	チューリップ(花弁に斑入り症状．葉にモザイク).
宿　主　域	ユリ科 *Tulipa* 属，*Lilium* 属に限られる.
検 定 植 物	チューリップ，ユリ(全身感染).
伝　　　染	汁液接種可．モモアカアブラムシ，ワタアブラムシ，チューリップヒゲナガアブラムシなど数種のアブラムシによる非永続伝搬.
類 縁 関 係	TuMV の近縁ウイルスには TBV とユリ微斑ウイルス(*Lily mottle virus*：LMoV)がある．従来，わが国に発生するチューリップモザイク病の病原ウイルスのひとつとして TBV(和名　チューリップモザイクウイルス)があげられていたが，その後の塩基配列解析の結果からこのウイルスは TBV とは別種の TulMV として分類された．ただし，本邦の他の分離株もすべてこれに相当するか否かは未詳である．また，ユリで発生し，チューリップの花弁にカラーブレーキングを生ずるウイルスは TBV のユリ系統であるとされてきたが，血清学的解析およびゲノム配列に基づく系統解析により，別種の LMoV であることが明らかにされた.
地理的分布	TBV：世界各国．TulMV：日本，インド，オランダ，ニュージーランド.
そ の 他	チューリップの花弁の斑入り症状(ブレーキング)は 1576 年のオランダの記録にあり，17 世紀のオランダではこのような特性を示すチューリップは貴重な品種として珍重された．〔難波成任〕
主 要 文 献	Cayley, D. M.(1928). Ann. Appl. Biol., 15, 529–539；McKay, M. B. *et al.*(1929). Yb. U. S. Dep. Agric. 1928, 596–597；山口　昭(1958). 日植病報, 23, 240–244；Adams, M. J. *et al.*(2012). *Potyvirus*. Virus Taxonomy 9th Report of ICTV, 1072–1079；ICTVdB(2006). Tulip breaking virus. 00.057.0.01.070.；DPVweb. Potyvirus；Van Slogteren, D. H. M.(1971). *Tulip breaking virus*. Descriptions of Plant Viruses, 71；Brunt, A. A. *et al.* eds.(1996). Tulip breaking *potyvirus*. Plant Viruses Online；Berger, P. H. *et al.*(2011). Potyvirus. The Springer Index of Viruses 2nd ed., 1425–1437；山下修一(1983). 植物ウイルス事典, 534–535；亀谷満朗(1993). 原色作物ウイルス病事典, 557–558；McWhorter, F. P.(1938). Ann. Appl. Biol., 25, 245–270；山口　昭(1961). 日植病報, 26, 131–136；Yamaguchi, A. *et al.*(1963). Virology, 20, 143–146；Yamaguchi, A. and Matsui, C.(1963). Phytopathology, 53, 1374–1375；Derks, A. F. L. M. *et al.*(1982). Neth. J. Plant Pathol., 88, 87–98；前田孚憲ら(1984). 農学研究, 60, 135–146；Langeveld, S. A.(1991). J. Gen. Virol., 72, 1531–1541；Dekker, E. L. *et al.*(1993). J. Gen. Virol. 74, 881–887；Ohira, K. *et al.*(1994). Virus Genes, 8, 165–167；宮川正通ら(1997). 新潟園試研報, 16, 40–51；Yamaji, Y. *et al.*(2001). Eur. J. Plant Pathol., 107, 833–837；Zheng, H. Y. *et al.*(2003). Arch. Virol., 148, 2419–2428.

植物ウイルス 328

Tulip necrosis virus# チューリップえそウイルス (TulNV)

#ICTV 未認定（*Tombusviridae* ?）

#日本植物病名目録のチューリップの項に Tobacco necrosis virus として登録されているが, Virus Taxonomy 9th Report of ICTV には記載されていない.

初 記 載	草葉敏彦ら(1977), 松濤美文ら(1977), 名畑清信ら(1978).
異 名	チューリップネクロシスウイルス, Tobacco necrosis virus-Toyama(TNV-Toyama).
粒 子	【形態】球状 1 種（径 25 nm）. 被膜なし. 【成分】核酸：(+)ssRNA 1 種. タンパク質：外被タンパク質(CP) 1 種(29 kDa).
ゲ ノ ム	【構造】単一線状(+)ssRNA ゲノム. 【遺伝子】外被タンパク質遺伝子(CP), ほか. 【登録コード】AB037115(外被タンパク質遺伝子 部分塩基配列).
自然宿主・病徴	チューリップ（えそ病；全身感染し, 葉に紡錘状ないしは単線状の褐色でやや凹んだえそ斑を生じる）.
宿 主 域	広い. チューリップ（全身感染）；アカザ科, ヒユ科, マメ科, ナス科, ゴマ科, ウリ科など 8 科 21 種の植物（接種葉に局部病斑）.
増殖植物	インゲン, ツルナ.
検定植物	タバコ, ササゲ, ツルナ, *Chenopodium amaranticolor*, *C. quinoa* など.
伝 染	汁液接種可. 媒介菌(*Olpidium virulentus*)による土壌伝染.
類縁関係	本ウイルスの外被タンパク質のアミノ酸配列は *Tobacco necrosis virus-A*(TNV-A)およびタバコえそ D ウイルス(*Tobacco necrosis virus-D*：TNV-D)のそれとはそれぞれ 51％および 43～44％の相同性しか示さないことから, 本ウイルスは TNV とは別種とされた. なお, TNV-A 抗血清とは弱く反応する.
地理的分布	日本. 〔髙浪洋一〕
そ の 他	チューリップえそ病の病原ウイルスとしては, ほかにオリーブ潜在ウイルス 1(OLV-1)やオリーブ微斑ウイルス(OMMV)などがある.
主要文献	草葉敏彦ら(1977). 日植病報, 43, 76-77；松濤美文ら(1977). 日植病報, 43, 77；名畑清信ら(1978). 富山県農試報, 9, 1-10；Saeki, K. *et al.*(2001). Biosci. Biotechnol. Biochem., 65, 719-724；多賀由美子ら(2005). 日植病報, 71, 232.

植物ウイルス 329

Tulip streak virus# チューリップ条斑(じょうはん)ウイルス (TuSV)

#ICTV 未認定

#日本植物病名目録に登録されているが，Virus Taxonomy 9th Report of ICTV には記載されていない．

初 記 載	山本孝豨ら(1989)，守川俊幸・多賀由美子(2002)，守川俊幸ら(2004)．
粒 子	【形態】糸状数種(径 7〜11 nm×長さ 300〜1,600 nm)．複雑に屈曲して絡み合う糸状で時に環状に観察される．被膜なし． 【成分】核酸：ssRNA(分節数不明)．タンパク質：外被タンパク質(CP)1種(31 kDa)．
ゲ ノ ム	【構造】ssRNAゲノム(分節数不明)．ゲノムの5′端と3′端にパリンドローム配列をもつ． 【遺伝子】外被タンパク質遺伝子(CP)，ほか．
自然宿主・病徴	チューリップ(条斑病；葉に黄色〜退緑色の条斑が葉脈にそって生じる．条斑は萌芽間もない頃から観察され，重症株では株全体が萎縮する．軽症株は1葉あたり数個の条斑が萌芽期から開花期にかけて生じるのみで，ほとんど生育に影響しない．花被にはほとんど症状が認められないが，まれにえそ条線が生じることがある．チューリップの感受性に品種間差異がある)．
宿 主 域	狭い．チューリップ，*Nicotiana tabaccum*(品種 White barley)，*N. benthamiana* など(全身感染)．
増殖植物	*N. tabaccum*(品種 White barley)．
検定植物	*Chenopodium quinoa*(接種葉にえそ斑点)；*N. tabaccum*(品種 White barley)(接種葉に退緑斑，えそ，あるいは無病徴．全身感染して上位葉では葉脈透過を生じ，激しいと葉脈にえそを伴うモザイクを示す)．
伝 染	汁液接種可．菌類(*Olpidium brassicae*)の遊走子の媒介による土壌伝染．球根伝染．
類縁関係	チューリップ微斑モザイクウイルス(*Tulip mild mottle mosaic virus*：TMMMV)とはまったく類縁関係がない．*Bunyaviridae* 科 *Phlebovirus* 属の *Sandfly fever Naples virus* と外被タンパク質のアミノ酸配列に遠い類縁関係が認められる．
地理的分布	日本(富山，新潟，島根)． 〔夏秋知英〕
主要文献	山本孝豨ら(1989)．日植病報，55, 101；守川俊幸・多賀由美子(2002)．日植病報，68, 239；守川俊幸ら(2004)．日植病報，70, 77；小林富成ら(2004)．日植病報，70, 265；森井 環ら(2004)．日植病報，70, 265；守川俊幸ら(2004)．富山県農技セ研報 21, 1-141；守川俊幸ら(2007)．北陸病虫研報，56, 37-40；守川俊幸ら(2008)．日植病報，74, 65．

植物ウイルス 330

(TVX)

Tulip virus X チューリップ X ウイルス
Alphaflexiviridae Potexvirus

初 記 載	Mowat, W. P.(1982)；藤原裕治ら(1994)，宮川正通ら(1997).
粒　　子	【形態】ひも状 1 種(径 13 nm×長さ 495 nm). 被膜なし.
	【成分】核酸：(+)ssRNA 1 種(6.1 kb, GC 含量 57%). タンパク質：外被タンパク質(CP)1 種(22 kDa).
ゲ ノ ム	【構造】単一線状(+)ssRNA ゲノム(6,056 nt). ORF 5 個. 5′端にキャップ構造(Cap)，3′端にポリ(A)配列(poly(A))をもつ.
	【遺伝子】5′-Cap-ORF1(153 kDa RNA 複製酵素(RP)；メチルトランスフェラーゼドメイン(Met)/ヘリカーゼドメイン(Hel)/RNA 複製酵素ドメイン(RdRp))-ORF2(25 kDa 移行タンパク質 1；TGBp1；RNA サイレンシングサプレッサーとしても機能)-ORF3(12 kDa 移行タンパク質 2；TGBp2)-ORF4(10 kDa 移行タンパク質 3；TGBp3)-ORF5(22 kDa 外被タンパク質：CP)-poly(A)-3′.
	ORF2〜4 は互いに一部オーバーラップして存在している.
	【登録コード】AB066288(日本分離株 全塩基配列)，AY842508-AY842510(アメリカ分離株 部分塩基配列)，EU555190(ニュージーランド分離株 部分塩基配列)，EU717144(ノルウェー分離株 部分塩基配列).
細胞内所在	感染細胞内には紡錘状もしくはループ状の封入体がみられる.
自然宿主・病徴	チューリップ，*Melissa officinalis* など(葉に退緑斑および壊死斑，花弁に線状斑).
宿 主 域	狭い. アカザ科，ユリ科，ツルナ科植物など.
検 定 植 物	アカザ(接種葉および上葉に退緑斑)
伝　　染	汁液接種可. 接触伝染. 媒介生物不明.
類 縁 関 係	*Cassava common mosaic virus*(CsCMV), *Hydrangea ringspot virus*(HdRSV), Viola mottle virus(VMoV)と遠い血清関係がある. オオバコモザイクウイルス(*Plantago asiatica mosaic virus*：PlAMV)とアミノ酸配列の相同性が高い.
地理的分布	イギリス，米国，ニュージーランド，ノルウェー，日本. 〔山次康幸〕
主 要 文 献	Mowat, W. P.(1982). Ann. Appl. Biol., 101, 51-63；藤原裕治ら(1994). 植防研報, 30, 99-103；宮川正通ら(1997). 新潟園試研報, 15, 65-76；Adams, M. J. *et al.*(2012). *Potexvirus*. Virus Taxonomy 9th Report of ICTV, 912-915；ICTVdB(2006). *Tulip virus X*. 00.056.0.01.019.；DPVweb. Potexvirus；Mowat, W. P.(1984). Tulip virus X. Descriptions of Plant Viruses, 276；Brunt, A. A. *et al.* eds.(1996). Tulip X *potexvirus*. Plant Viruses Online；Yamaji, Y. *et al.*(2001). Arch. Virol., 146, 2309-2320.

植物ウイルス 331

(TuMV)
Turnip mosaic virus カブモザイクウイルス
Potyviridae Potyvirus

初 記 載	Gardner, M. W. and Kendrick, J. B.(1921), Schultz, E. S.(1921)；瀧元清透(1930)，明日山秀文・葛西武雄(1948)，吉井 甫(1949).
異 名	Cabbage black ringspot virus, Cabbage black ring virus, Cabbage ring necrosis virus, Cabbage virus A, Daikon mosaic virus, Horseradish mosaic virus, Radish virus P, Tulip chlorotic blotch virus, Tulip top breaking virus.
粒 子	【形態】ひも状1種(径13 nm×長さ700〜750 nm)．被膜なし． 【成分】核酸：(+)ssRNA 1種(9.98 kb)．タンパク質：外被タンパク質(CP)1種(33 kDa)，ゲノム結合タンパク質(VPg)1種．
ゲ ノ ム	【構造】単一線状(+)ssRNAゲノム(9,830〜9,833 nt)．ORF 1個．5′端にゲノム結合タンパク質(VPg)，3′端にポリ(A)配合(poly(A))をもつ． 【遺伝子】5′-VPg-358 kDaポリプロテイン(40 kDa P1タンパク質(P1)/52 kDa虫媒介助タンパク質-プロテアーゼ(HC-Pro)/40 kDa P3タンパク質(P3)/6 kDaタンパク質(6 K1)/72 kDa円筒状封入体タンパク質(CI)/6 kDaタンパク質(6 K2)/22 kDaゲノム結合タンパク質(NIaVPg)/27 kDa NIaプロテアーゼ(NIa-Pro)/60 kDa RNA複製酵素(NIb)/33 kDa外被タンパク質(CP))-poly(A)-3′． ほかに，25 kDa P3N-PIPOタンパク質(P3のフレームシフトで生じるタンパク質)のORFが存在する． 【登録コード】(全塩基配列) AB093596-AB093627(St48J株，A102/11株，Al株，A64株，ITA7株，Cal1株，IS1株，PV0104株，PV376-Br株，KEN1株，RUS1株，RUS2株，CZE1株，USA1株，CDN1株，BZ1株，NZ290株，KYD81J株，CP845J株，TD88J株，NDJ株，HOD517J株，FD27J株，SGD311J株，59J株，KD32J株，2J株，DMJ株，Ka1J株，C42J株，CHN1株，HRD株)，AB105134(Tu-3株)，AB105135(Tu-2R1株)，AF169561(UK1株)，AF394601(C1株)，AF394602(TW株)，AF530055(YC5株)，AY090660(CHN12株)，AY134473(RC4株)，D10927(Q-Ca株)，D83184(1J株)，ほか．
細胞内所在	ウイルス粒子は各種組織の細胞の細胞質に集積あるいは散在して存在．感染細胞では円筒状封入体，風車状封入体などを形成．
自然宿主・病徴	主にアブラナ科植物などの各種植物(全身感染；主にモザイク症状．なお植物種や品種により，退緑斑やえそ斑，時には枯死させる場合もある)．
宿 主 域	広い．20科80種以上の植物種．
増 殖 植 物	カブ(品種 博多据わりなど)，*Nicotiana benthamiana*．
検 定 植 物	アカザ科植物(*Chenopodium quinoa, C. amaranticolar*など；多くの場合，接種葉にえそ斑ではなく退緑斑を生じ，時に上葉に退緑斑)；*N. glutinosa*(接種葉に退緑斑，時に上葉にモザイク症状)．カブには多くの分離株が感染するが，ダイコンに感染しない分離株がある．キュウリモザイクウイルス(CMV)もアカザ科の植物に局部えそ斑を生ずる．アカザ科の植物においてCMVの病斑は3〜5日後に，TuMVの病斑は7〜10日で出るため，CMVとの判別が可能．
伝 染	汁液接種可．接触伝染．虫媒伝染(アブラムシ類による非永続伝搬)．
系 統	明確な系統はないが，抵抗性遺伝子を持つナタネ品種との反応により，いくつかの病原型(pathotype)に分けられている．また，主に*Brassica*属植物と*Raphanus*属植物の反応により，2つの宿主型(host type)に分けられている．さらに，分子系統樹における遺伝型(genotype)により，*Orchis*，basal-B，basal-BR，Asian-BRおよびworld-Bの5遺伝型グループに分けられている．
類縁関係	*Maize dwarf mosaic virus*(MDMV)，ジャガイモYウイルス(*Potato virus Y*：PVY)，*Tobacco etch virus*(TEV)と遠い血清学的類縁関係がある．
地理的分布	日本および世界各地．
そ の 他	ゲノム内に組換えが頻繁にみられ，また分子系統樹により地理的隔離と宿主適応が見られる．

CMVと重複感染する場合がみられ，一般に単独感染より病徴が激しくなる場合が多い．

〔大島一里〕

主要文献 Gardner, M. W. and Kendrick, J. B.(1921). J. Agric. Res., 22, 123-124；Schultz, E. S.(1921). J. Agric. Res., 22, 173-177；瀧元清透(1930).日本園芸雑誌, 42(7), 5；明日山秀文・葛西武雄(1948).日植病報, 13(3-4), 68；吉井 甫(1949).日植病報, 14(3-4), 100-101；Adams, M. J. et al.(2012). *Potyvirus*. Virus Taxonomy 9th Report of ICTV, 1072-1079；ICTVdB(2006). *Turnip mosaic virus*. 00.057.0.01.072.；DPVweb. Potyvirus；Tomlinson, J. A.(1970). Turnip mosaic virus. Descriptions of Plant Viruses, 8；Brunt, A. A. et al. eds.(1996). Turnip mosaic *potyvirus*. Plant Viruses Online；Ohshima, K.(2008). *Turnip mosaic virus*. Characterization, Diagnosis & Management of Plant Viruses Vol. 3(Rao, G. P. et al eds., Studium Press), p.313-330；栃原比呂志(1983). 植物ウイルス事典, 536-537；栃原比呂志(1993). 原色作物ウイルス病事典, 354-355；田村 實(1984). 野菜のウイルス病, 180-192；Lopez-Moya, J. J. et al.(2008). Potyviruses. Encyclopedia of Virology 3rd ed., 4, 313-322；Berger, P. H. et al.(2011). Potyvirus. The Springer Index of Viruses 2nd ed., 1425-1437；Yoshii, H.(1963). Ann. Phytopath. Soc. Jpn., 28, 221-227；栃原比呂志(1965). 農技研報 C, 18, 1-58；Walsh, J. A. and Jenner, C. E.(2002). Mol. Pl. Pathol., 3, 289-300；Ohshima, K. et al.(2002). J. Gen. Virol., 83, 1511-1521；Jenner, C. E. et al.(2002). Virology, 300, 50-59；Suehiro, N. et al.(2004). J. Gen. Virol., 85, 2087-2098；Tan, Z. et al.(2004). J. Gen. Virol., 85, 2683-2696；Tomimura, K. et al.(2004). Virology, 330, 408-423；Tomitaka, Y. and Ohshima, K.(2006). Mol. Ecol., 15, 4437-4457；Ohshima, K. et al.(2007). J. Gen. Virol., 88, 298-315；Ohshima, K. et al.(2010). J. Gen. Virol., 91, 788-801；Nguyen, H. D. et al.(2013). PLoS ONE, 8, e55336；Gibbs, A. J. et al.(2015). Curr. Opin. Virol., 10, 20-26；Yasaka, R. et al.(2015). J. Gen. Virol., 96, 701-713；大島一里(2009). 植物防疫, 63, 21-25.

植物ウイルス 332

Turnip yellow mosaic virus カブ黄化モザイクウイルス (TYMV)
Tymoviridae Tymovirus

初　記　載	Markham, R. and Smith, K. M.(1949)；桐野菜美子ら(2006)，大木 理ら(2006)，Kirino, N. *et al.*(2008).
異　　　名	ハクサイ黄化モザイクウイルス，Cardamine yellow mosaic virus.
粒　　　子	【形態】球状1種(径28 nm)．被膜なし． 【物性】沈降係数 116〜117 S．浮遊密度(CsCl) 1.395〜1.402 g/cm^3． 【成分】核酸：(＋)ssRNA 1種(6.3 kb，GC含量56％)．タンパク質：外被タンパク質(CP)1種(20 kDa)．
ゲ ノ ム	【構造】単一線状(＋)ssRNAゲノム(6,318 nt)．ORF 3個．ゲノムの5′端にキャップ構造(Cap)，3′端にtRNA様構造(TLS)をもつ． 【遺伝子】5′-Cap-ORF1(206 kDa RNA複製酵素(RP)；メチルトランスフェラーゼドメイン/パパイン様プロテアーゼドメイン/ヘリカーゼドメイン/RNA複製酵素ドメイン；自己切断により98 kDa, 42 kDa, 66 kDaの3つのタンパク質になる)/ORF2(69 kDa 移行タンパク質(MP)：ORF1とほぼ重複)-ORF3(20 kDa 外被タンパク質(CP))-TLS-3′． 【登録コード】X07441, X16378, AF035403(全塩基配列)，ほか．
細胞内所在	ウイルス粒子は細胞質内に多量に存在する．葉緑体外膜の内側にゲノム核酸の複製の場と考えられる小胞が形成される．
自然宿主・病徴	アブラナ科植物(黄化モザイク病など；モザイク．ハクサイでは接種葉に退緑斑点，上位葉に葉脈透化の後に鮮明な黄化モザイク)．
宿　主　域	狭い．アブラナ科植物にほぼ限られる．
増 殖 植 物	ハクサイ．
検 定 植 物	ハクサイ(接種葉に退緑病斑)．
伝　　　染	汁液接種可．ハムシによる非永続伝搬．種子伝染(低率)．
系　　　統	いくつかの系統が報告されている．日本分離株はヨーロッパ・オーストラリア分離株と近縁．
類 縁 関 係	多くの *Tymovirus* 属ウイルスと血清関係がある．
地理的分布	ヨーロッパ，ニュージーランド，オーストラリア，カナダ，日本． 〔大木 理〕
主 要 文 献	Markham, R. and Smith, K. M.(1949). Parasitology, 39, 330-342；桐野菜美子ら(2006).日植病報, 72, 251-252；大木 理ら(2006).日植病報, 72, 252；Kirino, N. *et al.*(2008). J. Gen. Plant Pathol., 74, 331-334；Adams, M. J. *et al.*(2012). *Tymovirus*. Virus Taxonomy 9th Report of ICTV, 946-948；ICTVdB(2006). *Turnip yellow mosaic virus*. 00.077.0.01.020.；DPVweb. Tymovirus；Matthews, R. E. F.(1980). Turnip yellow mosaic virus. Descriptions of Plant Viruses, 230；Brunt, A. A. *et al.* eds.(1996). Turnip yellow mosaic *tymovirus*. Plant Viruses Online；Haenni, A. L. *et al.*(2008). Tymoviruses. Encyclopedia of Virology 3rd ed., 5, 199-207；Jupin, I. *et al.*(2011). Tymovirus. The Springer Index of Viruses 2nd ed., 1953-1962；井上忠男(1983). 植物ウイルス事典, 588-589；Morch, M. D. *et al.*(1988). Nucleic Acids Res., 16, 6157-6173；Skotnicki, M. L. *et al.*(1992). Arch. Virol., 127, 25-35.

植物ウイルス 333

Vicia cryptic virus ソラマメ潜伏ウイルス (VCV)
Partitiviridae 属未定

初　記　載　Kenten, R. H. *et al.*(1978)；夏秋知英ら(1981)．

粒　　　子　【形態】球状2種(径30 nm)．被膜なし．
【物性】浮遊密度(CsCl) 1.38～1.39 g/cm^3．
【成分】核酸：dsRNA 2種(RNA1：2.0 kbp，RNA2：1.8 kbp)．タンパク質：外被タンパク質(CP)1種(54 kDa)，ウイルスRNA複製酵素(RdRp)1種(73 kDa)．

ゲ ノ ム　【構造】2分節線状dsRNAゲノム(RNA1：2,012 bp, RNA2：1,779 bp)．ORF 2個(各分節ゲノムに各1個)．各分節ゲノムの5′非翻訳領域に保存配列が存在する．3′端にポリ(A)様配列(poly(A))をもつ．
【遺伝子】RNA1：73 kDa ウイルスRNA複製酵素(RdRp)．RNA2：54 kDa 外被タンパク質(CP)．
【登録コード】AY751737(RNA1全塩基配列)，AY751738(RNA2全塩基配列)，ほか．

自然宿主・病徴　ソラマメ(*Vicia faba*)(全身感染；無病徴)．

宿主域・病徴　宿主はVCVが検出されたソラマメとその子孫だけに限られる(全身感染；無病徴)．

類　縁　関　係　従来，VCVは*Partitiviridae*科*Alphacryptovirus*属の認定種とされていたが，*Partitiviridae*科の新分類に伴い，現在は*Partitiviridae*科の属未定種となっている．

伝　　　染　汁液接種不可．種子伝染(伝染率75%以上)．花粉伝染．水平伝染しない．

地 理 的 分 布　日本，ドイツ，オランダ，イギリス．　〔夏秋知英〕

主 要 文 献　Kenten, R. H. *et al.*(1978). Rep. Rothamsted Exp. Stn. 1977., p. 222；夏秋知英ら(1981). 日植病報, 47, 94；Ghabrial, S. A. *et al.*(2012). *Alphacryptovirus*. Virus Taxonomy 9th Report of ICTV, 527-529；ICTV Virus Taxonomy List(2013). *Partitiviridae*；ICTVdB(2006). *Vicia cryptic virus*. 00.049.0.03.015.；DPVweb. Alphacryptovirus；Brunt, A. A. *et al.* eds.(1996). Vicia *alphacryptovirus*. Plant Viruses Online；夏秋知英(1983). 植物ウイルス事典, 538；大木 理(1993). 原色作物ウイルス病事典, 169；Abou-Elnasr, M. A. *et al.*(1985). J. Gen. Virol., 66, 2453-2460；夏秋知英(1984). 宇都宮大農学報特輯, 43, 1-80；夏秋知英(1987). 植物防疫, 41, 371-375；Blawid, R. *et al.*(2007). Arch. Virol., 152, 1477-1488.

植物ウイルス 334

Wasabi latent virus# ワサビ潜在ウイルス (WLV)

#ICTV 未認定（*Betaflexiviridae Carlavirus* ?）

#日本植物病名目録に登録されているが，Virus Taxonomy 9th Report of ICTV には記載されていない．

初 記 載	岸良日出男ら（1990）．
粒 子	【形態】ひも状1種（?）（径13 nm×長さ750〜780 nm）．被膜なし． 【成分】核酸：（＋）ssRNA 1種（2.3 MDa）．タンパク質：外被タンパク質（CP）1種（33.5 kDa）．
ゲ ノ ム	【構造】単一線状（＋）ssRNA ゲノム．3′端にポリ（A）配列（poly（A））をもつ． 【遺伝子】3′端側部分塩基配列；−ORF（33.5 kDa 外被タンパク質（CP））−ORF（12.7 kDa タンパク質）−poly（A）−3′．
細胞内所在	ウイルス粒子は細胞質内に散在あるいは集塊をなす．
自然宿主・病徴	ワサビ（*Eutrema wasabi*）（無病徴感染）．
宿 主 域	ワサビのみ．
検 定 植 物	ワサビ．
伝 染	汁液接種可．アブラムシ伝染は確認されていない．
類 縁 関 係	3′端側領域の塩基配列から *Carlavirus* 属ウイルスとゲノム構造が類似し，外被タンパク質（CP）のアミノ酸配列がジャガイモMウイルス（*Potato virus M*：PVM）と85％の相同性を示す．
地理的分布	日本． 〔夏秋知英〕
主 要 文 献	岸良日出男ら（1990）．日植病報, 56, 100；岸良日出男ら（1992）．関東病虫研報, 39, 111-112；渡辺貴子ら（2008）．日植病報, 63, 273．

植物ウイルス 335

Wasabi mottle virus ワサビ斑紋ウイルス (WMoV)
Virgaviridae Tobamovirus

初　記　載	栃原比呂志ら(1964).
異　　　名	タバコモザイクウイルス-ワサビ系(Tobacco mosaic virus-W：TMV-W)，Ribgrass mosaic virus (RMV)-Wasabi isolate (RMV は現在では別種のウイルス名)，Crucifer tobamovirus (CTMV).
粒　　　子	【形態】棒状1種(径18 nm×長さ300 nm)．被膜なし． 【成分】核酸：(＋)ssRNA 1種(6.3 kb, GC含量44%)．タンパク質：外被タンパク質(CP)1種(17.6 kDa).
ゲ ノ ム	【構造】単一線状(＋)ssRNAゲノム(6,297～6,298 nt). ORF 4個．5′端にキャップ構造(Cap)，3′端にtRNA様構造(TLS)をもつ． 【遺伝子】5′-Cap-125 kDa/181 kDa RNA複製酵素タンパク質(RdRp)；181 kDaタンパク質は125 kDaタンパク質のリードスルータンパク質)-30 kDa移行タンパク質(MP)-17.6 kDa外被タンパク質(CP)-TLS-3′. 【登録コード】AB017503(静岡株 全塩基配列)，AB017504(栃木株 全塩基配列)，KJ207375 (Alishan株 全塩基配列).
細胞内所在	ウイルス粒子は一般に細胞質の膜状封入体の内部あるいはその近傍に多く存在する．
自然宿主・病徴	ワサビ(萎縮病；全身感染し，斑紋，モザイク，葉脈透化，萎縮症状を示す).
宿　主　域	やや広い．15科65種以上の植物種．ワサビ，ハクサイなどのアブラナ科植物，*Chenopodium amaranticolor, C. murale, Nicotiana tabacum*(品種 Samsun, Bright Yellow, White Barley, TI 245), *N. benthamiana*(全身感染)；*N. tabacum*(品種 Xanthi nc, SamsunNN, Java, KY57, Judy's Pride), *N. glutinosa, N. sylvestris, N. sanderae, N. rustica, Petunia hybrida, Momordica charantia, Vicia fava, Plantago lanceolata*, トマト(局部感染).
増殖植物	*N. tabacum*(品種 Xanthi, Samsunなど), アブラナ科植物(コマツナなど), *N. benthamiana*.
検定植物	*N. tabacum*(品種 Xanthi nc, SamsunNNなど), *N. glutinosa*(接種葉に局部壊死斑)；アブラナ科植物(コマツナ, シロイヌナズナなど)(上葉に斑紋, モザイク).
伝　　　染	汁液接種可．接触伝染．土壌伝染．いずれも媒介生物は関与しない．
系　　　統	栃木株, 静岡株.
類縁関係	アブラナ科植物に感染するアブラナモザイクウイルス(*Youcai mosaic virus*：YoMV)，*Turnip vein-clearing virus*(TVCV)およびWoMVの3種は互いに全塩基配列の相同性は90%以下である．WMoVの抗体は，YoMVとは強く，タバコモザイクウイルス(*Tobacco mosaic virus*：TMV), トマトモザイクウイルス(*Tomato mosaic virus*：ToMV)およびトウガラシ微斑ウイルス(*Pepper mild mottle virus*：PMMoV)とは弱く反応する．このように，WMoVは他の*Tobamovirus*属ウイルスと血清学上ならびにアミノ酸配列上の類縁関係がある．
地理的分布	日本． 〔西口正通〕
主要文献	栃原比呂志ら(1964). 関東東山病虫研報, 11, 46；Adams, M. J. *et al.*(2012). *Tobamovirus*. Virus Taxonomy 9th Report of ICTV, 1153-1156；ICTVdB(2006). *Wasabi mottle virus*. 00.071.0.01.025.；DPVweb. Tobamovirus；Oshima, N. and Harrison, B. D.(1975). Ribgrass mosaic virus. Descriptions of Plant Viruses, 152；Brunt, A. A. *et al.* eds.(1996). Ribgrass mosaic *tobamovirus*. Plant Viruses Online；夏秋知英(1983). 植物ウイルス事典, 121-122；栃原比呂志(1993). 原色作物ウイルス病事典, 361-364；田村 實(1984). 野菜のウイルス病, 207-210；Oshima, N. *et al.*(1971). Ann. Phytopath. Soc. Jpn., 37, 319-325；Oshima, N. *et al.*(1974). Ann. Phytopath. Soc. Jpn., 40, 243-251；鈴木春夫ら(1976). 静岡農試研報, 21, 59-66；Kashiwazaki, S. *et al.*(1990). Ann. Phytopath. Soc. Jpn., 56, 257-260；Shimamoto, I. *et al.*(1998). Arch. Virol., 143, 1801-1813；Gibbs, A. J.(2004). Arch. Virol., 149, 1941-1954.

植物ウイルス 336

Wasabi rhabdovirus#　ワサビラブドウイルス　(WaRV)
#ICTV 未認定（*Rhabdoviridae Nucleorhabdovirus* ?）

#日本植物病名目録に登録されているが，Virus Taxonomy 9th Report of ICTV には記載されていない．

初　記　載	岸良日出男ら(1990)．
粒　　　子	【形態】桿菌状〜弾丸状 1 種（径 85〜90 nm×長さ 230〜250 nm）．被膜あり．
細胞内所在	各種組織の細胞の核内にビロプラズムを形成し，ウイルス粒子はその内部で増殖した後，核膜内膜を被膜して成熟し，細胞質内に移行・集積する．
自然宿主・病徴	ワサビ（病徴の記載なし）．
宿　主　域	ワサビ以外は不明．
伝　　　染	汁液接種不可．媒介生物不明．
地理的分布	日本．
主 要 文 献	岸良日出男ら(1990)．日植病報, 56, 100；栃原比呂志(1993)．原色作物ウイルス病事典, 361.

〔日比忠明〕

植物ウイルス 337

Watermelon mosaic virus　スイカモザイクウイルス
(WMV)
Potyviridae Potyvirus

初　記　載	Webb, R. E. and Scott, H. A. (1965)；Inouye, T. (1964).

初　記　載　Webb, R. E. and Scott, H. A. (1965)；Inouye, T. (1964).

異　　　名　カボチャモザイクウイルス，Watermelon mosaic virus 2，Marrow mosaic virus，Melon mosaic virus, Vanilla necrosis virus.

粒　　　子　【形態】ひも状1種(径11 nm×長さ730 nm)．被膜なし．
【成分】核酸：(+)ssRNA 1種(10.0 kb)．タンパク質：外被タンパク質(CP)1種(32〜35 kDa)，ゲノム結合タンパク質(VPg)1種．

ゲ ノ ム　【構造】単一線状(+)ssRNAゲノム(10,035〜10,039 nt)．ORF 1個．5′端にゲノム結合タンパク質(VPg)，3′端にポリ(A)配列(poly(A))をもつ．
【遺伝子】5′-VPg-ORF1(367 kDaポリプロテイン；P1プロテアーゼ(P1)/虫媒介助タンパク質-プロテアーゼ(HC-Pro)/P3タンパク質(P3)/6 K1タンパク質/円筒状封入体タンパク質(CI)/6 K2タンパク質/核内封入体a-ゲノム結合タンパク質(NIa-VPg)/NIa-プロテアーゼ(NIa-Pro)/核内封入体b(RNA複製酵素；NIb)/外被タンパク質(CP))-poly(A)-3′．
ほかに，P3のORFのフレームシフトにより生じる小さなORF2(PIPO；72 aa)が存在する．
【登録コード】AY437609, AB218280(全塩基配列)，ほか．

細胞内所在　ウイルス粒子は細胞質内に散在する．感染細胞内に風車状の細胞質内封入体がみられる．

自然宿主・病徴　キュウリ，カボチャなどのウリ科植物，エンドウ，ソラマメなどのマメ科植物(モザイク，奇形，生育不良)；ゴマ(モザイク)；トルコギキョウ(輪紋病；退緑輪紋)；サギソウ(萎縮病；モザイク，萎縮，奇形).

宿　主　域　比較的広い．ウリ科植物のほか，マメ科，アオイ科，アカザ科など23科の植物．

増 殖 植 物　ペポカボチャ，キュウリなど．

検 定 植 物　ペポカボチャ，キュウリ，*Nicotiana benthamiana*，エンドウ，ソラマメ(全身感染)；*Chenopodium amaranticolor*(局部病斑)．ウリ科植物に同様の病徴を示す同じ*Potyvirus*属のパパイア輪点ウイルス(*Papaya ringspot virus*：PRSV)とズッキーニ黄斑モザイクウイルス(*Zucchini yellow mosaic virus*：ZYMV)とは汁液接種で識別が可能である．

伝　　　染　汁液接種可．モモアカアブラムシ，ワタアブラムシなど多種のアブラムシによる非永続伝搬．

系　　　統　海外では多数の系統が報告されている．わが国の系統はWatermelon mosaic virus 2がWMV, Watermelon mosaic virus 1がパパイア輪点ウイルス(PRSV)に分けられる以前の報告のため，再調査が必要である．

類 縁 関 係　ダイズモザイクウイルス(*Soybean mosaic virus*：SMV)やインゲンマメモザイクウイルス(*Bean common mosaic virus*：BCMV)などと血清関係がある．WMVは塩基配列から*Potyvirus*属の4つのサブグループ(PVYサブグループ，SCMVサブグループ，BYMVサブグループ，BCMVサブグループ)のうちのBCMVサブグループに分類される．

地理的分布　日本各地および世界各国．　〔夏秋知英〕

主 要 文 献　Webb, R. E. and Scott, H. A. (1965). Phytopathology, 55, 895-900；Inouye, T. (1964). Berichte Ohara Inst., 12, 133-143；Adams, M. J. *et al.* (2012). *Potyvirus*. Virus Taxonomy 9th Report of ICTV, 1072-1079；ICTVdB (2006). *Watermelon mosaic virus*. 00.057.0.01.073.；DPVweb. Potyvirus；Purcifull, D. *et al.* (1984). Watermelon mosaic virus 2. Descriptions of Plant Viruses, 293；Brunt, A. A. *et al.* eds. (1996). Watermelon mosaic 2 *potyvirus*. Plant Viruses Online；Lecoq, H. and Desbiez, C. (2008). Watermelon mosaic virus and Zucchini yellow mosaic virus. Encyclopedia of Virology 3rd ed., 5, 433-440(Desk Encyclopedia of Plant and Fungal Virology, 372-379)；山下修一(1983). 植物ウイルス事典, 539-540；大木 理(1993). 原色作物ウイルス病事典, 153, 164；土崎常男(1993). 原色作物ウイルス病事典, 199；岩崎真人(1993). 原色作物ウイルス病事

典, 295；牧野孝宏・加藤公彦(1993). 原色作物ウイルス病事典, 307-308；栃原比呂志(1993). 原色作物ウイルス病事典, 313, 317, 325-327, 331, 334；川越 仁・岡田 大(1984). 野菜のウイルス病, 91-106；古木市重郎(1984). 野菜のウイルス病, 128-130, 156-158, 169-173, 176, 178；土崎常男(1984). 野菜のウイルス病, 331-332, 337；吉田孝二・飯塚典男(1987). 北海道農試研報, 148, 65-73；中山喜一ら(1987). 日植病報, 53, 419；Desbiez, C. and Lecoq, H.(2004). Arch. Virol., 149, 1619-1632；Ali, A. *et al.*(2006). Virus Genes, 32, 307-311.

植物ウイルス 338

Watermelon silver mottle virus スイカ灰白色斑紋ウイルス (WSMoV)
Bunyaviridae Tospovirus

初 記 載	与那覇哲義ら(1983), Iwaki, M. *et al* (1984).
異 名	トマト黄化えそウイルス－スイカ系, Watermelon spotted wilt virus.
粒 子	【形態】球状1種(径80～100 nm). 被膜あり. 【成分】核酸：(－)ssRNA 3種(L RNA：8.9 kb, M RNA：4.9 kb, S RNA：3.6 kb). タンパク質：構造タンパク質4種(ヌクレオキャプシドタンパク質(N：31 kDa), RNA複製酵素(L：332 kDa), 糖タンパク質2種(Gn, Gc)). 脂質：不明.
ゲ ノ ム	【構造】3分節環状(－)ssRNA(L RNA：8,917 nt, M RNA：4,880 nt, S RNA：3,553～3,558 nt). ORF 5個(L RNA：1個, M RNA：2個, S RNA：2個). M RNAとS RNAはアンビセンス鎖構造となっている. 【遺伝子】L RNA：3′－Lタンパク質(332 kDa RNA複製酵素)－5′. M RNA：3′－Gn/Gcタンパク質(128 kDa ポリプロテイン→糖タンパク質Gn/Gc)－NSmタンパク質(35 kDa 非構造タンパク質)－5′. S RNA：3′－Nタンパク質(31 kDa ヌクレオキャプシドタンパク質)－NSsタンパク質(50 kDa 非構造タンパク質)－5′. 【登録コード】AB042649(日本スイカ株 S RNA), AB042650(日本ツルナ株 S RNA), AF133128(台湾株 L RNA), U75379(台湾株 M RNA), Z46419(台湾株 S RNA).
細胞内所在	ウイルス粒子は細胞質の小胞体内に存在.
自然宿主・病徴	スイカ(灰白色斑紋病), トウガン(全身感染；銀白色斑紋).
宿 主 域	やや狭い. スイカ, トウガン, キュウリ, ツルナなど.
検 定 植 物	スイカ, ササゲ, タバコ, トマト.
伝 染	汁液接種可. ミナミキイロアザミウマによる永続伝搬.
類 縁 関 係	トマト黄化えそウイルス(TSWV)とは血清関係がない. メロン黄化えそウイルス(MYSV)とは遠い血清学的類縁関係がある.
地理的分布	日本, 台湾. 〔花田 薫〕
主 要 文 献	与那覇哲義ら(1983). 日植病報, 49, 406；Iwaki, M. *et al.* (1984). Plant Dis., 68, 1006-1008；Plyusnin, A. *et al.* (2012). *Tospovirus*. Virus Taxonomy 9th Report of ICTV, 737-739；ICTVdB(2006). *Watermelon silver mottle virus*. 00.011.0.05.013.；DPVweb. Tospovirus；Kormelink, R. *et al.* (1998). Tospovirus genus. Descriptions of Plant Viruses, 363；Tsompana, M. *et al.* (2008). *Tospovirus*. Encyclopedia of Virology 3rd ed., 5, 157-163；Goldbach, R. *et al.* (2011). Tospovirus. The Springer Index of Viruses 2nd ed., 231-235；鳥越 博・亀谷満朗(1992). 九農研, 54, 94；Yeh, S. D. *et al.* (1992). Plant Dis., 76, 835-840；Tsuda, S. *et al.* (1996). Acta Hort., 431, 176-185；Okuda, M. *et al.* (2001). Arch. Virol., 146, 389-394；Chu, F. H. *et al.* (2001). Phytopathology, 91, 361-368.

植物ウイルス 339

Wheat mottle dwarf virus# コムギ斑紋萎縮ウイルス (WMDV)
#ICTV 未認定

#日本植物病名目録に登録されているが，Virus Taxonomy 9th Report of ICTV には記載されていない．

初 記 載	山下修一ら(1978)．
粒　　子	【形態】球状2種(?)(径約26 nm)．被膜なし．
	【物性】沈降係数 154 S(B)，104 S(M)，55 S(T)．
細胞内所在	各種組織の細胞の細胞質内や液胞内に散在あるいは集積して存在する．
自然宿主・病徴	コムギ(斑紋萎縮病)，シバ，コウライシバ(全身感染；葉に条斑やモザイクを生じ，全身が萎縮する)．
宿 主 域	コムギ，シバ，コウライシバ以外は不明．
伝　　染	汁液接種不可．媒介生物不明．
地理的分布	日本． 〔日比忠明〕
主 要 文 献	山下修一ら(1978)．日植病報, 44, 395；Yamashita, S. *et al.*(2004). Wheat mottle dwarf. Viruses and Virus Diseases of *Poaceae*(Lapierre, H. *et al.* eds., INRA), 593–595；山下修一(1983)．植物ウイルス事典, 541–542；土崎常男(1993)．原色作物ウイルス病事典, 80．

植物ウイルス340

Wheat yellow leaf virus　コムギ黄葉(おうよう)ウイルス　(WYLV)
Closteroviridae Closterovirus

初 記 載	井上忠男ら(1971), 井上忠男ら(1973).
粒　　子	【形態】ひも状1種(径10 nm×長さ1,600〜1,850 nm). らせんピッチ3.4 nm. 被膜なし.
細胞内所在	ウイルスは篩部細胞に局在する. しばしば大きな粒子集塊となる. 篩部細胞内に小胞状の膜構造体が形成される. 篩部細胞の壊死が起こる.
自然宿主・病徴	コムギ(黄葉病；葉先の黄変が始まり, 葉身全面が黄白化して葉先から枯れるが, この症状は早く進展する. さらに穂の穎・芒が黄化し, 稔実不良のまま枯死したり, 枯れ熟れ状態となる)；オオムギ(黄葉病；黄化・枯死)；エンバク(レッドリーフ病；赤変・枯死)；カモジグサ(黄化).
宿 主 域	イネ科植物.
増殖植物	コムギ, オオムギ, エンバク, ライムギ, カモジグサ, イタリアンライグラスなど.
伝　　染	汁液接種不可. トウモロコシアブラムシ, ムギクビレアブラムシによる半永続伝搬(アブラムシの伝搬能力保持期間は2日).
類縁関係	カーネーションえそ斑ウイルス(*Carnation necrotic fleck virus*：CNFV)と遠い血清関係がある. ウイルス粒子の形状やアブラムシ伝搬性は, Festuca necrosis virus(FNV), ビート萎黄ウイルス(*Beet yellows virus*：BYV), *Beet yellow stunt virus*(BYSV), CNFV, カンキツトリステザウイルス(*Citrus tristeza virus*：CTV)と類似している.
地理的分布	日本, イタリア. 〔難波成任〕
主要文献	井上忠男ら(1971). 日植病報, 37, 393；井上忠男ら(1973). 農学研究, 55, 1-15；Martelli, G. P. *et al.*(2012). *Closterovirus*. Virus Taxonomy 9th Report of ICTV, 991-994；ICTVdB(2006). *Wheat yellow leaf virus*. 00.017.0.01.012.；DPVweb. Closterovirus；Inouye, T.(1976). Wheat yellow leaf virus. Descriptions of Plant Viruses, 157；Brunt, A. A. *et al.* eds.(1996). Wheat yellow leaf *closterovirus*. Plant Viruses Online；Ohki, S. T.(2004). Wheat yellow leaf. Viruses and Virus Diseases of *Poaceae*(Lapierre, H. *et al.* eds., INRA), 605-607；井上忠男(1983). 植物ウイルス事典, 543-544；土崎常男(1993). 原色作物ウイルス病事典, 72, 78, 82, 85；井上忠男ら(1973). 日植病報, 39, 224.

植物ウイルス 341

Wheat yellow mosaic virus コムギ縞萎縮(しまいしゅく)ウイルス (WYMV)
Potyviridae Bymovirus

初 記 載	沢田栄寿(1927)，鋳方末彦・河合一郎(1940)．
異 名	Soil-borne wheat yellow mosaic virus．
粒 子	【形態】ひも状2種(径13 nm×長さ275 nm, 550 nm)．被膜なし． 【成分】核酸：(+)ssRNA 2種(RNA1：7.6 kb，RNA2：3.6 kb)．タンパク質：外被タンパク質(CP)1種(32 kDa)，ゲノム結合タンパク質(VPg)1種．
ゲ ノ ム	【構造】2分節線状(+)ssRNAゲノム(RNA1：7,636 nt, RNA2：3,659 nt)．ORF 2個(RNA1：1個，RNA2：1個)．5′端にゲノム結合タンパク質(VPg)，3′端にポリ(A)(poly(A))をもつ． 【遺伝子】RNA1：5′-VPg(?)-269 kDaポリプロテイン(37 kDa P3タンパク質/7 kDaタンパク質/73 kDa円筒状封入体タンパク質(CI)/14 kDaタンパク質/22 kDa核内封入体a-ゲノム結合タンパク質(NIa-VPg)/25 kDa NIa-プロテアーゼ(NIa-Pro)/59 kDa核内封入体b(RNA複製酵素；NIb)/32 kDa外被タンパク質(CP))-poly(A)-3′．RNA2：5′-VPg(?)-101 kDaポリプロテイン(28 kDaプロテアーゼ(P1)/73 kDaタンパク質(P2))-poly(A)-3′． 【登録コード】D86634(日本系統RNA1全塩基配列)，D86635(日本系統RNA2全塩基配列)，ほか．
細胞内所在	表皮細胞に封入体が観察される．ウイルス粒子は細胞質内に散在または集塊する．細胞質内に網状膜構造体，風車状封入体が観察される．
自然宿主・病徴	コムギ(縞萎縮病；全身感染し，モザイクまたは壊死を呈する)．
宿 主 域	コムギ，ライムギ．
増 殖 植 物	コムギ．
伝 染	汁液接種可(やや困難)．土壌伝染(*Polymyxa graminis* が媒介すると考えられる)．
系 統	日本ではコムギ品種に対する病原性の異なる3系統が知られている．*Wheat spindle streak mosaic virus*(WSSMV)と本ウイルスは同種他系統と考えられていたが，ウイルスゲノムの比較解析より異種のウイルスであることが示されている．
類 縁 関 係	オオムギ縞萎縮ウイルス(*Barley yellow mosaic virus*：BYMV)，イネえそモザイクウイルス(*Rice necrosis mosaic virus*：RNMV)と血清関係あり．
地理的分布	日本，韓国，中国，米国，カナダ，フランス．
そ の 他	18°C以上の温度条件は感染および病徴発現に不適当である． 〔難波成任〕
主 要 文 献	沢田栄寿(1927).病虫雑, 14, 444-449；鋳方末彦・河合一郎(1940). 農事改良資料, 154, 1-123；Adams, M. J. *et al.*(2012). *Bymovirus*. Virus Taxonomy 9th Report of ICTV, 1084-1086；ICTVdB(2006). *Wheat yellow mosaic virus*. 00.057.0.03.007.；DPVweb. Bymovirus；Brunt, A. A. *et al.* eds.(1996). Wheat yellow mosaic bymovirus. Plant Viruses Online；Kashiwazaki, S.(2004). Wheat yellow mosaic. Viruses and Virus Diseases of *Poaceae*(Lapierre, H. *et al.* eds., INRA), 607-609；Adams, M. J.(2011). Bymovirus. The Springer Index of Viruses 2nd ed., 1411-1416；斉藤康夫(1983). 植物ウイルス事典, 545-546；土崎常男(1993). 原色作物ウイルス病事典, 79；斉藤康夫・岡本 弘(1964). 農技研報, C17, 75-102；宇杉富雄・斉藤康夫(1976).日植病報, 42, 12-20；Hibino, H. *et al.*(1981). Ann. Phytopath. Soc. Jpn., 47, 510-519；Usugi, T. *et al.*(1984). Ann. Phytopath. Soc. Jpn., 50, 63-68；Kusume, T. *et al.*(1997). Ann. Phytopathol. Soc. Jpn., 63, 107-109；Namba, S. *et al.*(1998). Arch. Virol., 143, 631-643；Tamada, T. and Kondo, H.(2013). J. Gen. Plant Pathol., 79, 307-320.

植物ウイルス 342/343/344

(WCCV-1)
White clover cryptic virus 1 シロクローバ潜伏ウイルス１
Partitiviridae Alphapartitivirus

(WCCV-2)
White clover cryptic virus 2 シロクローバ潜伏ウイルス２
Partitiviridae Betapartitivirus

(WCCV-3)
White clover cryptic virus 3 シロクローバ潜伏ウイルス３
Partitiviridae 属未定

　WCCV-1，WCCV-2，WCCV-3 は宿主域，病徴などからは区別できず，粒子形態，ゲノムの分子量，血清関係の相違などを除いて互いの性状がきわめて類似しているので，便宜上，ここにまとめて示す．

初 記 載	夏秋啓子ら（1983），Boccardo, G. *et al.*（1985），Natsuaki, T. *et al.*（1986）．
異　　名	White clover temperate virus．
粒　　子	【形態】球状 2 種（WCCV-1，WCCV-3 径約 30 nm；WCCV-2 径約 38 nm）．被膜なし． 【物性】浮遊密度（CsCl）WCCV-1 1.39 g/cm³；WCCV-2，WCCV-3 1.37 g/cm³． 【成分】核酸：dsRNA 2 種（WCCV-1 RNA1：1.96 kbp，RNA2：1.71 kbp；WCCV-2 RNA1：2.44 kbp，RNA2：2.35 kbp；WCCV-3 RNA1：1.18 MDa，RNA2：1.03 MDa）．タンパク質：外被タンパク質（CP）1 種（WCCV-1：54 kDa；WCCV-2：76 kDa）．
ゲ ノ ム	【構造】2 分節線状 dsRNA ゲノム（RNA1：WCCV-1 1,955 bp，WCCV-2 2,435 bp，RNA2：WCCV-1 1,708 bp，WCCV-2 2,348 bp）．ORF 2 個（各分節ゲノムに各 1 個）．3′ 端末端非翻訳領域は RNA1 と RNA2 でかなり異なる（WCCV-1）． 【遺伝子】RNA1：RNA 複製酵素（RdRp）（WCCV-1：73 kDa，WCCV-2：87 kDa）．RNA2：外被タンパク質（CP）（WCCV-1：54 kDa，WCCV-2：76 kDa）． 【登録コード】AY705784（WCCV-1 RNA1 全塩基配列），AY705785（WCCV-1 RNA2 全塩基配列），JX971976（WCCV-2 RNA1 全塩基配列），JX971977（WCCV-2 RNA2 全塩基配列）．
自然宿主・病徴	シロクローバ（*Trifolium repens*）（全身感染；無病徴）．
宿主域・病徴	宿主は WCCV-1～3 が検出されたシロクローバとその子孫だけに限られる（全身感染；無病徴）．
伝　　染	汁液接種不可．種子伝染（WCCV-1：市販種子の保毒率 35～74 %，伝染率ほぼ 100 %；WCCV-2：伝染率 15～65 %；WCCV-3：伝染率ほぼ 100 %）．水平伝染しない．
類 縁 関 係	WCCV-1，WCCV-2，WCCV-3 の 3 者間では相互に血清関係がないが，WCCV-2 ではアカクローバなど他の牧草類の潜伏ウイルスと血清反応がある場合がある．WCCV-1 はニンジン潜伏ウイルス 1（*Carrot template virus* 1：CTeV-1）と塩基配列がかなり近縁である．従来，WCCV-1 と WCCV-3 は *Partitiviridae Alphacryptovirus* の認定種，WCCV-2 は *Partitiviridae Betacryptovirus* の認定種とされていたが，*Partitiviridae* の新分類に伴い，現在では WCCV-1 は *Partitiviridae Alphapartitivirus* の認定種，WCCV-2 は *Partitiviridae Betapartitivirus* の認定種，WCCV-3 は *Partitiviridae* の属未定種となっている．
地理的分布	日本，ヨーロッパ，米国，ニュージーランド．
そ の 他	WCCV-1～3 は共感染している場合が多い．　　　　　　　　　　　　　　〔夏秋知英〕
主 要 文 献	夏秋啓子ら（1983）．日植病報，49, 132-133；Boccardo, G. *et al.*（1985）．Virology 147, 29-40；Natsuaki, T. *et al.*（1986）．Intervirology, 25, 69-75；Ghabrial, S. A. *et al.*（2012）．*Partitiviridae*. Virus Taxonomy 9th Report of ICTV, 523-534；ICTV Virus Taxonomy List（2013）．*Partitiviridae*；ICTVdB（2006）．*White clover cryptic virus 1*. 00.049.0.03.001., *White clover cryptic virus 2*. 00.049.0.04.005., *White clover cryptic virus 3*. 00.049.0.03.017.；DPVweb. Alphacryptovirus,

Betacryptovirus；Milne, R. G. *et al.* (2005). White clover cryptic virus 1, Descriptions of Plant Viruses, 409；Luisoni, E. and Milne, R. G. (1988). White clover cryptic virus 2, Descriptions of Plant Viruses, 332；Brunt, A. A. *et al.* eds. (1996). White clover 1 *alphacryptovirus*, White clover 2 *betacryptovirus*, White clover 3 *alphacryptovirus*. Plant Viruses Online；Boccardo, G. *et al.* (1983). Cryptic viruses in plants. Double-stranded RNA Viruses (Compans, R. A. and Bishop, D. H. L. eds., Elsevier), pp.425-430；夏秋知英 (1997). ホワイトクローバクリプティックウイルス. ウイルス学 (畑中正一編, 朝倉書店), 480-487；本田要八郎 (1993). 原色作物ウイルス病事典, 230；Natsuaki, K. T. *et al.* (1984). J. Agric. Sci. Tokyo Nogyo Daigaku, 29, 49-55；夏秋知英 (1987). 植物防疫, 41, 371-375；Boccardo, G. and Candresse, T. (2005). Arch. Virol., 150, 399-402；Boccardo, G. and Candresse, T. (2005). Arch. Virol., 150, 403-405；Lesker, T. *et al.* (2013). Arch. Virol., 158, 1943-1952.

White clover mosaic virus シロクローバモザイクウイルス (WClMV)
Alphaflexiviridae Potexvirus

初 記 載	Pierce, W. H.(1935)；飯塚典男・飯田 格(1961), Iizuka, N. and Iida, W.(1965), 井上忠男(1965).
異 名	Clover mosaic virus, Pea wilt virus.
粒 子	【形態】ひも状1種(径13 nm×長さ480 nm). らせんピッチ3.4 nm. 被膜なし. 【成分】核酸：(＋)ssRNA 1種(5.8 kb). タンパク質：外被タンパク質(CP)1種(22 kDa).
ゲ ノ ム	【構造】単一線状(＋)ssRNAゲノム(5,843〜5,846 nt). ORF 5個. 5′端にキャップ構造(Cap), 3′端にポリ(A)配列(poly(A))をもつ. 【遺伝子】5′-Cap-ORF1(147 kDa RNA複製酵素；RP；メチルトランスフェラーゼドメイン/ヘリカーゼドメイン/RNA複製酵素ドメイン)-ORF2(26 kDa移行タンパク質1；TGB1)-ORF3(13 kDa移行タンパク質2；TGB2)-ORF4(7 kDa移行タンパク質3；TGB3)-ORF5(22 kDa外被タンパク質；CP)-poly(A)-3′. ORF2〜4は互いに一部オーバラップして存在し，トリプルジーンブロック(TGB)タイプの移行タンパク質をコードする. 【登録コード】X16636(O系統 全塩基配列), X06728(M系統 全塩基配列), AB669182(RC系統 全塩基配列).
細胞内所在	ウイルス粒子は各種細胞の細胞質，液胞内に散在あるいは束状集塊をなす.
自然宿主・病徴	クローバー類(シロクローバ，アカクローバなど)，エンドウ，レンゲ，ヤハズソウなどのマメ科植物(全身感染；主にモザイク，葉脈透化).
宿 主 域	マメ科植物(クローバー，インゲンマメ，ソラマメ，ササゲ，エンドウ)(全身感染；モザイク，壊死斑紋)；キュウリ(全身感染；黄斑).
増殖植物	インゲン.
検定植物	ササゲ(局部病斑).
伝 染	汁液接種可. 媒介生物不明. アカクローバで種子伝染の報告がある.
系 統	日本系統(RC)，カリフォルニア系統(CA)，ニュージーランド系統(O, M)など病徴の異なる数種系統がある.
類縁関係	*Hydrangea ringspot virus*(HdRSV)，ジャガイモXウイルス(*Potato virus X*：PVX)，サボテンXウイルス(*Cactus virus X*：CVX)および*Clover yellow mosaic virus*(ClYMV)に弱い血清関係がある.
地理的分布	北米，ヨーロッパ，ニュージーランド，日本.
そ の 他	エンドウヒゲナガアブラムシによる伝播が報告されたが，その後の否定的な結果が多い.

〔難波成任〕

主 要 文 献 Pierce, W. H.(1935). J. Agric. Res., 51, 1017-1039；飯塚典男・飯田 格(1961). 北日本病害虫研報, 12, 58-59；Iizuka, N. and Iida, W.(1965). Ann. Phytopath. Soc. Jpn., 30, 46-53；井上忠男(1965). 農学研究, 51, 1-7；Adams, M. J. *et al.*(2012). *Potexvirus*. Virus Taxonomy 9th Report of ICTV, 912-915；ICTVdB(2006). *White clover mosaic virus*. 00.056.0.01.021.；DPVweb. Potexvirus；Bercks, R.(1971). White clover mosaic virus. Descriptions of Plant Viruses, 41；Brunt, A. A. *et al.* eds.(1996). White clover mosaic *potexvirus*. Plant Viruses Online；山下修一(1983). 植物ウイルス事典, 547-548；大木 理(1993). 原色作物ウイルス病事典, 153-154；本田要八郎(1993). 原色作物ウイルス病事典, 227-228, 243；土崎常男(1984). 野菜のウイルス病, 330；夏秋啓子ら(1983). 日植病報, 49, 406；Forster, R. L. *et al.*(1988). Nucleic Acids Res., 16, 291-303；Beck, D. L. *et al.*(1990). Virology, 177, 152-158；高橋修一郎ら(2002). 日植病報, 68, 224；Nakabayashi, H. *et al.*(2002). J. Gen. Plant Pathol., 68, 173-176；Ido, Y. *et al.*(2012). J. Gen. Plant Pathol., 78, 127-132.

植物ウイルス 346

Yam mild mosaic virus ヤマノイモ微斑(びはん)ウイルス (YMMV)
Potyviridae Potyvirus

初　記　載	Mumford, R. A. and Seal, S. E.(1997)；Fuji, S. *et al.*(1999)，藤　晋一ら(2001).
異　　　名	ヤマノイモマイルドモザイクウイルス，Dioscorea alata virus, Yam virus 1.
粒　　　子	【形態】ひも状1種(長さ750 nm). 被膜なし.
	【成分】核酸：(＋)ssRNA 1種(9.5 kb). タンパク質：外被タンパク質(CP)1種(30 kDa).
ゲ ノ ム	【構造】単一線状(＋)ssRNAゲノム(9,538 nt). ORF 1個. 5′端にゲノム統合タンパク質(VPg)，3′端にポリ(A)配列(poly(A))をもつ.
	【遺伝子】5′-VPg-351 kDaポリプロテイン(37 kDa P1プロテアーゼ(P1)/52 kDa虫媒介助タンパク質-プロテアーゼ(HC-Pro)/40 kDa P3タンパク質(P3)/6 kDa機能不明タンパク質(6 K1)/72 kDa円筒状封入体タンパク質(CI)/6 kDa機能不明タンパク質(6 K2)/22 kDaゲノム結合タンパク質(NIa-VPg)/27 kDa NIaプロテアーゼ(NIa-Pro)/59 kDa RNA複製酵素(NIb)/30 kDa外被タンパク質(CP))-poly(A)-3′.
	ほかに，P3のORF内に小さなORF(PIPO)が存在する.
	【登録コード】AB022424，AF548491-548528，AJ305455-305471(部分塩基配列)，JX470965(ブラジル株 全塩基配列)，ほか.
自然宿主・病徴	ダイジョ(*Dioscorea alata*)，ジネンジョ(*D. japonica*)，*D. opposita*(ナガイモを除く)(微斑モザイク).
検 定 植 物	ササゲ(ナイジェリア株；退緑，奇形).
伝　　　染	汁液接種可(粗汁液では困難だが，精製試料では可). アブラムシによる非永続的伝搬.
類 縁 関 係	*Wild tomato mosaic virus*(WTMV)と64％の塩基配列相同性がある.
地理的分布	日本，東南アジア，オセアニア，アフリカ，中南米. 〔藤　晋一〕
主 要 文 献	Mumford, R. A. and Seal, S. E.(1997). J. Virol. Methods, 69, 73-79；Fuji, S. *et al.*(1999). Arch. Virol., 144, 1415-1419；藤　晋一ら(2001). 日植病報, 67, 261-263；Adams, M. J. *et al.*(2012). *Potyvirus*. Virus Taxonomy 9th Report of ICTV, 1072-1079；ICTVdB(2006). *Yam mild mosaic virus*. 00.057.0.01.113.；Odu, B. B. *et al.*(1999). Ann. Appl. Biol., 134, 65-71；Bousalem, M. *et al.*(2003). Infec. Genet. Evol., 3, 189-206；Filho Fde, A. *et al.*(2013). Arch. Virol., 158, 515-518.

植物ウイルス 347

Youcai mosaic virus アブラナモザイクウイルス
(YoMV)
Virgaviridae Tobamovirus

初 記 載	大島信行ら(1960), 後藤忠則・大島信行(1962), 山下一夫・福井要子(2002).
異 名	タバコモザイクウイルス-アブラナ科系(Tobacco mosaic virus-C：TMV-C), タバコモザイクウイルス-アブラナ科系ニンニク株(Tobacco mosaic virus-strain Cg：TMV-Cg), Ribgrass mosaic virus(RMV)-Youcai mosaic isolate(RMVは現在では別種のウイルス名), Cabbage mosaic virus, Chinese cabbage mosaic virus, Crucifer tobamovirus(CTMV), Oilseed rape mosaic virus(ORMV).
粒 子	【形態】棒状1種(径18 nm×長さ300 nm). 被膜なし.
	【成分】核酸：(＋)ssRNA 1種(6.3 kb). タンパク質：外被タンパク質(CP)1種(17.6 kDa).
ゲ ノ ム	【構造】単一線状(＋)ssRNAゲノム(6,303～6,304 nt). ORF 4個. 5′端にキャップ構造(Cap), 3′端にtRNA様構造(TLS)をもつ.
	【遺伝子】5′-Cap-125 kDa/182 kDa RNA複製酵素タンパク質(RdRp；182 kDaタンパク質は125 kDaタンパク質のリードスルータンパク質)-30 kDa移行タンパク質(MP)-17.6 kDa外被タンパク質(CP)-TLS-3′.
	【登録コード】AB261175(アルストロメリア分離株 全塩基配列), D38444(ニンニク分離株(TMV-Cg)全塩基配列), U30944(セイヨウアブラナ分離株(ORMV)全塩基配列), ほか.
細胞内所在	ウイルス粒子は感染植物の各種細胞の細胞質内に存在する.
自然宿主・病徴	アブラナ科植物, ニンニク, トルコギキョウ, アルストロメリア(全身感染；多くの場合は無病徴)；ホウレンソウ(全身感染；モザイク, 葉の奇形).
宿 主 域	アブラナ科, ネギ科, リンドウ科, アカザ科植物など.
検 定 植 物	*Chenopodium amaranticolor*, *C. quinoa*(接種葉にえそ斑)；*Nicotiana tabacum*(品種 Bright Yellow)(接種葉に退緑斑～えそ斑, 上葉にモザイク)；*N. tabacum*(品種 Samsun NN, Xanthi-nc)(接種葉にえそ斑).
伝 染	汁液接種可. 媒介生物なし.
類 縁 関 係	タバコモザイクウイルス(*Tobacco mosaic virus*：TMV), トマトモザイクウイルス(*Tomato mosaic virus*：ToMV), トウガラシ微斑ウイルス(*Pepper mild mottle virus*：PMMoV), スイカ緑斑モザイクウイルス(*Cucumber green mottle mosaic virus*：CGMMV), キュウリ緑斑モザイクウイルス(*Kyuri green mottle mosaic virus*：KGMMV)と遠い血清関係がある.
地理的分布	日本, 中国.
そ の 他	従来, わが国においてTMV-アブラナ科系およびTMV-ワサビ系とされていたウイルスのうち, TMV-アブラナ科系はYoMVに, TMV-ワサビ系は*Wasabi mottle virus*(WaMV)に再分類されたが, わが国のTMV-アブラナ科系の分離株については改めてYoMVまたはWaMVのどちらに属するかの再検討が必要である. アルストロメリアから分離された*Tobamovirus*属ウイルスはYoMVであることが示された. 〔山下一夫〕
主 要 文 献	大島信行ら(1960). 日植病報, 25, 234；後藤忠則・大島信行(1962). 日植病報, 27, 109-114；山下一夫・福井要子(2002). 日植病報, 68, 235；Adams, M. J. *et al.* (2012). *Tobamovirus*. Virus Taxonomy 9th Report of ICTV, 1153-1156；ICTVdB(2006). *Youcai mosaic virus*. 00.071.0.01.015.；DPVweb. Tobamovirus；Oshima, N. and Harrison, B. D. (1975). Ribgrass mosaic virus. Descriptions of Plant Viruses, 152；Brunt, A. A. *et al.* eds. (1996). Ribgrass mosaic *tobamovirus*. Plant Viruses Online；Zaitlin, M. (2011). Tobamovirus. The Springer Index of Viruses 2nd ed., 2065-2069；山下修一・尾崎武司(1983). 植物ウイルス事典, 131-133；佐古 勇(1993). 原色作物ウイルス病事典, 384；藤澤一郎(1993). 原色作物ウイルス病事典, 423；米山信吾(1984). 野菜のウイルス病, 234；岩木満朗(1884). 野菜のウイルス病, 276-277；大木 理(2005). 植物防疫, 59, 25-28；Pei, M. Y. (1962). Acta Microbiol. Sin., 8, 420-427；Oshima, N. *et al.* (1971). Ann.

Phytopath. Soc. Jpn, 37, 319-325；Oshima, N. *et al.*(1974). Ann. Phytopath. Soc. Jpn., 40, 243-251；Palukaitis, P. *et al.*(1981). Intervirology, 16, 136-141；藤澤一郎・土崎常男(1981). 日植病報, 47, 101；藤澤一郎ら(1982). 日植病報, 48, 592-599；Gibbs, A. *et al.*(1982). Intervirology, 18, 160-163；李 治遠ら(1982). 日植病報, 48, 394；李 治遠ら(1983). 北大農邦紀要, 13, 542-549；藤田 隆ら(1996). 日植病報, 63, 486；Aguilar, I. *et al.*(1996). Plant Mol. Biol., 30, 191-197；Yamanaka, T. *et al.*(1998). Virus Genes, 16, 173-176；Zhu, H. *et al.*(2001). Arch. Virol., 146, 1231-1238；Fuji, S. *et al.*(2007). J. Gen. Plant Pathol., 73, 216-221.

植物ウイルス 348

Zoysia mosaic virus[#] シバモザイクウイルス (ZoMV)

[#]ICTV 未認定（*Potyviridae Potyvirus* ?）

[#]日本植物病名目録に登録されており，ICTVdB（2006）にも記載されているが，Virus Taxonomy 9th Report of ICTV には記載されていない．

初 記 載	鳥山重光ら（1968）．
粒　　子	【形態】ひも状1種（径 12〜13 nm×長さ 約 750 nm）．被膜なし．
自然宿主・病徴	シバ，コウライシバ（全身感染；軽いモザイク）．
宿 主 域	イネ科シバ属植物（シバ，コウライシバなど）に限られる．
増殖植物	シバ，コウライシバ．
検定植物	シバ，コウライシバ（モザイク）．
伝　　染	汁液接種可．接触伝染．
地理的分布	日本．

〔御子柴義郎〕

主要文献　鳥山重光ら（1968）．日植病報, 34, 199；ICTVdB（2006）.Zoysia mosaic virus. 00.057.0.81.0.94.；Brunt, A. A. *et al.* eds.（1996）. Zoysia mosaic（?）*potyvirus*. Plant Viruses Online；Toriyama, S. （2004）. Zoysia mosaic. Viruses and Virus Diseases of *Poaceae*（Lapierre, H. *et al.* eds., INRA）, 802-803；鳥山重光（1983）．植物ウイルス事典, 552-553；御子柴義郎（1993）．原色作物ウイルス病事典, 259-260；鳥山重光・與良 清（1972）．イネ科植物とくに野草に発生するウイルス病に関する研究．（東大出版会），p.31-32.

植物ウイルス 349

Zucchini yellow mosaic virus ズッキーニ黄斑（おうはん）モザイクウイルス (ZYMV)
Potyviridae Potyvirus

初　記　載	Lisa, V. et al.(1981)；寺見文宏ら(1982)，寺見文宏ら(1985).
異　　　名	Muskmelon yellow stunt virus.
粒　　　子	【形態】ひも状1種（径11 nm×長さ750 nm）．被膜なし．
	【成分】核酸：(+)ssRNA 1種(9.6 kb)．タンパク質：外被タンパク質(CP)1種(36 kDa)，ゲノム結合タンパク質(VPg)1種．
ゲ ノ ム	【構造】単一線状(+)ssRNAゲノム(9,591〜9,593 nt)．ORF 1個．5′端にゲノム結合タンパク質(VPg)，3′端にポリ(A)配列(poly(A))をもつ．
	【遺伝子】5′-VPg-ORF1(351 kDa ポリプロテイン；P1 プロテアーゼ(P1)/虫媒介助タンパク質-プロテアーゼ(HC-Pro)/P3 タンパク質(P3)/6 K1 タンパク質/円筒状封入体タンパク質(CI)/6 K2 タンパク質/核内封入体 a－ゲノム結合タンパク質(NIa-VPg)/NIa－プロテアーゼ(NIa-Pro)/核内封入体 b(RNA 複製酵素；NIb)/外被タンパク質(CP))-poly(A)-3′．ほかに，P3 の ORF のフレームシフトにより生じる小さな ORF2(PIPO；72 aa)が存在する．
	【登録コード】AF127929, AB188115, AB188116(全塩基配列)，ほか．
細胞内所在	ウイルス粒子は細胞質内に散在する．感染細胞内に風車状の細胞質内封入体がみられる．
自然宿主・病徴	カボチャ，キュウリ，スイカ，ヘチマ(全身感染)：激しいモザイク，奇形葉，萎縮，果実の奇形．一般的にキュウリでは病徴が激しく，萎凋が生じることもある．キュウリモザイクウイルス(*Cucumber mosaic virus*：CMV)と混合感染すると劇症化する)．
宿　主　域	狭い．主にウリ科植物．わが国の分離株ではウリ科以外にベゴニアに全身感染．
増 殖 植 物	ペポカボチャ，キュウリ，スイカなど．
検 定 植 物	*Chenopodium amaranticolor*，インゲンマメ(品種 本金時)(接種葉に局部病斑)；キュウリ(上葉にモザイク)．わが国の分離株は *Datura stramonium*, *Nicotiana glutinosa*, *N. benthamiana* には全身感染しないが，海外には潜在感染する分離株もある．
伝　　　染	汁液接種可．モモアカアブラムシ，ワタアブラムシなど多種のアブラムシによる非永続伝搬．
系　　　統	沖縄ではトカドヘチマにえそを生じる N 系統が分離されている．
類 縁 関 係	インゲンマメ黄斑モザイクウイルス(*Bean yellow mosaic virus*：BYMV)，スイカモザイクウイルス(*Watermelon mosaic virus*：WMV)などと血清関係がある．ウリ科植物では *Potyvirus* 属ウイルスとして，ZYMV 以外にパパイア輪点ウイルス(*Papaya ringspot virus*, PRSV)と WMV が分離されるが，この3種は血清学的手法や RT-PCR で識別できる
地理的分布	日本および世界各国． 〔夏秋知英〕
主 要 文 献	Lisa, V. et al.(1981). Phytopathology, 71, 667-672；寺見文宏ら(1982).日植病報, 48, 393；寺見文宏ら(1985).日植病報, 51, 83；Adams, M. J. et al.(2012). *Potyvirus*. Virus Taxonomy 9th Report of ICTV, 1072-1079；ICTVdB(2006). *Zucchini yellow mosaic virus*. 00.057.0.01.077.；DPVweb. Potyvirus；Lisa, V. and Lecoq, H.(1984). Zucchini yellow mosaic virus. Descriptions of Plant Viruses, 282；Brunt, A. A. et al. eds.(1996). Zucchini yellow mosaic *potyvirus*. Plant Viruses Online；Lecoq, H. and Desbiez, C.(2008). Watermelon mosaic virus and Zucchini yellow mosaic virus. Encyclopedia of Virology 3rd ed., 5, 433-440(Desk Encyclopedia of Plant and Fungal Virology, 372-379)；岩崎真人(1993).原色作物ウイルス病事典, 294-295；栃原比呂志(1993).原色作物ウイルス病事典, 327, 329, 331, 334, 336；亀谷満朗(1993).原色作物ウイルス病事典, 480；中山喜一ら(1987).日植病報, 53, 419；大津善弘(1988).日植病報, 54, 76；Desbiez, C. and Lecoq, H.(1997). Plant Pathol., 46, 809-829；土井 誠ら(2001).関東病虫研報, 48, 53-56；Lin, S. S. et al.(2001). Bot. Bull. Acad. Sin., 42, 243-250；Wang, W. O. et al.(2006). J. Gen. Plant Pathol., 72, 52-56；Gal-On, A.(2008). Mol. Pl. Pathol., 8, 139-150.

ウイロイド 1

Apple dimple fruit viroid リンゴくぼみ果ウイロイド
(ADFVd)
Pospiviroidae Apscaviroid

初 記 載	Di Serio, F. *et al*., (1996)；磯野清香ら(2007), He, Y-H. *et al*. (2010).
分　　子	【形態】外被タンパク質をもたない低分子環状 ssRNA．分子内相補性が高く，二本鎖様棒状構造をとる．
	【成分】核酸：ssRNA 1 種(303〜306 nt)．
ゲ ノ ム	【構造】単一環状低分子 ssRNA ゲノム．分子は TL, P, C, V, TR の 5 つの機能ドメインに分けられ，C ドメインには中央保存領域(CCR)が，TL ドメインには末端保存領域(TCR)が存在する．ゲノム上にはタンパク質がコードされていない．
	【登録コード】X99487(全塩基配列)，ほか．
自然宿主・病徴	リンゴ(果面の凸凹と斑入り，黄化)，イチジク．
宿 主 域	リンゴ，ナシ，イチジク．
増 殖 植 物	リンゴ．
検 定 植 物	リンゴ(品種 Starkrimson, Braeburn)．
伝　　染	汁液接種可．接ぎ木伝染．
類 縁 関 係	イタリア分離株と日本分離株間で約 85％の塩基配列相同性をもつ．リンゴさび果ウイロイド(ASSVd)と 63.5％の塩基配列相同性をもつ．
地理的分布	日本，イタリア，レバノン，中国． 〔佐野輝男〕
主 要 文 献	Di Serio, F. *et al*. (1996). J. Gen. Virol., 77, 2833-2837；磯野清香ら(2007).日植病報, 73, 220；He, Y-H. *et al*. (2010). J. Gen. Plant Pathol., 76, 324-330；Owens, R. A. *et al*. (2012). *Apscaviroid*. Virus Taxonomy 9th Report of ICTV, 1232；ICTVdB (2006). *Apple dimple fruit viroid*. 80.001.0.04.002.；DPVweb. Apscaviroid；Di Serio, F. *et al*. (2003). Apple dimple fruit viroid. Viroids (Hadidi, A. *et al*. eds., CSIRO Publishing), p.146-149；Di Serio, F. *et al*. (2011). *Apple dimple fruit viroid*. Virus and Virus-Like Diseases of Pome and Stone Fruits (Hadidi, A. *et al*. eds., APS Press), p.49-52；Chiumenti, M. *et al*. (2014). Virus Res., 188, 54-59；Ye, T. *et al*. (2013). J. Plant Pathol., 95, 637-641.

ウイロイド 2

Apple fruit crinkle viroid　リンゴゆず果(か)ウイロイド　(AFCVd)
Pospiviroidae Apscaviroid

初 記 載	小金澤碩城ら(1988)，小金澤碩城ら(1989)．
分　子	【形態】外被タンパク質をもたない低分子環状 ssRNA．分子内相補性が高く，二本鎖様棒状構造をとる． 【物性】沈降係数 約 10 S． 【成分】核酸：ssRNA 1 種(368〜373 nt，GC 含量 57%)．
ゲ ノ ム	【構造】単一環状低分子 ssRNA ゲノム．分子は TL，P，C，V，TR の 5 つの機能ドメインに分けられ，C ドメインには中央保存領域(CCR)が存在する．ゲノム上にはタンパク質がコードされていない． 【登録コード】E29032(全塩基配列)，AB366021(カキ系統 全塩基配列)，ほか．
自然宿主・病徴	リンゴ(ゆず果病；果面の凸凹と斑入り，粗皮)；ホップ(矮化，α酸低下)；カキ(無病徴)．
宿 主 域	狭い．リンゴ，ホップ，カキ．
増 殖 植 物	リンゴ，ホップ．
検 定 植 物	リンゴ(品種 王林)，リンゴ野生種(NY58-22 など)．
伝　染	汁液接種可．接ぎ木伝染，種苗伝染．
系　統	リンゴ系統，ホップ系統，カキ系統．
類 縁 関 係	ブドウオーストラリアウイロイド(*Australian grapevine viroid*：AGVd)と約 85% の塩基配列相同性をもつ．
地理的分布	日本．

〔佐野輝男〕

主 要 文 献　小金澤碩城ら(1988)．日植病報, 54, 87；小金澤碩城ら(1989)．果樹試報, C16, 57-62；Owens, R. A. *et al.*(2012). *Apscaviroid*. Virus Taxonomy 9th Report of ICTV, 1232；ICTVdB(2006). Apple fruit crinkle viroid. 80.001.0.84.009.；DPVweb. Apscaviroid；Koganezawa, H. and Ito, T.(2003). Apple fruit crinkle viroid. Viroids(Hadidi, A. *et al.* eds., CSIRO Publishing), p.150-152；Koganezawa, H. and Ito, T.(2011). *Apple fruit crinkle viroid*. Virus and Virus-Like Diseases of Pome and Stone Fruits(Hadidi, A. *et al.* eds., APS Press), p.53-56；伊藤 伝(2002)．原色果樹のウイルス・ウイロイド病, 68-69；松中謙次郎・町田郁夫(1987)．北日本病害虫研報, 38, 186；伊藤 伝・吉田幸二(1996)．日植病報, 62, 597；伊藤 伝ら(1998)．日植病報, 64, 424-425；Sano, T. *et al.*(2004). J. Gen. Pl. Pathol., 70, 181-187；Sano, T. *et al.*(2008). Virus Genes, 37, 298-303；Nakaune, R. and Nakano, M.(2008). Arch. Virol., 153, 969-972.

ウイロイド 3

Apple scar skin viroid リンゴさび果ウイロイド (ASSVd)
Pospiviroidae Apscaviroid

初　記　載	Millikan, D. F. *et al.* (1956)；大塚義雄 (1935)，後沢憲志・東城喜久 (1953)，Koganezawa, H. *et al.* (1982).
異　　　名	リンゴさび果ウイルス (Apple scar skin virus, Apple sabi-ka virus)，Apple dapple viroid, Japanese pear fruit dimple viroid, Pear rusty skin viroid.
分　　　子	【形態】外被タンパク質をもたない低分子環状ssRNA．分子内相補性が高く，二本鎖様棒状構造をとる． 【成分】核酸：ssRNA 1 種 (329〜333 nt)．
ゲ ノ ム	【構造】単一環状低分子ssRNAゲノム．分子はTL, P, C, V, TRの5つの機能ドメインに分けられ，CドメインにはTL中央保存領域 (CCR) が，TLドメインには末端保存領域 (TCR) が存在する．ゲノム上にはタンパク質がコードされていない． 【登録コード】Y00435 (全塩基配列)，ほか．
自然宿主・病徴	リンゴ (さび果病，斑入り果病)，ナシ (奇形果病)，セイヨウナシ，アンズ，モモ，オウトウ (全身感染し，リンゴでは品種に応じて果面にさびまたは斑入りあるいは両方を生じる．近代品種は斑入りを生じるものが多い．ナシでは果面に凹凸が現れる)．
宿　主　域	狭い．バラ科植物．
増殖植物	リンゴ．
検定植物	リンゴ (品種 国光) (斑入り果，裂果，湾曲葉)；リンゴ (品種 印度) (さび果)；リンゴ (品種 NY11982) (斑入り果)．
伝　　　染	汁液 (切付け) 接種可．接ぎ木伝染．
系　　　統	塩基配列の異なる系統がある．
地理的分布	主に日本，中国，韓国．散発的に世界各国で発生．
そ の 他	リンゴでの病徴はリンゴゆず果ウイロイド (AFCVd) やリンゴくぼみ果ウイロイド (ADFVd) によるものと類似することがあるが，AFCVdはASSVdより分子量が大きく，ADFVdは小さいので，ゲル電気泳動で区別できる．　〔小金澤碩城〕
主要文献	Millikan, D. F. *et al.* (1956). Plant Dis. Reporter, 40, 229-230；大塚義雄 (1935). 園学雑, 6, 44-53；後沢憲志・東城喜久 (1953). 園芸学会28年秋講要, 7；Koganezawa, H. *et al.* (1982). Acta Horticulturae, 130, 193-197；Owens, R. A. *et al.* (2012). *Apscaviroid*. Virus Taxonomy 9th Report of ICTV, 1232；ICTVdB (2006). *Apple scar skin viroid*. 80.001.0.04.001.；DPVweb. Apscaviroid；Koganezawa, H. (1989). Apple scar skin viroid. Descriptions of Plant Viruses, 349；Koganezawa, H. *et al.* (2003). Apple scar skin viroid in apple. Viroids (Hadidi *et al.* eds., CISRO Publishing), p.137-141；Kyriakopoulou, P. E. *et al.* (2003). Apple scar skin viroid in pear. Viroids (Hadidi *et al.* eds., CISRO Publishing), p.142-145；Hadidi, A. and Barba, M. (2011). *Apple scar skin viroid*. Virus and Virus-Like Diseases of Pome and Stone Fruits (Hadidi, A. *et al.* eds., APS Press), p.57-62；山口 昭 (1983). 植物ウイルス事典, 195；柳瀬春夫 (1993). 原色作物ウイルス病事典, 608-609；伊藤 伝 (2002). 原色果樹のウイルス・ウイロイド病, 66-67；北島 博 (1989). 果樹病害各論 (養賢堂), 207-209；沢村健三 (1965). 園試報, C3, 25-34；山口 昭ら (1975). 果樹試報, C2, 73-79；小金澤碩城ら (1982). 日植病報, 48, 397；Koganezawa, H. (1985). Ann. Phytopathol. Soc. Jpn., 51, 176-182；小金澤碩城 (1985). 植物防疫, 39, 356-360；Hashimoto, J. and Koganezawa, H. (1987). Nucleic Acids Res., 15, 7045-7052；Osaki, H. *et al.* (1996). Ann. Phytopathol. Soc. Jpn., 62, 379-385；Desvignes, J. C. *et al.* (1999). Plant Dis., 83, 768-772.

ウイロイド 4

Australian grapevine viroid　ブドウオーストラリアウイロイド (AGVd)
Pospiviroidae Apscaviroid

初　記　載	Rezaian A. *et al.*(1988)；荒木浩行ら(2004).
分　　子	【形態】外被タンパク質をもたない低分子環状 ssRNA. 分子内相補性が高く，二本鎖様棒状構造をとる． 【物性】沈降定数 約 10 S. 【成分】核酸：ssRNA 1 種(369 nt, GC 含量 58%).
ゲ ノ ム	【構造】単一環状低分子 ssRNA ゲノム．分子は TL，P，C，V，TR の 5 つの機能ドメインに分けられ，C ドメインには中央保存領域(CCR)が，TL ドメインには末端保存領域(TCR)が存在する．ゲノム上にはタンパク質がコードされていない． 【登録コード】X17101(全塩基配列)，ほか．
自然宿主・病徴	ブドウ(潜在感染).
宿　主　域	狭い．ブドウ．
伝　　染	未詳．
類　縁　関　係	リンゴゆず果ウイロイド(*Apple fruit crinkle viroid*：AFCVd)と約 85% の塩基配列相同性をもつ．
地理的分布	日本，中国，オーストラリア，チュニジア，インド，イラン．　〔佐野輝男〕
主　要　文　献	Rezaian, M. A. *et al.*(1988). J. Gen. Virol., 69, 413-422；荒木浩行ら(2004). 日植病報, 70, 52-53；Owens, R. A. *et al.*(2012). *Apscaviroid*. Virus Taxonomy 9th Report of ICTV, 1232；ICTVdB(2006). *Australian grapevine viroid*. 80.001.0.04.003.；DPVweb. Apscaviroid；Little, A. and Rezaian, M. A.(2003). Grapevine viroids. Viroids(Hadidi *et al.* eds., CISRO Publishing), p.195-206；Rezaian, M. A. *et al.*(1990). Nucleic Acids Res., 10, 5587-5598；Elleuch, A. *et al.*,(2002). European J. Plant Pathol., 108, 815-820；Jiang, D. *et al.*(2012). Virus Res., 169, 237-245；Adkar-Purushothama, C. R. *et al.*(2014). Virus Genes, 49, 304-311.

ウイロイド5

Chrysanthemum chlorotic mottle viroid キク退緑斑紋(たいりょくはんもん)ウイロイド (CChMVd)
Avsunviroidae Pelamoviroid

初 記 載	Dimock, A. W. *et al.*(1971), Navarro, B. and Flores, R.(1997)；山本英樹・佐野輝男(2004), Yamamoto, H. and Sano, T.(2005).
異 名	キククロロティックモットルウイロイド, Chrysanthemum chlorotic mottle virus.
分 子	【形態】外被タンパク質をもたない低分子環状 ssRNA. 【成分】核酸：ssRNA 1 種(397〜401 nt).
ゲ ノ ム	【構造】単一環状低分子 ssRNA ゲノム．分子に独自のハンマーヘッド型リボザイム部位をもつ．ゲノムはノンコーディング RNA でタンパク質遺伝子をコードしていない．分子内相補性が高く，二本鎖部位とバルジループ部位からなる分枝状構造をとる． 【登録コード】Y14700(全塩基配列), ほか.
自然宿主・病徴	キク(わい化病；退緑斑点，葉の紫化．多くの品種では無病徴).
宿 主 域	キク.
検 定 植 物	キク(品種 Bonnie Jean, Yellow Delaware, Deep Ridge).
伝 染	汁液接種可．接ぎ木伝染.
系 統	無病徴(NS)系統，病徴(S)系統.
地理的分布	日本，米国，デンマーク，フランス，インド，中国． 〔佐野輝男〕
主 要 文 献	Dimock, A. W. *et al.*(1971). Phytopathology, 61, 415-419；Navarro, B. and Flores, R.(1997). Proc. Natl. Acad. Sci. USA., 94, 11262-11267；山本英樹・佐野輝男(2004)．日植病報, 70, 303；Yamamoto, H. and Sano, T.(2005). J. Gen. Plant Pathol., 71, 156-157；Owens, R. A. *et al.*(2012). *Pelamoviroid*. Virus Taxonomy 9th Report of ICTV, 1227-1228；ICTVdB(2006). *Chrysanthemum chlorotic mottle viroid*. 80.002.0.02.002.；DPVweb. Pelamoviroid.；Horst, R. K.(1987). Chrysanthemum chlorotic mottle. The viroids(Diener, T. O. ed. Prenum Press), p.291-295；Flores, R. *et al.*(2003). Chrysanthemum chlorotic mottle viroid. Viroids(Hadidi, A. *et al.* eds., CSIRO Publishing), p.224-227；Dufour, D. *et al.*(2009). Nucl. Acids Res., 37, 368-381.

ウイロイド6

Chrysanthemum stunt viroid キク矮化ウイロイド (CSVd)
Pospoviridae Pospiviroid

初 記 載	Dimock, A. W.(1947), Brierley, P. *et al.*(1949), Diener, T. O. *et al.*(1973), Hollings, M. *et al.* (1973);大沢高志ら(1977).
異 名	Chrysanthemum stunt virus.
分 子	【形態】外被タンパク質をもたない低分子環状 ssRNA. 分子内相補性が高く,二本鎖様棒状構造をとる. 【成分】核酸:ssRNA 1種(約 350 nt).
ゲ ノ ム	【構造】単一環状低分子 ssRNA ゲノム. 分子は TL, P, C, V, TR の 5つの機能ドメインに分けられ, C ドメインには中央保存領域(CCR)が, TL ドメインには末端保存領域(TCR)が存在する. ゲノム上にはタンパク質がコードされていない. 【登録コード】V01107(キク株 全塩基配列), U82445(ペチュニア株 全塩基配列), ほか.
細胞内所在	核小体内.
自然宿主・病徴	キク(わい化病;矮化, 退緑斑〜黄斑, 開花の促進あるいは遅延. 多くの品種では無病徴).
宿 主 域	狭い. キク, シネラリア, コスモス, ペチュニア.
検 定 植 物	キク(品種 Mistletoe).
伝 染	汁液接種可. 接触伝染. 接ぎ木伝染. 栄養繁殖による伝染. 種子伝染.
系 統	塩基配列の一部が異なるイギリス系とオランダ系が報告されているが, 病徴の違いは確認されていない.
地理的分布	日本, ヨーロッパ, 米国, カナダ, オーストラリア, 南アフリカ, ブラジル. 〔花田 薫〕
主 要 文 献	Dimock, A. W.(1947). New York State Flower Growers' Bulletin, 26, 2;Brierley, P. *et al.*(1949). Phytopathology, 39, 501;Diener, T. O. *et al.*(1973). Virology, 51, 94-101;Hollings, M. *et al.* (1973). Ann. Appl. Biol., 74, 333-348;大沢高志ら(1977).日植病報, 43, 372-373;Owens, R. A. *et al.*(2012). *Pospiviroid*. Virus Taxonomy 9th Report of ICTV, 1229-1230;ICTVdB(2006). *Chrysanthemum stunt viroid*. 80.001.0.01.002.;DPVweb. Pospiviroid.;Mumford, R. A.(2001). Chrysanthemum stunt viroid. Descriptions of Plant Viruses, 380;Bouwen, I. *et al.*(2003). Chrysanthemum stunt viroid. Viroids(Hadidi, A. *et al.* eds., CSIRO Publishing), p. 218-223;栃原比呂志(1983).植物ウイルス事典, 278-279;栃原比呂志(1993).原色作物ウイルス病事典, 508-509;Haseloff, J. *et al.*(1981). Nucleic Acids Res., 9, 2741-2752;Gross, H. J. *et al.*(1982). Eur. J. Biochem., 121, 249-257;花田 薫ら(1982).日植病報, 48, 131;深谷雅博ら(1985).日植病報, 51, 356;花田 薫・酒井淳一(2001).九病虫研報, 47, 43-45;平野哲司ら(2013).植物防疫, 67, 340-344.

ウイロイド 7

Citrus bark cracking viroid カンキツバーククラッキングウイロイド (CBCVd)
Pospiviroidae Cocadviroid

初　記　載	Duran-Vila, N. *et al.*(1988)；伊藤隆男・家城洋之(1996), 中原健二ら(1996).
異　　　名	カンキツウイロイド IV(Citrus viroid IV：CVd-IV).
分　　　子	【形態】外被タンパク質をもたない低分子環状 ssRNA. 分子内相補性が高く, 二本鎖様棒状構造をとる.
	【成分】核酸：ssRNA 1 種(284〜286 nt, GC 含量 54〜56%).
ゲ ノ ム	【構造】単一環状低分子 ssRNA ゲノム. 分子は TL, P, C, V, TR の 5 つの機能ドメインに分けられ, C ドメインには中央保存領域(CCR)が, TL ドメインには末端保存ヘアピン(TCH)が存在する. ゲノム上にはタンパク質がコードされていない.
	【登録コード】X14638(全塩基配列), AB054633(全塩基配列), ほか.
自然宿主・病徴	ミカン科植物(カラタチ台木の亀裂).
宿　主　域	やや狭い. ミカン科, ナス科, キク科, ウリ科植物.
増 殖 植 物	エトログシトロン(*Citrus medica*).
検 定 植 物	エトログシトロン(エピナスティ, 葉の下垂, 葉脈褐変, 矮化).
伝　　　染	汁液接種可. 接ぎ木伝染. 剪定バサミ, 接ぎ木ナイフで接触伝染.
地理的分布	日本および世界各地. 〔伊藤隆男〕
主 要 文 献	Duran-Vila, N. *et al.*(1988). J. Gen. Virol., 69, 3069-3080；伊藤隆男・家城洋之(1996). 日植病報, 62, 614-615；中原健二ら(1996). 日植病報, 62, 649；Owens, R. A. *et al.*(2012). *Cocadviroid*. Virus Taxonomy 9th Report of ICTV, 1231；ICTVdB(2006). *Citrus viroid IV*. 80.001.0.03.002；DPVweb. Cocadviroid.；Duran-Vila, N. *et al.*(2003). Citrus viroids. Viroids(Hadidi *et al.* eds., CISRO Publishing), p.178-194；Flores, R. and Owens, R. A.(2008). Viroids. Encyclopedia of Virology 3rd ed., 5, 332-342；Ito, T. *et al.*(2002). Phytopathology, 92, 542-547；Vernière, C. *et al.*(2004). Plant Dis., 88, 1189-1197；Semancik, J. S. and Vidalakis, G.(2005). Arch. Virol., 150, 1059-1067.

ウイロイド 8

Citrus bent leaf viroid　カンキツベントリーフウイロイド　(CBLVd)
Pospiviroidae Apscaviroid

初　記　載	Duran-Vila, N. et al.(1988)；畑谷達児ら(1995)，Hataya, T. et al.(1998)．
異　　　名	カンキツウイロイドI(Citrus viroid I：CVd-I)．
分　　　子	【形態】外被タンパク質をもたない低分子環状ssRNA．分子内相補性が高く，二本鎖様棒状構造をとる． 【成分】核酸：ssRNA 1種(315～330 nt，GC含量59～61％)．
ゲ ノ ム	【構造】単一環状低分子ssRNAゲノム．分子はTL，P，C，V，TRの5つの機能ドメインに分けられ，Cドメインには中央保存領域(CCR)が存在する．ゲノム上にはタンパク質がコードされていない． 【登録コード】M74065(全塩基配列)，AB006734(全塩基配列)，AB019509(LSS系統 全塩基配列)，ほか．
自然宿主・病徴	ミカン科植物(品種によりカラタチ台カンキツの矮化)．
宿　主　域	狭い．ミカン科植物，アボカド．
増 殖 植 物	エトログシトロン(*Citrus medica*)．
検 定 植 物	エトログシトロン(エピナスティ，葉の下垂，葉脈褐変，矮化)．
伝　　　染	汁液接種可．接ぎ木伝染．剪定バサミ，接ぎ木ナイフで接触伝染．
系　　　統	塩基配列相同性の低いLSS(low sequence similarity)系統がある．
地理的分布	日本および世界各地．　〔伊藤隆男〕
主 要 文 献	Duran-Vila, N. et al.(1988). J. Gen. Virol., 69, 3069-3080；畑谷達児ら(1995). 日植病報, 61, 279；Hataya, T. et al.(1998). Arch. Virol., 143, 971-980；Owens, R. A. et al.(2012). *Apscaviroid*. Virus Taxonomy 9th Report of ICTV, 1232；ICTVdB(2006). *Citrus bent leaf viroid*. 80.001.0.04.004.；DPVweb. Apscaviroid；Duran-Vila, N. et al.(2003). Citrus viroids. Viroids(Hadidi et al. eds., CISRO Publishing), p.178-194；Flores, R. and Owens, R. A.(2008). Viroids. Encyclopedia of Virology 3rd ed., 5, 332-342；Hadas, R. et al.(1992). Plant Dis., 76, 357-359；Semancik, J. S. et al.(1997). J. Hortic. Sci., 72, 563-570；Ito, T. et al.(2000). Arch. Virol., 145, 2105-2114；Vernière, C. et al.(2004). Plant Dis., 88, 1189-1197.

ウイロイド 9

Citrus dwarfing viroid カンキツ矮化ウイロイド (CDVd)
Pospiviroidae Apscaviroid

初 記 載	Duran-Vila, N. *et al.*(1988)；中原健二ら(1996)，Nakahara, K. *et al.*(1998).
異 名	カンキツウイロイドⅢ(Citrus viroid Ⅲ：CVd-Ⅲ).
分 子	【形態】外被タンパク質をもたない低分子環状 ssRNA．分子内相補性が高く，二本鎖様棒状構造をとる．
	【成分】核酸：ssRNA 1 種(291〜297 nt, GC 含量 53〜57%).
ゲ ノ ム	【構造】単一環状低分子 ssRNA ゲノム．分子は TL, P, C, V, TR の 5 つの機能ドメインに分けられ，C ドメインには中央保存領域(CCR)が存在する．ゲノム上にはタンパク質がコードされていない．
	【登録コード】AF184147(全塩基配列), S76452(全塩基配列)，ほか．
自然宿主・病徴	ミカン科植物(カラタチ台カンキツの萎縮).
宿 主 域	狭い．ミカン科植物．
増 殖 植 物	エトログシトロン(*Citrus medica*).
検 定 植 物	エトログシトロン(エピナスティ，葉の下垂，葉脈褐変，矮化).
伝 染	汁液接種可．接ぎ木伝染．剪定バサミ，接ぎ木ナイフで接触伝染．
地理的分布	日本および世界各地．
そ の 他	変異株により病徴の強弱がみられる． 〔伊藤隆男〕
主 要 文 献	Duran-Vila, N. *et al.*(1988). J. Gen. Virol., 69, 3069-3080；中原健二ら(1996). 日植病報, 62, 322；Nakahara, K. *et al.*(1998). Ann. Phytopathol. Soc. Jpn., 64, 532-538；Owens, R. A. *et al.*(2012). *Apscaviroid*. Virus Taxonomy 9th Report of ICTV, 1232；ICTVdB(2006). *Citrus viroid III*. 80.001.0.04.005. ; DPVweb. Apscaviroid；Duran-Vila, N. *et al.*(2003). Citrus viroids. Viroids (Hadidi *et al.* eds., CISRO Publishing), p.178-194；Flores, R. and Owens, R. A.(2008). Viroids. Encyclopedia of Virology 3rd ed., 5, 332-342；Rakowski, A. G. *et al.*(1994). J. Gen. Virol., 75, 3581-3584；Semancik, J. S. *et al.*(1997). J. Hortic. Sci., 72, 563-570；Owens, R. A. *et al.*(1999). Ann. Appl. Biol., 134, 73-80；Ito, T. *et al.*(2002). Phytopathology, 92, 542-547；Vernière, C. *et al.*(2004). Plant Dis., 88, 1189-1197；Tessitori, M. *et al.*(2013). J. Gen. Virol., 94, 687-693.

ウイロイド 10

Citrus exocortis viroid カンキツエクソコーティスウイロイド (CEVd)
Pospiviroidae Pospiviroid

初　記　載	Fawcett, H. S. and Klotz, L. J.(1948), Semancik, J. S. and Weathers, L. G.(1970)；田中彰一(1963)．
異　　　名	Indian tomato bunchy top viroid.
分　　　子	【形態】外被タンパク質をもたない低分子環状 ssRNA．分子内相補性が高く，二本鎖様棒状構造をとる． 【物性】沈降係数 6.7 S．浮遊密度(Cs_2SO_4) 1.64～1.68 g/cm^3． 【成分】核酸：ssRNA 1 種(368～375 nt，GC 含量 59～61％)．
ゲ ノ ム	【構造】単一環状低分子 ssRNA ゲノム．分子は TL，P，C，V，TR の 5 つの機能ドメインに分けられ，C ドメインには中央保存領域(CCR)が，TL ドメインには末端保存領域(TCR)が存在する．ゲノム上にはタンパク質がコードされていない． 【登録コード】M34917(全塩基配列)，AB054592(全塩基配列)，ほか．
細胞内所在	核内および細胞内膜系．
自然宿主・病徴	ミカン科植物(エクソコーティス病；カラタチ台カンキツの台木部に剥皮を生じ，顕著な生育阻害が起きる)；トマト(叢生，矮化，エピナスティ，奇形葉，葉脈褐変)；ニンジン(小型の連葉)；カブ，ソラマメ，ナス，ブドウ，インパチエンス，バーベナ(無病徴)．
宿　主　域	やや広い．ミカン科，ナス科，キク科，ウリ科，セリ科，アブラナ科，マメ科，ブドウ科植物など．
増 殖 植 物	エトログシトロン(*Citrus medica*)，ビロードサンシチ(*Gynura aurantiaca*)，トマト．
検 定 植 物	エトログシトロン，ビロードサンシチ，トマト(品種 Rutgers，くりこま)(エピナスティ，縮葉，葉脈褐変，矮化)．
伝　　　染	汁液接種可．接ぎ木伝染．剪定バサミ，接ぎ木ナイフで接触伝染．トマト，インパチエンス，バーベナでは種子伝染．
系　　　統	CEVd(カンキツ)，-bro(ソラマメ)，-car(ニンジン)，-egg(ナス)，-gra(ブドウ)，-tom(トマト)，-tur(カブ)．従来の弱毒系は別種のウイロイドに分類された．
地理的分布	日本および世界各地．
そ の 他	トマトなどで強毒と弱毒の変異株が知られる．反復配列の挿入により生じた 463～467 nt の変異株が存在する．〔伊藤隆男〕
主 要 文 献	Fawcett, H. S. and Klotz, L. J.(1948). Citrus Leaves, 28, 8-9；Semancik, J. S. and Weathers, L. G.(1970). Phytopathology, 60, 732-736；田中彰一(1963).日植病報, 28, 88；Owens, R. A. *et al.* (2012). *Pospiviroid*. Virus Taxonomy 9th Report of ICTV, 1229-1230；ICTVdB(2006). *Citrus exocortis viroid*. 80.001.0.01.003；DPVweb. Pospiviroid.；Semancik, J. S.(1980). Citrus exocortis viroid. Descriptions of Plant Viruses, 226；Duran-Vila, N. *et al.*(2003). Citrus viroids. Viroids (Hadidi *et al.* eds., CISRO Publishing), p. 178-194；Flores, R. and Owens, R. A.(2008). Viroids. Encyclopedia of Virology 3rd ed., 5, 332-342；山口 昭(1983). 植物ウイルス事典, 282-283；小泉銘冊(1993). 原色作物ウイルス病事典, 599-600；伊藤隆男(2002). 原色果樹のウイルス・ウイロイド病, 52-53；北島 博(1989). 果樹病害各論(養賢堂), 115-122；田中寛康・山田峻一(1969). 園試報, B9, 181-195；Visvader, J. E. and Symons, R. H.(1985). Nucleic Acids Res., 13, 2907-2920；García-Arenal, F. *et al.*(1987). Nucleic Acids Res., 15, 4203-4210；Duran-Vila, N. *et al.*(1988). J. Gen. Virol., 69, 3069-3080；Mishra, M. D. *et al.*(1991). J. Gen. Virol., 72, 1781-1785；Fagoaga, C. *et al.*(1995). J. Gen. Virol., 76, 2271-2277；Fagoaga, C. and Duran-Vila, N.(1996). Plant Pathol., 45, 45-53；Ito, T. *et al.*(2002). Phytopathology, 92, 542-547；Chaffai, M. *et al.*(2007). Arch. Viol., 152, 1283-1294；Singh, R. P. *et al.*(2009). Eur. J. Plant Pathol., 124, 691-694；Hejeri, S. *et al.*(2011). Virology, 417, 400-409；Murcia, N. *et al.*(2011). Mol. Plant Pathol., 12, 203-208.

ウイロイド 11

Citrus viroid V　カンキツウイロイド V (CVd-V)
Pospiviroidae Apscaviroid

初　記　載	Serra, P. *et al.*(2008)；伊藤隆男・太田 智(2010)，Ito, T. and Ohta, S.(2010).
分　　　子	【形態】外被タンパク質をもたない低分子環状 ssRNA．分子内相補性が高く，二本鎖様棒状構造をとる． 【成分】核酸：ssRNA 1 種(290～294 nt，GC 含量 58～61％)．
ゲ ノ ム	【構造】単一環状低分子 ssRNA ゲノム．分子は TL，P，C，V，TR の 5 つの機能ドメインに分けられ，C ドメインには中央保存領域(CCR)が存在する．ゲノム上にはタンパク質がコードされていない． 【登録コード】EF617306(全塩基配列)，AB560862(全塩基配列)，ほか．
自然宿主・病徴	ミカン科植物(エトログシトロン(*Citrus medica*)に軽微な枝の亀裂と褐変，矮化)．
宿　主　域	狭い．ミカン科植物．
増 殖 植 物	エトログシトロン．
検 定 植 物	エトログシトロン(軽微な枝の亀裂と褐変，矮化)．
伝　　　染	汁液接種可．接ぎ木伝染．剪定バサミ，接ぎ木ナイフで接触伝染．
地 理 的 分 布	日本，米国，スペイン，ネパール，オマーン，イラン，中国．
そ の 他	ミカン亜科の *Atalantia citroides* に感染するウイロイドは本種のみが知られる．〔伊藤隆男〕
主 要 文 献	Serra, P. *et al.*(2008a). Virology, 370, 102-112；Serra, P. *et al.*(2008b). Phytopathology, 98, 1199-1204；伊藤隆男・太田 智(2010). 日植病報, 76, 223；Ito, T. and Ohta, S.(2010). J. Gen. Plant Pathol., 76, 348-350；Owens, R. A. *et al.*(2012). *Apscaviroid*. Virus Taxonomy 9th Report of ICTV, 1232；DPVweb. Apscaviroid.

ウイロイド 12

Citrus viroid VI　カンキツウイロイド VI　(CVd-VI)
Pospiviroidae Apscaviroid

初　記　載	伊藤隆男ら(1997), Ito, T. *et al.*(2001).
異　　　名	カンキツウイロイド OS(Citrus viroid OS：CVd-OS).
分　　　子	【形態】外被タンパク質をもたない低分子環状 ssRNA．分子内相補性が高く，二本鎖様棒状構造をとる． 【成分】核酸：ssRNA 1 種(329〜331 nt，GC 含量 59〜60%).
ゲ ノ ム	【構造】単一環状低分子 ssRNA ゲノム．分子は TL, P, C, V, TR の 5 つの機能ドメインに分けられ，C ドメインには中央保存領域(CCR)が存在する．ゲノム上にはタンパク質がコードされていない． 【登録コード】AB019508(カンキツ系統　全塩基配列), AB366016(カキ系統　全塩基配列), ほか．
自然宿主・病徴	ミカン科植物(エトログシトロン(*Citrus medica*)に軽微な下垂葉と葉柄の褐変)；カキ(病徴との関連は不明)．
宿　主　域	狭い．ミカン科植物，カキ．
増 殖 植 物	エトログシトロン．
検 定 植 物	エトログシトロン(軽微な葉の下垂と葉柄の褐変)．
伝　　　染	汁液接種可．接ぎ木伝染．剪定バサミ，接ぎ木ナイフで接触伝染．
系　　　統	カンキツ系統，カキ系統．
地理的分布	日本．　　　　　　　　　　　　　　　　　　　　　　　　　　　　　　〔伊藤隆男〕
主 要 文 献	伊藤隆男ら(1997). 日植病報, 63, 484-485；Ito, T. *et al.*(2001). Arch. Virol., 146, 975-982；Ito, T. *et al.*(2002). Phytopathology, 92, 542-547；Owens, R. A. *et al.*(2012). *Apscaviroid*. Virus Taxonomy 9th Report of ICTV, 1232；ICTVdB(2006). *Citrus viroid original source*. 80.001.0.84.010；DPVweb. Apscaviroid.；Nakaune, R. and Nakano, M.(2008). Arch. Virol., 153, 969-972.

ウイロイド 13

Coleus blumei viroid 1　コリウスウイロイド 1
(CbVd-1)
Pospiviroidae Coleviroid

初　記　載	Fonseca, M. E. N. *et al.* (1989)；石黒 亮ら(1996).
分　　　子	【形態】外被タンパク質をもたない低分子環状 ssRNA．分子内相補性が高く，二本鎖様棒状構造をとる． 【物性】沈降係数 約 10 S． 【成分】核酸：ssRNA 1 種(248〜251 nt，GC 含量 55%)．
ゲ ノ ム	【構造】単一環状低分子 ssRNA ゲノム．分子は TL, P, C, V, TR の 5 つの機能ドメインに分けられ，C ドメインには中央保存領域(CCR)が存在する．ゲノム上にはタンパク質がコードされていない． 【登録コード】X52960(全塩基配列)，ほか．
自然宿主・病徴	コリウス(*Coleus blumei*)(多くは無病徴．品種により矮化すると報告されている)．
宿　主　域	*C. blumei*, *Ocimum sanctum*, *O. basilicum*, *Mentha spicata*, *M. arvensis*, *Melissa officinalis*.
伝　　　染	汁液接種可．接ぎ木伝染．種子伝染．
類 縁 関 係	*Coleviroid* 属の CbVd-2 および CbVd-3 と共通の中央保存領域を有する．
地理的分布	日本，ブラジル，ドイツ，カナダ，中国など．種子で伝染するため，おそらく栽培地域すべてに分布．〔佐野輝男〕
主 要 文 献	Fonseca, M. E. N. *et al.* (1989). Fitopatol. Bras., 14, 94-96；石黒 亮ら(1996). 日植病報, 62, 84-86；Owens, R. A. *et al.* (2012). *Coleviroid*. Virus Taxonomy 9th Report of ICTV, 1232-1233；ICTVdB (2006). *Coleus blumei viroid 1*. 80.001.0.05.001.；DPVweb. Coleviroid.；Robinson, D. J. (2001). Coleus blumei viroid 1. Descriptions of Plant Viruses, 379；Singh, R. P. *et al.* (2003). *Coleus blumei viroid*. Viroids (Hadidi *et al.* eds., CISRO Publishing), p.228-230；Spieker, R. L. *et al.* (1990). Nucleic Acids Res., 18, 3998.

ウイロイド 14

(CbVd-6)
Coleus blumei viroid 6　コリウスウイロイド6
Pospiviroidae Coleviroid

初 記 載　Hou, H-W. *et al.* (2009)；対馬太郎ら (2010).
分　　子　【形態】外被タンパク質をもたない低分子環状 ssRNA. 分子内相補性が高く，二本鎖様棒状構造をとる.
　　　　　【成分】核酸：ssRNA 1 種 (342 nt).
ゲ ノ ム　【構造】単一環状低分子 ssRNA ゲノム. 分子は TL, P, C, V, TR の 5 つの機能ドメインに分けられ，C ドメインには中央保存領域 (CCR) が存在する. ゲノム上にはタンパク質がコードされていない.
　　　　　【登録コード】FJ615418 (全塩基配列)，ほか.
自然宿主・病徴　コリウス (*Coleus blumei*) (病徴未詳).
宿 主 域　*C. blumei*.
類縁関係　コリウスからは他に CbVd-1, CbVd-2, CbVd-3, CbVd-5 が分離されている.
地理的分布　中国，日本.　　　　　　　　　　　　　　　　　　　　　　　　　　　　　〔佐野輝男〕
主要文献　Hou, W-Y. *et al.* (2009). Arch. Virol. 154, 993-997；対馬太郎ら (2010). 日植病報, 76, 223；Owens, R. A. *et al.* (2012). *Coleviroid*. Virus Taxonomy 9th Report of ICTV, 1232-1233；DPVweb. Coleviroid.

ウイロイド 15

Grapevine yellow speckle viroid 1 ブドウ黄色斑点ウイロイド 1 (GYSVd-1)
Pospiviroidae Apscaviroid

初　記　載	Taylor, R. H. and Woodham, R. C.(1972)，Koltunow, A. M. and Rezaian, M. A.(1988)；Sano, T. *et al.*(2000).
異　　　名	Grapevine yellow speckle virus.
分　　　子	【形態】外被タンパク質をもたない低分子環状 ssRNA．分子内相補性が高く，二本鎖様棒状構造をとる． 【物性】沈降係数 約 10 S． 【成分】核酸：ssRNA 1 種(366～368 nt，GC 含量 61%)．
ゲ ノ ム	【構造】単一環状低分子 ssRNA ゲノム．分子は TL，P，C，V，TR の 5 つの機能ドメインに分けられ，C ドメインには中央保存領域(CCR)が存在する．ゲノム上にはタンパク質がコードされていない． 【登録コード】X06904(全塩基配列)，ほか．
自然宿主・病徴	ブドウ(単独あるいは *Grapevine yellow speckle viroid 2*(GYSVd-2)との混合感染で，黄色斑点症状を現す．オーストラリアでは葉の黄斑を特徴とするが，しばしばわずかな黄斑やまだらな斑紋にとどまりみにくいという．日本の栽培条件では本ウイロイド保毒樹でも類似の症状はみられないことから，潜在感染が一般的と考えられる)．
宿　主　域	狭い．ブドウ．
伝　　　染	汁液接種可．
系　　　統	塩基配列の変異が大きく，病原性との関連から 3 つの Type が提唱されている．Type 1 は non-symptom inducing variant, Type 2 は symptom-inducing variant とされる．Type 3 を別種とする考えも提案されている．
類縁関係	GYSVd-2 と約 73% の塩基配列の相同性がある．リンゴさび果ウイロイド(*Apple scar skin viroid*：ASSVd)とは部分的に高い塩基配列の相同性がある．
地理的分布	日本，中国，オーストラリア，米国，ドイツなど． 〔佐野輝男〕
主 要 文 献	Taylor, R. H. and Woodham, R. C.(1972). Aust. J. Agric. Res., 23, 447-452；Koltunow, A. M. and Rezaian, M. A.(1988). Nucleic Acids Res., 16, 849-864；Sano, T. *et al.*(2000). J. Gen. Plant Pathol., 66, 68-70；Owens, R. A. *et al.*(2012). *Apscaviroid*. Virus Taxonomy 9th Report of ICTV, 1232；ICTVdB(2006). *Grapevine yellow speckle viroid 1*. 80.001.0.04.006.；DPVweb. Apscaviroid；Little, A. and Rezaian, M. A.(2003). Grapevine viroids. Viroids(Hadidi *et al.* eds., CISRO Publishing), p.195-206；Polivka, H. *et al.*(1996). J. Gen. Virol., 77, 155-161；Szychowski, J. A. *et al.*(1998). Virology, 248, 432-444；Jiang, D. *et al.*(2012). Virus Res., 169, 237-245.

ウイロイド 16

Hop latent viroid　ホップ潜在ウイロイド (HpLVd)
Pospiviroidae Cocadviroid

初 記 載	Puchta, H. *et al.*(1988)；Hataya, T. *et al.*(1992).
分　　子	【形態】外被タンパク質をもたない低分子環状 ssRNA．分子内相補性が高く，二本鎖様棒状構造をとる． 【物性】沈降係数 約 10 S. 【成分】核酸：ssRNA 1 種(255～256 nt，GC 含量 58％).
ゲ ノ ム	【構造】単一環状低分子 ssRNA ゲノム．分子は TL, P, C, V, TR の 5 つの機能ドメインに分けられ，C ドメインには中央保存領域(CCR)が，TL ドメインには末端保存ヘアピン(TCH)が存在する．ゲノム上にはタンパク質がコードされていない． 【登録コード】X07397(全塩基配列)，ほか.
自然宿主・病徴	ホップ(*Humulus lupulus*)(多くは無病徴．品種 "Omega" で退緑，生育遅延と側枝の減少が報告されている)，*Urtica dioica*(セイヨウイラクサ，ネトル).
宿 主 域	狭い．ホップ，カナムグラ(*H. japonicus*).
検 定 植 物	カナムグラ．
伝　　染	汁液接種可．種苗伝染．花粉あるいは種子伝染は確認されていない．
地理的分布	ホップ：日本，韓国，イギリス，ドイツ，スロベニア，ポーランド，チェコ，ニュージーランド．*U. dioica*：ドイツ．

〔佐野輝男〕

主 要 文 献　Puchta, H. *et al.*(1988). Nucleic Acids Res., 16, 4197-4216；Hataya, T. *et al.*(1992). Ann. Phytopathol. Soc. Jpn., 58, 677-684；Owens, R. A. *et al.*(2012). *Cocadviroid*. Virus Taxonomy 9th Report of ICTV, 1231；ICTVdB(2006). *Hop latent viroid*. 80.001.0.03.005.；DPVweb. Cocadviroid.；Barbara, D. J. and Adams, A. N.(2003). Hop latent viroid. Viroids(Hadidi *et al.* eds., CISRO Publishing), p.213-217；Barbara, D. J. *et al.*(1990). Ann. Appl. Biol., 117, 359-366.

ウイロイド 17

Hop stunt viroid ホップ矮化ウイロイド (HpSVd)
Pospiviroidae Hostuviroid

初　記　載	山本初美ら(1970)，Sasaki, M. and Shikata, E.(1977)．
異　　　名	Cachexia viroid, Cachexia virus, Citrus cachexia viroid, Citrus viroid II, Cucumber pale fruit viroid, Hop stunt virus, Peach dapple viroid, Plum dapple viroid.
分　　　子	【形態】外被タンパク質をもたない低分子環状 ssRNA．分子内相補性が高く，二本鎖様棒状構造をとる． 【物性】沈降係数 約 10 S. 【成分】ssRNA 1 種(295〜303 nt，GC 含量 53〜60%)．
ゲ ノ ム	【構造】単一環状低分子 ssRNA ゲノム．分子は TL，P，C，V，TR の 5 つの機能ドメインに分けられ，C ドメインには中央保存領域(CCR)が，TL ドメインには末端保存ヘアピン(TCH)が存在する．ゲノム上にはタンパク質がコードされていない． 【登録コード】X00009(全塩基配列)，E01844(全塩基配列)，ほか．
細胞内所在	核小体に局在．
自然宿主・病徴	ホップ(わい化病；矮化，α酸低下)；スモモ(斑入り果病)，モモ(斑入り果)；カンキツ(cachexia病；多くは潜在)；キュウリ(pale fruit 病；果実の退色)；ブドウ，アプリコット，アーモンド(無病徴感染)；クワ(葉脈透化，黄色斑点、奇形葉)；ナツメ(潜在)；イチジク．
宿　主　域	やや広い．ホップ，キュウリ，ブドウ，カンキツ，モモ，スモモ，アプリコット，アーモンド，クワ，イチジク，ナツメなど．実験的にはカナムグラ，トマト，メロン，スイカなどのウリ科植物数種．
増 殖 植 物	キュウリ(品種 四葉)．
検 定 植 物	キュウリ(品種 四葉)．
伝　　　染	汁液接種可．接ぎ木伝染．種苗伝染．
系　　　統	分離宿主により特徴ある塩基配列変異が観察され，大きくブドウ・ホップ，スモモ・モモ，およびカンキツのタイプに分かれる．
地理的分布	ホップ：日本，米国，中国．キュウリ：オランダ．アプリコット：スペイン，地中海諸国，キプロス，モロッコ，ギリシャ，トルコ，中国など．ブドウ，カンキツなど：世界各地．クワ：イタリア，レバノン，イラン．ナツメ：中国．イチジク：シリア． 〔佐野輝男〕
主 要 文 献	山本初美ら(1970)．北大農邦文紀，7, 491-512；Sasaki, M. and Shikata, E.(1977). Proc. Jpn. Acad., Ser. B. 53, 109-112；Owens, R. A. et al.(2012). Hostuviroid. Virus Taxonomy 9th Report of ICTV, 1230-1231；ICTVdB(2006). Hop stunt viroid. 80.001.0.02.001.；DPVweb. Hostuviroid.；Sano, T. et al.(1988). Hop stunt viroid. Descriptions of Plant Viruses, 326；Sano, T.(2003). Hop stunt viroid. Viroids(Hadidi, A. et al. eds., CSIRO Publishing), p.207-212；Sano, T.(2003). Hop stunt viroid in plum and peach. Viroids(Hadidi, A. et al. eds., CSIRO Publishing), p.165-167；Pallas, V. et al.(2003). Hop stunt viroid in apricot and almond. Viroids(Hadidi, A. et al. eds., CSIRO Publishing), p.168-170；Sano, T.(2011). Hop stunt viroid. Virus and Virus-Like Diseases of Pome and Stone Fruits(Hadidi, A. et al. eds., APS Press), p.229-232；山下修一(1983)．植物ウイルス事典，353；髙橋 壮(1993)．原色作物ウイルス病事典，216-217；Yamamoto, H. et al.(1973). Rep. Res. Lab. Kirin Brewery Co. Ltd., 16, 49-62；Ohno, T. et al.(1983). Nucleic Acids Res., 11, 6185-6197；Sano, T. et al.(1985). J. Gen. Virol., 66, 333-338；Sano, T. et al.(1986). J. Gen. Virol.,67, 1673-1678；Sano,T. et al.(1989). J. Gen. Virol., 70, 1311-1319；Kofalvi, S. A. et al.(1997). J. Gen. Virol., 78, 3177-3186；Reanwarakorn, K. et al.(1999). Phytopathology, 89, 568-574；Sano, T. et al.(2001). Virus Genes, 22, 53-59；Sano, T. et al.(2004). J. Gen. Plant Pathol., 70, 181-187；Kawaguchi-Ito, Y. et al.(2009). PloS ONE, 4(12), e8386；Elbeaino, T. et al.(2012). J. Phytopathol., 160, 48-51；Mazhar, M. A. et al.(2013). J. Phytopathol., 162, 269-271.

ウイロイド 18

Peach latent mosaic viroid モモ潜在(せんざい)モザイクウイロイド (PLMVd)
Avsunviroidae Pelamoviroid

初記載	Desvignes, J. C.(1976)，Hernandez, C. and Flores, R.(1992)；大崎秀樹ら(1998)，Osaki, H. *et al.*(1999)．
分 子	【形態】外被タンパク質をもたない低分子環状 ssRNA． 【物性】沈降係数 約 10 S． 【成分】核酸：ssRNA 1 種(335～342 nt，GC 含量 53％)．
ゲノム	【構造】単一環状低分子 ssRNA ゲノム．分子に独自のハンマーヘッド型リボザイム部位をもつ．ゲノムはノンコーディング RNA でタンパク質遺伝子をコードしていない．分子内相補性が高く，二本鎖部位とバルジループ部位からなる分枝状構造をとる． 【登録コード】M83545(全塩基配列)，ほか．
細胞内所在	葉緑体内．
自然宿主・病徴	モモ(葉にまれに，退緑斑(blocth)，黄色モザイク(yellow mosaic)，白化(calico)などを現し，果実の品質が低下し，樹の寿命が短くなる．イタリアのスモモ品種 "Angeleno" に spotted fruit 病を起こすと報告されている)；ネクタリン，オウトウ，スモモ，ニホンスモモ，アンズ(アプリコット)，ウメ，セイヨウナシ(*Pyrus communis*)および野生ナシ(無病徴あるいは未詳)．
宿主域	狭い．モモ，ネクタリン，サクランボ，スモモ，ニホンスモモ，アンズ(アプリコット)，ウメ，セイヨウナシなど．
検定植物	モモ(品種 GF-305)．
伝 染	汁液接種可．接ぎ木・芽接ぎ伝染．低率ながらモモアカアブラムシ(*Myzus persicae*)で伝染．種子伝染しないが，花粉伝染する．
系 統	多様な塩基配列変異体があり，モモでは潜在系統と強毒系統が報告されている．
地理的分布	日本，南米，北米，中国，フランス，スペイン，イタリア，オーストリア，ギリシャ，ルーマニア，ユーゴスラビア，アルジェリア，モロッコ，オーストラリアなど．〔佐野輝男〕
主要文献	Desvignes, J. C.(1976). Acta. Hortic., 67, 315-323；Hernandez, C. and Flores, R.(1992). Proc. Natl. Acad. Sci. USA., 89, 3711-3715；大崎秀樹ら(1998).日植病報, 64, 426；Osaki, H. *et al.*(1999). Ann. Phytopathol. Soc. Jpn., 65, 3-8；Owens, R. A. *et al.*(2012). *Pelamoviroid*. Virus Taxonomy 9th Report of ICTV, 1227-1228；ICTVdB(2006). *Peach latent mosaic viroid*. 80.002.0.02.001.；DPVweb. Pelamoviroid.；Flores, R. *et al.*(1998). Peach latent mosaic viroid. Descriptions of Plant Viruses, 362；Flores, R. *et al.*(2003). Peach latent mosaic viroid in peach. Viroids(Hadidi, A. *et al.* eds., CSIRO Publishing), p.156-160；Hadidi, A. *et al.*(2003). Peach latent mosaic viroid in temperate fruit hosts. Viroids(Hadidi, A. *et al.* eds., CSIRO Publishing), p.161-164；Flores, R. *et al.*(2011). *Peach latent mosaic viroid* and its diseases in peach trees. Virus and Virus-Like Diseases of Pome and Stone Fruits(Hadidi, A. *et al.* eds., APS Press), p.219；Giunchedi, L. *et al.*(2011). *Peach latent mosaic viroid* in naturally infected temperate fruit trees. Virus and Virus-Like Diseases of Pome and Stone Fruits(Hadidi, A. *et al.* eds., APS Press), p.219-228；Flores, R. *et al.*(2006). Mol. Plant Pathol., 7, 209-221；Barba, M. t al.(2007). J. Plant Pathol., 89, 287-289.

ウイロイド 19

Pear blister canker viroid　ナシブリスタキャンカーウイロイド　(PBCVd)
Pospiviroidae Apscaviroid

初　記　載	Flores, R. *et al.* (1991); Sano, T. *et al.* (1997).
異　　　名	Pear blister canker virus.
分　　　子	【形態】外被タンパク質をもたない低分子環状 ssRNA．分子内相補性が高く，二本鎖様棒状構造をとる． 【物性】沈降係数 約 10 S． 【成分】核酸：ssRNA 1 種 (314～316 nt，GC 含量 61%)．
ゲ ノ ム	【構造】単一環状低分子 ssRNA ゲノム．分子は TL，P，C，V，TR の 5 つの機能ドメインに分けられ，C ドメインには中央保存領域 (CCR) が，TL ドメインには末端保存領域 (TCR) が存在する．ゲノム上にはタンパク質がコードされていない． 【登録コード】D12823 (全塩基配列)，ほか．
自然宿主・病徴	セイヨウナシ (*Pyrus communis*) (品種 A20 の枝に粗皮を現す．一般の栽培品種には感染するが粗皮症状はみられない．既報のさまざまなナシ粗皮病 (pear rough bark, pear bark split, pear bark necrosis など) とは異なる)；カリン (*Cydonia oblonga*) (潜在感染)．
宿　主　域	やや狭い．セイヨウナシ，カリン，キュウリ (弱い葉巻か無病徴)；*Chaenomeles* 属，*Cydonia* 属，*Sorbus* 属，*Malus* 属，*Pyrus* 属の数種 (感染するが無病徴)．
検 定 植 物	ナシ (品種 A20，Fieudiere (実生選抜系統))．
伝　　　染	汁液 (切付け) 接種可．接ぎ木伝染．芽接ぎ伝染．ヨーロッパでは潜在感染したカリンをナシの台木に使用した時に感染を起こす危険性があるとされる．種子伝染しない．
地理的分布	日本，フランス，スペイン，イタリア．　　〔佐野輝男〕
主 要 文 献	Flores, R. *et al.* (1991). J. Gen. Virol., 72, 1199-1204; Sano, T. *et al.* (1997). Ann. Phytopathol. Soc. Jpn., 63, 89-94; Owens, R. A. *et al.* (2012). *Apscaviroid*. Virus Taxonomy 9th Report of ICTV, 1232; ICTVdB (2006). *Pear blister canker viroid*. 80.001.0.04.008.; DPVweb. Apscaviroid; Flores, R. *et al.* (1998). Pear blister canker viroid. Descriptions of Plant Viruses, 365; Flores, R. *et al.* (2003). Pear blister canker viroid. Viroids (Hadidi *et al.* eds., CISRO Publishing), p.153-155; Flores, R. *et al.* (2011). *Pear blister canker viroid*. Virus and Virus-Like Diseases of Pome and Stone Fruits (Hadidi, A. *et al.* eds., APS Press), p.63-66; Ambrós, G. *et al.* (1992). J. Gen. Virol., 73, 2503-2507.

ウイロイド 20

Persimmon latent viroid　カキ潜在ウイロイド　(PLVd)
Pospiviroidae Apscaviroid

初　記　載	Nakaune, R. and Nakano, M. (2008).
異　　名	カキウイロイド (Persimmon viroid).
分　　子	【形態】外被タンパク質をもたない低分子環状 ssRNA．分子内相補性が高く，二本鎖様棒状構造をとる． 【成分】核酸：ssRNA 1 種 (396 nt)．
ゲ ノ ム	【構造】単一環状低分子 ssRNA ゲノム．ゲノム上にはタンパク質がコードされていない． 【登録コード】AB366022 (全塩基配列)．
自然宿主・病徴	カキノキ属植物 (全身感染；無病徴)．
宿　主　域	カキノキ属植物．
増 殖 植 物	カキノキ属植物．
伝　　染	接ぎ木伝染．
地理的分布	日本．　　　　　　　　　　　　　　　　　　　　　　　　　　〔中畝良二〕
主 要 文 献	Nakaune, R. and Nakano, M. (2008). Arch. Virol., 153, 969-972；Owens, R. A. *et al.* (2012). *Apscaviroid*. Virus Taxonomy 9th Report of ICTV, 1232；DPVweb. Apscaviroid.

ウイロイド21

Potato spindle tuber viroid ジャガイモやせいもウイロイド (PSTVd)
Pospiviroidae Pospiviroid

初　記　載	Martin, W. H.(1922), Schultz, E. S. and Folsom, D.(1923), Diener, T. O.(1971); Matsushita, Y. et al.(2010).
異　　　名	Potato spindle tuber virus.
分　　　子	【形態】外被タンパク質をもたない低分子環状 ssRNA(全長 約 100 nm). 分子内相補性が高く, 二本鎖様棒状構造(長さ 約 50 nm)をとる. 【成分】核酸：ssRNA 1 種(356〜361 nt, GC 含量 53〜60％).
ゲ ノ ム	【構造】単一環状低分子 ssRNA ゲノム. 分子は TL, P, C, V, TR の 5 つの機能ドメインに分けられ, C ドメインには中央保存領域(CCR)が, TL ドメインには末端保存領域(TCR)が存在する. ゲノム上にはタンパク質がコードされていない. 【登録コード】V01465(全塩基配列), EU862231(全塩基配列), ほか.
細胞内所在	PSTVd(＋)は核小体に, PSTVd(－)は核質に局在している.
自然宿主・病徴	トマト(退緑萎縮病), ジャガイモ(spindle tuber 病)(株の矮化, 葉の黄化, 塊茎あるいは果実の小型化, 着果不良); 他のナス科植物など(ほとんどで全身感染; 多くは無病徴).
宿　主　域	やや広い. ヒユ科, キク科, ナス科, ムラサキ科, キキョウ科, ナデシコ科, ヒルガオ科, マツムシソウ科, ムクロジ科, ゴマノハグサ科, オミナエシ科植物など.
増 殖 植 物	トマト, タバコ.
検 定 植 物	トマト(品種 Rutgers, Sheyenne)(葉の黄化や萎縮, 株全体の矮化).
伝　　　染	汁液接種可. 接触伝染. 栄養繁殖による伝染. 一般に媒介生物は関与しない. トマト, ジャガイモ, ペチュニアで種子伝染.
系　　　統	トマトにおける病徴の程度の違いによって強毒系統や弱毒系統などの系統がある.
類 縁 関 係	トマト退緑萎縮ウイロイド(TCDVd)と塩基配列で 85〜89％の相同性がある.
地理的分布	日本, 中国, インド, 米国, ヨーロッパ, ロシア, オーストラリアなど.
そ の 他	PSTVd は世界で最初に発見されたウイロイドで, 以後のウイロイド学の発展に大きく貢献している代表的ウイロイドのひとつ. 〔松下陽介・津田新哉〕
主 要 文 献	Martin, W. H.(1922). Hints to Potato Growers, New Jers. St. Potato Assoc., 3, 8; Schultz, E. S. and Folsom, D.(1923). J. Agric. Res., 25, 43-117; Diener, T. O.(1971). Virology, 45, 411-428; Matsushita, Y. et al.(2010). Eur. J. Plant Pathol., 128, 165-170; Owens, R. A. et al.(2012). *Pospiviroid*. Virus Taxonomy 9th Report of ICTV, 1229-1230; ICTVdB(2006). *Potato spindle tuber viroid*. 80.001.0.01.001.; DPVweb. Pospiviroid.; Diener, T. O. et al.(1971). Potato spindle tuber 'virus'. Descriptions of Plant Viruses, 66; Diener, T. O.(1987). Potato spindle tuber. The Viroids (Diener, T. O. ed., Prenum Press), p.221-233; Singh, R. P. et al.(2003). Viroids of solanaceous species. Viroids(Hadidi et al. eds., CISRO Publishing), p.125-133; Flores, R. and Owens, R. A.(2008). Viroids. Encyclopedia of Virology 3rd ed., 5, 332-342; 山下修一(1983). 植物ウイルス事典, 577-579; Gross, H. J. et al.(1978). Nature, 273, 203-208; Tsushima, T. et al.(2011). J. Gen. Plant Pathol., 77, 253-256; 松下陽介・津田新哉(2010). 植物防疫, 64, 484-488.

ウイロイド 22

Tomato chlorotic dwarf viroid トマト退緑萎縮ウイロイド (TCDVd)
Pospiviroidae Pospiviroid

初　記　載	Singh, R. P. *et al.*(1999)；Matsushita, Y. *et al.*(2008).
分　　　子	【形態】外被タンパク質をもたない低分子環状 ssRNA．分子内相補性が高く，二本鎖様棒状構造をとる． 【成分】核酸：ssRNA 1 種（359〜360 nt，GC 含量 53〜60％）．
ゲ ノ ム	【構造】単一環状低分子 ssRNA ゲノム．分子は TL，P，C，V，TR の 5 つの機能ドメインに分けられ，C ドメインには中央保存領域（CCR）が，TL ドメインには末端保存領域（TCR）が存在する．ゲノム上にはタンパク質がコードされていない． 【登録コード】AF162131（全塩基配列），AB329668（全塩基配列），ほか．
自然宿主・病徴	トマト（退緑萎縮病；株の矮化，葉の黄化，果実の小型化や着果不良）；他のナス科植物など（ほとんどで全身感染；多くは無病徴）
宿　主　域	キク科，ナス科植物など．
増殖植物	トマト，タバコ．
検定植物	トマト（葉の黄化や萎縮，株全体の矮化）．
伝　　　染	汁液接種可．マルハナバチにより媒介されることがある．トマトで種子伝染しない．
類 縁 関 係	本ウイロイドは 1999 年にジャガイモやせいもウイロイド（PSTVd）から別種として区別された．PSTVd とはわずかながら宿主域が異なり，相互の干渉効果も認められないが，塩基配列上は 85〜89％の相同性がある．
地理的分布	インド，米国，ヨーロッパなど．日本では 2006〜2007 年に初発生が認められたが，その後は未発生．

〔松下陽介・津田新哉〕

主 要 文 献 Singh, R. P. *et al.*(1999). J. Gen. Virol., 80, 2823-2828；Matsushita, Y. *et al.*(2008). J. Gen. Plant Pathol., 74, 182-184；Owens, R. A. *et al.*(2012). *Pospiviroid*. Virus Taxonomy 9th Report of ICTV, 1229-1230；DPVweb. Pospiviroid.；Singh, R. P. *et al.*(2003). Viroids of solanaceous species. Viroids（Hadidi *et al.* eds., CISRO Publishing），p.125-133；Flores, R. and Owens, R. A.(2008). Viroids. Encyclopedia of Virology 3rd ed., 5, 332-342；Matsushita, Y. *et al.*(2009). Eur. J. Plant Pathol., 124, 349-352；Matsuura, S. *et al.*(2010). Eur. J. Plant Pathol., 126, 111-115；Matsushita, Y. *et al.*(2010). Eur. J. Plant Pathol., 128, 165-170；Matsushita, Y. *et al.*(2011). Eur. J. Plant Pathol., 130, 441-447；Nie, X. *et al.*(2012). Viruses, 4, 940-953；松下陽介・津田新哉(2008). 植物防疫, 62, 461-464；松下陽介・津田新哉(2010). 植物防疫, 64, 27-30, 484-488；Shiraishi, T. *et al.*(2013). J. Gen. Plant Pathol., 79, 214-216.

サテライト 1

Tobacco necrosis satellite virus　タバコえそサテライトウイルス　(STNV)
Satellites that resemble tobacco necrosis satellite virus

初　記　載	Kassanis, B. *et al.*(1960)；小室康雄ら(1973)．
異　　　名	タバコネクロシスサテライトウイルス．
粒　　　子	【形態】球状 1 種（径 17 nm）．被膜なし． 【物性】沈降係数 50 S． 【成分】核酸：（＋）ssRNA 1 種（1.24 kb，GC 含量 47％）．タンパク質：外被タンパク質（CP）1 種（21.7〜22.2 kDa）．
ゲ ノ ム	【構造】単一線状（＋）ssRNA ゲノム（1,221〜1,245 nt）．ORF 1 個． 【遺伝子】5′ 端リーダー配列（約 30 nt）-21.7〜22.2 kDa 外被タンパク質（CP）-3′ 端非翻訳領域（約 620 nt；ヘアピン構造と二重らせん構造に挟まれた 3 個のシュードノット構造を含む）． 【登録コード】V01468（全塩基配列）．
細胞内所在	細胞質内でヘルパーウイルスであるタバコえそウイルス（*Tobacco necrosis virus*：TNV）に近接して存在し，集塊をなすことも多い．
自然宿主・病徴	TNV の宿主植物（すべてではない）．TNV 接種源に本ウイルスが存在するとインゲンやタバコにおける TNV の増殖がやや抑制され，インゲンの接種葉ではえそ斑点の数が減少するとともに直径が小さくなる．
増 殖 植 物	インゲン，ツルナ，タバコ．
伝　　　染	汁液接種可．TNV とともに媒介菌（*Olpidium virulentus*）で伝搬される．
系　　　統	STNV には血清型が異なる変異株が存在する．
類 縁 関 係	STNV は TNV とは血清関係がなく，外被タンパク質（CP）が異なる．
地理的分布	日本，ヨーロッパ，米国．
そ の 他	単独では増殖できず，ヘルパーウイルスの TNV との共存下でのみ増殖する．　　〔髙浪洋一〕
主 要 文 献	Kassanis, B. *et al.*(1960). Nature, 187, 713-714；Kassanis, B. *et al.*(1961). J. Gen. Microbiol., 25, 459-471；小室康雄ら(1973). 日植病報, 39, 134；Briddon, R. W. *et al.*(2012). Satellites and other virus-dependent nucleic acids. Virus Taxonomy 9th Report of ICTV, 1211-1219；ICTVdB(2006). Tobacco necrosis satellite virus. 81.001.4.02.004.；DPVweb. TNsatV-like satellite viruses；Kassanis, B.(1970). Satellite virus. Descriptions of Plant Viruses, 15；Brunt, A. A. *et al.* eds. (1996). Tobacco necrosis satellivirus. Plant Viruses Online；Kassanis, B.(1981). Portraits of viruses：Tobacco necrosis virus and its satellite virus. Intervirology, 15, 57-70；都丸敬一(1983). 植物ウイルス事典, 512-513；Palukaitis, P. *et al.*(2008). Satellite nucleic acids and viruses. Encyclopedia of Virology 3rd ed., 4, 526-535；髙浪洋一(1997). サテライトウイルスとサテライト RNA. ウイルス学(畑中正一編, 朝倉書店), 529-537.

サテライト2

Ageratum yellow vein betasatellite
カッコウアザミ葉脈黄化ベータサテライト

(AYVB)

Betasatellites

初　記　載　Saunders, K. *et al.*(2000)；Andou, T. *et al.*(2010).

粒　　　子　ヘルパーウイルスのカッコウアザミ葉脈黄化ウイルス（*Ageratum yellow vein virus*：AYVV）の外被タンパク質（CP）に包まれて粒子を形成.
【形態】双球状1種（径20 nm×長さ30 nm）. 被膜なし.
【成分】核酸：ssDNA 1種（1.3～1.4 kb，GC含量35％）．タンパク質：外被タンパク質（CP）1種（30 kDa；AYVV由来）.

ゲ ノ ム　【構造】単一環状ssDNAゲノム（1,300～1,400 nt）．ORF 1個．サテライト保存領域（SCR）内にステムループ構造が存在し，ループにはベゴモウイルス属に共通の複製開始部位（TAATATTAC）の配列が存在する．また，アデニンリッチ領域（A-rich region；約270 nt，A 64％）が存在する．
【遺伝子】相補鎖：-5′-サテライト保存領域（SCR）-βC1（13.7 kDaタンパク質；病徴発現に関与する）-3′-．
【登録コード】AJ252072（AYVB-［SG::92］全塩基配列），EF527824（AYVB-［CN:Fuz2:Tom:06］全塩基配列），AJ542495（AYVB-［TW:CHu:02］全塩基配列），AB306522（日本（沖縄）分離株　全塩基配列），ほか．

細胞内所在　篩部細胞の核内にみられ，結晶状の封入体および繊維状の環状構造がみられる．

伝　　　染　ヘルパーウイルスに随伴して伝染．汁液接種不可．タバココナジラミ（*Bemisia tabaci*）による永続伝搬．

類 縁 関 係　沖縄で分離したAYVBはC1のアミノ酸配列上，台湾分離株（AYVB-［TW:CHu:02］）および中国分離株（AYVB-［CN:Fuz2:Tom:06］）と近縁である．

地理的分布　日本，中国，台湾，マレーシア，シンガポール，ベトナム，インド，スリランカ．

そ の 他　AYVB DNAの複製は，AYVVゲノムDNAがコードする複製開始タンパク質（Rep）を利用して行われる．　　　　　　　　　　　　　　　　　　　　　　　　　　　　　　　　〔大貫正俊〕

主 要 文 献　Saunders, K. *et al.*(2000). Proc. Natl. Acad. Sci. USA, 97, 6890-6895；Andou, T. *et al.*(2010). J. Gen. Plant Pathol., 76, 287-291；Briddon, R. W. *et al.*(2012). Satellites and other virus-dependent nucleic acids. Virus Taxonomy 9th Report of ICTV, 1211-1219；Briddon, R. W. *et al.*(2008). Recommendations for the classification and nomenclature of the DNA-β satellites of begomoviruses. Arch. Virol., 153, 763-781；DPVweb. Begomovirus betasatellites；Brown, J. K. *et al.*(2012). *Begomoviru*s. Vius Taxonomy 9th Report of ICTV, 359-372.

サテライト３

Eupatorium yellow vein betasatellite
ヒヨドリバナ葉脈黄化ベータサテライト

(EpYVB)

Betasatellites

初　記　載	Saunders, K. et al. (2003).
粒　　　子	ヘルパーウイルスのヒヨドリバナ葉脈黄化ウイルス（*Eupatorium yellow vein virus*：EpYVV）の外被タンパク質(CP)に包まれて粒子を形成．

【形態】双球状１種（径 15〜20 nm×長さ 25〜30 nm）．被膜なし．
【成分】核酸：ssDNA 1 種(1.35 kb)．タンパク質：外被タンパク質(CP)1 種(30 kDa；EpYVV 由来)．

ゲ　ノ　ム　【構造】単一環状 ssDNA(1,356 nt)．ORF 1 個．サテライト保存領域(SCR)内にステムループ構造が存在し，ループにはベゴモウイルス属に共通の複製開始部位(TAATATTAC)の配列が存在する．また，アデニンリッチ領域(A-rich region；約 200 nt, A 55％)が存在する．
【遺伝子】相補鎖：-5′-サテライト保存領域(SCR)-βC1(14 kDa タンパク質；転写後ジーンサイレンシングサプレッサーとして病徴発現に関与する)-3′-．
【登録コード】AJ438938（EpYVB-［JR：MNS2：00］全塩基配列），AJ438939（EpYVB-［JR：SOJ1：00］全塩基配列）．

細胞内所在	篩部細胞の核内にみられ，結晶状の封入体および繊維状の環状構造がみられる．
伝　　　染	EpYVV に随伴して伝染．汁液接種不可．タバコココナジラミ（*Bemisia tabaci*）による永続伝搬．
地理的分布	日本．
そ　の　他	EpYVB の複製は EpYVV ゲノム DNA がコードする複製開始タンパク質(Rep)を利用して行われる．

〔池上正人〕

主要文献　Saunders, K. et al.(2003). Nature, 422, 831；Briddon, R. W. et al.(2012). Satellites and other virus-dependent nucleic acids. Virus Taxonomy 9th Report of ICTV, 1211-1219；Briddon, R. W. et al.(2008). Recommendations for the classification and nomenclature of the DNA-β satellites of begomoviruses. Arch. Virol., 153, 763-781；DPVweb. Begomovirus betasatellites；Brown, J. K. et al.(2012). *Begomovirus*. Virus Taxonomy 9th Report of ICTV, 359-372；Ueda, S. et al.(2008). Arch. Virol., 153, 417-426.

サテライト4

Honeysuckle yellow vein mosaic betasatellite
スイカズラ葉脈黄化モザイクベータサテライト

(HYVMB)

Betasatellites

初　記　載　Briddon, R. W. *et al.*(2003)；Ogawa, T. *et al.*(2008).

粒　　　子　ヘルパーウイルスのスイカズラ葉脈黄化モザイクウイルス(*Honeysuckle yellow vein mosaic virus*：HYVMV)の外被タンパク質(CP)に包まれて粒子を形成.
【形態】双球状1種(径15～20 nm×長さ25～30 nm). 被膜なし.
成分】核酸：ssDNA 1種(1.34 kb). タンパク質：外被タンパク質(CP)1種(30 kDa；HYVMV由来).

ゲ　ノ　ム　【構造】単一環状ssDNAゲノム(1,337 nt). ORF 1個. サテライト保存領域(SCR)内にステムループ構造が存在し, ループにはベゴモウイルス属に共通の複製開始部位(TAATATTAC)の配列が存在する. また, アデニンリッチ領域(A-rich region；約250 nt, A 61％)が存在する.
【遺伝子】相補鎖：-5′-サテライト保存領域(SCR)-βC1(13.5 kDa タンパク質；転写後ジーンサイレンシングサプレッサーとして病徴発現に関与する)-3′-.
【登録コード】AB287442(Honeysuckle yellow vein mosaic betasatellite；HYVMB 全塩基配列), AB287443(Honeysuckle yellow vein mosaic Nara betasatellite；HYVMNaB 全塩基配列), ほか.

細胞内所在　篩部細胞の核内に散在または集塊する.

伝　　　染　HYVMVに随伴して伝染. 汁液接種不可. タバコノコナジラミ(*Bemisia tabaci*)による永続伝搬.

地理的分布　日本.

そ　の　他　HYVMB DNAの複製は, HYVMVゲノムDNAがコードする複製開始タンパク質(Rep)を利用して行われる. HYVMBはトマト黄化葉巻ウイルス(TYLCV)をヘルパーウイルスとしても複製する.　　　　　〔池上正人〕

主要文献　Briddon, R. W. *et al.*(2003). Virology, 312, 106-121；Ogawa, T. *et al.*(2008). Virus Res., 137, 235-244；Briddon, R. W. *et al.*(2012). Satellites and other virus-dependent nucleic acids. Virus Taxonomy 9th Report of ICTV, 1211-1219；Briddon, R. W. *et al.*(2008). Recommendations for the classification and nomenclature of the DNA-β satellites of begomoviruses. Arch. Virol.,153, 763-781；DPVweb. Begomovirus betasatellites；Brown, J. K. *et al.*(2012). *Begomovirus*. Virus Taxonomy 9th Report of ICTV, 359-372；Ito, T. *et al.*(2009). Arch. Virol., 154, 1233-1239.

サテライト 5

Tobacco leaf curl Japan betasatellite
タバコ巻葉日本ベーターサテライト
(TbLCJB)

Betasatellites

初 記 載	Briddon, R. W. *et al.* (2003)；Ogawa, T. *et al.* (2008), Ueda, S. *et al.* (2008).
粒 子	ヘルパーウイルスのタバコ巻葉日本ウイルス（*Tobacco leaf curl Japan virus*：TbLCJV）の外被タンパク質（CP）に包まれて粒子を形成． 【形態】双球状 1 種（径 15〜20 nm×長さ 25〜30 nm）．被膜なし． 【成分】核酸：ssDNA 1 種（1.34 kb）．タンパク質：外被タンパク質（CP）1 種（30 kDa；TbLCJV 由来）．
ゲ ノ ム	【構造】単一環状 ssDNA（1,336 nt）．ORF 1 個．サテライト保存領域（SCR）内にステムループ構造が存在し，ループにはベゴモウイルス属に共通の複製開始部位（TAATATTAC）の配列が存在する．また，アデニンリッチ領域（A-rich region；約 260 nt，A 64％）が存在する． 【遺伝子】相補鎖：-5′-サテライト保存領域（SCR）-β C1（13.5 kDa タンパク質；転写後ジーンサイレンシングサプレッサーとして病徴発現に関与する）-3′-． 【登録コード】AB236326（TbLCJB-［JR：Mas：05］全塩基配列）．
細胞内所在	篩部細胞の核内に散在または集塊する．
伝 染	TbLCJV に随伴して伝染．汁液接種不可．タバココナジラミ（*Bemisia tabaci*）による永続伝搬．
地理的分布	日本．
そ の 他	TbLCJB DNA の複製は，TbLCJV ゲノム DNA がコードする複製開始タンパク質（Rep）を利用して行われる． 〔池上正人〕
主要文献	Briddon, R. W. *et al.* (2003). Virology, 312, 106-121；Ogawa, T. *et al.* (2008). Virus Res., 137, 235-244；Ogawa, T. *et al.* (2008). Plant Pathol., 57, 391；Ueda, S. *et al.* (2008). Arch. Virol., 153, 417-426；Briddon, R. W. *et al.* (2012). Satellites and other virus-dependent nucleic acids. Virus Taxonomy 9th Report of ICTV, 1211-1219；Briddon, R. W. *et al.* (2008). Recommendations for the classification and nomenclature of the DNA-β satellites of begomoviruses. Arch. Virol., 153, 763-781；DPVweb. Begomovirus betasatellites；Brown, J. K. *et al.* (2012). *Begomovirus*. Virus Taxonomy 9th Report of ICTV, 359-372；Ito, T. *et al.* (2009). Arch. Virol., 154, 1233-1239.

サテライト6

Arabis mosaic virus satellite RNA
アラビスモザイクウイルスサテライトRNA
(ArMV-satRNA)

ArMV-L-satRNA：Large linear single-stranded satellite RNAs
ArMV-S-satRNA：Small circular single-stranded satellite RNAs

初 記 載 Davies, D. L. *et al.*(1983)．

分　　子 【構造】大小2種ある．

・大サテライトRNA(large satellite RNA：ArMV-L-satRNA)：線状ssRNA(1,092〜1,114 nt)．ORF 1個(39Kタンパク質)．5′端にゲノム結合タンパク質(VPg)，3′端にポリ(A)配列(poly(A))を有する．

・小サテライトRNA(small satellite RNA：ArMV-S-satRNA)：環状ssRNA(300 nt)．ORFなし．プラス鎖にハンマーヘッド型の，マイナス鎖にヘアピン型のリボザイム構造をもつ．

両サテライトRNAともにヘルパーのアラビスモザイクウイルス(*Arabis mosaic virus*：ArMV)の塩基配列とはほとんど相同性がない．

【登録コード】D00664(L-satRNA全塩基配列)，M21212(S-satRNA全塩基配列)，ほか．

自然宿主・病徴 ヘルパーウイルスであるArMVの宿主植物．ArMV-S-satRNAはホップや*Chenopodium quinoa*などでのArMVの病徴に影響を与える場合があるが，ArMV-L-satRNAは病徴にほとんど影響しない．

伝　　染 汁液接種可．ArMVとともに*Xiphinema diversicaudatum*などの線虫で伝搬される．

系　　統 大小2種のsatRNAはsatRNAの系統とも考えられる．L-satRNAには2系統がある．

類縁関係 ArMV-S-satRNAは同じネポウイルス属に属するタバコ輪点ウイルス(TRSV)のsatRNAなどと高い相同性を示す．また，ライラックから分離されたArMV-L-satRNAはブドウファンリーフウイルス(*Grapevine fanleaf virus*：GFLV)-F13株のsatRNAと68％の相同性を示す．

地理的分布 イギリス，ドイツ．日本のArMV株からは未報告．

その他 単独では増殖できず，ヘルパーのArMVとの共存下でのみ増殖し，ArMV粒子内に包み込まれる．ArMV-L-satRNAの複製には自らがコードしている39Kタンパク質も関与する．

〔花田　薫〕

主要文献 Davies, D. L. *et al.*(1983). Ann. Appl. Biol., 103, 439-448；Briddon, R. W. *et al.*(2012). Satellites and other virus-dependent nucleic acids. Virus Taxonomy 9th Report of ICTV, 1211-1219；ICTVdB(2006). Arabis mosaic virus large satellite RNA. 81.002.4.01.001., Arabis mosaic virus small satellite RNA. 81.002.4.03.001.；DPVweb. Large satellite RNAs, Circular satellite RNAs；Brunt, A. A. *et al.* eds.(1996). Arabis mosaic satellite RNA. Plant Viruses Online；Palukaitis, P. *et al.*(2008). Satellite nucleic acids and viruses. Encyclopedia of Virology 3rd ed., 4, 526-535；Rubino, L. *et al.*(2003). Viroid-like satellite RNAs. Viroids(Hadidi, A. *et al.* eds. CSIRO Publishing), 76-84；Liu, Y. Y. *et al.*(1990). J. Gen. Virol., 71, 1259-1263；Liu, Y. Y. *et al.*(1991). Ann. Appl. Biol., 118, 577-587；Liu, Y. Y. *et al.*(1993). J. Gen. Virol., 74, 1471-1474；Wetzel, T. *et al.*(2005). J. Virol. Methods, 132, 97-103.

サテライト 7

Cucumber mosaic virus satellite RNA (CMV-satRNA)
キュウリモザイクウイルスサテライトRNA
Small linear single-stranded satellite RNAs

初 記 載　Kaper, J. M. et al.(1976) ; Takanami, Y.(1981).

分　　子　【構造】線状ssRNA 1種(332～405 nt)．ORFなし．5′端にキャップ構造(Cap)を有する．分子内部の各所にステムループ構造をもつため，物理的安定性が高い．ヘルパーウイルスであるキュウリモザイクウイルス(Cucumber mosaic virus：CMV)のゲノムRNAと塩基配列の相同性はない．

【登録コード】D10038(CMV-Y-satRNA全塩基配列)，D10037(CMV-T73-satRNA全塩基配列)，ほか．

宿主植物・病徴　ヘルパーウイルスであるCMVの宿主植物．接種源にサテライトRNAが存在するとタバコなどにおけるCMVの増殖が抑制され，病徴が軽微となることが多いが，CMV-Y-satRNAのようにタバコに鮮黄色モザイクやトマトにえそ症状を誘導する分離株も存在する．

伝　　染　汁液接種可．CMVとともにアブラムシで伝搬される．

類 縁 関 係　長さが異なる多くの変異株が存在するが，335 nt内外と370～405 ntをもつグループに大別される．

地理的分布　日本および世界各国．

そ の 他　単独では増殖できず，ヘルパーのCMVとの共存下でのみ増殖し，CMV粒子内に包み込まれる．

〔髙浪洋一〕

主 要 文 献　Kaper, J. M. et al.(1976). Biochem. Biophys. Res. Commun., 72, 1237-1243 ; Takanami, Y.(1981). Virology, 109, 120-126 ; Briddon, R. W. et al.(2012). Satellites and other virus-dependent nucleic acids. Virus Taxonomy 9th Report of ICTV, 1211-1219 ; ICTVdB(2006). Cucumber mosaic virus satellite RNA. 81.002.4.02.001. ; DPVweb. Small linear satellite RNAs ; Brunt, A. A. et al. eds.(1996). Cucumber mosaic virus satellite RNA. Plant Viruses Online ; Palukaitis, P. et al.(2008). Satellite nucleic acids and viruses. Encyclopedia of Virology 3rd ed., 4, 526-535 ; 髙浪洋一(1997). サテライトウイルスとサテライトRNA. ウイルス学(畑中正一編, 朝倉書店), 529-537.

サテライト8

Grapevine fanleaf virus satellite RNA (GFLV-satRNA)
ブドウファンリーフウイルスサテライトRNA
Large linear single-stranded satellite RNAs

初 記 載 Pinck. L. *et al.*(1988).

分　　子 【構造】線状ssRNA 1種(1.1 kb)．ORF 1個(37 Kタンパク質)．5′端にゲノム結合タンパク質(VPg)，3′端にポリ(A)配列(poly(A))を有する．ヘルパーウイルスのブドウファンリーフウイルス(*Grapevine fanleaf virus*：GFLV)の塩基配列とはほとんど相同性がない．
【登録コード】D00442(全塩基配列)．

自然宿主・病徴 ヘルパーウイルスであるGFLVの宿主植物．GFLV-F13株のサテライトRNAは*Chenopodium quinoa*に激しい病徴を起こす．一方，本RNAが存在するとGFLVの*C. quinoa*における病徴が弱まるとの報告もある．

伝　　染 汁液接種可．GFLVとともに*Xiphinema index*，*X. italiae*などの線虫で伝搬される．

地理的分布 フランス．日本のGFLV株からは未報告．

そ の 他 単独では増殖できず，ヘルパーのGFLVとの共存下でのみ増殖し，GFLV粒子内に包み込まれる．GFLV-satRNAの複製には自らがコードしている37Kタンパク質も関与する．〔難波成任〕

主要文献 Pinck, L. *et al.*(1988). J. Gen. Virol., 69, 233-240 ; Briddon, R. W. *et al.*(2012). Satellites and other virus-dependent nucleic acids. Virus Taxonomy 9th Report of ICTV, 1211-1219 ; ICTVdB (2006).*Grapevine fanleaf virus* satellite RNA. 81.002.4.01.005. ; DPVweb. Large satellite RNAs. ; Brunt, A. A. *et al.* eds.(1996). Grapevine fanleaf satellite RNA. Plant Viruses Online ; Palukaitis, P. *et al.*(2008). Satellite nucleic acids and viruses. Encyclopedia of Virology 3rd ed., 4, 526-535 ; Fuchs, M. *et al.*(1989). J. Gen. Virol., 70, 955-962 ; Moser, O. *et al.*(1992). J. Gen. Virol,. 73, 3033-3038 ; Hans, F. *et al.*(1993). Biochimie, 75, 597-603 ; Fritsch, C. *et al.*(1993). Biochimie, 75, 561-567.

サテライト9

Peanut stunt virus satellite RNA
ラッカセイ矮化ウイルスサテライトRNA

(PSV-satRNA)

Small linear single-stranded satellite RNAs

初　記　載	Kaper, J. M. *et al.*(1978).
分　　　子	【構造】線状 ssRNA 1 種(391〜393 nt). 潜在的な ORF は存在するが, 発現している証拠はない. 5′端にキャップ構造(Cap)を有する. 分子内に種々のウイロイドや核ならびにミトコンドリアのイントロン保存配列と相同性を持つ領域が存在する. ヘルパーウイルスであるラッカセイ矮化ウイルス(*Peanut stunt virus*：PSV)のゲノム RNA とは塩基配列の相同性はない. 【登録コード】K03110(全塩基配列), Z98197(全塩基配列), ほか.
宿主植物・病徴	ヘルパーウイルスの PSV の宿主植物. 分離株によって PSV のタバコにおける病徴に影響を与えないものと, 軽減化するものが存在する.
伝　　　染	PSV とともにアブラムシで伝搬される.
類　縁　関　係	キュウリモザイクウイルスサテライト RNA とは 5′ および 3′ の最末端塩基配列以外に類似性はみられない.
地理的分布	世界各国. 日本の PSV 株からは未報告.
そ　の　他	単独では増殖できず, PSV との共存下でのみ増殖し, PSV 粒子内に包み込まれる. 〔髙浪洋一〕
主　要　文　献	Kaper, J. M. *et al.*(1978). Virology, 88, 166–170；Briddon, R. W. *et al.*(2012). Satellites and other virus–dependent nucleic acids. Virus Taxonomy 9th Report of ICTV, 1211–1219；ICTVdB(2006). *Peanut stunt virus* satellite RNA. 81.002.4.02.003.；DPVweb. Small linear satellite RNAs；Palukaitis, P. *et al.*(2008). Satellite nucleic acids and viruses. Encyclopedia of Virology 3rd ed., 4, 526–535；Collmer, C. W. *et al.*(1985). Proc. Natl. Acad. Sci. USA, 82, 3110–3114；Naidu, R. A.(1991). Mol. Plant–Microbe. Interact., 4, 268–275；髙浪洋一(1997). サテライトウイルスとサテライト RNA. ウイルス学(畑中正一編, 朝倉書店), 529–537.

サテライト 10

Tobacco ringspot virus satellite RNA
タバコ輪点ウイルスサテライト RNA
(TRSV-satRNA)

Small circular single-stranded satellite RNAs

初 記 載	Schneider, I. R. (1969).
分　　子	【構造】環状 ssRNA 1 種(359〜360 nt). ORF なし. プラス鎖にハンマーヘッド型の, マイナス鎖にヘアピン型のリボザイム構造をもつ. ヘルパーウイルスであるタバコ輪点ウイルス (*Tobacco ringspot virus* : TRSV) のゲノム RNA と塩基配列の相同性はない. 【登録コード】M14879(全塩基配列), ほか.
自然宿主・病徴	ヘルパーウイルスの TRSV の宿主植物. TRSV によるタバコやササゲの病徴を軽減化する.
伝　　染	汁液接種可. TRSV とともに線虫(*Xiphinema americanum*)で伝搬される.
類 縁 関 係	Velvet tobacco mottle virus satellite RNA, Solanum nodiflorum mottle virus satellite RNA, アラビスモザイクウイルス小サテライト RNA(Arabis mosaic virus small satellite RNA : ArMV-S-satRNA)と高い相同性をもつ.
地理的分布	米国. 日本の TRSV 株からは未報告.
そ の 他	単独では増殖できず, TRSV との共存下でのみ増殖し, サテライト RNA の 13〜25 分子が TRSV の外被タンパク質(CP)に包み込まれて TRSV と同様の粒子を形成する. 感染植物組織にはプラスおよびマイナス両鎖の直線状, 環状ならびに多量体のサテライト RNA が存在する. このサテライト RNA はリボザイム活性を有し, ヘルパーウイルスの TRSV に依存してウイロイドと同様なローリングサークル様式によって複製する. 〔髙浪洋一〕
主 要 文 献	Schneider, I. R. (1969). Science, 166, 1627-1629 ; Briddon, R. W. *et al.* (2012). Satellites and other virus-dependent nucleic acids. Virus Taxonomy 9th Report of ICTV, 1211-1219 ; ICTVdB (2006). *Tobacco ringspot virus* satellite RNA. 81.002.4.03.006. ; DPVweb. Circular satellite RNAs ; Brunt, A. A. *et al.* eds. (1996). Tobacco ringspot virus satellite RNA. Plant Viruses Online ; Palukaitis, P. *et al.* (2008). Satellite nucleic acids and viruses. Encyclopedia of Virology 3rd ed., 4, 526-535 ; Collmer, C.W. *et al.* (1992). Role of satellite RNA in the expression of symptoms caused by plant viruses. Annu. Rev. Phytopathol., 30, 419-442 ; Rubino, L. *et al.* (2003). Viroid-like satellite RNAs. Viroids(Hadidi, A. *et al.* eds. CSIRO Publishing), 76-84 ; Bruening, G. *et al.* (1991). Mol. Plant-Microbe. Interact., 4, 219-225 ; 髙浪洋一(1997). サテライトウイルスとサテライト RNA. ウイルス学(畑中正一編, 朝倉書店), 529-537.

サテライト 11

Tomato black ring virus satellite RNA (TBRV-sat RNA)
トマト黒色輪点ウイルスサテライトRNA
Large linear single-stranded satellite RNAs

初　記　載　Murant, A. F. *et al.* (1973).

分　　子　【構造】線状 ssRNA 1 種 (1,372〜1,376 nt). ORF 1 個 (48 K タンパク質). 5′ 端にゲノム結合タンパク質 (VPg), 3′ 端にポリ (A) 配列 (poly (A)) を有する. ヘルパーウイルスであるトマト黒色輪点ウイルス (*Tomato black ring virus*：TBRV) の塩基配列とは末端の数塩基を除いて相同性がない.

【登録コード】X05687 (全塩基配列), ほか.

自然宿主・病徴　ヘルパーウイルスである TBRV の宿主植物. ハコベや *Chenopodium quinoa* では TBRV-satRNA の増殖が確認されている. 他の TBRV の宿主でも増殖する可能性あるが, 未確認. TBRV の病徴には影響しない.

伝　　染　汁液接種可. TBRV とともに *Longidorus elongates, L. attenuatus* などの線虫で伝搬される. ハコベでの種子伝染も確認されている.

系　　統　塩基配列の相同性が互いに 60% 程度の 2 系統がある.

地理的分布　ドイツ, イギリス. 日本の TBRV 株からは未報告.

そ　の　他　単独では増殖できず, ヘルパーの TBRV との共存下でのみ増殖し, TBRV 粒子内に包み込まれる. TBRV-satRNA の複製には自らがコードしている 48 K タンパク質も関与する.　〔花田　薫〕

主 要 文 献　Murant, A. F. *et al.* (1973). J. Gen. Virol., 19, 275-278；Briddon, R. W. *et al.* (2012). Satellites and other virus-dependent nucleic acids. Virus Taxonomy 9th Report of ICTV, 1211-1219；ICTVdB (2006). *Tomato black ring virus* satellite RNA. 81.002.4.01.009.；DPVweb. Large satellite RNAs；Brunt, A. A. *et al.* eds. (1996). Tomato black ring virus satellite RNA. Plant Viruses Online；Palukaitis, P. *et al.* (2008). Satellite nucleic acids and viruses. Encyclopedia of Virology 3rd ed., 4, 526-535；Mayer, M. *et al.* (1984). J. Gen. Virol., 65, 1575-1583；Hemmer, O. *et al.* (1987). J. Gen. Virol., 68, 1823-1833；Hemmer, O. *et al.* (1993). Virology, 194, 800-806；Fritsch, C. *et al.* (1993). Biochimie, 75, 561-567.

サテライト 12

Tomato bushy stunt virus satellite RNA
トマトブッシースタントウイルスサテライトRNA

(TBSV-satRNA)

Small linear single-stranded satellite RNAs

初 記 載 Hillman, B. I. and Morris, T. J.(1982).

分　　子 【構造】線状 ssRNA 3 種（B1：822 nt，B10：612 nt，satRNA L：645 nt）．ORF なし．ヘルパーウイルスであるトマトブッシースタントウイルス（*Tomato bushy stunt virus*：TBSV）のゲノム RNA と全体的な相同性はないが，5′ 端の 7〜9 塩基および中心部の約 50 塩基には，TBSV ゲノム配列との相同性が認められる．
【登録コード】 AF022787（B1 全塩基配列），AF022788（B10 全塩基配列），FJ666076（satRNA L 全塩基配列）．

自然宿主・病徴 ヘルパーウイルスである TBSV の宿主植物（トマト，ナス，*Nicotiana benthamiana* など）．B10 は病徴を弱めるが，B1 および satRNA L は病徴に影響を与えない．

伝　　染 汁液接種可．TBSV とともに伝搬される．

地理的分布 スペイン，ドイツなど．日本の TBSV 株からは未報告．

そ の 他 単独では増殖できず，ヘルパーの TBSV との共存下でのみ増殖し，TBSV 粒子内に含まれる．

〔大木健広〕

主 要 文 献 Hillman, B. I. and Morris, T. J.(1982). Phytopathology, 72, 952–953；Briddon, R. W. *et al.*(2012). Satellites and other virus-dependent nucleic acids. Virus Taxonomy 9th Report of ICTV, 1211–1219；ICTVdB(2006). Tomato bushy stunt virus satellite RNA. 81.002.4.02.007.；DPVweb. Small linear satellite RNAs；Marelli, G. P. *et al.*(2001). Tomato bushy stunt virus. Descriptions of Plant Viruses, 382；Palukaitis, P. *et al.*(2008). Satellite nucleic acids and viruses. Encyclopedia of Virology 3rd ed., 4, 526–535；Gallitelli, D. *et al.*(1985). J. Gen. Virol., 66, 1533–1543；Hillman, B. I. *et al.*(1985). Phytopathology, 75, 361–365；Celix, A. *et al.*(1997). Virology, 239, 277–284；Celix, A. *et al.*(1999). Virology, 262, 129–138；Rubino, L. and Russo, M.(2010). J. Gen. Virol., 91, 2393–2401.

植物ウイルス学用語集　第4編

ア

IR (intergenic region) → 遺伝子間配列

IEM (immunoelectron microscopy)
→ 免疫電子顕微鏡法

IAA (indol-3-acetic acid) → インドール-3-酢酸

IAP (inoculation access period) → 接種吸汁時間

ihpRNA (intron hairpin RNA)
→ イントロンヘアピン RNA

ISR (induced systemic resistance)
→ 全身誘導抵抗性

ISEM (immunosorbent electron microscopy)
→ イムノソルベント電子顕微鏡法

IS-MPMI (International Society for Molecular Plant-Microbe Interactions) 国際分子植物-微生物相互作用学会.

ISPP (International Society of Plant Pathology)
→ 国際植物病理学会

IF (translation initiation factor) → 翻訳開始因子

ICAN 法 (アイキャン法：isothermal and chimeric primer-initiated amplification of nucleic acids) 等温核酸増幅法のひとつ．一定温度，短時間の反応で明瞭な結果が得られることから，ウイルスやウイロイドなどの迅速，簡便で高感度な検出法として利用されている．→ 等温核酸増幅法

Ig (immunoglobulin) → 免疫グロブリン

ICTV (International Committee on Taxonomy of Viruses) → 国際ウイルス分類委員会

ICTV ウイルス分類リスト (ICTV Virus Taxonomy List) 国際ウイルス分類委員会(ICTV)が約4年ごとに公刊している公式レポート Virus Taxonomy に記載されているウイルス分類リストのインターネット版で，リストの一部を増補改訂した最新の分類情報が得られる．

ICTVdB (Virus Database of ICTV) 国際ウイルス分類委員会(ICTV)のウイルスに関するデータベース．インターネットでアクセスできる．ただし現状では，ICTVdB の更新・維持・管理が困難な状況に陥っているために，データの更新が滞っており，また，ICTV ネットワーク内のリンクにも不都合がある．

IC-PCR (immunocapture PCR)
→ イムノキャプチャー PCR

ICV (International Congress of Virology)
→ 国際ウイルス学会

アイソザイム (isozyme) イソ酵素ともいう．同一生物種に存在する機能的には等しいが，構造的には異なる酵素群．

アイソジェニックライン (isogenic line) 同質遺伝子系統．ある特定の遺伝子を除いて他の遺伝子がすべて同一な系統群．

アイソシゾマー (isoschizomer) 同一の塩基配列を認識する異種の制限酵素．

アイソフォーム (isoform) 同一生物種に存在する機能的には等しいが，構造的には異なるタンパク質群．

ID50 (50% infective dose, median infective dose)
→ 50%感染量

IP (immunoprecipitation) → 免疫沈降法

IP-RT-PCR (immunoprecipitation RT-PCR)
→ 免疫沈降 RT-PCR

IPM (integrated pest management)
→ 総合的病害虫管理

IP-ELISA (immunoprecipitation ELISA)
→ 免疫沈降 ELISA

IPCR (inverted PCR, inverse PCR) → 逆 PCR

IUMS (International Union of Microbiological Societies) → 国際微生物学連合

IRES (アイレス：internal ribosome entry site)
→ リボソーム内部進入部位

青色粘着テープ (blue sticky tape) アザミウマ類を誘引捕殺するテープ．

亜科 (subfamily) 生物の階層分類体系において，必要な場合に科と属の間に設けられる階級．ウイルスの分類では語尾に -virinae を付してイタリック体で示す．

アガロースゲル電気泳動 (agarose gel electrophoresis：AGE) アガロースゲルを担体とする電気泳動．核酸の解析や精製に利用される．

アクセプター RNA (acceptor RNA) 受容 RNA ともいう．RNA 組換えのさいに鋳型切換え後の鋳型となる RNA 部分をもつ分子．

アクチノマイシン D (actinomycin D) DNA 依存 RNA 合成阻害剤のひとつ．

アクチベーションタギング (activation tagging) 強力な転写プロモーターあるいはエンハンサーを対象生物のゲノムにランダムに挿入して転写活性化された突然変異株を得た後，その変異株の挿入断片近傍の遺伝子をクローニングする方法．植物ではこのために Ti プラスミドが利用される．
→ Ti プラスミド

アクチベーター (activator) 一般には転写活性化因子を指すが，翻訳活性化因子を指す場合もある．
→ 転写活性化因子，翻訳活性化因子

アクチン (actin) 真核生物において細胞骨格や筋肉などの多様な構造体を形成するタンパク質．

アクチンフィラメント（actin filament） 球状のアクチン分子が並んでできた直径約7 nmのタンパク質の細い繊維．真核生物の細胞骨格の構成要素のひとつである微小繊維（マイクロフィラメント）の主成分．→微小繊維

アクトミオシン（actomyosin） アクチンとミオシンの複合体．細胞骨格であるアクチンフィラメントにミオシンが結合したアクトミオシン系は植物ウイルスの細胞内移行にも関わる．

アクリジンオレンジ（acridine orange：AcO） 核酸の蛍光染色剤のひとつ．二本鎖核酸は緑色，一本鎖核酸は赤色の蛍化を発する．突然変異原でもある．

アクリル樹脂（acrylic resin） 広範な用途に利用されている合成樹脂で，このうち LR White 樹脂などの低粘度アクリル樹脂は透過型電子顕微鏡用試料の包埋剤のひとつとして，免疫電子顕微鏡法などによく用いられる．

アグロイノキュレーション（agroinoculation）
　→アグロインフェクション

アグロインフィルトレーション（agroinfiltration） 目的の遺伝子を Ti プラスミドベクターに組み込んだアグロバクテリウム（*Agrobacterium tumefaciens*）を植物の葉に注入することによって当該遺伝子の一過的発現を起こさせる技法．

アグロインフェクション（agroinfection） アグロイノキュレーションともいう．植物ウイルスの感染性 DNA あるいは cDNA を Ti プラスミドベクターに組み込んだアグロバクテリウム（*Agrobacterium tumefaciens*）を植物に接種することによってウイルスを感染させる技法．

アグロバクテリウム（*Agrobacterium*） リゾビウム科（*Rhizobiaceae*）アグロバクテリウム属（*Agrobacterium*）の細菌の総称．特にその中でも根頭がん腫病菌（*A. tumefaciens*）を指すことが多い．→根頭がん腫病菌

Agrobacterium tumefaciens →根頭がん腫病菌

Agrobacterium rhizogenes →毛根病菌

アザミウマ（thrips） スリップスともいう．アザミウマ目（Thysanoptera）に属する吸汁性昆虫の総称．植物ウイルスの媒介虫のひとつ．

アザミウマ伝染（thrips transmission） アザミウマ伝搬ともいう．植物ウイルスのアザミウマ媒介による伝染．ウイルスの種と媒介アザミウマの種との間に媒介特異性がある．→アザミウマ伝搬性ウイルス

アザミウマ伝搬性ウイルス（thrips-borne virus） アザミウマ伝染性ウイルスともいう．アザミウマによって伝搬される植物ウイルス．トスポウイルス属（*Tospovirus*）11種のウイルスなどが，*Frankliniella*属，*Thrips*属，*Scirtothrips*属，*Ceratothripoides*属のアザミウマによって，循環型・増殖性伝染をする．

アジア植物病理学会（Asian Association of Societies for Plant Pathology：AASPP） アジア地域における各国の植物病理学関係の学協会の国際連合組織．

アジ化ナトリウム（sodium azide） 防腐剤のひとつで，突然変異原でもある．

アジド FDA（azido-FDA：azidofluorescein diacetate） 生細胞の蛍光染色剤のひとつ．

亜種（subspecies） 生物の階層分類体系において，必要な場合に種の次下位に設けられる階級．独立の種とはしがたいが，同種あるいは変種ともしがたいものを亜種として分類する場合がある．

アジュバント（adjuvant） 免疫応答増強剤．抗原と混合して動物に注射すると，より力価の高い抗体が得られる．

亜硝酸ナトリウム（sodium nitrite：$NaNO_2$） 突然変異原のひとつ．

アスパラギン酸プロテアーゼ（aspartic protease） 活性中心にアスパラギン酸が存在するタンパク質分解酵素．

アセトンパウダー（acetone powder） アセトン乾燥粉末ともいう．生体組織を冷アセトンで処理後に濾過してアセトンを蒸発させ乾燥した粉末．

アセンブリ（assembly） [1]分子集合ともいう．ウイルス学ではウイルス粒子の構築を指す．[2]塩基配列の解析で短い配列同士の相同性を比較して繋ぎあわせ，より長い配列を構築すること．

アセンブリオリジン（assembly origin, origin of assembly） →粒子構築開始点

アデニル酸（adenylic acid） →アデノシン一リン酸

アデニル酸環化酵素（adenylate cyclase, adenylyl cyclase） アデニル酸シクラーゼ，アデニリルシクラーゼともいう．ATPからの環状 AMP（cAMP）の合成を触媒する酵素．細胞内シグナル伝達経路の重要な構成要素のひとつ．

アデニン（adenine：A, Ade） DNA と RNA に含まれるプリン塩基．チミン（T）あるいはウラシル（U）と対合する．

アデニンリッチ領域（adenine-rich region：A-rich region） ベゴモウイルス属（*Begomovirus*）ウイルスのアルファサテライトやベータサテライト上に存在するアデニンに富んだ160～280塩基からなる非翻訳領域．

アデノシン（adenosine：A, Ado） アデニンを含むリ

ボヌクレオシドで，RNA を構成する 4 種のリボヌクレオシドのひとつ．

アデノシンーリン酸（adenosine monophosphate：AMP）アデニル酸ともいう．アデノシンの 5′位にリン酸 1 分子が結合したリボヌクレオチドで，RNA を構成する 4 種のリボヌクレオチドのひとつ．

アデノシン三リン酸（adenosine triphosphate：ATP）アデノシンの 5′位にリン酸 3 分子が連結したリボヌクレオチドで，生体のエネルギー物質．

Adv. Virus Res.（Advances in Virus Research）Elsevier 社が刊行するウイルス学に関する国際的な総説誌．

Adv. Virol.（Advances in Virology）Hindawi 社が刊行するウイルス学に関するオープンアクセス誌．

Ann. Rev. Phytopathol.（Annual Review of Phytopathology）Annual Reviews 社が刊行する植物病理学に関する国際的な総説誌．

アニーリング（annealing）互いに相補的な変性一本鎖核酸同士が適当な条件下で会合して二本鎖核酸を形成すること．

アノテーション（annotation）遺伝子注釈ともいう．塩基やアミノ酸の配列情報に機能や構造などの生物学的情報を注釈付けすること．

アノード（anode）→陽極

アビジン（avidin）卵白に含まれる塩基性糖タンパク質でビオチンとの強い結合性を有する．

アビジン・ビオチン・酵素複合体法（avidinbiotinylated enzyme complex method：ABC method）ABC 法ともいう．アビジンとビオチンとの特異的結合を利用して抗原を検出する酵素免疫検定法のひとつ．

***Avr* 遺伝子**（アビル遺伝子：*Avr* gene, avirulent gene）→非病原性遺伝子

Avr タンパク質（アビルタンパク質：Avr protein, avirulent protein）病原体の非病原性遺伝子（*Avr* 遺伝子）の翻訳産物で，プロテアーゼなどの酵素活性あるいは酵素阻害活性をもつ分子などが含まれるが，いずれもエフェクター機能をもち，対応する真性抵抗性遺伝子（*R* 遺伝子）を欠く宿主植物に対しては基礎的抵抗性反応を抑制して病原性発現を促進する病原性エフェクターとして，一方，*R* 遺伝子を有する宿主植物に対しては特異的抵抗性誘導を促す非病原性エフェクター（特異的エリシター）として働く．→非病原性遺伝子，エフェクター，特異的エリシター

***Avr* 二元説**（アビル二元説：*Avr* dualism）植物病原体がもつ非病原性遺伝子（*Avr*）は，植物側の真性抵抗性遺伝子（*R*）の有無に応じて，病原体の非病原性あるいは病原性を支配しているとする説．*R* 遺伝子をもつ植物には抵抗性発現を誘導し，もたない植物には抵抗性発現を阻止する．→Avr タンパク質

アフィニティークロマトグラフィー（affinity chromatography）生体分子相互間の特異的親和性を利用したクロマトグラフィー．

アフィニティータグ（affinity tag）アフィニティークロマトグラフィーのために特定のタンパク質に予めタグとして融合させておくペプチド．

アフィニティープルダウン法（affinity pull-down assay）アフィニティークロマトグラフィーによって目的の生体分子を単離・精製する技法．

アブシジン酸（abscisic acid：ABA）植物ホルモンのひとつで，植物の防御応答にも関わる．

アプタマー（aptamer）特定の分子と特異的に結合する核酸（DNA, RNA）あるいはペプチドの分子．

アブラムシ（aphid）カメムシ目（Hemiptera）アブラムシ上科（Aphidoidea）の吸汁性昆虫の総称．多くの植物ウイルスを媒介する．

アブラムシ伝染（aphid transmission）アブラムシ伝搬ともいう．植物ウイルスのアブラムシ媒介による伝染．ウイルスの種と媒介アブラムシの種との間に媒介特異性がある．→アブラムシ伝搬性ウイルス

アブラムシ伝搬性ウイルス（aphid-borne virus）アブラムシ伝染性ウイルスともいう．アブラムシによって伝搬される植物ウイルス．ポティウイルス属（*Potyvirus*）約 160 種，カルラウイルス属（*Carlavirus*）約 50 種，クロステロウイルス属（*Closterovirus*）約 10 種，ルテオウイルス科（*Luteoviridae*）約 25 種，ファバウイルス属（*Fabavirus*）5 種，ククモウイルス属（*Cucumovirus*）4 種，サイトラブドウイルス属（*Cytorhabdovirus*）およびヌクレオラブドウイルス属（*Nucleorhabdovirus*）の中の数種，カリモウイルス属（*Caulimovirus*）約 10 種，ナノウイルス科（*Nanoviridae*）約 10 種のウイルスなど，全体で約 300 種近くのウイルスが各種のアブラムシによって伝搬されるが，ウイルスの種によってその伝染様式は，非循環型・非永続性，非循環型・半永続性，循環型・非増殖性，循環型・増殖性と多様である．ポティウイルス属のウイルスでは外被タンパク質（CP）と虫媒介助タンパク質（HC-Pro）が，カリフラワーモザイクウイルス（CaMV）ではキャプシドに含まれる P3 タンパク質と虫媒介助タンパク質（HC）である P2 タンパク質が，それぞれアブラムシの口針内壁へのウイ

ルス粒子の結合に関与しており，CPの特定部位の変異やHCの欠失あるいは変異は媒介を不可能にする．→非循環型・非永続性伝染，非循環型・半永続性伝染，循環型・非増殖性伝染，循環型・増殖性伝染

アブラムシ媒介介助タンパク質（aphid transmission helper component, aphid transmission factor：ATF）植物ウイルス由来のアブラムシ媒介介助因子．

アベラント mRNA（aberrant mRNA）異常 mRNA．キャップあるいは poly(A) を欠いた mRNA や転写産物の一部である短い不完全な RNA．異常 mRNA は宿主の RNA 依存 RNA ポリメラーゼ（RDR）によって二本鎖となった後，RNA サイレンシング経路を経て切断・分解される．

アボガドロ数（Avogadro's number）分子量と同じグラム数の質量の物質中に含まれる分子の数．約 6×10^{23}/mol．

アポトーシス（apoptosis, programmed cell death）自死ともいう．プログラム細胞死とほぼ同義．遺伝的にプログラムされ，誘導的に発現される細胞死で，DNAの断片化など一連の特徴的な反応を経て死に至る．植物の過敏感反応による細胞死はこれに相当すると考えられている．→過敏感反応

アポトーシス様細胞死（apoptosis-like cell death）アポトーシスに類似した細胞死．

アポプラスト（apoplast）植物の細胞壁や細胞間隙など細胞膜外の系の総体．細胞外という意味で用いられる場合もある．

網状膜構造体（complex membraneous body, vesicle cluster）クロステロウイルス科（Closteroviridae）やバイモウイルス属（Bymovirus）のウイルスなどの感染細胞に認められる小胞や膜が異常に増生・集積・変形して形成された網状の特異的な構造体．

アミノアシル tRNA（aminoacyl-tRNA）3′末端にアミノ酸を結合した tRNA で，タンパク質合成に使われる．

アミノアシル tRNA 合成酵素（aminoacyl-tRNA synthetase）アミノアシル tRNA シンテターゼともいう．特定のアミノ酸を活性化して対応する tRNA に結合する酵素．ATP の存在下でアミノ酸を活性化し，tRNA の 3′末端に存在するアデノシン残基にアミノ酸を付加させる．

アミノグリコシドホスホトランスフェラーゼⅡ（aminoglycoside phosphotransferase II）→ネオマイシンホスホトランスフェラーゼⅡ

アミノ酸（amino acid：aa）同一分子内にアミノ基とカルボキシル基を有する化合物で，ペプチドやタンパク質の構成単位．

アミノ酸シーケンサー（amino acid sequencer）プロテインシーケンサー，ペプチドシーケンサーともいう．エドマン分解法によるアミノ酸配列解析装置．現在では一部にガス状の試薬を用いた気相プロテインシーケンサーが広く用いられている．

アミノ酸置換（amino acid substitution）タンパク質中のあるアミノ酸が対応する遺伝子の突然変異によって他のアミノ酸に置換されること．

アミノ酸配列（amino acid sequence）タンパク質やペプチドの一次構造であるアミノ酸配列順序．

アミノ酸配列決定法（amino acid sequencing, peptide sequencing, protein sequencing）タンパク質やペプチドのアミノ酸配列決定法には，エドマン分解法と MALDI-TOF/MS などによる質量分析法がある．目的のタンパク質の全アミノ酸配列については，現在では，一部のアミノ酸配列情報に基づいてその配列に対応する mRNA の cDNA をクローニングし，その塩基配列を調べることによって決定する方法が一般的である．

アミノペプチダーゼ（aminopeptidase）ペプチド鎖を N 末端側から順に切断するペプチド・タンパク質分解酵素．

アミノ末端（amino terminal：N-terminal）N 末端ともいう．タンパク質やペプチドの両末端のうち，遊離のアミノ基をもつ末端．

アラインメント（alignment）複数の塩基配列やアミノ酸配列の相同あるいは類似した領域を整列させて示したもの．

アラニンスキャンニング（alanine scanning, alanine scanning mutagenesis）タンパク質のアミノ酸配列中のそれぞれのアミノ酸残基をアラニンに置換した変異体を作製して，タンパク質の機能に関与するアミノ酸残基を解析・決定する方法．

アラニン置換変異体（alanine substitution mutant）タンパク質のアミノ酸配列中のそれぞれのアミノ酸残基をアラニンに置換した変異体．

アラビドプシス（*Arabidopsis*）アブラナ科（Brassicaceae）シロイヌナズナ属（*Arabidopsis*）の植物の総称だが，特にその中でシロイヌナズナ（*A. thaliana*）を指す．→シロイヌナズナ

Arabidopsis thaliana（アラビドプシス タリアナ）→シロイヌナズナ

RI（radioisotope）→ラジオアイソトープ

RI（replicative intermediate）→複製中間体

RISC（RNA-induced silencing complex）

→RNA 誘導サイレンシング複合体
RITS（RNA-induced transcriptional silencing）
　　→RNA 誘導転写サイレンシング
RITC（rhodamine isothiocyanate）
　　→ローダミンイソチオシアネート
Ri-プラスミド（アールアイプラスミド：Ri-plasmid）毛根病菌（*Agrobacterium rhizogenesis*）のもつ毛状根誘導に関わるプラスミド．
Ri-プラスミドベクター（Ri-plasmid vector）毛根病菌（*Agrobacterium rhizogenesis*）の Ri-プラスミドを利用した植物への遺伝子導入用ベクター．
rRNA（ribosomal RNA）→リボソーム RNA
rRNA 遺伝子（ribosomal RNA gene）
　　→リボソーム RNA 遺伝子
REn（replication enhancer protein）
　　→複製促進タンパク質
***R* 遺伝子**（*R* gene：resistance gene）
　　→真性抵抗性遺伝子
***R* 遺伝子介在抵抗性**（*R* gene-mediated resistance, R-mediated resistance, *R* gene resistance：RMR）*R* 遺伝子抵抗性ともいう．*R* 遺伝子がコードする主として NBS-LRR タンパク質が介在する特異的抵抗性で，真性抵抗性と同義．→真性抵抗性
***Rx* 遺伝子**（*Rx* gene）ジャガイモ X ウイルス（PVX）に対するジャガイモの抵抗性遺伝子．
RNase（アールエヌアーゼ：ribonuclease）
　　→リボヌクレアーゼ
RNase A（アールエヌアーゼ A：ribonuclease A）
　　→リボヌクレアーゼ A
RNase H（アールエヌアーゼ H：ribonuclease H）
　　→リボヌクレアーゼ H
RNase III（アールエヌアーゼ III：ribonuclease III）
　　→リボヌクレアーゼ III
RNA（ribonucleic acid）→リボ核酸
RNAi（アールエヌエーアイ：RNA interference）
　　→RNA 干渉
RNA 依存 RNA 合成（RNA dependent RNA synthesis, RNA dependent RNA polymerization）RNA を鋳型とした RNA 合成．
RNA 依存 RNA 合成酵素（RNA dependent RNA polymerase：RdRp, RdRP）→RNA 依存 RNA ポリメラーゼ
RNA 依存 RNA ポリメラーゼ
　［1］（RNA dependent RNA polymerase：RdRp, RdRP, RP）RNA 依存 RNA 合成酵素ともいう．RNA を鋳型としてこれと相補的な RNA を合成する酵素．RNA ウイルス由来でそのゲノム複製に必須のウイルス特異的な RdRp はウイルス RNA 依存 RNA ポリメラーゼ，ウイルス RNA 複製酵素，RNA 複製酵素あるいは RNA レプリカーゼともいう．多くのプラス一本鎖 RNA ウイルスでは，ウイルス RdRp は 1 成分あるいは 2 成分からなり，それらの分子中にメチルトランスフェラーゼ（MT）ドメイン，ヘリカーゼ（HEL）ドメイン，RdRp ドメインなどの機能ドメインをもつ．ただし，キャップ構造を欠くウイルスの場合には MT ドメインを欠く．また，トンブスウイルス科（*Tombusviridae*）の多くのウイルスやソベモウイルス属（*Sobemovirus*）とウンブラウイルス属（*Umbravirus*）のウイルスなどでは HEL ドメインを欠いている．多くの場合，この酵素の完全な活性の発現には数種の宿主因子を必要とする．マイナス一本鎖 RNA ウイルスや二本鎖 RNA ウイルスではウイルス粒子内に RdRp を保有している．プラス一本鎖 RNA ウイルスは RdRp のアミノ酸配列の相同性に基づいて，ピコルナ様スーパーグループ，アルファ様スーパーグループ，カルモ様スーパーグループの 3 つの大分類グループに分けられる．［2］（RNA directed RNA polymerase：RDR, cellular RNA dependent RNA polymerase）ウイルス由来の［1］の RNA 依存 RNA ポリメラーゼとは別に宿主細胞自体に存在する RNA 依存 RNA ポリメラーゼで，RNA サイレンシング経路などにおいて機能する．シロイヌナズナでは RDR1～6 があるが，そのうち PDR6 は細胞因子 SGS3 と結合して，切断・分解された以上な一本鎖 RNA などを鋳型として長鎖の二本鎖 RNA を結合し，最終的に短鎖の miRNA や siRNA の増幅を促すことが知られている．
RNA 依存 DNA 合成（RNA dependent DNA synthesis, RNA dependent DNA polymerization）
　　→逆転写
RNA 依存 DNA 合成酵素（RNA dependent DNA polymerase）→逆転写酵素
RNA 依存 DNA ポリメラーゼ（RNA dependent DNA polymerase）→逆転写酵素
RNA 依存 DNA メチル化（RNA directed DNA methylation：RdDM）低分子干渉 RNA（siRNA）あるいはマイクロ RNA（miRNA）が関与して DNA 鎖をメチル化する現象．ゲノム DNA から転写された特定の RNA が二本鎖 RNA を形成した後，siRNA あるいは miRNA に切断され，これらが由来したオリジナルのゲノム DNA 配列に結合して，そのメチル化を誘導する．DNA ウイルスに対する宿主の転写ジーンサイレンシング（TGS）にも関与する．→転写ジーンサイレンシング

RNA ウイルス（RNA virus）RNA をゲノムとするウイルス．RNA ゲノムが一本鎖か二本鎖かによって，それぞれ一本鎖 RNA ウイルス，二本鎖 RNA ウイルスとよぶ．一本鎖 RNA ウイルスは，さらに，そのゲノムが mRNA と同一の塩基配列をもつプラス（＋）鎖か，これと相補的な塩基配列をもつマイナス（－）鎖かによって，プラス一本鎖 RNA ウイルスとマイナス一本鎖 RNA ウイルスに分けられる．植物ウイルスでは，ウイルス種全体の約 68％が RNA ウイルスで，さらにそのうちの約 88％がプラス一本鎖 RNA ウイルス，約 6％がマイナス一本鎖 RNA ウイルス，約 6％が二本鎖 RNA ウイルスである．

RNA エディティング（RNA editing）→ RNA 編集

RNA 塩基配列決定法（RNA sequencing）RNA シーケンシングともいう．RNA の塩基配列決定法には，RNase の塩基特異性などを利用した直接的な方法もあるが，現在では，RNA を逆転写酵素によって cDNA に変換した後に，この塩基配列を決定して RNA にあてはめる間接的な方法が一般的である．

RNA 介在抵抗性（RNA mediated resistance：RMR）ウイルス抵抗性遺伝子組換え植物の抵抗性発現にウイルスタンパク質ではなく，ウイルス RNA 自体が介在している抵抗性機構，すなわち RNA サイレンシングによる抵抗性機構．

RNA 干渉（RNA interference：RNAi）RNA サイレンシング，転写後遺伝子サイレンシング（PTGS）とほぼ同義．特に細胞への低分子二本鎖 RNA の導入によって，それと相補的な配列を含む mRNA が特異的に分解される遺伝子発現抑制現象を指す場合もある．→ RNA サイレンシング

RNA 組換え（RNA recombination）RNA 分子間の組換え．相同組換えと非相同組換えがあるが，RNA ウイルスの場合にはいずれもウイルス RNA 依存 RNA ポリメラーゼ（RdRp）が RNA 複製の途中で鋳型を切替える鋳型切換え機構による．RNA ウイルスやウイロイドでは同一種の系統間および他種間の RNA 組換えはもとより宿主 RNA との組換えの例も見いだされており，RNA 組換えは塩基変異および分節ゲノムの再編成と並んで RNA ウイルスの進化の主要な原動力のひとつである．→ 鋳型切換え

RNA 結合タンパク質（RNA binding protein：RBP）RNA 分子に結合するタンパク質．

RNA 結合部位（RNA binding site）ウイルスのキャプシドタンパク質上でウイルス RNA と結合する部位．

RNA ゲノム（RNA genome）RNA で構成されたゲノム．

RNA 合成（RNA synthesis）生化学的あるいは化学的に RNA を合成すること．

RNA 合成酵素（RNA polymerase）
→ RNA ポリメラーゼ

RNA サイレンシング（RNA silencing）転写後ジーンサイレンシング（PTGS），転写後遺伝子抑制ともいう．RNA 干渉（RNAi）とほぼ同義．広義ではジーンサイレンシングと同義で，ともに低分子 RNA が介在する PTGS と転写ジーンサイレンシング（TGS）の両方を含む．PTGS は二本鎖 RNA によって触発され，低分子干渉 RNA（siRNA）やマイクロ RNA（miRNA）などの低分子 RNA を介して配列特異的に生じる転写後の遺伝子発現抑制機構で，ウイルス感染に対する普遍的な防御機構としても働く．ウイルスに対する PTGS の発現機構は，RNA ウイルスの場合は主に二本鎖の RNA 複製中間体（RF）あるいは mRNA のステムループ部位が，DNA ウイルスの場合は mRNA のステムループ部位が，ウイロイドの場合はゲノムの二本鎖 RNA 構造部分が，それぞれ，宿主側のダイサーの標的となり，その結果，切断・分解されて生じた siRNA がアルゴノートタンパク質などとともに RNA 誘導サイレンシング複合体（RISC）を構成し，次いでこの RISC が siRNA と相補的配列を有する一本鎖のウイルス RNA や mRNA に結合してこれを切断・分解するとともに，その翻訳も阻害する．さらに，こうして切断・分解された一本鎖 RNA が宿主の RNA 依存 RNA ポリメラーゼ（RDR）によって再び二本鎖 RNA となり，ダイサーによって分解されることによって 2 次的な siRNA が増幅される．生成された siRNA はサイレンシングシグナルとしてプラズモデスマータを経由して周辺の細胞に移行し，さらにその移行先で増幅を重ねながら，やがて維管束を経由して全身 PTGS（systemic PTGS）を誘起する．一方，TGS は，主に細胞質で起こる PTGS と異なり，核内で PTGS とほぼ類似した過程を経て進行するが，最終的には低分子 RNA を介した RNA 依存 DNA メチル化機構（RdDM）による DNA のメチル化あるいはヒストンの修飾に伴うヘテロクロマチンの形成などによって DNA から RNA への転写を抑制する反応である．このような宿主側の RNA サイレンシング機構に対してウイルス側は RNA サイレンシングサプレッサー活性を有するウイルス由来のタンパク質で対抗する．→ 転写ジーンサイレンシング，RNA 誘導サイレンシング複合体，

RNA サイレンシングサプレッサー，低分子干渉RNA

RNA サイレンシングサプレッサー（RNA silencing suppressor：RSS, viral suppressor of RNA silencing：VSR）RNA サイレンシング抑制タンパク質，PTGS サプレッサー，サイレンシングサプレッサー，ジーンサイレンシングサプレッサーともいう．植物側の RNA サイレンシング（PTGS）を抑制するウイルス由来のタンパク質で，植物ウイルスでは，タバコモザイクウイルス（TMV）の RNA 依存 RNA ポリメラーゼ（RdRp）の 126K タンパク質，キュウリモザイクウイルス（CMV）の 2b タンパク質，ポティウイルス属（*Potyvirus*）ウイルスのヘルパー成分プロテアーゼ（HC-Pro），イポモウイルス属（*Ipomovirus*）ウイルスの P1 タンパク質，ポテックスウイルス属（*Potexvirus*）ウイルスの P25 移行タンパク質，ポレロウイルス属（*Polerovirus*）ウイルスの F ボックスタンパク質 P0，*Turnip crinkle virus*（TCV）の外被タンパク質（CP），トマトブッシースタントウイルス（TBSV）の P19 タンパク質，カンキツトリステザウイルス（CTV）の CP，P20 および P23 タンパク質，カルラウイルス属（*Carlavirus*）やホルデイウイルス属（*Hordeivirus*）などのウイルスのシステインリッチタンパク質（CRP），トマト黄化えそウイルス（TSWV）の NSs タンパク質，ベゴモウイルス属（*Begomovirus*）ウイルスの TrAP 転写促進タンパク質，カリフラワーモザイクウイルス（CaMV）の封入体タンパク質（P6）などが知られている．これらのタンパク質はその種類によって，二本鎖低分子干渉 RNA（ds-siRNA）との結合による低分子干渉 RNA（siRNA）の RNA 誘導サイレンシング複合体（RISC）への取り込み阻害，アルゴノートタンパク質（AGO）との結合によるその分解あるいは RNA 切断活性の阻害，siRNA の細胞間移行あるいは長距離移行の阻害など，RNA サイレンシング過程の種々の段階で働くことが知られている．一方，ジェミニウイルス科（*Geminiviridae*）の *Tomato yellow leaf curl China virus*（TYLCCNV）のベータサテライトの βC1 タンパク質や Beet severe curly top virus（BSCTV）の C2 タンパク質などは RNA 依存 DNA メチル化による転写ジーンサイレンシング機構（TGS）を阻害する．他方，ジャガイモ Y ウイルス（PVY）の HC-Pro，TBSV の P19，ハイビスカス退緑輪点ウイルス（HCRSV）の CP，*African cassava mosaic virus*（ACMV）の AC2 などのように RSS が宿主植物の各種遺伝子の発現制御機構を乱すことによって，局部病斑や奇形などの病徴の発現にも関与するという例も示されている．→RNA サイレンシング，転写ジーンサイレンシング，siRNA，miRNA

RNA サイレンシングシグナル（RNA silencing signal）RNA サイレンシングが細胞間を経て全身に伝わる際の信号因子で本体は低分子干渉 RNA（siRNA）と推定されている．

RNA シーケンシング（RNA sequencing）→RNA 塩基配列決定法

RNA シャペロン（RNA chaperone）RNA の折り畳みなどを介助するタンパク質．

RNA シュードノット構造（RNA pseudoknot tructure）→シュードノット構造

RNA スプライシング（RNA splicing）mRNA の形成のさいに，前駆体 mRNA 分子からイントロン部分が除去され，エキソン部分が連結して成熟 mRNA がつくり出される過程．植物の一本鎖 DNA ウイルスや逆転写二本鎖 DNA ウイルスの mRNA でも認められる．

RNA 前駆体（precursor RNA, RNA precursor）→前駆体 RNA

RNA 選別（RNA selection）単粒子分節 RNA ゲノムのウイルスが粒子構築のさいに各分節ゲノム 1 組ずつを選別してひとつの粒子に組み込むこと．

RNA 転写酵素（RNA transcriptase）→RNA トランスクリプターゼ

RNA トランスクリプターゼ（RNA transcriptase）RNA 転写酵素ともいう．RNA ウイルスのゲノム RNA から mRNA を転写する酵素．ウイルス RNA 依存 RNA ポリメラーゼ（RdRp）は RNA ゲノムの複製活性と同時にこの酵素活性ももつ．

RNA ファージ（RNA phage）RNA をゲノムとするファージ．

RNA 複製酵素（RNA replicase）→RNA レプリカーゼ

RNA 複製酵素ドメイン（RNA dependent RNA polymerase domain：RdRp domain）→RdRp ドメイン

RNA プラスミド（RNA plasmid）細胞内で自律複製する二本鎖 RNA．

RNA プロセシング（RNA processing）転写後修飾ともいう．前駆体 RNA を機能性の成熟 RNA に変換する過程．mRNA では，前駆体 mRNA からキャップ形成，ポリアデニル化，スプライシングなどを経て成熟 mRNA がつくり出される．

RNA プローブ（RNA probe）リボプローブともいう．特定の核酸分子の検出・定量に用いるためのそれらと相補的な配列をもつ標識 RNA 断片．

RNA 分解酵素（ribonuclease：RNase）

→リボヌクレアーゼ

RNAヘリカーゼ(RNA helicase：HEL) RNA巻戻し酵素．二本鎖RNAや一本鎖RNA内の高次構造をほどいて一本鎖RNAに巻戻す酵素．RNAウイルスのRNA依存RNAポリメラーゼ(RdRp)にはこの機能ドメイン(HELドメイン)が存在する．

RNA編集(RNA editing) RNAエディティングともいう．転写後のRNAにヌクレオチドの挿入，削除，置換が生じる現象．

RNAポリメラーゼ(RNA polymerase) RNA合成酵素ともいう．RNAポリメラーゼにはDNAを鋳型とするDNA依存RNAポリメラーゼ(DNA依存RNA合成酵素，トランスクリプターゼ，転写酵素)と，RNAを鋳型とするRNA依存RNAポリメラーゼ(RNA依存RNA合成酵素)とがあるが，単にRNAポリメラーゼという場合には前者を指す．

RNAポリメラーゼIII(RNA polymerase III：Pol III) 真核生物のDNA依存RNAポリメラーゼのひとつ．核質にあってtRNAなどの合成を行う．

RNAポリメラーゼII(RNA polymerase II：Pol II) 真核生物のDNA依存RNAポリメラーゼのひとつ．核質にあってmRNA前駆体などの合成を行う．

RNAポリメラーゼI(RNA polymerase I：Pol I) 真核生物のDNA依存RNAポリメラーゼのひとつ．核小体にあってrRNAの合成を行う．

RNA誘導サイレンシング複合体(RNA-induced silencing complex：RISC) RISCと略称する．低分子干渉RNA(siRNA)あるいはマイクロRNA(miRNA)，アルゴノートタンパク質などの分子から構成され，RNAサイレンシング機能を担う複合体．siRNAと相補的な配列をもつウイルスのゲノムRNAやmRNAなどと結合して，これを切断・分解し，あるいは翻訳を抑制する．

RNA誘導転写サイレンシング(RNA-induced transcriptional silencing：RITS) RITSと略称する．RNAサイレンジンクが転写後ジーンサイレンシング(PTGS)を指すのに対して，こちらはRNAによって誘導される転写ジーンサイレンシング(TGS)を指す．→転写ジーンサイレンシング

RNA誘導転写サイレンシング複合体(RNA-induced initiator of transcriptional silencing complex：RITS complex) RNA誘導サイレンシング複合体(RISC)と同様の成分から構成され，RNA依存性のDNAメチル化やクロマチン修飾などによる転写ジーンサイレンシング機能を担う複合体．→RNA誘導転写サイレンシング，転写ジーンサイレンシング

RNA輸送(RNA transport) 真核細胞の核内でDNAから転写されたRNAが核膜を通過して細胞質内に運ばれること．

RNAリガーゼ(RNA ligase) RNA連結酵素．

RNAレプリカーゼ(RNA replicase：Rep) レプリカーゼ，RNA複製酵素，ウイルスRNA複製酵素，ウイルス複製酵素，ウイルスRNA依存RNAポリメラーゼともいう．RNAウイルス由来でそのゲノム複製に必須の特異的なRNA依存RNAポリメラーゼ(RdRp)の別称．→RNA依存RNAポリメラーゼ

RNAワールド(RNA world) 生命の起源をRNAとする説に基づく仮想世界．

RNP(ribonucleoprotein) →リボ核タンパク質

RNPワールド(RNP world) RNAワールドにタンパク質合成系が加わった仮想世界．→RNAワールド

RF(replication factor) →複製因子

RF(replicative form) →複製型

RFLP(restriction fragment length polymorphism) →制限酵素断片長多型

RFLPマーカー(RFLP marker) 制限酵素断片長多型(RFLP)に基づくDNAマーカー．

RMR(R-mediated resistance) →R遺伝子介在抵抗性

RLK(receptor-like kinase) →レセプター様キナーゼ

ROS(reactive oxygen species) →活性酸素種

Arch. Virol.(Archives of Virology) Springer社が刊行する国際微生物学連合(IUMS)の公式ウイルス学専門誌．

アルカリ性ホスファターゼ(alkaline phosphatase) アルカリホスファターゼともいう．最適pHがアルカリ側で，リン酸モノエステル結合を分解する酵素．抗体の標識酵素としても広く利用されている．

アルゴノートタンパク質(argonaut protein：AGO protein) RNA誘導サイレンシング複合体(RISC)の主要構成成分のひとつ．シロイヌナズナではAGO1〜AGO10がある．一本鎖RNA(ssRNA)結合ドメインとRNA分解酵素活性などを有する．→RNA誘導サイレンシング複合体

アルゴリズム(algorithm) 問題を解決するための定型的な計算法．

RCA法(rolling circle amplification) ローリングサークル増幅法．環状DNAをバクテリオファージ由来のPhi29 DNAポリメラーゼにより等温条

件下で増幅させる方法．ジェミニウイルス科（*Geminiviridae*）ウイルスのゲノム DNA の検出・同定などにも広く利用されている．

R タンパク質（R protein：resistance protein） *R* 遺伝子の翻訳産物．特異的抵抗性に関与するタンパク質で，その多くは NBS-LRR タンパク質である．それらは，病原体の Avr タンパク質に対する直接的あるいは間接的なレセプターとして機能する．→*R* 遺伝子，NBS-LRR タンパク質，Avr タンパク質

RT（read through）→リードスルー

RT（reverse transcriptase, reverse transcription）→逆転写酵素，逆転写

RDR（RNA directed RNA polymerase）→RNA 依存 RNA ポリメラーゼ

RdRp（RdRP, RNA dependent RNA polymerase）→RNA 依存 RNA ポリメラーゼ

RdRp ドメイン（RdRp domain：RNA dependent RNA polymerase domain） ポリメラーゼドメイン，RNA 複製酵素ドメインともいう．RNA ウイルスの RNA 依存 RNA ポリメラーゼ（RdRp）がもつ RNA 合成活性の機能ドメインで，保存配列として Gly-Asp-Asp（GDD）モチーフをはじめとする合計 8 個のモチーフが存在する．

RT ウイルス（reverse transcribing virus：RT virus）→逆転写ウイルス

rDNA（ribosomal DNA）→リボソーム DNA

RT-PCR（reverse transcription-PCR）→逆転写ポリメラーゼ連鎖反応

RT-PCR-MPH（reverse transcription-PCR-microplate hybridization） ビオチンなどで標識した RT-PCR 産物を予めマイクロプレート上に固定したプローブとハイブリッド形成させることによってウイルス RNA などを検出する技法．

RT-PCR-MTH（reverse transcription-PCR-microtube hybridization） ビオチンなどで標識した RT-PCR 産物と予めマクロアレイ上に固定したプローブとのハイブリッド形成反応をマイクロチューブ内で行うことによってウイルス RNA などを検出する技法．

RT-LAMP 法（RT-ランプ法：reverse transcription-loop-mediated isothermal amplification：RT-LAMP） 逆転写反応と LAMP 法を組み合わせた RNA ウイルスやウイロイドなどの迅速，簡便で高感度な検出法．→LAMP 法

R ドメイン（R domain：RNA interacting domain） トンブスウイルス科（*Tombusviridae*）ウイルスの外被タンパク質の N 端側に存在する RNA 結合ドメイン．

RP（RNA dependent RNA polymerase）→RNA 依存 RNA ポリメラーゼ

RBP（RNA binding protein）→RNA 結合タンパク質

α 構造（α structure）→α ヘリックス

アルファサテライト（alphasatellite, α satellite）→サテライト DNA

α ヘリックス（アルファヘリックス：α helix, alpha helix） α らせん，α 構造ともいう．タンパク質の基本的な二次構造のひとつ．直鎖状のポリペプチド鎖が折り畳まれ，水素結合によって形成される安定した右巻きらせん構造．

アルファ様スーパーグループ（alpha-like supergroup） スーパーグループ 3，クラス III ともいう．プラス一本鎖 RNA ウイルスの RNA 依存 RNA ポリメラーゼ（RdRp）のアミノ酸配列の相同性に基づく 3 つの大分類グループ（スーパーグループ）のひとつ．→スーパーグループ

R プラスミド（R plasmid） 薬剤耐性遺伝子を含むプラスミド．

アンキリンリピート（ankyrin repeat） 一定の共通配列を含む 33 アミノ酸を一単位とする繰り返し配列．タンパク質間の相互作用に関与する．

アングルローター（angle rotor） 固定角ローターともいう．遠心機用ローターのひとつ．遠心管を収める穴の角度が回転軸に対して傾斜しているローター．

暗黒期（eclipse phase, eclipse period） エクリプス期ともいう．細胞内において感染ウイルスの脱外被以降，新生ウイルス粒子が出現するまでの時間．この間はウイルス粒子が見かけ上どこにも認められない．

アンコーティング（uncoating）→脱外被

安全キャビネット（biological safety cabinet：BSC） バイオハザード対策用に排気を無菌にする機構を備えた箱状の実験台．

アンチコドン（anticodon） tRNA の中央に位置し，mRNA のコドンに相補的な 3 塩基の配列．

アンチゲノム（antigenome） 一本鎖のウイルスゲノムと相補的な核酸分子．

アンチセンス RNA（antisense RNA） mRNA やウイルス RNA と相補的な配列をもつ RNA．

アンチセンス鎖（antisense strand）→マイナス鎖

アンチホルミン（antiformin）→次亜塩素酸ナトリウム

安定発現（stable expression） 恒久的発現ともいう．導入された遺伝子が染色体に組み込まれ，安定し

て発現すること．

アンバー突然変異（amber mutation）アミノ酸に対応するコドンが終止コドンのひとつである UAG に置換した突然変異．

アンピシリン耐性遺伝子（ampicillin resistant gene：*amp^r*）抗生物質のアンピシリンに耐性を示す遺伝子．組換え大腸菌の薬剤選抜マーカー遺伝子のひとつ．

アンビセンス RNA（ambisense RNA）一分子上にプラスセンス（mRNA と同一の塩基配列）とマイナスセンス（mRNA と相補的な塩基配列）の ORF が共存している一本鎖ウイルス RNA．プラスセンスの ORF はゲノムの複製過程で生じる相補鎖から転写される mRNA 経由で，マイナスセンスの ORF はゲノム RNA から転写される mRNA 経由でそれぞれ翻訳される．

アンビセンス RNA ウイルス（ambisense RNA virus）プラス／マイナス一本鎖 RNA ウイルス，（＋／−）一本鎖 RNA ウイルスともいう．アンビセンス RNA をゲノムとするウイルス．植物ウイルスでは，マイナス一本鎖 RNA ウイルスのうちのトスポウイルス属（*Tospovirus*）やテヌイウイルス属（*Tenuivirus*）のウイルスなどがある．

アンビセンス鎖（ambisense strand）プラス／マイナス（＋／−）鎖ともいう．一分子上にプラスセンス（mRNA と同一の塩基配列）とマイナスセンス（mRNA と相補的な塩基配列）の ORF が共存している一本鎖 RNA 鎖あるいは一本鎖 DNA 鎖．特にマイナス一本鎖 RNA ウイルスで用いられる用語．

アンプリコン（amplicon）増幅産物．PCR などで増幅された DNA 断片．

イ

EIA（enzyme immunoassay）
→エンザイムイムノアッセイ

eIF（eukaryotic initiation factor）真核生物翻訳開始因子．→翻訳開始因子

eIF3（eukaryotic initiation factor 3）真核生物翻訳開始因子 3．

eIF4E（eukaryotic initiation factor 4E）真核生物翻訳開始因子 4E．キャップ結合タンパク質ともいう．細胞質中で mRNA のキャップ構造に結合して翻訳開始に関わる．ポティウイルス属（*Potyvirus*）のウイルスの増殖にも関わり，このタンパク質の一部構造の違いや変異によって植物が抵抗性を示すようになる．

eIF4E 結合タンパク質（eIF4E-binding protein：4E-BP）eIF4E と結合して翻訳開始を制御するタンパク質．

eIF4A（eukaryotic initiation factor 4A）真核生物翻訳開始因子 4A．

eIF4F（eukaryotic initiation factor 4F）真核生物翻訳開始因子 4F．翻訳開始因子 eIF4A, eIF4E, eIF4G の複合体で，mRNA の 5′末端のキャップ構造と結合するとともに，3′末端のポリ（A）配列に結合したポリ（A）結合タンパク質とも結合して，翻訳開始に必要な mRNA の全長が閉じた形のループを形成する．

eIF4G（eukaryotic initiation factor 4G）真核生物翻訳開始因子 4G．

ER（endoplasmic reticulum）→小胞体

eRF（eukaryotic translation release factor）真核生物翻訳終結因子．→翻訳終結因子

ERF（ethylene-responsive factor）植物の生長やストレス応答に関与する転写因子のひとつ．

ER 膜（ER membrane, endoplasmic reticulum membrane）→小胞体膜

eEF（eukaryotic elongation factor）真核生物翻訳伸長因子．→翻訳伸長因子

eEF1A（eukaryotic elongation factor 1A）真核生物翻訳伸長因子 1A．タバコモザイクウイルス（TMV）など数種のプラス一本鎖ウイルス RNA の複製にも関わる．

EST（expressed sequence tag）
→発現遺伝子配列標識

EFPP（European Foundation for Plant Pathology）
→欧州植物病理学機構

EMS（ethyl methanesulfonate）
→エチルメタンスルホン酸

イオン交換クロマトグラフィー（ion-exchange chromatography）イオン交換樹脂を固定相に用いる液体クロマトグラフィー．電荷をもつ物質の分離・精製に利用される．

イオンコーティング（ion coating）
→イオンスパッタリング

イオンスパッタリング（ion sputtering, ion coating）イオンコーティングともいう．低真空中で金属電極に電圧を印加して放電させると，真空容器内の残留ガス分子から生成されたプラスイオンが陰極の金属面から原子をはじき出し，これが気体中に飛散して付近の物体面に付着する現象．この現象を利用して走査型電子顕微鏡用試料の表面を金属コーティングしたり，あるいはカーボン膜でコートされた透過型電子顕微鏡用グリッドの表面を親水化処理することができる．

イオンチャネル（ion channel）イオンチャンネルと

もいう．無機イオンを選択的，受動的に生体膜の内外へ輸送する膜貫通タンパク質．

イオンフラックス（ion flux, ionic flux）イオン流出．無機イオンの生体膜を通した流出．

イオンポンプ（ion pump）無機イオンをATPなどのエネルギーを使って選択的，能動的に生体膜の内外へ輸送する膜貫通タンパク質．

異化（catabolism）生体の物質代謝において，化学物質をより簡単な物質に分解する過程．

鋳型（template）他の核酸分子の合成のための鋳型となる核酸分子．

鋳型切換え（template switch, copy choice）鋳型スイッチ，選択模写，コピー選択ともいう．核酸の複製の途中で鋳型を切り換えるために組換え核酸が生じる機構．ウイルスRNAの組換え機構のひとつ．ウイルスRNA依存RNAポリメラーゼがRNA合成中に1つの鋳型から別の鋳型に乗り換えるが，その際に，鋳型切換え前の鋳型となるRNA部分をもつ分子をドナーRNA，鋳型切換え後の鋳型となるRNA部分をもつ分子をアクセプターRNAという．

鋳型鎖（template strand）二本鎖DNAのうちmRNAの鋳型となる鎖．

鋳型スイッチ（template switch）→鋳型切換え

維管束（vascular bundle）植物の木部と篩部からなる通導組織．

維管束移行（vascular movement）植物ウイルスの維管束を通じた全身移行．→長距離移行

維管束鞘（vascular bundle sheath）維管束の周囲を取り囲む組織．

維管束植物（vascular plant, tracheophyte）維管束をもつ植物の総称．シダ植物と種子植物を一括して指す．

育種（breeding）有用生物の品種改良．

育種学（breeding science, thremmatology）有用生物の品種改良の原理と技術に関する学問分野．

移行（movement, translocation）ウイルスの体内移行．植物ウイルスでは，細胞内移行，細胞間移行，長距離移行（全身移行）の3段階がある．→植物ウイルスの移行

移行タンパク質（movement protein：MP）植物ウイルスの細胞間移行と長距離移行に働くウイルスタンパク質．一本鎖核酸との結合能，プラズデスマータ（PD）への局在性およびPDの排除分子量限界の拡大活性を示す．ウイルスの種間でMPのアミノ酸配列に共通保存領域は認められないが，それらの配列，二次構造，機能特性などの比較から，MPは大きく30Kスーパーファミリー（トバモウイルス様MPスーパーファミリー），トリプルジーンブロック（TGB）ファミリー，ダブルジーンブロック（DGB）ファミリー，ティモウイルスMPファミリー，ポティウイルスMPファミリー，クイントプルジーンブロック（QGB）ファミリー（クロステロウイルスMPファミリー）などにグループ分けされている．

EJPP（European Journal of Plant Pathology）Springer社が欧州植物病理学機構（EFPP）と共同で刊行する植物病理学に関する国際専門誌．

ECL（enhanced chemiluminescence）増強化学発光．

異質倍数体（allopolyploid）異なるゲノムをもつ倍数体．

萎縮（stunt, dwarf）矮化ともいう．植物の葉，節間，草丈が矮小となる病徴．

異所性発現（ectopic expression）異所発現ともいう．遺伝子が本来の発現部位以外で発現すること．

異数体（heteroploid, aneuploid）染色体数がその種に固有の基本数の整数倍よりも1～数個多いか少ない細胞あるいは個体．

位相差顕微鏡（phase-contrast microscope）光が屈折率の異なる物質を通るときの干渉効果を利用した光学顕微鏡のひとつで，生細胞の観察に用いられる．

イソ酵素（isozyme）→アイソザイム

依存ウイルス（dependent virus）自身の媒介性を他のウイルス種に依存しているウイルス．

依存性媒介（dependent transmission）他のウイルス種に依存した媒介．

一塩基多型（single-nucleotide polymorphism：SNP）SNP（スニップ）と略称する．塩基配列中の一塩基の変異によって生じる多型．

一塩基変異（single-nucleotide mutation）塩基配列中の一塩基の変異．

位置クローニング（positional cloning）
→ポジショナルクローニング

位置効果（position effect）導入遺伝子のゲノム内での位置によって発現量が異なること．

一次ウイルス（first virus, protecting virus, interfering virus）防衛ウイルス，干渉ウイルスともいう．2種のウイルス間での干渉作用をそれぞれのウイルスの接種時期を変えて検定する場合に，最初に接種されるウイルス．

一次感染（first infection, primary infection）ある病原体による最初の個体あるいは細胞への感染．

一次構造（primary structure）タンパク質のアミノ酸配列や核酸の塩基配列など，多量体における単量体の線状の配列．

一次抗体(first antibody) 間接 ELISA 法，間接蛍光抗体法，免疫電子顕微鏡法などで最初に用いられる対抗原抗体．

一次細胞壁(primary cell wall) 細胞伸長中の植物細胞の細胞壁．

一次電子(primary electron) 電子顕微鏡で試料に入射する電子．

一次転写産物(primary transcript) 転写後修飾を受ける前の合成直後の転写産物．

一次伝染源(primary inoculum) 一次感染源ともいう．一次感染の原因となる病原体あるいはその媒体．

一次病徴(primary symptom) 感染初期に病原体の侵入部位周辺の組織に認められる局部病徴．

一次メッセンジャー(first messenger, primary messenger) → ファーストメッセンジャー

一代雑種育種(F1 hybrid breeding) 雑種強勢を示す雑種第 1 代(F1)を利用する育種法．

一段階プロトプラスト調製法(one-step protoplast preparation) 植物プロトプラスト調製法のひとつ．ペクチナーゼとセルラーゼを同時処理することによって植物組織から直接プロトプラストを単離する方法．

一段増殖曲線(one-step growth curve, single-step growth curve) 同調感染させた細胞内におけるウイルスの増殖曲線．暗黒期，合成期(増殖期)を経た後，定常期に至る．なお，合成期を対数増殖期ということもあるが，ウイルスは二分裂増殖ではないので必ずしも適確な表現ではない．→ 同調感染，暗黒期，合成期，定常期

一段増殖実験系(single-step growth system) ウイルスの同調感染実験系．→ 同調感染実験系

1-ナフタレン酢酸(1-naphthaleneacetic acid：NAA) NAA と略称する．合成オーキシンのひとつ．

一年生植物(annual plant, therophyte) 発芽後 1 年以内に生長，開花，結実，枯死する植物．

一倍体(haploid) → 半数体

一分子リアルタイム DNA シーケンシング(single molecule real time DNA sequencing：SMRT DNA sequencing, single molecule sequencing) 単一分子シーケンシングともいう．最新の DNA 塩基配列決定法のひとつで，ナノテクノロジーやエレクトロニクスを応用して，クローニングや PCR を要せずに，直接 DNA 1 分子を鋳型として DNA ポリメラーゼによる DNA 合成を行い，1 塩基ごとの反応を蛍光・発光あるいは水素イオンの放出や電荷の上昇などでリアルタイムに検出することにより，超高速で塩基配列を決定する方法．

一分節ゲノム(monopartite genome) → 単一ゲノム

萎凋(wilt) 植物が萎れる病徴．

一価染色体(univalent chromosome) 減数分裂で対合しない染色体．

一過的形質発現(transient expression) 導入された遺伝子が数時間から数日以内に一過的に発現すること．

一酸化窒素(nitric monooxide, nitric oxide：NO) 動植物の細胞間情報伝達に関わる気体のシグナル伝達物質のひとつ．

一酸化窒素シグナル伝達系(nitric oxide signaling pathway) 一酸化窒素(NO)を介した情報伝達系．

一般的抵抗性(general resistance) → 基礎的抵抗性

一本鎖 RNA(single-stranded RNA：ssRNA) 1 本のポリリボヌクレオチド鎖からなる RNA.

一本鎖 RNA ウイルス(single-stranded RNA virus：ssRNA virus) 一本鎖 RNA をゲノムとするウイルスで植物ウイルスでは種全体の約 64％を占める．そのゲノムが mRNA と同一の塩基配列をもつプラス(+)鎖か，これと相補的な塩基配列をもつマイナス(−)鎖かによって，プラス一本鎖 RNA ウイルスとマイナス一本鎖 RNA ウイルスに分けられる．植物ウイルスでは，一本鎖 RNA ウイルス全体の約 94％がプラス一本鎖 RNA ウイルス，約 6％がマイナス一本鎖 RNA ウイルスである．さらにプラス一本鎖 RNA ウイルスのうち，その約 4％はプラス一本鎖 RNA 逆転写ウイルスとしてウイルス様粒子を形成するレトロトランスポゾンであるシュードウイルス科(*Pseudoviridae*)やメタウイルス科(*Metaviridae*)のウイルスなどである．一本鎖 RNA ウイルスには，ゲノムが単一分子であるウイルスと分節した分子であるウイルスとがあり，大多数の一本鎖 RNA ウイルスはそのゲノムがウイルス由来の RNA 依存 RNA ポリメラーゼによって複製されるが，遺伝子の発現様式は，サブゲノム RNA や mRNA を経由するもの，ゲノム RNA からポリプロテインとして翻訳されるもの，複数種の粒子に分かれて存在している分節ゲノム RNA から翻訳されるものなど多様である．

一本鎖 RNA 逆転写ウイルス(single-stranded RNA reverse transcribing virus：ssRNA-RT virus) 正確にはプラス一本鎖 RNA 逆転写ウイルスともいう．プラス鎖の一本鎖 RNA をゲノムとし，その複製に逆転写過程を伴うウイルスで，レトロウイルスと通称される．一本鎖ゲノム RNA から逆転写された二本鎖 DNA を宿主ゲノムに組み込んでプロウイルスとなり，そこから転写されて一本鎖

ゲノム RNA が複製される．植物ウイルスではウイルス種全体の約 2％を占め，シュードウイルス科 (*Pseudoviridae*) やメタウイルス科 (*Metaviridae*) のウイルスがある．→レトロウイルス

一本鎖核酸 (single-stranded nucleic acid)　1 本のポリヌクレオチド鎖からなる DNA あるいは RNA．

一本鎖抗体 (single chain antibody)　抗体 (免疫グロブリン) の抗原結合部位である H 鎖と L 鎖の可変領域 (V 領域) のみをリンカーで結んで作製された一本鎖の組換え抗体断片．

一本鎖 DNA (single-stranded DNA：ssDNA)　1 本のポリデオキシリボヌクレオチド鎖からなる DNA．

一本鎖 DNA ウイルス (single-stranded DNA virus：ssDNA virus)　一本鎖 DNA をゲノムとするウイルスで植物ウイルスでは種全体の約 28％を占める．ゲノムが単一分子であるウイルスと分節した分子であるウイルスとがある．ほぼすべての一本鎖 DNA ウイルスのゲノムは環状で，ウイルス由来の複製補助タンパク質 (Rep) の介助で宿主の DNA 依存 DNA ポリメラーゼによってローリングサークル様式で複製される．遺伝子の発現様式には，ウイルスセンス鎖およびその複製過程の相補センス鎖の両方から mRNA 経由で発現するもの (プラス/マイナス一本鎖 DNA ウイルス)，ウイルスセンス鎖のみから mRNA 経由で発現するもの (マイナス一本鎖 DNA ウイルス)，ウイルスセンス鎖の相補鎖のみから mRNA 経由で発現するもの (プラス一本鎖 DNA ウイルス) とがある．植物ウイルスでは，いずれも環状の一本鎖 DNA をゲノムとし，プラス/マイナス鎖で 1～2 粒子 1～2 分節ゲノムのジェミニウイルス科 (*Geminiviridae*) および プラス鎖で 6～8 粒子 6～8 分節ゲノムのナノウイルス科 (*Nanoviridae*) の各ウイルスがある．マイナス一本鎖 DNA ウイルスはまだ報告されていない．

一本鎖 DNA 結合タンパク質 (single-stranded DNA binding protein：SSB protein)　一本鎖 DNA に結合して二本鎖 DNA の形成を防ぐタンパク質．

ETI (effector-triggered immunity)
→エフェクター誘導免疫

EtOH (ethanol)　エタノール，エチルアルコール．

EDTA (ethylenediaminetetraacetic acid)
→エチレンジアミン四酢酸

EtBr (ethidium bromide)　→エチジウムブロマイド

イテロン (iteron)　プラスミドやウイルス DNA 上で DNA 複製開始因子が結合する短い反復配列部位．ジェミニウイルス科 (*Geminiviridae*) ウイルスの Rep タンパク質やナノウイルス科 (*Nanoviridae*) ウイルスの M-Rep タンパク質はウイルス DNA 上のこの配列に結合する．

遺伝 (heredity)　遺伝情報の親から子への垂直伝授．

遺伝暗号 (genetic code)　遺伝コードともいう．タンパク質のアミノ酸配列を規定する核酸上の 3 塩基配列．

遺伝解析 (genetic analysis)　遺伝分析ともいう．ある表現形質に関与する遺伝子の解析．

遺伝学 (genetics)　生物の遺伝を研究する学問分野．

遺伝コード (genetic code)　→遺伝暗号

遺伝子 (gene)　核酸上の個別の遺伝情報を担う機能的・構造的単位．

遺伝子改変生物 (genetically modified organism：GMO)　→遺伝子組換え生物

遺伝子型 (genotype)　1 個の細胞または生物体の遺伝的構成．

遺伝子間配列 (intergenic sequence, intergenic region：IR, IGR, intergenic DNA, spacer region)　遺伝子間領域，遺伝子間 DNA，スペーサー領域ともいう．[1]遺伝子と遺伝子の間に存在する塩基配列．[2]ジェミニウイルス科 (*Geminiviridae*) ウイルスなどの DNA 上の非翻訳領域に認められる共通配列構造．ウイルスゲノムの複製開始点とウイルス鎖ならびに相補鎖のためのふたつのプロモーターを含む．

遺伝子間領域 (intergenic region：IR, IGR)
→遺伝子間配列

遺伝子組換え (genetic recombination)　遺伝的組換え，組換えともいう．[1]DNA，RNA あるいは染色体間で 2 つの分子がつなぎ換わる現象．[2]人工的に遺伝子の組換えを行う技術．→遺伝子工学

遺伝子組換え育種 (transgenic breeding)　分子育種ともいう．遺伝子組換え技術を利用した育種．

遺伝子組換え作物 (transgenic crop, genetically modified crop：GM crop)　→遺伝子組換え植物

遺伝子組換え実験 (genetic engineering experiment, recombinant DNA experiment)　組換え DNA 実験ともいう．組換え DNA 技術を用いる実験．わが国ではカルタヘナ法に基づいて，遺伝子組換え生物の実験あるいは使用がその拡散を防止しないで行う場合を第 1 種使用など，拡散を防止して行う場合を第 2 種使用などとして区別する．第二種使用などの場合は，実験に用いる宿主生物と核酸供与体 (核酸の由来となる生物) の種類に応じて危険度の低い順からクラス 1～4 の実験分類に区分され，区分に応じた生物学的および物理的拡散防止措置を施した上で，定められた機関の承認を得る必要がある．→生物学的封じ込め，物理的封じ

込め

遺伝子組換え食品(genetically modified food：GM food) 遺伝子組換え農作物とその加工食品および遺伝子組換え微生物を利用してつくられた食品添加物．

遺伝子組換え植物(transgenic plant, genetically modified plant：GM plant) 組換え植物，トランスジェニック植物，遺伝子導入植物，遺伝子改変植物，形質転換植物ともいう．植物が農作物である場合には，遺伝子組換え作物，組換え作物，遺伝子改変作物ともいう．遺伝子工学によって細胞や組織に外来遺伝子を導入し，形質転換した植物個体．実際の遺伝子組換え植物の作成とその実用化への工程の概要は，①目的遺伝子の探索・同定・単離，②遺伝子の改変，③植物用ベクターへの組込み，④植物細胞への遺伝子導入，⑤組換え植物細胞の選抜と植物体再分化，⑥組換え植物体の確認と発現解析，⑦組換えの効果と他形質への影響および遺伝的安定性の解析，⑧隔離圃場試験(生物多様性への影響などの検定)，⑨一般圃場試験，⑩品種登録・実用化となる．わが国においては，①～⑦の閉鎖系での実験はカルタヘナ法の二種使用許可，⑧～⑩の開放系での試験や利用は一種使用許可を得る必要があり，さらに食品および飼料についてはそれぞれの安全審査を経る．これまでに，害虫に対する細菌毒素遺伝子を導入した虫害抵抗性組換え植物，除草剤に対する耐性標的酵素遺伝子や不活化酵素遺伝子を導入した除草剤抵抗性組換え植物，その両方をかけ合わせたスタック系統などが実用化されて世界中で広く栽培されており，2013年時点での世界における各遺伝子組換え作物の総栽培面積に占める割合は，ダイズ79%，ワタ70%，トウモロコシ32%，ナタネ24%に達している．このほかにも，乾燥耐性イネ，鉄欠乏耐性イネ，塩耐性ユーカリなど各種のストレス耐性組換え植物，ビタミンA強化イネ，高オレイン酸ダイズなど栄養成分を改良した組換え植物，青いバラなど花色を改良した組換え植物などが開発されているが，病害抵抗性組換え植物は一部のウイルス病抵抗性組換え植物を除いてまだ実用化には至っていない．→病害抵抗性組換え植物，ウイルス病抵抗性組換え植物

遺伝子組換え生物(genetically modified organism：GMO, living modified organism：LMO, transgenic organism) 組換え生物，遺伝子改変生物，遺伝子導入生物ともいう．遺伝子工学によって細胞や組織に外来遺伝子を導入し，形質転換した生物．

遺伝子組換え微生物(genetically modified microorganism：GM microorganism, GM microbe) 遺伝子工学によって外来遺伝子を導入し，形質転換した微生物．酵素・試薬・医薬品などを産生する各種の組換え微生物が閉鎖系において広く産業利用されている．

遺伝子クラスター(gene cluster) 隣り合って存在する同一あるいは関連遺伝子の一群．

遺伝子クローニング(gene cloning) 分子クローニングともいう．特定の遺伝子のDNA配列を単離・増幅すること．

遺伝資源(genetic resource) 生物資源ともいう．現実の価値あるいは潜在的な価値を有する遺伝素材．

遺伝子源(gene source) [1]遺伝子レベルで利用可能な生物資源．[2]起源となる遺伝子．

遺伝子工学(genetic engineering, gene engineering, gene manipulation, genetic modification, recombinant DNA technology) 遺伝子操作，遺伝子組換え，遺伝子改変，組換えDNA技術ともいう．生物の遺伝子を人工的に加工し，組換えて利用する技術．

遺伝子座(locus) 遺伝子の染色体上の位置．

遺伝子再編成(gene rearrangement) 遺伝子再構成ともいう．ゲノム核酸分子内での組換え・再配列による遺伝情報の変換現象．分節ゲノムをもつウイルスにおいては，異種あるいは異系統間で分節ゲノムの組合せを換えることを指す．

遺伝子サイレンシング(gene silencing)
→ジーンサイレンシング

遺伝子産物(gene product) 遺伝情報に基づき，転写・翻訳されたRNAやタンパク質．

遺伝子ジャンクション(gene junction) ラブドウイルス科(*Rhabdoviridae*)やバリコサウイルス属(*Varicosavirus*)のウイルスなどのゲノムの遺伝子間領域．その中には，ポリ(U)・転写終結シグナル，非転写配列および隣接する下流の遺伝子の転写開始シグナルを含む約15塩基からなる共通保存配列が存在する．

遺伝子重複(gene duplication) 特定の遺伝子が細胞内で重複する現象．

遺伝子銃法(gene gun) →パーティクルガン法

遺伝子診断(gene diagnosis) 分子診断ともいう．ゲル電気泳動法，プローブ核酸を用いるハイブリダイゼーション，ポリメラーゼ連鎖反応(PCR)，逆転写ポリメラーゼ連鎖反応(RT-PCR)，LAMP法および部分塩基配列決定法などによって，特定の遺伝子を直接検出・解析して病気を診断すること．

遺伝子スイッチ (genetic switch) 特定の短い DNA 配列とそれを認識して結合する転写因子によって構成される遺伝子発現のオン-オフ制御機構.

遺伝子制御 (gene control, gene regulation) 遺伝子調節ともいう．遺伝子発現の調節．

遺伝子制御領域 (gene control region, gene regulation region) 遺伝子調節領域ともいう．特定の遺伝子と同一の核酸上にあり，その遺伝子発現を調節する領域．

遺伝子操作 (gene manipulation) →遺伝子工学

遺伝子増幅 (gene amplification) 特定の遺伝子が細胞内で増幅して，反復遺伝子を生じる現象．

遺伝子対遺伝子説 (gene-for-gene theory) 植物の品種特異的な抵抗性の発現は病原体の非病原性遺伝子 (Avr) と宿主植物の真性抵抗性遺伝子 (R) との組合せによって決定されるとする説．→非病原性遺伝子, 真性抵抗性遺伝子

遺伝子タギング (gene tagging) 遺伝子標識法ともいう．ゲノム上の遺伝子に既知の DNA 断片を標識 (tag) として挿入し，これによって変異した表現型に関わる遺伝子を単離・同定する方法．

遺伝子ターゲッティング (gene targeting: GT) ジーンターゲッティングともいう．遺伝子工学による細胞内での相同組換えを介して特定の遺伝子だけに変異を導入すること．

遺伝子地図 (genetic map) 遺伝地図ともいう．染色体上の遺伝子の配置順序を示す図．

遺伝子地図作成 (gene mapping) 遺伝地図作成ともいう．染色体上の特定の遺伝子の配列や遺伝子同士の相対的距離を決定して図示すること．

遺伝子調節 (gene regulation) →遺伝子制御

遺伝子調節領域 (gene control region, gene regulation region) →遺伝子制御領域

遺伝子導入 (gene transfer) 形質転換とほぼ同義．遺伝子工学によって細胞の中に特定の遺伝子を導入すること．遺伝子導入法には，ベクターを用いる方法と，ベクターを用いずに直接細胞内に導入する方法 (直接遺伝子導入法) とがある．植物への遺伝子導入の場合は，前者では根頭がん腫病菌 (Agrobacterium tumefaciens) の Ti プラスミドや RNA ウイルスを介する方法などが，後者ではパーティクルガン法やプロトプラストへのエレクトロポレーション法などがある．

遺伝子導入生物 (transgenic organism)
　→遺伝子組換え生物

遺伝子導入ベクター (gene transfer vector, genetic vector) 遺伝子ベクターともいう．遺伝子導入のためのベクター．細菌への遺伝子導入にはプラスミドやファージが，植物への遺伝子導入には Ti プラスミドや植物ウイルスがベクターとして用いられる．

遺伝子ノックアウト (gene knockout) ノックアウトともいう．遺伝子破壊と同義．特定の遺伝子を相同組換えなどによって破壊して機能的欠損を起こすこと．

遺伝子ノックイン (gene knockin) ノックインともいう．特定の外来遺伝子を部位特異的に導入して発現させること．

遺伝子ノックダウン (gene knockdown) ノックダウン, siRNA ノックダウンともいう．特定の遺伝子の発現を遺伝子サイレンシングによって抑制すること．

遺伝子破壊 (gene disruption)
　→遺伝子ノックアウト

遺伝子破壊系統 (knock-out lines, gene disruption lines) トランスポゾンや T-DNA が特定の遺伝子に挿入されることでその遺伝子の機能が喪失あるいは低下した系統．

遺伝子発現 (gene expression) 形質発現ともいう．遺伝子によって決定される形質が転写・翻訳過程を経て表現型として現れること．単に転写・翻訳過程のみを指す場合もある．

遺伝子発現地図 (expression map, gene expression map) 発現地図ともいう．発現している遺伝子の位置を染色体上に図示した地図．

遺伝子発現プロファイル (gene expression profile) 発現プロファイルともいう．DNA マイクロアレイ解析などで得られる各種条件下における遺伝子発現の網羅的パターン．→DNA マイクロアレイ

遺伝子バンク (gene bank) ジーンバンク, 遺伝子銀行ともいう．遺伝資源の保存施設．各種生物やそれらの細胞あるいは遺伝子の収集，評価，保存，配布を行う．

遺伝子標識法 (gene tagging) →遺伝子タギング

遺伝子ファミリー (gene family) 共通の先祖遺伝子から重複や変異によって生じた複数の遺伝子群．このうち，相互の類似性が高いものは多重遺伝子族とよぶ．

遺伝子ブロック (gene block) [1]遺伝子群, 遺伝子域. [2]植物ウイルスゲノム上のモジュール．
　→モジュール

遺伝子融合 (gene fusion) 2 つの異なる遺伝子が組換えにより融合すること．

遺伝子制御 (geno silencing) →ジーンサイレンシング

遺伝子ライブラリー (gene library) DNA ライブラ

リーともいう．単一の生物種の全ゲノム DNA 断片あるいは全 mRNA の cDNA を含む組換え体の集合体．前者をゲノム DNA ライブラリー，後者を cDNA ライブラリーとよぶ．

遺伝子流動 (gene flow) 遺伝子交流，遺伝子拡散ともいう．異なる地域の生物集団間に起こる遺伝子の交換．

遺伝子量 (gene dosage) ゲノム中に含まれる同一遺伝子の数．

遺伝子量効果 (gene dosage effect) 特定の遺伝子のコピー数の増加に対応した生成産物の増減とその生体への影響．

遺伝地図 (genetic map) →遺伝子地図

遺伝的異常 (genetic abnormality, genetic disorder) 遺伝子の異常による表現型の変化．

遺伝的組換え (genetic recombination) →組換え

遺伝的再集合 (genetic reassortment)
→再編成，シュードリコンビネーション

遺伝的刷込み (genomic imprinting)
→ゲノムインプリンティング

遺伝的多型 (genetic polymorphism) 同一種内の個体間で特定の遺伝的形質について多様性が存在する現象．

遺伝的多様性 (genetic diversity) 同一種内での遺伝子の多様性．

遺伝的斑入り (genetic variegation) 植物組織において核遺伝子，色素体遺伝子またはトランスポゾンによって支配される斑入り．

遺伝的浮動 (genetic drift) 集団の遺伝子頻度が自然淘汰とは無関係に変化する現象．

遺伝マーカー (genetic marker) 遺伝学的解析で標識として用いられる遺伝子．容易に検出可能な形質マーカーまたは DNA マーカーが用いられる．

糸状ウイルス (filamentous virus)
→ひも状ウイルス

糸葉 (filiformy, shoestring) 葉身が葉脈を残して未発達なために糸状となる病徴．

イニシエーター (initiator) 真核生物でプロモーター領域に TATA ボックスを欠く遺伝子に存在する転写開始配列．

EBI (European Bioinformatics Institute)
→欧州バイオインフォマティクス研究所

EPRVs (endogenous pararetroviral sequence)
→内在性パラレトロウイルス配列

EPPO (European and Mediterranean Plant Protection Organization) 欧州・地中海植物保護機構．

E 部位 (exit site：E site) 伸長中のポリペプチド鎖を次のアミノアシル tRNA に渡した tRNA が結合し，やがて遊離するリボソーム上の部位．

イムノキャプチャー PCR (immunocapture PCR：IC-PCR) ウイルスの高感度検出法のひとつ．抗ウイルス抗体を用いてウイルス粒子を捕捉・濃縮した試料から直接核酸を抽出して PCR を行うことによってウイルスを検出する技法．

イムノグロブリン (immunoglobulin：Ig)
→免疫グロブリン

イムノクロマトグラフィー (immunochromatography) イムノクロマト法，免疫クロマトグラフィーともいう．ろ紙あるいはセルロース膜を担体として，抗原ならびに金コロイド，色素あるいは着色ラテックスなどで標識した抗体とを毛細管現象によって展開し，予め担体上の中ほどの位置に固定化してある捕捉抗体との間で形成される免疫複合体の集積を目視で確認する迅速・簡便な測定方法．

イムノストリップ法 (immunostrip test) ろ紙を担体としたイムノクロマトグラフィーのひとつ．
→イムノクロマトグラフィー

イムノソルベント電子顕微鏡法 (immunosorbent electron microscopy：ISEM) 免疫電子顕微鏡法のひとつ．トラップデコレーション法などのように予め抗体を付着させた支持膜上に抗原を捕捉して電子顕微鏡観察する技法の総称．

イムノティッシュープリンティング (immuno-tissue printing) 免疫ティッシュープリンティングともいう．→ティッシュープリンティング

イムノブロット法 (immunoblotting)
→ウェスタンブロット法

異名 (synonym) シノニムともいう．生物の分類において同一のタクソンに与えられた複数の異なる学名．ウイルスの分類においては，正式の学名が確定される以前に用いられていたウイルス名を指し，正式の名称としては用いない．

インキュベーター (incubator) →恒温器

陰極 (cathode) カソードともいう．電子顕微鏡の電子銃の構成要素のひとつで，陽極より低い電圧で電子を放出する電極．タングステンフィラメントやランタンヘキサボライド (LaB_6) フィラメントが多く用いられる．

飲作用 (pinocytosis) →ピノサイトーシス

in situ (インシトゥ) 原位置で，現場で．生物学では生体内の本来の場所での意．

インシトゥハイブリダイゼーション (*in situ* hybridization：ISH) インサイチュハイブリゼーションともいう．標識核酸プローブとのハイブリダイゼーションによって，組織，細胞あるいは染色体中の

特定の DNA あるいは RNA の位置や局在を検出する方法．

飲食作用（endocytosis）→エンドサイトーシス

陰性染色法（negative staining）
→ネガティブ染色法

インターカレーション（intercalation）分子または分子集団が他の 2 つの分子または分子集団の間に入り込む反応．二本鎖核酸の場合は，エチジウムブロマイド，アクリジン色素，アクチノマイシン D などの核酸結合試薬が核酸のらせん構造の塩基対間に挿入された状態をいう．

インターナルイニシエーション（internal initiation）［1］内部翻訳開始機構．リボソームがキャップ構造に依存せず，mRNA 鎖の内部の特定の部位（IRES：リボソーム内部進入部位）に直接結合して翻訳を開始する機構．［2］ウイルスのプラス鎖ゲノム RNA から合成された完全長マイナス鎖 RNA 上のサブゲノムプロモーターから，サブゲノム RNA が転写される機構．

インターナルリボソームエントリーサイト（internal ribosome entry site：IRES）
→リボソーム内部進入部位

Intervirology Karger 社が刊行するウイルス学の国際専門誌．

インターフェロン（interferon：INF）動物細胞が産生する抗ウイルス性タンパク質．

インタラクトーム（interactome）細胞における生体分子間相互作用の総体．

インテグラーゼ（integrase：IN）1 分子の DNA を他の DNA 分子に部位特異的に挿入する反応を触媒する酵素．ウイルスのゲノム DNA やゲノム RNA の逆転写 DNA を宿主の染色体 DNA に組込む反応も触媒する．

インテグラント（integrant）→組込み体

インテグリン（integrin）細胞と細胞外マトリックスあるいは細胞と細胞の間の接着因子．

インテグレーション（integration）→組込み

インデューサー（inducer）誘導因子，誘導物質ともいう．転写調節因子に結合して遺伝子の転写を誘導する因子．

インドール-3-酢酸（indol-3-acetic acid：IAA）IAA と略称する．天然オーキシンのひとつ．

イントロン（intron）介在配列ともいう．真核生物の遺伝子の中に分断されて存在する非コード領域．転写の過程で RNA スプライシングにより mRNA から除去される．→エキソン，RNA スプライシング

イントロンヘアピン RNA（intron hairpin RNA：ihpRNA）イントロン配列を利用した短鎖ヘアピン RNA．→短鎖ヘアピン RNA

インバジネーション（invagination）→陥入

in vitro（インビトロ）試験管内で，無細胞系で．

インビトロ感染性トランスクリプト（*in vitro* infectious transcript）インビトロ感染性転写物ともいう．インビトロ転写系で転写された感染性 RNA．

インビトロ構築系（*in vitro* assembly system, *in vitro* reconstruction system, cell-free assembly system）インビトロ再構成系，試験管内再構成系，試験管内構築系，無細胞構築系ともいう．試験管内でウイルスの粒子やウイルス RNA 複製酵素（RdRp）などをそれらの構成成分の集合によって活性のある粒子や酵素として構築する実験系．本来の粒子や酵素をその構成成分に分けて再構築する場合と，試験管内で合成した各構成成分を組合せて新たに構築する場合とがある．前者ではタバコモザイクウイルス（TMV）の粒子などの例が，後者ではトマトブッシースタントウイルス（TBSV）の RNA 依存 RNA ポリメラーゼ（RdRp）などの例がある．これらの構築反応は物理化学的反応で酵素反応を必要としない．

インビトロ再構成（*in vitro* reconstruction）試験管内再構成ともいう．インビトロ構築系によってウイルス粒子をそれらの構成成分から再構築すること．→インビトロ構築系

インビトロ転写系（*in vitro* transcription system, cell-free transcription system）試験管内転写系，無細胞転写系ともいう．バクテリオファージの T7 転写プロモーターなどを上流につないだ鋳型 DNA から RNA ポリメラーゼを用いて無細胞系で転写を行う実験系．

インビトロ転写産物（*in vitro* transcript）インビトロトランスクリプト，試験管内転写産物ともいう．インビトロ転写系で転写された RNA．

インビトロ転写翻訳共役系（*in vitro* coupled transcription/translation system）→インビトロ発現系

インビトロ突然変異誘発（*in vitro* mutagenesis）試験管内突然変異誘発ともいう．試験管内で DNA に変異を導入すること．キメラ遺伝子の作製，部位特異的突然変異導入，ランダム突然変異導入などの方法がある．→部位特異的突然変異導入，ランダム突然変異導入

インビトロトランスクリプト（*in vitro* transcript）
→インビトロ転写産物

インビトロパッケージング（*in vitro* packaging）試験管内パッケージングともいう．試験管内でファージ由来の DNA をファージ構造タンパク質

と会合させて感染性ファージ粒子を再構成する方法．λファージベクターによる遺伝子ライブラリーの構築や保存に広く利用される．

インビトロ発現系（*in vitro* expression system, cell-free expression system）インビトロ転写翻訳共役系，試験管内発現系，無細胞発現系ともいう．PCR，インビトロ転写系，インビトロ翻訳系を組合せて無細胞系で連続的に転写・翻訳を行う実験系．

インビトロ複製系（*in vitro* replication system, cell-free replication system）試験管内複製系，無細胞複製系ともいう．感染組織から抽出・部分精製したウイルスRNA複製酵素あるいはその複合体を用いて無細胞系でウイルスRNAの複製を行う実験系．

インビトロ翻訳共役複製系（*in vitro* translation-coupled replication system, cell-free translation-coupled replication system）試験管内翻訳共役複製系，無細胞翻訳共役複製系ともいう．タバコ培養細胞BY-2株の脱液胞化プロトプラスト抽出液（BYL）や酵母抽出液などを用いて無細胞系でウイルスRNAの翻訳と複製を連続的に行う実験系．

インビトロ翻訳系（*in vitro* translation system, cell-free translation system, cell-free protein synthesis system）試験管内翻訳系，無細胞翻訳系，無細胞タンパク質合成系ともいう．コムギ胚芽抽出液やウサギ網状赤血球抽出液などを用いて無細胞系で翻訳を行う実験系．

in vivo（インビボ）生体内で．

in planta（インプランタ）植物体内で．

ウ

WIPK（ウィップケー：wound-induced protein kinase）→傷害誘導性プロテインキナーゼ

ウイルス（virus：V）バイラスとも通称する．ウイルスは，一般には，ゲノム核酸とそれを包む外被タンパク質を基本構造とし，細胞構造を欠く微小な感染性粒子と定義されるが，現在では，外被タンパク質を欠くウイロイドやRNAプラスミドのエンドルナウイルス科（*Endornaviridae*）のウイルス，あるいはレトロトランスポゾンでウイルス様粒子を形成するシュードウイルス科（*Pseudoviridae*）およびメタウイルス科（*Metaviridae*）のウイルスなどもウイルスの範疇に含まれる．ICTV分類リスト（2014）には，7目，104科，23亜科，505属，3,186種のウイルス・ウイロイドが記載されている．そのうち，植物ウイルスは約40％，菌類および藻類ウイルスは約5％，無脊椎動物ウイルスは約11％，脊椎動物ウイルスは約35％，細菌および古細菌ウイルスは約7％，原生動物ウイルスは約1％ずつを占める．ウイルスはそのゲノム核酸の種類によって大きくDNAウイルスとRNAウイルスとに分けられるが，いずれも自己増殖能を欠き，宿主細胞の代謝系を利用して複製・増殖する．

ウイルス（Virus）日本ウイルス学会の和文学会誌．

ウイルスRNA（viral RNA, virus RNA：vRNA）ウイルスのゲノムRNAあるいはウイルスゲノム由来のRNA．

ウイルスRNA依存RNAポリメラーゼ（viral RNA dependent RNA polymerase：viral RdRp）
→RNAレプリカーゼ

ウイルスRNA複製酵素（viral RNA replicase, viral RNA dependent RNA polymerase：viral RdRp）
→RNAレプリカーゼ

ウイルスRNA複製酵素複合体（viral RNA replicase complex, viral RNA dependent RNA polymerase complex, viral RdRp complex）ウイルス由来のRNA複製酵素（RdRp）と数種の宿主タンパク質とが会合して完全な酵素活性を示す複合体．

ウイルス移行複合体（virus movement complex：VMC）植物RNAウイルスに感染した細胞の細胞質内に形成される不整形の封入体で，ウイルスRNA移行のための複合体と考えられている．ウイルスのRNA, RNA複製酵素（RdRp），移行タンパク質（MP），数種の宿主因子などを含む小胞体膜（あるいは他の細胞内膜）で構成されており，ウイルス複製複合体（VRC）と酷似しているが，両者の異同は明らかではない．しかし，タバコモザイクウイルス（TMV）では，ウイルス複製複合体それ自体がプラズモデスマータとつながる小胞体膜と融合して隣接細胞に移行するという仮説が提案されている．→ウイルス複製複合体

ウイルス依存核酸（virus-dependent nucleic acids）
→サテライト核酸

ウイルス−ウイルス間相互作用（virus-virus interaction）ウイルスの異種間あるいは異系統間の相互作用．干渉作用，相乗作用，組換え，ヘテロエンキャプシデーション，ジーンサイレンシングなどがある．

ウイルスエンベロープ（viral envelope）
→エンベロープ

ウイルス学（virology）ウイルスに関する学問分野．

ウイルス核酸（viral nucleic acid）ウイルスゲノムを構成するDNAあるいはRNA．

ウイルス学実験法（methods in virology, virological

methods）ウイルス実験法ともいう．ウイルス学の研究やウイルス病の診断・予防・治療のための実験法．

ウイルス感染力価（virus infective titer, infectious virus titer）→ウイルス力価

ウイルス感染実験系（virus infection system）ウイルスの感染・増殖過程とその機構を解析するための実験系．生体レベル，細胞レベル，無細胞レベルでの各実験系があり，解析の目的に応じて用いられる．→植物ウイルスの感染実験系

ウイルス関連分子パターン（viral pathogen-associated molecular patterns, virus-associated molecular patterns：VAMPs）VAMPsと略記する．宿主あるいは非宿主に対する非特異的エリシターとして働き，宿主の基礎的抵抗性反応の発現を誘導する病原ウイルス由来の外被タンパク質などゲノム核酸以外の粒子構成成分．

ウイルスキャプシド（virus capsid）→キャプシド

ウイルス結晶（virus crystal）ウイルス粒子の結晶．

ウイルスゲノム（virus genome, viral genome）ウイルスの全遺伝情報．

ウイルスゲノム複製装置（virus genome replication machinery）ウイルス複製装置ともいう．ウイルスゲノム複製のためのウイルス由来および宿主由来の分子から構成される複製酵素複合体．

ウイルス圏（virosphere）ウイルスが存在し，その影響を受ける範囲．

ウイルス源（virus source）ウイルスの接種源．

ウイルス構造タンパク質（viral structural protein, virion protein）ウイルス粒子を構成する外被タンパク質などのウイルス由来タンパク質．

ウイルスコード番号（virus decimal code）
ICTVdBで採用されているウイルスの識別コード番号．目，科，亜科，属，種の分類階級順に，##.###.#.##.###. のようにピリオドで区切った数字で示し，タイプ種は ##.###.#.##.001. とする．

ウイルス鎖（viral-sense strand, virion-sense strand）→ウイルスセンス鎖

ウイルスサイレンシングサプレッサー（viral suppressor of RNA silencing：VSR）
→RNAサイレンジンクサプレッサー

ウイルス殺虫剤（virus insecticide）昆虫ウイルスを利用した殺虫性生物農薬．わが国ではチャハマキ顆粒病ウイルス（HomaGV），リンゴコカクモンハマキ顆粒病ウイルス（AdorGV）などが実用化されている．

ウイルス–宿主相互作用（virus-host interaction）ウイルスと宿主との相互作用．

ウイルス受容体（viral receptor）ウイルスレセプターともいう．ウイルス粒子と特異的に結合し，侵入および脱外被の反応を誘起する細胞成分．植物ウイルスの場合にはこのような細胞成分は認められていない．

ウイルス進化（viral evolution, virus evolution, virolution）ウイルスの進化．

ウイルス親和性（viral tropism）ウイルスの種類に応じて増殖可能な細胞の種類が特定されていること．

ウイルスセンス鎖（viral-sense strand, virion-sense strand）ウイルス鎖，ビリオンセンス鎖ともいう．ウイルス粒子に含まれる一本鎖核酸ゲノムの塩基配列と同一の配列．特に一本鎖DNAウイルスやマイナス一本鎖RNAウイルスなどで用いる用語．

ウイルス阻害剤（virus inhibitor）
→抗ウイルス剤，ウイルス不活化剤

ウイルスタンパク質（viral protein）ウイルスゲノム由来のタンパク質．

ウイルス DNA（viral DNA, virus DNA：vDNA）
ウイルスのゲノム DNA.

ウイルス抵抗性（virus resistance）ウイルスに対する宿主の抵抗性．植物のウイルス抵抗性には，主に次の4つのタイプがある．①非宿主抵抗性：非感受性ともいう．ウイルスが植物にまったく感染しない．その多くはウイルスの複製・翻訳に必要な特異的な宿主成分が本来欠落しているか，一部構造に違いがあるか，あるいは変異していることによるが，宿主のRNAサイレンシング作用やその他のウイルス複製・翻訳阻害因子の働きによる場合もある．②サブリミナル感染：ウイルスは第一次感染細胞内では増殖するが，隣接細胞に移行できない．その多くはウイルスの細胞間移行に必要な特異的な宿主成分が本来欠落しているか，一部構造に違いがあるか，あるいは変異していることによるが，宿主のウイルス細胞間移行阻害因子の働きによる場合もある．③局在化：ウイルスが感染してもウイルスの種や系統に対応した特異的な過敏感反応によって感染部の周辺に局在化され全身に広がらない．この抵抗性はウイルスに対する植物の真性抵抗性遺伝子（R遺伝子）の働きと周辺組織における強力なRNAサイレンシング作用による．過敏感反応を伴わずにウイルスが局在化する場合もあるが，これはウイルスの長距離移行に必要な特異的な宿主成分が本来欠落しているか，一部構造に違いがあるか，あるいは変異していることによる．宿主のウイルス長距離移行阻害因子の働きによる場合もある．④耐性：耐病性と

もいう．ウイルスは感染して全身に広がるが病徴をほとんど生じない．これを潜在感染という．その多くは宿主に対するウイルスの病原性が本来きわめて弱いか，あるいはウイルスに対する宿主のRNAサイレンシング作用などによる．→ウイルス抵抗性遺伝子，植物-ウイルス間分子応答，宿主因子．

ウイルス抵抗性遺伝子（virus resistance gene）
ウイルスに対する植物の抵抗性遺伝子．これらには，非宿主抵抗性に関わる遺伝子，ウイルスの種や系統に特異的な過敏感反応に関わる遺伝子，細胞間移行阻害に関わる遺伝子，長距離移行阻害に関わる遺伝子，耐病性に関わる遺伝子などが含まれる．

非宿主抵抗性に関わる遺伝子としては，トマトモザイクウイルス（ToMV）に対するトマトの *Tm-1* 遺伝子，ジャガイモXウイルス（PVX）に対するジャガイモの *Rx1*, *Rx2* 遺伝子，ポテックスウイルス属（*Potexvirus*）ウイルスに対するシロイヌナズナの *JAX1* 遺伝子，いずれもポティウイルス属（*Potyvirus*）ウイルスに対するトウガラシ属（*Capsicum*）植物の *pvr1*，エンドウの *sbm1*，トマトの *pot-1*，レタスの *mo1*，メロンえそ斑点ウイルス（MNSV）に対する *nsv* などの遺伝子がある．このうち *Tm-1* 遺伝子産物は ToMV の RNA 依存 RNA ポリメラーゼ（RdRp）と相互作用することによってウイルスRNAの複製を阻害する．*Rx1*, *Rx2* 遺伝子産物は CC-NBS-LRR タンパク質でいずれもウイルスRNAの複製を阻害する．*JAX1* 遺伝子産物はジャカリン様レクチンで，同じくウイルスRNAの複製を阻害する．また，*pvr1* 以下の遺伝子はいずれも劣性抵抗性遺伝子で翻訳開始因子 eIF4E あるいは eIF(iso)4E の劣性対立遺伝子上に変異があり，劣性ホモの植物個体においてウイルスRNAの翻訳あるいは複製を阻害する．

ウイルスの種や系統に特異的な過敏感反応に関わる遺伝子（真性抵抗性遺伝子：*R* 遺伝子）としては，タバコモザイクウイルス（TMV）および ToMV に対するタバコの *N*, *N'* 遺伝子，ToMV に対するトマトの *Tm-2*, *Tm-2²* 遺伝子，トバモウイルス属（*Tobamovirus*）ウイルスに対するトウガラシ属植物の L 遺伝子群（L^1-L^4），トスポウイルス属（*Tospovirus*）ウイルスに対するトマトの *Sw-5* 遺伝子，PVX に対するジャガイモの *Nb*, *Nx* 遺伝子，キュウリモザイクウイルス（CMV）に対するシロイヌナズナの *RCY1* 遺伝子，インゲンマメモザイクウイルス（BCMV）に対するインゲンマメの *I* 遺伝子，*Turnip crinkle virus*（TCV）に対するシロイヌナズナの *HRT* 遺伝子などがあり，その多くは NBS-LRR タンパク質をコードしている．これらの *R* 遺伝子産物がウイルス由来のタンパク質を特異的エリシターとして直接的あるいは間接的に感知して，以後の過敏感反応を誘導する．

細胞間移行阻害に関わる遺伝子としては，CMV に対するシロイヌナズナの *cum1*, *cum2* 遺伝子，*Tobacco vein mottling virus*（TVMV）やジャガイモYウイルス（PVY）に対するタバコの *va* 遺伝子などがあるが，そのうち *cum1*, *cum2* 遺伝子はそれぞれ翻訳開始因子 eIF4E，eIF4G の劣性変異遺伝子で，その産物が感染細胞における移行タンパク質（MP）の翻訳を特異的に阻害することによって結果的にウイルスの細胞間移行が阻止されることが明らかにされている．

長距離移行阻害に関わる遺伝子としては *Tobacco etch virus*（TEV）に対するシロイヌナズナの *RTM1*, *RTM2* 遺伝子などが知られているが，この場合 *RTM1* はジャカリン様レクチン，*RTM2* は低分子熱ショック様タンパク質をコードしており，ともに篩部での局在発現が認められている．

耐病性に関わる遺伝子としては，ウイルス感染に対する植物の普遍的な抵抗性反応である RNA サイレンシングに関わる宿主 RNA 依存 RNA ポリメラーゼ（RDR），ダイサー，RNA 誘導サイレンシング複合体（RISC）の構成タンパク質などの遺伝子があげられる．→ウイルス抵抗性，宿主因子

ウイルス二本鎖 RNA 検出法（detection of viral dsRNA）植物ウイルス病診断法のひとつ．健全植物には，通常，高分子の二本鎖 RNA は存在しないが，RNA ウイルス感染植物では，二本鎖 RNA ウイルスであればそのゲノム RNA が，一本鎖 RNA ウイルスであればその複製中間体の二本鎖 RNA が存在するので，CF-11 セルロースカラムクロマトグラフィーやポリアクリルアミド電気泳動（PAGE）などによってそれらの特異的二本鎖 RNA を検出・精製することができる．ウイルス種の同定のためには，続いて標識核酸プローブを用いたノーザンハイブリダイゼーションや RT-PCR による cDNA への変換後に塩基配列の解析を行う必要がある．

ウイルスの移行（movement of viruses）
→植物ウイルスの移行

ウイルスの遺伝子発現（expression of virus gene）
→植物ウイルスの遺伝子発現

ウイルス農薬（viral pesticide）農作物の病害虫の生物防除のためにウイルスを活性を保ったままの状態で製品化した農薬．弱毒ウイルスやウイルス殺

虫剤などがある．→弱毒ウイルス，ウイルス殺虫剤

ウイルスの感染（infection of viruses）
　→植物ウイルスの感染

ウイルスの感染過程（infection process of viruses, virus life cycle）ウイルスの生活環ともいう．
　→植物ウイルスの感染過程

ウイルスの起源（origin of viruses）ウイルスの起源については，細胞生物が出現する以前の原始RNAを起源とするという仮説と，細胞生物が出現した以後に細胞のトランスポゾンなど一部の遺伝子が退行進化して生じたという仮説の2説がある．

ウイルスの形態（morphology of viruses）ウイルスには種によって被膜で覆われたものと被膜をもたないものとがあるが，その基本的形態には，球状，正二十面体状，双球状，桿菌状，らせん状，精虫状などの各種がある．その大きさは，最大で径 0.5 μm×長さ 1 μm（パンドラウイルス），最小で径 17 nm（タバコえそサテライトウイルスなど）と多様である．→植物ウイルスの粒子構造

ウイルスの構造（structure of viruses）
　→植物ウイルスの構造

ウイルスの宿主範囲（host range of viruses）
　→植物ウイルスの宿主範囲

ウイルスの純度（virus purity）ウイルス成分の精製試料中に占める割合．

ウイルスの進化（evolution of viruses）ウイルスはその原始の発生段階や宿主間の水平移動あるいは宿主との共進化の過程で共通の祖先から次第に進化したと考えられるが，その進化の原動力は，主に，①ゲノムの塩基の変異，②DNAゲノムあるいはRNAゲノムの組換え，③分節ゲノムの再編成などによる．①は紫外線などによる自然突然変異に加えて，特にRNAウイルスや逆転写ウイルスではウイルスRNA依存RNAポリメラーゼ（RdRp）あるいは逆転写酵素（RT）などの読み違い（コピーエラー）による場合が多い．②は異種ウイルス間の組換えや宿主遺伝子との組換えによって新たなウイルス種の分化につながる．③は分節ゲノムの構成がウイルス間で入れ換わることによる．現在，プラス一本鎖RNAウイルスはRdRpのアミノ酸配列の相同性に基づいて，ピコルナ様スーパーグループ，アルファ様スーパーグループ，カルモ様スーパーグループの3つの大分類グループに分けられているが，これらは共通の祖先から上記の機構によって進化し，さらに各グループ内の種へと細分化して行った結果を反映していると推定される．昆虫体内でも増殖する植物ウイルスは，本来は昆虫ウイルスであり，それが進化して植物にも宿主範囲を広げたものと考えられている．ちなみに，DNAはリボザイムあるいはRNAウイルスのRdRpが変異して逆転写活性をもつようになったことでRNAから派生したという仮説もあり，実際に逆転写活性とDNA依存DNA合成活性を合わせもつ逆転写酵素も存在する．なお，ウイルスの種はまったく同一の分子から構成されているのではなく，多くの変異分子を含んだ集団であり，これによってウイルスの適応進化がはかられている．こうした種を準種とよぶ．

ウイルスの精製（purification of viruses）
　→植物ウイルスの精製

ウイルスの接種（inoculation of viruses）
　→植物ウイルスの接種

ウイルスの増殖（multiplication of viruses）
　→植物ウイルスの増殖

ウイルスの定量（quantitation of viruses）
　→植物ウイルスの定量

ウイルスの伝染（transmission of viruses）
　→植物ウイルスの伝染

ウイルスの同定（virus identification）ウイルスの分類上の所属や種名を決定すること．→植物ウイルス病の診断

ウイルスの複製（replication of viruses）
　→植物ウイルスの複製

ウイルスの分類（classification of viruses）
　→植物ウイルスの分類

ウイルスの保存（preservation of viruses）
　→植物ウイルスの保存

ウイルスの命名（nomenclature of viruses）
　→植物ウイルスの命名

ウイルスの粒子構造（structure of virus particles）
　→植物ウイルスの粒子構造

ウイルスの粒子構築（virus assembly, virion assembly, virion formation）ウイルスの粒子形成ともいう．エンキャプシデーションとほぼ同義．新たに合成されたウイルスのゲノム核酸と構造タンパク質との分子会合によって完全なウイルス粒子が構築される過程．この過程は純粋な物理化学的反応であり，酵素による生化学的反応は関与しない．
　→植物ウイルスの粒子構築

ウイルスハンター（virus hunter）新種のウイルス病の病原ウイルスを探求する研究者．

ウイルス病（virus disease, virosis）[1]ウイルスによる病気．[2]植物ウイルス学分野ではモザイク病と並んで各種植物のウイルス病の正式な病名のひとつとしてよく用いられる．その病原として複

数種のウイルスがある場合も多い.

ウイルス病抵抗性組換え植物(virus disease-resistant transgenic plant) 遺伝子組換えによってウイルス病抵抗性を付与あるいは増強した植物. 他種の植物の真性抵抗性遺伝子を導入した組換え植物や植物ウイルスゲノムの一部を組込むことによって宿主植物のRNAサイレンシング機構を増強した組換え植物などが数多く開発され, すでに海外ではパパイア輪点ウイルス(PRSV)抵抗性組換えパパイア, スイカモザイクウイルス(WMV)/ズッキーニ黄斑モザイクウイルス(ZYMV)/キュウリモザイクウイルス(CMV)の3種ウイルス抵抗性組換えズッキーニなど, その一部が実用化されている. わが国で独自に開発されたものには, いずれもウイルスゲノムの一部を組込んだCMV抵抗性組換えメロン, イネ萎縮病抵抗性組換えイネ, イネ縞葉枯病抵抗性組換えイネなどがあるが, 未だ実用化には至っていない.

ウイルス病抵抗性品種(virus disease-resistant cultivar) ウイルスに抵抗性を示す植物品種. わが国ではイネ縞葉枯ウイルス(RSV), オオムギ縞萎縮ウイルス(BaYMV), ダイズモザイクウイルス(SMV), トマトモザイクウイルス(ToMV), トウガラシマイルドモットルウイルス(PMMoV)などに対するそれぞれの抵抗性作物品種が育種され, 実用に供されている.

ウイルス病の診断(diagnosis of virus diseases)
→植物ウイルス病の診断

ウイルス病の病徴(symptoms of virus diseases)
→植物ウイルス病の病徴

ウイルス病の防除(control of virus diseases)
→植物ウイルス病の防除

ウイルス不活化剤(virus inactivator, virus inhibitor) ウイルス阻害剤ともいう. ウイルスを不活性化する化学薬剤.

ウイルス複製オルガネラ(virus replication organelle) 個々の多くのウイルス複製複合体(VRC)を内包する細胞内小器官.

ウイルス複製工場(virus replication factory) ウイルスの複製装置あるいは複製の場.

ウイルス複製酵素(viral replicase)
→RNAレプリカーゼ

ウイルス複製サイト(virus replication site) 細胞内のウイルス複製の場.

ウイルス複製装置(virus replication machinery)
→ウイルスゲノム複製装置

ウイルス複製複合体(virus replication complex: VRC) RNAウイルスに感染した細胞の細胞質内に形成される不整形の封入体で, ウイルスRNA複製の場と考えられている. 植物RNAウイルスの場合には, ウイルスRNA, RNA複製酵素(RdRp), 移行タンパク質(MP), 数種の宿主因子などを含む小胞体膜(あるいは他の細胞内膜)で構成されており, *Brome mosaic virus*(BMV)では径約60 nmの特異的な小胞, タバコモザイクウイルス(TMV)ではX体がVRCに相当する. →ウイルス移行複合体

ウイルスフリー(virus-free) 無ウイルス, 無毒ともいう. ウイルスに感染していない状態.

ウイルスフリー植物(virus-free plant) 無ウイルス植物, 無毒植物ともいう. 成長点培養によってウイルスを除去した健全な植物. ウイルス感染植物においても成長点組織とその近傍では, RNAサイレンシング機構によってウイルスが存在していないか, あるいはウイルス濃度がきわめて低いことから, この部分を切り出して無菌的に培養し, 分化させることでウイルスフリー株が得られる. ジャガイモ, サツマイモ, サトイモ, ヤマイモ, ニンニク, イチゴ, キク, カーネーション, ユリ, グラジオラス, シンビジウム, リンゴ, ブドウ, モモ, ナシ, カンキツなどの多くの栄養繁殖性作物で実用化されている. このうちわが国のジャガイモについては, 独立行政法人種苗管理センターがウイルスフリーの原原種を生産・供給している.

ウイルスベクター(virus vector) [1]ウイルスの媒介生物. [2]遺伝子導入のための媒介ウイルス(ベクターウイルス). →植物ウイルスベクター

ウイルス-ベクター相互作用(virus-vector interaction) ウイルスとベクターとの相互作用.

ウイルス-ベクター-宿主相互作用(virus-vector-host interaction) ウイルス, ベクター, 宿主の3者間の相互作用.

ウイルス誘導細胞死(virus-induced cell death) ウイルス感染による細胞死.

ウイルス誘導ジーンサイレンシング(virus-induced gene silencing : VIGS) ウイルス誘導型ジーンサイレンシングともいう. ウイルスをベクターとして利用するジーンサイレンシング. 数種の植物ウイルスをベクターとして, ウイルスゲノムに標的遺伝子の配列の一部あるいはその相補配列を挿入して植物に感染させると, ウイルスの増殖に伴って標的遺伝子のRNAサイレンシングが誘導される. →RNAサイレンシング

ウイルス由来低分子干渉RNA(virus-derived small interfering RNA : vsiRNA) ウイルスゲノムに由来する低分子干渉RAN. →低分子干渉RAN

ウイルス様粒子（virus-like particle：VLP）形態的にウイルス粒子に類似した粒子.

ウイルス力価（virus titer, viral titer）ウイルス感染力価，ウイルス感染価ともいう．ウイルスの生物的活性（細胞感染能力）の指標．

ウイルスリボ核タンパク質（viral ribonucleoprotein：vRNP）ウイルスリボヌクレオプロテインともいう．ウイルス RNA とタンパク質との複合体．

ウイルス粒子（virion, virus particle, viral particle）完全なウイルスの粒子．植物ウイルスでは，ゲノム核酸をキャプシドタンパク質で覆った球状あるいはらせん状粒子が最も基本的な形態だが，さらに複雑な形態をとるウイルスもある．→植物ウイルスの粒子構造

ウイルスレセプター（viral receptor）
　　→ウイルス受容体

ウイルスワクチン（virus vaccine, viral vaccine）免疫原（抗原）として用いられる各種ウイルスの弱毒株や不活化株あるいはそれから調製した抗原成分．→ワクチン

ウイルソイド（virusoid）サテライト RNA のひとつで，短鎖環状一本鎖サテライト RNA の別称．複製をヘルパーウイルスに依存して，そのキャプシドに包み込まれる約 350 b の一本鎖環状 RNA．ヘルパーウイルスの増殖や病徴発現に影響を与える．セコウイルス科（*Secoviridae*），ルテオウイルス科（*Luteoviridae*），ソベモウイルス属（*Sobemovirus*）などの数種ウイルスに依存するウイルソイドが知られている．→サテライト RNA，ヘルパーウイルス

ウイロイド（viroid：Vd）バイロイドとも通称する．感染性の低分子環状一本鎖 RNA 病原体．外被タンパク質を欠き，ゲノム RNA にはタンパク質がコードされていない．現在のところ，植物の体内にのみ認められており，宿主細胞の代謝系に全面的に依存して複製・増殖する．広義には植物ウイルスに含まれる．世界には 2014 年の時点で 32 種のウイロイドが認められており，日本ではそのうち現在までに 22 種の存在が知られている．現在，ウイロイドはそのゲノムの構造と複製様式の違いに基づいて，ポスピウイロイド科（*Pospiviroidae*）とアブサンウイロイド科（*Avsunviroidae*）の 2 科に大別されている．以下に世界でこれまでに報告されたウイロイドのうち，病害上あるいは学術上重要な種を，上記の 2 科に分けて，それらの主要な宿主植物の作物グループ順（食用作物，特用作物，牧草，野菜，果樹，草花）に並べて示す．なお，和名のウイロイドはわが国で発生が認められていないもの，英名のウイロイドはわが国で発生がまだ認められていないものである．

ポスピウイロイド科には，ジャガイモやせいもウイロイド（PSTVd），ホップ矮化ウイロイド（HpSVd），ホップ潜在ウイロイド（HpLVd），トマト退緑萎縮ウイロイド（TCDVd），カンキツエクソコーティスウイロイド（CEVd），カンキツベントリーフウイロイド（CBLVd），カンキツウイロイド V（CVd-V），リンゴさび果ウイロイド（ASSVd），リンゴゆず果ウイロイド（AFCVd），リンゴくぼみ果ウイロイド（ADFVd），ナシブリスタキャンカーウイロイド（PBCVd），ブドウオーストラリアウイロイド（AGVd），ブドウ黄色斑点ウイロイド 1（GYSVd-1），*Coconut cadang-cadang viroid*（CCCVd），キク矮化ウイロイド（CSVd），コリウスウイロイド 1（CbVd-1）などがある．

アブサンウイロイド科には，モモ潜在モザイクウイロイド（PLMVd），*Avocado sunblotch viroid*（ASBVd），キク退緑斑紋ウイロイド（CChMVd）などがある．→ウイロイドの分類

ウイロイド RNA（viroid RNA：Vd RNA）ウイロイドのゲノム RNA．

ウイロイドの移行（movement of viroids）ウイロイドの移行には，植物ウイルスと同様に，感染細胞における細胞内移行，プラズモデスマータを経由して隣接細胞に移行する細胞間移行，さらに維管束を経由して全身に移行する長距離移行とがある．これらの移行に関与するウイロイド側の構造モチーフは解析されているが，宿主側の因子など移行機構の詳細についてはまだ不明の点が多い．

ウイロイドの起源（origin of viroids）ウイロイドの起源については，原始 RNA，核内低分子 RNA（snRNA），イントロン，レトロトランスポゾン，ミトコンドリアプラスミド，サテライト RNA などの諸仮説がある．

ウイロイドの構造（structure of viroid）外被タンパク質を欠く 240〜400 ヌクレオチドからなる環状一本鎖 RNA で，分子内相補性が高く，二本鎖領域とループ状の一本鎖領域を含み，全体の二次構造としてポスピウイロイド科（*Pospiviroidae*）ウイロイドは棒状構造，アブサンウイロイド科（*Avsunviroidae*）ウイロイドは棒状〜準棒状〜分枝状構造をとる．ポスピウイロイド科ウイロイドの分子は左末端ドメイン（TL），病原性ドメイン（P），中央ドメイン（C），可変ドメイン（V），右末端ドメイン（TR）の 5 つの機能ドメイン（領域）に分けられ，中央ドメインには中央保存領域（CCR）が，左末端ドメインにはウイロイド属によって

末端保存領域(TCR)あるいは末端保存ヘアピン(TCH)が存在する．一方，アブサンウイロイド科ウイロイドの分子はこのようなドメイン構造をもたず，独自のハンマーヘッド型リボザイム部位をもつ．いずれもそのゲノム上にはタンパク質がコードされていない．

ウイロイドの精製 (purification of viroids) 一般的なウイロイドの精製法は，植物細胞からの二本鎖RNA抽出法に準じて，SDS-フェノール法，CTAB法，塩化リチウム処理，CF-11セルロース処理，DNase処理などを組合せ，最終的にはポリアクリルアミドゲル電気泳動による分画を行うのが一般的である．既知のウイロイドについてはRT-PCRで増幅する方法がある．

ウイロイドの定量 (quantitation of viroids) ウイロイドの定量法には，大別して，①ウイロイドの段階希釈液の検定植物への接種によるウイロイドの感染性の生物学的定量法，②紫外線吸光度測定法などによる精製ウイロイド核酸の理化学的定量法，③プローブ核酸を用いるハイブリダイゼーション，リアルタイムPCR，LAMP法などによるウイロイド核酸の分子生物学的定量法などがある．

ウイロイドの伝染 (transmission of viroids) ウイロイドは，接触伝染，接ぎ木，挿し木，株分けなどの栄養繁殖による伝染および花粉・種子伝染によって伝搬され，媒介生物による伝染は一般的ではない．なお，パーティクルガン法やアグロイノキュレーションによる接種も可能である．*Avocado sunblotch viroid* (ASBVd)などは酵母 (*Saccharomyces cerevisiae*) でも感染・増殖できる．

ウイロイドの複製 (replication of viroids) ウイロイドはいずれも宿主の転写装置を利用してローリングサークル様式で複製される．すなわち，ポスピウイロイド科 (*Pospiviroidae*) のウイロイドは，核内でDNA依存RNAポリメラーゼ(Pol II)のもつRNA依存RNA合成活性により，ローリングサークル様式でプラス鎖(ウイロイド鎖)からマイナス鎖(相補鎖)が直線状の重連分子として合成された後，このマイナス鎖の重連分子からプラス鎖の重連分子が複製され，最後に宿主のRNaseによってプラス鎖の単一分子に切断され，RNAリガーゼによって環状化する．一方，アブサンウイロイド科 (*Avsunviroidae*) のウイロイドは，葉緑体内でDNA依存RNAポリメラーゼ(NEP)のもつRNA依存RNA合成活性により，ローリングサークル様式でプラス鎖からマイナス鎖が直線状の重連分子として合成された後，このマイナス鎖の重連分子が自己のリボザイム活性によって単一分子に切断されて環状化し，このマイナス鎖の単一分子から再度ローリングサークル様式でプラス鎖の重連分子が複製され，最後に再び自己のリボザイム活性によってプラス鎖の単一分子に切断されて環状化する．前者を非対称型，後者を対称型のローリングサークル様式による複製とよぶ．なお，複製に関与するウイロイド側の構造モチーフは解析されているが，DNA依存RNAポリメラーゼ以外の宿主側の因子や，ウイロイドが宿主細胞のRNaseによる分解やRNAサイレンシング作用にどのように対抗しているかについては，まだ不明の点が多い．

ウイロイドの分類 (classification of viroids) ウイロイドは，全長240～400塩基で共通の中央保存領域を含む5つのドメイン構造を有し，リボザイム活性を欠き，核内で非対称型ローリングサークル様式で複製するポスピウイロイド科 (*Pospiviroidae*) と，全長240～340塩基で共通の中央保存領域やドメイン構造を欠き，リボザイム活性を有し，葉緑体内で対称型ローリングサークル様式で複製するアブサンウイロイド科 (*Avsunviroidae*) とに分類される．2014年の時点では，2科，8属，32種のウイロイドがICTVに正式に承認されており，そのうち日本では約20種以上のウイロイドの存在が知られている．

ウイロイド病 (viroid disease) [1]ウイロイドによる病気．[2]各種植物のウイロイド病の正式な病名のひとつとしてよく用いられる．その病原として複数種のウイロイドがある場合も多い．

ウイロイド病の診断 (diagnosis of viroid diseases) ウイロイドはタンパク質を欠く一本鎖環状RNAであるため，その診断には，検定植物への汁液接種や接ぎ木接種による生物診断法ならびにポリアクリルアミドゲル電気泳動，RT-PCR，LAMP法，核酸プローブによるハイブリダイゼーション，全塩基配列決定法などの遺伝子診断法が用いられる．

ウイロイド病の病徴 (symptoms of viroid diseases) ウイロイドの宿主範囲は一般にきわめて狭い．ウイロイドの感染によって植物が示す病徴は，ウイルスによる病徴と類似しており，ウイロイドの種と植物の種・品種との組合せおよび植物の生育状態や環境条件などによって異なる．潜伏感染している例も多いが，顕在感染では，全身的な矮化，葉の上偏成長，縮葉，退緑，接ぎ木台木の衰弱，果実の斑入りや変色などが特徴であり，栄養繁殖性植物での被害が多い．

ウイロイド病の防除 (control of viroid diseases) ウイロイド病の防除は，植物ウイルス病と同様に，その予防と病気の拡大を阻止することが主とな

る．その方法には，①健全な種苗や穂木，栄養繁殖性作物でのウイロイドフリー株の利用，②ウイロイド病抵抗性の品種や遺伝子組換え作物などの利用，③感染源となる病植物の除去や農機具の消毒による伝染環の遮断などがある．

ウイロコントロール（virocontrol, virological control）ヴァイロコントロール，バイロコントロールともいう．ウイルスを利用した生物防除法．弱毒ウイルスによるウイルス病の防除や菌類ウイルスによる菌類病の防除などがある．→バイオコントロール

ウイロプラズム（viroplasm）→ビロプラズム

ウェスタンブロッティング（western blotting）ウェスタンブロット法，免疫ブロット法，イムノブロット法ともいう．タンパク質をゲル電気泳動により分離して，ニトロセルロース膜やPVDF膜などに転写・固定し，標識した抗体などによって検出する方法．

ウェストウェスタンブロッティング（west western blotting, far western blotting）ファーウェスタンブロッティングともいう．ウェスタンブロッティングの変法のひとつで，2種のタンパク質間の相互作用を検出するための方法．

ウェーネルト電極（Wehnelt electrode）電子顕微鏡の電子銃の構成要素のひとつで陰極と陽極の間に置かれた電極．陰極に対して電位の低いバイアス電圧で放出電子の量を制御する．

ウサギ網状赤血球翻訳系（rabbit reticulocyte lysate translation system）ウサギ網状赤血球溶解液（RRL）を用いた無細胞タンパク質合成系．

ウシ血清アルブミン（bovine serum albumin：BSA）タンパク質分子の非特異的吸着を防止するブロッキング剤のひとつなどとして利用される．

渦巻き状封入体（scroll inclusion）→巻物状封入体

宇宙生物学（space biology, astrobiology, bioastronautics, exobiology）圏外生物学ともいう．地球外生命の探査や生命の起源や化学進化などを研究する学問分野．

ウラシル（uracil：U, Ura）RNAに含まれるピリミジン塩基．アデニン（A）と対合する．

ウリジル酸（uridylic acid）→ウリジン一リン酸

ウリジン（uridine：U, Urd）ウラシルを含むリボヌクレオシドで，RNAを構成する4種のリボヌクレオシドのひとつ．

ウリジン一リン酸（uridine monophosphate：UMP）ウリジル酸ともいう．ウリジンの5′位にリン酸1分子が結合したリボヌクレオチドで，RNAを構成する4種のリボヌクレオチドのひとつ．

ウリジン三リン酸（uridine triphosphate：UTP）ウリジンの5′位にリン酸3分子が連結したリボヌクレオチド．

ウルトラミクロトーム（ultramicrotome）電子顕微鏡用の超薄切片試料を作製するための切削機．
→超薄切片

ウンカ（planthopper）カメムシ目（Hemiptera）ウンカ科（Delphacidae）の吸汁性昆虫の総称．植物ウイルスの媒介虫のひとつ．

ウンカ・ヨコバイ伝染（hopper transmission）ウンカ・ヨコバイ伝搬ともいう．植物ウイルスのウンカ・ヨコバイ媒介による伝染．ウイルスの種と媒介ウンカ・ヨコバイの種との間に媒介特異性がある．→ウンカ・ヨコバイ伝搬性ウイルス

ウンカ・ヨコバイ伝搬性ウイルス（hopper-borne virus）ウンカ・ヨコバイ伝染性ウイルスともいう．ウンカ・ヨコバイによって伝搬される植物ウイルス．ファイトレオウイルス属（*Phytoreovirus*）3種，フィジウイルス属（*Fijivirus*）7種，オリザウイルス属（*Oryzavirus*）2種，サイトラブドウイルス属（*Cytorhabdovirus*）およびヌクレオラブドウイルス属（*Nucleorhabdovirus*）の中の約10種，テヌイウイルス属（*Tenuivirus*）7種，マラフィウイルス属（*Marafivirus*）の中の数種，マストレウイルス属（*Mastrevirus*）約30種，クルトウイルス属（*Curtovirus*）3種のウイルスやイネ矮化ウイルス（RTSV）など，全体で約70種以上のウイルスが各種のウンカあるいはヨコバイで伝搬される．その多くは循環型・増殖性伝染であり，中には経卵伝染するウイルスもあるが，上記のジェミニウイルス科（*Geminiviridae*）の2属のウイルスはすべて循環型・非増殖性伝染である．イネ萎縮ウイルス（RDV）では，ウイルスの外殻構成成分のひとつであるP2タンパク質が虫体内での細胞の感染に必須であり，また，非構造タンパク質P10が虫体内での細胞間移行に関与する．→循環型・増殖性伝染，循環型・非増殖性伝染

エ

A（adenine）→アデニン
A（adenosine）→アデノシン
Å（angstrom）→オングストローム
ARF（auxin response factor）
　→オーキシン応答因子
英国植物病理学会（British Society for Plant Pathology：BSPP）1981年に創設された英国の植物病理学に関する学会．
AGE（エイジ：agarose gel electrophoresis）

→アガロースゲル電気泳動

衛星ウイルス(satellite virus)
→サテライトウイルス

衛星核酸(satellite nucleic acid) →サテライト核酸

永続性伝染(persistent transmission) 永続伝染，永続伝搬ともいう．植物ウイルスの媒介生物による伝搬様式を媒介能力の保持時間（保毒時間）で分けると，非永続性，半永続性，永続性に分かれる．虫媒伝染における保持時間は，非永続性で数分〜数時間，半永続性で数時間〜数日間，永続性で数日〜数週間〜終世である．永続性伝染での潜伏期間は数時間〜数日〜2週間である．

HR(hypersensitive reaction) →過敏感反応

HRGP(hydroxyproline-rich glycoprotein)
→ヒドロキシプロリンリッチ糖タンパク質

HRP(horse radish peroxidase) 西洋ワサビペルオキシダーゼ．

HSP(heat shock protein：Hsp)
→熱ショックタンパク質

HSP70(heat shock protein 70：Hsp70) 熱ショックタンパク質70ホモログ．→熱ショックタンパク質70

HSP70h(heat shock protein 70 homolog：Hsp70h)
→熱ショックタンパク質70

HC(helper component) →ヘルパー成分

HC-Proタンパク質(helper component-protease：HC-Pro) →ヘルパー成分プロテアーゼ

hpi(hours post inoculation, hours post infection) 接種後時間数，感染後時間数．

HPLC(high-performance liquid chromatography)
→高速液体クロマトグラフィー

永年作物(perennial crop, permanent crop) 永年性作物，多年生作物ともいう．長年にわたって植え替えせずに生産を維持できる作物．

栄養系選抜(clonal selection) 分離育種のひとつ．栄養繁殖作物の遺伝的に異なる栄養繁殖系クローンを選抜する育種法．

栄養障害(nutritional disorder) 養分の過不足によって生じる植物の障害．

栄養生殖(vegetative propagation) →栄養繁殖

栄養体(soma) 生物体の生殖器官以外のすべての器官．

栄養繁殖(vegetative propagation) 栄養生殖ともいう．生殖器官以外の器官・組織から新しい個体を無性的に繁殖すること．

栄養繁殖による伝染(transmission by vegetative propagation) ウイルスの宿主植物の栄養繁殖を通した後代植物への伝染．この対策として成長点培養によってウイルスを除去したウイルスフリー植物が利用されている．

aa(amino acid) →アミノ酸

AASPP(Asian Association of Societies for Plant Pathology) →アジア植物病理学会

AAB(Association of Applied Biologists) 英国応用生物学会．

AAP(ac quisition access period) →獲得吸汁時間

ASM(American Society for Microbiology) 米国微生物学会．

Ann. Phytopathol. Soc. Jpn.(Annals of the Phytopathological Society of Japan)
→日本植物病理学会報

AFM(atomic force microscope) →原子間力顕微鏡

AFLP(amplified fragment length polymorphism)
→増幅制限酵素断片長多型

AFLPマーカー(AFLP marker) 増幅制限酵素断片長多型(AFLP)に基づくDNAマーカー．

AMP(adenosine monophosphate)
→アデノシン一リン酸

AlkB(alkylated DNA repair protein B) アルキル化DNA修復タンパク質B．

AcO(acridine orange) →アクリジンオレンジ

AGOタンパク質(AGO protein, argonaut protein)
→アルゴノートタンパク質

疫学(epidemiology) 伝染病学ともいう．集団を対象に病気の原因，発生生態，分布，伝染方法などを解明する学問分野．

エキソソーム(exosome) 真核細胞のmRNA, rRNAなど各種RNAの分解に関わるリボヌクレアーゼ複合体．

エキソヌクレアーゼ(exonuclease) ポリヌクレオチド鎖を末端から順に切断する核酸分解酵素．

エキソペプチダーゼ(exopeptidase) ペプチド鎖を末端から順に切断するペプチド・タンパク質分解酵素．このうち，N末端から切断する酵素をアミノペプチダーゼ，C末端側から切断する酵素をカルボキシペプチダーゼとよぶ．

エキソーム(exome) エクソームともいう．1つの生物種のゲノムDNA中の全エキソン．→エキソン

エキソン(exon) エクソンともいう．真核生物の遺伝子の中に分断されて存在するコード領域．通常イントロンという非コード領域と隣接しており，転写後のmRNAにも保持される．→イントロン，RNAスプライシング

液体クロマトグラフィー(liquid chromatography：LC) 液体を移動相として，特定の分子を固定層との相互作用をもとに分離する技法．→クロマ

トグラフィー
液体培地(liquid culture medium) 液状の培地．
液体培養(liquid culture) 液体培地中での培養．
液胞(vacuole) 植物や菌類の細胞質内で一重膜(液胞膜)に包まれ，内部に液体を含む球状の構造体．各種代謝産物の蓄積や分解および膨圧の維持に働く．
液胞膜(vacuolar membrane, tonoplast) トノプラストともいう．植物細胞の液胞と細胞質の境界に存在する一重膜．キュウリモザイクウイルス(CMV)，アルファルファモザイクウイルス(AMV)などの複製の場となる．
エクソコーティス病(exocortis) エキソコーティス病ともいう．カンキツのウイロイド病のひとつで，接ぎ木台木の樹皮の亀裂と剥離，樹全体の衰弱・矮化・枯死などを起こす．
エクソン(exon) → エキソン
エクトデスマータ(ectodesmata, ectodesm) エクトデスムともいう．葉の表皮細胞の細胞壁中の繊維が粗になった部位．クチクラ層からの物質の吸収に関与する．
エクリプス期(eclipse phase, eclipse period) → 暗黒期
エコタイプ(ecotype) 生態型．同一種が環境条件に適応して分化した性質が遺伝的に固定して生じた型．
壊死(necrosis) え死とも表し，ネクローシスともいう．細胞の受動的な死．
Escherichia coli(エシェリキアコリ：*E. coli*)
　→ 大腸菌
SIR (short intergenic region) → 短鎖遺伝子間領域
siRNA (エスアイ RNA：small interfering RNA, short interfering RNA) → 低分子干渉 RNA
siRNA ノックダウン (siRNA knockdown)
　→ 遺伝子ノックダウン
S-アデノシルメチオニン (S-adenosyl-L-methionine：SAM) 核酸のメチル化のための基質のひとつ．
sRNA (small RNA) → 低分子 RNA
S 遺伝子 (susceptibility gene：S gene)
　→ 感受性遺伝子
SA (salicylic acid) → サリチル酸
SAR (systemic acquired resistance)
　→ 全身獲得抵抗性
shRNA (small hairpin RNA, short hairpin RNA)
　→ 短鎖ヘアピン RNA
sat-RNA (satellite RNA) → サテライト RNA
sat-DNA (satellite DNA) → サテライト DNA

SSR (simple sequence repeat) → 単純反復配列
ssRNA (single-stranded RNA) → 一本鎖 RNA
ssRNA ウイルス (ssRNA virus, single-stranded RNA virus) → 一本鎖 RNA ウイルス
ssRNA-RT ウイルス (ssRNA-RT virus, single-stranded RNA reverse transcribing virus)
　→ 一本鎖 RNA 逆転写ウイルス
S-S 結合 (S-S bond, disulfide bond)
　→ ジスルフィド結合
SSC (standard saline citrate, saline-sodium citrate) 標準食塩クエン酸緩衝液．核酸のハイブリダイゼーション実験などに用いられる．
ssDNA (single-stranded DNA) → 一本鎖 DNA
ssDNA ウイルス (ssDNA virus, single-stranded DNA virus) → 一本鎖 DNA ウイルス
snRNA (small nuclear RNA) → 核内低分子 RNA
snoRNA (small nucleolar RNA)
　→ 核小体低分子 RNA
SNP (single nucleotide polymorphism)
　→ 一塩基多型
SOD (superoxide dismutase)
　→ スーパーオキシドジスムターゼ
S 期 (S phase, synthetic phase) 真核生物の細胞周期のうちの DNA 合成期．→ 細胞周期
SCR (satellite conserved region)
　→ サテライト保存配列
sgRNA (subgenomic RNA) → サブゲノム RNA
SGM (Society for General Microbiology) 英国総合微生物学会．
S 値 (S value) → スベドベリ単位
SDI (serological differentiation index)
　→ 血清学的指数
STR (short tandem repeat) → 単純反復配列
SDS (sodium dodecyl sulfate)
　→ ドデシル硫酸ナトリウム
SDS-寒天ゲル内拡散法 (SDS-agar gel diffusion) 寒天ゲル内拡散法の変法のひとつ．寒天ゲル内でのひも状～糸状ウイルス粒子の拡散を促すため，抗原性は保持したままで粒子を崩壊させる SDS を加えた寒天ゲルを用いる．
SDS-フェノール法 (SDS-phenol method) ドデシル硫酸ナトリウム (SDS) とフェノールを用いた最も一般的な核酸抽出法．
SDS-ポリアクリルアミドゲル電気泳動 (SDS-polyacrylamide gel electrophoresis：SDS-PAGE) タンパク質変性剤であるドデシル硫酸ナトリウム (SDS) の存在下に行うポリアクリルアミドゲル電気泳動．タンパク質の分離解析に利用される．

S ドメイン (S domain：shell domain) トンブスウイルス科 (*Tombusviridae*) ウイルスの外被タンパク質の中央部に存在する外殻ドメイン.

S1 ヌクレアーゼ (S1 nuclease) → ヌクレアーゼ S1

S1 マッピング (S1 mapping)
→ ヌクレアーゼ S1 マッピング

壊疽 (necrosis) えそとも表し, ネクローシスともいう. 細胞の壊死により組織が褐変する病徴.

壊疽条斑 (necrotic streak) 壊死が葉脈に沿って広がる病徴.

壊疽斑点 (necrotic spot) 褐変部が小点状の病徴.

壊疽輪紋 (necrotic ring spot) 褐変部が輪紋状の病徴.

枝枯れ (dieback) 枝あるいは全身が枯れる病徴.

エタノール (ethanol) → エチルアルコール

エタノール沈澱 (ethanol precipitation) 核酸をエタノールによって凝縮・沈澱させる方法.

エチジウムブロマイド (ethidium bromide：EtBr) 臭化エチジウム. 核酸の蛍光染色剤のひとつで, 突然変異原でもある.

エチルアルコール (ethyl alcohol：C_2H_5OH, EtOH) エタノールともいう. アルコール飲料, 消毒剤, 核酸の沈澱・精製などに広くに用いられる.

エチルメタンスルホン酸 (ethyl methanesulfonate：EMS) 突然変異誘発物質のひとつ.

エチレン (ethylene：ET) 植物ホルモンのひとつで, 植物の病傷害に関わる重要な防御応答シグナル伝達物質のひとつとして働く.

エチレン経路 (ethylene signaling pathway)
→ エチレンシグナル伝達系

エチレンジアミン四酢酸 (ethylenediaminetetra-acetic acid：EDTA) キレート剤のひとつ. 植物ウイルスの精製の際に金属イオンを除去してウイルス粒子の凝集を防いだり, 核酸抽出の際に核酸分解酵素の活性を抑えたりするなどのために用いられる.

エチレンシグナル伝達系 (ethylene signalling pathway) エチレン経路ともいう. 植物の防御応答におけるエチレンを介したシグナル伝達系.

X 線結晶解析 (X-ray crystallography) 分子の結晶を通過した X 線の回折パターンに基づき, その分子中の原子の三次元的配置を決定する技術.

X 線マイクロアナライザー (X-ray microanalyser) 電子線を対象物に照射して発生する X 線の波長から構成元素を分析する装置.

X 体 (X body) タバコモザイクウイルス (TMV) などの感染細胞の細胞質内に形成される特異的な不定形の封入体. ウイルス複製複合体 (VRC) に相当する. → ウイルス複製複合体

越冬宿主 (over wintering host) 病原体が越冬するための宿主.

ATr (AT repeat, AT dinucleotide repeat)
→ AT 反復配列

ATF (aphid transmission factor)
→ アブラムシ媒介介助タンパク質

AtMT 法 (*Agrobacterium tumefaciens*-mediated transformation) アグロバクテリウム介在形質転換法. アグロバクテリウムを利用した菌類や動物細胞に対する T-DNA タギング法. → T-DNA タギング

ATCC (American Type Culture Collection)
→ 米国培養細胞系統保存機関

ATCC PV ATCC が保存・分譲する植物ウイルス株の株番号に付す略称. → ATCC

AT 反復配列 (AT repeat, AT dinucleotide repeat：ATr) A と T の 2 つのヌクレオチドが反復した配列.

ATP (adenosine triphosphate)
→ アデノシン三リン酸

ATP アーゼ (ATPase：adenosine triphosphatase) アデノシン三リン酸 (ATP) の末端のリン酸結合を加水分解する酵素群の総称.

エドマン分解法 (Edman degradation) フェニルイソチオシアネート (PITC) を用いたタンパク質の N 末端からのアミノ酸配列決定法.

NIa (nuclear inclusion a) 核内封入体 a. ポティウイルス属 (*Potyvirus*) ウイルスの核内封入体のひとつ. ほかに NIb がある.

NIa プロテアーゼ (NIa protease：NIa-Pro) 核内封入体 a (NIa) が有するプロテアーゼ.

NIAES (National Institute for Agro-Environmental Sciences) → 農業環境技術研究所

NIAS (National Institute of Agrobiological Sciences)
→ 農業生物資源研究所

NIb (nuclear inclusion b) 核内封入体 b. ポティウイルス属 (*Potyvirus*) ウイルスの核内封入体のひとつ. ほかに NIa がある.

N-アセチルグルコサミン (N-acetylglucosamine：GlcNAc) キチンなどの構成成分.

N 遺伝子 (N gene) *Nicotiana glutinosa* 由来で, タバコモザイクウイルス (TMV) に対するタバコの真性抵抗性遺伝子のひとつ.

N' 遺伝子 (N' gene) *Nicotiana sylvestris* 由来で, 数種の系統を除くタバコモザイクウイルス (TMV) およびトマトモザイクウイルス (ToMV) に対するタバコの真性抵抗性遺伝子のひとつ.

NEP（nuclear-encoded polymerase）葉緑体に存在する核ゲノム由来の DNA 依存 RNA ポリメラーゼ．

NARC（National Agricultural Research Center）→中央農業総合研究センター

NAA（1-naphthaleneacetic acid）→1-ナフタレン酢酸

NSP（nuclear shuttle protein）→核シャトルタンパク質

NADPH オキシダーゼ（nicotinamide adenine dinucleotide phosphate oxidase：NADPH oxidase）ニコチンアミドアデニンジヌクレオチドリン酸（NADPH）を電子供与体とし酸素に電子を渡してスーパーオキシドアニオンを生成する酵素．

NABP（nucleic acid-binding protein）→核酸結合タンパク質

nm（nanometer）→ナノメーター

NMR（nuclear magnetic resonance）→核磁気共鳴

NLS（nuclear localization signal）→核局在化シグナル

NO（nitric oxide, nitric monoxide）→一酸化窒素

NO バースト（NO burst：nitric oxide burst）急激な一酸化窒素生成現象．植物の非特異的な基礎的抵抗性の発現・制御に関与する．

NC（nucleocapsid）→ヌクレオキャプシド

ng（nanogram）→ナノグラム

NCR（non-coding region）→非翻訳領域

ncRNA（non-coding RNA）→ノンコーディング RNA

ncDNA（non-coding DNA）→ノンコーディング DNA

NCBI（National Center for Biotechnology Information）→米国国立生物工学情報センター

NCBI Taxonomy Browser 米国国立生物工学情報センター（NCBI）の生物分類に関するデータベース．インターネットでアクセスできる．ウイルスの分類，ゲノムの構造，塩基配列やアミノ酸配列などに関する情報も得られる．

N タンパク質（nucleoprotein）*Rhabdvirus* 科ウイルスのリボヌクレオキャプシドを形成するタンパク質．

nt（nucleotide）→ヌクレオチド

NTR（non-translated region, non-translational region）→非翻訳領域

NTP（nucleoside triphospate）→ヌクレオシド三リン酸

NTB（NTP-binding protein）→NTP 結合タンパク質

NTP 結合タンパク質（NTP-binding protein）ATP 結合タンパク質，GTP 結合タンパク質，ヘリカーゼなど NTP との結合ドメインをもつタンパク質．

NTP 結合ドメイン（NTP-binding domain, NTP-binding site, NTP-binding motif）NTP 結合サイト，NTP 結合モチーフともいう．タンパク質の分子上で NTP が特異的に結合するアミノ酸配列．

NTP 結合モチーフ（NTP-binding motif）→NTP 結合ドメイン

NBS（nucleotide binding site）→ヌクレオチド結合部位

NBS-LRR タンパク質（nucleotide binding site (NBS)-leucine-rich repeat (LRR) protein）NB-LRR タンパク質ともいう．真性抵抗性遺伝子（*R* 遺伝子）の翻訳産物（R タンパク質）のひとつで，NBS ドメインと LRR ドメインを有する．NBS-LRR タンパク質は N 端のドメインの構造の違いによって，TIR-NBS-LRR タンパク質と CC-NBS-LRR タンパク質に大別されるが，いずれも特異的エリシターや防御応答シグナルに対する直接的あるいは間接的な特異的レセプター機能をもつ．→TIR-NBS-LRR タンパク質，CC-NBS-LRR タンパク質

NB-LRR タンパク質（nucleotide binding (NB)-leucine-rich repeat (LRR) protein）→NBS-LRR タンパク質

NBT/BCIP（nitro-blue tetrazolium/5-bromo-4-chloro-3-indolyl phosphate）アルカリホスファターゼの発色基質のひとつで，紫色の不溶性沈殿を生じる．

NBP（nucleic acid-binding protein）→核酸結合タンパク質

N 末端（N-terminal, amino terminal）→アミノ末端

エネーション（enation）→ひだ葉

ABA（abscisic acid）→アブシジン酸

APS（American Phytopathological Society）→米国植物病理学会

エピゲノム（epigenome）後成的修飾を受けたゲノム．

ABC トランスポーター（ABC transporter, ATP-binding cassette transporter）ATP 結合領域をもつ輸送体の総称．

ABC 法（avidin-biotinylated enzyme complex method）→ビアジン・ビオチン・酵素複合体法

エピジェネティックス（epigenetics）後成的修飾ともいう．DNA のメチル化やヒストンの修飾によって，遺伝子型は変わらずに表現型が変わる機構，

あるいはそれに関する学問分野を指す．
エピトープ（epitope）→抗原決定基
エピナスティ（epinasty）上偏成長ともいう．葉の上面が下面より偏って成長するために葉が巻く病徴．
FITC（fluorescein isothiocyanate）
　→フルオレセインイソチオシアネート
A 部位（aminoacyl-tRNA binding site：A-site）リボソーム上のアミノアシル tRNA の結合部位．
エフェクター（effector）［1］病原体が産生・分泌し，宿主植物に認識・受容されて，病原性あるいは抵抗性の発現に関与する各種のタンパク質因子．宿主植物に対して基礎的抵抗性反応を抑制して病原性発現を促進する病原性エフェクターとして働くか，あるいは逆に抵抗性反応を誘導するエリシターとして働くという二面性をもつ．非病原性遺伝子（*Avr* 遺伝子）由来のエフェクターの場合には，対応する *R* 遺伝子を有する宿主植物に対して特異的抵抗性誘導を促す非病原性エフェクター（特異的エリシター）として働く．植物ウイルスの場合には，宿主植物の RNA サイレンシングを抑制する RNA サイレンシングサプレッサーや，*R* 遺伝子が介在する抵抗性を誘導する特異的エリシターとして働くウイルスタンパク質などがエフェクターに相当する．なお，広義のエフェクターは，上記に加えて PAMPs，MAMPs，サプレッサー，毒素，分解酵素，低分子物質なども含めて，宿主細胞の構造や機能に変化を及ぼす作用を示す病原微生物や共生微生物などに由来するすべての分子を指す．［2］酵素などのタンパク質の機能を調節するタンパク質あるいは物質．→エリシター，*Avr* 遺伝子，*R* 遺伝子，特異的エリシター
エフェクター誘導感受性（effector-triggered susceptibility：ETS）病原性エフェクターとして働くエフェクターによって PAMP 誘導免疫（基礎的抵抗性）が抑制され，その結果として誘導される植物の病原体に対する感受性．→エフェクター，PAMP 誘導免疫，ジグザグモデル
エフェクター誘導免疫（effector-triggered immunity：ETI）特異的エリシターとして働くエフェクターによって誘導される植物の免疫反応．真性抵抗性，*R* 遺伝子介在抵抗性と同義．→エフェクター，真性抵抗性，ジグザグモデル
FS（frameshift）→フレームシフト
FDA（fluorescein diacetate）
　→フルオレセインジアセテート
F プラスミド（F plasmid, F factor）F 因子ともいう．大腸菌に雄性を与えるプラスミド．

FLuc（F ラック：firefly luciferase）ホタルルシフェラーゼ．
F1 雑種（F1 hybrid, first filial generation）雑種第一代．ある対立遺伝子のそれぞれをホモにもつ両親の間の交雑によって生じる第一代目の子孫．
エポキシ樹脂（epoxy resin）広範な用途に利用されている熱硬化性の合成樹脂で，透過型電子顕微鏡用試料の包埋剤のひとつとしてもよく用いられる．
エマルジョン PCR（emulsion PCR）磁気ビーズに DNA を付着させて油滴中で行う PCR．
miRNA（micro RNA）→マイクロ RNA
mRNA（messenger RNA）→メッセンジャー RNA
mRNA 前駆体（pre-mRNA）→前駆体 mRNA
MeSA（methyl salicylic acid）→メチルサリチル酸
MeJA（methyljasmonicacid）→メチルジャスモン酸
MeOH（methanol）メタノール，メチルアルコール．
MS（mass spectrometry）→質量分析法
moi（multiplicity of infection）→感染多重度
M 期（M phase, mitosis phase）真核生物の細胞周期のうちの分裂期．→細胞周期
MCS（multicloning site）
　→マルチクローニングサイト
m^{7}G（7-methylguanosine）→7-メチルグアノシン
MT（methyltransferase）
　→メチルトランスフェラーゼ
MTI（MAMP-triggered immunity）
　→MAMP 誘導免疫
Mtr（methyltransferase）
　→メチルトランスフェラーゼ
MDR（multiple drug resistance, multidrug resistance）→多剤耐性
MDa（megadalton）→メガダルトン
MT ドメイン（MT domain, methyltransferase domain）→メチルトランスフェラーゼドメイン
MP（movement protein）→移行タンパク質
MPMI（Molecular Plant-Microbe Interactions）
　→Molecular Plant-Microbe Interactions
MPP（Molecular Plant Pathology）
　→Molecular Plant Pathology
MBP（maltose binding protein）
　→マルトース結合タンパク質
M-Rep タンパク質（エムレップタンパク質：M-Rep protein, master replication initiator protein）
　→主要複製開始タンパク質
ELISA（エライザ：enzyme-linked immunosorbent assay）→エライザ法
エライザ法（enzyme-linked immunosorbent assay：

ELISA) ELISA，エリザ法，酵素結合抗体法，固相酵素免疫検定法ともいう．固相上で抗原と酵素標識抗体を反応させ，酵素活性を指標として抗原を検出・定量する技法．一次抗体を標識する直接法と，一次抗体に対する二次抗体を標識する間接法とがある．また，二重抗体サンドイッチ法やダイバ法（DIBA）など各種の変法が工夫されている．

エラープローン PCR（error-prone PCR）ランダム突然変異導入のために，DNA ポリメラーゼの種類や反応条件を変えて複製の正確性を下げた条件で PCR を行う方法．

エリシター（elicitor）防御応答誘導因子．宿主植物に認識・受容されて，抵抗性の誘導発現に関与する因子．病原体が産生する生物的エリシターとそれ以外の重金属，紫外線，合成化合物などの非生物的エリシターがある．生物的エリシターには病原体の非病原性遺伝子（Avr 遺伝子）の翻訳産物で，病原体の特定の系統と植物の特定の品種との組合せによって植物に特異的抵抗性反応を誘導する特異的エリシターと，病原体あるいは植物体の由来でどのような組合せにおいても植物に非特異的で広範な基礎的抵抗性反応を誘導する非特異的エリシターがある．非生物的エリシターは非特異的エリシターとして働く．→特異的エリシター，非特異的エリシター

LIR（long intergenic region, large intergenic region）→長鎖遺伝子間領域

LIV（longevity *in vitro*）→耐保存性

LRR（leucine rich repeat）
→ロイシンリッチ反復配列

LRR-RLK（leucine rich repeat-receptor-like kinase）→ロイシンリッチ反復配列レセプター様キナーゼ

L 遺伝子（L gene）トバモウイルス属（*Tobamovirus*）ウイルスに対するトウガラシ属植物の抵抗性遺伝子．

LAR（localized acquired resistance）
→局部獲得抵抗性

LTR（long terminal repeat）→長鎖末端反復配列

LTR 型レトロトランスポゾン（LTR retrotransposon）DNA の両末端に長鎖末端反復配列（LTR）が存在するレトロトランスポゾン．LTR 型レトロトランスポゾンはさらに遺伝子構造の違いに基づいて，Ty1-copia タイプ（シュードウイルス科）と Ty3-gypsy タイプ（メタウイルス科）などに分けられる．→レトロトランスポゾン

LDS 法（leaf dip serology）
→リーフディップセロロジー

エレクトロフュージョン法（electrofusion）
→電気細胞融合法

エレクトロブロット法（electroblotting）核酸やタンパク質を電気泳動後のゲルからニトロセルロース膜やナイロン膜などに電気的に転写する方法．

エレクトロポレーション法（electroporation）電気穿孔法，電気遺伝子導入法，電気核酸感染法ともいう．電気穿孔による細胞への直接遺伝子導入法．細菌，単離細胞あるいはプロトプラストの懸濁液に遺伝子核酸を混合し，これに直流パルス電流を印加すると細胞膜に小孔が穿たれ，その小孔を通って核酸が細胞内に直接導入される．ウイルス核酸の細胞あるいはプロトプラストへの感染にも用いられる．

エレクトロマニピュレーション（electrical cell manipulation, electromanipulation of cell）
→電気細胞操作

遠隔 RNA-RNA 相互作用（long-range RNA-RNA interaction）同一 RNA 分子上の互いにかなり隔たった部位間での相互作用．

塩化セシウム（cesium chloride：CsCl）平衡密度勾配遠心に用いる無機塩のひとつ．→平衡密度勾配遠心

塩化リチウム（lithium chloride：LiCl）RNA の特異的沈澱などに用いる無機塩のひとつ．

塩基（base：b）［1］核酸を構成するプリン塩基とピリミジン塩基．［2］他の分子から水素イオンを受け取る分子．

塩基アナログ（base analogue）塩基類似体．核酸の構成塩基と構造的に類似した塩基．ウイルスの増殖を阻害するが，宿主に対する薬害も著しいため，植物ウイルス病の治療剤としては実用化されていない．

塩基欠失（base deletion, nucleotide deletion）核酸の塩基配列中の塩基の欠失．

塩基誤対合（base mismatch, base pair mismatch）不適正対合，不正対合ともいう．不適正な塩基対合．

塩基性タンパク質（basic protein）等電点がアルカリ側のタンパク質．→等電点

塩基挿入（base insertion, base addition, nucleotide insertion）核酸の塩基配列中への塩基の挿入．

塩基組成（base composition, base ratio）核酸に含まれる 4 種の塩基の構成比．

塩基置換（base substitution, nucleotide substitution）核酸の塩基配列中の塩基が別の塩基に置き換わること．塩基置換には，プリンあるいはピリミジン同士の置換（塩基転位）と，プリン/ピリミジン

間の置換（塩基転換）とがある．

塩基対（base pair：bp）DNAやRNA分子における2つの相補的ヌクレオチドの対合．

塩基対合（base-pairing）2つの相補的ヌクレオチドが水素結合によって結合すること．

塩基転位（transition）プリンあるいはピリミジン同士の塩基置換．

塩基転換（transversion）プリン／ピリミジン間の塩基置換．

塩基配列（base sequence, nucleotide sequence）核酸を構成しているヌクレオチドの配列．

塩基配列決定法（nucleotide sequencing）
→DNA塩基配列決定法，RNA塩基配列決定法

塩基変異（nucleotide mutation）核酸の塩基配列の塩基置換，塩基欠失，塩基挿入などによる変異．特にRNAウイルスや逆転写ウイルスでは，紫外線などによる自然突然変異に加えて，ウイルスRNA依存RNAポリメラーゼ（RdRp）あるいは逆転写酵素（RT）などの読み違い（コピーエラー）による場合が多い．

エンキャプシデーション（encapsidation, packaging）パッケージング，着外被ともいう．ウイルスのゲノム核酸がキャプシドタンパク質に包まれて，ウイルス粒子が構築される過程．→ウイルスの粒子構築

遠距離移行（long distance movement）
→長距離移行

エンザイムイムノアッセイ（enzyme immunoassay：EIA）→酵素免疫検定法

遠心分離（centrifugation）遠心力を利用して生体高分子，細胞小器官，細胞などの分離・分析を行う方法．

塩析（salting out, salt precipitation）塩析沈殿ともいう．タンパク質などの溶液に塩類を加えて溶解度を減少させ，析出・沈殿させる操作．

エンデミック（endemic）地域的病害，地域的小流行．

円筒状封入体（cylindrical inclusion：CI）筒状封入体，管状封入体ともいう．ポティウイルス科（Potyviridae）のウイルスに特有の細胞質内封入体のひとつ．ウイルス由来のCIタンパク質からなる単層の長方形シートが中心軸の周りに数枚ずつ規則的に配置して形成された円筒状の構造体．電子顕微鏡観察ではその横断面の形状から風車状封入体，縦断面の形状から束状封入体，シートの巻き方や重なり方などの形状から巻物状封入体（渦巻き状封入体）や層板状封入体などと区別されているが，いずれも円筒状封入体の試料の切断面による形状の違いに過ぎない場合が多い．

エンドサイトーシス（endocytosis）飲食作用ともいう．ピノサイトーシス（飲作用）とファゴサイトーシス（食作用）を統合した用語．細胞外の液体や可溶性物質などが，細胞膜の陥入とそれに続くエンドソームの形成によって細胞内に取り込まれる過程．植物ウイルスはこの作用によって細胞内に侵入する．

エンドソーム（endosome）ピノソームとファゴソームを統合した用語．細胞膜の陥入によって取り込まれた細胞外の物質を封入する小胞．

エンドヌクレアーゼ（endonuclease）ポリヌクレオチド鎖の内部を切断する核酸分解酵素．

エンドファイト（endophyto）植物内生菌．

エンドペプチダーゼ（endopeptidase）ペプチド鎖の内部を切断するペプチド・タンパク質分解酵素．活性中心の触媒残基の種類によって，セリンプロテアーゼ，システインプロテアーゼ，アスパラギン酸プロテアーゼ，メタロプロテアーゼの4群に分類される．

エンハンサー（enhancer）転写エンハンサー配列ともいう．真核生物あるいはウイルスのゲノムDNA上に存在し，その近傍の遺伝子の転写を著しく促進する塩基配列．

***env*遺伝子**（エンブ遺伝子：*env* gene）レトロウイルスの被膜（エンベロープ）を構成するタンパク質をコードする遺伝子．

EMBL（エンブル：European Molecular Biology Laboratory）→欧州分子生物学研究所

EMBL-Bank（エンブルバンク）欧州分子生物学研究所（EMBL）の一部門である欧州バイオインフォマティクス研究所（EBI）が提供している国際的なDNAデータベース．

エンベロープ（envelope）外膜，被膜ともいう．植物ウイルスでは，ラブドウイルス科（*Rhabdoviridae*），トスポウイルス属（*Tospovirus*），エマラウイルス属（*Emaravirus*）などのウイルスでウイルス粒子の最外部を覆う脂質膜．宿主の細胞膜，核膜あるいは小胞体膜などに由来し，ラブドウイルス科とトスポウイルス属のウイルスではウイルス由来のスパイクタンパク質が埋め込まれている．

オ

ORF（open reading frame）
→オープンリーディングフレーム

黄萎（yellow stunt, yellows）植物体全体が黄化し，萎縮する病徴．

黄化（yellow, yellows, yellowing）植物の維管束の壊

死により，葉や茎などの緑色が失われ黄化する病徴．

欧州植物病理学機構（European Foundation for Plant Pathology：EFPP）ヨーロッパ地域における各国の植物病理学関係の学会の国際連合組織．

欧州バイオインフォマティクス研究所（European Bioinformatics Institute：EBI）欧州分子生物学研究所（EMBL）の一部門で，DNAやタンパク質のデータベースを提供している．

欧州分子生物学研究所（European Molecular Biology Laboratory：EMBL）欧州の20カ国が共同で支援する国際的な分子生物学の研究機関．

黄色蛍光タンパク質（yellow fluorescent protein：YFP）オワンクラゲ由来の緑色蛍光タンパク質（GFP）の誘導体のひとつで，長波長の紫外線照射によって強い黄色蛍光が安定して得られるため，GFPなどと同様にこの遺伝子もレポーター遺伝子として利用される．

黄色粘着テープ（yellow sticky tape）アブラムシ類とコナジラミ類を誘引捕殺するテープ．

黄色モザイク（yellow mosaic）黄色部の多いモザイク病徴．

応用昆虫学（applied entomology）農業などへの応用を目的とする昆虫学分野．

応用植物ウイルス学（applied plant virology）主として植物ウイルス病の診断・防除技術の開発などを目的とする学問分野．

応用植物病理学（applied plant pathology）主として植物病害の診断・防除技術の開発などを目的とする学問分野．

応用生物科学（applied biological science）
→応用生物学

応用生物学（applied biology, applied biological science）応用生物科学ともいう．農学や医学など生物や生命現象の応用を目的とする学問分野．

応用微生物学（applied microbiology）主として微生物の応用に関する学問分野．

オーカー突然変異（ochre mutation）アミノ酸に対応するコドンが終止コドンのひとつであるUAAに置換した突然変異．

オキシダティブバースト（oxidative burst：OXB）急激な活性酸素生成現象．感染初期に植物の局部的な防御応答を引き起こすとともに，植物組織全体に伝達するシグナルを発信し，全身獲得抵抗性（SAR）を誘導することに関わっている．

オーキシン（auxin）植物ホルモンのひとつ．天然オーキシンにはインドール-3-酢酸（IAA），合成オーキシンには2,4-ジクロロフェノキシ酢酸（2,4-D）や1-ナフタレン酢酸（NAA）などがある．

オーキシン応答因子（auxin response factor：ARF）オーキシンシグナル伝達に関与する転写因子．

オクタデシルシリル化シリカカラム（octadecylsilyl silica column：ODS column, C18 column）ODSカラム，C18カラムともいう．高速液体クロマトグラフィー（HPLC）用の汎用カラムのひとつ．

オクタロニー法（Ouchterlony gel diffusion test）
→二重免疫拡散法

ocDNA（open circular DNA）→開環状DNA

オスミウム酸（osmic acid）四塩化オスミウムともいう．電子顕微鏡用の生物試料の固定剤のひとつ．

ODSカラム（octadecylsilyl silica column）
→オクタデシルシリル化シリカカラム

オートクレーブ（autoclave）高圧蒸気滅菌器．

オートファゴソーム（autophagosome）オートファジーの過程で形成される小胞．

オートファジー（autophagy, autophagocytosis）自食作用ともいう．タンパク質分解機構のひとつ．細胞内の過剰タンパク質や異常タンパク質などを閉じ込めた小胞（オートファゴソーム）が細胞質内に形成され，これが液胞あるいはリソソームと融合してその内部でタンパク質が分解される．

オートラジオグラフィー（autoradiography）放射性標識した標本に感光フィルムを載せて標識分子の濃度や分布を造影する技法．

オパイン（opine）オピンともいう．根頭がん腫病菌に感染した植物細胞内で合成されるアルギニンの誘導体．オクトピン，マンノピン，ノパリン，アグロピン，アグロシノピンなどがある．

オパール突然変異（opal mutation）アミノ酸に対応するコドンが終止コドンのひとつであるUGAに置換した突然変異．

オープンリーディングフレーム（open reading frame：ORF, coding region）読みとり枠，翻訳領域，コード領域ともいう．核酸の塩基配列上，同じ読み枠の開始コドンから終止コドンまでの配列で，タンパク質をコードし得る長さをもつ領域．

オペレーター（operator）オペロンの転写を制御する調節遺伝子で，リプレッサーの結合部位．

オペロン（operon）1つの調節遺伝子の制御下にあるひとつながりの遺伝子群．転写単位とほぼ同義．主として原核生物に存在する．

オメガ配列（omega sequence, Ω sequence）タバコモザイクウイルス（TMV）RNAの5′末端近傍に存在する68ヌクレオチドの翻訳促進配列．この配列に熱ショックタンパク質Hsp101を介して翻訳開始因子eIF4Fが結合して翻訳を促進する．

オリゴガラツロン酸（oligogalacturonate）植物細胞壁の分解産物のひとつで，非特異的エリシターとして働く．

オリゴサッカリン（oligosaccharin）→オリゴ糖

オリゴ dT（oligo dT）チミンヌクレオチドの連続からなるオリゴヌクレオチド．

オリゴ dT ビーズ（oligo dT beads）オリゴ dT 配列を結合したビーズ．mRNA や polyA 配列をもつウイルス RNA の精製に用いる．

オリゴ糖（oligosaccharide）10 糖程度以下の短い糖鎖．植物や菌類の細胞壁の分解産物で，非特異的エリシターとして働く．このような生理活性をもつオリゴ糖をオリゴサッカリンという．

オリゴヌクレオチド（oligonucleotide）100 ヌクレオチド程度以下の短い核酸分子．

オリゴペプチド（oligopeptide）10 アミノ酸程度以下の短いペプチド．

オリゴマー（oligomer）低重合体．

オルガネラ（organelle）→細胞小器官

オルソログ（ortholog）異なる生物種に存在する相同遺伝子．

オングストローム（angstrom：Å）長さの単位のひとつ．$1Å = 0.1 \text{ nm} = 0.1 \text{ m}\mu$．

温度感受性変異株（temperature-sensitive mutant：ts mutant）一定の温度範囲で野生型と異なる表現型を示す変異株．

カ

科（family）生物の階層分類体系において，目の次下位，属の上位におかれる基本的階級．ウイルスの分類では語尾に *-viridae* を付してイタリック体で示す．

界（kingdom, regnum）生物の階層分類体系において，門の上位におかれる最上位の基本的階級．界の分類に関しては，2 界説（植物界，動物界），3 界説（原生生物界を追加），5 界説（モネラ界を追加，植物界を植物界と菌界に分割），8 界説（モネラ界を真性細菌界と古細菌に分割，原生動物界をアーケゾア界，原生動物界，クロミスタ界に分割）などの時代的変遷があったが，現在では界のさらに上位に，古細菌ドメイン，細菌ドメイン，真核生物ドメインを設けて生物を 3 大別し，真核生物ドメインではその下にアメーバ界，エクスカバータ界，クロミスタ界，菌界，植物界，動物界が設けられている．ウイルスは細胞生物ではないため，いずれの界にも属さない．→ドメイン

外殻 [1]（capsid, shell）→キャプシド　[2]（outer capsid, outer shell）二重殻構造をとるウイルス粒子の外殻．

外殻タンパク質（capsid protein）→外被タンパク質

開環状 DNA（open circular DNA：ocDNA）末端のない環状二本鎖 DNA のうち，両鎖中に一部切れ目のある分子．

塊茎（tuber）地下茎の一部が肥大して形成される貯蔵器官．

塊根（tubercle）根の一部が肥大して形成される貯蔵器官．

開始因子（initiation factor：IF, eIF）→翻訳開始因子

開始コドン（initiation codon, start codon）翻訳開始コドン，スタートコドン，翻訳開始点ともいう．翻訳の開始コドンで通常はメチオニンに対応する AUG である．

開始 tRNA（initiator tRNA）タンパク質合成の開始コドンを認識する tRNA で，真核生物と古細菌ではメチオニン，真正細菌ではホルミルメチオニンによってアミノアシル化される．

開始点（initiation site）核酸上の転写あるいは翻訳の開始部位．

外篩部（external phloem）外師部とも表す．→内篩部

介助ウイルス（helper virus）→ヘルパーウイルス

階層的ショットガンシーケンシング（clone-by-clone shotgun sequencing）階層的ショットガン法ともいう．ゲノムシーケンシングの方法のひとつ．ゲノム DNA 全体をランダムな断片にして BAC ベクターや PAC ベクターによるライブラリーを作成し，次いでこれらの DNA 断片クローンをさらに階層的に細分化したサブクローンについてそれらの塩基配列を決定した後に，個々の配列データをコンピューターによるアセンブラプログラムで再編成してゲノムの全塩基配列を決定する方法．

階層分類（hierarchical classification）現在の生物分類体系は，上位から下位へ階層順に，界，門，綱，目，科，属，種に分かれている．ウイルスもこの階層分類に従うが，現時点では目以下の分類に止まっており，また，目や科が未定のウイルス属も多く残されている．

害虫（pest, harmful insect, noxious insect）人畜や作物などに害を与える小動物の総称．

害虫学（pestology）害虫に関する学問分野．

回転真空蒸着（rotation vacuum evaporation）試料を回転しながら行う真空蒸着法．

回転多重焼付法（rotation technique）回転対称性をもつ像を写真の焼付け時に回転して重ね焼きをすることによって周期像を明瞭化する写真技術．ウイルス粒子の形態観察にも用いられる．

回転培養（rotary culture, rotation culture, roller tube

culture）細胞を液体培地の中で水平回転して増殖させるか，あるいは細胞の入った試験管を傾斜させ長軸方向を軸に回転して増殖させる培養．

カイネチン（kinetin）天然サイトカイニンのひとつ．

回避（avoidance）病害虫や雑草などを避けること．

外被（capsid）→キャプシド

外被タンパク質（coat protein, capsid protein：CP）コートタンパク質，キャプシドタンパク質，外殻タンパク質ともいう．ウイルスのキャプシドを構成する構造単位で，外被タンパク質サブユニットとよぶ場合もある．ウイルスのゲノム核酸を包んで保護するとともに，ウイルスの移行や病徴発現などにも関与する．→キャプシド

外被タンパク質サブユニット（coat protein subunit）→外被タンパク質

回復（recovery）リカバリーともいう．いったん現れた宿主の病徴が軽減・消失する現象．植物ウイルス病の場合には，この現象の多くにRNAサイレンシング機構が関与していると推定されている．

外部病徴（outer symptom）肉眼で観察できる外観上の植物の形態的異常．植物ウイルス病では，葉の変色・変形（モザイク，斑紋，斑点，条斑，葉脈透化，えそ，ひだ葉，葉巻，糸葉など），茎・幹の異常（えそ，ステムピッティング，ステムグルービングなど），花・果実・種子の変性（葉状化，斑入り，斑点，えそ，奇形，不稔など），全身の異常（黄化，萎縮，叢生，奇形，衰弱，枯死など）などがある．

回文配列（palindrome, palindromic sequence）パリンドロームともいう．二本鎖核酸の相補鎖を各々同じ方向（5′末端→3′末端）から見ると同じ塩基配列となる構造．

開放系（open system）非閉鎖系ともいう．［1］外部とエネルギーや物質交換がある系．［2］組換え生物の環境中への拡散を防止しない系．

外膜（envelope）→エンベロープ

海綿状組織（spongy tissue, spongy parenchyma）葉肉の下部を構成し，細胞間隙に富む同化組織．

火炎滅菌（flame sterilization）火炎で対象物を直接加熱する滅菌法．

化学進化（chemical evolution）原始地球で無機物から有機物，さらに生体高分子が合成されるに至る発展の過程．

化学的防除（chemical control, chemotherapy）化学防除，化学療法ともいう．化学農薬による病害虫や雑草の防除．植物ウイルス病の場合には，有効な抗ウイルス剤が実用化されていないため，媒介生物に対する薬剤防除などが主体となる．

化学農薬（chemical pesticide）農作物などの病害虫・雑草の防除や成長の促進・抑制などに用いる化学薬剤．

化学発光（chemiluminescence）ケミルミネッセンスともいう．原子または分子が化学反応により生じたエネルギーによって励起され，光を発する現象．イムノブロット法など各種の微量検出・定量法に応用されている．

花器感染（flower infection, floral infection）病原体による花への感染．

架橋仮説（bridge hypothesis）植物ウイルスの虫媒伝染の際に，ウイルス由来の虫媒介助タンパク質がウイルス粒子と虫体器官内部のクチクラ層との間をつなぐとする仮説．

核（nucleus）細胞内の染色体DNAゲノムの保存・複製・転写器官．真核細胞では内外2枚の核膜に包まれ，内側はクロマチンと球状の核小体などよりなる．核孔を通じて細胞質と連絡している．

核移行（nuclear transport）核輸送ともいう．核への物質の移行．

核移行シグナル（nuclear transport signal, nuclear targeting signal, nuclear localization signal）→核局在化シグナル

核遺伝子（nuclear gene）真核生物の核内に存在する遺伝子DNA．

核外遺伝子（extranuclear gene）→細胞質遺伝子

核外ゲノム（extranuclear genome）→細胞質ゲノム

核型（karyotype）生物種の染色体の数と形態で示す染色体構成．

核局在化シグナル（nuclear localization signal：NLS）核移行シグナルともいう．核で機能するタンパク質が細胞質から核内に輸送されるのに必要なシグナル配列．

核ゲノム（nuclear genome）真核生物の核内に存在するゲノムDNA．

核孔（nuclear pore）核膜孔ともいう．内外2層の核膜を貫く孔．

核-細胞質間輸送（nucleocytoplasmic transport）核輸送ともいう．核孔を通じた核-細胞質間の物質輸送

拡散（diffusion）物質中の異種成分の濃度が均一化する現象．

拡散（dispersal）病気などが広まること．

核酸（nucleic acid）塩基・糖・リン酸からなるヌクレオチドがホスホジエステル結合により鎖状に重合した高分子の総称．糖がデオキシリボースであるデオキシリボ核酸（DNA）とリボースであるリ

ボ核酸（RNA）とがある．

核酸感染（transfection）→トランスフェクション

核酸含量（nucleic acid content）ウイルス粒子中で核酸が占める重量比（％）．

核酸供与体（nucleic acid donor）組換えDNA実験において供与核酸が由来する生物．

核酸結合タンパク質（nucleic acid-binding protein：NABP, NBP）核酸に特異的あるいは非特異的に結合するタンパク質．

核酸データーベース（nucleic acid database）DNAデーターベースともいう．塩基配列などの核酸情報に関するデーターベース．

核酸導入（transfection）→トランスフェクション

核酸の高次構造（higher-order structure of nucleic acid）核酸の塩基配列を一次構造，一本鎖核酸における部分的な二本鎖構造（ステム）やループ構造などを二次構造，核酸分子全体の立体構造を三次構造と称するが，二次構造以上を総称して高次構造とよぶ．

核酸の変性（nucleic acid denaturation）核酸の二次構造が熱やアルカリによって破壊され，二本鎖が一本鎖に分離すること．

核酸プローブ（nucleic acid probe）特定の核酸分子の検出・定量に用いるためのそれらと相補的な配列をもつ標識核酸断片．→DNAプローブ，RNAプローブ

核酸分解酵素（nuclease）ヌクレアーゼともいう．核酸やポリヌクレオチドのホスホジエステル結合を切断する酵素の総称．

核磁気共鳴（nuclear magnetic resonance：NMR）原子核のスピンによる磁気共鳴現象．物質構造の研究や医療の分野などに利用されている．

核磁気共鳴分光器（nuclear magnetic resonance spectrometer：NMR spectrometer）核磁気共鳴吸収周波数を測定することにより，タンパク質や核酸などの高次構造を解析する分析機器．

核質（nucleoplasm, karyoplasm）細胞内の核膜に囲まれた部分．

核シャトルタンパク質（nuclear shuttle protein：NSP）一本鎖DNAウイルスがコードするタンパク質で，ウイルス移行タンパク質（MP）と複合体を形成してウイルスゲノムDNAを核内の複製の場に輸送するとともに，核からの細胞質内および隣接細胞への移行にも働く．

核小体（nucleolus）仁ともいう．真核細胞の核内に存在する細胞小器官でリボソームRNA（rRNA）合成とリボソーム構築の場．

核小体低分子RNA（small nucleolar RNA：snoRNA）核小体内に局在する低分子RNAでリボソームRNA（rRNA）の化学修飾に関与する．

核小体低分子リボ核タンパク質（small nucleolar ribonucleoprotein：snoRNP）核小体低分子RNAとそれに結合するタンパク質との複合体で，リボソームRNA（rRNA）のプロセシングなどに関与する．

拡大抵抗性（resistance to spread）植物における病原体の侵入後の増殖・拡大を阻止する抵抗性．

核タンパク質（nucleoprotein）ヌクレオプロテインともいう．核酸とタンパク質の複合体．デオキシリボ核タンパク質（DNP）とリボ核タンパク質（RNP）がある．ウイルスのヌクレオキャプシドもこれらに相当する．

獲得吸汁（acquisition feeding）ウイルス媒介能をもつ無毒の吸汁性昆虫などが感染植物からウイルスを獲得するための吸汁．

獲得吸汁時間（acquisition feeding period, acquisition access period：AAP）ウイルス媒介能をもつ無毒の吸汁性昆虫などが感染植物からウイルスを獲得するのに要する時間．

獲得最短時間（acquisition threshold period）獲得吸汁に要する最短の時間．

獲得抵抗性（accquired resistance, acquired immunity）獲得免疫，後天性免疫ともいう．医学では，抗体などによる特異的な後天性免疫を獲得抵抗性あるいは獲得免疫というが，植物病理学では，微生物感染，昆虫による吸汁や食害，ある種の化学薬品による処理などの刺激によって植物が新たに獲得する局部的あるいは全身的な抵抗性を指す．

獲得免疫（acquired immunity）→獲得抵抗性

核内低分子RNA（small nuclear RNA：snRNA）核内に局在する低分子RNAでスプライシングなどに関与する．

核内低分子リボ核タンパク質（small nuclear ribonucleoprotein：snRNP）核内低分子RNAとそれに結合するタンパク質との複合体で，スプライシングなどに関与する．

核内封入体（nuclear inclusion：NI）ウイルス感染細胞の核内に形成される封入体．ウイルスの種によって，結晶状封入体やビロプラズムが認められるものがある．ジェミニウイルス科（*Geminiviridae*）およびヌクレオラブドウイルス属（*Nucleorhabdovirus*）のウイルスは核内にビロプラズムを形成する．ポティウイルス属（*Potyvirus*）のウイルスの中には，ウイルス由来のCIタンパク質からなる筒状の細胞質内封入体に加えて，同じくウイルス由来の2種のタンパク質（NIa, NIb）

からなる結晶状の核内封入体を形成する種がある．→結晶状封入体，ビロプラズム

核分裂（nuclear division, karyokinesis）有糸分裂とほぼ同義．真核生物の細胞核の分裂．核分裂には，体細胞分裂と減数分裂との2つの基本型式がある．

核膜（nuclear membrane）真核生物の核を囲む内外2層の脂質二重膜．核膜を貫く核孔を有し，外膜は小胞体膜と連絡している．

核膜間隙（perinuclear space）核膜の内膜と外膜の間の空間．ヌクレオラブドウイルス属（Nucleorhabdovirus）のウイルス粒子の成熟と集積の場となる．

核膜孔（nuclear pore）→核孔

核マトリックス（nuclear matrix）核基質ともいう．核内のクロマチンを除いた構造領域．

核マトリックスタンパク質（nuclear matrix protein）核マトリックスを構成するタンパク質成分．

核ランオンアッセイ（nuclear run-on assay）ランオン転写法ともいう．単離した核にリボヌクレオチドを加えて遺伝子の転写量を測定する方法．

隔離検疫（post-entry quarantine）植物検疫において輸入植物を隔離圃場で栽培して検疫する措置．

隔離温室（isolated green house）他の植物や昆虫などから隔離されている温室．輸入植物の検疫，遺伝子組換え植物の栽培試験などに用いられ，完全空調施設，排水処理施設などを備えている．

隔離圃場（isolated field, isolation field）他の圃場から構造的に隔離されている圃場．輸入植物の検疫，ウイルスフリー種苗の栽培，他殖性作物の採種，遺伝子組換え植物の栽培試験などに用いられ，防風林，フェンス，排水処理施設，焼却施設などを備えている．

影付け法（shadowing）→シャドウイング

重なり遺伝子（overlapping gene）→重複遺伝子

過酸化水素（hydrogen peroxide：H_2O_2）活性酸素種のひとつ．

過剰発現（overexpression）強力なプロモーターの下流に目的の遺伝子をつないで細胞に導入することによって，目的の遺伝子産物を大量に発現させること．

過剰発現体（overexpresser）目的の遺伝子を過剰発現している個体あるいは細胞．

GUS（ガス：β-glucuronidase）→β-グルクロニダーゼ

GUSアッセイ（ガスアッセイ：GUS assay, β-glucuronidase assay）GUS遺伝子をレポーター遺伝子として目的のプロモーターの活性を測定する方法．

GUS遺伝子（ガス遺伝子：GUS gene, β-glucuronidase gene）→β-グルクロニダーゼ遺伝子

ガスクロマトグラフィー（gas chromatography：GC）気体を移動相として，特定の分子を固定層との相互作用をもとに分離する技法．

カスケード（cascade）1つの反応が次の反応を誘発して起こる連鎖反応．

カスパーゼ（caspase）アポトーシスのシグナル伝達経路を構成する一群のプロテアーゼ．

ガス滅菌（gas sterilization）耐熱性のない実験器具や医療機材をエチレンオキサイドガスなどで処理する滅菌法．

化生（metaplasia）病原体の感染により植物に新たな器官が形成される病徴．

加速電圧（accelerating voltage）電子顕微鏡の電子銃の陰極と陽極の間に加えられる電圧．

カソード（cathode）→陰極

カタラーゼ（catalase）過酸化水素を水と酸素に分解する酵素．

カダンカダン病（cadang-cadang）ココヤシのウイロイド病のひとつ．葉枯れなどを起こす．

褐色壊疽（necrosis）褐変化した壊疽病徴．

活性化（activation）賦活化ともいう．生体物質や細胞などの機能が向上あるいは発現する現象あるいはその操作．

活性酸素種（reactive oxygen species：ROS, active oxygen species）スーパーオキシド，ヒドロキシルラジカル，過酸化水素など，通常の酸素分子より反応性に富む酸素種とその関連分子．生体防御系や細胞内シグナル伝達系などで重要な働きをする．

活性酸素種シグナル伝達系（reactive oxygen species signaling pathway：ROS signaling pathway）活性酸素種（ROS）を介した情報伝達系．

活性酸素生成現象（oxidative burst：OXB）→オキシダティブバースト

活性中心（active center, active site）活性部位ともいう．酵素上で基質が結合し，触媒作用を受ける部位．

活性部位（active site）→活性中心

褐斑粒（seed coat mottling）種子の表皮に斑紋が生じる病徴．

滑面小胞体（smooth ER）リボソームを欠く小胞体．

ガーディータンパク質（guardee protein）Avrタンパク質の標的宿主タンパク質で，Avrタンパク質による結合，修飾あるいは切断を受けると，対応するR遺伝子を欠く宿主では病原体に対する感

受性が促進され，一方，R 遺伝子をもつ宿主では特異的抵抗性が誘導される．→ガード説

仮導管（tracheid）仮道管とも表す．維管束植物の木部に広く分布し，通水および支持機能をもつ組織．特にシダ植物，裸子植物では木部の主要素となっているが，被子植物では導管の補助的機能を果たす．

ガード型抵抗性タンパク質（guard type resistant protein）R タンパク質の多くを占める NBS-LRR タンパク質のうち，病原体の Avr タンパク質に対する間接的なレセプターとして機能するタンパク質．Avr タンパク質の標的宿主タンパク質（ガーディータンパク質）が Avr タンパク質による結合，修飾あるいは切断を受けると，これを感知して特異的抵抗性反応の発動を誘導する．→ガード説，R タンパク質，Avr タンパク質

ガード説（guard hypothesis）真性抵抗性遺伝子（*R* 遺伝子）の翻訳産物（R タンパク質）が *Avr* 遺伝子由来のエフェクター（Avr タンパク質）の標的宿主タンパク質（ガーディータンパク質）と結合してこれをガードし，このタンパク質のエフェクターによる結合，修飾あるいは切断を感知すると，特異的抵抗性反応のシグナル伝達機構を活性化させるとする説．→R タンパク質，Avr タンパク質，ガーディータンパク質，ガード型抵抗性タンパク質

カナマイシン/ネオマイシン耐性遺伝子（kanamycin/neomycin resistant gene：*kan*^r, *npt II*）抗生物質のカナマイシンやネオマイシンに対する耐性に関わるネオマイシンホスホトランスフェラーゼ II（NPT II）の遺伝子．組換え植物の薬剤選抜マーカー遺伝子のひとつ．→ネオマイシンホスホトランスフェラーゼ II

過敏感細胞死（hypersensitive cell death）過敏感反応による急激な細胞の自死．プログラム細胞死またはアポトーシス様細胞死とほぼ同一の現象である．→過敏感反応，プログラム細胞死，アポトーシス様細胞死

過敏感反応（hypersensitive reaction, hypersensitive response：HR）病原体の感染に伴い植物が急激で自発的な細胞死を誘導する現象．多くの場合，病原体の *Avr* 遺伝子産物である特異的エリシターをこれに対応する植物の *R* 遺伝子産物である特異的レセプターが認識することによって引き起こされる．

株（isolate, strain, line）→系統

カプシド（capsid）→キャプシド

カプソマー（capsomer）→キャプソメア

カプソメア（capsomere）→キャプソメア

株分け（division）植物の根や地下茎を親株から分けて移植すること．

花粉（pollen）種子植物の葯から出る粉状の雄性配偶体．

花粉伝染（pollen transmission）花粉伝搬ともいう．花粉を通したウイルスの次世代宿主への伝染．イラルウイルス属（*Ilarvirus*）の多くの種，ネポウイルス属（*Nepovirus*）の数種，パルティティウイルス科（*Partitiviridae*）17 種，エンドルナウイルス属（*Endornavirus*）6 種のウイルスおよび数種のウイロイドなどで認められる．

花粉培養（pollen culture）葯から取り出した花粉の無菌培養．

可変ドメイン（variable domain, V domain）ポスピウイロイド科（*Pospiviroidae*）ウイロイドの分子上の 5 つのドメインのひとつで，塩基配列の変化に富むドメイン．

可変領域（variable region）V 領域ともいう．免疫グロブリン分子の N 末端側に存在し，定常領域の N 末端に隣接するアミノ酸配列の多様な領域．

下方制御（down regulation）遺伝子産物などの発現抑制．

カーボランダム（carborundum）植物ウイルスの汁液接種のさいに，葉の表面に細かい傷をつけるために用いる炭化ケイ素の粉末．→汁液接種

カーボンコーティング（carbon coating）→カーボン蒸着

カーボン蒸着（carbon deposition, carbon coating）カーボンコーティングともいう．カーボンを真空中で高温に加熱することで蒸発させ，試料表面に被膜を作る方法．電子顕微鏡試料のコーティングに用いられるほか，試料支持膜作製にも用いられる．

CAM 植物（カム植物：CAM plant, crassulacean acid metabolism plant）ベンケイソウ型有機酸代謝をおこなう植物．

ガラスナイフ（glass knife）電子顕微鏡用の超薄切片を作製するために用いるガラス製のナイフ．

カラーブレーキング（color breaking）→斑入り

カラムクロマトグラフィー（column chromatography）不溶性の固定相を充填したカラムを用いる液体クロマトグラフィー．

カリクローン（calliclone）植物のカルス細胞由来のクローン．

下流（downstream）[1] DNA あるいは RNA 上のある 1 点より 3' 端方向側の部位．[2] 生体反応のある段階より時間的，機能的に後で起こる反応の順位．

顆粒状封入体（granular inclusion, amorphous inclusion）→不定形封入体

カルコフルオールホワイト（calcofluor white）セルロースとキチンに対する特異的蛍光染色剤のひとつ．

カルコンシンターゼ（chalcone synthase：CHS）カルコン合成酵素．植物の防御応答反応に関わるフェニルプロパノイド合成経路の酵素のひとつ．

カルシウムシグナル伝達系（calcium signaling pathway）カルシウムイオンを介した情報伝達系．

カルシウムチャンネル（calcium channel, Ca^{2+} channel）カルシウムイオン（Ca^{2+}）を選択的，受動的に透過させる膜タンパク質．チャンネルを通して流入した Ca^{2+} はセカンドメッセンジャーとして働く．

カルシウムポンプ（calcium pump, Ca^{2+} pump）カルシウムイオン（Ca^{2+}）を ATP などのエネルギーを使って選択的，能動的に生体膜の内外へ輸送する膜貫通タンパク質．

カルス（callus）植物組織培養において組織片から形成される不定形の細胞塊．

カルタヘナ議定書（Cartagena Protocol on Biosafety）遺伝子組換え生物等の国境を越える移動に関する手続き等を定めた国際的な枠組み．

カルタヘナ法（Cartagena Law）カルタヘナ議定書に基づくわが国の遺伝子組換え生物等の使用等の規制による生物の多様性の確保に関する法律の通称．遺伝子組み換え生物の使用について，環境中への拡散を防止しないで行う第一種使用と，環境中への拡散を防止する意図をもって行う第二種使用とに分かれており，前者は農林水産省・環境省の承認が，後者は一部主務大臣の確認を要する場合を除いて大部分は研究機関毎の承認が必要とされる．

カルボキシフルオレセインジアセテート（carboxy fluorescein diacetate：CFDA）生細胞の蛍光染色剤のひとつ．

カルボキシペプチダーゼ（carboxypeptidase）ペプチド鎖を C 末端側から順に切断するペプチド・タンパク質分解酵素．

カルボキシ末端（carboxyl terminal, C-terminal）C 末端ともいう．タンパク質やペプチドの両末端のうち，遊離のカルボキシ基をもつ末端．

カルモジュリン（calmodulin）カルシウム結合タンパク質のひとつ．Ca^{2+} の結合・解離に伴う立体構造の変化を通じて各種酵素の活性制御に関する．

カルモ様スーパーグループ（carmo-like supergroup）スーパーグループ2，クラスⅡともいう．プラス一本鎖 RNA ウイルスの RNA 依存 RNA ポリメラーゼ（RdRp）のアミノ酸配列の相同性に基づく3つの大分類グループ（スーパーグループ）のひとつ．→スーパーグループ

カルラ様グループ（carla-like group）ウイルス RNA 依存 RNA ポリメラーゼ（RdRp）のアルファ様スーパーグループのサブグループのひとつ．

Curr. Opin. Virol.（Current Opinion in Virology）Elsevier 社が刊行するウイルス学の最新情報に関する総説誌．

カロース（callose）病原体の侵入部位周辺に沈積する β-1,3 グルカン．植物の病原体に対する物理的防壁として働く．

間期（interphase）細胞周期で分裂期（M 期）以外の期間．G1 期，S 期，G2 期からなる．→細胞周期

環境生物学（environmental biology）生物と環境との相互関係を解析し，生産性の向上や生態系の保全を図る学問分野．

環境保全型農業（conservation-oriented agriculture, environmentally-friendly farming）持続的農業とほぼ同義．農業のもつ物質循環機能を生かし，生産性との調和などに留意しつつ，土づくりなどを通じて化学肥料，農薬の使用などによる環境負荷の軽減に配慮した持続的な農業．

桿菌状ウイルス（bacilliform virus）桿菌状の粒子形態をしたウイルス．植物ウイルスでは，大型（径 30〜100 nm × 長さ 60〜900 nm）の桿菌状ウイルスとして，二本鎖 DNA 逆転写ウイルスのバドゥナウイルス属（Badnavirus），ツングロウイルス属（Tungrovirus），マイナス一本鎖 RNA ウイルスの植物ラブドウイルス，プラス一本鎖 RNA ウイルスのシレウイルス属（Cilevirus），小型（径 18 nm × 長さ 30〜62 nm）の桿菌状ウイルスとして，プラス一本鎖 RNA ウイルスのアルファモウイルス属（Alfamovirus），オレアウイルス属（Oleavirus），オルミアウイルス属（Ourmiavirus）のウイルスなどがある．このうち，植物ラブドウイルスはらせん状のヌクレオキャプシドが脂質のエンベロープと外部に突出したスパイクで覆われた構造をしている．→植物ウイルスの粒子構造

看護培養（nurse culture）→保護培養

感作赤血球凝集反応（sensitized hemagglutination）タンニン酸などの処理で非働化して抗体（あるいは抗原）を結合させた赤血球を用いて抗原抗体反応を行い，赤血球の凝集を観察する方法．

がん腫（gall, tumor）癌腫とも表し，腫瘍，こぶともいう．組織の一部の異常肥大による奇形病徴．

感受性 (susceptibility, sensitivity, accessibility, compatibility) 受容性，親和性，罹病性ともいう．生物の個体，組織，細胞あるいは分子が，病原体などの有害な要因を受容する性質．

感受性遺伝子 (susceptible gene, susceptibility gene：S gene) 病原体などの受容に関わる宿主の各種の遺伝子．

環状 RNA (circular RNA) 末端のない環状の RNA 分子．ウイロイドゲノムなどはこれにあたる．なお，ブニヤウイルス科 (*Bunyaviridae*) ウイルスのゲノム RNA などのように末端はあるが両末端の配列が互いに相補的で非共有結合でつながっている分子も環状 RNA という場合がある．

干渉ウイルス (interfering virus) →一次ウイルス

桿状ウイルス (rod-shaped virus) →棒状ウイルス

環状 AMP (cyclic AMP：cAMP) サイクリック AMP ともいう．セカンドメッセンジャーのひとつ．細胞膜に存在するアデニル酸環化酵素によって ATP から合成される．

環状型 (circular form) ウイロイドがとる立体構造のひとつ．

干渉作用 (interference, cross protection) クロスプロテクション，干渉効果，交叉防御，交叉耐性ともいう．あるウイルスに感染した植物で，同種あるいは近縁のウイルスによる二次感染が主として RNA サイレンシング機構などによって阻止あるいは抑制される現象．

環状 GMP (cyclic GMP：cGMP) サイクリック GMP ともいう．セカンドメッセンジャーのひとつ．細胞膜に存在するグアニル酸環化酵素によって GTP から合成される．

環状 DNA (circular DNA) 末端のない環状の 1 本鎖あるいは 2 本鎖の DNA 分子．植物ウイルスではジェミニウイルス科 (*Geminiviridae*)，ナノウイルス科 (*Nanoviridae*)，カリモウイルス科 (*Caulimoviridae*) のウイルスゲノムがこれにあたる．

管状封入体 (cylindrical inclusion：CI) →円筒状封入体

管状要素 (tracheary element) 導管と仮導管を構成する細胞の総称．

間接 ELISA 法 (indirect ELISA) 間接酵素結合抗体法ともいう．一次抗体として非標識抗ウイルス抗体を，二次抗体として一次抗体に対する酵素標識抗体を用いるエライザ法．→エライザ法

間接蛍光抗体法 (indirect fluorescent antibody technique) 一次抗体として非標識抗ウイルス抗体を，二次抗体として一次抗体に対する蛍光標識抗体を用いる蛍光抗体法．→蛍光抗体法

間接酵素結合抗体法 (indirect enzyme-linked immunosorbent assay：indirect ELISA) →間接 ELISA 法

感染 (infection) 病原体が宿主に侵入・増殖して病気を引き起こすこと．

感染価 (infective titer, infectious titer) →ウイルス力価

感染価指数 (infectivity index) 感染力指数ともいう．ウイルスやウイロイドの接種源の濃度を，全身感染宿主を用いて，接種源の希釈度，潜伏期間および発病個体数の 3 因子から算出する指数．

感染過程 (infection process) 病原体の侵入から発病に至る全過程．

感染可能部位 (infectible site) 宿主植物の葉上でウイルスが汁液接種によって感染できる部位．

感染環 (infection cycle, disease cycle) →伝染環

感染効率 (efficiency of infection, infection efficiency) 1 個の宿主細胞を感染させるのに必要なウイルス粒子の数．

感染症 (infectious disease) →伝染病

感染性 (infectivity) 病原体が宿主に感染を成立する能力．

感染性インビトロトランスクリプト (infectious *in vitro* transcript) 感染性試験管内転写物ともいう．上流に T7 ファージ由来のプロモーターなどを連結した感染性 cDNA クローンから *in vitro* で転写されたウイルス RNA．→感染性 cDNA クローン

感染性ウイルス (infectious virus) 感染性のあるウイルス．

感染性核酸 (infectious nucleic acid) ウイルス粒子，ウイルス感染細胞あるいはウイロイドから単離された感染性を示す核酸．

感染性希釈曲線 (infectivity-dilution curve) 既知濃度のウイルス懸濁液の段階希釈液のウイルス濃度と各希釈液の接種によって形成された局部壊死病斑あるいはプラークの数とを対比させた曲線．この標準曲線によって，接種に用いた未知濃度のウイルス懸濁液の濃度を，形成された局部壊死病斑あるいはプラークの数から知ることができる．

感染性試験 (infectivity assay) 病原体の感染性を検定する試験．

感染性試験管内転写物 (infectious *in vitro* transcript) →感染性インビトロトランスクリプト

感染性 cDNA クローン (infectious cDNA clone) ウイルス RNA やウイロイドの完全長 cDNA クローン．この上流に T7 ファージ由来のプロモーターなどを連結して *in vitro* で転写した RNA (イ

ンビトロトランスクリプト）を宿主に接種するか，あるいはこの cDNA にカリフラワーモザイクウイルス（CaMV）の 35S プロモーターなどを連結して宿主に直接またはアグロインフェクションで接種すると，いずれの場合にも感染性を示す．プラス一本鎖 RNA ウイルスやウイロイドの逆遺伝学的解析に必須である．→感染性インビトロトランスクリプト，アグロインフェクション

感染性喪失（infectivity loss）病原体が感染性を失うこと．

感染阻害物質（inhibitor of infection）病原体の感染を阻害する物質．

感染性 DNA クローン（infectious DNA clone）ウイルス DNA の完全長を含む感染性クローン．DNA ウイルスの逆遺伝学的解析に必須である．

感染多重度（multiplicity of infection：moi）ウイルスを宿主細胞に感染させる時のウイルスの量と宿主細胞の数の比．

感染単位（infectious unit）1 個の局部壊死病斑あるいはプラークを形成するのに必要なウイルス粒子の数．単一ゲノムのタバコモザイクウイルス（TMV）では 10^5/ml，2 分節ゲノムの *Cowpea mosaic virus*（CPMV）では 10^7/ml，3 分節ゲノムのアルファルファモザイクウイルス（AMV）では 10^9/ml である．

感染中心（infective center, infectious center）ウイルス接種を受けた細胞群の中のウイルス産生細胞．

感染特異的タンパク質（pathogenesis related protein：PR-protein）→病原性関連タンパク質

感染率（infection rate）宿主の細胞や個体が病気に感染している割合．

寒天ゲル内拡散法（agar gel diffusion）→二重免疫拡散法

陥入（invagination）インバジネーションともいう．細胞層あるいは細胞膜などの膜系の一部が折れ曲がって陥ち込むこと．

乾熱消毒（dry heat treatment）乾熱処理ともいう．発芽阻害を受けない程度の比較的高温下で種子を乾燥処理することによってウイルスなどの病原体を消毒する方法．

乾熱滅菌（dry heat sterilization, hot air sterilization）160〜200℃の熱風を循環させて 30 分〜2 時間程度加熱処理する滅菌法．

キ

キアズマ（chiasma）細胞の減数分裂過程で対合した各 2 本の相同染色体が X 字形をなして相手を交換する部位．

偽遺伝子（pseudogene）先祖遺伝子の変異によって生じた不活性な遺伝子．

偽ウイルス粒子（pseudovirion）本来のゲノム核酸以外の核酸を含む感染性のないウイルス粒子．

機械接種（mechanical inoculation）機械的接種ともいう．→汁液接種

機械伝染（mechanical transmission）機械的伝染ともいう．→汁液伝染

ギガベース（gigabase：Gb）核酸の塩基長の単位のひとつ．二本鎖の場合にはギガベースペア（gigabase pair：Gbp）と表す．1 Gb＝1,000 Mb＝1,000,000 kb（塩基）．

器官培養（organ culture）生体から解離した器官を試験管内で培養する方法．

危機共通分子パターン（danger-associated molecular patterns：DAMPs）→ダメージ関連分子パターン

奇形（malformation, distortion, deformation）変形ともいう．植物の葉，花，果実などの生育が不均一となり，形態が異常となる病徴．

気孔（stoma）高等陸生植物の主に葉の表皮に存在する気体交換装置．2 つの孔辺細胞と気孔開口部からなる．

気孔開口部（stomatal pore）気孔の通気孔．

基質（substrate）酵素の触媒反応を受ける化合物または分子．

疑似病斑（lesion-mimic）植物体の生理的異常によって生じた斑紋で，外観上は病原体の感染による病斑と類似している．

希釈限度（dilution end point：DEP）→耐希釈性

寄主（host）→宿主

寄主-寄生者相互作用（host-parasite interaction）→宿主-寄生者相互作用

技術士（農業部門・植物保護）（professional engineer of plant protection）植物保護士あるいは植物医師と通称する．植物保護分野に関わる国家資格．

寄主範囲（host range）→宿主範囲

基準株（type strain, type culture）基準培養菌株ともいう．分類の基準として純粋分離され，継代保存されている菌株あるいはウイルス株．

基準種（type species）タイプ種ともいう．それが属している属の基本的な特徴を最も典型的に示している種．

キシログルカン（xyloglucan）β-1,4-グルカンの主鎖とキシロースの側鎖からなる多糖．双子葉植物の細胞壁に存在する．

寄生（parasitism）共生の一形態で，それによって寄生者が利益を受け，宿主が害を受ける生活形式．

→共生

寄生者（parasite）宿主に寄生する生物．

寄生性の分化（parasitic specialization, parasitic differentiation）→病原性の分化

着せ換え（transencapsidation, heterologous encapsidation）→トランスエンキャプシデーション

気相プロテインシーケンサー（gas-phase protein sequencer）→アミノ酸シーケンサー

基礎植物ウイルス学（basic plant virology）主として植物ウイルスの諸性状と植物-ウイルス間相互作用の解明などを目的とする学問分野．

基礎植物病理学（basic plant pathology）主として植物病原体の諸性状と植物-病原体間相互作用の解明などを目的とする学問分野．

基礎生物学（basic biology, basic biological science）基礎生物科学ともいう．生物や生命現象の基礎的解明を目的とする学問分野．

基礎的抵抗性（basic resistance, general resistance, basal defense）一般的抵抗性，基礎的防御，PAMP誘導免疫ともいう．生物が微生物感染などに対してもつ広範で非特異的な動的抵抗性．その多くは宿主がPAMPs（MAMPs）やDAMPsをパターン認識受容体によって認識し，非特異的な防御応答遺伝子を発現して，活性酸素，ファイトアレキシン，PRタンパク質などの防御物質が産生されることによって発揮される．基礎的抵抗性は植物が示すほぼすべての病害抵抗性現象に共通した基盤となる抵抗性機構であるが，ウイルス病抵抗性の場合には，これに基礎的抵抗性がどのように関わるのか未だ不明の点が多い．→動的抵抗性，PAMPs, MAMPs, DAMPs, パターン認識受容体

基礎的防御（basal defense）→基礎的抵抗性

拮抗作用（antagonism）2つ以上の要因が組み合わされると，互いにその効果を打ち消し合う現象．病原体と非病原体との重複感染によって，宿主が病原体の単独感染の場合よりもより穏やかな病徴を示す現象もこれに相当する．

キチナーゼ（chitinase）キチン分解酵素．植物では病原菌に対する感染防御に関わる．

キチン（chitin）N-アセチルグルコサミンの重合体．菌類の細胞壁や節足動物の外殻などの主要な構造多糖．

GISH（ギッシュ：genomic *in situ* hybridization）→ゲノムインシトゥハイブリダイゼーション

キトサン（chitosan）キチンの脱アセチル化物．

キナーゼ（kinase, phosphotransferase）リン酸化酵素，リン酸転移酵素ともいう．リン酸化反応を触媒する酵素．

キナーゼカスケード（kinase cascade, phosphorylation cascade）リン酸化カスケード，リン酸化連鎖反応ともいう．一連のタンパク質キナーゼを介した連続的なタンパク質リン酸化の連鎖反応で，細胞内シグナル伝達機構のひとつ．MAPキナーゼカスケードもその例である．→タンパク質キナーゼ，MAPキナーゼカスケード

機能獲得変異（gain-of-function mutation）新たな機能を獲得する変異．

機能ゲノミクス（functional genomics）ゲノムレベルで遺伝子や遺伝子産物の生物学的機能を解析する学問分野．

機能喪失変異（loss-of-function mutation）機能を喪失するような変異．

機能タンパク質（functional protein）酵素タンパク質など主に生体内の化学反応，物質輸送，情報伝達などに関わるタンパク質の通称．

偽復帰変異（pseudoreversion）ある遺伝子の変異による表現型が別の遺伝子の変異によって回復される変異．

偽復帰変異体（pseudorevertant）偽復帰変異した株．

機能プロテオミクス（functional proteomics）タンパク質の生物学的機能を総合的に解析する学問分野．

基本的親和性（basic compatibility）特定の病原体の種とそれを受容する特定の植物の種との親和性．

基本転写因子（basal transcription factor, general transcription factor）転写反応に必要な基本的な転写因子で，転写開始因子，転写伸長因子，転写終結因子などがある．→転写開始因子，転写伸長因子，転写終結因子

キメラ（chimera）二種以上の細胞に由来する遺伝子構成の異なる細胞で構成された個体．

キメラ遺伝子（chimeric gene）→融合遺伝子

キメラウイルス（chimera virus）[1] 2種以上の異なるウイルス由来の遺伝子で構成されたウイルス．ウイルス粒子表面に組換えタンパク質を提示させた人工的なキメラウイルスも構築されている．[2] 2種のウイルスの混合感染により，ウイルスゲノムとキャプシドが入れ代わったウイルス．

キメラタンパク質（chimeric protein）
→融合タンパク質

逆位（inversion）染色体の中の一部の遺伝子の配列順序が部分的に逆転した変異．

逆遺伝学（reverse genetics）逆遺伝学的解析ともいう．特定の遺伝子の構造やその欠失・破壊の表現形質への影響を調べることによって，その遺伝子

の機能を解析すること．ウイルス学では，組換え DNA 技術を用いたウイルス遺伝子の機能解析を指す．→順遺伝学

***gag* 遺伝子**（ギャグ遺伝子：*gag* gene）レトロウイルスのコアタンパク質あるいは外被タンパク質をコードする遺伝子．

逆位反復配列（inverted repeat sequence）
　→逆方向反復配列

逆染色法（negative staining）→ネガティブ染色法

逆転写（reverse transcription：RT）RNA 依存 DNA 合成ともいう．RNA から DNA を転写する反応．

逆転写ウイルス（reverse transcribing virus：RT virus）RT ウイルスとも表す．ゲノムの複製に逆転写過程を伴うウイルスの総称．一本鎖 RNA 逆転写ウイルスと二本鎖 DNA 逆転写ウイルスとがある．その多くは，ウイルスゲノムがコードするインテグラーゼによってウイルスゲノムが宿主ゲノムに組み込まれてプロウイルスとなる．逆転写ウイルスのうち，RNA ウイルスをレトロウイルス，DNA ウイルスをパラレトロウイルスと通称する．ウイルス粒子あるいはウイルス様粒子を形成するレトロトランスポゾンも逆転写ウイルスに含まれる．植物ウイルスでは，二本鎖 DNA ウイルスであるカリモウイルス科（*Caulimoviridae*）のウイルスがパラレトロウイルスで，そのゲノムには逆転写酵素遺伝子がコードされており，一部のウイルス種では宿主ゲノムへの組み込みが認められる．また，一本鎖 RNA ウイルスであるメタウイルス科（*Metaviridae*）やシュードウイルス科（*Pseudoviridae*）のウイルスもレトロトランスポゾンである．これらの植物逆転写ウイルスは植物ウイルス種全体の約 6 % を占める．

逆転写酵素（reverse transcriptase：RT, RTase）リバーストランスクリプターゼ，RNA 依存 DNA ポリメラーゼ，RNA 依存 DNA 合成酵素ともいう．RNA を鋳型としてこれと相補的な DNA を転写する酵素．

逆転写酵素ドメイン（reverse transcriptase domain：RT domain, RTase domain）逆転写酵素に共通する機能ドメイン．

逆転写 PCR（reverse transcription PCR, reverse transcriptase-PCR：RT-PCR）
　→逆転写ポリメラーゼ連鎖反応

逆転写ポリメラーゼ連鎖反応（reverse transcription polymerase chain reaction, reverse transcription PCR, reverse transcriptase-PCR：RT-PCR）逆転写 PCR, RT-PCR ともいう．mRNA やウイルス RNA に対してポリメラーゼ連鎖反応（PCR）を適用するための変法．RNA を逆転写して相補的 DNA（cDNA）を作製した後，その cDNA を PCR で増幅する．

逆方向反復配列（inverted repeat sequence）逆位反復配列ともいう．同一の核酸分子上で短い同一の塩基配列あるいはそれと相補的な塩基配列が互いに逆方向に存在している配列．

逆 PCR（inverted PCR, inverse PCR：IPCR）PCR の変法のひとつで，プライマーの両外側の未知の領域を増幅する PCR．

CAT（キャット：chloramphenicol acetyltransferase）→クロラムフェニコールアセチルトランスフェラーゼ

CAT アッセイ（キャットアッセイ：CAT assay, chloramphenicol acetyltransferase assay）CAT 遺伝子をレポーター遺伝子として目的のプロモーターの活性を測定する方法．

CAT 遺伝子（キャット遺伝子：CAT gene, chloramphenicol acetyltransferase gene）動植物用の選抜マーカー遺伝子のひとつ．

CAAT ボックス（キャットボックス：CAAT box）CCAAT ボックスともいう．真核生物のプロモーター領域中で転写開始点の約 80 bp 上流に位置し，転写因子に認識される保存配列．

キャッピング酵素（capping enzyme, mRNA guanylyl transferase）mRNA グアニリルトランスフェラーゼ，mRNA グアニル酸転移酵素，グアニル酸転移酵素ともいう．真核生物の mRNA の 5′ 末端ヌクレオシドの 5′ 部位に GTP を結合する酵素．キャップ形成にはこれに加えて GTP のグアニンの 7 位をメチル化する mRNA グアニン-7-メチルトランスフェラーゼも関わる．

ギャップ（gap, discontinuity）不連続部位ともいう．二本鎖 DNA 上の不連続部位．カリモウイルス科（*Caulimoviridae*）ウイルスの二本鎖 DNA 上などに存在する．

キャップ形成（capping）真核生物の mRNA や多くのプラス一本鎖ウイルス RNA の 5′ 末端にキャップ構造を形成する反応．→キャップ構造

キャップ結合タンパク質（cap binding protein）
　→eIF4E

キャップ構造（cap structure）真核生物の mRNA や多くのプラス一本鎖ウイルス RNA の 5′ 最末端に存在する特異な修飾構造．7-メチルグアノシン三リン酸（m^7 GTP）が RNA 鎖の 5′ 末端のヌクレオチドに結合した構造（m^{7}G$^{5'}$ppp$^{5'}$Np）．キャップ構造は mRNA の 5′ 末端側からの分解を保護するとともに，翻訳開始因子 eIF4E と結合して翻訳の

開始を促す．RNA ウイルスの種によっては，5′最末端にキャップ構造を欠いていたり，代わりにゲノム結合タンパク質(VPg)が結合しているものなどもある．

キャップスナッチング (cap snatching) ブニヤウイルス科(*Bunyaviridae*)やテヌイウイルス属(*Tenuivirus*)などの一部のマイナス一本鎖 RNA ウイルスが，宿主の mRNA の 5′末端からキャップ構造を含むオリゴヌクレオチドを切り出し，これをプライマーとしてウイルスの mRNA を転写する機構．

キャップ非依存性翻訳 (cap-independent translation) ポティウイルス科(*Potyviridae*)，ルテオウイルス科(*Luteoviridae*)，コモウイルス科(*Comoviridae*)，ポレロウイルス属(*Polerovirus*)，ソベモウイルス属(*Sobemovirus*)のウイルスなど，5′末端にキャップ構造を欠くプラス一本鎖ウイルス RNA などの翻訳様式．これらのウイルス RNA の多くは 5′末端にゲノム結合タンパク質(VPg)を有しており，この VPg が翻訳開始因子 eIF4E と結合することによって翻訳の開始が促される．キャップ構造や VPg を欠くウイルス RNA やあるいはキャップ構造があってもウイルス mRNA の 5′末端から離れた位置に存在する ORF は，リボソーム内部進入部位(IRES)にリボソームが結合して翻訳が開始される．また，キャップ構造，VPg，ポリ(A)配列のいずれをも欠くオオムギ黄化萎縮ウイルス(BYDV)では，ゲノム RNA の 5′末端と 3′末端にそれぞれ存在するステムループ間で塩基対を形成するとともに，3′末端のステムループに存在するキャップ非依存性翻訳エレメント(CITE)に翻訳開始因子 eIF4G が結合して翻訳の開始を促す．

キャップ非依存性翻訳エレメント (cap-independent translation element：CITE) 数種の植物プラス一本鎖ウイルス RNA の 3′非翻訳領域(3′NTR)に存在する約 100 塩基長のステムループ構造で，リボソーム内部進入部位(IRES)とは異なる機構でキャップ非依存性翻訳に関わる配列．→ キャップ非依存性翻訳

キャピラリー電気泳動 (capillary electrophoresis) ゲルなどの担体を用いずに毛細管(キャピラリー)内の溶液中で行う電気泳動法．

キャピラリーブロット法 (capillary blotting) 核酸やタンパク質を電気泳動後のゲルからニトロセルロース膜やナイロン膜などに毛細管現象を利用して転写する方法．

キャプシド (capsid, shell) カプシド，外殻，外被，コートともいう．ウイルスのゲノム核酸を包むタンパク質の外殻．規則的に配列する多数のキャプソメアの集合体で，ウイルスによりらせん構造あるいは正二十面体構造をとる．ウイルスゲノムを内蔵したキャプシドをヌクレオキャプシドという．→ 外被タンパク質，キャプソメア

キャプシド交換 (transencapsidation) → トランスエンキャプシデーション

キャプシドタンパク質 (capsid protein, coat protein：CP) → 外被タンパク質

キャプソメア (capsomere, capsomer) カプソメア，キャプソマー，カプソマーともいう．キャプシドの形態単位で，ウイルスにより，単一のタンパク質分子(外被タンパク質サブユニット)である場合と，その複数分子の集合体である場合とがある．前者ではらせん状キャプシドが，後者では五量体(ペンタマー)と六量体(ヘキサマー)とから正二十面体状キャプシドが構築される．

球形ウイルス (spherical virus) → 球状ウイルス

吸光 (absorption) 物質が光を吸収する現象．

吸光係数 (extinction coefficient) 分光分析で特定の物質を定量する時に用いるその物質特有の値．ウイルスの吸光係数は中性 pH においてウイルス濃度 1 mg/ml の溶液の 260 nm での吸光度(光路長 1 cm)を指す．

吸光度 (absorbance：A) ある物質の一定波長における光の吸収量．

休止期 (resting stage, resting phase, resting period) 静止期ともいう．細胞周期を脱し，G0 期にある期間．→ 細胞周期

QGB (quintuple gene block) → クイントプルジーンブロック

吸収 (absorption) [1]生体膜をとおして物質を生体系の内部にとりいれること．[2]吸光と同義．[3]抗体に抗原を反応させて抗体の効力を低下させること．

吸汁 (feeding) 吸汁性昆虫が口針から植物の汁液を吸引摂取する行動．

吸収極小 (absorption minimum) 吸収スペクトルで吸光度が極小となる波長．

吸収極大 (absorption maximum) 吸収スペクトルで吸光度が極大となる波長．

吸収スペクトル (absorption spectrum) ある物質について連続した波長と吸光度との関係を示した曲線．核酸とタンパク質からなるウイルスでは，一般に，紫外部(220～300 nm)における吸収スペクトル(紫外線吸収曲線)を測定する．核酸，タンパク質，ウイルスの紫外部における吸収極大/吸収

極小は，それぞれ260 nm/230 nm，250 nm/230 nm，260〜265 nm/240〜245 nmである．

吸汁性昆虫（sucking insect）吸汁性口器をもち，植物の葉，茎，幹などの汁液を吸う昆虫．

吸汁接種（inoculation feeding）→接種吸汁

球状ウイルス（spherical virus, isometric virus, icosahedral virus）球形ウイルスともいう．正二十面体状〜球状の粒子形態をしたウイルス．植物ウイルスには，径17〜37 nmの小型と径50〜120 nmの大型の正二十面体状〜球状ウイルスがある．これらのウイルスの大多数は基本的に正二十面体状ウイルスであるが，正二十面体状ウイルス以外の球状ウイルスには，いずれもエンベロープに包まれたマイナス一本鎖RNAウイルスのトスポウイルス属（*Tospovirus*），エマラウイルス属（*Emaravirus*），一本鎖RNA逆転写ウイルスのメタウイルス属（*Metavirus*）のウイルスがある．このうち，トスポウイルス属ウイルスは粒子内にゲノムRNAをらせん状のヌクレオキャプシドの形で含んでいる．→正二十面体状ウイルス，植物ウイルスの粒子構造

吸着（adsorption, attachment）ウイルス粒子が細胞表面に吸着すること．

QTL（quantitative trait locus）→量的形質遺伝子座

休眠胞子（resting spore）特定の菌類の休止状態にある胞子．

境界配列（boundary sequence）機能的に独立した遺伝子領域を区切る配列．

凝集（aggregation）分子や粒子などが集合して塊となる現象．

凝集反応（agglutination, flocculation）細胞あるいは生体高分子などが直接または架橋分子を介して相互に結合し，集塊を形成する反応．抗原抗体反応の場合には，反応凝集物をそのまま直接観察する方法（スライド法）と，ラテックス粒子を担体としてこれに抗体を結合させた後，抗原抗体反応をラテックス凝集反応として間接的に観察する方法などがある．→スライド法，ラテックス凝集反応

共焦点レーザー走査顕微鏡（confocal laser scanning microscopy：CLSM, confocal laser fluorescence microscopy：CLFM）共焦点レーザー蛍光顕微鏡ともいう．落射式蛍光顕微鏡にレーザー光源を搭載し，試料の走査蛍光画像をコンピューター処理することによって立体画像を得る装置．蛍光抗体法や緑色蛍光タンパク質（GFP）をマーカーとした特定のタンパク質の細胞内局在観察などに利用されている．

共進化（coevolution）複数の生物種が，相互に影響を及ぼしあいながら遺伝的に進化する現象．宿主-寄生者間などでもしばしば認められる．

共生（symbiosis）異種の生物が密接な関係を保って生活している現象．

共接種（coinnoculation）→同時接種

共通ステムループ領域（common stem-loop region, common region-stem loop：CR-SL）ナノウイルス科（*Nanoviridae*）ウイルスの各分節ゲノムの非翻訳領域内に存在するステムループをもつ共通領域．

共通領域（common region：CR）ナノウイルス科（*Nanoviridae*）および二分節ゲノム型のベゴモウイルス属（*Begomovirus*）のウイルスDNA上に存在する各分節ゲノムに共通する非翻訳領域．前者は，その領域の中央にステムループ（SL）をもつ領域（CR-SL）ともたない領域（CR-M/CR-II）の2つの共通領域が存在する．後者は，単一ゲノム型のジェミニウイルス科（*Geminiviridae*）ウイルスの長鎖遺伝子間領域（LIR）に相当し，DNA AのCRをCRA，DNA BのCRをCRBと表す．

強毒ウイルス（virulent virus）病原性の強いウイルス株．

強毒系統（severe strain）強毒株ともいう．強い病原性を示す病原体株．

共発現（coexpression）複数種の導入遺伝子が同時に発現すること．

共有結合（covalent bond）互いに電子を共有する化学結合．

供与RNA（donor RNA）→ドナーRNA

供与核酸（donor nucleic acid）宿主にベクターを介してまたは直接に移入される異種の核酸．

供与DNA（donor DNA）宿主にベクターを介してまたは直接に移入される異種のDNA．

共抑制（cosuppression）→コサプレッション

局在化（localization）病原体が感染しても病原体の種や系統に対応した特異的な過敏感反応などによって感染部の周辺に局在して全身に広がらないこと．→過敏感反応

極低温電子顕微鏡（cryo-electron microscope：Cryo-EM）クライオ電子顕微鏡ともいう．液体ヘリウムで試料を冷却できる機構を備えた電子顕微鏡．液体窒素で試料を冷却できる機構を備えた電子顕微鏡も含めて低温電子顕微鏡ともよばれる．

局部壊死病斑（necrotic local lesion）病原体の侵入部位周辺の組織に形成される壊死性の病斑．

局部獲得抵抗性（local acquired resistance：LAR）局部誘導抵抗性ともいう．病原体の侵入部位周縁

の細胞に限って誘導される抵抗性．

局部感染（local infection）局所感染，局在感染ともいう．植物体の初期の感染部位周辺だけに限定される感染．

局部病徴（local symptom）局所病徴ともいう．病原体の最初の侵入部位や接種葉に生じる病徴．

局部病斑（local lesion）局所病斑ともいう．植物ウイルスなどの感染部位に形成される局所的な病斑で，壊死斑と退緑斑がある．植物の過敏感反応によって生じる．

局部病斑分離法（local lesion isolation）単一病斑分離法，単病斑分離法ともいう．一個の局部病斑を切り取り，その汁液を再度，局部病斑形成植物に接種することを繰り返すことによって，単一のウイルス系統を分離する方法．

局部病斑計数法（local lesion assay）接種葉に局部病斑を形成する検定植物を用い，生じた局部病斑数を計測することによってウイルス量を定量する方法．半葉法と対葉法がある．1929年のホルムス（F. Holmes, 米国）によるタバコモザイクウイルス（TMV）の *Nicotiana glutinosa* による局部病斑計数法の開発が，その後の植物ウイルスの定量的実験の先駆けとなった．→ 半葉法，対葉法

局部誘導抵抗性（local induced resistance：LIR）
→ 局部獲得抵抗性

許容細胞（permissive cell）ウイルスの増殖を許す細胞．

キレート剤（chelator, chelating reagent）金属イオンに配位して安定なキレート化合物をつくるイオンや分子．

キロダルトン（kilodalton：kDa, K）キロドルトンともいう．原子や分子の質量の単位のひとつ．1 kDa = 1,000 Da．

キロベース（kilobase：kb）核酸の塩基長の単位のひとつ．二本鎖の場合にはキロベースペア（kilobase pair：kbp）と表す．1 kb = 1,000 b（塩基）．

近縁交雑（relative mating, assortative mating）近縁交配ともいう．系統・品種間の交雑．

菌株保存機関（culture collection）ウイルス，細菌，菌類，培養細胞などの基準株を保存・配布する機関．

近交系（inbred line）近親交配を繰り返すことによって大多数の遺伝子座でホモ接合体になっている系統．

金コロイド抗体（colloidal gold-antibody）金コロイドで標識した抗体．

金コロイド染色（colloidal gold stain）膜上にブロットされたタンパク質を金コロイドで染色する方法．

金コロイド標識法（colloidal gold labeling, immunogold labeling）金コロイド抗体法，免疫金標識ともいう．抗体などのタンパク質を金コロイドで標識する方法．特定のタンパク質の細胞内局在の電子顕微鏡観察などに利用されている．

近親交配（inbreeding）明確な近親間での交配．

銀染色（silver staining）ゲル電気泳動後の核酸やタンパク質を銀粒子で染色する方法．

筋肉注射（intramuscular injection）筋肉内への注射．

菌類（fungus, fungi）真菌ともいう．真核生物で，菌界（Kingdom Fungi）のツボカビ門（Chtridiomycota），ケカビ亜門（Mucoromycotina），子嚢菌門（Ascomycota），担子菌門（Basidiomycota）に属する微生物の総称．現在では，従来，菌類に含まれていたネコブカビ類と卵菌類はいずれもクロミスタ界（Kingdom Chromista）に位置づけされているが，便宜上，広義にはこれらも菌類に含めて扱う．

菌類ウイルス（fungal virus, mycovirus）マイコウイルスともいう．菌類を宿主とするウイルス．その約9割のウイルスは二本鎖RNAをゲノムとする球状ウイルスである．菌類ウイルスは垂直伝染するが，その多くは菌糸融合などの場合を除いて水平伝染しない．キノコや発酵菌類などのウイルスが産業上の問題になるが，植物病原菌類でもイネいもち病菌（*Maganaporthe orizae*），イネ黄化萎縮病菌（*Sclerophthora macrospora*），クリ胴枯病菌（*Cryphonectria parasitica*），白紋羽病菌（*Rosellinia necatrix*）などをはじめ，多くの菌類のウイルスが知られており，その一部については植物菌類病防除への利用が試みられている．

菌類学（mycology）菌学，真菌学ともいう．菌類に関する学問分野．

菌類伝染（fungal transmission）菌類伝搬ともいう．植物ウイルスの菌類媒介による伝染．ウイルスの種と媒介菌類の種との間に媒介特異性がある．
→ 菌類伝搬性ウイルス，菌類ベクター

菌類伝搬性ウイルス（fungus-borne virus）菌類伝染性ウイルスともいう．菌類によって伝搬される植物ウイルス．アルファネクロウイルス属（*Alphanecrovirus*）3種，ベータネクロウイルス属（*Betanecrovirus*）3種，カルモウイルス属（*Carmovirus*）の中の数種，オフィオウイルス属（*Ophiovirus*）の中の4種，*Cucumber necrosis virus*（CNV），レタスビッグベイン随伴ウイルス（LBVaV）などのウイルスはフクロカビ科（Olpidiaceae）の *Olpidium* 属の菌によって，ベニウイルス属（*Benyvirus*）の中の3種，バイモウイル

ス属（*Bymovirus*）6種，フロウイルス属（*Furovirus*）6種，ペクルウイルス属（*Pecluvirus*）2種，ポモウイルス属（*Pomovirus*）4種のウイルスなどはネコブカビ科（Plasmodiophoraceae）の *Polymyxa* 属あるいは *Spongospora* 属の菌によって，それぞれ媒介される．伝搬様式には，植物体外で遊走子にウイルスを付着させるものと，植物体内で菌の生育中にその休眠胞子内にウイルスを取り込むものとがあり，前者は非永続性伝染，後者は永続性伝染をする．しかし，いずれの場合もウイルスは植物体外の遊走子あるいは休眠胞子から放出される遊走子の表面に付着するだけと考えられ，菌体内でのウイルスの増殖は認められない．菌類媒介の特異性はこの遊走子表面へのウイルス粒子の付着の可否によって決定される．

菌類ベクター（fungal vector）　植物ウイルスを媒介する菌類，菌界フクロカビ科（Olpidiaceae）の *Olpidium* 属，クロミスタ界ネコブカビ科（Plasmodiophoraceae）の *Polymyxa* 属および *Spongospora* 属の3属の土壌菌類が知られている．

ク

グアニル酸（guanylic acid）　→グアノシン一リン酸

グアニル酸転位酵素（guanylyltransferase）
→キャッピング酵素

グアニン（guanine：G, Gua）　DNAとRNAに含まれるプリン塩基．シトシン（C）と対合する．

グアニン-7-メチルトランスフェラーゼ（guanine-7-methyltransferase：MT）→メッセンジャーRNA グアニン-7-メチルトランスフェラーゼ

グアノシン（guanosine：G, Guo）　グアニンを含むリボヌクレオシドで，RNAを構成する4種のリボヌクレオシドのひとつ．

グアノシン一リン酸（guanosine monophosphate：GMP）　グアニル酸ともいう．グアノシンの5′位にリン酸1分子が結合したリボヌクレオチドで，RNAを構成する4種のリボヌクレオチドのひとつ．

グアノシン三リン酸（guanosine triphosphate：GTP）　グアノシンの5′位にリン酸3分子が連結したリボヌクレオチド．

クイントプルジーンブロック（quintuple gene block：QGB）　五重遺伝子領域．クロステロウイルス科（Closteroviridae）ウイルスのゲノムに共通の特徴的な遺伝子構造で，一部ずつオーバーラップして並ぶ5個のORFの集合部位．6 kDa膜結合タンパク質，熱ショックタンパク質70ホモログ（Hsp70h），〜60 kDaタンパク質，マイナー外被タンパク質（CPm），外被タンパク質（CP）のORFを含むが，それら翻訳産物のすべてが共同でウイルスの細胞間移行ならびに長距離移行に関わる．

クイントプルジーンブロックファミリー（quintuple gene block family：QGB family）
→移行タンパク質

クエン酸鉛（lead citrate）　電子顕微鏡観察用の生物試料の染色剤のひとつ．

クチクラ（cuticle）　角皮ともいう．植物や昆虫などの外表面を覆う硬質の膜様構造．

クチナーゼ（cutinase）　クチン分解酵素．

クチン（cutin）　植物のクチクラを形成する脂質重合物質．

屈曲性棒状粒子（flexuous rod-shaped particle）　屈曲した棒状の粒子．

クマジーブリリアントブルー（Coomassie brilliant blue：CBB）　タンパク質の染色剤のひとつ．

組換え（recombination）　遺伝的組換えともいう．染色体あるいは核酸分子が切断された後，2つの染色体あるいは核酸分子間で断片がつなぎ換えられること．細胞内で起こる組換えと遺伝子工学による組換えとは機構が異なるが，広義には後者も含まれる．

組換えRNA（recombinant RNA）　異種のRNA断片が結合したRNA分子．

組換えウイルス（recombinant virus）　遺伝子組換え技術によって作製されたウイルス．

組換え核酸（recombinant nucleic acid）　細胞外核酸加工技術（遺伝子工学）により得られた核酸またはその複製物．

組換え植物（transgenic plant）
→遺伝子組換え植物

組換え体（recombinant）　リコンビナントともいう．組換えDNAあるいはそれを含む生物体．

組換えタンパク質（recombinant protein）　組換え核酸由来のタンパク質．

組換えDNA（recombinant DNA）　異種のDNA断片が結合したDNA分子．

組換えDNA技術（recombinant DNA technology）
→遺伝子工学

組換えDNA実験（recombinant DNA experiment）
→遺伝子組換え実験

組換えワクチン（recombinant vaccine）　遺伝子組換えによって作製されたワクチン．

組込み（integration）　挿入ともいう．ウイルスDNAあるいはその他のDNA配列の両端が宿主DNAに共有結合でつながった状態で挿入されること．

組込み体（integrant）　インテグラントともいう．宿

主ゲノムに組込まれたウイルスDNAあるいはそれを含む生物体.

クライオ電子顕微鏡(cryo-electron microscope：Cryo-EM) →極低温電子顕微鏡

グライコミクス(glycomics) 糖質科学,糖鎖生物学ともいう.グライコームに関する学問分野.
　→グライコーム

グライコーム(glycome) 1つの生物種の全糖質.

クラインシュミット法(Kleinschmidt's method) タンパク質単分子膜法ともいう.核酸分子の電子顕微鏡観察法のひとつ.シトクロムCなどのタンパク質単分子膜上に核酸分子を展開し,酢酸ウラニルやリンタングステン酸でポジティブ染色するか,あるいは回転真空蒸着を施した後に透過型電子顕微鏡で観察する.タンパク質の代わりに界面活性剤のベンジルジメチルアルキルアンモニウムクロリド(BAC)を用いる方法をBAC法とよぶ.

クラウンゴール(crown gall) →根頭がん腫

クラスター(cluster) 群.相互に類似性をもつ集団.

グラナ(grana) 葉緑体の内膜系でラメラが積み重なった層状構造.

クランプ法(clump technique) 免疫電子顕微鏡法のひとつ.ウイルス感染葉の葉片を希釈抗体液中で磨破後に,この磨破液を支持膜上にとり,ネガティブ染色してウイルス粒子の凝集塊を電子顕微鏡観察する方法.

クリオスタット(cryostat) →凍結ミクロトーム

グリカン(glycan) →多糖

グリコシル化(glycosylation) →糖鎖付加

グリコプロテイン(glycoprotein) →糖タンパク質

クリステ(crista) ミトコンドリアの内膜と連続し,内部に陥入したひだ状あるいは管状の構造体.

CRISPR/Casシステム(クリスパー/キャスシステム：clustered regularly interspaced short palindromic repeats-CRSPR associated proteins system) 細菌が細胞内でファージなどの外来遺伝子の二本鎖DNAを塩基配列特異的に切断・除去する機構.侵入外来DNAの断片化とその細菌ゲノムのクリスパー領域への導入,再侵入した同一が以来DNAに対するクリスパー領域から転写された低分子RNA(crRNA)を介した切断という過程からなる獲得免疫系で,人為的なゲノム編集技術に応用されている. →ゲノム編集

グリッド(grid) メッシュともいう.透過型電子顕微鏡による試料観察のための格子状の金属製支持網.各種のメッシュサイズがあり,通常は銅製のものを使用するが,免疫電子顕微鏡法などでは腐食しにくいニッケル製のものを用いる.

クリプトウイルス(cryptovirus) 潜伏ウイルス.
　→植物クリプトウイルス

クリプトープ(cryptotope) タンパク質の分子や粒子の内部に隠れているエピトープ.分子や粒子の分解に伴って抗原活性を現す.

グリーンアイランド(green island) モザイクや輪点の病徴の中で退緑していない部分.この部分と退緑部との境界部分では宿主のウイルスに対する強力なRNAサイレンシング作用が働いている.
　→RNAサイレンシング

クリンクル(crinkle) 縮葉ともいう.葉に細かく不規則な凹凸が生じる病徴.

クリーンベンチ(clean bench) 無菌実験台.無菌操作のために無菌の空気が内部に送り込まれる機構を備えた箱状の実験台.

クリーンルーム(clean room) →無菌室

グルカナーゼ(glucanase) グルカンを加水分解する酵素の総称.

グルカン(glucan) D-グルコースから構成される多糖の総称.

グルコース(glucose) 生細胞の代謝で主要な役割を果たす六炭糖.

グルタチオン(glutathione：GSH) グルタミン酸,システイン,グリシンがペプチド結合したトリペプチド.

グルタチオンSトランスフェラーゼ(glutathione S transferase：GST) グルタチオン転移酵素.タンパク質のアフィニティー精製用のタグのひとつとして融合タンパク質の形で利用される.

グルタールアルデヒド(glutaraldehyde：GA) 電子顕微鏡用の生物試料の固定剤のひとつ.

クレード(clade) 完系統,単系統ともいう.単一の祖先種から分岐したすべての子孫種あるいは核酸配列の群.

グロースキャビネット(growth cabinet, growth chamber) グロースチャンバーともいう.植物生育用人工気象器.

クロステロウイルスMPファミリー(Closterovirus MP family) クイントプルジーンブロックファミリー,QGBファミリーともいう. →移行タンパク質

クロストーク(cross talk) →相互応答

クロスプロテクション(cross protection)
　→干渉作用

クローニング(cloning) クローン化ともいう.クローンを得ること.

クローニングベクター(cloning vector) 目的のDNAを挿入し,宿主細胞中で維持・増殖するた

めのベクター．

クロマチン（chromatin）染色質．真核生物の核内に存在する，DNAとヒストンを主成分とする複合体．細胞分裂期には凝縮して染色体を構成し，間期には脱凝縮した状態で存在する．

クロマチン免疫沈降（chromatin immuno-precipitation：ChIP）特定のタンパク質と結合した染色体DNAを，結合タンパク質に対する抗体で沈降・単離する方法．

クロマトグラフィー（chromatography）液体や気体の移動相中の物質成分が，セルロース，シリカゲル，アガロースゲルなどの固定相(担体)の表面あるいは内部を通過する過程で分離されることを利用した物質の精製技法．

クロモソーム（chromosome）→染色体

クロモソームウォーキング（chromosome walking）→染色体歩行

クロモソームペインティング（chromosome painting）→染色体彩色

クロラムフェニコール（chloramphenicol）原核細胞ならびにミトコンドリアと葉緑体におけるタンパク質生合成の阻害剤のひとつ．

クロラムフェニコールアセチルトランスフェラーゼ（chloramphenicol acetyltransferase：CAT）クロラムフェニコールをアセチル化して不活化する酵素．

クローロシス（chlorosis）退緑ともいう．葉緑体の変性や葉緑素の減少によって緑色部が黄緑色～黄色～白色に退色する病徴．

クロロフィル（chlorophyll）葉緑素ともいう．光合成生物がもつ主要な同化色素．

クロロプラスト（chloroplast）→葉緑体

クロロホルム（chloroform）植物ウイルスの精製や核酸抽出の際などに用いる有機溶媒のひとつ．麻酔作用がある．

クローン（clone）同一の起源と均一な遺伝情報をもつ核酸，細胞あるいは個体の集団．

クローン植物（clone plant, clonal plant）同一の起源と均一な遺伝情報をもつ植物の集団．

クワジスピーシーズ（quasi-species）→準種

ケ

K（kilodalton：kDa）→キロダルトン

蛍光（fluorescence）ある波長の光を吸収した分子が放つより長波長の光．

蛍光インシトゥハイブリダイゼーション（fluorescent *in situ* hybridization：FISH）蛍光標識した核酸プローブを用いたインシトゥハイブリダイゼーション．→インシトゥハイブリダイゼーション

蛍光活性化セルソーター（fluorescence-activated cell sorter：FACS）蛍光標識した分離細胞の集団から特定の細胞を選別・分取する装置．

蛍光基質（fluorogenic substrate）酵素の作用によって蛍光を発する基質．

蛍光キャピラリーDNAシーケンサー（fluorescent capillary DNA sequencer）4種の蛍光標識ジデオキシリボヌクレオシド三リン酸とキャピラリー電気泳動を利用したジデオキシ法によるDNA塩基配列解析装置．現在，最も普及している装置である．

蛍光共鳴エネルギー移動法（fluorescence resonance energy transfer：FRET）近接した2個の蛍光分子の間で励起エネルギーが電子の共鳴により直接移動する現象を利用して，2種のタンパク質にそれぞれ異なる蛍光タンパク質を融合標識して細胞内の両タンパク質間の相互作用を解析する技法．両者が10nm以下に近接して存在すれば検出できる．

蛍光顕微鏡（fluorescence microscope：FM）細胞や組織に紫外線などの励起光を照射して，蛍光色素で染色した試料の発する蛍光を観察する顕微鏡．励起光の照射法に透過式と落射式がある．

蛍光抗体法（fluorescent antibody technique, immunofluorescence：IF）免疫蛍光法ともいう．抗体を蛍光色素で標識して抗原を検出する方法．一次抗体を標識する直接法と，一次抗体に対する二次抗体を標識する間接法とがある．

蛍光色素（fluorescent dye）核酸，タンパク質あるいは細胞を蛍光染色するための色素．

蛍光タンパク質再構成法（bimolecular fluorescence complementation：BiFC）→二分子蛍光相補法

蛍光板（fluorescent screen）蛍光物質を塗布した板．X線，紫外線，電子線などにより可視光線を発する．透過型電子顕微鏡像を可視化するために用いられる．

蛍光標識プローブ（fluorescence labeled probe）蛍光色素で標識したプローブ．→プローブ

蛍光プローブ（fluorescent probe）蛍光の特性を利用して生体物質の性質を調べる物質．蛍光標識プローブの意で用いる場合もある．

蛍光分光光度計（spectrofluorometer, fluorophotometer）物質の蛍光の励起スペクトルと蛍光スペクトルを測定する装置．

形質転換（transformation）DNA分子が直接あるいはベクターを介して受容細胞に取り込まれ，その細胞中で組換えが起こること．

形質転換株（transformant）形質転換体ともいう．形質転換した細胞あるいは個体の株．

形質転換植物（transformed plant）
→遺伝子組換え植物

形質導入（transduction）DNA分子がファージを介して供与菌から受容菌に受け渡されること．

形質発現（gene expression）→遺伝子発現

形質マーカー（trait marker）形態，色，生理的形質，アイソザイム，タンパク質，二次代謝産物などの表現形質から遺伝子を同定できる遺伝マーカー．

形成層（cambium）茎および根の木部と篩部との間にある分裂組織で，通常，内方に木部，外方に篩部を形成する．

形態学（morphology）生物の形態に関する学問分野．

形態形成（morphogenesis）[1]生物の発生で新たな形態が生じてくる過程．[2]ウイルス粒子などにおいて，生体高分子の自己集合によって，高次の構造体が形成される過程．

形態単位（morphological unit）電子顕微鏡で識別できるウイルス粒子の形態の単位でキャプソメアと同義．→キャプソメア

経代注射（serial injection, serial passage）保毒虫の磨砕液を健全虫に注射して保毒させ，さらにその保毒虫の磨砕液を健全虫に注射するという操作を何代かにわたって繰り返す方法．これによってウイルスの虫体内増殖の有無を検定できる．

経代培養（subculture）培養した微生物，細胞あるいは組織を新たな培地に無菌的に移植して培養すること．

茎頂培養（shoot apex culture, apical meristem culture）→成長点培養

茎頂分裂組織（shoot apical meristem）植物の茎頂の分裂組織．

kDa（kilodalton）→キロダルトン

系統（strain, isolate, line）微生物やウイルスでは株，分離株ともいう．同一種内で分化した安定で均一な遺伝形質をもつ個体群．植物ウイルスでは，宿主範囲と病徴，血清学的類縁関係，ゲノムの塩基配列の相同性などを基準として系統が分けられている．

系統育種（pedigree breeding）交雑育種のひとつ．自殖性植物について交雑と個体選抜を繰り返して最終的に遺伝的に固定した優良な純系品種を育成する育種法．

Gateway DNAクローニング法（Gateway DNA cloning）制限酵素やリガーゼを用いずにDNAを一方向にベクターに接続するクローニング法のひとつ．

系統樹（dendrogram, phylogenetic tree, genealogical tree）生物の進化系統関係を表した図．塩基配列やアミノ酸配列の類縁性から求めた系統樹は分子系統樹という．

系統特異的抵抗性（race-specific resistance）レース特異的抵抗性ともいう．→真性抵抗性

系統発生（phylogeny）系統進化ともいう．生物の種または群の進化の歴史．

系統非特異的抵抗性（race-nonspecific resistance）レース非特異的抵抗性ともいう．→圃場抵抗性

系統／品種特異的抵抗性（race/cultivar-specific resistance）→真性抵抗性

系統／品種非特異的抵抗性（race/cultivar-nonspecific resistance）→圃場抵抗性

系統分類（phylogenetic classification）系統発生に基づく生物の分類．

kb（kilobase）→キロベース

経卵伝染（transovarial transmission）経卵伝搬ともいう．媒介動物の卵を通じての病原体の次世代への伝染．ファイトレオウイルス属（*Phytoreovirus*）の3種，テヌイウイルス属（*Tenuivirus*）の中の3種，植物ラブドウイルスの中の3種のウイルスなどがそれらの媒介昆虫で経卵伝染する．

経齢伝染（transstadial transmission）経齢伝搬ともいう．媒介昆虫が脱皮による齢を重ねてもウイルスを保毒し続けていること．循環型伝染ウイルスが示す性質である．

激度（severity）病気の激しさの程度．

欠陥RNA（defective RNA：D RNA）
→欠陥干渉RNA

欠陥ウイルス（defective virus）→不完全ウイルス

欠陥干渉RNA（defective interfering RNA：DI RNA）親ウイルスRNAゲノムの一部を欠失し，親ウイルスゲノムの複製に干渉作用を示すRNA．干渉作用を示さない場合には欠陥RNAという．トンブスウイルス科（*Tombusviridae*），ブロモウイルス科（*Bromoviridae*）など多くの植物RNAウイルスで認められている．

欠陥干渉ウイルス（defective interfering virus：DI virus, DIV）欠陥干渉粒子ともいう．完全なウイルスゲノムの代わりに欠陥干渉RNAあるいは欠陥干渉DNAを含むウイルス粒子．その複製は親ウイルスに依存し，干渉作用を示す．

欠陥干渉核酸（defective interfering nucleic acid）
→欠陥干渉RNA, 欠陥干渉DNA

欠陥干渉DNA（defective interfering DNA：DI DNA）親ウイルスDNAゲノムの一部を欠失し，親ウイ

ルスゲノムの複製に干渉作用を示す DNA. 干渉作用を示さない場合には欠陥 DNA という. ジェミニウイルス科 (*Geminiviridae*) のウイルスなどで認められている.

欠陥干渉粒子 (defective interfering particle：DI particle, DIP) → 欠陥干渉ウイルス

欠陥 DNA (defective DNA：D DNA)
　　→ 欠陥干渉 DNA

血球計算盤 (hemacytometer) 血球や培養細胞などの細胞の数を計測するための実験器具. 目盛りの刻みと計算室の深さによっていくつかの種類がある.

結合部位 (binding site) タンパク質や核酸の分子上で, 他の分子が共有結合以外の結合で相互作用する領域.

欠失 (deletion) 既存の DNA 配列あるいは RNA 配列から一部の塩基が欠けること.

結晶状封入体 (crystalline inclusion, crystalline inclusion body) ウイルス感染細胞の核内, 細胞質内, あるいは液胞内で多数のウイルス粒子が針状, 束状あるいは多角体状の結晶として集積した封入体. ポティウイルス属 (*Potyvirus*) のウイルスで核内に認められる NIa および NIb タンパク質からなる結晶状封入体やトスポウイルス属 (*Tospovirus*) のウイルスで細胞質内に認められる NSs タンパク質を含む半結晶状封入体など, ウイルス粒子以外のウイルス由来タンパク質が結晶化する例もある.

血清 (serum) 血液から血球などの凝固成分 (血餅) を取り除いた液性成分.

血清学 (serology) 血清とその反応などの免疫学的現象に関する学問分野.

血清学的識別指数 (serological differentiation index：SDI) 2 種の抗原間の交差反応の程度を表す指数.

血清学的診断法 (serological diagnosis)
　　→ 血清診断法

血清学的性状 (serological properties) 血清学的類縁関係.

血清型 (serotype) 同種の微生物やウイルスの抗原構造の違いに基づく類別.

血清診断法 (serological diagnosis) 血清学的診断法ともいう. 抗血清を用いた診断法. 二重免疫拡散法, 酵素結合抗体法 (ELISA) とその変法の DIBA, ウエスタンブロット法およびティッシューブロット法, ラテックスを併用するラテックス凝集反応とその変法の RIPA, 蛍光抗体法, さらに免疫電子顕微鏡法などの各種の技法がある.

結像レンズ系 (imaging lens system) 透過型電子顕微鏡の対物/中間/投影レンズ.

血体腔 (hemocoel) 節足動物などの体内の組織・器官の間にみられる不規則な間隙. これらの動物は開放血管系をもち, 血液は血リンパとしてこの組織間隙を流れるために血体腔とよばれる.

血リンパ (hemolymph) 節足動物などの血体腔を流れる体液.

解毒 (detoxification, detoxication) 病原体の毒素などの有害な毒性物質を分解あるいは変換して無毒化すること.

解毒酵素 (detoxification enzyme, detoxication enzyme) 病原体の毒素などの有害な毒性物質を分解あるいは変換して無毒化する酵素.

ゲノミクス (genomics) ゲノム学ともいう. ゲノムの構造と機能に関する学問分野. → ゲノム

ゲノミッククローン (genomic clone, genomic DNA clone) ゲノム DNA クローンともいう. 細胞核内の染色体 DNA から作製した DNA クローン.

ゲノミック DNA ライブラリー (genomic DNA library, genome library, gene library) ゲノム DNA ライブラリー, ゲノムライブラリー, 遺伝子ライブラリーともいう. 単一の生物種の全ゲノム DNA 断片をベクターに組み込んで増殖・保存したゲノム DNA クローンの集合体.

ゲノム (genome) 1 つの生物種の全遺伝情報.

ゲノム RNA (genome RNA, genomic RNA) ゲノムを構成する RNA.

ゲノム育種 (genomic breeding) 分子育種と同義. ゲノム情報に基づく育種. ゲノム情報に基づく DNA マーカー育種と遺伝子組換え育種を含む. → DNA マーカー育種, 遺伝子組換え育種

ゲノムインシトゥハイブリダイゼーション (genomic *in situ* hybridization：GISH) 一倍体あるいは二倍体のゲノム DNA 全体を蛍光標識プローブとして, 倍数体のゲノム構成を識別するインシトゥハイブリダイゼーション.

ゲノムインプリンティング (genomic imprinting) 遺伝的刷込みともいう. DNA のメチル化によって父親と母親由来の遺伝子が異なる発現レベルを示す現象.

ゲノム解析 (genome analysis) ゲノム分析ともいう. ゲノムの構成, 遺伝子構造, 全塩基配列などを明らかにすること.

ゲノム核酸 (genomic nucleic acid) ゲノムを構成する DNA あるいは RNA.

ゲノム活性化 (genome activation) ウイルス学では, ウイルスキャプシドタンパク質 (CP) などの存在がウイルスゲノムの複製などを促進する現

象を指す．アルファモウイルス属（*Alfamovirus*），イラルウイルス属（*Iralvirus*），イデオウイルス属（*Idaeovirus*）などのウイルスで認められている．

ゲノム結合タンパク質（genome-linked protein, genome-linked viral protein, viral protein genome-linked, viral protein g：VPg）　ゲノム結合ウイルスタンパク質ともいう．ウイルスRNAの5′末端に結合するウイルス由来のタンパク質．ポティウイルス科（*Potyviridae*），セコウイルス科（*Secoviridae*），ポレロウイルス属（*Polerovirus*），エナモウイルス属（*Enamovirus*），ソベモウイルス属（*Sobemovirus*）など，キャップ構造を欠く多くのプラス一本鎖ウイルスRNAで認められ，ウイルスRNAの複製や翻訳あるいは移行などに重要な働きをする．

ゲノム構成（genome constitution）　生物種の保有するゲノムの種類と数．

ゲノム構造（genome structure）　ゲノム構成，遺伝子構造，全塩基配列などゲノムの全体的な構造．

ゲノムサイズ（genome size）　半数体あたりのゲノムの塩基対数．ウイルスゲノムの場合はその全塩基数または全塩基対数．

ゲノム再編成（genome rearrangement, genome reassortment）→再編成

ゲノムシーケンシング（genome sequencing）　ゲノム核酸の全塩基配列を決定すること．数百〜数千Mb以上のゲノムの全塩基配列の決定法には，階層的ショットガンシーケンシング法と全ゲノムショットガンシーケンシング法とがある．

ゲノム地図（genome map, genomic map）　ある生物種の全遺伝情報を記した遺伝子地図．

ゲノムDNA（genome DNA）　ゲノムを構成するDNA．

ゲノムDNAクローン（genomic DNA clone）→ゲノミッククローン

ゲノムDNAライブラリー（genomic DNA library）→ゲノミックDNAライブラリー

ゲノムの互換性（genome compatibility）　多分節ゲノムをもつ同一ウイルス種の系統間あるいは近縁ウイルス種間での各分節ゲノムの互換性．

ゲノム編集（genome editing）　ゲノム上の任意の標的配列に対して，ジンクフィンガーヌクレアーゼ，TALEN，CRISPR/Casシステムなどを用いてその配列を削除あるいは改変する遺伝子工学技術．→ジンクフィンガーヌクレアーゼ，TALEN，CRISPR/Casシステム

ゲノムマスキング（genomic masking）→トランスエンキャプシデーション

ゲノムマッピング（genome mapping）　ゲノム地図を作成すること．

ゲノムライブラリー（genome library）→ゲノミックDNAライブラリー

ゲノムワイド（genome-wide）　ゲノム全域にわたる．

ケミカルバイオロジー（chemical biology）　化学的手法や観点で生命現象を解明する学問分野．

ケミルミネッセンス（chemiluminescence）→化学発光

ゲランガム（gellan gum）　ジェランガムともいう．水溶性高分子多糖のひとつ．植物組織培養や寒天ゲル内拡散法などにおいて寒天の代わりに利用される．

ゲルシフトアッセイ（gel shift assay, gel-mobility shift assay）　ゲルシフト法ともいう．核酸とタンパク質との相互作用解析法のひとつ．標識核酸とタンパク質を混合して未変性ゲルで電気泳動すると，タンパク質と結合した核酸は移動度が小さくなるため，結合タンパク質の存在と核酸の結合部位が明らかになる．

ゲル電気泳動（gel electrophoresis）　ゲルを担体とする電気泳動．

ゲル内二重拡散法（gel double diffusion）→二重免疫拡散法

ゲルろ過クロマトグラフィー（gel filtration chromatography）　ゲル粒子を固定相に用いる液体クロマトグラフィー．タンパク質などの高分子物質の分析・分離・精製に利用される．

圏外生物学（exobiology）→宇宙生物学

限外沪過（ultrafiltration：UF）　孔の大きさが2〜200 nmの沪過膜を用いて，溶液の濃縮あるいは溶液からの微粒子の除去を行うこと．

原核生物（prokaryote, procaryote）　核膜を欠く単細胞生物．細菌と古細菌が含まれる．

原形質（protoplasm）　細胞のうち細胞膜以外の核と細胞質の部分．

原形質体（protoplast）→プロトプラスト

原形質分離（plasmolysis）　植物細胞の細胞質が高張液中で収縮して細胞膜が細胞壁から分離する現象．

原型質膜（plasma membrane, plasmalemma）→細胞膜

原形質流動（protoplasmic streaming, cytoplasmic streaming）　細胞質流動ともいう．植物細胞で見られる細胞質の液層の流動運動．

原形質連絡（plasmodesma, plasmodesmata：PD）→プラズモデスマータ

原原種(foundation seed) 原種のもととなる種子・種苗.

原原種農場(foundation seed farm) 原原種を生産する農場. ウイルスフリーの原原種株などもここで生産される.

顕在感染(apparent infection) 発病して病徴が顕在化する感染.

原子間力顕微鏡(atomic force microscope：AFM) 走査型プローブ顕微鏡(SPM)のひとつ. 試料と探針の間に働く原子間力を検出して画像を得る.

原種(original seed, stock seed) [1]品種改良以前の野生種や在来種の総称. [2]育成種の種子・種苗を採るために生産する種子・種苗.

原種農場(stock seed farm) 原種となる種子・種苗を生産する農場.

減数分裂(meiosis) 真核生物の生殖細胞の分裂様式. 二倍体細胞から一倍体細胞が生じる.

減生(hypoplasia) 成長が阻害される病徴.

原生動物ウイルス(protozoal virus) 原生動物を宿主とするウイルス. これまでに二本鎖DNAウイルスで超大型球状(径750 nm)の *Mimivirus* 属など2属3種, および二本鎖RNAウイルスで小型球状(径33 nm)の *Leishmaniavirus* 属など4属16種のウイルスが認められている.

健全種苗(healthy seedling) 病気にかかっていない正常な種苗.

健全植物(healthy plant) 病気にかかっていない正常な植物.

懸濁培養(suspension culture) 細胞を液体培地の中に浮遊させた状態で増殖させる培養.

懸濁培養細胞(suspension-cultured cell) 懸濁培養した細胞.

検定植物(test plant, assay plant) 病原体の診断や同定のために感染試験に供試される植物. 野菜や草花などのウイルスの汁液接種による検定には, タバコ(本葉5〜7葉期), *Nicotiana benthamiana* (本葉5〜7葉期), ペチュニア(本葉5〜7葉期), *Physalis floridana*(本葉5〜7葉期), トマト(本葉2〜3葉期), *Datura stramonium*(本葉2〜3葉期), ホウレンソウ(本葉2〜4葉期), フダンソウ(本葉2〜4葉期), *Chenopodium amaranticolor*(5〜6葉期以降の展開葉), *C.quinoa*(5〜6葉期以降の展開葉), センニチコウ(本葉2〜3葉期), ダイコン(本葉2〜3葉期), カブ(本葉2〜3葉期), エンドウ(2〜3節葉期), ソラマメ(2〜3節葉期), インゲンマメ(本葉伸長前の初生葉), ササゲ(本葉伸長前の初生葉), キュウリ(本葉伸長前の子葉), カボチャ(本葉伸長前の子葉), ヒャクニチソウ(2〜4節葉期), ツルナ(本葉6〜8葉期)などがよく用いられる. ( )内は接種の適期を示す.

顕微鏡的病徴(microscopic symptom) 顕微鏡で見える病徴.

顕微操作(micromanipulation) 光学顕微鏡下で微生物, 培養細胞, 成長点あるいは卵などを操作すること.

顕微注射(microinjection)
→マイクロインジェクション

コ

コア(core, inner core, inner capsid, inner shell) 内殻ともいう. 二重殻構造をとるウイルス粒子の内殻. 三重殻構造の場合はその最内殻を指す.

コアタンパク質(core protein) ウイルス粒子のコアを構成するタンパク質.

コアプロモーター(core promoter) DNAあるいはウイルスRNAの転写開始点前後の領域でプロモーターの主要部位.

コイルドコイル構造(coiled-coil structure：CC structure) タンパク質分子中の複数のαヘリックスが互いに巻き付いて形成される多重らせん構造.

綱(class, classis) 生物の階層分類体系において, 門の次下位, 目の上位におかれる基本的階級.

高圧滅菌(high pressure sterilization) 水蒸気加圧により120℃程度で20〜30分間程度処理する滅菌法.

抗ウイルス剤(antiviral substance, antiviral agent, virucide, virus inhibitor) ウイルス阻害剤ともいう. ウイルスの感染・増殖を阻害する化学物質. 医学領域では優れた各種の抗ウイルス剤が実用化されているが, 植物ウイルスに対する実用的薬剤は未だにない. →抗植物ウイルス剤

恒温器(incubator) 定温器, 培養器, インキュベーターともいう. 一定の温度を保つ容器. 一般に空気の温度を保つものをいうが, 水槽の温度を保つものも含まれ, この場合には恒温槽ともいう.

光学顕微鏡(optical microscope) 可視光を光源とし, 集光レンズ, 対物レンズ, 接眼レンズを組合せて物体を拡大観察する装置. 一般の光学顕微鏡のほかに, 位相差顕微鏡, 微分干渉顕微鏡, 蛍光顕微鏡, 倒立顕微鏡, 実体顕微鏡など, 標本や使用目的によって各種の顕微鏡がある.

後期(anaphase) 有糸分裂の中期と終期の間の時期. 姉妹染色体が赤道面から両極への分離をはじめ, 両極に達した娘染色体群のまわりに核膜の再形成がはじまる.

抗菌性ペプチド（antimicrobial peptide）抗菌ペプチドともいう．微生物に対する殺菌あるいは静菌作用を示すペプチド．

恒久的発現（permanent expression）→安定発現

抗血清（antiserum）抗体を含む血清．

抗血清の力価（antiserum titer）抗血清価ともいう．抗血清が抗原と反応し得る最大希釈度．

抗原（antigen：Ag）免疫応答によって特異的抗体の産生を誘起する物質．

抗原過剰（antigen excess）抗体に対する抗原の量が過剰なこと．このために沈降反応や凝集反応が抑制される．

抗原決定基（antigen determinant, epitope）エピトープともいう．抗原分子上の抗体との結合部位．

抗原抗体反応（antigen-antibody reaction）抗原と抗体との特異的結合反応．

抗原性（antigenicity, immunogenicity）免疫原性ともいう．抗体産生を誘導する性質．

光合成（photosynthesis）生物が光のエネルギーにより炭酸を同化して有機物を合成する過程．

交叉（crossover, crossing over）乗換えともいう．減数分裂の時に起こる染色体 DNA 間の相互交換．

交叉耐性（cross protection）→干渉作用

交雑（cross, crossing, hybridization）遺伝的組成の異なる2個体間の交配．→交配

交雑育種（cross breeding, hybridization breeding）交雑した雑種集団から育種目標に適った系統を選抜・固定する育種法．自殖性植物の系統育種や集団育種，種子繁殖植物や栄養繁殖植物の雑種強勢育種などがある．

交叉反応（cross reaction）交差反応とも表し，免疫交叉反応ともいう．ある抗原に対する抗体が別の抗原とも結合する反応．

交叉防御（cross protection）→干渉作用

耕種的防除（cultural control）一般に，作物の栽培管理や圃場衛生管理などによる病害虫防除法を指すが，抵抗性品種や抵抗性台木の利用なども含まれる．植物ウイルス病の場合には，健全種苗の利用や媒介生物の制御などがとりわけ重要である．

恒常的形質発現（constitutive expression）
　→構成的形質発現

抗植物ウイルス剤（anti-plant viral substance, plant virus inhibitor）植物ウイルス阻害剤ともいう．植物ウイルスの感染・増殖を阻害する化学物質．現在，アルギン酸ナトリウムなどウイルスの植物体への侵入を阻止する薬剤はあるが，8-アザグアニンや2-チオウラシルなどウイルスの増殖を阻害する薬剤は薬害が激しいことから実用化されていない．

口針（stylet）吸汁性昆虫あるいは植物寄生性線虫などの口部にある針状の吸汁器官．

口針型伝染（stylet-borne transmission）口針伝搬ともいう．→非循環型・非永続性伝染

口針伝搬性ウイルス（stylet-borne virus）昆虫伝搬性ウイルスのうちで口針型伝染（非循環型・非永続性伝染）をするウイルス．

校正（proofreading）→プルーフリーディング

合成期（synthetic phase, synthetic period）[1] S 期と同義．[2] ウイルスが暗黒期を経て，急激に増殖する時期．増殖期ともいう．→暗黒期

合成生物学（synthetic biology）構成生物学ともいう．新しい生命機能あるいは生命システムを人工的にデザインして構成することを目的とした学問分野．

構成的形質発現（constitutive expression）恒常的形質発現ともいう．遺伝子の恒常的な発現．

後成的修飾（epigenetics）→エピジェネティックス

構成的抵抗性（constitutive resistance）
　→静的抵抗性

合成培地（synthetic culture medium, synthetic medium）化学薬品のみから調製した培地．

抗生物質（antibiotics）微生物が産生し，ほかの微生物の生育を抑制する物質の総称．

酵素（enzyme）各種の生化学反応の触媒活性を有するタンパク質の総称．

構造遺伝子（structural gene）調節領域以外でタンパク質や RNA をコードする遺伝子領域．

構造ゲノミクス（structural genomics）生体の全タンパク質の三次元構造を解析する学問分野．

構造生物学（structural biology）生体高分子の機能をその立体構造から解明することを目的とした学問分野．

構造単位（structural unit）ウイルス粒子のキャプソメアあるいはキャプシドを構成する外被タンパク質サブユニット．→キャプソメア

構造タンパク質（structural protein）[1] 生体内で主に構造・形態の形成・維持に関わるタンパク質．[2] ウイルス粒子を構成するタンパク質．

高速液体クロマトグラフィー（high-performance liquid chromatography：HPLC）高圧をかけて高速で物質を分離するカラムクロマトグラフィー．

高速遠心機（high-speed centrifuge）冷却下に高速で回転可能で，最高で毎分3万回転，重力加速度10万 g 程度までが得られる遠心機．

酵素結合抗体法（enzyme-linked immunosorbent assay：ELISA）→エライザ法

酵素抗体法（enzyme-labeled antibody technique）
→酵素免疫検定法

酵素標識抗体法（enzyme-labeled antibody technique）→酵素免疫検定法

酵素免疫検定法（enzyme immunoassay：EIA）エンザイムイムノアッセイ，酵素標識抗体法，酵素結合抗体法，酵素抗体法ともいい，酵素標識抗体を用いた抗原の検出・定量法の総称だが，一般には，そのうちのひとつの技法であるエライザ法を指す場合が多い．→エライザ法

抗体（antibody：Ab）抗原と特異的に結合する免疫グロブリン．抗体には複数のエピトープ（抗原決定基）を認識する抗体の混合物であるポリクローナル抗体と，1つのエピトープだけを認識するモノクローナル抗体とがある．→免疫グロブリン

抗体過剰（antibody excess）抗原に対する抗体の量が過剰なこと．このために沈降反応や凝集反応が抑制される．

抗体作製法（preparation of antibodies）ポリクローナル抗体は，植物ウイルスなどの精製した抗原をウサギ，マウス，ヤギなどに一定間隔で数回注射した後に採血すると，その血清中に含まれる．モノクローナル抗体は，抗原を免疫したマウスの抗体産生細胞を骨髄腫細胞（ミエローマ）と細胞融合させて自律増殖能をもつ抗体産生融合細胞（ハイブリドーマ）を作製した後，目的の抗体を産生している単一のハイブリドーマクローンを選抜・増殖することによって生産する．現在では，大腸菌で生産した組換えタンパク質を抗原として用いたり，抗体遺伝子をファージや動物培養細胞で発現させることによってモノクローナル抗体を生産することもできる．

抗体の力価（antibody titer）抗体価ともいう．抗体が抗原と反応し得る最大希釈度．

後腸（hindgut）節足動物などの消化管の後半部分．

高張液（hypertonic solution）浸透圧の高い液．

剛直性棒状粒子（rigid rod-shaped particle）剛直な棒状の粒子．

後天性免疫（acquired immunity）→獲得抵抗性

交配（cross, crossing, mating）2個体間で有性生殖を行うこと．

高ヒドロキシプロリン糖タンパク質（hydroxyproline-rich glycoprotein）
→ヒドロキシプロリンリッチ糖タンパク質含量の高いタンパク質

孔辺細胞（guard cell）高等陸生植物の気孔の開口部を挟む1対の細胞．

酵母（yeast）広義には単細胞菌類の総称．一般的には出芽酵母のひとつの Saccharomyces cerevisiae を指す．

酵母-植物ウイルス感染実験系（yeast-plant virus infection system）出芽酵母（Saccharomyces cerevisiae）あるいは分裂酵母（Schizosaccharomyces pombe）を用いた植物ウイルスのモデル感染実験系．酵母のゲノム情報や各種変異株を利用した宿主因子の解析などができるきわめて有用なウイルス感染実験系で，その無細胞実験系も開発されているが，感染可能な植物ウイルスはブロモウイルス属（Bromovirus），トンブスウイルス属（Tombusvirus），ジェミニウイルス科（Geminiviridae）などの一部のウイルスに限られる．

酵母人工染色体（yeast artificial chromosome：YAC）酵母の複製開始点，セントロメアおよびテロメアをもつ人工的に合成された DNA 分子．1 Mb 以上の巨大な DNA 断片のクローニングにベクターとして利用される．

酵母スリーハイブリッド法（yeast three-hybrid assay：Y3H）酵母を用いて3種のタンパク質の相互作用を検出する方法．

酵母ツーハイブリッド法（yeast two-hybrid assay：Y2H）酵母を用いて2種のタンパク質の相互作用を検出する方法．

酵母ワンハイブリッド法（yeast one-hybrid assay：Y1H）酵母を用いて核酸とタンパク質の相互作用を検出する方法．

コーキーバーク（corky bark）→コルキーバーク

呼吸（respiration）細胞が酸素分子を吸収しておこす酸化的全過程．

国際ウイルス学会（International Congress of Virology：ICV）国際微生物学連合（IUMS）のウイルス学部門が主催するウイルス学に関する定期的な国際会議．

国際ウイルス分類委員会（International Committee on Taxonomy of Viruses：ICTV）国際微生物学連合（IUMS）のウイルス学部門に設置されているウイルス分類に関する委員会．ウイルス分類に関する最新の公式レポート（Virus Taxonomy Report）を約4年ごとに公刊しており，ウイルスの正式の分類はこのレポートに準拠する．

国際ウイルス分類・命名規約（International Code of Virus Classification and Nomenclature）国際ウイルス分類委員会（ICTV）によるウイルス分類・命名規約．

国際植物検疫（international plant quarantine）輸出入植物の検疫．→植物検疫

国際植物病理学会（International Society of Plant Pathology：ISPP）世界の植物病理学関係の学協会の国際的連合組織．

国際微生物学連合（International Union of Microbiological Societies：IUMS）世界の微生物学関係の学協会の国際的連合組織．細菌学・応用微生物学，菌学，ウイルス学の3部門から構成されている．

国内植物検疫（domestic plant quarantine）国内の植物の検疫．→植物検疫

古細菌（archaebacterium, archaebacteria）系統的に従来の細菌や真核生物と大きく異なる原核生物．

古細菌ウイルス（archaeal virus）古細菌ファージともいう．古細菌を宿主とするウイルス．これまでに認められている13属約20種のウイルスはいずれも二本鎖DNAウイルスであるが，それらの粒子の形態には精虫状，紡錘状，球状，液滴状，棒状および繊維状など多様なものがある．

コサプレッション（co-suppression）共抑制ともいう．転写後ジーンサイレンシングと同義．遺伝子導入やウイルス感染などによって起こる外来性あるいは内在性遺伝子の発現抑制．→転写後ジーンサイレンシング

枯死（death）植物が枯れて死ぬ病徴．

コシャペロン（cochaperone）シャペロン補助因子．→シャペロン

50％感染量（50% infective dose, median infective dose：ID50）接種個体あるいは細胞の50％が感染するのに必要なウイルス量（ウイルス濃度あるいはウイルス粒子数）．植物プロトプラスト–ウイルス感染実験系では概ね50〜500個の範囲にある．

コスミドベクター（cosmid vector）λファージのcos部位（付着末端配列）をもつプラスミドベクター．λファージにインビトロパッケージングすることができる．

固体培地（solid culture medium）固形培地ともいう．液体培地に寒天などを加えて固めた培地．

固体培養（solid culture）固体培地上での培養．

5′キャップ構造（5′cap structure）→キャップ構造

5′非翻訳領域（5′nontranslated region：5′NTR, 5′untranslated region：5′UTR）：mRNAやウイルスRNAの開始コドンよりも上流にある翻訳されない領域．→非翻訳領域

5′末端（5′-end, 5′terminal, 5′terminus, 5′-P terminal）核酸の両末端のうち，5′位の炭素にリン酸基が結合している末端．真核生物のmRNAの5′末端にはキャップ構造が結合しているが，植物ウイルスのRNAでは，ウイルスの種によって，5′末端にキャップ構造をもつもの，キャップ構造をもたないもの，キャップ構造の代わりにゲノム結合タンパク質（VPg）をもつものなどがあるが，いずれもプラス鎖RNAの翻訳や複製に重要な役割を果たす．

コッホの原則（Koch's postulates）感染症の病原体を同定するための指針で，①罹病宿主での特定の微生物の検出，②その微生物の生体外での分離培養，③培養した微生物の健全宿主への接種による病気の再現，④こうして発病した宿主からの同じ微生物の再分離，の4つからなる．植物ウイルスの場合にあてはめると，①罹病植物での特定のウイルスの検出，②そのウイルスの分離と精製，③分離・精製したウイルスの健全植物への接種による病気の再現，④こうして発病した植物からの同じウイルスの再分離，ということになる．ウイルスによっては無病徴感染するものがあるが，その場合には③でウイルスの感染・複製能の検定を行う．

固定（fixation）光学顕微鏡や電子顕微鏡による観察試料の作製のために，化学的方法あるいは凍結乾燥などの物理的方法によって生体試料の動的変化を停止させる処理．

コーティング（coating）生体試料などの非導電性試料を走査型電子顕微鏡で観察する際に，導電性を与えるためにイオンスパッタリングや真空蒸着などを用いて試料表面に金属の薄い膜を被せる操作．電子線照射による熱損傷を低減する目的で使われることもある．

コート（coat）→キャプシド

コード鎖（coding strand）→プラス鎖

コートタンパク質（coat protein, capsid protein：CP）→外被タンパク質

コード領域（coding region）→オープンリーディングフレーム

コドン（codon）トリプレットともいう．アミノ酸に対応する3つ組のヌクレオチド配列で，遺伝暗号の単位である．

コドン使用頻度（codon usage）コドン出現頻度ともいう．生物種による同義コドンの使用頻度．→同義コドン

コドンバイアス（codon bias, codon usage bias）同義コドン内でそれぞれのコドンが使われる頻度が偏っていること．

コナカイガラムシ（mealybug）カメムシ目（Hemiptera）コナカイガラムシ科（Pseudococcidae）の吸汁性昆虫の総称．植物ウイルスの媒介虫のひとつ．

コナカイガラムシ伝染（mealybug transmission）

コナカイガラムシ伝搬ともいう．植物ウイルスのコナカイガラムシ媒介による伝染．ウイルスの種と媒介コナカイガラムシの種との間に媒介特異性がある．→コナカイガラムシ伝搬性ウイルス

コナカイガラムシ伝搬性ウイルス（mealybug-borne virus）コナカイガラムシ伝染性ウイルスともいう．コナカイガラムシによって伝搬される植物ウイルス．バドゥナウイルス属（*Badnavirus*）の中の約20種，アンペロウイルス属（*Ampelovirus*）8種，ビチウイルス属（*Vitivirus*）の中の2種のウイルスなどが*Pseudococcus*属，*Planococcus*属，*Phenacoccus*属，*Heliococcus*属などのコナカイガラムシによって半永続的に伝搬される．

コナジラミ（whitefly）カメムシ目（Hemiptera）コナジラミ科（Aleyrodidae）の吸汁性昆虫の総称．タバココナジラミ（tobacco whitefly：*Bemisia tabaci*）およびオンシツコナジラ（greenhouse whitefly：*Trialeurodes vaporariorum*）が植物ウイルスを媒介する．

コナジラミ伝染（whitefly transmission）コナジラミ伝搬ともいう．植物ウイルスのコナジラミ媒介による伝染．ウイルスの種と媒介コナジラミの種との間に媒介特異性がある．→コナジラミ伝搬性ウイルス

コナジラミ伝搬性ウイルス（whitefly-borne virus）コナジラミ伝染性ウイルスともいう．コナジラミによって伝搬される植物ウイルス．ベゴモウイルス属（*Begomovirus*）約300種とイポモウイルス属（*Ipomovirus*）6種のウイルスなどがタバココナジラミによって，クリニウイルス属（*Crinivirus*）13種のウイルスなどがタバココナジラミあるいはオンシツコナジラミによって伝搬される．ベゴモウイルス属は循環型・非増殖性伝染，イポモウイルス属は非循環型・非永続性伝染，クリニウイルス属は非循環型・半永続性伝染である．

コピーエラー（copy error）複製エラーともいう．核酸の複製の際に生じるDNAポリメラーゼあるいはRNAポリメラーゼによるゲノム塩基配列の読み違い．

コピー選択（copy choice）→鋳型切換え

コファクター（cofactor）共同因子，補助因子．

5-フルオロウラシル（5-fluorouracil）突然変異原のひとつ．

Co-Pro（コプロ：protease cofactor, proteinase cofactor）→プロテアーゼコファクター

5-ブロモウラシル（5-bromouracil）突然変異原のひとつ．

5-ブロモデオキシウリジン（5-bromodeoxyuridine：BUdR）突然変異原のひとつ．

五分節ゲノム（pentapartite genome）5種の核酸分子に分節しているウイルスゲノム．

コポリマー（copolymer）共重合体．2種類以上の異なった単量体の重合によってできた高分子．

コムギ胚芽翻訳系（wheat germ extract translation system, wheat germ protein synthesis system）コムギ胚芽抽出液を用いた無細胞タンパク質合成系．

五量体（pentamer）→ペンタマー

ゴール（gall）→腫瘍

コルキーバーク（corky bark）コーキーバークともいう．樹皮がコルク状を呈する病徴．

ゴルジ体（Golgi body, Golgi apparatus, dictyosome）ゴルジ装置，ディクチオソームともいう．真核生物の細胞質に存在し，扁平な円盤状の小嚢が複数重積した層板状の構造体．タンパク質の修飾・加工ならびに輸送に関わる．

ゴルジ膜（Golgi membrane）ゴルジ体を構成する膜．トスポウイルス属（*Tospovirus*）ウイルスはゴルジ膜上ならびにそれと融合した小胞体膜内で成熟粒子を形成する．

コロジオン支持膜（supporting collodion membrane）透過型電子顕微鏡観察のためにグリッド上に張る試料支持膜のひとつ．通常，カーボンを蒸着し補強して用いる．→グリッド

コロニー（colony）微生物や動植物の培養細胞の一個の細胞が固形培地上で増殖して形成する集塊．

コロニー形成単位（colony forming unit：CFU）微生物の生細胞数の単位のひとつ．平板培地に形成された微生物のコロニー数で示す．

コロニーハイブリダイゼーション（colony hybridization）平板培地にまいた単一細胞由来のコロニーから，標識核酸プローブを用いたハイブリダイゼーションによって目的の遺伝子を含むコロニーを検出する方法．

コンカテマー（concatemer）鎖状体ともいう．核酸分子のオリゴマー（低重合体）．一単位の線状核酸分子が複数互いに末端部で同方向に連結することによって形成される．

混合感染（mixed infection）複合感染，重複感染，多重感染ともいう．複数種の病原体の同時感染．複数種の植物ウイルスの混合感染では，通常，病徴が激化する．その原因の一部として，一方のウイルスのRNAサイレンシングサプレッサーや移行タンパク質の働きが関与する場合がある．

コンジュゲート（conjugate）結合体．

コンストラクト（construct）DNAコンストラクト

あるいはRNAコンストラクトともいう．人工的に組み立てられたDNAあるいはRNAの構築物．

混成ウイルス粒子（mixed virus particle）キメラウイルス粒子ともいう．ある1つのウイルスゲノム核酸とそれとは異なる種や系統のウイルス構造タンパク質あるいは外膜とで構築されたウイルス粒子．

根絶（eradication）撲滅ともいう．病害虫などを根絶やしにすること．

コンセンサス配列（consensus sequence）共通配列ともいう．核酸の塩基配列あるいはタンパク質のアミノ酸配列で，同じ機能をもつ分子種間に共通して存在する平均的な配列．

コンタミネーション（contamination）汚染．雑菌や目的以外のウイルスなどの混入．

根端分裂組織（root apical meristem）植物の根端の分裂組織．

昆虫ウイルス（insect virus）昆虫を宿主とするウイルス．

昆虫伝染（insect transmission）昆虫伝搬ともいう．植物ウイルスの昆虫媒介による伝染．媒介昆虫としては，コナジラミ，アザミウマ，コナカイガラムシ，ハムシ，アブラムシ，ウンカ・ヨコバイなどがある．媒介様式を，媒介能力の保持時間で分けると，非永続性伝染，半永続性伝染，永続性伝染に，媒介機構で分けると，非循環型・非永続性伝染，非循環型・半永続性伝染，循環型・非増殖性伝染，循環型・増殖性伝染に，それぞれ分けられるが，現在では後者の分類が一般的である．非循環型・非永続性伝染では吸汁されたウイルスが昆虫の口針内に留まり，唾液とともに植物の体内に注入される．非循環型・半永続性伝染ではウイルスが昆虫体内の前腸付近に留まる．循環型・非増殖性伝染ではウイルスは後腸にまで達し，その上皮細胞を通過して血体腔に放出され，次いで副唾腺，唾液管を経て口針に移行する．循環型・増殖性伝染ではウイルスが中腸に感染した後，昆虫体内で増殖し，唾腺，唾液管を経て口針に移行する．ウイルスによっては経卵伝染する．→昆虫伝搬性ウイルス，昆虫ベクター，コナジラミ伝染，アザミウマ伝染，コナカイガラムシ伝染，ハムシ伝染，アブラムシ伝染，ウンカ・ヨコバイ伝染，非永続性伝染，半永続性伝染，永続性伝染，非循環型・非永続性伝染，非循環型・半永続性伝染，循環型・非増殖性伝染，循環型・増殖性伝染，経卵伝染

昆虫伝搬性ウイルス（insect-borne virus）昆虫媒介性ウイルスともいう．昆虫媒介によって伝搬される植物ウイルス．植物ウイルスの約7割は昆虫伝搬性ウイルスである．→コナジラミ伝搬性ウイルス，アザミウマ伝搬性ウイルス，コナカイガラムシ伝搬性ウイルス，ハムシ伝搬性ウイルス，アブラムシ伝搬性ウイルス，ウンカ・ヨコバイ伝搬性ウイルス

昆虫培養細胞-ウイルス感染実験系（insect cultured cell - virus infection system）昆虫培養細胞を用いた昆虫ウイルスあるいは昆虫体内でも増殖する植物ウイルスや動物ウイルスの感染増殖実験系．植物ウイルスではヨコバイ（*Agallia constricta, Aceratagallia sanguinolenta*）培養細胞株-*Wound tumor virus*（WTV）感染系，-*Potato yellow dwarf virus*（PYDV）感染系，チシャミドリアブラムシ（*Hyperomyzus lactucae*）培養細胞株-*Sowthistle yellow vein virus*（SYVV）感染系，ツマグロヨコバイ（*Nephotettix cincticeps*）培養細胞株-イネ萎縮ウイルス（RDV）感染系，-*Rice gall dwarf virus*（RGDV）感染系などがある．

昆虫ベクター（insect vector）植物ウイルスの媒介昆虫．

コンティグ（contig, contiguous sequence）[1]相互に一部重複しつつ連続しているクローン化DNAの集合体．[2][1]で得られた塩基配列のアセンブリによって復元されたより長い配列．

根頭がん腫（crown gall）根頭癌腫とも表し，クラウンゴールともいう．根頭がん腫病菌の感染によって植物の根の地際部に形成される腫瘍．

根頭がん腫病菌（*Agrobacterium tumefaciens*）根頭癌腫病菌とも表す．主に双子葉植物の根の地際部に感染して，感染部にがん腫（根頭がん腫）を形成する植物病原細菌．この菌がもつTiプラスミドをベクターとして利用した植物への遺伝子導入法が広く用いられている．→Tiプラスミド，Tiプラスミドベクター

コンピテント細胞（competent cell）形質転換受容性細胞．DNAを直接取り込めるように塩化カルシウム，塩化ルビジウムあるいは酢酸リチウムなどで処理された細胞．

コンポーネント（component）成分，構成要素．ウイルス学では，多粒子性ウイルスの粒子成分やナノウイルス科（*Nanoviridae*）ウイルスのDNAゲノムの分節成分などで用いられる用語．

サ

再活性化（reactivation）不活化していた分子やウイルスなどが活性を回復すること．植物ウイルスではその機構として，遺伝的組換え，シュードリコ

ンビネーション，相補などが知られている．
→遺伝的組換え，シュードリコンビネーション，相補

細菌（bacterium, bacteria, eubacterium, eubacteria）バクテリアともいう．原核生物で，古細菌を除く真正細菌を指す．

細菌ウイルス（bacterial virus, bacteriophage）
→バクテリオファージ

細菌学（bacteriology）細菌に関する学問分野．

細菌人工染色体（bacterial artificial chromosome：BAC）大腸菌のFプラスミドの複製系を利用して人工的に合成されたDNA分子．300 kb以上のDNA断片のクローニングにベクターとして利用される．

サイクリックAMP（cyclic AMP：cAMP）
→環状AMP

サイクリックGMP（cyclic GMP：cGMP）
→環状GMP

サイクリン（cyclin）真核生物の細胞周期の制御因子群．

再構成（reassembly, reconstruction）試験管内でウイルスのRNAあるいはDNAと外被タンパク質が自己会合してウイルス粒子が再び構築されること．

Cy色素（サイ色素：cyanine dye）Cy3，Cy5などのシアニン系蛍光色素．

再生（renaturation, reassociation）変性した核酸あるいはタンパク質が，本来の高次構造や諸性質を回復すること．核酸では解離した相補的一本鎖同士が溶液温度の下降などによって二本鎖を再生するリアニーリングを指す．

再生（regeneration, redifferentiation）再分化ともいう．いったん脱分化した細胞からもとの器官や生物体に復元すること．

再生植物（regenerated plant）再分化植物ともいう．植物組織培養によって，細胞，組織，器官の一部から分化・再生した植物体．

CITE（サイト：cap-independent translation element）
→キャップ非依存性翻訳エレメント

サイトカイニン（cytokinin）植物ホルモンのひとつ．天然サイトカイニンにはカイネチンやゼアチンなど，合成サイトカイニンにはベンジルアデニンなどがある．

サイトスケルトン（cytoskelton）→細胞骨格

サイトゾル（cytosol）→細胞質基質

CiNii（サイニィ：Citation Information by NII）NII学術情報ナビゲータ．国立情報学研究所（NII）が運営する学術論文や図書・雑誌などの学術情報データベース．

栽培品種（cultivar：cv.）栽培作物の同一種内で，実用上の遺伝的特性が他の集団とは異なる集団の分類単位．

サイバーグリーン（SYBR Green）核酸の蛍光染色剤のひとつ．

サイブリッド（cybrid）→細胞質雑種

サイプロルビー（SYPRO Ruby）タンパク質の蛍光染色剤のひとつ．

再分化（redifferentiation, regeneration）→再生

再分化植物（regenerated plant）→再生植物

再編成［1］（rearrangement, genome rearrangement）ゲノム再編成，ゲノム再構成，ゲノム再配列ともいう．遺伝子の転位や重複によって生じるゲノムの再編成．［2］（reassortment）遺伝的再集合ともいう．→シュードリコンビネーション

細胞（cell）生物体を構成する基本単位．外界を隔絶する膜で包まれ，内部に自己再生能を備えた遺伝情報とその発現機構をもつ．

細胞育種（cellular breeding）細胞培養の技術を応用した育種技術を指し，細胞選抜育種と細胞融合育種とが含まれる．

細胞遺伝学（cytogenetics）細胞内の染色体などの種々の構造物と遺伝との関係を解明する学問分野．

細胞応答（cellular response）各種のシグナルの受容に対応した細胞の反応．

細胞外核酸加工技術（*in vitro* nucleic acid manipulation）生体外核酸加工技術ともいう．遺伝子工学，遺伝子操作と同義．

細胞外基質（extracellular matrix：ECM）
→細胞外マトリクス

細胞外シグナル（extracellular signal）細胞外部からのシグナル．これに関わる物質などをファーストメッセンジャーという．

細胞外ドメイン（extracellular domain）膜タンパク質で細胞膜の外側に存在するドメイン．

細胞外マトリクス（extracellular matrix：ECM）細胞外基質，細胞間物質ともいう．多細胞生物において細胞相互間を埋める不溶性の多糖や糖タンパク質などからなる層．

細胞化学（cytochemistry）細胞レベルで細胞内に存在する物質の定性・定量およびその局在性や移動の解析を行う学問分野．

細胞学（cytology）細胞の構造や生理などを研究する学問分野．

細胞株（cell line, cell strain）無限増殖性の培養細胞系．

細胞間移行(cell-to-cell movement, intercellular movement) 植物ウイルスの感染細胞から隣接細胞への移行．植物ウイルスはウイルス種によってゲノム核酸あるいはウイルス粒子の形で，細胞間に存在するプラズモデスマータを通って隣接細胞に移行する．この移行にはウイルス移行タンパク質(MP)が必須であり，ウイルス種によってはウイルス外被タンパク質(CP)あるいは RNA 依存 RNA ポリメラーゼ(RdRp)なども必要とする．MP はゲノム核酸と結合して，これをプラズモデスマータまで運び，その排除分子量限界を拡大させた上で，ゲノム核酸とともにプラズモデスマータを通過して隣接細胞に侵入する．コモウイルス属(*Comovirus*)，トスポウイルス属(*Tospovirus*)およびカリモウイルス属(*Caulimovirus*)のウイルスなどでは，MP がプラズモデスマータ内のデスモ小管を除去してそこに重合・配列することによって構築された特異的な管状構造物の中を通って，ウイルス粒子あるいはヌクレオキャプシドの形で移行する．ポティウイルス科(*Potyviridae*)ウイルスの細胞間移行には細胞質内封入体タンパク質(CI)，P3-PIPO 融合タンパク質および CP などが必要とされる．

細胞間隙(intercellular space) 植物の細胞と細胞の間の空間．

細胞間コミュニケーション(intercellular communication, cell-to-cell communication)
→細胞間シグナル伝達

細胞間シグナル伝達(intercellular signal transduction, cell-to-cell signaling) 細胞間コミュニケーションとほぼ同義．細胞間の情報伝達．植物では各種の植物ホルモンなどが重要なシグナル伝達物質として働く．

細胞間連絡(plasmodesm, plasmodesmata：PD)
→プラズモデスマータ

細胞間輸送(cell-to-cell trafficking, intercellular transport) 細胞間の物質輸送．

細胞工学(cell engineering, cell technology, cell manipulation) 細胞操作ともいう．細胞培養や細胞融合，細胞への遺伝子導入などの細胞の人工的加工・利用技術の総称．

細胞骨格(cytoskelton) サイトスケルトンともいう．真核細胞を内側から支える網目状〜束状の骨格構造．チューブリンよりなる微小管，アクチンなどよりなるマイクロフィラメント(微小繊維)，ビメンチンなどよりなる中間径フィラメントによって構成されている．植物ウイルスの細胞内移行にも関与する．

細胞死(cell death) 生物の発生，成長，老化あるいは病気や傷害によって細胞死が起こるが，それらはその形態や機序から，ネクローシス(壊死)，アポトーシス(自死，プログラム細胞死)などに大別される．

細胞死遺伝子(death gene, suicide gene) 自殺遺伝子ともいう．プログラム細胞死に関わる遺伝子．

細胞質(cytoplasm) 細胞の原形質のうち核以外の部分．

細胞質遺伝子(cytoplasmic gene, plasmagene) 核外遺伝子ともいう．真核生物の細胞質内にあるミトコンドリアや葉緑体の遺伝子．

細胞質基質(cytoplasmic matrix, ground cytoplasm, cytosol) サイトゾルともいう．細胞質内の細胞小器官と細胞骨格を除く部分．

細胞質ゲノム(cytoplasmic genome) 核外ゲノムともいう．真核生物の細胞質内にあるミトコンドリアや葉緑体のゲノム．

細胞質雑種(cytoplasmic hybrid, cybrid) サイブリッドともいう．核ゲノムは一方の親由来で，細胞質ゲノムは他方の親あるいは両方の親由来の体細胞雑種．→体細胞雑種

細胞質内封入体(cytoplasmic inclusion：CI) ウイルス感染細胞の細胞質内に形成される封入体．ウイルスの種によって，結晶状封入体，不定型封入体，円筒状封入体，膜状構造体，あるいはビロプラズムなどが認められる．→結晶状封入体，不定型封入体，円筒状封入体，膜状構造体，ビロプラズム

細胞質分裂(cytoplasmic fission, cytokinesis) 真核生物の細胞質の分裂．

細胞質雄性不稔(cytoplasmic male sterility：CMS) 雌性配偶子を通して遺伝するミトコンドリア遺伝子に起因する雄性配偶子の不稔現象．→雄性不稔

細胞質流動(cytoplasmic streaming) →原形質流動

細胞周期(cell cycle) 分裂周期ともいう．真核生物の細胞分裂に必要な一連の過程で，G1 期(DNA 合成準備期)，S 期(DNA 合成期)，G2 期(分裂準備期)，M 期(分裂期)からなる．このうち M 期を除いた時期を間期(imterphase)という．

細胞周期関連タンパク質(cell-cycle link protein：Clink) →細胞周期変換タンパク質

細胞周期変換タンパク質(cell cycle modulator protein, cell-cycle regulation protein, cell-cycle link protein：Clink) 細胞周期関連タンパク質，Clink タンパク質ともいう．ナノウイルス科(*Nanoviridae*)ウイルスのゲノム複製に際して感

染細胞の細胞周期をS期に変換・制御するウイルス由来のタンパク質．

細胞小器官（organelle）細胞内小器官，オルガネラともいう．真核細胞内で機能を分業している構造単位．主に，核，ミトコンドリア，葉緑体，小胞体，ゴルジ体，液胞などを指す．

細胞初期化（cell reprogramming, cellular reprogramming）分化した細胞を初期胚あるいは幹細胞の状態に戻す操作．

細胞生物学（cell biology）生命現象をその基盤となる細胞の構造と機能の解析から解明しようとする学問分野．従来の細胞学より広範な内容を含む．

細胞生理学（cell physiology, cytophysiology）細胞の機能やその環境との相互関係を解析する学問分野．

細胞選抜（cell selection）培養細胞の集団から目的の形質をもつ細胞を選び出して分化・成長させ，新たな品種などを育成する方法．実際には，培養中に変異原を処理して誘発するかあるいは自然に生じた体細胞変異株を，培養中あるいは植物体再生後に目的に応じた選択圧をかけて選抜する．

細胞操作（cell manipulation）→細胞工学

細胞内移行（intracellular movement）植物ウイルスの感染細胞内部での移行．一般に植物ウイルスはエンドサイトーシスによる細胞への侵入後，脱外被を経てゲノム核酸が裸出すると，以降，ウイルスの種とその感染過程に応じて細胞質内あるいは核内の特定の膜部位に移行してゲノムの複製，ウイルスタンパク質の合成およびウイルス粒子の構築を行い，さらにゲノム核酸あるいはウイルス粒子の形で隣接細胞との境界にあるプラズモデスマータ付近に移行する．こうしたウイルス細胞内移行には，細胞内膜系における小胞輸送や細胞骨格におけるアクトミオシン系による輸送，核孔を介した核-細胞質間輸送などの細胞内輸送機構が関わるが，その際，輸送や膜の改変などに関わる宿主因子とともにウイルス由来のRNA依存RNAポリメラーゼ（RdRp），移行タンパク質（MP），外被タンパク質（CP），ゲノム結合タンパク質（VPg），あるいは核シャトルタンパク質（NSP）などが密接に関与する．→小胞輸送，アクトミオシン

細胞内シグナル（intracellular signal）細胞内部でのシグナル．これに関わる物質をセカンドメッセンジャーという．

細胞内シグナル伝達（intracellular signal transduction）細胞内の情報伝達．セカンドメッセンジャーやリン酸化カスケードなどが関与する．

細胞内小器官（organelle）→細胞小器官

細胞内膜系（internal membrane）真核生物の細胞内の細胞膜以外の膜系．

細胞内輸送（intracellular transport）細胞内の物質輸送．核-細胞質間輸送，小胞輸送，膜透過の3種の機構がある．

細胞培養（cell culture）生体から単離した細胞を試験管内で培養する方法．

細胞板（cell plate）植物細胞の細胞質分裂に際して形成される板状の構造．

細胞病理学（cytopathology, cellular pathology）病気による細胞の機能や形態の変化を解析する学問分野．

細胞分画法（cell fractionation）細胞を破砕して，特定の細胞小器官を含む分画を分離・調製する方法．→細胞小器官

細胞分裂（cell division）1個の細胞が分裂して2個以上の娘細胞になること．真核生物では，一般に，核分裂（有糸分裂）とそれに続く細胞質分裂とからなる．

細胞壁（cell wall）植物，菌類，細菌などで，細胞膜の外側を覆っている構造物．植物の細胞壁は，セルロース，ヘミセルロース，ペクチン，リグニンなどを主成分とする．

細胞壁分解酵素（cell wall degradation enzyme）微生物や植物の細胞壁を分解する酵素で，キチナーゼ，β-グルカナーゼ，セルラーゼ，ペクチナーゼ，クチナーゼ，リグニナーゼなどがある．

細胞変性効果（cytopathic effect：CPE）ウイルス感染細胞に生じる形態的変化．

細胞膜（cell membrane）原形質膜ともいう．原形質の外表面を包む脂質二重膜．

細胞融合（cell fusion）2種の細胞を融合すること．植物の場合はプロトプラスト化した細胞に対して，ポリエチレングリコール法（PEG法）あるいは電気細胞融合法が用いられる．融合細胞から再生した植物を体細胞雑種という．

細胞融合実験（cell fusion experiment）2種の細胞を融合する実験．このうち異なる分類学上の科に属する生物の細胞を融合する実験は，遺伝子組換え実験と同様にカルタヘナ法の規制を受ける．

ザイモグラム（zymogram）酵素の活性染色による電気泳動像．

サイレンサー（silencer）近傍の遺伝子の発現を抑制するDNA配列．

サイレンシング（silencing）
→ジーンサイレンシング

サイレンシングサプレッサー（silencing suppressor）

→RNAサイレンシングサプレッサー
サイレント変異（silent mutation）→同義置換
SINE（サイン：short interspersed repetitive sequence, short interspersed nuclear element）→短鎖散在反復配列
サウスウェスタンブロッティング（south-western blotting）ウェスタンブロッティングの変法のひとつで，タンパク質-DNA間の相互作用を検出するための方法．
酢酸ウラニル（uranyl acetate：UA）酢酸ウランともいう．電子顕微鏡観察用の生物試料の染色剤のひとつ．
酢酸オルセイン（acetic orcein）光学顕微鏡観察用の核や染色体の染色剤のひとつ．
酢酸カーミン（acetocarmine）光学顕微鏡観察用の核や染色体の染色剤のひとつ．
酢酸鉛（lead acetate）電子顕微鏡観察用の生物試料の染色剤のひとつ．
柵状組織（palisade tissue, palisade parenchyma）葉肉の上部を構成し，密集した細胞からなる同化組織．
探り挿入（probing）吸汁性昆虫が植物組織の吸汁箇所を探して口針を挿入する行動．
サザンハイブリダイゼーション（Southern hybridization, Southern blotting）サザンブロッティング，サザンブロット法ともいう．DNAを電気泳動後にニトロセルロース膜やナイロン膜に転写して，標識したDNAプローブあるいはRNAプローブで検出する技法．
サザンブロッティング（Southern blotting）→サザンハイブリダイゼーション
Saccharomyces cerevisiae（サッカロミセス セレビシエ：*S. cereviciae*）出芽酵母のひとつ．
雑種強勢（hybrid vigor, heterosis）ヘテロシスともいう．種内，種間などの系統間の雑種第一代（F1）が両親に比べてより優れた特性を示す現象．
雑種強勢育種（heterosis breeding）ヘテロシス育種ともいう．交雑育種のひとつで，雑種強勢を利用した育種法．
雑草（weed）農耕地や林野などで人間の生産の目的にそわない無用あるいは有害の草本．
雑草学（weed science）雑草に関する学問分野．
殺菌（sterilization）→滅菌
殺菌剤（fungicide）病原菌に対する殺菌作用をもつ薬剤．
殺線虫剤（nematicide）殺線虫作用をもつ薬剤．
殺虫剤（insecticide）害虫に対する殺虫作用をもつ薬剤．

サテライト（satellite）複製に必要な機能をもつ遺伝子を欠き，その複製をヘルパーウイルスに依存しているウイルスあるいはゲノム核酸．そのゲノム配列はヘルパーウイルスとは大部分あるいはすべて異なっており，独自の外被タンパク質をコードして独自のウイルス粒子を形成するものをサテライトウイルス，独自の外被タンパク質をコードしておらず，ヘルパーウイルスの粒子内に組み込まれるものをサテライト核酸という．ただし，サテライト核酸の一部には，複製能は有するが，ウイルス粒子へのパッケージング，移行および伝染をヘルパーウイルスに依存しているものも含まれる．→ヘルパーウイルス，サテライトウイルス，サテライト核酸
サテライトRNA（satellite RNA：sat-RNA）特定の一本鎖RNAウイルスをヘルパーウイルスとする長さ0.8〜1.5 kbあるいは長さ0.7 kb以下の一本鎖線状RNAおよびウイルソイドとよばれる長さ約350 bの一本鎖環状RNA．ヘルパーウイルスの増殖や病徴発現に対して，病徴を強めるもの，病徴に影響しないもの，病徴を弱めるものの3種類がある．植物ウイルスでは，キュウリモザイクウイルス（CMV），トマト輪点ウイルス（ToRSV），トマト黒色輪点ウイルス（TBRV）など約30種のプラス一本鎖RNAウイルスでそのサテライトRNAが認められている．→ヘルパーウイルス，ウイルソイド
サテライトウイルス（satellite virus）衛星ウイルスともいう．複製に必要な機能をもつ遺伝子を欠き，その複製はヘルパーウイルスに依存しているが，独自の外被タンパク質をコードして独自のウイルス粒子を形成するウイルス．植物ウイルスでは，タバコえそサテライトウイルス（STNV），Tobacco mosaic satellite virus（STMV），Panicum mosaic satellite virus（SPMV）などがある．
サテライト介在防除（satellite-mediated protection）CMVなどで病徴を弱めるサテライトRNAの系統を利用したウイルスの防除法．
サテライト核酸（satellite nucleic acid）衛星核酸，ウイルス依存核酸ともいう．独自の外被タンパク質や複製に必要な機能をもつ遺伝子を欠き，その複製をヘルパーウイルスに依存しているRNAあるいはDNA．ただし，その一部には，複製能は有するが，ウイルス粒子へのパッケージング，移行および伝染をヘルパーウイルスに依存しているものも含まれる．→サテライトRNA，サテライトDNA
サテライトDNA（satellite DNA：sat-DNA）[1] 数

百塩基の相同配列が多数タンデムに反復した DNA 断片．核 DNA の反復配列が切断されて生じる．[2]ベゴモウイルス属(*Begomovirus*)あるいはナノウイルス科(*Nanoviridae*)のウイルスをヘルパーウイルスとする長さ 1.0～1.4 kb の一本鎖環状 DNA．このうち，複製開始タンパク質(Rep)をコードしていて自身の複製には必ずしもヘルパーウイルスを要しないものをアルファサテライト，自身の複製に必ずヘルパーウイルスを要するものをベータサテライトとよぶが，いずれもそのウイルス粒子へのパッケージング，移行および伝染はヘルパーウイルスに依存しており，また，ヘルパーウイルスの増殖や病徴発現に影響を与える．ナノウイルス科ウイルスはアルファサテライト(*rep* DNA)を，単一ゲノム型のベゴモウイルス属ウイルスはベータサテライト(DNA β)およびアルファサテライト(DNA 1)を伴うものが多い．

サテライト保存配列(satellite conserved region：SCR) サテライト保存領域ともいう．単一ゲノム型ベゴモウイルス属(*Begomovirus*)のベータサテライトに共通して保存されている約 200 塩基からなる遺伝子間領域．ステムループ構造が存在し，ループ上にはベゴモウイルス属に共通の複製開始部位(TAATATTAC)の配列がある．

サファイアナイフ(sapphire knife) 電子顕微鏡試料の薄切に用いるサファイア製のナイフ．

サブウイルス病原体(subviral agent) ウイルスより小さな病原因子．ウイロイド，サテライト，プリオンなどを指すが，これらをウイルスの範疇で扱う場合も多い．→ウイロイド，サテライト，プリオン

サブクローン(subclone) 一度クローン化した DNA をさらに細分化した小断片の DNA クローン．

サブクローニング(subcloning) サブクローン化ともいう．サブクローンを得ること．

サブゲノミックプロモーター(subgenomic promoter) サブゲノムプロモーターともいう．ウイルスゲノム RNA 上に存在するサブゲノム RNA 転写プロモーター．

サブゲノム RNA(subgenomic RNA：sgRNA) ウイルスゲノム RNA の一部の ORF が転写・複製された RNA．この ORF の mRNA として機能する．一部のサブゲノム RNA はウイルス粒子に組み込まれる．サブゲノム RNA の生成機構として，インターナルイニシエーションとプレマチュアターミネーションの 2 つのモデルが推測されている．→インターナルイニシエーション，プレマチュアターミネーション

サブトラクティブハイブリダイゼーション法(subtractive hybridization, hybrid subtraction) ハイブリッドサブトラクション法ともいう．異なる 2 つの細胞間で発現量に差のある mRNA あるいは cDNA をハイブリダイゼーションにより差引きして濃縮し，クローン化する技術．

Subviral RNA Database オタワ大学医学部が提供するウイロイドやサテライト RNA などの塩基配列情報に関するデータベース．インターネットでアクセスできる．

サブユニット(subunit) 構成単位．四次構造を構成するタンパク質に組み込まれている個々のポリペプチド分子．

サブユニットタンパク質(subunit protein)
→タンパク質サブユニット

サブリミナル感染(subliminal infection) ウイルスが植物の第一次感染細胞内では増殖するが，隣接細胞に移行できないために病徴も認められないという感染の様式．

サプレッサー(suppressor) 抑制因子．[1]植物の抵抗性反応を宿主特異的に抑制する病原体側の毒素以外の因子．植物ウイルスの RNA サイレンシングサプレッサーもそのひとつに含まれる．[2]最初の変異の影響を相殺するような第 2 の変異を引き起こす因子あるいは遺伝子．

サプレッサー tRNA(suppressor tRNA) mRNA 上の終止コドン(UAA, UAG, UGA)を，あるアミノ酸に対応するコドンとして認識する tRNA．

サリチル酸(salicylic acid：SA) 植物ホルモンのひとつで，植物の病害に関わる重要な防御応答シグナル伝達物質のひとつ．

サリチル酸経路(salicylic acid signaling pathway)
→サリチル酸シグナル伝達系

サリチル酸シグナル伝達系(salicylic acid signaling pathway) サリチル酸経路ともいう．植物の防御応答におけるサリチル酸を介したシグナル伝達系．なお，サリチル酸経路とジャスモン酸経路とはクロストークによって互いに拮抗的関係にある．

サリチル酸誘導性プロテインキナーゼ(salicylic acid-induced protein kinase：SIPK) 植物の防御応答のシグナル伝達系に関わるタンパク質リン酸化酵素のひとつ．

三角分割数(triangulation number：*T*-number) *T* 数ともいう．正二十面体の 1 つの正三角形の面を構成する同一の基本小三角形(三角格子)の数．正二十面体状のウイルス粒子のキャプシドの詳しい幾何学的構造を示すのに用いられ，$T=1$, $T=3$,

$T=4$, $T=7$ などのように表す. →正二十面体状ウイルス

サンガー法（Sanger method）→ジデオキシ法

三次構造（tertiary structure）タンパク質や RNA の全体的な立体構造.

三重殻（triple capsid, triple shell, triple-layered capsid, triple-layered shell）3層からなるウイルスキャプシッド.

30K スーパーファミリー（30K superfamily）トバモウイルス様 MP スーパーファミリーともいう. →移行タンパク質

35S RNA（35S RNA）→CaMV 35S RNA

35S プロモーター（35S promoter, CaMV 35S promoter）→CaMV 35S プロモーター

酸性タンパク質（acidic protein）等電点が酸性側のタンパク質. →等電点

酸性ホスファターゼ（acid phosphatase）最適 pH が酸性側で，リン酸モノエステル結合を分解する酵素.

3′非翻訳領域（3′nontranslated region：3′NTR, 3′untranslated region：3′UTR）mRNA やウイルス RNA の終止コドンよりも下流にある翻訳されない領域. →非翻訳領域

3′末端（3′-end, 3′terminal, 3′-OH terminal）核酸の両末端のうち，3′位の炭素にヒドロキシ基が結合している末端. 真核生物の mRNA の 3′末端にはポリ（A）配列が結合しているが，植物ウイルスの RNA では，ウイルスの種によって，3′末端にポリ（A）配列をもつもの，ポリ（A）配列をもたないもの，ポリ（A）配列の代わりに tRNA 様構造などをもつものがあるが，いずれもプラス鎖 RNA の複製や翻訳に重要な役割を果たす.

暫定種（non-approved species, tentative species）分類上，科あるいは属への所属が未確定で，正式の種としてまだ認められていない種.

散布（application, spray）薬剤などを撒くこと.

三分節ゲノム（tripartite genome）3種の核酸分子に分節しているウイルスゲノム.

三量体（trimer）→トリマー

シ

C（cytidine）→シチジン
C（cytosine）→シトシン
G（guanine）→グアニン
G（guanosine）→グアノシン
CI（cytoplasmic inclusion）→細胞質内封入体
CI（cylindrical inclusion）→円筒状封入体
CITE（cap-independent translation element）
→キャップ非依存性翻訳エレメント

次亜塩素酸ナトリウム（sodium hypochlorite）殺菌消毒剤のひとつ. この水溶液はアンチホルミンともいう. 植物ウイルスやウイロイドに汚染した器具や種子の消毒剤としても利用される.

CR（common region）→共通領域
CR-SL（common region-stem loop, common stem-loop region）→共通ステムループ領域
cRNA（complementary RNA）→相補的 RNA
gRNA（genomic RNA）→ゲノム RNA
CRP（cysteine-rich protein）
→システインリッチタンパク質

シアン蛍光タンパク質（cyan fluorescent protein：CFP）→青緑色蛍光タンパク質

GA（gibberellin）→ジベレリン
JA（jasmonic acid）→ジャスモン酸
JSV（Japanese Society of Virology）
→日本ウイルス学会
cAMP（cyclic AMP）→環状 AMP

CaMV 35S RNA カリフラワーモザイクウイルス（CaMV）DNA のゲノム全長に対応する mRNA. ゲノム複製の中間体としても働く.

CaMV 35S エンハンサー（CaMV 35S enhancer）カリフラワーモザイクウイルス（CaMV）DNA 上の 35S RNA 転写プロモーター上流に位置するエンハンサーで，植物発現用エンハンサーのひとつとして利用される. →エンハンサー

CaMV 35S プロモーター（CaMV 35S promoter）カリフラワーモザイクウイルス（CaMV）DNA 上の 35S RNA 転写プロモーターで，植物発現用プロモーターのひとつとしてよく利用される. →プロモーター

CaMV 35S ターミネーター（CaMV 35S terminator）カリフラワーモザイクウイルス（CaMV）DNA 上の 35S RNA 転写ターミネーターで，植物発現用ターミネーターのひとつとして利用される. →ターミネーター

CaMV 19S RNA カリフラワーモザイクウイルス（CaMV）の封入体タンパク質の mRNA.

CaMV 19S プロモーター（CaMV 19S promoter）カリフラワーモザイクウイルス（CaMV）の 19S RNA を転写するためのプロモーター.

CHS（chalcone synthase）→カルコンシンターゼ
CsCl（cesium chloride）→塩化セシウム
Cs₂SO₄（cecium sulphate）→硫酸セシウム
GST（glutathione S transferase）
→グルタチオン S トランスフェラーゼ

CF-11 セルロース（CF-11 cellulose）繊維性セル

ロース担体のひとつ．二本鎖 RNA をエタノール存在下で特異的に吸着する．

CFDA (carboxy fluorescein diacetate)
→カルボキシフルオレセインジアセテート

CFP (cyan fluorescent protein)
→青緑色蛍光タンパク質

GFP (green fluorescent protein)
→緑色蛍光タンパク質

GFP 融合タンパク質 (GFP fusion protein)　緑色蛍光タンパク質（GFP）と融合したタンパク質．生細胞内における特定のタンパク質の所在や発現を蛍光観察するためによく利用される．

cM (centimorgan)　→センチモルガン

CMI/AAB (Commonwealth Mycological Institute/Association for Applied Biologists in the United Kingdom)　英連邦菌学会/英国応用生物学会

GMO (genetically modified organism)
→遺伝子組換え生物

CMP (cytidine monophosphate)
→シチジン一リン酸

GMP (guanosine monophosphate)
→グアノシン一リン酸

CLSM (confocal laser scanning microscopy)
→共焦点レーザー走査顕微鏡

CLFM (confocal laser fluorescence microscopy)
→共焦点レーザー走査顕微鏡

JGPP (Journal of General Plant Pathology)　Springer 社が刊行する日本植物病理学会（PSJ）の国際英文誌．

JGV (J. Gen. Virol.：Journal of General Virology)　英国総合微生物学会（SGM）のウイルス学専門誌．

J-STAGE (ジェイ・ステージ：Japan Science and Technology Information Aggregator, Electronic)　科学技術情報発信・流通総合システム．科学技術振興機構（JST）が運営する電子ジャーナルの無料公開システム．

J. Phytopathol. (Journal of Phytopathology)　Wiley 社が刊行する植物病理学に関する国際専門誌．

J. Virol. (Journal of Virology)　米国微生物学会（ASM）のウイルス学専門誌．

J. Virol. Methods (Journal of Virological Methods)　Elsevier 社が刊行するウイルス学の技術に関する国際専門誌．

Jpn. J. Phytopathol. (Japanese Journal of Phytopathology)　→日本植物病理学会報

ジエチルジチオカルバミン酸 (diethyldithio-carbamate：DIECA)　キレート剤のひとつ．

ジエチルピロカーボネート (diethylpyrocarbonate：DEPC)　リボヌクレアーゼ（RNase）の失活剤のひとつ．

CHEF (シェフ：contour-clamped homogeneous electric field gel electrophoresis)　パルスフィールドゲル電気泳動法のひとつ．→パルスフィールドゲル電気泳動

ジェミニウイルス (geminivirus)　ジェミニウイルス科（*Geminiviridae*）に属する植物ウイルスの通称．

四塩化炭素 (carbon tetrachloride)　植物ウイルスの精製の際などに用いる有機溶媒のひとつ．

GenBank (ジェンバンク)　米国国立生物工学情報センター（NCBI）が提供している国際的な DNA データベース．

紫外線吸光度 (ultraviolet absorbance：UV absorbance)　紫外部吸光度ともいう．ある物質の紫外部（220〜300 nm）における光の吸収量．核酸およびウイルスでは260 nm における吸光度（A_{260}）が，タンパク質では280 nm における吸光度（A_{280}）が，それぞれ定量に用いられる．

紫外線吸収曲線 (ultraviolet absorption spectrum)　紫外吸収曲線ともいう．ある物質についての，紫外部（220〜300 nm）における連続した波長と吸光度との関係を示した曲線．核酸，タンパク質および精製ウイルスの純度の定性や濃度の定量に利用される．

紫外線除去フィルム (ultraviolet absorbing vinyl film)　アザミウマ類，アブラムシ類の飛来防止用フィルム．

自家受粉 (self pollination)　植物の同一個体での受粉．

篩管 (sieve tube)　師管とも表す．植物の維管束の篩部に存在する篩管細胞が縦に連なって構成された通導組織．

篩管細胞 (sieve tube cell)　篩管を構成する細胞．

色素体 (plastid)　プラスチドともいう．葉緑体とその類縁の白色体，黄色体，有色体などの細胞小器官の総称．

磁気ビーズ (magnetic beads)　磁化物質を含む微粒子．その表面に抗体などのタンパク質を結合させ，試料中から磁石を利用して目的分子を捕捉・精製する．

ジグザグモデル (zigzag model)　植物の病原体に対する防御応答プロセスを簡略化して示したモデルで，主に次の3段階からなる．第1段階：植物が病原体の病原体関連分子パターン（PAMPs）を認識して基礎的抵抗性反応（PAMP 誘導免疫：PTI）を発現する．第2段階：病原体がエフェクターを分泌して PTI を抑制することによって植物の感

受性を高める(エフェクター誘導感受性：ETS)，第3段階：エフェクターにAvrタンパク質が含まれ，植物がこれに対応したRタンパク質をもつ場合には，Avrタンパク質が特異的エリシターとして働いて，多くの場合に過敏感細胞死を伴う強力な特異的抵抗性反応(エフェクター誘導免疫：ETI)が誘導される．

シグナル伝達 (signal transduction, signaling) 情報伝達ともいう．細胞間および細胞内における，受容体のシグナル受容から細胞の機能発現に至るまでの一連の情報伝達．

シグナル伝達経路 (signal transduction pathway) 情報伝達経路ともいう．細胞外シグナルの受容体への結合から細胞間を経て細胞内反応へと変換する一連の情報伝達経路．複数の経路間でのクロストークも行われる．

シグナル伝達物質 (signaling molecule, signaling factor, signal molecule) 情報伝達物質，シグナル伝達因子，シグナル分子ともいう．細胞外あるいは細胞内のシグナルを伝達する分子．

シグナル配列 (signal sequence) シグナルペプチドともいう．タンパク質の前駆体が細胞内の所定の部位に移行する際に，膜を通過するための信号となるN末端側のアミノ酸配列．葉緑体へのシグナル配列はトランジットペプチドともよばれる．

シグナル分子 (signal molecule) →シグナル伝達物質

シグナルペプチド (signal peptide) →シグナル配列

シクロヘキシミド (cycloheximide) 真核細胞におけるタンパク質生合成の阻害剤のひとつ．

試験管内構築系 (*in vitro* assembly system) →インビトロ構築系

試験管内再構成 (*in vitro* reconstruction) →インビトロ再構成

試験管内転写系 (*in vitro* transcription system) →インビトロ転写系

試験管内転写産物 (*in vitro* transcript) →インビトロ転写産物

試験管内突然変異誘発 (*in vitro* mutagenesis) →インビトロ突然変異誘発

試験管内パッケージング (*in vitro* packaging) →インビトロパッケージング

試験管内発現系 (*in vitro* expression system) →インビトロ発現系

試験管内繁殖 (*in vitro* propagation) →マイクロプロパゲーション

試験管内複製系 (*in vitro* replication system) →インビトロ複製系

試験管内翻訳共役複製系 (*in vitro* translation-coupled replication system) →インビトロ翻訳共役複製系

試験管内翻訳系 (*in vitro* translation system) →インビトロ翻訳系

シーケンシング (sequencing) →配列決定

資源生物学 (resource biology, bioresource science) 生物資源学ともいう．資源としての生物とその利用技術に関する学問分野．

ジゴキシゲニン (digoxigenin：DIG) 核酸の非放射性標識に利用されるハプテンのひとつ．

自己集合 (self-assembly) ある種のタンパク質あるいはその複合体などの構成要素が自律的に集合して，機能をもつ高次の構造体を形成する現象．

自己切断 (self cleave, self-cleaving) 前駆体タンパク質やウイロイドRNAなどの分子内に存在する切断酵素活性によって自己の分子を切断すること．

自己切断プロテアーゼ (self-cleaving protease) ポリプロテインなどの前駆体タンパク質が分子内に活性部位を形成し，自己ペプチド鎖の特定部位を切断して生じるプロテアーゼ．

自己調節 (autoregulation) 自己抑制ともいう．遺伝子産物が自身のタンパク質をコードしている遺伝子の発現を制御する作用．

自己抑制 (autoregulation) →自己調節

自己リン酸化 (autophosphorylation) タンパク質リン酸化酵素(プロテインキナーゼ)が自身をリン酸化すること．

自殺遺伝子 (suicide gene) →細胞死遺伝子

C3植物 (C(3) plant) 光合成による初期産物が炭素原子3個の化合物である経路をもつ植物．

自死 (apoptosis) →アポトーシス

CCR (central conserved region) →中央保存領域

CC-NBS-LRRタンパク質 (coiled coil (CC) -nucleotide binding site (NBS)-leucine-rich repeat (LRR) protein) CC-NB-LRRタンパク質ともいう．NBS-LRRタンパク質ファミリーのサブグループ．N端側にCCドメインを有する．→CCドメイン，NBS-LRRタンパク質

cGMP (cyclic GMP) →環状GMP

GC含量 (GC content) DNAの4種の塩基のうち，グアニン(G)とシトシン(C)が全体の中で占める割合(%)．

脂質 (lipid) 長鎖脂肪酸または類似の炭化水素鎖をもつ有機分子．

脂質二重膜 (lipid bilayer) 脂質二重層ともいう．リン脂質分子が2層に並んで構成された生体膜の基本構造．

ccDNA（closed circular DNA）→閉環状 DNA
CC ドメイン（CC domain, coiled-coil domain）タンパク質分子中のコイルドコイル構造領域．→コイルドコイル構造
C18 カラム（octadecylsilyl silica column）→オクタデシルシリル化シリカカラム
糸状菌（filamentous fungus）糸状の菌糸を栄養体とする菌類．
自食作用（autophagy, autophagocytosis）→オートファジー
自殖性植物（autogamous plant, inbreeder）自家受粉して種子繁殖する植物．→自家受粉
シス（*cis*）同じ側．
雌ずい（pistil）雌蕊とも表し，めしべともいう．種子植物の雌性生殖器官．
シス因子（*cis* element, *cis*-acting element, *cis*-acting region, regulatory region, regulatory sequence）シスエレメント，シス配列，シス作用領域，調節領域あるいは制御配列ともいう．一般には，同一核酸分子上で遺伝子の転写開始点より 5′ 上流域あるいはときに 3′ 下流域に位置する転写制御領域を指し，プロモーターやエンハンサーなどが含まれるが，ウイルス RNA ではその認識，複製あるいは翻訳に必須の制御領域も存在する．
シスエレメント（*cis* element）→シス因子
シス作用領域（*cis*-acting region）→シス因子
システインプロテアーゼ（cysteine protease）活性中心にシステインが存在するタンパク質分解酵素．
システインリッチタンパク質（cysteine-rich protein：CRP）システインに富むタンパク質．植物ウイルスではアレキシウイルス属（*Allexivirus*），カルラウイルス属（*Carlavirus*），フロウイルス属（*Furovirus*），ホルデイウイルス属（*Hordeivirus*），ペクルウイルス属（*Pecluvirus*），ポモウイルス属（*Pomovirus*），トブラウイルス属（*Tobravirus*）などのゲノムに 8〜19 kDa の CRP がコードされている．これらの CRP のアミノ酸配列は，フロウイルス属，ホルデイウイルス属，ペクルウイルス属およびトブラウイルス属の 4 属間，アレキシウイルス属とカルラウイルス属の 2 属間でそれぞれ類似しているが，ポモウイルス属の CRP では 2 つのグループとの相同性が認められない．これらウイルス CRP の多くはいずれも RNA サイレンシングサプレッサー（RSS）としての機能を有することが示されている．
システミン（systemin）ナス科植物で見いだされた植物ペプチドホルモンのひとつ．アミノ酸 18 残基からなり，植物が障害を受けるとジャスモン酸合成を誘導する．
システム生物学（systems biology）生命現象をシステムとして理解することを目的とする学問分野．
シストロン（cistron）ゲノムの機能単位．遺伝子とほぼ同義．
シス優先的複製（*cis*-preferential replication）ウイルス RNA 複製酵素が自らが翻訳された RNA 分子自体に優先的に結合して RNA を複製する様式．
ジスルフィド結合（disulfide bond：S-S bond）S-S 結合ともいう．タンパク質中の 2 つのシステイン残基上の SH 基間で形成される架橋結合．
次世代シーケンサー（next generation sequencer：NGS）ジデオキシ法による蛍光キャピラリー DNA シーケンサーに対して，新しい原理と超並列処理を用いて一度に数〜数百 Gbp の塩基対を解析可能な DNA シーケンサーの総称．→DNA シーケンサー
G0 期（G0 phase, Gap 0 phase）真核生物の細胞周期から離脱した静止期で，分化した細胞の定常状態．
自然宿主（natural host）自然界で病原体に感染している宿主．
自然抵抗性（innate immunity）→先天性免疫
自然突然変異（spontaneous mutation）環境から受ける傷害や複製の誤りによって生じる変異．
自然免疫（innate immunity）自然抵抗性ともいう．→先天性免疫
持続感染（persistent infection）宿主体内で病原体の増殖が長期にわたってゆるやかに続く状態．
持続的農業（sustainable agriculture）→環境保全型農業
Schizosaccharomyces pombe（シゾサッカロミセス ポンベ：*S. pombe*）分裂酵母のひとつ．
シダ植物（fern, pteridophyte）シダ類ともいう．非種子植物で胞子によって増殖する維管束植物の総称．
CTAB 法（シータブ法：cetyltrimethylammonium bromide（CTAB）method）臭化セチルトリメチルアンモニウム（CTAB）が核酸などと不溶性の複合体を形成することを利用した核酸分離法のひとつ．
G タンパク質（G protein）GTP 結合タンパク質のうち，細胞内シグナル伝達経路で情報を変換し伝達する因子として機能するタンパク質．→GTP 結合タンパク質
シチジル酸（cytidylic acid）→シチジン一リン酸
シチジン（cytidine：C, Cyd）シトシンを含むリボヌクレオシドで，RNA を構成する 4 種のリボヌク

レオシドのひとつ.

シチジン一リン酸 (cytidine monophosphate：CMP) シチジル酸ともいう．シチジンの5′位にリン酸1分子が結合したリボヌクレオチドで，RNAを構成する4種のリボヌクレオチドのひとつ.

シチジン三リン酸 (cytidine triphosphate：CTP) シチジンの5′位にリン酸3分子が連結したリボヌクレオチド.

仔虫 (nymph) 若虫ともいう．不完全変態昆虫の幼生.

G2期 (G2 phase, Gap 2 phase) 真核生物の細胞周期のうち，分裂準備期.

実験宿主 (experimental host) 人工的な接種で病原体に感染する宿主.

実験プロトコル (experimental protocol) 実験マニュアルともいう．実験の操作手順を示した手引き.

実験マニュアル (experimental manual)
→ 実験プロトコル

実体顕微鏡 (stereo-microscope) 双眼で観察しながら解剖などの操作が可能な顕微鏡.

質的形質 (qualitative trait) 形質の発現が不連続で互いの区別が明らかな形質．主働遺伝子に支配される.

質的抵抗性 (qualitative resistance) → 垂直抵抗性

CIP (シップ：calf intestinal alkaline phosphatase) 仔ウシ腸アルカリホスファターゼ.

SIPK (シップケー：salicylic acid-induced protein kinase) → サリチル酸誘導性プロテインキナーゼ

質量分析法 (mass spectrometry：MS) マススペクトロメトリーともいう．質量電荷比に基づいて物質の同定や構造決定を行う方法.

cDNA (complementary DNA) → 相補的DNA

cDNAクローン (cDNA clone) 細胞のmRNAあるいはウイルスRNAから作製したcDNAのクローン.

cDNAライブラリー (cDNA library) 単一の生物種の全mRNAをcDNA化してベクターに組み込んで増殖・保存したcDNAクローンの集合体.

Ct値 (threshold cycle) リアルタイムPCRにおいて，PCR増幅産物がある一定量の閾値に達したときのサイクル数．Ct値と初期鋳型量との間には直線関係があり，初期鋳型量既知の試料の検量線から未知の試料の初期鋳型量を求めることができる.

GDDモチーフ (GDD motif) → RdRpドメイン

CTP (cytidine triphosphate) → シチジン三リン酸

GTP (guanosine triphosphate)
→ グアノシン三リン酸

GTPアーゼ (GTPase：guanosine triphosphatase) グアノシン三リン酸 (GTP) の末端のリン酸結合を加水分解する酵素群の総称.

GTP結合タンパク質 (GTP-binding protein) GTPと特異的に結合して，細胞内シグナル伝達など多岐にわたる生体反応の制御分子として機能する一群のタンパク質の総称.

ジデオキシ法 (dideoxy method, dideoxy terminator method, chain-termination method, Sanger method) ジデオキシターミネーター法，チェーンターミネーション法，サンガー法ともいう．DNAポリメラーゼによるDNA伸長反応と4種のジデオキシリボヌクレオシド三リン酸による塩基特異的な伸長阻止反応とを利用したDNA塩基配列決定の標準的方法．反応産物の鎖長と伸長を阻止したジデオキシリボヌクレオシド三リン酸の種類の対応から塩基配列を決定する.

ジデオキシリボヌクレオシド三リン酸 (dideoxyribonucleoside triphosphate：ddNTP) デオキシヌクレオシド三リン酸の糖の3′-ヒドロキシ基を欠いた分子．合成途中のDNA鎖に取り込まれるとその伸長が阻止されるため，DNA塩基配列決定法などに利用される.

シトシン (cytosine：C, Cyt) DNAとRNAに含まれるピリミジン塩基．グアニン (G) と対合する.

Cドメイン (C domain, central domain)
→ 中央ドメイン

シナージズム (synergism) → 相乗効果

シノニム (synonym) → 異名

篩板 (sieve plate) 師板とも表す．篩管細胞間の隔壁にある小孔 (篩孔) が多数あいた部分.

CP (coat protein, capsid protein) → 外被タンパク質

CPm (minor CP) マイナー外被タンパク質．クロステロウイルス科 (*Closteroviridae*) ウイルスの粒子を構成する主成分である22～46 kDa外被タンパク質 (CP) 以外の23～80 kDa外被タンパク質で，糸状粒子の5′端部分を構成している.

CBB法 (CBB method：Coomassie brilliant blue method) クマジーブリリアントブルーでタンパク質を染色・定量する方法，

指標植物 (indicator plant) → 判別宿主

篩部 (phloem) 師部とも表す．篩管，伴細胞，篩部柔組織，篩部繊維からなる，光合成産物や代謝産物などの通道組織．篩管は篩要素のひとつである篩管細胞が縦に連なって構成されている．植物ウイルスは篩部を通して全身移行する

cv. (cultivar.) → 栽培品種.

篩部移行 (phloem loading and unloading) 植物ウイ

ルスの篩部内移行．第一次感染細胞から周囲の細胞に移行・増殖した植物ウイルスは維管束組織に達すると，維管束鞘，篩部柔組織，伴細胞を経て，篩管に侵入し，篩管流に乗って全身に移行する．この全身移行ができない場合には，局部感染にとどまる．

篩部局在性ウイルス（phloem-limited virus）植物の篩部組織だけに局在するウイルス．ツングロウイルス属（*Tungrovirus*），オリザウイルス属（*Oryzavirus*），フィジーウイルス属（*Fijivirus*），ルテオウイルス属（*Luteovirus*），ポレロウイルス属（*Polerovirus*），ワイカウイルス属（*Waikavirus*），マラフィウイルス属（*Marafivirus*），マクラウイルス属（*Maculavirus*），クロステロウイルス科（*Closteroviridae*），ナノウイルス科（*Nanoviridae*），クルトウイルス属（*Curtovirus*）のウイルスおよびベゴモウイルス属（*Begomovirus*）の多くのウイルスなどは，篩部局在性ウイルスである．

CVC 法（clarified virus concentration method）電子顕微鏡観察のために微量のウイルス粒子を部分精製・濃縮する方法のひとつ．

篩部柔細胞（phloem parenchyma cell）篩部柔組織を構成する細胞．

篩部柔組織（phloem parenchyma）篩部を構成する柔組織．

篩部繊維（phloem fiber）篩管をとり巻く繊維組織．

篩部輸送（phloem transport）葉でつくられた同化産物や代謝産物の篩管を通じた輸送．植物ウイルスや病傷害シグナルなどもこの経路を介して全身に広がる．

ジベレリン（gibberellin：GA）植物ホルモンのひとつ．ジベレリン酸（GA_3）など約 90 種のジベレリンがある．

子房培養（ovary culture）受精後の花の子房を切り出して培養することによって胚珠の発育を継続させ，完熟種子あるいは植物体を育成する技術．

C 末端（C-terminal, carboxyl terminal）
→カルボキシ末端

弱毒ウイルス（attenuated virus）弱毒系統，弱毒株ともいう．無病徴か穏やかな病徴を示すウイルス株．植物ウイルスの場合には，圃場で見いだされた自然の弱毒株をさらに常温より低温あるいは高温で処理して選抜するか，人為突然変異によって作成した弱毒株を用い，ウイルスの干渉作用を利用して植物ウイルス病の防除に使用される．わが国ではトマトモザイクウイルス（ToMV），スイカ緑斑モザイクウイルス（CGMMV），キュウリモザイクウイルス（CMV），トウガラシ微斑ウイルス（PMMoV），ズッキーニ黄斑モザイクウイルス（ZYMV），ダイズモザイクウイルス（SMV），ヤマノイモえそモザイクウイルス（ChYNMV），カンキツトリステザウイルス（CTV）などの弱毒株が実用化されている．多くの場合，弱毒株は RNA サイレンシングサプレッサー上にアミノ酸置換があることから，これによって宿主に対する RNA サイレンシング抑制効果が低減する結果，二次感染した強毒株の増殖が防げられるものと推定されているが，これ以外にもウイルスの外被タンパク質が関与するなどの別の干渉機構も存在する．→干渉作用，RNA サイレンシングサプレッサー

弱毒化（attenuation）病原体の病原性を弱める処理．植物ウイルスでは，常温より低温あるいは高温でウイルス感染植物を育成する温度処理や，亜硝酸ナトリウムあるいは紫外線などによる突然変異誘発によって弱毒化した株を選抜する．→弱毒ウイルス

弱毒系統（attenuated strain, mild strain）
→弱毒ウイルス

ジャスモン酸（jasmonic acid：JA）植物ホルモンのひとつで，植物の病傷害に関わる重要な防御応答シグナル伝達物質のひとつ．

ジャスモン酸経路（jasmonic acid signaling pathway）
→ジャスモン酸シグナル伝達系

ジャスモン酸シグナル伝達系（jasmonic acid signaling pathway）ジャスモン酸経路ともいう．植物の防御応答におけるジャスモン酸を介したシグナル伝達系．なお，ジャスモン酸経路とサリチル酸経路とはクロストークによって互いに拮抗的関係にある．

シャドウイング（shadowing）影付け法ともいう．電子顕微鏡でウイルスや核酸分子などのようなきわめて小さくコントラストの低い試料を観察するために，白金・パラジウムなどの重金属を斜め上方から試料に真空蒸着して影を付けコントラストを高める方法．

シャトルベクター（shuttle vector）2 種以上の宿主細胞内で複製可能なベクター．

煮沸消毒（boiling sterilization）沸騰している水で病原体を死滅させる処理．

シャペロン（chaperone）分子シャペロンともいう．タンパク質の活性のある立体構造への折り畳みやタンパク質の保護，運搬などを介助するタンパク質．

種（species）生物の階層分類体系において，属の次下位におかれる分類の基本単位．ウイルスの分類では ICTV の規約に従って命名した学名で示す．

→植物ウイルスの命名．

汁液接種（sap inoculation）機械接種，機械的接種，摩擦接種ともいう．ウイルス感染植物の粗汁液や精製ウイルスの懸濁液に，必要に応じて適当な緩衝液や酸化防止剤，還元剤，キレート剤あるいはポリビニルピロリドン（PVP）などを加えた上で，この液を研磨剤（カーボランダム）とともに健全植物の葉にこすりつけるか，あるいはこの液に浸した接ぎ木ナイフなどで枝や幹を傷つけてウイルスを接種する方法．

汁液伝染（sap transmission）機械伝染，機械的伝染，接触伝染，非生物的伝染ともいう．ウイルス感染植物の汁液が植物の傷口から侵入して感染する伝染様式．風雨による葉擦れや農作業の際の手指や農機具などの汚染によって起こるが，人工的な汁液接種によっても起こる．→汁液接種

終期（telophase）有糸分裂の最終の時期．両極に到達した染色体は脱凝縮し，それぞれの周囲に核膜と核小体が再形成される．有糸分裂に続いて細胞質分裂が起きて2個の娘細胞が形成される．

19S RNA　→CaMV 19S RNA

19S プロモーター（19S promoter）
→CaMV 19S プロモーター

終結因子（termination factor, release factor：RF, eRF）
→翻訳終結因子

重合体（polymer）→ポリマー

収差（aberration）1点から放射された光線あるいは電子線がレンズなどの集束光学系を通過した後に正確に1点に収斂しない現象．

柔細胞（parenchyma cell）植物の柔組織を構成する細胞．→柔組織

終止コドン（termination codon, stop codon, nonsense codon）終結コドン，停止コドン，翻訳終止コドン，ストップコドン，ナンセンスコドン，翻訳終止点ともいう．翻訳の終止コドンで UAA, UAG, UGA の3種がある．→コドン

集束（convergence, focusing）→収斂

集束レンズ（condenser lens）光線あるいは電子線を集束するレンズ．

柔組織（parenchyma）植物の髄，葉肉，果肉，皮層などの主体をなす組織．

集団育種（bulk breeding）交雑育種のひとつ．自殖性植物について交雑の初期世代を集団で栽培して選抜せず，後期世代で選抜を行う育種法．

集団遺伝学（population genetics）生物集団の遺伝的構成の変化や進化の機構を研究する学問分野．

集団選抜（mass selection）分離育種のひとつ．他殖性作物の混型集団から選抜個体群を集団として選抜する育種法．

重複遺伝子（overlapping gene）重なり遺伝子ともいう．同一の DNA あるいは RNA 領域を共有する複数の遺伝子．

重複感染（double infection, superinfection）重感染，混合感染ともいう．[1] 2種の病原体の同時感染．[2] ある病原体に一次感染した宿主に，これと同種，異系統あるいは異種の病原体を二次感染させること．

従来育種（conventional breeding）従来からの交雑・選抜などを主体とした育種法．

収斂（convergence, focusing）集束ともいう．光線や電子線が1点に集まること．

宿主（host）寄主ともいう．病原体の感染が成立する生物．

宿主域（host range）→宿主範囲

宿主域変異株（host range mutant）宿主域が変異した株．

宿主因子（host factor）宿主成分，宿主タンパク質ともいう．ウイルスの複製・移行に関与する宿主側のタンパク質成分．ウイルスの感染過程を促進する成分（促進因子）と抑制する成分（抑制因子）とがあり，また，ウイルスの種に特異的な成分と多くのウイルス種に共通する普遍的な成分とがある．本来，ウイルスの増殖は宿主の代謝系にほぼ全面的に依存しているため，ウイルスと宿主の組合せやウイルスの感染ステージに応じてきわめて多種多様な宿主のタンパク質が直接あるいは間接に関与しており，たとえばトマトブッシースタントウイルス（TBSV）や *Brome mosaic virus*（BMV）と酵母の組合せでも約130種もの宿主タンパク質が関与していることが示されているが，これらの中で特にウイルス感染に特徴的な機能を示すタンパク質を宿主因子とよぶ．

　植物ウイルスの場合，ウイルスの複製に関わる宿主因子には，種特異的な複製促進因子として，タバコモザイクウイルス（TMV）および TBSV に対するタバコあるいは酵母の翻訳伸張因子 eEF1A と eEF1B，BMV に対するオオムギの翻訳開始因子 eIF3，トマトモザイクウイルス（ToMV）に対するタバコの膜タンパク質 TOM1, TOM2A ならびに TOM3, GTP アーゼ ARL8, ToMV, ジャガイモ A ウイルス（PVA）および TBSV に対するタバコの熱ショックタンパク質 Hsp70, TBSV に対するタバコのグリセルアルデヒド三リン酸脱水素酵素（GAPDH），ステロール-4-α-メチルオキシダーゼ SMO1 と SMO2, *Red clover necrotic mosaic virus*（RCNMV）に対するタバコの

GTPアーゼARF1，熱ショックタンパク質Hsp70とHsp90，ポティウイルス属(*Potyvirus*)のウイルスに対するタバコの翻訳開始因子eIF4E，カリフラワーモザイクウイルス(CaMV)に対するシロイヌナズナやカブのリイニシエーション支援タンパク質RISPとeIF3，トマト黄化葉巻ウイルス(TYLCV)に対するトマトの増殖細胞核抗原(PCNA)などがある．

一方，種特異的な複製抑制因子としては，TMVに対するタバコのNタンパク質，リングフィンガータンパク質TARF，ToMVおよびタバコ微斑モザイクウイルス(TMGMV)に対するトマトのTm-1タンパク質，ポテックスウイルス属(*Potexvirus*)ウイルスに対するシロイヌナズナのJAX1タンパク質などがある．普遍的な複製促進因子の例はあまり知られていないが，普遍的な複製抑制因子には，RNAジーンサイレンシングに関わる宿主のRNA依存RNAポリメラーゼ(RDR)，ダイサー，RNA誘導サイレンシング複合体(RISC)を構成するアルゴノートタンパク質(AGO)などの複数のタンパク質などが含まれる．

ウイルスの移行に関わる宿主因子には，種特異的な移行促進因子として，TMVに対するタバコのアクチン，非細胞自律性経路タンパク質NtNCAPP1，DnaJ様タンパク質NtMPIP1，転写因子NTH201，プラズモデスマータ結合タンパク質キナーゼPAPK，ペクチンメチルエステラーゼ(PME)，アンキリンリピートタンパク質ANK，ジャガイモYウイルス(PVY)に対するタバコのDnaJ様タンパク質NtCPIP，ポティウイルス属に対するエンドウなどのVPg結合タンパク質PVIP，シロイヌナズナのカチオン結合細胞膜タンパク質PCaP1，BMVに対するベンサミアナタバコの新生タンパク質輸送に関わると推定されるタンパク質NbNACa1，ブドウファンリーフウイルス(GFLV)やCaMVに対するシロイヌナズナのプラズモデスマータ局在タンパク質PDLP，アブチロンモザイクウイルス(AbMV)に対するベンサミアナタバコの熱ショックタンパク質70(HSC70)などがある．

一方，種特異的な移行抑制因子としては，TMVに対するタバコのチューブリン，カルレティキュリン，微小管結合タンパク質MPB2C，ToMVに対するシロイヌナズナやアブラナの転写コアクチベーターKELP，*Tobacco etch virus*(TEV)に対するシロイヌナズナの*RTM1*，*RTM2*遺伝子産物などがある．普遍的な移行促進因子にはプラズモデスマータを構成するタンパク質などが含まれるが，普遍的な移行抑制因子は知られていない．

ウイルスの種・系統ごとに特異的な宿主範囲は，ウイルスの感染・増殖過程のうち，特に，第一次感染細胞内でのウイルスRNAの翻訳・複製，第一次感染細胞から隣接細胞への移行，さらにそこから篩部組織を通しての全身移行，の3段階におけるウイルスタンパク質と宿主因子との間の特異的相互作用ならびにウイルスに対する宿主の防御反応の成否によって決定される．→植物-ウイルス間分子応答，ウイルス抵抗性遺伝子

縮重 (degeneration) 同一のアミノ酸に対して複数種のコドンが対応していること．

縮重 PCR (degenerate PCR)
　→ディジェネレート PCR

縮重プライマー (degenerate primer)
　→ディジェネレートプライマー

宿主-寄生者相互作用 (host-parasite interaction) 寄主-寄生者相互作用ともいう．寄生者の病原性と宿主の抵抗性との相互作用．

宿主植物 (host plant) 寄主植物ともいう．病原体の感染が成立する植物．

宿主タンパク質 (host protein) →宿主因子

宿主抵抗性 (host resistance) ある病原体に対してその宿主植物が示す病害抵抗性．静的抵抗性と動的抵抗性に大別される．→静的抵抗性，動的抵抗性

宿主特異的毒素 (host-specific toxin, host-selective toxin：HST) 特定の宿主植物だけに毒性を示す病原菌由来の毒素．

宿主範囲 (host range) 寄主範囲，宿主域ともいう．病原体が感染することができる生物の種類．植物ウイルスの場合には，植物と昆虫の双方を宿主とするウイルスも存在するが，いずれにしてもウイルスの宿主範囲はウイルスと宿主との分子間相互作用によって決定され，ウイルスがその感染成立に必要な宿主因子をすべて調達でき，かつ，宿主のRNAサイレンシングをはじめとする各種の抵抗性反応を免れることによってはじめて，あるウイルスがある生物種をその宿主とすることができる．→植物-ウイルス間分子応答

宿主非特異的毒素 (host-non-specific toxin, host-non-selective toxin, non-specific toxin：NST) 非特異的毒素ともいう．宿主植物や非宿主植物に広く毒性を示す病原菌由来の毒素．

宿主-ベクター系 (host-vector system) 組換えDNA実験において，組換えDNA分子を移入される生細胞を宿主，宿主に外来DNAを運ぶプラスミドやウイルスなどをベクター，この宿主とベクター

との組合せを宿主-ベクター系という.

縮葉(rugose) 葉全体が縮れる病徴.

種子(seed) 種子植物の受精・成熟した胚珠を含む構造.

種子消毒(seed disinfection, seed treatment) 種子,種いも,球根などに付着している病原体などを物理的あるいは化学的方法で除去する処理.種皮のウイルス汚染に対しては乾熱処理法あるいは第三リン酸ナトリウム溶液や次亜塩素酸ナトリウム溶液への浸漬処理法などの除去法がある.

種子植物(seed plant, spermatophyte) 生活環の一部において種子を形成する植物の総称.被子植物と裸子植物に大別される.

種子伝染(seed transmission) 種子を通した病原体の次世代宿主への伝染.植物ウイルスの種子伝染率は,ウイルスと宿主植物との組合せによって,1%以下から100%近くまでの広がりがあり,種子中のウイルスの分布も種皮,胚乳,胚とさまざまである.→種子伝染性ウイルス

種子伝染性ウイルス(seed-borne virus) 種子を通して次世代宿主へ伝染するウイルス.100種以上のウイルスおよび数種のウイロイドなどが種子伝染することが知られている.中には,種子伝染性潜伏ウイルスのように種子伝染および花粉伝染以外では伝染せず,そのほぼすべてが明瞭な病徴を示さないウイルスもある.

種子伝染性潜伏ウイルス(seed-borne cryptic virus, plant cryptovirus) 植物クリプトウイルスともいう.種子伝染および花粉伝染はするが,他の方法では伝染せず,そのほぼすべてが明瞭な病徴を示さない植物ウイルス.パルティティウイルス科(*Partitiviridae*)のアルファパルティティウイルス属(*Alphapartitivirus*)5種,ベータパルティティウイルス属(*Betapartitivirus*)7種,デルタパルティティウイルス属(*Deltapartitivirus*)5種,属未定の12種,エンドルナウイルス科(*Endornaviridae*)のエンドルナウイルス属(*Endornavirus*)6種のウイルスなどがこれにあたり,いずれも移行タンパク質遺伝子を欠いている.

種子伝染病(seed-borne disease) 病原体が種子の表面あるいは内部に潜んで,種子の発芽力を低下させたり,発芽後に植物に被害を及ぼす病気.

受精(fertilization) 雌雄の配偶子の融合.

主唾腺(principal salivary gland) 主唾液腺ともいう.唾腺の構成器官のひとつ.

出芽(budding) ウイルス学では,外膜を有する新生ウイルス粒子が成熟の最終段階で,核膜,小胞体膜あるいは細胞膜などの膜の一部を粒子表面に被った形で外側に飛び出してくる過程を指す.

出芽酵母(budding yeast) 出芽によって増える酵母の総称であるが,*Saccharomyces cerevisiae* の通称としても用いられる.

種抵抗性(species resistance, species immunity)
→非宿主抵抗性

シュート(shoot) 苗条,枝条,芽条ともいう.植物の茎とそれについた葉との総体.

主働遺伝子(major gene) 単独で大きな遺伝効果をもつ遺伝子の総称.質的形質の多くは主働遺伝子に支配されている.

受動輸送(passive transport) 生体膜において膜内外の化学ポテンシャルや電気化学ポテンシャルの勾配に従って物質を輸送する機構.

シュードノット構造(pseudoknot structure) RNAの二次構造のひとつ.ヘアピン構造のループ部位が同じ分子内の他の一本鎖領域と対合して形成される.

シュードリコンビナント(pseudorecombinant) 偽遺伝子組換え体,リアソータントともいう.シュードリコンビネーションによって分節ゲノムの組合せを換えた新たなウイルス.

シュードリコンビネーション(pseudorecombination) 偽遺伝子組換え.分節ゲノムをもつウイルスの異種あるいは異系統間において,再編成によって分節ゲノムの組合せを換えた新たなウイルスが生じる現象.

樹病学(tree pathology, forest pathology) 森林病理学ともいう.森林樹木の病気に関する学問分野.

種苗伝染(seed and seedling transmission) 種子や苗を通した病原体の次世代宿主への伝染.苗には栄養繁殖性植物の苗も含まれる.

受粉(pollination) 雌ずいの柱頭に雄ずいの花粉が付着すること.自家受粉と他家受粉とがある.

樹木医(tree doctor) 樹木保護に関する民間資格のひとつ.

樹木医学(tree health) 樹木の病虫害と樹木の保全に関する学問分野.

樹木医学会(Tree Health Research Society) 1998年に創立されたわが国の樹木医学に関する学会.

樹木学(dendrology) 樹木に関する学問分野.

腫瘍(gall, tumor) ゴールともいう.こぶ状の奇形病徴.

受容RNA(acceptor RNA) →アクセプターRNA

主要共通領域(major common region:CR-M) バブウイルス属(*Babuvirus*)ウイルスの各分節ゲノムの非翻訳領域内に存在し,共通ステムループ領域(CR-SL)とは異なる共通領域.

受容性 (accessibility, susceptibility) → 感受性

受容性誘導 (induced susceptibility, induced accessibility) 予め病原菌やサプレッサーなどで植物を処理しておくと、非病原菌に対しても感受性が高まる現象.

受容体 (receptor) レセプター,リセプターともいう.［1］細胞に存在し,外来性の特定の分子や物理・化学的シグナルを特異的に認識して,細胞応答のシグナル伝達を引き起こすための入口となるタンパク質.［2］ウイルス受容体.細胞の表面に存在し,ウイルス粒子と特異的に結合してその侵入や脱外被を誘起するタンパク質.植物細胞では［2］のようなタンパク質の存在は認められていない.

受容体型キナーゼ (receptor-like kinase：RLK) →レセプター様キナーゼ

主要複製開始タンパク質 (master replication initiation protein：M-Rep) M-Repタンパク質ともいう.ナノウイルス科 (*Nanoviridae*) ウイルスのゲノム複製に関与するウイルス由来の複製開始因子.

シュリーレン光学系 (schlieren optics) 屈折率の微細な変化を観測する光学系.分析用超遠心機などで界面の観測からS値などを求めるために利用されている.

順遺伝学 (forward genetics) 特定の表現形質にかかわる遺伝子について変異体の作成や交雑などから出発して最終的にその同定に至るという従来の遺伝学的解析. → 逆遺伝学

純化 (purification) → 精製

順化培地 (conditioned medium) 動植物の細胞や組織を培養した後の使用済み培地.これを新たに培養する細胞の培地に添加すると細胞の増殖や分化が促進される場合がある.

循環型伝染 (circulative transmission) ウイルスの虫媒伝染様式のうち,感染植物から獲得したウイルスが虫体内を循環した後に,長期にわたって媒介能力をもつようになる様式で,ウイルスが虫体内でも増殖する場合(増殖性)と増殖しない場合(非増殖性)とがある.

循環型・増殖性伝染 (circulative, propagative transmission) ウイルスの虫媒伝染様式のうち,感染植物から獲得したウイルスが虫体内を循環し,虫体内でも増殖するために,数日～2週間の潜伏期間を経て媒介能力をもつようになり,この媒介能力を終世保持する様式.ウイルスの種によっては,経卵伝染する.

循環型・非増殖性伝染 (circulative, non-propagative transmission) ウイルスの虫媒伝染様式のうち,感染植物から獲得したウイルスが虫体内を循環するため,数時間～数日の潜伏期間を経て媒介能力をもつようになるが,虫体内では増殖しないために,数日～数週間後には媒介能力を失う様式.

純系選抜 (pure line selection, pure line breeding) 分離育種のひとつ.自殖性作物の選抜個体から完全ホモ接合系統を分離する育種法.

準種 (quasy sepses) クワジスピーシーズともいう.遺伝子変異の集積したゲノム集団からなる種.ウイルスの種はこれに相当する.

純水 (pure water) 脱イオン水など塩類や残留塩素がほとんどすべて除去された水.

純度 (purity) 主成分の試料中に占める割合.

子葉 (cotyledon) 種子植物の個体発生において最初に形成される葉.

傷害 (injury) 昆虫による食害や物理的あるいは化学的要因による植物の損傷.

傷害誘導性全身抵抗性 (wound-induced systemic resistance：WSR) 傷害により植物に全身的に誘導される病虫害抵抗性.

傷害誘導性プロテインキナーゼ (wound-induced protein kinase：WIPK) 植物の防御応答のシグナル伝達系に関わるタンパク質リン酸化酵素のひとつ.

蒸気消毒 (steam disinfection) 100～120℃の蒸気で処理する滅菌法.土壌消毒にも利用される.

条件致死変異株 (conditional lethal mutant) 特定の環境条件下で致死となる変異株.

蒸散 (transpiration) 植物体内の水分が水蒸気となって体外に発散する作用.

小進化 (microevolution) 種内の進化.

篩要素 (sieve element) 篩部を構成し,植物体内における物質移動の通導に関与する細胞の総称.

消毒 (sterilization, disinfection, sanitation) 病原体を殺し感染を防止する操作.

条斑 (streak, stripe) 退緑部が葉の葉脈に沿って筋状～縞状に細長く進展する病徴.

障壁植物 (barrier plant) 有翅アブラムシ類の飛来を防止するために圃場の周囲に,あるいは間作として栽培する植物.

上偏成長 (epinasty) → エピナスティ

小胞 (vesicle) 小囊ともいう.細胞質内に存在する,膜に包まれた小さな球状～袋状の構造体の総称.

小胞化 (vesiculation) 小胞を生じること.

上方制御 (up regulation) 遺伝子産物などの発現促進.

小胞体 (endoplasmic reticulum：ER) 真核細胞の細胞質に網目状に分布する細胞内膜系で,一重膜(小胞体膜)に包まれた袋状～管状の構造体.リボ

ソームが結合してタンパク質合成を行う粗面小胞体と，リボソームを欠く滑面小胞体とがある．小胞体は細胞分画法ではミクロソーム画分として回収される．→細胞分画法

小胞体移行シグナル (endoplasmic reticulum targeting signal, ER localization signal) 小胞体局在化シグナルともいう．タンパク質が小胞体に局在するのに必要なシグナル配列．

小胞体膜 (endoplasmic reticulum membrane：ER membrane) ER膜ともいう．小胞体(ER)を構成する一重膜．タバコモザイクウイルス(TMV)，*Tobacco etch virus*(TEV)，*Brome mosaic virus*(BMV)，*Cowpea mosaic virus*(CPMV)，ブドウファンリーフウイルス(GFV)，トマト輪点ウイルス(ToRSV)，*Red clover necrotic mosaic virus*(RCNMV)など多くの植物プラス一本鎖RNAウイルスの複製の場となる．

情報伝達 (signal transduction, signaling)
→シグナル伝達

情報伝達経路 (signal transduction pathway)
→シグナル伝達経路

情報伝達物質 (signaling molecule, signaling factor, signal molecule) →シグナル伝達物質

小胞輸送 (vesicular transport) 小胞による細胞内の物質輸送．細胞膜→エンドソーム→リソソーム経路，小胞体→ゴルジ体細胞膜経路，小胞体→ゴルジ体→リソソーム経路などがあり，植物ではリソソームは液胞に相当するとされているが，いずれの経路も植物ウイルスの細胞内移行にも関与する．

静脈注射 (intravenous injection) 静脈内への注射．

上葉 (upper leaf) 接種葉より上位の葉．

上流 (upstream) [1]DNAあるいはRNA上のある1点より5′端方向側の部位．[2]生体反応のある段階より時間的，機能的に前で起こる反応の順位．

蒸留水 (distilled water) 蒸留によって脱塩精製した水．

初期病徴 (primary symptom) 病原体の感染初期に宿主に現れる病徴．

食作用 (phagocytosis) →ファーゴサイトーシス

植物医科学 (plant clinical science) →植物保護学

植物医師 (plant doctor)
→技術士(農業部門・植物保護)

植物遺伝子工学 (plant genetic engineering, plant gene engineering) 植物の遺伝子を人工的に加工し組み換えて利用する技術．一般的な遺伝子工学技術を基礎として，これに，植物への遺伝子導入・発現，形質転換細胞の選抜と植物体への再分化などの植物細胞工学技術ならびに植物細胞組織培養技術を組み合わせて構成されている．

植物ウイルス (plant virus, phytovirus) 植物を宿主とするウイルス．広義にはウイロイドなども含む．世界には2014年の時点で3目25科3亜科112属1,235種の植物ウイルスが国際ウイルス分類委員会(ICTV)によって正式に認められており，これは全生物の既知のウイルス種の約40％にあたる．日本ではICTV未認定のウイルスも含めて現在371種(うちウイロイド22種)の植物ウイルスの存在が知られている．植物ウイルスはそのゲノム核酸の種類と複製様式の違いに基づいて，一本鎖DNAウイルス，二本鎖DNA逆転写ウイルス，一本鎖RNA逆転写ウイルス，二本鎖RNAウイルス，マイナス一本鎖RNAウイルス，プラス一本鎖RNAウイルスの6つのクラスに大別されている．全植物ウイルス種のうち，一本鎖DNAウイルスが約28％，二本鎖DNA逆転写ウイルスと一本鎖RNA逆転写ウイルスを加えた逆転写ウイルスが約6％，二本鎖RNAウイルスが約4％，マイナス一本鎖RNAウイルスが約4％，プラス一本鎖RNAウイルスが約58％ずつを占める．以下に，世界でこれまでに報告された植物ウイルスのうち，病害上あるいは学術上重要なウイルス種を，上記のクラス別に，それらの主要な宿主植物の作物グループ順(食用作物，特用作物，牧草，野菜，果樹，草花)に並べて示す．なお，和名のウイルスはわが国での発生が認められているもの，英名のウイルスはわが国での発生がまだ認められていないものである．

　一本鎖DNAウイルスには，*Maize streak virus*(MSV)，サツマイモ葉巻日本ウイルス(SPLCJV)，*Bean golden mosaic virus*(BGMV)，*Mungbean yellow mosaic virus*(MYMV)，トマト黄化葉巻ウイルス(TYLCV)，*Beet curly top virus*(BCTV)，タバコ巻葉日本ウイルス(TbLCJV)，*Subterranean clover stunt virus*(SCSV)，バナナバンチートップウイルス(BBTV)，アブチロンモザイクウイルス(AbMV)，ヒヨドリバナ葉脈黄化ウイルス(EpYVV)，スイカズラ葉脈黄化モザイクウイルス(HYVMV)などがある．

　二本鎖DNA逆転写ウイルスには，*Rice tungro bacilliform virus*(RTBV)，*Cassava vein mosaic virus*(CsVMV)，ダイズ退緑斑紋ウイルス(SbCMV)，*Peanut chlorotic streak virus*(PCSV)，カリフラワーモザイクウイルス(CaMV)，イチゴベインバンディングウイルス(SVBV)，ブルーベリー赤色輪点ウイルス(BRRV)，*Cacao* swollen shoot virus(CSSV)，カーネーションエッチドリングウイルス(CERV)，カンナ黄色斑紋ウイルス(CaYMV)，ダリアモザイクウイルス(DMV)，ペチュニア葉脈透化ウイルス(PVCV)，Figwort mosaic virus(FMV)，Commelina yellow mottle virus(ComYMV)などがある．

一本鎖 RNA 逆転写ウイルスには，Glycine max SIRE1 virus(GmaSIRV)，Brassica oleracea Melmoth virus(BolMelV)，Arabidopsis thaliana Athila virus(AthAthV)などの植物レトロウイルスがある．

二本鎖 RNA ウイルスには，イネ萎縮ウイルス(RDV)，イネ黒条萎縮ウイルス(RBSDV)，イネラギッドスタントウイルス(RRSV)，Rice gall dwarf virus(RGDV)，Maize rough dwarf virus(MRDV)，Fiji disease virus(FDV)，Wound tumor virus(WTV)などの各種植物レオウイルス，イネエンドルナウイルス(OsEV)，Vicia faba endornavirus(VfEV)などの各種植物エンドルナウイルス，およびシロクローバ潜伏ウイルス 1(WCCV-1)などの各種植物クリプトウイルスなどがある．

マイナス一本鎖 RNA ウイルスには，イネ縞葉枯ウイルス(RSV)，イネグラッシースタントウイルス(RGSV)，Rice hoja blanca virus(RHBV)，イネ黄葉ウイルス(RYSV)，ムギ北地モザイクウイルス(NCMV)，Maize mosaic virus(MMV)，Potato yellow dwraf virus(PYDV)，トマト黄化えそウイルス(TSWV)，スイカ灰白色斑紋ウイルス(WSMoV)，Lettuce necrotic yellows virus(LNYV)，レタスビッグベイン随伴ウイルス(LBVaV)，イチゴクリンクルウイルス(SCV)，カンキツソローシスウイルス(CPsV)，Sonchus yellow net virus(SYNV)，Sowthistle yellow vein virus(SYVV)などがある．

プラス一本鎖 RNA ウイルスには，イネえそモザイクウイルス(RNMV)，イネ矮化ウイルス(RTSV)，オオムギ黄萎 PAV ウイルス(BYDV-PAV)，オオムギ縞萎縮ウイルス(BaYMV)，ムギ斑葉モザイクウイルス(BSMV)，ムギ類萎縮ウイルス(JSBWMV)，コムギ縞萎縮ウイルス(WYMV)，コムギ黄葉ウイルス(WYLV)，トウモロコシ萎縮モザイクウイルス(MDMV)，Maize chlorotic dwarf virus(MCDV)，ジャガイモ X ウイルス(PVX)，ジャガイモ Y ウイルス(PVY)，ジャガイモ S ウイルス(PVS)，ジャガイモ M ウイルス(PVM)，ジャガイモ葉巻ウイルス(PLRV)，ジャガイモ黄斑モザイクウイルス(PAMV)，ジャガイモップトップウイルス(PMTV)，サツマイモ斑紋モザイクウイルス(SPFMV)，ダイズモザイクウイルス(SMV)，ダイズ矮化ウイルス(SbDV)，インゲンマメモザイクウイルス(BCMV)，インゲンマメ黄斑モザイクウイルス(BYMV)，インゲンマメ南部モザイクウイルス(SBMV)，ソラマメウイルトウイルス 1(BBWV-1)，ソラマメえそモザイクウイルス(BBNV)，ラッカセイ斑紋ウイルス(PeMoV)，ラッカセイ矮化ウイルス(PSV)，Cowpea mosaic virus(CPMV)，Cowpea chlorotic mottle virus(CCMV)，Pea enation mosaic virus-1(PEMV-1)，サトウキビモザイクウイルス(SCMV)，ビートモザイクウイルス(BtMV)，ビート萎黄ウイルス(BYV)，ビート西部萎黄ウイルス(BWYV)，ビートえそ性葉脈黄化ウイルス(BNYVV)，タバコモザイクウイルス(TMV)，タバコ茎えそウイルス(TRV)，タバコ輪点ウイルス(TRSV)，タバコえそ D ウイルス(TNV-D)，タバコ条斑ウイルス(TSV)，タバコえそ萎縮ウイルス(TNDV)，Tobacco etch virus(TEV)，クワ輪紋ウイルス(MRSV)，アルファルファモザイクウイルス(AMV)，クローバ葉脈黄化ウイルス(ClYVV)，シロクローバモザイクウイルス(WClMV)，Red clover necrotic mosaic virus(RCNMV)，レンゲ萎縮ウイルス(MDV)，ライグラスモザイクウイルス(RGMV)，Brome mosaic virus(BMV)，トマトモザイクウイルス(ToMV)，トマト輪点ウイルス(ToRSV)，トマト黒色輪点ウイルス(TBRV)，トマトブッシースタントウイルス(TBSV)，トマトアスパーミィウイルス(TAV)，トウガラシ微斑ウイルス(PMMoV)，キュウリモザイクウイルス(CMV)，キュウリ緑斑モザイクウイルス(KGMMV)，スイカ緑斑モザイクウイルス(CGMMV)，スイカモザイクウイルス(WMV)，ズッキーニ黄斑モザイクウイルス(ZYMV)，スカッシュモザイクウイルス(SqMV)，メロンえそ斑点ウイルス(MNSV)，カブモザイクウイルス(TuMV)，カブ黄化モザイクウイルス(TYMV)，ダイコンモザイクウイルス(RaMV)，アブラナモザイクウイルス(YMoV)，タマネギ萎縮ウイルス(OYDV)，シャロット X ウイルス(ShVX)，レタスモザイクウイルス(LMV)，セルリーモザイクウイルス(CeMV)，ニンジン黄化ウイルス(CtRLV)，Carrot mottle virus(CMoV)，アスパラガスウイルス 3(AV-3)，ヤマノイモえそモザイクウイルス(ChYNMV)，ヤマノイモモザイクウイルス(JYMV)，イチゴ斑紋ウイルス(SMoV)，イチゴマイルドイエローエッ

ジウイルス(SMYEV), カンキツトリステザウイルス(CTV), カンキツリーフルゴースウイルス(CiLRV), 温州萎縮ウイルス(SDV), リンゴクロロティックリーフスポットウイルス(ACLSV), リンゴステムグルービングウイルス(ASGV), リンゴステムピッティングウイルス(ASPV), プルヌスえそ輪点ウイルス(PNRSV), ウメ輪紋ウイルス(PPV), ブドウAウイルス(GVA), ブドウ葉巻随伴ウイルス3(GLRaV-3), ブドウファンリーフウイルス(GFLV), チェリーAウイルス(CVA), チェリーえそさび斑ウイルス(CNRMV), パパイア輪点ウイルス(PRSV), カーネーション斑紋ウイルス(CarMV), カーネーション潜在ウイルス(CLV), *Carnation ringspot virus*(CRSV), *Tulip breaking virus*(TBV), チューリップモザイクウイルス(TulMV), キクBウイルス(CVB), スイセン黄色条斑ウイルス(NYSV), ユリ微斑ウイルス(LMoV), ユリ潜在ウイルス(LSV), アマリリスモザイクウイルス(HiMV), アラビスモザイクウイルス(ArMV), ハナショウブえそ輪紋ウイルス(JINRV), シンビジウムモザイクウイルス(CymMV), オドントグロッサム輪点ウイルス(ORSV), サボテンXウイルス(CVX), *Bamboo mosaic virus*(BaMV)などがある. →植物ウイルスの分類, ウイロイド

植物ウイルス遺伝子(plant virus gene, plant viral gene) 植物ウイルスの遺伝子. →植物ウイルスのゲノム構造, 植物ウイルスの遺伝子発現

植物ウイルス学(plant virology) 植物ウイルスを研究する学問分野.

植物ウイルス核酸(plant viral nucleic acid) 植物ウイルスのゲノムを構成するRNAあるいはDNA.

植物ウイルス核酸の抽出(extraction of plant viral nucleic acid) 植物ウイルスの核酸は, 一般には, 精製したウイルス粒子からSDS-フェノール法などによって抽出する. ウイルス核酸の複製中間体, ウイルスmRNAあるいはウイロイドなどは, 感染植物から各種の核酸抽出法を適宜組合せて抽出・精製する.

植物ウイルス学実験法(methods in plant virology, plant virological methods) 植物ウイルス実験法ともいう. 植物ウイルス学の研究や植物ウイルス病の診断・防除のための実験法.

植物ウイルス学の歴史(history of plant virology) 植物ウイルス学は, 主として病原ウイルスの諸性状と植物-ウイルス間相互作用の解明を目的とする基礎植物ウイルス学と, そこで得られた知見に基づいて, 主として植物ウイルス病の診断・防除技術の開発を目的とする応用植物ウイルス学とに大別される. 後世になってからウイルス病であると認められた植物の病気の古い記載は, 752年の万葉集にあるヒヨドリバナの葉脈黄化病が最古であり, 17世紀のオランダにおけるチューリップのモザイク病もその例であるが, それらの病気の原因は長い間不明であった. 一方, 光学顕微鏡の発明者であるレーウェンフック(A. van Leeuwenhoek, オランダ)が微生物を最初に発見したのは1674年であったが, その後, 微生物学が飛躍的な発展を遂げるのは, 19世紀後半のパスツール(L. Pasteur, フランス)やコッホ(R. Koch, ドイツ)による発酵微生物や病原微生物に関する画期的な研究以降のことである.

植物病原微生物も1861年のド・バリー(A. de Bary, ドイツ)によるジャガイモ疫病菌(*Phytophthora infestans*)の発見が最初で, ここからその後の植物病理学の進歩が始まった. そうした中で, 1892年にイワノフスキー(D. Ivanovsky, ロシア)はタバコモザイク病の病原が細菌濾過器を通過することを示したが, 1898年にバイエルリンク(M. Beijerinck, オランダ)はより厳密な実験によって, その病原の本体が細菌やその毒素などとは異なる伝染性の濾過性病原体で, 生きた植物体でのみ増殖することを証明し, この新たな病原体をウイルスと命名した. このタバコモザイクウイルス(TMV)の発見がウイルス学の誕生の契機となって, 以降の各種の植物ウイルス, 動物ウイルスおよびバクテリオファージの発見へとつながるが, TMVはその後もウイルス学の開拓と進歩の先導役を担った. すなわち, 1935年のスタンレー(W. Stanley, 米国)によるTMVの結晶化はウイルスがタンパク質性の粒子であることを示し, 電子顕微鏡の発明者であるルスカ(E. Ruska, ドイツ)らによる1939年のTMVの電子顕微鏡像はウイルス粒子を初めて可視化したものである. また, 1955年にはフレンケル-コンラート(H. Fraenkel-Conrat, 米国)らがTMVのRNAと外被タンパク質とによるTMV粒子の試験管内再構成に成功した. TMV粒子がRNAを含む核タンパク質であることは, すでに1937年にボーデン(F. Bawden, 英国)らによって報告されていたが, 1956年にギーラーとシュラム(A. Gierer & G. Schramm, ドイツ)ならびフレンケル-コンラートはこのRNAがTMVの感染性を担う本体であることを証明した. 同じ1956年にはキャスパー(D. Caspar, 米国)ならびにフランクリン(R. Franklin, 英国)によってX線解析によるTMV粒子のらせん構造とRNA

鎖の位置が明らかにされ，その2年後にはフランクリンによるTMV粒子の構造モデルが示された．TMVの外被タンパク質の全アミノ酸配列は次田皓(A. Tsugita, 米国)らによって1960年に，TMV RNAの全塩基配列はゲーレット(P. Goelet, 英国)らによって1982年に，それぞれ決定された．

　TMV以外の植物ウイルスに関しては，1895年に高田鑑三がイネ萎縮ウイルス(RDV)がイナズマヨコバイによって伝染することを見いだしてウイルスの虫媒伝染を世界で最初に報告し，1933年には福士貞吉がRDVがツマグロヨコバイで経卵伝染することを証明した．一方，世界中で，各種のプラス一本鎖RNAウイルス，マイナス一本鎖RNAウイルス，二本鎖RNAウイルス，一本鎖DNAウイルス，逆転写二本鎖DNAウイルスなど，約1,000種の多様な植物ウイルスが次々と見いだされた．20世紀前半は主としてそれらの宿主範囲，病徴，伝染様式などの生物学的性状や血清学的性状の解析が行われたが，20世紀後半からはこれに加えて，超遠心機を用いる分画遠心法やショ糖密度勾配遠心法および平衡密度勾配遠心法などのウイルス精製技術，ゲル電気泳動法をはじめとする各種の生化学的解析技術，電子顕微鏡本体の発達とネガティブ染色法，超薄切片法などの新たな電子顕微鏡試料作成技術などの実験・解析技術の進歩に伴って，ウイルスの生化学的解析や電子顕微鏡観察が盛んに行われるようになった．1967年にはディーナー(T. Diener, 米国)らがジャガイモやせいも病の病原が外被タンパク質を欠く低分子の環状一本鎖RNAであることを発見し，この新たな病原体をウイロイドと命名した．その後，約30種のウイロイドが報告されているが，1978年にはグロス(H. Gross, ドイツ)らによってジャガイモやせいもウイロイド(PSTVd)の全塩基配列が決定された．

　1980年代以降，植物ウイルスの研究は分子生物学や遺伝子工学の飛躍的な発展に連動して，各種植物ウイルスのゲノム構造の解析が進み，主要な植物ウイルス種やウイロイド種についてはそれらの全塩基配列が決定された．また，ウイルスゲノムの複製と発現，ウイルスタンパク質の機能，ウイルスの移行や伝染などのウイルスの感染・増殖機構，ならびに，真性抵抗性遺伝子による過敏感反応，防御応答シグナルの伝達，RNAサイレンシングなどの植物のウイルスに対する抵抗性の発現機構に関する分子レベルでの解明も急速に進んだ．このような研究には，1969年に建部到らによって最初に開発され，その後，エレクトロポレーションによるウイルス核酸感染法として改良された植物プロトプラスト–ウイルス感染実験系，1984年にアールクィスト(P. Ahlquist, 米国)らによって最初に開発された逆遺伝学的手法によるRNAウイルスの感染性インビトロトランスクリプトの作製法およびその後に開発されたCaMV 35Sプロモーターを連結した感染性cDNAの構築法，1986年にグリムスレイ(N. Grimsley, スイス)らによって開発されたアグロインフェクション，1995年にクマガイ(M. Kumagai, 米国)らによって最初に開発されたウイルス誘導ジーンサイレンシング(VIGS)などの新たな実験・解析技術がきわめて有効に利用されている．特にわが国で開発・改良された植物プロトプラスト技術は，植物ウイルス学の研究手段として必須の技術のひとつとなるとともに，直接遺伝子導入法や細胞融合法の開発にもつながり，世界に広く普及するに至った．こうして現代の基礎植物ウイルス学は，ウイルスの病原性と植物の抵抗性の分子機構ならびに植物–ウイルス分子間相互作用の解明を中心課題とする分子植物ウイルス学へと変貌した．

　一方，応用植物ウイルス学が主目的とする植物ウイルス病の診断・防除技術の開発は，診断法では1977年にクラークとアダムス(M. Clark & A. Adams, 英国)によって植物ウイルスに適用されたELISAなどの酵素免疫抗体法，ダイレクトネガティブ染色法などの簡便な電子顕微鏡診断法，ポリメラーゼ連鎖反応(PCR, RT-PCR)や部分塩基配列決定法などによる遺伝子診断法が開発され，現場に広く普及した．植物ウイルス病の防除では，1952年にモレル(G. Morel, フランス)らによって最初に開発された成長点培養によるウイルスフリー化技術が，その後，ジャガイモ，イチゴ，果樹などの多くの栄養繁殖性作物で実用化された．1929年のマッキニー(H. McKinney, 米国)によるTMVの干渉作用の発見に端を発する弱毒ウイルスの防除への利用は，1934年のホルムス(F. Holmes, 米国)によるTMVの弱毒株の作成などを経て，わが国でも1965年の大島信行らによるトマトモザイクウイルス(ToMV)の弱毒株をはじめ，数種のウイルスでその弱毒株が実用化されている．

　ウイルス病抵抗性品種の育種は従来から防除の要であるが，わが国でもイネ縞葉枯ウイルス(RSV)に対する抵抗性イネをはじめとして，数多くの作物で抵抗性品種が開発され実用に供されている．1986年にビーチ(R. Beachy, 米国)らによって最初に開発されたウイルス病抵抗性組換え植

は，すでに海外ではパパイア輪点ウイルス(PRSV)抵抗性パパイアなどその一部がすでに実用化されているが，国内での栽培の実績はまだない．

植物-ウイルス間相互作用(plant-virus interaction) →植物-ウイルス間分子応答

植物-ウイルス間分子応答(molecular plant-virus interaction, molecular response between plant and virus) 植物-ウイルス間分子相互作用，植物-ウイルス分子間相互作用，植物-ウイルス間相互作用ともいう．植物ウイルスの感染・増殖および移行は宿主植物の代謝系にほぼ全面的に依存しているため，その感染過程にはウイルスのゲノムやタンパク質とともに，きわめて多種多様な宿主タンパク質(宿主因子)が，直接あるいは間接に，ウイルスの感染過程を促進あるいは抑制している．したがって，ウイルスの感染の可否は，ウイルス側の病原性に関わる分子と植物側の感受性あるいは抵抗性に関わる分子との間の相互作用によって決定される．

ウイルスの主要なタンパク質は，ウイルスRNA依存RNAポリメラーゼ(RdRp)や逆転写酵素(RTase)などゲノム複製に関わるタンパク質，外被タンパク質(CP)および移行タンパク質(MP)などであるが，これらのタンパク質は多機能性で，その本来の機能に加えて，エリシターやRNAサイレンシングサプレッサー(RSS)として働くものがあり，CPはウイルスの細胞間移行あるいは長距離移行にも関わる．特に，RSSは宿主のRNAサイレンシング機構に対するウイルスの対抗手段として重要であり，RdRpの構成成分，MP, CPあるいはポティウイルス科(*Potyviridae*)ウイルスのヘルパー成分プロテアーゼ(Hc-Pro)などがその機能を兼ねていたり，キュウリモザイクウイルス(CMV)の2bタンパク質，トマトブッシースタントウイルス(TBSV)のP19タンパク質，ビート萎黄ウイルス(BYV)のP21タンパク質，カルラウイルス属(*Carlavirus*)などのシステインリッチタンパク質(CRP)など専用のRSSをもつウイルス種もある．上記以外のウイルスタンパク質も，ジェミニウイルス科(*Geminiviridae*)ウイルスの複製補助タンパク質(Rep)など本来の細胞のDNA複製機構を利用しながらウイルスゲノムの複製を優先させる機能をもつもの，カリモウイルス科(*Caulimoviridae*)ウイルスの封入体タンパク質(IP)のようにポリシストロニックなウイルスmRNAの翻訳を活性化するもの，ポティウイルス科やセコウイルス科(*Secoviridae*)のウイルスなどのプロテアーゼ(Pro)のようにポリプロテインとして翻訳されたウイルスタンパク質を自己切断して個々の機能タンパク質に加工するもの，同じくポティウイルス科やセコウイルス科のウイルスなどのゲノム結合タンパク質(VPg)のようにウイルスRNAの複製・翻訳やウイルスの細胞間移行にも関わるもの，ポティウイルス属(*Potyvirus*)ウイルスの6Kタンパク質のようにウイルス複製複合体(VRC)の形成とその細胞内移行に関わるもの，BYVのP20タンパク質のように長距離移行に関わるもの，ポティウイルス科ウイルスのヘルパー成分(HC-Pro)やカリフラワーモザイクウイルス(CaMV)のP2タンパク質など媒介生物への移行に介在するもの，イネ萎縮ウイルス(RDV)のP10タンパク質など昆虫体内でのウイルスの増殖に関わるものなど，各種の多様な機能を備えている．

一方，ウイルスの感染に関わる宿主タンパク質としては，ウイルスの種や宿主の種に応じて，翻訳開始因子，翻訳伸長因子，特定の膜タンパク質，熱ショックタンパク質，アクチン，DnaJ様タンパク質など各種のタンパク質がウイルスの感染過程に応じて利用されている．これら特定の宿主タンパク質が宿主植物に本来欠けているか，一部構造に違いがあるか，あるいは変異していてウイルスタンパク質との特異的な親和性がない場合には，ウイルスの感染は成立しない．他方，宿主植物はウイルスに対する防御応答反応として過敏感反応やRNAサイレンシング機構などを発動するが，これらにはウイルス由来の特異的エリシターに対応する特異的レセプターなど過敏感反応に関わる一連の遺伝子産物，宿主のRNA依存RNAポリメラーゼ(RDR)やRNA誘導サイレンシング複合体(RISC)の構成成分などRNAサイレンシングに関わる一連のタンパク質などが関与する．

以上のように，現在，植物-ウイルス間分子相互作用の解明は植物ウイルスの感染生理学における中心課題となっている．→宿主因子，ウイルス抵抗性遺伝子

植物ウイルスゲノム(plant virus genome, plant viral genome) 植物ウイルスの全遺伝情報．→植物ウイルスのゲノム構造

植物ウイルス研究所(Institute for Plant Virus Research) わが国の農林省に1964年に設立された植物ウイルス専門の研究機関．1983年の農業生物資源研究所の設立に伴いその母体のひとつとなって廃止された．

植物ウイルス小委員会(Plant virus subcommittee：PVS) 国際ウイルス分類委員会(ICTV)の中に設けられた植物ウイルスに関する分科会．→国際

ウイルス分類委員会
植物ウイルスタンパク質 (plant viral protein) 植物ウイルスの粒子を構成するタンパク質(構造タンパク質)およびそれ以外のウイルスゲノム由来の機能性タンパク質(非構造タンパク質).
植物ウイルス抵抗性 (plant virus resistance)
　→ウイルス抵抗性
植物ウイルス抵抗性遺伝子 (plant virus resistance gene) →ウイルス抵抗性遺伝子
植物ウイルスの移行 (movement of plant viruses)
　植物ウイルスの移行には,感染細胞における細胞内移行,プラズモデスマータを経由して隣接細胞に移行する細胞間移行,さらに維管束を経由して全身に移行する長距離移行とがある.細胞間移行には,ウイルス粒子の形で移行するウイルス種とウイルス核酸の形で移行するウイルス種とがある.細胞間移行と長距離移行のいずれにもウイルスの移行タンパク質(MP)が働くが,長距離移行にはさらにウイルスの外被タンパク質(CP)も必要である.こうした移行過程のほぼすべては植物体内のシンプラスト内で行われ,アポプラストに出る例はきわめて少ない.ウイルスの細胞間移行速度は6～13 μm/h,長距離移行速度は1.5～8 cm/hとされている.→細胞内移行,細胞間移行,長距離移行,ウイルス移行複合体

植物ウイルスの遺伝子発現 (expression of plant virus genes) 植物ウイルス遺伝子の転写・翻訳様式はウイルスのゲノム構造によって多様である.ウイルスRNAゲノムのうちプラス一本鎖RNAゲノムの多くはそれ自身がmRNAとなるが,プラス一本鎖RNAゲノムの一部,マイナス一本鎖RNAゲノムおよび二本鎖RNAゲノムからのmRNAの転写にはウイルス由来のRNA依存RNAポリメラーゼ(RdRp)が必要である.一方,ウイルスDNAゲノムからのmRNAの転写には宿主のRNAポリメラーゼⅡ(Pol Ⅱ)が利用される.翻訳はいずれの場合も宿主の翻訳機構にほぼすべて依存する.

　プラス一本鎖RNAウイルスでは,上述のようにウイルスゲノム鎖がそのままmRNAとして機能するが,真核細胞内ではポリシストロニックな翻訳が不可能なため,5′末端側の最初の遺伝子が翻訳されるにすぎない.そこで,ウイルスの種によって,①細胞内で新たに合成されたRdRpによりゲノム鎖から各遺伝子に対応したサブゲノムRNAが転写・複製され,これらが各遺伝子のmRNAとして働く,②ウイルスゲノム自体が各遺伝子に対応した分節ゲノムから構成されていて,これらが各個にmRNAとして働く,③ウイルスゲノム鎖全長がmRNAとしてモノシストロニックに翻訳されて1個のポリプロテインが合成された後,ウイルス由来のプロテアーゼによって各遺伝子に対応するタンパク質に切断される,などの様式をとる.さらに,限られたゲノム情報を効率的に利用するために,④本来の停止コドンをある割合で読み過ごして本来のタンパク質よりもカルボキシ末端側が長いタンパク質分子(リードスルータンパク質)を生成する,⑤ひとつのオープンリーディングフレーム(ORF)の途中で読み枠を前後にずらして別種の融合タンパク質(フレームシフトタンパク質)を生成する,⑥本来の開始コドンをある割合で読み過ごし,それより下流のAUGコドンから翻訳を開始する(リーキースキャンニング),⑦リボソームがキャップ構造に依存せず,mRNA鎖の内部の特定の部位(インターナルリボソームエントリーサイト)に直接結合して翻訳を開始する(インターナルイニシエーション),⑧AUG以外のAUUやCUGを開始コドンとして利用する,などの機構を備えているウイルスもある.以上の①～⑧の様式や機構のうちのいくつかを合わせもっているウイルス種も多く存在する.なお,植物ウイルスのプラス一本鎖RNAには,真核生物のmRNAには必須の5′末端のキャップ構造や3′末端のポリ(A)配列を欠いていたり,キャップ構造の代わりにゲノム結合タンパク質(VPg)をもつものやポリ(A)配列の代わりにtRNA様構造などをもつものも多いが,いずれも感染細胞内では正規の翻訳機構に代わるキャップ非依存性翻訳やポリ(A)配列非依存性翻訳などの代替機構によってmRNAとして認識され,正常にタンパク質が翻訳される.

　マイナス一本鎖RNAウイルスでは,ウイルス粒子に内包されたRdRpによって,純粋なマイナス鎖の場合はウイルスゲノム鎖から転写されたmRNAを,アンビセンス鎖の場合はそのマイナス鎖領域はウイルスゲノム鎖から転写されたmRNAを,プラス鎖領域はゲノム複製過程の相補鎖から転写されたmRNAをそれぞれ用いる.いずれもモノシストロニックmRNAであるが,一部のORFがポリプロテインとして翻訳された後に2種のタンパク質に切断加工されるものもある.

　二本鎖RNAウイルスでは,ウイルス粒子に内包されたRdRpによって,それぞれの分節ゲノムのマイナス鎖から転写されたプラス鎖RNAがmRNAとして機能する.

　一本鎖DNAウイルスでは,ウイルスセンス鎖

からmRNAが転写される遺伝子とゲノムの複製過程で生じる二本鎖DNAの相補センス鎖からmRNAが転写される遺伝子とがある．

　逆転写二本鎖DNAウイルスでは，遺伝子はいずれもマイナス鎖から転写されたmRNA経由で発現するが，翻訳アクチベーター遺伝子が専用プロモーターによって転写され，翻訳されて細胞質内に封入体（ビロプラズム）を形成する一方，ゲノム全長に対応するmRNAがこれとは別の強力なプロモーターによって転写される．この全長mRNAはウイルスゲノムの複製中間体として機能するとともに，ポリシストロニックmRNAとしても働く．このmRNAのポリシストロニックな翻訳は，リボソームがmRNAの5′末端のキャップ構造に結合した後に長大な非翻訳領域を飛び越して最初の遺伝子の開始コドンに乗り移る機構（リボソームシャント）や，翻訳アクチベーターの働きによってリボソームが1つの遺伝子の翻訳をいったん終了した直後に隣接する下流の遺伝子の開始コドンを認識して翻訳を再開する機構（リイニシエーション）などによる．ただし，ウイルスの種によっては，一部あるいはすべての遺伝子がモノシストロニックmRNAを経由してポリプロテインとして翻訳された後に個々のタンパク質に切断加工されるものや，全長mRNAからスプライシングされたmRNAを経由して一部のタンパク質が翻訳されるものもある．

植物ウイルスの遺伝子翻訳（translation of plant virus genes）→植物ウイルスの遺伝子発現

植物ウイルスの感染（infection of plant viruses）　植物ウイルスが宿主体内に侵入して増殖の体制を整えること．実際にはその後の複製や移行などの増殖過程までも含む広い意味で用いられる場合が多い．現象的には感染が局所にとどまる局部感染，全身に広がる全身感染，さらに感染は成立しても外観上明瞭な病徴が認められない潜在感染などの区別がある．→植物ウイルスの感染過程，植物ウイルスの複製

植物ウイルスの感染過程（infection process of plant viruses）　植物ウイルスの感染・増殖過程ともいう．植物ウイルスは，一般に，宿主植物体への侵入，細胞膜への吸着，細胞内への侵入，脱外被，ウイルスタンパク質の合成とゲノム核酸の複製，ウイルス粒子の構築，プラズマデスマータを経由した隣接細胞への移行，維管束を経由した全身移行の順序で，感染・増殖する．

植物ウイルスの感染実験系（infection system of plant viruses）　植物ウイルスの感染・増殖過程を解析する実験系としては，①植物体を用いる感染実験系，②植物プロトプラスト–ウイルス感染実験系，③酵母–植物ウイルス感染実験系，④無細胞実験系がある．①は最も基本的な実験系であり，現在では各種の形質転換株あるいはシロイヌナズナやイネなどの各種変異株も利用されているが，ウイルスの同調感染は困難である．②はウイルスの同調感染実験系で細胞レベルでの解析に必須の実験系である．③は各種の酵母変異株などの利用が可能だが，感染し得るウイルス種がきわめて限られている．④には，感染組織から抽出・部分精製したウイルスRNA複製酵素（RdRp）あるいはその複合体を用いるインビトロ複製系，コムギ胚芽抽出液などを用いるインビトロ翻訳系，植物プロトプラスト抽出液や酵母抽出液などを用いてウイルスRNAの翻訳と複製を連続的に行うインビトロ翻訳共役複製実験系などがあるが，いずれも微妙な実験条件の設定が必要である．以上①〜④の各種感染実験系を実験の目的やウイルス種に応じて適宜使い分ける．

植物ウイルスの起源（origin of plant viruses）
　→ウイルスの起源

植物ウイルスのゲノム構造（structure of plant virus genomes）　植物ウイルスのゲノム核酸はRNAあるいはDNAで，それぞれ一本鎖か二本鎖，プラス鎖かマイナス鎖，単一ゲノムか分節ゲノムかの違いがあり，中にはそのゲノムの複製に逆転写過程を伴うものもある．植物ウイルス全体では，プラス一本鎖RNAウイルスが約60％，一本鎖DNAウイルスが約28％，マイナス一本鎖RNAウイルス，二本鎖RNAウイルス，二本鎖DNAウイルスが各々約4％ずつを占める．ウイロイドのゲノムRNAが共有結合による環状分子，トスポウイルス属（*Tospovirus*）などの一部のマイナス一本鎖RNAウイルスのゲノムRNAが両末端の水素結合による環状分子なのに対して，それら以外のほぼすべての植物ウイルスのゲノムRNAは線状であり，一方，すべてのゲノムDNAは環状である．

　植物ウイルスのプラス一本鎖RNAゲノムは，単粒子で単一ゲノムのものと2〜5種の多粒子に分かれて存在する2〜5分節ゲノムのものがあるが，全体のゲノムサイズは4〜19 kbで，いずれもその両末端部に遺伝子の転写，複製あるいは翻訳を制御する重要な配列である非翻訳領域（NTR, NCR）を有し，5′最末端にはキャップ構造かゲノム結合タンパク質（VPg），3′末端にはポリ（A）配列かtRNA様構造などをもつものが多い．中に

はこのような末端構造を欠くものもある．ORFは1～12個でその多くはモノシストロニックに翻訳されるが，5′末端側の先頭に位置するウイルスRNA複製酵素(RdRp)のORFがゲノムRNAから直接翻訳される以外は他のORFが複数種のサブゲノムRNA経由で翻訳されるものや，1つのORFがポリプロテインとして翻訳されるものなど各種の翻訳機構があり，ウイルスの属や種によって異なる．コードされている遺伝子は，メチルトランスフェラーゼ(MT)ドメイン，ヘリカーゼドメイン(HEL)およびポリメラーゼ(Pol)ドメインからなるRdRp，外被タンパク質(CP)，移行タンパク質(MP)の3種タンパク質が基本で，RdRpでは2成分，CPでは2成分，MPでは2～5成分に分かれているものもある．これらに加えてゲノム結合タンパク質(VPg)，封入体タンパク質(IP)，ポリプロテイン切断のためのプロテアーゼ(Pro)，核酸結合タンパク質(NBP)，RNAサイレンシングサプレッサー(RSS)，媒介介助タンパク質(HC)などの非構造タンパク質をコードしているウイルスも多い．

　シュードウイルス科(*Pseudoviridae*)とメタウイルス科(*Metaviridae*)に属する植物一本鎖RNA逆転写ウイルスのゲノムRNAは，プラス鎖の単一ゲノムでゲノムサイズは4～10 kb，5′最末端にキャップ構造，3′末端にポリ(A)配列，両末端直近に長鎖末端反復配列(LTR)の一部の配列をもつ．ORFは1～2個でCPをコードする*gag*遺伝子およびプロテアーゼ，インテグラーゼならびに逆転写酵素をコードする*pol*遺伝子があり，MP遺伝子はない．逆転写によって宿主ゲノムに組み込まれたプロウイルスDNAはその両末端に完全なLTRが付加されている．

　植物ウイルスのマイナス一本鎖RNAゲノムには，植物ラブドウイルスの単一ゲノム，トスポウイルス属(*Tospovirus*)ウイルスの単粒子3分節ゲノム，エマラウイルス属(*Emaravirus*)ウイルスの単粒子4分節ゲノム，バリコサウイルス属(*Varicosavirus*)，オフィオウイルス属(*Ophiovirus*)およびテヌイウイルス属(*Tenuivirus*)のウイルスの2～6粒子2～6分節ゲノムとがあり，分節ゲノムにはアンビセンス鎖を含むものが多い．これらのゲノムサイズは全体で11～17 kbで，3′末端にはリーダー配列，5′末端にはトレーラー配列があるが，キャップ構造やポリ(A)配列はなく，両末端に互いに相補的な逆方向反復配列が存在するものもある．アンビセンス鎖上のプラス鎖領域とマイナス鎖領域との境にはステムループ構造を含む数百塩基の非翻訳領域が存在する．ゲノム上には全体で5～12個のORFが存在し，RdRp，MPおよび複数種の構造タンパク質や非構造タンパク質がコードされている．ウイルス遺伝子の発現はゲノムRNAあるいはその複製過程の相補鎖RNAから，キャップ構造とポリ(A)配列をもつmRNA経由で行われるが，トスポウイルス属やテヌイウイルス属などのウイルスmRNAはキャップスナッチング機構によって宿主のmRNAからキャップ構造を獲得する．RdRpは翻訳後のウイルス粒子構築の際に粒子に内包される．

　植物ウイルスの二本鎖RNAゲノムには，植物レオウイルスの単粒子10～12分節ゲノム，植物クリプトウイルスの2粒子2分節ゲノム，アマルガウイルス科(*Amalgaviridae*)ウイルスの単一ゲノム，エンドルナウイルス科(*Endornaviridae*)ウイルスのRNAプラスミド様単一ゲノムとがあり，それらの全体のゲノムサイズは，順に，26～29 kbp，約4 kbp，約3 kbp，14～18 kbpである．植物レオウイルスの10～12分節ゲノムは，各分節ゲノムのサイズが0.8～4.5 kbpで，それらの5′末端と3′末端にはそれぞれの分節間で共通の末端保存配列があり，ゲノムの転写，複製およびエンキャプシデーションに重要な役割を果たす．各分節ゲノムの多くは各1個のORFを有するが，2個のORFを有する分節ゲノムもある．ゲノム上には全体で内殻(コア)と外殻を構成する6～10種の構造タンパク質と4～5種の非構造タンパク質の遺伝子がコードされている．RdRpはコアタンパク質の1つとしてウイルス粒子内に含まれる．植物クリプトウイルスの2粒子2分節ゲノムは，各分節ゲノムのサイズが約2 kbpで，両末端の非翻訳領域に挟まれて各1個のORFを有し，それぞれRdRpとCPの遺伝子がコードされているが，MP遺伝子は欠けている．RdRpはウイルス粒子内に含まれる．アマルガウイルス科ウイルスの単一ゲノムにはCP様タンパク質とRdRpの遺伝子が存在する．エンドルナウイルス科ウイルスの単一ゲノムは，細胞あたり20～100コピー存在するが，そのゲノム上には1個のORFにヘリカーゼドメインを含むRdRpがコードされており，CPおよびMPの遺伝子は存在しない．

　植物ウイルスの一本鎖DNAゲノムには，ジェミニウイルス科(*Geminiviridae*)ウイルスの単粒子単一ゲノムあるいは2粒子2分節ゲノムとナノウイルス科(*Nanoviridae*)ウイルスの6～8粒子6～8分節ゲノムとがあり，それらの全体のゲノムサイズは，順に，2.5～3 kb，5～6 kb，6～8 kbで

ある．ジェミニウイルス科ウイルスでは，単一ゲノムあるいは各分節ゲノムのサイズは2.5〜3 kbで，これらの環状ゲノムの中央に位置する約200塩基からなる遺伝子間領域（非翻訳領域）がステムループ構造を含む共通保存配列であり，多くのウイルスにおいてゲノムの複製や転写の開始点として機能する．この配列を境にしてウイルスセンス鎖と相補センス鎖にコードされる全体で4〜8個のORFが互いに反対方向に並ぶ．コードされている遺伝子は，複製関連タンパク質（Rep），複製促進タンパク質（REn），核シャトルタンパク質（NSP），転写促進タンパク質（TrAP）などゲノムDNAの複製あるいは転写に関与する数種のタンパク質，CP, MPなどである．ウイルスセンス鎖のORFは複製過程のゲノムの相補鎖から転写されるmRNA，相補センス鎖のORFはウイルスのゲノム鎖から転写されるmRNAによってそれぞれ翻訳される．なお，ジェミニウイルス科ベゴモウイルス属（*Begomovirus*）のウイルスには2粒子2分節ゲノム（DNA-A, DNA-B）のものと少数の単粒子単一ゲノムのものが含まれるが，単一ゲノムの構造は2分節ゲノムの一方（DNA-A）と類似している．また，本ウイルス属のウイルス種は塩基配列の相同性から主としてアジアとアフリカに分布する旧世界クラスターと主としてアメリカに分布する新世界クラスターとに分けられる．ナノウイルス科ウイルスでは，各分節ゲノムのサイズは約1 kbで，これらの環状の6〜8分節ゲノム上の非翻訳領域にステムループ構造を含む共通保存配列があり，ゲノム複製の起点となる．分節ゲノムには各1個のORFがすべてウイルスセンス鎖上に存在する．コードされている遺伝子は，複製関連タンパク質（Rep），細胞周期変換タンパク質（Clink），核シャトルタンパク質（NSP）などゲノムDNAの複製に関与する数種のタンパク質，CP, MPなどである．各ORFは複製過程のゲノムの相補鎖から転写されるmRNAによって翻訳される．

植物の二本鎖DNAウイルスはすべて逆転写ウイルスで，カリモウイルス科（*Caulimoviridae*）に属する．それらの二本鎖DNAゲノムはすべて環状の単一ゲノムでゲノムサイズは7〜8 kbp，マイナス鎖に1カ所，プラス鎖に1〜3カ所の不連続部位（ギャップ）があり，そこで一部三本鎖を形成している．これらのギャップはDNA複製の際のプライマー結合部位である．ゲノム上にはプロモーターを含む1〜2カ所の非翻訳領域と1〜8個のORFがあり，ORFにはプロテアーゼ活性とリボヌクレアーゼH（RNase H）活性も有する逆転写酵素（RTase），翻訳アクチベーター機能をもつ封入体タンパク質（IP），CP, MP, HCなどの遺伝子がコードされている．これらのORFはすべてマイナス鎖から転写されるmRNAによって個々のタンパク質あるいはポリタンパク質として翻訳される．→植物ウイルスの遺伝子発現，植物ウイルスの複製

植物ウイルスの構造（structure of plant viruses）→植物ウイルスの粒子構造，植物ウイルスのゲノム構造

植物ウイルスの構造解析法（methods for analysis of plant virus structure）一般的なウイルス構造解析法には，いずれも精製試料を対象にして，ウイルス粒子については電子顕微鏡観察，超遠心分析，紫外部吸収測定，X線結晶解析，ウイルスゲノムについてはアガロースゲル電気泳動（AGE）あるいはポリアクリルアミドゲル電気泳動（PAGE）による分離分析，DNAシーケンサーによるウイルスDNAあるいはcDNAの塩基配列解析，ウイルス構造タンパク質についてはPAGEによる分離分析，プロテインシーケンサーやMALDI-TOF/MSなどによるアミノ酸配列解析，X線や核磁気共鳴（NMR）による立体構造解析などの方法がある．

植物ウイルスの細胞内分布（intracellular distribution of plant viruses）感染組織の超薄切片の電子顕微鏡観察によって認められる植物ウイルス粒子の細胞内分布様式にはウイルスの科あるいは属ごとに共通の特徴がある．ウイルスの複製・増殖の場とウイルス粒子の集積の場とは必ずしも一致しないが，ウイルス粒子は一般に核内，細胞質内，液胞内などに散在，凝集，整列，あるいは結晶して存在する．葉緑体やミトコンドリアの内部に存在する例はきわめて少ない．らせん状のプラス一本鎖RNAウイルスならびに小型の球状プラス一本鎖RNAウイルスの多くはウイルス粒子が細胞質内に存在するが，小型の球状プラス一本鎖RNAウイルスでは細胞質に加えて液胞内にも散在あるいは結晶して存在する例が多い．やや例外的な分布様式をとるプラス一本鎖RNAウイルスとして，ワイカウイルス属（*Waikavirus*）のウイルス粒子は細胞質内に形成されたビロプラズムの内部に集積あるいは細胞質内に散在するとともに液胞内で結晶化する．ネポウイルス属（*Nepovirus*）のウイルス粒子は細胞質内の管状の小胞体内に連鎖配列する特徴がある．ホルデイウイルス属（*Hordeivirus*），エナモウイルス属（*Enamovirus*），ククモウイルス属（*Cucumovirus*），ソベモウイルス属（*Sobemovirus*）などのウイルス

粒子は核内にも認められる．トンブスウイルス属(*Tombusvirus*)のウイルスの中には，細胞質内，核内に加えて葉緑体内にも粒子が存在する例がある．なお，ポティウイルス科(*Potyviridae*)のウイルスでは細胞質内に形成されるウイルス粒子を含まない特異的な円筒状封入体の形成が，ティモウイルス属(*Tymovirus*)のウイルスでは葉緑体表面上での胞嚢の増生と葉緑体の凝集が，それぞれ大きな細胞病理学的特徴である．大型の球状マイナス一本鎖 RNA ウイルスのトスポウイルス属(*Tospovirus*)のウイルスは細胞質内のゴルジ膜上および小胞体内に集積する．大型の桿菌状マイナス一本鎖 RNA ウイルスのうち，サイトラブドウイルス属(*Cytorhabdovirus*)のウイルスは細胞質内に形成されたビロプラズムと隣接する胞嚢内に，ヌクレオラブドウイルス属(*Nucleorhabdovirus*)のウイルスは核内に形成されたビロプラズムと隣接する核膜間隙および細胞質の小胞内に集積する．大型の球状二本鎖 RNA ウイルスであるレオウイルス科(*Reoviridae*)の植物ウイルスは細胞質内に形成されたビロプラズムの内部および周囲に集積し，時に細胞質内の管状の小胞体内に連鎖配列する．双球状一本鎖 DNA ウイルスであるジェミニウイルス科(*Geminiviridae*)のウイルスの多くは核内に形成されたビロプラズムに集積する．大型の球状二本鎖 DNA 逆転写ウイルスのカリモウイルス科(*Caulimoviridae*)では，バドゥナウイルス属(*Badnavirus*)とツングロウイルス属(*Tungrovirus*)の 2 属以外のウイルスが細胞質内にビロプラズムを形成し，ウイルス粒子はその内部に集積する．

植物ウイルスの宿主範囲(host range of plant viruses)　植物ウイルスの宿主範囲はウイルスの種や系統によって異なり，数百種以上の植物に感染し，中には媒介昆虫体内でも増殖するウイルスがある一方，数種の植物だけにしか感染しないものもある．また，同一の植物種でもその品種によってウイルスの種や系統に対する反応が異なり，ある品種は全身感染するのに対して，別の品種は局部感染に止まるか，あるいは非感染を示す場合がある．このようなウイルスの種や系統ごとに異なる宿主範囲は，ウイルスの病原性と宿主植物の抵抗性との相互関係によって決定される．

植物ウイルスの進化(evolution of plant viruses)
→ウイルスの進化

植物ウイルスの侵入(entry of plant viruses)　植物ウイルスの植物体への侵入は，植物の傷口あるいは媒介生物による加害部位から受動的に行われる．傷口からの場合には，通常，ウイルス粒子が表皮細胞の露出した細胞膜表面に機械的に吸着した後，細胞のエンドサイトーシスによって細胞内に取り込まれる．細胞膜上には特異的なウイルス受容体は存在しない．吸汁性の媒介昆虫による場合は，口針の内外に付着しているウイルス粒子が唾液とともに細胞間のプラズモデスマータの内部あるいは篩管内に吐出されることによって，直接，細胞内に注入される．

植物ウイルスの精製(purification of plant viruses)
一般的な植物ウイルスの精製法は，低温下に感染植物を還元剤などを含む適当な緩衝液中で磨砕・搾汁し，有機溶媒や界面活性剤を加えて植物の色素，タンパク質，脂質，糖質などの夾雑物を変性あるいは溶解して清澄化したのち，低速遠心と超遠心を交互に繰り返す分画遠心分離法によって精製・濃縮する．1 回目の超遠心の代わりにポリエチレングリコール(PEG)処理によってウイルスを沈澱させる方法や，超遠心後の試料をショ糖密度勾配遠心や塩化セシウムによる平衡密度勾配遠心などによってさらに精製する方法などもよく用いられる．

植物ウイルスの接種(inoculation of plant viruses)
植物ウイルスの植物体への接種には，汁液伝染性ウイルスについては汁液接種を行うのが一般的だが，実験の目的によっては，非汁液伝染性ウイルスの場合と同様に，接ぎ木接種や媒介虫による接種吸汁などが行われる．なお，昆虫伝染性ウイルスについては虫体注射や膜吸汁法による接種が，また，土壌伝染性ウイルスについては土壌接種が行われる場合がある．特殊な方法としては，パーティクルガン法やアグロインフェクション法によるウイルス核酸の接種がある．植物プロトプラストへのウイルス接種には，ポリカチオン法を用いたウイルス粒子の接種および PEG 法やエレクトロポレーション法などを用いたウイルス核酸の接種が一般的である．

植物ウイルスの増殖(multiplication of plant viruses)
植物ウイルスの複製ともいう．植物ウイルスが宿主の体内で子孫のウイルスを生産すること．
→植物ウイルスの感染過程，植物ウイルスの複製

植物ウイルスの組織内分布(tissue distribution of plant viruses)　一般に植物ウイルスは，局部感染の場合を除いて，感染の進行に伴って植物体内の生長点先端部や導管内など以外のほぼすべての組織に分布する．特定のウイルス種と宿主植物の組合せでは胚嚢あるいは花粉にもウイルスが侵入し，種子伝染あるいは花粉伝染が起こる．一方，篩部組

織だけに局在するウイルス種も存在する．→篩部局在性ウイルス

植物ウイルスの脱外被（uncoating of plant viruses）→脱外被

植物ウイルスの定量（quantitation of plant viruses）
植物ウイルスの定量法には，大別して，①局部病斑計数法などによるウイルスの感染性の生物学的定量法，②二重免疫拡散法や酵素免疫検定法などによるウイルス粒子の血清学的定量法，③紫外線吸光度測定法などによる精製ウイルス粒子あるいはウイルス核酸の理化学的定量法，④プローブ核酸を用いるハイブリダイゼーション，リアルタイムPCR，LAMP法などによるウイルス核酸の分子生物学的定量法などがある．

植物ウイルスの伝染（transmission of plant viruses）
植物ウイルスの伝染には，第一次感染植物から周囲の植物に伝染する水平伝染と子孫の植物に伝染する垂直伝染とがあり，また，その伝染方法には，媒介生物（ベクター）を介しない方法と媒介生物を介する方法とがあり，これらはウイルスの種によって異なる．媒介生物を介しない方法には汁液伝染，種子伝染，花粉伝染，栄養繁殖による伝染，接木伝染などが，媒介生物を介する方法には昆虫伝染，ダニ伝染，菌類伝染，線虫伝染などがある．植物ウイルスの媒介生物別の割合は，アブラムシ28％，コナジラミ18％，ウンカ・ヨコバイ7％，その他のカメムシ目昆虫2％，アザミウマ2％，ハムシ7％，ダニ1％，線虫7％，菌類3％，媒介生物不明24％で，約7割のウイルスは昆虫やダニなどの節足動物の媒介によって伝染する．

植物ウイルスの同定（identification of plant viruses）
植物ウイルスの分類上の所属や種名を決定すること．→植物ウイルス病の診断

植物ウイルスの病原性（pathogenicity of plant viruses, virulence of plant viruses）植物ウイルスの感染性ともいう．植物ウイルスが宿主に感染して病気を引き起こす能力．

植物ウイルスの複製（replication of plant viruses）
ウイルスゲノムの複製様式は，ゲノム核酸の種類（DNA，RNAの別；一本鎖，二本鎖の別；プラス鎖，マイナス鎖の別）と逆転写複製過程の有無によって異なる．

ほぼすべてのプラス一本鎖RNAウイルスでは，ウイルス由来のRNA依存RNAポリメラーゼ（RdRp）と数種の宿主因子からなるRdRp複合体によって，親ウイルスRNAを鋳型としてこれと相補的なRNA鎖が合成された後，この相補鎖を鋳型として大量の子ウイルスRNAが連続的に複製される．この際に形成される複製中間体（RI）には相補鎖RNAと複製途中の複数の子ウイルスRNAが含まれる．RNAの合成・複製は常に鋳型鎖の3′末端から5′末端方向に沿って，それと逆の5′末端から3′末端方向に行われる．これらの複製の場はいずれも細胞内膜系の膜上で，ウイルスの種によって，小胞体膜，液胞膜，ペルオキシソーム膜，葉緑体膜あるいはミトコンドリア膜などが関係する．

マイナス一本鎖RNAウイルスでは，ウイルス粒子中に含まれるRdRpによって上記と同様の過程で複製が行われる．サイトラブドウイルス属（*Cytorhabdovirus*）のウイルスでは細胞質内に形成されたビロプラズム，ヌクレオラブドウイルス（*Nucleorhabdovirus*）のウイルスでは核内に形成されたビロプラズム，トスポウイルス属（*Tospovirus*）のウイルスではゴルジ膜上ならびにそれと融合した小胞体膜内が，それぞれの複製の場となる．

一本鎖RNA逆転写ウイルスでは，自身がコードする逆転写酵素によってゲノムRNAがDNAに逆転写された後，同じく自身のコードするインテグラーゼによって宿主のゲノムに組み込まれてプロウイルスとなり，このプロウイルスDNAから宿主のRNAポリメラーゼII（Pol II）による転写によって子ウイルスRNAが複製される．

植物レオウイルスの二本鎖RNAゲノムでは，細胞への侵入後にその構造が一部崩れたウイルス粒子内のコアに存在するRdRpによって，親の二本鎖RNAのマイナス鎖を鋳型としてこれと相補的なプラス一本鎖RNAが合成された後，このRNAが粒子外に移動してmRNAとして働く．次いで，細胞質内に形成されるビロプラズムの中で新たに構築中のウイルス粒子内に，全分節ゲノムに対応する1組のmRNAがRdRpと一緒に取り込まれ，その内部でマイナス鎖を合成することによって二本鎖RNAの複製が完了する．

植物クリプトウイルスの二本鎖RNAゲノムの複製は半保存的複製機構による．

環状一本鎖DNAウイルスでは，核内で宿主のDNA依存DNAポリメラーゼによって親ウイルスDNAと相補的なDNA鎖が合成され，環状二本鎖の複製中間体となった後，この相補鎖を鋳型としてローリングサークル様式で子ウイルス鎖が直線状の重連分子として複製され，最後に，ウイルス鎖上の特異的結合部位（イテロン）に結合するウイルス由来の複製関連タンパク質（Rep）によって単一分子に切断されるとともにその分子の両端

が連結されることによって環状一本鎖DNAの複製が完了する．なお，通常，宿主細胞の多くはその細胞周期がDNA合成の止まったG_1期あるいはG_0期にあるが，感染細胞ではウイルス由来のRepあるいは細胞周期変換タンパク質(Clink)の働きによってDNA合成が行われるS期に変換される．

二本鎖DNA逆転写ウイルスでは，核内でゲノムDNA上の不連続部位(ギャップ)が修復されて完全な閉環状分子となった後，宿主のDNA依存RNAポリメラーゼII(Pol II)によって親ウイルスDNAのマイナス鎖を鋳型としてこれと相補的な全長より少し長いRNA鎖が合成される．次いでこのRNA鎖が細胞質に移行してこれを鋳型とし，宿主のtRNAをプライマーとしてウイルス由来のRNA依存DNAポリメラーゼ(逆転写酵素)とこの酵素がもつリボヌクレアーゼH活性によって，RNA鎖の分解と平行しながらマイナスDNA鎖が合成される．最後に逆転写酵素が併せもつDNA依存DNAポリメラーゼ活性によって，RNA鎖の短い未分解断片の1〜3個をプライマーとしてプラスDNA鎖が合成され，二本鎖DNAの複製が完了する．多くの場合，この細胞質での複製過程は細胞質内に形成されたビロプラズムで行われる．

なお，ウイルスの複製とは，本来はウイルスゲノムの複製を指すが，広義ではそれ以降のウイルスゲノムの翻訳，ウイルス粒子の構築過程などを経たウイルスの増殖と同義で用いられる場合がある．

植物ウイルスの分離 (isolation of plant viruses) 植物ウイルスの単離ともいう．感染植物からその病原ウイルス株だけを純粋に分離する方法としては，単一病斑分離法が一般的であるが，汁液接種の不可能なウイルスについては，接木接種，媒介生物による接種，各種指標植物への継代接種などを適宜組み合わせて単離する必要がある．

植物ウイルスの分類 (classification of plant viruses) 植物ウイルスの分類は，動物ウイルスなどを含む全ウイルスを対象とした国際ウイルス分類委員会(ICTV)の方式に従って，最初にゲノム核酸の種類と複製様式(DNA，RNAの別；一本鎖，二本鎖の別；プラス鎖，マイナス鎖の別；逆転写複製過程の有無)によって大別され，次いでゲノムの構造ならびに発現様式(単一ゲノム，分節ゲノムの別と分節数；5′末端と3′末端の構造；塩基配列ならびにアミノ酸配列の相同性；遺伝子の構成と発現様式)，粒子の形態と構造，血清学的類縁関係，宿主範囲と病徴，伝染様式などを基準にして，それぞれ，目(order：-virales)，科(family：-viridae)，亜科(subfamily：-virinae)，属(genus：-virus)，種(species：virus)の順に階級分類されている．現在では，分類基準として特にゲノムの塩基配列の相同性が重視されているが，綱(class)以上の階級は未設定であり，また，所属する目，科あるいは属が未定あるいは暫定のウイルス種も多く，全ウイルスの分類体系は構築の途上にある．最新の第9次ICTV報告(2012年)およびその一部を増補改訂したICTVウイルス分類リスト(2012, 2013, 2014年)(インターネット版)によれば，ウイルスは全体で7目104科23亜科505属3,186種が記載されており，そのうち植物ウイルスは，一本鎖DNAウイルスが2科9属335種，二本鎖DNA逆転写ウイルスが1科8属53種，一本鎖RNA逆転写ウイルスが2科3属25種，二本鎖RNAウイルスが4科2亜科8属51種，マイナス一本鎖RNAウイルスが1目3科7属49種，プラス一本鎖RNAウイルスが2目11科1亜科69属689種，ウイロイドが2科8属32種，合計3目25科3亜科112属1,235種のウイルスが正式に認定されている．このうち9属は所属する科が未定である．植物ウイルスの中で最大の属は，一本鎖DNAウイルスのベゴモウイルス属(*Begomovirus*)で288種のウイルスが，次いでプラス一本鎖RNAウイルスのポティウイルス属(*Potyvirus*)に158種のウイルスがそれぞれ属しているが，一方，少数ながら1属1種の属もある．なお，植物ウイルスでは逆転写過程を伴わない通常の二本鎖DNAウイルスは見いだされていない．上記のICTV認定済みの植物ウイルスおよびICTV未認定の植物ウイルスを含めて，日本では2012年時点で349種のウイルスと22種のウイロイドの存在が知られている(第1, 2編を参照)．

植物ウイルスの保存 (preservation of plant viruses) 植物ウイルスの保存法には，ウイルス感染組織の凍結保存あるいは凍結乾燥保存，純化ウイルス粒子の凍結保存あるいは凍結乾燥保存，感染性DNAクローンあるいはcDNAクローンを含む大腸菌の凍結保存などの方法がある．汁液接種が困難なウイルスについては，感染植物の株分けや媒介生物による植物への経代接種による生体保存がなされる場合もある．植物ウイルス株の保存機関にはわが国の農業生物資源ジーンバンク微生物遺伝資源部門，米国のATCCなどがあり，配布を申し込めば分譲を受けることができる．ただし，海外からの植物ウイルス株の輸入には事前に農林

水産省植物防疫所の輸入禁止品輸入許可を得る必要がある．

植物ウイルスの命名(nomenclature of plant viruses) ウイルスの種の命名は，生物一般に定められているラテン語による二命名法にはよらず，国際ウイルス分類委員会(ICTV)が定めた国際ウイルス命名規約(International Code of Virus Classification and Nomenclature)に従う．植物ウイルスの種の命名では，*Tobacco mosaic virus* などの例にみられるように，原則として，世界で最初に認められたそのウイルスに感染する宿主植物名，典型的な病徴名，最後に virus の順に英語で並べたものを1つのウイルスの学名とし，最初の頭文字は大文字とする．このうち，ICTV によって正式に認定されたウイルス種はイタリック体で，暫定種はローマン体で表す．TMV などのような植物ウイルス名の略称も ICTV の定めに従う．植物ウイルスの和名は日本植物病理学会病名委員会で認定されたものを正式名称とし，日本で発生が認められていないウイルス種については，学名をそのまま用いる．

植物ウイルスの粒子構造(structure of plant virus particles) 植物ウイルス粒子の形態には，種によって，正二十面体状～球状，双球状，桿菌状～弾丸状，らせん状(棒状～ひも状～糸状)などがあり，その大きさは，小型の正二十面体状～球状ウイルスで径17～37 nm，大型の正二十面体状～球状ウイルスで径50～120 nm，双球状ウイルスで径18～22 nm×長さ30～38 nm，小型の桿菌状ウイルスで径18 nm×長さ30～62 nm，大型の桿菌状～弾丸状ウイルスで径30～100 nm×長さ60～900 nm，らせん状ウイルスで径3～20 nm×長さ46～2,000 nm の範囲にある．ウイルスのゲノム核酸は RNA あるいは DNA で，それぞれ一本鎖か二本鎖，プラス鎖かマイナス鎖，単一ゲノムか分節ゲノムかの違いがある．分節ゲノムの場合には，すべての分節ゲノムが単一粒子に含まれているウイルスと，複数の粒子に分配されて存在しているウイルス(多粒子性ウイルス)とがある．一般に，RNA ウイルスの RNA 含量は，正二十面体状～球状ウイルスで16～41％，大型の桿菌状～弾丸状ウイルスで1～2％，らせん状ウイルスで5～6％，DNA ウイルスの DNA 含量は約20％程度のものが多い．ウイルス粒子の基本構造は，中心部のゲノム核酸とそれを包んで1～2種類の外被タンパク質サブユニットが多数規則的に配列して形成されたキャプシドからなるヌクレオキャプシドであり，全体として正二十面体状～球状あるいはらせん状をなす．植物レオウイルスはこのヌクレオキャプシドの外側にさらに別のキャプシドを被る二重殻構造をとるが，この場合には内側のヌクレオキャプシドをコアまたは内殻，外側のキャプシドを外殻とよぶ．フィジウイルス属(*Fijivirus*)，オリザウイルス属(*Oryzavirus*)，植物ラブドウイルスなどのウイルスは最外部にスパイクタンパク質を有する．また，多くの植物ラブドウイルスとトスポウイルス属(*Tospovirus*)のウイルスは小胞体膜あるいは核膜などに由来する脂質外膜(エンベロープ)を被る．植物ウイルス粒子には，上記の構造タンパク質以外に，ポティウイルス科(*Potyviridae*)，コモウイルス科(*Comoviridae*)，ソベモウイルス属(*Sobemovirus*)などのウイルスではゲノム結合タンパク質(VPg)，マイナス一本鎖 RNA ウイルスと二本鎖 RNA ウイルスでは RNA 依存 RNA ポリメラーゼ(RdRp)などの機能タンパク質も内包されている．一方，エンドルナウイルス属(*Endornavirus*)ウイルスは RNA プラスミドで粒子はなく，また，ウンブラウイルス属(*Umbravirus*)ウイルスは自身の外被タンパク質を欠いており，ルテオウイルス属(*Luteovirus*)ウイルスをヘルパーウイルスとしてその外被タンパク質を借りて粒子を形成する．→植物ウイルスのゲノム構造，植物ウイルスの粒子構築，正二十面体状ウイルス，球状ウイルス，双球状ウイルス，桿菌状ウイルス，らせん状ウイルス，棒状ウイルス，ひも状ウイルス

植物ウイルスの粒子構築(assembly of plant virus particles, plant viral packaging) 感染細胞内で複製されたウイルスゲノムとウイルス遺伝子由来の構造タンパク質は物理化学的反応によって会合し，ゲノム核酸を内部に包み込んだウイルス粒子を構築する．らせん状ウイルスのタバコモザイクウイルス(TMV)では，34個の外被タンパク質サブユニットが2層の円盤状に会合して形成された 20S ディスクの中心孔の内側にゲノム RNA の粒子構築開始点が結合した後，このディスクに外被タンパク質サブユニットが次々とらせん状に積み上がって粒子が完成する．小型の正二十面体状プラス一本鎖 RNA ウイルスの場合には，外被タンパク質サブユニットの五量体(ペンタマー)および六量体(ヘキサマー)とゲノム RNA との会合によって，正二十面体状粒子が構築される．外膜をもつ大型の桿菌状ウイルスなどの場合には，粒子成熟の最終段階で，核膜あるいは小胞体膜などに由来する膜を粒子表面に被った形で粒子が完成する．→植物ウイルスの粒子構造

植物ウイルス病（plant virus disease）ウイルスを病原とする植物の病気．1つのウイルス種が複数の植物種に病気を引き起こすため，ウイルス種の数よりもウイルス病の種類は多い．日本ではこれまでに少なくとも約450種類以上の植物ウイルス病の発生が報告されている．

植物ウイルス病研究会（PSJ Plant Virus Disease Workshop）日本植物病理学会傘下の植物ウイルス病に関する研究会．

植物ウイルス病の診断（diagnosis of plant virus diseases）感染植物から病原ウイルスを検出・同定すること．植物ウイルス病の診断法には，大別して，①宿主範囲，病徴，伝染方法などを検定する生物診断法，②二重免疫拡散法や酵素結合抗体法（ELISA）などによる血清診断法，③ダイレクトネガティブ染色法（DN法）やリーフディップセロロジー（LDS）などの簡便な方法を用いた電子顕微鏡診断法，④ゲル電気泳動法，プローブ核酸を用いるハイブリダイゼーション，PCR，RT-PCR，LAMP法および部分塩基配列決定などによる遺伝子診断法などがある．このうち，①はウイルスの生物的性状を，②はウイルスタンパク質を，③はウイルス粒子を，④はウイルス核酸を，それぞれ検査対象とした検出・同定法である．新たに見いだされた未知の病原ウイルスの最終的な同定には，接種試験によってコッホの原則を満たすとともに，ウイルス核酸の全塩基配列を決定してそのゲノム構造を明らかにすることが必要不可欠である．

植物ウイルス病の病徴（symptoms of plant virus diseases）ウイルスの宿主への感染には局部感染と全身感染の場合とがあるが，一般に植物ウイルスでは全身感染を示す例が多い．ただし，全身感染にも病徴を示す顕在感染と無病徴の潜在感染の場合がある．植物ウイルスの感染によって植物が示す病徴は，ウイルスの種・系統と植物の種・品種との組合せおよび植物の生育状態や環境条件などによって異なり，各種の病徴が複合して現れる場合や，異種ウイルスの混合感染によってより激しい病徴を示す場合も多いが，大別すると，モザイク，退緑，黄化，斑点，えそ，葉巻，腫瘍，奇形，萎縮，叢生など植物体の外観上の異常（外部病徴）と，封入体など光学顕微鏡や電子顕微鏡による観察で認められる細胞内の形態的な異常（内部病徴）とに分けられる．外部病徴は，ウイルスの最初の侵入部位や接種葉に認められる局部病徴と，感染が拡大した上位葉や植物体全体に認められる全身病徴とに区別される．

植物ウイルス病の防除（control of plant virus diseases）現在，植物ウイルス病に対する有効な治療薬が実用化されていないため，植物ウイルス病の防除はその予防と病気の拡大・蔓延を阻止することが主となる．その方法には，①健全な種苗，穂木あるいはウイルスフリー株の利用，②ウイルス病抵抗性の品種や遺伝子組換え作物の利用，③弱毒ウイルスの利用，④感染源となる病植物の除去や農機具の消毒，媒介生物の駆除あるいは回避などによる伝染環の遮断などがある．中でも，無毒種苗や抵抗性品種の利用と媒介生物の駆除や回避が防除法の主体である．

植物ウイルスベクター（plant virus vector）［1］植物ウイルスの媒介生物：昆虫，ダニ，菌類，線虫などが媒介者となる．［2］植物ウイルスを利用した遺伝子ベクター：ジャガイモXウイルス（PVX），タバコ茎えそウイルス（TRV），*Cowpea mosaic virus*（CPMV），ムギ斑葉モザイクウイルス（BSMV），タバコモザイクウイルス（TMV）弱毒系，キュウリモザイクウイルス（CMV），クローバ葉脈黄化ウイルス（ClYVV），リンゴ小球形潜在ウイルス（ALSV），カンキツトリステザウイルス（CTV），ジェミニウイルス科（*Geminiviridae*）ウイルスなどの例があり，ウイルス誘導ジーンサイレンシング（VIGS）や有用タンパク質の生産などに利用されている．

植物ウイルス粒子（plant virus particles）→ 植物ウイルスの粒子構造，植物ウイルスの粒子構築

植物疫学（epiphytology, plant epidemiology, plant disease epidemiology）植物伝染病学ともいう．植物病生態学とほぼ同義．植物集団を対象に病気の原因，発生生態，分布，伝染方法などを解明する学問分野．

植物エンドルナウイルス（plant endornavirus）植物内在RNAウイルスともいう．エンドルナウイルス科（*Endornaviridae*）に属する植物ウイルスの通称．

植物科学（plant science）植物学とほぼ同義だが，従来の植物学より広範な内容を含む．

植物学（botany）植物に関する学問分野．

植物感染症（plant infectious disease）→ 植物伝染病

植物感染生理学（physiological plant pathology）植物−病原体相互作用ならびに病植物の生理・生化学に関する学問分野．

植物−寄生者相互作用（plant-parasite interaction）→ 植物−病原体相互作用

植物菌類（plant fungi）植物を宿主とする菌類．

植物クリプトウイルス（plant cryptovirus）パルティ

ティウイルス科(*Partitiviridae*)のアルファパルティティウイルス属(*Alphapartitivirus*),ベータパルティティウイルス属(*Betapartitivirus*)およびデルタパルティティウイルス属(*Deltapartitivirus*)に属する植物ウイルスの通称. → 種子伝染性潜伏ウイルス

植物検疫(plant quarantine) 法的な規制によって農産物の人為的な流通に伴う病害虫の移動や分布の拡大を予防する措置.

植物工学(plant biotechnology)
→ 植物バイオテクノロジー

植物工場(plant factory) 高度な環境制御を行うことにより,野菜などの周年計画生産が可能な栽培施設.温室などで太陽光の利用を基本とし,人工光による補光や室温制御などによって栽培する太陽光利用型と,閉鎖環境で太陽光をまったく用いずに栽培する完全人工光型とがある.

植物細菌(plant bacteria) 植物を宿主とする細菌.

植物細胞工学(plant cell engineering, plant cell technology, plant cell manipulation) 植物細胞操作ともいう.植物の細胞を人工的に加工して利用する技術.植物の細胞培養,細胞融合,遺伝子工学などの技術の総称.

植物細胞組織培養(plant cell and tissue culture, plant cell culture, plant tissue culture) 植物細胞培養,植物組織培養ともいう.植物から単離した細胞,組織あるいは器官を試験管内で培養する方法,植物の全能性によって植物体にまで再生させることができる.メリクローン培養による栄養繁殖植物のウイルスフリー植物の作成や種苗の大量生産をはじめ,植物細胞工学,植物遺伝子工学の基盤となる技術である.

植物細胞培養(plant cell culture)
→ 植物細胞組織培養

植物細胞融合(plant cell fusion) プロトプラストを用いる植物細胞の融合法.

植物診断(plant diagnosis) 植物に発生している症状の原因を特定すること.

植物生態学(plant ecology) 植物の生態に関する学問分野.

植物成長調節物質(plant growth regulator:PGR) 植物ホルモンとほぼ同義だが,天然には存在しない合成化合物も含む. → 植物ホルモン

植物生理学(plant physiology) 植物の生理に関する学問分野.

植物生理障害(plant physiological disorder)
→ 植物生理病

植物生理病(plant physiological disease, physiological plant disease, plant physiological disorder) 植物生理障害,植物非伝染病,植物非感染症ともいう.不適切な生育環境による植物の生理的障害.この原因には,異常な高温,低温,多湿,乾燥,強風,霜,雪などの気象的要因,異常な土壌の水分,pH,塩類集積,養分不均衡,微量要素欠乏などの土壌肥料の要因,有害物質による大気汚染,土壌汚染,水質汚染,農薬害などの化学的要因などがある.

植物生理病学(plant physiological disease science) 植物生理病に関する学問分野.

植物組織培養(plant tissue culture)
→ 植物細胞組織培養

植物伝染病(plant infectious disease, plant epidemic, epiphytotic) 植物伝染性病害,植物感染症ともいう.病原体による植物の伝染病.

植物伝染病学(epiphytology, plant epidemiology, plant disease epidemiology) → 植物疫学

植物内在 RNA ウイルス(plant endornavirus)
→ 植物エンドルナウイルス

植物バイオテクノロジー(plant biotechnology) 植物工学ともいう.細胞組織培養,細胞融合,遺伝子工学などを用いた植物の新利用技術の総称.

植物パラレトロウイルス(plant pararetrovirus)
→ パラレトロウイルス

植物−微生物間相互作用(plant-microbe interaction) 植物と微生物との間の相互作用.

植物非伝染病(plant noninfectious disease)
→ 植物生理病

植物病(plant disease) 植物病害ともいう.植物の病気.

植物病院(plant clinics) 植物の病虫害の診断,治療,防除と植物保護士の育成を業務とする施設.

植物病因学(plant disease etiology) 植物の病気の原因を解明する学問分野.主として植物病原微生物学が中心となる.

植物病害虫(plant pest) 植物に害を及ぼす病気と害虫.

植物病学(plant pathology, phytopathology)
→ 植物病理学

植物病原学(plant pathogenology)
→ 植物病原微生物学

植物病原性(phytopathogenicity) 植物に病気を引き起こす能力.

植物病原体(phytopathogen) 植物に感染する病原体.

植物−病原体相互作用(plant-pathogen interaction, plant-parasite interaction) 植物−寄生者相互作用

ともいう．病原体の病原性と植物の抵抗性との相互作用．

植物−病原体−環境相互作用（plant-pathogen-environment interaction）植物，病原体および環境の3者の相互作用．

植物病原微生物学（plant pathogenic microbiology）植物病原学ともいう．ウイルス，細菌，菌類，線虫など植物の病原体となる微生物に関する学問分野．

植物病生態学（plant disease ecology）植物疫学とほぼ同義．

植物病態生理学（plant pathophysiology）病植物の生理的変化を解明する学問分野．

植物病態解剖学（plant pathological anatomy）植物病理解剖学ともいう．植物病を解剖学的・形態学的に研究する学問分野．

植物病の発生生態（ecology of plant disease development）植物病の発生原因，発生様式，発生環境，発生状況，伝染様式などの生態．

植物病名（plant disease name）植物の病名．わが国では日本植物病理学会病名委員会が正式に承認した病名を用いる．現在のわが国の植物病害の総数は6,000種類以上に達し，そのうち植物ウイルスによる病害は実際には約500種類以上にのぼるが，同一の病名であってもその病原ウイルスが複数種存在する場合もあるため，植物ウイルス病名としてはウイロイド病約10種類を含めて全体で約450種類が登録されている．

植物病理解剖学（plant pathological anatomy）
→植物病態解剖学

植物病理学（plant pathology, phytopathology）植物病学ともいう．植物の病気に関する学問分野．植物病原微生物学，植物感染生理学，植物疫学，植物生理病学などの基礎植物病理学分野と植物病害診断・防除技術などの応用植物病理学分野から構成される．

植物病理学実験法（methods in plant pathology, plant pathological methods）植物病理学の研究や植物病害の診断・防除のための実験法．

植物プロトプラスト（plant protoplast）植物原形質体．細胞壁を除去した植物細胞．細胞融合，直接遺伝子導入，ウイルス感染実験などに広く利用される．植物プロトプラストの調製法には，ペクチナーゼとセルラーゼを同時処理することによって植物組織から直接プロトプラストを単離する一段階プロトプラスト調製法と，植物組織を最初にペクチナーゼで処理して細胞を遊離させた後，これをセルラーゼで処理することによってプロトプラスト化する二段階プロトプラスト調製法とがあるが，現在では前者の方法が一般的である．

植物プロトプラスト−ウイルス感染実験系（plant protoplast-virus infection system）植物プロトプラストを用いたウイルスの一段増殖実験系で，植物ウイルスの感染増殖機構などを解明するための基本的解析技術のひとつである．植物プロトプラストへのウイルス感染方法には，ポリカチオンやPEGを添加してウイルス粒子を感染させる方法と，エレクトロポレーションやPEG添加などによってウイルス核酸を感染させる方法とがあるが，現在では，後者の方法が一般的である．

植物防疫（plant protection）→植物保護

植物防疫（Plant Protection）日本植物防疫協会が刊行する植物防疫に関する月刊総説誌．

植物防疫法（plant protection act）輸出入植物および国内植物を検疫し，植物に有害な動植物の駆除と蔓延の防止を行うための法律．

植物防疫所（plant protection station, plant quarantine）農林水産省の輸出入植物および国内植物の検疫機関．

植物防御誘導物質（plant defense activator, plant activator）抵抗性誘導剤，プラントディフェンスアクチベーター，プラントアクチベーターともいう．植物の防御応答を誘導する合成化学物質．BTH（benzothiadiazole；acibenzolar-S-methl）やBABA（β-aminobutyric acid）などが知られている．

植物保護（plant protection）植物防疫ともいう．植物を病虫害や雑草害などから守ること．

植物保護学（plant protection science）植物医科学ともいう．植物保護に関する学問分野．

植物保護士（professional engineer of plant protection）→技術士（農業部門・植物保護）

植物ペプチドホルモン（plant peptide hormone）システミンなど植物においてシグナル伝達物質として働くペプチドの総称．

植物ホルモン（plant hormone, phytohormone）植物成長調節物質とほぼ同義．植物体内で合成され，植物の成長，分化などを制御する生理活性物質．オーキシン，サイトカイニン，ジベレリン，アブシジン酸，エチレン，ブラシノステロイド，ジャスモン酸，サリチル酸，ストリゴラクトンなどがある．

植物免疫（plant immunity）植物の病害抵抗性．
→病害抵抗性

植物ラブドウイルス（plant rhabdovirus）ラブドウイルス科（*Rhabdoviridae*）に属する植物ウイルス

の通称.

植物レオウイルス(plant reovirus) レオウイルス科 (*Reoviridae*) に属する植物ウイルスの通称.

植物レトロウイルス(plant retrovirus)
→ レトロウイルス

植物レトロトランスポゾン(plant retrotransposon)
→ レトロトランスポゾン

食胞(phagosome) → ファゴソーム

除草剤(herbicide, weedicide) 雑草に対する除草作用をもつ薬剤.

ショットガンクローニング(shotgun cloning) ゲノム全体をランダムな断片にしてクローン化し,その中から目的のクローンを選び出す方法.

ショットガンシーケンシング(shotgun sequencing) 通常5 kbp以上のDNAの塩基配列決定に用いられる方法で,DNAをランダムな断片にし,それらの塩基配列を決定した後に,個々の配列データをコンピューターによるアセンブラプログラムで再編成してDNAの全塩基配列を決定する方法.

ショットガンライブラリー(shotgun library) DNAのランダムな断片のすべてをファージベクターやプラスミドベクターにクローニングして作成したライブラリー.

ショ糖(sucrose, saccharose) 蔗糖とも表し,スクロース,サッカロースともいう.グルコースとフルクトース各1分子からなる二糖.

ショ糖クッション遠心法(sucrose cushion centrifugation) 生体高分子の懸濁液を遠心管の底部のショ糖溶液上に重層して遠心する精製法,ウイルスの精製にも用いられる.

ショ糖密度勾配遠心法(sucrose density-gradient centrifugation) 生体高分子をショ糖の密度勾配中で遠心して沈降・移動させる分離・分析法.ウイルスの最終精製段階にも用いられる.

C4植物(C(4)plant) 光合成による初期産物が炭素原子4個の化合物である経路をもつ植物.

シリコン包埋板(silicone embedding plate) 透過型電子顕微鏡用試料の包埋に用いるシリコンゴム製の型板.

Clink タンパク質(シーリンクタンパク質:Clink protein, cell-cycle link protein)
→ 細胞周期変換タンパク質

シルバーマルチ(silver polyethylene mulch) 有翅アブラムシ類の飛来を忌避する効果がある被覆資材.

シロイヌナズナ(*Arabidopsis thaliana*) アラビドプシスともいう.アブラナ科(Brassicaceae)シロイヌナズナ属(*Arabidopsis*)の一年生植物で,植物遺伝学や植物分子生物学のためのモデル植物のひとつ.

G1期(G1 phase, Gap 1 phase) 真核生物の細胞周期のうち,DNA合成準備期.

仁(nucleolus) → 核小体

人為突然変異(artificial mutation, induced mutation) 変異源として放射線や化学物質を利用した突然変異.

進化(evolution, biological evolution) 生物の個体あるいは集団の遺伝的性質の累積的変化.

真核生物(eukaryote, eucaryote) 核膜を有する単細胞あるいは多細胞の生物.

進化速度(rate of evolution) ある生物群や生物のある器官,または生体内物質などの進化に際する変化の速さ.分子進化ではアミノ酸やヌクレオチド塩基の置換速度.

進化時計(evolutionary clock) → 分子時計

真菌(fungus, fungi) → 菌類

真空蒸着(vacuum evaporation) 高真空中で金属または非金属を加熱・蒸発させ,物体の表面に薄膜として接着させること.電子顕微鏡用の試料支持膜へのカーボン蒸着,生体試料への白金・パラジウムによるシャドウイングやコーティングなどの際に用いられる.→ カーボン蒸着,シャドウイング,コーティング

真空凍結乾燥法(vacuum freeze-drying) 凍結状態のままで減圧して試料中の水分を除去して乾燥する方法.ウイルスの感染葉や精製試料あるいは血清などの長期保存に汎用される.

ジンクフィンガー(zinc finger:Zn finger) DNAと結合するタンパク質の構造モチーフのひとつで,亜鉛イオンを含む.

ジンクフィンガーヌクレアーゼ(zinc finger nuclease:ZFN) ジンクフィンガードメインとDNA切断ドメインからなる人工制限酵素.
→ 人工制限酵素

人工抗原(artificial antigen) 人工的に合成した抗原タンパク質.

人工抗体(artificial antibody) 人工的に合成した抗体タンパク質.

人工種子(synthetic seed, artificial seed, encapsulated seed) 不定胚や不定芽などをゲル状の養分を含む人工カプセルに包埋したクローン植物.→ 不定胚,不定芽

人工制限酵素(artificial restriction enzyme) DNA結合ドメイントとDNA切断ドメインを人工的に融合して構築した制限酵素.ジンクフィンガーヌクレアーゼ(ZFN),TALエフェクターヌクレアーゼ

(TALEN)あるいはペプチド核酸をセリウムと結合させたARCUT(artificial restriction DNA cutter)などが開発され，部位特異的な標的遺伝子の破壊などに利用されている．→ジンクフィンガーヌクレアーゼ，TALエフェクターヌクレアーゼ

人工染色体ベクター(artificial chromosome vector) 染色体と同様に，細胞内で安定的に維持され，均等に娘細胞に分配されるように工夫されたベクター．細菌人工染色体(BAC)，P1由来人工染色体(PAC)，酵母人工染色体(YAC)などがあり，数十kbp～数Mbpの巨大DNA断片のクローニングベクターとして利用される．

ジーンサイレンシング(gene silencing) 遺伝子サイレンシング，遺伝子抑制ともいう．遺伝子の発現が抑制される現象．転写ジーンサイレンシング(TGS)と転写後ジーンサイレンシング(PTGS)とに分けられる．前者はDNAレベルでの遺伝子抑制で，DNAのメチル化あるいはヒストンの修飾に伴うヘテロクロマチンの形成などDNAからRNAへの転写が抑制される機構によるが，後者はRNAレベルでの遺伝子抑制で，転写後のRNAの分解や翻訳抑制などRNAの発現が抑制される機構による．ウイルス感染に対する防御機構として働くのは主として後者で，RNAサイレンシングともいう．→RNAサイレンシング

ジーンサイレンシングサプレッサー(gene silencing suppressor) RNAサイレンシングサプレッサーともいう．宿主のジーンサイレンシングを抑制するウイルス由来のタンパク質で，転写後ジーンサイレンシング(PTGS)を抑制するものと転写ジーンサイレンシング(TGS)を抑制するものとがある．→RNAサイレンシングサプレッサー

親水性(hydrophilic) 水に溶けやすい性質．

真正細菌(eubacterium, eubacteria) 古細菌以外の原核生物．

真性抵抗性(true resistance) 真正抵抗性とも表す．垂直抵抗性，質的抵抗性，品種抵抗性，品種特異的抵抗性，レース特異的抵抗性，系統特異的抵抗性，系統/品種特異的抵抗性，特異的抵抗性，R遺伝子介在抵抗性，R遺伝子抵抗性，モノジェニック抵抗性，エフェクター誘導免疫ともいう．宿主植物の特定の品種が病原体の特定の系統に対してだけ特異的に示す強力な抵抗性．真性抵抗性遺伝子(R遺伝子)によって支配されており，多くは過敏感反応を伴う．なお，海外の専門書では，真性抵抗性をR遺伝子やポリジーンなどの遺伝子支配によって発現する抵抗性と定義し，それ以外の遺伝子支配によらない抵抗性をみかけの抵抗性として大別している．

真性抵抗性遺伝子(true resistance gene, resistance gene：R gene) 真正抵抗性遺伝子とも表し，R遺伝子と略称する．病原体側の非病原性遺伝子(Avr遺伝子)に対応する植物側の抵抗性遺伝子で，ある病原体の特定の系統による感染に対して特異的に抵抗性を発現する．自らの過敏感細胞死を誘導する遺伝子などが多く含まれ，この場合には遺伝子翻訳産物(Rタンパク質)の多くがNBS-LRRタンパク質で，病原体の特異的エリシターを直接的に受容する特異的受容体(レセプターリガンド型抵抗性タンパク質)か，あるいは間接的に認識・受容する特異的受容体(ガード型抵抗性タンパク質)の機能をもつ．

浸漬法(dip method, dipping method) →ディップ法

ジーンターゲッティング(gene targeting) →遺伝子ターゲッティング

診断(diagnosis) 病原を検出・同定し，病因を明らかにすること．

伸長(elongation) DNA, RNAあるいはタンパク質の合成反応中に，ポリヌクレオチド鎖あるいはポリペプチド鎖が伸びていく段階．

伸長因子(elongation factor：EF, eEF) →翻訳伸長因子

シンテニー(synteny) 生物種間の遺伝子の構成や配列の共通性．

浸透(osmosis, permeation) 物質が半透膜などを通り抜けて拡散する現象．

浸透圧(osmotic pressure) 半透膜の両側に溶液と純粋な溶媒をおいた時に両側に表れる圧力の差．

振盪培養(shake culture) 細胞を液体培地の中で振盪して増殖させる培養．

侵入(entry, penetration, invasion, uptake) 病原体の宿主個体あるいは宿主細胞への侵入．→植物ウイルスの侵入

侵入抵抗性(resistance to penetration) 植物における病原体の侵入を阻止する抵抗性．

ジーンバンク(gene bank) →遺伝子バンク

ジーンピラミディング(gene pyramiding, gene pyramidization) ある品種に複数種の遺伝子を導入すること．

シンプラスト(symplast) 植物の原形質連絡によって互いに連なった原形質系の総体．細胞内という意味で用いられる場合もある．

侵略力(aggressiveness) 病原体が宿主に侵入し，宿主の抵抗性に打ち勝つ能力．

森林病理学(forest pathology) →樹病学

森林保護(forest protection) 森林を人為災害や自然

災害から保護すること．

親和性（affinity）ある物質が他の特定の物質に選択的に結合する強さ．

親和性（compatibility）→感受性

親和的相互関係（compatible interaction）親和性関係ともいう．病原体の植物への感染が成立する関係．

ス

水孔（water pore）植物の葉先，葉縁などの葉脈の終端付近に存在する排水組織．

水耕栽培（water culture, hydroponics）土壌や固形培地を使用せず，栄養分を溶解した水溶液で植物を栽培する方法．

衰弱（decline）植物体が衰弱する病徴．

Swiss-Prot（スイスプロット）スイスバイオインフォマティクス研究所（SIB）と欧州バイオインフォマティクス研究所（EBI）が共同で提供している国際的なタンパク質データベース．

水素結合（hydrogen bond）水素原子を介した非共有結合．

垂直抵抗性（vertical resistance）質的抵抗性ともいう．植物のR遺伝子によって支配され，病原体の種の系統と植物の品種に特異的な抵抗性．
　→真性抵抗性

垂直伝染（vertical transmission）垂直伝搬ともいう．親の宿主生物から次世代への病原体の伝染．

水平抵抗性（horizontal resistance）量的抵抗性ともいう．植物のポリジーンによって支配され，病原体の種の系統や植物の品種に関わらない非特異的な抵抗性．→圃場抵抗性

水平伝染（horizontal transmission）水平伝搬ともいう．宿主生物個体間の病原体の伝染．

スイングローター（swing rotor）水平ローターともいう．遠心機用ローターのひとつ．遠心管を収めたバケットの姿勢が可変で，回転中に遠心力で水平となる．主として密度勾配遠心に用いる．

スキャンニング（scanning）真核生物のリボソームが，mRNAの5′末端側に結合した後，鎖上を開始コドンまで進む過程．

スクリーニング（screening）目的の性質や構造をもった生物や分子を探索・選別すること．

スクロース（sucrose）→ショ糖

スタック系統（stacked line）異なる種類の遺伝子組換え植物を交雑して育成される系統．

スタートコドン（start codon, initiation codon）
　→開始コドン

スタント（stunt）→萎縮

ステム（stem）[1]茎，幹．[2]一本鎖核酸分子中の逆方向反復配列間での塩基対形成により生じる二本鎖構造部分．

ステムグルービング（stem grooving）幹の木質部に細長い溝が生じる病徴．

ステムピッティング（stem pitting）木部穿孔ともいう．幹の木質部に小孔が生じる病徴．

ステムループ構造（stem loop structure）
　→ヘアピンループ構造

ストップコドン（stop codon, termination codon）
　→終止コドン

ストリゴラクトン（strigolactone）植物ホルモンのひとつ．

ストリポソーム（striposome）翻訳共役的脱外被の進行中に形成されるウイルス粒子とリボソームの複合体．→翻訳共役的脱外被

ストレス応答遺伝子（stress response gene）植物の環境ストレスや病害虫などの生物ストレスに対する応答に関与する遺伝子で，そのうち生物ストレスに応答する遺伝子は防御応答遺伝子ともいう．

ストレス顆粒（stress granule：SG）真核生物の細胞質内で特定のストレスに応じて形成される顆粒状構造物．RNAタンパク質複合体からなり，mRNAの保護と翻訳の一時的な停止などに関与する．

ストレプトアビジン（streptavidin）ビオチンとの特異的結合性を有するタンパク質．

ストロマ（stroma）葉緑体内部でラメラ構造を包んでいる基質．

SNP（スニップ：single nucleotide polymorphism）
　→一塩基多型

SNPsマーカー（スニップマーカー：SNPs marker）一塩基多型（SNP）に基づくDNAマーカー．

スパー（spur）分枝．二重免疫拡散法において，隣接する試料孔の一部異種抗原同士の同一抗体に対する沈降線の融合部分から一部突起した沈降線．

スパイク（spike, projection）突起ともいう．ラブドウイルス科（*Rhabdoviridae*）やブニヤウイルス科（*Bunyaviridae*）のウイルスおよびレオウイルス科（*Reoviridae*）の数属のウイルスなどでウイルス粒子の外殻上に存在する突起状構造．

スパイクタンパク質（spike protein）スパイクを構成するタンパク質．

スーパーオキシドアニオン（superoxide anion：O_2^-）スーパーオキシドともいう．活性酸素種のひとつ．

スーパーオキシドジスムターゼ（superoxide dismutase：SOD）スーパーオキシドアニオンを過酸化水素と酸素に変換する酵素．

スーパーグループ（supergroup）クラス（class）とも

いう．1つの共通の先祖ウイルスから生じたと推定される関連ウイルス群．現在，プラス一本鎖RNAウイルスは，ウイルスRNA依存RNAポリメラーゼ(RdRp)のアミノ酸配列の相同性に基づいて，ピコルナ様スーパーグループ(スーパーグループ1，クラスI)，カルモ様スーパーグループ(スーパーグループ2，クラスII)，アルファ様スーパーグループ(スーパーグループ3，クラスIII)に大分類されている．

スパー樹脂 (Spurr resin) 超低粘度で組織への浸透性の良いエポキシ樹脂で，透過型電子顕微鏡用試料の包埋剤のひとつ．

スーパーファミリー (superfamily) 1つの共通の先祖遺伝子から生じた関連遺伝子群．現在，プラス一本鎖RNAウイルスのヘリカーゼ(Hel)は，アミノ酸配列の相同性に基づいて，スーパーファミリーI～IIIに大分類されている．

スピロプラズマ (spiroplasma) モリキューテス綱(Mollicutes)に属し，細胞壁を欠き，培養が可能な小型でらせん状の病原細菌で，植物の篩部や昆虫の体内で増殖する．

スプライシング (splicing) →RNAスプライシング

スプライス部位 (splice site, splice junction) エキソンとイントロンの境界部位．スプライシング反応においてイントロンの切除とその前後のエキソンの再結合が行われる部位．ほとんどのイントロンではその5′末端側にGU配列，3′末端側にAG配列が存在し，それらの配列近傍のエキソン寄りの位置で切断と再結合が起こる．

スプライソソーム (spliceosome) スプライセオソームともいう．スプライシング複合体．前駆体mRNA，核内低分子RNA-タンパク質複合体(snRNP)などから構成され，RNAスプライシング反応の場となる．

スペーサー領域 (spacer region) →遺伝子間配列

スベドベリ単位 (Svedberg unit：S) 沈降係数の単位で$1S = 1 \times 10^{-13}$秒．

スポット (spot) →斑点

スポットハイブリダイゼーション法 (spot hybridization, nucleic acid spot hybridization：NASH)
→ドットハイブリダイゼーション法

SUMO (スモ：small ubiquitin-related modifier) ユビキチンと構造的に高い相同性をもつ低分子タンパク質．他のタンパク質に一時的に結合してそのタンパク質の安定化，核-細胞質輸送，転写調節などに機能する．

スライド法 (slide test, slide agglutination test) スライドグラス上で抗原抗体反応による凝集産物を肉眼あるいは顕微鏡で観察する方法．

スラブゲル電気泳動 (slab gel electrophoresis) 平板ガラスの間に作成したゲルを用いる電気泳動．

スリッパリーシーケンス (slippery sequence)
→スリップ配列

スリップス (thrips) →アザミウマ

スリップ配列 (slippery sequence) スリッパリーシーケンスともいう．ウイルスゲノムRNA上のステムループ直上に位置し，ここでリボソームがコドンを1塩基分前後にずれてフレームシフトを起こす特殊な配列．

セ

ゼアチン (zeatin) →天然サイトカイニンのひとつ．

生化学 (biochemistry, biological chemistry) 生物化学ともいう．生命現象を化学的に解明する学問分野．

生活環 (life cycle) 生殖細胞を起点ならびに終点とする個体の生活の全過程．

制御遺伝子 (regulator gene, regulatory gene)
→調節遺伝子

制御因子 (regulator) →調節因子

制御配列 (regulatory sequence) →シス因子

制限酵素 (restriction enzyme, restriction endonuclease) 二本鎖DNAの特定の短い塩基配列を認識して切断する酵素．切断様式などの違いからI型，II型，III型に分類されるが，遺伝子工学に多用されるII型制限酵素は特定の4～8塩基配列を認識・切断する．

制限酵素断片長多形 (restriction fragment length polymorphism：RFLP) 制限断片長多形ともいう．ゲノムDNAを制限酵素で切断して得られる断片長の多型．

制限酵素地図 (restriction map, cleavage map) 制限地図ともいう．DNA上に各種制限酵素の切断位置を示した図．

制限断片 (restriction fragment) 制限酵素で切断して得られるDNA断片．

制限地図 (restriction map, cleavage map)
→制限酵素地図

生合成 (biosynthesis) 生体によって行われる同化的な物質合成．

生産生物学 (production biology) 生物生産に関わる生物とその栽培・飼育や利用技術に関する学問分野．

静止期 (resting stage, resting phase, resting period)
→休止期

SAGE法 (セイジ法：serial analysis of gene

expression：SAGE）連続的遺伝子発現解析法ともいう．mRNA 由来の cDNA のタグ部分だけをシーケンシングする高効率の発現解析法．

成熟（maturation）ウイルス学では細胞内で感染性ウイルス粒子が構築される最終段階を指す．

成熟ウイルス粒子（mature virion）構築が完成した感染性ウイルス粒子．

成熟タンパク質（mature protein, maturation protein）前駆体タンパク質から翻訳後修飾によって最終的に機能をもつに至ったタンパク質．→前駆体タンパク質

生殖細胞（germ cell）性細胞ともいう．生殖のために特別に分化した一倍体の細胞．

精製（purification）純化ともいう．物質を純粋な形で取り出すこと．ウイルスでは感染組織から感染性ウイルス粒子のみを単離・精製すること．

生態学（ecology）個体以上の生物の相互関係や生物と環境との関係を扱う学問分野．

生態系（ecosystem）生物集団とその環境から構成される閉じた系．

生体高分子（biopolymer）タンパク質，核酸，多糖など生体を構成する高分子．

生体染色（vital staining）生きている細胞や組織を染色する方法．

生体分子（biomolecule）生体内でつくられる有機化合物．

生体防御反応（biological defense, biophylaxis）→防御応答

生体膜（biomembrane）細胞あるいは細胞小器官を囲む，脂質二重層とタンパク質からなる膜．

正多面体（regular polyhedron）すべての面が等しい正多角形で，かつすべての頂点における多面角が等しい多面体．

清澄液（clarified extract, clarifying extract）清澄化された抽出液．

清澄化（clarification）液体から不純物を除去して濁りをなくすこと．

成長点（growing point）生長点とも表す．分裂組織を含む茎や根の最先端部分．

成長点培養（meristem culture, apical meristem culture, meristem tip culture）茎頂培養ともいう．植物の茎の先端の成長点部分を切り出し，培地上で無菌的に培養して植物体にまで育成する培養法，栄養繁殖植物の増殖やウイルスフリー苗の育成に利用される．→ウイルスフリー植物

静置培養（stationary culture, static culture）細胞を固形培地上あるいは液体培地中で撹拌・震盪せずに増殖させる培養．

成虫（adult, imago）昆虫の成体．

静的抵抗性（static resistance, static defense）静的防御，構成的抵抗性ともいう．植物のクチクラや細胞壁構造，ファイトアンティシピンや解毒酵素の蓄積など，植物が感染前から構成的に発現している病害抵抗性．

静的防御（static defense）→静的抵抗性

正二十面体（icosahedron）20 個の正三角形の面と 12 個の頂点をもつ立体．

正二十面体状ウイルス（icosahedral virus）正二十面体状の粒子形態をしたウイルス．球状ウイルス粒子の多くは正確には基本的に正二十面体対称の立体構造をとる．植物ウイルスには，小型（径 17～37 nm）の球状ウイルスと大型（径 50～120 nm）の球状ウイルスがあるが，そのうちエンベロープに包まれたマイナス一本鎖 RNA ウイルスのトスポウイルス属（*Tospovirus*），エマラウイルス属（*Emaravirus*）および一本鎖 RNA 逆転写ウイルスのメタウイルス属（*Metavirus*）のウイルスを除くほぼすべての球状ウイルス，すなわち，一本鎖 DNA ウイルスのナノウイルス科（*Nanoviridae*），二本鎖 DNA 逆転写ウイルスのカリモウイルス科（*Caulimoviridae*）（バドゥナウイルス属（*Badnavirus*）とツングロウイルス属（*Tungrovirus*）を除く），二本鎖 RNA ウイルスのパルティティウイルス科（*Partitiviridae*），レオウイルス科（*Reoviridae*），プラス一本鎖 RNA ウイルスのルテオウイルス科（*Luteoviridae*），ティモウイルス科（*Tymoviridae*），トンブスウイルス科（*Tombusviridae*），セコウイルス科（*Secoviridae*），ポレモウイルス属（*Polemovirus*），ソベモウイルス属（*Sobemovirus*），イデオウイルス属（*Idaeovirus*），ブロモウイルス科（*Bromoviridae*）（アルファモウイルス属（*Alfamovirus*）とオレアウイルス属（*Oleavirus*）を除く），および一本鎖 RNA 逆転写ウイルスのシュードウイルス科（*Pseudoviridae*）のウイルスがすべて正二十面体状ウイルスである．正二十面体のさらに詳しい幾何学的構造を示すためには，1 つの正三角形の面を構成する同一の基本小三角形（三角格子）の数を表す T 数で示し，$T=1$，$T=3$，$T=4$，$T=7$，$T=9$ などのように表す．正二十面体状ウイルス粒子の場合，その基本小三角形が 3 個の同一の構造単位（外被タンパク質サブユニット）からなるのであれば，粒子全体の外被タンパク質サブユニットの総数は $60T$，キャプソメアの総数は $10T+2$ となる．植物ウイルスでは，$T=1$ 構造のタバコネクロシスサテライトウイルス（TNSV），

$T=3$ 構造のティモウイルス属（*Tymovirus*），カルモウイルス属（*Carmovirus*），アルファネクロウイルス属（*Alphanecrovirus*），ベータネクロウイルス属（*Betanecrovirus*），トンブスウイルス属（*Tombusvirus*），コモウイルス属（*Comovirus*），ブロモウイルス属（*Bromovirus*），ククモウイルス属（*Cucumovirus*），イラルウイルス属（*Ilarvirus*），$T=4$ 構造のネポウイルス属（*Nepovirus*），$T=7$ 構造のカリモウイルス属（*Caulimovirus*），$T=9$ 構造のフィジーウイルス属（*Fijivirus*），オリザウイルス属（*Oryzavirus*），ファイトレオウイルス属（*Phytoreovirus*）のウイルスなどで，それぞれの立体構造が詳しく解明されている．→球状ウイルス，植物ウイルスの粒子構造

正二十面体状キャプシド（icosahedral capsid） 正二十面体状の形態をしたウイルスキャプシド．→キャプシド

正二十面体対称（icosahedral symmetry） 20個の正三角形の面から構成される正多面体のもつ対称性．

生物化学（biological chemistry, biochemistry）→生化学

生物科学（biological science, bioscience）→バイオサイエンス

生物学（biology） 生物および生命現象を研究する学問分野．医学，農学などの応用生物科学を含む広義の生物学は生物科学あるいはバイオサイエンスとよぶ．

生物学的診断法（biological diagnosis） 生物診断法ともいう．植物ウイルス病の場合は，宿主範囲と病徴，伝染方法などの生物学的性状を調べてウイルスを診断・同定する方法，その際には，接種によってウイルスの種に特徴的で典型的な病徴を示す指標植物などが利用される．

生物学的封じ込め（biological containment） 遺伝子組換え生物の外部への拡散防止のために生物学的に閉じ込める方法，組換え実験に用いる宿主–ベクター系の種類に応じて危険度の低い順に B1 と B2 の 2 段階の封じ込めレベルが定められている．

生物検定（bioassay）→バイオアッセイ

生物工学（biotechnology）→バイオテクノロジー

生物産業（bioindustry） バイオインダストリーともいう．生物を利用する産業．

生物資源（bioresource）→遺伝資源

生物診断法（biological diagnosis）→生物学的診断法

生物多様性（biodiversity） あらゆる生物の種内，種間の多様性および生態系の多様性．

生物多様性条約（Convention on Biological Diversity） 生物多様性の保全と生物資源の持続的利用に関する国際条約．

生物的エリシター（biotic elicitor） 生物起源の防御応答誘導因子．→エリシター

生物的ストレス（biotic stress） 病原体や害虫などの生物的要因が植物に与えるストレス．

生物的防除（biological control, biocontrol）→バイオコントロール

生物的防除エージェント（biological control agent, biocontrol agent：BCA）→バイオコントロールエージェント

生物毒素（biological toxin） 生物が産生する毒素．

生物農薬（biopesticide, biological pesticide） 農作物の病害虫や雑草の生物防除のために天敵生物や拮抗微生物を生きた状態のまま製品化した農薬．

生物発光（bioluminescence） バイオルミネッセンスともいう．生物による発光現象．これを応用して，ホタルや発光細菌のルシフェラーゼ遺伝子などがレポーター遺伝子として利用されている．

生物媒介（vector transmission）→ベクター伝搬

生物物理学（biophysics, biological physics） 生命現象を物理的な手法や考え方で研究する学問分野．

生物兵器（biological weapon） 病原微生物，ウイルスあるいは生物毒素などを使用する兵器．

生物防除（biological control, biocontrol）→バイオコントロール

精密農業（precision agriculture） 生産の増加，資材の節約，環境の保護のために，適切な地域および時期に適正な量の農業資材（肥料，農薬，水）を投入する農業．

正名（correct name） 分類上の正式な学名．

生命科学（life science） ライフサイエンスともいう．生物学，医学，農学，人類学，社会学など生命に関する関連諸科学の総称．

生命工学（biotechnology）→バイオテクノロジー

生理障害（physiological disorder）→植物生理障害

生理病（physiological disease, physiogenic disease）→植物生理病

青緑色蛍光タンパク質（cyan fluorescent protein：CFP） シアン蛍光タンパク質ともいう．オワンクラゲ由来の緑色蛍光タンパク質（GFP）の誘導体のひとつで，長波長の紫外線照射によって強い青緑色蛍光が安定して得られるため，GFP などと同様にこの遺伝子もレポーター遺伝子として利用される．

セカンドメッセンジャー（second messenger） 二次メッセンジャーともいう．cAMPやカルシウムイ

オン，サリチル酸，ジャスモン酸など，細胞外シグナル（ファーストメッセンジャー）に応答して細胞内で新たに生成される細胞内シグナル伝達物質の総称．

赤化 (redding) 植物体全体が赤化する病徴．

脊椎動物 (vertebrate) 脊椎を中軸として体躯を支持する動物の総称．

脊椎動物ウイルス (vertebrate virus) 脊椎動物を宿主とするウイルス．

Seg (セグ：segment) →セグメント

セグメント (segment：Seg, S) ゲノムの分節成分．特に二本鎖RNAウイルスや分節マイナス一本鎖RNAウイルスなどで用いられる用語．

接眼レンズ (ocular) 光学機器などで目に近い側にあるレンズ．

接種 (inoculation) ウイルス，微生物，培養細胞，あるいは薬物などを，生物体に人工的に導入あるいは培地などに植え付ける操作．

接種吸汁 (inoculation feeding) 吸汁接種ともいう．ウイルスを保毒した吸汁性昆虫などを健全植物に放飼してウイルスを接種するための吸汁．

接種吸汁時間 (inoculation feeding period, inoculation access period：IAP) ウイルスを保毒した吸汁性昆虫などが健全植物にウイルスを接種するのに要する時間．その最短の時間を接種最短時間という．

接種原 (inoculum) 接種に用いるウイルス，微生物，培養細胞，あるいは薬物など．

接種最短時間 (inoculation threshold period) 接種吸汁に要する最短時間．

接種葉 (inoculated leaf) 病原体を接種した葉．

絶食効果 (fasting effect, starvation effect) アブラムシを獲得吸汁前に絶食させるとウイルス媒介率が高くなる効果．

接触伝染 (contact transmission) →汁液伝染

節足動物 (arthropod) 昆虫類，ダニ類などを含む分類群．

切断部位 (cleavage site) ［1］制限酵素によるDNA上の切断箇所．［2］プロテアーゼによるタンパク質上の切断箇所．

切片 (section) 顕微鏡観察などの目的で生体組織を薄く切った試料．

絶滅 (extinction) ある生物種が子孫を残さずに絶えること．

セファデックス (Sephadex) ゲル濾過用担体のひとつ．

Seminars in Virology Elsevier社が刊行するウイルス学に関する学術誌．

SEM (セム：scanning electron microscope)
→走査型電子顕微鏡

ゼラチンカプセル (gelatin capsule) 透過型電子顕微鏡用試料の包埋に用いるゼラチン製のカプセル．

セリン/スレオニンプロテインキナーゼ (serine-threonine protein kinase) セリン/スレオニンキナーゼともいう．タンパク質のセリンあるいはスレオニン残基のヒドロキシ基をリン酸化する酵素．

セリンプロテアーゼ (serine protease) 活性中心にセリンが存在するタンパク質分解酵素．

セルソーター (cell sorter)
→蛍光活性化セルソーター

セルフリー系 (cell-free system) →無細胞系

Cell Host & Microbe Cell Press社が刊行する宿主−微生物相互作用に関する専門誌．

セルラーゼ (cellulase) セルロース分解酵素．

セルロース (cellulose) β-D-1,4-グルカン．グルコースが共有結合した長鎖の多糖分子で，植物の細胞壁の主要成分のひとつ．

前期 (prophase) 有糸分裂の最初の時期．染色糸がらせん化し，凝縮して棒状の染色体を形成する．

前駆体RNA (precursor RNA, RNA precursor) RNA前駆体ともいう．RNAの前駆体で，修飾やスプライシングを受けて成熟RNAとなる．

前駆体mRNA (mRNA precursor, pre-mRNA) mRNA前駆体ともいう．mRNAの前駆体で，修飾やスプライシングを受けて成熟mRNAとなる．

前駆体タンパク質 (precursor protein, protein precursor, proprotein, preprotein, preproprotein) タンパク質前駆体ともいう．翻訳直後でまだ翻訳後修飾を受けていないタンパク質を一般に前駆体タンパク質（プロタンパク質）というが，このうち，シグナルペプチドをもつ前駆体タンパク質をプレタンパク質，シグナルペプチドによる移行とその切断後にプロタンパク質を経て成熟するプレタンパク質をプレプロタンパク質とよぶ．

全ゲノムショットガンシーケンシング (whole genome shotgun sequencing) ホールゲノムショットガン法ともいう．ゲノムシーケンシングの方法のひとつ．ゲノムDNA全体をランダムな小断片にし，そのままクローン化せずに直接それらの塩基配列を決定した後に，個々の配列データをコンピューターによるアセンブラプログラムで再編成してゲノムの全塩基配列を決定する方法．

潜在ウイルス (latent virus) 潜在感染しているウイルス．

潜在感染 (latent infection) 潜伏感染，無病徴感染，不顕性感染ともいう．外観上明瞭な病徴が認められない感染．

線状RNA（linear RNA）両末端のある線状のRNA分子．

線状ウイルス（filamentous virus）ひも状ウイルス，糸状ウイルス，繊維状ウイルスともいう．線状の粒子形態をしたウイルス．

線状核酸（linear nucleic acid）両末端のある線状の核酸分子．

線状型（linear form）ウイロイドがとる立体構造のひとつ．

線状DNA（linear DNA）両末端のある線状のDNA分子．

染色（staining）生体組織を色素で着色する操作．

染色糸（chromonema）真核生物の間期の核内で光学顕微鏡により識別可能な最も細い糸状構造．

染色体（chromosome）クロモソームともいう．真核生物の核内に存在し，DNAとタンパク質からなる遺伝情報の担体．

染色体外遺伝子（extrachromosomal gene）プラスミド，ミトコンドリアあるいは葉緑体のゲノムの遺伝子．

染色体工学（chromosome engineering, chromosome manipulation）染色体操作ともいう．染色体に各種の人工的操作を加えて利用する技術．

染色体彩色（chromosome painting）クロモソームペインティングともいう．各染色体に特異的な配列を多色の蛍光標識プローブとして，インシトゥハイブリダイゼーションによって染色体を特異的に塗り分ける技法．

染色体操作（chromosome manipulation）→染色体工学

染色体地図（chromosome map）連鎖している遺伝子の相対的位置を染色体上に図示した地図．連鎖地図と物理地図とがある．→連鎖地図，物理地図

染色体歩行（chromosome walking, gene walking）クロモソームウォーキング，遺伝子歩行ともいう．同一の染色体上の隣接するDNA断片を順次クローン化する一連の操作．

染色分体（chromatid）有糸分裂の前期から中期に染色体の縦裂によって生じた2つの染色体．

全身移行（systemic movement, systemic transport）→長距離移行

全身壊死（systemic necrosis）全身壊疽ともいう．植物体の全身が壊死する病徴．

全身感染（systemic infection）植物体の全身に広がる感染．

全身獲得抵抗性（systemic acquired resistance：SAR）病原体の感染部位のみならず植物体の全身に誘導される抵抗性．

全身病徴（systemic symptom）全身に広がる病徴．

全身誘導抵抗性（induced systemic resistance：ISR）誘導全身抵抗性ともいう．[1]全身獲得抵抗性と同義．[2]病原体以外の有用微生物によって植物に誘導される全身的な病害抵抗性を指し，病原体の感染によって植物に誘導される全身獲得抵抗性とは区別して用いられる．

センス鎖（sense strand）→プラス鎖

選択圧（selection pressure, selective pressure）淘汰圧ともいう．生物の生存率や形質に差をもたらすような環境の影響力．

選択マーカー（selective marker）選抜マーカーともいう．遺伝子組換え生物を作成する際に組換え体をスクリーニングするための目印として導入する遺伝子．

選択模写（copy choice）→鋳型切換え

センチモルガン（centimorgan：cM）同一染色体上の遺伝子間の相対距離を表す単位のひとつ．1 cMは乗換え頻度1％の場合の距離．

線虫（nematode, nematoda）センチュウ，ネマトーダ，線形動物ともいう．線形動物門（Nematoda）に属する微小動物の総称．

線虫学（nematology）線虫に関する学問分野．

前中期（prometaphase）有糸分裂で前期に続く時期．核膜と核小体が消失し，染色体上の動原体に紡錘糸が付着する．

線虫伝染（nematode transmission）線虫伝搬ともいう．植物ウイルスの線虫媒介による伝染．ウイルスの種と媒介線虫の種との間に媒介特異性がある．→線虫伝搬性ウイルス，線虫ベクター

線虫伝搬性ウイルス（nematode-borne virus）線虫伝染性ウイルスともいう．線虫によって伝搬される植物ウイルス．ネポウイルス属（*Nepovirus*）の中の12種，トブラウイルス属（*Tobravirus*）3種のウイルス，*Strawberry latent ringspot virus*（SLRSV），*Cherry rasp leaf virus*（CRLV）などが数属の線虫によって永続的に伝搬されるが，いずれも吸汁されたウイルスが線虫の口針，口針鞘あるいは消化管の内壁に長期間にわたって吸着・保持されているためで，虫体内でのウイルスの増殖は認められない．トブラウイルス属のウイルスでは，外被タンパク質（CP）と非構造タンパク質P2bが媒介に関与する．

線虫ベクター（nematode vector）植物ウイルスを媒介する線虫．媒介線虫としてニセハリセンチュウ目（Dorylaimida）のユミハリセンチュウ属（*Trichodorus*），ヒメユミハリセンチュウ属（*Paratrichodorus*），オオハリセンチュウ属

(*Xiphinema*),ナガハリセンチュウ属(*Longidorus*)などの植物外部寄生性線虫が知られている.

前腸(foregut) 節足動物などの消化管の初めの部分.

前腸型伝染(foregut-borne transmission) 前腸伝搬ともいう.→非循環型・半永続性伝染

先天性免疫(innate immunity) 先天的抵抗性,自然免疫,自然抵抗性ともいう.免疫反応は,抗体などによる特異的な後天性免疫(獲得免疫)とそれ以外の非特異的な先天性免疫に大別されるが,植物や昆虫などでは後者が主要な防御システムである.植物病理学では,先天性免疫を基礎的抵抗性あるいは圃場抵抗性とほぼ同義として用いている例がある.

先天的抵抗性(innate immunity) →先天性免疫

先導配列(leader sequence) リーダー配列ともいう.[1]mRNAやウイルスRNAの開始コドンの上流にある非翻訳領域.[2]タンパク質のシグナル配列と同義.

セントラルドグマ(central dogma) 1958年にクリック(F. Crick, 英国)が提唱した,遺伝情報がDNA,RNA,タンパク質の順に伝えられるという基本概念.

セントロメア(centromere) 動原体ともいう.真核生物の有糸分裂の際に紡錘糸が付着する染色体上の領域,あるいはそこに形成されるDNA-タンパク質複合体.

全能性(totipotency) 分化全能性ともいう.生物の細胞や組織の一部があらゆる組織や器官に分化して完全な個体を再生できる能力.

選抜育種(selection breeding) 遺伝的変異集団から育種目標に適した個体や個体群を選抜する育種法.

選抜マーカー遺伝子(selection marker gene) 形質転換体選抜の際のマーカーとなる遺伝子.

潜伏ウイルス(cryptic virus, cryptovirus)
→クリプトウイルス

潜伏感染(latent infection) →潜在感染

潜伏期(latent period, incubation period) 潜伏期間ともいう.[1]病原体の侵入から病徴が現れるまでの期間.[2]ウイルスが宿主細胞に感染してから細胞外に子孫ウイルスが放出されるまでの期間.[3]媒介虫がウイルスを獲得してから媒介能力をもつようになるまでの期間(虫体内潜伏期間).

ソ

双球状ウイルス(geminate virus) 径18〜22 nm×長さ30〜38 nmの双球状の粒子形態をしたウイルス.一本鎖DNAウイルスのジェミニウイルス科(*Geminiviridae*)のウイルスがこれにあたる.

総合的病害虫管理(integrated pest management:IPM) 総合防除ともいう.さまざまな防除手法を組合せた総合的防除法で,経済的に許容しうる限界以下に病害虫の密度を抑えることを目標とする.

総合防除(integrated pest management:IPM)
→総合的病害虫管理

相互応答(cross talk) クロストークともいう.互いに異なる複数の細胞内シグナル伝達経路間の相互作用.

走査型電子顕微鏡(scanning electron microscope:SEM) 試料の表面を電子線で走査することによって,その立体構造を観察する電子顕微鏡.電子銃,集束レンズ,走査コイル,対物レンズ,試料室,電子線検出器などの電子光学系と真空排気系などから構成される.

走査型透過電子顕微鏡(scanning transmission electron microscope:STEM) 試料を透過した電子を走査して像を得る電子顕微鏡.

走査型トンネル顕微鏡(scanning tunneling microscope:STM) 走査型プローブ顕微鏡(SPM)のひとつ.試料と探針の間に流れるトンネル電流を検出して画像を得る.

走査型プローブ顕微鏡(scanning probe microscope:SPM) 微小で鋭利なプローブ(探針)を用いて走査しながら物質の表面の原子レベルの形状を拡大観察する走査型トンネル顕微鏡や原子間力顕微鏡などの各種の顕微鏡の総称.

相乗効果(synergism, synergy) 相乗作用,シナージズムともいう.2つ以上の要因がともに働いた効果が,それぞれ単独で働いた効果の和より大きくなる現象.2種以上の病原体の感染によって,宿主が各単独感染の場合の和よりもより激しい病徴を示す現象もこれに相当する.

相乗作用(synergism, synergy) →相乗効果

双子葉植物(dicotyledon:dicot) 胚における子葉の数が2枚の被子植物.

増殖(multiplication) ウイルス,細胞あるいは生物個体が数を増やすこと.

増殖期(vegetative phase, vegetative period)
→合成期

増殖曲線(growth curve) 培養時の細胞集団の細胞数の時間的変化を示す曲線.単細胞生物や培養細胞の増殖曲線は,一般に,誘導期,対数増殖期,定常期の3期を示す.二分裂増殖とはまったく異なる増殖様式をとるウイルスの場合には,一段増

殖曲線とよび，細胞内でウイルス粒子が見かけ上いったん消失する時期を暗黒期，次いでウイルスが急激に増殖する時期を合成期，増殖が停止する時期を定常期という．→誘導期，対数増殖期，定常期，一段増殖曲線，暗黒期，合成期

増殖宿主（propagative host, propagation host） ウイルスの精製を目的にウイルスを大量に増殖させる宿主．

増殖植物（propagation plant） 植物ウイルスの精製を目的にウイルスを大量に増殖させる宿主植物．

叢生（bushy, rosette） 枝分かれが異常に多くなり，矮小な茎葉がかたまって多数発生する病徴．

増生（hyperplasia） 頻繁な細胞分裂によって生体の組織の体積が増加する現象．

相同遺伝子（homologous gene, homolog） 塩基配列の相同な遺伝子．

相同組換え（homologous recombination） 塩基配列の相同な DNA 分子あるいは RNA 分子間での組換え．

相同性（homology） ホモロジーともいう．比較する複数の生物，細胞，核酸，タンパク質などが共通の祖先に由来し，形態，構造，機能などが同一あるいは類似していること．

相同性依存ジーンサイレンシング（homology-dependent gene silencing：HdGS） トランスジェニック植物において，互いに相同領域をもつ導入遺伝子と内在遺伝子，あるいは新たに侵入した外来遺伝子との間で，遺伝子発現の抑制が起こる現象．

相同性検索（homology search）→ホモロジー検索

相同染色体（homologous chromosome） 二倍体細胞にある，母方と父方から 1 つずつ受け継いだ対をなす染色体．

相同タンパク質（homologous protein） アミノ酸配列の相同なタンパク質．

挿入（insertion） 組込みともいう．既存の DNA 配列あるいは RNA 配列に余分な塩基が挿入されること．

挿入配列（insertion sequence：IS） 細菌の転移因子のひとつ．→転移因子

挿入変異（insertion mutation） ひとつ以上の塩基が核酸の配列に挿入されることで起こる変異．

層板状封入体（laminated aggregate）
→円筒状封入体

増幅（amplification） 染色体の配列の一部が余分に複製されること．

増幅制限酵素断片長多型（amplified fragment length polymorphism：AFLP） ゲノム DNA の制限酵素断片を PCR で増幅して得られる断片長の多型．

相補（complementation） 相補性ともいう．[1]ある 1 つの表現型に関与する 2 つの突然変異遺伝子を同一細胞内に共存させた時に，その細胞が野生型の表現型を示すこと．ウイルスでも 2 つの突然変異株を同時感染させることによって，相補性の検定ができる．[2]互いに完全な塩基対を形成する核酸配列の相互関係．

相補 RNA（complementary RNA：cRNA）
→相補的 RNA

相補鎖（complementary strand, complementary chain） 一般には，二本鎖核酸の互いの鎖あるいはその片方の鎖を指すが，一本鎖ウイルス DNA やマイナス一本鎖 RNA ウイルスなどではゲノム鎖と相補的な塩基配列の鎖を表す．

相補センス鎖（complementary-sense strand） 相補鎖ともいう．ウイルス粒子に含まれる一本鎖核酸ゲノムの塩基配列と相補的な塩基配列の鎖．特に一本鎖 DNA ウイルスやマイナス一本鎖 RNA ウイルスなどで用いる用語．

相補 DNA（complementary DNA：cDNA）
→相補的 DNA

相補的 RNA（complementary RNA：cRNA） 相補 RNA ともいう．mRNA やウイルス RNA などの塩基配列と相補的な塩基配列の RNA．

相補的 DNA（complementary DNA：cDNA） cDNA，相補 DNA ともいう．mRNA やウイルス RNA などの塩基配列と相補的な塩基配列の DNA．

草本植物（herbaceous plant） 茎が木化しない植物．

藻類（algae） 同化色素をもち独立栄養生活をする水生植物の総称．

藻類ウイルス（algal virus, phycovirus） 藻類を宿主とするウイルス．これまでに二本鎖 DNA ウイルスで大型球状（径 120～220 nm）の *Phycodnaviridae* 科 6 属のウイルスのほか，プラス一本鎖 RNA ウイルスで小型球状（径 25 nm）の *Marnavirus* 属 1 種，一本鎖 RNA 逆転写ウイルスで大型球状（径 50 nm）の *Hemivirus* 属の中の 2 種のウイルスなどが認められている．

阻害因子（inhibitor） インヒビター，阻害物質ともいう．化学反応や生理作用の進行を妨げるような物質．

属（genus） 生物の階層分類体系において，科の次下位，種の上位におかれる基本的階級．ウイルスの分類では語尾に -*virus* を付してイタリック体で示す．

促進因子（activator, positive regulator, up regulator） [1]アクチベーターと同義．[2]ウイルスの複製・

移行を促進する宿主因子.

速度ゾーン密度勾配遠心法(rate zonal density-gradient centrifugation) ゾーン遠心法ともいう.実質的には,ショ糖密度勾配遠心法とほぼ同義だが,特に,大量の試料の分離精製を目的としたゾーナルローターを用いる密度勾配遠心法を指す場合がある.

側部分裂組織(lateral meristem) 植物の茎や根の側部の分裂組織.

組織化学(histochemistry) 組織レベルで組織内に存在する物質の定性・定量およびその局在性や移動の解析を行う方法.

組織培養(tissue culture) 生体から解離した組織を試験管内で培養する方法,広義には細胞培養や器官培養も含む.

咀嚼性昆虫(chewing insect) 咀嚼性口器をもち,植物の葉や茎などを食べる昆虫.

粗汁液(crude sap) →粗抽出液

疎水性(hydrophobic) 水に溶けにくい性質.

粗抽出液(crude extract) 粗汁液ともいう.組織をすりつぶした摩砕液をガーゼなどで濾過して得られる均質な懸濁液.

ゾーナルローター(zonal rotor) 遠心機用ローターのひとつ.大量の試料の密度勾配遠心による分離精製を目的とした特殊なローター.

粗皮(rough bark, russet) 樹皮,根,塊根あるいは果実などの表面が粗くなる病徴.

ソマクローナル変異(somaclonal variation) →体細胞性変異

粗面小胞体(rough ER) リボソームが結合してタンパク質合成を行う小胞体.

ソローシス病(psorosis) カンキツのウイルス病のひとつで,樹皮が鱗片化し,樹脂分泌,生長阻止,葉の萎縮・黄化,枝の枯死などを起こす.

ゾーン遠心法(zonal centrifugation) →速度ゾーン密度勾配遠心法

タ

第1葉(primary leaf) 子葉の次に生じる葉.

第一種使用規程(type 1 use regulations with regard to the genetically modified plants) 遺伝子組換え植物の隔離圃場および一般圃場における使用に関する国内規程.組換え植物の環境中への拡散を防止しないで行う使用についての規程.なお,第一種使用が承認された組換え作物の栽培実験については農林水産省が定めた第一種使用規程承認組換え作物栽培実験指針に従う.

台木(stock, rootstock) 接ぎ木の際に台となる植物体で根をもつ.

耐希釈性(dilution end point:DEP) 希釈限度,希釈限界ともいう.ウイルス感染植物の粗汁液の感染性の希釈限界.

大規模DNAシーケンシング(large-scale DNA sequencing) 多種の遺伝子やcDNAの塩基配列を大量に決定すること.

ダイサー(Dicer:DC) RNase III様二本鎖RNA分解酵素.RNAサイレンシング経路において,高分子二本鎖RNAを約20〜25ヌクレオチドの低分子二本鎖RNAに切断する.→RNAサイレンシング

体細胞(somatic cell) 多細胞生物の生殖細胞以外のすべての細胞.

体細胞クローン(somaclone) 体細胞由来のクローン.

体細胞雑種(somatic hybrid) 遺伝形質の異なる2種の体細胞の細胞融合によって得られる雑種.オレンジとカラタチの体細胞雑種で中間母本用のオレタチ,ナスの栽培種と近縁種の体細胞雑種で細菌病抵抗性のナス台木,トマトの栽培種と野生種の体細胞雑種でウイルス病抵抗性のトマト母本などが開発されている.

体細胞分裂(somatic mitosis) 体細胞有糸分裂ともいう.真核生物の体細胞の分裂様式.

体細胞変異(somatic mutation, somaclonal variation) 体細胞で起こる突然変異の総称.植物では組織培養の過程で体細胞クローンに生じた変異をソマクローナル変異とよぶが,この変異はそれから再生した植物体にも遺伝的に伝えられる.

ダイサー様酵素(Dicer-like enzyme:DCL) ダイサー類似の酵素で,シロイヌナズナではDCL1〜4がある.RNAサイレンシング経路に関与する.→ダイサー,RNAサイレンシング

第三リン酸ナトリウム(trisodium orthophosphate:Na_3PO_4) 植物ウイルスやウイロイドに汚染した器具や種子の消毒剤のひとつ.

大進化(macroevolution) 属以上の進化.

代謝(metabolism) 生細胞で起こる全化学反応.

対称構造(symmetric structure) 対称的規則性をもつ構造.

対称細胞融合(symmetrical cell fusion) 異種間の細胞融合において,核や細胞質の不活化処理をせずにそのまま融合させること.これによって,両方の核と細胞質が混じり合った雑種融合細胞が得られる.

対数増殖期(logarithmic growth phase, logarithmic phase) 対数期ともいう.細胞集団の培養時に細

胞数が指数関数的に増加する時期.

耐性 (tolerance) →抵抗性

タイター (titer) →力価

代替宿主 (alternative host) 主たる宿主ではないが, 雑草や野生植物などで病原体が感染し得る宿主を指す.

大腸菌 (*Escherichia coli*：*E. coli*) グラム陰性, 通性嫌気性, 桿菌状の腸内細菌の一種. モデル生物のひとつとして詳細に研究されるとともに, 組換えDNA実験に広く利用される.

大腸菌ファージ (*Escherichia coli* phage, coliphage) 大腸菌を宿主とするファージ. λファージなどが組換えDNA実験のベクターとして広く利用される.

大腸菌プラスミド (*Escherichia coli* plasmid) 大腸菌が保持するプラスミド. これらを人工的に改変したpBR322やpUC系ベクターなどが組換えDNA実験のベクターとして広く利用される.

第二種使用規程 (type 2 use regulations with regard to the genetically modified organisms) 遺伝子組換え生物の実験室および閉鎖系温室などにおける使用に関する国内規程. 組換え生物の環境中への拡散を防止する意図をもって行う使用についての規程.

耐熱酵素 (thermostable enzyme, heat-stable enzyme) 熱安定酵素ともいう. 熱に対して抵抗性のある酵素の総称.

耐熱性 (thermal resistance, heat resistance, thermostability) 生物や生体高分子などが高温に耐える性質.

耐熱性 (thermal inactivation point：TIP, thermal death point) 不活化温度ともいう. 植物ウイルスでは, ウイルス感染植物の粗汁液を10分間熱処理した場合の感染性の不活化温度の最低値を指す.

DIBA (ダイバ：dot immuno-binding assay) →ダイバ法

大発生 (outbreak) ある病気や害虫などが突発的に急激に増加すること.

ダイバ法 (dot immuno-binding assay：DIBA) DIBA, ドットエライザ法, ドットブロットイムノアッセイともいう. 酵素結合抗体法 (ELISA) の変法のひとつ. 抗原のスポットから最後の発色反応までをニトロセルロース膜またはナイロン膜上で行う簡便・迅速なタンパク質やウイルスの検出・定量法.

耐病性 (disease tolerance) →病害耐性

耐病性育種 (disease resistance breeding) →病害抵抗性育種

タイプ種 (type species) →基準種

対物レンズ (objective lens) 試料あるいは物体に面するレンズ.

耐保存性 (longevity end point, longevity *in vitro*：LIV) 保存限度ともいう. 10倍希釈したウイルス感染植物の粗汁液の0℃あるいは20℃における感染性の保持時間.

ダイマー (dimer) 二量体. 2つの同等の成分の重合体. 成分が同一の場合をホモダイマー, 成分が異なる場合をヘテロダイマーという.

ダイヤモンドナイフ (diamond knife) 電子顕微鏡試料の薄切に用いるダイヤモンド製のナイフ.

対葉法 (opposite-leaf method) 局部病斑計数法のひとつ. 相対する1対の葉にそれぞれ既知濃度のウイルスと未知濃度のウイルスを接種して, 形成される局部病斑数を比較する定量法. →局部病斑計数法

対立遺伝子 (allele) 相同遺伝子座に座乗する1対の遺伝子.

対立形質 (allelic character, allelomorph) 対立的に存在する優性と劣性の形質.

退緑 (chlorosis) →クローロシス

退緑局部病斑 (chlorotic local lesion) 局所的な退緑斑が生じる病徴.

退緑条斑 (chlorotic streak) 退緑した条斑が葉脈に沿って生じる病徴.

退緑斑点 (chlorotic spot) 退緑した斑点が生じる病徴.

退緑輪紋 (chlorotic ring spot) 退緑した輪紋が生じる病徴.

ダイレクトジーントランスファー (direct gene transfer) →直接遺伝子導入法

ダイレクトネガティブ染色法 (direct negative staining：DN) DN法ともいう. →ディップ法

ダイレクトリピート (direct repeat sequence) →直列反復配列

唾液管 (salivary duct) 唾液の輸送管.

多角体 (polyhedron, polyhedra) 昆虫ウイルスのある種が細胞内に形成する結晶状封入体.

他家受粉 (cross pollination) 植物の異なる個体間での受粉.

高接病 (top-working disease) ウイルスが接ぎ木を通して感受性の台木に感染して樹勢が衰え, 枯死する病気.

タグ (tag) インデックス, バーコードともいう. 核酸やタンパク質の分子に目印として付ける短い塩基配列あるいはアミノ酸配列.

ダークグリーンアイランド (dark green island：DGI) モザイク症状の中の濃緑色の部位.

タクソン（taxon）分類群．他から区別され，それぞれ個別の単位として扱われる分類学上の生物群．

多型（polymorphism）あるゲノムの集団の中で，任意の遺伝子座について同時に多くの変種がみられること．

多型種（polytypic species）複数の亜種，変種，品種，系統などを含む種．

多形性（pleomorphism）→多態性

多系品種（multiline cultivar, multiline variety）マルチラインともいう．特定の1遺伝子だけが異なる同質遺伝子系統の複数の品種を混合した品種．
→同質遺伝子系統

多コピー（multicopy）ある遺伝子が1つの細胞に複数存在すること．

多剤耐性（multiple drug resistance, multidrug resistance：MDR）多剤抵抗性ともいう．ある生物の集団，個体，あるいは細胞において，多数種の医薬や農薬などの化学薬剤に対する感受性が低下する現象．

多細胞生物（multicellular organism）個体が複数の分化した細胞で構成されている生物．

多重遺伝子族（multigene family）ゲノム内に繰り返して存在する同一種類の遺伝子の一群．

多重感染（multiple infection）混合感染，複合感染ともいう．2種類以上の病原体が同時に感染すること．同一種のウイルスが1個の細胞に多数感染することを指す場合もある．

多重膜状構造体（multivesicular body：MVB）
→多胞体

他殖性植物（allogamous plant, outcrosser）他家受粉して種子繁殖する植物．→他家受粉

DAS-ELISA（ダスエライザ：double antibody sandwich ELISA, dual-antibody sandwich ELISA）
→二重抗体サンドイッチ法

多成分系ウイルス（multicomponent virus, multipartite virus, multiparticle virus）多粒子性ウイルス，多粒子系ウイルスともいう．複数の分節ゲノムが複数種の粒子に分かれて存在するウイルス．

唾腺（salivary gland）唾液腺ともいう．口腔または咽頭に開口する唾液の分泌腺の総称．カメムシ目昆虫などでは主唾線と副唾線で構成される．

多態性（pleomorphism, polymorphism）多形態性，多形性ともいう．1つの生物が生育中に種々の形態を示すこと．

TATAボックス（タータボックス：TATA box）真核生物のプロモーター領域によく保存されているTAに富む配列で，転写開始点の約25 bp上流に位置する．

脱イオン水（deionized water）脱塩水と同義．溶存するイオンの大部分を除去した水．

脱外被（uncoating, disassembly）脱殻，アンコーティングともいう．ウイルス粒子からゲノム核酸が裸出する過程．プラス一本鎖RNAウイルスの中には，脱外被とウイルスRNAの翻訳が共役して起こる翻訳共役的脱外被を行うものもある．

脱殻（uncoating, disassembly）→脱外被

tac プロモーター（タックプロモーター：tac promoter）trp プロモーターと lac プロモーターのハイブリッドプロモーター．大腸菌発現用プロモーターのひとつ．

脱キャップ（decapping）→デキャッピング

脱水（dehydration）光学顕微鏡や電子顕微鏡による観察試料の作製のために，固定した生体試料から水分を取り除く処理．

脱皮（ecdysis）節足動物および線形動物などが成長の過程で体表や腸管内膜などの古いクチクラ層を脱ぎ捨てる現象．植物ウイルスのうち，媒介昆虫で非循環型伝染するウイルスは脱皮によって媒介されなくなるが，循環型伝染するウイルスは脱皮後も媒介される．

脱分化（dedifferentiation）分化した組織や器官の細胞が再び未分化の状態に戻ること．

脱リン酸化（dephosphorylation）化合物からリン酸基を除去する反応．

脱リン酸化酵素（phosphatase）ホスファターゼともいう．加水分解により分子からリン酸基を除去する反応を触媒する酵素．

多糖（polysaccharide, glycan）ポリサッカライド，グリカンともいう．単糖が重合した鎖状あるいは分枝状の多量体．

ダニ（mite）ダニ目（Acarina）に属する節足動物の総称．植物ウイルスの媒介生物のひとつ．

ダニ伝染（mite transmission）ダニ伝搬ともいう．植物ウイルスのダニ媒介による伝染．ウイルスの種と媒介ダニの種との間に媒介特異性がある．
→ダニ伝搬性ウイルス

ダニ伝搬性ウイルス（mite-borne virus）ダニ伝染性ウイルスともいう．ダニ類によって伝搬される植物ウイルス．アレキシウイルス属（Allexivirus）8種，トリコウイルス属（Trichovirus）の中の3種，ライモウイルス属（Rymovirus）の中の2種，トリティモウイルス属（Tritimovirus）の中の2種のウイルスなどがフシダニ科（Eriophidae）のダニによって半永続的に伝搬される．

TUNEL法（タネル法：TdT-mediated dUTP nick end labeling）アポトーシスの過程で生じるDNA

多年生作物（perennial crop）→永年作物

多年生植物（perennial plant）3年以上個体が生存する植物．

束状封入体（bundle inclusion）→円筒状封入体

DAPI（ダピ：4′,6-diamidino-2-phenylindole）DNAの蛍光染色剤のひとつ．

TAV（タブ：translational activator, translational transactivator）→翻訳アクチベーター

DAB（ダブ：diaminobenzidine）ペルオキシダーゼの発色基質のひとつ．

DABCO（ダブコ：1,4-diazabicyclo[2.2.2]octane）トリエチレンジアミンともいう．蛍光退色防止剤のひとつ．

WSR（wound-induced systemic resistance）→傷害誘導性全身抵抗性

ダブルジーンブロック（double gene block：DGB）二重遺伝子領域．カルモウイルス属（Carmovirus），ネクロウイルス属（Necrovirus），パニコウイルス属（Panicovirus）などのウイルスゲノムに共通の特徴的な遺伝子構造で，一部オーバーラップして並ぶ2個のORFの集合部位，これらの翻訳産物は共同でウイルスの細胞間移行ならびに長距離移行に関わる．

ダブルジーンブロックファミリー（double gene block family, DGB family）DGBファミリーともいう．→移行タンパク質

多分節ゲノム（multipartite genome）→分節ゲノム

多分節ゲノムウイルス（virus with multipartite genome, multipartite genome virus）→分節ゲノムウイルス

多胞体（multivesicular body：MVB）［1］多重膜状構造体ともいう．トンブスウイルス科（Tombusviridae）ウイルスなどの感染によって植物の細胞質内に形成される不定形の膜状構造体で内部に多数の小胞を含む．ペルオキシソーム膜やミトコンドリア外膜などに由来する．［2］細胞内のゴルジ体周辺に認められる多数の小胞を内部に含む液胞．エンドソームに由来する．→エンドソーム

ターミナルトランスフェラーゼ（terminal transferase）→ターミナルヌクレオチジルトランスフェラーゼ

ターミナルヌクレオチジルトランスフェラーゼ（terminal nucleotidyl transferase, terminal transferase, terminal deoxynucleotidyl transferase：TdT）ターミナルデオキシヌクレオチジルトランスフェラーゼ，ターミナルトランスフェラーゼ，末端核酸付加酵素ともいう．DNA分子の3′末端にデオキシリボヌクレオチドを付加する酵素．

ターミネーター（terminator）転写終結シグナル．RNAポリメラーゼによる転写を終結させるDNA上の配列．

DAMPs（ダムプス：damage-associated molecular patterns）→ダメージ関連分子パターン

ダメージ関連分子パターン（damage-associated molecular patterns：DAMPs）危機共通分子パターンともいい，DAMPsと略記する．内生エリシターと同義．病傷害によって生じる植物の細胞壁分解産物など，宿主あるいは非宿主に対する非特異的エリシターとして働き，植物の基礎的抵抗性反応の発現を誘導する宿主由来の各種構成成分．なお，医学分野では炎症を伴う非感染症において免疫反応を誘導する内在性の生体分子を指す．→内生エリシター，非特異的エリシター，基礎的抵抗性

多面体（polyhedron）平面多角形で囲まれた立体．

多粒子性ウイルス（multiparticle virus）→多成分系ウイルス

多粒子分節ゲノム（segmented genome within multiparticle）複数種のウイルス粒子内に分かれて存在する分節ゲノム．

多量体（polymer）→ポリマー

TALエフェクターヌクレアーゼ（transcription zactivator-like effector nuclease：TALEN）植物病原Xanthomonas属細菌由来の転写促進因子様エフェクターのDNA結合ドメインと制限酵素のDNA切断ドメインとを融合した人工制限酵素．→人工制限酵素

ダルトン（dalton：Da）ドルトンともいう．原子や分子の質量の単位で，数値的には分子量と等しい．1 Da = 1.661×10^{-27} kg．

単ゲノム（monopartite genome）単一の核酸分子からなるウイルスゲノム．

単ゲノムウイルス（monopartite virus, virus with monopartite genome）単一のゲノム分子をもつウイルス．

単一栽培（monocropping, monoculture）単式農法ともいう．1種だけの作物を栽培する農法．

単一病斑分離法（single lesion isolation）→局部病斑分離法

単一分子シーケンシング（single molecule sequencing）→一分子リアルタイムDNAケンシング

弾丸状ウイルス（bullet-shaped virus）弾丸状の粒子形態をしたウイルス．ラブドウイルス科（Rhabdoviridae）のウイルスの特徴だが，植物のラブドウイルスでは両端が丸い桿菌状のものが多

い.

タングステンフィラメント(tungsten filament) 電子顕微鏡用の一般的な陰極. ヘアピン型とポイント型とがある.

単クローン抗体(monoclonal antibody：Mab) →モノクローナル抗体

単型種(monotypic species) 他の系統などへの分化が認められない種.

短鎖遺伝子間領域(short intergenic region：SIR) 短鎖非翻訳領域ともいう. 一部のジェミニウイルス科(*Geminiviridae*)ウイルスの DNA 上の非翻訳領域に認められる短い共通配列構造.

単細胞生物(unicellular organism) 個体が 1 個の細胞だけで構成されている生物.

単細胞培養(single cell culture) 細胞 1 個を取り出して無菌的に培養すること.

短鎖環状一本鎖サテライト RNA(small circular single-stranded satellite RNA) →ウイルソイド

短鎖散在反復配列(short interspersed repetitive sequence, short interspersed nuclear element：SINE) レトロトランスポゾンに由来し, 同じ塩基配列が隣り合わずに散在して反復している約 500 bps 以下の DNA 配列. →レトロトランスポゾン

短鎖ヘアピン RNA(short hairpin RNA, small hairpin RNA：shRNA) 低分子ヘアピン RNA ともいう. RNAi による遺伝子機能解析に用いる短いヘアピン状の二本鎖 RNA. →RNAi

単子葉植物(monocotyledon：monocot) 胚における子葉の数が 1 枚の被子植物.

単純反復配列(simple sequence repeat：SSR, short tandem repeat：STR) →マイクロサテライト

炭水化物(carbohydrate) →糖質

単糖(monosaccharide) 加水分解でそれ以上簡単な分子にならない基本的な糖質.

単独感染(single infection) 単一種の病原体の感染.

タンパク質(protein) アミノ酸が特定の配列でペプチド結合により連なった線状の高分子の総称.

タンパク質介在抵抗性(protein-mediated resistance：PMR) ウイルス抵抗性遺伝子組換え植物の抵抗性発現にウイルスタンパク質が介在している抵抗性機構. ただし, 以前にそのように推定された抵抗性機構も, 現在では, その多くが RNA 介在抵抗性, すなわち RNA サイレンシングによる抵抗性機構であることが明らかにされている.

タンパク質−核酸間相互作用(protein-nucleic acid interaction) タンパク質と核酸の分子間の相互作用.

タンパク質間相互作用(protein-protein interaction：PPI) タンパク質分子間の相互作用.

タンパク質キナーゼ(protein kinase：PK) プロテインキナーゼ, タンパク質リン酸化酵素ともいう. 標的タンパク質の特定のアミノ酸をリン酸化する酵素.

タンパク質工学(protein engineering) 主として遺伝子工学によって作製した新規のタンパク質について, その構造と機能などを解析する研究分野.

タンパク質合成(protein synthesis) 生物学的あるいは化学的にタンパク質を合成すること.

タンパク質構造データバンク(Protein Data Bank：PDB) タンパク質と核酸の三次元分子構造に関する国際的なデータベース.

タンパク質サブユニット(protein subunit) サブユニットタンパク質ともいう. ウイルスキャプシドの構造単位. →キャプシド

タンパク質修飾(protein modification) →翻訳後修飾

タンパク質前駆体(precursor protein, protein precursor, proprotein, preprotein, preproprotein) →前駆体タンパク質

タンパク質脱リン酸化酵素(protein phosphatase, phosphoprotein phosphatase) プロテインホスファターゼ, ホスホプロテインホスファターゼともいう. リン酸化タンパク質の脱リン酸化を触媒する酵素.

タンパク質単分子膜法(protein monolayer method) →クラインシュミット法

タンパク質データーベース(protein database) アミノ酸配列などのタンパク質情報に関するデータベース.

タンパク質の高次構造(higher-order structure of protein) タンパク質のアミノ酸配列を一次構造, ポリペプチド鎖が部分的に折りたたまれた構造を二次構造, ポリペプチド鎖の全体が折りたたまれたタンパク質の立体構造を三次構造, 複数のタンパク質が会合した複合体構造を四次構造というが, 二次構造以上を総称して高次構造とよぶ.

タンパク質の変性(protein denaturation) タンパク質の高次構造が物理的要因や化学的要因によって破壊され, 物性が変化すること.

タンパク質プロセシング(protein processing) →翻訳後修飾

タンパク質分解(proteolysis) タンパク質やペプチドのペプチド結合を加水分解すること.

タンパク質分解酵素(proteolytic enzyme, protease, peptidase) プロテアーゼ, プロテイナーゼ, ペ

プチダーゼともいう．タンパク質やペプチドのペプチド結合の加水分解を触媒する酵素の総称．切断位置によってポリペプチド鎖の末端からペプチド結合を切断するエキソペプチダーゼと中間から切断するエンドペプチダーゼとに分類される．

タンパク質分解酵素阻害剤 (protease inhibitor) プロテアーゼインヒビターともいう．タンパク質分解酵素の活性を阻害する物質．同様の機能をもつタンパク質なども含まれる．

タンパク質変性剤 (protein denaturant) タンパク質を変性させる化学薬品．

タンパク質輸送 (protein targeting, protein sorting) 種類の異なるタンパク質を特定の細胞小器官に輸送・移動すること．

タンパク質リン酸化酵素 (protein kinase：PK) →タンパク質キナーゼ

単分節ゲノム (monopartite genome) 単一ゲノムともいう．単一の核酸分子からなるウイルスゲノム．

単離細胞 (isolated cell) 組織や器官などから分離した細胞．

単粒子分節ゲノム (segmented genome within single particle) 1個のウイルス粒子内に存在する分節ゲノム．植物レオウイルス，トスポウイルス属 (*Tospovirus*)，エマラウイルス属 (*Emaravirus*) のウイルスなどのゲノムがこれに該当する．

単量体 (monomer) →モノマー

チ

チェーンターミネーション法 (chain-termination method) →ジデオキシ法

置換 (replacement) DNA あるいは RNA の塩基の一部が他の塩基に置き換わること．

逐次合成シーケンシング (seqencing by synthesis：SBS) 鋳型 DNA に相補的な DNA を同時並行で1塩基ずつ合成させることで逐次的に塩基配列を決定する方法．

致死変異 (lethal mutation) 生物の個体や細胞を死に至らせる変異．

ChIP (チップ法：chromatin immuno-precipitation) →クロマチン免疫沈降

チミジル酸 (thymidylic acid) →チミジン一リン酸

チミジン (thymidine：T, deoxythymidine：dT, dThd) デオキシチミジンともいう．チミンを含むデオキシリボヌクレオシドで，DNA を構成する4種のデオキシリボヌクレオシドのひとつ．

チミジン一リン酸 (thymidine monophosphate：TMP, deoxythymidine monophosphate：dTMP, thymidylic acid, deoxythymidylic acid) デオキシチミジン一リン酸，チミジル酸，デオキシチミジル酸ともいう．チミジンの5′位にリン酸1分子が結合したデオキシリボヌクレオチドで，DNA を構成する4種のデオキシリボヌクレオチドのひとつ．

チミジン三リン酸 (thymidine triphosphate：TTP, deoxythymidine triphosphate：dTTP) デオキシチミジン三リン酸ともいう．チミジンの5′位にリン酸3分子が連結したデオキシリボヌクレオチド．PCR などにおける DNA 合成の基質のひとつ．

チミン (thymine：T, Thy) DNA に含まれるピリミジン塩基．アデニン (A) と対合する．

着外被 (encapsidation) →エンキャプシデーション

チャレンジ感染 (challenge infection) ワクチンや弱毒株などを一次接種した後に，野生の強毒株などを二次感染させること．

中央液胞 (central vacuole) 成長した植物細胞の中央部を占める大容積の液胞．

中央ドメイン (central domain, C domain) ポスピウイロイド科 (*Pospiviroidae*) ウイロイドの分子上の5つのドメインのひとつで，分子中央部に位置するドメイン．中央保存領域 (CCR) を含む．

中央農業総合研究センター (National Agricultural Research Center：NARC) 独立行政法人農業・食品産業技術総合研究機構(農研機構)に属し，本州中央地域(関東・東海・北陸)の農業発展のため，多くの専門分野を結集した総合研究所．

中央保存領域 (central conserved region：CCR) 中央保存配列ともいう．ポスピウイロイド科 (*Pospiviroidae*) ウイロイドの中央ドメイン (C) に特有の共通保存配列．→ウイロイドの構造

虫害抵抗性組換え植物 (insect-resistant transgenic plant) 遺伝子組換えによって虫害抵抗性を付与あるいは増強した植物．*Bacillus thuringiensis* の Bt 毒素遺伝子を組込んだ虫害抵抗性組換え植物などが実用化されている．

中間径フィラメント (intermediate filament) 細胞骨格の構成成分のひとつ．

中間レンズ (intermediate lens) 透過型電子顕微鏡の対物レンズと投影レンズの間にあるレンズ．

中期 (metaphase) 有糸分裂で前中期に続く時期．染色体が紡錘体の赤道面に整列する．

中空粒子 (empty particle, ghost particle, empty shell) ゲノム核酸をまったく含まない不完全なウイルス粒子．

抽出 (extraction) ある物質を液体で溶解して取り出すこと．

中心孔 (central hole) らせん状ウイルス粒子の中心を貫く中空の空間．

中性子小角散乱法 (neutron small-angle scattering) 非常に小さい角度で中性子ビームを物質に当てた時に起こる散乱現象を検出器で測定することによって，生体物質の構造や機能を明らかにする分析法．

虫体注射 (insect injection) 虫媒性のウイルスやファイトプラズマを虫体内に注射接種すること．

虫体内潜伏期間 (latent period, incubation period) 媒介虫がウイルスを獲得してから媒介能力をもつようになるまでの時間．

虫体内増殖性ウイルス (propagative virus) 媒介虫の体内でも増殖するウイルス．

虫体内非増殖性ウイルス (non-propagative virus) 媒介虫の体内では増殖しないウイルス．

虫体内保毒期間 (viruliferous period) 保毒時間ともいう．媒介虫がウイルスを保持している時間．

中腸 (midgut) 節足動物などの消化管の両端(前腸と後腸)を除いた中央部分．

虫媒介助タンパク質 (helper component：HC) ヘルパー成分，虫媒介助成分ともいう．→ヘルパー成分

虫媒伝染 (insect transmission) 虫媒伝搬ともいう．植物ウイルスの昆虫やダニの媒介による伝染．

チューブリン (tublin) 微小管を形成するサブユニットタンパク質．→微小管

中葉 (middle lamella) 中層ともいう．植物組織において隣接する細胞壁同士を接着する細胞間層で，主にペクチンあるいはリグニンからなる．

中和抗体 (neutralizing antibody) 酵素，毒素，細菌，ウイルスなどの生物学的活性を中和する抗体．

超域 (domain) →ドメイン

超遠心 (ultracentrifugation) 超高速遠心ともいう．超遠心機を用いて行う超高速遠心操作．

超遠心機 (ultracentrifuge) 真空冷却下に超高速で回転可能で，最高で毎分10万回転，重力加速度80万g程度までが得られる遠心機．生体高分子などの分離精製を主目的とする分離用超遠心機と，生体高分子などの沈降係数や浮遊密度などの測定を目的とする分析用超遠心機とがある．

超遠心分析 (ultracentrifuge analysis, ultracentrifugal analysis) 超遠心機を用いた生体高分子などの分子量などの分析．

超音波処理 (sonication) DNA分子に超音波を当ててランダムに切断する方法．

超解像蛍光顕微鏡 (super-resolution fluorescence microscope) レーザー照射系やコンピュータ処理技術の工夫によって従来の蛍光顕微鏡の約10倍程度の分解能を実現した顕微鏡．

長距離移行 (long-distance movement, long-distance transport) 遠距離移行，全身移行，維管束移行ともいう．植物ウイルスの感染局部から維管束を介した全身への移行．第一次感染細胞からプラズモデスマータを通って周囲の細胞に移行・増殖したウイルスは維管束組織に達すると，維管束鞘，篩部柔組織，伴細胞を経て篩管に侵入し，篩管流に乗って全身に移行し，全身感染を引き起こす．長距離移行ができない場合には，局部感染にとどまる．この長距離移行にはウイルスの移行タンパク質 (MP) とともに外被タンパク質 (CP) も必要である．

超高圧電子顕微鏡 (ultrahigh-voltage electron microscope) 加速電圧500 kV以上の電子線を用いる透過型電子顕微鏡．

超高速遠心 (ultrahigh-speed centrifugation) →超遠心

超高速DNAシーケンサー (ultrahigh-speed DNA sequencer) 超高速DNA塩基配列解析装置．超並列DNAシーケンサーなど一度に大量の塩基配列を高速で決定できるDNAシーケンサーで，大規模DNAシーケンシングなどに用いられる．

長鎖遺伝子間領域 (large intergenic region：LIR) 長鎖非翻訳領域ともいう．一部のジェミニウイルス科 (*Geminiviridae*) ウイルスのDNA上の非翻訳領域に認められる長い共通配列構造．ウイルスゲノムの複製開始点とウイルス鎖ならびに相補鎖のための2つのプロモーターを含む．

長鎖散在反復配列 (long interspersed repetitive sequence, long interspersed nuclear element：LINE) レトロトランスポゾンに由来し，同じ塩基配列が隣り合わずに散在して反復している約500 bps以上のDNA配列．→レトロトランスポゾン

長鎖非翻訳領域 (1arge intergenic region：LIR) →長鎖遺伝子間領域

長鎖末端反復配列 (long terminal repeat：LTR) レトロウイルスのプロウイルスDNAやレトロトランスポゾンの相補的DNAの両末端にある300〜1,300塩基長の反復配列．宿主DNAへの組み込みに関与する．

超純水 (ultra pure water) 金属イオン，有機物，微粒子などの不純物をほとんど含まないきわめて純度の高い水．

調節遺伝子 (regulator gene, regulatory gene) 制御遺伝子ともいう．遺伝子の発現を調節する遺伝子．

調節因子（regulator）　制御因子ともいう．遺伝子の発現を調節するタンパク質．

調節領域（regulatory region）　→シス因子

頂端分裂組織（apical meristem）　植物の茎や根の先端にある分裂・増殖組織．

超低温槽（ultralow-temperature freezer, deep freezer）　マイナス約80℃以下の冷凍庫．

超薄切片（ultrathin section）　透過型電子顕微鏡による生体試料の観察用に，固定・脱水後に樹脂に包埋した試料をウルトラミクロトームで約100 nm以下の厚さに薄切した切片．

超並列DNAシーケンサー（massively parallel DNA sequencer）　ランダムに切断された200〜1,000 bp程度の多数のDNA断片を1分子ずつ独立にフローセル上あるいはビーズ上に固定してPCRで増幅した後に，各DNA断片の塩基配列を並列的，網羅的に解析する装置．PCR増幅を必要としない装置も製品化されている．

頂端壊死（apical necrosis）　頂葉壊疽ともいう．頂葉が壊死する病徴．

直接遺伝子導入法（direct gene transfer）　ダイレクトジーントランスファーともいう．ベクターを用いずに外来遺伝子を細胞に直接導入する方法で，PEG法，エレクトロポレーション法，パーティクルガン法などがある．

直接ELISA法（direct ELISA）　酵素で標識した一次抗体を用いるエライザ法（ELISA）．→エライザ法

直接蛍光抗体法（direct fluorescent antibody technique）　蛍光標識した一次抗体を用いる蛍光抗体法．→蛍光抗体法

直列反復配列（direct repeat sequence, direct repeat, tandem repeat）　ダイレクトリピート，同方向反復配列ともいう．同一の核酸分子上で数〜数十塩基の同一配列が反復して順方向に並んだ配列．

チラコイド（thylakoid）　→ラメラ

沈降係数（sedimentation coefficient, sedimentation constant）　沈降定数ともいう．生体高分子の遠心による単位加速度あたりの沈降速度で，単位はスベドベリ単位S（$1S=1\times10^{-13}$秒）とし，通常，20℃の純水中での値（S20w）に換算して表す．

沈降線（precipitation line, precipitation band）　沈降帯ともいう．二重免疫拡散法や免疫電気泳動において抗原と抗体の最適比濃度の部位に形成される抗原抗体結合物による白い線．

沈降速度（sedimentation velocity）　流体中で粒子の沈む速度．

沈降速度法（sedimentation velocity method）　分析用超遠心機を用いて溶質の沈降係数を測定する方法．

沈降反応（precipitation reaction, precipitin reaction）　抗原と抗体が結合して抗原抗体複合体の沈降物を生じる反応．

沈降平衡法（sedimentation equilibrium method）　分析用超遠心機を用いて溶質の浮遊密度を測定する方法．

ツ

対合（pairing, synapsis）　減数分裂で，2つの相同染色体が接着すること．

接ぎ木（graft, grafting）　接木とも表す．同一あるいは異なる植物個体の組織同士を接着癒合させる技術．

接ぎ木接種（graft inoculation）　接木接種とも表す．ウイルスを接ぎ木によって病植物から健全植物に接種すること．

接ぎ木伝染（graft transmission）　接木伝染とも表す．ウイルスの接ぎ木による伝染．植物クリプトウイルス，アマルガウイルス科（*Amalgaviridae*），エンドルナウイルス科（*Endornaviridae*），シュードウイルス科（*Pseudoviridae*）およびメタウイルス科（*Metaviridae*）のウイルスを除くすべての植物ウイルスは接ぎ木で伝染することができる．台木から穂木への伝染と穂木から台木への伝染とがあり，果樹や果菜類などの接ぎ木栽培で実際上の問題となる．

接ぎ穂（scion）　穂木ともいう．接ぎ木の際に台木に接ぐべき切り取った芽や枝．

筒状封入体（cylindrical inclusion：CI）　→円筒状封入体

テ

T（thymidine）　→チミジン

T（thymine）　→チミン

DI RNA（defective interfering RNA）　→欠陥干渉RNA

TIR-NBS-LRRタンパク質（Toll/interleukin receptor-like（TIR）-nucleotide binding site（NBS）-leucine-rich repeat（LRR）protein）　TIR-NB-LRRタンパク質ともいう．NBS-LRRタンパク質ファミリーのサブグループ．N端側にTIRドメインを有する．→TIRドメイン，NBS-LRRタンパク質

TIRドメイン（TIR domain, Toll-interleukin 1-receptor-like domain）　→トール・インターロイキン1受容体様領域

TIR1（transport inhibitor response 1）　シロイヌナズ

ナのオーキシン受容体.

DI DNA (defective interfering DNA)
→欠陥干渉DNA

DIP (defective interfering particle：DI particle)
→欠陥干渉粒子

Ti-プラスミド（ティーアイプラスミド：Ti-plasmid, tumor inducing plasmid）植物がん瘍（クラウンゴール）の形成を誘導する根頭がん腫病菌（*Agrobacterium tumefaciens*）の巨大プラスミド．植物に移行してゲノムに組み込まれ腫瘍化に働くT-DNA領域と，T-DNAの切り出しと移行に関わるVir領域をもつ．→根頭がん腫病菌

Ti-プラスミドベクター（ティーアイプラスミドベクター：Ti-plasmid vector）T-DNAベクターともいう．根頭がん腫病菌（*Agrobacterium tumefaciens*）のTi-プラスミドを利用した植物への遺伝子導入用ベクター．T-DNA領域の2個の境界配列に挟まれた内部の遺伝子群を取り除いた部位に外来遺伝子を挿入して用いる．

TrAP (transcriptional activator protein)
→転写促進タンパク質

tRNA (transfer RNA) →トランスファーRNA

tRNA様構造 (transfer RNA-like structure：TLS, transfer RNA-like element：TLE) トランスファーRNA様構造．トバモウイルス属（*Tobamovirus*），ブロモウイルス属（*Bromovirus*），ククモウイルス属（*Cucumovirus*），ティモウイルス属（*Tymovirus*）のウイルスなどポリ（A）鎖を欠く一部のプラス一本鎖ウイルスRNAの3′末端に存在するtRNAに類似した構造．マイナス鎖RNA合成の開始に関与する．

TRドメイン (TR domain, terminal right domain)
→末端ドメイン

DRBP (double-stranded RNA binding protein)
→二本鎖RNA結合タンパク質

DEP (dilution end point) →希釈限度

DEPC (diethylpyrocarbonate)
→ジエチルピロカーボネート

Da (dalton) →ダルトン

dAMP (deoxyadenosine monophosphate)
→デオキシアデノシン一リン酸

dATP (deoxyadenosine triphosphate)
→デオキシアデノシン三リン酸

DIECA (ディエカ；diethyldithiocarbamate)
→ジエチルジチオカルバミン酸

dsRNA (double-stranded RNA) →二本鎖RNA

dsRNAウイルス (double-stranded RNA virus)
→二本鎖RNAウイルス

dsRNase (double-stranded RNase)
→二本鎖RNA分解酵素

ds-siRNA (double-stranded small interfering RNA) →二本鎖低分子干渉RNA

dsDNA (double-stranded DNA) →二本鎖DNA

dsDNA-RTウイルス (dsDNA-RT virus, double-stranded DNA reverse transcribing virus)
→二本鎖DNA逆転写ウイルス

dsDNAウイルス (dsDNA virus, double-stranded DNA virus) →二本鎖DNAウイルス

DsRed（ディーエスレッド：DsRed）カイメンの一種（*Discosoma* sp.）に由来する赤色蛍光タンパク質．

DSB (double strand break) →二本鎖切断

ts変異株 (ts mutant, temperature-sensitive mutant)
→温度感受性変異株

DNase（ディーエヌアーゼ：deoxyribonuclease）
→デオキシリボヌクレアーゼ

DNase I（ディーエヌアーゼI：deoxyribonuclease I）
→デオキシリボヌクレアーゼI

DNA (deoxyribonucleic acid) →デオキシリボ核酸

DNA依存RNA合成酵素 (DNA dependent RNA polymerase) →DNA依存RNAポリメラーゼ

DNA依存RNAポリメラーゼ (DNA dependent RNA polymerase) DNA依存RNA合成酵素，RNAポリメラーゼ，トランスクリプターゼ，転写酵素ともいう．DNAを鋳型としてこれと相補的なRNAを合成する酵素．

DNA依存DNA合成酵素 (DNA dependent DNA polymerase) →DNA依存DNAポリメラーゼ

DNA依存DNAポリメラーゼ (DNA dependent DNA polymerase) DNA依存DNA合成酵素，DNAポリメラーゼ，DNA複製酵素ともいう．DNAを鋳型としてこれと相補的なDNAを合成する酵素．

DNAウイルス (DNA virus) DNAをゲノムとするウイルス．DNAゲノムが一本鎖か二本鎖かによって，一本鎖DNAウイルスまたは二本鎖DNAウイルスとよぶ．植物ウイルスでは，ウイルス種全体の約32％がDNAウイルスで，さらにそのうちの約88％が一本鎖DNAウイルス，約12％が二本鎖DNAウイルスである．→一本鎖DNAウイルス，二本鎖DNAウイルス

DNA塩基配列決定法 (DNA sequencing) DNAシーケンシングともいう．現在の代表的な塩基配列決定法にはジデオキシ法とピロシーケンス法などがある．最近ではナノテクノロジーやエレクトロニクスを応用して，クローニングやPCRを要しない一分子リアルタイムDNAシーケンス法などの新たな超高速の塩基配列決定法が開発・実用化さ

れている．→ジデオキシ法，ピロシーケンス法，一分子リアルタイム DNA シーケンシング

DNA 干渉（DNA interference）ジェミニウイルス科（*Geminiviridae*）のウイルスなどにおける欠陥干渉 DNA(DI DNA)の導入によるウイルスゲノム複製への干渉現象．

DNA 供与体（DNA donor）組換え DNA 実験において供与 DNA が由来する生物．

DNA 組換え（DNA recombination）DNA 分子間の組換え．相同組換え，非相同組換え，部位特異的組換えなどがある．DNA 組換えは塩基変異と並んで DNA ウイルスも含めた生物全体の進化の主要な原動力のひとつである．→相同組換え，非相同組換え，部位特異的組換え

DNA クローニング（DNA cloning）特定の DNA 断片を分離・増幅すること．

DNA クローン（DNA clone）同一の塩基配列をもつ DNA 断片の均一な集団．染色体 DNA に由来するものをゲノム DNA クローン，mRNA あるいはウイルス RNA の cDNA に由来するものを cDNA クローンという．

DNA 結合タンパク質（DNA binding protein：DBP）DNA 分子に結合するタンパク質．

DNA 結合ドメイン（DNA binding domain）DNA 結合タンパク質の構造中の DNA 結合部位．

DNA ゲノム（DNA genome）DNA で構成されたゲノム．

DNA 合成（DNA synthesis）生化学的あるいは化学的に DNA を合成すること．

DNA コンストラクト（DNA construct）
→コンストラクト

DNA シーケンサー（DNA sequencer）DNA 塩基配列解析装置．ジデオキシ法による蛍光キャピラリー DNA シーケンサーやピロシーケンス法による超並列 DNA シーケンサーなどがある．最近ではクローニングや PCR を要しない一分子リアルタイム DNA シーケンサーなどが開発・実用化されている．→次世代シーケンサー

DNA シーケンシング（DNA sequencing）
→DNA 塩基配列決定法

DNA シャッフリング（DNA shuffling）*in vitro* で変異遺伝子のランダムな切断と PCR による再結合によって遺伝子を再構築する方法．

DNA 修復（DNA repair）DNA 分子の損傷を修復する機構．

DNA シンセサイザー（DNA synthesizer）DNA 合成機．オリゴデオキシリボヌクレオチドの化学合成装置．

DNA チップ（DNA chip）→DNA マイクロアレイ

DNA データーベース（DNA database）
→核酸データーベース

DNA トポイソメラーゼ（DNA topoisomerase）二本鎖 DNA の高次構造を変換する酵素．

DNA バンク（DNA bank）各種 DNA クローンの保存施設．

DNA ファージ（DNA phage）DNA をゲノムとするファージ．

DNA フィンガープリンティング（DNA fingerprinting）ミニサテライト DNA あるいはマイクロサテライト DNA をプローブとしたサザンブロット法．→ミニサテライト DNA，マイクロサテライト DNA

DNA 複製開始点（replication origin：ori）複製起点ともいう．複製開始反応が起こる特定の DNA 領域．

DNA 複製酵素（DNA polymerase，DNA replicase）
→DNA 依存 DNA ポリメラーゼ

DNA フットプリンティング（DNA footprinting）
→フットプリンティング

DNA プライマーゼ（DNA primase）DNA 複製のプライマーとなる短い RNA を合成する酵素．

DNA プローブ（DNA probe）特定の核酸分子の検出・定量に用いるそれらと相補的な配列をもつ標識 DNA 断片．

DNA 分解酵素（deoxyribonuclease：DNase）
→デオキシリボヌクレアーゼ

DNA β（DNA ベータ：DNA β）ベゴモウイルス属（Begomovirus）ウイルスのベータサテライト．→サテライト DNA

DNA ヘリカーゼ（DNA helicase）DNA 巻戻し酵素．二本鎖 DNA をほどいて一本鎖 DNA に巻戻す酵素．

DNA ポリメラーゼ（DNA polymerase）
→DNA 依存 DNA ポリメラーゼ

DNA マイクロアレイ（DNA microarray）DNA チップともいう．基板上に多種類の DNA 断片を細密に配置・固定したもの．蛍光標識した DNA プローブあるいは RNA プローブと反応させることによって，遺伝子発現の網羅的な定量解析ができる．

DNA マーカー（DNA marker）分子マーカーともいう．ゲノム DNA 上の位置が明らかで，その塩基配列の多型が同定できる DNA を遺伝マーカーとしたもの．用いる多型分析法により，RFLP マーカー，RAPD マーカー，AFLP マーカー，SNPs マーカーなどとよばれる．→RFLP, RAPD, AFLP,

SNPs

DNAマーカー育種（DNA marker-assisted breeding）ゲノム情報に基づく育種．遺伝マーカーとして形質マーカーの代わりに，DNA多型解析に基づくDNAマーカーを利用する選抜育種法．→DNAマーカー

DNAメチル化（DNA methylation）DNAのシトシン残基あるいはアデニン残基へのメチル基の付加．

DNAメチルトランスフェラーゼ（DNA methyltransferase, DNA methylase）DNAメチラーゼともいう．DNAのメチル化を触媒する酵素．

DNAライブラリー（DNA library）→遺伝子ライブラリー

DNAラダー（DNA ladder）アポトーシスを起こした細胞における核DNAの規則的断片化によって，電気泳動像に認められる階段状のパターン．→アポトーシス

DNAリガーゼ（DNA ligase）DNA連結酵素．

DNAワールド（DNA world）大部分の生命の遺伝情報をDNAが担う世界．

DN法（direct negative staining）→ダイレクトネガティブ染色法

TF（transcription factor）→転写因子

Tm（melting temperature）→融解温度

***Tm-2*遺伝子**（*Tm-2* gene）トマトモザイクウイルス（ToMV）に対するトマトの抵抗性遺伝子のひとつ．

TMP（thymidine monophosphate）→チミジン一リン酸

TMV Ω配列（TMV オメガ配列：TMV Ω sequence）TMV RNAの5′末端近傍に存在するエンハンサー配列．植物発現用エンハンサーとして利用される．

***Tm-1*遺伝子**（*Tm-1* gene）トマトモザイクウイルス（ToMV）に対するトマトの抵抗性遺伝子のひとつで，野生種の*Solanum habrochaites*に由来する．

TLR（Toll-like receptor）→Toll様受容体

TLE（transfer RNA-like element）→tRNA様構造

TLS（transfer RNA-like structure）→tRNA様構造

TLドメイン（TL domain, terminal left domain）→末端ドメイン

T系ファージ（T phage）大腸菌を宿主とするT1～T7の7種の溶菌性ファージ．

抵抗性（resistant, resistance, insusceptible, insusceptibility, insensitive, insensitivity, tolerance）耐性ともいう．生物の個体，組織，細胞あるいは分子が，病原体などの生物的ストレスや化学的あるいは物理的ストレスなどの有害な要因を排除もしくは克服する性質．→病害抵抗性

抵抗性遺伝子（resistance gene）［1］一般には，植物に対する病原体などの生物的ストレスや化学的あるいは物理的ストレスに対抗して植物を防御する遺伝子を指す．［2］植物病理学では，病害抵抗性に関わる真性抵抗性遺伝子（*R*遺伝子）を指し，［1］の意味ではストレス応答遺伝子，防御応答遺伝子あるいは防御遺伝子を用いる場合が多い．→真性抵抗性遺伝子，ストレス応答遺伝子，防御応答遺伝子

抵抗反応（resistance reaction, resistant reaction, resistance response）抵抗性反応ともいう．生物の個体，組織，あるいは細胞が，病原体などの生物的ストレスや化学的あるいは物理的ストレスなどの有害な要因を排除もしくは克服する反応．

抵抗性の崩壊（resistance breakdown, resistance breaking）主として病原体の異変や新系統の出現によって，ある品種のもつ抵抗性が無効になる現象．

抵抗性品種（resistant variety）抵抗性を示す植物の品種．

抵抗性誘導（resistance induction）感染後に抵抗性の発現が誘導されること．

抵抗性誘導剤（plant defense activator, plant activator）→植物防御誘導物質

DC（Dicer）→ダイサー

DGI（dark green island）→ダークグリーンアイランド

TCR（terminal conserved region）→末端保存領域

TCH（terminal conserved hairpin）→末端保存ヘアピン

TGS（transcriptional gene silencing）→転写ジーンサイレンシング

DCL（Dicer-like enzyme）→ダイサー様酵素

停止コドン（stop codon, termination codon）→終止コドン

dCMP（deoxycytidine monophosphate）→デオキシシチジン一リン酸

dGMP（deoxyguanosine monophosphate）→デオキグアノシン一リン酸

dCTP（deoxycytidine triphosphate）→デオキシシチジン三リン酸

dGTP（deoxyguanosine triphosphate）→デオキグアノシン三リン酸

TGB（triple gene block）→トリプルジーンブロック

DGB（double gene block）→ダブルジーンブロック

ディジェネレートPCR（degenerate PCR）縮重PCR

ともいう．縮重プライマーを用いた PCR．部分的アミノ酸配列情報に基づいて目的のタンパク質の遺伝子をクローニングするために利用される．

ディジェネレートプライマー (degenerate primer) 縮重プライマーともいう．1つのアミノ酸に対応するコドンが複数種あるため，可能性のある塩基配列すべてを含むような全長30〜40塩基のオリゴヌクレオチド混合物からなるプライマー．

定常期 (stationary phase, stationary period) 細胞集団の培養後期に細胞数の増加が認められなくなる時期．ウイルスでは，同調感染させた細胞内において合成期を経てウイルスの増殖が認められなくなる時期．→同調感染，合成期

定常領域 (constant region, C region) C 領域ともいう．免疫グロブリン分子の N 末端側に存在し，可変領域の C 末端に隣接するアミノ酸配列の一定な領域．

低真空走査型電子顕微鏡 (low-vacuum scanning electron microscope：LVSEM) 低真空下で生体試料などを金属蒸着などの前処理なしに観察することができる走査型電子顕微鏡．

T 数 (T-number：triangulation number) →三角分割数

T 7 in vitro 転写系 (T 7 in vitro transcription system) T 7 ファージ由来の RNA ポリメラーゼとプロモーターを利用した試験管内転写系．

T 7 プロモーター (T 7 promoter) T 7 ファージ由来の転写プロモーター．

低張液 (hypotonic solution) 浸透圧の低い液．

ティッシュープリンティング (tissue printing, tissue blotting) ティッシュープリント法，イムノティッシュープリンティング，ティッシューブロッティング，ティッシューブロット法，プレスブロット法ともいう．ドットブロット法の変法のひとつ．植物の葉，茎，根などの器官や組織をニトロセルロース膜上でハンマーなどで軽く押しつぶすか，あるいはそれらの切断面をニトロセルロース膜に接触させることによって，植物組織中の抗原あるいは核酸を膜に直接ブロットした後，ダイバ法あるいはドットブロットハイブリダイゼーション法と同様な手順によって，特定の抗原あるいは核酸の組織内分布を検出する手法．→ドットブロット法，ダイバ法，ドットブロットハイブリダイゼーション法

ティッシューブロット法 (tissue blotting) →ティッシュープリンティング

ディップ法 (dip method, dipping method, leaf dip method) 浸漬法，リーフディップ法，葉片浸漬法ともいう．電子顕微鏡によって感染植物組織から直接ウイルス粒子を検出する技法．ウイルス感染葉の葉片の切り口をグリッドの支持膜上に載せた液滴に瞬間的に浸して，放出されるウイルス粒子をネガティブ染色後に電子顕微鏡観察する．この液滴に最初からネガティブ染色液を用いる方法をダイレクトネガティブ染色法(DN 法)という．

dT (thymidine, deoxythymidine) →チミジン

T−DNA (transferred DNA) 根頭がん腫病菌の Ti プラスミドから切り出された後，植物に移行してゲノムに組み込まれ，腫瘍化に働く領域．T−DNA には 2 個の境界配列の間に植物ホルモン合成酵素遺伝子，オパイン合成酵素遺伝子などがあり，前者が腫瘍形成の原因となる．

T−DNA タギング (T−DNA tagging) T−DNA 標識．植物などにおいて T−DNA を挿入標識として新たな遺伝子を単離する方法．

T−DNA ベクター (T−DNA vector) →Ti プラスミドベクター

dTMP (thymidine monophosphate, deoxythymidine monophosphate) →チミジン一リン酸

dTTP (thymidine triphosphate, deoxythymidine triphosphate) →チミジン三リン酸

TTP (thymidine triphosphate) →チミジン三リン酸

DDBJ (DNA Data Bank of Japan) →日本 DNA データバンク

dpi (days post inoculation, days post infection) 接種後日数，感染後日数．

DBP (DNA binding protein) →DNA 結合タンパク質

DPV (Descriptions of Plant Viruses) →Descriptions of Plant Viruses

DPVweb→Descriptions of Plant Viruses

ディファレンシャルスクリーニング (differential screening) →ディファレンシャルハイブリダイゼーション法

ディファレンシャルディスプレイ法 (differential display：DD) 異なる 2 つの細胞間で発現量に差のある mRNA の cDNA を PCR によって増幅し，電気泳動パターンを比較することによって，特定条件下で発現する遺伝子を検出・単離する方法．

ディファレンシャルハイブリダイゼーション法 (differential hybridization) ディファレンシャルスクリーニングともいう．異なる 2 つの細胞間で発現量に差のある mRNA あるいは cDNA をハイブリダイゼーションによって検出し，クローン化する技術．

ディフェンシン (defensin) 多くの動植物がもつ抗

菌性ペプチドのひとつ．

ディフェンソーム（defensome）植物の免疫応答を制御するタンパク質複合体で，低分子量 G タンパク質 Rac，コシャペロンタンパク質 RAR1，SGT1，シャペロンタンパク質 HSP90，HSP70 などから構成され，PAMPs や Avr タンパク質によって活性化される．

ディープフリーザー（deep freezer）→超低温槽

ディープシーケンシング（deep sequencing）[1] 1 つのヌクレオチドの塩基配列決定の過程でその全長の配列を何度も繰り返して解析すること．[2] 大規模 DNA シーケンシングと同義．→大規模 DNA シーケンシング

低分子 RNA（small RNA：sRNA）真核生物に存在するマイクロ RNA（miRNA）や低分子干渉 RNA（siRNA）などの約 20〜30 塩基長の RNA で，遺伝子発現を塩基配列特異的に転写時あるいは転写後に制御する機能をもつ．→マイクロ RNA，低分子干渉 RNA

低分子干渉 RNA（small interfering RNA, short interfering RNA：siRNA）短鎖干渉 RNA ともいい，siRNA と略記する．siRNA がウイルスゲノムに由来する場合にはウイルス由来低分子干渉 RNA（vsiRNA）と呼ぶ．RNA サイレンシングの際に生成され，サイレンシングの標的となる RNA の配列と相補性を有する 21〜24 塩基長の低分子 RNA．二本鎖 RNA のダイサーによる切断によって生じて RISC に組込まれ，そこで相補的な mRNA やウイルス RNA と結合してそれらを分解に導く．また，宿主のもつ RNA 依存 RNA 合成酵素によって増幅され，周囲の細胞にサイレンシングシグナルとして伝達される．→RNA サイレンシング，ダイサー，RISC

低分子ヘアピン RNA（small hairpin RNA, short hairpin RNA：shRNA）→短鎖ヘアピン RNA

ティモウイルス MP ファミリー（Tymovirus MP family）→移行タンパク質

定量 PCR（quantitative PCR, real-time PCR）→リアルタイム PCR

定量リアルタイム RT−PCR（quantitative real-time RT−PCR）→リアルタイム PCR

定量リアルタイム PCR（quantitative real-time PCR, real-time PCR）→リアルタイム PCR

TAIL−PCR（テイル PCR：thermal asymmetric interlaced PCR）DNA を鋳型として既知配列に特異的プライマーと非特異的（任意）プライマーを組み合わせてネステッド PCR を行うことにより，既知配列に隣接した未知配列領域を増幅する方法．→ネステッド PCR

ディンプル（dimple）果実の表面に小さな窪みが生じる病徴．

デオキシアデノシン（deoxyadenosine：dA, dAdo）アデニンを含むデオキシリボヌクレオシドで，DNA を構成する 4 種のデオキシリボヌクレオシドのひとつ．

デオキシアデノシンーリン酸（deoxyadenosine monophosphate：dAMP）デオキシアデノシンの 5′位にリン酸 1 分子が連結したデオキシリボヌクレオチドで，DNA を構成する 4 種のデオキシリボヌクレオチドのひとつ．

デオキシアデノシン三リン酸（deoxyadenosine triphosphate：dATP）デオキシアデノシンの 5′位にリン酸 3 分子が連結したデオキシリボヌクレオチド．PCR などにおける DNA 合成の基質のひとつ．

デオキシグアノシン（deoxyguanosine：dG, dGuo）グアニンを含むデオキシリボヌクレオシドで，DNA を構成する 4 種のデオキシリボヌクレオシドのひとつ．

デオキシグアノシンーリン酸（deoxyguanosine monophosphate：dGMP）デオキシグアノシンの 5′位にリン酸 1 分子が連結したデオキシリボヌクレオチドで，DNA を構成する 4 種のデオキシリボヌクレオチドのひとつ．

デオキシグアノシン三リン酸（deoxyguanosine triphosphate：dGTP）デオキシグアノシンの 5′位にリン酸 3 分子が連結したデオキシリボヌクレオチド．PCR などにおける DNA 合成の基質のひとつ．

デオキシシチジン（deoxycytidine：dC, dCyd）シチジンを含むデオキシリボヌクレオシドで，DNA を構成する 4 種のデオキシリボヌクレオシドのひとつ．

デオキシシチジンーリン酸（deoxycytidine monophosphate：dCMP）デオキシシチジンの 5′位にリン酸 1 分子が連結したデオキシリボヌクレオチドで，DNA を構成する 4 種のデオキシリボヌクレオチドのひとつ．

デオキシシチジン三リン酸（deoxycytidine triphosphate：dCTP）デオキシシチジンの 5′位にリン酸 3 分子が連結したデオキシリボヌクレオチド．PCR などにおける DNA 合成の基質のひとつ．

デオキシチミジン（deoxythymidine：dT, dThd）→チミジン

デオキシチミジンーリン酸（deoxythymidine monophosphate, thymidine monophosphate：dTMP）→チミジンーリン酸

デオキシチミジン三リン酸 (deoxythymidine triphosphate, thymidine triphosphate：dTTP) →チミジン三リン酸

デオキシリボ核酸 (deoxyribonucleic acid：DNA) DNAと略称する．デオキシリボヌクレオチドが重合した鎖状の核酸分子．→デオキシリボヌクレオチド

デオキシリボース (deoxyribose) DNAに含まれるデオキシリボヌクレオシドの構成成分．リボースの2位のヒドロキシ基を欠く．

デオキシリボ核タンパク質 (deoxyribonucleoprotein：DNP) デオキシリボヌクレオプロテインともいう．DNAとタンパク質の複合体．

デオキシリボヌクレアーゼ (deoxyribonuclease：DNase) DNA分解酵素．DNA分子のホスホジエステル結合を切断する酵素．

デオキシリボヌクレアーゼI (deoxyribonuclease I：DNase I) 一本鎖と二本鎖のDNAを分解する酵素．

デオキシリボヌクレオシド (deoxyribonucleoside) プリン塩基またはピリミジン塩基がデオキシリボースと共有結合した化合物．DNAにはデオキシアデノシン(A)，デオキシグアノシン(G)，デオキシシチジン(C)，チミジン(T)の4種が含まれる．

デオキシリボヌクレオチド (deoxyribonucleotide) デオキシリボヌクレオシドの糖に1個以上のリン酸基がエステル結合した化合物．

デオキシリボヌクレオプロテイン (deoxyribonucleoprotein：DNP) →デオキシリボ核タンパク質

テキサスレッド (Texas Red) 赤色蛍光標識剤のひとつ．

デキャッピング (decapping) 脱キャップともいう．mRNAのキャップの除去．

デコイタンパク質 (decoy protein) Avrタンパク質の標的宿主タンパク質(ガーディータンパク質)と類似したタンパク質で，Avrタンパク質による結合，修飾あるいは切断を受けるが，対応するR遺伝子を欠く宿主では病原体に対する感受性や抵抗性には何の影響も及ぼさず，一方，R遺伝子をもつ宿主では特異的抵抗性が誘導される．→ガード説，ガーディータンパク質

Descriptions of Plant Viruses (DPV) 英国応用生物学会(AAB)が提供する植物ウイルスのデータベース．インターネット(ホームページ：DPVweb)でアクセスできる．

デスモ小管 (desmotubule) プラズモデスマータを貫通する直径20〜60 nmの小管で，その両端は両側の細胞の小胞体膜とつながっている．

データマイニング (data mining) 大量のデータの中から目的の情報を抽出すること．

DECS法 (デックス法：dsRNA isolation, exhaustive amplification, cloning and sequencing：DECS) 二本鎖RNA結合タンパク質DRB4を利用した網羅的ウイルスRNA検出法．

テトラサイクリン耐性遺伝子 (tetracycline resistant gene：*tet*ʳ) 大腸菌用の選抜マーカー遺伝子のひとつ．

テトラマー (tetramer) 四量体．4つのモノマーの重合体．

de novo (デノボ) 新たに．

TEM (テム：transmission electron microscope) →透過型電子顕微鏡

テルペノイド (terpenoid) テルペン，イソプレノイドともいう．イソプレンを構成単位とする炭化水素化合物の総称．

テロメア (telomere：TEL) 末端小粒ともいう．真核生物の染色体の末端領域．

テロメラーゼ (telomerase) テロメア合成酵素．

転位 (transposition) 転移とも表す．トランスポゾンがゲノムの新しい部位に移動すること．

転移RNA (transfer RNA：tRNA) →トランスファーRNA

転位因子 (transposable element, transposable genetic element, movable genetic element, mobile genetic element) トランスポーザブルエレメント，転位性遺伝子ともいう．DNA上を転移できる一群の特殊なDNA断片．挿入配列，トランスポゾン，レトロトランスポゾンなどがある．→挿入配列，トランスポゾン，レトロトランスポゾン

電界放出型電子銃 (field-emission electron gun) 電界放射型電子銃ともいう．針状の陰極の先端に強い電界(高電圧)をかけて電子を放出させる電子銃．

電気遺伝子導入法 (electro-transfection) →エレクトロポレーション法

電気泳動移動度 (electrophoretic mobility) 荷電粒子の単位電場あたりの泳動速度．一般には先行色素の移動距離を1としてそれに対する相対値(相対移動度：relative mobility：Rf)で表す．

電気泳動法 (electrophoresis) 荷電粒子が電場内で反対の電荷の極に向かって移動する現象を利用した分離・分析法．

電気核酸感染法 (electro-transfection) →エレクトロポレーション法

電気細胞工学 (electric cell engineering)

→電気細胞操作

電気細胞操作 (electrical cell manipulation, electro-manipulation of cell) 電気細胞工学，エレクトロマニピュレーションともいう．電気を利用して細胞融合や細胞への直接遺伝子導入などを行う技術の総称．

電気細胞融合法 (electrofusion) エレクトロフュージョン法ともいう．2種の単離細胞あるいはプロトプラストを交流高周波電流による誘電泳動によって整列・接触させた後，直流パルス電流によって接触面の細胞膜に小孔を穿つと，その部位での修復過程で互いの細胞膜同士が融合し，最終的に細胞同士が融合するに至る．

電気穿孔法 (electroporation)
→エレクトロポレーション法

天狗巣病 (witches' broom) 病原体の感染によって植物に異常に多くの小枝が叢生する症状を呈する病気．

転座 (translocation) 切断された染色体の一部が，別の染色体に挿入されること．

電子顕微鏡 (electron microscope：EM) 電顕と略称する．電子線を利用した顕微鏡で，試料の透過像を見る透過型電子顕微鏡 (TEM) と試料の表面像を見る走査型電子顕微鏡 (SEM) がある．ウイルスは光学顕微鏡では観察が不可能なため，ウイルス粒子やウイルス感染細胞の微細構造の観察などに必須の機器である．

電子顕微鏡オートラジオグラフィー (electron microscopic autoradiography) 放射性同位体で標識した生物試料の超薄切片に写真乳剤の薄膜を密着させ，露出・現像・定着後に形成される銀粒子の分布と試料の構造との関係を透過型電子顕微鏡で観察する技法．

電子顕微鏡診断法 (electron microscopic diagnosis) 電顕診断ともいう．ダイレクトネガティブ染色や感染組織の超薄切片の観察など，電子顕微鏡を用いた診断法．

電子顕微鏡断層撮影 (electron microscope tomography：EM tomography) 電子顕微鏡で画像を撮影する際に，試料を傾けて違う方向からの多数の画像を得た後，コンピューター処理によって三次元画像を得る方法．

電子銃 (electron gun) 電子顕微鏡の電子放出装置．熱電子放出型と電界放出型などがある．前者は陰極，ウエーネルト電極，陽極などで，後者は陰極，二段の陽極などで構成される．

電子染色 (electron stain, electron staining) 透過型電子顕微鏡観察のために生体試料を高電子密度の金属系染色剤で処理して，試料のコントラストをあげる操作．

電子像 (electron image) 電子顕微鏡で電子線によって得られる画像．透過電子像，二次電子像，反射電子像などがある．

電子レンズ (electron lens) 電子顕微鏡の電子線を電磁界によって収束・結像させる装置．

転写 (transcription) DNA あるいは RNA を鋳型とする mRNA, rRNA あるいは tRNA の合成．

転写アクチベーター (transcription activator, transcriptional activator) →転写促進因子

転写遺伝子サイレンシング (transcriptional gene silencing：TGS) →転写ジーンサイレンシング

転写遺伝子抑制 (transcriptional gene silencing：TGS) →転写ジーンサイレンシング

転写因子 (transcription factor：TF) 転写反応に必要な RNA ポリメラーゼ以外のタンパク質．転写の開始，伸長，終結に必要な基本転写因子と転写制御に必要な転写調節因子とがある．→基本転写因子，転写調節因子

転写エンハンサー配列 (transcriptional enhancer sequence) →エンハンサー

転写開始因子 (transcription initiation factor) 転写の開始に必要なタンパク質で，基本転写因子のひとつ．

転写開始シグナル (promoter) →プロモーター

転写開始点 (transcription initiation point, transcription start site：TSS) 転写が開始される DNA あるいは RNA 上の部位．その最初のヌクレオチドの位置を＋1 と表し，それより上流のヌクレオチドの位置は －で表す．

転写開始領域 (promoter) →プロモーター

転写活性化因子 (transcription activator, transcriptional activator) →転写促進因子

転写活性化タンパク質 (transcriptional activator protein：TrAP) 転写促進タンパク質ともいう．ジェミニウイルス科 (*Geminiviridae*) ウイルスのゲノムからの転写を活性化するタンパク質．RNA ジーンサイレンシングサプレッサーとしての機能ももつ．

転写後 RNA 切断 (post-transcriptional RNA cleavage) 前駆体 mRNA が 3′端近傍の poly(A) 付加シグナルの下流に位置する切断部位で切断されること．続いて，この切断部位に poly(A) ポリメラーゼによってポリ(A)鎖が付加される．

転写酵素 (transcriptase)
→DNA 依存 RNA ポリメラーゼ

転写後修飾 (post-transcriptional modification, post-transcriptional regulation, post-transcriptional control, post-transcriptional processing, RNA processing）転写後制御，転写後調節，転写後プロセシング，RNAプロセシングともいう．転写後の前駆体mRNAなどが酵素反応によって切断，修飾などを受けること．

転写後ジーンサイレンシング（post-transcriptional gene silencing：PTGS）転写後遺伝子サイレンシング，転写後遺伝子抑制，RNAサイレンシングともいう．→RNAサイレンシング．

転写後調節（post-transcriptional regulation, post-translational control）→転写後修飾

転写後プロセシング（post-transcriptional processing）→転写後調節

転写産物（transcript）遺伝子DNAから転写されたRNA．

転写終結因子（transcription termination factor）転写の終結に必要なタンパク質で，基本転写因子のひとつ．

転写終結シグナル（terminator）→ターミネーター

転写終結点（transcription termination point, transcription stop site）転写が終結するDNAあるいはRNA上の部位．

転写ジーンサイレンシング（transcriptional gene silencing：TGS）転写遺伝子サイレンシング，転写遺伝子抑制，転写抑制ともいう．DNAのメチル化あるいはヒストンの修飾に伴うヘテロクロマチンの形成などによるRNAへの転写抑制．

転写伸長因子（transcription elongation factor）転写の伸長促進に必要なタンパク質で，基本転写因子のひとつ．

転写スリップ（transcriptional slippage）ゲノムDNAあるいはRNAのRNAポリメラーゼによる転写あるいは複製の際に，AあるいはT(U)塩基に富む配列部位で転写産物にAあるいはU塩基の挿入あるいは欠失が生じる現象．これによって転写産物のリーディングフレームも変化する．

転写制御（transcriptional regulation）→転写調節

転写制御因子（transcriptional regulatory factor, transcriptional regulator）→転写調節因子

転写制御領域（transcriptional regulatory region, transcriptional regulatory domain）核酸上のプロモーターやエンハンサーなど転写を制御する領域．

転写促進因子（transcription activator, transcriptional activator）転写アクチベーター，アクチベーター，転写促進タンパク質，転写活性化因子ともいう．DNAに結合してプロモーターからの転写を促進するタンパク質．

転写促進タンパク質（transcriptional activator protein：TrAP）[1]転写促進因子．[2]転写活性化タンパク質ともいう．ベゴモウイルス属（Begomovirus）ウイルスのゲノムからの転写を促進するウイルス由来のタンパク質．

転写単位（transcription unit）DNAあるいはRNAの転写開始点から転写終結点までの領域．

転写調節（transcriptional regulation）転写制御ともいう．転写過程の調節．

転写調節因子（transcriptional regulatory factor, transcriptional regulator）転写制御因子ともいう．転写反応の制御に関与する転写因子で，転写を促進する転写促進因子や転写を抑制する転写抑制因子など多くのタンパク質が存在する．植物の防御応答に関わる転写調節因子としては，WRKYファミリー，ORCAファミリー，ERFファミリー，MYBファミリーなどのタンパク質が知られている．→転写促進因子，転写抑制因子

転写抑制（transcriptional gene silencing：TGS）→転写ジーンサイレンシング

転写抑制因子（transcription repressor）DNAに結合してプロモーターからの転写を抑制するタンパク質．

伝染（transmission, dissemination）伝搬，伝播ともいう．病原体が宿主に定着・増殖し，さらに他の個体へと感染を広げていくこと．

伝染環（transmission cycle, transmission process, infection cycle, disease cycle）感染環，感染サイクル，伝染経路ともいう．病原体の宿主への侵入から発病して次代の伝染源形成に至る一連の循環サイクル．ウイルスなどの場合には宿主-ベクター-宿主と繰り返される感染の連鎖環を指す．

伝染源（source of infection）感染源ともいう．病原体を保有し，直接，宿主への伝染を可能とする生物などの媒体．

伝染効率（transmission efficiency）伝搬効率ともいう．ベクターがウイルスを伝搬する効率．

伝染最短時間（transmission threshold period）虫媒伝染において獲得最短時間，虫体内潜伏期間，接種最短時間とを加えた時間．

伝染病（infectious disease, epidemic, pest）伝染性病害，感染症ともいう．伝染性病原体の感染によって生じる病気．

伝染病学（epidemiology）→疫学

天敵（natural enemy）ある生物種の捕食者・寄生者となり，それを殺したり増加を抑制したりする他種生物．

天敵農薬（natural enemy pesticide）天敵生物を生きた状態のまま製品化した農薬．

点突然変異（point mutation）DNA あるいは RNA 上の 1 塩基（対）の置換，挿入，欠失などによる変異．

天然培地（natural culture medium, natural medium）生物体から抽出した天然物から調製した培地．

デンハルト溶液（Denhardt's solution）核酸のハイブリダイゼーション実験に用いるブロッキング剤のひとつで，SDS，アルブミン，ポリビニルピロリドンなどの混合液．

伝播（dissemination）→伝染

伝搬（transmission）→伝染

デンプン（starch）澱粉とも表す．α－グルコースの重合した貯蔵多糖．

テンペレートファージ（temperate phage）→溶原性ファージ

転流（translocation）植物体内で栄養素や光合成産物およびその代謝産物がある組織や器官から離れた他の組織（器官）に運搬されること．

ト

投影レンズ（projector lens）透過型電子顕微鏡の結像レンズ系の最終レンズで，蛍光板あるいは検出器上に結像する．

遠縁交雑（remote crossing, outbreeding）遠縁交配ともいう．種間や属間の交雑．

等温核酸増幅法（isothermal nucleic acid amplification）等温条件下で目的とする核酸配列を増幅させる方法の総称．ICAN 法，LAMP 法など各種の方法がある．

同化（anabolism）生体の物質代謝において，化学物質をより複雑な物質に合成する過程．

透過型電子顕微鏡（transmission electron microscope：TEM）試料を透過した電子線を電子レンズで拡大することによって，その微細構造を観察する電子顕微鏡．電子銃，集束レンズ，試料室，対物レンズ，中間レンズ，投影レンズ，蛍光板（あるいは CCD カメラ）などの電子光学系と真空排気系などから構成される．

透過電子像（transmitted electron image）透過型電子顕微鏡において試料を透過した一次電子によって得られる画像．

導管（vessel, trachea）道管とも表す．植物の維管束の木部に存在する導管細胞が上下の隔壁を消失して縦に連なり長い管となった通水組織．

導管細胞（vessel cell, vessel element）導管要素ともいう．導管を構成する死細胞．

導管要素（vessel element）→導管細胞

同義コドン（synonymous codon）同一のアミノ酸をコードする異なる塩基配列のコドン．

同義置換（synonymous substitution）サイレント変異ともいう．アミノ酸変異を伴わない塩基置換変異．

凍結エッチング法（freeze etching）フリーズエッチング法ともいう．→凍結レプリカ法

凍結割断法（freeze-fracture method）フリーズフラクチャー法ともいう．→凍結レプリカ法

凍結乾燥法（freeze-drying, lyophilization）生物試料の濃縮や保存のために，試料を凍結した後，減圧下で乾燥する方法．植物ウイルスの感染組織や純化試料の長期保存によく用いられる．

凍結切片（frozen section）生体組織を急速に凍結して作成する切片．

凍結保存法（freezing）生物試料を凍結して保存する方法．

凍結ミクロトーム（freezing microtome, cryostat）クリオスタットともいう．顕微鏡用の凍結切片試料を作製するための切削機．

凍結レプリカ法（freeze-replica method）フリーズレプリカ法ともいう．電子顕微鏡で生物試料の割断面を観察するため，凍結試料の割断面から白金とカーボンでそのレプリカ膜を作製する方法．割断面の氷を昇華させてからレプリカをとる凍結エッチング法と，エッチングせずに直ちにレプリカをとる凍結割断法とがある．

動原体（centromere, kinetochore）→セントロメア

糖鎖（sugar chain）単糖がグリコシド結合によって鎖状あるいは分岐状に連なった重合体．

糖鎖生物学（glycobiology）糖鎖の構造，機能，代謝などに関する学問分野．

糖鎖付加（glycosylation）糖鎖修飾，グリコシル化ともいう．グリコシル基をタンパク質あるいは脂質分子に転移して糖鎖を付加する反応．

糖鎖修飾（glycosylation）→糖鎖付加

糖鎖マイクロアレイ（glycan microarray）糖鎖チップともいう．基板上に多種類の糖鎖を細密に配置・固定したもの．蛍光標識した生体分子と反応させることによって，糖鎖と生体分子との相互作用を網羅的に解析できる．

同時遺伝子導入（cotransfer）複数種の遺伝子を同時に導入すること．

等軸粒子（isometric particle）正二十面体状ウイルス粒子など結晶軸の長さの等しい粒子．

同時接種（coinnoculation）共接種ともいう．複数種のウイルス株などを同時に接種すること．

糖脂質（glycolipid）糖鎖が結合した脂質．

糖質（carbohydrate, glucide）炭水化物ともいう．糖類とそれと類似の化合物の総称．

同質遺伝子系統（isogenic line）
→アイソジェニックライン

同質倍数体（autopolyploid）同じゲノムを重複してもつ倍数体．

透析（dialysis）一定限度以下の低分子の溶質だけが透過できる半透膜を用いて高分子物質と低分子物質とを分離する操作．

糖タンパク質（glycoprotein）グリコプロテインともいう．単糖あるいは糖鎖が結合したタンパク質．

等張液（isotonic solution）浸透圧が等しい液．

同調感染（synchronized infection, synchronous infection）ある病原体の集団が宿主個体あるいは細胞に同調的に感染・増殖すること．

同調感染実験系（synchronized infection system）ウイルスなどの病原体を同調感染させる実験系．植物プロトプラスト-ウイルス感染実験系もこれに相当する．

同定（identification）生物個体の分類上の所属を明らかにすること．病原体の場合にはその属と種を決定すること．

動的抵抗性（active resistance, active defense, induced resistance）動的防御，誘導抵抗性ともいう．パピラの形成，細胞壁の強化，活性酸素，ファイトアレキシン，抗菌性ペプチドや溶菌酵素などのPRタンパク質の産生，過敏感反応，RNAサイレンシングなど，植物が感染後に誘導的に発現する病害抵抗性．広範で非特異的な動的抵抗性とR遺伝子が介在する系統/品種特異的な動的抵抗性があり，前者は基礎的抵抗性とよばれる．

動的防御（active defense）→動的抵抗性

導電染色（conductive staining）走査型電子顕微鏡観察のために生体試料を高電子密度の金属系染色剤で処理して，試料に導電性をつける操作．

等電点（isoelectric point：pI）物質の電気泳動移動度がゼロとなるpH値．

等電点電気泳動（isoelectric focusing：IEF, electro-focusing）分子種に固有の等電点（pI）を利用してタンパク質を分離する電気泳動法．

導入育種（introduction breeding）他国の品種や系統を導入し，適応性試験によって選抜する育種法．

導入遺伝子（transgene）トランスジーンともいう．遺伝子工学により人工的に細胞に導入された外来遺伝子．

同方向反復配列（direct repeat, tandem repeat）
→直列反復配列

動物ウイルス（animal virus）動物を宿主とするウイルス．

等密度遠心法（isopycnic centrifugation）
→平衡密度勾配遠心法

倒立顕微鏡（inverted microscope）通常の光学顕微鏡の光学系の上下を逆にした顕微鏡．液体内の試料や培養細胞の生体観察に用いられる．

糖類（saccharide）単糖類およびいくつかの単糖が脱水縮合してできる生成物の総称．

特異的エリシター（specific elicitor, avirulent effector）非病原性エフェクターともいう．病原体の非病原性遺伝子（Avr遺伝子）の翻訳産物（Avrタンパク質）で，対応する宿主植物の真性抵抗性遺伝子（R遺伝子）の翻訳産物（Rタンパク質）と直接的あるいは間接的に反応して，病原体の特定の系統に対して多くの場合に過敏感反応を伴う特異的な抵抗性反応を誘導する．植物ウイルスでは，ウイルスの種や系統とそれに対応するR遺伝子との組合せに応じて，外被タンパク質（CP），RNA依存RNAポリメラーゼ（RdRp），移行タンパク質（MP），ゲノム結合タンパク質（VPg），あるいは封入体タンパク質（IP）などの各種ウイルスタンパク質が特異的エリシターとして機能する．

特異的抵抗性（specific resistance）→真性抵抗性

毒素（toxin）生物体起源で高い毒性をもつ物質の総称．植物病原菌が産生する毒素には，特定の宿主植物だけに毒性を示す宿主特異的毒素と，宿主植物や非宿主植物に広く毒性を示す宿主非特異的毒素とがある．

土壌消毒（soil sterilization, soil disinfection）土壌伝染性の病原体を除くため，薬剤，加熱，蒸気あるいは高圧滅菌などによって土壌を処理すること．

土壌接種（soil inoculation）土壌伝染性の病原体を土壌に潅注あるいは混入して，植物の根から感染させる方法．土壌伝染性ウイルスの場合には保毒した媒介菌類や線虫を土壌に潅注するか，あるいはこれらに汚染された病土に植物を植えることによって感染させる．

土壌伝染（soil transmission）土壌伝搬ともいう．土壌を介した病原体の伝染．植物ウイルスの土壌伝染は，実際には，土壌中での根や植物残渣との接触伝染，線虫伝染，あるいは菌類伝染である．

土壌伝染病（soil-borne disease）土壌病害ともいう．土壌中あるいは土壌表面の病原体が植物の地下部または地際部から侵入・感染する病気．

土壌伝搬性ウイルス（soil-borne virus）土壌伝染性ウイルスともいう．土壌によって伝搬される植物ウイルス．媒介生物が知られていないウイルスもあるが，実際には土壌中で植物の根に寄生する菌

類や線虫によって伝搬されるものが多く，約40種のウイルスが知られている．

土壌病害 (soil-borne disease) →土壌伝染病

突起 (projection) →スパイク

突然変異 (mutation, variation) 変異ともいう．分離や組換えによる以外のすべての遺伝形質の変化．

突然変異育種 (mutation breeding) 人為突然変異を利用する育種法．

突然変異株 (mutant, variant) 変異株，変異体，突然変異体ともいう．突然変異によって野生型とは異なる形質を獲得した個体，細胞あるいはウイルス．

突然変異原 (mutagen) 変異原ともいう．突然変異を誘発する物理的あるいは化学的要因．

突然変異誘発 (mutagenesis) 突然変異が起こること，あるいは起こすこと．

ドットエライザ法 (dot ELISA) →ダイバ法

ドットブロッティング (dot blotting) ドットブロット法ともいう．ニトロセルロース膜あるいはナイロン膜上に抗原タンパク質あるいは核酸を滴下して固定した後，標識抗体あるいは標識プローブと反応させ，発色あるいは発光反応によって定量的に検出する方法．抗原検出の場合にはダイバ法 (DIBA)，核酸検出の場合にはドットブロットハイブリダイゼーション法ともいう．植物ウイルスやウイロイドの簡便・迅速な定量検出法のひとつである．

ドットブロットイムノアッセイ (dot blot immunoassay：DBIA) →ダイバ法

ドットブロットハイブリダイゼーション法 (dot blot hybridization) スポットハイブリダイゼーション法ともいう．→ドットブロッティング

トップ成分 (top component：T) トップコンポーネントともいう．多粒子性ウイルスを密度勾配遠心で分離した際に認められる複数のウイルス層のうちで最上層の成分．一般に中空粒子である場合が多いが，この場合は正式な粒子成分数には含めない．

ドデシル硫酸ナトリウム (sodium dodecyl sulphate：SDS) ラウリル硫酸ナトリウムともいう．タンパク質変性剤としてよく用いられる界面活性剤のひとつ．

ドナー RNA (donor RNA) 供与 RNA ともいう．RNA 組換えの際に鋳型切換え前の鋳型となる RNA 部分をもつ分子．

トノプラスト (tonoplast) →液胞膜

TOF-MS (トフマス：time of flight mass spectrometer) 飛行時間型質量分析計．加速させたイオンまたは電子の飛行時間を計測することにより対象の質量を測定する分析計．

ドメイン (domain) [1]領域ともいう．タンパク質分子において構造上あるいは機能上1つのまとまりをもつ領域．[2]超域ともいう．生物の階層分類体系において界の上位におかれる最上位の階級．細菌(バクテリア)ドメイン，古細菌(アーキア)ドメイン，真核生物(ユーカリア)ドメインの3ドメインがある．ウイルスは細胞生物ではないため，いずれのドメインにも属さない．

TrAP タンパク質 (トラップタンパク質：TrAP protein, transcriptional activator protein) ジェミニウイルス科 (*Geminiviridae*) のうち，ベゴモウイルス属 (*Begomovirus*) のウイルスに認められるタンパク質で，ウイルスゲノムからの転写を促進する．

トラップデコレーション法 (trap decoration technique) 免疫電子顕微鏡法のひとつ．あらかじめ抗体を付着させた支持膜上にウイルス粒子を補足し，これを再度抗体で処理して粒子表面を修飾した後，ネガティブ染色して電子顕微鏡観察する方法．ウイルスの検出・同定が効率的に行える．

ドラフトチャンバー (draft chamber, fume hood) 有害な気体や揮発性物質の局所排気装置．

トランジェントアッセイ (transient assay) 一過性発現検定ともいう．遺伝子のプロモーターやエンハンサーをレポーター遺伝子につなぎ，細胞に導入して一過的発現させることによって，プロモーターやエンハンサーの活性を測定する方法．

トランジッション (transition) →塩基転位

トランジットペプチド (transit peptide) 葉緑体移行シグナル．

トランス (*trans*) 別の側．

トランスアクチベーター (transactivator：TAV) トランス活性化因子ともいう．一般には，遺伝子の転写制御領域(シス因子)に直接あるいは間接に結合して転写を活性化するタンパク質を指すが，カリフラワーモザイクウイルス(CaMV)などでは，ポリシストロニック mRNA の翻訳再開機構を活性化するタンパク質(翻訳アクチベーター)も知られている．→翻訳アクチベーター

トランス因子 (*trans* element, *trans*-acting factor) トランスエレメント，トランス作用因子ともいう．遺伝子の転写制御領域(シス因子)に直接あるいは間接に結合して転写を制御するタンパク質．転写を活性化する因子はトランスアクチベーターともいう．

トランスエレメント (*trans* element, *trans*-acting factor) →トランス因子

トランスエンキャプシデーション(transencapsidation, heterologous encapsidation) ヘテロエンキャプシデーション，キャプシド交換，着せ換え，ゲノムマスキングともいう．2種のウイルスの混合感染により，一方のウイルスゲノムが他方のキャプシドに包まれること．

トランスクリプターゼ(transcriptase) 一般にはDNA依存RNAポリメラーゼを指すが，ラブドウイルス科(*Rhabdoviridae*)やレオウイルス科(*Reoviridae*)などのウイルスではウイルス粒子内に存在するRNA依存RNAポリメラーゼをトランスクリプターゼとよぶ場合がある．→DNA依存RNAポリメラーゼ

トランスクリプト(transcript) →転写産物

トランスクリプトミクス(transcriptomics) トランスクリプトームの構造と機能に関する学問分野．→トランスクリプトーム

トランスクリプトーム(transcriptome) 1つの生物種の全転写産物．

トランスコンプリメンテーション(transcomplementation) 互いに異種のウイルスが一方のウイルスの感染・増殖を補助あるいは促進する現象．

トランスジェニック植物(transgenic plant) →遺伝子組換え植物

トランスジーン(transgene) →導入遺伝子

トランスダクション(transduction) →形質導入

トランスデューサー(transducer) 生体において各種の刺激を別種の信号に変換する機能をもつ構造の総称．

トランスバージョン(transversion) →塩基転換

トランスファーRNA(transfer RNA：tRNA) 転移RNAともいう．翻訳の際に特定のアミノ酸をリボソームへ運ぶ低分子RNA．

トランスフェクション(transfection) 核酸感染，核酸導入ともいう．[1]ウイルスのDNAやRNAを細胞に直接取り込ませて感染させること．[2]遺伝子DNAやプラスミドDNAなどを細胞に直接取り込ませること．

トランスフォーメーション(transformation) →形質転換

トランスポザーゼ(transposase) 転位因子の転位を触媒する酵素．

トランスポーザブルエレメント(transposable element) →転位因子

トランスポゾン(transposon：Tn) 転移因子のひとつ．広義では，転移因子と同義．細胞内においてゲノム上の位置を転移することのできる塩基配列．DNA断片が直接転移するDNA型と，転写と逆転写の過程を経るRNA型がある．トランスポゾンは狭義には前者のみを指し，後者はレトロトランスポゾンあるいはレトロポゾンとよばれる．→転移因子

トランスポゾンタギング(transposon tagging) トランスポゾンの挿入によって生じた突然変異遺伝子を，そのトランスポゾンをプローブとして取得する技法．

トランスポーター(transporter) 輸送体ともいう．生体膜を通過する物質の輸送に関与する膜貫通型タンパク質．

トランスレーショナルアクチベーター(translational activator：TAV) →翻訳アクチベーター

トリステザ(tristeza) カンキツのウイルス病のひとつで，葉の萎凋や根腐れなどを起こす．

トリトンX-100(Triton X-100) 界面活性剤のひとつ．

トリパンブルー(trypan blue) 細胞の生死判別用染色剤のひとつ．

トリプルジーンブロック(triple gene block：TGB) 三重遺伝子領域．アレキシウイルス属(*Allexivirus*)，ホベアウイルス属(*Foveavirus*)，マンダリウイルス属(*Mandarivirus*)，ポテックスウイルス属(*Potexvirus*)，カルラウイルス属(*Carlavirus*)，ホルデイウイルス属(*Hordeivirus*)などの各属ウイルスゲノムに共通の特徴的な遺伝子構造で，一部ずつオーバーラップして並ぶ3個のORFの集合部位．これらの翻訳産物は共同でウイルスの細胞間移行ならびに長距離移行に関わる．

トリプルジーンブロックファミリー(triple gene block family, TGB family) TGBファミリーともいう．このファミリーはさらにホルデイ様グループ(クラスⅠ)とポテックス様グループ(クラスⅡ)の2つのサブグループに分けられる．→移行タンパク質

トリプレット(triplet) →コドン

トリマー(trimer) 三量体．3つのモノマーの重合体．

トリミング(trimming) 電子顕微鏡用の超薄切片を調製する際に，包埋ブロックの先端部を予め削って整形する操作．

TOR(トル：target of rapamycin, TOR kinase) トルキナーゼともいう．真核生物の翻訳開始やシグナル伝達に関わるタンパク質キナーゼのひとつ．→タンパク質キナーゼ

トール・インターロイキン1受容体様領域(Toll-interleukin 1-receptor-like domain：TIR domain) ともに膜貫通タンパク質であるショウジョウバエのトールタンパク質とヒトのインターロイキン1

受容体の細胞内ドメインに共通する相同領域.

ドルトン(dalton：Da) →ダルトン

Toll 様受容体(Toll-like receptor：TLR) 先天性免疫において，微生物の構成成分(MAMP)を認識して細胞内にシグナルを伝達する一群の膜タンパク質.

トレーラー配列(trailer sequence) mRNA やウイルス RNA の終止コドンの下流にある非翻訳領域.マイナス鎖 RNA をゲノムとするウイルスの場合には，5′端側に存在するので 5′トレイラーという.

ドワルフ(dwarf) →萎縮

ナ

内殻(inner capsid, inner shell, core) →コア

内在性ウイルス(endogenous virus) 宿主のゲノムに組み込まれたプロウイルス．植物ウイルスでは，一本鎖 RNA 逆転写ウイルスのメタウイルス科(*Metaviridae*)とシュードウイルス科(*Pseudoviridae*)のウイルスなどが相当するが，カリモウイルス科(*Caulimoviridae*)とジェミニウイルス科(*Geminiviridae*)の一部のウイルスで，ウイルスゲノムの全長あるいは一部が宿主ゲノムに組み込まれている例がある．→プロウイルス

内在性パラレトロウイルス(endogenous pararetrovirus：EPRV) 宿主のゲノムに組み込まれたパラレトロウイルスのゲノム．→パラレトロウイルス

内在性レトロウイルス(endogenous retrovirus：ERV) 宿主のゲノムに組み込まれたレトロウイルスのゲノム．→レトロウイルス

内篩部(internal phloem) 内師部とも表す．ウリ科やナス科など一部の双子葉植物には維管束の形成層を挟んでその両側に師部組織が存在する．そのうちの内方を内篩部，外方を外篩部という.

内生エリシター(endogenous elicitor) ダメージ関連分子パターン(DAMPs)と同義．病原体の攻撃によって植物細胞壁から切り出されるα-1,4-ガラクツロン酸を含むペクチン断片などで，非特異的エリシターとして働く.

内部病徴(inner symptom) 光学顕微鏡あるいは電子顕微鏡観察により細胞内に認められる形態的異常．植物ウイルス病では，ウイルス粒子の凝集・散在，核や葉緑体などの変性に加えて，ウイルス種に特有の封入体の形成などがある．→封入体

ナイフマーク(knife mark) 顕微鏡用の切片試料上に残るナイフの傷跡.

ナイフメーカー(knife maker) 電子顕微鏡の超薄切片試料作成用のガラスナイフを作る機器.

ナイロン膜(nylon membrane) タンパク質や核酸のブロッティングに利用される膜のひとつ.

苗床(nursery) 苗を育成する場所.

ナースカルチャー(nurse culture) →保護培養

NAC 遺伝子ファミリー(ナック遺伝子ファミリー：NAC gene family) NAC ドメインをもつ高等植物に固有の転写遺伝子群．→NAC ドメイン

NAC ドメイン(ナックドメイン：NAC domain) ペチュニアの *NAM* 遺伝子，シロイヌナズナの *ATF1, 2* および *CUC2* 遺伝子がコードするタンパク質に共通して存在するドメイン.

NASH(ナッシュ：nucleic acid spot hybridization) →スポットハイブリダイゼーション法

7-メチルグアノシン(7-methylguanosine：m^{7}G) グアノシンのグアニンの 7 位がメチル化された修飾ヌクレオシド．真核生物の mRNA のキャップ構造を形成している.

ナノグラム(nanogram：ng) 重さの単位のひとつ．1 ng = 0.001 μg.

ナノテクノロジー(nanotechnology) 物質をナノメートル(nm)の領域すなわち原子や分子のスケールで制御する技術.

ナノバイオロジー(nanobiology) ナノメートルオーダーで生命現象を解析する学問分野.

ナノメートル(nanometer：nm) 長さの単位のひとつ．1 nm = 1 mμ = 10 Å.

生ワクチン(live vaccine) 免疫原(抗原)として用いられる各種病原体の弱毒株.

ナンセンスコドン(nonsense codon) →終止コドン

ナンセンス変異(nonsense mutation) あるアミノ酸を指定するコドンが終止コドンに変化するような塩基配列の変異.

ニ

二価染色体(bivalent chromosome) 減数分裂で対合した 2 本の相同染色体対.

Nicotiana benthamiana(ニコチアナ ベンサミアナ) 多種の植物ウイルスに対して高い感受性を示す実験植物のひとつ.

肉眼的病徴(macroscopic symptom) 肉眼で見える病徴.

二次ウイルス(second virus, challenge virus) 攻撃ウイルスともいう．2 種のウイルス間での干渉作用をそれぞれのウイルスの接種時期を変えて検定する場合に，後に接種されるウイルス.

二次感染(secondary infection) [1]病原体の一次感染した個体あるいは細胞から次の健全な個体あるいは細胞への感染．[2]ある病原体の感染の経過

中に別種の病原体による感染を受ける現象.

二次元ゲル電気泳動(two-dimensional gel electrophoresis：2D-GE) 異なる原理の電気泳動を組み合わせて多種のタンパク質あるいは低分子RNAを平板ゲル上に分離・展開させる技法．一次元目を等電点電気泳動あるいは未変性条件下での電気泳動，二次元目をSDSによる変性条件下での電気泳動とするのが一般的である．こうして得られた展開分布図をフィンガープリントとよぶ．

二次構造(secondary structure) タンパク質や核酸の部分的な立体構造.

二次抗体(second antibody) 間接ELISA法，間接蛍光抗体法，免疫電子顕微鏡法などで用いる一次抗体に対する抗体．

二次細胞壁(secondary cell wall) 細胞伸長後の分化・成熟した植物細胞が形成する細胞壁．

二次電子像(secondary electron image) 走査型電子顕微鏡で試料に入射した電子が試料表面の原子を励起して新たに放出される二次電子によって得られる画像．

二次伝染源(secondary inoculum) 二次感染源ともいう．二次感染の原因となる病原体あるいはその媒体．

二次病徴(secondary symptom) 感染初期の一次病徴に引き続いて，感染後期に組織や全身に拡大した病徴．

二次メッセンジャー(second messenger)
→セカンドメッセンジャー

二重殻(double capsid, double shell, double-layered capsid, double-layered shell) 2層からなるウイルスキャプシッド．

二重感染(double infection) 重複感染ともいう．2種の病原体の同時感染．

二重抗体サンドイッチ法(double antibody sandwich method, double antibody sandwich ELISA, dual-antibody sandwich ELISA：DAS-ELISA) 直接ELISA法のひとつ．固相に無標識の抗ウイルス抗体を結合した後，抗原ウイルスと反応させ，次いで酵素標識した抗ウイルス抗体を抗原ウイルスと結合させる．

二重固定(double fixation) 生体試料を2種の固定剤で固定する方法．電子顕微鏡試料の場合には，グルタールアルデヒドあるいはパラホルムアルデヒドとオスミウム酸による二重固定が一般的である．

二重染色(double staining) 生体試料を2種の染色剤で染色する方法．透過型電子顕微鏡試料の場合には，酢酸ウラニルとクエン酸鉛による二重染色が一般的である．

二重免疫拡散法(double immunodiffusion) ゲル内二重拡散法，寒天ゲル内拡散法，免疫拡散法，オクタロニー法ともいう．抗原と抗体を寒天またはアガロースなどのゲル平板中で互いに相対して拡散させると，両者の濃度比が最適な位置に抗原抗体結合物の沈降線が形成される反応．隣接する試料孔の同種抗原同士は同一抗体に対して沈降線の交叉部分が完全に融合するのに対して，一部異種抗原を含む場合には沈降線が部分的に融合するとともにスパー(分枝)が形成され，また，まったくの異種抗原同士の場合にはそれぞれの抗体に対する沈降線が交叉する．これによって抗原性の異同が識別できる．

二重らせん(double helix) 核酸などで，2本の分子鎖がより合わされた構造．

二段階プロトプラスト調製法(two-step protoplast preparation) 植物プロトプラスト調製法のひとつ．植物組織を最初にペクチナーゼで処理して細胞を遊離させた後，これをセルラーゼで処理することによってプロトプラスト化する方法．

2-チオウラシル(2-thiouracil) ウラシルの修飾塩基のひとつ．

ニック(nick) 二本鎖核酸の一方の鎖に生じた切れ目．

ニックトランスレーション(nick translation) 二本鎖DNA上に生じた切れ目(ニック)を起点に，そこから二本鎖DNAの一方の鎖を分解しながら新たな鎖を合成して古い鎖と置き換える反応．

ニトロセルロース膜(nitrocellulose membrane) タンパク質や核酸のブロッティングに利用される膜のひとつ．

ニトロソグアニジン(nitrosoguanidine) 突然変異原のひとつ．

ニトロソメチル尿素(nitrosomethylurea：NMU) 突然変異原のひとつ．

二年生植物(biennial plant) 発芽後，開花，結実するまで2年を要する植物．

二倍体(diploid) 2組のゲノムをもつ細胞あるいは個体．

二分子蛍光相補法(bimolecular fluorescence complementation：BiFC) 蛍光タンパク質再構成法ともいう．2種のタンパク質に1つの蛍光タンパク質を2分割した断片のそれぞれを融合標識して細胞内の両タンパク質間の相互作用を解析する技法．両者が結合すれば蛍光タンパク質の立体構造が再生され，蛍光が検出される．

二分節ゲノム(bipartite genome) 2種の核酸分子に

分節しているウイルスゲノム．

日本ウイルス学会（Japanese Society of Virology：JSV）1953年に創立されたわが国のウイルス学に関する学会．

二本鎖RNA（double-stranded RNA：dsRNA）互いに相補的な2本のポリリボヌクレオチド鎖からなるRNA．

二本鎖RNAウイルス（double-stranded RNA virus：dsRNA virus）二本鎖RNAをゲノムとするウイルス．植物ウイルスではウイルス種全体の約4％を占め，いずれも線状二本鎖RNAをゲノムとした10〜12分節ゲノムのレオウイルス科（*Reoviridae*），2分節ゲノムのパルティティウイルス科（*Partitiviridae*），単一ゲノムのアマルガウイルス科（*Amalgaviridae*）およびエンドルナウイルス科（*Endornaviridae*）のウイルスがある．レオウイルス科のウイルスでは，ウイルス粒子のコア内に保有する自身のRNA依存RNAポリメラーゼによってゲノムRNAが複製される．遺伝子はそれぞれの分節ゲノムのマイナス鎖から転写されたmRNAを経由して発現する．パルティティウイルス科，アマルガウイルス科，エンドルナウイルス科のウイルスはともに移行タンパク質を欠き，垂直伝染はするが水平伝染はしない．アマルガウイルス科とエンドルナウイルス科のウイルスはウイルス粒子も形成しない．

二本鎖RNA結合タンパク質（double-stranded RNA binding protein：DRBP）RNAヘリカーゼなどの二本鎖RNAに結合するタンパク質．

二本鎖RNA分解酵素（double-stranded ribonuclease：dsRNase）二本鎖RNAを特異的に分解する酵素．

二本鎖核酸（double-stranded nucleic acid, ds-nucleic acid）2本のポリヌクレオチド鎖が塩基対形成によって互いに結合している核酸．

二本鎖切断（double strand break：DSB）二本鎖核酸の両鎖がともに切断されること．

二本鎖DNA（double-stranded DNA：dsDNA）互いに相補的な2本のポリデオキシリボヌクレオチド鎖からなるDNA．

二本鎖DNAウイルス（double-stranded DNA virus：dsDNA virus）二本鎖DNAをゲノムとするウイルスで，ゲノムの複製に逆転写過程を伴わない一般の二本鎖DNAウイルスと逆転写過程を伴う二本鎖DNA逆転写ウイルスとが含まれる．植物ウイルスでは，単一の環状二本鎖DNAをゲノムとする二本鎖DNA逆転写ウイルスとしてカリモウイルス科（*Caulimoviridae*）のウイルスがあり，ウイルス種全体の約4％を占めるが，一般の二本鎖DNAウイルスは見いだされていない．カリモウイルス科のウイルスでは，ゲノム全長に対応する相補的RNAが転写された後，このRNAを鋳型としてウイルス由来の逆転写酵素によってゲノムDNAが複製される．一部のウイルス種では宿主ゲノムへの組み込みも認められる．相補的RNAはポリシストロニックmRNAとしても働き，ウイルス由来のトランスアクチベーター（翻訳活性化トランス因子）の介助で各遺伝子が翻訳される．

二本鎖DNA逆転写ウイルス（double-stranded DNA reverse transcribing virus：dsDNA-RT virus）二本鎖ゲノムDNAから逆転写された一本鎖RNAを介して二本鎖ゲノムDNAの複製を行うウイルスで，パラレトロウイルスと通称される．植物ウイルスではカリモウイルス科（*Caulimoviridae*）のウイルスがある．

二本鎖低分子干渉RNA（double-stranded small interfering RNA：ds-siRNA）RNAサイレンシングの過程で宿主のRNA依存RNAポリメラーゼ（RDR）によって合成される二本鎖の低分子干渉RNA（siRNA）．

日本植物病名目録（Common Names of Plant Diseases in Japan）わが国に発生する植物の病気の病名に関する日本植物病理学会・農業生物資源研究所共編の公式の目録．農業生物資源ジーンバンク（NIAS Genebank）の日本植物病名データベースにアクセスすれば情報が得られる．

日本植物病理学会（Phytopathological Society of Japan：PSJ）1916年に創立されたわが国の植物病理学に関する学会．

日本植物病理学会報（Japanese Journal of Phytopathology：Jpn. J. Phytopathol., 日植病報）日本植物病理学会の和文学会誌．（旧英名 Annals of the Phytopathological Society of Japan：Ann. Phytopathol. Soc. Jpn.）

日本植物防疫協会（Japan Plant Protection Association）1946年に設立され，わが国の植物防疫技術の発展と健全な農作物などの安定生産への寄与を目的とした公益活動を行う法人機関．

日本DNAデータバンク（DNA Data Bank of Japan：DDBJ）欧州のEMBL-Bankおよび米国のGenBankとともに，国際DNAデータベースを構築・維持している3つの機関のひとつ．日本で新たに決定したウイルスゲノムの塩基配列情報などもここに登録する．

二命名法（binomial nomenclature）二語名法ともいう．生物種の学名をラテン語で属名と種小名との

2語の組合せで示す命名法．ウイルスの種名では用いられていない．

2-メルカプトエタノール（2-mercaptoethanol）還元剤のひとつ．

尿素（urea）タンパク質や核酸の変成剤のひとつ．

2,4-ジクロロフェノキシ酢酸（2,4-dichlorophenoxyacetic acid：2,4-D）2,4-Dと略称する．合成オーキシンのひとつ．

二量体（dimer）→ダイマー

ヌ

ヌクレアーゼ（nuclease）→核酸分解酵素

ヌクレアーゼ S1（nuclease S1, S1 nuclease）S1 ヌクレアーゼともいう．1本鎖のDNA，RNAを切断する酵素．

ヌクレアーゼ S1 マッピング（nuclease S1 mapping, S1 mapping）S1マッピングともいう．ヌクレアーゼS1が一本鎖核酸を特異的に切断することを利用して，遺伝子の転写開始点，転写終結点，あるいはイントロンの位置やエキソンの長さなどを決定する方法．

ヌクレオカプシド（nucleocapsid）→ヌクレオキャプシド

ヌクレオキャプシド（nucleocapsid：NC）ヌクレオカブシドともいう．ウイルスゲノムを内蔵したキャプシド．→キャプシド

ヌクレオキャプシドタンパク質（nucleocapsid protein）ヌクレオカブシドタンパク質ともいう．ヌクレオキャプシドを構成するタンパク質．

ヌクレオシド（nucleoside）プリン塩基またはピリミジン塩基がリボースまたはデオキシリボースと共有結合した化合物．

ヌクレオシド三リン酸（nucleoside triphospate：NTP）ATP，GTP，CTP，UTPなど，ヌクレオシドの5′位にリン酸3分子が連結したヌクレオチド．

ヌクレオソーム（nucleosome）クロマチンの基本的なサブユニットで，DNAとヒストンの複合体．→クロマチン，ヒストン

ヌクレオチド（nucleotide：nt）ヌクレオシドの糖に1個以上のリン酸基がエステル結合した化合物．

ヌクレオチド結合部位（nucleotide binding site：NBS）タンパク質の分子上のヌクレオチドとの結合部位．

ヌクレオヒストン（nucleohistone）DNAとヒストンとの複合体．

ヌクレオプロテイン（nucleoprotein）→核タンパク質

ネ

ネオトープ（neotope）近接して並置したポリペプチドによって生じるエピトープ．→エピトープ

ネオマイシンホスホトランスフェラーゼ II（neomycin phosphotransferase II：NPT II）アミノグリコシドホスホトランスフェラーゼ II ともいう．ネオマイシンやカナマイシンなどのアミノグリコシド系抗生物質をリン酸化して不活化する酵素．

ネガティブ染色法（negative staining）陰性染色法，逆染色法ともいう．生体高分子，ウイルス，細菌などの試料をリンタングステン酸や酢酸ウラニルなどの重金属染色剤でごく短時間染色し，電子顕微鏡観察することによって，黒地に白く浮き出した試料の陰画像が得られる．

ネガティブセンス鎖（negative-sense strand, negative strand）→マイナス鎖

ネクローシス（necrosis）壊死．壊疽ともいう．[1]細胞の受動的な死．[2]細胞の壊死により組織が褐変する病徴．

ネステッド PCR（nested PCR）目的とする遺伝子の配列に対して2組のプライマーセットを用いて2段階のPCRを行う方法．1組目のプライマーセットによるPCR産物に対してその内側の配列に相補的な2組目のプライマーセットによる2回目のPCRを行うことによって，より正確な遺伝子増幅断片が得られる．

熱ショックタンパク質（heat shock protein：HSP，Hsp）ヒートショックタンパク質ともいう．温度の上昇に反応して誘導発現するタンパク質の総称で，分子量（kDa）によってHsp40，Hsp60，Hsp70，Hsp90などのファミリーがある．シャペロン機能やタンパク質輸送機能を有する．→シャペロン

熱ショックタンパク質 70（heat shock protein 70：HSP70，Hsp70）ヒートショックタンパク質70ともいう．約70 kDaの熱ショックタンパク質．シャペロン機能など細胞内のタンパク質代謝の種々の過程に関与する．クロステロウイルス科（*Closteroviridae*）のウイルスはこれと構造の類似したホモログタンパク質（Hsp70h）をコードしており，ウイルスの細胞間移行などに関与するとともに，粒子の先端部に組み込まれる．

熱失活（thermal inactivation, heat inactivation）タンパク質などの生体高分子の機能が熱によって失われる現象．

熱電子放出型電子銃（thermionic-emission electron

gun) 陰極を加熱して熱電子を放出させる方式の電子銃.

熱療法 (heat therapy, thermotherapy) 熱処理によって病植物を治療する方法. 植物ウイルス病では乾熱処理による汚染種子の消毒や, 35～40℃の高温下で数週間栽培した植物の先端部あるいは茎頂部を切り取って挿し木あるいは茎頂培養することによって, ウイルスフリー植物体を得る方法などがある.

ネナシカズラ (dodder) 遠縁の植物属間でのウイルスの接ぎ木伝染の代わりに利用される寄生植物. 現在ではほとんど利用されていない.

ネマトーダ (nematode, nematoda) →線虫

粘着末端 (sticky end, cohesive end) →付着末端

ノ

農学 (agronomy, agricultural science) 狭義には作物の栽培・育種・病害虫防除などに関する学問分野の総称だが, 広義には農業・林業・水産業・畜産業などの生物産業の発展と生態環境の保全を目的とした応用生命科学の広範な分野を指す.

農業環境技術研究所 (National Institute of Agro-Environmental Sciences : NIAES) 1983年に設立され, 2001年に農林水産省所管の独立行政法人として移管されたわが国の農業と環境に関する基礎的専門研究機関.

農業生物学 (agrobiology) 農業に関わる生物に関する学問分野.

農業生物資源研究所 (National Institute of Agrobiological Sciences : NIAS) 1983年に設立され, 2001年に農林水産省所管の独立行政法人として移管・拡充されたわが国最大の農業分野の基礎生命科学研究機関.

農業生物資源ジーンバンク (NIAS Genebank) 農業生物資源研究所に本部を置き, 農業分野に関わる遺伝資源について探索収集, 特性評価, 保存, 配布および情報公開を行う組織. 植物部門, 微生物部門, 動物部門があり, 研究・教育用の植物病原菌株や植物ウイルス株などの配布も受けられる.

農業生物資源DNAバンク (NIAS DNA Bank) 農業生物資源研究所に設置され, イネをはじめ農業生物全般のDNA, 遺伝子関連研究に関わる物質および情報の収集, 管理, 提供を行う機関.

濃色効果 (hyperchromicity) 物質の吸光度が増加する現象.

能動輸送 (active transport) 生体膜において膜内外の化学ポテンシャルや電気化学ポテンシャルの勾配に逆らって物質を輸送する機構.

農薬 (pesticide, agricultural chemical, agrichemical, agrochemical) 病害虫や雑草の防除および農作物の生長制御に用いる薬剤.

農薬学 (pesticide science) 農薬に関する学問・技術分野.

農薬取締法 (agricultural chemicals control act) 農薬の規格や製造・販売・使用等の規制を定めた法律.

ノーザンハイブリダイゼーション (northern hybridization) ノーザンブロッティング, ノーザンブロット法ともいう. RNAを電気泳動後にニトロセルロース膜やナイロン膜に転写してDNAプローブあるいはRNAプローブで検出する技法.

ノーザンブロッティング (northern blotting) →ノーザンハイブリダイゼーション

ノースウェスタンブロッティング (north-western blotting) ノースウェスタン法ともいう. ウェスタンブロッティングの変法のひとつで, タンパク質-RNA間の相互作用を検出するための方法. →ウェスタンブロッティング

NOSターミネーター (ノスターミネーター: NOS terminator, A. tumefaciens T-DNA nopaline synthase terminator) 根頭癌腫病菌のTi-プラスミドのT-DNA上に存在するノパリン合成酵素遺伝子のターミネーター. 植物発現用ターミネーターのひとつとして利用される.

NOSプロモーター (ノスプロモーター: NOS promoter, A. tumefaciens T-DNA nopaline synthase promoter) 根頭癌腫病菌のTi-プラスミドのT-DNA上に存在するノパリン合成酵素遺伝子のプロモーター. 植物発現用プロモーターのひとつとして利用される.

ノックアウト (knockout : KO) →遺伝子ノックアウト

ノックイン (knockin) →遺伝子ノックイン

ノックダウン (knockdown) →遺伝子ノックダウン

乗換え (crossing over) →交叉

ノンコーディングRNA (non-coding RNA : ncRNA) 非コードRNA, 非翻訳RNAともいう. rRNA, tRNA, snRNA, snoRNA, miRNA, ウイロイドRNAあるいはその他のゲノム情報の発現制御に関わるRNAなど, タンパク質に翻訳されずに機能するRNAの総称.

ノンコーディングDNA (non-coding DNA : ncDNA) 非コードDNA, 非翻訳DNAともいう. タンパク質をコードしていないDNA. その一部はノンコーディングRNAとして転写される.

ハ

胚 (embryo) 個体発生中の幼い生物個体の総称．種子植物の場合は種子中の幼植物．

バイアス電圧 (bias voltage) 電子顕微鏡の電子銃のウェーネルト電極に与えるマイナスの電圧．陰極からの電子線の放出量を制御する．

BiFC 法（バイエフシー法：bimolecular fluorescence complementation）→ 二分子蛍光相補法

バイオアッセイ (bioassay) 生物検定，生物学的定量ともいう．生物を利用した生理活性物質の定量法．植物ウイルスの定量に用いる局部病斑計数法などもこれにあたる．

バイオイメージング (bioimaging) 生体分子，細胞，組織，器官または個体レベルで二次元，三次元の構造や機能を捉え，その動態を画像として解析する技術．

バイオインダストリー (bioindustry) → 生物産業

バイオインフォマティックス (bioinformatics) 生命情報科学，生物情報科学．

バイオコントロール (biocontrol, biological control) 生物防除，生物的防除ともいう．微生物農薬や天敵昆虫などを利用した病害虫や雑草の防除法．弱毒ウイルスの利用や媒介昆虫の天敵による防除などの植物ウイルス病の防除法もこれにあたる．

バイオコントロールエージェント (biocontrol agent：BCA) 生物的防除エージェントともいう．生物的防除に利用される微生物や天敵昆虫．

バイオサイエンス (bioscience) 生物科学ともいう．基礎生物科学と応用生物科学を包含した広範な学問領域の総称．

バイオタイプ (biotype) 生物型．細菌では biovar とよぶ．同一の種において他の株と生理的・生化学的に一部異なる株や系統を分類するために用いられる用語．

バイオテクノロジー (biotechnology) 生物工学，生命工学ともいう．狭義には，遺伝子操作技術，細胞融合技術，細胞培養技術の3大技術を指すが，広義には，生物あるいはその機能を人工的に利用する現代技術の総称として用いられる．

バイオトロン (biotron) 生物環境調節実験施設．

バイオハザード (biohazard) 生物災害ともいう．生物が引き起こす災害．

バイオファーミング (biopharming, molecular pharming, molecular farming) 分子農業ともいう．
→ 分子農業

バイオマス (biomass) ［1］特定の時点にある空間に存在する生物体の量．［2］エネルギー源または工業原料として利用できる生物体．

バイオリスティックス法 (biolistics)
→ パーティクルガン法

バイオルミネッセンス (bioluminescence)
→ 生物発光

媒介介助タンパク質プロテアーゼ (helper component-protease：HC-Pro)
→ ヘルパー成分プロテアーゼ

媒介効率 (vector efficiency) 媒介効果ともいう．ベクターがウイルスを媒介する効率．

媒介生物 (vector) → ベクター

媒介特異性 (vector specificity) ベクター特異性ともいう．ウイルスの種や系統と昆虫・線虫・菌類などの媒介生物の種やバイオタイプとの間の媒介の可否や媒介率に関する特異性．

胚救済 (embryo rescue) 胚培養，胚珠培養，子房培養などによって遠縁植物間の交雑における発育障害を回避する方法．

ハイグロマイシン耐性遺伝子 (hygromycin resistant gene：hyg^r, HPT) 抗生物質のハイグロマイシンに対する耐性に関わるハイグロマイシンホスホトランスフェラーゼ (HPT) の遺伝子．組換え植物の薬剤選抜マーカー遺伝子のひとつ．

ハイグロマイシンホスホトランスフェラーゼ (hygromycin phosphotransferase：HPT) ハイグロマイシンをリン酸化して不活化する酵素．

胚珠 (ovule) 種子植物の雌性生殖器官で，後に種子となる．

胚珠培養 (ovule culture) 植物体から取り出した胚珠の無菌培養．

排除分子量限界 (size exclusion limit：SEL) プラズモデスマータが通すことのできる分子量の限界．通常は分子量約 1 kDa 以下であるが，植物ウイルスの細胞間移行の際にはウイルス由来の移行タンパク質 (MP) の作用によって約 20 kDa 程度にまで拡大される．→ プラズモデスマータ

倍数性 (ploidy) 細胞あたりのゲノムの組数．

倍数性育種 (polyploidy breeding) コルヒチン処理などにより人為的に倍数体を創成する育種法．

倍数体 (polyploidy) 3組以上のゲノムをもつ細胞あるいは個体．同一ゲノムを重複してもつ同質倍数体と異なるゲノムを持つ異質倍数体とがある．

ハイスループットシーケンシング (high-throughput sequencing) 大量迅速塩基配列解析．

ハイスループットスクリーニング (high-throughput screening) 多様な対象物から目的物を高効率で検出する方法．

バイナリベクター (binary vector) 2成分ベクター

の意．Tiプラスミドベクターのひとつ．TiプラスミドをT-DNAを含む部分と*Vir*領域を含む部分に2分割し，T-DNAの2個の境界配列に挟まれた内部の遺伝子群を取り除いた部位に外来遺伝子を挿入した後，アグロバクテリウム（*Agrobacterium tumefaciens*）を介して植物に外来遺伝子を導入する．→Tiプラスミドベクター

胚嚢（embryo sac）被子植物の胚珠の中に形成される雌性生殖器官．

胚培養（embryo culture）種子，胚珠あるいは胚盤から取り出した胚の無菌培養．

ハイブリッド（hybrid）雑種．交雑によって生じた両親種と異なる遺伝子組成の個体．

ハイブリダイゼーション（hybridization）ハイブリッド形成，交雑ともいう．[1]遺伝的組成の異なる個体間の交配．[2]分子交雑，分子雑種形成ともいう．DNAあるいはRNAに対して相補的なDNAやRNAが会合して二本鎖になること．

ハイブリッド遺伝子（hybrid gene）→融合遺伝子

ハイブリッドサブトラクション法（hybrid subtraction）
→サブトラクティブハイブリダイゼーション法

ハイブリッドタンパク質（hybrid protein）
→融合タンパク質

ハイブリドーマ（hybridoma）モノクローナル抗体を作製するための抗体産生細胞と骨髄腫細胞との融合細胞．

バイラス（virus）→ウイルス

Viruses　MDPI社が刊行するウイルス学に関するオープンアクセス誌．

Virus Genes　Springer社が刊行するウイルス遺伝子に関する国際専門誌．

Virus Taxonomy　国際ウイルス分類委員会（ICTV）が数年毎にElsevier社から公刊しているウイルス分類に関する公式レポート．

Virus Res.（Virus Research）Elsevier社が刊行するウイルス学の国際専門誌．

ViralZone　スイス生物情報科学研究所（SIB）が提供するウイルスに関するデーターベース．インターネットでアクセスできる．

配列決定（sequencing）核酸のヌクレオチドあるいはタンパク質のアミノ酸の配列順序を決定すること．

配列相同性（sequence homology）核酸のヌクレオチド配列あるいはタンパク質のアミノ酸配列の類似性．

バイロイド（viroid）→ウイロイド

バイロコントロール（virocontrol）ウイロコントロール

パイロシーケンス法（pyrosequencing method）
→ピロシーケンス法

バイロプラズム（viroplasm）→ビロプラズム

バイロミクス（viromics）ビロミクスともいう．[1]バイロームの構造と機能に関する学問分野．[2]ウイルス，宿主，媒介生物の3者のゲノム間の相互作用に関する学問分野．→バイローム

バイローム（virome）ビロームともいう．1つの生物種あるいは環境に存在する全ウイルスのゲノム．

Virology　Elsevier社が刊行するウイルス学の国際専門誌．

Virology J.（Virology Journal）BioMed Central社が刊行するウイルス学に関するオープンアクセス誌．

Virology Rep.（Virology Reports）Elsevier社が刊行するウイルスのゲノム情報に関するオープンアクセス誌．

ハウスキーピング遺伝子（housekeeping gene）細胞の一般的機能に必要な恒常的発現遺伝子．

バキュームブロット法（vacuum blotting）核酸やタンパク質を電気泳動後のゲルからニトロセルロース膜やナイロン膜などに減圧吸引によって転写する方法．

バキュロウイルス（baculovirus）昆虫二本鎖DNAウイルスのひとつ．このウイルスをベクターとして用いた昆虫や哺乳類培養細胞での外来タンパク質大量生産系が利用されている．

薄層クロマトグラフィー（thin-layer chromatography：TLC）シリカゲルやセルロースなどの微粉末を薄く塗布したプレート上で行うクロマトグラフィー．

バクテリア（bacterium，bacteria）→細菌

バクテリオファージ（bacteriophage）ファージ，細菌ウイルスともいう．細菌を宿主とするウイルス．DNAをゲノムとするDNAファージとRNAをゲノムとするRNAファージとがあるが，前者には環状プラス一本鎖，環状二本鎖，線状二本鎖の3種，後者には線状プラス一本鎖，線状二本鎖の2種があり，二本鎖RNAファージが3分節ゲノムである以外はすべて単一ゲノムである．また，増殖様式の違いに基づいて，溶菌性ファージ，溶原性ファージ，およびファージ粒子放出のさいに溶菌を伴わない分泌性ファージに大別される．ファージ粒子の形態には尾部をもつ精虫状，尾部をもたない球状および繊維状のものがある．植物病原細菌でもイネ白葉枯病菌（*Xanthomonas oryzae* pv. *oryzae*)，イネ葉鞘褐変病菌（*Pseudomonas fuscovaginae*），カンキツ潰瘍病菌（*Xanthomonas citri* subsp. *citri*），トマト潰瘍病菌（*Clavibacter michiganensis* subsp. *michiganensis*）などで，多くのファージが知られている．

パーコール（Percoll）ポリビニルピロリドンで被膜したコロイドシリカ．

パーコール密度勾配遠心法（Percoll density-gradient centrifugation）パーコールを用いた密度勾配遠心法．細胞の分画に利用される．

バーストサイズ（burst size）放出数，平均放出数ともいう．ファージに感染した1個の細胞が溶菌によって放出する子孫ファージの数．

パソシステム（pathosystem）→病態系．

パターン認識受容体（pattern recognition receptor：PRR）パターン受容体ともいう．PAMPs，MAMPsあるいはDAMPsを認識して応答する受容体で，その多くはレセプター様キナーゼである．→PAMPs，MAMPs，DAMPs，レセプター様キナーゼ

パターン誘導性免疫（pattern-triggered immunity：PTI）PAMPs，MAMPsあるいはDAMPsによって発現が誘導される防御応答反応．

8-アザグアニン（8-azaguanine）グアニンの代謝阻害作用をもつ核酸塩基類縁化合物．

発育不全（hypoplasia，hypotrophy）［1］細胞分裂の減少による発育不全（hypoplasia）．［2］細胞伸長の減少による発育不全（hypotrophy）．

白化（whitening）葉や茎などの緑色が失われ白化する病徴．

発芽（germination）種子中の胚，胞子，花粉などの成長の開始．

BAC（バック：bacterial artificial chromosome）→細菌人工染色体

PAC（パック：P1-derived artificial chromosome）→P1由来人工染色体

BAC法（バック法：BAC method，benzyldimethylalkylammonium chloride method）→クラインシュミット法

パッケージング（packaging）→エンキャプシデーション

発現（expression，gene expression）→遺伝子発現

発現遺伝子配列標識（expressed sequence tag：EST）発現配列タグともいう．cDNAあるいはその両末端の部分塩基配列情報．

発現促進（up regulation）遺伝子発現の促進．

発現地図（expression map，gene expression map）→遺伝子発現地図

発現配列タグ（expressed sequence tag：EST）→発現遺伝子配列標識

発現プロファイル（expression profile）→遺伝子発現プロファイル

発現ベクター（expression vector）特定の外来遺伝子を強制発現させるためのベクター．

発現抑制（down regulation）遺伝子発現の抑制．

発光（luminescence）物質が熱を伴わずに発する光．

発症（appearance of symptom，symptom onset）→発病

発生（disease occurrence，disease incidence，disease outbreak，disease development）病気の発生．

発生（development）生物個体が卵，芽，胞子などから成体になる過程．

発生生態（ecology of disease development）→植物病の発生生態

発生予察（disease forecasting）植物の病害虫の発生現況，気象情報などのデータに基づいて地域的あるいは全国的な病害虫の発生動向を統計的に予測・予報すること．ウイルス病では，特に，媒介虫の発生消長やウイルス保毒率などが重要な基礎データとなる．

発生率（disease incidence）→発病率

発病（onset of disease，disease onset）発症ともいう．病気の症状が現れること．

発病過程（pathogenesis）病気が発症する過程．

発病指数（disease severity index）発病の程度を示す指標として特定の方式で表した数値．

発病率（disease incidence，disease incidence rate）発生率，罹病率ともいう．病気の発生率．

BAP（バップ：bacterial alkaline phosphatase）大腸菌アルカリホスファターゼ．

VAP（バップ：virion-associated protein）→粒子結合タンパク質

バーティカルローター（vertical rotor）垂直ローターともいう．遠心機用ローターのひとつ．遠心管を収める穴が回転軸と平行なローター．主として密度勾配遠心に用いる．

パーティクルガン法（particle gun，particle bombardment，gene gun，microprojectile，biolistics）微粒子銃法，パーティクルボンバードメント法，遺伝子銃法，マイクロプロジェクタイル法，バイオリスティックス法ともいう．金やタングステンなどの金属の微粒子にDNAやRNAをコーティングしたものを弾丸として，高圧ガスあるいは火薬によって高速で射出して細胞内に遺伝子を導入する方法．細胞小器官への遺伝子導入も可能で，植物ウイルスの接種にも利用される．試料を選ばず，

さまざまな生物種や組織に用いることができる簡便な直接遺伝子導入法のひとつである．ただし，遺伝子が分断されて導入されやすく，また，マルチコピーで導入されやすいため遺伝子量効果が現れることやRNAサイレンシングなどによって遺伝子発現が抑制されることがある．

BABA（ババ：β-aminobutyric acid）植物防御誘導物質のひとつ．→植物防御誘導物質

パピラ（papilla）宿主植物において病原菌類の侵入部位に形成される乳頭状の物理的障壁で，カロース（β-1,3-グルカン）などの集積による．

Pab（パブ：polyclonal antibody）→ポリクローナル抗体

ハプテン（hapten）抗体と結合できるが，それ自体は免疫反応を誘起する能力をもたない物質．

PubMed（パブメッド）米国国立生物工学情報センター（NCBI）の生物学・医学に関する文献データベース．

葉巻（leaf roll, leaf curl）巻葉ともいう．葉が巻く病徴．

ハムシ（leaf beetle）コウチュウ目（Coleoptera）ハムシ科（Chrysomelidae）の咀嚼性昆虫の総称．植物ウイルスの媒介虫のひとつ．

ハムシ伝染（beetle transmission）ハムシ伝搬ともいう．植物ウイルスのハムシ媒介による伝染．ウイルスの種と媒介ハムシの種との間に媒介特異性がある．→ハムシ伝搬性ウイルス

ハムシ伝搬性ウイルス（beetle-borne virus）ハムシ伝染性ウイルスともいう．ハムシによって伝搬される植物ウイルス．ティモウイルス属（*Tymovirus*）27種，コモウイルス属（*Comovirus*）15種，ブロモウイルス属（*Bromovirus*）6種，ソベモウイルス属（*Sobemovirus*）の中の約10種のウイルス，*Maize chlorotic mottle virus*（MCMV）などが，Chrysomelidae科とCurculionidae科の各種ハムシによっていずれも循環型・非増殖性伝染をする．ハムシには唾線がないため，咀嚼によって獲得されたウイルスが血体腔にまで達した後，どのような経路を経て吐出されるのかは不明である．

PAMPs（パムプス：pathogen-associated molecular patterns）→病原体関連分子パターン

VAMPs（バムプス：virus-associated molecular patterns）→ウイルス関連分子パターン

PAMPs レセプター（パムプスレセプター：PAMPs receptor）→病原体関連分子パターン受容体

PAMP 誘導免疫（PAMP-triggered immunity：PTI）MAMP誘導免疫ともいう．PAMPs（あるいはMAMPs）によって誘導される植物の免疫反応．基礎的抵抗性とほぼ同義．

パラトープ（paratope）抗体分子上の抗原との結合部位．

***p*-ニトロフェニルホスフェート**（*p*-nitrophenyl phosphate）ホスファターゼの発色基質のひとつ．ELISAなどで用いられる．

パラフィン（paraffin）光学顕微鏡用の切片作製のための包埋剤のひとつ．

パラホルムアルデヒド（paraformaldehyde：PFA）生物試料の固定剤のひとつ．

パラレトロウイルス（pararetrovirus）二本鎖ゲノムDNAから逆転写された一本鎖RNAを介して二本鎖ゲノムDNAの複製を行う二本鎖DNA逆転写ウイルスの通称．植物ウイルスではカリモウイルス科（*Caulimoviridae*）のウイルスがこれに相当する．

パラログ（paralog）同一の生物種に存在する相同遺伝子．

パリンドローム（palindrome）→回文構造

PAL（パル：phenylalanine ammonia-lyase）→フェニルアラニンアンモニアリアーゼ

バルジループ構造（bulge loop structure）核酸の二次構造のひとつ．二本鎖の一部で両鎖に相補性がない部位がループ状に膨れて形成される構造．

パルスフィールドゲル電気泳動（pulsed field gel electrophoresis：PFGE）電場の方向を周期的に切り換えながら行うアガロースゲル電気泳動法．巨大DNA分子の分離に利用される．

Baltimore 分類システム（Baltimore classification system）バルチモア（D. Baltimore，米国）が1971年に提唱したウイルスの分類システム．ウイルスゲノムの種類と複製様式の違いによって，ウイルス全体を，I. 二本鎖DNAウイルス，II. 一本鎖DNAウイルス，III. 二本鎖RNAウイルス，IV. プラス一本鎖RNAウイルス，V. マイナス一本鎖RNAウイルス，VI. 一本鎖RNA逆転写ウイルス，VII. 二本鎖DNA逆転写ウイルス，の7つのクラスに分類している．植物ウイルスでは，現在のところ，クラスIに属するウイルスは見いだされておらず，二本鎖DNAウイルスはすべてクラスVIIに属する．

半永続性伝染（semi-persistent transmission）半永続伝染，半永続伝搬ともいう．虫媒伝染では潜伏期間なしにただちにウイルス媒介能力をもつようになるが，数時間〜数日間で媒介能力を失う様式．

半合成培地（semisynthetic culture medium, semi-synthetic medium）合成培地に天然物を添加した培地．

伴細胞（companion cell）被子植物の維管束内の篩管細胞に隣接した柔細胞．

反射電子像（reflected electron image）走査型電子顕微鏡で試料に入射した電子が試料表面で反射することによって得られる画像．

半数体（haploid）一倍体ともいう．ゲノムを1組しかもたない細胞または個体．

パンデミック（pandemic）全国的病害，全国的大流行，世界的大流行．

斑点（spot）白色あるいは褐色の小点が生じる病徴．

半透膜（semipermeable membrane）一定の大きさ以下の分子またはイオンのみを透過させる膜．

パンハンドル構造（panhandle structure）分節線状マイナス一本鎖RNAウイルスなどの各ゲノムの5′端と3′端に存在する各約十数塩基の互いに逆方向で相補的な配列が塩基対合することで形成される二次構造．転写・複製の開始に関与する．

反復遺伝子（repeated gene）ゲノム上で同一あるいは類似の遺伝子が複数反復して存在する遺伝子．

反復配列（repetitive sequence, repeated sequence, reiterated sequence）繰返し配列ともいう．ゲノム上で同一あるいは類似の塩基配列が複数反復して存在する配列．

判別宿主（differential host）指標植物ともいう．接種試験によって特定の病原体に特徴的な典型的病徴を示す宿主植物．植物ウイルスの生物学的診断・同定法の基本として用いられる．

判別品種（differential cultivar）特定の病原体のレースや系統の判別に用いる品種群．

半保存的複製（semi-conservative replication）親の二本鎖核酸が分離して，それぞれが娘の二本鎖の相補鎖として保存される複製様式．

ハンマーヘッド型リボザイム（hammerhead ribozyme：HH-Rz）アブサンウイロイド科（Avsunviroidae）のウイロイドなどに認められる特有の共通保存配列．特定部位での自己切断能を有する．

斑紋（mottle）モットルともいう．緑色部と退緑部が混在している病徴で，モザイク症状よりも病斑がより明瞭な場合に用いる．

半葉法（half-leaf method）局部病斑計数法のひとつ．1葉の主脈を境として，片方の半葉には既知濃度のウイルス，もう片方の半葉には未知濃度のウイルスを接種して，形成される局部病斑数を比較する定量法．→局部病斑計数法

ヒ

b（base）→ベース

pI（isoelectric point）→等電点

BIAcore（ビアコア：biophysical interaction analysis core）表面プラズモン共鳴センサーのひとつ．
→表面プラズモン共鳴センサー

ビアラホス耐性遺伝子（bialaphos resistant gene：*bar*）除草剤のビアラホスに対する耐性遺伝子．除草剤抵抗性組換え植物に利用されるとともに，その他の組換え植物の薬剤選抜マーカー遺伝子のひとつとしても用いられる．

BR（brassinosteroid）→ブラシノステロイド

PRR（pattern recognition receptor）
→パターン認識受容体

PRタンパク質（PR protein：pathogenesis-related protein）→病原性関連タンパク質

PEP（plastid-encoded polymerase）葉緑体に存在する葉緑体ゲノム由来のDNA依存RNAポリメラーゼ．

非永続性伝染（non-persistent transmission）非永続伝染，非永続伝搬ともいう．虫媒伝染では潜伏期間なしにただちにウイルス媒介能力をもつようになるが，数分～数時間で媒介能力を失う様式．

PABP（poly(A)-binding protein）
→ポリ(A)結合タンパク質

PSJ（Phytopathological Society of Japan）
→日本植物病理学会

BSPP（British Society for Plant Pathology）
→英国植物病理学会

PFU（plaque-forming unit）→プラーク形成単位

PME（pectin methylesterase）
→ペクチンメチルエステラーゼ

PMTC（pre-membrane-targeting complex）試験管内TMV RNAの複製過程において膜表面にウイルス複製複合体（VRC）が形成される前段階にあると考えられる複合体．

PMPP（Physiological and Molecular Plant Pathology）Elsevier社が刊行する植物感染生理学を中心とした国際専門誌．

非AUGスタートコドン（non-AUG start codon）AUG以外に用いられるスタートコドン．植物RNAウイルスゲノムでは，種によってAUC，AUA，AUU，GUG，CUGなどが用いられている例がある．

非LTR型レトロトランスポゾン（non-LTR retrotransposon）DNAの両末端に長鎖末端反復配列（LTR）を有しないレトロトランスポゾン．非LTR型レトロトランスポゾンは長鎖散在反復配列（LINE）を有するものと短鎖散在反復配列（SINE）を有するものとの2種類に分けられる．→レトロトランスポゾン

ビオチン (biotin) ビタミン H，補酵素 R ともいう．核酸やタンパク質の非放射性標識に利用される．

皮下注射 (subcutaneous injection) 皮下組織への注射．

光回復 (photoreactivation) → 光再活性化

光回復酵素 (photoreactivating enzyme) 紫外線損傷により生じた核酸上のピリミジン二量体を元の 2 個のピリミジン単量体に回復する酵素．

光再活性化 (photoreactivation) 光回復ともいう．紫外線損傷により生じた核酸上のピリミジン二量体が光回復酵素によって元の 2 個のピリミジン単量体に回復する現象．

非感受性 (insusceptibility, nonsusceptibility, insensitivity, inaccessibility, incompatibility) 非受容性，非親和性ともいう．生物の個体，組織，細胞あるいは分子が，病原体などの有害な要因を受容しない性質．

非感染症 (non-infectious disease) → 非伝染病

非許容細胞 (nonpermissive cell) ウイルスの増殖を許さない細胞．

PK (protein kinase) → タンパク質キナーゼ

非経卵伝染 (non-transovarial transmission) 非経卵伝搬ともいう．経卵伝染しないこと．→ 経卵伝染

非経齢伝染 (non-transstadial transmission) 非経齢伝搬ともいう．経齢伝染しないこと．非循環型伝染ウイルスが示す性質である．→ 経齢伝染

非構造タンパク質 (nonstructural protein) ウイルス粒子の構成成分ではないウイルスゲノム由来の機能性タンパク質．

ピコグラム (picogram：pg) 重さの単位のひとつ．1 pg = 0.001 ng．

非コード RNA (non-coding RNA：ncRNA)
→ ノンコーディング RNA

非コード DNA (non-coding DNA：ncDNA)
→ ノンコーディング DNA

非コード領域 (non-coding region：NCR)
→ 非翻訳領域

ピコルナ様スーパーグループ (picorna-like supergroup) スーパーグループ 1，クラス I ともいう．プラス一本鎖 RNA ウイルスの RNA 依存 RNA ポリメラーゼ (RdRp) のアミノ酸配列の相同性に基づく 3 つの大分類グループ (スーパーグループ) のひとつ．→ スーパーグループ

微細構造 (fine structure, microstructure) 電子顕微鏡などで明らかにされる生体の微細な構造．

PCR (polymerase chain reaction)
→ ポリメラーゼ連鎖反応

PGR (plant growth regulator) → 植物成長調節物質

被子植物 (angiosperm) 種子植物のうち，胚珠が子房で覆われているもの．単子葉植物と双子葉植物に大別される．

非宿主 (nonhost) あるウイルスや病原微生物がまったく感染できない生物．

非宿主抵抗性 (nonhost resistance, nonhost immunity) 種抵抗性ともいう．ある病原体に対してその非宿主植物が種レベルで示す非特異的で強力な安定した病害抵抗性．病原体の感染を受けつけずまったく病徴を示さない場合と，非特異的で急激な過敏感反応を示す場合とがある．前者の多くは非宿主の静的抵抗性と基礎的抵抗性ならびに基礎的抵抗性を抑制するエフェクターが無効であることやあるいは強力な侵入抵抗性機構などによるが，後者はおそらく R 遺伝子が介在する反応に類似した機構によるものと推測されている．ウイルスの場合には，非宿主抵抗性の多くはウイルスの複製・翻訳に必要な特異的な宿主成分が本来欠落しているか，一部構造に違いがあるか，ないしは変異していることによるが，宿主のその他のウイルス複製・翻訳阻害因子の働きによる場合もある．

非循環型伝染 (non-circulative transmission) ウイルスの虫媒伝染様式のうち，感染植物から獲得したウイルスが口針あるいは前腸付近に留まって虫体内を循環しないため，潜伏期間なしにただちに媒介能力をもつようになる様式で，数分〜数時間で媒介能力を失う場合 (非永続性) と数時間〜数日間で媒介能力を失う場合 (半永続性) とがある．

非循環型・半永続性伝染 (non-circulative, semi-persistent transmission) 前腸型伝染と同義．ウイルスの虫媒伝染様式のうち，感染植物から獲得したウイルスが前腸付近に留まって虫体内を循環しないため，潜伏期間なしにただちに媒介能力をもつようになるが，数時間〜数日間で媒介能力を失う様式．

非循環型・非永続性伝染 (non-circulative, non-persistent transmission) 口針型伝染と同義．ウイルスの虫媒伝染様式のうち，感染植物から獲得したウイルスが口針付近に留まって虫体内を循環しないため，潜伏期間なしにただちに媒介能力をもつようになるが，数分〜数時間で媒介能力を失う様式．

微小管 (microtubule) マイクロチューブルともいう．細胞骨格を形づくる主要な因子で，チューブリンの二量体からなる．

微小繊維 (microfilament) マイクロフィラメント，ミクロフィラメントともいう．細胞骨格の構成要

素のひとつで，主としてアクチンフィラメントなどからなる．植物ウイルスでは，ウイルスあるいはウイルスゲノムのプラズモデスマータへの移行と細胞間移行に関わることが示されている．→細胞骨格

非親和性（incompatibility, noncompatibility）
→非感受性

非親和的相互関係（incompatible interaction）非親和性関係ともいう．病原体の植物への感染が成立しない関係．

ヒスチジンタグ（histidine tag：His-tag）タンパク質のアフィニティー精製用のタグのひとつとして通常6残基のヒスチジンが融合タンパク質の形で利用される．

ヒストン（histone）真核生物のDNAが巻きついてクロマチンを構成するタンパク質．H1，H2A，H2B，H3，H4の5種類の分子種がある．→クロマチン

ヒストンアセチルトランスフェラーゼ（histone acetyltransferase, histone acetylase）ヒストンアセチラーゼともいう．ヒストンのリジン残基にアセチル基を付加する酵素．ヒストンがアセチル化されることによりDNAの巻きつきが弱くなる結果，転写が促進される．

ヒストン修飾（histone modification）ヒストンのN末端領域に認められるアセチル化，メチル化，リン酸化，ユビキチン化，SUMO化などの化学修飾．

ヒストンデアセチラーゼ（histone deacetylase）ヒストンのリジン残基に付加されたアセチル基を除去する酵素．ヒストンが脱アセチル化されることによりDNAの巻きつきが強くなる結果，転写が抑制される．

ヒストンデメチラーゼ（histone demethylase）ヒストンのメチル基を除去する酵素．脱メチル化されるヒストンの種類と部位によって転写が促進される場合と抑制される場合とがある．

ヒストンメチルトランスフェラーゼ（histone methyltransferase）ヒストンのアルギニン残基とリジン残基にメチル基を付加する酵素．メチル化されるヒストンの種類と部位によって転写が促進される場合と抑制される場合とがある．

微生物学（microbiology）微生物に関する学問分野．

微生物関連分子パターン（microbe-associated molecular patterns：MAMPs）MAMPsと略記する．細菌の鞭毛フラジェリン，菌類の細胞壁構成成分など，宿主あるいは非宿主に対する非特異的エリシターとして働き，植物の基礎的抵抗性反応の発現を誘導する微生物由来の各種構成成分．→非特異的エリシター，病原体関連分子パターン

微生物関連分子パターン受容体（microbe-associated molecular patterns receptor：MAMPs receptor）MAMPsレセプターともいう．微生物関連分子パターン（MAMPs）の認識・受容体．レセプター様キナーゼ構造をとるものが多い．

非生物的エリシター（abiotic elicitor）生物以外の防御応答誘導因子．→エリシター

非生物的ストレス（abiotic stress）生物以外の物理的，化学的要因が植物に与えるストレス．

非生物的伝染（abiotic transmission）媒介生物を介さない伝染．→接触伝染

微生物農薬（microbial pesticide, microbiological pesticide）農作物の病害虫や雑草の生物防除のために天敵微生物や拮抗微生物を生きた状態のまま製品化した農薬．

微生物誘導分子パターン（microbe-induced molecular patterns：MIMPs）MIMPsと略記する．微生物由来のエフェクターによって修飾を受けた宿主由来の各種成分．

微生物誘導分子パターン受容体（microbe-induced molecular patterns receptor：MIMPs receptor）MIMPsレセプターともいう．微生物誘導分子パターン（MIMPs）の認識・受容体．Rタンパク質のうちのガード型抵抗性タンパク質と同義．→ガード型抵抗性タンパク質

非相同組換え（nonhomologous recombination, illegitimate recombination）塩基配列に相同性のないDNA分子あるいはRNA分子間での組換え．

非相同末端結合（non-homologous end joining：NHEJ）切断末端同士を塩基配列非特異的に直接結合するDNA修復機構．

肥大（hypertrophy）細胞分裂を伴わずに生体の細胞・組織・器官の体積が増加する現象．

非対称細胞融合（asymmetrical cell fusion）異種間の細胞融合において，一方の核をX線照射などにより，他方の細胞質をヨードアセトアミドなどにより，それぞれ不活化処理した後に融合させること．これによって，核と細胞質を置換した細胞や，核は一方の親由来で細胞質が混じり合った細胞質雑種などが得られる．

ひだ葉（enation）エネーションともいう．葉脈部を中心に葉の一部がひだ状に隆起して奇形となる病徴．

左末端ドメイン（terminal left domain, TL domain）
→末端ドメイン

ビッグベイン（big vein）葉脈肥大．葉脈透化によ

り葉脈が太くみえるようになった病徴.

PD(plasmodesmata) →プラズモデスマータ

PTI(PAMP-triggered immunity)
→PAMP誘導免疫

PDR(pathogen-derived resistance)
→病原由来抵抗性

PTA(phosphotungstic acid)
→リンタングステン酸

BTH(benzothiadizole；acibenzolar-S-methl)植物防御誘導物質のひとつ．→植物防御誘導物質

PTA-ELISA(plate-trapped antigen ELISA)
→プレート捕捉抗原ELISA法

PTGS(post transcriptional gene silencing)
→RNAサイレンシング

PTGSサプレッサー(PTGS suppressor, post transcriptional gene silencing suppressor)
→RNAサイレンシングサプレッサー

VIDEdB(ビデデータベース：Virus Identification Data Exchange Database)→Plant Viruses Online

Bt毒素(Bt toxin) 昆虫病原細菌 *Bacillus thuringiensis*(Bt)の産生する殺虫性エンドトキシン．

PDB(Protein Data Bank)
→タンパク質構造データバンク

非伝染病(noninfectious disease) 非伝染性病害，非感染症，生理病，生理障害ともいう．生理的要因や非生物的な環境要因など，伝染性病原体以外の要因による病害．→植物生理病

微働遺伝子(minor gene) →ポリジーン

非同義置換(nonsynonymous substitution) アミノ酸変異を生じる塩基置換変異．

非特異的エリシター(nonspecific elicitor, general elicitor) 病原体の種や系統にかかわらず植物に非特異的で広範な基礎的抵抗性を誘導するエリシター．病原体の構成成分(PAMPs，MAMPs)や一部の分泌成分あるいは植物体の細胞壁分解産物(DAMPs)などがこれに相当する．→PAMPs，MAMPs，DAMPs

非特異的抵抗性(nonspecific resistance) [1]圃場抵抗性と同義．[2]圃場抵抗性，基礎的抵抗性，非宿主抵抗性を包含した非特異的な抵抗性．→圃場抵抗性，基礎的抵抗性，非宿主抵抗性

非特異的毒素(non-specific toxin, non-selective toxin：NST) →宿主非特異的毒素

ヒートショックタンパク質(heat shock protein：HSP) →熱ショックタンパク質

Pドメイン[1](P domain：pathogenic domain)
→病原性ドメイン [2](P domain：protruding domain) トンブスウイルス科(*Tombusviridae*)ウイルスの外被タンパク質のC端側に存在する突起ドメイン．

ヒドロキシプロリンリッチ糖タンパク質(hydroxyproline-rich glycoprotein：HRGP) 高ヒドロキシプロリン糖タンパク質ともいう．ヒドロキシプロリンに富む糖タンパク質で，植物の細胞壁にも存在し，病原菌類の侵入部位に集積することが知られている．

ヒドロキシルラジカル(hydroxyl radical) 活性酸素種のひとつ．

ピノサイトーシス(pinocytosis) 飲作用ともいう．細胞外の液体や可溶性物質が，細胞膜の陥入とそれに続くピノソームの形成によって真核細胞内に取り込まれる過程．

ピノソーム(pinosome) 細胞膜の陥入によって取り込まれた細胞外の液体や可溶性物質を封入する比較的小さな小胞．

微斑(mild mottle) マイルドモットルともいう．緑色部と退緑部が混在している病徴で，斑紋症状よりも病斑がより穏やかな場合に用いる．→斑紋

bp(base pare) →ベース

PBS(phosphate-buffered saline)
→リン酸緩衝生理食塩水

PBS(primer binding site)
→プライマー結合部位

ppm(parts per million) 濃度，存在比の単位のひとつ．10^{-6}を表す．1 ppm = 0.0001 % ≒ 1 mg/l.

ppb(parts per billion) 濃度，存在比の単位のひとつ．10^{-9}を表す．1 ppb = 0.001 ppm = 0.0000001 % ≒ 1 μg/l.

非病原菌(non-pathogenic microbe) 非病原微生物ともいう．宿主に病原性を示さない微生物．

非病原性(nonpathogenicity, avirulence) 病原性をもたないこと．

非病原性遺伝子(avirulent gene, avirulence gene：*Avr* gene) 非病原力遺伝子，*Avr*遺伝子ともいう．病原体のエフェクターあるいはエリシターをコードする遺伝子のひとつで，植物側の抵抗性遺伝子(*R*)の有無に応じて，植物に特異的抵抗性の発現を誘導するか，あるいは病原体の病原性の発現を促進する．植物ウイルスの場合には，特異的エリシターとしても機能する外被タンパク質(CP)，RNA依存RNAポリメラーゼ(RdRp)などの一部のウイルスタンパク質の遺伝子が非病原性遺伝子に相当する．→エフェクター，エリシター

非病原性エフェクター(avirulent effector)
→特異的エリシター

非病原由来抵抗性(non-pathogen-derived resistance：NPDR）病原体由来以外の遺伝子を導入した遺伝子組換え植物が示す病害抵抗性．

非病原力遺伝子（avirulent gene, avirulence gene：*Avr* gene）→非病原性遺伝子

P部位（peptidyl-tRNA binding site：P-site）リボソーム上のペプチジル tRNA の結合部位．

PVS（Plant virus subcommittee）
→植物ウイルス小委員会

PVDF膜（polyvinylidene difluoride membrane：PVDF membrane）ポリフッ化ビニリデン膜．タンパク質や核酸のブロッティングに利用される膜のひとつ．

P–Pro（ピープロ：papain-like protease）P-pro とも表す．パパイン様プロテアーゼ．

微分干渉顕微鏡（differential interference microscope）干渉効果を利用した生細胞観察用の光学顕微鏡のひとつ．

非閉鎖系（non-closed system）→開放系

非ベクター伝搬性ウイルス（non-vector-borne virus）ベクターによって伝搬されないウイルス．

PIPO（ピポ：pretty interesting *Potyviridae* ORF）ポティウイルス科（*Potyviridae*）ウイルスのゲノム上でフレームシフトあるいは転写スリップにより生じる小さな ORF．その機能については不明．

非放射性標識（nonradioactive labeling）非放射性化合物で標識すること．

非放射性標識プローブ（non-RI-labeled probe, non-RI probe, non-radioisotope-labeled probe）非放射性プローブともいう．放射性同位体（RI）を用いずに，ビオチン，ジゴキシゲニン，酵素，蛍光色素などの非放射性化合物で標識したプローブ．

Pボディ（P-body：processing body）真核生物の細胞質内に存在し，RNA タンパク質複合体から成る顆粒状構造物．mRNA の分解や貯蔵に関与する．

非翻訳 RNA（non-translatable RNA, non-coding RNA：ncRNA）→ノンコーディング RNA

非翻訳 DNA（non-coding DNA：ncDNA）
→ノンコーディング DNA

非翻訳領域（non-translated region, non-translational region：NTR, untranslated region：UTR, non-coding region：NCR）非コード領域ともいう．核酸上で遺伝子をコードしていない領域．mRNA やウイルス RNA においてタンパク質をコードする遺伝子の上流の5′末端側および下流の3′末端側に位置する非翻訳領域は，遺伝子の転写，複製あるいは翻訳の開始を制御する重要な配列である．

被膜（envelope）→エンベロープ

被膜ウイルス（enveloped virus）外殻を包む脂質の被膜（エンベロープ）をもつウイルス．植物ウイルスでは，ラブドウイルス科（*Rhabdoviridae*），トスポウイルス属（*Tospovirus*），エマラウイルス属（*Emaravirus*）などのウイルスがある．

ビームカプセル（Beem capsule）透過型電子顕微鏡用の試料作製の際に，懸濁細胞などの試料を遠心して管底に集め，固定・包埋するために用いるポリエチレン製の先端の尖ったカプセル．

ビメンチン（vimentin）細胞骨格の構成成分のひとつ．

非メンデル遺伝（non-Mendelian inheritance）メンデルの法則に従わない遺伝様式．細胞質遺伝子，ポリジーン，転移因子などによる．

ひも状ウイルス（filamentous virus, flexuous rod-shaped virus）糸状ウイルスともいう．植物ウイルスでは，径3～15 nm×長さ250～2,000 nm の屈曲したひも状～糸状の粒子形態をしたウイルスで，プラス一本鎖 RNA ウイルスのクロステロウイルス科（*Closteroviridae*），ポティウイルス科（*Potyviridae*），アルファフレキシウイルス科（*Alphaflexiviridae*），ベータフレキシウイルス科（*Betaflexiviridae*）のウイルスおよびマイナス一本鎖 RNA ウイルスで捩れた繊維状のオフィオウイルス属（*Ophiovirus*）とテヌイウイルス属（*Tenuivirus*）のウイルスがある．→棒状ウイルス，植物ウイルスの粒子構造

BUdR（5-bromodeoxyuridine）
→5-ブロモデオキシウリジン

病害（plant disease, plant disease damage）植物病，植物病害ともいう．植物の病気による被害．

病害耐性（disease tolerance）耐病性ともいう．植物が罹病してもほとんど影響を受けない性質．植物ウイルスではウイルスは全身感染するが，その増殖量が低いか，あるいはほとんど病徴を示さないタイプの抵抗性を指す．病害抵抗性とは区別して用いる場合と，これと同義で用いる場合とがある．→病害抵抗性

病害虫（pest, disease and insect pest）植物の病気と害虫．

病害虫防除（pest control）病害虫による植物の被害を軽減・防止するために人為的手段を講ずること．

病害抵抗性（disease resistance, immunity）免疫性ともいう．植物がまったく罹病しないか，あるいは罹病しても病気の進展や病徴の発現を阻止する性質．病害抵抗性は，表現型として，非宿主抵抗性，品種非特異的抵抗性，品種特異的抵抗性に大別され，そのうち最初が非宿主植物の示す抵抗

性，後の2つが宿主植物の示す抵抗性で，それらの抵抗性機構には共通する部分も多い．こうした抵抗性の機構は，植物が感染前から備えている静的抵抗性と感染後に誘導される動的抵抗性とに大別されている．特に，非特異的な動的抵抗性である基礎的抵抗性は植物が示すほぼすべての病害抵抗現象に共通した基盤となる抵抗性機構で，基礎的抵抗性を誘導するPAMPs(MAMPs)あるいは抑制するエフェクターの作用の特性や強弱およびR遺伝子の介在の有無に応じて，病害抵抗性に関係する遺伝子群に対するシグナル伝達と発現制御ならびにそれに伴う遺伝子発現パターンに違いが生じ，これらが結果的に，非宿主抵抗性，品種非特異的抵抗性，品種特異的抵抗性という抵抗性の表現型の違いに結びついていると考えられている．→非宿主抵抗性，品種非特異的抵抗性，品種特異的抵抗性，静的抵抗性，動的抵抗性，基礎的抵抗性，R遺伝子

病害抵抗性育種(disease resistance breeding, breeding for disease resistance) 耐病性育種ともいう．病害抵抗性をもつ品種の育成．

病害抵抗性組換え植物(disease-resistant transgenic plant) 遺伝子組換えによって病害抵抗性を付与あるいは増強した植物．ウイルス遺伝子の一部などの導入によるウイルス病抵抗性組換え植物，解毒酵素遺伝子や抗菌性ペプチド遺伝子などの導入による細菌病抵抗性組換え植物，真性抵抗性遺伝子あるいは溶菌酵素遺伝子や上流転写調節因子遺伝子などの防御応答遺伝子の導入による菌類病抵抗性組換え植物など，きわめて多数の各種病害抵抗性植物が開発されているが，現在までのところ，2，3種のウイルス病抵抗性組換え植物を除いて，実用化には至っていない．→遺伝子組換え植物，ウイルス病抵抗性組換え植物

病害抵抗性細胞選抜植物(disease-resistant plant through cell selection) 細胞選抜によって病害抵抗性の増強が示された植物．病原毒素などを選択圧として選抜・育成されたごま葉枯病抵抗性トウモロコシ，野火病抵抗性タバコ，青枯病抵抗性トマト，疫病抵抗性ジャガイモなど多数の例があるが，実用化された品種はほとんどない．→細胞選抜

病害抵抗性融合植物(disease-resistant fusion plant) 細胞融合によって病害抵抗性を獲得した植物．ジャガイモ葉巻ウイルス(PLRV)抵抗性の*Solanum brevidens*＋ジャガイモ，半身萎凋病抵抗性の*S. torvum*＋ナス，青枯病抵抗性の*S. sanitwongsei*＋ナスなど各種の例があり，その一部は育種用の中間母本あるいは台木として実用化されている．→細胞融合

病害防除(disease control, pest control) 病原体による植物の被害を軽減・防止するために人為的手段を講ずること．

病原(causal agent, pathogen) →病原体

病原ウイルス(pathogenic virus) 病原性のウイルス．

病原学(pathogenology) →病原微生物学

表現型(phenotype) 遺伝子発現によって1個の細胞または生物体に現れる生理的・形態的形質．

病原型(pathotype) 同一種の病原体で宿主に対する病原性が異なる系統の類別．

表現型混合(phenotypic mixing) 2種のウイルスの混合感染により，ウイルスゲノムとキャプシドが入れ代わったキメラウイルス粒子などが生じる現象．

表現型多型(phenotypic polymorphism) 表現型に表れた多型．遺伝子型と環境効果によって決定される．

病原菌(pathogenic microbe, pathogenic microorganism) 病原微生物ともいう．宿主に感染して病気の原因となる微生物を指し，病原菌類と病原細菌を含むが，一般にはウイルスは含まれない．

病原菌類(pathogenic fungi) 病原性の菌類．

病原細菌(pathogenic bacteria) 病原性の細菌．

病原性(pathogenicity, virulence) 病原力ともいう．病原体が宿主に感染して発病させる能力．

病原性遺伝子(pathogenicity gene, virulent gene, virulence gene) 病原力遺伝子ともいう．病原体の病原性に関わる遺伝子の総称．

病原性因子(virulence factor) 病原体によって産生・分泌され，その病原性に関わる分子．

病原性エフェクター(virulent effector) 病原体によって産生・分泌され，宿主植物に対して基礎的抵抗性反応を抑制して病原性発現を促進する分子．→エフェクター

病原性関連タンパク質(pathogenesis related protein：PR-protein) PRタンパク質，感染特異的タンパク質ともいう．病原体に感染した植物に特異的に誘導発現される一群の防御タンパク質の総称．抗菌性ペプチド，溶菌酵素，プロテアーゼ阻害タンパク質などが含まれる．

病原性ドメイン(pathogenic domain：P domain) ポスピウイロイド科(*Pospiviroidae*)ウイロイドの分子上の5つのドメインのひとつで，病原性に関わるとされるドメイン．

病原性の分化(pathogenic specialization, pathogenic

differentiation）寄生性の分化ともいう．病原体の単一種が病原性の異なる系統に分かれる現象．

病原体（pathogen, etiologic agent, causal agent）病原ともいう．宿主に感染して病気の原因となる微生物やウイルスなどを指す．

病原体関連分子パターン（pathogen-associated molecular patterns：PAMPs）PAMPs と略記する．病原関連分子パターンともいう．病原細菌の鞭毛フラジェリンの断片やリポ多糖，病原菌類のキチンやグルカンなどの細胞壁構成成分の分解産物など，宿主あるいは非宿主に対する非特異的エリシターとして働き，植物の基礎的抵抗性反応の発現を誘導する病原体由来の各種構成成分．このような成分の存在が病原体に限らない場合には，微生物関連分子パターン（MAMPs）という用語を用いる．→非特異的エリシター，基礎的抵抗性，微生物関連分子パターン

病原体関連分子パターン受容体（pathogen-associated molecular patterns receptor：PAMPs receptor）PAMPs レセプターともいう．病原体関連分子パターン（PAMPs）の認識・受容体．

病原微生物（pathogenic microbe, pathogenic microorganism）微生物病原体．広義にはウイルスなども含む．

病原微生物学（pathogenic microbiology）病原学ともいう．ウイルス，細菌，菌類など動植物の病原体となる微生物に関する学問分野．

病原由来抵抗性（pathogen-derived resistance, parasite-derived resistance：PDR）病原体由来の遺伝子を導入した遺伝子組換え植物が示す病害抵抗性．時に，弱毒株の接種による干渉効果なども病原由来抵抗性に含める場合がある．

病原力（virulence）→病原性

標識核酸プローブ（labeled nucleic acid probe）特定の核酸分子の検出・定量に用いるそれらと相補的な配列をもつ標識核酸断片．

標識プローブ（labeled probe）放射性同位体（RI）あるいは非放射性化合物で標識したプローブ．

病態系（pathosystem, patho-ecosystem）パソシステムともいう．宿主,病原体,媒介生物などによって構成される生態系．

病虫害（pest damage, disease and insect damage）植物の病気と害虫による被害．

標徴（sign）宿主植物の表面に認められる病原菌の菌体．

病徴（symptom）病原体などの各種の要因により，病気にかかった宿主に出現する外部あるいは内部の形態的異常．

病徴学（symptomatology）徴候学, 症候学ともいう．病気の症状や病徴に関する学問分野．

病徴型（symptom type）同一種のウイルスで同一の宿主上での病徴が異なる系統の類別．

病徴発現（symptom development）感染宿主において病徴が出現すること．

病斑（lesion）病原体の感染によって植物体上に生じる変色斑．

表皮（epidermis）高等植物の体表面を覆う，多くは単層の細胞層からなる平面的な組織．

表皮細胞（epidermal cell）表皮を構成する細胞．

表面プラズモン共鳴センサー（surface plasmon resonance sensor：SPR sensor）分子間相互作用解析装置のひとつ．→分子間相互作用解析装置

ビリオン（virion）→ウイルス粒子

ビリオンセンス鎖（virion-sense strand）→ウイルスセンス鎖

ピリミジン塩基（pyrimidine base）ピリミジンの種々の部分が置換された化合物．核酸, ヌクレオチド, ヌクレオシドの構成成分で, シトシン（Cyt），チミン（Thy），ウラシル（Ura）がこれにあたる．

***Vir*遺伝子**（ビル遺伝子：*Vir* gene, virulence gene）[1]病原性遺伝子．[2]*Agrobacterium tumefaciens* あるいは *A. rhizogenesis* において，Ti プラスミドあるいは Ri プラスミドに座乗し，T-DNA の切り出しと植物への移送に関わる遺伝子．

***Vir*領域**（ビル領域：*Vir* region, virulence region）*Agrobacterium tumefaciens* あるいは *A. rhizogenesis* の *Vir* 遺伝子を含む領域．T-DNA 領域の切り出しと移行に関わる

ビルレントファージ（virulent phage）→溶菌性ファージ

ピロシーケンス法（pyrosequencing method）パイロシーケンス法ともいう．DNA 塩基配列決定法のひとつで，DNA ポリメラーゼあるいは DNA リガーゼによる伸長反応の際に放出されるピロリン酸を発光反応で順次検出することによって塩基配列を決定する．

ビロプラズミン（viroplasmin）カリフラワーモザイクウイルス（CaMV）の翻訳アクチベーターの別称．→翻訳アクチベーター

ビロプラズム（viroplasm）ビロプラズマ，ウイロプラズム，ウイロプラズマ，バイロプラズム，バイロプラズマともいう．ウイルス感染細胞の細胞質内あるいは核内に形成される電子密度が高く膜を欠く不定形の封入体で，ウイルスの複製や粒子形成の場である．バドナウイルス属（*Badnavirus*）とツングロウイルス属（*Tungrovirus*）の2属以外

のカリモウイルス科（Caulimoviridae）のウイルス，レオウイルス科（Reoviridae）の植物ウイルス，ワイカウイルス属（Waikavirus），トスポウイルス属（Tospovirus），サイトラブドウイルス属（Cytorhabdovirus）のウイルスなどでは細胞質内に，ジェミニウイルス科（Geminiviridae）やヌクレオラブドウイルス属（Nucleorhabdovirus）のウイルスでは核内に形成される．

BY-2 細胞（BY-2 cell）タバコ（Nicotiana tabacum）品種 Bright Yellow 2 に由来する培養細胞株．

P1 由来人工染色体（P1-derived artificial chromosome：PAC）バクテリオファージ P1 ベクターと細菌人工染色体（BAC）の両方の特徴をもつ，最大約 300 kb の DNA クローン用のベクター．

品種（race, form, forma）レースという場合もある．生物の階層分類体系において，変種の次下位におかれる階級．同一種内でひとつ以上の遺伝形質が他の集団とは異なる個体群．

品種特異的抵抗性（cultivar-specific resistance, cultivar resistance, varietal resistance）
→真性抵抗性

品種非特異的抵抗性（cultivar-nonspecific resistance）
→圃場抵抗性

フ

ファイトアレキシン（phytoalexin）フィトアレキシンともいう．病原体に感染した植物に特異的に生成が誘導される低分子抗菌物質．

ファイトアンティシピン（phytoanticipin）健全植物に存在する先在性の抗菌物質．

ファイトトロン（phytotron）温度，湿度，光などの環境条件を人工的に自動制御できる植物専用の比較的大規模な人工気象室．

Phytopathology 米国植物病理学会（APS）の植物病とその病原体に関する学会誌．

ファイトプラズマ（phytoplasma）モリキューテス綱（Mollicutes）に属し，植物の篩部局在性で，細胞壁を欠き，培養が困難な小型で多形性の病原細菌．媒介昆虫の体内でも増殖して永続伝搬される．地球上で最小の細胞生物である．

ファーウエスタン法（far western blotting）
→ウエストウエスタンブロッティング

ファゴサイトーシス（phagocytosis）食作用ともいう．細胞外の高分子や大きな粒子が，細胞膜の陥入とそれに続くファゴソームの形成によって真核細胞内に取り込まれる過程．

ファゴソーム（phagosome）食胞ともいう．細胞膜の陥入によって取り込まれた細胞外の高分子や大きな粒子を封入する比較的大きな小胞．

ファージ（phage）→バクテリオファージ

ファージ型（phage type）同種の細菌の複数種のファージに対する感受性の違いに基づく類別．

ファージタイピング（phage typing）細菌のファージ型を同定する作業．

ファージディスプレイ法（phage display method）ファージの外被タンパク質に外来タンパク質を融合して発現させ，ファージの外表面に提示させる技法．

ファージベクター（phage vector）ファージを利用したベクター．

ファージライブラリー（phage library）ファージをベクターとして利用した DNA ライブラリー．

FASTA（ファスタ，ファストエー）核酸の塩基配列あるいはタンパク質のアミノ酸配列のシーケンスアラインメントを行うためのプログラムのひとつ．

ファーストメッセンジャー（first messenger, primary messenger）一次メッセンジャーともいう．細胞のシグナル伝達において，細胞外から細胞内に刺激を伝える物質や物理的，化学的刺激などの総称．

FACS（ファックス：fluorescence-activated cell sorter）→蛍光活性化セルソーター

V（virus）→ウイルス

VIGS（virus-induced gene silencing）
→ウイルス誘導ジーンサイレンシング

VIGS ベクター（VIGS vector）ウイルス誘導ジーンサイレンシング（VIGS）に利用するウイルスベクター．

vRNA（viral RNA, virus RNA）→ウイルス RNA

VRC（viral replication complex, virus replication complex, viralreplicase complex）→ウイルス複製複合体

vsiRNA（virus-derived siRNA）ウイルス由来低分子干渉 RNA．→siRNA

VMC（viral movement complex, virus movement complex）→ウイルス移行複合体

VLP（virus-like particle）→ウイルス様粒子

FISH（フィッシュ：fluorescence in situ hybridization）
→蛍光インシトゥハイブリダイゼーション

Vd（viroid）→ウイロイド

vdRNA（Vd RNA, viroid RNA）→ウイロイド RNA

vDNA（viral DNA, virus DNA）→ウイルス DNA

部位特異的組換え（site-specific recombination）2 つの特定の塩基配列間で起きる組換え．

部位特異的突然変異導入（site-specific mutagenesis, site-directed mutagenesis）部位特異的突然変異

誘発ともいう．遺伝子の特定の部位に特定の変異を導入する技法．

フィードバック阻害(feedback inhibition) ある反応の生成物がその反応系の初期反応を阻害する作用．

Vドメイン(V domain, variable domain)
→可変ドメイン

VPg(viral protein g, genome-linked protein)
→ゲノム結合タンパク質

フィラメント(filament) 電子顕微鏡の電子銃の陰極として使われる細いタングステンなどの金属線．

斑入り(color breaking, flower breaking) カラーブレーキングともいう．花弁や果実に現れる色素異常の病徴．

フィロディ(phyllody) 葉状化，葉化ともいう．花器の全体あるいは一部が緑色の葉状に変形する病徴．

フィンガープリンティング(fingerprinting) フィンガープリント法ともいう．[1]タンパク質の分解で得られるペプチドマップを作製する方法．[2]ペプチドマスフィンガープリントを作製する方法．[3]DNAフィンガープリントを作製する方法．→ペプチドマップ，ペプチドマスフィンガープリンティング，DNAフィンガープリンティング

風車状封入体(pinwheel inclusion) →円筒状封入体

封入体(inclusion body：IB, inclusion) ウイルス感染細胞内に形成される特異的構造体で，植物ウイルスでは種によって，細胞質内あるいは核内に，結晶状封入体，不定型封入体，円筒状封入体，束状封入体，巻物状封入体，層板状封入体，膜状構造体，あるいはビロプラズムなどが認められる．→細胞質封入体，核内封入体，結晶状封入体，不定型封入体，円筒状封入体，束状封入体，巻物状封入体，層板状封入体，膜状構造体，ビロプラズム

封入体タンパク質(inclusion protein：IP, inclusion body protein) 封入体を構成するウイルス粒子以外のタンパク質．ウイルスゲノムの複製・翻訳に関与するものや，特異的エリシターなどとして機能するものもある．

フェニルアラニンアンモニアリアーゼ(phenylalanine ammonia-lyase：PAL) 植物の防御応答反応に関わるフェニルプロパノイド合成経路のキー酵素のひとつ．→フェニルプロパノイド

フェニルイソチオシアネート(phenyl isothiocyanate：PITC) エドマン分解法でタンパク質のN末端アミノ基の修飾に用いる化合物．→エドマン分解法

フェニルプロパノイド(phenylpropanoid) フェニルアラニンを起源とするフェニルプロパンが複数縮合した形の化合物とその誘導体の総称．フェニルプロパノイド合成経路は各種のファイトアレキシンやリグニンの生成に関わっている．

フェノール(phenol) 石炭酸ともいう．核酸の抽出や消毒剤に用いられる有機化合物．

フェムトグラム(femtogram：fg) 重さの単位のひとつ．1 fg = 0.001 pg．

フォスミドベクター(fosmid vector) 大腸菌のFプラスミドの複製起点とλファージのcos部位(付着末端配列)をもつプラスミドベクター．

フォールディング(folding) タンパク質の折り畳み．ポリペプチド鎖が折り畳まれて一定の高次構造が形成されること．

フォルムバール支持膜(supporting formvar membrane) 透過型電子顕微鏡観察のためにグリッド上に張る試料支持膜のひとつ．通常，カーボンを蒸着し補強して用いる．→グリッド

孵化(hatching) 動物の卵が孵ること．

賦活化(activation) →活性化

不活化(inactivation) 不活性化ともいう．生体物質や細胞などの機能が低下あるいは消失する現象もしくはその操作．

不活化温度(thermal inactivation point：TIP)
→耐熱性

不活化ワクチン(inactivated vaccine) 免疫原(抗原)として用いられる各種病原体の不活化株あるいはそれから調製した抗原成分または無毒化毒素．

不完全ウイルス(defective virus, incomplete virus) 欠陥ウイルス，欠損ウイルスともいう．ウイルスゲノムの一部を欠くために単独では増殖できないウイルス．

複合感染(mixed infection) →混合感染

複製(replication) 親のDNAあるいはRNAを鋳型としてそれと同一の娘のDNAあるいはRNAを合成すること．

複製因子(replication factor：RF) 複製タンパク質ともいう．真核生物のDNA複製に必須の機能をもつ一本鎖DNA結合タンパク質など数種のタンパク質．

複製開始タンパク質(replication initiation protein：Rep) Repタンパク質ともいう．ジェミニウイルス科(*Geminiviridae*)ウイルスのゲノム複製に関与するウイルス由来の複製開始因子．ウイルスゲノムDNA上のイテロンとの結合，細胞周期の変換，一本鎖DNAの部位特異的切断および環状化のための一本鎖DNAの連結などの活性を有する．

複製開始点(replication origin) 複製起点ともいう．

複製を開始する核酸上の部位.

複製型(replicative form：RF) ウイルスゲノムの複製中間体のひとつ. プラス一本鎖RNAウイルスでは, 親ウイルス鎖とその相補鎖とで形成された二本鎖RNAの構造を指す. ただし, この場合, RFは核酸抽出過程で生じる人工産物あるいはすでに複製過程を終えた分子がとる構造のひとつに過ぎないという可能性がある. 環状一本鎖DNAウイルスでは, ウイルス鎖とその相補鎖からなる環状二本鎖DNAが複製型に相当する.

複製関連タンパク質(replication-associated protein：RepA) RepAタンパク質ともいう. ジェミニウイルス科(*Geminiviridae*)のうち, マストレウイルス属(*Mastrevirus*)とクルトウイルス属(*Curtovirus*)のウイルスに認められる複製関連因子. 基本的な機能は複製開始タンパク質(Rep)と同様で, Repと共存するウイルス属ではRepの機能を強化する役割を果たす. →複製開始タンパク質

複製共役的着外被(replication-coupled encapsidation, co-replicational encapsidation) プラス一本鎖RNAウイルスでウイルスRNAの複製の進行中にウイルスキャプシドタンパク質によるエンキャプシデーションが共役して行われる機構.

複製共役的翻訳(replication-associated translation：RAT, co-replicational translation) 翻訳共役的複製ともいう. プラス一本鎖RNAウイルスでウイルスRNAの複製の進行中にウイルスRNAの翻訳が共役して行われる機構.

複製促進タンパク質(replication enhancer protein：REn) 複製エンハンサーともいう. ジェミニウイルス科(*Geminiviridae*)のうち, クルトウイルス属(*Curtovirus*)とベゴモウイルス属(*Begomovirus*)のウイルスに認められるタンパク質で, ウイルスのゲノム複製に際して複製開始タンパク質(Rep)あるいは複製関連タンパク質(RepA)と結合して複製を促進するタンパク質.

複製中間体(replicative intermediate：RI) ウイルスゲノムの複製中間体のひとつ. プラス一本鎖RNAウイルスでは, RNA依存RNAポリメラーゼ(RdRp), 親ウイルス鎖の相補鎖および複製中の複数の子ウイルス鎖とで形成される.

複製フォーク(replication fork) 二本鎖DNAの半保存的複製の進行部位に形成されるY字型構造.

副唾腺(accessory salivary gland) 副唾液腺ともいう. 唾腺の構成器官のひとつ.

不顕性感染(inapparent infection) →潜在感染

ブースター(booster) 追加免疫.

腐生(saprophytism) 生物の死体や排出物などを栄養源とする生活形式.

ブタノール(butanol) →ブチルアルコール

付着末端(cohesive end, sticky end) 粘着末端ともいう. 制限酵素によって二本鎖DNAの両鎖が互いに異なる位置で切断された末端.

ブチルアルコール(butyl alcohol：C_4H_9OH) ブタノールともいう. 炭素数4の一価アルコールの総称. そのうち*n*-ブタノールは植物ウイルスの精製や核酸溶液の濃縮の際などに用いられる.

復帰突然変異(back mutation, reverse mutation) 突然変異体が野生株に戻る突然変異.

復帰突然変異体(revertant) 復帰突然変異した株.

ブッシー(bushy) →叢生

フットプリンティング(footprinting) DNAやRNA上のタンパク質結合部位を決定する方法のひとつ.

物理地図(physical map) 全塩基配列地図. 単位はbp(塩基対).

物理的封じ込め(physical containment) 遺伝子組換え生物の外部への拡散防止のために物理的に閉じ込める方法. 組換え実験の材料や種類に応じて危険度の低い順に, 微生物ではP1～P3, 動物ではP1A～P3A, 植物ではP1P～P3Pなどの各封じ込めレベルが定められている.

物理的防除(physical control) 熱, 光, 色, あるいは網などを利用した病害虫防除法. 植物ウイルス病の場合には, 種子の乾熱消毒, 土壌の蒸気消毒, 媒介昆虫の飛来に対する忌避マルチ, 紫外線除去フィルム, 誘引粘着テープあるいは防虫網の利用による防除などがこれにあたる.

不定芽(adventitious bud) 茎頂部や葉腋以外のところに発生する芽.

不定形封入体(amorphous inclusion：AI) 不整形封入体, 顆粒状封入体ともいう. 内部にウイルス粒子やウイルス由来タンパク質あるいは宿主植物細胞由来の膜状〜管状構造物などを含む不定形〜顆粒状の細胞質内封入体. タバコモザイクウイルス(TMV)などの場合にはX体とよばれ, ウイルス複製複合体(VRC)に相当する. トバモウイルス属(*Tobamovirus*), トブラウイルス属(*Tobravirus*), アレキシウイルス属(*Allexivirus*), カルラウイルス属(*Carlavirus*), クロステロウイルス科(*Closteroviridae*), フロウイルス属(*Furovirus*), ポモウイルス属(*Pomovirus*), テヌイウイルス属(*Tenuivirus*)などのウイルス感染細胞で認められる. ポティウイルス属(*Potyvirus*)には細胞質内にCIタンパク質からなる筒状封入体に加えて, HC-Proタンパク質などからなる不定形封入体を

形成するウイルスもある．

不定胚 (embryoid) 受精卵由来ではない体細胞由来の胚様体．

ブートストラップ解析 (bootstrap analysis) 系統樹における分岐点を推測する際，信頼度を推論する方法．

不稔 (aspermy) 結実しない病徴．

浮遊密度 (buoyant density) 生体高分子の密度を，平衡密度勾配遠心において高分子と塩との密度が一致する位置における塩の密度で表したもの．

プライマー (primer) 核酸合成の開始反応に必要なオリゴヌクレオチド分子．

プライマー結合部位 (primer binding site：PBS) レトロウイルスあるいはパラレトロウイルスのゲノム複製過程においてtRNAがプライマーとして結合し，そこから逆転写反応あるいは転写反応が始まるRNAあるいはDNA上の部位．

プライマー伸長法 (primer extension) RNAの転写開始部位などの解析手法．転写されるRNAを鋳型にしてプライマーと逆転写酵素により5′末端まで伸長反応を行い，得られた産物の長さから開始部位を知る．

プライミング (priming) 細胞をある刺激因子で前処理することによって，他の刺激因子に対する細胞の応答性が著しく高まっている状態．

プライミングエフェクター (priming effector) 前処理によって細胞にプライミング状態を引き起こす刺激因子．→プライミング

プラーク (plaque) 溶菌斑ともいう．細菌あるいは培養細胞の層中にファージあるいはウイルス感染による溶菌あるいは細胞の溶解によって形成される透明斑．

プラーク形成単位 (plaque-forming unit：PFU) ファージあるいはウイルスの力価の単位のひとつ．ファージあるいはウイルスが形成するプラーク数で示す．

プラークハイブリダイゼーション (plaque hybridization) 平板培地に形成された単一ファージ由来のプラークから，標識核酸プローブを用いたハイブリダイゼーションによって目的の遺伝子を含むクローンを検出する方法．

ブラシノステロイド (brassinosteroid：BR) 植物ホルモンのひとつで，植物の防御応答にも関わる．

プラス一本鎖RNAウイルス (plus sense single-stranded RNA virus, (+)single-stranded RNA virus：(+)ssRNA virus) (+)一本鎖RNAウイルス，(+)ssRNAウイルスとも表す．プラス鎖の一本鎖RNAをゲノムとするウイルスで，植物ウイルスではウイルス種全体の約60%を占める．これには一般のプラス一本鎖RNAウイルスと一本鎖RNA逆転写ウイルスが含まれるが，前者が約96%，後者が約4%の割合である．一般のプラス一本鎖RNAウイルスのゲノムRNAはほぼすべてそれ自身で感染性をもつ．ゲノムが単一分子であるウイルスと分節した分子であるウイルスとがある．遺伝子の発現様式も，サブゲノムRNAを経由するもの，ゲノムRNAからポリプロテインとして翻訳されるもの，複数種の粒子に分れて存在している分節ゲノムRNAから翻訳されるものなど多様である．

プラス一本鎖RNA逆転写ウイルス (plus sense single-stranded RNA reverse transcribing virus, (+)single-stranded RNA reverse transcribing virus：(+)ssRNA-RT virus) (+)一本鎖RNA逆転写ウイルス，(+)ssRNA-RTウイルスとも表す．→一本鎖RNA逆転写ウイルス

プラス一本鎖DNAウイルス (plus sense single-stranded DNA virus, (+)single-stranded DNA virus：(+)ssDNA virus) (+)一本鎖DNAウイルス，(+)ssDNAウイルスとも表す．プラス鎖の一本鎖DNAをゲノムとするウイルスで，遺伝子はウイルスセンス鎖の相補鎖のみからmRNA経由で発現する．植物ウイルスでは環状一本鎖DNAをゲノムとする6~8粒子6~8分節ゲノムのナノウイルス科（*Nanoviridae*）のウイルスがある．なお，同じく環状一本鎖DNAをゲノムとする1~2粒子1~2分節ゲノムのジェミニウイルス科（*Geminiviridae*）のウイルスはプラス／マイナス一本鎖DNAウイルスである．

(+)ssRNAウイルス ((+)single-stranded RNA virus) →プラス一本鎖RNAウイルス

(+)ssDNAウイルス ((+)single-stranded DNA virus) →プラス一本鎖DNAウイルス

プラス鎖 (plus strand, (+)strand, plus sense strand, (+)sense strand, positive sense strand, sense strand, coding strand) (+)鎖，プラスセンス鎖，ポジティブセンス鎖，センス鎖，コード鎖ともいう．mRNAと同一の塩基配列のRNA鎖あるいはDNA鎖．ただし，DNA鎖ではRNAのUはTに対応する．

プラスセンス (plus sense, positive sense) ポジティブセンスともいう．mRNAと同一の配列．

プラスセンス鎖 (plus sense strand, (+)sense strand) →プラス鎖

プラスチド (plastid) →色素体

BLAST (ブラスト：Basic Local Alignment Search

Tool) 核酸の塩基配列あるいはタンパク質のアミノ酸配列のシーケンスアラインメントを行うためのプログラムのひとつ. 同様のホモロジー検索プログラムである FASTA よりも高速の解析が可能である.

プラス／マイナス一本鎖 RNA ウイルス (plus/minus sense single-stranded RNA virus, (＋／－) single-stranded RNA virus：(＋／－) ssRNA virus) (＋／－) 一本鎖 RNA ウイルス, (＋／－) ssRNA ウイルスとも表す. →アンビセンス RNA ウイルス

プラス／マイナス一本鎖 DNA ウイルス (plus/minus sense single-stranded DNA virus, (＋／－) single-stranded DNA virus：(＋／－) ssDNA virus) (＋／－) 一本鎖 DNA ウイルス, (＋／－) ssDNA ウイルスとも表す. プラス／マイナス鎖の一本鎖 DNA をゲノムとするウイルスで, 遺伝子はウイルスセンス鎖およびその複製過程の相補センス鎖の両方から mRNA 経由で発現する. 植物ウイルスでは 1～2 粒子 1～2 分節ゲノムのジェミニウイルス科 (*Geminiviridae*) のウイルスがある.

(＋／－) ssRNA virus (plus/minus sense single-stranded RNA virus, (＋／－) single-stranded RNA virus) →プラス／マイナス一本鎖 RNA ウイルス

(＋／－) ssDNA virus (plus/minus sense single-stranded DNA virus, (＋／－) single-stranded DNA virus) →プラス／マイナス一本鎖 DNA ウイルス

プラス／マイナス鎖 (plus/minus strand, (＋／－) strand) (＋／－) 鎖とも表す. 一本鎖核酸のアンビセンス鎖と同義. プラス／マイナス鎖を二本鎖核酸と同義とするのは誤用. →アンビセンス鎖

プラスミド (plasmid) 細胞内で自律複製する染色体外 DNA.

プラスミドベクター (plasmid vector) プラスミドを利用したベクター.

プラズモデスマータ (plasmodesm, plasmodesma, plasmodesmata：PD, Pd) プラスモデスム, 原形質連絡, 細胞間連絡ともいう. 高等植物の隣接細胞間の細胞壁を貫通して存在する直径 20～60 nm の管状の膜構造. その内部に細胞膜およびデスモ小管が通っており, 細胞間の信号伝達や比較的低分子量 (約 1 kDa 以下) の物質輸送の経路であるが, 植物ウイルスの細胞間移行の際の通路ともなる. なお, プラズモデスマータによって互いに連なった原形質系をシンプラスト, 細胞壁や細胞間隙などの原形質外の系をアポプラストという.

プラズモデスム (plasmodesm) →プラズモデスマータ

FLAG (フラッグ) 目的タンパク質に融合して発現される 8 アミノ酸からなる短い親水性ペプチドタグのひとつ. 目的タンパク質の精製や検出に利用される.

プラントアクチベーター (plant activator, plant defense activator) →植物防御誘導物質

Plant Disease 米国植物病理学会 (APS) の植物病の診断と防除に関する学会誌.

Plant Viruses Online ICTVdB や DPV とは別の植物ウイルスのデータベース. VIDEdB (Virus Identification Data Exchange Database) ともいう. インターネットでアクセスできるが, データはやや古い.

Plant Pathology Wiley 社が英国植物病理学会 (BSPP) と共同で刊行する植物病理学の専門誌.

プリオン (prion) 感染性タンパク質. タンパク質のみからなる病原体. 脊椎動物と菌類で感染が認められているが, 植物では未だ報告されていない.

プリカーサー (precursor) 前駆体.

フリーズエッチング法 (freeze etching) →凍結エッチング法

フリーズフラクチャー法 (freeze-fracture method) →凍結割断法

フリーズレプリカ法 (freeze-replica method) →凍結レプリカ法

ブリッジ PCR (bridge PCR) フローセル上に DNA を固定させて行う PCR.

プリン塩基 (purine base) プリンの種々の部分が置換された化合物. 核酸, ヌクレオチド, ヌクレオシドの構成成分で, アデニン (Ade), グアニン (Gua) がこれにあたる.

フルオレセインイソチオシアネート (fluorescein isothiocyanate：FITC) タンパク質の緑色蛍光標識剤のひとつ.

フルオレセインジアセテート (fluorescein diacetate：FDA) 生細胞の蛍光染色剤のひとつ.

プルダウンアッセイ (pull-down assay) 担体に固定化したタグ付きタンパク質を用いて, これとアフィニティー作用で結合してくるタンパク質を溶液から回収する方法.

ブルーネイティブポリアクリルアミドゲル電気泳動 (blue native polyacrylamide gel electrophoresis：BN-PAGE) クマジーブリリアントブルー色素を用いてタンパク質を泳動する未変性 PAGE のひとつ. →未変性 PAGE

プルーフリーディング (proof-reading) 校正ともいう. DNA 依存 DNA 合成酵素がもつ DNA 鎖内の誤塩基を正塩基に置換する機構.

プレゲノム RNA (pregenomic RNA) カリフラワー

モザイクウイルス（CaMV）の 35S RNA など，二本鎖 DNA 逆転写ウイルスのゲノム DNA 複製の鋳型となる RNA．

プレスブロット法（press blotting）
→ティッシュープリンティング

プレタンパク質（preprotein）→前駆体タンパク質

フレック（fleck）葉などに小斑点を生じる病徴．

FRET 法（フレット法：fluorescence resonance energy transfer）→蛍光共鳴エネルギー移動法

プレート捕捉抗原 ELISA 法（plate-trapped antigen ELISA：PTA-ELISA）マイクロプレートを用いる間接 ELISA 法．→間接 ELISA 法

プレパラート（Präparat, preparation）光学顕微鏡観察用に調製した試料．

プレプロタンパク質（preproprotein）
→前駆体タンパク質

プレマチュアターミネーション（premature termination）中途終結．ウイルスのプラス鎖ゲノム RNA から不完全長のマイナス鎖 RNA が合成される機構．これを鋳型としてサブゲノム RNA が合成される．中途終結には RNA の分子内あるいは分子間の相補的配列の間での塩基対形成が関与する．

フレームシフト（frameshift：FS）
→翻訳フレームシフト

フレームシフトタンパク質（frameshift protein：FS protein）翻訳フレームシフトにより生じる異なる 2 つのフレームの融合タンパク質．

フレームシフト変異（frameshift mutation）塩基の挿入，欠失などによって ORF がずれる変異．

プレメッセンジャー RNA（pre-mRNA）
→前駆体 mRNA

不連続部位（discontinuity, gap）→ギャップ

不連続エピトープ（discontinuous epitope）エピトープを構成しているアミノ酸残基が高次構造上は隣接しているが，一次構造上は離れた領域に存在しているエピトープ．

Pro（プロ：protease）→プロテアーゼ

プロウイルス（provirus）宿主細胞の染色体に DNA として組み込まれ，宿主ゲノムとともに複製されるウイルスゲノム．

プロ Q エメラルド（ProQ Emerald）糖タンパク質の特異的染色剤．

プロ Q ダイヤモンド（ProQ Diamond）リン酸化タンパク質の特異的染色剤．

プログラム細胞死（programmed cell death：PCD）
→アポトーシス

Pro-co（プロコ：protease cofactor, proteinase cofactor）→プロテアーゼコファクター

フローサイトメーター（flow cytometer）フローサイトメトリーに用いる分析装置．

フローサイトメトリー（flow cytometry：FCM）流動細胞計測法ともいう．懸濁した細胞や生体粒子などの特性を流液中で光学的に計測する方法．

PLOS Pathogens Public Library of Science 社（PLOS）が刊行する病原体に関するオープンアクセス誌．

プロセシング（processing）RNA やタンパク質が前駆体分子から切断・修飾されて成熟分子に変換される過程．→RNA プロセシング，タンパク質プロセシング

プロタンパク質（proprotein）→前駆体タンパク質

ブロッキング（blocking）抗原抗体反応やタンパク質相互反応などにおけるタンパク質分子やハイブリダイゼーション実験などにおける核酸分子の非特異的吸着あるいは非特異的会合を防止するための措置．ブロッキング剤としては，タンパク質用にはウシ血清アルブミン，カゼイン，スキムミルクなど，核酸用にはサケ精子 DNA，酵母 tRNA あるいはデンハルト溶液などが用いられる．

ブロッティング（blotting）ブロット法ともいう．ゲル上で分離された核酸やタンパク質をニトロセルロース膜やナイロン膜などに移し取る技法．

プロテアーゼ（protease）→タンパク質分解酵素

プロテアーゼインヒビター（protease inhibitor）
→タンパク質分解酵素阻害剤

プロテアーゼコファクター（protease cofactor, proteinase cofactor：Pro-co，Co-Pro）プロティナーゼコファクターともいう．ポリプロテインの切断などの際に，プロテアーゼの機能を補助するタンパク質．

プロテアーゼドメイン（protease domain）プロテアーゼに共通する機能ドメイン．

プロテアソーム（proteasome）ユビキチン化されたタンパク質を分解するタンパク質分解酵素複合体．→ユビキチン

プロテイナーゼ（proteinase）→プロテアーゼ

プロテイン A（protein A）黄色ブドウ球菌（*Staphylococcus aureus*）の細胞壁由来のタンパク質で免疫グロブリン G（IgG）と特異的に結合する．この性質を利用して抗体や抗原抗体結合物の単離・精製などに用いられる．

プロテインキナーゼ（protein kinase：PK）
→タンパク質キナーゼ

プロテインシーケンサー（protein sequencer）
→アミノ酸シーケンサー

プロテインチップ（protein chip）
→プロテインマイクロアレイ

プロテインホスファターゼ（protein phosphatase）
　→タンパク質脱リン酸化酵素
プロテインマイクロアレイ（protein microarray）
　プロテインアレイ，プロテインチップともいう．シリコン基板あるいはスライドグラス上に多種類のタンパク質を細密に固定したもの．蛍光標識した抗体やタンパク質などのプローブと反応させることによって，タンパク質の網羅的な定量解析や特異的相互作用の解析ができる．
プロテオミクス（proteomics）タンパク質科学．プロテオームに関する学問分野．→プロテオーム
プロテオーム（proteome）1つの生物種の全タンパク質．
プロトクローン（protoclone）植物のプロトプラスト由来のクローン．
プロトコーム（protocorm）原塊体ともいう．ラン科植物が胚から生長分化する途中で作る球状〜ひも状の細胞塊．
プロトプラスト（protoplast）原形質体．細胞壁を除去した細胞．→植物プロトプラスト
プローブ（probe）特定の物質，部位，状態などを特異的に検出する物質の総称．
プロファージ（prophage）溶原化して宿主細胞の染色体にDNAとして組み込まれ，宿主ゲノムとともに複製されるファージゲノム．
プローブ核酸（probe nucleic acid）目的遺伝子を検出するための標識核酸断片．
プロプラスチド（proplastid）原色素体．葉緑体・白色体・有色体などの色素体の前駆体．
プロベナゾール（probenazole）日本で開発された農薬のひとつで，植物の抵抗性誘導剤のひとつ．
プロモーター（promoter）転写開始領域，転写開始シグナルともいう．転写を開始するためにRNAポリメラーゼが結合するDNAあるいはRNAの領域．
分化（differentiation）細胞が発生の過程で形態的・機能的に特定の細胞に変化する過程．
分解能（resolution limit）顕微鏡で2つの物体が区別できる最小の間隔．分解能の理論的限界は，光学顕微鏡では100 nm程度，電子顕微鏡では0.1 nm程度である．
分画遠心分離法（differential centrifugation）低速遠心と超高速遠心を繰り返す精製分離法．ウイルス純化のための標準的な方法．
分化全能性（totipotency）→全能性
分割ゲノム（split genome）→分節ゲノム
分光光度計（spectrophotometer）物質の吸収スペクトルを測定する装置．

分光分析（spectro-analysis）物質による電磁波の放出または吸収などを測定してその物質の構造や組成を求める化学分析の総称．
分子育種（molecular breeding）［1］ゲノム育種と同義．［2］遺伝子組換え育種と同義．→ゲノム育種，遺伝子組換え育種
分子遺伝学（molecular genetics）遺伝現象を分子レベルで解析する学問分野．
分子ウイルス学（molecular virology）ウイルス学で扱われる事象を分子レベルで解析する学問分野．
分子応答（molecular response）→分子間相互作用
分子間相互作用（molecular interaction）分子応答ともいう．生体分子間相互の反応．
分子間相互作用解析装置（molecular interaction analyzer）タンパク質などの生体高分子について分子間相互の結合を解析する装置．
分子クローニング（molecular cloning）
　→遺伝子クローニング
分子系統学（molecular phylogenetics）塩基配列やアミノ酸配列の類縁性から系統進化を解析する学問分野．
分子系統樹（molecular phylogenetic tree, molecular dendrogram）塩基配列やアミノ酸配列の類縁性から求めた系統樹．
分子交雑（molecular hybridization）
　→ハイブリダイゼーション
分子細胞生物学（molecular cell biology）細胞生物学で扱われる事象を分子レベルで解析する学問分野．
分子雑種形成（molecular hybridization）
　→ハイブリダイゼーション
分子シャペロン（molecular chaperone）
　→シャペロン
分子集合（molecular assembly）→アセンブリ
分子植物ウイルス学（molecular plant virology）植物ウイルス学で扱われる事象を分子レベルで解析する学問分野．
分子植物病理学（molecular plant pathology）植物病理学で扱われる事象を分子レベルで解析する学問分野．
分子進化（molecular evolution）分子レベルでの生物の進化．
分子進化遺伝学（molecular evolutionary genetics, molecular evolution）分子進化学ともいう．分子レベルで生物や遺伝子の進化を研究する学問分野．
分子進化速度（molecular evolutionary rate）遺伝子やゲノムの塩基配列が変化する速度．

分子診断 (molecular diagnosis) →遺伝子診断
分子生物学 (molecular biology) 生命現象を分子レベルで解析する学問分野.
分子設計 (molecular design) ある目的の構造,機能,性質をもつ分子を新規に創製すること.
分子時計 (molecular clock) 進化時計ともいう.情報高分子である核酸やタンパク質の一次構造の定速的な経時変化.
分子農業 (molecular farming, molecular pharming) 医薬品や酵素などの高付加価値物質を遺伝子組換え作物を利用して生産する技術.
分子マーカー (molecular marker) →DNAマーカー
分子量 (molecular mass, molecular weight：Mr, M. W.) 分子の相対的な質量.
分子量マーカー (molecular weight size marker) タンパク質や核酸などの分子量の指標となる標準物質.
分析用超遠心機 (analytical ultracentrifuge) 光学系を装備し,生体高分子などの沈降係数や浮遊密度などを測定する超遠心機.
分節ゲノム (segmented genome, divided genome, multipartite genome, split genome) 多分節ゲノム,分割ゲノムともいう.複数に分節した核酸分子からなるウイルスゲノム.分節ゲノムの全分子を単一の粒子に含むウイルスの場合には単粒子分節ゲノム,分節ゲノムの各分子を複数の粒子に分けて含むウイルスの場合には多粒子分節ゲノムとよぶ.
分節ゲノムウイルス (segmented genome virus, divided genome virus, multipartite genome virus) 多分節ゲノムウイルスともいう.複数に分節したゲノムをもつウイルス.単粒子分節ゲノムをもつウイルスと,多粒子分節ゲノムをもつウイルスとがある.→分節ゲノム
分離 (isolation) 単離ともいう.生物集団から特定の個体や菌などを選び出したり,生体から器官,組織,細胞,分子などをほかから切り離して純粋に取り出すこと.
分離育種 (separation breeding) 多様な遺伝型の混在する集団から優良な個体を分離・選抜する育種法.自植性植物の純系選抜,他殖性植物の集団選抜,栄養繁殖植物の栄養系選抜などがある.
分離株 (isolate) →系統
分離用超遠心機 (preparative ultracentrifuge) 生体高分子などの分離精製を主目的とする超遠心機.
分類階級 (taxonomic category, category, rank) 分類カテゴリーともいう.生物の階層分類における分類群（タクソン）の階層的位置.下位から上位に,種,属,科,目,綱,門,界の7基本階級が設けられている.
分類学 (taxonomy) 生物の種をその諸特徴によって類別し,整理体系としての分類体系を作成し,生物の多様性を認識・解明するための学問.
分類群 (taxon) →タクソン
分裂期 (M phase, mitotic phase) →M期
分裂酵母 (fission yeast) 二分裂によって増える酵母の総称であるが,*Schizosaccharomyces pombe* の通称としても用いられる.
分裂周期 (division cycle, mitotic cycle, cell cycle) →細胞周期
分裂組織 (meristem) 植物において,継続的に細胞分裂を行って新たな細胞・組織・器官を作り出す組織で,茎頂分裂組織,根端分裂組織,側部分裂組織などがある.なお,分裂組織を含む茎や根の最先端部分は成長点とよびならわされている.

へ

ヘアピン型リボザイム (hairpin ribozyme) タバコ輪点ウイルス (TRSV) のサテライトRNAなどに認められる特有の共通保存配列.特定部位での自己切断能を有する.
ヘアピンフィラメント (hairpin filament) ヘアピン型のタングステンフィラメント.
ヘアピンループ構造 (hairpin loop structure) ヘアピン構造,ステムループ構造ともいう.核酸の二次構造のひとつ.一本鎖核酸分子中の逆位反復配列間で生じるステム状の二本鎖部分とそれに挟まれたループ状の一本鎖部分とからなる構造.
平滑末端 (blunt end) 制限酵素によって二本鎖DNAの両鎖の同じ位置で切断された末端.
閉環状DNA (closed circular DNA：ccDNA) 末端のない環状二本鎖DNAのうち,両鎖中にまったく切れ目のない分子.
平衡密度勾配遠心法 (equilibrium density-gradient centrifugation) 等密度遠心法ともいう.長時間の遠心で形成される塩化セシウム ($CsCl$) あるいは硫酸セシウム (Cs_2SO_4) などの無機塩類溶液の平衡密度勾配において,生体高分子を密度に等しい位置に沈降・浮遊させる分離・分析法.ウイルスの最終精製段階にも用いられる.
米国国立生物工学情報センター (National Center for Biotechnology Information：NCBI) 分子生物学やバイオインフォマティクスの研究に用いられるデータベースの構築・運営や研究に用いられるソフトウェアの開発を行う米国の研究機関.
米国植物病理学会 (American Phytopathological

Society：APS）1908 年に創立された米国の植物病理学に関する学会．

米国培養細胞系統保存機関（American Type Culture Collection：ATCC）1925 年に米国に設立された世界最大の生物資源バンク．膨大な種類の培養細胞株，微生物株，ウイルス株，DNA クローンなどを保存・分譲しており，世界中の研究者に広く利用されている．

閉鎖系（closed system）[1]外部とエネルギーや物質交換のない系．[2]組換え生物の環境中への拡散を防止する系．

PAGE（ペイジ：polyacrylamide gel electrophoresis）
→ポリアクリルアミドゲル電気泳動

ベイト連動スイッチモデル（bait and switch model）真性抵抗性に関わる NBS-LRR タンパク質の防御応答シグナルの発信機構に関する仮説モデル．NBS-LRR タンパク質は通常はガーディタンパク質あるいはデコイタンパク質（両者を合わせてベイトタンパク質とよぶ）と N 末端ドメインで結合して定常状態にあるが，このベイトタンパク質に Avr タンパク質が結合すると，NBS-LRR タンパク質の立体構造が変化して活性化し，下流の防御応答経路へのシグナルが発信されるとする仮説．→ガード説，NBS-LRR タンパク質，Avr タンパク質，ガーディタンパク質，デコイタンパク質

ヘキサマー（hexamer, hexon）ヘキソンともいう．六量体．6 つのモノマーの重合体．ウイルス粒子の場合には，キャプソメアを構成して正二十面体粒子の各頂点以外の面を形成する外被タンパク質サブユニットの六量体を指す．

ベクター（vector）[1]病原体の媒介生物．[2]遺伝子工学において組換え遺伝子の導入，増幅，発現などを媒介する核酸分子．

ベクターウイルス（vector virus）組換え遺伝子の導入，増幅，発現などを媒介するウイルス．遺伝子工学による遺伝子の過剰発現や発現抑制あるいはワクチンや抗体などの有用タンパク質の生産などに利用される．

ベクター−宿主相互作用（vector-host interaction）ベクターと宿主との相互作用．

ベクター伝搬（vector transmission）生物媒介ともいう．ベクターによる病原体の伝染．多くの植物ウイルスの伝染には昆虫，ダニ，菌類，線虫などのベクターが介在する．

ベクター伝搬性ウイルス（vector-borne virus）ベクターによって伝搬されるウイルス．

ベクター特異性（vector specificity）→媒介特異性

ペクチナーゼ（pectinase）ペクチンメチルエステラーゼ，ポリガラクツロナーゼ，ペクチンリアーゼなどのペクチン分解酵素の総称．

ペクチン（pectin）ポリガラクツロン酸を主成分とする多糖で，植物の細胞壁の主要成分のひとつ．

ペクチンメチルエステラーゼ（pectin methylesterase：PME）ペクチンエステラーゼともいう．ペクチンのメトキシエステルを加水分解してペクチン酸とメタノールを生じる反応を触媒する酵素．

PEG 法（ペグ法：PEG method, polyethylene glycol method）いずれもポリエチレングリコール（PEG）を用いた，①ウイルス精製法，②細胞融合法，あるいは③直接遺伝子導入法を指す．
→植物ウイルスの精製，細胞融合法，直接遺伝子導入法

ベース（base：b）核酸の塩基長の単位のひとつ．2 本鎖の場合にはベースペア（base pair：bp）と表す．

$β$−ガラクトシダーゼ（$β$-galactosidase）$β$−ガラクトシドのグリコシド結合を加水分解する酵素．

$β$−ガラクトシダーゼ遺伝子（$β$-galactosidase gene：lacZ）大腸菌，酵母ならびに植物用の選抜マーカー遺伝子のひとつ．

$β$−グルカナーゼ（$β$-glucanase）$β$ グルカン分解酵素．

$β$−1,3−グルカン（$β$-1,3-glucan）$β$ グルカンともいう．植物や菌類の細胞壁に存在する高分子多糖．

$β$−1,3−グルカナーゼ（$β$-1,3-glucanase）$β$−1,3−グルカン分解酵素．

$β$−1,3：1,4−グルカン（$β$-1,3:1,4-glucan）イネ科植物の細胞壁に含まれる高分子多糖．

$β$−1,4−グルカン（$β$-1,4-glucan, cellulose）セルロースと同義．

$β$−グルクロニダーゼ（$β$-glucuronidase：GUS）D−グルクロン酸のグルクロニド結合を加水分解する酵素．

$β$−グルクロニダーゼ遺伝子（$β$-glucuronidase gene：GUS gene）植物用の選抜マーカー遺伝子のひとつ．

$β$ 構造（$β$ structure）→$β$ シート

ベータサテライト（betasatellite, $β$ satellite）
→サテライト DNA

$β$ シート（$β$ sheet, beta sheet）$β$ 構造ともいう．タンパク質の基本的な二次構造のひとつ．隣接した 2 本のポリペプチド鎖間の水素結合によって形成されるシート状構造．

$β$ バレル（$β$ barrel, beta barrel）タンパク質の三次構造のひとつ．$β$ シートが並んで形成される円

筒状の構造.

ヘテロ (hetero-) 異なった.

ヘテロエンキャプシデーション (heteroencapsidation, heterologous encapsidation)
→トランスエンキャプシデーション

ヘテロカリオン (heterokaryon) 異核共存体.

ヘテロクロマチン (heterochromatin) 細胞分裂の間期においても凝縮した状態のクロマチンで，転写は不可能である.

ヘテロシス (heterosis) →雑種強勢

ヘテロシス育種 (heterosis breeding)
→雑種強勢育種

ヘテロダイマー (heterodimer) 異型二量体. 2つの異なる成分の重合体.

ヘテロ二本鎖 (heteroduplex) 異なる2種のDNAのハイブリッドによる二本鎖.

ペーパークロマトグラフィー (paper chromatography：PC) →ろ紙クロマトグラフィー

HEPAフィルター (ヘパフィルター：high efficiency particulate air filter：HEPA filter) 高性能のエアフィルターのひとつ.

ペプチジル tRNA (peptidyl-tRNA) 3′末端に伸長中のペプチド鎖を結合したtRNAで，タンパク質合成反応の中間体.

ペプチジルトランスフェラーゼ (peptidyl transferase) 翻訳伸長反応の際にペプチド結合を形成する酵素.

ペプチダーゼ (peptidase) ペプチド分解酵素. プロテアーゼとほぼ同義だが，特に比較的低分子のペプチドを加水分解する酵素を指す. →タンパク質分解酵素

ペプチド (peptide) アミノ酸の短い重合体.

ペプチド結合 (peptide bond) 2個のアミノ酸分子の間で，一方のカルボキシル基と他方のアミノ基が脱水縮合することで生じる共有結合.

ペプチドシーケンサー (peptide sequencer)
→アミノ酸シーケンサー

ペプチドシーケンシング (peptide sequencing) ペプチドやタンパク質のアミノ酸配列解析.

ペプチドシンセサイザー (peptide synthesizer) ペプチド合成機. ペプチドの化学合成装置.

ペプチドマスフィンガープリンティング (peptide mass fingerprinting：PMF) ペプチドマスフィンガープリント法ともいう. 酵素特異的に分解したペプチドの質量数の組合せからもとのタンパク質を同定する方法.

ペプチドマップ (peptide map) フィンガープリントともいう. ペプチド混合物を二次元的に分離展開した分布図.

ペプロマー (peplomer) 被膜 (エンベロープ) の表面にウイルスの糖タンパク質が規則的に配列して形成されているスパイク状の形態単位.

ヘミセルロース (hemicellulose) 植物細胞壁の構成成分のひとつでセルロースとペクチン以外の多糖.

ヘリカーゼ (helicase：HEL, Hel) 核酸巻戻し酵素. 二本鎖核酸をほどいて一本鎖核酸に巻戻す酵素で，DNAヘリカーゼとRNAヘリカーゼがある. NTP結合モチーフなどいくつかの保存的配列をもつ. →RNAヘリカーゼ

ヘリカーゼドメイン (helicase domain：HEL domain) HELドメインともいう. ウイルスRNA依存RNAポリメラーゼがもつヘリカーゼ活性の機能ドメイン. NTP結合モチーフなどの共通配列をもつ.

ヘリックス (helix) らせん構造.

ヘリックス-ターン-ヘリックス (helix-turn-helix：HTH) 多くの転写調節タンパク質にある主要なDNA結合構造モチーフのひとつで，2つのαヘリックスが短いペプチド鎖でつながった構造.

ヘリックス-ループ-ヘリックス (helix-loop-helix：HLH) 多くの転写調節タンパク質にある主要なDNA結合構造モチーフのひとつで，2つのαヘリックスが柔軟なループでつながった構造.

ペリプラズム (periplasm) 細胞膜と細胞壁の間の空間.

Hel (ヘル：helicase) →ヘリカーゼ

ペルオキシソーム (peroxisome) 一重膜に包まれ一群の酸化酵素を内包する球状の細胞小器官.

ペルオキシソーム膜 (peroxisome membrane) ペルオキシソームの一重膜. トマトブッシーシタントウイルス (TBSV)，*Cucumber necrosis virus* (CNV)，*Cymbidium ringspot virus* (CymRSV) などの複製の場となる.

ペルオキシダーゼ (peroxidase) 過酸化水素を利用して種々の化合物の酸化を触媒する酵素.

HELドメイン (ヘルドメイン：HEL domain, helicase domain) →ヘリカーゼドメイン

ヘルパーウイルス (helper virus) 介助ウイルスともいう. 他種のウイルスあるいは同種の欠陥ウイルスやサテライトの増殖・伝搬を介助あるいは相補するウイルス. タバコえそサテライトウイルス (STNV) はそのゲノムRNAに自身の外被タンパク質遺伝子しかコードしておらず，その増殖をタバコえそウイルス (TNV) による介助に依存している. ウンブラウイルス属 (*Umbravirus*) ウイルスは自身の外被タンパク質を欠いており，ルテオ

ウイルス属(*Luteovirus*)ウイルスをヘルパーウイルスとして粒子の形成と伝染を行う．また，*Rice tungro bacilliform virus*(RTBV)は，イネ矮化ウイルス(RTSV)の介助によってタイワンツマグロヨコバイによる非循環型半永続性伝染がはじめて可能になる．→欠陥ウイルス，サテライト

ヘルパー成分(helper component：HC) ヘルパーコンポーネント，ヘルパータンパク質，虫媒介助成分，虫媒介助タンパク質ともいう．植物ウイルス由来の虫媒介助因子．

ヘルパー成分プロテアーゼ(helper component-protease：HC-Pro) 媒介介助タンパク質プロテアーゼ，虫媒介助成分-プロテアーゼともいう．ポティウイルス科(*Potyviridae*)ウイルスの虫媒介助タンパク質でプロテアーゼ活性や RNA サイレンシングサプレッサー活性も有する．

ヘルパータンパク質(helper protein)
　→ヘルパー成分

変異(mutation, variation) →突然変異

変異株(mutant, variant) →突然変異株

変異原(mutagen) →突然変異原

変形(malformation, distortion, deformation)
　→奇形

変種(variety) 生物の階層分類体系において，亜種の次下位，品種の上位におかれる階級．同一種内で分化した安定で均一な遺伝形質をもつ個体群で，ウイルスでは系統あるいは株に相当する．

変色(discoloration) 植物の葉，花，果実などの色が異常になる病徴．

ベンジルアデニン(benzyladenine) 合成サイトカイニンのひとつ．

変性(denaturation) 核酸あるいはタンパク質が，種々の要因によって，一次構造は保ちながら本来の高次構造を失うこと．核酸では溶液温度の上昇やホルムアミドの処理などによる二本鎖の一本鎖への解離を指す．タンパク質では種々の物理的，化学的原因によって立体構造が変化し，諸性質が変わることを指す．

変性剤(denaturing agent, denaturant) タンパク質や核酸の高次構造を変性させる化学薬剤．

変性 PAGE(denaturing PAGE, denatured PAGE) タンパク質や核酸を変性条件下で泳動するポリアクリルアミドゲル電気泳動法(PAGE)．

ペンタマー(pentamer, penton) ペントンともいう．五量体．5つのモノマーの重合体．ウイルス粒子の場合には，キャプソメアを構成して正二十面体粒子の各頂点を形成する外被タンパク質サブユニットの五量体を指す．

ホ

ポイントフィラメント(pointed filament) ポイントカソードともいう．ヘアピン型タングステンフィラメントにタングステン線を点溶接し，電界研磨によって先端部を鋭く尖らせた電極．高分解能の電子顕微鏡像が得られる．現在ではランタンヘキサボライド(LaB_6)ポイントフィラメントがよく利用されている．

膨圧(turgor pressure) 浸透現象による水の細胞内への侵入によって細胞内に生じる圧力．

防疫(epidemic prevention, prevention of epidemics, quarantine) 伝染病の発生を予防し，また，その侵入を防止すること．

防御遺伝子(defense gene) →防御応答遺伝子

防御応答(defense response, defense reaction, biophylaxis) 防御反応，生体防御反応ともいう．生物の個体，組織あるいは細胞が，外界からの化学的あるいは物理的ストレスや病原体などの生物的ストレスなどの有害な作用に対抗するための動的な反応の総称．

防御応答遺伝子(defense response gene, defense-related gene, defense gene) 防御関連遺伝子，防御遺伝子ともいう．植物の防御応答に関与する遺伝子の総称．これらの発現は上流の防御応答シグナル伝達系と転写調節因子を介して制御されている．

防御応答シグナル伝達系(defense signal transduction network) 植物の防御応答に関わるシグナル伝達系．シグナル伝達経路間相互のクロストークも知られている．ウイルスに対する植物の防御応答もウイルス抵抗性遺伝子と細胞内外の防御応答シグナル伝達系との密接な連携によってその効果が発揮される．

防御応答誘導因子(elicitor) →エリシター

防御シグナル伝達物質(defense signaling factor, defense signaling molecule) 防御シグナル因子ともいう．防御応答に関わる細胞内外の情報伝達物質．植物では，一般的なシグナル伝達物質に加えて，活性酸素，NO，サリチル酸，ジャスモン酸，エチレンなども含まれる．

防御反応(defense reaction) →防御応答

放射性標識(radioactive labeling) 放射性同位体(RI)で標識すること．

放射性標識プローブ(radioisotope-labeled probe, RI-labeled probe, RI probe) 放射性プローブともいう．放射性同位体(RI)で標識したプローブ．

放射性同位体(radioisotope：RI)

→ラジオアイソトープ

放出（release）成熟したファージや動物ウイルスが感染細胞から細胞外に放たれること．

放出数（burst size）→バーストサイズ

防除（control）病害虫や雑草などから農作物や林木などを保護すること．

防除法（control measure）病害虫や雑草などから農作物や林木などを保護する方法．

棒状ウイルス（rod-shaped virus, rigid rod-shaped virus）桿状ウイルスともいう．日本では直線状の棒状ウイルスだけを指し，屈曲した棒状ウイルスはひも状ウイルスとよぶ．植物ウイルスでは，径20 nm×長さ46～390 nmの棒状の粒子形態をしたウイルスで，プラス一本鎖RNAウイルスのビルガウイルス科（*Virgaviridae*），ベニウイルス属（*Benyvirus*）およびマイナス一本鎖RNAウイルスのバリコサウイルス属（*Varicosavirus*）のウイルスがある．→ひも状ウイルス，植物ウイルスの粒子構造

紡錘糸（spindle fiber）紡錘体を構成する糸状のタンパク質構造物．

紡錘体（spindle, spindle body）細胞分裂の際に染色体を娘細胞に分離する構造体．

包埋（embedding）光学顕微鏡や電子顕微鏡による観察試料の切片作製のために，固定・脱水した生体試料をパラフィンや樹脂などに埋め込んで固化する処理．

包埋剤（embedding medium, embedding agent）顕微鏡観察用試料を包埋するための物質．光学顕微鏡用にはパラフィン，セロイジンなど，電子顕微鏡用にはエポキシ樹脂，ポリエステル樹脂，メタクリル樹脂，スチレン樹脂などがある．

穂木（scion, cion）接ぎ木の際に接ぎ穂とする木．

保護培養（nurse culture）ナースカルチャー，看護培養ともいう．遊離単細胞などの分裂・増殖を促すために，活性の高い細胞やカルスと一緒に培養する方法．

保持時間（retention time：RT）［1］クロマトグラフィーにおいて試料が注入されてから流出されるまでに要する時間．［2］保毒時間と同義．→保毒時間

ポジショナルクローニング（positional cloning）位置クローニング，マップベースクローニングともいう．目的の遺伝子の遺伝地図上の位置情報に基づいて遺伝子のクローンを得る方法．

ポジティブ染色法（positive staining）陽性染色法ともいう．生物試料の超薄切片などを酢酸ウラニルや酢酸鉛などの重金属染色剤で染色して試料の特定部位に結合させ，電子顕微鏡観察することによって，コントラストが増強された陽画像が得られる．

ポジティブセンス（positive sense）→プラスセンス

ポジティブセンス鎖（positive sense strand）→プラス鎖

圃場衛生（field hygiene, field sanitation）病原体の伝染源の除去，農機具や農業資材の消毒，伝染環の遮断などによる圃場の衛生管理．

圃場診断（field diagnosis）圃場における植物の病害診断．

圃場抵抗性（field resistance）水平抵抗性，量的抵抗性，品種非特異的抵抗性，レース非特異的抵抗性，系統非特異的抵抗性，系統/品種非特異的抵抗性，非特異的抵抗性，ポリジーン介在抵抗性，ポリジーン抵抗性，ポリジェニック抵抗性ともいう．圃場において，真性抵抗性をもたない宿主植物の品種が病原体の特定の系統にかかわらず非特異的に示す比較的弱い抵抗性．真性抵抗性遺伝子（R遺伝子）以外の防御応答遺伝子など多数のポリジーンによって支配される．圃場抵抗性は実質的に基礎的抵抗性とほぼ同一で，本来の基礎的抵抗性がエフェクターによってかなり抑制された表現形として現れているとも捉えられる．なお，海外の専門書では，真性抵抗性をR遺伝子やポリジーンなどの遺伝子支配によって発現する抵抗性と定義し，それ以外の遺伝子支配によらない抵抗性を見かけの抵抗性として大別していているが，この場合には，従来の圃場抵抗性も真性抵抗性のひとつに含まれることになる．→真性抵抗性，基礎的抵抗性，圃場抵抗性遺伝子

圃場抵抗性遺伝子（field resistance gene）圃場抵抗性に関わる防御応答遺伝子など多数の量的形質遺伝子（ポリジーン）．→防御応答遺伝子，ポリジーン

ポストゲノム解析（post-genomics）ゲノム解読以降の分子生物学的解析の総称．

ホスファターゼ（phosphatase）→脱リン酸化酵素

ホスホアミダイド法（phosphoamidite method）DNAの化学合成法のひとつ．

ホスホジエステル結合（phosphodiester bond）リン酸ジエステル結合ともいう．核酸のヌクレオチド間の結合など，リン酸が2個のアルコールや糖などの水酸基とエステルを形成する結合．

保全生態学（conservation ecology）生物多様性の保全と健全な生態系の維持を目標とした生態学．

保存限度（longevity end point：LED, longevity in *vitro*：LIV）→耐保存性

保存的複製（conservative replication）親の二本鎖核酸が保存され，その一方の鎖から転写された鎖が鋳型となって新たな相補鎖を合成することによって娘の二本鎖が複製される様式．

保存配列（conserved sequence）進化の過程で種々の生物種に保存された類似の塩基配列あるいはアミノ酸配列．

ホットスポット（hotspot）ゲノム中で変異や組換えの頻度が非常に高い部位．

ポティウイルス MP ファミリー（Potyvirus MP family）→移行タンパク質

ポテックス様グループ（potex-like group）移行タンパク質（MP）のトリプルジーンブロックファミリーの 2 つのサブグループのひとつ．→トリプルジーンブロックファミリー

保毒（viruliferous）植物や媒介生物がウイルスを保持している状態．

保毒時間（viruliferous period）→虫体内保毒期間

保毒植物（symptomless carrier, carrier plant）ウイルスが全身感染しているにもかかわらず，外観上は無病徴の植物．

保毒虫（viruliferous insect）ウイルスを保持している昆虫．

保毒率（viruliferous rate）ウイルスを保持している媒介虫の割合．

ボトム成分（bottom component：B）ボトムコンポーネントともいう．多粒子性ウイルスを密度勾配遠心で分離した際に認められる複数のウイルス層のうちで最下層の成分．

ホメオスタシス（homeostasis）生物の生理系が一定の正常な状態を維持する性質．

ホモ（homo-）同一の．

ホモカリオン（homokaryon）同核共存体．

ホモジェナイザー（homogenizer）ホモジナイザーともいう．ホモジェネートを調製するための細胞破砕機．大量の試料を粉砕するブレンダー型と少量の試料を摩砕するガラスホモジェナイザー型などがある．

ホモジェネート（homogenate）ホモジネート，ホモゲネート，磨砕液ともいう．生物の細胞や組織の破砕懸濁液．

ホモダイマー（homodimer）同型二量体．2 つの同一の成分の重合体．

ホモポリマー（homopolymer）単独重合体．1 種類の単量体の重合によってできた高分子．

ホモログ（homolog, homologue）相同遺伝子あるいは相同タンパク質．

ホモロジー（homology）→相同性

ホモロジー検索（homology search）相同性検索ともいう．対象となる塩基配列やアミノ酸配列をデータベース内の既知配列と比較し，類似した配列を検索する手法．

ポリアクリルアミドゲル電気泳動（polyacrylamide gel electrophoresis：PAGE）ポリアクリルアミドゲルを担体とする電気泳動．核酸，タンパク質の解析や精製に利用される．

ポリアデニル化（polyadenylation）ポリ(A)付加ともいう．真核生物の前駆体 mRNA や多くのプラス一本鎖ウイルス RNA の 3′末端にポリ(A)配列を付加する反応．

ポリアミン（polyamine）アミノ基またはイミノ基を 2 つ以上もつ脂肪族化合物の総称．

ポリ(A)結合タンパク質（poly(A)-binding protein：PABP）真核生物の mRNA や多くのプラス一本鎖ウイルス RNA の 3′末端のポリ(A)鎖に結合し，さらに翻訳開始因子を介して 5′末端に結合することによって，mRNA の翻訳を制御するタンパク質．

ポリ(A)鎖（poly(A)tail）→ポリ(A)配列

ポリ(A)配列（poly(A) sequence, polyadenylic acid sequence, poly(A) tail, poly(A) tract）ポリ(A)鎖，ポリ(A)テールともいう．真核生物の mRNA や多くのプラス一本鎖ウイルス RNA の 3′末端に存在するアデニル酸の連続配列．ウイルスの種によって，ポリ(A)配列の長さは 25〜370 塩基と違いがあり，また，3′末端にポリ(A)配列を欠いていたり，代わりに tRNA 様構造をとっているものなどもある．

ポリ(A)配列非依存性翻訳（poly(A) tail-independent translation）ビルガウイルス科（*Virgaviridae*），ルテオウイルス科（*Luteoviridae*），トンブスウイルス科（*Tombusviridae*），ブロモウイルス科（*Bromoviridae*），ティモウイルス属（*Tymovirus*），ソベモウイルス属（*Sobemovirus*）のウイルスなど，3′末端にポリ(A)配列を欠くプラス一本鎖ウイルス RNA の翻訳様式．アルファルファモザイクウイルス（AMV）では，外被タンパク質（CP）がウイルス RNA の 3′末端のステムループ構造と翻訳開始因子 4G に架橋結合することによって翻訳の開始が促される．ハクサイ黄化モザイクウイルス（TYMV）や *Brome mosaic virus*（BMV）ではウイルス RNA の 3′末端に存在する tRNA 様構造（TLS）が翻訳を促進する．

ポリ(A)付加（polyadenylation）→ポリアデニル化

ポリ(A)付加シグナル（polyadenylation signal）前駆体 mRNA 中に存在するポリアデニル化のための

シグナル配列（AAUAAA）．
ポリ（A）ポリメラーゼ（poly（A）polymerase：PAP）前駆体 mRNA の 3′ 末端にポリ（A）鎖を付加する酵素．
ポリエチレンイミン（polyethylenimine：PEI）植物プロトプラストへのウイルス接種や遺伝子導入などの際に添加して用いられる試薬のひとつ．
ポリエチレングリコール（polyethylene glycol：PEG）ウイルスの精製，細胞融合，遺伝子導入などに用いられる試薬のひとつ．→PEG 法
ポリ-L-オルニチン（poly-L-ornithine）植物プロトプラストへのウイルス接種などの際に添加して用いられる試薬のひとつ．
ポリ-L-リジン（poly-L-lysine）植物プロトプラストへのウイルス接種などの際に添加して用いられる試薬のひとつ．
ポリカチオン法（polycation method）[1]植物プロトプラストにウイルスを接種する際にポリ-L-オルニチンやポリ-L-リジンなどのポリカチオンを添加して感染効率を高める接種法．[2]走査型電子顕微鏡用の試料作成の際に，ポリカチオンをスライドグラスに塗布して微細な生体試料の接着を促す方法．
ポリガラクツロン酸（polygalacturonic acid）ペクチンの主要成分．→ペクチン
ポリクローナル抗体（polyclonal antibody：Pab）多クローン抗体ともいう．複数のエピトープを認識する抗体の混合物．
ポリサッカライド（polysaccharide）→多糖
ポリジェニック抵抗性（polygenic resistance）ポリジーン介在抵抗性ともいう．ポリジーンがコードする多数のタンパク質が介在する非特異的抵抗性で，基礎的抵抗性と同義だが，圃場抵抗性と同義として用いる場合もある．→基礎的抵抗性，圃場抵抗性
ポリシストロニック翻訳（polycistronic translation）ポリシストロニック mRNA から複数の遺伝子産物を翻訳する様式．
ポリシストロニック mRNA（polycistronic mRNA）ポリシストロン性 mRNA ともいう．複数の遺伝子をコードする mRNA．原核生物の mRNA および真核生物のウイルスゲノム RNA やウイルス mRNA はこの様式であることが多い．
ポリジーン（polygene）微働遺伝子ともいう．単独では小さな遺伝効果しかもたない遺伝子の総称．多数が補足し合って量的形質に関与する遺伝子．
ポリジーン介在抵抗性（polygene-mediated resistance）→ポリジェニック抵抗性

ポリソーム（polysome, polyribosome）ポリリボソームともいう．1本の mRNA に複数のリボソームが一定間隔で結合した複合体．
ポリタンパク質（polyprotein）→ポリプロテイン
ポリヌクレオチド（polynucleotide）多数のヌクレオチドの重合体で核酸と同義．
ポリヌクレオチドキナーゼ（polynucleotide kinase）ポリヌクレオチドの 5′ 末端にリン酸を付加する酵素．
ポリビニリデンジフルオリド膜（polyvinylidene difluoride membrane：PVDF membrane）→PVDF 膜
ポリビニルピロリドン（polyvinylpyrrolidone：PVP）N-ビニル-2-ピロリドンの重合した水溶性の高分子化合物．ポリフェノールを特異的に吸着する特性があり，植物ウイルスの汁液接種の際に接種液に添加して用いる場合がある．
ポリプロテイン（polyprotein）ポリタンパク質ともいう．プロセシングを受けて複数種の機能タンパク質となる前の前駆体タンパク質．
ポリペプチド（polypeptide）多数のアミノ酸の重合体でタンパク質と同義．
ポリヘドロン（polyhedron）[1]多面体．多角体ともいう．[2]昆虫ウイルスのバキュロウイルスが感染細胞内に形成する封入体．
ポリマー（polymer）重合体，多量体，高分子ともいう．同一または類似のモノマー（単量体）の重合によって生成される高分子化合物．
ポリメラーゼ（polymerase：Pol）単量体を結合させて重合体を合成する酵素．
ポリメラーゼドメイン（polymerase domain：Pol domain）→RdRp ドメイン
ポリメラーゼ連鎖反応（polymerase chain reaction：PCR）PCR ともいう．2つのプライマーと DNA ポリメラーゼを用いて，特定の DNA 領域を試験管内で大量に増幅させる反応．RNA を対象とする場合には，いったん，逆転写によって相補的 DNA に変換した後にこの反応を行う．これを逆転写 PCR（RT-PCR）とよぶ．
ポリリボソーム（polyribosome）→ポリソーム
ポリリンカー（polylinker）→マルチクローニングサイト
Pol（ポル：polymerase）→ポリメラーゼ
***pol* 遺伝子**（*pol* gene）レトロウイルスのプロテアーゼ，インテグラーゼならびに逆転写酵素をコードする遺伝子．
ホールゲノムショットガン法（whole genome shotgun）→全ゲノムショットガンシーケンシング

Pol III（ポル III：RNA polymerase III）
→ RNA ポリメラーゼ III

Pol II（ポル II：RNA polymerase II）
→ RNA ポリメラーゼ II

ホルデイ様グループ（hordei-like group）移行タンパク質（MP）のトリプルジーンブロックファミリーの2つのサブグループのひとつ．→ トリプルジーンブロックファミリー

ホルムアミド（formamide）核酸の変性剤のひとつ．

ホルムアルデヒド（formaldehyde）生体試料の固定剤のひとつ．

Pol I（ポル I：RNA polymerase I）
→ RNA ポリメラーゼ I

ポンプ（pump）膜貫通タンパク質のうち，イオンや低分子の能動輸送を行うもの．→ 膜貫通タンパク質

翻訳（translation）mRNA の情報に従ったタンパク質の合成．

翻訳アクベーター（translational activator：TAV, transla-tional transactivator：TTAV）トランスレーショナルアクチベーター，翻訳活性化因子，翻訳活性化トランス因子，翻訳促進タンパク質ともいう．カリモウイルス科（*Cauliviridae*）のウイルスにおいて，ウイルスのポリシストロニック mRNA に結合してそのすべての ORF の翻訳を可能にさせる機能をもつウイルス由来の封入体タンパク質．カリフラワーモザイクウイルス（CaMV）ではビロプラズミンともいう．→ ポリシストロニック mRNA

翻訳因子（translation factor）翻訳反応に必要なリボソーム以外のタンパク質．翻訳開始因子，翻訳伸長因子，翻訳終結因子などがある．→ 翻訳開始因子，翻訳伸長因子，翻訳終結因子

翻訳エンハンサー（translational enhancer：TE）翻訳促進配列，翻訳活性化配列ともいう．プラス一本鎖ウイルス RNA の非翻訳領域などに認められる翻訳を促進する塩基配列．

翻訳開始因子（translation initiation factor：IF, eIF）開始因子ともいう．タンパク質合成の開始に必要な複数種のタンパク質で，リボソームの小サブユニットと mRNA の結合を促す．原核生物では IF，真核生物では eIF と略記する．

翻訳開始コドン（translation initiation codon）
→ 開始コドン

翻訳開始点（translation initiation point, translation initiation site）→ 開始コドン

翻訳活性化因子（translational activator：TAV）
→ 翻訳アクチベーター

翻訳活性化トランス因子（translational transactivator：TTAV）→ 翻訳アクチベーター

翻訳共役的切断（co-translational cleavage）ポリプロテインや前駆体タンパク質などがその翻訳と共役してタンパク質分解酵素で切断され，成熟タンパク質を生じる機構．

翻訳共役的脱外被（co-translational uncoating, co-translational disassembly）プラス一本鎖 RNA ウイルスでウイルス粒子の脱外被の進行中にウイルス RNA の 5′末端側からの翻訳が共役して行われる機構．

翻訳共役的複製（co-translational replication）
→ 複製共役的翻訳

翻訳後修飾（post-translational modification, post-translational regulation, post-translational control, protein modification, protein processing）翻訳後調節，翻訳後制御，タンパク質修飾，タンパク質プロセシングともいう．翻訳後の前駆体タンパク質が酵素反応によって切断されたり，リン酸化，アセチル化，メチル化，グリコシル化（糖鎖付加）などの修飾を受けること．ウイルスのポリプロテインが切断・修飾されて成熟タンパク質が作り出される過程もこれに相当する．

翻訳後修飾プロテオミクス（posttranslational prote-omics, modificomics）モディフィコミクスともいう．翻訳後修飾タンパク質に関するプロテオミクス．

翻訳後調節（post-translational regulation, post-translational control）→ 翻訳後修飾

翻訳再開機構（re-initiation）→ リイニシエーション

翻訳産物（translation product）mRNA あるいはウイルス RNA から翻訳されたタンパク質．

翻訳終結因子（translation release factor, release factor：RF, eRF）終結因子，遊離因子，解離因子ともいう．タンパク質合成の終結に必要な複数種のタンパク質で，mRNA の終止コドンを認識してリボソームの小サブユニットに結合し，完成したタンパク質をリボソームから遊離させる．原核生物では RF，真核生物では eRF と略記する．

翻訳終止コドン（translation termination codon）
→ 終止コドン

翻訳終止点（translation termination point, translation termination site）→ 終止コドン

翻訳伸長因子（translation elongation factor：EF, eEF）伸長因子ともいう．タンパク質合成の伸長に必要な複数種のタンパク質で，リボソームの小サブユニットに結合して合成中のポリペプチド鎖にアミノ酸を付加する．原核生物では EF，真核生物で

はeEFと略記する．

翻訳促進タンパク質(translational activator：TAV)
→翻訳アクチベーター

翻訳フレームシフト(translational frameshift) フレームシフト，リボソームフレームシフトともいう．リボソームが翻訳の途中で1つのリーディングフレーム（読み枠）から異なるフレームに移ることにより，以降の翻訳が中断されたり，あるいは2つのフレームの融合タンパク質が作られる機構．フレームが5′側に1塩基分ずれる場合を−1フレームシフト，3′側に1塩基分ずれる場合を＋1フレームシフトという．翻訳フレームシフトの頻度はmRNA上のスリップ配列の塩基配列とその後に続くRNAの二次構造などに左右される．ウイルスのゲノムRNAやmRNAでは比較的高頻度に認められる．→スリップ配列

翻訳抑制(translational repression) 翻訳反応の進行が抑制され，結果的にタンパク質の生合成が阻害されること．翻訳リプレッサーによるもの，miRNAによるもの，あるタンパク質が自身の構造遺伝子の翻訳を抑制する自己抑制によるものなどがある．

翻訳リプレッサー(translation repressor) 翻訳開始の際にmRNAの3′非翻訳領域に結合して翻訳を抑制するタンパク質．

翻訳領域(translated region, coding region)
→オープンリーディングフレーム

本葉(true leaf, foliage leaf) 普通葉ともいう．種子植物の個体発生において子葉の後に形成される葉．

マ

マイクロRNA(microRNA：miRNA) ミクロRNAともいい，miRNAと略記する．細胞あるいはDNAウイルス由来の21〜25塩基の一本鎖RNAで，細胞ゲノムあるいはウイルスゲノムのmRNAの分解や翻訳制御に関与しており，これによって宿主の病原体に対する防御応答あるいはウイルスの病原性発現にも影響を及ぼす．なお，マイクロRNA(miRNA)と低分子干渉RNA(siRNA)は互いに類似しており，一般には，前者は内在性の遺伝子，後者は外来性の遺伝子にそれぞれ由来するとして区別している例もあるが，用語の定義や用法にはまだ若干混乱がある．→低分子干渉RNA

マイクロアレイ(microarray) 核酸やタンパク質などを基板（チップ）上に多数並べて配置・固定したもの．DNA，RNAあるいはタンパク質などの同定や発現の解析に用いる．

マイクロインジェクション(microinjection) 顕微注射，微量注入ともいう．微小ガラス管により細胞内に試料を注入する方法．

マイクログラム(microgram：μg) 重さの単位のひとつ．$1\mu g = 0.001$ mg．

マイクロサテライトDNA(microsatellite DNA) 単純反復配列ともいう．数塩基の配列が反復したDNA配列．

マイクロチューバー(microtuber) イモ類において茎頂培養などで得られた無病植物体から培養容器内で生産される小塊茎．

マイクロチューブ(microtube) 微量遠心管．マイクロリットルからミリリットル程度の試料を扱うためのポリプロピレン製小型試験管．

マイクロチューブル(microtubule) →微小管

マイクロピペット(micropipette) マイクロリットル単位の微量の液体を量りとるピペット．プッシュボタン式の容量可変なタイプはマイクロピペッターともいう．

マイクロフィラメント(microfilament) →微小繊維

マイクロプレート(microplate, microtiter plate) マイクロタイタープレートともいう．多数の窪み（ウェル）のついた平板で，各ウェルを小さな試験管あるいはシャーレとして利用する．生化学的分析や臨床検査などで用いられる．

マイクロプレートリーダー(microplate reader) 比色あるいは比濁に適応したマイクロプレート用の測定装置．

マイクロプロジェクタイル法(microprojectile)
→パーティクルガン法

マイクロプロパゲーション(micropropagation, *in vitro* propagation) ミクロ繁殖，試験管内繁殖ともいう．植物組織培養で植物を栄養繁殖してクローン植物を生産すること．

マイクロマニピュレーター(micromanipulator) 光学顕微鏡下で微生物や動植物細胞などを操作する装置．

マイクロメーター(micrometer) 光学顕微鏡による長さの測定器．接眼マイクロメーターと対物マイクロメーターとがある．

マイクロメートル(micrometer：μm) 長さの単位のひとつ．ミクロン(μ)とも慣用されている．$1\mu m = 1,000 m\mu = 0.001$ mm．

マイクロリットル(microliter：μl) 体積の単位のひとつ．$1\mu l = 0.001$ ml $= 1$ mm^3．

マイコウイルス(mycovirus) →菌類ウイルス

マイコプラズマ(mycoplasma) モリキューテス綱(Mollicutes)に属し，細胞壁を欠き，培養が可能

な小型で多形性の細菌．

マイコプラズマウイルス（mycoplasma virus） マイコプラズマを宿主とするウイルス．広義にはモリキューテス綱（Mollicutes）に属する細菌を宿主とするウイルスを指す．これまでに数十種以上のウイルスが認められており，それらは二本鎖DNAウイルスあるいは一本鎖DNAウイルスであるが，粒子の形態には精虫状，球状，棒状および繊維状など多様なものがある．

マイセトーム（mycetome） 菌細胞塊．昆虫の体内で細胞内共生微生物を宿す細胞の塊．

マイトジェン（mitogen） 細胞分裂誘起物質．

マイナー外被タンパク質（minor coat protein：CPm） ウイルス粒子の外殻の構成成分のうち，主たる外被タンパク質（CP）とは構造がやや異なる少数のタンパク質成分．

マイナス一本鎖RNAウイルス（minus sense single-stranded RNA virus, (−)single-stranded RNA virus：(−)ssRNA virus） (−)一本鎖RNAウイルス，(−)ssRNAウイルスとも表す．マイナス鎖の一本鎖RNAをゲノムとするウイルスで，植物ウイルスではウイルス種全体の約4％を占める．マイナス一本鎖ウイルスのゲノムRNAはそれ自身では感染性をもたず，また，ゲノムの一部がアンビセンス鎖である例も多い．ウイルス粒子内には自身のRNA依存RNAポリメラーゼを保有している．ゲノムが単一分子であるウイルスと分節した分子であるウイルスとがある．遺伝子は，純粋なマイナス鎖の場合はウイルスゲノム鎖から転写されたmRNAを，アンビセンス鎖の場合はそのマイナス鎖領域はウイルスゲノム鎖から転写されたmRNAを，プラス鎖領域はゲノム複製過程の相補鎖から転写されたmRNAをそれぞれ経由して発現する．植物ウイルスでは，いずれもマイナス鎖の線状一本鎖RNAをゲノムとした単一ゲノムのラブドウイルス科（*Rhabdoviridae*），2分節ゲノムのバリコサウイルス属（*Varicosavirus*），3分節ゲノムのトスポウイルス属（*Tospovirus*），3〜4分節ゲノムのオフィオウイルス属（*Ophiovirus*），4〜6分節ゲノムのエマラウイルス属（*Emaravirus*）およびテヌイウイルス属（*Tenuivirus*）の各ウイルスがある．→アンビセンスRNAウイルス

マイナス一本鎖DNAウイルス（minus sense single-stranded DNA virus, (−)single-stranded DNA virus：(−)ssDNA virus） (−)一本鎖DNAウイルス，(−)ssDNAウイルスとも表す．マイナス鎖の一本鎖DNAをゲノムとするウイルスで，遺伝子はウイルスセンス鎖のみからmRNA経由で発現する．植物ウイルスではまだ報告されていない．

(−)ssRNAウイルス（(−)single-stranded RNA virus）→マイナス一本鎖RNAウイルス

(−)ssDNAウイルス（(−)single-stranded DNA virus）→マイナス一本鎖DNAウイルス

マイナス鎖（minus strand, (−)strand, minus sense strand, (−)sense strand, negative sense strand, antisense strand） (−)鎖，マイナスセンス鎖，ネガティブセンス鎖，アンチセンス鎖ともいう．mRNAと相補的な配列をもつ鎖．2本鎖DNAの場合はmRNAの鋳型となる鎖で鋳型鎖ともいう．ただし，DNA鎖ではRNAのUはTに対応する．

マイナスセンス（minus sense, −sense, negative sense） ネガティブセンスともいう．mRNAと相補的な配列．

マイルドモットル（mild mottle）→微斑

マーカー遺伝子（marker gene） 遺伝学的解析に役立つ特定の遺伝子．

マーカー利用選抜（marker-assisted selection：MAS） 交雑育種におけるDNAマーカーを利用した選抜．

巻葉（leaf curl, leaf roll）→葉巻

巻物状封入体（scroll inclusion） 渦巻き状封入体ともいう．→円筒状封入体

膜貫通タンパク質（transmembrane protein） 生体膜の脂質二重層を貫通している膜タンパク質．

膜貫通ドメイン（transmembrane domain） 膜タンパク質の生体膜貫通領域．

膜結合タンパク質（membrane-binding protein：MBP, membrane-associated protein） 膜結合性タンパク質ともいう．膜に結合するタンパク質．

膜吸汁法（membrane feeding） ウイルス試料をパラフィルム膜を通して昆虫に獲得吸汁させる方法．

マクサム・ギルバート法（Maxam-Gilbert method） 化学的切断法によるDNA塩基配列決定法．現在では一般的な方法ではない．

膜状構造体（vesicular body） ウイルス感染細胞の細胞質内に形成される宿主の膜系由来の不定形の封入体で，ウイルスの複製や粒子形成の場である．ティモウイルス属（*Tymovirus*），コモウイルス属（*Comovirus*）のウイルスなどで認められる．トンブスウイルス科（*Tombusviridae*）のウイルスの場合には多胞体（多重膜状構造体）とよばれる．→多胞体

膜タンパク質（membrane protein） 細胞膜の脂質二重層に組み込まれているタンパク質．

膜透過（membrane toranslocation） タンパク質が生体膜を通過すること．真核細胞では，小胞体，ミ

トコンドリア，葉緑体，ペルオキシソームがこれをおこなう．

マクロアレイ（macroarray）核酸やタンパク質などをメンブレンフィルター上に多数並べて配置・固定したもの．DNA，RNAあるいはタンパク質などの同定や発現の解析に用いる．

磨砕（homogenization）組織をすりつぶして均質にすること．

磨砕液（homogenate）→ ホモジェネート

摩擦接種（rubbing inoculation）→ 汁液接種

マスキング（masking）病徴隠蔽．外観的病徴が一時的に隠れる現象．

マススペクトロメトリー（mass spectrometry：MS）→ 質量分析法

MAS プロモーター（マスプロモーター：MAS promoter, *A. tumefaciens* T-DNA mannopine synthase promoter）植物発現用プロモーターのひとつ．

末端構造（terminal structure）ウイルスゲノム核酸の 5′末端および 3′末端の構造．

末端重複（terminal redundancy, terminal repetition）直線状ゲノム核酸の両端に同一の塩基配列が存在すること．

末端小粒（telomere：TEL）→ テロメア

末端ドメイン（terminal domain：T domain）ポスピウイロイド科（*Pospiviroidae*）ウイロイドの分子上の 5 つのドメインのひとつで，分子の左末端（TL）と右末端（TR）に位置するドメイン．

末端保存ヘアピン（terminal conserved hairpin：TCH）ポスピウイロイド科（*Pospiviroidae*）中の 2 属のウイロイドの分子の左側末端に存在するヘアピン状保存領域．

末端保存領域（terminal conserved region：TCR）ポスピウイロイド科（*Pospiviroidae*）中の 3 属のウイロイドの分子の左側末端付近に存在する保存領域．

MAT ベクター（マットベクター：multi-auto-transformation vector：MAT vector）形質転換後に選抜マーカー遺伝子が脱離するように工夫された Ti プラスミドベクターのひとつ．

MAP キナーゼ（マップキナーゼ：MAP kinase, mitogen-activated protein kinase：MAPK）MAP カイネースともいう．マイトジェン活性化プロテインキナーゼの略称．真核生物に普遍的に存在し，細胞内シグナル伝達系に関わるタンパク質リン酸化酵素のひとつ．

MAP キナーゼカスケード（マップキナーゼカスケード：MAP kinase cascade, MAPK cascade, mitogen-activated protein kinase cascade）MAPK カスケードともいう．MAP キナーゼキナーゼキナーゼ（MAPKKK），MAP キナーゼキナーゼ（MAPKK）および MAP キナーゼ（MAPK）で構成されるタンパク質リン酸化の連鎖反応．真核生物に普遍的に存在し，植物の防御応答にも関与する．

MAP キナーゼキナーゼ（MAP kinase kinase：MAPKK）MAP キナーゼをリン酸化するキナーゼ．

MAP キナーゼキナーゼキナーゼ（MAP kinase kinase kinase：MAPKKK）MAP キナーゼキナーゼをリン酸化するキナーゼ．

マップベースクローニング（map-based cloning, positional cloning）→ ポジショナルクローニング

マトリックス（matrix）［1］核マトリックス．［2］細胞外マトリックス．［3］ミトコンドリアマトリックス．［4］ラブドウイルス科（*Rhabdoviridae*）ウイルスなどのヌクレオキャプシドと外膜との間の基質．→ 核マトリックス，細胞外マトリックス，ミトコンドリアマトリックス

マトリックスタンパク質（matrix protein, M protein）基質タンパク質ともいう．［1］核マトリックス，細胞外マトリックスあるいはミトコンドリアマトリックスを構成する各タンパク質成分．［2］ラブドウイルス科（*Rhabdoviridae*）ウイルスなどのヌクレオキャプシドと外膜との間に存在するタンパク質．

間引き（rouging）作物などで間の苗を抜いてまばらにすること．

Mab（マブ：monoclonal antibody）→ モノクローナル抗体

MAV（マブ：minimal transactivation domain of TAV）翻訳アクチベーター（TAV）の最小翻訳活性ドメイン．→ 翻訳アクチベーター

MAMPs（マムプス：microbe-associated molecular patterns）→ 微生物関連分子パターン

MAMPs レセプター（MAMPs receptor）→ 微生物関連分子パターン受容体

MAMP 誘導免疫（MAMP-triggered immunity：MTI）→ PAMP 誘導免疫

マルチ（mulch）耕地の被覆資材．

マルチクローニングサイト（multicloning site：MCS）ポリリンカーともいう．各種の制限酵素に認識される塩基配列が存在する部位．

マルチプレックス PCR（multiplex PCR）複数対のプライマーセットを用いた PCR によって，同一試料から複数種のウイルスやウイロイドのゲノムあるいは特定の遺伝子を同時に増幅・検出する技

法.

マルチライン (multiline variety, multiline cultivar) →多系品種

マルチング (mulching) 病虫害や雑草の防除などのために，ビニールフィルムなどの被覆資材(マルチ)で耕地を広く覆う栽培法．シルバーマルチにはアブラムシに対する忌避効果がある．

MALDI-TOF/MS (マルディートフ/マス：matrix-assisted laser desorption/ionization-time of flight mass-spectrometry) マトリックス支援レーザー脱離イオン化飛行時間型質量分析法．微量のペプチドやタンパク質のアミノ酸配列決定法のひとつ．マトリックス(媒質)と混合して塗布された試料表面にパルスレーザーを照射して試料を脱離・イオン化させた後，このイオン化試料を高電圧の電極間で加速し，高真空の管中へ導入してイオン検出器まで飛行させ，その飛行時間を測定して質量を算出する．

マルトース結合タンパク質 (maltose binding protein：MBP) マルトース結合能をもつタンパク質．タンパク質のアフィニティー精製用のタグのひとつとして融合タンパク質の形で利用される．

蔓延 (spread) 病気などが広がること．

ミ

ミエローマ細胞 (myeloma cell) 骨髄腫細胞．

見かけの抵抗性 (apparent resistance) ある病原体に対して本来感受性の植物が種々の環境条件下で示す見かけ上の抵抗性．

ミオシン (myosin) ATPアーゼ活性とアクチン結合能をもつ棒状タンパク質．アクチンフィラメント上を移動するモータータンパク質で，筋収縮，細胞質分裂，小胞輸送，原形質流動などに働く．

未帰属種 (unassigned species) 分類上，科への所属は確定しているが，その中の属への所属が未確定な種．

右末端ドメイン (terminal right domain, TR domain) →末端ドメイン

ミクロソーム (microsome) →小胞体

ミクロトーム (microtome) 顕微鏡用の切片試料を作製するための切削機．

ミクロン (micron：μ) →マイクロメートル (μm)

ミスセンス変異 (missense mutation) あるアミノ酸に対応するコドンをほかのアミノ酸に対応するコドンに変換させる変異．

ミスマッチ (mismatch) 不正対合．正しい塩基対以外の塩基対合．

未成熟ウイルス粒子 (immature virion) 構築途上のウイルス粒子．

密度勾配遠心法 (density-gradient centrifugation) 密度勾配遠心分離法ともいう．生体高分子を適当な媒体の密度勾配中で遠心して沈降・移動させる分離・分析法．→ショ糖密度勾配遠心法，平衡密度勾配遠心法

ミトコンドリア (mitochondria) 真核細胞内の呼吸/エネルギー生成器官で，自身のDNAゲノムと原核生物型のタンパク質合成系をもつ．内外2枚のミトコンドリア膜に包まれ，内側は内膜と連続したクリステ膜および可溶性のマトリックスよりなる．

ミトコンドリア移行シグナル (mitochondrial localization signal, mitochondrial targeting signal：MTS) ミトコンドリア局在化シグナルともいう．ミトコンドリアで機能するタンパク質が細胞質からミトコンドリア内に輸送されるのに必要なシグナル配列．

ミトコンドリア膜 (mitochondrial membrane) ミトコンドリアを包む内外2枚の膜．この外膜は *Carnation Itarian ringspot virus* (CIRV), メロンえそ斑点ウイルス(MNSV), *Galinsoga mosaic virus* (GaMV)などの複製の場やビートえそ性葉脈黄化ウイルス(BNYVV)の粒子形成の場となる．

ミトコンドリアマトリックス (mitochondrial matrix) ミトコンドリアの内膜およびクリステ膜によって囲まれた内部空間．→ミトコンドリア

ミドル成分 (middle component：M) ミドルコンポーネントともいう．多粒子性ウイルスを密度勾配遠心で分離した際に認められる複数のウイルス層のうちで中間層の成分．

ミニサテライトDNA (minisatellite DNA) 数十塩基の配列が反復したDNA配列．

未認定ウイルス (non-approved virus) 国際ウイルス分類委員会(ICTV)にその存在が認定されていないウイルス．

未分類ウイルス (unassigned virus) その性状が従来の科あるいは属の分類基準に適合しないため，分類上の所属が確定していないウイルス．

MIMPs (ミムプス：microbe-induced molecular patterns) →微生物誘導分子パターン

MIMPsレセプター (MIMPs receptor) →微生物誘導分子パターン受容体

未変性PAGE (non-denaturing PAGE, non-denatured PAGE, native PAGE) タンパク質や核酸を未変性条件下で泳動するポリアクリルアミドゲル電気泳動法(PAGE)．

ミュータントパネル (mutant panel) 全遺伝子を網

羅した突然変異体集団．

ミリミクロン（millimicron：mμ）長さの単位のひとつ．1 mμ＝1 nm＝10 Å．

ム

無ウイルス（virus-free）→ウイルスフリー

無ウイルス植物（virus-free plant）
　→ウイルスフリー植物

むかご（propagule, bulbil, bulblet）珠芽．特定の植物の葉腋に形成される栄養繁殖器官．

無菌室（clean room）クリーンルームともいう．徹底した空気清浄により無菌状態に保たれている室．

無菌状態（aseptic condition）いかなる微生物も存在しない状態．

無菌操作（aseptic technique）雑菌による汚染を防ぎながら行う操作の総称．

無菌箱（clean box）無菌操作のための箱．現在ではクリーンベンチを利用するのが一般的である．

無細胞系（cell-free system）無細胞実験系，セルフリー系，インビトロ系ともいう．細胞抽出液を用い試験管内で各種生命現象を再現する実験系．

無細胞構築系（cell-free assembly system）
　→インビトロ構築系

無細胞タンパク質合成系（cell-free protein synthesis system）→インビトロ翻訳系

無細胞転写系（cell-free transcription system）
　→インビトロ転写系

無細胞発現系（cell-free expression system）
　→インビトロ発現系

無細胞複製系（cell-free replication system）
　→インビトロ複製系

無細胞翻訳共役複製系（cell-free translation-coupled replication system）→インビトロ翻訳共役複製系

無細胞翻訳系（cell-free translation system）
　→インビトロ翻訳系

無翅虫（aptera）有翅型と無翅型の2型がある昆虫の無翅成虫．

無脊椎動物（invertebrate）脊椎動物を除いた動物の総称．

無脊椎動物ウイルス（invertebrate virus）無脊椎動物を宿主とするウイルス．

無毒（virus-free）→ウイルスフリー

無毒植物（virus-free plant）→ウイルスフリー植物

無病徴感染（symptomless infection）→潜在感染

メ

メガダルトン（megadalton：MDa）メガドルトンともいう．原子や分子の質量の単位のひとつ．1 MDa＝1,000 kDa＝1,000,000 Da．

メガベース（megabase：Mb）核酸の塩基長の単位のひとつ．二本鎖の場合にはメガベースペア（megabase pair：Mbp）と表す．1 Mb＝1,000 kb．

メタアナリシス（meta-analysis）メタ解析ともいう．複数の研究データを収集してそれらを比較・統合する解析法．

メタゲノミクス（metagenomics）メタゲノム解析．メタゲノムを解析する研究分野．→メタゲノム

メタゲノム（metagenome）環境中の微生物群集の総体的遺伝情報．

メタボロミクス（metabolomics）代謝科学ともいう．メタボロームに関する研究分野．→メタボローム

メタボローム（metabolome）1つの生物種の全代謝産物．

メタロプロテアーゼ（metalloprotease, metal protease）活性中心に金属イオンが存在するタンパク質分解酵素．

メチルサリチル酸（methyl salicylic acid：MeSA）サリチル酸メチルともいう．サリチル酸のカルボキシ基にメチル基が結合した物質．サリチル酸の類縁体だが，それ自身も植物の全身獲得抵抗性（SAR）に関わる重要なシグナル伝達物質のひとつ．→サリチル酸，全身獲得抵抗性

メチルジャスモン酸（methyljasmonicacid：MeJA）ジャスモン酸メチルともいう．ジャスモン酸のカルボキシ基にメチル基が結合した物質．ジャスモン酸の類縁体だが，それ自身も植物の防御応答に関わる重要なシグナル伝達物質のひとつ．→ジャスモン酸

メチルトランスフェラーゼ（methyltransferase：MT, Mtr）メチル基転移酵素．

メチルトランスフェラーゼドメイン
　（methyltransferase domain：MT domain, Mtr domain）ゲノムRNAにキャップ構造をもつウイルスのRNA依存RNAポリメラーゼ（RdRp）が有するメチルトランスフェラーゼ活性の機能ドメイン．GTPのグアニンの7位をメチル化する．

滅菌（sterilization, disinfection）殺菌，消毒ともいう．増殖能力のある微生物が存在しない状態（無菌状態）を作り出す操作．

メッシュ（mesh）→グリッド

メッセンジャーRNA（messenger RNA：mRNA）DNAから転写され，リボソーム上で翻訳されるタンパク質のアミノ酸配列情報を担う一本鎖RNA．

メッセンジャー RNA グアニリルトランスフェラーゼ (mRNA guanylyl transferase)
→ キャッピング酵素

メッセンジャー RNA グアニン-7-メチルトランスフェラーゼ (mRNA guanine-7-methyltransferase: MT) メチルトランスフェラーゼのひとつ. キャッピング酵素によって mRNA の 5′末端に結合した GTP のグアニンの 7 位にメチル基を付加する酵素. ゲノム RNA にキャップ構造をもつウイルスの RNA 依存 RNA ポリメラーゼ (RdRp) にはこの機能ドメイン (MT ドメイン) が存在する.
→ キャッピング酵素

メッセンジャー RNA 前駆体 (mRNA 前駆体: mRNA precursor, pre-mRNA) → 前駆体 mRNA

メディエーター (mediator) 転写活性化因子, エンハンサーおよびプロモーターと RNA ポリメラーゼとの結合において分子的架橋を形成するタンパク質複合体.

メリクローン (mericlone) メリクロンともいう. 植物の茎頂培養由来のクローン. 栄養繁殖植物のウイルスフリー植物の作成や種苗の大量生産に広く用いられている.

免疫 (immunity) 生体が主として感染症に対して抵抗性をもつこと. 広義では外来の異物を排除する生体反応を指す. 医学では, 抗体などによる特異的な後天性免疫 (獲得免疫) とそれ以外の非特異的な先天性免疫に大別されるが, 狭義の免疫は獲得免疫を指す. なお, 植物病理学では, 一般に免疫を病原体に対する抵抗性と同義に用いるが, 中には非宿主抵抗性と同義として用いている例もある. → 獲得免疫, 先天性免疫

免疫応答 (immune response, immune reaction) 免疫反応ともいう. 体内に異物や微生物が侵入した時に免疫系が起こす応答.

免疫化 (immunization) 動物体にある抗原を与えて抗体産生を誘起する操作.

免疫拡散法 (immunodiffusion) → 二重免疫拡散法

免疫共沈降法 (co-immunoprecipitation: co-IP) 特定の抗体を用いて対応するタンパク質と結合しているタンパク質を溶液から沈降・分離する方法.

免疫グロブリン (immunoglobulin: Ig) イムノグロブリンともいう. 抗体タンパク質の総称. 免疫グロブリンは物理化学的および免疫学的性質により 5 つのクラス (IgM, IgD, IgG, IgA, IgE) に分類されるが, いずれも 2 本の重鎖 (H 鎖: heavy chain) と 2 本の軽鎖 (L 鎖: light chain) が S-S 結合で繋がった Y 字形の 4 本鎖構造をとる. Y 字の上半分部分を Fab 領域 (Fragment, antigen binding), 下半分部分を Fc 領域 (Fragment, crystallizable) とよぶ. Fab 領域の先端部 (H 鎖と L 鎖の N 末端側) には抗原特異的な結合をする可変領域 (V 領域: variable region) が存在し, それ以外の Fab 領域と Fc 領域 (H 鎖と L 鎖の C 末端側) は, 定常領域 (C 領域: constant region) とよばれる.

免疫クロマトグラフィー (immunochromatography) イムノクロマトグラフィー, 免疫クロマト法ともいう. → イムノクロマトグラフィー

免疫蛍光法 (immunofluorescence: IF)
→ 蛍光抗体法

免疫原性 (immunogenicity) → 抗原性

免疫交叉反応 (immunocross reaction) → 交叉反応

免疫染色 (immunostaining) → 免疫組織化学

免疫組織化学 (immunohistochemistry: IHC) 免疫染色ともいう. 細胞や組織を目的とするタンパク質に対する標識抗体で染色して, 特定のタンパク質の局在を検出する方法.

免疫沈降 RT-PCR (immunoprecipitation RT-PCR: IP-RT-PCR) 抗ウイルス抗体を用いて対応するウイルスを溶液から沈降・分離した後, その核酸を抽出して RT-PCR によってウイルスを検出する方法.

免疫沈降 ELISA (immunoprecipitation ELISA: IP-ELISA) 非標識抗ウイルス抗体を一次抗体としてウイルスを溶液から沈降・分離した後, この沈澱をマイクロプレートに移して, 酵素標識抗 IgG 抗体を二次抗体とする ELISA によってウイルスを検出する間接 ELISA の変法.

免疫沈降法 (immunoprecipitation: IP) 特定の抗体を用いて対応するタンパク質を溶液から沈降・分離する方法.

免疫電気泳動 (immunoelectrophoresis: IEP) アガロースゲル電気泳動によって抗原を分離した後, このゲルに抗体を加えて二重免疫拡散法によって形成された沈降線を観察する技法.

免疫電子顕微鏡法 (immunoelectron microscopy: IEM) 免疫電顕法ともいう. 試料を抗体と反応させ, 抗原との結合や抗原の局在を電子顕微鏡で観察する技法の総称. 植物ウイルス学分野でも, リーフディップセロロジーや金コロイド抗体法などが利用されている.

免疫ブロット法 (immunoblotting)
→ ウェスタンブロット法

メンデル遺伝 (Mendelian inheritance) メンデルの法則に従う遺伝様式.

メンデルの法則 (Mendel's law) メンデルの遺伝法

則．次の3つの法則からなる．①優劣の法則：遺伝形質には優性形質と劣性形質があり，対立形質をもつ純系の2個体を交配するとその雑種第一代（F_1）では一方の親の優性形質のみが現れる．②分離の法則：雑種第一代同士を交配した雑種第二代（F_2）では，優性形質を示す個体と劣性形質を示す個体が3対1の比に分離する．③独立の法則：それぞれの形質に関わる遺伝子間に連鎖がない場合，互いに異なる複数の形質はそれぞれ独立に遺伝する．

メンブレンフィルター（membrane filter）フッ素樹脂やセルロースアセテートで作られた孔径の揃った多孔性の膜．

モ

毛根病菌（*Agrobacterium rhizogenes*）主に双子葉植物の根部に感染して，多数の毛状根を誘導・形成する植物病原細菌．根頭がん腫病菌と同様にこの菌がもつRiプラスミドをベクターとして用いた植物への遺伝子導入法が利用されている．

毛茸（trichome）植物の表皮上にある毛状突起．

網羅的DNAマイクロアレイ解析（whole genome DNA microarray analysis）全ゲノムDNAを対象としたDNAマイクロアレイによる発現解析．

目（order）生物の階層分類体系において，綱の次下位，科の上位におかれる基本的階級．ウイルスの分類では語尾に –*virales* を付してイタリック体で示す．

木化（lignification）木質化ともいう．高等植物の成長にともなって細胞壁にリグニンが蓄積され強固になる現象．

木部（xylem）導管，仮導管，木部柔組織，木部繊維などからなる，水や栄養素などの通導組織．導管は管状要素のひとつである導管細胞が上下の隔壁を失い，縦に連なって構成されている．

木部柔組織（xylem parenchyma）導管，仮導管，木部繊維などの間に介在する柔組織．

木部繊維（xylem fiber）木化した繊維細胞からなる組織．

木本植物（woody plant）茎と根が木化する植物．

モザイク（mosaic）[1]緑色部と退緑部が混在する病徴．[2]単一の細胞由来ながら遺伝子構成の異なる細胞で構成された個体．

モザイク病（mosaic disease）モザイク症状を示す植物ウイルス病のひとつ．ウイルス病と並んで各種植物のウイルス病の正式な病名のひとつとしてよく用いられる．その病原として複数種のウイルスがある場合も多い．

モジュール（module）[1]ドメインとほぼ同義．[2]平均15残基ほどのアミノ酸配列でタンパク質の高次構造の最小構造単位．複数個のモジュールがまとまってモチーフを形成する．[3]植物ウイルス学分野では，複製酵素，外被タンパク質，移行タンパク質，サイレンシングサプレッサーなどのウイルスゲノム上の各タンパク質遺伝子をモジュールあるいは遺伝子ブロック（gene block）とよび，これらのモジュールあるいはその一部分の組換えによってウイルスの大進化が導かれたと推定されている．なお，現在，モジュール，モチーフ，ドメインの各用語の定義には若干の混乱がある．

モジュレーター（modulator）エフェクターともいう．酵素などのタンパク質の機能を調節するタンパク質あるいは物質．

モータータンパク質（motor protein）細胞骨格であるアクチンフィラメントや微小管と相互作用して細胞内の運動を担うタンパク質の総称．ミオシン，キネシン，ダイニンの3種がある．

モチーフ（motif）タンパク質あるいはDNAの配列中で，ある特定の構造や機能に特徴的な短い配列．複数個のモチーフがまとまって機能ドメインを形成する．

モットル（mottle）→斑紋

モディフィコミクス（modificomics）→翻訳後修飾プロテオミクス

モデル植物（model plant）生命現象の解明のために集中的に研究されている植物．植物ウイルスの研究によく用いられているモデル植物には，シロイヌナズナ（*Arabidopsis thaliana*），*Nicotiana benthamiana*，セイヨウヤマカモジ（*Brachypodium distachyon*）などがある．

戻し交雑（backcross）2つの系統や品種の交雑において，雑種第一代（F_1）に再び片方の親を交雑すること．

戻し接種（back inoculation）[1]元の病植物から分離した病原体を同種の健全植物に接種すること．[2]接種試験によって無病徴であった植物の抽出液を検定植物に再接種すること．

モノクローナル抗体（monoclonal antibody：Mab）単クローナル抗体，単クローン抗体ともいう．ひとつのエピトープだけを認識する抗体．

モノジェニック抵抗性（monogenic resistance）単独の*R*遺伝子がコードするタンパク質が介在する特異的抵抗性で，真性抵抗性と同義．→真性抵抗性

モノシストロニック翻訳（monocistronic translation）モノシストロニックmRNAからは単一の遺伝子

産物，ポリシストロニック mRNA からは最初の遺伝子の産物だけを翻訳する様式．

モノシストロニック mRNA (monocistronic mRNA) モノシストロン性 mRNA ともいう．単一の遺伝子をコードする mRNA．真核生物の mRNA は一般にこの様式である．

モノマー (monomer) 単量体．多量体を形成する構造単位．

モル (mole：mol) 1 mol ＝化合物の分子量の数値に等しいグラム重量．

モル濃度 (molarity：M) 溶液 1 l 中の溶質のモル数．

Molecular Plant Pathology (MPP) Wiley 社が英国植物病理学会 (BSPP) と共同で刊行する分子植物病理学に関する国際専門誌．

Molecular Plant–Microbe Interactions (MPMI) 国際分子植物–微生物相互作用学会 (IS-MPMI) と米国植物病理学会 (APS) が共同で刊行する分子レベルでの植物–微生物相互作用に関する国際専門誌．

門 (phylum, division) 生物の階層分類体系において，界の次下位，綱の上位におかれる基本的階級．

ヤ

野外放出 (field release) 組換え植物などを一般圃場などで栽培すること．

YAC (ヤック：yeast artificial chromosome) →酵母人工染色体

薬害 (phytotoxicity, crop injury, damage from agricultural chemicals) 薬剤により植物体に有害な作用が及ぶこと．

薬剤選抜マーカー (drug-selectable marker) →薬剤耐性マーカー

薬剤耐性 (drug resistance, drug tolerance, chemical tolerance) 薬剤抵抗性ともいう．ある生物の集団，個体，あるいは細胞において，特定の医薬や農薬などの化学薬剤に対する感受性が低下する現象．

薬剤耐性マーカー (drug resistance marker) 薬剤選抜マーカーともいう．遺伝子組換え体のスクリーニングの際にマーカーとして用いる薬剤耐性遺伝子．

葯培養 (anther culture) 葯の無菌培養．培養葯中で花粉母細胞が分裂し，半数体植物にまで生育できる．

野生型 (wild type) 自然界にある正常な表現型あるいは遺伝子型を示す遺伝子，細胞あるいは生物個体．

野生株 (wild strain) 自然界にある正常な個体．

ユ

U (uracil) →ウラシル
U (uridine) →ウリジン
UA (uranyl acetate) →酢酸ウラニル
UMP (uridine monophosphate) →ウリジン一リン酸

融解 (melting) 二本鎖核酸分子の解離．

融解温度 (melting temperature：Tm) 二本鎖核酸が加熱により一本鎖に解離して紫外線吸収の変化を引き起こす温度幅の中間の温度．融解温度は二本鎖核酸の GC 含量に比例する．二本鎖 RNA の融解温度は同じ GC 含量の二本鎖 DNA より約 15℃ 高い．

融解曲線 (melting curve) 核酸の温度上昇に伴う紫外線吸収の変化を示す図．一本鎖核酸では約 10% の穏やかな吸光度上昇を示すのに対して，二本鎖核酸は約 40% の急激な吸光度上昇を示す．この二本鎖核酸の吸光度上昇を示す温度幅の中間の温度を融解温度という．

有機農業 (organic agriculture, organic farming) 化学肥料や化学農薬を使用せず，有機肥料を利用して土壌生産効率を維持しながら農作物の生産をめざす農業．

融合遺伝子 (fusion gene) キメラ遺伝子，ハイブリッド遺伝子ともいう．複数の異種遺伝子の一部あるいは全部が融合した遺伝子．

融合細胞 (fusion cell) 複数の異種細胞が融合した細胞．

融合タンパク質 (fusion protein) キメラタンパク質，ハイブリッドタンパク質ともいう．複数の異種タンパク質の一部あるいは全部が融合したタンパク質．

有翅虫 (alate) 有翅型と無翅型の 2 型がある昆虫の有翅成虫．

UGT (UDP-glucosyltransferase) →UDP グルコシルトランスフェラーゼ

有糸分裂 (mitosis) 真核細胞の核の分裂様式．体細胞分裂と減数分裂に大別される．分裂の過程は連続的変化であるが，前期，前中期，中期，後期，終期の 5 期に分けられる．

雄ずい (stamen) 雄蕊とも表し，おしべともいう．種子植物の雄性生殖器官．

優性 (dominant) 対立形質をもつ両親の雑種第一代に現れる形質．

優性遺伝子 (dominant gene) 優性形質の発現に関与する対立遺伝子．

優性抵抗性遺伝子 (dominant resistance gene) 抵抗

性に関わる形質が優性の対立遺伝子にコードされている遺伝子.

雄性不稔(male sterility) 植物が正常な花粉形成ができずに稔性を失う現象.

遊走子(zoospore) 卵菌類などでみられる鞭毛による遊泳性をもつ無性の生殖細胞. 菌類伝搬性ウイルスは遊走子の表面に付着して媒介される.

UTR(untranslated region) →非翻訳領域

UTP(uridine triphosphate) →ウリジン三リン酸

UDP グルコシルトランスフェラーゼ(UDP-glucosyltransferase:UGT) UDP グリコシドからのグルコース残基の転位を触媒する酵素.

誘電泳動(dielectrophoresis:DEP) 不均一な交流電場中で粒子が電場により分極され, 電場強度が強い領域あるいは弱い領域に泳動する現象.

誘導(induction) 転写の促進による特定タンパク質の発現の増加.

誘導因子(inducer) →インデューサー

誘導期(induction phase, lag phase) 遅滞期ともいう. 細胞集団の培養初期に細胞数の増加がほとんど認められない時期.

誘導全身抵抗性(induced systemic resistance:ISR) →全身誘導抵抗性

誘導体(derivative) ある化合物の分子内の一部分が変化して生じた化合物.

誘導抵抗性(induced resistance) →動的抵抗性

誘導的発現(inducible expression) 遺伝子の誘導的な発現.

誘導物質(inducer) 遺伝子の発現を誘導する物質.

誘発(induction) プロウイルスをもつ細胞に紫外線や変異原などを処理することによってウイルスの増殖が誘導されること.

ユークロマチン(euchromatin) 真正染色質ともいう. 細胞分裂の間期において脱凝縮した状態で存在するクロマチン.

輸入禁止植物(import prohibited plant) 植物防疫法や外来生物法などによって国内への輸入が禁止されている植物. 研究目的で海外から病植物や植物病原体などを輸入する場合には, 事前に植物防疫所から輸入禁止品輸入許可を得る必要がある. →植物防疫法

UniProt(ユニプロット) Swiss-Prot なども包含する国際的なタンパク質データベース.

ユビキチン(ubiquitin) 真核生物に普遍的に存在する76アミノ酸からなるタンパク質で, 標的タンパク質に結合してそのプロテアソームによる分解へと導く.

ユビキチン-プロテアソーム系(ubiquitin-proteasome system) タンパク質分解機構のひとつ. ユビキチンにより標識されたタンパク質を巨大な酵素複合体であるプロテアソームが認識して分解する.

ユビキチン連結酵素(ubiquitin ligase) ユビキチンをタンパク質に連結する酵素.

ユニバーサルプライマー(universal primer) PCR の際に用いる汎用のプライマー.

ヨ

養液栽培(solution culture, nutriculture, fertigation) 植物の生長に必要な養水分を液肥として与える栽培方法. 固形培地を用いない方法(水耕)と固形培地を用いる方法(砂耕, 礫耕, ロックウール耕など)がある.

陽極(anode) アノードともいう. 電子顕微鏡の電子銃の構成要素のひとつで, 陰極より高い電圧で電子を加速する電極.

溶菌(lysis) ファージ感染あるいは細胞壁分解酵素の作用などによる細菌や菌類の溶解現象.

溶菌酵素(lytic enzyme) ファージ, 細菌, 菌類などがもつ細胞壁分解酵素. このうち, キチナーゼやグルカナーゼは植物にも存在し, 病原菌類に対する防御に関わる.

溶菌性ファージ(lytic phage) ビルレントファージともいう. 細菌を溶菌するファージ.

溶菌斑(plaque) →プラーク

溶原化(lysogenization) ファージがプロファージとして宿主のゲノム染色体に組み込まれること.

溶原菌(lysogenic bacteria) 溶原化したプロファージをもつ細菌.

溶原性ファージ(lysogenic phage, temperate phage) テンペレートファージともいう. 細菌を溶菌するステージと溶原化するステージの2つの生活環をもつファージ.

葉状化(phyllody) →フィロディ

陽性染色法(positive staining) →ポジティブ染色法

幼虫(larva) 完全変態昆虫の幼生.

葉肉(mesophyll) 葉の上下両表皮間にある同化組織. 一般に被子植物では, 上側が柵状組織, 下側が海綿状組織に分化している. →柵状組織, 海綿状組織

養分欠乏症(nutrient deficiency, plant nutrient deficiency) 養素欠乏症ともいう. 養分の欠乏による植物の異常.

葉片浸漬血清反応(leaf dip serology:LDS) →リーフディップセロロジー

葉片浸漬法(leaf dip method) →リーフディップ法

葉脈 (vein) 葉に分布する維管束系.
葉脈壊死 (vein necrosis) 葉脈が壊死する病徴.
葉脈黄化 (vein yellowing) 葉脈が黄化する病徴.
葉脈透化 (vein clearing) 葉脈退緑ともいう．葉脈が退緑する病徴.
葉脈肥大 (vein swelling) 葉脈が肥大する病徴.
葉脈緑帯 (vein banding) 葉脈帯化ともいう．葉肉は退緑するが，葉脈は緑色のままで残る病徴.
葉緑体 (chloroplast) クロロプラストともいう．植物細胞内の光合成器官で，自身のDNAゲノムと原核生物型のタンパク質合成系をもつ．内外2枚の葉緑体膜に包まれ，内側はチラコイド膜 (ラメラ) とそれらが重層したグラナおよび可溶性のストロマよりなる.
葉緑体移行シグナル (chloroplast targeting signal, chlo-roplast localization signal) 葉緑体局在化シグナルともいう．葉緑体で機能するタンパク質が細胞質から葉緑体内に輸送されるのに必要なシグナル配列.
葉緑体膜 (chloroplast membrane) 葉緑体を包む内外2枚の膜．この外膜はカブ黄化モザイクウイルス (TYMV) やカブモザイクウイルス (TuMV) の複製の場となる.
葉齢 (leaf age, foliar age) 展開葉数でみた植物の齢.
抑制因子 (repressor, negative regulator, down regulator) [1] リプレッサーと同義．[2] ウイルスの複製・移行を抑制する宿主因子.
ヨコバイ (leafhopper) カメムシ目 (Hemiptera) ヨコバイ科 (Cicadellidae) の吸汁性昆虫の総称．植物ウイルスの媒介虫のひとつ.
四次構造 (quaternary structure) 複数のタンパク質分子が会合した複合体構造．→タンパク質の高次構造.
読み過ごし (readthrough) →リードスルー
読み過ごしタンパク質 (readthrough protein) →リードスルータンパク質
読みとり枠 (open reading frame：ORF) →オープンリーディングフレーム
European Jaurnal of Plant Pathologg (Eur. J. Plant Pathol.：EJPP) →EJPP
読み枠 (reading frame) →リーディングフレーム
四分節ゲノム (quadripartite genome) 4種の核酸分子に分節しているウイルスゲノム.
四量体 (tetramer) →テトラマー

ラ

ライフサイエンス (life science) →生命科学
LINE (ライン：long interspersed repetitive sequence, long interspersed nuclear element) →長鎖散在反復配列
ラウリル硫酸ナトリウム (sodium lauryl sulphate：SLS) →ドデシル硫酸ナトリウム
ラギング鎖 (lagging strand) 二本鎖DNAの半保存的複製の際に，複製フォークの進行方向と反対方向に伸長する娘DNA鎖.
落射蛍光顕微鏡 (epifluorescence microscope) 試料の上方から励起光を照射する蛍光顕微鏡.
落葉 (leaf abscission) 葉が落ちる病徴.
ラジオアイソトープ (radioisotope：RI) 放射性同位体ともいう．放射性の同位元素.
ラジオイムノアッセイ (radioimmunoassay：RIA) 放射性免疫測定法ともいう．放射性標識した抗原あるいは抗体を利用して抗体や抗原を定量測定する方法.
裸子植物 (gymnosperm) 種子植物のうち，胚珠が裸出しているもの.
らせん状ウイルス (helical virus) 螺旋状ウイルスとも表し，らせん形ウイルスともいう．らせん状の粒子形態をしたウイルス．棒状〜ひも状〜糸状のウイルス粒子は正確にはらせん対称の立体構造をとる．らせん状のウイルス核酸に沿って構造単位 (外被タンパク質サブユニット) がらせん状に配列し，粒子の中心には中空の中心孔がある．植物ウイルスでは，棒状粒子のタバコモザイクウイルス (TMV)，タバコ茎えそウイルス (TRV)，ムギ斑葉モザイクウイルス (BSMV)，ひも状粒子のジャガイモXウイルス (PVX)，カーネーション潜在ウイルス (CLV)，ジャガイモYウイルス (PVY)，ビート萎黄ウイルス (BYV) などで，それぞれの立体構造が詳しく解明されている．→棒状ウイルス，ひも状ウイルス，植物ウイルスの粒子構造
らせん状キャプシド (helical capsid) らせん状の形態をしたウイルスキャプシド．→キャプシド
らせん対称 (helical symmetry) 円柱面上を回りながら軸方向に一定の速度で進んでいく時にできる渦巻状の空間曲線の対称性．二本鎖DNAやらせん状ウイルスなどの立体構造の対称性.
らせんピッチ (helical pitch) らせん1回転あたりのらせん軸の長さ.
LUC (ラック：luciferase) →ルシフェラーゼ
***lac* プロモーター** (ラックプロモーター：*lac* promoter, lactose operon promoter) ラクトースオペロンプロモーター．大腸菌発現用プロモーターのひとつ.
ラテックス (latex) 径0.5〜5.0μmの粒子が分散したゴムの乳液.

ラテックス凝集反応（latex agglutination test, latex flocculation test）ラテックス粒子を担体としてこれに抗体を結合させた後，抗原抗体反応を行い，ラテックスの凝集を観察する方法．
RAPD（ラピッド：random amplified polymorphic DNA）→ランダム増幅断片長多型
RAPDマーカー（ラピッドマーカー：RAPD marker）ランダム増幅断片長多型（RAPD）に基づくDNAマーカー．
ラブドウイルス（Rhabdovirus）ラブドウイルス科（*Rhabdoviridae*）のウイルス．植物のラブドウイルスでは大型で両端が丸い桿菌状のものが多い．
LaB_6チップ（ラブ6チップ：lanthanum hexaboride tip）→ランタンヘキサボライドチップ
ラメラ（lamella）チラコイドともいう．葉緑体内膜の基本構造となる扁平な袋状の小胞で，積み重なった層状構造であるグラナを形成する．
λファージ（ラムダファージ：λ phage, lambda phage）大腸菌の溶原性ファージのひとつ．
λファージベクター（ラムダファージベクター：λ phage vector, lambda phage vector）λファージを利用したベクター．
ランオン転写法（run-on transcription）→核ランオンアッセイ
ランダム増幅断片長多型（random amplified polymorphic DNA：RAPD）RAPD（ラピッド）と略す．ゲノムDNAを鋳型とし，ランダムプライマーを用いたPCRで増幅して得られる断片長の多型．
ランダム突然変異導入（random mutagenesis）ランダム突然変異誘発ともいう．遺伝子にランダムな変異を導入する技法．DNAポリメラーゼの種類や反応条件を変えて複製の正確性を下げた条件でPCRを行う方法（エラープローンPCR）などがある．
ランダムプライマー（random primer）全長6〜数十塩基の不特定な配列をもつ合成一本鎖DNAの集合体からなるプライマー．
ランタンヘキサボライドチップ（lanthanum hexaboride tip）六ホウ化ランタンチップ，LaB_6チップ，LaB_6カソードともいう．電子顕微鏡用陰極のひとつ．タングステンフィラメントに比べてより高い輝度が得られる．
LAMP法（ランプ法：loop-mediated isothermal amplification）等温核酸増幅法のひとつ．一定温度，短時間の反応で明瞭な結果が得られることから，ウイルスやウイロイドなどの迅速，簡便で高感度な検出法として利用されている．→等温核酸増幅法

リ

リアソータント（reassortant）再編成体，再編成株，シュードリコンビナント（pseudorecombinant）ともいう．→シュードリコンビナント
リアニーリング（reannealing）核酸の解離した相補的一本鎖同士が溶液温度の下降などによって二本鎖を再生すること．
リアルタイムPCR（real-time PCR；real-time polymerase chain reaction, quantitative real-time PCR）定量リアルタイムPCRともいう．PCR産物の増加をリアルタイムで測定することで，鋳型とした目的遺伝子の定量を行う方法．逆転写PCRを併用したmRNAやウイルスRNAの定量解析は定量リアルタイムRT-PCRとよばれ，植物RNAウイルスやウイロイドの高感度定量検出法として利用されている．
リイニシエーション（re-initiation, ribosomal reinitiation, translation reinitiation）翻訳再開機構．カリフラワーモザイクウイルス（CaMV）などのポリシストロニックmRNAの翻訳の際に，ウイルス由来の翻訳アクチベーター（TAV）の存在下に，リボソームが1つのORFの翻訳が終了した直後，3′側に存在する次のORFの開始コドンを認識して翻訳を再開する機構．→ポリシストロニックmRNA
リイニシエーション支援タンパク質（reinitiation-supporting protein：RISP）カリフラワーモザイクウイルス（CaMV）などにおける翻訳再開機構に関与する宿主因子のひとつ．→リイニシエーション
リガーゼ（ligase）連結酵素．2つの分子を互いに結合させる酵素．
リカバリー（recovery）→回復
リガンド（ligand）タンパク質と特異的に結合する物質．
リガンド-レセプター説（ligand-receptor hypothesis）病原体の非病原性遺伝子（*Avr*）由来のエリシターがリガンド，植物の真性抵抗性遺伝子（*R*）の翻訳産物がレセプターとしてそれぞれ働いて，双方の分子が直接結合するとする説．しかし，実際にはこうした例は少ないため，新たにガード説が提唱されている．→ガード説
力価（titer）タイターともいう．抗体などの生物活性物質の活性の強さを適当な単位で表したもの．
リーキースキャニング（leaky scanning）ウイルスRNAの5′末端直近の開始AUGコドンを一部のリボソームが読み過ごし，それより下流のAUGコ

ドンから翻訳を開始する機構．

リーキー変異（leaky mutation）ある遺伝子の機能が完全には欠失しない変異．

リコンビナント（recombinant）→組換え体

リグニナーゼ（ligninase）リグニン分解酵素．

リグニン（lignin）フェニルプロパノイドの重合体．維管束植物の木部に特に多量に含まれる．宿主植物では病原菌類の侵入部位の細胞壁に集積することが知られている．

RISC（リスク：RNA-induced silencing complex）→RNA誘導サイレンシング複合体

RISP（リスプ：reinitiation-supporting protein）→リイニシエーション支援タンパク質

リソソーム（lysosome）真核生物において種々の加水分解酵素を内包する細胞小器官．植物では液胞がこれに相当すると考えられている．

リゾチーム（lyzozyme）ムラミダーゼともいう．細菌の細胞壁を構成する多糖類を加水分解する酵素．

リーダー配列（leader sequence）→先導配列

立体構造（conformation, three-dimensional structure）核酸やタンパク質などの生体高分子の三次構造．→核酸の高次構造，タンパク質の高次構造

リーディング鎖（leading strand）二本鎖DNAの半保存的複製の際に，複製フォークの進行方向と同一方向に伸長する娘DNA鎖．

リーディングフレーム（reading frame）読み枠ともいう．タンパク質遺伝子の塩基配列を3塩基ずつに区切ったときの3とおりの枠組み．

リードスルー（read through, reading through：RT）リーディングスルー，読み過ごしともいう．ORFの終止コドンが読み過ごされることによって，その下流のORFが融合タンパク質として発現する現象．サプレッサーtRNAにより終止コドンがアミノ酸として翻訳されたり，終止コドンの読み枠がずれたり（翻訳フレームシフト）することなどによる．→サプレッサーtRNA，翻訳フレームシフト

リードスルータンパク質（read through protein：RT protein）読み過ごしタンパク質ともいう．リードスルーによって生じた上流タンパク質との融合タンパク質．

RIPA（リパ：rapid immunofilter paper assay）→リパ法

リパ法（rapid immunofilter paper assay：RIPA）RIPA, 迅速免疫ろ紙検定法ともいう．イムノクロマトグラフィーのひとつ．ラテックス凝集反応の変法で，抗原と抗体感作ラテックスとをろ紙上で展開・結合させる簡便・迅速なタンパク質やウイルスの検出・定量法．

リバーストランスクリプターゼ（reverse transcriptase：RT）→逆転写酵素

リパーゼ（lipase）中性脂肪を脂肪酸とグリセリンとに加水分解する酵素．

罹病性（infectible, susceptible）→感受性

罹病率（disease incidence）→発病率

リーフディスク（leaf disc, leaf disk）植物の葉からリーフパンチやコルクボーラーなどによって一定の径で打ち抜かれた円盤状の葉片．

リーフディップセロロジー（leaf dip serology：LDS）葉片浸漬血清反応ともいう．免疫電子顕微鏡法のひとつ．ウイルス感染葉の葉片の切り口を抗体液の液滴に瞬間的に浸して，放出されるウイルス粒子と抗体との結合をネガティブ染色し，電子顕微鏡で観察する技法．→ディップ法，ネガティブ染色法

リーフディップ法（leaf dip method）葉片浸漬法ともいう．→ディップ法

リプレッサー（repressor）レプレッサー，抑制因子ともいう．調節遺伝子の翻訳産物で，特定の遺伝子の発現を抑制する因子．

リプログラミング（reprogramming）再プログラム化，初期化ともいう．分化した細胞や修飾された遺伝子が未分化・未修飾の状態に戻ること．

リブロース-1,5-ビスリン酸カルボキシラーゼ/オキシゲナーゼ（ribulose-1,5-bisphosphate-carboxylase/oxygenase：RuBisCo）光合成回路において二酸化炭素固定反応を触媒する酵素．

リボ核酸（ribonucleic acid：RNA）RNAと略称する．リボヌクレオチドが重合した鎖状の核酸分子．→リボヌクレオチド

リボ核タンパク質（ribonucleoprotein：RNP）リボヌクレオプロテインともいう．RNAとタンパク質との複合体．

リポキシゲナーゼ（lipoxygenase）不飽和脂肪酸に酸素を添加する酵素のひとつ．

リボザイム（ribozyme）RNA酵素．自己切断などの酵素活性を有するRNA分子．アブサンウイロイド科（*Avsunviroidae*）のウイロイドやタバコ輪点ウイルス（TRSV）のサテライトRNAなどはこの活性を示す．これらのリボザイムにはハンマーヘッド型とヘアピン型とがある．

リボース（ribose）RNAに含まれるリボヌクレオシドの構成成分．

リボスイッチ（riboswitch）mRNAの非翻訳領域に

存在し，タンパク質の発現制御を行う RNA ドメイン．

リボソーム（ribosome） タンパク質の合成を担う rRNA-タンパク質複合体．真核生物の細胞質のリボソームは 80 S，原核生物および真核生物のミトコンドリアと葉緑体のリボソームは 70 S の沈降係数を示し，ともに大小 2 つのサブユニットからなる．

リボソーム（liposome） 脂質二重膜でできた人工的小胞．この小胞に抗体などのタンパク質や核酸を包み込んで膜融合によって生細胞内に送り込むことができる．

リボソーム RNA（ribosomal RNA：rRNA） リボソームを構成する RNA．真核生物の 80 S リボソームには 28 S，18 S，5.8 S および 5 S の 4 種類，原核生物の 70 S リボソームには 23 S，16 S，5 S の 3 種類の rRNA が含まれる．

リボソーム RNA 遺伝子（ribosomal RNA gene, rRNA gene） リボソーム DNA（rDNA）ともいい，rRNA 遺伝子とも表す．リボソーム RNA をコードする遺伝子．

リボソーム結合部位（ribosome binding site：RBS） リボソームが結合する mRNA 上の翻訳開始部位．

リボソームサブユニット（ribosome subunit） リボソームを構成するサブユニット．真核生物の 80 S リボソームは 60 S と 40 S，原核生物の 70 S リボソームは 50 S と 30 S のそれぞれ大小 2 種類のサブユニットから構成されている．

リボソームシャント（ribosome shunt, ribosome shunting, translational shunt） リボソームが mRNA の 5′ キャップ構造に結合して mRNA 上をスキャンする際に，途中の非翻訳領域を飛び越して下流の最初の翻訳領域の開始コドンから翻訳を開始する機構．カリモウイルス科（*Caulimoviridae*）のウイルスなどの全長 mRNA の比較的長い 5′ 末端非翻訳領域（リーダー配列）上で認められる．

リボソームタンパク質（ribosomal protein） リボソームを構成するタンパク質．真核生物では約 80 種類，原核生物では 55 種類が知られる．

リボソーム DNA（ribosomal DNA：rDNA）
　→リボソーム RNA 遺伝子

リボソーム内部進入部位（internal ribosome entry site：IRES） 真核生物の mRNA やウイルス RNA などの 5′ 末端から離れた位置に存在する翻訳開始コドンの上流近傍でリボソームが直接結合する部位．5′ キャップ構造に依存しない翻訳の際の開始点となる．

リボソーム不活性化タンパク質（ribosome inactivation protein：RIP） 植物や細菌由来でリボソームを不活性化する毒素タンパク質．

リボソームフレームシフト（ribosomal frameshift）
　→翻訳フレームシフト

リポタンパク質（lipoprotein） 脂質とタンパク質の複合体．

リボヌクレアーゼ（ribonuclease：RNase） RNA 分解酵素．RNA 分子のホスホジエステル結合を切断する酵素．

リボヌクレアーゼインヒビター（ribonuclease inhibitor, RNase inhibitor） リボヌクレアーゼ阻害剤ともいう．リボヌクレアーゼの活性を阻害する物質．

リボヌクレアーゼ A（ribonuclease A：RNase A）
　一本鎖 RNA 分解酵素．

リボヌクレアーゼ H（ribonuclease H：RNase H） DNA/RNA ハイブリッド中の RNA を切断する酵素．

リボヌクレアーゼ III（ribonuclease III：RNase III）
　二本鎖 RNA 分解酵素．

リボヌクレオキャプシド（ribonucleocapsid） ゲノム RNA を含むキャプシド．

リボヌクレオシド（**ribonucleoside**） プリン塩基またはピリミジン塩基がリボースと共有結合した化合物．RNA にはアデノシン（A），グアノシン（G），シチジン（C），ウリジン（U）の 4 種が含まれる．

リボヌクレオチド（ribonucleotide） リボヌクレオシドの糖に 1 個以上のリン酸基がエステル結合した化合物．

リボヌクレオプロテイン（ribonucleoprotein：RNP）
　→リボ核タンパク質

リボプローブ（riboprobe）→RNA プローブ

リモートセンシング（remote sensing） 遠隔測定，遠隔計測．地表からの電磁波を高空から計測する超広域探査技術．農作物の収量や病害虫による被害状況などの調査にも利用される．

硫安塩析（ammonium sulfate precipitation） 硫酸アンモニウムを用いた塩析によってタンパク質を沈澱・分画する方法．

流行病（epidemic disease, endemic disease） 広域あるいは一定地域内で異常発生する病気．

流行病（pandemic disease） 全国あるいは全世界で異常発生する病気．

硫酸セシウム（cesium sulphate：Cs_2SO_4） 平衡密度勾配遠心に用いる無機塩のひとつ．→平衡密度勾配遠心

粒子結合タンパク質（virion-associated protein：VAP） カリモウイルス属（*Caulimovirus*）などのウイルス粒子の構造タンパク質のひとつで DNA 結

合部位を有する．

粒子構築開始点（assembly origin, origin of assembly）アセンブリオリジンともいう．ウイルス粒子の構築を開始するために，最初に外被タンパク質の重合体と結合するゲノム核酸上の部位．

量子生物学（quantum biology）生命現象を量子レベルで解析する学問分野．

量的形質（quantitative trait）形質の発現が連続的で数値で量的に表される形質．量的形質遺伝子座（QTL）に支配される．

量的形質遺伝子座（quantitative trait locus：QTL）量的形質に関与する遺伝子が遺伝地図上に占める位置．

量的抵抗性（quantitative resistance）→水平抵抗性

緑化（virescence）花弁が緑変する病徴．

緑色蛍光タンパク質（green fluorescent protein：GFP）オワンクラゲ由来の緑色蛍光を発するタンパク質．長波長の紫外線照射によって強い緑色蛍光が安定して得られるため，この遺伝子をレポーター遺伝子として，特定の遺伝子の発現解析やその翻訳産物の細胞・組織内局在の観察などに利用される．

緑葉揮発成分（green leaf volatiles：GLVs）高等植物が病害や傷害を受けたときに産生する揮発性有機物質．

臨界点乾燥法（critical-point drying）走査型電子顕微鏡用試料の調製のための試料乾燥法のひとつ．

リングスポット（ring spot）→輪点

鱗茎（bulb）地下茎に多肉化した葉が集まって形成される休眠器官．

輪作（crop rotation）同じ土地に異種の作物を一定の順序で循環的に栽培すること．

リン酸化（phosphorylation）化合物にリン酸基を付加する反応．

リン酸化酵素（phosphotransferase）→キナーゼ

リン酸化カスケード（phosphorylation cascade）→キナーゼカスケード

リン酸化タンパク質（phosphorylated protein）セリン，トレオニン，チロシン残基のヒドロキシ基がリン酸エステルを形成しているタンパク質．タンパク質のリン酸化は翻訳後に多種類のプロテインキナーゼによって触媒されるが，リン酸基の導入によって立体構造が変化するためにタンパク質の機能も変化する場合がある．植物ウイルスでも例えばタバコモザイクウイルス（TMV）の移行タンパク質（MP）はリン酸化されることによって活性化することが示されている．

リン酸緩衝生理食塩水（phosphate-buffered saline：PBS）生化学，免疫学などでよく利用される緩衝液のひとつ．

リン酸金属アフィニティークロマトグラフィー（phosphate metal affinity chromatography：PMAC）金属アフィニティーを利用してリン酸化タンパク質を単離・精製する方法．

リン酸ジエステル結合（phosphodiester bond）→ホスホジエステル結合

リン脂質（phospholipid）生体膜を構成するリンを含む脂質．

リンタングステン酸（phosphotungstic acid：PTA）電子顕微鏡観察用の生物試料の染色剤のひとつ．

輪点（ring spot）輪紋ともいう．白色あるいは褐色の同心円状の病斑．

ル

ルゴースウッド症状（rugose wood complex）ブドウの枝幹にステムピッティングやステムグルービングを生じてしわ状の病徴を呈する4種の病害の総称．→ステムピッティング，ステムグルービング

ルシファーイエロー（lucifer yellow）生細胞の黄色蛍光染色剤のひとつ．

ルシフェラーゼ（luciferase：LUC）発光酵素．生物発光を触媒する酸化酵素の総称．ホタルや発光細菌のルシフェラーゼ遺伝子はレポーター遺伝子として利用される．

RuBisCo（ルビスコ：ribulose-1,5-bisphosphate-carboxylase/oxygenase）→リブロース-1,5-ビスリン酸カルボキシラーゼ/オキシゲナーゼ

ループ（loop）［1］一本鎖核酸分子中の二本鎖構造部分（ステム）に挟まれた一本鎖構造部分．［2］タンパク質のαヘリックスとαヘリックスあるいはαヘリックスとβシートをつないでいる構造部分．

ルミノメーター（luminometer）発光測定器．

レ

レクチン（lectin）糖鎖への架橋結合活性を示すタンパク質の総称．植物由来レクチンの中には植物のウイルスに対する非特異的抵抗性に関与するものが存在する．

レーザーマイクロダイセクション（laser microdissection：LMD）顕微鏡下でレーザーによって組織から目的の細胞などを切り出して回収する技術．

レース（race）［1］品種と同義．［2］系統と同義で，植物病理学では特に宿主植物品種に対する病原性

を異にする病原体系統を指す．→品種，系統
レース特異的抵抗性（race-specific resistance）
系統特異的抵抗性ともいう．→真性抵抗性
レース非特異的抵抗性（race-nonspecific resistance）
系統非特異的抵抗性ともいう．→圃場抵抗性
RACE 法（レース法：rapid amplification of cDNA ends method：RACE）cDNA 末端高速増幅法．PCR を用いて RNA 分子の末端配列の cDNA を増幅する方法．RNA の 5′末端まで増幅する 5′RACE 法と 3′末端まで増幅する 3′RACE 法とがある．
レセプター（receptor）→受容体
レセプター様キナーゼ（receptor-like kinase：RLK）受容体型キナーゼともいう．細胞外のレセプタードメイン，膜貫通ドメインおよび細胞内のキナーゼドメインからなるレセプタータンパク質．
レセプターリガンド型抵抗性タンパク質（receptor/ligand type resistant protein）R タンパク質の多くを占める NBS-LRR タンパク質のうち，病原体の Avr タンパク質に対する直接的なレセプターとして機能するタンパク質．Avr タンパク質がリガンドとして直接結合すると，これを感知して特異的抵抗性反応の発動を誘導する．なお，例外的に NBS-LRR タンパク質以外の数種の R タンパク質でも同様の機能をもつものがある．→R タンパク質，Avr タンパク質
劣性（recessive）対立形質をもつ両親の雑種第一代に現れない形質．
劣性遺伝子（recessive gene）劣性形質の発現に関与する対立遺伝子．
劣性抵抗性遺伝子（recessive resistance gene）抵抗性に関わる形質が劣性の対立遺伝子にコードされている遺伝子．
Rep（レップ：replicase；Rep protein）→レプリカーゼ，→Rep タンパク質
RepA（レップ A：RepA protein）→RepA タンパク質
RepA タンパク質（レップ A タンパク質：RepA protein, replication-associated protein：RepA）→複製関連タンパク質
Rep タンパク質（レップタンパク質：Rep protein, replication-initiation protein：Rep）→複製開始タンパク質
***rep* DNA**（レップ DNA：*rep* DNA）ナノウイルス科（*Nanoviridae*）ウイルスのアルファサテライト．→サテライト DNA
レトロウイルス（retrovirus）レトロウイルス科（*Retroviridae*）のウイルスに代表されるように，一本鎖ゲノム RNA から逆転写された二本鎖 DNA を宿主ゲノムに組み込んでプロウイルスとなり，そこから転写されて一本鎖ゲノム RNA が複製される一本鎖 RNA 逆転写ウイルスの通称．植物ウイルスでは，ウイルス様粒子を形成するレトロトランスポゾンであるシュードウイルス科（*Pseudoviridae*）やメタウイルス科（*Metaviridae*）のウイルスなどがこれに相当するが，これらは垂直伝染するだけで水平伝染はしない．
レトロエレメント（retroelement）レトロウイルスとレトロトランスポゾンの総称．
レトロトランスポゾン（retrotransposon）レトロポゾンともいう．逆転写酵素やインテグラーゼをコードする一本鎖 RNA の転移因子．逆転写を介して宿主ゲノム上を転移する．逆転写 DNA の両末端に長鎖末端反復配列（LTR）が存在する LTR 型レトロトランスポゾンとそれ以外の非 LTR 型レトロトランスポゾンとに類別される．LTR 型レトロトランスポゾンはさらに遺伝子構造の違いに基づいて，Ty1-copia タイプ（シュードウイルス科：*Pseudoviridae*）と Ty3-gypsy タイプ（メタウイルス科：*Metaviridae*）などに分けられる．非 LTR 型レトロトランスポゾンはさらに長鎖散在反復配列（LINE）を有するものと短鎖散在反復配列（SINE）を有するものとの 2 種類に分けられる．レトロトランスポゾンのうち，ウイルス粒子あるいはウイルス様粒子を形成するものはレトロウイルスに含まれる．植物のゲノム中にはきわめて多数のレトロトランスポゾンのコピーが集積しているが，通常，その大部分は転写や転位をせずに安定しており，宿主の遺伝的進化に密接に関係していると推定されている．レトロトランスポゾンが新たに挿入されたゲノムの部位によっては突然変異が起こる可能性があり，実際に組織培養などの特殊な条件下ではレトロトランスポゾンの活性化によって各種の変異体が出現することが知られている．
レトロポゾン（retroposon）→レトロトランスポゾン
レプリカ（replica）試料表面の形状を電子顕微鏡で観察するために，その形状を転写した鋳型薄膜．
レプリカーゼ（replicase：Rep）→RNA レプリカーゼ
レプリカ平板法（replica plating）寒天培地上の相対位置が変わらないように，布製のスタンプなどを用いてコロニーをシャーレからシャーレに移す方法．
レプリコン（replicon）自律的複製単位．一般に，原核生物の染色体，プラスミドおよびウイルスのゲノム核酸などは単一のレプリコンであるのに対

して，真核生物の染色体は多数のレプリコンが連結されて構成されていると考えられている．

レプリソーム（replisome）DNA の複製フォークにおいて DNA 鎖の伸長過程を触媒するタンパク質複合体．

レポーター遺伝子（reporter gene）遺伝子発現の指標となるマーカー遺伝子の一種．

REn（レン：REn protein）→ REn タンパク質

連鎖（linkage）同一染色体上に座位する 2 つ以上の遺伝子が，高頻度で遺伝的行動をともにする現象．

連作（repeated cultivation）同じ土地に同一の作物を連続して栽培すること．

連鎖地図（linkage map）連鎖した遺伝子の相対的な位置関係を示した染色体地図．単位は cM（センチモルガン）．

連続エピトープ（continuous epitope, linear epitope）直線状エピトープともいう．エピトープを構成しているアミノ酸残基が一次構造上連続して直線状に存在しているエピトープ．

連続的遺伝子発現解析法（serial analysis of gene expression：SAGE）→ SAGE 法

REn タンパク質（レンタンパク質：REn protein, replication initiation protein）→ 複製促進タンパク質

漣葉（crinkle）→ クリンクル

ロ

ロイシンジッパー（leucine zipper）DNA 結合タンパク質に多くみられる構造モチーフのひとつ．

ロイシンリッチ反復配列（leucine-rich repeat：LRR）ロイシン含量が多い数十個のアミノ酸配列が反復している構造．

ロイシンリッチ反復配列レセプター様キナーゼ（leucine-rich repeat-receptor-like kinase：LRR-RLK）ロイシンリッチ反復配列をもつ受容体様キナーゼ．パターン認識受容体のひとつ．

老化（senescence）時間経過とともに生物の状態が衰退的に変化していく現象．

濾過滅菌（filter sterilization）液体や気体をメンブランフィルターや中空糸膜で濾過する滅菌法．

六量体（hexamer）→ ヘキサマー

ろ紙クロマトグラフィー（paper chromatography：PC）ペーパークロマトグラフィーともいう．ろ紙を用いるクロマトグラフィー．

ロゼット（rosette）→ 叢生

ローダミンイソチオシアネート（rhodamine isothiocyanate：RITC）タンパク質の赤色蛍光標識剤のひとつ．

ローリングサークル型複製（rolling circle-type replication：RCR）一本鎖環状ゲノムをもつウイルスやウイロイドの複製過程において，ゲノム核酸あるいはその複製中間体が回転しながら相補鎖を複製する様式．プラス鎖からマイナス鎖への複製だけがローリングサークル様式をとる非対称型と，両鎖の複製がともにローリングサークル様式をとる対称型とがある．

ローリングサークル増幅法（rolling circle amplification）→ RCA 法

ワ

YFP（yellow fluorescent protein）→ 黄色蛍光タンパク質

矮化（stunt, dwarf）わい化とも表す．→ 萎縮

WRKY ファミリー（ワーキーファミリー：WRKY family）防御応答遺伝子の発現を制御する上流転写因子の一群．

ワクチン（vaccine）免疫原（抗原）として用いられる各種病原体の弱毒株や不活化株あるいはそれから調製した抗原成分または無毒化毒素．このうち弱毒株を生ワクチン，それ以外を不活化ワクチンという．植物ウイルス分野では干渉効果を利用した弱毒ウイルス株や標的ウイルスの遺伝子断片を組み込んだベクターウイルスなどをワクチンと通称する．

［日比 忠明］

主要参考文献

Encyclopedia of Virology 3rd ed.. Mahy, B. W. J. *et al.* eds., Academic Press, 2008.
The Dictionary of Virology 4th ed.. Mahy, B. W. J., Academic Press, 2009.
The Springer Index of Viruses 2nd ed.. Tidona, C. *et al.* eds., Springer, 2011.
Virus Taxonomy：9th Report of ICTV. King, A. M. Q. *et al.* eds., Elsevier, 2012.
ICTV Virus Taxonomy List（2012, 2013, 2014）. http：//www.ICTVonline.org/virusTaxonomy. asp
ICTVdB. http：//ictvdb.bio-mirror.cn/index.htm
Descriptions of Plant Viruses（DPVweb）. http：//www.dpvweb.net
Plant Viruses Online. http：//pvo.bio-mirror.cn/refs.htm
ViralZone. http：//viralzone.expasy.org
NCBI Taxonomy Browser. http：//www.ncbi.nlm.nih.gov/Taxonomy/Browser/wwwtax.cgi
The Atlas of Insect and Plant Viruses. Maramorosch, K. ed., Academic Press, 1977.
Handbook of Plant Virus Infections：Comparative Diagnosis. Kurstak, E. ed., Elsevier/North-Holland Biomedical Press, 1981.
The Plant Viruses, Vol.1-5. Francki, R. I. B. *et al.* eds., Plenum Press, 1985-1996.
The Viroids. Diener, T.O. ed., Plenum Press, 1987.
Plant Viruses, Vol.1-2. Mandahar, C. L. ed., CRC Press, 1989-1990.
Fundamentals of Plant Virology. Matthews, R. E. F., Academic Press, 1992.
Diagnosis of Plant Virus Diseases. Matthews, R. E. F. ed., CRC Press, 1993.
Viruses of Plants. Brunt, A. A. *et al.* eds., CABI, 1996.
Plant Virus Disease Control. Hadidi, A. *et al.* eds., APS Press, 1998.
Practical Plant Virology：Protocols and Exercises. Dijkstra, J. *et al.*, Springer, 1998.
Molecular Biology of Plant Viruses. Mandahar, C. L. ed., Kluwer Academic Pub., 1999.
Handbook of Plant Virus Diseases. Sutic, D. D. *et al.*, CRC Press, 1999.
Tobacco Mosaic Virus：One Hundred Years of Contributions to Virology. Scholthof, K.G. *et al.* eds., APS Press, 1999.
Virus-Insect-Plant Interactions. Harris, K.F. *et al.* eds., Academic Press, 2001.
Plant Viruses as Molecular Pathogens. Khan, J. A. *et al.* eds., Food Products Press, 2002.
Viroids. Hadidi, A. *et al.* eds., CSIRO Publishing, 2003.
Viruses and Virus Diseases of *Poaceae*（*Gramineae*）. Lapierre, H. *et al.* eds., INRA, 2004.
Handbook of Plant Virology. Khan, J. A. *et al.* eds., Food Products Press, 2006.
Multiplication of RNA Plant Viruses. Mandahar, C. L., Springer, 2006.
Plant Virus Epidemiology. Thresh, J. M. ed., Adv. Virus Res., 67, Academic Press, 2006.
Natural Resistance Mechanisms of Plants to Viruses. Loebenstein, G. *et al.* eds., Springer, 2006.
Principles of Plant Virology. Astier, A. *et al.*, Science Publishers, 2007.
Viral Transport in Plants. Waigmann, E. *et al.* eds., Springer, 2007.
Plant Virus Evolution. Roossinck, M. J. ed., Springer, 2008.
Comparative Plant Virology 2nd ed.. Hull, R., Elsevier, 2009.
Virus Diseases of Plants-2 CD set. Barnett, O. W. *et al.* eds., APS Press, 2009.
Natural and Engineered Resistance to Plant Viruses I, II. Loebenstein, G. *et al.* eds., Adv. Virus Res., 75, 76,

Academic Press, 2009, 2010.
Microbial Plant Pathogens-Detection and Disease Diagnosis, Vol. 3:Viral and Viroid Pathogens. Narayanasamy, P., Springer, 2010.
Experimental Plant Virology. Chen, J., Springer, 2010.
Recent Advance in Plant Virology. Caranta, C. *et al.* eds., Caiser Acad. Press, 2011.
Virus and Virus-Like Diseases of Pome and Stone Fruits. Hadidi, A. *et al.* eds., APS Press, 2011.
Antiviral Resistance in Plants:Methods and Protocols. Watson, J. M. *et al.* eds., Humana Press, 2012.
Plant Virus and Viroid Diseases in the Tropics, Vol.1-2. Sastry, K.S., Springer, 2013.
Seed-Borne Plant Virus Diseases. Sastry, K. S., Springer, 2013.
Virus-Induced Gene Silencing:Methods and Protocols. Becker, A. ed., Humana Press, 2013.
Plant Virology 5th ed.. Hull, R., Academic Press, 2014.
Plant Virus-Host Interaction:Molecular Approaches and Viral Evolution. Gaur, R. K. *et al.*, Academic Press, 2014.
Applied Plant Virology. Wilson, C. R., CABI, 2014.
Control of Plant Virus Diseases:Seed-Propagated Crops. Loebenstein, G. *et al.* eds., Adv. Virus Res., 90, Academic Press, 2014.
Control of Plant Virus Diseases:Vegetatively-Propagated Crops. Loebenstein, G. *et al.* eds., Adv. Virus Res., 91, Academic Press, 2015.
Plant Virology Protocols 3rd ed.. Uyeda, I. *et al.* eds., Springer, 2015.
A Dictionary of Plant Pathology 2nd ed.. Holliday, P., Cambridge Univ. Press, 1998.
Encyclopedia of Plant Pathology. Maloy, O. C. *et al.* eds., Wiley, 2001.
Plant Pathologist's Pocketbooks 3rd ed.. Waller, J. M. *et al.* eds., CABI, 2001.
Glossary of Plant-Pathological Terms. Shurtleff, M. C. *et al.*, APS Press, 1997.
Annual Review of Phytopathology Vol. 24-52. Annual Reviews, 1986-2014.
Electron Microscopy of Plant Pathogens. Mendgen, K. *et al.* eds., Springer-Verlag, 1991.
Molecular Methods in Plant Pathology. Singh, R. P. *et al.* eds., CRC Press, 1995.
Molecular Plant Pathology. Dickinson, M. *et al.* eds., Sheffield Academic Press, 2000.
Plant Pathology 5th ed.. Agrios, G. N., Elsevier, 2005.
Plant Pathology 2nd ed.. Trigiano, R .N. *et al.* eds., CRC Press, 2008.
Molecular Biology in Plant Pathogenesis and Disease Management Vol. 1-3. Narayanasamy, P., Springer, 2008.
Biotechnology and Plant Disease Management. Punja, Z. K. *et al.* eds., CABI, 2008.
Molecular Plant-Microbe Interactions. Bouarab, K. *et al.* eds., CABI, 2009.
Molecular Aspects of Plant Disease Resistance. Parker, J. ed., Wiley-Blackwell, 2009.
Plant Pathology Techniques and Protocols. Burns, R. ed., Humana Press, 2009.
Essential Plant Pathology 2nd ed.. Schumann, G. L. and D'Arcy, C. J., APS Press, 2010.
Encyclopedia of Microbiology 3rd ed.. Schaechter, M. ed., Academic Press, 2009.
Plant Cell Culture Protocols 2nd ed.. Loyola-Vargas, V. M. *et al.* eds., Humana Press, 2006.
Transgenic Plants. Pena, L. ed., Humana Press, 2005.
Plant Biotechnology and Genetics. Stewart Jr., C. N. ed., Wiley, 2008.
Plant Molecular Biotechnology. Mahesh, S., New Age Science, 2009.
Current Protocols Essential Laboratory Techniques 2nd ed.. Gallagher, S. R. and Wiley, E. A. eds., Wiley-Blackwell, 2012.
Molecular Cloning:A Laboratory Manual 4th ed.. Green, M. R. and Sambrook, J. eds., Cold Spring Harbor Laboratory Pr., 2012.
ウイルス学．畑中正一編，朝倉書店，1997．
植物ウイルス事典．與良 清ら編，朝倉書店，1983．
原色作物ウイルス病事典．土崎常男ら編，全国農村教育協会，1993．
日本に発生する植物ウイルス・ウイロイド．日本植物病理学会植物ウイルス分類委員会編，2014，http：//

www.ppsj.org/mokuroku.html
日本に発生する植物ウイルス・ウイロイドのリスト 2013．吉川信幸，植物防疫，67，504-513，2013．
野菜のウイルス病．植物ウイルス研究所学友会編，養賢堂，1984．
改訂版新編 植物ウイルス学．平井篤造ら，養賢堂，1988．
植物ウイルスの分子生物学．古澤 巖ら，学会出版センター，1996．
原色ランのウイルス病．井上成信，農山漁村文化協会，2001．
原色果樹のウイルス・ウイロイド病．家城洋之編，農山漁村文化協会，2002．
植物ウイルス学．池上正人ら，朝倉書店，2009．
植物ウイルス同定の基礎．大木 理，日本植物防疫協会，2009．
植物病理学事典．日本植物病理学会編，養賢堂，1995．
日本植物病害大事典．岸 国平編，全国農村教育協会，1998．
日本植物病名目録 第2版．日本植物病理学会・農業生物資源研究所編，2012．
応用植物病理学用語集．濱屋悦次編著，日本植物防疫協会，1990．
植物病理学実験法．佐藤昭二ら編，講談社，1983．
病害防除の新戦略．駒田 旦ら編，全国農村教育協会，1992．
微生物と農業．岸 国平ら編，全国農村教育協会，1994．
植物防疫講座 第3版 病害編．植物防疫講座編集委員会編，日本植物防疫協会，1997．
最新植物病理学．奥田誠一ら，朝倉書店，2004．
新版分子レベルからみた植物の耐病性．島本 功ら監修，秀潤社，2004．
植物病原アトラス．米山勝美ら編，ソフトサイエンス社，2006．
植物病理学．大木 理，東京化学同人，2007．
微生物の病原性と植物の防御応答．上田一郎編，北海道大学出版会，2007．
植物医科学 上．難波成任監修，養賢堂，2008．
植物病理学．眞山滋志ら編，文永堂出版，2010．
新植物病理学概論．白石友紀ら，養賢堂，2012．
農薬学事典．本山直樹編，朝倉書店，2001．
農薬用語辞典．日本植物防疫協会，2009．
植物育種学辞典．日本育種学会編，培風館，2005．
新編農学大事典．山崎耕宇ら監修，養賢堂，2004．
学術用語集 農学編．文部省編，日本学術振興会，1986．
実験生産環境生物学．東京大学大学院農学生命科学研究科生産・環境生物学専攻編，朝倉書店，1999．
微生物学事典．日本微生物学協会編，技報堂出版，1989．
微生物学・分子生物学辞典．太田次郎監訳，朝倉書店，1997．
微生物の事典．渡邊 信ら編，朝倉書店，2008．
生物学辞典．石川 統ら編，東京化学同人，2010．
岩波生物学辞典 第5版．巖佐 庸ら編，岩波書店，2013．
分子生物学大百科事典．太田次郎監訳，朝倉書店，2006．
生化学辞典 第4版．今堀和友ら監修，東京化学同人，2007．
分子細胞生物学辞典 第2版．村松正實ら編，東京化学同人，2008．
プロテオミクス辞典．日本プロテオーム学会編，講談社，2013．
プロテオミクスの基礎．綱澤 進ら編，講談社，2001．
遺伝子 第8版．菊池韶彦ら訳，東京化学同人，2006．
遺伝子の分子生物学 第5版．中村桂子監訳，東京電機大学出版局，2006．
ゲノム 第3版．村松正實ら監訳，メディカルサイエンス，2007．
分子細胞生物学 第6版．石浦章一ら訳，東京化学同人，2010．
細胞の分子生物学 第5版．中村桂子ら監訳，Newron Press，2010．
Essential 細胞生物学 第3版．中村桂子ら監訳，南江堂，2011．
植物の生化学・分子生物学．杉山達夫ら監訳，学会出版センター，2005．

バイオテクノロジー事典．バイオテクノロジー編集委員会編，シーエムシー，1986.
日経バイオ最新用語辞典 第5版．日経BP社，2002.
新植物組織培養．竹内正幸ら編，朝倉書店，1979.
植物組織培養の技術．竹内正幸ら編，朝倉書店，1983.
組織培養の技法．黒田行昭編，ニューサイエンス社，1984.
植物の分子育種学．鈴木正彦編，講談社，2011.
遺伝子工学．野島 博，東京化学同人，2013.
電子顕微鏡学事典．橋本初次郎ら編，朝倉書店，1986.
岩波理化学辞典 第5版．長倉三郎ら編，岩波書店，1998.
化学辞典．大木道則ら編，東京化学同人，1994.
広辞苑 第6版．新村 出編，岩波書店，2008.

索 引

ウイルス・ウイロイド分類群(目・科・属)学名和名対照索引…… 830
ウイルス・ウイロイド種学名和名対照索引 …………………………… 832
ウイルス・ウイロイド分類群(目・科・属)和名学名対照索引…… 846
ウイルス・ウイロイド種和名学名対照索引 ………………………… 848
自然宿主植物和名索引 ………………………………………………… 854
植物ウイルス学用語英和索引………………………………………… 858

ウイルス・ウイロイド分類群(目・科・属)学名和名対照索引

†：廃止旧称

A

Alfamovirus	アルファモウイルス属	142
Allexivirus	アレキシウイルス属	112
Alphacryptovirus†	アルファクリプトウイルス属†	56
Alphaflexiviridae	アルファフレキシウイルス科	112
Alphanecrovirus	アルファネクロウイルス属	189
Alphapartitivirus	アルファパルティティウイルス属	56
Amalgaviridae	アマルガウイルス科	53
Amalgavirus	アマルガウイルス属	53
Ampelovirus	アンペロウイルス属	155
Anulavirus	アヌラウイルス属	142
Apscaviroid	アプスカウイロイド属	244
Aureusvirus	アウレウスウイルス属	189
Avenavirus	アベナウイルス属	189
Avsunviroid	アブサンウイロイド属	239
Avsunviroidae	アブサンウイロイド科	239

B

Bavuvirus	バブウイルス属	26
Badnavirus	バドゥナウイルス属	32
Becrutovirus	ベクルトウイルス属	12
Begomovirus	ベゴモウイルス属	12
Benyviridae	ベニウイルス科	140
Benyvirus	ベニウイルス属	140
Betacryptovirus†	ベータクリプトウイルス属†	56
Betaflexiviridae	ベータフレキシウイルス科	119
Betanecrovirus	ベータネクロウイルス属	189
Betapartitivirus	ベータパルティティウイルス属	56
Brambyvirus	ブランビウイルス属	174
Bromoviridae	ブロモウイルス科	142
Bromovirus	ブロモウイルス属	142
Bunyaviridae	ブニヤウイルス科	82
Bymovirus	バイモウイルス属	174

C

Capillovirus	キャピロウイルス属	119
Carlavirus	カルラウイルス属	119
Carmovirus	カルモウイルス属	139
Caulimoviridae	カリモウイルス科	32
Caulimovirus	カリモウイルス属	32
Cavemovirus	カベモウイルス属	32
Cheravirus	チェラウイルス属	95
Cilevirus	シレウイルス属	228
Citrivirus	シトリウイルス属	119
Closteroviridae	クロステロウイルス科	155
Closterovirus	クロステロウイルス属	155
Cocadviroid	コカドウイロイド属	244
Coleviroid	コレウイロイド属	244
Comovirinae	コモウイルス亜科	95, 99
Comovirus	コモウイルス属	95, 99
Crinivirus	クリニウイルス属	155
Cucumovirus	ククモウイルス属	142
Curtovirus	クルトウイルス属	12
Cytorhabdovirus	サイトラブドウイルス属	74, 75

D

Deltapartitivirus	デルタパルティティウイルス属	56
Dianthovirus	ダイアンソウイルス属	189

E

Elaviroid	エラウイロイド属	239
Emaravirus	エマラウイルス属	89
Enamovirus	エナモウイルス属	166
Endornaviridae	エンドルナウイルス科	55
Endornavirus	エンドルナウイルス属	55
Eragrovirus	エラグロウイルス属	12

F

Fabavirus	ファバウイルス属	95, 99
Fijivirus	フィジーウイルス属	64, 66
Foveavirus	フォベアウイルス属	119
Furovirus	フロウイルス属	213

G

Gallantivirus	ギャランティウイルス属	189
Geminiviridae	ジェミニウイルス科	12

H

Higrevirus	ハイグレウイルス属	229
Hordeivirus	ホルデイウイルス属	213
Hostuviroid	ホスタウイロイド属	244

I

Idaeovirus	イデオウイルス属	230
Ilarvirus	イラルウイルス属	142
Ipomovirus	イポモウイルス属	174

L

Lolavirus	ロラウイルス属	112
Luteoviridae	ルテオウイルス科	166
Luteovirus	ルテオウイルス属	166

M

Macanavirus	マカナウイルス属	189
Machlomovirus	マクロモウイルス属	189
Macluravirus	マクルラウイルス属	174
Maculavirus	マクラウイルス属	133
Mandarivirus	マンダリウイルス属	112
Marafivirus	マラフィウイルス属	133
Mastrevirus	マストレウイルス属	12
Metaviridae	メタウイルス科	44

Metavirus	メタウイルス属	44
Mononegavirales	モノネガウイルス目	74

N

Nanoviridae	ナノウイルス科	26
Nanovirus	ナノウイルス属	26
Necrovirus†	ネクロウイルス属†	189
Nepovirus	ネポウイルス属	95, 99
Nucleorhabdovirus	ヌクレオラブドウイルス属	74, 75

O

Oleavirus	オレアウイルス属	142
Ophioviridae	オフィオウイルス科	87
Ophiovirus	オフィオウイルス属	87
Oryzavirus	オリザウイルス属	64, 66
Ourmiavirus	オルミアウイルス属	231

P

Panicovirus	パニコウイルス属	189
Partitiviridae	パルティティウイルス科	56
Pecluvirus	ペクルウイルス属	213
Pelamoviroid	ペラモウイロイド属	239
Petuvirus	ペチュウイルス属	32
Phytoreovirus	ファイトレオウイルス属	64, 71
Picornavirales	ピコルナウイルス目	94
Poacevirus	ポアセウイルス属	174
Polemovirus	ポレモウイルス属	232
Polerovirus	ポレロウイルス属	166
Pomovirus	ポモウイルス属	213
Pospiviroid	ポスピウイロイド属	244
Pospiviroidae	ポスピウイロイド科	244
Potexvirus	ポテックスウイルス属	112
Potyviridae	ポティウイルス科	174
Potyvirus	ポティウイルス属	174
Pseudoviridae	シュードウイルス科	47
Pseudovirus	シュードウイルス属	47

R

Reoviridae	レオウイルス科	64
Rhabdoviridae	ラブドウイルス科	74, 75
Rymovirus	ライモウイルス属	174

S

Sadwavirus	サドゥワウイルス属	95
Satellite	サテライト	252
Secoviridae	セコウイルス科	95
Sedoreovirinae	セドレオウイルス亜科	64, 71
Sequivirus	セクイウイルス属	95
Sirevirus	サイアウイルス属	47
Sobemovirus	ソベモウイルス属	233
Solendovirus	ソレンドウイルス属	32
Soymovirus	ソイモウイルス属	32
Spinareovirinae	スピナレオウイルス亜科	64, 66

T

Tenuivirus	テヌイウイルス属	90
Tepovirus	テポウイルス属	119
Tobamovirus	トバモウイルス属	213
Tobravirus	トブラウイルス属	213
Tombusviridae	トンブスウイルス科	189
Tombusvirus	トンブスウイルス属	189
Topocuvirus	トポクウイルス属	12
Torradovirus	トラドウイルス属	95
Tospovirus	トスポウイルス属	82
Trichovirus	トリコウイルス属	119
Tritimovirus	トリティモウイルス属	174
Truncrutovirus	ツルンクルトウイルス属	12
Tungrovirus	ツングロウイルス属	32
Tymovirales	ティモウイルス目	111
Tymoviridae	ティモウイルス科	133
Tymovirus	ティモウイルス属	133

U

Umbravirus	ウンブラウイルス属	189
Unassigned viruses	未分類ウイルス	235

V

Varicosavirus	バリコサウイルス属	92
Velarivirus	ベラリウイルス属	155
Virgaviridae	ビルガウイルス科	213
Viroid	ウイロイド	236
Vitivirus	ビティウイルス属	119

W

Waikavirus	ワイカウイルス属	95

Z

Zeavirus	ゼアウイルス属	189

ウイルス・ウイロイド種学名和名対照索引

イタリック：ICTV 認定種，ローマン：ICTV 暫定種，＃：ICTV 未認定種，†：旧称異名，和名なし：日本未発生

A

学名	和名	ページ
Abaca bunchy top virus		28, 284
Abaca mosaic virus†		564
Abutilon mosaic virus	アブチロンモザイクウイルス	23, 256
Abutilon yellow mosaic virus		224
Aconitum latent virus	トリカブト潜在ウイルス	123, 257
Actinidia virus A		131
Actinidia virus B		131
Adonis mosaic virus#	フクジュソウモザイクウイルス#	258
African cassava mosaic virus		23
African oil palm ringspot virus		118
Agapanthus virus X†		463
Ageratum yellow vein Hualian virus カッコウアザミ葉脈黄化花蓮ウイルス		23, 259
Ageratum yellow vein virus カッコウアザミ葉脈黄化ウイルス		23, 259
Aglaonema bacilliform virus		42
Agropyron mosaic virus		184
Ahlum waterborne virus		200
Alfalfa cryptic virus 1	アルファルファ潜伏ウイルス 1	261
Alfalfa cryptic virus 2	アルファルファ潜伏ウイルス 2	261
Alfalfa dwarf virus		78
Alfalfa mosaic virus	アルファルファモザイクウイルス	144, 262
Alfalfa temperate virus†		261
Alfalfa virus 1†		262
Alfalfa virus 2†		262
Alligatorweed stunting virus		155
Allium virus 1†		468
Alpinia mosaic virus		180
Alstroemeria latent virus†		435
Alstroemeria mosaic virus アルストロメリアモザイクウイルス		182, 264
Alstroemeria streak virus†		264
Alstroemeria virus X アルストロメリア X ウイルス		265
Amaryllis mosaic virus†		412
Amazon lily mild mottle virus アマゾンユリ微斑ウイルス		148, 266
Amazon lily mosaic virus アマゾンユリモザイクウイルス		182, 267
American plum line pattern virus		153
Ammi majus latent virus ドクゼリモドキ潜在ウイルス		183, 268
Ananas metavirus pC17Dea2		45
Andean potato latent virus		138
Andean potato mild mosaic virus		138
Andean potato mottle virus		99
Anemone necrosis virus†		581
Annulus orae virus†		582
Annulus pruni virus†		498
Annulus tabaci virus†		581
Anthoxanthum latent blanching virus		218
Anthriscus yellows virus		110
Apium virus 1†		334
Apple chlorotic leaf spot virus リンゴクロロティックリーフスポットウイルス		129, 269
Apple dapple viroid†		625
Apple dimple fruit viroid リンゴくぼみ果ウイロイド		246, 623
Apple fruit crinkle viroid リンゴゆず果ウイロイド		246, 624
Apple latent spherical virus リンゴ小球形潜在ウイルス		105, 271
Apple latent virus 1†		269
Apple latent virus 2†		551
Apple mosaic virus リンゴモザイクウイルス		153, 272
Apple necrosis virus# リンゴえそウイルス#		274
Apple russet ring A virus† リンゴ輪状さび果 A ウイルス†		271
Apple sabi-ka virus† リンゴさび果ウイルス†		625
Apple scar skin viroid リンゴさび果ウイロイド		625
Apple scar skin virus† リンゴさび果ウイルス†		625
Apple stem grooving virus リンゴステムグルービングウイルス		121, 275
Apple stem pitting virus リンゴステムピッティングウイルス		126, 277
Apricot latent virus		126
Apricot pseudo-chlorotic leaf spot virus		129
Aquilegia necrotic mosaic virus オダマキえそモザイクウイルス		35, 278
Arabidopsis thaliana Art1 virus		49
Arabidopsis thaliana Athila virus		45
Arabidopsis thaliana AtRE1 virus		49
Arabidopsis thaliana Endovir virus		51
Arabidopsis thaliana Evelknievel virus		49
Arabidopsis thaliana Ta1 virus		19
Arabidopsis thaliana Tat4 virus		45
Arabis mosaic virus アラビスモザイクウイルス		103, 279
Arracacha latent virus		123
Arracacha virus B		105
Artichoke vein banding virus		105
Asclepias asymptomatic virus		138
Ash mosaic virus†		337
Ash ring and line pattern virus†		279
Asian prunus virus 1		126
Asian prunus virus 2		126
Asparagus latent virus†		281
Asparagus stunt virus†		582
Asparagus virus 1 アスパラガスウイルス 1		182, 280
Asparagus virus 2 アスパラガスウイルス 2		153, 281
Asparagus virus 3 アスパラガスウイルス 3		117, 282
Asparagus virus B†		280
Asparagus virus C†		281
Aster ringspot virus†		580
Aucuba bacilliform virus		42
Aucuba ringspot virus# アオキ輪紋ウイルス#		283
Australian grapevine viroid		

ウイルス・ウイロイド種学名和名対照索引　　*833*

ブドウオーストラリアウイロイド		246, 626
Avocado sunblotch viroid		241
Azuki bean mosaic virus† アズキモザイクウイルス†		291

B

Bamboo mosaic virus		117
Banana bunchy top virus バナナバンチートップウイルス		28, 284
Banana mild mosaic virus		119
Banana streak GF virus		42
Banana streak OL virus		42
Banana virus X		119
Barley mild mosaic virus オオムギ微斑ウイルス		188, 286
Barley mild stripe virus†		287
Barley stripe mosaic virus ムギ斑葉モザイクウイルス		218, 287
Barley yellow dwarf virus-GPV		166
Barley yellow dwarf virus-ker II		170
Barley yellow dwarf virus-ker III		170
Barley yellow dwarf virus-MAV		170
Barley yellow dwarf virus-PAS		170
Barley yellow dwarf virus-PAV オオムギ黄萎 PAV ウイルス		170, 288
Barley yellow dwarf virus-RGV†		288
Barley yellow dwarf virus-SGV		166
Barley yellow mosaic virus オオムギ縞萎縮ウイルス		187, 290
Barley yellow striate mosaic virus		78
Barley yellow stripe virus†		287
Barrel cactus virus†		317
Bean common mosaic virus インゲンマメモザイクウイルス		182, 291
Bean golden mosaic virus		23
Bean golden yellow mosaic virus		23
Bean leafroll virus		170
Bean mild mosaic virus		200
Bean mosaic virus 4†		548
Bean mosaic virus†		291, 548
Bean pod mottle virus		99
Bean ringspot virus†		586
Bean virus 1†		291
Bean virus 2†		293
Bean virus 4†		548
Bean western mosaic virus†		291
Bean yellow mosaic virus インゲンマメ黄斑モザイクウイルス		182, 293
Bean yellow mosaic virus-N† インゲンマメ黄斑モザイクウイルス-えそ系統†		351
Beet black scorch virus		198
Beet chlorosis virus		172
Beet cryptic virus 1 ビート潜伏ウイルス 1		59, 294
Beet cryptic virus 2		63
Beet cryptic virus 3		63
Beet curly top Iran virus		15
Beet curly top virus		16
Beet mild yellowing virus		171
Beet mosaic virus ビートモザイクウイルス		182, 295
Beet necrotic yellow vein virus ビートえそ性葉脈黄化ウイルス		140, 296
Beet pseudoyellows virus ビートシュードイエロースウイルス		164, 298

Beet rhizomania virus†		296
Beet ringspot virus†		586
Beet soil-borne mosaic virus		140
Beet soil-borne virus		222
Beet temperate virus†		294
Beet virus Q		222
Beet western yellows virus ビート西部萎黄ウイルス		172, 299
Beet yellow stunt virus		160
Beet yellow vein virus†		296
Beet yellows virus ビート萎黄ウイルス		160, 300
Bell pepper endornavirus トウガラシエンドルナウイルス		55, 301
Belladonna mosaic virus†		580
Belladonna mottle virus		178
Bermuda grass etched-line virus		136
Bermuda grass mosaic virus		174
Bidens mottle virus センダングサ斑紋ウイルス		182, 302
Birch line pattern virus†		272
Birch ringspot virus†		272
Black locust true mosaic virus†		484
Black raspberry latent virus†		582
Black raspberry necrosis virus		95
Blackberry chlorotic ringspot virus		153
Blackberry virus E		112
Blackberry virus S		136
Blackberry virus X		112
Blackberry virus Y		177
Blackeye cowpea mosaic virus† ササゲモザイクウイルス†		291
Blackgram mottle virus		200
Blueberry fruit drop virus†		304
Blueberry latent spherical virus ブルーベリー小球形潜在ウイルス		103, 303
Blueberry latent virus ブルーベリー潜在ウイルス		53, 304
Blueberry necrotic ringspot virus†		581
Blueberry red ringspot virus ブルーベリー赤色輪点ウイルス		41, 305
Blueberry shock virus		153
Blueberry virus A		155
Brassica oleracea Melmoth virus		49
Brassica virus 3†		333
Brazilian wheat spike virus		90
Broad bean mottle virus		149
Broad bean necrosis virus ソラマメえそモザイクウイルス		222, 306
Broad bean stain virus		99
Broad bean true mosaic virus		99
Broad bean wilt virus 1 ソラマメウイルトウイルス 1		101, 307
Broad bean wilt virus 2 ソラマメウイルトウイルス 2		101, 307
Broad bean wilt virus 3†		388
Broad bean wilt virus†		307
Broad bean yellow ringspot virus# ソラマメ黄色輪紋ウイルス#		309
Broad bean yellow vein virus# ソラマメ葉脈黄化ウイルス#		310
Broccoli mosaic virus†		333
Broccoli necrotic yellows virus		78
Brome mosaic virus		149
Brome streak mosaic virus		186
Brown line disease virus†		275
Bulbous iris mosaic virus†		

834　索引

球根アイリスモザイクウイルス†　　　420
Burdock mosaic virus#　ゴボウモザイクウイルス#　　311
Burdock mottle virus　ゴボウ斑紋ウイルス　　140, 312
Burdock rhabdovirus#　ゴボウラブドウイルス#　　313
Burdock yellows virus　ゴボウ黄化ウイルス　　160, 314
Butterbur mosaic virus　フキモザイクウイルス　　123, 315
Butterbur rhabdovirus#　フキラブドウイルス#　　316

C

Cabbage black ring virus†　　602
Cabbage black ringspot virus†　　602
Cabbage mosaic virus†　　333, 619
Cabbage ring necrosis virus†　　602
Cabbage virus A†　　602
Cabbage virus B†　　333
Cacao swollen shoot virus　　42
Cacao yellow mosaic virus　　138
Cachexia viroid†　　639
Cachexia virus†　　639
Cactus virus 1†　　317
Cactus virus X　サボテンXウイルス　　117, 317
Cajanus cajan Panzee virus　　49
Caladenia virus A　　181
Caladium virus X　　117
Calanthe mild mosaic virus
　エビネ微斑モザイクウイルス　　182, 318
Calanthe mosaic virus#　エビネモザイクウイルス#　　319
Camellia yellow mottle leaf virus#　ツバキ斑葉ウイルス#　　320
Camellia yellow mottle virus　　92
Canary reed mosaic virus†　　520
Canna mosaic virus†　　293
Canna mottle virus†　　321
Canna yellow mottle virus　カンナ黄色斑紋ウイルス　　42, 321
Cannabis cryptic virus　　61
Capsicum chlorosis virus　トウガラシ退緑ウイルス　　84, 322
Capsicum mosaic virus†　　489
Capsicum yellows virus†　　501
Cardamine yellow mosaic virus†　　604
Cardamom bushy dwarf virus　　28
Cardamom mosaic virus　　180
Carnation bacilliform virus　　75
Carnation cryptic virus 1　　56
Carnation etched ring virus
　カーネーションエッチドリングウイルス　　35, 323
Carnation latent virus　カーネーション潜在ウイルス　　124, 324
Carnation mottle virus　カーネーション斑紋ウイルス　　200, 325
Carnation necrotic fleck virus
　カーネーションえそ斑ウイルス　　160, 326
Carnation ringspot virus　　202
Carnation streak virus†　　326
Carnation vein mottle virus
　カーネーションベインモットルウイルス　　182, 327
Carnation yellow fleck virus†　　326
Carrot cryptic virus　　59
Carrot latent virus　ニンジン潜在ウイルス　　328
Carrot mottle virus　　210
Carrot necrotic dieback virus　　109
Carrot red leaf virus　ニンジン黄化ウイルス　　172, 329
Carrot rhabdovirus#　ニンジンラブドウイルス#　　330

Carrot temperate virus 1　ニンジン潜伏ウイルス1　　331
Carrot temperate virus 2　ニンジン潜伏ウイルス2　　331
Carrot temperate virus 3　ニンジン潜伏ウイルス3　　331
Carrot temperate virus 4　ニンジン潜伏ウイルス4　　331
Carrot yellow leaf virus　ニンジン黄葉ウイルス　　159, 332
Cassava brown streak virus　　178
Cassava frogskin virus　　64
Cassava vein mosaic virus　　37
Cassava virus C　　231
Cassia yellow blotch virus　　149
Catalpa chlorotic leaf spot virus†　　307
Cauliflower mosaic virus
　カリフラワーモザイクウイルス　　35, 333
Celery crinkle-leaf virus†　　334
Celery mosaic virus　セルリーモザイクウイルス　　182, 334
Celery ringspot virus†　　334
Celery yellow vein virus†　　586
Cereal chlorotic mottle virus　　80
Cereal yellow dwarf virus-RPS
　ムギ類黄萎RPSウイルス　　172, 335
Cereal yellow dwarf virus-RPV　　172
Cestrum yellow leaf curling virus　　41
Chenopodium dark green epinasty virus†　　275
Chenopodium mosaic virus†　　551
Chenopodium necrosis virus　　189
Chenopodium seed-borne mosaic virus†　　551
Chenopodium star mottle virus†　　551
Cherry chlorotic ringspot virus†　　510
Cherry green ring mottle virus　チェリー緑色輪紋ウイルス　　336
Cherry leaf roll virus　チェリー葉巻ウイルス　　103, 337
Cherry mottle leaf virus　　129
Cherry necrotic rusty mottle virus
　チェリーえそさび斑ウイルス　　338
Cherry rasp leaf virus　　105
Cherry rugose mosaic virus†　　511
Cherry virus A　チェリーAウイルス　　121, 339
Chickpea chlorosis virus　　19
Chickpea chlorotic stunt virus　　171
Chilli mottle virus†　　491
Chiloensis vein banding virus†　　563
Chiltepin yellow mosaic virus　　138
Chinese artichoke mosaic virus
　チョロギモザイクウイルス　　182, 340
Chinese cabbage mosaic virus†　　619
Chinese chive dwarf virus†　ニラ萎縮ウイルス†　　541
Chinese wheat mosaic virus　コムギモザイクウイルス　　216, 341
Chinese yam necrotic mosaic virus
　ヤマノイモえそモザイクウイルス　　180, 342
Chloris striate mosaic virus　　19
Chocolate lily virus A　　95
Chrysanthemum aspermy virus†　　584
Chrysanthemum chlorotic mottle viroid
　キク退緑斑紋ウイロイド　　243, 627
Chrysanthemum chlorotic mottle virus†　　627
Chrysanthemum dwarf mottle virus†　　344
Chrysanthemum mild mosaic virus†　　344
Chrysanthemum mild mottle virus†　キク微斑ウイルス†　　584
Chrysanthemum mosaic virus†　　584
Chrysanthemum necrotic mottle virus†　　344

Chrysanthemum stem necrosis virus キク茎えそウイルス	84, 343
Chrysanthemum stunt viroid　キク矮化ウイロイド	250, 628
Chrysanthemum stunt virus†	628
Chrysanthemum vein mottle virus†	344
Chrysanthemum virus B　キク B ウイルス	123, 344
Chrysanthemum virus Q†	344
Citrange stunt virus†	275
Citrus bark cracking viroid カンキツバーククラッキングウイロイド	247, 629
Citrus bent leaf viroid カンキツベントリーフウイロイド	246, 630
Citrus cachexia viroid†	639
Citrus crinkly leaf virus†	345
Citrus die-back virus†	347
Citrus dwarf virus†	540
Citrus dwarfing viroid　カンキツ矮化ウイロイド	246, 631
Citrus enation woody-gall virus†	349
Citrus exocortis viroid カンキツエクソコーティスウイロイド	250, 632
Citrus gummy bark viroid	249
Citrus infectious mottling virus†	540
Citrus leaf blotch virus	125
Citrus leaf rugose virus カンキツリーフルゴースウイルス	153, 345
Citrus leprosis virus C	228
Citrus mosaic virus†　カンキツモザイクウイルス†	540
Citrus psorosis virus　カンキツソローシスウイルス	87, 346
Citrus quick decline virus†	347
Citrus ringspot virus†	346
Citrus stem pitting virus†	347
Citrus sudden death-associated virus	136
Citrus tatter leaf virus† カンキツタターリーフウイルス†	121, 275
Citrus tristeza virus　カンキツトリステザウイルス	160, 347
Citrus vein enation virus# カンキツベインエネーションウイルス#	349
Citrus vein enation-woody gall virus†	349
Citrus viroid I†　カンキツウイロイド I†	630
Citrus viroid II†	639
Citrus viroid III†　カンキツウイロイド III†	631
Citrus viroid IV†　カンキツウイロイド IV†	629
Citrus viroid OS†　カンキツウイロイド OS†	634
Citrus viroid V　カンキツウイロイド V	246, 633
Citrus viroid VI　カンキツウイロイド VI	246, 634
Citrus woody gall virus†	349
Citrus yellow mosaic virus	42
Citrus yellow mottle virus#　カンキツ黄色斑葉ウイルス#	350
Citrus yellow vein clearing virus	116
Clover blotch virus†	484
Clover mosaic virus†	617
Clover red leaf virus†	553
Clover yellow vein virus　クローバ葉脈黄化ウイルス	182, 351
Clover yellows virus　クローバ萎黄ウイルス	160, 352
Cocksfoot mild mosaic virus	207
Cocksfoot mottle virus　コックスフット斑紋ウイルス	233, 353
Cocksfoot necrotic mosaic virus†	353
Coconut cadang-cadang viroid	247
Coconut foliar decay virus	26
Coconut tinangaja viroid	247
Coleus blumei viroid 1　コリウスウイロイド 1	248, 635
Coleus blumei viroid 2	248
Coleus blumei viroid 3	248
Coleus blumei viroid 4	248
Coleus blumei viroid 5	248
Coleus blumei viroid 6　コリウスウイロイド 6	248, 636
Coleus mosaic virus†	358
Colmanara mottle virus#　コルマナラえそ斑紋ウイルス#	354
Colombian datura virus チョウセンアサガオコロンビアウイルス	182, 355
Columnea latent viroid	250
Commelina yellow mottle virus	42
Cordy line virus 1	162
Cotton leafroll dwarf virus	172
Cowpea aphid-borne mosaic virus† ササゲモザイクウイルス†	291
Cowpea chlorotic mottle virus	149
Cowpea mosaic virus	99
Cowpea mottle virus	200
Cowpea severe mosaic virus	99
Cranberry red ringspot virus	41
Crimson clover cryptic virus 2	61
Croatian clover mosaic virus†	293
Crucifer tobamovirus†	607, 619
Cucumber chlorotic spot virus†	298
Cucumber green mottle mosaic virus スイカ緑斑モザイクウイルス	224, 356
Cucumber green mottle mosaic virus-strain C† キュウリ緑斑モザイクウイルス-キュウリ系†	426
Cucumber green mottle mosaic virus-strain W† キュウリ緑斑モザイクウイルス-スイカ系†	356
Cucumber green mottle mosaic virus-strain Y† キュウリ緑斑モザイクウイルス-余戸系†	426
Cucumber leaf spot virus	196
Cucumber mosaic virus　キュウリモザイクウイルス	151, 358
Cucumber mottle virus　キュウリ斑紋ウイルス	224, 360
Cucumber necrosis virus	208
Cucumber pale fruit viroid†	639
Cucumber soil-born virus	200
Cucumber vein yellowing virus	178
Cucumber virus 3†	356
Cucumber yellows virus†　キュウリ黄化ウイルス†	298
Cucumis virus 2†	356
Cucurbit aphid-borne yellows virus	172
Cucurbit chlorotic yellows virus ウリ類退緑黄化ウイルス	164, 361
Cucurbit mild mosaic virus	101
Cucurbit ring mosaic virus†	557
Cycus necrotic stunt virus　ソテツえそ萎縮ウイルス	103, 362
Cymbidium black steak virus†	366
Cymbidium chlorotic mosaic virus# シュンラン退緑斑ウイルス#	364
Cymbidium mild mosaic virus# シンビジウム微斑モザイクウイルス#	365
Cymbidium mosaic virus シンビジウムモザイクウイルス	117, 366
Cynodon rhabdovirus	80
Cynosurus mottle virus	233

D

Dahlia common mosaic virus	35
Dahlia latent viroid	244
Dahlia mosaic virus ダリアモザイクウイルス	35, 367
Dahlia oakleaf virus†	593
Dahlia ringspot virus†	593
Dahlia virus 1†	367
Dahlia yellow ringspot virus†	593
Daikon mosaic virus†	602
Dandelion yellow mosaic virus	109
Danish plum line pattern virus†	511
Daphne leaf distortion virus S†	368
Daphne virus S ジンチョウゲ S ウイルス	123, 368
Dasheen mosaic virus サトイモモザイクウイルス	182, 369
Datura quercina virus†	582
Datura virus†	355
Datura yellow vein virus	80
Dendrobium leaf streak virus†	469
Dendrobium mosaic virus# デンドロビウムモザイクウイルス#	291, 370
Dendrobium severe mosaic virus# デンドロビウムシビアモザイクウイルス#	371
Dendrobium virus†	469
Diascia yellow mottle virus†	461
Digitaria streak virus	19
Dill cryptic virus 2	61
Dioscorea alata virus†	618
Dioscorea bacilliform AL virus	42
Diuris virus A	119
Diuris virus B	119
Dutch plum line pattern virus†	272

E

East Asian passiflora virus トケイソウ東アジアウイルス	182, 372
Eastern vein banding virus†	563
Echinochloa hoja blanca virus	90
Echinochloa ragged stunt virus	69
Eggplant latent viroid	242
Eggplant mild leaf mottle virus	174
Eggplant mosaic virus	138
Eggplant mottled crinkle virus ナス斑紋クリンクルウイルス	208, 373
Eggplant mottled dwarf virus	80
Elder ring mosaic virus# ニワトコ輪紋モザイクウイルス#	374
Elder vein clearing virus# ニワトコ葉脈透明ウイルス#	375
Elderberry latent virus	200
Elm mosaic virus†	337
Epiphyllum bacilliform virus# クジャクサボテン桿菌状ウイルス#	376
Epirus cherry virus	231
Eragrostis curvula streak virus	12, 18
Euonymus mosaic virus# マサキモザイクウイルス#	377
Eupatorium vein clearing virus	35
Eupatorium yellow vein mosaic virus ヒヨドリバナ葉脈黄化モザイクウイルス	23, 378
Eupatorium yellow vein virus ヒヨドリバナ葉脈黄化ウイルス	23, 378
European mountain ash ringspot-associated virus	89
European plum line pattern virus†	511
European wheat striate mosaic virus	88

F

Faba bean necrotic stunt virus	30
Faba bean necrotic yellows virus	30
Faba bean yellow leaf virus	30
Festuca leaf streak virus	78
Fig fleck-associated virus	133
Fig latent virus 1	129
Fig mosaic virus イチジクモザイクウイルス	89, 380
Fig mosaic-associated virus†	380
Fig virus S# イチジク S ウイルス#	123, 381
Figwort mosaic virus	35
Fiji disease virus	67
Florida hibiscus virus†	410
Forsythia yellow net virus†	279
Fragaria chiloensis latent virus	153
Freesia leaf necrosis virus	92
Freesia mosaic virus フリージアモザイクウイルス	182, 382, 384
Freesia ophiovirus†	383
Freesia sneak virus フリージアスニークウイルス	87, 383
Freesia streak virus# フリージア条斑ウイルス#	382, 384
French bean severe leaf curl virus	12
Fritillaria mosaic virus# バイモモザイクウイルス#	385
Furcraea necrotic streak virus	205

G

Galinsoga mosaic virus	204
Garland chrysanthemum temperate virus# シュンギク潜伏ウイルス#	386
Garlic dwarf virus	67
Garlic latent virus† ニンニク潜在ウイルス†	541
Garlic mite-borne filamentous virus	114
Garlic mite-borne latent virus	114
Garlic mite-borne mosaic virus† ニンニクダニ伝染モザイクウイルス†	387
Garlic mosaic virus† ニンニクモザイクウイルス†	428, 541
Garlic virus 1†	541
Garlic virus 2†	428
Garlic virus-A ニンニク A ウイルス	114, 387
Garlic virus-B ニンニク B ウイルス	114, 387
Garlic virus-C ニンニク C ウイルス	114, 387
Garlic virus-D ニンニク D ウイルス	114, 387
Garlic virus-E	114
Garlic virus-X	114
Garlic yellow streak virus†	428
Gayfeather mild mottle vitus	151
Gentian mosaic virus リンドウモザイクウイルス	101, 388
Gerbera latent virus†	389
Gerbera symptomless virus ガーベラ潜在ウイルス	389
Ginger chlorotic fleck virus	233
Gladiolus latent virus†	457
Gladiolus mosaic virus†	293
Gladiolus ringspot virus†	457
Gloriosa fleck virus# グロリオーサ白斑ウイルス#	390
Gloriosa stripe mosaic virus	

グロリオーサ条斑モザイクウイルス	182, 391
Glory lily mosaic virus†	391
Glycine max SIRE1 virus	51
Glycine max Tgmr virus	49
Glycine mosaic virus	99
Glycine mottle virus	200
Golden elderberry virus†	337
Grapefruit stem pitting virus†	347
Grapevine ajinashika virus† ブドウ味無果ウイルス†	392
Grapevine ajinashika-associated virus#	
ブドウ味無果随伴ウイルス#	392
Grapevine Algerian latent virus	
ブドウアルジェリア潜在ウイルス	208, 393
Grapevine arricciamento virus†	396
Grapevine asteroid mosaic-associated virus	136
Grapevine berry inner necrosis virus	
ブドウえそ果ウイルス	129, 394
Grapevine corky bark virus†	
ブドウコーキーバーグウイルス†	395
Grapevine corky bark-associated virus#	
ブドウコルキーバーク随伴ウイルス#	395
Grapevine court noue virus†	396
Grapevine fanleaf virus ブドウファンリーフウイルス	103, 396
Grapevine fleck virus ブドウフレックウイルス	135, 398
Grapevine infectious degeneration virus†	396
Grapevine leafroll virus† ブドウ葉巻ウイルス†	399
Grapevine leafroll-associated Carnelian virus†	399
Grapevine leafroll-associated virus 1	
ブドウ葉巻随伴ウイルス1	158, 399
Grapevine leafroll-associated virus 2	
ブドウ葉巻随伴ウイルス2	160, 399
Grapevine leafroll-associated virus 3	
ブドウ葉巻随伴ウイルス3	158, 399
Grapevine leafroll-associated virus 4	
ブドウ葉巻随伴ウイルス4	158, 399
Grapevine leafroll-associated virus 5†	399
Grapevine leafroll-associated virus 6†	399
Grapevine leafroll-associated virus 7	
ブドウ葉巻随伴ウイルス7	162, 399
Grapevine leafroll-associated virus 9†	399
Grapevine leafroll-associated virus Pr†	399
Grapevine marbrure virus†	398
Grapevine phloem limited isometric virus†	398
Grapevine Pinot gris virus	129
Grapevine red globe virus	135
Grapevine roncet virus†	396
Grapevine rootstock stem lesion-associated virus†	399
Grapevine rough bark virus†	395
Grapevine rupestris stem pitting-associated virus	
ブドウステムピッティング随伴ウイルス	126, 403
Grapevine rupestris vein feathering virus	136
Grapevine stem pitting-associated virus†	406
Grapevine stunt virus# ブドウ萎縮ウイルス#	404
Grapevine Syrah virus-1	136
Grapevine urticado virus†	396
Grapevine vein clearing virus	42
Grapevine vein mosaic virus#	
ブドウ葉脈モザイクウイルス#	405
Grapevine virus A ブドウAウイルス	131, 406
Grapevine virus B ブドウBウイルス	131, 406
Grapevine virus D	131
Grapevine virus E ブドウEウイルス	131, 406
Grapevine virus F	131
Grapevine yellow speckle viroid 1	
ブドウ黄色斑点ウイロイド1	246, 637
Grapevine yellow speckle viroid 2	246
Grapevine yellow speckle viroid 3	246
Grapevine yellow speckle virus†	637
Grapevine yellow vein virus†	592
Grass mosaic virus†	564
Green tomato atypical mosaic virus†	574
Groundnut bud necrosis virus	84
Groundnut chlorotic fan-spot virus	84
Groundnut mottle virus†	483
Groundnut ringspot virus	84
Groundnut rosette virus	210
Groundnut stunt virus†	484
Groundnut yellow spot virus	84
Guar green sterile virus†	291

H

Habenaria mosaic virus# サギソウモザイクウイルス#	408
Hardenbergia virus A	119
Hassaku dwarf virus†	347
Hawthorn ring pattern mosaic virus†	277
Heracleum latent virus	131
Heracleum virus 6†	332
Hibiscus chlorotic ringspot virus	
ハイビスカス退緑輪点ウイルス	200, 409
Hibiscus latent Fort Pierce virus	
ハイビスカス潜在フォートピアスウイルス	224, 410
Hibiscus yellow mosaic virus# ハイビスカス黄斑ウイルス#	411
Hippeastrum latent virus†	462
Hippeastrum mosaic virus	
アマリリスモザイクウイルス	182, 412
Hogweed virus 6†	332
Honeysuckle yellow vein Kagoshima virus	
スイカズラ葉脈黄化鹿児島ウイルス	23, 413
Honeysuckle yellow vein Kobe virus†	413
Honeysuckle yellow vein mosaic virus	
スイカズラ葉脈黄化モザイクウイルス	23, 413
Honeysuckle yellow vein virus	
スイカズラ葉脈黄化ウイルス	23, 413
Hop latent viroid ホップ潜在ウイロイド	247, 638
Hop latent virus ホップ潜在ウイルス	123, 415
Hop mosaic virus ホップモザイクウイルス	123, 416
Hop stunt viroid ホップ矮化ウイロイド	249, 639
Hop stunt virus†	639
Hop trefoil cryptic virus 1	56
Hop trefoil cryptic virus 2	61
Hop trefoil cryptic virus 3	56
Hop virus A†	272
Hop virus B†	511
Hop virus C†	511
Hordeum mosaic virus	184
Hordeum vulgare BARE-1 virus	49
Horsechestnut yellow mosaic virus†	272
Horseradish curly top virus	16

Horseradish latent virus	35
Horseradish mosaic virus†	602
Hosta virus X　ギボウシ X ウイルス	117, 417
Humulus japonicus latent virus	153
Hypochoeris mosaic virus	334
Hyuganatsu virus†　ヒュウガナツウイルス†	540

I

Impatiens latent virus#　インパチェンス潜在ウイルス#	418
Impatiens necrotic spot virus　インパチエンスえそ斑点ウイルス	84, 419
Indian citrus ringspot virus	116
Indian peanut clump virus	220
Indian tomato bunchy top viroid†	632
Iranian wheat stripe virus	90
Iresine viroid 1	250
Iris latent mosaic virus†	420
Iris mild mosaic virus　アイリス微斑モザイクウイルス	182, 420
Iris mild yellow mosaic virus†	457
Iris mosaic virus†	420
Iris virus III†	264
Iris yellow spot virus　アイリス黄斑ウイルス	84, 421
Ivy vein banding virus	78

J

Japanese holly fern mottle virus	235
Japanese hornwort mosaic virus†　ミツバモザイクウイルス†	425
Japanese iris necrotic ring virus　ハナショウブえそ輪紋ウイルス	200, 422
Japanese pear fruit dimple viroid†	625
Japanese soil-borne wheat mosaic virus　ムギ類萎縮ウイルス	216, 423
Japanese yam mosaic virus　ヤマノイモモザイクウイルス	182, 424
Johnsongrass chlorotic stripe mosaic virus	196

K

Kakteen-virus†	317
Kartoffel K Virus†	506
Kartoffel-Rollmosaik-Virus†	506
Konjac mosaic virus　コンニャクモザイクウイルス	182, 425
Kyuri green mottle mosaic virus　キュウリ緑斑モザイクウイルス	224, 426

L

Lactuca virus 1†	432
Lamium leaf distortion virus	35
Lamium mild mosaic virus	101
Large cardamom chirke virus	180
Leak white stripe virus	198
Leek yellow stripe virus　リーキ黄色条斑ウイルス	182, 428
Leek yellows virus#　リーキ黄化ウイルス#	429
Lettuce big-vein associated virus　レタスビッグベイン随伴ウイルス	92, 430
Lettuce big-vein virus†　レタスビッグベインウイルス†	430
Lettuce infectious yellows virus	164
Lettuce mosaic virus　レタスモザイクウイルス	182, 432
Lettuce mottle virus	109
Lettuce necrotic stunt virus	208
Lettuce necrotic yellows virus	78
Lettuce ring necrosis virus	87
Lettuce ringspot virus†	586
Lettuce speckles mottle virus	210
Lettuce yellow mottle virus	78
Ligustrum ringspot virus	228
Lilac leaf chlorosis virus	153
Lilac ringspot virus#　ライラック輪紋ウイルス#	123, 433
Lilium henryi Del1 virus	45
Lily curl stripe virus†	435
Lily latent virus†	435
Lily mild mottle virus†	434
Lily mosaic virus†	598
Lily mottle virus　ユリ微斑ウイルス	182, 434
Lily ringspot virus†	358
Lily streak virus†	435
Lily symptomless virus　ユリ潜在ウイルス	123, 435
Lily virus T#　ユリ T ウイルス#	436
Lily virus X　ユリ X ウイルス	117, 437
Lily virus†	437
Lime die-back virus†	347
Lisianthus necrosis virus†　トルコギキョウえそウイルス†	373
Lisianthus necrotic stunt virus#　トルコギキョウえそ萎縮ウイルス#	438
Little cherry virus 1　リトルチェリーウイルス 1	162, 439
Little cherry virus 2　リトルチェリーウイルス 2	158, 439
Loganberry degeneration virus†	519
Lolium latent virus X	115
Lotus streak virus　ハス条斑ウイルス	441
Lucerne Australian symptomless virus	107
Lucerne mosaic virus†	262
Lucerne transient streak virus	233
Lychnis ringspot virus	218
Lychnis virus†	459
Lycopersicon esculentum ToRTL1 virus	51
Lycopersicon virus 1†	591
Lycopersicon virus 4†	587
Lycopersicon virus 7†	584

M

Maclura mosaic virus	180
Maize chlorotic dwarf virus	110
Maize chlorotic mottle virus	206
Maize dwarf mosaic virus　トウモロコシ萎縮モザイクウイルス	182, 442
Maize dwarf mosaic virus-strain B†	564
Maize dwarf virus†	564
Maize fine streak virus	80
Maize Iranian mosaic virus	80
Maize mosaic virus	80
Maize necrotic streak virus	212
Maize rayado fino virus	136
Maize rough dwarf virus	67
Maize streak dwarf virus	75
Maize streak virus	19
Maize stripe virus	90
Maize white line mosaic virus	196

Maize yellow dwarf virus-RMV	172
Maize yellow striate virus	78
Maize yellow stripe virus	90
Mal de Rio Cuarto virus	67
Malaysian passiflora virus†	372
Malva yellows virus†	299
Malvastrum enation virus#　エノキアオイひだ葉ウイルス#	443
Marmor lactucae virus†	432
Marmor medicaginis virus†	262
Marmor solani virus†	505
Marrow mosaic virus†	609
Megakepasma mosaic virus	155
Melandrium yellow fleck virus	149
Melon aphid-borne yellows virus	172
Melon mild mottle virus　メロン微斑ウイルス	103, 444
Melon mosaic virus†	609
Melon necrotic spot virus　メロンえそ斑点ウイルス	200, 445
Melon rugose mosaic virus	138
Melon spotted wilt virus†	447
Melon vein yellowing virus#　メロン葉脈黄化ウイルス#	446
Melon yellow spot virus　メロン黄化えそウイルス	84, 447
Melothria mottle virus#　スズメウリ斑紋ウイルス#	448
Mibuna temperate virus#　ミブナ潜伏ウイルス#	449
Mikania micrantha mosaic virus	388
Mikania micrantha wilt virus†	388
Mild apple mosaic virus†	272
Milk vetch dwarf virus　レンゲ萎縮ウイルス	30, 450
Millet streak virus	19
Mimosa bacilliform virus	42
Mint vein banding-associated virus	155
Mint virus 1	160
Mint virus 2	131
Mirabilis mosaic virus	35
Mirafiori lettuce big-vein virus　レタスビッグベインミラフィオリウイルス	87, 452
Mirafiori lettuce virus†	452
Miscanthus streak virus　オギ条斑ウイルス	19, 453
Moroccan pepper virus　トウガラシモロッコウイルス	208, 454
Mountain ash variegation virus†	272
Mulberry endornavirus 1	55
Mulberry latent virus　クワ潜在ウイルス	123, 455
Mulberry ringspot virus　クワ輪紋ウイルス	103, 456
Mung bean leaf curl virus†	593
Mung bean mosaic virus†	291
Mungbean yellow mosaic virus	23
Muskmelon mosaic virus†	557
Muskmelon yellow stunt virus†	622
Muskmelon yellows virus†	298

N

Nandina mosaic virus†	495
Nandina stem pitting virus	121
Nandina virus†	495
Narcissus latent virus　スイセン潜在ウイルス	180, 457
Narcissus mild mosaic virus†	459
Narcissus mild mottle virus#　スイセン微斑モザイクウイルス#	457, 458
Narcissus mild mottle virus†	457, 458
Narcissus mosaic virus　スイセンモザイクウイルス	117, 459
Narcissus symptomless virus†	462
Narcissus yellow streak virus†	460
Narcissus yellow stripe virus　スイセン黄色条斑ウイルス	182, 460
Nasturtium ringspot virus†	307
Natsudaidai dwarf virus†　ナツカン萎縮ウイルス†	540
Navel orange infectious mottling virus†　ネーブル斑葉モザイクウイルス†	540
Nemesia ring necrosis virus　ネメシア輪紋えそウイルス	138, 461
Nerine latent virus　ネリネ潜在ウイルス	123, 462
Nerine virus X　ネリネXウイルス	117, 463
Nicotiana tabacum Tnt1 virus	49
Nicotiana tabacum Tto1 virus	49
Nicotiana velutina mosaic virus	213
Nicotiana virus 13†	592
Nicotiana virus 2†	581
Nicotiana virus 8†	582
North American plum line pattern virus†	511
Northern cereal mosaic virus　ムギ北地モザイクウイルス	78, 464

O

Oat blue dwarf virus	136
Oat chlorotic stunt virus	197
Oat golden stripe virus	216
Oat mosaic virus	187
Oat necrotic mottle virus	186
Oat sterile dwarf virus	67
Oat stripe mosaic virus†	287
Odontoglossum ringspot virus　オドントグロッサム輪点ウイルス	224, 465
Oilseed rape mosaic virus†	619
Okra mosaic virus	138
Olive latent virus 1　オリーブ潜在ウイルス1	194, 466
Olive latent virus 2	146
Olive latent virus 3	136
Olive leaf yellowing-associated virus	155
Olive mild mosaic virus　オリーブ微斑ウイルス	194, 467
Onion mite-borne latent virus†	542
Onion yellow dwarf virus　タマネギ萎縮ウイルス	182, 468
Onion yellow dwarf virus-Brazil†	543
Onion yellow dwarf virus-garlic type　ネギ萎縮ウイルス†	468, 543
Onion yellow dwarf virus-Japan†　ネギ萎縮ウイルス-日本分離株†	543
Opuntia Sammon's virus†	538
Opuntia virus†	538
Orchid fleck virus#　ランえそ斑紋ウイルス#	469
Orchid mosaic virus†	366
Ornithogalum mosaic virus　オーニソガラムモザイクウイルス	182, 470
Ornithogalum necrotic mosaic virus†	470
Ornithogalum stripe mosaic virus†	470
Ornithogalum virus 2　オーニソガラム条斑ウイルス	182, 470
Ornithogalum virus 3　オーニソガラムえそウイルス	182, 470
Oryza australiensis RIRE1 virus	49
Oryza longistaminata Retrofit virus	49

840　索　引

Oryza rufipogon endornavirus	55
Oryza sativa endornavirus　イネエンドルナウイルス	55, 472
Oryza sativa Osr7 virus	51
Oryza sativa Osr8 virus	51
Oryza virus 1[†]	526
Ourmia melon virus	231

P

Pangola stunt virus	67
Panicum mosaic virus	207
Panicum streak virus	19
Papaw distortion ringspot virus[†]	474
Papaw mosaic virus[†]	474
Papaya distortion ringspot virus[†]	474
Papaya leaf distortion mosaic virus　パパイア奇形葉モザイクウイルス	182, 473
Papaya lethal yellowing virus	233
Papaya mosaic virus[†]	474
Papaya ringspot virus　パパイア輪点ウイルス	182, 474
Paprika mild mottle virus　パプリカ微斑ウイルス	224, 475
Parietaria mottle virus	153
Parsley virus 3[†]	307
Passiflora latent virus　トケイソウ潜在ウイルス	123, 476
Passion fruit green spot virus	228
Passion fruit yellow mosaic virus	138
Passionfruit woodiness virus-Taiwan[†]	372
Patchouli mild mosaic virus[†]	307
Patchouli mosaic virus[†]	477
Patchouli mottle virus[#]　パチョリ斑紋ウイルス[#]	477
Pea common mosaic virus	293
Pea dwarf mosaic virus[†]	307
Pea early-browning virus	226
Pea enation mosaic virus-1	168
Pea enation mosaic virus-2	210
Pea fizzle top virus[†]	478
Pea green mottle virus	99
Pea leaf roll mosaic virus[†]	478
Pea leaf rolling mosaic virus[†]	478
Pea leaf rolling virus[†]	478
Pea mild mosaic virus	99
Pea mosaic virus[†]	293
Pea mottle virus[†]	351
Pea necrosis virus[†]	351
Pea necrotic yellow dwarf virus	30
Pea seed-borne mosaic virus　エンドウ種子伝染モザイクウイルス	182, 478
Pea seed-borne symptomless virus[†]	478
Pea semilatent virus	218
Pea stem necrosis virus　エンドウ茎えそウイルス	200, 479
Pea western ringspot virus[†]	351
Pea wilt virus[†]	617
Peach chlorotic mottle virus	126
Peach dapple viroid[†]	639
Peach enation virus[#]　モモひだ葉ウイルス[#]	480
Peach latent mosaic viroid　モモ潜在モザイクウイロイド	243, 640
Peach mosaic virus	129
Peach ringspot virus[†]	511
Peach stunt virus[†]	510
Peach yellow bud mosaic virus[†]	592
Peach yellow leaf virus[#]　モモ黄葉ウイルス[#]	481
Peach yellow mosaic virus[#]　モモ斑葉モザイクウイルス[#]	482
Peanut chlorotic ring mottle virus[†]	291
Peanut chlorotic streak virus	41
Peanut clump virus	220
Peanut common mosaic virus[†]	484
Peanut mild mosaic virus[†]	483
Peanut mild mottle virus[†]	291
Peanut mottle virus　ラッカセイ斑紋ウイルス	182, 483
Peanut severe mosaic virus[†]	483
Peanut stripe virus[†]　ラッカセイ斑葉ウイルス[†]	291
Peanut stunt virus　ラッカセイ矮化ウイルス	151, 484
Peanut yellow mosaic virus	138
Pear black necrotic leaf spot virus[†]	275
Pear blister canker viroid　ナシブリスタキャンカーウイロイド	246, 641
Pear blister canker virus[†]	641
Pear latent virus[†]	373
Pear necrotic spot virus[†]	277
Pear ring pattern mosaic virus[#]　ナシ輪紋モザイクウイルス[#]	269, 486
Pear ring pattern mosaic virus[†]	269
Pear ringspot virus[#]　ナシ輪点ウイルス[#]	487
Pear rusty skin viroid[†]	625
Pear stony pit virus[†]	277
Pear vein yellows virus[†]	277
Pecteilis mosaic virus[†]	408
Pelargonium flower break virus	200
Pelargonium line pattern virus	189
Pelargonium ringspot virus	189
Pelargonium zonate spot virus	148
Peony mosaic virus[†]	580
Peony ringspot virus[†]	580
Pepino latent virus	507
Pepper chat fruit viroid	250
Pepper cryptic virus 1　トウガラシ潜伏ウイルス 1	63, 488
Pepper cryptic virus 2　トウガラシ潜伏ウイルス 2	63, 488
Pepper mild mottle virus　トウガラシ微斑ウイルス	224, 489
Pepper mosaic virus[†]	489
Pepper mottle virus　トウガラシ斑紋ウイルス	182, 491
Pepper ringspot virus	226
Pepper vein yellows virus　トウガラシ葉脈黄化ウイルス	172, 492
Pepper yellow dwarf virus	16
Pepper yellow vein virus	92
Perilla mottle virus[#]　シソ斑紋ウイルス[#]	493
Persimmon latent viroid　カキ潜在ウイロイド	246, 642
Persimmon viroid[†]　カキウイロイド[†]	642
Persnip yellow fleck virus	109
Petunia flower mottle virus[†]	355
Petunia ring spot virus[†]	307
Petunia vein banding virus	138
Petunia vein clearing virus　ペチュニア葉脈透化ウイルス	38, 494
Phalaenopsis virus	469
Phaseolus virus 1[†]	291
Phaseolus vulgaris endornavirus 1	55
Phaseolus vulgaris endornavirus 2	55
Phaseolus vulgaris Tpv2-6 virus	47

Phlomis mottle virus	129
Physalis severe mottle virus†	447
Pigeon pea sterility mosaic virus	89
Pineapple bacilliform CO virus	42
Pineapple mealybug wilt-associated virus 1	158
Pineapple mealybug wilt-associated virus 2	158
Pineapple mealybug wilt-associated virus 3	158
Pineapple yellow spot virus†	593
Piper yellow mottle virus	42
Pisum sativum X66399 virus	49
Plantago asiatica mosaic virus オオバコモザイクウイルス	117, 495
Plantago II virus†	307
Plantago virus 4	35
Pleioblastus chino virus†	496
Pleioblastus mosaic virus# アズマネザサモザイクウイルス#	496
Plum bark necrosis stem pitting-associated virus	158
Plum dapple viroid†	639
Plum line pattern virus# スモモ黄色網斑ウイルス#	497, 511
Plum pox virus ウメ輪紋ウイルス	182, 498
Poinsettia latent virus	232
Poinsettia mosaic virus ポインセチアモザイクウイルス	499
Polygonum ringspot virus	84
Potato acropetal necrosis virus†	509
Potato aucuba mosaic virus ジャガイモ黄斑モザイクウイルス	117, 500
Potato bouquet virus†	586
Potato calico virus†	262
Potato corky ringspot virus†	580
Potato interveinal mosaic virus†	506
Potato latent virus†	508
Potato leaf rolling mosaic virus†	506
Potato leafroll virus ジャガイモ葉巻ウイルス	172, 501
Potato mild mosaic virus†	505, 508
Potato mop-top virus ジャガイモモップトップウイルス	222, 503
Potato paracrinkle virus†	506
Potato phloem necrosis virus†	501
Potato pseudo-aucuba virus†	586
Potato severe mosaic virus†	509
Potato spindle tuber viroid ジャガイモやせいもウイロイド	250, 643
Potato spindle tuber virus†	643
Potato stem mottle virus†	580
Potato virus A ジャガイモAウイルス	182, 505
Potato virus C†	509
Potato virus E†	506
Potato virus F†	500
Potato virus G†	500
Potato virus M ジャガイモMウイルス	123, 506
Potato virus P†	505
Potato virus S ジャガイモSウイルス	123, 507
Potato virus T	128
Potato virus X ジャガイモXウイルス	117, 508
Potato virus Y ジャガイモYウイルス	182, 509
Potato yellow dwarf virus	80
Potato yellow vein virus	164
Pothos latent virus	196
Primula malacoides virus 1	61
Prune dwarf virus プルーン萎縮ウイルス	153, 510
Prunus chlorotic necrotic ringspot virus†	510
Prunus necrotic ringspot virus プルヌスえそ輪点ウイルス	153, 511
Prunus ringspot virus†	511
Prunus virus 7†	498
Prunus virus S# モモSウイルス#	513
Pterostylis virus Y†	470
Pumpkin mosaic virus†	557

Q

Quince sooty ring spot virus# マルメロすす輪点ウイルス#	514

R

Radish enation mosaic virus† ダイコンひだ葉モザイクウイルス†	515
Radish mosaic virus ダイコンモザイクウイルス	99, 515
Radish virus P†	602
Radish yellow edge virus ダイコン葉縁黄化ウイルス	516
Radish yellow virus†	299
Ranunculus latent virus	180
Ranunculus mild mosaic virus ラナンキュラス微斑モザイクウイルス	182, 517
Ranunculus mosaic virus	518
Ranunculus mottle virus# ラナンキュラス斑紋ウイルス#	518
Ranunculus white mottle virus	87
Raspberry bushy dwarf virus ラズベリー黄化ウイルス	230, 519
Raspberry latent virus	64
Raspberry leaf blotch virus	89
Raspberry leaf mottle virus	160
Raspberry line-pattern virus†	519
Raspberry yellow dwarf virus†	279
Raspberry yellows virus†	519
Red clover bacilliform virus	32
Red clover cryptic virus 2	61
Red clover mosaic virus	75
Red clover mottle virus	99
Red clover necrotic mosaic virus	202
Red currant necrotic ringspot virus†	511
Red pepper cryptic virus 1†	488
Red pepper cryptic virus 2†	488
Reed canary mosaic virus# クサヨシモザイクウイルス#	520
Rehmannia mosaic virus ジオウモザイクウイルス	222, 521
Rehmannia virus X# ジオウXウイルス#	522
Rembrandt tulip breaking virus# チューリップブレーキングレンブラントウイルス#	523
Rhododendron virus A	53
Rhubarb mosaic virus†	279
Rhubarb temperate virus# ダイオウ潜伏ウイルス#	524
Ribgrass mosaic virus	224
Ribgrass mosaic virus-Wasabi isolate†	607
Ribgrass mosaic virus-Youcai mosaic isolate†	619
Rice black streak virus†	525
Rice black streaked dwarf virus イネ黒すじ萎縮ウイルス	67, 525
Rice black-streaked dwarf virus 2†	550
Rice dwarf virus イネ萎縮ウイルス	72, 526
Rice gall dwarf virus	72
Rice giallume virus†	288
Rice grassy stunt virus	

索引

イネグラッシースタントウイルス	90, 528
Rice hoja blanca virus	90
Rice infectious gall virus†	530
Rice mosaic virus†	526
Rice necrosis mosaic virus イネえそモザイクウイルス	187, 529
Rice ragged stunt virus イネラギッドスタントウイルス	69, 530
Rice rosette virus†	528
Rice stripe necrosis virus	140
Rice stripe virus イネ縞葉枯ウイルス	90, 532
Rice stunt virus†	526
Rice transitory yellowing virus†	
イネトランジトリーイエローイングウイルス†	534
Rice tungro bacilliform virus	43
Rice tungro spherical virus イネ矮化ウイルス	110, 533
Rice tungro virus†	533
Rice virus X	202
Rice waika virus†	533
Rice wilted stunt virus	90
Rice yellow leaf virus†	533
Rice yellow mottle virus	233
Rice yellow stunt virus イネ黄葉ウイルス	80, 534
Rosa rugosa leaf distortion virus	189
Rose chlorotic mottle virus†	511
Rose line pattern virus†	511
Rose mosaic virus†	511
Rose rosette virus	89
Rose spring dwarf-associated virus	170
Rose vein banding virus†	511
Rose yellow mosaic virus	174
Rose yellow vein mosaic virus†	511
Rose yellow vein virus	32
Rubus canadensis virus 1	126
Rubus Chinese seed-borne virus	107
Rubus chlorotic mottle virus†	551
Rudbeckia flower distortion virus	35
Rudbeckia mosaic virus# ルドベキアモザイクウイルス#	535
Rupestris stem pitting-associated virus 1†	403
Rupestris stem pitting-associated virus†	403
Ryegrass chlorotic streak virus†	299
Ryegrass cryptic virus	56
Ryegrass mosaic virus ライグラスモザイクウイルス	184, 536
Ryegrass mottle virus ライグラス斑紋ウイルス	233, 537
Ryegrass streak mosaic virus†	536

S

Saccharum virus 1†	564
Sambucus ringspot and yellow net virus†	337
Sammon's Opuntia virus	
ウチワサボテンサモンズウイルス	222, 538
Santosai temperate virus# サントウサイ潜伏ウイルス#	539
Sarka virus†	498
Satsuma dwarf virus 温州萎縮ウイルス	107, 540
Scallion virus X†	282
Scharka virus†	498
Schefflera ringspot virus	42
Sesame necrotic mosaic virus	196
Sesame yellow mosaic virus†	291
Severe apple mosaic virus†	272
Shallot latent virus シャロット潜在ウイルス	123, 541
Shallot virus X シャロット X ウイルス	114, 542
Shallot yellow stripe virus	
シャロット黄色条斑ウイルス	182, 543
Sharka virus†	498
Siegesbeckia orientalis yellow vein virus#	
ツクシメナモミ葉脈黄化ウイルス#	544
Sikte waterborne virus	
シクテウォーターボーンウイルス	208, 545
Soil-borne cereal mosaic virus	216
Soil-borne wheat mosaic virus コムギ萎縮ウイルス	216, 546
Soil-borne wheat yellow mosaic virus†	614
Soja virus 1†	555
Solanum nodiflorum mottle virus	233
Solanum tuberosum Tst1 virus	49
Solanum violaefolium ringspot virus	228
Solanum virus 1†	508
Solanum virus 11†	506
Solanum virus 2†	509
Solanum virus 3†	505
Solanum virus 7†	506
Solanum yellows virus†	501
Sonchus mottle virus	35
Sonchus virus	78
Sonchus yellow net virus	80
Sorghum chlorotic spot virus	216
Sorghum concentric ringspot virus†	564
Sorghum mosaic virus ソルガムモザイクウイルス	182, 547
Sorghum red stripe virus†	564
Sorghum stunt mosaic virus	80
Sour cherry green ring mottle virus†	336
Sour cherry necrotic ringspot virus†	511
Sour cherry yellows virus†	510
Southern bean mosaic virus	
インゲンマメ南部モザイクウイルス	233, 548
Southern celery mosaic virus†	358
Southern cowpea mosaic virus	233
Southern potato latent virus#	
ジャガイモ南部潜在ウイルス#	549
Southern rice black streaked dwarf virus	
イネ南方黒すじ萎縮ウイルス	67, 550
Southern tomato virus	53
Sowbane mosaic virus アカザモザイクウイルス	233, 551
Sowthistle yellow vein virus	80
Soybean blotchy mosaic virus	78
Soybean chlorotic mottle virus ダイズ退緑斑紋ウイルス	41, 552
Soybean chlorotic spot virus†	362
Soybean dwarf virus ダイズ矮化ウイルス	170, 553
Soybean leaf rugose mosaic virus	187, 554
Soybean leaf rugose mosaic virus#	
ダイズ縮葉モザイクウイルス#	187
Soybean mild mosaic virus†	
ダイズ微斑モザイクウイルス†	362
Soybean mosaic virus ダイズモザイクウイルス	182, 555
Soybean stunt virus† ダイズ萎縮ウイルス†	358
Soybean virus 1†	555
Spartina mottle virus	174
Spinach curly top Arizona virus	15
Spinach mosaic virus†	295
Spinach severe curly top virus	16

Spinach temperate cryptic virus[†]		556	サツマイモ葉巻日本ウイルス	23, 567
Spinach temperate virus ホウレンソウ潜伏ウイルス		556	*Sweet potato leaf curl virus* サツマイモ葉巻ウイルス	23, 567
Spinach yellow mottle virus[†]		580	*Sweet potato mild mottle virus*	174, 177, 178
Spirovirus[†]		346	*Sweet potato russet crack virus*[†]	565
Spring beauty latent virus		149	*Sweet potato shukuyo mosaic virus*[#]	
Squash mosaic virus スカッシュモザイクウイルス		99, 337, 557	サツマイモ縮葉モザイクウイルス[#]	569
Squash necrosis virus		200	*Sweet potato symptomless virus*[#]	
Squash vein yellowing virus		178	サツマイモシンプトムレスウイルス[#]	570
Stocky prune virus		105	*Sweet potato vein clearing virus*[†]	40, 565
Strawberry chlorotic fleck-associated virus		160	*Sweet potato virus A*[†]	565
Strawberry crinkle virus イチゴクリンクルウイルス		78, 558	*Sweet potato virus G* サツマイモ G ウイルス	182, 571
Strawberry latent C virus[#] イチゴ潜在 C ウイルス[#]		559	*Sweet potato virus N*[†]	566
Strawberry latent ringspot virus		95	*Sweet potato yellow dwarf virus*	178
Strawberry latent virus A[†]		558	**T**	
Strawberry latent virus B[†]		558	*Tamarillo mosaic virus*[†]	505
Strawberry lesion virus A[†]		558	*Taro bacilliform virus*	42
Strawberry lesion virus B[†]		558	*Taro vein chlorosis virus*	80
Strawberry mild crinkle virus[†]		561	*Thistle mottle virus*	35
Strawberry mild yellow edge virus			*Tobacco etch virus*	182
イチゴマイルドイエローエッジウイルス		117, 560	*Tobacco leaf curl Japan virus* タバコ巻葉日本 ウイルス	23, 572
Strawberry mild yellow edge-associated virus[†]		560	*Tobacco leaf curl Kochi virus*[†]	413
Strawberry mottle virus イチゴ斑紋ウイルス		561	*Tobacco leaf enation phytoreovirus*	72
Strawberry necrotic rosette virus[†]		578	*Tobacco mild green mosaic virus*	
Strawberry necrotic shock virus		153	タバコ微斑モザイクウイルス	224, 574
Strawberry pseudo mild yellow edge virus			*Tobacco mosaic virus* タバコモザイクウイルス	224, 576
イチゴシュードマイルドイエローエッジウイルス		123, 562	*Tobacco mosaic virus-C*[†] (TMV-C[†])	
Strawberry vein banding virus			タバコモザイクウイルス-アブラナ科系[†]	619
イチゴベインバンディングウイルス		35, 563	*Tobacco mosaic virus-latent strain*	489
Strawberry vein chlorosis virus		558	*Tobacco mosaic virus-mild strain*[†]	574
Strawberry virus 1[†]		561	*Tobacco mosaic virus-orchid strain*[†]	465
Strawberry virus 2[†]		560	*Tobacco mosaic virus-P*[†]	
Suakwa aphid-borne yellows virus		172	タバコモザイクウイルス-トウガラシ系統[†]	489
Subterranean clover mottle virus		233	*Tobacco mosaic virus-P11 pepper isolate*[†]	475
Subterranean clover red leaf virus[†]		553	*Tobacco mosaic virus-Samsun latent strain*[†]	489
Subterranean clover stunt virus		30	*Tobacco mosaic virus-South Carolina mild mottling strain*[†]	574
Sugarbeet mosaic virus[†]		295	*Tobacco mosaic virus-strain Cg*[†] (TMV-Cg[†])	
Sugarbeet yellows virus[†]		300	タバコモザイクウイルス-アブラナ科系ニンニク株[†]	619
Sugarcane bacilliform IM virus		42	*Tobacco mosaic virus-strain K*[†] (TMV-K[†])	591
Sugarcane mild mosaic virus		158	*Tobacco mosaic virus-strain K1*[†] (TMV-K1[†])	591
Sugarcane mosaic virus サトウキビモザイクウイルス		182, 564	*Tobacco mosaic virus-strain K2*[†] (TMV-K2[†])	591
Sugarcane mosaic virus-strain H[†]		547	*Tobacco mosaic virus-strain L*[†] (TMV-L[†])	
Sugarcane mosaic virus-strain I[†]		547	タバコモザイクウイルス-トマト系[†]	591
Sugarcane mosaic virus-strain M[†]		547	*Tobacco mosaic virus-tomato strain*[†] (TMV-T[†])	
Sugarcane streak mosaic virus		181	タバコモザイクウイルス-トマト系[†]	591
Sugarcane streak virus		19	*Tobacco mosaic virus-type strain*[†]	576
Sugarcane striate mosaic-associated virus		119	*Tobacco mosaic virus-U*[†]	
Sugarcane yellow leaf virus		172	タバコモザイクウイルス-U 系統[†]	574
Sunflower chlorotic spot virus[†]		302	*Tobacco mosaic virus-U1 strain*[†]	576
Sunflower crinkle virus		210	*Tobacco mosaic virus-U2 strain*[†]	574
Sunflower necrosis virus[†]		582	*Tobacco mosaic virus-U5 strain*[†]	574
Sunn-hemp mosaic virus		224	*Tobacco mosaic virus-vulgare strain*[†]	576
Sweet clover necrotic mosaic virus		202	*Tobacco mosaic virus-W*[†] (TMV-W[†])	
Sweet potato chlorotic leafspot virus[†]		565	タバコモザイクウイルス-ワサビ系[†]	607
Sweet potato collusive virus		37	*Tobacco necrosis satellite virus*	
Sweet potato feathery mottle virus			タバコえそサテライトウイルス	645
サツマイモ斑紋モザイクウイルス		182, 565	*Tobacco necrosis virus A*	194
Sweet potato internal cork virus[†]		565	*Tobacco necrosis virus D* タバコえそ D ウイルス	198, 578
Sweet potato latent virus サツマイモ潜在ウイルス		182, 566	*Tobacco necrosis virus-Toyama*[†] (TNV-Toyama[†])	
Sweet potato leaf curl Japan virus				

チューリップえそウイルス#	599
Tobacco necrotic dwarf virus タバコえそ萎縮ウイルス	579
Tobacco rattle virus タバコ茎えそウイルス	226, 580
Tobacco ringspot virus タバコ輪点ウイルス	103, 581
Tobacco ringspot virus 1†	581
Tobacco ringspot virus 2†	592
Tobacco streak virus タバコ条斑ウイルス	153, 582
Tobacco stunt virus† タバコ矮化ウイルス†	92, 430
Tobacco vein banding mosaic virus タバコ脈縁モザイクウイルス	182, 583
Tobacco vein banding virus†	509
Tobacco vein clearing virus	40
Tobacco vein distorting virus	172
Tobacco veinal necrosis virus†	509
Tobacco yellow dwarf virus	19
Tobacco yellow ringspot virus†	581
Tobacco yellow top virus†	501
Tomato apical stunt viroid	250
Tomato aspermy virus トマトアスパーミィウイルス	151, 584
Tomato aucuba mosaic virus†	591
Tomato black ring virus トマト黒色輪点ウイルス	103, 586
Tomato bushy stunt virus トマトブッシースタントウイルス	208, 587
Tomato chlorosis virus トマト退緑ウイルス	164, 588
Tomato chlorotic dwarf viroid トマト退緑萎縮ウイロイド	250, 644
Tomato chlorotic spot virus	84
Tomato chocolate spot virus	108
Tomato chocolate virus	108
Tomato curly top virus# トマトカーリートップウイルス#	589
Tomato enation mottle virus†	591
Tomato golden mosaic virus	23
Tomato infectious chlorosis virus トマトインフェクシャスクロロシスウイルス	164, 590
Tomato leafroll virus	16
Tomato marchitez virus	108
Tomato mild mottle virus	174, 177
Tomato mosaic virus トマトモザイクウイルス	224, 591
Tomato necrotic spot virus	153
Tomato planta macho viroid	250
Tomato pseudo-curly top virus	21
Tomato ringspot virus トマト輪点ウイルス	103, 592
Tomato spotted wilt virus トマト黄化えそウイルス	84, 593
Tomato torrado virus	108
Tomato tree virus†	505
Tomato vein clearing virus# トマト葉脈透化ウイルス#	595
Tomato yellow leaf curl virus トマト黄化葉巻ウイルス	23, 596
Tomato yellow top virus†	501
Triticum aestivum WIS-2 virus	49
Triticum mosaic virus	174, 180, 181
Tropaeolum ringspot virus†	307
Tuber blotch virus†	500
Tulip augusta disease virus†	578
Tulip band breaking virus†	434
Tulip breaking virus	182
Tulip breaking virus-lily strain† チューリップモザイクウイルス-ユリ系統†	434
Tulip chlorotic blotch virus†	602
Tulip mild mottle mosaic virus チューリップ微斑モザイクウイルス	87, 597
Tulip mosaic virus チューリップモザイクウイルス	182, 598
Tulip necrosis virus# チューリップえそウイルス#	599
Tulip streak virus# チューリップ条斑ウイルス#	600
Tulip top breaking virus†	602
Tulip virus X チューリップXウイルス	117, 601
Tulip white streak virus†	580
Tulipa virus 1†	598
Tulipavirus vulgare†	598
Turnip crinkle virus	200
Turnip curly top virus	22
Turnip mild yellows virus†	299
Turnip mosaic virus カブモザイクウイルス	182, 602
Turnip ringspot virus	99
Turnip yellow mosaic virus カブ黄化モザイクウイルス	138, 604
Turnip yellows virus	172

U

Ugandan cassava brown streak virus	178
Urochloa hoja blanca virus	90

V

Vanilla mosaic virus†	369
Vanilla necrosis virus†	609
Velvet tobacco mottle virus	233
Vicia cryptic virus ソラマメ潜伏ウイルス	59, 605
Vicia cryptic virus M	53
Vicia faba endornavirus	55
Virginia crab stem grooving virus†	275

W

Wakegi yellow dwarf virus†	543
Walnut black line virus†	337
Wasabi latent virus# ワサビ潜在ウイルス#	606
Wasabi mottle virus ワサビ斑紋ウイルス	224, 607
Wasabi rhabdovirus# ワサビラブドウイルス#	608
Watermelon bud necrosis virus	84
Watermelon mosaic virus スイカモザイクウイルス	182, 609
Watermelon mosaic virus 1†	474
Watermelon mosaic virus 2†	609
Watermelon silver mottle virus スイカ灰白色斑紋ウイルス	80, 611
Watermelon spotted wilt virus†	611
Watermelon stunt virus†	557
Welsh onion yellow stripe virus†	543
Western celery mosaic virus†	334
Wheat American striate mosaic virus	78
Wheat dwarf virus	19
Wheat Eqlid mosaic virus	186
Wheat mosaic virus†	546
Wheat mottle dwarf virus# コムギ斑紋萎縮ウイルス#	612
Wheat rosette stunt virus	78
Wheat soil-borne mosaic virus†	546
Wheat spindle streak mosaic virus	187
Wheat streak mosaic virus	186
Wheat virus 1†	546
Wheat virus 2†	546
Wheat yellow leaf virus コムギ黄葉ウイルス	160, 613
Wheat yellow mosaic virus コムギ縞萎縮ウイルス	187, 614

White ash mosaic virus	119
White clover cryptic virus 1	
シロクローバ潜伏ウイルス 1	59, 615
White clover cryptic virus 2	
シロクローバ潜伏ウイルス 2	61, 615
White clover cryptic virus 3　シロクローバ潜伏ウイルス 3	615
White clover mosaic virus	
シロクローバモザイクウイルス	117, 617
White clover temperate virus †	615
Winter wheat mosaic virus	90
Wound tumor virus	72

Y

Yam bean mosaic virus †	291
Yam chlorotic necrotic mosaic virus	180
Yam mild mosaic virus　ヤマノイモ微斑ウイルス	182, 618
Yam mosaic virus	424
Yam necrotic mosaic virus †	342
Yam virus 1 †	618
Yellow oat-grass mosaic virus	186
Yellow vein banding virus †	563
Youcai mosaic virus　アブラナモザイクウイルス	224, 619
Yucca bacilliform virus	42

Z

Zantedeschia mosaic virus †　カラーモザイクウイルス †	425
Zantedeschia symptomless virus †	555
Zea mays Hopscotch virus	49
Zea mays Opie-2 virus	51
Zea mays Prem-2 virus	51
Zea mays Sto-4 virus	47
Zoysia mosaic virus　シバモザイクウイルス	183, 621
Zucchini lethal chlorosis virus	84
Zucchini yellow mosaic virus	
ズッキーニ黄斑モザイクウイルス	182, 622

ウイルス・ウイロイド分類群(目・科・属)和名学名対照索引

†:廃止旧称

ア 行

和名	学名	頁
アウレウスウイルス属	*Aureusvirus*	189
アヌラウイルス属	*Anulavirus*	142
アブサンウイロイド科	*Avsunviroidae*	239
アブサンウイロイド属	*Avsunviroid*	239
アプスカウイロイド属	*Apscaviroid*	244
アベナウイルス属	*Avenavirus*	189
アマルガウイルス科	*Amalgaviridae*	53
アマルガウイルス属	*Amalgavirus*	53
アルファクリプトウイルス属†	*Alphacryptovirus*†	56
アルファネクロウイルス属	*Alphanecrovirus*	189
アルファパルティティウイルス属	*Alphapartitivirus*	56
アルファフレキシウイルス科	*Alphaflexiviridae*	112
アルファモウイルス属	*Alfamovirus*	142
アレキシウイルス属	*Allexivirus*	112
アンペロウイルス属	*Ampelovirus*	155
イデオウイルス属	*Idaeovirus*	230
イポモウイルス属	*Ipomovirus*	174
イラルウイルス属	*Ilarvirus*	142
ウイロイド	Viroid	236
ウンブラウイルス属	*Umbravirus*	189
エナモウイルス属	*Enamovirus*	166
エマラウイルス属	*Emaravirus*	89
エラウイロイド属	*Elaviroid*	239
エラグロウイルス属	*Eragrovirus*	12
エンドルナウイルス科	*Endornaviridae*	55
エンドルナウイルス属	*Endornavirus*	55
オフィオウイルス科	*Ophioviridae*	87
オフィオウイルス属	*Ophiovirus*	87
オリザウイルス属	*Oryzavirus*	64, 66
オルミアウイルス属	*Ourmiavirus*	231
オレアウイルス属	*Oleavirus*	142

カ 行

和名	学名	頁
カベモウイルス属	*Cavemovirus*	32
カリモウイルス科	*Caulimoviridae*	32
カリモウイルス属	*Caulimovirus*	32
カルモウイルス属	*Carmovirus*	139
カルラウイルス属	*Carlavirus*	119
キャピロウイルス属	*Capillovirus*	119
ギャランティウイルス属	*Gallantivirus*	189
ククモウイルス属	*Cucumovirus*	142
クリニウイルス属	*Crinivirus*	155
クルトウイルス属	*Curtovirus*	12
クロステロウイルス科	*Closteroviridae*	155
クロステロウイルス属	*Closterovirus*	155
コカドウイロイド属	*Cocadviroid*	244
コモウイルス亜科	*Comovirinae*	95, 99
コモウイルス属	*Comovirus*	95, 99
コレウイロイド属	*Coleviroid*	244

サ 行

和名	学名	頁
サイアウイルス属	*Sirevirus*	47
サイトラブドウイルス属	*Cytorhabdovirus*	74, 75
サテライト	Satellite	252
サドゥワウイルス属	*Sadwavirus*	95
ジェミニウイルス科	*Geminiviridae*	12
シトリウイルス属	*Citrivirus*	119
シュードウイルス科	*Pseudoviridae*	47
シュードウイルス属	*Pseudovirus*	47
シレウイルス属	*Cilevirus*	228
スピナレオウイルス亜科	*Spinareovirinae*	64, 66
ゼアウイルス属	*Zeavirus*	189
セクイウイルス属	*Sequivirus*	95
セコウイルス科	*Secoviridae*	95
セドレオウイルス亜科	*Sedoreovirinae*	64, 71
ソイモウイルス属	*Soymovirus*	32
ソベモウイルス属	*Sobemovirus*	233
ソレンドウイルス属	*Solendovirus*	32

タ 行

和名	学名	頁
ダイアンソウイルス属	*Dianthovirus*	189
チェラウイルス属	*Cheravirus*	95
ツルンクルトウイルス属	*Truncrutovirus*	12
ツングロウイルス属	*Tungrovirus*	32
ティモウイルス科	*Tymoviridae*	133
ティモウイルス属	*Tymovirus*	133
ティモウイルス目	*Tymovirales*	111
テヌイウイルス属	*Tenuivirus*	90
テポウイルス属	*Tepovirus*	119
デルタパルティティウイルス属	*Deltapartitivirus*	56
トスポウイルス属	*Tospovirus*	82
トバモウイルス属	*Tobamovirus*	213
トブラウイルス属	*Tobravirus*	213
トポクウイルス属	*Topocuvirus*	12
トラドウイルス属	*Torradovirus*	95

和名	学名	ページ
トリコウイルス属	*Trichovirus*	119
トリティモウイルス属	*Tritimovirus*	174
トンブスウイルス科	*Tombusviridae*	189
トンブスウイルス属	*Tombusvirus*	189

ナ行

和名	学名	ページ
ナノウイルス科	*Nanoviridae*	26
ナノウイルス属	*Nanovirus*	26
ヌクレオラブドウイルス属	*Nucleorhabdovirus*	74, 75
ネクロウイルス属†	*Necrovirus*†	189
ネポウイルス属	*Nepovirus*	95, 99

ハ行

和名	学名	ページ
ハイグレウイルス属	*Higrevirus*	229
バイモウイルス属	*Bymovirus*	174
バドナウイルス属	*Badnavirus*	32
パニコウイルス属	*Panicovirus*	189
バブウイルス属	*Babuvirus*	26
バリコサウイルス属	*Varicosavirus*	92
パルティティウイルス科	*Partitiviridae*	56
ピコルナウイルス目	*Picornavirales*	94
ビティウイルス属	*Vitivirus*	119
ビルガウイルス科	*Virgaviridae*	213
ファイトレオウイルス属	*Phytoreovirus*	64, 71
ファバウイルス属	*Fabavirus*	95, 99
フィジーウイルス属	*Fijivirus*	64, 66
フォベアウイルス属	*Foveavirus*	119
ブニヤウイルス科	*Bunyaviridae*	82
ブランビウイルス属	*Brambyvirus*	174
フロウイルス属	*Furovirus*	213
ブロモウイルス科	*Bromoviridae*	142
ブロモウイルス属	*Bromovirus*	142
ペクルウイルス属	*Pecluvirus*	213
ベクルトウイルス属	*Becrutovirus*	12
ベゴモウイルス属	*Begomovirus*	12
ベータクリプトウイルス属†	*Betacryptovirus*†	56
ベータネクロウイルス属	*Betanecrovirus*	189
ベータパルティティウイルス属	*Betapartitivirus*	56
ベータフレキシウイルス科	*Betaflexiviridae*	119
ペチュウイルス属	*Petuvirus*	32
ベニウイルス科	*Benyviridae*	140
ベニウイルス属	*Benyvirus*	140
ペラモウイロイド属	*Pelamoviroid*	239
ベラリウイルス属	*Velarivirus*	155
ポアセウイルス属	*Poacevirus*	174
ホスタウイロイド属	*Hostuviroid*	244
ポスピウイロイド科	*Pospiviroidae*	244
ポスピウイロイド属	*Pospiviroid*	244
ポティウイルス科	*Potyviridae*	174
ポティウイルス属	*Potyvirus*	174
ポテックスウイルス属	*Potexvirus*	112
ポモウイルス属	*Pomovirus*	213
ホルデイウイルス属	*Hordeivirus*	213
ポレモウイルス属	*Polemovirus*	232
ポレロウイルス属	*Polerovirus*	166

マ行

和名	学名	ページ
マカナウイルス属	*Macanavirus*	189
マクラウイルス属	*Maculavirus*	133
マクルラウイルス属	*Macluravirus*	174
マクロモウイルス属	*Machlomovirus*	189
マストレウイルス属	*Mastrevirus*	12
マラフィウイルス属	*Marafivirus*	133
マンダリウイルス属	*Mandarivirus*	112
未分類ウイルス	Unassigned viruses	235
メタウイルス科	*Metaviridae*	44
メタウイルス属	*Metavirus*	44
モノネガウイルス目	*Mononegavirales*	74

ラ行

和名	学名	ページ
ライモウイルス属	*Rymovirus*	174
ラブドウイルス科	*Rhabdoviridae*	74, 75
ルテオウイルス科	*Luteoviridae*	166
ルテオウイルス属	*Luteovirus*	166
レオウイルス科	*Reoviridae*	64
ロラウイルス属	*Lolavirus*	112

ワ

和名	学名	ページ
ワイカウイルス属	*Waikavirus*	95

ウイルス・ウイロイド種和名学名対照索引

イタリック：ICTV 認定種，　ローマン：ICTV 暫定種，　＃：ICTV 未認定種，　†：旧称異名.

ア 行

アイリス黄斑ウイルス　*Iris yellow spot virus*　84, 421
アイリス微斑モザイクウイルス　*Iris mild mosaic virus*　182, 420
アオキ輪紋ウイルス[#]　Aucuba ringspot virus[#]　283
アカザモザイクウイルス　*Sowbane mosaic virus*　233, 551
アズキモザイクウイルス[†]　Azuki bean mosaic virus[†]　291
アスパラガスウイルス 1　*Asparagus virus 1*　182, 280
アスパラガスウイルス 2　*Asparagus virus 2*　153, 281
アスパラガスウイルス 3　*Asparagus virus 3*　117, 282
アズマネザサモザイクウイルス[#]
　Pleioblastus mosaic virus[#]　496
アブチロンモザイクウイルス　*Abutilon mosaic virus*　23, 256
アブラナモザイクウイルス　*Youcai mosaic virus*　224, 619
アマゾンユリ微斑ウイルス
　Amazon lily mild mottle virus　148, 266
アマゾンユリモザイクウイルス
　Amazon lily mosaic virus　182, 267
アマリリスモザイクウイルス
　Hippeastrum mosaic virus　182, 412
アラビスモザイクウイルス　*Arabis mosaic virus*　103, 279
アルストロメリア X ウイルス　Alstroemeria virus X　265
アルストロメリアモザイクウイルス
　Alstroemeria mosaic virus　182, 264
アルファルファ潜伏ウイルス 1　*Alfalfa cryptic virus 1*　261
アルファルファ潜伏ウイルス 2　*Alfalfa cryptic virus 2*　261
アルファルファモザイクウイルス
　Alfalfa mosaic virus　144, 262

イチゴクリンクルウイルス　*Strawberry crinkle virus*　78, 558
イチゴシュードマイルドイエローエッジウイルス
　Strawberry pseudo mild yellow edge virus　123, 562
イチゴ潜在 C ウイルス[#]　Strawberry latent C virus[#]　559
イチゴ斑紋ウイルス　*Strawberry mottle virus*　561
イチゴベインバンディングウイルス
　Strawberry vein banding virus　35, 563
イチゴマイルドイエローエッジウイルス
　Strawberry mild yellow edge virus　117, 560
イチジク S ウイルス[#]　Fig virus S[#]　123, 381
イチジクモザイクウイルス　*Fig mosaic virus*　89, 380
イネ萎縮ウイルス　*Rice dwarf virus*　72, 526
イネえそモザイクウイルス　*Rice necrosis mosaic virus*　187, 529
イネエンドルナウイルス　*Oryza sativa endornavirus*　55, 472
イネ黄葉ウイルス　*Rice yellow stunt virus*　80, 534
イネグラッシースタントウイルス
　Rice grassy stunt virus　90, 528
イネ黒すじ萎縮ウイルス　*Rice black streaked dwarf virus*　67, 525
イネ縞葉枯ウイルス　*Rice stripe virus*　90, 532
イネトランジトリーイエローイングウイルス[†]
　Rice transitory yellowing virus[†]　534
イネ南方黒すじ萎縮ウイルス
　Southern rice black streaked dwarf virus　67, 550
イネラギッドスタントウイルス　*Rice ragged stunt virus*　69, 530
イネ矮化ウイルス　*Rice tungro spherical virus*　110, 533
インゲンマメ黄斑モザイクウイルス
　Bean yellow mosaic virus　182, 293
インゲンマメ黄斑モザイクウイルス-えそ系統[†]
　Bean yellow mosaic virus-N[†]　351
インゲンマメ南部モザイクウイルス
　Southern bean mosaic virus　233, 548
インゲンマメモザイクウイルス
　Bean common mosaic virus　182, 291
インパチエンスえそ斑点ウイルス
　Impatiens necrotic spot virus　84, 419
インパチエンス潜在ウイルス[#]　Impatiens latent virus[#]　418

ウチワサボテンサモンズウイルス
　Sammon's Opuntia virus　222, 538
ウメ輪紋ウイルス　*Plum pox virus*　182, 498
ウリ類退緑黄化ウイルス
　Cucurbit chlorotic yellows virus　164, 361
温州萎縮ウイルス　*Satsuma dwarf virus*　107, 540

エノキアオイエネーションウイルス[†]
　Malvastrum enation virus[#]　443
エノキアオイひだ葉ウイルス[#]
　Malvastrum enation virus[#]　443
エビネ微斑モザイクウイルス
　Calanthe mild mosaic virus　182, 318
エビネモザイクウイルス[#]　Calanthe mosaic virus[#]　319
エンドウ茎えそウイルス　*Pea stem necrosis virus*　200, 479
エンドウ種子伝染モザイクウイルス
　Pea seed-borne mosaic virus　182, 478

オオバコモザイクウイルス
　Plantago asiatica mosaic virus　117, 495
オオムギ黄萎 PAV ウイルス
　Barley yellow dwarf virus-PAV　170, 288
オオムギ縞萎縮ウイルス　*Barley yellow mosaic virus*　187, 290
オオムギ微斑ウイルス　*Barley mild mosaic virus*　188, 286
オオムギマイルドモザイクウイルス[†]
　Barley mild mosaic virus　286
オギ条斑ウイルス　*Miscanthus streak virus*　19, 453
オダマキえそモザイクウイルス
　Aquilegia necrotic mosaic virus　35, 278
オドントグロッサムリングスポットウイルス[†]
　Odontoglossum ringspot virus　465
オドントグロッサム輪点ウイルス[#]
　Odontoglossum ringspot virus　224, 465
オーニソガラムえそモザイクウイルス
　Ornithogalum virus 3　182, 470
オーニソガラム条斑モザイクウイルス

Ornithogalum virus 2		182, 470
オーニソガラムモザイクウイルス		
Ornithogalum mosaic virus		182, 470
オリーブ潜在ウイルス 1　*Olive latent virus 1*		194, 466
オリーブ微斑ウイルス　*Olive mild mosaic virus*		194, 467
オリーブマイルドモザイクウイルス†		
Olive mild mosaic virus		467

カ 行

カキウイロイド†　*Persimmon viroid*†		642
カキ潜在ウイロイド　*Persimmon latent viroid*		246, 642
カッコウアザミ葉脈黄化ウイルス		
Ageratum yellow vein virus		23, 259
カッコウアザミ葉脈黄化花蓮ウイルス		
Ageratum yellow vein Hualian virus		23, 259
カーネーションえそ斑ウイルス　*Carnation necrotic fleck virus*		
160, 326		
カーネーションエッチドリングウイルス		
Carnation etched ring virus		35, 323
カーネーション潜在ウイルス　*Carnation latent virus*		124, 324
カーネーション斑紋ウイルス　*Carnation mottle virus*		200, 325
カーネーションベインモットルウイルス		
Carnation vein mottle virus		182, 327
カブ黄化モザイクウイルス　*Turnip yellow mosaic virus*		138, 604
カブモザイクウイルス　*Turnip mosaic virus*		182, 602
ガーベラ潜在ウイルス　*Gerbera symptomless virus*		389
カボチャモザイクウイルス†　*Watermelon mosaic virus*		609
カラーモザイクウイルス†　*Zantedeschia mosaic virus*†		425
カリフラワーモザイクウイルス		
Cauliflower mosaic virus		35, 333
カンキツウイロイド I†　*Citrus viroid I*†		630
カンキツウイロイド III†　*Citrus viroid III*†		631
カンキツウイロイド IV†　*Citrus viroid IV*†		629
カンキツウイロイド V　*Citrus viroid V*		246, 633
カンキツウイロイド VI　*Citrus viroid VI*		246, 634
カンキツウイロイド OS†　*Citrus viroid OS*†		634
カンキツエクソコーティスウイロイド		
Citrus exocortis viroid		250, 632
カンキツ黄色斑葉ウイルス#　*Citrus yellow mottle virus*#		350
カンキツソロ―シスウイルス　*Citrus psorosis virus*		87, 346
カンキツタターリーフウイルス†		
Citrus tatter leaf virus†		121, 275
カンキツトリステザウイルス　*Citrus tristeza virus*		160, 347
カンキツバーククラッキングウイロイド		
Citrus bark cracking viroid		247, 629
カンキツベインエネーションウイルス#		
Citrus vein enation virus#		349
カンキツベントリーフウイロイド		
Citrus bent leaf viroid		246, 630
カンキツモザイクウイルス†　*Citrus mosaic virus*†		540
カンキツリーフルゴースウイルス		
Citrus leaf rugose virus		153, 345
カンキツ矮化ウイロイド　*Citrus dwarfing viroid*		246, 631
カンナ黄色斑紋ウイルス　*Canna yellow mottle virus*		42, 321
キク B ウイルス　*Chrysanthemum virus B*		123, 344
キク茎えそウイルス		
Chrysanthemum stem necrosis virus		84, 343
キククロロティックモットルウイロイド†		
Chrysanthemum chlorotic mottle viroid		627
キク退緑斑紋ウイロイド		
Chrysanthemum chlorotic mottle viroid		243, 627
キク微斑ウイルス†　*Chrysanthemum mild mottle virus*†		584
キク矮化ウイロイド　*Chrysanthemum stunt viroid*		250, 628
ギボウシ X ウイルス　*Hosta virus X*		117, 417
球根アイリスモザイクウイルス†		
Bulbous iris mosaic virus†		420
キュウリ黄化ウイルス†　*Cucumber yellows virus*†		298
キュウリ斑紋ウイルス　*Cucumber mottle virus*		224, 360
キュウリモザイクウイルス　*Cucumber mosaic virus*		151, 358
キュウリ緑斑モザイクウイルス		
Kyuri green mottle mosaic virus		224, 426
キュウリ緑斑モザイクウイルス-キュウリ系†		
Cucumber green mottle mosaic virus- strain C†		426
キュウリ緑斑モザイクウイルス-スイカ系†		
Cucumber green mottle mosaic virus- strain W†		356
キュウリ緑斑モザイクウイルス-余戸系†		
Cucumber green mottle mosaic virus- strain Y†		426
クサヨシモザイクウイルス#　*Reed canary mosaic virus*#		520
クジャクサボテン桿菌状ウイルス#		
Epiphyllum bacilliform virus#		376
クローバ萎黄ウイルス　*Clover yellows virus*		160, 352
クローバ葉脈黄化ウイルス　*Clover yellow vein virus*		182, 351
グロリオーサ条斑モザイクウイルス		
Gloriosa stripe mosaic virus		182, 391
グロリオーサ白斑ウイルス#　*Gloriosa fleck virus*#		390
クワ潜在ウイルス　*Mulberry latent virus*		123, 455
クワ輪紋ウイルス　*Mulberry ringspot virus*		103, 456
コックスフット斑紋ウイルス　*Cocksfoot mottle virus*		233, 353
コックスフットモットルウイルス†　*Cocksfoot mottle virus*		353
ゴボウ黄化ウイルス　*Burdock yellows virus*		160, 314
ゴボウ斑紋ウイルス　*Burdock mottle virus*		140, 312
ゴボウモザイクウイルス#　*Burdock mosaic virus*#		311
ゴボウラブドウイルス#　*Burdock rhabdovirus*#		313
コムギ萎縮ウイルス　*Soil- borne wheat mosaic virus*		216, 546
コムギ黄葉ウイルス　*Wheat yellow leaf virus*		160, 613
コムギ縞萎縮ウイルス　*Wheat yellow mosaic virus*		187, 614
コムギ斑紋萎縮ウイルス#　*Wheat mottle dwarf virus*#		612
コムギモザイクウイルス　*Chinese wheat mosaic virus*		216, 341
コリウスウイロイド 1　*Coleus blumei viroid 1*		248, 635
コリウスウイロイド 6　*Coleus blumei viroid 6*		248, 636
コルマナラえそ斑紋ウイルス#　*Colmanara mottle virus*#		354
コンニャクモザイクウイルス　*Konjac mosaic virus*		182, 425

サ 行

サギソウモザイクウイルス#　*Habenaria mosaic virus*#		408
ササゲモザイクウイルス†		
Blackeye cowpea mosaic virus†		291
ササゲモザイクウイルス†		
Cowpea aphid- borne mosaic virus†		291
サツマイモ G ウイルス　*Sweet potato virus G*		182, 571
サツマイモ縮葉モザイクウイルス#		
Sweet potato shukuyo mosaic virus#		569
サツマイモシンプトムレスウイルス#		
Sweet potato symptomless virus#		570

850　索引

サツマイモ潜在ウイルス　Sweet potato latent virus	182, 566
サツマイモ葉巻ウイルス　Sweet potato leaf curl virus	23, 567
サツマイモ葉巻日本ウイルス	
Sweet potato leaf curl Japan virus	23, 567
サツマイモ斑紋モザイクウイルス	
Sweet potato feathery mottle virus	182, 565
サトイモモザイクウイルス　Dasheen mosaic virus	182, 369
サトウキビモザイクウイルス　Sugarcane mosaic virus	182, 564
サボテン X ウイルス　Cactus virus X	117, 317
サントウサイ潜伏ウイルス#　Santosai temperate virus#	539
ジオウ X ウイルス#　Rehmannia virus X#	522
ジオウモザイクウイルス　Rehmannia mosaic virus	222, 521
シクテウォーターボーンウイルス	
Sikte waterborne virus	208, 545
シソ斑紋ウイルス#　Perilla mottle virus#	493
シバモザイクウイルス　Zoysia mosaic virus	183, 621
ジャガイモ A ウイルス　Potato virus A	182, 505
ジャガイモ M ウイルス　Potato virus M	123, 506
ジャガイモ S ウイルス　Potato virus S	123, 507
ジャガイモ X ウイルス　Potato virus X	117, 508
ジャガイモ Y ウイルス　Potato virus Y	182, 509
ジャガイモ黄斑モザイクウイルス	
Potato aucuba mosaic virus	117, 500
ジャガイモ南部潜在ウイルス#	
Southern potato latent virus#	549
ジャガイモ葉巻ウイルス　Potato leafroll virus	172, 501
ジャガイモモップトップウイルス	
Potato mop-top virus	222, 503
ジャガイモやせいもウイロイド	
Potato spindle tuber viroid	250, 643
シャロット X ウイルス　Shallot virus X	114, 542
シャロット黄色条斑ウイルス	
Shallot yellow stripe virus	182, 543
シャロット潜在ウイルス　Shallot latent virus	123, 541
シュンギク潜伏ウイルス#	
Garland chrysanthemum temperate virus#	386
シュンラン退緑斑ウイルス#	
Cymbidium chlorotic mosaic virus#	364
シロクローバ潜伏ウイルス 1　White clover cryptic virus 1	59, 615
シロクローバ潜伏ウイルス 2　White clover cryptic virus 2	61, 615
シロクローバ潜伏ウイルス 3　White clover cryptic virus 3	615
シロクローバモザイクウイルス	
White clover mosaic virus	117, 617
ジンチョウゲ S ウイルス　Daphne virus S	123, 368
シンビジウム微斑モザイクウイルス#	
Cymbidium mild mosaic virus#	365
シンビジウムモザイクウイルス	
Cymbidium mosaic virus	117, 366
スイカ灰白色斑紋ウイルス	
Watermelon silver mottle virus	80, 611
スイカズラ葉脈黄化ウイルス	
Honeysuckle yellow vein virus	23, 413
スイカズラ葉脈黄化鹿児島ウイルス	
Honeysuckle yellow vein Kagoshima virus	23, 413
スイカズラ葉脈黄化モザイクウイルス	
Honeysuckle yellow vein mosaic virus	23, 413
スイカモザイクウイルス　Watermelon mosaic virus	182, 609
スイカ緑斑モザイクウイルス	
Cucumber green mottle mosaic virus	224, 356
スイセン黄色条斑ウイルス	
Narcissus yellow stripe virus	182, 460
スイセン潜在ウイルス　Narcissus latent virus	180, 457
スイセン微斑モザイクウイルス#	
Narcissus mild mottle virus#	457, 458
スイセンモザイクウイルス　Narcissus mosaic virus	117, 459
スカッシュモザイクウイルス　Squash mosaic virus	99, 337, 557
ズズメウリ斑紋ウイルス#　Melothria mottle virus#	448
ズッキーニ黄斑モザイクウイルス	
Zucchini yellow mosaic virus	182, 622
スモモ黄色網斑ウイルス#　Plum line pattern virus#	497, 511
セルリーモザイクウイルス　Celery mosaic virus	182, 334
センダングサ斑紋ウイルス　Bidens mottle virus	182, 302
ソテツえそ萎縮ウイルス　Cycus necrotic stunt virus	103, 362
ソラマメウイルトウイルス 1　Broad bean wilt virus 1	101, 307
ソラマメウイルトウイルス 2　Broad bean wilt virus 2	101, 307
ソラマメえそモザイクウイルス	
Broad bean necrosis virus	222, 306
ソラマメ黄色輪紋ウイルス#	
Broad bean yellow ringspot virus#	309
ソラマメ潜伏ウイルス　Vicia cryptic virus	59, 605
ソラマメ葉脈黄化ウイルス#　Broad bean yellow vein virus#	310
ソルガムモザイクウイルス　Sorghum mosaic virus	182, 547

タ 行

ダイオウ潜在ウイルス#　Rhubarb temperate virus#	524
ダイコンひだ葉モザイクウイルス†	
Radish enation mosaic virus†	515
ダイコンモザイクウイルス　Radish mosaic virus	99, 515
ダイコン葉縁黄化ウイルス　Radish yellow edge virus	516
ダイズ萎縮ウイルス†　Soybean stunt virus†	358
ダイズ縮葉モザイクウイルス#	
Soybean leaf rugose mosaic virus#	187
ダイズ退緑斑紋ウイルス　Soybean chlorotic mottle virus	41, 552
ダイズ微斑モザイクウイルス†	
Soybean mild mosaic virus†	362
ダイズモザイクウイルス　Soybean mosaic virus	182, 555
ダイズ矮化ウイルス　Soybean dwarf virus	170, 553
タバコえそ D ウイルス　Tobacco necrosis virus D	198, 578
タバコえそ萎縮ウイルス　Tobacco necrotic dwarf virus	579
タバコえそサテライトウイルス	
Tobacco necrosis satellite virus	645
タバコ茎えそウイルス　Tobacco rattle virus	226, 580
タバコ条斑ウイルス　Tobacco streak virus	153, 582
タバコネクロシスウイルス†　Tobacco necrosis virus D	578
タバコネクロシスサテライトウイルス†	
Tabacco necrosis satellite virus	645
タバコ微斑モザイクウイルス	
Tobacco mild green mosaic virus	224, 574
タバコマイルドグリーンモザイクウイルス†	
Tobacco mild green mosaic virus	574
タバコ葉巻ウイルス†　Tobacco leaf curl Japan virus	572
タバコ巻葉日本ウイルス　Tobacco leaf curl Japan virus	23, 572
タバコ脈緑モザイクウイルス	
Tobacco vein banding mosaic virus	182, 583

和名	学名	ページ
タバコモザイクウイルス	Tobacco mosaic virus	224, 576
タバコモザイクウイルス-U 系統†	Tobacco mosaic virus-U†	574
タバコモザイクウイルス-アブラナ科系†	Tobacco mosaic virus-C† (TMV-C†)	619
タバコモザイクウイルス-アブラナ科系ニンニク株†	Tobacco mosaic virus-strain Cg† (TMV-Cg†)	619
タバコモザイクウイルス-トウガラシ系統†	Tobacco mosaic virus-P†	489
タバコモザイクウイルス-トマト系†	Tobacco mosaic virus-strain L† (TMV-L†)	591
タバコモザイクウイルス-トマト系†	Tobacco mosaic virus-tomato strain† (TMV-T†)	591
タバコモザイクウイルス-ワサビ系†	Tobacco mosaic virus-W† (TMV-W†)	607
タバコ輪点ウイルス	Tobacco ringspot virus	103, 581
タバコ矮化ウイルス†	Tobacco stunt virus†	92, 430
タマネギ萎縮ウイルス	Onion yellow dwarf virus	182, 468
ダリアモザイクウイルス	Dahlia mosaic virus	35, 367
チェリー A ウイルス	Cherry virus A	121, 339
チェリーえそさび斑ウイルス	Cherry necrotic rusty mottle virus	338
チェリー葉巻ウイルス	Cherry leaf roll virus	103, 337
チェリーリーフロールウイルス†	Cherry leaf roll virus†	337
チェリー緑色輪紋ウイルス	Cherry green ring mottle virus	336
チューリップ X ウイルス	Tulip virus X	117, 601
チューリップえそウイルス#	Tobacco necrosis virus-Toyama† (TNV-Toyama†)	599
チューリップえそウイルス#	Tulip necrosis virus#	599
チューリップ条斑ウイルス#	Tulip streak virus#	600
チューリップネクロシスウイルス†	Tulip necrosis virus#	599
チューリップ微斑モザイクウイルス	Tulip mild mottle mosaic virus	87, 597
チューリップブレーキングウイルス†	Tulip mosaic virus	598
チューリップブレーキングレンブラントウイルス#	Rembrandt tulip breaking virus#	523
チューリップモザイクウイルス	Tulip mosaic virus	182, 598
チューリップモザイクウイルス-ユリ系統†	Tulip breaking virus-lily strain†	434
チョウセンアサガオコロンビアウイルス	Colombian datura virus	182, 355
チョロギモザイクウイルス	Chinese artichoke mosaic virus	182, 340
ツクシメナモミ葉脈黄化ウイルス#	Siegesbeckia orientalis yellow vein virus#	544
ツバキ斑葉ウイルス#	Camellia yellow mottle leaf virus#	320
デンドロビウムシビアモザイクウイルス	Dendrobium severe mosaic virus#	371
デンドロビウムモザイクウイルス#	Dendrobium mosaic virus#	291, 370
トウガラシエンドルナウイルス	Bell pepper endornavirus	55, 301
トウガラシ潜在ウイルス 1	Pepper cryptic virus 1	63, 488
トウガラシ潜在ウイルス 2	Pepper cryptic virus 2	63, 488
トウガラシ退緑ウイルス	Capsicum chlorosis virus	84, 322
トウガラシ斑紋ウイルス	Pepper mottle virus	182, 491
トウガラシマイルドモットルウイルス†	Pepper mild mottle virus	489
トウガラシ微斑ウイルス	Pepper mild mottle virus	224, 489
トウガラシモロッコウイルス	Moroccan pepper virus	208, 454
トウガラシ葉脈黄化ウイルス	Pepper vein yellows virus	172, 492
トウモロコシ萎縮モザイクウイルス	Maize dwarf mosaic virus	182, 442
ドクゼリモドキ潜在ウイルス	Ammi majus latent virus	183, 268
トケイソウ潜在ウイルス	Passiflora latent virus	123, 476
トケイソウ東アジアウイルス	East Asian passiflora virus	182, 372
トマトアスパーミィウイルス	Tomato aspermy virus	151, 584
トマトインフェクシャスクロロシスウイルス	Tomato infectious chlorosis virus	164, 590
トマト黄化えそウイルス	Tomato spotted wilt virus	84, 593
トマト黄化えそウイルス—スイカ系†	Watermelon silver mottle virus	611
トマト黄化葉巻ウイルス	Tomato yellow leaf curl virus	23, 596
トマトカーリートップウイルス#	Tomato curly top virus#	589
トマト黒色輪点ウイルス	Tomato black ring virus	103, 586
トマト退緑萎縮ウイロイド	Tomato chlorotic dwarf viroid	250, 644
トマト退緑ウイルス	Tomato chlorosis virus	164, 588
トマトブッシースタントウイルス	Tomato bushy stunt virus	208, 587
トマトモザイクウイルス	Tomato mosaic virus	224, 591
トマト葉脈透化ウイルス#	Tomato vein clearing virus#	595
トマト輪点ウイルス	Tomato ringspot virus	103, 592
トリカブト潜在ウイルス	Aconitum latent virus	123, 257
トルコギキョウえそ萎縮ウイルス#	Lisianthus necrotic stunt virus#	438
トルコギキョウえそウイルス†	Lisianthus necrosis virus†	373

ナ 行

和名	学名	ページ
ナシブリスタキャンカーウイロイド	Pear blister canker viroid	246, 641
ナシリングパターンモザイクウイルス†	Pear ring pattern mosaic virus†	486
ナシ輪点ウイルス#	Pear ringspot virus#	487
ナシ輪紋モザイクウイルス#	Pear ring pattern mosaic virus#	269, 486
ナス斑紋クリンクルウイルス	Eggplant mottled crinkle virus	208, 373
ナツカン萎縮ウイルス†	Natsudaidai dwarf virus†	540
ニラ萎縮ウイルス†	Chinese chive dwarf virus†	541
ニワトコ葉脈透明ウイルス#	Elder vein clearing virus#	375
ニワトコ輪紋モザイクウイルス#	Elder ring mosaic virus#	374
ニンジン黄化ウイルス	Carrot red leaf virus	172, 329
ニンジン黄葉ウイルス	Carrot yellow leaf virus	159, 332
ニンジン潜在ウイルス	Carrot latent virus	328
ニンジン潜伏ウイルス 1	Carrot temperate virus 1	331
ニンジン潜伏ウイルス 2	Carrot temperate virus 2	331
ニンジン潜伏ウイルス 3	Carrot temperate virus 3	331
ニンジン潜伏ウイルス 4	Carrot temperate virus 4	331
ニンジンラブドウイルス#	Carrot rhabdovirus#	330
ニンニク A ウイルス	Garlic virus A	114, 387

日本語	英語	ページ
ニンニクBウイルス	Garlic virus B	114, 387
ニンニクCウイルス	Garlic virus C	114, 387
ニンニクDウイルス	Garlic virus D	114, 387
ニンニク潜在ウイルス†	Garlic latent virus†	541
ニンニクダニ伝染モザイクウイルス†	Garlic mite-borne mosaic virus†	387
ニンニクモザイクウイルス†	Garlic mosaic virus†	428, 541
ネギ萎縮ウイルス†	Onion yellow dwarf virus-garlic type	468, 543
ネギ萎縮ウイルス-日本分離株†	Onion yellow dwarf virus-Japan†	543
ネーブル斑葉モザイクウイルス†	Navel orange infectious mottling virus†	540
ネメシアリングネクロシスウイルス†	Nemesia ring necrosis virus	461
ネメシア輪紋えそウイルス	Nemesia ring necrosis virus	138, 461
ネリネXウイルス	Nerine virus X	117, 463
ネリネ潜在ウイルス	Nerine latent virus	123, 462

ハ行

日本語	英語	ページ
ハイビスカス黄斑ウイルス#	Hibiscus yellow mosaic virus#	411
ハイビスカス潜在フォートピアスウイルス	Hibiscus latent Fort Pierce virus	224, 410
ハイビスカス退緑輪点ウイルス	Hibiscus chlorotic ringspot virus	200, 409
バイモモザイクウイルス#	Fritillaria mosaic virus#	385
ハクサイ黄化モザイクウイルス†	Turnip yellow mosaic virus	604
ハス条斑ウイルス	Lotus streak virus	441
パチョリ斑紋ウイルス#	Patchouli mottle virus#	477
パチョリモットルウイルス†	Patchouli mottle virus†	477
ハナショウブえそ輪紋ウイルス	Japanese iris necrotic ring virus	200, 422
バナナバンチートップウイルス	Banana bunchy top virus	28, 284
パパイア奇形葉モザイクウイルス	Papaya leaf distortion mosaic virus	182, 473
パパイア輪点ウイルス	Papaya ringspot virus	182, 474
パプリカ微斑ウイルス	Paprika mild mottle virus	224, 475
パプリカマイルドモットルウイルス†	Paprika mild mottle virus	475
ビート萎黄ウイルス	Beet yellows virus	160, 300
ビートえそ性葉脈黄化ウイルス	Beet necrotic yellow vein virus	140, 296
ビートシュードイエロースウイルス	Beet pseudoyellows virus	164, 298
ビート西部萎黄ウイルス	Beet western yellows virus	172, 299
ビート潜伏ウイルス1	Beet cryptic virus 1	59, 294
ビートモザイクウイルス	Beet mosaic virus	182, 295
ヒメヒガンバナXウイルス†	Nerine virus X	463
ヒュウガナツウイルス†	Hyuganatsu virus†	540
ヒヨドリバナ葉脈黄化ウイルス	Eupatorium yellow vein virus	23, 378
ヒヨドリバナ葉脈黄化モザイクウイルス	Eupatorium yellow vein mosaic virus	23, 378
フキモザイクウイルス	Butterbur mosaic virus	123, 315
フキラブドウイルス#	Butterbur rhabdovirus#	316
フクジュソウモザイクウイルス#	Adonis mosaic virus#	258
ブドウ味無果ウイルス†	Grapevine ajinashika virus†	392
ブドウ味無果随伴ウイルス#	Grapevine ajinashika-associated virus#	392
ブドウAウイルス	Grapevine virus A	131, 406
ブドウBウイルス	Grapevine virus B	131, 406
ブドウEウイルス	Grapevine virus E	131, 406
ブドウアルジェリア潜在ウイルス	Grapevine Algerian latent virus	208, 393
ブドウ萎縮ウイルス#	Grapevine stunt virus#	404
ブドウえそ果ウイルス	Grapevine berry inner necrosis virus	129, 394
ブドウ黄色斑点ウイロイド1	Grapevine yellow speckle viroid 1	246, 637
ブドウオーストラリアウイロイド	Australian grapevine viroid	246, 626
ブドウコーキーバーグウイルス†	Grapevine corky bark virus†	395
ブドウコルキーバーク随伴ウイルス#	Grapevine corky bark-associated virus#	395
ブドウステムピッティング随伴ウイルス	Grapevine rupestris stem pitting-associated virus	126, 403
ブドウ葉巻ウイルス†	Grapevine leafroll virus†	399
ブドウ葉巻随伴ウイルス1	Grapevine leafroll-associated virus 1	158, 399
ブドウ葉巻随伴ウイルス2	Grapevine leafroll-associated virus 2	160, 399
ブドウ葉巻随伴ウイルス3	Grapevine leafroll-associated virus 3	158, 399
ブドウ葉巻随伴ウイルス4	Grapevine leafroll-associated virus 4	158, 399
ブドウ葉巻随伴ウイルス7	Grapevine leafroll-associated virus 7	162, 399
ブドウファンリーフウイルス	Grapevine fanleaf virus	103, 396
ブドウフレックウイルス	Grapevine fleck virus	135, 398
ブドウベインモザイクウイルス†	Grapevine vein mosaic virus#	405
ブドウ葉脈モザイクウイルス#	Grapevine vein mosaic virus#	405
フリージア条斑ウイルス#	Freesia streak virus#	382, 384
フリージアストリークウイルス†	Freesia streak virus#	384
フリージアスニークウイルス	Freesia sneak virus	87, 383
フリージアモザイクウイルス	Freesia mosaic virus	182, 382, 384
プルヌスえそ輪点ウイルス	Prunus necrotic ringspot virus	153, 511
プルヌスネクロティックリングスポットウイルス†	Prunus necrotic ringspot virus	511
ブルーベリー小球形潜在ウイルス	Blueberry latent spherical virus	103, 303
ブルーベリー赤色輪点ウイルス	Blueberry red ringspot virus	41, 305
ブルーベリー潜在ウイルス	Blueberry latent virus	53, 304
プルーン萎縮ウイルス	Prune dwarf virus	153, 510
プルンドワーフウイルス†	Prune dwarf virus	510
ペチュニア葉脈透化ウイルス	Petunia vein clearing virus	38, 494

和名	学名	ページ
ポインセチアモザイクウイルス	Poinsettia mosaic virus	499
ホウレンソウ潜伏ウイルス	Spinach temperate virus	556
ホップ潜在ウイルス	Hop latent virus	123, 415
ホップ潜在ウイロイド	Hop latent viroid	247, 638
ホップモザイクウイルス	Hop mosaic virus	123, 416
ホップ矮化ウイロイド	Hop stunt viroid	249, 639

マ 行

和名	学名	ページ
マサキモザイクウイルス#	Euonymus mosaic virus#	377
マルメロすす輪点ウイルス#	Quince sooty ring spot virus#	514
ミツバモザイクウイルス†	Japanese hornwort mosaic virus†	425
ミブナ潜在ウイルス#	Mibuna temperate virus#	449
ムギ斑葉モザイクウイルス	Barley stripe mosaic virus	218, 287
ムギ北地モザイクウイルス	Northern cereal mosaic virus	78, 464
ムギ類萎縮ウイルス	Japanese soil-borne wheat mosaic virus	216, 423
ムギ類黄萎RPSウイルス	Cereal yellow dwarf virus-RPS	172, 335
メナモミ葉脈黄化ウイルス†	Siegesbeckia orientalis yellow vein virus#	544
メロンえそ斑点ウイルス	Melon necrotic spot virus	200, 445
メロン黄化えそウイルス	Melon yellow spot virus	84, 447
メロン微斑ウイルス	Melon mild mottle virus	103, 444
メロン葉脈黄化ウイルス#	Melon vein yellowing virus#	446
モモSウイルス#	Prunus virus S#	513
モモ黄葉ウイルス#	Peach yellow leaf virus#	481
モモ潜在モザイクウイロイド	Peach latent mosaic viroid	243, 640
モモ斑葉モザイクウイルス#	Peach yellow mosaic virus#	482
モモひだ葉ウイルス#	Peach enation virus#	480

ヤ 行

和名	学名	ページ
ヤマノイモえそモザイクウイルス	Chinese yam necrotic mosaic virus	180, 342
ヤマノイモ微斑ウイルス	Yam mild mosaic virus	182, 618
ヤマノイモマイルドモザイクウイルス†	Yam mild mosaic virus	618
ヤマノイモモザイクウイルス	Japanese yam mosaic virus	182, 424
ユリTウイルス#	Lily virus T#	436
ユリXウイルス	Lily virus X	117, 437
ユリ潜在ウイルス	Lily symptomless virus	123, 435
ユリ微斑ウイルス	Lily mottle virus	182, 434

ラ 行

和名	学名	ページ
ライグラス斑紋ウイルス	Ryegrass mottle virus	233, 537
ライグラスモザイクウイルス	Ryegrass mosaic virus	184, 536
ライグラスモットルウイルス†	Ryegrass mottle virus	537
ライラック輪紋ウイルス	Lilac ringspot virus	123, 433
ラズベリー黄化ウイルス	Raspberry bushy dwarf virus	230, 519
ラッカセイ斑紋ウイルス	Peanut mottle virus	182, 483
ラッカセイ斑葉ウイルス†	Peanut stripe virus†	291
ラッカセイ矮化ウイルス	Peanut stunt virus	151, 484
ラナンキュラス斑紋ウイルス#	Ranunculus mottle virus#	518
ラナンキュラス微斑モザイクウイルス	Ranunculus mild mosaic virus	182, 517
ラナンキュラスモットルウイルス†	Ranunculus mottle virus#	518
ランえそ斑紋ウイルス#	Orchid fleck virus#	469
リーキ黄化ウイルス#	Leek yellows virus#	429
リーキ黄色条斑ウイルス	Leek yellow stripe virus	182, 428
リーキイエローストライプウイルス†	Leek yellow stripe virus	428
リトルチェリーウイルス1	Little cherry virus 1	162, 439
リトルチェリーウイルス2	Little cherry virus 2	158, 439
リンゴえそウイルス#	Apple necrosis virus#	274
リンゴくぼみ果ウイロイド	Apple dimple fruit viroid	246, 623
リンゴクロロティックリーフスポットウイルス	Apple chlorotic leaf spot virus	129, 269
リンゴさび果ウイルス†	Apple sabi-ka virus†	625
リンゴさび果ウイルス†	Apple scar skin virus†	625
リンゴさび果ウイロイド	Apple scar skin viroid	625
リンゴ小球形潜在ウイルス	Apple latent spherical virus	105, 271
リンゴステムグルービングウイルス	Apple stem grooving virus	121, 275
リンゴステムピッティングウイルス	Apple stem pitting virus	126, 277
リンゴモザイクウイルス	Apple mosaic virus	153, 272
リンゴゆず果ウイロイド	Apple fruit crinkle viroid	246, 624
リンゴ輪状さび果Aウイルス†	Apple russet ring A virus†	271
リンドウモザイクウイルス	Gentian mosaic virus	101, 388
ルドベキアモザイクウイルス#	Rudbeckia mosaic virus#	535
レタスビッグベインウイルス†	Lettuce big-vein virus†	430
レタスビッグベイン随伴ウイルス	Lettuce big-vein associated virus	92, 430
レタスビッグベインミラフィオリウイルス	Mirafiori lettuce big-vein virus	87, 452
レタスモザイクウイルス	Lettuce mosaic virus	182, 432
レンゲ萎縮ウイルス	Milk vetch dwarf virus	30, 450
レンブラントチューリップ斑入りウイルス†	Rembrandt tulip breaking virus#	523

ワ

和名	学名	ページ
ワサビ潜在ウイルス#	Wasabi latent virus#	606
ワサビ斑紋ウイルス	Wasabi mottle virus	224, 607
ワサビラブドウイルス#	Wasabi rhabdovirus#	608

自然宿主植物和名索引

ア 行

アイリス →イリス類
アオキ　283
アオバナルーピン →ルピナス
アカクローバ　351, 484, 553, 617
アカザ　551
アガパンサス　463
アカヤジオウ →ジオウ
アグラオネマ　369
アサガオ　566
アズキ(ケツルアズキを含む)　291, 484, 548
アスター　343, 580
アスパラガス　280, 281, 282
アズマネザサ　496
アネモネ　517
アブチロン　256
アブラナ科植物　333, 602, 604, 619
アフリカホウセンカ →インパチエンス
アプリコット →アンズ
アマゾンユリ　266, 267
アマリリス　412, 421, 462
アメリカチョウセンアサガオ　491
アーモンド　511, 639
アヤメ属植物 →イリス類
アリウム類(ネギ属植物の一部；アリウム，リーキ)
　　　　428, 429, 541
アルストロメリア　264, 265, 382, 421, 619
アルファルファ　261, 262
アレチノギク　302
アロカシア(クワズイモ)　369
アワ　532
アンズ(アプリコット)　269, 275, 336, 339, 497,
　　　　498, 510, 625, 639, 640

イキシア　293, 384
イタリアンライグラス →ライグラス
イチゴ　279, 298, 558, 559, 560, 561, 562, 563, 578, 586
イチジク　380, 381
イヌガラシ　298
イヌホオズキ(カンザシイヌホオズキを含む)　491
イネ　472, 528, 529, 530, 532, 533, 534, 550
イネ科植物　525, 526, 532, 564
イリス類(アヤメ属植物；アイリス，ダッチアイリス，
　　　　ハナショウブ)　420, 421, 457
インゲンマメ　291, 293, 308, 351, 484, 548, 553, 578, 596, 645
インパチエンス(アフリカホウセンカ)　351, 418, 419, 632

ウチワサボテン属 →サボテン
ウメ　275, 481, 497, 498, 513, 640
ウリ科植物　298, 356, 426, 444, 474, 557, 609

エノキアオイ　443
エノキグサ　259
エビネ(キエビネ，タカネエビネ)　318, 319, 351, 358
エンダイブ　302
エンドウ　293, 306, 307, 351, 352, 432, 450,
　　　　478, 479, 483, 484, 553, 609, 617
エンバク　287, 288, 464, 613

オウトウ(サクランボ，酸果オウトウ，甘果オウトウ)
　　　　269, 275, 336, 337, 338, 339, 439, 497, 510, 511, 625, 640
オオバコ　495
オオハマボウ　409, 411
オオムギ　286, 287, 288, 290, 335, 423, 464, 613
オギ　453
オクラ　409, 411
オダマキ　278
オーチャードグラス　353, 537
オーニソガラム　267
オニユリ →ユリ類
オリーブ　466, 467

カ 行

カイケイジオウ →ジオウ
カキ　634
カキノキ属植物　642
カッコウアザミ　259, 302
カーネーション　323, 324, 325, 326, 327
カバノキ　272
カブ　333, 515, 632
ガーベラ　308, 362, 389
カボチャ　356, 358, 557, 609, 622
カモジグサ　613
カラー　425
カラジウム　369
カラスノエンドウ　450
カラタチ属植物 →カンキツ類
カラーリリー　322
カリフラワー　333
カリン　641
甘果オウトウ →オウトウ
カンキツ類(カンキツ，ミカン属植物(カンキツ属植物)，
　　　　カラタチ属植物)　275, 345, 347, 349, 350, 466, 540, 639
カンザシイヌホオズキ →イヌホオズキ
カンナ　321
カンラン →キャベツ，シュンラン

キイチゴ(ラズベリー，ブラックベリー)　279, 519, 592
キエビネ →エビネ
キク　343, 344, 584, 627, 628
キク科植物　444, 593
ギシギシ　337

自然宿主植物和名索引   *855*

キダチトウガラシ	492
キヌガサギク	302
キバナルーピン →ルピナス	
ギボウシ	417
キャベツ(カンラン)	333
キュウリ	262, 279, 356, 358, 360, 361, 426, 445, 446, 447, 581, 609, 622, 639
キンレンカ	307
クサボケ	514
クサヨシ	520
クジャクサボテン属 →サボテン	
クマツヅラ科植物	461
グラジオラス	293, 362, 457, 581
クリムソンクローバ	352
クルミ	337
クロタラリア	308
クロッカス	293, 580
クロミノオキナワスズメウリ →スズメウリ	
グロリオーサ	358, 390, 391
クワ	455, 456
クワズイモ →アロカシア	
ケツルアズキ →アズキ	
ゲンゲ →レンゲ	
コウライシバ →シバ	
ゴボウ	311, 312, 313, 314
ゴマ	609
コマツナ	308
ゴマノハグサ科植物	461
コムギ	287, 288, 335, 341, 423, 464, 532, 546, 612, 613, 614
コメナモミ →メナモミ	
コリウス	635, 636
コルマナラ	354
コンニャク	358, 369, 425

サ 行

サギソウ	408, 609
サクラ(サトザクラ)	336, 338, 439, 497, 513
サクラ類(サクラ属植物)	511
サクランボ →オウトウ	
ササゲ	291, 308, 548, 654
サザンカ	320
サツマイモ	565, 566, 567, 569, 570, 571
サトイモ	369
サトウキビ	547, 564
サトウダイコン →テンサイ	
サトザクラ →サクラ	
サブテラニアンクローバ	308
サボテン(ウチワサボテン属, クジャクサボテン属など)	317, 376, 538
サルビア	358
酸果オウトウ →オウトウ	
サンゴジュ	540
サントウサイ	539
ジオウ(アカヤジオウ, カイケイジオウ)	521, 522
シカクマメ	351

ジギタリス	308
シクラメン	419
シシトウガラシ →トウガラシ	
シソ	308, 493
ジニア →ヒャクニチソウ	
シネラリア	419
ジネンジョ →ヤマノイモ	
シバ(ノシバ, コウライシバ)	612, 621
ジャガイモ	262, 500, 501, 503, 505, 506, 507, 508, 509, 549, 586, 643
シャクヤク	580
シャロット →タマネギ	
シュンギク	386
シュンラン(カンラン, シンビジウム)	364
ジョンソングラス	442
シロクローバ	262, 351, 352, 553, 615, 617
ジンチョウゲ	368
シンビジウム →シュンラン	
スイカ	356, 361, 426, 445, 611, 622
スイカズラ	358, 413, 572
スイセン	279, 308, 457, 458, 459, 460, 580, 586, 592
スカシユリ →ユリ類	
スグリ	337
スズメウリ(クロミノオキナワスズメウリ)	448
スズメノカタビラ	464
スターチス	308, 351, 393, 545
スミレ	495
スモモ(ニホンスモモ, セイヨウスモモ, プルーン, プラム)	269, 272, 358, 497, 498, 510, 511, 513, 639, 640
セイヨウイラクサ(ネトル)	
セイヨウスモモ →スモモ	
セイヨウナシ	625, 640, 641
ゼラニウム(ペラルゴニウム)	454
セリ	334, 425
セルリー	334, 358, 586
センダングサ	302
ソテツ	362
ソバ	308
ソラマメ	293, 306, 307, 309, 310, 351, 352, 358, 450, 478, 605, 609, 632
ソルガム(モロコシ)	442, 547

タ 行

ダイオウ(ルバーブ)	524
ダイコン	299, 308, 358, 515, 516
ダイジョ →ヤマノイモ	
ダイズ	262, 293, 308, 358, 362, 450, 484, 548, 552, 553, 554, 555, 580, 581
タイミンチク	496
タカサゴユリ →ユリ類	
タカネエビネ →エビネ	
ダチュラ →チョウセンアサガオ	
ダッチアイリス →イリス類	
タバコ	262, 358, 413, 430, 508, 509, 572, 574, 576, 578, 579, 580, 581, 582, 583, 592, 645, 654
タマネギ(シャロット)	421, 468, 541, 542, 543

ダリア	367, 582	ノボロギク	298
タロイモ	369		
		ハ 行	
チシャ →レタス			
チューリップ	434, 435, 466, 467, 523, 578, 580, 586, 597, 598, 599, 600, 601	ハイビスカス	409, 410, 411
		ハイブッシュブルーベリー →ブルーベリー	
チョウセンアサガオ(ダチュラ)	355	バイモ	385
チョロギ	340	ハクサイ	308, 358, 515
チリメンショウブ	420	ハス	441
		ハスイモ	369
ツクシメナモミ →メナモミ		パセリ	329, 334
ツノナス	393, 587	パチョリ	308, 477
ツバキ	320	パッションフルーツ	308, 372, 476
		ハナウド	332
テオシント	564	ハナショウブ →イリス類	
テッポウユリ →ユリ類		ハナスベリヒユ(ポーチュラカ)	308
デルフィニウム	257, 337	バナナ	284
テンサイ(ビート,サトウダイコン)	294, 295, 296, 298, 299, 300, 586	パパイア	473, 474
		バーベナ	419, 632
デンドロビウム	291, 370, 371	バラ	272, 511, 513
		ヒガンバナ	421
トウガラシ(ピーマン,シシトウガラシ)	262, 301, 308, 322, 454, 475, 488, 489, 491, 492, 521, 574, 580, 584, 587, 588, 596	ビート →テンサイ	
		ヒマワリ	302, 358
トウガラシ属植物	475, 489, 574	ピーマン →トウガラシ	
トウガン	611	ヒメユズリハ(ユズリハ)	540
トウモロコシ	358, 442, 532, 564	ヒャクニチソウ(ジニア)	302, 367, 588
ドクゼリモドキ	268	ヒョウタン →ユウガオ	
トケイソウ	476	ヒヨドリバナ	378
トマティロ	590	ヒルガオ	566
トマト	259, 262, 322, 343, 355, 358, 378, 413, 454, 491, 501, 508, 572, 578, 584, 586, 587, 588, 589, 590, 591, 592, 595, 596, 632, 643, 644, 656	フィロデンドロン	369
		フキ	315, 316
		フクジュソウ	258
トリカブト	257	フシザキソウ	259
トルコギキョウ	308, 343, 358, 373, 419, 421, 438, 454, 545, 587, 596, 609, 619	フジマメ	358
		フダンソウ	294
		ブドウ	392, 393, 394, 395, 404, 405, 406, 578, 586, 592, 626, 632, 637, 639
ナ 行			
ナガイモ →ヤマノイモ		ブドウ科植物	396, 398, 400, 403
ナシ	269, 275, 277, 373, 454, 486, 487, 514, 625, 640	ブドウ属植物	401, 406
ナス	308, 373, 587, 632, 656	ブラックベリー →キイチゴ	
ナス科植物	444, 591, 593, 643, 644	プラム →スモモ	
ナンキンマメ →ラッカセイ		フリージア	293, 382, 383, 384
ナンテン	495	ブルーベリー(ハイブッシュブルーベリー,ローブッシュブルーベリー)	303, 304, 305
		プルーン →スモモ	
ニガウリ	447		
ニホンスモモ →スモモ		ベゴニア	308
ニラ	337, 421, 541, 580	ヘチマ	426, 622
ニワトコ	374, 375	ペチュニア	308, 355, 494
ニンジン	308, 328, 329, 330, 331, 332, 334, 632	ペラルゴニウム →ゼラニウム	
ニンニク	387, 428, 468, 541, 619	ペレニアルライグラス →ライグラス	
ネギ	421, 541, 543	ポインセチア	499
ネギ科植物	428, 541, 543	ホウレンソウ	295, 296, 299, 300, 307, 358, 432, 556, 579, 580, 619
ネクタリン →モモ		ポーチュラカ →ハナスベリヒユ	
ネトル →セイヨウイラクサ		ホップ	272, 415, 416, 511, 624, 638, 639, 650
ネメシア	461		
ネリネ	457, 462, 463		
ノシバ →シバ			

マ 行

マサキ	377
マムシグサ	369
マメ科植物	444, 450, 593, 609, 617
マメグンバイナズナ	302
マルメロ	486, 514
ミカン科植物	346, 629, 630, 631, 632, 633, 634
ミカン属植物　→カンキツ類	
ミツバ	425
ミブナ	449
ミョウガ	580
ムクゲ	411
メナモミ(コメナモミ, ツクシメナモミ)	544
メロン	356, 358, 361, 426, 444, 445, 446, 447, 557, 592
モモ(モモ, ネクタリン)	269, 336, 339, 480, 481, 482, 497, 498, 510, 513, 592, 625, 639, 640
モロコシ　→ソルガム	

ヤ 行

ヤグルマギク(ヤグルマソウ)	311
ヤグルマソウ　→ヤグルマギク	
ヤダケ	496
ヤハズソウ	617
ヤマノイモ(ダイジョ, ジネンジョ, ナガイモ)	308, 342, 424, 618
ユウガオ (ヒョウタン)	360
ユスラウメ	336, 498
ユズリハ　→ヒメユズリハ	
ユリ　→ユリ類	
ユリ科植物	421
ユリ類(ユリ属植物；ユリ, オニユリ, スカシユリ, タカサゴユリ, テッポウユリ)	275, 434, 435, 436, 437, 495, 523
ヨメナ	298
ヨモギ	298

ラ 行

ライグラス (イタリアンライグラス, ペレニアルライグラス)	536, 537
ライムギ	286, 526, 536, 537, 613, 614
ライラック	433
ラケナリア	383
ラズベリー　→キイチゴ	
ラッカセイ(ナンキンマメ)	291, 322, 483, 484
ラッキョウ	421, 429, 541, 543
ラナンキュラス	517, 518
ラン科植物	365, 366, 465, 469
リーキ　→アリウム類	
リンゴ	269, 271, 272, 274, 275, 277, 486, 623, 624, 625
リンドウ	388, 580
ルドベキア	535
ルバーブ　→ダイオウ	
ルピナス(ルーピン, アオバナルーピン, キバナルーピン)	302
ルーピン　→ルピナス	
レタス(チシャ)	279, 298, 302, 430, 432, 452, 586, 590
レンゲ(ゲンゲ)	450, 617
ローブッシュブルーベリー　→ブルーベリー	

ワ

ワケギ	542, 543
ワサビ	308, 358, 606, 607, 608

植物ウイルス学用語英和索引

［誌］は雑誌名，［db］はデータベース名

記号・数字・ギリシャ文字

(＋) sense strand　プラス鎖　796
(＋) single-stranded DNA virus ((＋) ssDNA virus)
　　プラス一本鎖 DNA ウイルス　796
(＋) single-stranded RNA reverse transcribing virus
　((＋) ssRNA-RT virus)
　　プラス一本鎖 RNA 逆転写ウイルス　796
(＋) single-stranded RNA virus ((＋) ssRNA virus)
　　プラス一本鎖 RNA ウイルス　796
(＋) ssDNA virus ((＋) single-stranded DNA virus)
　　プラス一本鎖 DNA ウイルス　796
(＋) ssRNA-RT virus ((＋) single-stranded RNA reverse
　transcribing virus)　プラス一本鎖 RNA 逆転写ウイルス　796
(＋) ssRNA virus ((＋) single-stranded RNA virus)
　　プラス一本鎖 RNA ウイルス　796
(＋) strand　プラス鎖　796
(－) sense strand　マイナス鎖　809
(－) single-stranded RNA virus ((－) ssRNA virus)
　　マイナス一本鎖 RNA ウイルス　809
(－) ssRNA virus ((－) single-stranded RNA virus)
　　マイナス一本鎖 RNA ウイルス　809
(－) strand　マイナス鎖　809
(＋/－) single-stranded DNA virus ((＋/－) ssDNA virus)
　　プラス/マイナス一本鎖 DNA ウイルス　797
(＋/－) single-stranded RNA virus ((＋/－) ssRNA virus)
　　プラス/マイナス一本鎖 RNA ウイルス　797
(＋/－) ssDNA virus
　　プラス/マイナス一本鎖 DNA ウイルス　797
(＋/－) ssRNA virus
　　プラス/マイナス一本鎖 RNA ウイルス　797
(＋/－) strand　プラス/マイナス鎖　797

1,4-diazabicyclo [2.2.2] octane (DABCO)　DABCO (ダブコ)　760
19S promoter　19S プロモーター　727
19S RNA　727
1-naphthaleneacetic acid (NAA)　1-ナフタレン酢酸　669
2,4-D (2,4-dichlorophenoxyacetic acid)
　　2,4-ジクロロフェノキシ酢酸　780
2,4-dichlorophenoxyacetic acid (2,4-D)
　　2,4-ジクロロフェノキシ酢酸　780
2D-GE (two-dimensional gel electrophoresis)
　　二次元ゲル電気泳動　778
2-mercaptoethanol　2-メルカプトエタノール　780
2-thiouracil　2-チオウラシル　778
30K superfamily　30K スーパーファミリー　721
35S promoter　35S プロモーター　721
35S RNA　721
3′-end, 3′-OH terminal, 3′terminal　3′末端　721
3′nontranslated region (3′NTR)　3′非翻訳領域　721
3′NTR (3′nontranslated region)　3′非翻訳領域　721
3′untranslated region (3′UTR)　3′非翻訳領域　721
3′UTR (3′untranslated region)　3′非翻訳領域　721
4′,6-diamidino-2-phenylindole (DAPI)　DAPI (ダピ)　760
4E-BP (eIF4E-binding protein)　eIF4E 結合タンパク質　667
50% infective dose (ID50)　50% 感染量　713
5-bromodeoxyuridine (BUdR)
　　5-ブロモデオキシウリジン　714
5-bromouracil　5-ブロモウラシル　714
5′cap structure　5′キャップ構造　713
5′-end, 5′-P terminal, 5′terminal, 5′terminus　5′末端　713
5-fluorouracil　5-フルオロウラシル　714
5′nontranslated region (5′NTR)　5′非翻訳領域　713
5′NTR (5′nontranslated region)　5′非翻訳領域　713
5′untranslated region (5′UTR)　5′非翻訳領域　713
5′UTR (5′untranslated region)　5′非翻訳領域　713
7-methylguanosine (m^{7}G)　7-メチルグアノシン　777
8-azaguanine　8-アザグアニン　784

α helix　α ヘリックス　666
α satellite　アルファサテライト　666
α structure　α 構造　666
β-1,3:1,4-glucan　β-1,3:1,4-グルカン　801
β-1,3-glucan　β-1,3-グルカン　801
β-1,3-glucanase　β-1,3-グルカナーゼ　801
β-1,4-glucan　β-1,4-グルカン　801
β-aminobutyric acid　BABS (ババ)　785
β barrel　β バレル　801
β-galactosidase　β-ガラクトシダーゼ　801
β-galactosidase gene (lac Z)
　　β-ガラクトシダーゼ遺伝子　801
β-glucanase　β-グルカナーゼ　801
β-glucuronidase (GUS)　β-グルクロニダーゼ　801
β-glucuronidase assay (GUS assay)　GUS (ガス) アッセイ　694
β-glucuronidase gene (GUS gene)
　　β-グルクロニダーゼ遺伝子　801
β satellite　ベータサテライト　801
β sheet　β シート　801
β structure　β 構造　801
λ phage　λ ファージ　818
λ phage vector　λ ファージベクター　818
μ (micron)　ミクロン　811
μg (microgram)　マイクログラム　808
μl (microliter)　マイクロリットル　808
μm (micrometer)　マイクロメートル　808
Ω sequence　オメガ配列　690

A

A (absorbance)　吸光度　701
A (adenine)　アデニン　682
A (adenosine)　アデノシン　659
Å (angstrom)　オングストローム　691

aa (amino acid) アミノ酸	661	
AAB (Association of Applied Biologists) 英国応用生物学会	682	
AAP (acquisition access period) 獲得吸汁時間	693	
AASPP (Asian Association of Societies for Plant Pathology) アジア植物病理学会	682	
Ab (antibody) 抗体	712	
ABA (abscisic acid) アブシジン酸	660	
ABC method (avidin-biotinylated enzyme complex method) アビジン・ビオチン・酵素複合体法	660	
ABC transporter (ATP-binding cassette transporter) ABCトランスポーター	683	
aberrant mRNA アベラントmRNA	661	
aberration 収差	727	
abiotic elicitor 非生物的エリシター	788	
abiotic stress 非生物的ストレス	788	
abiotic transmission 非生物的伝染	788	
abscisic acid (ABA) アブシジン酸	660	
absorbance 吸光度	701	
absorption 吸光, 吸収	701	
absorption maximum 吸収極大	701	
absorption minimum 吸収極小	701	
absorption spectrum 吸収スペクトル	701	
accelerating voltage 加速電圧	694	
acceptor RNA アクセプターRNA	658	
accessibility 感受性	697	
accessory salivary gland 副唾腺	795	
acetic orcein 酢酸オルセイン	719	
acetocarmine 酢酸カーミン	719	
acetone powder アセトンパウダー	659	
acidic protein 酸性タンパク質	721	
acid phosphatase 酸性ホスファターゼ	721	
AcO (acridine orange) アクリジンオレンジ	659	
acquired immunity 獲得抵抗性, 獲得免疫	693	
acquired resistance 獲得抵抗性	693	
acquisition access period, acquisition feeding period 獲得吸汁時間	693	
acquisition feeding 獲得吸汁	693	
acridine orange (AcO) アクリジンオレンジ	659	
acrylic resin アクリル樹脂	659	
actin アクチン	658	
actin filament アクチンフィラメント	659	
actinomycin D アクチノマイシンD	658	
activation 活性化	694	
activation tagging アクチベーションタギング	658	
activator アクチベーター	658	
activator 促進因子	756	
active center 活性中心	694	
active defense, active resistance 動的抵抗性	774	
active oxygen species 活性酸素種	694	
active site 活性中心	694	
active transport 能動輸送	781	
actomyosin アクトミオシン	659	
Ade (adenine) アデニン	659	
adenine (A, Ade) アデニン	659	
adenine-rich region アデニンリッチ領域	659	
adenosine (A, Ado) アデノシン	659	
adenosine monophosphate (AMP) アデノシン一リン酸	660	
adenosine triphosphatase (ATPase) ATPアーゼ	683	
adenosine triphosphate (ATP) アデノシン三リン酸	660	
adenylate cyclase, adenylyl cyclase アデニル酸環化酵素	659	
adenylic acid アデニル酸	659	
adjuvant アジュバント	659	
Ado (adenosine) アデノシン	659	
adsorption 吸着	702	
adult 成虫	751	
Advances in Virus Research (Adv.Virus Res.)〔誌〕	660	
adventitious bud 不定芽	795	
Adv.Virus Res. (Advances in Virus Research)〔誌〕	660	
Adv.Viol. (Advances in Virology)〔誌〕	660	
affinity 親和性	749	
affinity chromatography アフィニティークロマトグラフィー	660	
affinity pull-down assay アフィニティープルダウン法	660	
affinity tag アフィニティータグ	660	
AFLP (amplified fragment length polymorphism) 増幅制限酵素断片長多型	756	
AFLP marker AFLPマーカー	682	
AFM (atomic force microscope) 原子間力顕微鏡	710	
Ag (antigen) 抗原	711	
agar gel diffusion 寒天ゲル内拡散法	698	
agarose gel electrophoresis (AGE) アガロースゲル電気泳動	658	
AGE (agarose gel electrophoresis) アガロースゲル電気泳動	658	
agglutination 凝集反応	702	
aggregation 凝集	702	
aggressiveness 侵略力	748	
AGO protein (argonaut protein) アルゴノートタンパク質	665	
agrichemical 農薬	781	
agricultural chemical 農薬	781	
agricultural chemicals contorol act 農薬取締法	781	
agricultural science 農学	781	
Agrobacterium アグロバクテリウム	659	
Agrobacterium rhizogenes 毛根病菌	814	
Agrobacterium tumefaciens 根頭がん腫病菌	715	
Agrobacterium tumefaciens-mediated transformation AtMT法	683	
agrobiology 農業生物学	781	
agrochemical 農薬	781	
agroinfection アグロインフェクション	659	
agroinfiltration アグロインフィルトレーション	659	
agroinoculation アグロイノキュレーション	659	
agronomy 農学	781	
AI (amorphous inclusion) 不定形封入体	795	
alanine scanning, alanine scanning mutagenesis アラニンスキャンニング	661	
alanine substitution mutant アラニン置換変異体	661	
alate 有翅虫	815	
algae 藻類	756	
algal virus 藻類ウイルス	756	
algorithm アルゴリズム	665	
alignment アライメント	661	
alkaline phosphatase アルカリ性ホスファターゼ	665	
AlkB (alkylated DNA repair protein B) アルキル化DNA修復タンパク質B	682	
alkylated DNA repair protein B (AlkB) アルキル化DNA修復タンパク質B	682

allele　対立遺伝子	758	
allelic character, allelomorph　対立形質	758	
allogamous plant　他殖性植物	759	
allopolyploid　異質倍数体	668	
alpha helix　αヘリックス	666	
alpha-like supergroup　アルファ様スーパーグループ	666	
alpha satellite　アルファサテライ	666	
alpha structure　α構造	666	
alternative host　代替宿主	758	
amber mutation　アンバー突然変異	667	
ambisense RNA　アンビセンス RNA	667	
ambisense RNA virus　アンビセンス RNA ウイルス	667	
ambisense strand　アンビセンス鎖	667	
American Phytopathological Society（APS）		
米国植物病理学会	800	
American Society for Microbiology（ASM）米国微生物学会	682	
American Type Culture Collection（ATCC）		
米国培養細胞系統保存機関	801	
amino acid（aa）　アミノ酸	661	
amino acid sequence　アミノ酸配列	661	
amino acid sequencer　アミノ酸シーケンサー	661	
amino acid sequencing　アミノ酸配列決定法	661	
amino acid substitution　アミノ酸置換	661	
aminoacyl-tRNA　アミノアシル tRNA	661	
aminoacyl-tRNA binding site（A-site）　A 部位	683	
aminoacyl-tRNA synthetase　アミノアシル tRNA 合成酵素	661	
aminoglycoside phosphotransferase II		
アミノグリコシドホスホトランスフェラーゼ II	661	
aminopeptidase　アミノペプチダーゼ	661	
amino terminal　アミノ末端	661	
ammonium sulfate precipitation　硫安塩析	820	
amorphous inclusion　不定形封入体	795	
AMP（adenosine monophosphate）　アデノシン一リン酸	660	
ampicillin resistant gene（amp^r）　アンピシリン耐性遺伝子	667	
amplicon　アンプリコン	667	
amplification　増幅	756	
amplified fragment length polymorphism（AFLP）		
増幅制限酵素断片長多型	756	
anabolism　同化	773	
analytical ultracentrifuge　分析用超遠心機	800	
anaphase　後期	710	
angiosperm　被子植物	787	
angle rotor　アングルローター	666	
angstrom（Å）　オングストローム	691	
animal virus　動物ウイルス	774	
ankyrin repeat　アンキリンリピート	666	
Annals of the Phytopathological Society of Japan（Ann.		
Phytopathol.Soc.Jpn.）［誌］　日本植物病理学会報	682	
annealing　アニーリング	660	
annotation　アノテーション	660	
Ann.Phytopathol.Soc.Jpn.（Annals of the Phytopathological		
Society of Japan）［誌］　日本植物病理学会報	682	
Ann.Rev.Phytopathol.（Annual Review of Phytopathology）［誌］		
	660	
annual plant　一年生植物	669	
Annual Review of Phytopathology（Ann.Rev.Phytopathol.）［誌］		
	660	
anode　アノード	660	
anode　陽極	816	

antagonism　拮抗作用	699	
anther culture　葯培養	815	
antibiotics　抗生物質	711	
antibody　抗体	712	
antibody excess　抗体過剰	712	
antibody titer　抗体の力価	712	
anticodon　アンチコドン	666	
antiformin　アンチホルミン	666	
antigen　抗原	711	
antigen-antibody reaction　抗原抗体反応	711	
antigen determinant　抗原決定基	711	
antigen excess　抗原過剰	711	
antigenicity　抗原性	711	
antigenome　アンチゲノム	666	
antimicrobial peptide　抗菌性ペプチド	711	
anti-plant viral substance　抗植物ウイルス剤	711	
antisense RNA　アンチセンス RNA	666	
antisense strand　アンチセンス鎖	809	
antiserum　抗血清	711	
antiserum titer　抗血清の力価	711	
antiviral agent, antiviral substance　抗ウイルス剤	710	
aphid　アブラムシ	660	
aphid-borne virus　アブラムシ伝搬性ウイルス	660	
aphid transmission factor（ATF）		
アブラムシ媒介介助タンパク質	661	
aphid transmission helper component		
アブラムシ媒介介助タンパク質	661	
aphid transmission　アブラムシ伝染	660	
apical meristem culture　茎頂培養	707	
apical meristem　頂端分裂組織	764	
apical necrosis　頂端壊死	764	
apoplast　アポプラスト	661	
apoptosis　アポトーシス	661	
apoptosis-like cell death　アポトーシス様細胞死	661	
apparent infection　顕在感染	710	
apparent resistance　見かけの抵抗性	811	
appearance of symptom　発症	784	
application　散布	721	
applied biology, applied biological science　応用生物学	690	
applied entomology　応用昆虫学	690	
applied microbiology　応用微生物学	690	
applied plant pathology　応用植物病理学	690	
applied plant virology　応用植物ウイルス学	690	
APS（American Phytopathological Society）		
米国植物病理学会	800	
aptamer　アプタマー	660	
aptera　無翅虫	812	
acquisition access period（AAP）　獲得吸汁時間	693	
acquisition threshold period　獲得最短時間	693	
Arabidopsis thaliana　シロイヌナズナ	747	
Arabidopsis　アラビドプシス	661	
archaeal virus　古細菌ウイルス	713	
archaebacteria, archaebacterium　古細菌	713	
Archives of Virology（Arch.Virol.）［誌］	658	
Arch. Virol.（Archives of Virology）［誌］	658	
ARF（auxin response factor）オーキシン応答因子	690	
argonaut protein　アルゴノートタンパク質	665	
A-rich region（adenine-rich region）アデニンリッチ領域	659	
arthropod　節足動物	753	

artificial antibody　人工抗体	747
artificial antigen　人工抗原	747
artificial chromosome vector　人工染色体ベクター	748
artificial mutation　人為突然変異	747
artificial restriction enzyme　人工制限酵素	747
artificial seed　人工種子	747
aseptic condition　無菌状態	812
aseptic technique　無菌操作	812
Asian Association of Societies for Plant Pathology (AASPP)　アジア植物病理学会	682
A-site (aminoacyl-tRNA binding site)　A部位	683
ASM (American Society for Microbiology) 米国微生物学会	682
aspartic protease　アスパラギン酸プロテアーゼ	659
aspermy　不稔	796
assay plant　検定植物	710
assembly　アセンブリ	659
assembly of plant virus particles　植物ウイルスの粒子構築	743
assembly origin　アセンブリオリジン	659
assembly origin　粒子構築開始点	821
Association of Applied Biologists (AAS)　英国応用生物学会	682
assortative mating　近縁交雑	703
astrobiology　宇宙生物学	682
asymmetrical cell fusion　非対称細胞融合	788
ATCC (American Type Culture Collection)　米国培養細胞系統保存機関	801
ATCC PV	683
AT dinucleotide repeat　AT反復配列	683
ATF (aphid transmission factor)　アブラムシ媒介介助タンパク質	661
AtMT (Agrobacterium tumefaciens-mediated transformation)　AtMT法	683
atomic force microscope (AFM)　原子間力顕微鏡	710
ATP (adenosine triphosphate)　アデノシン三リン酸	660
ATPase (adenosine triphosphatase)　ATPアーゼ	683
ATP-binding cassette transporter (ABC transporter)　ABCトランスポーター	683
Atr (AT dinucleotide repeat)　AT反復配列	683
AT repeat (AT dinucleotide repeat)　AT反復配列	683
attachment　吸着	702
attenuated virus　弱毒ウイルス	726
attenuation　弱毒化	726
A.tumefaciens T-DNA mannopine synthase promoter (MAS promoter)　MAS(マス)プロモーター	810
A.tumefaciens T-DNA nopaline synthase promoter (NOS promoter)　NOS(ノス)プロモーター	781
A.tumefaciens T-DNA nopaline synthase terminator (NOS terminator)　NOS(ノス)ターミネーター	781
autoclave　オートクレーブ	690
autogamous plant　自殖性植物	724
autophagocytosis, autophagy　オートファジー	690
autophagosome　オートファゴソーム	690
autophosphorylation　自己リン酸化	723
autopolyploid　同質倍数体	774
autoradiography　オートラジオグラフィー	690
autoregulation　自己調節	723
auxin　オーキシン	690
auxin response factor (ARF) オーキシン応答因子	690
avidin　アビジン	660
avidin-biotinylated enzyme complex method (ABC method)　アビジン・ビオチン・酵素複合体法	660
avirulence　非病原性	789
avirulence gene, avirulent gene (*Avr* gene)　非病原性遺伝子	789
avirulent effector　特異的エリシター	774
avirulent protein (Avr protein)　Avr(アビル)タンパク質	660
Avogadro's number　アボガドロ数	661
avoidance　回避	692
Avr dualism　Avr(アビル)二元説	660
Avr gene　Avr(アビル)遺伝子	660
Avr gene (avirulent gene, avirulence gene)　非病原性遺伝子	789
Azido-FDA (azidofluorescein diacetate)　アジドFDA	659
azidofluorescein diacetate (Azido-FDA)　アジドFDA	659

B

b (base)　塩基，ベース	688, 801
B (bottom component)　ボトム成分	805
BABA (β-aminobutyric acid)　BABA(ババ)	785
BAC (bacterial artificial chromosome)　細菌人工染色体	716
bacilliform virus　桿菌状ウイルス	696
backcross　戻し交雑	814
back inoculation　戻し接種	814
back mutation　復帰突然変異	795
BAC method (benzyldimethylalkylammonium chloride method)　BAC(バック)法	784
bacteria　細菌	716
bacterial alkaline phosphatase (BAP)　大腸菌アルカリホスファターゼ	784
bacterial artificial chromosome (BAC)　細菌人工染色体	716
bacterial virus　細菌ウイルス	716
bacteriology　細菌学	716
bacteriophage　バクテリオファージ	783
bacterium　細菌	716
baculovirus　バキュロウイルス	783
bait and switch model　ベイト連動スイッチモデル	801
Baltimore classification system　Baltimore分類システム	785
BAP (bacterial alkaline phosphatase)　大腸菌アルカリホスファターゼ	784
bar (bialaphos resistant gene)　ビアラホス耐性遺伝子	786
barrier plant　障壁植物	730
basal defense　基礎的抵抗性	699
basal transcription factor　基本転写因子	699
base　塩基，ベース	688, 801
base addition　塩基挿入	688
base analogue　塩基アナログ	688
base composition　塩基組成	688
base deletion　塩基欠失	688
base insertion　塩基挿入	688
base mismatch　塩基誤対合	688
base pair (bp)　塩基対	689
base-pairing　塩基対合	689
base pair mismatch　塩基誤対合	688
base ratio　塩基組成	688
base sequence　塩基配列	689
base substitution　塩基置換	688
basic biology, basic biological science　基礎生物学	699
basic compatibility　基本的親和性	699
Basic Local Alignment Search Tool (BLAST)　BLAST(ブラスト)	796
basic plant pathology　基礎植物病理学	699

basic plant virology 基礎植物ウイルス学		699
basic protein 塩基性タンパク質		688
basic resistance 基礎的抵抗性		699
BCA (biocontrol agent) バイオコントロールエージェント		782
Beem capsule ビームカプセル		790
beetle-borne virus ハムシ伝搬性ウイルス		785
beetle transmission ハムシ伝染		785
benzothiadiazole (BTH)		789
benzyladenine ベンジルアデニン		803
benzyldimethylalkylammonium chloride method （BAC method） BAC（バック）法		784
beta barrel β バレル		801
betasatellite ベータサテライト		801
beta sheet β シート		801
BIAcore (biophysical interaction analysis core) ビアコア		786
bialaphos resistant gene (*bar*) ビアラホス耐性遺伝子		786
bias voltage バイアス電圧		782
biennial plant 二年生植物		778
BiFC (bimolecular fluorescence complementation) 二分子蛍光相補法		778
big vein ビッグベイン		788
bimolecular fluorescence complementation (BiFC) 二分子蛍光相補法		778
binary vector バイナリベクター		782
binding site 結合部位		708
binomial nomenclature 二命名法		779
bioassay バイオアッセイ		782
bioastronautics 宇宙生物学		682
biochemistry 生化学		750
biocontrol バイオコントロール		782
biocontrol agent (BCA) バイオコントロールエージェント		782
biodiversity 生物多様性		752
biohazard バイオハザード		782
bioimaging バイオイメージング		782
bioindustry 生物産業		752
bioinfornatics バイオインフォマティックス		782
biolistics パーティクルガン法		784
biological chemistry 生化学		750
biological containment 生物学的封じ込め		752
biological control バイオコントロール		782
biological control agent (BCA) バイオコントロールエージェント		752
biological defense 生体防御反応		751
biological diagnosis 生物学的診断法		752
biological evolution 進化		747
biological pesticide 生物農薬		752
biological physics 生物物理学		752
biological safety cabinet (BSC) 安全キャビネット		666
biological science 生物科学		752
biological toxin 生物毒素		752
biological weapon 生物兵器		752
biology 生物学		752
bioluminescence 生物発光		752
biomass バイオマス		782
biomembrane 生体膜		751
biomolecule 生体分子		751
biopesticide 生物農薬		752
biopharming バイオファーミング		782
biophylaxis 防御応答		803
biophysical interaction analysis core (BIA core) BIAcore（ビアコア）		786
biophysics 生物物理学		752
biopolymer 生体高分子		751
bioresource 生物資源		752
bioresource science 資源生物学		723
bioscience バイオサイエンス		782
biosynthesis 生合成		750
biotechnology バイオテクノロジー		782
biotic elicitor 生物的エリシター		752
biotic stress 生物的ストレス		752
biotin ビオチン		787
biotron バイオトロン		782
biotype バイオタイプ		782
bipartite genome 二分節ゲノム		778
bivalent chromosome 二価染色体		777
BLAST (Basic Local Alignment Search Tool) BLAST（ブラスト）		796
blocking ブロッキング		798
blotting ブロッティング		798
blue native polyacrylamide gel electrophoresis (BN-PAGE) ブルーネイティブポリアクリルアミドゲル電気泳動		797
blue sticky tape 青色粘着テープ		658
blunt end 平滑末端		800
BN-PAGE (blue native polyacrylamide gel electrophoresis) ブルーネイティブポリアクリルアミドゲル電気泳動		797
boiling sterilization 煮沸消毒		726
booster ブースター		795
bootstrap analysis ブートストラップ解析		796
botany 植物学		744
bottom component (B) ボトム成分		805
boundary sequence 境界配列		702
bovine serum albumin (BSA) ウシ血清アルブミン		682
bp (base pair) 塩基対		688
BR (brassinosteroid) ブラシノステロイド		796
brassinosteroid (BR) ブラシノステロイド		796
breeding 育種		668
breeding for disease resistance 病害抵抗性育種		791
breeding science 育種学		668
bridge hypothesis 架橋仮説		692
bridge PCR ブリッジ PCR		797
British Society for Plant Pathology (BSPP) 英国植物病理学会		682
BSA (bovine serum albumin) ウシ血清アルブミン		682
BSC (biological safety cabinet) 安全キャビネット		666
BSPP (British Society for Plant Pathology) 英国植物病理学会		682
BTH (benzothiadiazole)		789
Bt toxin Bt 毒素		789
budding 出芽		729
budding yeast 出芽酵母		729
BUdR (5-bromodeoxyuridine) 5-ブロモデオキシウリジン		714
bulb 鱗茎		821
bulbil, bulblet むかご		812
bulge loop structure バルジループ構造		785
bulk breeding 集団育種		727
bullet-shaped virus 弾丸状ウイルス		760
bundle inclusion 束状封入体		760
buoyant density 浮遊密度		796

burst size バーストサイズ	784
bushy 叢生	756
butanol ブタノール	795
butyl alcohol ブチルアルコール	795
BY-2 cell BY-2 細胞	793

C

C (cytidine) シチジン	724
C (cytosine) シトシン	725
C18 column (octadecylsilyl silica column, ODS column) オクタデシルシリル化シリカカラム	690
C_2H_5OH (ethyl alcohol) エチルアルコール	685
C3 plant C3 植物	723
C4 plant C4 植物	747
C_4H_9OH (butyl alcohol, butanol) ブチルアルコール, ブタノール	795
Ca^{2+} channel (calcium channel) カルシウムチャンネル	696
Ca^{2+} pump (calcium pump) カルシウムポンプ	696
CAAT box CAAT（キャット）ボックス	700
cadang-cadang カダンカダン病	694
calcium channel カルシウムチャンネル	696
calcium pump カルシウムポンプ	696
calcium signaling pathway カルシウムシグナル伝達系	696
calcofluor white カルコフルオールホワイト	696
calf intestinal alkaline phosphatase 仔ウシ腸アルカリホスファターゼ	725
calliclone カリクローン	695
callose カロース	696
callus カルス	696
calmodulin カルモジュリン	696
cambium 形成層	707
cAMP (cyclic AMP) 環状 AMP	697
CAM plant (crassulacean acid metabolism plant) CAM（カム）植物	695
CaMV 19S promoter CaMV 19S プロモーター	721
CaMV 19S RNA	721
CaMV 35S enhancer CaMV 35S エンハンサー	721
CaMV 35S promoter CaMV 35S プロモーター	721
CaMV 35S RNA	721
CaMV 35S terminator CaMV 35S ターミネーター	721
cap binding protein キャップ結合タンパク質	700
capillary blotting キャピラリーブロット法	701
capillary electrophoresis キャピラリー電気泳動	701
cap-independent translation element (CITE) キャップ非依存性翻訳エレメント	701
cap-independent translation キャップ非依存性翻訳	701
capping キャップ形成	700
capping enzyme キャッピング酵素	700
capsid キャプシド	701
capsid protein 外被タンパク質	692
cap snatching キャップスナッチング	701
capsomer キャプソマー	701
capsomere キャプソメア	701
cap structure キャップ構造	700
carbohydrate 糖質	774
carbon coating, carbon deposition カーボン蒸着	695
carbon tetrachloride 四塩化炭素	722
carborundum カーボランダム	695
carboxy fluorescein diacetate (CFDA) カルボキシフルオレセインジアセテート	696
carboxyl terminal カルボキシ末端	696
carboxypeptidase カルボキシペプチダーゼ	696
carla-like group カルラ様グループ	696
carmo-like supergroup カルモ様スーパーグループ	696
carrier plant 保毒植物	805
Cartagena Law カルタヘナ法	696
Cartagena Protocol on Biosafety カルタヘナ議定書	696
cascade カスケード	694
caspase カスパーゼ	694
CAT (chloramphenicol acetyltransferase) クロラムフェニコールアセチルトランスフェラーゼ	706
catabolism 異化	668
catalase カタラーゼ	694
CAT assay (chloramphenicol acetyltransferase assay) CAT（キャット）アッセイ	700
category 分類階級	800
CAT gene (chloramphenicol acetyltransferase gene) CAT（キャット）遺伝子	700
cathode 陰極	673
causal agent 病原体	792
CBB (Coomassie brilliant blue) クマジーブリリアントブルー	704
CBB method (Coomassie brilliant blue method) CBB 法	725
ccDNA (closed circular DNA) 閉環状 DNA	800
CC domain (coiled-coil domain) CC ドメイン	723
CC-NBS-LRR protein CC-NBS-LRR タンパク質	723
CCR (central conserved region) 中央保存領域	762
CC structure (coiled-coil structure) コイルドコイル構造	710
cDNA (complementary DNA) 相補的 DNA	756
cDNA clone cDNA クローン	725
cDNA library cDNA ライブラリー	725
C domain (central domain) 中央ドメイン	762
cell 細胞	716
cell biology 細胞生物学	718
cell culture 細胞培養	718
cell cycle 細胞周期	717
cell-cycle link protein (Clink) 細胞周期関連タンパク質	717
cell-cycle modulator protein, cell-cycle regulation protein 細胞周期変換タンパク質	717
cell death 細胞死	717
cell division 細胞分裂	718
cell engineering 細胞工学	717
cell fractionation 細胞分画法	718
cell-free assembly system 無細胞構築系	674
cell-free expression system 無細胞発現系	675
cell-free protein synthesis system 無細胞タンパク質合成系	675
cell-free replication system 無細胞複製系	675
cell-free system 無細胞系	812
cell-free transcription system 無細胞転写系	674
cell-free translation-coupled replication system 無細胞翻訳共役複製系	675
cell-free translation system 無細胞翻訳系	675
cell fusion 細胞融合	718
cell fusion experiment 細胞融合実験	718
Cell Host & Microbe［誌］	753
cell line 細胞株	716
cell manipulation 細胞工学, 細胞操作	717

索引

cell membrane　細胞膜	718
cell physiology　細胞生理学	718
cell plate　細胞板	718
cell reprogramming　細胞初期化	718
cell selection　細胞選抜	718
cell sorter　セルソーター	753
cell strain　細胞株	716
cell technology　細胞工学	717
cell-to-cell communication　細胞間コミュニケーション	717
cell-to-cell movement　細胞間移行	717
cell-to-cell signaling　細胞間シグナル伝達	717
cell-to-cell trafficking　細胞間輸送	717
cellular breeding　細胞育種	716
cellular pathology　細胞病理学	718
cellular reprogramming　細胞初期化	718
cellular response　細胞応答	716
cellular RNA dependent RNA polymerase　（細胞の）RNA依存RNAポリメラーゼ	662
cellulase　セルラーゼ	753
cellulose　セルロース	753, 801
cell wall　細胞壁	718
cell wall degradation enzyme　細胞壁分解酵素	718
centimorgan　センチモルガン	754
central conserved region (CCR)　中央保存領域	762
central dogma　セントラルドグマ	755
central domain (C domain)　中央ドメイン	762
central hole　中心孔	763
central vacuole　中央液胞	762
centrifugation　遠心分離	689
centromere　セントロメア	755
cesium chloride (CsCl)　塩化セシウム	688
cesium sulphate (Cs_2SO_4)　硫酸セシウム	820
cetyltrimethylammonium bromide method (CTAB method)　CTAB（シータブ）法	724
CF-11 cellulose　CF-11セルロース	721
CFDA (carboxy fluorescein diacetate)　カルボキシフルオレセインジアセテート	696
CFP (cyan fluorescent protein)　青緑色蛍光タンパク質	752
CFU (colony forming unit)　コロニー形成単位	714
cGMP (cyclic GMP)　環状GMP	697
chain-termination method　ジデオキシ法	725
chalcone synthase (CHS)　カルコンシンターゼ	696
challenge infection　チャレンジ感染	762
challenge virus　二次ウイルス	777
chaperone　シャペロン	726
CHEF (contour-clamped homogeneous electric field gel electrophoresis)　CHEF（シェフ）	722
chelator, chelating reagent　キレート剤	703
chemical biology　ケミカルバイオロジー	709
chemical control　化学的防除	692
chemical evolution　化学進化	692
chemical pesticide　化学農薬	692
chemical tolerance　薬剤耐性	815
chemiluminescence　化学発光	692
chemotherapy　化学的防除	692
chewing insect　咀嚼性昆虫	757
chiasma　キアズマ	698
chimera　キメラ	699
chimera virus　キメラウイルス	699
chimeric gene　キメラ遺伝子	699
chimeric protein　キメラタンパク質	699
ChIP (chromatin immuno-precipitation)　クロマチン免疫沈降	706
chitin　キチン	699
chitinase　キチナーゼ	699
chitosan　キトサン	699
chloramphenicol　クロラムフェニコール	706
chloramphenicol acetyltransferase (CAT)　クロラムフェニコールアセチルトランスフェラーゼ	706
chloramphenicol acetyltransferase assay (CAT assay)　CAT（キャット）アッセイ	700
chloramphenicol acetyltransferase gene (CAT gene)　CAT（キャット）遺伝子	700
chloroform　クロロホルム	706
chlorophyll　クロロフィル	706
chloroplast　葉緑体	817
chloroplast localization signal, chloroplast targeting signal　葉緑体移行シグナル	817
chloroplast membrane　葉緑体膜	817
chlorosis　クロロシス	706
chlorotic local lesion　退緑局部病斑	758
chlorotic ring spot　退緑輪紋	758
chlorotic spot　退緑斑点	758
chlorotic streak　退緑条斑	758
chromatid　染色分体	754
chromatin　クロマチン	706
chromatin immuno-precipitation (ChIP)　クロマチン免疫沈降	706
chromatography　クロマトグラフィー	706
chromonema　染色糸	754
chromosome　染色体	754
chromosome engineering, chromosome manipulation　染色体工学	754
chromosome map　染色体地図	754
chromosome painting　染色体彩色	754
chromosome walking　染色体歩行	754
CHS (chalcone synthase)　カルコンシンターゼ	696
CI (cylindrical inclusion)　円筒状封入体	689
CI (cytoplasmic inclusion)　細胞質内封入体	717
CiNii (Citation Information by NII)　NII学術情報ナビゲータ	716
cion　穂木	804
CIP (calf intestinal alkaline phosphatase)　仔ウシ腸アルカリホスファターゼ	725
circular DNA　環状DNA	697
circular form　環状型	697
circular RNA　環状RNA	697
circulative, non-propagative transmission　循環型・非増殖性伝染	730
circulative, propagative transmission　循環型・増殖性伝染	730
circulative transmission　循環型伝染	730
cis　シス	724
cis-acting element, cis-acting region, cis element　シス因子	724
cis-preferential replication　シス優先的複製	724
cistron　シストロン	724
Citation Information by NII (CiNii)　NII学術情報ナビゲータ	716
CITE (cap-independent translation element)　キャップ非依存性翻訳エレメント	701
clade　クレード	705

clarification 清澄化	751
clarified extract, clarifying extract 清澄液	751
clarified virus concentration method (CVC method) CVC 法	726
class, classis 綱	710
classification of plant viruses 植物ウイルスの分類	742
classification of viroids ウイロイドの分類	681
classification of viruses ウイルスの分類	678
clean bench クリーンベンチ	705
clean box 無菌箱	812
clean room 無菌室	812
cleavage map 制限酵素地図	750
cleavage site 切断部位	753
CLFM (confocal laser fluorescence microscopy) 共焦点レーザー走査顕微鏡	702
Clink (cell-cycle link protein) 細胞周期関連タンパク質	717
Clink protein (cell-cycle link protein) シーリンクタンパク質	747
clonal plant クローン植物	706
clonal selection 栄養系選抜	683
clone クローン	706
clone-by-clone shotgun sequencing 階層的ショットガンシーケンシング	691
clone plant クローン植物	706
cloning クローニング	705
cloning vector クローニングベクター	705
closed circular DNA (ccDNA) 閉環状 DNA	800
closed system 閉鎖系	801
Closterovirus MP family クロステロウイルス MP ファミリー	705
CLSM (confocal laser scanning microscopy) 共焦点レーザー走査顕微鏡	702
clump technique クランプ法	705
cluster クラスター	705
clusterd regularly interspaced short palindromic repeats-CRISPR associated protein system CRISPR/Cas システム	705
cM (centimorgan) センチモルガン	754
CMI/AAB (Commonwealth Mycological Institute/Association for Applied Biologists in the United Kingdom) 英連邦菌学会／英国応用生物学会	722
CMP (cytidine monophosphate) シチジン一リン酸	724
CMS (cytoplasmic male sterility) 細胞質雄性不稔	717
coat コート	713
coating コーティング	713
coat protein (CP) 外被タンパク質	692
coat protein subunit 外被タンパク質サブユニット	692
cochaperone コシャペロン	713
coding region コード領域，翻訳領域	713, 808
coding strand コード鎖	796
codon コドン	713
codon bias, codon usage bias コドンバイアス	713
codon usage コドン使用頻度	713
coevolution 共進化	702
coexpression 共発現	702
cofactor コファクター	714
cohesive end 粘着末端，付着末端	781,795
coiled-coil domain (CC domain) CC ドメイン	723
coiled coil-nucleotide binding site-leucine-rich repeat protein (CC-NBS-LRR protein) CC-NBS-LRR タンパク質	723
coiled-coil structure (CC structure) コイルドコイル構造	710
co-immunoprecipitation (co-IP) 免疫共沈降法	813
coinnoculation 共接種，同時接種	702, 773
co-IP (co-immunoprecipitation) 免疫共沈降法	813
coliphage 大腸菌ファージ	758
colloidal gold-antibody 金コロイド抗体	703
colloidal gold labeling 金コロイド標識法	703
colloidal gold stain 金コロイド染色	703
colony コロニー	714
colony forming unit (CFU) コロニー形成単位	714
colony hybridization コロニーハイブリダイゼーション	714
color breaking カラーブレーキング，斑入り	695, 794
column chromatography カラムクロマトグラフィー	695
Common Names of Plant Diseases in Japan 日本植物病名目録	779
common region (CR) 共通領域	702
common region-stem loop (CR-SL), common stem-loop region 共通ステムループ領域	701, 702, 721
Commonwealth Mycological Institute/Association for Applied Biologists in the United Kingdom (CMI/AAB) 英連邦菌学会／英国応用生物学会	722
companion cell 伴細胞	786
compatibility 感受性，親和性	697
compatible interaction 親和的相互関係	749
competent cell コンピテント細胞	715
complementary chain 相補鎖	756
complementary DNA (cDNA) 相補的 DNA	756
complementary RNA (cRNA) 相補的 RNA	756
complementary-sense strand 相補センス鎖	756
complementary strand 相補鎖	756
complementation 相補	756
complex membraneous body 網状膜構造体	661
component コンポーネント	715
concatemer コンカテマー	714
condenser lens 集束レンズ	727
conditional lethal mutant 条件致死変異株	730
conditioned medium 順化培地	730
conductive staining 導電染色	774
confocal laser fluorescence microscopy (CLFM), confocal laser scanning microscopy (CLSM) 共焦点レーザー走査顕微鏡	702
conformation 立体構造	819
conjugate コンジュゲート	714
consensus sequence コンセンサス配列	715
conservation ecology 保全生態学	804
conservation-oriented agriculture 環境保全型農業	696
conservative replication 保存的複製	805
conserved sequence 保存配列	805
constant region 定常領域	768
constitutive expression 構成的形質発現	711
constitutive resistance 構成的抵抗性	711
construct コンストラクト	714
contact transmission 接触伝染	753
contamination コンタミネーション	715
contig コンティグ	715
contiguous sequence コンティグ	715
continuous epitope 連続エピトープ	823
contour-clamped homogeneous electric field gel electrophoresis CHEF（シェフ）	722

control 防除	804
control measure 防除法	804
control of plant virus diseases 植物ウイルス病の防除	744
control of viroid diseases ウイロイド病の防除	681
control of virus diseases ウイルス病の防除	679
conventional breeding 従来育種	727
Convention on Biological Diversity 生物多様性条約	752
convergence 収斂	727
Coomassie brilliant blue (CBB) クマジーブリリアントブルー	704
Coomassie brilliant blue method (CBB method) CBB 法	725
copolymer 共重合体	714
Co-Pro (protease cofactor, proteinase cofactor) プロテアーゼコファクター	798
copy choice コピー選択, 鋳型切換え	668, 714
copy error コピーエラー	714
core コア	710
co-replicational encapsidation 複製共役的着外被	795
co-replicational translation 複製共役的翻訳	795
core promoter コアプロモーター	710
core protein コアタンパク質	710
corky bark コルキーバーク	714
correct name 正名	752
cosmid vector コスミドベクター	713
co-suppression コサプレッション	713
cotransfer 同時遺伝子導入	773
co-translational cleavage 翻訳共役的切断	807
co-translational disassembly, co-translational uncoating 翻訳共役的脱外被	807
co-translational reolication 翻訳共役的複製	795
cotyledon 子葉	730
covalent bond 共有結合	702
CP (coat protein, capsid protein) 外被タンパク質	692
CPE (cytopathic effect) 細胞変性効果	718
CPm (minor coat protein, minor CP) マイナー外被タンパク質	725, 809
CR (common region) 共通領域	702, 721
crassulacean acid metabolism plant (CAM plant) CAM (カム) 植物	695
crinkle クリンクル, 連葉	705, 823
crista クリステ	705
critical-point drying 臨界点乾燥法	821
CR-M (major common region) 主要共通領域	729
cRNA (complementary RNA) 相補的 RNA	756
crop injury 薬害	815
crop rotation 輪作	821
cross, crossing 交雑, 交配	711, 712
cross breeding 交雑育種	711
crossing over, crossover 交叉	711
cross pollination 他家受粉	758
cross protection 干渉作用	697
cross reaction 交叉反応	711
cross talk 相互応答	755
crown gall 根頭がん腫	715
CRP (cysteine-rich protein) システインリッチタンパク質	724
CR-SL (common region-stem loop, common stem-loop region) 共通ステムループ領域	702,721
crude extract 粗抽出液	757
crude sap 粗汁液 → 粗抽出液	757

cryo-electron microscope (Cryo-EM) 極低温電子顕微鏡	702
Cryo-EM (cryo-electron microscope) 極低温電子顕微鏡	702
cryostat 凍結ミクロトーム	773
cryptotope クリプトトープ	705
cryptovirus クリプトウイルス	705
crystalline inclusion body 結晶状封入体	708
crystalline inclusion 結晶状封入体	708
CsCl (cesium chloride) 塩化セシウム	688
Cs_2SO_4 (cesium sulphate) 硫酸セシウム	820
CTAB method (cetyltrimethylammonium bromide method) CTAB (シータブ) 法	724
C-terminal (carboxyl terminal) カルボキシ末端	696
CTP (cytidine triphosphate) シチジン三リン酸	725
cultivar (cv.) 栽培品種	716, 725
cultivar-nonspecific resistance 品種非特異的抵抗性	793
cultivar resistance 品種特異的抵抗性	793
cultivar-specific resistance 品種特異的抵抗性	793
cultural control 耕種的防除	711
culture collection 菌株保存機関	703
Curr. Opin. Virol.(Current Opinion in Virology)[誌]	696
cuticle クチクラ	704
cutin クチン	704
cutinase クチナーゼ	704
cv.(cultivar) 栽培品種	716, 725
cyan fluorescent protein 青緑色蛍光タンパク質	752
cyanine dye Cy(サイ)色素	716
cybrid 細胞質雑種	717
cyclic AMP (cAMP) 環状 AMP	697
cyclic GMP (cGMP) 環状 GMP	697
cyclin サイクリン	716
cycloheximide シクロヘキシミド	723
Cyd (cytidine) シチジン	724
cylindrical inclusion (CI) 円筒状封入体	689
cysteine protease システインプロテアーゼ	724
cysteine-rich protein (CRP) システインリッチタンパク質	724
Cyt (cytosine) シトシン	725
cytidine シチジン	724
cytidine monophosphate (CMP) シチジン一リン酸	725
cytidine triphosphate (CTP) シチジン三リン酸	725
cytidylic acid シチジル酸	724
cytochemistry 細胞化学	716
cytogenetics 細胞遺伝学	716
cytokinesis 細胞質分裂	717
cytokinin サイトカイニン	716
cytology 細胞学	716
cytopathic effect (CPE) 細胞変性効果	718
cytopathology 細胞病理学	718
cytophysiology 細胞生理学	718
cytoplasm 細胞質	717
cytoplasmic fission 細胞質分裂	717
cytoplasmic gene 細胞質遺伝子	717
cytoplasmic genome 細胞質ゲノム	717
cytoplasmic hybrid 細胞質雑種	717
cytoplasmic inclusion (CI) 細胞質内封入体	717
cytoplasmic male sterility (CMS) 細胞質雄性不稔	717
cytoplasmic matrix 細胞質基質	717
cytoplasmic streaming 原形質流動	709
cytosine (Cyt) シトシン	725
cytoskelton 細胞骨格	717

cytosol 細胞質基質	717

D

Da (dalton) ダルトン	760
dA (deoxyadenosine) デオキシアデノシン	769
DAB (diaminobenzidine) DAB (ダブ)	760
DABCO (1,4-diazabicyclo [2.2.2] octane) DABCO (ダブコ)	760
dAdo (deoxyadenosine) デオキシアデノシン	769
dalton (Da) ダルトン	760
damage-associated molecular patterns (DAMPs) ダメージ関連分子パターン	760
damage from agricultural chemicals 薬害	815
dAMP (deoxyadenosine monophosphate) デオキシアデノシン一リン酸	769
DAMPs (damage-associated molecular patterns) ダメージ関連分子パターン	760
DAPI (4′,6-diamidino-2-phenylindole) DAPI (ダピ)	760
dark green island (DGI) ダークグリーンアイランド	758
DAS-ELISA (double antibody sandwich ELISA, dual-antibody sandwich ELISA) 二重抗体サンドイッチ法	778
data mining データマイニング	770
dATP (deoxyadenosine triphosphate) デオキシアデノシン三リン酸	769
days post infection (dpi) 感染後日数	768
days post inoculation (dpi) 接種後日数	768
DBIA (dot blot immunoassay) ドットブロットイムノアッセイ	775
DBP (DNA binding protein) DNA 結合タンパク質	766
DC (Dicer) ダイサー	757
dC (deoxycytidine) デオキシシチジン	769
DCL (Dicer-like enzyme) ダイサー様酵素	757
dCMP (deoxycytidine monophosphate) デオキシシチジン一リン酸	769
dCTP (deoxycytidine triphosphate) デオキシシチジン三リン酸	769
dCyd (deoxycytidine) デオキシシチジン	769
DD (differential display) ディファレンシャルディスプレイ法	768
DDBJ (DNA Data Bank of Japan) [db] 日本 DNA データバンク	779
D DNA (defective DNA) 欠陥 DNA	708
ddNTP (dideoxyribonucleoside triphosphate) ジデオキシリボヌクレオシド三リン酸	725
death 枯死	713
death gene 細胞死遺伝子	717
decapping デキャッピング	770
decline 衰弱	749
decoy protein デコイタンパク質	770
DECS DECS (デックス) 法	770
dedifferentiation 脱分化	759
deep freezer 超低温槽	764
deep sequencing ディープシーケンシング	769
defective DNA (D DNA) 欠陥 DNA	708
defective interfering DNA (DI DNA) 欠陥干渉 DNA	707
defective interfering nucleic acid 欠陥干渉核酸	707
defective interfering particle (DIP) 欠陥干渉粒子	708, 765
defective interfering RNA (DI RNA) 欠陥干渉 RNA	707
defective interfering virus (DI virus, DIV) 欠陥干渉ウイルス	707
defective RNA (D RNA) 欠陥 RNA	707
defective virus 欠陥ウイルス	794
defense gene, defense-related gene, defense response gene 防御応答遺伝子	803
defense reaction, defense response 防御応答	803
defense signaling factor, defense signaling molecule 防御シグナル伝達物質	803
defense signal transduction network 防御応答シグナル伝達系	803
defensin ディフェンシン	768
defensome ディフェンソーム	769
deformation 奇形	698
degenerate PCR ディジェネレート PCR	767
degenerate primer ディジェネレートプライマー	768
degeneration 縮重	728
dehydration 脱水	759
deionized water 脱イオン水	759
deletion 欠失	708
denaturant, denaturing agent 変性剤	803
denaturation 変性	803
denatured PAGE, denaturing PAGE 変性 PAGE	803
dendrogram 系統樹	707
dendrology 樹木学	729
Denhardt's solution デンハルト溶液	773
de novo デノボ	770
density-gradient centrifugation 密度勾配遠心法	811
deoxyadenosine (da, dAdo) デオキシアデノシン	769
deoxyadenosine monophosphate (dAMP) デオキシアデノシン一リン酸	769
deoxyadenosine triphosphate (dATP) デオキシアデノシン三リン酸	769
deoxycytidine (dC, dCyd) デオキシシチジン	769
deoxycytidine monophosphate (dCMP) デオキシシチジン一リン酸	769
deoxycytidine triphosphate (dCTP) デオキシシチジン三リン酸	769
deoxyguanosine (dG, dGuo) デオキシグアノシン	769
deoxyguanosine monophosphate (dGMP) デオキシグアノシン一リン酸	769
deoxyguanosine triphosphate (dGTP) デオキシグアノシン三リン酸	769
deoxyribonuclease (DNase) デオキシリボヌクレアーゼ	770
deoxyribonuclease I (Dnase I) デオキシリボヌクレアーゼ I	770
deoxyribonucleic acid (DNA) デオキシリボ核酸	770
deoxyribonucleoprotein (DNP) デオキシリボ核タンパク質	770
deoxyribonucleoside デオキシリボヌクレオシド	770
deoxyribonucleotide デオキシリボヌクレオチド	770
deoxyribose デオキシリボース	770
deoxythymidine (dT, dThd) チミジン	762
deoxythymidine monophosphate (dTMP) デオキシチミジン一リン酸, チミジン一リン酸	762, 769
deoxythymidine triphosphate (dTTP) チミジン三リン酸	762
deoxythymidylic acid チミジン一リン酸	762
DEP (dielectrophoresis) 誘電泳動	816
DEP (dilution end point) 希釈限度, 耐希釈性	757, 765
DEPC (diethylpyrocarbonate) ジエチルピロカーボネート	722
dependent transmission 依存性媒介	668
dependent virus 依存ウイルス	668
dephosphorylation 脱リン酸化	759

derivative　誘導体		816
Descriptions of Plant Viruses (DPV)[db]		770
desmotubule　デスモ小管		770
detection of viral dsRNA　ウイルス二本鎖 RNA 検出法		677
detoxication, detoxification　解毒		708
detoxication enzyme, detoxification enzyme　解毒酵素		708
development　発生		784
dG (deoxyguanosine)　デオキシグアノシン		769
DGB (double gene block)　ダブルジーンブロック		760
DGB family (double gene block family)　ダブルジーンブロックファミリー		760
DGI (dark green island)　ダークグリーンアイランド		758
dGMP (deoxyguanosine monophosphate)　デオキシグアノシン一リン酸		769
dGTP (deoxyguanosine triphosphate)　デオキシグアノシン三リン酸		769
dGuo (deoxyguanosine)　デオキシグアノシン		769
diagnosis　診断		748
diagnosis of plant virus diseases　植物ウイルス病の診断		744
diagnosis of viroid diseases　ウイロイド病の診断		681
diagnosis of virus diseases　ウイルス病の診断		679
dialysis　透析		774
diaminobenzidine (DAB)　DAB（ダブ）		760
diamond knife　ダイヤモンドナイフ		758
DIBA (dot immuno-binding assay)　ダイバ法		758
Dicer (DC)　ダイサー		757
Dicer-like enzyme (DCL)　ダイサー様酵素		757
dicotyledon (dicot)　双子葉植物		755
dictyosome　ゴルジ体		714
dideoxy method　ジデオキシ法		725
dideoxyribonucleoside triphosphate (ddNTP)　ジデオキシリボヌクレオシド三リン酸		725
dideoxy terminator method　ジデオキシ法		725
DI DNA (defective interfering DNA)　欠陥干渉 DNA		707
dieback　枝枯れ		685
DIECA (diethyldithiocarbamate)　ジエチルジチオカルバミン酸		722
dielectrophoresis (DEP)　誘電泳動		816
diethyldithiocarbamate (DIECA)　ジエチルジチオカルバミン酸		722
diethylpyrocarbonate (DEPC)　ジエチルピロカーボネート		722
differential centrifugation　分画遠心分離法		799
differential cultivar　判別品種		786
differential display (DD)　ディファレンシャルディスプレイ法		768
differential host　判別宿主		786
differential hybridization　ディファレンシャルハイブリダイゼーション法		768
differential interference microscope　微分干渉顕微鏡		790
differential screening　ディファレンシャルスクリーニング		768
differentiation　分化		714, 799
diffusion　拡散		692
DIG (digoxigenin)　ジゴキシゲニン		723
digoxigenin (DIG)　ジゴキシゲニン		723
dilution end point (DEP)　耐希釈性		757
dimer　ダイマー		758
dimple　ディンプル		769
DI particle, DIP (defective interfering particle)　欠陥干渉粒子		708
diploid　二倍体		778
dip method, dipping method　ディップ法，浸漬法		748, 768
direct ELISA　直接 ELISA 法		764
direct fluorescent antibody technique　直接蛍光抗体法		764
direct gene transfer　直接遺伝子導入法		764
direct negative staining (DN)　ダイレクトネガティブ染色法		758
direct repeat, direct repeat sequence　直列反復配列		764
DI RNA (defective interfering RNA)　欠陥干渉 RNA		707
disassembly　脱外被		759
discoloration　変色		803
discontinuity　ギャップ，不連続部位		700
discontinuous epitope　不連続エピトープ		798
disease and insect damage　病虫害		792
disease and insect pest　病害虫		790
disease control　病害防除		791
disease cycle　伝染環		772
disease development, disease incidence, disease occurrence, disease outbreak　病気の発生		784
disease forecasting　発生予察		784
disease incidence rate　発病率		784
disease onset　発病		784
disease resistance　病害抵抗性		790
disease resistance breeding　病害抵抗性育種		791
disease-resistant fusion plant　病害抵抗性融合植物		791
disease-resistant plant through cell selection　病害抵抗性細胞選抜植物		791
disease-resistant transgenic plant　病害抵抗性組換え植物		791
disease severity index　発病指数		784
disease tolerance　病害耐性		790
disinfection　消毒，滅菌		730, 812
dispersal　拡散		692
dissemination　伝染		772
distilled water　蒸留水		731
distortion　奇形		698
disulfide bond (S-S bond)　ジスルフィド結合		724
DIV (defective interfering virus)　欠陥干渉ウイルス		707
divided genome　分節ゲノム		800
divided genome virus　分節ゲノムウイルス		800
DI virus (defective interfering virus)　欠陥干渉ウイルス		707
division　門		815
division　株分け		695
division cycle　分裂周期		800
DNA (deoxyribonucleic acid)　デオキシリボ核酸		770
DNA β　DNA ベータ		766
DNA bank　DNA バンク		766
DNA binding domain　DNA 結合ドメイン		766
DNA binding protein (DBP)　DNA 結合タンパク質		766
DNA chip　DNA チップ		766
DNA clone　DNA クローン		766
DNA cloning　DNA クローニング		766
DNA construct　DNA コンストラクト		766
DNA Data Bank of Japan (DDBJ)[db]　日本 DNA データバンク		779
DNA database　DNA データーベース		766
DNA dependent DNA polymerase　DNA 依存 DNA ポリメラーゼ		765
DNA dependent RNA polymerase　DNA 依存 RNA ポリメラーゼ		765
DNA donor　DNA 供与体		766

DNA fingerprinting　DNA フィンガープリンティング		766
DNA footprinting　DNA フットプリンティング		766
DNA genome　DNA ゲノム		766
DNA helicase　DNA ヘリカーゼ		766
DNA interference　DNA 干渉		766
DNA ladder　DNA ラダー		767
DNA library　DNA ライブラリー		767
DNA ligase　DNA リガーゼ		767
DNA marker　DNA マーカー		766
DNA marker-assisted breeding　DNA マーカー育種		767
DNA methylase　DNA メチルトランスフェラーゼ		767
DNA methylation　DNA メチル化		767
DNA methyltransferase　DNA メチルトランスフェラーゼ		767
DNA microarray　DNA マイクロアレイ		766
DNA phage　DNA ファージ		766
DNA polymerase　DNA ポリメラーゼ, DNA 複製酵素		766
DNA primase　DNA プライマーゼ		766
DNA probe　DNA プローブ		766
DNA recombination　DNA 組換え		766
DNA repair　DNA 修復		766
DNA replicase　DNA 複製酵素		766
DNase (deoxyribonuclease)　デオキシリボヌクレアーゼ, DNA 分解酵素		766, 770
DNase I (deoxyribonuclease I)　デオキシリボヌクレアーゼ I		770
DNA sequencer　DNA シーケンサー		766
DNA sequencing　DNA 塩基配列決定法		765
DNA shuffling　DNA シャッフリング		766
DNA synthesis　DNA 合成		766
DNA synthesizer　DNA シンセサイザー		766
DNA topoisomerase　DNA トポイソメラーゼ		766
DNA virus　DNA ウイルス		765
DNA world　DNA ワールド		767
DNP (deoxyribonucleoprotein)　デオキシリボ核タンパク質		770
dodder　ネナシカズラ		781
domain　ドメイン		775
domestic plant quarantine　国内植物検疫		713
dominant　優性		815
dominant gene　優性遺伝子		815
dominant resistance gene　優性抵抗性遺伝子		815
donor DNA　供与 DNA		702
donor nucleic acid　供与核酸		702
donor RNA　ドナー RNA		775
dot blot hybridization　ドットブロットハイブリダイゼーション法		775
dot blot immunoassay (DBIA)　ドットブロットイムノアッセイ		775
dot blotting　ドットブロッティング		775
dot ELISA　ドットエライザ法		775
dot immuno-binding assay (DIBA)　ダイバ法		758
double antibody sandwich ELISA (DAS-ELISA)　二重抗体サンドイッチ法		778
double capsid　二重殻		778
double fixation　二重固定		778
double gene block (DGB)　ダブルジーンブロック		760
double gene block family (DGB family)　ダブルジーンブロックファミリー		760
double helix　二重らせん		778
double immunodiffusion　二重免疫拡散法		778
double infection　重複感染, 二重感染		727, 778
double-layered capsid, double-layered shell, double shell　二重殻		778
double staining　二重染色		778
double strand break (DSB)　二本鎖切断		779
double-stranded DNA (dsDNA)　二本鎖 DNA		779
double-stranded DNA reverse transcribing virus (dsDNA-RT virus)　二本鎖 DNA 逆転写ウイルス		779
double-stranded DNA virus (dsDNA-virus)　二本鎖 DNA ウイルス		779
double-stranded nucleic acid (ds-nucleic acid)　二本鎖核酸		779
double-stranded ribonuclease (dsRNase)　二本鎖 RNA 分解酵素		779
double-stranded RNA (dsRNA)　二本鎖 RNA		779
double-stranded RNA binding protein (DRBP)　二本鎖 RNA 結合タンパク質		779
double-stranded RNase (dsRNase)　二本鎖 RNA 分解酵素		765
double-stranded RNA virus (dsRNA virus)　二本鎖 RNA ウイルス		779
double-stranded small interfering RNA (ds-siRNA)　二本鎖低分子干渉 RNA		779
down regulation　発現抑制, 下方制御		695, 784
down regulator　抑制因子		817
downstream　下流		695
dpi (days post inoculation, days post infection)　接種後日数, 感染後日数		768
DPV (Descriptions of Plant Viruses) [db]		770
DPVweb [db]		768
draft chamber　ドラフトチャンバー		775
DRBP (double-stranded RNA binding protein)　二本鎖 RNA 結合タンパク質		779
D RNA (defective RNA)　欠陥 RNA		707
drug resistance, drug tolerance　薬剤耐性		815
drug resistance marker　薬剤耐性マーカー		815
dry heat sterilization　乾熱滅菌		698
dry heat treatment　乾熱消毒		698
DSB (double strand break)　二本鎖切断		779
dsDNA (double-stranded DNA)　二本鎖 DNA		765
dsDNA-RT virus (double-stranded DNA reverse transcribing virus)　二本鎖 DNA 逆転写ウイルス		779
dsDNA virus (double-stranded DNA virus)　二本鎖 DNA ウイルス		779
ds-nucleic acid　二本鎖核酸		779
DsRed　ディーエスレッド		765
dsRNA (double-stranded RNA)　二本鎖 RNA		779
dsRNase (double-stranded ribonuclease, double-stranded RNase)　二本鎖 RNA 分解酵素		765, 779
dsRNA virus (double-stranded RNA virus)　二本鎖 RNA ウイルス		779
ds-siRNA (double-stranded small interfering RNA)　二本鎖低分子干渉 RNA		779
dT, dThd (deoxythymidine)　チミジン		762
dTMP (deoxythymidine monophosphate, thymidine monophosphate)　デオキシチミジン一リン酸, チミジン一リン酸		762, 770
dTTP (deoxythymidine triphosphate)　チミジン三リン酸		762
dual-antibody sandwich ELISA (DAS-ELISA)　二重抗体サンドイッチ法		778
dwarf　萎縮, 矮化		668, 823

E

EBI (European Bioinformatics Institute　欧州バイオインフォマティクス研究所) 673
ecdysis　脱皮 759
ECL (enhanced chemiluminescence)　増強化学発光 668
eclipse period, eclipse phase　暗黒期 666
ECM (extracellular matrix)　細胞外マトリクス 716
E.coli (*Escherichia coli*)　大腸菌 758
ecology　生態学 751
ecology of disease development　発生生態 784
ecology of plant disease development　植物病の発生生態 746
ecosystem　生態系 751
ecotype　エコタイプ 684
ectodesm, ectodesmata (ED)　エクトデスム，エクトデスマータ 684
ectopic expression　異所性発現 668
Edman degradation　エドマン分解法 685
EDTA (ethylenediaminetetraacetic acid)　エチレンジアミン四酢酸 685
eEF (eukaryotic elongation factor, translation elongation factor)　真核生物翻訳伸長因子 667, 807
eEF1A (eukaryotic elongation factor 1A)　真核生物翻訳伸長因子 1A 667
EF (elongation factor, translation elongation factor)　伸長因子，翻訳伸長因子 748, 807
effector　エフェクター 687
effector-triggered immunity (ETI)　エフェクター誘導免疫 687
effector-triggered susceptibility (ETS)　エフェクター誘導感受性 687
efficiency of infection　感染効率 697
EFPP (European Foundation for Plant Pathology)　欧州植物病理学機構 689
EIA (enzyme immunoassay)　エンザイムイムノアッセイ，酵素免疫検定法 667, 712
eIF (eukaryotic initiation factor, translation initiation factor)　真核生物翻訳開始因子，翻訳開始因子，開始因子 667, 691, 807
eIF3 (eukaryotic initiation factor 3)　真核生物翻訳開始因子 3 667
eIF4A (eukaryotic initiation factor 4A)　真核生物翻訳開始因子 4A 667
eIF4E (eukaryotic initiation factor 4E)　真核生物翻訳開始因子 4E 667
eIF4F (eukaryotic initiation factor 4F)　真核生物翻訳開始因子 4F 667
eIF4E-binding protein (4E-BP)　eIF4E 結合タンパク質 667
eIF4G (eukaryotic initiation factor 4G)　真核生物翻訳開始因子 4G 667
EJPP (European Journal of Plant Pathology)［誌］ 668
electrical cell manipulation　電気細胞操作 771
electric cell engineering　電気細胞工学 770
electroblotting　エレクトロブロット法 688
electrofocusing (IEF)　等電点電気泳動 774
electrofusion　電気細胞融合法 771
electromanipulation of cell　電気細胞操作 771
electron gun　電子銃 771
electron image　電子像 771
electron lens　電子レンズ 771
electron microscope tomography (EM tomography)　電子顕微鏡断層撮影 771
electron microscopic autoradiography　電子顕微鏡オートラジオグラフィー 771
electron microscopic diagnosis　電子顕微鏡診断法 771
electron stain, electron staining　電子染色 771
electrophoresis　電気泳動法 770
electrophoretic mobility　電気泳動移動度 770
electroporation　エレクトロポレーション法，電気穿孔法 688, 771
electro-transfection　電気遺伝子導入法，電気核酸感染法 770
elicitor　エリシター 688
ELISA (enzyme-linked immunosorbent assay)　エライザ法 687
elongation　伸長 748
elongation factor (EF)　伸長因子 748
EM (electron microscope)　電子顕微鏡 771
embedding　包埋 804
embedding agent, embedding medium　包埋剤 804
EMBL (European Molecular Biology Laboratory)　欧州分子生物学研究所 690
EMBL-Bank［db］　エンブルバンク 689
embryo　胚 782
embryo culture　胚培養 783
embryoid　不定胚 796
embryo rescue　胚救済 782
embryo sac　胚嚢 783
empty particle, empty shell　中空粒子 762
EMS (ethyl methanesulfonate)　エチルメタンスルホン酸 685
EM tomography (electron microscope tomography)　電子顕微鏡断層撮影 771
emulsion PCR　エマルジョン PCR 687
enation　ひだ葉 788
embedding　包埋 804
encapsidation　エンキャプシデーション 689
encapsulated seed　人工種子 747
endemic disease　流行病 820
endemic　エンデミック 689
endocytosis　エンドサイトーシス，飲食作用 689
endogenous elicitor　内生エリシター 777
endogenous pararetroviral sequence (EPRVs)　内在性パラレトロウイルス配列 673
endogenous pararetrovirus (EPRV)　内在性パラレトロウイルス 777
endogenous retrovirus (ERV)　内在性レトロウイルス 777
endogenous virus　内在性ウイルス 777
endonuclease　エンドヌクレアーゼ 689
endopeptidase　エンドペプチダーゼ 689
endophyto　エンドファイト，植物内生菌 689
endoplasmic reticulum (ER)　小胞体 730
endoplasmic reticulum membrane (ER membrane)　小胞体膜 731
endoplasmic reticulum targeting signal (ER localization signal)　小胞体移行シグナル 731
endosome　エンドソーム 689
enhanced chemiluminescence (ECL)　増強化学発光 668
enhancer　エンハンサー 689
entry　侵入 748
entry of plant viruses　植物ウイルスの侵入 740

enveloped virus　被膜ウイルス	790	ethylene-responsive factor（ERF）	667
envelope　エンベロープ，被膜	689, 790	ethylene signaling pathway　エチレンシグナル伝達系	685
env gene　*env*（エンブ）遺伝子	689	ethyl methanesulfonate（EMS）　エチルメタンスルホン酸	685
environmental biology　環境生物学	696	ETI（effector-triggered immunity）　エフェクター誘導免疫	687
environmentally-friendly farming　環境保全型農業	696	etiologic agent　病原体	792
enzyme　酵素	711	EtOH（ethanol, ethyl alcohol）	
enzyme immunoassay（EIA）		エタノール，エチルアルコール	670, 685
エンザイムイムノアッセイ，酵素免疫検定法	667, 712	ETS（effector-triggered susceptibility）	
enzyme-labeled antibody technique		エフェクター誘導感受性	687
酵素標識抗体法，酵素抗体法	712	eubacteria, eubacterium　真正細菌，細菌	716, 748
enzyme-linked immunosorbent assay（ELISA）　エライザ法	687	eucaryote, eukaryote　真核生物	747
epidemic　伝染病	772	euchromatin　ユークロマチン	816
epidemic disease　流行病	820	eukaryotic elongation factor（eEF）　真核生物翻訳伸長因子	667
epidemic prevention　防疫	803	eukaryotic elongation factor 1A（eEF1A）	
epidemiology　疫学	683	真核生物翻訳伸長因子 1A	667
epidermal cell　表皮細胞	792	eukaryotic initiation factor（eIF）　真核生物翻訳開始因子	667
epidermis　表皮	792	eukaryotic initiation factor 3（eIF3）	
epifluorescence microscope　落射蛍光顕微鏡	817	真核生物翻訳開始因子 3	667
epigenetics　エピジェネティックス	686	eukaryotic initiation factor 4A（eIF4A）	
epigenome　エピゲノム	686	真核生物翻訳開始因子 4A	667
epinasty　エピナスティ，上偏成長	687	eukaryotic initiation factor 4E（eIF4E）	
epiphytology　植物疫学	744	真核生物翻訳開始因子 4E	667
epiphytotic　植物伝染病	745	eukaryotic initiation factor 4F（eIF4F）	
epitope　エピトープ，抗原決定基	711	真核生物翻訳開始因子 4F	667
epoxy resin　エポキシ樹脂	687	eukaryotic initiation factor 4G（eIF4G）	
EPPO（European and Mediterranean Plant Protection		真核生物翻訳開始因子 4G	667
Organization）　欧州・地中海植物保護機構	673	eukaryotic translation release factor（eRF）	
EPRV（endogenous pararetrovirus）		真核生物翻訳終結因子	667
内在性パラレトロウイルス	777	Eur.J.Plant Pathol.（European Journal of Plant Pathology）［誌］	
EPRVs（endogenous pararetroviral sequence）			816
内在性パラレトロウイルス配列	673	European and Mediterranean Plant Protection Organization	
equilibrium density-gradient centrifugation		（EPPO）　欧州・地中海植物保護機構	673
平衡密度勾配遠心法	800	European Bioinformatics Institute（EBI）	
ER（endoplasmic reticulum）　小胞体	730	欧州バイオインフォマティクス研究所	690
eradication　根絶	715	European Foundation for Plant Pathology（EFPP）	
ERF（ethylene-responsive factor）	667	欧州植物病理学機構	690
eRF（eukaryotic translation release factor, translation		European Journal of Plant Pathology（EJPP）［誌］	668, 816
release factor, release factor）		European Molecular Biology Laboratory（EMBL）	
真核生物翻訳終結因子，翻訳終結因子	667, 807	欧州分子生物学研究所	690
ER localization signal（endoplasmic reticulum targeting		evolutionary clock　進化時計	747
signal）　小胞体移行シグナル	731	evolution of plant viruses　植物ウイルスの進化	740
ER membrane（endoplasmic reticulum membrane）		evolution of viruses　ウイルスの進化	678
小胞体膜	731	evolution　進化	747
error-prone PCR　エラープローン PCR	688	exit site（E site）　E 部位	673
ERV（endogenous retrovirus）　内在性レトロウイルス	777	exobiology　宇宙生物学	682
Escherichia coli（*E.coli*）　大腸菌	758	exocortis　エクソコーティス病	684
Escherichia coli phage　大腸菌ファージ	758	exome　エキソソーム	683
Escherichia coli plasmid　大腸菌プラスミド	758	exon　エキソン	683
E site（exit site）　E 部位	673	exonuclease　エキソヌクレアーゼ	683
EST（expressed sequence tag）　発現遺伝子配列標識	784	exopeptidase　エキソペプチダーゼ	683
ET（ethylene）　エチレン	685	exosome　エキソソーム	683
EtBr（ethidium bromider）　エチジウムブロマイド	685	experimental host　実験宿主	725
ethanol（EtOH）　エタノール，エチルアルコール	670, 685	experimental manual　実験マニュアル	725
ethanol precipitation　エタノール沈澱	685	experimental protocol　実験プロトコル	725
ethidium bromide（EtBr）　エチジウムブロマイド	685	expressed sequence tag（EST）　発現遺伝子配列標識	784
ethyl alcohol（EtOH）　エチルアルコール	685	expression　発現	784
ethylene（ET）　エチレン	685	expression map　遺伝子発現地図	672
ethylenediaminetetraacetic acid（EDTA）		expression of plant virus genes　植物ウイルスの遺伝子発現	736
エチレンジアミン四酢酸	685	expression of virus gene　ウイルスの遺伝子発現	677

expression profile 発現プロファイル	784	
expression vector 発現ベクター	784	
external phloem 外篩部	691	
extinction 絶滅	753	
extinction coefficient 吸光係数	701	
extracellular domain 細胞外ドメイン	716	
extracellular matrix (ECM) 細胞外マトリクス	716	
extracellular signal 細胞外シグナル	716	
extrachromosomal gene 染色体外遺伝子	754	
extraction 抽出	762	
extraction of plant viral nucleic acid 植物ウイルス核酸の抽出	733	
extranuclear gene 核外遺伝子	692	
extranuclear genome 核外ゲノム	692	

F

F1 hybrid (first filial generation) F1雑種	687
F1 hybrid breeding 一代雑種育種	669
FACS (fluorescence-activated cell sorter) 蛍光活性化セルソーター	706
family 科	691
far western blotting ファーウエスタン法	682, 793
FASTA ファスタ	793
fasting effect 絶食効果	753
FCM (flow cytometry) フローサイトメトリー	798
FDA (fluorescein diacetate) フルオレセインジアセテート	797
feedback inhibition フィードバック阻害	794
feeding 吸汁	701
femtogram (fg) フェムトグラム	794
fern シダ植物	724
fertigation 養液栽培	816
fertilization 受精	729
F factor F因子	687
fg (femtogram) フェムトグラム	794
field diagnosis 圃場診断	804
field-emission electron gun 電界放出型電子銃	770
field hygiene, field sanitation 圃場衛生	804
field release 野外放出	815
field resistance gene 圃場抵抗性遺伝子	804
field resistance 圃場抵抗性	804
filament フィラメント	794
filamentous fungus 糸状菌	724
filamentous virus ひも状ウイルス, 線状ウイルス	754, 790
filiformy 糸葉	673
filter sterilization 濾過滅菌	823
fine structure 微細構造	787
fingerprinting フィンガープリンティング	794
firefly luciferase (Fluc) ホタルルシフェラーゼ	687
first antibody 一次抗体	669
first filial generation F1雑種	687
first infection 一次感染	668
first messenger ファーストメッセンジャー	793
first virus 一次ウイルス	668
FISH (fluorescence in situ hybridization, fluorescent in situ hybridization) フィッシュ, 蛍光インシトゥハイブリダイゼーション	706, 793
fission yeast 分裂酵母	800
FITC (fluorescein isothiocyanate) フルオレセインイソチオシアネート	797

fixation 固定	713
FLAG フラッグ	797
flame sterilization 火炎滅菌	692
fleck フレック	798
flexuous rod-shaped particle 屈曲性棒状粒子	704
flexuous rod-shaped virus ひも状ウイルス	790
flocculation 凝集反応	702
floral infection 花器感染	692
flow cytometer フローサイトメーター	798
flow cytometry (FCM) フローサイトメトリー	798
flower breaking 斑入り	794
flower infection 花器感染	692
FLuc (firefly luciferase) ホタルルシフェラーゼ	687
fluorescein diacetate (FDA) フルオレセインジアセテート	797
fluorescein isothiocyanate (FITC) フルオレセインイソチオシアネート	797
fluorescence 蛍光	706
fluorescence-activated cell sorter (FACS) 蛍光活性化セルソーター	706
fluorescence in situ hybridization (FISH) FISH (フィッシュ), 蛍光インシトゥハイブリダイゼーション	793
fluorescence labeled probe 蛍光標識プローブ	706
fluorescence microscope (FM) 蛍光顕微鏡	706
fluorescence resonance energy transfer (FRET) 蛍光共鳴エネルギー移動法	706
fluorescent antibody technique 蛍光抗体法	706
fluorescent capillary DNA sequencer 蛍光キャピラリーDNAシーケンサー	706
fluorescent dye 蛍光色素	706
fluorescent in situ hybridization (FISH) 蛍光インシトゥハイブリダイゼーション	706
fluorescent probe 蛍光プローブ	706
fluorescent screen 蛍光板	706
fluorogenic substrate 蛍光基質	706
fluorophotometer 蛍光分光光度計	706
FM (fluorescence microscope) 蛍光顕微鏡	706
focusing 収斂	727
folding フォールディング	794
foliage leaf 本葉	808
foliar age 葉齢	817
footprinting フットプリンティング	795
foregut 前腸	755
foregut-borne transmission 前腸型伝染	755
forest pathology 樹病学	729
forest protection 森林保護	748
form, forma 品種	793
formaldehyde ホルムアルデヒド	807
formamide ホルムアミド	807
forward genetuc 順遺伝学	730
fosmid vector フォスミドベクター	794
foundation seed 原原種	710
foundation seed farm 原原種農場	710
F plasmid Fプラスミド	687
frameshift (FS) フレームシフト	798
frameshift mutation フレームシフト変異	798
frameshift protein (FS protein) フレームシフトタンパク質	798
freeze-drying 凍結乾燥法	773
freeze etching 凍結エッチング法	773
freeze-fracture method 凍結割断法	773

freeze-replica method 凍結レプリカ法	773
freezing 凍結保存法	773
freezing microtome 凍結ミクロトーム	773
FRET (fluorescence resonance energy transfer) 蛍光共鳴エネルギー移動法	706
frozen section 凍結切片	773
FS (frameshift) フレームシフト	798
FS protein (frameshift protein) フレームシフトタンパク質	798
fume hood ドラフトチャンバー	775
functional genomics 機能ゲノミクス	699
functional protein 機能タンパク質	699
functional proteomics 機能プロテオミクス	699
fungal transmission 菌類伝染	703
fungal vector 菌類ベクター	704
fungal virus 菌類ウイルス	703
fungi, fungus 菌類	703
fungicide 殺菌剤	719
fungus-borne virus 菌類伝搬性ウイルス	703
fusion cell 融合細胞	815
fusion gene 融合遺伝子	815
fusion protein 融合タンパク質	815

G

G (guanine) グアニン	704
G (guanosine) グアノシン	704
G0 phase (Gap 0 phase) G0期	724
G1 phase (Gap 1 phase) G1期	747
G2 phase (Gap 2 phase) G2期	725
GA (gibberellin) ジベレリン	726
GA (glutaraldehyde) グルタールアルデヒド	705
gag gene gag (ギャグ) 遺伝子	700
gain-of-function mutation 機能獲得変異	699
gall がん腫, 腫瘍	696, 729
gap ギャップ, 不連続部位	700
Gap 0 phase G0期	724
Gap 1 phase G1期	747
Gap 2 phase G2期	725
gas chromatography (GC) ガスクロマトグラフィー	694
gas-phase protein sequencer 気相プロテインシーケンサー	699
gas sterilization ガス滅菌	694
Gateway DNA cloning Gateway DNA クローニング法	707
Gb (gigabase) ギガベース	698
GC (gas chromatography) ガスクロマトグラフィー	694
GC content GC含量	723
GDD motif GDDモチーフ	725
gelatin capsule ゼラチンカプセル	753
gel double diffusion ゲル内二重拡散法	709
gel electrophoresis ゲル電気泳動	709
gel filtration chromatography ゲルろ過クロマトグラフィー	709
gellan gum ゲランガム	709
gel-mobility shift assay ゲルシフトアッセイ	709
gel shift assay ゲルシフトアッセイ	709
geminate virus 双球状ウイルス	755
Geminiviridae ジェミニウイルス科	795
geminivirus ジェミニウイルス	722
gene 遺伝子	670
gene amplification 遺伝子増幅	672
gene bank 遺伝子バンク	672
gene block 遺伝子ブロック	672

gene cloning 遺伝子クローニング	671
gene cluster 遺伝子クラスター	671
gene control 遺伝子制御	672
gene control region 遺伝子制御領域	672
gene diagnosis 遺伝子診断	671
gene disruption 遺伝子破壊	672
gene disruption lines 遺伝子破壊系統	672
gene dosage 遺伝子量	673
gene dosage effect 遺伝子量効果	673
gene duplication 遺伝子重複	671
gene engineering 遺伝子工学	671
gene expression 遺伝子発現	672
gene expression map 遺伝子発現地図	672
gene expression profile 遺伝子発現プロファイル	672
gene family 遺伝子ファミリー	672
gene flow 遺伝子流動	673
gene-for-gene theory 遺伝子対遺伝子説	672
gene fusion 遺伝子融合	672
gene gun パーティクルガン法	784
gene junction 遺伝子ジャンクション	671
gene knockdown 遺伝子ノックダウン	672
gene knockin 遺伝子ノックイン	672
gene knockout 遺伝子ノックアウト	672
gene library 遺伝子ライブラリー, ゲノミック DNA ライブラリー	672, 708
gene manipulation 遺伝子操作, 遺伝子工学	671
gene mapping 遺伝子地図作成	672
gene product 遺伝子産物	671
gene pyramiding, gene pyramidization ジーンピラミディング	748
gene rearrangement 遺伝子再編成	671
gene regulation 遺伝子制御	672
gene regulation region 遺伝子制御領域	672
gene silencing ジーンサイレンシング, 遺伝子制御	748
gene silencing suppressor ジーンサイレンシングサプレッサー	748
gene source 遺伝子源	671
gene tagging 遺伝子タギング	672
gene targeting (GT) ジーンターゲッティング, 遺伝子ターゲッティング	672, 748
gene transfer 遺伝子導入	672
gene transfer vector 遺伝子導入ベクター	672
gene walking 染色体歩行	754
GenBank [db] ジェンバンク	722
genealogical tree 系統樹	707
general elicitor 非特異的エリシター	789
general resistance 基礎的抵抗性	699
general transcription factor 基本転写因子	699
genetic abnormality 遺伝的異常	673
genetic analysis 遺伝解析	670
genetic code 遺伝暗号	670
genetic disorder 遺伝的異常	673
genetic diversity 遺伝的多様性	673
genetic drift 遺伝的浮動	673
genetic engineering, genetic modification 遺伝子工学	671
genetic engineering experiment 遺伝子組換え実験	670
genetic map 遺伝子地図	672
genetic marker 遺伝マーカー	673
genetic polymorphism 遺伝的多型	673

索引

genetic reassortment 遺伝的再集合	673
genetic recombination 遺伝子組換え，遺伝的組換え	670, 673
genetic resource 遺伝資源	671
genetic switch 遺伝子スイッチ	672
genetic variegation 遺伝的斑入り	673
genetic vector 遺伝子導入ベクター	672
genetically modified crop (GM crop) 遺伝子組換え作物	670
genetically modified food (GM food) 遺伝子組換え食品	671
genetically modified microorganism (GM microorganism, GM microbe) 遺伝子組換え微生物	671
genetically modified organism (GMO) 遺伝子組換え生物	671
genetically modified plant (GM plant) 遺伝子組換え植物	671
genetics 遺伝学	670
genome ゲノム	708
genome activation ゲノム活性化	708
genome analysis ゲノム解析	708
genome compatibility ゲノムの互換性	709
genome constitution ゲノム構成	709
genome DNA ゲノム DNA	709
genome editing ゲノム編集	709
genome library ゲノミック DNA ライブラリー	708
genome map ゲノム地図	709
genome mapping ゲノムマッピング	709
genome rearrangement, genome reassortment ゲノム再編成	709, 716
genome RNA ゲノム RNA	708
genome sequencing ゲノムシーケンシング	709
genome size ゲノムサイズ	709
genome structure ゲノム構造	709
genome-linked protein ゲノム結合タンパク質	709
genome-linked viral protein (VPg) ゲノム結合タンパク質	709
genome-wide ゲノムワイド	709
genomic breeding ゲノム育種	708
genomic clone ゲノミッククローン	708
genomic DNA clone ゲノミック DNA クローン	708
genomic DNA library ゲノミック DNA ライブラリー	708
genomic imprinting ゲノムインプリンティング	708
genomic in situ hybridization (GISH) ゲノムインシトゥハイブリダイゼーション	708
genomic map ゲノム地図	709
genomic masking ゲノムマスキング	709
genomic nucleic acid ゲノム核酸	708
genomic RNA (gRNA) ゲノム RNA	708
genomics ゲノミクス	708
genotype 遺伝子型	670
genus 属	756
germ cell 生殖細胞	751
germination 発芽	784
GFP (green fluorescent protein) 緑色蛍光タンパク質	821
GFP fusion protein GFP 融合タンパク質	722
ghost particle 中空粒子	762
gibberellin (GA) ジベレリン	726
gigabase (Gb) ギガベース	698
GISH (genomic in situ hybridization) ゲノムインシトゥハイブリダイゼーション	708
glass knife ガラスナイフ	695
GlcNAc (N-acetylglucosamine) N-アセチルグルコサミン	685
glucan グルカン	705
glucanase グルカナーゼ	705
glucide 糖質	774
glucose グルコース	705
glutaraldehyde (GA) グルタールアルデヒド	705
glutathione (GSH) グルタチオン	705
glutathione S transferase (GST) グルタチオン S トランスフェラーゼ	705
GLVs (green leaf volatiles) 緑葉揮発成分	821
glycan 多糖	759
glycan microarray 糖鎖マイクロアレイ	773
glycobiology 糖鎖生物学	773
glycolipid 糖脂質	773
glycome グライコーム	705
glycomics グライコミクス	705
glycoprotein 糖タンパク質	774
glycosylation 糖鎖付加	773
GM food (genetically modified food) 遺伝子組換え食品	670
GM microbe (genetically modified microbe) 遺伝子組換え微生物	671
GM microorganism (genetically modified microorganism) 遺伝子組換え微生物	671
GMO (genetically modified organism) 遺伝子組換え生物	671
GMP (guanosine monophosphate) グアノシン一リン酸	704
GM plant (genetically modified plant) 遺伝子組換え植物	670
Golgi apparatus, Golgi body ゴルジ体	714
Golgi membrane ゴルジ膜	714
G protein G タンパク質	724
graft, grafting 接ぎ木	764
graft inoculation 接ぎ木接種	764
graft transmission 接ぎ木伝染	764
grana グラナ	705
granular inclusion 顆粒状封入体	696
green fluorescent protein (GFP) 緑色蛍光タンパク質	821
green island グリーンアイランド	705
green leaf volatiles (GLVs) 緑葉揮発成分	821
grid グリッド	705
gRNA (genomic RNA) ゲノム RNA	721
ground cytoplasm 細胞質基質	717
growing point 成長点	751
growth cabinet, growth chamber グロースキャビネット	705
growth curve 増殖曲線	755
GSH (glutathione) グルタチオン	705
GST (glutathione S transferase) グルタチオン S トランスフェラーゼ	705
GT (gene targeting) 遺伝子ターゲッティング	672
GTP (guanosine triphosphate) グアノシン三リン酸	704
GTPase (guanosine triphosphatase) GTP アーゼ	725
GTP-binding protein GTP 結合タンパク質	725
Gua (guanine) グアニン	704
guanine (G,Gua) グアニン	704
guanine-7-methyltransferase (MT) グアニン-7-メチルトランスフェラーゼ	704
guanosine (G,Guo) グアノシン	704
guanosine monophosphate (GMP) グアノシン一リン酸	704
guanosine triphosphatase (GTPase) GTP アーゼ	725
guanosine triphosphate (GTP) グアノシン三リン酸	704
guanylic acid グアニル酸	704
guanylyltransferase グアニル酸転位酵素	704
guard cell 孔辺細胞	712
guardee protein ガーディータンパク質	694

guard hypothesis　ガード説	695
guard type resistant protein　ガード型抵抗性タンパク質	695
Guo（guanosine）グアノシン	704
GUS（β-glucuronidase）β-グルクロニダーゼ	694, 801
GUS assay（β-glucuronidase assay）GUS（ガス）アッセイ	694
GUS gene（β-glucuronidase gene）　β-グルクロニダーゼ遺伝子	801
gymnosperm　裸子植物	817

H

H_2O_2（hydrogen peroxide）過酸化水素	694
hairpin filament　ヘアピンフィラメント	800
hairpin loop structure　ヘアピンループ構造	800
hairpin ribozyme　ヘアピン型リボザイム	800
half-leaf method　半葉法	786
hammerhead ribozyme（HH-Rz）　ハンマーヘッド型リボザイム	786
haploid　半数体	786
hapten　ハプテン	785
harmful insect　害虫	691
hatching　孵化	794
HC（helper component）　ヘルパー成分，虫媒介助タンパク質	763, 803
HC-Pro（helper component-protease）　ヘルバー成分プロテアーゼ，媒介介助タンパク質プロテアーゼ	782, 803
HdGS（homology-dependent gene silencing）　相同性依存ジーンサイレンシング	756
healthy plant　健全植物	710
healthy seedling　健全種苗	710
heat inactivation　熱失活	780
heat resistance　耐熱性	758
heat shock protein（HSP, Hsp）熱ショックタンパク質	780
heat shock protein 70（HSP70, Hsp70）　熱ショックタンパク質70	780
heat shock protein 70 homolog（HSP70h, Hsp70h）　熱ショックタンパク質70ホモログ	683
heat-stable enzyme　耐熱酵素	758
heat therapy　熱療法	781
HEL（RNA helicase）RNAヘリカーゼ	664
HEL, Hel（helicase）ヘリカーゼ	802
HEL domain（helicase domain）ヘリカーゼドメイン	802
helical capsid　らせん状キャプシド	817
helical pitch　らせんピッチ	817
helical symmetry　らせん対称	817
helical virus　らせん状ウイルス	817
helicase（HEL, Hel）ヘリカーゼ	802
helicase domain（HEL domain）ヘリカーゼドメイン	802
helix　ヘリックス	802
helix-loop-helix（HLH）ヘリックス-ループ-ヘリックス	802
helix-turn-helix（HTH）ヘリックス-ターン-ヘリックス	802
helper component　ヘルパー成分，虫媒介助タンパク質	763, 803
helper component-protease（HC-Pro）ヘルバー成分プロテアーゼ，媒介介助タンパク質プロテアーゼ	782, 803
helper protein　ヘルパータンパク質	803
helper virus　ヘルパーウイルス	802
hemacytometer　血球計算盤	708
hemicellulose　ヘミセルロース	802
hemocoel　血体腔	708
hemolymph　血リンパ	708
HEPA filter　HEPA（ヘパ）フィルター	802
herbaceous plant　草本植物	756
herbicide　除草剤	747
heredity　遺伝	670
hetero-　ヘテロ	802
heterochromatin　ヘテロクロマチン	802
heterodimer　ヘテロダイマー	802
heteroduplex　ヘテロ二本鎖	802
heteroencapsidation　ヘテロエンキャプシデーション	802
heterokaryonn　ヘテロカリオン	802
heterologous encapsidation　トランスエンキャプシデーション	776
heterosis　雑種強勢	719
heterosis breeding　雑種強勢育種	719
hexamer, hexon　ヘキサマー	801
HH-Rz（hammerhead ribozyme）　ハンマーヘッド型リボザイム	786
hierarchical classification　階層分類	691
high efficiency particulate air filter（HEPA filter）　HEPA（ヘパ）フィルター	802
higher-order structure of nucleic acid　核酸の高次構造	693
higher-order structure of protein　タンパク質の高次構造	761
high-performance liquid chromatography（HPLC）　高速液体クロマトグラフィー	711
high pressure sterilization　高圧滅菌	710
high-speed centrifuge　高速遠心機	711
high-throughput screening　ハイスループットスクリーニング	782
high-throughput sequencing　ハイスループットシーケンシング	782
hindgut　後腸	712
histidine tag（His-tag）ヒスチジンタグ	788
histochemistry　組織化学	757
histone　ヒストン	788
histone acetylase　ヒストンアセチラーゼ	788
histone acetyltransferasee　ヒストンアセチルトランスフェラーゼ	788
histone deacetylase　ヒストンデアセチラーゼ	788
histone demethylase　ヒストンデメチラーゼ	788
histone methyltransferase　ヒストンメチルトランスフェラーゼ	788
histone modification　ヒストン装飾	788
history of plant virology　植物ウイルス学の歴史	733
HLH（helix-loop-helix）ヘリックス-ループ-ヘリックス	802
homeostasis　ホメオスタシス	805
homo-　ホモ	805
homodimer　ホモダイマー	805
homogenate　ホモジェネート，磨砕液	805, 810
homogenization　磨砕	810
homogenizer　ホモジェナイザー	805
homokaryon　ホモカリオン	805
homolog　ホモログ，相同遺伝子	756, 805
homologous chromosome　相同染色体	756
homologous gene　相同遺伝子	756
homologous protein　相同タンパク質	756
homologous recombination　相同組換え	756
homologue　ホモログ	805
homology　相同性	756

homology-dependent gene silencing (HdGS) 相同性依存ジーンサイレンシング	756
homology search ホモロジー検索	805
homopolymer ホモポリマー	805
hopper-borne virus ウンカ・ヨコバイ伝搬性ウイルス	682
hopper transmission ウンカ・ヨコバイ伝染	682
hordei-like group ホルデイ様グループ	807
horizontal resistance 水平抵抗性	749
horizontal transmission 水平伝染	749
horse radish peroxidase (HRP) 西洋ワサビペルオキシダーゼ	683
host 宿主	727
host factor 宿主因子	727
host-non-selective toxin, host-non-specific toxin 宿主非特異的毒素	728
host-parasite interaction 宿主-寄生者相互作用	728
host plant 宿主植物	728
host protein 宿主タンパク質	728
host range 宿主範囲	728
host range mutant 宿主域変異株	727
host range of plant viruses 植物ウイルスの宿主範囲	740
host range of viruses ウイルスの宿主範囲	678
host resistance 宿主抵抗性	728
host-selective toxin, host-specific toxin (HST) 宿主特異的毒素	728
host-vector system 宿主-ベクター系	728
hot air sterilization 乾熱滅菌	698
hotspot ホットスポット	805
hours post infection, hours post inoculation (hpi) 感染後時間数, 接種後時間数	683
housekeeping gene ハウスキーピング遺伝子	783
hpi (hours post inoculation, hours post infection) 接種後時間数, 感染後時間数	683
HPLC (high-performance liquid chromatography) 高速液体クロマトグラフィー	711
HPT (hygromycin phosphotransferase) ハイグロマイシンホスホトランスフェラーゼ	782
HR (hypersensitive reaction, hypersensitive response) 過敏感反応	695
HRGP (hydroxyproline-rich glycoprotein) ヒドロキシプロリンリッチ糖タンパク質	789
HRP (horse radish peroxidase) 西洋ワサビペルオキシダーゼ	683
HSP, Hsp (heat shock protein) 熱ショックタンパク質	780
HSP70, Hsp70 (heat shock protein 70) 熱ショックタンパク質70	780
HSP70h, Hsp70h (heat shock protein 70 homolog) 熱ショックタンパク質70ホモログ	683
HST (host-specific toxin, host-selective toxin) 宿主特異的毒素	728
HTH (helix-turn-helix) ヘリックス-ターン-ヘリックス	802
hybrid ハイブリッド	783
hybrid gene ハイブリッド遺伝子	783
hybridization ハイブリダイゼーション, 交雑	711, 783
hybridization breeding 交雑育種	711
hybridoma ハイブリドーマ	783
hybrid protein ハイブリッドタンパク質	783
hybrid subtraction ハイブリッドサブトラクション法	783
hybrid vigor 雑種強勢	719
hydrogen bond 水素結合	749
hydrogen peroxide (H_2O_2) 過酸化水素	694
hydrophilic 親水性	748
hydrophobic 疎水性	757
hydroponics 水耕栽培	749
hydroxyl radical ヒドロキシルラジカル	789
hydroxyproline-rich glycoprotein (HRGP) ヒドロキシプロリンリッチ糖タンパク質, 高ヒドロキシプロリン糖タンパク質	712, 789
hyg^r (hygromycin resistant gene) ハイグロマイシン耐性遺伝子	782
hygromycin phosphotransferase (HPT) ハイグロマイシンホスホトランスフェラーゼ	782
hygromycin resistant gene (hyg^r) ハイグロマイシン耐性遺伝子	782
hyperchromicity 濃色効果	781
hyperplasia 増生	756
hypersensitive cell death 過敏感細胞死	695
hypersensitive reaction, hypersensitive response (HR) 過敏感反応	695
hypertonic solution 高張液	712
hypertrophy 肥大	788
hypoplasia 減生, 発育不全	710, 784
hypotonic solution 低張液	768
hypotrophy 発育不全	784

I

IAA (indol-3-acetic acid) インドール-3-酢酸	674
IAP (inoculation feeding period, inoculation access period) 接種吸汁時間	753
IB (inclusion body) 封入体	794
ICAN (isothermal and chimeric primer-initiated amplification of nucleic acids) ICAN(アイキャン)法	658
icosahedral capsid 正二十面体状キャプシド	752
icosahedral symmetry 正二十面体対称	752
icosahedral virus 正二十面体状ウイルス, 球状ウイルス	702, 751
icosahedron 正二十面体	751
IC-PCR (immunocapture PCR) イムノキャプチャー PCR	673
ICTV (International Committee on Taxonomy of Viruses) 国際ウイルス分類委員会	712
ICTVdB (Virus Database of ICTV) [db]	658
ICTV Virus Taxonomy List ICTVウイルス分類リスト	658
ICV (International Congress of Virology) 国際ウイルス学会	712
ID50 (50% infective dose, median infective dose) 50%感染量	713
identification 同定	774
identification of plant viruses 植物ウイルスの同定	741
IEF (isoelectric focusing) 等電点電気泳動	774
IEM (immunoelectron microscopy) 免疫電子顕微鏡法	813
IEP (immunoelectrophoresis) 免疫電気泳動	813
IF (immunofluorescence) 蛍光抗体法	706
IF (initiation factor, translation initiation factor) 翻訳開始因子	658, 807
Ig (immunoglobulin) 免疫グロブリン	813
IGR (intergenic region) 遺伝子間配列	670
IHC (immunohistochemistry) 免疫組織化学	813
ihpRNA (intron hairpin RNA) イントロンヘアピンRNA	674
illegitimate recombination 非相同組換え	788
imaging lens system 結像レンズ系	708

imago 成虫		751
immature virion 未成熟ウイルス粒子		811
immune reaction, immune response 免疫応答		813
immunity 病害抵抗性		790
immunity 免疫		813
immunization 免疫化		813
immunoblotting イムノブロット法, 免疫ブロット法		673, 813
immunocapture PCR (IC-PCR) イムノキャプチャー PCR		673
immunochromatography イムノクロマトグラフィー, 免疫クロマトグラフィー		673, 813
immunocross reaction 免疫交叉反応		813
immunodiffusion 免疫拡散法		813
immunoelectron microscopy (IEM) 免疫電子顕微鏡法		813
immunoelectrophoresis (IEP) 免疫電気泳動		813
immunofluorescence (IF) 蛍光抗体法		706
immunogenicity 抗原性		711
immunoglobulin (Ig) 免疫グロブリン		813
immuno-gold labeling 金コロイド標識法		703
immunohistochemistry (IHC) 免疫組織化学		813
immunoprecipitation (IP) 免疫沈降法		813
immunoprecipitation ELISA (IP-ELISA) 免疫沈降 ELISA		813
immunoprecipitation RT-PCR (IP-RT-PCR) 免疫沈降 RT-PCR		813
immunosorbent electron microscopy (ISEM) イムノソルベント電子顕微鏡法		673
immunostaining 免疫染色		813
immunostrip test イムノストリップ法		673
immuno-tissue printing イムノティッシュープリンティング		673
import prohibited plant 輸入禁止植物		816
IN (integrase) インテグラーゼ		674
inaccessibility 非感受性		787
inactivated vaccine 不活化ワクチン		794
inactivation 不活化		794
inapparent infection 不顕性感染		795
inbred line 近交系		703
inbreeder 自殖性植物		724
inbreeding 近親交配		703
inclusion, inclusion body (IB) 封入体		794
inclusion body protein, inclusion protein (IP) 封入体タンパク質		794
incompatibility 非感受性		787
incompatible interaction 非親和的相互関係		788
incomplete virus 不完全ウイルス		794
incubation period 潜伏期, 虫体内潜伏期間		755, 763
incubator 恒温器		710
indicator plant 指標植物		725
indirect ELISA (indirect enzyme-linked immunosorbent assay) 間接 ELISA 法, 間接酵素結合抗体法		697
indirect fluorescent antibody technique 間接蛍光抗体法		697
indol-3-acetic acid (IAA) インドール-3-酢酸		674
induced accessibility 受容性誘導		730
induced mutation 人為突然変異		747
induced resistance 誘導抵抗性		774
induced susceptibility 受容性誘導		730
induced systemic resistance (ISR) 全身誘導抵抗性		754
inducer インデューサー, 誘導物質		674, 816
inducible expression 誘導的発現		816
induction 誘導, 誘発		816
induction phase 誘導期		816
INF (interferon) インターフェロン		674
infectible 罹病性, 感受性		819
infectible site 感染可能部位		697
infection 感染		697
infection cycle 伝染環		772
infection efficiency 感染効率		697
infection of plant viruses 植物ウイルスの感染		737
infection of viruses ウイルスの感染		678
infection process 感染過程		697
infection process of plant viruses 植物ウイルスの感染過程		737
infection process of viruses ウイルスの感染過程		678
infection rate 感染率		698
infection system of plant viruses 植物ウイルスの感染実験系		737
infectious disease 伝染病		772
infectious cDNA clone 感染性 cDNA クローン		697
infectious DNA clone 感染性 DNA クローン		698
infectious in vitro transcript 感染性インビトロトランスクリプト		697
infectious nucleic acid 感染性核酸		697
infectious titer 感染価		697
infectious unit 感染単位		698
infectious virus 感染性ウイルス		697
infectious virus titer ウイルス感染力価		676
infective center, infectious center 感染中心		698
infective titer 感染価		697
infectivity 感染性		697
infectivity assay 感染性試験		697
infectivity-dilution curve 感染性希釈曲線		697
infectivity index 感染価指数		697
infectivity loss 感染性喪失		698
inhibitor 阻害因子		756
inhibitor of infection 感染阻害物質		698
initiation codon 開始コドン		691
initiation factor (IF) 翻訳開始因子		658
initiation site 開始点		691
initiator イニシエーター		673
initiator tRNA 開始 tRNA		691
injury 傷害		730
innate immunity 自然免疫, 先天性免疫		724, 755
inner capsid, inner core, inner shell コア, 内殻		710
inner symptom 内部病徴		777
inoculated leaf 接種葉		753
inoculation 接種		753
inoculation access period (IAP), inoculation feeding period 接種吸汁時間		753
inoculation feeding 接種吸汁		753
inoculation of plant viruses 植物ウイルスの接種		740
inoculation of viruses ウイルスの接種		678
inoculation threshold period 接種最短時間		753
inoculum 接種原		753
in planta インプランタ		675
insect-borne virus 昆虫伝搬性ウイルス		715
insect cultured cell-virus infection system 昆虫培養細胞-ウイルス感染実験系		715
insecticide 殺虫剤		719
insect injection 虫体注射		763
insect-resistant transgenic plant 虫害抵抗性組換え植物		762
insect transmission 昆虫伝染, 虫媒伝染		715, 763

insect vector 昆虫ベクター 715
insect virus 昆虫ウイルス 715
insensitive 抵抗性 767
insensitivity 抵抗性，非感受性 767, 787
insertion 挿入 756
insertion mutation 挿入変異 756
insertion sequence (IS) 挿入配列 756
in situ インシトゥ 673
in situ hybridization (ISH)
　　インシトゥハイブリダイゼーション 673
Institute for Plant Virus Research 植物ウイルス研究所 735
insusceptibility 抵抗性，非感受性 767, 787
insusceptible 抵抗性 767
integrant 組込み体 704
integrase (IN) インテグラーゼ 674
integrated pest management (IPM) 総合的病害虫管理 755
integration 組込み 704
integrin インテグリン 674
interactome インタラクトーム 674
intercalation インターカレーション 674
intercellular communication 細胞間コミュニケーション 717
intercellular movement 細胞間移行 717
intercellular signal transduction 細胞間シグナル伝達 717
intercellular space 細胞間隙 717
intercellular transport 細胞間輸送 717
interference 干渉作用 697
interfering virus 干渉ウイルス 668
interferon (IF) インターフェロン 674
intergenic DNA 遺伝子間 DNA 670
intergenic region (IR, IGR), intergenic sequence
　　遺伝子間配列 670
intermediate filament 中間径フィラメント 762
intermediate lens 中間レンズ 762
internal initiation インターナルイニシエーション 674
internal membrane 細胞内膜系 718
internal phloem 内篩部 777
internal ribosome entry site (IRES)
　　リボソーム内部進入部位 820
International Union of Microbiological Societies (IUMS)
　　国際微生物学連合 658
International Code of Virus Classification and Nomenclature
　　国際ウイルス分類・命名規約 712
International Committee on Taxonomy of Viruses (ICTV)
　　国際ウイルス分類委員会 712
International Congress of Virology (ICV)
　　国際ウイルス学会 712
international plant quarantine 国際植物検疫 712
International Society for Molecular Plant-Microbe Interactions
　(IS-MPMI) 国際分子植物-微生物相互作用学会 658
International Society of Plant Pathology (ISPP)
　　国際植物病理学会 713
International Union of Microbiological Societies (IUMS)
　　国際微生物学連合 713
interphase 間期 696
Intervirology［誌］ 674
intracellular distribution of plant viruses
　　植物ウイルスの細胞内分布 739
intracellular movement 細胞内移行 718
intracellular signal 細胞内シグナル 718
intracellular signal transduction 細胞内シグナル伝達 718
intracellular trasnport 細胞内輸送 718
intramuscular injection 筋肉注射 703
intravenous injection 静脈注射 731
introduction breeding 導入育種 774
intron イントロン 674
intron hairpin RNA (ihp RNA) イントロンヘアピン RNA 674
invagination 陥入 698
invasion 侵入 748
inverse PCR, inverted PCR 逆 PCR 700
inversion 逆位 700
invertebrate virus 無脊椎動物ウイルス 812
invertebrate 無脊椎動物 812
inverted microscope 倒立顕微鏡 774
inverted repeat sequence 逆方向反復配列 700
in vitro インビトロ 674
in vitro assembly system インビトロ構築系 674
in vitro coupled transcription/translation system
　　インビトロ転写翻訳共役系 674
in vitro expression system インビトロ発現系 675
in vitro infectious transcript
　　インビトロ感染性トランスクリプト 674
in vitro mutagenesis インビトロ突然変異誘発 674
in vitro packaging インビトロパッケージング 674
in vitro propagation インビトロプロパゲーション 808
in vitro reconstruction system インビトロ構築系 674
in vitro reconstruction インビトロ再構成 674
in vitro replication system インビトロ複製系 675
in vitro transcript インビトロ転写産物 674
in vitro transcription system インビトロ転写系 674
in vitro translation-coupled replication system
　　インビトロ翻訳共役複製系 675
in vitro translation system インビトロ翻訳系 675
in vivo インビボ 675
ion channel イオンチャネル 667
ion coating イオンコーティング 667
ion-exchange chromatography
　　イオン交換クロマトグラフィー 667
ion flux, ionic flux イオンフラックス 668
ion punmp イオンポンプ 668
ion sputtering イオンスパッタリング 667
IP (immunoprecipitation) 免疫沈降法 813
IP (inclusion protein) 封入体タンパク質 794
IPCR (inverted PCR, inverse PCR) 逆 PCR 700
IP-ELISA (immunoprecipitation ELISA) 免疫沈降 ELISA 813
IPM (integrated pest management) 総合的病害虫管理 755
IP-RT-PCR (immunoprecipitation RT-PCR)
　　免疫沈降 RT-PCR 813
IR (intergenic region) 遺伝子間配列 670
IRES (internal ribosome entry site)
　　IRES（アイレス），リボソーム内部進入部位 658, 820
IS (insertion sequence) 挿入配列 756
ISEM (immunosorbent electron microscopy)
　　イムノソルベント電子顕微鏡法 673
ISH (in situ hybridization)
　　インシトゥハイブリダイゼーション 673
IS-MPMI (International Society for Molecular Plant-Microbe
　Interactions) 国際分子植物-微生物相互作用学会 658
isoelectric focusing (IEF) 等電点電気泳動 774

isoelectric point (pI) 等電点	774	
isoform アイソフォーム	658	
isogenic line アイソジェニックライン	658	
isolate 株，系統，分離株	695, 707, 800	
isolated cell 単離細胞	762	
isolated field, isolation field 隔離圃場	694	
isolated green house 隔離温室	694	
isolation 分離	800	
isolation of plant viruses 植物ウイルスの分離	742	
isometric particle 等軸粒子	773	
isometric virus 球状ウイルス	702	
isopycnic centrifugation 等密度遠心法	774	
isoschizomer アイソシゾマー	658	
isothermal and chimeric primer-initiated amplification of nucleic acids (ICAN) ICAN（アイキャン）法	658	
isothermal nucleic acid amplification 等温核酸増幅法	773	
isotonic solution 等張液	774	
isozyme アイソザイム	658	
ISPP (International Society of Plant Pathology) 国際植物病理学会	712	
ISR (induced systemic resistance) 全身誘導抵抗性	754	
iteron イテロン	670	
IUMS (International Union of Microbiological Societies) 国際微生物学連合	713	

J

JA (jasmonic acid) ジャスモン酸	726
Japanese Journal of Phytopathology (Jpn.J.Phytopathol.)［誌］ 日本植物病理学会報	779
Japanese Society of Virology (JSV) 日本ウイルス学会	779
Japan Plant Protection Association 日本植物防疫協会	779
Japan Science and Technology Information Aggregator, Electronic (J-STAGE) 科学技術情報発信・流通総合システム	722
jasmonic acid (JA) ジャスモン酸	726
jasmonic acid signaling pathway ジャスモン酸シグナル伝達系	726
J.Gen.Virol., JGV (Journal of General Virology)［誌］	722
JGPP (Journal of General Plant Pathology)［誌］	722
Journal of General Plant Pathology (JGPP)［誌］	722
Journal of General Virology (J.Gen.Virol., JGV)［誌］	722
Journal of Phytopathology (J.Phytopathol.)［誌］	722
Journal of Virological Methods (J.Virol.Methods)［誌］	722
Journal of Virology (J.Virol.)［誌］	722
J.Phytopathol. (Journal of Phytopathology)［誌］	722
Jpn.J.Phytopathol. (Japanese Journal of Phytopathology)［誌］ 日本植物病理学会報	779
J-STAGE (Japan Science and Technology Information Aggregator, Electronic) 科学技術情報発信・流通総合システム	722
JSV (Japanese Society of Virology) 日本ウイルス学会	779
J.Virol. (Journal of Virology)［誌］	722
J.Virol.Methods (Journal of Virological Methods)［誌］	722

K

K (kilodalton) キロダルトン	703
kanamycin/neomycin resistant gene (kan^r) カナマイシン／ネオマイシン耐性遺伝子	695
kan^r (kanamycin/neomycin resistant gene)	
カナマイシン／ネオマイシン耐性遺伝子	695
karyokinesis 核分裂	694
karyoplasm 核質	693
karyotype 核型	692
kb (kilobase) キロベース	703
kDa (kilodalton) キロダルトン	703
kilobase (kb) キロベース	703
kilodalton (kDa, K) キロダルトン	703
kinase キナーゼ	699
kinase cascade キナーゼカスケード	699
kinetin カイネチン	692
kinetochore 動原体	773
kingdom 界	691
Kleinschmidt's method クラインシュミット法	705
knife maker ナイフメーカー	777
knife mark ナイフマーク	777
knockdown ノックダウン	781
knockin ノックイン	781
knockout (KO) ノックアウト	781
knock-out lines 遺伝子破壊系統	672
KO (knockout) ノックアウト	781
Koch's postulates コッホの原則	713

L

LaB_6 tip (lanthanum hexaboride tip) ランタンヘキサボライドチップ	818
labeled nucleic acid probe 標識核酸プローブ	792
labeled probe 標識プローブ	792
lac promoter, lactose operon promoter lac（ラック）プロモーター	817
lacZ (β-galactosidase gene) β-ガラクトシダーゼ遺伝子	801
lagging strand ラギング鎖	817
lag phase 誘導期	816
lambda phage ラムダファージ	818
lambda phage vector ラムダファージベクター	818
lamella ラメラ	818
laminated aggregate 層板状封入体	756
LAMP (loop-mediated isothermal amplification) LAMP（ランプ）法	818
lanthanum hexaboride tip (LaB_6 tip) ランタンヘキサボライドチップ	818
LAR (local acquired resistance, localized acquired resistance) 局部獲得抵抗性	702
large intergenic region (LIR) 長鎖遺伝子間領域	763
large-scale DNA sequencing 大規模 DNA シーケンシング	757
larva 幼虫	816
laser microdissection (LMP) レーザーマイクロダイセクション	821
latent infection 潜在感染	753
latent period 潜伏期，虫体内潜伏期間	755, 763
latent virus 潜在ウイルス	753
lateral meristem 側部分裂組織	757
latex ラテックス	817
latex agglutination test, latex flocculation test ラテックス凝集反応	818
LC (liquid chromatography) 液体クロマトグラフィー	683
LDS (leaf dip serology) リーフディップセロロジー	819
lead acetate 酢酸鉛	719

lead citrate　クエン酸鉛　704
leader sequence　先導配列　755
leading strand　リーディング鎖　819
leaf abscission　落葉　817
leaf age　葉齢　817
leaf beetle　ハムシ　785
leaf curl　葉巻，巻葉　785, 809
leaf dip method　リーフディップ法，ディップ法　768, 819
leaf dip serology (LDS)　リーフディップセロロジー　819
leaf disc, leaf disk　リーフディスク　819
leafhopper　ヨコバイ　817
leaf roll　葉巻，巻葉　785, 809
leaky mutation　リーキー変異　819
leaky scanning　リーキースキャニング　818
lectin　レクチン　821
lesion　病斑　792
lesion-mimic　疑似病斑　698
lethal mutation　致死変異　762
leucine-rich repeat (LRR)　ロイシンリッチ反復配列　823
leucine-rich repeat-receptor-like kinase (LRR-RLK)
　　　ロイシンリッチ反復配列レセプター様キナーゼ　823
leucine zipper　ロイシンジッパー　823
L gene　L遺伝子　688
LiCl (lithium chloride)　塩化リチウム　688
life cycle　生活環　750
life science　生命科学　752, 817
ligand　リガンド　818
ligand-receptor hypothesis　リガンド-レセプター説　818
ligase　リガーゼ　818
lignification　木化　814
ligninase　リグニナーゼ　819
lignin　リグニン　819
LINE (long interspersed nuclear element)
　　　LINE(ライン)，長鎖散在反復配列　763
line　株，系統　695, 707
linear DNA　線状DNA　754
linear epitope　直線状エピトープ　823
linear form　線状型　754
linear nucleic acid　線状核酸　754
linear RNA　線状RNA　754
linkage map　連鎖地図　823
linkage　連鎖　823
lipase　リパーゼ　819
lipid　脂質　723
lipid bilayer　脂質二重膜　723
lipoprotein　リポタンパク質　820
liposome　リポソーム　820
lipoxygenase　リポキシゲナーゼ　819
liquid chromatography (LC)　液体クロマトグラフィー　683
liquid culture　液体培養　684
liquid culture medium　液体培地　684
LIR (large intergenic region)　長鎖遺伝子間領域　763
LIR (local induced resistance)
　　　局部誘導抵抗性，局部獲得抵抗性　703
lithium chloride (LiCl)　塩化リチウム　688
LIV (longevity in vitro)　耐保存性　758
live vaccine　生ワクチン　777
living modified organism (LMO)　遺伝子組換え生物　671
LMD (laser microdissection)
　　　レーザーマイクロダイセクション　821
LMO (living modified organism)　遺伝子組換え生物　671
local acquired resistance (LAR), localized acquired resistance
　　　(LAR)　局部獲得抵抗性　702
local induced resistance (LIR)
　　　局部誘導抵抗性，局部獲得抵抗性　703
local infection　局部感染　703
localization　局在化　702
local lesion　局部病斑　703
local lesion assay　局部病斑計数法　703
local lesion isolation　局部病斑分離法　703
local symptom　局部病徴　703
locus　遺伝子座　671
logarithmic growth phase, logarithmic phase　対数増殖期　757
long-distance movement, long-distance transport
　　　長距離移行　763
longevity end point　耐保存性　758
longevity in vitro (LIV)　耐保存性　758
long intergenic region (LIR)　長鎖遺伝子間領域　688
long interspersed nuclear element (LINE), long interspersed
　　　repetitive sequence　長鎖散在反復配列　763
long-range RNA-RNA interaction
　　　遠隔 RNA-RNA 相互作用　688
long terminal repeat (LTR)　長鎖末端反復配列　763
loop　ループ　821
loop-mediated isothermal amplification (LAMP)
　　　LAMP(ランプ)法　818
loss-of-function mutation　機能喪失変異　699
low-vacuum scanning electron microscope (LVSEM)
　　　低真空走査型電子顕微鏡　768
LRR (leucine-rich repeat)　ロイシンリッチ反復配列　823
LRR-RLK (leucine-rich repeat-receptor-like kinase)
　　　ロイシンリッチ反復配列レセプター様キナーゼ　823
LTR (long terminal repeat)　長鎖末端反復配列　763
LTR retrotransposon　LTR型レトロトランスポゾン　688
LUC (luciferase)　ルシフェラーゼ　821
luciferase (LUC)　ルシフェラーゼ　821
lucifer yellow　ルシファーイエロー　821
luminescence　発光　784
luminometer　ルミノメーター　821
LVSEM (low-vacuum scanning electron microscope)
　　　低真空走査型電子顕微鏡　768
lyophilization　凍結乾燥法　773
lysis　溶菌　816
lysogenic bacteria　溶原菌　816
lysogenic phage　溶原性ファージ　816
lysogenization　溶原化　816
lysosome　リソソーム　819
lytic enzyme　溶菌酵素　816
lytic phage　溶菌性ファージ　816
lyzozyme　リゾチーム　819

M

M (middle component)　ミドル成分　811
M (molarity)　モル濃度　815
m^7G (7-methylguanosine)　7-メチルグアノシン　777
mμ (millimicron)　ミリミクロン　812
Mab (monoclonal antibody)
　　　モノクローナル抗体，Mab(マブ)　810, 814

macroarray　マクロアレイ	810	mealybug-borne virus　コナカイガラムシ伝搬性ウイルス	714
macroevolution　大進化	757	mealybug transmission　コナカイガラムシ伝染	713
macroscopic symptom　肉眼的病徴	777	mechanical inoculation　機械接種	698
magnetic beads　磁気ビーズ	722	mechanical transmission　機械伝染	698
major common region (CR-M)　主要共通領域	729	median infective dose (ID50)　50％感染量	713
major gene　主働遺伝子	729	mediator　メディエーター	813
MALDI-TOF/MS (matrix-assisted laser desorption/ ionization-time of flight mass-spectrometry) マルディートフ／マス	811	megabase (Mb)　メガベース	812
		megadalton (MDA, Mda)　メガダルトン	812
		meiosis　減数分裂	710
male sterility　雄性不稔	816	MeJA (methyljasmonicacid)　メチルジャスモン酸	812
malformation　奇形	698	melting　融解	815
maltose binding protein (MBP)　マルトース結合タンパク質	811	melting curve　融解曲線	815
MAMPs (microbe-associated molecular patterns) 微生物関連分子パターン	788	melting temperature (Tm)　融解温度	815
		membrane-associated protein, membrane-binding protein (MBP)膜結合タンパク質	809
MAMPs receptor (microbe-associated molecular patterns receptor)　微生物関連分子パターン受容体	788	membrane feeding　膜吸汁法	809
		membrane filter　メンブレンフィルター	814
MAMP-triggered immunity (MTI)　MAMP 誘導免疫	687, 810	membrane protein　膜タンパク質	809
map-based cloning　マップベースクローニング	810	membrane translocation　膜透過	809
MAP kinase (mitogen-activated protein kinase, MAPK) MAP(マップ)キナーゼ	810	Mendelian inheritance　メンデル遺伝	813
		Mendel's law　メンデルの法則	813
MAP kinase cascade (MAPK cascade) MAP(マップ)キナーゼカスケード	810	MeOH (methanol)　メタノール	687
		mericlone　メリクローン	813
MAP kinase kinase (MAPKK) MAP(マップ)キナーゼキナーゼ	810	meristem　分裂組織	800
		meristem culture, meristem tip culture　成長点培養	751
MAP kinase kinase kinase (MAPKKK) MAP(マップ)キナーゼキナーゼキナーゼ	810	MeSA (methyl salicylic acid)　メチルサリチル酸	812
		mesh　メッシュ	812
marker-assisted selection (MAS)　マーカー利用選抜	809	mesophyll　葉肉	816
marker gene　マーカー遺伝子	809	messenger RNA (mRNA)　メッセンジャー RNA	812
MAS (marker-assisted selection)　マーカー利用選抜	809	meta-analysis　メタアナリシス	812
masking　マスキング	810	metabolism　代謝	757
MAS promoter　MAS(マス)プロモーター	810	metabolome　メタボローム	812
massively parallel DNA sequencer 超並列 DNA シーケンサー	764	metabolomics　メタボロミクス	812
		metagenome　メタゲノム	812
mass selection　集団選抜	727	metagenomics　メタゲノミクス	812
mass spectrometry (MS)　質量分析法	725	metalloprotease, metal protease　メタロプロテアーゼ	812
master replication initiation protein (M-Rep) 主要複製開始タンパク質	730	metaphase　中期	762
		metaplasia　化生	694
mating　交配	712	methanol (MeOH)　メタノール	687
matrix　マトリックス	810	methods for analysis of plant virus structure 植物ウイルスの構造解析法	739
matrix-assisted laser desorption/ionization-time of flight mass-spectrometry (MALDI-TOF/MS)　MALDI-TOF/MS(マルディートフ／マス)	811		
		methods in plant pathology　植物病理学実験法	746
		methods in plant virology　植物ウイルス学実験法	733
matrix protein (M protein)　マトリックスタンパク質	810	methods in virology　ウイルス学実験法	675
maturation　成熟	751	methyljasmonicacid (MeJA)　メチルジャスモン酸	812
maturation protein, mature protein　成熟タンパク質	751	methyl salicylic acid (MeSA)　メチルサリチル酸	812
mature virion　成熟ウイルス粒子	751	methyltransferase (MT, Mtr)　メチルトランスフェラーゼ	812
MAT vector (multi-auto-transformation vector) MAT(マット)ベクター	810	methyltransferase domain (MT domain, Mtr domain) メチルトランスフェラーゼドメイン	812
MAV (minimal transactivation domain of TAV)　マブ	810	microarray　マイクロアレイ	808
Maxam-Gilbert method　マクサム・ギルバート法	809	microbe-associated molecular patterns (MAMPs) 微生物関連分子パターン	788
Mb (megabase)メガベース	812		
MBP (maltose binding protein) マルトース結合タンパク質	811	microbe-associated molecular patterns receptor (MAMPs receptor)　微生物関連分子パターン受容体	788
MBP (membrane-binding protein)　膜結合タンパク質	809	microbe-induced molecular patterns (MIMPs) 微生物誘導分子パターン	788
MCS (multicloning site)　マルチクローニングサイト	810		
MDa, Mda (megadalton)メガダルトン	812	microbe-induced molecular patterns receptor (MIMPs receptor)　微生物誘導分子パターン受容体	788
MDR (multiple drug resistance, multidrug resistance) 多剤耐性	759		
		microbial pesticide, microbiological pesticide　微生物農薬	788
mealybug　コナカイガラムシ	713		

882　索　引

microbiology　微生物学	788
microevolution　小進化	730
microfilament　微小繊維	787
microgram（μg）　マイクログラム	808
microinjection　マイクロインジェクション	808
microliter（μl）　マイクロリットル	808
micromanipulation　顕微操作	710
micromanipulator　マイクロマニピュレーター	808
micrometer　マイクロメーター	808
micrometer（μm）　マイクロメートル	808
micron（μ）　ミクロン	811
micropipette　マイクロピペット	808
microplate　マイクロプレート	808
microplate reader　マイクロプレートリーダー	808
microprojectile　パーティクルガン法	784
micropropagation　マイクロプロパゲーション	808
microRNA（miRNA）　マイクロ RNA	808
microsatellite DNA　マイクロサテライト DNA	808
microscopic symptom　顕微鏡的病徴	710
microsome　ミクロソーム	811
microstructure　微細構造	787
microtiter plate　マイクロプレート	808
microtome　ミクロトーム	811
microtube　マイクロチューブ	808
microtuber　マイクロチューバー	808
microtubule　マイクロチューブル，微小管	787
middle component（M）　ミドル成分	811
middle lamella　中葉	763
midgut　中腸	763
mild mottle　微斑	789
mild strain　弱毒系統	726
millimicron（mμ）ミリミクロン	812
MIMPs（microbe-induced molecular patterns）微生物誘導分子パターン	788
MIMPs receptor（microbe-induced molecular patterns receptor）微生物誘導分子パターン受容体	788
minimal transactivation domain of TAV（MAV）　MAV（マブ）	810
minisatellite DNA　ミニサテライト DNA	811
minor coat protein, minor CP（CPm）マイナー外被タンパク質	725, 809
minor gene　微働遺伝子	789
minus sense　マイナスセンス	809
minus sense single-stranded RNA virus（(−)ssRNA virus）マイナス一本鎖 RNA ウイルス	809
minus sense strand, minus strand（(−)strand）マイナス鎖	809
miRNA（microRNA）　マイクロ RNA	808
mismatch　ミスマッチ	811
missense mutation　ミスセンス変異	811
mite　ダニ	759
mite-borne virus　ダニ伝搬性ウイルス	759
mite transmission　ダニ伝染	759
mitochondria　ミトコンドリア	811
mitochondrial localization signal, mitochondrial targeting signal（MTS）　ミトコンドリア移行シグナル	811
mitochondrial matrix　ミトコンドリアマトリックス	811
mitochondrial membrane　ミトコンドリア膜	811
mitogen　マイトジェン	809
mitogen-activated protein kinase（MAPK）　MAP（マップ）キナーゼ	810
mitogen-activated protein kinase cascade（MAPK cascade）　MAP（マップ）キナーゼカスケード	810
mitogen-activated protein kinase kinase（MAPKK）　MAP（マップ）キナーゼキナーゼ	810
mitogen-activated protein kinase kinase kinase（MAPKKK）　MAP（マップ）キナーゼキナーゼキナーゼ	810
mitosis phase　M 期	687
mitosis　有糸分裂	815
mitotic cycle　分裂周期	800
mitotic phase　分裂期	800
mixed infection　混合感染	714
mixed virus particle　混成ウイルス粒子	715
mobile genetic element　転位因子	770
model plant　モデル植物	814
modificomics　翻訳後修飾プロテオミクス	807
modulator　モジュレーター	814
module　モジュール	814
moi（multiplicity of infection）　感染多重度	698
mol, mole, molarity（M）　モル，モル濃度	815
molecular assembly　分子集合	799
molecular biology　分子生物学	800
molecular breeding　分子育種	799
molecular cell biology　分子細胞生物学	799
molecular chaperone　分子シャペロン	799
molecular clock　分子時計	800
molecular cloning　分子クローニング	799
molecular dendrogram　分子系統樹	799
molecular design　分子設計	800
molecular diagnosis　分子診断	800
molecular evolution　分子進化	799
molecular evolutionary genetics　分子進化遺伝学	799
molecular evolutionary rate　分子進化速度	799
molecular farming　分子農業，バイオファーミング	782, 800
molecular genetics　分子遺伝学	799
molecular hybridization　分子交雑，分子雑種形成	799
molecular interaction analyzer　分子間相互作用解析装置	799
molecular interaction　分子間相互作用	799
molecular marker　分子マーカー	800
molecular mass　分子量	800
molecular pharming　分子農業	782, 800
molecular phylogenetics　分子系統学	799
molecular phylogenetic tree　分子系統樹	799
Molecular Plant-Microbe Interactions（MPMI）［誌］	687
Molecular Plant Pathology（MPP）［誌］	687
molecular plant pathology　分子植物病理学	799
molecular plant virology　分子植物ウイルス学	799
molecular plant-virus interaction, molecular response between plant and virus　植物−ウイルス間分子応答	735
molecular response　分子応答	799
molecular virology　分子ウイルス学	799
molecular weight（Mr, M.W.）　分子量	800
molecular weight size marker　分子量マーカー	800
monocistronic nRNA　モノシストロニック mRNA	814
monocistronic translation　モノシストロニック翻訳	814
monoclonal antibody（Mab）モノクローナル抗体，Mab（マブ）	810, 814
monocotyledon（monocot）　単子葉植物	761
monocropping, monoculture 単一栽培	760
monogenic resistance　モノジェニック抵抗性	814

monomer モノマー	815
monopartite genome 単一ゲノム，単分節ゲノム	760, 762
monopartite virus 単一ゲノムウイルス	760
monosaccharide 単糖	761
monotypic species 単型種	761
morphogenesis 形態形成	707
morphological unit 形態単位	707
morphology 形態学	707
morphology of viruses ウイルスの形態	678
mosaic disease モザイク病	814
mosaic モザイク	814
motif モチーフ	814
motor protein モータータンパク質	814
mottle 斑紋	786
movable genetic elementt 転位因子	770
movement 移行	668
movement of plant viruses 植物ウイルスの移行	736
movement of viroids ウイロイドの移行	680
movement of viruses ウイルスの移行	677
movement protein (MP) 移行タンパク質	668
MP (movement protein) 移行タンパク質	668
M phase (mitosis phase, mitotic phase) M 期，分裂期	687, 800
MPMI (Molecular Plant-Microbe Interactions)［誌］	687
MPP (Molecular Plant Pathology)［誌］	687
M protein (matrix protein) マトリックスタンパク質	810
Mr (molecular mass, molecular weight) 分子量	800
M-Rep (master replication initiation protein) 主要複製開始タンパク質	730
mRNA (messenger RNA) メッセンジャー RNA	812
mRNA guanine-7-methyltransferase メッセンジャー RNA グアニン-7-メチルトランスフェラーゼ	813
mRNA guanylyl transferase メッセンジャー RNA グアニリルトランスフェラーゼ	700, 813
mRNA precursor 前駆体 mRNA	753
MS (mass spectrometry) 質量分析法	725
MT (guanine-7-methyltransferase) グアニン-7-メチルトランスフェラーゼ	704
MT (methyltransferase) メチルトランスフェラーゼ	812
MT domain (methyltransferase domain) メチルトランスフェラーゼドメイン	812
MTI (MAMP-triggered immunity) MAMP 誘導免疫	687, 810
Mtr (methyltransferase) メチルトランスフェラーゼ	812
Mtr domain (methyltransferase domain) メチルトランスフェラーゼドメイン	812
MTS (mitochondrial targeting signal) ミトコンドリア移行シグナル	811
mulch マルチ	810
mulching マルチング	811
multi-auto-transformation vector (MAT vector) MAT（マット）ベクター	810
multicellular organism 多細胞生物	759
multicloning site (MCS) マルチクローニングサイト	810
multicomponent virus 多成分系ウイルス	759
multicopy 多コピー	759
multidrug resistance (MDR) 多剤耐性	759
multigene family 多重遺伝子族	759
multiline cultivar, multiline variety マルチライン，多系品種	759, 811
multiparticle virus, multipartite virus 多成分系ウイルス	759
multipartite genome 分節ゲノム	800
multipartite genome virus 分節ゲノムウイルス	800
multiple drug resistance (MDR) 多剤耐性	759
multiple infection 多重感染	759
multiplex PCR マルチプレックス PCR	810
multiplication 増殖	755
multiplication of plant viruses 植物ウイルスの増殖	740
multiplication of viruses ウイルスの増殖	678
multiplicity of infection (moi) 感染多重度	698
multivesicular body (MVB) 多胞体	760
mutagen 突然変異原	775
mutagenesis 突然変異誘発	775
mutant 突然変異株	775
mutant panel ミュータントパネル	811
mutation 突然変異	775
mutation breeding 突然変異育種	775
MVB (multivesicular body) 多胞体	760
M.W. (molecular mass, molecular weight) 分子量	800
mycetome マイセトーム	809
mycology 菌類学	703
mycoplasma マイコプラズマ	808
mycoplasma virus マイコプラズマウイルス	809
mycovirus 菌類ウイルス	703
myeloma cell ミエローマ細胞	811
myosin ミオシン	811

N

Na_3PO_4 (trisodium orthophosphate) 第三リン酸ナトリウム	757
NAA (1-naphthaleneacetic acid) 1-ナフタレン酢酸	669
NABP (nucleic acid-binding protein) 核酸結合タンパク質	693
NAC domain NAC（ナック）ドメイン	777
N-acetylglucosamine (GlcNAc) N-アセチルグルコサミン	685
NAC gene family NAC（ナック）遺伝子ファミリー	777
NADPH oxidase (nicotinamide adenine dinucleotide phosphate oxidase) NADPH オキシダーゼ	686
$NaNO_2$ (sodium nitrite) 亜硝酸ナトリウム	659
nanobiology ナノバイオロジー	777
nanogram (ng) ナノグラム	777
nanometer (nm) ナノメートル	777
nanotechnology ナノテクノロジー	777
NARC (National Agricultural Research Center) 中央農業総合研究センター	762
NASH (nucleic acid spot hybridization) スポットハイブリダイゼーション法	750
National Agricultural Research Center (NARC) 中央農業総合研究センター	762
National Center for Biotechnology Information (NCBI) 米国国立生物工学情報センター	800
National Institute of Agrobiological Sciences (NIAS) 農業生物資源研究所	781
National Institute of Agro-Environmental Sciences (NIAES) 農業環境技術研究所	781
native PAGE 未変性 PAGE	811
natural culture medium 天然培地	773
natural enemy 天敵	772
natural enemy pesticide 天敵農薬	773
natural host 自然宿主	724
natural medium 天然培地	773

NB-LRR protein (nucleotide binding-leucine-rich repeat protein)　NB-LRR タンパク質	686
NBP (nucleic acid-binding protein)　核酸結合タンパク質	693
NBS (nucleotide binding site)　ヌクレオチド結合部位	780
NBS-LRR protein (nucleotide binding site-leucine-rich repeat protein　NBS-LRR タンパク質	686
NBT/BCIP (nitro-blue tetrazolium/5-bromo-4-chloro-3-indolyl phosphate)	686
NC (nucleocapsid)　ヌクレオキャプシド	780
NCBI (National Center for Biotechnology Information)　米国国立生物工学情報センター	800
NCBI Taxonomy Browser ［db］	686
ncDNA (non-coding DNA)　ノンコーディング DNA	781
NCR (non-coding region)　非翻訳領域	790
ncRNA (non-coding RNA)　ノンコーディング RNA	781
necrosis　ネクローシス, 壊死, 壊疽, 褐色壊疽　684, 685, 694,	780
necrotic local lesion　局部壊死病斑	702
necrotic ring spot　壊疽輪紋	685
necrotic spot　壊疽斑点	685
necrotic streak　壊疽条斑	685
negative regulator　抑制因子	817
negative sense　マイナスセンス	809
negative sense strand ((－)sense strand)　マイナス鎖	809
negative staining　ネガティブ染色法	780
negative strand ((－)sense strand)　ネガティブセンス鎖	780
nematicide　殺線虫剤	719
nematoda　線虫	754
nematode-borne virus　線虫伝搬性ウイルス	754
nematode transmission　線虫伝染	754
nematode vector　線虫ベクター	754
nematology　線虫学	754
neomycin phosphotransferase II (NPT II)　ネオマイシンホスホトランスフェラーゼ II	780
neotope　ネオトープ	780
NEP (nuclear-encoded polymerase)	685
nested PCR　ネステッド PCR	780
neutralizing antibody　中和抗体	763
neutron small-angle scattering　中性子小角散乱法	763
next generation sequenser (NGS)　次世代シーケンサー	724
ng (nanogram)　ナノグラム	777
N gene　*N* 遺伝子	685
N' gene　*N'* 遺伝子	685
NGS (next generation sequenser)　次世代シーケンサー	724
NHEJ (non-homologous end joining)　非相同末端結合	788
NI (nuclear inclusion)　核内封入体	693
NIa (nuclear inclusion a)　核内封入体 a	685
NIAES (National Institute of Agro-Environmental Sciences)　農業環境技術研究所	781
NIa-Pro (NIa protease)　NIa プロテアーゼ	685
NIAS (National Institute of Agrobiological Sciences)　農業生物資源研究所	781
NIAS DNA Bank　農業生物資源 DNA バンク	781
NIAS Genebank　農業生物資源ジーンバンク	781
NIb (nuclear inclusion b)　核内封入体 b	685
nick　ニック	778
nick translation　ニックトランスレーション	778
Nicotiana benthamiana　ニコチアナ ベンサミアナ	777
nicotinamide adenine dinucleotide phosphate oxidase (NADPH oxidase)　NADPH オキシダーゼ	686

nitric monoxide, nitric oxide (NO)　一酸化窒素　669,	686
nitric oxide burst (NO burst)　NO バースト	686
nitric oxide signaling pathway　一酸化窒素シグナル伝達系	669
nitro-blue tetrazolium/5-bromo-4-chloro-3-indolyl phosphate (NBT/BCIP)	686
nitrocellulose membrane　ニトロセルロース膜	778
nitrosoguanidine　ニトロソグアニジン	778
nitrosomethylurea (NMU)　ニトロソメチル尿素	778
NLS (nuclear localization signal)　核局在化シグナル	692
nm (nanometer)　ナノメートル	777
NMR (nuclear magnetic resonance)　核磁気共鳴	693
NMR spectrometer (nuclear magnetic resonance spectrometer)　核磁気共鳴分光器	693
NMU (nitrosomethylurea)　ニトロソメチル尿素	778
NO (nitric monoxide, nitric oxide)　一酸化窒素	669
NO burst (nitric oxide burst)　NO バースト	686
nomenclature of plant viruses　植物ウイルスの命名	743
nomenclature of viruses　ウイルスの命名	678
non-approved species　暫定種	721
non-approved virus　未認定ウイルス	811
non-AUG start codon　非 AUG スタートコドン	786
non-circulative, non-persistent transmission　非循環型・非永続性伝染	787
non-circulative, semi-persistent transmission　非循環型・半永続性伝染	787
non-circulative transmission　非循環型伝染	787
non-closed system　非閉鎖系	790
non-coding DNA (ncDNA)　ノンコーディング DNA	781
non-coding region (NCR)　非翻訳領域	790
non-coding RNA (ncRNA)　ノンコーディング RNA	781
noncompatibility　非親和性	788
non-denatured PAGE　未変性 PAGE	811
non-homologous end joining (NHEJ)　非相同末端結合	788
nonhomologous recombination　非相同組換え	788
nonhost　非宿主	787
nonhost immunity, nonhost resistance　非宿主抵抗性	787
non-infectious disease　非伝染病	789
non-LTR retrotransposon　非 LTR 型レトロトランスポゾン	786
non-Mendelian inheritance　非メンデル遺伝	790
non-pathogen-derived resistance (NPDR)　非病原由来抵抗性	789
nonpathogenicity　非病原性	789
non-pathogenic microbe　非病原菌	789
nonpermissive cell　非許容細胞	787
non-persistent transmission　非永続性伝染	786
non-propagative virus　虫体内非増殖性ウイルス	763
nonradioactive labeling　非放射性標識	790
non-radioisotope-labeled probe, non-RI-labeled probe, non-RI probe　非放射性標識プローブ	790
non-selective toxin (NST)　非特異的毒素	789
nonsense codon　終止コドン	727
nonsense mutation　ナンセンス変異	777
nonspecific elicitor　非特異的エリシター	789
nonspecific resistance　非特異的抵抗性	789
non-specific toxin (NST)　非特異的毒素, 宿主非特異的毒素　728,	789
nonstructural protein　非構造タンパク質	787
nonsusceptibility　非感受性	787
nonsynonmous substitution　非同義置換	789

non-translatable RNA 非翻訳 RNA		790
non-translated region, non-translational region (NTR) 非翻訳領域		790
non-transovarial transmission 非経卵伝染		787
non-transstadial transmission 非経齢伝染		787
non-vector-borne virus 非ベクター伝搬性ウイルス		790
northern blotting ノーザンブロッティング		781
northern hybridization ノーザンハイブリダイゼーション		781
north-western blotting ノースウェスタンブロッティング		781
NOS promoter (A. tumefaciens T-DNA nopaline synthase promoter) NOS (ノス) プロモーター		781
NOS terminator (A. tumefaciens T-DNA nopaline synthase terminator) NOS (ノス) ターミネーター		781
noxious insect 害虫		691
NPDR (non-pathogen-derived resistance) 非病原由来抵抗性		789
NPT II, npt II (neomycin phosphotransferase II) ネオマイシンホスホトランスフェラーゼ II		695, 780
NSP (nuclear shuttle protein) 核シャトルタンパク質		693
NST (non-specific toxin, non-selective toxin) 非特異的毒素		789
nt (nucleotide) ヌクレオチド		780
NTB (NTP-binding protein) NTP 結合タンパク質		686
N-terminal (amino terminal) アミノ末端		661
NTP (nucleoside triphospate) ヌクレオシド三リン酸		780
NTP-binding domain NTP 結合ドメイン		686
NTP-binding motif NTP 結合モチーフ		686
NTP-binding protein (NTB) NTP 結合タンパク質		686
NTR (non-translated region, non-translational region) 非翻訳領域		790
nuclear division 核分裂		694
nuclear-encoded polymerase (NEP)		686
nuclear gene 核遺伝子		692
nuclear genome 核ゲノム		692
nuclear inclusion (NI) 核内封入体		693
nuclear inclusion a (NIa) 核内封入体 a		685
nuclear inclusion b (NIb) 核内封入体 b		685
nuclear localizing signal, nuclear localization signal (NLS) 核局在化シグナル		686, 692
nuclear magnetic resonance (NMR) 核磁気共鳴		693
nuclear magnetic resonance spectrometer (NMR spectrometer) 核磁気共鳴分光器		693
nuclear matrix 核マトリックス		694
nuclear matrix protein 核マトリックスタンパク質		694
nuclear membrane 核膜		694
nuclear pore 核膜孔, 核孔		692, 694
nuclear run-on assay 核ランオンアッセイ		694
nuclear shuttle protein (NSP) 核シャトルタンパク質		693
nuclear targeting signal, nuclear transport signal 核局在化シグナル, 核移行シグナル		692
nuclear transport 核移行		692
nuclease ヌクレアーゼ, 核酸分解酵素		693, 780
nuclease S1 ヌクレアーゼ S1		780
nuclease S1 mapping ヌクレアーゼ S1 マッピング		780
nucleic acid 核酸		692
nucleic acid-binding protein (NABP) 核酸結合タンパク質		693
nucleic acid content 核酸含量		693
nucleic acid database 核酸データーベース		693
nucleic acid denaturation 核酸の変性		693
nucleic acid donor 核酸供与体		693
nucleic acid probe 核酸プローブ		693
nucleic acid spot hybridization (NASH) スポットハイブリダイゼーション法		750
nucleocapsid (NC) ヌクレオキャプシド		780
nucleocapsid protein ヌクレオキャプシドタンパク質		780
nucleocytolasmic transport 核-細胞質間輸送		692
nucleohistone ヌクレオヒストン		780
nucleolus 核小体		693
nucleoplasm 核質		693
nucleoprotein 核タンパク質, N タンパク質		686, 693
nucleoside ヌクレオシド		780
nucleoside triphospate (NTP) ヌクレオシド三リン酸		780
nucleosome ヌクレオソーム		780
nucleotide ヌクレオチド		780
nucleotide binding-leucine-rich repeat protein (NB-LRR protein) NB-LRR タンパク質		686
nucleotide binding site (NBS) ヌクレオチド結合部位		780
nucleotide binding site-leucine-rich repeat protein (NBS-LRR protein) NBS-LRR タンパク質		686
nucleotide deletion 塩基欠失		688
nucleotide insertion 塩基挿入		688
nucleotide mutation 塩基変異		689
nucleotide sequence 塩基配列		689
nucleotide sequencing 塩基配列決定法		689
nucleotide substitution 塩基置換		688
nucleus 核		692
nurse culture 保護培養		804
nursery 苗床		777
nutriculture 養液栽培		816
nutrient deficiency 養分欠乏症		816
nutritional disorder 栄養障害		683
nylon membrane ナイロン膜		777
nymph 仔虫		725

O

objective lens 対物レンズ		758
ocDNA (open circular DNA) 開環状 DNA		691
ochre mutation オーカー突然変異		690
octadecylsilyl silica column (ODS column) オクタデシルシリル化シリカカラム		690
ocular 接眼レンズ		753
ODS column (octadecylsilyl silica column) オクタデシルシリル化シリカカラム		690
oligo dT オリゴ dT		691
oligo dT beads オリゴ dT ビーズ		691
oligogalacturonate オリゴガラツロン酸		691
oligomer オリゴマー		691
oligonucleotide オリゴヌクレオチド		691
oligopeptide オリゴペプチド		691
oligosaccharide オリゴ糖		691
oligosaccharin オリゴサッカリン		691
omega sequence オメガ配列		690
one-step growth curve 一段増殖曲線		669
one-step protoplast preparation 一段階プロトプラスト調製法		669
onset of disease 発病		784
opal mutation オパール突然変異		690
open circular DNA (ocDNA) 開環状 DNA		691

open reading frame (ORF) オープンリーディングフレーム	690
open system　開放系	692
operator　オペレーター	690
operon　オペロン	690
opine　オパイン	690
opposite-leaf method　対葉法	758
optical microscope　光学顕微鏡	710
order　目	814
ORF (open reading frame) オープンリーディングフレーム	690
organ culture　器官培養	698
organelle　細胞小器官	718
organic agriculture, organic farming　有機農業	815
ori (replication origin)　DNA 複製開始点	766
original seed　原種	710
origin of assembly　アセンブリオリジン，粒子構築開始点	659, 821
origin of plant viruses　植物ウイルスの起源	737
origin of viroids　ウイロイドの起源	680
origin of viruses　ウイルスの起源	678
ortholog　オルソログ	691
osmic acid　オスミウム酸	690
osmosis　浸透	748
osmotic pressure　浸透圧	748
Ouchterlony gel diffusion test　オクタロニー法	690
outbreak　大発生	758
outbreeding　遠縁交雑	773
outcrosser　他殖性植物	759
outer capsid, outer shell　外殻	691
outer symptom　外部病徴	692
ovary culture　子房培養	726
overexpresser　過剰発現体	694
overexpression　過剰発現	694
overlapping gene　重なり遺伝子，重複遺伝子	694
over wintering host　越冬宿主	685
ovule　胚珠	782
ovule culture　胚珠培養	782
OXB (oxidative burst)　オキシダティブバースト	690
oxidative burst (OXB)　オキシダティブバースト	690

P

P1-derived artificial chromosome (PAC)　P1 由来人工染色体	793
Pab (polyclonal antibody)　ポリクローナル抗体, Pab (パブ)	806
PABP (poly(A)-binding protein)　ポリ(A)結合タンパク質	805
PAC (P1-derived artificial chromosome)　P1 由来人工染色体	793
packaging　パッケージング	689
PAGE (polyacrylamide gel electrophoresis)　ポリアクリルアミドゲル電気泳動	805
pairing　対合	764
PAL (phenylalanine ammonia-lyase)　フェニルアラニンアンモニアリアーゼ	794
palindrome, palindromic sequence　パリンドローム，回文配列	692, 785
palisade parenchyma, palisade tissue　柵状組織	719
PAMPs (pathogen-associated molecular patterns)　病原体関連分子パターン	792
PAMPs receptor (pathogen-associated molecular patterns receptor)　病原体関連分子パターン受容体	792
PAMP-triggered immunity (PTI)　PAMP 誘導免疫	785
pandemic　パンデミック	786
pandemic disease　流行病	820
panhandle structure　パンハンドル構造	786
PAP (poly(A) polymerase)　ポリ(A)ポリメラーゼ	806
papain-like protease (P-Pro)　P-Pro (ピープロ)，パパイン様プロテアーゼ	790
paper chromatography (PC)　ろ紙クロマトグラフィー	823
papilla　パピラ	785
paraffin　パラフィン	785
paraformaldehyde (PFA)　パラホルムアルデヒド	785
paralog　パラログ	785
pararetrovirus　パラレトロウイルス	785
parasite　寄生者	699
parasite-derived resistance (PDR)　病原由来抵抗性	792
parasitic differentiation, parasitic specialization　寄生性の分化	699
parasitism　寄生	698
paratope　パラトープ	785
parenchyma　柔組織	727
parenchyma cell　柔細胞	727
particle gun, particle bombardment　パーティクルガン法	784
parts per billion (ppb)	789
parts per million (ppm)	789
passive transport　受動輸送	729
patho-ecosystem　病態系	792
pathogen　病原体	792
pathogen-associated molecular patterns (PAMPs)　病原体関連分子パターン	792
pathogen-associated molecular patterns receptor (PAMPs receptor)　病原体関連分子パターン受容体	792
pathogen-derived resistance (PDR)　病原由来抵抗性	792
pathogenesis　発病過程	784
pathogenesis related protein (PR-protein)　病原性関連タンパク質	784
pathogenic bacteria　病原細菌	791
pathogenic differentiation　病原性の分化	791
pathogenic domain (P domain)　病原性ドメイン	791
pathogenic fungi　病原菌類	791
pathogenicity　病原性	791
pathogenicity gene　病原性遺伝子	791
pathogenicity of plant viruses　植物ウイルスの病原性	741
pathogenic microbe, pathogenic microorganism　病原微生物，病原菌	791, 792
pathogenic microbiology　病原微生物学	792
pathogenic specialization　病原性の分化	791
pathogenic virus　病原ウイルス	791
pathogenology　病原学	791
pathosystem　パソシステム，病態系	784, 792
pathotype　病原型	791
pattern recognition receptor (PRR)　パターン認識受容体	784
pattern-triggerd immunity (PTI)　パターン誘導性免疫	784
P-body (processing body)　P ボディ	790
PBS (phosphate-buffered saline)　リン酸緩衝生理食塩水	821
PBS (primer binding site)　プライマー結合部位	796
PC (paper chromatography)　ペーパークロマトグラフィー，ろ紙クロマトグラフィー	823
PCD (programmed cell death)　プログラム細胞死	798
PCR (polymerase chain reaction)　ポリメラーゼ連鎖反応	806

英語	日本語	頁
PD, Pd (plasmodesm, plasmodesma, plasmodesmata) プラズモデスマータ		797
PDB (Protein Data Bank) タンパク質構造データバンク		761
P domain (pathogenic domain) 病原性ドメイン		791
P domain (protruding domain) Pドメイン, 突起ドメイン		789
PDR (pathogen-derived resistance, parasite-derived resistance) 病原由来抵抗性		792
pectin ペクチン		801
pectinase ペクチナーゼ		801
pectin methylesterase (PME) ペクチンメチルエステラーゼ		801
pedigree breeding 系統育種		707
PEG (polyethylene glycol) ポリエチレングリコール		806
PEG method (polyethylene glycol method) PEG (ペグ) 法		801
PEI (polyethylenimine) ポリエチレンイミン		806
pentamer, penton ペンタマー		803
pentapartite genome 五分節ゲノム		714
PEP (plastid-encoded polymerase)		786
peplomer ペプロマー		802
peptidase ペプチダーゼ, タンパク質分解酵素		761, 802
peptide ペプチド		802
peptide bond ペプチド結合		802
peptide map ペプチドマップ		802
peptide mass fingerprinting (PMF) ペプチドマスフィンガープリンティング		802
peptide sequencer ペプチドシーケンサー		802
peptide sequencing ペプチドシーケンシング, アミノ酸配列決定法		661, 802
peptide synthesizer ペプチドシンセサイザー		802
peptidyl transferase ペプチジルトランスフェラーゼ		802
peptidyl-tRNA ペプチジル tRNA		802
peptidyl-tRNA binding site (P-site) P 部位		790
Percoll パーコール		784
Percoll density-gradient centrifugation パーコール密度勾配遠心法		784
perennial crop 永年作物		683
perennial plant 多年生植物		760
perinuclear space 核膜間隙		694
periplasm ペリプラズム		802
permanent crop 永年作物		683
permanent expression 恒久的発現		711
permeation 浸透		748
permissive cell 許容細胞		703
peroxidase ペルオキシダーゼ		802
peroxisome ペルオキシソーム		802
peroxisome membrane ペルオキシソーム膜		802
persistent infection 持続感染		724
persistent transmission 永続性伝染		683
pest 害虫, 伝染病, 病害虫		691, 772, 790
pest control 病害虫防除, 病害防除		790, 791
pest damage 病虫害		792
pesticide 農薬		781
pesticide science 農薬学		781
pestology 害虫学		691
PFA (paraformaldehyde) パラホルムアルデヒド		785
PFGE (pulsed field gel electrophoresis) パルスフィールドゲル電気泳動		785
PFU (plaque-forming unit) プラーク形成単位		796
pg (picogram) ピコグラム		787
PGR (plant growth regulator) 植物成長調節物質		787
phage ファージ		793
phage display method ファージディスプレイ法		793
phage library ファージライブラリー		793
phage type ファージ型		793
phage typing ファージタイピング		793
phage vector ファージベクター		793
phagocytosis ファゴサイトーシス		793
phagosome ファゴソーム		793
phase-contrast microscope 位相差顕微鏡		668
phenol フェノール		794
phenotype 表現型		791
phenotypic mixing 表現型混合		791
phenotypic polymorphism 表現型多型		791
phenylalanine ammonia-lyase (PAL) フェニルアラニンアンモニアリアーゼ		794
phenyl isothiocyanate (PITC) フェニルイソチオシアネート		794
phenylpropanoid フェニルプロパノイド		794
phloem 篩部		725
phloem fiber 篩部繊維		726
phloem-limited virus 篩部局在性ウイルス		726
phloem loading and unloading 篩部移行		725
phloem parenchyma 篩部柔組織		726
phloem parenchyma cell 篩部柔細胞		726
phloem transport 篩部輸送		726
phosphatase 脱リン酸化酵素		759
phosphate-buffered saline (PBS) リン酸緩衝生理食塩水		821
phosphate metal affinity chromatography (PMAC) リン酸金属アフィニティークロマトグラフィー		821
phosphoamidite method ホスホアミダイト法		804
phosphodiester bond ホスホジエステル結合, リン酸ジエステル結合		804, 821
phospholipid リン脂質		821
phosphoprotein phosphatase プロティンホスファターゼ, タンパク質脱リン酸化酵素		761
phosphorylated protein リン酸化タンパク質		821
phosphorylation リン酸化		821
phosphorylation cascade リン酸化カスケード, キナーゼカスケード		699, 821
phosphotransferase キナーゼ, リン酸化酵素		699
phosphotungstic acid (PTA) リンタングステン酸		821
photoreactivating enzyme 光回復酵素		787
photoreactivation 光再活性化		787
photosynthesis 光合成		711
phycovirus 藻類ウイルス		756
phyllody フィロディ, 葉状化		794
phylogenetic classification 系統分類		707
phylogenetic tree 系統樹		707
phylogeny 系統発生		707
phylum 門		815
physical containment 物理的封じ込め		795
physical control 物理的防除		795
physical map 物理地図		795
physiogenic disease, physiological disease 生理病		752
Physiological and Molecular Plant Pathology (PMPP) [誌]		786
physiological disorder 生理障害		752
physiological plant disease 植物生理病		745
physiological plant pathology 植物感染生理学		744
phytoalexin ファイトアレキシン		793
phytoanticipin ファイトアンチシピン		793

phytohormone 植物ホルモン	746	
phytopathogenicity 植物病原性	745	
phytopathogen 植物病原体	745	
Phytopathological Society of Japan (PSJ) 日本植物病理学会	779	
phytopathology 植物病理学	746	
Phytopathology [誌]	793	
phytoplasma ファイトプラズマ	793	
phytotoxicity 薬害	815	
phytotron ファイトトロン	793	
phytovirus 植物ウイルス	731	
pI (isoelectric point) 等電点	774	
picogram (pg) ピコグラム	787	
picorna-like supergroup ピコルナ様スーパーグループ	787	
isoelectric point (pI) 等電点	774	
pinocytosis ピノサイトーシス	789	
pinosome ピノソーム	789	
pinwheel inclusion 風車状封入体	794	
PIPO (pretty interesting Potyviridae ORF) PIPO (ピポ)	790	
pistil 雌ずい	724	
PITC (phenyl isothiocyanate) フェニルイソチオシアネート	794	
PK (protein kinase) プロテインキナーゼ, タンパク質キナーゼ	761, 798	
plant activator 植物防御誘導物質, 抵抗性誘導剤	746, 767	
plant bacteria 植物細菌	745	
plant biotechnology 植物バイオテクノロジー	745	
plant cell and tissue culture 植物細胞組織培養	745	
plant cell culture 植物細胞培養	745	
plant cell engineering, plant cell manipulation, plant cell technology 植物細胞工学	745	
plant cell fusion 植物細胞融合	745	
plant clinical science 植物医科学	731	
plant clinics 植物病院	745	
plant cryptovirus 植物クリプトウイルス, 種子伝染性潜伏ウイルス	729, 744	
plant defense activator 植物防御誘導物質, 抵抗性誘導剤	746, 767	
plant diagnosis 植物診断	745	
Plant Disease [誌]	797	
plant disease, plant disease damage 植物病, 植物病害, 病害	745, 790	
plant disease ecology 植物病生態学	746	
plant disease epidemiology 植物疫学	744	
plant disease etiology 植物病因学	745	
plant disease name 植物病名	746	
plant doctor 植物医師	731	
plant ecology 植物生態学	745	
plant endornavirus 植物エンドルナウイルス	744	
plant epidemic 植物伝染病	745	
plant epidemiology 植物疫学	744	
plant factory 植物工場	745	
plant fungi 植物菌類	744	
plant gene engineering, plant genetic engineering 植物遺伝子工学	731	
plant growth regulator (PGR) 植物成長調節物質	745	
planthopper ウンカ	682	
plant hormone 植物ホルモン	746	
plant immunity 植物免疫	746	
plant infectious disease 植物伝染病	745	
plant-microbe interaction 植物-微生物間相互作用	745
plant noninfectious disease 植物非伝染病	745
plant nutrient deficiency 養分欠乏症	816
plant pararetrovirus 植物パラレトロウイルス	745
plant-parasite interaction, plant-pathogen interaction 植物-病原体相互作用	745
plant-pathogen-environment interaction 植物-病原体-環境相互作用	746
plant pathogenic microbiology 植物病原微生物学	746
plant pathogenology 植物病原学	745
plant pathological anatomy 植物病理解剖学	746
plant pathological methods 植物病理学実験法	746
Plant Pathology [誌]	797
plant pathology 植物病理学	746
plant pathophysiology 植物病態生理学	746
plant peptide hormone 植物ペプチドホルモン	746
plant pest 植物病害虫	745
plant physiological disease 植物生理病	745
plant physiological disease science 植物生理病学	745
plant physiological disorder 植物生理障害	745
plant physiology 植物生理学	745
plant protection act 植物防疫法	746
plant protection science 植物保護学	746
plant protection station 植物防疫所	746
plant protection 植物保護	746
Plant Protection 植物防疫 [誌]	746
plant protoplast-virus infection system 植物プロトプラスト-ウイルス感染実験系	746
plant protoplast 植物プロトプラスト	746
plant quarantine 植物検疫, 植物防疫所	745, 746
plant reovirus 植物レオウイルス	747
plant retrotransposon 植物レトロトランスポゾン	747
plant retrovirus 植物レトロウイルス	747
plant rhabdovirus 植物ラブドウイルス	746
plant science 植物科学	744
plant tissue culture 植物組織培養	745
plant viral gene 植物ウイルス遺伝子	733
plant viral genome 植物ウイルスゲノム	735
plant viral nucleic acid 植物ウイルス核酸	733
plant viral packaging 植物ウイルスの粒子構築	743
plant viral protein 植物ウイルスタンパク質	736
plant virological methods 植物ウイルス学実験法	733
plant virology 植物ウイルス学	733
plant virus 植物ウイルス	731
plant virus disease 植物ウイルス病	744
Plant Viruses Online [db]	797
plant virus gene 植物ウイルス遺伝子	733
plant virus genome 植物ウイルスゲノム	735
plant virus inhibitor 植物ウイルス阻害剤, 抗植物ウイルス剤	711
plant-virus interaction 植物-ウイルス間相互作用	735
plant virus particles 植物ウイルス粒子	744
plant virus resistance 植物ウイルス抵抗性	736
plant virus resistance gene 植物ウイルス抵抗性遺伝子	736
Plant virus subcommittee (PVS) 植物ウイルス小委員会	735
plant virus vector 植物ウイルスベクター	744
plaque プラーク	796
plaque-forming unit (PFU) プラーク形成単位	796
plaque hybridization プラークハイブリダイゼーション	796

plasmagene 細胞質遺伝子	717	
plasmalemma, plasma membrane 原型質膜	709	
plasmid プラスミド	797	
plasmid vector プラスミドベクター	797	
plasmodesm, plasmodesma, plasmodesmata (PD) プラズモデスマータ	797	
plasmolysis 原形質分離	709	
plastid 色素体	722	
plastid-encoded polymerase (PEP)	786	
plate-trapped antigen ELISA (PTA-ELISA) プレート捕捉抗原 ELISA 法	798	
pleomorphism 多態性	759	
ploidy 倍数性	782	
PLOS Pathogens［誌］	798	
plus/minus sense single-stranded DNA virus プラス/マイナス一本鎖 DNA ウイルス	797	
plus/minus sense single-stranded RNA virus ((+/−) ssRNA virus) プラス/マイナス一本鎖 RNA ウイルス	797	
plus/minus strand ((+/−)strand) プラス/マイナス鎖	797	
plus sense single-stranded RNA reverse transcribing virus ((+)ssRNA-RT virus) プラス一本鎖 RNA 逆転写ウイルス	796	
plus sense single-stranded RNA virus ((+)ssRNA virus) プラス一本鎖 RNA ウイルス	796	
plus sense strand ((+)sense strand), plus strand ((+)strand) プラス鎖	796	
PMAC (phosphate metal affinity chromatography) リン酸金属アフィニティークロマトグラフィー	821	
PME (pectin methylesterase) ペクチンメチルエステラーゼ	801	
PMF (peptide mass fingerprinting) ペプチドマスフィンガープリンティング	802	
PMPP (Physiological and Molecular Plant Pathology)［誌］	786	
PMR (protein-mediated resistance) タンパク質介在抵抗性	761	
PMTC (pre-membrane-targeting complex)	786	
p-nitrophenyl phosphate p-ニトロフェニルホスフェート	785	
pointed filament ポイントフィラメント	803	
point mutation 点突然変異	773	
Pol (polymerase) Pol (ポル), ポリメラーゼ	806	
Pol I (RNA polymerase I) RNA ポリメラーゼ I	665	
Pol II (RNA polymerase II) RNA ポリメラーゼ II	665	
Pol III (RNA polymerase III) RNA ポリメラーゼ III	665	
Pol domain (polymerase domain) ポリメラーゼドメイン	806	
pol gene pol (ポル)遺伝子	806	
pollen 花粉	695	
pollen culture 花粉培養	695	
pollenn transmission 花粉伝染	695	
pollination 受粉	729	
poly(A)-binding protein (PABP) ポリ(A)結合タンパク質	805	
polyacrylamide gel electrophoresis (PAGE) ポリアクリルアミドゲル電気泳動	805	
polyadenylation ポリアデニル化	805	
polyadenylation signal ポリ(A)付加シグナル	805	
polyadenylic acid sequence (poly(A) sequence) ポリ(A)配列	805	
polyamine ポリアミン	805	
poly(A) polymerase (PAP) ポリ(A)ポリメラーゼ	806	
poly(A) sequence (polyadenylic acid sequence), poly(A) tail, poly(A) tract ポリ(A)配列	805	
poly(A) tail-independent translation ポリ(A)配列非依存性翻訳	805	
polycation method ポリカチオン法	806	
polycistronic mRNA ポリシストロニック mRNA	806	
polycistronic translation ポリシストロニック翻訳	806	
polyclonal antibody (Pab) ポリクローナル抗体	806	
polyethylene glycol (PEG) ポリエチレングリコール	806	
polyethylene glycol method (PEG method) PEG (ペグ)法	801	
polyethylenimine (PEI) ポリエチレンイミン	806	
polygalacturonic acid ポリガラクツロン酸	806	
polygene ポリジーン	806	
polygene-mediated resistance, polygenic resistance ポリジーン介在抵抗性, ポリジェニック抵抗性	806	
polyhedra, polyhedron ポリヘドロン, 多角体, 多面体	758, 760, 806	
polylinker ポリリンカー	806	
poly-L-lysine ポリ-L-リジン	806	
poly-L-ornithine ポリ-L-オルニチン	806	
polymer ポリマー, 重合体	727, 806	
polymerase (Pol) ポリメラーゼ	806	
polymerase chain reaction (PCR) ポリメラーゼ連鎖反応	806	
polymerase domain (Pol domain) ポリメラーゼドメイン	806	
polymorphism 多型, 多態性	759	
polynucleotide ポリヌクレオチド	806	
polynucleotide kinase ポリヌクレオチドキナーゼ	806	
polypeptide ポリペプチド	806	
polyploidy 倍数体	782	
polyploidy breeding 倍数性育種	782	
polyprotein ポリプロテイン	806	
polyribosome ポリリボソーム	806	
polysaccharide ポリサッカライド, 多糖	759, 806	
polysome, polyribosome ポリソーム, ポリリボソーム	806	
polytypic species 多型種	759	
polyvinylidene difluoride membrane (PVDF membrane) PVDF 膜, ポリビニリデンジフルオリド膜	790, 806	
polyvinylpyrrolidone (PVP) ポリビニルピロリドン	806	
population genetics 集団遺伝学	727	
positional cloning ポジショナルクローニング	804	
position effect 位置効果	668	
positive regulator 促進因子	756	
positive sense ポジティブセンス	804	
positive sense strand ポジティブセンス鎖	796	
positive staining ポジティブ染色法	804	
post-entry quarantine 隔離検疫	694	
post-genomics ポストゲノム解析	804	
post-transcriptional gene silencing (PTGS) 転写後ジーンサイレンシング	772	
post-transcriptional gene silencing suppressor (PTGS suppressor) PTGS サプレッサー	789	
post-transcriptional control, post-transcriptional modification, post-transcriptional processing, post-transcriptional regulation 転写後修飾	771	
post-transcriptional RNA cleavage 転写後 RNA 切断	771	
post-translational control, post-translational modification, post-translational regulation 翻訳後修飾	807	
post-translational proteomics 翻訳後修飾プロテオミクス	807	
potex-like group ポテックス様グループ	805	
Potyvirus MP family ポティウイルス MP ファミリー	805	
ppb (parts per billion)	789	

PPI (protein-protein interaction) タンパク質間相互作用 761
ppm (parts per million) 789
P-Pro (papain-like protease)
　　P-Pro (ピープロ), パパイン様プロテアーゼ 790
RdRP, RdRp, RP (RNA dependent RNA polymerase)
　　RNA 依存 RNA ポリメラーゼ 662
Präparat プレパラート 798
precipitation band, precipitation line 沈降線 764
precipitation reaction, precipitin reaction 沈降反応 764
precision agriculture 精密農業 752
precursor プリカーサー, 前駆体 797
precursor protein 前駆体タンパク質 753
precursor RNA 前駆体 RNA, RNA 前駆体 664, 753
pregenomic RNA プレゲノム RNA 797
premature termination プレマチュアターミネーション 798
pre-membrane-targeting complex (PMTC) 786
pre-messenger RNA (pre-mRNA)
　　前駆体 mRNA, RNA 前駆体 687, 753
preparation of antibodies 抗体作製法 712
preparation プレパラート 798
preparative ultracentrifuge 分離用超遠心機 800
preprotein, preproprotein 前駆体タンパク質 753
preservation of plant viruses 植物ウイルスの保存 742
preservation of viruses ウイルスの保存 678
press blotting プレスブロット法 798
pretty interesting Potyviridae ORF (PIPO) PIPO (ピポ) 790
prevention of epidemics 防疫 803
primary cell wall 一次細胞壁 669
primary electron 一次電子 669
primary infection 一次感染 668
primary inoculum 一次伝染源 669
primary leaf 第 1 葉 757
primary messenger
　　一次メッセンジャー, ファーストメッセンジャー 793
primary structure 一次構造 668
primary symptom 一次病徴, 初期病徴 669, 731
primary transcript 一次転写産物 669
primer プライマー 796
primer binding site (PBS) プライマー結合部位 796
primer extension プライマー伸長法 796
priming effector プライミングエフェクター 796
priming プライミング 796
principal salivary gland 主唾腺 729
prion プリオン 797
Pro (protease) Pro (プロ), プロテアーゼ 798
probe プローブ 799
probenazole プロベナゾール 799
probe nucleic acid プローブ核酸 799
probing 探り挿入 719
procaryote 原核生物 709
processing プロセシング 798
Pro-co (protease cofactor, proteinase cofactor)
　　プロテアーゼコファクター 798
production biology 生産生物学 750
professional engineer of plant protection
　　技術士 (農業部門・植物保護) 698
programmed cell death (PCD) プログラム細胞死 661
projection スパイク 749
projector lens 投影レンズ 773
prokaryote 原核生物 709
prometaphase 前中期 754
promoter プロモーター 799
proof-reading, proofreading
　　プルーフリーディング, 校正 711, 797
propagation host, propagative host 増殖宿主 756
propagation plant 増殖植物 756
propagative virus 虫体内増殖性ウイルス 763
propagule むかご 812
prophage プロファージ 799
prophase 前期 753
proplastid プロプラスチド 799
proprotein 前駆体タンパク質 753
ProQ Diamond プロ Q ダイヤモンド 798
ProQ Emerald プロ Q エメラルド 798
protease cofactor (Pro-co, Co-Pro)
　　プロテアーゼコファクター 798
protease domain プロテアーゼドメイン 798
protease inhibitor
　　プロテアーゼインヒビター, タンパク質分解酵素阻害剤 762
protecting virus 一次ウイルス 668
protease プロテアーゼ, タンパク質分解酵素 761
proteasome プロテアソーム 798
protein タンパク質 761
proteinase プロテイナーゼ 798
proteinase cofactor (Pro-co, Co-Pro)
　　プロテアーゼコファクター 798
protein A プロテイン A 798
protein chip プロテインチップ 798
Protein Data Bank (PDB) タンパク質構造データバンク 761
protein database タンパク質データーベース 761
protein denaturant タンパク質変性剤 762
protein denaturation タンパク質の変性 761
protein engineering タンパク質工学 761
protein kinase (PK)
　　プロテインキナーゼ, タンパク質キナーゼ 761, 798
protein-mediated resistance (PMR)
　　タンパク質介在抵抗性 761
protein microarray プロテインマイクロアレイ 799
protein modification タンパク質修飾 807
protein monolayer method タンパク質単分子膜法 761
protein-nucleic acid interaction タンパク質-核酸相互作用 761
protein phosphatase プロテインホスファターゼ, タンパク質
　　脱リン酸化酵素 761, 799
protein precursor 前駆体タンパク質 761, 753
protein processing タンパク質修飾 807
protein-protein interaction (PPI) タンパク質間相互作用 761
protein sequencer プロテインシーケンサー 798
protein sequencing アミノ酸配列決定法 661
protein sorting, protein targeting タンパク質輸送 762
protein subunit タンパク質サブユニット 761
protein synthesis タンパク質合成 761
proteolysis タンパク質分解 761
proteolytic enzyme タンパク質分解酵素 761
proteome プロテオーム 799
proteomics プロテオミクス 799
protoclone プロトクローン 799
protocorm プロトコーム 799
protoplasm 原形質 709

protoplasmic streaming　原形質流動	709
protoplast　プロトプラスト	799
protozoal virus　原生動物ウイルス	710
protruding domain (P domain)　Pドメイン	789
provirus　プロウイルス	798
PR-protein (pathogenesis related protein)	
病原性関連タンパク質	791
PRR (pattern recognition receptor)　パターン認識受容体	784
pseudogene　偽遺伝子	698
pseudoknot structure　シュードノット構造	729
pseudorecombinant　シュードリコンビナント	729
pseudorecombination　シュードリコンビネーション	729
pseudoreversion　偽復帰変異	699
pseudorevertant　偽復帰変異体	699
pseudovirion　偽ウイルス粒子	698
P-site (peptidyl-tRNA binding site)　P部位	790
PSJ (Phytopathological Society of Japan)　日本植物病理学会	779
PSJ Plant Virus Disease Workshop	
日本植物病理学会植物ウイルス病研究会	744
psorosis　ソローシス病	757
PTA (phosphotungstic acid)　リンタングステン酸	821
PTA-ELISA (plate-trapped antigen ELISA)	
プレート捕捉抗原 ELISA 法	798
pteridophyte　シダ植物	724
PTGS (post-trasncriptional gene silencing)	
転写後ジーンサイレンシング	772, 789
PTGS suppressor (post transcriptional gene silencing suppressor)　PTGS サプレッサー	789
PTI (PAMP-triggered immunity)　PAMP 誘導免疫	785
PubMed　[db]	785
pull-down assay　プルダウンアッセイ	797
pulsed field gel electrophoresis (PPGE)	
パルスフィールドゲル電気泳動	785
pump　ポンプ	807
pure line breeding, pure line selection　純系選抜	730
pure water　純水	730
purification　精製	751
purification of plant viruses　植物ウイルスの精製	740
purification of viroids　ウイロイドの精製	681
purification of viruses　ウイルスの精製	678
purine base　プリン塩基	797
purity　純度	730
PVDF membrane (polyvinylidene difluoride membrane)	
ポリビニリデンジフルオリド膜	806
PVP (polyvinylpyrrolidone)　ポリビニルピロリドン	806
PVS (Plant virus subcommittee)　植物ウイルス小委員会	735
pyrimidine base　ピリミジン塩基	792
pyrosequencing method　ピロシーケンス法	792

Q

QGB (quintuple gene block)　クイントプルジーンブロック	704
QGB family (quintuple gene block family)	
クイントプルジーンブロックファミリー	704
QTL (quantitative trait locus)　量的形質遺伝子座	821
quadripartite genome　四分節ゲノム	817
qualitative resistance　質的抵抗性	725
qualitative trait　質的形質	725
quantitation of plant viruses　植物ウイルスの定量	741
quantitation of viroids　ウイロイドの定量	681
quantitation of viruses　ウイルスの定量	678
quantitative PCR　定量 PCR	769
quantitative real-time PCR　定量リアルタイム PCR	818
quantitative resistance　量的抵抗性	821
quantitative trait　量的形質	821
quantitative trait locus (QTL)　量的形質遺伝子座	821
quantum biology　量子生物学	821
quarantine　防疫	803
quasy sepses　準種	730
quaternary structure　四次構造	817
quintuple gene block (QGB)　クイントプルジーンブロック	704
quintuple gene block family (QGB family)	
クイントプルジーンブロックファミリー	704

R

rabbit reticulocyte lysate translation system	
ウサギ網状赤血球翻訳系	682
race　品種, レース	793, 821
rapid amplification of cDNA ends method	
RACE (レース) 法	822
race/cultivar-nonspecific resistance	
系統/品種非特異的抵抗性	707
race/cultivar-specific resistance　系統/品種特異的抵抗性	707
race-nonspecific resistance	
レース非特異的抵抗性, 系統非特異的抵抗性	707, 822
race-specific resistance	
レース特異的抵抗性, 系統特異的抵抗性	707, 822
radioactive labeling　放射性標識	803
radioimmunoassay (RIA)　ラジオイムノアッセイ	817
radioisotope (RI)　ラジオアイソトープ	817
radioisotope-labeled probe (RI-labeled probe)	
放射性標識プローブ	803
random amplified polymorphic DNA (RAPD)	
ランダム増幅断片長多型	818
random mutagenesis　ランダム突然変異導入	818
random primer　ランダムプライマー	818
rank　分類階級	800
RAPD (random amplified polymorphic DNA)	
ランダム増幅断片長多型	818
RAPD marker　RAPD (ラピッド) マーカー	818
rapid amplification of cDNA ends method (PACE)	
RACE (レース) 法	822
rapid immunofilter paper assay (RIPA)　RIPA (リパ) 法	819
RAT (replication-associated translation)　複製共役的翻訳	795
rate of evolution　進化速度	747
rate zonal density-gradient centrifugation	
速度ゾーン密度勾配遠心法	757
RBP (RNA binding protein)　RNA 結合タンパク質	663
RBS (ribosome binding site)　リボソーム結合部位	820
RCR (rolling circle-type replication)	
ローリングサークル型複製	823
RdDM (RNA directed DNA methylation)	
RNA 依存 DNA メチル化	662
rDNA (ribosomal DNA)　リボソーム DNA	820
R domain (RNA interacting domain)　Rドメイン	666
RDR (RNA directed RNA polymerase)	
RNA 依存 RNA ポリメラーゼ	662, 666
RdRP, RdRp (RNA dependent RNA polymerase)	
RNA 依存 RNA ポリメラーゼ	666

RdRp domain (RNA dependent RNA polymerase domain)
　　RdRp ドメイン，RNA 複製酵素ドメイン　　664, 666
reactivation　再活性化　　715
reactive oxygen species (ROS)　活性酸素種　　694
reactive oxygen species signaling pathway (ROS signaling
　　pathway)　活性酸素種シグナル伝達系　　694
reading frame　リーディングフレーム　　819
read through, reading through (RT)　リードスルー　　819
read through protein (RT protein)
　　リードスルータンパク質　　819
real-time PCR (real-time polymerase chain reaction)
　　リアルタイム PCR　　818
reannealing　リアニーリング　　818
rearrangement　再編成　　716
reassembly　再構成　　716
reassociation　再生　　716
reassortant　リアソータント　　818
reassortment　再編成　　716
receptor　受容体　　730
receptor/ligand type resistant protein
　　レセプターリガンド型抵抗性タンパク質　　822
receptor-like kinase (PLK)　レセプター様キナーゼ　　822
recessive　劣性　　822
recessive gene　劣性遺伝子　　822
recessive resistance gene　劣性抵抗性遺伝子　　822
recombinant　組換え体　　704
recombinant DNA　組換え DNA　　704
recombinant DNA experiment　遺伝子組換え実験　　670
recombinant DNA technology
　　組換え DNA 技術，遺伝子工学　　671
recombinant nucleic acid　組換え核酸　　704
recombinant protein　組換えタンパク質　　704
recombinant RNA　組換え RNA　　704
recombinant vaccine　組換えワクチン　　704
recombinant virus　組換えウイルス　　704
recombination　組換え　　704
reconstruction　再構成　　716
recovery　回復　　692
redding　赤化　　753
redifferentiation　再分化，再生　　716
reflected electron image　反射電子像　　786
regenerated plant　再分化植物，再生植物　　716
regeneration　再分化，再生　　716
regnum　界　　691
regular polyhedron　正多面体　　751
regulator gene, regulatory gene　調節遺伝子　　763
regulatory region, regulatory sequence
　　調節領域，制御配列，シス因子　　724, 764
regulator　調節因子　　764
reinitiation-supporting protein (RISP)
　　リイニシエーション支援タンパク質　　818
re-initiation, reinitiation
　　リイニシエーション，翻訳再開機構　　818, 820
reiterated sequence　反復配列　　786
relative mating　近縁交雑　　703
release　放出　　804
release factor (RF)　翻訳終結因子　　807
remote crossing　遠縁交雑　　773
remote sensing　リモートセンシング　　820

REn (replication enhaner protein)
　　REn(レン)タンパク質，複製促進タンパク質　　795
renaturation　再生　　716
REn protein (replication enhancer protein)
　　REn(レン)タンパク質，複製促進タンパク質　　822
Rep (replicase)　レプリカーゼ　　822
Rep (replication initiation protein)
　　Rep(レップ)タンパク質，複製開始タンパク質　　794
RepA, RepA protein (replication-associated protein)
　　RepA(レップ A)タンパク質，複製関連タンパク質　795, 822
rep DNA　rep(レップ)DNA　　822
repeated cultivation　連作　　823
repeated gene　反復遺伝子　　786
repeated sequence　反復配列　　786
replacement　置換　　762
replica　レプリカ　　822
replica plating　レプリカ平板法　　822
replicase (Rep)　レプリカーゼ　　822
replication　複製　　794
replication-associated protein (RepA), RepA protein
　　RepA(レップ A)タンパク質，複製関連タンパク質　795, 822
replication-associated translation (RAT)　複製共役の翻訳　　795
replication-coupled encapsidation　複製共役的着外被　　795
replication enhancer protein (Ren)
　　REn(レン)タンパク質，複製促進タンパク質　　795, 822
replication factor (RF)　複製因子　　794
replication fork　複製フォーク　　795
replication initiation protein (Rep)
　　Rep(レップ)タンパク質，複製開始タンパク質　　794, 822
replication of plant viruses　植物ウイルスの複製　　741
replication of viroids　ウイロイドの複製　　681
replication origin (ori)　複製開始点，DNA 複製開始点　766, 794
replicative form (RF)　複製型　　795
replicative intermediate (RI)　複製中間体　　795
replicon　レプリコン　　822
replisome　レプリソーム　　823
reporter gene　レポーター遺伝子　　823
Rep protein (replication initiation protein)
　　Rep(レップ)タンパク質，複製開始タンパク質　　822
repressor　リプレッサー，抑制因子　　817, 819
reprogramming　リプログラミング　　819
resistance　抵抗性　　767
resistance breakdown, resistance breaking　抵抗性の崩壊　　767
resistance gene (R gene)
　　抵抗性遺伝子，真性抵抗性遺伝子　　748, 767
resistance induction　抵抗性誘導　　767
resistance protein (R protein)　R タンパク質　　665
resistance reaction, resistance response　抵抗反応　　767
resistance to penetration　侵入抵抗性　　748
resistance to spread　拡大抵抗性　　693
resistant　抵抗性　　767
resistant reaction　抵抗反応　　767
resistant variety　抵抗性品種　　767
resolution limit　分解能　　799
resource biology　資源生物学　　723
respiration　呼吸　　712
resting period, resting phase, resting stage　休止期　　701
resting spore　休眠胞子　　702
restriction endonuclease, restriction enzyme　制限酵素　　750

restriction fragment 制限断片		750
restriction fragment length polymorphism (RELP)		
制限酵素断片長多形		750
restriction map 制限酵素地図		750
retention time (RT) 保持時間		804
retroelement レトロエレメント		822
retroposon レトロポゾン		822
retrotransposon レトロトランスポゾン		822
retrovirus レトロウイルス		822
reverse genetics 逆遺伝学		699
reverse mutation 復帰突然変異		795
reverse transcribing virus (RT virus) 逆転写ウイルス		700
reverse transcriptase domain (RT domain, RTase domain)		
逆転写酵素ドメイン		700
reverse transcriptase−PCR, reverse transcription−PC,		
reverse transcription polymerase chain reaction (RT-PCR)		
逆転写ポリメラーゼ連鎖反応	666,	700
reverse transcriptase 逆転写酵素		700
reverse transcription 逆転写		700
reverse transcription-loop-mediated isothermal amplification		
(RT-LAMP) RT-LAMP法		666
reverse transcription−PCR−microplate hybridization		
(RT−PCR−MPH)		666
reverse transcription−PCR−microtube hybridization		
(RT−PCR−MTH)		666
RF (replication factor) 複製因子		794
RF (replicative form) 複製型		795
RF (translation release factor, release factor)		
翻訳終結因子，終結因子	727,	807
RFLP (restriction fragment length polymorphism)		
制限酵素断片長多形		750
RFLP marker RFLPマーカー		665
R gene (true resistance gene, resistance gene)		
真性抵抗性遺伝子		748
R gene−mediated resistance (RMR), *R* gene resistance		
R 遺伝子介在抵抗性		662
Rhabdovirus ラブドウイルス		818
rhodamine isothiocyanate (RITC)		
ローダミンイソチオシアネート		823
RI (radioisotope) ラジオアイソトープ		817
RI (replicative intermediate) 複製中間体		795
RIA (radioimmunoassay) ラジオイムノアッセイ		817
ribonuclease (RNase) リボヌクレアーゼ		820
ribonuclease III (RNase III) リボヌクレアーゼIII		820
ribonuclease A (RNase A) リボヌクレアーゼA		820
ribonuclease H (RAase H) リボヌクレアーゼH		820
ribonuclease inhibitor (RNase inhibitor)		
リボヌクレアーゼインヒビター		820
ribonucleic acid (RNA) リボ核酸		819
ribonucleocapsid リボヌクレオキャプシド		820
ribonucleoprotein (RNP)		
リボヌクレオプロテイン，リボ核タンパク質	819,	820
ribonucleoside リボヌクレオシド		820
ribonucleotide リボヌクレオチド		820
riboprobe リボプローブ		820
ribose リボース		819
ribosomal DNA (rDNA) リボソームDNA		820
ribosomal frameshift リボソームフレームシフト		820
ribosomal protein リボソームタンパク質		820
ribosomal RNA (rRNA) リボソームRNA		820
ribosomal RNA gene (rRNA gene) リボソームRNA遺伝子		820
ribosome リボソーム		820
ribosome binding site (RBS) リボソーム結合部位		820
ribosome inactivation protein (RIP)		
リボソーム不活性化タンパク質		820
ribosome shunt, ribosome shunting リボソームシャント		820
ribosome subunit リボソームサブユニット		820
riboswitch リボスイッチ		819
ribozyme リボザイム		819
ribulose−1,5−bisphosphate−carboxylase/oxygenas		
(RuBisCo) リブロース−1,5−ビスリン酸カルボ		
キシラーゼ/オキシゲナーゼ		819
rigid rod−shaped particle 剛直性棒状粒子		712
rigid rod−shaped virus 棒状ウイルス		804
RI−labeled probe (radioisotope−labeled probe)		
放射性標識プローブ		803
ring spot 輪点		821
RIP (ribosome inactivation protein)		
リボソーム不活性化タンパク質		820
RIPA (rapid immunofilter paper assay) RIPA（リパ）法		819
Ri−plasmid Ri−プラスミド		662
Ri−plasmid vector Ri−プラスミドベクター		662
RI probe (radioisotope−labeled probe)		
放射性標識プローブ		803
RISC (RNA−induced silencing complex)		
RNA 誘導サイレンシング複合体		665
RISP (reinitiation−supporting protein)		
リイニシエーション支援タンパク質		818
RITC (rhodamine isothiocyanate)		
ローダミンイソチオシアネート	662,	823
RITS (RNA−induced transcriptional silencing)		
RNA 誘導転写サイレンシング		665
RITS complex (RNA−induced initiator of transcriptional		
silencing complex)		
RNA 誘導転写サイレンシング複合体		665
riverse transcriptase		
リバーストランスクリプターゼ，逆転写酵素	700,	819
RLK (receptor−like kinase) レセプター様キナーゼ		822
R−mediated resistance (RMR) *R* 遺伝子介在抵抗性		662
RMR (*R*−mediated resistance) *R* 遺伝子介在抵抗性		662
RMR (RNA mediated resistance) RNA介在抵抗性		663
RNA (ribonucleic acid) リボ核酸		819
RNA binding protein (RBP) RNA結合タンパク質		663
RNA binding site RNA結合部位		663
RNA chaperone RNAシャペロン		664
RNA dependent DNA polymerase RNA依存DNA合成酵素，		
RNA依存DNA合成ポリメラーゼ		662
RNA dependent DNA synthesis, RNA dependent DNA		
polymerization RNA依存DNA合成		662
RNA dependent RNA polymerase (RdRP, RdRp)		
RNA依存RNAポリメラーゼ		662
RNA dependent RNA polymerase domain (RdRp domain)		
RdRpドメイン，RNA複製酵素ドメイン	664,	666
RNA dependent RNA synthesis, RNA dependent RNA		
polymerization RNA依存RNA合成		662
RNA directed DNA methylation (RdDM)		
RNA依存DNAメチル化		662
RNA directed RNA polymerase (RDR)		

RNA 依存 RNA ポリメラーゼ		662	pathway）活性酸素種シグナル伝達系	694
RNA editing　RNA 編集		665	rotary culture, rotation culture　回転培養	691
RNA genome　RNA ゲノム		663	rotation technique　回転多重焼付法	691
RNA helicase（HEL）　RNA ヘリカーゼ		665	rotation vacuum evaporation　回転真空蒸着	691
RNAi（RNA interference）　RNA 干渉		663	rough bark　粗皮	757
RNA-induced initiator of transcriptional silencing complex			rough ER　粗面小胞体	757
RNA 誘導転写サイレンシング複合体		665	rouging　間引き	810
RNA-induced silencing complex			R plasmid　R プラスミド	666
RNA 誘導サイレンシング複合体		665	R protein（resistance protein）　R タンパク質	666
RNA-induced transcriptional silencing			rRNA（ribosomal RNA）　リボソーム RNA	662
RNA 誘導転写サイレンシング		665	rRNA gene（ribosomal RNA gene）　リボソーム RNA 遺伝子	820
RNA interacting domain（R domein）　R ドメイン		666	RSS（RNA silencing suppressor）	
RNA interference　RNA 干渉		663	RNA サイレンシングサプレッサー	663
RNA ligase　RNA リガーゼ		665	RT（read through, reading through）　リードスルー	819
RNA mediated resistance（RMR）　RNA 介在抵抗性		663	RT（retension time）　保持時間	804
RNA phage　RNA ファージ		664	RT（reverse transcription）　逆転写	700
RNA plasmid　RNA プラスミド		664	RT, RTase（reverse transcriptase）　逆転写酵素	700
RNA polymerase　RNA ポリメラーゼ		665	RTase domain, RT domain（reverse transcriptase domain）　逆	
RNA polymerase I（Pol I）　RNA ポリメラーゼ I		665	転写酵素ドメイン	700
RNA polymerase II（Pol II）　RNA ポリメラーゼ II		665	RT-LAMP（reverse transcription-loop-mediated	
RNA polymerase III（Pol III）　RNA ポリメラーゼ III		665	isothermal amplification）　RT-LAMP 法	666
RNA precursor　前駆体 RNA		753	RT-PCR（reverse transcriptase-PCR, reverse transcription-	
RNA probe　RNA プローブ		664	PCR, reverse transcription polymerase chain reaction）	
RNA processing　RNA プロセシング，転写後修飾		664, 771	逆転写ポリメラーゼ連鎖反応	666, 700
RNA pseudoknot structure　RNA シュードノット構造		664	RT-PCR-MPH（reverse transcription-PCR-microplate	
RNA recombination　RNA 組換え		663	hybridization）	666
RNA replicase　RNA レプリカーゼ		665	RT-PCR-MTH（reverse transcription-PCR-microtube	
RNA silencing signal　RNA サイレンシングシグナル		664	hybridization）	666
RNase（ribonuclease）　リボヌクレアーゼ		820	RT protein（read through　protein）	
RNase III（ribonuclease III）　リボヌクレアーゼ III		820	リードスルータンパク質	819
RNase A（ribonuclease A）　リボヌクレアーゼ A		820	RT virus（reverse transcribing virus）　逆転写ウイルス	700
RNase H（ribonuclease H）　リボヌクレアーゼ H		820	rubbing inoculation　摩擦接種	810
RNase inhibitor（ribonuclease inhibitor）			RuBisCo（ribulose-1,5-bisphosphate-carboxylase/oxygenase）	
リボヌクレアーゼインヒビター		820	RuBisCo（ルビスコ），リブロース-1,5-ビスリン酸カルボ	
RNA selection　RNA 選別		664	キシラーゼ/オキシゲナーゼ	819, 821
RNA silencing　RNA サイレンシング		663	rugose　縮葉	729
RNA silencing suppressor（RSS）			rugose wood complex　ルゴースウッド症状	821
RNA サイレンシングサプレッサー		663	run-on transcription　ランオン転写法	818
RNA splicing　RNA スプライシング		664	russet　粗皮	757
RNA sequencing　RNA 塩基配列決定法		663	*Rx* gene　*Rx* 遺伝子	662
RNA synthesis　RNA 合成		663		
RNA transcriptase　RNA トランスクリプターゼ		664	**S**	
RNA transport　RNA 輸送		665	S（segment）　セグメント	753
RNA virus　RNA ウイルス		663	S（Svedberg unit）　スベドベリ単位	750
RNA world　RNA ワールド		665	S1 mapping　ヌクレアーゼ S1 マッピング	780
RNP（ribonucleoprotein）			S1 nuclease　ヌクレアーゼ S1	780
リボヌクレオプロテイン，リボ核タンパク質		819, 820	SA（salicylic acid）　サリチル酸	720
RNP world　RNP ワールド		665	saccharide　糖類	774
rod-shaped virus　棒状ウイルス		804	*Saccharomyces cerevisiae*（*S. cerevisiae*）	
roller tube culture　回転培養		691	サッカロミセス セレビシエ	719
rolling circle amplification（RCA）			saccharose　ショ糖	747
RCA 法，ローリングサークル増幅法		665	S-adenosyl-L-methionine（SAM）	
rolling circle-type replication（RCR）			S-アデノシルメチオニン	684
ローリングサークル型複製		823	SAGE（serial analysis of gene expression）	
root apical meristem　根端分裂組織		715	SAGE（セイジ）法，連続的遺伝子発現解析法	823
rootstock　台木		757	salicylic acid（SA）　サリチル酸	720
ROS（reactive oxygen species）　活性酸素種		694	salicylic acid-induced protein kinase（SIPK）	
rosette　叢生		756	サリチル酸誘導性プロテインキナーゼ	720
ROS signaling pathway（reactive oxygen species signaling			salicylic acid signaling pathway　サリチル酸シグナル伝達系	720

植物ウイルス学用語英和索引

英語	和訳	頁
saline-sodium citrate (SSC)	標準食塩クエン酸緩衝液	684
salivary duct	唾液管	758
salivary gland	唾腺	759
salting out, salt precipitation	塩析	689
SAM (S-adenosyl-L-methionine)	S-アデノシルメチオニン	684
Sanger method	サンガー法	725
sanitation	消毒	730
sap inoculation	汁液接種	727
sapphire knife	サファイアナイフ	720
saprophytism	腐生	795
sap transmission	汁液伝染	727
SAR (systemic acquired resistance)	全身獲得抵抗性	754
sat-DNA (satellite DNA)	サテライト DNA	719
satellite	サテライト	719
satellite conserved region (SCR)	サテライト保存配列	720
satellite DNA (sat-DNA)	サテライト DNA	719
satellite-mediated protection	サテライト介在防除	719
satellite nucleic acid	サテライト核酸	719
satellite RNA (sat-RNA)	サテライト RNA	719
satellite virus	サテライトウイルス	719
sat-RNA (satellite RNA)	サテライト RNA	719
SBS (sequencing by synthesis)	逐次合成シーケンシング	762
scanning	スキャンニング	749
scanning electron microscope (SEM)	走査型電子顕微鏡	755
scanning probe microscope (SPM)	走査型プローブ顕微鏡	755
scanning transmission electron microscope (STEM)	走査型透過電子顕微鏡	755
scanning tunneling microscope (STM)	走査型トンネル顕微鏡	755
S. cerevisiae (Saccharomyces cerevisiae)	サッカロミセス セレビシエ	719
Schizosaccharomyces pombe (S. pombe)	シゾサッカロミセスポンベ	724
schlieren optics	シュリーレン光学系	730
scion	接ぎ穂, 穂木	764, 804
SCR (satellite conserved region)	サテライト保存配列	720
screening	スクリーニング	749
scroll inclusion	巻物状封入体	809
SDI (serological differentiation index)	血清学的識別指数	708
S domain (shell domain)	S ドメイン	685
SDS (sodium dodecyl sulphate)	ドデシル硫酸ナトリウム	775
SDS-agar gel diffusion	SDS-寒天ゲル内拡散法	684
SDS-PAGE (SDS-polyacrylamide gel electrophoresis)	SDS-ポリアクリルアミドゲル電気泳動	684
SDS-phenol method	SDS-フェノール法	684
SDS-polyacrylamide gel electrophoresis (SDS-PAGE)	SDS-ポリアクリルアミドゲル電気泳動	684
second antibody	二次抗体	778
secondary cell wall	二次細胞壁	778
secondary electron image	二次電子像	778
secondary infection	二次感染	777
secondary inoculum	二次感染源	778
secondary structure	二次構造	778
secondary symptom	二次病徴	778
second messenger	セカンドメッセンジャー	752
second virus	二次ウイルス	777
section	切片	753
sedimentation coefficient, sedimentation constant	沈降係数	764
sedimentation equilibrium method	沈降平衡法	764
sedimentation velocity	沈降速度	764
sedimentation velocity method	沈降速度法	764
seed	種子	729
seed and seedling transmission	種苗伝染	729
seed-borne cryptic virus	種子伝染性潜伏ウイルス	729
seed-borne disease	種子伝染病	729
seed-borne virus	種子伝染性ウイルス	729
seed coat mottling	褐斑粒	694
seed disinfection, seed treatment	種子消毒	729
seed plant	種子植物	729
seed transmission	種子伝染	729
Seg (segment)	セグメント	753
segment (Seg)	セグメント	753
segmented genome	分節ゲノム	800
segmented genome virus	分節ゲノムウイルス	800
segmented genome within multiparticle	多粒子分節ゲノム	760
segmented genome within single particle	単粒子分節ゲノム	762
SEL (size exclusion limit)	排除分子量限界	782
selection breeding	選抜育種	755
selection marker gene	選抜マーカー遺伝子	755
selection pressure, selective pressure	選択圧	754
selective marker	選択マーカー	754
self-assembly	自己集合	723
self-cleaving, self cleave	自己切断	723
self-cleaving protease	自己切断プロテアーゼ	723
self pollination	自家受粉	722
SEM (scanning electron microscope)	走査型電子顕微鏡	755
semi-conservative replication	半保存的複製	786
Seminars in Virology [誌]		753
semipermeable membrane	半透膜	786
semi-persistent transmission	半永続性伝染	785
semisynthetic culture medium, semisynthetic medium	半合成培地	785
senescence	老化	823
sense strand	センス鎖	796
sensitivity	感受性	697
sensitized hemagglutination	感作赤血球凝集反応	696
separation breeding	分離育種	800
Sephadex	セファデックス	753
sequence homology	配列相同性	783
sequencing	配列決定	783
sequencing by synthesis (SBS)	逐次合成シーケンシング	762
serial analysis of gene expression (SAGE)	SAGE (セイジ) 法, 連続的遺伝子発現解析法	750
serial injection, serial passage	経代注射	707
serine protease	セリンプロテアーゼ	753
serine-threonine protein kinase	セリン/スレオニンプロテインキナーゼ	753
serological diagnosis	血清診断法	708
serological differentiation index (SDI)	血清学的識別指数	708
serological properties	血清学的性状	708
serology	血清学	708
serotype	血清型	708
serum	血清	708
severe strain	強毒系	702
severity	激度	707
S gene (susceptible gene)	感受性遺伝子	697

SGM（Society for General Microbiology）		
英国総合微生物学会	684	
sgRNA（subgenomic RNA）　サブゲノム RNA	684	
shadowing　シャドウイング	726	
shake culture　振盪培養	748	
shell　外被	701	
shell domain　S ドメイン	685	
shoestring　糸葉	673	
shoot　シュート	729	
shoot apex culture　茎頂培養	707	
shoot apical meristem　茎頂分裂組織	707	
short hairpin RNA（shRNA）　短鎖ヘアピン RNA	761	
short interfering RNA（siRNA）　低分子干渉 RNA	769	
short intergenic region（SIR）　短鎖遺伝子間領域	761	
short interspersed nuclear element, short interspersed repetitive sequence　短鎖散在反復配列	761	
short tandem repeat（STR）　単純反復配列	761	
shotgun cloning　ショットガンクローニング	747	
shotgun library　ショットガンライブラリー	747	
shotgun sequencing　ショットガンシーケンシング	747	
shRNA（short hairpin RNA, small hairpin RNA）　短鎖ヘアピン RNA	761	
shuttle vector　シャトルベクター	726	
sieve element　篩要素	730	
sieve plate　篩板	725	
sieve tube　篩管	722	
sieve tube cell　篩管細胞	722	
sign　標徴	792	
signaling　シグナル伝達	723	
signaling factor, signaling molecule, signal molecule　シグナル伝達物質	723	
signal peptide　シグナルペプチド	723	
signal sequence　シグナル配列	723	
signal transduction　シグナル伝達	723	
signal transduction pathway　シグナル伝達経路	723	
silencer　サイレンサー	718	
silencing　サイレンシング	718	
silencing suppressor　サイレンシングサプレッサー	718	
silent mutation　サイレント変異	719	
silicone embedding plate　シリコン包埋板	747	
silver polyethylene mulch　シルバーマルチ	747	
silver staining　銀染色	703	
simple sequence repeat（SSR）　単純反復配列	684, 761	
SINE（short interspersed nuclear element）　SINE（サイン），短鎖散在反復配列	761	
single cell culture　単細胞培養	761	
single chain antibody　一本鎖抗体	670	
single infection　単独感染	761	
single-lesion isolation　単一病斑分離法	760	
single molecule real time DNA sequencing（SMRT DNA sequencing）　一分子リアルタイム DNA シーケンシング	669	
single molecule sequencing　単一分子シーケンシング	669	
single-nucleotide mutation　一塩基変異	668	
single-nucleotide polymorphism（SNP）　一塩基多型	668	
single-step growth curve　一段増殖曲線	669	
single-step growth system　一段増殖実験系	669	
single-stranded DNA（ssDNA）　一本鎖 DNA	670	
single-stranded DNA binding protein（SSB protein）　一本鎖 DNA 結合タンパク質	670	
single-stranded DNA virus（ssDNA virus）　一本鎖 DNA ウイルス	670	
single-stranded nucleic acid　一本鎖核酸	670	
single-stranded RNA（ssRNA）　一本鎖 RNA	669	
single-stranded RNA reverse transcribing virus（ssRNA-RT virus）　一本鎖 RNA 逆転写ウイルス	669	
single-stranded RNA virus（ssRNA virus）　一本鎖 RNA ウイルス	669	
SIPK（salicylic acid-induced protein kinase）　SIPK（シップケー），サリチル酸誘導性プロテインキナーゼ	720	
SIR（short intergenic region）　短鎖遺伝子間領域	761	
siRNA（small interfering RNA, short interfering RNA）　低分子干渉 RNA	769	
siRNA knockdown　siRNA ノックダウン	684	
site-directed mutagenesis, site-specific mutagenesis　部位特異的突然変異導入	793	
site-specific recombination　部位特異的組換え	793	
size exclusion limit（SEL）　排除分子量限界	782	
slab gel electrophoresis　スラブゲル電気泳動	750	
slide agglutination test, slide test　スライド法	750	
slippery sequence　スリップ配列	750	
SLS（sodium lauryl sulphate）　ラウリル硫酸ナトリウム	817	
small circular single-stranded satellite RNA　短鎖環状一本鎖サテライト RNA	761	
small hairpin RNA（shRNA）　短鎖ヘアピン RNA	761	
small interfering RNA（siRNA）　低分子干渉 RNA	769	
small nuclear ribonucleoprotein（snRNP）　核内低分子リボ核タンパク質	693	
small nuclear RNA（snRNA）　核内低分子 RNA	693	
small nucleolar ribonucleoprotein（snoRNP）　核小体低分子リボ核タンパク質	693	
small nucleolar RNA（snoRNA）　核小体低分子 RNA	693	
small RNA（sRNA）　低分子 RNA	769	
small ubiquitin-related modifier（SUMO）　SUMO（スモ）	750	
smooth ER　滑面小胞体	694	
SMRT DNA sequencing（single molecule real time DNA sequencing）　一分子リアルタイム DNA シーケンシング	669	
snoRNA（small nucleolar RNA）　核小体低分子 RNA	693	
snoRNP（small nucleolar ribonucleoprotein）　核小体低分子リボ核タンパク質	693	
SNP（single-nucleotide polymorphism）　一塩基多型	668	
SNPs marker　SNPs（スニップ）マーカー	749	
snRNA（small nuclear RNA）　核内低分子 RNA	693	
snRNP（small nuclear ribonucleoprotein）　核内低分子リボ核タンパク質	693	
Society for General Microbiology（SGM）　英国総合微生物学会	684	
SOD（superoxide dismutase）　スーパーオキシドジスムターゼ	749	
sodium azide　アジ化ナトリウム	659	
sodium dodecyl sulphate　ドデシル硫酸ナトリウム	775	
sodium hypochlorite　次亜塩素酸ナトリウム	721	
sodium lauryl sulphate（SLS）　ラウリル硫酸ナトリウム	817	
sodium nitrite（NaNO$_2$）　亜硝酸ナトリウム	659	
soil-borne disease　土壌伝染病	774	
soil-borne virus　土壌伝搬性ウイルス	774	
soil disinfection, soil sterilization　土壌消毒	774	
soil inoculation　土壌接種	774	
soil transmission　土壌伝染	774	

solid culture 固体培養	713	
solid culture medium 固体培地	713	
solution culture 養液栽培	816	
soma 栄養体	683	
somaclonal variation 体細胞変異	757	
somaclone 体細胞クローン	757	
somatic cell 体細胞	757	
somatic hybrid 体細胞雑種	757	
somatic mitosis 体細胞分裂	757	
somatic mutation 体細胞変異	757	
sonication 超音波処理	763	
source of infection 伝染源	772	
Southern blotting サザンブロッティング	719	
Southern hybridization サザンハイブリダイゼーション	719	
south-western blotting サウスウェスタンブロッティング	719	
space biology 宇宙生物学	682	
spacer region スペーサー領域	670	
species 種	726	
species immunity, species resistance 種抵抗性	729	
specific elicitor 特異的エリシター	774	
specific resistance 特異的抵抗性	774	
spectro-analysis 分光分析	799	
spectrofluorometer 蛍光分光光度計	706	
spectrophotometer 分光光度計	799	
spermatophyte 種子植物	729	
S phase (synthetic phase) S期	684	
spherical virus 球状ウイルス	702	
spike スパイク	749	
spike protein スパイクタンパク質	749	
spindle, spindle body 紡錘体	804	
spindle fiber 紡錘糸	804	
spiroplasma スピロプラズマ	750	
splice junction, splice site スプライス部位	750	
spliceosome スプライソソーム	750	
splicing スプライシング	750	
split genome 分節ゲノム	800	
SPM (scanning probe microscope) 走査型プローブ顕微鏡	755	
S. pombe (Schizosaccharomyces pombe) シゾサッカロミセスポンベ	724	
spongy parenchyma 海綿状組織	692	
spongy tissue 海綿状組織	692	
spontaneous mutation 自然突然変異	724	
spot 斑点	786	
spot hybridization スポットハイブリダイゼーション法	750	
spray 散布	721	
spread 蔓延	811	
SPR sensor (surface plasmon resonance sensor) 表面プラズモン共鳴センサー	792	
spur スパー	749	
Spurr resin スパー樹脂	750	
sRNA (small RNA) 低分子RNA	769	
S-S bond (disulfide bond) ジスルフィド結合	724	
SSB protein (single-strandeg DNA bindind protein) 一本鎖DNA結合タンパク質	670	
SSC (saline-sodium citrate) 標準食塩クエン酸緩衝液	684	
ssDNA (single-stranded DNA) 一本鎖DNA	670	
ssDNA virus (single-stranded DNA virus) 一本鎖DNAウイルス	670	
SSR (simple sequence repeat) 単純反復配列	684, 761	
ssRNA (single-stranded RNA) 一本鎖RNA	684	
ssRNA-RT virus (single-stranded RNA reverse transcribing virus) 一本鎖RNA逆転写ウイルス	669	
ssRNA virus (single-stranded RNA virus) 一本鎖RNAウイルス	669	
stable expression 安定発現	666	
stacked line スタック系統	749	
staining 染色	754	
stamen 雄ずい	815	
standard saline citrate (SSC) 標準食塩クエン酸緩衝液	684	
starch デンプン	773	
start codon 開始コドン	691	
starvation effect 絶食効果	753	
static culture 静置培養	751	
static defense, static resistance 静的抵抗性	751	
stationary culture 静置培養	751	
stationary period, stationary phase 定常期	768	
steam disinfection 蒸気消毒	730	
STEM (scanning transmission electron microscope) 走査型透過電子顕微鏡	755	
stem ステム	749	
stem grooving ステムグルービング	749	
stem loop structure ステムループ構造	749	
stem pitting ステムピッティング	749	
stereo-microscope 実体顕微鏡	725	
sterilization 消毒, 滅菌	730, 812	
sticky end 粘着末端	781	
STM (scanning tunneling microscope) 走査型トンネル顕微鏡	755	
stock 台木	757	
stock seed 原種	710	
stock seed farm 原種農場	710	
stoma 気孔	698	
stomatal pore 気孔開口部	698	
stop codon 終止コドン	727	
STR (short tandem repeat) 単純反復配列	761	
strain 系統, 株	695, 707	
streak, stripe 条斑	730	
streptavidin ストレプトアビジン	749	
stress granule (SG) ストレス顆粒	749	
stress response gene ストレス応答遺伝子	749	
strigolactone ストリゴラクトン	749	
striposome ストリポソーム	749	
stroma ストロマ	749	
structural biology 構造生物学	711	
structural gene 構造遺伝子	711	
structural genomics 構造ゲノミクス	711	
structural protein 構造タンパク質	711	
structural unit 構造単位	711	
structure of plant viruses 植物ウイルスの構造	739	
structure of plant virus genomes 植物ウイルスのゲノム構造	737	
structure of plant virus particles 植物ウイルスの粒子構造	743	
structure of viroid ウイロイドの構造	680	
structure of viruses ウイルスの構造	678	
structure of virus particles ウイルスの粒子構造	678	
stunt 萎縮, 矮化	668, 823	
stylet 口針	711	
stylet-borne transmission 口針型伝染	711	

stylet-borne virus　口針伝搬性ウイルス	711	
subclone　サブクローン	720	
subcloning　サブクローニング	720	
subculture　経代培養	707	
subcutaneous injection　皮下注射	787	
subfamily　亜科	658	
subgenomic promoter　サブゲノミックプロモーター	720	
subgenomic RNA (suRNA)　サブゲノム RNA	720	
subliminal infection　サブリミナル感染	720	
subspecies　亜種	659	
substrate　基質	698	
subtractive hybridization　サブトラクティブハイブリダイゼーション法	720	
subunit　サブユニット	720	
subunit protein　サブユニットタンパク質	720	
subviral agent　サブウイルス病原体	720	
Subviral RNA Database [db]	720	
sucking insect　吸汁性昆虫	702	
sucrose cushion centrifugation　ショ糖クッション遠心法	747	
sucrose density-gradient centrifugation　ショ糖密度勾配遠心法	747	
sucrose　ショ糖	747	
sugar chain　糖鎖	773	
suicide gene　細胞死遺伝子	717	
SUMO (small ubiquitin-related modifier)　SUMO (スモ)	750	
superfamily　スーパーファミリー	750	
supergroup　スーパーグループ	749	
superinfection　重複感染	727	
superoxide anion　スーパーオキシドアニオン	749	
superoxide dismutase (SOD)　スーパーオキシドジスムターゼ	749	
super-resolution fluorescence microscope　超解像蛍光顕微鏡	763	
supporting collodion membrane　コロジオン支持膜	714	
supporting formvar membrane　フォルムバール支持膜	794	
suppressor　サプレッサー	720	
suppressor tRNA　サプレッサー tRNA	720	
surface plasmon resonance sensor (SPR sensor)　表面プラズモン共鳴センサー	792	
susceptible, susceptibility　感受性	697, 819	
susceptible gene, susceptibility gene (S gene)　感受性遺伝子	697	
suspension culture　懸濁培養	710	
suspension-cultured cell　懸濁培養細胞	710	
sustainable agriculture　持続的農業	724	
S value, Svedberg unit　S 値, スベドベリ単位	684, 750	
swing rotor　スイングローター	749	
Swiss-Prot [db]　スイスプロット	749	
SYBR Green　サイバーグリーン	716	
symbiosis　共生	702	
symmetrical cell fusion　対称細胞融合	757	
symmetric structure　対称構造	757	
symplast　シンプラスト	748	
symptom　病徴	792	
symptomatology　病徴学	792	
symptom development　病徴発現	792	
symptomless carrier　保毒植物	805	
symptomless infection　無病徴感染	812	
symptom onset　発症, 発病	784	
symptoms of plant virus diseases　植物ウイルス病の病徴	744	
symptoms of viroid diseases　ウイロイド病の病徴	681	
symptoms of virus diseases　ウイルス病の病徴	679	
symptom type　病徴型	792	
synapsis　対合	764	
synchronized infection, synchronous infection　同調感染	774	
synchronized infection system　同調感染実験系	774	
synergism, synergy　相乗効果	755	
synonymous substitution　同義置換	773	
synonym　異名	673	
synonymous codon　同義コドン	773	
synteny　シンテニー	748	
synthetic biology　合成生物学	711	
synthetic culture medium, synthetic medium　合成培地	711	
synthetic period, synthetic phase (S phase)　S 期, 合成期	684, 711	
synthetic seed　人工種子	747	
SYPRO Ruby　サイプロルビー	716	
systemic acquired resistance (SAR)　全身獲得抵抗性	754	
systemic infection　全身感染	754	
systemic movement, systemic transport　全身移行	754	
systemic necrosis　全身壊死	754	
systemic symptom　全身病徴	754	
systemin　システミン	724	
systems biology　システム生物学	724	

T

T (thymidine)　チミジン	762	
T (thymine)　チミン	762	
T (top component)　トップ成分	775	
T7 in vitro transcription system　T7 in vitro 転写系	768	
T7 promoter　T7 プロモーター	768	
tac promoter trp　tac (タック) プロモーター	759	
tag　タグ	758	
TAIL-PCR (thermal asymmetric interlaced PCR)　ティル PCR	769	
TALEN (transcription activator-like effector nuclease)　TAL エフェクターヌクレアーゼ	760	
tandem repeat　直列反復配列	764	
target of rapamycin (TOR)　TOR (トル)	776	
TATA box　TATA (タータ) ボックス	759	
TAV (transactivator, translational activator, translational transactivator)　トランスアクチベーター, 翻訳アクチベーター	775, 870	
taxonomic category　分類階級	800	
taxonomy　分類学	800	
taxon　タクソン	759	
TCH (terminal conserved hairpin)　末端保存ヘアピン	810	
TCR (terminal conserved region)　末端保存領域	810	
T-DNA (transferred DNA)	768	
T-DNA tagging　T-DNA タギング	768	
T-DNA vector　T-DNA ベクター	768	
T domain (terminal domain)　末端ドメイン	810	
TdT (terminal deoxynucleotidyl transferase, terminal nucleotidyl transferase)　ターミナルヌクレオチジルトランスフェラーゼ	760	
TdT-mediated dUTP nick end labeling (TUNEL)　TUNEL 法	759	
TEL (telomere)　テロメア	770	

telomerase テロメラーゼ		770	three-dimensional structure 三次構造	819
telomere (TEL) テロメア		770	thremmatology 育種学	668
telophase 終期		727	threshold cycle Ct値	725
TEM (transmission electron microscope) 透過型電子顕微鏡		773	thrips アザミウマ	659
			thrips-borne virus アザミウマ伝搬性ウイルス	659
temperate phage テンペレートファージ, 溶原性ファージ		773, 816	thrips transmission アザミウマ伝染	659
			Thy (thymine) チミン	762
temperature-sensitive mutant (ts mutant) 温度感受性変異株		691	thylakoid チラコイド	764
			thymidine (T, dT, dThd) チミジン	762
template 鋳型		668	thymidine monophosphate, thymidylic acid (TMP, dTMP) チミジン一リン酸, デオキシチミジン一リン酸	762, 769
template strand 鋳型鎖		668		
template switch 鋳型切換え		668	thymidine triphosphate チミジン三リン酸, デオキシチミジン三リン酸	762, 770
tentative species 暫定種		721		
terminal conserved hairpin (TCH) 末端保存ヘアピン		810	thymine (T, Thy) チミン	762
terminal conserved region (TCR) 末端保存領域		810	time of flight mass spectrometer (TOF-MS) TOF-MS(トフマス), 飛行時間型質量分析計	775
terminal deoxynucleotidyl transferase (TdT) ターミナルヌクレオチジルトランスフェラーゼ		760		
			TIP (thermal inactivation point) 不活化温度	758, 794
terminal domain (T domain) 末端ドメイン		810	Ti-plasmid (tumor inducing plasmid) Ti-(ティーアイ)プラスミド	765
terminal left domain (TL domain) TLドメイン, 左末端ドメイン		767, 788	Ti-plasmid vector Ti-(ティーアイ)プラスミドベクター	765
			TIR1 (transport inhibitor response 1)	765
terminal nucleotidyl transferase (TdT) ターミナルヌクレオチジルトランスフェラーゼ		760	TIR domain (toll-interleukin 1-receptor-like domain) トール・インターロイキン1受容体様領域	776
terminal redundancy, terminal repetition 末端重複		810	TIR-NBS-LRR protein TIR-NBS-LRRタンパク質	764
terminal right domain (TR domain) TRドメイン, 右末端ドメイン		765, 811	tissue blotting, tissue printing ティッシューブロット法, ティッシュープリンティング	768
terminal structure 末端構造		810	tissue culture 組織培養	757
terminal transferase (TdT) ターミナルヌクレオチジルトランスフェラーゼ		760	tissue distribution of plant viruses 植物ウイルスの組織内分布	740
termination codon 終止コドン		727	titer 力価	818
termination factor (RF, eRF) 終結因子		727	TLC (thin-layer chromatography) 薄層クロマトグラフィー	783
terminator ターミネーター		760		
terpenoid テルペノイド		770	TL domain (terminal left domain) 左末端ドメイン	788
tertiary structure 三次構造		721	TLE (transfer RNA-like element) tRNA様構造	765
test plant 検定植物		710	TLR (Toll-like receptor) Toll様受容体	767, 777
tet^r (tetracycline resistant gene) テトラサイクリン耐性遺伝子		770	TLS (transfer RNA-like structure) tRNA様構造	765
tetracycline resistant gene (tet^r) テトラサイクリン耐性遺伝子		770	Tm (melting temperature) 融解温度	815
			Tm-1 gene Tm-1遺伝子	767
tetramer テトラマー		770	Tm-2 gene Tm-2遺伝子	767
Texas Red テキサスレッド		770	TMP (thymidine monophosphate) チミジン一リン酸	762
TF (transcription factor) 転写因子		771	TMV Ω sequence TMV Ω配列	767
TGB (triple gene block) トリプルジーンブロック		776	Tn (transposon)	765
TGB family (triple gene block family) トリプルジーンブロックファミリー		776	T-number (triangulation number) 三角分割数	720
			Toll-like receptor (TLR) Toll様受容体	767
TGS (transcriptional gene silencing) 転写ジーンサイレンシング, 転写抑制		772	TOF-MS (time of flight mass spectrometer) TOF-MS(トフマス)	775
			tolerance 抵抗性	767
thermal asymmetric interlaced PCR (TAIL-PCR) テイルPCR		769	Toll-interleukin 1-receptor-like domain (TIR domain) トール・インターロイキン1受容体様領域	776
thermal death point 耐熱性		758		
thermal inactivation 熱失活		780	Toll/interleukin receptor-like-nucleotide binding site-leucine-rich repeat protein (TIR-NBS-LRR protein) TIR-NBS-LRRタンパク質	764
thermal inactivation point (TIP) 不活化温度		758		
thermal resistance 耐熱性		758		
thermionic-emission electron gun 熱電子放出型電子銃		780	Toll-like receptor (TLR) Toll様受容体	777
thermostability 耐熱性		758	tonoplast 液胞膜	684
thermostable enzyme 耐熱酵素		758	top component (T) トップ成分	775
thermotherapy 熱療法		781	top-working disease 高接ぎ病	758
therophyte 一年生植物		669	TOR (target of rapamycin) TOR(トル)	776
thin-layer chromatography (TCL) 薄層クロマトグラフィー		783	totipotency 全能性, 分化全能性	755, 799
			toxin 毒素	774

T phage　T系ファージ		767
trachea　導管		773
tracheary element　管状要素		697
tracheid　仮導管		695
tracheophyte　維管束植物		668
TR domain (terminal right domain)		
TRドメイン，右末端ドメイン		765, 811
trailer sequence　トレーラー配列		777
trait marker　形質マーカー		707
trans　トランス		775
trans-acting factor　トランス因子		775
transactivator (TAV)　トランスアクチベーター		775
transcomplementation　トランスコンプリメンテーション		776
transcriptase　トランスクリプターゼ，転写酵素		771, 776
transcription activator, transcriptional activator		
転写促進因子		772
transcription activator-like effector nuclease (TALEN)		
TALエフェクターヌクレアーゼ		760
transcriptional activator protein (TrAP)		
TrAP（トラップ）タンパク質，転写活性化タンパク質，		
転写促進タンパク質		771, 772, 775
transcriptional enhancer sequence　転写エンハンサー配列		771
transcriptional gene silencing (TGS)		
転写ジーンサイレンシング，転写遺伝子サイレンシング，		
転写遺伝子抑制		767, 771, 772
transcriptional regulation　転写調節		772
transcriptional regulator, transcriptional regulatory factor		
転写調節因子		772
transcriptional regulatory domain, transcriptional regulatory		
region　転写制御領域		772
transcriptional slippage　転写スリップ		772
transcription　転写		771
transcription elongation factor　転写伸長因子		772
transcription factor (TF)　転写因子		771
transcription initiation factor　転写開始因子		771
transcription initiation point, transcription start site (TSS)		
転写開始点		771
transcription repressor　転写抑制因子		772
transcription termination factor　転写終結因子		772
transcription termination point, transcription stop site		
転写終結点		772
transcription unit　転写単位		772
transcriptome　トランスクリプトーム		776
transcriptomics　トランスクリプトミクス		776
transcript　トランスクリプト，転写産物		772, 776
transducer　トランスデューサー		776
transduction　トランスダクション，形質導入		707
trans element　トランス因子		775
transencapsidation　トランスエンキャプシデーション		776
transfection　トランスフェクション		776
transferred DNA (T-DNA)		768
transfer RNA (tRNA)　トランスファーRNA		776
transfer RNA-like element (TLE), transfer RNA-like		
structure (TLS)　tRNA様構造		765
transformant　形質転換株		707
transformation　トランスフォーメーション，形質転換		706
transformed plant　形質転換植物		707
transgene　トランスジーン，導入遺伝子		774, 776
transgenic breeding　遺伝子組換え育種		670
transgenic crop　遺伝子組換え作物		670
transgenic organism　遺伝子組換え生物		671
transgenic plant　遺伝子組換え植物		671
transient assay　トランジェントアッセイ		775
transient expression　一過的形質発現		669
transition　トランジッション，塩基転位		689, 775
transit peptide　トランジットペプチド		775
translated region　翻訳領域		808
translational activator (TAV)　翻訳アクチベーター		807
translational enhancer (TE)　翻訳エンハンサー		807
translational frameshift　翻訳フレームシフト		808
translational repression　翻訳抑制		808
translational shunt　リボソームシャント		820
translational transactivator (TTAV)		
翻訳活性化トランス因子		807
translation　翻訳		807
translation elongation factor (EF, eEF)　翻訳伸長因子		807
translation factor　翻訳因子		807
translation initiation codon　翻訳開始コドン，開始コドン		807
translation initiation factor (IF, eIF)　翻訳開始因子		807
translation initiation point, translation initiation site		
翻訳開始点		807
translation of plant virus genes　植物ウイルスの遺伝子翻訳		737
translation product　翻訳産物		807
translation reinitiation　リイニシエーション		818
translation release factor (RF, eRF)　翻訳終結因子		807
translation repressor　翻訳リプレッサー		808
translation termination codon		
翻訳終止コドン，終止コドン		807
translation termination point, translation termination site		
翻訳終止点		807
translocation　移行		668
translocation　転座		771
translocation　転流		773
transmembrane domain　膜貫通ドメイン		809
transmembrane protein　膜貫通タンパク質		809
transmission　伝染		772
transmission by vegetative propagation		
栄養繁殖による伝染		683
transmission cycle　伝染環		772
transmission efficiency　伝染効率		772
transmission electron microscope (TEM)		
透過型電子顕微鏡		773
transmission of plant viruses　植物ウイルスの伝染		741
transmission of viroids　ウイロイドの伝染		681
transmission of viruses　ウイルスの伝染		678
transmission process　伝染環		772
transmission threshold period　伝染最短時間		772
transmitted electron image　透過電子像		773
transovarial transmission　経卵伝染		707
transpiration　蒸散		730
transporter　トランスポーター		776
transport inhibitor response 1 (TIR1)		764
transposable element, transposable genetic element		
転位因子		770
transposase　トランスポザーゼ		776
transposition　転位		770
transposon tagging　トランスポゾンタギング		776
transposon (Tn)　トランスポゾン		776

transstadial transmission　経齢伝染	707
transversion　トランスバージョン，塩基転換	669, 776
TrAP (transcriptional activator protein)　転写活性化タンパク質，転写促進タンパク質	771, 772
trap decoration technique　トラップデコレーション法	775
TrAP protein (transcriptional activator protein)　TrAP（トラップ）タンパク質	775
tree doctor　樹木医	729
tree health　樹木医学	729
Tree Health Research Society　樹木医学会	729
tree pathology　樹病学	729
triangulation number　三角分割数	720
trichome　毛茸	814
trimer　トリマー，三量体	776
trimming　トリミング	776
tripartite genome　三分節ゲノム	721
triple capsid　三重殻	721
triple gene block (TGB)　トリプルジーンブロック	776
triple gene block family (TGB family)　トリプルジーンブロックファミリー	776
triple-layered capsid, triple-layered shell, triple shell　三重殻	721
triplet　トリプレット	776
trisodium orthophosphate (Na_3PO_4)　第三リン酸ナトリウム	757
tristeza　トリステザ	776
Triton X-100　トリトン X-100	776
tRNA (transfer RNA) トランスファー RNA	776
true leaf　本葉	808
true resistance　真性抵抗性	748
true resistance gene (R gene)　真性抵抗性遺伝子	748
trypan blue　トリパンブルー	776
ts mutant (temperature-sensitive mutant)　温度感受性変異株	691
TSS (transcription start site)　転写開始点	771
TTAV (translational transactivator)　翻訳活性化トランス因子	807
TTP (thymidine triphosphate)　チミジン三リン酸	762
tubercle　塊根	691
tuber　塊茎	691
tublin　チューブリン	763
tumor　がん腫	696
tumor inducing plasmid (Ti-plasmid)　Ti-（ティーアイ）プラスミド	765
TUNEL (TdT-mmediated dUTP nick end labeling)　TUNEL 法	759
tungsten filament　タングステンフィラメント	761
turgor pressure　膨圧	803
two-dimensional gel electrophoresis (2D-GE)　二次元ゲル電気泳動	778
two-step protoplast preparation　二段階プロトプラスト調製法	778
Tymovirus MP family　ティモウイルス MP ファミリー	769
type 1 use regulations with regard to the genetically modified plants　第一種使用規程	757
type 2 use regulations with regard to the genetically modified organisms　第二種使用規程	758
type culture, type strain　基準株	698
type species　基準種	698

U

U (uracil)　ウラシル	682
U (uridine)　ウリジン	682
UA (uranyl acetate)　酢酸ウラニル	719
ubiquitin ligase　ユビキチン連結酵素	816
ubiquitin-proteasome system　ユビキチン-プロテアソーム系	816
ubiquitin　ユビキチン	816
UDP-glucosyltransferase (UGT)　UDP グルコシルトランスフェラーゼ	816
UF (ultrafiltration)　限外沪過	709
UGT (UDP-glucosyltransferase)　UDP グルコシルトランスフェラーゼ	816
ultracentrifuge analysis, ultracentrifugal analysis　超遠心分析	763
ultracentrifugation　超遠心	763
ultracentrifuge　超遠心機	763
ultrafiltratio (UF)　限外沪過	709
ultrahigh-speed centrifugation　超高速遠心	763
ultrahigh-speed DNA sequencer　超高速 DNA シーケンサー	763
ultrahigh-voltage electron microscope　超高圧電子顕微鏡	763
ultralow-temperature freezer　超低温槽	764
ultramicrotome　ウルトラミクロトーム	682
ultra pure water　超純水	763
ultrathin section　超薄切片	764
ultraviolet absorbance (UV absorbance)　紫外線吸光度	722
ultraviolet absorbing vinyl film　紫外線除去フィルム	722
ultraviolet absorption spectrum　紫外線吸収曲線	722
UMP (uridine monophosphate)　ウリジン一リン酸	682
unassigned species　未帰属種	811
unassigned virus　未分類ウイルス	811
uncoating　脱外被	759
uncoating of plant viruses　植物ウイルスの脱外被	741
unicellular organism　単細胞生物	761
UniProt　ユニプロット	816
univalent chromosome　一価染色体	669
universal primer　ユニバーサルプライマー	816
untranslated region (UTR)　非翻訳領域	790
upper leaf　上葉	731
up regulation　上方制御，発現促進	730, 784
up regulator　促進因子	756
upstream　上流	731
uptake　侵入	748
Ura (uracil)　ウラシル	682
uracil (U, Ura)　ウラシル	682
uranyl acetate (UA)　酢酸ウラニル	719
Urd (uridine)　ウリジン	682
urea　尿素	780
uridine (U, Urd)　ウリジン	682
uridine monophosphate (UMP)　ウリジン一リン酸	682
uridine triphosphate (UTP)　ウリジン三リン酸	682
uridylic acid　ウリジル酸	682
UTP (uridine triphosphate)　ウリジン三リン酸	682
UTR (untranslated region)　非翻訳領域	790
UV absorbance (ultraviolet absorbance)　紫外線吸光度	722

V

V (virus) ウイルス	675
vaccine ワクチン	823
vacuolar membrane 液胞膜	684
vacuole 液胞	684
vacuum blotting バキュームブロット法	783
vacuum evaporation 真空蒸着	747
vacuum freeze-drying 真空凍結乾燥法	747
VAMPs (virus-associated molecular patterns) ウイルス関連分子パターン	676
VAP (virion-associated protein) 粒子結合タンパク質	820
variable domain 可変ドメイン	695
variable region 可変領域	695
variant 突然変異株	775
variation 突然変異	775
varietal resistance 品種特異的抵抗性	793
variety 変種	803
vascular bundle sheath 維管束鞘	668
vascular bundle 維管束	668
vascular movement 維管束移行	668
vascular plant 維管束植物	668
Vd (viroid) ウイロイド	680
vDNA (viral DNA, virus DNA) ウイルス DNA	676
V domain (variable domain) 可変ドメイン	695
Vd RNA, vdRNA (viroid RNA) ウイロイド RNA	680
vector ベクター	801
vector-borne virus ベクター伝搬性ウイルス	801
vector efficiency 媒介効率	782
vector-host interaction ベクター–宿主相互作用	801
vector specificity 媒介特異性, ベクター特異性	782
vector transmission ベクター伝搬	801
vector virus ベクターウイルス	801
vegetative period, vegetative phase 増殖期	755
vegetative propagation 栄養繁殖	683
vein 葉脈	817
vein banding 葉脈緑帯	817
vein clearing 葉脈透化	817
vein necrosis 葉脈壊死	817
vein swelling 葉脈肥大	817
vein yellowing 葉脈黄化	817
vertebrate 脊椎動物	753
vertebrate virus 脊椎動物ウイルス	753
vertical resistance 垂直抵抗性	749
vertical rotor バーティカルローター, 垂直ローター	784
vertical transmission 垂直伝染	749
vesicle 小胞	730
vesicle cluster 網状膜構造体	661
vesicular body 膜状構造体	809
vesicular transport 小胞輸送	731
vesiculation 小胞化	730
vessel 導管	773
vessel cell, vessel element 導管細胞	773
VIDEdb (Virus Identification Data Exchange Database) [db] VIDE (ビデ) データベース	789
VIGS (virus-induced gene silencing) ウイルス誘導ジーンサイレンシング	679
VIGS vector VIGS ベクター	793
vimentin ビメンチン	790
viral DNA (vDNA) ウイルス DNA	676
viral envelope ウイルスエンベロープ	675
viral evolution ウイルス進化	676
viral genome ウイルスゲノム	676
viral movement complex (VMC) ウイルス移行複合体	793
viral nucleic acid ウイルス核酸	675
viral particle ウイルス粒子	680
viral pathogen-associated molecular patterns (VAMPs) ウイルス関連分子パターン	676
viral pesticide ウイルス農薬	677
viral protein ウイルスタンパク質	676
viral protein genome-linked, viral protein genome (VPg) ゲノム結合タンパク質	709
viral RdRp (viral RNA dependent RNA polymerase) ウイルス RNA 依存 RNA ポリメラーゼ, ウイルス RNA 複製酵素	675
viral RdRp complex (viral RNA dependent RNA polymerase complex) ウイルス RNA 複製酵素複合体	675
viral receptor ウイルス受容体	676
viral replicase ウイルス複製酵素	679
viral replication complex (VRC) ウイルス複製複合体	793
viral ribonucleoprotein (VRNP) ウイルスリボ核タンパク質	680
viral RNA (vRNA) ウイルス RNA	675
viral RNA dependent RNA polymerase (viral RdRp) ウイルス RNA 依存 RNA ポリメラーゼ, ウイルス RNA 複製酵素	675
viral RNA dependent RNA polymerase complex (viral RdRp complex) ウイルス RNA 複製酵素複合体	675
viral RNA replicase ウイルス RNA 複製酵素	675
viral RNA replicase complex ウイルス RNA 複製酵素複合体	675
viral-sense strand ウイルスセンス鎖	676
viral structural protein ウイルス構造タンパク質	676
viral suppressor of RNA silencing (VSR) ウイルスサイレンシングサプレッサー	664, 676
viral titer ウイルス力価	680
viral tropism ウイルス親和性	676
viral vaccine ウイルスワクチン	680
ViralZone [db]	783
virescence 緑化	821
Vir gene (virulence gene) *Vir* (ビル) 遺伝子	792
virion ビリオン, ウイルス粒子	680, 792
virion assembly, virion formation ウイルスの粒子構築	678
virion-associated protein (VAP) 粒子結合タンパク質	820
virion protein ウイルス構造タンパク質	676
virocontrol, virological control ウイロコントロール, ヴァイロコントロール	682
viroid (Vd) ウイロイド	680
viroid disease ウイロイド病	681
viroid RNA (Vd RNA, vdRNA) ウイロイド RNA	680
virological methods ウイルス学実験法	675
virology ウイルス学	675
Virology [誌]	783
Virology J. (Virology Journal) [誌]	783
Virology Rep. (Virology Reports) [誌]	783
virolution ウイルス進化	676
virome バイローム	783
viromics バイロミクス	783

viroplasmin ビロプラズミン	792
viroplasm ビロプラズム	792
virosis ウイルス病	678
virosphere ウイルス圏	676
Vir region (virrlence region), virrlence region (Vir region) Vir (ビル) 領域	792
virrion-sense strand ウイルスセンス鎖	676
virucide 抗ウイルス剤	710
virulence 病原性	791
virulence factor 病原性因子	791
virulence gene (Vir gene) Vir (ビル) 遺伝子	792
virulence gene 病原性遺伝子	791
virulence of plant viruses 植物ウイルスの病原性	741
virulent effector 病原性エフェクター	791
virulent gene 病原性遺伝子	791
virulent phage ビルレントファージ	792
virulent virus 強毒ウイルス	702
viruliferous 保毒	805
viruliferous rate 保毒率	805
viruliferous insect 保毒虫	805
viruliferous period 虫体内保毒期間, 保毒時間	763, 805
Virus [誌] ウイルス	675
virus (V) ウイルス	675, 783
virus assembly ウイルスの粒子構築	678
virus-associated molecular patterns (VAMPs) ウイルス関連分子パターン	676
virus capsid ウイルスキャプシド	676
virus crystal ウイルス結晶	676
Virus Database of ICTV (ICTVdB) [db]	658
virus decimal code ウイルスコード番号	676
virus-dependent nucleic acids ウイルス依存核酸	675
virus disease ウイルス病	678
virus disease-resistant cultivar ウイルス病抵抗性品種	679
virus disease-resistant transgenic plant ウイルス病抵抗性組換え植物	679
virus DNA (vDNA) ウイルス DNA	676
Viruses [誌]	783
virus evolution ウイルス進化	676
virus-free ウイルスフリー	679
virus-free plant ウイルスフリー植物	679
Virus Genes [誌]	783
virus genome replication machinery ウイルスゲノム複製装置	676
virus genome ウイルスゲノム	676
virus-host interaction ウイルス-宿主相互作用	676
virus hunter ウイルスハンター	678
Virus Identification Data Exchange Database (ICTVdB) [db] VIDE (ビデ) データベース	789
virus identification ウイルスの同定	678
virus inactivator ウイルス不活化剤, 抗ウイルス剤	679, 710
virus-induced cell death ウイルス誘導細胞死	679
virus-induced gene silencing (VIGS) ウイルス誘導ジーンサイレンシング	679
virus infection system ウイルス感染実験系	676
virus infective titer ウイルス感染力価	676
virus inhibitor ウイルス不活化剤, 抗ウイルス剤	679, 710
virus insecticide ウイルス殺虫剤	676
virus life cycle ウイルスの生活環	678
virus-like particle (VLP) ウイルス様粒子	680

virus movement complex (VMC) ウイルス移行複合体	675
virusoid ウイルソイド	680
virus particle ウイルス粒子	680
virus purity ウイルスの純度	678
virus replication complex (VRC) ウイルス複製複合体	679
virus replication factory ウイルス複製工場	679
virus replication machinery ウイルス複製装置	679
virus replication organelle ウイルス複製オルガネラ	679
virus replication site ウイルス複製サイト	679
Virus Res. (Virus Research) [誌]	783
virus resistance ウイルス抵抗性	676
virus resistance gene ウイルス抵抗性遺伝子	677
virus RNA (vRNA) ウイルス RNA	675
virus source ウイルス源	676
Virus Taxonomy [誌]	783
virus titer ウイルス力価	680
virus vaccine ウイルスワクチン	680
virus vector ウイルスベクター	679
virus-vector-host interaction ウイルス-ベクター-宿主相互作用	679
virus-vector interaction ウイルス-ベクター相互作用	679
virus-virus interaction ウイルス-ウイルス間相互作用	675
virus with monopartite genome 単一ゲノムウイルス	760
virus with multipartite genome 多分節ゲノムウイルス	760
vital staining 生体染色	751
VLP (virus-like particle) ウイルス様粒子	679
VMC (virus movement complex) ウイルス移行複合体	675
VPg (viral protein genome-linked) ゲノム結合タンパク質	709
VRC (virus replication complex) ウイルス複製複合体	679
vRNA (viral RNA, virus RNA) ウイルス RNA	675
vRNP (viral ribonucleoprotein) ウイルスリボ核タンパク質	679
vsiRNA (viral small interfering RNA) ウイルス由来低分子干渉 RNA	679
VSR (viral suppressor of RNA silencing) ウイルスサイレンシングサプレッサー	664, 676

W

water culture 水耕栽培	749
water pore 水孔	749
weed 雑草	719
weedicide 除草剤	747
weed science 雑草学	719
Wehnelt electrode ウェーネルト電極	682
western blotting ウェスタンブロッティング	682
west western blotting ウェストウェスタンブロッティング	682
wheat germ extract translation system, wheat germ protein synthesis system コムギ胚芽翻訳系	714
whitefly コナジラミ	714
whitefly-borne virus コナジラミ伝搬性ウイルス	714
whitefly transmission コナジラミ伝染	714
whitening 白化	784
whole genome DNA microarray analysis 網羅的 DNA マイクロアレイ解析	814
whole genome shotgun sequencing, whole genome shotgun 全ゲノムショットガンシーケンシング, ホールゲノムショットガン法	753, 806
wild strain 野生株	815
wild type 野生型	815
wilt 萎凋	669

WIPK（wound-induced protein kinase）	
傷害誘導性プロテインキナーゼ	730
witches' broom　天狗巣病	771
woody plant　木本植物	814
wound-induced protein kinase（WIPK）	
傷害誘導性プロテインキナーゼ	730
wound-induced systemic resistance（WSR）	
傷害誘導性全身抵抗性	730
WRKY family　WRKY（ワーキー）ファミリー	823
WSR（wound-induced systemic resistance）	
傷害誘導性全身抵抗性	730

X

X body　X体	685
X-ray crystallography　X線結晶解析	685
X-ray microanalyser　X線マイクロアナライザー	685
xylem　木部	814
xylem fiber　木部繊維	814
xylem parenchyma　木部柔組織	814
xyloglucan　キシログルカン	698

Y

Y1H（yeast one-hybrid assay）　酵母ワンハイブリッド法	712
Y2H（yeast two-hybrid assay）　酵母ツーハイブリッド法	712
Y3H（yeast three-hybrid assay）	
酵母スリーハイブリッド法	712
YAC（yeast artificial chromosome）　酵母人工染色体	712
yeast　酵母	712
yeast artificial chromosome（YAC）酵母人工染色体	712
yeast one-hybrid assay（Y1H）　酵母ワンハイブリッド法	712
yeast-plant virus infection system	
酵母-植物ウイルス感染実験系	712
yeast three-hybrid assay（Y3H）	
酵母スリーハイブリッド法	712
yeast two-hybrid assay（Y2H）　酵母ツーハイブリッド法	712
yellow, yellowing, yellows　黄化，黄萎	689
yellow fluorescent protein（YFP）　黄色蛍光タンパク質	690
yellow mosaic　黄色モザイク	690
yellow sticky tape　黄色粘着テープ	690
yellow stunt　黄萎	689
YFP（yellow fluorescent protein）　黄色蛍光タンパク質	690

Z

zeatin　ゼアチン	750
ZFN（zinc finger nuclease）	
ジンクフィンガーヌクレアーゼ	747
zigzag model　ジグザグモデル	722
zinc finger（Zn finger）　ジンクフィンガー	747
zinc finger nuclease（ZFN）	
ジンクフィンガーヌクレアーゼ	747
zonal centrifugation　ゾーン遠心法	757
zonal rotor　ゾーナルローター	757
zoospore　遊走子	816
zymogram　ザイモグラム	718

付　　録

核酸の構成成分

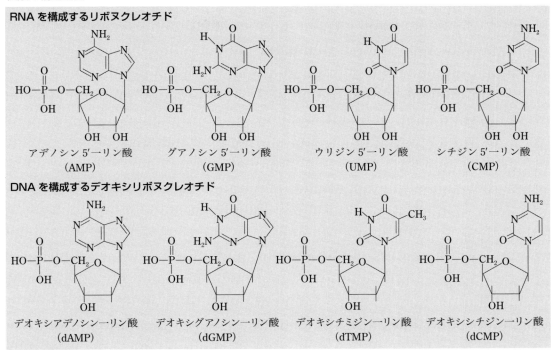

アミノ酸略号表

アミノ酸	三文字表記	一文字表記	アミノ酸	三文字表記	一文字表記	アミノ酸	三文字表記	一文字表記
アスパラギン[1]	Asn	N	グルタミン酸[2]	Glu	E	ヒスチジン	His	H
アスパラギン酸[1]	Asp	D	システイン	Cys	C	フェニルアラニン	Phe	F
アラニン	Ala	A	セリン	Ser	S	プロリン	Pro	P
アルギニン	Arg	R	チロシン	Tyr	Y	メチオニン	Met	M
イソロイシン	Ile	I	トリプトファン	Trp	W	リシン	Lys	K
グリシン	Gly	G	トレオニン	Thr	T	ロイシン	Leu	L
グルタミン[2]	Gln	Q	バリン	Val	V			

1) アスパラギンもしくはアスパラギン酸をAsx, Bで表す．2) グルタミンもしくはグルタミン酸をGlx, Zで表す．

遺伝暗号表

第一塩基	第二塩基				第三塩基
	U	C	A	G	
U	UUU ⎤ Phe UUC ⎦ UUA ⎤ Leu UUG ⎦	UCU ⎤ UCC ⎥ Ser UCA ⎥ UCG ⎦	UAU ⎤ Tyr UAC ⎦ UAA 終止 UAG 終止	UGU ⎤ Cys UGC ⎦ UGA 終止 UGG Trp	U C A G
C	CUU ⎤ CUC ⎥ Leu CUA ⎥ CUG ⎦	CCU ⎤ CCC ⎥ Pro CCA ⎥ CCG ⎦	CAU ⎤ His CAC ⎦ CAA ⎤ Gln CAG ⎦	CGU ⎤ CGC ⎥ Arg CGA ⎥ CGG ⎦	U C A G
A	AUU ⎤ AUC ⎥ Ile AUA ⎦ AUG* Met	ACU ⎤ ACC ⎥ Thr ACA ⎥ ACG ⎦	AAU ⎤ Asn AAC ⎦ AAA ⎤ Lys AAG ⎦	AGU ⎤ Ser AGC ⎦ AGA ⎤ Arg AGG ⎦	U C A G
G	GUU ⎤ GUC ⎥ Val GUA ⎥ GUG ⎦	GCU ⎤ GCC ⎥ Ala GCA ⎥ GCG ⎦	GAU ⎤ Asp GAC ⎦ GAA ⎤ Glu GAG ⎦	GGU ⎤ GGC ⎥ Gly GGA ⎥ GGG ⎦	U C A G

＊　開始コドン

監修者略歴

日比忠明（ひび ただあき）

1942 年	宮城県に生まれる
1972 年	東京大学大学院農学系研究科博士課程修了 植物ウイルス研究所主任研究官，農業生物資源研究所研究室長・企画科長，東京大学大学院農学生命科学研究科教授，玉川大学学術研究所教授，法政大学生命科学部教授を経て
現　在	東京大学名誉教授 農学博士

大木　理（おおき さとし）

1951 年	神奈川県に生まれる
1979 年	東京大学大学院農学系研究科博士課程修了
現　在	大阪府立大学大学院生命環境科学研究科教授 農学博士

植物ウイルス大事典　　　　定価は外函に表示

2015 年 11 月 25 日　初版第 1 刷

監修者　日　比　忠　明
　　　　大　木　　　理
発行者　朝　倉　邦　造
発行所　株式会社 朝倉書店

東京都新宿区新小川町 6-29
郵便番号　162-8707
電　話　03(3260)0141
FAX　03(3260)0180
http://www.asakura.co.jp

〈検印省略〉

© 2015〈無断複写・転載を禁ず〉　　　悠朋舎・牧製本

ISBN 978-4-254-42040-1　C 3561　　Printed in Japan

JCOPY　〈(社)出版者著作権管理機構　委託出版物〉
本書の無断複写は著作権法上での例外を除き禁じられています．複写される場合は，そのつど事前に，(社)出版者著作権管理機構（電話 03-3513-6969, FAX 03-3513-6979, e-mail: info@jcopy.or.jp）の許諾を得てください．

松本正雄・大垣智昭・大川　清編

園　芸　事　典（新装版）

41031-0　C3561　　　　　B 5 判　408頁　本体16000円

果樹・野菜・花き・花木などの園芸用語のほか，周辺領域および日本古来の特有な用語なども含め約1500項目（見出し約2000項目）を，図・写真・表などを掲げて平易に解説した五十音配列の事典。各領域の専門研究者66名が的確な解説を行っているので信頼して利用できる。関連項目は必要に応じて見出し語として併記し相互理解を容易にした。慣用されている英語を可能な限り多く収録したので英和用語集としても使える。園芸の専門家だけでなく，一般の園芸愛好者・学生にも便利

日本作物学会編

作　物　学　事　典（普及版）

41035-8　C3561　　　　　A 5 判　580頁　本体14000円

作物学研究は近年著しく進展し，また環境問題，食糧問題など作物生産をとりまく状況も大きく変貌しつつある。こうした状況をふまえ，日本作物学会が総力を挙げて編集した作物学の集大成。〔内容〕総論（日本と世界の作物生産／作物の遺伝と育種，品種／作物の形態と生理生態／作物の栽培管理／作物の環境と生産／作物の品質と流通）。各論（食用作物／繊維作物／油料作物／糖料作物／嗜好料作物／香辛料作物／ゴム料作物／薬用作物／牧草／新規作物）。〔付〕作物学用語解説

前東大 鈴木昭憲・前東大 荒井綜一編

農　芸　化　学　の　事　典

43080-6　C3561　　　　　B 5 判　904頁　本体38000円

農芸化学の全体像を俯瞰し，将来の展望を含め，単に従来の農芸化学の集積ではなく，新しい考え方を十分取り入れ新しい切り口でまとめた。研究小史を各章の冒頭につけ，各項目の農芸化学における位置付けを初学者にもわかりやすく解説。〔内容〕生命科学／有機化学（生物活性物質の化学，生物有機化学における新しい展開）／食品科学／微生物科学／バイオテクノロジー（植物，動物バイオテクノロジー）／環境科学（微生物機能と環境科学，土壌肥料・農地生態系における環境科学）

植物栄養・肥料の事典編集委員会編

植物栄養・肥料の事典

43077-6　C3561　　　　　A 5 判　720頁　本体23000円

植物生理・生化学，土壌学，植物生態学，環境科学，分子生物学など幅広い分野を視野に入れ，進展いちじるしい植物栄養学および肥料学について第一線の研究者約130名により詳しくかつ平易に書かれたハンドブック。大学・試験場・研究機関などの専門研究者だけでなく周辺領域の人々や現場の技術者にも役立つ好個の待望書。〔内容〕植物の形態／根圏／元素の生理機能／吸収と移動／代謝／共生／ストレス生理／肥料／施肥／栄養診断／農産物の品質／環境／分子生物学

前千葉大 本山直樹編

農　薬　学　事　典

43069-1　C3561　　　　　A 5 判　592頁　本体20000円

農薬学の最新研究成果を紹介するとともに，その作用機構，安全性，散布の実際などとくに環境という視点から専門研究者だけでなく周辺領域の人たちにも正しい理解が得られるよう解説したハンドブック。〔内容〕農薬とは／農薬の生産／農薬の研究開発／農薬のしくみ／農薬の作用機構／農薬抵抗性問題／化学農薬以外の農薬／遺伝子組換え作物／農薬の有益性／農薬の安全性／農薬中毒と治療方法／農薬と環境問題／農薬散布の実際／関連法規／わが国の主な農薬一覧／関係機関一覧

前東農大 三橋　淳総編集

昆　虫　学　大　事　典

42024-1　C3061　　　　　B 5 判　1220頁　本体48000円

昆虫学に関する基礎および応用について第一線研究者115名により網羅した最新研究の集大成。基礎編では昆虫学の各分野の研究の最前線を豊富な図を用いて詳しく述べ，応用編では害虫管理の実際や昆虫とバイオテクノロジーなど興味深いテーマにも及んで解説。わが国の昆虫学の決定版。〔内容〕基礎編（昆虫学の歴史／分類・同定／主要分類群の特徴／形態学／生理・生化学／病理学／生態学／行動学／遺伝学）／応用編（害虫管理／有用昆虫学／昆虫利用／種の保全／文化昆虫学）

前埼玉大 石原勝敏・前埼玉大 金井龍二・東大 河野重行・前埼玉大 能村哲郎編集代表

生物学データ大百科事典

〔上巻〕17111-2 C3045　　B 5 判 1536頁 本体100000円
〔下巻〕17112-9 C3045　　B 5 判 1196頁 本体100000円

動物，植物の細胞・組織・器官等の構造や機能，更には生体を構成する物質の構造や特性を網羅。また，生理・発生・成長・分化から進化・系統・遺伝，行動や生態にいたるまで幅広く学際領域を形成する生物科学全般のテーマを網羅し，専門外の研究者が座右に置き，有効利用できるよう編集したデータブック。〔内容〕生体構造(動物・植物・細胞)／生化学／植物の生理・発生・成長・分化／動物生理／動物の発生／遺伝学／動物行動／生態学(動物・植物)／進化・系統

T.E.クレイトン編
前お茶の水大 太田次郎監訳

分子生物学大百科事典

17120-4 C3545　　B 5 判 1176頁 本体40000円

21世紀は『バイオ』の時代といわれる。根幹をなす分子生物学は急速に進展し，生物・生命科学領域は大きく変化，つぎつぎと新しい知見が誕生してきた。本書は言葉や用語の定義・説明が主の小項目の辞典でなく，分子生物学を通して生命現象や事象などを懇切・丁寧・平易な解説で，五十音順に配列した中項目主義(約450項目)の事典である。〔内容〕アポトーシス／アンチコドン／オペロン／抗原／抗体／ヌクレアーゼ／ハプテン／B細胞／ブロッティング／免疫応答／他

T.E.クレイトン編
前お茶の水大 太田次郎監訳

分子生物学大百科事典 II

17141-9 C3545　　B 5 判 1280頁 本体43000円

『分子生物学大百科事典』の続巻。前巻と同様に原書の約3分の1を精選して翻訳し，2冊で原書の主だった項目のほとんどを収録する。分子遺伝学・免疫生物学・生化学・細胞生物学などの分子に関係する生物学全分野の重要項目約500を詳説。分子生物学を通して生命現象・事象を総説的にまとめ，最新の成果を含めて平易に解説した。〔主な項目〕アミノ基／エチレン／グルタミン酸／酵素／コラーゲン／システイン／タンパク質／ペプチド／水／メチオニン／リパーゼ／老化／他

本間保男・佐藤仁彦・宮田　正・岡崎正規編

植物保護の事典（普及版）

42036-4 C3361　　A 5 判 528頁 本体18000円

地球環境悪化の中でとくに植物保護は緊急テーマとなっている。本書は植物保護および関連分野でよく使われる術語を専門外の人たちにもすぐ理解できるよう平易に解説した便利な事典。〔内容〕(数字は項目数)植物病理(57)／雑草(23)／応用昆虫(57)／応用動物(23)／植物保護剤(52)／ポストハーベスト(35)／植物防疫(25)／植物生態(43)／森林保護(19)／生物環境調節(26)／水利，土地造成(32)／土壌，植物栄養(38)／環境保全，造園(29)／バイオテクノロジー(27)／国際協力(24)

日本菌学会編

菌類の事典

17147-1 C3545　　B 5 判 736頁 本体23000円

菌類(キノコ，カビ，酵母，地衣類等)は生態系内で大きな役割を担う生物であり，その研究は生物学の発展に不可欠である。本書は基礎・応用分野から菌類にまつわる社会文化まで，菌類に関する幅広い分野を解説した初の総合事典。〔内容〕基礎編：系統・分類・生活史／細胞の構造と生長・分化／代謝／生長・形態形成と環境情報／ゲノム・遺伝子／生態，人間社会編：資源／利用(食品，産業，指標生物，モデル生物)／有害性(病気，劣化，物質)／文化(伝承・民話，食文化等)

日本微生物生態学会編

環境と微生物の事典

17158-7 C3545　　A 5 判 448頁 本体9500円

生命の進化の歴史の中で最も古い生命体であり，人間活動にとって欠かせない存在でありながら，微小ゆえに一般の人々からは気にかけられることの少ない存在「微生物」について，近年の分析技術の急激な進歩をふまえ，最新の科学的知見を集めて「環境」をテーマに解説した事典。水圏，土壌，極限環境，動植物，食品，医療など8つの大テーマにそって，1項目2〜4頁程度の読みやすい長さで微生物のユニークな生き様と，環境とのダイナミックなかかわりを語る。

前東北大 池上正人・北大 上田一郎・京大 奥野哲郎・東農大 夏秋啓子・東大 難波成任著	**植物ウイルス学** 42033-3 C3061　A5判 208頁 本体3900円	植物生産のうえで植物ウイルスの研究は欠かせない分野となっている。最近DNAの解明が急速に進展するなど，遺伝子工学の手法の導入で著しく研究が進みつつある。本書は，学部生・大学院生を対象とした，本格的な内容をもつ好テキスト
奥田誠一・高浪洋一・難波成任・陶山一雄・百町満朗・柘植尚志・内藤繁男・羽栄輝良著	**最新植物病理学** 42028-9 C3061　A5判 260頁 本体4600円	最新の知見をとり入れ，好評の旧版を全面的に改訂。〔内容〕総論―序論／病気とその成立／病原学／発生生態／植物と病原体の相互作用／病気の診断と保護／各論―ウイルス病／ウイロイド／ファイトプラズマ病／細菌病／菌類病／その他の病害
日本作物学会『作物栽培大系』編集委員会監修 作物研 小柳敦史・中央農業研究センター 渡邊好昭編 作物栽培大系3	**麦類の栽培と利用** 41503-2 C3361　A5判 248頁 本体4500円	コムギ，オオムギなど麦類は，主要な穀物であるだけでなく，数少ない冬作物として作付体系上きわめて重要な位置を占める。本巻ではこれら麦類の栽培について体系的に解説する。〔内容〕コムギ／オオムギ／エンバク／ライムギ／ライコムギ
日本作物学会『作物栽培大系』編集委員会監修 東北大 国分牧衛編 作物栽培大系5	**豆類の栽培と利用** 41505-6 C3361　A5判 240頁 本体4500円	根粒による窒素固定能力や高い栄養価など，他の作物では代替できないユニークな特性を持つマメ科作物の栽培について体系的に解説する。〔内容〕ダイズ／アズキ／ラッカセイ／その他の豆類（インゲンマメ，ササゲ，エンドウ，ソラマメ等）
琉球大 新城明久著	**新版 生物統計学入門** ―計算マニュアル― 42016-6 C3061　A5判 152頁 本体3200円	具体的に計算過程が理解できるようさらに配慮して改訂。〔内容〕確率／平均値の種類／分散，標準偏差および標準誤差／2群標本の平均値の比較／3群標本以上の平均値の比較／交互作用の分析／回帰と相関／カイ二乗検定／因果関係の分析／他
東京大学生物測定学研究室編	**実践生物統計学** ―分子から生態まで― 42027-2 C3061　A5判 200頁 本体3200円	圃場試験での栽培，住宅庭園景観，昆虫の形態・生態・遺伝，細菌と食品リスク，保全生態，穀物・原核生物・ウイルスのゲノムなど，生物の興味深い素材を使って実際のデータ解析手法を平易に解説。従来にない視点で生物統計学を学べる好書
琉球大 及川卓郎・東北大 鈴木啓一著	**ステップワイズ生物統計学** 42032-6 C3061　A5判 224頁 本体3600円	「検定の準備」「ロジックの展開」「結論の導出」の3ステップをていねいに追って解説する，学びやすさに重点を置いた生物統計学の入門書。〔内容〕集団の概念と標本抽出／確率変数の分布／区間推定／検定の考え方／一般線形モデル分析／他

◆ 見てわかる農学シリーズ ◆
「見やすく」「わかりやすい」基礎科目の入門テキスト

東北大 西尾 剛編著 見てわかる農学シリーズ1	**遺伝学の基礎** 40541-5 C3361　B5判 180頁 本体3600円	農学系の学生のための遺伝学入門書。メンデルの古典遺伝学から最先端の分子遺伝学まで，図やコラムを豊富に用い「見やすく」「わかりやすい」解説をこころがけた。1章が講義1回分，全15章からなり，セメスター授業に最適の構成。
前東農大 今西英雄編著 見てわかる農学シリーズ2	**園芸学入門** 40542-2 C3361　B5判 168頁 本体3600円	園芸学（概論）の平易なテキスト。図表を豊富に駆使し，「見やすく」「わかりやすい」構成をこころがけた。〔内容〕序論／園芸作物の種類と分類／形態／育種／繁殖／発育の生理／生育環境と栽培管理／施設園芸／園芸生産物の利用と流通
大阪府大 大門弘幸編著 見てわかる農学シリーズ3	**作物学概論** 40543-9 C3361　B5判 208頁 本体3800円	セメスター授業に対応した，作物学の平易なテキスト。図や写真を多数収録し，コラムや用語解説など構成も「見やすく」「わかりやすい」よう工夫した。〔内容〕総論（作物の起源／成長と生理／栽培管理と環境保全），各論（イネ／ムギ類／他）
前東北大 池上正人編著 見てわかる農学シリーズ4	**バイオテクノロジー概論** 40544-6 C3361　B5判 176頁 本体3600円	めざましい発展と拡大をとげてきたバイオテクノロジーの各分野を俯瞰的にとらえ，全体を把握できるよう解説した初学者に最適の教科書。〔内容〕バイオテクノロジーとは／組換えDNA技術／植物分野／動物分野／食品分野／環境分野／他

上記価格（税別）は2015年10月現在